第8版

ボルハルト・ショアー 現代有機化学

K.P.C.Vollhardt　N.E.Schore

上

【監訳】古賀憲司・野依良治・村橋俊一
【訳】大嶌幸一郎・小田嶋和徳・金井　求・小松満男・戸部義人

化学同人

ORGANIC CHEMISTRY
Structure and Function

EIGHTH EDITION

K. Peter C. Vollhardt *University of California, Berkeley*
Neil E. Schore *University of California, Davis*

First published in the United States by
W. H. FREEMAN AND CO., New York and Basingstoke.

s ブロック元素

p ブロック元素

d ブロック元素

f ブロック元素

10	11	12	13	14	15	16	17	18
								4.002602 2 **He** ヘリウム
			10.81 3 2.0 5 **B** ● ホウ素	12.011 4, 2, −4 2.6 6 **C** ● 炭素	14.007 5, 4, 3, 2, −3 3.0 7 **N** ● 窒素	15.999 −2, −1 3.4 8 **O** ● 酸素	18.99840316 −1 4.0 9 **F** ● フッ素	20.1797 10 **Ne** ネオン
			26.9815385 3 1.6 13 **Al** アルミニウム	28.085 4, −4 1.9 14 **Si** ● ケイ素	30.9737620 5, 3, −3 2.2 15 **P** ● リン	32.06 6, 4, 2, −2 2.6 16 **S** ● 硫黄	35.45 7, 5, 3, 1, −1 3.2 17 **Cl** ● 塩素	39.948 18 **Ar** アルゴン
58.6934 3, 2, 0 1.9 28 **Ni** ● ニッケル	63.546 2, 1 1.9 29 **Cu** ● 銅	65.38 2 1.7 30 **Zn** ● 亜鉛	69.723 3 1.8 31 **Ga** ガリウム	72.630 4 2.0 32 **Ge** ゲルマニウム	74.921595 5, 3, −3 2.2 33 **As** ● ヒ素	78.971 6, 4, −2 2.6 34 **Se** ● セレン	79.904 7, 5, 3, 1, −1 3.0 35 **Br** 臭素	83.798 2 3.0 36 **Kr** クリプトン
106.42 4, 2, 0 2.2 46 **Pd** パラジウム	107.8682 2, 1 1.9 47 **Ag** 銀	112.414 2 1.7 48 **Cd** カドミウム	114.818 3 1.8 49 **In** インジウム	118.710 4, 2 2.0 50 **Sn** スズ	121.760 5, 3, −3 2.1 51 **Sb** アンチモン	127.60 6, 4, −2 2.1 52 **Te** テルル	126.90447 7, 5, 1, −1 2.7 53 **I** ● ヨウ素	131.293 8, 6, 4, 2 2.6 54 **Xe** キセノン
195.084 4, 2, 0 2.3 78 **Pt** 白金	196.966569 3, 1 2.5 79 **Au** 金	200.592 2, 1 2.0 80 **Hg** 水銀	204.38 3, 1 2.0 81 **Tl** タリウム	207.2 4, 2 2.3 82 **Pb** ● 鉛	208.98040 5, 3 2.0 83 **Bi** ビスマス	208.9824* 6, 4, 2 2.0 84 **Po** ポロニウム	209.9871* 7, 5, 3, 1, −1 85 **At** アスタチン	222.0176* 2 86 **Rn** ラドン
281.17* 110 **Ds** ダームスタチウム	272.17* 111 **Rg** レントゲニウム	285.18* 112 **Cn** コペルニシウム	286.18* 113 **Nh** ニホニウム	289.19* 114 **Fl** フレロビウム	289.19* 115 **Mc** モスコビウム	293.2* 116 **Lv** リバモリウム	294.21* 117 **Ts** テネシン	294.21* 118 **Og** オガネソン

157.25 3 1.2 64 **Gd** ガドリニウム	158.92535 4, 3 1.2 65 **Tb** テルビウム	162.500 3 1.2 66 **Dy** ジスプロシウム	164.93033 3 1.2 67 **Ho** ホルミウム	167.259 3 1.2 68 **Er** エルビウム	168.93422 3, 2 1.3 69 **Tm** ツリウム	173.045 3, 2 70 **Yb** イッテルビウム	174.9668 3 1.0 71 **Lu** ルテチウム

247.0704* 4, 3 96 **Cm** キュリウム	247.0703* 4, 3 97 **Bk** バークリウム	251.0796* 4, 3 98 **Cf** カリホルニウム	252.083* 3 99 **Es** アインスタイニウム	257.0951* 3 100 **Fm** フェルミウム	258.0984* 3 101 **Md** メンデレビウム	259.101* 3, 2 102 **No** ノーベリウム	262.11* 3 103 **Lr** ローレンシウム

まえがき

『現代有機化学』の使い方

『現代有機化学』第8版の目的は，前版に引き続き有機化学を理解するための論理的な枠組みを説明することにある．すなわち，それが本書の特徴であり，学生のみなさんにとって，有機化学の実験や研究への応用とともに，化学反応，反応機構，および合成的な解析について理解するための手助けとなることを目的としている．従来の教科書の典型的な枠組みは，有機分子の構造がその物理的挙動や化学反応における分子の機能をどのように決定づけているかを強調するものであった．第8版においては，この枠組みに基礎を置きつつ大きく改訂を行い，学生のみなさんの理解をより促進し，問題解決能力を養い，有機化学の生命科学ならびに材料科学への応用例を提供するために，豊富な教育経験にもとづいた緻密な方法論を提示している．第8版の鍵となる新しい工夫については，本書の特徴とともに次ページ以降で説明する．

典型的な枠組みに収まったわかりやすい構成

本書の枠組みは，有機分子の(電子的かつ空間的な)構造が，いかに分子の機能すなわち物理的挙動と化学反応における機能の両者を決定するかを強調している．この関係を前半の章で強調することが，学生のみなさんに有機化学を暗記するよりも理解することを促し，反応機構を本当の意味で会得することにつながると考えている．

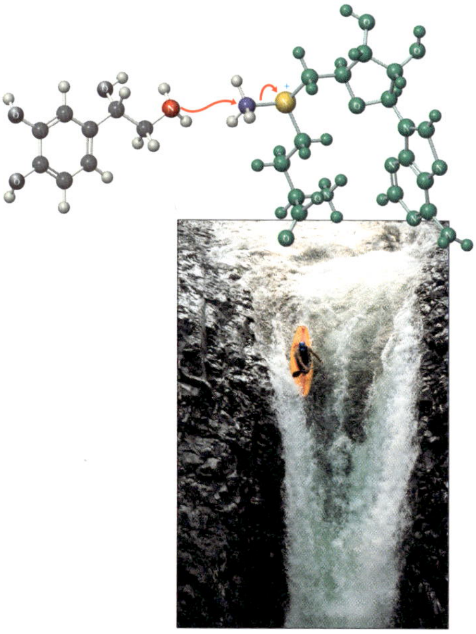

身体のなかでノルアドレナリンのアミノ基の窒素が，*S*-アデノシルメチオニンのメチル基を攻撃し，求核置換反応によってアドレナリンを生成する．アドレナリンは緊張あるいは緊急時に血流へ放出される「闘争あるいは逃避」ホルモンで，スリリングな体験中に感じる興奮の原因物質である．

• *NEW* 章のはじめに新しく設けた**本章での目標**と章末の**章のまとめ**は，学生のみなさんに枠組みを示し，章のゴールを明示するためのものである．

本章での目標

- 非環状アルカンの命名法を拡張して環状アルカンを命名する．
- 置換シクロアルカンのシス–トランス異性体の構造的ならびに熱力学的な違いについて解説する．
- シクロアルカンの燃焼熱に及ぼす環ひずみの効果について解説する．
- シクロヘキサンとその置換誘導体のさまざまな立体配座を分析する．
- 単環状アルカンに関する知識をステロイドのような多環状骨格に拡張する．

章のまとめ

この章では，有機化合物の構造と機能に関する知識を環状および多環構造をもつ化合物に広げた．さらに，有機分子のふるまいを説明あるいは予測するために，分子が三次元構造をもつことがいかに重要であるかを再び学んだ．とくに，以下について解説した．

- IUPAC 則にしたがったシクロアルカンの命名法(4-1 節)．
- 立体異性の関係にあるシスとトランスの異性体の存在(4-1 節)．
- 小員環シクロアルカンにひずみが存在すること，それが燃焼熱にもとづいて定量化できること(4-2 節)．
- C—C 結合まわりの立体配座の柔軟性に関する原理(2-8 節，2-9 節参照)がシクロアルカンに適用でき，とくにシクロヘキサンとその置換誘導体の立体配座に関してうまく適用できること(4-3 節，4-4 節)．
- 多環炭素骨格は多様な構造をとることができ，それらの多くがテルペンやステロイドのように天然に存在すること(4-6 節，4-7 節)．

この章で学んだことは，本書を通じてずっと引用することになる．なぜなら，それは非環状分子の立体異性，相対的な安定性と反応性，分光法，そして生物学的効力といった有機化学の領域における理解の基礎となるからである．

• 電子の押し出しを示す矢印を早い段階で導入し，学生のみなさんがこの教科書全体を通して反応における電子と原子の動きを容易に追えるよう手直しした．

42. 下に示した電子の押し出しを矢印で表す式は，先の問題 41 に対応している．これらのうち，曲がった矢印を正しく使用しているものはどれか．また正しくないものはどれか．間違っている式については正しい矢印を書け．

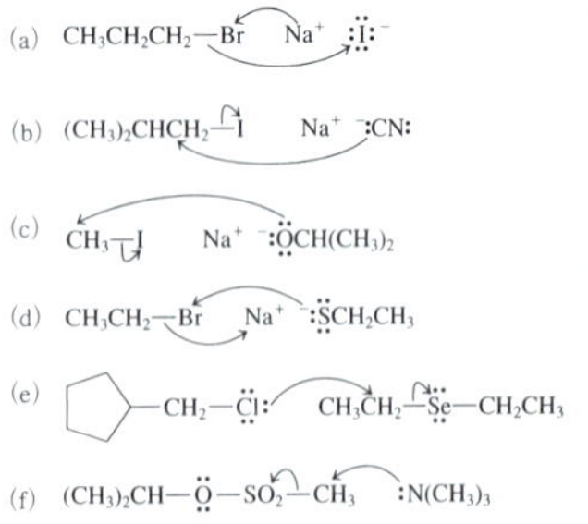

指針 曲がった矢印を用いる表記法

1 曲がった矢印は電子対の動きを描写する．

2 電子は(相対的に)より電子豊富な原子からより電子の不足した原子へ移動する．

3 矢印に沿って電子が移動したあと，矢印の起点となった原子は＋1 の電荷を帯び，逆に矢印の終着点となった原子は－1 の電荷を負う．

4 孤立電子対の電子が移動する場合には，矢印の起点を孤立電子対の中央に書く．

5 結合を形成している電子対が移動する場合には，矢印の起点を結合の中心に，そして終着点がより電気陰性度の大きい原子になるように書く．

6 求核置換反応の場合のように，電子対がそれを受け取る原子の結合電子対に取って代わるときは，二つの矢印が連続的に書かれる．つまり，一つ目の矢印の頭は二つ目の矢印の尾を指し示し，電子は二つの矢印に沿って連続して動く．

反応機構に焦点を絞る

- ***NEW*** 鍵となる反応機構の説明に付した新しい注釈は，反応機構の鍵となる原則を思い出すのに役立ち，知識を補強するためのものである．

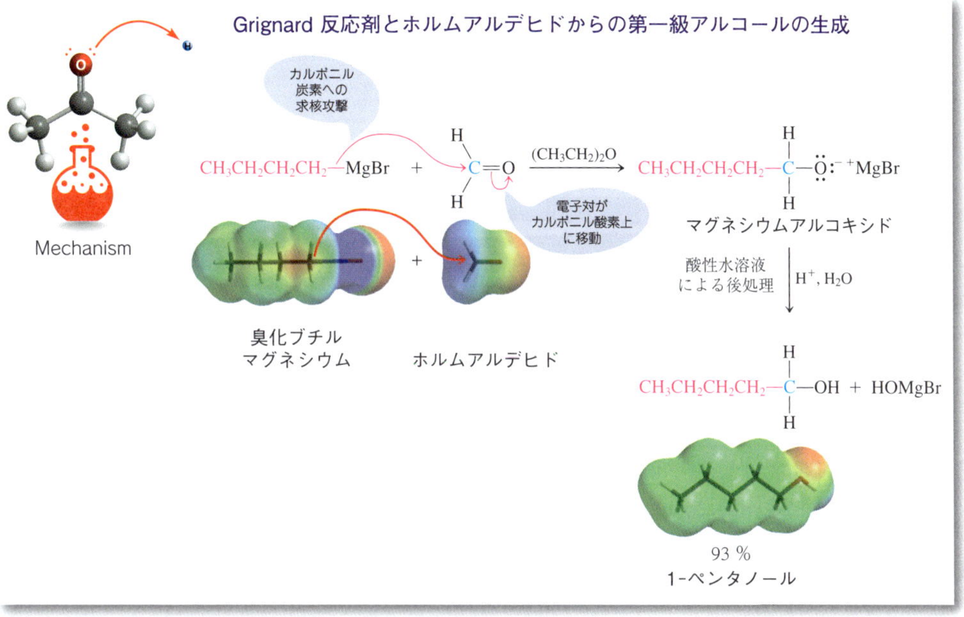

- **成功の鍵**として，反応機構についての概念的な理解を手助けし強化するための要点を節としてまとめた．いくつか例を次に示す．

3 章，3-6 節：〝未知の″反応機構に対して〝既知の″反応機構をモデルとして適用する
6 章，6-9 節：多数の反応機構の経路から正しいものを選ぶ
7 章，7-8 節：置換反応と脱離反応の競合：構造が反応経路を決定する
8 章，8-8 節：合成戦略入門

3-6 成功の鍵：〝未知″の反応機構に対して〝既知″の反応機構をモデルとして適用する

3-4 節でメタンの塩素化反応に対する反応機構を省略せずに各段階ごとに詳細に記述した．3-5 節ではメタンと他の三つのハロゲンとの反応について記述したが，これらのどの反応に対しても全体の反応式を示さず，また反応機構のどの個々の段階についても触れなかった．なぜ触れなかったのか．メタンと四つのハロゲンとの反応はすべて互いに定性的には同じ反応機構によって進行する．メタンとフッ素，臭素あるいはヨウ素との反応機構を書くには，(1)塩素との反応の機構をコピーし，(2)その式に出てくるすべての Cl を新しいハロゲンの記号に置き換えるだけでよい．結合の強さが異なるためエネルギーの値は異なるが，反応機構の全体の様相は同じである．練習問題 3-4 でエタンの塩素化に対する解法のてびきをすでに説明した．いくつかの例を試みよう．

例 1　メタンのフッ素化に対する開始段階を書け．
Cl_2 の光照射による解離反応をモデルとして用いる．

$$:\ddot{F}-\ddot{F}: \xrightarrow{h\nu} 2\cdot\ddot{F}:$$

例 2　メタンの臭素化に対する二つ目の伝搬段階を書け．
メチルラジカルと Cl_2 の反応がモデルである．

$$H_3C\cdot + :\ddot{Br}-\ddot{Br}: \longrightarrow H_3C-\ddot{Br}: + \cdot\ddot{Br}:$$

- **反応機構のまとめ**(14 章のあと)に，ほぼすべての有機反応を駆動する鍵となる反応機構をまとめた．覚えるよりも理解することを実践してもらうためのものである．
- **反応のロードマップ**は，主要な官能基についてそれぞれの反応性の概観を 1 ページにまとめたものである．**合成をまとめた図**(preparation map)では，それぞれの官能基の可能な入手源，すなわち官能基の前駆体を示した．**反応をまとめた図**(reaction map)では，それらの官能基がどのような反応を起こすかについての情報をまとめた．節の番号は，本書のどこでその反応が取り上げられているかを示すものである．

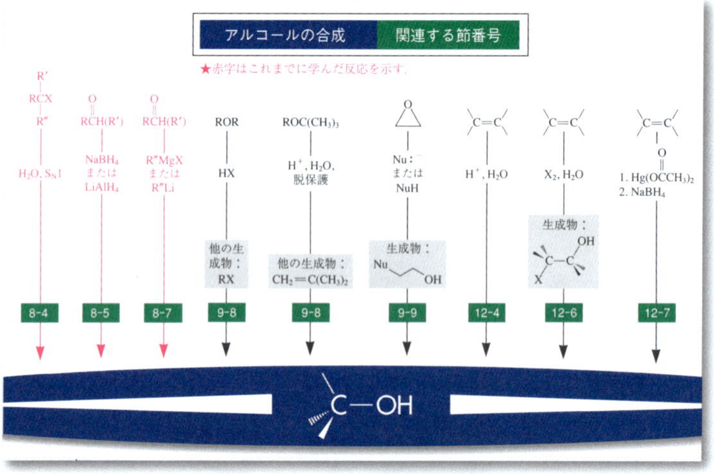

問題解答能力と戦略

各章の練習問題に含まれている，新しく設けた **WHIP 問題攻略法**の項では，問題を解くための戦略を提供している．

What 何が問われているか．どんな情報が与えられているか．

How どこから手をつけるか．

Information 必要な情報は何か．

Proceed 一歩一歩論理的に進めよ．どんな段階も決して省いてはいけない．

練習問題 14-27

概念のおさらい：ひとひねりした電子環状反応

cis-3,4-ジメチルシクロブテン(A)を求ジエン体(B)の存在下で加熱すると，(C)のジアステレオマーのみが生成する．理由を反応機構にもとづいて説明せよ．

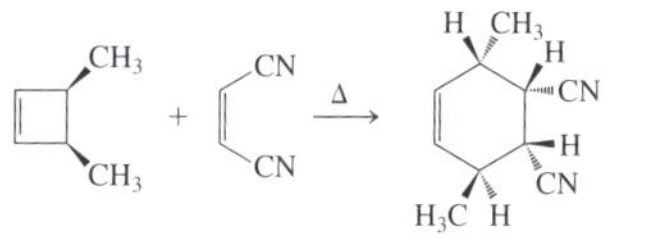

(A)　(B)　(C)

●解法のてびき

What 何が問われているか．この反応は環化付加のようである．原子の化学量論を調べることによりこの予想を確かめられる．つまり，C_6H_{10}(A) + $C_4H_2N_2$(B) = $C_{10}H_{12}N_2$(C)となっている．

How どこから手をつけるか．これはどのような環化付加なのか．それを決めるには(C)についてある種の逆合成解析を行う必要がある．

Information 必要な情報は何か．Diels–Alder 反応(14-8 節)と電子環状反応(14-9 節)に関する解説を復習すること．

Proceed 一歩一歩論理的に進めよ．

●答え

- 逆向きに考えると，シクロヘキセン(C)は(B)と 2,4-ヘキサジエンの異性体の一つとの Diels–Alder 付加生成物のように見える．(C)の二つのメチル基は互いにトランスの位置にあるので，ジエンは対称な構造をもっていないはずである．したがって，唯一の選択肢は *cis,trans*-2,4-ヘキサジエン(D)である．

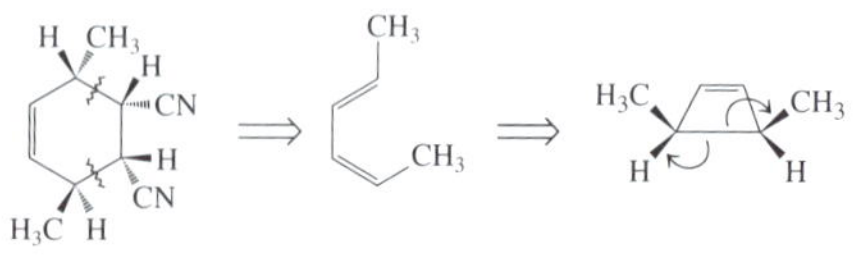

(C)　(D)　(A)

- (D)は異性体(A)から熱的な同旋的電子環状反応により開環することによって生成したに違いない．
- (B)の(D)への環化付加の立体化学はエキソかエンドか．両方の可能性について書くこと．この場合，反応は確かにエンド配置を経て進行するが，幸運にもいずれの経路も同じ異性体を与える．

- 本書にある問題は，新しく学んだことを応用するのを助け，問題の解答へ導き，よく目にする問題の基本的な種類についてどのように認識すればよいかを教えてくれる．

練習問題 14-28 **自分で解いてみよう**

エルゴステロールの光照射によりビタミン D_2(これが不足すると，とくに子どもにおいて骨の軟化を引き起こす)の前駆体であるプロビタミン D_2 が生じる．この開環は同旋的か逆旋的か．(**注意**：生成物は開環が起こったときの立体配座ではなく，より安定な形で書かれている．)

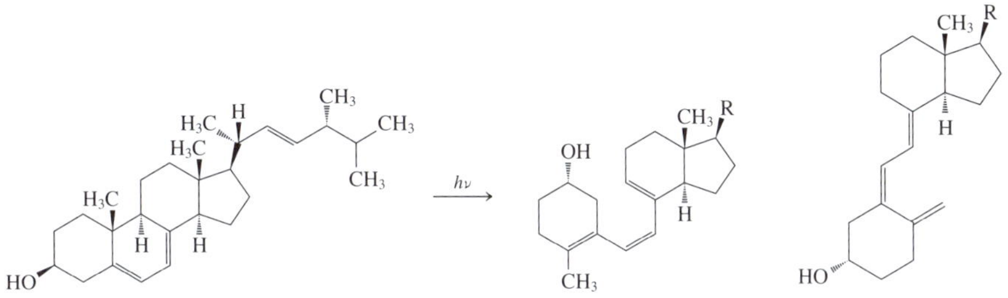

エルゴステロール (ergosterol)　　プロビタミン D_2 (provitamin D_2)　　ビタミン D_2 (vitamin D_2)

- ***NEW*** **指針**は，概念を適用し問題の解答にアプローチする手助けとなる青写真を提供する．例として，**指針：直鎖アルカンの命名に対する IUPAC の規則** (p.96)がある．
- ***NEW*** 欄外に数多く記した「**思い起こそう**」は，とくに反応機構の説明において，学生のみなさんが陥りやすい一般的な落とし穴を強調するためのものである．

2-プロペニル系（アリル系）における電子の非局在化の共鳴構造による表現

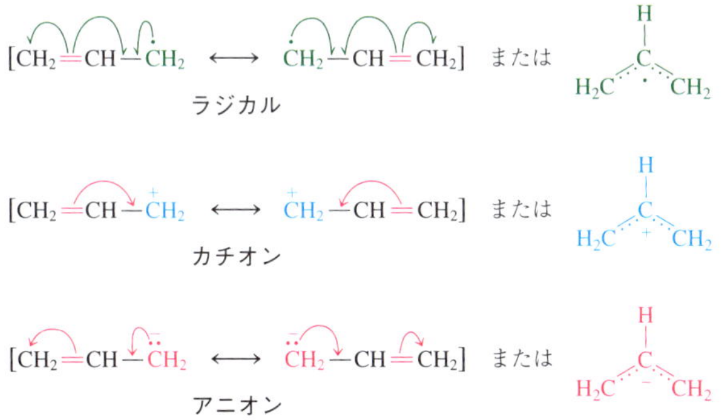

思い起こそう：
共鳴構造は異性体ではなく，分子の部分的な表現の一つであることを思い起こそう．真の構造(共鳴混成体)は，それらを重ね合わせたものであり，古典的な図の右側に書いてある点線を用いた図がより的確な表現である．

- 章末問題には，いろんな難度の問題や種々の実践的な応用が含まれている．
- **総合問題：概念のまとめ**　その章ならびに数章にわたるいくつかの概念を含む問題を段階的に解いていく方法を示したものである．
- **グループ学習問題**(team problem)は，学生どうしでの討論と協同学習を目的としている．
- **専門課程進学用問題**(preprofessional problem)は，MCAT®(医学部用の入学試験)に出題される問題，とくに科学的な調査，推論，研究に対するテスト問題に類似の問題を解く練習の機会を提供している.

実用面への応用と視覚化

各章で,**生物学**,**医学**ならびに**工業**への有機化学の応用について多くの話題を取り上げた.これらの多くの題材は本版で新しく加えたものである.

- **こぼれ話**という欄外の記述は,学生のみなさんの好奇心を刺激することを意図して,有機化学の概念の不思議で驚くべき側面を強調したものである.
- **コラム**では,実務化学者による現実の生きた化学について記述した.
- **医化学**の基礎をなす70件以上の話題によって,ドラッグデザイン,吸収,代謝,作用形態,医学専門用語などを解説した.

- *NEW* 反応のエネルギー論を視覚的に理解できるように,新しく多くのポテンシャルエネルギー図を追加した.

こぼれ話

人類がつくった最も長い直鎖アルカンは$C_{390}H_{782}$であり,それはポリエテン(ポリエチレン)の分子モデルとして合成された.伸びた鎖として結晶化するが,互いに引きつけ合う分子内のLondon力のために融点である132℃で容易に折りたたみ始める.

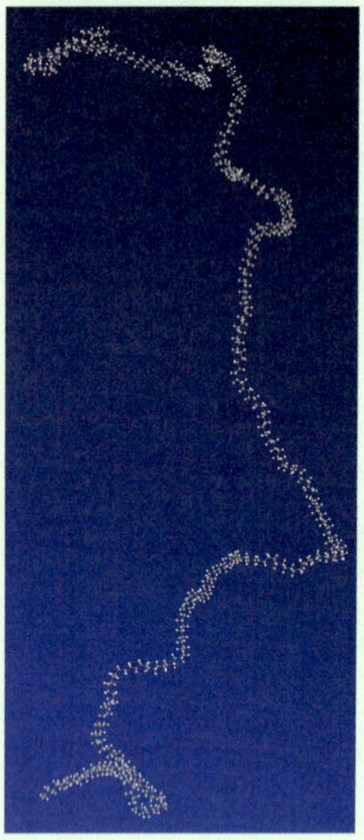

最新の話題を新たに収録

改訂にあたり,各章を注意深く再検討して全面的に見直し,理解をうながすように工夫をこらした.

NEW 有機分子の命名に関する2013年のIUPAC勧告にしたがって,次の3点を修正した.

- 環状の炭化水素について,アルキル置換基(不飽和であるかどうかにかかわらず)の長さに関係なく,環を主鎖として扱う.
- 非環状不飽和炭化水素については,二重結合や三重結合の存在やその位置に関係なく,最長鎖を主鎖とする.
- チオエーテルについては,エーテルをアルコキシアルカンと命名するのにならって,アルキルチオアルカンと命名する.

NEW **220以上もの新たな問題**を,学生のみなさんが新しい題材について学ぶたびに,新しい概念を実践し応用する手助けとなるよう追加した.

NEW 新たに追加されたところと改訂されたところは次のとおりである:

- 酸–塩基の化学に関する記述を補強し,改訂した(2章)
- 結合の強さを決定する要因について改訂した(2章,3章,6章,11章と20章)
- 脱離基の脱離能についての改訂した(6章)
- 数多くの新しい反応例と反応機構に対する記述を追加した(6章~26章)
- オゾン層に関する最新の情報を追加した(3章)
- アルキルオキソニウムイオンの置換反応と脱離反応についての議論を改訂した(9章)
- Wittig反応の最新の反応機構を追加した(17章)
- エノラートに関する記述を補強した(18章)
- カルボン酸誘導体に関する反応機構を追加した(19章と20章)
- アミン合成に関して記述を改訂した(21章)

- ニトロソ化に関して反応機構を追加した(21章)
- 置換ベンゼンの酸化と還元：Birch 還元に関する記述を補強した(22章)
- 「トップ10」医薬品のリストを全面改訂し，最新の情報を盛り込んだ(25章)
- ヘテロ芳香族化合物に関する記述を改訂，補強した(25章)

追加の教材

カリフォルニア大学デービス校のNeil Schoreによる"Study Guide and Solution Manual"

ISBN：978-1-319-19574-8

本書の共著者であるNeil Schoreによって書かれたこの有用なマニュアルには，重要な最新の話題，章の概要，各章の節に対する詳細な解説，用語解説，といった各章の紹介が記載されている．さらに学生のみなさんがどのように解答へたどり着けばよいかを示した章末問題の解答なども掲載されている．この邦訳版『ボルハルト・ショアー現代有機化学 問題の解き方(第8版)』(ISBN：978-4-7598-2031-7)は化学同人から刊行．

"Molecular Model Set"(分子模型セット)

分子模型セットは，分子の挙動を見て，触れて，検討する簡単で実用的な方法を学生に提供してくれる．よく用いられる丸善出版のHGS分子構造模型では，多面体の球が原子を，プラスチック棒が結合を，そして楕円状のプラスチック板は軌道のローブを表す．分子模型には他に，Darlingの模型セット＃3(ISBN：978-1-319-08374-8)などがある．

謝　辞

第8版出版のために原稿を見直していただいた次の先生方に感謝する．
Jung-Mo Ahn(テキサス大学ダラス校)，Kim Albizati(カルフォルニア大学サンディエゴ校)，Taro Amagata(サンフランシスコ州立大学)，Shawn Amorde(オースティンコミュニティ大学)，Donal Aue(カルフォルニア大学サンタバーバラ校)，David Baker(デルタ大学)，Koushik Banerjee(ジョージアカレッジアンドステート大学)，Francis Barrios(ベラーマイン大学)，Mikael Bergdahl(サンディエゴ州立大学)，Thomas Bertolini(南カリフォルニア大学)，Kelvin Billingsley(サンフランシスコ州立大学)，Richard Broene(ボウディン大学)，Corey Causey(ノースフロリダ大学)，Steven Chung(ボーリング・グリーン州立大学)，Edward Clennan(ワイオミング大学)，Oana Cojocaru(テネシー工科大学)，Perry Corbin(アッシュランド大学)，Lisa Crow(サザンナザレン大学)，Michael Danahy(ボウディン大学)，Patrick Donoghue(アパラチアン州立大学)，Steven Farmer(ソノマ州立大学)，Balazs Hargittai(セントフランシス大学)，Bruce Hathaway(レターノー大学)，Sheng-Lin (Kevin) Huang(アズサパシフィック大学)，John Jewett(アリゾナ大学)，Bob Kane(ベイラー大学)，Jeremy Klosterman(ボーリング・グリーン州立大学)，Brian Love(イーストカロライナ大学)，Philip Lukeman(セント・ジョーンズ大学)，Jordan Mader(シェファード大学)，Matt McIntosh(アーカンソー大学)，Cheryl Moy(ノースカロライナ大学)，Joseph Mullins(ルモイン大学)，Shaun Murphree(アレゲニー大学)，Jacqueline Nikles(アラバマ大学バーミンガム校)，Herman Odens(サザンアドベンティスト大学)，Jon Parquette(オハイオ州立大学)，Bhavna Rawal(ヒューストンコミュニティ大学)，Kevin Shaughnessy(アラバマ大学)，Nicholas Shaw(アパラチアン州立大学)，Supriya Sihi(ヒューストンコミュニティ大学)，Melinda Stephens(ジェネーフ大学)，John Tovar(ジョーンズホプキンス大学)，Elizabeth Waters(ノースカロライナ大学ウィルミントン校)，Haim Weizman(カルフォルニア大学サンディエゴ校)，Patrick Willoughby(リポン大学)

『現代有機化学』の改訂にあたって，各方面から寄与いただいた次の先生方にも深謝する．

Marc Anderson(サンフランシスコ州立大学)，George Bandik(ピッツバーグ大学)，Anne Baranger(カルフォルニア大学バークレー校)，Kevin Bartlett(シアトルパシフィック大学)，Scott Borella(ノースカロライナ大学 シャーロット校)，Stefan Bossmann(カンザス州立大学)，Alan Brown(フロリダ工科大学)，Paul Carlier(バージニア工科大学)，Robert Carlson(カンザス大学)，Toby Chapman(ピッツバーグ大学)，Robert Coleman(オハイオ州立大学)，William Collins(フォートルイス大学)，Robert Corcoran(ワイオミング大学)，Stephen Dimagno(ネブラスカ大学リンカーン校)，Rudi Fasan(ロチェスター大学)，James Fletcher(クレイトン大学)，Sara Fitzgerald(ブリッジウォーター大学)，Joseph Fox(デラウェア大学)，Terrence Gavin(アイオナ大学)，Joshua Goodman(ロチェスター大学)，Christopher Hadad(オハイオ州立大学)，Ronald Halterman(オクラホマ大学)，Michelle Hamm(リッチモンド大学)，Kimi Hatton(ジョージ・メイソン大学)，Sean Hightower(ノースダコタ大学)，Shawn Hitchcock(イリノイ州立大学)，Stephen Hixson(マサチューセッツ大学アマースト校)，Danielle Jacobs(ライダー大学)，Ismail Kady(イーストテネシー州立大学)，Rizalia Klausmeyer(ベイラー大学)，Krishna Kumar(タフツ大学)，Julie Larson(ベミジ州立大学)，Scott Lewis(ジェームズ・マディソン大学)，Carl Lovely(テキサス大学アーリントン校)，Claudia Lucero(カリフォルニア州立大学サクラメント校)，Sarah Luesse(南イリノイ大学エドワーズビレ校)，John Macdonald(ウーチェスター工科大学)，Lisa Ann McElwee-White(フロリダ大学)，Linda Munchausen(サウスイースタンルイジアナ大学)，Richard Nagorski(イリノイ州立大学)，Liberty Pelter(パデュー大学カルメット校)，Jason Pontrello(ブランダイス大学)，MaryAnn Robak(カルフォルニア大学バークレー校)，Joseph Rugutt(ミズーリ州立大学ウエストプレーンズ校)，Kirk Schanze(フロリダ大学)，Pauline Schwartz(ニューヘブン大学)，Trent Selby(ミシシッピ大学)，Gloria Silva(カーネギーメロン大学)，Dennis Smith(クレムソン大学)，Leslie Sommerville(フォートルイス大学)，Jose Soria(エモリー大学)，Michael Squillacote(アーバン大学)，Mark Steinmetz(マーケット大学)，Jennifer Swift(ジョージタウン大学)，James Thompson(アラバマ A & M 大学)，

Carl Wagner(アリゾナ州立大学), James Wilson(マイアミ大学), Alexander Wurthmann(ベルモント大学), Neal Zondlo(デラウェア大学), Eugene Zubarev(ライス大学)

第6版出版のために原稿を見直していただいた次の先生方にも深く感謝する. Michael Barbush(ベイカー大学), Debbie J. Beard(ミシシッピ州立大学), Robert Boikess(ラトガース大学), Cindy C. Browder(北アリゾナ大学), Kevin M. Bucholtz(マーサー大学), Kevin C. Cannon(ペン州立アビントン), J. Michael Chong(ウォータールー大学), Jason Cross(テンプル大学), Alison Flynn(オタワ大学), Roberto R. Gil(カーネギーメロン大学), Sukwon Hong(フロリダ大学), Jeffrey Hugdahl(マーサー大学), Colleen Kelley(ピマコミュニティー大学), Vanessa McCaffrey(アルビオン大学), Keith T. Mead(ミシシッピ州立大学), James A. Miranda(サクラメント州立大学), David A. Modarelli(アクロン大学), Thomas W. Ott(オークランド大学), Hasan Palandoken(西ケンタッキー大学), Gloria Silva(カーネギーメロン大学), Barry B. Snider(ブランダイス大学), David A. Spiegel(エール大学), Paul G. Williard(ブラウン大学), Shmuel Zbaida(ラトガース大学), Eugene Zubarev(ライス大学)

Peter Vollhardt は, 提案, 最新情報, 一般的な議論ならびに刺激をいただいたカリフォルニア大学バークレー校の同僚, とくに John Arnold, Anne Baranger, Bob Bergman, Ron Cohen, Felix Fischer, Matt Francis, John Hartwing, Darleane Hoffman, Tom Maimone, Richmond Sarpong, Rich Saykally, Andrew Streitwieser, そして Dean Toste の各教授に感謝する. また原稿の製作ならびに取扱い上の支援をしてくれた事務助手の Bonnie Kirk 氏にも感謝する. Neil Schore は, 継続的にコメントと提案をくださった Melekeh Nasiri 博士と Mascal 教授, そして間違いや抜け, さらには改良もしくは明瞭化すべき項目などに絶えず気を配ってくれたデービス校の多くの学部学生に感謝する. 第8版の製作にあたりご尽力いただいた次にあげた多くの方がたにも厚くお礼申し上げたい. この版の企画から完成まで手伝っていただいた Macmillan Learning 社の編集者である Beth Cole 氏ならびに Randi Rossignol 氏, この第8版の内容を洗練されたものにし, 本書を改訂する機会を与えてくれた販売マネージャーの Maureen Rachford 氏, すばらしい技術と知識でメディアの中味をまとめてくれた Lily Huang 氏と Stacy Benson 氏に代表される Sapling Learning 社のチームのみなさま, そしてわれわれの努力を一つにまとめる手助けをしていただいた編集補助員の Sapling Learning 社のチームのみなさま, Sarah Egner 氏, Rene Flores 氏, Alexandra Gordon 氏, Chris Knarr 氏, Robley Light 氏, Cheryl McCutchan 氏, Heather Southerland 氏, Thomas Turner 氏, Andrew Waldeck 氏, Allison Greco 氏に感謝する. さらに写真編集の Sheena Goldstein 氏, デザイナーの Vicki Tomaselli 氏, そして上級出版責任者の Susan Wein 氏にはその細部にわたるまでのこまかい仕事に対して感謝する. 最後に, 根気強く仕事をしていただいた Aptara 社の Dennis Free 氏ならびに Sherrill Redd 氏にも感謝の意を表したい.

訳者まえがき

21世紀は化学の時代であるといわれている．化学の本質的な役割は反応を設計し，望みの構造をもつ物質をつくることであるが，最近では新しい機能を創出することも非常に重要になっている．有機化学は社会が必要とする高機能材料を生み出す原動力となっており，また生物の営みにかかわる物質の働きのしくみを解く鍵である．持続可能な社会を構築するために，物質の合成から使用を経て廃棄に至るすべての段階で環境に及ぼす悪影響が最も少なくなるように，物質や合成反応を設計することが強く求められている．

本書は，こうした社会の要望に応えうる柔軟な頭脳をもつ力量のある化学者を育てるための有機化学の教科書である．知識を詰め込むだけにならないように，基本を学んで化学の面白さを認識してもらうとともに，なぜそうなるかを理解したうえで，自分で考える力と応用力を身につけられるように導く教育を目指している．いたずらに断片的な知識を詰め込んだがために展開力に欠け，有機化学全体をとらえる広い視野をもてずに化学に興味を失ってしまう人も多かったが，本書はこのようなことが起こらないように工夫されている．何のために有機化学を学んでいるのかを実感してもらうために，実用面への応用として生物学，医学，薬学，そして産業への応用を話題として取り上げ，その主要な使命として新しい材料や製品の実例を示している．

これまで定評のある本書が今回の改定でさらに充実した内容に変貌し，有機化学を学ぶ学生にとってこのうえない完成度の高い教科書になっている．有機化学を学ぶのはたいへんだと思われているふしがあるが，本書で学ぶことにより有機化学を貫いている道筋と枠組みを無理なく理解してもらえると思う．

最後に本書の出版にあたり，ご尽力いただいた化学同人の曽根良介社長をはじめとして，編集部のみなさんに謝意を表したい．

2019年11月

村橋　俊一

著者紹介

K. Peter C. Vollhardt(写真左)はマドリードで生まれ，ブエノスアイレスとミュンヘンで育った．ミュンヘン大学で学び，ユニバーシティー・カレッジ・ロンドン校のPeter Garratt教授のもとで博士の学位を取得した．その後，当時カリフォルニア工科大学のRobert Bergman教授のもとで博士研究員を務めたあと，1974年カリフォルニア大学バークレー校へ移った．そして有機コバルト反応剤の有機合成への利用，理論的に興味深い炭化水素の合成，そして触媒としての可能性をもつ新規遷移金属集合体などの研究に着手した．これらの研究を続けるなかで，次のような賞を多数受賞した．Studienstiftler, Adolf Windausメダル，Humboldt Senior Scientist，アメリカ化学会有機金属化学賞，Otto Bayer賞，そしてA. C. Cope Scholar賞，Aix-Marseille大学メダル．そして，Rome Tor Vergata大学からは，名誉博士の称号を受けた．また，日本学術振興会の招聘外国人研究者として日本に滞在したこともある．*SYNLETT*誌の編集委員を務めている．350を超える報文や総説のなかでとくにこの有機化学の教科書は彼の宝物であり，13カ国語で翻訳されている．フランス人芸術家であるMarie-José Satと結婚し，3人の子どもがいる．Maïa(1982年生まれ，ピーターの継娘でそのすばらしい入れ墨が22章の冒頭に掲載されている)，Paloma(1994年生まれ)とJulien(1997年生まれ)である．

Carrie Schore

Neil E. Schore(写真右)は1948年にニュージャージー州のニューアークで生まれた．ニューヨーク州ブロンクス区とニュージャージー州リッジフィールドの公立学校で学んだあと，1969年ペンシルベニア大学で化学の学士を取得した．ニューヨークに戻り，コロンビア大学の故Nicholas J. Turro教授のもとで有機化合物の光化学ならびに光物理学的過程について研究を行い，博士の学位を取得した．SchoreがVollhardtと最初に出会ったのは，1970年代に2人がカリフォルニア工科大学のRobert Bergman教授のもとでともに博士研究員として研究を行っていたときである．1976年にカリフォルニア大学デービス校に赴任して以来，2万人以上の化学を専門としない学生に有機化学を教えた．七つの教育賞を受賞し，有機化学に関連したさまざまな分野で100以上の報文を書いている．そして，青少年の地域サッカーの数百の試合で審判を務めた．さらに台湾と英国の化学科の学生のための海外留学プログラムの先導者であり，韓国大学国際サマーキャンパスプログラムの引率教授でもある．カリフォルニア大学デービス校獣医学部の微生物学者であるCarrie Ericksonと結婚し，Michael(1981年生まれ)とStefanie(1983年生まれ)の2人の子どもがいる．2人とも本書に記載されている実験を行った．孫のRoman(2016年生まれ)は実験をするには少し若すぎる．

簡 易 目 次

【上巻】

【下巻】

目　次

9 アルコールの反応とエーテルの化学　423

10 NMR 分光法による構造決定　493

14 非局在化した π 電子系 紫外および可視分光法による研究 751

Chapter

1 有機分子の構造と結合

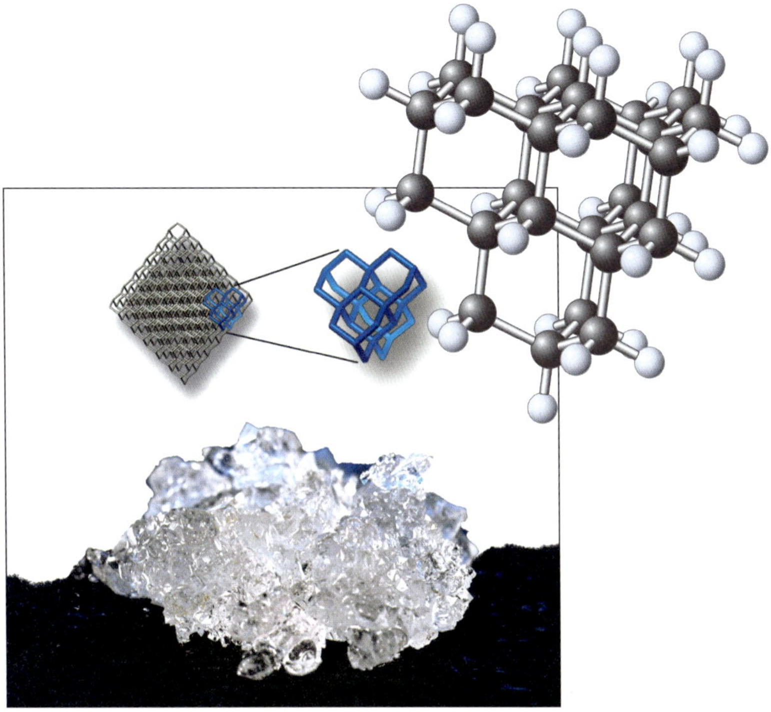

ダイヤモンド分子では，有機化学の基本要素である四面体構造をもつ炭素が六員環格子構造をとっている．2003年に，ダイヤモンドイドとよばれる一連の化合物が石油から単離された．ダイヤモンドイドとは，ダイヤモンド分子から切り取った一部分が水素原子で覆われた分子であり，ダイヤモンドの構成単位である．その一例が美しい結晶形をしたペンタマンタンという化合物であり，ダイヤモンド格子をもつ五つの「籠」からできている．写真中の右上の図(青色)は，水素原子を除いたペンタマンタンの炭素骨格とそのダイヤモンド格子の重なりを示している．

本章での目標

- 初歩的な一般化学の知識を，有機分子のイオン結合と共有結合，かたち，8電子則やLewis構造式などと関係づける．
- 有機化学におけるCoulombの法則の重要性を認識する．
- 電子密度の広がりの重要性を認識する．
- 価電子の数と，結合形成による元素の安定化とを関連づける．
- 電子が非局在化した分子における共鳴構造式の書き方を学ぶ．
- 核のまわりに存在する電子の軌道図を概観する．
- メタンのような簡単な有機分子の結合を記述するのに混成という概念を適用する．
- 有機分子の三次元構造の表示法を説明する．

化学物質は私たちの身体をどのように制御しているのだろうか．前夜に長時間ジョギングした翌朝はなぜ筋肉が痛いのだろうか．徹夜で勉強したあとの頭痛を取り除くために飲む薬の中味はいったい何だろうか．車のガソリンタンクに注ぎ込んだガソリンはどのように燃えるのだろうか．身につけている衣料品の分子組成はどんなものだろうか．木綿のシャツと絹のシャツではどう違うのだろうか．ニンニクのにおいのもとは何だろうか．これらの問いや，これら以外にみなさんが日頃抱いている多くの疑問に対する答えがこの有機化学の教科書のなかにある．

化学は分子の構造を学び，分子の相互作用を支配している法則を追究する学問である．したがって，化学は生物学，物理学，数学などの分野と密接な関係がある．では，有機化学とはいったいどういう学問なのだろうか．物理化学，無機化学，核化学などの学問とはどう違うのだろうか．これらの問いに対する一つの答えとして，次の定義がよく引用される．有機化学は炭素と炭素化合物を取り扱う化学である．この炭素化合物が**有機分子**(organic molecule)とよばれているものである．

有機分子はまさに生命に不可欠である．脂肪，糖，タンパク質，核酸は，いずれも炭素を主成分とする化合物であり，私たちは日常生活のなかで無数の有機物質を何気なく使っている．たとえば，日頃私たちが身につけている衣服は有機分子からできている．あるものは綿や絹のような天然繊維から，またあるものはポリエステルのような人工繊維でつくられている．そして歯ブラシ，歯磨き粉，セッケン，シャンプー，防臭剤，香水，さらには家具，カーペット，プラスチック製の照明設備や調理用具，塗料，食品など，ありとあらゆるものすべてが有機化合物を含んでいる．したがって有機化学工業は世界中で最も大きい産業の一つであり，石油精製，石油化学プロセス，農薬，プラスチック，薬品，塗料，そして食品加工など幅広い工業を含んでいる．

しかしながら，ガソリンや医薬品，殺虫剤，ポリマーが私たちの生活の質を向上させている一方で，不用になりむやみに捨てられた有機化学製品の廃棄物が環境を汚染し，動植物の生態系の破壊をもたらし，人類にも危害を加え，病気の原因となっている．人類ならびに地球環境にとって有益な分子だけをつくり出し，しかもそれらの働きを制御する方法を知るためには，有機分子の性質についての十分な知識と，有機分子の挙動に対する深い理解が必要である．また，この有機化学についての知識と理解が十分に活用できなければならない．本章では，有機分子の化学構造と結合に関する基礎的な知識について述べる．その大部分は，分子結合，Lewis 構造式，共鳴，原子軌道，分子軌道さらには結合した原子の幾何学的配置など一般的な化学コースで学習する題材の概観である．

1-1 この有機化学の教科書で学ぶ範囲：概観

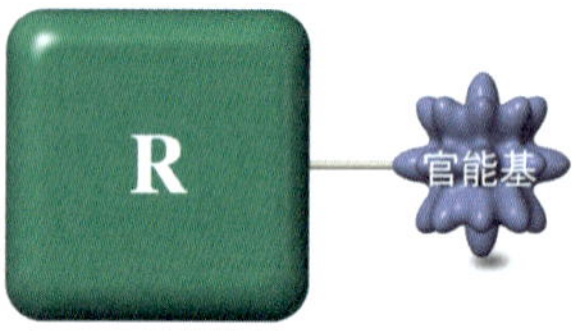

炭素骨格が構造を規定する　官能基が反応性を決定する

有機化学を学ぶ最終目標は，分子の構造と反応の関係を理解することである．それによって，それぞれの反応がどのような段階を経て，どのような機構で進行するかを学ぶことができる．さらに，それらの反応のプロセスを応用して，新しい分子をつくり出す方法を学ぶこともできる．

したがって，有機分子をその化学反応性を決定する小さな単位や結合にもとづいて分類することには意味がある．反応性を決定するこれらの単位は，**官能基**(functional group)とよばれる原子団である．種々のこれらの官能基について学び，それぞれの官能基の反応について検討することは本書の大きな目的でもある．

官能基が有機分子の反応性を決定する

H_3C-CH_3
エタン
(ethane)

有機分子の基本的な炭素骨格を成している**アルカン**(alkane)から話を始めよう．アルカンは簡単な**炭化水素**(hydrocarbon)であり，水素と炭素だけから成り，官能基をもたない有機化合物である．官能基をもつ他の分子の場合と同様に，アルカンの命名法に関する体系化された規則，構造，ならびに物理的性質について最初に述べる(2 章)．エタンはアルカンの代表的なものであり，エタンが構造的に柔軟であることが熱力学ならびに速度論の議論の出発点となる．次にこれらの概観に続いて，熱，光，あるいは化学反応剤によるアルカン結合の切断と結合の強さについて述べる．また，アルカンの塩素化を例にとって，アルカン結合の切断反応について具体的に詳しく説明する(3 章).

塩素化反応

$$CH_4 + Cl_2 \xrightarrow{\text{エネルギー}} CH_3{-}Cl + HCl$$

次に炭素原子が環状につながった環状アルカンについて学ぶ(4 章)．環状になると新しい性質が現れ，反応性も変化する．二つ以上の置換基をもつシクロアルカンにおいては置換基が環のつくる面の同じ側にあるか，あるいは反対側を占めるかといった新しいタイプの異性，すなわち，分子を構成する原子の並び方は同じであるが，空間において占める相対的な位置関係が異なることによって生じる**立体異性**(stereoisomerism)が生じる．これをもとにして立体異性についての一般的な議論を行う(5 章).

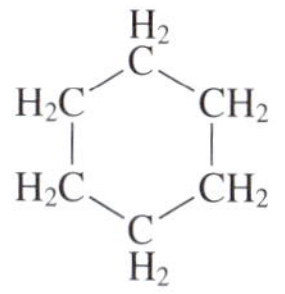

シクロヘキサン
(cyclohexane)

続いて官能基をもつ化合物の最初の例として，炭素−ハロゲン結合をもつハロアルカンの化学的挙動を取り上げる．ハロアルカンの重要な反応は置換反応と脱離反応の二つである(6，7 章)．**置換**(substitution)反応ではハロゲン原子が他の原子で置き換えられ，**脱離**(elimination)反応では隣接する原子がもとの分子から脱離し，その場所で二重結合が生じる．

置換反応

$$CH_3{-}Cl + K^+I^- \longrightarrow CH_3{-}I + K^+Cl^-$$

脱離反応

$$\underset{\displaystyle H}{CH_2}{-}\underset{\displaystyle I}{CH_2} + K^{+\,-}OH \longrightarrow H_2C{=}CH_2 + HOH + K^+I^-$$

ハロアルカンと同じように，有機化合物それぞれが特徴的な官能基をもっている．たとえば，炭素−炭素三重結合はアルキンに含まれる官能基である．最も小さなアルキンであるアセチレンは，溶接工が使うバーナーの炎のなかで燃やされている(13 章)．炭素−酸素二重結合も，アルデヒドやケトンを特徴づける官能基であり(下巻；17 章)，ホルムアルデヒドとアセトンは主要な工業製品である．鼻炎治療薬やアンフェタミン†などの医薬品に含まれるアミンは，窒素を含む官能基である(下巻；21 章)．メチルアミンは多くの医薬品合成の出発物質である．これらの官能基をもつ分子を同定するために用いる種々の分光法についても学ぶ(10，11，14 章)．有機化学者は未知化合物の構造を明らかにするにあたり，一連のスペクトルを利用した方法に頼っている．これらの方法は，特定の波長をもった電磁波を照射し，それに対応する吸収と構造との相関関係にもとづいている．

次に，生物学や工業においてとくに重要な鍵を握るいくつかの種類の有機分子について述べる．炭水化物(下巻；24 章)やアミノ酸(下巻；26 章)において見られるように，これらのうちの多くの有機分子は一つの分子のなかに複数の官能基をもっている．しかしながら，どのような種類の有機化合物であっても考え方は

$HC{\equiv}CH$

アセチレン
(acetylene)
(アルキン，alkyne)

$H_2C{=}O$

(formaldehyde)
ホルムアルデヒド
(アルデヒド，aldehyde)

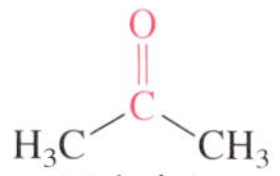

アセトン
(acetone)
(ケトン，ketone)

$H_3C{-}NH_2$

メチルアミン
(methylamine)
(アミン，amine)

† 訳者注：吸入によって鼻腔充血を和らげ，内服すると中枢神経を刺激する．

同じである．すなわち，分子の構造とその分子の反応挙動との間には相関がある．

合成とは新しい分子をつくることである

炭素化合物は，元来，有機生命体だけがつくりだすことのできるものと考えられていたため，「有機」化合物とよばれていた．しかし，Friedrich Wöhler＊が1828年に，哺乳動物でのタンパク質代謝による有機生成物である尿素を，無機塩であるシアン酸鉛から合成し，この考えが間違っていることを証明した（コラム1-1）．

＊ Friedrich Wöhler（1800～1882），ドイツ，ゲッチンゲン大学教授．（これ以降出てくる人物の略歴において，その人物が長年他の場所で研究生活を送った場合でも，研究者として最後に過ごした大学あるいは場所のみを記す）．

有機分子の合成

Wöhler の尿素合成

$$\mathrm{Pb(OCN)_2} + 2\,\mathrm{H_2O} + 2\,\mathrm{NH_3} \longrightarrow 2\,\mathrm{H_2N\overset{\overset{\displaystyle O}{\|}}{C}NH_2} + \mathrm{Pb(OH)_2}$$

シアン酸鉛 (lead cyanate)　水 (water)　アンモニア (ammonia)　尿素 (urea)　水酸化鉛 (lead hydroxide)

分子をつくること，すなわち**合成**（synthesis）は有機化学の非常に重要な一部分である（8章）．Wöhler の時代から現在に至るまでの間に，有機ならびに無機のごく簡単な出発物質から数千万の有機化合物が合成されている＊．これらのなかには，人工合成による新規の化合物だけでなく，抗生物質のペニシリンのように自然界にも存在する化合物も多数含まれている．化学者に特殊な結合の存在を認知させ，その反応性を学ぶ機会を与えたキュバンのような化合物は，おもに理論的な意味で興味のある化合物である．他方，人工甘味料であるサッカリンのように，私たちの日常生活に溶け込んだ化合物もある．

＊ 2019年5月の時点で，ケミカルアブストラクトサービスには1億5000万を超える化学物質ならびに6800万以上の遺伝子配列が登録されている．

一般的には，合成の目的はより簡単でより容易に入手できる化合物から複雑な有機化学製品をつくり出すことである．一つの分子を別の分子に変換するためには，化学者は個々の有機反応について熟知していなければならない．さらに，反応を制御する温度，圧力，溶媒，分子の構造などの物理的条件についても十分に理解していなければならない．これらの知識は，合成だけでなく，生体内の反応を解析するうえでも同じように重要である．

個々の官能基の化学的挙動について学びながら，効率的な合成計画が立てられるような能力を養い，かつ自然のなかで起こっている種々の化学反応が理解できるような知識を修得するにはどうすればよいのだろうか．反応を一つずつていねいに勉強しなさい，というのがこれに対する答えである．

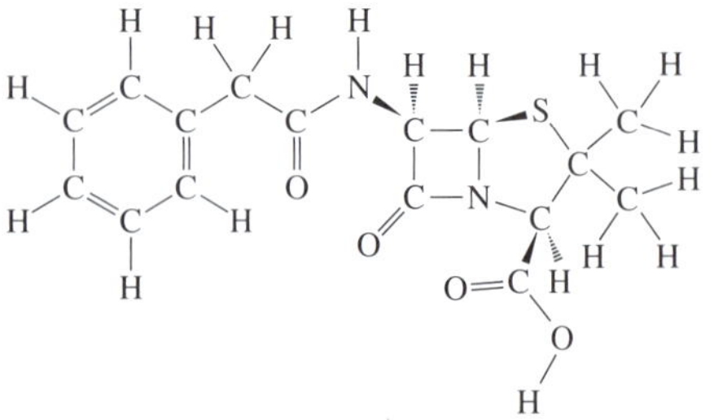

ベンジルペニシリン
(benzylpenicillin)

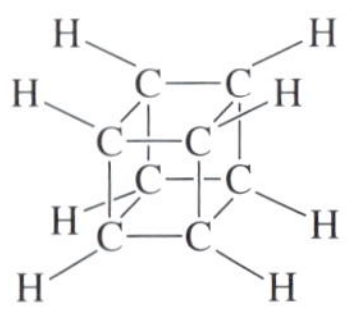

キュバン
(cubane)

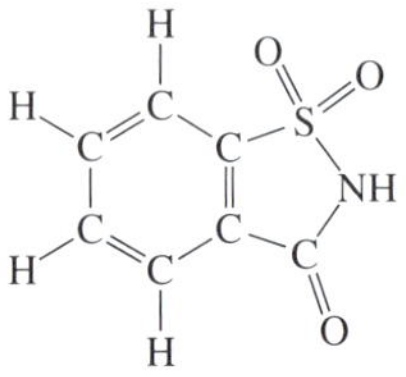

サッカリン
(saccharin)

コラム● 1-1　尿素：尿からの単離，Wöhler による合成，そして産業用の化学肥料へ

NATURE

排尿は，私たちが身体から窒素を排泄する主要なプロセスである．尿は腎臓でつくられ膀胱に蓄えられる．およそ 200 mL を超えると膀胱が収縮し，尿が排泄される．尿の排泄量は，1 日平均およそ 1.5 L である．おもな成分は尿素で，尿 1 L におよそ 20 g 含まれている．腎臓結石の原因物質を突き止めるために 18 世紀の化学者たちは尿の主要な成分を結晶化によって単離しようとしたが，尿中にある塩化ナトリウムが一緒に結晶化してしまうためうまく単離することができなかった．イギリスの化学者で内科医でもあった William Prout* は，1817 年に純粋な尿素をつくり分析によってその元素組成が CH_4N_2O であると決定し，大きな評価を得た．Prout は，病気は分子によるもので分子レベルで理解すべきもの，という当時の革新的思想の熱心な支持者であった．この考えはいわゆる生気論者の考え方と衝突した．生気論者たちは，生きている生物の機能は「生命原理」によって制御されており化学（や物理学）によって説明できるものではない，と考えていたのである．

この議論に無機化学者であった Wöhler が加わった．彼は 1828 年にシアン酸鉛とアンモニアからシアン酸アンモニウム，$NH_4^+OCN^-$（あるいは CH_4N_2O）をつくろうとして，Prout が尿素だと決定したものと同じ化合物を得た．彼は自分の師の一人に「私は腎臓や生物体の力を借りずに尿素をつくることができた」と書いて送っている．彼の画期的な発見を記した論文「尿素の人工的な合成について」のなかで，その合成方法について「無機物質から有機物質を人工的に製造した例としてすばらしい事実である」と述べている．彼はまた，シアン酸アンモニウムと同じ元素組成をもつ化合物がまったく異なった化学的性質を示すことを発見したことの重要性についても触れている．まさに異性体の概念を認識した先駆者であった．Wöhler の尿素合成によって同時代の生気論者たちは簡単な有機化合物は実験室でもつくることができるという意見を受け入れざるを得なかった．この教科書で学ぶように，その後の数十年間に尿素よりもはるかに複雑な分子が数多く合成された．それら分子のうちいくつかは自己複製能力や「生きているような」特性を備えていた．その結果，命のないものと生きているものの間の境界が狭くなったのである．

身体内での機能はさておき，窒素含有量が非常に高いために尿素は理想的な化学肥料である．尿素はまたプラスチックや接着剤の製造における原材料でもあり，化粧品や消火器の原材料でもある．さらに道路にはった氷を融かす岩塩の代替品としても使用されている．世界で毎年 2 億トンもの量の尿素がアンモニアと二酸化炭素から工業的につくられている．

小麦の生長における窒素肥料の効果：左側が処理，右側が未処理．

* William Prout 博士（1785 ～ 1850），ロンドン，イギリス内科医師会．

反応は有機化学の「語彙」であり，反応機構は「文法」である

化学反応を記述する際，さしあたり出発物質あるいは**反応物質**〔(reactant)，**基質**(substrate)ともいう〕と**生成物**(product)だけを示す．先に述べた塩素化の反応においては，メタン(CH_4)と塩素(Cl_2)が反応してクロロメタン(CH_3Cl)と塩化水素(HCl)が生成する．全体の変換は，$CH_4 + Cl_2 \rightarrow CH_3Cl + HCl$ というように表す．しかしながら，たとえこのように簡単な反応であっても，実際は数段階の複雑な過程を経て進行する．反応物質は最初に一つあるいは二つ以上の不安定

な観察できない物質(これらをXとする)に変化し，次にこのXが生成物へとすばやく変換される．反応式の背後に存在するこのように詳細な内容を**反応機構**(reaction mechanism)とよぶ．メタンの塩素化の反応機構は2段階から成る．すなわち，$CH_4 + Cl_2 \rightarrow X$と，これに続く$X \rightarrow CH_3Cl + HCl$の2段階である．全体の反応が進行するかどうかに，二つの段階がともにかかわっている．

先にXで表した物質は，反応物質から生成物に至る途中で生成する化学種であり，**反応中間体**(reaction intermediate)の一例である．塩素化の反応機構と反応中間体の性質については3章で学ぶ．

どうすれば反応機構を決定することができるだろうか．私たちは，この問いに対する厳密な答えをもっていない．私たちにできるのは，出発物質から生成物へと至る間の分子の一連のふるまいに符合した(あるいは示唆する)まわりの証拠を集めることである(「反応機構の推測」)．そうするためには，有機分子は互いに結合した原子の集まりにすぎないという事実にもとづいて反応機構を考える．そこで結合の切断と生成が，三次元的にどのように，いつ，どれくらいの速度で起こるのか，また基質の構造の変化が，反応の生成物にどのように影響を及ぼすのかについて学ぶことにする．そうすれば，反応機構を厳密に証明することはできないまでも，多くの(あるいはすべての)他の可能な機構を排除し，最もふさわしい反応経路を提案することができる．

Reaction

Mechanism

有機化学を「学び」，「利用する」ことは，見方によれば言葉を学び，使うことによく似ている．適切な言葉を使えるようになるには，語彙(すなわち反応)を知ることが必要である．さらに理知的な会話を交わすためには文法(すなわち反応機構)も必要となる．語彙と文法のどちらか一方だけでは，言葉を完全に使いこなすことはできず，互いの意志を理解し合えない．両方がそろってはじめて互いの間の情報伝達の有力な手段となる．これと同じように，反応と反応機構についてのどちらか一方だけの知識では，有機化学を十分に理解することができない．ところが両方の知識があれば，有機化学を合理的に理解でき，予見的な分析までもが行えるようになる．反応と反応機構の関係をより明らかにするために，全編を通じて欄外の適当な場所に，反応(reaction)および反応機構(mechanism)を表す左のような図形マークを入れた．

有機化学に関する原理を学ぶに先立って，結合に関するいくつかの基本的な原理について見てみよう．そうすれば，これらが有機分子の反応性や物理的性質を理解し，予見するのに役立つ概念であることがわかる．

Coulombの法則にもとづく電荷の分離が，パリのちょうど中心地で起こっている様子．

1-2 Coulomb力：結合についての簡単な概観

原子間の結合によって分子はその形を維持している．それでは，結合はどのようにして生成するのだろうか．二つの原子が相互作用することによってエネルギー的に有利となる場合にのみ結合が生成する．そして結合が生成する際にエネルギーが，たとえば熱として放出される．反対にその結合を切断するためには，生成時に放出されたのと同じ量のエネルギーを投入する必要がある．

結合生成にともなってエネルギーが放出されるが，そのおもな二つの要因は電荷に関するCoulombの法則にもとづいている．

1　正と負の相反する電荷は互いに引きつけ合う(電子は陽子に引きつけられる).
2　同種の電荷は互いに反発する(電子は空間に広がろうとする).

結合は Coulomb 力ならびに電子の交換によって形成される

一つひとつの原子は，電気的に中性な粒子である中性子と，正の電荷をもった**陽子**(proton，プロトン)とから成る核をもっている．核のまわりには陽子の数と等しい数の負の電荷をもった電子が存在し，電荷は全体としてゼロである．二つの原子が互いに接近するにつれ，一方の原子の正電荷を帯びた核が，もう一方の原子の電子を引きつける．同様に，もう一方の原子の核も他方の原子の電子を引きつける．その結果，二つの核はそれらの間に位置する電子によって結びつけられる．この種の結合生成は **Coulomb*の法則**(Coulomb's law)によって表される．すなわち，異符号の電荷は，二つの電荷の中心間の距離の 2 乗に逆比例する力によって互いに引き合う．

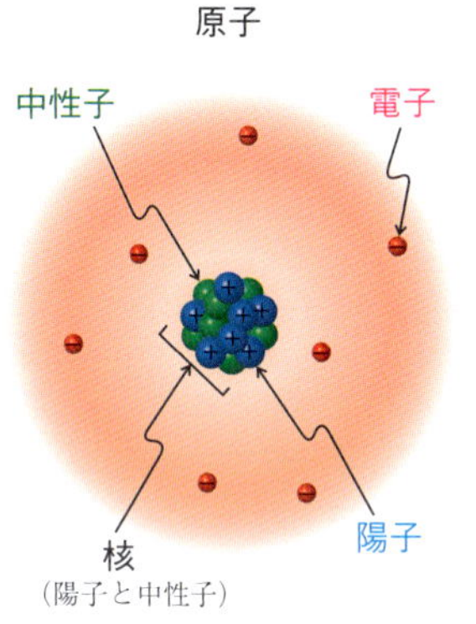

* Charles Augustin de Coulomb 中佐(1736 ～ 1806)，フランス，パリ大学の総監督官．

Coulomb の法則

$$\text{引力} = \text{定数} \times \frac{(+)\text{電荷} \times (-)\text{電荷}}{\text{距離}^2}$$

中性の原子どうしが結合する際，この引力に見合うだけのエネルギーが放出される．このエネルギーが**結合の強さ**(bond strength)になる．

原子どうしがある距離まで接近すると，エネルギーはもはや放出されなくなる．この地点における二つの核間距離を**結合距離**(bond length)(**図 1-1**)という．二つの原子をこの距離よりもいっそう接近させようとすると，エネルギーが急激に増大する．なぜだろうか．上に述べたように異符号の電荷が引き合うのに対して，同符号の電荷は互いに反発するためである．原子どうしが近づきすぎると，電子と電子，そして核と核の反発のほうが，核と電子の引力よりも強くなってしまう．互いの核が適当な距離，すなわち結合距離を隔てて存在していると，電子は両方の核のまわりに広がり，引力と反発力がうまくバランスを保って最強の結合が実現される．このとき二原子系のエネルギー含有量は最小となり，最も安定な状態

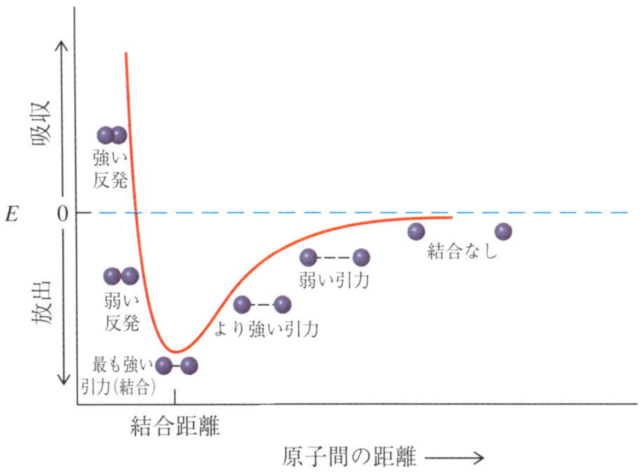

図 1-1　二つの原子が互いに近づくときのエネルギー E の変化．結合距離として定義される極小点で最も強い結合が形成される．

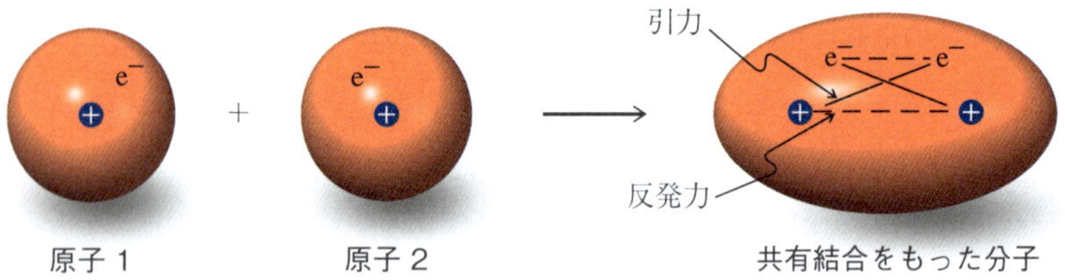

図 1-2　共有結合の生成．二つの原子間で結合を生成する際の引力（実線）と反発力（破線）．大きな球は，核のまわりで電子が見いだされる空間の領域を示す．プラス符号を囲む小さな円は核を表す．

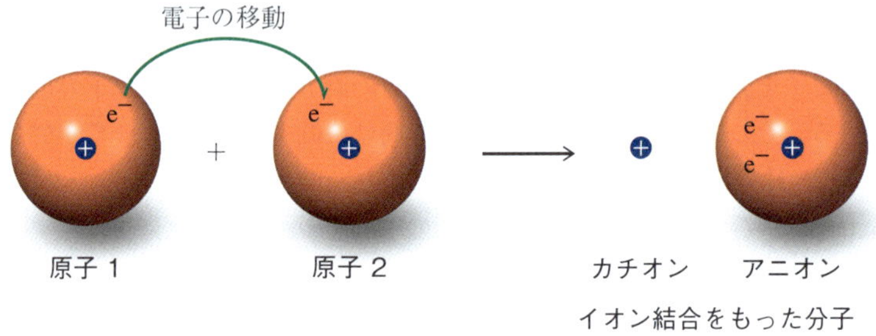

図 1-3　イオン結合の生成．原子 1 から原子 2 へ電子が完全に移ることによって，互いに引きつけ合う異符号の電荷をもった二つのイオンが生成することで，共有結合とは異なるもう 1 種類の結合が生成する．

（図 1-2）にある．

この種の結合生成とはまったく異なるもう一つの結合生成様式がある．それは，一方の原子からもう一方の原子へ，電子を完全に移動させるものである．電子の移動の結果，二つの電荷をもったイオンが生じる．一つは正に帯電した**カチオン**（陽イオン；cation）であり，もう一方は負に帯電した**アニオン**（陰イオン；anion）である（図 1-3）．結合生成の駆動力はやはり Coulomb 力である．ただし，先に述べたものが核と電子の間の Coulomb 力であったのに対し，この場合は二つのイオン間の Coulomb 力である．

図 1-2 と図 1-3 に示した電荷の引力と反発力から成る Coulomb 力によって起こる結合生成の模式図は，原子が結合をつくる際に起こる相互作用をごく簡単に表現したものである．しかしながら，この模式図は有機分子のさまざまな性質をうまく説明するのにおおいに役立つ．次節では，結合についてより詳しく解説する．

1-3 イオン結合と共有結合：8 電子則

負に帯電した粒子と正に帯電した粒子の間の引力が，結合生成の基本であることを学んできた．それでは，実際の分子にこの概念をどのようにうまく当てはめることができるだろうか．有機分子の原子間相互作用の仕方は次の二つの極限的な結合様式を基にして説明される．

1　電子を共有することによって形成される**共有結合**（covalent bond）（図 1-2）．
2　異符号の電荷をもった二つのイオンの静電的な引き合いによって形成される**イオン結合**（ionic bond）（図 1-3）．

多くの原子はこれら二つの極限の中間的な様式で炭素と結合している．イオン結合のうちのあるものは共有結合の性質をももっており，また共有結合のうちのあるものは部分的にイオン結合の性質を示す（分極している）．

この2種類の結合を説明する要因は何だろうか．この問いに答えるには，原子とその組成に立ち戻って考える必要がある．周期表を見て，原子番号が増えるにつれて元素の電子構造がどのように変化するかを見ることから始めよう．

8 電子則が周期表の基礎である

表 1-1 に周期表の一部を示した．ここには有機分子において最もよく目にする元素である炭素(C)，水素(H)，酸素(O)，窒素(N)，硫黄(S)，塩素(Cl)，臭素(Br)，ヨウ素(I)などが記されている．また有機合成に不可欠でしかも広く使用されている反応剤に含まれるリチウム(Li)，マグネシウム(Mg)，ホウ素(B)，リン(P)などの元素もこの周期表のなかに入っている(これらの元素にあまりなじみがないのであれば，表 1-1 あるいは見返しの周期表を見よ)．

周期表の元素は，原子番号あるいは核の電荷(陽子の数，これらは電子の数とも等しい)の順に並べられている．原子番号，すなわち電子や陽子の数は周期表で次の元素に移るごとに1個ずつ増える．電子はそれぞれが一定の容量をもったエネルギー準位，つまり「殻」を占有している．たとえば，最初の殻は2電子，2番目の殻は8電子，3番目の殻は18電子を収容することができる．第一の殻に2電子をもつヘリウムや，最外殻に**8 電子**(octet)をもつネオン，アルゴンなどの貴ガス類はとくに安定である(欄外を見よ)．これらの貴ガス類は，化学反応性をほとんど示さない．これに対して，貴ガス類以外の炭素(欄外を見よ)を含むすべての元素は，最外殻に8個未満の電子しか収容していない．

これらの元素は最外殻に8電子を収容し，貴ガス類と同じ電子配置をとって分子を形成しようとする．

次の二つの節において，この目的を達成するための二つの対極に位置する方法，すなわち純粋な 100 %イオン結合あるいは純粋な共有結合の形成について述べる．

貴ガス

満たされた殻：2 電子

He^{2}

満たされた殻

2 電子　8 電子

$Ne^{2,8}$

炭素原子

第一の殻は満たされている

$C^{2,4}$

第二の殻は満たされていない：
価電子が4個

練習問題 1-1

(a) 図 1-1 の結合より弱い結合が生成する場合について，この図を書き改めよ．
(b) 表 1-1 を暗記せよ．

純粋なイオン結合では電子の移動によって 8 電子則が満たされる

反応性の高いナトリウム(Na)金属は，同じく反応性の高い塩素ガスと激しく反応して，安定な物質である塩化ナトリウムになる．同様に，ナトリウムはフッ素(F)や臭素，ヨウ素と反応してそれぞれ対応する塩を生成する．リチウムやカリウム(K)のような他のアルカリ金属もハロゲン類と同様の反応をする．周期表で左端に位置するアルカリ金属から右に位置するハロゲン類に**価電子**(valence electron)とよばれる外殻電子を与えることによって，金属とハロゲン元素が互いに貴ガスの電子配置をとることができる．そのために反応がうまく進行する．

塩化ナトリウムを例にとって，イオン結合がどのように生成するかについて考えてみよう．ナトリウムと塩素が相互作用すると，どうしてエネルギー的に有利なのだろうか．原子から電子を奪い取るにはエネルギーが必要である．このエネ

表 1-1 周期表の一部

周期							ハロゲン	貴ガス
第一	H^{1}							He^{2}
第二	$Li^{2,1}$	$Be^{2,2}$	$B^{2,3}$	$C^{2,4}$	$N^{2,5}$	$O^{2,6}$	$F^{2,7}$	$Ne^{2,8}$
第三	$Na^{2,8,1}$	$Mg^{2,8,2}$	$Al^{2,8,3}$	$Si^{2,8,4}$	$P^{2,8,5}$	$S^{2,8,6}$	$Cl^{2,8,7}$	$Ar^{2,8,8}$
第四	$K^{2,8,8,1}$						$Br^{2,8,18,7}$	$Kr^{2,8,18,8}$
第五							$I^{2,8,18,18,7}$	$Xe^{2,8,18,18,8}$

注：上つき数字は元素の各主殻にある電子の数を示す．

ルギーが原子の**イオン化ポテンシャル**(ionization potential, **IP**)である．気体状態のナトリウムのイオン化エネルギーは 119 kcal mol^{-1} である*．反対に電子が原子と結合する際にはエネルギーが放出される．**電子親和力**(electron affinity, **EA**)とよばれるこのエネルギーの値は，塩素では－83 kcal mol^{-1} である．これら二つの過程を経て，ナトリウムから塩素へ1電子が移動する．したがって，1電子を移動させるには 119 － 83 ＝ 36 kcal mol^{-1} のエネルギーを投入する必要がある．

＊本書ではエネルギーの値に慣用的単位である kcal mol^{-1} を使用する．mol は mole の略記．1 kcal は 1 kg の水を 1℃温めるのに要するエネルギーである．SI 単位ではエネルギーはジュール(kg m^2 s^{-2} あるいはキログラム・メートル^2・秒$^{-2}$)で表される．換算式は 1 kcal ＝ 4184 J ＝ 4.184 kJ(キロジュール)であり，鍵となる重要なところでは，このキロジュールの値をかっこでつけ加える．

$Na^{2,8,1} \xrightarrow{-1e} [Na^{2,8}]^{+}$ 　ナトリウムカチオン（ネオンの電子配置）　IP ＝ 119 kcal mol^{-1} (498 kJ mol^{-1}) 必要なエネルギー投入量

$Cl^{2,8,7} \xrightarrow{+1e} [Cl^{2,8,8}]^{-}$ 　塩化物イオン（アルゴンの電子配置）　EA ＝ －83 kcal mol^{-1} (－347 kJ mol^{-1}) 放出されるエネルギー

$Na + Cl \longrightarrow Na^{+}Cl^{-}$ 　合計 ＝ 119－83＝36 kcal mol^{-1} (151 kJ mol^{-1})

それでは，ナトリウムと塩素から，なぜそれほど簡単に NaCl が生成するのだろうか．イオン結合においては，カチオンとアニオンが引っぱり合う静電的な引力が働く．相互作用をするのに最も都合のよい距離にあるとき〔気体状態ではおよそ 2.8 Å(オングストローム；1 Å ＝ 10^{-10} m，1 m の 100 億分の 1)，あるいは 0.1 nm(ナノメートル)〕，この引力によっておよそ 120 kcal mol^{-1} のエネルギーが放出される(図 1-1)．このエネルギーの放出量は，先に述べた 1 電子移動を起こすのに必要な 36 kcal mol^{-1} を補い，ナトリウムと塩素の反応をエネルギー的に有利なものに変えるのに十分な量である〔＋36 － 120 ＝ －84 kcal mol^{-1} (－351 kJ mol^{-1})〕．

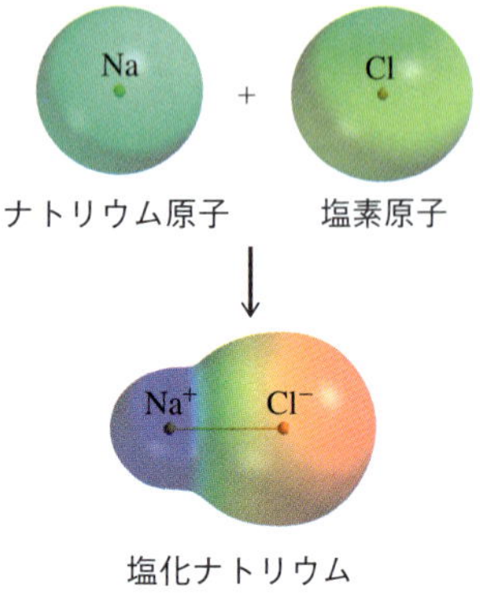

電子移動によるイオン結合の生成

$$Na^{2,8,1} + Cl^{2,8,7} \longrightarrow [Na^{2,8}]^{+}[Cl^{2,8,8}]^{-} \text{ または } NaCl\ (-84\ kcal\ mol^{-1})$$

有利な貴ガス電子配置をとるために複数の電子が移動することもある．たとえば，マグネシウムは二つの価電子をもっている．そして適当な受容体に 2 個の電子を与えることによって，ネオンの電子配置をもった 2 価の電荷をもつカチオン(Mg^{2+})となる．このようにして典型的な塩のイオン結合が形成される．

電荷が分子内でどのように分布しているかは，静電ポテンシャル図で表現される．コンピュータで描かれるこうした図は，分子をとりまく「電子雲」の形だけ

でなく，色を変えることによって中性からの電荷のずれをも表現することができる．たとえば，電子密度の大きいところ，すなわち負の電荷をもったところは赤色で示される．逆に，電子密度が小さく，究極的に正の電荷をもったところは青色で示される．さらに電荷の偏りがなく，中性のところは緑色で示される．ナトリウム原子と塩素原子から Na^+Cl^- が生成する反応が，この表現方法にしたがって前ページの欄外に描かれている．生成物を見ると，Na^+ は青色で Cl^- は赤色で示されている．

価電子を表すのにより便利な方法は，元素記号のまわりに小さな点を示す方法である．この電子点式表記法では，真ん中の元素記号は核と内殻にあるすべての電子を表す．これらを合わせて**殻電子配置**（core configuration）とよぶ．

価電子の電子点式表記

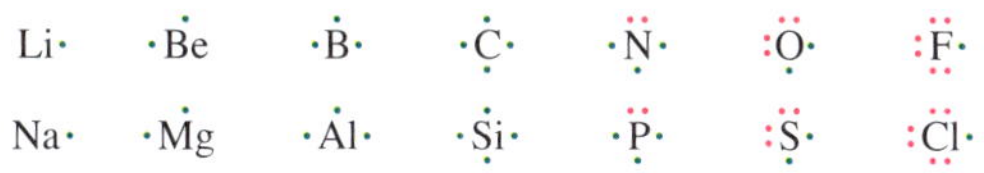

塩の電子点式表記

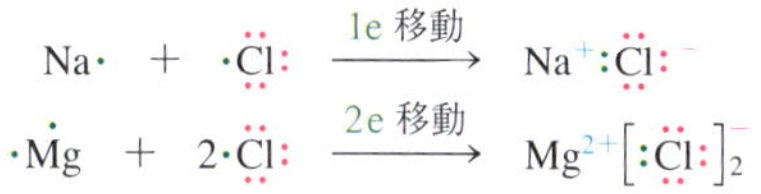

水素原子は特殊で電子を 1 個放出して裸の核である**陽子**（proton）になるだけでなく，電子を一つ受け取ってヘリウムの電子配置をもつ**水素化物イオン**（ヒドリドイオン, hydride ion, [H, つまり H:]$^-$）ともなる．実際，リチウムやナトリウム，カリウムなどの水素化物（Li^+H^-，Na^+H^-，K^+H^-）反応剤が広く使用されている．

H· $\xrightarrow{-1e}$ $[H]^+$　裸の核　IP = 314 kcal mol^{-1}（1314 kJ mol^{-1}）
陽子（プロトン）

H· $\xrightarrow{+1e}$ $[H:]^-$　ヘリウムの電子配置　EA = −18 kcal mol^{-1}（−75 kJ mol^{-1}）
水素化物イオン

練習問題 1-2

イオン結合をもった LiBr，Na_2O，BeF_2，$AlCl_3$ ならびに MgS について，それぞれ電子点式表記法で表した式を示せ．

共有結合では電子を共有することによって 8 電子則が満たされる

二つの同じ元素間でイオン結合をつくることは，電子の移動がふつう非常に不利であるため難しい．たとえば水素分子を H^+H^- という形でつくるには，300 kcal mol^{-1}（1255 kJ mol^{-1}）近い大きなエネルギーが必要である．同じ理由から，ハロゲン分子 F_2，Cl_2，Br_2，I_2 のどれをとっても，イオン結合でできているものはない．水素のイオン化ポテンシャルが高いため，ハロゲン化水素の結合もイオン結合ではない．周期表の中央に近い元素ほど，貴ガス配置をとるために必要な電子の授受が非常に難しく，そのためイオン結合をつくることはまず不可能である．炭素はまさにそういう元素である．ヘリウムの電子配置をとるには4個の電子を放出しなければならないし，ネオンの電子配置をとるには4個の電子を受け取らなければならない．電子のやりとりによって大量の電荷が生じるため，この4電子の授受というプロセスはエネルギー的にたいへん不利である．

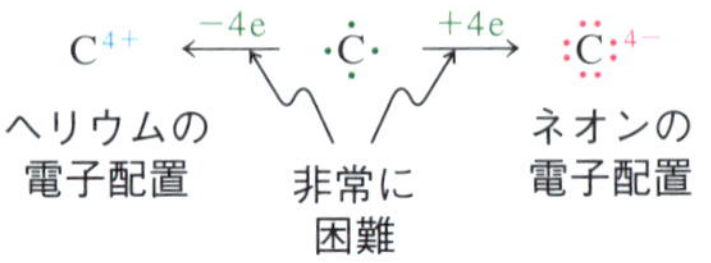

このような場合は，イオン結合に代わって**共有結合**(covalent bond)が生成する．共有結合では二つの元素が電子を共有し合うことによって，それぞれの元素が貴ガスの電子配置をとる．代表的な分子として H_2 や HCl をあげることができる．HCl 分子の場合，塩素原子は，自分の価電子1個と水素の価電子1個，合わせて2個の電子を水素との間で共有することによって8電子構造を確保する．また塩素分子 Cl_2 は，二つの塩素原子が互いに2電子を共有し合うことによって8電子構造をとる二原子分子である．このような結合を**共有単結合**(covalent single bond)とよぶ．

共有単結合の電子点式表記

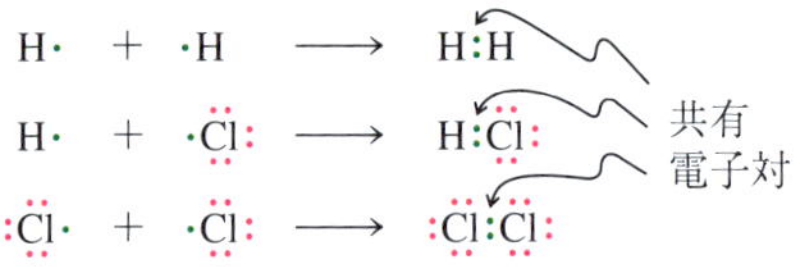

炭素は4個の価電子をもっているので，ネオンの電子配置をとるには，メタン分子に見られるように4個の電子を共有しなければならない．窒素は5個の価電子をもっており，アンモニア分子のように3個の電子を共有しなければならないが，6個の価電子をもつ酸素の場合には，水分子に見られるように2個の電子を共有するだけでよい．

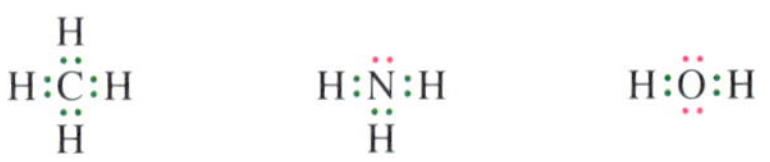

メタン　アンモニア　水

共有結合に必要な2個の電子を，一つの原子が一方的に供給することも可能である．例として，プロトンがアンモニアや水に付加して NH_4^+ や H_3O^+ を生成する反応をあげることができる．

アンモニウムイオン　オキソニウムイオン

貴ガスの電子配置をとるために，2電子結合〔**単結合**(single bond)〕の他に4電子結合〔**二重結合**(double bond)〕や 6 電子結合〔**三重結合**(triple bond)〕も形成される．エテン分子やエチン分子を形成する炭素原子は，2 組もしくは 3 組の電子対を共有している．

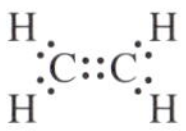

エテン(ethene)
(エチレン, ethylene)[*1]

エチン(ethyne)
(アセチレン, acetylene)[*1]

電子を小さな点で表現し，1 組の二つの小さな点で結合を表すこの電子点式表記法を **Lewis**[*2] **構造式**(Lewis structure)とよぶ．この表記法についての一般的な規則は 1–4 節で詳しく述べる．

＊1　分子の名前の書き方については，体系化された名称(2–6 節で紹介する)を最初に書き，次に現在でもよく使われている，いわゆる慣用名をかっこのなかに書くことにする．

＊2　Gilbert N. Lewis(1875 ～ 1946)，アメリカ，カリフォルニア大学バークレー校教授．

練習問題 1-3

F_2, $\underline{C}F_4$, $\underline{C}H_2Cl_2$, $\underline{P}H_3$, BrI, HO^-, $H_2\underline{N}^-$ ならびに $H_3\underline{C}^-$ について，電子点式表記法を使ってそれぞれの構造を示せ(分子式の下線の引いてある元素を分子の中心に置け)．すべての元素が貴ガスの電子配置をとっていることを確かめよ．

有機化合物中の結合のうち大多数は電子が均等に分配されていない：極性をもつ共有結合

先の二つの節では，各原子が結合することによって貴ガス構造をとるための二つの極端な方法，すなわち純粋なイオン結合と純粋な共有結合について述べた．しかしながら実際の化合物においては，多くの結合がこれら二つの両極に位置する結合様式の中間にある．すなわち**極性をもつ共有結合**(polar covalent bond)として存在する．多くの塩に見られるイオン結合も部分的に共有結合性をもっており，逆に炭素との共有結合もいくぶんイオン的あるいは分極した性質をもっている．電子の共有とともに Coulomb 力もまた結合の安定化に寄与できることを思い起こそう(1–2 節)．極性をもつ共有結合がどの程度高い極性をもっているか，また極性の方向はどうか．

表 1-2　おもな元素の電気陰性度

電気陰性度が大きくなる →（左から右）

電気陰性度が大きくなる ↑（下から上）

			H 2.2			
Li 1.0	Be 1.6	B 2.0	C 2.6	N 3.0	O 3.4	F 4.0
Na 0.9	Mg 1.3	Al 1.6	Si 1.9	P 2.2	S 2.6	Cl 3.2
K 0.8						Br 3.0
						I 2.7

注：L. Pauling によって決定され A. L. Allred によって更新された値．
〔*Journal of Inorganic and Nuclear Chemistry*, **17**, 215(1961)参照〕．

周期表において左から右に行くにつれて，元素の核の正電荷が増加することを心にとめておくことで，こうした問いに答えることができる．つまり，周期表の左側に位置する元素においては，それら元素の電子が周期表の右側に位置する元素の電子に比べると，核によってそれほど強く束縛されていない．そのためにこれらの元素は電子を供給しやすく，「電子を押し出す」性質をもっている．そこで**電気的に陽性**(electropositive)な元素とよばれる．一方，右側に位置する元素は電子を受け入れやすく，「電子を引っぱる」性質があり，**電気的に陰性**(electronegative)な元素とよばれる．表 1-2 にいくつかの元素の相対的な電気陰性度を示す．表にあげた元素のうちでフッ素の電気陰性度が最も大きく，この尺度では 4 という値になる．周期表の縦の列を上から下に，たとえばフッ素からヨウ素へと降りるにつれて電気陰性度の値がどんどん小さくなることに気づくだろう．この現象は Coulomb の法則によるものである．すなわち原子が大きくなるにつれ，原子をとりまく電子がそれぞれの原子核からどんどん遠くなり，原子核の引力が弱くなるためである．

分子は分極した結合をもつが，分子全体としては分極していない例

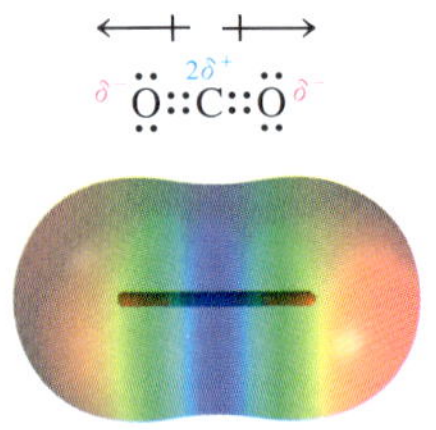

二酸化炭素
(carbon dioxide)

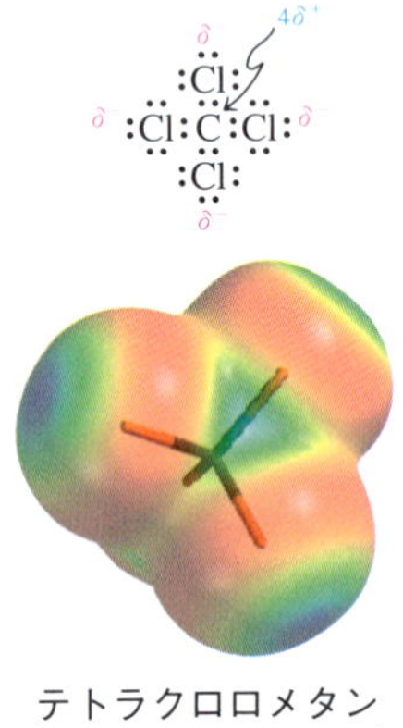

テトラクロロメタン
(tetrachloromethane)

なぜ最もイオン的な(最も共有結合性の少ない)結合(たとえば塩化ナトリウムのようなアルカリ金属塩)が周期表の両端の二つの元素間で生成するのかが，表 1-2 から容易に理解できる．一方，純粋な共有結合は，同じ電気陰性度をもった原子の間(すなわち，H_2，N_2，O_2，F_2 などのように同一原子から成る分子)，あるいは炭素－炭素結合において形成される．しかしながら，多くの共有結合は異なる電気陰性度をもった原子の間で形成されており，その結果，**分極**(polarization)している．結合が分極しているということは，その結合において電子密度の中心がより電気陰性度の大きい原子のほうへ移っていることを意味する．このことは，部分的な正の電荷 δ^+ と部分的な負の電荷 δ^- を，それぞれより電気陰性度の小さい，あるいは大きい原子の肩に添えることによって定性的に表示される．電気陰性度の差が大きければ大きいほど，電荷の分離の度合いが大きい．大ざっぱにいって，電気陰性度の差が 0.3 から 2.0 の場合には極性をもった共有結合を生成する．差が 0.3 より小さい値の場合は，本質的に「純粋な」共有結合を形成する．これに対し，差が 2.0 より大きい場合は「純粋な」イオン結合を形成する．

異符号の電荷の分離は，電気的**双極子**(dipole)とよばれ，尾のほうに縦線をもつ正から負の方向へ向かう矢印(⟼)によって表現される．HF，ICl や CH_3F に見られるように分極した結合をもつ分子は，全体として極性をもっている．

極性をもつ結合

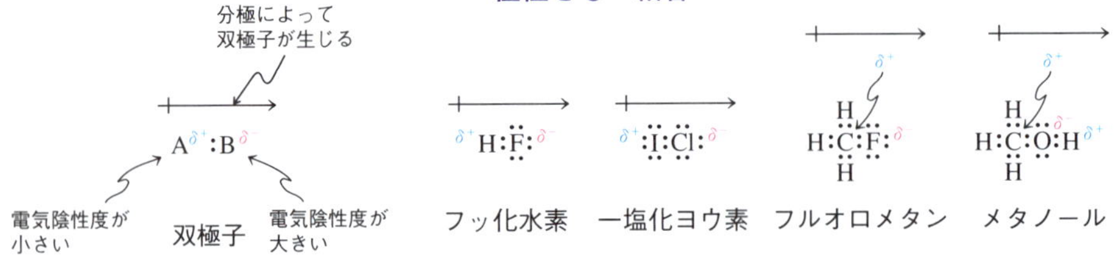

分子が対称性をもつ場合には個々の結合の分極が相殺されるので，全体として分子は極性をもたない．CO_2 や CCl_4(欄外)がこの例に当てはまる．分子全体の

極性は各結合の双極子のベクトルの総和によって決定されるので，分子が極性をもつかどうかを知るためには，分子の形を知らねばならない．前ページ欄外の静電ポテンシャル図は CO_2 と CCl_4 分子における分極をわかりやすく示しており，それぞれの炭素は青色で，一方，より電気陰性度の大きな原子である酸素や塩素は赤色で示されている．さらに，この図をよく見ると，それぞれの分子の形から分子全体としては分極していないことがわかるだろう．静電ポテンシャル図を見るとき，二つの点に注意が必要である．(1) 表現されている色の差別化の程度はそのつど変化する．たとえば，10 ページに描かれている，二つの原子がそれぞれ 100 % 近い電荷をもっている NaCl のような分子に対する色使いと，電荷の偏りが小さな，前ページの欄外に描かれている CO_2 分子に対する色使いは異なっている．CO_2 分子の場合にはより繊細な色合いが使われている．したがって，一つの分子の静電ポテンシャル図を電子的に大きく異なる他の分子のそれと比較すると誤解を招くことになる．本書に出てくる多くの有機分子の構造はとくにことわりがなければ相対的なスケールで表されている．(2) おのおのの点でポテンシャルが求められているので，すべての核とその近傍にある電子からの寄与を含んでいる．その結果，それぞれの核のまわりの空間領域の色は一様ではない．

静電ポテンシャル図の色見本

負の電荷が強い
(δ^-)

正の電荷が強い
(δ^+)

価電子反発が分子の形を制御する

分子は電子の反発（結合電子と非結合電子の両方を含む）が最小となる形をとる．H_2 や LiH のような二原子分子では，2 原子間にただ 1 組の結合電子対があるだけで，2 原子の配列の仕方も 1 通りしかない．それでは 3 原子から成る分子であるフッ化ベリリウム（BeF_2）ではどうだろうか．分子は折れ曲がっているだろうか．それとも直線状だろうか．結合電子と非結合電子が 180° 離れた状態のとき，すなわち 3 原子が**直線**（linear）構造をとるとき，互いの電子が最も離れており，電子の反発は最小となる*．ベリリウムの他の誘導体も，また，周期表の同じ列にある他の元素の誘導体も，同様に直線状の構造をもっていることが予想される．

*このことは気体状態においてのみ当てはまることである．室温で BeF_2 は固体であり（核原子炉で使用される），Be と F 原子が互いに結合した複雑な網目構造をしており，明瞭な直線状の三原子構造はとっていない．

BeF_2 は直線状である　　　**BCl_3 は三方形である**

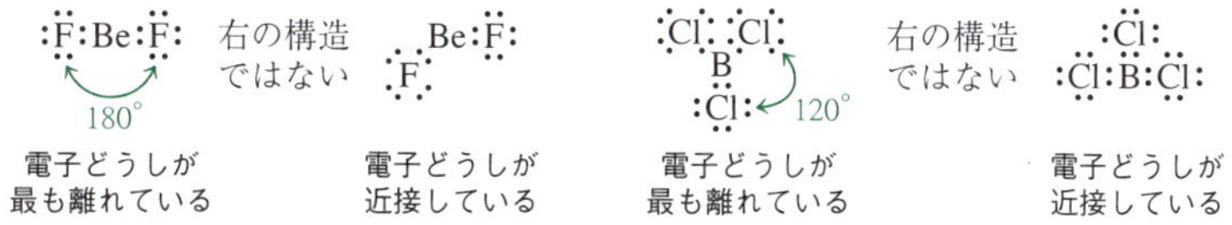

三塩化ホウ素では，ホウ素の三つの価電子と三つの塩素原子との間で三つの共有結合が形成されており，電子反発のためにきれいな**三方形**（trigonal）の配列をとる．すなわち，三つのハロゲン原子が正三角形の頂点を占め，ホウ素が中心に位置している．そして三つの塩素原子それぞれの結合電子対（ならびに非結合電子対）は，互いの距離が最も離れた状態，すなわち 120° 離れた位置を占めている．ホウ素の他の誘導体ならびに周期表の同じ列の他の元素の類縁化合物も，同じような三方形構造をとる．

同様の原理で炭素化合物を考えると，メタン（CH_4）で見られるように**四面体**

(tetrahedral)構造となる．四つの水素を四面体の頂点に置くと，対応する4組の結合電子対の電子反発が最小になる．

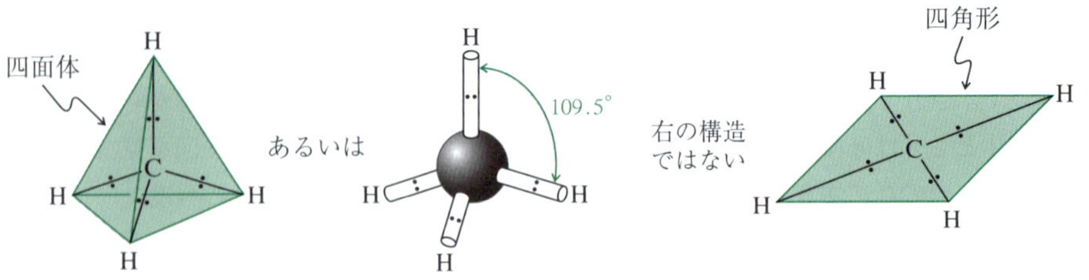

電子反発を最小にすることによって分子の形を決定するこの方法を，**原子価殻電子対反発法**(valence shell electron pair repulsion method，**VSEPR 法**)とよぶ．BCl_3 分子や CH_4 分子を，これらの化合物が平面構造をもち，90°の結合角をもっているように書くことがよくあるが，これはただ単に書くのに便利であるという理由からである．このような二次元表記と分子の三次元的な真の姿(BCl_3 は三方形，CH_4 は四面体)とを混同しないように注意しよう．

練習問題 1-4

電荷の分離を示す双極子の矢印を用い，H_2O，SCO，SO，IBr，CH_4，$CHCl_3$，CH_2Cl_2 ならびに CH_3Cl それぞれについて，結合の分極を示せ(うしろ四つの化合物では炭素を分子の中心に置くこと)．

練習問題 1-5

アンモニア分子(NH_3)は三方形ではなく，107.3°の結合角をもったピラミッド形構造をしている．水分子(H_2O)は直線状ではなく，104.5°に折れ曲がっている．なぜか．(**ヒント**：非結合電子対の影響を考えよ．)

まとめ 結合には，イオン結合と共有結合という2種類の極限的な結合様式がある．いずれの結合の場合にも，結合を生成することがエネルギー的に有利である．その有利さは Coulomb 力と貴ガス電子配置をとろうとする駆動力に起因している．大部分の結合は，これらイオン結合と共有結合が混じり合ったもの，すなわち極性をもつ共有結合(あるいは共有結合性をもつイオン結合)として記述するのがよりふさわしい．分極した結合が存在すると分子は極性をもちうる．実際に極性をもつかどうかは分子の形に依存し，分子は単純に電子反発が最小となるようにその結合や非結合電子を配置した形をとる．

1-4 結合の電子点式表記法：Lewis 構造式

Lewis 構造式は，有機化合物の立体構造や極性ならびにこれらにもとづく反応性を予想するのに重要である．そのため，本書では全章にわたって Lewis 構造式を用いる．本節では，Lewis 構造式を正確に書き，価電子の行方を見失わないための規則について述べる．

指針　Lewis 構造式の書き方

電子点式構造式は，次の規則にしたがって正しく簡単に書くことができる．

規則 1　まず(与えられたあるいは望みの)分子骨格を書く．メタンを例にとって説明する．メタン分子では炭素原子が四つの水素原子に結合しており，右図のような分子骨格をもつ．

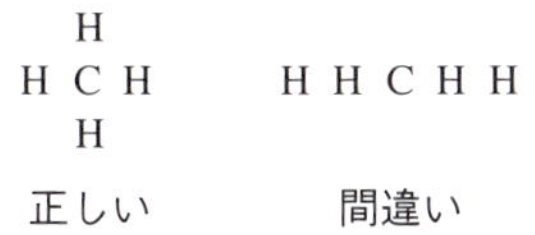

規則 2　価電子の数を数える．構成原子おのおのがもつ価電子をすべて足し合わせる．分子が電荷をもった構造(アニオンやカチオン)をとる場合には，電荷に対応した電子の数を加えたり，引いたりという特別の注意が必要である．

CH_4	4 H	4 × 1 電子	=	4 電子	HBr	1 H	1 × 1 電子	=	1 電子
	1 C	1 × 4 電子	=	4 電子		1 Br	1 × 7 電子	=	7 電子
		合計		8 電子			合計		8 電子
H_3O^+	3 H	3 × 1 電子	=	3 電子	NH_2^-	2 H	2 × 1 電子	=	2 電子
	1 O	1 × 6 電子	=	6 電子		1 N	1 × 5 電子	=	5 電子
	電荷	+1	=	−1 電子		電荷	−1	=	+1 電子
		合計		8 電子			合計		8 電子

規則 3　**8 電子則**(octet rule)　1 対の電子だけを必要とする H は例外として，他の原子のできるだけ多くがそれぞれのまわりに 8 個の電子を配置するように共有結合を書く．一つの共有結合は二つの共有電子で形成する．このようにして書いた構造式の電子の総数が，規則 2 で得た総数に一致することを確かめる．周期表の右側に位置する元素には，**孤立電子対**(lone electron pair あるいは lone pair)とよばれる，結合に関与しない価電子対をもつものもある．

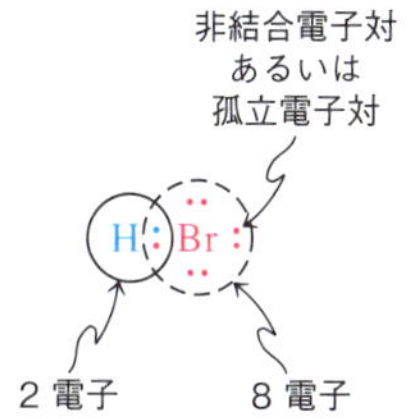

臭化水素を例にとって考えてみよう．水素から 1 電子，臭素から 1 電子を出し合って共有電子対を形成することによって，水素のまわりには 2 電子が，そして 3 組の孤立電子対をもつ臭素のまわりには 8 電子が存在する電子配置をとる．臭化水素とは異なり，メタンではすべての価電子が結合に関与している(右側)．すなわち，四つの C−H 結合を形成することによって四つの水素はすべて 2 電子をもち，炭素原子も 8 電子則を満たしている．HBr の Lewis 構造式の正しい例と間違った例を次に示す．

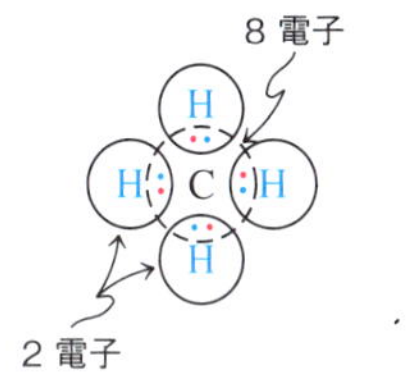

正しい Lewis 構造式

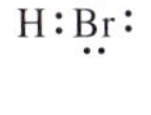

間違った Lewis 構造式

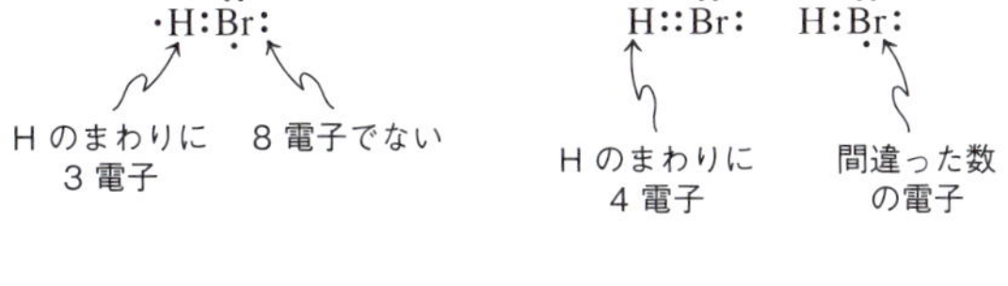

単結合だけで 8 電子則を満たすのは難しいことがよくある．このような場合には，8 電子則を満足させるために二重結合(2 組の共有電子対)や三重結合(3 組の共有電子対)が必要となる．例として，価電子を 10 個もつ窒素分子 N_2 を

あげる．NとNの間の結合を単結合とすると，二つの窒素原子のまわりにはそれぞれ6電子ずつ存在することになる．また二重結合とすると，一方の窒素原子だけが8電子則を満たす．両方の窒素原子が8電子則を満たすには，二つの窒素原子間に三重結合を形成することが必要である．実際，窒素分子はこの構造をとっている．すべての原子が8電子則(水素の場合は2電子則)を満たすために，その分子のなかに必要な結合の数は全部でいくつになるかを知るのに役立つ簡単な方法がある．まず構成原子おのおのがもつ価電子をすべて数える(規則2)．次に，水素原子に対しては2電子，その他の原子には8電子を与えるのに必要な電子の総数を求める．そしてすべての構成原子が8電子則(水素は2電子則)を満たすために必要な電子の総数からすべての構成原子のもつ価電子の総数を引き，その差を2で割る．たとえば窒素 N_2 の場合には必要な電子の総数が16で価電子の総数が10なので結合の数は3となる．

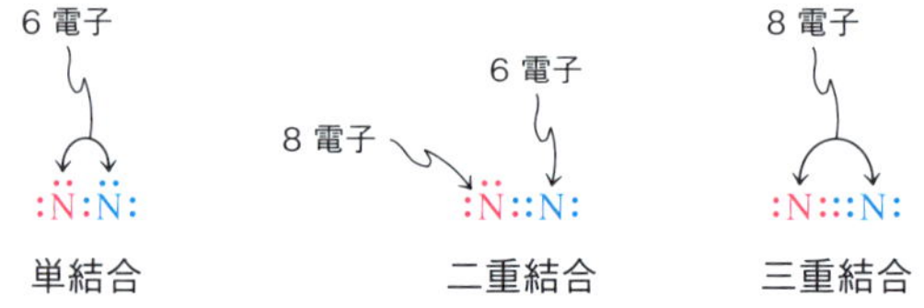

二重結合や三重結合をもった分子の例をさらにいくつか下に示す．

正しい Lewis 構造式

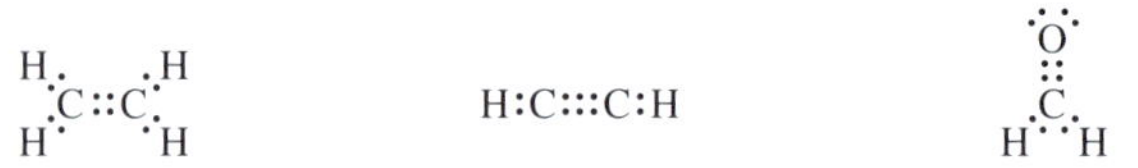

エテン(エチレン)　エチン(アセチレン)　ホルムアルデヒド

実際，次のような簡単な一連の操作によってLewis構造式を正しく書くことができる．まず，相互に結合している原子すべてを単結合(すなわち結合形成のために共有されている電子対)で連結する．次に，もしまだ電子が残っているなら，8電子則を満たす原子の数を最大にするように孤立電子対を分配する．そして最後に，8電子則を満たさない原子がある場合には，8電子構造をとるのに必要な数だけ孤立電子対を共有電子対に変える(練習問題1-7，1-23，および1-24を参照せよ)．

こぼれ話

化学結合についての考えを展開するなかで，Gilbert Lewisは当初，電子が立方体の八つの角を占めるという立方体の原子の図を書いていた．

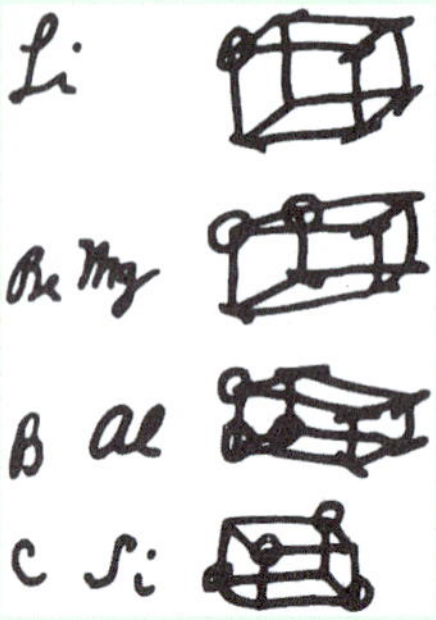

G. N. Lewisによって描かれた立方体の原子(1902年)．

練習問題 1-6

次の分子，HI，$CH_3CH_2CH_3$，CH_3OH，HSSH，SiO_2(OSiO)，O_2，CS_2(SCS)のそれぞれについてLewis構造式を書け．

規則4 分子のなかにある各原子の形式電荷を決定する．分子中の各原子の価電子の数を数えるとき，おのおのの孤立電子対は2電子として数え，結合形成のために共有されている電子対は1電子として数える．このようにして数えたある原子の価電子の総数が，結合をつくる前の遊離の原子の外殻電子数と異なっている場合には，その原子は分子生成によって電荷を得たことになる．電荷は次のように求められる．

形式電荷 ＝ (遊離で中性な原子の外殻電子数) − (分子中における原子の孤立電子の数) − $\frac{1}{2}$ (分子中において原子のまわりに存在する結合電子の数)

あるいは，より簡単に

形式電荷＝価電子の数−孤立電子の数 − $\frac{1}{2}$ 結合電子の数

形式電荷の形式という用語を用いる理由は，分子中で電荷は一つの原子に局在化しているのではなく，その原子をとりまく原子上にいろいろな割合で分布しているためである．

オキソニウムイオンでは，どの原子が正の電荷をもっているのだろうか．各水素原子のまわりには，酸素との結合に用いられている共有電子が二つずつ存在する．したがって，水素原子それぞれの価電子数は 1 となる．この 1 という電子数は，結合をつくる前に遊離の水素原子がもっていた電子数 1 と同じなので，各水素原子の(形式)電荷は 0 である．一方，オキソニウムイオンにおける酸素の価電子数は，2(孤立電子の数)＋3(6 個の結合電子数の 1/2)＝5 となる．この数は酸素原子が結合生成以前にもっていた外殻電子数 6 よりも一つ少ない．したがって酸素は＋1 の電荷をもち，正の電荷は酸素上に存在するということになる．

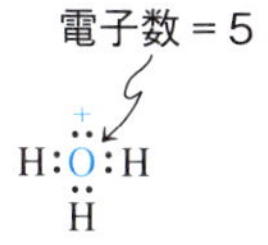

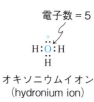

オキソニウムイオン
(hydronium ion)

もう一つの例，ニトロシルカチオン(NO^+)について考えてみよう．分子は，窒素原子と酸素原子を結びつけている三重結合に加えて，窒素上に 1 組の孤立電子対をもっている．窒素はもとの外殻電子数と同じ五つの価電子をもっているため電荷をもたない．一方，酸素原子のまわりにも 5 個の価電子が存在する．ところが，遊離で中性の酸素原子はもともと 6 個の価電子をもっていたので，NO^+ イオン中の酸素原子は＋1 の電荷をもっていることになる．他の例を下に示す．

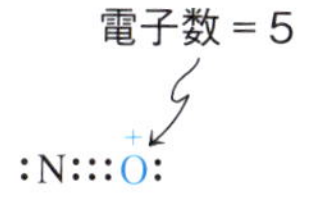

ニトロシルカチオン
(nitrosyl cation)

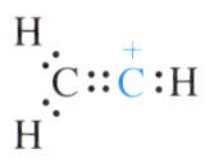

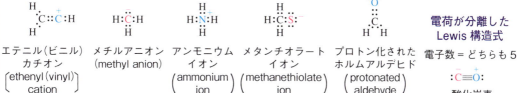

エテニル(ビニル)カチオン
(ethenyl (vinyl) cation)

メチルアニオン
(methyl anion)

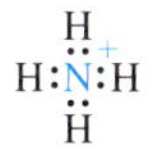

アンモニウムイオン
(ammonium ion)

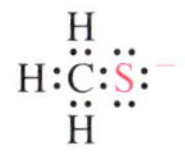

メタンチオラートイオン
(methanethiolate ion)

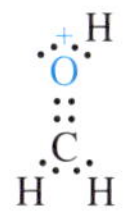

プロトン化されたホルムアルデヒド
(protonated aldehyde)

8 電子則にしたがった構造式を書くと，全体として中性である分子中の原子が電荷をもつことがときどきある．このような場合の Lewis 構造式は**電荷が分離した**(charge separated)形となる．例として，一酸化炭素(CO)や，硝酸(HNO_3)のような窒素−酸素結合をもつ化合物をあげることができる．

電荷が分離した Lewis 構造式

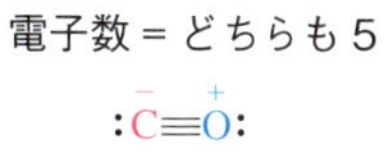

一酸化炭素
(carbon monoxide)

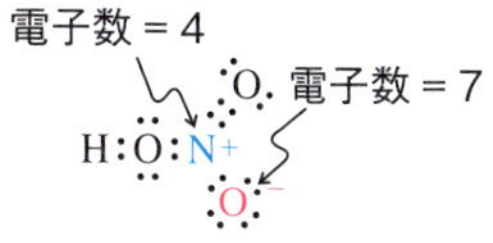

硝酸
(nitric acid)

8電子則が常に満たされているわけではない

8電子則は第二周期の元素にのみ，また8電子則を満たすのに十分な数の価電子が存在する場合にのみ厳密に適用される．次の三つの例外がある．

例外1 これまでにあげたすべての正しいLewis構造式の例が，偶数個の電子をもっている．すなわち，すべての電子が結合電子対あるいは孤立電子対を形成していることに気づいたであろう．ところが，酸化窒素(NO)や中性のメチル基(メチルラジカル，$\cdot CH_3$；3-1節参照)など，奇数個の電子をもつ化学種では，すべての電子が対をつくることは不可能である．

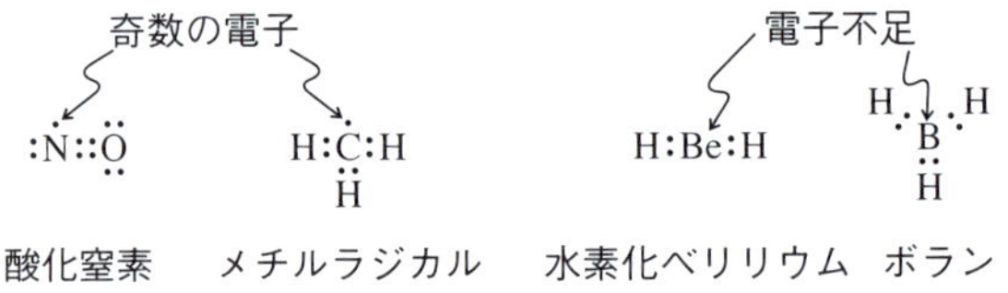

例外2 第二周期の前半の元素を含む化合物，たとえばBeH_2やBH_3では価電子が不足している．

例外1，2に該当する化合物は8電子則を満たす配置をとらないので異常に反応性が高く，8電子則を満たす構造をもった化合物に容易に変換される．たとえば，2分子の$\cdot CH_3$は瞬時に互いに反応し，エタン$CH_3—CH_3$となり，BH_3は水素化物イオンH^-と反応して水素化ホウ素イオンBH_4^-となる．

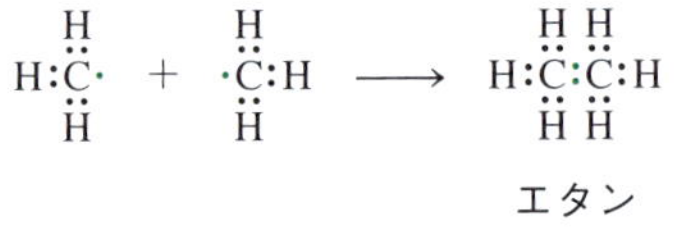

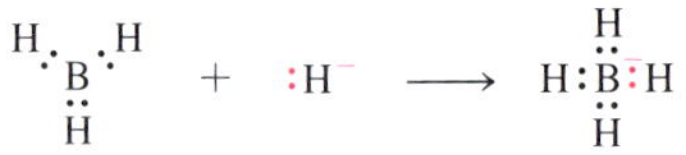

例外3 上記二つの例外は，第二周期の元素についてまわりの電子が8個より少ない原子を含む分子(あるいはH^+のように1個の電子をもつ水素)が存在することを示している．これに対して，第二周期を越えると，簡単なLewis構造モデルは厳密には適用できない．8個を超える価電子によって囲まれた元素もあり，このような構造的性質は**原子価殻の拡大**(valence shell expansion)とよばれている．たとえば，(窒素や酸素と同じ仲間である)リンや硫黄はそれぞれ3価あるいは2価をとる．そしてこれらの原子価をもつリンや硫黄の誘導体について，8電子則を満たすLewis構造式を容易に書くことができる．しかし，リン酸や硫酸などの身近な化合物に見られるように，この二つの原子はより高い原子価をもった安定な化合物をも形成する．これらの元素を含む8電子ならびにそれを超える電子をもつ分子の例を次に示す．

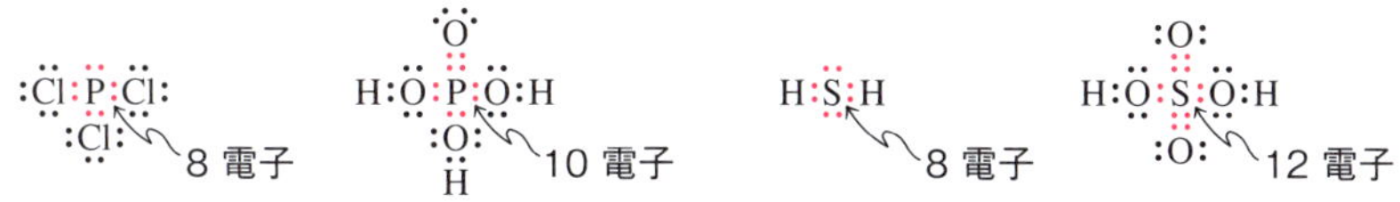

三塩化リン　　リン酸　　硫化水素　　硫酸

8電子則から明らかにはずれたこれらの構造を説明するには，量子力学(1−6節)による原子構造のより複雑な表現法が必要である．しかしながら，このような場合においても Lewis の 8 電子則を守った形で双極子構造を書くことができることに気づくであろう(1−5 節)．実際の分子構造ならびに量子化学計算にもとづくデータは，欄外に示す双極子構造が分子の共鳴構造にある程度寄与していることを示している．

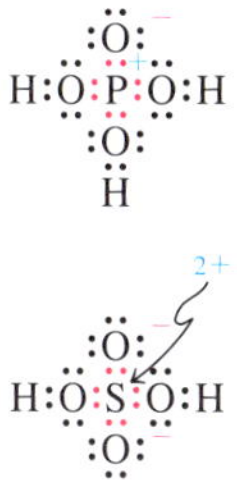

共有結合は直線で表記することができる

電子点式構造式を一つひとつ書くのは面倒である．大きな分子になるととくに煩雑になる．これに対して，共有単結合を 1 本の直線で，二重結合を 2 本線，三重結合を 3 本線で表現すればより簡単である．孤立電子対は二つの小さな点で表すか，あるいは省略する．このような分子の表記法は，実は電子が発見されるずっと以前にドイツの化学者 August Kekulé*によって考案されたものであり，**Kekulé 構造式**(Kekulé structure)とよばれている．

＊ F. August Kekué von Stradonitz(1829 ～ 1896)，ドイツ，ボン大学教授．

共有結合の直線による表記法

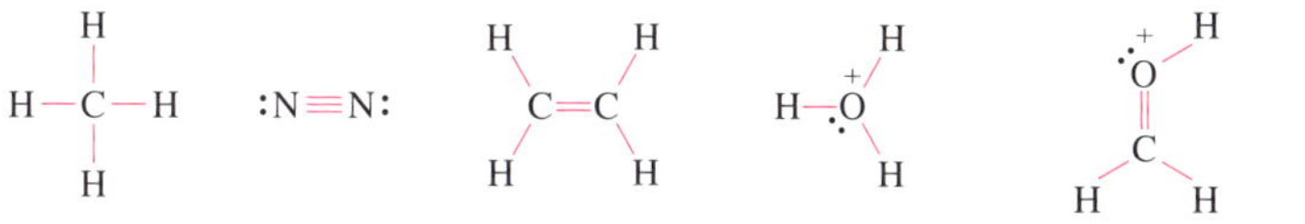

メタン　　窒素分子　　エテン　　オキソニウムイオン　　プロトン化されたホルムアルデヒド

練習問題 1-7

概念のおさらい：Lewis 構造式の書き方

$HClO_2$(HOClO)の Lewis 構造式を書け．どの原子が電荷をもっているかについても示せ．

● 解法のてびき

これらの問題を解くのに最もよい方法は，Lewis 構造式の書き方に対する前述の指針にしたがうことである．

● 答え

- 規則 1：分子骨格は上に示すように枝分かれのない形で描かれている．
- 規則 2：価電子の数を数える．

$$H = 1,\ 2O = 12,\ Cl = 7,\ 合計 = 20$$

- 規則 3：結合(共有電子対)がいくつ必要だろうか．価電子の数すなわち分子がもっている電子の総数は 20，そしてそれぞれの原子が 8 電子則(水素は 2 電子則)を満たすためには H 原子には 2 電子，他の三つの原子に対しては 3 × 8 = 24 電子の合計 26 電子が必要である．したがって(26 − 20)/2 = 3となり三つの結合が必要ということになる．

8電子則にしたがってすべての価電子を分配するために，最初に，すべての原子を2電子結合で連結する．H:O:Cl:O となり，6電子がこれらの結合に用いられる．次に，残りの14電子を水素以外のすべての原子が8電子則を満たすように左側の酸素原子から順に分配する．この操作によって4個，4個，6個の電子が使われる．こうして，すべての原子が8電子則を満たした構造となる．

- 規則4：形式電荷をもつ原子があるかどうかを知るためには，分子中の各原子のまわりの「有効な」価電子数とその原子が結合をつくる前の遊離の状態のときにとる外殻電子数の間の違いを順に調べればよい．まず，HOClO 中のHについて考えてみる．このHの有効な価電子数は1であり，H原子が結合をつくる前にもっていた電子数と等しい．したがって，この水素原子は中性である．水素の隣の酸素については，これら二つの数字がいずれも6であり，この酸素も中性である．塩素に関しては有効な価電子数は6であるが，中性塩素原子の価電子数は7である．したがって，この塩素はプラス1の電荷をもつ．末端の酸素については，(分子中の)価電子の数は7であり，一方(中性原子の)価電子数は6なのでマイナス1の電荷をもっていることになる．そこで，この分子は次のように表される．

練習問題 1-8 自分で解いてみよう

次の分子のLewis構造式を書け．電荷をもっている分子に対してはどの原子が電荷をもっているかについても示せ(ふつうの書き方では構造式がわかりにくい分子については，原子の結合の順序をかっこ内に示した)．SO，F_2O(FOF)，BF_3NH_3(F_3BNH_3)，$CH_3OH_2^+$($H_3COH_2^+$)，$Cl_2C{=}O$，CN^-，C_2^{2-}．(**注意**：Lewis構造式を正しく書くには，それぞれの原子に帰属する価電子の数を知ることが重要である．もしこの数がわからないのであれば問題を解く前に調べよう．電荷をもつ構造式であれば，価電子の総数をそれに応じて調整する必要がある．たとえば，−1の電荷をもった化学種は，それを構成する原子に帰属する価電子の総数よりも一つ多くの電子をもつ．)

まとめ Lewis構造式では，結合は電子を示す小さな点または直線を用いて表現する．可能なかぎり，水素原子のまわりには2電子が，その他の原子のまわりには8電子が配置されるように表記する．電荷をもつ分子では，各原子上の電子数を数えて適当な原子に電荷を与える．

1-5 共鳴構造

有機化合物のなかには，いくつかの正しいLewis構造式が書ける分子が存在する．

炭酸イオンには正しいLewis構造式が数個ある

炭酸イオン(CO_3^{2-})について考えてみよう．先に述べた規則にしたがって，すべての原子が8電子に囲まれたLewis構造式(A)を容易に書くことができる．二つの負電荷は，下側にある二つの酸素原子上に局在化している．また三つ目の酸素原子は中性で，中央の炭素原子に二重結合で結ばれており，かつ2組の孤立電子対をもっている．では，下側に書いた二つの酸素原子が電荷をもっているとどのようにして決めたのだろうか．理由はまったくない．ただ単に便宜上そうしただけである．炭酸イオンを記述するのに構造式(B)や(C)で表現してもなんら差し支えない．これら三つの正しい Lewis 構造式は互いに**共鳴構造**(resonance form)であるという．

炭酸イオンの共鳴構造式

共鳴構造式を表す際は，角かっこ［　］と両頭矢印↔が用いられる．

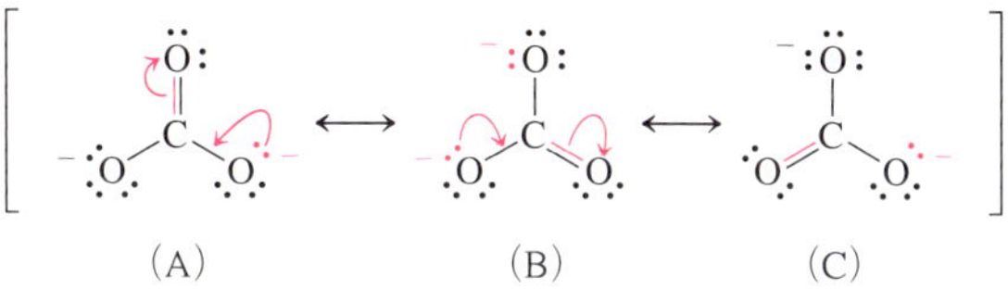

赤色の矢印 ⤻ は電子対の動きを表す(電子の押し出し)

個々の共鳴構造式は，互いに両頭矢印(⟷)で結び，全体を角かっこ［　］で囲む．これらの構造式の特徴は，分子中の核の位置は変えずに赤色の矢印で示したように電子対だけを動かすことによって相互に変換できるという点である．(A)を(B)に，また(B)をさらに(C)に変換するのに，どちらも2組の電子対を動かせばよい．このような電子の動きは一般的に「電子の押し出し」とよばれ，曲がった矢印(⤻)で示される．

電子対の動きを曲がった矢印で表現する方法は，共鳴構造式を書くときに，電子の総数を変えてしまうというつまらない間違いをしないで済む有効な手段である．反応機構を書く場合にも電子の動きを追うのに有効である(2-2，6-3節参照)．

それでは炭酸イオンの真の構造とはどのようなものなのか

炭酸イオンには，Lewis 構造式で示されるように，二重結合で炭素に結合した中性の酸素が一つと，単結合で炭素に結合し負電荷をもった酸素原子が二つ存在するのだろうか．それとも(A)，(B)，そして(C)はそれぞれ平衡の関係にある異性体だろうか．これらの考えは正しくない．もし正しいとすれば，二重結合は一般に単結合よりも短いので，炭素－酸素結合の長さに違いがあるはずである．ところが炭酸イオンは完全に対称であり，炭素は三角形の中心を占め，すべての C—O 結合は同じ長さをもち，二重結合と単結合の中間の長さを示す．負電荷は三つの酸素原子上に均等に配分されており，電子が「空間に広がる」傾向(1-2節)と符合して**非局在化**(delocalization)しているという．いいかえると，炭酸イオンを表す(A)，(B)，(C)のどの Lewis 構造式もそれ自体は正しくない．真の構造は(A)，(B)，(C)の複合体であり，その複合体は**共鳴混成体**(resonance hybrid)とよばれる．構造式(A)，(B)，(C)は互いに等価であり(すなわち，三つの構造式おのおのが同数の原子，結合ならびに電子対をもっている)，分子の真の構造に対して均等に寄与するが，いずれもそれ単独では分子を正確に表現することができない．

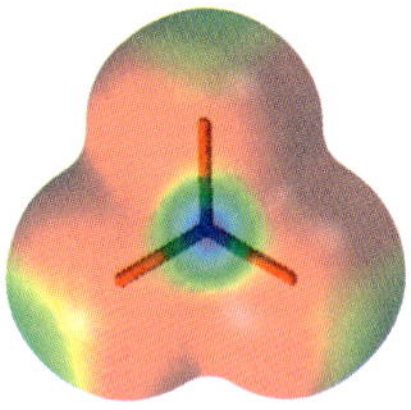

炭酸イオン

なぜならそれは，Coulomb 反発力を最小にするためであり，共鳴による局在化は安定効果をもつ．つまり，炭酸イオンは，二重に負に帯電した有機分子について予測されるよりもはるかに安定である．

炭酸イオンの共鳴混成体の点線による表記

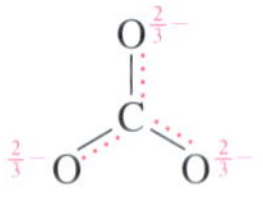

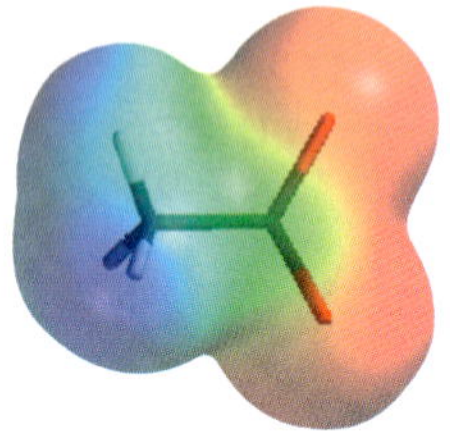

酢酸イオン

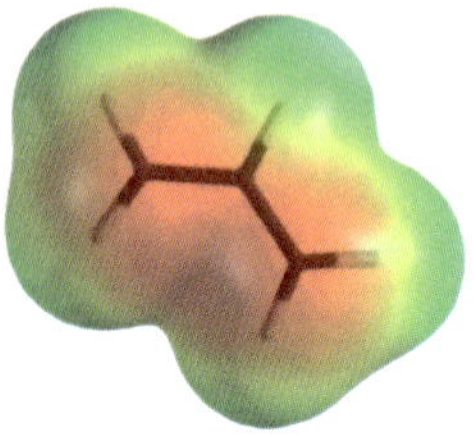

2-プロペニルアニオン

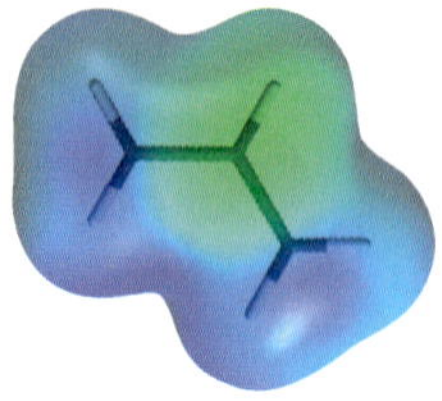

2-プロペニルカチオン

共鳴という言葉は，分子が異なる二つの形の間をゆれ動くとか，両者を平衡状態にさせるとかを連想させる．しかし，この連想は正しくない．分子は決して個々の共鳴式のどれとも似ていない．共鳴混成体というただ一つの構造をもっているだけである．一般の化学平衡式における構造式とは違って，共鳴構造式は分子の構造そのものを表すのではない．とはいってもそれぞれの共鳴構造式は，分子の真の構造に対して部分的に寄与しており，分子構造のある一面を表現している．両頭矢印と角かっこを使用するという特別な約束が決められているのは，この理由のためである．炭酸イオンが正三角形の対称形をとることは前ページ欄外の静電ポテンシャル図を見れば明らかである．

炭酸イオンのような共鳴混成体を記述するのに用いられるもう一つの慣用法は，結合を実線と点線を組み合わせて書く方法である．左の図中の $\frac{2}{3}-$ という書き方は，おのおのの酸素原子上に部分的な電荷（$\frac{2}{3}$の負電荷）が存在することを示している．この方法を用いれば，三つの炭素−酸素結合と三つの酸素原子がすべて等価であることを明確に表現することができる．共鳴混成体の他の例として，酢酸イオンと2-プロペニル（アリル）アニオンをあげる．

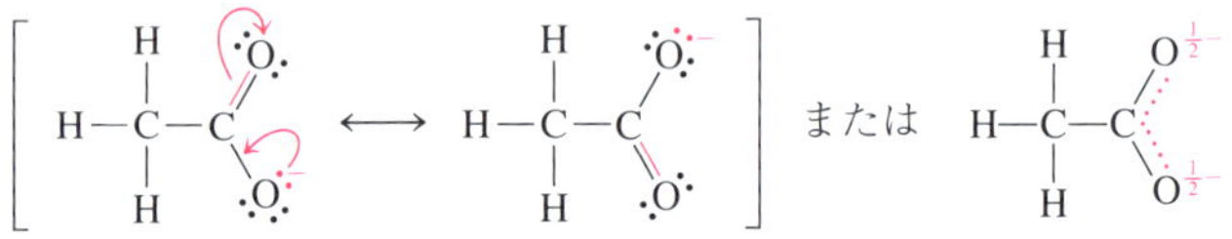

酢酸イオン

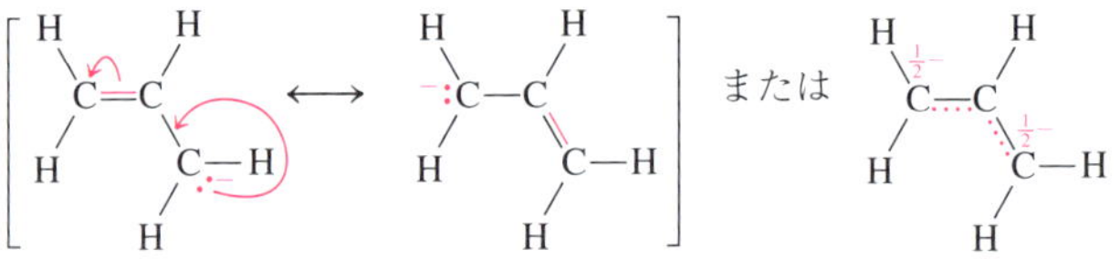

2-プロペニル（アリル）アニオン

共鳴構造式は8電子則を満たさない分子についても書くことができる．たとえば2-プロペニル（アリル）カチオンは共鳴によって安定化される．

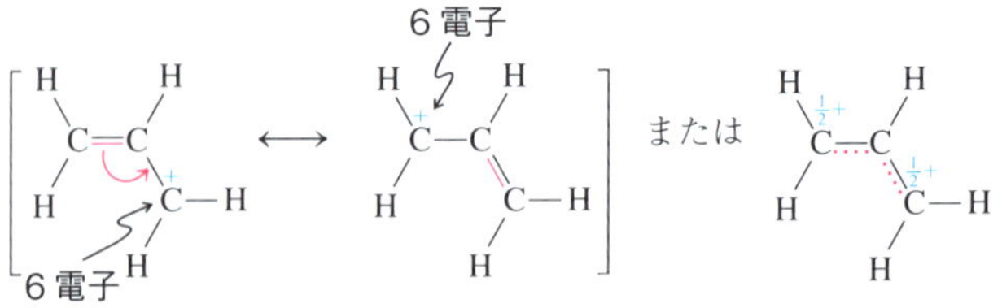

2-プロペニル（アリル）カチオン

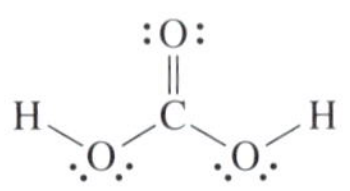

炭酸

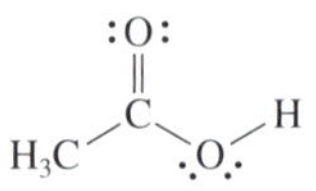

酢酸

共鳴構造式を書く場合，次のことに留意してほしい．(1) 1組の電子対をある原子から別の原子に移すと電荷の移動が起こる．矢印の根元にある原子は正の電荷を引き受け，矢印の先にある原子は負の電荷を引き受ける．(2) すべての原子の相対的な位置を変えてはいけない．動かしてよいのは電子だけである．(3) 等価な共鳴構造式は共鳴混成体に対して均等に寄与する．(4) 共鳴構造式どうしを結びつける矢印には両頭矢印（⟷）を用いる．そして(5) 第二周期のどの元素についても8電子を超えてはならない．

共鳴構造を認識し，その式を書くことは反応性を予測するうえで重要である．

たとえば，炭酸イオンと酸の反応は三つある酸素 a, b, c のうち，二つの酸素上(a と b, b と c あるいは a と c)で起こり，炭酸(実際は CO_2 と H_2O との平衡にある)となる．同様に，酢酸イオンは二つの酸素のいずれか一つがプロトン化され酢酸(前ページの欄外を参照)となる．また，2-プロペニルアニオンは両端の二つの炭素のいずれかがプロトン化されプロペンとなる．一方 2-プロペニルカチオンは二つの炭素のいずれかが水酸化物イオンと反応して対応するアルコールを与える(下式を見よ)．

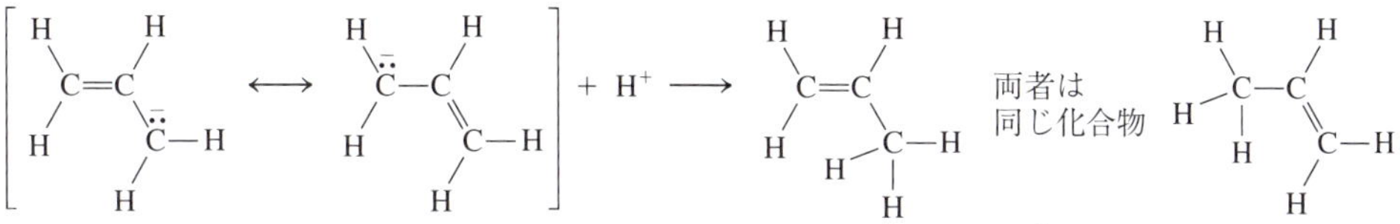

プロペン
(propene)

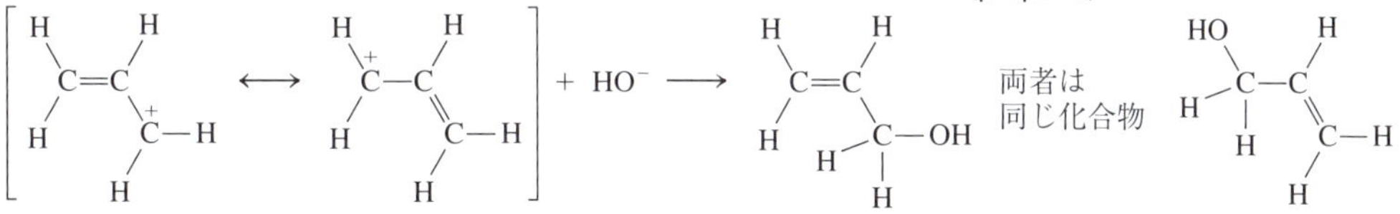

2-プロペン-1-オール
(2-propen-1-ol)

練習問題 1-9

(a) 次の分子(A)～(D)について考えよ．それぞれの構造式中に示した矢印の動きによって問題のない共鳴構造式に導くことができるか．もしそうならその共鳴構造式を書き，さらに答えの理由を説明せよ．

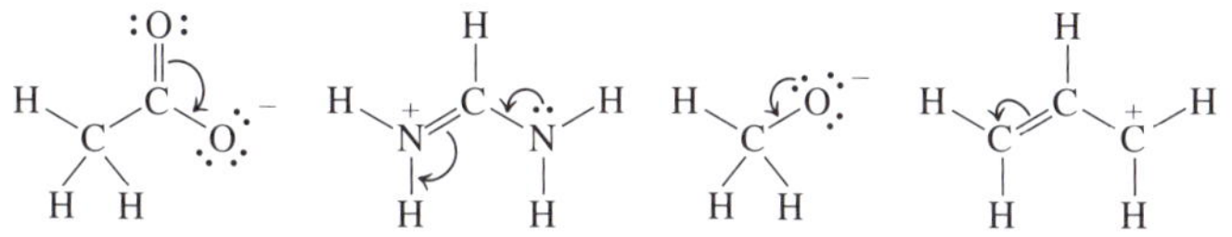

(A)　(B)　(C)　(D)

(b) 亜硝酸イオン NO_2^- の共鳴構造式を二つ示せ．この分子は幾何学的にどのような形をしているか(直線状かあるいは折れ曲がっているか)．(**ヒント**：窒素上の孤立電子対による電子反発の影響を考慮せよ)．(c) 原子価殻を拡張すると，可能な共鳴構造式の数が増大し，そのなかから最も有利な共鳴構造式を決定することがしばしば困難になる．そうしたとき一つの判断基準は，その Lewis 構造式から妥当な精度で結合距離や結合角を予測することができるかどうかということである．SO_2(OSO)について 8 電子則を満たした Lewis 構造式と原子価殻を拡張した共鳴構造式を書け．SO(練習問題 1-8)に対する Lewis 構造式，実験的に求められたその結合距離が 1.48 Å，そして SO_2 分子中の S−O の結合距離が 1.43 Å ということを考慮したとき，どの構造式が最もふさわしいものかを答えよ．

複数の色を混ぜて新しい色をつくる様子を想像することで，共鳴をより容易に理解できるかもしれない．たとえば，一つの共鳴構造式である黄色と二つ目の共鳴構造式である青色を混合すると，共鳴混成体である緑色となる．

共鳴構造式のすべてが等価というわけではない

上で述べた三つのイオンはすべて等価な共鳴構造式をもつ．しかしながら，互いに等価でない共鳴構造式で表現される分子も多数存在する．エノラートイオンが代表的な例である．二つの共鳴構造式において，二重結合の位置と電荷の位置が異なっている．

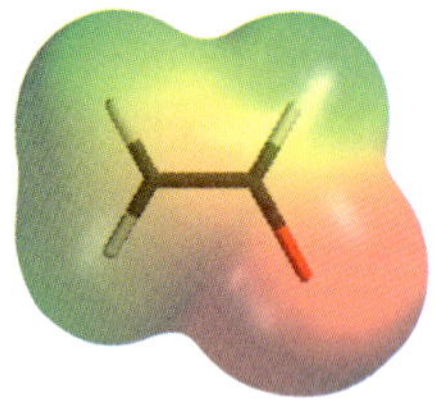

エノラートイオン

エノラートイオンの二つの非等価な共鳴構造式

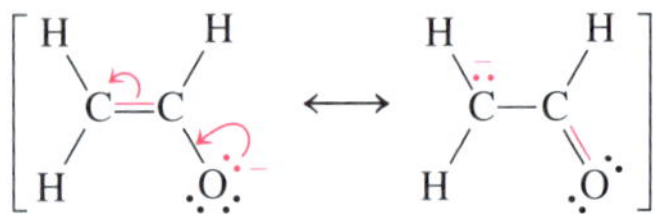

二つの構造式の両方がイオンの真の構造に対して寄与しているが，一方の構造式のほうが，他方の構造式に比べその寄与が大きい．どちらの寄与が重要なのだろうか．非等価な共鳴構造に対する考え方を，8電子則を満たさない原子を含む共鳴構造式にまで拡張すると，問題はより一般的になる．

[8電子則を満たした ⟷ 8電子則を満たさない] 共鳴構造式

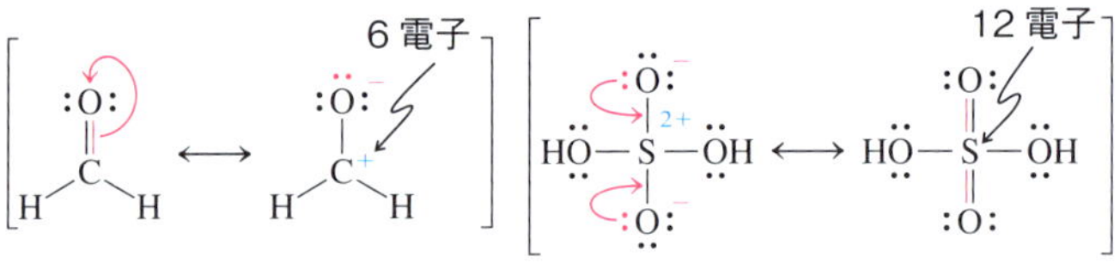

ホルムアルデヒド　　硫酸

このように考えを広げるためには，「正しい」Lewis構造式と「間違った」Lewis構造式の定義をゆるめ，すべての共鳴構造式が分子の真の姿に寄与しうると広くとらえなければならない．そうしたあとに，どの共鳴構造式が最も重要なものかを判断すればよい．いいかえると，どの共鳴構造式が**主要な共鳴寄与体**(major resonance contributor)かを決定する．それには次の指針が役に立つ．

指針　共鳴構造式の書き方

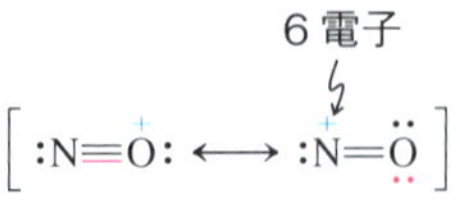

ニトロシルカチオン

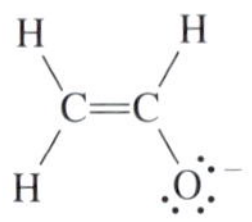

寄与の大きな共鳴構造

エノラートイオン

1　8電子則を満たす原子の数が最大となる構造が最も重要である．エノラートイオンの場合には，いずれの構造式においてもすべての構成原子が8電子則を満たしている．それではニトロシルカチオン(NO^+)について考えてみよう．欄外に示した二つの構造式のうち，酸素原子上に正電荷をもった左側の共鳴構造式のほうが，窒素，酸素ともに8電子則を満たしているために有利である．これに対し，窒素原子上に正電荷をもつもう一つの共鳴構造式では，窒素原子のまわりに六つの電子しかもたず，8電子則を満たしていないので，この構造式の共鳴混成体への寄与は小さい．したがって，NとOの間の結合は二重結合よりも三重結合に近く，正の電荷は窒素原子より酸素原子上により多く存在する．同様にホルムアルデヒドの電荷分離型の共鳴構造式(上述の右側の構造式)は，炭素原子のまわりに6電子しかなく，そのため寄与の小さい共鳴構造式である．第三周期の元素について原子価殻を拡張して考えれば(1-4節)，硫黄のまわりに12電子が存在し，しかも電荷の分離のない右側の硫酸の構造式がもっともらしい共鳴構造式のように見えるかもしれない．しかしながら，この場合も電荷分離型の8電子則を満たした左側の構造式のほうがよい．

2　電荷は電気陰性度の大きさにしたがって分布する．すなわち負電荷は，より電気陰性度の大きい原子上に，一方，正電荷は逆に電気陰性度の小さい原子上に位置する．ここでもう一度エノラートイオンについて考えてみよう．二つの共鳴構造式のうちどちらが有利だろうか．指針2によれば，負電荷が電気陰性度のより大きい酸素原子上にある左側の構造式のほうが有利といえる．実際，前ページの欄外に示した静電ポテンシャル図はこの予想が正しいものであることを裏づけている．

ニトロシルカチオン(NO^+)に戻って，もう一度考えてみよう．この場合には指針2にしたがうと混乱が起こる．つまりNよりもOのほうが電気的に陰性である．したがって指針2から考えると，窒素原子上に正電荷をもつ共鳴構造式のほうが有利ということになる．ところが，実際に共鳴混成体に対して寄与の大きい共鳴構造式は，より電気陰性度の大きい酸素原子上に正の電荷をもつ左側のものである．このように指針1と指針2とで結果が異なる場合には，8電子則が電気陰性度にもとづく指針に優先する．すなわち指針1が指針2に優先する．

3 (正と負の)電荷の分離がより少ない構造式が，電荷の分離の多い構造式に比べてより寄与の大きい共鳴構造式である．この規則はCoulombの法則から簡単に導かれるものである．正と負の電荷を分離するにはエネルギーを必要とするので，中性の構造式のほうが電荷が分離した構造式よりも有利である．ギ酸の共鳴構造式を例として下に示す．寄与の小さい正電荷と負電荷が分離した共鳴構造式も寄与していることが欄外の静電ポテンシャル図を見れば明らかである．しかしながら，カルボニル酸素上の電子密度がヒドロキシ部分の酸素上の電子密度に比べてより大きいことも明らかである．

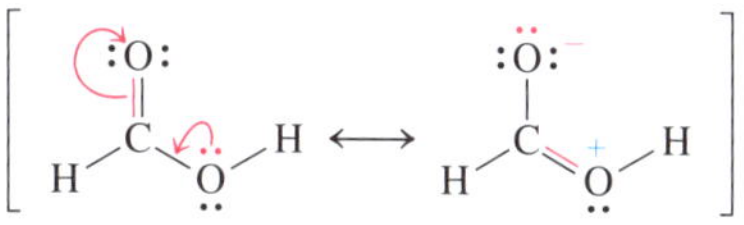

寄与が大きい　　寄与が小さい

ギ酸

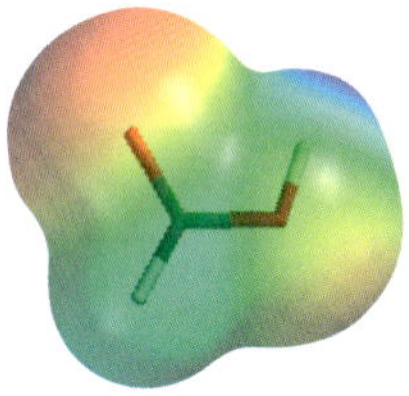

ギ酸

8電子則にしたがったLewis構造式を得るために，電荷を分離することもときには許される．すなわち指針1は指針3に優先する．一酸化炭素がその例である．原子価殻を拡張すると，8電子を超える共鳴構造式も可能ではあるが，電荷分離型の構造式の寄与が最も大きいリン酸や硫酸も，一酸化炭素と同様に電荷の分離した双極性の構造式のほうが寄与の大きい共鳴構造式である(指針1ならびに1-4節を参照せよ)．

寄与が小さい　　寄与が大きい

一酸化炭素

8電子則を満足し，かつ電荷の分離した共鳴構造式がいくつも書けるとき，最も有利な構造式は，構成原子の電気陰性度の大小に最もうまく合致した電荷の分布をもった構造式である(指針2)．たとえば，ジアゾメタンでは窒素が炭素に比べて電気的により陰性であるため，二つの共鳴構造式のうちから左の構造式を有利な構造式として容易に選ぶことができる(次ページの欄外の静電ポテンシャル図も参照せよ)．

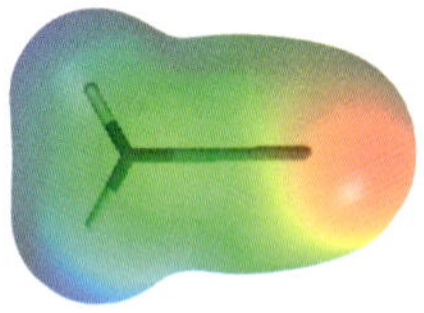

ジアゾメタン

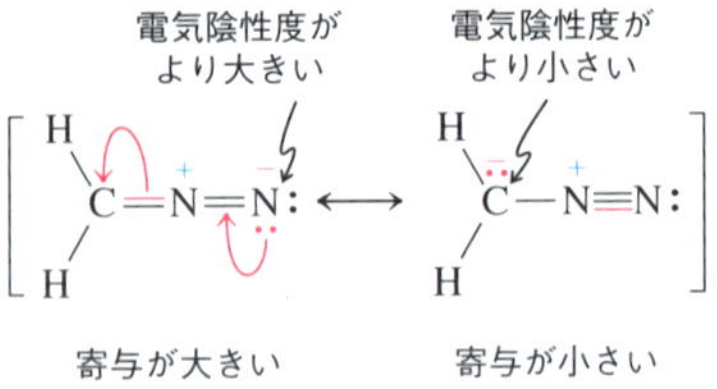

ジアゾメタン

練習問題 1-10

概念のおさらい：共鳴構造式の書き方

塩化ニトロシル ONCl についてすべての原子が8電子則を満たした共鳴構造式を二つ書け．二つのうちどちらがより寄与の大きい有利な構造式か．

● 解法のてびき

8電子則を満たした構造式を書くには Lewis 構造式を書くための指針(1-4節)にしたがえばよい．まず構造式を書き，前述の共鳴構造式を書くための指針がしっかり守られているか確かめ，最後にそれらの共鳴構造式の間の相対的な寄与の大きさを考えればよい．

● 答え

Lewis 構造式を書く

- 規則1：分子骨格はすでに示されている．
- 規則2：価電子の総数を数えると，N = 5，O = 6，Cl = 7，合計 = 18．
- 規則3：結合(共有電子対)はいくつ必要だろうか．価電子の総数が18で三つの原子がすべて8電子則を満たすために必要な電子の数は $3 \times 8 = 24$ である．したがって $(24 - 18)/2 = 3$ となり，3本の結合が必要ということになる．三つの原子から成っているのでこれらを結びつけるのに結合が2本必要であり，残りの一つは二重結合を考えればよい．

8電子則にしたがってすべての価電子を分配するために，最初に三つの原子を2電子結合でつなぐ．O:N:Cl となり18電子のうち4電子が使用された．次に2電子を使って二重結合をつくる．酸素と窒素の間をとりあえず二重結合で結び O::N:Cl とする．最後に残っている12電子を，すべての原子が8電子則を満たすように(再びとりあえず任意に)左側の酸素から順に分配する．酸素には4電子，窒素には2電子そして塩素には6電子を割り振ることで最終的にすべての原子が8電子則を満たした構造式 :Ö::N̈:C̈l: ができあがる．この構造式を(A)とする．

- 規則4：構造式(A)において，各原子のもっている「有効な」価電子数とその原子が結合をつくる前の遊離の状態のときにもっている外殻電子数の間の差を見ながら，形式電荷を考える．構造式(A)の酸素については，2組の孤立電子対と二重結合をもっているので価電子数は6となる．遊離の酸素原子の価電子数6と同じである．窒素の価電子数は5，塩素の価電子数は7で，いずれも中性窒素原子や塩素原子の外殻電子数と等しい数である．したがって構造式(A)においてはいずれの原子も形式電荷をもたない．

共鳴構造式間の寄与の大きさを評価する

- 次に電子対を動かして構造式(A)の共鳴構造式を導く．すべての電子対を動かしてみよう．さまざまな動かし方のなかで，一つの動かし方だけがすべての原子が8電子則を満たす構造を与えることに気づくだろう．それは次ページの左側に示した動かし方で，構造式(A)は構造式(B)に変換される．

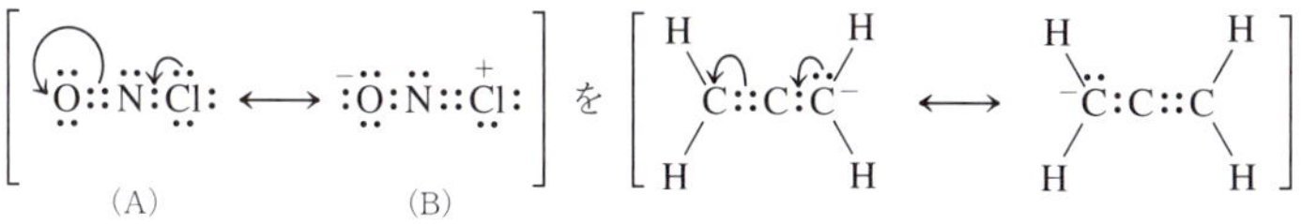

この電子対の動かし方は本節で述べた2-プロペニル(アリル)アニオン(上式の右に示した)とその共鳴構造式の間での電子対の動かし方と似ている．電荷をもたない中性分子を出発物質として，ここから電子を移動させたのでその共鳴構造式は電荷をもつことになる．すなわち電子を供給した塩素原子上には正の電荷が，そして電子を受け取った末端の酸素原子上には負の形式電荷が現れる．

• ONCl の二つの共鳴構造式のうちどちらがより寄与の大きい有利な構造式だろうか．本節で述べた三つの指針を考えれば答えがわかる．指針3によると，電荷の分離の少ないほうが電荷の分離の大きいものより有利である．したがって電荷をもたない構造式(A)のほうが電荷の分離した構造式(B)よりも塩化ニトロシルによりふさわしい構造式ということになる．

練習問題 1-11 自分で解いてみよう

次の分子について8電子則を満たした共鳴構造式を示せ．そのなかで寄与の最も大きい共鳴構造式はどれか．

(a) CNO^-，(b) NO^-，(c)

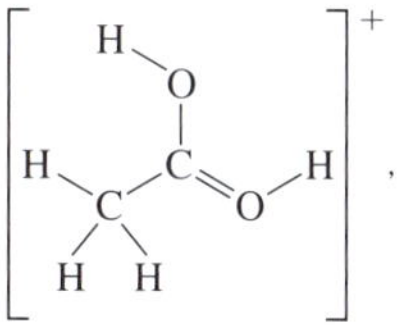

，(d)

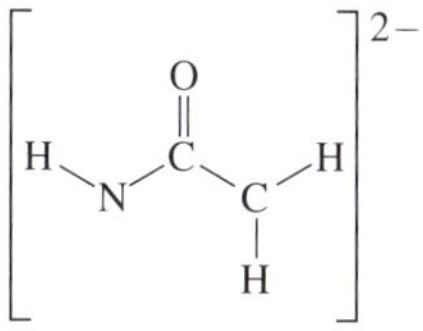

寄与の大きな共鳴構造式を決定することが，どれくらい反応性を予想するのに役立つだろうか．その答えは簡単ではない．なぜなら，反応性は反応剤の種類や生成物の安定性，その他の要因によって大きく左右されるためである．たとえば，エノラートイオンは正の電荷をもった(あるいは分極した)化学種に出合うと，前に述べたように酸素原子上に負の電荷をより多くもっているにもかかわらず，酸素原子だけでなく，酸素原子あるいは炭素原子いずれの反応点でも反応することができる(下巻；18-1 節参照)．もう一つの重要な例は，カルボニル化合物の反応である．ホルムアルデヒドについて示したように，分極していない共鳴構造式が圧倒的に寄与の大きいものであるにもかかわらず，寄与の小さな双極子をもった共鳴寄与体がカルボニル基の炭素—酸素二重結合の反応性の源である．電子豊富な化学種は炭素原子を攻撃し，電子不足の化学種は酸素原子を攻撃する(下巻；17 章参照)．

まとめ 一つの Lewis 構造式ではその構造が正確に表現できず，いくつかの極限的な共鳴構造式の混成体として存在する分子がある．数個の共鳴構造式のなかから最も重要な寄与をしている構造式を見つけ出すには，次のようにすればよい．まず8電子則を満足するものを選ぶ．次に電荷の分離が最小であるものを選び，さらに電気的により陰性な原子上に，できるだけ多くの負電荷が，あるいはできるだけ少ない正電荷が存在するものを探す．

1-6 原子軌道：核のまわりの電子の量子力学による表現

これまで私たちは結合というものを，分子を構成する個々の原子が可能なかぎり貴ガス構造をとり（すなわちLewisの8電子則を満たすように），かつ電子の反発が最小になるように配列された電子対としてとらえてきた．このとらえ方は，分子中に存在する電子の数とその位置について記述したり，予測したりするのには有効である．しかしながら，分子を取り扱っているときに何気なく疑問に思う簡単な問いに対してはまったく答えてくれない．たとえば，なぜこのLewis構造式が「間違って」いるのか．あるいは，究極的になぜ貴ガス構造が相対的に安定なのか．なぜある結合が他の結合より強いのか，またどうしてそういうことがいえるのか．2電子結合がなぜよいのか．多重結合とはどんなものだろうか．こうした問いに答えるために，まず核のまわりに電子が分布している様子を，空間的な観点ならびにエネルギー的な立場からもう少し詳しく学ぼう．ここで述べる単純化した電子の取扱い方法は，1920年代にHeisenberg，Schrödinger，そしてDirac[*1]によって独立に展開された量子力学の理論にもとづいている．この理論によると，核のまわりを回転する電子の運動は，波の運動を表現する特徴的な式とよく似た式で表現される．**原子軌道**(atomic orbital)とよばれるこの方程式の解が，電子が空間のある特定の領域に存在する確率を示している．「電子雲」とよばれるこの領域の形は，電子のもつエネルギーによって異なる．

＊1 Werner Heisenberg（1901～1976），ドイツ，ミュンヘン大学教授，1932年度ノーベル物理学賞受賞．
Erwin Schrödinger（1887～1961），アイルランド，ダブリン大学教授，1933年度ノーベル物理学賞受賞．
Paul Dirac（1902～1984），アメリカ，フロリダ州立大学教授，1933年度ノーベル物理学賞受賞．

＊2 Niels Bohr（1885～1962），デンマーク，コペンハーゲン大学教授，1922年度ノーベル物理学賞受賞．

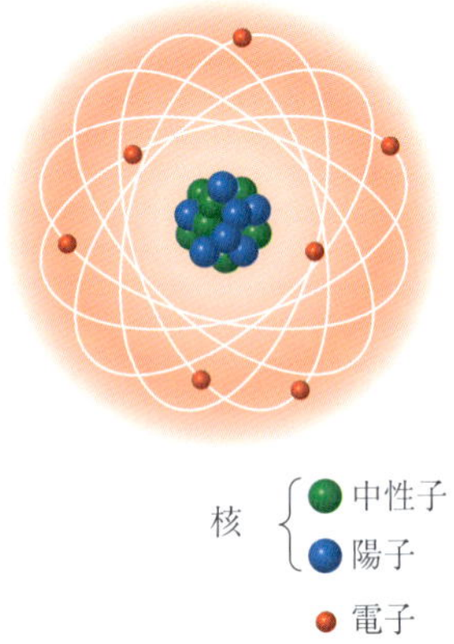

古典的な原子：核をとりまく軌道上に電子が存在する

振動しているギターの弦

電子は波動方程式で表される

原子の古典的な表現（Bohr[*2]理論）では，電子は核のまわりの限定された軌道内を動き回るとされ，またそれぞれの電子のもつエネルギーは核からの距離に関係すると考えられていた．この考え方は，古典力学を物理学的に理解することにもとづいており，感覚的には受け入れやすく魅力のあるものである．しかしながらこの理論は誤りであり，その理由は次のとおりである．

第一に，電子がある軌道上を運動している場合，古典的表現によれば，電荷が運動している際には，その特性である電磁波の放射が見られる．その結果，電子はエネルギーを失い，らせん運動によってしだいに核に向かって降下し，ついには核と衝突することになるはずであるが，現実にはそのようなことはまったく起こらない．

第二に，Bohr理論は，電子の正確な位置と運動量を同時に既定するため，Heisenbergの不確定性原理に反する．

運動する粒子を波としてとらえることによって，より合理的なモデルが得られる．de Broglie[*3]の式によれば速度vで動く質量mの粒子は波長λをもつ．

de Broglieの波長式

$$\lambda = \frac{h}{mv}$$

ここでhはPlanck[*4]定数である．その結果，軌道を回る電子の運動は，ギターの弦の振動による波と同様，古典力学で波を表すのに使用される方程式と同じ式で表現することができる〔図1-4(A)〕．「波動」は正符号と負符号を交互にとる振

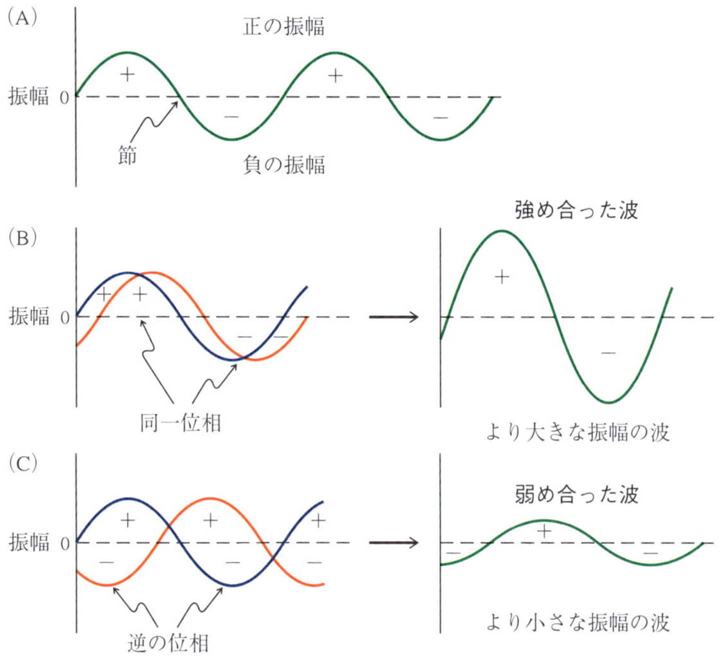

図 1-4　(A)波の振動の符号は任意につけてある．振動がゼロの位置は節とよばれ，ここで波の符号が変わる．(B)同符号(同一位相)の波は互いに強め合ってより大きい波をつくる．(C)異なった位相間の波は互いに打ち消し合ってより小さな波となる．

思い起こそう：図 1-4 の＋や－の符号は，波の振幅を表現する数学的な関数の符号であり，電荷とはまったく関係がない．

幅をもっている．これらの符号は，方程式を取扱うのに用いられる数学上の単なる結果にすぎない．符号が変化する点を**節**(node)とよぶ．図 1-4(B)に見られるように，同じ位相(符号)間で相互作用する波は互いに強め合う．このような同じ位相による相互作用が二つの原子間に結合を形成するもとになっていることをこのあとすぐに学ぶ．一方，図 1-4(C)に示すように，逆の位相をもつ波は互いに干渉し合い小さな波となる(互いに打ち消し合うこともある)．

電子の運動に関するこの理論は，**量子力学**(quantum mechanics)とよばれる．この理論から導かれた方程式である**波動方程式**(wave equation)は，**波動関数**(wave function)とよばれる一連の解をもっている．波動関数は一般にギリシャ文字のψで表記される．波動関数の値そのものは，実際に観測できる原子のどんな性質とも直接的には関係がない．しかしながら，空間中の任意の地点における波動関数を 2 乗して得られる値(ψ^2)は，その地点に電子が存在する確率を表す．原子が物理学的な実体として存在するという要請により，ある特定のエネルギーだけが解として与えられる．このとき系は**量子化**(quantization)されているという．これはギターの 6 本の弦がそれぞれ決まった音程にチューニングされているのにたとえることができる．

＊3　Prince Louis-Victor de Broglie 博士(1892 ～ 1987)，フランス，パリ大学教授 1929 年度ノーベル物理学賞受賞．

＊4　Max K. E. L. Planck(1858 ～ 1947)，ドイツ，ベルリン大学教授，1918 年度ノーベル物理学賞受賞．

練習問題 1-12

図 1-4 を参考にして，振幅が互いに打ち消し合うように重なり合った二つの波を書け．

原子軌道は固有の形をもつ

波動関数を三次元的にプロットすると，球，または涙滴形のローブをもつダンベルで表される．簡単にいうと，原子軌道を視覚的にとらえた図形が，電子が空概念的には，異なるエネルギーをもった一連の軌道もまた5弦ギターの弦に関係づけることができる．1s軌道は一番低く調律された(最も低い周波数をもつ)弦に相当し，2s軌道は隣の弦に相当する．エネルギー的により高い次の三つの縮重した2p軌道は，3番～5番の弦の音程が同一であるギターに対応する．

間において存在する確率が90％という高い領域を示すものであると考えればよい．これらの領域には明確な端がなく，先に述べたように「電子雲」とよばれるぼんやりしたものである．節は波動関数の数学的な符号が逆になる点であり，節における波動関数の値はゼロである．したがって，この地点に電子が存在する確率はゼロとなる．より高いエネルギーをもつ波動関数は，エネルギーの低い波動関数よりも多くの節をもつ．

最も簡単な例として，一つの電子と一つの陽子から成る水素原子を取り上げ，その原子軌道の形について考えてみよう．波動方程式の最も低いエネルギーのただ一つの解は，1s軌道とよばれる．数字の1は最初(最低)のエネルギー準位であることを示す．軌道の名前は軌道の形ならびに節の数をも規定する．1s軌道は球対称で(**図1-5**)，節をもたない．この軌道を表現するのに立体的な球〔図1-5(A)〕あるいはより簡単には平面的な円〔図1-5(B)〕を用いる．

1s軌道の次に高いエネルギーをもつ波動関数も単一で2s軌道とよばれ，1s軌道と同じく球形をしている．2s軌道は1s軌道よりも大きい．より高いエネルギーをもつ2s電子は，1s電子に比べると正電荷をもつ核から平均的にはより遠く離れたところにある．さらに2s軌道は節を一つもつ．電子密度がゼロになるこの球表面が，逆符号の波動関数をもつ二つの領域を分割している(**図1-6**)．古典的な波の符号と同様に，波動関数の符号も節のところで正から負あるいは負から正に変わるが，節のどちらが正でどちらが負であってもかまわない．波動関数の符号は「電子がどこに存在するか」ということとは無関係であることを思い出そう．すでに述べたように，電子がある軌道のある場所に存在する確率は波動関数の値を2乗して得られる数字で与えられる．そのためたとえψの符号が負であっても，常に正の値である．さらに節というのは，量子力学においては粒子ではなく波としてとらえられている電子が越えられない壁を意味するものではない．

水素原子核のまわりに存在する電子の波動方程式は，2s軌道に続いてエネルギー的に等価な三つの解である$2p_x$，$2p_y$，$2p_z$という三つの軌道を与える．この

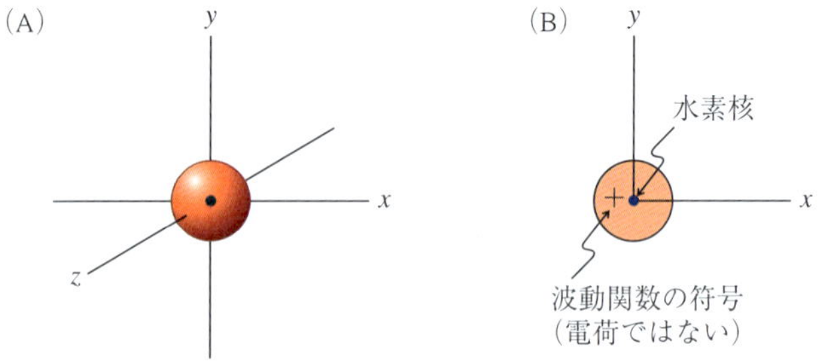

図1-5　1s軌道の表示．(A)軌道は球状で三次元的に対称である．(B)簡略化した二次元的な図．＋の符号は波動関数の数学的な符号を表し，正の電荷を表すものではない．

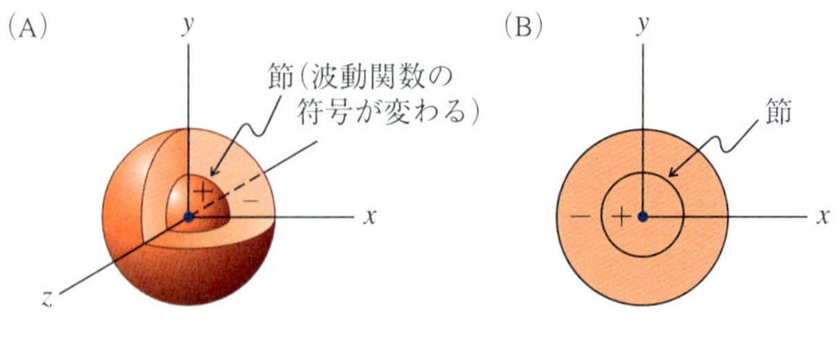

図1-6　2s軌道の表示．1s軌道より大きく，節をもっていることに注意すること．＋と−の符号は波動関数の符号である．(A)軌道の三次元的表示．節が見えるように一部を切り取って示してある．(B)軌道のより簡便な二次元的表示．

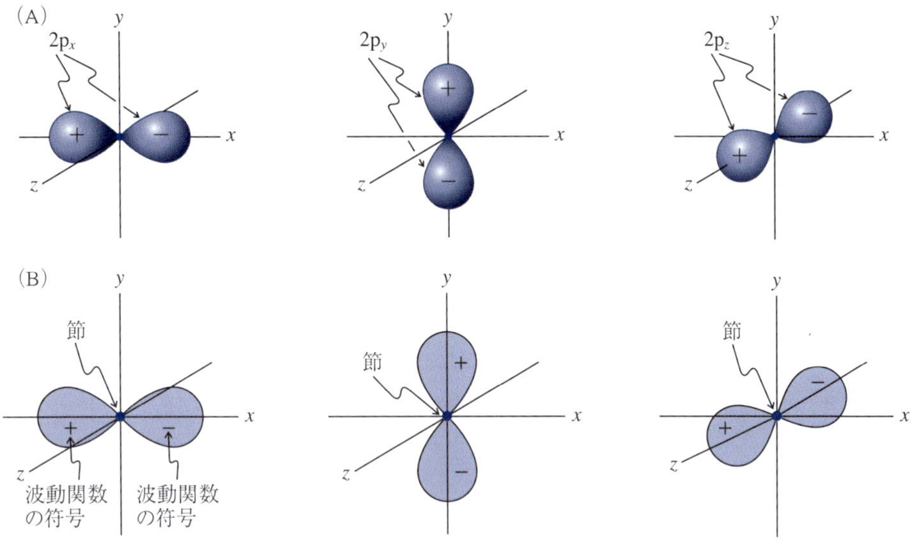

図 1-7　2p 軌道の表示．(A) 三次元的．(B) 二次元的．＋と－の符号は波動関数の符号であり，電荷には関係がないことを思い起こそう．互いに符号の異なるローブは軌道の軸に垂直な節面によって分離されている．たとえば p_x 軌道は yz 面にある節によって分割されている．

ように等しいエネルギーをもつ解は，**縮重**(degenerate：*degenus*，ラテン語の「種類なし」)しているという．図 1-7 に示すように，p 軌道は二つのローブから成り，数字の 8 を立体的にした形やダンベルの形に似ている．p 軌道の一つひとつは空間における方向性によって区別される．x 軸，y 軸あるいは z 軸のいずれかに沿って軌道の軸があり，それぞれ p_x，p_y，p_z と表記される．おのおのの軌道の逆符号をもつ二つのローブは，原子の核を通って軌道の軸と垂直な節面によって分割されている．

3 番目の組は 3s と 3p の原子軌道である．これらの軌道は対応する 2s や 2p と似た形をしている．相違点は，2s や 2p などの低エネルギー軌道に比べてより大きく広がっているということと，二つの節をもっていることである．さらに高いエネルギー軌道(3d，4s，4p など)では節の数が増え，形の多様性も増大する．有機化学においては，これら高エネルギー軌道は低エネルギー軌道に比べてそれほど重要ではない．大ざっぱにいうと，他の元素の原子軌道の形や節の特性は，水素の原子軌道の形や節の特性とよく似ている．したがって，s 軌道と p 軌道を用いてヘリウムやリチウム，さらに大きな原子の電子配置を表現することができる．

積み上げ原理によって電子を軌道に割り当てる

図 1-8 に 5s 準位までの原子軌道のおおよその相対的なエネルギーを示す．この図を用いて，周期表の各原子の電子配置を決めることができる．その際，原子軌道に電子を順次入れていくにあたって，次の三つの規則を守らねばならない．

1　低いエネルギー準位の軌道は，より高いエネルギーをもつ軌道よりも先に満たされる．

＊1 Wolfgang Pauli(1900 ～ 1958)，スイス，スイス連邦工科大学チューリッヒ校教授，1945 年度ノーベル物理学賞受賞．

2 **Pauli**[＊1] **の排他原理**(Pauli exclusion principle)によれば，どの軌道も2個よりも多くの電子を収容することはできない．さらに同一軌道に入った2個の電子は，**スピン**(spin)とよばれる固有の角運動量の方向が逆でなければならない．電子スピンには可能な二つの方向があり，一般に逆方向を指す垂直な矢印で表示される．逆方向のスピンをもった2個の電子によって軌道が占有されているとき，その軌道は満たされているという(被占軌道)．なお，逆方向のスピンをもった2個の電子は**対電子**(paired electrons)とよばれる．

3 p 軌道のように縮重した軌道では，まず同じ方向のスピンをもった3電子が縮重した三つのp軌道に1個ずつ入っていく．その後，逆方向のスピンをもった3電子が，それぞれの軌道に入り電子対となる．この充塡の仕方は **Hund**[＊2] **の規則**(Hund's rule)にもとづいている．

＊2 Friedrich Hund(1896 ～ 1997)，ドイツ，ゲッチンゲン大学教授．

これらの規則にしたがえば，電子配置の決定は容易である．ヘリウムは 1s 軌道に2電子をもち，その電子構造は$(1s)^2$と簡略化して表記する．リチウム$[(1s)^2(2s)^1]$とベリリウム$[(1s)^2(2s)^2]$では 2s 軌道にもう1電子あるいは2電子が存在する．ホウ素$[(1s)^2(2s)^2(2p)^1]$では，三つの縮重した 2p 軌道に対して電子の充塡が始まる．炭素と窒素ではそれぞれ別の 2p 軌道に電子が入り，酸素とフッ素では逆方向のスピンをもった電子がまだ2個目の電子が入っていない 2p 軌道に順番に入る．ネオンではすべての 2p 軌道が満たされる．炭素，窒素，酸素，ならびにフッ素の四つの元素の電子配置を**図 1-9** に示す．原子軌道が完全に満たされた原子は，**閉殻配置**(closed-shell configuration)をもっているといわれる．たとえば，ヘリウム，ネオン，およびアルゴンはこの閉殻配置をとっている(**図 1-10**)．一方，炭素は**開殻配置**(open-shell configuration)をもつ．

図1-8に示した軌道準位に1電子ずつ入れていく方法は，**積み上げ原理**(Aufbau principle：*Aufbau*，ドイツ語の「積み上げる」)とよばれる．積み上げ原理が，8

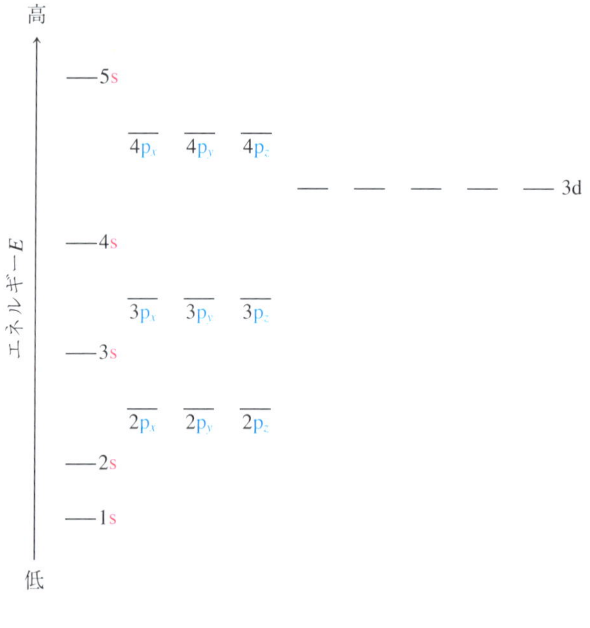

図 1-8 原子軌道のおおよその相対的エネルギー．電子で満たされる順序とほぼ対応している．最も低いエネルギー準位の軌道が最初に電子で満たされ，縮重している軌道は Hund の規則にしたがって満たされる．

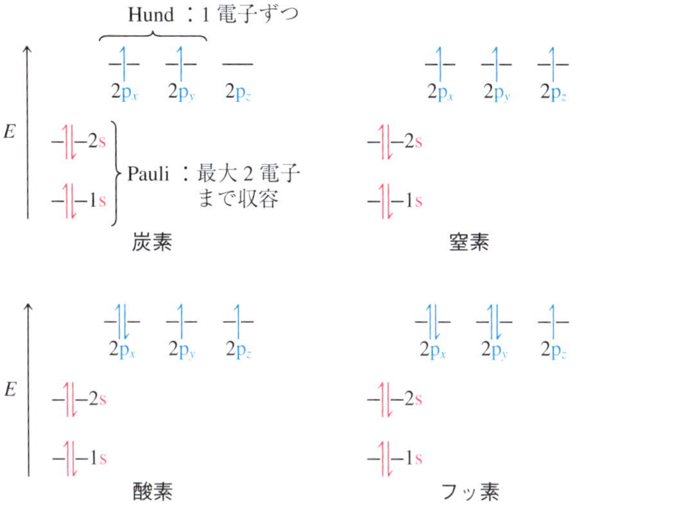

図1-9　炭素の最も安定な電子配置は$(1s)^2(2s)^2(2p)^2$であり，窒素では$(1s)^2(2s)^2(2p)^3$，酸素では$(1s)^2(2s)^2(2p)^4$，フッ素では$(1s)^2(2s)^2(2p)^5$である．p軌道にある不対電子のスピンはHundの規則にしたがい，被占1s軌道と2s軌道にある対電子のスピンはPauliの原理とHundの規則にしたがっている．p軌道を満たしていく順序には決まりがない．p_x, p_yそれからp_zというように任意に入れる．これ以外の順序で入れてもまったく差し支えない．

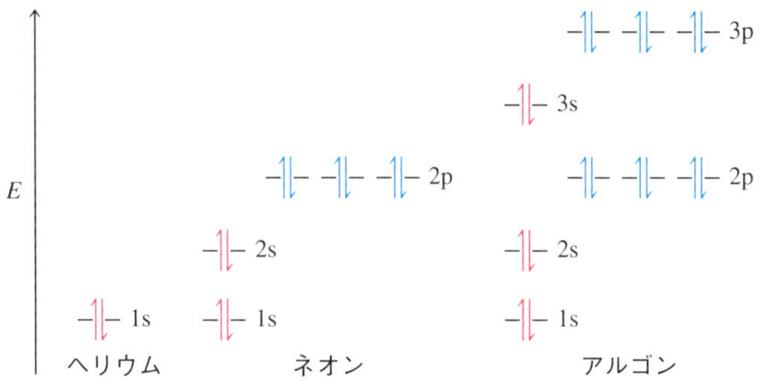

図1-10　貴ガスであるヘリウム，ネオン，アルゴンの閉殻配置．

電子則や2電子則による安定化を原理的に説明するものだということは簡単に理解できる．これら8とか2とかいう電子数は，閉殻配置をとるのに必要な数である．ヘリウムでは1s軌道が方向の異なるスピンをもった2個の電子によって満たされており，閉殻配置をとっている．また，ネオンでは2s軌道と2p軌道が8個の電子によって満たされ，アルゴンでは3s軌道と3p軌道が8個の電子で満たされている(図1-10)．第三周期元素では3d軌道が存在することによって原子価殻の拡大(1-4節)という現象が起こる．そのためネオンよりうしろの元素に対しては8電子則の厳格な適用が難しくなる．

図1-8から図1-10に示した軌道のエネルギー準位の相対的順位は，実験的に定量化することが可能である．それぞれの電子のイオン化ポテンシャルを測定すればよい．なおイオン化ポテンシャルとは，電子をそれぞれの軌道から無限遠に引き離し，イオンを生成するために必要なエネルギーのことである．1s軌道から電子を取り去るには，2s軌道から電子を取り去るよりもより大きなエネルギーが必要である．同様に，2s軌道から電子を追い出すことは，2p軌道から追い出すよりもはるかに難しい．このことは直感的に理解できる．すなわち低いレベルの軌道からより高いところにある軌道に移るにしたがって軌道はより拡散し，軌道に入っている電子は(平均的に)正の電荷をもった核からはるかに遠くなる．

Coulombの法則によればそのような電子は核の「束縛」からより解き放たれた状態になっていて，自由度が高く容易に軌道から追い出すことができる．

練習問題 1-13

図1-8を使って硫黄とリンの電子配置を書け．

まとめ 核のまわりに存在する電子の運動は波動方程式で表される．その解である波動関数(ψ)すなわち原子軌道は，空間における領域として表現される．おのおのの領域は正あるいは負の数値をもっている．節は例外で，ここでの数値はゼロである．波動関数を2乗して得られる値ψ^2は，その領域において電子が存在する確率を表す．積み上げ原理を用いれば，すべての原子についてその電子配置を容易に決めることができる．

1-7 分子軌道と共有結合

原子軌道の重なりによって，共有結合がどのように形成されるかについて考えよう．

水素分子における結合は1s原子軌道の重なりによって生成する

まず最も簡単な問題として，水素分子(H_2)の水素原子間の結合がどのようにして形成されるかを取り上げる．Lewis構造式では二つの水素原子が1電子ずつ出し合い，それぞれの水素原子がヘリウムの電子配置をとっている．そして共有された電子対が結合を形成している．それでは，原子軌道を使ってどのようにH_2分子の生成を説明できるだろうか．この問いに対する答えはPauling*によって明らかにされた．すなわち，結合は原子軌道の同一位相の重なりによって形成されるというものである．もう少し詳しく説明してみよう．まず原子軌道が波動方程式の解であるということを思い起こしてみよう．もし重なりが波動関数の同じ符号の領域，すなわち同一位相の領域間で起これば，原子軌道も，波と同様に，互いに強め合うような相互作用をもつ〔図1-4(B)〕．反対に重なりが逆符号の領域間で，つまり逆の位相の領域間で起これば，打ち消し合うような〔図1-4(C)〕相互作用が生じる．

* Linus Pauling(1901 ～ 1994)．アメリカ，スタンフォード大学名誉教授，1954年度ノーベル化学賞受賞，1963年度ノーベル平和賞受賞．

二つの1s軌道が同一位相の間(＋の符号どうしあるいは－の符号どうし)で重なり合うと，結果として**結合性分子軌道**(bonding molecular orbital，図1-11)とよばれるエネルギーのより低い新しい軌道が生まれる．結合を生成するような組合せによって，二つの核に挟まれた空間における波動関数は増大する(一方，重なり合わない領域はもとのままである)．したがって，二つの核に挟まれた空間のなかにこの分子軌道を占める電子を見いだす確率は非常に高い．このことが二つの原子間に結合をつくる条件である．この図1-11と図1-2を比べてみよう．図1-11において，二つの1s軌道を同一位相間で結合させるのに正の符号をもった二つの波動関数を用いたのにはなんの理由もない．負の符号をもった二つの軌道の間の重なりを使っても，結果はまったく同じである．いいかえると，波動関数の符号に関係なく，同符号をもったローブ間の重なりによって結合が生まれる．

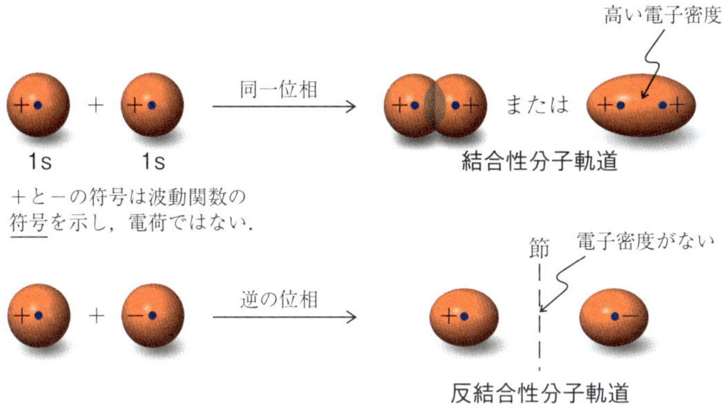

図 1-11 1s 原子軌道の同一位相間（結合性）の組合せと逆の位相間（反結合性）の組合せ．結合性の分子軌道にある電子は二つの原子核に挟まれた空間に存在する確率が大きい．この確率が大きいことが強固な結合をつくるのに必要である（図 1-2 と比較せよ）．反結合性分子軌道は節面をもっており，この節面で電子を見いだす確率はゼロである．反結合性分子軌道にある電子は二つの核に挟まれた空間以外のところで見いだされる確率が最も高く，結合に寄与していない．

これとは逆に，二つの同じ原子軌道どうしが逆の位相間で重なり合うと不安定化につながる相互作用が起こり，**反結合性分子軌道**（antibonding molecular orbital）が生成する．反結合性分子軌道では，二つの原子に挟まれた空間において，波動関数の振幅が打ち消し合って節が生じる（図 1-11）．

このように，水素の二つの 1s 原子軌道が相互作用すると，二つの分子軌道が生まれる．一つは結合性軌道であり，エネルギーが低い．もう一つは反結合性軌道であり，エネルギーは高い．系全体で利用できる電子の数は 2 個である．したがって，これらの 2 電子はエネルギー準位の低い分子軌道に入り，その 2 電子によって一つの結合が形成される．その結果，系全体のエネルギーは低下し，H_2 分子は単独の水素原子二つよりも安定になる．エネルギー準位におけるこの差が H—H 結合の強さに相当する．相互作用の様子は，エネルギー状態図で表現される〔図 1-12（A）〕．

水素が H_2 として存在するのに対して，ヘリウムはなぜ単原子として存在するのかは，次のことを考えれば容易に理解できる．2 電子をもつ水素分子とは異なり 4 電子をもつヘリウム分子を考えた場合には，二つの電子で満たされた二つの原子軌道を重ね合わせると，両者とも電子で満たされた結合性軌道と反結合性軌道が生じる〔図 1-12（B）〕．そのために，He—He 結合をつくることは，全体のエネルギーを低下させることにはならない．

原子軌道の重なりによって σ 結合と π 結合が生じる

原子軌道の重なりによって分子軌道が生成するということは水素原子の 1s 軌道にかぎったものではなく，他の原子軌道にも当てはまる．一般に n 個の原子軌道が重なれば，n 個の分子軌道が生じる．簡単な 2 電子結合の場合には n は 2 で，二つの分子軌道はそれぞれ結合性分子軌道と反結合性分子軌道である．原子軌道の重なりによって結合性分子軌道のエネルギー準位が低くなり，反結合性軌道のエネルギー準位が高くなるが，それにともなって生じる二つの軌道間のエネルギー差の大きさを，**エネルギー分裂**（energy splitting）とよぶ．エネルギー分裂は生成する結合の強さを反映し，種々の要因に依存する．たとえば最も有効な重なりは，同じような大きさと同じようなエネルギーをもっている軌道の間での重なりである．そのため，二つの 1s 軌道間の相互作用は 1s 軌道と 3s 軌道との間の相互作用に比べ，より効果的である．

軌道のエネルギー分裂を最大にする要因
同じ大きさの軌道
同じエネルギーの軌道
空間における方向性

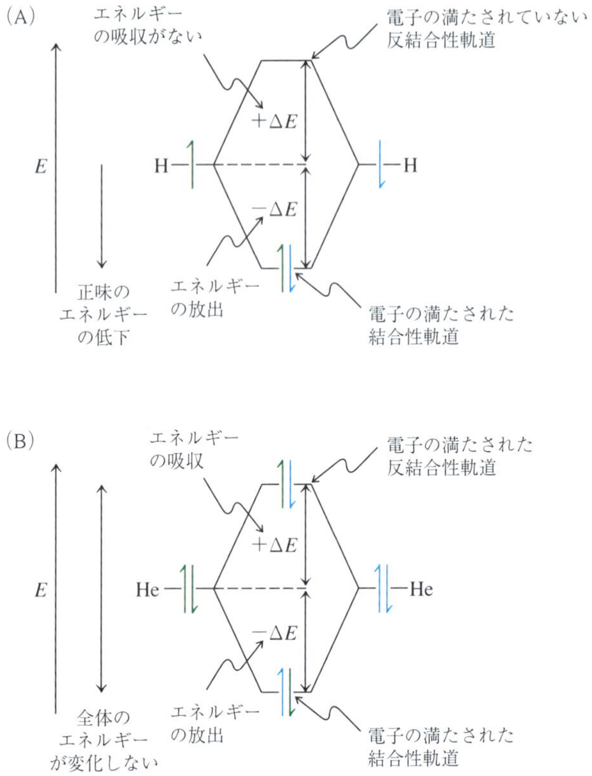

図 1-12　1 電子の入った二つの原子軌道(H_2 分子の場合，A)，あるいは 2 電子で満たされた二つの原子軌道(He_2 分子の場合，B)の相互作用によって，二つの分子軌道(MO)が生成する過程のエネルギー状態図(エネルギーの尺度は正確に書かれていない)．H−H 結合の生成は二つの電子を安定化するので有利である．He−He 結合の生成の場合には，結合性 MO に入る二つの電子は安定化されるが，反結合性 MO に入る 2 電子は不安定化される．したがって He と He の間に結合をつくることは，全体として見れば安定化につながらない．それゆえヘリウムは単原子として存在する．

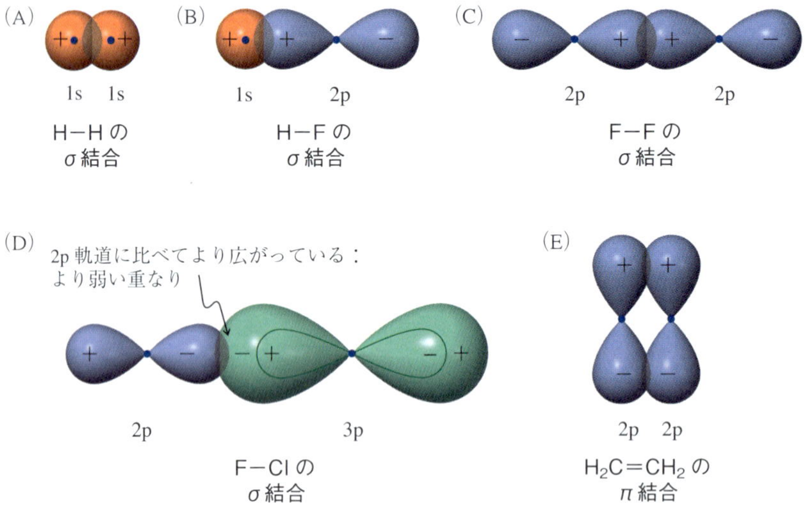

図 1-13　原子軌道の重なりによる結合の生成．(A) 1s と 1s の間(たとえば H_2)の結合．(B) 1s と 2p の間(たとえば HF)の結合．(C) 2p と 2p の間(たとえば F_2)の結合．(D) 2p と 3p の間(たとえば FCl)の結合．以上は二つの核を結ぶ軸に沿って生成する σ 結合．(E) 核と核を結ぶ軸に垂直な二つの 2p 軌道間での結合の生成．これは π 結合である．+ や − の符号は，波動関数の同一位相での相互作用を示すためのものであることに注意すること．(D) において，3p 軌道は 8 の字型のダンベルのなかにもう一つ 8 の字型のダンベルがある点，ならびに 2p 軌道と比べてより広がっている点に注目しよう．

幾何学的な要因も重なりの度合いに影響を与える．p 軌道のように空間的な方向性をもった軌道を考える場合に，この幾何学的要因を考慮することが重要となる．方向性をもった軌道は 2 種類の結合様式を生み出す．一つは，原子軌道が二つの核を結ぶ軸に沿って並ぶことにより結合を生成するもので〔図 1-13 の(A)，(B)，(C)，(D)〕，もう一つは，原子軌道がこの軸に対して垂直に並ぶ結合様式〔図 1-13(E)〕である．前者を **σ 結合**〔sigma(σ)bond〕，後者を **π 結合**〔pi(π)bond〕とよぶ．炭素−炭素単結合はすべて σ タイプの結合である．これに対しすぐあとで述べるように二重結合や三重結合は π 結合をも含んでいる（1-8 節）．

練習問題 1-14

概念のおさらい：軌道の分裂図

He_2^+ の分子軌道とエネルギー分裂図を示せ．He_2^+ の生成はエネルギー的に有利か．

● 解法のてびき

ヘリウム－ヘリウム結合の分子軌道を導くために，最初にうまく重なる適当な原子軌道を拾い上げなければならない．周期表（表 1-1）と積み上げ原理（図 1-10）から，選ぶべき軌道は 1s 軌道だとわかる．そのため，二つの 1s 軌道の重なりによって二つの水素原子の間に結合ができるのと同じように，二つの 1s 軌道の重なりによって二つのヘリウム原子の間に結合が生成する（図 1-11）．

● 答え

- 同位相の相互作用によって（出発した 1s 軌道に比べて）エネルギー準位がより低い結合性の分子軌道が生まれる．これに対して，異なった位相の相互作用によって，エネルギー準位の高い反結合性分子軌道が生成する．エネルギー図は He_2^+ が 3 電子しかもっていないということを除いて，本質的に図 1-12（A）ならびに（B）と同じである．
- 積み上げ原理では，電子を低いエネルギー準位から順に入れていくことを指示している．したがって，3 電子のうち 2（結合性の）電子は低いほうの準位の分子軌道に入り，残りの 1 電子は高いほうのエネルギー準位の（反結合性の）分子軌道に収容される（欄外の図を見よ）．
- 全体として考えると〔図 1-12（B）に示されている中性の He_2 と比べると〕，有利な相互作用ということになる．実際，放電によって He^+ と He が反応して He_2^+ が生成することから，その結合生成が有利であることがわかる．

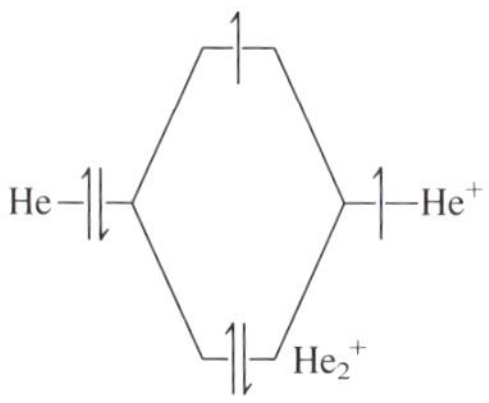

こぼれ話

元素とそれらから成る化合物は，宇宙全体のほんの一部を構成しているにすぎないという事実を知っているだろうか．たった 4.6％である．残りは暗黒エネルギー（72％）とダークマター（23％）とよばれるもので，どんなものかまだよくわかっていない．4.6％のなかで最も豊富に存在する元素は水素（75％）で，次にヘリウム（23％）と酸素（1％）が多く，そのあとに炭素（0.5％）が続く．

練習問題 1-15　自分で解いてみよう

LiH の結合について分子軌道とエネルギー分裂図を書け．その結合の生成はエネルギー的に有利か．（**注意**：この場合重なり合う軌道のエネルギーが同じではない．**ヒント**：1-6 節，とくに積み上げ原理についての記述のところを参考にせよ．Li と H の電子配置はどうなっているか．異なるエネルギー準位をもつ軌道間のエネルギー分裂はより高いほうのエネルギー準位を高め，より低いほうのエネルギー準位を押し下げるように起こる．）

まとめ　結合について説明するのに，かなりページ数を費やしてきた．まず Coulomb 力による結合を取り上げ，次に電子を共有する共有電子対という観点から結合について学んだ．そして最後に，量子力学を用いた結合の表現方法についても説明した．原子軌道の重なりによって結合が生成する．そして，二つの結合電子が結合性分子軌道に収容される．結合性分子軌道はもとの二つの原子軌道よりも安定であり，そのため結合が生成する際にエネルギーが放出される．このエネルギーの大きさが結合の強さを表す．

1-8 混成軌道：複雑な分子における結合

量子力学を用いて，より複雑な分子についてその結合生成の様子を見ていこう．直線状の分子（たとえば BeH_2），三方形の分子（BH_3），あるいは四面体構造をもっ

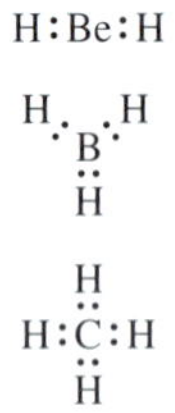

た分子(CH_4)をつくるのに，どのように原子軌道が使われているのだろうか(欄外参照)．

水素化ベリリウム分子(BeH_2)について考えてみよう．ベリリウムは，1s軌道に2電子と2s軌道に2電子をもっている．不対電子をもたないので，この電子配置では結合はつくりそうにない．しかしながら，2s軌道にある2電子のうちの1電子を，三つある2p軌道の一つの軌道に上げる(promote，昇位する)のにそれほど大きなエネルギーを必要としない(図1-14)．結合生成によって容易に補える程度のエネルギーで十分である．2p軌道に電子が1個上がると電子配置は$(1s)^2(2s)^1(2p)^1$となり，電子が1個だけ収容された原子軌道が二つできる．

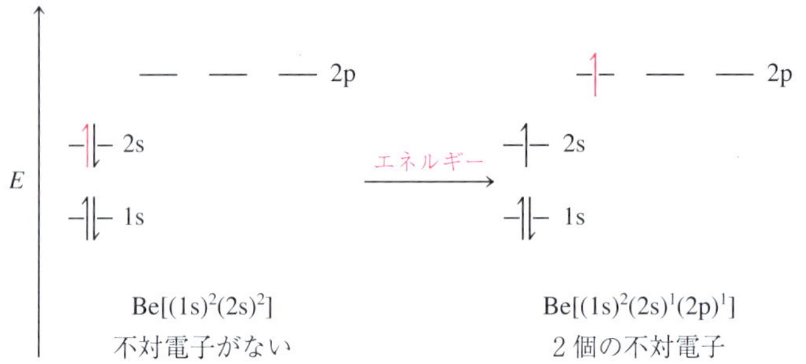

図1-14 二つの価電子を両方とも結合に利用するために，ベリリウムの2s軌道にある2電子のうちの1電子を2sから2pへと昇位する．

こうなるとこれら二つの軌道は結合をつくるための重なりに利用可能となり，ベリリウムは他の原子と結合できるようになる．そこでベリリウムの2s軌道と一つの水素の1s軌道が重なり，他方でベリリウムの2p軌道ともう一つの水素の1s軌道が重なることによって，二つのBe—H結合が生じ，BeH_2が生成すると考えることができる(図1-15)．この考えが正しければ，長さの異なった，そしておそらく互いに90°の角度をもった二つの結合が生成するはずである．ところが電子反発の理論によると，前に述べた(1-3節)ように，BeH_2は直線状の構造をもつことが予測される．BeH_2類縁化合物についての実験によってこの予測の正しいことが実証され，さらにベリリウムから出ている二つの結合の長さが同じであることも証明されている*．

* BeH_2はBeとHの複雑な網目構造として存在するので，これらの予見は，BeH_2それ自体では確かめられない．しかし，BeF_2や$Be(CH_3)_2$は両方とも気相において遊離分子として存在し，予想された構造をもっていることが確かめられた．

sp混成は直線状の構造をつくる

ベリリウムの直線状の構造を軌道の概念から説明するにはどうすればよいだろうか．この質問に答えるためには，**軌道の混成**(orbital hybridization)という量子力学的手法を用いればよい．一つの原子の原子軌道を他の原子の原子軌道と混ぜ合わせると分子軌道ができるのと同じように，同一原子上のいくつかの原子軌道を混ぜ合わせると，新しい**混成軌道**(hybrid orbital)ができる．

ベリリウム上の2s波動関数と2p波動関数の一つを混ぜ合わせると，s性を50％，p性を50％もったsp混成軌道とよばれる新しい二つの混成軌道が得られる．原子内の2s軌道と2p軌道の重なりの結果として二つのsp混成軌道を描くことができる〔図1-16(A)〕．結合生成に向けて結合性分子軌道と反結合性分子軌道を得たプロセスと同様に(図1-11)，二つの可能な重ね合わせ方法によって二つのsp混成軌道が得られる．この混成という操作によって，図1-16(B)に見られるように，軌道のローブの空間的な形が変化する．そこではベリリウムまわ

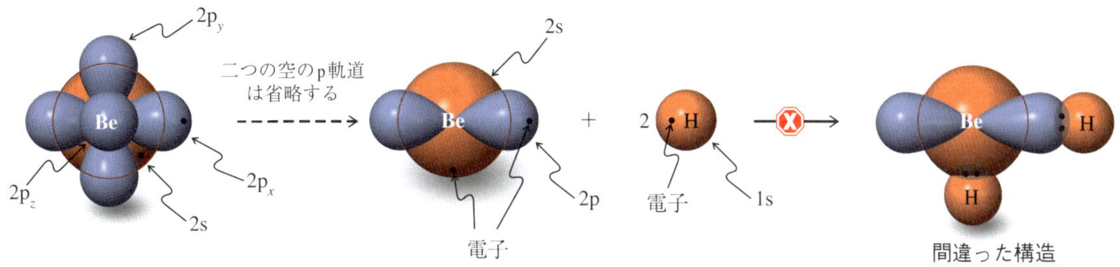

図 1-15 可能ではあるが正しくはない BeH_2 の結合様式．ベリリウムの 2s 軌道と 2p 軌道を別べつに使って結合がつくられている．1s 軌道と 2s 軌道の節は省略してある．一番左の図はベリリウムまわりの軌道を完全に表しているが，以降は図が見やすいように，二つの空の p 軌道を省略してある．小さな点は価電子を示す．

りの二つの sp 混成軌道が一緒に描かれている．前方のローブとよばれる大きいローブは，互いに 180° の角度で反対方向を向いている．さらに逆符号をもった小さな後方のローブが二つ存在する（おのおのの sp 混成に対して一つずつ）．残りの二つの p 軌道〔図 1-16(B) では省略〕は変化せずもとのままである．混成にともなって起こるエネルギー変化を図 1-16(C) に示す．予想されるように，混成軌道のエネルギーは純粋な 2s ならびに 2p 原子軌道のそれぞれのエネルギーの中間

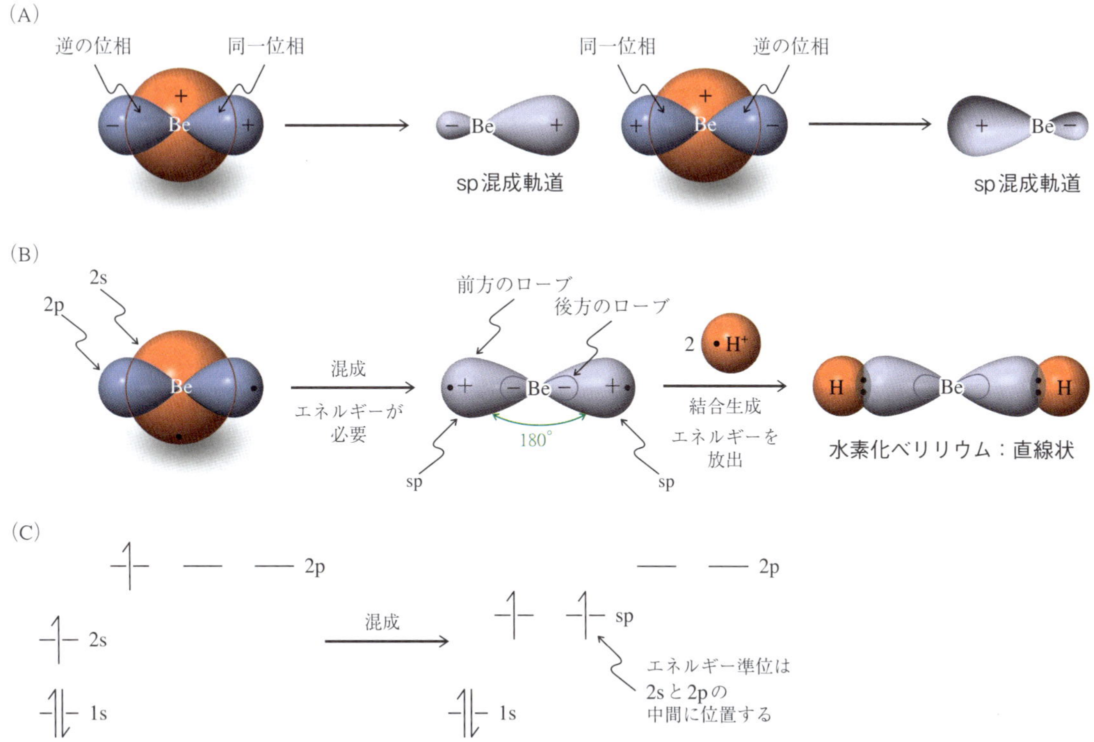

図 1-16 (A) 二つの sp 混成軌道をつくりだすベリリウムにおける混成．(B) この sp 混成軌道と水素の 1s 軌道から結合ができるために BeH_2 は直線状の構造をもつことになる．ここでも，残りの二つの p 軌道と 1s 軌道は図が見やすいように省略してある．大きな sp ローブの波動関数の符号は小さなローブの符号と反対である．(C) 混成によってエネルギー変化が生じる．2s 軌道と一つの 2p 軌道から，これら二つの軌道のエネルギーの中間にあるエネルギーをもった二つの sp 混成軌道が生成する．1s 軌道と残り二つの 2p 軌道のエネルギーは変化せずそのままである．

に位置する．

sp 混成軌道の前方のローブと水素の 1s 軌道の重なり合いによって，Be と H の結合が生成する．これら二つの結合もまた図中に一緒に示してある〔図 1-16(B)の右端〕．しかしながら，1-7 節で述べたように，これらの結合がそれぞれ別べつに形成されたことを認識する必要がある．すなわち，1 電子をもった一つの sp 混成軌道と 1 電子をもった一つの 1s 軌道が同じ位相と異なる位相で組み合わさることによってそれぞれ結合性分子軌道と反結合性分子軌道が形成され，2 電子が結合性分子軌道に入ることになる．sp 混成の結果，H—Be—H は 180° の結合角をもつが，これは電子反発を最小にするものである．混成によって生じた大きな前方のローブは，もとの混成していない軌道のローブに比べて大きいので，水素の 1s 軌道とより大きな重なりをもつことができる．そのため Be—H 結合はより強固となる．

結合に利用できる軌道の総数は，混成の前後で変化しないことに注意しよう．ベリリウムがもつ四つの軌道を混成すると，新しい四つの軌道が生まれる．二つの sp 混成軌道と，本質的には変化しなかった二つの 2p 軌道である．三重結合を形成する際に，炭素原子が sp 混成軌道を用いることはすぐあとで学ぶ．

sp^2 混成は三方形の構造をつくり出す

次に，周期表のなかで三つの価電子をもった一つの元素について考えてみよう．ボラン(BH_3；水素化ホウ素)についてどんな結合様式が考えられるだろうか．ホウ素の 2 個ある 2s 電子のうちの 1 個が 2p 準位の一つの軌道に昇位すると，三つの結合生成に必要な電子を 1 個ずつもつ三つの原子軌道(一つの 2s 軌道と二つの 2p 軌道)ができる．三つ目の軌道を加えるという変更を行いつつ，図 1-16A で用いた方法にしたがって原子内で三つの軌道を混ぜ合わせると，新しい三つの混成軌道が生成する．これらの軌道は，二つの p 軌道と一つの s 軌道で構成され，67 %の p 性と 33 %の s 性をもっており，sp^2 混成軌道とよばれる(**図 1-17**)．3 番目の p 軌道は混成には使用されずもとのままであり，軌道の総数は混成前と同じ，つまり四つである．

数学上の取扱いを含むのでここでの議論の範囲を超えているが，二つ以上の軌道を混ぜ合わせると，用いた軌道の数と同じ数の新しい(分子あるいは混成)軌道が得られる．たとえば，一つの s 軌道と一つの p 軌道を混ぜ合わせると二つの sp 混成軌道が生成し，一つの s 軌道と二つの p 軌道からは三つの sp^2 混成軌道が生成する．

ホウ素の三つの sp^2 混成軌道の前方のローブは，それぞれ水素原子の 1s 軌道と重なり合い，平面三方形の BH_3 を与える．この場合も混成によって電子反発が最小となり，軌道の重なり合いが強められ，より強固な結合が生成する．混成に加わらなかった残りの p 軌道は sp^2 混成軌道を含む平面に垂直である．この軌道は空であり結合にはあまり関与しない．

BH_3 分子はメチルカチオン(CH_3^+)と**等電子的**(isoelectronic)である．すなわち，両者は同数の電子をもっている．実際，CH_3^+ に対する混成の操作は BH_3 に対するものと同じである．すなわち三つの sp^2 混成軌道と三つの水素の 1s 軌道を重ね合わせる．二重結合を形成するのに炭素が sp^2 混成軌道を利用することもあとで学ぶ．

sp^3 混成によって四面体炭素化合物の形が説明できる

私たちにとって，その結合様式がとくに興味深い元素である炭素について考えよう．炭素の電子配置は$(1s)^2(2s)^2(2p)^2$で，二つの 2p 軌道に二つの不対電子を

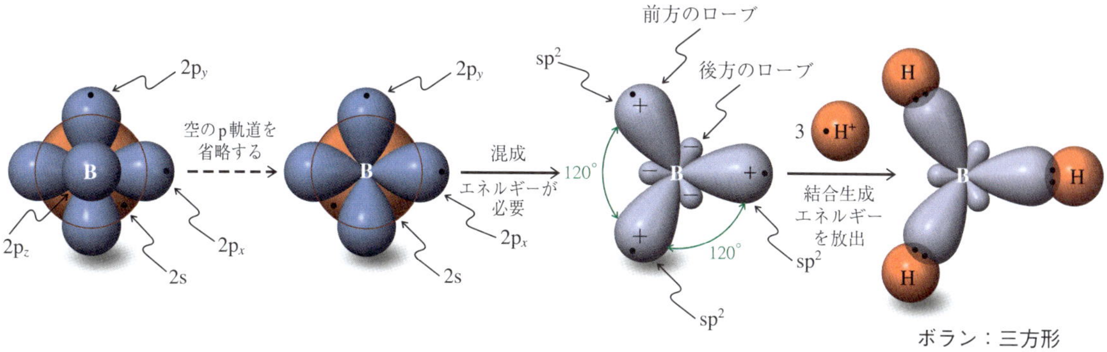

図 1-17　三つの sp^2 混成軌道をつくりだすホウ素の混成．1s 軌道と 2s 軌道の節は省略されている．左端は B 原子まわりの適切で完全な軌道の図であるが，以降は空の p 軌道を省略してある．三つの結合が生成することで，BH_3 は平面三方形の構造をもつ．正または負どちらかの符号をもった前方のローブ三つと，逆の符号をもった後方のローブが三つある．残りの p 軌道は分子の面（紙面）に垂直に（軌道の一つのローブは紙面の手前に，もう一つのローブは紙面の向こう側に）広がっているが，省略してある．図 1-16(C) と同様に，混成したホウ素のエネルギー準位図は，電子の満たされた 1s 軌道に加えて，1 電子だけ充填された三つの同じエネルギー準位にある sp^2 混成軌道と残った一つの空の 2p 軌道から成る．

もつ．1 電子を 2s 軌道から 2p 軌道に昇位すると，結合に利用できる 1 電子だけ入った軌道が四つできる．メタンの四つの C—H 結合の空間的配列のうち，電子反発を最小にするものは四面体であることをすでに学んだ（1-3 節）．この四面体構造をとるために，炭素の 2s 軌道が三つの 2p 軌道すべてと混成し，四つの等価な sp^3 混成軌道をつくる．それら四つの sp^3 混成軌道はそれぞれ 75 % の p 性と 25 % の s 性をもっており，おのおのの軌道が 1 電子ずつ収容した対称性のよい四面体構造をもつ．これらの軌道はすべて図 1-18 の中央の図に示してあるが，それぞれの軌道が原子軌道の原子内での一つの特定な組合せの結果であることに留意しよう．それらが水素の 1s 軌道四つと重なり合うことによって，等価な C—H 結合を四つもったメタン分子が形成される．HCH 結合角は四面体に典型的な値の 109.5° である（図 1-18）．繰り返しになるが，これら四つの結合それぞれが，一つの sp^3 混成軌道と一つの 1s 軌道から別べつに一度に形成される．

混成軌道と原子軌道とのどのような組合せであっても，両者が重なり合えば結

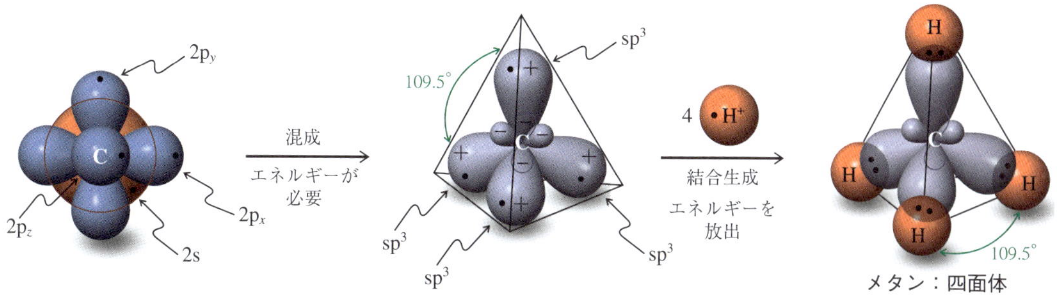

図 1-18　四つの sp^3 混成軌道をつくりだす炭素の混成．この混成軌道を用いて水素や他の元素と結合をつくることによってメタンや他の炭素化合物は四面体構造をとる．sp^3 混成軌道は，前方のローブの符号とは逆の符号をもった小さな後方のローブをもっている．図 1-16(C) と同様に，sp^3 混成した炭素のエネルギー準位図は 2 電子がすでに入っている 1s 軌道と 1 電子だけ充填された同じエネルギーをもつ四つの sp^3 混成軌道から成っている．

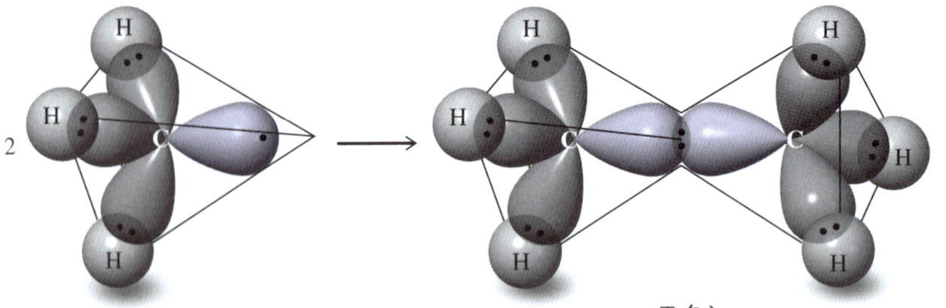

図1-19　二つの sp^3 混成軌道が重なり合ってエタンの炭素－炭素結合を生成する.

合ができる. たとえば炭素の sp^3 混成軌道四つと, 四つの塩素それぞれの 3p 軌道とから四塩化炭素(CCl_4)が生成する. 炭素－炭素結合は混成軌道どうしの重なり合いによって生成する. エタン(CH_3—CH_3, 図1-19)においてその炭素－炭素結合は, それぞれ二つの CH_3 単位から sp^3 混成軌道を一つずつ出し合って, これら二つが重なり合うことによって形成される. メタンやエタンのどの水素原子も CH_3 や他の基によって置き換えることができる. こうして新しい化合物が生まれる.

これらの分子においても, またこれら以外の無数の分子のすべてにおいて, 炭素は四面体に近い構造をとっている. この炭素の特性が種々の置換基をもった原子の鎖をつくり, 有機化学に計り知れない多様性をもたらしている.

混成軌道は孤立電子対を収容できる：アンモニアならびに水分子

アンモニアや水の結合はどのような種類の軌道からできているのだろうか(練習問題1-5参照). まずアンモニアについて考えてみよう. 窒素の電子配置は $(1s)^2(2s)^2(2p)^3$ であり, このことから, 窒素が3価で, 8電子則を満足させるには三つの共有結合が必要であることがわかる. 2s準位にある孤立電子対をそのままにして, p軌道だけを重なり合いに利用することもできる. しかし, この方法では電子反発が最小にならない. 最もよい配列はやはり sp^3 混成である. 四つの sp^3 混成軌道のうち三つを水素原子との結合に用い, 4番目の軌道には孤立電子対を収容する. HNH結合角は107.3°であり, アンモニア分子はほぼ四面体構造をもっている(図1-20). アンモニア分子において, 結合角が理想的な四面体のもつ109.5°よりも少し狭いのは孤立電子対の影響である. 孤立電子対は二つの原子間で共有されていないので窒素原子により近いところに存在する. その結果, 孤立電子対は水素との結合に用いられている電子とより強く反発することになり結合角が107.3°と少し狭くなる.

原則的に水分子の結合も酸素の sp^3 混成でうまく説明できる. しかし, アンモニア分子とは異なり水分子を形成するには非常に大きなエネルギーが必要である(練習問題1-17参照). にもかかわらず, 単純化して, アンモニア分子と同様に図1-20に示したように104.5°のHOH結合角をもった図として表すことができる. 最後に, ハロゲンについては他の元素との結合をつくるときに混成軌道は使わない.

エテン(エチレン)やエチン(アセチレン)はπ結合をもつ

エテン(エチレン)のようなアルケン類に見られる二重結合や, エチン(アセチ

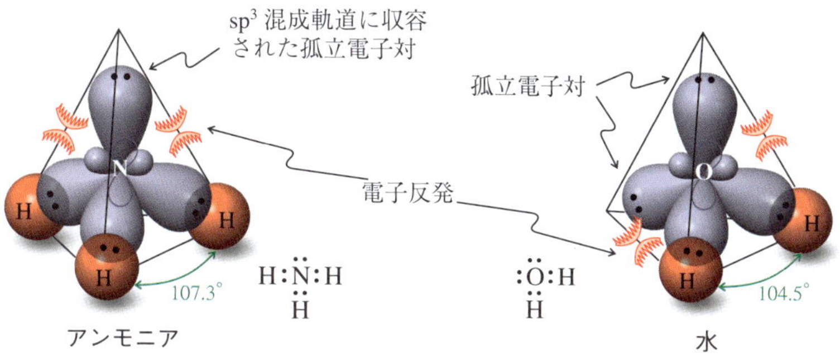

図 1-20　アンモニアと水における結合と電子反発．向かい合った円弧は，孤立電子対が中心の核の近くに位置することによって電子反発が増大することを示している．

レン)のようなアルキン類の三重結合の生成は，炭素の原子軌道がそれぞれ sp^2 混成軌道や sp 混成軌道をつくることにもとづいている．まずエテンの σ 結合はもっぱら炭素の sp^2 混成軌道を利用してつくられる．C—C 結合には C_{sp^2}—C_{sp^2} が，そして四つの水素との結合には C_{sp^2}—H_{1s} が使われる(**図 1-21**)．同じように sp^2 混成軌道との結合によってつくられている BH_3 の場合には，残りの p 軌道は空である．これに対してエテンの場合には，混成に使われなかった二つの炭素の p 軌道には 1 電子ずつ収容されており，これらが重なり合って π 結合を形成する〔本書の図中では，輪郭を明確に示すために，軌道は別べつの部分として書かれており，重なりは緑色の破線で示されている．実際は，図 1-13(E)に示すように電子は二つの炭素間の空間を満たすように広がっている〕．エチンでは，C_{sp} 混成軌道によって σ 結合がつくられる．この混成ではそれぞれの炭素上に 1 電子しかもたない p 軌道が二つずつ残る．その結果，二つの π 結合が生成する(図 1-21)．

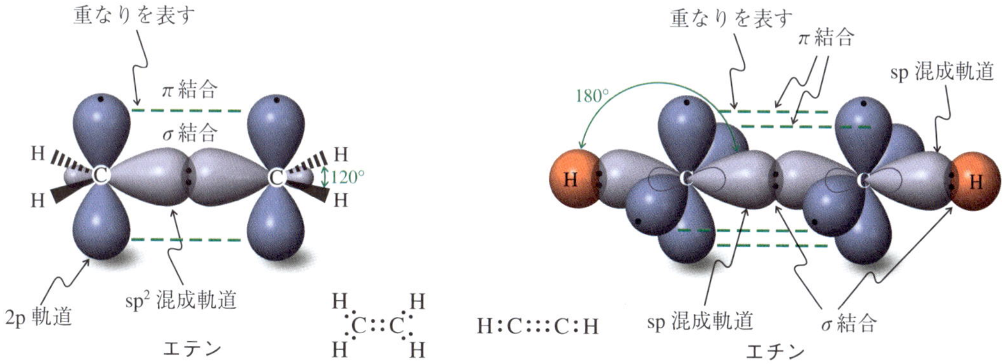

図 1-21　エテン(エチレン)における二重結合とエチン(アセチレン)における三重結合．

練習問題 1-16

(a) メチルカチオン(CH_3^+)とメチルアニオン(CH_3^-)のそれぞれの混成，ならびに結合の図を示せ．(**ヒント**：これらの分子の形はどうなっているか．1-3 節の価電子殻の電子対反発のモデルを見直そう．)　(b) メチルボラン(H_3CBH_2)に含まれるすべての軌道を書け．

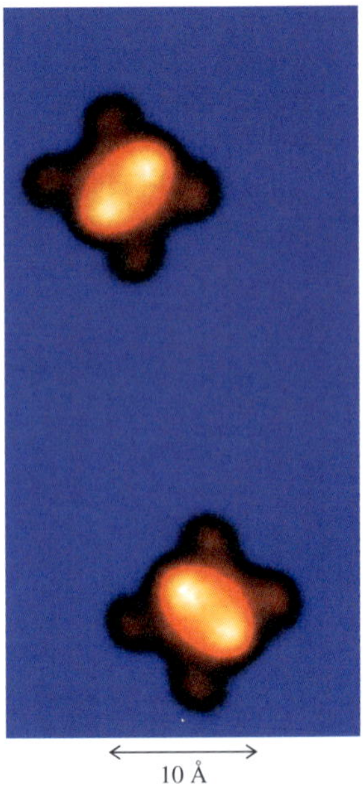

走査型トンネル電子顕微鏡(STM)は原子レベルで分子中の電子の分布をマッピングすることができる．上の図は温度7Kで観測されたAg表面に蒸着されたテトラシアノエテンの軌道の画像である．

練習問題 1-17

概念のおさらい：水分子の軌道の重なり

水分子を表現するのに sp^3 混成の酸素原子を考えると都合よく説明できるが，メタン分子の炭素やアンモニア分子の窒素と比較した場合，水分子の酸素原子が sp^3 混成することはエネルギー的に不利である．それは，酸素原子の2s軌道とp軌道の間のエネルギー差が非常に大きくて，混成に必要なエネルギーをより少ない水素原子(メタンは四つ，アンモニアは三つだが，水は二つ)との結合によって獲得できるエネルギーではとても補うことができないためである．したがって，酸素は(本質的には)混成せずにもとの原子軌道を利用している．酸素原子ではどうして2s軌道とp軌道の間にそれほど大きなエネルギー差があるのだろうか．(**ヒント**：周期表において炭素からフッ素のほうへ水平方向に移動していくと，核のもつ正電荷が順に増大する．このことが軌道のエネルギーにどのような影響を及ぼすかを理解するのに1-6節の最後のところを参考にせよ．)

この現象がなぜ混成過程に不利に作用するのか．これらの問いについてよく考えよ．そして混成していない酸素の原子軌道図と水分子の結合の様式を示せ．HOHの結合角が104.5°であることを説明するためには，電子反発の考え方を用いよ．

● 解法のてびき

混成という考えの基礎をなす軌道の原子内の重なりは，原子間の軌道の重なりによって形成される結合の強さを決める要素に大きく依存する．すなわち似通った大きさとエネルギーをもった軌道間で重なりは最大となる．また結合の生成は混成した原子を含む分子によって規制された幾何学上の制限に支配されている(章末問題49も参照)．メタン，アンモニア，水そしてフッ化水素の順に核の電荷が増大していくので，球状で対称な2s軌道のエネルギー準位は，対応するp軌道のエネルギー準位よりも大幅に低くなる．この傾向を理解する一つの方法はそれぞれの軌道に存在する電子を描くことである．すなわち比較的核に近い(2s)軌道の電子はより遠くにある(2p)軌道の電子よりもはるかに強く核に引きつけられている．周期表の窒素より右側にある原子では，エネルギー準位におけるこの大きな差のために軌道の混成が困難となる．その原因は，この混成という操作が2s軌道の電子を核から遠く離れたところへ移動させるため，大きなCoulombエネルギーの損失につながることにある．つまり，混成による電子反発の減少がCoulombエネルギーの損失によって相殺されてしまうのである．しかし，軌道を混成しなくとも，理にかなった重なりの図を書くことができる．

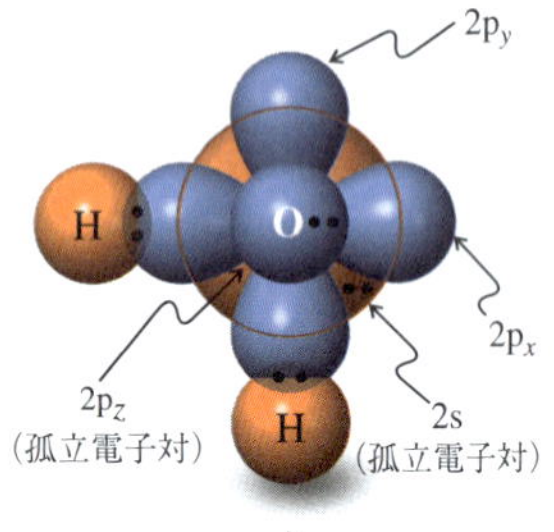

水

● 答え

- 二つの水素のそれぞれの1s軌道と重なるように酸素の電子が1個ずつ入った二つのp軌道($2p_x$ と $2p_y$)を使う(欄外)．この図において2組の孤立電子対がそれぞれp軌道($2p_z$)と2s軌道に存在している．
- それならなぜ水分子のHOHの結合角は90°でないのだろうか．軌道が混成してもしなくてもCoulombの法則(電子反発)は働いている．そのため結合を形成している2組の電子は，実際に観測された角度にまで結合角をゆがめることで，それらの間の距離を広げる．

練習問題 1-18

自分で解いてみよう

この前の練習問題で学んだ水の図からHFの結合を推定せよ．なおHFの結合も混成していない軌道を利用している．

まとめ 3原子あるいはそれ以上の多原子分子をつくるにあたって，電子反発を最小とし，しかも強固な結合をつくるのに都合のよい形をもつ軌道を得る目的で，原子軌道の混成という概念を導入した．s と p の原子軌道を組み合わせて混成軌道をつくる．その際，2s 軌道一つと 2p 軌道一つを混ぜ合わせると直線状の sp 混成軌道が二つ生成し，あと二つ存在する p 軌道は変化せずそのまま残る．これに対し，2s 軌道一つと 2p 軌道二つからは sp^2 混成軌道が三つ生成し，三方形分子をつくるのに用いられる．さらに 2s 軌道と 2p 軌道三つすべてを混ぜ合わせると，四つの sp^3 混成軌道が生成する．この sp^3 混成軌道との結合ができることによって，幾何学的に対称性のよい四面体構造をもつ炭素が生成する．

1-9 有機分子の構造と化学式

結合生成のしくみが十分理解できたところで，次に有機分子をどのように同定し，また分子の構造をどのように表記すればよいかについて学ぼう．分子構造の表記法を勉強することは重要である．分子構造をいいかげんに書く癖がつくと，論文を書く場合や，学生のみなさんにとってより身近な関心事である有機化学の試験の際に多くのミスを犯してしまうことになる．

分子を同定するためには構造を決定しなければならない

有機化学者は分子構造を決定するのにさまざまな手段を自由自在に使うことができる．**元素分析**(elemental analysis)によって，その分子中に存在する元素の種類とその存在比を示す**実験式**(empirical formula)がわかる．しかしながら，分子式を決定し，いくつか存在する構造異性体のうちのどれであるかを確定するには，元素分析以外の方法が必要である．たとえば分子式 C_2H_6O をもつ分子に対しては，よく知られた物質が二つ考えられる．それはエタノールとメトキシメタン(ジメチルエーテル)である．この場合には，これらの化合物の融点(m.p.)，沸点(b.p.)，屈折率，比重などの物理的性質を比較することによって，互いを容易に区別することができる．エタノールは常温で液体(沸点 78.5℃)であり，実験室でも工業的にも溶媒としてよく用いられる．アルコール飲料にも含まれている．一方，メトキシメタンは常温で気体(沸点 −23℃)で，フロンの代替品として冷媒に用いられる．他の物理的性質や化学的性質においても両者には大きな相違が見られる．分子式が同じで，原子の**つながり方**(connectivity)が異なる分子を**構造異性体**(constitutional isomer あるいは structural isomer)とよぶ(コラム 1-1 参照)．

エタノールとメトキシメタン：二つの構造異性体

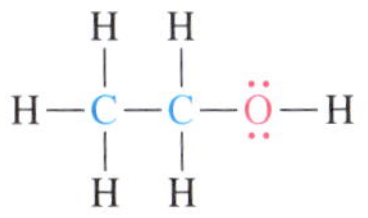

エタノール
(沸点 78.5℃)

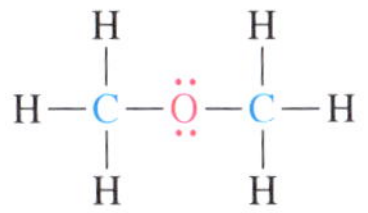

メトキシメタン
(ジメチルエーテル)
(沸点 −23℃)

練習問題 1-19
分子式 C_4H_{10} で表される化合物の二つの構造異性体をすべての原子と結合が見えるように書け．

自然界における構造異性体

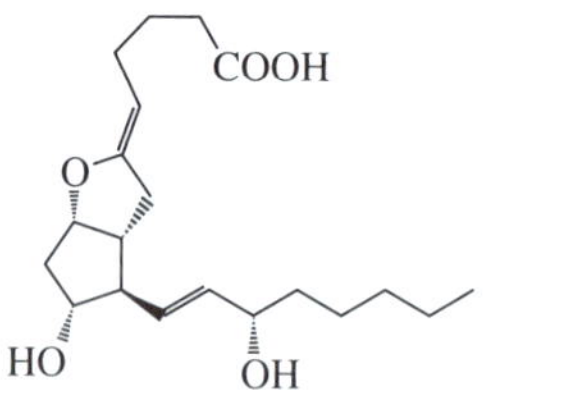

プロスタサイクリン I_2
(prostacyclin I_2)

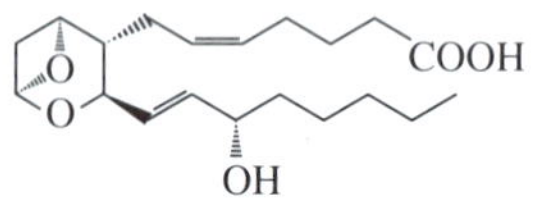

トロンボキサン A_2
(thromboxane A_2)

このような構造の差異が，相反する重要な生理作用につながるような天然物質が二つある．プロスタサイクリン I_2 という化合物は，循環器系内にあって血液が凝固することを妨げている．これに対し，出血が起こったときに放出されるトロンボキサン A_2 という化合物は，血小板の凝集を誘起し，傷口を血の固まりで覆って止血する．驚くべきことに，これら二つの化合物は原子のつながり方がほんの少しだけ異なる構造異性体である(両者とも $C_{20}H_{32}O_5$ という分子式をもつ)．実際，二つの化合物は互いに緊密な関係にあり，体内において共通の出発物質から合成される(詳しくは下巻；19-13 節参照)．

天然物から化合物を単離したり,反応によって何かある化合物を得た場合には，それらの化合物の性質を既知化合物の性質と照らし合わせれば，その構造を同定することができる．ところが，得られた化合物が未知化合物である場合にはどうすればよいのだろうか．この場合，構造の決定には他の方法を利用しなければならない．それらの多くの方法は種々の分光法を用いるものであり，これらについてはあとの章で解説し，それらは頻繁に利用する．

構造決定法のうち，最も完全な方法は単結晶の X 線回折の測定と気体の電子線回折またはマイクロ波スペクトル測定である．これらの方法を用いれば，非常に倍率の大きな顕微鏡の下であたかも実際に分子を見たように，各原子の正確な位置がわかる．この方法で明らかになった二つの構造異性体，エタノールとメトキシメタンの詳細な構造を，図 1-22 の(A)と(B)に球と棒を使った模型(ball-and-stick model)で示す．炭素原子まわりの四面体形結合と水分子の HOH 結合と似通った COC 結合の曲がった配列に注目してほしい．メトキシメタンの構成原子の相対的な大きさを正確に表したものが，図 1-22(C)の空間充填型分子模型(space-filling model)である．

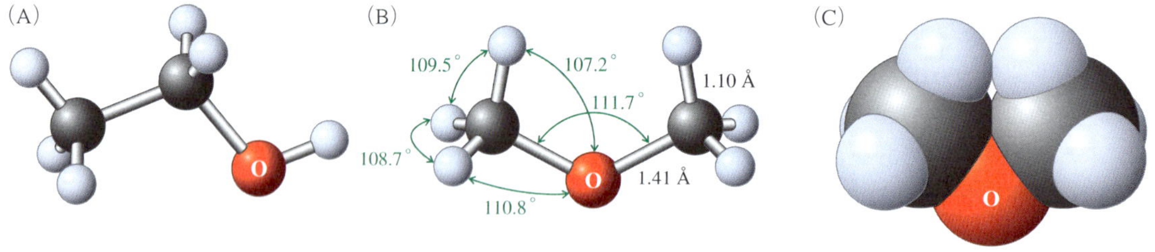

図 1-22　エタノール(A)とメトキシメタン(B)の球と棒を用いた模型による三次元的表現．結合の長さはオングストローム(Å)単位で，結合角は度で示されている．(C)分子を構成している核のまわりの電子「雲」の有効な大きさを考慮したメトキシメタンの空間充填型分子模型．

有機分子を三次元的に把握することは，分子の構造とその反応性を理解するうえで必要不可欠である．ごく簡単な系であっても原子の空間での配列を思い浮かべることは難しい．そこで分子模型がたいへん役に立つ．模型を使って実際に有機分子を組み立ててみよう．

練習問題 1-20

分子模型を使って分子式 C_4H_{10} で表される化合物の二つの異性体を組み立てよ．

分子構造を表現するのにいくつかの表記法が用いられる

分子構造の表記法については1-4節でLewis構造式を書く場合の規則を述べたときにも触れた．また結合電子と非結合電子を小さな点で表すこともすでに学んだ．簡単な表記法として孤立電子対（もし存在すれば）を小さな点で書き加えた直線による表記法（Kekulé 構造式）がある．また，さらに簡単な表記法として，大部分の単結合と孤立電子対を省略した**簡略化した式**（condensed formula）も使われる．この方式では炭素の主鎖を一直線上に書き，炭素原子に結合している水素を，通常それぞれ結合している炭素の右側に書く．他の基〔主鎖上にある**置換基**（substituent）〕は，垂直な線を引いて書き加える．置換基を炭素の主鎖と同じ直線上に，それが結合している炭素とその炭素上の水素に続けて書くこともある．

すべての表記法のなかで最も手軽な表記法は，**結合を直線で示す式**（bond-line formula）である．水素原子をすべて省略し，炭素骨格だけをジグザグの直線で書く．各末端はメチル基を，各頂点は炭素原子を表し，明記されていないすべての原子価は，水素との単結合によって満たされているとみなす．

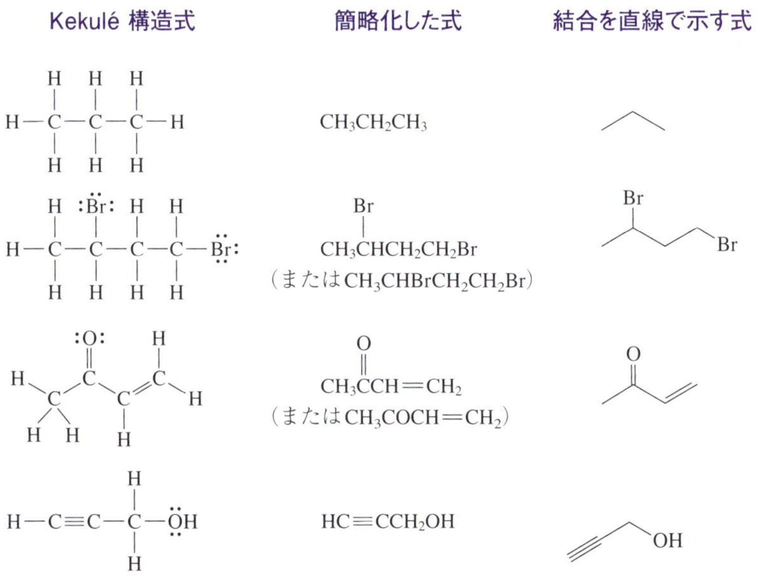

練習問題 1-21

C_4H_{10}の異性体一つひとつについて，簡略化した式ならびに結合を直線で示す式を書け．

図1-22から次の問題が生じる．有機分子の三次元的構造式を，どのようにすれば正確に，効率よく，一般的慣習にしたがって書くことができるだろうかという問いである．四面体炭素については**破線と実線のくさび形表記法**（hashed-wedged/solid-wedged line notation）を使えばよい．主炭素鎖を書くのにジグザグの直線を用いる．そして主鎖は紙面上に横たわっているものとする．次に各頂点（炭素原子）から線を2本ずつ引く．一つは破線のくさび形，もう一つは実線のくさび形の線であり，いずれも炭素鎖から離れていくように書く．これら2本の線は炭素の残りの二つの結合を表し，破線のくさび形の線は紙面の向こう側にあ

る結合を，そして実線のくさび形の線は紙面の手前にある結合を示している(図1-23)．置換基はそれが結合している破線または実線のくさび形の線の末端に置く．この方法は，メタンのような小さい分子から大きい分子まで，すべての分子に適用することができる〔図1-23(B)～(E)〕．表現を簡略化して，その2種類の結合を(「破線のくさび形」の代わりに)「破線」と(「実線のくさび形」の代わりに)「くさび形」とよぶことにする†．

† 訳者注：この簡略化に合わせて，以降は表記法の名称を「破線－くさび形表記法」とする．

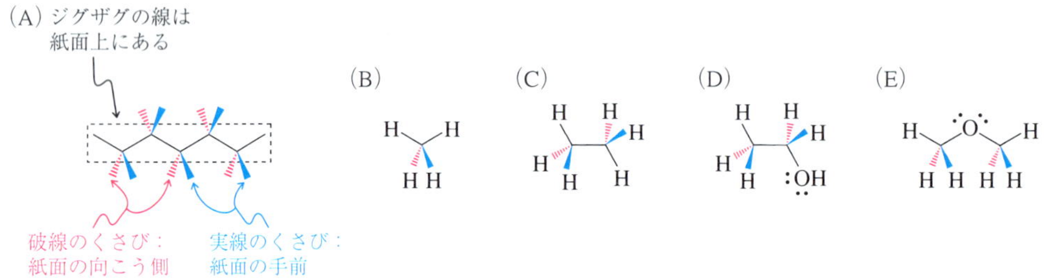

図1-23 (A)炭素鎖，(B)メタン，(C)エタン，(D)エタノール，(E)メトキシメタンに対する破線(赤色)と実線(青色)のくさび形表記法による表示．ふつうの直線で結合している原子は紙面上にある．破線のくさび形の線でつながっている基は紙面の向こう側にあり，実線のくさび形の線でつながっている基は紙面の手前にある．

先に示した結合を直線で示す式のように，慣習として水素原子は省略し，さらに便宜上，「破線」や「実線」のくさび形表記も省略することがある．そのような表記を見たときには，炭素は正四面体構造をとっており炭素鎖に置換している基が，下に示すように，紙面の手前あるいは向こう側にあることを意識しよう．

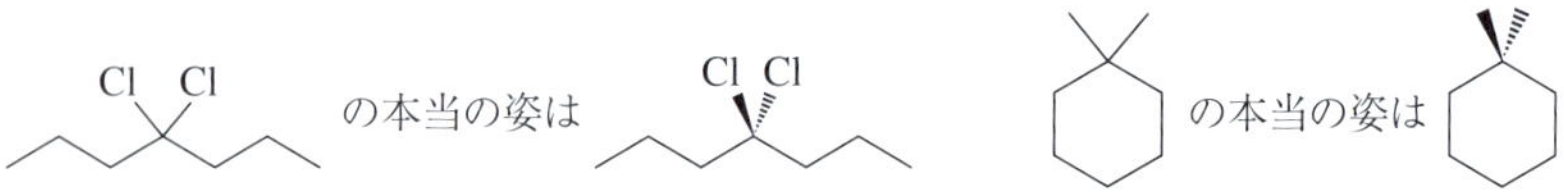

練習問題 1-22

(a) 破線－くさび形表記法を用いて C_4H_{10} の異性体一つひとつについて，それらの構造式を書け．(b) 結合を直線で示す式を用いて，4ページにあるベンジルペニシリン，キュバンならびにサッカリンの構造を書き直せ．

まとめ 有機化合物の構造の決定には，元素分析や各種の分光法を含むさまざまな実験的手段が用いられる．分子模型は構造中の原子の空間的配列を視覚化するのに大いに役立つ．簡略化した表記法や結合を直線で表記する方法は，分子を二次元的に表現するのに有用で簡便なものである．これに対し，破線－くさび形表記法は原子と結合を三次元的に書く手段である．

章のまとめ

本書への入門となるこの1章で取り上げられた題材の多くは，学生のみなさんにとっては，おそらくたいへん初歩的なもので高校時代にすでに違った内容で学んだものであろう．ここでの目的はそれらの知識が有機分子の構造と反応性に関係していることを示すことであった．有機化学の基本的な重要な概念は次のとおりである．

- 原子間引力（1-3 節），相対的電気陰性度（表 1-2），分子の形に対する電子反発モデル（1-3 節），ならびに寄与の大きな共鳴構造式の選び方（1-5 節）などから明らかな Coulomb の法則（1-2 節）の重要性．
- 共鳴構造（1-5 節）や結合の重なり（1-7 節）に見られる電子が広がる（非局在化）傾向．
- 価電子の数え方（1-3 および 1-4 節）と積み上げ原理（1-6 節）との関係，ならびに結合生成による 8 電子則を満たした貴ガス配置（閉殻配置）の確保とその確保による元素の安定性（1-3，1-4 および 1-7 節）．
- 核のまわりに存在する「反応する」電子の位置を予見させる原子軌道や分子軌道の特徴的な構造（1-6 節）．
- 反応のエネルギー論，反応の方向，さらにはその反応の実現可能性を判断する材料となる結合の重なりモデル（1-7 節）．
- Kekulé 構造式，簡略化した式ならびに結合を直線で示す式を用いて有機化合物の構造を書く技術と，破線と実線のくさび形表記法による三次元表記法 1-9 節．

これらの情報を集めることによって，反応点だけでなく有機分子の構造や反応の多様性を探索するための道具を手にすることができる．

1-10　有機化学の問題を解くための共通戦略

有機化学の（あるいは，さらにいえば，どんな科目でも）問題を解こうとする前には，質問の主旨をしっかりと理解することが重要である．そのためには問題を十分に注意深く読む必要がある．次にどのように解いていくかを論理的に考えよ．この時点で，解答に対して必要なデータ，情報のリストをつくるとよい．あらかじめもっていない情報のうち必要なものを集めなさい．最後に，解答を得るための段階的な計画を立てる．この計画を実行して，段階を飛ばすことがないようにしよう．

この戦略は「WHIP」攻略法とよばれている（“whip”は英語で「打ち負かす」の意味）．

What　何が問われているか．

How　どこから手をつけるか．

Information　必要な情報は何か．

Proceed　一歩一歩論理的に進めよ．

次に，この方法の実践例を示す．

練習問題 1-23：Lewis 構造式の書き方と 8 電子則

水素化ホウ素ナトリウム $Na^+BH_4^-$ はアルデヒドやケトンをアルコールに変換するのに用いられる反応剤である（8-5 節参照）．BH_3 に Na^+ H^- を作用させることによって得られる．

$$BH_3 + Na^+H^- \longrightarrow Na^+\left[\begin{array}{c} H \\ H\,B\,H \\ H \end{array}\right]^-$$

a．BH_4^-のLewis構造式を示せ．

● **解法のてびき**

What 何が問われているか．答えは一見簡単そうに見える．Lewis構造式を書くことである．しかし，質問の目的が何なのかについて考える必要がある．したがって，何が問われているかをより深く考えよう．H^-がBH_3に付加してBH_4^-を生成する付加反応が問題として取り上げられている．

How どこから手をつければよいか．1-4節のLewis構造式の書き方に関する規則にしたがって進めなさい．

Information 必要な情報は何か．分子の骨格すなわち原子がつながっている順序(規則1)と利用できる価電子の数(規則2)の情報が必要である．

Proceed 一歩一歩論理的に進めよ．

● **答え**

段階1　分子骨格は上に示された式の角かっこのなかに与えられている．すなわちホウ素原子は四つの水素原子によって囲まれている．

段階2　価電子の数はいくつあるだろうか．その答えは(規則2)：

4 H = 4 × 1 電子	=	4 電子
1 B	=	3 電子
電荷 = −1	=	1 電子
合計		8 電子

段階3　ホウ素のまわりに8電子則を満たすのに必要な8電子(規則3)と四つの水素それぞれに必要な2電子で合計16個の電子が必要である．上記の「段階2」によれば，利用できる電子の数は8個である．必要な数から利用できる数を引いて2で割ると必要な結合の数，すなわち「4」が得られる．ホウ素とホウ素に結合する4個の水素それぞれの間に2電子ずつ配置すると，四つの結合を形成しつつすべての価電子をうまく使い切ることができる．さらにすべての原子の電子殻を満足させることができる．

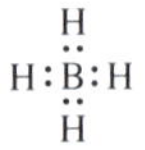

段階4　解答はまだ完了していない．この化学種は電荷をもっており，完全で正しいLewis構造式を書き終えるには電荷の形式的な位置を示す必要がある．(規則4)．一つひとつの水素原子は遊離の中性水素原子のもつ価電子と同じ1個の価電子をもっているので，電荷はもたない．−1の電荷はホウ素原子上にある．ホウ素のまわりの価電子の数を数えればわかる．すなわちその数は結合に利用されている8電子のうちの半分の「4」であり，この数は中性のホウ素原子が本来もつ価電子数「3」よりも一つ多い．そこで正しいLewis構造式は次のようになる．

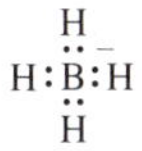

b. 水素化ホウ素イオンはどのような形をしているのだろうか.

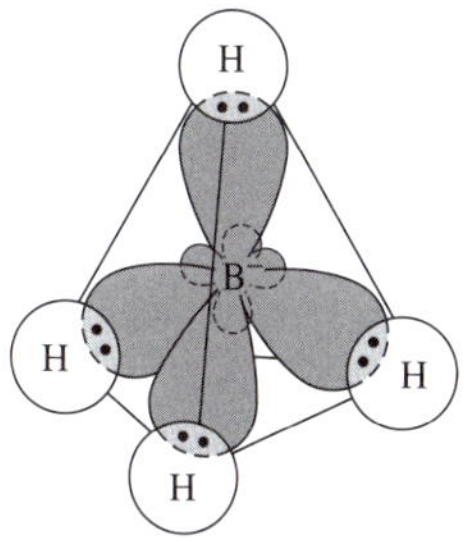

水素化ホウ素イオン
(borohydride ion)

●答え

この問題も，尋ねていることは簡単である．どこから手をつけるべきか.「電子の反発が簡単な分子の形を制御する」という情報を学んだ1–3節に立ち戻ればよい．水素化ホウ素イオンのホウ素は，メタンの炭素と同じように四つの電子対に囲まれている．類似の推論から，メタンと同様に，水素化ホウ素イオンは sp^3 混成軌道をもった正四面体構造をもつという合理的な結論に至る.

c. H^- が BH_3 を攻撃する際の軌道図を作成せよ．結合生成のために使われる軌道はどれか.

●答え

上述の二つの例は比較的簡単であったが，この問題はより複雑である．質問の主旨はいくつかの側面を含んでいる.

まず，出発物質の軌道図が必要である．生成物を決定し，その軌道図も必要となる．最後に，出発物質の軌道がいかに生成物の軌道に変化するかを考えなければならない．どこから手をつけようか．必要な情報をすでにもっているだろうか．答えはイエス，すでにもっている．1–6節と1–8節にしたがって軌道図を書くことから始めよう．H:$^-$ に対しては2電子を収容した1s軌道を，そして BH_3 に対しては，水素と三つの結合を形成する三つの sp^2 混成軌道ならびに分子平面に垂直で混成に使用されずに残っている空のp軌道をもつ平面三方形構造を書くことができる(図1–17を参照)．次に，1–4節ならびにこの問題のはじめに学んだ，H:$^-$ が BH_3 に付加して水素化ホウ素イオン BH_4^- が生成する反応を考えよう．BH_3 のどの部分がヒドリドイオンの攻撃を最も受けやすいだろうか．軌道図を考えることによって答えを導き出すことができる．すなわちヒドリドイオンがその電子対を供給して新しい結合を生成することができる空のp軌道が理想の標的である.

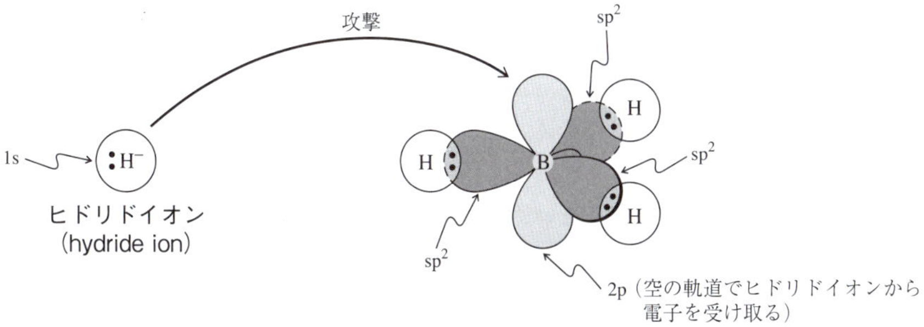

水素化ホウ素
(boron hydride)
ボラン(borane)

この過程においてホウ素まわりの軌道は変化しないのだろうか．この問いに答えるには，この問題の(b)のところで得た，生成物である水素化ホウ素イオンの構造を考えるだけでよい．BH_4^-はsp^3混成軌道をもつ正四面体構造をもつ．平面三方形構造とsp^2混成軌道をもつホウ素がどのようにすればスムーズにsp^3混成した正四面体構造に変化するかは容易に想像できるだろう．想像どおり，ヒドリドイオンの1s軌道がホウ素の空の2p軌道と重なり，これが水素の1s軌道とホウ素のsp^3混成軌道の重なりへと変化する．「再混成化」というこの過程は，共有結合の生成と切断においてごく一般的に見られる．

1-11 総合問題：概念のまとめ

この節では，みなさんの基本的な原理の理解や重要な思考技術を強化するために，各章の鍵となる概念を集約する問題に取り組む．次の例題は共鳴構造を組み立てる技量を確認する問題である．

練習問題 1-24：Lewis 構造式の書き方と共鳴構造式

プロピンに強塩基を作用させ，二度にわたり脱プロトン化する(すなわち二つのプロトンを強塩基で引き抜く)と，ジアニオンが生成する．

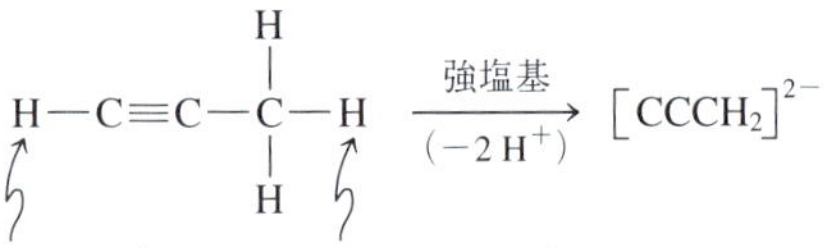

プロピン　　　　プロピンのジアニオン

三つの炭素がすべて8電子則を満たす Lewis 構造式で示される二つの共鳴構造式を書くことができる．

a．二つの共鳴構造式を書き，どちらの共鳴構造式がより重要な寄与をしているかを示せ．

●答え

段階を追って問題を解いていこう．

段階1　上に示したプロピンのジアニオンの式のなかにどのような構造上の情報が隠されているだろうか．答え(1-4節　規則1)：式から得られる情報は原子の連結の仕方である．すなわち，三つの炭素がつながっており，そのうち末端の炭素は二つの水素と結合していることがわかる．

段階2　分子全体で価電子をいくつもっているか．答え(1-4節　規則2)：

2H	= 2×1電子	=	2電子
3C	= 3×4電子	=	12電子
電荷	= −2	=	2電子
合計			16電子

段階3　ジアニオンに対してどのように8電子 Lewis 構造式を当てはめるのか．最初にイオンがもっている結合の数を決定しよう．三つの炭素まわりの8電子と，

二つの水素に対する電子対を合わせて28電子が必要である．この28と分子自身のもつ価電子16の差である「12」の半分が6であることから，構造は六つの結合をもっていることがわかる．答え(1-4節　規則3)：プロピンのジアニオンの式における原子の連結の仕方から，ただちに16個のうちの8個の電子をまず配置することができる．

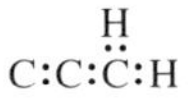

次にできるだけ多くの炭素原子が8電子則を満たすように，残りの8個の電子を孤立電子対の形で配置する．右端の炭素はすでに6個の電子に囲まれており，あと2個の電子を配置するだけでいいので，この炭素から始めるのがよいだろう．そしてそのあと，中心の炭素に2組の孤立電子対を与え，最後に左端の炭素にはとりあえず残りのもう1組の電子対を与えればよい．

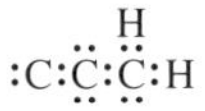

しかしながら，このままでは左端の炭素のまわりには4電子しか存在しない．そこで中央の炭素に配置した2組の孤立電子対を共有電子対として配置転換し，予測されたように合計六つの結合をもったLewis構造式を得る．

段階4　こうしてすべての原子が電子則を満足した構造，すなわち水素は2電子，炭素は8電子によって囲まれた構造をとることができたが，電荷の問題がまだ残されている．おのおのの原子上にどのように電荷が分布しているのか．答え(1-4節　規則4)：再び構造式の右端の原子から順に見ていこう．水素が電荷をもたないことはすぐにわかる．二つの水素はいずれも1組の共有電子対で炭素と結合しており，水素自体に属する電子は1個である．この数は遊離の中性水素原子の場合と同じであり，電荷をもたない．これに対して，水素と結合した炭素のまわりには3組の共有電子対と1組の孤立電子対が存在する．したがって炭素原子自体は5個の電子をもっていることになり，中性の炭素から考えると1電子多い．そのため，この右端の炭素は合計2価のうちの1価の負電荷をもつ．中央の炭素は4組の共有電子対によって囲まれており，電荷をもたない．最後に左端の炭素は3組の共有電子対によって隣接炭素と結合しており，これに加えて結合に関与していない2個の電子をもっている．したがってこの炭素が，もう一つの負電荷をもつことになる．結果として次式が得られる．

段階5　次に共鳴構造式の問題について考える．もう一つの8電子Lewis構造式を得るために電子対を移動させることが可能だろうか．答え(1-5節)：可能である．右端の炭素上にある孤立電子対を共有電子対の位置に移し，同時に三重結合の3組の共有電子対のうち1組を左へ移動させ孤立電子対とすることができる．

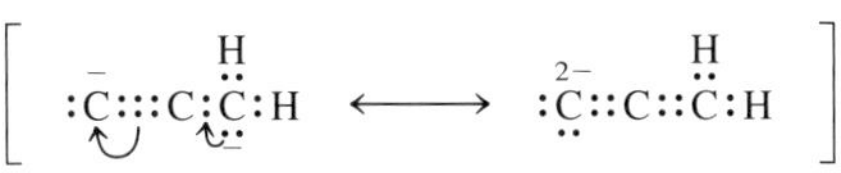

この電子対の移動によって，負電荷が右端の炭素上から左端の炭素上へと移動する．その結果，左端の炭素は2価の負電荷をもつことになる．

段階6　二つの共鳴構造式のうちより重要な寄与をするのはどちらか．答え(1-5節)：一つの炭素上に2価の負電荷をもつ右側の構造は電子反発によって非常に不利になるため，左側の構造式の寄与がより大きい．

最終チェックポイント　ジアニオン生成の反応式に与えられた情報から，より容易に左側の共鳴構造式を導き出すことができる．つまり，プロピンは結合を直線で表す式で書いた場合，それはそのままLewis構造式となる．両端の炭素からそれぞれプロトンを引き抜くと，これらの炭素上にそれぞれ孤立電子対が生じ，これにともなって炭素は負電荷をもつことになる．

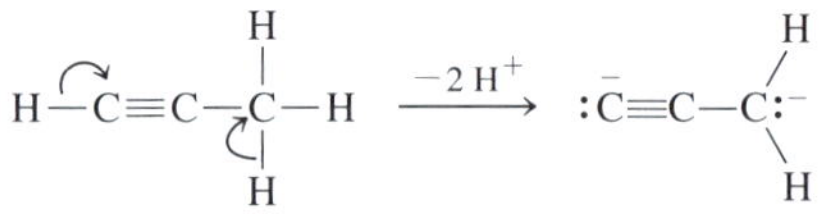

この最終チェックポイントから学ぶべきことは，いかなる問題に直面したときも，その問題のなかに明らかに，あるいはそれとなく与えられているすべての情報を書き出して，そのリストをつくるのに時間をかけよということである．

b.　プロピンのジアニオンの混成は$[C_{sp}C_{sp}C_{sp^2}H_2]^{2-}$と表される．ここで末端の$CH_2$炭素は，$sp^3$混成の炭素をもつメチルアニオン(練習問題1-16a)とは異なり，sp^2混成である．sp^2混成が有利であることを説明するためにジアニオンの軌道図を書け．

●答え

図1-21にあるエテンの軌道図の半分(CH_2基)を同じく図1-21にあるエチン(ただし水素は取り除く)の軌道図にくっつけることによって，簡単に軌道図を書くことができる．

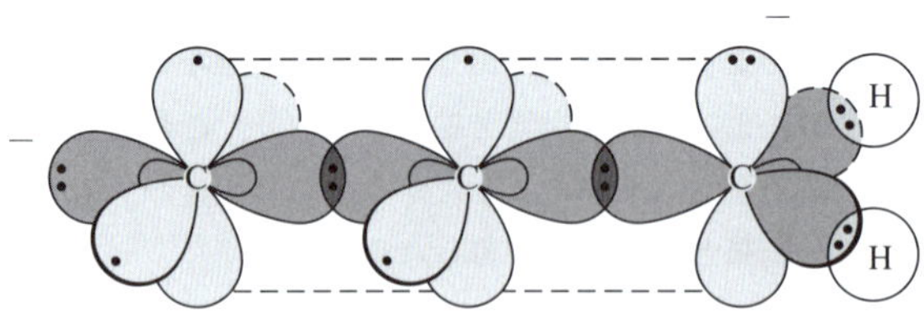

CH_2基の2電子で満たされたp軌道がどのようにアルキンの一つのπ結合とうまく重なり合って，二つの共鳴構造式で示されるような電荷の非局在化がいかにうまくなされているかがよくわかるだろう．

重要な概念

1. 有機化学は**炭素**と炭素化合物の化学である．

2. Coulomb の法則は互いに異なる符号の電荷をもった粒子間の引力と粒子間の距離との関係を表す．

3. イオン結合は異なる符号の電荷をもったイオンどうしの Coulomb 力によって生成する．一般に貴ガスの電子配置をとるために，ある原子から他の原子へと電子が完全に移動する．その結果，正負両イオンが生成する．

4. 共有結合は二つの原子間で電子を共有することによって生成する．この場合には，電子を共有することによって貴ガスの電子配置をとる．

5. 結合距離は，共有結合で結ばれた二つの原子間の平均距離である．結合の生成によってエネルギーが放出され，結合の切断にはエネルギーが必要である．

6. 異なる電気陰性度(原子が電子を引きつけ電気的に陰性になる度合い)をもった原子の間では**極性結合**が生成する．

7. 分子の形は電子の反発に大きく影響される．

8. Lewis 構造式では価電子を小さな点で表すことによって結合を表現する．水素原子のまわりには 2 電子が，その他の原子のまわりには 8 電子が存在する(**8 電子則**)ように書く．形式電荷の分離は最小になるようにする．ただし 8 電子則のほうが形式電荷の分離に優先する．

9. 分子を表現するのに，電子の位置だけが異なる Lewis 構造式が二つ以上必要な場合，それらは**共鳴構造式**とよばれる．どの構造式も単独では分子を正確に表現することはできず，真の構造はすべての Lewis 構造式を平均化(**混成**)したものである．共鳴構造式が非等価な場合は，いくつかある Lewis 構造式のなかで，8 電子則を満たしかつ原子の電気陰性度の大小が矛盾しない構造式をもつものの寄与が最も大きい．

10. 核のまわりを回る電子の運動は，**波動方程式**によって表現することができる．方程式の解が**原子軌道**であり，電子が存在する確率の高いおよその空間領域を曲面で区切って近似的に示したものである．

11. s 軌道は球，**p 軌道**は二つの涙滴がくっついたもの，つまり「球状をした数字 8」のように見える．ある地点における軌道の数学的符号は正，負あるいはゼロ(節)である．エネルギーが増大すると節の数が増える．どの軌道も，逆方向のスピンをもった電子を最大 2 電子まで収容することができる(**Pauli の排他原理，Hund の規則**)．

12. 最も低いエネルギー準位の軌道から順次，原子軌道に一つずつ電子を入れていく方式を**積み上げ原理**という．

13. 二つの原子軌道が結合をつくるように重なり合うとき，**分子軌道**が生まれる．同符号をもった原子軌道が重なり合うと，より低いエネルギー準位をもった**結合性分子軌道**が生じる．一方，逆符号の原子軌道どうしからはより高いエネルギーと節をもつ**反結合性分子軌道**が生成する．生じる分子軌道の数は，分子軌道をつくるのに使用された原子軌道の数に等しい．

14. 二つの原子核を結ぶ軸に沿った重なり合いによって生成した結合を **σ 結合**とよび，この軸に垂直な p 軌道の重なり合いによって生成した結合を **π 結合**という．

15. 同じ原子上の軌道を混ぜ合わせると，違った形をもつ新しい**混成軌道**ができる．s 軌道一つと p 軌道一つを混ぜ合わせると**直線状の sp 混成軌道**が二つ得られるが，これはたとえば BeH_2 の結合に用いられている．s 軌道一つと p 軌道二つからは**三方形の sp^2 混成軌道**が三つ生じ，たとえば BH_3 分子において使われている．s 軌道一つと p 軌道三つからは**四面体構造をもつ sp^3 混成軌道**が四つ生じ，メタンの結合にその例を見ることができる．混成に加わらない軌道は変化せずそのままである．混成軌道は互いに重なり合うことができる．異なる炭素原子上の sp^3 混成軌道どうしが重なり合うと，エタンや他の有機分子に見られるような炭素－炭素結合が生成する．混成軌道は NH_3 分子で見られるように，孤立電子対をも収容することができる．

16. 有機分子の組成(原子の種類とその割合)は**元素分析**によって知ることができる．**分子式**はそれぞれの種類の原子の数を示す．

17. 同じ分子式をもち，原子のつながり方が異なる分子を**構造異性体**という．これらの異性体はおのおの異なった性質を示す．

18. **簡略化した式や結合を直線で示す式**は，分子を簡便に表現するものである．**破線－くさび形表記法**は分子構造を三次元的に表現する．

章末問題

25. 次のそれぞれの分子について Lewis 構造式を書け．電荷をもつ原子はどれか．原子が結合している順序をかっこ内に示した．

(a) ClF　(b) BrCN

(c) $SOCl_2$($Cl\overset{O}{S}Cl$)　8電子則を守った構造と，原子価殻を拡大した構造の両方を書け．次の構造上の情報を考慮すると，どちらの構造がよりふさわしいか．$SOCl_2$ 中の S−O の結合の長さは 1.43 Å である．参考までに，SO_2 中の S−O 結合の長さは 1.43 Å であり(練習問題 1-9c)，CH_3SOH(メタンスルフェン酸)中のそれは 1.66 Å である．

(d) CH_3NH_2　(e) CH_3OCH_3　(f) N_2H_2(HNNH)

(g) CH_2CO　(h) HN_3(HNNN)　(i) N_2O(NNO)

26. 表 1-2(1-3節)の電気陰性度の値を用いて問題 25 にある化合物のなかから極性をもった共有結合を選び出し，原子に δ^+，δ^- の符号をつけよ．

27. 次のそれぞれの化学種について Lewis 構造式を書け．電荷をもっているのはどの原子か．

(a) H^-　(b) CH_3^-　(c) CH_3^+

(d) CH_3　(e) $CH_3NH_3^+$　(f) CH_3O^-

(g) CH_2　(h) HC_2^-(HCC)　(i) H_2O_2(HOOH)

28. 次の構造式それぞれに必要ならば電荷を書き加えて完全で正しい Lewis 構造式にせよ．結合に関与する価電子と結合に関与しない価電子すべてが示されている．

(a) 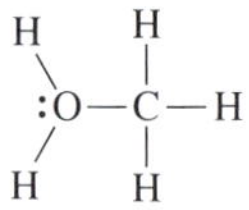

(b) 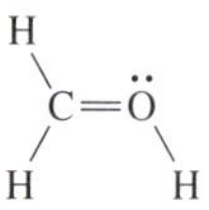

(c) 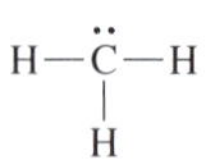

(d) 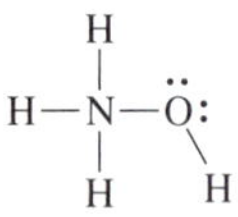

(e) 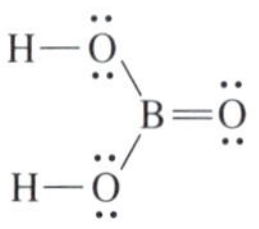

(f) 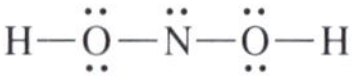

29. (a) 重炭酸イオン(炭酸水素イオン)HCO_3^- の構造は，いくつかの共鳴構造式の混成として表現するのが最もふさわしい．共鳴構造式のうち二つを次に示す．

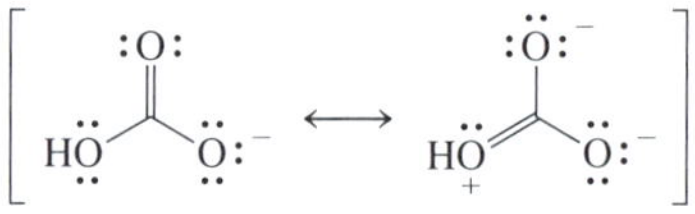

重炭酸イオンは体内の pH 調節に必要不可欠である（たとえば，血液の pH は 7.4 に保たれている)．重曹中にも含まれており，CO_2 ガスの源として働き，ふっくらとやわらかなパンや洋菓子をつくるのに役立っている．

(i) 共鳴構造式を少なくとももう一つ示せ．(ii)「電子の押し出しを表す」矢印を用いて，電子対を移動させることによって，これらの Lewis 構造式の互いどうしがどのように変換できるかを示せ．(iii) いくつかある共鳴構造式のうち，どれが(一つあるいは複数個も可)重炭酸イオンの真の構造に対して大きな寄与をする構造式か．1-5節であげた基準にもとづいて自分の答えについて説明せよ．

(b) ホルムアルデヒドのオキシム，H_2CNOH に対する二つの共鳴構造式を示せ．(a)の(ii)ならびに(iii)と同様に，共鳴構造式どうし間の相互変換を電子の押し出しを表す矢印で示すとともに，どちらの式の寄与が大きいかについても述べよ．

(c) ホルムアルデヒドオキシマートイオン$[H_2CNO]^-$について(b)と同じ問題に答えよ．

30. 問題 25 と 28 にあげた化合物のなかに，一つの Lewis 構造式ではうまく表現できず，共鳴構造式を用いる必要がある化合物がいくつかある．それらを選び出し，それぞれの分子について共鳴 Lewis 構造式をすべて書け．電子の押し出しを表す矢印を使って，一つの共鳴構造式からもう一つの共鳴構造式へどのように誘導できるかを示せ．さらに共鳴混成体に対してどの構造式の寄与が大きいかを示せ．

31. 次にあげた化学種それぞれについて，二つあるいは三つの共鳴構造式を書け．また，おのおのの共鳴構造式のうち寄与の大きいもの（複数も可）を示せ．

(a) OCN^-　(b) CH_2CHNH^-

(c) $HCONH_2$($H\overset{O}{C}NH_2$)　(d) O_3(OOO)

(e) $CH_2CHCH_2^-$

(f) ClO_2^-(OClO)　8 電子則を守った構造と原子価殻を拡大した構造の両方を書け．次の構造上の情報を考慮すると，どちらの構造がよりふさわしいか．ClO_2^- 中の二つの Cl−O 結合の長さはいずれも 1.56 Å である．参考までに，HOCl 中の Cl−O の結合の長さは 1.69 Å で，ClO_2 中のそれは 1.47 Å である．

(g) $HOCHNH_2^+$　(h) CH_3CNO

32. 問題 31 に与えられた化学種の中央にある原子について，どのような幾何学的様式が予測されるか．

33. ニトロメタン CH_3NO_2 とメチル亜硝酸 CH_3ONO の Lewis 構造式を比較対照せよ．おのおのの分子について，少なくとも二つの共鳴構造式を書け．共鳴構造式の検討をもとに，それぞれの化合物中の二つの NO 結合が極性をもつかどうか，また NO 結合の結合次数について述べよ．〔ニトロメタンは有機合成においてビルディングブロックとして使われるだけでなく溶媒としても使用される．窒素上に二つの酸素原子があるために低酸素条件下でも燃焼することができる．この特性は，燃料に「ニトロ」を加えて過剰な馬力を与えた車で行う自動車レース（ドラッグレース）に利用されている．〕

34. 次のそれぞれの物質について，Lewis 構造式を書け．さらにそれぞれのグループのなかで (i) 電子の数，(ii) 原子上の電荷の有無，(iii) すべての結合の性質，そして (iv) 幾何学的な形を比較せよ．

(a) 塩素原子 Cl と塩化物イオン Cl^-

(b) ボラン BH_3 とホスフィン PH_3

(c) CF_4 と BrF_4^-（C と Br は分子の中央にある）

(d) 二酸化窒素 NO_2 と亜硝酸イオン NO_2^-（窒素原子が中央にある）

(e) NO_2，SO_2，ならびに ClO_2（N，S ならびに Cl が分子の中央にある）

35. 次の (a)〜(d) の 4 組の化学種の組合せのなかでどちらがより強い結合をもっているかを，分子軌道を考慮して予想せよ．（**ヒント**：図 1-12 を参照せよ．）

(a) H_2 または H_2^+　(b) He_2 または He_2^+

(c) O_2 または O_2^+　(d) N_2 または N_2^+

36. 下に示したそれぞれの分子について，それぞれ指示された原子のまわりのおおよその幾何学的配列を示せ．さらにそれぞれの配列を説明する混成様式を述べよ．

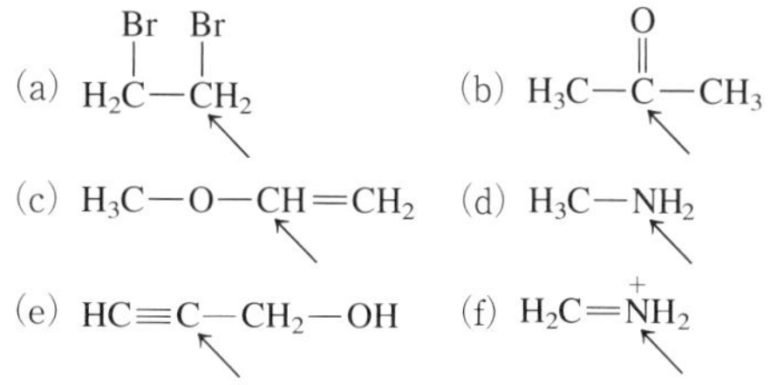

37. 問題 36 にあげたそれぞれの分子について，それぞれ指示された原子の結合を形成するのに使われている軌道を述べよ（s, p の原子軌道，sp, sp^2 あるいは sp^3 の混成軌道）．

38. 問題 37 で取り上げた結合に関与している軌道の重なりを図で示せ．

39. 次の構造式で示される化合物 (a)〜(g) の一つひとつの炭素原子の混成について述べよ．炭素原子の幾何学的構造にもとづいて答えること．

(a) CH_3Cl　(b) CH_3OH　(c) $CH_3CH_2CH_3$

(d) $CH_2{=}CH_2$（三方形炭素）

(e) $HC{\equiv}CH$（直線状構造）　(f) 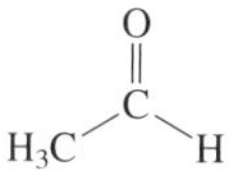

(g) 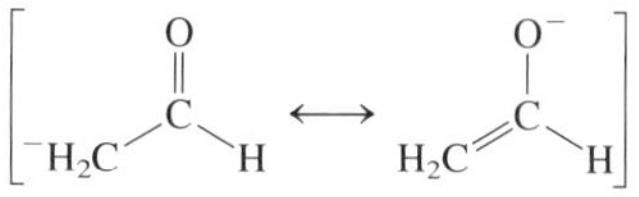

40. 次にあげた簡略化した式を Kekulé の表記法（直線による表記法）に書き改めよ（問題 43 参照）．

(a) CH_3CN　(b) 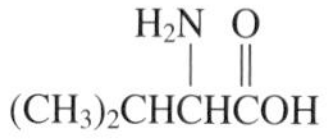

(c) 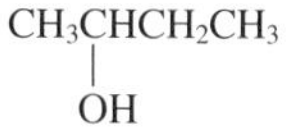　(d) $CH_2BrCHBr_2$

(e) 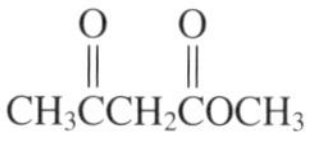　(f) $HOCH_2CH_2OCH_2CH_2OH$

41. 結合を直線で示す次の式を Kekulé の表記法（直線による表記法）に書き改めよ．

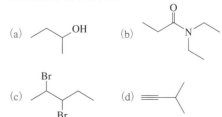

(a) 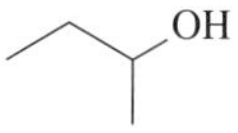　(b) 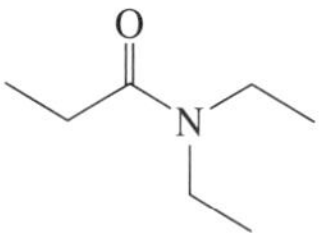

(c) 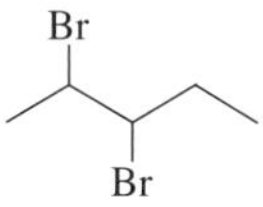　(d) 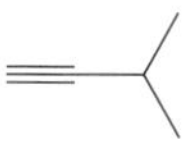

(e) 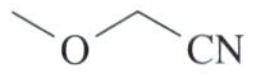　(f) 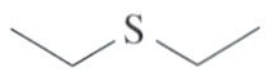

42. 破線－くさび形表記法で書いた次の式を，簡略化した式(表記法)に書き改めよ．

(a) 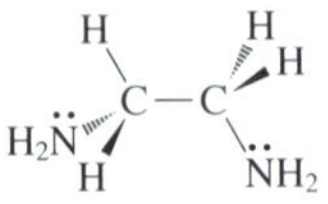　(b) 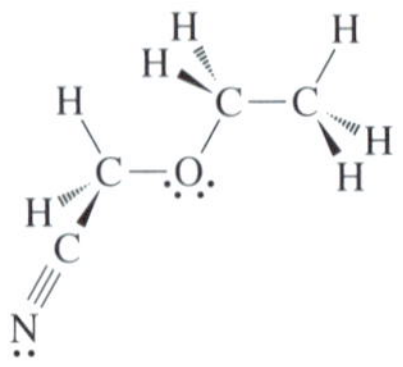

(c) 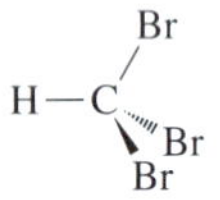

43. Kekulé の表記法(直線による表記法)で示した次の構造式を簡略化した式に書き改めよ．

(a) 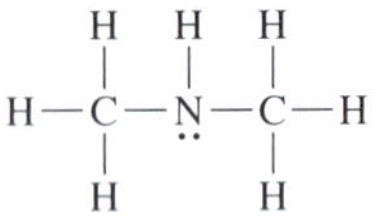

(b) 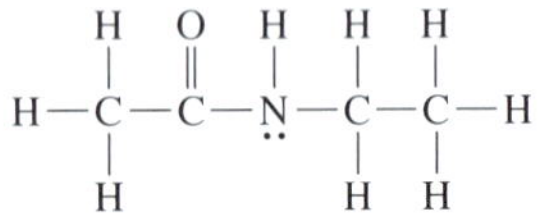

(c) 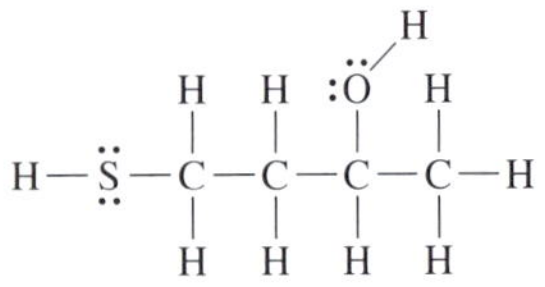

(d) 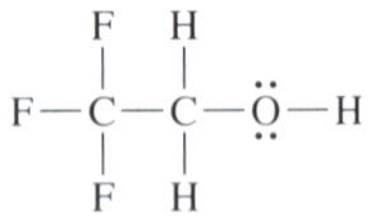

(e) 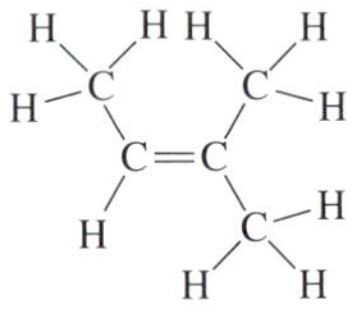

(f) 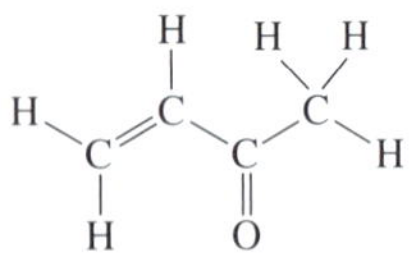

44. 問題 40 ならびに 43 に示されている構造式を，結合を直線で示す式に書き改めよ．

45. 簡略化した式で書かれた次の式を破線－くさび形表記法を用いた式に書き改めよ．

(a) $CH_3\overset{\overset{\displaystyle CN}{|}}{C}HOCH_3$　(b) $CHCl_3$

(c) $(CH_3)_2NH$　(d) $CH_3\overset{\overset{\displaystyle SH}{|}}{C}HCH_2CH_3$

46. (a) C_5H_{12}，(b) C_3H_8O の分子式をもつ化合物それぞれについて構造異性体をできるだけ多くあげよ．それらの異性体一つひとつに対して，簡略化した式と結合を直線で示す構造式を書け．

47. 下に示した構造異性体の(a)～(c)組のそれぞれの分子について，多重結合，電荷ならびに孤立電子対(もしあれば)がわかるように簡略化した式を書け(**ヒント**：まずおのおのの分子に対して正確な Lewis 構造式を書け)．これらの組合せの化合物のうち，どの化合物が共鳴構造式で表されるものか．

(a) $HCCCH_3$ と H_2CCCH_2　(b) CH_3CN と CH_3NC

(c) $CH_3\overset{O}{C}H$ と H_2CCHOH

48. **チャレンジ** 3価のホウ素と孤立電子対をもつ原子の間の結合に対して，二つの共鳴構造式が書ける．(a) (i) $(CH_3)_2BN(CH_3)_2$，(ii) $(CH_3)_2BOCH_3$，(iii) $(CH_3)_2BF$ の三つの化合物それぞれについて，二つずつ共鳴構造式を書け．(b) 1-5 節の指針にしたがって，対をなす共鳴構造式のうち，どちらの構造式の寄与が大きいかを決定せよ．(c) 3組それぞれにおいて，N，O，F の三者間の電気陰性度の差が，共鳴構造式の相対的な寄与の大きさにどのような影響を及ぼすか．(d) 化合物(i)の N ならびに化合物(ii)の O の混成を予測せよ．

49. **チャレンジ** 珍しい分子である[2.2.2]プロペランを下に示した．分子構造式のなかに与えられたパラメータをもとに，＊印をつけた炭素にとってどのような混成様式が最も適当であるか述べよ(分子の形を視覚化するために模型をつくれ)．＊印をつけた二つの炭素間の結合には，どのような種類の軌道が使われているか．この結合はふつうの炭素－炭素単結合(ふつう 1.54 Å の結合の長さをもっている)よりも強いか，それとも弱いか．

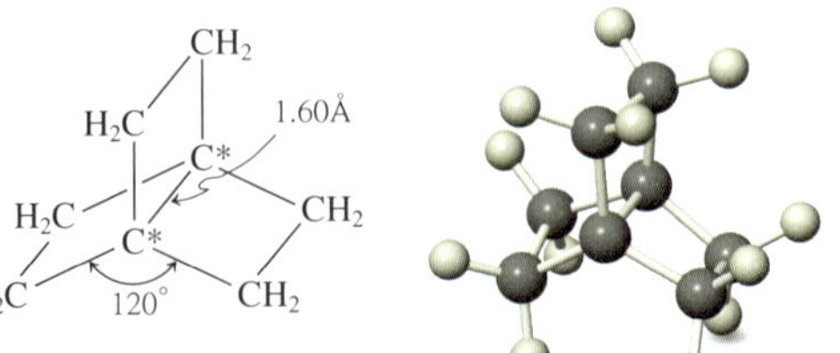

[2.2.2]プロペラン
([2.2.2]propellane)

50. **チャレンジ** (a) 問題 39 をもとに次にあげる三つの化学種のそれぞれにおいて，孤立電子対(負の電荷を担っている)を含む軌道がどのような混成をしているか答えよ．$CH_3CH_2^-$；$H_2C{=}CH^-$；$HC{\equiv}C^-$．(b) sp, sp^2 あるいは sp^3 混成軌道にある電子は同じエネルギーをもっているわけではない．2s 軌道はエネルギー的に 2p 軌道よりも低いので，混成軌道がより大きな s 性をもっていればその混成軌道のエネルギーはより低くなる．したがって，sp^3 混成軌道(1/4 の s 性と 3/4 の p 性をもっている)がエネルギー的に最も高く，sp 混成軌道(1/2 の s 性と 1/2 の p 性)にある電子のエネルギーが最も低い．この知識をもとに，(a)であげた三つのアニオンが負電荷を受け入れる相対的な能力を比較し，能力の強いものから順に並べよ．(c) 酸 HA の強さは共役塩基である A^- の負電荷を受け入れる能力と関係している．いいかえると，イオン化反応 $HA \rightleftharpoons H^+ + A^-$ は A^- が安定であればあるほど有利となる．CH_3CH_3，$CH_2{=}CH_2$ や $HC{\equiv}CH$ はすべて弱酸であるが，酸としての強さが同じというわけではない．(b) の答えをもとに酸として強いものから順に並べよ．

51. 正に分極した炭素原子を含む物質の多くが，「発がん性が疑われる物質」(がんの原因になるかもしれない物質，あるいはがん誘引化合物)であると考えられている．そしてこの正に分極した炭素原子が存在することが，これらの分子の発がん性の原因だとされている．分極の度合いが発がん能力に比例すると仮定して，下にあげた化合物を発がん性の強いものから順に並べよ．

(a) CH_3Cl　　(b) $(CH_3)_4Si$

(c) $ClCH_2OCH_2Cl$　　(d) CH_3OCH_2Cl

(e) $(CH_3)_3C^+$

(**注**：分極は，発がん性に関係があるとされている多くの要因の一つにすぎない．そのうえ，それらの要因のうちどの一つをとってもこの質問で述べたような単純な関係を示すものはない．)

52. 下記のようなある種の化合物は前立腺がんに特有な細胞に対して強い生理活性を示す．次にあげる種類の原子や結合に当てはまるものを探し出し，印をつけよ．(a) 強く分極した共有単結合，(b) 強く分極した共有二重結合，(c) ほとんど分極していない共有結合，(d) sp 混成をした炭素原子，(e) sp^2 混成をした炭素原子，(f) sp^3 混成をした炭素原子，(g) 異なる混成様式をもった原子間の結合，(h) 分子中で最も長い結合，(i) 分子中で最も短い結合(水素を含む結合は除く)．

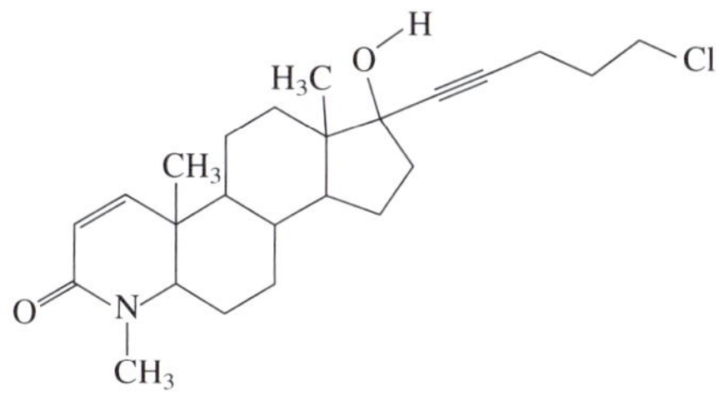

●グループ学習問題

グループ学習問題は数人で議論したり共同で勉強したりするために用意された問題である．友人あるいは勉強仲間と一緒に考えよ．問題はいくつかの部分に分けてある．部分部分を一人ずつめいめいが考えるのではなく，各部分部分について，全員で一緒に解いてみよう．次の章に進む前に，自分の理解が正しいのか，また十分なのかを確認するために，本章で学んだ語彙を復習せよ．本書に記載されている専門用語や概念をよりうまく使用ならびに応用すれば，分子構造と反応の関連をより一層深く理解することができ，さらに結合の切断と生成をより正確に思い浮かべることができるだろう．有機化学のすばらしい体系に気づき，単なる記憶の科目という考えをぬぐい去ることができるだろう．友人とあるいは仲間と一緒に勉強することは，みなさんの考えをはっきりさせるのに役立つ．解答を自分自身にではなく「他人」に話すことにより，自分の間違いをチェックして，バランスのとれた考え方を身につけることができる．「私のいいたいことはよくわかるだろう」といってやりすごそうとしても，仲間たちがみなさんのいうことが理解できない場合には，そうはさせてくれないであろう．なぜならば，みなさんのいいたいことが，彼らにはおそらくわからないからである．自分自身だけでなく他人も納得させなければならない．他人から学び，他人に教えることでみなさんの理解はより深いものとなる．

53. 次の反応について考えよう．

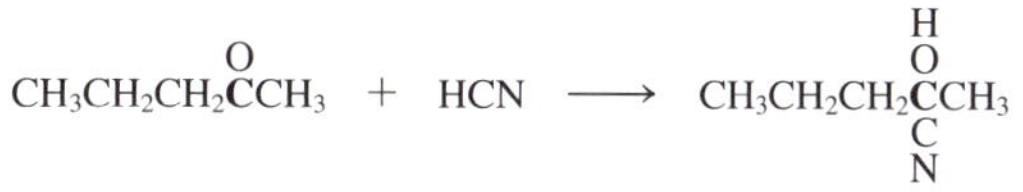

(A)　　(B)

(a) これらの簡略化した構造式を Lewis の電子点式構造式に変換せよ．化合物(A)ならびに(B)の太字で示された炭素の混成状態とその形(幾何配置)を示せ．反応の進行とともに混成は変化するか．

(b) 簡略化した構造式を，結合を直線で示す構造式に書き改めよ．

(c) 結合の極性を考えて反応がどのように進行するのかを検討せよ．結合を直線で示す構造式中の極性をもつ結合に，部分的な電荷の分離を示す δ^+ と δ^- を書き込め．

(d) 実際この反応は，シアン化物イオンがカルボニル炭素を攻撃し，続いてプロトン化が起こる2段階で進行する．それぞれの段階について，1-5節の共鳴構造式のところで述べたのと同じ「電子対を押し出す」矢印を用い，電子の流れを示すことにより説明せよ．ただし，ここでは共鳴ではなく2段階の反応にともなう電子の流れを示すことになる．矢印を書くとき，矢印の始まり(1組の電子対)と終わり(正に分極した核あるいは正電荷をもった核)の位置をはっきりと示すこと．

●専門課程進学用問題

ここで取り上げられている演習問題は，MCAT(医学部用の入学試験)，DAT(歯学部用の入学試験)，化学系のGRE(大学院進学適性試験)，ACSなどの専門課程(大学院)の入学試験ならびに学部の試験によく出題される形式のものである．講義の進み具合に合わせて，また専門課程の試験を受ける前に，これらの選択肢形式による問題を解いてみよう．教科書は閉じて，すなわち周期表や計算機のようなものは使わずに解答せよ．

54. ある有機化合物を燃焼分析したところ，84％の炭素と16％の水素を含んでいることがわかった(C=12.0，H=1.00)．この化合物の分子式を(a)～(e)から選べ．

(a) CH_4O　(b) $C_6H_{14}O_2$　(c) C_7H_{16}
(d) C_6H_{10}　(e) $C_{14}H_{22}$

55. 下に示す化合物の形式電荷を(a)～(e)から選べ．

(a) N上に－1　(b) N上に＋2
(c) Al上に－1　(d) Br上に＋1
(e) 上記のいずれでもない

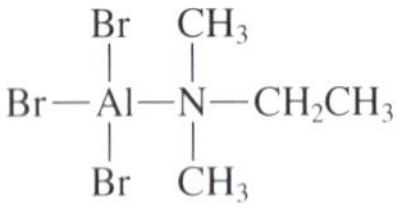

56. 化合物中の矢印で示した結合は，どのようにして形成されたか，(a)～(d)から選べ．

(a) Hのs軌道とCのsp^2混成軌道との重なり
(b) Hのs軌道とCのsp混成軌道との重なり
(c) Hのs軌道とCのsp^3混成軌道との重なり
(d) 上記のいずれでもない

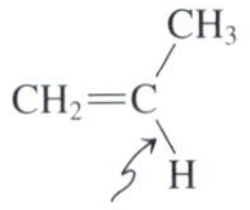

57. 結合角が120°に最も近い化合物を(a)～(e)から選べ．

(a) $O{=}C{=}S$　(b) CHI_3　(c) $H_2C{=}O$
(d) $H-C{\equiv}C-H$　(e) CH_4

58. 次の4組の化合物のうちで共鳴構造式の対であるのはどれか．

(a) $H\ddot{\underset{\cdot\cdot}{O}}-\overset{+}{C}HCH_3$ と $H\overset{+}{\underset{\cdot\cdot}{O}}{=}CHCH_3$

(b) 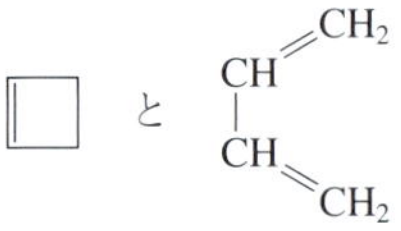

(c) 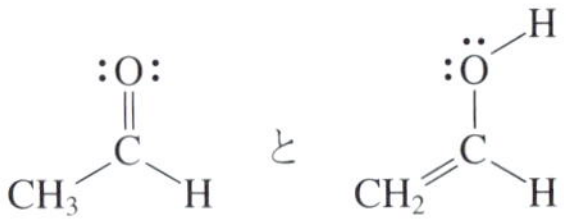

(d) $CH_3\overset{+}{C}H_2$ と $\overset{+}{C}H_2CH_3$

Chapter

2 構造と反応性

酸と塩基，極性分子と非極性分子

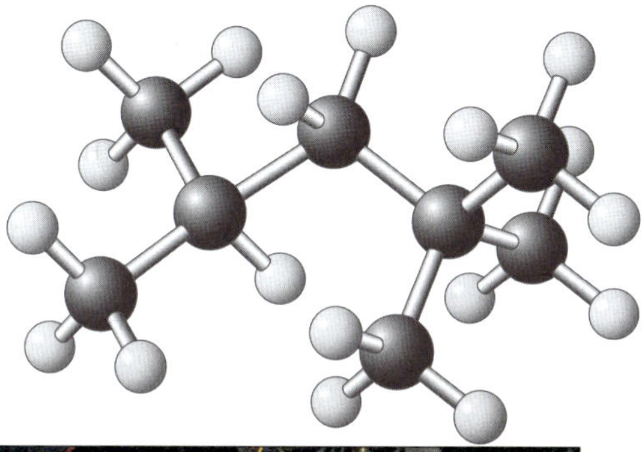

分枝アルカンである2,2,4-トリメチルペンタンはガソリンの重要な成分であり，燃料の効率を示す目安として用いられている「オクタン価」の標準物質である．写真の自動車エンジンはすぐれた性能で有名だが，その性能を発揮するためには高オクタン価の燃料を必要とする．

本章での目標

- 一般化学の一分野である反応速度論ならびに熱力学についての知識，具体的にはエンタルピーとエントロピー，活性化エネルギーと遷移状態，ならびにポテンシャルエネルギー図を有機反応と関連づける．
- 電子対の動きを曲がった矢印を使って反応機構中に描写する．
- 求電子剤と求核剤を定義し同定する．
- 酸－塩基反応と求電子剤－求核剤の反応を相互に関連づける．
- 酸と塩基の相対的な強さをそれらの構造から推定する．
- 官能基を認識し，官能基が結合している炭素の反応性を予測する．
- 体系的な命名法を用いて有機分子を命名する．
- 立体配座の柔軟性を含めてアルカンの性質を記述する．

1章では種々の元素間にさまざまな種類の結合をもつ有機分子について紹介した．これらの構造を見て，これらの化合物がどのような化学反応性を示すかを予想することができるだろうか．2章ではこの質問に答えることから始める．その答えとは，有機分子は官能基とよばれるさまざまな原子団を含んでおり，この官能基の存在からその有機分子の特徴的な挙動を予見することができるというものである．まず，多くの官能基，とくに極性結合をもつ官能基の反応を理解するのに酸－塩基の化学を理解することがいかに有用であるかを見てみよう．次に求電子剤と求核剤という概念を導入することによって，官能基の反応と酸－塩基の反応の類似性を追究していく．

多くの有機分子は骨組みを構成する分子骨格と官能基から成っている．この分子骨格は単結合によってつながった炭素と水素だけから成る比較的極性のない集団である．最も簡単な有機化合物はアルカンとよばれ，官能基をもたず単結合で結ばれた炭素と水素だけから構成されている．したがって，アルカンは官能基化

アルカンの単結合

された有機分子の分子骨格として最高のモデルである．またアルカンはそれ自体有用な化合物である．たとえば，本章の冒頭に描かれた構造をもつ2,2,4-トリメチルペンタンはガソリン中に含まれているアルカンである．アルカンについて学ぶことによって官能基をもつ分子の性質をより深く理解する準備ができる．そこで，本章ではアルカン類の命名法，物理的性質ならびに構造上の特徴について学ぶ．

2-1 単純な化学反応の速度論および熱力学

最も単純な化学反応は異なる二つの化学種間の平衡である．この平衡反応は二つの基本的な原理によって制御される．

1 **化学熱力学**(chemical thermodynamics)は，化学反応の進行とともに起こるエネルギーの変化を取り扱う．すなわち，反応が完結に向かってどの程度まで進行するかを決定する．
2 **化学速度論**(chemical kinetics)は，反応物質と生成物の濃度が変化する速度を取り扱う．いいかえれば，反応が完結に向かって進行する速度を論じる．

「エネルギー的に有利な変化」とはどういうものか．有利なエネルギー変化とは，系全体のエネルギー含有量が減少する変化である．エネルギーは高いエネルギー含有量をもつ系からより低いエネルギー含有量をもつ系に流れる傾向がある．それは，ちょうど熱いオーブンを開けると自然に冷めるのと同じである．問題31を参照しよう．

熱力学と速度論という二つの原理は，しばしば互いに関係しているが，必ずしもそうではない．熱力学的に非常に有利な反応は，熱力学的に不利な反応よりも速く進行することが多い．これとは反対に，相対的に不安定な生成物を与えるような，熱力学的により不利な反応であっても，より速く進行する場合もある．最も安定な生成物を与える反応を，**熱力学支配**(thermodynamic control)による反応という．いくつかの生成物が得られるとき，それぞれの生成物が出発物質に対してどれくらいエネルギー的に有利かによって反応の生成物は決まる．一方，得られる生成物が最も速く生成する化合物であるような反応は，**速度論支配**(kinetic control)による反応であると定義される．最も速く生成する化合物が熱力学的に最も安定な生成物とはかぎらない．さらに定量的な立場からこれら2種類の反応について考えてみよう．

平衡は化学変化の熱力学によって制御される

すべての反応は可逆的であり，反応物質と生成物はさまざまな割合で互いに相互変換している．反応物質と生成物の濃度がもはやそれ以上変化しなくなったとき，反応は**平衡状態**(state of equilibrium)に到達したという．多くの場合，平衡の位置は生成物側に大きく傾いている(ほとんど99.9 %以上)．こうした場合には反応は完結したといえる(そのようなとき，逆反応を示す矢印も省略され，実際のところ不可逆とみなされる)．

平衡は**平衡定数**(equilibrium constants)Kで表す．平衡定数は，反応式の右辺の成分の濃度の積を，左辺の成分の濃度の積で割ることによって求められる．なお濃度はリットルあたりのモル数で表される(mol L^{-1})．Kの値が大きいと反応は完結する．そして大きいKの値をもつ反応は，大きな**駆動力**(driving force)をもった反応であるという．

反応	平衡定数
$A \underset{}{\overset{K}{\rightleftharpoons}} B$	$K = \frac{[B]}{[A]}$
$A + B \underset{}{\overset{K}{\rightleftharpoons}} C + D$	$K = \frac{[C][D]}{[A][B]}$

反応が完結すると一定量のエネルギーが放出される．平衡定数は平衡時における**Gibbs**[*1]**の標準自由エネルギー変化**(Gibbs standard free energy change)**$\Delta G°$**[*2]とよばれる熱力学的関数によって決まる．

$$\Delta G° = -RT \ln K = -2.303\, RT \log K \qquad (\text{kcal mol}^{-1}\ \text{あるいは kJ mol}^{-1})$$

式中のRは気体定数(1.986 cal K^{-1} mol^{-1} あるいは 8.315 J K^{-1} mol^{-1})，Tは絶対温度(Kelvin 単位 K)[*3]を示す．$\Delta G°$の値が負ということは，エネルギーが放出されることを表す．この式から，Kの値が大きくなれば自由エネルギー変化も大きくなり，反応がさらに有利になることがわかる．室温(25 ℃，298 K)における$\Delta G°$は次式で表される．

$$\Delta G° = -1.36 \log K \qquad (\text{kcal mol}^{-1})$$

平衡定数Kの値が 10 の反応は−1.36 kcal mol^{-1}の$\Delta G°$をもち，0.1 であれば$\Delta G°$は逆に正の値をとり+1.36 kcal mol^{-1}となる．対数関数で表されているので，$\Delta G°$の値が変化するとKの値は指数関数的に変化する．$K = 1$の場合は出発物質と生成物が同じ濃度で存在し，$\Delta G°$の値は 0 である(**表 2-1**)．

*1 Josiah Willard Gibbs(1839 ～ 1903)，アメリカ，エール大学教授．

*2 $\Delta G°$は，平衡が達成されたあとでの標準状態(理想的な 1 mol L^{-1} 溶液)における分子の反応の自由エネルギーを示す．

*3 Kelvin 温度目盛と Celsius (摂氏)温度目盛の間隔は同じである．Kelvin 卿(本名 William Thomson 卿，1824 ～ 1907，スコットランド，グラスゴー大学)と Anders Celsius (1701 ～ 1744，スウェーデン，ウプサラ大学)の名前をとってこれらの温度単位が名づけられた．

表 2-1 $A \rightleftharpoons B$ の平衡とその自由エネルギー：$K = [B]/[A]$

K (平衡定数が増える ↓)	百分率 B	百分率 A	25 ℃における$\Delta G°$ (kcal mol^{-1}) ($\Delta G°$の負の値が大きくなる ↓)	25 ℃における$\Delta G°$ (kJ mol^{-1})
0.01	0.99	99.0	+2.73	+11.42
0.1	9.1	90.9	+1.36	+5.69
0.33	25	75	+0.65	+2.72
1	50	50	0	0
2	67	33	−0.41	−1.72
3	75	25	−0.65	−2.72
4	80	20	−0.82	−3.43
5	83	17	−0.95	−3.97
10	90.9	9.1	−1.36	−5.69
100	99.0	0.99	−2.73	−11.42
1,000	99.9	0.1	−4.09	−17.11
10,000	99.99	0.01	−5.46	−22.84

自由エネルギー変化は結合の強さの変化と系の秩序の程度の変化に依存する

Gibbs の標準自由エネルギー変化は，二つの熱力学的な量，すなわち**エンタルピー**(enthalpy)変化($\Delta H°$)と**エントロピー**(entropy)変化($\Delta S°$)によって決まる．

Gibbsの標準自由エネルギー変化

$$\Delta G^\circ = \Delta H^\circ - T\Delta S^\circ$$

前式で T は温度でKelvin単位，ΔH° はkcal mol^{-1} あるいはkJ mol^{-1} で表示され，一方，ΔS° はcal K^{-1} mol^{-1} あるいはエントロピー単位(e.u.)やJ K^{-1} mol^{-1} で示される．

反応の**エンタルピー変化**(enthalpy change)ΔH° は一定の圧力のもとでの反応の過程で吸収される，あるいは放出される熱で表される．化学反応におけるエンタルピー変化は，おもに出発物質の結合の強さと生成物の結合の強さの差に関係する．結合の強さは，結合の解離エネルギー DH° によって定量的に表される．反応に対するΔH° の値は，切断される結合の強さの総和から生成する結合の強さの総和を差し引けば求めることができる．化学反応を理解するのに必要な結合解離エネルギーとそれらの値については3章で詳しく解説する．

反応におけるエンタルピー変化

$$\begin{pmatrix}\text{切断される結合}\\ \text{の}DH^\circ\text{の総和}\end{pmatrix} - \begin{pmatrix}\text{生成する結合}\\ \text{の}DH^\circ\text{の総和}\end{pmatrix} = \Delta H^\circ$$

生成する結合が切断される結合よりも強ければΔH° の値は負となり，反応は**発熱的**(exothermic)である(熱を放出する)．逆に正のΔH° 値をもつ反応は**吸熱的**(endothermic)である(熱を吸収する)．天然ガスの主成分であるメタンが酸素と反応して，二酸化炭素と液体の水を与える燃焼反応は発熱反応の例である．この反応のΔH° 値は-213 kcal mol^{-1} である．

$$CH_4 + 2\,O_2 \longrightarrow CO_2 + 2\,H_2O_{\text{液体}} \qquad \Delta H^\circ = -213\ \text{kcal mol}^{-1}(-891\ \text{kJ mol}^{-1})$$

発熱反応

ΔH° =($CH_4 + 2\,O_2$ のすべての結合の DH° の総和)−($CO_2 + 2\,H_2O$ のすべての結合の DH° の総和)

> 熱いオーブンを開けて涼しい部屋中に熱を分散させることは，エントロピー的に有利である．オーブンと部屋を合わせた系全体のエントロピーが増大する．この操作によって，オーブンのなかの少数の分子から，部屋にある空気や壁などに含まれるはるかに多くの分子に熱を分配することができる．

この反応が発熱的であるのは，反応によって非常に強い結合をもつ生成物が生成するためである．炭化水素の多くは，燃焼によって大量のエネルギーを放出する．したがって貴重な燃料である．

反応のエンタルピーは結合の強さの変化によって決まる．それでは，もう一つの**エントロピー変化**(entropy change)ΔS° とはいったいどのようなものだろうか．エントロピーとは系の秩序に関係した概念である，すなわち，S° の値が増大すると無秩序さが増大することはよく知っているであろう．しかし，この「無秩序」という概念は容易に数量化できるものでもなく，また科学的な表現としてもうまく当てはまらない．そこでΔS° は，化学的にはエネルギーの分散度の変化を記述するものとして使われている．S° の値は，系の構成物質間でエネルギーの含有量の分散度が増大するにつれて増えていく．ΔG° を求める式において $T\Delta S^\circ$ 項の前に負の符号がついているので，ΔS° が正の値をもっている場合には系の自由エネルギーに対して負の要因となる．いいかえると，エネルギーの分散度が小さいほうから大きいほうに移ることは，熱力学的に有利ということになる．

化学反応において，エネルギーの分散度とはどういうことなのだろうか．分子の数が反応の前後で異なる反応について考えてみる．たとえば1-ペンテンを激しく加熱すると，C—C 結合の切断が起こってエテンとプロペンが生成する．この反応はC—C 結合が切断されるため，もともと吸熱的である．したがって，エンタルピーだけを考慮してエントロピーを考えに入れなければ反応は起こらないことになる．ところが，一つの分子から二つの分子が生成するのでこの反応は比較的大きな正のΔS°値をもっており，実際には進行する．結合が切断されると，系のエネルギーはより多くの分子に分配される．高温においては，ΔG°の計算式のなかの$-T\Delta S^\circ$の項が，反応に不利に働くエンタルピー項を上回ることによってこの反応を進行させている．

$$\underset{\text{1-ペンテン}}{CH_3CH_2CH_2CH{=}CH_2} \longrightarrow \underset{\text{エテン（エチレン）}}{CH_2{=}CH_2} + \underset{\text{プロペン}}{CH_3CH{=}CH_2}$$

一つの分子から二つの分子が生成する：エントロピーが増大する

$\Delta H^\circ = +22.4\ \text{kcal mol}^{-1}\ (+93.7\ \text{kJ mol}^{-1})$
吸熱反応

$\Delta S^\circ = +33.3\ \text{cal K}^{-1}\ \text{mol}^{-1}$
または e.u. $(+139.3\ \text{J K}^{-1}\ \text{mol}^{-1})$

練習問題 2-1

1-ペンテンからエテンとプロペンが生成する反応の，25 ℃におけるΔG°の値を計算せよ．熱力学的な立場から見て，この反応は25 ℃で進行するだろうか．Tを大きくすればΔG°の値はどうなるだろうか．反応が進行するようになる温度は何度か．（**注意**：ΔS°の単位は cal K^{-1} mol^{-1} で，ΔH°の単位は kcal mol^{-1} である．1000の係数を忘れないこと！）

反対に，生成する分子の数が出発物質の分子の数より少なくなる場合には，エネルギーの分散度が減少し，エントロピーは減少する．たとえば，エテンと塩化水素からクロロエタンが生成する反応では，エンタルピー項はΔH°が-15.5 kcal mol^{-1} と発熱的であるが，エントロピー項は$\Delta S^\circ = -31.3$ e.u. でありΔG°に対して不利に働く．

$$CH_2{=}CH_2 + HCl \longrightarrow CH_3CH_2Cl$$

二つの分子が一つになる：エントロピーが減少する

$\Delta H^\circ = -15.5\ \text{kcal mol}^{-1}\ (-64.9\ \text{kJ mol}^{-1})$
$\Delta S^\circ = -31.3\ \text{e.u.}\ (-131.0\ \text{JK}^{-1}\ \text{mol}^{-1})$

練習問題 2-2

エテンと塩化水素からクロロエタンが生成する反応の，25 ℃におけるΔG°を計算せよ．二つの分子が結合して一つの分子になる反応が，なぜ大きな負のエントロピー変化をともなうのかを説明せよ．

多くの有機反応においては，エントロピーの変化は小さいので，反応が起こるか起こらないかについて推定するには結合エネルギーの変化だけを考慮すれば十分である．そのような場合には，ΔG°がほぼΔH°と等しいとみなす．なお，（先にあげた例のように）化学反応式の両辺で分子の数が異なる場合や閉環や開環のような著しい構造変化によってエネルギーの分散度が大きく影響を受ける場合は例外である．

大きなエントロピー変化をともなう有機反応

一つの分子から二つの分子が生成する，あるいはその逆

$$\text{A—B} \underset{\text{負}}{\overset{\Delta S\ \text{正}}{\rightleftharpoons}} \text{A} + \text{B}$$

開環あるいは閉環

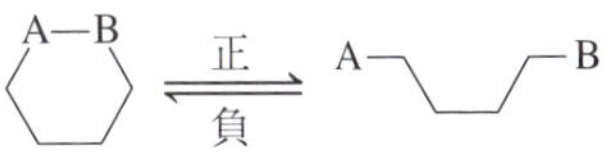

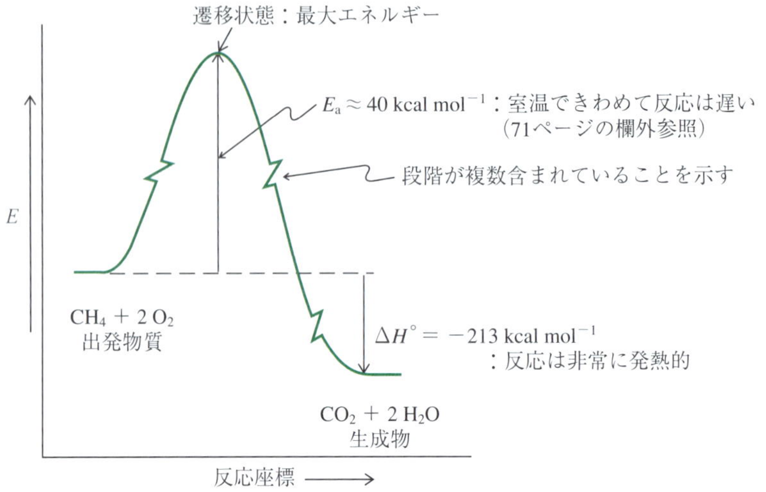

図2-1 メタンの燃焼反応に対する(単純化した)ポテンシャルエネルギー図．ΔH° が大きい負の値をもつことから熱力学的には有利であるにもかかわらず，反応の遷移状態のエネルギーが高く，大きな活性化エネルギーが必要なために反応は非常に遅い(実際の反応では多くの結合が切断され，多くの結合が新しく生成するのでポテンシャルエネルギー図は複数の極大および極小をもつ)．

化学反応の速度は活性化エネルギーの大きさに依存する

どんな速度で平衡が達成されるのだろうか．化学反応の熱力学的な考察からは反応速度についての知見は何も得られない．すでに取り上げたメタンの燃焼について考えてみよう．メタンの燃焼反応は，213 kcal mol^{-1}(-891 kJ mol^{-1})という大量のエネルギーを放出する．しかしながら，メタンは空気中室温という条件下で自然に燃え出すことはない．それでは，このように熱力学的に非常に有利な燃焼反応の速度が，なぜこんなに遅いのだろうか．その答えは，この反応の過程における系のポテンシャルエネルギーの変化を示す図2-1を見れば明らかである．**ポテンシャルエネルギー図**(potential-energy diagram)の一例であるこの図は反応の進行とともに変化するエネルギーをプロットしたものである．反応の進行にともなって出発物質の構造は生成物の構造へと変化する．結合の切断と生成というこれらの変化を示す**反応座標**(reaction coordinate)によって反応の進行を見ることができる．エネルギーはまず**遷移状態**(transition state)とよばれる最も高い点に向かって上昇し，次に生成物分子のもつエネルギー含量である最終の値に落ちていく．遷移状態のエネルギーは反応が進行するために越えなければならない障壁ととらえることができる．遷移状態のもつエネルギーの高さまで出発物質のエネルギーをもち上げるのに必要なエネルギーを反応の**活性化エネルギー**(activation energy)$\boldsymbol{E_a}$という．このエネルギーが高ければ高いほど，反応は遅くなる．メタンの燃焼に対する活性化エネルギー E_a は非常に大きい．そのため，反応速度は非常に小さくなる．

ギリシャ神話のシーシュポスは巨大な石を険しい丘の上へ押し上げる罰を科されたが，石は頂上近くで必ず転がり落ち，その苦業には果てしがなかった．彼の業は非常に大きな活性化障壁をもつプロセスの究極の例である．

発熱反応であるにもかかわらず，なぜそれほど高い活性化エネルギーが必要なのだろうか．おのおのの原子が出発物質におけるそれぞれの位置から移動するとき，結合の切断が始まるためにはエネルギーを投入する必要がある．もとの結合が部分的に切断され，新しい結合が部分的に生成する遷移状態では，系全体として結合エネルギーの損失が最大となり系のエネルギー含有量も最大となる．この点を越えると新しい結合が強くなっていくことでエネルギーが放出され，最後にはそれぞれの原子が完全に新しい結合をつくり生成物において占めるべき位置におさまる．

練習問題 2-3

クロロエタンを熱で分解(パイロリシス，熱分解ともよぶ)してエテン(エチレン)と塩化水素を得る反応にはおよそ 60 kcal mol^{-1} の活性化エネルギー E_a が必要である．実際の反応機構は非常に複雑だが，反応が一段階で進行すると仮定せよ．出発物質，生成物ならびに遷移状態の相対的な位置を示した簡単なポテンシャルエネルギー図を書け．(**ヒント**：練習問題 2-2 の解答から 25 ℃における $\Delta G°$ の値を利用せよ．)

衝突が活性化エネルギーの障壁を越えるためのエネルギーの源である

分子は反応するための障壁を越えるだけのエネルギーをどのようにして獲得するのだろうか．分子は運動している結果として**運動エネルギー**(kinetic energy)をもっているが，その値は室温ではおよそ 0.6 kcal mol^{-1}(2.5 kJ mol^{-1})にすぎず，多くの場合，活性化エネルギー障壁を越えることはとてもできない．十分なエネルギーを得るために，分子は分子どうしあるいは容器の壁と衝突しなければならない．衝突によってエネルギーは分子の間で移動する．

Boltzmann＊分布曲線(Boltzmann distribution curve)とよばれるグラフは運動エネルギーの分布を表す．図 2-2 によれば，どんな温度においても大多数の分子は平均的な運動エネルギーをもっているにすぎないが，いくつかの分子は平均値よりもはるかに大きい運動エネルギーをもっている．

＊ Ludwig Boltzmann(1844 ～ 1906)，オーストリア，ウィーン大学教授．

Boltzmann 曲線の形は温度に依存する．高温では平均運動エネルギーが増大するので，曲線は平らになり極大値は高エネルギーのほうへ移る．遷移状態に到達するのに必要なエネルギーよりも高いエネルギーをもった分子が多数存在するので，反応の速度は増大する．これに対して，低温では反応速度は遅くなる．

反応速度は反応物質の濃度によっても影響される

基質 A に反応剤 B が付加して C を生成する反応を考える．

$$A + B \longrightarrow C$$

このタイプの変換反応の多くは，A，B のいずれの濃度を高くしても反応速度は増大する．このような場合には，遷移状態の構造に A，B 両方の分子が関与しており，実験的に観測される反応速度は次式で表される．

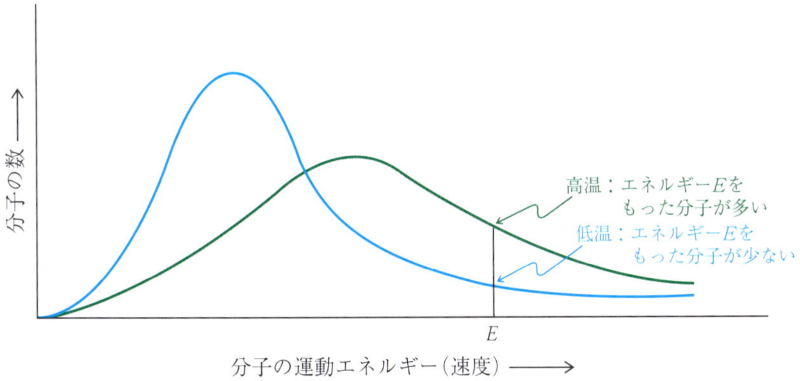

図 2-2 二つの温度での Boltzmann 曲線．高温(緑色の曲線)では低温(青色の曲線)より運動エネルギー E をもった分子の数が多い．大きな運動エネルギーをもった分子は，より容易に活性化エネルギー障壁を乗り越えることができる．

$$反応速度 = k\ [A][B] \qquad (mol\ L^{-1}\ s^{-1})$$

比例定数 k は反応の**速度定数**(rate constant)とよばれる．速度定数は，二つの反応物質AとBの濃度がそれぞれ1 mol L^{-1} のときの反応速度に等しい．このように反応速度が二つの分子の濃度に依存する反応を**二次**(second order)反応という．

これに対して次式のように，反応速度がただ一つの反応物質の濃度にだけ依存する反応がある．

$$A \longrightarrow B$$
$$反応速度 = k\ [A] \qquad (mol\ L^{-1}\ s^{-1})$$

このタイプの反応を**一次**(first order)反応という．

練習問題 2-4

概念のおさらい：反応速度式の使用

(a) 反応速度が一次反応の速度則にしたがう反応，反応速度＝k[A]において，反応物質Aの半分が消費されたとき(すなわち出発物質の50％が生成物に変換されたとき)反応速度は反応開始時に比べてどれぐらい遅くなるだろうか．

●解法のてびき

1章と同様にWHIP攻略法を用いる．

What 考えるための材料として何があるか．鍵となるのは，一次反応の速度則と反応物質の二つの濃度すなわち[A]と1/2[A]を認識することである．

How どこから手をつけるか．鍵は，二つの反応速度すなわち初期速度とAの濃度が半分になったときの反応速度を比較する必要があることに気づくことである．新しい反応速度を求めるための式を考え出せるだろうか．

Information 必要な情報は何か．一次反応では反応速度は速度定数に出発物質の濃度を掛けた値に等しい．Aの半分が消費されたときの新しい濃度は0.5[A_0]である．なお A_0 はAの初期濃度である．

Proceed 一歩一歩論理的に進めよ．

●答え

- Aの半分が消費されたときの反応速度は反応速度 $_{1/2}$ ＝ k(0.5[A_0])と表される．
- 初期速度は反応速度$_{初期}$＝ k[A_0]で表される．
- 二つ目の式を一つ目の式に代入すると

$$反応速度_{1/2} = (0.5)反応速度_{初期}$$

となり，反応速度は初期速度の半分になる．

(b) 反応速度が二次反応の速度式にしたがう反応，反応速度＝ k[A][B]の場合には，出発物質の50％が消費された時点で反応速度はどれくらい低下するだろうか．二つの出発物質AとBは最初同じ量存在したと仮定せよ．

●解法のてびき

(a)と同様に，二つの反応速度すなわち初期速度とAとB両方の濃度が半分になったときの反応速度を比較しなければならない．初期でのAとBの量は同じであり，二次反応式によれば一つのAが一つのBと反応する．したがって，両者の濃度は反応の進行とともに同じ量だけ減少する．これらを知ったうえで新しい反応速度を表す反応式を導け.

● **答え**

- A と B 両者の半分が消費されたときの反応速度は反応速度 $_{1/2}$ = $k(0.5[A_0])(0.5[B_0])$ で表される．ここで$[A_0]$と$[B_0]$は A と B それぞれの初期濃度である．
- 初期反応速度は反応速度$_{初期}$ = $k[A_0][B_0]$で表される．
- 二つ目の式を一つ目の式に代入することで

$$反応速度_{1/2} = (0.5)(0.5)反応速度_{初期} = (0.25)反応速度_{初期}$$

となる．反応速度は初期速度の 1/4 に低下する．

練習問題 2-5 自分で解いてみよう

次の反応式

$$CH_3Cl + NaOH \longrightarrow CH_3OH + NaCl$$

で表される反応は，反応速度 = $k[CH_3Cl][NaOH]$という二次反応の速度則にしたがう．出発物質の初期濃度がそれぞれ$[CH_3Cl]$ = 0.2 mol L^{-1}と$[NaOH]$ = 1.0 mol L^{-1}のとき，観測された反応速度は 1×10^{-4} mol L^{-1} s^{-1}であった．それでは，CH_3Cl の半分が消費されたときの反応速度はいくらか．（**注意**：二つの出発物質の初期濃度は同じではない．**ヒント**：この時点で NaOH はどれだけ消費されたか，そして初期濃度と比べて新しい濃度はどうなっているかを考えよ．）

Arrhenius 式は温度が反応速度にどのような影響を及ぼすかを示す

分子が熱せられるとその分子の運動エネルギーが増大し，より多くの分子が活性化障壁 E_a を越えるのに十分なエネルギーをもつことになる（図 2-2）．反応温度を 10 ℃上げると反応速度は 2 倍あるいは 3 倍になる．この有用な経験則が多くの反応に当てはまる．スウェーデンの化学者 Arrhenius* は反応速度 k の温度 T 依存性についての実験を重ね，その結果，測定値が Arrhenius 式にしたがうことを見いだした．

計算の目安にしよう
20 ℃において一次反応式にしたがう反応が完結するのに必要なおおよその時間

E_a 活性化エネルギー	反応時間
10 kcal mol^{-1}	～10^{-5} 秒
15 kcal mol^{-1}	～0.1 秒
20 kcal mol^{-1}	数分
25 kcal mol^{-1}	数日

* Svante Arrhenius（1859 ～ 1927），スウェーデン，ストックホルム工科大学教授，1903 年度ノーベル化学賞受賞，1905 年から亡くなる少し前までノーベル財団の理事を務めた．

Arrhenius 式

$$k = Ae^{-E_a/RT} = A\left(\frac{1}{e^{E_a/RT}}\right)$$

Arrhenius 式は，さまざまな活性化エネルギーをもった反応の速度が温度によっていかに変化するかを示す．この式において R は気体定数，そして A はそれぞれの反応に固有な値をもった係数である．活性化エネルギー E_a が大きければ大きいほど反応が遅くなることが容易にわかる．逆に温度 T が高ければ高いほど反応は速くなる．もしすべての分子が活性化障壁を越えるのに十分な衝突エネルギーをもっているならば，A 項はその反応がもちうる最大の速度定数の値と等しくなることが想像できる．非常に高い温度では E_a/RT がゼロに近づき，$e^{-E_a/RT}$ は 1 に近づく．したがって，k はほとんど A と等しくなる．

練習問題 2-6

(a) 次式の反応（練習問題 2-2 の逆反応，練習問題 2-3 も参照）の 25 ℃における$\Delta G°$ を計算せよ．

$$CH_3CH_2Cl \longrightarrow CH_2{=}CH_2 + HCl$$

(b) 同じ反応の 500 ℃における$\Delta G°$ を計算せよ．(**ヒント**：$\Delta G° = \Delta H° - T\Delta S°$ を用いよ．℃をまず Kelvin 単位の温度に変えることを忘れないようにしよう．)

化学反応の反応速度を増大させる方法

- 温度を上げる
- 活性化エネルギーを低くする
- 濃度を上げる

練習問題 2-7

練習問題 2-6 の反応における A は 10^{14}, E_a は 58.4 kcal mol^{-1} である．Arrhenius 式を使って，500 ℃でのこの反応の k の値を計算せよ．なお R は 1.986 cal K^{-1} mol^{-1} である．(**注意**：活性化エネルギーは kcal mol^{-1} の単位で表されている．一方 R の単位は cal K^{-1} mol^{-1} である．1000 の係数を忘れないこと！)

まとめ　すべての反応は出発物質と生成物との間の濃度の平衡で表される．どちらの側に傾いているかは平衡定数の大きさによって決まる．いいかえると，Gibbs の自由エネルギー変化($\Delta G°$)に依存する．平衡定数が 10 倍大きくなると，25 ℃において$\Delta G°$ がおよそ -1.36 kcal mol^{-1}(-5.69 kJ mol^{-1})変化する．反応における自由エネルギーの変化は，エンタルピー変化($\Delta H°$)とエントロピー変化($\Delta S°$)によって決まる．エンタルピー変化はおもに結合の強さの変化に，一方，エントロピー変化は出発物質と生成物におけるエネルギーの分散度に依存する．これら二つの項が平衡の位置を決めるのに対して，平衡に到達するまでの時間は出発物質の濃度と，出発物質と生成物を隔てる活性化障壁の大きさと，さらに温度によって決まる．反応速度，活性化エネルギー(E_a)，および反応温度(T)の間の関係は Arrhenius 式で示される．

2-2 成功の鍵：化学反応を描写するための「電子の押し出し」を表す曲がった矢印の使用法

2019 年 5 月の時点で，国際的な化学研究用データベースである“ケミカル・アブストラクト”には 1 億 5000 万件の化学物質が登録されており，それらはすべて化学反応によりつくられたものか，化学反応を行うものである．明らかに，それら化学反応のごく細かな部分まで記憶することが有機化学という教科をマスターする現実的な道ではない．幸いなことに，反応は反応機構によって定義された合理的な経路に沿って進行する．そして反応機構の数はそれほど多くない．有機化学を体系的に学ぶにあたり，反応機構がいかに役立つかを見ていこう．

曲がった矢印を使って出発物質がいかに生成物に変換されるかを表すことができる

結合は電子から成っている．化学変化は結合の切断あるいは生成，さらには切断と生成が同時に起こる過程として定義される．したがって化学反応が起こると電子が移動する．反応機構を示すこの電子の動きを，曲がった矢印で表す．曲がった矢印(↷)は，一般的には孤立電子対か共有結合を起点としてそこから最終点へ向かう電子対の「流れ」を表している．電子の「終着点」は比較的電気陰性度が大きい，あるいは電子不足のために電子を引きつける原子である．よく見られる基本的な反応を種類ごとに示す．

タイプ 1　極性をもった共有結合のイオンへの解離

一般的な例：　$A{-}B \longrightarrow A^+ + :B^-$

電子対の移動によって A−B の共有結合が B 原子上の孤立電子対になる

二つの原子のうちどちらの電気陰性度がより大きいかによって電子対の動く方向が決まる．上式の一般的な例においては，B が A よりも電気的により陰性なので, B が容易に電子対を受け取り負の電荷を帯びる．原子 A はカチオンとなる．

具体例 (a)：

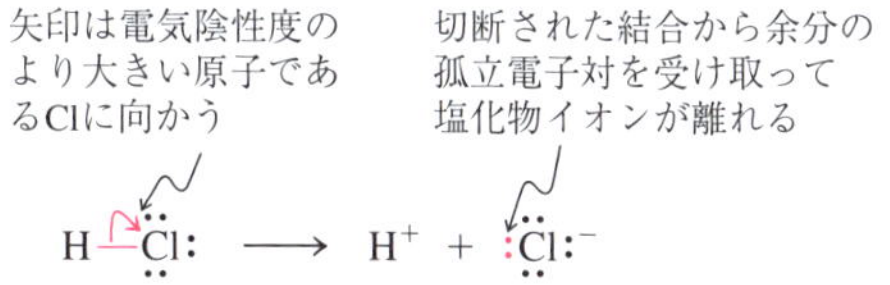

酸 HCl が解離してプロトンと塩化物イオンを与える反応は，このプロセスの一例である．電子の動きにともなう原子上の電荷変化は，矢印の方向によって示すことができる．矢印が遠ざかる原子（たとえば上式の H）では電荷が＋ 1 変化する．これとは逆に矢印が向かってくる原子（たとえば上式の Cl）は－ 1 の電荷を帯びる．このように極性をもった共有結合を切断する場合には，結合の中心を起点として電気陰性度のより大きい原子に向かう曲がった矢印を書けばよい．

具体例 (b)：

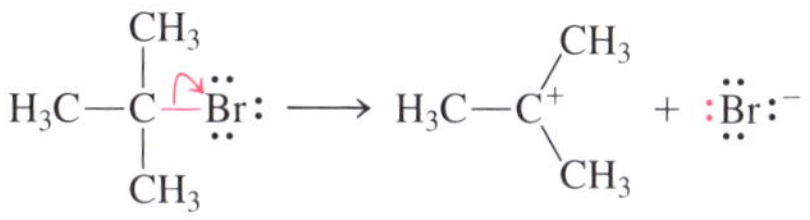

この例は，C−Br 結合を切断する解離反応である．その本質は，例 (a) と同じであることに気づくだろう．ここでも矢印の向きが二つの原子上の電荷の変化を決定する．

タイプ 2　イオンからの共有結合の生成

一般的な例：　$A^+ + :B^- \longrightarrow A{-}B$

先ほどのプロセスの逆：B 上の孤立電子対が A に移動し，
A と B の間に新しい共有結合が生成する

具体例 (a)：

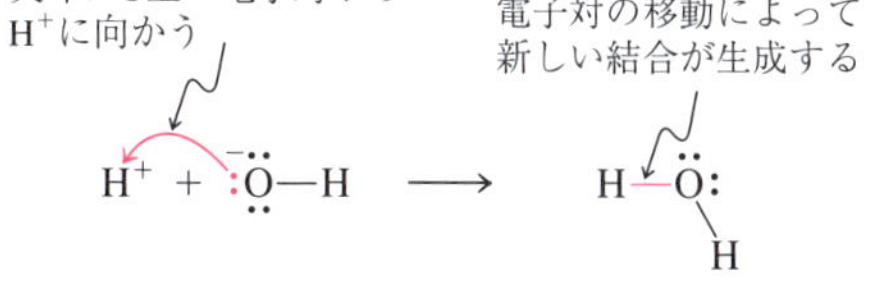

水素イオンと水酸化物イオンの間の酸－塩基反応がこの種の反応機構の代表例である．アニオンがカチオンと結合するとき，曲がった矢印はアニオンの電子対

を起点とし，カチオンを終点とするように書く．決して曲がった矢印をカチオンからスタートしてはいけない．矢印は，電子の移動を示すものであって，原子の動きを示すものではない．電子が動き，原子はその動きにしたがう．この例では，矢印は負の電荷をもった原子から正の電荷をもった原子に向かい，その結果二つの原子はいずれも中性になる．

具体例(b)：

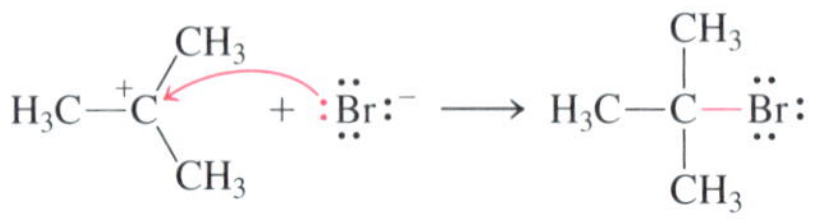

このプロセスは，タイプ1で述べた解離の反応機構における具体例(b)の逆反応である．

タイプ3　二つの結合の生成と切断が同時に起こる：置換反応

一般的な例：

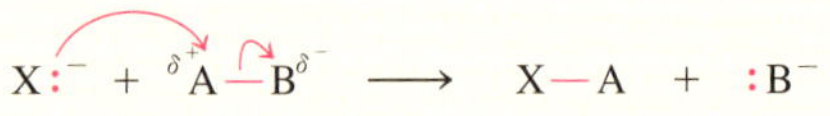

2組の電子対が移動して，結合の組換えが起こる

具体例(a)：

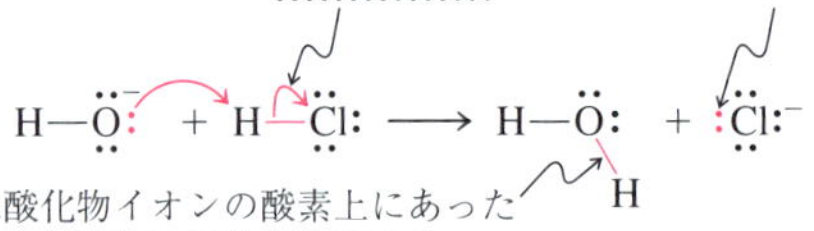

具体例(b)：

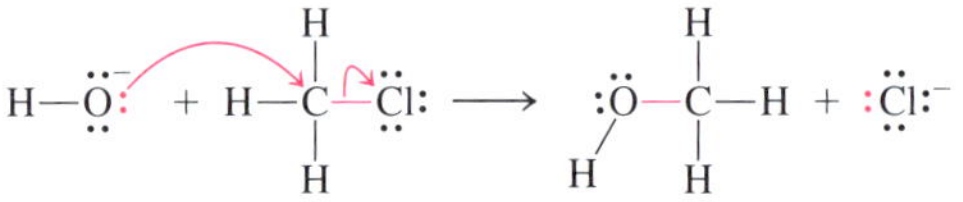

特有の専門用語
化学者は攻撃，防御，回避というような専門用語を使って反応をおおげさに表現することを好む．しかしながらこの表現は，一方の化学種が攻撃者であって他方は受け手であるかのような印象を与え誤解を招きやすい．実際は，求核剤が求電子剤を攻撃するのとまったく同様に，求電子剤も求核剤を攻撃する．

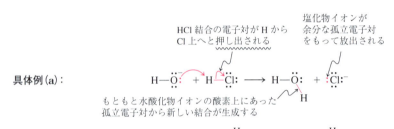

上の二つの反応において，2組の電子対が移動し，(Clとの)一つの結合が切断され，(Oとの)もう一つの結合が生成する．具体例(a)では，水酸化物イオンが塩基としての一般的な役割を果たし，酸を攻撃して酸からプロトンを奪い取る．具体例(b)では，水酸化物イオンの電子対が水素原子ではなく，極性をもった結合の一端にある正の電荷を帯びた炭素を攻撃する(1-3節参照)．この炭素は**求電子的**(electrophilic)であるといわれる〔「電子に友好的な」という意味．語源は，ギリシャ語のphilos(友人)〕．一方，水酸化物イオンの酸素は**求核的**(nucleophilic，核に友好的な)と表現される．便宜上，**求核剤**(nucleophile)という用語は，水素以外の原子を攻撃する塩基性の原子に対して使用する．これらの具体例において，酸素から出ていく矢印によって酸素上の電荷は＋1変化し，もとの－1から0になる．一方，結合から塩素へと移動する矢印によって塩素上の電荷は0から－1へと変化する．(a)の水素と(b)の炭素の両者には向かってくる矢印と出ていく矢印が関係しており，そのためこれらの原子では電荷の変化がない．反応の前後でいずれも中性である．置換反応の機構を書くとき，最初の矢印の先端(頭)は二つ目の矢印の起点(尾)を向き，二つの矢印は連続的に動く．上の具体例では，2組の電子対が同じ方向すなわち左から右へと移動する．一つ目の電子対が二つ目

の電子対を押し出すと考えよ．決して二つの矢印が互いに向き合うように書いてはいけない．

タイプ 4 二重（あるいは三重）結合を含む反応：付加反応

一般的な例（a）：

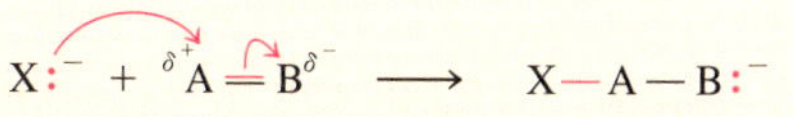
X:⁻ + δ+A=Bδ− ⟶ X—A—B:⁻

孤立電子対が二重結合に向かって移動することで新しい結合が生成し，二重結合は単結合になる

孤立電子対をもった原子は，極性をもった多重結合を形成しているδ^+の電荷を帯びた原子に付加する．タイプ3の反応機構に示したように，左から入り込んだ孤立電子対が2組目の電子対を右へ「押し出す」．この2組目の電子対は，AとBの間の2組の結合電子対のうちの1組である．その結果，もとのA=B二重結合はA—B単結合になる．

具体例：

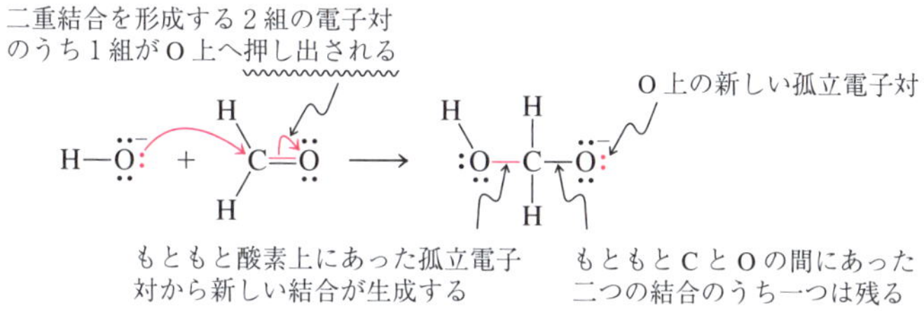
二重結合を形成する2組の電子対のうち1組がO上へ押し出される
O上の新しい孤立電子対
もともと酸素上にあった孤立電子対から新しい結合が生成する
もともとCとOの間にあった二つの結合のうち一つは残る

この例では，水酸化物イオンが求核剤として働き，C=O二重結合の求電子的な炭素に付加する．水酸化物イオンの酸素上の電荷は，矢印の動きが示すように電子が酸素から移動するので1増加する．一方，二重結合を形成している酸素は，矢印が酸素の方を向いているので−1の電荷を負う．中央にある炭素に対しては向かってくる矢印と出ていく矢印が両方あるので，その電荷は変化しない．

一般的な例（b）：

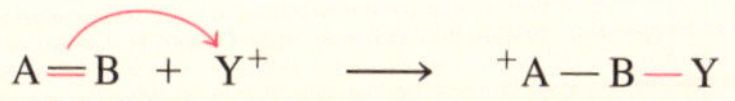
A=B + Y⁺ ⟶ ⁺A—B—Y

二重結合の2組の電子対のうちの1組がカチオンに向かって移動することで新しい結合が生成し，二重結合は単結合になる

具体例：

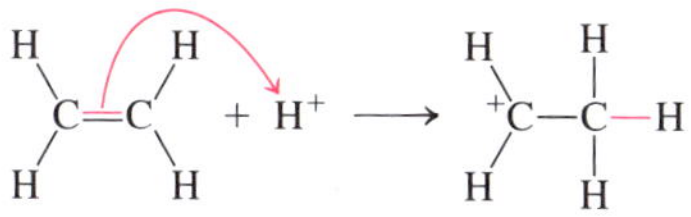

二重結合の「プロトン化」ともよばれる，二重結合の2組の電子対のうちの1組がプロトンに向かって移動する反応は，正の電荷をもつ炭素原子を含む化学種である**カルボカチオン**（carbocation）を生成する．プロトンは求電子剤として働き，二重結合の1組の電子対を攻撃する．曲がった矢印が示すように，二重結合からこの電子対が出ていくと，置き去りにされた左側の炭素は電荷が0から＋1に変化する．矢印の終着点である水素の電荷は＋1から0へと変わる．

練習問題 2-8

(a) 次にあげる反応がそれぞれ，先で述べた反応のタイプのどれに当てはまるかを述べよ．電子の動きを示す適切な曲がった矢印を書き，生成物の構造を示せ．(**ヒント**：最初にすべての化合物について省略されている孤立電子対を書き加えて Lewis 構造式を完成させよ.)

(i) $CH_3O^- + H^+$；(ii) $H^+ + CH_3CH{=}CHCH_3$；(iii) $(CH_3)_2N^- + HCl$

(iv) $CH_3O^- + H_2C{=}O$

(b) 次の電子の押し出しを表す矢印の図で間違っているのはどこか.

(i) 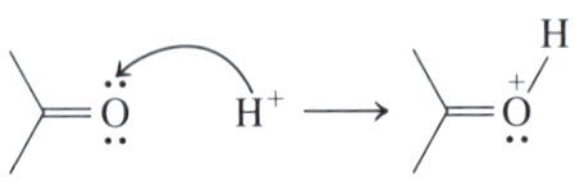

(ii) 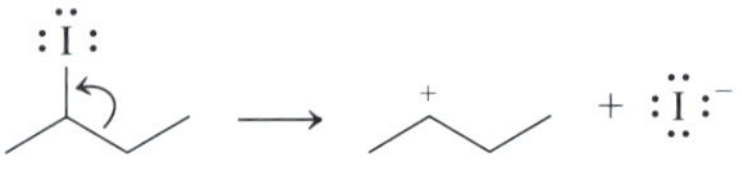

(iii) 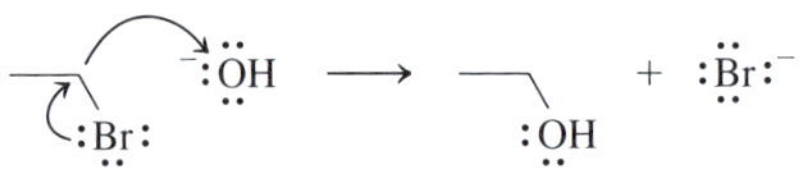

これらの具体例は有機化学のなかで学ぶ最も一般的な反応機構による反応のタイプに属する．曲がった矢印を用いて反応機構を書く方法を学ぶことにはいくつもの利点がある．まず第一に，反応する化学種に存在するすべての電子を追跡することができるので，自動的に反応の生成物の正確な Lewis 構造式を得ることができる．次に，反応の可能な様式を記述し，さらに可能な生成物の構造を書くことに取り組むための骨組み，すなわち「文法」を提供してくれる．矢印による電子の押し出しのもついくつかの側面を「指針」として以下にまとめる．

指針 曲がった矢印を用いる表記法

1 曲がった矢印は電子対の動きを描写する．

2 電子は(相対的に)より電子豊富な原子からより電子の不足した原子へ移動する．

3 矢印に沿って電子が移動したあと，矢印の起点となった原子は＋1の電荷を帯び，逆に矢印の終着点となった原子は－1の電荷を負う．

4 孤立電子対の電子が移動する場合には，矢印の起点を孤立電子対の中央に書く．

5 結合を形成している電子対が移動する場合には，矢印の起点を結合の中心に，そして終着点がより電気陰性度の大きい原子になるように書く．

6 求核置換反応の場合のように，電子対がそれを受け取る原子の結合電子対に取って代わるときは，二つの矢印が連続的に書かれる．つまり，一つ目の矢印の頭は二つ目の矢印の尾を指し示し，電子は二つの矢印に沿って連続して動く．

まとめ 反応機構は，化学結合が生成したり切断されたときに起こる電子の動きを記述する．この電子の動きを示すために曲がった矢印が用いられる．これから先は，新しい反応一つひとつをここで学んだ電子の移動様式のどれかと関係づけ，その様式にふさわしい曲がった矢印を書くように心掛けよう．

2-3 酸と塩基

Brønsted と Lowry*は，酸と塩基に対して次のような簡単な定義を提唱した．すなわち，**酸**(acid)はプロトンを供給するものであり，**塩基**(base)はプロトンの受容体である．酸性度や塩基性度はふつう水のなかで測定される．酸が水にプロトンを供与するとオキソニウムイオンが生成し，一方，塩基が水からプロトンを奪うと水酸化物イオンが生成する．塩化水素は酸の一例であり，アンモニアは塩基の一例である．水と塩化水素との反応の場合，電子の流れは式の下に描かれた静電的ポテンシャル図で示される．水分子中の赤色で示した酸素が，酸である塩化水素の青色で示した水素原子によってプロトン化され，オキソニウムイオン(青色で表示)と塩化物イオン(赤色で表示)へと変化する様子が示されている．この反応では，水は塩基として作用している．逆に，塩基であるアンモニアが水によってプロトン化されるときには，水は酸として作用する．

* Johannes Nicolaus Brønsted (1879 ~ 1947)，デンマーク，コペンハーゲン大学教授．
Thomas Martin Lowry (1874 ~ 1936)，イギリス，ケンブリッジ大学教授．

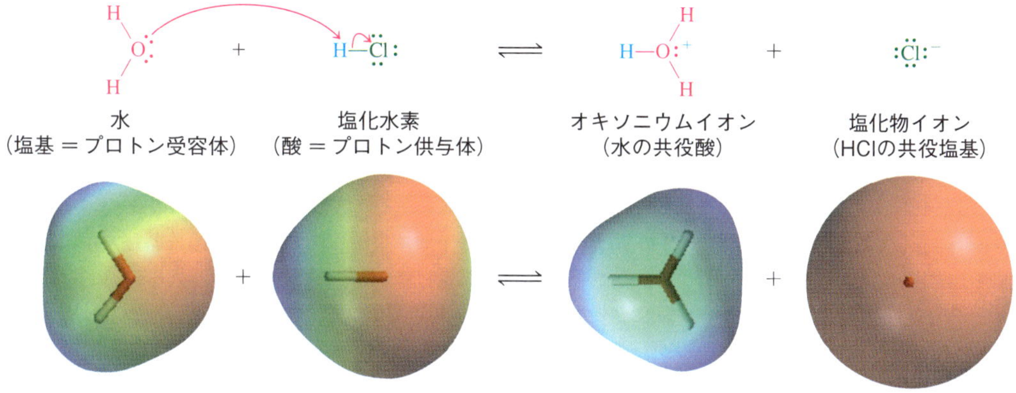

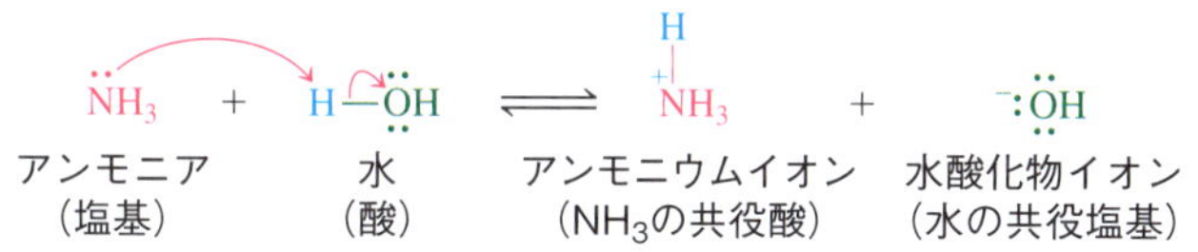

酸が脱プロトン化されて得られる化学種はしばしばその酸の**共役塩基**(conjugate base，ラテン語の「*conjugatus*，関連した」に由来)とよばれる．一方，塩基をプロトン化して得られる化学種はその塩基の**共役酸**(conjugate acid)とよばれる．

練習問題 2-9

酸を生成する有機反応では，後処理において生成物の混合物を中性にするため一般的に塩基性の水を使用する．電子の押し出しを表す矢印を用いて次の酸－塩基反応の反応機構を書け．酸，塩基，共役酸，ならびに共役塩基それぞれを示せ．

$$\mathrm{H\ddot{\underset{..}{O}}:^- + H{-}\ddot{\underset{..}{Cl}}: \longrightarrow H\ddot{\underset{..}{O}}{-}H + :\ddot{\underset{..}{Cl}}:^-}$$

酸と塩基の強さは平衡定数で測られる

水自体は中性である．自己解離によって水は等量のオキソニウムイオンと水酸化物イオンを与える．この過程は，水の自己イオン化定数である平衡定数 K_w で

表現される．25℃では，

$$H_2O + H_2O \overset{K_w}{\rightleftharpoons} H_3O^+ + OH^- \qquad K_w = [H_3O^+][OH^-] = 10^{-14}\,mol^2\,L^{-2}$$

K_w の値から，純水における H_3O^+ の濃度は非常に低く，10^{-7} mol L^{-1} である．

pH の値は化合物の溶液あるいは化合物の混合溶液がどれくらい酸性であるかを示す目安である．pH は，$[H_3O^+]$ の値の負の常用対数として定義される．

$$pH = -\log[H_3O^+]$$

この表記法は，典型的な水素イオン濃度が非常に小さいために考案された．この定義を用いると，より取り扱いやすい正の値（正の値にするためにマイナスの符号をつける）で表現できる．したがって，0.0000001 mol L^{-1} あるいは 10^{-7} mol L^{-1} で与えられる水の水素イオン濃度は pH ＝＋7.0 となる．7 よりも小さい pH 値をもつ水溶液は酸性であり，7 よりも大きい値をもつ水溶液は塩基

コラム● 2-1 胃酸，消化性かいよう，薬理学と有機化学 MEDICINE

ヒトの胃は 0.02 mol L^{-1} の塩酸を 1 日平均 2 L 生産している．胃液の pH は 1.0 ～ 2.5 で，食物を食べたり，食物のにおいをかいだり，あるいは食物を見るだけでそれらの刺激に応答して塩酸の産生が増え，pH の値は下がる．胃酸は食物中のタンパク質分子がもつ折りたたみ構造を壊し，いろいろな消化酵素がタンパク質分子を分解しやすくする．

そもそも胃の組織自体がタンパク質でできていることを考えると，胃はいかにしてそのような強い酸性条件から自分自身を守っているのか不思議に思うだろう．胃の内面は胃粘膜とよばれる一層の細胞で覆われている．その細胞から分泌される粘液が，胃壁を酸性の胃液から隔離している．前述したような刺激に応答して，胃粘膜のすぐ下にある細胞がヒスタミンとよばれる分子を放出する．ヒスタミンは，胃の内側のくぼみ内にある「壁細胞」に対して，塩酸の分泌を促す信号を送る．ラニチジンのような医薬（いわゆる胃薬）は，ヒスタミンが壁細胞に到達するのを妨害して，胃酸を産生させる信号を遮断する．このような薬は，不必要に大量の酸を分泌する胃酸過多症のような症状の治療に有効である．エソメプラゾール（ネキシウム）のようなプロトン－ポンプ阻害剤（PPI）は最近上市された最も強力な薬である（下巻；表 25-1 を参照）．これらは壁細胞において酸を産生するエンジン（プロトンポンプ）を直接ブロックすることで効き目を及ぼす．

消化性かいようは胃の内壁が酸の攻撃にさらされて痛む病気で，細菌の一種ピロリ菌（*Helicobacter pylori*）が胃粘膜に感染することなどによって起こる．ピロリ菌はアモキシシリンのような抗生物質に弱いが，胃の酸が抗生物質をすばやく破壊してしまう．その結果，ピロリ菌の感染をうまく根絶し消化性かいようを治療するには，PPI と抗生物質を同時に投与する必要がある．阻害剤は胃を pH4 超の弱酸にし，抗生物質が十分長く活性を保ち，胃の内側のくぼみ深くにある感染部位に到達するのを助ける．消化性かいように対するこの治療法の発達は，有機化学者と薬理学者間の密接な協力のたまものである．化学者が効く可能性の高い薬の候補分子をデザインし，さらに合成した．一方，薬理学者は生化学的性質と生理学的性質を検討することで，それら分子の効用を最大限に高めた．この協力が薬化学という学問を，生物学上の問題を解くために化学を応用するケミカルバイオロジーという領域中の一分野として確立させた．

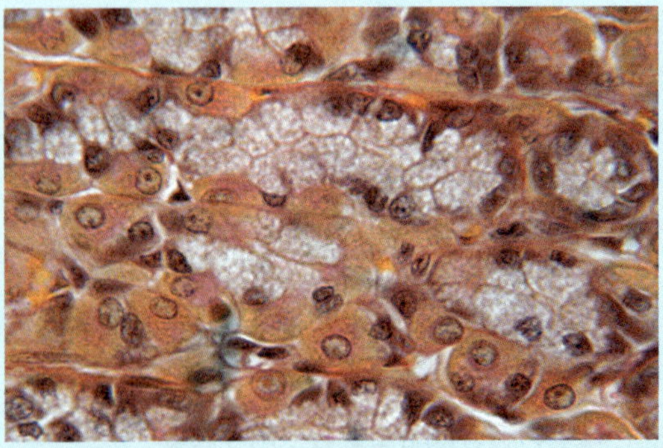

胃の内面のくぼみにある体腔壁の腺細胞（橙色）は，ヒスタミンによる活性化を受けて塩酸を分泌する．

性である．pH の目盛りは指数関数であることに注意しよう．つまり pH 6.0 の溶液は pH 7.0 の溶液に対して 10 倍の H^+を含んでいる．

一般の酸(HA)の酸性度は，下記の平衡定数 K を表す一般式で示される(2-1 節)．

$$HA + H_2O \overset{K}{\rightleftharpoons} H_3O^+ + A^- \qquad K = \frac{[H_3O^+][A^-]}{[HA][H_2O]}$$

酸性度の定量的な測定は，水を溶媒とした希薄溶液中で行う．この場合，水(H_2O)に比べて HA の濃度が非常に低いため，水の濃度$[H_2O]$は一定とみなすことができ，その値は水のモル濃度 1000/18 = 55 mol L^{-1} である．この数字を上式に代入すると新しい平衡定数である**酸解離定数**(acid dissociation constant)K_a が得られる．

$$K_a = K[H_2O] = \frac{[H_3O^+][A^-]}{[HA]} \text{ mol L}^{-1}$$

H_3O^+の濃度と pH との関係と同じように，K_a の負の常用対数を pK_a と定義する．

$$pK_a = -\log K_a{}^*$$

pK_a の値は，酸が 50 % 解離したときの pH の値に等しい．pK_a 値が 1 より小さい値をもつ酸を強酸と定義し，4 より大きい値をもつものを弱酸と定義する．よく用いられるいくつかの酸の酸性度を表 2-2 にまとめた．メタノールのように大きな pK_a の値をもつ化合物の酸性度も，比較のために同じ表中にあげた．

表 2-2　一般的な化合物の相対的な酸の強さ(25 ℃)

酸	K_a	pK_a
ヨウ化水素，HI(最も強い酸)	~1.0 × 10^{10}	−10.0
臭化水素，HBr	~1.0 × 10^{9}	−9.0
塩化水素，HCl	~1.0 × 10^{8}	−8.0
硫酸，H_2SO_4	~1.0 × 10^{3}	−3.0[a)]
オキソニウムイオン，H_3O^+	50	−1.7
硝酸，HNO_3	25	−1.4
メタンスルホン酸，CH_3SO_3H	16	−1.2
フッ化水素，HF	6.3 × 10^{-4}	3.2
酢酸，CH_3COOH	2.0 × 10^{-5}	4.7
シアン化水素，HCN	6.3 × 10^{-10}	9.2
アンモニウムイオン，NH_4^+	5.7 × 10^{-10}	9.3
メタンチオール，CH_3SH	1.0 × 10^{-10}	10.0
メタノール，CH_3OH	3.2 × 10^{-16}	15.5
水，H_2O	2.0 × 10^{-16}	15.7
エチン，HC≡CH	~1.0 × 10^{-25}	~25
アンモニア，NH_3	1.0 × 10^{-35}	35
エテン(エチレン)，$H_2C{=}CH_2$	~1.0 × 10^{-44}	~44
メタン，CH_4(最も弱い酸)	≈1.0 × 10^{-50}	≈50

(上向き矢印)酸性度が高くなる　(下向き矢印)共役塩基の塩基性度が高くなる

注：K_a = $[H_3O^+][A^-]/[HA]$ mol L^{-1}　a) 第一解離平衡

制酸薬を飲むとなぜげっぷが出るのか

食物やお酒をたくさん食べたり飲んだりすると胃のなかの酸の濃度が上がる結果，胸やけが起こる．この状態は炭酸水素ナトリウム(Alka Seltzer®)や炭酸カルシウム(Rolaids® や Tums® などの制酸薬に含まれる)のような塩基で効率よく「中和する」ことができる．共役酸である炭酸は容易に分解して CO_2 ガスと水になる．

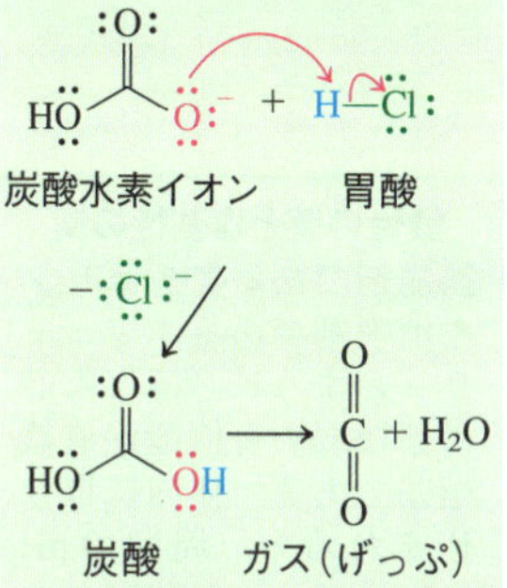

＊ K_a は次元をもたない平衡定数 K と 55 mol L^{-1} という水の濃度の積なので，モル濃度の単位あるいは mol L^{-1} という単位をもっている．しかし，対数関係は次元をもたない数に対してだけ有効である．そこで pK_a を濃度の単位によって割られて得られた K_a すなわち K_a の絶対値の負の常用対数と定義した(簡単のために，練習問題ならびに問題のなかでは K_a の単位を省く)．

硫酸と，HF を除く他の三つのハロゲン化水素は，非常に強い酸である．シアン化水素，水，メタノール，アンモニア，そしてメタンは，この順に酸性度が低くなり，最後の二つ，すなわちアンモニアとメタンの酸性度はきわめて低い．

酸 HA から導かれる化学種 A^- は，しばしば酸 HA の共役塩基とよばれる．逆に HA は塩基 A^- の共役酸とよばれる．互いに共役酸－塩基対の関係にある二つの化学種の酸としての，あるいは塩基としての強さは逆の関係にある．すなわち，強酸の共役塩基は弱塩基であり，強塩基の共役酸は弱酸である．たとえば，HCl 水溶液は解離平衡が H_3O^+ と Cl^- のほうに有利であるため強酸である．この逆反応である Cl^- が H_3O^+ と結合して HCl を与える反応は不利である．そのため，Cl^- は弱塩基ということになる．

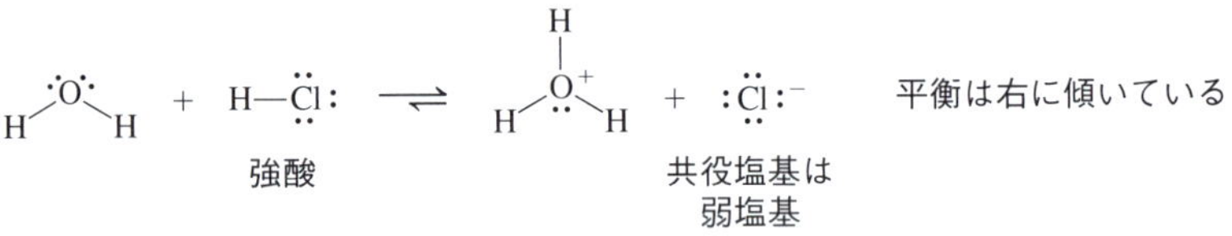

これとは対照的に，CH_3OH が解離して CH_3O^- と H_3O^+ になる反応は不利である．すなわち，CH_3OH は弱酸である．逆に CH_3O^- と H_3O^+ が反応してメタノールとなる反応は有利であり，そのため CH_3O^- は強塩基ということになる．

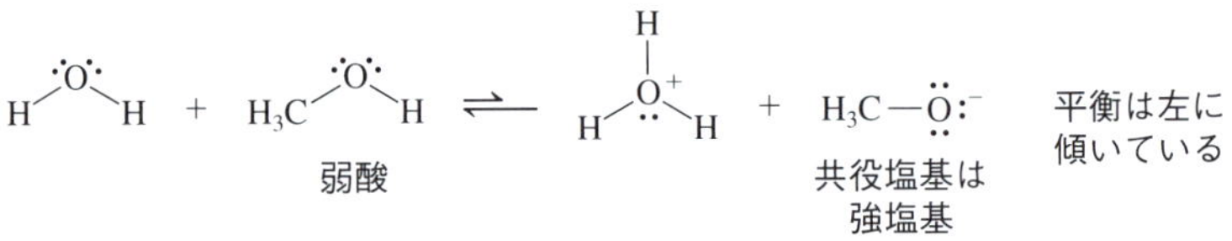

前式において，H_2O がプロトン化を受け H_3O^+ に変換されることによって進行するような，水中での酸の解離について示した．これから学ぶ多くの反応では，水以外のものが溶媒であったり，H^+ に対して塩基として作用したりする可能性のある多数の化学種に遭遇するだろう．さらに，反応機構についての議論において，プロトンが付加したり脱離したりあるいは移動したりすることが主題となることもある．そうした場合には，解離したプロトンの受け手になりうる化学種がいくつも存在し，それらをすべて示すことが面倒になる．したがって，これから先は簡単のために，反応するプロトンを表すのに H^+ の表記を用いる．しかしながら実際は，遊離のプロトンは溶液中には存在せず，常にまわりに存在する他の分子，一般的には溶媒分子の電子対に結合していることを忘れてはならない．たとえばメタノール中ではメチルオキソニウムイオン $CH_3OH_2^+$，メトキシメタン〔図 1-22(B) 参照〕中では $(CH_3)_2OH^+$ というような形で存在している．

酸性の薬と塩基性の薬

鎮痛剤であるアスピリンや消炎剤であるエフェドリンのように，ほとんどの薬は弱い有機酸か有機塩基である．体内に取り込まれると，周囲の pH に応じてイオン化された構造と中性の構造の間で切り換わる．この能力が薬の効用にとって非常に重要である．すなわち，拡散時には中性の構造で無極性の細胞膜を通り抜け，目的とする受容体部位に到達する．一方，イオン化した構造のときには，水溶性の血しょう中により容易に溶解し，全身に運ばれる．

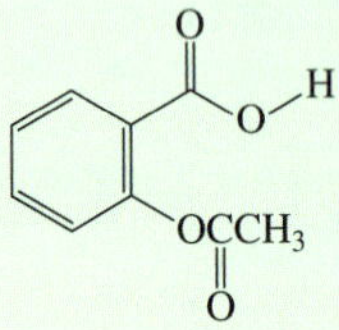

アスピリン
（酸）

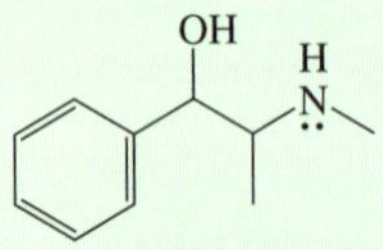

エフェドリン
（塩基）

練習問題 2-10

(a) 次にあげる組合せそれぞれについて，より強い酸はどちらか．
(i) H_3O^+ と NH_4^+；(ii) CH_3COOH と CH_3OH；(iii) $H_2C{=}CH_2$ と $HC{\equiv}CH$.
(b) 次にあげる組合せそれぞれについて，より強い塩基はどちらか．
(i) HSO_4^- と NC^-；(ii) CH_3COO^- と CH_3O^-；(iii) CH_3^- と $HC{\equiv}C^-$.

練習問題 2-11

次にあげる酸について，それぞれの共役塩基の構造式を示せ．
(a) 亜硫酸，H_2SO_3；(b) 塩素酸，$HClO_3$；(c) 硫化水素，H_2S；(d) ジメチルオキソニウムイオン，$(CH_3)_2OH^+$；(e) 硫酸水素イオン，HSO_4^-.

練習問題 2-12

次にあげる塩基について，それぞれの共役酸の構造式を示せ．
(a) ジメチルアミド，$(CH_3)_2N^-$；(b) 硫化物イオン，S^{2-}；(c) アンモニア，NH_3；(d) アセトン，$(CH_3)_2C{=}O$；(e) 2,2,2-トリフルオロエトキシド，$CF_3CH_2O^-$.

練習問題 2-13

亜硝酸(HNO_2, pK_a = 3.3)と亜リン酸(H_3PO_3, pK_a = 1.3)とではどちらがより強い酸か．それぞれの K_a 値を求めよ．

pK_a 値を用いて酸−塩基平衡の位置を決める方法

二つの化合物間の酸−塩基平衡の位置を決めるのに pK_a 値を用いることができる．平衡は常により弱い酸のほう，いいかえると，より正の値が大きい(または，負の値の小さい)pK_a 値をもつ酸のほうに傾く．たとえば，本節で扱った酸−塩基反応の最初の例である水と塩化水素の反応を考えてみよう．

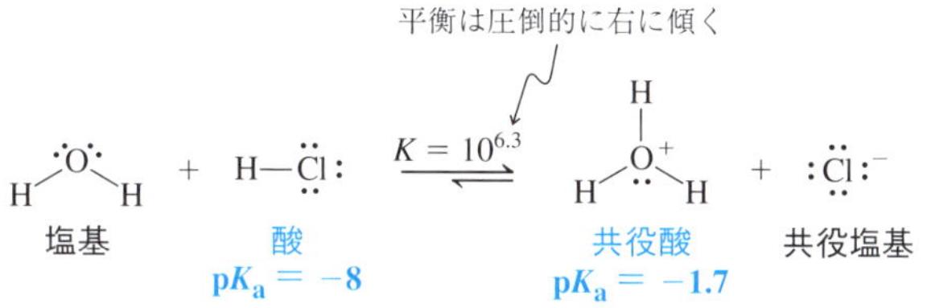

H_3O^+ の pK_a 値は HCl の pK_a 値に比べて負の値がはるかに小さいので，平衡は右側に傾く．平衡定数は 10 の指数値である pK_a 値の差から導くことができる：$K = 10^{-1.7-(-8)} = 10^{6.3}$

一方，水酸化物イオンとメタノールの間の平衡状態は 1：1 に近い．

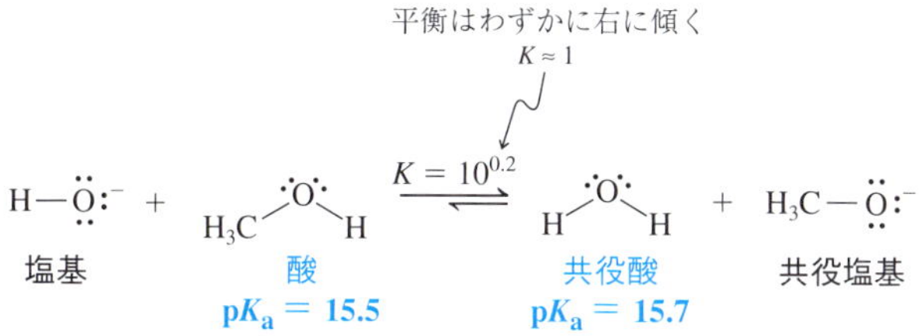

練習問題 2-14

アミノ酸はふつう，カルボン酸のアンモニウム塩の形，たとえばグリシン(H_2NCH_2COOH)の場合には，$^+H_3NCH_2COO^-$の形で存在する．表 2-2 の pK_a の値を用いて，アンモニアと酢酸の間の反応に対する平衡定数を求めることでこの事実を説明せよ．

酸あるいは塩基の相対的な強さは分子の構造から予測することができる

酸・塩基の化学において構造と作用の相関は明らかである．実際，次にあげるいくつかの構造上の特徴から少なくとも定性的に酸 HA の相対的な強さ(ならびにその共役塩基の弱さ)を見積もることができる．指針となる原理は次のとおりである．

> 共役塩基が安定であればあるほど，すなわちその塩基がより弱ければ弱いほど，対応する酸はより強くなる．

共役塩基 A^- の弱さに影響を及ぼすいくつかの重要な構造上の特徴を次に示す．次節では，深く関係してくるこれらの効果について触れる．

指針 酸性度の評価

1 周期表の同周期では，左から右へいくにつれ A の電気陰性度が増大し，HA の酸性度が高くなる．酸性のプロトンが結合している原子の電気陰性度が大きくなればなるほど，すなわち結合の極性が大きくなればなるほど，プロトンの酸性度は高くなる．たとえば，酸性度は A の電気陰性度の増大とともに $H_4C < H_3N < H_2O < HF$ の順に高くなる(表 1-2 参照)．

A の電気陰性度が大きくなると →

H_4C　H_3N　H_2O　HF

酸性度が高くなる →

2 原子 A の電気陰性度はその混成に依存する．酸性プロトンとの結合に関与している A 上の軌道の s 性が大きければ大きいほど，その軌道にある電子をより強く引きつけるために，A はより電気的に陰性になる．したがって，C—H 結合の水素の酸性度は，炭素の混成が sp^3 から sp^2 さらに sp に変化するにつれ高くなる．

C の s 性が増すと →

$H_3C{-}CH_3$　$H_2C{=}CH_2$　$HC{\equiv}CH$

酸性度が高くなる →

3 原子 A が他の電気陰性度の大きい原子(あるいは原子団)に近接していると A^- は安定化され，A と結合しているプロトンの酸性度は高くなる．この性質は，電気陰性度の大きい原子の電子を求引する力が分子中の結合を通して伝達されることによってもたらされ，**誘起効果**(inductive effect)とよばれる．

電子を求引する誘起効果が増すと →

$H_3C{-}CH_2OH$　$FH_2C{-}CH_2OH$　$F_2HC{-}CH_2OH$　$F_3C{-}CH_2OH$

酸性度が高くなる →

4 周期表の同族列を下に降りて A の大きさが増すにつれて HA の酸性度は高くなる．ハロゲン化水素の酸としての強さは，HF < HCl < HBr < HI の順に強くなる．A のかさ高さが増すほど H^+ と A^- への解離が有利となる．なぜだろうか．その理由は A が大きくなるにつれ，電気陰性度はより小さくなり，H—A 結合の極性が減少する．その結果，H と A との間の Coulomb 力（1-3 節参照）が小さくなり，H—A 結合が弱くなるためである．さらに，外殻の軌道が大きくなればなるほど，電子がより広い空間に分散できて，その結果，解離によって生じたアニオンにおいて電子と電子の間の反発が減少することもその理由である*.

*ハロゲン化水素の酸性度の順序は，H—A の結合の強さだけで決まるといわれている．HF の結合が最も強く，HI の結合が最も弱い．これに対して酸性度は HF が最も低く，HI が最も高い．しかしながら，この関係は H_4C, H_3N, H_2O, HF という同一周期の化合物については当てはまらない．むしろハロゲン化水素の場合とは逆の相関になっており，最も弱い酸である CH_4 が最も弱い H—A 結合をもっている．3 章で学ぶように，結合の強さは結合を切って二つのイオンにする過程と間接的にしか関係しない．

5 A^- において，いくつかの原子上に電荷を非局在化させる共鳴が存在すると，HA の酸性度は高くなる．この共鳴効果は，A^- のなかにさらに電気陰性度の大きい原子が存在すると，より高められる．たとえば，酢酸はメタノールよりも酸性度が高い．これら二つの化合物においては，いずれも O—H 結合がヘテロリシス開裂する．メタノールの共役塩基であるメトキシドイオンは酸素原子上に局在化した負の電荷をもっている．これに対し，アセタートイオンは二つの共鳴構造をもっており，その負電荷を二つの酸素原子上に非局在化させることができる．したがって，アセタートイオンにおいては，負の電荷がより広く分散される（1-5 節参照）．そのため，アセタートイオンは安定化を受け，塩基としてはメトキシドイオンよりも弱いということになる．

アセタートイオンは共鳴安定化を受けるので酢酸はメタノールより酸性が強い

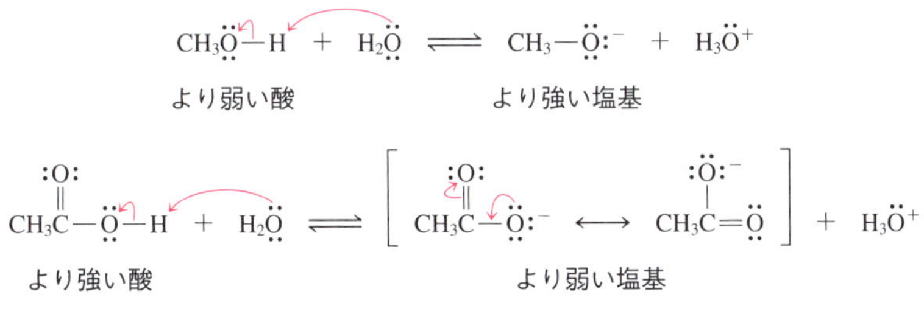

共鳴の効果は硫酸の場合にもっと顕著である．硫黄上の d 軌道が利用できるため，「原子価殻を拡大して 12 電子まで収容可能な」Lewis 構造式を書くことができる（1-4 節および 1-5 節参照）．また，硫黄の上に一つあるいは二つの正電荷をもった電荷の分離した構造を書くこともできる．このように構造式がいくつも書けることから，H_2SO_4 の pK_a 値が小さいことが示唆される．

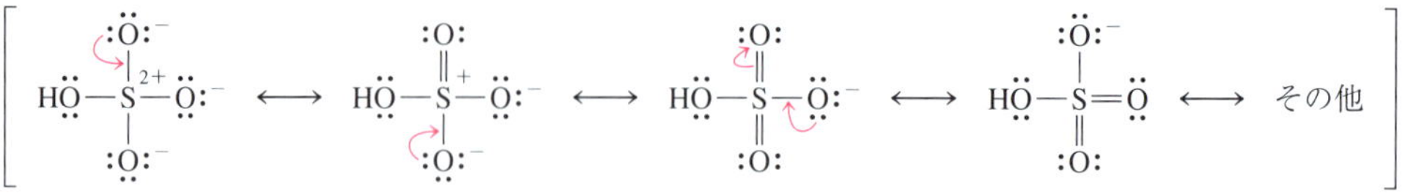

硫酸水素イオン

概してHAの酸性度は，周期表で右へそして下へいくにつれて高まる．逆にA^-の塩基性度は，周期表で右へそして下へいくにつれて低くなる．

一つの分子がある条件下では酸として作用し，別の条件下では塩基として作用することがある．そのような挙動を示す最も身近なものに水がある．しかしながら，水だけでなく多くの他の物質も同じような挙動を示す．たとえば，硝酸は水の存在下では酸として働くが，より強力な酸である硫酸に対しては塩基としてふるまう．

酸として作用する硝酸

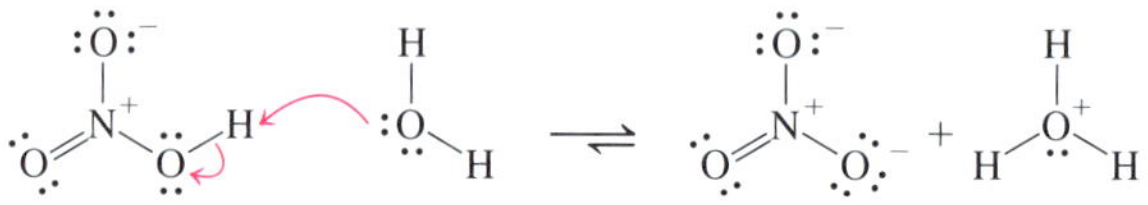

塩基として作用する硝酸

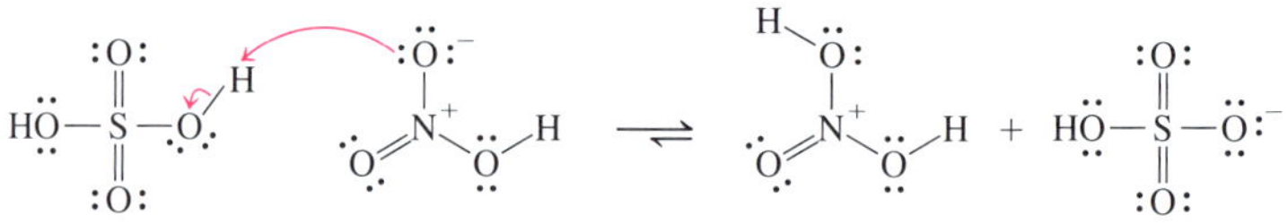

同様に，酢酸は本節のはじめのほうで述べたように，水に対しては酸として働き水をプロトン化するが，HBrのようなより強い酸に出会うと逆にプロトン化を受ける．すなわち塩基として作用する．

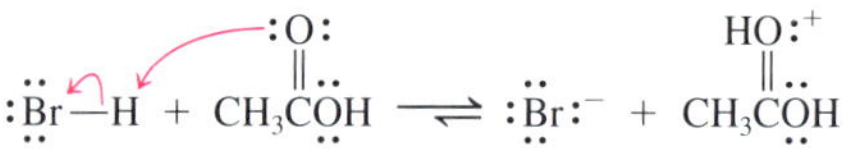

練習問題 2-15

すぐ上に示した反応式において酢酸のプロトン化がカルボニル酸素上で起こる理由を説明せよ．(**ヒント**:酢酸分子の二つの酸素原子をそれぞれプロトン化した二つの式を書いて，これら二つの構造式のうちどちらが共鳴によってより安定化されるかを考えよ．)

練習問題 2-16

概念のおさらい：より強い酸を選ぶ

$CH_3\ddot{N}H_2$ と $CH_3\ddot{O}H$ では，どちらがより強い酸か．

● 解法のてびき

問題を分析し答えを得るためにWHIP攻略法を適用しよう．

What 問題として問われていることはわかりやすい．どちらの酸がより強いかということである．しかしながら，答えるのはそう簡単ではない．それぞれの分子に2種類の酸性水素がある．それぞれの分子のNあるいはOに結合した水素とそれぞれの分子にあるメチル基の水素である．したがって，問題をより明確に次のようにいいかえる必要がある．4種類の水素のうちどれが最も酸性度の高い水素か．

How どこから手をつけるか．まず，先に学んだ酸性度を評価するための指針を復習しよう．酸の強さを評価するよう求められたときには，その共役塩基を検討すればよいことを学んだ．(安定化に寄与する誘起効果ならびに共鳴効果とともにその原子の電気陰性度と大きさを考慮して)最も安定な共役塩基に対応する酸が最も強い酸である．そこで，それぞれの分子のそれぞれ2カ所からプロトン(H^+)を取り除いて，可能な共役塩基をすべて書き出すと以下の四つになる．

$$^{-}\!:\!CH_2\ddot{N}H_2 \qquad CH_3\ddot{\underset{\cdot\cdot}{N}}H^{-} \qquad ^{-}\!:\!CH_2\ddot{\underset{\cdot\cdot}{O}}H \qquad CH_3\ddot{\underset{\cdot\cdot}{O}}\!:^{-}$$

これらのうちどれが最も安定な共役塩基か．これら四つの化学種は負の電荷をもっている原子がそれぞれ異なる(C，N，そしてO)．これらの原子に注目しよう．

Information 必要な情報は何か．三つの原子は異なる電気陰性度をもっている：O > N > C(表1-2参照)．原子の電気陰性度が大きければ大きいほど，より電子を引きつけ，その結果，対応する共役塩基の過剰な電子対と負の電荷を安定化する．

Proceed 一歩一歩論理的に進めよ．

●答え

- 三つのうちで最も電気陰性度の大きい原子は酸素である．したがって四つの共役塩基のなかで，O上に過剰な電子対と負の電荷をもった $CH_3\ddot{\underset{\cdot\cdot}{O}}\!:^{-}$ が最も安定である．
- この結論を考慮すると，$CH_3\ddot{\underset{\cdot\cdot}{O}}H$ が最も強い酸であり，その酸素上の水素が四つの水素原子のなかで最も酸性度が高いという答えが得られる．

練習問題 2-17 自分で解いてみよう

(a) それぞれの pK_a の値をもとに，酢酸($pK_a = 4.7$)と安息香酸($pK_a = 4.2$)ではどちらがより強い酸かを答えよ．どんな要因によってそれらの酸性度に違いがでるのか．(**ヒント**：比較するために pK_a 値を K_a 値に変換せよ．)

(b) それぞれの構造をもとに，酢酸(CH_3COOH)とトリクロロ酢酸(CCl_3COOH)ではどちらがより強い酸かを答えよ．

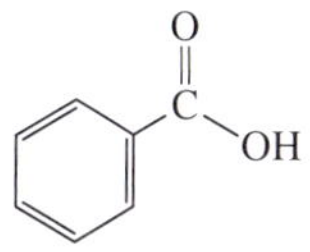

安息香酸
(benzoic acid)

Lewis酸とLewis塩基は電子対を共有することによって相互作用する

Lewisによって電子対の共有にもとづく酸−塩基相互作用に関するより一般的な定義が提唱された．それによると，**Lewis酸**(Lewis acid)は外殻が閉殻構造をとるのに少なくとも2電子不足している原子を含む化学種であり，一方，**Lewis塩基**(Lewis base)は少なくとも1対の孤立電子対をもつ化学種である．記号Xはハロゲン元素を意味し，Rは有機基(2-4節)であることを示す．

Lewis酸は満たされない原子価殻をもっている

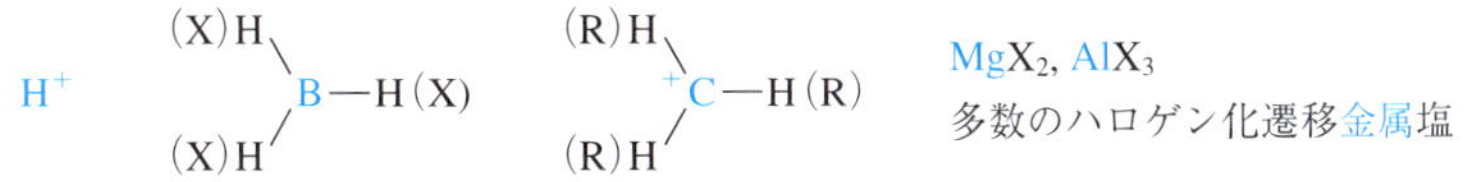

Lewis塩基は利用可能な電子対をもっている

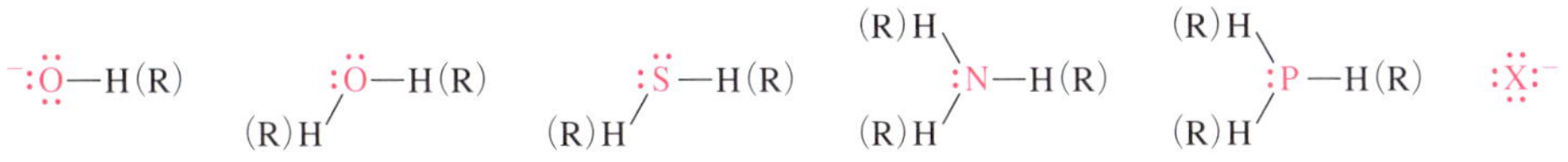

Lewis 塩基は，その孤立電子対を Lewis 酸と共有することによって新しい共有結合をつくる．すなわち，Lewis 塩基と Lewis 酸の相互作用は，塩基から酸へと電子対が動く方向を指し示す矢印によって表される．水酸化物イオンとプロトンの間で起こる Brønsted の酸−塩基の反応は，もちろん Lewis の酸−塩基反応の一例でもある．

下に静電ポテンシャル図とともに示されている三つ目の反応は，三フッ化ホウ素とエトキシエタン(ジエチルエーテル)が反応して Lewis 酸−塩基反応生成物を与える反応である．反応の進行とともに電子密度が移動し，酸素原子はより正(青色)になり，一方，ホウ素原子はより負(赤色)になる．

Lewis の酸−塩基反応

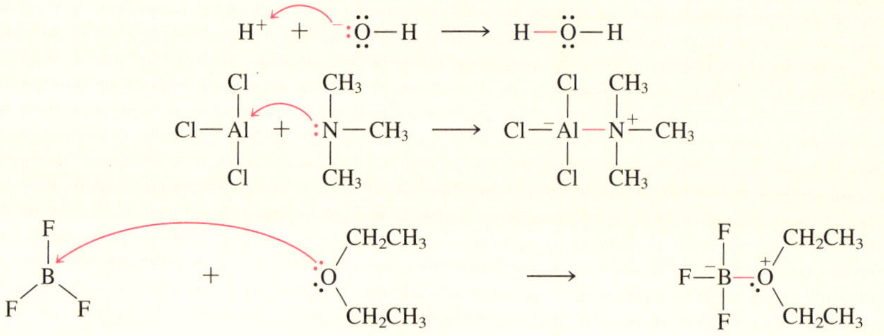

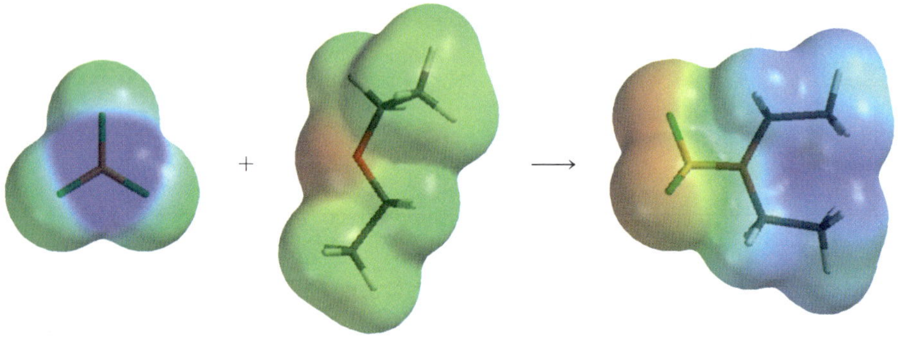

2-2 節で見たように，Brønsted 酸 HA の解離は，ちょうど Lewis 酸 H^+ と Lewis 塩基 A^- の結合の逆反応であり，次式のように表現する．

Brønsted 酸の解離

$$H{-}A \longrightarrow H^+ + :A^-$$

上式中で使われている遊離のプロトンに対する記号 H^+ は，便宜上のものであることを忘れないようにしよう(2-3 節)．これから先で学ぶ反応スキームや反応機構にもこの記号が使われているが，溶液中の H^+ は常に溶媒分子のような Lewis 塩基性をもつ化学種と結合していることを心に留めておこう．

2-3 酸と塩基

求電子剤および求核剤もまた電子対の動きを通して相互作用する

有機化学の多くの反応は酸-塩基反応の特徴を示す．たとえば，水酸化ナトリウムとクロロメタン CH_3Cl の混合物水溶液を加熱すると，メタノールと塩化ナトリウムが生成する．2-2節で述べたように，この反応は水酸化物イオンと HCl の間の酸-塩基反応における電子の動きと同様な2対の電子対の動きを含んでいる．そして同様の「電子の押し出し」を示す曲がった矢印で表すことができる．

水酸化ナトリウムとクロロメタンの反応

$$Na^+ + H\ddot{O}:^- + CH_3-\ddot{C}l: \xrightarrow{H_2O, \Delta} H\ddot{O}-CH_3 + :\ddot{C}l:^- + Na^+$$

メタノール

曲がった矢印を使った電子の流れの表現（Na^+ は省かれている）

$$H\ddot{O}:^- \quad CH_3 \frown \ddot{C}l: \longrightarrow H\ddot{O}-CH_3 + :\ddot{C}l:^-$$

Brønsted の酸-塩基
反応と比較せよ

$$H\ddot{O}:^- \quad H \frown \ddot{C}l: \longrightarrow H\ddot{O}-H + :\ddot{C}l:^-$$

> Na^+ イオンは反応に関与しないので，「見物人」あるいは「傍観者イオン」とよばれる．

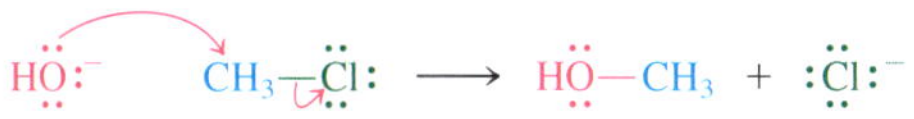

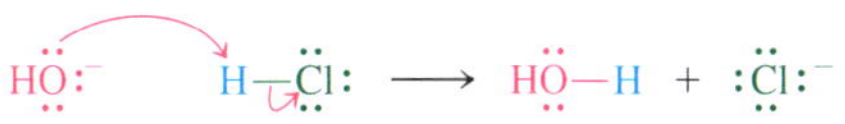

$NaOH$ と CH_3Cl が反応すると，出発物質である有機分子中の原子あるいは基が求核剤（水酸化物イオン）で置き換えられるので，**求核置換反応**（nucleophlic substitution）とよばれる．この反応については6章ならびに7章で詳しく述べる．

定義によると求核剤と Lewis 塩基は同義語である．求核剤はすべて Lewis 塩基である．一般的には，求核剤という言葉は水素以外の求電子的な原子，たとえば代表的なものとしては，炭素原子を攻撃する Lewis 塩基という意味に用いられる．Nu という略号で表される求核剤には水酸化物イオンのように負の電荷をもつものや水分子のように中性のものがあるが，いずれにしても，各求核剤は少なくとも1対の非共有電子対をもっている．Lewis 酸-塩基反応の例のなかですでに述べたように，すべての Lewis 酸は求電子剤である．HCl や CH_3Cl のような化学種は外側に閉殻の電子構造をもっているため Lewis 酸ではない．しかしながら，それらはそれぞれ HCl 中の H や CH_3Cl 中の C に対して求電子的な性質を与える極性をもった結合をもっているため，求電子剤として働く．

求核置換反応は，炭素-ハロゲン原子間の結合をもつ有機化合物の**ハロアルカン**（haloalkane）に一般的な反応である．次の二つの式も求核置換反応の例である．

$$\underset{\underset{:\ddot{B}r:}{\overset{H}{|}}}{CH_3\overset{\delta^+}{\underset{\delta^-}{C}}CH_2CH_3} + :\ddot{I}:^- \longrightarrow \underset{\underset{:\ddot{I}:}{\overset{H}{|}}}{CH_3CCH_2CH_3} + :\ddot{B}r:^-$$

$$CH_3\overset{\delta^+}{\underset{\delta^-}{\ddot{C}H_2\ddot{I}:}} + :NH_3 \longrightarrow CH_3CH_2\overset{\overset{H}{\underset{H}{|}}}{\overset{+}{N}H} + :\ddot{I}:^-$$

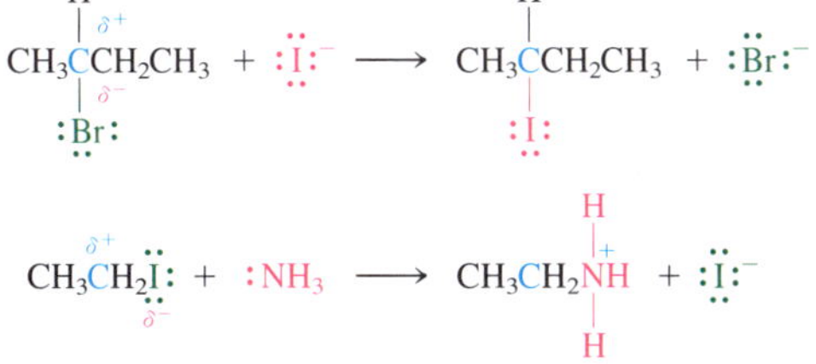

練習問題 2-18

概念のおさらい：曲がった矢印の使い方

本節の前半部で取り上げた例を見本にして，前ページの下に示した二つの反応のうち最初の反応に曲がった矢印を書き加えよ．

● 解法のてびき

有機物質のなかに反応性の高そうな結合とその結合の分極を確認しよう．もう一つの反応種を分類して似通った種類の化合物間の反応を本文中から探そう．

● 答え

- 基質の反応する場所は C—Br 結合部分で(δ^+)C—Br(δ^-)と分極している．ヨウ化物イオンは Lewis 塩基で求核剤(電子対の供与体)として働く．したがって状況は，前ページで取り上げた水酸化物イオンと CH_3Cl の間の反応によく似ている．
- 前にあげた例にしたがって適切な矢印を書き加えよ．

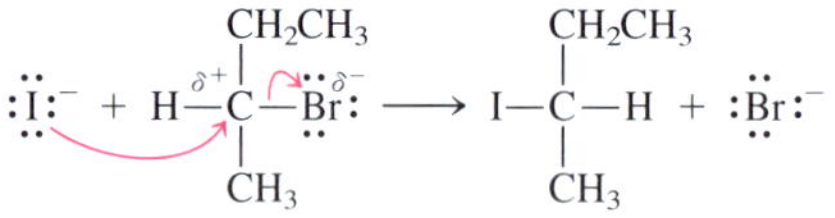

練習問題 2-19

自分で解いてみよう

前ページの下に示した二つの反応のうち 2 番目の反応に曲がった矢印を書き加えよ．

これらの例にあげられている二つのハロアルカンは，ハロゲンの種類が異なり，さらに炭素と水素原子の数もつながり方も違っているにもかかわらず，求核剤に対して非常によく似た挙動を示す．したがって，ハロアルカンの化学的挙動を決めるのは炭素—ハロゲン結合の存在であると結論づけることができる．C—X 結合は化学反応性を決定する構造上の特徴である．すなわち，構造が反応性を決定する．C—X 結合は**官能基**(functional group)を構成するだけでなく，有機化合物のハロアルカン類の化学反応性の中心的役割を演じている．次節では多くの有機化合物群を紹介し，それらのもつ官能基を紹介するとともにそれら官能基の反応性についても簡単に概観する．

まとめ Brønsted-Lowry の定義によると，酸はプロトンの供与体であり，塩基はプロトンの受容体である．酸—塩基相互作用は平衡によって制御され，酸解離定数 K_a によって定量的に表現される．酸からプロトンを奪うとその共役塩基が生成し，塩基にプロトンを与えると共役酸が生成する．Lewis 塩基は Lewis 酸に電子対を供与し，共有結合をつくる．そしてこのプロセスは，塩基の孤立電子対から酸に向かう曲がった矢印で表される．有機化学において求電子剤と求核剤は，酸と塩基に非常によく似た相互作用をする化学種である．ハロアルカン中の炭素—ハロゲン結合は官能基であり，求核置換とよばれる反応において求核剤と反応する求電子的な炭素原子をもっている．

2-4 官能基：分子が反応性を示す位置

多くの有機分子は，水素原子だけと結合した炭素原子どうしが単結合によってつながった炭素骨格でおもに構成されている．しかしながら，二重結合や三重結合を含む有機分子，あるいは炭素や水素以外の元素を含む有機分子も多数存在する．これらの原子や原子団は有機分子内にあって他の部分に比べて高い化学反応性を示す部位であり，**官能基**(functional group)または**官能性**(functionality)とよばれる．官能基は特徴的な性質をもっており，分子の全体的な反応性を支配する．

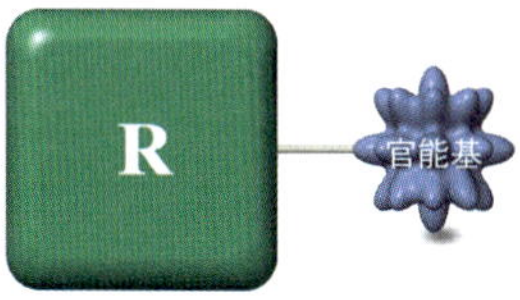

炭素骨格が構造を規定する　　官能基が反応性を決定する

炭化水素は炭素と水素だけから成る分子である

一般式 C_xH_y で示される炭化水素から話を始めよう．メタン，エタン，プロパンのように，炭素－炭素単結合だけから成る炭化水素を**アルカン**(alkane)とよぶ．シクロヘキサンのような炭素の環状化合物は，**シクロアルカン**(cycloalkane)とよばれる．アルカンは官能基をもたない．そのため比較的極性が低く，反応性も乏しい．アルカンの性質とその化学的挙動についてはこの章の次節以降ならびに3章，4章で取り上げる．

アルカン

CH_4　メタン (methane)

CH_3-CH_3　エタン (ethane)

$CH_3-CH_2-CH_3$　プロパン (propane)

$CH_3-CH_2-CH_2-CH_3$　ブタン (butane)

アルケン(alkene)や**アルキン**(alkyne)は，それぞれ二重結合，三重結合という官能基をもっている．それらの性質や化学的挙動については11章～13章で述べる．

アルケンとアルキン

エテン(ethene)（エチレン, ethylene）　プロペン(propene)　エチン(ethyne)（アセチレン, acetylene）　プロピン(propyne)

分子式 C_6H_6 で表される**ベンゼン**(benzene)は，六員環のなかに三つの二重結合をもつ特殊な炭化水素である．置換基をもったベンゼンのなかには芳しい香りを強く放つものがあるので，ベンゼンとその誘導体は伝統的に**芳香族**(aromatic)とよばれている．**アレーン**(arene)ともよばれる芳香族化合物については，下巻の15章，16章，22章，25章で述べる．

多くの官能基は極性結合をもつ

極性結合が多くの有機分子の化学的挙動を決定する．結合をつくる二つの原子の電気陰性度の差によって，極性が生じることを思い起こそう(1-3節参照)．6章と7章において，極性の炭素－ハロゲン結合を官能基としてもつ**ハロアルカン**(haloalkane)について述べる．さらに6章と7章ではそれらの化学について深く掘り下げる．もう一つの官能性として**ヒドロキシ基**(hydroxy group, －OH)をも

シクロアルカン

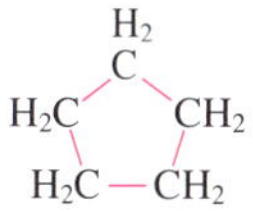

シクロペンタン (cyclopentane)

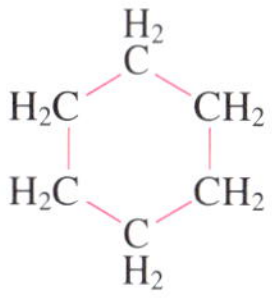

シクロヘキサン (cyclohexane)

芳香族化合物(アレーン)

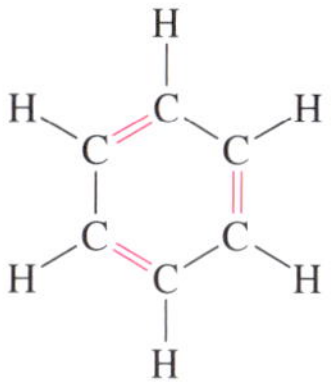

ベンゼン (benzene)

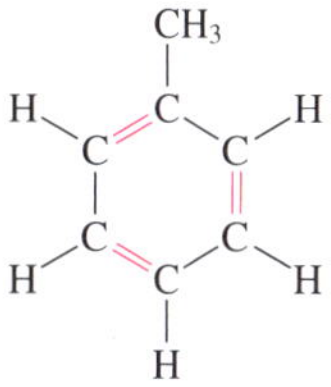

メチルベンゼン (methylbenzene)（トルエン, toluene）

つ**アルコール**(alcohol)がある．**エーテル**(ether)官能基の特徴は，二つの炭素原子を結びつける酸素原子をもつことである($-\overset{|}{\underset{|}{C}}-O-\overset{|}{\underset{|}{C}}-$)．アルコールやエーテルに含まれる官能基，すなわちヒドロキシ基やアルコキシ基は，多くの他の官能基に変換することが可能であるために，有機合成の変換反応において重要な官能基である．アルコールやエーテルの化学については8章，9章で述べる．

ハロアルカン

$CH_3\ddot{\underset{..}{Cl}}:$ クロロメタン(塩化メチル)

$CH_3CH_2\ddot{\underset{..}{Cl}}:$ クロロエタン(塩化エチル)

(局所麻酔剤)

アルコール

$CH_3\ddot{\underset{..}{O}}H$ メタノール (木精)

$CH_3CH_2\ddot{\underset{..}{O}}H$ エタノール (穀物アルコール)

エーテル

$CH_3\ddot{\underset{..}{O}}CH_3$ メトキシメタン(ジメチルエーテル) (冷媒)

$CH_3CH_2\ddot{\underset{..}{O}}CH_2CH_3$ エトキシエタン(ジエチルエーテル) (吸入麻酔剤)

カルボニル基(carbonyl group, C═O)は，**アルデヒド**(aldehyde)や**ケトン**(ketone)に含まれる．さらに，ヒドロキシ基と結合した形で**カルボン酸**(carboxylic acid)のなかにも存在する．アルデヒドやケトンについては下巻の17章，18章で，カルボン酸とその誘導体については下巻の19章，20章で述べる．

アルデヒド

$H\overset{\overset{:O:}{\|}}{C}H$ ホルムアルデヒド (殺菌剤)

$CH_3\overset{\overset{:O:}{\|}}{C}H$ または CH_3CHO アセトアルデヒド (催眠薬)

ケトン

$CH_3\overset{\overset{:O:}{\|}}{C}CH_3$ アセトン

$CH_3CH_2\overset{\overset{:O:}{\|}}{C}CH_3$ ブタノン(エチルメチルケトン)

(一般的な溶媒)

カルボン酸

$H\overset{\overset{:O:}{\|}}{C}\ddot{\underset{..}{O}}H$ または $HCOOH$ または HCO_2H ギ酸 (強力な刺激剤)

$CH_3\overset{\overset{:O:}{\|}}{C}\ddot{\underset{..}{O}}H$ または CH_3COOH または CH_3CO_2H 酢酸 (食酢の成分)

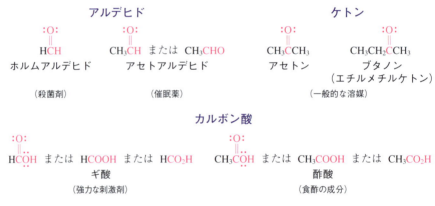

ハロゲンや酸素以外の元素も特徴ある官能基を与える．たとえば，アルキル基に窒素の結合した化合物は**アミン**(amine)とよばれる．アルコールの酸素を硫黄で置き換えると**チオール**(thiol)となる．

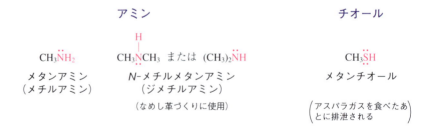

アミン

$CH_3\ddot{N}H_2$ メタンアミン(メチルアミン)

$CH_3\overset{\overset{H}{|}}{\underset{..}{N}}CH_3$ または $(CH_3)_2\ddot{N}H$ *N*-メチルメタンアミン(ジメチルアミン) (なめし革づくりに使用)

チオール

$CH_3\ddot{\underset{..}{S}}H$ メタンチオール (アスパラガスを食べたあとに排泄される)

R はアルカン分子の一部を表す

一般的な官能基とそれらの官能基を含む化合物群を選び，表 2-3 にそれらの一般式ならびに代表的な化合物の例をあげた．一般式においてアルカンから水素を一つ除いて生じる分子の断片（フラグメント）を**アルキル基**（alkyl group）とよび，一般に **R** で表す〔R は**ラジカル**（radical）あるいは**残基**（residue）を示す；2-6 節〕．したがって，ハロアルカンは一般式 R—X と表される．R は種々のアルキル基，一方，X はヨウ素，臭素などのハロゲン原子を示す．同様に，アルコールは R—OH と表記される．構造の異なる複数のアルキル基をもつ分子を表す際には，互いのアルキル基を区別するために R にプライム（′）やダブルプライム（″）をつける．たとえば，同じアルキル基をもつエーテル〔**対称エーテル**（symmetrical ether）〕は R—O—R と表し，これに対し異なる 2 種類のアルキル基をもつエーテル〔**非対称エーテル**（unsymmetrical ether）〕は R—O—R′ と表記する．

表 2-3　一般的な官能基

化合物の種類	一般式 a)	官能基	例
アルカン（3，4章）	R—H	なし	$CH_3CH_2CH_2CH_3$ ブタン
ハロアルカン（6，7章）	R—$\ddot{\underset{..}{X}}$:（X = F, Cl, Br, I）	—$\ddot{\underset{..}{X}}$:	CH_3CH_2—$\ddot{\underset{..}{Br}}$: ブロモエタン
アルコール（8，9章）	R—$\ddot{\underset{..}{O}}$H	—$\ddot{\underset{..}{O}}$H	$(CH_3)_2C(H)$—$\ddot{\underset{..}{O}}$H 2-プロパノール （イソプロピルアルコール）
エーテル（9章）	R—$\ddot{\underset{..}{O}}$—R′	—$\ddot{\underset{..}{O}}$—	CH_3CH_2—$\ddot{\underset{..}{O}}$—CH_3 メトキシエタン （エチルメチルエーテル）
チオール（9章）	R—$\ddot{\underset{..}{S}}$H	—$\ddot{\underset{..}{S}}$H	CH_3CH_2—$\ddot{\underset{..}{S}}$H エタンチオール
アルケン（11，12章）	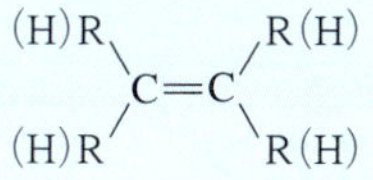	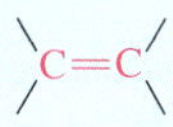	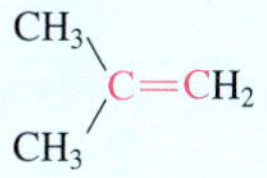 2-メチルプロペン
アルキン（13章）	(H)R—C≡C—R(H)	—C≡C—	$CH_3C{\equiv}CCH_3$ 2-ブチン
芳香族化合物（下巻；15，16，22章）	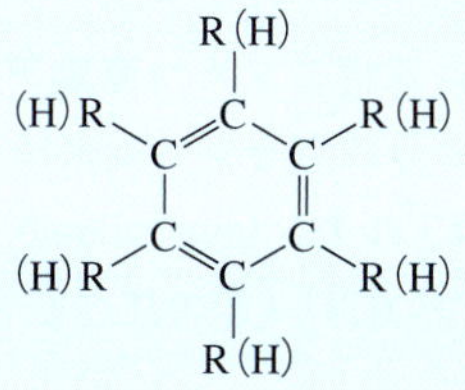	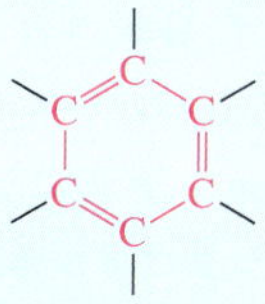	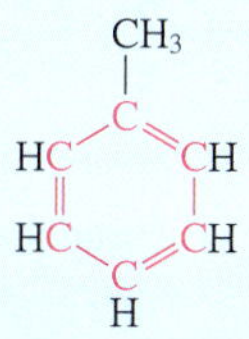 メチルベンゼン（トルエン）

a) R はアルキル基を示す．異なるアルキル基は R にプライムをつけて R′，R″ などのように表示して区別する．

表 2-3 （続き）

化合物の種類	一般式[a]	官能基	例
アルデヒド（下巻；17，18章）	R—C(=Ö:)—H	—C(=Ö:)—H	CH_3CH_2CH(=Ö:) プロパナール
ケトン（下巻；17，18章）	R—C(=Ö:)—R′	—C(=Ö:)—	$CH_3CH_2CCH_2CH_2CH_3$（C=Ö:） 3-ヘキサノン
カルボン酸（下巻；19，20章）	R—C(=Ö:)—Ö—H	—C(=Ö:)—ÖH	CH_3CH_2COH（C=Ö:） プロパン酸
酸無水物（下巻；19，20章）	R—C(=Ö:)—Ö—C(=Ö:)—R′(H)	—C(=Ö:)—Ö—C(=Ö:)—	$CH_3CH_2COCCH_2CH_3$（C=Ö:，C=Ö:） プロパン酸無水物
エステル（下巻；19，20，23章）	(H)R—C(=Ö:)—Ö—R′	—C(=Ö:)—Ö—	$CH_3CH_2COCH_3$（C=Ö:） プロパン酸メチル（プロピオン酸メチル）
アミド（下巻；19，20，26章）	R—C(=Ö:)—N̈(—R″(H))—R′(H)	—C(=Ö:)—N̈<	$CH_3CH_2CH_2CNH_2$（C=Ö:） ブタンアミド
ニトリル（下巻；20章）	R—C≡N:	—C≡N:	$CH_3C≡N:$ エタンニトリル（アセトニトリル）
アミン（下巻；21章）	R—N̈(—R″(H))—R′(H)	—N̈<	$(CH_3)_3N:$ *N*, *N*-ジメチルメタンアミン（トリメチルアミン）

2-5 直鎖アルカンと分枝アルカン

有機分子の官能基は，単結合だけで構成された炭化水素骨格に連結している．そして，この単結合で結ばれた炭素原子と水素原子だけから成り，かつ官能基をもたない骨格化合物は**アルカン**(alkane)とよばれる．アルカンは構造の違いによっていくつかに分類される．直線構造をもつ**直鎖アルカン**(straight-chain alkane)，一つあるいはいくつかの分枝点をもつ炭素鎖から成る**分枝アルカン**(branched alkane)，さらに**シクロアルカン**(cycloalkane)とよばれる環状アルカンなどである．シクロアルカンについては4章で述べる．

直鎖アルカン　　分枝アルカン　　シクロアルカン

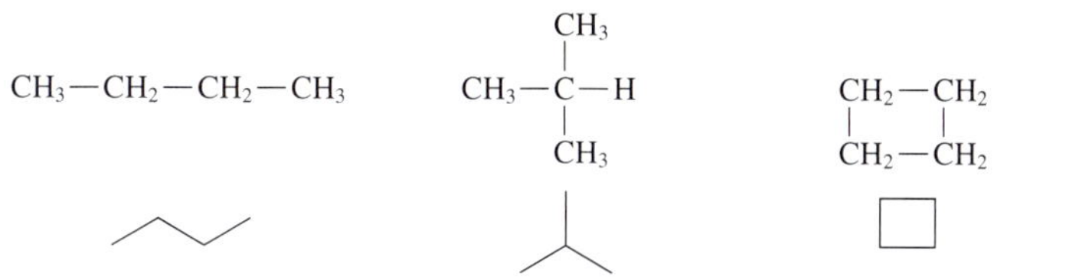

ブタン，C_4H_{10} (butane)　　2-メチルプロパン，C_4H_{10} (2-methylpropane)（イソブタン, isobutane）　　シクロブタン，C_4H_8 (cyclobutane)

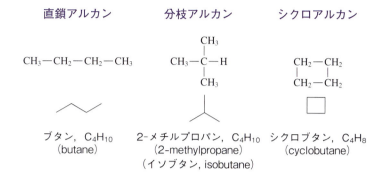

直鎖アルカンは同族列を形成する

直鎖アルカンでは，おのおのの炭素は隣接する炭素二つと水素二つとに結合している．末端炭素は例外で，炭素一つと水素三つに結合している．直鎖アルカンは H—$(CH_2)_n$—H という一般式で表される．

直鎖アルカンの仲間はメチレン基(—CH_2—)の数が違うだけである．このような関係にある分子は互いに**同族体**(homolog)であるといい(*homos*, ギリシャ語の「と同じ」)，一連の分子群を**同族列**(homologous series)という．メタン($n = 1$)は直鎖アルカンの同族列の最初の分子であり，エタン($n = 2$)は2番目の分子である．以下，プロパン($n = 3$)，ブタン($n = 4$)となる．

分枝アルカンは直鎖アルカンの構造異性体である

分枝アルカンは直鎖アルカンのメチレン(CH_2)基から水素原子を一つ取り去り，アルキル基で置き換えたものである．直鎖アルカンも分枝アルカンも同じ一般式 C_nH_{2n+2} で表される．最も小さな分枝アルカンは2-メチルプロパンであり，ブタンと同じ分子式をもっているが，原子のつながり方が異なる．すなわち，二つの化合物は互いに構造異性体である(1-9節参照)．

炭素数の多い($n > 4$)アルカン同族体では，三つ以上の異性体が存在する．ペンタン(C_5H_{12})には下に示すように三つの異性体がある．ヘキサン(C_6H_{14})には5個，ヘプタン(C_7H_{16})には9個，オクタン(C_8H_{18})には18個の異性体が存在する．

ペンタンの異性体

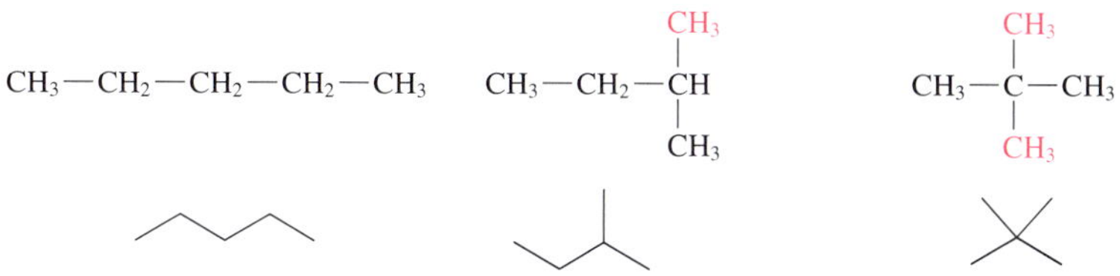

ペンタン (pentane)　　2-メチルブタン (2-methylbutane)　　2,2-ジメチルプロパン (2,2-dimethylpropane)

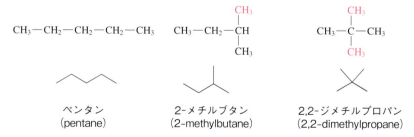

n 個の炭素が互いに結合し，さらに $2n + 2$ 個の水素と結合する様式は，n の大きさが増すとともに飛躍的に増大する(表2-4)．

表 2-4
アルカン C_nH_{2n+2} に対して可能な異性体の数

n	異性体
1	1
2	1
3	1
4	2
5	3
6	5
7	9
8	18
9	35
10	75
15	4,347
20	366,319

練習問題 2-20

(a) ヘキサンの五つの異性体の構造を示せ．(b) 2-メチルブタンの一つ炭素数の多い同族体と一つ少ない同族体について，可能な構造をすべて示せ．

2-6 アルカンの命名

炭素―炭素結合様式と種々の置換基の結合様式の多様性によって，膨大な数の有機分子が存在する．この多様性は次のような問題を引き起こす．それは，これらすべての化合物をどのように系統的に区別して命名すればよいのか，という問題である．たとえば C_6H_{14} の異性体すべてを区別して命名し，一つひとつの化合物に対する情報(沸点，融点，反応など)が簡単にハンドブックの索引から引き出せるだろうか．見たこともない化合物でも，名前だけでその化合物の構造が書けるような命名の仕方があるのだろうか．

有機化合物の命名に関するこのような問題は，有機化学が発展を始めた当初からの問題であったが，初期においては化合物はさまざまな方法で名づけられ，とうてい体系的といえるものではなかった．たとえば，発見者の名前をとって名づけられたもの(「Nenitzescu の炭化水素」)，はじめて合成された地名をとったもの(「シドノン」)，化合物の形から名づけたもの(「キュバン」，「バスケタン」)，あるいはその化合物が単離されたもとの天然物の名前をとったもの(「バニリン」)などである．これらの**慣用名**(common name)や**通称名**(trivial name)の多くはいまでも広く使用されている．しかしながら，これに対して現在ではアルカンを命名する厳密な体系が確立されている．化合物の名称がその構造を一義的に示すような**体系的な命名法**(systematic nomenclature)が，1892 年スイスのジュネーブで開かれた化学会議ではじめて提案された．それ以来，おもに国際純正応用化学連合(IUPAC)によって改訂され続けている．**表 2-5** に炭素数 1 ～ 20 までの直鎖アルカンの IUPAC 名を示す．主鎖の語は一般にラテン語やギリシャ語を語源としており，炭素鎖中の炭素の数を表す．たとえばヘプタデカン($C_{17}H_{36}$)という名称は，ギリシャ語の 7 を示す言葉 *hepta* と 10 を示す *deka* という言葉からできている．メタン(methane)，エタン(ethane)，プロパン(propane)，ブタン(butane)の四つのアルカンは特別な名称であり，かつ体系的な名称として採用されている．これらも他のアルカンと同様に語尾 **-ane** をもっている．有機分子のすべてにわたって骨格をなす重要な基本的名称となるので，これらアルカンの名称は覚えておかなければならない．いくつかの小さな分枝アルカンには慣用名がつけられており，いまでもなお一般的に用いられている．これらの分枝アルカンは，イソブタン(isobutane)，イソペンタン(isopentane)，ネオヘキサン(neohexane)のように接頭語 **iso-** や **neo-** を用いて命名する(欄外の構造式を参照)．

練習問題 2-21

イソヘキサンとネオペンタンの構造を示せ．

炭化水素の命名に関する細かな規則を掘り下げる前に，それらの特徴を記述するのに有用な専門用語を紹介しておこう．

こぼれ話

2014 年まで，宇宙空間には直鎖状の有機化合物しか観測されていなかった．ところがその年，銀河系の中心付近にある星の形成領域において 2-メチルプロパンニトリルが発見された．これは宇宙環境で発見された最初の枝分かれ炭素化合物であり，この発見によって生命に関連したもっと複雑な化合物の存在が示唆されるようになった．

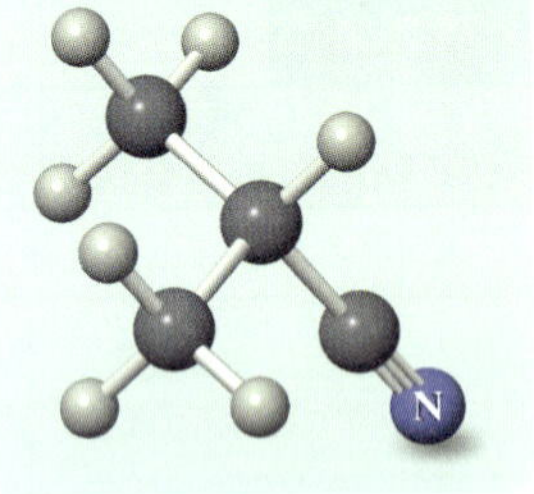

プロパンは加圧下で液状にしてこのようなボンベに貯蔵され，バーナーや明かりとしてあるいは野外での調理用オーブンの燃料として使われている．

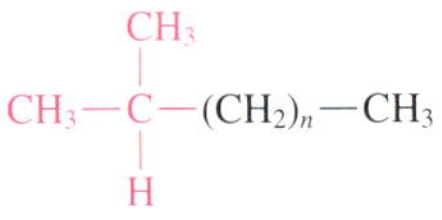

イソアルカン
(例：$n = 1$，イソペンタン)

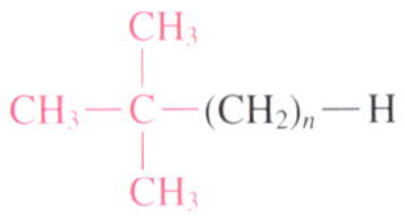

ネオアルカン
(例：$n = 2$，ネオヘキサン)

表 2-5 直鎖アルカン C_nH_{2n+2} の名称と物理的性質

n	名　称	式	沸点(℃)	融点(℃)	20 ℃における密度 ($g\ mL^{-1}$)
1	メタン(methane)	CH_4	− 161.7	− 182.5	0.466(− 164 ℃における)
2	エタン(ethane)	CH_3CH_3	− 88.6	− 183.3	0.572(− 100 ℃における)
3	プロパン(propane)	$CH_3CH_2CH_3$	− 42.1	− 187.7	0.5853(− 45 ℃における)
4	ブタン(butane)	$CH_3CH_2CH_2CH_3$	− 0.5	− 138.3	0.5787
5	ペンタン(pentane)	$CH_3(CH_2)_3CH_3$	36.1	− 129.8	0.6262
6	ヘキサン(hexane)	$CH_3(CH_2)_4CH_3$	68.7	− 95.3	0.6603
7	ヘプタン(heptane)	$CH_3(CH_2)_5CH_3$	98.4	− 90.6	0.6837
8	オクタン(octane)	$CH_3(CH_2)_6CH_3$	125.7	− 56.8	0.7026
9	ノナン(nonane)	$CH_3(CH_2)_7CH_3$	150.8	− 53.5	0.7177
10	デカン(decane)	$CH_3(CH_2)_8CH_3$	174.0	− 29.7	0.7299
11	ウンデカン(undecane)	$CH_3(CH_2)_9CH_3$	195.8	− 25.6	0.7402
12	ドデカン(dodecane)	$CH_3(CH_2)_{10}CH_3$	216.3	− 9.6	0.7487
13	トリデカン(tridecane)	$CH_3(CH_2)_{11}CH_3$	235.4	− 5.5	0.7564
14	テトラデカン(tetradecane)	$CH_3(CH_2)_{12}CH_3$	253.7	5.9	0.7628
15	ペンタデカン(pentadecane)	$CH_3(CH_2)_{13}CH_3$	270.6	10.0	0.7685
16	ヘキサデカン(hexadecane)	$CH_3(CH_2)_{14}CH_3$	287.0	18.2	0.7733
17	ヘプタデカン(heptadecane)	$CH_3(CH_2)_{15}CH_3$	301.8	22.0	0.7780
18	オクタデカン(octadecane)	$CH_3(CH_2)_{16}CH_3$	316.1	28.2	0.7768
19	ノナデカン(nonadecane)	$CH_3(CH_2)_{17}CH_3$	329.7	32.1	0.7855
20	イコサン(icosane)	$CH_3(CH_2)_{18}CH_3$	343.0	36.8	0.7886

1. 2−4 節で述べたように，**アルキル基**(alkyl group)はアルカンの水素を一つ取り除いたものであり，対応するアルカンの名称の末尾 **-ane**(−アン)を **-yl**(−イル)に換えたものをその名称とする．メチル，エチルあるいはプロピルというように名づける．
2. 表 2−6 に慣用名をもった分枝アルキル基を示す．接頭語 *sec*-(あるいは *s*-)や *tert*-(あるいは *t*-)は secondary(第二級)あるいは tertiary(第三級)を示すのに用いられる．これらの接頭語は，有機分子に含まれる sp^3 混成した(四面体構造をもった)炭素原子を分類するのに用いられる．
3. **第一級炭素**(primary carbon)はこの炭素に直接結合している炭素が一つだけのものである．たとえば，アルカンの炭素鎖の末端炭素はすべて第一級炭素である．第一級炭素に結合した水素は第一級水素とよばれ，第一級水素を取り去って得られるアルキル基は第一級アルキル基という．
4. **第二級炭素**(secondary carbon)は二つの他の炭素と結合した炭素であり，**第三級炭素**(tertiary carbon)は三つの他の炭素と結合した炭素である．第二級炭素，第三級炭素に結合した水素はそれぞれ第二級水素，第三級水素とよばれる．表 2−6 に示すように，第二級水素を一つ取り除いたものは第二級アルキル基となり，第三級水素を取り除くと第三級アルキル基となる．
5. 最後に，四つのアルキル基が結合した炭素は**第四級炭素**(quaternary carbon)という．

アルキル基

$CH_3—$
メチル(methyl)

$CH_3—CH_2—$
エチル(ethyl)

$CH_3—CH_2—CH_2—$
プロピル(propyl)

表 2-6 分枝アルキル基

構造	慣用名	慣用名の実例	IUPAC 名	種類
$CH_3-C(CH_3)(H)-$	イソプロピル	$CH_3-C(CH_3)(H)-Cl$（塩化イソプロピル）	1-メチルエチル	第二級
$CH_3-C(CH_3)(H)-CH_2-$（第一級）	イソブチル	$CH_3-C(CH_3)(H)-CH_3$（イソブタン）	2-メチルプロピル	第一級
$CH_3-CH_2-C(CH_3)(H)-$（第二級）	*sec*-ブチル	$CH_3-CH_2-C(CH_3)(H)-NH_2$（*sec*-ブチルアミン）	1-メチルプロピル	第二級
$CH_3-C(CH_3)(CH_3)-$（第三級）	*tert*-ブチル	$CH_3-C(CH_3)(CH_3)-Br$（臭化 *tert*-ブチル）	1,1-ジメチルエチル	第三級
$CH_3-C(CH_3)(CH_3)-CH_2-$	ネオペンチル	$CH_3-C(CH_3)(CH_3)-CH_2-OH$（ネオペンチルアルコール）	2,2-ジメチルプロピル	第一級

第一級，第二級，第三級ならびに第四級という用語は，もっぱら単結合をもつ炭素原子に対して用いられる．二重結合や三重結合を担う炭素原子に対しては用いない．

第一級，第二級，および第三級炭素と水素

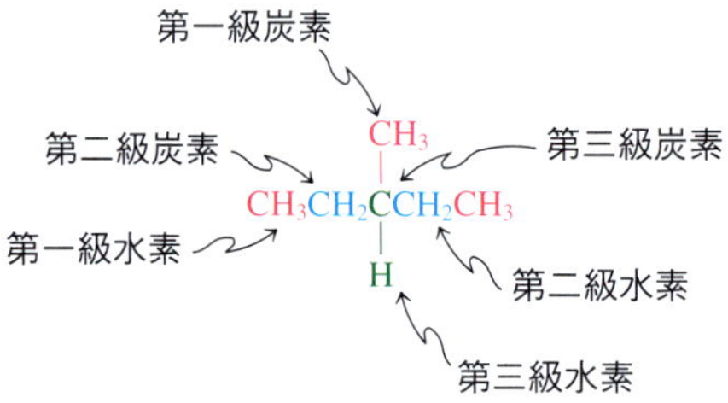

3-メチルペンタン

練習問題 2-22

2-メチルペンタン（イソヘキサン）の第一級水素，第二級水素，第三級水素をそれぞれ示せ．

表 2-5 に C_1 ～ C_{20} の直鎖アルカンの名称を示した．それでは，分枝アルカンはどのように命名されるのだろうか．次にあげる IUPAC の規則にしたがえば，比較的簡単に命名することができる．ただし注意深く，規則 1 から 2, 3,…と順番にしたがっていかねばならない．

指針 直鎖アルカンの命名に対する IUPAC の規則

IUPAC 規則 1 分子のなかで最長の炭素鎖を探し出し，主鎖として命名する．複雑な構造をもつアルカンが簡略化された表記法で書かれている場合には，最長の炭素鎖を見つけ出しにくいことがしばしばある．分子がいつも水平方向に描かれていると思ってはいけない．次に示した例では，最長炭素鎖あるいは**主鎖**(stem chain)がはっきりわかるように色を変えてある．アルカンの主鎖から分子を命名することができる．主鎖に結合している水素以外の基を**置換基**(substituent)という．

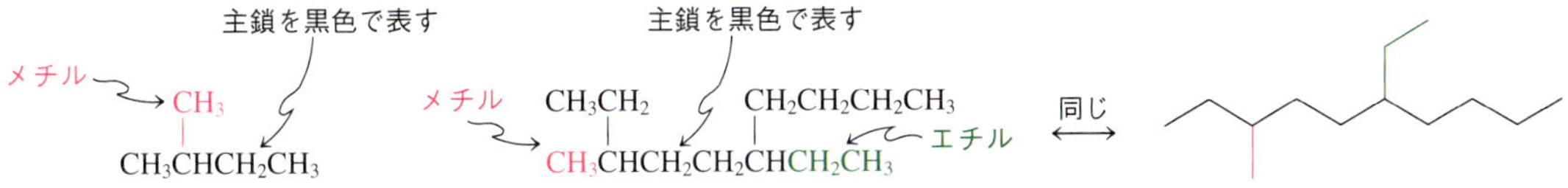

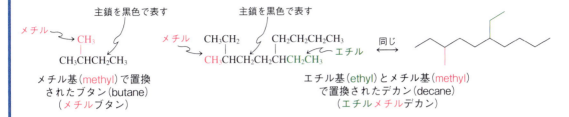

メチル基(methyl)で置換されたブタン(butane)
(メチルブタン)

エチル基(ethyl)とメチル基(methyl)で置換されたデカン(decane)
(エチルメチルデカン)

分子が同じ長さの炭素鎖を二つ以上もっている場合には，置換基数の一番多いものを基本主鎖とする．

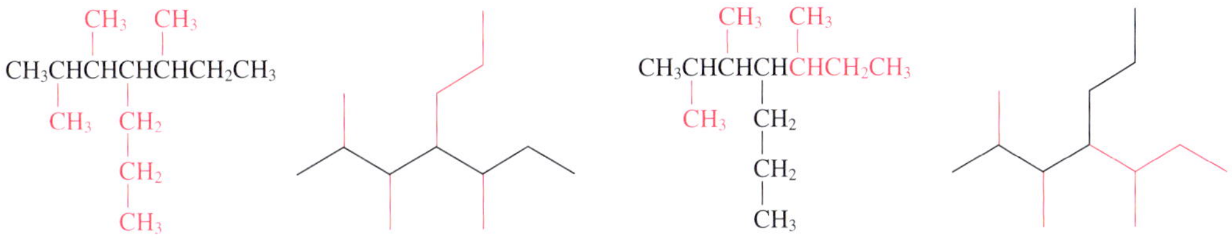

四つの置換基をもつヘプタン
正しい主鎖のとり方

三つの置換基をもつヘプタン
間違った主鎖のとり方

IUPAC 規則 2 最長炭素鎖に結合しているすべての基をアルキル置換基として命名する．直鎖の置換基に対しては表 2-5 を利用してアルキル基の名称を導くことができる．それでは，置換基が枝分かれをもっている場合にはどうなるのだろうか．この場合には IUPAC 規則をこの複雑な置換基に同じように適用すればよい．すなわち，置換基の中で最長の炭素鎖を選び，次にその置換基中の最長鎖に結合している置換基を命名すればよい．

IUPAC 規則 3 最長炭素鎖の一端から他端へと炭素原子に番号をつけていく．その際，置換基のついている炭素原子になるべく小さい番号がつくように番号をつける．

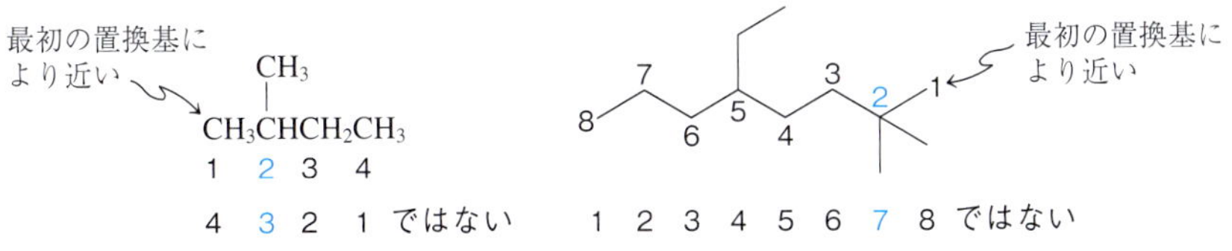

種類の異なる二つの置換基が，主鎖の両端から相対的に同じ位置に結合しているときは，アルファベット順に番号をつける．すなわちアルファベット順で先にくる置換基に小さい番号がつくように命名する．

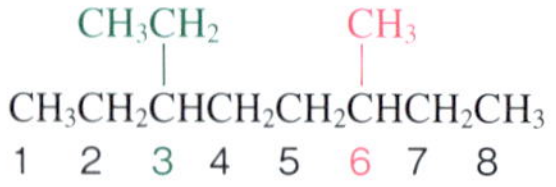

C6 上のメチル基(methyl)よりも
C3 上のエチル基(ethyl)が優先する

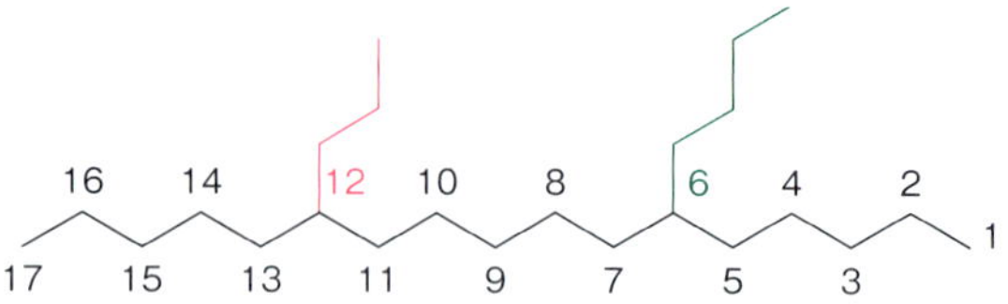

C12 上のプロピル基(propyl)よりも C6 上の
ブチル基(butyl)が優先する

三つ以上の置換基が存在する場合はどうだろうか．可能な二つの番号のつけ方のうち，位置番号を一つずつ比較して炭素が置換基をもつかどうかに関してはじめて相違が現れたとき，置換基がついている位置により小さい番号がつくように炭素鎖に位置番号をつける．すなわち**相違がはじめて生じた位置の原則**(first point of difference principle)にしたがって命名する．

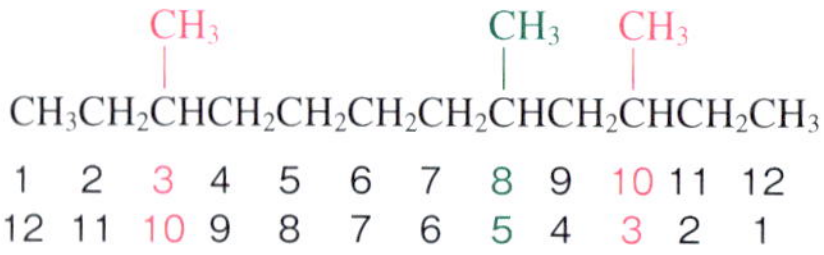

置換基をもつ炭素の位置番号
←3, 8 と 10(間違い)
←3, 5 と 10(正しい．5 のほうが 8 より小さい)

3,5,10-トリメチルドデカン

置換基には主鎖から外側に向かって番号をつける．その際，主鎖に結合している炭素が1番となる．

IUPAC 規則 4 まずすべての置換基をアルファベット順に並べ(位置番号とハイフンを前に入れる)，次に主鎖の名称を加える．分子が同じ置換基を複数個もっているときは重複を表す接頭語 di(ジ)，tri(トリ)，tetra(テトラ)，penta(ペンタ)などを各置換基の前に入れる．位置番号は置換基名の前にコンマで区切ってまとめて入れる．重複を表すこれらの接頭語は *sec*−や *tert*−と同様にアルファベット配列に入れない．ただし，これらが複雑な置換基名の一部になっている場合はアルファベット配列に入れる．

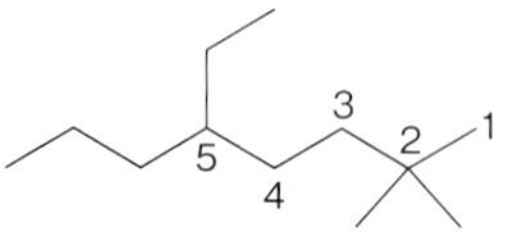

5-エチル-2,2-
ジメチルオクタン
(「ジ」はアルファベット配列に入れない)

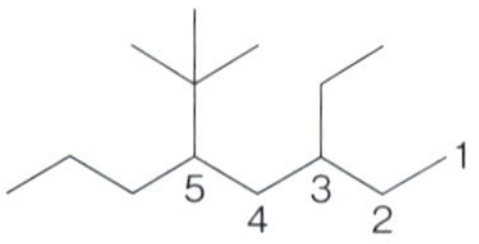

5-(1,1-ジメチルエチル)-3-
エチルオクタン
(この場合の「ジ」は置換基の名称の一部であり，アルファベット配列に入れる)

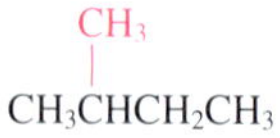

2-メチルブタン
(2-methylbutane)

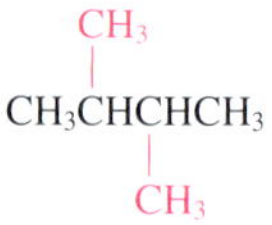

2,3-ジメチルブタン
(2,3-dimethylbutane)

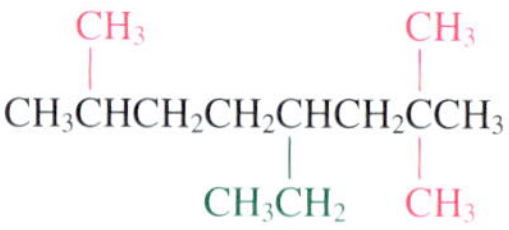

4-エチル-2,2,7-トリメチルオクタン
(4-ethyl-2,2,7-trimethyloctane)

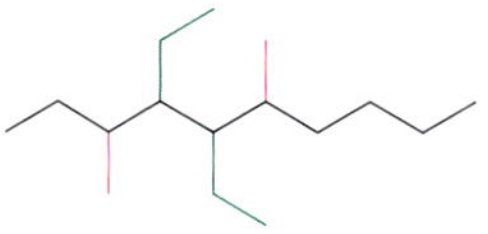

4,5-ジエチル-3,6-ジメチルデカン
(4,5-diethyl-3,6-dimethyldecane)

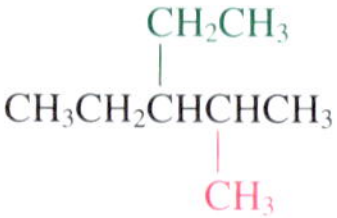

3-エチル-2-メチルペンタン
(3-ethyl-2-methylpentane)

表2-6に示されている五つの置換基の慣用名はIUPACでその使用が認められている．すなわち，イソプロピル，イソブチル，*sec*-ブチル，*tert*-ブチル，そしてネオペンチルの五つの置換基である．これら五つの名称は化学者間では

ふつうの会話のなかで世界的に使用されている．したがって，これらの基の構造は知っておく必要がある．それでも，体系的な名称を使うほうが望ましい．化学物質についての情報を検索する場合にはとくにそうである．そのような情報を含んでいるオンラインデータベースは体系的な名称を認識するように構築されている．したがって，慣用名を入力した場合には探し求めている情報の完全な検索ができないことがある．

あいまいさを避けるために，複雑な置換基の名称はかっこ（　）に囲んで表示される．特殊で複雑な置換基が複数個ある場合には，かっこの前に 2,3,4,5 を表す bis（ビス），tris（トリス），tetrakis（テトラキス），pentakis（ペンタキス）などの特別な接頭語をつける．ただし，これらの接頭語もアルファベット配列には含めない．複雑な置換基の炭素鎖に番号をつける場合，主鎖に直接結合している炭素原子に必ず 1 番の番号をつける．

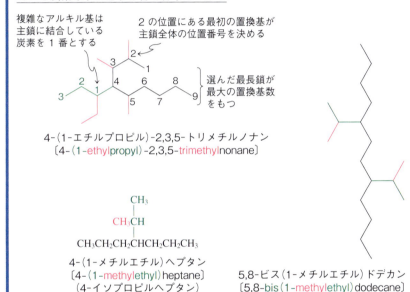

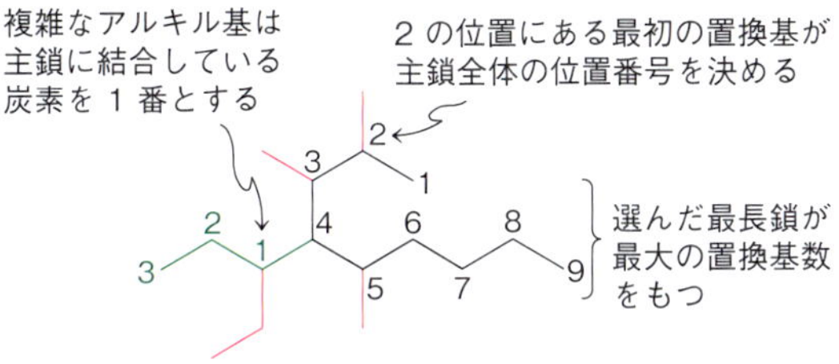

4-(1-エチルプロピル)-2,3,5-トリメチルノナン
〔4-(1-ethylpropyl)-2,3,5-trimethylnonane〕

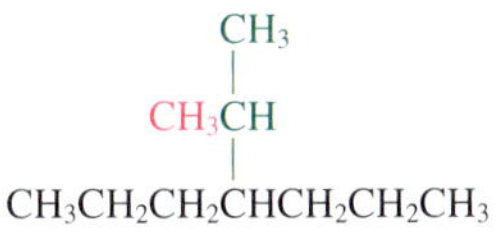

4-(1-メチルエチル)ヘプタン
〔4-(1-methylethyl)heptane〕
(4-イソプロピルヘプタン)

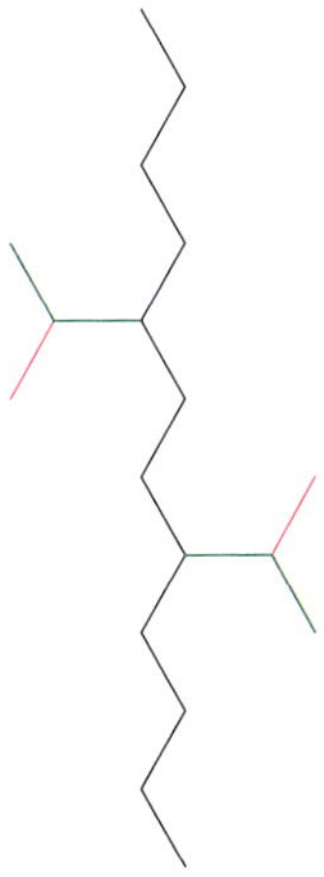

5,8-ビス(1-メチルエチル)ドデカン
〔5,8-bis(1-methylethyl)dodecane〕

練習問題 2-23

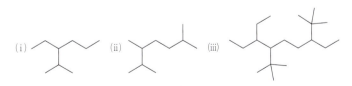

(a) IUPAC 規則にしたがって次の炭化水素を命名せよ．

(i) 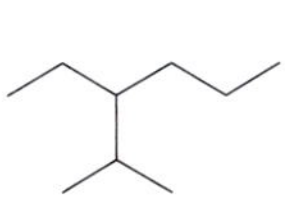 (ii) 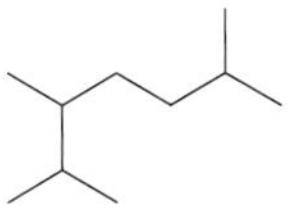 (iii) 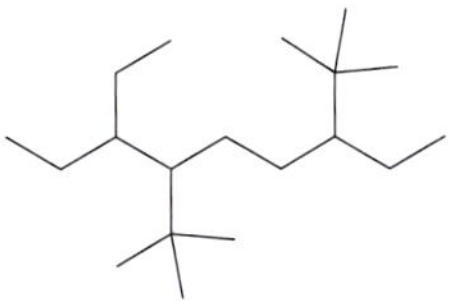

(b) 93 ～ 99 ページに掲載されている分枝アルカンのなかから 10 個を選び，ノートに名称を書き写せ．次にこの本を閉じてそれらの名称から構造式を書き起こせ．

ハロアルカンは，ハロゲン原子をアルカン骨格に結合した置換基とみなして命名する．アルカン類の命名の場合と同様に，最も長い炭素鎖にどちらかの端から最も早く現れる置換基に最も小さい番号がつくように番号をつける．置換基はアルファベット順に並べ，複雑な置換基の場合は複雑なアルキル基に対して使った規則にしたがって命名する．

CH_3I

ヨードメタン
(iodomethane)

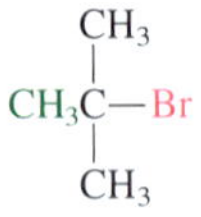

2-ブロモ-2-メチルプロパン
(2-bromo-2-methyl-propane)

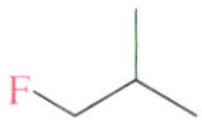

1-フルオロ-2-メチルプロパン
(1-fluoro-2-methylpropane)

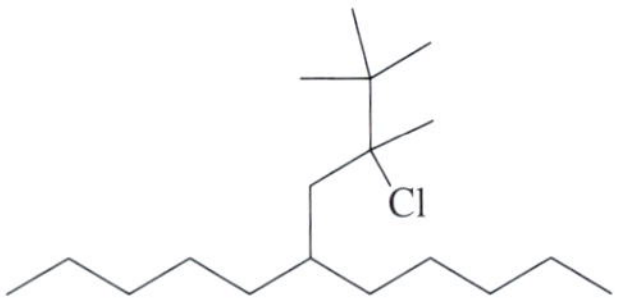

6-(2-クロロ-2,3,3-トリメチルブチル)ウンデカン
〔6-(2-chloro-2,3,3-trimethylbutyl)undecane〕

慣用名はハロゲン化アルキル(alkyl halide)というよび方にもとづいている．たとえば，上に示した化合物のうち最初の三つの化合物はそれぞれヨウ化メチル，臭化 *tert*-ブチル，そしてフッ化イソブチルという慣用名をもっている．いくつかの塩素化溶媒も四塩化炭素 CCl_4，クロロホルム $CHCl_3$，塩化メチレン CH_2Cl_2 といったような慣用名でよばれる．

練習問題 2-24

概念のおさらい：複雑なアルカンの命名

欄外に示した化合物を IUPAC 規則にしたがって命名せよ．

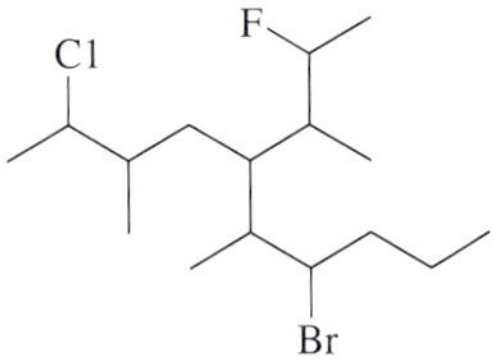

● 解法のてびき

WHIP 問題攻略法を適用せよ．

What まず問題の分子の特徴をよく調べる必要がある．3種類の異なるハロゲン原子置換基をもった分枝アルカンである．

How どこから手をつけるか．まず，最長の鎖を見つけ，次にすべての置換基を命名せよ．

Information 必要な情報は何か．2-6 節の IUPAC 規則を復習しよう．

Proceed 一歩一歩論理的に進めよ．

● 答え

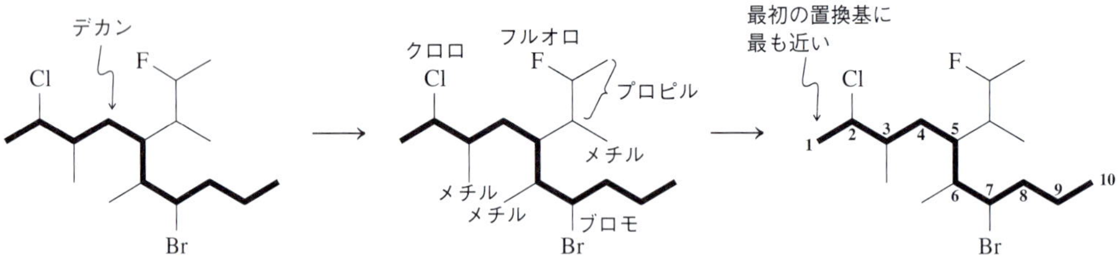

最長鎖＝主鎖　　置換基を命名する　　最長鎖に番号をつける

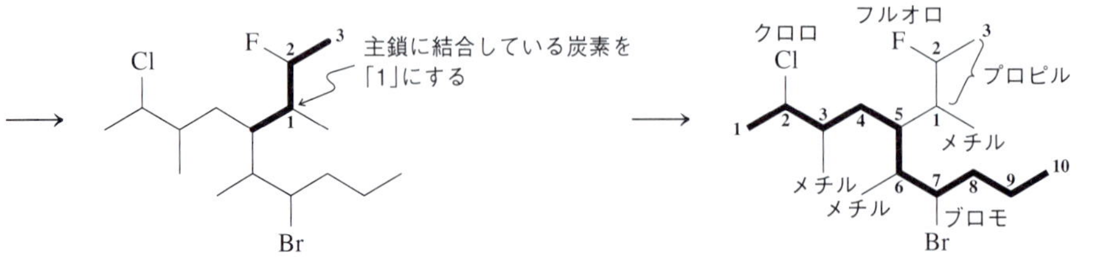

分枝置換基に番号をつける

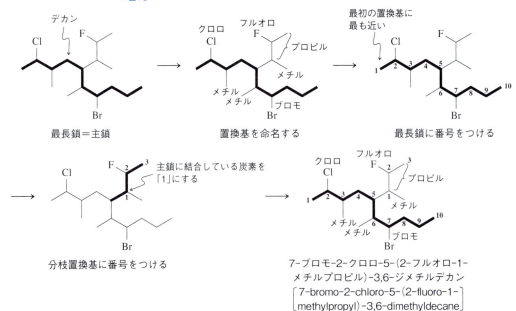

7-ブロモ-2-クロロ-5-(2-フルオロ-1-メチルプロピル)-3,6-ジメチルデカン
〔7-bromo-2-chloro-5-(2-fluoro-1-methylpropyl)-3,6-dimethyldecane〕

- 最長の炭素鎖を見つけることはそれほど易しくない．それを探し出すために，あらゆる炭素末端から出発して可能性のあるすべての経路を構造式上に描け．その結果，デカンが最長鎖である（IUPAC 規則 1）．
- 主鎖が決まれば，それに結合しているすべての置換基を命名する．この場合は二つのメチル基，ブロモ基，クロロ基，そして（置換基をもつ）プロピル基である（IUPAC 規則 2）．
- 最初に出くわす置換基，この例ではクロロ基に最も近い末端から主鎖に番号をつける（IUPAC 規則 3）．
- 置換基をもつプロピル基について考える．この基に番号をつけることは容易である．主鎖に結合している炭素に「1」の番号をつけることになっているので（IUPAC 規則 3），2-フルオロ-1-メチルプロピル基と命名する．
- 置換基をアルファベット順に並べて（IUPAC 規則 4）アルカンを命名することができる．ブロモ基（b）がクロロ基（c）の前に，そのあとフルオロメチルプロピル基（f）が続き最後にメチル基（m）の順となる．それぞれの置換基に対する位置を示す番号も合わせて記述する．答えは 7-ブロモ-2-クロロ-5-(2-フルオロ-1-メチルプロピル)-3,6-ジメチルデカンとなる．

練習問題 2-25　　自分で解いてみよう

(a) 慣用名で「テトラキス（イソプロピル）メタン」とよばれる分子の構造を書き，IUPAC 規則にしたがった名称を示せ．

(b) 5-ブチル-3-クロロ-2,2,3-トリメチルデカンの構造を書け．

命名法に関する詳細については，シクロアルカンやハロアルカンなど新しい種類の化合物を取り上げる際に，それぞれそのつど解説する．

まとめ　分枝アルカンを命名するには次の四つの規則に順にしたがえばよい．(1) 最長の炭素鎖を選び主鎖とする．(2) 主鎖に結合しているすべてのアルキル基を命名する．(3) 炭素鎖に番号をつける．(4) 置換基をアルファベット順に並べ，位置番号をそれぞれの前に入れて最後に主鎖のアルカン名を書いて名称とする．ハロアルカンを命名するには，ハロゲン置換基をアルキル置換基と同様に扱いアルカンの命名法にしたがえばよい．

こぼれ話

人類がつくった最も長い直鎖アルカンは $C_{390}H_{782}$ であり，それはポリエテン（ポリエチレン）の分子モデルとして合成された．伸びた鎖として結晶化するが，互いに引きつけ合う分子内の London 力のために融点である 132℃ で容易に折りたたみ始める．

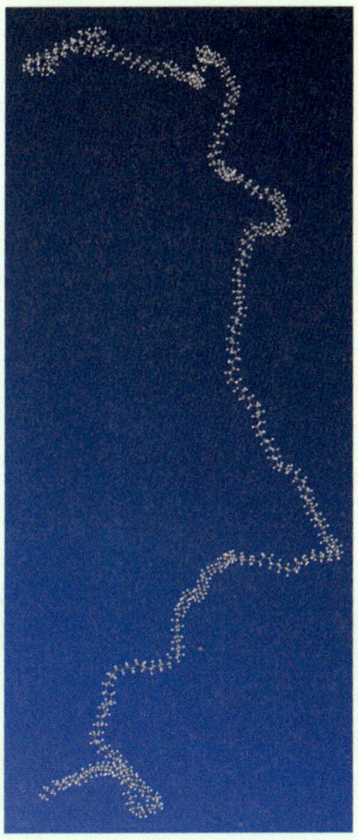

2-7　アルカンの構造ならびに物理的性質

すべてのアルカンに共通な構造上の特徴は炭素鎖である．この炭素鎖がアルカンだけでなく，このような骨格をもつすべての有機分子の物理的性質に影響を及ぼす．この節では，そのような構造をもった化合物の性質と物理的形状について述べる．

アルカンは規則正しい分子構造と物理的性質をもっている

アルカンの構造上の特徴は，その著しい規則性にある．炭素の原子価は四面体の各頂点に向かっており，約 109° の結合角とおよそ 1.10 Å の C—H 結合距離とおよそ 1.54 Å の C—C 結合距離をもっている．アルカン鎖は，結合を直線で表す表記法（bond-line notation，図 2-3）で用いられるジグザグの形を実際にとっ

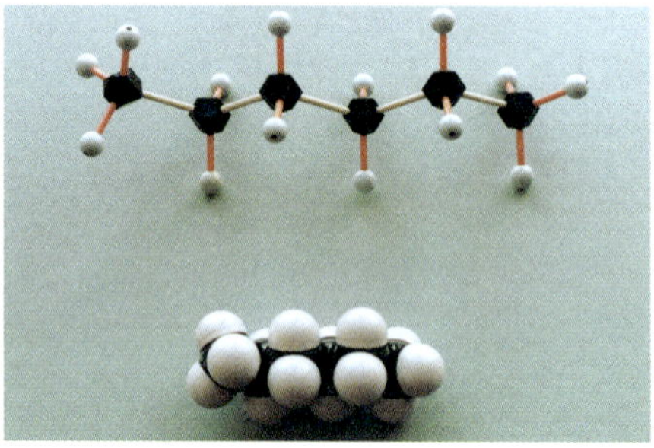

図 2-3 ヘキサンの球と棒を使った分子模型(ball-and-stick model，上)と空間充塡型分子模型(space-filling model，下)．アルカンに特徴的なジグザグ型の炭素鎖を示す．

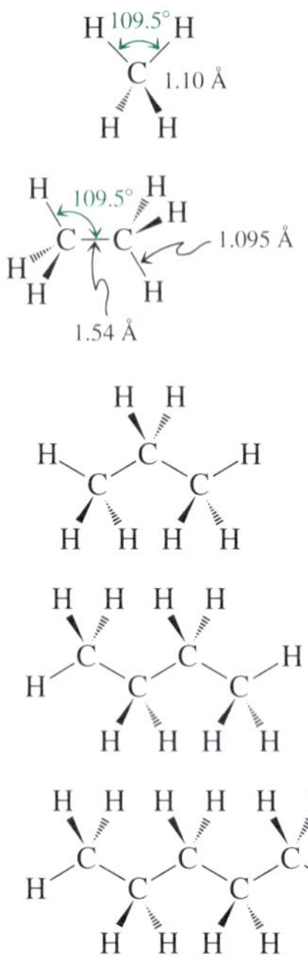

図 2-4 破線－くさび形表記法によるメタン，エタン，プロパン，ブタン，ペンタンの構造．主鎖と二つの末端水素原子のジグザク配列に注目しよう．

ていることが多い．構造を三次元的に表現するには，破線－くさび形表記法(hashed-wedged line notation，図 1-23 参照)を用いる．主鎖ならびに両端の炭素に結合している一つずつの水素は紙面上に書く(図 2-4)．

練習問題 2-26

2-メチルブタンおよび 2,3-ジメチルブタンの構造を破線－くさび形表記法を用いてジグザグ配列で示せ．

アルカンの構造に見られる規則性は，アルカンの物理定数が予測しやすいことを示唆している．実際，表 2-5 から同族列に沿って物理定数が規則正しく増大していることが読みとれる．たとえば，室温(25 ℃)において，アルカンの同族体のうち炭素数の少ないものは気体あるいは無色の液体であり，炭素数の多いものはロウ状の固体である．ペンタンからペンタデカンまで，メチレン鎖(CH_2)が一つ増えるごとに沸点は 20 ～ 30 ℃高くなる(図 2-5)．

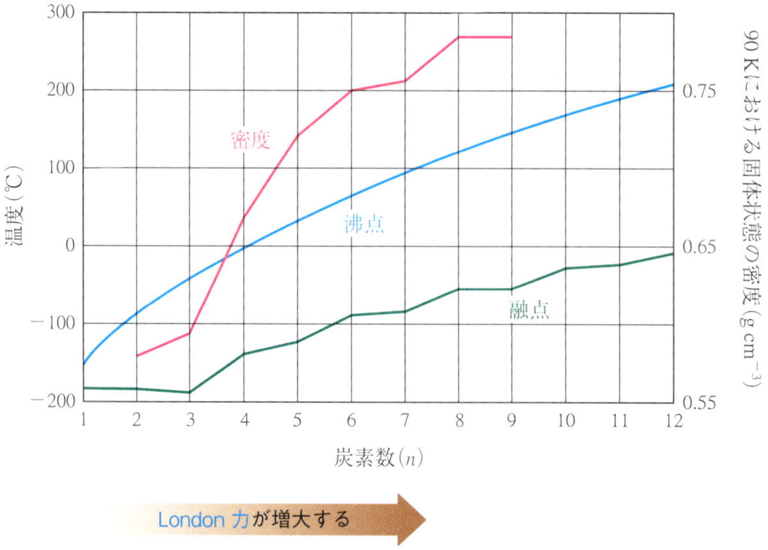

図 2-5 直鎖アルカンの物理定数．炭素数の増加とともに分子量と London 力が増大するので，融点，沸点ならびに密度は高くなる．偶数個の炭素数をもつアルカンの融点は，予想される値よりも少し高い値を示す．それは固体状態において奇数個の炭素数をもつアルカンに比べて，偶数個の炭素数をもつアルカンはより密に充塡されており(より高い密度を示すことに注意しよう)，分子間に強い引力が生じるためである．

分子間の引力がアルカンの物理的性質を支配する

アルカンの物理的性質がどうして予見できるのだろうか．分子量の増加とともに融点や沸点が規則正しく高くなるのは，**分子間力**(intermolecular force)あるいは **van der Waals**[*1] **力**(van der Waals force)のためである．分子は互いにいくつかの種類の引力を及ぼし合い，それらは分子を固体や液体のような組織化された形状に保つ原因となっている．多くの固体物質は高度に秩序正しい結晶として存在している．塩のようなイオン性化合物はおもにほぼ数百 kcal mol^{-1} という強い Coulomb 力によって結晶格子にきっちり配列している．クロロメタン(CH_3Cl)のように非イオン的でありながら極性をもった分子は，これもまた Coulomb 力にもとづくイオン間力の 10 分の 1 ほどの弱い双極子－双極子相互作用によって引き合っている(1-2 節および 6-1 節参照)．最後に，非極性分子であるアルカンは**電子の相互作用**(electron correlation)による **London**[*2] **力**(London force)によって互いに引き合っている．一つのアルカン分子がもう一つのアルカン分子に近づくと，二つの分子の電子どうしが互いに反発し合うので，互いの動きを規制し始める．電子が動くと，その分子の結合の分極が一時的に生じる．するとこの動きに呼応して，もう一方の分子の電子が動いて，逆方向の分極が生じる．その結果，二つの分子間に引力が生まれる．図 2-6 にイオン相互作用，双極子相互作用，および London 力についての簡単な図を示す．

London 力は非常に弱い．たとえばメタンの二量体では，この力は 0.5 kcal mol^{-1} である．Coulomb 力が電荷間の距離の 2 乗に反比例して変化するのに対して，London 力は分子間の距離の 6 乗に反比例して急激に減少する．London 力や Coulomb 力が分子どうしを互いに近づけるのには限界がある．あまり近づくと核と核，電子と電子の反発がこれらの引力に打ち勝ってしまう[*3]．

これらの引力が，元素や化合物の物理定数にどのように反映されるのだろうか．固体を融解するのに，あるいは液体を沸騰させるのに必要な熱エネルギーに反映

＊1　Johannes D. van der Waals (1837 ～ 1923)，オランダ，アムステルダム大学教授．1910 年度ノーベル物理学賞受賞．

＊2　Fritz London(1900 ～ 1954)，アメリカ，デューク大学教授．
(注)古い文献では現在「London 力」といわれている分子間力だけを，「van der Waals 力」とよんでいる．現在では「van der Waals 力」という言葉がすべての分子間引力に対して総合的に用いられている．

＊3　「*…すべての物質は原子から成っている．たえず動き回っている小さな粒子は，互いに少し離れているときは引きつけ合うが，互いに密に詰め込まれると反発する．*」 Richard Feynman(1918–1988)，アメリカ，カリフォルニア工科大学教授，1965 年度ノーベル物理学賞受賞．

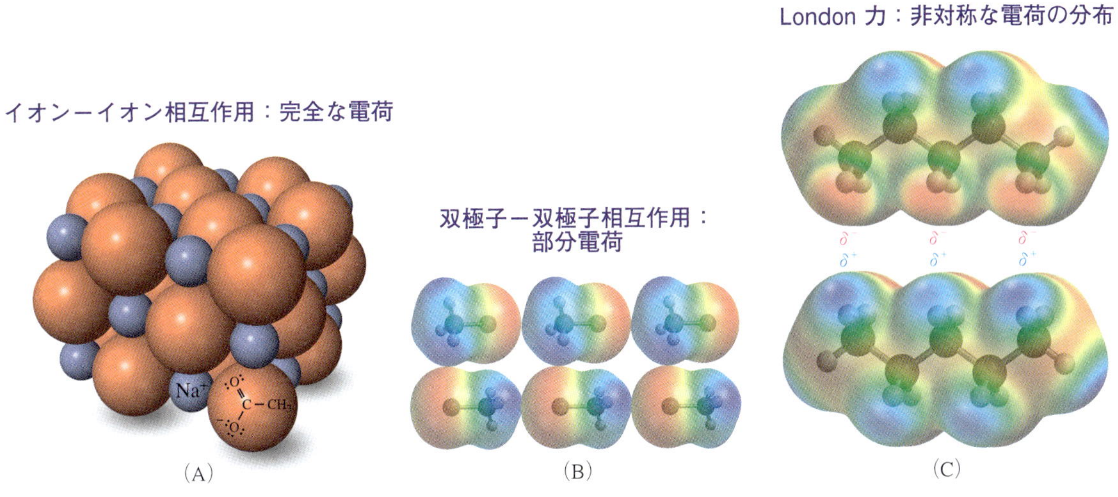

図 2-6　(A)イオン性化合物における Coulomb 力．酢酸(食酢に含まれている)のナトリウム塩である酢酸ナトリウムの結晶．(B)クロロメタンの固体状態での双極子－双極子相互作用．極性分子は Coulomb 力が有利に働くように配列する．(C)結晶状のペンタンの London 力．この単純化した図のように，電子雲は全体として，逆符号の部分的電荷が生じるように相互作用している．二つの分子内の電荷の分布は，電子が互いに影響し合いながら動くので，連続的に変化する．

演技の質を高めるためにサーフボードにパラフィンワックスを塗る．

されるというのが答えである．たとえば，結晶を融解するには結晶状態を規制している引力に打ち勝たなければならない．酢酸ナトリウム〔図 2-6(A)〕のようなイオン性化合物では，強い分子間イオン引力のために，融解するのにかなりの高温(324 ℃)が必要である．アルカンでは，分子が大きくなるほどその融点は高くなる．比較的大きな表面積をもった分子は，より大きな London 力をもつ．しかしながら，London 力はそれでもまだ比較的弱いため，高分子量のアルカンでさえその融点は低い．たとえば，パラフィンワックスを構成する $C_{20}H_{42}$ ～ $C_{40}H_{82}$ の直鎖アルカンの混合物は 64 ℃以下で融ける．パラフィンワックスは，長鎖のカルボン酸エステルから成る一般のワックス(蝋(ろう))とは別ものである．

液体状態にある分子が互いの引力に打ち勝って気体状態になるには，より大きな熱が必要である．液体の蒸気圧が大気圧と等しくなったときに沸騰が起こる．分子間力が大きければ，それだけ化合物の沸点も高くなる．図 2-5 に見られるように，これらの効果によって直鎖アルカンの沸点は n の上昇とともになめらかに上昇する．

分枝アルカンは，対応する直鎖アルカン異性体に比べて表面積が小さい．その

コラム● 2-2 化学的擬態による“性的誘引” NATURE

ハチは花に授粉する．私たちはずっとこのような自然のいとなみを見守ってきた．そしてそのいとなみについてこれまで「本能によってハチはどの花に授粉するかを認識するのだ」などと聞かされてきた．

だが，実は性がハチにどの花に授粉すべきかを知らせているのである．*Andrena nigroaenea* という種のメスのハチは，炭素数が 21 ～ 29 のアルカンとアルケンの少なくとも 14 個から成る複雑な炭化水素の混合物をつくりだす．この混合物のにおいは同種のオスのハチを引きつける．このような性誘引物質あるいはフェロモン(12-17 節参照)は動物の世界ではよく見られるもので，一般的には種に対して非常に特異的である．すでに述べたように，アルカンは水分の喪失を防ぐために葉にろう状のコーティングを施す．ラン科の *Ophrys sphegodes* はオスの *Andrena* ハチに授粉を依存している．ランの葉のコーティングに用いられているろう状のワックスは *Andrena* ハチの分泌するフェロモンの混合物の組成とほぼ同じであることは注目に値する．フェロモンとワックスに含まれている三つの主成分は直鎖アルカンであるトリコサン($C_{23}H_{48}$)，ペンタコサン($C_{25}H_{52}$)，ヘプタコサン($C_{27}H_{56}$)であり，その比は3：3：1である．これは「化学的擬態」とよばれるものの一例である．「化学的擬態」とは，ある生物種が自らにとっては望ましいが，他の種にとっては必ずしも意味のない反応(行動)をその他の種にとらせるために化学物質を使用することである．ランは他の多くの植物より巧妙である．というのも，ランの花は形や色からして昆虫と似ており，さらにフェロモンに似た混合物を高濃度で生み出すこともするからである．したがってオスのハチは，その発見者によって「性的誘引」と名づけられた現象によって，いとも簡単にこの特異なランに引きつけられてしまう．

過去 30 年にわたって，このような植物による種に特異的な化学的擬態の例が数多く発見されてきた．この化学的擬態の効果があまりにも大きいと，昆虫の正常な生殖活動が妨げられ，授粉者である昆虫の個体数が減少し，植物にとって破滅的な結果を招く可能性を秘めている．しかし幸運なことに，1 度か 2 度“だまされた”昆虫は擬態を学習し，より“本物らしい”生殖相手を探すようになる．

結果，直鎖アルカンよりもLondon力が小さく，そのため結晶状態において密な充塡ができない．弱い引力のため融点や沸点は低くなる．ところが，非常に密な形状をした分枝アルカンは例外である．たとえば，2,2,3,3-テトラメチルブタンは結晶が高密度に充塡されているため+101 ℃という高い融点をもっている（これに対してオクタンの融点は−57 ℃である）．しかしながら，2,2,3,3-テトラメチルブタンの沸点とオクタンの沸点を比較すると，オクタンの沸点のほうが高い（オクタンの沸点は126 ℃で，2,2,3,3-テトラメチルブタンの沸点は106 ℃である）．これは，球状の2,2,3,3-テトラメチルブタンよりもオクタンのほうがより大きな表面積をもっているためである．奇数個の炭素数をもつ直鎖アルカンが，偶数個の炭素数をもつ直鎖アルカンに比べて，予想されるよりも少し低い融点を示すことも，結晶における充塡密度の違いによって説明される（図2-5）．

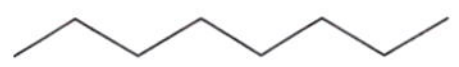

オクタン
(octane)

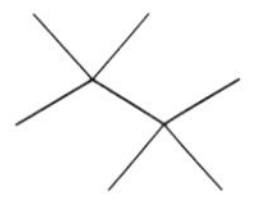

2,2,3,3-テトラメチルブタン
(2,2,3,3-tetramethylbutane)

まとめ 直鎖アルカンは規則正しい構造をもっており，分子の大きさと表面積が大きくなるにつれて分子間引力が増大するため，融点や沸点は高くなり密度は増大する．

2-8 単結合のまわりの回転：立体配座

分子間力が物理定数にどのように反映されるかを見てきた．これまで取り扱ってきた引力は分子間の引力である．これに対して，この節では**分子内**(intramolecular)に存在する力（分子内力）がどのように作用して，原子をエネルギー的に最も有利な幾何学的配列にならべるのかについて考える．さらにあとの章では，分子の幾何学的形状が化学反応性にどのような影響を及ぼすのかについて述べる．

回転によってエタンの立体配座は相互に変換する

エタンの分子模型をつくると，二つのメチル基が互いに容易に回転できることがわかる．水素どうしがすれ違うのに必要なエネルギーである**回転障壁**(barrier to rotation)は，わずか2.9 kcal mol^{-1}（12.1 kJ mol^{-1}）である．この値が非常に小さいのでメチル基は「自由回転」しているという．一般に室温ではすべての単結合のまわりで自由回転できる．

図2-7に，破線−くさび形表記法（1-9節参照）を用いたエタンの回転運動を示す．エタンを表すのに，ねじれ形と重なり形の二つの極限の表現法がある．**ねじれ形立体配座**(staggered conformation)（A）をC−C軸に沿って眺めると，手前の炭素上の各水素原子が，うしろの炭素上の二つの水素原子のちょうど真ん中に位置することがわかる．もう一方の配座（B）は，ねじれ形立体配座のメチル基の一つをC−C結合のまわりに60°回転させることによって導かれる．こうして得られる**重なり形立体配座**(eclipsed conformation)をC−C軸に沿って眺めると，手前の炭素上の三つの水素原子が，うしろの炭素上の三つの水素原子と重なる．さらに60°回転させると，重なり形立体配座（B）から別の新しい，しかしながらもとのねじれ形立体配座と等価なねじれ形立体配座（C）となる．これらねじれ形

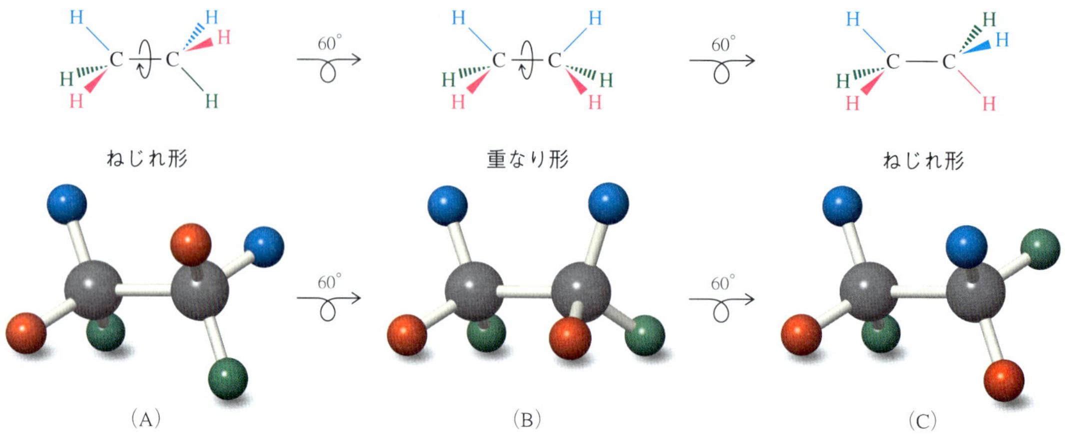

図 2-7 エタン分子の回転．(A)，(C)ねじれ形立体配座，(B)重なり形立体配座．両者の配座間には小さなエネルギー障壁しかなく，事実上は「自由回転」している．

立体配座(A)および(C)と重なり形立体配座(B)の間に，メチル基の回転によって無数の空間配列が存在する．これらの立体配座を総称して**スキュー形立体配座**(skew conformation)という．

このような回転によって生じるエタン(あるいはエタンの置換体)の無数の空間配列は，**立体配座**(conformation，**コンホメーション**)とよばれる．そしてそれぞれの立体配座についての異性体は，**配座異性体**(conformer，**コンホーマー**)とよばれる．これら無数の立体配座は室温で速い速度で相互に変換している．立体配座の熱力学的ならびに速度論的挙動に関する解析を**立体配座解析**(conformational analysis)という．

Newman 投影式によるエタンの立体配座の表示

破線－くさび形表記法に代わる立体配座の簡単な表記法が，**Newman* 投影式**(Newman projection)である．エタンの例を示す．破線－くさび形構造式を紙面からみなさんのほうへ起こし，C—C 軸に沿って眺めると Newman 投影式となる〔図 2-8(A)，(B)〕．この表記法では，前方の炭素が後方の炭素を覆い隠すが，二つの炭素から出ている結合ははっきりと見える．前方の炭素は，この炭素に結合している三つの結合の連結点として表示される．そして，三つの結合のうちの一つは垂直上向きに書くのがふつうである．後方の炭素は円として示す〔図 2-8(C)〕．この後方の炭素と三つの水素との結合は，円周上から外側に出ていくように書く．エタンの二つの極限の立体配座であるねじれ形と重なり形は Newman 投影式で簡単に表示され，図 2-9 のようになる．なお重なり形では，後方の三つの水素原子が見やすいように，完全な重なり形の位置から少し回転させた位置に水素原子を書く．

* Melvin S. Newman(1908～1993)，アメリカ，オハイオ州立大学教授．

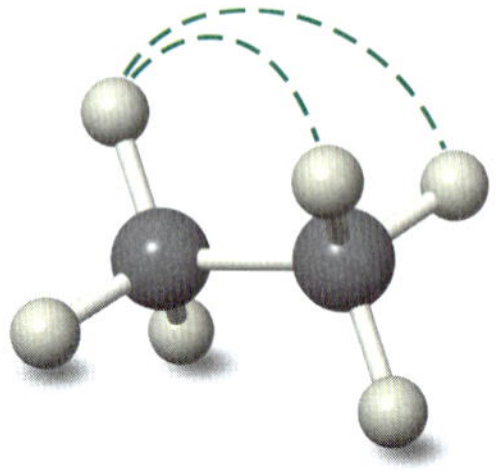

ねじれ形：向かい合ったC−H結合が互いに最も離れた位置関係にあるのでより安定である．

エタンの配座異性体は異なるポテンシャルエネルギーをもつ

無数に存在するエタンの配座異性体が，すべて同じポテンシャルエネルギーをもっているわけではない．ねじれ形の配座異性体が最も安定で最も低いエネルギー状態にある．一つのメチル基をもう一つのメチル基に対して C—C 結合の軸

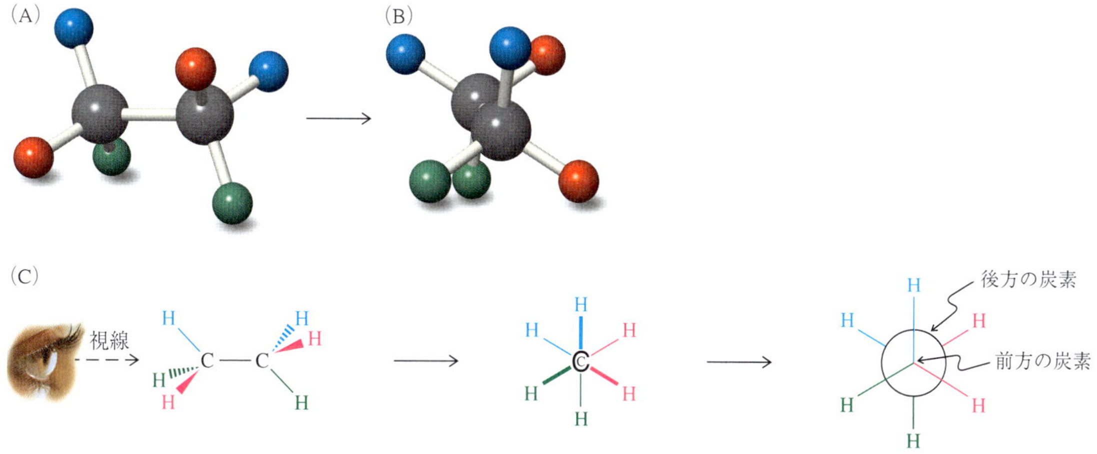

図 2-8　エタンの表記．(A)エタン分子を真横から見た図．(B)分子の一端から見た図．炭素が互いに重なり合い，水素は互いにねじれの位置にある．(C)(B)で表したエタン分子の Newman 投影式．「前方の」炭素は三つの結合している水素との結合の交点として示される．「後方」の炭素は大きな円として示され，この炭素に結合している三つの水素との結合はこの大きな円に連結している．

のまわりに回転させるとねじれ形からスキュー形を通って最後に重なり形の立体配座に移り，エタンのポテンシャルエネルギーは大きくなる．分子が重なり形配座をとったとき，エタン分子は最も高いエネルギー状態をとる．その値はねじれ形の配座をとったときに比べておよそ 2.9 kcal mol^{-1} 高い．結合の回転によってねじれ形から重なり形配座に移ったときに生じるエネルギー変化を**回転エネルギー**(rotational energy)，**ねじれエネルギー**(torsional energy)あるいは**ねじれひずみ**(torsional strain)という．

エタンのねじれひずみの原因については，まだ論争がなされている．ねじれ形から重なり形配座に回転すると，二つの炭素から出ている C—H 結合どうしが互いに近くなり，これら C—H 結合を形成している電子間の反発が大きくなる．回

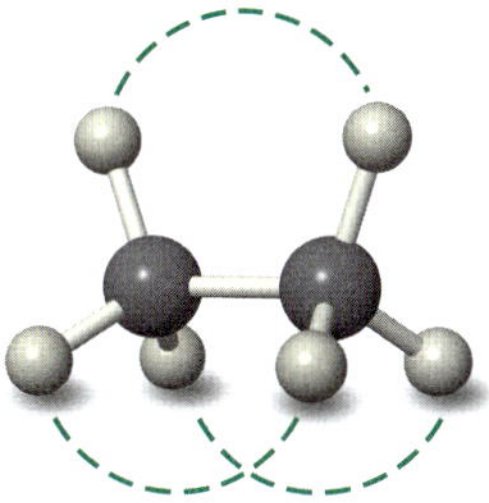

重なり形：向かい合ったC－H結合が互いに最も近い距離にあるのでより不安定である．

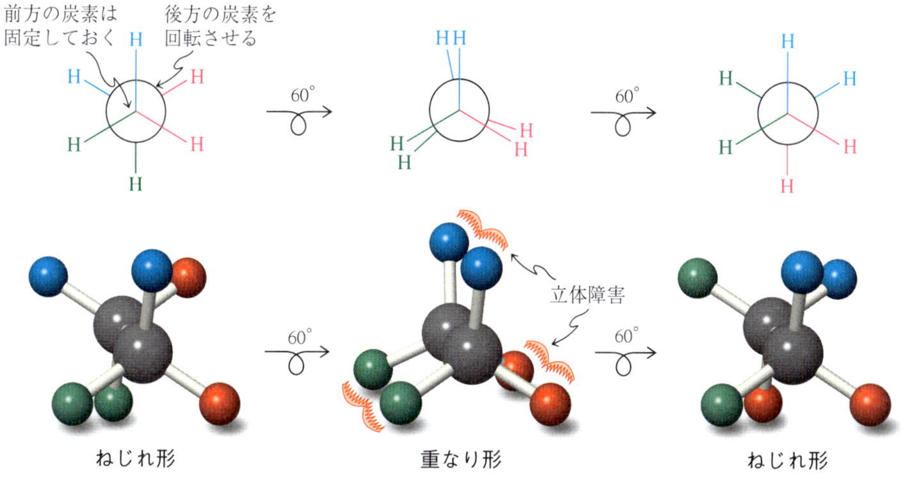

図 2-9　エタンのねじれ形配座異性体，および重なり形配座異性体の Newman 投影式と球と棒を用いた模型．後方の炭素が時計まわりに 60° ずつ回転している．

転はまた分子軌道の相互作用にも微妙な変化をもたらし，重なり形配座における C—C 結合を弱め，その結果として結合長が伸びる．これらの影響のうちどちらがより重要かという点が数十年にわたる論争の問題であった．なお最も最近に発表された理論的研究(2007 年)では，回転エネルギーに対して電子反発のほうが寄与がより大きいとされている．

ポテンシャルエネルギー図(2-1 節)を用いて結合の回転によって変化するエネルギーを表すことができる．エタンの C—C 結合まわりの回転のエネルギー図(図 2-10)において，x 軸は一般に**ねじれ角**(torsional angle)とよばれている回転の角度を表す．プロットする際，0° の出発点はどこにとってもよい．図 2-10 ではエネルギーが最小で，エタン分子の最も安定な形であるねじれ形配座を出発点，すなわちねじれ角が 0° のところとしている*．重なり形回転異性体でエネルギーは最大値を示すことに注意しなければならない．重なり形の寿命は非常に短く(10^{-12} 秒以下)，一つのねじれ形から他のねじれ形回転異性体へ移る間の唯一の遷移状態である．ねじれ形と重なり形配座の間の 2.9 kcal mol^{-1} のエネルギー差は回転のための活性化エネルギーに相当する．

* A−B−C−D の原子鎖において，A，B，C を含む面と B，C，D を含む面，それぞれの面のなす角を二面角とよぶ．一般的には，ねじれ角はこの二面角を指すことが多い．したがって，その立場からは厳密にいうと，図 2-10 と次節のこれに続く図において，ねじれ角が 0° というのはねじれ形配座ではなく，重なり形配座の一つに対応することになる．

アルカンに似た骨格をもつすべての有機分子はエタンと同じような回転挙動を示す．次節ではより複雑なアルカン分子についてこの回転挙動を考える．さらに，もう少しあとの章では官能基をもつ分子の化学反応性が，どのようにそれらの分子の立体配座に依存するかについて述べる．

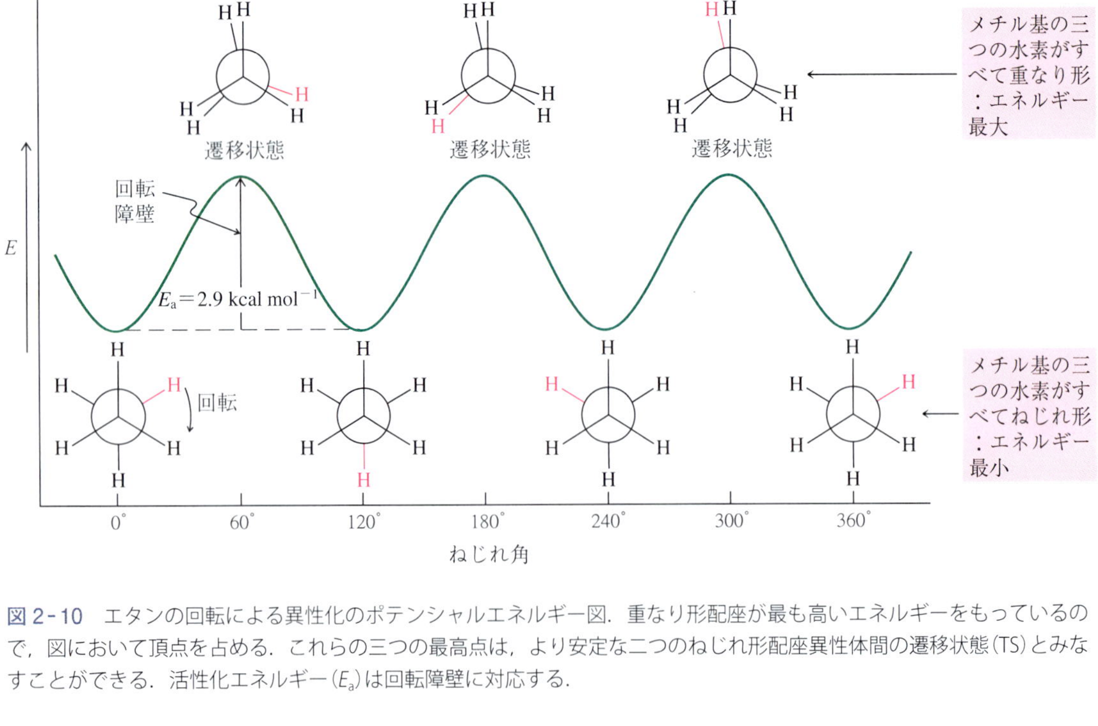

図 2-10　エタンの回転による異性化のポテンシャルエネルギー図．重なり形配座が最も高いエネルギーをもっているので，図において頂点を占める．これらの三つの最高点は，より安定な二つのねじれ形配座異性体間の遷移状態(TS)とみなすことができる．活性化エネルギー(E_a)は回転障壁に対応する．

まとめ 分子内で働く力が，飽和炭素原子に直接結合している置換基，あるいは隣接炭素上の置換基の空間的配列を支配する．エタン分子は，水素原子どうしが重なり形の配座をとる高エネルギー状態の遷移状態を経由しながら，回転によって比較的安定なねじれ形配座間で相互変換している．この回転に対するエネルギー障壁は非常に低いので，室温において回転速度は非常に速い．C—C 結合のまわりの回転によるエネルギー変化はポテンシャルエネルギー図を使えばうまく表現することができる．

2-9 置換基をもつエタンの回転

エタンに置換基がつくと，ポテンシャルエネルギー図はどのように変化するだろうか．エタンの水素原子一つをメチル基で置き換えただけの化合物であるプロパンを例にとって考えてみよう．

立体障害は回転のエネルギー障壁を高める

プロパンにおける C—C 結合のまわりの回転におけるポテンシャルエネルギー図を図 2-11 に示す．プロパンの Newman 投影式は，エタンの投影式の水素の一つをメチル基で置き換えたものである．この場合も，極限の配座はねじれ形と重なり形である．しかしながら，この二つの配座を隔てる活性化障壁は 3.2 kcal mol^{-1} (13.4 kJ mol^{-1}) と，エタンの場合よりも少し高い．このエネルギー差は，遷移状態において，メチル基とこのメチル基と重なっている水素との間に不利な立体相互作用が働くためである．この相互作用にもとづく現象を**立体障害**(steric

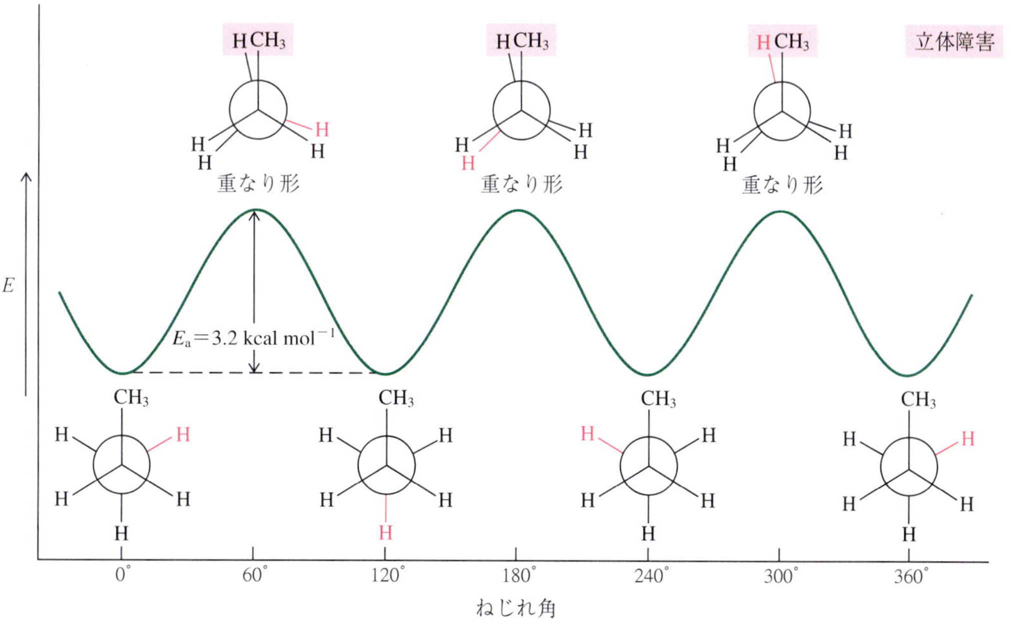

図 2-11 プロパンの三つの炭素 C1, C2, C3 のうちの C1, C2 あるいは C2, C3 の二つの炭素間の回転のポテンシャルエネルギー図．立体障害が重なり形配座の相対的エネルギーを高める．

hindrance）という．この効果は二つの原子あるいは原子団が空間内で同じ場所を占めることができないことに起因する．

重なり形配座のプロパンにおける立体障害は，回転障壁の E_a 値（3.2 kcal mol^{-1}）から示されるよりも実際はもっと大きい．メチル置換基の導入によって，重なり形配座のエネルギーだけでなく，ねじれ形配座〔最小エネルギーあるいは**基底**（ground）状態〕のエネルギーも高められる．ねじれ形配座では立体的相互作用が小さいために，エネルギーの増大の割合は重なり形配座に比べて小さいが，活性化エネルギーは基底状態と遷移状態のエネルギー差に等しいために，結果として回転障壁の E_a 値の増大は重なり形配座における立体障害の大きさそのものから予想されるよりは小さく現れる．

ブタンの立体配座解析：2 種類のねじれ形配座と 2 種類の重なり形配座が存在する

ブタンの分子模型をつくり中央の C—C 結合のまわりに回転させてみると，ねじれ形配座も重なり形配座もともに一つだけではないことがわかる（図 2-12）．二つのメチル基が互いに可能なかぎり最も離れた位置にあるねじれ形配座を考えてみる．**アンチ**（*anti*，「反対」）とよばれるこの立体配座は，立体障害が最小のため最も安定な配座である．Newman 投影式でうしろ側にある炭素をどちらの方向に回転させても（図 2-12 では時計回りに回転させている），2 対の CH_3 と H が近づき相互作用を示す重なり形の配座となる．この配座異性体は，アンチ形配座異性体より 3.6 kcal mol^{-1}（15.1 kJ mol^{-1}）高いエネルギーをもっている．うしろ側の炭素をさらに回転させると，二つのメチル基どうしがアンチ形立体配座で見られるよりもより近づいた新しいねじれ形構造となる．この配座異性体をアンチ形から区別するために，**ゴーシュ形**（*gauche*，フランス語の「ぎこちない」）とよぶ．立体障害のためにゴーシュ形配座異性体は，アンチ形配座異性体よりも 0.9 kcal

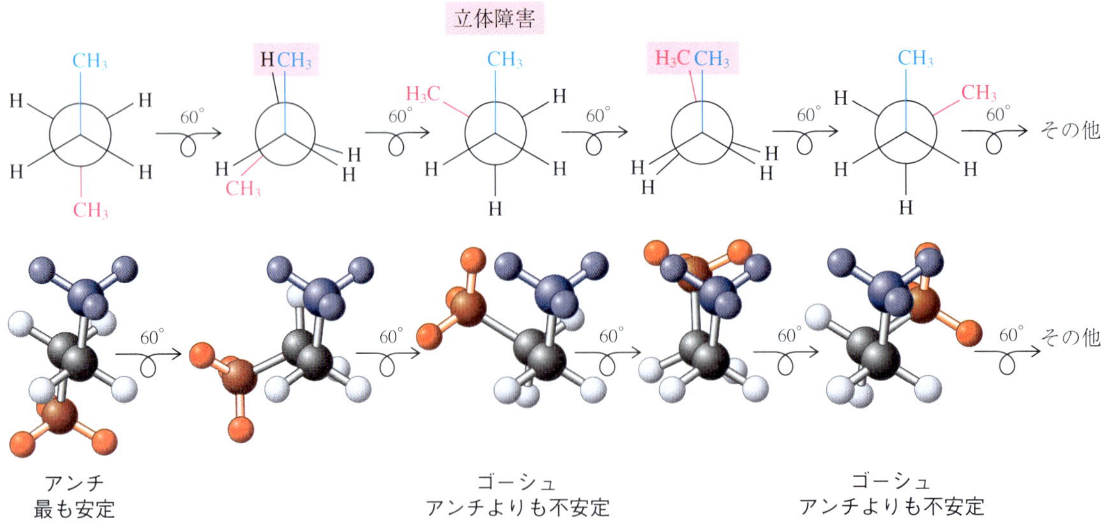

図 2-12 ブタンの Newman 投影式（上）と球と棒を用いた模型（下）における C2−C3 結合まわりの後方炭素の時計回りの回転．

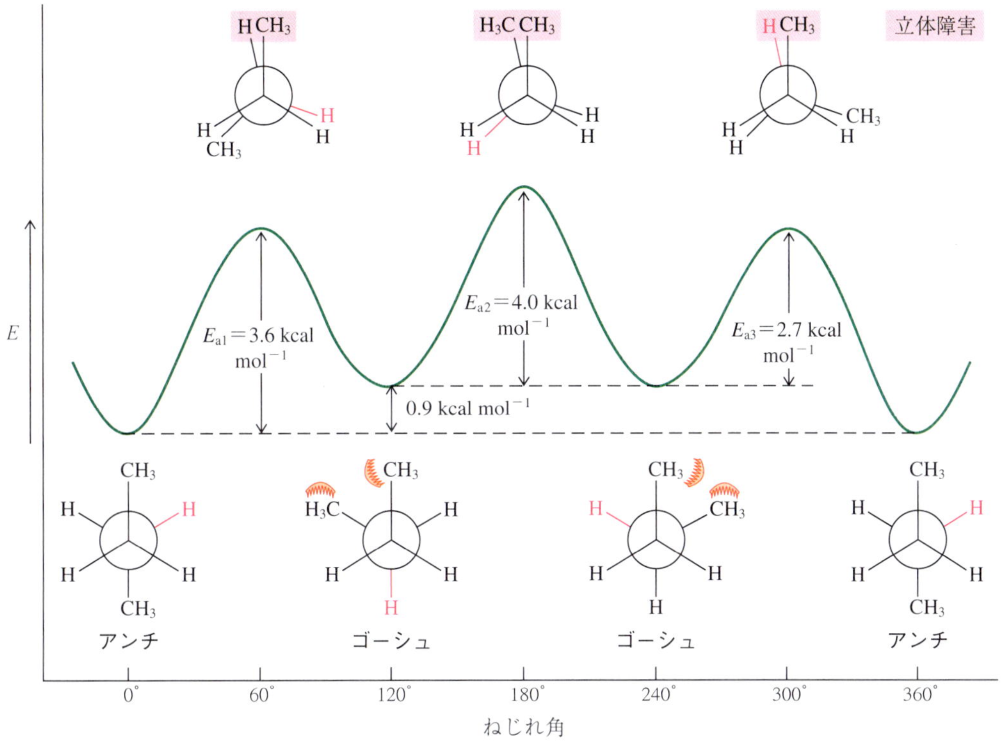

図 2-13　ブタンの C2－C3 結合まわりの回転のポテンシャルエネルギー図．アンチからゴーシュへの変換（E_{a1} = 3.6 kcal mol^{-1}），ゴーシュからゴーシュへの変換（E_{a2} = 4.0 kcal mol^{-1}），ゴーシュからアンチへの変換（E_{a3} = 2.7 kcal mol^{-1}）の三つの過程がある．

mol^{-1}（3.8 kJ mol^{-1}）エネルギーが高い．

図 2-12 において，うしろにある炭素をさらに回転させると，二つのメチル基が重なった新しい重なり形配座となる．二つのかさ高い置換基が重なるこの配座異性体は最も高いエネルギーをもち，最も安定なアンチ構造に比べて 4.9 kcal mol^{-1}（20.5 kJ mol^{-1}）高い．さらに回転させると，もう一つのゴーシュ形配座異性体を与える．二つのゴーシュ形異性体間の相互変換に要する活性化エネルギーは 4.0 kcal mol^{-1}（16.7 kJ mol^{-1}）である．ポテンシャルエネルギー図を用いると，回転にともなうエネルギー変化をうまく表現することができる（**図 2-13**）．溶液中では最も安定なアンチ形配座異性体が最も多く存在する（25 ℃でおよそ 72 %）．アンチ形異性体より少し不安定なゴーシュ形異性体が残りを占める（28 %）．

図 2-13 から，二つの配座異性体間の熱力学的安定性の差（アンチ形異性体とゴーシュ形異性体間のエネルギー差は 0.9 kcal mol^{-1}），およびアンチ形異性体からゴーシュ形異性体へと移るのに要する活性化エネルギーの値（3.6 kcal mol^{-1}，15.1 kJ mol^{-1}）を知ることができる．さらに逆反応，すなわちゴーシュ形異性体からアンチ形異性体への活性化障壁を推定することもできる．その活性化エネルギー E_a は，3.6 − 0.9 = 2.7 kcal mol^{-1}（11.3 kJ mol^{-1}）となる．

置換基をもつエタンの重なり形立体配座における立体障害は，基どうしが互いに近づいたときに，いかに電子と電子の反発ならびに核と核の反発が London 力よりも重要かを示している(2-7節).

練習問題 2-27

概念のおさらい：立体配座

2-メチルペンタンのC3—C4結合まわりの回転に対する定性的なポテンシャルエネルギー図を示せ．また，グラフ上でエネルギーが極大値と極小値をとる点に位置するすべての配座に対してNewman投影式を図中に書き加えよ．さらに本節で議論した他の分子との類似点と相違点についても述べよ．

● 解法のてびき

戦略を明らかにするためにここでもWHIP攻略法を用いる．

What この問題が尋ねていることは，特定の化合物における特定の結合まわりの立体配座を決めることである．エタンやブタンのような分子の立体配座を書くことを要求しているのではない．問題となっている分子の構造はわかっており，立体配座の相対的な安定性に関する一般的な情報ももっている．

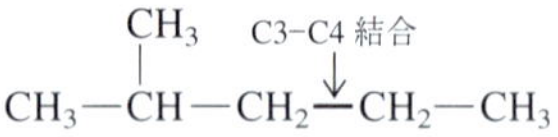

How どこから手をつけるか．与えられた分子の構造をすべての炭素—炭素結合を表した形で描け．そして問題で指定された結合(炭素3と炭素4の間の結合)に，欄外に示したように印をつけよ．

次に，この結合の両側にある二つの炭素に結合している三つの原子あるいは基を確認する．炭素3には二つの水素原子と1-メチルエチル(イソプロピル)基が結合しており，炭素4には二つの水素原子とメチル基が結合している．

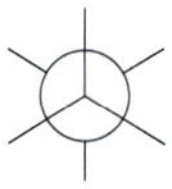

ねじれ形立体配座のNewman投影式の型版

Information 必要な情報は何か．立体配座は以下の特殊な方法を用いると，最もうまく表現できる．欄外に示したようなNewman投影式の型版を用い，先に確認した基をそれぞれの枝に貼りつける．炭素3あるいは炭素4のいずれが前であってもよいが，とりあえず炭素3を選ぶ．炭素3を表す円の中心から120°の角度に出ている3本の枝に，二つの水素原子とイソプロピル基を貼りつける．次に炭素4を表す円から出ている3本の枝に，二つの水素とメチル基を貼りつける．

Proceed この立体配座を出発点として先に進めよ．

● 答え

• 図2-12と図2-13のブタンのC2—C3の回転を手本にして，次ページのNewman投影式とポテンシャルエネルギー図を書くことができる．

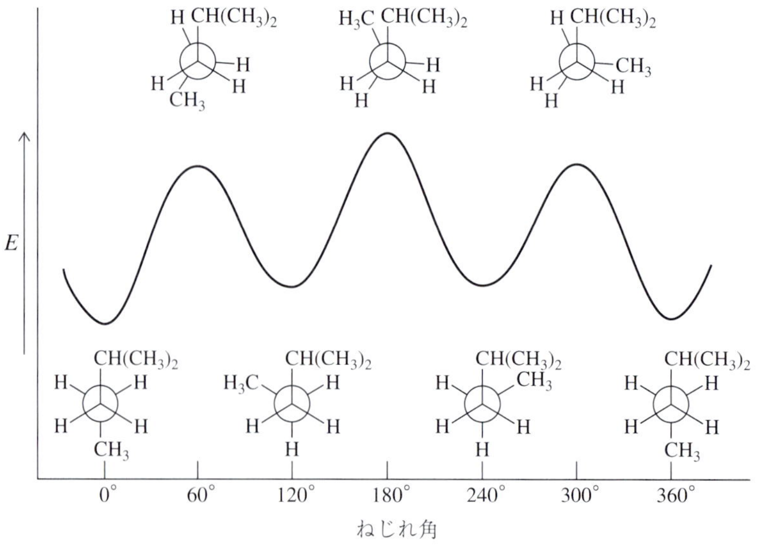

• 唯一の違いはアルキル基の一つが CH_3 基でなく 1−メチルエチル(イソプロピル)置換基であることである．イソプロピル基はメチル基より大きいので，各配座における立体的な相互作用は大きくなり，とくに，二つのアルキル基が近接した配座において立体的相互作用が最大となる．したがって，アンチの配座とそれ以外のすべての配座の間のエネルギー差はブタンの場合よりも大きくなり，ねじれ角が 180° のときにポテンシャルエネルギーは最大となる．

練習問題 2-28

自分で解いてみよう

2,3−ジメチルブタンの C2−C3 結合のまわりの回転に対して予想されるポテンシャルエネルギー図を示せ．また，ねじれ形および重なり形立体配座に対して，それぞれの Newman 投影式を図のなかに書き加えよ．

章のまとめ

酸−塩基というなじみ深い化学を理解することは，有機分子間の最も重要な反応の多くを理解する手がかりとなる．

• 反応の平衡は，二つの熱力学的な数量すなわちエンタルピー変化量 ΔH° とエントロピー変化量 ΔS° とにかかわる数量である Gibbs の標準自由エネルギー変化量 ΔG° によって決定される．ΔH° の値は，結合解離エネルギーの変化 DH° から推定できる(2−1 節)．
• 反応速度は反応の活性化エネルギー E_a の大きさによって決まる(2−1 節)．
• 反応機構における電子対の動きは曲がった矢印で記述される．矢印の根元の原子は正の電荷(＋1)を帯び，矢印の先にある原子は負の電荷を負う(2−2 節)．
• 求電子剤と求核剤は，酸と塩基のように，互いに引き合う化学種であり，それらの相互作用が多くの有機反応の挙動を決定する．求電子剤は電子対の受容体で，求核剤は電子対の供与体である(2−3 節)．
• 官能基は有機分子における反応点である．ほとんどの官能基は極性結合をもっているために，求電子的あるいは求核的なふるまいを示す可能性のある原子を含んでいる(2−4 節)．
• 多くの有機分子は官能基が結合した炭化水素骨格から成っている．
• 官能基をもたない炭化水素であるアルカンは体系的な命名法によって命名される(2−6 節)．それらは London 力によって互いに引きつけ合う(2−6 節)．
• C−C 単結合まわりの回転は容易であり，二つの究極の立体配座である「ねじれ形」と「重なり形」立体配座によって記述することができる(2−8 節，2−9 節)．この分子の動きはすべての種類の分子の立体配座にかかわる挙動の基礎となる．

2-10 総合問題：概念のまとめ

次の二つの問題は本章で学んだいくつかの鍵となる概念をみなさんが理解しているかをテストするためのものである．一つはアルカンの命名法，分子の立体配座の特徴，ならびにアルカンから誘導される二つのアルコールに関するものである．もう一つは，平衡を決める基本的な式を適用する問題である．

練習問題 2-29：分子の構造の分析と機能

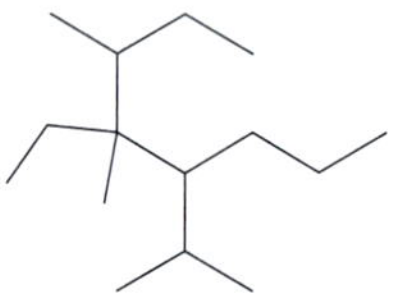

欄外に記したアルカンについて，以下の問いに答えよ．

a．この化合物を IUPAC の規則にしたがって命名せよ．

●答え

アルカンを命名するには IUPAC 規則を適用する指針にしたがえばよい．

段階 1　分子のなかで最長の炭素鎖つまり主鎖を探し出せ(次ページの図において黒色で示された部分)．惑わされないように注意しよう．構造式のなかで主鎖はさまざまな形で表記されるので見つけにくいことがある．この例では，主鎖は 8 炭素から成っており，基幹名は**オクタン**(octane)となる．

段階 2　すべての置換基(色で区別されている)を選び出して命名せよ．**メチル**(methyl)基が二つと，**エチル**(ethyl)基が一つ，そしてもう一つ分枝をもつ置換基の合計四つの置換基をもっている．分枝をもつ置換基では，主鎖に結合している炭素を 1 番とする(同図においてイタリック体の番号で示した)．主鎖から遠ざかる方向に順次番号をつける．この例では 2 番までである．つまり，置換基としてはエチル基(緑色で表示)の誘導体として表され，その 1 番の炭素上にメチル基(赤色)がついているとみなす．したがって，この分枝をもつ置換基は **1-メチルエチル**(1-methylethyl)基となる．

段階 3　主鎖に番号をつける．その際，両端のうち置換基をもつ炭素に近い端に 1 番をつける．下図に示したように，メチル置換基をもつ炭素が 3 番となる．もう一方の端から番号をつけた場合には，1-メチルエチル置換基をもつ炭素の番号が最も小さい 4 番となる．

段階 4　置換基名をアルファベット順に並べる．エチル基を最初に，次にメチル基，その後にメチルエチル基を置く(メチル基が二つあることを示すジメチルの「ジ」は，置換基の数を表すもので化合物の名前の一部とは考えない．そのため，アルファベット配列を決める際には無視する)．化合物の命名に関するさらなる練習として章末問題 44 に答えよ．

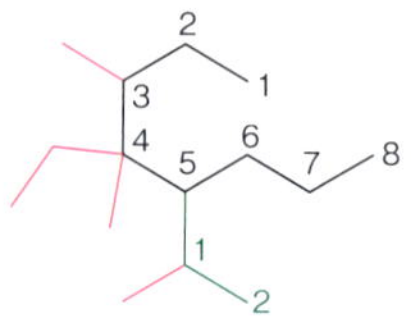

4-エチル-3,4-ジメチル-5-(1-メチルエチル)オクタン
〔4-ethyl-3,4-dimethyl-5-(1-methylethyl)octane〕

イソプロピルという用語をC-5炭素上の置換基に対する別の名称として使用してもよい．この用語を用いると名称は**4-エチル-5-イソプロピル-3,4-ジメチルオクタン**(4-ethyl-5-isopropyl-3,4-dimethyloctane)となる．この場合にはアルファベット順で，イソプロピル基はエチル基のあと，メチル基の前に置く．

b．C6−C7結合のまわりで単結合が回転したことを表現する構造を示せ．定性的なポテンシャルエネルギー図とその構造を関係づけよ．

●答え

段階1 問題とされている結合をまず認識せよ．C6上の置換基の構造は重要ではない．大きくて複雑な置換基がC6上にあると単純に考えればよい．この問題を考えるにあたって，この大きな置換基は“R”と書き換えればよい．問題の回転はC6とC7の間で起こる．

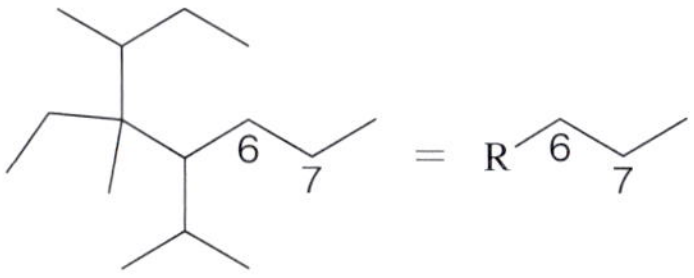

段階2 段階1で問題を単純化した．すなわちC6−C7結合まわりの回転をブタンのC2−C3結合まわりの回転と同じように考えればよい．ブタンとの違いは，ブタンの2位と3位にある二つの小さなメチル基の一つが大きな“R”基で置き換えられていることだけである．

段階3 ブタンの立体配座(2-9節)にならって問題となっている分子の立体配座を示せ．図2-13と同じようなポテンシャルエネルギー図を書き，この図のなかに立体配座を示せ．この図とブタンの図との違いは，エネルギー最小値を基準としたときの最大値の正確な高さがわからないということだけである．ただし，この高さがブタンの場合に比べて定性的により高いことは容易に予想できる．なぜなら“R”基はメチル基に比べて大きく，そのためにより大きな立体障害があると予想されるからである．

c．このアルカンから導かれる二つのアルコールが欄外に示されている．アルコールはOH基の結合している炭素の種類によって分類される(第一級，第二級あるいは第三級)．欄外のアルコールの種類を述べよ．

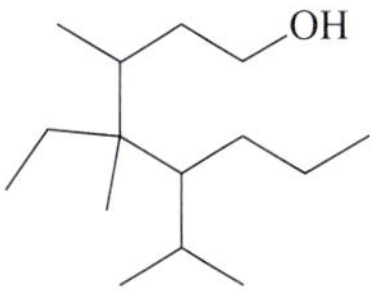

アルコール1

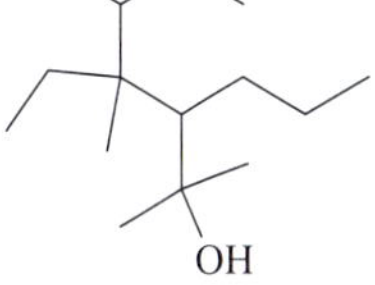

アルコール2

●答え

アルコール1ではOH基は，一つの他の炭素と直接結合した炭素，すなわち第一級炭素上にある．したがって，アルコール1は第一級アルコールである．同様に，アルコール2のOH基は第三級炭素(三つの他の炭素と結合した炭素)上にあるため，第三級アルコールである．

d．アルコールのO−H結合は水のO−H結合と同程度の酸性を示す．第一級アルコールのK_aはおよそ10^{-16}であり，第三級アルコールのK_aは10^{-18}である．アルコール1ならびに2のおよそのpK_a値はいくらか．どちらがより強い酸か．

●**答え**

アルコール1の pK_a 値($-\log K_a$)はおよそ16であり，アルコール2の pK_a 値はおよそ18である．より小さな pK_a 値をもつアルコール1のほうがより強い酸である．

e．次の平衡はどちらに偏っているか．左から右に進む反応の平衡定数 K ならびに自由エネルギー変化 ΔG° 値を求めよ．

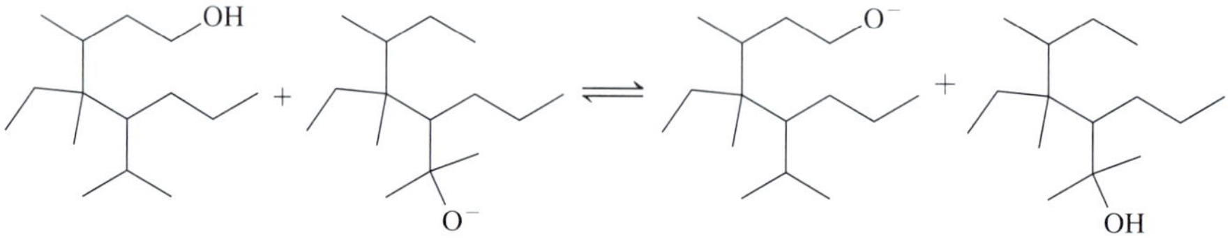

●**答え**

より強い酸(アルコール1)が左側に，そしてより弱い酸(アルコール2)が右側にある．共役酸と共役塩基の関係を思い起こそう．より強い酸はより弱い共役塩基を与え，より弱い酸はより強い共役塩基を与える．したがって相対的にいって，

アルコール1 (より強い酸)	+	アルコール2の 共役塩基 (より強い塩基)	⇌	アルコール1の 共役塩基 (より弱い塩基)	+	アルコール2 (より弱い酸)

平衡は右側に，すなわち弱い酸と弱い塩基の対のほうへ傾く．左から右へ進む反応が熱力学的に有利な場合にはその反応の K は1より大きく，ΔG° は負であることを思い起こそう．K の値と ΔG° の符号を求めて，これが正しいことを確かめてみよう．反応の平衡定数 K は，K_a の比，すなわち $10^{-16}/10^{-18} = 10^2$ である(10^{-2} ではない)．表2-1によれば，K の値が100であることは，ΔG° が $-2.73\ \text{kcal mol}^{-1}$($+2.73$ ではない)ということになる．もし反応が逆方向に進むように，すなわち平衡が左に傾くように記述されるならば，かっこ内の数字 10^{-2}，$+2.73$ が正しいということになる．酸−塩基についてのさらなる練習問題として問題33を解くこと．

練習問題 2-30：平衡濃度を求める

a．25 ℃におけるブタンのゴーシュ形とアンチ形の間の平衡におけるそれぞれの配座の濃度を図2-13のデータを用いて求めよ．

●**答え**

関係する式が2-1節に与えられている．25 ℃における Gibbs の自由エネルギーと平衡定数の間の関係式は $\Delta G^\circ = -1.36 \log K$ と書き換えることができる．配座間のエネルギー差は $0.9\ \text{kcal mol}^{-1}$ なので，この値を式に導入して K を求めると，$K = 0.219 =$[ゴーシュ]/[アンチ]となる．百分率に変換するため，%ゴーシュ $= 100\ \% \times$[ゴーシュ]/([アンチ]+[ゴーシュ])にこれを代入すると，%ゴーシュ $= 100\ \% \times (0.219)/(1.0 + 0.219) = 18\ \%$，したがって%アンチ $= 82\ \%$ となる．ここで問題が生じる．111ページにこの問いに対する答えが示されており，それによると25 ℃において，ブタンは28 %がゴーシュ配座をとり，72 %がアンチ配座をとっている．何が間違っているのだろうか．

ここで求めた答えと 111 ページの答えとの間の誤差は 2−8 節と 2−9 節に与えられているエネルギーの値がエンタルピーであり，自由エネルギーでないことに起因する．自由エネルギーの式 $\Delta G^\circ = \Delta H - T\Delta S^\circ$ に存在するエントロピーの寄与を無視したためである．どうすればこの問題を解決できるだろうか．ΔS° を計算する式を探せばよいのだが，ここでは別のより直観的なアプローチを考えてみよう．図 2−13 をもう一度ながめてみよう．ブタンの C—C 結合まわりの 360° の回転において，ブタン分子はアンチ配座からもとのアンチ配座へ戻るまでに二つのゴーシュ配座を通る．エントロピー項は，一つのアンチ配座に対してこれと平衡にある二つのゴーシュ配座が存在することから発生する．すなわち，実際は二つではなく三つの化学種が平衡関係にある．ΔS° や ΔG° を計算しないでこの問題を解く方法があるだろうか．その方法はある．そして，それほど難しくはない．

図 2−13 に立ち戻って互いを区別するために，二つのゴーシュ配座異性体(A)と(B)に標識をつけよう．先の解答において K を計算する際，実際に求めたのはアンチ配座と二つのゴーシュ配座のうちの一つのゴーシュ配座(A)の間の平衡についての値であった．二つのゴーシュ配座はエネルギー的に等しいので，もちろんゴーシュ配座(B)に対する値も同じである．したがって，K = [ゴーシュ(A)]/[アンチ] = 0.219，そして K = [ゴーシュ(B)]/[アンチ] = 0.219 となる．

最後に[ゴーシュ] = [ゴーシュ(A)] + [ゴーシュ(B)]ということを考慮すると，%ゴーシュ = 100 % × ([ゴーシュ(A)] + [ゴーシュ(B)]/([アンチ] + [ゴーシュ(A)] + [ゴーシュ(B)])であり，%ゴーシュ = 100 % × (0.219 + 0.219)/(1.0 + 0.219 + 0.219) = 30 %となる．したがって，%アンチ = 70 %となり，111 ページに与えられた平衡百分率の値に，より近い値となる．

b.　100 ℃におけるブタンのゴーシュ配座とアンチ配座の平衡時におけるそれぞれの存在比を計算せよ．

●答え

まず a の場合と同じように，式 $\Delta G^\circ = -2.303RT\log K$ のなかに ΔG° として図 2−13 から読み取ったエンタルピーの差 0.9 kcal mol^{-1} を代入して K を求める．

全体の平衡において二つのゴーシュ配座が存在することによる補正も同様に必要である．温度 T は Kelvin 単位であり 373 K の値を使わなければならない．計算すると $K = 0.297$ となり，0.297 = [ゴーシュ(A)]/[アンチ] = [ゴーシュ(B)]/[アンチ]となる．したがって，%ゴーシュ = 100 % × (0.297 + 0.297)/(1.0 + 0.297 + 0.297) = 37 %となり，%アンチ = 63 %となる．

高温ではより多くの分子が高エネルギー状態に移るというブタン分子の Bolzmann 分布と，Le Châtelier の原理(3 章参照)を考え合わせると(2−1 節)，より不安定な配座が高温では有利になるということをこの結果は支持している．このような立体配座に関する練習については問題 52，54，60 を見よ．

■重要な概念

1. 化学反応は**熱力学的**パラメータと**速度論的**パラメータによって制御された平衡で記述される．**Gibbs の自由エネルギー**の変化(ΔG°)は**平衡定数**(K)と関係しており，関係式は

$$\Delta G^\circ = -RT\ln K = -1.36\log K(25\ ℃)$$

で表される．自由エネルギー変化は，**エンタルピー変化**(ΔH°)と**エントロピー変化**(ΔS°)によって決まる．

$$\Delta G^\circ = \Delta H^\circ - T\Delta S^\circ$$

エンタルピー変化は，おもに切断される結合と生成する結合の強さの差である．生成する結合が切断される結合より強ければ，反応は**発熱的**である．これに対して生成する結合のほうが弱い場合には**吸熱的**である．エントロピー変化は出発物質と生成物の相対的なエネルギー分散の度合いによって決まる．エネルギーの分散度が大きく増えるほどΔS°の正の値が大きくなる．

2. 化学反応の速度はおもに出発物質の濃度と活性化エネルギー，さらに温度によって決まる．これらの間の関係は次の **Arrhenius 式**で表される．

$$速度定数\ k = A\mathrm{e}^{-E_a/RT}$$

3. 反応速度が出発物質のうちの一つの物質の濃度だけに依存するとき，反応は**一次**反応であるという．これに対して二つの物質の濃度に依存する反応は**二次**反応という．

4. Brønsted 酸はプロトンの供与体であり，**Brønsted 塩基**はプロトンの受容体である．酸の強さは**酸解離定数** K_a，$pK_a = -\log K_a$ によって決まる．酸とその酸からプロトンを奪い取った形は**共役**の関係にある．**Lewis 酸**と **Lewis 塩基**はそれぞれ電子対の受容体あるいは供与体である．

5. 電子の不足している原子は電子豊富な原子を攻撃する．電子の不足している原子を**求電子剤**とよぶ．これに対して，電子豊富な原子は電子の不足している原子を攻撃する．電子豊富な原子を**求核剤**とよぶ．負の電荷をもった求核剤あるいは中性の求核剤が求電子剤を攻撃する場合，求核剤は孤立電子対を求電子剤に供与して新しい結合を形成する．

6. 有機分子は炭素骨格とこれに結合している**官能基**から構成されているとみなすことができる．

7. 炭化水素は炭素と水素だけで構成されている．単結合だけをもった炭化水素を**アルカン**という．アルカンは官能基をもたない．直鎖アルカン，分枝アルカン，およびシクロアルカンが存在する．**直鎖**および**分枝アルカン**は実験式 C_nH_{2n+2} で表される．

8. メチレン基(CH_2)の数だけが異なる一連の分子群を**同族体**とよび，一連の分子群はそれぞれ同族列に属するという．

9. 他の炭素一つだけに直接結合している sp^3 炭素を**第一級炭素**とよぶ．**第二級炭素**は二つの他の炭素と，**第三級炭素**は三つの他の炭素と結合している．第一級，第二級および第三級炭素に結合している水素を，同様に第一級，第二級，第三級水素という．

10. IUPAC の規則にしたがった飽和炭化水素の命名法は次のとおりである．(a)分子のなかで最長鎖を見つけ主鎖としてその名称をつける．(b)最長鎖に結合しているすべての基をアルキル置換基として命名する．(c)最長鎖の各炭素原子に番号をつける．(d)すべての置換基をアルファベット順に並べ，その前におのおのの置換基が結合している炭素の番号をつけ，これらを接頭語とし，一語として続けて書いたあと，主鎖であるアルカンの名称を最後につける．

11. アルカン分子は弱い **London 力**で互いが引っ張り合い，極性分子はより強い双極子－双極子相互作用で引き合っている．これらに対し，塩はおもに非常に強いイオン相互作用で互いに引き合っている．

12. 炭素－炭素単結合まわりの回転は比較的容易で，多くの**立体配座**(配座異性体，回転異性体)を与える．隣接する炭素上の置換基は**重なり形配座**か**ねじれ形配座**をとる．重なり形配座は二つのねじれ形配座異性体間の遷移状態にあたる．重なり

形状態に到達するのに必要なエネルギーは，回転の活性化エネルギーとよばれる．両方の炭素がアルキル基あるいはアルキル基以外の他の基と結合している場合には，ねじれ形，重なり形以外の配座異性体が存在する．これら二つの基が接近している(60°)配座を**ゴーシュ形**とよぶ．これに対し二つの基が一直線上に反対に(180°)位置している配座を**アンチ形**という．分子はアンチ形配座に見られるように，立体障害が小さくなるような配座をとろうとする．

章末問題

31. いまちょうどピザが焼けて，オーブンのスイッチを切った．熱くなったオーブンを冷やすためにオーブンの戸を開けたとき，「オーブンと部屋」を合わせた系全体のエンタルピーに何が起こるか．系全体のエントロピーはどうなるか．自由エネルギーはどうなるのか．この過程は熱力学的に有利か．平衡に達したときに，オーブンの温度と部屋の温度はどうなっているか．

32. 炭化水素プロペン($CH_3-CH=CH_2$)は臭素と 2 通りの反応をする(12 章および 14 章参照)．

(i) $CH_3-CH=CH_2 + Br_2 \longrightarrow CH_3-CH(Br)-CH_2Br$

(ii) $CH_3-CH=CH_2 + Br_2 \longrightarrow CH_2(Br)-CH=CH_2 + HBr$

(a) 以下の表に与えられた結合の強さ(kcal mol^{-1})を用いて，これら二つの反応に対する$\Delta H°$を計算せよ．(b) 一方の反応では$\Delta S°$はおよそ 0 cal K^{-1} mol^{-1}であり，他方の反応では−35 cal K^{-1} mol^{-1}である．どちらの反応がどちらの$\Delta S°$の値をもっているか答えよ．またその理由について簡単に説明せよ．(c) 25 ℃と 600 ℃におけるおのおのの反応の$\Delta G°$を求めよ．これらの反応は二つとも 25 ℃で熱力学的に有利か．600 ℃ではどうか．

結合	平均的強さ (kcal mol^{-1})
C−C	83
C=C	146
C−H	99
Br−Br	46
H−Br	87
C−Br	68

33. (i) 次式(a)～(f)において，いずれの化学種が Brønsted 酸または Brønsted 塩基として作用するかを示せ．(ii) 平衡は左へ偏るか，それとも右へ偏るかを示せ．

(a) $H_2O + HCN \rightleftharpoons H_3O^+ + CN^-$

(b) $CH_3O^- + NH_3 \rightleftharpoons CH_3OH + NH_2^-$

(c) $HF + CH_3COO^- \rightleftharpoons F^- + CH_3COOH$

(d) $CH_3^- + NH_3 \rightleftharpoons CH_4 + NH_2^-$

(e) $H_3O^+ + Cl^- \rightleftharpoons H_2O + HCl$

(f) $CH_3COOH + CH_3S^- \rightleftharpoons CH_3COO^- + CH_3SH$

(iii) 可能ならばそれぞれの式に対してKの値を概算せよ．(**ヒント**：表 2-2 のデータを用いよ．)

34. 問題 33 の酸－塩基反応それぞれに電子の動きを示す曲がった矢印を書け．

35. 問題 33 のそれぞれの反応について，逆方向すなわち右から左に進む反応について考えよ．次の(a)～(f)のうち，曲がった矢印を的確に正しく使用しているのはどれか．また，曲がった矢印の使い方が間違っているのはどれか．後者については，間違いを指摘し，正しく書き改めよ．

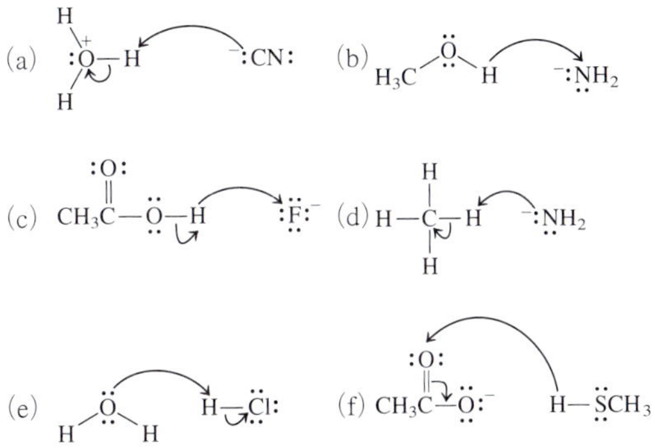

36. 次の化学種が Lewis 酸，Lewis 塩基のいずれであるかを述べ，それぞれの化学種について Lewis 酸－塩基の反応式を示せ．電子対の動きがわかるように曲がった矢印を使用せよ．なお，各反応の生成物は完全で正しい Lewis 構造式で書け．

(a) CN^-　(b) CH_3OH　(c) $(CH_3)_2CH^+$　(d) $MgBr_2$　(e) CH_3BH_2　(f) CH_3S^-

37. 表 2-3 に例として記載されているおのおのの化合物について，分極した共有結合を探し出し，部分的に正あるいは負の電荷をもった原子に印をつけよ(炭素－水素結合は考慮しなくてよい)．

38. 次の化学種あるいは化合物中の指定された原子が求核的であるか求電子的であるかを述べよ．
(a) ヨウ化物イオン，I^-，(b) 水素イオン H^+，(c) メチルカチオン（$^+CH_3$）中の炭素，(d) 硫化水素（H_2S）中の硫黄，(e) 三塩化アルミニウム（$AlCl_3$）中のアルミニウム，(f) 酸化マグネシウム（MgO）中のマグネシウム．

39. 下図の化合物中にある官能基を丸で囲み，その官能基名を書け．

(a) 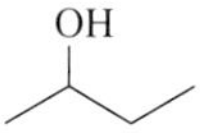
(b) 
(c) 
(d) 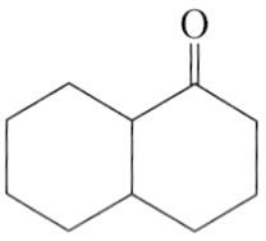
(e) 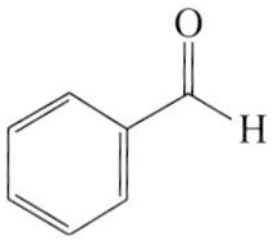
(f) 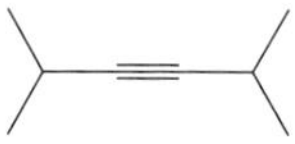
(g) 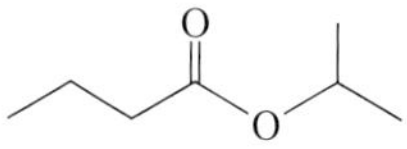
(h) 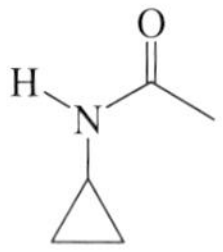
(i) 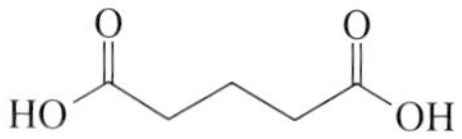
(j) 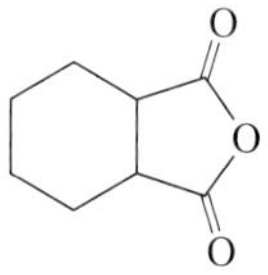

40. 静電気的な原理（Coulomb 力）にもとづいて，(a)～(f)に与えられた有機分子のどの原子が，それぞれの分子のうしろに与えられた反応剤と反応するかを予想せよ．反応が起こらないと思われる場合には「反応しない」と書け（有機分子の構造については表 2-3 を参照せよ）．
(a) ブロモエタンと HO^- の酸素原子，(b) プロパナールと NH_3 の窒素原子，(c) メトキシエタンと H^+，(d) 3-ヘキサノンと CH_3^- の炭素原子，(e) エタンニトリル（アセトニトリル）と CH_3^+ の炭素原子，(f) ブタンと HO^-．

41. 問題 40 のそれぞれの反応に電子の動きを示す曲がった矢印を書き加えよ．

42. 次の反応式は，本書でのちに扱う反応すなわちアルコールをハロアルカンに変換する反応を示している．

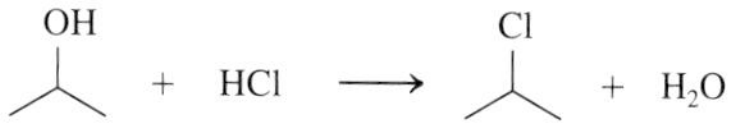

この反応は次に示したように三つの別べつの段階から成る．それぞれの段階について，出発物質を指示された生成物に変換するのに必要とされる適切な曲がった矢印を書け．（**ヒント**：まず，すべての孤立電子対を書き加えそれぞれの Lewis 構造式を完成させよ．）

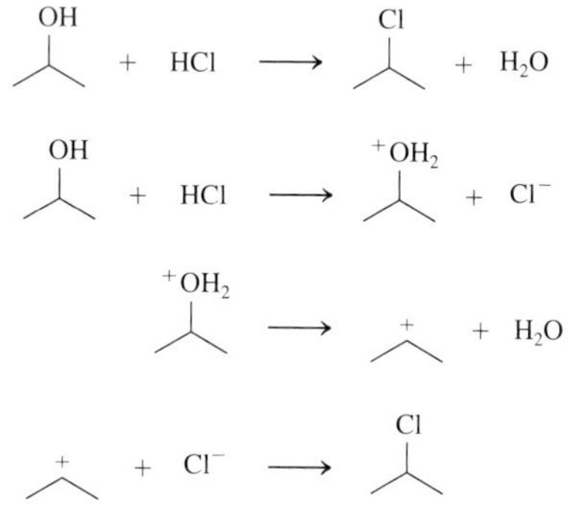

43. 次の反応式は本書でのちに扱う反応すなわちアルケンをアルコールに変換する反応を示している．

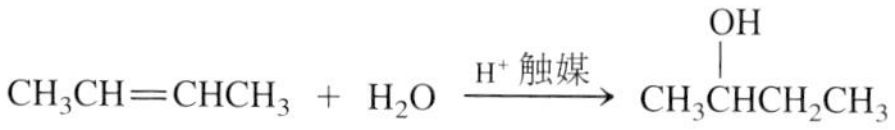

この酸触媒による付加反応も別べつの三段階で進行する．各段階の出発物質を生成物に変換するのに必要とされる適切な曲がった矢印を書け．

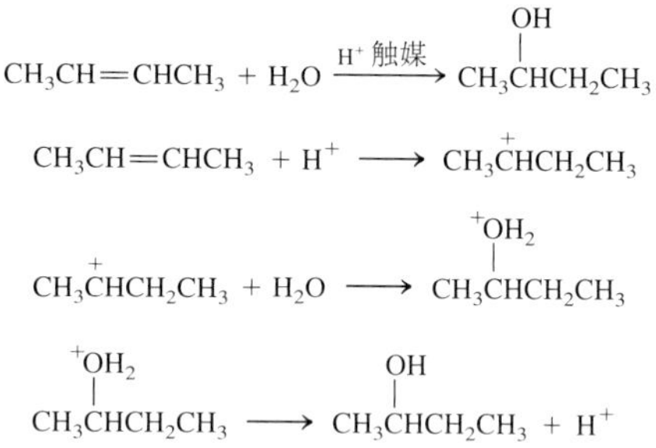

44. 次の化合物(a)～(j)を IUPAC 規則にしたがって命名せよ．

(a) 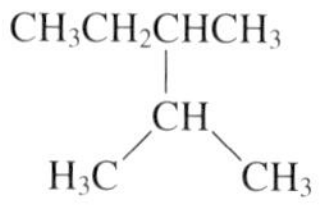
(b) 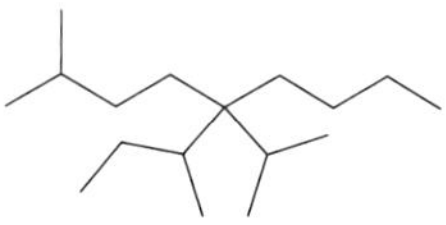
(c) 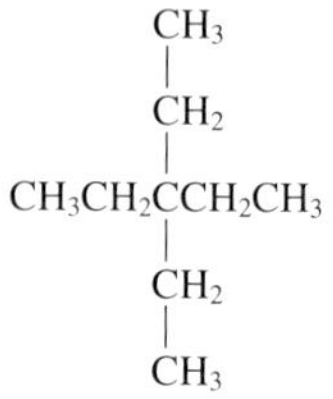
(d) 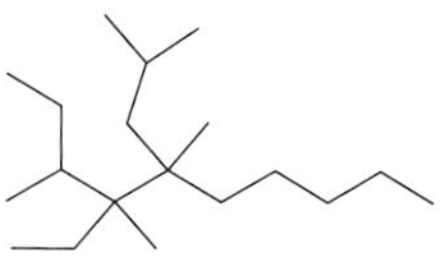

(e) $CH_3CH(CH_3)CH(CH_3)CH(CH_3)CH(CH_3)_2$

(f) 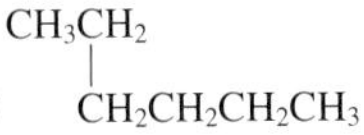

(g)  (h) 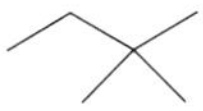

(i) 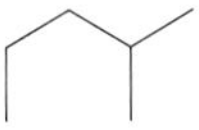 (j) 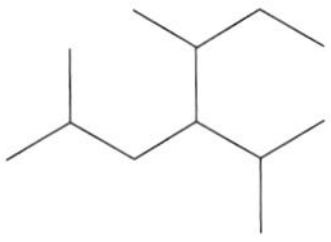

45. 次にあげた化合物名に対応する分子式を書け．またここに記載されている化合物名が，IUPAC 命名法にしたがって命名されているかを調べよ．もし IUPAC 命名法にしたがっていない場合には，正しい名称に書き改めよ．
(a) 2−メチル−3−プロピルペンタン，(b) 5−(1,1−ジメチルプロピル)ノナン，(c) 2,3,4−トリメチル−4−ブチルヘプタン，(d) 4−*tert*−ブチル−5−イソプロピルヘキサン，(e) 4−(2−エチルブチル)デカン，(f) 2,4,4−トリメチルペンタン，(g) 4−*sec*−ブチルヘプタン，(h) イソヘプタン，(i) ネオヘプタン．

46. 次の化合物名に対応する構造式を示せ．また，その名称が IUPAC の命名法の規則にしたがっていない場合は修正せよ．
(a) 4−クロロ−5−メチルヘキサン，(b) 3−メチル−3−プロピルペンタン，(c) 1,1,1−トリフルオロ−2−メチルプロパン，(d) 4−(3−ブロモブチル)ノナン．

47. 分子式 C_7H_{16} をもつすべての異性体(ヘプタンの異性体)の構造式を書き，おのおのを命名せよ．

48. 次にあげた(a)～(d)の化合物について，第一級炭素，第二級炭素，第三級炭素，および第一級水素，第二級水素，第三級水素をそれぞれ示せ．
(a) エタン，(b) ペンタン，(c) 2−メチルブタン，(d) 3−エチル−2,2,3,4−テトラメチルペンタン．

49. 次にあげた(a)～(f)のアルキル基は，第一級，第二級あるいは第三級のどれに相当するかを記し，それぞれの IUPAC 名を示せ．

(a) 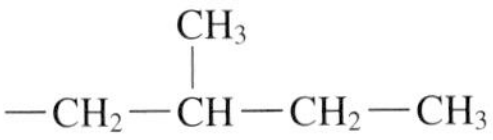

(b) 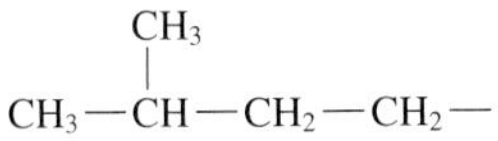

(c) 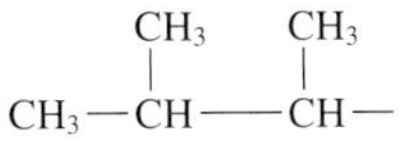

(d) 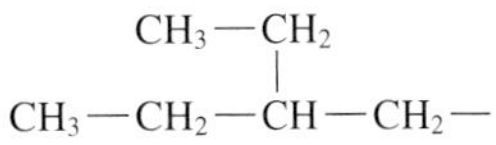

(e) 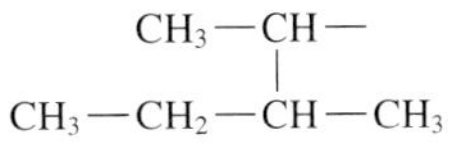

(f) 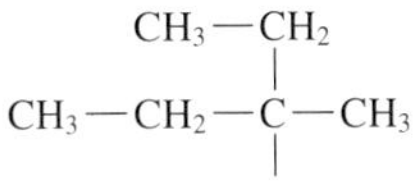

50. 下記の分子(A)は第四級炭素を含んでいるか．分子(B)はどうか．それぞれの解答について理由を説明せよ．

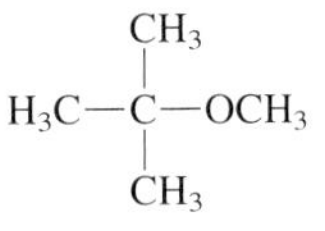
(A)

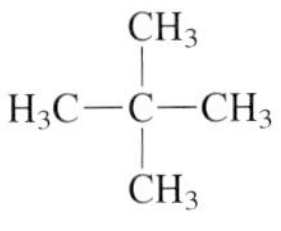
(B)

51. 次の化合物(a)～(d)を沸点の低いものから順に並べよ(それぞれの化合物の沸点を調べずに)．
(a) 3−メチルヘプタン，(b) オクタン，(c) 2,4−ジメチルヘキサン，(d) 2,2,4−トリメチルペンタン．

52. 次にあげる分子の最も安定な立体配座を，指定した結合に対する Newman 投影式を使って書け．
(a) 2−メチルブタン，C2−C3 結合，(b) 2,2−ジメチルブタン，C2−C3 結合，(c) 2,2−ジメチルペンタン，C3−C4 結合，(d) 2,2,4−トリメチルペンタン，C3−C4 結合．

53. 図 2−10，2−11，2−13 のエタン，プロパン，ブタンのそれぞれの立体配座間のエネルギー差をもとに，次の値を求めよ．
(a) 重なり形の関係にある一対の水素−水素の相互作用エネルギー
(b) 重なり形の関係にある一対のメチル基−水素の相互作用エネルギー
(c) 重なり形の関係にある一対のメチル基−メチル基の相互作用エネルギー
(d) ゴーシュの関係にある一対のメチル基−メチル基の相互作用エネルギー

54. 2−メチルブタンは，室温では C2−C3 結合まわりの回転によって，相互に変換可能な二つの立体配座をおもにとっている．分子のおよそ 90 % は有利な立体配座をとっており，残りの 10 % は不利な立体配座をとっている．

(a) これら二つの立体配座間の自由エネルギーの差（ΔG°，有利な立体配座のエネルギーから不利な立体配座のエネルギーを差し引いたもの）を計算せよ．
(b) 2-メチルブタンのC2−C3結合まわりの回転に対するポテンシャルエネルギー図を書け．可能なかぎりエネルギー図のなかにすべての立体配座間の相対的なエネルギー値を書き込め．
(c) ねじれ形と重なり形のすべての回転異性体についてNewman投影式を書け．そして，そのなかで最も有利な二つの異性体を示せ．

55. 次にあげた天然物について，それぞれの化合物の「官能基にもとづく種類」（複数の場合もある）を述べよ．またすべての官能基を丸印で囲め．

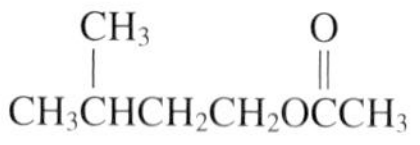

酢酸 3-メチルブチル
(3-methylbutyl acetate)
（バナナ油に含まれる）

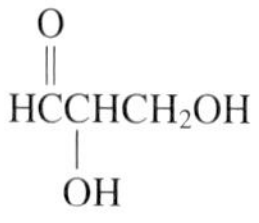

2,3-ジヒドロキシプロパナール
(2,3-dihydroxypropanal)
（最も簡単な糖）

$CH_3CH{=}CHC{\equiv}CC{\equiv}CCH{=}CHCH_2OH$

マトリカリアノール
(matricarianol)
（薬用植物カミツレから得られる）

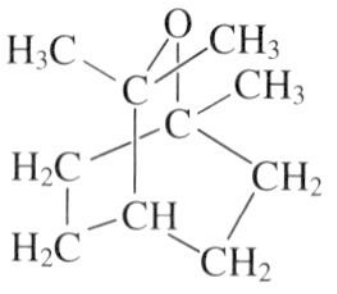

シネオール
(cineole)
（ユーカリ樹から得られる）

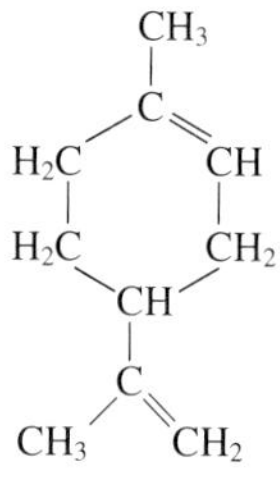

リモネン
(limonene)
（レモンに含まれる）

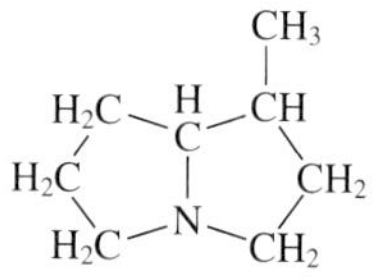

ヘリオトリダン
(heliotridane)
（アルカロイドの一種）

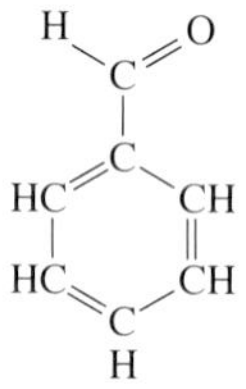

ベンズアルデヒド
(benzaldehyde)
（果物の種子に含まれる）

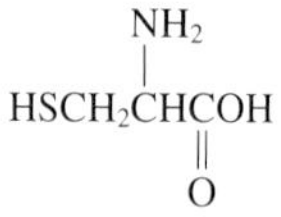

システイン
(cysteine)
（タンパク質に含まれる）

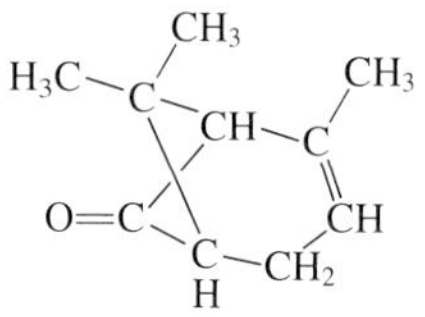

クリサンテノン
(chrysanthenone)
（キクに含まれる）

56. 次にあげる生物学的に重要な化合物の，点線で囲まれたアルキル基すべてに対してIUPAC名をつけよ．それぞれのアルキル基が，第一級，第二級あるいは第三級アルキル基のいずれであるかについても述べよ．

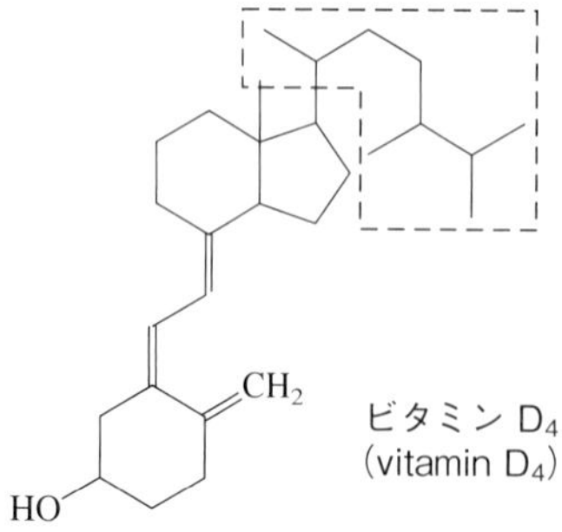

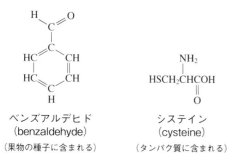

ビタミン D_4
(vitamin D_4)

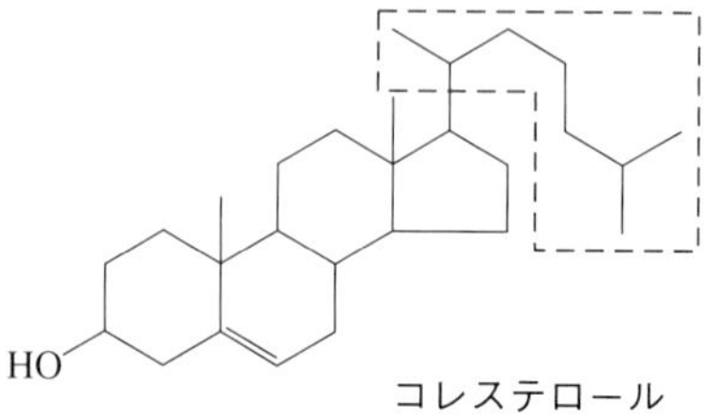

コレステロール
(cholesterol)
（ステロイドの一種）

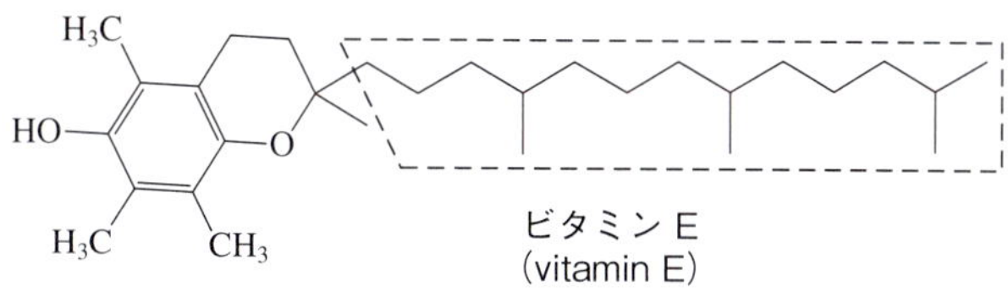

ビタミン E
(vitamin E)

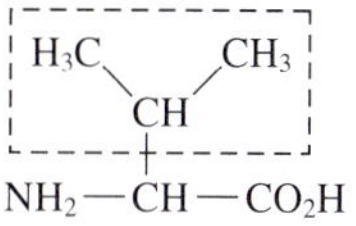

バリン
(valine)
(アミノ酸の一種)

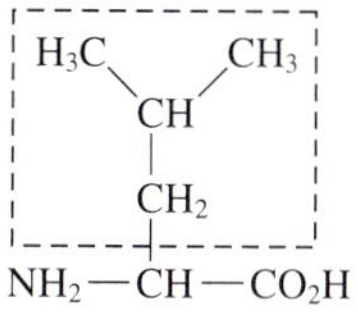

ロイシン
(leucine)
(もう一つのアミノ酸)

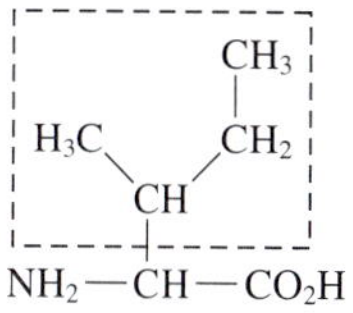

イソロイシン
(isoleucine)
(さらに別のアミノ酸)

57. **チャレンジ** Arrhenius 式を用いて，次に与えられた活性化エネルギーをもつ反応に対して，温度が 10 ℃，30 ℃および 50 ℃高くなったとき，k がどのように変化するかを計算せよ．初期温度を 300 K（ほぼ室温）とし A は定数とせよ．
(a) 活性化エネルギー $E_a = 15\ \mathrm{kcal\ mol^{-1}}$，(b) $E_a = 30\ \mathrm{kcal\ mol^{-1}}$，(c) $E_a = 45\ \mathrm{kcal\ mol^{-1}}$．

58. **チャレンジ** Arrhenius 式は実験的に活性化エネルギーの値を求める式に変換することができる．そのために両辺の自然対数をとって底が 10 の対数に変換する．

$\ln k = \ln(Ae^{-E_a/RT}) = \ln A - E_a/RT$ は $\log k = \log A - \dfrac{E_a}{2.3\,RT}$ となる

種々の温度 T における速度定数 k を測定し，$\log k$ を $1/T$ に対してプロットすると直線を与える．この直線の傾きは何を示すか．その切片（すなわち $1/T$ が 0 のときの $\log k$ の値）は何を意味するか．また E_a はどのように計算できるか．

59. 問題 40 の答えをもう一度見直せ．それぞれの反応を Lewis 酸－塩基反応としてとらえ，これを記述する完全な式に書き改めよ．生成物を示し，電子対の動きがわかるように曲がった矢印を使用せよ．〔**ヒント**：(b) と (d) では，出発物質に対しては通常書く構造式ではなく，2 番目の共鳴式で表された Lewis 構造式を用いよ．〕

60. **チャレンジ** $\Delta G°$ と K との関係式は温度項を含んでいる．以下の問いに答えるために問題 54(a) の答えを参考にせよ．なお，2-メチルブタンの最も安定な立体配座が 2 番目に安定な立体配座から生成するときの $\Delta S°$ の値が，$+1.4\ \mathrm{cal\ K^{-1}\ mol^{-1}}$ であることを用いよ．(a) 式 $\Delta G° = \Delta H° - T\Delta S°$ を用いてこれら二つの立体配座間のエンタルピー差（$\Delta H°$）を求めよ．求めた値はおのおのの配座におけるゴーシュ相互作用の数から計算した $\Delta H°$ の値とよく一致するか．(b) $\Delta H°$ と $\Delta S°$ が温度によって変化しないとして，次の三つの温度における二つの立体配座間の $\Delta G°$ を求めよ．-250 ℃，-100 ℃，$+500$ ℃．(c) これら三つの温度における二つの立体配座に対する K の値を求めよ．

●グループ学習問題

61. 次の二つの二次の置換反応（S_N2）の間の反応速度の差について考えよ．

反応 1：ブロモエタンにヨウ化物イオンが反応してヨードエタンと臭化物イオンを生成する反応は二次である．すなわち反応速度がブロモエタンとヨウ化物イオンの両者の濃度に依存する．

$$反応速度 = k\,[CH_3CH_2Br][I^-]\ \mathrm{mol\ L^{-1}\ s^{-1}}$$

反応 2：1-ブロモ-2,2-ジメチルプロパン（臭化ネオペンチル）とヨウ化物イオンが反応してヨウ化ネオペンチルと臭化物イオンが生成する反応は，ブロモエタンとヨウ化物イオンの反応に比べて 1 万倍以上遅い．

$$反応速度 = k\,[臭化ネオペンチル][I^-]\ \mathrm{mol\ L^{-1}\ s^{-1}}$$

(a) 結合を線で表す構造の表記法を用いて，上の二つの反応に対する反応式を書け．
(b) 出発物質であるハロアルカンの反応点は，第一級，第二級あるいは第三級のいずれか．
(c) 反応がどのように進行するのかを述べよ．すなわち，反応が起こるために化学種どうしがどのように相互作用しなければならないのか．反応が二次であるので遷移状態において両方の反応剤が関与しなければならないことに注意せよ．これら二つの反応の二次の速度式を満足させるためには，ヨウ素と炭素の間の結合の生成と，臭素と炭素の間の結合の開裂が同時に起こることが必要である．この過程すなわちブロモアルカ

ンに対するヨウ化物イオンの攻撃を視覚化するために分子模型を用いよ．実験的に求められた二つの反応の反応速度の差を最もうまく説明できるものはどれか．
(d) 最も妥当だと思われるヨウ化物イオンの攻撃の道筋を，破線－くさび形表記法を用いて三次元的に表せ．

●専門課程進学用問題

62. 2-メチルブタンに当てはまるものを(a)～(e)から選べ．
(a) 第二級水素をもっていない
(b) 第三級水素をもっていない
(c) 第一級水素をもっていない
(d) 第三級水素の2倍の第二級水素をもっている
(e) 第二級水素の2倍の第一級水素をもっている

63. 次のポテンシャルエネルギー図に対応する反応を(a)～(d)から選べ．
(a) 吸熱反応　(b) 発熱反応　(c) 高速反応
(d) 三分子反応

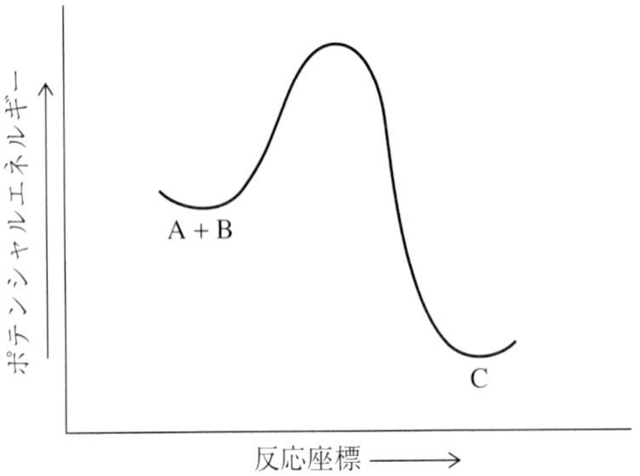

64. 4-(1-メチルエチル)ヘプタンにおける，H−C−C 結合角の値を(a)～(e)から選べ．
(a) 120°　(b) 109.5°　(c) 180°　(d) 90°
(e) 360°

65. 下の図はブタンの配座異性体の一つを Newman 投影式で表したものである．(a)～(d) のどの配座異性体に相当するか．
(a) ゴーシュ・重なり形　(b) アンチ・ゴーシュ形
(c) アンチ・ねじれ形　(d) アンチ・重なり形

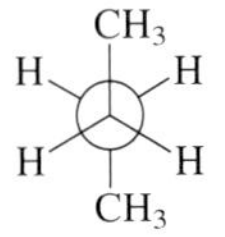

66. ゲニピンは糖尿病に効く中国産の薬草の成分である．下にあげた化合物群のうちゲニピンが属さないものはどれか．
(a) アルコール　(b) アルケン　(c) エステル
(d) エーテル　(e) ケトン

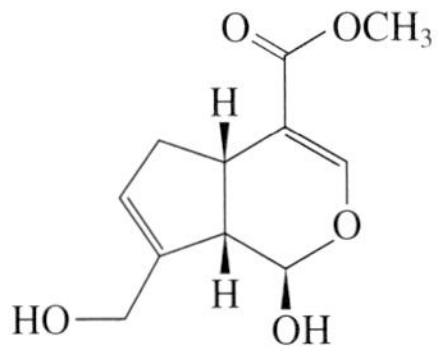

ゲニピン
(genipin)

Chapter

3 アルカンの反応
結合解離エネルギー，ラジカルによるハロゲン化ならびに相対的反応性

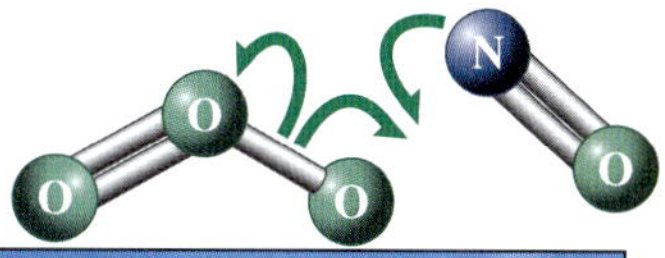

Virgin Galactic 社が所有する航空機 WhiteKnightTwo は，極超音速（マッハ 5；時速 5300 km 以上）宇宙船 SpaceShipTwo（中央）を，その発射場所である高度およそ 1 万 5000 m へ輸送する．多くの超音速航空機は，一酸化窒素（NO）のような分子を含む排気ガスを放出する．一酸化窒素は，そのラジカル反応によって地球をとりまく成層圏のオゾン（O_3）層を破壊する．

工業化された現代社会を動かすのに必要なエネルギーの大部分は，アルカンの燃焼によってまかなわれている．2 章でアルカンは，官能基をもたない化合物であると学んだ．それでは，アルカン類の燃焼はどのように起こるのだろうか．本章では，アルカンの反応性はそれほど高くはないが，それでもさまざまなタイプの変換反応を起こすことを学ぶ．燃焼もそれらの反応の一つであるが，アルカンの反応は求電子剤－求核剤反応ではない．求電子剤－求核剤反応に代わって，**ラジカル反応**（radical reaction）を起こす．本書ではラジカル反応全般についてそれほど詳細には述べないが，ラジカル反応は（老化や疾病のプロセスなどの）生化学，（地球のオゾン層の破壊などの）環境，さらに（合成繊維やプラスチックの生産などの）工業の分野において重要な役割を担っている．

ラジカル反応は結合の切断，あるいは**結合の解離**（bond dissociation）から始まる．この結合の切断の過程についてのエネルギー論を検討し，さらに切断が起こる反応条件について解説する．本章の大部分は，アルカン分子中の水素原子がハロゲンによって置換される**ハロゲン化反応**（halogenation）にかかわるものである．ハロゲン化反応の重要性は，アルカンに反応活性な官能基を導入し，次の化学変換に使いやすい化合物であるハロアルカンへと変換するところにある．これらハロゲン化反応のそれぞれのプロセスに対して，そのプロセスがどのように起

本章での目標

- 結合のホモリシス開裂とヘテロリシス開裂を区別し，アルカンのような官能基をもたない分子に利用できる反応経路を理解する．
- ラジカルとラジカル反応を定義する．
- 結合解離エネルギーを用いてラジカル反応の熱力学ならびに速度論の特徴を表現する．
- 超共役を定義し，ラジカルの安定性ならびにラジカルの生成しやすさに対する影響を理解する．
- ラジカル連鎖反応機構の三つの段階，すなわち開始，伝搬，停止の各段階の相互関係を理解する．
- 反応性と選択性の概念をもとにアルカンのハロゲン化反応の結果を予測する．
- 合成反応の現実的な有用性について反応を分析する．
- アルカンの燃焼熱と安定性の関係を記述する．

炭素ラジカル

こるかを詳しく説明する**反応機構**(mechanism)について解説する．種類の異なるアルカン中の結合，または同じアルカン分子中の異なる結合が異なる反応速度で反応すること，さらになぜ反応速度が異なるのかについて学ぶ．

非常に多くの有機化学反応を記述するのに，比較的かぎられた数の反応機構しか必要としない．反応機構を知ることは，その反応がどのようになぜ起こるかを理解するのに，また，その反応においてどんな生成物が生成するかを予想するのに大きな助けとなる．

有機化学における「どのように」と「なぜ」という質問に対する答えは，一般にどちらも反応機構から得られる．

本章において，この反応機構の概念を用いてハロゲンを含む化合物が成層圏のオゾン層に及ぼす影響を説明する．最後に，アルカンの燃焼についての簡単な解説でしめくくり，有機分子の熱力学的な情報を得るために燃焼反応がいかに有用であるかについて述べる．

3-1 アルカンの結合の強さ：ラジカル(基)

1-2節では，どのようにして結合がつくられるか，また結合生成時にどのようにエネルギーが放出されるかについて説明した．たとえば，二つの水素原子を結合が生成する距離まで近づけると，104 kcal mol^{-1}(435 kJ mol^{-1})の熱が発生する(図1-1と図1-12参照)．

$$\mathrm{H\cdot + H\cdot \xrightarrow{\text{結合の生成}} H{-}H} \qquad \Delta H° = -104\ \mathrm{kcal\ mol^{-1}}\ (-435\ \mathrm{kJ\ mol^{-1}})$$

発熱：結合が生成するときに
熱が放出される

その結果，この結合を切断するには熱が必要となる．実際，結合がつくられるときに放出された熱と同じ量の熱が，結合を切るのに必要である．このエネルギーは**結合解離エネルギー**(bond-dissociation energy)$DH°$とよばれ，**結合の強さ**(bond strength)を定量的に表現したものである．

$$\mathrm{H{-}H \xrightarrow{\text{結合の切断}} H\cdot + H\cdot} \qquad \Delta H° = DH° = 104\ \mathrm{kcal\ mol^{-1}}\ (435\ \mathrm{kJ\ mol^{-1}})$$

吸熱：結合が切断されるときに
熱が消費される

ホモリシス開裂によってラジカル(基)が生成する

次式に示した例では，二つの結合電子が，結合を形成している二つの原子あるいはフラグメント(fragment，断片)の間で均等に分割されるように結合が切断されている．このようなプロセスを**ホモリシス開裂**(homolytic cleavage)，あるいは**結合のホモリシス**(bond homolysis)という．結合に関与している2個の電子の解離は，結合を意味する直線の真ん中からそれぞれの原子へと向かう二つの片羽矢印あるいは「釣針」形の矢印によって表される．

ホモリシス開裂：結合電子が分離する

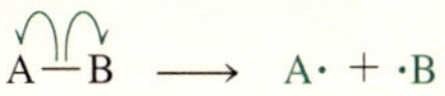

ラジカル(基)

曲がった片羽矢印は一つの電子の動きを表す.

生成するフラグメントは，たとえばH•，Cl•，CH_3•やCH_3CH_2•のように不対電子をもっている．これらの化学種が二つ以上の原子で構成されているとき，これらを**ラジカル**(radical)とよぶ．ラジカルや遊離した原子は，不対電子をもっているため非常に反応性に富み，ふつうは単離できない．反応の途中に低濃度で生成し，**中間体**(intermediate)としては存在するが，すぐに系中で反応して消滅するので観測することはできない．ポリマーの生成反応(12 章参照)や食物を腐敗させる脂肪の酸化(下巻；22 章参照)は，ラジカル種による反応の代表例である．

2-2 節において，結合を切断するもう一つの様式について述べた．その様式は二つの結合電子対を，もともと共有していた二つの原子のうちの一方にだけ与えてしまうというものである．このプロセスは**ヘテロリシス開裂**(heterolytic cleavage)とよばれ，**イオン**(ion)が生成する．

ヘテロリシス開裂：結合電子は電子対として動く

イオン

通常の曲がった両羽矢印は電子対の動きを表す.

下に示すようにカチオン，ラジカルならびにアニオンでは互いに価電子の数と電荷の両方が異なる．これらの性質と化学的挙動は互いに大きく異なるので，三者の相違をしっかり心に留めておく必要がある．とくに，カチオンとアニオンは一般的に曲がった両羽矢印で表される電子対の移動によって反応する．これに対しラジカルはふつう曲がった片羽矢印で表される1個の電子の移動によって反応する．

カチオンとラジカルとアニオンの比較

H^+ (0 e^-)	H• (1 e^-)	H:$^-$ (2 e^-)
H_3C^+ (6 e^-)	H_3C• (7 e^-)	H_3C:$^-$ (8 e^-)
カチオン	ラジカル	アニオン

塩素原子

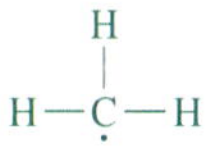

メチルラジカル

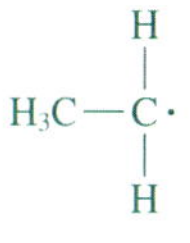

エチルラジカル

ホモリシス開裂は，無極性溶媒中あるいは気相においても見られる．これに対してヘテロリシス開裂は，一般にイオンを安定化することのできる極性溶媒中で起こる．そしてヘテロリシスは，原子 A や B あるいはこれら A, B に結合している基の電気陰性度が，正や負の電荷をそれぞれ安定化する場合にかぎられる．

結合解離エネルギー $DH°$ はホモリシス開裂にだけ関係し，ヘテロリシス開裂とは関係がない．種々の元素間で生成するいろいろな結合が，それぞれ固有の解離エネルギーの値をもっている．そのうちいくつかの一般的な結合の解離エネルギーを表 3-1 にあげる．$DH°$ の値が大きくなればなるほど，対応する結合が強くなる．H—F や H—OH に見られるように，水素とさまざまな元素との結合が比較的強いことに注目してほしい．しかし，これらの結合は大きい $DH°$ 値をもっ

表 3-1 種々の A−B 結合の気相中における結合解離エネルギー〔$DH°$ を kcal mol^{-1} (kJ mol^{-1}) で表示〕

A−B における A	A−B における B −H	−F	−Cl	−Br	−I	−OH	−NH_2
H−	104 (435)	136 (569)	103 (431)	87 (364)	71 (297)	119 (498)	108 (452)
CH_3−	105 (439)	110 (460)	85 (356)	70 (293)	57 (238)	93 (389)	84 (352)
CH_3CH_2−	101 (423)	111 (464)	84 (352)	70 (293)	56 (234)	94 (393)	85 (356)
$CH_3CH_2CH_2$−	101 (423)	110 (460)	85 (356)	70 (293)	56 (234)	92 (385)	84 (352)
$(CH_3)_2CH$−	98.5 (412)	111 (464)	84 (352)	71 (297)	56 (234)	96 (402)	86 (360)
$(CH_3)_3C$−	96.5 (404)	110 (460)	85 (356)	71 (297)	55 (230)	96 (402)	85 (356)

注：(a) 反応 A−B→A•＋•B に対しては $DH° = \Delta H°$. (b) これらの数字は，測定法がたえず改良されるために継続的に見直されている．(c) $DH°$ に対する双極子の寄与があるために，A−H 結合に対して見られる傾向は極性をもった A−B 結合に対する傾向とかなり異なる．

ているにもかかわらず，水のなかでは容易にヘテロリシス開裂を起こし，H^+ と F^- または HO^- を与える．ホモリシス過程とヘテロリシス過程を混同しないように注意しよう．

結合している原子どうしが引き合う力の総和が最も大きいとき，結合は最も強くなる．共有結合においては，軌道が重なり合った領域の電子密度から生じる，二つの核に共有されている電子相互の引力がこれらの力の一つである（1-7 節参照）．極性をもった共有結合では（1-3 節参照），結合中のより電気陽性な原子と電気陰性な原子それぞれの上にある部分的な正電荷と負電荷による静電的な引力（Coulomb 力）が加わる．水素原子とハロゲン原子の間の結合の強さは HF ＞ HCl ＞ HBr ＞ HI となり，HI が最も弱い．なぜだろうか．ハロゲン原子が大きくなるにつれ電気陰性度が小さくなる．H−X 結合の極性が低下すると，原子上の δ^+ と δ^- の電荷が小さくなり，結合は長くなる．そのため H と X 間の静電的な引力がなくなる．同様の効果はハロゲン原子と炭素原子との間の結合においても観測される．

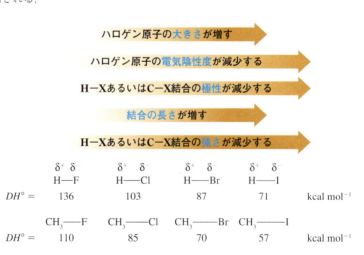

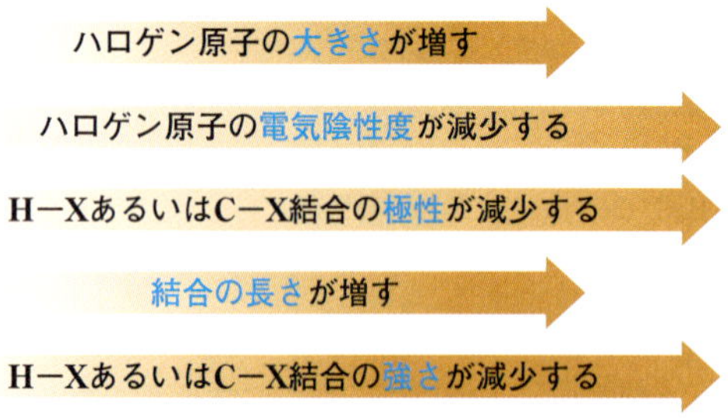

	$\overset{\delta^+}{H}$—$\overset{\delta^-}{F}$	$\overset{\delta^+}{H}$—$\overset{\delta^-}{Cl}$	$\overset{\delta^+}{H}$—$\overset{\delta^-}{Br}$	$\overset{\delta^+}{H}$—$\overset{\delta^-}{I}$	
$DH°$ =	136	103	87	71	kcal mol^{-1}
	CH_3—F	CH_3—Cl	CH_3—Br	CH_3—I	
$DH°$ =	110	85	70	57	kcal mol^{-1}

練習問題 3-1

概念のおさらい：結合の強さについて理解する

CH_3-F，CH_3-OH，CH_3-NH_2 の結合解離エネルギーを比較せよ．重なりに関与する軌道が，大きさやエネルギーの観点から見て，この順に，よりうまくつり合うと考えられるにもかかわらず，結合が弱くなるのはなぜか．

●解法のてびき

結合の強さにはどのような要因が寄与するのだろうか．前ページならびに 1-7 節で述べたように，核を結びつける共有結合電子の相互に引き合う力が非常に重要である．しかしながら，Coulomb 力の寄与も共有結合の強さを高める要因である．問題となっているこれら三つの結合において，一つの寄与がもう一方の寄与より勝っているかどうかを見るためにそれぞれの要因を別べつに考えよう．

●答え

- 結合を形成している二つの原子の軌道の間でエネルギーがうまくつり合っていればいるほど，結合はより強くなる(図 1-2 参照)．
- N から O そして F に進むにつれて核の電荷は増えるので，核と電子の間の引き合う力はより強くなる．この順に電気陰性度が大きくなることがこの現象を裏づけている(表 1-2 参照)．周期表を左から右へ進むにつれて軌道のエネルギーは減少する．C 上の軌道と N，O，そして F 上の軌道の間のエネルギー差はこの順に増大し，その結果，共有結合の重なりがうまくつり合わず結合が弱くなる．
- しかしながら，炭素に結合している元素の電気陰性度が大きくなるにつれ，共有結合を形成している共有電子対を引きつけるその原子の力は大きくなる．その結果，結合の極性は高く電荷の分離は増大し，炭素上には部分的な正の電荷(δ^+)が，そしてより電気陰性な原子上には部分的な負の電荷(δ^-)が生じる．
- これら互いに逆の電荷間の引力として働く Coulomb 力が軌道の重なりから成る結合形成を補充し，結合をより強固にする．問題文には，「C—F，C—O，C—N の順に結合は弱くなる」と書かれている．つまり，C—F 結合にとって有利である Coulomb 力の寄与のほうが C—F 結合では減少する軌道の重なりによる不利さを凌駕すると考えればよい．そして，この Coulomb 力の有利さは，炭素に結合している原子の電気陰性度が小さくなるにつれて消失し，結果として三つの結合では C—F 結合が最も強く C—N 結合が最も弱くなる．

練習問題 3-2

自分で解いてみよう

C—C(エタンの H_3C-CH_3)，N—N(ヒドラジンの H_2N-NH_2)，O—O(過酸化水素の HO—OH)の順に結合の強さは 90，60，そして 50 kcal mol^{-1} と弱くなる．この理由を説明せよ．(**ヒント**：隣接する原子上の孤立電子対は互いに反発する．)

ラジカルの安定性が C—H 結合の強さを決定する

アルカンの C—H 結合や C—C 結合はどれくらい強いのだろうか．種々のアルカン中の C—H 結合ならびに C—C 結合の結合解離エネルギーを表 3-2 にあげる．メタンから第一級炭素，第二級炭素，第三級炭素という順に結合エネルギーはしだいに低下していくことに注意しよう．たとえば，メタンの C—H 結合は 105 kcal mol^{-1} という大きな $DH°$ 値をもっている．エタンでは C—H 結合のエネルギーはより低く，$DH° = 101$ kcal mol^{-1} である．この 101 kcal mol^{-1} という値は，プロパンの C—H 結合においても見られ，第一級 C—H 結合に対する典

表 3-2 種々のアルカンの結合解離エネルギー

化合物	DH° 〔kcal mol^{-1}(kJ mol^{-1})〕	化合物	DH° 〔kcal mol^{-1}(kJ mol^{-1})〕
CH_3 ∔ H	105 (439)	CH_3 ∔ CH_3	90 (377)
CH_3CH_2 ∔ H	101 (423)	C_2H_5 ∔ CH_3	89 (372)
$CH_3CH_2CH_2$ ∔ H	101 (423)	C_2H_5 ∔ C_2H_5	88 (368)
$(CH_3)_2CHCH_2$ ∔ H	101 (423)	$(CH_3)_2CH$ ∔ CH_3	88 (368)
$(CH_3)_2CH$ ∔ H	98.5 (412)	$(CH_3)_3C$ ∔ CH_3	87 (364)
$(CH_3)_3C$ ∔ H	96.5 (404)	$(CH_3)_2CH$ ∔ $CH(CH_3)_2$	85.5 (358)
		$(CH_3)_3C$ ∔ $C(CH_3)_3$	78.5 (328)

DH°が小さくなる（各列とも下へ）

注：表 3-1 の注を参照せよ．

型的な値である．そして第二級 C—H 結合のエネルギーは，さらに小さく 98.5 kcal mol^{-1} であり，第三級炭素原子と水素の結合エネルギーは，またさらに小さく 96.5 kcal mol^{-1} である．

アルカンの C—H 結合の強さ

	CH_3−H	>	RCH_2−H	>	R_2CH−H	>	R_3C−H	
	メチル		第一級		第二級		第三級	
DH° =	105		101		98.5		96.5	kcal mol^{-1}

結合が弱くなる →

同じような傾向は C—C 結合にも見られる（表 3-2）．極端な例として，H_3C—CH_3 の結合（$DH^\circ = 90$ kcal mol^{-1}）と $(CH_3)_3C$—CH_3 の結合（$DH^\circ = 87$ kcal mol^{-1}）をあげることができる．

それでは，どうしてこれらの結合の解離がそれぞれ異なる DH° の値をもっているのだろうか．生成するラジカルがそれぞれ異なるエネルギーをもっているためである．次節で説明するように，ラジカルの安定性は第一級，第二級，第三級の順に増大する．したがって，これらのラジカルをつくり出すのに要するエネルギーは，第一級，第二級，第三級の順に減少する．

ラジカルの安定性

安定性が大きくなる →

·CH_3	<	·CH_2R	<	·CHR_2	<	·CR_3
メチル		第一級		第二級		第三級

アルカン R−H の DH° が小さくなる →

図 3-1 はこの様子をエネルギー図で示したものである．第一級，第二級，第三級のそれぞれの C—H 結合をすべて含むアルカン $CH_3CH_2CH(CH_3)_2$ について考える．第一級 C—H 結合の解離エネルギーは $DH^\circ = 101$ kcal mol^{-1} で，結合の解離は吸熱反応である．そのため第一級ラジカルを生成するにはこれだけのエネルギーをつぎ込まなければならない．第二級ラジカルを生成するには，より小さいエネルギー 98.5 kcal mol^{-1} で済む．したがって，第二級ラジカルは第一級ラジカルに比べて 2.5 kcal mol^{-1} 安定である．第三級ラジカルを生成させるには，さらに小さなエネルギー 96.5 kcal mol^{-1} で済む．このラジカルは第二級ラジカ

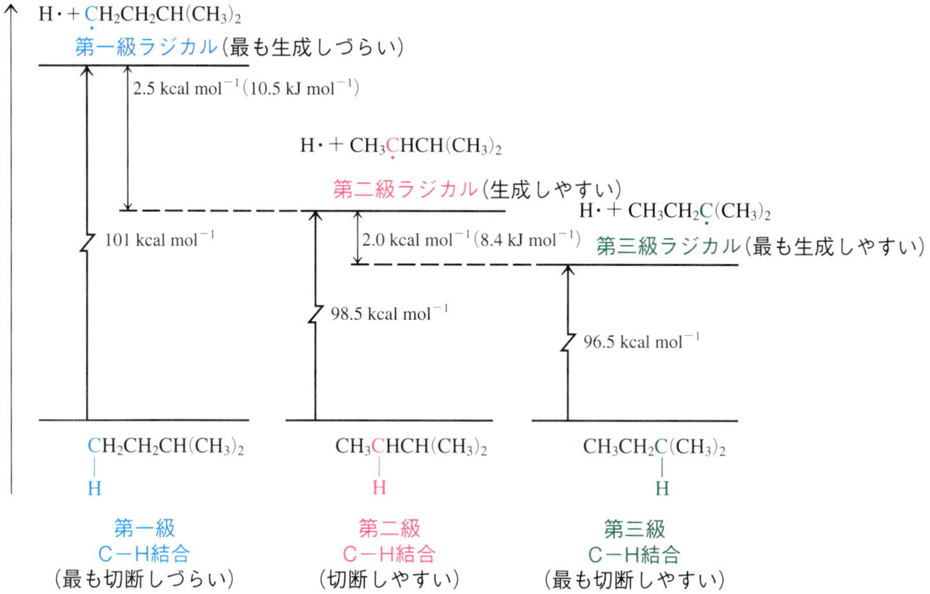

図 3-1 アルカン $CH_3CH_2CH(CH_3)_2$ からラジカルをつくりだすとき，生成するラジカルの種類によって必要なエネルギーの量が異なる．ラジカルの安定性は第一級，第二級，第三級の順に増大する．

ルよりも 2.0 kcal mol^{-1}(第一級ラジカルよりも 4.5 kcal mol^{-1})安定である．

練習問題 3-3

(a) エタンの C−C 結合と，2,2-ジメチルプロパンの C−C 結合とでは，どちらの結合が先に切れるか．

(b) ヒドロキシラジカル HO•は，H_2O 中の O−H 結合の強さ(表 3-1)から明らかなように，生体分子から水素原子を引き抜いてしまうため非常に有毒である．例として，2-メチルブタンに対する HO•の攻撃によって優先的に得られる生成物を示し，その理由を述べよ．

まとめ アルカンの結合のホモリシス開裂によって，ラジカルあるいは遊離の原子が生じる．ホモリシス開裂を起こすのに必要な熱は結合解離エネルギー $DH°$ とよばれる．その値は関与する二つの元素間の結合に対して特有な値である．第三級ラジカルを生成する結合の切断は，第二級ラジカルを生成する結合の切断に比べてより小さいエネルギーで済む．そして，第二級ラジカルは第一級ラジカルよりもより容易に生成する．ホモリシス開裂によってメチルラジカルを得るときに，最も大きなエネルギーを必要とする．

3-2 アルキルラジカルの構造：超共役

アルキルラジカルの安定性の順序を決める要因は何だろうか．この問いに答えるには，アルキルラジカルの構造についてより詳しく検討しなければならない．メタンから水素原子を一つ取り去って生成するメチルラジカルの構造について考

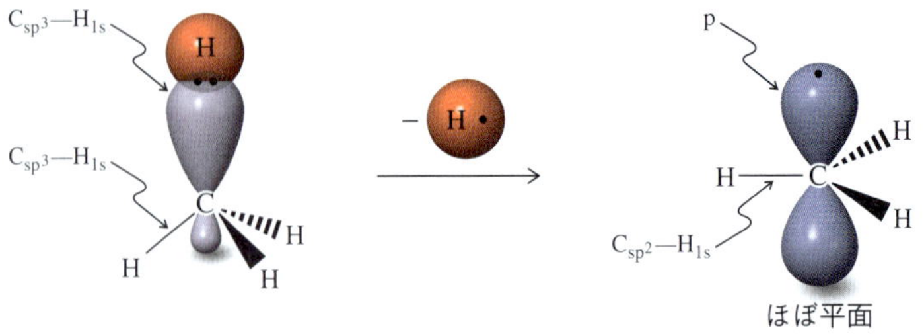

図 3-2 メタンからメチルラジカルが生成する際に起こる混成の変化．ラジカルはほぼ平面に近い配列をしており，BH_3 の混成（図 1-17 参照）を思い起こさせる．

えよう．種々の分光法による測定からは，メチルラジカルならびにその他のアルキルラジカルはほぼ平面的な配置をとっていることが明らかとなった．そのため，メチルラジカルの構造を的確に表現するには，sp^2 混成を用いるほうがよい（図 3-2）．不対電子は，炭素と三つの水素が成す面に対して垂直な，残っている p 軌道を占める．

アルキルラジカルが平面構造をとっているということが，どうして第一級，第二級，第三級アルキルラジカルの相対的安定性を説明する手助けとなるのだろうか．図 3-3(A)には，エチルラジカルの立体配座異性体の一つが示されている．この配座においては，CH_3 基の C—H 結合の一つが，1 電子を収容したラジカル炭素の p 軌道のローブの一方と同一平面上にあり，重なり合っている．この配列では，C—Hσ結合の電子対が部分的に空いている p 軌道のローブに非局在化することができる．この現象を**超共役**（hyperconjugation）という．図では輪郭をはっきりさせるために，軌道が互いに離れた状態で描かれており，超共役による重なりは緑色の破線で示されている．実際には，電子は欄外に示すように C—C 軸に沿って空間を満たすように広がっている．被占軌道と 1 電子収容した軌道との相互作用によって安定化効果が生まれる（練習問題 1-14 を思い起こそう）．超共役と共鳴（1-5 節参照）は，ともに電子を非局在化する方法である．両者の違いは重なる軌道のタイプが異なることである．すなわち，共鳴はふつう p 軌道ど

エチルラジカルにおける超共役による重なり

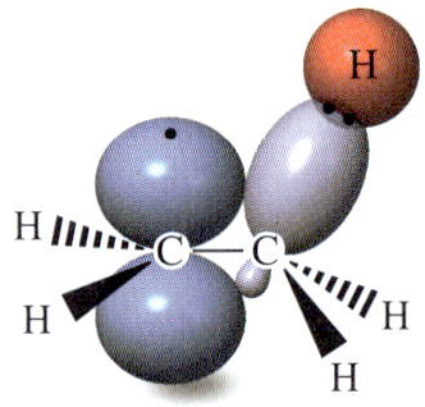

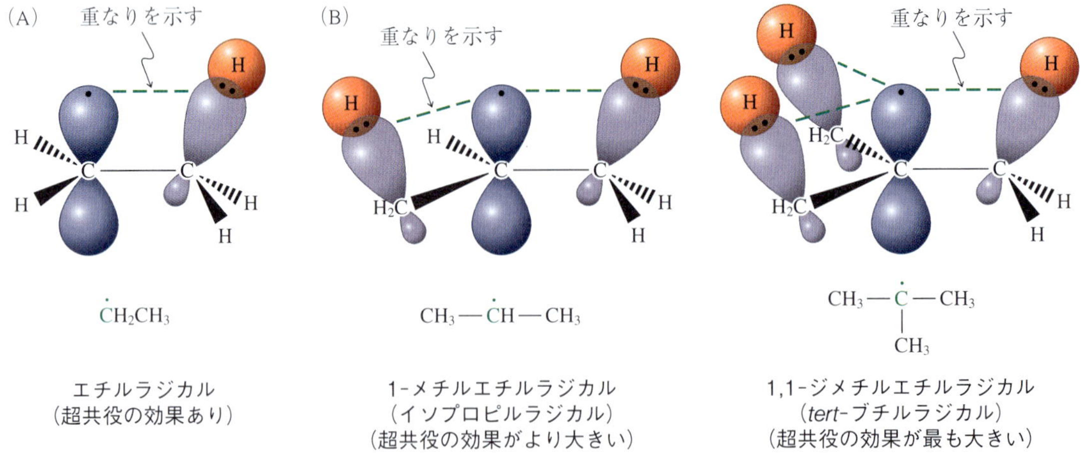

図 3-3 (A)エチルラジカル，(B)1-メチルエチルラジカルおよび 1,1-ジメチルエチルラジカルにおいて，満たされた（被占）sp^3 混成軌道の電子が部分的に満たされた p 軌道に流れ込むことによって起こる超共役（緑色の破線）を図示したもの．超共役による電子の非局在化が安定化効果となる．

うしがπ結合を形成するときのような形で重なることによるものであるのに対し，超共役はσ結合の軌道との重なりによるものである．ラジカルは超共役によって安定化される．

ラジカル炭素上に残っている水素原子をアルキル基で置換すると，どうなるだろうか．アルキル基の数が一つ増えるごとに超共役相互作用の数が増える〔図3-3(B)〕．第二級アルキルさらに第三級アルキルになるにつれてラジカルの安定性が増大するのは，超共役の数が増加するためである．図3-1からわかるように，超共役の数が一つ増えることによって，ラジカルの安定性が増大する程度は比較的小さい〔2.0～2.5 kcal mol^{-1}(8.4～10.5 kJ mol^{-1})〕．これに対して，あとに述べるように，共鳴によるラジカルの安定化はかなり大きい(14章参照)．第二級や第三級アルキルラジカルの相対的安定性に寄与するもう一つの要因は，置換基間の立体的な込み合いの解消にある．すなわち，アルカンは四面体構造をとり，第一級よりも第二級，第三級炭素のほうが立体的な込み合いが大きくなる．これに対して，ラジカルは平面構造をとっている．四面体構造から平面構造へと幾何学的な変化が起こると，第二級アルキルラジカルや第三級アルキルラジカルでは置換基間の立体反発が大幅に緩和される．超共役は，ここの議論で取り上げたC—H結合だけでなくどのような結合に対しても可能であるということを認識しておこう．たとえば，1-プロピルラジカルでは，二つのC—H結合と一つのC—C結合による超共役の相互作用が存在する(問題3-16参照)．

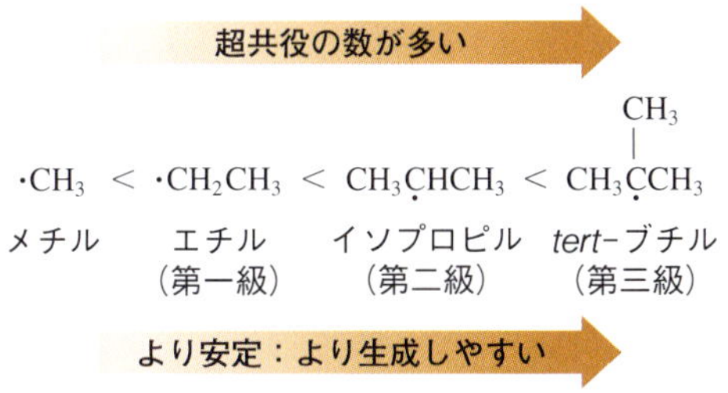

表3-1の炭素とより電気的に陰性な原子間の結合解離エネルギーの値にざっと目を通してもわかるように，超共役とラジカルの安定性だけですべてが理解できるわけではない．たとえば，炭素とハロゲン原子との間の結合はどれも，炭素が第一級，第二級，第三級にかかわらずほぼ同じ$DH°$の値を示している．これらの測定値を説明するのにいくつかの解釈がなされている．極性による影響ももちろんある(表3-1の脚注で注意したように)．さらに炭素と炭素よりも大きい原子との間の結合は，その結合距離が長くなるので炭素のまわりの立体反発が小さくなり結合解離エネルギーに対する立体反発の影響が消えてしまう．

3-3 石油の改質：熱分解

水は存在するが酸素は存在しない嫌気性条件下で，何百万年もの長い年月をかけた自然の力によって，動物や植物がゆっくり分解することによってアルカンは生成する．分子量の小さなアルカンであるメタン，エタン，プロパンやブタンは天然ガス中に存在し，そのうちでもメタンは他のものとは比較にならないくらい大量に含まれている．多くの液体状あるいは固体状のアルカンは粗製石油から得られるが，蒸留操作だけではガソリン，灯油さらにその他の炭化水素など燃料として必要な低分子量の炭化水素に対する膨大な需要を満たすことができない．より長い鎖をもつ石油成分をより低い分子量をもつ分子へと切断する熱分解操作が必要である．どうすれば高分子を低分子に変換できるのだろうか．まず，簡単なアルカンを強烈に加熱した際に起こる反応を考え，次に石油の熱分解について考える．

高温では結合のホモリシス開裂が起こる

アルカンを高温に加熱すると，**熱分解**(pyrolysis)とよばれる反応が起こり，C—H ならびに C—C 結合が切れる．酸素のない条件では生じたラジカルは互いに結合し，もとのアルカンよりも分子量の大きい新しいアルカン，あるいはより分子量の小さいアルカンとなる．ラジカルはまた他のアルカンから水素を引き抜くこともできる．このプロセスは水素引き抜きとよばれる．さらに他のラジカル中心に隣接する炭素から水素原子を引き抜くことによってアルケンを与えることもできる．このプロセスはラジカルの不均化とよばれる．実際，熱分解によってアルカンとアルケンの非常に複雑な混合物が生成する．しかしながら条件をうまく選べば，ある決まった炭素鎖をもつ炭化水素が高い割合で得られるように，熱分解反応を制御することも可能である．

ヘキサンの熱分解

ラジカルへの結合開裂の例：

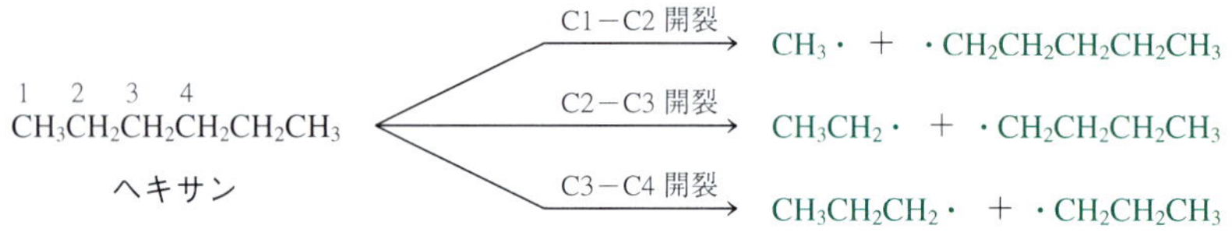

ラジカルどうしのカップリング反応の例：

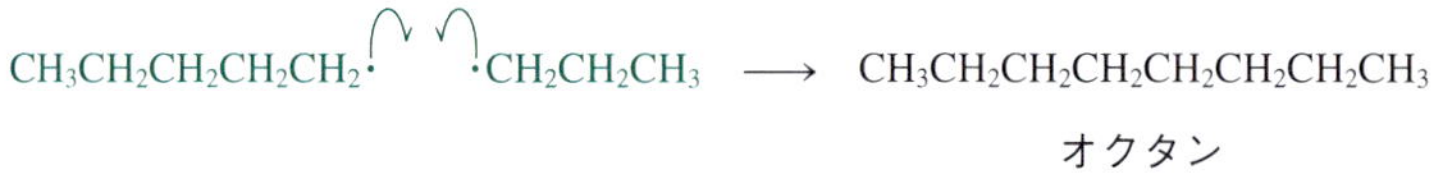

水素引き抜き反応の例：

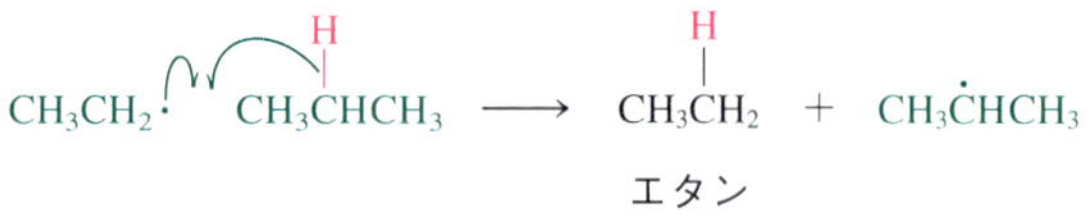

不均化の例：

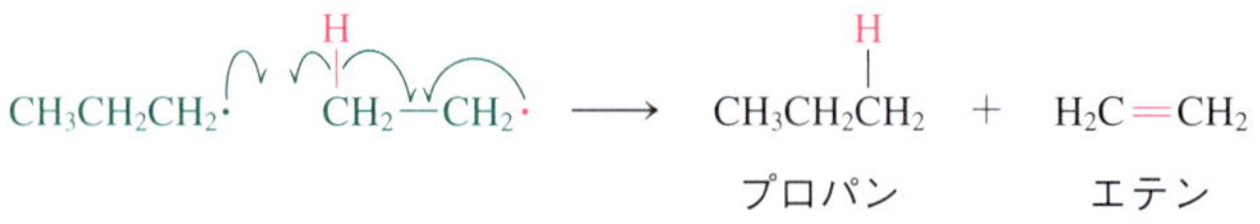

2個の電子を組み合わせて新しい一つの共有結合を形成するこれらの例において，片羽矢印(釣針形の矢印)がどのように使われているかに注目しよう．水素引き抜き過程において，切断される結合からの電子が非共有電子と一緒になって新

しい結合を形成する．

このような制御を行うために，ゼオライトとよばれる結晶状のアルミノケイ酸のナトリウム塩のような特殊な**触媒**(catalysts)が用いられる．たとえばゼオライト触媒によるドデカンの熱分解では，3～6個の炭素をもった炭化水素が主成分である混合物が生成する．

$$\text{ドデカン} \xrightarrow{\text{ゼオライト, 482℃, 2分}} \underset{17\%}{C_3} + \underset{31\%}{C_4} + \underset{23\%}{C_5} + \underset{18\%}{C_6} + \underset{11\%}{\text{他の生成物}}$$

触媒の作用

ゼオライト触媒の働きとはいったい何だろう．熱分解反応を促進し，ゼオライトが存在しない場合よりも低い温度で反応を進行させる．触媒はまた，ある特定の生成物を優先的に生成させる働きもする．触媒反応では，そのような反応の選択性の向上がよく観測される．それではこの選択性の向上がどのようにして起こるのだろうか．

一般に，触媒は反応を促進する添加物である．触媒が存在しないときの反応の活性化エネルギー E_a よりも小さい活性化エネルギー E_{cat} をもった新しい経路をつくり出し，この経路に沿って反応物質と生成物を相互変換させる．図3-4では，無触媒反応ならびに触媒反応がともに一つの活性化障壁をもった1段階の反応として簡単な形で示されている．多くの実際の反応は多段階の反応を含んでいるが，段階の数にかかわらず，触媒反応ではすべての段階で活性化エネルギーの大きな減少が常に見られる．触媒は反応によって消費されず反応の前後でその量は変わらない．反応の途中では中間体として活性な種を形成することによって積極的に反応に関与するが，最終的にはその活性な種から触媒が再生される．したがって，大量の反応物質を生成物に変換するのにほんの少しの量の触媒で済む．触媒は反応の速度論を変える．すなわち平衡に到達する反応速度を変える．しかし平衡の位置には影響を及ぼさない．触媒反応と無触媒反応に対する全体の$\Delta H°$，$\Delta S°$さらに$\Delta G°$の値はまったく同じである．つまり触媒は反応全体の熱力学には影響を及ぼさない．

多くの有機反応は触媒が存在することによってのみ実用的な速度で進行する．酸(プロトン)，塩基(水酸化物イオン)，金属表面あるいは金属化合物，さらには複雑な有機分子が触媒として使われている．自然界では酵素がこの触媒機能を果

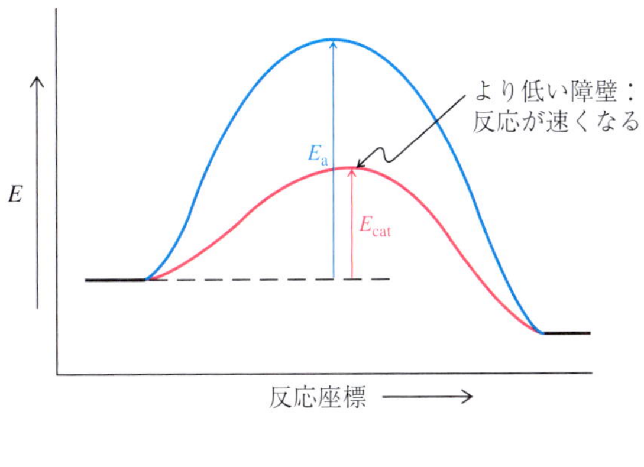

図3-4　触媒反応と無触媒反応のポテンシャルエネルギー図の比較．いずれも1段階の反応として示してあるが，とくに触媒反応は一般的に多段階で進行する．

表3-3 原油の蒸留による代表的な生成物分布

量（体積 %）	沸点（℃）	炭素数	生成物
1 ～ 2	< 30	C_1 ～ C_4	天然ガス，メタン，プロパン，ブタン，液化石油ガス（LPG）
15 ～ 30	30 ～ 200	C_4 ～ C_{12}	石油エーテル（C_5, C_6），リグロイン（C_7），ナフサ，直留ガソリン[a]
5 ～ 20	200 ～ 300	C_{12} ～ C_{15}	灯油，ヒーター油
10 ～ 40	300 ～ 400	C_{15} ～ C_{25}	ガス油，ディーゼル油，潤滑油，ワックス，アスファルト
8 ～ 69	> 400（不揮発物）	> C_{25}	残油，パラフィンワックス，アスファルト（タール）

a）石油から直接とれる，何も処理を施していないガソリンのことをいう．

たしている．触媒による反応速度の促進の大きさは天文学的数字にもなりうる．酵素による触媒反応は無触媒反応に比べて 10^{19} 倍速く進行することが知られている．触媒を用いると多くの反応がより低温で，かつより穏やかな条件下に進行する．

石油はアルカンの重要な原料である

アルカンをより小さなフラグメントに分解する操作は，**クラッキング**（cracking）とよばれる．このプロセスは，石油からガソリンやその他の液体燃料を製造する石油精製工業において重要である．

この章のはじめに述べたように，石油や原油は数億年前に存在した有機生命体が微生物によって分解されてできたものと信じられている．黒い粘稠（ねんちょう）な液体である原油は，おもに数百種類の炭化水素，とくに直鎖アルカン，いくつかの分枝アルカン，そして多様な芳香族炭化水素の混合物である．蒸留によって表3-3にあげたような典型的な化合物分布をもったいくつかの留分に分けられる．石油の組成は油の産出する場所によって大きく異なる．

大量に必要なガソリン留分の量を増やすために，より高い沸点をもった油を熱分解によって小さな化合物にクラッキングする．原油を蒸留して残った油にクラッキングの操作を施すと，およそ 30 %のガスと 50 %のガソリンと 20 %の高分子量の油と石油コークスとよばれる残渣が生じる．

3-4 メタンの塩素化：ラジカル連鎖機構

熱分解反応によってアルカンは化学変換される．またその反応過程においてラジカル中間体が生成することを前節で述べたが，アルカンは熱分解以外の反応も起こすだろうか．この節では，メタンで代表されるアルカンに，塩素のようなハロゲンを作用させたときに起こる反応について論じる．**塩素化反応**（chlorination reaction）によってクロロメタンと塩化水素が生成する．この反応においてもラジカルが重要な役割を果たしている．**反応機構**（mechanism）を明らかにするために，塩素化反応の各段階を詳しく分析してみよう．

塩素はメタンをクロロメタンに変換する

メタンと塩素ガスを暗所室温で混ぜても反応は起こらない．反応を開始させるには，混合物を 300 ℃以上に加熱（Δという記号で表される）するか，あるいは紫外線を照射（$h\nu$ で表される）しなければならない．二つの初期生成物のうちの一つは，メタンの一つの水素原子が塩素で置き換えられたクロロメタンであり，もう一つの生成物は塩化水素である．置換がさらに進むと，ジクロロメタン（塩化メチレン，CH_2Cl_2）やトリクロロメタン（クロロホルム，$CHCl_3$），テトラクロロメタン（四塩化炭素，CCl_4）が生成する．

なぜこの反応が進行するのだろうか．反応の ΔH° を考えることが謎を解く手がかりである．メタンの C—H 結合（$DH^\circ = 105\ \mathrm{kcal\ mol^{-1}}$）と Cl—Cl 結合（$DH^\circ = 58\ \mathrm{kcal\ mol^{-1}}$）が切断され，クロロメタンの C—Cl 結合（$DH^\circ = 85\ \mathrm{kcal\ mol^{-1}}$）と H—Cl 結合（$DH^\circ = 103\ \mathrm{kcal\ mol^{-1}}$）が生成することに注意しよう．結果として，より強い結合が生成し，$25\ \mathrm{kcal\ mol^{-1}}$ のエネルギーが放出される．つまり反応は発熱をともなう．

Reaction

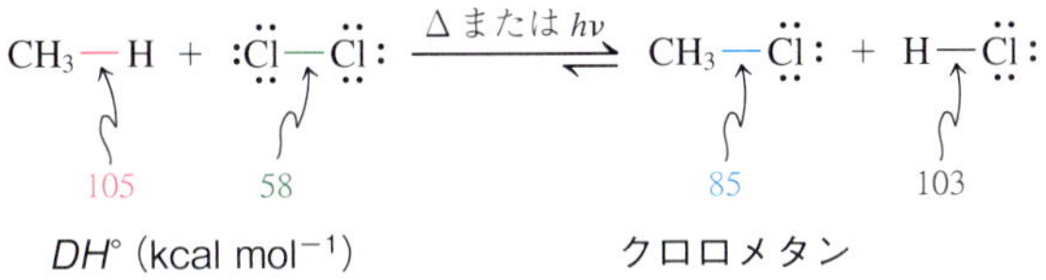

$$\begin{aligned}\Delta H^\circ &= \text{エネルギー投入量} - \text{エネルギー放出量}\\ &= \Sigma DH^\circ(\text{切断される結合}) - \Sigma DH^\circ(\text{生成する結合})\\ &= (105 + 58) - (85 + 103)\\ &= -25\ \mathrm{kcal\ mol^{-1}}\ (-105\ \mathrm{kJ\ mol^{-1}})\end{aligned}$$

上で示した反応に対する平衡定数 K がどれほど右側に偏るかを知るためには，2-1 節で学んだ自由エネルギーの値 $\Delta G^\circ = -2.303\,RT\log K$ を考慮する必要がある．次に $\Delta G^\circ = \Delta H^\circ - T\Delta S^\circ$ なので，K の値を推定するにはエントロピー ΔS° の値を推定しなければならない．幸い，反応式の両辺における分子の数が等しい反応に対して，ΔS° はゼロに近い（実際，この反応ではおよそ＋3 e.u.）と仮定することができる．したがって，$\Delta G^\circ \approx \Delta H^\circ \approx -1.36\log K$（25 ℃，298 K），$K = 10^{25/1.36} \approx 10^{18}$ となる．いいかえると，平衡は（この数字から明らかなように）大きく右に傾いている．

それでは，なぜメタンの塩素化が室温では起こらないのだろうか．反応が発熱的であるということが，必ずしも速やかにしかも自然に反応が進行することを意味するものではない．反応が進行する速度は活性化エネルギーの大きさに依存するということを思い起こそう（2-1 節参照）．メタンの塩素化反応は活性化エネルギーが明らかに高い．なぜそうなのか．紫外線を照射すると反応は室温で進行するが，照射はどんな役目をしているのだろうか．こうした問いに答えるには反応機構の検討が必要である．

反応機構を知れば反応に必要な実験条件が理解できる

反応機構（mechanism）とは，化学反応において起こる結合に関するすべての変化を詳細に 1 段階ずつ表現するものである（1-1 節参照）．簡単な反応でさえ，いくつかの独立した段階から成り立っている場合がある．反応機構は，各段階で起こるエネルギー変化だけでなく，結合が切断され，形成される順序をも示す．この情報は，複雑な分子の可能な変換を分析するうえでも，また反応を起こさせるのに必要な実験条件を理解するうえでも，さらには，化学反応の結果を修正し，

コラム● 3-1 持続可能性と21世紀に必要なもの：「グリーン」ケミストリー

石油と天然ガスが，世界の工業国におけるエネルギー必要量のほとんどをまかなっている．2017年のアメリカのエネルギー源は，天然ガス(29 %)，石油(37 %)，石炭(14 %)，核エネルギー(9 %)，再生可能エネルギー(11 %；水力と地熱発電がうち3 %)である．最近，全体に占める石油と石炭の割合が減少しており，それらに代わって天然ガスと再生エネルギー源の利用が増えている．しかしながら，十年以内での「輸出入の均衡」を目指してはいるものの，いまなお石油製品の輸入はアメリカのエネルギー経費の多くの部分を占めている．これらの物質は数えきれないほどの工業プロセスの原材料でもあるからだ．いまやこの石油に依存した経済は重大な問題をかかえている．それは，エネルギーの集中，しばしば必然的に起こる有害な排水，副生成物，溶媒や無機塩といった形で出てくる廃棄物の問題などである．地球上の石油の供給量には限界があるので，石油に依存した社会は将来的には持続しない．

化学者たちは，原材料の代替となるものを積極的に探すことで，この問題に対応しようとしている．まだ十分に利用されていないメタンのような化石燃料が研究されており，とくに農業生産から得られる再生可能な素材が注目されている．つまり木材，穀物，植物の一部，植物油そして炭水化物から成る農業生産物は非常に豊富にある．植物は，生長する際に光合成によってCO_2を消費するので，大気中のCO_2濃度の増大と地球の気候に対する長期的影響にとって望ましい側面をもっている．しかし，これらの原材料を有用な製品へ変換することは，かなり困難な課題である．理想的には，これらの変換のために開発するプロセスは効率がよく，しかも環境の面からも受け入れられるものでなければならない．これはどういうことを意味するのだろうか．

過去数十年にわたってグリーンケミストリーという言葉が，環境面に配慮したプロセスを表現するために頻繁に使用されてきた．この言葉は，1994年にアメリカの環境保護局(EPA)のPaul T. Anastas博士によって，環境保護と持続的発展という目的を達成するために努力する化学的な活動を意味するものとしてつくり出された．とくに設計，生産そして化学製品を利用する段階において有害な物質の使用と製造を減らしたり，やめたりして汚染を防止することや，また石油を源とする化学製品を天然で生産されるもので置き替えることを意味している．グリーンケミストリーの行動の基準のいくつかは，次のようなものである．

1. 生じた廃棄物を処理するよりも，廃棄物を生み出さない方法に切りかえる．
2. すべての出発物質が最大限最終生成物に組み込まれるような合成法がよい(「原子効率」)．

改善する方法を予測するうえでも非常に価値がある．

多くのラジカル反応の反応機構と同じように，メタンの塩素化の反応機構は，反応の開始，伝搬，停止の3段階から成る．これらの各段階の機構およびその実験的根拠をもう少し詳しく見てみよう．

メタンの塩素化を各段階ごとに検討する

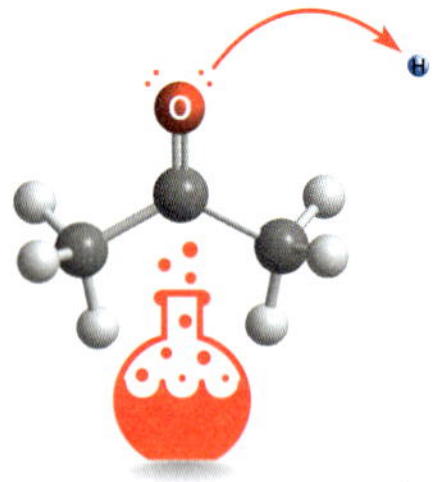
Mechanism

実験事実 すでに述べたように，CH_4とCl_2の混合物を300 ℃に加熱するか，あるいは光照射するとメタンの塩素化が起こる．このような条件下では，メタン自体はまったく安定であるが，Cl_2はホモリシス開裂し二つの塩素原子になる．

説明 メタンの塩素化の機構の第1段階では，($DH°$の値が58 kcal mol^{-1}と反応物質のなかで最も弱い結合である)Cl—Cl結合が熱や光によってホモリシス開裂する．この過程がメタンの塩素化を開始するのに必要であり，**開始**(initiation)段階とよばれる．その名前が示すとおり，開始段階では，これに続く段階の反応がスムーズに起こり全体の反応が進行するように，活性な化学種(この場合は塩素原子)が生成する．

SUSTAINABILITY

3. 反応に使用する物質も，また製造されるものも，機能にすぐれ，また無毒なものでなければならない．
4. 常温常圧下で反応を行うことで，反応に必要なエネルギー量を最少にすべきである．
5. 供給原料は再生可能なものを用いるべきである．
6. 触媒反応は化学量論反応よりすぐれている．

アラスカ州ヴァルデスにある Alyeska パイプライン海上ターミナル．アメリカの石油製造において，アラスカ州はテキサス州に次ぐ第二の地位を占めている．

石油クラッキングに対するグリーンケミストリーの一例は，最近発見された直鎖アルカンを炭素数の多いあるいは少ない同族体へと高選択的に変換する触媒反応である．たとえば，シリカ上に担持した Ta（タンタル）触媒の上に 150 ℃でブタンを通過させると，メタセシス反応（*metatithenai*，置き換えるを意味するギリシャ語）が起こり，おもにプロパンとペンタンが生成する．

この反応は廃棄物がなく，原子効率は 100 %で無害である．そして，通常のクラッキングの温度よりもはるかに低い温度で進行し，触媒反応であることを考えるとグリーンな反応に必要とされる要件をすべて満たしている．このような方法が 21 世紀の化学事業の新しい範例となっている．

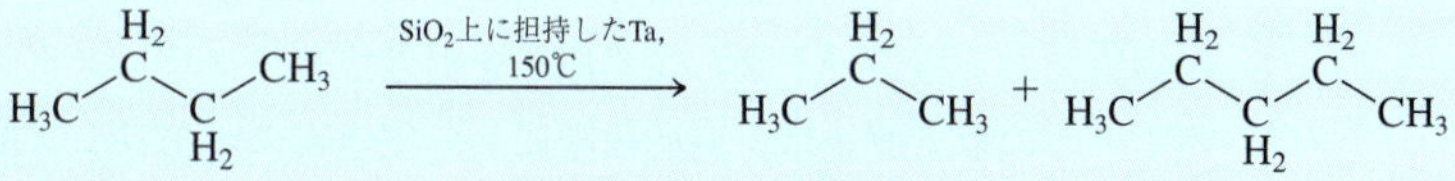

ブタン　　プロパン　　ペンタン

開始段階：Cl－Cl 結合のホモリシス開裂

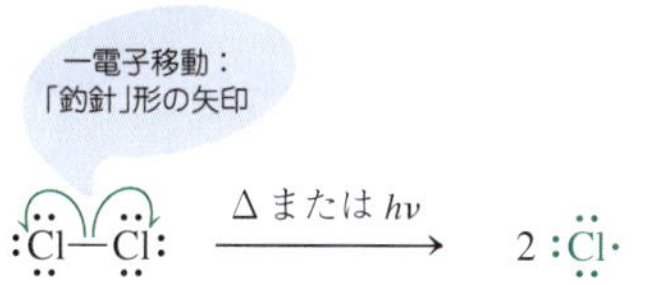

塩素原子

$$\Delta H^\circ = DH^\circ(Cl_2) = +58\ \text{kcal mol}^{-1}\ (+243\ \text{kJ mol}^{-1})$$

この反応ならびにこれ以降の反応式において，ラジカルおよび遊離の原子はすべて緑色で示す．

実験事実　比較的少ない数の塩素分子について開始反応（光の照射による）が起こりさえすれば，多数のメタンと塩素分子を生成物に変換することができる．

説明　一度，反応が開始すると，これに続く段階は，自動的に繰り返し何度も何度も起こる．すなわち，開始反応に続く反応は自給反応あるいは自己伝搬反応であり，Cl_2 のホモリシス開裂によって塩素原子を補給する必要がない．以下に述べる二つの**伝搬**（propagation）† 反応はこの要件を満たしている．最初の伝搬反応は，塩素原子がメタンを攻撃して水素原子を引き抜く反応である．その結果，塩化水素とメチルラジカルが生成する．

† 訳者注：propagation は「成長」ということもある（とくに高分子化学において）．

伝搬段階 1：$:\ddot{\underset{..}{Cl}}\cdot$ による H 原子の引き抜き

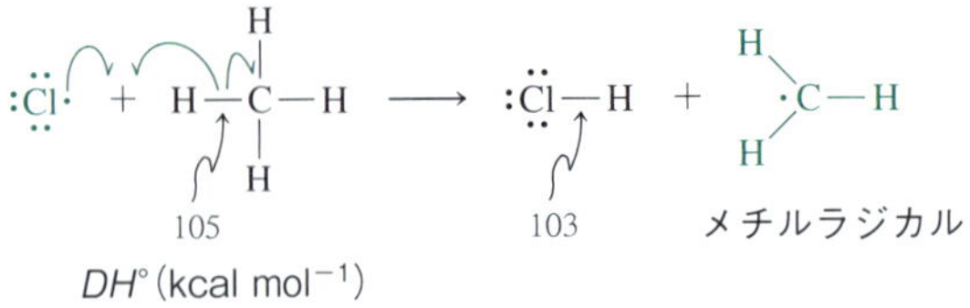

$$\Delta H^\circ = DH^\circ(CH_3{-}H) - DH^\circ(H{-}Cl) = +2\ \mathrm{kcal\ mol^{-1}}\ (+8\ \mathrm{kJ\ mol^{-1}})$$

> **注意**：2章におけるイオン反応では塩化物イオン $:\ddot{\underset{..}{Cl}}:^-$ のような電荷をもった化学種を扱った．これに対し，ここで学ぶラジカル反応では塩素原子 $:\ddot{\underset{..}{Cl}}\cdot$ のような中性のラジカルを取り扱う．ラジカル反応ではハロゲン原子上に負の電荷をもたせてはいけない．

この反応の ΔH° は正の値であり，吸熱的(熱を吸収する)であるため，平衡は生成物には少し不利である．それでは，反応の活性化エネルギー E_a はどれくらいだろうか．このエネルギー障壁を越えるのに必要な熱エネルギーを実際に得ることができるのだろうか．この反応については，答えはイエスである．メタンから水素を引き抜く遷移状態(2-1 節参照)の分子軌道(図 3-5)を書けば，この過程の詳細が明らかになる．反応する水素は炭素と塩素の間に位置し，部分的に両方の原子と結合している．すなわち，H−Cl の結合生成が C−H 結合の切断とほぼ同じ程度に起こっている．記号‡で表される遷移状態は，出発物質に比べてわずか 4 kcal mol^{-1} だけエネルギー的に高い位置にある．この伝搬段階 1 の反応を表現するポテンシャルエネルギー図を図 3-6 に示す．「反応座標」の軸は，炭素から塩素へ移動する水素の位置の変化を表現するものとして解釈できる．

伝搬段階 1 は塩素化反応の生成物の一つである HCl を与える．それでは，もう一つの生成物である有機化合物 CH_3Cl はどのようにして生成するのだろうか．このクロロメタンは伝搬段階 2 で生成する．この段階では，メチルラジカルが出発物質である塩素分子から塩素原子を引き抜き，クロロメタンと塩素原子が生成する．この塩素原子は，開始段階において塩素のホモリシス開裂によって生じた塩素原子とは異なる新しい別の塩素原子である．次にこの塩素原子が伝搬段階 1 の反応を再び起こし，新しいメタン分子と反応する．こうして伝搬段階 1 と伝搬

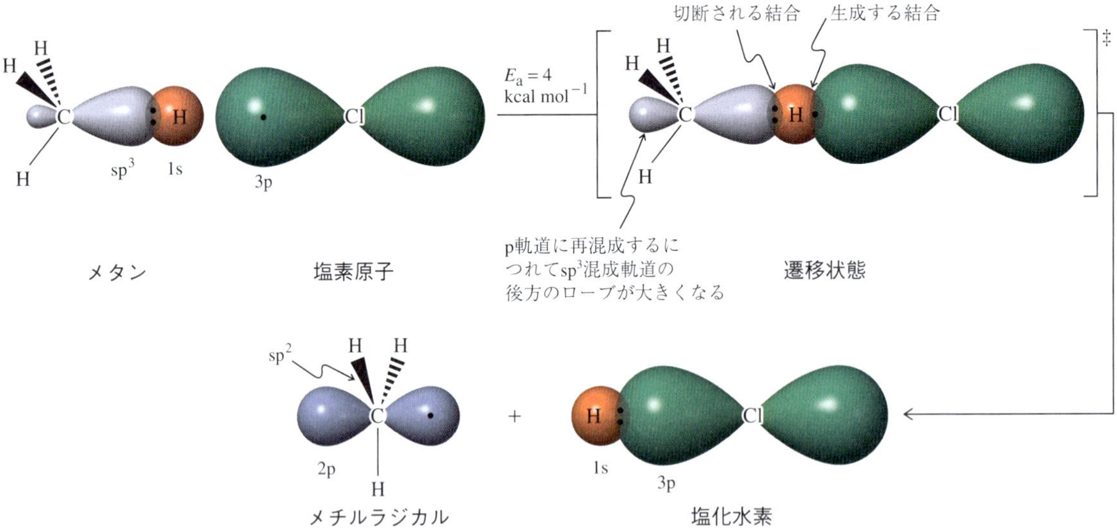

図 3-5　メチルラジカルと塩化水素を生成する反応における塩素原子による水素の引き抜きを分子軌道を用いて近似的に表現したもの．平面構造をとるメチルラジカルの炭素の再混成に注目しよう．塩素上の 3 組の非結合電子対は省略してある．軌道は正確な相対的大きさでは描かれていない．記号‡は遷移状態であることを示す．

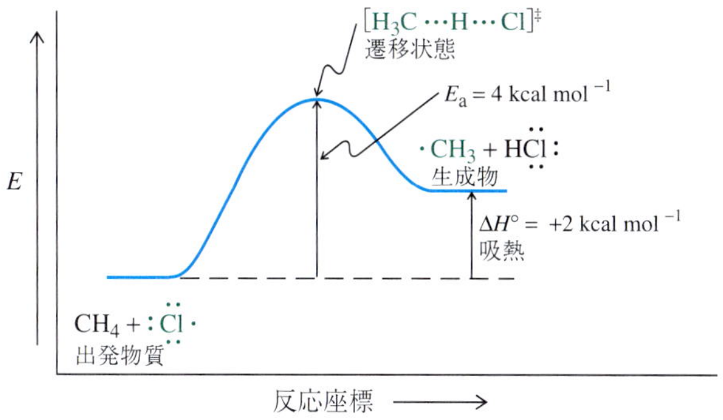

図 3-6　メタンと塩素原子との反応のポテンシャルエネルギー図．遷移状態における部分的な結合は点線で示す．メタンのラジカル連鎖的塩素化反応の伝搬段階 1 にあたるこの過程は，少し吸熱的である．

段階 2 が交互に起こり，二つの伝搬段階によってサイクルが繰り返される．したがって，新しく開始段階を起こす必要はない．伝搬段階 2 の反応がいかに大きな発熱をともなう反応であるか（-27 kcal mol^{-1}）に注目してほしい．この発熱がメタンと塩素の全体の反応の駆動力となっている．

伝搬段階 2：$\cdot CH_3$ による Cl 原子の引き抜き

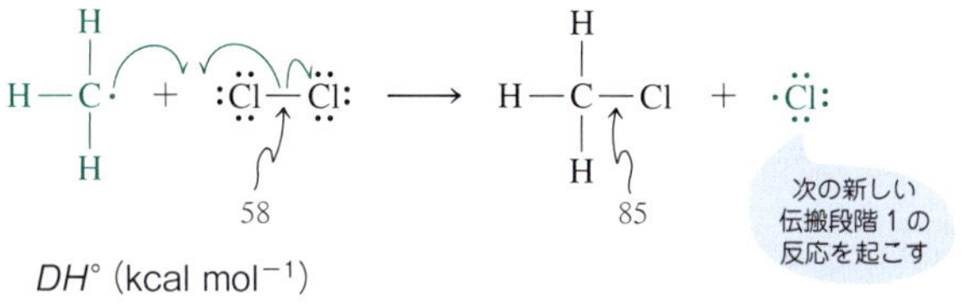

$$\Delta H^\circ = DH^\circ(Cl_2) - DH^\circ(CH_3{-}Cl)$$
$$= -27\ \text{kcal mol}^{-1}\ (-113\ \text{kJ mol}^{-1})$$

片羽の「釣針」形矢印は 1 個の電子の動きを表す．メチル炭素上の孤立した 1 電子が Cl—Cl 結合の 2 電子のうちの 1 電子と結合して新しい C—Cl 結合を生成する．一方，もとの Cl—Cl 結合に利用されていた二つ目の電子は解離していく遊離の塩素原子上に残る．

伝搬段階 2 は速くかつ発熱反応なので，伝搬段階 1 で生成したメチルラジカルはすばやく消費される．そのため不利な平衡にある伝搬段階 1 は生成物側へと傾き（Le Châtelier*の原理），全体の反応が進行する．

$$CH_4 + Cl\cdot \rightleftharpoons CH_3\cdot + HCl \xrightarrow{Cl_2} CH_3Cl + Cl\cdot + HCl$$

少し不利　　　非常に有利

1 段目の平衡を右へ移行させる

* Henry Louis Le Châtelier（1850 〜 1936），フランス，パリ大学教授．

図 3-7 のポテンシャルエネルギー図は，図 3-6 で始まった反応に伝搬段階 2 を加えることによって，全体として反応がうまく進行することを図解している．伝搬段階 1 の反応は伝搬段階 2 の反応よりも大きい活性化エネルギーをもっており，そのため伝搬段階 2 の反応よりもその反応速度は遅い．図 3-7 は反応全体の ΔH° が二つの伝搬段階の ΔH° 値から決まることも示している．すなわち，$+2-27=-25$ kcal mol^{-1} である．二つの化学反応式を加えることによって，全体として 25 kcal mol^{-1} の発熱反応となることを理解しよう．

	ΔH°〔kcal mol^{-1} (kJ mol^{-1})〕
$:\ddot{Cl}\cdot + CH_4 \longrightarrow CH_3\cdot + H\ddot{Cl}:$	+2（+8）
$CH_3\cdot + Cl_2 \longrightarrow CH_3\ddot{Cl}: + :\ddot{Cl}\cdot$	−27（−113）
$CH_4 + Cl_2 \longrightarrow CH_3\ddot{Cl}: + H\ddot{Cl}:$	−25（−105）

伝搬段階 1 の場合と同様に，伝搬段階 2 に対する反応座標の軸は，塩素原子が

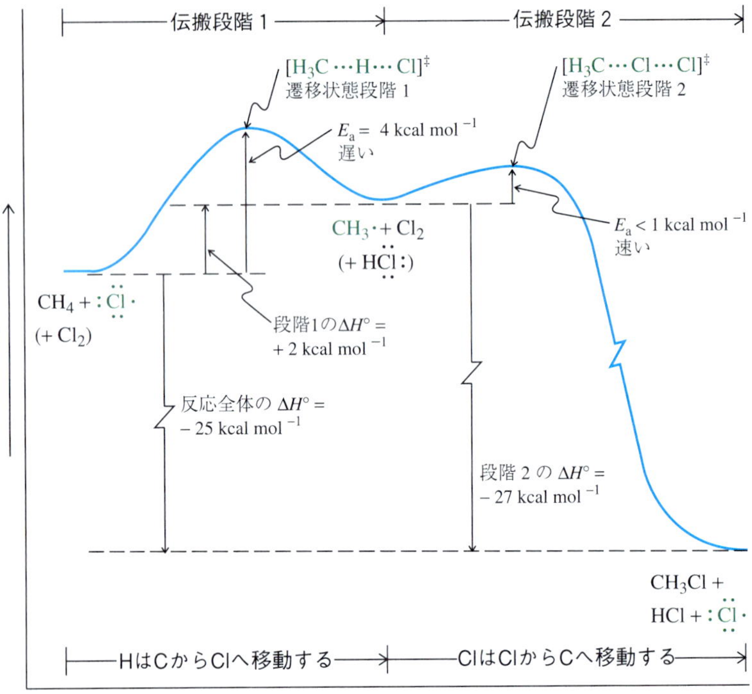

図 3-7 メタンと塩素から CH_3Cl が生成する反応の全体のポテンシャルエネルギー図．伝搬段階 1 は高い活性化エネルギーをもつので反応速度は遅い．
$CH_4 + Cl_2 \rightarrow CH_3Cl + HCl$ の全体の反応の $\Delta H°$ は，二つの伝搬段階の $\Delta H°$ 値を合計することによって得られ，-25 kcal mol^{-1}（-105 kJ mol^{-1}）である．

もう一つの塩素に結合していた最初の位置から炭素と結合した最後の位置へ移動する程度を表現するものと考えてよい．

実験事実　メタンの塩素化反応の生成物のなかに少量のエタンが認められる．

説明　ラジカルや遊離の原子は互いに直接，共有結合をつくることができる．メタンの塩素化反応において，そのような三つの組合せの結合生成が可能である．そのうちの一つに，二つのメチル基がカップリングしてエタンを生成する反応がある．しかしながら，反応混合物中のラジカルや遊離の原子の濃度は非常に低い．そのため，あるラジカルや遊離の原子がそれらの反応相手となるもう一つのラジカルや遊離の原子と出合う確率は低く，このような組合せによるカップリング反応が起こる確率は比較的低い．このカップリング反応が進行すると，ラジカルや遊離の原子を生成するラジカル連鎖の伝搬が停止する．そこでこのようなカップリング過程を**停止**（termination）段階とよぶ．

連鎖停止段階：ラジカルとラジカルの結合

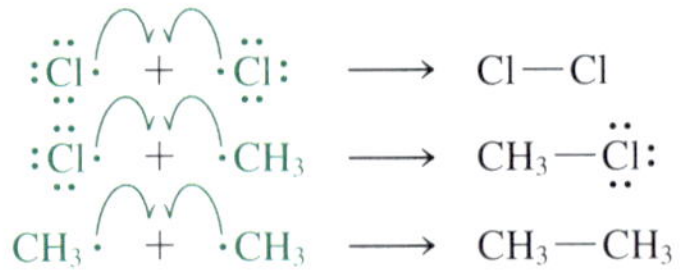

メタンの塩素化の機構は，**ラジカル連鎖機構**（radical chain mechanism）の一例である．

ラジカル連鎖機構

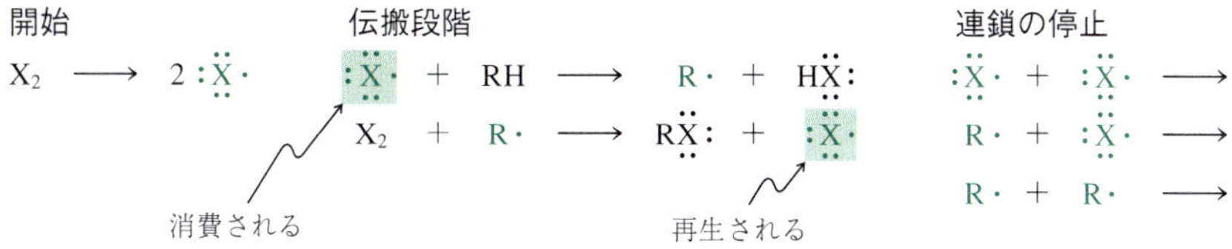

反応を開始するには，ほんの少しのハロゲン原子があれば十分である．なぜなら，伝搬段階において$:\ddot{\mathrm{X}}\cdot$を自給自足できるからである．最初の伝搬段階1の反応ではハロゲン原子を消費するが，伝搬段階2ではハロゲン原子が供給される．新しくつくられたハロゲン原子が最初の伝搬段階1の反応を再び起こし，伝搬サイクルに入る．こうしてラジカル連鎖は数千，数万サイクルの反応を継続させる．

練習問題 3-4

概念のおさらい：ラジカル連鎖反応機構

光照射によって進行するエタンのクロロエタンへのモノクロロ化反応の詳細な機構を示せ．また各段階についてΔH°を計算せよ．

● 解法のてびき

What 何が問われているか．すぐ前のページで学んだメタンの塩素化から得た知識を応用することが求められている．

How どこから手をつけるか．まずメタンと塩素との反応の全体反応式を見つけ，メタンをエタンに置き換えて，それにともなう必要な修正を施そう．次に，再びモデルとしてメタンの塩素化における反応機構の各段階の記述を利用して，エタンの塩素化に対する開始段階，伝搬段階ならびに停止段階について同様の操作を行う．

Information 必要な情報は何か．いくつかの結合エネルギーは同じだが，異なるものもある．反応機構の各段階の反応と全体の反応に対して，表3-1と表3-2のデータを，$\Delta H^\circ = \sum DH^\circ$(切断される結合)$- \sum DH^\circ$(生成する結合)という式に適用しよう．

Proceed 一歩一歩論理的に進めよ．

● 答え

• 反応式は以下のようになる．

$$\mathrm{CH_3CH_2{-}H} + :\ddot{\mathrm{Cl}}{-}\ddot{\mathrm{Cl}}: \longrightarrow \mathrm{CH_3CH_2{-}}\ddot{\mathrm{Cl}}: + \mathrm{H{-}}\ddot{\mathrm{Cl}}:$$

$$\Delta H^\circ = 101 + 58 - 84 - 103 = -28\ \mathrm{kcal\ mol^{-1}}$$

反応はメタンの塩素化よりもはるかに発熱的である．エタンのC—H結合を切断するには，メタンのC—H結合を切断するよりも少ないエネルギーしか必要としないためである．

• 反応機構の最初の段階は，光照射による塩素分子の解離である(表3-4)．

$$\text{開始反応}\quad :\ddot{\mathrm{Cl}}{-}\ddot{\mathrm{Cl}}: \xrightarrow{h\nu} 2\,:\ddot{\mathrm{Cl}}\cdot \qquad \Delta H^\circ = +58\ \mathrm{kcal\ mol^{-1}}$$

• メタンの塩素化の伝搬段階にならって，エタンの塩素化の伝搬段階を書く．段階1では塩素原子が水素を引き抜く．

$$\text{伝搬段階 1}\quad \mathrm{CH_3CH_2{-}H} + \cdot\ddot{\mathrm{Cl}}: \longrightarrow \mathrm{CH_3CH_2}\cdot + \mathrm{H{-}}\ddot{\mathrm{Cl}}:$$

$$\Delta H^\circ = 101 - 103 = -2\ \mathrm{kcal\ mol^{-1}}$$

• 段階2では段階1で生成したエチルラジカルが塩素分子から塩素原子を引き抜く．

伝搬段階 2 $$\mathrm{CH_3CH_2\cdot + :\ddot{Cl}-\ddot{Cl}: \longrightarrow CH_3CH_2-\ddot{Cl}: + \cdot\ddot{Cl}:}$$

$$\Delta H^\circ = 58 - 84 = -26\ \mathrm{kcal\ mol^{-1}}$$

二つの伝搬段階に対するΔH°の値の合計が，全体の反応に対するΔH°の値である．それは，二つの伝搬段階の化学反応式を足し合わせると，エチルラジカルと塩素原子はともに消去され，最初に書いた全体の式が残ることから明らかである．

• 最後に，次のような反応を連鎖の停止段階としてあげることができる．

停止反応 $$\mathrm{:\ddot{Cl}\cdot + \cdot\ddot{Cl}: \longrightarrow Cl_2} \qquad \Delta H^\circ = -58\ \mathrm{kcal\ mol^{-1}}$$

$$\mathrm{CH_3CH_2\cdot + \cdot\ddot{Cl}: \longrightarrow CH_3CH_2\ddot{Cl}:} \qquad \Delta H^\circ = -84\ \mathrm{kcal\ mol^{-1}}$$

$$\mathrm{CH_3CH_2\cdot + \cdot CH_2CH_3 \longrightarrow CH_3CH_2CH_2CH_3} \qquad \Delta H^\circ = -88\ \mathrm{kcal\ mol^{-1}}$$

練習問題 3-5 **自分で解いてみよう**

(a) クロロメタンをジクロロメタン CH_2Cl_2 に変換する塩素化の全体の反応式ならびに伝搬段階の式を示せ．（**注意**：各段階の反応機構をそれぞれていねいに書け．すべての化学種を完全な Lewis 構造式で示し，かつ電子の動きを表す矢印もすべて書け．）

(b) メタンの塩素化においてエタンがごく少量生成する．この結果を反応機構から説明せよ．

メタンを実際に塩素化する場合に考えなければならない問題の一つは，生成物の選択性の制御である．先に述べたように，反応はクロロメタンの生成で止まらない．生成したクロロメタンに対しても置換反応が起こるために，ジクロロメタンやさらにトリクロロメタン，テトラクロロメタンが生成する．この問題の実際的な解決策は，反応においてメタンを大過剰に用いることである．そのような条件下では，反応性中間体である塩素原子はどの瞬間においても生成物である CH_3Cl よりもはるかに多くのメタン分子に取り囲まれている．その結果，Cl•が CH_3Cl を見つけて反応し，$\cdot CH_2Cl$ を生成し，さらにこれが CH_2Cl_2 に変換される機会は大きく減少し，CH_3Cl だけを選択的につくることができる．

まとめ 塩素はメタンをクロロメタンに変換する．反応は，熱や光が少数の Cl_2 分子をホモリシス開裂させ，塩素原子をつくり出す（開始）反応によって始まる．塩素原子は二つの伝搬段階から成るラジカル連鎖過程を引き起こし，かつ継続させる．伝搬段階は，(1) 水素引き抜きによってメチルラジカルと HCl を生成する段階と，(2) $CH_3\cdot$ が Cl_2 と反応して CH_3Cl を生成するとともに Cl• を再生する段階，の二つの反応から成る．連鎖はいろいろな組合せのラジカルや遊離の原子どうしのカップリングによって停止する．各段階の熱量収支は，切断される結合の強さと生成する結合の強さとを比較することによって計算できる．

3-5 塩素以外のラジカルによるメタンのハロゲン化

ここまでで，ラジカル連鎖反応機構によって塩素がどのようにメタンをクロロメタンに変換するかを学んだ．それでは塩素以外のハロゲンも同じようにハロメタンを生成することができるのだろうか．答えは，フッ素と臭素に対してはイエスだが，ヨウ素に対してはノーである．メタンの塩素化に対して実行したのと同じように，反応座標を分析することで実験事実を説明できる．

表 3-4　ハロゲンの結合解離エネルギー（DH° 値）

ハロゲン	DH°〔kcal mol^{-1} (kJ mol^{-1})〕
F_2	38(159)
Cl_2	58(243)
Br_2	46(192)
I_2	36(151)

フッ素は最も反応性が高く，ヨウ素は最も反応性が低い

まず，それなしではラジカル連鎖反応が始まらない開始段階 $X_2 \rightarrow 2X\cdot$ から見ていこう．表 3-4 に示されたハロゲン X_2 の結合解離エネルギーを検討すると，Cl_2（DH° = 58 kcal mol^{-1}）との比較から予想されるように，より大きい原子である Br_2（DH° = 46 kcal mol^{-1}）や I_2（DH° = 36 kcal mol^{-1}）の結合は塩素よりも弱く，より容易に切断され，対応するラジカルが生成する．それでは F_2（DH° = 38 kcal mol^{-1}）の DH° はなぜこんなに小さいのだろうか．それぞれのフッ素原子上にある 6 電子対どうしの電子反発が原因である．全体として，すべてのハロゲンが最初の開始段階をスタートできるという結論が得られる．

メタンのハロゲン化における最初の伝搬段階のエンタルピーを種々のハロゲンについて比べてみよう（表 3-5）．フッ素の場合には，この段階が−31 kcal mol^{-1} と発熱的である．塩素の場合には，すでに述べたように，この同じ段階が少し吸熱的（+2 kcal mol^{-1}）である．臭素ではかなり吸熱的（+18 kcal mol^{-1}）である．最後にヨウ素の場合には，この段階がさらに吸熱的（+34 kcal mol^{-1}）になる．つまり，周期表を下に降りるにつれ，最初の伝搬段階はエネルギー的にどんどん不利になる．なぜだろうか．この傾向は，フッ素からヨウ素へと下へ降りるにつれ，ハロゲン化水素 H—X の結合が弱まることに起因する（表 3-1）．H—F 結合が強固であることこそが，水素引き抜き反応においてフッ素原子が高い反応性を示す要因である．フッ素は塩素よりも反応性が高く，塩素は臭素よりも反応性が高い．そして最も反応性の低いのがヨウ素である．

水素引き抜きにおける X・の相対的反応性

F· > Cl· > Br· > I·

反応性が低下する →

表 3-5　メタンのハロゲン化における伝搬段階のエンタルピー〔kcal mol^{-1}(kJ mol^{-1})〕

反　応	F	Cl	Br	I
伝播段階 1				
$:\ddot{\underset{..}{X}}\cdot + CH_4 \longrightarrow \cdot CH_3 + H\ddot{\underset{..}{X}}:$	−31(−130)	+2(+8)	+18(+75)	+34(+142)
伝播段階 2				
$\cdot CH_3 + X_2 \longrightarrow CH_3\ddot{\underset{..}{X}}: + :\ddot{\underset{..}{X}}\cdot$	−72(−301)	−27(−113)	−24(−100)	−21 (−88)
全体の反応				
$CH_4 + X_2 \longrightarrow CH_3\ddot{\underset{..}{X}}: + H\ddot{\underset{..}{X}}:$	−103(−431)	−25(−105)	−6(−25)	+13 (+54)

フッ素とヨウ素の反応性の相違は，メタンからの水素引き抜きのポテンシャルエネルギー図（図 3-8）で説明される．大きな発熱をともなうフッ素の反応は，無視できるほど小さな活性化障壁しかもたない．さらに，遷移状態においてフッ素原子は引き抜こうとする水素から比較的遠い位置にあり，H—CH_3 の距離は CH_4

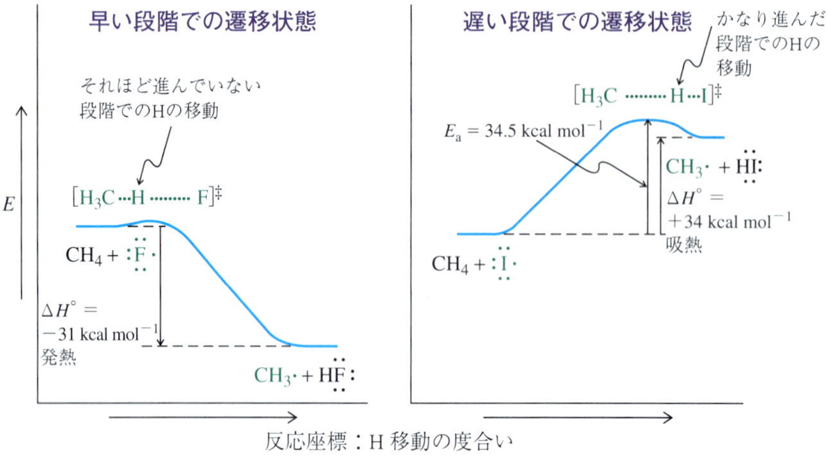

図 3-8　ポテンシャルエネルギー図．(左)フッ素原子と CH_4 との反応．早い段階での遷移状態をもつ発熱過程．(右)ヨウ素原子と CH_4 との反応．遅い段階での遷移状態をもつ吸熱的変換．両者とも Hammond の仮説に合っている．

自体における C—H の距離よりほんの少し長いだけである．どうしてだろうか．H—CH_3 結合は H—F 結合よりおよそ 30 kcal mol^{-1} (125 kJ mol^{-1}) 弱い(表 3-1)．水素と炭素間の結合を切断して水素とフッ素の間に結合を生成するには，H がほんの少しだけ F• のほうへ移動するだけでよい．もし水素が C から F へ移動する度合いを尺度として反応座標を眺めると，遷移状態は反応の早い段階にあり，生成物よりも出発物質にずいぶんと似ている．**早い段階に遷移状態**(early transition state)**をもつ反応は**，速い発熱反応の特徴であることが多い．

一方，I• と CH_4 の反応は非常に大きい E_a 値をもっている〔少なくともその吸熱の大きさ +34 kcal mol^{-1} (+142 kJ mol^{-1}) と同じ程度の大きさ，表 3-5〕．したがって，H—C 結合がほとんど完全に切断され，H—I 結合がほとんど完全に生成するまで遷移状態に到達しない．遷移状態は反応経路上のはるかに遅い段階にあり，この反応の生成物である CH_3• と HI の構造にかなり似ている．ちなみに CH_3 + Cl• と CH_3 + Br• の場合，反応座標上における遷移状態の相対的な位置は，前述した二つの中間的な位置にある．**遅い段階に遷移状態**(late transition state)**をもつ反応は**，比較的遅く吸熱的な反応の特徴であることが多い．早い段階での遷移状態ならびに遅い段階での遷移状態に関するこれら二つの規則は，**Hammond** * **の仮説**(Hammond postulate)として知られている．

* George S. Hammond (1921 ~ 2005)，アメリカ，ジョージタウン大学教授．

2 番目の伝搬段階は発熱的である

次に表 3-5 に示したメタンの四つのハロゲン化反応における 2 番目の伝搬段階について，それぞれ考えよう．この段階はすべてのハロゲンについて発熱的である．ここでもフッ素の反応が最も速く，しかも最も発熱的である．メタンのフッ素化における二つの伝搬段階のエンタルピーの合計 $\Delta H°$ は −103 kcal mol^{-1} (−431 kJ mol^{-1}) となる．クロロメタンの生成では，フルオロメタンの生成時に比べその発熱量は小さく，ブロモメタンの生成ではさらに小さい．ブロモメタンの場合，最初の段階での吸熱〔$\Delta H°$ = +18 kcal mol^{-1} (+75 kJ mol^{-1})〕を，2 番目の段階のエンタルピー〔$\Delta H°$ = −24 kcal mol^{-1} (−100 kJ mol^{-1})〕がかろうじて克服する．すなわち，二つの段階を合わせて考えると，エネルギー変化は −6 kcal mol^{-1} (−25 kJ mol^{-1}) となり，ほんの少しだけ発熱的であることがわかる．最後にヨウ素化の熱力学を調べると，ヨウ素がなぜメタンと反応してヨードメタンとヨウ化水素を与えないのかが明らかとなる．最初の段階にあまりにも大きなエネルギーを必要とするため，2 段階目の発熱をもってしても反応を進ませることができないのである．**図 3-9** は，CH_4 と F_2，Cl_2，Br_2 ならびに I_2 との反応のポテンシャルエネルギー図を比較したものである．二つの伝搬段階がいずれもエネルギー論的に，どんどん不利になることが容易に理解できる．伝搬段階 1 に対する遷移状態がどんどん遅い段階になることにも注意しよう．

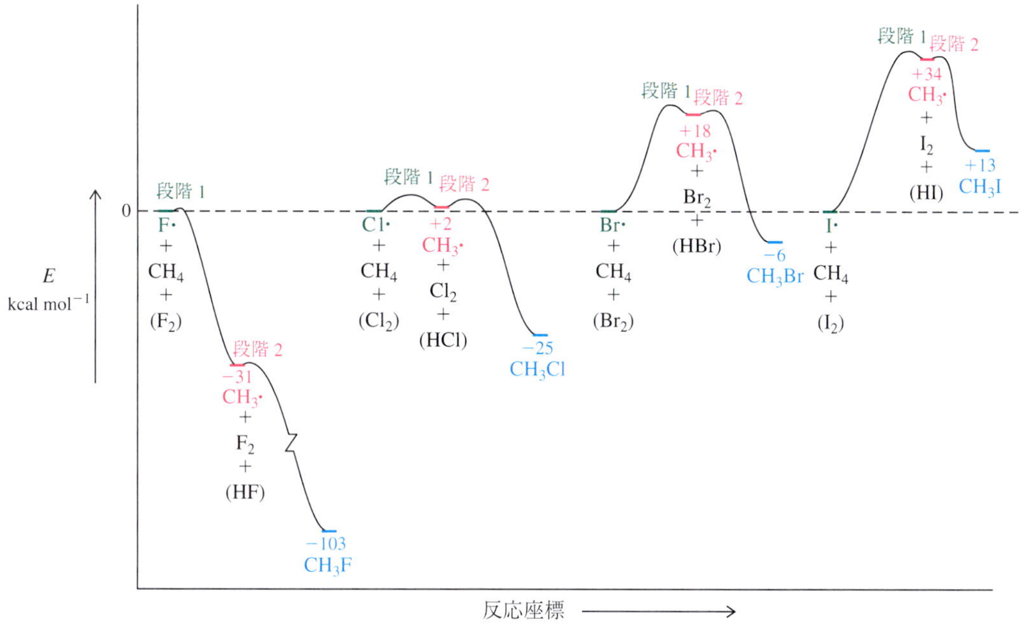

図 3-9　CH_4 と F_2，Cl_2，Br_2 ならびに I_2 との反応のポテンシャルエネルギー図の比較．E の値は kcal mol^{-1} 単位で記されており，それぞれの反応に対する出発点を任意に 0 としている．そして左から右へと伝搬段階 1 で生成する中間体 CH_3•（HX については省略）の相対的エネルギーと，それに続いて伝搬段階 2 において生成する最終生成物 CH_3X（HX と X•については省略）のエネルギーが示されている．

練習問題 3-6

(a)　等モル量の塩素と臭素の混合物をメタンに作用させると，塩素原子による水素引き抜きだけが観測される．理由を説明せよ．

(b)　ラジカルによるメタンのハロゲン化において，塩素の代わりに次亜塩素酸第三級ブチル $(CH_3)_3COCl$ を用いることができる．

$$CH_4 + (CH_3)_3CO\!-\!Cl \xrightarrow{h\nu} CH_3Cl + (CH_3)_3CO\!-\!H$$

（O−Cl：55 kcal mol^{-1}，O−H：118 kcal mol^{-1}）

(i)　上と表 3-1 に示された結合解離エネルギーの値を用いてこの反応に対する ΔH° の値を求めよ．(ii)　反応は光による O−Cl 結合の切断によって開始される．生成物へと導くラジカル連鎖反応の二つの伝搬段階を書け．

まとめ フッ素，塩素，臭素は，メタンと反応してハロメタンを与える．これら三つのハロゲン化反応はすべて，塩素化のところで述べたラジカル連鎖機構にしたがって進行する．これらの反応における最初の伝搬段階は，常に2番目の伝搬段階よりも遅い．臭素から塩素，フッ素と周期表を下から上へと上るにつれ，反応はより発熱的となり，活性化エネルギーも低下する．この傾向はハロゲンの相対的な反応性を説明するものであり，フッ素の反応性が最も大きい．メタンのヨウ素化は吸熱的であり反応が起こらない．大きな発熱をともなう反応では，しばしば反応の早い段階に遷移状態があり，反対に吸熱あるいは比較的小さな発熱をともなう反応では，一般的に遅い段階に遷移状態が存在する．

3-6 成功の鍵："未知"の反応機構に対して"既知"の反応機構をモデルとして適用する

3-4節でメタンの塩素化反応に対する反応機構を省略せずに各段階ごとに詳細に記述した．3-5節ではメタンと他の三つのハロゲンとの反応について記述したが，これらのどの反応に対しても全体の反応式を示さず，また反応機構のどの個々の段階についても触れなかった．なぜ触れなかったのか．メタンと四つのハロゲンとの反応はすべて互いに定性的には同じ反応機構によって進行する．メタンとフッ素，臭素あるいはヨウ素との反応機構を書くには，(1)塩素との反応の機構をコピーし，(2)その式に出てくるすべてのClを新しいハロゲンの記号に置き換えるだけでよい．結合の強さが異なるためエネルギーの値は異なるが，反応機構の全体の様相は同じである．練習問題3-4でエタンの塩素化に対する解法のてびきをすでに説明した．いくつかの例を試みよう．

例1　メタンのフッ素化に対する開始段階を書け．

Cl_2の光照射による解離反応をモデルとして用いる．

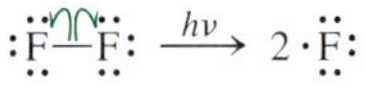

例2　メタンの臭素化に対する二つ目の伝搬段階を書け．

メチルラジカルとCl_2の反応がモデルである．

忘れるな：生成するBrは中性の原子であり，負の電荷をもった臭化物イオンではない．

例3　メタンのヨウ素化に対する停止反応を書け．

Cl•が関連する反応を選んで単にClをIで置き換えよ．

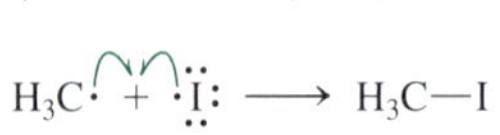

まとめ　先に学んだモデル反応を用い，類推によって複雑な問題を解決することは，問題を解くうえでも反応機構を制御する様式の学習を補充するうえでも効率のよい方法である．

3-7 高級アルカンの塩素化：相対的反応性と選択性

メタン以外のアルカンのラジカル的なハロゲン化では，何が起こるだろうか．種類の異なったR—H結合，すなわち第一級，第二級および第三級のC—H結合が，メタンのC—H結合と同じように反応するだろうか．3-4節で述べたように，エタンのモノクロロ化(monochlorination)は，生成物としてクロロエタンを与える．

エタンの塩素化

$$CH_3CH_3 + Cl_2 \xrightarrow{\Delta \text{ または } h\nu} CH_3CH_2Cl + HCl \qquad \Delta H^\circ = -28\ \text{kcal mol}^{-1}\ (-117\ \text{kJ mol}^{-1})$$

クロロエタン

Reaction

この反応は，メタンの塩素化で見られた機構と類似のラジカル連鎖機構によって進行する．メタンの場合と同様に，エタン分子中の6個の水素原子は互いに区別できない．したがって，最初の伝搬段階において塩素原子によって引き抜かれる水素がどの水素であるかにかかわらず，ただ一つのモノクロロ化生成物であるクロロエタンが生成する．

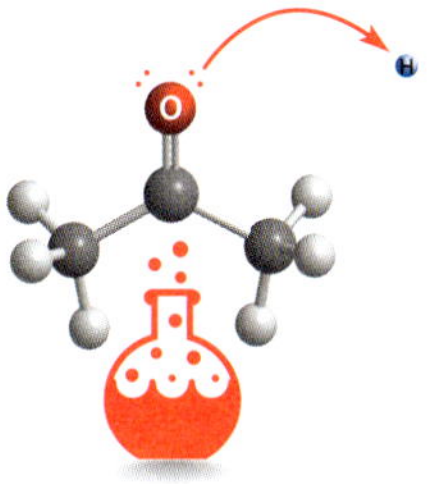
Mechanism

エタンの塩素化の機構における伝搬段階

$$CH_3CH_3 + :\ddot{\underset{..}{Cl}}\cdot \longrightarrow CH_3CH_2\cdot + H\ddot{\underset{..}{Cl}}: \qquad \Delta H^\circ = -2\ \text{kcal mol}^{-1}\ (-8\ \text{kJ mol}^{-1})$$

$$CH_3CH_2\cdot + Cl_2 \longrightarrow CH_3CH_2\ddot{\underset{..}{Cl}}: + :\ddot{\underset{..}{Cl}}\cdot \qquad \Delta H^\circ = -26\ \text{kcal mol}^{-1}\ (-109\ \text{kJ mol}^{-1})$$

アルカンの次の同族体であるプロパンでは，どんなことが予想されるだろうか．プロパンの8個の水素は二つのグループに分けられる．6個の第一級水素と2個の第二級水素である．もし塩素原子が，第一級水素と第二級水素の二つの種類の水素を同じ反応速度で引き抜き，かつ置換するとすれば，1-クロロプロパンが2-クロロプロパンの3倍生成することが予想される．

すべての水素が同じ速度で反応すると仮定した場合にプロパンの塩素化に対して予想される結果

$$Cl_2 + CH_3CH_2CH_3 \xrightarrow{h\nu} CH_3CH_2CH_2Cl + CH_3\underset{}{\overset{Cl}{\overset{|}{C}}}HCH_3 + HCl$$

プロパン　　1-クロロプロパン　　2-クロロプロパン

6個の第一級水素（青色）
2個の第二級水素（赤色）
比 ＝ 3：1

（統計的に）予想される生成比
75%　：　25%

この結果を**統計的な生成物の割合**(statistical product ratio)とよぶ．なぜなら，統計的に見れば，プロパンには第一級水素が第二級水素の3倍存在するからである．いいかえると，塩素原子がプロパンの6個ある第一級水素と衝突する確率は，2個しかない第二級水素との衝突確率に比べると3倍高い．それでは観測される結果は予想どおりか？　いいえ，実際の結果はそうならない．

第二級の C—H 結合は第一級の C—H 結合よりも反応性が高い

3-1節で述べたように，第二級 C—H 結合は第一級 C—H 結合よりも弱い（$DH° = 98.5\ \mathrm{kcal\ mol^{-1}}$ と $101\ \mathrm{kcal\ mol^{-1}}$）．したがって，第二級水素の引き抜き反応は第一級水素の引き抜き反応に比べてより発熱的であり，より低い活性化障壁をもつ（図3-10）．このことを考慮すると，第二級水素のほうが第一級水素よりも塩素と速く反応する．そのため単純な統計的生成比で予想されるよりも多くの2-クロロプロパンが生成する結果になる．

プロパンの塩素化の実験結果

$$Cl_2 + CH_3CH_2CH_3 \xrightarrow{h\nu} CH_3CH_2CH_2Cl + CH_3CH(Cl)CH_3 + HCl$$

	43 % 1-クロロプロパン		57 % 2-クロロプロパン
統計的に予想される生成比	75 %	:	25 %
予想されるC—H 結合の反応性	小（第一級）	:	大（第二級）
実験による生成比	43 %	:	57 %

塩素原子は，アルカンの第二級水素を第一級水素よりも4倍速く引き抜く．

この結果をプロパンの塩素化における第二級水素（H_{sec}）と第一級水素（H_{prim}）の相対的な反応性を求める計算に利用できるか．答はイエスである．6個の第一級水素から1-クロロプロパンが43%の収率で得られるので，1個の第一級水素からは43%を6で割った答えのおよそ7%の1-クロロプロパンが生成することになる．同様に，2個の第二級水素から2-クロロプロパンが57%の収率で得られるので，1個の第二級水素からは57%を2で割った答えのおよそ28%の2-クロロプロパンが生成することになる．この計算は下に示す式にもとづいている．

$$\frac{H_{sec}\ \text{の相対的反応性}}{H_{prim}\ \text{の相対的反応性}} = \frac{(2\text{-クロロプロパンの収率})/(H_{sec}\ \text{の数})}{(1\text{-クロロプロパンの収率})/(H_{prim}\ \text{の数})} = \frac{57/2}{43/6} \approx \frac{28}{7} = 4$$

したがって，プロパンの塩素化において，第二級水素1個に対する第一級水素1個の相対的反応性は28/7 = 4となる．塩素は，第一級水素よりも優先的に第二級水素を引き抜くのでこの反応を**選択的**（selective）な反応とよび，「その**選択性**（selectivity）は4：1である」という．

では，どのようなラジカル連鎖反応においても，第二級水素が第一級水素よりも4倍速く引き抜かれるのだろうか．上の結果は，同様の条件下（25℃のもと光照射によって開始）におけるアルカンの塩素化反応については一般的に適用できる．しかしながら，より高温のもとでは，衝突によってより多くのエネルギーが生まれ，第一級 C—H 結合と第二級 C—H 結合の切断されやすさの違いが最終生成物の生成比にそれほど大きな影響を及ぼさない．たとえば600℃では，塩素原子とプロパンの第二級水素あるいは第一級水素のいずれの水素との衝突においても，実際上すべての衝突が結合の切断につながる．したがって高温では，塩素化反応は**非選択的**（unselective）であり，統計的な比で生成物が生成する．次節で学

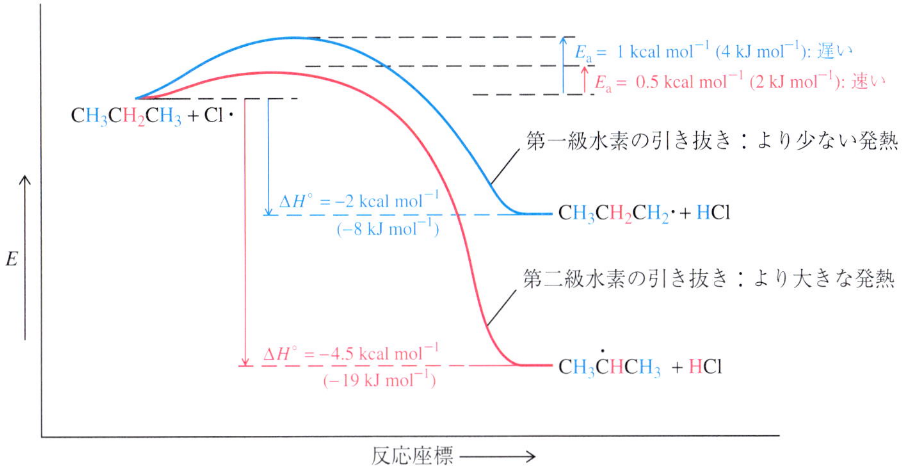

図 3-10　塩素原子によるプロパンの第二級炭素からの水素引き抜きは，第一級炭素からの水素引き抜きに比べてより発熱的でより速く進行する．

ぶ他の要素は，反応する化学種(たとえば，異なるハロゲンを用いる)を変えることが選択性に及ぼす効果である．

練習問題 3-7

ブタンのモノクロロ化反応の生成物を予想せよ．25℃で反応を行った場合，それらの生成物の生成比はどれくらいか．

第三級 C—H 結合は第二級や第一級 C—H 結合よりも反応性が高い

第三級 C—H 結合($DH°$ ＝ 96.5 kcal mol^{-1})は，第二級 C—H 結合($DH°$ ＝ 98.5 kcal mol^{-1})や第一級 C—H 結合($DH°$ ＝ 101 kcal mol^{-1})よりもさらに弱い．この相違による効果を検証するために，25 ℃，光照射下での，1 個の第三級水素と 9 個の第一級水素をもつ分子 2-メチルプロパンの塩素化について考えよう．

2-メチルプロパンの塩素化(統計的予測と実験値)

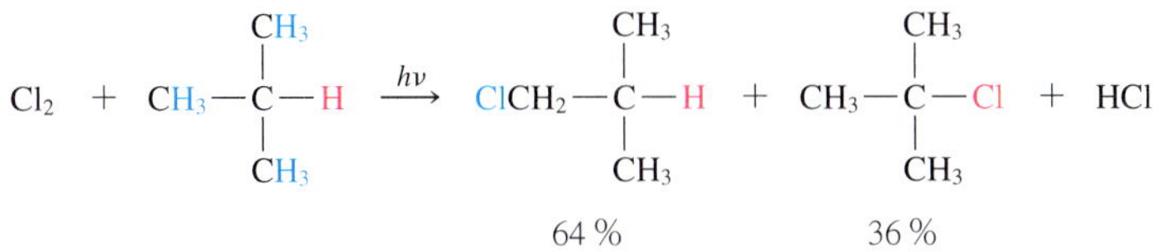

	64 %	36 %
2-メチルプロパン 9 個の第一級水素(青色) 1 個の第三級水素(赤色) 生成比 ＝ 9：1	1-クロロ-2- メチルプロパン	2-クロロ-2- メチルプロパン

統計的に予想される生成比	90 %	：	10 %
予想されるC—H 結合の反応性	小(第一級)	：	大(第三級)
実験による生成比	64 %	：	36 %

> 塩素原子は，アルカンの第三級水素を第一級水素よりも5倍速く引き抜く．

プロパンに適用したのと同様に，実験結果にもとづいて第一級水素に対する第三級水素の25℃における相対的反応性を決定する．9個の第一級水素それぞれは最終生成物である1-クロロ-2-メチルプロパンの生成に対して64/9，すなわちおよそ7%の寄与をしている．これに対し，1個だけ存在する第三級水素は，生成する2-クロロ-2-メチルプロパン36%のすべてに寄与している．したがって，第三級水素は，塩素化に対して，1個の第一級水素よりも36/7すなわち，およそ5倍反応性が高い．

全体として，25℃での塩素化における，アルカンに含まれる3種類のC—H結合の相対的な反応性は，おおよそ以下のとおりといえるだろう．

第三級：第二級：第一級 ＝ 5：4：1

← R—Hの反応性が大きくなる

この結果は，結合の強さを考えることによって予想される相対的反応性と質的によく一致している．すなわち，第三級C—H結合は第二級C—H結合よりも弱く，さらに第二級C—H結合は第一級C—H結合よりも弱いことが反映されている．

練習問題 3-8

概念のおさらい：選択性に関する情報から生成物の比の決定

2-メチルブタンのモノクロロ化反応について考えよ．何種類の化合物が生成すると予想できるか．また，それら生成物それぞれの収率についても予想せよ．

● 解法のてびき

まず，出発物質のアルカンに非等価な水素のグループがいくつあるかを見きわめ，さらにそれぞれのグループに水素がそれぞれいくつあるかを数えよう．そうすれば反応によって異なる生成物がいくつ得られるかがわかるだろう．次に，それぞれの生成物の相対的収率を求めるためにその生成物を与えるアルカン中の水素の数に，その水素の種類(第一級，第二級あるいは第三級)に対応する相対的反応性を掛けよ．そして最後に絶対的な収率(%)を求めるために，それぞれの相対的収率をすべての生成物の収率の総和で割って百分率を出す．

● 答え

- 2-メチルブタンには9個の第一級水素と2個の第二級水素さらに1個の第三級水素がある．しかしながら9個の第一級水素は等価ではない．すなわち互いに区別がつかないというのではなく，これら9個は二つの異なるグループに識別することができる．では，この二つのグループが互いに異なることはどのように知るのだろうか．グループAに属する6個の水素のうちのどれか一つが塩素化されると1-クロロ-2-メチルブタンが生成し，グループBに属する3個の水素のどれか一つが塩素化されると，1-クロロ-3-メチルブタンが得られる．これらの生成物は互いに構造異性体であり異なる名称をもっている．非等価な水素を置換したために構造異性体がそれぞれ生成したというわけである．したがって，3個ではなく4個の構造の異なる生成物が得られる．

2-メチルブタンの塩素化

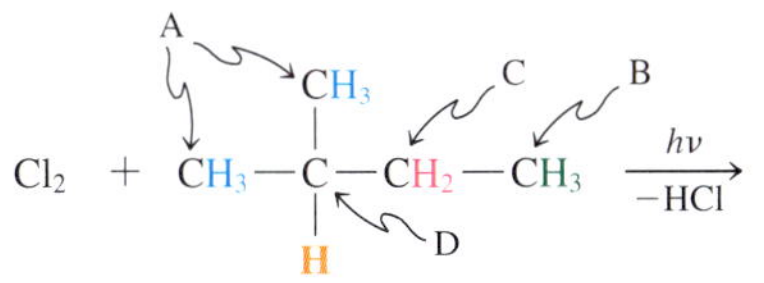

1-クロロ-2-メチルブタン（A の塩素化）　1-クロロ-3-メチルブタン（B の塩素化）　2-クロロ-3-メチルブタン（C の塩素化）　2-クロロ-2-メチルブタン（D の塩素化）

第一級炭素における置換反応　第二級炭素における置換反応　第三級炭素における置換反応

• 前ページの**解法のてびき**のところで述べたように計算すると，次の表のようにまとめることができる．

生成物	相対的収率	絶対的収率
1-クロロ-2-メチルブタン（A,6 個の第一級水素）	6 × 1 = 6	6/22 = 0.27 = 27 %
1-クロロ-3-メチルブタン（B,3 個の第一級水素）	3 × 1 = 3	3/22 = 0.14 = 14 %
2-クロロ-3-メチルブタン（C,2 個の第二級水素）	2 × 4 = 8	8/22 = 0.36 = 36 %
2-クロロ-2-メチルブタン（D,1 個の第三級水素）	1 × 5 = 5	5/22 = 0.23 = 23 %
四つの生成物の相対的収率の和	22	

練習問題 3-9　自分で解いてみよう

3-メチルペンタンの 25 ℃におけるモノクロロ化反応について，予想される生成物とその生成比を答えよ．（**注意**：出発物質のアルカンに存在する水素の種類とその数を考慮することを忘れないように．）

練習問題 3-8 と 3-9 で示したように，異なる種類の水素を含むアルカンの塩素化反応では複雑な異性体の混合物が生成する．そのような場合には，第三級水素，第二級水素，第一級水素のそれぞれに対する塩素の反応選択性があまりにも小さいため，1 種類の生成物を高収率で得ることは難しい．

まとめ　第一級，第二級ならびに第三級水素の相対的反応性は，それらの C—H 結合の相対的な強さから予測される順序となる．相対的反応性の比は統計的な影響を差し引くことによって算出することができる．反応性の比は温度に依存し，低温ではより高い選択性を示す．

3-8 フッ素ならびに臭素によるラジカル的ハロゲン化における選択性

塩素以外のハロゲンでは，アルカンのハロゲン化がどれくらい選択的に進行するだろうか．表 3-5 と図 3-8 はフッ素が最も反応性の高いハロゲンであることを示している．すなわち，フッ素ラジカルによる水素引き抜きは大きな発熱をともなう反応であり，活性化エネルギーも無視できるぐらい小さい．これとは逆に，臭素は臭素ラジカルによる水素引き抜き段階が大きな正のΔH°値をもち，大きなエネルギー障壁があるので，はるかに反応性が低い．両者間に見られるこの反応性の相違が，アルカンのフッ素化ならびに臭素化における選択性を左右するだろうか．

この問いに答えるために，フッ素ならびに臭素と2-メチルプロパンとの反応を取り上げる．25 ℃におけるモノフルオロ化は，二つの可能な生成物を統計的に予想される値にごく近い比で与える．

2-メチルプロパンのフッ素化

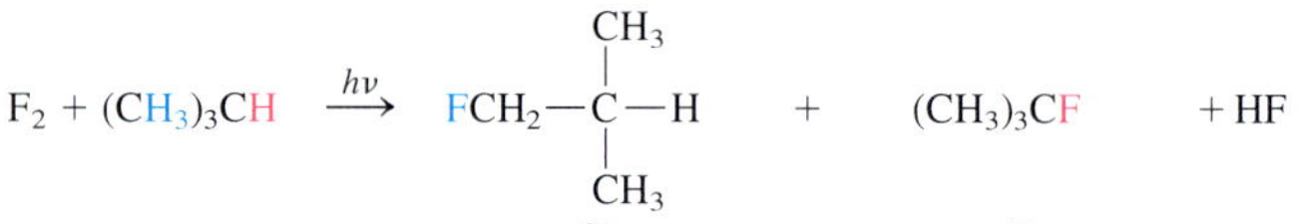

	86 %		14 %
	1-フルオロ-2-メチルプロパン（フッ化イソブチル）		2-フルオロ-2-メチルプロパン（フッ化 *tert*-ブチル）
統計的に予想される比	90 %	:	10 %
予想される C—H 結合の反応性	小（第一級）	:	大（第三級）
実験で観測された比	86 %	:	14 %

このようにフッ素はほとんど選択性を示さない．なぜだろうか．競争する二つの反応，すなわちフッ素原子による第一級 C—H の引き抜きと，第三級 C—H の引き抜き反応に対する遷移状態がいずれも非常に早い段階で達成され，これら二つの遷移状態のエネルギーならびに構造が互いに似ており，しかも出発物質のエネルギーと構造に似ているためである（**図 3-11**）．

これとは逆に，同じ化合物の臭素化は高選択的に進行し，第三級臭素化物だけをほぼ選択的に与える．臭素による水素引き抜き反応は，C—H 結合の切断と H—Br 結合の生成がかなり進んだ，遅い段階での遷移状態を経て進行する．し

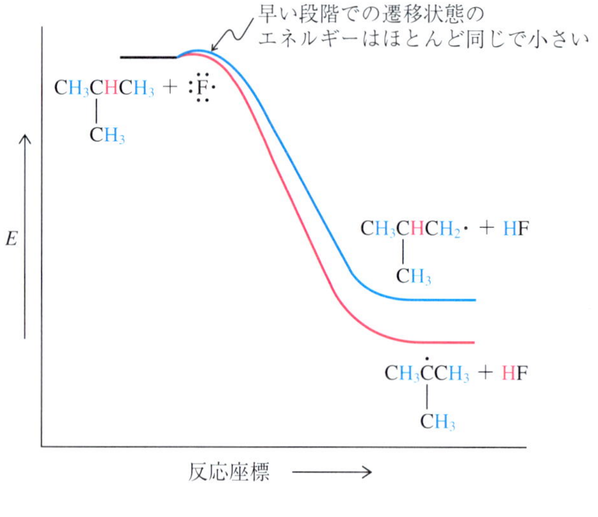

図 3-11 フッ素原子による2-メチルプロパンからの，第一級水素あるいは第三級水素の引き抜きのポテンシャルエネルギー図．それぞれの反応はいずれも早い段階に遷移状態をもち，それら二つの遷移状態のエネルギーはほとんど同じで出発物質のエネルギーよりもほんの少し高いだけである（両方の E_a 値はゼロに近い）．そのため反応の選択性はほとんどない．

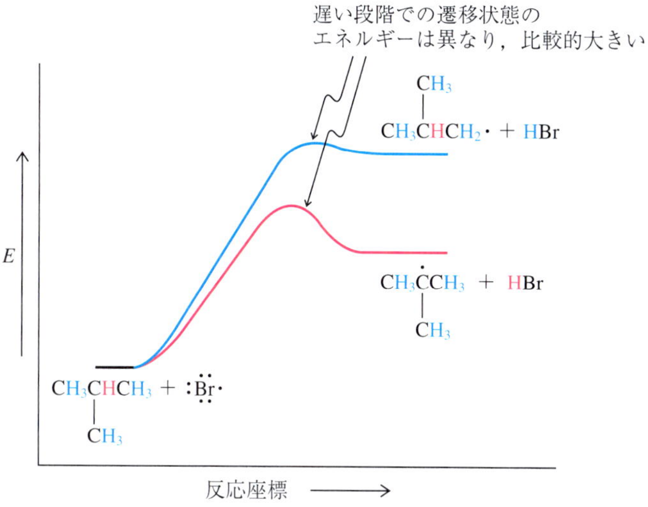

図 3-12　臭素原子による 2-メチルプロパンからの，第一級水素あるいは第三級水素の引き抜きのポテンシャルエネルギー図．二つの遅い段階での遷移状態のエネルギーは，生成する第一級ラジカルあるいは第三級ラジカルのエネルギー差を反映して大きく異なっている．そのため生成物の選択性が高まる．

たがって遷移状態における構造とエネルギーは，対応するラジカル生成物の構造とエネルギーに類似している．その結果，臭素と第一級ならびに第三級水素との反応の活性化障壁は，生成する第一級ラジカルと第三級ラジカルの間の安定性の差とほとんど同じくらい大きく異なる（図 3-12）．そしてその差は大きな選択性となって現れる（1700：1 以上）．

2-メチルプロパンの臭素化

$$Br_2 + (CH_3)_3CH \xrightarrow{h\nu} (CH_3)_3CBr + BrCH_2{-}C(CH_3)_2{-}H + HBr$$

	(CH₃)₃CBr		BrCH₂C(CH₃)₂H
	> 99 %		< 1 %
	2-ブロモ-2-メチルプロパン（臭化 *tert*-ブチル）		1-ブロモ-2-メチルプロパン（臭化イソブチル）
統計的に予想される生成比	10 %	:	90 %
予想されるC−H結合の反応性	大（第三級）	:	小（第一級）
実験による生成比	99.94 %	:	0.06 %

臭素原子は第一級水素に対して，第二級水素を 80 倍速く，そして第三級水素を 1700 倍速く引き抜く．

この反応が示すように，臭素は第二級水素や第一級水素よりもはるかに速く第三級水素を引き抜く．非常に選択性が高いため，単一生成物を高収率で得ることも可能である．

まとめ　ラジカル置換反応では，反応性が増大すればそれだけ選択性は低下する．反応性のより高いハロゲンであるフッ素や塩素は，反応性の低い臭素に比べると第一級，第二級あるいは第三級 C−H 結合を区別せず反応するので選択性が低い（表 3-6）．まとめると，臭素化反応は選択性が非常に高く，塩素化反応は適度な選択性をもち，フッ素化反応は事実上非選択的であるといえる．

表 3-6 ハロゲン化における4種類のアルカン C−H 結合の相対的反応性

C−H 結合	F・(25 ℃, 気体)	Cl・(25 ℃, 気体)	Br・(150 ℃, 気体)
CH_3−H	0.5	0.004	0.002
RCH_2−H[a]	1	1	1
R_2CH−H	1.2	4	80
R_3C−H	1.4	5	1700

a) 第一級 C−H 結合の反応性を 1 として，それぞれのハロゲンに対する 4 種類のアルカン C−H 結合の反応性を示す．

3-9 合成化学的に意味をもつラジカル的ハロゲン化

ハロゲン化反応は，官能基をもたないアルカンを(すぐあとで述べるように)多くの有機反応にとって有用な出発物質である官能基化されたハロアルカンに変換することができる．有効に使えて経済的に効率のよいハロゲン化反応へと工夫することは実用的に価値がある．そのためには，グリーンケミストリー(コラム 3-1 参照)を念頭において，安全性，簡便さ，選択性，効率そして原料や反応剤の価格などさまざまな要因を考慮しなければならない．

フッ素化はあまり魅力的ではない．なぜなら，フッ素が比較的高価であり，かつ腐食性をもっているためである．さらに悪いことに，フッ素化の反応が時には制御できないほど過激であることも一因である．ラジカル的ヨウ素化も，フッ素化とは正反対で熱力学的に不利なため合成には使えない．

アルカンのハロゲン化の合成的な実用性は反応の選択性によって決まる

反応の実用性(synthetic utility)は，その反応が単一で精製しやすい生成物を高収率に生成できるかどうかに依存する．

塩素は単に安価であるという理由から，塩素化は工業においてとくに重要である(塩素は，身近な卓上塩である塩化ナトリウムの電気分解によって製造される)．塩素化の欠点は選択性が低いことであり，一般的に分離が困難な異性体の混合物が生成する．しかしながら，1 種類の水素しかもたないアルカンを基質として用いると，この問題は解決できる．この場合には(少なくとも反応の初期には)，単一の生成物が得られる．シクロペンタンはそうしたアルカンの一つである．この反応を，結合を直線で示す表記法(1-9 節参照)を使って示す．

1 種類の水素しかもたない分子の塩素化

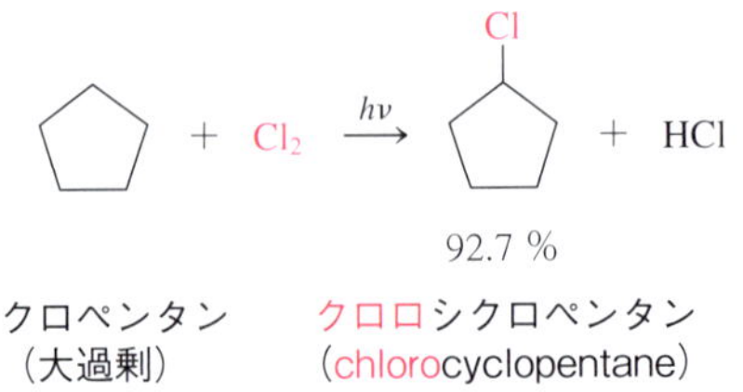

塩素原子が二つ以上導入された化合物の生成を最小限にするには，使用する塩素の量を制限しなければならない(3-4 節)．それでもジクロロ体やトリクロロ体

が副生し，反応生成物は複雑なものとなる．しかしながら，塩素が二つ，三つあるいはそれ以上入った生成物はモノクロロ体よりはるかに高い沸点をもっているので，蒸留によって容易に取り除くことができる．

練習問題 3-10

概念のおさらい：合成的有用性の評価

メチルシクロペンタン（欄外参照）のモノクロロ化反応は有機合成的に有用な反応であると考えられるか．

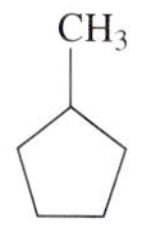

メチルシクロペンタン
(methylcyclopentane)

●解法のてびき

合成的に有用な反応とは，高選択的かつ高収率で一つの生成物を与えるものである．問題として取り上げた反応はどうだろうか．出発物質は 12 個の水素原子をもっている．これらの水素それぞれを一つずつ塩素で置き換えた化合物を考えよう．それらはすべて同じであるか，あるいは構造的に異なっているか．二つ以上の化合物が生成するなら，それらの相対的な生成比を推定しよう．

●答え

12 個の水素原子は 3 個の（CH_3 基上の）第一級水素，（C1 上の）1 個の第三級水素，そして（C2−C5 上）の 8 個の第二級水素に分類できる．さらに 8 個の第二級水素は二つのグループすなわち C2 と C5 上の 4 個と C3 と C4 上の 4 個に分けることができる．したがって，モノクロロ化によって複数の異性体生成物が得られるに違いない．それでもなおこの反応が合成的に有用であるといえるのは，これらの異性体のうちの一つが他のすべての異性体よりもはるかに高い収率で生成する場合だけである．

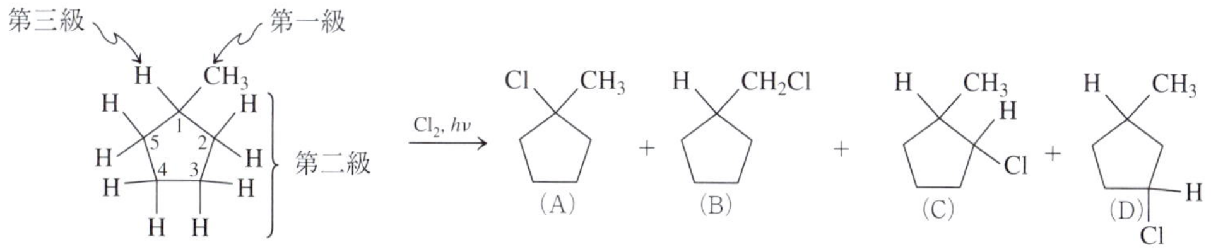

塩素化に対する水素の相対的反応性（第三級＝5，第二級＝4，第一級＝1）を思い出してみると，上にあげた生成物すべてがかなりの量生成することが明らかである．出発物質のそれぞれのグループに属する水素の数にその種類に対応する相対的反応性を掛けることで生成物(A)，(B)，(C)そして(D)の実際の生成比率が，5(1 × 5)：3(3 × 1)：16(4 × 4)：16(4 × 4)となることがわかる（A が 12.5%，B が 7.5%，C と D が 40%ずつ）．したがって，この反応は合成的に有用ではない．

練習問題 3-11　自分で解いてみよう

2,3−ジメチルブタンのモノクロロ化あるいはモノブロモ化反応は，合成化学的に有用なプロセスか．

臭素化は高選択的に進行する（かつ臭素が液体である）ので，実験室で，比較的小さいスケールで，アルカンのハロゲン化を行う場合にはよく用いられる．反応はより置換の多い炭素上で起こる．すなわち，統計的には起こりにくいにもかかわらず，第二級あるいは第三級 C−H が選択的に臭素化される．臭素化はふつう，臭素と比較的反応しにくい塩素化されたメタン誘導体（CCl_4，$CHCl_3$，CH_2Cl_2）を溶媒として用い，液相中で行われる．

まとめ 選択的なラジカル反応によるハロゲン化を行うには，少し高価ではあるが，臭素を使うのがよい．塩素化は選択性が低く，生成物を混合物として与えるが，この問題は1種類の水素だけをもつアルカンを選び，しかも塩素に対してアルカンを大過剰に用いることによって解決することができる．

コラム● 3-2 塩素化，クロラールおよび DDT：マラリア撲滅を目指して

MEDICINE

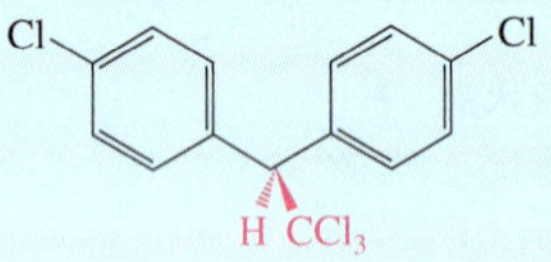

1,1,1-トリクロロ-2,2-ビス(4-クロロフェニル)エタン
〔1,1,1-trichloro-2,2-bis(4-chlorophenyl)ethane〕
(ジクロロジフェニルトリクロロエタン
dichlorodiphenyltrichloroethane, DDT)

トリクロロアセトアルデヒド(CCl_3CHO)を製造するエタノールの塩素化反応は，1832年にはじめて発表された．

エタノールの塩素化

$$CH_3CH_2OH + 4\,Cl_2 \longrightarrow CCl_3CHO + 5\,HCl$$

水和された形のものは一般にクロラール(chloral)とよばれ，「ノックアウトあめ玉」というニックネームをもつ強力な催眠剤である．クロラールは，1874年にはじめてつくられ，1939年にPaul Mueller＊によって強力な殺虫剤であると証明されたDDT(クロラールから誘導されるDDTの部分骨格を赤色で示す)の合成の鍵反応剤でもある．昆虫によって媒介される伝染病を抑制するためのDDTの使用については，アメリカの国立科学アカデミーによって出された1970年の報告書のなかに最もよく記述されている．「DDTほど私たち人類が恩恵を受けた化学薬品はない．…20年足らずの間にDDTは他の方法では避けられなかったマラリアによる死から5億人もの命を救った」．DDTはマラリア寄生虫のおもな宿主であるハマダラカ(*Anopheles*)を効率的に殺す．マラリアは世界の数億もの人びとを苦しめ，毎年100万人の命，とくに5歳以下の子どもの命を奪っている．

哺乳類に対する毒性は低いが(ヒトの致死量は体重1kgあたりおよそ500 mgである)，DDTは微生物による分解を非常に受けにくい．そのため散布されたDDTが食物連鎖によって蓄積され，鳥や魚を危険にさらすことになった．とくに，DDTは多くの種における適切な卵殻の発達を妨げた．その結果，アメリカ環境保護局によって1972年以来，DDTの使用が禁止されている．しかし，マラリアを制圧する顕著な有効性をもつために，マラリアが健康上でおもな問題となっている12の国では，厳密な規制のもとでいまなおDDTが使われている．最近，ヤブ蚊によって媒介され重大な先天性疾患を引き起こすジカウイルスの恐怖が世界中に広まっており，この病気と闘う手段として殺虫剤DDTの使用が再び議論されている．

DDT殺虫剤の毒にさらされたためにふ化しないコウノトリの卵．

＊ Paul Mueller博士(1899～1965)，スイス，バーゼル，J. R. ガイギ株式会社，1948年度ノーベル医学生理学賞受賞．

3-10 塩素を含む合成化合物と成層圏のオゾン層

熱や光によって結合がどのようにホモリシス開裂するかを見てきた．このような化学反応は，自然界において壮大なスケールで起こりうる．そして実際，環境に対して重大な影響を及ぼす．この節では，私たちの生活に大きな影響を与え，かつ少なくとも今後50年間はその影響を及ぼすと思われるラジカル反応の例について述べる．

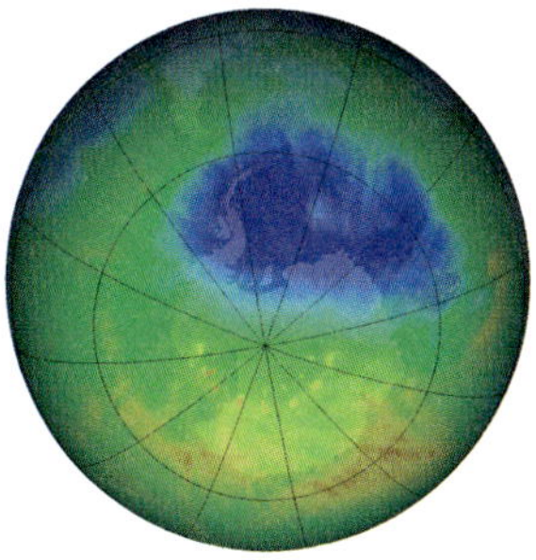

2016年11月における南極大陸の上層大気の様子を示すカラー写真．青色のところは，オゾンホールである．

オゾン層は高いエネルギーをもつ紫外線が地上に降り注ぐのを防ぐ

地球の大気はいくつもの異なる層から成っている．地表からおよそ15 kmまでの一番低い層が対流圏であり，この層が天候を決定する．対流圏の上空およそ50 kmまで広がっているのが成層圏である．そこでは空気の密度が低く，生命を維持することはできない．しかし，地球上で生物が生きるのに重要な役割を担っている**オゾン層**(ozone layer)がこの成層圏にある．成層圏において，高いエネルギーをもった太陽からの紫外線がO_2を酸素原子に解離させ，次にこの酸素原子が別のO_2分子と反応することでオゾン(O_3)が生成する．こうして生成したオゾンは200～300 nmの波長をもつ紫外線(UV光)を吸収する．この波長の紫外線は生命のシステムにとって必要不可欠な生体分子を破壊する．オゾン層はこの危険な紫外線の99%をさえぎる天然のフィルターとして機能し，地球上の生物の命を守っている．

成層圏におけるオゾンの生成とオゾンによる危険なUV光の吸収

オゾンの生成：　(1) $O_2 \xrightarrow{h\nu} \cdot\ddot{\underset{\cdot\cdot}{O}}\cdot$　続いて　(2) $O_2 + \cdot\ddot{\underset{\cdot\cdot}{O}}\cdot \longrightarrow \underset{\text{オゾン}}{O_3}$

オゾンによる危険な紫外線の吸収：　$\underset{\text{オゾン}}{O_3} \xrightarrow{h\nu} \cdot\ddot{\underset{\cdot\cdot}{O}}\cdot + O_2$

CFCは紫外線の照射によって塩素原子を放出する

クロロフルオロカーボン(chlorofluorocarbon, **CFC**)あるいは**フレオン**(freon)とよばれる化合物はフレオン13，CF_3Clのようにフッ素と塩素を含むハロゲン化アルカンである．最近まで，CFCは現代社会で最も広く使用されている有機合成化合物であった．気化する際に大量の熱を吸収する能力をもつために，優秀な冷媒として使われてきた．ところが，1987年世界中のすべての国がそれらの全廃に同意した．どうしてだろうか．1960年代の終わりから1970年代の初頭にかけて，Johnston，Crutzen，RowlandさらにMolinaら化学者が，CFCはラジカル反応機構によって反応性の高い化学種に変換され，地球の成層圏にあるオゾン層を破壊することを明らかにした(図3-13)．その頃からCFC全廃に向けての動きが始まった．

太陽からの紫外線の照射によってCFC分子中の弱い結合であるC—Cl結合がホモリシス開裂して原子状の塩素が生成する．

＊ Harold S. Johnston(1920～2012)，アメリカ，カリフォルニア大学バークレー校教授．
Paul Crutzen(1933～)，ドイツ，マックスプランク研究所教授，1995年度ノーベル化学賞受賞．
F. Sherwood Rowland(1927～2012)，アメリカ，カリフォルニア大学アーバイン校教授，1995年度ノーベル化学賞受賞．
Mario Molina(1943～)，アメリカ，マサチューセッツ工科大学教授，1995年度ノーベル化学賞受賞．

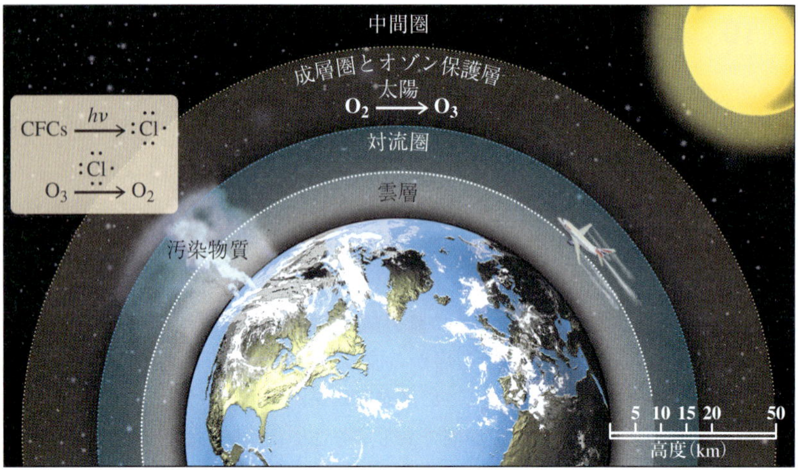

図3-13 オゾンを破壊する化学物質が地球から放出されて成層圏に到達する．

開始段階：フレオン13が光によって解離する

$$F_3C-\ddot{\underset{\cdot\cdot}{Cl}}: \xrightarrow{h\nu} F_3C\cdot + :\ddot{\underset{\cdot\cdot}{Cl}}\cdot$$

次に塩素原子がオゾンと反応して効率よくラジカル連鎖反応が進行する．

伝搬段階：ラジカル連鎖反応によってオゾンが分解される

$$:\ddot{\underset{\cdot\cdot}{Cl}}\cdot + O_3 \longrightarrow :\ddot{\underset{\cdot\cdot}{Cl}}-\ddot{\underset{\cdot\cdot}{O}}\cdot + O_2$$

$$:\ddot{\underset{\cdot\cdot}{Cl}}-\ddot{\underset{\cdot\cdot}{O}}\cdot + O \longrightarrow O_2 + :\ddot{\underset{\cdot\cdot}{Cl}}\cdot$$

これら二つの段階を足し合わせて全体として見ると，オゾン分子と酸素原子が二つのふつうの酸素分子に変換されたことになる．本章で述べてきた他のラジカル連鎖反応の場合と同じように，一つ目の伝搬段階で消費された活性な化学種($:\ddot{\underset{\cdot\cdot}{Cl}}\cdot$)が，二つ目の伝搬段階で再生される．その結果，非常に低濃度の塩素原子が発生すれば，多くのオゾン分子が分解されることになる．このような反応が実際に上空で起こっているのだろうか．

日焼けしたクジラがメキシコ湾沖で見られるようになった．日焼けの原因は何だろうか．犯人は，オゾン層の穴(オゾンホール)である．クジラは呼吸し，社会生活を営み，子どもたちに乳を与えるために長時間にわたって海面で過ごす必要があり，これが一因で太陽光によるダメージをとくに受けやすい．この皮膚の損傷が皮膚がんにつながることが危惧されている．

成層圏のオゾンは激的に減少している

大気の組成がはじめて測定されて以来，成層圏のオゾンが著しく減少していることが記録から確認されている．極地上空での季節変化の度合いが最も顕著で，南半球の初春には，南極上空のオゾン層のレベルが劇的に減少し，通常のオゾン濃度の15%以下になり，巨大な「オゾンホール」が観測される．この10年の間に「オゾンホール」の範囲はヨーロッパの面積の2.5倍にあたる2590万km^2をしばしば超え，南アメリカの南部の人びとが，目の損傷や皮膚がんに深刻な影響をもたらすUV光の照射にさらされる危険に直面している．北半球の春の時期における「オゾンホール」の存在に対する証拠も最近蓄積されてきており，数億人の人びとに影響を及ぼす可能性がある．地球全体のオゾン層減少の平均は，1990年代にはおおよそ6%まで達したが，2010年までにおおよそ4%まで減少した．成層圏のオゾン密度が1%減少すると，皮膚がんに罹る危険性が2～3%増加すると推定されている．2015年の時点で，高所での測定によると成層圏のオゾン層は非常にゆっくりと回復し始めているが，1980 年代に観測された数字に戻るには数十年を要するといわれている．

過去 30 年にわたって行われた体系的な研究によると，人類がつくり出した CFC のような物質から生成する塩素原子におもな責任があることは疑う余地がない．晩冬や初春の極地では成層圏中に塩素のオゾン破壊を促進する窒素酸化物を含む雲が発生する．衛星による ClO の測定結果はオゾンの減少と直接関係していることを示している．さらに，炭化水素の存在下で CFC が光分解を受ける以外には発生するはずのない HF が成層圏中に観測される事実もこれらの結論を強く支持する．

世界は CFC の代替物を探し続けている

「オゾン層を破壊する物質に関するモントリオール議定書」が 196 の国とヨーロッパ連合によって採択された．これは世界規模での有効な環境規制に関する最も大きな成功例である．議定書は次の 10 年以内に CFC の生産量を劇的に減少させることを要求した．その結果，はじめにハイドロクロロフルオロカーボン（HCFC）が，のちにハイドロフルオロカーボン（HFC）が CFC の代替化合物として開発された．HCFC は CFC よりも低い高度で光によって分解されるので，オゾン層の減少に対する脅威が少ない．しかしながら，HCFC は地球の温暖化に大きな影響を及ぼすので，2016 年に，170 カ国がこれらの化学製品の生産と消費をほぼ全廃するために拘束力のある目標の日を設定した．アメリカでは，冷蔵庫やエアコンに使われていた CFC の代替化合物として HFC-134a が広く使用されるようになった．HFC はオゾン層を減少させないが，HCFC と同様，強力な温室効果ガスである．すなわち HFC-134a は地球温暖化の潜在能力において最大限許容できる量を 10 倍近く超えている．HFC-152a はその限度を超えないので使用が増加している．発泡剤に用いられる HFO-1234ze や車に用いられる HFO-1234yf（「O」はアルケンの古い名称である「オレフィン」を意味する）のようなフルオロアルケンは，オゾン層に対する脅威もほとんどなく，温室効果ガスとしても作用しないために，長期的な解決につながるだろう．

CFC 代替化合物

CH_2FCF_3
HFC-134a

CHF_2CH_3
HFC-152a

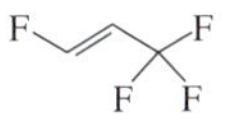
HFO-1234ze

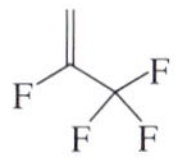
HFO-1234yf

3-11 アルカンの燃焼と相対的安定性

本章でこれまで学んできたことをもう一度振り返ってみよう．結合の強さが，分子をホモリシス開裂させるのに必要なエネルギーとして定義されることをはじめに学んだ．代表的な結合解離エネルギーの値を表 3-1 と表 3-2 にあげ，相対的なラジカルの安定性についての議論を通して，超共役による相互作用の数がラジカルの相対的安定性を決めるおもな要因であることも学んだ．こうした知識をもとに，多段階から成るラジカルによるハロゲン化反応の各段階の ΔH° の値を計算し，反応性や選択性を理解するための議論を行った．結合解離エネルギーを知ることが，のちにいろいろな場面で取り上げる有機変換反応の熱化学的な解析において大きな助けとなることは明らかである．それでは表 3-1 や表 3-2 にあげた結合解離エネルギーの値は，実験的にどのように求めることができるのだろうか．

分子全体の相対的エネルギー含量を測定するか，あるいはポテンシャルエネルギー図のエネルギー軸上での相対的な位置を知ることによって，結合の強さを決めることができる．分子の相対的熱含量を知るためには，**燃焼**(combustion)という完全な酸化(文字どおり「燃やす」)反応を用いる．なお燃焼は，すべての炭素原子ならびに水素原子をそれぞれCO_2(気体)とH_2O(液体)に変換する，ほとんどすべての有機化合物に共通した反応である．

アルカンの燃焼における二つの生成物(CO_2とH_2O)は，両方とも非常に小さなエネルギー含量をもっている．それゆえこれらの生成反応は大きい負のΔH°の値をもち，大量の熱を放出する．

$$2\,C_nH_{2n+2} \;+\; (3n+1)\,O_2 \;\longrightarrow\; 2n\,CO_2 \;+\; (2n+2)\,H_2O \;+\; 燃焼熱$$

分子を燃やすときに放出される熱を**燃焼熱**(heat of combustion, ΔH°_{comb})という．ΔH°_{comb}のほとんどは高い精度で測定できるので，アルカン(表3-7)と他の化合物の相対的エネルギー含量を比較することができる．そのような比較を行う場合には，燃焼させる化合物の物理的状態(気体であるか液体であるか，あるいは固体であるか)を考慮しなければならない．たとえば，液体状態のエタノールと気体状態のエタノールの燃焼熱の差は気化熱に相当し，その値はΔH°_{vap} = 9.7 kcal mol^{-1}(40.6 kJ mol^{-1})である．

同族体においては，燃える炭素と水素の数が順に多くなるという簡単な理由から，アルカンのΔH°_{comb}は炭素鎖が長くなればなるほど大きくなることが容易に想像できる．これに対して，同数の炭素と水素から成るアルカンの異性体を燃やしたときには，それぞれ同じ発熱量が得られると予想できるが，この予測は残念ながら正しくない．

アルカンの異性体の燃焼熱を比較すると，一般的にその値が同じでないことがわかる．ブタンと2-メチルプロパンとを比べてみよう．ブタンの燃焼反応の

表3-7 種々の有機化合物の燃焼熱
〔25 ℃での標準状態に換算された値, kcal mol^{-1}(kJ mol^{-1})〕

化合物(状態)	名　称	ΔH°_{comb}
CH_4(気体)	メタン	−212.8(−890.4)
C_2H_6(気体)	エタン	−372.8(−1559.8)
$CH_3CH_2CH_3$(気体)	プロパン	−530.6(−2220.0)
$CH_3(CH_2)_2CH_3$(気体)	ブタン	−687.4(−2876.1)
$(CH_3)_3CH$(気体)	2-メチルプロパン	−685.4(−2867.7)
$CH_3(CH_2)_3CH_3$(気体)	ペンタン	−845.2(−3536.3)
$CH_3(CH_2)_3CH_3$(液体)	ペンタン	−838.8(−3509.5)
$CH_3(CH_2)_4CH_3$(気体)	ヘキサン	−1002.5(−4194.5)
$CH_3(CH_2)_4CH_3$(液体)	ヘキサン	−995.0(−4163.1)
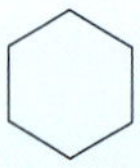 (液体)	シクロヘキサン	−936.9(−3920.0)
CH_3CH_2OH(気体)	エタノール	−336.4(−1407.5)
CH_3CH_2OH(液体)	エタノール	−326.7(−1366.9)
$C_{12}H_{22}O_{11}$(固体)	ショ糖(スクロース)	−1348.2(−5640.9)

注：燃焼による生成物はCO_2(気体)とH_2O(液体)である．

こぼれ話

私たちの身体は，食物のもっている熱容量をほぼ燃焼と同じように，(段階的な)酸化によって最終的にはCO_2とH_2Oに変換することでエネルギー生産に利用している．そのエネルギー生産量は食物のカロリー値と同じだろうか？　答えはイエスだが，厳密には誤っている．まず第一に，スーパーマーケットのラベルに記載されている「食物のカロリー」は，実はキロカロリーを意味しており1000倍も違っている．さらにこれらの数字は，グラム当たりであったり，オンス当たりであったり，あるいは容積当たりであったりと混乱を招くものである．二つ目に，私たちが食べたものすべてが完全に代謝されるわけではないので，「食物の熱量」は対応する燃焼熱よりも少ない．たとえば，食べたものの一部は，エタノールのように代謝されず呼気や尿としてそのままの形で，あるいはタンパク質からの尿素のように部分的に酸化された形で排出される．食物のなかには消化が難しくほぼもとの状態のままで身体を通過するものもある．アルカンがその例である．目安として，基本的な栄養素に対する代謝可能なエネルギーのパーセンテージは，おおよそタンパク質が70%，脂肪が95%，そして炭水化物では97%である．

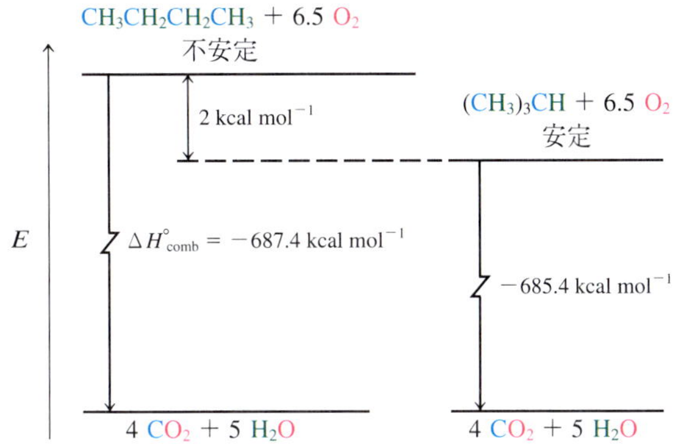

図 3-14 燃焼時のエネルギーの放出量を測定すると，ブタンは 2-メチルプロパンよりも大きいエネルギー含量をもつことがわかる．したがって，ブタンは 2-メチルプロパンよりも熱力学的に不安定である．

ΔH°_{comb} は -687.4 kcal mol^{-1} である．一方，ブタンの異性体である 2-メチルプロパンの ΔH°_{comb} は 2 kcal mol^{-1} 少なく -685.4 kcal mol^{-1} である（表 3-7）．このことは，2-メチルプロパンがブタンよりも小さなエネルギー含量をもっていることを示している．なぜなら，それぞれまったく同数の H_2O と CO_2 を与えるブタンと 2-メチルプロパンの二つの燃焼反応において，後者の燃焼反応が放出するエネルギーがより小さいためである（**図 3-14**）．ブタンは 2-メチルプロパンよりも熱力学的に不安定といえる．練習問題 3-12 には，このエネルギーの違いを分析する方法の一つを記述している．その物理的な要因は，中央の炭素を取り囲んでいる三つのメチル基の間に働く引力として London 力（2-7 節参照）だと考えられる．最も有利なねじれ形立体配座において，分子内の London 力がどのような立体反発にも勝り，枝分かれのある構造をより安定化する．

練習問題 3-12

ブタンを仮に 2-メチルプロパンへ熱変換したとすると，この反応は $\Delta H^\circ = -2.0$ kcal mol^{-1} となるはずである．表 3-2 の結合解離エネルギーのデータを使って計算した場合にはどのような値となるか（ブタンのメチル−プロピル結合については DH° = 89 kcal mol^{-1} の値を用いよ）．

大きなエネルギー含量をもった分子は，小さなエネルギー含量をもった分子に比べ熱力学的により不安定である．

まとめ アルカンやその他の有機分子の燃焼熱から，それらの分子のエネルギー含量や相対的安定性を定量的に見積もることができる．

章のまとめ

本章では，有機化合物のおもな種類のうち，最も単純な化合物であるアルカンを取り上げその化学的な性質について学び始めた．

- ラジカルを生成する結合のホモリシス開裂に力点を置いた結合の切断と生成に関するエネルギー論（3-1 節）．
- ラジカルの構造，生成のしやすさならびに超共役の効果による安定性の間の関係（3-3 節〜 3-7 節）．
- ラジカルの安定性がアルカンとハロゲンの間の反応の選択性に及ぼす影響（3-7 節）．

• 熱力学と速度論の両方を制御するにあたって結合の強さが担う役割を示すために，ラジカル連鎖ハロゲン化反応の解析におけるポテンシャルエネルギー対反応座標の図の利用(3-4節～3-8節).
• 単一生成物を高収率で生成する可能性の最も高い状況，つまり実用性のある合成反応の好例(3-9節).

すべての反応は2章ならびに3章で紹介した熱力学と速度論の原理によって制御されている．これから学ぶ分子構造の動的挙動や化学変換を理解するためにこれらの原理を応用する.

3-12 総合問題：概念のまとめ

次の二つの練習問題は，ラジカルによるハロゲン化の反応機構ならびにそのようなラジカル反応のエネルギー論についての見識を得るためにどのように結合の強さのデータを利用すればよいか．その理解度を評価するためのものである.

練習問題 3-13：ラジカル反応機構とエンタルピー

ヨードメタンは，遊離ラジカル反応条件下(光照射)にヨウ化水素と反応してメタンとヨウ素を生成する．反応式は次のとおりである.

$$CH_3I + HI \xrightarrow{h\nu} CH_4 + I_2$$

「どのようにして」と「なぜ」という言葉は有機化学にとって暗示的である．反応についての質問のなかでこれらの語句を見たとき，それらはほぼいつも「反応機構を書いて説明せよ」という意味である.

a．この反応がどのように起こるのか説明せよ.

● 解法のてびき

What 何が問われているか．この問題に答えるための鍵は「どのように」という言葉にある．反応は，電子の押し出しを表す曲がった矢印を用いて記述される「反応機構」にしたがって起こる．この問題の解答はほぼ「反応機構を書くこと」である．すなわち反応機構こそが説明である.

How どこから手をつけるか．問題文中にはこの反応は「遊離ラジカル反応条件下で」進行すると記述されている．ラジカル反応は三段階すなわち開始段階，伝搬段階そして停止段階から成ることがわかっている．したがって，開始段階とそれに続く伝搬段階と停止段階を書けばよい.

Information 必要な情報は何か．必要とされる結合の強さのデータは表3-1と表3-4にある．練習問題3-4と同様に，解答を得るためのモデルとしてテキスト中の反応機構を参考にせよ.

Proceed 一歩一歩論理的に進めよ.

● 答え

段階1 起こりそうな**開始**反応を考えることから始めよ．3-4節を見直して，ラジカル反応の開始が出発物質の最も弱い結合の切断であることを思い起こそう．表3-1ならびに3-4から，その $DH°$ が57 kcal mol^{-1} である CH_3I の炭素－ヨウ素結合が最も弱い結合であることがわかる．したがって，

開始段階

$$H_3C\!-\!\ddot{\underset{..}{I}}: \xrightarrow{h\nu} H_3C\cdot + \cdot\ddot{\underset{..}{I}}:$$

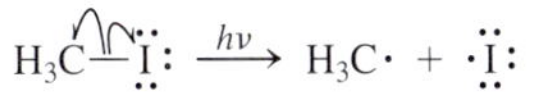

段階2 次に，3-4節の反応にならって，**伝搬**段階について考える．伝搬段階では，開始段階で生成した化学種の一つが，全体の反応を表す式のなかに示された分子の一つと反応する．この際，伝搬反応は次の条件を満たすものでなければならない．すなわち，その条件とはこの一つ目の伝搬反応によって生成する生成物の一つは全体の反応で生成する分子であり，もう一つの生成物は二つ目の伝搬段階を引き起こすことができる化学種であるということである．次の四つの反応式が書ける．

(i) $H_3C\cdot + H\!-\!\ddot{\underset{..}{I}}: \longrightarrow CH_4 + \cdot\ddot{\underset{..}{I}}:$ (iii) $:\!\ddot{\underset{..}{I}}\cdot + :\!\ddot{\underset{..}{I}}\!-\!H \longrightarrow I_2 + \cdot H$

(ii) $H_3C\cdot + H\!-\!CH_2I \longrightarrow CH_4 + \cdot CH_2I$ (iv) $:\!\ddot{\underset{..}{I}}\cdot + :\!\ddot{\underset{..}{I}}\!-\!CH_3 \longrightarrow I_2 + \cdot CH_3$

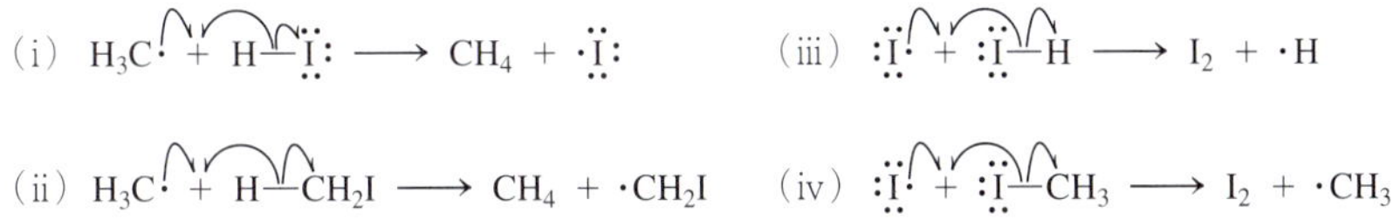

（i）と（ii）の反応では，いずれもメチルラジカルが HI あるいは CH_3I から水素原子を引き抜き，メタンが生成する．一方，(iii)と(iv)の反応では，ヨウ素原子が HI あるいは CH_3I からもう一つのヨウ素原子を引き抜いて，I_2 が生成する．ここにあげた四つの伝搬段階のいずれにおいても，反応の全体を表す式にある二つの出発物質のうちの一つの分子が，二つの生成物のうちの一つの分子に変換されている．それでは，この四つの式のなかからどの組を選べばよいのだろうか．それぞれの式のラジカル生成物に注目する．生成するラジカルが互いに相手の式のなかでは反応剤となる（消費される）ような二つの式が正しい式の組合せである．伝搬段階（i）ではメチルラジカルが消費され，ヨウ素原子が生成する．一方，式(iv)では，ヨウ素原子が消費され，メチルラジカルが生成する．したがって，段階（i）と(iv)が伝搬サイクルとしてふさわしいものである．

伝搬段階

(i) $H_3C\cdot + H\!-\!\ddot{\underset{..}{I}}: \longrightarrow CH_4 + \cdot\ddot{\underset{..}{I}}:$ (iv) $:\!\ddot{\underset{..}{I}}\cdot + :\!\ddot{\underset{..}{I}}\!-\!CH_3 \longrightarrow I_2 + \cdot CH_3$

段階3 反応途中に生成するラジカルのうちのいずれか二つを組み合わせて一つの分子にすると，これが理にかなった**停止**反応となる．次の三つの反応が可能である．

停止段階

$:\!\ddot{\underset{..}{I}}\cdot + \cdot\ddot{\underset{..}{I}}: \longrightarrow I_2$ $H_3C\cdot + \cdot CH_3 \longrightarrow H_3C\!-\!CH_3$ （エタン）

$H_3C\cdot + \cdot\ddot{\underset{..}{I}}: \longrightarrow H_3C\!-\!I$

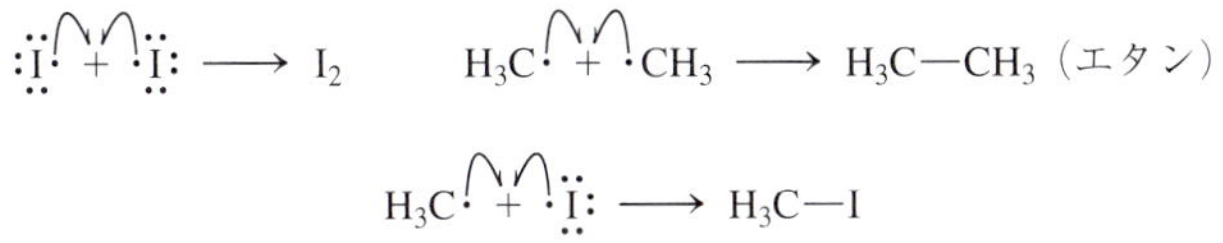

b. 全体の反応ならびに a で考えた各段階の反応におけるエンタルピー変化 $\Delta H°$ を計算せよ．表 3-1, 3-2 ならびに 3-4 を適宜利用せよ．

● 答え
結合を切断するには，エネルギーを投入しなければならない．一方，結合が生成すると，エネルギーが放出される．そして，投入されるエネルギーから放出されるエネルギーを差し引いたものが$\Delta H°$である．全体の反応に対しては，次にあげる結合の強さを考慮する必要がある．

$$\underset{DH°:\ 57}{CH_3—I} + \underset{71}{H—I} \xrightarrow{h\nu} \underset{105}{CH_3—H} + \underset{36}{I—I}$$

答えは$\Delta H° = (57 + 71) - (105 + 36) = -13\ \text{kcal mol}^{-1}$となる（表3-5を参照せよ）．各段階の反応についても同じ原則が成り立つ．一つを除いて，開始段階および伝搬段階の反応機構の各段階で生成したり切断される結合は4種類だけなので，開始段階と伝搬段階の二つの反応については，先にあげた四つの$DH°$値だけあれば計算ができる．

開始段階： $\Delta H° = DH°(CH_3-I) = +57\ \text{kcal mol}^{-1}$

伝搬段階(i)： $\Delta H° = DH°(H-I) - DH°(CH_3-H) = -34\ \text{kcal mol}^{-1}$

伝搬段階(iv)： $\Delta H° = DH°(CH_3-I) - DH°(I-I) = +21\ \text{kcal mol}^{-1}$

二つの伝搬段階の$\Delta H°$値を加えると，全体の反応に対する$\Delta H°$の値と等しくなることを確かめよ．このことは常に成立する．

思い起こそう：有機化学の問題中に使われる「どのように」とか「なぜ」という言葉は，一般的に「反応機構を用いて説明せよ」という意味である．

停止段階：$\Delta H°$は生成する結合の$DH°$と大きさが等しく，符号は逆になる（$\Delta H° = -DH°$）；$-36\ \text{kcal mol}^{-1}$（$I_2$の生成），$-57\ \text{kcal mol}^{-1}$（$CH_3I$の生成），$-90\ \text{kcal mol}^{-1}$（エタンのC−C結合の生成）．

練習問題3-14：生成物を予測するために，反応機構と結合の強さのデータを組合わせて考える

練習問題3-6(a)であげた塩素と臭素の等モル量混合物とメタンの反応について考えよ．すべての反応過程について反応機構を考え，生成物を予想せよ．

● 解法のてびき

What 何が問われているか．二つある．反応系に含まれている反応機構の各段階を書き出すことと，生成すると考えられる一つあるいは複数個の化合物の構造を決めることである．さらに，みなさんは同様の反応をモデルとして使うことで，このような問題に対する解答を得るための指針とともに，必要な反応機構の情報も手にできる（3-6節）．

How どこから手をつけるか．生成物の生成について記述しなければならないので，伝搬段階から始めよう．

Information 必要な情報は何か．問題3-6(a)（と巻末付録Aにあるその解答）に戻ってもう一度見てみよう．問題は3-4節ならびに3-5節で述べたメタンのラジカル的ハロゲン化反応に関係している．表3-1と3-3のエンタルピーのデータならびに本文中のデータが役に立ちそうである．

Proceed 一歩一歩論理的に進めよ．以下のように1段階ずつ考えよう．

● 答え

開始段階

塩素分子ならびに臭素分子ともに加熱や光照射によって原子に解離する．した

がって，塩素原子と臭素原子の両方が存在する．

伝搬段階 1

塩素原子と臭素原子の両方がメタンと反応することができるが，その反応の $\Delta H° = +2\ \mathrm{kcal\ mol^{-1}}$，$E_a = 4\ \mathrm{kcal\ mol^{-1}}$(3–4 節参照)である塩素の反応が進行するのに対し，臭素の反応は $\Delta H° = +18\ \mathrm{kcal\ mol^{-1}}$，$E_a \approx 19 \sim 20\ \mathrm{kcal\ mol^{-1}}$(3–5 節参照)という大きな値をもっており反応は難しい．E_a 値の間の大きな違いは，塩素原子が臭素原子に比べてはるかに速くメタンから水素を引き抜くことを示唆している．したがって実質上の目的のために考慮しなければならない最初の伝搬段階は，以下の反応である．

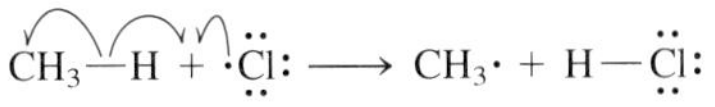

このことは最終生成物として CH_3Cl だけが生成することを意味するのか．この結論へジャンプしてしまうと，「一歩一歩論理的に進めよ．つまり，どんな段階も飛ばしてはいけない」に反する．問題を間違ってとらえたことにもなる．次の質問を考えてみよう．伝搬段階 1 は最終生成物の生成を含んでいるか．答えはノーである．この段階の生成物は HCl とメチルラジカルであって CH_3Cl ではない．この時点ではまだ，最終生成物が何であるかという質問には答える準備ができていない．伝搬段階 2 を先に検討しなければならない．そこに興味深い事実がある．

伝搬段階 2

伝搬段階 1 によってメチルラジカルが生成する．伝搬段階 2 では，メチルラジカルとハロゲン分子 X_2($X_2 = Cl_2$ あるいは Br_2)が反応してハロゲン原子と最終生成物である CH_3X(X = Cl あるいは Br)が生成する．メチルラジカルとこれらのハロゲン分子との反応について本章で何を学んだだろうか．3–4 節と 3–5 節で次の二つの式を学んだ．

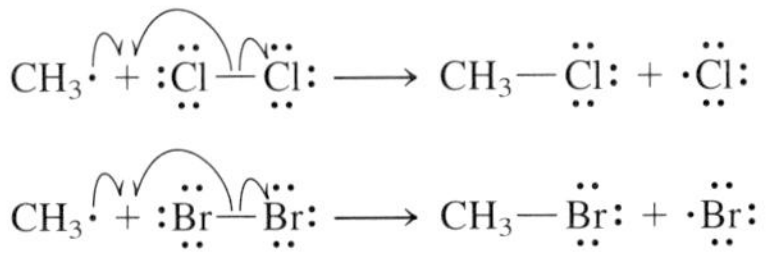

$\Delta H° = -27\ \mathrm{kcal\ mol^{-1}}$
$E_a \approx 0\ \mathrm{kcal\ mol^{-1}}$

$\Delta H° = -24\ \mathrm{kcal\ mol^{-1}}$
$E_a \approx 0\ \mathrm{kcal\ mol^{-1}}$

注意深く見てほしい．メチルラジカルはひとたび生成すると，Cl_2 と Br_2 のいずれをも攻撃できる権利をもっている．というのは，二つの反応がほぼ同じような発熱をともなう反応であり，さらに重要なことは，二つの反応とも非常に低い活性化エネルギーをもっており，ともに同じぐらい速い反応速度をもっているためである．最終生成物として CH_3Cl が生成するのか CH_3Br が生成するのかを決定するのはまさにこの伝搬段階である．メチルラジカルが臭素と反応するか塩素と反応するかに関係なく，この伝搬段階がほぼ同じ速度で進行することを知った．すると，CH_3Cl と CH_3Br がほぼ同じ量だけ生成するという観測結果にたどり着く．

これまで行ってきたような反応機構のていねいな分析なしに，このかなりひねくれた結論を予想する(あるいは実験事実を理解する)ことは不可能だろう．伝搬段階 1 でメタンと塩素原子だけから生成したメチルラジカルから CH_3Cl と

CH_3Br の両方の生成物が生成することに注意せよ．ラジカル反応についてのさらなる勉強のために，章末問題 24，41 および 42 を解いてみよう．

■重要な概念

1. 結合のホモリシスに対する$\Delta H°$は，**結合解離エネルギー** $DH°$ として定義される．結合のホモリシスはラジカルや遊離の原子を与える．

2. アルカンの C—H 結合の強さは次の順に減少する．

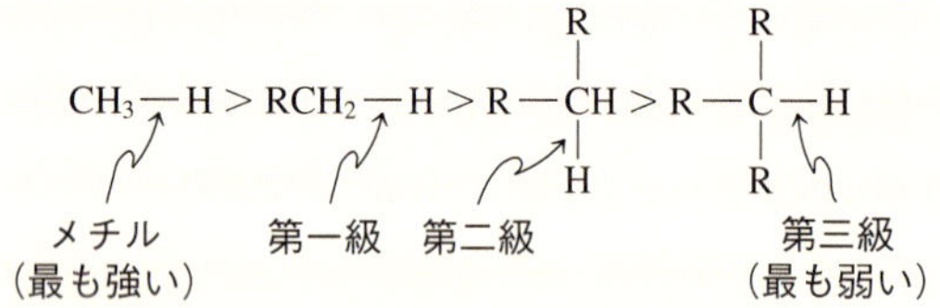

その理由は対応するアルキルラジカルの安定性が次のような順序であるためである．

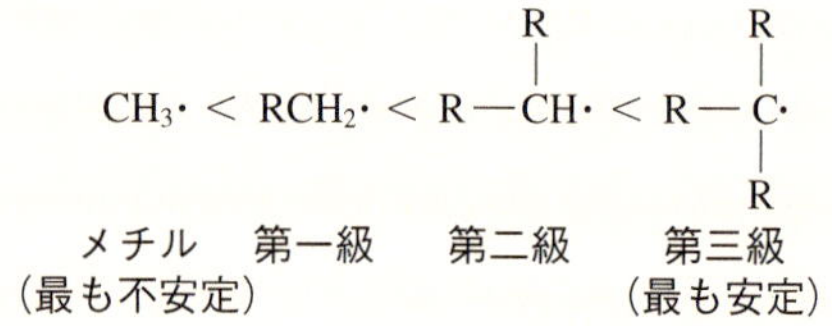

この順序は**超共役**による安定化が増大する順序である．

3. 触媒は出発物質と生成物の間で平衡が達成される反応速度を速める．

4. アルカンは**ラジカル連鎖機構**にしたがってハロゲン(ヨウ素は除く)と反応してハロアルカンを生じる．反応機構は，ハロゲン原子をつくる**開始段階**と二つの**伝搬段階**といくつかの**停止段階**から成り立っている．

5. 二つの伝搬段階のうち，より反応速度の遅い一つ目の伝搬段階では，水素原子がアルカン鎖から引き抜かれ，アルキルラジカルと HX が生成する．そのため**反応性**は，I_2 から F_2 へと周期表で上に上るにつれて増大する．逆に**選択性**は I_2 から F_2 に上るにつれてこの順に低下する．反応温度を上げても選択性は低下する．

6. Hammond の仮説によれば，発熱をともなう速い反応は，一般的に出発物質の構造に近い構造をもった**早い段階での遷移状態**を経由して進行する．反対に吸熱的で遅い反応は，通常は**遅い段階に**(生成物に似た)**遷移状態**をもつ．

7. 反応の$\Delta H°$は，反応に関与する結合の $DH°$ 値を用いて次式によって求めることができる．

$$\Delta H° = \sum DH°\,(\text{切断される結合}) - \sum DH°\,(\text{生成する結合})$$

8. ラジカル的ハロゲン化反応の$\Delta H°$の値は，二つの伝搬段階の$\Delta H°$の総計に等しい．

9. ハロゲン化におけるアルカンの種々の C—H 結合の相対的な反応性は，統計的な寄与を差し引くことによって計算できる．同一条件下ではおよそ一定であり次の順となる．

CH_4 <第一級 CH <第二級 CH <第三級 CH

種々の C—H 結合の間の反応性の差は，臭素化反応において最大となる．そのため臭素化が最も選択的なラジカル的ハロゲン化反応である．塩素化の選択性ははるかに低く，フッ素化はほとんど選択性がない．

10. アルカンの燃焼における$\Delta H°$は，**燃焼熱**($\Delta H°_{comb}$)とよばれる．異性体化合物の燃焼熱を測定することによって，それらの化合物の相対的安定性を実験的に求めることができる．

章末問題

15. 次の化合物のそれぞれについて，第一級，第二級，第三級水素を区別して印をつけよ．

(a) $CH_3CH_2CH_2CH_3$　　(b) $CH_3CH_2CH_2CH_2CH_3$

(c) 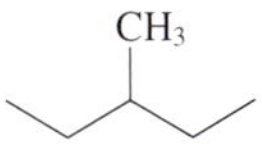

(d) 

16. 次の(a)，(b)，(c)各組のアルキルラジカルについて，それぞれのラジカルの名称を示し，第一級，第二級，第三級のどのラジカルであるかを区別し，さらに安定性の大きい順に並べよ．また，超共役による相互作用がわかるように最も安定なラジカルの軌道の図を書け．

(a) $CH_3CH_2\dot{C}HCH_3$ と $CH_3CH_2CH_2CH_2\cdot$
(b) $(CH_3CH_2)_2CHCH_2\cdot$ と $(CH_3CH_2)_2\dot{C}CH_3$
(c) $(CH_3)_2CH\dot{C}HCH_3$, $(CH_3)_2\dot{C}CH_2CH_3$ と $(CH_3)_2CHCH_2CH_2\cdot$

17. プロパンの熱分解で生成すると考えられる化合物をできるだけ多くあげよ．なお，熱分解反応を開始する過程はC—C 結合の切断だけであると仮定せよ．

18. 問題 17 におけるプロパンを(a)ブタンと(b)2-メチルプロパンに置き換えて答えよ．最もホモリシス開裂しやすい結合を決めるのに表 3-2 のデータを用い，その結合の切断を反応の開始段階とせよ．

19. 次の反応に対する$\Delta H°$の値を求めよ．

(a) $H_2 + F_2 \rightarrow 2\,HF$　　(b) $H_2 + Cl_2 \rightarrow 2\,HCl$
(c) $H_2 + Br_2 \rightarrow 2\,HBr$　　(d) $H_2 + I_2 \rightarrow 2\,HI$
(e) $(CH_3)_3CH + F_2 \rightarrow (CH_3)_3CF + HF$
(f) $(CH_3)_3CH + Cl_2 \rightarrow (CH_3)_3CCl + HCl$
(g) $(CH_3)_3CH + Br_2 \rightarrow (CH_3)_3CBr + HBr$
(h) $(CH_3)_3CH + I_2 \rightarrow (CH_3)_3CI + HI$

20. 問題 15 にあげた化合物に対してモノハロゲン化を行った場合，それぞれ構造異性体がいくつ生成するか．(**ヒント**：それぞれの分子のなかに，構造上，環境の異なる水素の種類がいくつあるか数えよ．)

21. (a) 3-6 および 3-7 節で学んだ知識をもとに，(i) ペンタンと(ii) 3-メチルペンタンのラジカル的モノクロロ化反応の生成物を書け．(b) 25 ℃におけるそれぞれの反応で生成すると思われるモノクロロ化生成物の異性体比を推定せよ．(c) 表 3-1 の結合の強さのデータを利用して，3-メチルペンタンの C3 位での塩素化反応の伝搬段階の$\Delta H°$の値を求めよ．また，モノクロロ化反応の全体を通しての$\Delta H°$の値はいくらになるか．

22. メタンのモノブロモ化について詳細な機構を記せ．開始段階，伝搬段階ならびに停止段階すべてについて示すこと．

23. メタンのモノブロモ化(問題 22)の二つの伝搬段階に対するポテンシャルエネルギー対反応座標の図を書け．

24. 炭化水素であるベンゼン(C_6H_6，構造については 2-4 節参照)のラジカル的臭素化反応の機構を書け．3-4 節から 3-6 節にわたって述べたアルカンのハロゲン化における伝搬段階を参考にせよ．各段階ならびに全体を通しての反応の$\Delta H°$を求めよ．このベンゼンの臭素化反応と他の炭化水素の臭素化反応とを熱力学的に比べよ．

データ：$DH°\,(C_6H_5{-}H) = 112\ \mathrm{kcal\ mol^{-1}}$；
$DH°\,(C_6H_5{-}Br) = 81\ \mathrm{kcal\ mol^{-1}}$

練習問題 3-5(a)の**注意**を参照せよ．

25. ベンゼンのモノブロモ化反応(問題 24)の二つの伝搬段階に対するポテンシャルエネルギー対反応座標の図を書け．

26. 問題 25 で書いた図それぞれについて，早い段階での遷移状態として描いたものか遅い段階での遷移状態として描いたものかを示せ．

27. プロパンのモノブロモ化は二つの異性体生成物を生成する．(a) それらの構造を書け．(b) 表 3-6 のデータとプロパンの塩素化に対して 3-7 節で述べた方法論を用いて，この反応の生成物のおおよその割合を決定せよ．どちらが主生成物か．臭素による第一級水素に対する第二級水素の選択性は，1 種類の異性体生成物を高収率で生成するのに十分大きいだろうか．

28. 次の反応のそれぞれについて主生成物(複数のこともある)を示せ．

(a) $CH_3CH_3 + I_2 \xrightarrow{\Delta}$

(b) $CH_3CH_2CH_3 + F_2 \longrightarrow$

(c) 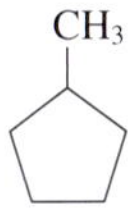

$+\ Br_2 \xrightarrow{\Delta}$

(d) 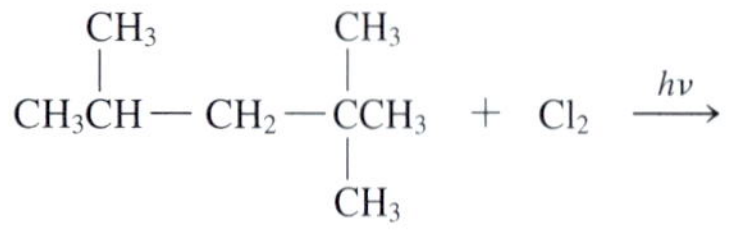

(e) 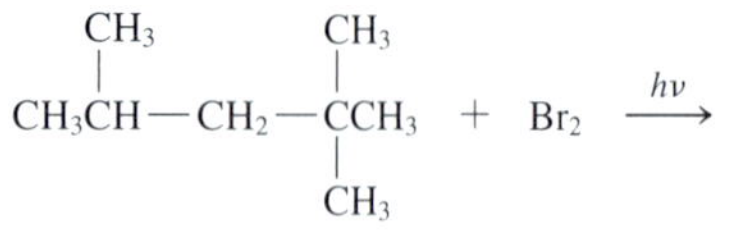

29. 25 ℃での F_2 と Cl_2，150 ℃での Br_2 についての相対的な反応性のデータ(表 3-6)を用いて，問題 28 のそれぞれの反応における生成物の生成比を計算せよ．

30. 問題 28 にあげたそれぞれの反応は高い選択性をもって主生成物を生じるか．高選択的な反応(すなわち有用な「合成的方法」)があればその反応をあげよ．

31. (a) 125 ℃におけるペンタンのモノブロモ化反応の主たる有機生成物は何か．(b) この生成分子について C2−C3 結合まわりの回転によって生じる可能なすべてのねじれ形配座の Newman 投影式を書け．(c) この分子の C2−C3 結合まわりの回転にともなうポテンシャルエネルギーとねじれ角との間の定性的な関係を表す図を書け．(**注意**：臭素原子はメチル基に比べて立体的にかなり小さい．)

32. (a) 問題 31 であげた主生成物を生成するペンタンのモノブロモ化反応の二つの伝搬反応を示すポテンシャルエネルギー対反応座標の図を書け．本章に記載の $DH°$ の情報(表 3-1，3-2 そして 3-4 から適当に)を用いよ．(b) 遷移状態の位置を示し，それぞれが早い段階の遷移状態かあるいは遅い段階の遷移状態かを述べよ．(c) ペンタンと I_2 との反応について同様の図を書け．臭素化反応の図とどのように違っているか．

33. 室温において，1,2-ジブロモエタンは 89 % のアンチ配座異性体と 11 % のゴーシュ配座異性体の平衡混合物として存在している．同じ条件下でブタンは 72 % のアンチ異性体と 28 % のゴーシュ異性体の平衡混合物として存在している．Br は CH_3 よりも立体的に小さい(問題 31 参照)ことに留意してこの違いを説明せよ．(**ヒント**：C−Br 結合の極性とそれにもとづく静電気的な影響を考えよ．)

34. 次のそれぞれの物質(分子式は表 3-7 に示されている)の燃焼についての物質収支の式を書け．
(a) メタン，(b) プロパン，(c) シクロヘキサン，
(d) エタノール，(e) スクロース．

35. プロパナール($CH_3CH_2\overset{O}{\overset{\|}{C}}H$)とアセトン($CH_3\overset{O}{\overset{\|}{C}}CH_3$)は同じ分子式 C_3H_6O をもつ異性体である．そしてプロパナールの燃焼熱は -434.1 kcal mol^{-1}，アセトンの燃焼熱は -427.9 kcal mol^{-1} である．(a) これら二つの化合物の燃焼についての物質収支の式を書け．(b) プロパナールとアセトンの間のエネルギー差を求めよ．どちらのエネルギー含量が小さいか．(c) プロパナールとアセトンとではどちらが熱力学的により安定か．(**ヒント**：図 3-14 と同じような図を書いて考えよ．)

36. 塩化スルフリル(SO_2Cl_2，下に構造式を示す)は，気体である塩素分子の代用としてアルカンの塩素化に用いられる液状の反応剤である．塩化スルフリルを用いて CH_4 を塩素化する機構を述べよ．(**ヒント**：ラジカル連鎖反応のふつうのモデル反応にならって，Cl_2 のところを適宜 SO_2Cl_2 で置き換えて反応機構を書き直せ．データ：SO_2Cl_2 における S−Cl の結合について，$DH° = 36$ kcal mol^{-1}．)

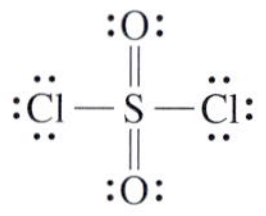

塩化スルフリル
(沸点 69 ℃)

37. 25 ℃におけるメタンの C−H 結合と塩素原子の反応の反応速度定数と，メタンの C−H 結合と臭素原子の反応の速度定数の比を，Arrhenius の式(2-1 節)を用いて求めよ．二つの反応の A 値は等しいと仮定せよ．また，Br・と CH_4 との反応の活性化エネルギー E_a の値は 19 kcal mol^{-1} とせよ．

38. **チャレンジ** プロパンのような異なる種類の C−H 結合をもつアルカンを Br_2 と Cl_2 の等モル量混合物と反応させると，臭素化生成物の選択性が，Br_2 単独で反応させたときに比べてはるかに低下する(塩素化の選択性と非常によく似た結果を与える)．この理由を説明せよ．

39. 加熱あるいは触媒の存在下に，メタンは次の反応式にしたがって過酸化水素と反応する．

$$CH_4 + HOOH \longrightarrow CH_3OH + H_2O$$

この反応はラジカル連鎖機構で進行する．

(a) この変換反応に関する開始段階，伝搬段階ならびに停止段階を書き，下に示した $DH°$ 値を用いて，それぞれに対する $\Delta H°$ を求めよ．

$$DH°(H-CH_3) = 105 \text{ kcal mol}^{-1}$$
$$DH°(HO-CH_3) = 93 \text{ kcal mol}^{-1}$$
$$DH°(HO-OH) = 51 \text{ kcal mol}^{-1}$$
$$DH°(H-OH) = 119 \text{ kcal mol}^{-1}$$

(b) もとの反応式に記述された全体のプロセスに対する$\Delta H°$を求めよ．(c) 全体の$\Delta H°$が-25 kcal mol^{-1}であるメタンの塩素化とこの反応を熱力学的に比較せよ．(d) 一つ目の伝搬段階のE_aは6 kcal mol^{-1}であるのに対し，二つ目の伝搬段階のE_aは非常に小さい．メタンの塩素化においても一つ目の伝搬段階のE_aは4 kcal mol^{-1}であるのに対し，ここでも二つ目の伝搬段階のE_aは小さい．それぞれの開始反応の容易さに差がないと仮定すれば，反応が速いのはどちらか．

40. 1-ブロモプロパンの臭素化は次のような結果となる．

$$CH_3CH_2CH_2Br \xrightarrow{Br_2,\ 200\ ℃}$$

$$\underset{90\ \%}{CH_3CH_2CHBr_2} + \underset{8.5\ \%}{CH_3CHBrCH_2Br} + \underset{1.5\ \%}{BrCH_2CH_2CH_2Br}$$

三つの炭素上にあるそれぞれの水素の臭素原子に対する相対的な反応性を計算せよ．さらに，その結果をプロパンのような単純なアルカンを出発物質としたときの臭素化の結果と比較し，それらの相違について説明せよ．

41. メタンのハロゲン化に対して，もう一つの仮想的な反応機構が考えられる．そしてその伝搬段階は次式で表される．

(i) $X\cdot + CH_4 \longrightarrow CH_3X + H\cdot$

(ii) $H\cdot + X_2 \longrightarrow HX + X\cdot$

(a) ハロゲンのどれか一つを選んでいくつかある表のなかから適当な$DH°$値を拾い出し，これらの伝搬段階の$\Delta H°$を計算せよ．(b) 一般に受け入れられている反応機構の$\Delta H°$(表3-5)と(a)で得た$\Delta H°$値とを比べよ．上式の機構は一般に受け入れられている機構と十分に競合するだろうか．(**ヒント**：活性化エネルギーを考えよ．)

42. **チャレンジ** ラジカル阻害剤とよばれる特殊な物質をハロゲン化反応に加えると，反応が事実上完全に停止する．一例としてメタンの塩素化に対するI_2による反応の阻害をあげることができる．どうして反応が阻害されるのかを説明せよ．(**ヒント**：系中に存在するいろいろな化学種とI_2との間で起こりうるすべての反応について，それぞれの$\Delta H°$値を求めよ．そして，これらI_2との反応による生成物がさらに反応を起こす可能性について検討せよ．)

43. 代表的な炭化水素の燃料(たとえばガソリンの一般的な成分である2,2,4-トリメチルペンタンなど)は，gあたりのkcalで計算すると，非常に似通った燃焼熱をもっている．(a) 表3-7中の代表的ないくつかの炭化水素についてgあたりの燃焼熱を求めよ．(b) エタノールのgあたりの燃焼熱を計算せよ(表3-7)．(c)「ガソホール(gasohol)」(90％ガソリンと10％エタノール)が内燃機関の燃料として適しているかどうかを評価するために，純粋なエタノールを使ってリットルあたりの自動車が走る距離を測定したところ，標準ガソリンを使って同じ自動車が走る距離に比べおよそ40％少ないことが明らかとなった．この数字は(a)と(b)で得られた結果と一致するか．炭化水素の代わりに酸素を含んだ分子が燃料として利用できる可能性について，一般論としてどう考えるか．

44. 二つの簡単な有機分子，メタノール(CH_3OH)と2-メトキシ-2-メチルプロパン〔*tert*-ブチルメチルエーテル，$(CH_3)_3COCH_3$〕が燃料の添加物として使われている．気体状態でのこれら二つの化合物に対する$\Delta H°_{comb}$の値は，メタノールが-182.6 kcal mol^{-1}，2-メトキシ-2-メチルプロパンが-809.7 kcal mol^{-1}である．(a) これらの分子それぞれがCO_2とH_2Oにまで完全燃焼した場合の物質収支式を書け．(b) 表3-7を使って，これらの化合物の$\Delta H°_{comb}$と，これらの化合物と同程度の分子量をもつアルカンの$\Delta H°_{comb}$を比較せよ．

45. **チャレンジ** 図3-10は$Cl\cdot$とプロパンの第一級あるいは第二級水素との反応を比較した図である．(a) $Br\cdot$とプロパンの第一級あるいは第二級水素との反応を比べる同様の図を描け．(**ヒント**：最初に表3-1から必要な$DH°$の値を抜き出せ．そして次に第一級ならびに第二級水素の引き抜き反応についての$\Delta H°$を計算せよ．なお，第一級C—H結合と$Br\cdot$の反応のE_aは15 kcal mol^{-1}，第二級C—H結合と$Br\cdot$との反応のE_aは13 kcal mol^{-1}である．)(b) これら二つの反応の遷移状態のうち，どちらが「早い段階」での遷移状態で，どちらが「遅い段階」での遷移状態といえるか．(c) 反応座標に沿った反応の遷移状態の位置から判断して，これらの遷移状態のもつラジカル的性格は，塩素化の遷移状態(図3-10)のもつラジカル的性格よりも大きいか．それとも小さいか．(d) (c)の答えは，プロパンと反応する$Cl\cdot$とプロパンと反応する$Br\cdot$の間の選択性の相違と一致しているか説明せよ．

46. $Cl\cdot/O_3$系における二つの伝搬段階はそれぞれオゾンと(オゾンの生産に必要な)酸素原子を消費する(3-10節)．

$$Cl + O_3 \longrightarrow ClO + O_2$$

$$ClO + O \longrightarrow Cl + O_2$$

各段階の$\Delta H°$を計算せよ．次のデータを用いよ．ClOの$DH° = 64$ kcal mol^{-1}，O_2に対する$DH° = 120$ kcal mol^{-1}，O_3のO—O_2結合の$DH° = 26$ kcal mol^{-1}．また，これら二つの段階を組み合わせた全体の反応式を書き，そ

の反応についての$\Delta H°$を求めよ．さらにこのプロセスの熱力学的有利さについて述べよ．

●グループ学習問題

47. (a) 練習問題2-20(a)であげた異性体それぞれについてその IUPAC 名を示せ．(b) IUPAC 名をつけた異性体一つひとつをラジカル的にモノクロロ化ならびにモノブロモ化したときに生成する構造異性体を示せ．(c) 表3-6のデータを参考にして，どのアルカンとどのハロゲンを組み合わせると生成する異性体の数が最小になるかを答えよ．

●専門課程進学用問題

48. $CH_4 + Cl_2 \longrightarrow CH_3Cl + HCl$ で示される反応はどの反応の例か，(a)～(e)から選べ．

(a) 中和反応　(b) 酸による反応
(c) 異性化反応　(d) イオン反応
(e) ラジカル連鎖反応

49. 次の化合物の IUPAC 名中に使われているアラビア数字の合計はいくつになるか．
(a)～(e)から選べ．

(a) 5　(b) 6　(c) 7　(d) 8　(e) 9

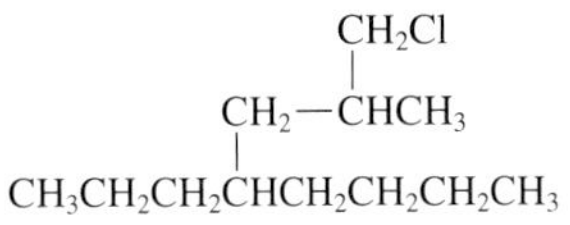

50. ある競争反応において，次に示した四つのアルカンの等モル混合物をかぎられた量のCl_2と300℃で反応させた．混合物中のどのアルカンが最も消費されるだろうか．

(a) ペンタン　(b) 2-メチルプロパン
(c) ブタン　(d) プロパン

51. CH_4をCl_2と反応させるとCH_3Clと HCl が生成する．下の表の値を用いて，この反応のエンタルピー$\Delta H°$ (kcal mol^{-1})を求めるといくらになるか．次の(a)～(d)から選べ．

(a) +135　(b) −135　(c) +25　(d) −25

結合解離エネルギー	$DH°$ (kcal mol^{-1})
H—Cl	103
Cl—Cl	58
H_3C—Cl	85
H_3C—H	105

Chapter

4 シクロアルカン

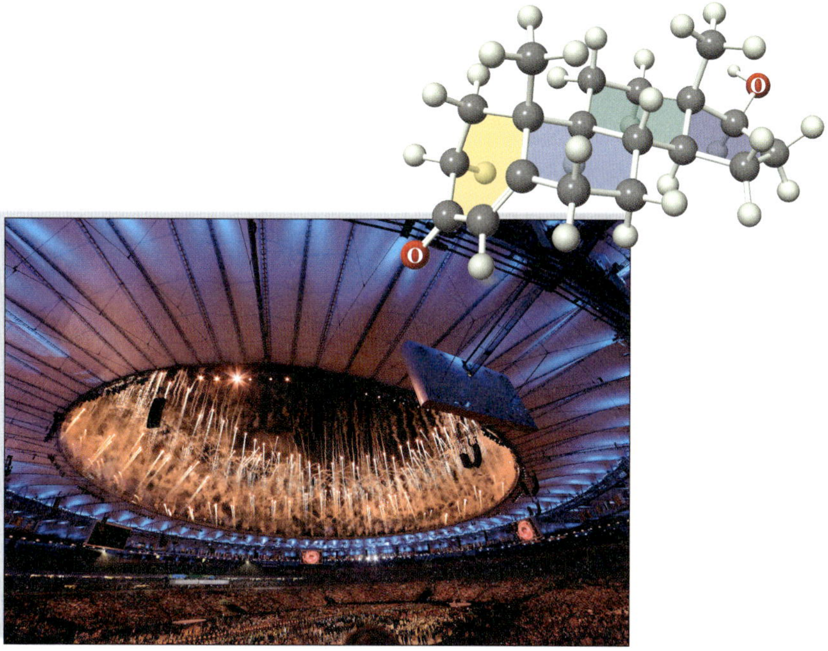

ステロイドは，医薬品や受胎調節剤として人類に非常に有益な影響を及ぼしてきた．しかし，競争の激しいスポーツ競技の成績を向上させるための薬として，上図のテストステロンのようなステロイドの乱用が拡大している．たとえば 2016 年のリオデジャネイロオリンピックでは 100 人以上の運動選手が競技から締め出され，オリンピック界は大いに揺れた．そのほとんどがステロイド剤を使用していたためであった．

本章での目標

- 非環状アルカンの命名法を拡張して環状アルカンを命名する．
- 置換シクロアルカンのシス－トランス異性体の構造的ならびに熱力学的な違いについて解説する．
- シクロアルカンの燃焼熱に及ぼす環ひずみの効果について解説する．
- シクロヘキサンとその置換誘導体のさまざまな立体配座を分析する．
- 単環状アルカンに関する知識を，ステロイドのような多環状骨格に拡張する．

ステロイドという言葉を見聞きしたときに，おそらく次の二つのことをすぐに思い浮かべるだろう．一つは筋肉を増強させるために規則に違反して「ステロイド剤」を使った運動選手のことで，もう一つは受胎調節用に用いられる「ピル」のことだろう．しかし，このような一般的な事柄以外に，ステロイドについてどんなことを知っているだろうか．ステロイドはどのような構造や機能をもっているのか．あるステロイドと他のステロイドとはどこが違うのか．自然界のどこに存在するのか．

天然のステロイドの一例にジオスゲニンがある．この化合物はメキシコ産のヤマノイモの根の抽出物から採れ，市販されているいくつかの合成ステロイドの出発物質に用いられている．この化合物の特徴は多くの環からできているという点である．

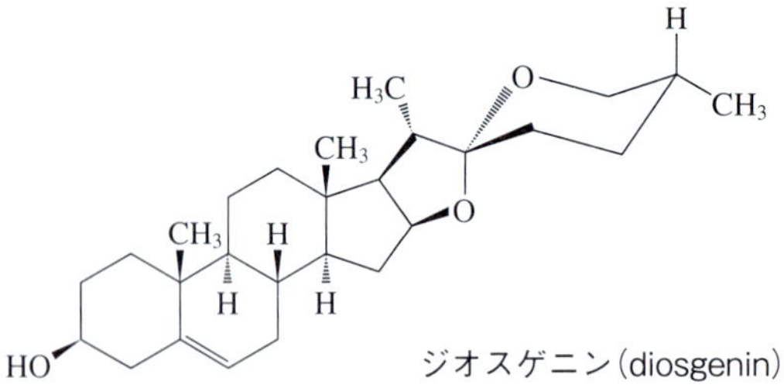

ジオスゲニン(diosgenin)

単結合で炭素が環状に配置されている炭化水素は，**環状アルカン**(cyclic alkane)，〔ヘテロ環化合物(下巻；25 章参照)と対比する意味で〕**炭素環化合物**(carbocycle)あるいは**シクロアルカン**(cycloalkane)とよばれる．自然界に存在する多くの有機化合物は環をもっている．実際，基本的な生物機能の大多数は環をもった化合物の化学的性質に依存しているので，これらなしには私たちの知りうる生命は存在しえない．

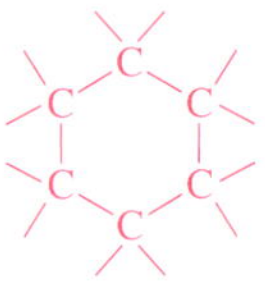

炭素環化合物

本章では，シクロアルカンの命名，物理的性質，構造的特徴および立体配座の特性について取り上げる．この種の化合物のなかには，環状構造のために環ひずみや渡環相互作用のような新たなひずみを生じるものがある．最後に，ステロイドを含むいくつかの炭素環化合物とその誘導体の生化学的な重要性について述べる．

4-1 シクロアルカンの命名と物理的性質

シクロアルカンはIUPAC則にしたがって命名される．一般に，その性質は同じ炭素数をもつ環状でない(非環状ともよぶ)同族体の性質とは異なる．これらが環状分子に特有の異性現象の一種を示すことについても学ぶことになる．

シクロアルカンの命名はIUPAC則にしたがう

直鎖アルカンの分子模型において，両端の炭素から水素原子をそれぞれ一つずつ取り除いて炭素間に結合をつくると，シクロアルカンの分子模型ができる．シクロアルカンの実験式は C_nH_{2n}〔または$(CH_2)_n$〕である．この種の化合物の命名法はいたって簡単である．すなわち，アルカンの名前の前に**シクロ**(cyclo-)という接頭語をつけさえすればよい．同族体のうち最も小さいシクロプロパンから始まる三つの化合物を，簡略化した形と結合を直線で表す表記法で欄外に示す．

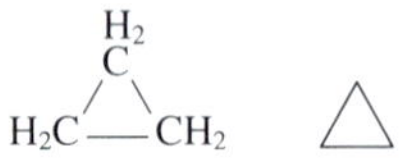

シクロプロパン
(cyclopropane)

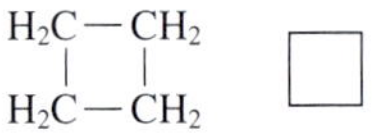

シクロブタン
(cyclobutane)

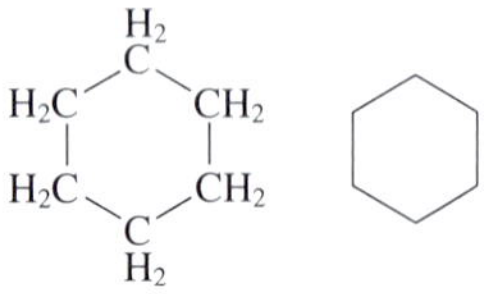

シクロヘキサン
(cyclohexane)

練習問題 4-1

シクロプロパンからシクロデカンまでの分子模型を組み立て，それらの環の立体配座の柔軟性を互いに比べよ．また対応する直鎖アルカンと比較せよ．

アルキル置換基を一つもつシクロアルカンを命名するときは，環状アルカンを優先し「アルキルシクロアルカン」とよぶ．環状アルカンの環に二つ以上の置換基がついている場合のみ，環の炭素に番号をつける必要がある．一置換体では置換基のついている炭素が1番になる．多置換化合物の場合は，置換基がついている炭素の番号がなるべく小さな数になるようにする．置換基を並べる順は置換アルカンの場合と同様にアルファベット順である(2-6 節参照)．番号のつけ方が2通りある場合には，置換基名のアルファベット順の若いほうを小さな番号にする．

シクロアルカンから水素を引き抜くことによりできるラジカルは，**シクロアルキルラジカル**（cycloalkyl radical）である．したがって，シクロアルカンはシクロアルキル誘導体として命名されることもある．シクロアルキルシクロアルカンの場合には，より小さな環を大きな環に対する置換基とみなす．

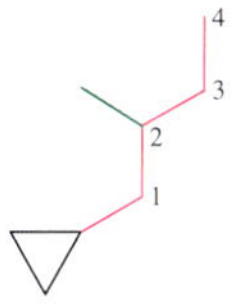

(2-メチルブチル)シクロプロパン
[(2-methylbutyl)cyclopropane]

〔環には番号は不要で，環のほうがより大きな直鎖より優先．1-(2-メチルブチル)シクロプロパンでも 1-シクロプロピル-2-メチルブタンでもない〕

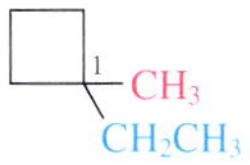

1-エチル-1-メチルシクロブタン
(1-ethyl-1-methylcyclobutane)

（置換基はアルファベット順に並べる．1-メチル-1-エチルシクロブタンではない）

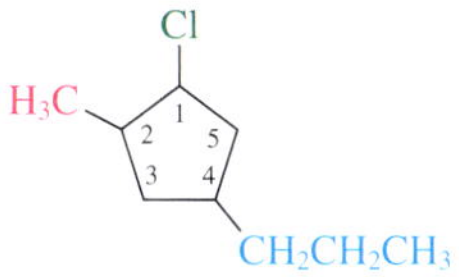

1-クロロ-2-メチル-4-プロピルシクロペンタン
(1-chloro-2-methyl-4-propylcyclopentane)

（置換基はアルファベット順に並べる．2-クロロ-1-メチル-4-プロピルシクロペンタンではない）

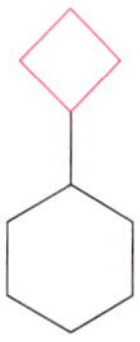

シクロブチルシクロヘキサン
(cyclobutylcyclohexane)

（より小さな環を置換基にする．シクロヘキシルシクロブタンではない）

二置換シクロアルカンには異性体がある

二つの置換基が異なる炭素についている二置換シクロアルカンの分子模型をよく見ると，2 種類の異性体が存在しうることがわかる．片方の異性体では二つの置換基が環の同じ面，つまり同じ側にあり，もう一方の異性体では反対の面にある．同じ面にある置換基は**シス**（*cis*，ラテン語の「同じ側」）であり，反対の面にあるものは**トランス**（*trans*，ラテン語の「反対側」）である．

置換シクロアルカンの三次元的構造を表すために，破線－くさび形表記法が用いられる．残りの水素は省略してもよい．

1,2-ジメチルシクロプロパンの立体異性体

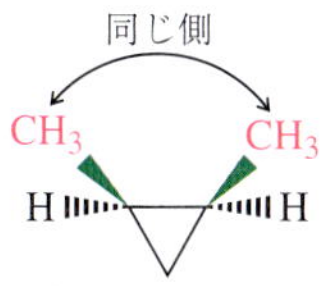

cis-1,2-ジメチルシクロプロパン
(*cis*-1,2-dimethylcyclopropane)

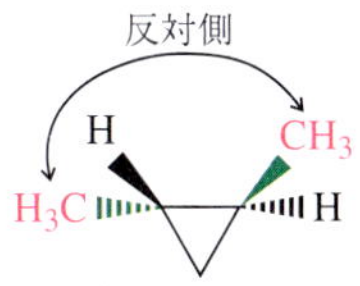

trans-1,2-ジメチルシクロプロパン
(*trans*-1,2-dimethylcyclopropane)

1,2-ジメチルシクロプロパンの構造異性体

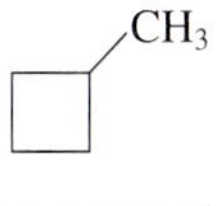

メチルシクロブタン
(methylcyclobutane)

1-ブロモ-2-クロロシクロブタンの構造異性体

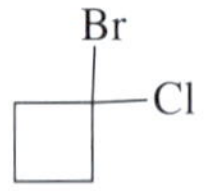

1-ブロモ-1-クロロシクロブタン
(1-bromo-1-chlorocyclobutane)

1-ブロモ-2-クロロシクロブタンの立体異性体

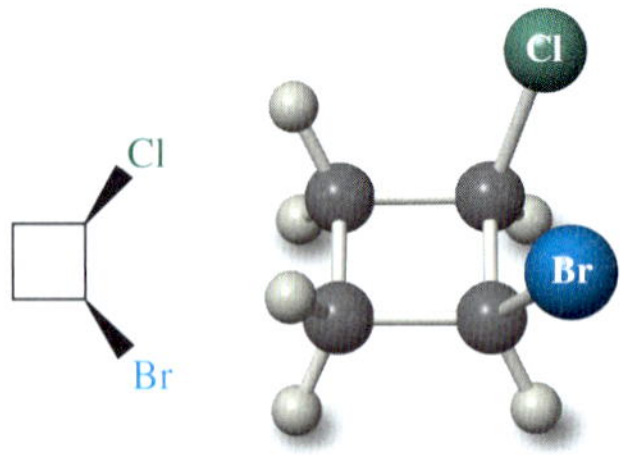

cis-1-ブロモ-2-クロロシクロブタン
(*cis*-1-bromo-2-chlorocyclobutane)

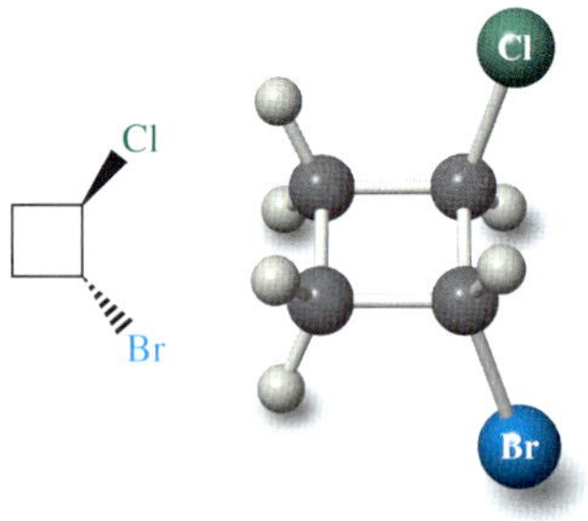

trans-1-ブロモ-2-クロロシクロブタン
(*trans*-1-bromo-2-chlorocyclobutane)

ブタンの配座異性体

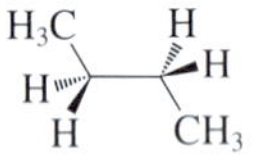

アンチ形ブタン
(*anti*-butane)

↓ 回転

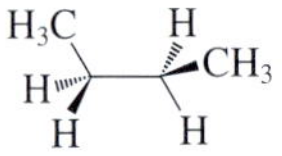

ゴーシュ形ブタン
(*gauche*-butane)

シスとトランスの異性体は**立体異性体**(stereoisomer),つまり原子のつながり方が同じで(原子が同じ順で結合しており),空間的配置が異なる化合物である.それは原子の結合順が異なる構造異性体(1-9節および2-5節参照)とは別のものである.この定義によれば,立体配座異性体(2-8節および2-9節参照)も立体異性体である.しかし,結合をいったん開裂しないかぎり相互変換することのできない(自分の分子模型で試みよ)シスとトランスの異性体とは異なり,立体配座異性体は結合まわりの回転によって容易に相互変換して平衡状態になる.立体異性については,5章でさらに詳しく解説する.

構造異性およびシス-トランス異性の可能性があるため,置換シクロアルカンには可能な構造が多数ある.たとえば,ブロモメチルシクロヘキサンには8種類の異性体があり(そのうち3種類を下に示す),それらはすべて物理的,化学的性質が明らかに異なる.

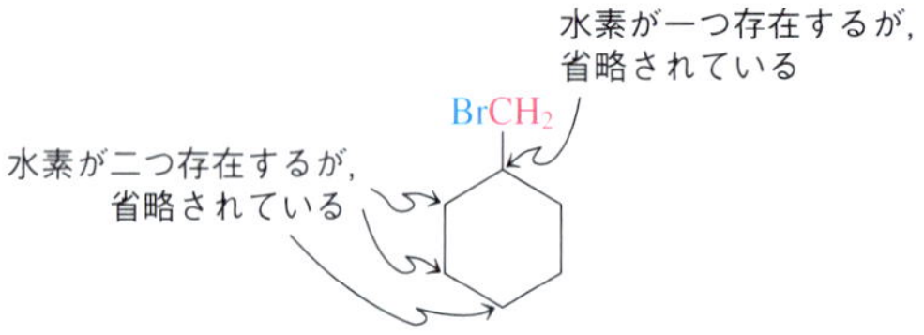

(ブロモメチル)
シクロヘキサン
[(bromomethyl)-
cyclohexane]

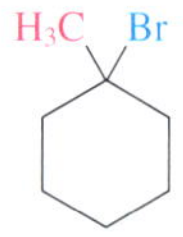

1-ブロモ-1-メチル
シクロヘキサン
(1-bromo-1-methyl-
cyclohexane)

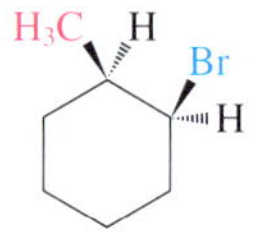

cis-1-ブロモ-2-
メチルシクロヘキサン
(*cis*-1-bromo-2-
methylcyclohexane)

練習問題 4-2

概念のおさらい:シクロアルカンの命名

欄外の化合物をIUPAC命名法にしたがって命名せよ.

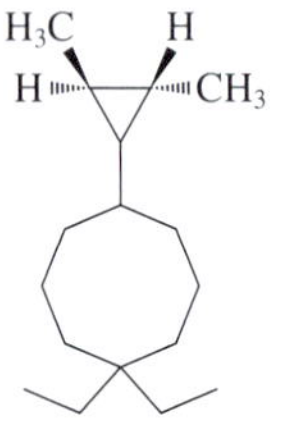

●解法のてびき

まずWHIPの方法にしたがって考え方を整理しよう.

What 問題の分子にはどんな特徴があるかを見つけなければならない.それは,互いに結合したシクロプロパンとシクロオクタンの二つの環であり,それぞれに置換基がある.シクロプロパンには互いにトランスの位置にある二つのメチル基があるので,立体化学についても考える必要がある.

How どこから手をつけるか. 問題の分子はシクロアルキル基が置換したシクロアルカンである. 本節で述べたように, 環構造は直鎖の置換基より優先し, しかも小さな環は大きな環の置換基とみなす.

Information 必要な情報は何か. シクロアルカンに関して新たに学んだ命名法に加えて, 2-6 節の直鎖アルカンの命名に関する IUPAC 則を参照しよう.

Proceed 一歩一歩論理的に進めよ.

●答え

- シクロオクタンのほうがシクロプロパンより大きい. したがって, この分子は置換基をもつシクロプロピルシクロオクタンとして命名すべきである.
- 八員環には同じ炭素上に二つのエチル基がついている.
- 三員環には異なる炭素上に二つのメチル基がついており, それらは互いにトランスの関係にある.
- 八員環の番号づけに関して, 置換様式が対称な 1,5-置換であることがわかる. どちらの置換基が 1 位か 5 位になるかは IUPAC 規則 3 にしたがって決めることができる. すなわち, 二つの可能な番号づけのうちで違いが現れる番号が最も小さな数になるように環に番号をつける. この場合, 選択肢は 1,1,5 か 1,5,5 であり, 2 番目の数を比べると $1 < 5$ なので前者のほうが適切な番号づけである. したがって, エチル基が二ついた炭素の番号が 1 になる.
- シクロオクタン主骨格についた置換基はエチル基(厳密にはジエチル)とシクロプロピル基(厳密にはジメチルシクロプロピル)である.
- シクロプロピル基についているメチル基の位置と立体化学を示さなければならない. 位置については, シクロオクタンに結合している位置が「1」と決まっているので, 2,3-ジメチルシクロプロピル基となる. 立体化学に関しては, 二つのメチル基はトランスの位置にある.
- ようやくこれで, 置換基をアルファベット順に並べれば(IUPAC 規則 4), このアルカンを命名することができる. この際に, 「ジエチル」の「ジ」という接頭語は「エチル」という置換基の数を示しているだけなので, アルファベット順には考慮しないことを思い起こそう. 一方, 「ジメチルシクロプロピル」の「ジ」はこの置換基の名称の一部であるので, アルファベット順に考慮される. したがって, ジメチルシクロプロピルはジエチル(アルファベット順では「エチル」とみなす)より前に置かれる. その結果, 5-(*trans*-2,3-ジメチルシクロプロピル)-1,1-ジエチルシクロオクタンとなる.

練習問題 4-3　自分で解いてみよう

練習問題 4-2 の前に, 3 種類のブロモメチルシクロヘキサンの異性体の構造式と化合物名が示されている. 残る五つの異性体について, 構造式と化合物名を書け.

シクロアルカンは直鎖の類縁体とは異なった性質を示す

いくつかのシクロアルカンの物理的性質を**表 4-1** に示す. 対応する直鎖アルカンに比べて(表 2-5 参照), シクロアルカンのほうが沸点や融点が高く, 密度も大きいことに気がつくだろう. この違いは, より剛直で対称性の高い環状化合物のほうが, London 相互作用が大きいことにおもに起因する. 比較的炭素数の少ないシクロアルカンについて, 炭素数が奇数のものと偶数のものを比べると, 融点がはっきりと交互に高くなったり低くなったりしていることに気がつく. この現象は, 結晶中における充塡力が, 炭素数が奇数と偶数のもので異なるためである.

表4-1 種々のシクロアルカンの物理的性質			
シクロアルカン	融点 (℃)	沸点 (℃)	密度(20 ℃) (g mL^{-1})
シクロプロパン(C_3H_6)	−127.6	−32.7	0.617[b)]
シクロブタン(C_4H_8)	−50.0	−12.5	0.720
シクロペンタン(C_5H_{10})	−93.9	49.3	0.7457
シクロヘキサン(C_6H_{12})	6.6	80.7	0.7785
シクロヘプタン(C_7H_{14})	−12.0	118.5	0.8098
シクロオクタン(C_8H_{16})	14.3	148.5	0.8349
シクロドデカン($C_{12}H_{24}$)	64	160(100 torr)	0.861
シクロペンタデカン($C_{15}H_{30}$)	66	110(0.1 torr[a)])	0.860

a)昇華点，b)25 ℃

まとめ シクロアルカンの名前は直鎖アルカンの名前から簡単に誘導できる．また置換基が一つの場合は，その炭素の位置をC1とする．二置換シクロアルカンには，置換基の相対的な向きによってシスとトランスの異性体がある．シクロアルカンの物理的性質は直鎖状のアルカンのものに似ているが，沸点，融点および密度に関しては，環状化合物の値のほうが同じ炭素数の直鎖アルカンの値よりも高い．

4-2 環のひずみとシクロアルカンの構造

練習問題4-1のために組み立てた分子模型から，シクロプロパン，シクロブタン，シクロペンタンなどと対応する直鎖アルカンとの間には明白な違いがあることがわかる．はじめの二つのシクロアルカンの際立った特徴は，結合に使われているプラスチックの棒を折らないように環をつくることがいかに難しいかということである．この問題は**環ひずみ**(ring strain)とよばれる．その原因は炭素原子の模型が四面体構造をしているからである．たとえば，シクロプロパン(60°)とシクロブタン(90°)のC—C—Cの結合角は，四面体の場合の角度(109.5°)とかなり異なる．環が大きくなるにつれて，ひずみは小さくなる．したがって，シクロヘキサンはゆがみやひずみなしに組み立てることができる．

シクロヘキサンとヘキサンの燃焼

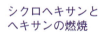

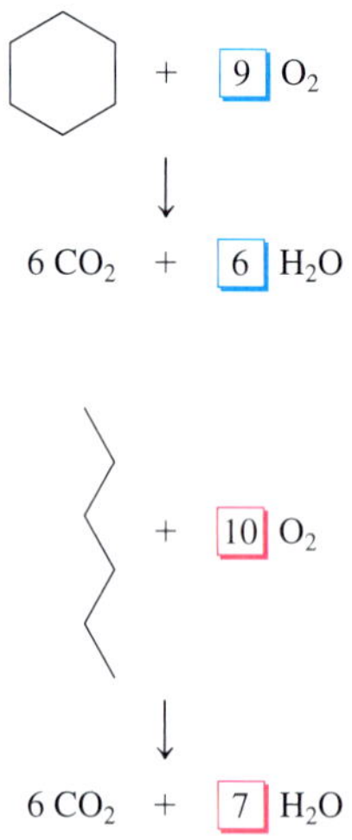

たとえば燃焼熱($\Delta H°_{comb}$)の値を用いて見積もることができるシクロアルカンの相対的な安定性について，上述の結果から何がいえるだろうか．ひずみは分子の構造や機能にどのような影響を及ぼしているのだろうか．この節と4-3節では，これらの問題を取り上げる．

シクロアルカンの燃焼熱から環ひずみの存在がわかる

3-11節において，分子の安定性の目安の一つである熱含量について述べた．またアルカンの熱含量は，燃焼熱$\Delta H°_{comb}$から見積もれることについても学んだ(表3-7参照)．シクロアルカンの安定性について何か特徴的なことがあるかを調べるために，その燃焼熱を類似の直鎖アルカンのものと比べることにする．しかし，シクロアルカンの実験式であるC_nH_{2n}は直鎖アルカンのC_nH_{2n+2}という実験式と水素の数が二つ違っているため，3-10節のように直接比較するには無理がある(前ページ欄外の式を参照). この問題を解決するため, シクロアルカンの分子式が$(CH_2)_n$と書き直せることを念頭に置いて, いったん回り道をしよう. つまり, もし直鎖アルカンのΔH°_{comb}における「ひずみのない」CH_2断片一つあたりの寄与を実験的に知ることができたならば, シクロアルカンの対応するΔH°_{comb}は単にその値に炭素数を掛けたものになる. もし実測値がその値と異なっていたら, それはひずみがあることを示している.

ひずみのないシクロアルカンのΔH°_{comb}は$\Delta H^\circ_{comb}(CH_2)$の倍数になる

$$\Delta H^\circ_{comb}(C_nH_{2n}) = n \times \Delta H^\circ_{comb}(CH_2)$$

ではCH_2のΔH°_{comb}をどのようにして求めればよいのだろうか. 表3-7に戻って直鎖アルカンの燃焼熱のデータを見直してみよう. 一連の同族体のうちではΔH°_{comb}が炭素数の増加とともに同じ量だけ増大していることに気づくだろう. その値はCH_2一つ当たり約157 kcal mol^{-1}である.

一連の直鎖アルカンのΔH_{comb}の値

$CH_3CH_2CH_3$(気体)	−530.6		
		増大分−156.8	
$CH_3CH_2CH_2CH_3$(気体)	−687.4		
		増大分−157.8	kcal mol^{-1}
$CH_3(CH_2)_3CH_3$(気体)	−845.2		
		増大分−157.3	
$CH_3(CH_2)_4CH_3$(気体)	−1002.5		

多くのアルカンについて平均をとると, この値は157.4 kcal mol^{-1}(658.6 kJ mol^{-1})となり, これが求めていた$\Delta H^\circ_{comb}(CH_2)$である.

この値が決まったので, $(CH_2)_n$で表されるシクロアルカンのΔH°_{comb}の予想値を計算することができる. その値は, $-(n \times 157.4)$ kcal mol^{-1}となる(**表4-2**). たとえば, $n = 3$のシクロプロパンではΔH°_{comb}は−472.2 kcal mol^{-1}になり, シクロブタンの場合は−629.6 kcal mol^{-1}になるといった具合である(表4-2, 第2列参照). しかし, これらの分子の燃焼熱を正確に測定すると, 実測の数値(絶対値)が予想値のそれよりも一般的に大きいことがわかる(表4-2, 第3列参照).

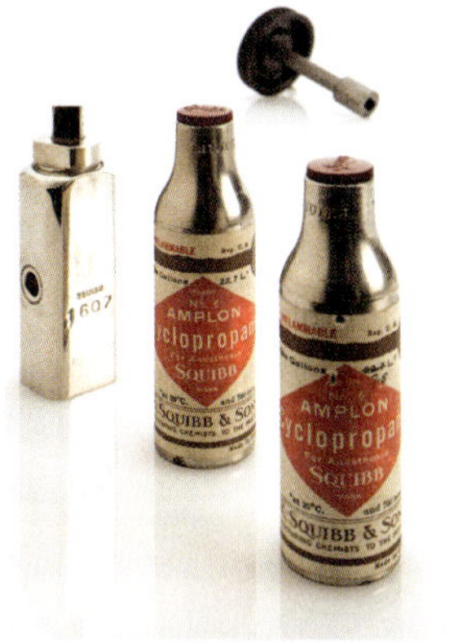

気体のシクロプロパン(上の写真のようにシリンダーに入っている)は, 1950年代の初期まで一般的な麻酔薬として臨床現場で使用されていた. 酸素との混合物として調合し吸入するという処方であったが, その混合ガスは燃焼により環ひずみが開放されることが一因で爆発性をもつ.

表4-2 種々のシクロアルカンの燃焼熱の計算値と実測値〔kcal mol^{-1}(kJ mol^{-1})〕

環の大きさ(C_n)	ΔH°_{comb}(計算値)	ΔH°_{comb}(実測値)	全体のひずみ	CH_2基一つ当たりのひずみ
3	−472.2(−1976)	−499.8(−2091)	27.6(115)	9.2(38)
4	−629.6(−2634)	−655.9(−2744)	26.3(110)	6.6(28)
5	−787.0(−3293)	−793.5(−3320)	6.5(27)	1.3(5.4)
6	−944.4(−3951)	−944.5(−3952)	0.1(0.4)	0.0(0.0)
7	−1101.8(−4610)	−1108.2(−4637)	6.4(27)	0.9(3.8)
8	−1259.2(−5268)	−1269.2(−5310)	10.0(42)	1.3(5.4)
9	−1416.6(−5927)	−1429.5(−5981)	12.9(54)	1.4(5.9)
10	−1574.0(−6586)	−1586.0(−6636)	14.0(59)	1.4(5.9)
11	−1731.4(−7244)	−1742.4(−7290)	11.0(46)	1.1(4.6)
12	−1888.8(−7903)	−1891.2(−7913)	2.4(10)	0.2(0.8)
14	−2203.6(−9220)	−2203.6(−9220)	0.0(0.0)	0.0(0.0)

注：計算値はCH_2基一つあたり−157.4 kcal mol^{-1}(−658.6 kJ mol^{-1})として計算した値である.

たとえばシクロプロパンの場合，実測値は$-499.8\ \mathrm{kcal\ mol^{-1}}$であり，予想値と実測値との間には$27.6\ \mathrm{kcal\ mol^{-1}}$の違いがある．したがって，シクロプロパンはひずみのない分子に対して予想されるよりも大きなエネルギーをもっている．この過剰のエネルギーは，分子模型を組み立てたことにより理解できたシクロプロパンの性質，つまり環ひずみに起因する．この分子のCH_2基一つ当たりのひずみは$9.2\ \mathrm{kcal\ mol^{-1}}$である．

シクロプロパンの環ひずみ

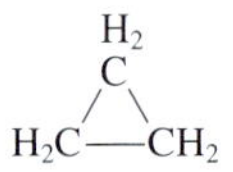

ひずみのない分子に対する計算値：

$\Delta H^\circ_{\mathrm{comb}} = -(3 \times 157.4) = -472.2\ \mathrm{kcal\ mol^{-1}}$

実測値：$\Delta H^\circ_{\mathrm{comb}} = -499.8\ \mathrm{kcal\ mol^{-1}}$

ひずみ：$499.8 - 472.2 = 27.6\ \mathrm{kcal\ mol^{-1}}$

シクロブタンについて同様の計算をすると（**表 4-2**），環ひずみが$26.3\ \mathrm{kcal\ mol^{-1}}$となり，$CH_2$基一つあたり$6.6\ \mathrm{kcal\ mol^{-1}}$になる．シクロペンタンではこの効果ははるかに小さく，ひずみの合計はたった$6.5\ \mathrm{kcal\ mol^{-1}}$であり，シクロヘキサンになると実質上ひずみはなくなる．しかし，それより大きな環の化合物は，再度かなりのひずみをもつようになり，非常に大きな環になるとひずみはまた小さくなる（4-5節）．このような傾向にもとづいて，有機化学者はシクロアルカンを大まかに四つに分類している．

1. 小員環（シクロプロパン，シクロブタン）
2. 通常環（シクロペンタン，シクロヘキサン，シクロヘプタン）
3. 中員環（八員環から十二員環まで）
4. 大員環（十三員環以上）

シクロアルカンの環ひずみには，どのような効果が寄与しているのだろうか．いくつかの化合物の詳細な構造を調べることによって，この問題に答えよう．

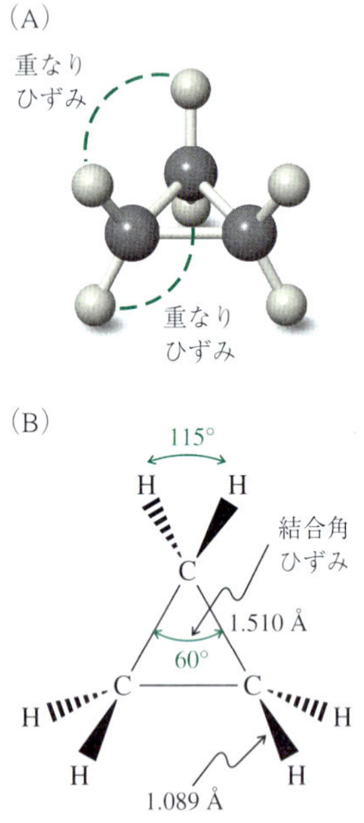

図 4-1 シクロプロパン．(A) 分子模型，(B) 結合距離と結合角．

ひずみは小員環シクロアルカンの構造や立体配座に影響を及ぼす

前述したように，最小のシクロアルカンであるシクロプロパンは，メチレン基三つに対して予測されるよりもはるかに不安定である．なぜそうなるのだろうか．これにはねじれひずみと結合角ひずみの二つの要因が関係している．

シクロプロパン分子の構造を**図 4-1** に示す．まず，すべてのメチレン水素が，エタンの重なり形配座（2-8節参照）のように重なっていることに気づく．エタンの重なり形配座は，**重なりひずみ**（eclipsing strain）〔**ねじれひずみ**（torsional strain）〕のため，より安定なねじれ形配座よりもエネルギーが大きいことについてはすでに学んだ．この効果はシクロプロパンにも見られる．さらに，シクロプロパンの炭素骨格は必然的に平面形でしかも剛直なので，重なりひずみを解消するように結合を回転することは非常に困難である．

次に，シクロプロパンのC—C—C結合角が60°であり，「自然な」四面体の結合角である109.5°から大きくずれていることに気がつく．どうすれば四面体と考えられる三つの炭素原子が，このように著しくゆがんだ結合角でも結合を維持

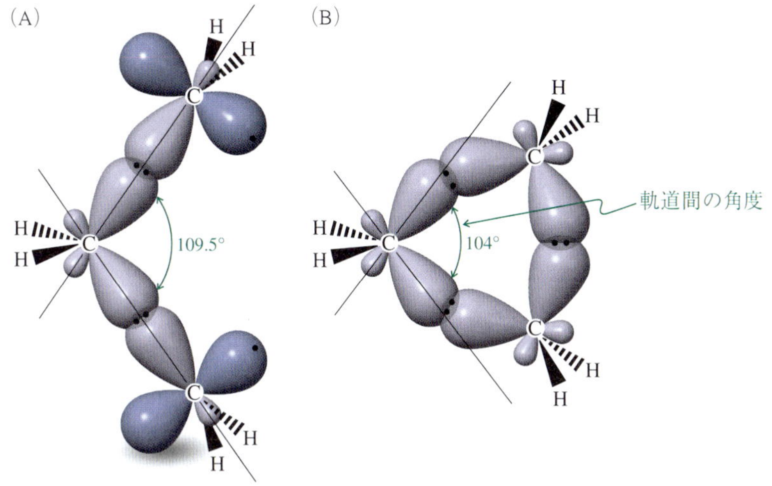

図 4-2　(A)トリメチレンジラジカルの分子軌道．(B)シクロプロパンの折れ曲がり結合の分子軌道．C−C 結合を形成している混成軌道だけが示されている．シクロプロパンの軌道間の角度は 104° であることに注意しよう．

できるのだろうか．この問題は**図 4-2** のように図解するのがおそらく最もよい．図 4-2 ではひずみのない「開いたシクロプロパン」，すなわちトリメチレンジラジカル（$\cdot CH_2CH_2CH_2\cdot$）とそれが閉じた形とが比べられている．はじめからある二つの C−C 結合を「折り曲げ」ないかぎり，トリメチレンジラジカルの両端が環を閉じることができるほど「接近」できないことがわかる．しかし，もしシクロプロパンのすべての C−C 結合が折れ曲がった形になれば〔軌道間の角度は 104°，図 4-2(B) を見よ〕，結合形成に十分な重なりができる．四面体構造を，環を閉じれるようにゆがませるのに必要なエネルギーは**結合角ひずみ**（bond-angle strain）とよばれる．このようにシクロプロパンの環ひずみには，重なりひずみと結合角ひずみの両方が寄与している．

ひずんだ構造のため，シクロプロパンの C−C 結合は比較的弱い〔$DH° = 65\ \mathrm{kcal\ mol^{-1}}\ (272\ \mathrm{kJ\ mol^{-1}})$〕．この値が小さいのは〔エタンの C−C 結合の強さは $90\ \mathrm{kcal\ mol^{-1}}\ (377\ \mathrm{kJ\ mol^{-1}})$ であることを思い起こそう〕，結合が開裂すると環が開いて環ひずみが解消されるからである．たとえば，パラジウム触媒の存在下で水素と反応すると，環が開いてプロパンが得られる．

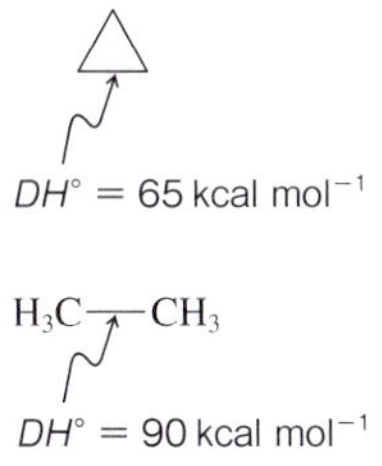

 $+\ H_2 \xrightarrow{\text{Pd 触媒}} CH_3CH_2CH_3\quad \Delta H° = -37.6\ \mathrm{kcal\ mol^{-1}}\ (-157\ \mathrm{kJ\ mol^{-1}})$

プロパン

練習問題 4-4

trans-1,2-ジメチルシクロプロパンが *cis*-1,2-ジメチルシクロプロパンよりも安定なのはなぜか．図を書いて説明せよ．どちらの異性体のほうが，燃焼するとより多くの熱を放出するか．

より環の大きなシクロアルカンではどうだろうか．シクロブタンの構造（**図 4-3**）は平面形ではなく，約 26° の角度で折れ曲がった（puckered）構造をしている．しかし，平面形でない環の構造は剛直ではなく，一つの折れ曲がり立体配座（コンホメーション；conformation）からもう一つの折れ曲がり立体配座へすばやく「反転（flip）」する．分子模型を組むと，なぜ四員環が平面形からゆがむのが有利

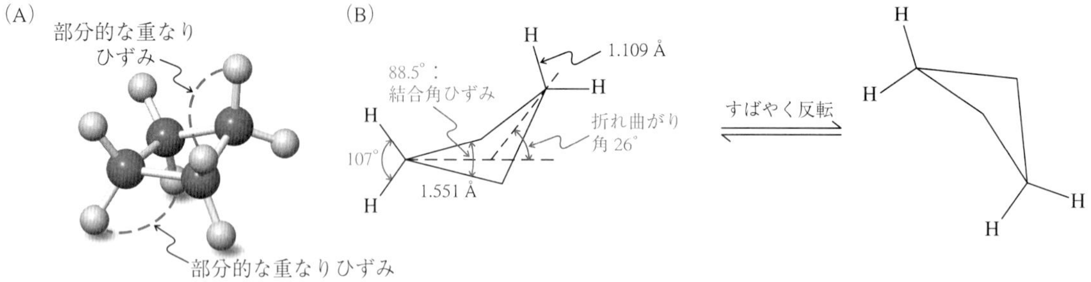

図 4-3 シクロブタン．(A)分子模型，(B)結合距離と結合角．平面形でないこの分子は，一方の立体配座からもう一方の立体配座へすばやく「反転」する．

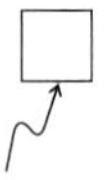
$DH° = 63$ kcal mol^{-1}

$DH° = 88$ kcal mol^{-1}

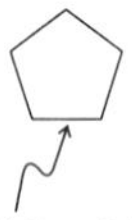
$DH° = 81$ kcal mol^{-1}

なのかがわかる．すなわち，環がゆがむことで，8 個の水素の重なりによって生じるひずみを部分的に解消できる．さらに，結合角ひずみはシクロプロパンに比べてかなり小さくなっている．しかしこの場合も，折れ曲がり結合を用いることによってのみ軌道が最大限に重なることができる．開環によってひずみが解消されることと，折れ曲がり結合の重なりが比較的少ないため，シクロブタンの C—C 結合も強くない〔約 63 kcal mol^{-1}(264 kJ mol^{-1})〕．シクロブタンはシクロプロパンよりも反応性に乏しいが，同様の開環反応を起こす．

 + H_2 $\xrightarrow{\text{Pd 触媒}}$ $CH_3CH_2CH_2CH_3$
ブタン

正五角形の角度は 108° で四面体の角度に近いので，シクロペンタンは平面形であると予想されるかもしれない．しかしそのような平面形の配置には，10 個の H—H の重なり相互作用ができる．この分子の**封筒形**(envelope)構造からわかるように(**図 4-4**)，環が折れ曲がることによってこの影響を減らすことができる．折れ曲がりによって重なりが解消される反面，結合角ひずみは大きくなる．封筒形立体配座は，系のエネルギーを最低にするような両者のかね合いによってできている．

総合すると，シクロペンタンは比較的環ひずみが小さく，その C—C 結合の強さ〔$DH° = 81$ kcal mol^{-1}(338 kJ mol^{-1})〕は非環状アルカンのものとほぼ同じである(表 3-2 参照)．その結果，三員環や四員環のような異常な反応性を示さない．

図 4-4 シクロペンタン．(A)封筒形配座の分子模型，(B)結合距離と結合角．分子は柔軟でほとんどひずみがない．

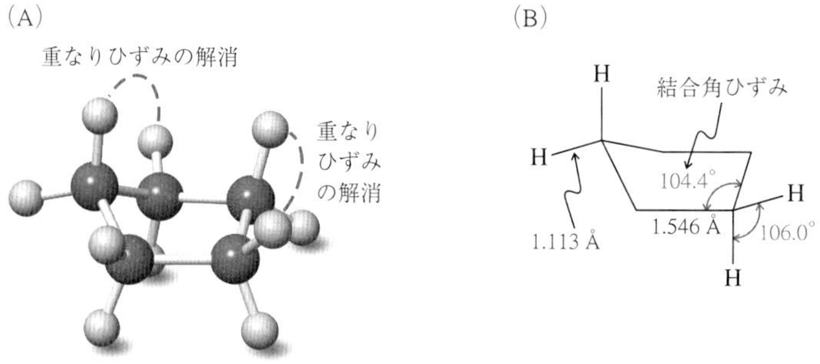

練習問題 4-5

概念のおさらい：ひずみの見積もり

珍しい形をした炭化水素であるビシクロ[2.1.0]ペンタン(A)はひずんだ二環式アルカンの一種であり(4-6節)，それが水素と反応してシクロペンタンを生成する反応の反応熱は－56 kcal mol^{-1} であると測定されている．この反応は181ページで述べたシクロプロパンの水素化反応(反応熱：－37.6 kcal mol^{-1})よりもかなり発熱的であり，(A)がより大きなひずみをもっていることを示している．どのようにして(A)のひずみエネルギーを見積もればよいだろうか．

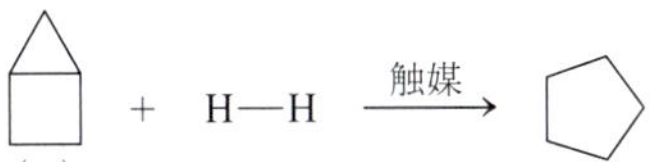

(A)

$\Delta H° = -56$ kcal mol^{-1}

● 解法のてびき

ここでもWHIPの方法を用いよう．

What 考えるための材料は何か．(A)の水素化反応により結合が開裂してシクロペンタンができる反応である．この結合は三員環と四員環によって共有されていたが，それがなくなることはシクロプロパン環とシクロブタン環が同時に開環することと同じである．

How どこから手をつけるか．この問題を解くには二つの取り組み方がある．

解法のてびき1：

(A)のひずみを見積もるためのおそらく最も手っ取り早い方法は，表4-2を調べて(A)を構成している環であるシクロプロパン(27.6 kcal mol^{-1})とシクロブタン(26.3 kcal mol^{-1})のひずみを足し合わせる方法である．つまり，53.9 kcal mol^{-1} という値になる．〔**注意**：この方法では，二つの環が一つの結合を共有している際に，それぞれのひずみに対して及ぼすかもしれない影響を無視している．シクロブタンの分子模型を組んで，その二つの水素を CH_2 に置き換えて(A)の模型に変換すれば，この影響を実感できる．四員環は完全に平面形になるとともに，シクロプロパンの CH_2 架橋とシクロブタンとのなす角は，もとのシクロブタン上に二つの水素が結合していた場合よりも，著しく大きくひずむ．〕

解法のてびき2：

この問題に取り組むためのもう一つの方法は，(A)において共有されている結合のひずみを見積もり，その値が分子全体のひずみと同等だとする方法である．そのためには，この結合の強さを決定し，それをたとえば2,3-ジメチルブタンの中心結合〔$DH° =$ 85.5 kcal mol^{-1}(表3-2参照)〕のようにひずみがないと思われるモデル分子の結合の強さと比較する必要がある．それはどのようにすればよいだろうか．それには，この問題で与えられた反応熱を用い，反応のエンタルピー変化は結合の強さの変化と関係づけられるという2-1節で学んだ式を当てはめればよい．

Information 必要な情報は何か．この問題に取り組むには，2-1節を参照するとともに表3-1，3-2，4-2のデータを参考にするのがよい．

Proceed 一歩一歩論理的に進めよ．

● 答え

- (A)と水素との反応式を書き直し，反応に関与する結合に対して表3-1と3-2から得られる結合解離エネルギーのデータ(kcal mol^{-1})を含めた形にする．

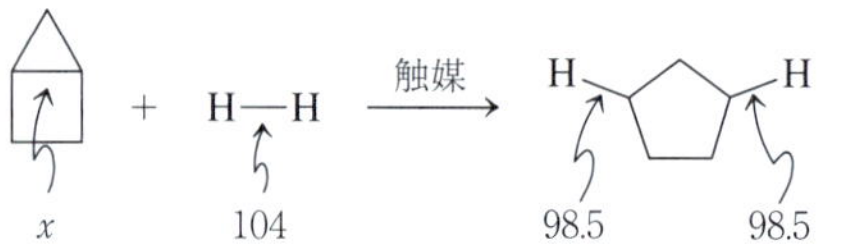

$\Delta H^\circ = -56\ \mathrm{kcal\ mol^{-1}}$

- 2-1 節の式を当てはめる．

$$\Delta H^\circ = \Sigma(\text{切断される結合の強さ}) - \Sigma(\text{生成する結合の強さ})$$
$$-56 = (104 + x) - 197$$
$$x = 37\ \mathrm{kcal\ mol^{-1}}$$

この結合は実にきわめて弱い結合である．2,3-ジメチルブタンの中心結合（85.5 kcal mol^{-1}）と比較すると，ひずみが 48.5 kcal mol^{-1} となる．

- この値は（A）のひずみを完全に反映しているだろうか．〔**注意**：完全ではない．なぜなら，生成物であるシクロペンタンにも（A）が反応することによって，解消されることがない 6.5 kcal mol^{-1} というひずみが残っているからである．〕したがって，（A）の環ひずみに対する妥当な見積もりは 48.5 + 6.5 = 55 kcal mol^{-1} となる．これは解法のてびき1の「手っ取り早い解法」のところで，構成している環のひずみの和から求めた値（53.9 kcal mol^{-1}）とかなり近い値である．さらに喜ばしいことに，それは燃焼熱の実験から求められた実測値である 57.3 kcal mol^{-1} とも近い値である．

練習問題 4-6 自分で解いてみよう

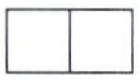
（A）

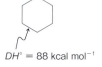

欄外に示した炭化水素（A）のひずみエネルギーは 50.7 kcal mol^{-1} である．（A）と水素との反応でシクロヘキサンが生成する反応の反応熱を見積もれ．

4-3 シクロヘキサン：ひずみのないシクロアルカン

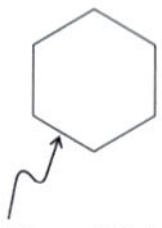
$DH^\circ = 88\ \mathrm{kcal\ mol^{-1}}$

シクロヘキサン環は，有機化学において最も一般的で，しかも重要な構造要素の一つである．その置換体は多くの天然物中に存在し（4-7 節），その立体配座の動きやすさを理解することは，有機化学の重要な一面である．表 4-2 からわかるように，シクロヘキサンは実験誤差の範囲内において結合角ひずみも重なりひずみもないという意味でふつうではない．このようにシクロヘキサンが他のシクロアルカンと異なるのはなぜだろうか．

シクロヘキサンのいす形立体配座にはひずみがない

仮想の平面形のシクロヘキサンには，12 個の H—H 重なり相互作用と，6 個の炭素原子のすべてに結合角ひずみ（正六角形では結合角が 120° になる）がある．しかし，炭素 1 と 4 を平面から互いに反対の方向に移動させたシクロヘキサンの立体配座には，実際ひずみがない（図 4-5）．この構造は（いすの形に似ているので）シクロヘキサンの**いす形立体配座**（chair conformation）とよばれ，この形では完全に重なりがなく，結合角も四面体の角度に非常に近い．表 4-2 からわかるように，ひずみのない $(CH_2)_6$ のモデルにもとづいて計算したシクロヘキサンの ΔH°_{comb}（− 944.4 kcal mol^{-1}）は，実測値（− 944.5 kcal mol^{-1}）とほとんど同じである．実際，C—C 結合の強さは DH° = 88 kcal mol^{-1}（368 kJ mol^{-1}）であり，標準的な値である（表 3-2 参照）．

シクロヘキサンの分子模型を観察すると，この分子のいす形立体配座が安定に

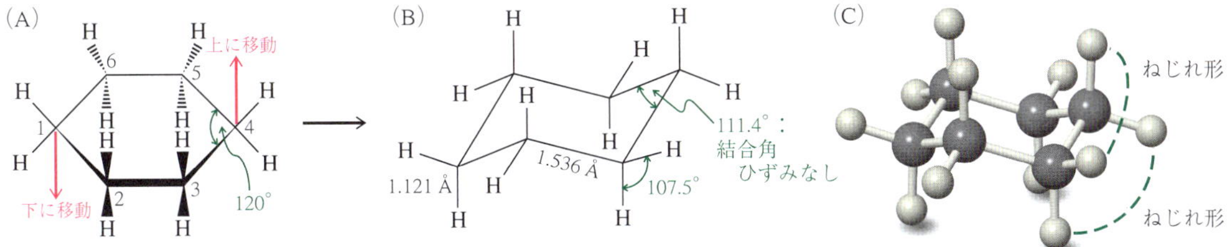

平面形のシクロヘキサン
（結合角は 120°で，12 個の水素どうしが重なっている）

いす形のシクロヘキサン
（結合角はほぼ四面体の角度に等しく，水素どうしの重なりは一つもない）

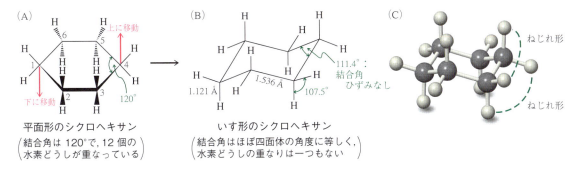

図 4-5　仮想の平面形シクロヘキサン(A)のいす形立体配座(B)への変換．結合距離と結合角が示してある．(C)分子模型．いす形配座にはひずみがない．

存在する理由について理解できる．もしどれかの C—C 結合に沿ってこの分子を眺めると，その結合に沿ってすべての置換基がねじれ形に配置していることがわかる．このようにして見た形を Newman 投影式で書くと，置換基の並び方がよくわかる図ができる(図 4-6)．シクロヘキサンはひずみがないので，直鎖アルカンと同程度に反応性に乏しい．

いす

舟

いすと舟．シクロヘキサンもこのような形に見えるだろうか．

シクロヘキサンにも複数のより不安定な立体配座がある

シクロヘキサンはより不安定な他の立体配座をとることもできる．そのうちの一つは，炭素 1 と 4 が平面から同じ方向に移動した形の**舟形**(boat form)である(図 4-7)．舟形はいす形よりも 6.9 kcal mol^{-1} だけ不安定である．この違いの理由の一つは，舟形配座の舟底にあたる部分で，8 個の水素どうしが重なるためである．もう一つの理由は，舟の骨格の内側を向いている二つの水素が近接することにより，立体障害が生じるからである(2-9 節参照)．この二つの水素間の距離はわずか 1.83 Å しかなく，これは約 3 kcal mol^{-1}(13 kJ mol^{-1})の反発のエネルギーを生じるのに十分短い距離である．この効果は**渡環ひずみ**(transannular strain)，つまり環の反対側から互いに向かい合う二つの基の間の立体的な込み合いによって生じるひずみの一例である(*trans*，ラテン語の「横切って」；*annulus*，ラテン語の「環」)．

舟形シクロヘキサンはかなり柔軟である．C—C 結合の一つが他に対してねじれると，渡環ひずみが部分的に解消されるので，ねじれた形はやや安定になる．こうしてできる新しい立体配座は，シクロヘキサンの**ねじれ舟形**(twist-boat)(または**スキュー舟形**，skew-boat)配座とよばれる(図 4-8)．舟形配座と比較して

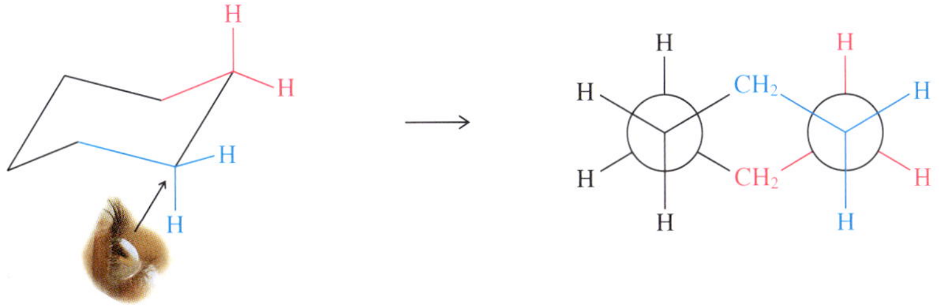

図 4-6　C—C 結合の一つに沿って眺めたいす形配座のシクロヘキサンの図．すべての置換基がねじれ形に配置していることに注意しよう．

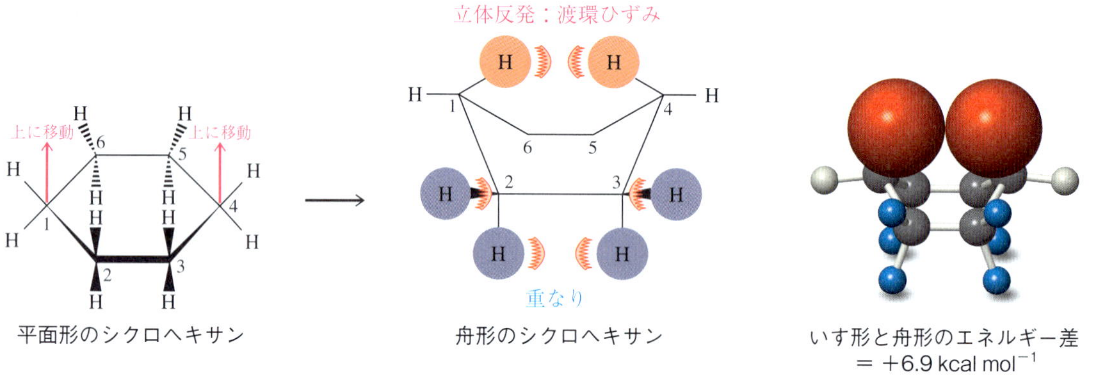

図 4-7 仮想の平面形のシクロヘキサンの舟形への変換．舟形においては炭素 2，3，5，6 上の水素どうしが重なるので，ねじれひずみが生じる．炭素 1 と 4 上の「内側」の水素は互いに立体的にぶつかり合うので，渡環相互作用が生じる．右側の球と棒を使った分子模型中に書かれた互いに接触している水素原子は，それぞれの電子雲の実際の大きさを表しており，それらが占める空間の大きさを図示している．

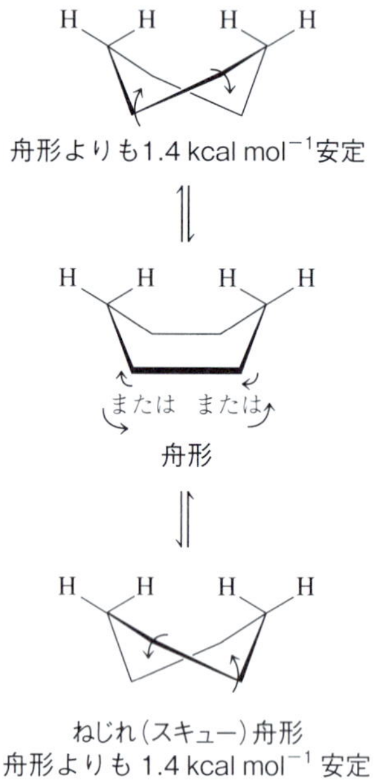

図 4-8 シクロヘキサンのねじれ舟形配座から，舟形配座を経てもう一つのねじれ舟形配座への反転が起こる．

＊エクアトリアル面は，地球の赤道のように回転体の回転軸に垂直で，回転軸の両端から等しい距離にある面と定義される．

の安定化はおよそ 1.4 kcal mol^{-1} になる．図 4-8 に示されているように，ねじれ舟形には二つの形があり，それらは舟形配座を遷移状態としてすばやく相互変換している（分子模型で確かめよ）．したがってシクロヘキサンの舟形は，通常は単離できる化学種ではなく，ねじれ舟形はごく少量しか存在せず，いす形がシクロヘキサンのおもな配座異性体（コンホーマー）である（**図 4-9**）．最も安定ないす形配座とねじれ舟形配座との間には，10.8 kcal mol^{-1} の活性化障壁がある．シクロヘキサン環上に置換基がついている場合，図 4-9 に図示されたいす形配座間の平衡が，分子の主要な立体構造に重大な影響を及ぼすことについて学ぶことになる．

シクロヘキサンにはアキシアル水素とエクアトリアル水素がある

シクロヘキサンのいす形立体配座の模型から，この分子には 2 種類の水素があることがわかる．6 個の炭素−水素結合は分子の主軸に対してほぼ平行なので（**図 4-10**），**アキシアル**（axial）とよばれる．残りの 6 個の結合は主軸に対してほぼ垂直なエクアトリアル面*の近くに存在するので，**エクアトリアル**（equatorial）とよばれる．

シクロヘキサンのいす形配座が上手に書けると，六員環の化学的性質が理解しやすくなる．次に示す規則はいす形配座を書くために役立つ．

指針　いす形シクロヘキサンの書き方

-1 頂点 1 が左下を，頂点 4 が右上を向くように，しかも C2 と C3 の原子が C6 と C5 よりも少し斜め右下になるようにいすを書く．理想的には，環をはさんで向かい合う結合（つまり結合 1−6 と結合 3−4，2−3 と 6−5，1−2 と 5−4 のそれぞれの対）は，互いに平行に見えなければならない．

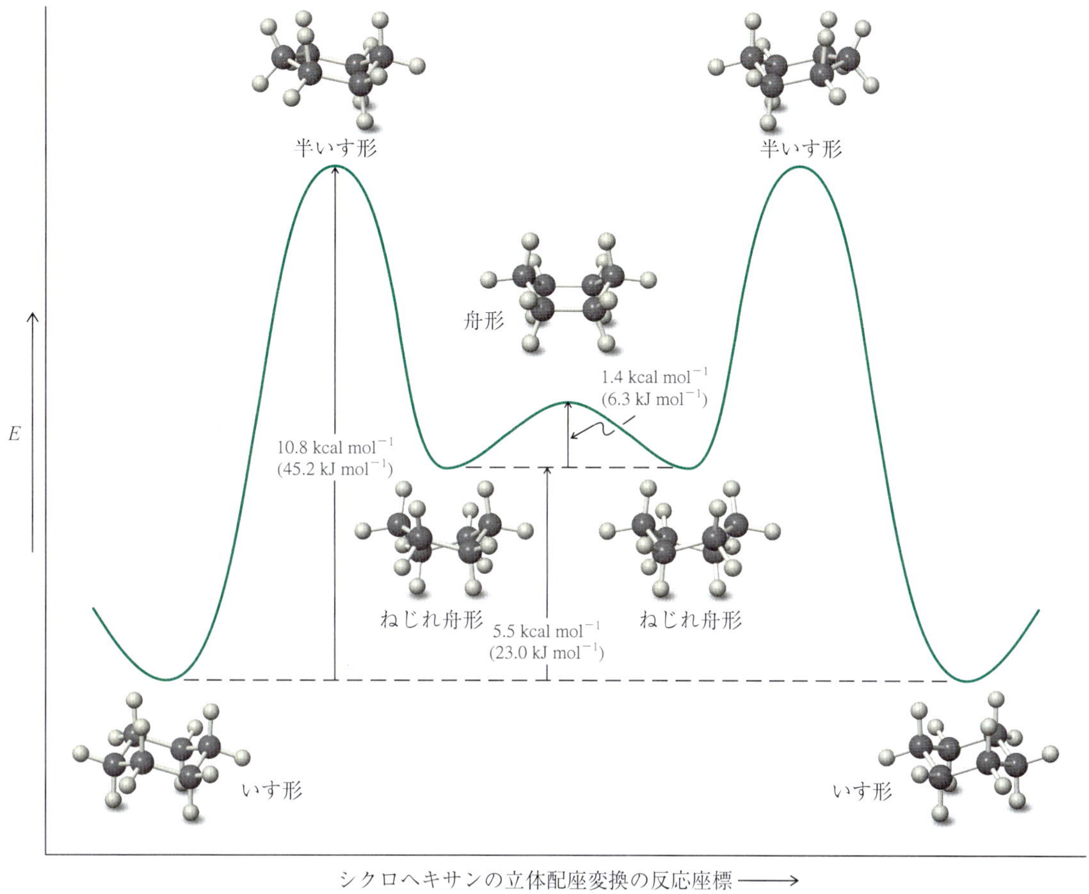

図 4-9　ねじれ舟形配座および舟形配座を経る，シクロヘキサンのいす形配座間の相互変換のポテンシャルエネルギー図．図の左から右に進むにつれて，(C—C 結合の一つをねじることによって) いす形はねじれ舟形になる．これには 10.8 kcal mol^{-1} の活性化障壁がある．遷移状態の構造は半いす形とよばれる．(図 4-8 に示されているように) ねじれ舟形配座は (1.4 kcal mol^{-1} だけポテンシャルエネルギーが高い) 舟形配座を遷移状態として，もう一つのねじれ舟形配座に反転する．さらにもう一度 C—C 結合がねじれることによって，(もとのいす形配座から見れば環が反転した) シクロヘキサンに落ち着く．分子模型を使ってこの変化を実際に確かめること．

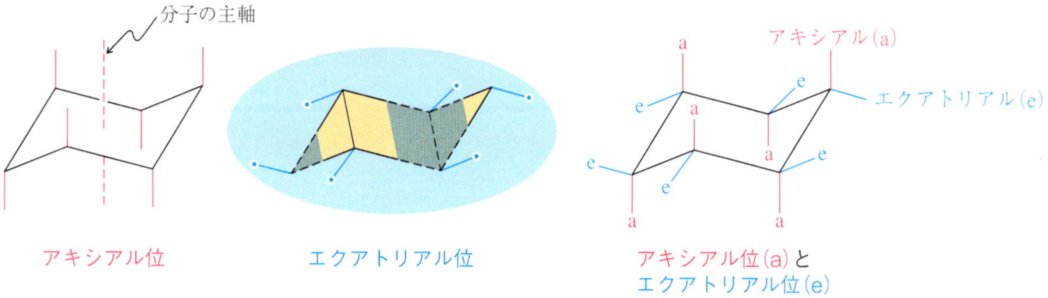

図 4-10　いす形シクロヘキサンの水素のアキシアル位とエクアトリアル位．青色の影はエクアトリアル水素(青色)を囲むエクアトリアル面を表す．黄色と緑色の影をつけた部分は，それぞれ青色の面から上と下に突き出た部分を表す．

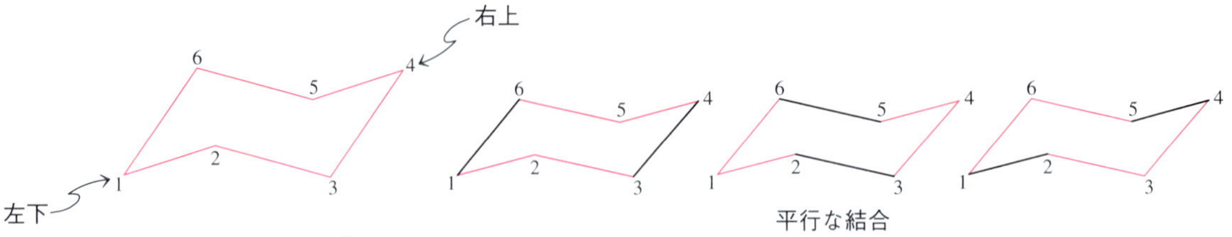

2　C1，C3，C5からは下向きに，C2，C4，C6からは上向きに垂直な線を書き，アキシアル結合をつける．つまり，アキシアル結合は環の周囲に沿って上下に互い違いの向きになる．

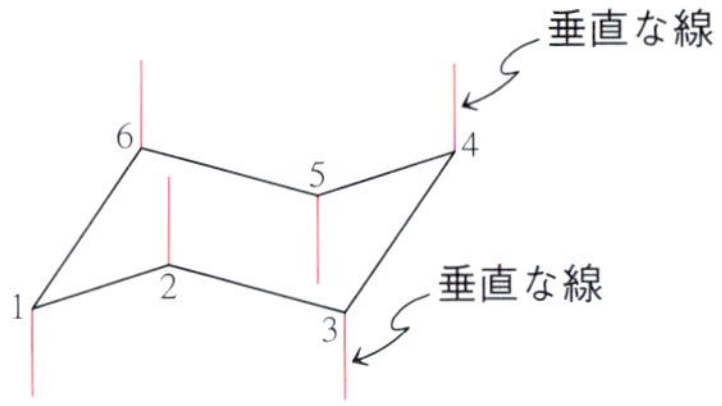

3　C1とC4のエクアトリアル結合を，C2とC3の間（またはC5とC6の間）の結合と平行になるように，C1からは水平よりも少し上向きに，C4からは少し下向きに傾けて書く．

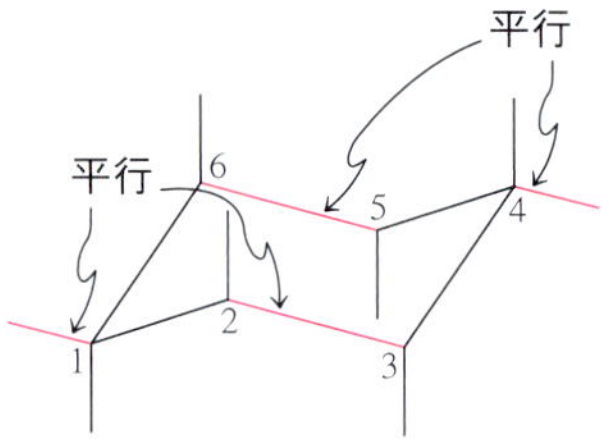

4　この規則が最も難しい．残ったC2，C3，C5，C6のエクアトリアル結合を，下に示したように，「一つ離れた」C—C結合と平行になるようにつける．

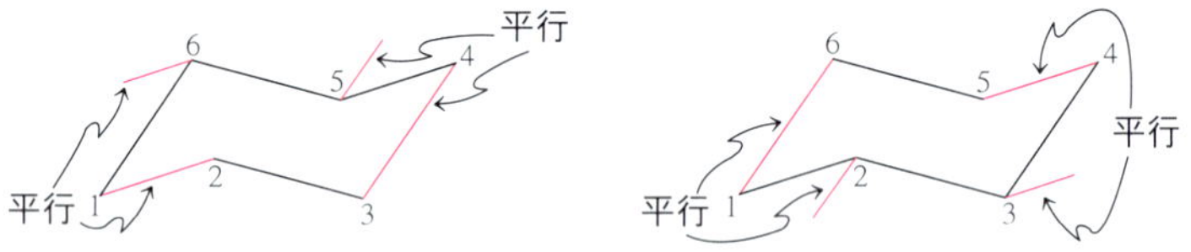

練習問題 4-7

(a) 最も安定な立体配座にあるシクロプロパン，シクロブタン，シクロペンタンおよびシクロヘキサンの炭素—炭素結合のNewman投影式を書け．練習問題4-1のためにつくった模型を使い，図4-6を参考にせよ．それぞれの分子において，隣り合ったC—H結合間の（おおよその）ねじれ角はどれくらいか．

(b) 上の指針にしたがって，次ページに示す化合物のいす形配座の図を書け．平面図では上側に位置している環の原子が，いす形配座では右上に位置するように書くこと．

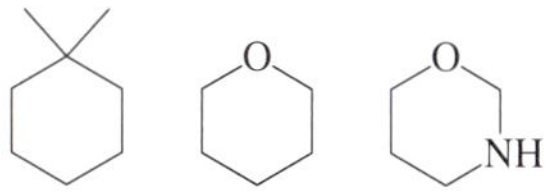

立体配座の反転(フリッピング)によってアキシアル水素とエクアトリアル水素が入れ替わる

いす形配座のシクロヘキサンが舟形と平衡状態になると，エクアトリアル水素とアキシアル水素の区別はどうなるのだろうか．分子模型を使うと，図 4-9 に示されたこの立体配座の相互変換の過程をよく理解することができる．左側のいす形配座から始めると，最も左端にある CH_2 基(前節の C1 にあたる)をエクアトリアル平面を横切って上側に「反転」すると，舟形配座になる．もう一度 C1 を下側に反転してもとのいす形に戻すのではなく，同じ確率で起こるもう一つの過程，つまり反対側の CH_2 基(C4)を下側に反転すると，もとのアキシアル位とエクアトリアル位が入れ替わったことに気がつくだろう．つまりシクロヘキサンはいす形－いす形間の相互変換〔「反転」(フリッピング：flipping)〕を行い，この過程によって，あるいす形配座におけるすべてのアキシアル水素は，反転したいす形ではエクアトリアルになる．逆に，すべてのエクアトリアル水素は反転によってアキシアル水素になる(図 4-11)．この過程の活性化エネルギーは 10.8 kcal mol^{-1} である(図 4-9)．2-8 節および 2-9 節に示されたように，この値は小さいので，室温において二つの等価ないす形の間で速い相互変換が起こっている(1 秒間におよそ 200,000 回)．

図 4-11 に示した二つのいす形立体配座は，色のつけ方が異なっている点を除けば同じものである．しかし，置換基を導入することによって，この二つを互いに異なる立体配座にすることができる．すなわち，エクアトリアル位に置換基をもついす形配座は，それが反転してできる配座異性体では置換基がアキシアル位に位置するので，その異性体とは異なることになる．シクロヘキサン誘導体がどちらの配向を優先的にとるのかは，それらの立体化学や反応性に著しい影響を及ぼす．次の節では，このような置換基のもたらす効果について述べる．

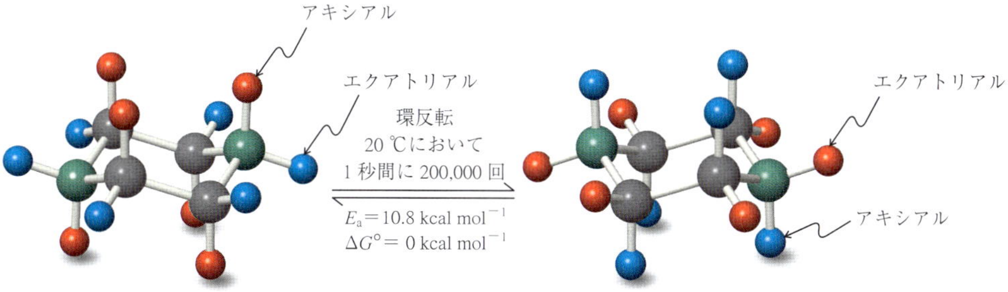

図 4-11　シクロヘキサンのいす形-いす形間の相互変換(「環の反転」)．室温で速く起こるこの過程によって，分子の片方の端の炭素(緑色)は上に移動し，もう一方の端の炭素(これも緑色)は下に移動する．もともとアキシアル位にあったすべての基(左の構造の赤色)はエクアトリアル位になり，エクアトリアル位にあったもの(左の構造の青色)はアキシアル位になる．

まとめ シクロアルカンの燃焼熱の計算値と実測値の差は，おもに結合角（四面体からのゆがみ），重なり（ねじれ），渡環（環の反対側から互いに向かい合う原子間の立体反発）の3種類のひずみに起因する．ひずみのために小員環シクロアルカンは化学反応性に富み，開環反応を行う．シクロヘキサンにはひずみがなく，最もエネルギーの小さいいす形以外にも，とくに舟形やねじれ舟形のようなよりエネルギーの大きい立体配座がある．いす形－いす形間の相互変換は室温でも速く起こり，この過程によってアキシアル水素とエクアトリアル水素の位置が互いに入れ替わる．

4-4 置換シクロヘキサン

次に配座解析の知識を置換基をもつシクロヘキサンに適用してみよう．まず，最も単純なアルキルシクロヘキサンであるメチルシクロヘキサンから始めよう．

アキシアルとエクアトリアルのメチルシクロヘキサンのエネルギーは等しくない

炭化水素の燃焼（3-11節，4-2節参照）は，通常 O_2 によるH原子の引き抜きから始まる．メチルシクロヘキサンには比較的弱い第三級C—H結合があるので（3-1節参照），とくによく燃える．そのため，ジェット燃料の添加物として用いられている．

メチルシクロヘキサンでは，メチル基はエクアトリアル位かアキシアル位のどちらかを占める．

二つの形は等価だろうか．いや明らかに異なる．メチル基がエクアトリアル位にある配座異性体においては，メチル基が分子の残りの部分から外に突き出るように向いている．これに対して，アキシアル配座異性体では，メチル基は分子の同じ面にある二つのアキシアル水素に近接している．この二つの水素との距離は立体反発を生じるくらい短く（約2.7 Å），これは渡環ひずみのもう一つの例である．この効果は1,3の位置関係にある炭素上のアキシアル置換基によるものなので（下の図では1,3および1,3′になっている），**1,3-ジアキシアル相互作用**（1,3-diaxial interaction）とよばれる．この相互作用は，ブタンのゴーシュ形立体配座において生じる相互作用と同じものである（2-9節参照）．つまり，アキシアル位のメチル基は二つの環炭素（C3とC3′）に対してゴーシュの位置にある．一方，メチル基がエクアトリアル位にある場合は，メチル基は同じ炭素（C3とC3′）に対してアンチの位置にある．

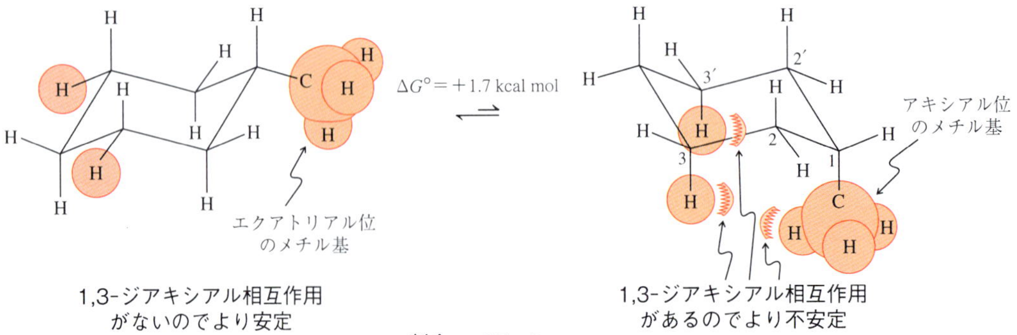

割合 = 95 : 5

メチルシクロヘキサンの二つのいす形立体配座は平衡にある．エクアトリアル配座異性体は 1.7 kcal mol^{-1}(7.1 kJ mol^{-1}) だけ安定であり，25℃では 95：5 の割合で優先して存在する(2-1 節参照)．いす形−いす形間の相互変換の活性化エネルギーは，シクロヘキサンそのものの値〔約 11 kcal mol^{-1}(46 kJ mol^{-1})〕と同程度の大きさであり，二つの配座異性体は室温でもすばやく平衡状態に達する．

アキシアル位にある置換基が受ける不利な 1,3-ジアキシアル相互作用は，その置換基をもつ環の C—C 結合に沿った Newman 投影式から容易に理解することができる．アキシアル配座異性体(置換基が二つの環内 C—C 結合に対してゴーシュの位置にある)とは対照的に，エクアトリアル配座異性体(置換基が同じ二つの環内 C—C 結合に対してアンチの位置にある)の置換基はアキシアル水素から遠くにある(図 4-12)．

練習問題 4-8

エクアトリアルとアキシアルのメチルシクロヘキサンの間の K の値を，1.7 kcal mol^{-1} という $\Delta G°$ の値から計算せよ．$\Delta G°$ (kcal mol^{-1}) = − 1.36 log K という式を用いよ．(**ヒント**：log $K = x$ ならば $K = 10^x$.) その結果は，本文中で述べた 95：5 という配座異性体の割合と，どの程度一致しているか．

多くの一置換シクロヘキサンについて，アキシアル異性体とエクアトリアル異性体の間のエネルギー差が測定されており，そのいくつかを表 4-3 に示す．多くの場合(常にそうではないが)，とくにアルキル置換基の場合は，置換基が大きくなるほど不利な 1,3-ジアキシアル相互作用が大きくなるので，両者のエネルギー差が大きくなる．この効果は，とくに(1,1-ジメチルエチル)シクロヘキサン(*tert*-ブチルシクロヘキサン)において顕著である．この場合，エネルギー差が非常に大きいので(約 5 kcal mol^{-1})，平衡状態においてアキシアル配座異性体

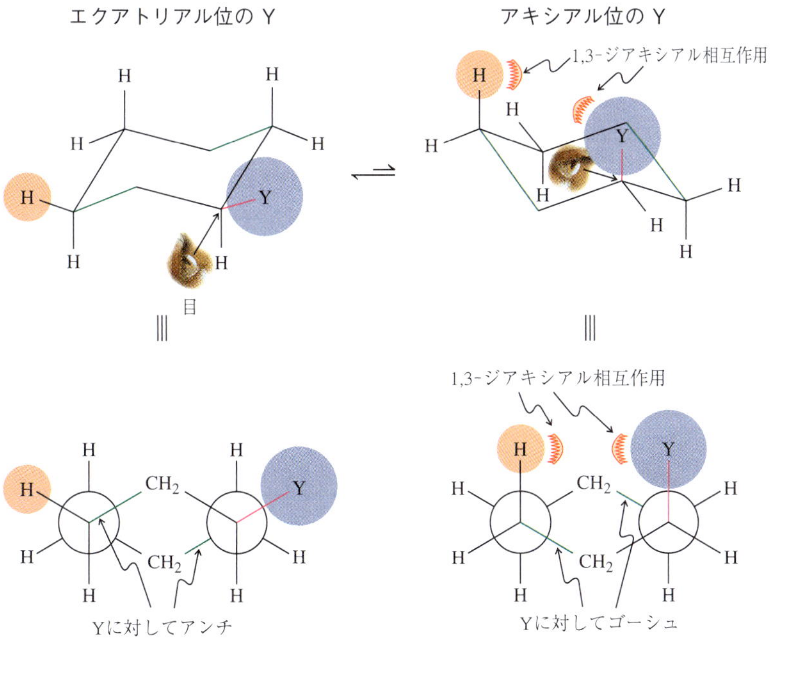

図 4-12　置換シクロヘキサンの Newman 投影式．1,3-ジアキシアル相互作用のため，アキシアル位に Y がある立体配座のほうがより不安定である．図では 2 カ所で生じる 1,3-ジアキシル相互作用の一方だけが示されている(Newman 投影式に変換するために，どの方向から見たかを示す「目」に注意すること)．アキシアル位の Y は緑色で示した環内 C–C 結合に対してゴーシュの位置にあるが，エクアトリアル位の Y はアンチの位置にある．

表 4-3 置換基がエクアトリアル位にあるシクロヘキサンの配座異性体がアキシアル位にあるものに反転したときの自由エネルギー変化

置換基	ΔG°〔kcal mol^{-1}	(kJ mol^{-1})〕	置換基	ΔG°〔kcal mol^{-1}	(kJ mol^{-1})〕
H	0	(0)	F	0.25	(1.05)
CH_3	1.70	(7.11)	Cl	0.52	(2.18)
CH_3CH_2	1.75	(7.32)	Br	0.55	(2.30)
$(CH_3)_2CH$	2.20	(9.20)	I	0.46	(1.92)
$(CH_3)_3C$	≈5	(21)			
$HOC(=O)$	1.41	(5.90)	HO	0.94	(3.93)
$CH_3OC(=O)$	1.29	(5.40)	CH_3O	0.75	(3.14)
			H_2N	1.4	(5.9)

大きさが増大する ↓　　ΔG°が大きくなる ↓

注：すべての場合，より安定な配座異性体はエクアトリアル位に置換基をもつ異性体である．

はごくわずか(およそ0.01 %)しか存在しない．その他の場合，ΔG°の値と置換基の大きさの関係は明確でない．たとえば一連のハロゲンに関しては，まずFからClになるとΔG°が予想どおり大きくなるが，Brになるとその効果は小さくなり，Iになると逆にΔG°が小さくなる．この一見矛盾する結果を理解するには，シクロヘキサン環上の置換基間の1,3-ジアキシアル相互作用の大きさにもとづいて原子の大きさを議論していることに注意しなければならない．つまり，FからIに降りるにつれ，環炭素とハロゲン原子との結合距離は長くなるため，原子が大きくなることによる効果が相殺されるのである．

練習問題 4-9

概念のおさらい：立体効果を確かめるために分子模型を組む

シクロヘキシルシクロヘキサンのエクアトリアル形からアキシアル形への環反転のΔG°の値は2.20 kcal mol^{-1}であり，これは(1-メチルエチル)シクロヘキサンのそれと同じである．この結果は合理的といえるか．その理由を説明せよ．

● 解法のてびき

立体化学に関する問題に取り組むときには，分子模型を用いるのがよい方法である．

● 答え

- シクロヘキシルシクロヘキサンの分子模型から，それが(1-メチルエチル)シクロヘキサンの二つのメチル基を$(CH_2)_3$の鎖でつないだ形の環状同族体とみなせることがわかるだろう(4-1節)．
- どちらの構造も柔軟で複数の配座異性体が存在する．しかし，一見よりかさ高く見えるシクロヘキシルシクロヘキサンの(いす形)シクロヘキシル基は，(1-メチルエチル)基以上に1,3-ジアキシアル接触を避けるように母核のシクロヘキサンと反対の方向に回転できることがわかるだろう．したがって，自由エネルギー変化が同等であるのは理にかなっている．

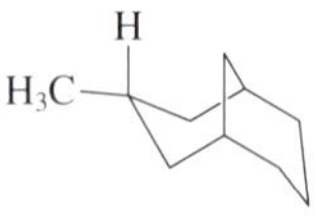

(A)

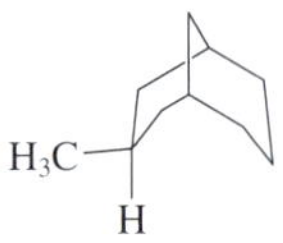

(B)

練習問題 4-10　自分で解いてみよう

欄外に示した炭化水素の異性体(A)と(B)は，ともにメチル基がエクアトリアル位にある立体配座を優先的にとるが，(B)のほうが(A)よりも2.3 kcal mol^{-1}だけ安定である．この差の原因は何か．〔注意：(A)と(B)は環反転により変換できる異性体かどうか．**ヒント**：分子模型を組み，メチル基が置換しているシクロヘキサン環の立体配座の性質に

ついて調べること.〕

置換基はエクアトリアル位を争って占めようとする

もっと多くの置換基をもつシクロヘキサンのより安定な立体配座異性体を予想するためには，置換基をアキシアル位あるいはエクアトリアル位につけることによって生じる効果を足し合わせて考慮しなければならない．さらに，置換基間に生じる1,3-ジアキシアル相互作用や1,2-ゴーシュ相互作用(2-9節参照)についても考えなければならない．しかし，この二つの相互作用を無視して，単に表4-3の値を用いて考えるだけで，最も安定な配座を予想できることが多い．

このことを示すために，ジメチルシクロヘキサンのいくつかの異性体について考えてみよう．1,1-ジメチルシクロヘキサンでは，一方のメチル基は常にエクアトリアル位にあり，もう一方は常にアキシアル位にある．二つのいす形配座は同じものであり，したがってそのエネルギーも等しい．

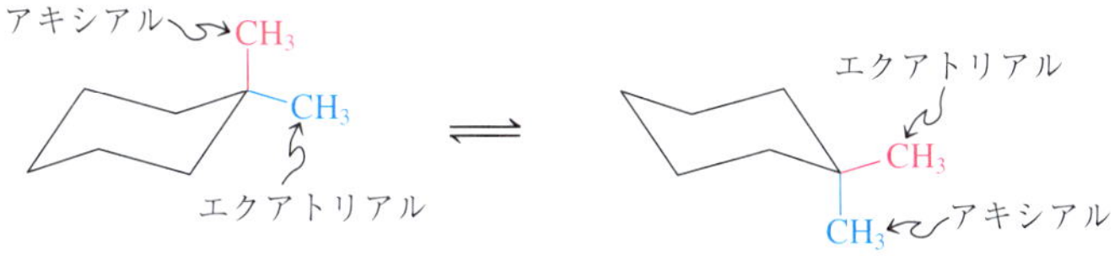

一方のメチル基はアキシアル位に，もう一方はエクアトリアル位にある　　一方のメチル基はアキシアル位に，もう一方はエクアトリアル位にある

1,1-ジメチルシクロヘキサン
(二つの立体配座のエネルギーは等しいので，安定性も等しい)

同様に，*cis*-1,4-ジメチルシクロヘキサンでは，どちらのいす形もアキシアル位とエクアトリアル位に置換基を一つずつもち，エネルギー的にも等しい．

どちらのメチル基も下向きに結合している．したがって，いずれの立体配座においても，二つのメチル基はシス(つまり環の同じ面)の位置にある．

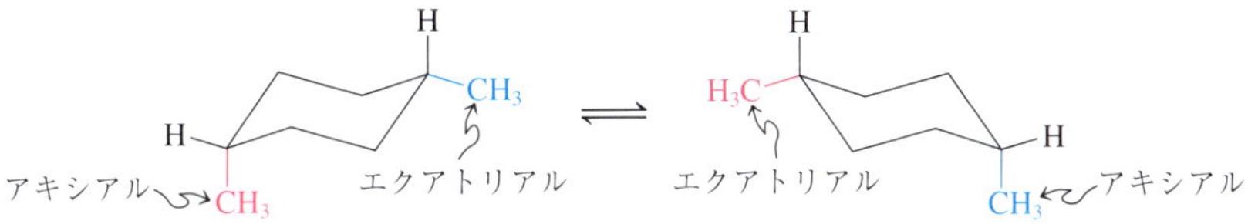

一方のメチル基はアキシアル位に，もう一方はエクアトリアル位にある　　一方のメチル基はアキシアル位に，もう一方はエクアトリアル位にある

cis-1,4-ジメチルシクロヘキサン

一方，トランス異性体には二つの異なる立体配座が存在する．一方はアキシアル位にメチル基が二つある配座で(ジアキシアル形)，もう一方はエクアトリアル位にメチル基が二つある配座である(ジエクアトリアル形)．

メチル基の一つは下向きに，もう一つは上向きに結合している．したがって，いずれの立体配座においても，二つのメチル基はトランス(つまり反対の面)の位置にある．

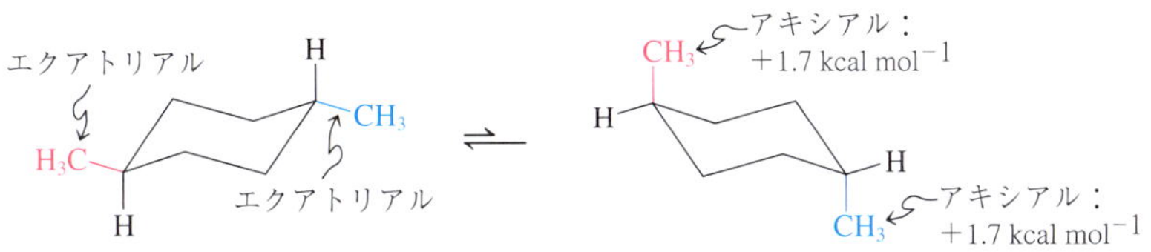

二つのメチル基はいずれもエクアトリアル位にあるのでより安定　　二つのメチル基はいずれもアキシアル位にあるので $3.4\ \mathrm{kcal\ mol^{-1}}$ ($14.2\ \mathrm{kJ\ mol^{-1}}$) だけ不安定

trans-1,4-ジメチルシクロヘキサン

実験の結果は，ジエクアトリアル形がジアキシアル形よりも 3.4 kcal mol^{-1} だけ安定であり，この値はモノメチルシクロヘキサンの(エクアトリアル形とアキシアル形に関する)$\Delta G°$ の値のちょうど 2 倍に相当する．実際，他の置換シクロヘキサンについても，このように表 4-3 のデータの足し合わせがうまく合うことが多い．たとえば，*trans*-1-フルオロ-4-メチルシクロヘキサンの(ジアキシアル形とジエクアトリアル形に関する)$\Delta G°$ は $-$ 1.95 kcal mol^{-1} である(CH_3 についての $-$ 1.70 kcal mol^{-1} と F についての $-$ 0.25 kcal mol^{-1} を足した値)．一方，*cis*-1-フルオロ-4-メチルシクロヘキサンでは，この二つの置換基は争ってエクアトリアル位を占めようとするが，より大きなメチル基がフッ素よりも優先してエクアトリアル位を占める．その結果，二つの配座異性体に関しては $\Delta G° = -1.45$ kcal mol^{-1} となる($-$ 1.70 kcal mol^{-1} から $-$ 0.25 kcal mol^{-1} を引いた値)．

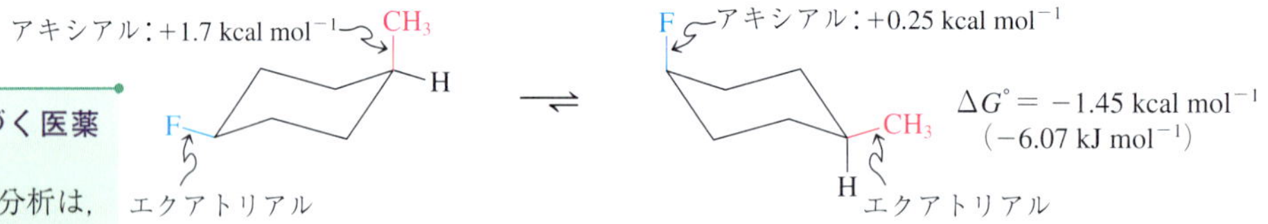

大きな基がアキシアル位に，小さな基がエクアトリアル位にあるのでより不安定

小さな基がアキシアル位に，大きな基がエクアトリアル位にあるのでより安定

cis-1-フルオロ-4-メチルシクロヘキサン

立体配座にもとづく医薬品のデザイン

医薬品の立体配座分析は，オピオイド鎮痛剤であるフェンタニルを含む多くの医薬品の有効性の研究に用いられている．

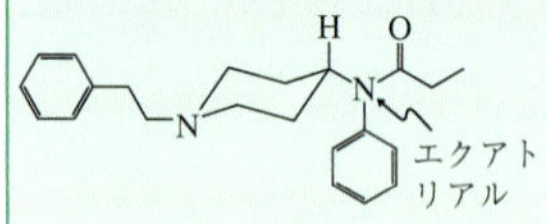

フェンタニル
(fentanyl)
モルヒネより100倍活性が高い

この医薬は，環が反転してアミノ基がアキシアル位にあるより不安定な立体配座をとってオピオイド受容体部位に結合すると考えられている．実際に，隣接した位置にシスのメチル基(トランスではない．分子模型を組め)を導入すると(メチル基がエクアトリアル位を優先的に占め)，窒素がアキシアル位にきて，著しい活性の向上をもたらす．

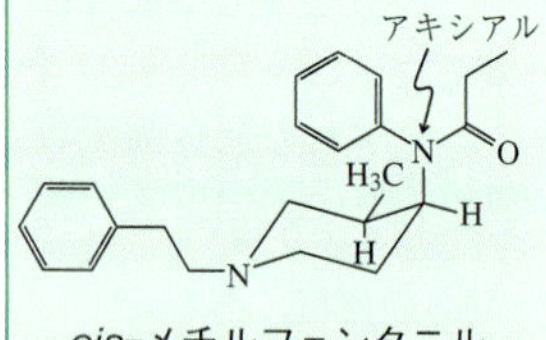

cis-メチルフェンタニル
(*cis*-methyl fentanyl)
モルヒネより 2600 倍活性が高い

練習問題 4-11

次の化合物について，二つのいす形配座異性体間の平衡の $\Delta G°$ を計算せよ．
(a) 1-エチル-1-メチルシクロヘキサン，(b) *cis*-1-エチル-4-メチルシクロヘキサン，(c) *trans*-1-エチル-4-メチルシクロヘキサン．

練習問題 4-12

次の異性体について，二つのいす形立体配座を書け．
(a) *cis*-1,2-ジメチルシクロヘキサン，(b) *trans*-1,2-ジメチルシクロヘキサン，
(c) *cis*-1,3-ジメチルシクロヘキサン，(d) *trans*-1,3-ジメチルシクロヘキサン．
これらのうちで，アキシアル位とエクアトリアル位の置換基の数が同じものはどれか．ジアキシアル形とジエクアトリアル形の平衡混合物として存在するものはどれか．

練習問題 4-13

概念のおさらい：最も安定なシクロアルカン

a. 以下の四つの炭化水素の異性体を，安定性が減少(エネルギー含量が増加)する順に並べよ．
(a) ペンチルシクロプロパン，(b) *cis*-1-エチル-2-プロピルシクロプロパン，(c) エチルシクロヘキサン，(d) *cis*-1,4-ジメチルシクロヘキサン．

● 解法のてびき

What 何が問われているか．つまり，四つの化合物のおおよそのエネルギー含量の順を確かめて，それをもとに相対的な安定性を決めることである．すべての化合物は C_8H_{16} の異性体であることがわかっているので，燃焼熱を測定すればこの問題に答えら

れるだろう．安定性が減少すると$\Delta H^\circ_{\mathrm{comb}}$の値は増大するだろう（図3−14参照）．しかし，燃焼熱の値は与えられていないので，これらの分子の構造的な特徴を比較することで相対的な不安定化について考察するしかない．

How どこから手をつけるか．四つの分子の構造式を注意深く書くことが必須である．構造式から，エネルギー含量を変化させ，それによってそれぞれの分子を安定化あるいは不安定化させるどのような特徴があるかを認識できる．また，この問題は命名法にも関係している．つまり，それぞれの化合物名を構造式に変換しなければならない．さらに，正当に比較するためには，ありえる最も安定な立体配座で構造式を書かなければならない．分子模型を組むことは分子の三次元的な構造を確かめるのに大いに役立つだろう．

Information 必要な情報は何か．分子のエネルギー含量が小さいほどそれは安定である．立体的な混み合いはエネルギー含量を増大させ安定性を減少させる（2−9節参照）．したがって，ねじれ形配座は重なり形配座より安定で，アンチ形配座はゴーシュ形配座より安定で，エクアトリアル配座はアキシアル配座より安定である（4−4節）．すべての場合，より安定な配座には立体的混み合いが少ない．そのほかに不安定化の要因はあるだろうか．小員環には結合角ひずみがある（4−2節）．これらの要因を定量的に評価するためのデータが必要である．

Proceed 一歩一歩論理的に進めよ．

● 答え

まず四つの構造式を書く．4−3節の指針にしたがって，いす形配座のシクロヘキサンを上手に書く．続いて上の方針にしたがって，安定性に影響を及ぼす構造的特徴を調べる．それぞれの重要性を知るために，定量的な情報を探そう．シクロプロパンの結合角ひずみは最も大きな不安定化の要因である（27.6 kcal mol^{-1}；4−2節）．次に，(b)において重なり形配座が強制されていることをつけ加えなければならない．これは少なくともブタンの最も高エネルギーの立体配座における4.9 kcal mol^{-1}に匹敵するだろう（図2−13参照）．シクロヘキサンには結合角ひずみはないが，(d)では一つの置換基がアキシアル位を取らざるを得ない（1.7 kcal mol^{-1};表4−3）．これらをまとめると以下のようになる．

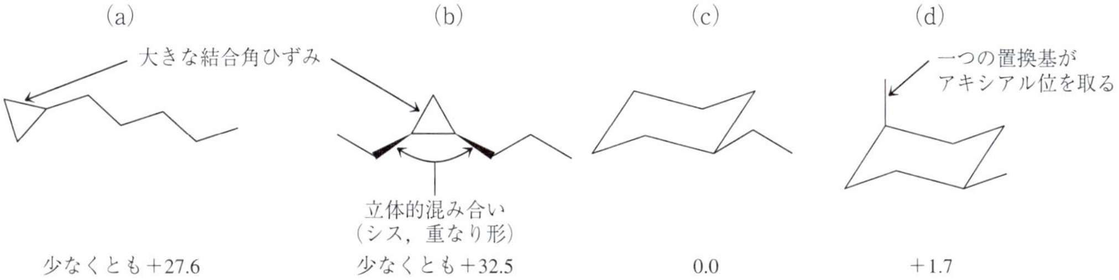

それぞれの構造に対するおよその相対的なエネルギーがkcal mol^{-1}で上の図に与えられている．このデータをもとに，エネルギー含量が大きいほうが不安定であるという考えを当てはめると，安定性の順は以下のようになる．(c)が最も安定で，続いて(d)，(a)となり，最後に(b)が最も不安定．（もし必要ならば，それぞれの化合物に対するエネルギー含量の増大分を足し合わせることにより，おおよそのエネルギー差を導くことも可能である．）

b. 表4−3に示された各置換基に対する値は足し合わせることができ，これらを用いて置換シクロヘキサンの二つの配座異性体間の平衡の偏りを見積もることができる．しかし実際のΔG°の値は，さらに置換基どうしの間の1,3−ジアキシアル相互作用あるいは1,2−ゴーシュ相互作用の影響を受けることがある．たとえば，*trans*−1,4−ジメチルシクロヘキサンと同様に，その異性体である*cis*−1,3−ジメチルシクロヘキサンは，ジエクアトリアル形とジアキシアル形の平衡として存在する．したがって，そのΔG°は*trans*−1,4−ジメチルシクロヘキサンの場合と同じく3.4 kcal mol^{-1}となるはずである．ところが，実測値はより大きくなる（5.4 kcal mol^{-1}）．この結果を説明せよ．（**ヒント**：*cis*−

1,3-ジメチルシクロヘキサンについて，すべての1,3-ジアキシアル相互作用についてよく調べ，ジアキシアル形の *trans*-1,4-ジメチルシクロヘキサンの場合と比較せよ.）

● 解法のてびき

やはり立体配座の問題に取り組む際のよい方法は，分子模型を組むことである．まず，*cis*-1,3-ジメチルシクロヘキサンの模型を組み立て，ジエクアトリアル形からジアキシアル形に環反転させてみよう．この場合，単にメチルシクロヘキサンの環反転を「二重に勘定した」場合と何が違うのだろうか．

● 答え

- ジエクアトリアル配座では，二つのメチル基はメチルシクロヘキサンのメチル基と同じような空間に位置している．
- ジアキシアル配座の場合も同じような状況だろうか．この場合は状況が異なる．アキシアル位のメチルシクロヘキサンの環反転に対する$\Delta G^\circ = 1.7$ kcal mol^{-1}という値は，一つ当たり0.85 kcal mol^{-1}であるCH_3/H間の1,3-ジアキシアル相互作用が二つあることに起因している（192ページにおいてメチルシクロヘキサンについて示した図のように，一つのCH_3基は二つの水素と相互作用している；図4-12も参照すること）．*cis*-1,3-ジメチルシクロヘキサンでは，ジアキシアル配座には（二つのCH_3基と一つのHとの間の）二つのCH_3/H相互作用があり，そのエネルギーの合計は同じく1.7 kcal mol^{-1}である．余分なひずみは二つのアキシアルメチルが近接していることに起因しており，これは（5.4 kcal mol^{-1}から1.7 kcal mol^{-1}を差し引いた）3.7 kcal mol^{-1}と見積もることができる．

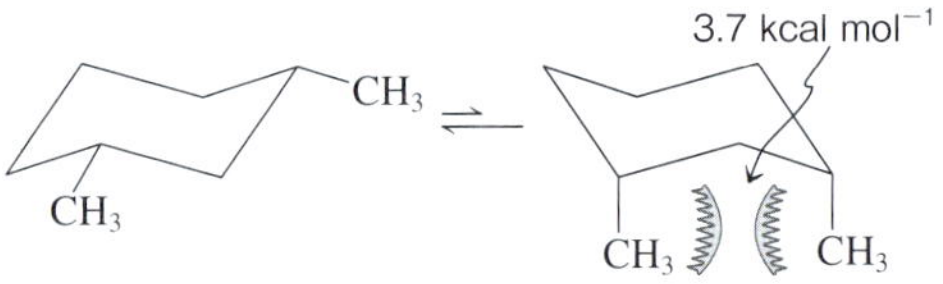

- したがって，*cis*-1,3-ジメチルシクロヘキサンのジアキシアル配座はジエクアトリアル配座に比べて当初の期待値である3.4 kcal mol^{-1}よりもさらに不安定である．

実験室で合成された最も大きなシクロアルカンは$C_{288}H_{576}$である．互いに引き合うLondon力のため（2-7節参照），分子は丸まって球状になっている．

練習問題 4-14 自分で解いてみよう

練習問題4-13の*cis*-1,3-ジメチルシクロヘキサンと同様に，その異性体である*trans*-1,2-ジメチルシクロヘキサンはジエクアトリアル形とジアキシアル形との平衡にある．したがって，*trans*-1,4-ジメチルシクロヘキサンと同じ3.4 kcal mol^{-1}というΔG°の値を示すと予想される．しかし，実測値は2.5 kcal mol^{-1}であり，これより小さい．この理由を説明せよ．（**ヒント**：二つのメチル基が近接していることを考えること．また2-9節のゴーシュ形とアンチ形のブタンを参照すること．）

まとめ シクロヘキサンの立体配座を解析することにより，種々の配座異性体の相対的安定性を予想し，いす形配座が二つある場合には，それらのエネルギー差を見積もることさえできる．とくに1,1-ジメチルエチル基のようにかさ高い置換基は，大きな置換基がエクアトリアル位になる方向に，いす形－いす形間の平衡を移動させる傾向がある．

4-5 より大きな環のシクロアルカン

より大きな環のシクロアルカンにも，同様の関係が当てはまるだろうか．表4-2は，シクロヘキサンより大きな環のシクロアルカンにも，シクロヘキサンより大きなひずみがあることを示している．このひずみは結合角のゆがみ，部分的な水素の重なり，そして渡環立体反発が組み合わさったものである．中員環では，ある一つの立体配座で，これらのひずみの原因となる相互作用のすべてを同時に解消することはできない．そのかわり，エネルギーの接近した複数の立体配座間を相互変換して平衡に達することによって，中員環分子は妥協点を見いだしている．シクロデカンのそのような立体配座の一つを欄外に示す．これには14 kcal mol^{-1}(59 kJ mol^{-1})のひずみがある．

シクロテトラデカンのような大員環になると，ようやく実質上ひずみのない立体配座をとれるようになる(表4-2)．そのような環では炭素鎖が十分な柔軟性をもっているので，水素がねじれ形の位置にはまることができ，さらにできるだけ多くの炭素鎖がアンチ形配置をとることができる．しかしこのような系でも，置換基がつくとさまざまな大きさのひずみが生じる．この本に書かれているほとんどの環状分子にはひずみがある．

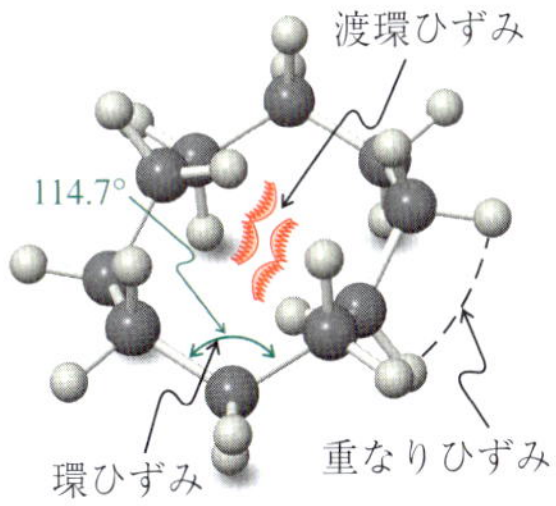

シクロデカン
(cyclodecane)

4-6 多環アルカン

これまでに述べたシクロアルカンには環が一つしかないので，単環アルカンとよぶことができる．より複雑な構造，すなわち二環，三環，四環，およびそれ以上の多環炭化水素では，炭素原子が二つあるいはそれ以上の環によって共有される．これらの多くはアルキル基や官能基がついた形で自然界に存在する．多環アルカンがとりうる多様な構造のいくつかを紹介する．

多環アルカンには縮合環と架橋環がある

単環アルカンの二つのアルキル置換基の炭素原子をつなぐことによって，多環アルカンの分子模型を簡単に組むことができる．たとえば，1,2-ジエチルシクロヘキサンのメチル基から水素を二つ取り除き，それによってできた二つのCH_2基をつなぐと，慣用名がデカリンという新たな分子ができる．デカリンにおいては，二つのシクロヘキサンが隣り合った二つの炭素原子を共有しており，二つの環は**縮合**(fused)しているといわれる．このようにして構築される化合物は**縮合二環系**(fused bicyclic ring system)とよばれ，共有されている炭素原子は**環縮合炭素**(ring-fusion carbon)とよばれる[†]．環縮合炭素上の置換基は**環縮合置換基**(ring-fusion substituent)とよばれる．

もし*cis*-1,3-ジメチルシクロペンタンの分子模型について，上と同じようなことを行うと，ノルボルナンとよばれる別の炭素骨格ができあがる．ノルボルナンは**架橋二環系**(bridged bicyclic)の例である．架橋二環系では，**橋頭炭素**(bridgehead carbon)とよばれる二つの隣り合っていない炭素原子が両方の環に属している．

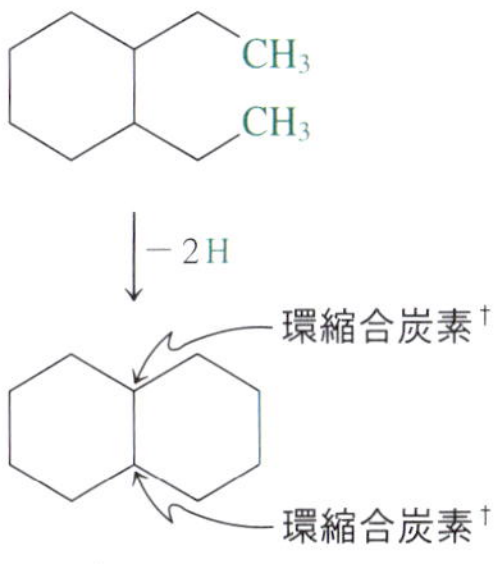

デカリン
(decalin)

† 訳者注：IUPACの定義では，架橋二環系と同様にこの炭素も橋頭炭素(bridgehead carbon)とよぶ．

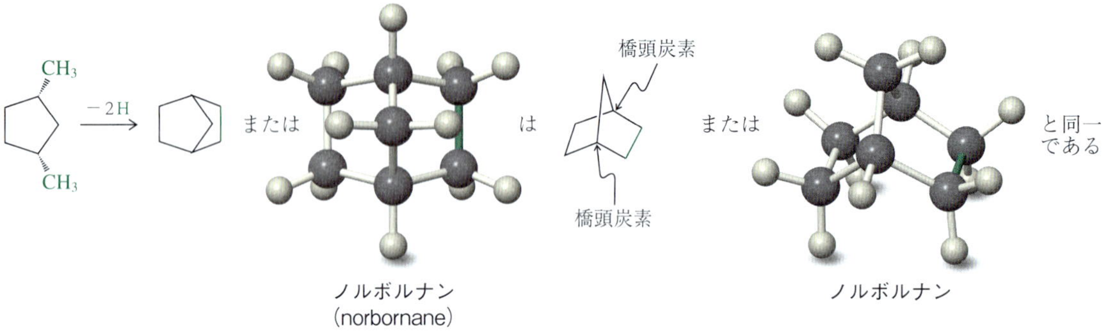

もし一つの環をもう一方の環の置換基とみなすと，環縮合の位置における立体化学的関係を見分けることができる．とくに，二環系にはシスまたはトランス縮合の可能性がある．環縮合の立体化学は，環縮合位の置換基について調べれば容易に決定できる．たとえば，*trans*-デカリンの環縮合位の水素は互いにトランスの関係にあり，*cis*-デカリンではこれらの水素はシスの関係になっている（図4-13）．

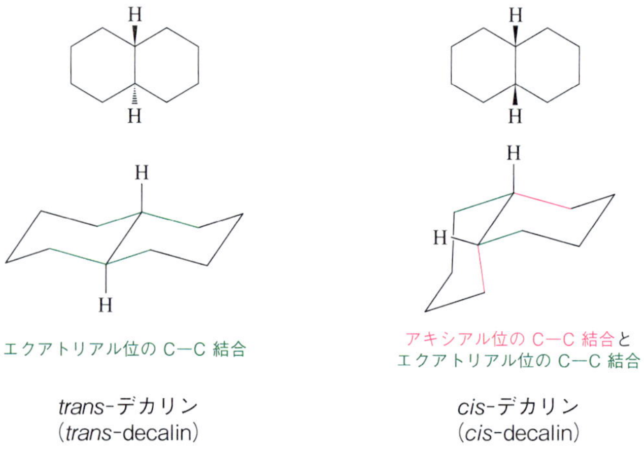

図4-13　*trans*-および*cis*-デカリンの慣用的な構造式といす形立体配座．トランス異性体には，環縮合の位置にエクアトリアルC—C結合しかない．一方，シス異性体にはおのおのの環に対して一つずつエクアトリアルC—C結合（緑色）とアキシアルC—C結合（赤色）があるので，合計二つずつのエクアトリアルとアキシアルC—C結合がある．

練習問題 4-15

cis-および*trans*-デカリンの分子模型を組め．それらの立体配座の動きやすさについて何がわかるか．

炭化水素のひずみに限界はあるか

炭化水素の結合におけるひずみの限界を調べることは，非常に興味のある研究であり，数多くの珍しい分子が合成されている．炭素原子は驚くほど大きな結合角ひずみにも耐えることができる．二環系でよい例となるのがビシクロブタン（次ページの欄外）であり，そのひずみエネルギーは66.5 kcal mol^{-1}（278 kJ mol^{-1}）と見積もられている．この分子が実際に存在すること自体が驚異的であるが，それにとどまらず，単離し貯えておくことさえできるのである．

合成化学者の注目を引きつけている一連の化合物には，正四面体（テトラヘドラン），正六面体（キュバン），そして五角形からなる正十二面体（ドデカヘドラン）

のように，Platon の立体と幾何学的に等価な炭素骨格をもつものがある（欄外の構造式を参照）．これらの多面体において，すべての面は同じ大きさの環，すなわちそれぞれシクロプロパン，シクロブタン，およびシクロペンタンでできている．正六面体は 1964 年にはじめて合成された C_8H_8 の炭化水素で，立方体の形をしているのでキュバンと名づけられた．ひずみエネルギーの実測値〔166 kcal mol^{-1}（695 kJ mol^{-1}）〕は，六つのシクロブタンのひずみの合計よりも大きい．テトラヘドランそのものは未知であるが，テトラキス（1,1-ジメチルエチル）誘導体は 1978 年に合成された．（ΔH°_{comb} にもとづいて）測定されたひずみエネルギーは 129 kcal mol^{-1}（540 kJ mol^{-1}）もあるにもかかわらず，その化合物は安定で 135 ℃の融点をもつ．ドデカヘドランの合成は 1982 年に達成された．その合成は単純なシクロペンタン誘導体から始まり，23 段階の合成操作を要した．最終段階では 1.5 mg の純粋な化合物が得られたのみであったが，（高い対称性のために）このような微量でも，この分子の構造を完全に証明するのに十分であった．その融点は 430 ℃であり，C_{20} の炭化水素にしては異常に高く，この化合物の高い対称性を示している．比較のためにあげると，同じく炭素数が 20 であるイコサンの融点は 36.8 ℃である（表 2-5 参照）．ドデカヘドランを構成しているのが五員環であることから予想されるように，この化合物のひずみは 61 kcal mol^{-1}（255 kJ mol^{-1}）しかなく，これはテトラヘドランやキュバンのようなより小さな類縁体に比べてはるかに小さい．

ビシクロブタン
(bicyclobutane)
ひずみ：66.5 kcal mol^{-1}

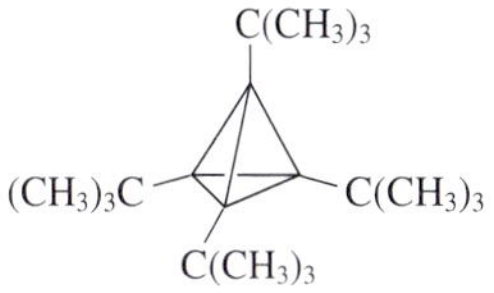

テトラキス(1,1-ジメチルエチル)テトラヘドラン
[tetrakis(1,1-dimethylethyl)tetrahedrane]
ひずみ：129 kcal mol^{-1}

テトラヘドラン
(tetrahedrane, C_4H_4)
ひずみ：137 kcal mol^{-1}

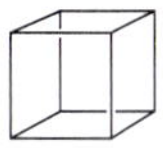

キュバン
(cubane, C_8H_8)
ひずみ：166 kcal mol^{-1}

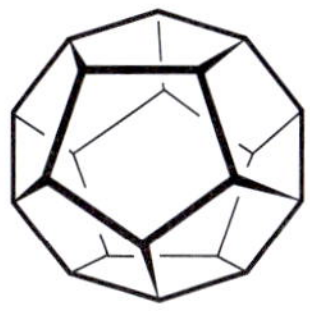

ドデカヘドラン
(dodecahedrane, $C_{20}H_{20}$)
ひずみ：61 kcal mol^{-1}

まとめ　二環系化合物においては，縮合あるいは架橋された構造のなかで二つの環が炭素原子を共有する．とくに炭素－炭素間の結合において，炭素原子はかなりのひずみに耐えることができる．このために，炭素が四面体の形から著しくゆがんだ分子も合成されている．

4-7 自然界に存在する炭素環状化合物

この節では，自然界でつくり出されるさまざまな環状分子について簡単に見てみよう．生物によって産生される有機化合物のことを**天然物**（natural product）という．これらのうちのあるものは，たとえばメタンのように非常に簡単なものであり，またあるものは非常に複雑な構造をもっている．科学者はおびただしい数の天然物をさまざまの方法で分類しようとしてきた．一般に，4 通りの分類法がある．すなわち天然物は，（1）化学的構造，（2）生理活性，（3）生物や植物の種（分類学），（4）生化学的起源，にもとづいて分類されている．

多くの理由から有機化学者は天然物に興味をもっている．これらの多くは強い効力をもつ薬や，染料や香料あるいは重要な工業原料となるからである．動物の分泌物の研究から，動物がいかに化学物質を用いて道しるべをつけたり，自分を捕食しようとする動物から身を守ったり，異性を引きつけたりするのかが明らかになってきた．生体がある化合物を代謝したり変換したりする生化学的経路の研究から，生体機能の詳しいしくみがわかってきた．なかでもテルペンとステロイドという 2 種類の天然物は，とくに有機化学者の強い興味の対象となっている．

コラム● 4-1 シクロヘキサン，アダマンタンおよびダイヤモンドイド：ダイヤモンド「分子」

4-6 節の多環炭化水素を少し見ただけでも，有機化学の世界にはさらに多くの多様な炭素骨格の例があることがわかる（表 2-4 に示した非環状アルカンに対して考えられる異性体の数を参照すること）．それらの分子においては，たとえば *trans*-デカリンのように，シクロヘキサン環がいす形配座にある構造を可能なかぎりとる．*trans*-デカリンは，一つのシクロヘキサン環をもう一つのシクロヘキサン環のエクアトリアル位に縮合させることにより構築できる．全いす形のシクロヘキサンを含む多環化合物を構築するもう一つの方法は，アキシアル位を使う方法である．つまり，シクロヘキサンに三つのアキシアル CH_2 基をつけ，それらを一つの CH 基と結ぶことにより，全いす形の四環形かご型化合物になる．これはアダマンタン（*adamantinos*，ギリシャ語で「ダイヤモンド」の意味．語源の理由を読み取ること）とよばれる $C_{10}H_{16}$ の炭化水素である．分子模型を組むとそれが高い対称性をもっていることに気づく．四つの面はすべて等価である．

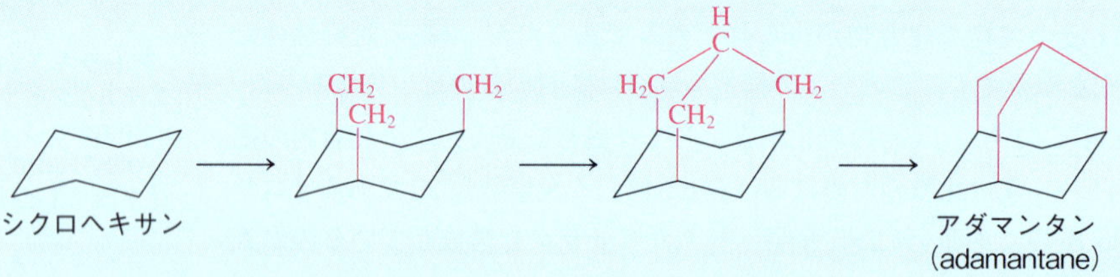

アダマンタンは $C_{10}H_{16}$ の仲間のなかで最も安定な異性体である．引き締まった形をしているので，固体状態で異常なほど密に詰まることができる．このことは，270 ℃という高い融点に反映されている（2-7 節参照）．同じ炭素数の非環状化合物であるデカンは − 29.7 ℃で融解することと比べるとよい（表 2-5 参照）．アダマンタンは 1933 年に原油のなかから発見されたが，容易に合成できて，いまやキログラム単位で市販されている．

もし，上述の三つのアキシアル位に蓋をかぶせるような操作をアダマンタンのいずれかの環について行うと，七つのいす形シクロヘキサン環で構成された六つの等価な面をもつ多環化合物のジアマンタンができる．さらに

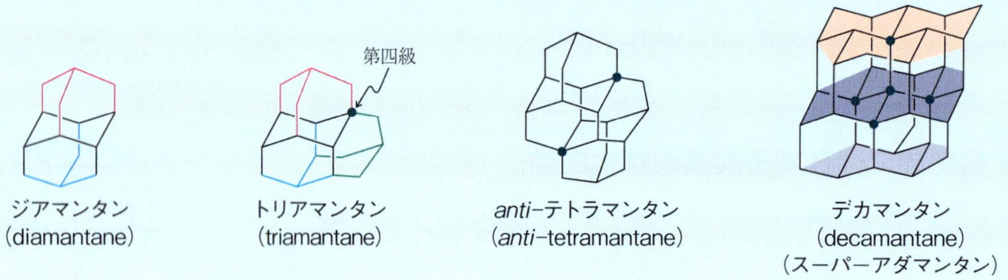

テルペンは植物のなかでイソプレン単位から合成される

たいていの人は，植物の葉をすりつぶしたりオレンジの皮をむいたときにする強い香りをかいだことがあるだろう．この香りは，**テルペン**（terpene）とよばれる，通常，炭素数が 10，15，または 20 の揮発性の化合物の混合物が放たれることによるものである．30,000 種以上のテルペンが自然界に見つかっている．テルペンは食物の香辛料〔チョウジ（丁字）やハッカの抽出物〕，香水〔バラ，ラベンダー，ビャクダン（白檀）〕，そして溶媒（テレビン油）として用いられる．

テルペンは炭素数が五つの分子の単位が，少なくとも二つ以上結合することによって植物中で合成される．この単位の構造は 2-メチル-1,3-ブタジエン（イソプレン）とみなすことができるので，これは**イソプレン単位**（isoprene unit）とよ

MATERIALS

この操作を続けると，一連の化合物のなかではじめて第四級炭素をもつ化合物のトリアマンタンになる．トリアマンタンから同じ方法により3種のテトラマンタンを構築できる．前ページの下の図には二つの第四級炭素をもつ1種類だけが示されている．より炭素数の多い「オリゴマンタン」になると，可能な異性体の数は急激に増える．ペンタマンタンには7種，ヘキサマンタンには24種，ヘプタマンタンには88種の異性体がある．$C_{35}H_{36}$のデカマンタンは，密な対称性の高い構造のために「スーパーアダマンタン」とよばれている．その第四級炭素の一つは，他の四つの第四級炭素で囲まれている．その構造は，(色で強調された)いす形シクロヘキサンが結合してできる層が三次元的に配列することによって，最終的には純粋な炭素だけの構造ができあがる様子を示している．そのようなポリマーは実際に存在している．それはダイヤモンドという名の結晶状態の炭素である(下巻；コラム15-1も参照すること)．

オリゴマンタンは外周にある炭素が水素で飽和されている「ミクロダイヤモンド」(いわゆる水素終端ダイヤモンド)に等しいので，それらはダイヤモンドイドとよばれている．炭素数の多いダイヤモンドイドは，2003年にカリフォルニアのシェブロン(Chevron)社の研究グループが石油の高沸点留分のなかからウンデカマンタンまでの一連の化合物を同定したことにより，ようやく知られるようになったばかりである(1章の冒頭文参照)．これらの化合物は，ダイヤモンドとの関係や工業的なダイヤモンド生産において種結晶として作用する可能性だけでなく，それら化合物がもつ安定性や不活性の点でも注目されている．つまりそれらは，新しい医薬品，化粧品ならびにポリマー材料に用いることができる生物学的に適合性のある基本骨格になる可能性がある．

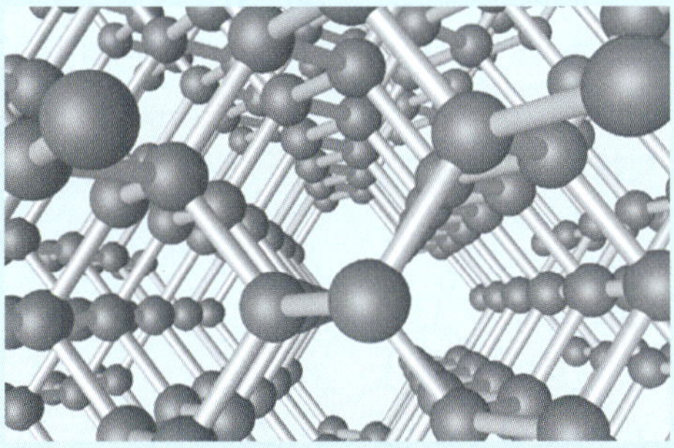
ダイヤモンドの炭素格子の内側

世界で最も大きなダイヤモンド
Golden Jubilee.

ばれる．分子のなかにイソプレン単位がいくつ含まれているかによって，モノテルペン(C_{10})，セスキテルペン(C_{15})およびジテルペン(C_{20})に分類される(次ページの例では，おのおののイソプレン構成単位がそれぞれ別の色で示されている)．

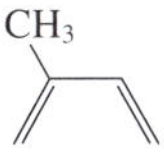

2-メチル-1,3-ブタジエン
(イソプレン)

テルペン中のイソプレン単位
(二重結合を含むものもある)

菊酸は三員環をもつ単環テルペンである．そのエステルは除虫菊(*Chrysanthemum cinerariaefolium*)の頭状花に含まれる天然の殺虫剤である．オスのワタミハナゾウムシ〔boll weevil(*Anthonomus grandis*)〕が分泌する性誘引物質であるグランジソールには，シクロブタン環がある．

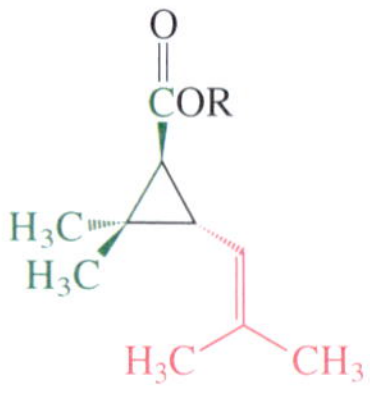

trans-菊酸（R=H）
（*trans*-chrysanthemic acid）
trans-菊酸エステル（R≠H）
（*trans*-chrysanthemic ester）

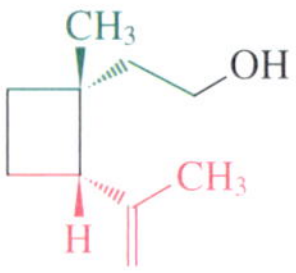

グランジソール
（grandisol）

メントール（ハッカ油）は置換シクロヘキサン型の天然物の例であり，一方，ショウノウ（樟脳の木からとれる）とβ-カジネン〔トショウ（杜松）やスギからとれる〕は，おのおのノルボルナンとデカリン骨格をもつ単純な二環系テルペンである．

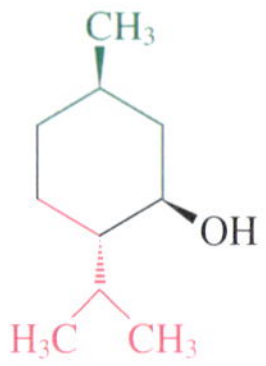

メントール
（menthol）

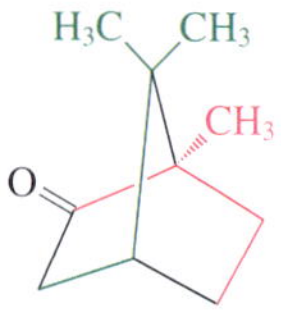

ショウノウ
（camphor）

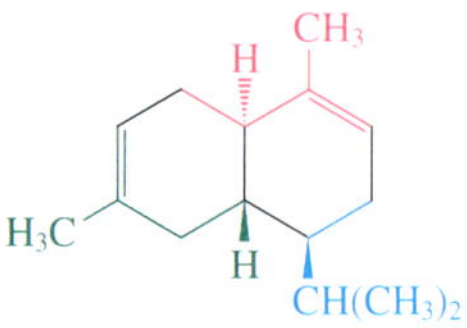

β-カジネン
（β-cadinene）

タキソール（パクリタキセルともいう）は，アメリカ国立がん研究所が行った抗がん活性天然物の探索研究の一環として，タイヘイヨウイチイ（*Taxus brevifolia*）の樹皮から1962年に単離された複雑な構造と官能基をもつジテルペンである．

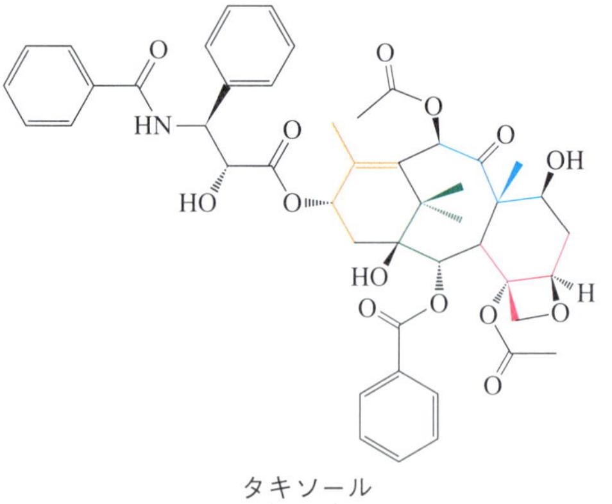

タキソール
（taxol）

タキソールは35,000種以上の植物から抽出された100,000以上の化合物のなかで，おそらく最も興味深い化合物であることがわかった．タキソールは，市場に出ている抗腫瘍性医薬品のなかでも最も効力のあるものの一つである．しかし，1人の患者を治療するのにおよそ6本の木を犠牲にする必要があるので，この化合物の効力の向上，入手の改善，あるいは生産性の向上のために多くの努力がなされてきた．それらのほとんどが有機合成化学者によってなされ，1994年には

ペルーの先住民であるマチス族の男性が，薬や儀式に用いる「サポ」という毒を抽出するためにカエルを捕獲しているところ．

儀式に用いられる多くの像は心地よい香りがするビャクダンでできている．この写真の黒い牛はバリ島の葬儀で見られる重要な像である．

タキソールの抽出源であるタイヘイヨウイチイの木．

じめてタキソールの全合成に関する二つの研究が同時に達成された(全合成とは，なるべく市販されている炭素数5あるいはそれ以下の単純な化合物から出発して，目的の分子を合成することをいう)．さらに化学者は，タキソールそのものに似た構造をもち，より豊富に存在する天然物をタキソールに変える方法を見いだした．このような方法は「半合成」とよばれる．その結果，がんの治療薬として用いられるタキソールは，より容易に利用できて犠牲も少なくて済む資源である一般のイギリスイチイの針葉中に見いだされた化合物から誘導されている．

練習問題 4-16

メントールの有利なほうのいす形立体配座を書け．

練習問題 4-17

昆虫が防御のために用いる2種類のテルペンの構造式が欄外に示されている(12-17節参照)．これらはモノテルペンか，セスキテルペンか，あるいはジテルペンか．それぞれのイソプレン単位を示せ．

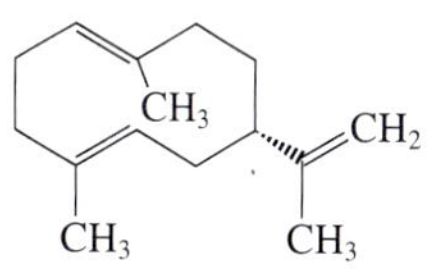

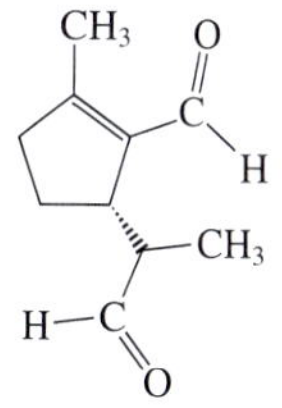

練習問題 4-18

2-4節を復習して，4-7節に示されたテルペン中の官能基を示せ．

ステロイドは強力な生理活性をもつ四環系の天然物である

ステロイド(steroid)は自然界に豊富に存在し，多くの誘導体が生理活性をもっている．しばしばステロイドは，生化学的な過程を調節する**ホルモン**(hormone)として作用する．ヒトの体内ではステロイドはさまざまな機能に加えて，性的な発達や受精能を制御している．この特性のために，多くのステロイドは，がん，関節炎，アレルギーの治療薬や受胎調節に用いられており，これらは合成医薬品であることも多い．

ステロイドにおいては，**アンギュラー形**(angular)ともよばれる，三つのシクロヘキサン環が角をつくるような形で縮合している．環と環の間の結合は*trans*-デカリンのように通常，トランスである．第四の環はシクロペンタンで，これによって特徴的な四環構造ができあがる．四つの環はおのおのA，B，C，D環と表記され，炭素にはステロイド特有の方法で番号がつけられている．多くのステロイドにはC10とC13にメチル基がついており，C3とC17に酸素がついている．さらに，C17に長い側鎖がついていることもある．環がトランス縮合しているため，すべての環がいす形になった最もひずみの少ない立体配座をしており，環縮合の位置にあるメチル基と水素原子はアキシアル位を占めている．これらの特徴は，正常なヒトの尿中に含まれるステロイドであるエピアンドロステロンについて次ページの図に示されている．

こぼれ話

ステロイドは自然界の至るところに存在するが，その量は多くない．純粋な結晶のエピアンドロステロンが1931年にはじめて単離された．50 mgのこの試料を得るために，ドイツ人化学者のAdolf Butenandt(1939年度のノーベル化学賞受賞)とKurt Tscherningは，17,000 L以上の男性の尿を蒸留しなければならなかった．

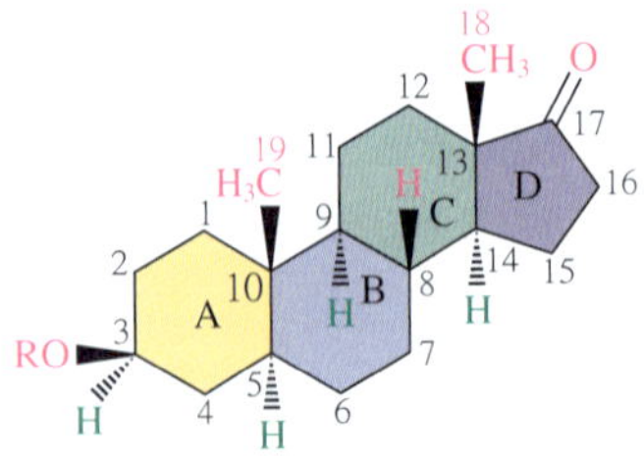

ステロイド骨格
(R=H, エピアンドロステロン)

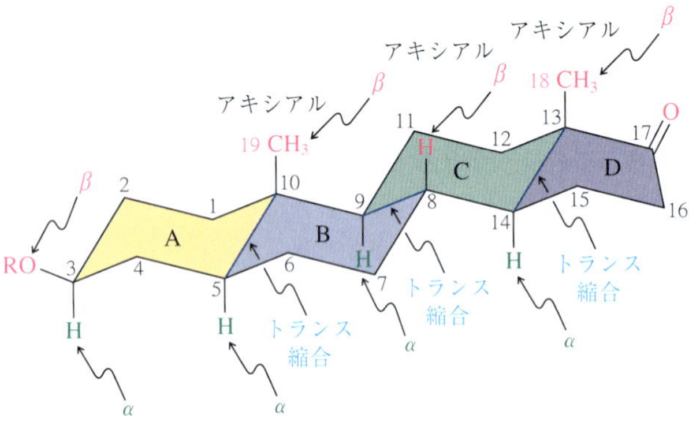

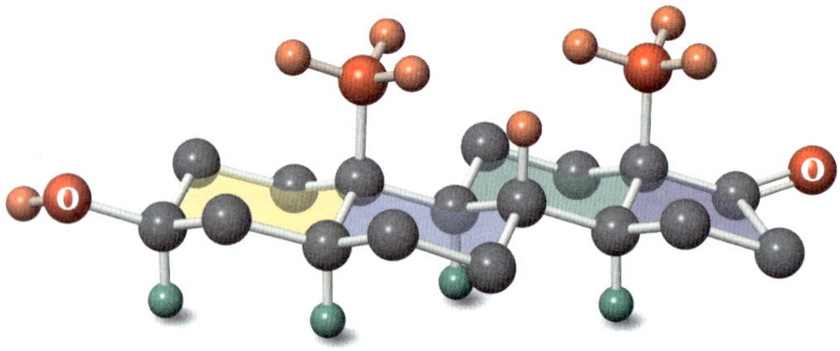

エピアンドロステロン(epiandrosterone)

通常の構造表記法において，ステロイド分子の面の上側についている基はβ置換基とよばれ，下側についている基はα置換基とよばれる．したがって，エピアンドロステロンの構造式は3β-OH, 5α-H, 10β-CH_3などをもつことになる．

最も豊富に存在するステロイドのなかでも，コレステロールはほとんどすべてのヒトや動物の組織に存在している(コラム 4-2)．胆汁酸は肝臓でつくられ，十二指腸で分泌されて脂肪の乳化，消化，吸収の過程を助ける体液の一部である．胆汁酸の成分の一例としてはコール酸がある．リューマチ炎の治療によく用いられるコルチゾンは，副腎の外側(皮質)でつくられる副腎皮質ホルモンの一種である．このホルモンには，体内の電解質と水のバランスやタンパク質と炭水化物の代謝を調節する働きがある．

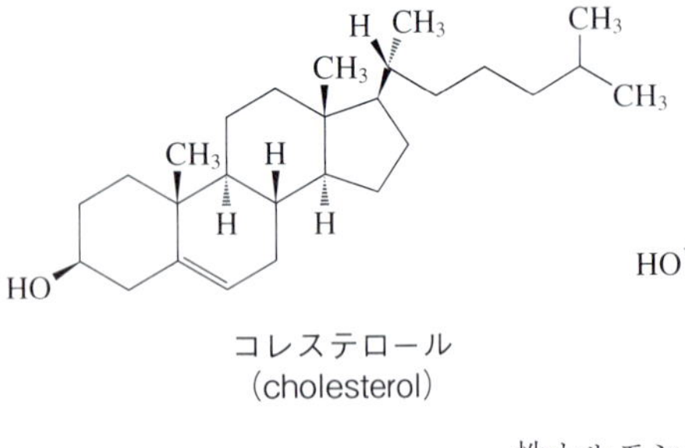

コレステロール
(cholesterol)

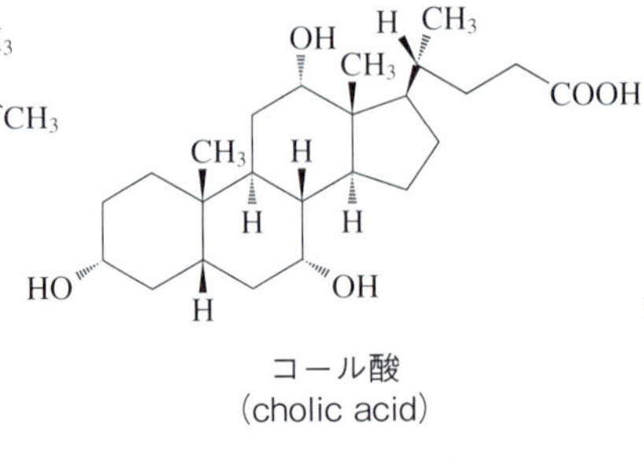

コール酸
(cholic acid)

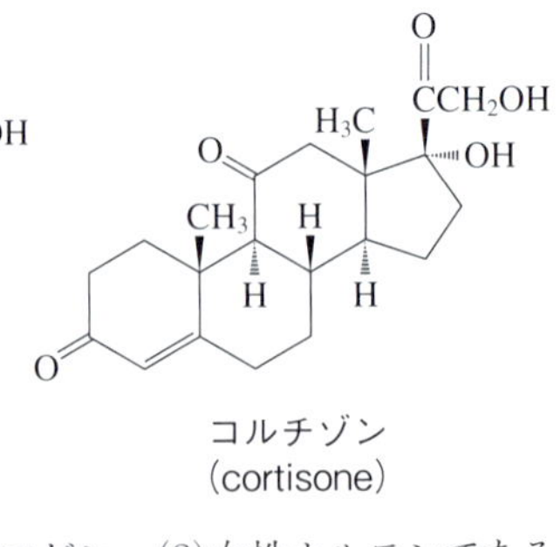

コルチゾン
(cortisone)

性ホルモンは，(1)男性ホルモンであるアンドロゲン，(2)女性ホルモンであるエストロゲン，(3)妊娠ホルモンであるプロゲスチンの三つに分類される．テストステロン(この章の冒頭参照)は重要な男性ホルモンである．それは精巣でつくられ，男性的(男らしい)特徴(低い声，ひげ，体格)の原因となっている．テスト

コラム● 4-2
コレステロール：どうして悪玉なのか，どれくらい悪玉なのか？ MEDICINE

「コレステロール過多」という忠告を，朝食で大好きな三つ目の目玉焼きやチョコレートたっぷりのデザートを食べかけたときにいく度となく聞いたことがあるだろう．このような警告がなされる理由は，高レベルのコレステロールが動脈硬化症や心臓疾患に関係しているとされているからである．動脈硬化症になるとプラークが堆積し，血管を細くしたり詰まらせたりする．心臓内でそのようなことが起こると心臓発作を起こすことがある．プラークが壊れて血流に乗って移動すると，あちこちに被害を及ぼす．たとえば，脳の血管が詰まると脳卒中を起こす．

アメリカの人口のおよそ1/3が，推奨される総量を上回るレベルのコレステロールを蓄積している．通常の成人は約150 gのコレステロールを体内にもつが，これにはコレステロールが体の機能に不可欠であるという正当な理由がある．それはとくに神経系，脳および脊髄の細胞膜の必要不可欠な構成成分であること，またとくに性ホルモンやコルチゾンを含む副腎皮質ホルモンのような他のステロイドを生産する重要な中間体物質でもある．胆汁酸をつくるのにもコレステロールが必要である．胆汁酸は私たちが食べた脂肪を消化するのを助ける重要な物質であり，またカルシウムを使って骨が形成できるようにしているビタミンDをつくるのにも，胆汁酸が必要である．

おそらく「善玉」コレステロールと「悪玉」コレステロールについてもよく耳にしたことがあるだろう．これらの形容詞は，コレステロールに結合していわゆるリポタンパク質を形成するタンパク質のことを意味しており，それらは水溶性であるためコレステロールが血中に輸送される（タンパク質の一般的な構造については，下巻；26-4節を参照）．このような集合体には低密度リポタンパク質（LDL）と高密度リポタンパク質（HDL）という二つのタイプがある．LDLは必要に応じてコレステロールを肝臓から体内の他の場所に運ぶ．HDLはコレステロールを一掃する役割をもっていて，それを胆汁酸に変換するために肝臓へ運ぶ．この綿密な平衡が乱れ必要以上のLDLが血中に現れると，余分なコレステロールが沈殿して上述の危険なプラークを形成するため，「悪玉」とよばれる．不思議なことに，そして循環器専門医にとって残念なことに，2016年というごく最近に行われた臨床試験の結果，LDLの減少もHDLの増加も患者の心臓発作の発生率に何の影響も及ぼさないことがわかった．この結果は，LDLとHDLの間の単純な関係に疑問を呈し，ある薬化学者いわく「振り出しに戻った」のである．

このコラム冒頭の警告はよく聞くが，実は食物から体内に入るコレステロールの量は非常に少ない．むしろ私たちの体内，とくに肝臓では1日に1 gのコレステロールがつくられており，それはたとえ高コレステロールの食事をしてもそこから供給される量の4倍もある．では，なぜそんなに大騒ぎするのだろうか．それは食物の摂取によってもたらされる15～20％というコレステロールに関係している．ある程度コレステロールレベルが高い人にとっては，少し食事に注意するだけで大きな違いが生じる．脂肪が問題になるのは以下の理由による（下巻；20-5節参照）．脂肪を消化するためには胆汁酸が必要である．脂肪を余分に摂取すると胆汁酸の産生が刺激され，今度はコレステロールの生産量が増え，それにより血中のコレステロールレベルが上昇する．したがって，バランスのよい低脂肪で低コレステロールの食事をとることが，血液100 mL中200 mgという推奨コレステロールレベルを維持するのに役立つ．

そのような食事をとるだけでは十分でない場合，薬の助けが必要となる．ヒドロキシプロピルメチルセルロース（HPMC：セルロースの構造については下巻の24-12節を参照）のような種類の薬は，胃のなかでコレステロールと結合して体内に吸収されるのを妨げる．皮肉なことに，HPMCはチーズやデザートを含む食物の濃化剤として用いられている．別の種類の薬は肝臓におけるコレステロールの産生を直接止めるもので，過去10年間に目覚ましい成功を収めながら使用されている．その例にはアトルバスタチン（リピトール）やロスバスタチン（クレストール）があり，これらを合わせた2016年の世界中での売上高は40億ドル以上になる（処方医薬の売上高ランキングについては下巻の表25-1を参照）．

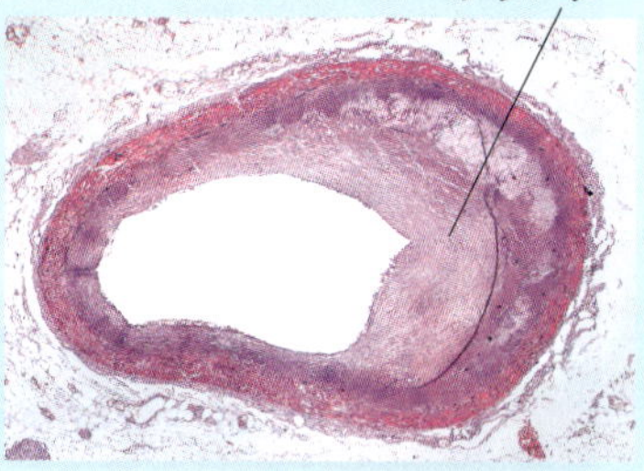

コレステロールのプラーク（ピンク色）が詰まったヒトの心臓冠状動脈の断面図．

コラム● 4-3 受胎能の調節：「ピル」から RU-486 そして男性用避妊薬まで

月経の周期は脳下垂体から分泌される三つのタンパク質ホルモンによって制御されている．卵胞刺激ホルモン（fallicle-stimulating hormone，FSH）は卵の成長を促し，黄体形成ホルモン（luteinizing hormone，LH）は卵巣からの卵の放出および黄体（corpus luteum）とよばれる卵巣組織の形成を促す．そして 3 番目の脳下垂体ホルモンである黄体刺激ホルモン（luteotropic hormone：ルテオトロピン，プロラクチンともよばれる）は，黄体を刺激し，それを維持する役割を果たす．

周期が始まると卵の成長が開始され，卵の周囲の組織からしだいに大量のエストロゲンが分泌される．血液中のエストロゲンの濃度がある一定値に達すると，FSH の産生が止まる．この段階で，LH に応答して卵が放出される．排卵時に LH は黄体の形成を開始させ，それによってしだいに大量のプロゲステロンの分泌が始まる．このホルモンは LH の産生を止めることで，その後の排卵を抑制する．卵が受精しなかった場合，黄体は退縮し卵と子宮内膜が排出される（月経）．一方，妊娠するとエストロゲンとプロゲステロンの産生が増え，脳下垂体ホルモンの分泌を妨げ，それによって新たな排卵が始まることを妨げる．

受胎調節用のピルは効力の強い合成エストロゲン，プロゲステロン誘導体の混合物からできており（天然のホルモンよりも効力が強い），月経周期上のほぼ全般にわたって服用すると，FSH と LH の両方の産生を止めることによって，卵の成育と排卵の両方を妨げる．女性の体は自分が妊娠したと思い込まされているのである．ある種類の市販のピル（経口避妊薬）にはノルエチンドロンとエチニルエストラジオールが含まれている．ほかの種類のピルにも構造が少し異なる類似の化合物が含まれている．

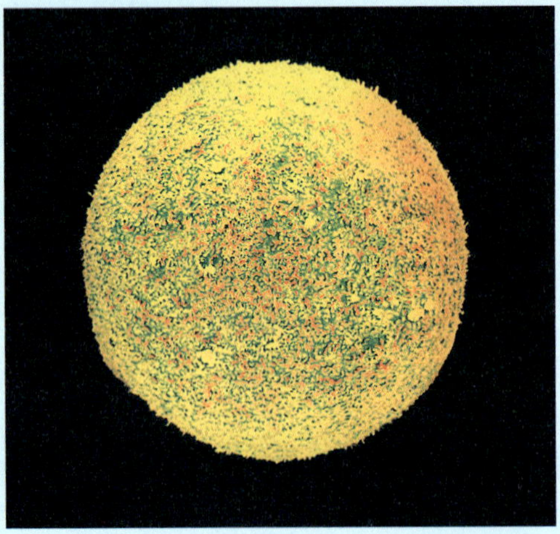

約 100 μm の大きさの卵割前のヒトの受精卵（接合体）

レボノルゲストレルは「プラン B」という名前で，性交後に用いる緊急の避妊薬として市販されている（アメリカでは 2013 年から処方箋なしで購入できる）．それを性交後 120 時間以内に服用するのが最も効果的である．RU-486（ミフェプリストン）は女性の子宮においてプロゲステロン受容体と結合し，その作用をブロックする合成ステロイドである．子宮の収縮を誘発するプロスタグランジン（コラム 11-1 参照）と併用することにより，RU-486 は妊娠初期に投薬された場合に流産を誘発する．この薬はヨーロッパでは 1988 年から入手可能となり，多くの議論と検査を経て，2000 年にアメリカ食品医薬品局（FDA）はアメリカ国内における RU-486 の販売を認可した．

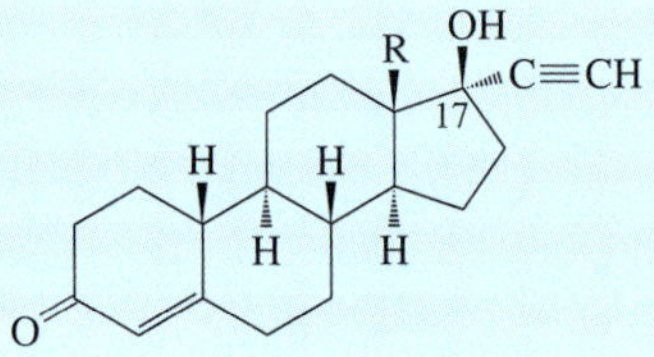

ノルエチンドロン，R=CH_3
（norethindrone）
レボノルゲストレル，R=CH_2CH_3
（levonorgestrel）

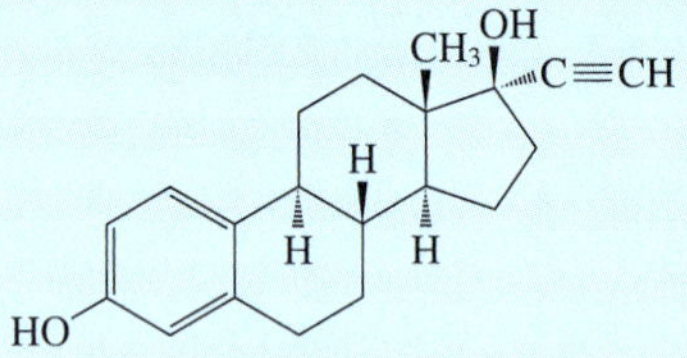

エチニルエストラジオール
（ethynylestradiol）

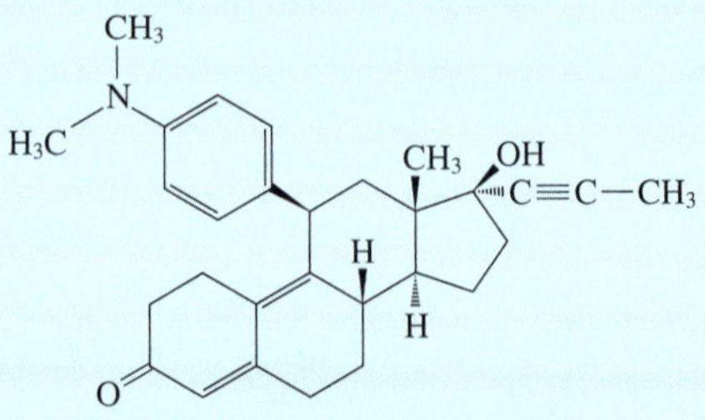

RU-486
（ミフェプリストン，mifepristone）

MEDICINE

前述の合成化合物において，C17 に C≡C という三重結合がついていることに気がついたであろう．これに変えることによって，薬はとくに強力になる．このような三重結合は触媒の存在下で水素によって水素化(「飽和化」)することができる(13-6 節参照)．この単純な変換によって，市販薬であるゲストリノンをドーピング剤であるテトラヒドロゲストリノン(THG；本章の冒頭文参照)に導いたのではないかと疑われている．

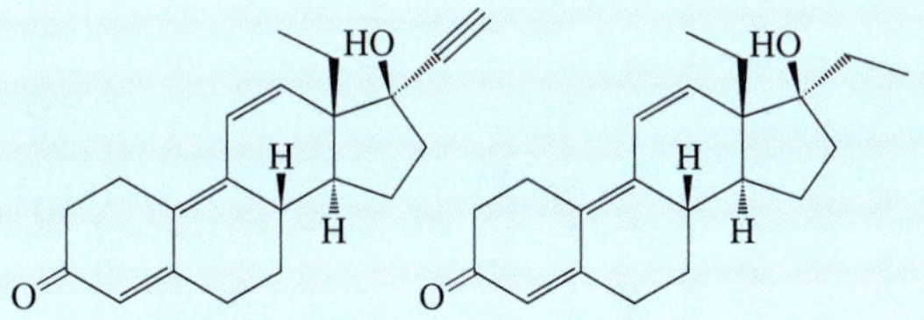

ゲストリノン (gestrinone)　テトラヒドロゲストリノン〔tetrahydrogestrinone (THG)〕

ところで，男性用の避妊薬はあるのだろうか．「ピル」が効くかどうかという基本的な問題だけでなく，文化的な偏見や医薬品開発にかかわる膨大な課題のため研究は遅れている．しかしながら，古代から男性用の避妊薬としてハーブや種子，植物および果物の成分を調査することには興味がもたれてきた．現在の医薬品戦略は多様であるが，実験動物における効果がヒトにうまく適用できないために挫折している．いくつかの非ステロイド系の化合物は，新たな方法で男性の生殖器系に影響を及ぼすことから有望視されている．たとえばニフェジピンは精子の代謝に変化を与え，卵に受精する能力を妨害する．一方，フェノキシベンズアミンは射精を妨げる．その他の物質として，エテニルベンゼン(スチレン)と 2-ブテン二酸無水物(無水マレイン酸)のコポリマー(共重合体)がある．これはアメリカにおいてバサルゲルという商品名で動物試験が行われ，良好な結果を示している．この薬は精子が射精前に移動する管に注入され，精子がこの高分子に触れると，卵にたどり着く前に失活する．この効果は何年も持続し，炭酸水素ナトリウム($NaHCO_3$)溶液でポリマーを洗い流すことでもとに戻すことができる．これらの化合物のどれもがまだ市販されていない．

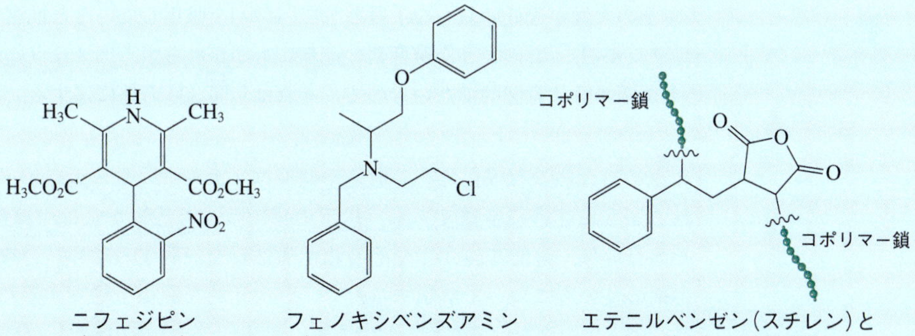

ニフェジピン (nifedipine)　フェノキシベンズアミン (phenoxybenzamine)　エテニルベンゼン(スチレン)と 2-ブテン二酸無水物 (無水マレイン酸)のコポリマー

ステロンの合成類縁体は，アナボリックステロイド〔anabolic steroid，同化ステロイド:ana-，ギリシャ語の「上方へ」:つまり「同化」は「代謝(metabolic)」の反対〕とよばれ，たとえば筋萎縮症患者の筋肉や組織の発達を促進するために医薬品として用いられている．残念なことに，そのようなステロイドは肝臓がん，心臓の冠状血管疾患，不妊症をはじめとする健康に対する数多くの危害があるにもかかわらず，ボディービル愛好家や運動選手によって乱用され，規則に違反して服用されている．エストラジオールは重要な女性ホルモンである．それは4トンものブタの卵巣からの抽出によってはじめて単離されたが，純粋なエストラジオールはたった数mgしか得られなかった．エストラジオールは女性の二次性徴が発達する原因となる物質であり，月経周期の調節に関係している．プロゲスチンの例にはプロゲステロンがあり，これは子宮を受精卵の着床に備えさせる働きをしている．

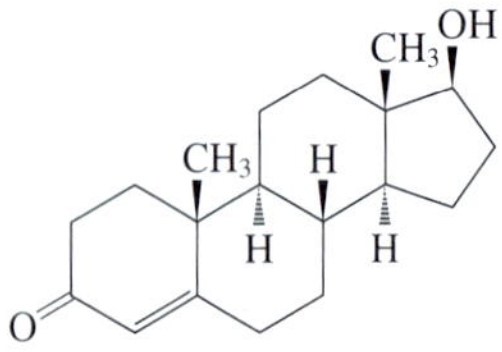

テストステロン
(testosterone)

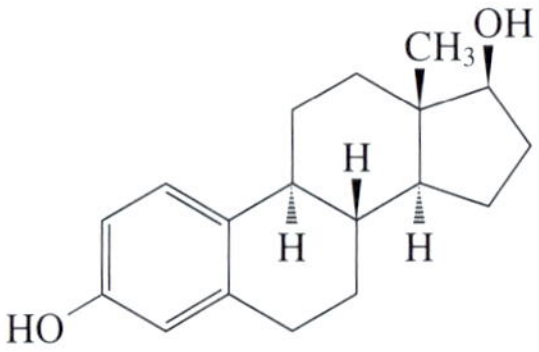

エストラジオール
(estradiol)

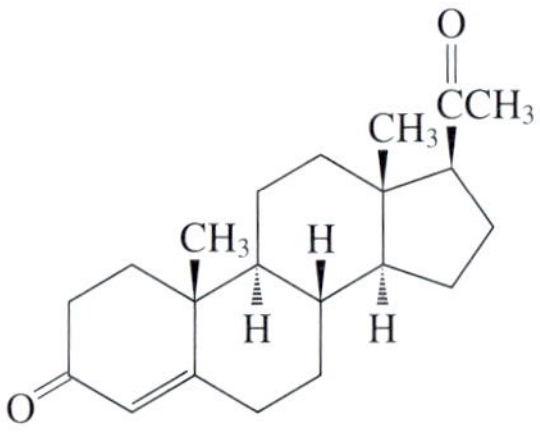

プロゲステロン
(progesterone)

このように幅広い生理活性を示すにもかかわらず，ステロイドホルモンの構造は驚くほどよく似ている．ステロイドはまた，女性の月経周期や排卵を調節する避妊薬としての働きがある「経口避妊薬(ピル)」の活性成分である．世界中で1億人以上の女性が避妊のおもな手段として「ピル」を服用していると推測されている(コラム4-3)．このような避妊薬の進歩にもかかわらず，アメリカにおける妊娠のおよそ半分は意図的でないもので，それは年間300万件に達する．

まとめ　天然の有機化合物の構造や機能は，テルペンやステロイドに代表されるように非常に多様である．以下の章では，天然物がしばしば出てくる．その目的は，官能基の存在やその化学的性質を説明するため，合成計画や反応剤の使い方について解説するため，三次元的な関係を描写するため，医薬品への応用の例を示すためなどである．脂肪(下巻;19-13節および20-5節)，炭水化物(下巻;24章)，アルカロイド(下巻;25-8節)，アミノ酸と核酸(下巻;26章)などの何種類かの天然物については，別のところでさらに詳しく解説する．

章のまとめ

この章では，有機化合物の構造と機能に関する知識を環状および多環構造をもつ化合物に広げた．さらに，有機分子のふるまいを説明あるいは予測するために，分子が三次元構造をもつことがいかに重要であるかを再び学んだ．とくに，以下について解説した．

- IUPAC 則にしたがったシクロアルカンの命名法(4-1 節)．
- 立体異性の関係にあるシスとトランスの異性体の存在(4-1 節)．
- 小員環シクロアルカンにひずみが存在すること，それが燃焼熱にもとづいて定量化できること(4-2 節)．
- C—C 結合まわりの立体配座の柔軟性に関する原理(2-8 節，2-9 節参照)がシクロアルカンに適用でき，とくにシクロヘキサンとその置換誘導体の立体配座に関してうまく適用できること(4-3 節，4-4 節)．
- 多環炭素骨格は多様な構造をとることができ，それらの多くがテルペンやステロイドのように天然に存在すること(4-6 節，4-7 節)．

この章で学んだことは，本書を通じてずっと引用することになる．なぜなら，それは非環状分子の立体異性，相対的な安定性と反応性，分光法，そして生物学的効力といった有機化学の領域における理解の基礎となるからである．

4-8 総合問題：概念のまとめ

以下の問題において，まず，シクロヘキサンの構造を書き，配座異性体を分析し，環反転のΔG°のデータを見積もる方法に関する知識を駆使する必要がある．次に，ひずみをもった炭化水素の熱的異性化の機構を書くために直感を働かさなければならない．

練習問題 4-19：シクロヘキサンの立体異性体を書く

a．1,2,3,4,5,6-ヘキサクロロシクロヘキサンにはいくつかのシス－トランス異性体がある．平面形シクロヘキサンの正六角形に，破線－くさび形表記法で置換基をつけて，すべての異性体の構造式を書け．

●答え

やみくもに試行錯誤で解こうとする前に，この問題をもっと系統的に考えてみよう．まず，すべての塩素原子が互いにシスの位置にある最も単純な場合から始める(すべて実線のくさび形の結合を用いる)．次にトランスの位置にある置換基(破線のくさび形で示す)を一つずつ増やしながら，それぞれの場合について考えよう．そして三つの塩素原子が「上向き」で，三つが「下向き」になった段階でその作業をやめる．なぜなら，「二つが上向き，四つが下向き」の場合は「四つが上向き，二つが下向き」の場合と同じであり，同様にそれ以上「下向き」になった場合も考慮しなくてよいからである．はじめの二つの場合，つまり「六つが上向き」(A)と「五つが上向き，一つが下向き」(B)の場合は，とりうる構造はそれぞれ一つしかない．

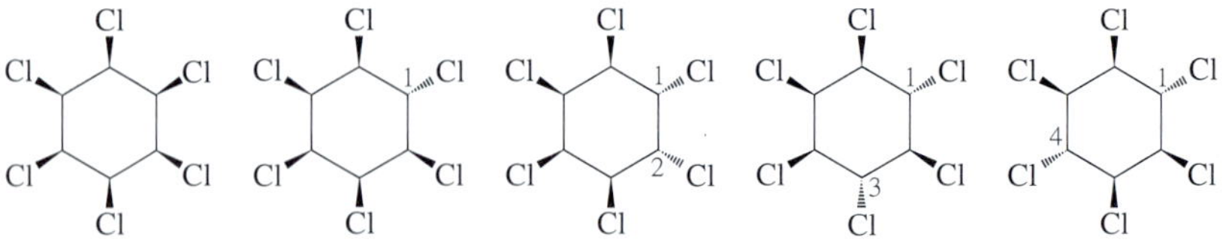

(A)　(B)　(C)　(D)　(E)

次に「四つが上向き，二つが下向き」の異性体について考えてみよう．塩素原子を二つ「下向き」にするには3通りの仕方がある．すなわち，六員環上の1,2(C)，1,3(D)，1,4(E)の位置の塩素を「下向き」にする場合しかない．その理由は，六員環上の1,5位は1,3位と同じ位置を表し，1,6位は1,2位と同じ位置を表すからである．最後に，同様に考えれば，三つの塩素原子を「下向き」にするには，1,2,3(F)，1,2,4(G)†，および1,3,5(H)の位置の塩素を「下向き」にする三つの場合しかないことがわかる．

† 訳者注：厳密にいえば，(G)の異性体にはエナンチオマー(5-1節参照)が存在する．

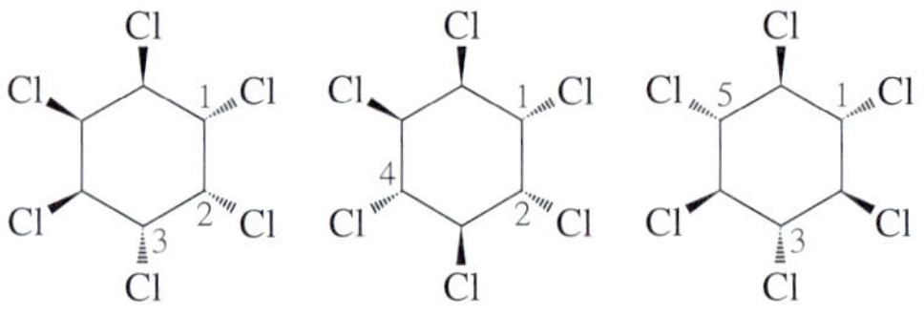

(F)　(G)　(H)

b．欄外に示したγ異性体とよばれている異性体は，食用作物，家畜，ペットに用いられる殺虫剤である(リンデン，ガメクサン，クウェル)．ヒトの虱(しらみ)を撲滅するためのシャンプーとして製品化されたものが最もよく知られている．その毒性のために，2009年にその使用が厳しく制限された．

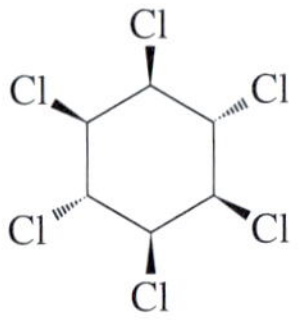

γ-ヘキサクロロシクロヘキサン
(γ-hexachlorocyclohexane)

この化合物の二つのいす形立体配座を書け．どちらのほうがより安定か．

● **答え**

γ異性体は**a**の(E)の構造であることに注意すること．シクロヘキサンの平面形正六角形で書いた構造式をいす形に書きかえるために，球と棒を用いる表記法で書いた図4-11を見ながら，(アキシアルどうしかエクアトリアルどうしの)2組の水素原子の関係が交互に変化することに着目しよう．つまり，環に沿って進むと，隣り合った(つまり「1,2」の位置にある)水素原子ならばどちらの組(つまりアキシアルどうしかエクアトリアルどうし)でも常にトランスの関係にあることがわかる．一方，1,3の位置にある1組の水素は常にシスの関係にあるが，1,4の位置にある1組の水素は再びトランスになる．一方，破線－くさび形表記法で書いた構造式について考えると，隣り合った(つまり1,2の位置にある)二つの置換基がシスの場合，その分子について書くことのできる二つのいす形立体配座のどちらにおいても，一つの置換基はアキシアル位にあり，もう一つはエクアトリアル位にある．もし二つの置換基がトランスであれば，一方のいす形配座では置換基はジエクアトリアルになり，もう一方ではジアキシアルになる．置換基が1,3の位置にある場合は，この関係が入れ替わる．つまり，シスの場合はジアキシアルあるいはジエクアトリアルのいす形配座となり，トランスの場合はアキシアル－

エクアトリアルまたはエクアトリアル－アキシアルのいす形配座になるといった具合である．このような関係を**表 4-4** にまとめる．

γ-ヘキサクロロシクロヘキサンの二つのいす形配座は，下のように書き表される．

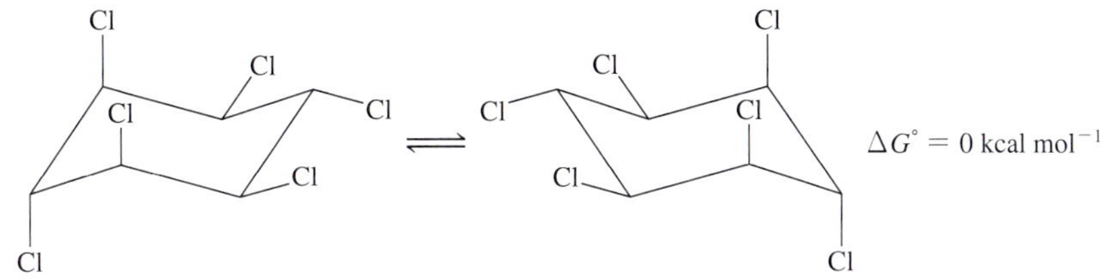

どちらの構造式においても，塩素原子は三つがエクアトリアルに，三つがアキシアルにあるので，両者のエネルギーは等しい．

c．シクロヘキサンの二つのいす形配座どうしで最もエネルギーが異なるのはどの異性体か．ΔG° の値を予想せよ．

● 答え

いす形といす形の間で反転が起こったときに最もΔG°が大きくなるのは，全エクアトリアル形のヘキサクロロシクロヘキサンが全アキシアル形になったときである．表 4-4 の関係を当てはめて図 4-11 についてよく考えてみると，上記の関係は全トランス異性体についてのみ当てはまることがわかる．表 4-3 より Cl に対する（エクアトリアル－アキシアル間の）ΔG° は 0.52 kcal mol^{-1} であるから，この場合$\Delta G^\circ = 6 \times 0.52 = 3.12$ kcal mol^{-1} となる．

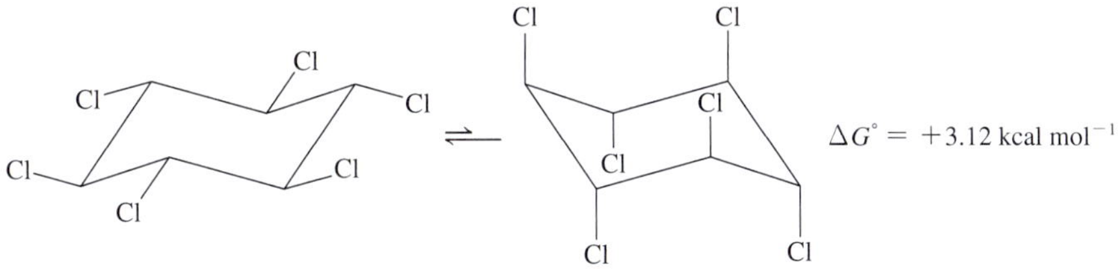

全トランス形のヘキサクロロシクロヘキサン

この値は単なる見積もりにすぎないことに注意しよう．たとえば，この見積もりは，全エクアトリアルの配座において存在する六つの Cl—Cl 間のゴーシュ相互作用を無視している．この効果を考えに入れると，二つの配座間のエネルギー差はもっと小さくなるだろう．しかしもう一方では，全アキシアルのいす形配座

表 4-4　置換シクロヘキサンのシス－トランス配置と二つのいす形立体配座におけるエクアトリアル－アキシアル位との関係

cis-1,2	アキシアル－エクアトリアル	エクアトリアル－アキシアル
trans-1,2	アキシアル－アキシアル	エクアトリアル－エクアトリアル
cis-1,3	アキシアル－アキシアル	エクアトリアル－エクアトリアル
trans-1,3	アキシアル－エクアトリアル	エクアトリアル－アキシアル
cis-1,4	アキシアル－エクアトリアル	エクアトリアル－アキシアル
trans-1,4	アキシアル－アキシアル	エクアトリアル－エクアトリアル

において存在する六つの1,3-ジアキシアル相互作用を考慮していない．したがって，これらの効果は互いに打ち消し合うだろう．さらに多くの例については問題31～35を解くこと．

練習問題 4-20：反応機構を書く

a．ひずみをもつ四環状のアルカン(A)は熱的に環状のアルケン(B)に異性化すると考えられる．考えられる反応機構を示せ．

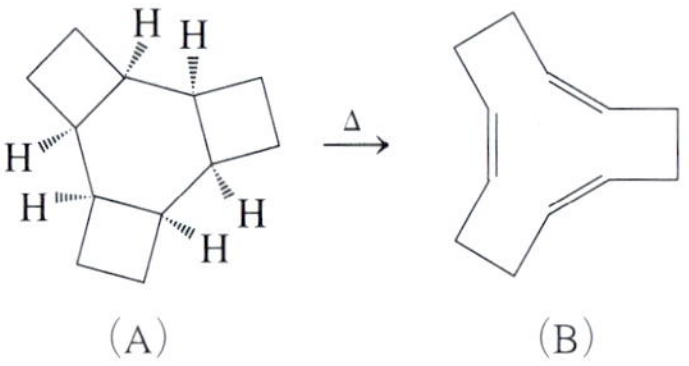

●解法のてびき

What 何が問われているか．それは反応機構，つまり出発物質から生成物に至る過程を段階的につなげることである．どんな反応か．第一に，化合物(A)はひずみをもつと述べられているが，どの程度ひずんでいるのだろうか．答え(4-2および4-6節)：(A)は互いに結合した三つの四員環を含む多環アルカンである．第二に，化合物(A)から(B)への変換は異性化である．この記述が正しいことは両者が$C_{12}H_{18}$という同一の分子式をもつことから確かめられる．第三に，反応は純粋に熱的に起こる．すなわち，化合物(A)を攻撃したり，(A)に付加したり，(A)から引き抜いたりする他の反応剤はない．第四に，どのようなトポロジー(原子のつながり方)の変化が起こったのか．答え：四環構造がほどけて単環になった．つまり，三つのシクロブタン環が開環し，シクロドデカトリエンになった．第五に，結合の性質はどのように変化したか．答え：三つの単結合が失われ，三つの二重結合ができた．

How どこから手をつけるか．熱分解によって三つのC—C結合を切断する必要がある(3-3節参照)．切断する結合は三つのシクロブタンの結合である．

Information 必要な情報は何か．シクロブタンのC—C結合は環ひずみのために通常の結合より弱い(63 kcal mol^{-1}：4-2節)．(A)には3種類のシクロブタン結合がある．どれがより弱いだろうか．答え：より多くの置換基をもつ結合である(3-1節，3-2節参照)．

Proceed 一歩一歩論理的に進めよ．

●答え

四員環の結合を一つずつ切っていくと，以下の一連の機構が書ける．

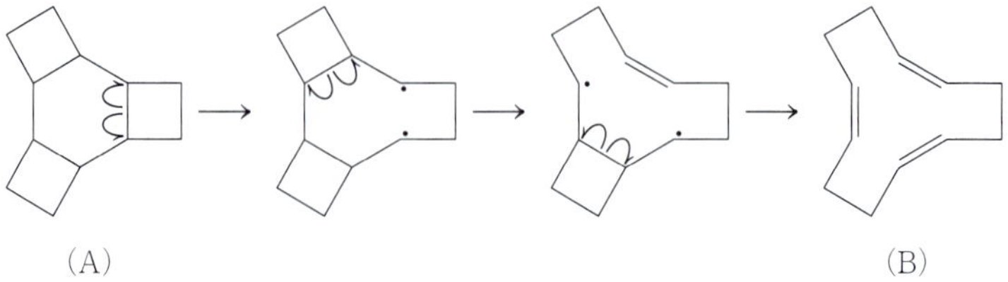

b．反応機構のいかんにかかわらず，この異性化は熱力学的に起こりうるだろうか．π結合の強さが 65 kcal mol^{-1} であるとして(11-2 節参照)，おおよその反応熱 $\Delta H°$ を計算せよ．

●答え

まず質問の中身を明確にしよう．質問は三つのシクロブタン結合を開裂させることが，質問(a)で示した過程あるいはその他の過程によって速度論的に可能かどうかを尋ねているのではない．むしろ，A $\rightleftharpoons$ B という平衡がどちらに偏っているかを問題としている(2-1 節参照)．つまり，平衡は正の方向を向いているかどうかである．この答えを見積もる方法についてはすでに学んだ，すなわち，$\Delta H°$ ＝(切断される結合の強さの和)－(生成する結合の強さの和)から求めることができる(2-1 節および 3-4 節参照)．この式の第 2 項は容易に求まる．三つのπ結合ができるので，195 kcal mol^{-1} である．開裂する三つのσ結合をどのように扱えばよいだろうか．表 3-2 から $C_{sec}-C_{sec}$ 結合の強さを 85.5 kcal mol^{-1} と見積もることができる．いまの場合，σ結合は環ひずみによって弱くなっているので(4-2 節，表 4-2)，85.5 － 26.3 ＝ 59.2 kcal mol^{-1} となる．これを 3 倍することにより $\Delta H°$ の式の第一項の値として 177.6 kcal mol^{-1} が与えられる．したがって，$\Delta H°$ (A $\rightleftharpoons$ B) ≈ － 17.4 kcal mol^{-1} となる．結論：この反応は実際に起こるはずである．化合物(A)がもっているひずみが熱分解においてどのような影響を及ぼしたかに注意すること．ひずみがなかったら，この反応は吸熱的になったであろう．

■重要な概念

1. **シクロアルカン**の命名法は，環が主鎖となる点を除いて，直鎖アルカンの命名法に準じる．

2. 1,1-二置換シクロアルカンを除いて，すべての二置換シクロアルカンには二つの異性体がある．置換基がどちらも分子の同じ面にある場合は**シス**であり，反対側にある場合は**トランス**である．シスとトランスの異性体は**立体異性体**，つまり原子のつながり方が同じで空間的配置が異なる化合物である．

3. ある種のシクロアルカンには**ひずみ**がある．炭素結合が四面体からゆがむことにより，**結合角ひずみ**が生じる．**重なりひずみ(ねじれひずみ)**は，C−C 結合のまわりのねじれ形配座を構造的にとれない場合に生じる．環の反対側から互いに向かい合う原子間に立体反発があると，**渡環ひずみ**が生じる．

4. 小員環シクロアルカンの結合角ひずみは，折れ曲がり結合をつくることによってかなり解消される．

5. シクロプロパン(これは必然的に平面形である)よりも大きなシクロアルカンの結合角，重なり，およびその他のひずみは，平面形からずれた立体配座をとることによって解消される．

6. 小員環シクロアルカンは，環ひずみのために環が開裂する反応を行う．

7. シクロヘキサンは平面形からずれることにより，**いす形**，**舟形**，**ねじれ舟形**のような動きやすい立体配座をとる．いす形シクロヘキサンにはほとんどひずみがない．

8. いす形シクロヘキサンには，**アキシアル**と**エクアトリアル**という 2 種類の水素がある．これらの水素は，**いす形－いす形相互変換**〔**「反転」**(**フリッピング**)〕によって立体配座が室温ですばやく入れ替わり，その変換の活性化エネルギーは 10.8 kcal mol^{-1}(45.2 kJ mol^{-1})である．

9. 一置換シクロヘキサンでは，二つのいす形配座間の平衡のΔG°は置換基に依存する．アキシアル置換基には**1,3-ジアキシアル相互作用**が生じる．

10. もっと多くの置換基をもつシクロヘキサンでは，置換基の効果に**加成性**が成り立つ場合も多くあり，最もかさ高い置換基がエクアトリアル位を最もとりやすい．

11. まったくひずみのないシクロアルカンとは，すべての環炭素がアンチ形になった立体配座をとりやすく，渡環相互作用がないものである．

12. **二環**化合物には**縮合環**と**架橋環**がある．環縮合の仕方にはシスとトランスがある．

13. 天然物は一般に構造，生理活性，生物学上の分類および生化学的起源によって分類される．**テルペン**というよび方は生化学的起源による分類の例であり，**ステロイド**というよび方は構造による分類の例である．

14. テルペンは炭素数が五つの**イソプレン**単位からできている．

15. ステロイド骨格は，角をつくる形で縮合している三つのシクロヘキサン環(A，B，C環)に，シクロペンタン環(D環)がつくことによってできている．β置換基は分子平面の上側にあり，α置換基は下側にある．

16. 重要なステロイドの一つとして**性ホルモン**があり，それは受胎能の調節をはじめとする多くの生理的機能をもっている．

章末問題

21. 分子式がC_5H_{10}で，環が一つある化合物の構造をできるかぎり多く書き，それらを命名せよ．

22. 分子式がC_6H_{12}で，環が一つある化合物の構造をできるかぎり多く書き，それらを命名せよ．

23. IUPAC命名法にしたがって，次の分子を命名せよ．

(a)

(b)
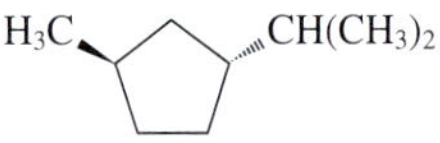

(c)
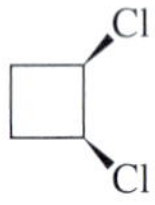

(d)
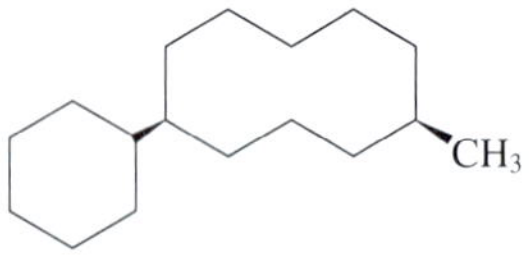

(e)
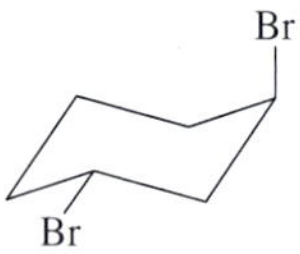

(f)
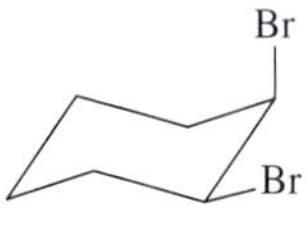

24. 次の分子の構造式を書け．IUPAC命名法にしたがっていない化合物があれば，体系的命名法による化合物名を書け．
(a) イソブチルシクロペンタン，(b) シクロプロピルシクロブタン，(c) シクロヘキシルエタン，(d) (1-エチルエチル)シクロヘキサン，(e) (2-クロロプロピル)シクロペンタン，(f) *tert*-ブチルシクロヘプタン．

25. 次の分子の構造式を書け．
(a) *trans*-1-クロロ-2-エチルシクロプロパン，(b) *cis*-1-ブロモ-2-クロロシクロペンタン，(c) 2-クロロ-1,1-ジエチルシクロプロパン，(d) *trans*-2-ブロモ-3-クロロ-1,1-ジエチルシクロプロパン，(e) *cis*-2,4-ジクロロ-1,1-ジメチルシクロブタン，(f) *cis*-2-クロロ-1,1-ジフルオロ-3-メチルシクロペンタン．

26. 数種のシクロアルカンの，ラジカル連鎖反応による塩素化の速度データ(下の表を見よ)は，シクロプロパンのC—H結合がいくぶん異常であることを示している．またシクロブタンのC—H結合にも，程度は低いものの同様の傾向があることがわかる．
(a) このデータから，シクロプロパンのC—H結合の強さと，シクロプロピルラジカルの安定性について何がわかるか．
(b) シクロプロピルラジカルの安定性の特徴が生じる理由を述べよ．(**ヒント**：シクロプロパンそのものと，ラジカルにおける結合角ひずみを比較して考えよ．)

Cl・に対する水素一つあたりの反応性

シクロアルカン	反応性
シクロペンタン	0.9
シクロブタン	0.7
シクロプロパン	0.1

注：CCl_4溶液中68 ℃で光照射し，シクロヘキサンの反応性を1.0としたときの値．

27. シクロヘキサンのラジカル的モノブロモ化について，開始，伝搬，停止の各段階を含む詳細な反応機構を書け．また，最も安定な立体配座をとっている生成物の構造を書け．

28. 表 3-2 と表 4-2 のデータを用いて，次の化合物の C—C 結合の $DH°$ の値を計算せよ．
(a) シクロプロパン，(b) シクロブタン，(c) シクロペンタン，(d) シクロヘキサン．

29. 次の置換シクロブタンについて，相互変換している二つの「折れ曲がり形」(puckered) 立体配座（図 4-3）を書け．二つの配座のエネルギーが異なる場合は，どちらがより安定かを示し，より不安定な立体配座のエネルギーがどのようなひずみによって増大しているのかを示せ．（**ヒント**：折れ曲がり形シクロブタンの置換基には，いす形シクロヘキサンと類似したアキシアル位とエクアトリアル位がある．）
(a) メチルシクロブタン，(b) *cis*-1,2-ジメチルシクロブタン，(c) *trans*-1,2-ジメチルシクロブタン，(d) *cis*-1,3-ジメチルシクロブタン，(e) *trans*-1,3-ジメチルシクロブタン．

次の二つの立体異性体では，どちらのほうが安定か．*cis*-または *trans*-1,2-ジメチルシクロブタン，*cis*-または *trans*-1,3-ジメチルシクロブタン．

30. プリズマン（下図）とよばれる驚くべき分子のひずみエネルギーはおよそ 128 kcal mol^{-1} と見積もられている．
(a) この値は二つの三員環と三つの四員環のひずみエネルギーの合計と比べて大きいか小さいか．
(b) 三員環の一つを切断したときに解放されるひずみエネルギーの値を計算せよ．
プリズマンの燃焼熱に関するデータがないので，その結合の強さを見積もることはできない．しかし，1973 年にこの化合物が合成されたとき，それが存在することと同時に大きな音とともに爆発して消滅してしまうことがわかった．

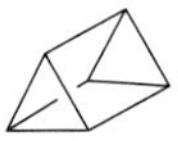
プリズマン
(Prismane)

31. 次のシクロヘキサン誘導体について，(i) その分子はシス異性体かトランス異性体か，(ii) 書かれている構造は最も安定な立体配座かどうかを示せ．もし最も安定な配座でないなら，環を反転して，最も安定な立体配座を書け．

(a)
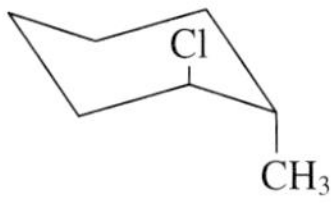

(b)

(c)
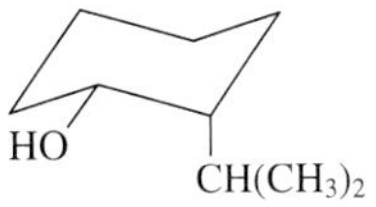

(d)
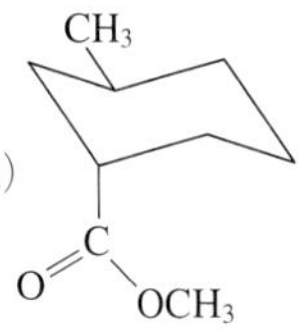

(e)
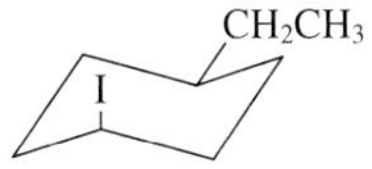

(f)
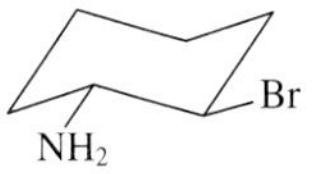

(g)
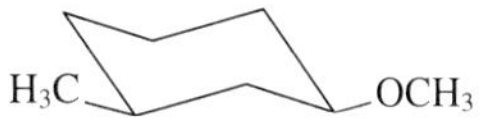

(h)
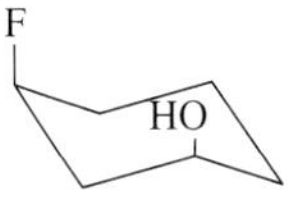

(i)
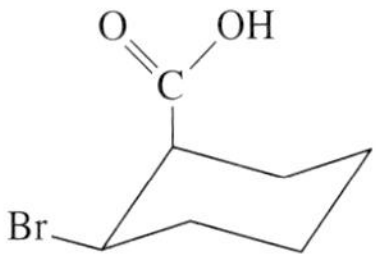

(j)

32. 表 4-3 のデータを用いて，問題 31 の各分子がもう一つの配座に反転したときの $\Delta G°$ を計算せよ．答えの符号（正か負か）が合っているかどうか確かめること．

33. CO_2H や CO_2CH_3 のような C=O 基をもつ置換基がシクロヘキサン環についた場合，エクアトリアルからアキシアル位への環反転の $\Delta G°$ がメチル基のそれより小さい理由を述べよ．（**ヒント**：三次元的な幾何学配置を考えよ．）

34. 次の置換シクロヘキサン誘導体について，最も安定な立体配座を書け．次にそれぞれについて環を反転して，よりエネルギーの高いいす形配座にある分子を書け〔(a)，(b)，(d) については次の構造式を参照〕．
(a) シクロヘキサノール，(b) *trans*-3-メチルシクロヘキサノール，(c) *cis*-1-メチル-3-(1-メチルエチル) シクロヘキサン，(d) *trans*-1-エチル-3-メトキシシクロヘキサン，(e) *trans*-1-クロロ-4-(1,1-ジメチルエチル) シクロヘキサン．

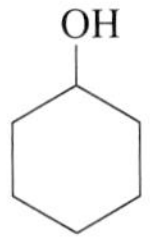

シクロヘキサノール
(cyclohexanol)

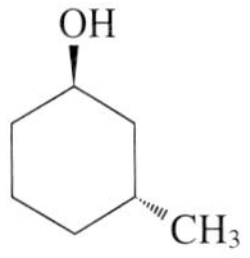

trans-3-メチルシクロヘキサノール
(*trans*-3-methylcyclohexanol)

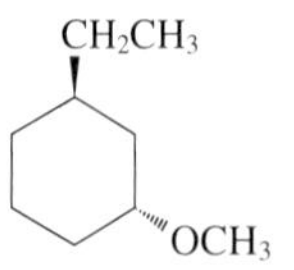

trans-1-エチル-3-
メトキシシクロヘキサン
(*trans*-1-ethyl-3-methoxycyclohexane)

35. 問題34の各分子について，最も安定な立体配座とその次に安定な立体配座とのエネルギー差を計算せよ．その二つの立体配座の300 Kにおけるおよその存在比を計算せよ．

36. メチルシクロヘキサンについて，立体配座の相互変換についての反応座標の左端と右端におのおの二つのいす形配座を置き，（図4-9と同様の）ポテンシャルエネルギー図の概略を書け．

37. シクロヘキシルシクロヘキサンの全いす形配座異性体をすべて書け．

38. メチルシクロヘキサンの四つの舟形配座のうちで，どれが最も安定か．その理由を述べよ．

39. シクロヘキサンのねじれ舟形配座は舟型より少し安定である．理由を述べよ．

40. *trans*-1,3-ビス(1,1-ジメチルエチル)シクロヘキサンの最も安定な立体配座は，いす形ではない．この分子はどんな立体配座をとっていると考えられるか．その理由を説明せよ．

41. シクロヘキサン環がシクロペンタン環に縮合してできる二環炭化水素は，ヘキサヒドロインダンとして知られている．*trans*-および*cis*-デカリンの立体配座の書き方（図4-13）を参考にして，おのおのの環が最も安定な立体配座にある，*trans*-および*cis*-ヘキサヒドロインダンの構造を書け．

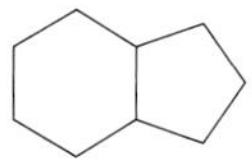

ヘキサヒドロインダン
(hexahydroindane)

42. 図4-13の*cis*-および*trans*-デカリンの構造を見て，どちらの異性体のほうが安定と思われるか．この二つの異性体間のエネルギー差を計算せよ．

43. 次に示した分子，トリシクロ[5.4.0^{1,3}.0^{1,7}]ウンデカンのように，*cis*-デカリン構造にシクロプロパン環が縮合した三環化合物が天然には複数存在する．さまざまな国において，これらの物質のいくつかは，たとえば避妊のような目的で民間療法薬として用いられてきた経緯がある．この分子の模型を組め．シクロプロパン環が二つのシクロヘキサン環の立体配座にどのような影響を及ぼすかについて調べよう．*cis*-デカリンそのものでは，二つのシクロヘキサン環は（同時に）いす形－いす形の相互変換ができるが（練習問題4-15参照），トリシクロ[5.4.0^{1,3}.0^{1,7}]ウンデカンでも同様だろうか．

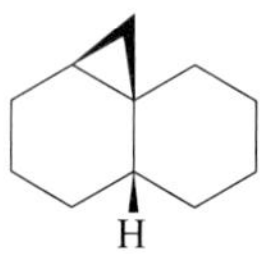

トリシクロ[5.4.0^{1,3}.0^{1,7}]ウンデカン
(tricyclo[5.4.0^{1,3}.0^{1,7}]undecane)

44. 天然の糖であるグルコース（下巻；24章参照）は，下に示す二つの環状の異性体の形で存在する．これらはそれぞれα形，β形とよばれ，下巻の17章で学ぶ化学反応によって平衡状態になっている．グルコースはすべての生細胞にとっての燃料である．ヒトの血液中には約0.1%のグルコースが含まれている．グルコースは，地球にとって究極の燃料源である太陽を利用して，光合成とよばれる過程により植物中でCO_2とH_2Oから合成される．その「副生成物」であるO_2は複雑な生命系を維持するために同じくらい重要である．

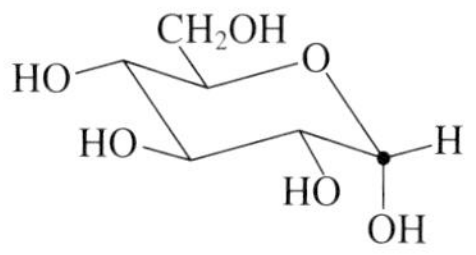

α形グルコース

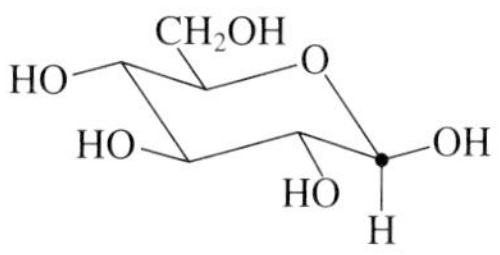

β形グルコース

(a) 二つの形のどちらがより安定か．
(b) 平衡状態では，これらはおよそ64：36の割合で存在している．この平衡組成比に対応する両者の自由エネルギー差を計算せよ．求めた値は表4-3のデータとどの程度よく一致しているか．

45. 次の分子がモノテルペンか，セスキテルペンか，ジテルペンかを示せ（名前はすべて慣用名である）．

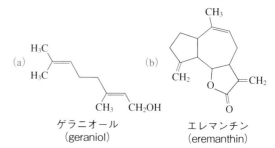

(a)

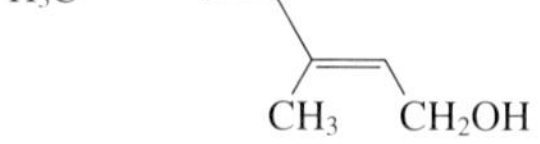

ゲラニオール
(geraniol)

(b)

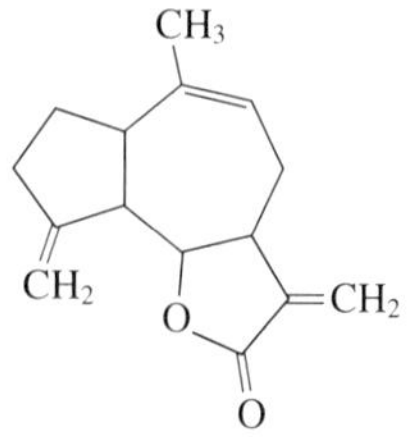

エレマンチン
(eremanthin)

(c)
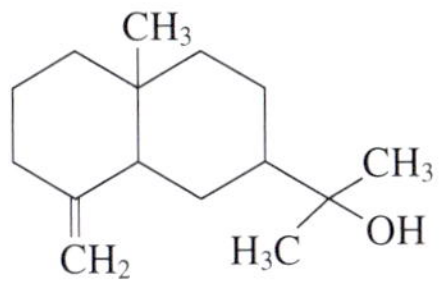

オイデスモール
(eudesmol)

(d)
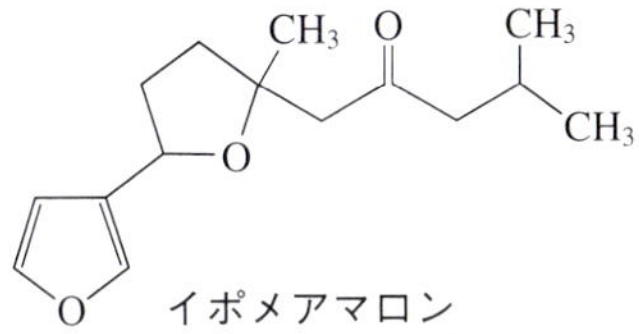

イポメアマロン
(ipomeamarone)

(e)
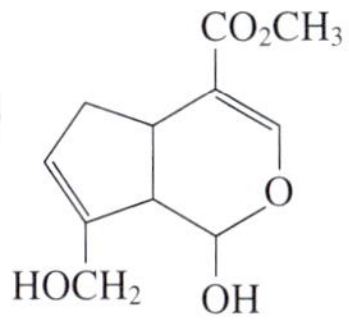

ゲニピン
(genipin)

(f)
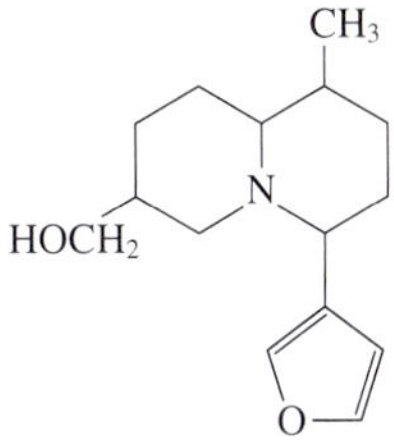

カストラミン
(castoramine)

(g)
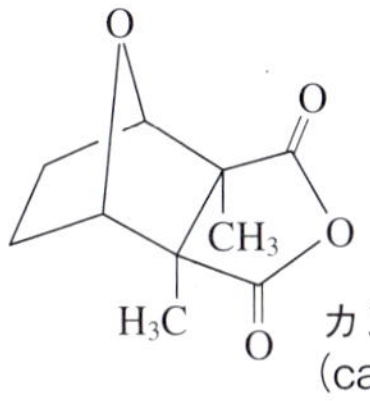

カンタリジン
(cantharidin)

(h)
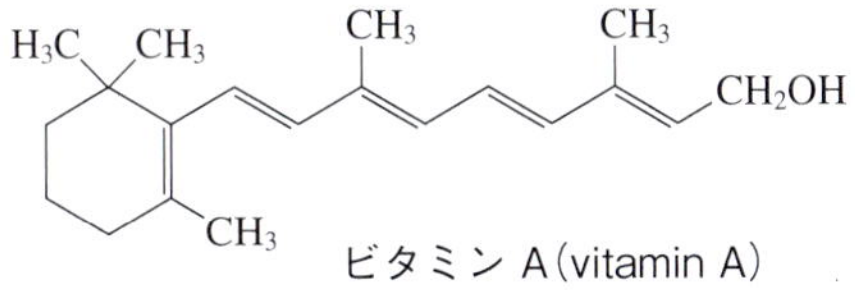

ビタミン A(vitamin A)

46. 問題 45 の構造式について，官能基を丸で囲み，その名称を書け．

47. 問題 45 の天然の有機分子中の 2-メチル-1,3-ブタジエン(イソプレン)単位を探し出せ．

48. 4-7 節に書かれたステロイドのうちのいずれか三つについて，官能基を丸で囲み，その名称を書け．分極した結合のすべてについて，部分的正電荷と部分的負電荷の印(δ^+とδ^-)をつけよ．

49. ひずんだ環構造をもつ他の天然物の例が次に示されている．

1-アミノシクロプロパンカルボン酸
(この分子は植物中に存在し，果実の成熟や落葉に関係している)

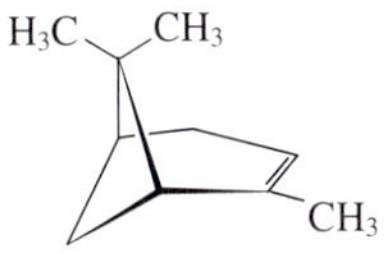

α-ピネン(α-pinene)
(スギの木の精油に含まれる)

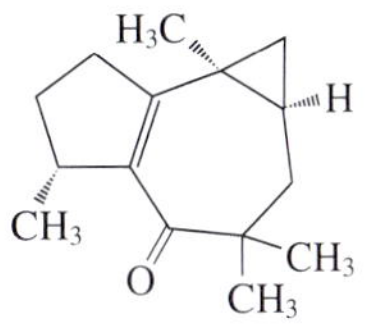

アフリカノン(africanone)
(これも植物の葉の精油に含まれる)

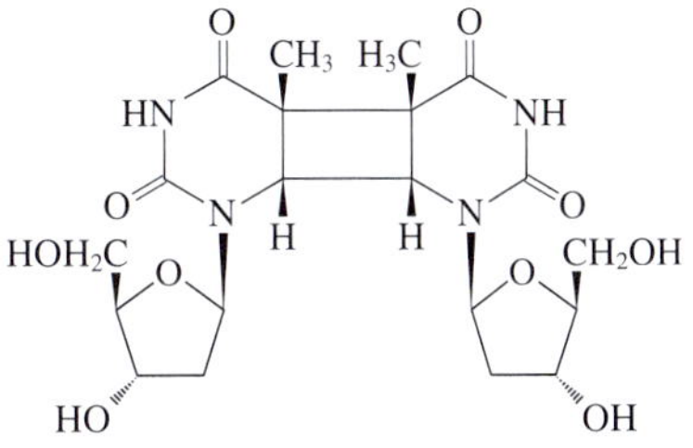

2′-デオキシチミジン(2′-deoxythymidine)の二量体
(紫外線を照射されて変異した DNA の一部分)

このなかにテルペンがあれば，どれかを示せ．それぞれの構造中の 2-メチル-1,3-ブタジエン単位を探し，モノテルペン，セスキテルペン，ジテルペンのいずれかに分類せよ．

50. **チャレンジ** もしシクロブタンが平面形であったならば，C—C—C の結合角はちょうど 90° になり，C—C 結合は純粋な p 軌道を使えばできることになる．すべての C—H 結合が等価になるには，炭素原子はどのような混成軌道をとることになるか．その場合，水素原子は正確にはどこに位置しているか．シクロブタン分子の実際の構造はこの仮説と一致しないが，実際の構造上の特徴とは何か．

51. 全いす形立体配座のシクロデカンの構造と，*trans*-デカリンの構造を比較せよ．*trans*-デカリンにはほとんどひずみがないのに対して，全いす形のシクロデカンにはかなり大きなひずみがある理由を説明せよ．分子模型を組んで考えよ．

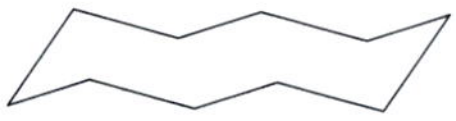

全いす形のシクロデカン

trans-デカリン

52. フシジン酸はステロイドに似た微生物の産生物で，幅広い生物活性をもつ非常に強力な抗生物質である．その分子構造は非常に変わっていて，自然界でステロイドが合成される方法を調べている研究者に，重要な糸口を与えている．

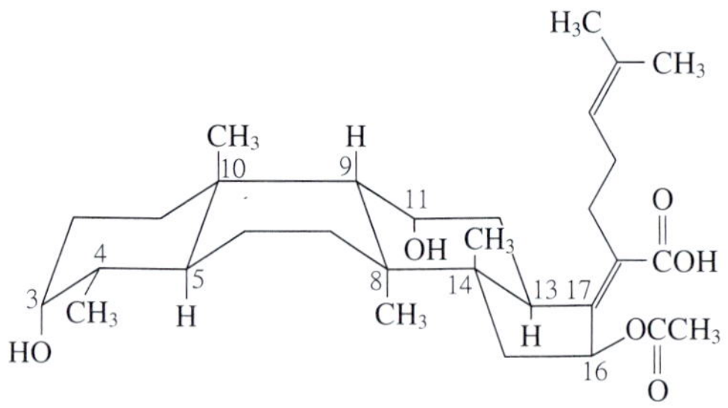

フシジン酸
(fusidic acid)

(a) フシジン酸のすべての環を探し出し，その立体配座の名称を書け．(b) 分子中のすべての環縮合についてシスかトランスかを示せ．(c) 環についているすべての基について，α 置換基か β 置換基かを示せ．(d) この分子が構造および立体化学の点で典型的なステロイドといかに異なっているかを詳しく述べよ(解答の助けになるように，分子骨格の炭素原子には番号がつけてある)．

53. アルカンの酵素的酸化によるアルコールの生成は，副腎皮質ステロイドホルモンが生成する反応を単純化したものである．プロゲステロンからのコルチコステロンの生合成(4-7節)においては，そのような酸化が続けて2度起こる(a, b)．この反応では，モノオキシゲナーゼという種類の酵素が複雑な酸素原子供与体として作用していると考えられている．提唱されている反応機構をシクロヘキサンに当てはめると，二つの段階がある．

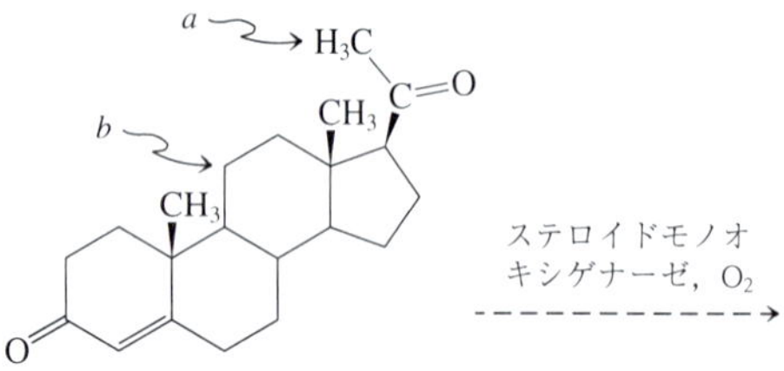

プロゲステロン
(progesterone)

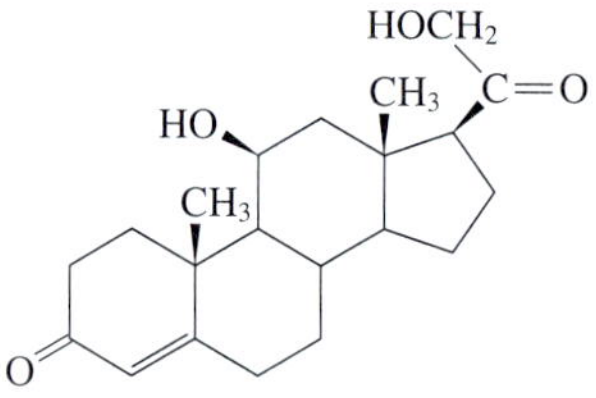

コルチコステロン
(corticosterone)

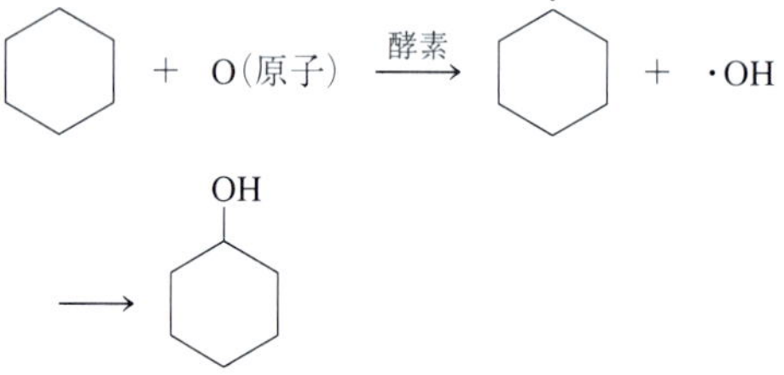

シクロヘキサンの酸化反応のおのおのの段階と，反応全体についての$\Delta H°$を計算せよ．ただし，次の$DH°$の値を用いよ．シクロヘキサンのC—H結合(98.5 kcal mol^{-1})，O—Hラジカルの結合(102.5 kcal mol^{-1})，シクロヘキサノールのC—O結合(96 kcal mol^{-1})．

54. **チャレンジ** ヨードベンゼンと塩素との反応で生成する二塩化ヨードベンゼンは，アルカンのC—H結合の塩素化に用いられる反応剤である．原子価殻電子対反発法(VSEPR法：1-3節参照)から予測されるように，二塩化ヨードベンゼンは「T形」の幾何構造をとっており，それによって電子が互いに最も離れた状態を保っている．

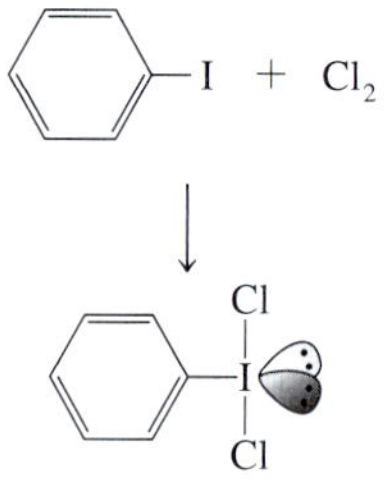

二塩化ヨードベンゼン
(iodobenzene dichloride)

(a) 二塩化ヨードベンゼンによる典型的なアルカンRHの塩素化のラジカル連鎖機構を考えよ．参考までに全体の反応式と開始段階の反応式を下に示す．

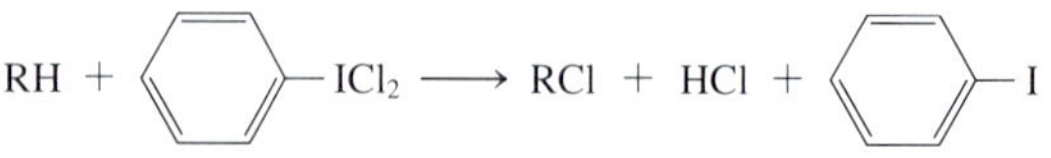

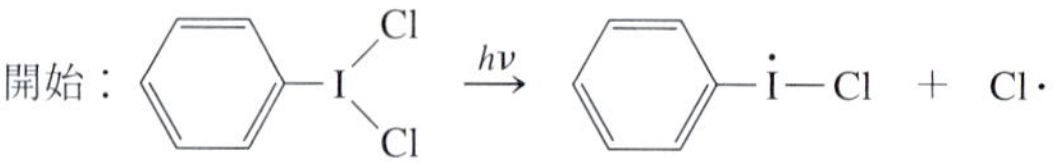

(b) 二塩化ヨードベンゼンによる典型的なステロイドのラジカル的塩素化では，おもに3種類のモノクロロ化生成物が得られる．反応性の考察(第三級か第二級か第一級か)と立体効果(本来は反応性の高いC—H結合に対する反応剤の接近が妨げられる)にもとづいて，ステロイド分子のなかで塩素化されるおもな3カ所の位置を予測せよ．分子模型を組むか，あるいは4-7節のステロイド骨格の構造式を注意深く検討せよ．

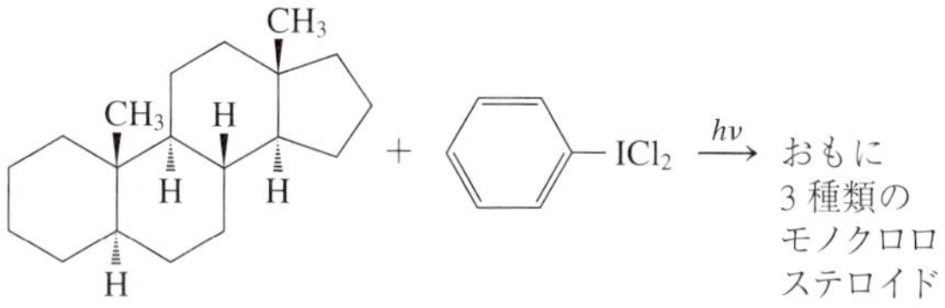

55. チャレンジ 問題53に示すように，自然界でステロイド骨格に官能基を導入する酵素反応は，問題54で述べた実験室における塩素化とは異なり，高度に選択的である．しかし，この実験室における塩素化反応をうまく利用すると，実験室でも自然界の選択性をある程度まねることができる．そのような二つの例が次に示されている．

(a)

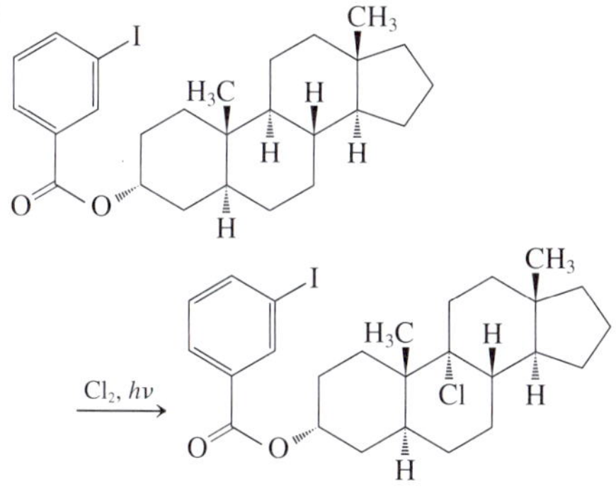

(b)

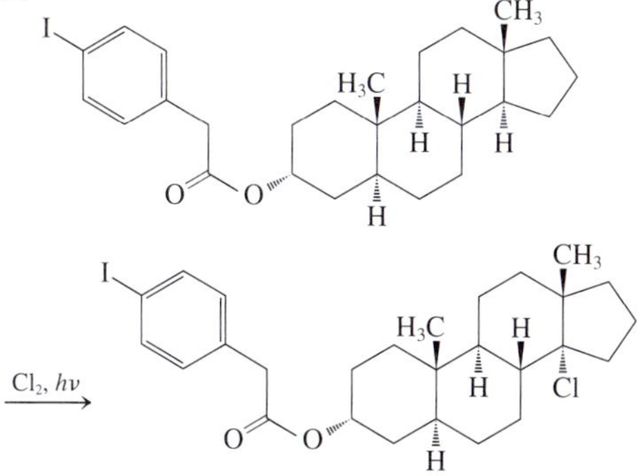

これらの反応の結果に対して，合理的な説明を考えよ．それぞれのヨウ素化合物にCl_2が付加した生成物(問題54参照)の分子模型を組んで検討せよ．

●グループ学習問題

56. 次の化合物に関する問いに答えよ．

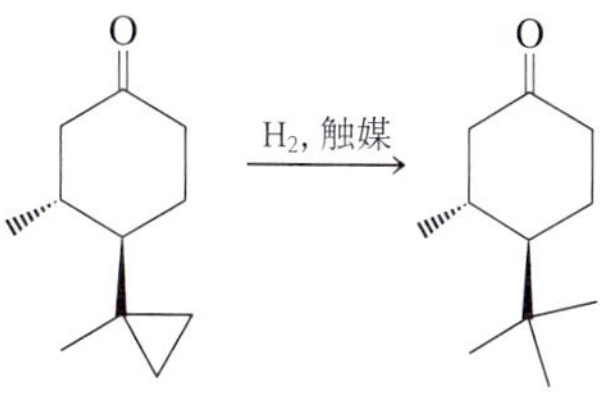

(A)　　　　(B)

立体配座を解析したところ，化合物(A)はいす形配座をとっているのに対して，化合物(B)はそうではないことがわかった．

(a) 化合物(A)の分子模型を組み立てよ．いす形立体配座の図を書き，置換基がアキシアルかエクアトリアルかを示せ．最も安定な立体配座を丸で囲め(カルボニル炭素はsp^2混成をしているので，これに結合している酸素はエクアトリアルでもアキシアルでもない)．

(b) 化合物(B)の分子模型を組み立てよ．二つのいす形配座について考察する際に，渡環相互作用とゴーシュ相互作用の両方を考慮に入れること．これらの配座における立体的な問題について，化合物(A)のいす形配座と比較しながら議論せよ．Newman投影式を用いて，議論の重要な点を図解せよ．化合物(B)について，より立体的な込み合いの少ない配座を提案せよ．

●専門課程進学用問題

57. 次のシクロアルカンのうちで環ひずみが最も大きいのはどれか．

(a) シクロプロパン　(b) シクロブタン
(c) シクロヘキサン　(d) シクロヘプタン

58. 次の化合物について，(a)～(d)のうちで当てはまるものはどれか．

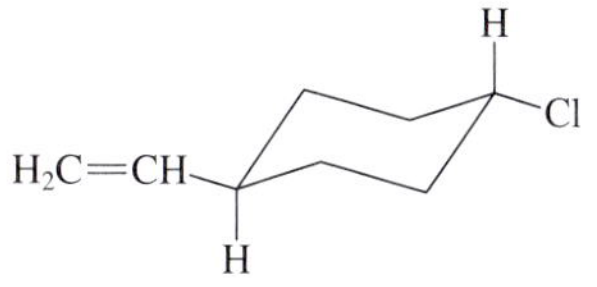

(a) アキシアル位の塩素を一つとsp^2炭素を一つもつ
(b) アキシアル位の塩素を一つとsp^2炭素を二つもつ
(c) エクアトリアル位の塩素を一つとsp^2炭素を一つもつ
(d) エクアトリアル位の塩素を一つとsp^2炭素を二つもつ

59. 次の化合物について，(a)～(d)のうちで正しいものはどれか．

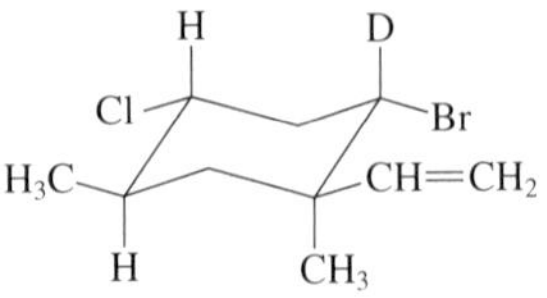

(a) D はエクアトリアル位にある
(b) メチル基は両方ともエクアトリアル位にある
(c) Cl はアキシアル位にある
(d) D はアキシアル位にある

60. 次の異性体のうちで燃焼熱が最も小さいのはどれか．

(a)
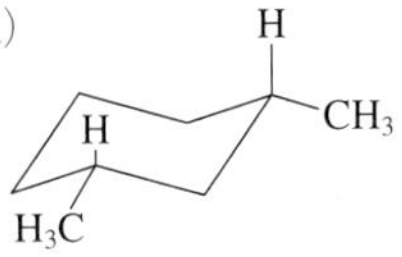

(b)
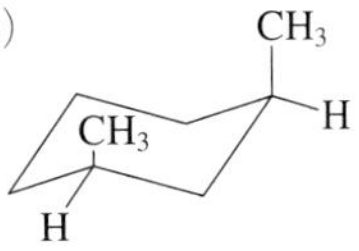

(c)
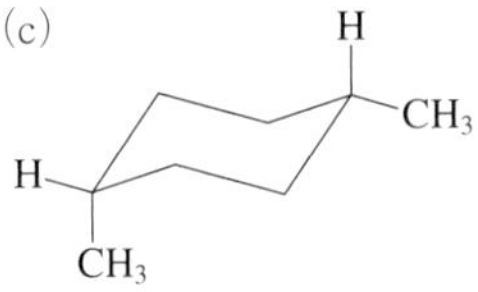

(d)
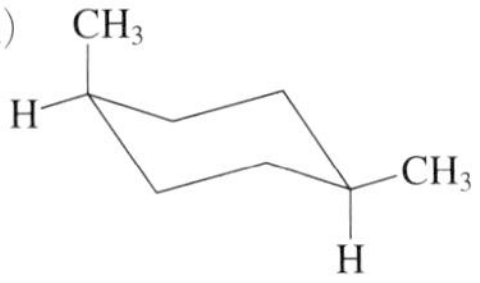

Chapter

5 立体異性体

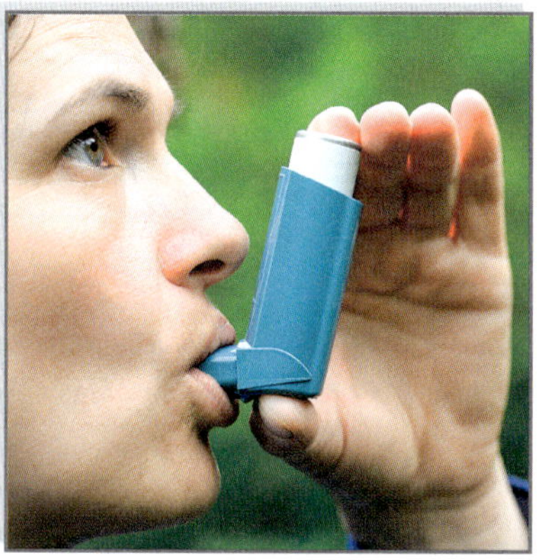

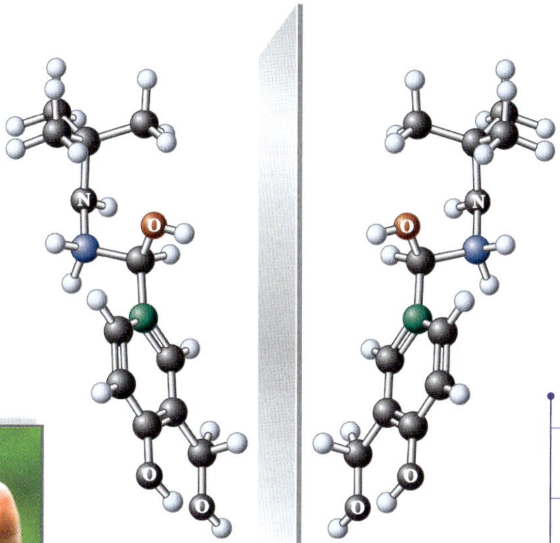

すぐれた気管支拡張薬であるアルブテロール（サルブタモールともよぶ）において，その分子の像と鏡像では生理学的な作用が著しく異なる．*R* 形の分子は気管支の気道径を拡張するのに対し，*S* 形の鏡像体はこの効果を打ち消すだけでなく，炎症作用をもつ疑いもある．

本章での目標

- 構造異性体と立体異性体を区別する．
- 分子がキラリティをもつことと，立体中心の存在を識別する．
- 旋光度の測定にもとづいてエナンチオマー過剰率を決定する．
- キラルな化合物に対して絶対配置の表記則を適用する．
- Fischer 投影法を用いて立体異性体を表現する．
- 複数の立体中心をもつ分子におけるジアステレオ異性の有無を判断する．
- 立体異性の原理を利用して，化学反応における立体化学の効果を考察する．

朝，鏡のなかに映った自分を見て「これは自分ではない」と叫んだことがあるだろうか．そのとおり．鏡のなかに見える自分の鏡像は，自分自身とは同一物ではない．自分とその鏡像は重ね合わせることができないからである．この事実は，自分の手と鏡のなかのその鏡像とで握手をしようとするとよく理解できる．つまり，自分が右手を差し出せば，鏡の像は左手を差し出してくるだろう．本章では，多くの分子がこのような性質，つまりある分子の形がその鏡像と重ね合わせることができないため，同一物ではなくなるという性質を備えていることについて学ぶ．そのような分子はどのように分類すればよいのだろうか．また，それらの機能は互いに異なるのだろうか．もしそうならば，どのように違うのだろうか．

ある分子とその鏡像の形をした分子は同じ分子式をもっているので，それらは互いに異性体であるが，これまで学んできた異性体とは違う種類の異性体である．これまでの章では，構造異性と立体異性という 2 種類の異性現象について学んだ

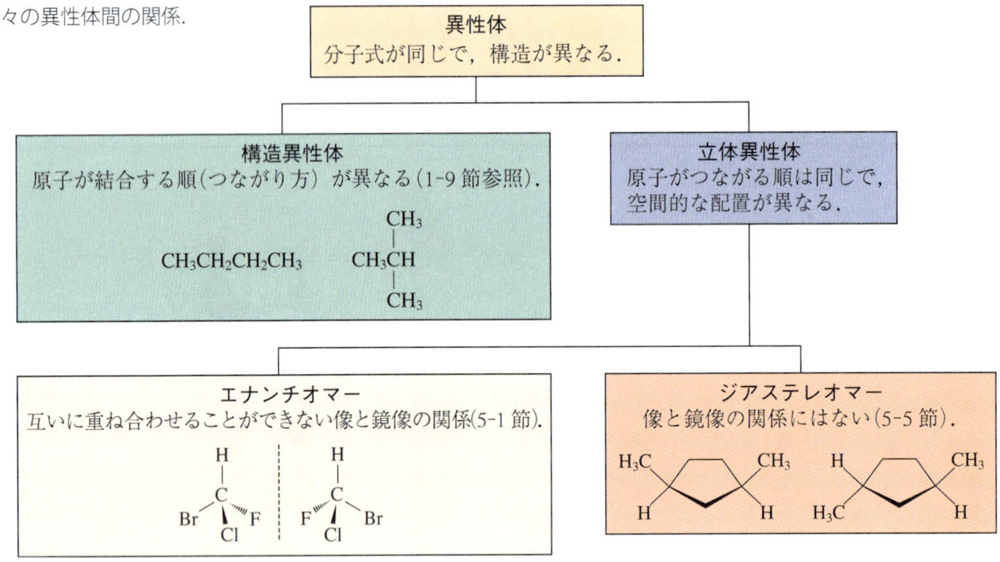

図 5-1 種々の異性体間の関係.

構造異性体

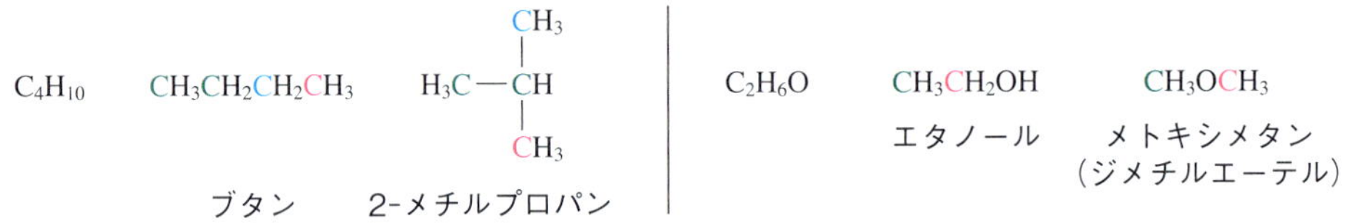

ブタン　2-メチルプロパン　エタノール　メトキシメタン（ジメチルエーテル）

（図 5-1）．**構造異性**〔constitutional（structural）isomerism〕とは，分子式が同じで，個々の原子のつながり方が異なる化合物を表す用語である（1-9 節および 2-5 節参照）．

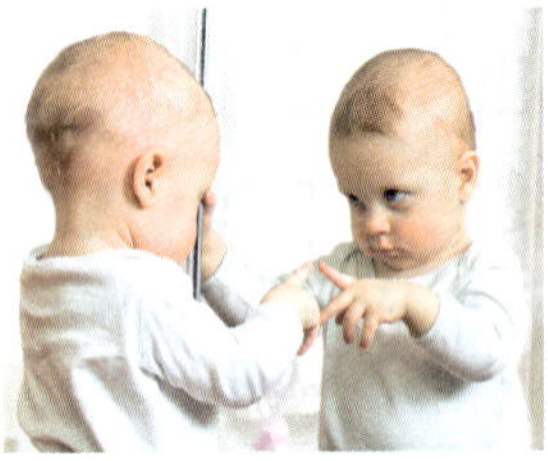

あなた誰？

立体異性（stereoisomerism）とは，原子のつながり方が同じで，空間的な配置が異なる異性体を表す用語である．立体異性体の例には，比較的安定で単離することができるシス－トランス異性体やすばやい相互変換によって平衡にある（通常は単離できない）立体配座（コンホメーション）異性体などがある（2-5 ～ 2-8 節および 4-1 節参照）．

立体異性体

cis-1,3-ジメチルシクロペンタン　*trans*-1,3-ジメチルシクロペンタン

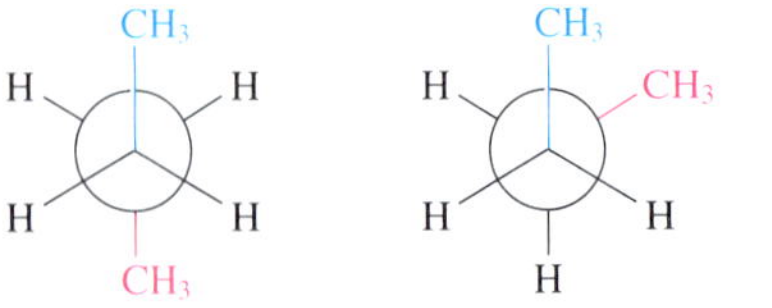

ブタンの アンチ配座異性体　ブタンの ゴーシュ配座異性体

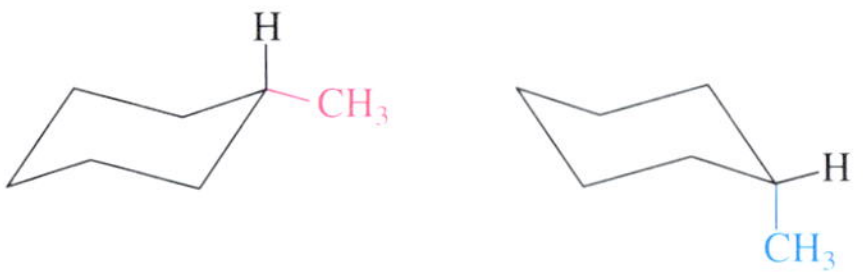

エクアトリアル形 メチルシクロヘキサン　アキシアル形 メチルシクロヘキサン

練習問題 5-1

(a) シクロプロピルシクロペンタンとシクロブチルシクロブタンは異性体か．もし異性体ならどのような異性体か．

(b) *cis*-1,2-ジメチル-および *trans*-1,2-ジメチルシクロペンタンは前ページの二つの 1,3-ジメチルシクロペンタンのそれぞれの異性体である．前二者と後二者は互いにどのような異性体か．二つの 1,2-ジメチルシクロペンタンどうしはどのような異性体の関係にあるか．

練習問題 5-2

前ページに示したもの以外のメチルシクロヘキサンの(立体配座)立体異性体を書け．(**ヒント**：図 4-8 を参考にし，分子模型を用いて考えること．)

本章では，**鏡像立体異性**(mirror-image stereoisomerism)というもう一つの異性現象について学ぶ．左手と右手とは重ね合わせることができないが，互いに鏡像の関係になっていることにちなんで〔図 5-2(A)〕，この種の分子は「利き手」をもっているということがある．この図のように，手はかなづちのような鏡像と重ね合わせることができる物体〔図 5-2(B)〕とは異なる．分子の利き手の性質は，自然界において非常に重要な意味をもっている．なぜなら，生物機能に関連のある化合物のほとんどが「左利き」あるいは「右利き」だからである．ちょうど友人の右手と握手するのは左手と握手するのとまったく違うように，「右利き」の分子と「左利き」の分子は互いに異なった反応をすることがある．異性体間の関係を図 5-1 にまとめた．

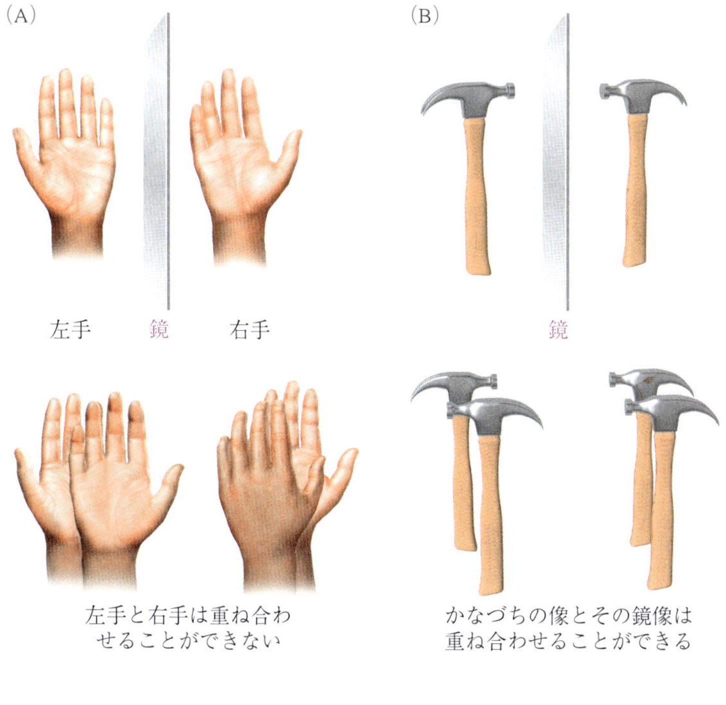

図 5-2 (A)左右の手は鏡像の関係にある立体異性のモデルである．(B)アキラルなかなづちの像とその鏡像は重ね合わせることができる．

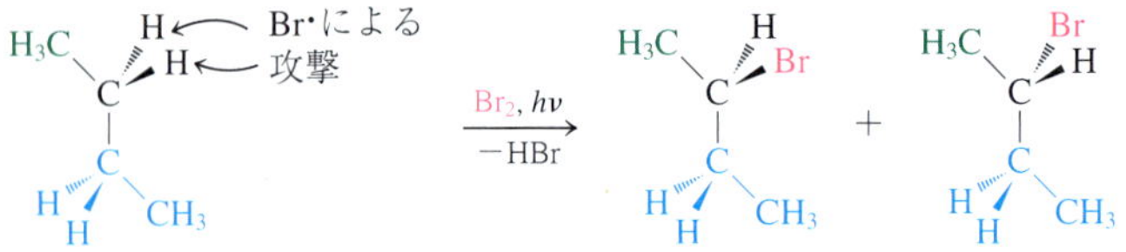

図 5-3 ブタンの第二級水素の片方が置換されると，2-ブロモブタンの二つの立体異性体が生成する．

5-1 キラルな分子

互いに重ね合わせることのできない鏡像の形で存在する分子とは，どのような分子だろうか．ブタンのラジカル的臭素化について考えてみよう．この反応はおもに第二級炭素上で起こり，2-ブロモブタンを生成する．出発物質の分子模型を見ると，第二級炭素上のどちらの水素が臭素に置換されても，ただ 1 種類の 2-ブロモブタンが生成するかのように思える（図 5-3）．しかし，本当にそうだろうか．

キラルな分子はその鏡像に重ね合わせることができない

メチレン水素の片方を臭素で置換して得られる二つの 2-ブロモブタンについて，もっと詳しく見てみよう．実際この二つの構造は重ね合わせることができないので，同一物ではない．二つの分子は向かい合った鏡像の関係にあり，片方をもう一方に変換するには，いったん結合を切る必要がある．その分子の鏡像に重ね合わせることのできない分子は**キラル**（chiral：cheir，ギリシャ語の「手」）であるという．像とその鏡像の関係にあるおのおのの異性体を**エナンチオマー**（鏡像異性体，enantiomer：*enantios*，ギリシャ語の「逆」）とよぶ．ブタンの臭素化の例では，エナンチオマーの 1：1 の混合物が生成する．

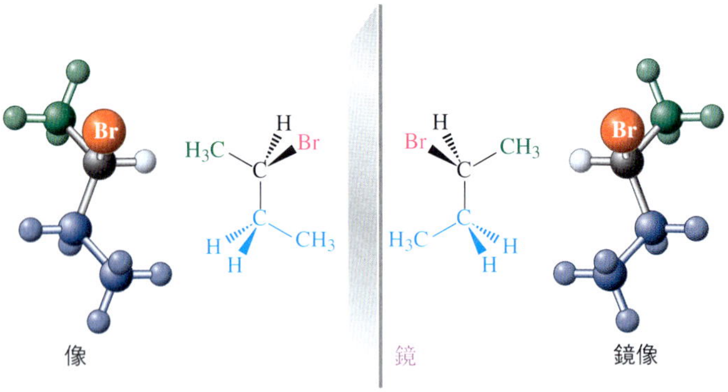

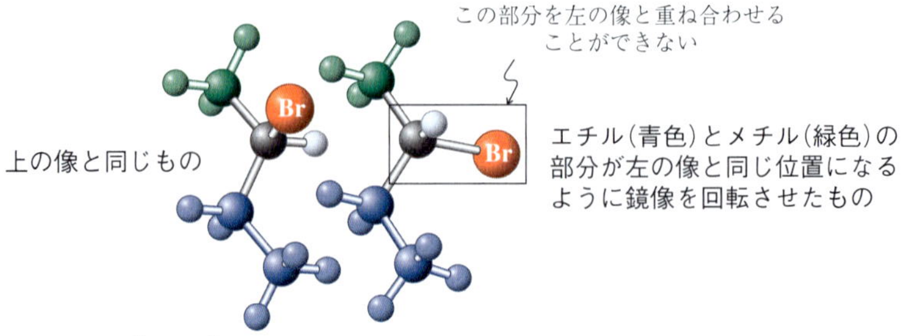

2-ブロモブタンの二つのエナンチオマーは
重ね合わせることができない

2−ブロモブタンのようなキラルな分子とは違って，その鏡像に重ね合わせることができる構造をもつ化合物は**アキラル**(achiral)である．キラルな分子とアキラルな分子の例を下に示す．はじめの二つのキラルな構造は互いにエナンチオマーの関係にある．

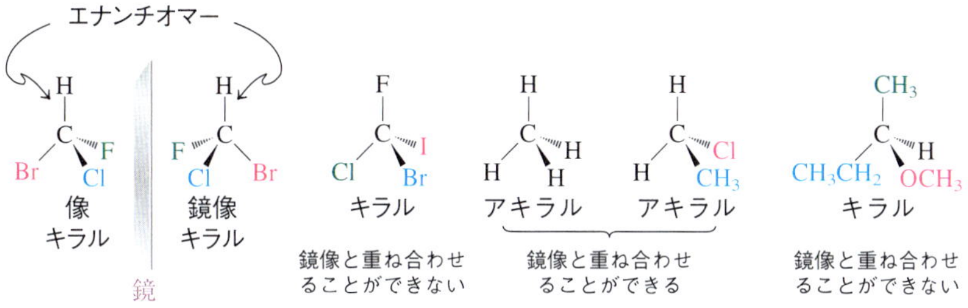

上に示したキラルな化合物の例はすべて，四つの異なる原子あるいは置換基が結合した原子をもつ．そのような核は**不斉原子**(asymmetric atom，たとえば不斉炭素)または**立体中心**(stereocenter)とよばれる．このような中心原子には＊印をつけて示すことがある．立体中心が一つしかない分子は必ずキラルである(5−6 節で，立体中心が二つ以上ある分子は必ずしもキラルではないことを学ぶ)．

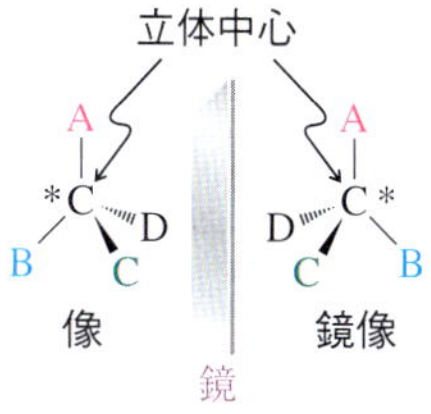

(C*は不斉炭素による立体中心を表す)

練習問題 5-3

(a) 4−7 節の天然物のうち，どれがキラルでどれがアキラルか．おのおのの立体中心の数を示せ．(b) 以下の構造式はいずれも同じ分子，すなわち 2−クロロブタンを描いたものである．うち三つはどちらかのエナンチオマーを表しており，残りの二つはその鏡像体である．前者に属するのはどれで，後者はどれか．(**ヒント**：分子模型を組むこと．あるいは，重なる原子の数が最大になるように構造式を動かすこと．)

分子の対称性はキラルな構造とアキラルな構造を識別するのに役立つ

先に述べたようにキラルという言葉は，ギリシャ語の「手」または「利き手」を意味する cheir に由来する．人間の手はエナンチオマーのように互いに鏡像の関係にある〔図 5−2(A)〕．他の数多くのキラルな物体のなかには靴，耳，ねじ，らせん階段などがある．一方，ボール，水中めがね，かなづち〔図 5−2(B)〕，釘などのように，アキラルな物体は数多くある．

らせん階段のように，立体中心をもたないキラルな物体も多く存在する．これはキラルな分子にも当てはまる．キラルかどうか，つまりキラリティーをもつかどうかは，ある物体とその鏡像を重ね合わせられないかどうかだけで決まることを覚えておこう．本章で取り上げるのは，立体中心をもっているためにキラルである分子にかぎることにする．ではどうすれば，分子がキラルかどうかを判定できるのだろうか．きっとすでに気づいていると思うが，これは常に容易にできるものではない．最も確実な方法は，その分子とエナンチオマーの分子模型を組ん

コラム● 5-1 自然界に存在するキラルな物質 NATURE

本章の冒頭文で述べたように，人の体はキラルである．実際，利き手の性質は巨視的な自然界にも広がっている．さらに，通常，一方のキラルな像のほうがその鏡像よりも優勢である．たとえば，私たちのほとんどは右利きであり，心臓は左に肝臓は右にあり，セイヨウヒルガオ(ツル性の多年草)は支柱に左巻きのらせん状に巻きつき，スイカズラ(ツル性の木本)はその逆向きを好み，(赤道の南北のどちらの側においても)右巻きの貝のほうが優勢である，といった具合である．

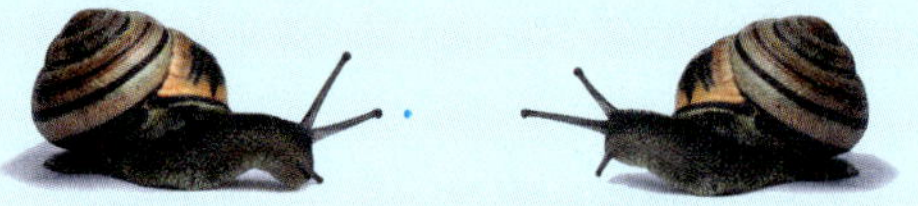

カタツムリの殻：右巻き(左側)と左巻き(右側)の比は20,000：1.

一方の利き手が優勢になることは，ナノスケールの分子の世界においても同様である．実際，巨視的なキラリティーは，しばしばキラルな分子が構成単位に存在していることが原因となっている．つまり，自然界に存在するキラルな有機化合物は，両方のエナンチオマーが存在するものもあるが，多くは片方のエナンチオマーだけが存在する．特定のキラリティーは，体内のキラルな受容体部位の存在により伝達されて，特定の生物学的機能に関係している(コラム 5-4 参照)．たとえば広く存在するアミノ酸であるアラニンは，自然界には片方のエナンチオマーしか見つかっていない．一方，乳酸は血液や筋肉の体液中には片方のエナンチオマーしか存在しないが，サワーミルクやある種の果物や植物中には両方のエナンチオマーの混合物として存在する．

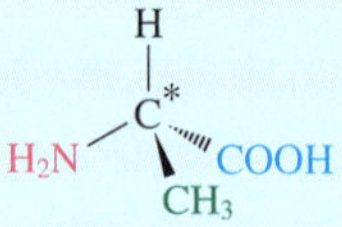

2-アミノプロパン酸
(2-aminopropanoic acid)
(アラニン，alanine)

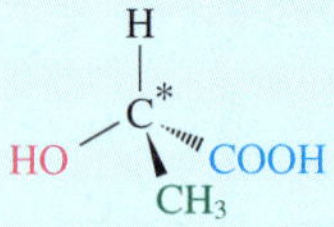

2-ヒドロキシプロパン酸
(2-hydroxypropanoic acid)
(乳酸，lactic acid)

もう一つの例は，六員環上に立体中心があるカルボン〔carvone；2-メチル-5-(1-メチルエテニル)-2-シクロヘキセノン〕である．この場合，環そのものを別べつの異なった二つの置換基とみなせば，その立体中心の炭素が四つの異なる置換基をもつことが理解できるだろう．すなわち，立体中心から環を時計回りにたどるのと反時計回りにたどるのとでは原子の並ぶ順序が異なるので，これらは別の化合物である．カルボンは，自然界に両方のエナンチオマーが存在し，それぞれ非常に特徴的な香りをもつ．一方はヒメウイキョウに特有の香りをもたせるのに対し，もう一方はスペアミントの香りのもととなる分子である．

本書では，エナンチオマーの一方だけが存在する非常に多くの天然のキラルな分子の例を見ることになるだろう．

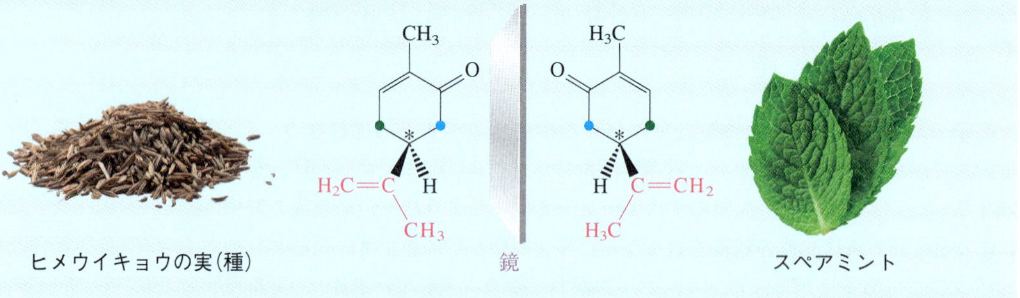

カルボン(carvone)のエナンチオマー

で，それらが重なり合うかどうかを調べることであるが，この方法は能率が悪い．より簡単な方法は，その分子の対称性について調べることである．

ほとんどの有機化合物についてキラルかどうかを判定するには，対称面の有無を調べさえすればよい．**対称面**(plane of symmetry)〔または**鏡面**(mirror plane)〕とは，その面の片方にある構造がもう一方にある構造の鏡像になるように，分子

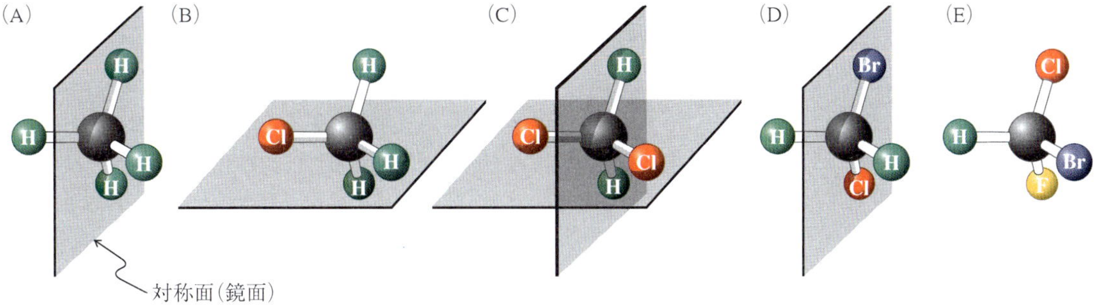

図 5-4 対称面の例．(A)メタンには(四面体形の枠組の六つの稜を含む)六つの対称面がある．図にはそのうちの一つだけが示されている．(B)クロロメタンには対称面が三つある(そのうちの一つだけが示されている)．(C)ジクロロメタンには対称面が二つしかない．(D)ブロモクロロメタンには対称面は一つしかない．(E)ブロモクロロフルオロメタンには対称面がない．キラルな分子には対称面がありえない．

を二分する面のことである．たとえばメタンには六つ，クロロメタンには三つ，ジクロロメタンには二つ，ブロモクロロメタンには一つの対称面があるが，ブロモクロロフルオロメタンには対称面がない(図 5-4)．

対称面の有無でキラルな分子とアキラルな分子を識別するには，どうすればよいのだろうか．キラルな分子には対称面がありえないということを用いればよい．たとえば，図 5-4 のはじめの四つのメタン誘導体には対称面があるので，これらは明らかにアキラルである．対称面の有無を決めさえすれば，本書に載っているほとんどの化合物をキラルかアキラルに分類できるだろう．

練習問題 5-4

次の一般的なアキラルな物体の絵を描き，おのおのについて対称面を示せ．

ボール，水中めがね，かなづち，いす，スーツケース，歯ブラシ

練習問題 5-5

(a) 2-ブロモプロパンのラジカル的塩素化によりブロモクロロプロパンの構造異性体が二つ生成する．それらの構造式を書き，それぞれがキラルかアキラルかを示せ．(b) すべてのジメチルシクロブタンの構造を書き，どれがキラルかを示せ．キラルでないものについては対称面を示せ．

まとめ キラルな分子は，エナンチオマーとよばれる二つの立体異性体のいずれかの形で存在する．それらは重ね合わせることのできない向かい合った鏡像の関係にある．ほとんどのキラルな有機分子は立体中心をもっているが，なかには立体中心をもたないキラルな分子もある．対称面をもつ分子はアキラルである．

5-2 光学活性

2-ブロモブタンのエナンチオマー

旋光度以外の物理的性質は同じ

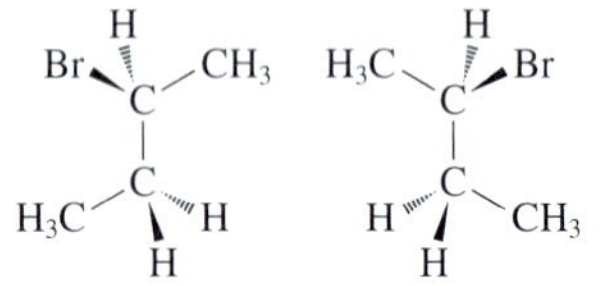

(+)エナンチオマー　(−)エナンチオマー

↓　↓

偏光面を時計回りに回転させる　偏光面を反時計回りに回転させる

右旋性　左旋性

キラルな分子の例として最初に出てきたのは，2-ブロモブタンの二つのエナンチオマーであった．もしそれぞれのエナンチオマーを純粋に単離できたとしても，沸点，融点および密度などの物理的性質からは両者を識別することはできない．両者の結合は等しく，エネルギー含量も等しいので，これはきわめて当然のことである．しかし，平面偏光とよばれる特殊な光が一方のエナンチオマーの試料を通過するとき，入射光の偏光面は(時計回りか反時計回りかの)どちらかの方向に回転する．もう一方のエナンチオマーについて同じ実験を行うと，偏光面はまったく同じ大きさだけ，しかも反対の方向に回転する．

進行してくる光に向かって見た場合に，偏光面を時計回りに回転させるエナンチオマーは**右旋性**(dextrorotatory：*dexter*，ラテン語の「右」)であり，その化合物は(便宜的に)(+)エナンチオマーであるという．したがって，偏光面を反時計回りに回転させるもう一方のエナンチオマーは**左旋性**(levorotatory：*laevus*，ラテン語の「左」)であり，これを(−)エナンチオマーという．このような光との特殊な相互作用は**光学活性**(optical activity)とよばれ，エナンチオマーはしばしば**光学異性体**(optical isomer)ともよばれる．

物質中にキラルな分子が含まれていても光学活性を示さないことがある．光学活性を示すには，少なくとも一つのキラルな化合物の片方のエナンチオマーがもう一方のエナンチオマーより過剰に(光学活性が観測できる程度以上に)含まれている必要がある．

旋光度は旋光計で測定する

平面偏光とは何か．またその回転をどのようにして測定するのだろうか．通常の光は，光の進行方向に対して垂直な面内であらゆる方向に振動している電磁波の束であると考えることができる．通常の光が偏光子とよばれる物質を通過すると，一つの面内で振動する光だけが透過して，残りの光はすべて「フィルター」にかかって除かれてしまう．透過した光は**平面偏光**(plane-polarized light)とよばれる(図5-5)．

光が分子のなかを通過するとき，核の周囲の電子やいろいろな結合にあずかっている電子は光の電場と相互作用する．もし平面偏光がキラルな物質のなかを通過すると，電場はその分子の「左半分」と「右半分」とでは異なった相互作用をする．この相互作用のため，**旋光**(optical rotation)とよばれる偏光面の回転が起こる．旋光を引き起こす試料は**光学活性**(optically active)であるといわれる．

旋光度は**旋光計**(polarimeter)を用いて測定する(図5-5)．この装置では，まず光が平面偏光に変えられ，それが試料の入ったセルのなかを通過する．偏光面の回転角は，検光子とよばれるもう一つの偏光子を用いて，透過光の強度が最大になるようにそれを調整することにより測定される[†1]．測定された回転角(度で表す)がその試料の**実測旋光度**(observed optical rotation) α である．その値は光学活性分子の濃度や構造，試料セルの長さ，光の波長，溶媒および温度に依存する．混乱を避けるため，各化合物について α の値を表す標準として**比旋光度**(specific rotation) $[\alpha]$ を用いる．この値は(溶媒に依存するが)次のように定義される．

†1　訳者注：実際の旋光計では，検光子の光軸を，透過光の光軸と直交するように回転させ，透過光の強度が最小となるような暗位置を求めることによって，偏光面の回転角を測定する．

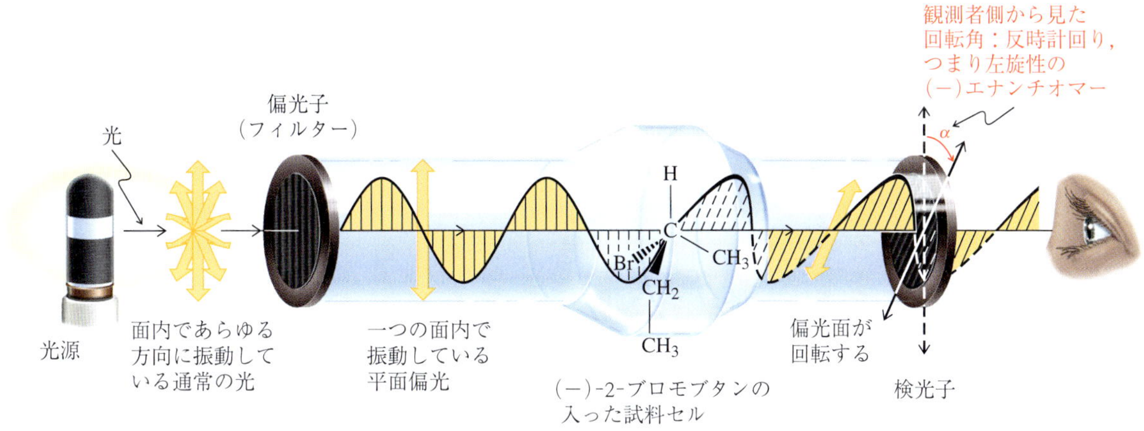

図 5-5 旋光計による 2-ブロモブタンの(−)エナンチオマーの旋光度の測定．

比旋光度＊†2

$$[\alpha]_{\lambda}^{t^\circ} = \frac{\alpha}{l \times c}$$

（α：実測の旋光度，l：試料セルの長さ，c：試料の濃度）

ここで，$[\alpha]$ ＝ 比旋光度，t ＝ 温度(℃)

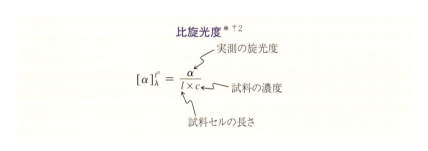

λ ＝ 入射光の波長．旋光度の測定に通常用いられるナトリウム蒸気灯の場合，その橙色の D 発光線(通常，単に D 線とよばれる)の波長は 589 nm である．

α ＝ 実測の旋光度(度)

l ＝ 試料セルの長さ(デシメートル)，この値は通常 1(すなわち 10 cm)であることが多い．

c ＝ 溶液の濃度($\mathrm{g\,mL^{-1}}$)

練習問題 5-6

(a) 食卓で使われるふつうの砂糖(天然のスクロース)の 0.1 $\mathrm{g\,mL^{-1}}$ の水溶液を 10 cm のセルに入れて旋光度を測定すると，時計回りに 6.65° の旋光度を示した．$[\alpha]$の値を計算せよ．この結果から天然のスクロースのエナンチオマーの$[\alpha]$がわかるか．

(b) 次ページの表 5-1 に示すように，(−)-2-ヒドロキシプロパン酸〔(−)-乳酸〕の比旋光度は−3.8 である．この物質 1 g を 10 mL の水に溶かし，10 cm のセルを用いて測定したときの旋光度はいくらか．

光学活性な分子の比旋光度は，融点，沸点および密度のようにその分子に固有の物理定数である．4 種類の化合物の比旋光度を**表 5-1** に示す．

＊比旋光度$[\alpha]$の次元は $\mathrm{deg\,cm^2\,g^{-1}}$ で，単位は(セルの長さ $l=1$ なので)$10^{-1}\ \mathrm{deg\,cm^2\,g^{-1}}$ である．実測旋光度αは度単位で表すのに対して，比旋光度$[\alpha]$の単位は長くて不便なので，通常$[\alpha]$を無単位で表すことが多い．さらに，溶解度に関する実際的な理由から，試料濃度 c を 100 mL 中の溶質のグラム数で記載している文献もある．この場合，実測の旋光度を 100 倍しなければならない．

†2 訳者注：比旋光度を記述する際には，試料濃度と溶媒も明記する必要がある．たとえば，

$[\alpha]_{\mathrm{D}}^{20}+80.0$($c$ 1.00, エタノール)

のように記述する．ところが上の脚注に書かれているように，試料濃度を表す c は $\mathrm{g\,mL^{-1}}$ ではなく $\mathrm{g\,dL^{-1}}$(溶液 100 mL 中の溶質のグラム数)を用いる慣習になっている．したがって比旋光度の式は，

$$[\alpha]_{\lambda}^{t} = \frac{100\alpha}{l \cdot c'}$$

と表されることもある．この場合 c' の単位は $\mathrm{g\,dL^{-1}}$ である．純液体の場合は試料の密度ρ($\mathrm{g\,cm^{-3}}$)を用いて，

$$[\alpha]_{\lambda}^{t} = \frac{\alpha}{l \cdot \rho}$$

で表す．

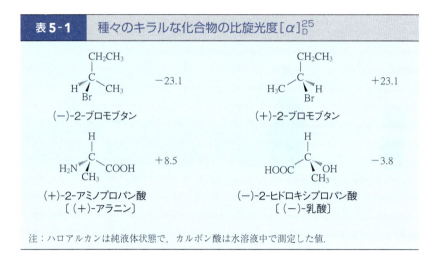

表 5-1 種々のキラルな化合物の比旋光度 $[\alpha]_D^{25}$

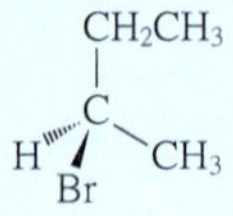

−23.1

(−)-2-ブロモブタン

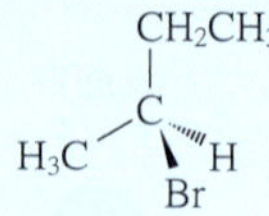

+23.1

(+)-2-ブロモブタン

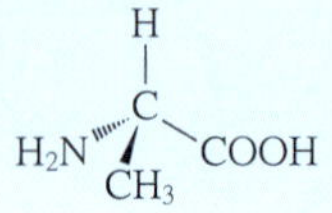

+8.5

(+)-2-アミノプロパン酸
〔(+)-アラニン〕

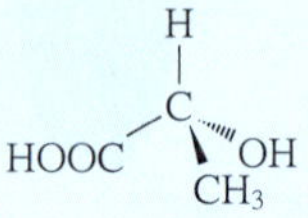

−3.8

(−)-2-ヒドロキシプロパン酸
〔(−)-乳酸〕

注：ハロアルカンは純液体状態で，カルボン酸は水溶液中で測定した値.

旋光度はエナンチオマーの組成を表す

すでに述べたように，エナンチオマーどうしは互いに，平面偏光を同じ大きさだけ逆の方向に回転させる．たとえば，2-ブロモブタンの(−)エナンチオマーは偏光面を反時計回りに23.1° 回転させ，その鏡像である(+)-2-ブロモブタンは時計回りに23.1° 回転させる．したがって(+)と(−)のエナンチオマーの1：1の混合物は旋光性を示さないため，光学不活性であるということになる．このような混合物は**ラセミ体**†(racemate)あるいは**ラセミ混合物**†(racemic mixture)とよばれる．もし一方のエナンチオマーが，もう一方のエナンチオマーに変化しながら平衡に達するならば，この過程を**ラセミ化**(racemization)という．たとえば，(+)-アラニン(表5-1)のようなアミノ酸は，化石のなかで非常にゆっくりとラセミ化し，その結果，光学活性が減少することがわかっている．

キラルな分子の光学活性は，二つのエナンチオマーの存在比に直接比例する．それは一方のエナンチオマーしか存在しない場合に最大となり，その試料は光学的に純粋である．二つのエナンチオマーが等量存在する場合に光学活性はゼロになり，その試料はラセミ体であり光学不活性となる．実際には，一方のエナンチオマーが他方よりも過剰に存在する混合物を扱うことが多い．**エナンチオマー過剰率**(enantiomer excess，ee)は，どの程度過剰に存在するのかを示す値である．

エナンチオマー過剰率(ee)
　= 主エナンチオマーの割合(%) − 副エナンチオマーの割合(%)

ラセミ体は二つのエナンチオマーの1：1の混合物なので(ee = 0)，eeはラセミ体に対して一方のエナンチオマーがどの程度過剰に存在するのかを示す尺度である．eeは純粋なエナンチオマーの旋光度に対する混合物の旋光度の割合(%)から求めることができる．この値は**光学純度**(optical purity)ともよばれる．

光学純度とエナンチオマー過剰率

$$\text{エナンチオマー過剰率(ee)} = \text{光学純度} = \frac{[\alpha]_{\text{混合物}}}{[\alpha]_{\text{純粋なエナンチオマー}}} \times 100\ \%$$

† 訳者注：昔は個々の結晶がどちらか一方のエナンチオマーから成るラセミ体の結晶〔現在ではコングロメレート(conglomerate)とよぶ〕のことを「ラセミ混合物」(racemic mixture)とよんだが，現在では「ラセミ混合物」は「ラセミ体」(racemate, racemic modification)と同じ意味に用いられている．なお，「ラセミ化合物」(racemic compound，昔はracemateともよばれた)とは，コングロメレートと違って個々の結晶が等モルのエナンチオマー対の分子化合物から成るラセミ体の結晶のことである．

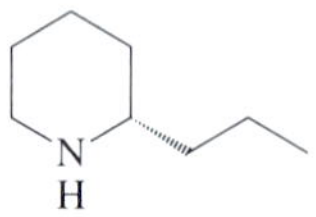

(+)-コニイン
〔(+)-coniine〕

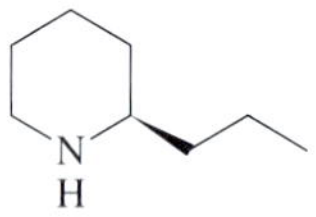

(−)-コニイン
〔(−)-coniine〕

コニインはドクニンジンに含まれる致死成分であり，紀元前399年にはソクラテスの毒殺刑に用いられた．それはほぼラセミ体の形で存在するが，(より毒性が強い)(+)エナンチオマーがより多く含まれる．

練習問題 5-7

概念のおさらい：ee と光学純度

化石のなかから得られた(＋)－アラニンの溶液は[α]＝＋4.25を示した．その ee と光学純度はいくらか．この試料に実際に含まれるエナンチオマーの割合はいくらか．またその割合から導かれる実測旋光度はどうなるか．

● 解法のてびき

WHIP 法にしたがってこの問題に取り組もう．

What 考えるための材料として何があるか．また，何が問われているか．
化石から単離された(＋)－アラニンは，純粋なエナンチオマーではない(光学的に純粋でない)ようだ．このことを示すために試料の比旋光度が与えられている．エナンチオマーの組成に関して，その試料がどの程度純粋かを計算することが求められている．

How どこから手をつけるか．純粋な(＋)－アラニンの比旋光度がいくらかを調べ，それから前述の式を使って答えを導く必要がある．

Information 必要な情報は何か．表 5-1 から，純粋な(＋)－アラニンの比旋光度が＋8.5であることがわかる．

Proceed 一歩一歩論理的に進めよ．

● 答え

- 前述の式から，エナンチオマー過剰率(ee)＝光学純度＝(4.25/8.5)×100％＝50％となる．
- これはこの試料のうち50％が純粋な(＋)異性体であり，残りの50％はラセミ体であることを意味する．ラセミ体の部分は等量の(＋)と(－)のエナンチオマーで構成されているので，この試料に含まれる実際の割合は(＋)－アラニンが75％で(－)－アラニンが25％となる．
- 25％の(－)エナンチオマーは同じ量の(＋)エナンチオマーの旋光を打ち消す．したがって，この混合物は75％－25％＝50％の光学純度であり，実測旋光度は純粋な右旋性のエナンチオマーが示す旋光度の半分である．

練習問題 5-8　自分で解いてみよう

75％の光学純度の(＋)－2－ブロモブタンの旋光度は何度か．この試料には何％の(＋)と(－)のエナンチオマーが含まれているか．光学純度が50％と25％の試料について同じ問いに答えよ．

まとめ　二つのエナンチオマーは光学活性によって識別することができる．光学活性は平面偏光とエナンチオマーとの相互作用から生じ，旋光計で測定される．一方のエナンチオマーが偏光面を時計回りに回転させるならば(右旋性)，もう一方は反時計回りに同じ大きさだけ回転させる(左旋性)．比旋光度[α]はキラルな分子だけがもちうる物理定数である．エナンチオマー間の相互変換によってラセミ化が起こり，光学活性が失われる．

5-3　絶対配置：*R*, *S* 順位則

キラルな化合物の純粋なエナンチオマーの構造は，どのようにして決定できるのだろうか．もし構造が決まったとしても，明確な名前をつけてその鏡像と区別する方法はあるのだろうか．

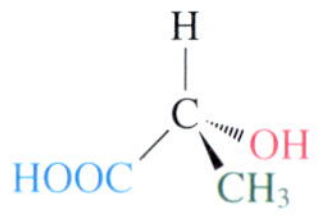

$[\alpha]^{25}_{D} = -3.8$
(−)-乳酸
(左旋性)

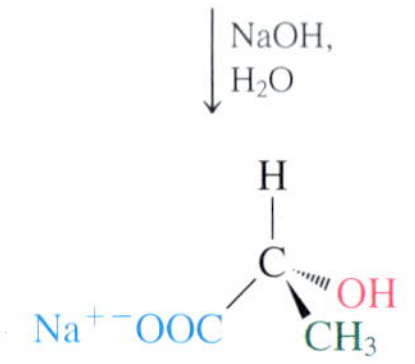

$[\alpha]^{25}_{D} = +13.5$
(+)-乳酸ナトリウム
(右旋性)

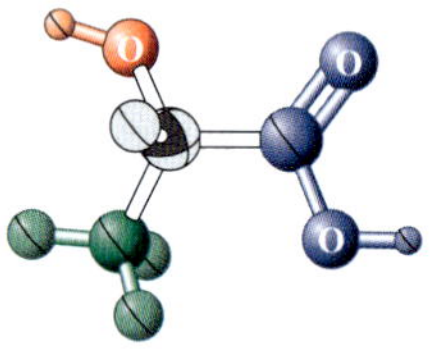

X線回折解析法によって決定された(+)-乳酸の構造

X線回折を用いて絶対配置を決定することができる

あるエナンチオマーのすべての物理的性質は，比旋光度の符号以外はその鏡像のものと実質上まったく同じである．比旋光度の符号と置換基の空間的配置，つまり**絶対配置**(absolute configuration)との間になんらかの関係はあるのだろうか．[α]の値から，あるエナンチオマーの構造を決定できるのだろうか．残念ながら，それはできない．つまり，あるエナンチオマーの構造と比旋光度の符号との間には，なんら直接の関係はない．たとえば乳酸(表5-1)をそのナトリウム塩にすると，立体中心の絶対配置は変化しないにもかかわらず，比旋光度の符号は(そして大きさも)変わってしまう(欄外参照)．

もし比旋光度の符号から構造について何の情報も得られないとすると，キラルな分子のあるエナンチオマーの絶対配置をどうすれば知ることができるのだろうか．いいかえれば，2-ブロモブタンの左旋性のエナンチオマーが表5-1に示した構造をもっている(したがって右旋性のエナンチオマーはその鏡像体の絶対配置をもっている)ことは，どうすればわかるのだろうか．そのような情報は単結晶X線回折解析法(1-9節および欄外の図参照)によってしか得られない．だからといって構造を決定するためには，すべてのキラルな化合物にX線解析法を用いなければならないというわけではない．この方法によって確かな構造が決められた化合物と化学的な関連づけを行うことによっても，絶対配置を決定できる．たとえばX線解析法で(−)-乳酸の立体中心がわかれば，(+)-ナトリウム塩の絶対配置〔(−)-乳酸と同じ絶対配置〕を知ることができる．

立体中心は*R*または*S*と表記する

エナンチオマーに明確な名前をつけるためには，「左利き」とか「右利き」とかいうように分子の利き手を表現する方法が必要である．そのような方法が，R. S. Cahn, C. Ingold, V. Prelog*の3人の化学者により開発された．

では不斉炭素の利き手がどのように表記されるかを見てみよう．第一の手順は，四つの置換基のすべてについて，次に説明する順位則にしたがって，優先順位の高いほうから順位をつけることである．置換基*a*が最も優先順位が高く，*b*が2番目，*c*が3番目，*d*が最下位という具合にである．次に(頭のなかで考えるか，紙に書くか，分子模型を使って)最も優先順位の低い置換基を，自分からできるかぎり遠い位置に置く(図5-6)．こうすると，残りの三つの置換基の配列の仕方は2通りしかない．もし*a*→*b*→*c*の順が反時計回りならば，その立体中心の配置は*S*(*sinister*, ラテン語の「左」)と表記される．反対にもし時計回りの順ならば，立体中心は*R*(*rectus*，ラテン語の「右」)と表記される．*R*と*S*の記号(イタリック体)は(*R*)-2-ブロモブタンや(*S*)-2-ブロモブタンというように，接頭語としてキラルな化合物の名前の前にかっこに入れて用いる．ラセミ混合物は必要に応じて(*R*,*S*)-ブロモクロロフルオロメタンというように，*R*,*S*と表記することもできる．比旋光度の符号がわかっていれば，(*S*)-(+)-2-ブロモブタンや(*R*)-(−)-2-ブロモブタンというように，その符号も入れることができる．しかしながら*R*や*S*の記号と[α]の符号との間には，何の関係もないことを忘れてはならない．

* Robert S. Cahn博士(1899～1981)，イギリス，王立化学会員．
Christopher Ingold(1893～1970)，イギリス，ユニバーシティカレッジ教授．
Vladimir Prelog(1906～1998)，スイス，スイス連邦工科大学(ETH)教授，1975年度ノーベル化学賞受賞．

色で示す優先順位

$a > b > c > d$

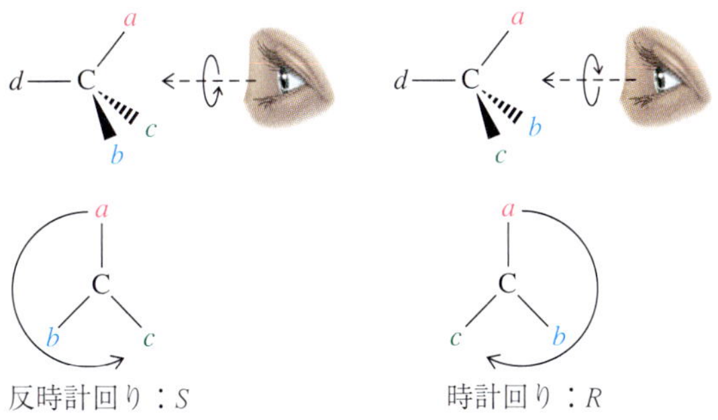

図 5-6 四面体立体中心の *R*,*S* 配置の帰属．最も優先順位の低い置換基を，観測者からできるかぎり遠い位置に置く．本章の構造式の多くは置換基の優先順位の高いほうから赤色＞青色＞緑色＞黒色の順に色分けしてある．

指針　順位則にしたがって置換基の優先順位を決める

立体中心を *R*,*S* 表記法で表すには，まず順位則を用いて置換基の優先順位を決めなければならない．

順位則 1　まず立体中心に直接結合している原子を比べる．置換している原子のうち，原子番号の大きいほうが小さいものより優先する．したがって，最も優先順位の低い原子は水素である．同位体については質量数の大きいほうが優先順位が高い．

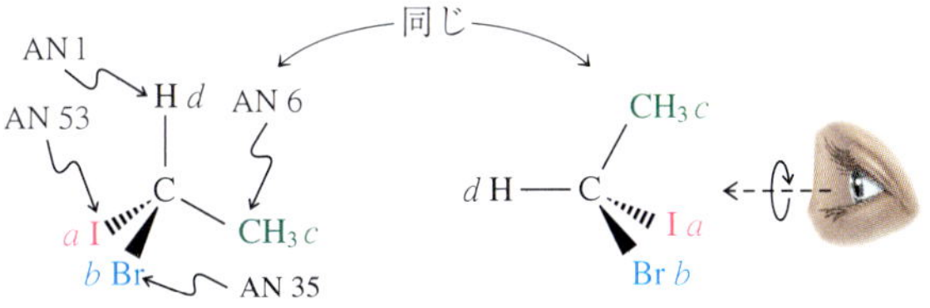

AN ＝ 原子番号　(*R*)-1-ブロモ-1-ヨードエタン

順位則 2　立体中心に直接結合している二つの原子が，同じ順位の場合にはどうするか．この場合，違いが生じる点まで，置換基の鎖を先にたどっていく．

たとえば，エチル基はメチル基より優先する．理由は以下のとおりである．立体中心に結合している原子は，どちらも炭素原子なので優先順位は同じである．しかし，中心からもう一つ離れた原子を比べると，メチル基には水素原子しかついていないのに対して，エチル基には(優先順位の高い)炭素原子がついている．

ここで議論している立体中心に対して，置換基は ― で示した結合で結びついていることに注意すること．

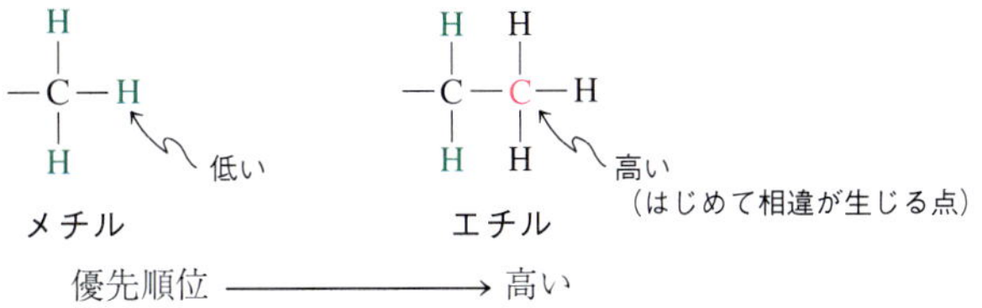

しかし，1-メチルエチル基はエチル基よりも優先する．なぜなら，エチル基には最初の炭素に炭素置換基が一つしかないのに対して，1-メチルエチル基には二つあるからである．同様に，2-メチルプロピル基はブチル基よりも

優先順位が高いが，1,1−ジメチルエチル基よりは順位が低い．

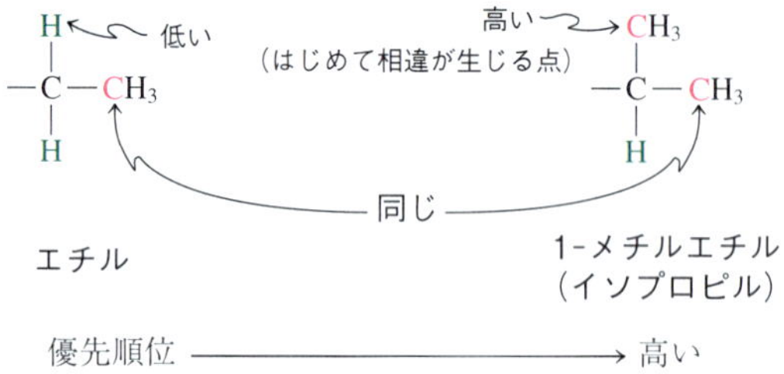

置換基の鎖をたどっていく途中で，はじめて相違が生じた点において優先順位が決定されることを忘れてはならない．相違が生じる点に達したならば，鎖上のほかの位置にどのような置換基がついていようと問題ではない．

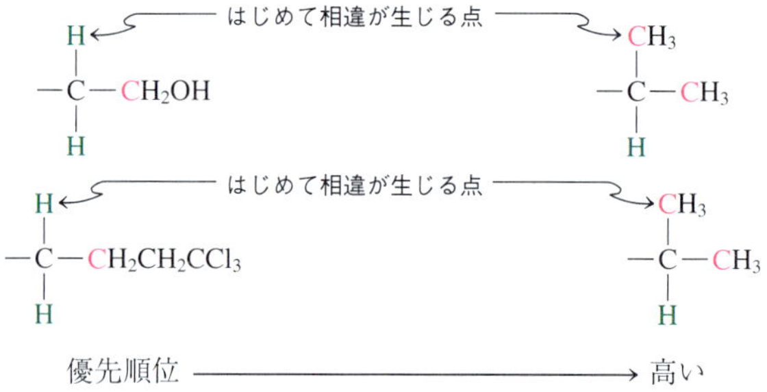

置換基の鎖をたどっていく途中で枝分かれがある場合，優先順位の高いほうの枝を選ぶ．よく似た枝分かれがあれば，相違が生じる点までたどり枝の順位を決める．

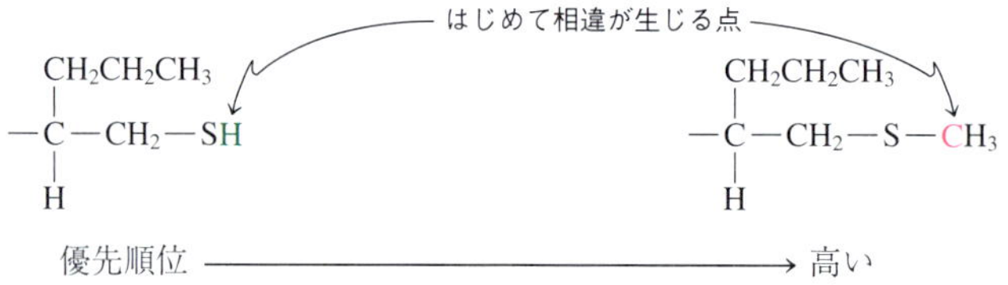

二つの例を下に示す．

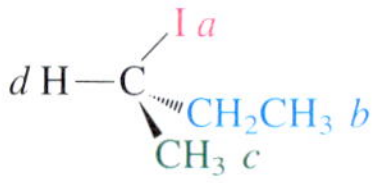

(*R*)-2-ヨードブタン
〔(*R*)-2-iodobutane〕

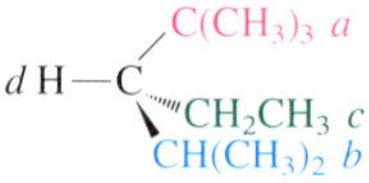

(*S*)-3-エチル-2,2,4-トリメチルペンタン
〔(*S*)-3-ethyl-2,2,4-trimethylpentane〕

順位則 3 二重結合や三重結合は単結合とみなし，両方の原子がともに多重結合で結ばれているもう一方の原子で，二重または三重に置換されているとする．

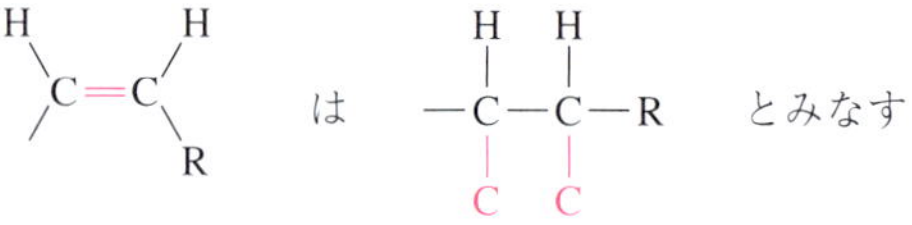

—C_4H_9の優先順位

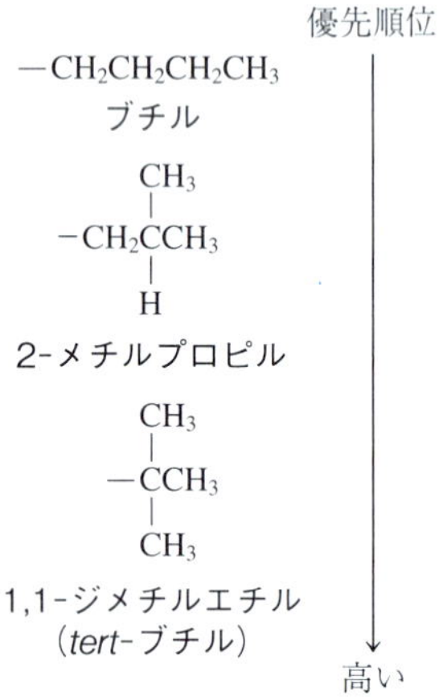

右側の構造式中の赤色の原子は，実際にそこについているのではなく，左側の官能基の優先順位を決めるために便宜的につけたものである．

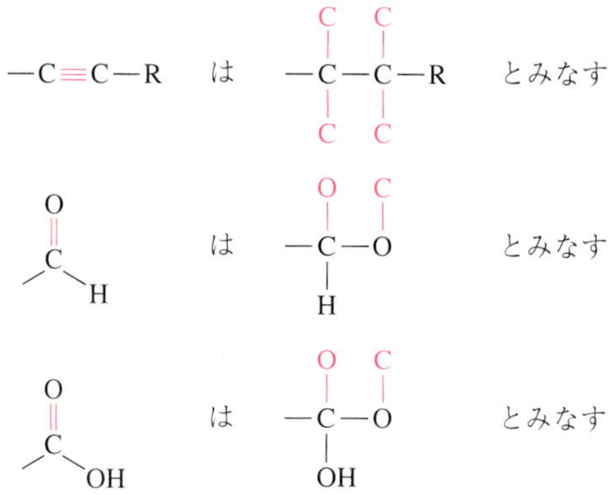

実際の化合物での *R*,*S* 順位の例を，欄外と本章の冒頭に出てくる *S*-と *R*-アルブテロールの構造中に示す．

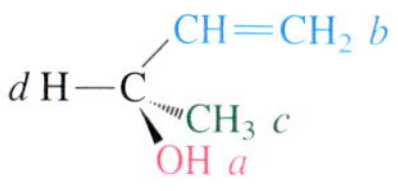

R

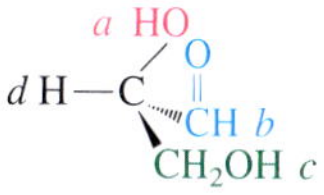

R

練習問題 5-9

次の置換基の構造を書き，各組のうちで優先順位の高い順に順位をつけよ．

(a) メチル，ブロモメチル，トリクロロメチル，エチル

(b) 2-メチルプロピル(イソブチル)，1-メチルエチル(イソプロピル)，シクロヘキシル

(c) ブチル，1-メチルプロピル(*sec*-ブチル)，2-メチルプロピル(イソブチル)，1,1-ジメチルエチル(*tert*-ブチル)

(d) エチル，1-クロロエチル，1-ブロモエチル，2-ブロモエチル

練習問題 5-10

概念のおさらい：*R* と *S* の帰属

表 5-1 に示した(−)-2-ブロモブタンの絶対配置を帰属せよ．

● 解法のてびき

ある分子の絶対配置を決定するには，それが左旋性であるか右旋性であるかはあてにできない．その代わり，立体中心に注目して，最も優先順位の低い置換基を，自分からできるかぎり遠い位置に見えるように分子を空間のなかで動かす．したがって，まず第1段階は前述の指針にしたがって優先順位を決めることであり，次の段階で必要な空間配置になるように分子を動かす．

● 答え

(A)のように表 5-1 の形に書き写した(−)-2-ブロモブタンを見てみよう．

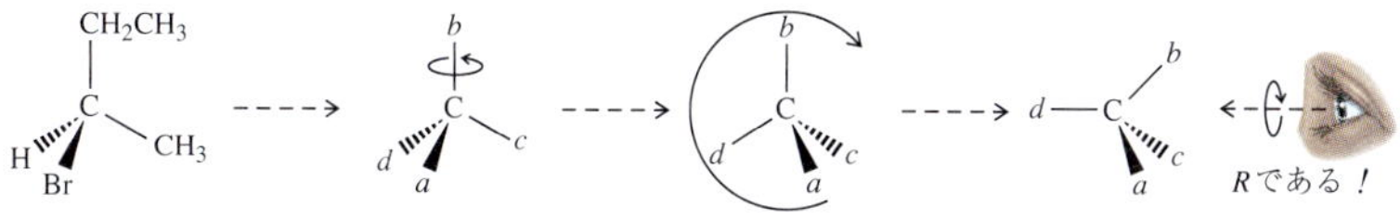

(A)　(B)　(C)　(D)

• Cahn-Ingold-Prelog 則にしたがえば，Br が *a*，CH_2CH_3 が *b*，CH_3 が *c*，H が *d* となり，(B)のように表される．

- 分子を空間のなかで移動させることは，はじめは難しいかもしれないが，練習すればより容易になる．図 5−6 には，C−*d* 結合を紙面上に置き *d* が左側を向くように四面体骨格を動かし，この軸を右側から眺めるという確実な方法が示されている．(B)の構造についてこの操作を行うには，まず(C−*d* 結合が紙面上に乗るように)炭素原子を(C)の構造になるまで回転させ，次に分子全体を時計回りに回転させて(D)の構造にする．(D)を図のように右側から眺めると絶対配置が *R* であることがわかる．
- このような帰属を何度も繰り返せば，分子を三次元的に眺めたり，*a*，*b*，*c* の三つが自分のほうを向いていて，*d* が自分から遠いほうを向いているように見ることがうまくできるようになるだろう．

練習問題 5-11 自分で解いてみよう

表 5−1 に示した残りの三つの分子の絶対配置を帰属せよ．

練習問題 5-12

2−クロロブタン，2−クロロ−2−フルオロブタン，(HC≡C)(CH_2=CH)C(Br)(CH_3)について，いずれか一方のエナンチオマーの構造を書き，その絶対配置を示せ．(**ヒント**：特定のエナンチオマーから書こうとしないこと．任意の一つを，立体中心が *R* か *S* かを識別しやすいように書くとよい．)

立体異性体の立体構造を正しく帰属するためには，三次元的な「見方」や「立体的な捉え方」に慣れる必要がある．順位則を説明するために示した構造式において，最も順位の低い置換基は炭素中心の左側に，しかも紙面上に位置するように置かれ，残り三つの置換基は炭素中心の右側に置かれ，それらのうち右上の置換基が紙面上に位置するようにして描かれる．しかしすでに学んだように，破線−くさび形表記法にはほかの書き方もある．下に示す(*S*)−2−ブロモブタンの構造式について考えてみよう．これらは同じ分子を別の方向から見ただけである．

(*S*)-2-ブロモブタンの構造式の 4 通りの書き方(ほかにもいくつもある)

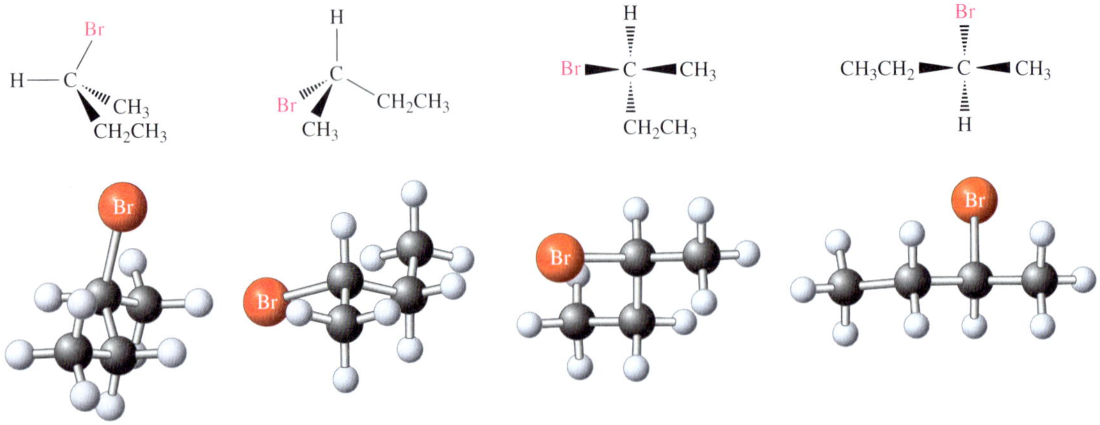

まとめ 立体異性体の絶対配置を決定するために，旋光度の符号を用いることはできない．その代わり，X 線回折(または化学的変換による立体配置の関連づけ)を使わなければならない．キラルな分子の絶対配置は，置換基を優先順位の高いものから順位づけする順位則を用いて，*R* または *S* と表記する．最も優先順位の低い基が紙面の背後に位置するように分子を動かすと，残りの置換基は時計回り(*R*)か反時計回り(*S*)に並ぶことになる．

5-4 Fischer 投影式

Fischer 投影式(Fischer* projection)は四面体の炭素原子とその置換基を，二次元的に書き表す簡単な方法である．この方法では，分子は中心炭素が交点に位置する十字形で表される．水平の線は紙面から手前に向いている結合を，垂直の線は紙面の奥に向かう結合を表す．破線－くさび形表記法を Fischer 投影式に書き換えるには，このような形に動かす必要がある．

* Emil Fischer(1852 ~ 1919)，ドイツ，ベルリン大学教授，1902 年度ノーベル化学賞受賞．

2-ブロモブタンの(立体中心に対する)破線－くさび形表記法の Fischer 投影式への変換

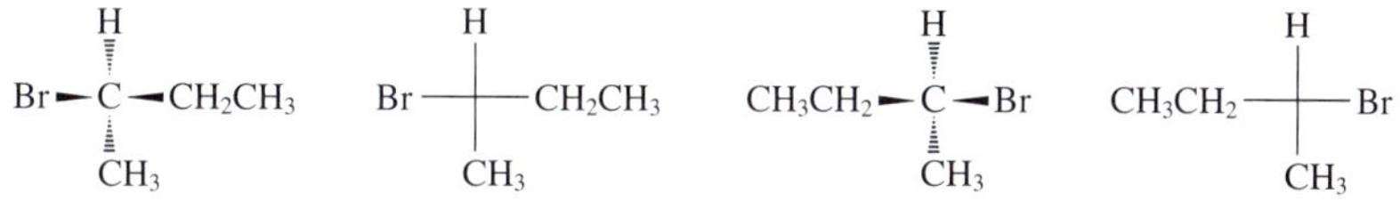

破線－くさび形表記法　Fischer 投影式　破線－くさび形表記法　Fischer 投影式

(*R*)-2-ブロモブタン　(*S*)-2-ブロモブタン

破線－くさび形表記法を用いた場合にいくつかの方法で分子を図示することができたように，一つの立体中心に対する Fischer 投影式にもいくつかの正しい書き方がある．

(*R*)-2-ブロモブタンのさらに二つの投影式

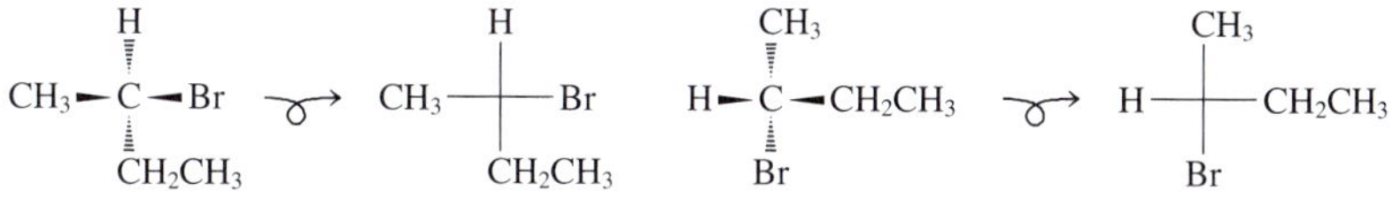

頭の中で破線－くさび形表記法を Fischer 投影式に間違いなく変換するには，次のような方法がある．まず自分自身を分子レベルの大きさだと思って，次ページの図に示すように中心炭素に向かって破線－くさび形表記の置換基のどれか二つを両手でつかむ．次ページの図では置換基はたまたま *a* と *c* と表記されている．次にこのようにして分子をつかんだまま自分が紙面の上に降りていくと想像すると，(立体中心の向こう側にある)残りの二つの置換基は紙面の奥に沈みこんでいくように思えるだろう．このようにすれば，自分の左右の手はくさびで結合している二つの置換基を水平な位置に置くことになる．同時に破線で結合している残りの二つの置換基は，(それぞれ自分の頭と足の位置に並んでいて)垂直な位置に置かれる．

こぼれ話

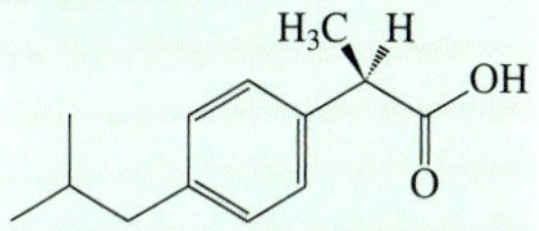

(*R*)-(－)-イブプロフェン
〔(*R*)-(－)-ibuprofen〕
(不活性)

↓ 酵素

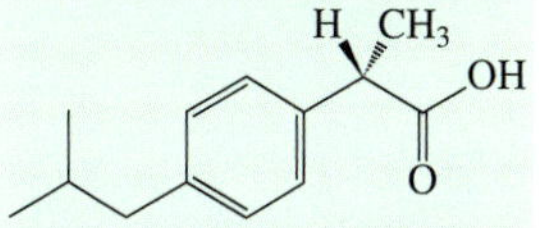

(*S*)-(＋)-イブプロフェン
〔(*S*)-(＋)-ibuprofen〕
(活性)

鎮痛剤のイブプロフェンはアドビルやモトリンという商品名で一般に購入することができ，ラセミ体として市販されている．活性な成分はデキシブプロフェンとよばれる(*S*)-(＋)エナンチオマーであるが，ラセミ体は *S* 体とほぼ同程度の活性をもっている．(発見者にとって)幸運にも，体内にある α-メチルアシル-CoA ラセマーゼという酵素が不活性な *R* 異性体を *S* 体に 63% ほど変換する(問題 65 も参照)．そのため，ラセミ混合物に値打ちが加わった．

Fischer 投影式に用いる型

で表記する

簡単な頭の体操：
破線－くさび形表記法の Fischer 投影式への変換

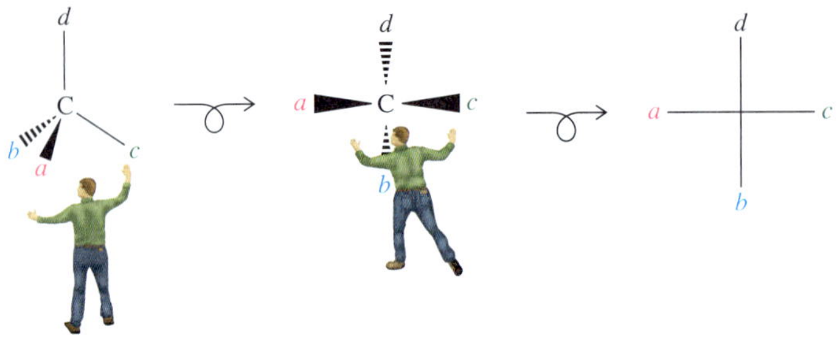

破線－くさび形表記法の Fischer 投影式への変換法について学んだので，次に回転ならびに置換基の入れ替えという操作によって，一つの Fischer 投影式を同じ分子の別の投影式に変える方法について考えてみよう．しかし，次で述べるように，うっかり R 配置と S 配置を入れ替えてしまわないように注意しなければならない．

Fischer 投影式を回転すると絶対配置が反転することもしないこともある

Fischer 投影式を紙面内で 90° 回転させると，どうなるだろうか．回転させた投影式はもとの分子と同じ空間的配置を表しているだろうか．Fischer 投影式の定義によれば，水平な結合は紙面の手前を向いており，垂直な結合は紙面の奥を向いている．したがって，90° 回転させることによって二つの投影式が表す空間的配置は入れ替わるため，立体配置は明らかに異なる．つまりもとの分子のエナンチオマーの投影式になる．一方，180° 回転させても，水平な線と垂直な線は入れ替わらないので問題はない．回転させた投影式はもとと同じエナンチオマーを表す．

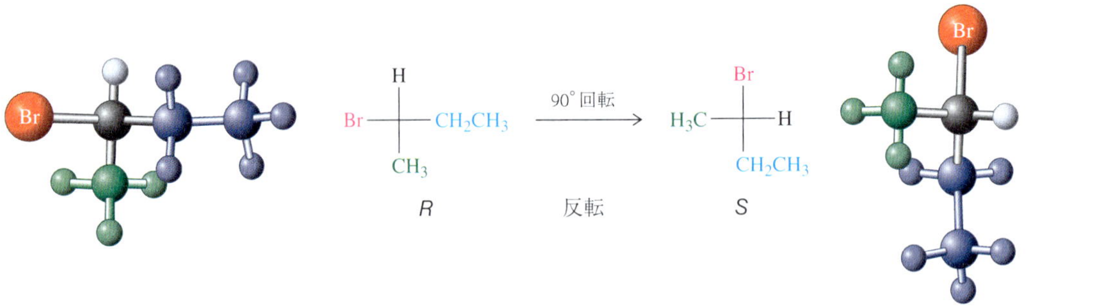

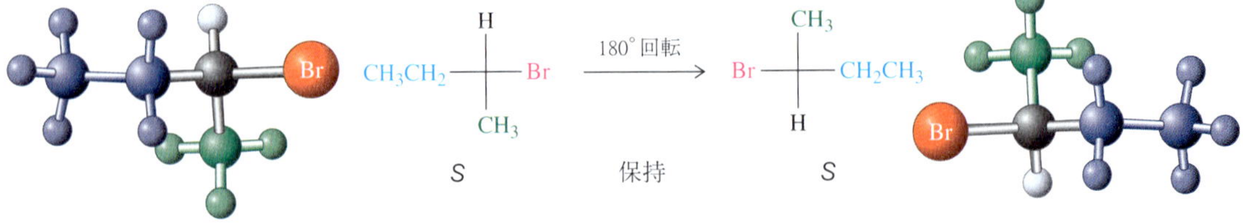

練習問題 5-13

練習問題 5-10 ～ 5-12 のすべての分子について Fischer 投影式を書け．

Fischer 投影式の置換基を入れ替えても絶対配置が反転する

破線－くさび形表記法の場合と同じように，同一のエナンチオマーにはいくつかの Fischer 投影式が書けるので，混乱を招くおそれがある．二つの Fischer 投影式が，同じエナンチオマーを表しているのか，それとも互いに鏡像であるのかを，すばやく見分けるにはどうすればよいだろうか．そのためには，絶対配置を保ったままか，あるいは反転をともなって，ある Fischer 投影式を別の投影式に変換する確実な方法を見いださなければならない．これは置換基の位置を入れ替えるだけでできることがわかる．分子模型を使えばすぐ証明できるが，置換基を 1 回入れ替えると，あるエナンチオマーがその鏡像に変わる．二つの置換基を選んで 2 回入れ替えると（2 回目は 1 回目と同じ置換基を選んでも違う組合せにしてもよい），もとの絶対配置に戻る．下に示すように，この 2 回の操作を行うことによって別の方向から見た同じ分子になるだけである．

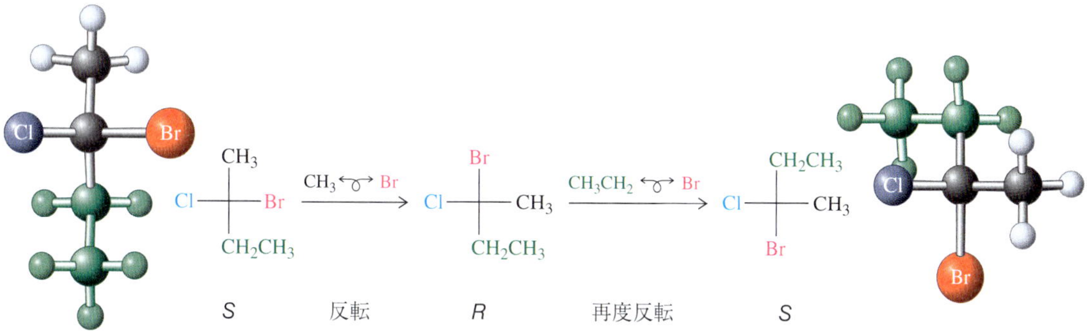

〔両矢印（↔）は入れ替える二つの置換基を示す〕

このようにして，二つの Fischer 投影式が同じ立体配置を表しているのか，反対の配置を表しているのかを簡単に知る方法がわかった．もし置換基を偶数回入れ替えることによって一方の投影式を他方に変換できるならば，それらは同じエナンチオマーであることになる．もし奇数回の入れ替えが必要ならば，それらは互いに鏡像である．

たとえば Fischer 投影式（A）と（B）について考えてみよう．これらは同じ立体配置の分子を表しているのだろうか．答えはすぐに導けるはずである．（A）を（B）に変換するには置換基を 2 回入れ替えればよい．したがって（A）と（B）は同じである．

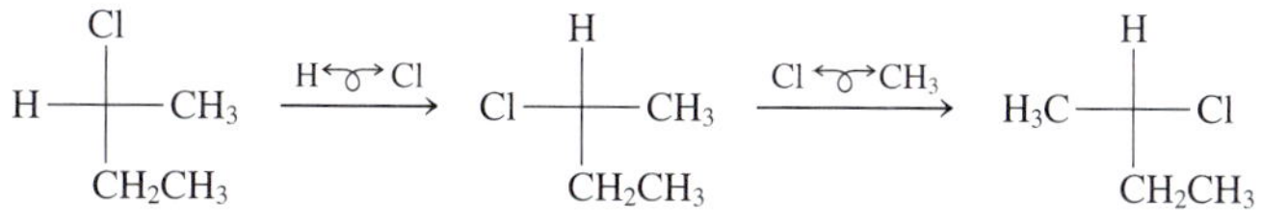

（A）　（B）

練習問題 5-14

前ページの Fischer 投影式(A)と(B)を，破線－くさび形表記法で表せ．単結合まわりの回転によって(A)を(B)に変換することができるか．もしできるならば，その結合と回転の角度を示せ．必要ならば分子模型を用いよ．

Fischer 投影式から絶対配置がわかる

Fischer 投影式を用いれば，原子の三次元的な配置を目に見えるように書き表さずとも絶対配置を帰属することができる．そのためには，

- まず分子をどんな形でもよいから Fischer 投影式で書いてみる．
- 次に順位則にしたがって，置換基を順位づけする．
- 最後に，必要であれば，置換基の入れ替えを 2 回行って置換基 d を上の位置に移動させる．

d を上の位置に置くと，優先順位の高い順に並ぶ置換基 a，b，c は時計回りか反時計回りかの二つの配置しかとれない．前者は明らかに R に相当し，後者は S に相当する．

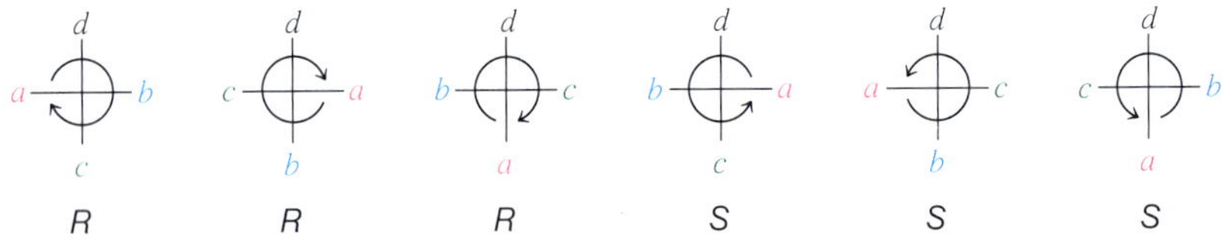

練習問題 5-15

概念のおさらい：Fischer 投影式を用いた R と S の帰属

次の分子の絶対配置は R，S のいずれであるか．

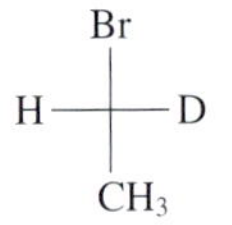

● 解法のてびき

1-ブロモ-1-ジュウテリオエタンには四つの異なる置換基をもつ炭素原子が存在するため，この分子はキラルである．置換基の一つは，ここでは水素の同位体である重水素である．はじめに，置換基の優位順を決めなければならない．次に，最も優先順位の低い置換基が上に位置するように Fischer 投影式を移動させる．

● 答え

- Cahn-Ingold-Prelog 則にしたがえば，Br が a，CH_3 が b，D が c，そして H が d となる．
- 問題を簡単にするために，置換基を立体化学の優先順位を表す記号(a～d)に置き換えて考える．

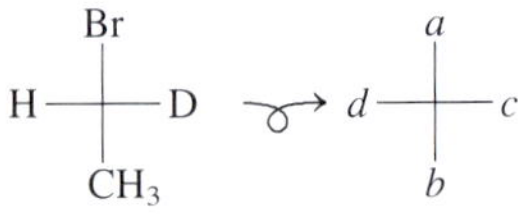

- 次に，(どの組でもよいから)「2 回入れ替え」の操作(絶対配置はもとのまま変化しない)を行い，*d* を上の位置に移動させる．下の図に示した方法では，*d* と *a* を入れ替え，そして *b* と *c* を入れ替えている．こうすると残りの置換基が時計回りに配置されるので，*R* 配置であることがわかる．

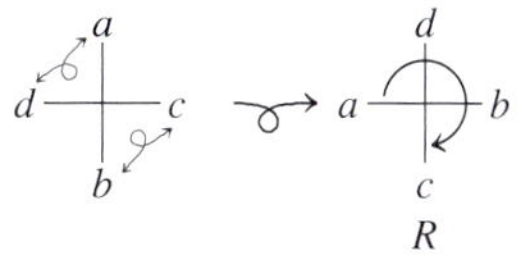

- *d* が上の位置にくるという条件を満たしさえすれば，別の 2 回入れ替えも可能である．たとえば，*d*/*a* を入れ替えたあと次に *a*/*c* を入れ替える方法とか，*d*/*c* に続いて *a*/*d* を入れ替える方法を試して，常に同じ答えが得られるかどうかを確かめよ．

練習問題 5-16　自分で解いてみよう

次の三つの分子の絶対配置を帰属せよ．

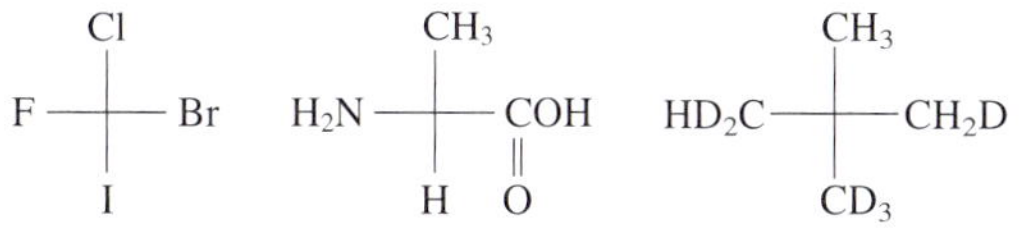

キラルになるように
重水素置換された
ネオペンタン
(2007年に合成された)

練習問題 5-17

練習問題 5-15 および 5-16 の Fischer 投影式を破線－くさび形表記法で表し，5-3 節に述べた方法で絶対配置を決定せよ．優先順位の最も低い置換基が Fischer 投影式の上の位置にあるとき，それは紙面の手前に位置するのか奥に位置するのか．これにより，上に述べた Fischer 投影式からの絶対配置の決定法がうまく使えることを説明できるか．

まとめ　Fischer 投影式はキラルな分子を描くための便利な方法である．投影式を 180° 回転させてもよいが(絶対配置は保持される)，90° 回転させてはいけない(絶対配置が変化する)．置換基を入れ替える回数が奇数ならば絶対配置は反転し，偶数ならば絶対配置はもとのままである．優先順位が最も低い置換基を上にもってくると，容易に絶対配置を帰属できる．

5-5 複数の立体中心をもつ分子：ジアステレオマー

多くの分子は複数の立体中心をもっている．おのおのの立体中心は *R* か *S* の配置をもつので，互いに立体異性体の関係にある多くの構造をとりうる．

立体中心が二つあると四つの立体異性体ができる：2-ブロモブタンの C3 における塩素化

5-1 節では，ブタンのラジカル的ハロゲン化によって炭素上の立体中心がどの

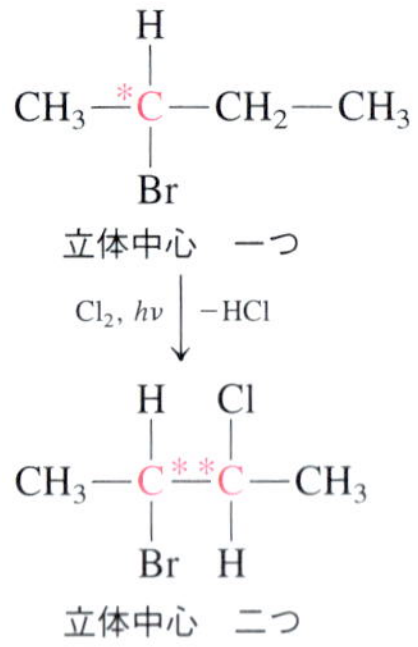

2-ブロモ-3-クロロブタン
(2-bromo-3-chlorobutane)

ように生じるかについて述べた．ここではラセミ体の2-ブロモブタンの塩素化によって，2-ブロモ-3-クロロブタンが(他の生成物とともに)生成する場合について考えてみよう．

C3に塩素原子を導入すると，分子内に新たな立体中心ができる．この立体中心は *R* または *S* 配置をもつことになる．この反応は Fischer 投影式を用いてうまく書き表すことができる．そのため，主鎖を縦の線で表し，立体中心を水平の線で表す．2-ブロモ-3-クロロブタンには，立体異性体がいくつ存在しうるのだろうか．簡単な順列の計算からわかるように，四つの異性体が存在しうる．おのおのの立体中心は *R* または *S* 配置なので，可能な組合せは *RR*，*RS*，*SR*，*SS* の四つである．合計で四つの組合せについて，それぞれのハロゲン置換基が主鎖の右側か左側のいずれかに位置することがわかれば，四つの立体異性体が存在することを容易に証明できる(下の図，欄外，および図 5-7 参照)．

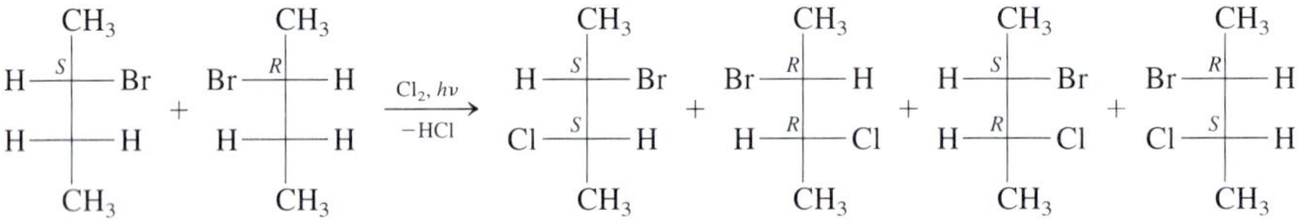

ラセミ体の2-ブロモブタン　　2-ブロモ-3-クロロブタンの四つの異性体

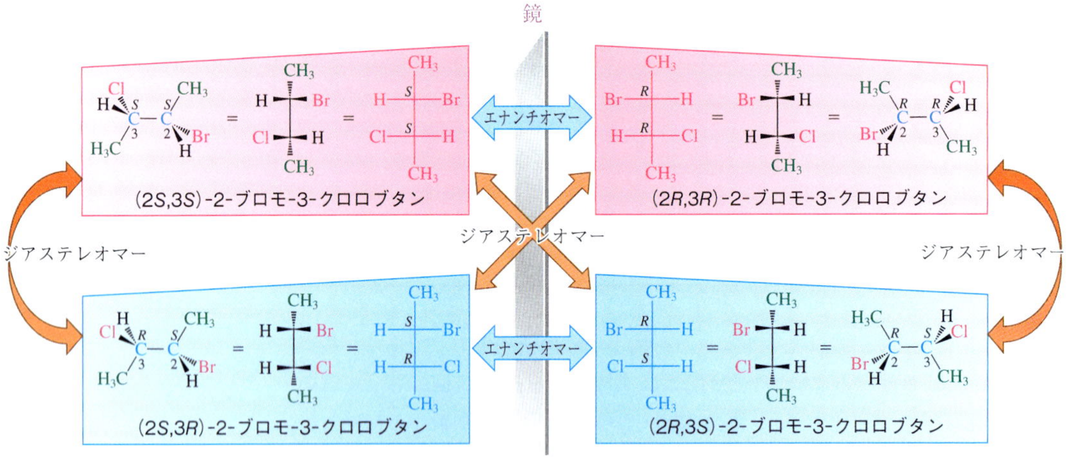

図 5-7　2-ブロモ-3-クロロブタンの四つの立体異性体．おのおのの異性体は残りの三つのうちの(鏡像である)一つに対してエナンチオマーであり，同時にそれ以外の二つに対してはジアステレオマーである．たとえば，2*R*,3*R* 異性体は 2*S*,3*S* 体のエナンチオマーであり，2*S*,3*R* 体と 2*R*,3*S* 体の両方に対してはジアステレオマーである．立体中心が両方とも逆の配置であるときのみ，二つの構造がエナンチオマーになる点に注意しよう．

Fischer 投影式の水平な線は，どれも紙面の手前を向く結合を表しているので，Fischer 投影式で書かれた構造は，ブタン骨格の最も安定なアンチ形ではなく重なり形配座で表されることになる．このことは，(2*S*,3*S*)-2-ブロモ-3-クロロブタンについて下の図に示されている(図 5-7 も参照すること)．

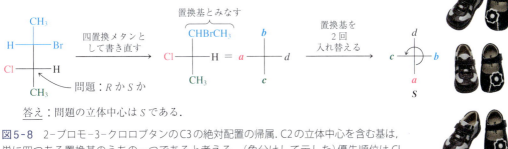

(2*S*,3*S*)-2-ブロモ-3-クロロブタンの Fischer 投影式における重なり形立体配座からアンチ形配座への変換

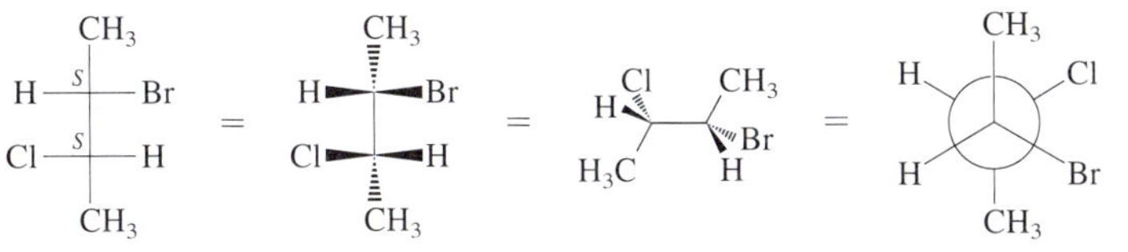

立体配置の帰属をするためには，おのおのの立体中心を別べつに扱い，もう一方の立体中心を含む基は単に一つの置換基とみなす(図 5-8).

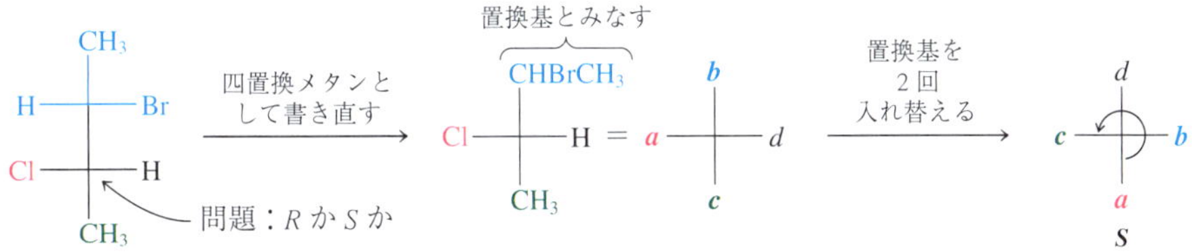

答え：問題の立体中心は *S* である.

図5-8　2-ブロモ-3-クロロブタンのC3の絶対配置の帰属. C2の立体中心を含む基は，単に四つある置換基のうちの一つであると考える. (色分けして示した)優先順位は Cl > $CHBrCH_3$ > CH_3 > H なので中央の式のように表される. 帰属を容易にするために，置換基の入れ替えを2回行って，優先順位の最も低い置換基である水素を Fischer 投影式の上にもってくる.

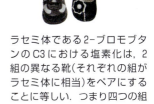

ラセミ体である2-ブロモブタンのC3における塩素化は，2組の異なる靴(それぞれの組がラセミ体に相当)をペアにすることに等しい. つまり四つの組合せができる.

四つの立体異性体の構造をよく見ると(図 5-7)，互いに関連する2組の対，つまり *R,R/S,S* の対と *R,S/S,R* の対があることに気がつく. 個々の対をつくっている分子は，互いに鏡像なのでエナンチオマーである. 一方，ある対の個々の分子は他の対のどちらの分子とも鏡像にならないので，これらは互いにエナンチオマーの関係にはない. 向かい合う鏡像の関係になく，したがって互いにエナンチオマーではないこのような立体異性体を**ジアステレオマー**(diastereomer：*dia*，ギリシャ語の「交わって」)とよぶ.

練習問題 5-18

(a) 2種類のアミノ酸，イソロイシンとアロイソロイシンのねじれ形配座を下に示す. 両者を Fischer 投影式に書き直せ(Fischer 投影式は重なり形配座にある分子の図であることを忘れないこと). この二つの化合物はエナンチオマーか，ジアステレオマーか.

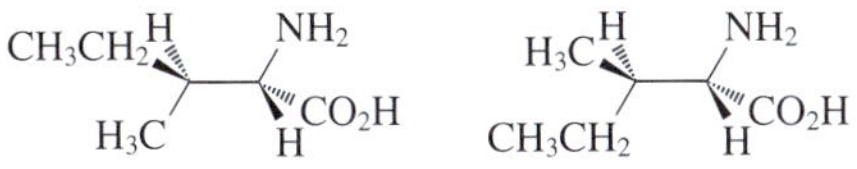

イソロイシン (isoleucine)　　アロイソロイシン (alloisoleucine)

(b) アスパルテーム(ニュートラスイート；欄外)はグラニュー糖よりも約200倍甘い人工甘味料である. 6000種以上の食品や飲料に使用されており，とくにダイエットソーダはその代表である. 興味深いことに，アスパルテーム以外のすべての立体異性体は苦味をもつ. それらの構造式を書き，それらの間のエナンチオマーとジアステレオマーの関係を区別して示せ.

イソロイシンはヒトの体内でつくられることがないため，食物から摂らなければならない重要なアミノ酸である. 卵，鶏肉，羊肉，チーズ，魚にはイソロイシンが比較的多く含まれる.

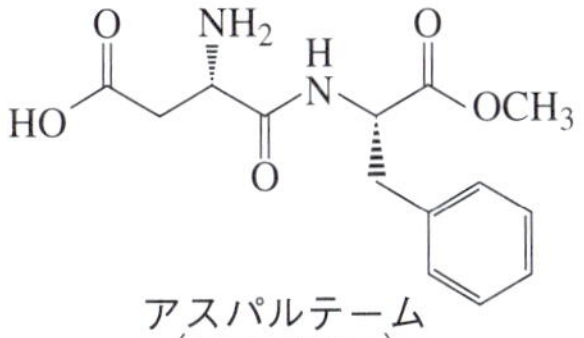

アスパルテーム (aspartame)

エナンチオマーとは異なり，ジアステレオマーは互いに鏡像の関係にはないので物理的性質や化学的性質の違う別の分子である(たとえばコラム 5-2 を参照)．それらの立体的な相互作用やエネルギー含量も異なる．それらは分別蒸留，再結晶あるいはクロマトグラフィーによって分離することができる．構造異性体と同様に，それらの融点，沸点(次ページ欄外参照)および密度は異なる．さらにその比旋光度も異なる．

コラム● 5-2 酒石酸の立体異性体 NATURE

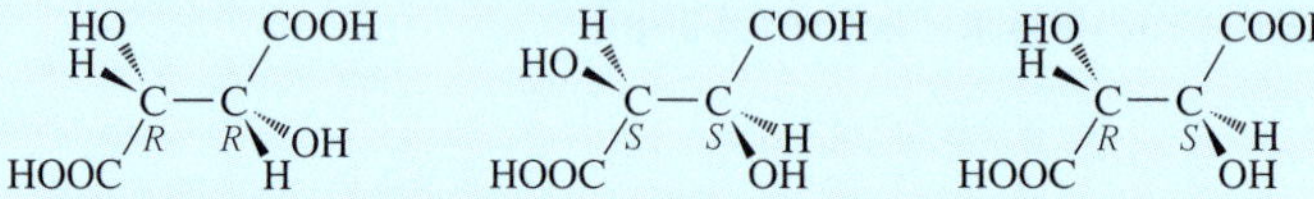

(+)-酒石酸	(−)-酒石酸	*meso*-酒石酸
$[\alpha]^{20}_{D} = +12.0$	$[\alpha]^{20}_{D} = -12.0$	$[\alpha]^{20}_{D} = 0$
融点 168～170℃	融点 168～170℃	融点 146～148℃
密度($g\ mL^{-1}$) $d = 1.7598$	$d = 1.7598$	$d = 1.666$

酒石酸(IUPAC 名：2,3-ジヒドロキシブタン二酸)は自然界に存在するジカルボン酸で，これには同じ置換基をもつ立体中心が二つある．したがってこの化合物には，(物理的性質が同じで平面偏光を逆の方向に回転する)エナンチオマーの対と，(キラルなジアステレオマーとは物理的，化学的性質の異なる)アキラルなメソ化合物が存在する．

酒石酸の右旋性のエナンチオマーは自然界に広く分布している．それは多くの果実のなかに含まれ(果実酸)，そのモノカリウム塩はブドウの絞り汁の発酵の際に生じる沈殿物である．純粋な左旋性の酒石酸とメソ異性体はまれにしか存在しない．

酒石酸はラセミ体が二つのエナンチオマーに分離された最初のキラルな化合物なので，歴史的に重要である．それは有機分子中の炭素が四面体構造をもっていると認識されるよりもはるかに前の 1848 年のことである．1848 年までに天然の酒石酸は右旋性であることがわかっており，またラセミ体はブドウから単離されていた．〔「ラセミ体」あるいは「ラセミの」という言葉は，実際，ラセミ体の酒石酸に対する古い一般名であったラセミ酸(racemic acid：*racemus*，ラテン語の「ブドウの房」)に由来するものである〕．フランスの化学者 Louis Pasteur *1 はラセミ酸のナトリウムアンモニウム塩を手に入れ，結晶には二つの形があることに気づいた．一方の形はもう一方の鏡像の形をしていた．つまり結晶がキラルな形をしていたのである．

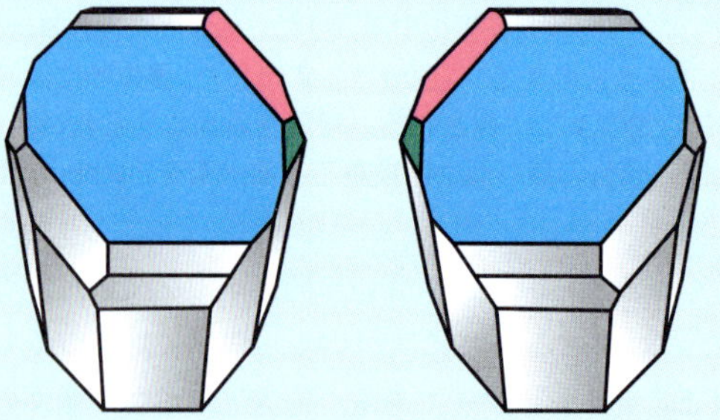

酒石酸ナトリウムアンモニウムの鏡像体結晶の模式図

Pasteur はこの二つの形の結晶を手作業でより分け，それぞれを水に溶かして旋光度を測定することにより，結晶の一方の形が(+)-酒石酸の純粋な塩であり，もう一方が左旋性の酒石酸塩であることを見いだした．注目すべきは，このまれな実例においては，個々の分子のキラリティーから結晶のキラリティーという巨視的性質が生まれたことである．自らの観察にもとづき，彼は分子自体がキラルでなければならないと結論した．これらおよび他のいくつかの発見をもとに，1874 年に van't Hoff と Le Bel *2 がおのおの独自に，飽和の炭素は四面体の結合配置をとり，たとえば平面四方形ではないことをはじめて提唱した(なぜ炭素が平面形であるという考えと立体中心の概念とは矛盾するのか)．

*1 Louis Pasteur(1822～1895)，フランス，パリ大学教授．
*2 Jacobus H. van't Hoff(1852～1911)，オランダ，アムステルダム大学教授，1901 年度ノーベル化学賞受賞．
Joseph Achille Le Bel 博士(1847～1930)，フランス，パリ大学．

練習問題 5-19

次の四つの分子はどのような立体化学的関係にあるか(同じものか，エナンチオマーか，ジアステレオマーか)．おのおのの立体中心の絶対配置を帰属せよ．

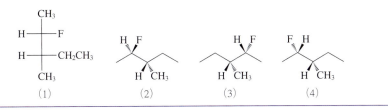

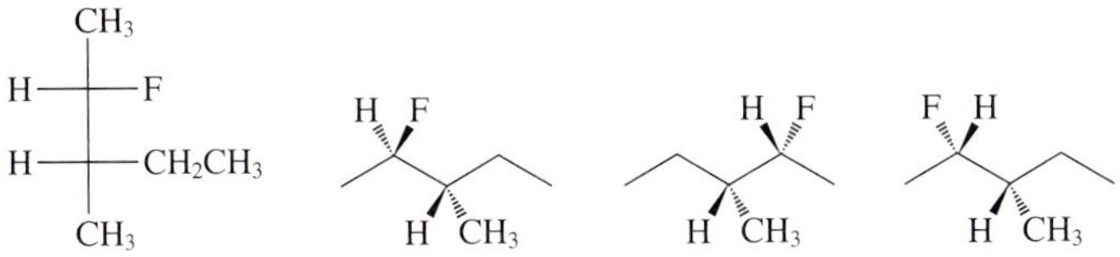

(1) (2) (3) (4)

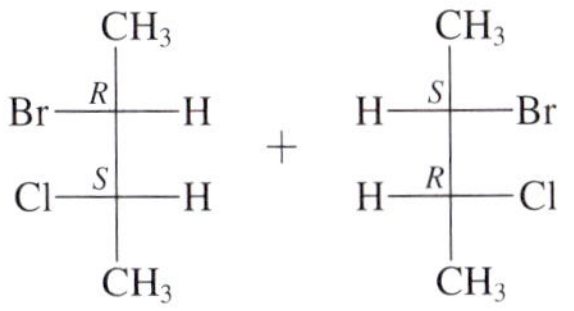

2-ブロモ-3-クロロブタン
R,*S*/*S*,*R* 配置のラセミ体
沸点 31〜33℃ (16 torr)

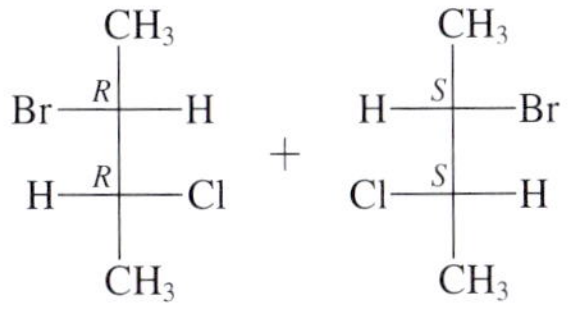

2-ブロモ-3-クロロブタン
R,*R*/*S*,*S* 配置のラセミ体
沸点 38〜38.5℃ (16 torr)

環状のシスとトランスの異性体はジアステレオマーである

2-ブロモ-3-クロロブタンの立体異性体を，類似の環状化合物である 1-ブロモ-2-クロロシクロブタンと比べると，おもしろいことがわかる(図 5-9)．どちらの場合も，*R*,*R*，*S*,*S*，*R*,*S*，*S*,*R* の四つの立体異性体がある．しかし環状化合物の場合，はじめの二つとあとの二つとの間の立体異性の関係は，すぐに見分けることができる．すなわち一方の対はトランスの立体化学をもち，他方の対はシス配置である．シクロアルカンにおけるトランスとシスの異性体(4-1 節参照)はジアステレオマーにほかならない．

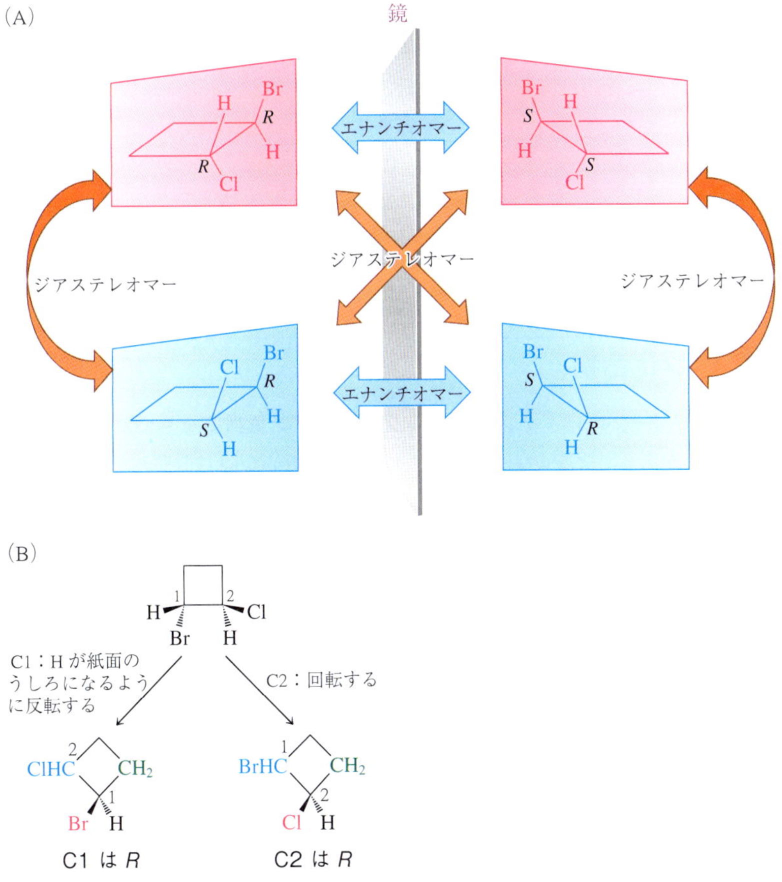

図 5-9 (A)*trans*-および *cis*-1-ブロモ-2-クロロシクロブタンのジアステレオマーの関係．(B)*R*,*R* 異性体の立体配置の帰属．式中の色は赤色＞青色＞緑色＞黒色の順で，それぞれの立体中心についている基の優先順位を表していることを思い起こそう．

3個以上の立体中心があると立体異性体の数はさらに増える

立体中心が3個ある化合物には，どれくらい多くの構造が考えられるだろうか．再び順列を用いて，可能性を明らかにできる．もし3個の立体中心を順番に*R*か*S*かで表示すると，次の8個の異性体が考えられる．

RRR　*RRS*　*RSR*　*SRR*　*RSS*　*SRS*　*SSR*　*SSS*

2の累乗

n	2^n
0	1
1	2
2	4
3	8
4	16
10	1,024
20	1,048,576
30	1,073,741,824

これらは互いにジアステレオマーの関係にある4組のエナンチオマーの対に分類することができる．

像	*RRR*	*RRS*	*RSS*	*SRS*
鏡像	*SSS*	*SSR*	*SRR*	*RSR*

一般に n 個の立体中心をもつ化合物には，最大2の n 乗個の立体異性体が存在しうる．したがって立体中心を3個もつ化合物には，最大8個の立体異性体があり，4個もつものには16個の，5個もつものには32個の異性体がある．大きな分子では，立体異性の構造の可能性は驚くほど膨大なものになる（欄外参照）．

練習問題 5-20

2-ブロモ-3-クロロ-4-フルオロペンタンのすべての立体異性体の構造を書け．

まとめ　分子内に2個以上の立体中心があるとジアステレオマーができる．これらは向かい合った鏡像の関係にはない立体異性体である．エナンチオマーどうしはすべての立体中心が逆の配置をもっているのに対して，ジアステレオマーどうしではすべてが逆にはなっていない．n 個の立体中心がある分子には2の n 乗個の立体異性体が存在しうる．環状化合物のシスとトランスの異性体はジアステレオマーの一種である．

5-6 メソ化合物

2-ブロモ-3-クロロブタンには，異なるハロゲン置換基をもつ二つの別べつの立体中心があることを学んだ．もし両方の立体中心が同じ置換基をもっていたならば，立体異性体の数はいくつになるだろうか．

二つの立体中心に同じ置換基がついていると立体異性体は三つしかない

例として，2-ブロモブタンのラジカル的臭素化によって得られる2,3-ジブロモブタンについて考えてみよう．2-ブロモ-3-クロロブタンの場合と同様に，*R*配置と*S*配置の組合せによってできる四つの構造について考えなければならない（図5-10）．

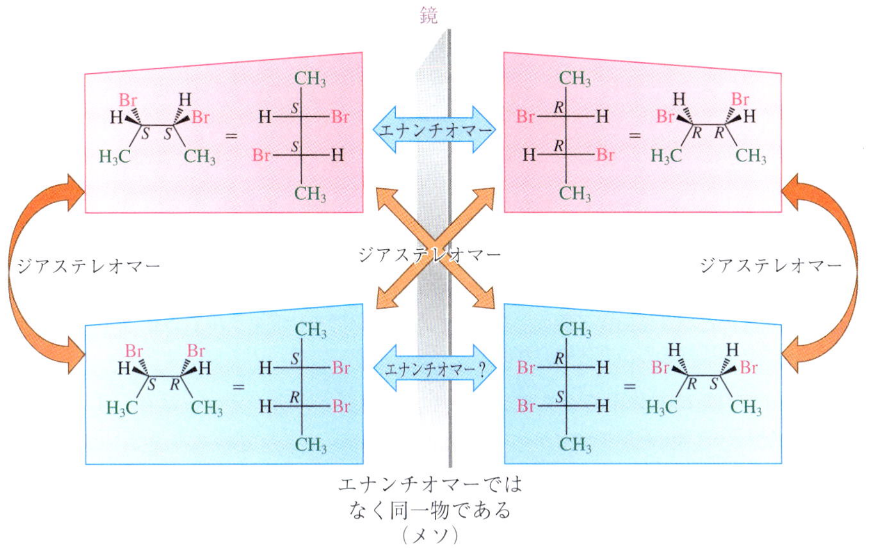

図 5-10　2,3-ジブロモブタンの立体異性体間の関係．下の対は同じ構造である（分子模型を組もう）．

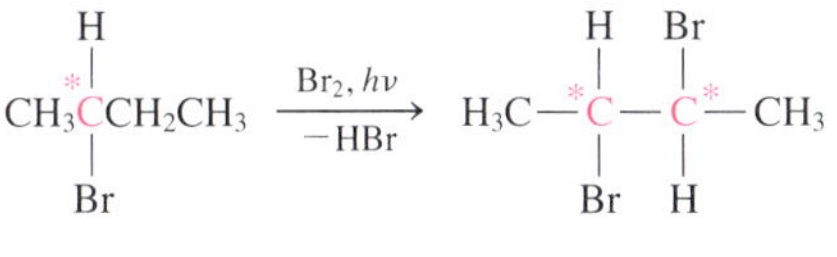

立体異性体のはじめの組は *R*,*R* と *S*,*S* の配置をもっており，エナンチオマーの対であることがはっきりと認識できる．ところが 2 番目の組をよく見ると，*S*,*R* 体とその鏡像である *R*,*S* 体は重ね合わせることができ，したがって同一物であることがわかる．つまり 2,3-ジブロモブタンの *S*,*R* ジアステレオマーは，立体中心を 2 個もっているにもかかわらず，アキラルであり光学活性ではない．二つの構造が同じであることは，分子模型を使えばすぐに確かめることができる．

2 個の（または以下に述べるように 3 個以上の）立体中心をもちながら，鏡像と重ね合わせることのできる化合物は**メソ化合物**（meso compound：mesos，ギリシャ語の「中間」）である．メソ化合物の特徴は，分子の半分が残りの半分の鏡像になるような，分子内の鏡面が存在することである．たとえば 2,3-ジブロモブタンでは，2*R* の立体中心は 3*S* 中心の鏡像になっている．それは，破線－くさび形表記法で書いた重なり形配座を見るとわかりやすい（図 5-11）．ある分子がエネルギー的にとりうるどれかの立体配座（2-8 節および 2-9 節参照）において鏡面が存在すると，分子はアキラルになる（5-1 節）．したがって，2,3-ジブロモブタンには（必然的にキラルな）エナンチオマーの対とアキラルなメソのジアステレオマーという，3 個の立体異性体しか存在しない（欄外参照）．

ラセミ体である 2-ブロモブタンの C3 における臭素化は，2 組の同じ靴（それぞれの組がラセミ体に相当）をペアにすることに等しい．つまり互いに異なる組合せは三つしかできない．

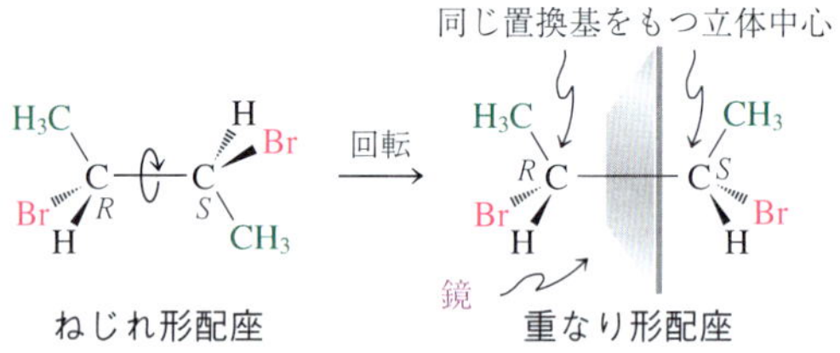

図 5-11 *meso*-2,3-ジブロモブタンには，図のような重なり形配座になるように回転すると分子内の鏡面が存在する．二つ以上の立体中心がある分子は，容易にとりうる立体配座のどれかにおいて鏡面が存在すれば，メソでありアキラルである．メソ化合物には同じ置換基をもつ立体中心がある．

3個以上の立体中心がある分子にも，メソジアステレオマーは存在する．その例には，2,3,4-トリブロモペンタンと2,3,4,5-テトラブロモヘキサンがある．

これはキラルかメソか？

3個以上の立体中心をもつメソ化合物

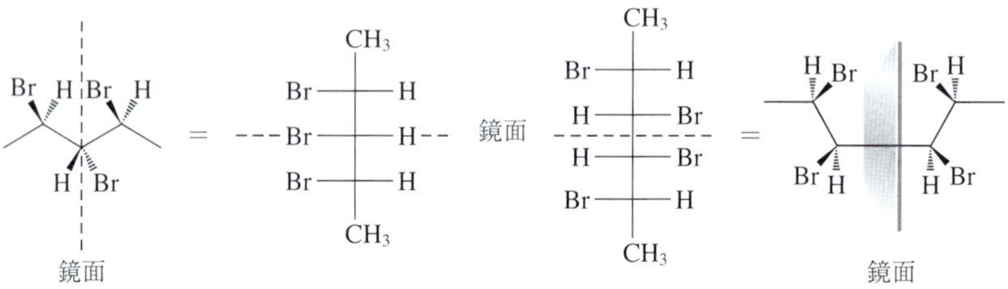

練習問題 5-21

2,4-ジブロモ-3-クロロペンタンのすべての立体異性体の構造を書け．

> 分子内に*R*と*S*の立体中心があるからといって，その化合物が自動的にメソ体になるというわけではない．メソ体になるには，立体中心が同じ置換基をもっており，分子全体は分子内に対称面をもっている必要がある．

環状のメソ化合物もある

5-5節の場合と同様に，2,3-ジブロモブタンの立体化学を，類似の環状化合物である1,2-ジブロモシクロブタンと比較してみよう．*trans*-1,2-ジブロモシクロブタンには(*R*,*R*と*S*,*S*の)二つのエナンチオマーがあり，したがってこれらはラセミ体でなければ光学活性であることがわかる．しかし，シス異性体には分子内の鏡面が存在するためメソであり，アキラルで光学不活性である(**図 5-12**)．

4章において，炭素数が4以上のシクロアルカンの環は平面形ではないことを学んだが，ここでは面対称を強調するために，環を平面的な形に書いてあることに注意しよう．一般にはこのようにしても問題はない．なぜなら，類似の非環状化合物と同様に，環状化合物には室温下でも容易にとりうる多くの立体配座が存在するからである(4-2～4-4節および5-1節参照)．これらの立体配座のうちの少なくとも一つは，同じ置換基が結合している立体中心をもつシス二置換シクロアルカンがアキラルであると判断するのに必要な鏡面をもっている．鏡面を識別しやすくするために，環状化合物をあたかも平面形であるかのようにみなすこともよくある．

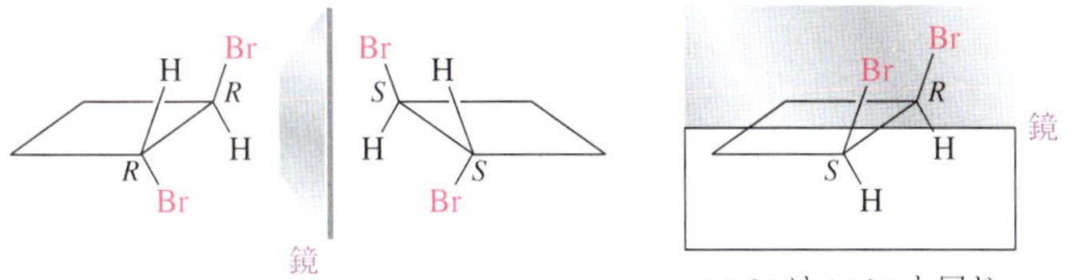

1*R*,2*S* は 1*S*,2*R* と同じ

キラルなジアステレオマーの二つのエナンチオマー

trans-1,2-ジブロモシクロブタン
(*trans*-1,2-dibromocyclobutane)

メソのジアステレオマー

cis-1,2-ジブロモシクロブタン
(*cis*-1,2-dibromocyclobutane)

図 5-12　1,2-ジブロモシクロブタンのトランス異性体はキラルである．シス異性体はメソ化合物で光学不活性である．

練習問題 5-22

環を平面にして次の化合物の構造を書け．どれがキラルか．どれがメソか．メソ化合物の場合には鏡面を示せ．
(a) *cis*-1,2-ジクロロシクロペンタン，(b) そのトランス異性体，(c) *cis*-1,3-ジクロロシクロペンタン，(d) そのトランス異性体，(e) *cis*-1,2-ジクロロシクロヘキサン，(f) そのトランス異性体，(g) *cis*-1,3-ジクロロシクロヘキサン，(h) そのトランス異性体．

練習問題 5-23

練習問題 5-22 の化合物のうち，メソ化合物のすべてについて鏡面をもつ立体配座を書け．これらの環のエネルギー的にとりうる立体配座については，4-2 ～ 4-4 節を参考にせよ．

上の写真の自転車は右側から車に衝突された結果，キラルな形になった．もし左側から衝突されていたら下の写真のような鏡像になっていただろう．

まとめ　メソ化合物は分子内に対称面をもつジアステレオマーである．したがって，あるメソ化合物はその鏡像と重ね合わせることができるためアキラルである．分子内に二つ以上の同じ置換基をもつ立体中心がある分子には，メソ立体異性体が存在しうる．

5-7 化学反応における立体化学

アルカンのハロゲン化のような化学反応で分子にキラリティーが導入されることについてはすでに学んだ．これはどのくらい厳密に起こるのだろうか．それに答えるためには，アキラルなブタンからキラルな 2-ブロモブタンのラセミ体への変換についてもっと詳しく調べる必要がある．一度そうしておけば，2-ブロモブタンのハロゲン化や，もともと分子中に存在する立体中心のキラルな環境が反応の立体化学に及ぼす影響について理解できるようになるだろう．

ブタンの臭素化でラセミ体が生成する理由はラジカル機構で説明できる

ブタンの C2 におけるラジカル的臭素化はキラルな分子を与える．これはメチレン水素の一つが新しい基に置換されて，四つの異なる置換基をもつ炭素原子，つまり立体中心が生まれるからである．

Reaction

$$CH_3CH_2CH_2CH_3 \xrightarrow[-HBr]{Br_2,\ h\nu} CH_3CH_2\overset{Br}{\overset{|}{C}}{}^{*}HCH_3$$

2-ブロモブタン
(2-bromobutane)

ラジカル的ハロゲン化の第1段階において(3-4節と3-7節参照)，この二つの水素のうち一つが攻撃してきた臭素原子によって引き抜かれる．二つのうちどちらが引き抜かれてもかまわない．なぜなら，この段階では立体中心は生成せず，平面的な sp^2 混成のアキラルなラジカルが生成するからである．ラジカル中心は等価な二つの反応点をもっている．つまり第2段階で，p軌道の上下の二つのローブに対して，臭素はどちらの面からも等しく接近して攻撃することができる(図5-13)．2-ブロモブタンのそれぞれのエナンチオマーに至る二つの遷移状態は，互いに鏡像の関係にあることが理解できる．これらはエナンチオマーなのでエネルギー的に等価である．したがって *R* と *S* の生成物の生成速度も等しく，ラセミ体が生成する．

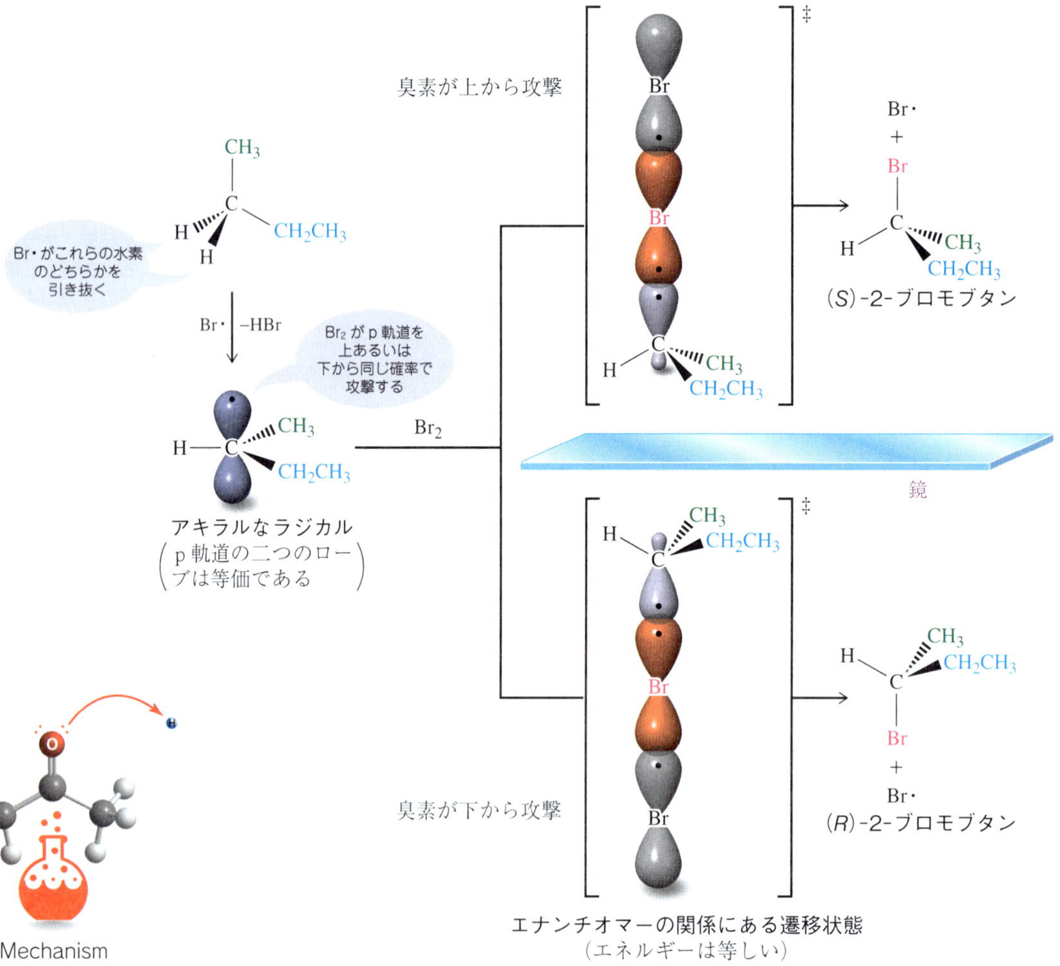

Mechanism

図5-13　ブタンのC2でのラジカル的臭素化による2-ブロモブタンのラセミ体の生成．どちらのメチレン水素が臭素に引き抜かれても，アキラルなラジカルができる．このラジカルと Br_2 との反応は，面の上下のどちらからも等しく起こるので，生成物はラセミ体になる．

一般に，アキラルな基質(たとえばブタンと臭素)からキラルな化合物(たとえば2-ブロモブタン)が生成する場合は，ラセミ体が得られる．いいかえると，光学不活性な出発物質からは，光学不活性な生成物が生じる*.

＊光学活性な反応剤や触媒を用いれば，光学不活性な出発物質から光学活性な生成物を得ることが可能であることをあとで学ぶ(たとえばコラム 5-3 を参照).

立体中心の存在は反応の結果に影響を及ぼす：(S)-2-ブロモブタンの塩素化

アキラルな分子のハロゲン化が，なぜハロゲン化物のラセミ体を与えるのかについてはわかった．では，キラルな化合物の純粋なエナンチオマーのハロゲン化では，どのような生成物ができると予想されるだろうか．いいかえれば，分子のなかの立体中心の存在は，反応における分子のふるまいにどのような影響を及ぼすのだろうか．

たとえば，2-ブロモブタンの *S* エナンチオマーのラジカル的塩素化について考えてみよう．この場合, 塩素原子が攻撃する位置にはいくつかの可能性がある．すなわち，末端の二つのメチル基，C2 の一つの水素，それから C3 の二つの水素である．おのおのの反応経路について考えてみよう．

(*S*)-2-ブロモブタンの C1 あるいは C4 における塩素化

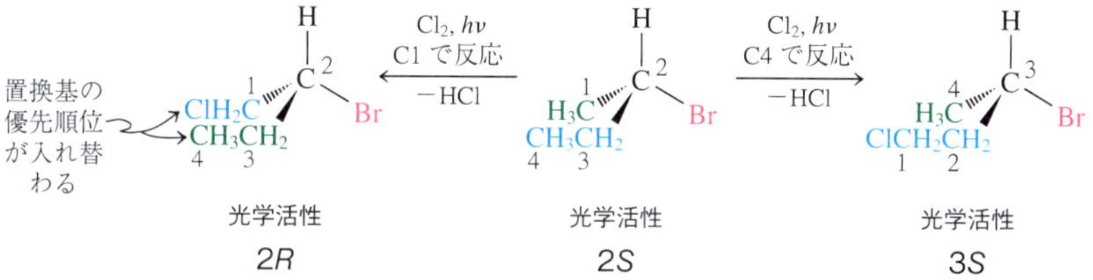

以下の色分けで置換基の優先順位を表していることを思い起こそう．
a 最上位 −赤色
b 第 2 位 −青色
c 第 3 位 −緑色
d 最下位 −黒色

どちらの末端のメチル基の塩素化も単純で，C1 で起これば 2-ブロモ-1-クロロブタンが，C4 で起これば 3-ブロモ-1-クロロブタンが得られる．なお後者の生成物においては，IUPAC 命名法にしたがって置換基の番号をできるだけ小さくするため，反応物のもとの C4 は生成物の C1 になっている．立体中心はもとのままなので，これらの塩素化生成物はいずれも光学活性である．ただし，前者の反応では C1 のメチル基がクロロメチル基になったので，C2 まわりの優先順位が変化していることに注意しよう．したがってこの反応では，立体中心は反応に関与しないが，立体配置の帰属が *S* から *R* に変わる．

立体中心である C2 での塩素化はどうだろうか．(*S*)-2-ブロモブタンの C2 における塩素化の生成物は，2-ブロモ-2-クロロブタンである．立体中心の置換様式は変化するが，分子はキラルのままである．しかし[α]の値を測定しようとしても旋光度がゼロであるため, 生成物は光学活性ではないことがわかるだろう．つまり，立体中心でのハロゲン化では，ラセミ体が生成する．これはどのように説明できるのだろうか．この答えを得るには，反応機構中に含まれるラジカルの構造について，再び調べる必要がある．

この場合にラセミ体が得られるのは，C2 からの水素引き抜きによって平面構造をした sp^2 混成のアキラルなラジカルが生成するからである．

コラム● 5-3 キラルな医薬品：ラセミ体か純粋なエナンチオマーか

1990年代前半まで，ほとんどのキラルな合成医薬品はラセミ体の混合物として合成され，そのままの形で販売されていた．それはおもに経済上の理由からである．アキラルな分子をキラルな分子に変換する反応では，通常，ラセミ体が生成する（5-7節）．そのとき両方のエナンチオマーが同程度の生理活性をもっているか，またはもう一方（「逆」のエナンチオマー）には生理活性がないことが多いため，光学分割は不必要と思われていた．そのうえ，大量のラセミ体を光学分割するには費用がかかり，結果的に医薬品の開発に経費がかさむからである．

しかし多くの場合に，医薬品のエナンチオマーが生体内の受容体部位のブロッカーとして作用し，もう一方のエナンチオマーの活性を低下させることがわかっている．もっと不都合なのは，エナンチオマーの一方が本来の作用とはまったく異なる，時として毒性の活性スペクトルをもちうることである．自然界の受容体部位には利き手の性質があるため（コラム5-4），これはよく起こる現象である．エナンチオマーの間で生物学的挙動が異なる二つの例を左下に示す．

このような新たな知見にもとづき，アメリカ食品医薬品局（FDA）は，キラルな医薬品の販売に対するガイドラインの見直しを行い，単一のエナンチオマーの薬剤を製造するほうが製薬会社にとってより有利になるようにした．販売する医薬品をラセミ体から活性なエナンチオマーにすることで（「キラルスイッチ」），純粋なエナンチオマーの検査工程はより簡単になり，医薬品の生物学的

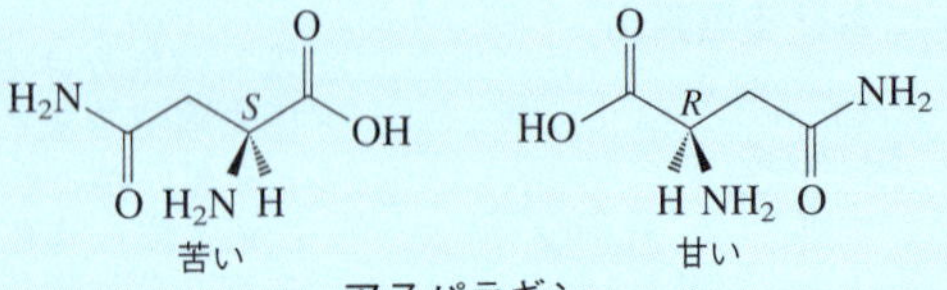

アスパラギン
(asparagine)
（アミノ酸：下巻の26章参照）

アスパラギンは1806年にはじめて自然界すなわちアスパラガスの汁から単離されたアミノ酸である．

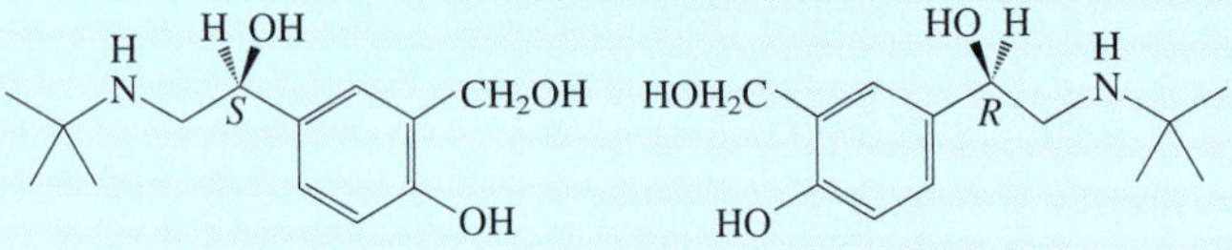

アンタゴニスト　　気管支拡張薬

アルブテロール
(albuterol)
（本章の冒頭も参照）

ラジカルには頭脳がない．水素が取り除かれて立体中心が平面でアキラルになると，自分がどちらのエナンチオマーに由来するのかを忘れてしまう．したがって，とくにこの実験ではもとの出発物質がSかRかあるいはそれらのどのような割合の混合物であっても，結果に違いが生じない．つまり生成物はアキラルなラジカルを経るので常にラセミ体になる．

(S)-2-ブロモブタンのC2における塩素化

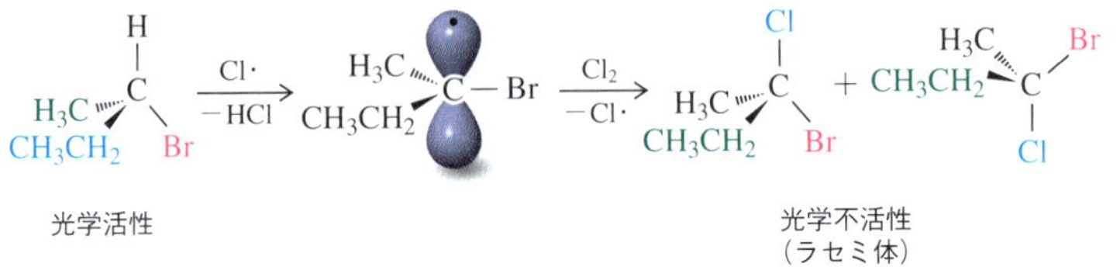

$2S$　　アキラル　　50% $2S$　　50% $2R$

ブタンの臭素化の場合と同様に（図5-13），塩素化は同じエネルギーをもつエナンチオマー的遷移状態を経てどちらの方向からも起こり，(S)-および(R)-2-ブロモ-2-クロロブタンを等しい速度で同じ量生成する．この反応は，光学活性

MEDICINE

な効力はより高くなって，承認された医薬品に対する特許の有効期間が延長される可能性がある．その結果，ラセミ体の分割法の改良，あるいはよりよい方法として，エナンチオ選択的合成法の開発を目的とする研究活動が急に活発に行われるようになった．この方法の本質は，自然が酵素触媒反応において用いているものに他ならない(5-7 節のドーパミンの酸化を参照)．つまりアキラルな出発物質が，キラルな触媒である酵素によって，エナンチオマー的に純粋な環境下でキラルな生成物に変換される．そのような環境下では，もともとエナンチオマーの関係にある遷移状態(図 5-13)はジアステレオマーの関係になり(図 5-14，ただしこの場合には反応する炭素のキラルな「環境」は隣接している立体中心によって生じる)，高い立体選択性を達成することができる．そのような選択性は，グリーンケミストリーのいくつかの基本方針に合致したよい例である．つまり，逆のエナンチオマーという形で生じる 50 %の「廃棄物」の生産やそれにともなう煩わしい分離(5-8 節)を回避する点，さらには原子効率が高くかつ触媒を用いている点である．下に示すように，関節炎治療剤や鎮痛剤のナプロキセンや抗高血圧剤のプロプラノロールを高いエナンチオマー純度で合成するのに，このような方法が用いられている．

単一エナンチオマーの医薬品に関する全世界の市場が年間 1470 億ドルに達しようとしていること，現在 FDA に認可されている小分子医薬品の 80 %がキラルであること(下巻；表 25-1 の売り上げ上位のキラル医薬品を参照)，そして 2001 年のノーベル化学賞がエナンチオ選択的触媒の分野で革新的な発見をした 3 人の研究者*に授与されたことから，このめざましく発展している科学技術の重要性がうかがえる．

* William S. Knowles 博士(1917 ～ 2012)，アメリカ，モンサント社．
野依良治(1938 ～)，日本，名古屋大学特別教授．
K. Barry Sharpless(1941 ～)，アメリカ，スクリプス研究所教授．

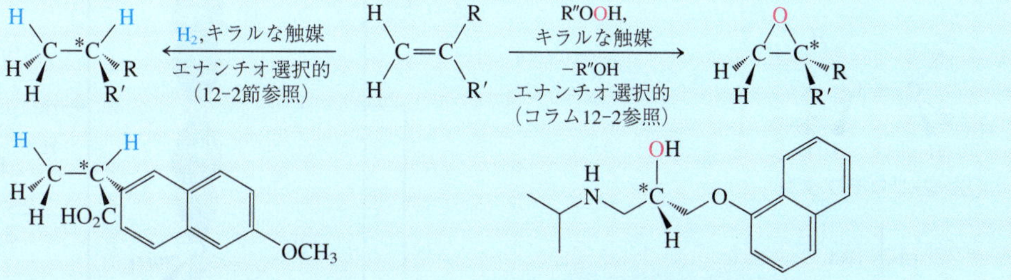

(R)-ナプロキセン
((R)-naproxen)

(S)-プロプラノロール
((S)-propranolol)

(C* = 新しい立体中心)

な化合物が光学不活性な生成物(ラセミ体)に変換される例である．

練習問題 5-24

上述のハロゲン化以外のどのようなハロゲン化反応で，(*S*)-2-ブロモブタンから光学不活性な生成物が得られるか．

(*S*)-2-ブロモブタンの C3 における塩素化では，もともと存在する立体中心は影響を受けない．しかし，第二の立体中心ができるのでジアステレオマーが生成する．つまり，次ページの図において C3 の左側に塩素がつくと (2*S*,3*S*)-2-ブロモ-3-クロロブタンが生成するが，右側につくと 2*S*,3*R* ジアステレオマーが生成する．

(S)-2-ブロモブタンの C3 における塩素化

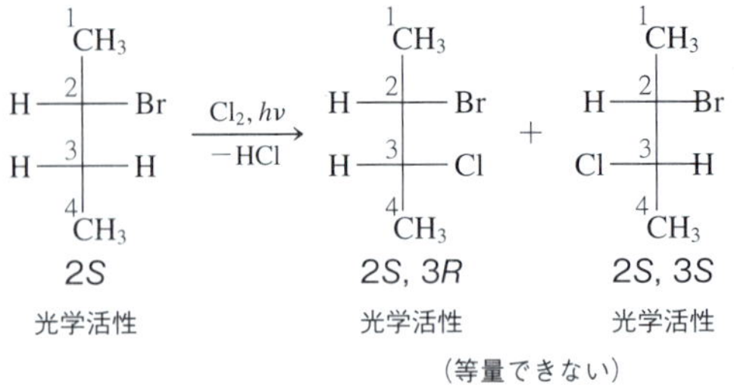

Reaction

Mechanism

C2での塩素化はエナンチオマーの1：1混合物を与える. C3における反応でも, ジアステレオマーの等モルの混合物が生成するのだろうか. この場合はそうではない. その理由は, 生成物に至る二つの遷移状態をよく見ればわかる(図 5-14). C3 のどちらの水素が引き抜かれても, C3 のラジカル中心が生成する. しかし, C2 での塩素化で生じるラジカルとは異なり, C2 に立体中心があるために, ラジカルはもとの分子の不斉を保っている. したがって, このラジカルの二つの面は

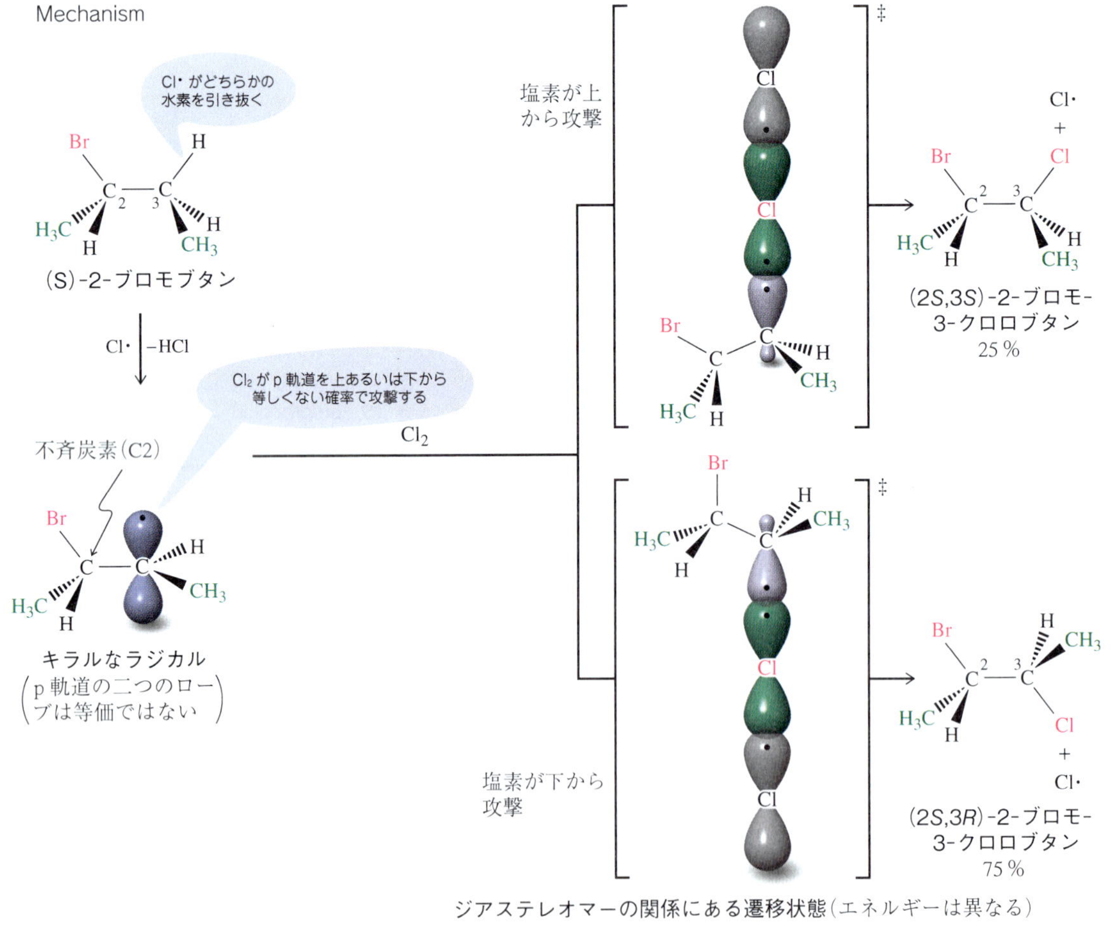

図 5-14 C2 にキラリティーがあるために, (S)-2-ブロモブタンの C3 の塩素化によって, 2-ブロモ-3-クロロブタンの二つのジアステレオマーが異なった割合で生成する.

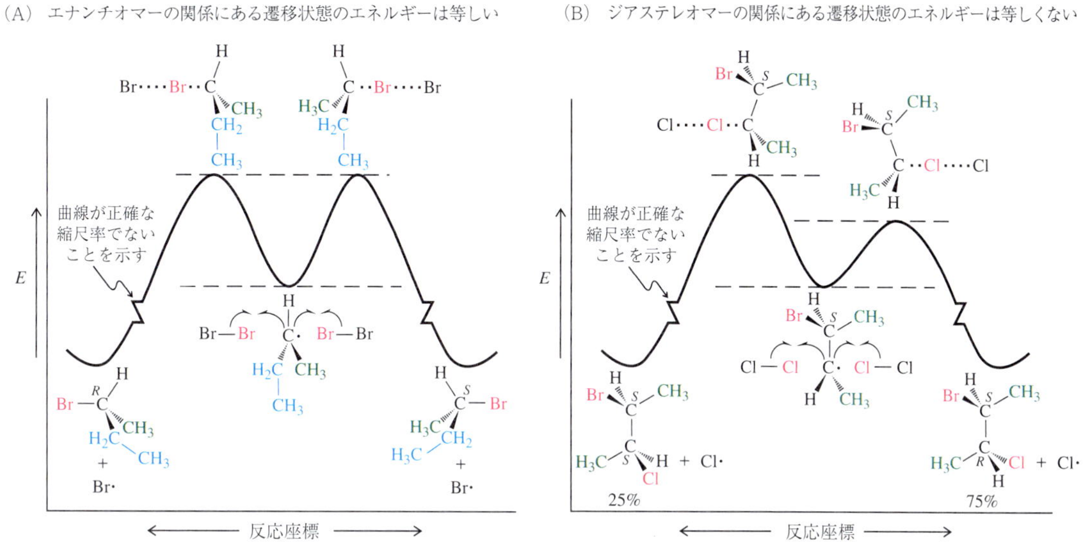

図 5-15 (A)ブタンの C2 における臭素化でラセミ体の 2-ブロモブタンが生成する反応のポテンシャルエネルギー図．(B)(*S*)-2-ブロモブタンの C3 における塩素化でジアステレオマーの(2*S*,3*S*)-2-ブロモ-3-クロロブタンと(2*S*,3*R*)-2-ブロモ-3-クロロブタンが異なる割合で生成する反応のポテンシャルエネルギー図．

互いに鏡像にはなっていない．そのため，p 軌道の両側は等価ではない．

この非等価性の結果，どうなるのだろうか．もしラジカルの二つの面に対する攻撃の速度が異なれば，二つのジアステレオマーの生成の速度も異なるはずである．実際に，(2*S*,3*R*)-2-ブロモ-3-クロロブタンが 2*S*,3*S* 異性体よりも 3 倍生成しやすい(図 5-14)．生成物を与える二つの遷移状態は互いに鏡像ではなく，重ね合わせることができない．つまりそれらはジアステレオマーの関係にある．したがって，それらは違うエネルギーをもち，異なる反応経路で反応する．ポテンシャルエネルギー図(**図 5-15**)は，(*S*)-2-ブロモブタンの C3 におけるラジカル的塩素化(図 5-14)と，ブタンの C2 における臭素化(図 5-13)の反応座標を比べたものである．

遷移状態がジアステレオマーの関係にあることで，生成物の比率が変わってくる．しかし，実際の生成物の比を予測することはできない．

ラセミ体の 2-ブロモブタンの塩素化はラセミ体を与える

先の議論では，さらなるハロゲン化によって生じる立体化学の結果を説明するために，出発物質として純粋なエナンチオマーの(*S*)-2-ブロモブタンを用いた．絶対配置について *S* 体を用いたのはまったく偶然であり，同様に *R* エナンチオマーを用いてもよかった．すべての光学活性な生成物，つまり C1，C3 および C4 における塩素化物が先の議論で示されたものとは逆の配置を示すこと以外は，結果は同じになる．つまり，生成物はそれぞれ，(2*S*)-2-ブロモ-1-クロロブタン，(2*R*,3*R*)-ならびに(2*R*,3*S*)-2-ブロモ-3-クロロブタン(1：3 の割合)，および(3*R*)-3-ブロモ-1-クロロブタンである．C2 における攻撃では，立体中心の立体化学が反応の過程で失われるため，この場合もラセミ体が得られる．では，この反応をラセミ体の 2-ブロモブタンについて行うとどうなるだろうか．

練習問題 5-25

概念のおさらい：キラルな化合物のハロゲン化におけるすべての生成物を書く

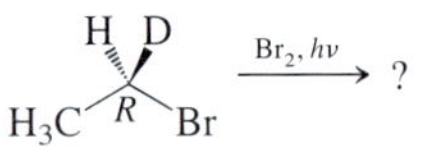

(A)

(R)-1-ブロモ-1-ジュウテリオエタン(A)のモノブロモ化反応(欄外)の生成物の構造式をすべて書け(練習問題5-15も参照すること). それらがキラルかどうか, 光学活性か否かを示せ. D(重水素)はHの同位体であり, 定性的にはHと同様に反応することを思い起こそう.

●解法のてびき

What 何が問われているか. キラルで光学的に純粋な化合物のラジカル的臭素化に関する問題である.

How どこから手をつけるか. まず, 化合物(A)でBr•が攻撃する位置をすべて列挙しよう. それはC1上の水素, C1上の重水素およびC2上の三つのメチル水素である. 次にそれぞれの水素が引き抜かれた結果と, 生成したラジカルがどのように生成物を与えるかについて調べよう. 四面体構造の炭素が平面構造のラジカル中心に変化すると, その立体化学に関する情報が失われることを認識しておくことが重要である.

Information 必要な情報は何か. ラジカル的なハロゲン化の反応機構(3-4節参照)と本節に書かれていたことを思い起こそう.

Proceed 一歩一歩論理的に進めよ.

●答え

• C1のHへの攻撃

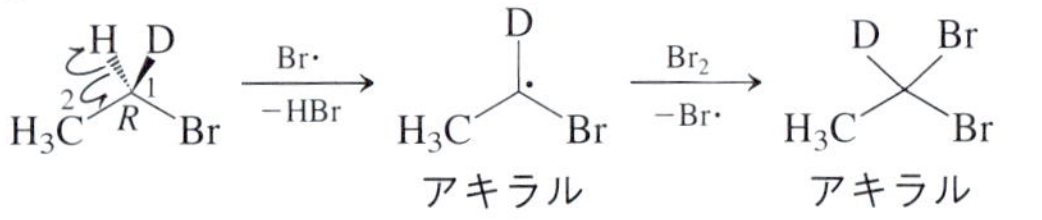

この反応ではアキラルなラジカルが生成する. この事実だけからは, 生成物は少なくともラセミ体であり, したがって光学活性でなくなるように思われる. しかし, 臭素化が起こるとC1に二つの臭素原子が結合するので, 生成物には立体中心がなくなり, アキラルになる. よって, 上記の点は問題にならない.

• C1のDへの攻撃

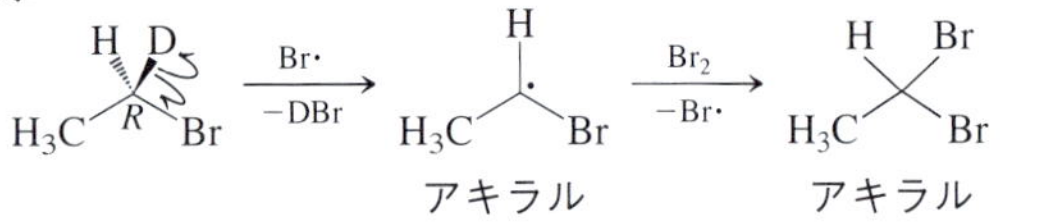

この場合も上と同じ状況である. アキラルなラジカルが生成するが, 生成物である1,1-ジブロモエタンがアキラルなので, 中間体において立体中心が失われることは問題にならない.

• C2のHへの攻撃

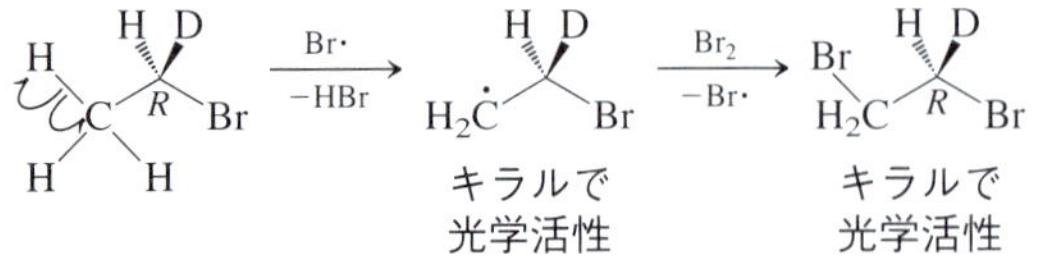

C2への攻撃が起こっても立体中心はもとのままである. したがって, ラジカル中間体はキラルであり, 同じく生成物の1,2-ジブロモ-1-ジュウテリオエタン(R異性体)もキラルであり, そして光学活性である.

練習問題 5-26 自分で解いてみよう

(S)-2-ブロモペンタンのそれぞれの炭素上におけるモノブロモ化生成物の構造を書け. 生成物を命名し, キラルかアキラルか, それらが等量生成するかどうか, どの生成物が光学活性体として得られるかを示せ.

練習問題 5-27

ブロモシクロヘキサンのC2におけるモノクロロ化の生成物を書け.（**注意**：出発物質はキラルか？）

「光学不活性な出発物質は光学不活性な生成物を与える」という原則を思い起こせば，すべての生成物がラセミ体になると予想される．つまり，C1，C2あるいはC4への攻撃では，それぞれラセミ体の2-ブロモ-1-クロロブタン，2-ブロモ-2-クロロブタンおよび3-ブロモ-1-クロロブタンが生成する．重要なことは，C3への攻撃はやはり二つの化合物を与えるということである．それらは，それぞれラセミ体ではあるが，25 %の 2*S*,3*S*/2*R*,3*R*-ジアステレオマーと75 %の 2*S*,3*R*/2*R*,3*S*-ジアステレオマーの2-ブロモ-3-クロロブタンである．

ラセミ体が反応に関与する場合には化学反応式をどのように書く習慣になっているのだろうか．*R*/*S* 表記，旋光の符号，あるいは前後の文章によって立体化学が特定されていないかぎり，反応に含まれるすべての成分はラセミ体であるとみなされる．そのような場合に両方のエナンチオマーを書くことで複雑になるのを避けるため，一方のエナンチオマーだけを書き，等モル量のもう一方のエナンチオマーが存在することは暗黙の了解とする．したがって，ラセミ体の2-ブロモブタンのC3における塩素化は以下のように書く．

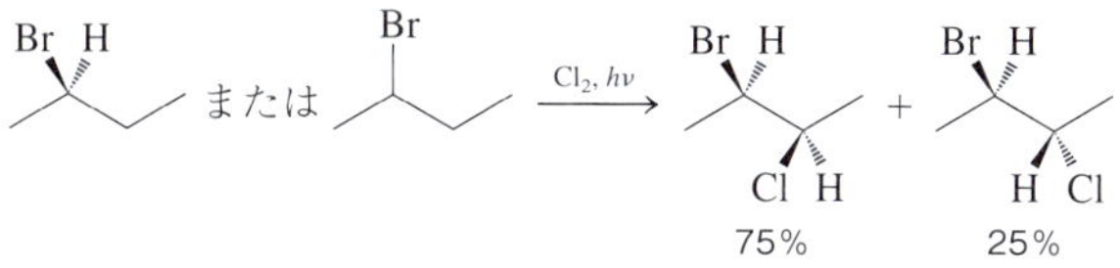

立体選択性とはある立体異性体が優先的に生成することである

複数の可能な立体異性体のうち，1種類が優先的に(あるいはそれだけが)生成する反応は**立体選択的**(stereoselective)である．たとえば(*S*)-2-ブロモブタンのC3での塩素化は，ラジカル中間体におけるキラリティーのために立体選択的である．しかし，C2における塩素化は立体選択的ではない．なぜなら中間体はアキラルで，ラセミ体が生成するからである．

選択性はどの程度まで実現しうるのだろうか．それは基質，反応剤，反応そのもの，そして反応条件におおいに依存する．実験室においては，化学者はアキラルな化合物を生成物の一方のエナンチオマーに変換するため，純粋なエナンチオマーの反応剤や触媒を用いる(エナンチオ選択性；コラム5-3)．自然界では酵素がこの役割を果たしている(コラム5-4)．すべての場合において，その反応剤や触媒あるいは酵素が利き手の性質をもつことで，そのキラリティーと矛盾しない立体中心を導入することができている．ドーパミンの(−)-ノルエピネフリンへの酵素触媒による酸化反応は自然界におけるその一例であり，これについては章末問題66で詳しく議論する．酵素によってつくられたキラルな反応環境のため，反応は100 %の立体選択性で次ページに示したエナンチオマーを与える．これは

ドーパミンは，脳の報酬駆動型の学習系において主要な役割を果たしている．君たちが卒業証明書を受け取ったときに経験するだろう喜びは，脳のなかでドーパミンの濃度が増大するためである．

コラム● 5-4 なぜ自然界には「利き手」があるのか

本章において，自然界に存在する多くの有機分子がキラルであることを学んだ．さらに重要なことは，生体内にあるほとんどの天然の化合物はキラルであるだけではなく，どちらか一方だけのエナンチオマーとして存在していることである．そのような化合物群の例としては，ポリペプチドの構成単位であるアミノ酸がある．自然界に存在するポリペプチドの巨大分子をタンパク質とよび，そのうち生物的変換の触媒作用をもつものを酵素とよぶ．

天然のアミノ酸および
ポリペプチドの絶対配置

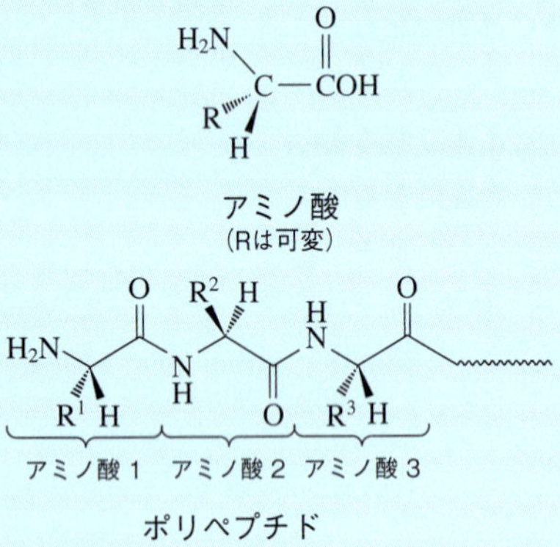

酵素は数多くのキラルな小片からできているが，これらは酵素分子という大きな集塊のなかで適切に配置されているので，酵素自体もまたキラルで利き手をもっている．したがって，右手が他の右手と左手を容易に区別できるのと同じように，酵素は(そして他の生体分子も)「ポケット」とよばれる部分をもっていて，それは立体構造が明確に決まっているため，ラセミ体のうちの一方のエナンチオマーのみを認識して化学変換を行うことができる．キラルな医薬品の二つのエナンチオマーの間に生理活性の違いがあるのは，この認識の過程によるものである(コラム 5-3)．キラルな形の鍵がその形の錠前のみにはまるのに対し，鏡像の形の錠前には合わないようなものである．酵素がアキラルな出発物質をキラルな生成物に高いエナンチオ選択性で変換することができるのも，このような構造によって形づくられるキラルな環境のためである．このように考えれば，自然がどのようにしてもともとのキラリティーを保存し増殖してきたのかが(少なくとも原理的には)容易に理解できる．

もっと難しい問題は，どのようにして自然界において片方のエナンチオマーだけが生じたのかという点である．いいかえれば，なぜアミノ酸のある一方の立体配置だけが選ばれ，もう一方は選ばれなかったのかということである．この謎は私たちが知っている生命の起源と関連があるようなので，多くの科学者がこの問題の解決に興味をもっている．エナンチオマーが偶然分離されたとする説(「自然分割」)をはじめ，たとえば(放射性元素の崩壊の際あるいは，いわゆる円偏光のなかに観測される)利き手の性質をもつ放射線のように，キラルな物理的な力が作用したとする仮説などの憶測がある．さらに，エ

柔らかくてアキラルな物体を，手で形づくるのによく似た状況である．たとえば，細工用の粘土を左手で握りしめると，右手で握ったものの鏡像の形ができる．

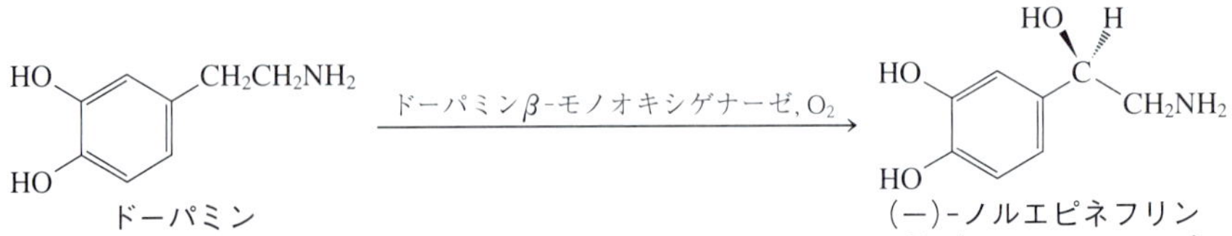

ドーパミン
(dopamine)

(−)-ノルエピネフリン
〔(−)-norepinephrine〕

まとめ ラジカル的ハロゲン化で見られたように，化学反応は立体選択的に進行する場合もあればそうでない場合もある．ブタンのようにアキラルな物質から出発すると，C2 におけるハロゲン化でラセミ体の(非立体選択的)生成物が得られる．ブタンのメチレン炭素上の二つの水素はどちらも等しく置換される．なぜなら，ラジカル的臭素化の反応機構では，ハロゲン化の段階は

MEDICINE

酵素の受容体部位におけるエナンチオマー認識の模式図

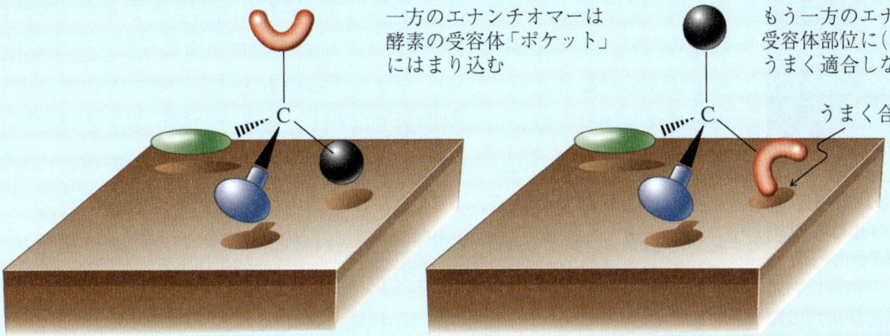
一方のエナンチオマーは
酵素の受容体「ポケット」
にはまり込む
C
もう一方のエナンチオマーは
受容体部位に(同じようには)
うまく適合しない
C
うまく合わない

ナンチオマー過剰状態は(そしておそらく生命自体も)単に他の惑星から隕石を媒体としてもち込まれたのであろうとする仮説もある(実際には問題をはぐらかしていることになるが). 隕石(そして他の惑星)からの試料中にラセミ体ではないアミノ酸を検出しようと多くの努力がなされたが，いまのところ成功していない. ところが2016年に，隕石のなかに検出されたグルコースのような(正確にはグルコースから誘導されたグルコン酸)炭水化物分子において，そのようなエナンチオマー過剰が見いだされた. 炭水化物は天然に存在する生体分子(24章参照；下巻)のなかで2番目に重要なグループであり，上記の発見は地球上の生命における不斉の起源が地球外にあることと矛盾しない.

これまで数々の宇宙ミッションが，宇宙を探検し地球外生命の痕跡を見つける目的で遂行されてきた. 宇宙船ニューホライズンは2006年1月19日に打ち上げられ，2015年7月14日に冥王星に到着し，その姿(写真)を探索した初の宇宙船となった. それはいま，さらなる宇宙空間の探索を継続すべくカイパーベルトを目指して飛行を続けている.

アキラルな中間体を経由し，エナンチオマーの関係にあって等しいエネルギーをもつ遷移状態を経て進行するからである. 同様に，キラルで純粋なエナンチオマーの2-ブロモブタンから出発しても，立体中心での塩素化はラセミ体の生成物を与える. しかし，新たな立体中心ができる場合には，分子内に残っているキラルな環境のために，ラジカル中間体への攻撃の仕方の異なる二つの遷移状態が存在し，反応が立体選択的に進行する可能性がある. 二つの遷移状態はジアステレオマーの関係にあり，この状況下では生成物は互いに異なる速度で生成する.

5-8 分割：エナンチオマーの分離

アキラルな出発物質からキラルな化合物をつくると，ラセミ体になることについては学んだ. では，キラルな化合物の純粋なエナンチオマーを得るにはどうすればよいのだろうか．

一つの方法はラセミ混合物を用いて，一方のエナンチオマーをもう一方から分離することである．この方法はエナンチオマーの**分割**(resolution)とよばれる．酒石酸のように，ある種のエナンチオマーはもう一方のエナンチオマーと互いに鏡像の関係の形で結晶化するので，〔Pasteur が行ったように(コラム 5-2)〕これらをより分けることができる．しかし，この方法は手間ひまがかかるので，少量を分離する場合を除いては能率的ではなく，めったに用いることはできない．

分割は，暗やみで靴をはくことに似ている．つまり片方の足(たとえば右足)がキラルな補助剤に相当する．写真の幼い少女が感じているように，右足に右足用の靴をはく感覚と左足用の靴をはく感覚とはまったく異なる．

もっとよい分割の方法は，ジアステレオマーの物理的性質の違いにもとづくものである．ラセミ体からジアステレオマーの混合物ができる反応を見つけたとしよう．すると，ジアステレオマーの分別再結晶，蒸留，またはクロマトグラフィーによって，もとのエナンチオマー混合物のうちの R 体のすべてを S 体から分離することが可能となるだろう．これは具体的にはどのように行えるのだろうか．しかけはラセミ体の各エナンチオマー成分に結合するような，純粋なエナンチオマーの反応剤を加えることである．たとえば，ラセミ体 $X_{R,S}$(X_R と X_S は二つのエナンチオマーを表す)と，光学的に純粋な化合物 Y_S(S 配置は任意に選んだだけで，純粋な R 体でもかまわない)との反応を考えてみよう．この反応によって生成する光学活性なジアステレオマー X_RY_S と X_SY_S は，標準的な方法で分離することができる(**図 5-16**)．次に，分離精製したジアステレオマーの X と Y の間の結合を切断して，X_R と X_S を純粋なエナンチオマーとして切り離す．さらに光学活性な反応剤 Y_S も回収して，分割に再使用することもできる(前ページの欄外も参照)．

そうすると必要なものは，簡単かつ逆反応も可能な反応で分割すべき分子に結合し，しかも入手しやすく光学的に純粋なエナンチオマー Y である．実際，自然界にはこの目的に使用できる光学的に純粋な分子が数多く存在する．その一つ

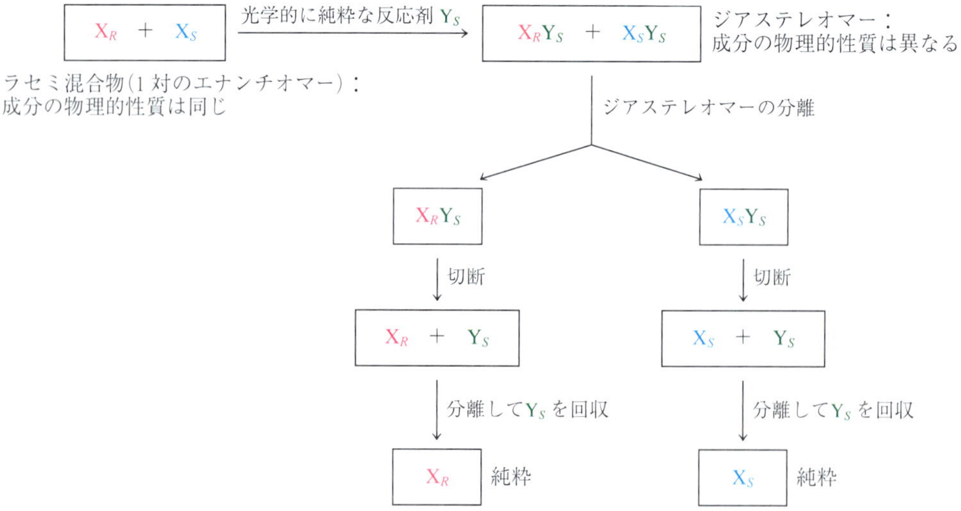

図 5-16 二つのエナンチオマーの分離(分割)の工程図．この方法は光学的に純粋な反応剤との反応により，分離可能なジアステレオマーに変換することにもとづいている．

は(＋)−2,3−ジヒドロキシブタン二酸〔(*R*,*R*)−(＋)−酒石酸〕である．エナンチオマーの分割によく用いられる反応は，酸と塩基とによる塩の生成である．たとえば，(＋)−酒石酸はラセミ体のアミンの有効な分割剤として働く．実際どのようになるかを，3−ブチン−2−アミンを例にとって図 5−17 に示す．まずラセミ体を(＋)−酒石酸と反応させて，二つのジアステレオマーである酒石酸塩をつくる．放置しておくと(*R*)−アミンを含む塩が結晶化するので，これを溶液からろ別することができる．溶液中にはより溶けやすい(*S*)−アミンの塩が残る．(＋)−塩を塩基の水溶液と処理すると，塩が解離して(*R*)−(＋)−3−ブチン−2−アミンが遊離してくる．同様にして溶液のほうからは，(*S*)−(−)のエナンチオマーが得られる(明らかに純度が少し低い．比旋光度の絶対値が少し小さいことに注意しよう)．以上の手順は，ラセミ体の分割にジアステレオマーの生成を用いる数多くの方法のほんの一つの例にすぎない．

ジアステレオマーを単離する必要なくエナンチオマーを分離する方法に，**キラルクロマトグラフィー**(chiral chromatography，図 5−18)とよばれる非常に便利な方法がある．その原理は図 5−17 に示したものと同じであるが，光学活性の補助基〔(＋)−酒石酸あるいはそのほかの安価で分割に適した光学活性化合物〕が固体の担体〔シリカゲル(SiO_2)あるいは酸化アルミニウム(Al_2O_3)など〕に固定化されている点が異なる．この物質をカラムに充塡し，そこにラセミ体の溶液を通過させる．エナンチオマーはそれぞれ可逆的にキラルな担体と結合するが，その相互作用は(ジアステレオマーの関係にあるため)強さが異なる．そのため，カラム

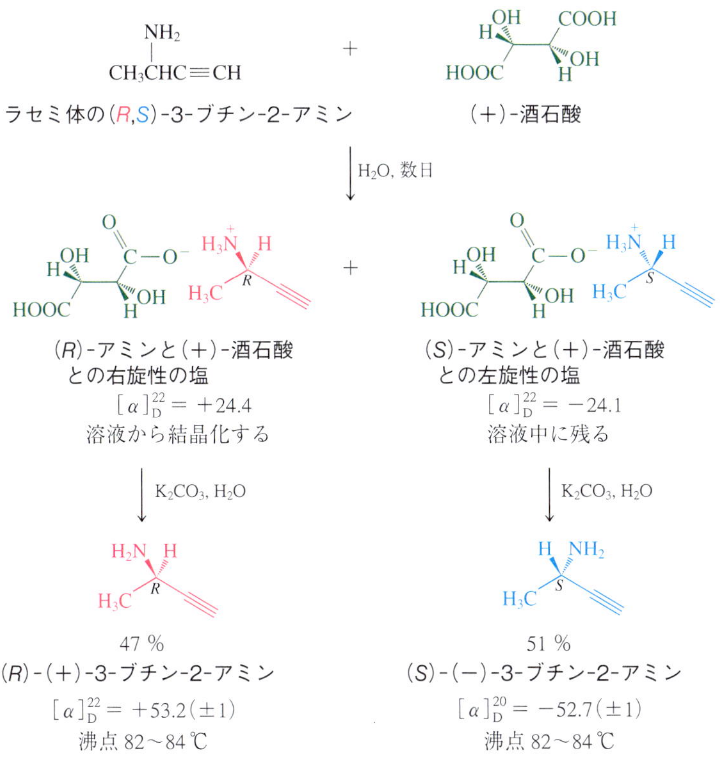

図 5−17 (＋)−2,3−ジヒドロキシブタン二酸〔(＋)−酒石酸〕による 3−ブチン−2−アミンの分割．酒石酸塩の二つのジアステレオマーの水に対する溶解度が大きく異なるため，ろ過により容易に分離できる．(二つのジアステレオマーの酒石酸塩の[α]の値の符号が逆で絶対値がよく似ているのは，まったくの偶然である．)

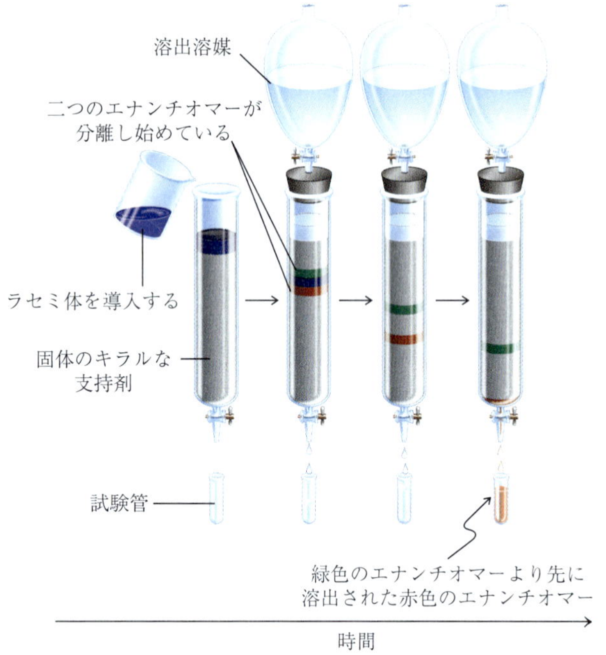

図 5-18 キラルカラムによるラセミ体の光学分割．光学的に純粋なキラルな支持剤で満たされたカラムの上に試料を導入する．一方のエナンチオマー(緑色)はもう一方(赤色)よりも支持剤とより強く相互作用するため，カラムを比較的ゆっくりと通過する．したがって，赤色のエナンチオマーが緑色のエナンチオマーよりも早く溶出される．市販のカラムはキラル固定相としてグルコースのポリマーであるセルロース(下巻；24-12 節参照)を用いることが多い．

のなかに保持されている時間の長さ(保持時間)が異なる．したがって，一方のエナンチオマーのほうがもう一方より早くカラムから溶出し，分離できる．

章のまとめ

本章の最後が有機化学の学習のマイルストーンになる．ここから先では，分子構造の理解に関する基本的に新しい概念を追加することはほとんどない．むしろ，これまで学んできた基礎的な原理にもとづいて話を進めることになる．

- 立体異性体は，分子を構成する原子のつながり方が同じであるという点において構造異性体とは異なる(本章の冒頭)．
- 分子に立体中心が一つあるとキラルになり，キラルな分子には互いに像と鏡像の関係にある二つのエナンチオマーがある(5-1 節)．
- 一方のエナンチオマーが平面偏光を時計回りに回転させるならば，その鏡像体は反時計回りに回転させる(5-2 節)．
- キラルな分子における立体中心まわりの三次元的な配置は，R,S 命名法を用いて記述され，優先則による置換基の順位づけにもとづいている(5-3 節)．
- Fischer 投影式では十字形で立体中心の三次元的な配置を表す(5-4 節)．
- 二つ以上の立体中心があると，互いに像と鏡像の関係にない立体異性体であるジアステレオマーができる(5-5 および 5-6 節)．
- アキラルな化合物の反応によって立体中心ができる場合，生成物はラセミ体になる(5-7 節)．
- キラルな化合物の一方のエナンチオマーの反応によって立体中心ができる場合は，生成物はそれが鏡面をもたないかぎり光学活性である(5-7 節)．

本書の残りの部分のほとんどでは，官能基によって特徴づけられる種類の有機化合物について順に考察する．それぞれの反応の機構が分子構造のわずかな違いによってどのように影響されるのかを強調しながら，おもにそのような化合物が起こす化学反応を中心に考察する．異なる反応機構の数はかぎられたものである．したがって，それらを理解し，ある反応機構が他のものより優先される条件を理解することは，有機化学を理解するうえで重要である．

5-9 総合問題：概念のまとめ

以下の二つの問題はラジカル的ハロゲン化と触媒的水素化において生じる立体化学に関するものであり，立体化学の概念のまとめになるだろう．

練習問題 5-28：ラジカル的ハロゲン化において生成しうるすべての生成物を把握する

化学反応における選択性は合成化学者にとって重要な目標である．ラジカル反応によるハロゲン化において，少なくともある程度の選択性がどのようにして達成されるのかを学んできた．3-7 節および 3-8 節では置換される水素の種類に関して(すなわち第一級水素か第二級水素か第三級水素か)，5-7 節では立体化学に関する選択性について学んだ．ラジカルの反応性の高さや炭素ラジカル中間体の平面性のために，ラジカル的ハロゲン化は選択性を欠くことがしばしばあることに気づいただろう．したがって，この反応を用いて合成計画を立てる場合には，予定した反応に対して可能性のあるすべての結果を考慮しなければならない．たとえば，ステロイド骨格の一般式(4-7 節参照)について考えてみると，第三級水素(図中にはっきりと示してある)を含む多くの種類の水素があり，原理的にはそのすべてがハロゲン原子による引き抜きを受ける可能性があることがわかる．

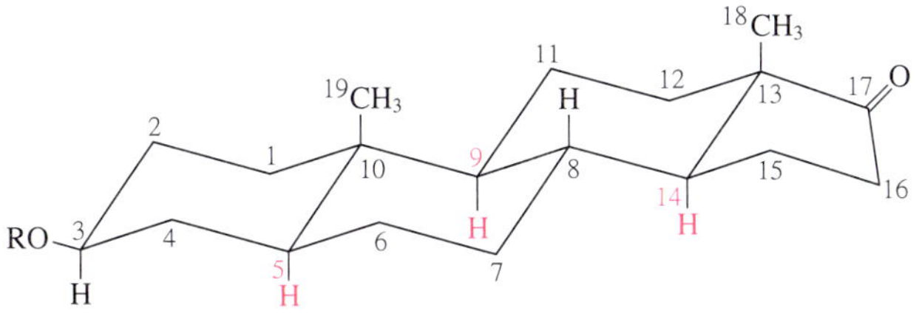

ステロイドは生物学的に重要な分子なので，ステロイド骨格への選択的な官能基の導入は多くの研究者の関心を引きつけている．そして化学者は，特別のハロゲン化剤を用いて綿密に制御した反応条件を開発することにより，攻撃される反応中心を第三級炭素のみに制限できるだけでなく，C5，C9，あるいは C14 のいずれか(赤色で示された水素が結合している炭素)を選択的に攻撃できるようになった(4 章の章末問題 51 ～ 53 も参照すること)．以下の問題は，ステロイド骨格の一部分であるより単純なシクロヘキサンの誘導体について行われた解析の例である．

(*S*)-2-ブロモ-1,1-ジメチルシクロヘキサンのC2およびC6をラジカル的にモノブロモ化すると，何種類の生成物ができるだろうか．出発物質の構造を書き，次に生成するジブロモジメチルシクロヘキサンに命名し，それぞれについてキラルかアキラルかを示せ．それらが等量生成するかどうか，光学活性かどうかについても示せ．

● **解法のてびき**

What まず立体化学を無視して出発物質の構造式(A)を書くことから始めよう．

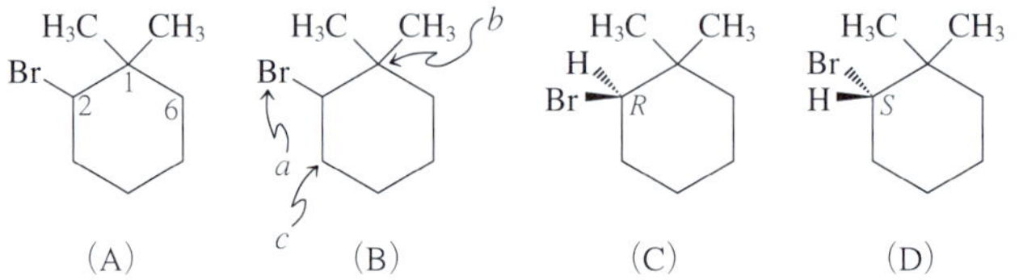

(A)　(B)　(C)　(D)

How 次に5–3節の順位則にしたがって，C2の置換基に優先順位をつける(B)．そうすると，二つのエナンチオマーの関係にある配置(CとD)をとることがわかるので，最も優先順位の低い置換基(水素原子)をできるかぎり遠い位置に置くように頭のなかで分子を動かす．自分自身を分子スケールの大きさと考えて(10^{10}倍の縮小率)，C—H結合が自分から遠ざかるように問題の立体中心の上に立つと，この頭の体操の助けになる．残りの三つの置換基は，時計回り(*R*)か反時計回り(*S*)に自分自身を取り囲むことになるだろう．(D)が*S*エナンチオマーの構造式である(欄外)．

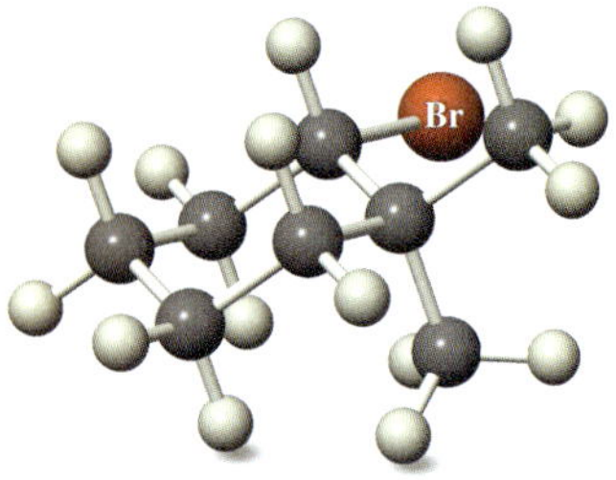

(*S*)-2-ブロモ-1,1-ジメチルシクロヘキサン
[(*S*)-2-bromo-1,1-dimethylcyclohexane]

これでC2あるいはC6に臭素を導入する準備が整った．

Information ここで，フリーラジカル反応によるハロゲン化の反応機構を思い出すことが重要である．つまり，重要な中間体はこの場合，C2上(E)またはC6上(F)にあるラジカル中心であり，それはp軌道の上下いずれの面からもハロゲンの攻撃を受けることができる(3–4節参照)．

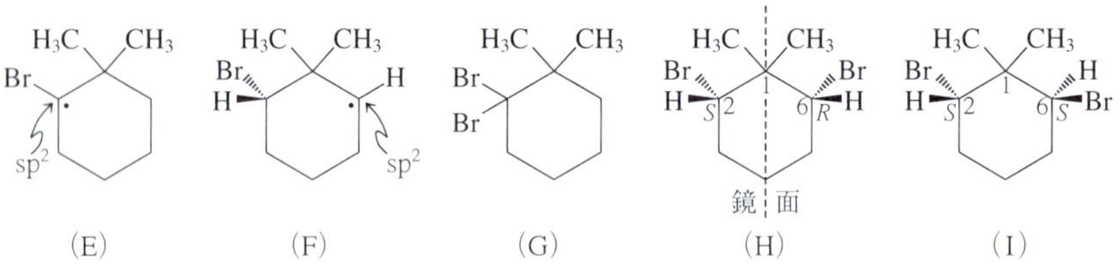

(E)　(F)　(G)　(H)　(I)

Proceed 一歩一歩論理的に進めよ．

● **答え**

(E)の中間体は対称なので，上面からの攻撃の速度は下面からの攻撃の速度と同じになるだろう．もしハロゲン化をF_2あるいはCl_2を用いて行えば，C2は立体中心であり続けるので，*R*と*S*のエナンチオマーが等量生成するだろう(ラセミ体：5–7節，図5–13)．しかしこの問題のモノブロモ化でC2が臭素化された場合には，この炭素上の不斉はなくなる．生成物(G)はアキラルで，したがって光学活性ではない．

(F)に関しては状況が異なる．もともとの立体中心〔(D)のC2〕は変化しないので，中間体のラジカル中心の上下の面は等価でなくなる．したがって，二つのジアステレオマー(H)と(I)が異なった速度で生成し，これらは等量生成しない(5-7 節，図 5-14，図 5-15)．*cis*-2,6-ジブロモ-1,1-ジメチルシクロヘキサン(H)においては，2 番目の臭素原子は分子に鏡面を導入するような形で結合している．つまり，(H)はメソ化合物でアキラルであり，したがって光学活性ではない(5-6 節)．この結果は，(D)の C2 におけるキラリティー(つまり *S*)が，C6 にその「鏡像」(つまり *R*)が導入されたことによって打ち消された，と表現することもできる．(2*S*,6*R*)配置の(H)と(2*R*,6*S*)配置の(H)は同じ化合物なので，二つの立体異性体を区別することはできない〔鏡面を表す破線のまわりに化合物(H)を回転させるだけで，この記述を証明することができる〕．

一方，(2*S*,6*S*)-2,6-ジブロモ-1,1-ジメチルシクロヘキサン(I)には鏡面がない．つまりこの分子はキラルで，純粋なエナンチオマーであり，したがって光学活性である．いいかえれば，この反応では C2 の立体化学はそのまま完全に保たれ，生成物の片方のエナンチオマーのみを生成する．この生成物はその鏡像である 2*R*,6*R* ジアステレオマーと重ね合わせることができない(5-5 節)．

練習問題 5-29：リモネンの水素化における立体化学の結果

11-5 節と 12-2 節において，気体の水素と特定の金属触媒を用いてアルケンの二重結合を水素化することができ(3-3 節参照)，それにより対応するアルカンが得られることを学ぶことになっている．

欄外に示したリモネンの二つのエナンチオマーの香りは，かなり異なる．*S* 体はトウヒのマツカサに含まれていてテレピン油の香りがする．一方，*R* 体はオレンジ特有の香気をもたらしている．(*R*)-リモネンはジュース産業における副産物であり，柑橘類の皮から採れる油の主成分である．この油の世界生産量は年間 70,000 トン以上である．

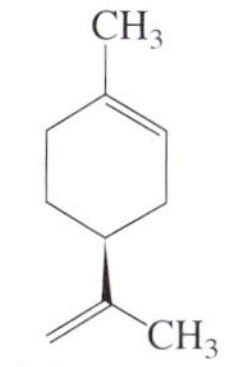

(*S*)-リモネン
〔(*S*)-limonene〕

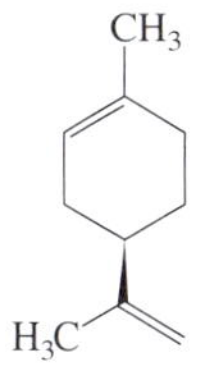

(*R*)-リモネン
〔(*R*)-limonene〕

(*R*)-および(*S*)-リモネンのそれぞれについて，両方の二重結合を水素化した生成物の構造式を書け．それらの生成物が異性体か同一物か，キラルかアキラルか，光学活性か不活性かを示せ．

● 答え

まず(*R*)-および(*S*)-リモネンのそれぞれを 2 カ所とも水素化した生成物の構造式を書くこと．上の式に示すように，二つの水素は π 結合の上あるいは下から付加する(**図 1-21** 参照)．このことは，置換基上の二重結合に対しては何の意味ももたないが，環内の二重結合の水素化の結果に対しては重要な意味がある．つまり，片方の過程からはトランスの，もう一方の過程からはシスの二置換シクロヘキサンができる．したがって，それぞれのエナンチオマーから二つの立体異性体ができる．(*R*)-および(*S*)-体の出発物質からできる 2 組の生成物は互いにどのような関係にあるだろうか．明らかに，二つのトランス体とシス体どうしは互いに重ね合わせることができる．つまりこれらは同一物である．いいかえれば，リモネンの二つのエナンチオマーはまったく同一の立体異性体の混合物を与える．では，これらはキラルだろうか．そうではなく，生成する1,4-二置換シクロヘキサンには鏡面が存在する．つまり，リモネンの水素化は分子を対称化しアキラルにする．その結果，生成物は光学不活性である．

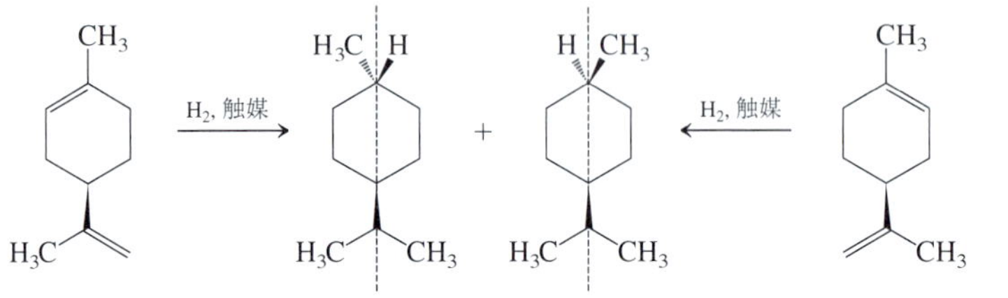

重要な概念

1. 異性体は同じ分子式をもつ別の化合物である．構造異性体は個々の原子のつながり方が異なる．立体異性体は原子のつながり方は同じで，三次元的配置が違う異性体である．**鏡像立体異性体**は互いに像と鏡像の関係にある異性体である．

2. そのものの鏡像に重ね合わせることができない物体は**キラル**である．

3. 四つの異なる置換基をもつ炭素原子（**不斉炭素**）は**立体中心**の一例である．

4. 二つの立体異性体の片方が，もう一方と重ね合わせることのできない鏡像の関係にある場合には，これらは**エナンチオマー**とよばれる．

5. 立体中心を一つもつ化合物はキラルであり，エナンチオマーの対として存在する．1対のエナンチオマーの1：1の混合物は**ラセミ体**（または**ラセミ混合物**）である．

6. キラルな分子は対称面（鏡面）をもたない．もし分子に**鏡面**があれば，その分子は**アキラル**である．

7. **ジアステレオマー**は互いに鏡像の関係にない立体異性体である．環状化合物のシスとトランスの異性体は，ジアステレオマーの一例である．

8. 分子に立体中心が二つある場合は，互いにジアステレオマーの関係にあるエナンチオマーの対が2組できるので，最大四つの立体異性体が存在する．n 個の立体中心がある化合物には，最大2の n 乗個の立体異性体が存在しうる．同じ置換基をもつ立体中心があると対称面ができるので，立体異性体の数が減る．複数の立体中心をもち，しかも鏡面をもつ分子はその鏡像体と同一物であり（つまりアキラルであり），**メソ化合物**とよばれる．ある分子のエネルギー的にとりうる立体配座のどれかにおいて鏡面が存在すれば，その分子はアキラルになる．

9. エナンチオマーどうしの物理的性質のほとんどは等しい．おもな例外は，**平面偏光**との相互作用である．すなわち，片方のエナンチオマーが偏光面を時計回りに回転させる（**右旋性**）ならば，もう一方は反時計回りに回転させる（**左旋性**）．この現象は**光学活性**とよばれる．旋光度の大きさは度の単位で測定し，**比旋光度**[α]で表す．ラセミ体やメソ化合物の旋光度はゼロである．異なった割合のエナンチオマーを含む混合物の**エナンチオマー過剰率**または**光学純度**は，以下の式で表される．

$$\text{エナンチオマー過剰率(ee)} = \text{光学純度} = \left(\frac{[\alpha]_{\text{実測値}}}{[\alpha]}\right) \times 100\ \%$$

10. 立体中心がどちらの「利き手」（すなわち絶対配置）かはX線回折により決定され，Cahn,

Ingold，Prelog の**順位則**を用いて R または S と表記される．

11. Fischer 投影式は立体中心をもつ化合物を手っ取り早く書くための型板のようなものである．

12. アキラルな化合物のラジカル的ハロゲン化により，キラリティーを導入することができる．遷移状態がエナンチオマーの関係にあれば(向かい合う鏡像の関係にあれば)，平面的なラジカルは面の両側で等しい速度で反応するので，ラセミ体が生成する．

13. 立体中心を一つもつキラルな分子のラジカル的ハロゲン化では，もし立体中心で反応が起これぱラセミ体が生成する．それ以外の位置における反応でジアステレオマーが生成するときには，その生成量は異なる．

14. いくつかの可能な立体異性体のうち，一つが優先的に生成することを**立体選択性**という．

15. エナンチオマーの分離のことを**分割**という．ラセミ体とキラルな化合物の純粋なエナンチオマーを反応させて分離しうるジアステレオマーに導くことによって，分割ができる．キラルな反応剤を化学反応によって切り離すと，もとのラセミ体の両方のエナンチオマーが別べつに得られる．エナンチオマーを分離するもう一つの方法に光学活性担体を用いる**キラルクロマトグラフィー**がある．

章末問題

30. 次に示す身のまわりの物をキラルな物とアキラルな物に分類せよ．ただし，いずれも装飾や印刷されたラベルがついていない最も単純な形であるものとする．
(a) はしご，(b) ドア，(c) 扇風機，(d) 冷蔵庫，(e) 地球，(f) 野球のボール，(g) 野球のバット，(h) 野球のグローブ，(i) 平らな紙，(j) フォーク，(k) スプーン，(l) ナイフ．

31. この問題では二つまたは二そろいの物体を列挙してある．この章の用語を用いて，できるかぎり厳密にそれらの間の関係(それらは同一物か，エナンチオマーの関係か，ジアステレオマーの関係か)を示せ．
(a) アメリカのおもちゃの自動車とイギリスのおもちゃの自動車(色やデザインは同じでハンドルの位置が逆)，(b) 二つの左足用の靴と二つの右足用の靴(色，大きさ，形は同じ)，(c) 1 対のスケート靴と二つの左足用のスケート靴(色，大きさ，形は同じ)，(d) 左手用の上に(手の平を合わせて)右手用を重ねた手袋と，右手用の上に(手の平を合わせて)左手用を重ねた手袋(色，大きさ，形は同じ)．

32. 次の各組の分子において，それらが同一物か，構造異性体か，立体配座異性体か，立体異性体かを示せ．もし立体配座異性体間の相互変換ができないくらい低温に保たれているとすると，それらの関係はどうなるか．

(a)
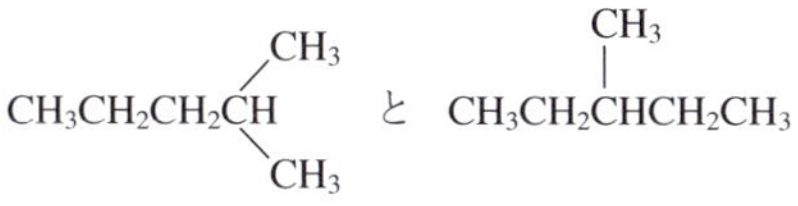

(b)
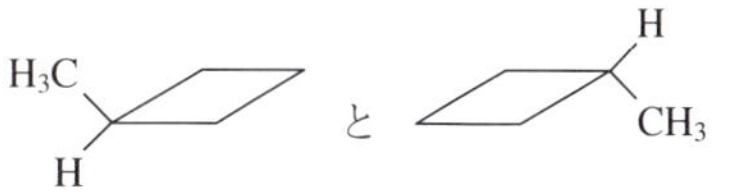

(c)
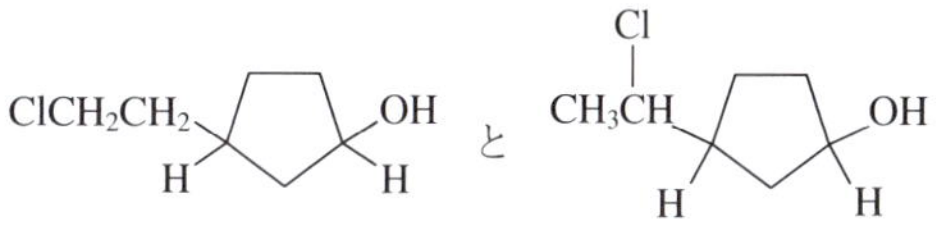

(d)
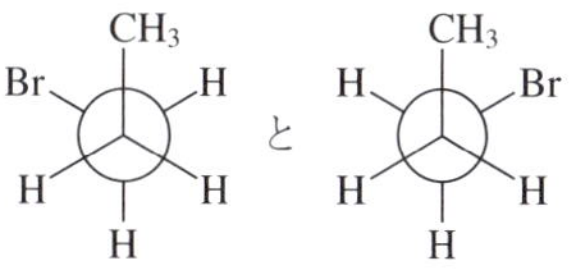

(e)
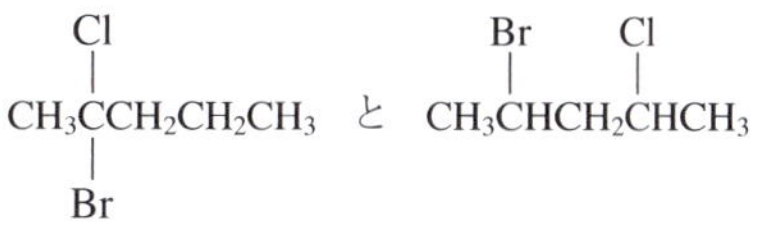

(f)
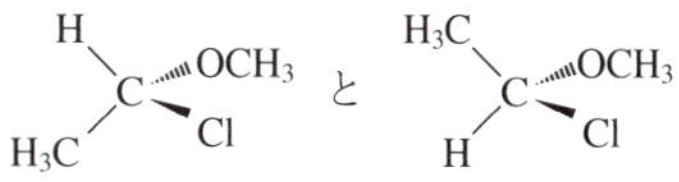

(g)
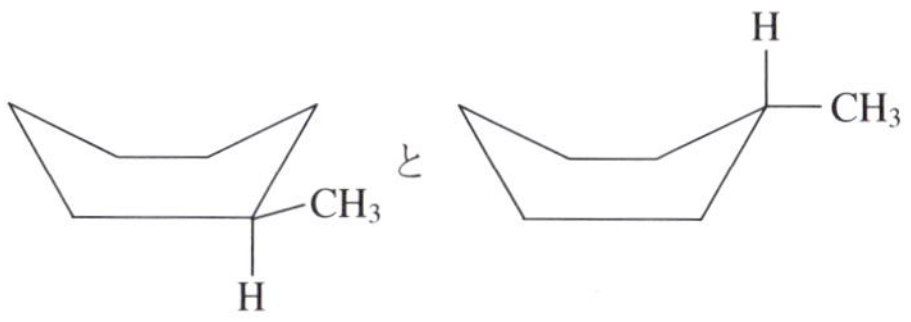

(h)
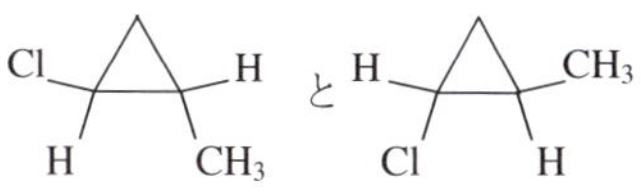

33. 次の化合物のうちでどれがキラルか.（**ヒント**：立体中心を探すこと.）

（a）2-メチルヘプタン（b）3-メチルヘプタン

（c）4-メチルヘプタン（d）1,1-ジブロモプロパン

（e）1,2-ジブロモプロパン（f）1,3-ジブロモプロパン

（g）エテン，$H_2C{=}CH_2$（h）エチン，$HC{\equiv}CH$

（i）ベンゼン 

（注：エテンと同様にベンゼンはすべて sp^2 混成の炭素をもっており，したがって平面形である.）

（j）エピネフリン（epinephrine） 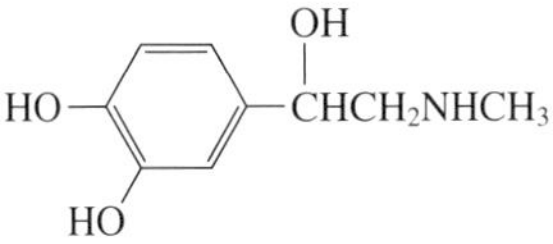

（k）バニリン（vanillin） 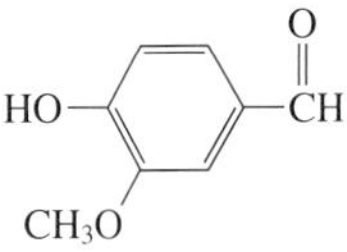

（l）クエン酸（citric acid） 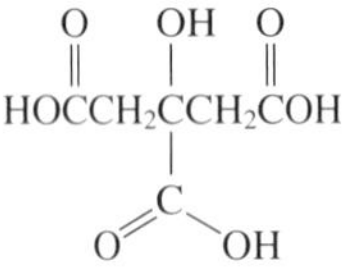

（m）アスコルビン酸（ascorbic acid） 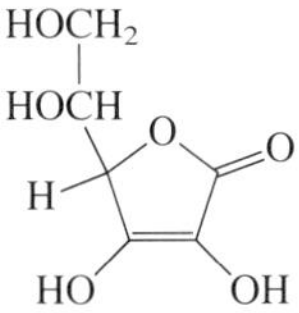

（n）*p*-メンタン-1,8-ジオール（*p*-menthane-1,8-diol）（テルピン水和物 terpin hydrate） 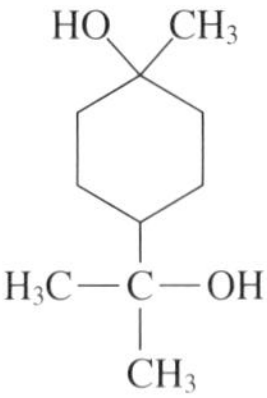

（o）ペトリジン（petridine）（デメロール demerol） 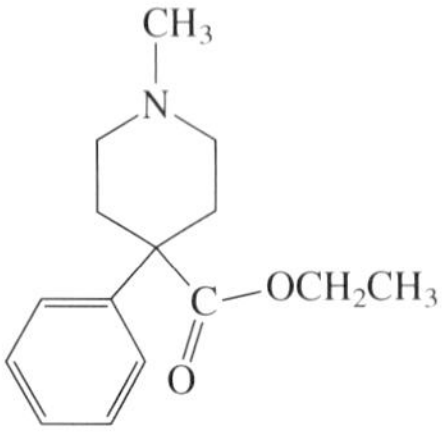

34. 次の化合物の分子式はいずれも $C_5H_{12}O$ である（自分で確かめること）. これらのうちキラルな化合物はどれか.

（a） 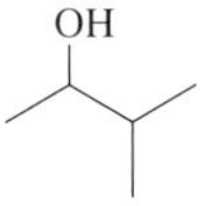

（b） 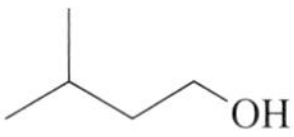

（c） 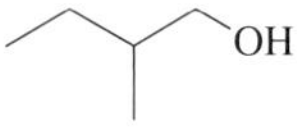

（d） 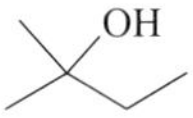

（e） 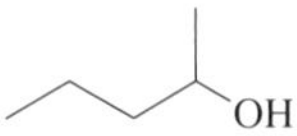

（f） 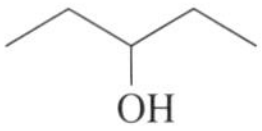

35. 問題 34 のキラルな分子のそれぞれについて，どちらか一方のエナンチオマーを書き，その立体中心が *R* か *S* かを帰属せよ.

36. 次のシクロヘキサン誘導体のうちでどれがキラルか. 環状化合物のキラリティーの有無を決めるためには，一般に環が平面形であるとみなしてもよい.

（a） 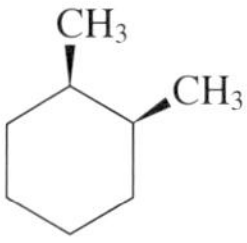

（b） 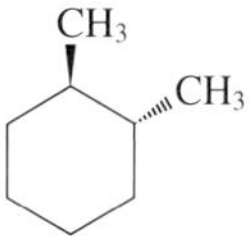

（c） 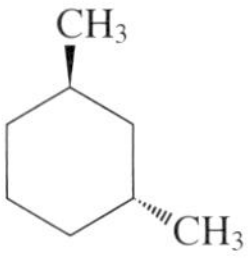

（d） 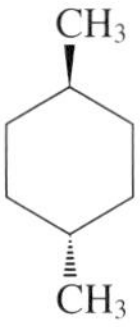

37. 問題 36 の分子のすべての立体中心について *R* か *S* かを帰属せよ.

38. キラルな分子を丸で囲め. 星印（＊）をキラルな炭素のそばにつけ，それが *R* か *S* かを帰属せよ.

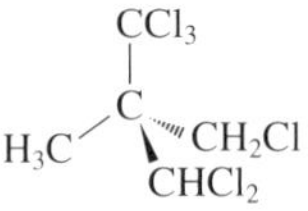

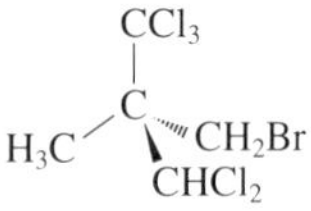

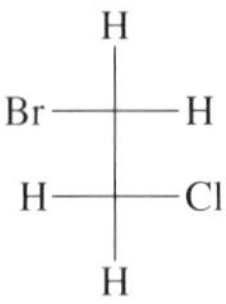

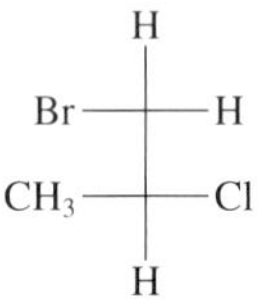

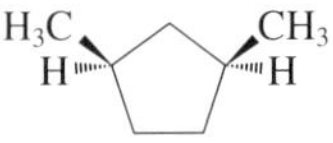

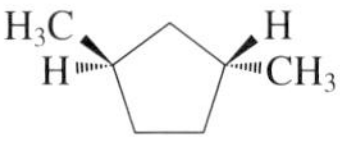

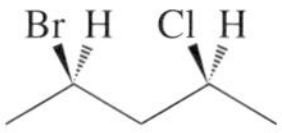

39. 下の構造式はサリドマイドという医薬品のものである．(a) サリドマイドはキラルである．立体中心を示せ．

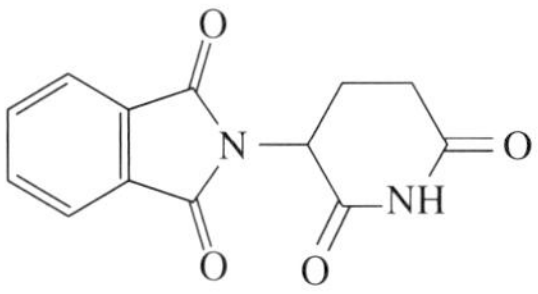

ラセミ体のサリドマイドは，妊婦のつわりによる吐き気をおさめるための鎮静剤として 1957 年にヨーロッパで発売された．この薬はラットに対して何の毒性も示さなかったという試験にもとづいて安全だと考えられていた．しかし，そのような安全試験に限界があることが 1 年もたたないうちに明らかになった．その薬を服用した母親から，手足の発育不良といった一連の先天異常をもった数千人の赤ん坊が生まれるという悲劇が起こったからである．鎮静作用はサリドマイドの *R*-(+)エナンチオマーに起因し，一方，*S*-(−)体は催奇形因子(先天性異常の原因となること)であることがわかった．(b) サリドマイドの二つのエナンチオマーの構造式を書き，それらが *R* か *S* かを示せ．問題を複雑にしたのは，サリドマイドの立体中心が中程度の酸性を示す水素をもっていることであった．すなわち，生物学的条件下において，その水素がイオン化することにより二つのエナンチオマーが相互変換できるのである．(c) イオン化にかかわる水素を特定し，それが酸性を示す理由を述べよ．（**ヒント**：1-5 節を復習し共役塩基を安定化させうる効果について考えること；問題 65 も参照.）

アメリカにおいては，食品医薬品局(FDA)の Frances Kelsey という医学研修生が，製薬会社と彼女の上司からの相当な圧力にも屈せず，サリドマイドの認可を許さなかった．彼女はこの薬品が胎盤を通過できないことを証明するよう製薬会社に主張したが，企業側はそれに応じることを拒んだためだ．結果として彼女の行動は数えきれない命を救い，アメリカならびに世界中の医薬品認可手続きを根本的に見直すことにつながった．1962 年に Kelsey は連邦市民功労賞を受賞し，それを John F. Kennedy 大統領から授与された．

40. 次のそれぞれの組の化合物が互いに構造異性体か，エナンチオマーか，ジアステレオマーか，あるいは同一分子かを示せ．

(a) 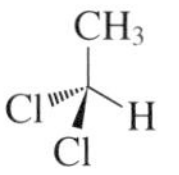 と 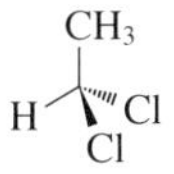

(b) 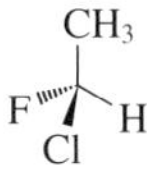 と 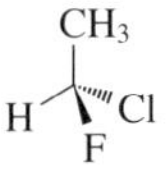

(c) 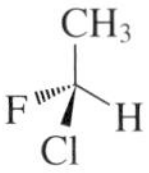 と 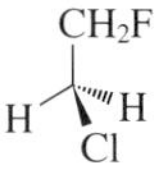

(d) 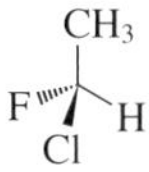 と 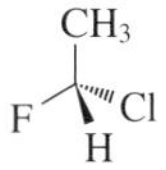

(e) 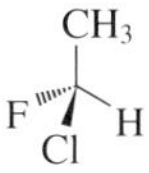 と 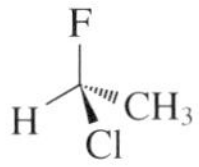

(f) 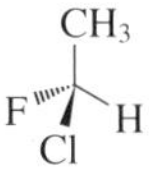 と 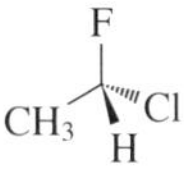

(g) 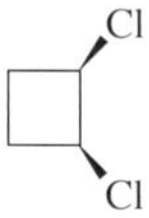 と 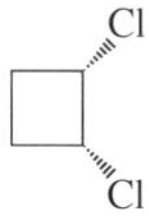

(h) 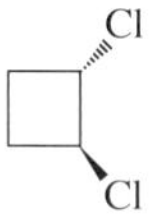 と 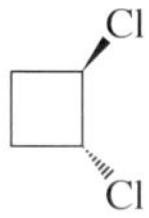

(i) 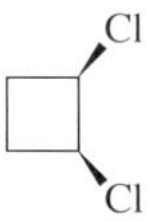 と 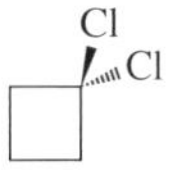

(j) 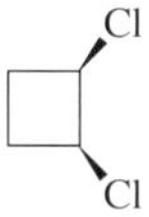 と 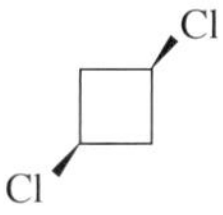

(k) 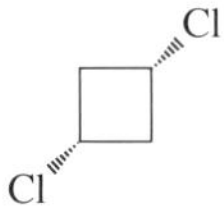 と 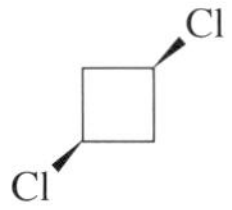

(l) 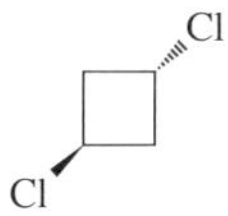 と 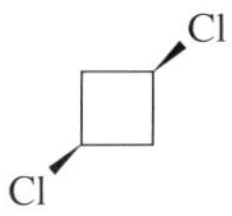

(m) 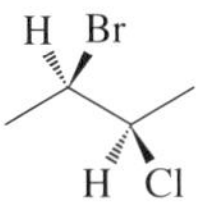 と 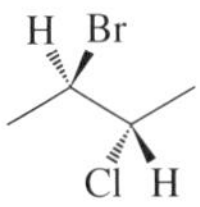

(n) 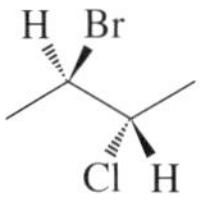 と 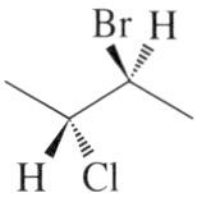

(o) 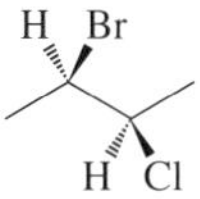 と 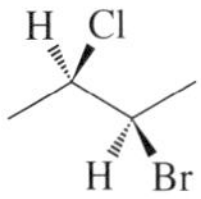

(p) 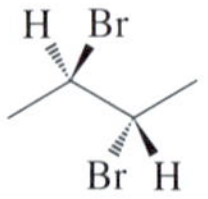 と 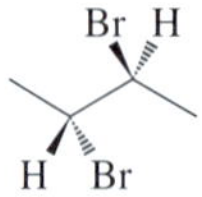

41. 次の分子式について，一つまたは複数の立体中心をもつ構造異性体をすべて書け．そのおのおのについて立体異性体の数を示し，少なくとも立体異性体の一つについては，構造式を書いて，絶対配置の表記を含めた化合物名を書け．
(a) C_7H_{16} (b) C_8H_{18} (c) 環を一つもつ C_5H_{10}

42. 次のエナンチオマーの立体中心の立体配置（*R* か *S* か）を示せ．（**ヒント**：立体中心がある環状化合物については，環を分子の遠く離れた所でたまたま互いに結ばれている二つの別べつの置換基であるとみなし，非環状化合物について行うのとまったく同様に，相違が現れる最初の点を探すこと．）

(a) 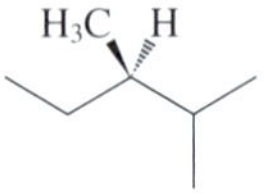
(b) 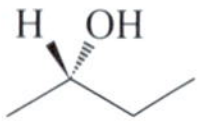
(c) 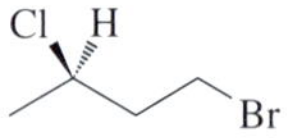
(d) 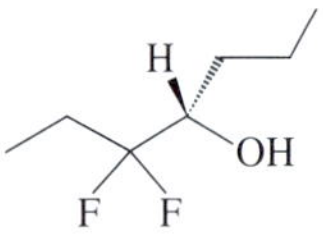
(e) 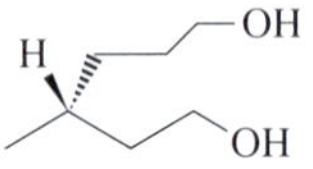
(f) 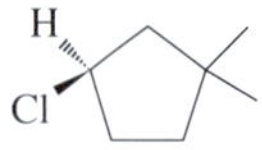
(g) 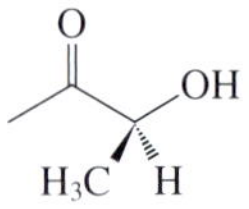
(h) 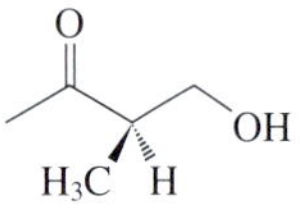
(i) 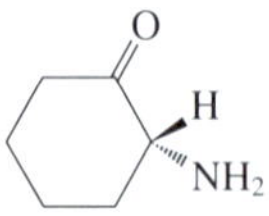
(j) 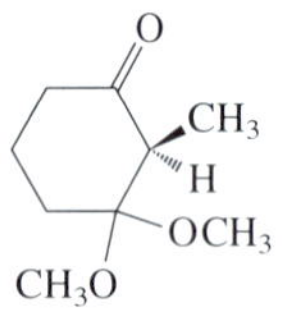

43. 問題 33 のキラルな分子のそれぞれについて，その立体中心に印をつけよ．それぞれの分子について立体異性体の構造式を一つ書き，その立体中心の立体配置の帰属（*R* か *S* か）をせよ．

44. カルボン〔IUPAC 名：2-メチル-5-(1-メチルエテニル)-2-シクロヘキセノン，コラム 5-1 を参照〕の二つのエナンチオマーを下に示す．どちらが *R* 体でどちらが *S* 体か．

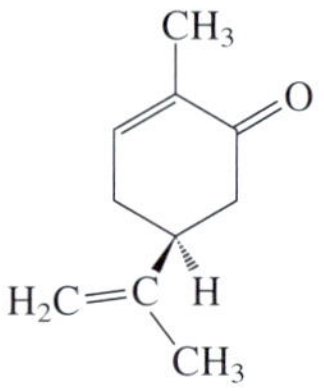

(+)-カルボン〔(+)-carvone〕
（ヒメウイキョウの種子に含まれる）

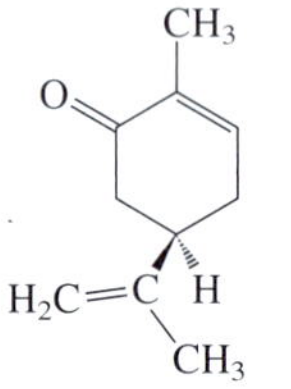

(−)-カルボン〔(−)-carvone〕
（スペアミントに含まれる）

45. 次の各化合物の構造式を書け．ただし立体中心の立体配置がはっきりとわかるように書くこと．（**ヒント**：まず自分にとって最も立体配置を決めやすいほうのエナンチオマーの構造を書き，必要ならば問題の立体構造に合うように変えてみるという方法もよいだろう．）
(a) (*R*)-2-クロロペンタン，(b) (*S*)-2-メチル-3-ブロモヘキサン，(c) (*S*)-1,3-ジクロロブタン，(d) (*R*)-2-クロロ-1,1,1-トリフルオロ-3-メチルブタン．

46. 次の各化合物の構造式を書け．ただし，立体中心の立体配置がはっきりとわかるように書くこと．
(a) (*R*)-3-ブロモ-3-メチルヘキサン
(b) (3*R*,5*S*)-3,5-ジメチルヘプタン
(c) (2*R*,3*S*)-2-ブロモ-3-メチルペンタン
(d) (*S*)-1,1,2-トリメチルシクロプロパン
(e) (1*S*,2*S*)-1-クロロ-1-トリフルオロメチル-2-メチルシクロブタン
(f) (1*R*,2*R*,3*S*)-1,2-ジクロロ-3-エチルシクロヘキサン

47. $(CH_3)_2CHCHBrCHClCH_3$ の可能な立体異性体の構造式をすべて書き，それらを命名せよ．

48. **チャレンジ** 以下の問いにおいて，測定はすべて 10 cm の旋光計用の試料セルを用いて行ったものとする．
(a) 0.4 g の光学活性な 2-ブタノールを含む 10 mL の水溶液は，−0.56° の旋光度を示す．この化合物の比旋光度はいくらか．(b) スクロース（ふつうの砂糖）の比旋光度は +66.4 である．3 g のスクロースを含む 10 mL の水溶液の実測の旋光度はいくらか．(c) 純粋

な(*S*)-2-ブロモブタンを含むエタノール溶液のαは57.3°であった．(*S*)-2-ブロモブタンの$[\alpha]$が23.1であるならば，この溶液の濃度はいくらか．

49. 天然のエピネフリン(アドレナリン)，$[\alpha]^{25}_{D} = -50$，は心拍停止や突然の激しいアレルギー反応の治療に用いられている．そのエナンチオマーは医薬品としては役に立たず，むしろ有毒である．ある薬局員が，1gのエピネフリンを溶かしたとされる20 mLの溶液を手に入れたとする．ところが，その光学純度がわからない．その溶液を旋光計(試料セルの長さ10 cm)に入れ，−2.5°の値を読み取った．この試料の光学純度はいくらか．この溶液は薬に使用しても安全か．

50. (*S*)-グルタミン酸水素ナトリウム〔(*S*)-グルタミン酸モノナトリウム〕，$[\alpha]^{25}_{D} = +24$，はMSGとして知られている調味料である．MSGの簡略化した分子式を下に示す．
(a) MSGの*S*エナンチオマーの構造式を書け．(b) もし市販のMSGが$[\alpha]^{25}_{D} = +8$を示したならば，その光学純度はいくらか．その混合物にはおのおの何%の*S*体と*R*体が含まれているか．(c) $[\alpha]^{25}_{D} = +16$である試料についても同じ問いに答えよ．

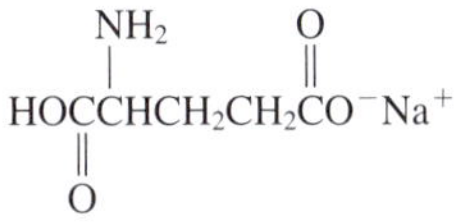

51. 下の分子はメントールであるが，その立体化学は省略してある(4-7節を参照)．
(a) メントールの立体中心をすべて示せ．(b) メントールにはいくつの立体異性体があるか．(c) メントールの立体異性体をすべて書け．すべてのエナンチオマー対を示せ．

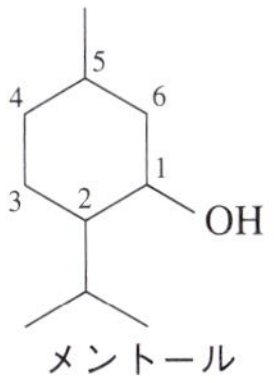

メントール
(menthol)

52. チャレンジ 天然の(−)-メントールは1*R*,2*S*,5*R*-体であり，ペパーミントの独特の風味や香気のおもな原因となっている揮発性の油状物質である．(a) 問題51で書いた構造式のなかで，(−)-メントールはどれかを示せ．(b) 自然界にあるメントールのもう一つの異性体は1*S*,2*R*,5*R*の立体化学をもつ(+)-イソメントールである．自分で書いた構造式のなかで(+)-イソメントールはどれか．(c) 三つ目の異性体は1*S*,2*S*,5*R*の立体化学をもつ(+)-ネオメントールである．(+)-ネオメントールを自分が書いた構造式のなかから見つけよ．(d) 置換シクロヘキサンの立体配座(4-4節参照)に関する理解にもとづき，メントール，イソメントール，ネオメントールの安定性の順がどうなるかを示せ(最も安定なものから先に書くこと)．

53. 問題51と52の立体異性体のうち，(−)-メントール($[\alpha]_D = -51$)と(+)-ネオメントール($[\alpha]_D = +21$)はハッカ油の主成分であり，天然にはここから得られる．天然のハッカ油中のメントールとネオメントールの混合物は$[\alpha]_D = -33$を示す．ハッカ油のなかのメントールとネオメントールの割合はそれぞれ何%か．

54. 次の構造式の組において，二つの化合物が同一物かエナンチオマーかを示せ．

(a)
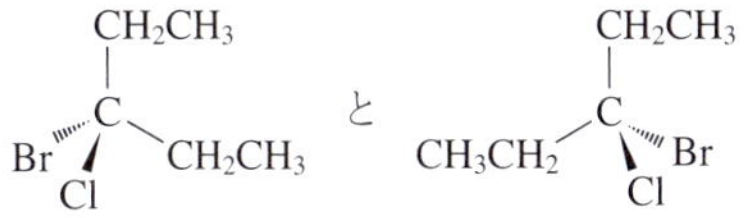

(b)
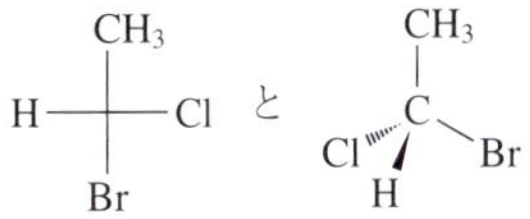

(c)
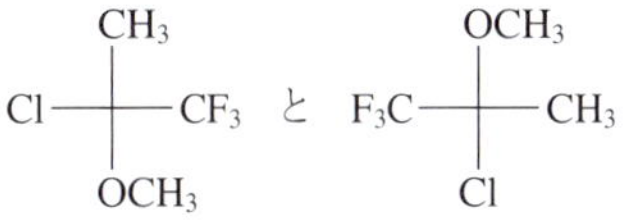

(d)
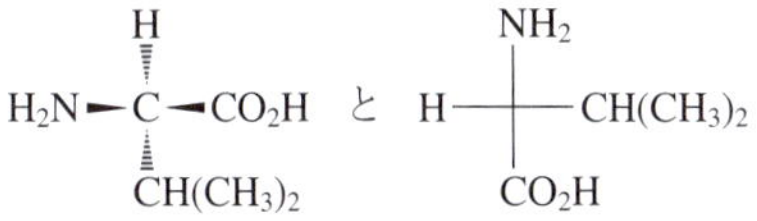

55. 問題54の構造式のおのおのの立体中心が*R*か*S*かを帰属せよ．

56. 次に示す化合物は(−)-アラビノースとよばれる糖の一種である．その比旋光度は−105である．
(a) (−)-アラビノースのエナンチオマーの構造式を書け．(b) (−)-アラビノースにはそれ以外のエナンチオマーがあるか．(c) (−)-アラビノースのジアステレオマーの構造式を一つ書け．(d) (−)-アラビノースにはそれ以外のジアステレオマーがあるか．(e) 可能ならば，(a)の答えの化合物の比旋光度を予測せよ．(f) 可能ならば(c)の答えの化合物の比旋光度を予測せよ．(g) (−)-アラビノースには光学活性でないジアステレオマーがあるか．もしあるならば，その構造を書け．

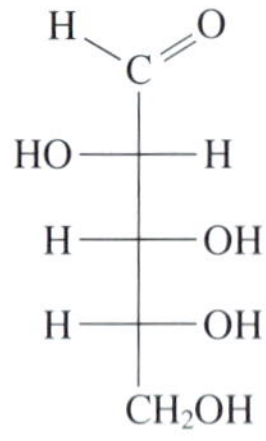

(−)-アラビノース
〔(−)-arabinose〕

上に示す糖のエナンチオマーである(+)-アラビノースは低カロリー甘味料として市販されている.

57. 次のエナンチオマーの IUPAC 名を書け(立体配置の表記も忘れずに含めること).

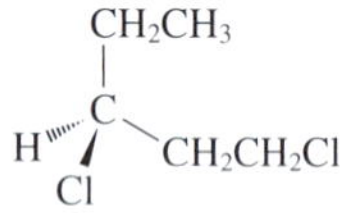

$C_5H_{10}Cl_2$

この化合物と等モルの Cl_2 を光照射しながら反応させると,$C_5H_9Cl_3$ の分子式をもつ複数の異性体が生成する.以下の(a)~(c)の反応において,次の点について答えよ.何種類の異性体が生成するか.異性体が 2 種類以上生成する場合,それらの生成量は等しいか異なるか.それぞれの立体異性体について,各立体中心が *R* か *S* かを表記せよ.
(a) C3 における塩素化,(b) C4 における塩素化,(c) C5 における塩素化.

58. メチルシクロペンタンをモノクロロ化すると複数の生成物が得られる.メチルシクロペンタンの C1,C2,および C3 におけるモノクロロ化に関して,問題 57 と同じ点について答えよ.

59. (*S*)-2-ブロモ-1,1-ジメチルシクロブタンの塩素化で得られる可能性のある生成物をすべて書け.それらがキラルかアキラルか,それらの生成量は等しいか異なるか,またどれが光学活性かを示せ.

60. 可逆的にジアステレオマーに変換する方法を用いて,ラセミ体の 1-フェニルエタンアミンの分割の仕方を示せ.

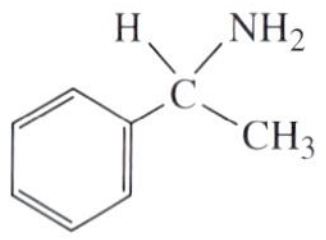

1-フェニルエタンアミン
(1-phenylethanamine)

61. (*S*)-1-フェニルエタンアミンを使って,ラセミ体の 2-ヒドロキシプロパン酸(乳酸,表 5-1)を分割する方法の具体的な手順を図で示せ.

62. (a) ラセミ体の *trans*-1,2-ジメチルシクロヘキサンのモノブロモ化では,何種類の立体異性体が生成するか.(b) 純粋な(*R*,*R*)-1,2-ジメチルシクロヘキサンではどうか.(c) (a),(b)の答えに関して,得られる各生成物の量は等しいか異なるか.また物理的性質の違い(たとえば溶解度や沸点など)によって,生成物がどの程度分離できるかについて答えよ.

63. **チャレンジ** 最も安定な立体配座にある *cis*-1,2-ジメチルシクロヘキサンの分子模型を組め.もし分子がその立体配座に固定されているとすると,それはキラルか(鏡像の分子模型をつくり,重ね合わせることができるかどうかを確かめよ).
次に分子模型の環を反転せよ.はじめの立体配座と環を反転したあとの立体配座とは,どのような立体異性体の関係にあるか.この問題の答えは,問題 36(a)の答えとどのような関係があるか.

64. モルフィナンはモルヒネアルカロイドとして知られている多くのキラルな分子の母体化合物である.おもしろいことに,この種の化合物の(+)と(−)のエナンチオマーは,異なった生理的性質をもっている.モルヒネのような(−)の化合物は「麻酔性鎮痛剤」(痛み止め)であるが,(+)体は「鎮咳剤」(咳止めシロップの成分)である.デキストロメトルファンは後者の最も単純で一般的な例である.

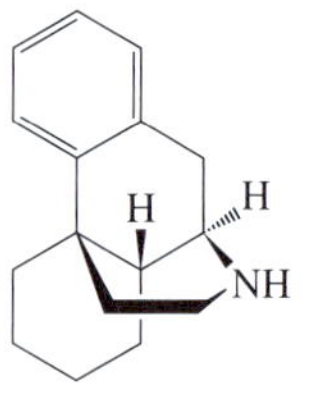

モルフィナン
(morphinane)

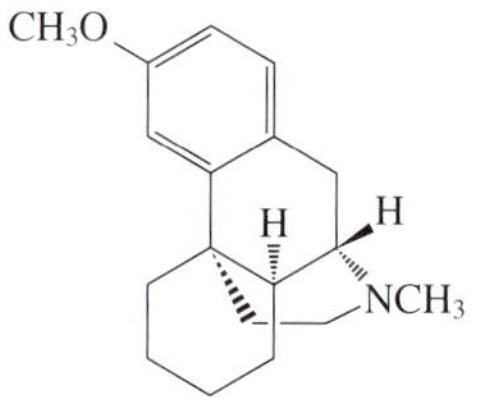

デキストロメトルファン
(dextromethorphan)

(a) デキストロメトルファンの立体中心をすべて示せ.(b) デキストロメトルファンのエナンチオマーの構造式を書け.(c) できるかぎり(容易ではないが),デキストロメトルファンの立体中心のすべてについて,*R* か *S* かを帰属せよ.

65. 下巻の 18 章において,カルボニル基(C=O)に隣接した炭素上の水素が酸性を示すことを学ぶ.(*S*)-3-メチル-2-ペンタノンという化合物は触媒量の塩基を含む溶液に溶かすと光学活性を失う.この理由を説明せよ.

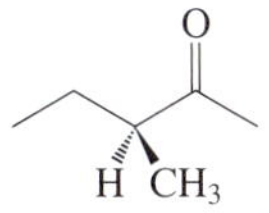

(S)-3-メチル-2-ペンタノン
〔(S)-3-methyl-2-pentanone〕

66. 酵素による生物学的に重要な化合物への官能基の導入は，反応の起こる位置が特異的であるだけでなく(4章の章末問題53を参照せよ)，一般に生成物の立体化学に関しても特異的である．エピネフリンの生合成では，はじめにアキラルな基質であるドーパミンへの特異的なヒドロキシ基の導入による(−)-ノルエピネフリンへの変換が起こる(最終的にエピネフリンが合成される過程については9章の章末問題79で述べる)．(−)エナンチオマーだけが適切な生理作用をもつので，合成は高度に立体選択的でなければならない．

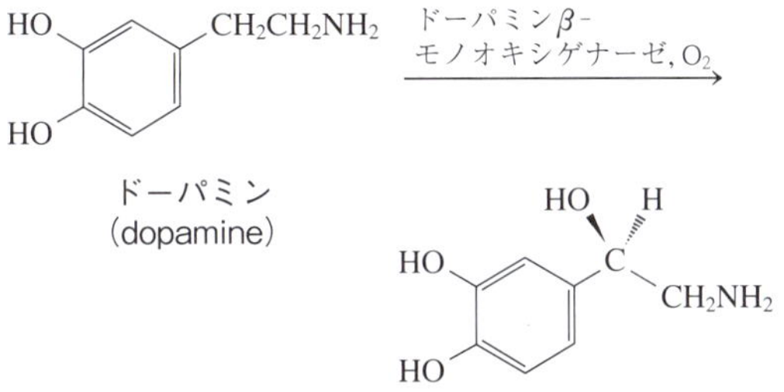

ドーパミン
(dopamine)

(−)-ノルエピネフリン
〔(−)-norepinephrine〕

(a) (−)-ノルエピネフリンの立体配置は *R* か *S* か．(b) 酵素が存在しない場合，(−)-および(+)-ノルエピネフリンを与えるラジカル的酸化の遷移状態はエネルギー的に等しいか異なるか．その遷移状態間の立体化学的関係を表す用語は何か．(c) これら二つの遷移状態のエネルギーに酵素がどのように作用することにより(−)エナンチオマーを優先的に生成するのかを，自分の言葉で述べよ．酵素はキラルである必要があるのか，アキラルでもよいのか．

●グループ学習問題

67. 化合物(A)の一つの異性体はある種の神経衰退疾患に対して有効であることがわかっている．(A)の構造には(B)に図示されるようにデカリン形の骨格があることに注意すること．この窒素原子は炭素原子と同様に考えてもよいこととする．

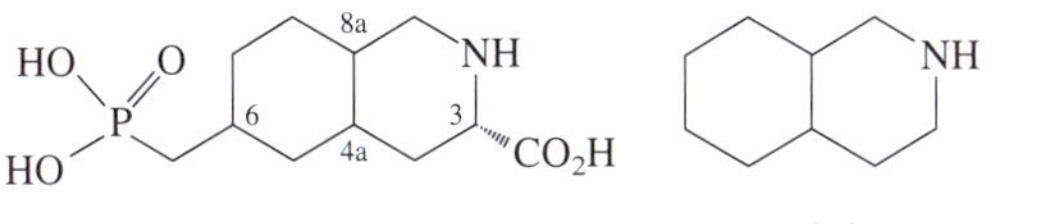

(A)　　(B)

(a) 自分の分子模型を使って，環の結合部分の立体化学を分析せよ．シスならびにトランス結合の分子(B)の分子模型を組め．異なる四つの模型ができるはずである．それらの互いの立体化学的関係がジアステレオマーかエナンチオマーかを示せ．それぞれの構造を書き，環縮合の位置にある立体中心が *R* か *S* かを帰属せよ．

(b) トランス環結合はエネルギー的により有利な結合であるが，生物活性を示す化合物(A)はシス結合の立体異性体である．シス環結合のみをもつ分子(A)の分子模型を組め．分子(A)のC3の立体化学を図示されているように組み，C6のC3に対する立体化学を変化させよ．再び四つの分子模型ができるはずである．それらの構造を書き，それぞれの分子の四つの立体中心が *R* か *S* かを帰属することにより，それらがどれもエナンチオマーの関係にないことを確かめよ．

(c) 最も高い生物活性を示す化合物(A)の立体異性体はシスの環結合をもち，C3とC6の置換基はどちらもエクアトリアル位にある．これらの条件を満足するのは，自分が書いた四つの立体異性体のうちのどれか．C3，C4a，C6，C8aの絶対配置を示すことによって，それがどの異性体であるかを示せ．

●専門課程進学用問題

68. 次の化合物のうちで光学活性を示さないのはどれか(これらはFischer投影式で表示されていることに注意しよう)．

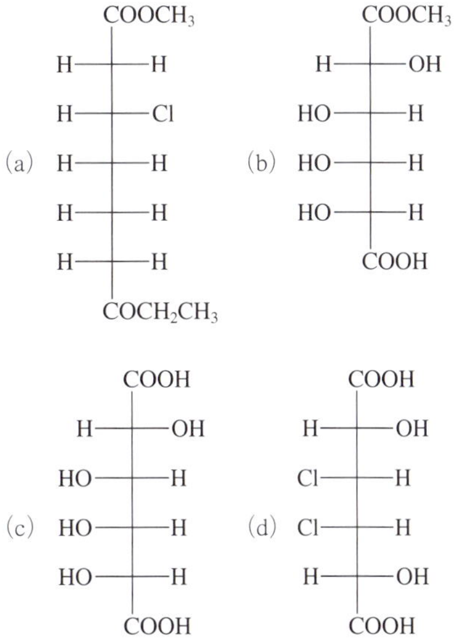

69. (a)～(d)のうちで正しいものはどれか.

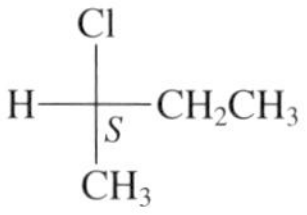

のエナンチオマーは,

(a) 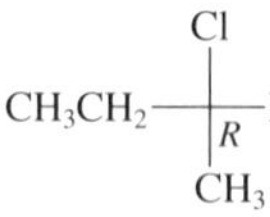

である

(b) 低温下でのみ存在できる

(c) 異性体ではない　　(d) 存在できない

70. Cahn−Ingold−Prelog 則にしたがえば *R* 配置である分子はどれか(これらは Fischer 投影式であることに注意しよう).

(a) 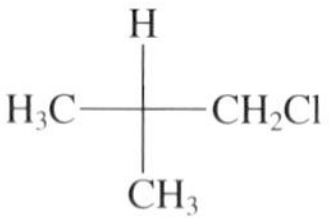

(b) 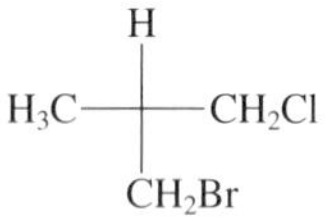

(c) 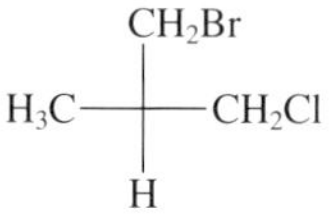

(d) 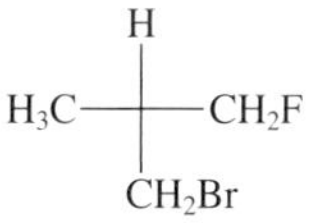

(e) 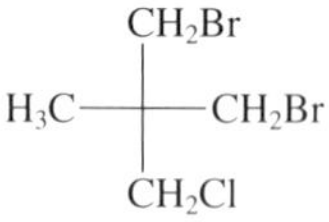

71. メソ化合物でない化合物はどれか.

(a) 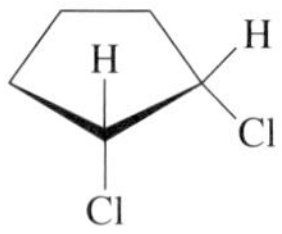

(b) 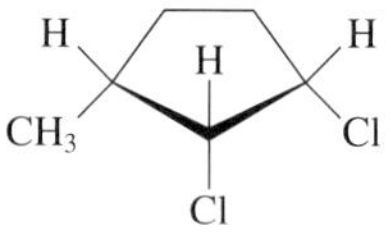

(c) 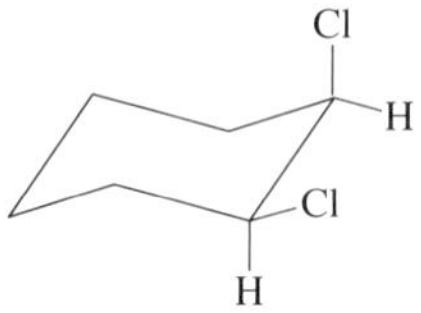

(d) 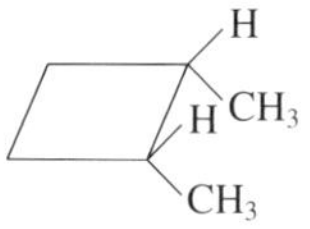

(e) 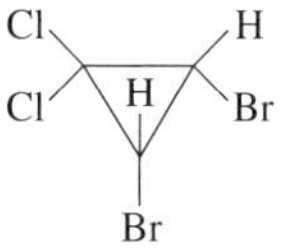

Chapter

6 ハロアルカンの性質と反応
二分子求核置換反応

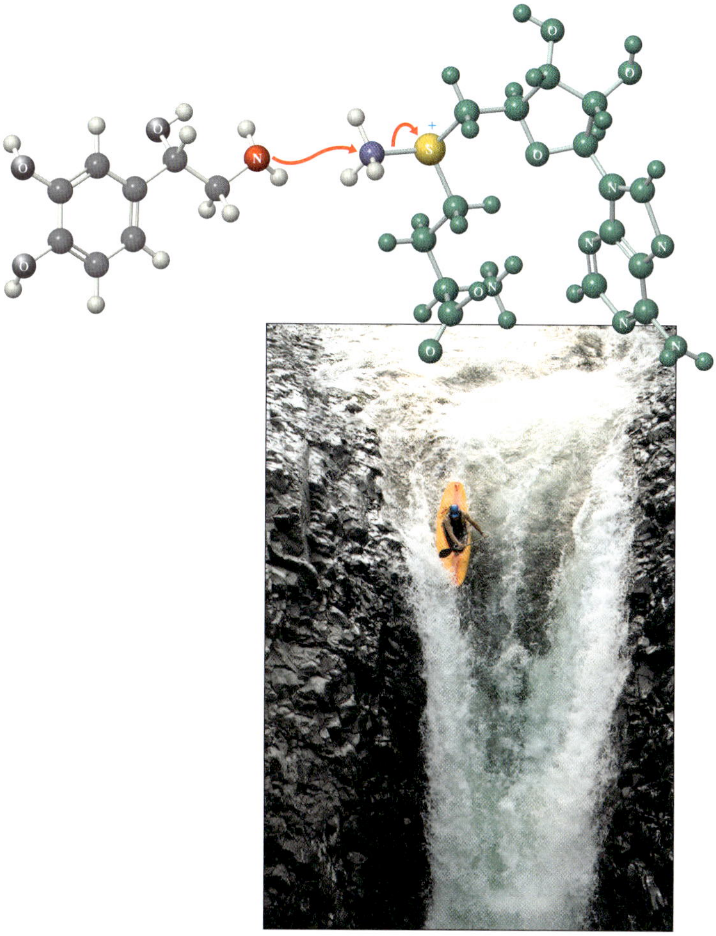

身体のなかでノルアドレナリンのアミノ基の窒素が，*S*-アデノシルメチオニンのメチル基を攻撃し，求核置換反応によってアドレナリンを生成する．アドレナリンは緊張あるいは緊急時に血流へ放出される「闘争あるいは逃避」ホルモンで，スリリングな体験中に感じる興奮の原因物質である．

本章での目標

- 求核剤を定義する．
- 求核攻撃を受ける分子の位置を確認する．
- 電子対の動きを示す矢印を用いて基質と求核剤との反応の生成物を書く．
- 反応経路を通して起こる立体化学の変化を追うことによって，求核置換反応（S_N2）の遷移状態の構造を推定する．
- 塩基性と脱離基の脱離能の間の関係をまとめる．
- 求核性を制御する要因を明らかにする．
- プロトン性溶媒と非プロトン性溶媒を区別する．
- 立体障害が S_N2 反応の反応性を制御する要因となることを学ぶ．

有機化学は一つの物質を他の物質に変換する無数の方法を提供する．こうして得られた生成物が，文字どおり私たちのまわりにあふれている．2章で学んだように，官能基は有機分子が反応性を示す部位である．そこで有機化学を実際に利用するためには，これら官能基の特性を理解し，かつ十分に使いこなす能力を身につける必要がある．3章では，アルカンのハロゲン化について述べた．これは官能基をもたない分子に炭素－ハロゲン基を導入するプロセスである．次は何を学ぶべきだろうか．

本章では，ハロゲン化反応によって生成するハロアルカンの化学について考える．分極した炭素—ハロゲン結合が，どのようにこれらの物質の反応性を支配し，またどのように別の官能基に変換されるかについて見ていこう．ハロアルカンを用いる一連の反応に対して観察される反応速度にもとづいて，新しい反応機構を導入し，反応の進行に影響を及ぼす種々の溶媒の効果について学ぶ．さらに，ハロアルカン以外の極性官能基をもった分子の挙動に対して一般的に応用できる反応機構に関する原則を概観する．最後に，これらの原則の応用について考える．そして，ハロゲン化合物をタンパク質の合成ブロックであるアミノ酸のような他のさまざまな物質へ変換する過程において，これらの原則が演じている役割を眺めてみよう．

ハロアルカン
(haloalkane)

6-1 ハロアルカンの物理的性質

ハロアルカンの物理的性質は，対応するアルカンの物理的性質とは大きく異なる．この相違を理解するには，ハロゲン置換基の大きさと炭素—ハロゲン結合の極性を考慮する必要がある．これらの要因が，結合の強さ，結合の長さ，分子の極性，あるいは沸点にいかに影響を及ぼすかについて眺めてみよう．

表 6-1

CH_3—X における C—X 結合の長さと結合の強さ

ハロメタン	結合の長さ (Å)	結合の強さ 〔kcal mol^{-1} (kJ mol^{-1})〕
CH_3F	1.385	110(460)
CH_3Cl	1.784	85(356)
CH_3Br	1.929	70(293)
CH_3I	2.139	57(238)
	結合が長くなる ↓	結合が弱くなる ↓

C—X 結合の強さは X の大きさが増すにつれて減少する

ハロメタン(CH_3X)における C—X 結合の解離エネルギーは，F，Cl，Br，I の順に減少し，それにつれて C—X 結合の長さが増大する(表 6-1)．炭素とハロゲンの間の結合は，おもに炭素の sp^3 混成軌道とハロゲンの p 軌道との重なりによって生成する(図 6-1)．周期表でフッ素からヨウ素へと降りるにつれて，ハロゲンの大きさが増し，ハロゲン原子のまわりの電子雲はより広い範囲に拡散する．ハロゲン原子の p 軌道と比較的コンパクトな炭素の sp^3 混成軌道との間で，それら軌道の大きさの不釣合いが F，Cl，Br，I の順に大きくなる結果，結合のための重なりが減少し，C—X 結合は長くそして弱くなる．この傾向は一般的である．すなわち，短い結合は長い結合よりも強い．

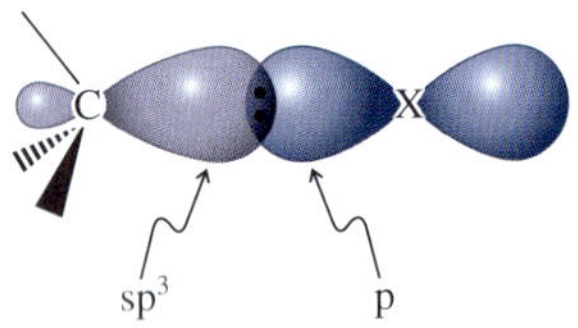

図 6-1　アルキル炭素とハロゲンとの結合．周期表で X=F から X=I に降りるにつれて p 軌道は大きくなり，C—X 結合はそれとともに長くかつ弱くなる．

C—X 結合は分極している

ハロアルカンのおもな特性は，その分極した C—X 結合にもとづく．1-3 節で学んだように，ハロゲンは炭素に比べて電気的により陰性である．そこで，C—X 結合に沿った電子密度は X のほうに偏る．その結果，ハロゲンはいくぶんか負の電荷を帯び(δ^-)，炭素はいくぶんか正の電荷(δ^+)を帯びることになる．この分極は次ページ欄外のクロロメタンの静電ポテンシャル図を見るとわかりやすい．塩素原子は電子豊富(赤色)であり，一方，炭素原子まわりの領域は電子不足(青色)であることが示されている．C—X 結合のこの分極が，ハロアルカンの化学的挙動をどのように制御しているのだろうか．2 章で述べたように，求電子的な炭素(δ^+)はアニオンや電子豊富な求核剤による攻撃を受ける．一方，カチオン種や電子不足の化学種は炭素原子ではなくハロゲン原子(δ^-)を攻撃する．

分極した C—X 結合

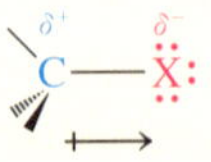

ハロアルカンは対応するアルカンよりも高い沸点をもつ

C—X 結合が極性をもつことが，ハロアルカンの物理的性質に予想どおりの影響を及ぼす．ハロアルカンの沸点は，対応するアルカンの沸点よりも一般的に高い（表 6-2）．その最も大きな原因は，液体状態で C—X 結合が形成する双極子の δ^+端と δ^-端との間の Coulomb 力にある〔**双極子ー双極子相互作用**（dipole dipole interaction）；図 2-6 参照〕．

クロロメタン
(chloromethane)

双極子ー双極子の引力

X の大きさが増大するにつれて，London 力による相互作用が大きくなるため，沸点は高くなる（2-7 節参照）．London 力は分子間の電子の相互作用による電子の運動の相関によって生じることを思い起こそう（図 2-6 参照）．この相互作用は外殻電子が核によって強く束縛されていないときに最も大きく，より大きい原子の場合には顕著である．なお，原子の**分極率**（polarizability）は，外部電場の変化によって電子雲が変形する度合いによって定義される．原子や基がより分極しやすければ，London 力による相互作用がより大きく働くことになり，沸点は高くなる．

表 6-2　ハロアルカン（R−X）の沸点

	沸点（℃）					
R	X =	H	F	Cl	Br	I
CH_3		−161.7	−78.4	−24.2	3.6	42.4
CH_3CH_2		−88.6	−37.7	12.3	38.4	72.3
$CH_3(CH_2)_2$		−42.1	−2.5	46.6	71.0	102.5
$CH_3(CH_2)_3$		−0.5	32.5	78.4	101.6	130.5
$CH_3(CH_2)_4$		36.1	62.8	107.8	129.6	157.0
$CH_3(CH_2)_7$		125.7	142.0	182.0	200.3	225.5

ハロアルカンの利用と危険：より「グリーン」な代替物

一連のハロアルカン化合物は，その性質から商業的に有用な物質の宝庫である．たとえば，$CBrF_3$ や $CBrClF_2$（ハロン）のようなメタンのすべての水素をハロゲンで置き換えた液体状のブロモメタン類は，非常に有効な延焼防止剤である．加熱によって弱い C—Br 結合が切断され臭素原子が生成する．そしてこの臭素原子が炎のなかで起こるラジカル連鎖反応を阻止することによって燃焼を抑制する（3 章の章末問題 42 参照）．しかしながら，フレオン冷却剤と同じように，ブロモアルカン類はオゾンを破壊するので（3-10 節参照），飛行機のエンジン部の火災防止システム以外すべての用途での使用が禁止された．臭素の重量百分率が高くオゾン層を破壊しない三臭化リン（PBr_3）は，火災防止カートリッジシステム（PhostrEx®）に使用されている活性な構成分子である．火災防止カートリッジはアメリカ環境保護局（EPA）とアメリカ連邦航空管理部（FAA）の両者によって認可され，現在は市販され，エクリプス 500 ならびにエクリプス 550 ジェット機に使用されている．

エクリプス 500 ジェット機

炭素ーハロゲン結合が極性をもっていることで，ハロアルカンは衣類のドライクリーニングや機械ならびに電気部品のグリースはがし剤などの用途に有用である．これらの用途に使える代替品として，デュポン社から 1,1,1,2,2,3,4,5,5,5-デカフルオロペンタン（$CF_3CF_2CHFCHFCF_3$）というフッ素化された溶媒が市販

コラム● 6-1 フッ素化されている薬剤 MEDICINE

3章において，有機フッ素化合物が大気圏科学，とくにオゾン層の減少に関して重大な役割を担っていることを述べた．炭素−フッ素結合を含む化合物は医薬品においても重要な地位を占めている．C—F結合はすべての炭素−ハロゲン結合のなかで最も短く最も強い(表6-1)．そして実際，C—H結合よりもほんの少しだけ長いにもかかわらず，切断することははるかに難しい．大きな極性$^{\delta+}$C—F$^{\delta-}$をもち，δ^+水素と水素結合を生成することができる孤立電子対をもっている．その結果，医薬候補化合物中のC—H結合をC—F結合で置き換えると，有効性や副作用の傾向も含め，薬効に関与する生化学的な性質に劇的な影響を及ぼすことができる．同様に，フッ素による置換は，水への溶解性や細胞膜の透過能力など医薬品の物理的性質を変化させ，身体への取り込み方にも影響を与える．さらに，強いC—F結合は代謝による切断に耐え，薬をより長く身体のなかにそのままの形で保つことで，薬の効力を高める．これらの状況を考慮すると，最も広く使用されているいくつかの薬を含めて，現在上市されている薬の20%もが，C—F結合を含んでいるという事実は驚くには当たらない．例として，プロトンポンプ阻害剤(コラム2-1参照)のランソプラゾール(プレバシド®)，コレステロール降下剤のアトルバスタチン(リピトール®)，抗ぜんそく剤のフルチカゾンプロピオネート(フロネーゼ®)，ならびに麻酔剤のハロタン(フルオタン®)とセボフルラン(ソジョールン®)をあげることができる．一般的な麻酔剤は，イオンが細胞膜を通って脳へ移動するのを制御するタンパク質と結合することで作用を示す．この結合の性質については十分に理解されていないが，セボフルランに関する最近の研究から，C—F結合が分子中のC—H結合の分極を促すことが示唆されている．続いて，分極したFとH原子が，イオンチャンネルのタンパク質中にある芳香環(表2-3参照)のH原子とπ電子それぞれとの双極子引力によって結合し，神経インパルスの伝達を調整することで麻酔効果が現れる．

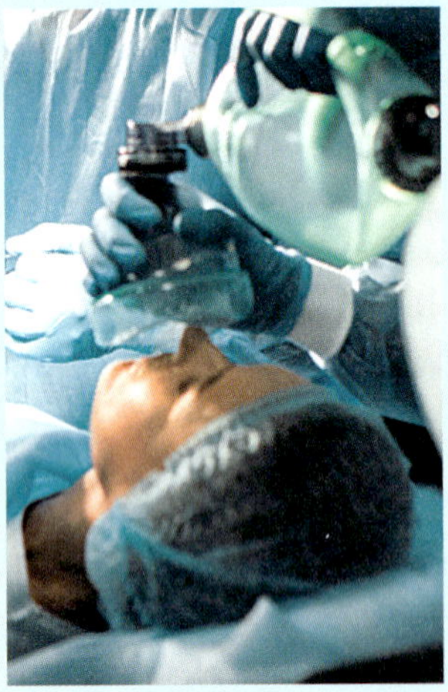

ハロタン($CF_3CHBrCl$)やそれより新規なセボフルラン〔$(CF_3)_2CHOCH_2F$〕のような吸入麻酔によって引き起こされる生理学的な作用は，C−X結合の分極した性質にもとづく．

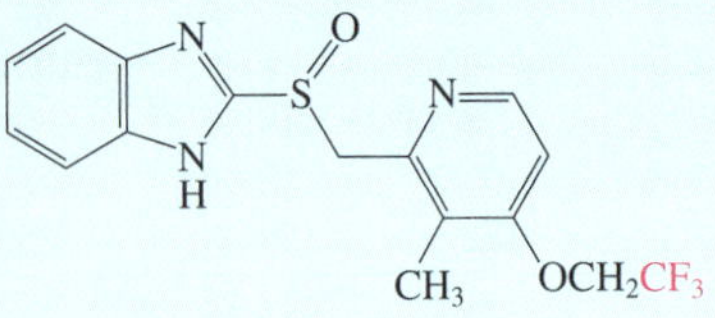

ランソプラゾール
(lansoprazole)
(プレバシド®)

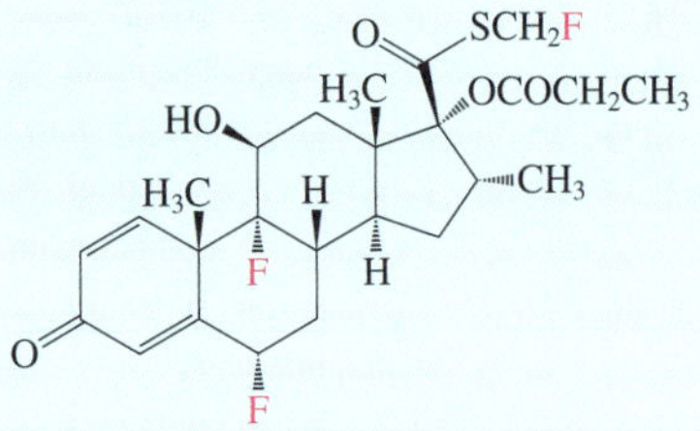

フルチカゾンプロピオネート
(fluticasone propionate)
(フロネーゼ®)

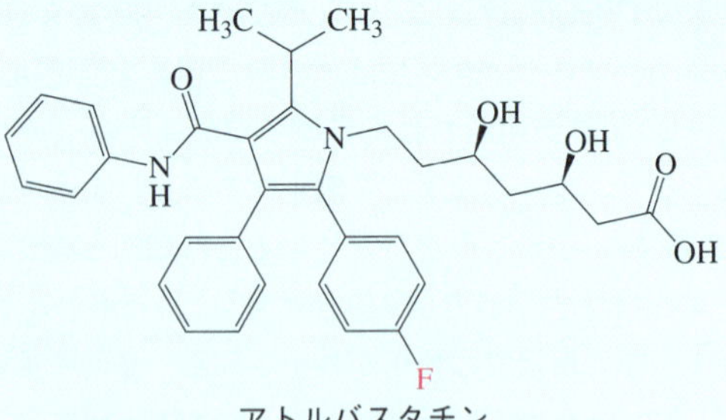

アトルバスタチン
(atorvastatin)
(リピトール®)

された．C—F結合が強固なため，オゾン層を破壊するハロゲン原子を放出するような分解を起こさない．この溶媒は安全かつ安定で工業的に広い範囲で使用でき，容易に回収再利用できる．章末問題52では，もう一つの「グリーン」な溶媒であるイオン液体について紹介している．このイオン液体は化学工業に大刷新をもたらした．

まとめ ハロゲンの軌道はF，Cl，Br，Iの順にしだいに広い範囲に拡散する．したがってこの順に，(1)C—X結合の強さは減少し，(2)C—X結合は長くなり，(3)Rが同じ場合には沸点が高くなり，(4)Xの分極率は大きくなり，(5)London力による相互作用が増大する．これらの互いに相関関係をもつ現象が，ハロアルカンの反応において重要な役割を演じていることを次に学ぶ．

6-2 求核置換反応

ハロアルカンは求電子的な炭素原子をもっている．そのため，非共有電子対をもつ物質である求核剤と反応する．求核剤には水酸化物イオン($^{-}$:ÖH)のようなアニオン種だけでなく，アンモニア(:NH_3)のような中性の化学種も含まれる．**求核置換**(nucleophilic substitution)とよばれるこのような反応では，反応剤がハロアルカンを攻撃し，ハロゲン化物イオンと置き換わる．非常に多くの化合物がこの置換反応によって他の化合物に変換される．とくに溶液中においてよく起こる反応である．自然界においてもいたるところで見られる反応であり，工業的規模においても効率よく行われている反応である．それでは，この反応がどのように進行するのかを眺めてみよう．

求核剤は求電子的中心を攻撃する

ハロアルカンの求核置換反応は次の二つの一般式のいずれかで表される．曲がった矢印が電子対の動きを示していることを思い起こそう(2-2節参照)．

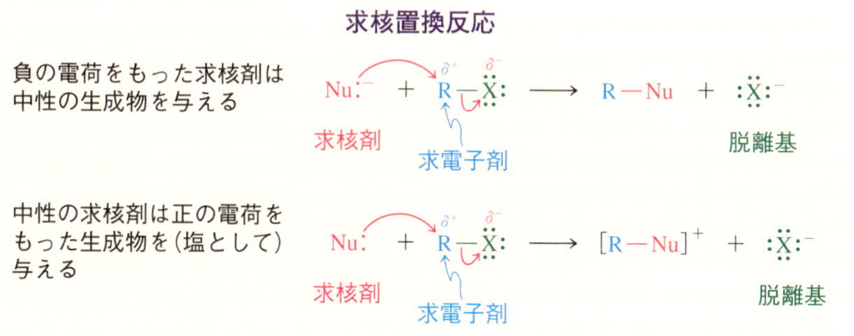

Reaction

色の使い分け
求核剤－赤色
求電子剤－青色
脱離基－緑色

最初の式では，負の電荷をもった求核剤がハロアルカンと反応して中性の置換生成物を与える．2番目の式では，中性のNuが反応して正の電荷をもった生成物を与える．この生成物は対イオンと一緒になって塩を形成する．いずれの場合においても，置換される基はハロゲン化物イオン:Ẍ:$^{-}$で，**脱離基**(leaving group)とよばれる．なお，:Ẍ:$^{-}$以外の脱離基があることはあとで学ぶ．これら2種類の求核置換反応の代表的な例を表6-3に示す．これらの例において，求核剤，求電子剤，脱離基は，それぞれ赤色，青色，緑色で表示してある．これ以降に出てくる多くの式や反応機構においても同様である．**基質**(substrate：*substratus*，ラテン語の「支配された」)という用語は，一般的に反応剤によって攻撃を受ける目標物となる有機出発物質に対して用いられる．この場合には求核剤によって攻撃を受けるハロアルカンを指す.

表6-3 種々の求核置換反応

反応番号	基質		求核剤		生成物		脱離基
1.	$CH_3\ddot{C}l:$ クロロメタン	+	$H\ddot{O}:^-$	⟶	$CH_3\ddot{O}H$ メタノール	+	$:\ddot{C}l:^-$
2.	$CH_3CH_2\ddot{I}:$ ヨードエタン	+	$CH_3\ddot{O}:^-$	⟶	$CH_3CH_2\ddot{O}CH_3$ メトキシエタン	+	$:\ddot{I}:^-$
3.	$CH_3C(H)(\ddot{Br}:)CH_2CH_3$ 2-ブロモブタン	+	$:\ddot{I}:^-$	⟶	$CH_3C(H)(\ddot{I}:)CH_2CH_3$ 2-ヨードブタン	+	$:\ddot{Br}:^-$
4.	$CH_3C(H)(CH_3)CH_2\ddot{I}:$ 1-ヨード-2-メチルプロパン	+	$:N{\equiv}C:^-$	⟶	$CH_3C(H)(CH_3)CH_2C{\equiv}N:$ 3-メチルブタンニトリル	+	$:\ddot{I}:^-$
5.	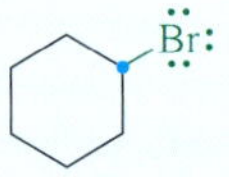 ブロモシクロヘキサン	+	$CH_3\ddot{S}:^-$	⟶	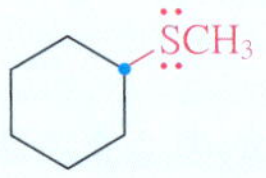 メチルチオシクロヘキサン	+	$:\ddot{Br}:^-$
6.	$CH_3CH_2\ddot{I}:$ ヨードエタン	+	$:NH_3$	⟶	$CH_3CH_2\overset{+}{N}H_3$ エチルアンモニウムイオン	+	$:\ddot{I}:^-$
7.	$CH_3\ddot{Br}:$ ブロモメタン	+	$:P(CH_3)_3$	⟶	$CH_3\overset{+}{P}(CH_3)_3$ テトラメチルホスホニウムイオン	+	$:\ddot{Br}:^-$

注:求核剤は赤色,求電子剤は青色,脱離基は緑色で示されている.アニオンの求核剤は中性の生成物を与える(反応1~5).一方,中性の求核剤は生成物として塩を与える(反応6と7).

求核置換反応にはかなりの多様性がある

求核置換反応によって分子のもつ官能基が変化する.この反応に用いられる求核剤の種類は多い.そのため,多様な新しい分子が置換反応によって入手できる.表6-3にはハロゲン化メチルならびに第一級と第二級のハロゲン化物だけがあげられていることに注意してほしい.7章において,第三級ハロゲン化物は求核剤に対して違った挙動を示すこと,さらに第二級ハロゲン化物の場合にも,ときおり置換生成物とは違った生成物を与えることを学ぶ.ハロゲン化メチルと第一級のハロアルカンは比較的副生成物のない「純粋な」置換反応を起こす.

求核置換反応についてより詳しく見ていこう.表6-3の反応1では,通常は水酸化ナトリウムあるいは水酸化カリウムの水酸化物イオンが,クロロメタンの塩化物イオンと置換してメタノールを与える．この置換反応は，ハロメタンあるいは第一級のハロアルカンをアルコールに変換する一般的な方法である．

反応 2 は置換反応 1 に類似の反応である．メトキシドイオンがヨードエタンと反応してメトキシエタンが生成する．これはエーテル合成の一例である(9-6 節参照)．

反応 1 と反応 2 において，ハロアルカンを攻撃する化学種はアニオン性の酸素イオン求核剤である．これに対して反応 3 は，ハロゲン化物イオンが脱離基としてだけでなく，求核剤としても働くことを示している．

反応 4 は，炭素求核剤であるシアン化物イオン(一般的にシアン化ナトリウム $Na^{+-}CN$ を用いる)による置換反応である．この反応は新しい炭素—炭素結合を生成する反応であり，分子構造を変える重要な手段となる．

反応 5 は反応 2 の酸素を硫黄に置き換えた類似の反応であり，周期表の同族列の求核剤が同じように反応し，類似の生成物を与えることを示している．これは，同族列の窒素とリンの求核剤を用いた反応 6，および反応 7 においても見られる．しかしながら，これら二つの反応は中性の求核剤による反応であり，負の電荷をもった脱離基が放出されるので，アンモニウムイオンあるいはホスホニウムイオンのようなカチオン種がそれぞれ生成する．

表 6-3 に示されている求核剤はすべて反応性がかなり高い．しかしながら，その理由はすべて同じではない．いくつかは，強い塩基性(HO^-，CH_3O^-)をもっているため高い反応性を示す．これに対して，弱い塩基でありながら塩基性以外の特徴によって大きな求核性を示すもの(I^-)もある．すべての例において，脱離基がハロゲン化物イオンであることに注意してほしい．ハロゲン化物イオンは，脱離基としてもまた求核剤としても作用するという特徴をもっている(したがって反応 3 は可逆的である)．ところが，表 6-3 にあげられている他の求核剤(とくに強塩基)については，このことは当てはまらない．すなわち，反応の平衡は右側へ大きく偏っている．この点については，置換反応の可逆性に影響を与える要因とからめて，6-7 節および 6-8 節で取り上げる．それでは次に，求核置換反応の機構について考えよう．

こぼれ話

ハロメタンは置換反応によって求核的な N あるいは S を含む生体分子をメチル化することで田畑の害虫を殺す，一般的な土壌燻蒸剤である．(下の写真は，ブロモメタンによってイチゴ畑を燻蒸するためにビニールシートで覆った様子である．)しかしながら，化学薬品は人間にも有害であり，さらにオゾン層を破壊する．それらの継続的な使用については議論が必要である．

練習問題 6-1

1-ブロモブタンと(a) $:\ddot{\underset{..}{I}}:^-$，(b) $CH_3CH_2\ddot{\underset{..}{O}}:^-$，(c) N_3^-，(d) $:As(CH_3)_3$，(e) $(CH_3)_2\ddot{\underset{..}{Se}}$ との反応によるそれぞれの置換生成物を示せ．

練習問題 6-2

概念のおさらい：合成の計画

化学種 $CH_3CH_2SCH_3$ を合成するのに必要な出発物質をあげよ．

●解法のてびき

What 問題はこの分子を合成する方法を指定していないが，先ほど学んだ反応すなわち求核置換反応を用いるとよいだろう．さらに，表 6-3 から硫黄化合物は求核的であることを学んだ．

How 合成方法を計画する有効な手法は標的化合物の構造から逆にさかのぼって考えることであり，これを**逆合成解析**(retrosynthetic analysis)とよぶ．ここでは考え方だけを示し，8-8 節でもう一度詳しく説明する．問題を「求核置換反応によって望みの生成物を得るには，どのような物質を反応させなければならないか」と読み替えることから始める．標的化合物がもっている結合を明らかにするために，すべての結合を省略せずにその構造を書く．そして求核置換反応によって生成すべき結合を決定せよ．

Information 表6-3の反応5が，二つのC—S結合をもった硫黄化合物を合成する反応のモデル反応である．

Proceed 硫黄求核剤によって置き換えられるハロゲン化物イオンの脱離基について問題は指示していないが，反応5にならって解答を考えればよい．

●答え

塩化物，臭化物あるいはヨウ化物のうちどれを選んでもよい．

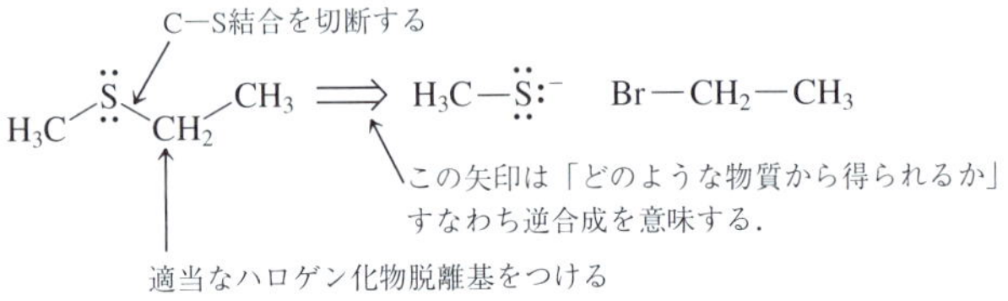
C—S結合を切断する
この矢印は「どのような物質から得られるか」
すなわち逆合成を意味する．
適当なハロゲン化物脱離基をつける

- 実際に実行する方法として，次式の右へ進む反応を書くことができる．

$$CH_3\ddot{\underset{..}{S}}:^- + CH_3CH_2\ddot{\underset{..}{Br}}: \longrightarrow CH_3\ddot{\underset{..}{S}}CH_2CH_3 + :\ddot{\underset{..}{Br}}:^-$$

- 硫黄とエチル炭素ではなく，硫黄とメチル炭素の間の結合を切断することでも同様に容易に逆合成解析を実行できることに注意しよう．第一の方法と同じく以下の第二の合成法も正しい．

$$CH_3\ddot{\underset{..}{I}}: + {}^-:\ddot{\underset{..}{S}}CH_2CH_3 \longrightarrow CH_3\ddot{\underset{..}{S}}CH_2CH_3 + :\ddot{\underset{..}{I}}:^-$$

先にも述べたが，ハロゲン化物イオンの脱離基の選択は重要でない．

練習問題 6-3 自分で解いてみよう

以下の物質を合成するのに必要な出発物質をあげよ．(a) $(CH_3CH_2)_2O$，(b) $(CH_3)_4N^+I^-$．

（**ヒント**：同じような生成物を与える反応例を表6-3のなかから探せ．）

まとめ 求核置換反応は第一級ならびに第二級ハロアルカンに対して非常に一般的な反応である．ハロゲン原子は脱離基として働き，置換反応を起こす求核的な原子にはいくつかの種類がある．

6-3 極性官能基の関与する反応機構：「電子の押し出し」を示す矢印の使用

3章においてラジカル反応によるハロゲン化について考える際に，反応機構に関する知識が反応の実験結果の特徴を説明するのに役立った．求核置換反応についても，また私たちが取り扱うすべての化学反応についても同じことがいえる．どんな反応についても，反応機構についての理解が大切である．求核置換反応は極性反応の一例であり，電荷をもった化学種と分極した結合が関与する．どのように反応が起こるかを理解するには，静電的相互作用についての理解が必須であることを思い起こしてほしい(2章参照)．互いに異符号の電荷をもったものどうしが引きつけ合う．すなわち，求核剤は求電子剤に引き寄せられる．この原理が極性有機反応の機構を理解する基礎となる．本節では，電子の流れの概念を広げる，電子の豊富な場所から電子の不足している場所へと電子が移動する極性反応の機構の一般的表現方法として，電子の押し出しを示す矢印の使い方を説明する．

曲がった矢印が電子の動きを表す

2-3節で学んだように，酸－塩基反応では電子が移動する．酸であるHClが水溶液中で水分子にプロトンを与えるBrønsted-Lowry則にしたがった反応について簡単に再検討してみよう．

曲がった矢印によるBrønsted-Lowryの酸－塩基反応の表現

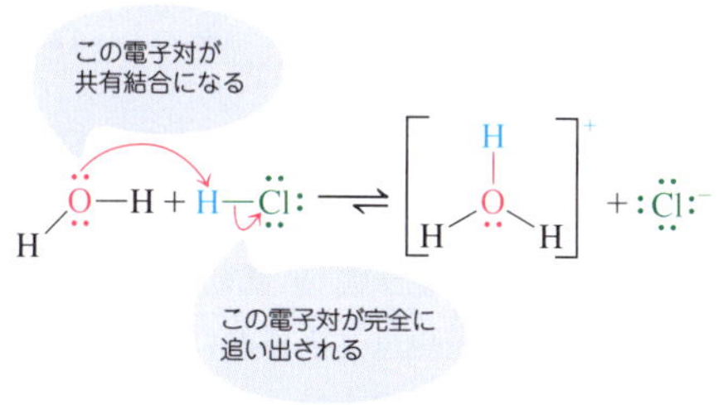

次の点に注意してほしい．酸素の孤立電子対から出て，HClの水素で終わる矢印が意味することは，もともと酸素上にあった孤立電子対が酸素から完全に離れてしまうということではなく，酸素原子と矢印の先端が指し示す原子の間で共有される電子対になるということである．しかしながら，これとは逆に，H—Cl結合から始まって塩素原子を指し示す矢印は，結合の切断を示している．すなわち，電子対は水素から離れて完全に塩化物イオンに取り込まれる．

練習問題 6-4

次にあげる酸－塩基反応それぞれに対して曲がった矢印を用いて電子の流れを示せ．(a) 水素イオン＋水酸化物イオン，(b) フッ化物イオン＋三フッ化ホウ素(BF_3)，(c) アンモニア＋塩化水素，(d) 硫化水素(H_2S)＋ナトリウムメトキシド($NaOCH_3$)，(e) ジメチルオキソニウムイオン〔$(CH_3)_2OH^+$〕＋水，(f) 水が自己解離を起こしオキソニウムイオンと水酸化物イオンになる反応，(g) メタノール(CH_3OH)が自己解離を起こし，メチルオキソニウムイオン($CH_3OH_2{}^+$)とメトキシド($^-OCH_3$)になる反応．

曲がった「電子の押し出し」を示す矢印は，有機化学における反応機構を記述する手段である．酸－塩基反応と求電子剤と求核剤の間の反応には非常に似たところがあるということをすでに学んだ(2-3節参照)．曲がった矢印は，どのように求核置換反応が進行するかを示している．すなわち，求核剤のもつ孤立電子対が求電子的な炭素を攻撃し，この炭素と新しい結合をつくるのに使われ，求電子的な炭素は結合電子対を脱離基のほうへ「押し出す」ことを示す．ところで，この求核置換反応は，求電子剤と求核剤との間の相互作用の機構を表現するのに使われる電子の押し出しを示す矢印によって表される多くの種類の反応の一つにすぎない．2章で紹介した反応の種類にもとづくいくつかのその他の例を下に示す．

いくつかの一般的反応機構の曲がった矢印による表現

Brønsted 酸－塩基反応と比較せよ

Lewis 酸－塩基反応の逆反応

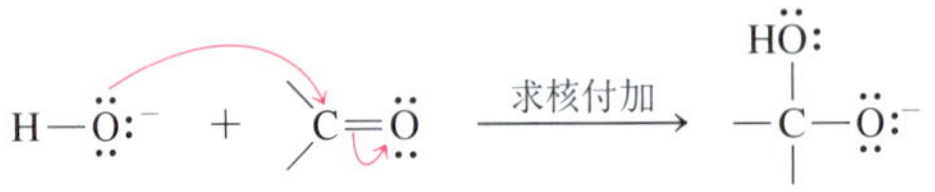

C と O の間の二つの結合のうちの一つだけが切断される

炭素－炭素二重結合が Lewis 塩基として作用する

いずれの例においても，曲がった矢印は原子上の孤立電子対かあるいは結合の中心から出ている．曲がった矢印は決して H^+（最後の例）のような電子不足の原子からは出ない．プロトンの動きは電子源（孤立電子対か結合）からプロトンに向かう矢印で表される．このような表現は，直感的にはわかりにくいかもしれないが，曲がった矢印の使い方を理解するうえでは重要なポイントである．曲がった矢印は電子の動きを表すのであって原子の動きを表すのではない．

1 番目と 3 番目の例は，電子の動きの特徴を示している．電子対がある原子に移動しようとすると，その原子は「電子対を収容する場所」を提供しなければならない．求核置換反応では，ハロアルカンの炭素原子は満たされた外殻電子配置を最初からもっている．したがって，炭素をハロゲンに結びつけている電子対を追い出さなければ，もう 1 対の電子を受け入れることができない．実際，2 組の電子対が協奏的に「動く」．1 組の電子対が閉殻原子に到達すると，炭素原子の 8 電子則を守るように他方の電子対が離れる．電子の動きを表すのに曲がった矢印を使うとき，Lewis 構造式を書く規則を心にとめておくことが非常に重要である．電子の押し出しを表す矢印を正しく使えば，すべての電子が適切な場所に落ち着くので，意識せずに正しい Lewis 構造式を書くことができる．

これ以外の反応様式もあるが，それほど多くはない．有機化学を反応機構の立場から勉強する最も大きな利点は，たとえ問題となっている原子や結合の種類が同じでなくても，種々の極性反応の間の類似性を明らかにできることである．

練習問題 6-5

曲がった矢印を使って表現した前ページの四つの反応機構を示す式のなかで，求核的な部位と求電子的な部位を示せ．

練習問題 6-6

電子対の動きを表す曲がった矢印を使って，練習問題 6-2 の反応について詳細な式を書け．

練習問題 6-7

電子の流れを示す曲がった矢印をつけ加えて，表 6-3 のそれぞれの反応を書き改めよ．

練習問題 6-8

本章ならびに 7 章で詳細に検討する次の反応に，電子の流れを示す曲がった矢印を書き入れよ．

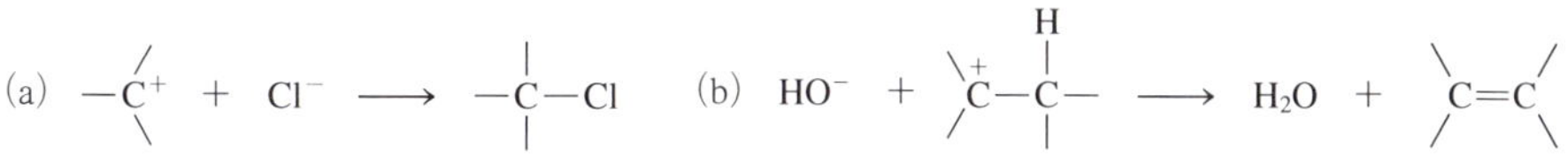

まとめ　曲がった矢印は，反応機構における電子対の動きを表す．電子は，求核的な原子あるいは Lewis 塩基性をもった原子から，求電子的なあるいは Lewis 酸性をもった反応部位へと移動する．電子対がすでに閉殻電子配置をとっている原子に近づく場合には，1 対の電子をその原子から脱離させ，その原子価殻の収容可能な電子の数を超えないようにしなければならない．

6-4 求核置換反応の機構に対するさらなる考察：速度論

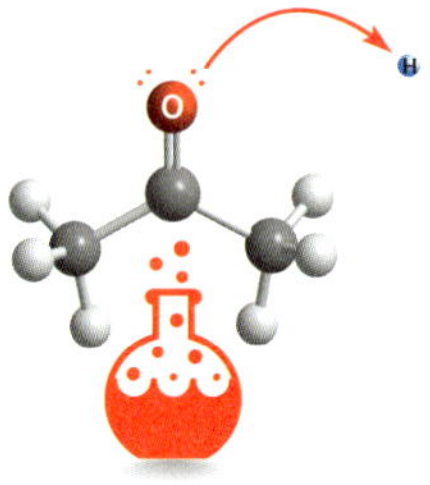

Mechanism

$$CH_3Cl + NaOH \xrightarrow{H_2O,\ \Delta} CH_3OH + NaCl$$

「Δ」は，反応混合物を加熱することを示す．

この段階で多くの問題が出てくる．反応の速度論はどうか，そして速度論に関する知識が，基本的な反応の機構を決定するのにどのように役立つのか，光学活性なハロアルカンを用いると生成物はどうなるのか，置換反応の相対反応速度が予測できるのか，などの問題である．本章の残りを使って，これらの問題について順次述べていく．

クロロメタンと水酸化ナトリウムの混合物を水中で加熱(欄外の式の矢印の右側にあるギリシャ語の大文字のΔ，*delta* は「加熱」を意味する)すると，メタノールと塩化ナトリウムの二つの化合物が収率よく得られる．しかしながらこの結果だけでは，出発物質がどのように生成物に変換されたかについては何もわからない．この問いに答えるためには，どのような実験を行えばよいのだろうか．

最も有効な実験の一つは，反応の速度を測定することである(2-1 節参照)．出発物質の濃度をいくつか変えて反応を行い，生成物が生じる速度を比べることによって，化学反応の**速度則**(rate law)を導くことができる．この実験から，クロロメタンと水酸化ナトリウムの反応について何が明らかになるかを考えよう．

クロロメタンと水酸化ナトリウムの反応は二分子反応である

一つの出発物質の消失あるいは一つの生成物の生成を追跡すれば，反応速度を求めることができる．クロロメタンと水酸化ナトリウムの反応にこの方法を適用すると，反応速度が両方の出発物質の初期濃度に依存していることがわかる．たとえば，水酸化物の濃度を 2 倍にすると，反応速度は 2 倍になる．同様に水酸化物の濃度を一定にしておいてクロロメタンの濃度を 2 倍にしても，やはり反応速度は 2 倍になる．二つの出発物質の濃度を両方とも 2 倍にすると，反応速度は 4

倍になる．こうした結果は，次の速度式で支配される二次反応（2-1 節参照）に当てはまる．

$$反応速度 = k[CH_3Cl][HO^-]\ mol\ L^{-1}\ s^{-1}$$

表 6-3 にあげたすべての反応がこの二次の速度則にしたがう．すなわち，反応速度は基質と求核剤の両方の濃度に正比例する．

二次の速度則に矛盾しない反応機構とはどのようなものだろうか．最も簡単な機構は，二つの反応物質が 1 段階で相互作用するというものである．そのような反応を**二分子**（bimolecular）反応，この種の置換反応を一般に**二分子求核置換**（bimolecular nucleophilic substitution）反応とよび，$\mathbf{S_N2}$〔S は substitution（置換），N は nucleophilic（求核的），2 は bimolecular（二分子）を表す〕と略記する．

練習問題 6-9

概念のおさらい：濃度と反応速度

0.01 mol L^{-1} のアジ化ナトリウム（$Na^+N_3^-$）と 0.01 mol L^{-1} のヨードメタンを含むメタノール溶液について，0℃でその反応速度を追跡すると，ヨウ化物イオンが 3.0×10^{-10} mol L^{-1} s^{-1} の速度で生成することがわかる．この反応で得られる有機生成物の構造式を示し，速度定数 k を求めよ．反応物質の初期濃度が $[NaN_3] = 0.02$ mol L^{-1} と $[CH_3I] = 0.01$ mol L^{-1} であるとき，I^- の生成する速度はどうなるか．

● 解法のてびき

表 6-3 からよく似た反応例を見つけ，それにならって反応を表す式を書け．次に与えられた情報を使って反応速度式を解き k を決定せよ．

● 答え

- 表 6-3 の反応 1 がこの反応のモデル反応である．この問いでは求核剤が水酸化物イオンの代わりにアジドイオンであり，基質はクロロメタンに代わってヨードメタンである．そこで以下のようになる．

$$CH_3I + Na^+N_3^- \longrightarrow CH_3N_3 + Na^+I^-$$

- I^- の生成速度は生成物である CH_3N_3 の生成速度ならびに二つの出発物質の消失速度と同じである．式を解き k を求めよ．

$$3.0 \times 10^{-10}\ mol\ L^{-1}\ s^{-1} = k(10^{-2}\ mol\ L^{-1})(10^{-2}\ mol\ L^{-1})$$
$$k = 3.0 \times 10^{-6}\ L\ mol^{-1}\ s^{-1}$$

- 次にこの k の値を用いて，出発物質の初期濃度が与えられた値に変わったときの新しい反応速度を求めよ．

$$新しい反応速度 = (3.0 \times 10^{-6}\ L\ mol^{-1}\ s^{-1})(2 \times 10^{-2}\ mol\ L^{-1})(10^{-2}\ mol\ L^{-1})$$
$$= 6.0 \times 10^{-10}\ mol\ L^{-1}\ s^{-1}$$

（**ヒント**：このような問題の解答への近道は，濃度の変化した係数の倍率をもとの反応速度に単に掛けることである．**注意**：反応速度式に出てくる物質の濃度変化だけを考慮せよ．）

練習問題 6-10　自分で解いてみよう

練習問題 6-9 の反応において反応物質の初期濃度が次の(a)～(c)であるとき，I^- の生成速度はそれぞれどうなるか．(a)［NaN_3］=0.03 mol L^{-1}，［CH_3I］=0.01 mol L^{-1}；(b)［NaN_3］=0.02 mol L^{-1}，［CH_3I］=0.02 mol L^{-1}；(c)［NaN_3］= 0.03 mol L^{-1}，［CH_3I］= 0.03 mol L^{-1}.

二分子求核置換反応は協奏的な 1 段階過程で進行する

二分子求核置換反応は 1 段階の反応である．求核剤がハロアルカンを攻撃すると同時に脱離基が離れる．結合の生成が結合の開裂と同時に起こる．二つのことが「協奏的に」起こるので，この過程を**協奏**(concerted)反応とよぶ．

このような協奏的置換反応に対して，二つの立体的に異なった反応機構を書くことができる．まず求核剤が基質に対して脱離基と同じ側から接近し，導入される基が脱離基と置き換わる機構が書ける．この経路を**前面での置換**(frontside displacement，図 6-2)という．次の節で学ぶように，この経路での反応は起こらない．もう一つの反応機構は**背面からの置換**(backside displacement)とよばれるもので，求核剤は脱離基とは反対の側から炭素に接近する(図 6-3)．両者の反応式において，電子対が負の電荷をもった水酸化物イオンの酸素原子から炭素原子のほうへ移り，C—O 結合を生成する．一方，C—Cl 結合の電子対が塩素のほうへ移り，塩素は塩化物イオン :C̤̈l:$^-$ として押し出される．前面での置換あるいは背面からの置換のいずれの遷移状態においても，負の電荷は酸素と塩素の両方の原子上に分布している．

遷移状態は反応の一つの段階を表すのではなく，それを経て生成物に至る途中段階に形成される．つまり，遷移状態とは，1 段階過程で反応する化学種が最大のエネルギーとなる地点を通過する際にとりうる幾何学的な配置を表すにすぎないことに注意しよう(2-1 節参照)．

図 6-2 および次ページの図 6-3 にある記号 ‡ は遷移状態を示していることを思い起こそう．遷移状態は非常に寿命が短く，単離できない(2-1 節および 3-4 節参照)．

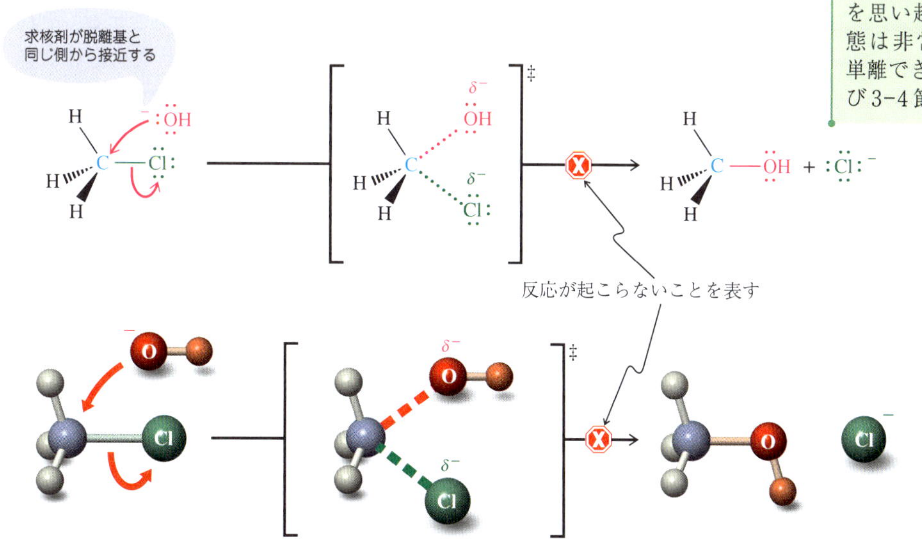

図 6-2　仮想的な前面での求核置換反応(起こらない)．仮想的な遷移状態がかっこ内に示され，遷移状態であることを示す ‡ の記号がつけられている．

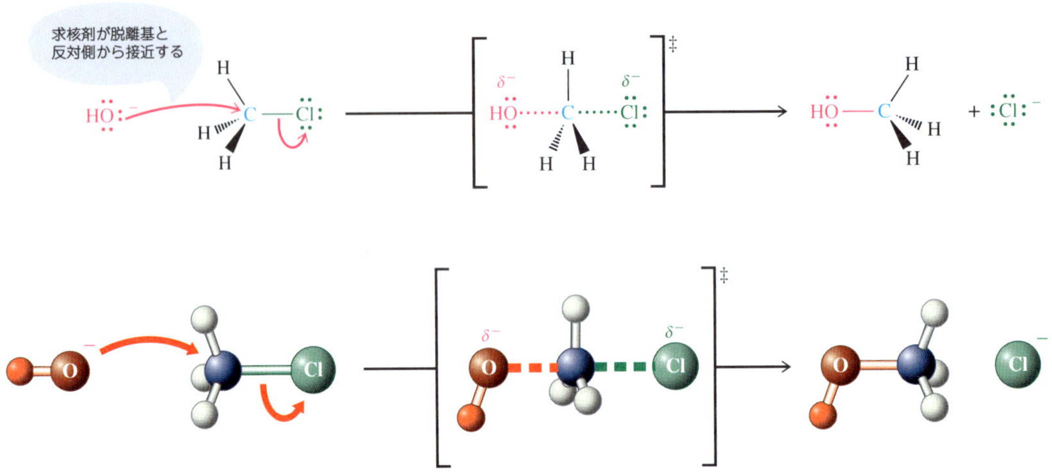

図 6-3　背面からの求核置換反応．求核剤の攻撃は脱離基とは反対の側から起こる．結合の生成（C−OH）と結合の開裂（C−Cl）が協奏的であることが，遷移状態において炭素に対して OH と Cl の両者が部分的に結合していることを示す点線で描かれている．

練習問題 6-11

ヨウ化ナトリウムと 2-ブロモブタンの S_N2 反応（表 6-3）について，前面での置換ならびに背面からの置換の仮想的な反応機構を図に書いて示せ．図 6-2 および図 6-3 にならって矢印を使って電子対の動きを示せ．

まとめ　クロロメタンと水酸化物イオンとが反応して，メタノールと塩化物イオンを与える反応，ならびにこれと関連した種々の求核剤とハロアルカンの反応は，S_N2 反応とよばれる二分子反応の例である．S_N2 反応に対して，前面での攻撃と背面からの攻撃という二つの 1 段階反応機構が考えられる．両者とも協奏過程であり，実験的に得られる二次の速度則を満足させる．それではこれら二つの反応機構を区別することができるだろうか．この問いに答えるため，先に詳細に検討した立体化学についての話にもう一度戻る．

6-5 前面攻撃か背面攻撃か：S_N2 反応の立体化学

図 6-2 ならびに図 6-3 を空間における構成原子の配列に関して比べてみると，図 6-2 の変換反応では水素原子三つがもとあった場所，すなわち炭素の左側にとどまったままである．これに対して図 6-3 では，水素原子三つが炭素の右側へ移動している．実際，二つのメタノールは互いに向かい合った鏡像の関係にある．この場合には二つのメタノールは互いに重ね合わせることができ，両者を区別することはできない．なぜなら，メタノールはアキラルな分子だからである．ところが，求核剤の攻撃を受ける炭素が立体中心となるようなキラルなハロアルカンを用いればこの状況は一変し，二つの反応機構を区別することができる．

S_N2 反応は立体特異的である

(*S*)-2-ブロモブタンとヨウ化物イオンの反応について考えてみよう．前面で置換反応が進行すれば，出発物質の立体配置と同じ(*S*)の立体配置をもつ2-ヨードブタンが生成し，背面からの攻撃が起これば逆の立体配置をもった生成物が得られるはずである．

実際に反応を行うとどのような結果が得られるだろうか．(*S*)-2-ブロモブタンにヨウ化物イオンを作用させると，(*R*)-2-ヨードブタンの生成が見られる．すなわち，この反応にかぎらず S_N2 反応はすべて**立体配置の反転**(inversion of configuration)をともなう．出発物質のそれぞれの立体異性体が生成物の特定の立体異性体にそれぞれ変換される反応を，**立体特異的**(stereospecific)† な反応であると表現する．それゆえ S_N2 反応は立体特異的過程であり，背面からの置換によって進行し，反応位置での立体配置の反転をともなう．

(*S*)-2-ブロモブタンとヨウ化物イオンとの反応の進行の様子が，図 6-4 に示す三つの方法，すなわち(A)一般的な反応式，(B)分子模型ならびに(C)静電ポテンシャル図を用いて示されている．

遷移状態において，求核剤のもつ負の電荷の一部が脱離基にも広がっていることがわかる．反応が完結に近づくと，脱離基が負の電荷のすべてを受けもつ．この変化は遷移状態における静電ポテンシャル図において，出発物質であるハロゲン化物イオンや脱離していくハロゲン化物イオンが鮮やかなはっきりした赤色に描かれているのに比べ，遷移状態における二つのハロゲン原子のまわりの赤色がうすくなっていることに対応している．反応機構を示す上の二つの反応式では，脱離基に対して赤色でなく，緑色を使っていることに注意しよう．これ以外の色の使い方は三つの反応式の間で一致している．

第一級炭素には脱離基の他に二つの水素が結合しているので，第一級炭素上での置換反応の立体化学を直接観測することはより難しい．この炭素が立体中心ではないからである．この問題は，二つの水素のうちの一つを水素の同位体で質量2をもった重水素に置き換えることによって解決できる．こうすれば第一級炭素上に立体中心ができ，キラルな分子となる．この方法によって，次の例に示すように第一級炭素上での S_N2 置換反応が実際に立体配置の反転をともなって進行することを確かめることができる．

† 訳者注：「立体特異的」という用語には種々の解釈がある．H. Zimmerman らが提唱した元来の定義によると，異なる立体異性体から出発して異なる立体異性体の生成物を生じる場合に立体特異的という語を用いる．たとえば *trans*-2-ブテンに臭素を付加させると *meso*-2,3-ジブロモブタンが生成し，*cis*-2-ブテンからは(2*R*,3*S*)-と(2*S*,3*R*)-2,3-ジブロモブタンのラセミ混合物が生成するような反応をいう(12-5 節参照)．

第一級炭素原子上での S_N2 置換反応の立体化学

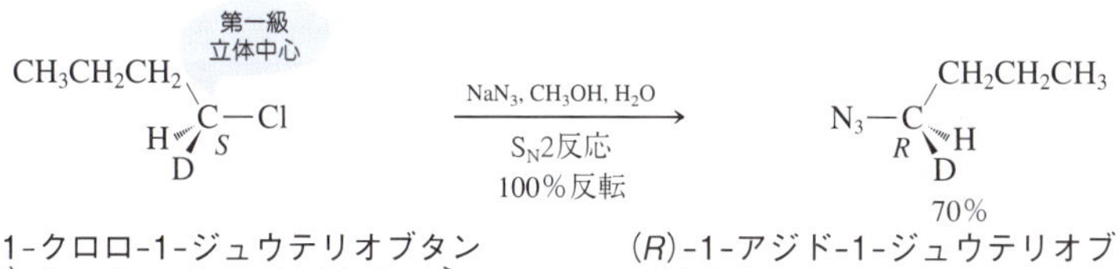

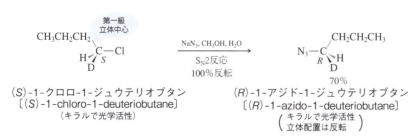

(*S*)-1-クロロ-1-ジュウテリオブタン
〔(*S*)-1-chloro-1-deuteriobutane〕
(キラルで光学活性)

(*R*)-1-アジド-1-ジュウテリオブタン
〔(*R*)-1-azido-1-deuteriobutane〕
(キラルで光学活性
立体配置は反転)

伝統的なビリヤードのショットは，S_N2 反応における背面からの置換モデルによく似ている．手玉が橙色の球に衝突すると，橙色の球は動かず赤色の玉がはじき出される．

求核剤であるアジドイオン N_3^- は，立体特異的に塩化物イオンの背面からの置換を起こし，キラル炭素上での立体配置の反転をともないながら生成物であるアジドアルカンを与える．

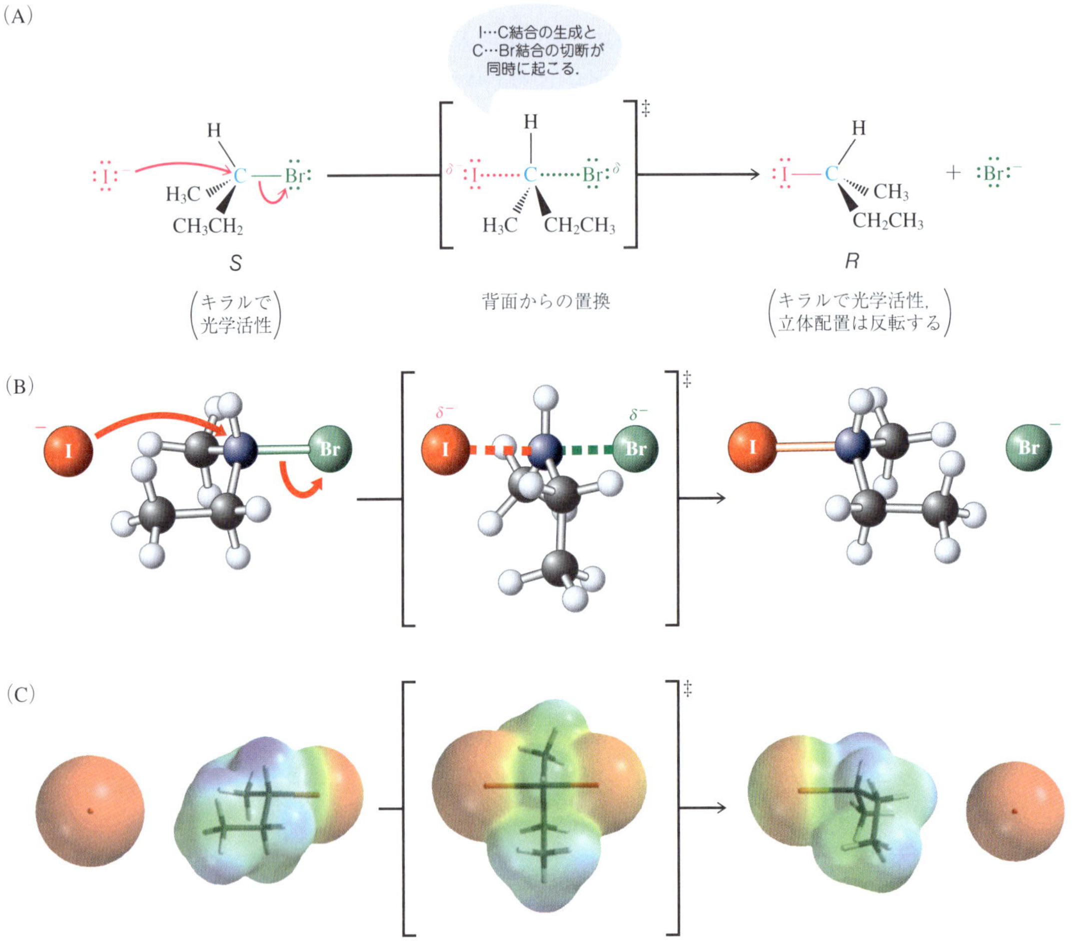

図 6-4 S_N2 反応における背面からの置換機構の立体化学．(A)一般的な化学反応式，(B)分子模型による表現，(C)化学種の静電ポテンシャル図．遷移状態はかっこ[ ]で囲まれ，記号‡によって遷移状態であることが示されている(3-4節参照)．

アメリカの George W. Bush 元大統領が立体配置の反転を経験しているところ．

練習問題 6-12

次の S_N2 反応における生成物を示せ．
(a) (*R*)-3-クロロヘプタン + $Na^{+-}SH$，(b) (*S*)-2-ブロモオクタン + $N(CH_3)_3$，(c) (3*R*,4*R*)-4-ヨード-3-メチルオクタン + $K^{+-}SeCH_3$．

練習問題 6-13

シアン化物イオンと(a) *meso*-2,4-ジブロモペンタン(S_N2 反応が2回起こる)，あるいは(b) *trans*-1-ヨード-4-メチルシクロヘキサンとの S_N2 反応の生成物の構造を示せ．

S_N2 反応の遷移状態は軌道図で表現できる

S_N2 反応の遷移状態は，軌道を使って図 6-5 のように表現することができる．炭素がハロゲン原子との結合に使っている sp^3 混成軌道の後方の小さいローブに

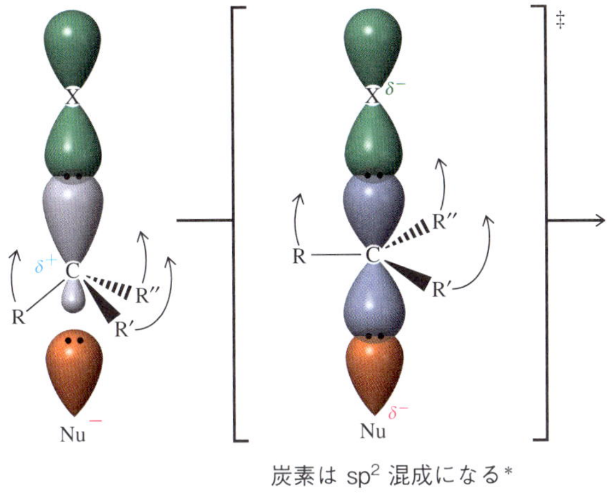

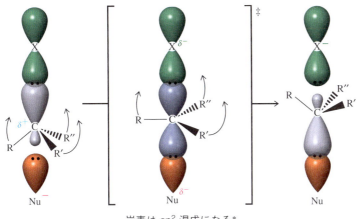

図 6-5 S_N2 反応の背面攻撃を示す分子軌道による表現．この過程は突風にあおられて傘がひっくり返る様子とよく似ている．

＊中央の遷移状態の図にある炭素の上下の青色の軌道は，単一の p 軌道に似ているが，そうではない．これらの軌道には 4 個の電子が存在しており，一つの軌道に対して 2 個より多くの電子を収容できないという Pauli の原理に反している．分子軌道論によると，上方の青色のローブは，炭素上のもともと σ 結合に使われていた軌道に由来し，一方，下側のローブはもとの σ 軌道と連係した反結合軌道に由来し，C—X 結合とは逆の方向を向いている．もともと空であったこの反結合軌道が求核剤から電子対を受け取り，新しい C—Nu 結合の σ 軌道へと変わる．

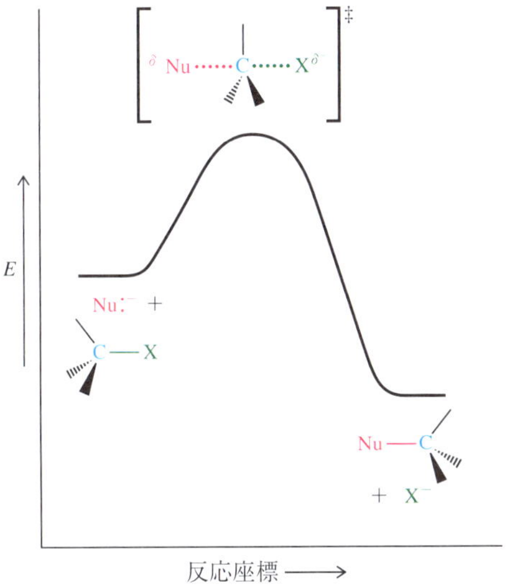

図 6-6 S_N2 反応のポテンシャルエネルギー図．反応は 1 段階で進行し，遷移状態が一つだけ存在する．

求核剤が近づくにつれ，分子はこの炭素の混成を徐々に sp^2 に変化させ，遷移状態では平面構造をとる．生成物の生成とともに立体反転が完了する．炭素はもとの sp^3 混成に戻る．ポテンシャルエネルギーと反応座標の図を使って反応の経路を表したものが図 6-6 である．

6-6 S_N2 反応における反転の結果

S_N2 反応における立体化学の反転はどのような結果をもたらすだろうか．反応は立体特異的に進行するので，置換反応を用いて望みの立体化学をもつ異性体を合成することができる．

S_N2 反応を利用すると特定のエナンチオマーを合成することができる

2-ブロモオクタンの硫化水素イオン(HS^-)による2-オクタンチオールへの変換反応について考えよう．光学的に純粋な *R* 体の臭化物から出発すれば，*S* 体のチオールだけが得られ，*R* 体のエナンチオマーはまったく生成しない．

置換基の優先順位に関する色表示の使い分け(5-3節参照)．
最も高いもの－赤色
2番目に高いもの－青色
3番目に高いもの－緑色
最も低いもの－黒色

光学的に純粋な化合物の S_N2 反応による立体配置の反転

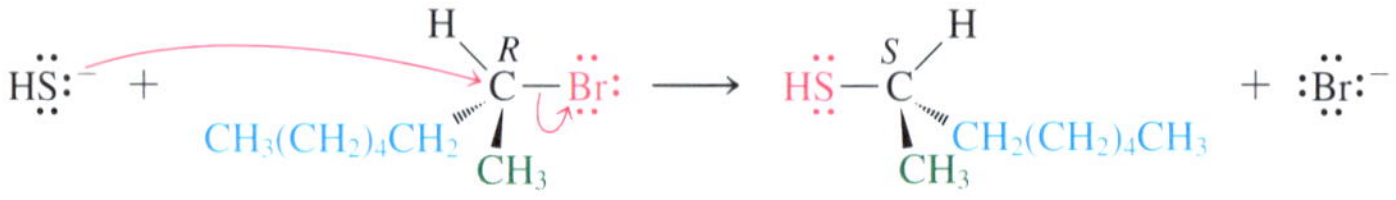

(*R*)-2-ブロモオクタン〔(*R*)-2-bromooctane〕([α]＝−34.6)　(*S*)-2-オクタンチオール〔(*S*)-2-octanethiol〕([α]＝+36.4)

(*R*)-2-ブロモオクタンを *R* 体のチオールに変換したいときには，どうすればよいだろうか．一つの方法は立体中心における立体配置の反転をともなう S_N2 反応を二つ組み合わせることである．たとえば，ヨウ化物イオンによる S_N2 反応を用いて，まず(*S*)-2-ヨードオクタンをつくる．次に，反転した立体配置をもつこのヨウ化物を基質として，第二の置換反応を行う．すなわち，このヨウ化物に HS^- イオンを作用させると，*R* 体のチオールが生成する．このように二つの S_N2 反応を用いて反転操作を2度続けて行うと，正味として**立体配置を保持**(retention of configuration)しながら目的とする変換を達成することができる．

反転を2度行うと正味として立体配置は保持される

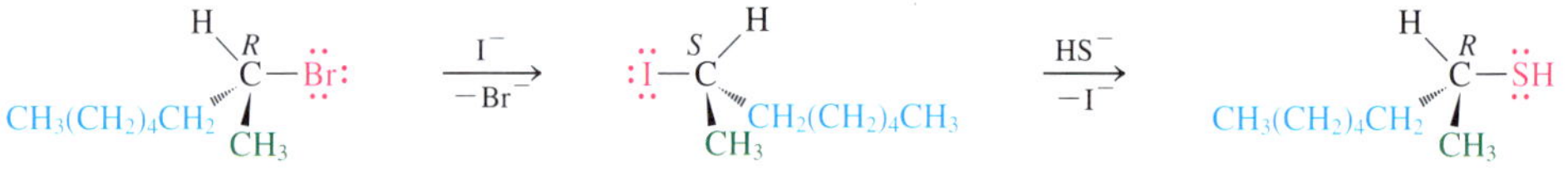

(*R*)-2-ブロモオクタン([α]＝−34.6)　1度目の立体配置の反転　(*S*)-2-ヨードオクタン([α]＝+46.3)　2度目の立体配置の反転　(*R*)-2-オクタンチオール([α]＝−36.4)

練習問題 6-14

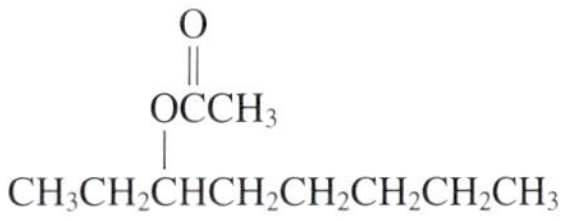

酢酸3-オクチル
(3-octyl acetate)

カルボン(5章，章末問題44)の場合のように，エナンチオマーは時としてにおいや香りによって互いに区別することができる．3-オクタノールやその誘導体もその例である．すなわち，右旋性化合物は天然のペパーミント油(ハッカ油)のなかに存在するのに対し，(−)のエナンチオマーはラベンダーのエキスに含まれている．(*S*)-3-ヨードオクタンを出発物質として，酢酸3-オクチル(欄外)の光学的に純粋な両エナンチオマーを合成する方法を述べよ(酢酸エステルのアルコールへの変換については8-4節で述べる)．

練習問題 6-15

概念のおさらい：S_N2 置換反応の立体化学の結果

溶液中において(*S*)-2-ヨードオクタンに NaI を作用させると，出発物質の光学活性が失われる．この理由を説明せよ．

●解法のてびき

What この反応の式を書くと，この問題が特異なものであることに気づくだろう．このS$_N$2 反応ではヨウ化物イオンが求核剤でもあり同時に脱離基でもある．そのためこの反応では，ヨウ化物イオンがヨウ化物イオンと置換する．この点と1度ごとの置換反応が反応中心における反転をともなって進行する点を認識することがこの問題を解く鍵である．

How (*S*)-2-ヨードオクタンの光学活性は，この化合物がキラルで単一のエナンチオマーであるという事実にもとづいている．化合物の構造は練習問題6-14の上に記載されている．立体中心はC2でヨウ素原子が結合した炭素である．(*S*)-2-ヨードオクタンは第二級ハロアルカンで，本章のいくつかの例で見てきたように背面からの攻撃を受け，反応点での反転をともなう S$_N$2 反応を行う．

Information 先にも述べたように，I^-は良好な求核剤でもありすぐれた脱離基でもある．

Proceed 一歩一歩論理的に進めよ．

●答え

この反応においてI^-は両者の役割を果たすので変換はすばやく起こる．置換が起こるたびに立体中心は立体化学の反転を起こす．この反応は非常に速いので，各基質分子に対して置換反応が何度も起こり，そのたびに立体化学が反転する．この反応の繰り返しによって最終的に出発物質は *R* 体と *S* 体の立体異性体の 1:1 混合物(ラセミ体)になる．

練習問題 6-16　自分で解いてみよう

(a) アミノ酸は天然に存在するペプチドやタンパク質のビルディングブロック(構成単位)である．実験室では，下記の2-ブロモプロパン酸のアラニンへの変換反応で示すように，2-ハロカルボン酸のハロゲンに対してアンモニアを求核剤として S$_N$2 置換反応を施すことによって調製される．

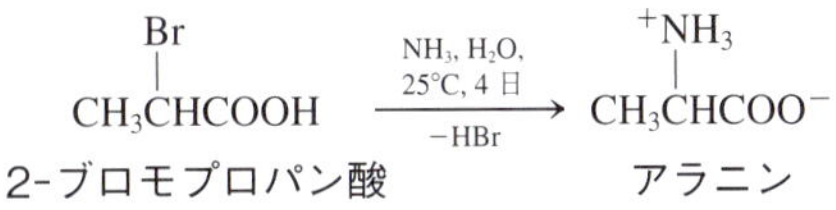

身体のなかでつくられるアミノ酸(非必須アミノ酸)では，(*S*)-アラニンが最も多く，タンパク質中のアミノ酸成分の約8%を占めている．

ほとんどの天然アミノ酸と同じように，アラニンの立体中心は *S* の立体配置をもっている．(*S*)-アラニンと上記の式にしたがって(*S*)-アラニンを合成するのに必要な2-ブロモプロパン酸のエナンチオマーのそれぞれに対して，明確な立体構造を書け．

(b) 次の S$_N$2 反応の生成物を書き，*R*,*S* 順位則にしたがって生成物の絶対立体配置を示せ．驚かなかったか？　何が起こったのかを述べよ．

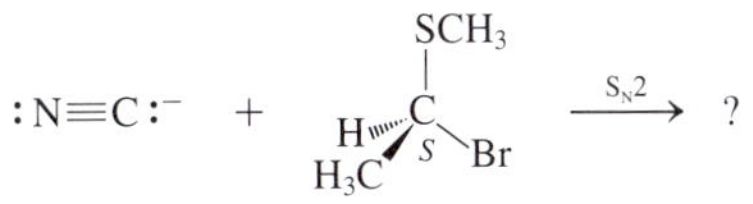

二つ以上の立体中心をもつ物質では，求核剤と反応する炭素上でのみ反転が起こる．たとえば，(2*S*,4*R*)-2-ブロモ-4-クロロペンタンと過剰のシアン化物イオンとの反応では，メソ生成物が得られることに注意しよう．このことは Fischer 投影式を用いると，とくに容易に理解できる．

二つの立体中心をもつ分子の S_N2 反応

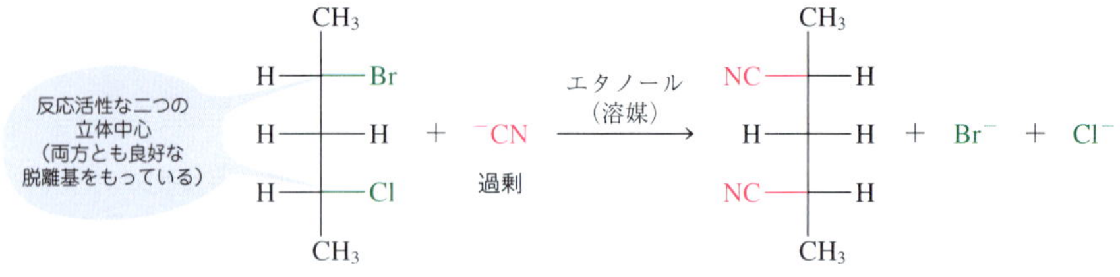

2S, *4R*　　　　*2R*, *4S*：メソ

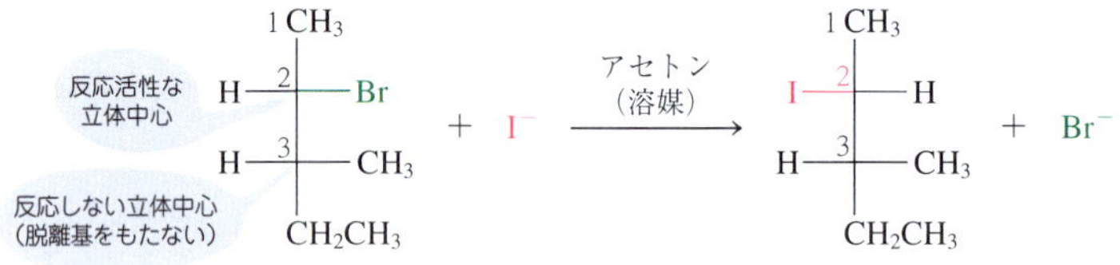

2S, *3R*　　　　*2R*, *3R*

これらの反応式において，エタノールとアセトンはそれぞれの反応における溶媒である．これらの溶媒は極性をもっており（1-3節参照），とくに塩をよく溶かす．溶媒の性質がS_N2反応に及ぼす影響については6-8節でもう一度取り上げる．二つ目の例においてC2上で起こる反応は，C3の立体中心にはなんら影響しないことに注意しよう．

練習問題 6-17

立体化学を予測するとき，「ジアステレオマーからはジアステレオマーが生成する」という指針が役に立つ．先の二つの例のそれぞれの出発物質をそのジアステレオマーの一つと置き換えて，例に示した求核剤を作用させたときのS_N2置換反応生成物を示せ．得られた生成物の構造式はこの「規則」に当てはまるか．

同様に，置換基をもったハロシクロアルカンに対して求核置換反応を行うと，置換基間の相対的な立体化学の関係が変化する．たとえば下にあげた二置換シクロヘキサンの場合，立体化学の相対的関係はシス体からトランス体へと変わる．

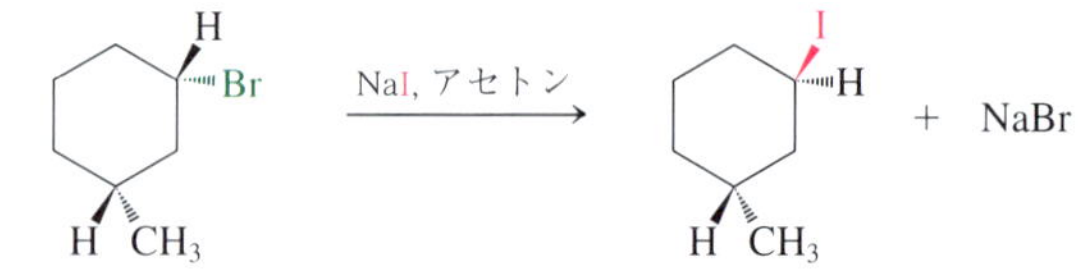

cis-1-ブロモ-3-メチルシクロヘキサン　　　　*trans*-1-ヨード-3-メチルシクロヘキサン

まとめ S_N2 反応における立体配置の反転は立体化学上の顕著な特徴である．光学活性物質に対して S_N2 反応を行うと，生成物はやはり光学活性である．ただし，求核剤と脱離基が同じであるか，あるいはメソ化合物が生成する場合は例外である．環状化合物では S_N2 反応によってシスとトランスの立体化学が互いに入れ換わる．

6-7 構造と S_N2 の反応性：脱離基

S_N2 反応の相対的な起こりやすさはいろいろな要因に依存する．その要因とは脱離基の性質，求核剤の相対的反応性（反応溶媒の種類によって影響を受ける），そして基質のアルキル基の構造などである．脱離基や求核剤さらには基質の構造の違いが S_N2 反応の反応性にどれくらいの影響を及ぼすかを評価するのに速度論を利用する．まず，脱離基について検討する．続いて次節で求核剤ならびに基質について考える．

S_N2 反応に影響を及ぼす種々の要因

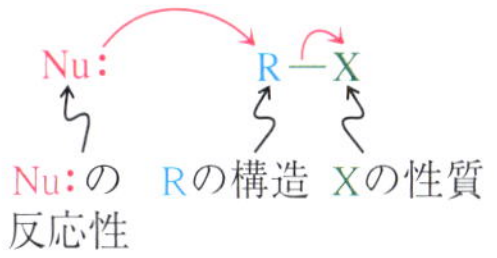

脱離基の脱離能は置換の容易さの尺度である

求核置換反応は，置換される基 X が C—X 結合の電子対を取り込んで容易に脱離することができるときにのみ進行する．構造を見ただけで，その脱離基がはたして「すぐれた」脱離基なのか，あるいは「劣った」脱離基なのかが少なくとも定性的にわかるだろうか．脱離の相対的な容易さ，すなわち**脱離基の脱離能**（leaving-group ability）は，負の電荷を受け入れる能力と関係している．このことは，反応の遷移状態において，ある程度の量の負電荷が脱離基のほうへ移行していること（図 6-5）を思い起こせば明らかである．

脱離基の脱離能

$I^- > Br^- > Cl^- > F^-$

最も大きい　　最も小さい

← 脱離能が大きくなる

ハロゲン化物イオンの場合，脱離基としての能力はフッ化物イオンからヨウ化物イオンへと周期表の同族列を下に降りるにつれて大きくなる．したがって，ヨウ化物イオンは脱離能の大きい「すぐれた」脱離基である．これに対してフッ化物イオンは脱離能が「乏しい」ため，フルオロアルカンの S_N2 反応の例はほとんどない．

練習問題 6-18

1-クロロ-6-ヨードヘキサンにメチルセレン化ナトリウム（$Na^{+}\,{}^{-}SeCH_3$）1 当量を作用させたときの反応生成物を予想せよ．

ハロゲン化物イオンだけが，S_N2 反応において求核剤によって置換される唯一の官能基ではない．ハロゲン化物イオン以外の脱離能の大きい脱離基として，硫酸メチルイオン（$CH_3OSO_3^-$）や種々のスルホン酸イオンのような $ROSO_3^-$ や RSO_3^- の構造をもつ硫黄誘導体をあげることができる．硫酸アルキルイオンやアルカンスルホン酸イオンの脱離基は非常によく使用されるので，化学の論文のなかでは，メシラート，トリフラートあるいはトシラートといった慣用名で示されている．

硫酸アルキルイオンとアルカンスルホン酸イオンの脱離基

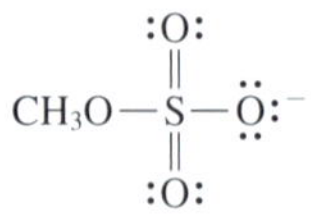

硫酸メチルイオン

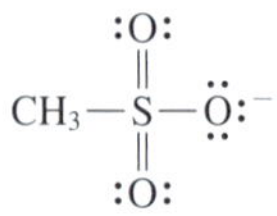

メタンスルホン酸イオン
(メシラートイオン)

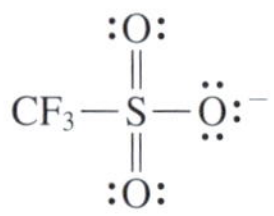

トリフルオロメタン
スルホン酸イオン
(トリフラートイオン)

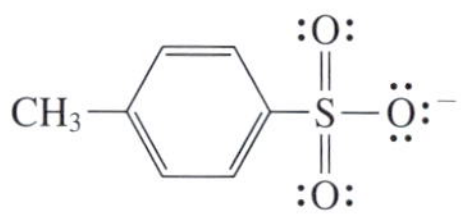

4-メチルベンゼンスルホン酸イオン
(*p*-トルエンスルホン酸イオン,
トシラートイオン)

塩基性度

$I^- < Br^- < Cl^- < F^-$

最も低い　　最も高い

← 塩基性度が低くなる

弱塩基はすぐれた脱離基である

脱離能の大小を区別する特徴的な性質があるだろうか．答えはイエスである．最もすぐれた脱離基は弱い塩基である．弱い塩基は容易に負の電荷を受け入れ，比較的容易にプロトンならびに炭素の両方から離れる性質をもっている．ハロゲン化物イオンのなかでは，ヨウ化物イオンが最も弱い塩基であり，それゆえ同族列のなかで最も脱離能の大きい脱離基となる．硫酸アルキルイオンやアルカンスルホン酸イオンも同様に弱い塩基である．

弱い塩基を容易に認識する方法があるだろうか．X^-が塩基として弱ければ弱いほど，その共役酸(HX)はより強い酸である．したがって，脱離能の大きな脱離基は強酸の共役塩基である．この規則は四つのハロゲン化物イオンについてもよく当てはまっている．すなわち，HF は共役酸のうちで最も弱く，HCl は HF より強い．そして HBr や HI はさらに強い酸である．表 6-4 にいくつかの酸とそれらの pK_a 値をあげた．予想されるように，四つのハロゲン化物イオンの脱離基としての能力はそれらの塩基性とは逆の関係にある．

中性の水や上にあげた硫黄オキシアニオンもまた弱い塩基で，すぐれた脱離基である．しかしながら，表からわかるように，それらは共役酸の pK_a の値から予想されるよりもはるかにすぐれた脱離基である．したがって，脱離能と塩基の強さとの相関は完全ではない．どうしてだろうか．塩基の強さは平衡の位置によって測定される熱力学的な性質である．これに対して，置換反応は速度論すなわち反応速度の比較にもとづいて評価される．両者間の定量的な相関は，四つのハロゲン化物イオンのグループ内のように密接に関係した化学種に対してのみ可能である．同様の議論は求核剤の強さを考える際にも必要である(6-8 節)．

表 6-4 塩基の強さと脱離基

共役酸		脱離基
強酸	pK_a	脱離能が大きい
CH_3OSO_3H	−3.4	$CH_3OSO_3^-$(最高)
HI(最も強い)	−10.0	I^-
CH_3SO_3H	−1.2	$CH_3SO_3^-$
HBr	−9.0	Br^-
H_3O^+	−1.7	H_2O
HCl	−8.0	Cl^-
HNO_3	−1.4	NO_3^-

(↑ 脱離能がより大きくなる)

共役酸		脱離基
弱酸	pK_a	脱離能が小さい
HF	3.2	F^-
CH_3CO_2H	4.7	$CH_3CO_2^-$
HCN	9.2	NC^-
CH_3SH	10.0	CH_3S^-
CH_3OH	15.5	CH_3O^-
H_2O	15.7	HO^-
NH_3	35	H_2N^-
H_2(最も弱い)	38	H^-(最低)

(↑ 酸としてより強くなる)
(↑ 脱離能がより大きくなる)

練習問題 6-19

各組の化合物ならびに化学種についてどちらがより強い酸であるかを述べよ．必要なら 2-3 節を復習せよ．(a) H_2S, H_2Se, (b) PH_3, H_2S, (c) $HClO_3$, $HClO_2$, (d) HBr, H_2Se, (e) NH_4^+, H_3O^+. それぞれの共役塩基を示し，それらの脱離基としての能力を各組で比較せよ．

練習問題 6-20

次のアニオンの(a)～(d)各組について，どちらがより強い塩基かを述べよ．(a) ^-OH, ^-SH, (b) $^-PH_2$, ^-SH, (c) I^-, ^-SeH, (d) $HOSO_2^-$, $HOSO_3^-$. またそれぞれの組のなかで，各塩基に対する共役酸の相対的な酸性度を予測せよ．

まとめ 脱離基の脱離能はその共役酸の酸性度と関係がある．脱離能ならびに共役酸の強さはいずれも脱離基が負電荷を受け入れる能力に依存する．ハロゲン化物イオン Cl^-, Br^-, I^- だけでなく，硫酸アルキルイオンやアルカンスルホン酸イオン（メタンスルホン酸イオンや 4-メチルベンゼンスルホン酸イオン）も脱離能の大きな脱離基である．すぐれた脱離基は弱い塩基であり，強い酸の共役塩基である．硫酸アルキルイオンやアルカンスルホン酸イオンの脱離基としての有機合成への利用については 9-4 節でもう一度述べる．

6-8 構造と S_N2 の反応性：求核剤

前節では脱離基が S_N2 反応に及ぼす影響について述べたが，この節では求核剤の S_N2 反応に対する影響について述べる．求核剤の相対的な強さ，すなわち**求核性**(nucleophilicity)は何によって決まるのだろうか．求核性はさまざまな要因，たとえば電荷，塩基性度，溶媒，分極率，そして置換基の性質などに依存する．これらの要因の相対的な重要性を理解するために，一連の比較実験による結果を一つずつ分析してみよう．

負の電荷が増えると求核性は増大する

次の二つの比較実験の結果から明らかなように，求核攻撃する原子が同じであれば，その原子が電荷をもっているかどうかということが，S_N2 反応において示される求核剤の反応性に重要な影響を与える．

実験 1

$$CH_3Cl + HO^- \longrightarrow CH_3OH + Cl^- \quad \text{速い}$$

$$CH_3Cl + H_2O \longrightarrow CH_3OH_2^+ + Cl^- \quad \text{非常に遅い}$$

実験 2

$$CH_3Cl + H_2N^- \longrightarrow CH_3NH_2 + Cl^- \quad \text{非常に速い}$$

$$CH_3Cl + H_3N \longrightarrow CH_3NH_3^+ + Cl^- \quad \text{より遅い}$$

結　論　反応する原子が同じである 1 組の求核剤では，負の電荷をもった化学種のほうがより強力な求核剤である．いいかえると，塩基とその共役酸とを比較すると，塩基のほうが常により大きな求核性をもっている．この事実は直観的に非常に受け入れやすい．なぜなら，求核的な攻撃によって求電子的な炭素中心との結合が生成する際，攻撃する化学種が負の電荷をたくさんもっていればいるほど反応が速くなることが容易に想像できるからである．

練習問題 6-21

次にあげる化学種(a)～(d)の各組において，それぞれどちらがより求核性の大きい求核剤か．(a) HS^- と H_2S，(b) CH_3SH と CH_3S^-，(c) CH_3NH^- と CH_3NH_2，(d) HSe^- と H_2Se.

周期表を右へいくほど求核性は小さくなる

実験1と2では，求核的に作用する原子が同じである1組の求核剤について比較した(すなわち H_2O と HO^- の酸素原子あるいは H_3N と H_2N^- の窒素原子)．それでは，構造は似ているが求核的に働く原子が異なる場合にはどうだろうか．周期表の同一周期にある元素どうしの求核性を比較してみよう．

実験3

$$CH_3CH_2\ddot{\underset{\cdot\cdot}{Br}}: + H_3N: \longrightarrow CH_3CH_2NH_3^+ + :\ddot{\underset{\cdot\cdot}{Br}}:^-$$ 速い

$$CH_3CH_2\ddot{\underset{\cdot\cdot}{Br}}: + H_2\ddot{\underset{\cdot\cdot}{O}} \longrightarrow CH_3CH_2\ddot{O}H_2^+ + :\ddot{\underset{\cdot\cdot}{Br}}:^-$$ 非常に遅い

実験4

$$CH_3CH_2\ddot{\underset{\cdot\cdot}{Br}}: + H_2\ddot{N}:^- \longrightarrow CH_3CH_2\ddot{N}H_2 + :\ddot{\underset{\cdot\cdot}{Br}}:^-$$ 非常に速い

$$CH_3CH_2\ddot{\underset{\cdot\cdot}{Br}}: + H\ddot{\underset{\cdot\cdot}{O}}:^- \longrightarrow CH_3CH_2\ddot{\underset{\cdot\cdot}{O}}H + :\ddot{\underset{\cdot\cdot}{Br}}:^-$$ より遅い

結　論　ここでも求核性は塩基性度と関連している．すなわち，より塩基性度の高い化学種は，より反応性の高い求核剤である．したがって，周期表において左から右へ進むにつれて求核性は小さくなる．第2周期の求核剤の反応性はおよそ次の順である．

塩基性度が高くなる（←）

$$H_2N^- > HO^- > NH_3 > F^- > H_2O$$

求核性が大きくなる（←）

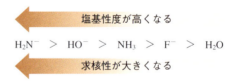

他の求核剤を用いた実験結果から実験1～4で現れている傾向が，一般的に周期表のすべての非金属元素(15～17族)に当てはまることがわかる．負の電荷が大きくなるほうが(実験1，2)，周期表を左へ一つ移る(実験3，4)よりも大きな影響を及ぼすことが一般的である．したがって，上で示した反応性の順において HO^- と NH_3 はともに水よりも求核性が大きいが，HO^- と NH_3 を比べると HO^- のほうが NH_3 よりも求核性が大きい．

練習問題 6-22

次の(a)～(d)それぞれの組のなかで，求核性が大きいのはどちらの化学種か．(a) Cl^- と CH_3S^-，(b) $P(CH_3)_3$ と $S(CH_3)_2$，(c) $CH_3CH_2Se^-$ と Br^-，(d) H_2O と HF.

塩基性度と求核性には相関関係があるのか

2–2 節で述べたように，求核性と塩基性との間には，直観的にかなりよい相関があるように思われる．すなわち，強い塩基は一般にすぐれた求核剤である．しかしながら，これら二つの性質には基本的な違いがある．それは測定方法の違いである．つまり，塩基性度というのは熱力学的な性質であり，平衡定数を測定することによって決定される．

$$A^- + H_2O \overset{K}{\rightleftharpoons} AH + HO^- \qquad K = \text{平衡定数}$$

一方，求核性というのは速度論的な現象をいい，反応の速度を比較することによって定量化される．

$$Nu^- + R{-}X \xrightarrow{k} Nu{-}R + X^- \qquad k = \text{速度定数}$$

前節において，脱離基の脱離能と塩基性の間の相関にも同様な相違が見られた．しかしながら，このように塩基性度と求核性とは，もともと本質的に違ったものであるにもかかわらず，同一周期にある電荷をもった求核剤と中性の求核剤の比較実験において，両者の間によい相関が見られる．それでは周期表を同族列で見た場合に，求核性と塩基性との相関はどうなるだろうか．この場合には，溶媒が大きな役割を演じるため状況が大きく変わる．

重要：塩基や求核剤として言及してきた化学種は同じである．すなわち作用の仕方が異なるだけである．プロトンを攻撃するときには塩基（A^- あるいは B: と表示される）とよび，プロトン以外の核，たとえば炭素を攻撃するときには求核剤（Nu^- あるいは Nu: と表示される）とよぶ（2–3 節を参照）．

溶媒和は求核性を小さくする

求核性と塩基性度との間には相関関係があるということが一般的に成り立つ法則であるとすると，周期表の同族列の元素の間では，上から下へ降りるにつれて求核性が小さくなることが予測される．なぜなら，塩基性度は周期表で上から下へ降りるにつれて低くなる（2–3 節参照）からである．次の実験でこの予測について確かめよう．次の実験では，反応式にはっきりと溶媒であるメタノールを書き入れた．なぜなら溶媒を考慮することがこれらの実験の結果を理解するのに重要だからである．

実験 5

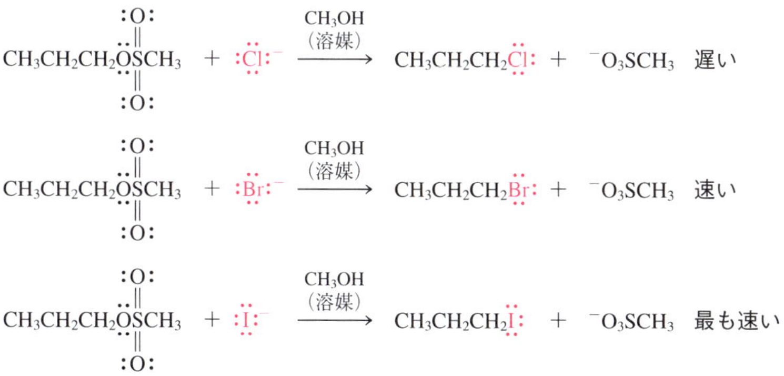

実験 6

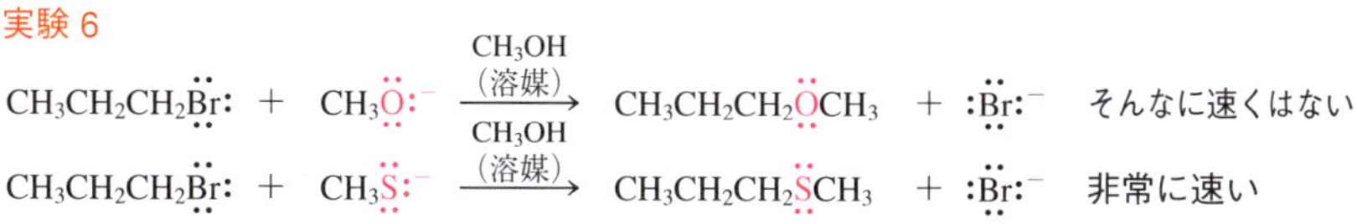

溶媒和と薬の活性

薬を設計するうえで薬化学者は，薬の構造を標的受容体部位に対して三次元的に最大限ぴったり合わせようとする（コラム 5–4 参照）．しかしながら，効果にとって同じくらい重要なことは，この相互作用における両者の水による溶媒和エネルギーである．薬と受容体部位の間の最適な結合は，水分子による不利な脱溶媒和によって相殺される．脱溶媒和は，薬が（ふつうは）胃から必要とされる場所まで移動する際に，細胞膜を通り抜ける間にも起こり，薬の生物学的効能に影響を及ぼす．

結　論　驚くべきことに求核性は周期表を下へ降りるにつれて大きくなる．この傾向は，求核剤の塩基性度から予測した結果とはまったく逆である．たとえばハロゲン化物イオンのなかではヨウ化物イオンが最も弱い塩基であるにもかかわらず，最も速く反応する．

← 塩基性度が高くなる

$F^- < Cl^- < Br^- < I^-$

CH_3OH 中では求核性が大きくなる →

周期表の縦の列（族）で17族から一つ左の16族について見てみると，硫黄求核剤は対応する酸素求核剤よりも反応性が高い．セレン求核剤はさらにより反応性が高いことが実験的に証明されている．したがって，この族でもハロゲン化物イオンで観測されたものと同じ傾向が見られる．この傾向は周期表の他の族についても同様であり一般的である．

この傾向はどのように説明すればよいのだろうか．溶媒のメタノールとアニオン性の求核剤との相互作用を考えることが重要である．これまでは有機反応の解説のなかで溶媒についてほとんど無視してきた．溶媒がほとんど影響を及ぼさないラジカルハロゲン化反応（3章参照）についてはとくにそうであった．これに対して求核置換反応は極性をもった出発物質ならびに極性をもった反応機構が特徴であり，溶媒の性質がより重要となる．溶媒が反応にどのようにかかわるかについて考えてみよう．

固体が溶解するとき，固体状態を保つために働いていた分子間力（2-7節の図2-6参照）が，分子と溶媒の間の分子間力に置き換えられる．そのような分子，とりわけ多くのS_N2反応の出発物質である塩から生成するイオンは，**溶媒和**（solvation）を受けやすい．塩はアルコールや水によく溶ける．なぜなら，これらの溶媒は強く分極した$^{\delta+}H-O^{\delta-}$結合をもっており，イオン－双極子相互作用に有効に働くからである．カチオンは負に分極した酸素によって〔図6-7(A)参照〕，

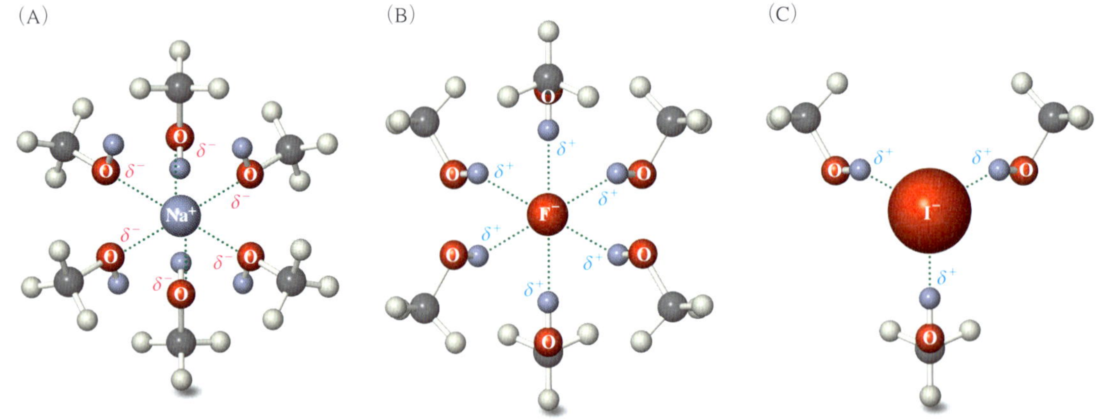

図6-7　(A)メタノールとのイオン－双極子相互作用によるNa^+の溶媒和．(B)水素結合によるメタノールと小さなF^-イオンの比較的密な溶媒和の概略図，(c)水素結合によるメタノールと大きなI^-イオンの比較的疎な溶媒和の概略図．小さなF^-のまわりにできた強固な溶媒の殻が，求核置換反応のための求核力を阻害する．

そしてアニオンは正に分極した水素によって〔図 6-7(B)と(C)参照〕溶媒和される．水素核は小さいので δ^+ の電荷を比較的密に集めることができる．したがって，アニオンの水素核による溶媒和はとくに強固である．**水素結合**(hydrogen bond)とよぶこの相互作用については 8 章でより詳しく学ぶ．あとに解説するアセトンのような**非プロトン性**(aprotic)溶媒に対して，水素結合を形成できる溶媒を**プロトン性**(protic)溶媒とよぶ．

実験結果についての問題に話を戻そう．周期表の同族の負の電荷をもった求核剤の求核性が周期表の上から下へ降りるにつれて大きくなるのはどうしてだろうか．溶媒が求核剤を取り巻いて殻を形成し，求電子剤を攻撃する能力を妨害することによって溶媒和が求核剤の求核力を弱めてしまうため，というのが答えである．周期表を F^- から I^- へと降りていくと，溶媒和されるイオンが大きくなり電荷はより拡散される．その結果，この順に溶媒和の効果が小さくなり求核性が大きくなる．図 6-7(B)と(C)は F^- と I^- に対するこの効果を表している．小さなアニオンであるフッ化物イオンは，大きなヨウ化物イオンに比べてはるかに密に溶媒和される．これらの溶媒和による効果のために，プロトン性溶媒は S_N2 反応に対して無難ではあるが最適な溶媒ではない．このことは他の溶媒中においても成り立つのだろうか．

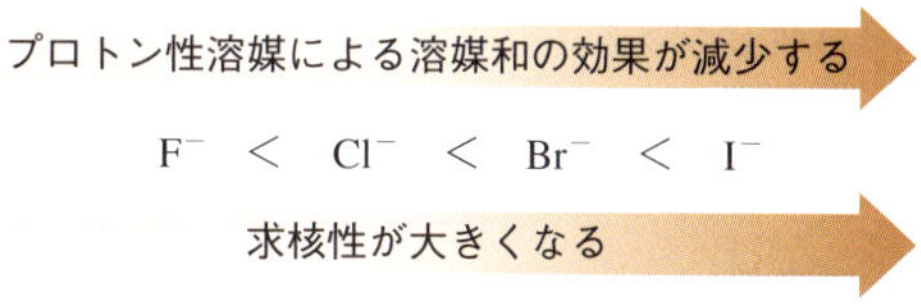

非プロトン性溶媒：溶媒和の効果が減少する

プロトン性溶媒以外に S_N2 反応に有効な溶媒として極性の高い非プロトン性溶媒がある．表 6-5 にいくつかの代表的な溶媒を示す．これらの溶媒はいずれも O—H や N—H のような水素結合を形成する水素をもたないが，分極した結合をもっている．ニトロメタンは分極というよりも電荷分離した化学種として存在している．

極性をもった非プロトン性溶媒も，プロトン性溶媒と同じではないが，イオン－双極子相互作用によって塩を溶解する．水素結合は形成できないのでアニオン性の求核剤に対してそれほど強く溶媒和しない．そのため二つの効果が現れる．一つは，プロトン性溶媒と比べて求核剤の反応性が高められる．時には飛躍的に高められる．メタノール，ホルムアミドおよび *N*-メチルホルムアミドの三つのプロトン性溶媒と，二つの非プロトン性溶媒である *N,N*-ジメチルホルムアミド(DMF)とアセトン中におけるヨードメタンの塩化物イオンによる S_N2 反応の速度を比較した結果を表 6-6 に示す(ホルムアミドと *N*-メチルホルムアミドは分極した N—H 結合のおかげで水素結合を形成することができる)．DMF やアセトン中での反応速度はメタノール中に比べて 100 万倍以上速い．欄外のポテンシャルエネルギー図にこれらの観測結果を示す．

表 6-5

極性の高い非プロトン性溶媒

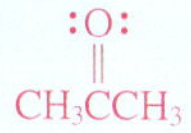

アセトン

$CH_3C\equiv N:$

エタンニトリル
(アセトニトリル)

N,N-ジメチルホルムアミド
(DMF)

ジメチルスルホキシド
(DMSO)

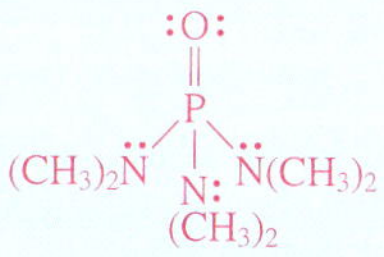

ヘキサメチルリン酸
トリアミド
(HMPA)

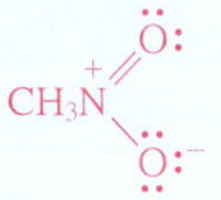

ニトロメタン

極性をもった非プロトン性溶媒は S_N2 反応を促進する

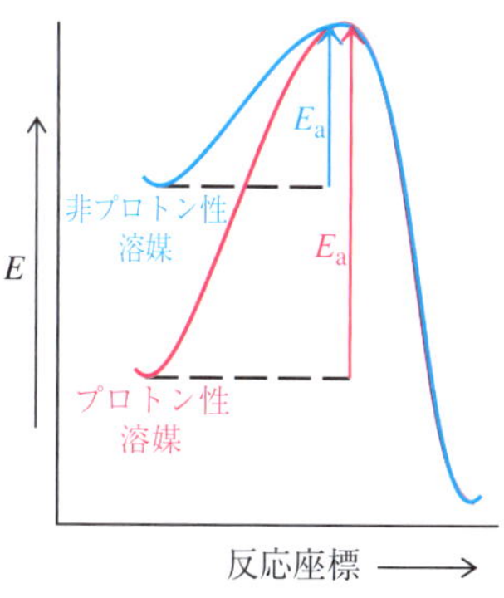

表 6-6 種々の溶媒中におけるヨードメタンの塩化物イオンによる S_N2 反応の相対反応速度

$$CH_3I + Cl^- \xrightarrow[k_{rel}]{溶媒} CH_3Cl + I^-$$

溶媒 分子式	溶媒 名称	分類	相対反応速度 k_{rel}
CH_3OH	メタノール	プロトン性	1
$HCONH_2$	ホルムアミド	プロトン性	12.5
$HCONHCH_3$	*N*-メチルホルムアミド	プロトン性	45.3
$HCON(CH_3)_2$	*N,N*-ジメチルホルムアミド	非プロトン性	1,200,000
CH_3COCH_3	アセトン	非プロトン性	1,500,000

非プロトン性溶媒がアニオン性の求核剤に対してそれほど強く溶媒和しないことで起こるもう一つの効果は，プロトン性溶媒中で見られた求核性の傾向が非プロトン性溶媒中では逆になることである．すなわち，すべてのアニオンの反応性が高くなるなかで，より小さいアニオンの求核性が他のアニオンの求核性に比べてはるかに大きくなることである．ハロゲン化物イオンを含む多くの求核剤に対して，塩基としての強さが溶媒和による影響を凌駕するため，もとの予測に戻ることになる．表 6-7 は，反応の溶媒が水からアセトンに変化したときに，三つのハロゲン化物イオンに対して S_N2 反応速度がいかに増大するかを示している．

表 6-7 溶媒を水からアセトンに変えることによるハロゲン化物イオンと CH_3Br との間の S_N2 反応の相対的反応速度の増大

$$CH_3Br + X^- \rightarrow CH_3X + Br^-$$

ハロゲン化物イオン	$k_{アセトン}/k_{水}$
I^-	1,000
Cl^-	13,000
F^-	> 8,000,000

← 塩基性度が高くなる

$F^- > Cl^- > Br^- > I^-$

← 非プロトン性溶媒中では求核性が大きくなる

分極率の増大が求核性を大きくする

これまで述べてきた溶媒和の効果は，電荷をもった求核剤に対してだけしか非常に顕著には現れないはずである．ところが，溶媒和効果をはるかに弱くしか受けないはずの電荷をもたない求核剤に対しても，溶媒和の効果を強く受けるアニオン性求核剤に対するのと同じように，周期表を上から下へ降りるにつれて求核性が大きくなる．たとえば求核性の順序は $H_2Se > H_2S > H_2O$，あるいは $PH_3 > NH_3$ となる．したがって，求核性について実際に観測されるこの傾向を説明するためには，もう一つの要因を探す必要がある．

その要因は求核剤の分極率である（6-1 節参照）．大きな元素は，小さな元素に比べてより大きく，より広がった，そしてより分極しやすい大きな電子雲をもっている．そのため S_N2 反応の遷移状態においてより効果的な軌道の重なりを得ることができ（図 6-8），遷移状態のエネルギーが低くなり，求核置換の反応速度が速くなる．

練習問題 6-23

どちらの化学種がより大きい求核性をもっているか．(a) CH_3SH と CH_3SeH，(b) $(CH_3)_2NH$ と $(CH_3)_2PH$．

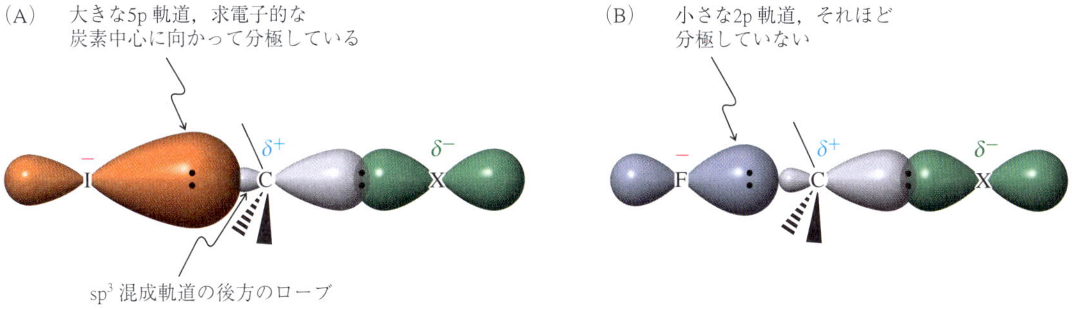

図 6-8　S_N2 反応における I^- と F^- の比較．(A) プロトン性溶媒中では，大きなヨウ化物イオンは，分極できる 5p 軌道が求電子的な炭素原子のほうへ向かって変形できるので，よりすぐれた求核剤である．(B) 反応座標上で (A) の状態に相当する地点において，フッ化物イオン上の硬く分極しにくい 2p 軌道と求電子的炭素との相互作用は，(A) ほど有効ではない．

立体的に込み合った求核剤は求核性が小さい

まわりを取り囲む溶媒のかさ高さが求核剤の求核性を小さくすることを述べた．これは立体障害(2-9 節参照)の一つの例である．求核剤にかさ高い置換基を導入すると，求核剤自体が立体障害をもつようになる．反応速度に対する立体障害の影響を実験 7 に示す．

実験 7

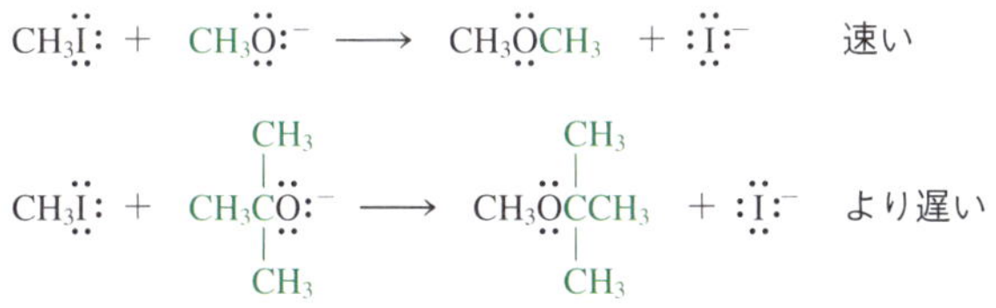

結　論　立体的にかさ高い求核剤による S_N2 反応はより遅い．

練習問題 6-24

次の (a)，(b) の各組にあげた二つの求核剤のうち，どちらがブロモメタンとより速く反応するか．

求核置換反応は可逆的である

Cl^-，Br^-，I^- のようなハロゲン化物イオンはすぐれた求核剤であるだけでなく，すぐれた脱離基でもある．したがって，ハロゲン化物イオンによる S_N2 反応は可逆的である．たとえば，アセトン中における塩化リチウムと第一級ブロモアルカンならびに第一級ヨードアルカンの反応は可逆的であり，平衡は生成物であるクロロアルカンの側に偏っている．

$$CH_3CH_2CH_2CH_2I \ + \ LiCl \ \xrightleftharpoons{\text{アセトン}} \ CH_3CH_2CH_2CH_2Cl \ + \ LiI$$

この結果は生成物と出発物質の相対的な安定性を反映しており，クロロアルカンが生成するほうが有利である．しかしながら，この平衡は簡単な「トリック」によって逆の方向に偏らせることができる．すべてのハロゲン化リチウムはアセトンに可溶であるのに対し，ハロゲン化ナトリウムの溶解度は NaI > NaBr > NaCl の順に劇的に減少し，NaCl は実際上アセトンには不溶である．したがって，NaI と第一級ならびに第二級クロロアルカンのアセトン中での反応は，NaCl が沈殿するために反応は完全にヨードアルカンが生成する方向へ進む(すぐ上で述べた反応とは逆方向の反応が起こる)．

$$CH_3CH_2CH_2CH_2Cl + NaI \xrightarrow{\text{アセトン}} CH_3CH_2CH_2CH_2I + NaCl\downarrow$$

アセトンに不溶

表6-3の反応3の平衡の向きもまったく同様にいずれの方向へも動かすことができる．しかしながら，S_N2 反応における求核剤が強塩基(表6-4の HO^- や CH_3O^-)である場合には，これらは脱離基としては作用できない．このような場合には K_{eq} が非常に大きく，置換反応は，実際上，不可逆なプロセスとなる(表6-3の反応1および2)．

まとめ 求核性の強さはいくつかの要因によって決まる．求核剤のもつ負の電荷が増えるにつれ，また周期表を右から左へ，そして(プロトン性溶媒中では)上から下に降りるにつれて，あるいは(非プロトン性溶媒中では)下から上に上がるにつれて，一般的に求核性は大きくなる．非常に弱い求核剤であるメタノールの反応性を1としたときのさまざまな求核剤の相対的な反応性を**表6-8**に示す．この表を見て，この節で述べてきたいくつかの結論が正しいことを確かめよ．非プロトン性溶媒を用いると一般に求核性が大きくなる．非プロトン性溶媒中では水素結合が生成しないので，とくに小さなアニオンの場合にはその求核性が大きくなる．

表6-8 メタノール(プロトン性溶媒)中における種々の求核剤とヨードメタンとの相対反応速度

求核剤	相対反応速度
CH_3OH	1
NO_3^-	~ 32
F^-	500
$CH_3C(=O)O^-$	20,000
Cl^-	23,500
$(CH_3CH_2)_2S$	219,000
NH_3	316,000
CH_3SCH_3	347,000
N_3^-	603,000
Br^-	617,000
CH_3O^-	1,950,000
CH_3SeCH_3	2,090,000
CN^-	5,010,000
$(CH_3CH_2)_3As$	7,940,000
I^-	26,300,000
HS^-	100,000,000

(矢印：求核性が大きくなる)

6-9 成功の鍵：多数の反応機構の経路から正しいものを選ぶ

2-2節で述べたように，反応機構にしたがってすべての電子を合理的な目的地に動かすことで，自動的に反応生成物の構造が得られる．したがって，化学者は反応する化学種に筋の通った反応機構を適用して生成物を予測することで，「反応機構論的に考えて」問題を解くことが多い．しかし，もし多くの反応経路が可能で，それぞれが異なる生成物を生成する場合にはどうすればよいだろうか．このような状況はめずらしくはなく，最初はやっかいに思うだろうが，WHIP 攻略法を用いて練習することで克服できるだろう．いくつか提案がある．

何が問われているかを知るために，問題の説明文中に与えられている情報一つひとつを書き留めよう．それらのすべてが有用とはかぎらず，また一部は問題と関連がないかもしれないが，わかっていることについて完全な一覧表を作成することで解答への重要な糸口を見つけることができる．

反応機構が複雑な場合もある．どこから手をつけるかということが，正しい解答に到達できるかどうかを決定づける．時には，可能な連続して起こる段階が容易に逆にできることがあり，その経路はいかなる安定な構造にもたどりつかない．そのような場合には，単純にはじめからやり直してより生産的な方向を指し示す新しい経路を探さなければならない．またある時は，二つの経路が両者ともに合理的な生成物に到達するが，一方が他方よりはるかに速く進行して優先的にある生成物を与えたり，一つだけの生成物を与えたりすることもある．さらには，電子の押し出しを表す矢印にしたがうと，あまりにもエネルギー的に不利なためにありそうもない分子(ひずみが大きすぎるとか，電子の不足が多すぎるなど)にたどりつくこともある．みなさんがもっている情報がこれらの状況を評価するうえで重要な要素である．とくに，

1. 提案した反応機構に沿って生成する化合物の構造を書いたときに，「化学的に合理的」ではない何かに気づくことが大切である．8 電子則に反する構造をもったもの，これまで学んだものとはまったく異なる結合様式をもったもの，あるいは他の理由から生成しそうにないものなどを例としてあげることができる．反応機構を提案する過程において高いエネルギーをもった不安定な化学種を見いだすことができれば，ただちに，道を間違えた，すなわち提案している機構が間違っていることに気づける．たとえば，下記の二つの化学種を混ぜると何が起こるだろうか．

$$CH_4 + :\ddot{\underset{..}{I}}:^- \longrightarrow ?$$

新しい化学種に変換されるだろうか．

　答えを考える前に反応機構を提案し，到達点を調べることで，一歩一歩論理的に進めよう．本章の内容をもとに，S_N2 置換反応の観点から考えよう．

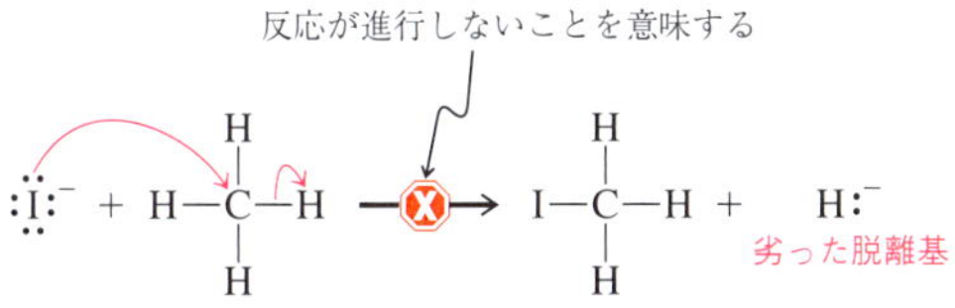

上に示したように電子の押し出しを表す矢印を書くと，一つの生成物はヨードメタン分子であるが，強塩基であるために(表 6-4 参照)すぐれた脱離基ではない，ヒドリドイオンが同時に生成することになる．結論として，たとえ形式的に正しい反応機構が書けたとしても，生成物の一つであるヒドリドイオンがエネルギー的にあまりにも不安定で求核置換反応の脱離基にはならないため反応は起こらない．この場合，選択肢はなく，適切な答えは「反応は起こらない」となる．

注意：提案された求核置換反応の基質がすぐれた脱離基をもっているかを確かめよ．もしもっていなければ，反応は起こらない．

2. 出発物質が示す反応性のすべての形態を考慮したか．本節では求核剤の多くが強い塩基でもあることを指摘した．練習問題 6-25 で，この事実が重要な役割を演じるシナリオについて解説する．

練習問題 6-25

概念のおさらい：反応機構にもとづく反応生成物の予想

DMF 中で 4-クロロ-1-ブタノール($:\ddot{\underset{..}{Cl}}CH_2CH_2CH_2CH_2\ddot{\underset{..}{O}}H$) を NaOH で処理すると，分子式 C_4H_8O をもった化合物が速やかに生成する．この生成物の構造を示し，その生成機構を述べよ．

● **解法のてびき**

What わかっていることは何か．分子内に第一級塩化物をもつ第一級アルコールが出発物質であり，極性をもった非プロトン性溶媒中で，塩基でもあり求核剤でもある水酸化物イオンに対峙している．

How 反応生成物の構造をいきなり考えようとするよりも，「反応機構にもとづいて」可能な反応経路について考えるほうがはるかに解答への近道である場合が多い．もし第一の反応経路がうまくいかなかったら，問題を詳しく吟味し直そう．分子のなかで起こった変化は何か，この変化がどのように起こったか．

Information 必要な情報は何か．アルコールは水酸化物イオンと酸−塩基反応を起こす（2−3 節参照）．第一級ハロゲン化物は S_N2 反応においてすぐれた基質である（表 6−3）．DMF は求核置換反応に対してすぐれた溶媒であり，反応速度を加速する．

Proceed 一歩一歩論理的に進めよ．

● **答え**

• 最も単純に思いつく反応機構は，基質と水酸化物イオンの間の S_N2 反応である．

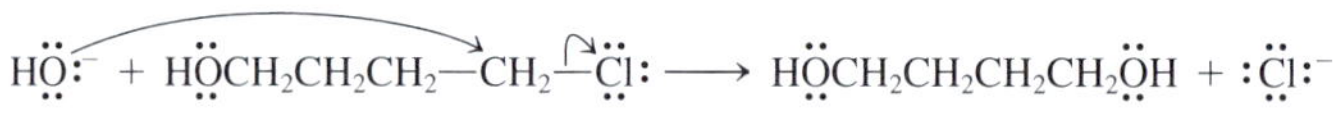

残念ながら上の式に書かれた生成物は正しくない．なぜなら，この生成物の分子式は $C_4H_{10}O_2$ で C_4H_8O ではないからである．

• 別の考え方をしてみよう．出発物質は C_4H_9OCl という分子式をもっている．これが生成物 C_4H_8O に変化するためには水素原子 1 個と塩素原子 1 個を，すなわち強酸である HCl 分子を取り去ればよい．そのためにはどうすればよいだろうか．

• 水酸化物イオンは求核剤であると同時に塩基でもある．したがって上式に書いた（誤った）S_N2 反応の代わりに，基質分子のもつ最も酸性度の高い水素と水酸化物イオンとの酸−塩基反応を考えればよい．

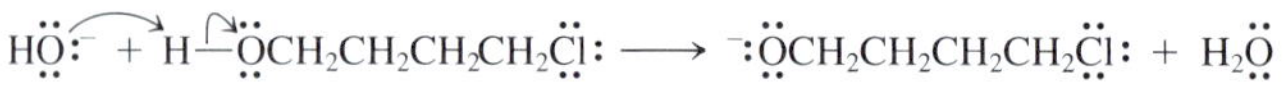

この反応における生成物の分子式は $C_4H_8OCl^-$ であり，これを正しい生成物に導くには，塩化物イオンを取り去ればよい．外から何も加えずに，どうすれば塩化物イオンを脱離させることができるだろうか．同一分子内の反対の端にある負電荷を帯びた求核的な酸素に，塩素が結合した炭素原子を攻撃させ環を生成させればよい．

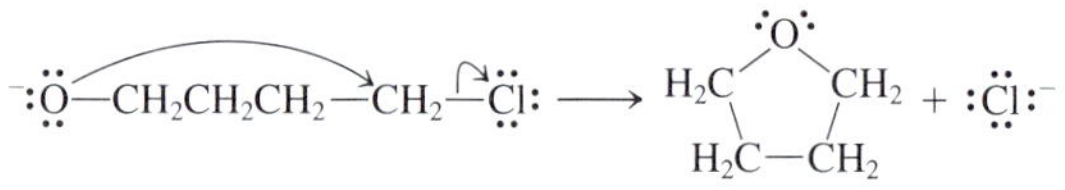

実際このような分子内 S_N2 反応は環状化合物の合成に広く利用されている．（より詳細は 9−6 節で述べる．）

この反応がどうしてこのような経路で進行するのか疑問に思うかもしれないが，それには大きな理由が二つある．一つは，プロトンが塩基性原子からもう一つの塩基性原子に移る Brønsted−Lowry の酸−塩基反応は一般的に他の反応よりも速く進行するためである．したがって，出発物質のヒドロキシ基から水酸化物イオンによってプロトンが引き抜かれる反応（2 番目の反応式）は，同じ水酸化物イオンが S_N2 反応によって塩化物イオンを置換する反応（1 番目の反応式）よりも速い．もう一つの理由は，類似の反応機構で進行する反応であっても，二つの別個の分子どうしで反応するよりも，五員環や六員環を生成する分子内反応のほうが一般に速度論的にも熱力学的にも有利だからである．そこで最後の式にあるアルコキシドによる塩化物イオンの分子内置換反応は，先に述べた S_N2 反応よりも優先する．この例では，分子内置換反応は一つの化合物から二つの化学種（環状生成物と塩化物イオン）を生成し，エネルギーの分散度を高めて有利なエントロピー変化をもたらしている．

練習問題 6-26　**自分で解いてみよう**

エトキシエタン(ジエチルエーテル $CH_3CH_2OCH_2CH_3$)溶媒中で5-クロロ-1-ペンタンアミン $Cl(CH_2)_5NH_2$ を穏やかに加熱すると白色固体の沈殿が生成する．この固体は塩であることがわかった．この化合物の構造を推定し，その生成経路を説明せよ．(**ヒント**：反応機構から考えよ．)

まとめ　反応が起こるかどうか，さらにはどのように進行するかを決定するには可能な反応機構を考慮に入れた推論が必要である．反応機構に対して構造的な必要条件を基質ならびに反応剤が満たしていなければならない．そうでなければ反応は起こらない．さらに，多くの反応経路が可能な場合には(相対的反応速度やエネルギー的な有利性などを考慮して)それらを区別できる情報を見いださなければならない．

6-10　S_N2 反応における基質のアルキル基の影響

最後に，基質のアルキル基部分の構造，とくに脱離基のついた原子の近傍の構造が求核攻撃の速度にどのような影響を及ぼすかについて考えよう．やはりこの場合にも，反応の相対速度を測定し，その比較実験にもとづいて反応性に対する影響を知ることができる．それでは得られた速度論的なデータを解析してみよう．

反応する炭素上での枝分かれは S_N2 反応の速度を低下させる

ハロメタンの三つの水素を順次メチル基で置き換えていくとどうなるだろうか．S_N2 反応の反応速度に影響があるだろうか．いいかえると，ハロゲン化メチル，第一級ハロゲン化物，第二級ハロゲン化物，第三級ハロゲン化物では，S_N2 反応における相対的反応性はどうなるだろうか．反応速度を実験的に測定すると，反応速度は表 6-9 に示したような順に急速に低下することがわかる．

クロロメタン，クロロエタン，2-クロロプロパンならびに2-クロロ-2-メチルプロパンの相対反応速度の差は，反応の遷移状態を比べることによって説明できる．図 6-9(A)は，クロロメタンと水酸化物イオンとの反応における遷移状態の構造を示している．炭素は，入ってくる求核剤と，出ていく脱離基と三つの置換基(この場合には三つとも水素である)によって取り囲まれている．これら五つの基が存在することで，炭素のまわりの込み合いの程度は，出発物質のクロロメタンにおける込み合いに比べると増大する．しかしながら，水素原子は小さいために，求核剤との間に問題となるような立体的相互作用が生じない．これに対して，水素の一つをメチル基で置き換えたクロロエタンの場合には，入ってくる求核剤との間にかなりの立体反発が生じ，そのために遷移状態のエネルギーが高くなる〔図 6-9(B)〕．この効果によって求核攻撃はかなり遅くなる．二つ目，三つ目の水素原子をメチル基で順次置き換えると，求核攻撃に対する立体障害が劇的に増大する．第二級の基質の二つのメチル基は，脱離基の結合した炭素の裏側をしゃへいする．そのため反応速度がかなり低下する〔図 6-9(C)ならびに表 6-9〕．三つ目のメチル基の入った第三級の基質では，ハロゲン原子の結合した炭素の裏

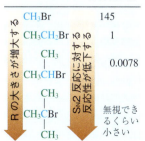

表 6-9　枝分かれをもつブロモアルカンとヨウ化物イオンの S_N2 反応の相対反応速度

ブロモアルカン	相対反応速度
CH_3Br	145
CH_3CH_2Br	1
$(CH_3)_2CHBr$	0.0078
$(CH_3)_3CBr$	無視できるくらい小さい

Rの大きさが増大する（↓）

S_N2 反応に対する反応性が低下する（↓）

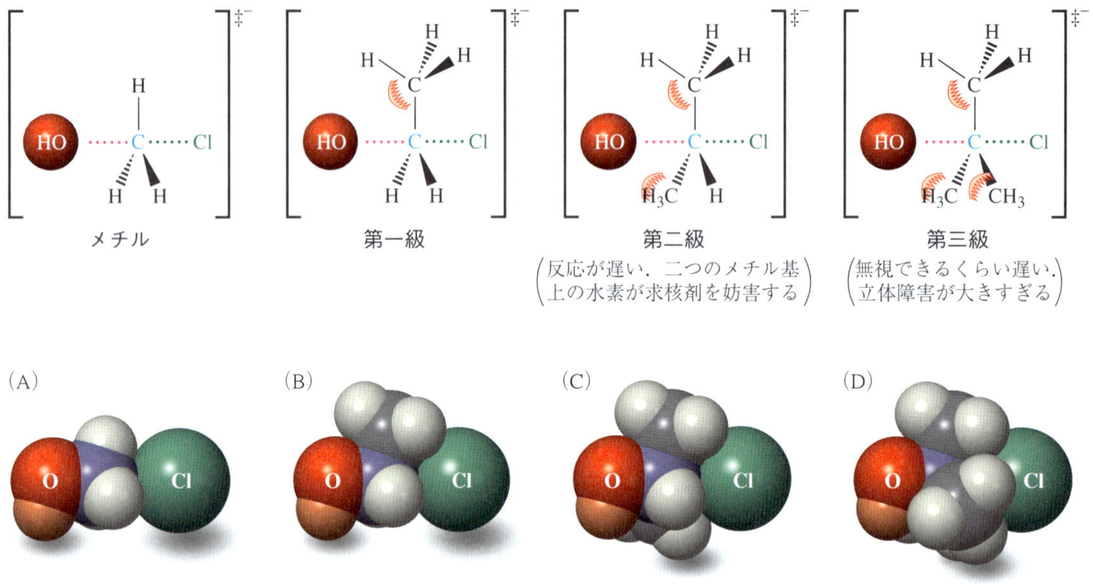

図 6-9　水酸化物イオンと，(A)クロロメタン，(B)クロロエタン，(C)2-クロロプロパン，(D)2-クロロ-2-メチルプロパンとの S_N2 反応の遷移状態．

側はほぼ完璧にブロックされ，求核剤がもはや近づけない〔図 6-9(D)〕．したがって，S_N2 置換反応の遷移状態をとることがエネルギー的に非常に不利であり，第三級ハロアルカンの置換反応はほとんど起こらない．以上をまとめると，ハロメタンの水素を一つずつメチル基(あるいはより一般的にはアルキル基)で置換していくと，S_N2 反応性は次のように順に低くなる．

ハロアルカンの S_N2 置換反応における相対的反応性

メチル	>	第一級	>	第二級	≫	第三級
速い		少し遅い		非常に遅い		無視できるくらい遅い

← S_N2 に対する反応性が高くなる

練習問題 6-27

次の(a)，(b)の 2 組の基質と，シアン化物イオンとの S_N2 反応における相対的な反応性を予想せよ．

(a) 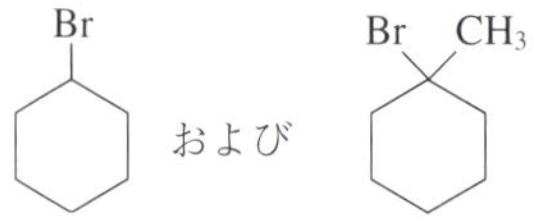

(b) $CH_3CH_2C(CH_3)_2Br$ および $CH_3CH_2CH_2Br$

環状分子であることで問題を難しく感じる必要はない．反応の位置に焦点をあてよ．練習問題 6-27 の(a)の基質において，臭素が結合している炭素はそれぞれ第二級と第三級である．

S_N2 反応において，基質の構造上の大きな変化が基質の反応性に及ぼす影響を見てきた．次に，より微妙な構造上の変化の影響について考えてみよう．この場合にも，反応が起こる炭素の裏側からの攻撃を妨害する立体障害が，考慮すべき最も重要な点であることがわかるだろう．

炭素鎖を一つあるいは二つ長くすると S_N2 反応性は低下する

すでに学んだように，ハロメタンの一つの水素原子をメチル基で置き換えると〔図 6-9(B)〕，かなりの立体障害が生じ，S_N2 反応の速度が低下する．S_N2 反応におけるクロロエタンの反応速度は，クロロメタンの反応速度に比べるとおよそ2桁遅い．第一級アルキルの基質のメチレン鎖にもう一つのメチレン基(CH_2)を導入して鎖を長くすると，S_N2 反応性は低下するだろうか．反応速度の研究によると，1-クロロプロパンと I^- のような求核剤との反応の反応速度は，クロロエタンと I^- との反応速度の半分程度である．

この傾向は，鎖がどんどん長くなっても続くだろうか．答えは，続かない．1-クロロブタンや 1-クロロペンタンのような炭素数のより大きいハロアルカンは，1-クロロプロパンとほぼ同じ反応速度をもつ．

裏側からの置換という遷移状態を検討することによって，これらの実験結果もまた説明できる．図 6-10 の(A)と(B)を比較すると，クロロエタンのメチル基の三つの水素のうちの一つが，入ってくる求核剤の侵入路を部分的に妨害している．1-クロロプロパンでは，反応する炭素中心の近くにメチレン基を挟んでもう一つメチル基がある．反応が基質の最も安定なアンチ形配座異性体から起こるとすると，入ってくる求核剤は厳しい立体障害にぶつかることになる〔図 6-10(C)〕．しかしながら，求核剤が攻撃する前に基質が回転してゴーシュ形立体配座をとると，S_N2 反応の遷移状態はクロロエタンの反応における遷移状態とあまり変わらないものとなる〔図 6-10(D)〕．プロピル基をもつ基質はエチル基をもつ基質に比べて，その反応性はほんの少し低下するだけである．そしてこの反応

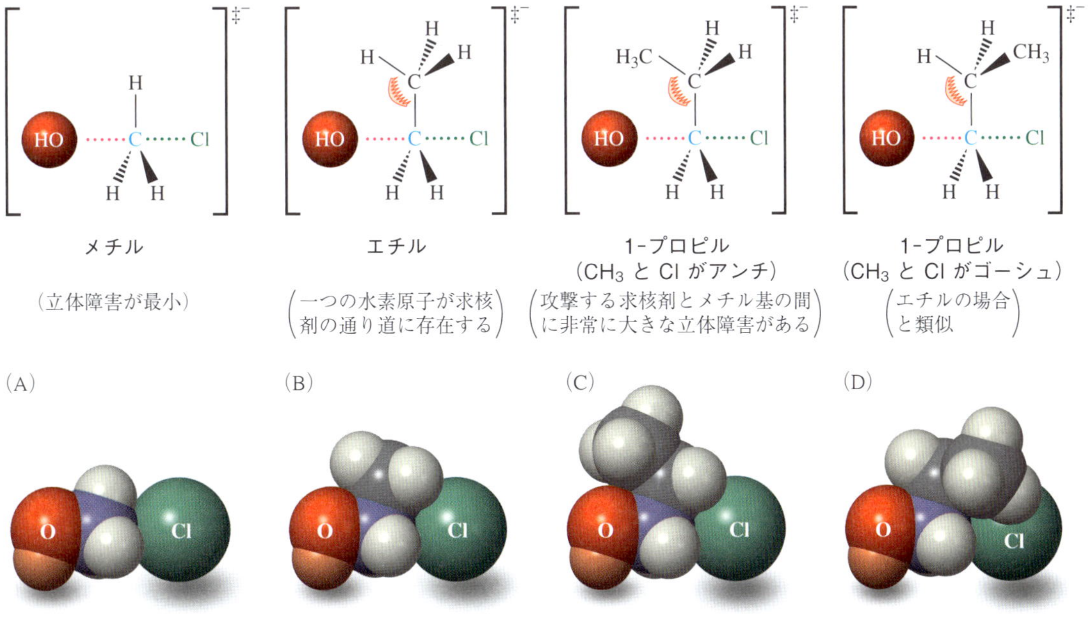

図 6-10 水酸化物イオンと(A)クロロメタン，(B)クロロエタン，(C)1-クロロプロパンの二つの回転異性体のうちのアンチ形，および(D)ゴーシュ形異性体との S_N2 反応の遷移状態の破線－くさび形表記ならびに空間充填型分子模型．破線－くさび形表記において，攻撃してくる求核剤との立体障害を影によって強調してある．この立体的な込み合いは空間充填型分子模型を見るとわかりやすい．図は見やすいように，部分的な電荷は省いてある(図 6-3 参照)．

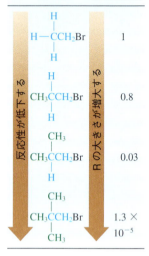

表 6-10
枝分かれをもつブロモアルカンとヨウ化物イオンとの相対反応速度

ブロモアルカン	相対反応速度
$H{-}C(H)_2CH_2Br$	1
$CH_3C(H)_2CH_2Br$	0.8
$CH_3C(CH_3)(H)CH_2Br$	0.03
$CH_3C(CH_3)_2CH_2Br$	1.3×10^{-5}

（↓ 反応性が低下する　↓ R の大きさが増大する）

性の低下は，ゴーシュ形立体配座をとるためにエネルギー的に不利であることに起因する．さらに炭素鎖を伸ばしても反応速度がほとんど影響を受けないのは，遷移状態において攻撃を受ける炭素のまわりの立体障害がほとんど増大しないためである．

反応する炭素に隣接する炭素上での枝分かれも置換反応を妨害する

求電子的な炭素に隣接する炭素上に置換基を次つぎに導入すると，反応はどのような影響を受けるだろうか．ブロモエタンとその誘導体の反応性を比べてみよう（表 6-10）．置換が増えるにつれて反応速度は劇的に低下する．すなわちヨウ化物イオンとの反応において，1-ブロモ-2-メチルプロパンの反応速度は 1-ブロモプロパンの反応速度に比べるとおよそ 25 倍も遅く，さらに 1-ブロモ-2,2-ジメチルプロパンでは実際上反応が起こらない．これに対して反応位置からさらに遠い炭素上での枝分かれが置換反応に及ぼす影響は，これよりもはるかに小さい．

求核剤が 1-クロロプロパンを攻撃するためには，ゴーシュ形立体配座への回転が必要である〔図 6-11(A)〕．この同じ図を表 6-10 のデータを理解するのに利用することができる．1-クロロ-2-メチルプロパンに対して，求核剤が反応する炭素の裏側に接近することのできる立体配座はただ一つだけであり，この立体配座には 2 組のゴーシュの関係にあるメチル－ハロゲン相互作用が存在し，エ

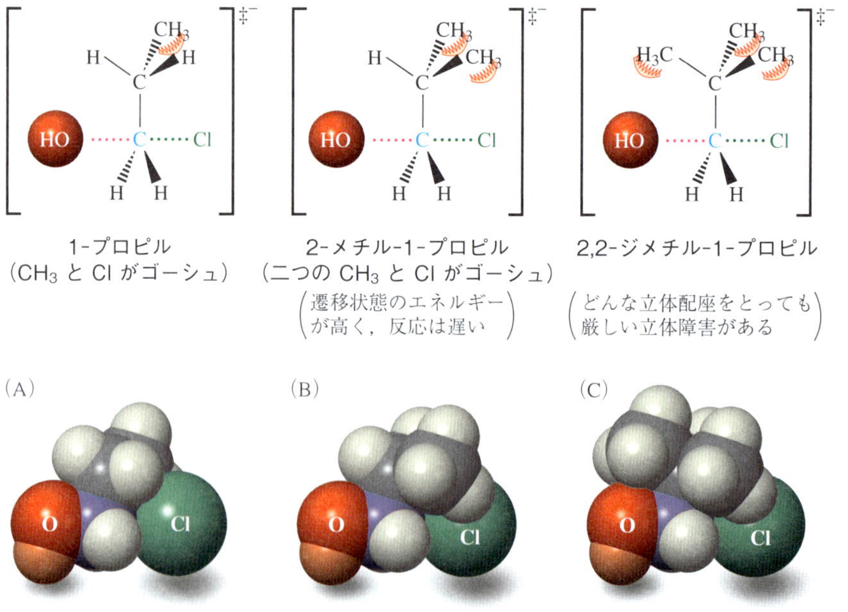

図 6-11　水酸化物イオンと，(A) 1-クロロプロパン，(B) 1-クロロ-2-メチルプロパン，(C) 1-クロロ-2,2-ジメチルプロパンとの S_N2 反応の遷移状態の破線－くさび形表記ならびに空間充塡型分子模型．第二のゴーシュ相互作用による立体障害の増大が (B) における反応速度を遅くする．(C) では基質がどのような立体配座をとったとしても，求核剤の背面からの攻撃がメチル基によって妨げられるために，S_N2 反応はほとんど完全に抑えられる（図 6-9 および図 6-10 と比較せよ）．

ネルギー的にかなり不利である〔図 6-11(B)〕. 三つ目のメチル基を加えた 1-クロロ-2,2-ジメチルプロパンは, 一般にハロゲン化ネオペンチルとよばれる化合物の一種であり, この化合物の場合, 背面からの攻撃がほとんど完全に阻害されている〔図 6-11(C)〕.

練習問題 6-28

次の二つの基質のうち, S_N2 反応の反応性が大きいのはどちらか. 練習問題 6-27 と同様に, これらの基質が環状化合物であることに惑わされないようにしよう. 反応の位置(第一級)とその近辺(枝分かれ)に注目せよ. それぞれの基質に最も近い関係にあるのは表 6-10 の化合物のうちどれとどれか.

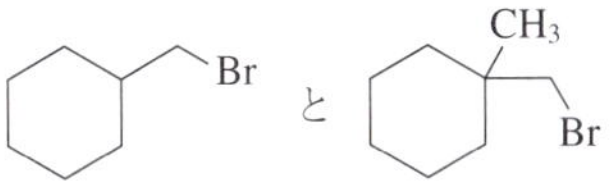

まとめ ハロアルカンのアルキル部分の構造は求核攻撃に対して大きな影響を及ぼす. 炭素鎖を三つよりいくら長く伸ばしても, S_N2 反応の速度にはほとんど影響がない. しかしながら, 枝分かれを増やすと大きな立体障害が生じ, 反応速度は遅くなる.

6-11 S_N2 反応の概観

図 6-12 に, 遷移状態のエネルギーに影響を及ぼしそれゆえに S_N2 反応速度にも影響を及ぼす要因をまとめる.

求核性——周期表を左へ行くほど(より塩基性度の高い Nu), あるいは下へ降りるほど(より分極率の大きい Nu)増大する.

溶媒和——Nu のまわりに溶媒の殻を形成することで, とくにプロトン性溶媒で電荷をもった小さな Nu^- の場合, 求核性は減少する. 非プロトン性溶媒では, 溶媒和の効果が弱まる.

立体障害——反応中心ならびにその近傍にある置換基は反応を遅くする.

脱離基の脱離能——L の塩基性が小さくなるにつれ大きくなる.

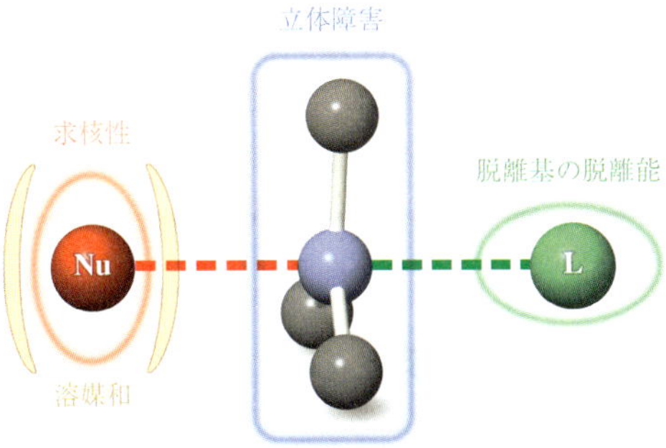

図 6-12 S_N2 反応の遷移状態に影響を及ぼす要因：求核性, 溶媒和, 立体障害, 脱離基の脱離能.

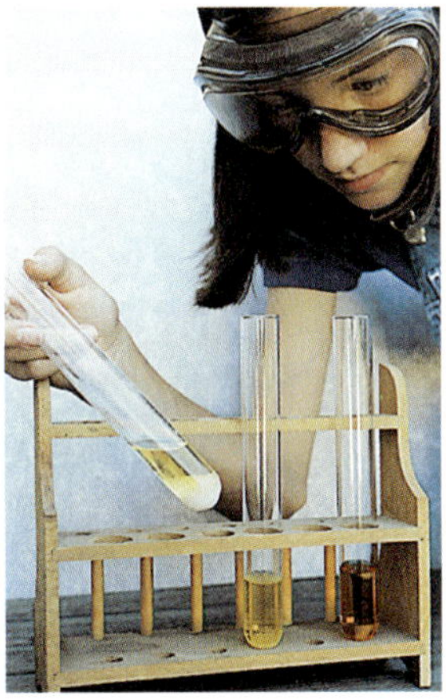

いまはバイオリニストとして活躍している Stefanie Schore による簡単な S_N2 反応性の比較実験. 三つの試験管にはそれぞれ左から順に 1-ブロモブタン, 2-ブロモプロパン, そして 2-ブロモ-2-メチルプロパンのアセトン溶液が入っている. それぞれに NaI 溶液を数滴加えると第一級臭化物(左)の溶液ではただちに NaBr の生成(白色沈殿)が見られる. 第二級臭化物の入った溶液(中央)では, 試験管を温めてはじめて NaBr の沈殿がゆっくりと生成する. これに対して第三級臭化物(右)の溶液からは長時間加熱しても NaBr はまったく生成しない.

章のまとめ

1章から5章で有機化学の最も基本的な概念について学んだ．軌道論，熱力学そして速度論などの一般的な化学の原理を有機分子に応用した．構造異性や立体化学のような有機化学に特徴的な話題も紹介した．アルカンの性質と反応はこれらの基本的な原理を実際に観察する機会を提供してくれた．アルカンのハロゲン化によって代表的な官能基で炭素−ハロゲン結合をもった分子，ハロアルカンが生成する．これらの化合物は有機化学の基本的な反応機構の一つである二分子求核置換あるいはS_N2反応機構にしたがって反応する．

- 求核剤は一組あるいは複数組の孤立電子対をもった化学種である．それらはアニオン性もしくは中性で，ハロアルカンの求電子的な炭素原子を攻撃し，多様な置換生成物を生成する(6-2節)．
- 求核置換反応はすぐれた脱離基をもつ基質を必要とし，脱離基の接合部位で反応が起こる(6-2節と6-7節)．
- S_N2反応では，電子対を押し出す二つの矢印が，同時に起こる求核剤の結合と反応位置からの脱離基の脱離を表現するために使用される(6-3節)．
- S_N2反応は，脱離基の結合している炭素の背面からの求核剤の攻撃を含む．この炭素が立体中心である場合には，その立体中心のキラリティーは反転する(6-4節〜6-6節)．
- 置換が起こると，脱離基はもう1組の孤立電子対をもって脱離する．すぐれた脱離基であるためには，その化学種は電子対を収容できなければならない．したがってすぐれた脱離基は弱い塩基でなければならない(6-7節)．
- 対照的に，すぐれた求核剤は電子対を供与する能力をもっていなければならない．したがって，すぐれた求核剤は一般的に塩基性が大きいか非常に分極しやすい(6-8節)．
- N−H結合あるいはO−H結合をもつプロトン性溶媒は，水素結合で求核剤と結びつくことによってS_N2反応を妨害する．その効果は，フッ化物イオンのように小さくて負の電荷をもった求核剤に対して最大になる．アセトンや*N,N*-ジメチルホルムアミド(DMF)のような極性をもった非プロトン性溶媒は求核剤と水素結合を形成できないのでS_N2反応に対して有利な環境をつくり出す(6-8節)．
- S_N2攻撃を受ける原子の背面における立体障害は求核剤の接近を妨げ，反応を遅くする．したがって，立体障害のないハロメタンの反応性が最も高く，反応性は第一級＞第二級＞第三級の順に低下する(6-10節)．

6-12 総合問題：概念のまとめ

本節では二つの問題を取り上げる．それらはS_N2反応の様相すなわち基本的な反応機構と，脱離基，求核剤，溶媒ならびにアルキル基の構造を変化させたときの影響を扱ったものである．

練習問題 6-29：反応条件を変えることによる S_N2 反応に対する影響

a. エタノール(CH_3CH_2OH)中でのナトリウムエトキシド($NaOCH_2CH_3$)とブロモエタン(CH_3CH_2Br)の反応の機構と最終生成物を示せ．

●答え

反応剤の求核性をもつ原子が，基質の脱離基をもつ原子を裏側から攻撃する(6-5 節)．まず，二つの化合物のうち，どちらが基質でどちらが反応剤であるかを決定せよ．求核的な原子は，$CH_3CH_2-\mathbf{O}^-$ の負の電荷をもった酸素原子である．そして，この酸素原子が基質分子 $CH_3-\mathbf{C}H_2Br$ の臭素と結合した炭素を攻撃する．

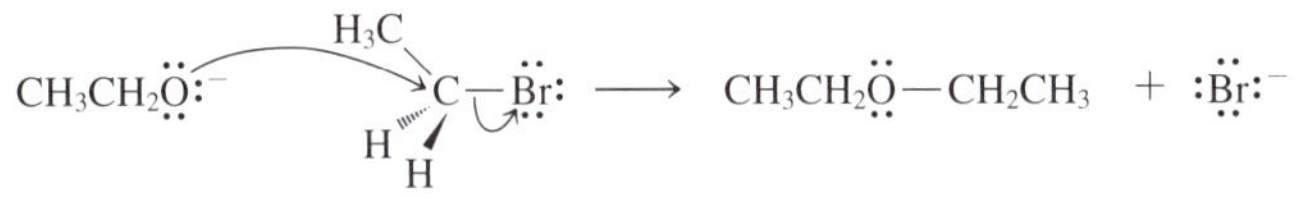

生成物は臭化物イオンとエーテルの一種であるエトキシエタン($CH_3CH_2OCH_2$-CH_3)である．

b. 反応条件を次にあげる 1 ～ 4 のように変えると反応はどうなるか．

1. ブロモエタンの代わりにフルオロエタンを用いる．
2. ブロモエタンの代わりにブロモメタンを用いる．
3. ナトリウムエトキシドの代わりにナトリウムエタンチオラート($NaSCH_2CH_3$)を用いる．
4. エタノールの代わりにジメチルホルムアミド(DMF)を用いる．

●答え

1. 表 6-4 によると，フッ化物イオンは臭化物イオンよりも強い塩基である．したがって，フッ化物イオンは臭化物イオンに比べて脱離能は劣っている．反応は起こるが，非常に遅い(実際の反応速度は 1 万倍以上遅くなる)．
2. ブロモメタンでは脱離基のついた炭素の立体障害がブロモエタンの場合に比べると小さいので，反応速度は速くなる(6-10 節)．反応の生成物はメトキシエタン($CH_3OCH_2CH_3$)である．
3. エトキシドとエタンチオラートはいずれも負電荷をもっている．エトキシドの酸素原子は，エタンチオラートの硫黄原子に比べて，より塩基性が強い(表 6-4)．しかしながら，硫黄原子は酸素に比べて，大きく，しかもより分極しやすく，さらに水素結合のできるエタノール溶媒中での溶媒和はより弱い(図 6-7 参照)．強塩基はすぐれた求核剤であるが，塩基の強さは分極のしやすさや少ない溶媒和によって十分に補われることをすでに学んだ．周期表の同列においては，より大きい原子(硫黄)は小さい原子(酸素)に比べて分極しやすく，また受ける溶媒和は小さい(6-8 節)．これらを総合すると，エタンチオラートはエトキシドに比べて数百倍速く反応し，スルフィドの一例である生成物 $CH_3CH_2SCH_2CH_3$ を与える(9-10 節参照)．
4. プロトン性の水素結合のできる溶媒を，極性の非プロトン性の溶媒に代えると，負の電荷をもった酸素原子に対する溶媒和が小さくなるため，反応は大きく加速される(表 6-6 と比較せよ). 類似の練習問題として本章の章末問題 59 を解くこと.

練習問題 6-30：S_N2 反応の反応性に対して基質の構造を分析する

a. 次にあげる化合物のうちでどの化合物が, エタノール中, アジ化ナトリウム (NaN_3)とまずまずの反応速度で S_N2 型の反応を起こすと予想できるか. また, 反応しないものはどれか. それはなぜか.

(i) 

(ii) 

(iii) 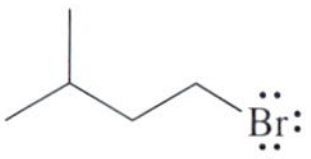

(iv) 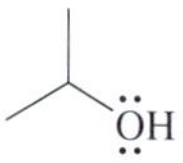

(v) 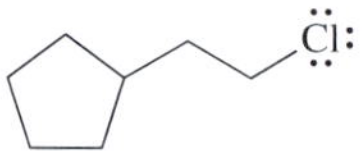

(vi) 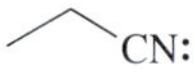

● 解法のてびき

この問題を解くにあたって「WHIP」アプローチ法を適用しよう.

What 何が問われているか, また, わかっていることは何か. この点は明白である. 一つの特定の求核剤といくつかの基質候補化合物があげられている. 与えられた六つの化合物のうちどの化合物がエタノール中でアジドと S_N2 機構で反応するのかを単に選び出せばよい. しかしながら, もう少していねいに考えないといけない. その手がかりは問題のなかにある「なぜ」という言葉である. 「どのように」とか「なぜ」とかの質問に対しては, 反応機構の観点からの詳しい状況分析が常に必要であり, それぞれの基質分子の構造を考慮した S_N2 反応機構の詳細な考察が必要となる.

How どこから手をつけるか. S_N2 反応機構に照らし合わせてそれぞれの基質を吟味せよ. 適した脱離基をもっているか. 脱離基として作用する基がどのような種類の炭素に結合しているか. その他に顕著な構造上の特徴があるか.

Information 必要な情報は何か. 六つの分子はそれぞれすぐれた脱離基をもっているか. 必要なら指針として 6-7 節を参照せよ. すなわちすぐれた脱離基は弱い塩基である. 次に 2-6 節の定義を参考にして, その脱離基が第一級, 第二級あるいは第三級のどの炭素原子に結合しているかを調べること. その他, 6-10 節で示した, 求核剤が接近するのを妨げるような立体障害が基質に存在するかという点についても調べよ.

Proceed 一歩一歩論理的に進めよ.

● 答え

まず, すぐれた脱離基をもつ分子を選び出す. 表 6-4 を参考にして一般則として強酸(すなわち pK_a が 0 より小さいもの)の共役塩基だけを選べばよい. したがって, (i), (iv), および(vi)は S_N2 反応を起こさない. それらはすぐれた脱離基をもつという要件に欠ける. すなわち $^-NH_2$, ^-OH や ^-CN は塩基性が強すぎて脱離能が小さい(これが, これら三つの化合物が「なぜ反応しない」のかに対する答えである). 化合物(ii)はすぐれた脱離基をもっているが, 反応点が第三級の炭素で立体的な問題で S_N2 反応が進行しない．こうして化合物(iii)と(v)が残る．これら二つの化合物は第一級のハロアルカンであり，置換を受ける炭素のまわりの立体障害が最小である．したがって容易に S_N2 反応が進行し，アジドが生成する．

b. 基質(iii)ならびに(v)とアジドとの S_N2 反応の反応速度を比較せよ.

●答え

WHIP アプローチ法にしたがって S_N2 反応機構を考えたときに，重要と思われる二つの基質間の違いを検討しよう．背面からの攻撃による置換に関して立体的なかさ高さは同程度である．すなわち両者とも離れた γ 位の炭素上で枝分かれをもっており，立体的にはあまり大きな問題ではない．決定的な差は脱離基の種類そのものである．臭化物イオンは塩化物イオンよりも脱離能が大きく(HBr のほうが HCl より強い酸である；表 6−4 参照)，より容易に脱離する．そのため(iii)の反応のほうが速いということになる．本章の章末問題 58 も同じように解くこと．

c. 基質(iii)ならびに(v)を IUPAC の規則にしたがって命名せよ.

●答え

必要なら 2−6 節ならびに 4−1 節を復習せよ．

(iii) 1−ブロモ−3−メチルブタン　　(v) (2−クロロエチル)シクロペンタン

重要な概念

1. 一般的にハロゲン化アルキルとよばれる**ハロアルカン**は，アルキル基とハロゲンから成り立っている．

2. ハロアルカンの物理的な性質は，C−X 結合の分極と X の分極率に大きく影響される．

3. 孤立電子対をもつ反応剤は，(プロトン以外の)正に分極した反応中心を攻撃するとき**求核剤**とよばれる．一方，正に分極した原子をもつ化合物を**求電子剤**という．また，求核剤が求電子剤を攻撃して置換基が置き換わる反応を**求核置換反応**，求核剤によって置換される基を**脱離基**という．

4. 求核剤と第一級(そして大部分の第二級)ハロアルカンとの反応の速度論は，**二分子機構**を示す二次反応である．この過程は，**二分子求核置換反応**(**S_N2 反応**)とよばれる．この反応は結合の切断と結合の生成が同時に起こる**協奏反応**である．反応の進行に沿った電子の流れを表現するために曲がった矢印を用いる．

5. S_N2 反応は**立体特異的**であり，**背面からの攻撃**によって進行する．そのために反応中心で**立体配置の反転**をともなう．

6. **S_N2 反応の遷移状態**を軌道を用いて表現すると，平面三方形の構造をもつ sp^2 混成した炭素中心，求核剤と求電子的な炭素の間の部分的な結合生成，ならびにこれと同時に起こる求電子的な炭素と脱離基の間の結合の部分的な開裂の様子がよくわかる．遷移状態では求核剤と脱離基の両方が部分的な電荷をもっている．

7. 置換の起こりやすさの目安となる脱離基の**脱離能**は，おおまかにいうとその共役酸の強さに比例している．とくに脱離能の大きな脱離基は塩化物イオン，臭化物イオン，ヨウ化物イオンやアルカンスルホン酸イオンなどのような弱い塩基である．

8. **求核性**は，(a)負の電荷を多くもっているほど，(b)攻撃する原子が周期表で左，そしてまた下のほうに行くにつれて，(c)極性をもった非プロトン性溶媒中で大きくなる．

9. 極性をもった非プロトン性溶媒は求核剤をその対カチオンから十分に遠ざけ，しかも求核剤に対して強く溶媒和しないため，S_N2 反応を促進する．

10. 基質の反応する炭素あるいは反応する炭素のすぐ隣の炭素上での**枝分かれ**は，S_N2 反応の遷移状態における立体障害を増大させ，二分子求核置換反応の速度を低下させる．

章末問題

31. IUPAC 命名法にしたがって次の分子を命名せよ．

(a) CH_3CH_2Cl　(b) $BrCH_2CH_2Br$

(c) $CH_3CH_2CHCH_2F$ (CH の位置に CH_2CH_3 が結合)　(d) $(CH_3)_3CCH_2I$

(e) 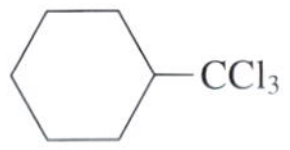　(f) $CHBr_3$

32. 次にあげる分子それぞれの構造を示せ．
(a) 3-エチル-2-ヨードペンタン，(b) 3-ブロモ-1,1-ジクロロブタン，(c) *cis*-1-(ブロモメチル)-2-(2-クロロエチル)シクロブタン，(d) (トリクロロメチル)シクロプロパン，(e) 1,2,3-トリクロロ-2-メチルプロパン．

33. 分子式 C_3H_6BrCl をもつ可能なすべての構造異性体を書き，それぞれについて命名せよ．

34. 分子式 $C_5H_{11}Br$ をもつすべての構造異性体を書き，それぞれについて命名せよ．

35. 問題 33 と問題 34 のおのおのの構造異性体に対して，すべての立体中心に印をつけ，その構造に対して存在しうる立体異性体の数を述べよ．

36. 表 6-3 にあげたおのおのの反応について，求核剤，その求核的な原子(まず求核剤の Lewis 構造式を書け)，有機基質の求電子的な原子ならびに脱離基を示せ．

37. 問題 36 にあげた求核剤のなかに第二の Lewis 構造式が書ける求核剤が一つある．
(a) その求核剤を選び出し，第二の共鳴構造式であるもう一つの Lewis 構造式を書け．
(b) この第二の共鳴構造式はこの求核剤の中にもう一つの求核的な原子が存在することを予見させるか．もしそうなら，このもう一つの求核的な原子を使って問題 36 の反応を書き直し，生成物の正しい Lewis 構造式を示せ．

38. 次にあげる反応それぞれについて，求核剤，その求核的な原子，基質分子の求電子的な原子ならびに脱離基を示せ．また，反応の有機生成物も示せ．

(a) CH_3I + $NaNH_2$ →

(b) 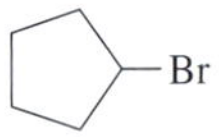 + NaSH →

(c) 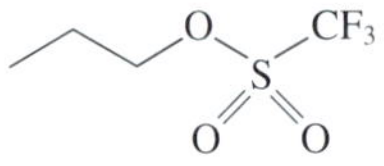 + NaI →

(d) 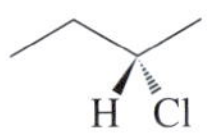 + NaN_3 →

(e) CH_3Cl + 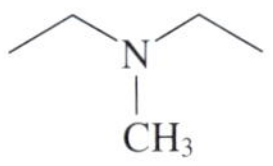 →

(f) 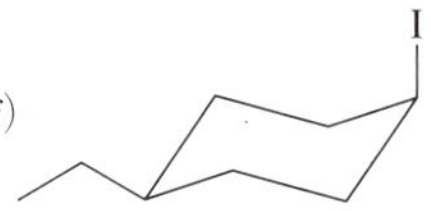 + KSeCN →

39. 問題 38 にあげた反応それぞれについて，曲がった矢印を用いて反応機構を示せ．

40. 0.1 mol L^{-1} の CH_3Cl と 0.1 mol L^{-1} の KSCN を含む DMF 溶液は，初速度 2×10^{-8} mol L^{-1} s^{-1} で反応し，CH_3SCN と KCl を与える．
(a) この反応の速度定数はいくらか．(b) 反応剤の濃度が次に与えられた条件のとき，それぞれの反応の初速度を求めよ．(i) $[CH_3Cl] = 0.2$ mol L^{-1}，$[KSCN] = 0.1$ mol L^{-1}，(ii) $[CH_3Cl] = 0.2$ mol L^{-1}，$[KSCN] = 0.3$ mol L^{-1}，(iii) $[CH_3Cl] = 0.4$ mol L^{-1}，$[KSCN] = 0.4$ mol L^{-1}．

41. 次に示した S_N2 反応のそれぞれについて生成物を示せ．反応溶媒を矢印の上に示す．

(a) $CH_3CH_2CH_2Br$ + Na^+I^- $\xrightarrow{\text{アセトン}}$

(b) $(CH_3)_2CHCH_2I$ + $Na^{+-}CN$ $\xrightarrow{\text{DMSO}}$

(c) CH_3I + $Na^{+-}OCH(CH_3)_2$ $\xrightarrow{(CH_3)_2CHOH}$

(d) $CH_3CH_2Br + Na^{+-}SCH_2CH_3 \xrightarrow{CH_3OH}$

(e) 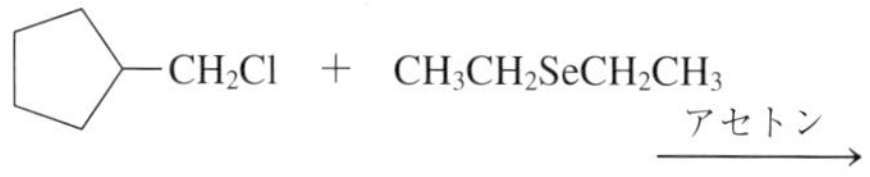

(f) $(CH_3)_2CHOSO_2CH_3 + N(CH_3)_3 \xrightarrow{(CH_3CH_2)_2O}$

42. 下に示した電子の押し出しを矢印で表す式は，先の問題 41 に対応している．これらのうち，曲がった矢印を正しく使用しているものはどれか．また正しくないものはどれか．間違っている式については正しい矢印を書け．

(a) 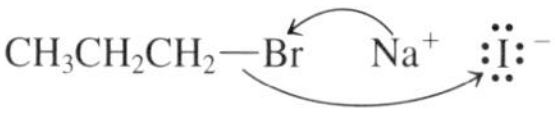

(b) 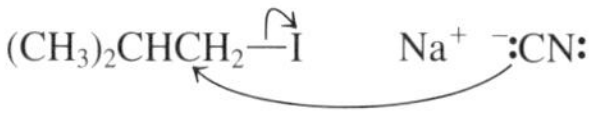

(c) 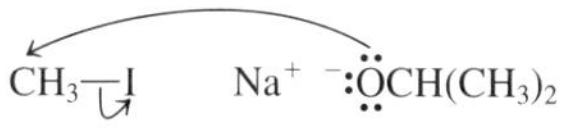

(d) 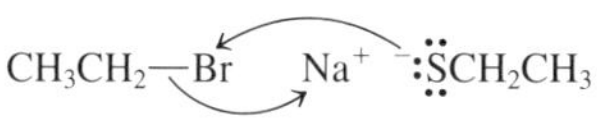

(e) 

(f) 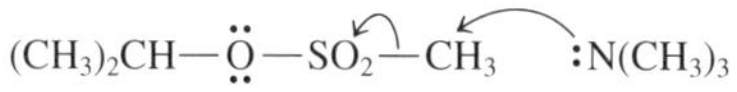

43. 次の S_N2 反応における出発物質と生成物のエナンチオマーについて，立体中心が *R* か *S* かを表記せよ．生成物のうち光学活性なものはどれか．

(a) 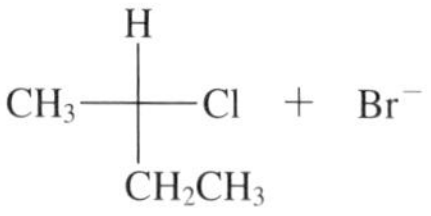

(b) 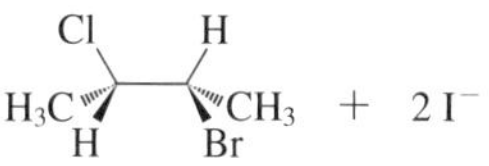

(c) 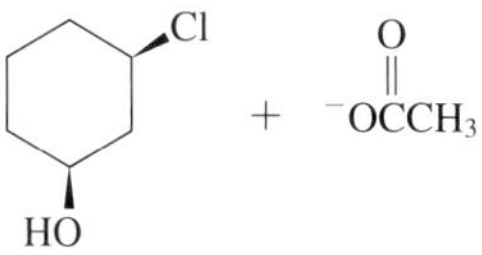

(d) 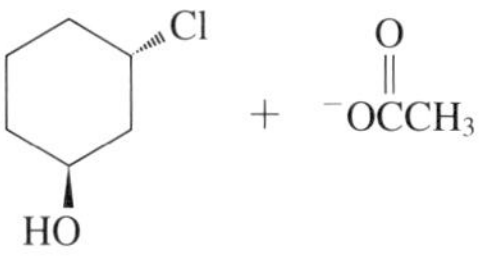

44. 問題 43 に示したそれぞれの反応について，曲がった矢印を使って反応機構を書け．

45. 1-ブロモプロパンと次にあげる各反応剤との反応の生成物（複数のこともある）を示せ．反応しないと思われるものには「反応しない」と書け．（**ヒント**：おのおのの反応剤の求核性を注意深く検討しよう．）

(a) H_2O，(b) H_2SO_4，(c) KOH，(d) CsI，(e) NaCN，(f) HCl，(g) $(CH_3)_2S$，(h) NH_3，(i) Cl_2，(j) KF.

46. 次の反応の可能な生成物を示せ．問題45と同じように，反応しないと思われるものには「反応しない」と書け．（**ヒント**：おのおのの基質がもつ脱離基をまず見きわめて，置換反応の起こりやすさを考えよう．）

(a) $CH_3CH_2CH_2CH_2Br + K^{+-}OH \xrightarrow{CH_3CH_2OH}$

(b) $CH_3CH_2I + K^+Cl^- \xrightarrow{DMF}$

(c)

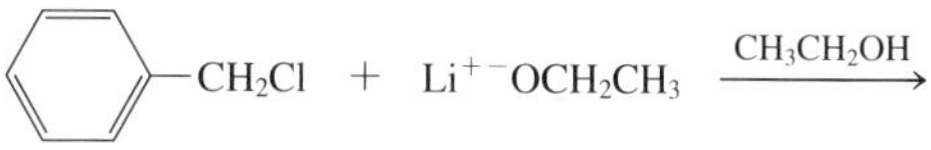

(d) $(CH_3)_2CHCH_2Br + Cs^+I^- \xrightarrow{CH_3OH}$

(e) $CH_3CH_2CH_2Cl + K^{+-}SCN \xrightarrow{CH_3CH_2OH}$

(f) $CH_3CH_2F + Li^+Cl^- \xrightarrow{CH_3OH}$

(g) $CH_3CH_2CH_2OH + K^+I^- \xrightarrow{DMSO}$

(h) $CH_3I + Na^{+-}SCH_3 \xrightarrow{CH_3OH}$

(i) $CH_3CH_2OCH_2CH_3 + Na^{+-}OH \xrightarrow{H_2O}$

(j) $CH_3CH_2I + K^{+-}OC(=O)CH_3 \xrightarrow{DMSO}$

47. 次にあげた(a)～(d)の変換を行う方法を示せ．

(a) (*R*)-$CH_3CH(OSO_2CH_3)CH_2CH_3 \longrightarrow$ (*S*)-$CH_3CH(N_3)CH_2CH_3$

(b) 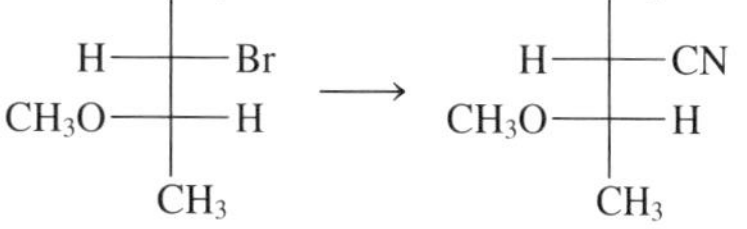

(c)

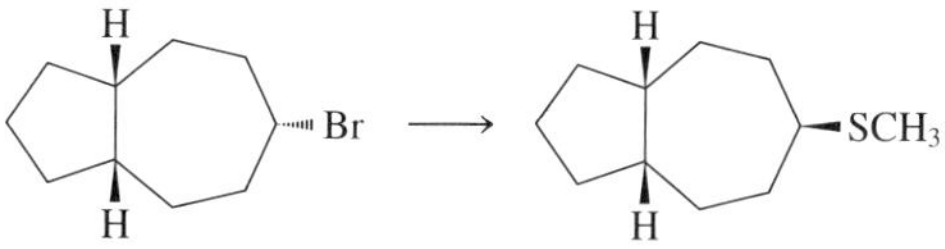

(d) 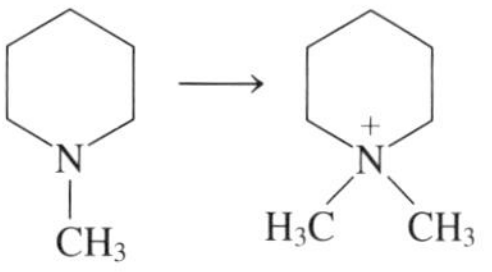

48. 次にあげたグループ(a)～(f)のそれぞれの化学種について，塩基性の強さ，求核性および脱離能の大きい順に並べよ．また，それぞれについて理由を簡単に説明せよ．
(a) H_2O，HO^-，$CH_3CO_2{}^-$，(b) Br^-，Cl^-，F^-，I^-，(c) $^-NH_2$，NH_3，$^-PH_2$，(d) ^-OCN，^-SCN，(e) F^-，HO^-，$^-SCH_3$，(f) H_2O，H_2S，NH_3．

49. 次にあげたそれぞれの反応について生成物(複数のこともある)を示せ．反応しないと思われる場合には「反応しない」と書け．

(a) $CH_3CH_2CH_2CH_3 + Na^+Cl^- \xrightarrow{CH_3OH}$

(b) $CH_3CH_2Cl + Na^{+-}OCH_3 \xrightarrow{CH_3OH}$

(c) 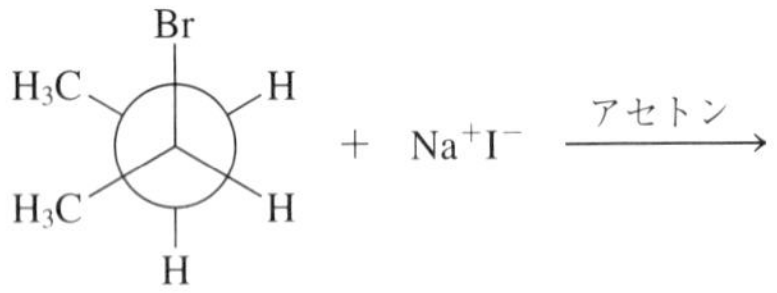

(d) 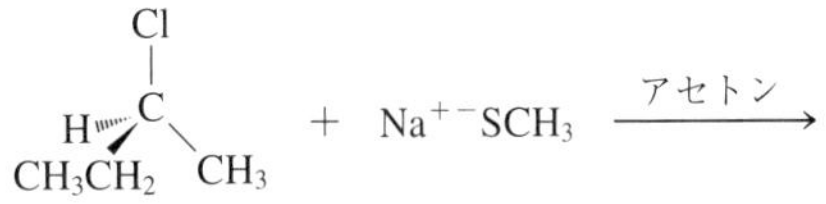

(e) 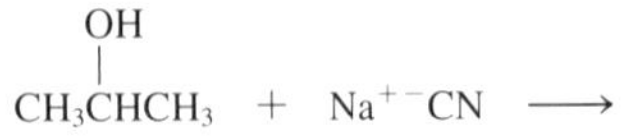

(f) 

(g) 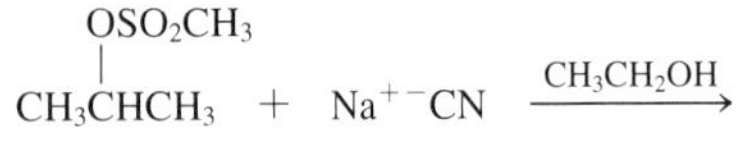

(h) 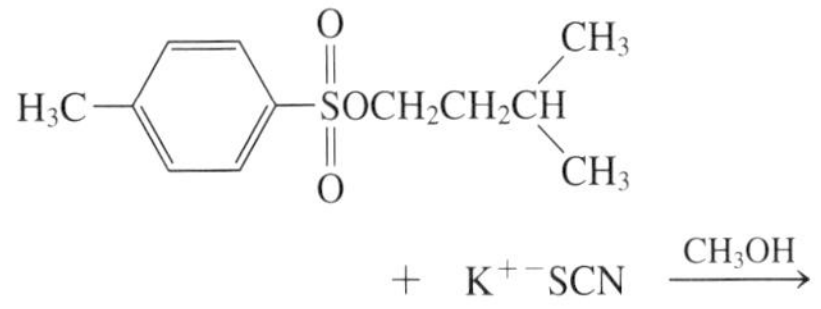

(i) $CH_3CH_2NH_2 + Na^+Br^- \xrightarrow{DMSO}$

(j) $CH_3I + Na^{+-}NH_2 \xrightarrow{NH_3}$

50. 問題49にあげた反応のうち，実際に反応が進行し生成物を与えるそれぞれの反応に対して，曲がった矢印を用いて反応機構を示せ．

51. 下記の5個のブロモアルカンのうち，S_N2 反応の反応性において，ブロモシクロペンタンと最も反応性が近いのはどれか．理由も合わせて示せ．(a) ブロモメタン，(b) ブロモエタン，(c) 1-ブロモプロパン，(d) 2-ブロモプロパン，(e) 2-ブロモ-2-メチルプロパン．

52. ヘキサフルオロリン酸1-ブチル-3-メチルイミダゾリウム(BMIM)は，正と負のイオンから成る塩であるにもかかわらず室温で液体である．BMIMならびに他のイオン液体は有機と無機両方の物質を溶解する能力をもっているため有機反応に対する新しい種類の溶媒である．より重要なことは，それらは反応生成物から容易に分離でき何度も再使用できるため環境に優しく「グリーン」であるということである．したがって一般の溶媒と違って廃棄物処理の問題がない．(a) BMIMを溶媒としてどのように特徴づけるか．極性溶媒かそれとも無極性溶媒か．プロトン性溶媒かそれとも非プロトン性溶媒か．(b) 溶媒をエタノールからBMIMに変えると，1-クロロペンタンのシアン化ナトリウムによる求核置換反応の反応速度にどのような影響があるか．

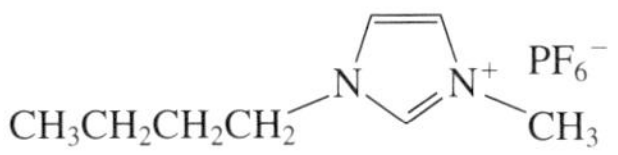

ヘキサフルオロリン酸
1-ブチル-3-メチルイミダゾリウム
[1-butyl-3-methylimidazolium (BMIM) hexafluorophosphate]

53. (2*S*,3*S*)-3-ヒドロキシロイシンは，サンジョイニン(下図)のような多くの「デプシペプチド」抗生物質の構造において鍵となる成分を構成するアミノ酸である．(a) サンジョイニン分子の中に構造上，(2*S*,3*S*)-3-ヒドロキシロイシンに由来する部分を示せ．(b) 多くのデプシペプチド抗生物質が天然に存在するが，薬剤として利用するには，手に入る量が少なすぎる．したがってそれらの分子は合成しなければならない．天然に存在する量が多くない(2*S*,3*S*)-3-ヒドロキシロイシンもまた合成しなければならない．その出発物質として考えられる化合物は，2-ブロモ-3-ヒドロキシ-4-メチルペンタン酸(下図)の四つのジアステレオマーである．これら四つのジアステレオマーそれぞれの構造式を書き，四つのうちどれが(2*S*,3*S*)-3-ヒドロキシロイシンの合成に最も適した出発物質であるかを述べよ．

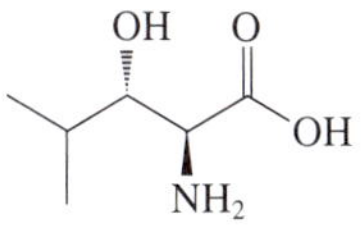

(2*S*,3*S*)-3-ヒドロキシロイシン
〔(2*S*,3*S*)-3-hydroxyleucine〕

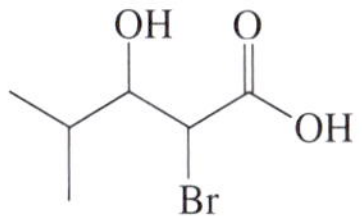

2-ブロモ-3-ヒドロキシ-4-メチル-ペンタン酸
(2-bromo-3-hydroxy-4-methyl-pentanoic acid)

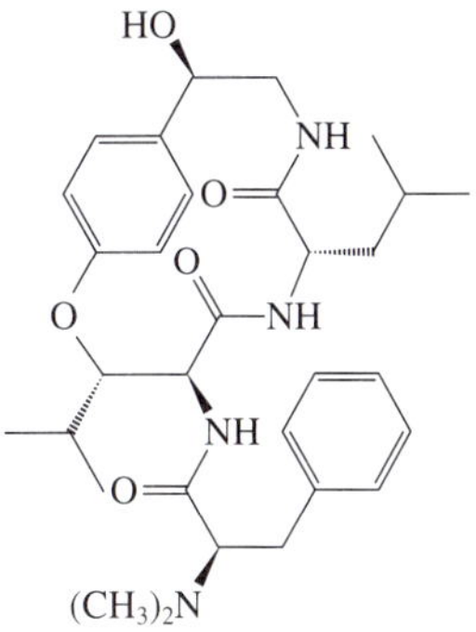

サンジョイニン
(sanjoinine)

54. **チャレンジ** ヨードアルカンは対応するクロロ化合物からアセトン中でヨウ化ナトリウムによるS_N2反応を行うことによって容易に合成される．この特異な方法は，無機化合物の副生成物である塩化ナトリウムがアセトンに溶けないためにとくに有用である．塩化ナトリウムが沈殿することによって平衡は目的物が生成する方向へシフトする．したがって，過剰量のNaIを用いる必要もなく，反応は短時間で完結する．非常に簡便であり，この方法は開発者の名前をとって「Finkelstein反応」とよばれている．光学的に純粋な(*R*)-2-ヨードヘプタンを合成しようとして，ある学生が(*S*)-2-クロロヘプタンのアセトン溶液をつくった．反応をうまく進行させようと，彼は過剰量のヨウ化ナトリウムを加え，週末ずっと混合物を撹拌し続けた．その結果，2-ヨードヘプタンは収率よく得られたが，残念なことに生成物はラセミ体であった．理由を説明せよ．

55. **チャレンジ** 3章および本章で学んだ知識を使って，プロパンを出発物質とし，次にあげたそれぞれの化合物を合成する最良の方法を述べよ．ただし，他に必要な反応剤はどんなものを使ってもよい．〔**ヒント**：3-7節および3-8節で学んだことを考えると，(a)，(c)，(e)に対しては非常にすぐれた解答はないことになる．しかしながら最善と思われる一般的な方法はある．〕

(a) 1-クロロプロパン　(b) 2-クロロプロパン
(c) 1-ブロモプロパン　(d) 2-ブロモプロパン
(e) 1-ヨードプロパン　(f) 2-ヨードプロパン

56. (a)*cis*-1-クロロ-2-メチルシクロヘキサン，(b)*trans*-1-クロロ-2-メチルシクロヘキサンを出発物質として，*trans*-1-メチル-2-(メチルチオ)シクロヘキサン(下図)を合成する方法を述べよ．

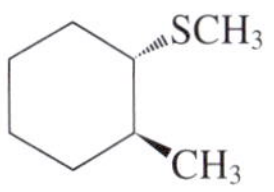

57. 次の四つの組にあげたそれぞれ二つの分子のうち，どちらがS_N2反応においてそれぞれ与えられた役割を果たすのにすぐれているか．

(a) 求核剤：NH_3　PH_3

(b) 基質：

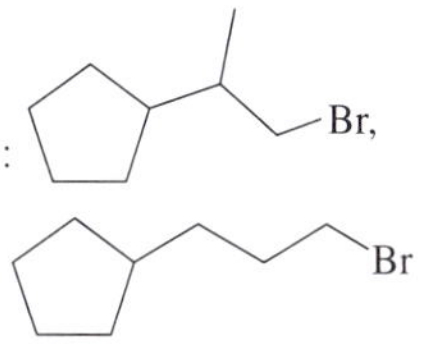

(c) 溶媒：

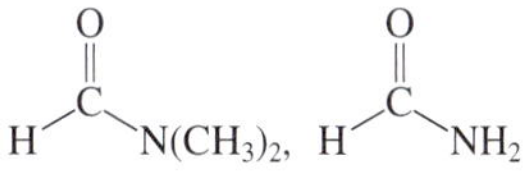

(d) 脱離基：CH_3OH　CH_3SH

58. 次の(a)～(d)の各組の分子をS_N2反応の反応性の低い順に並べよ．(**ヒント**：必要があれば表6-9と表6-10を見比べよう．)

(a) CH_3CH_2Br, CH_3Br, $(CH_3)_2CHBr$
(b) $(CH_3)_2CHCH_2CH_2Cl$, $(CH_3)_2CHCH_2Cl$, $(CH_3)_2CHCl$
(c) CH_3CH_2Cl, CH_3CH_2I, 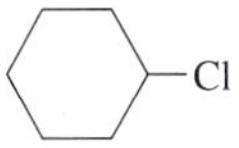
(d) $(CH_3CH_2)_2CHCH_2Br$, $CH_3CH_2CH_2CH(CH_3)Br$, $(CH_3)_2CHCH_2Br$

59. 次の反応において(a)～(d)の変化が反応速度にどのように影響するかを述べよ．

$$CH_3Cl \ + \ {}^-OCH_3 \xrightarrow{CH_3OH} CH_3OCH_3 \ + \ Cl^-$$

(a) 基質をCH_3ClからCH_3Iに換える，
(b) 求核剤をCH_3O^-からCH_3S^-に換える，
(c) 基質をCH_3Clから$(CH_3)_2CHCl$に換える，
(d) 溶媒をCH_3OHから$(CH_3)_2SO$に換える．

60. 次の表は，異なる二つの溶媒中でのCH_3Iと三つの異なる求核剤との反応における反応速度のデータを示している．異なった反応条件下での求核剤の相対的な反応性について，これらの結果から何がわかるか．

求核剤	k_{rel}, CH_3OH	k_{rel}, DMF
Cl^-	1	1.2×10^6
Br^-	20	6×10^5
$NCSe^-$	4000	6×10^5

61. 次の反応(a)～(c)の結果を反応機構の立場から説明せよ．

(a) 

(b) 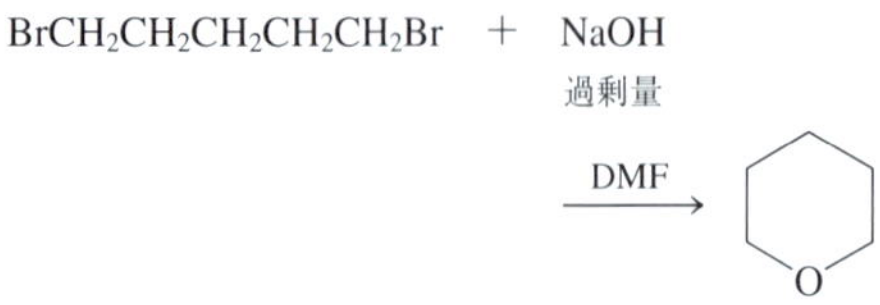

(c) 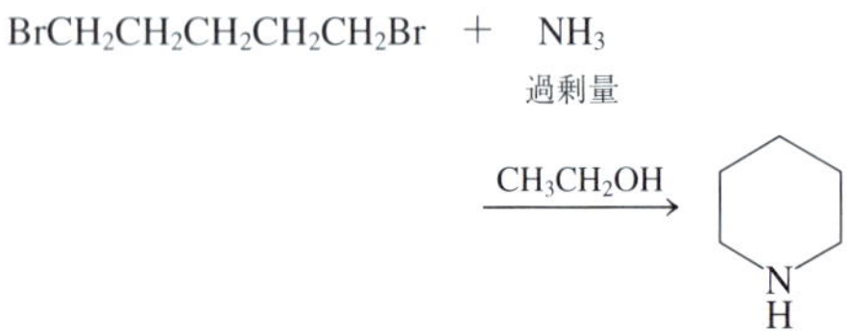

62. **チャレンジ** ハロシクロプロパンやハロシクロブタンを基質とする S_N2 反応は，対応する非環状第二級ハロアルカンの反応に比べて非常に遅い．この事実を説明せよ．(**ヒント**：遷移状態のエネルギーに対する結合角のひずみの効果を考慮せよ．図 6-5 を見よ．)

63. ハロシクロヘキサンに対する求核攻撃は，この場合には結合角のひずみが重要な因子ではないにもかかわらず，非環状第二級ハロアルカンに対する求核攻撃に比べるといくらか妨害される．この理由を説明せよ．(**ヒント**：模型をつくれ．そして 4 章ならびに 6-10 節を参照せよ．)

●グループ学習問題

64. 化合物(A)～(H)は分子式 $C_5H_{11}Br$ をもつブロモアルカンの異性体である．全員で 8 個の構造異性体すべてを書け．それらに立体中心があれば，それがどこかを示せ．ただし，この時点ではまだ *R* か *S* かの表示はいらない．下にあげるデータを使って(A)～(H)の構造を推定せよ．解答を全員で分担するために問題を二つに分け，二つのグループに分かれてそれぞれの問題について考えよ．そのあと再び集まって全員で議論せよ．この時点で立体化学を示す実線と破線のくさび形を入れよ．

- 化合物(A)～(G)に DMF 中 NaCN を作用させると，反応は二次の速度式にしたがい，その相対的な反応速度は次のようになった．

  (A) ≅ (B) ＞ (C) ＞ (D) ≅ (E) ＞ (F) ≫ (G)

- 上の条件下では化合物(H)は S_N2 反応を起こさない．
- 化合物(C)，(D)ならびに(F)は光学活性であり，いずれもその立体中心は *S* の絶対配置をもつ．DMF 中 NaCN による(D)と(F)の置換反応は立体配置の反転をともなって進行した．一方，化合物(C)との反応は立体化学を保持したまま進行した．

●専門課程進学用問題

65. 次のどの反応が S_N2 反応機構で進行するか．
(a) シクロプロパンと H_2
(b) 1-クロロブタンと NaOH 水溶液
(c) KOH と NaOH　(d) エタンと H_2O

66. $CH_3Cl + OH^- \longrightarrow CH_3OH + Cl^-$ の反応はクロロメタンと水酸化物イオンのいずれに関しても一次反応である．それぞれの濃度が次の値であるとき，観測される速度を(a)～(e)から選べ．ただし，速度定数は $k = 3.5 \times 10^{-3}$ mol L^{-1} s^{-1} である．
$[CH_3Cl] = 0.50$ mol L^{-1} $[OH^-] = 0.015$ mol L^{-1}
(a) 2.6×10^{-5} mol L^{-1} s^{-1}
(b) 2.6×10^{-6} mol L^{-1} s^{-1}
(c) 2.6×10^{-3} mol L^{-1} s^{-1}
(d) 1.75×10^{-3} mol L^{-1} s^{-1}
(e) 1.75×10^{-5} mol L^{-1} s^{-1}

67. 水溶液中において最も強い求核剤を(a)～(e)から選べ．
(a) F^-　(b) Cl^-　(c) Br^-　(d) I^-
(e) これらの強さはすべて等しい

68. 室温で進行する反応を(a)～(d)から一つだけ選べ．

(a) 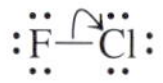

(b) 

(c) 

(d) 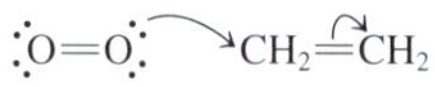

Chapter

7 ハロアルカンの反応
一分子求核置換反応と脱離反応の経路

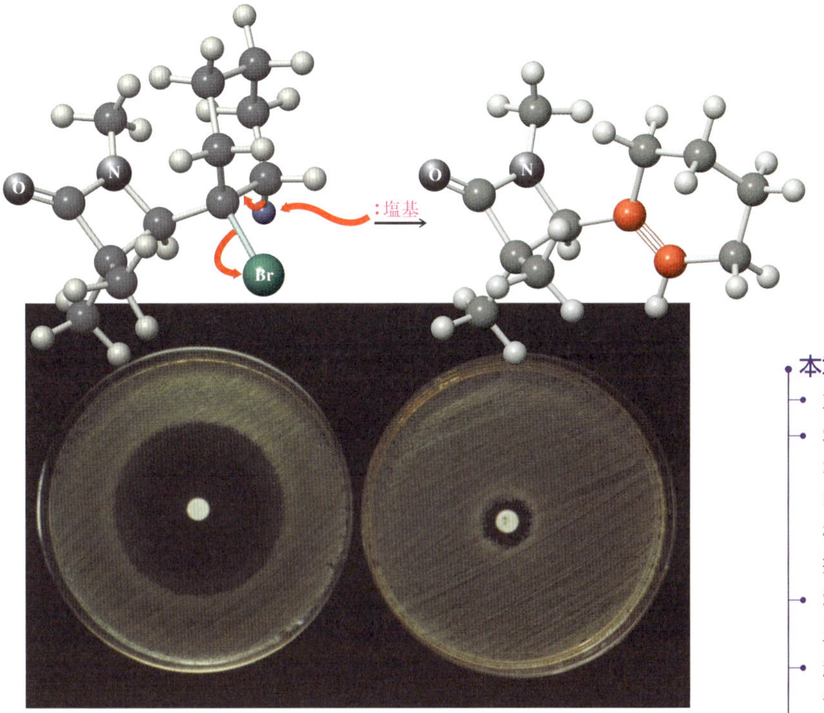

薬化学者は，生理活性物質における構造と活性の相関を調べるために，多くの反応を利用する．上図の反応では，β-ラクタム環に置換したブロモシクロヘキシル基が，HBr の脱離によってシクロヘキセニル基に変換されている．β-ラクタムは，ペニシリンやセファロスポリンなど多くの抗生物質の構造に含まれている四員環アミドであり，菌の薬剤耐性を克服するために構造の化学修飾が必須となっている．上の写真は，おでき，はれもの，泌尿器官系感染症を引き起こすブドウ球菌(不透明な黄土色の部分)の二つの菌株をペトリ皿で培養した様子を示したものである．左側の写真はペニシリン(白い錠剤)のまわりに菌の生育が阻害された領域があり，この菌株の生育がペニシリンによって阻害されていることがわかる．右側の写真では，もう一方の菌株がペニシリンに対して耐性をもっているため，その生育は阻害されていない．

S_N2 置換反応がハロアルカンの重要な反応であることを前章で学んだ．ところで，置換反応に対して S_N2 だけが唯一の反応機構だろうか．また，置換とはまったく異なる様式の反応がハロアルカンには起こるだろうか．この章では，ハロアルカンがとくに第三級や第二級の場合に S_N2 置換以外の反応様式にしたがって反応することを学ぶ．実際，ハロアルカンと求核剤の反応には四つの可能な反応様式があり，二分子求核置換反応はそのうちの一つにすぎない．他の三つの反応とは，一分子求核置換反応と 2 種類の脱離反応である．脱離反応では HX が脱離して二重結合が生成する．この方法は本書のなかで多重結合をもった有機化合物の製法について学ぶ最初の例である．

本章での目標

- 加溶媒分解を定義する．
- S_N1 反応の反応機構とそれに影響を及ぼす要因すなわち溶媒，脱離基，求核剤ならびにアルキル置換基について記述する．
- S_N1 反応と S_N2 反応を比較する．
- 超共役によってカルボカチオンが安定化する要因をまとめる．
- S_N1 反応の立体化学を議論する．
- 脱離反応を定義し，E1 反応と E2 反応を区別する．
- ハロアルカンと求核剤(塩基)との反応における主要な反応経路(脱離反応あるいは置換反応)と優先する反応機構(S_N1, S_N2, E1, E2)を予測する．

7-1 第三級および第二級ハロアルカンの加溶媒分解

S_N2 反応の速度は，反応中心炭素が第一級から第二級，さらに第三級へと移るにつれ，劇的に遅くなることを 6-10 節で学んだ．この反応性の低下は，二分子求核置換反応の場合にだけ見られる現象である．第二級や第三級ハロゲン化物は，第一級ハロゲン化物の置換反応とは異なった機構による置換反応を起こす．この節では，第二級や第三級ハロゲン化物が求核剤が弱いときでさえ容易に反応して，対応する置換生成物を与える一分子求核置換反応について学ぶ．

たとえば，2-ブロモ-2-メチルプロパン（臭化 *tert*-ブチル）を室温の水と混合すると，2-メチル-2-プロパノール（*tert*-ブチルアルコール）と臭化水素に容易に変換される．この場合，求核性が小さいにもかかわらず，水が求核剤として作用する．溶媒分子によって基質が置換されるこのような反応を**加溶媒分解**（solvolysis），たとえばメタノリシスやエタノリシスなどという．溶媒が水の場合には**加水分解**（hydrolysis）という．

Reaction

加溶媒分解の例：加水分解

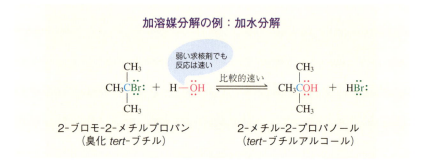

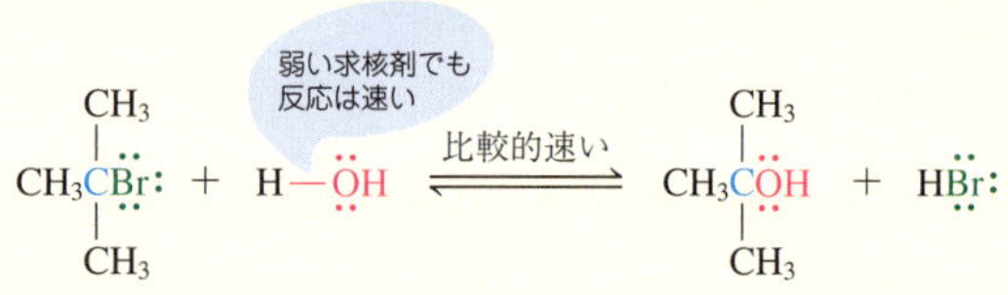

2-ブロモ-2-メチルプロパン（臭化 *tert*-ブチル）　2-メチル-2-プロパノール（*tert*-ブチルアルコール）

2-ブロモプロパンは，速度ははるかに遅いが，2-ブロモ-2-メチルプロパンと同じように加水分解される．これに対して 1-ブロモプロパンやブロモエタン，ブロモメタンは，同じ条件下では加水分解を受けない．

思い起こそう：
求核剤－赤色
求電子剤－青色
脱離基－緑色

第二級ハロアルカンの加水分解

2-ブロモプロパン（臭化イソプロピル）　2-プロパノール（イソプロピルアルコール）

メチルおよび第一級ハロアルカン：加溶媒分解反応を起こしにくい

CH_3Br

CH_3CH_2Br

$CH_3CH_2CH_2Br$

室温で水とは事実上反応しない

加溶媒分解はアルコール溶媒中でも起こる．

2-クロロ-2-メチルプロパンのメタノール中での加溶媒分解：メタノリシス

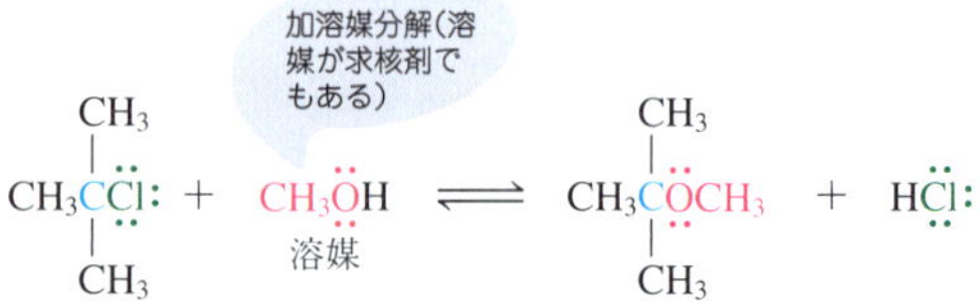

2-クロロ-2-メチルプロパン　2-メトキシ-2-メチルプロパン

2-ブロモプロパンと 2-ブロモ-2-メチルプロパンが水と反応して，対応するアルコールを与える反応の相対速度を表 7-1 に示す．枝分かれのないハロアルカンの加水分解速度との比較も示した．反応生成物はいずれも S_N2 反応から予測されるものと同じであるが，反応性の順序は典型的な S_N2 反応条件下で見られる順序とは逆である．すなわち，第一級ハロゲン化物と水との反応は非常に遅く，第二級ハロゲン化物はより反応性に富み，第三級ハロゲン化物は第一級ハロゲン化物に比べておよそ 100 万倍速く反応する．

これらの事実は，第二級ハロアルカン，そしてとくに第三級ハロアルカンの加溶媒分解の機構が S_N2 反応の機構とは異なっていることを示唆している．これらの反応を詳細に理解するには，S_N2 反応の機構を検討する際に用いたのと同じ手法が有効である．すなわち，速度論，立体化学，さらに反応速度に対するハロアルカンの構造や溶媒の影響について検討すればよい．

表 7-1
種々のブロモアルカンと水との反応の相対速度

ブロモアルカン	相対速度
CH_3Br	1
CH_3CH_2Br	1
$(CH_3)_2CHBr$	12
$(CH_3)_3CBr$	1.2×10^6

加溶媒分解の反応性が高くなる

練習問題 7-1

欄外に示した化合物(A)がエタノール中で安定に存在し，まったく変化しないのに対して，(B)はすばやく反応して別の化合物に変わる．このことを説明せよ．

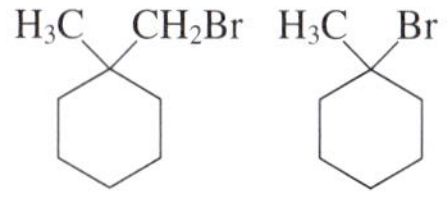

(A)　　(B)

7-2 一分子求核置換反応：S_N1 反応

本節では，求核置換反応の新しい形式について学ぶ．S_N2 反応は

- 二次の速度則にしたがって進行する．
- 立体配置の反転をともなって，立体特異的に生成物を生成する．
- 反応速度はハロアルカンがハロメタンの場合に最も速く，第一級ハロゲン化物，第二級ハロゲン化物となるにしたがって遅くなる．
- 基質が第三級の場合には，たとえ反応するとしても非常にゆっくりとしか反応しない．

これに対して，加溶媒分解は

- 一次の速度則にしたがう．
- 反応は立体特異的ではない．
- 反応性は S_N2 反応の場合とは逆の順序となり，第一級より第二級，第二級より第三級ハロゲン化物のほうが反応速度が大きくなるのが特徴である．

このような実験事実にふさわしい反応機構とはどのようなものかを考えてみよう．

加溶媒分解は一次の速度則にしたがう

6 章では，ハロメタンと求核剤の反応の速度論から求核置換反応が二分子遷移状態を経由して進行することを明らかにした．S_N2 反応の速度が，ハロアルカンと求核剤の両方の濃度に比例するからである．ギ酸(求核性の非常に小さい極性溶媒)中での 2-ブロモ-2-メチルプロパンと水の濃度を変えることによって，S_N2 反応の場合と同様に加溶媒分解速度を測定できる．実験の結果，臭化物の加

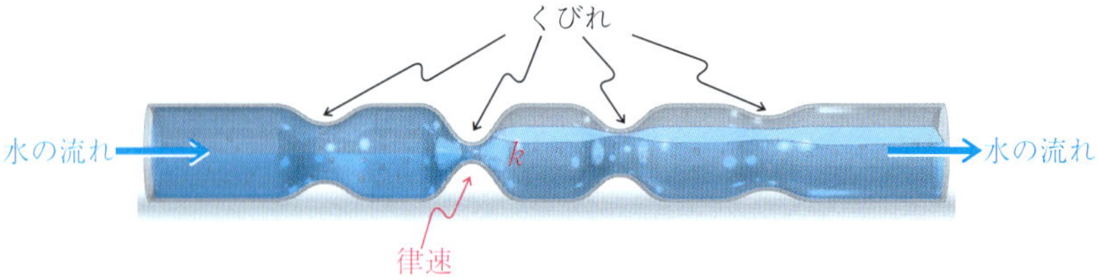

図7-1 水がホースを流れる速度 k は，最も細くくびれた所で制御される．

水分解速度は出発物質のハロゲン化物の濃度にのみ比例し，水の濃度には比例しないことが明らかとなった．

$$反応速度 = k[(CH_3)_3CBr] \, mol \, L^{-1} \, s^{-1}$$

この実験結果から次のことがわかる．第一に，ハロアルカンは他の分子と反応する前に，単独でなんらかの中間体に変化しなければならない．第二に，最終生成物にヒドロキシ基があるので，水（あるいは一般的には求核剤）が反応に関与しなければならないが，この水による反応はあとの段階で起こり，反応速度に影響を及ぼしてはいけない．このような条件を満足させかつすべての状況を合理的に説明するには，ハロゲン化物分子単独で起こる1段階目の反応が，この反応に続いて起こるどの段階の反応よりも遅いと仮定することが必要となる．いいかえれば，観測される反応速度は，いくつかの反応段階のうち最も遅い段階の速度であり，この最も遅い段階を**律速段階**（rate-determining step）という．したがって，この段階の遷移状態に含まれる化学種だけが速度式に関与する．よってこの加水分解反応は，出発物質のハロアルカンだけで反応速度式が表されることになる．

律速段階を狭い水路にたとえて，水の流れが規制されるような締めつけによるくびれ部分をいくつかもったホースを想像してみよう（図7-1）．水が端から流れ出る速度は，最も細くくびれた部分によって制御される．もし水の流れを逆にしたとしても（反応の可逆性のモデル），水の流れ出る速度はやはりこのくびれ部分によって制御される．加溶媒分解のように複数の段階を含む反応ではまさにこうした状況が起こる．それではいま議論している加溶媒分解反応は，どのような複数の段階を含んでいるのだろうか．

加溶媒分解の機構はカルボカチオンの生成を含む

2-ブロモ-2-メチルプロパンの加水分解は**一分子求核置換**（unimolecular nucleophilic substitution）反応によって進行する．これは S_N1 と略記する．数字の1はただ一つの分子，すなわちハロアルカンだけが律速段階に関与していることを示す．反応速度は求核剤の濃度には依存しない．反応機構は次の三つの段階から成っている．

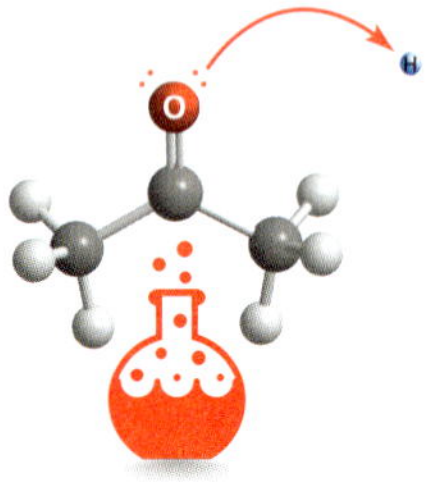

段階1 すでに2-2節で学んだ反応である，ハロアルカンがアルキルカチオンと臭化物イオンに解離する段階．この段階が律速段階である．炭素－ハロゲン結合のヘテロリシス開裂によって互いに逆の電荷をもった二つの化学種に解離するために，この段階が遅い．

カルボカチオンを生成するハロゲン化物の解離

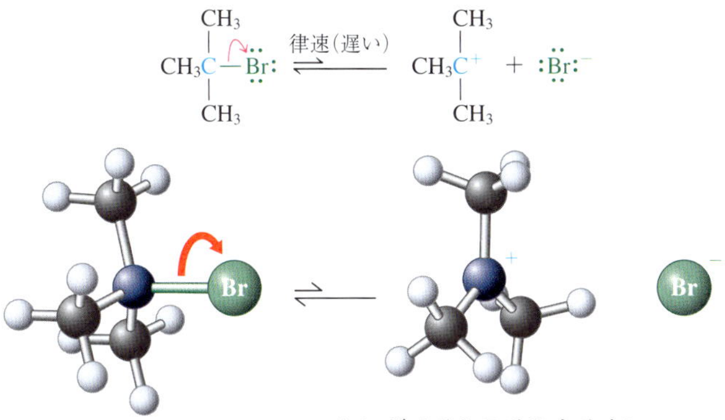

1,1-ジメチルエチルカチオン
(*tert*-ブチルカチオン)

この反応はヘテロリシス開裂の一例である．炭化水素生成物の中心炭素原子はメチル基三つと結合しているが，自分のまわりに6個の電子しかもたず，正の電荷をもっている．このような構造を**カルボカチオン**(carbocation)という．

段階2　段階1で生成した1,1-ジメチルエチルカチオン(*tert*-ブチルカチオン)は強力な求電子剤であり，まわりを取り囲んでいる水によってただちに捕捉される．この過程は溶媒による電子欠乏炭素に対する求核攻撃としてとらえることもできる．

「捕捉」とか「捕獲」という言葉は，他の化学種による反応活性な中間体に対するすばやい攻撃を意味する．

水による求核攻撃

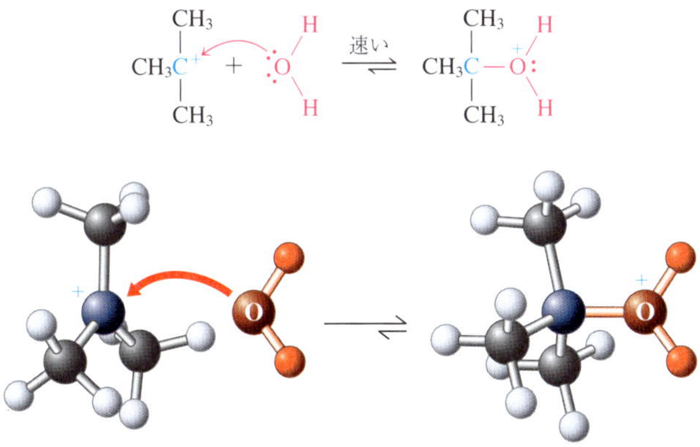

アルキルオキソニウムイオン

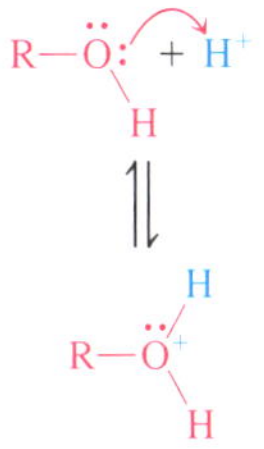

アルキルオキソニウム
イオン

その結果生じる化学種は，求核置換反応の最終生成物であるアルコール，この場合には2-メチル-2-プロパノールの共役酸である**アルキルオキソニウムイオン**(alkyloxonium ion)の一例である．

段階3　同族の化学種であるオキソニウムイオン*(H_3O^+)と同じように，アルキルオキソニウムイオンはすべて強い酸である．したがって，反応系中で水によっ

* IUPACでは，H_3O^+に対してヒドロニウムイオンという名称よりもオキソニウムイオンという名称を使用することを推奨している．

て容易に脱プロトン化され，最終生成物であるアルコールを与える.

脱プロトン化

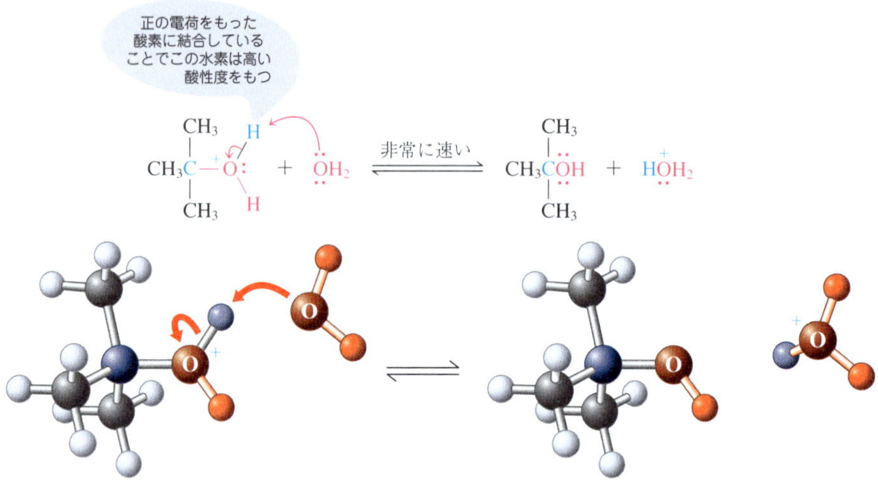

アルキルオキソニウムイオン
(強酸)

2-メチル-2-プロパノール

練習問題 7-2

(a) 表 3-1 にあげた結合の強さについてのデータを用いて，2-フルオロ-2-メチルプロパンの 2-メチル-2-プロパノールとフッ化水素への加水分解反応についてのΔH°を求めよ.〔**注意**：この反応がイオンによる反応機構で進行することにまどわされないようにしよう．ΔH° の値は反応機構と無関係で，反応全体の熱収支の尺度である(2-1 節参照).〕

(b) 曲がった矢印を用いて次の反応の反応機構を示せ.

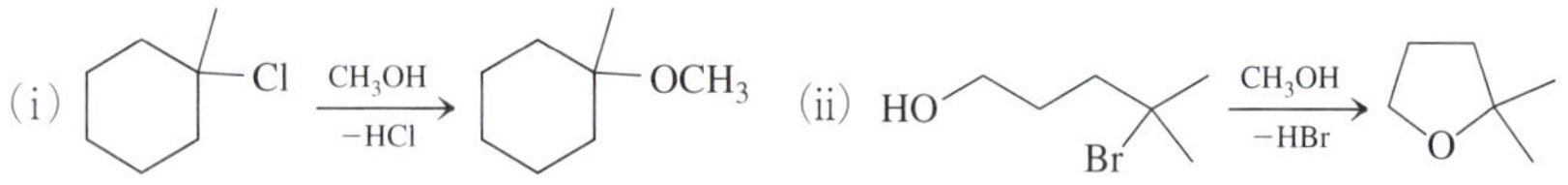

(c) 問題(b)の(i)において出発物質の第三級塩化物の濃度を 2 倍にしたとき，メタノリシスの反応速度はどうなるか.

図 7-2 は，クロロメタンと水酸化物イオンとの S_N2 反応におけるポテンシャルエネルギー図と 2-ブロモ-2-メチルプロパンと水との S_N1 反応のポテンシャルエネルギー図を比較したものである．S_N1 反応の図には三つの遷移状態があり，それぞれの遷移状態が反応機構の各段階に対応する．正と負の電荷を分離しなければならないので，最初の遷移状態が最も高いエネルギーを必要とする．したがって段階 1 が律速段階となる.

加溶媒分解の反応機構の三つの段階すべてが可逆である．全体を通しての平衡は，反応条件を適当に選べばいずれの方向へも移動させることができる．一般に求核剤として作用する溶媒は大過剰に存在するので加溶媒分解は完結する．どのようにすればこの反応を逆方向に進行させ，アルコールから第三級のハロアルカンを合成する方法として利用できるかについては 9 章で述べる.

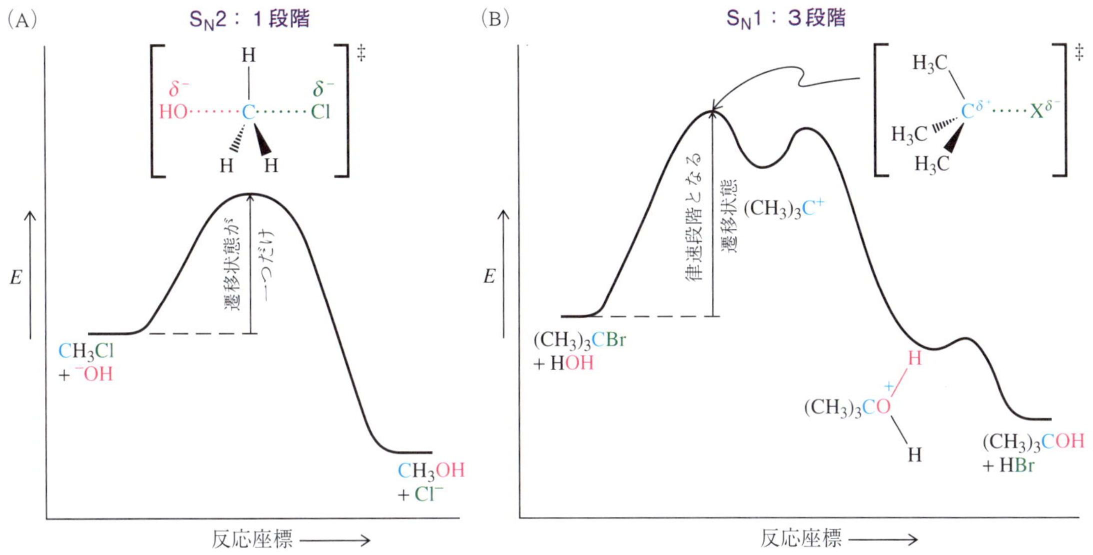

図 7-2 (A) クロロメタンの水酸化物イオンによる S_N2 反応，(B) 2-ブロモ-2-メチルプロパンの S_N1 加水分解反応のポテンシャルエネルギー図．S_N2 反応が 1 段階で起こるのに対し，S_N1 反応は明確な三つの段階から成る．すなわち，律速段階であるハロゲン化物イオンとカルボカチオンへの解離反応，カルボカチオンに対する水の求核攻撃によるアルキルオキソニウムイオンの生成，そして最終生成物を与えるプロトンの脱離という 3 段階である．**注意**：図が複雑になるのを避けるため，(B) の二つの中間体について対イオンの無機の化学種は省いてある．

まとめ ハロアルカンの加溶媒分解の速度論を検討することにより，3 段階の反応機構に到達した．重要な反応の律速段階は，出発物質から脱離基が分離してカルボカチオンを生成する最初の段階である．反応の律速段階に出発物質だけしか関与しないので，この反応は一分子求核置換反応，S_N1 とよばれる．それでは次に S_N1 反応機構にしたがって進行する反応に見られる他の実験的な観察結果について見てみよう．

7-3 S_N1 反応の立体化学

S_N1 反応について提案した機構を考えると，中間体であるカルボカチオンの構造から反応の立体化学を予想することができる．電子の反発を最小にするために，正の電荷をもった炭素は sp^2 混成（1-3 節および 1-8 節参照）した平面三方形構造をとる．このカルボカチオン中間体はアキラルである（模型を組んでみよう）．したがって，立体中心が脱離基であるハロゲン原子をもった光学活性な第二級あるいは第三級のハロアルカンを出発物質として用い，S_N1 反応に有利な反応条件のもとで反応を行うと，ラセミ体が生成する（図 7-3）．実際，多くの加溶媒分解反応においてラセミ化が見られる．一般に光学活性な化合物からラセミ体が生成することは，反応途中にカルボカチオンのような対称でアキラルな化学種が存在していることを示す強い証拠となる．

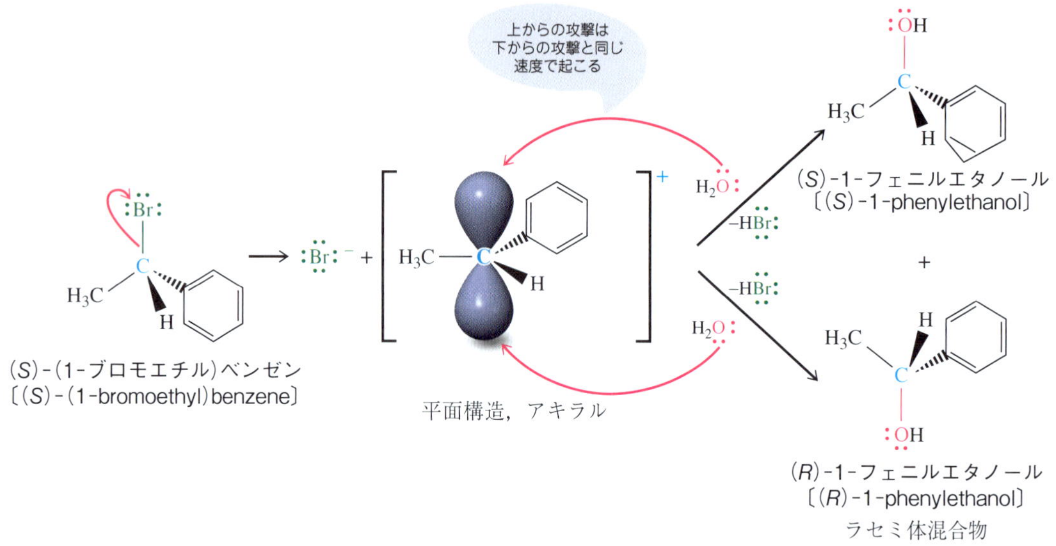

図 7-3　キラルで光学的に純粋な(S)-(1-ブロモエチル)ベンゼンの S_N1 加水分解反応におけるラセミ化．最初の段階であるイオン化によって，平面構造をもつアキラルなカルボカチオンが生成する．次にこのイオンが水で捕捉され，ラセミ体のアルコールが生成する．

練習問題 7-3

(R)-3-ブロモ-3-メチルヘキサンを，極性は非常に高いが求核性のないニトロメタンに溶かしたとき，その光学活性が失われる．詳細な反応機構によって説明せよ．(**注意**：反応機構を書くとき，電子の流れを「電子の押し出しを示す矢印」を用いて表し，各段階を別べつに書き出し，電荷とそれに対応する電子対を含む完全な構造を式で表して，はっきりとした反応の矢印で出発物質や中間体とそれに対応する生成物を結ぶこと．省略した近道をせず，ていねいに書くこと．)

練習問題 7-4

概念のおさらい：S_N1 反応の立体化学

メタノール中で(2R,3R)-2-ヨード-3-メチルヘキサンを穏やかに加熱すると，立体異性体である二つのメチルエーテルが生成する．それら二つは互いにどのような関係か．反応機構の立場から説明せよ．

● 解法のてびき

What 何が問われているか．立体化学を含めて出発物質の構造を示せ．立体中心が二つあり，そのうちの一つには反応性の高い脱離基が結合している．唯一の他の要素は溶媒の CH_3OH である．

How どこから手をつけるか．基質は第二級のハロアルカンである．したがって，置換反応は S_N1 反応機構あるいは S_N2 反応機構のいずれでも進行する．どちらの機構で進行し，どんな結果を与えるかを考えるために反応条件を吟味してみよう．

Information 必要な情報は何か．6章と本章で学んだ題材について復習しよう．反応はメタノール中で行われている．メタノールは求核性が小さい(S_N2 反応には不利である)が，極性の高いプロトン性の溶媒であり，S_N1 反応には有利で，第二級や第三級のハロアルカンをイオンへ解離させるのに適している．

Proceed 一歩一歩論理的に進めよ．

● **答え**

- C2からすぐれた脱離基である I^- が解離すると平面三方形の構造をもったカルボカチオンが生成する．するとメタノールは，平面の上からも下からも攻撃することができ（7-2節の反応機構の段階1と2を比較せよ），互いに立体異性体である二つのオキソニウムイオンが生成する．正の電荷を帯びた酸素に結合した水素は非常に酸性度が高く，容易にプロトンを失って，立体異性体である二つのエーテルが生成する（7-2節の段階3と図7-3を参照せよ）．求核剤が溶媒（メタノール）であり，加溶媒分解反応（とくにメタノリシスとよぶ）のもう一つの例である．

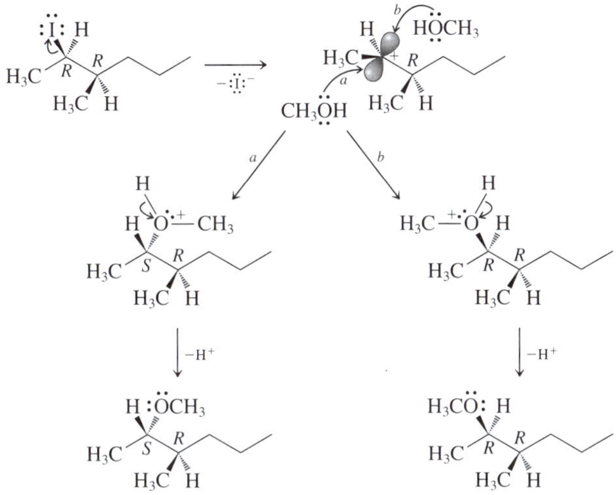

- 立体異性体である二つのエーテル生成物は，互いにジアステレオマーの関係にある（2*S*,3*R*）体と（2*R*,3*R*）体である．メタノールは二つの可能な反応経路 *a* あるいは *b* に沿って反応点であるC2を攻撃し，その結果 *R* と *S* の立体配置をもつ二つの生成物が生成する．一方，反応に関係しないC3の立体中心は変化せず，もとの立体配置 *R* のままである．

注意！　S_N1 反応機構について記述する際，非常に陥りやすい次の二つの間違いをおかさないように気をつけよう：(1) カルボカチオン部位と結合させる前にメタノール（CH_3OH）をメトキシド（CH_3O^-）とプロトン（H^+）に解離させてはいけない．メタノールは弱酸で，その解離は熱力学的に不利である．(2) CH_3OH をメチルカチオンと水酸化物イオンに解離させてはいけない．アルコール中に存在するOH官能基が無機の水酸化物の構造式を連想させるかもしれないが，アルコールから水酸化物イオンは生成しない．

練習問題 7-5　自分で解いてみよう

欄外に示す分子（A）を加水分解すると，二つのアルコールが得られる．これについて説明せよ．

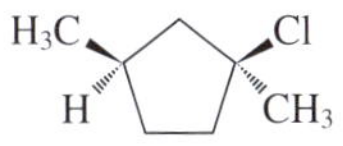

（A）

7-4　S_N1 反応に対する溶媒，脱離基ならびに求核剤の影響

S_N2 反応の場合（6-10節参照）に見られたのと同様に，溶媒や脱離基，求核剤を変化させると S_N1 反応は大きな影響を受ける．

極性溶媒は S_N1 反応を加速する

C−X結合のヘテロリシス開裂をともなう S_N1 反応の律速段階は，強く分極した遷移状態をもつ（図7-4）．そしてこの遷移状態を経て最終的に完全な電荷をもった二つのイオンになる．これに対して，典型的な S_N2 反応の遷移状態では，電荷が生じるのではなくむしろ分散している（図7-4参照）．

図 7-4　S_N1 反応と S_N2 反応におけるそれぞれの遷移状態から，S_N1 反応がなぜ極性溶媒によって大きく促進されるかが説明できる．ヘテロリシス開裂は電荷の分離を生じる過程であり，極性溶媒による溶媒和によって加速される．

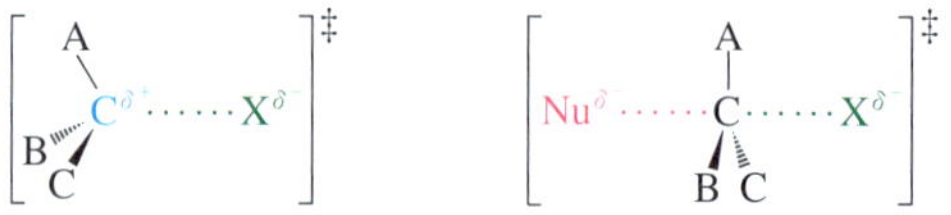

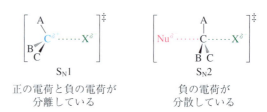

S_N1
正の電荷と負の電荷が
分離している

S_N2
負の電荷が
分散している

極性をもったプロトン性溶媒は S_N1 反応を促進する

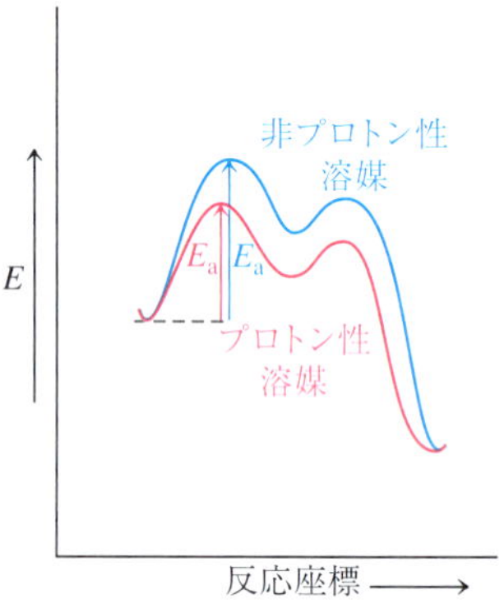

このように遷移状態が分極した構造をもつため，S_N1 反応の速度は溶媒の極性が増大するにつれて速くなる．溶媒を非プロトン性からプロトン性に変えたときに，この加速効果はとくに顕著となる．たとえば 2−ブロモ−2−メチルプロパンの加水分解は，アセトンと水の 9:1 の混合溶媒中よりも純粋な水中ではるかに速い．プロトン性の溶媒は，脱離基と水素結合することによって図 7-4 に示した遷移状態を安定化するので，S_N1 反応を加速する（欄外参照）．これとは逆に S_N2 反応では，溶媒効果は求核剤の反応性に対するものである．このことがおもな理由となって，S_N2 反応は極性の高い非プロトン性溶媒中で加速される．

S_N1 反応の速度に対する溶媒効果

			相対速度
$(CH_3)_3CBr$	$\xrightarrow[\text{より極性の高い溶媒}]{100\%\ H_2O}$	$(CH_3)_3COH$ + HBr	400,000
$(CH_3)_3CBr$	$\xrightarrow[\text{より極性の低い溶媒}]{90\%\ \text{アセトン},\ 10\%\ H_2O}$	$(CH_3)_3COH$ + HBr	1

溶媒としてよく用いられるニトロメタン，CH_3NO_2（表 6-5 参照）は極性が非常に高く，しかも実際上ほとんど求核性を示さない．そのため S_N1 反応において溶媒以外の求核剤の挙動を調べる際に有用である．

S_N1 反応は脱離能の大きな脱離基を用いると速くなる

S_N1 反応では脱離基の解離が律速段階なので，脱離基の脱離能が大きくなるにつれて反応速度が速くなることが容易に想像できる．実際，第三級のヨードアルカンは，対応する第三級のブロモアルカンよりも容易に加溶媒分解される．同様にブロモアルカンはクロロアルカンよりも反応性が高い．スルホン酸イオンはとくに脱離しやすい．

RX の加溶媒分解の相対速度（R ＝ 第三級アルキル）

$$X = -OSO_2R' > -I > -Br > -Cl$$

← 反応速度が増大する

求核剤の強さは生成物の種類とその生成比には影響を及ぼすが，反応速度には影響を及ぼさない

求核剤の種類を変えると，S_N1 反応の反応速度は影響を受けるだろうか．影響を受けないことが反応速度式から明らかである．S_N2 反応では，攻撃する化学種

の求核性が増大するにつれて反応速度が増大することを学んだ．しかしながら S_N1 反応では，律速段階に求核剤が関与しないため，求核剤の構造(あるいは濃度)を変えても，ハロアルカンが消費される速度は変わらないはずである．二つあるいはそれ以上の求核剤が，中間体であるカルボカチオンの捕捉を競う場合にも，反応速度は変化しない．ところが求核剤の相対的な強さや濃度は，生成物の種類とその生成比には大きな影響を与える．

たとえば，2-クロロ-2-メチルプロパンの加水分解は速度定数 k_1 で進行し，予想される化合物である 2-メチル-2-プロパノール(*tert*-ブチルアルコール)が得られる．同じ反応を水に可溶なギ酸カルシウムの存在下で行うと，まったく異なった結果になる．すなわちアルコールは生成せず，その代わりにギ酸の 1,1-ジメチルエチルエステル(ギ酸 *tert*-ブチル)が得られる．ところが反応速度はまったく同じである．この反応の場合には，水よりもすぐれた求核剤であるギ酸イオンが水との競争に勝って，中間体であるカルボカチオンに対して優先的に反応する．つまり，$k_3 > k_2$ である．2-クロロ-2-メチルプロパンが消費される速度は，(最終生成物とは関係なしに) k_1 によって決定されるが，二つの生成物の生成比(すなわちそれらが生成する相対的な速度)は，競争する求核剤の間の相対的な反応性と濃度に依存する．

S_N1 反応における求核剤の競争

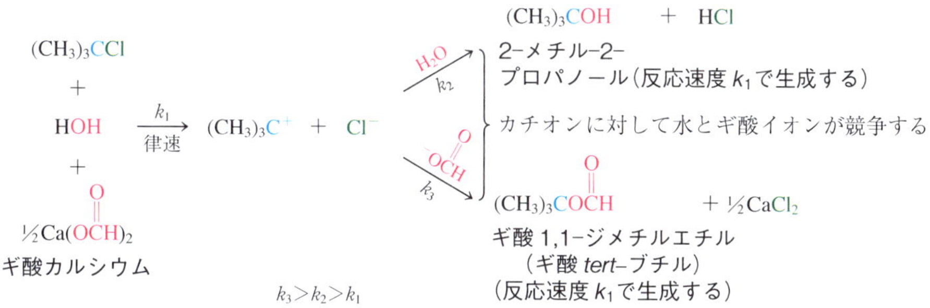

練習問題 7-6

概念のおさらい：求核剤間の競合

メタンスルホン酸 1,1-ジメチルエチル(メタンスルホン酸 *tert*-ブチル)を，フッ化ナトリウムと臭化ナトリウムを等モル量ずつ含む極性の高い非プロトン性溶媒に溶かすと，75 % の 2-フルオロ-2-メチルプロパンと 25 % の 2-ブロモ-2-メチルプロパンの混合物に変換される．この実験結果を説明せよ．(**ヒント**：非プロトン性溶媒中におけるハロゲン化物イオンの相対的な求核性の大きさに関しては 6-8 節と 6 章の章末問題 60 を参照せよ．)

> 問題文中に「説明せよ」という言葉があるときは，解答を得るために反応機構について考えよということである．

● 解法のてびき

基質は第三級である．そのため置換反応は S_N1 機構でのみ容易に進行する．二つの求核剤が等モル量存在しているが，二つの置換生成物が等モル量生成するわけではない．二つの求核剤の強さの違いと反応条件下でのカルボカチオンの捕捉速度の違いを説明すればよい．

● 答え

- 極性をもった非プロトン性溶媒中では水素結合は形成されない．したがって，求核剤の求核性は分極率と塩基性度によって決まる.

• 臭化物イオンはフッ化物イオンよりも大きなイオンで分極率も大きい. これに対してフッ化物イオンは臭化物イオンよりも強い塩基である(表2-2あるいは6-4を参照せよ). どちらの効果のほうが勝っているだろうか. 両者は非常に拮抗しているが, 6章の章末問題60の表中にその答えのヒントがある. すなわちDMF(表6-5参照)中では, より強い塩基である Cl^- の求核力が Br^- の求核力に比べて2倍強い. フッ化物イオンは塩化物イオンよりもさらに塩基性が強い. その結果, F^- が他のハロゲン化物イオンに勝ってカルボカチオン中間体を攻撃する.

練習問題 7-7 自分で解いてみよう

2-ブロモ-2-メチルプロパンを濃アンモニア水溶液と混合したときに得られるおもな置換生成物を予想せよ.〔**注意**:アンモニアは水中において, 式 $NH_3 + H_2O \leftrightarrows NH_4^+ OH^-$ にしたがって水酸化アンモニウムを生成するが, この反応の K_{eq} は非常に小さい. よって, 水酸化物イオンの濃度は非常に小さい. (表2-2にある H_2O と NH_4^+ に対する pK_a の値を調べよ).〕

まとめ 第三級(あるいは第二級)ハロアルカンとある種の求核剤との反応が, S_N1 機構で進行することを支持する速度論以外の証拠について述べてきた. その証拠とは, 光学活性ハロアルカンの反応においてラセミ体が生成すること, 溶媒の種類や脱離基の脱離能が反応速度に影響を及ぼすこと, そして求核剤の強さを変えても反応速度に影響が現れないことなどである.

7-5 S_N1 反応に対するアルキル基の影響:カルボカチオンの安定性

第一級ハロアルカンは S_N2 機構にしたがって反応する. これに対して第三級ハロアルカンが S_N1 機構にしたがって反応するのは, 両者のハロアルカンのどこがどのように違うからなのだろうか. また, 第二級ハロアルカンではどういう結果になるのだろうか. 反応する炭素上の置換の度合いが, ハロアルカン(および関連するスルホン酸エステル誘導体)と求核剤との反応の過程をなんらかのかたちで制御しているはずである. 第二級と第三級のハロアルカンだけがカルボカチオンを生成することができる. 立体的なかさ高さが S_N2 反応を妨害する第三級ハロゲン化物では, もっぱら S_N1 機構で反応が進行する. これに対して, 第一級のハロアルカンでは S_N2 だけが起こり, 第二級ハロアルカンでは反応条件によって S_N1 あるいは S_N2 のいずれかの過程で反応が進行する.

カルボカチオンの安定性は第一級, 第二級, 第三級の順に大きくなる

第一級ハロアルカンでは二分子求核置換反応だけが起こることを学んだ. これに対して, 第二級ハロアルカンではしばしば, そして第三級ハロアルカンではほぼ常にカルボカチオン中間体を経由して反応が進行する. この相違を説明する理由は二つ考えられる. まず一つは, 立体障害が第一級, 第二級, 第三級の順に大きくなり, そのため S_N2 反応が遅くなる. もう一つの理由は, アルキル置換の数

が増えるとカルボカチオン中心が安定化されるというものである．第二級と第三級のカルボカチオンだけが S_N1 反応の条件下でエネルギー的に存在可能である．

カルボカチオンの相対的安定性

$CH_3CH_2CH_2\overset{+}{C}H_2$ ＜ $CH_3CH_2\overset{+}{C}HCH_3$ ＜ $(CH_3)_3\overset{+}{C}$

第一級 ＜ 第二級 ＜ 第三級

カルボカチオンの安定性が大きくなる →

それでは，なぜ第三級ハロアルカンはそれほど容易に加溶媒分解を受けるのだろうか．第三級カルボカチオンはアルキル置換のより少ない第二級や第一級のカルボカチオンに比べて安定であり，第三級カルボカチオンが容易に生成するためである．しかしながら，どういう理由でこの安定性の順序が決まるのだろうか．

安定性が大きくなる ↓

$R^+_{第一級}$

↓ $-\sim 20$ kcal mol^{-1}

$R^+_{第二級}$

↓ $-\sim 12$ kcal mol^{-1}

$R^+_{第三級}$

超共役は正の電荷を安定化する

カルボカチオンの安定性の順序は，対応するラジカルの安定性の順序と同じであることに注意しよう．すなわち，両者の順序は超共役という同じ現象にもとづいて決定される．3-2 節をふり返って，超共役は p 軌道とこれに隣接する結合性の分子軌道，たとえば C—H 結合や C—C 結合の結合性の分子軌道との重なりの結果生じるということを思い起こそう．ラジカルでは p 軌道に一つの電子が入っているが，カルボカチオンの場合には p 軌道は空である．両者の場合ともに，アルキル基は電子欠乏中心炭素に電子を供給し，安定化させる（欄外を参照）．**図 7-5** には，メチルカチオンと 1,1-ジメチルエチル（*tert*-ブチル）カチオンの軌道とともに，メチルカチオン，エチルカチオン，1-メチルエチル（イソプロピル）カチオンならびに 1,1-ジメチルエチルカチオンの静電ポテンシャル図を示す．さらに**図 7-6** には，X 線回折測定によって得られた単離可能な安定性をもつ第三級ブチルカチオンの構造を示す．

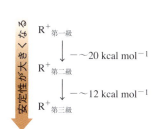

第二級ハロアルカンでは S_N1 反応と S_N2 反応の両方が起こる

これまでの解説からわかるように，第二級ハロアルカンは置換反応において，第一級および第三級ハロアルカンに比べると，さまざまな挙動を示す．S_N2 反応と S_N1 反応のいずれもが起こりうる．すなわち，第二級ハロアルカンの立体障害は二分子求核攻撃の反応速度を遅くさせはするが，完全に排除するほどではない．また，第二級カルボカチオンが比較的安定であるために，カチオンへの一分子解離が同時に競争して起こる．どちらの過程をとるかは，溶媒，脱離基，求核剤などの反応条件に依存する．

脱離能が非常にすぐれた脱離基をもつ基質に対して，プロトン性溶媒中で弱い求核剤を作用させると（S_N1 条件），一分子求核置換反応が優先する．一方，大きい脱離能を示す脱離基をもった基質に対して，非プロトン性溶媒中で求核性の大きい求核剤を高濃度で作用させると（S_N2 条件），二分子求核置換反応が主反応となる．種々のハロアルカンの求核剤に対する反応性についての実験結果を**表 7-2** に示す．

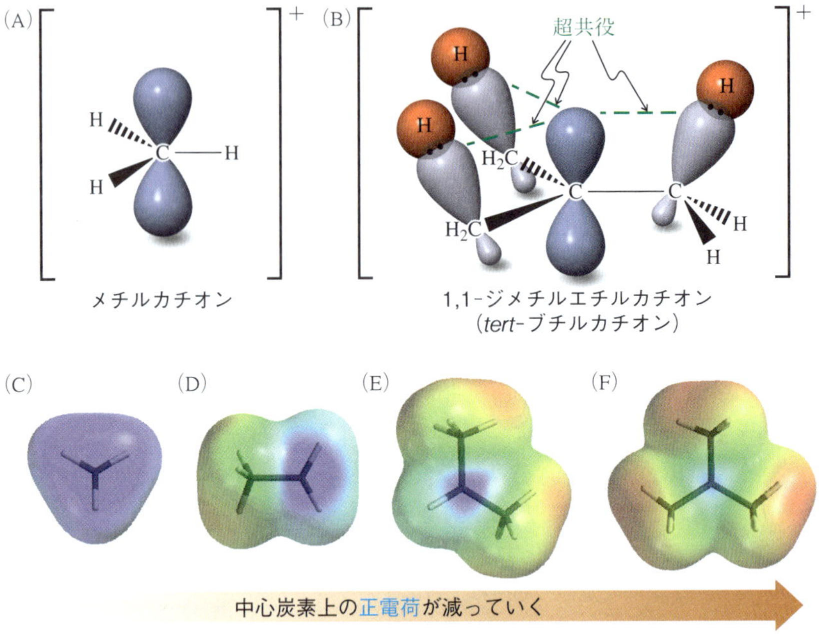

図 7-5 (A) メチルカチオンの部分的な軌道図を見ると，なぜ超共役による安定化がないのかがわかる．(B) これに対し，1,1-ジメチルエチル(*tert*-ブチル)カチオンには三つの超共役による相互作用がある．(C) メチルカチオン，(D) エチルカチオン，(E) 1-メチルエチル(イソプロピル)カチオンならびに(F) 1,1-ジメチルエチル(*tert*-ブチル)カチオンの静電ポテンシャル図は，もともと著しく電子不足であった中心炭素の青色が超共役の数が増えるにつれ，うすくなっていく様子を示している．

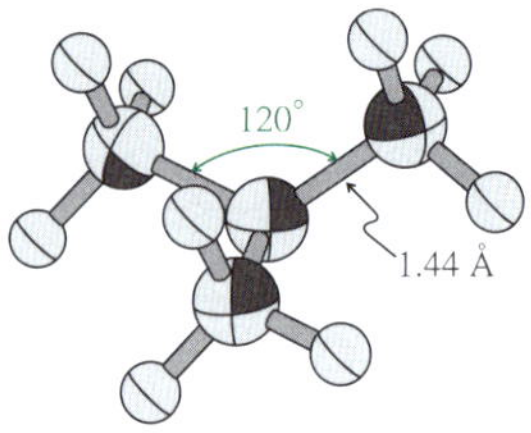

図 7-6 1,1-ジメチルエチルカチオン(*tert*-ブチルカチオン)のX線回折による結晶構造．四つの炭素は同一平面上にあり，C—C—C 結合角は 120°で，中心の炭素が sp^2 混成であることを示している．C—C 結合距離は超共役による軌道の重なりのために通常の C—C 結合(1.54 Å)に比べて短く 1.44 Å である．

S_N1 反応条件下での第二級基質の置換反応

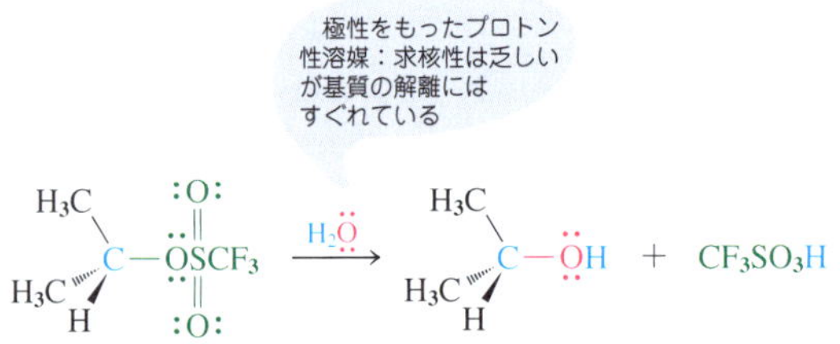

S_N2 反応条件下での第二級ハロアルカンの置換反応

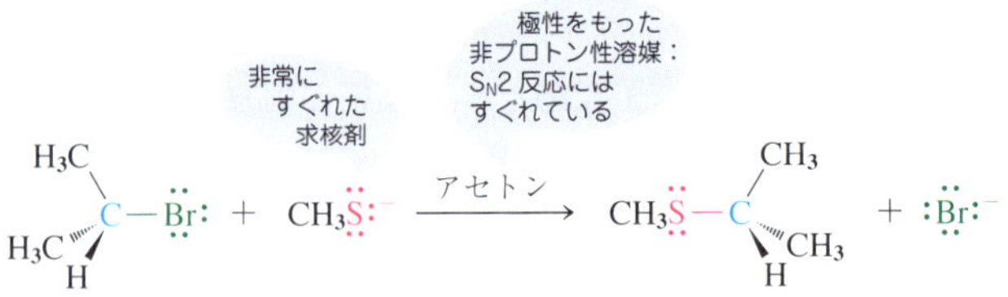

練習問題 7-8

概念のおさらい：第二級ハロアルカン

次の実験結果を説明せよ．

(a)

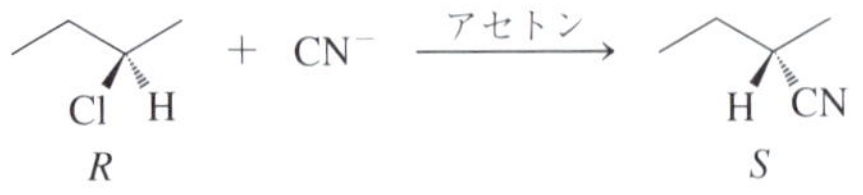

(b)

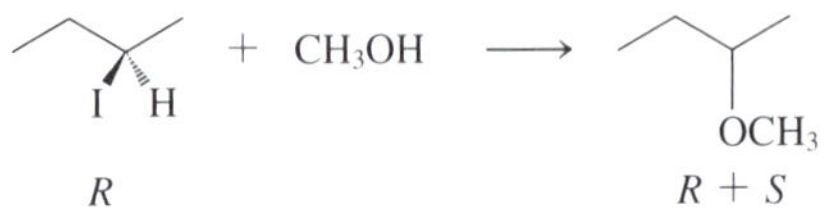

表 7-2 求核置換反応 $R-X + Nu^- \longrightarrow R-Nu + X^-$ における R−X の反応性

R	S_N1	S_N2
CH_3	溶液中では観測されない． （メチルカチオンのエネルギーが大きすぎる）	よく見られる；求核性の大きい求核剤と脱離能の大きな脱離基をもつ場合には速い．
第一級	溶液中では観測されない． （第一級カルボカチオンはエネルギー的に不安定すぎる）[a]	よく見られる；求核性の大きい求核剤と脱離能の大きな脱離基をもつ場合には速い． R の C2 に枝分かれをもつ場合には遅い．
第二級	比較的遅い；極性の高いプロトン性の溶媒中で脱離能の大きな脱離基をもつ場合に最も速く進行する．	比較的遅い；極性の高い非プロトン性溶媒中で求核性の大きい求核剤が高濃度に存在する場合に最も速く進行する．
第三級	よく見られる；極性の高いプロトン性の溶媒中で脱離能の大きな脱離基をもつ場合にはとくに速い．	極端に遅い．

（↓ S_N1 反応が有利になる）（↑ S_N2 反応が有利になる）

a) 共鳴安定化されたカルボカチオンは例外である（14 章参照）．

● 解法のてびき

What 何が問われているか．立体配置の決まった純粋なエナンチオマーを出発物質として用いる二つの置換反応が与えられている．(a) では生成物もまた純粋なエナンチオマーであるが，立体配置は反転している．(b) では生成物はラセミ体である．これらの異なる結果に対する説明が求められている．すなわち解答は反応機構を考察することによって得られるというのがヒントである．

How どこから手をつけるか．それぞれの反応に関与する化学種を調べ，どのような反応機構にしたがうかを決定するうえで，それらの性質がいかに影響するかを評価しなさい．

Information 必要な情報は何か．表 7-2 から情報を得なさい．二つの反応はともにすぐれた脱離基をもった第二級の基質の反応であり，S_N1 反応と S_N2 反応のいずれの反応も起こすことが可能である．どちらの反応が優先的に起こるかを決定するには，求核剤と溶媒を考慮する必要がある．

Proceed 一歩一歩論理的に進めよ．この練習問題の直前で解説した本文中の例を見本として利用するとよい．

● 答え

- 反応 (a) では，シアン化物イオン (CN^-) はすぐれた求核剤であり（表 6-8 参照），アセトンは極性をもった非プロトン性の溶媒である．この組合せのもとでは S_N2 反応が優先する．S_N2 反応では反応は背面からの攻撃によって進行し，この例で示されているような不斉炭素（図 6-5 参照）の場合には，置換の起こる反応点で立体化学の反転をともなう．
- 反応 (b) では，CH_3OH は溶媒であると同時に求核剤でもある．練習問題 7-4 と同じように，S_N1 反応機構による加溶媒分解の反応条件なのでエナンチオマーの関係にある二つのエーテル生成物が得られる．

S_N1 反応の相対的な反応性を目で見る実験．三つの試験管には左から右へとそれぞれ，1-ブロモブタン，2-ブロモプロパン，そして 2-ブロモ-2-メチルプロパンのエタノール溶液が入っている．それぞれの試験管に $AgNO_3$ を数滴加える．すると第三級ブロモアルカン（右）からはただちに多量の AgBr の沈殿が生成する．第二級ハロアルカン（中央）の溶液からはより少量の AgBr の沈殿が生成する．これに対して第一級のハロゲン化物の溶液（左）では，沈殿の生成が認められない．

練習問題 7-9 自分で解いてみよう

(a) 次にあげる純粋なエナンチオマーの出発物質の置換反応において，生成物がある場合にはその構造を示せ．もし反応が進行するなら，生成物の立体化学を示すとともに反応が S_N1 と S_N2 のどちらの反応機構にしたがうかを示せ．またはその根拠も述べよ．（**ヒント**：基質の構造，求核剤，脱離基ならびに溶媒の影響を分析せよ．）

(i) 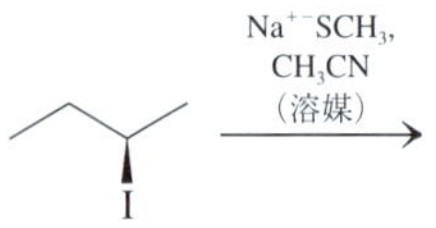

(ii) 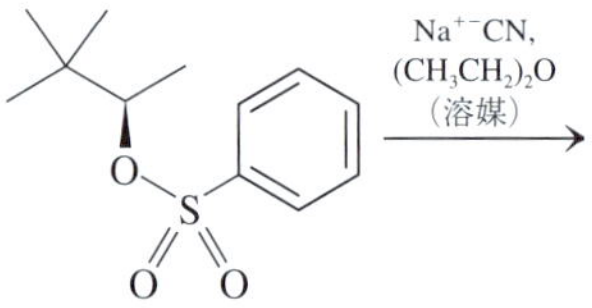

(iii) 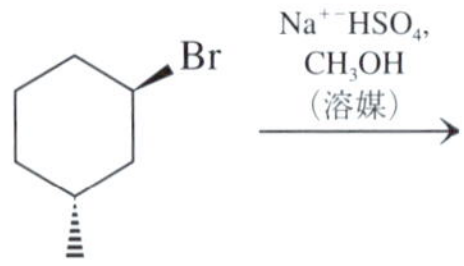

(iv) 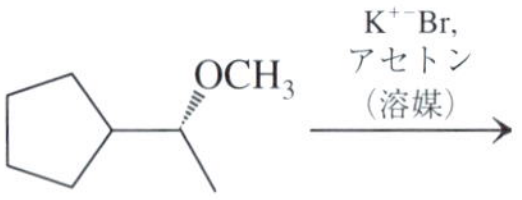

(b) (*R*)-2-クロロブタンにアンモニア水溶液を作用させる方法は，(*R*)-2-ブタンアミン，(*R*)-$CH_3CH_2CH(NH_2)CH_3$ のすぐれた合成法か．なぜその方法がすぐれているのか，あるいはなぜそうではないのか．また，アンモニア水溶液を作用させるよりもすぐれた方法があるか．

本章の最初の5節で S_N1 反応がどのように進行し，またどのような要因が S_N1 反応の進行を有利にするかということを理解するための基礎的な知識を学んだ．炭素―ハロゲン結合がイオンに解離するためには二つの条件が満たされなければならないということを心に留めておこう．すなわち，一つ目の条件は，生成するカルボカチオンが熱力学的に十分な安定性をもっている必要があるので，炭素原子は第二級もしくは第三級でなければならないということである．二つ目の条件は，正電荷を帯びたイオンならびに負電荷を帯びたイオンの両方と相互作用し，これらを安定化させる能力をもつ極性の大きい溶媒中で反応を行わなければならないということである．なおカルボカチオンは，これ以降の章で学ぶ多くの種類の化合物の反応においてよく見られる一般的な中間体である．

S_N1 反応と S_N2 反応ではどちらが「よりグリーンな」反応だろうか

S_N1 反応機構と S_N2 反応機構による立体化学の結果の違いが，合成における二つの反応の有用性に直接影響を及ぼす．S_N2 反応は立体特異的である．すなわち，単一の立体異性体を基質として用いると単一の立体異性体生成物が得られる(6-6節参照)．これに対して，立体中心において S_N1 反応機構で進行するほぼすべての反応は立体異性体の混合物を生成する．さらに残念なことに，すべての S_N1 反応の中間体であるカルボカチオンの化学は複雑である．9章で学ぶように，カルボカチオンは転位しやすく，そのため生成物は複雑な混合物となる場合が多い．さらに，カルボカチオンは次節で学ぶように，置換反応および転位反応以外にもう一つの重要な反応を引き起こす．すなわち，プロトンを失って二重結合が生じる反応である．

結局，S_N1 反応は「グリーンな」反応に必要とされる最初の二つの基準(コラム3-1参照)を満たさないので，S_N2 反応に比べて合成における利用は限定的である．立体異性体の置換生成物の混合物だけでなく，置換生成物以外の化合物をも一緒に生成するので，S_N1 反応は原子効率もよくなく，無駄が多い．したがって，S_N2 反応のほうが「よりグリーンな」反応といえる．

コラム● 7-1　制がん剤合成における異常な立体選択的 S_N1 反応　MEDICINE

S_N1 反応では一般に立体異性体の混合物が生成する．大きいエネルギーをもったカルボカチオン中間体は，求核剤がカルボカチオンの p 軌道のどちらのローブから接近するかにかかわらず，最初に出合った求核種と反応する．下に示す例はきわめて異常な例外である．すなわち第二級ハロアルカン，すぐれた脱離基（臭化物イオン），そして極性の高いプロトン性溶媒であるが弱い求核剤（水）という三成分の組合せを用いる S_N1 反応にとって理想的な環境条件であるにもかかわらず，水による臭化物イオンの置換反応が 90 % 以上も立体配置を保持して進行している．

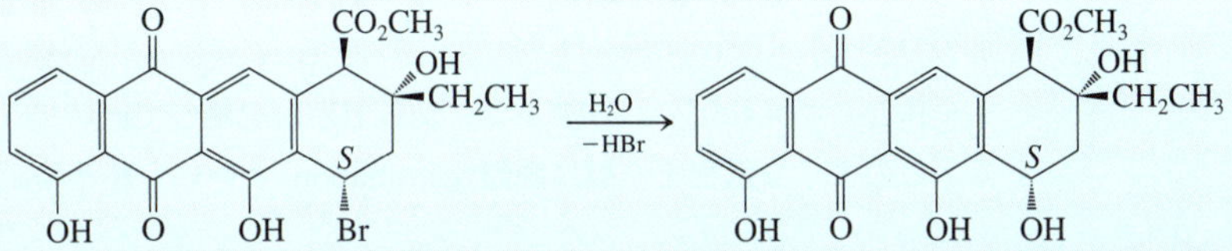

妥当なカルボカチオン中間体の構造を右下に示す．カルボカチオンの p 軌道にある上側のローブへの求核剤の接近が，二つ離れた炭素上のエチル基によって部分的に妨げられ，さらに，エチル基ほどではないが，もう一つ離れた炭素上のエステル基（緑色）によってもその接近が妨げられている．これに加えて，環の裏面にあるヒドロキシ基が水素結合を介して下側のローブへの水分子の求核攻撃を誘導する．

アクラビノンと命名されたこの生成物がアクラシノマイシン A とよばれる強力な制がん剤の部分構造であるため，この立体化学の結果は非常に重要である．この化合物はアントラサイクリンとよばれる化学療法薬剤の一種に属するもので，臨床での有用性と毒性が拮抗している．アクラシノマイシン（アクラルビシンとしても知られている）は他のアントラサイクリンよりも心臓毒性が小さいため，複数種類のがん治療臨床薬として用いられている．

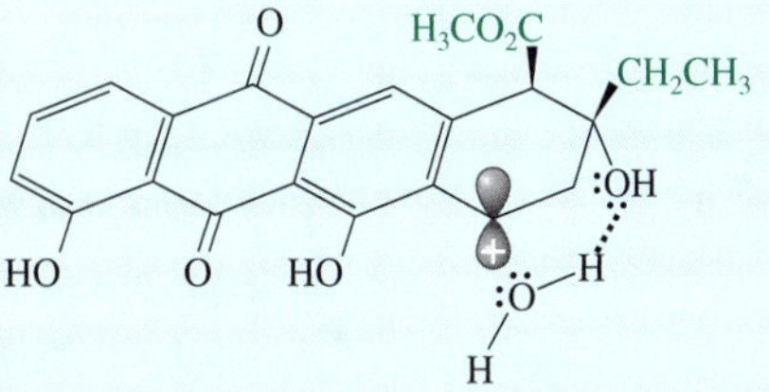

まとめ　第三級ハロアルカンは立体的に非常に込み合っているため，S_N2 反応は起こさないが，もう一つの経路で求核剤と容易に反応する．すなわち，超共役にもとづく安定化によって第三級カルボカチオンが容易に生成し，続いて溶媒などの求核剤によって捕捉されて求核置換生成物が得られる（加溶媒分解）．第一級ハロアルカンはこのようには反応しない．第一級カルボカチオンは溶液中で生成するにはエネルギー的にあまりにも不利である（不安定である）．第一級の基質は S_N2 過程を通って反応する．第二級の基質の置換体への変換は，脱離基や溶媒，求核剤などの性質によって S_N1 あるいは S_N2 のいずれかの過程を経て進行する．

7-6　一分子脱離反応：E1 反応

カルボカチオンは正の電荷を帯びた炭素に対する求核剤の攻撃によって容易に捕捉されることを学んだ．しかしながら，この反応がカルボカチオンの唯一の反応様式ではない．求核剤が塩基として働き，脱離反応によって新しい分子群であるアルケンの生成反応が競争的に起こる．正の電荷を帯びた原子に隣接する炭素上のプロトンは，その酸性度が非常に高いためにこの反応が可能となる．

カルボカチオンへの攻撃に対する求核剤と塩基の間の競争

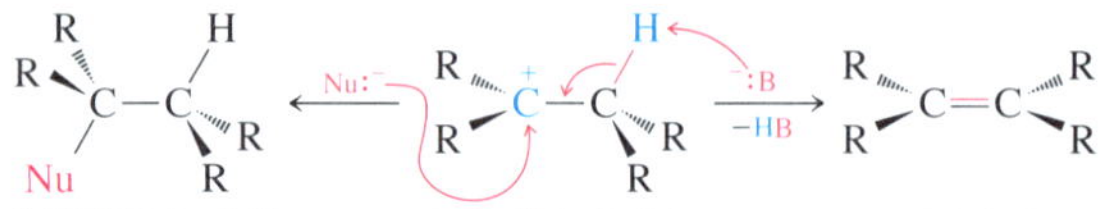

求核置換生成物　　カルボカチオン　　アルケン

全体として見れば，ハロアルカンから HX が脱離して同時に二重結合が生成する．このような過程を一般に**脱離**(elimination)といい，**E** と略記する．

Reaction

脱離反応

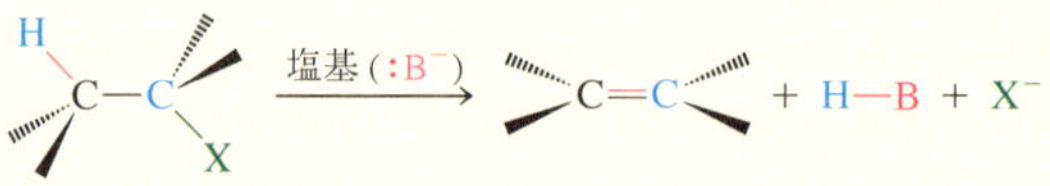

脱離反応はいろいろな機構によって進行する．最初に，加溶媒分解の際に起こる脱離反応について考えてみよう．

2-ブロモ-2-メチルプロパンをメタノールに溶解すると，出発物質の臭化物はすぐに消失する．予想どおり，加溶媒分解によって 2-メトキシ-2-メチルプロパンが主生成物として得られる．しかしながら，出発物質から HBr の脱離した生成物である 2-メチルプロペンがもう一つの生成物としてかなりの量副生する．つまり，脱離基が置換される S_N1 反応と競争して起こるもう一つの機構があり，第三級ハロゲン化物はアルケンを生成する．その機構とはどんなものだろうか．S_N1 反応と関係しているのだろうか．

2-ブロモ-2-メチルプロパンのメタノリシスにおけるE1とS_N1反応の競争

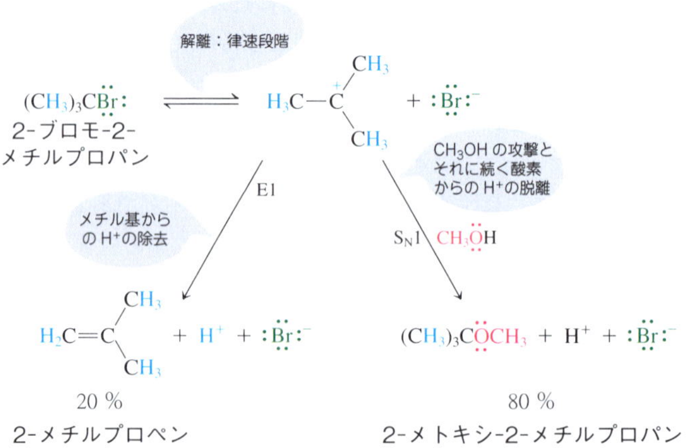

もう一度，速度論的な検討に戻ると，アルケンの生成速度が出発物質のハロゲン化物の濃度にのみ依存することがわかる．すなわち，反応は一次である．一分

子反応であるので，この種の脱離は **E1** とよばれる．E1 過程の律速段階は S_N1 反応の律速段階と同じである．すなわち，カルボカチオンへの解離段階が律速である．そして，このカルボカチオン中間体は求核的な捕捉を受ける以外に，第二の反応経路によっても容易に反応することができる．正の電荷をもつ炭素に隣接する炭素からプロトンを失う経路である．

では正確にいうと，どのようにプロトンは失われるのだろうか．図 7-7 はその過程を軌道を使って示している．化学式の中でプロトンを表すのに H^+ という表記法が一般的に使われるが，通常の有機反応の条件下では，このような「遊離の」プロトンというものは存在しないことに注意しよう．プロトンはふつう Lewis 塩基と結合することによって取り除かれる（2-3 節参照）．水溶液中では水がこの役割を担い，オキソニウムイオン（H_3O^+）を与える．CH_3OH 溶液中ではプロトンはアルキルオキソニウムイオン（$CH_3OH_2{}^+$）として除去される．プロトンを失ってあとに残された炭素は混成を sp^3 から sp^2 に変える．C—H 結合が切断されると C—H 結合の電子は移動し，隣接するカルボカチオン中心の空の p 軌道と結合を形成する．その結果，二重結合をもった炭化水素，つまりアルケンが生成する．全体の機構は次式のようになる．

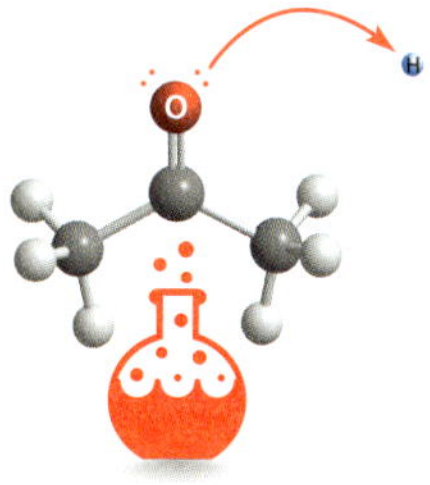

E1 反応機構

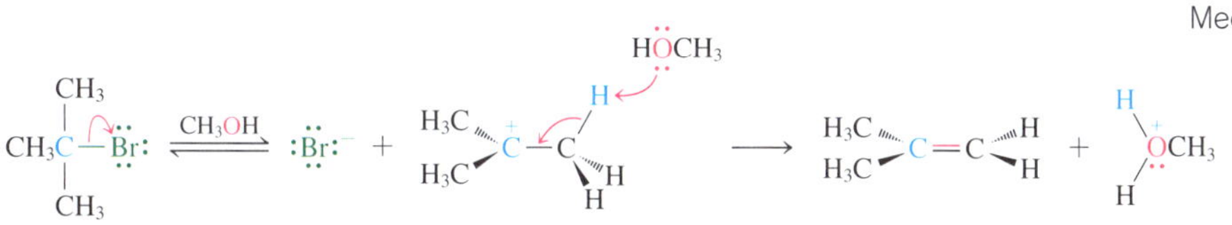

脱離基をもった炭素中心に隣接する炭素であればどの炭素であっても，その上にあるどんな水素も E1 反応に関与することができる．1,1-ジメチルエチルカチ

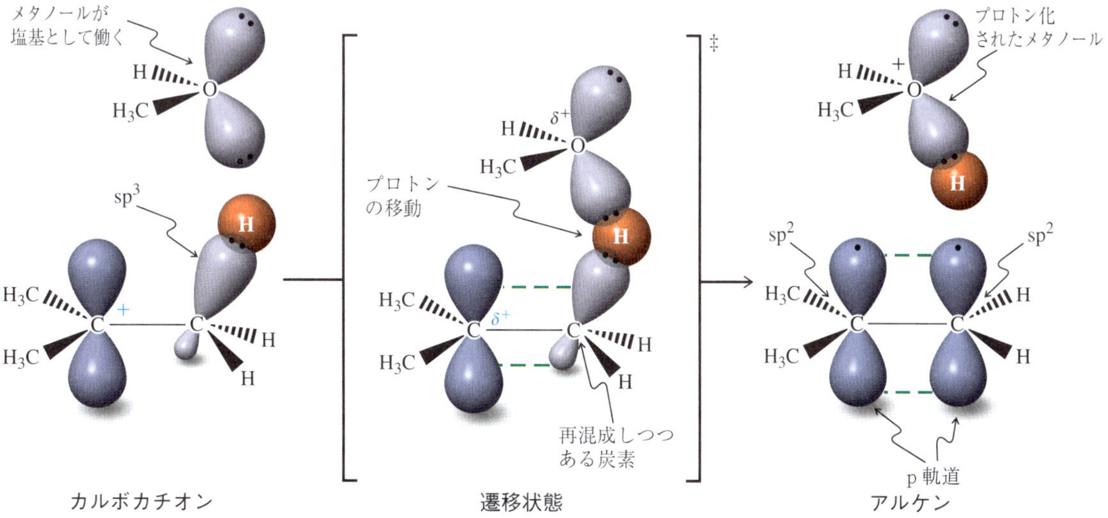

図 7-7　一分子脱離（E1）反応におけるアルケン生成の段階．溶媒であるメタノールによって 1,1-ジメチルエチルカチオンの脱プロトン化が起こる．プロトン引き抜きを軌道によって表現すると，溶媒であるメタノールの酸素原子上の電子対が，正電荷をもつ炭素に隣接する炭素上の水素を攻撃する．プロトンが電子対を背後に残しながら移動する．炭素の混成が sp^3 から sp^2 に変わるにつれ，この電子対が新しく生成する二重結合の二つの p 軌道上に再分配される．

オン(*tert*-ブチルカチオン)にはそのような水素が 9 個存在し，そのどれもが同等の反応性をもっている．この例の場合には，9 個の水素のうちのどの水素が脱離しても生成物は同じである．1,1-ジメチルエチルカチオン以外の場合には，二つ以上の生成物が得られる可能性がある．こうした反応については 11 章でさらに詳しく解説する．

＊この表現は，出発物質から酸(HCl)が取り除かれることを意味している．しかし実際には，プロトンは Lewis 塩基(この場合には溶媒)をプロトン化した状態で $CH_3\overset{+}{O}H_2$ として除かれる．本書の中でこのような表現を他の脱離反応の場合にもしばしば用いる．

E1 反応は種々の生成物の混合物を与える

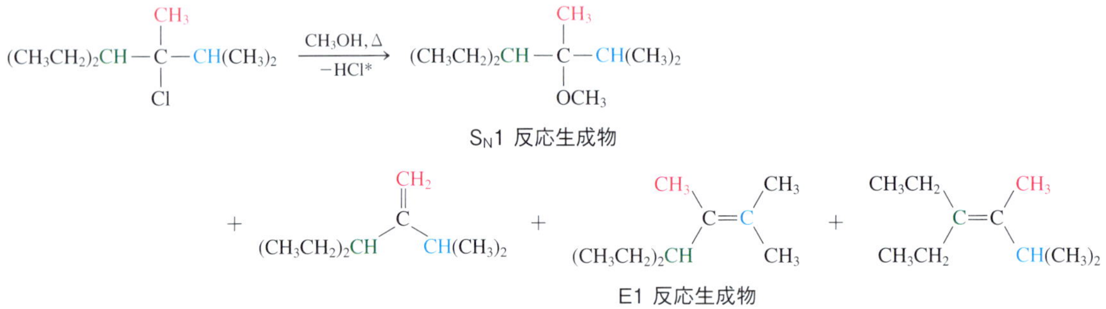

脱離基の種類は，競争して起こる置換反応と脱離反応の比率には影響を与えないはずである．それは，どちらの反応も同じカルボカチオン中間体を経由して進行するからである．実際，このことが実験によって観測される(表 7-3)．しかしながら，加熱は置換反応と脱離反応の相対的な比率に影響を及ぼす(表 7-3 の最下段の例を見よ)．脱離反応では一つの分子から二つの分子が生成する．そのような反応は大きな正のエントロピー変化をともなうので温度が高いほうが有利になることを思い起こそう(2-1 節参照)．

表 7-3
2-ハロ-2-メチルプロパン〔$(CH_3)_3CX$〕の加水分解における S_N1 反応生成物と E1 反応生成物の比

X	T(℃)	k_{S_N1}/k_{E1}
Cl	25	83 : 17
Br	25	87 : 13
I	25	87 : 13
Cl	65	64 : 36

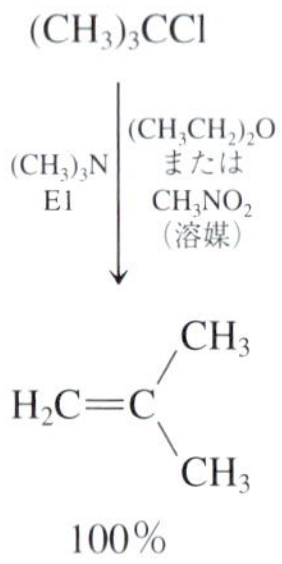

生成物の生成比はアミンのような穏やかな塩基の添加によって影響を受けるが，塩基の濃度が低い場合にはふつうこの影響は小さく，S_N1 生成物に対する E1 生成物の比はほぼ同じままである．実際 E1 反応機構による脱離は，一般に S_N1 反応にともなって起こるあまり重要でない副反応でしかない．それでは，アルケンが主生成物として得られるように，脱離反応を主反応にするような手法があるだろうか．答えはイエスである．反応条件を，溶媒が求核剤ならびに塩基の両方の役割を担うような加溶媒分解の条件から，極性をもった非プロトン性の溶媒(表 6-5)を穏やかなアミン塩基とともに用いる条件に変えればよい．そうすれば溶媒は単にハロアルカンの解離だけを促進し，塩基が E1 反応を引き起こす．残念ながら第二級ハロゲン化物は S_N2 反応を起こすので，この方法は第三級ハロゲン化物(欄外)に対してのみ有効に働く(表 6-3 参照)．

しかしながら，第三級ハロアルカンだけでなく，第一級ならびに第二級ハロアルカンに対しても脱離反応を進行させる別の方法がある．それは強い塩基，とくに立体障害をもった強い塩基を用いる方法である．これらの塩基は次節で述べるような新しい反応機構によって作用する．

練習問題 7-10

2-ブロモ-2-メチルプロパンを 25℃ でエタノールと水の混合溶媒に溶解すると，$(CH_3)_3COCH_2CH_3$(30 %)，$(CH_3)_3COH$(60 %)，そして $(CH_3)_2C{=}CH_2$(10 %)の混合物が

得られる．この事実を説明せよ．

まとめ　加溶媒分解反応において生成するカルボカチオンは，求核剤によって捕捉されて S_N1 反応生成物を与えるだけでなく，脱プロトン化されることによって脱離反応(E1)をも起こす．脱離反応過程においては，求核剤(ふつうは溶媒)が脱プロトン化のための塩基として作用する．E1 反応機構による脱離反応は，一般的には S_N1 反応に比べると重要度の低い副反応に過ぎないが，高温における反応ではより重要になる．

7-7　二分子脱離反応：E2 反応

ハロアルカンが強塩基でもある求核剤と反応する場合には，S_N2，S_N1，そして E1 反応以外に第四の反応様式がある．それは二分子機構による脱離反応である．この反応は，アルケンの生成が目的である場合に用いられる．

強塩基は二分子脱離反応を起こす

前節では一分子脱離反応が置換反応と競争して起こることを学んだ．しかしながら強塩基を高濃度で用いると，速度論に劇的な変化が起こる．すなわち，アルケン生成の速度が出発物質のハロゲン化物ならびに塩基の両者の濃度に比例するようになる．脱離の速度式は二次となり，この過程を**二分子脱離**(bimolecular elimination)とよび，**E2** と略記する．

2-クロロ-2-メチルプロパンの E2 反応の速度論

$$(CH_3)_3CCl \;+\; Na^{+\,-}OH \xrightarrow{k} CH_2{=}C(CH_3)_2 \;+\; NaCl \;+\; H_2O$$

$$\text{反応速度} = k[(CH_3)_3CCl][^{-}OH]\ \mathrm{mol\,L^{-1}\,s^{-1}}$$

Reaction

反応機構がどうして E1 から E2 へと変化するのだろうか．それは，(水酸化物イオン HO^- やアルコキシド RO^- のような)強塩基は，カルボカチオンが生成する前にハロアルカンを攻撃することができるためである．攻撃は脱離基をもつ炭素の隣の炭素上にある水素に対して起こる．この反応過程は第三級ハロゲン化物にかぎったものではない．第二級や第一級ハロゲン化物の場合にも，S_N2 反応と競争して E2 型の反応が起こる．これらの基質との反応において，S_N2 反応あるいは E2 反応のいずれかが優先的に起こる反応条件について 7-8 節で述べる．

練習問題 7-11

ブロモシクロヘキサンに水酸化物イオンを作用させると，どのような生成物が得られることが予想されるかを述べよ．

練習問題 7-12

次にあげる基質の E2 反応による生成物(もしあれば)を示せ．

CH_3CH_2I，CH_3I，$(CH_3)_3CCl$，$(CH_3)_3CCH_2I$．

E2 反応は 1 段階で進行する

E2 機構は一つの段階から成る．2-クロロ-2-メチルプロパンの水酸化物イオンによる脱離反応の遷移状態で起こる結合の変化を，電子の押し出しを表す矢印を用いて表現した式を下に示す．これに対して図 7-8 は軌道を用いて示したものである．次の三つの変化が起こる．

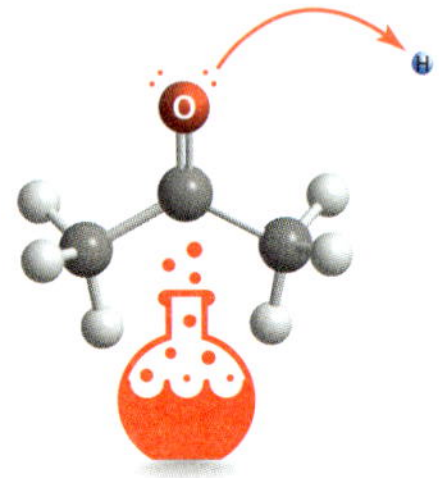

Mechanism

1. 塩基による脱プロトン化
2. 脱離基の脱離
3. 反応する炭素中心の sp^3 から sp^2 への再混成と二重結合を形成する二つの p 軌道の生成

E2 反応の機構

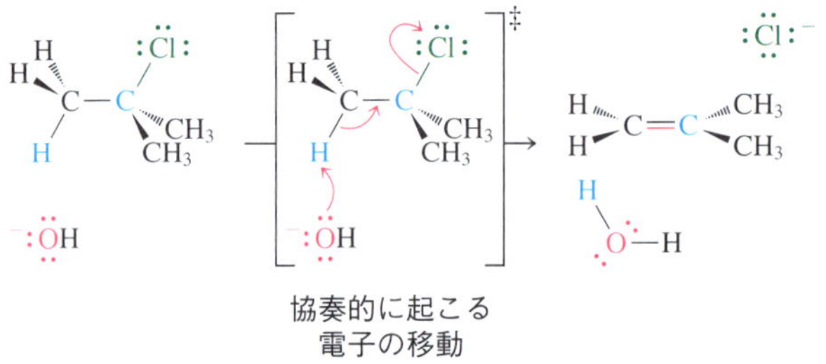

> **思い起こそう**：協奏反応においては，多くの結合の変化が同時にあるいは「いっせいに」起こる(6-4 節の S_N2 反応を思い出そう)．

これら三つのことが同時に起こる．すなわち，E2 反応は 1 段階の協奏反応である．

E1 機構(図 7-7)と E2 機構は非常によく似ており，ただ上の三つのことが起こる順序が異なるだけである．この二分子反応では，上にあげた遷移状態に描いたように(Newman 投影式，次ページ欄外参照)，プロトンの引き抜きと脱離基

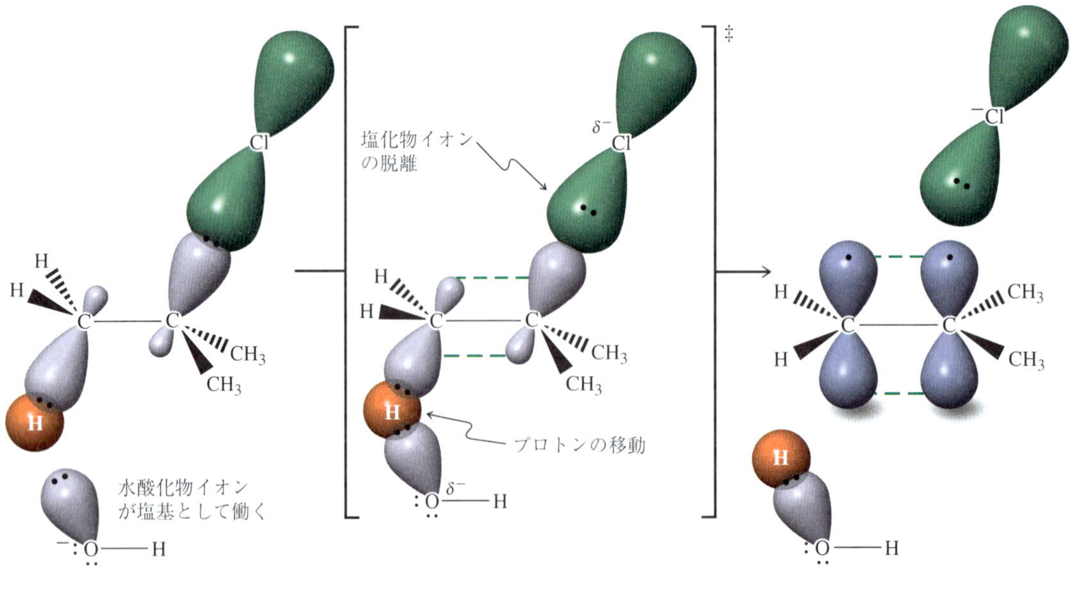

図 7-8　2-クロロ-2-メチルプロパンの水酸化物イオンによる E2 反応の軌道を用いた表現．

の脱離が同時に起こる．これに対し E1 過程ではハロゲン化物イオンがまず脱離し，次に生成したカルボカチオンに対する塩基の攻撃が起こる．二つの反応の差は，E2 反応を起こす強塩基が E1 反応を起こす塩基に比べてはるかに攻撃的であると考えるとよく理解できる．こうした強塩基は第三級や第二級のハロゲン化物が解離するのを待たずに基質を直接攻撃する．

実験によって E2 反応の遷移状態の詳細な構造が明らかとなる

図 7-8 に示したような遷移状態をもつ 1 段階反応を支持する実験的証拠には，どんなものがあるだろうか．証拠となるような実験結果を三つあげることができる．第一に，ハロアルカンと塩基の両者が律速段階に関与する二次反応速度則にしたがって反応が進行する．第二に，より脱離能の大きな脱離基を用いると脱離反応が速くなる．このことは，遷移状態において脱離基と炭素の間の結合が部分的に切断されていることを示唆している．

E2 遷移状態に対する Newman 投影式

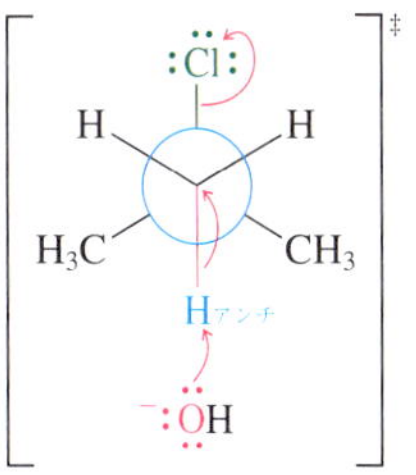

アンチの位置に一直線に並んだ脱離基と，水素が脱離する

E2 反応における相対的な反応性

RI ＞ RBr ＞ RCl ＞ RF

大きくなる

練習問題 7-13

次に示した反応の結果を説明せよ．

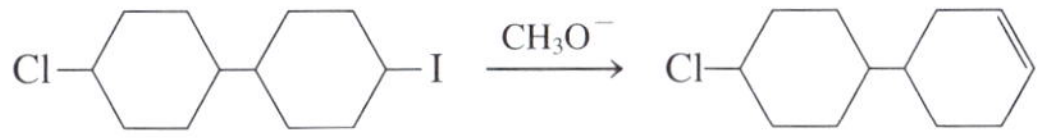

第三の実験結果は，C—H 結合と C—X 結合の両者がともに遷移状態において切断されることを強く示唆するだけでなく，反応が起こる際の両者の空間的な相対位置をも表すものである．図 7-8 は E2 反応の特徴的な様相である立体化学を示している．切断される C—H 結合と C—X 結合が，アンチの関係をとる立体配座から反応が起こるように基質が描かれている．遷移状態が正確にこのような構造をもつということは，どうすれば明らかにできるだろうか．この目的のために，立体配座と立体化学の原理が利用できる．*cis*-1-ブロモ-4-(1,1-ジメチルエチル)シクロヘキサンを強塩基で処理すると，二分子脱離反応が速やかに起こって対応するアルケンが生成する．これに対し，トランス異性体は同じ条件下では非常にゆっくりとしか反応しない．なぜだろうか．シスの化合物の最も安定ないす形立体配座を考えると，アキシアル位を占める臭素置換基に対してアンチの位置を占める水素が二つあることがわかる．この幾何学的状況は E2 遷移状態に必要な状況と非常によく似ており，その結果，脱離が非常に容易となる．逆にトランスの化合物では，エクアトリアル位にある脱離基に対して，アンチの位置を占める C—H 結合はない(模型を組み立てよう)．このような場合に E2 脱離を起こすには，環が**反転**(flipping)を起こして二つの置換基がアキシアル立体配座をとるか(4-4 節参照)，あるいは二つの置換基がエクアトリアル配座のままで，臭素に対してゴーシュの位置にある水素を塩基が奪い取る必要がある．両者ともエネルギー的に不利である．後者は不利なシンの遷移状態を経由した脱離反応の一例である(syn，ギリシャ語の「一緒に」)．E2 反応については 11 章でもう一度取り上げ詳しく述べる．

cis-1-ブロモ-4-(1,1-ジメチルエチル)シクロヘキサンではアンチ形脱離が容易に進行するが，トランス異性体ではうまく進行しない

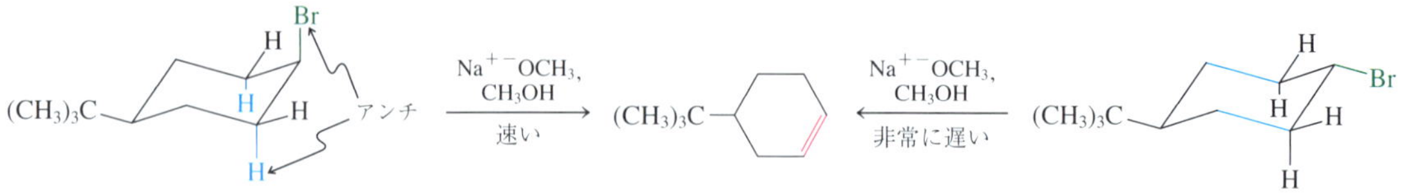

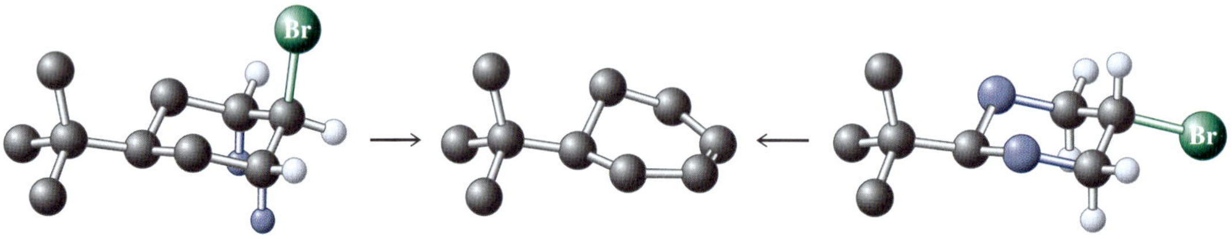

cis-1-ブロモ-4-(1,1-ジメチルエチル)シクロヘキサン
(アンチ水素が二つある；E2 反応機構が有利である．)

trans-1-ブロモ-4-(1,1-ジメチルエチル)シクロヘキサン
(アンチの位置には水素がなく環炭素だけがある；E2 反応機構は不利である．)

練習問題 7-14

概念のおさらい：脱離反応の速度と機構

思い起こそう：「説明せよ」=「反応機構について考えよ」．

cis-1-ブロモ-4-(1,1-ジメチルエチル)シクロヘキサンの脱離反応の速度は，基質と塩基の両方の濃度に比例する．ところが，トランス異性体の脱離反応の速度は基質の濃度にだけ比例する．これらの事実について説明せよ．

● 解法のてびき

問題のなかで説明に必要な反応速度に関する情報が与えられている．6章と7章を通して，反応の速度論が反応機構を明らかにするうえでどんなに役立つかを学んだ．そこで学習したことを適用せよ．すなわち，それぞれの反応の速度論的次数とそれらに対応する反応機構を考えよ．

● 答え

- *cis*-1-ブロモ-4-(1,1-ジメチルエチル)シクロヘキサンの塩基による脱離反応の速度が基質と塩基の両方の濃度に比例することから，この反応は E2 機構にしたがう反応であるに違いない．
- E2 反応では，脱離するプロトンと脱離基が互いにアンチの位置関係をとることが非常に有利である．上図(左側)において，基質分子の最も安定ないす形立体配座のなかに，すでにこの位置関係を占める水素と臭素原子が存在していることが示されている．したがって，塩基による H(青色)の引き抜きと同時に進行する臭素(緑色)の脱離という E2 反応が容易に起こる．
- これに対して，トランス異性体(上図，右側)では Br(緑色)がエクアトリアル位を占めているのが最も安定な立体配座であり，C—Br 結合はシクロヘキサン環の二つの C—C 結合(青色)に対してアンチの位置関係にある．Br に対してアンチの位置にある水素は隣接したどちらの炭素上にも存在しない．したがってこの立体配座からは，E2 反応は容易に起こらない．
- トランス異性体が容易に E2 反応を起こすには，まず Br がアキシアル位をとるように環が反転を起こすことが必要である．しかしながら反転の結果，かさ高い第三級ブチル基もまたアキシアル位を占める非常に高いエネルギーをもつ立体配座をとることに

なるため，この環の反転には大きなエネルギーが必要となりとても不利である（表 4-3 参照）．

- 実際トランス異性体からの脱離反応の速度は，基質の濃度だけに比例し，塩基の濃度には比例しない．そしてこのことは，反応が E2 ではなく E1 で進行することを示している．
- 可能な選択肢を考えると，速度論的実験からは最初に脱離基が解離して一分子脱離反応が起こる機構が有利ということになる．いす形から E2 反応に適した立体配座への反転は比べものにならないほど不利である．

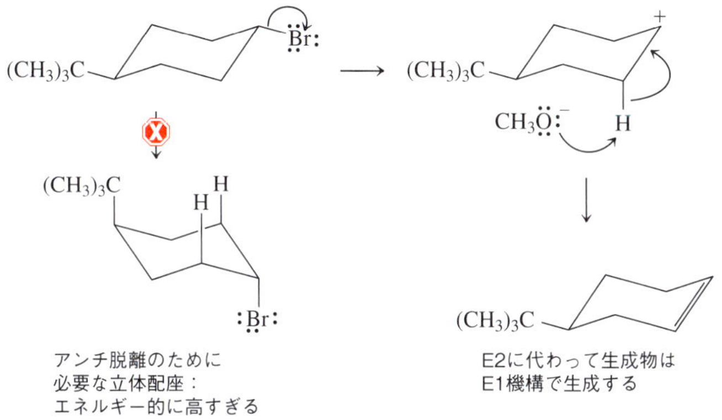

注意：E2 反応において塩基によって引き抜かれる水素は，脱離基をもった炭素原子に隣接する炭素原子に結合した水素である，脱離基と H を同じ炭素から取り去ってはいけない．

練習問題 7-15　自分で解いてみよう

(a) 欄外に示した 1,2,3,4,5,6-ヘキサクロロシクロヘキサンの異性体の E2 脱離反応速度は，他の立体異性体のどの反応よりも遅く 7000 分の 1 以下である．この事実について説明せよ．

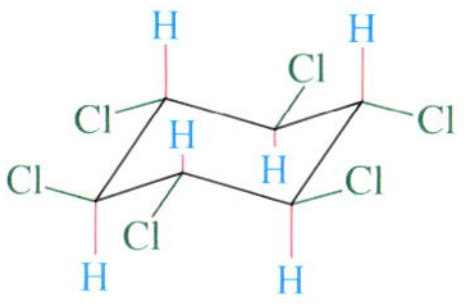

(b) 次の反応結果を説明せよ．

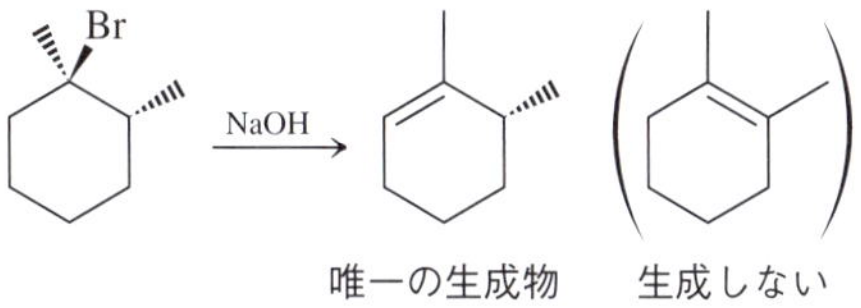

まとめ　強塩基とハロアルカンとの反応では，置換反応だけでなく脱離反応も起こる．これらの反応の速度則は二次であり，実験結果は二分子反応機構を示唆する．塩基がプロトンを引き抜き，同時に脱離基が脱離するアンチ形遷移状態が有利である．

7-8　成功の鍵：置換反応と脱離反応の競合：構造が反応経路を決定する

ハロアルカンと求核剤との反応における反応様式の多様性（S_N2，S_N1，E2，E1）は，一見複雑に見える．各反応様式の相対的な重要性に影響を及ぼすパラメータ（溶媒，求核剤の種類など）が与えられたとき，これらの反応のうちどれが主反応になるかということをおおまかにでも予測できるだろうか．答えは条件はつくものの，イエスである．本節では，反応に関与する化学種の塩基性の強さや立体的なかさ高さを考慮することが，置換反応と脱離反応のどちらが優先するかを判断する際にどのように役立つかについて説明する．これらのパラメータを変化させれば，反応様式を制御できることがわかるだろう．

塩基性の弱い求核剤は置換反応を起こす

塩基性は OH^- よりも弱いがすぐれた求核性をもつ求核剤は，第一級および第二級ハロゲン化物と反応して S_N2 生成物を良好な収率で生成し，第三級ハロゲン化物との反応では S_N1 生成物を収率よく与える．I^-，Br^-，RS^-，N_3^-，$RCOO^-$，NH_3 や PR_3 などがその代表的な求核剤である．たとえば，2-ブロモプロパンとヨウ化物イオンあるいは酢酸イオンとの反応は，いずれも完璧に S_N2 過程で進行し，事実上，脱離反応との競合はない．

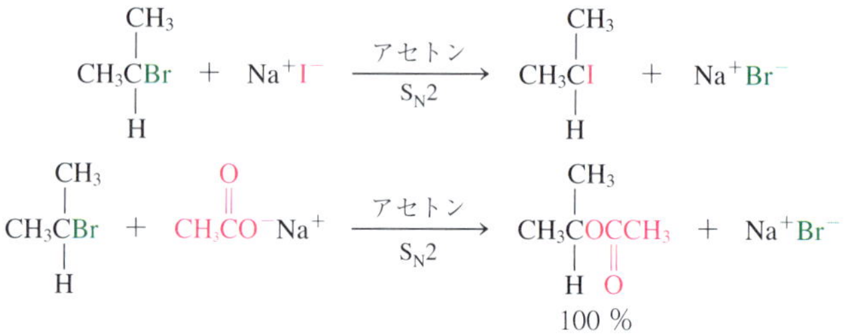

水やアルコールのような求核性の小さい求核剤は，S_N1 機構が可能な基質である第二級および第三級ハロゲン化物としか目に見える速度では反応しない．競合反応である一分子脱離反応がごくわずかだけ起こり，少量のアルケンが副生成物として生じる．

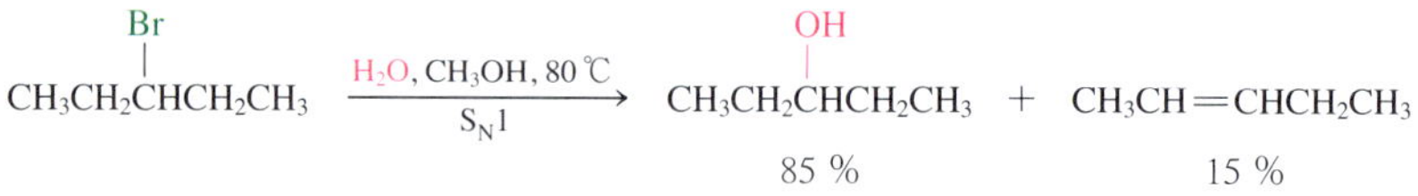

強い塩基性をもった求核剤の場合には，基質の立体的かさ高さが増すにつれて脱離反応がより有利となる

強塩基は E2 機構による脱離反応を起こすことを学んだ(7-7 節)．ある特定の状況下で，脱離がどれくらい置換と競合して起こるかを簡単に予測する方法はあるだろうか．そのような方法が実際に存在する．しかしながら，塩基の強さ以外の要因も考慮しなければならない．強い塩基であるナトリウムエトキシドと種々のハロゲン化物との反応を行い，おのおのの場合に生成するエーテルとアルケンの相対的な量を調べてみよう．

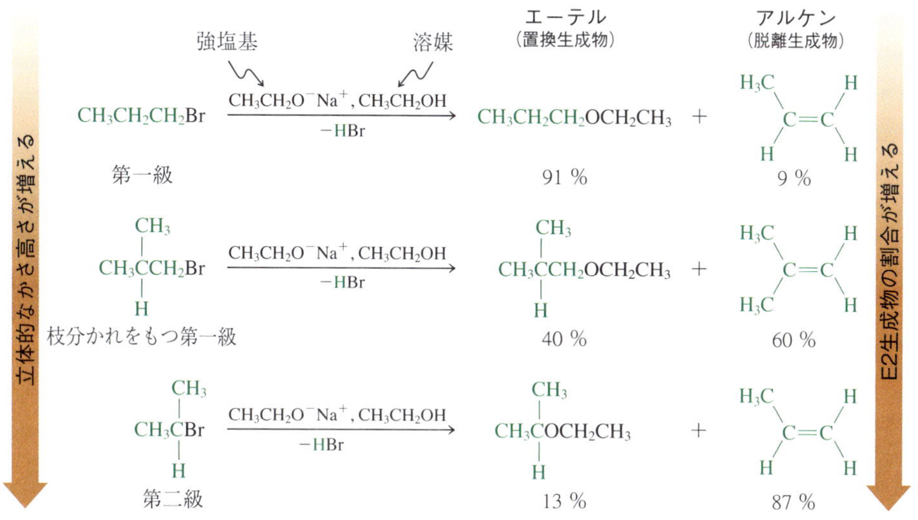

強い塩基性をもつ求核剤と簡単な第一級ハロゲン化物との反応は，ほとんど S_N2 反応生成物を与える．脱離基のついた炭素のまわりの立体的なかさ高さが増すにつれ，置換反応は脱離反応よりも不利となる．なぜなら炭素への攻撃のほうが，水素に対する攻撃よりも立体障害によってより大きく阻害されるからである．したがって，枝分かれをもつ第一級の基質からは，S_N2 反応生成物と E2 反応生成物がほとんど同じ割合で生成する．それに対して，第二級ハロゲン化物では E2 反応が主反応となる．

第三級ハロゲン化物の場合には，S_N2 機構による反応は不利となる．中性あるいは弱塩基性条件下では，S_N1 反応と E1 反応が競合して起こる．これに対して高濃度の強塩基を用いると E2 反応だけが起こる．

立体障害の大きな塩基性の強い求核剤では脱離反応が有利となる

第一級ハロアルカンは，求核性の大きい強塩基を含めて，すぐれた求核剤との反応によって置換生成物を与えることを学んだ．ところが，求核剤が立体的にかさ高く求電子炭素を攻撃できない場合には，事態が一変する．このような場合には，たとえ第一級の基質であっても，基質分子の立体障害のより小さな部位からの脱プロトン化による脱離反応が主反応となる．

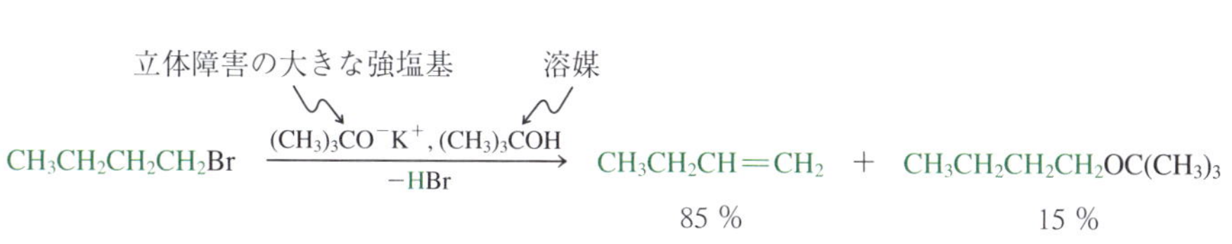

脱離反応によく用いられる立体的にかさ高い塩基の例として，カリウム *tert*-ブトキシドとリチウムジイソプロピルアミド(lithium diisopropylamide, LDA)の二つをあげることができる．前者は酸素上に第三級アルキル基をもち，後者は窒素上に第二級アルキル基を二つもっている．これらを脱離反応に使うときには，それぞれの共役酸である 2-メチル-2-プロパノール(*tert*-ブチルアルコール；

$pK_a = 18$)や *N*-(1-メチルエチル)-1-メチルエタンアミン(ジイソプロピルアミン；$pK_a = 36$)に溶解させて使用することが多い．

立体障害の大きな強塩基

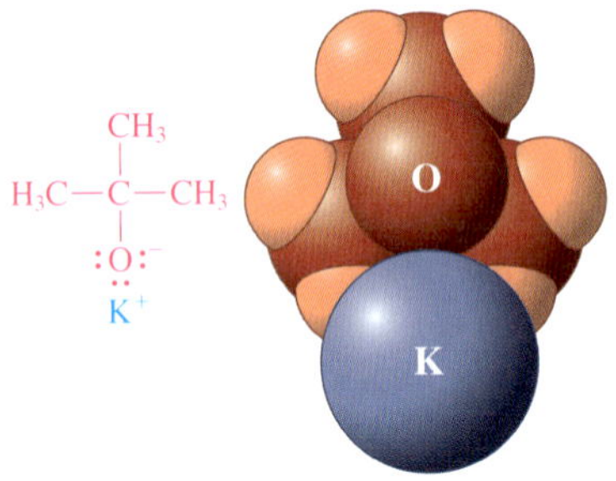

カリウム *tert*-ブトキシド
(patassium *tert*-butoxide)

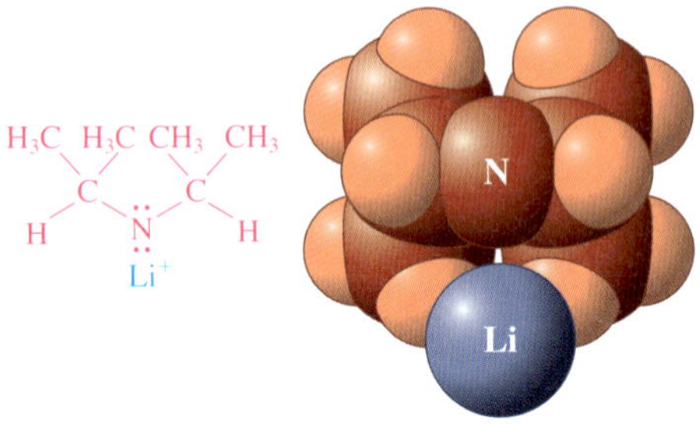

リチウムジイソプロピルアミド
(lithium diisopropylamide, LDA)

まとめ　置換反応と脱離反応の競合に影響を及ぼすおもな要因には次の三つがある．すなわち，求核剤の塩基性度とハロアルカンの立体障害，それに求核性(塩基性)をもつ原子のまわりの立体的なかさ高さである．

要因 1　求核剤の塩基性度

弱塩基	強塩基
H_2O*, ROH*（弱い求核剤）, PR_3, ハロゲン化物イオン, NH_3, RS^-, N_3^-, NC^-, $RCOO^-$（すぐれた求核剤）	HO^-, RO^-, H_2N^-, R_2N^-
置換反応が有利	脱離反応が増えやすい

要因 2　反応する炭素のまわりの立体障害

立体障害をもたない基質	立体障害の大きな基質
第一級ハロアルカン	分枝第一級，第二級，第三級ハロアルカン
置換反応が有利	脱離反応が増えやすい

* S_N1 反応を起こす基質とのみ反応し，簡単な第一級ハロゲン化物やハロゲン化メチルとは反応しない．

要因 3　求核剤(強塩基)における立体障害

立体障害をもたない求核剤	立体障害の大きな求核剤
HO^-, CH_3O^-, $CH_3CH_2O^-$, H_2N^-	$(CH_3)_3CO^-$, $[(CH_3)_2CH]_2N^-$
置換反応が起こりうる	脱離反応が圧倒的に有利

予測を簡単にするために，脱離生成物と置換生成物の比を決定するこれら三つの要因の重要性の大きさは等しいと仮定する．そこで「多数決の原理」を適用する．この原理による判断はかなり信頼性が高い．本節で取り上げた例，ならびにこれから述べるまとめの節で取り上げる例に適用して確認してみよう．

練習問題 7-16

1-ブロモ-2-メチルプロパンと反応させたとき，置換反応生成物に対する脱離反応生成物の生成比が大きいのは，どちらの求核剤を用いた場合かを，次の(a)～(e)の各組について答えよ．

(a)　$N(CH_3)_3$，$P(CH_3)_3$　(b)　H_2N^-，$(CH_3CH)_2N^-$（CH の上に CH_3）　(c)　I^-，Cl^-

(d)　CH_3O^-，$(CH_3)_2N^-$　(e)　CH_3O^-，CH_3S^-

練習問題 7-17

脱離反応と置換反応が競合するすべての場合において，より高い温度で反応を行うと，脱離反応の割合が増える．すなわち，2-ブロモ-2-メチルプロパンの加水分解の際に起こる脱離反応の割合は，反応温度を 25 ℃から 65 ℃に上げると 2 倍になる．また 2-ブロモプロパンとエトキシドとの反応では，25 ℃の場合に脱離反応生成物が 80 %であるのが，反応温度を 55 ℃に上げると 100 %となる．このことを説明せよ．

7-9 ハロアルカンの反応性についてのまとめ

第一級，第二級そして第三級のハロアルカンの置換反応ならびに脱離反応を表 7-4 にまとめた．与えられた基質と求核剤の組合せに対して，観察される主要な反応機構が示されている．

表 7-4　各種ハロアルカンと各種求核剤(塩基)の反応において起こりやすい反応機構

	求核剤(塩基)の種類			
ハロアルカンの種類	求核性の小さい求核剤(たとえば H_2O)	弱塩基性で求核性の大きい求核剤(たとえば I^-)	強塩基性をもった立体障害のない求核剤(たとえば CH_3O^-)	強塩基性をもった立体障害の大きい求核剤〔たとえば $(CH_3)_3CO^-$〕
メチル	反応しない	S_N2	S_N2	S_N2
第一級				
立体障害のないもの	反応しない	S_N2	S_N2	E2
枝分かれをもったもの	反応しない	S_N2	E2	E2
第二級	遅い S_N1，E1	S_N2	E2	E2
第三級	S_N1，E1	S_N1，E1	E2	E2

第一級ハロアルカン　立体障害のない第一級アルキルハロゲン化物は常に二分子過程で反応し，ほとんどいつも置換生成物がおもに得られる．ところが，カリウム *tert*-ブトキシドのような立体障害の大きい強塩基を使用した場合には，S_N2 反応は立体的に不利なために十分に遅くなり，そのため代わりに E2 反応が起こる．基質として枝分かれをもった分子を用いた場合も，置換反応がより起こりにくくなる．しかしながら，この場合でさえ，求核性の大きい求核剤を用いると置換生成物が主生成物となる．アルコキシド(RO^-)やアミド(R_2N^-)のような強塩基を作用させた場合にのみ，脱離反応が起こる傾向がある．

練習問題 7-18

1-ブロモプロパンに，(a) アセトン中で NaCN，(b) メタノール中で $NaOCH_3$，(c) $(CH_3)_3COH$ 中で $(CH_3)_3COK$ をそれぞれ反応させたときの主要な反応機構を S_N2，

S_N1, E2 あるいは E1 のなかから選び，主生成物の構造を示せ．

練習問題 7-19

1-ブロモ-2-メチルプロパンに，(a) アセトン中で NaI，(b) CH_3CH_2OH 中で $NaOCH_2CH_3$ をそれぞれ反応させたときの主要な反応機構を S_N2, S_N1, E2 あるいは E1 のなかから選び，主生成物の構造を示せ．

第一級のハロアルカンあるいはハロゲン化メチルと求核性の小さい求核剤との反応は非常に遅くほとんど進行しないので，この組合せの場合には事実上「反応しない」と考える．

第二級ハロアルカン　第二級ハロアルカンは反応条件によって，一分子あるいは二分子機構のどちらか可能な機構で脱離反応と置換反応の両方を起こす．求核性の大きい求核剤を用いると S_N2 反応が有利となるが，強塩基性をもつ求核剤を用いると E2 反応が起こる．また求核性が小さく極性の高い溶媒中では，おもに S_N1 と E1 生成物が得られる．

練習問題 7-20

2-ブロモプロパンに，(a) CH_3CH_2OH，(b) CH_3CH_2OH 中で $NaSCH_3$，(c) CH_3CH_2OH 中で $NaOCH_2CH_3$ をそれぞれ反応させたときの主要な反応機構を S_N2, S_N1, E2 あるいは E1 のなかから選び，主生成物の構造を示せ．

こぼれ話

第三級炭素上での S_N2 反応は「決して起こらない」とは決していえない

三つの第三級炭素と結合し正の電荷を帯びた酸素をもつ下記のオキソニウムイオンは安定で，加溶媒分解を受けない．強く束縛された構造が分子内での C—O 結合の開裂を妨ぎ，カルボカチオンは生成しない．塩基性の求核剤は E2 反応生成物を生成する．さらに驚くべきことに，アジド N_3^- が S_N2 反応によって第三級炭素中心を攻撃する．これは，第三級アルキル炭素上で S_N2 反応が起こる唯一の例である．

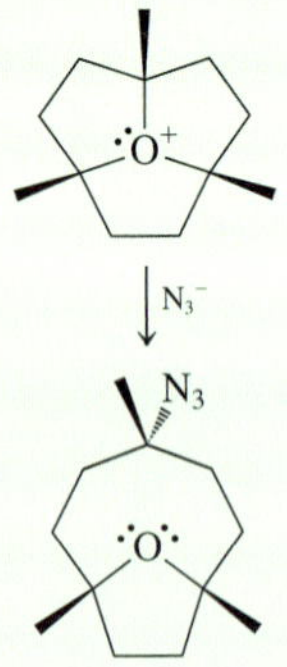

第三級ハロアルカン　第三級ハロゲン化物に高濃度の強塩基を作用させると E2 反応が起こる．一方，塩基性をもたない溶媒中では S_N1 反応が起こり，S_N2 反応は決して見られない．しかしながら S_N1 反応は E1 反応をともなう．

練習問題 7-21

(a) アセトン中での 2-ブロモ-2-メチルブタンと水の反応ならびに (b) CH_3OH 中での 3-クロロ-3-エチルペンタンと $NaOCH_3$ の反応における主要な反応機構を S_N2, S_N1, E2 あるいは E1 のなかから選び，主生成物の構造を示せ．

練習問題 7-22

次の (a)，(b) それぞれの 2 組の反応において E2 反応生成物の E1 反応生成物に対する比が大きくなるのはどちらであるかを予想し，その理由を述べよ．

(a)

(b)
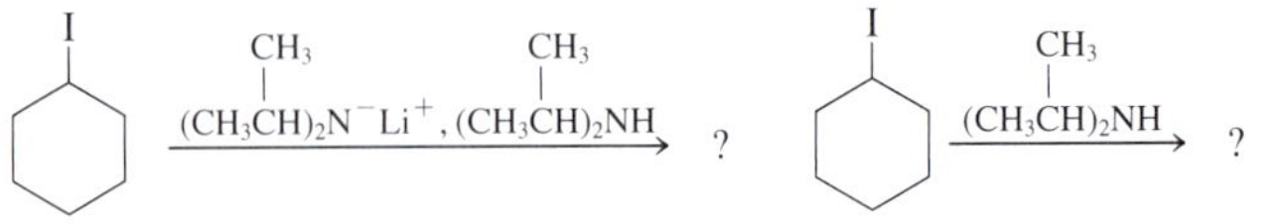

章のまとめ

S_N2 反応に加えて，ハロアルカンが起こす三つの新しい反応経路すなわち S_N1，E1 そして E2 反応を説明することによってハロアルカンの反応についての学習を終えた．

- 弱い求核剤であるにもかかわらず，極性をもったプロトン性溶媒は，加溶媒分解とよばれる過程で，第二級ならびに第三級ハロアルカンに対して求核置換反応を起こす（7-1 節）．
- 加溶媒分解は脱離基の解離で始まり，三つの基に結合し，6 個の価電子をもった正の電荷を帯びた炭素原子をもつ化学種であるカルボカチオン中間体を生成する（7-2 節）．
- 加溶媒分解反応は，一般的には水やアルコールのような溶媒分子の結合とそれに続く酸素からのプロトンの脱離によって完結する（7-2 節）．
- 二分子 S_N2 反応とは対照的に，S_N1 反応は解離する基質だけが律速段階である開始段階に関与するため，一分子の速度論にしたがって進行する（7-3 節）．
- 中間体のカルボカチオン中にある正の電荷を帯びた炭素は平面構造をもちアキラルであるため，立体中心での S_N1 反応は立体化学のラセミ化をともなう（7-3 節）
- 超共役はカルボカチオンの相対的な安定性とその生成しやすさを決定する．第三級カルボカチオンは最も安定で，第二級カルボカチオンはそれほど安定ではない．第一級カルボカチオンとメチルカチオンは非常に不安定で，通常の反応条件のもとでは生成しない（7-5 節）．
- 第三級カルボカチオンは最も安定なので，S_N1 反応機構において第三級ハロアルカンは最も速く反応する．第二級ハロアルカンはゆっくりと反応し，第一級ハロアルカンとメチルハロアルカンは対応するカルボカチオンが生成しないのでまったく反応しない（7-5 節）．
- 一分子 E1 反応機構によってアルケンを生成する脱離反応は，S_N1 反応の副反応として起こる．しかし，高温ではより重要となる．S_N1 反応と同様に，E1 反応も脱離基の解離から始まるが，次に求核剤が結合する代わりにカチオン中心に隣接している炭素原子からプロトンが脱離する．強い塩基性をもった求核剤を用いると，1 段階の E2 反応が起こり，アルケンが主生成物として生成する（7-6 節，7-7 節）．
- 脱離反応と置換反応との競合ならびにどの反応機構が優先的に起こるかは，次の三つの要因，すなわち基質の立体障害，求核剤の塩基としての強さ，そして強塩基である場合には求核剤の立体的なかさ高さに依存する．溶媒の種類と温度もまた，観測される結果に影響を及ぼす（7-4 節，7-8 節，7-9 節）．

7-10 総合問題：概念のまとめ

本節では立体化学，詳細な反応機構，ならびに競争的な速度論を含めて置換反応と脱離反応における特徴を集約した二つの問題を扱う.

練習問題 7-23：置換反応と脱離反応のどちらが起こるかを決定する

下に示した反応について考えよ．置換反応が起こるか，それとも脱離反応が起こるか．それを決定づける要因は何か．生成物を予想せよ．また，その生成物が得られる反応機構を示せ．

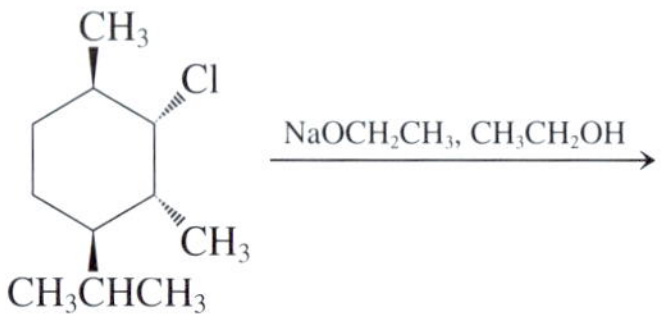

● 解法のてびき

What わかっていることは何か．立体化学が既定された置換基をもつクロロシクロヘキサンが基質である．反応はプロトン性溶媒であるエタノール中で行われ，良好な求核剤であり塩基でもあるナトリウムエトキシドを用いる．

How どこから手をつけるか．出発物質が変換される経路が S_N2，S_N1，E2，E1 のいずれであるかを考えなければならない．さらに，シクロヘキサン環の立体化学に関する情報を，いす形立体配座を用いて書き改めることを勧める．

Information 必要な情報は何か．求核剤（塩基）の存在下での第二級ハロゲン化物の反応性（7-9 節）と多様な選択肢のある立体化学的な結果について復習しよう．置換基をもったシクロヘキサンがとりうる立体配座の選択肢を思い出そう（4-3 節と 4-4 節参照）．

Proceed 一歩一歩論理的に進めよ．

● 答え

- 7-8 節ならびに 7-9 節の評価基準をもとにすると，第二級の基質と塩基性の強い求核剤の組合せの場合は，E2 機構による脱離反応が有利ということになる（表 7-4）．
- この反応機構で反応がうまく進行するためには，脱離基と塩基によって引き抜かれる水素との相対的な幾何学的な配置に対して特別な要件が満たされなければならない．すなわち脱離基と水素が，それらの間にある炭素ー炭素結合に関して，互いにアンチの位置を占めなければならない（7-7 節）．
- 分子の構造をわかりやすく表現するためには，4 章で学んだ置換基をもったシクロヘキサンの立体配座についての知識を活用しなければならない（4-4 節参照）．最も安定な形は次ページに示したようなかさ高い 1-メチルエチル（イソプロピル）基とメチル基の二つの置換基がエクアトリアル位を占めるいす形配座である．脱離基はアキシアル位を占め，隣接する炭素原子のうち一つはアキシアル位に位置する水素と結合しており，しかもこの水素は塩素原子に対して望ましいアンチの位置にあることに注意しよう．

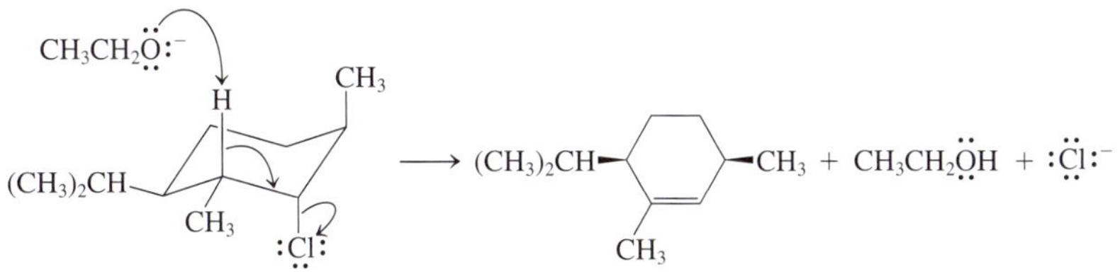

- 1段階で進行するE2反応機構にふさわしい曲がった矢印を，右辺の生成物すなわち図示された位置に二重結合をもつ環状アルケンが生成するように書く．アルケン炭素上のメチル基は二重結合がつくる平面上に移動する(1-8節で学んだように，アルケン炭素は sp^2 混成による平面三方形の幾何学的構造をしていることを思い起こそう)．もともと互いにシスの関係にあった二つのアルキル基(イソプロピル基とメチル基)については，これらの基が結合している環の炭素上では何の反応も起こっていないので，シスの関係のままであることに注意しよう．
- E2反応において，間違った炭素から水素を引き抜くという非常によく見られる間違いをおかさないようにしよう．正しい反応機構では，脱離基の結合した炭素に隣接する炭素原子から水素が引き抜かれる．同じ炭素から脱離基と水素が引き抜かれることはない．

練習問題 7-24：溶媒と求核剤の作用下での第三級基質の反応性

a. 2-ブロモ-2-メチルプロパン(臭化 *tert*-ブチル)は，ニトロメタン中で塩化物イオンならびにヨウ化物イオンと容易に反応する．
   1. 二つの置換生成物の構造を示せ．またどちらかの生成物について生成機構を詳しく示せ．
   2. すべての反応物の濃度が同じであると仮定したとき，これら二つの反応の相対的反応速度を予想せよ．
   3. どちらの反応で脱離反応がより多く観測されるか．その脱離反応の機構を示せ．

● **答え**

1. 反応に関与する化学種をあげ，どの様式の反応が起こるかをまず分析しよう．基質は第三級炭素に結合した脱離能の大きい脱離基をもつハロアルカンである．表7-4によると，S_N2 機構による置換反応は起こりそうにない．したがって，S_N1，E1そしてE2の三つの反応の可能性を考えればよい．塩化物イオンとヨウ化物イオンはすぐれた求核剤であり，かつ弱い塩基なので，置換反応が優先して起こり，$(CH_3)_3CCl$ あるいは $(CH_3)_3CI$ がそれぞれ生成物として得られるはずである(7-8節)．機構(S_N1)は7-2節に示したとおりであるが，C—Br結合が解離してカルボカチオンを生成したのち，ハロゲン化物イオンが炭素を攻撃して最終生成物を直接与えるところが違う．非常に極性の高いニトロメタンは S_N1 反応のすぐれた溶媒である(7-4節)．

2. 7-4節で求核剤の求核性の大きさは一次反応の反応速度に影響を与えないこ

とを学んだ．したがって，反応速度は同じであると予想できる(実験的にも同じであることが示されている)．

3. この問題については少し考察が必要である．表7-4ならびに7-8節によると，E1様式による脱離反応は常にS_N1置換反応と同時に起こる．ところが，求核剤の塩基性が強くなるほどE2機構の反応が起こり，脱離反応による生成物が増える．表6-4と6-8から，塩化物イオンがヨウ化物イオンよりもより塩基性が強い(しかし求核性は小さい)ことがわかる．実際，塩化物イオンを用いたほうがヨウ化物イオンを用いた場合に比べて脱離反応の割合が増える．反応機構は，図7-7において，カルボカチオンからプロトンを奪い取る塩基を，メタノールから塩化物イオンに置き換えたものである．

H_2O %	$[N_3^-]$ mol L^{-1}	RN_3 %	k_{rel}
10	0	0	1
10	0.05	60	1.5
15	0.05	60	7
20	0.05	60	22
50	0.05	60	*
50	0.10	75	*
50	0.20	85	*
50	0.50	95	*

* 速すぎて測定できない．

b. 欄外の表は，いろいろな割合で水とアジ化ナトリウム NaN_3 を含むアセトン溶液に，下にあげた塩化物を溶かしたときに起こる反応に関するデータを示したものである．

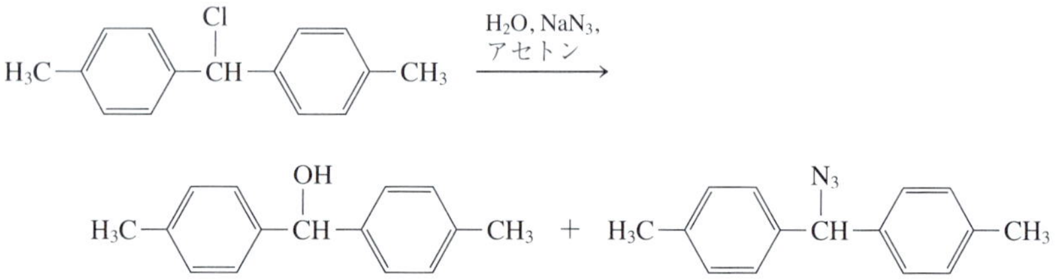

表中のH_2O%は溶媒中の水の体積%，$[N_3^-]$はアジ化ナトリウムの初期濃度，RN_3%は生成混合物中の有機アジドの百分率(もう一つの生成物はアルコール)，そしてk_{rel}は出発物質の消費速度から導いた反応の相対速度を表す．基質の初期濃度はすべての実験にわたって0.04 mol L^{-1}である．次の問いに答えよ．

1. 水の百分率を変化させたときに，反応速度と反応生成物の分布に及ぼす影響について，理由を述べて説明せよ．
2. $[N_3^-]$を変えたときに，反応速度と反応生成物の分布にどのような影響が現れるかについて同様に答えよ．その際，次の情報も考慮せよ．他のイオン，たとえばBr^-やI^-をアジドの代わりに用いても，ここに示した反応速度は変わらない．

● **答え**

1. 表のデータのうち，とくに一定のアジドの濃度のもとで種々の割合の水が存在する条件下での反応を比較した2～5行目のデータをまず検討しよう．置換反応の速度は水の割合が増えるにつれて急激に速くなるが，二つの生成物の比は，アジドが60％，アルコールが40％と一定である．したがってこれらの結果は，水の割合が増えることによって溶媒の極性がより高くなり，そのために基質の解離速度が速くなったことを示している．水の割合がわずか10％であってもカルボカチオンをすばやく捕捉するのに十分に過剰な量であって，アジドイオンが同じカルボカチオンと反応するのと同じくらいの速さで，カルボカチオンを捕捉することができる(7-2節)．

2. 表の1行目と2行目のデータから，NaN_3 を添加すると反応速度が50 %速くなることがわかる．これ以上の情報がなければ，この加速効果は S_N2 反応が起こったためと考えるかもしれない．もしそうなら，アジド以外のアニオンを加えた場合には，アジドを加えた場合とは違った影響が反応速度に観察されるだろう．しかしながら，問題のなかでアジドに比べてはるかに強力な求核剤である臭化物イオンやヨウ化物イオンを用いても，アジドとまったく同じ反応速度が観測されたと述べられている．この実験結果をうまく説明するには，置換反応は完全に S_N1 機構で進行し，添加したイオンは単に溶液の極性を高め，イオン化の速度を加速したと考えればよい(7−4節).

表の5～8行目を見ると，アジドイオンの量を増やすとアジド基を含む生成物の量が増加しているのがわかる．高い濃度では，水より求核性の大きい求核剤であるアジドイオンがカルボカチオン中間体とより多く反応する．

新しい反応

1．二分子求核置換反応 —— S_N2 反応(6−2節～6−11節，および7−5節)

第一級および第二級の基質にかぎる．

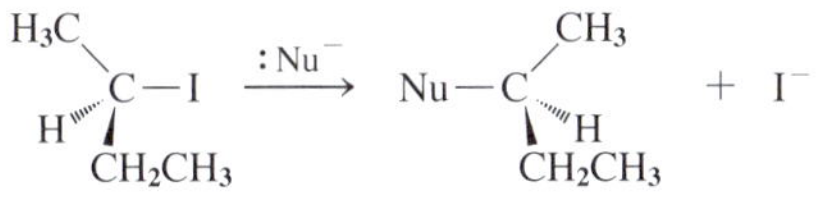

直接的な背面からの置換で
立体配置が100 %反転する

2．一分子求核置換反応 —— S_N1 反応(7−1節～7−5節)

第二級および第三級の基質にかぎる．

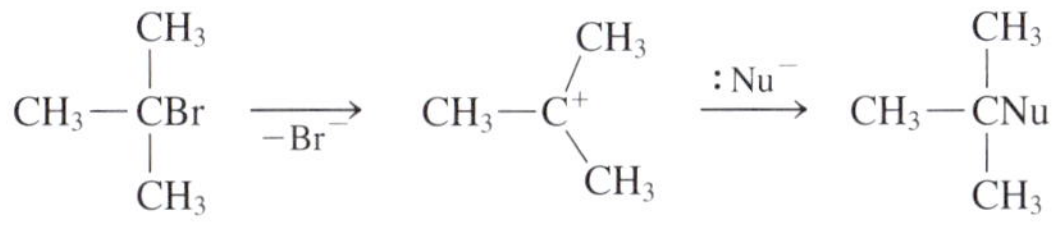

カルボカチオンを経由する：
キラルな基質を用いるとラセミ化が起こる

3．一分子脱離反応——E1反応(7−6節)

第二級および第三級の基質にかぎる．

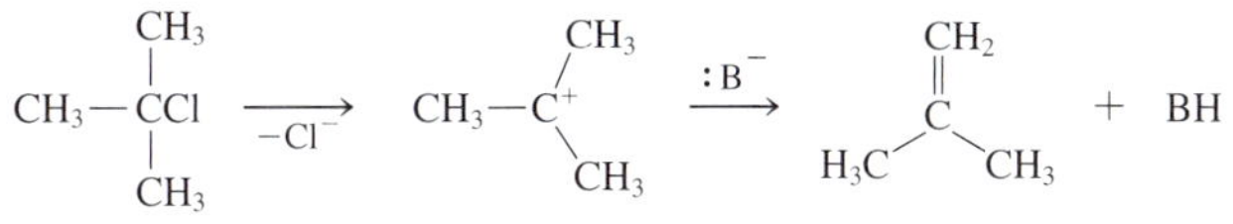

カルボカチオンを経由する

4．二分子脱離反応 —— E2反応(7−7節)

$$CH_3CH_2CH_2I \xrightarrow{:B^-} CH_3CH{=}CH_2 + BH + I^-$$

脱離基と隣接するプロトンが同時に脱離する

重要な概念

1. 極性溶媒中における第二級ハロアルカンの**一分子求核置換反応**の反応速度は遅いが，第三級ハロアルカンの一分子求核置換反応は速い．溶媒が求核剤として作用するとき，この反応を**加溶媒分解**という．

2. 一分子求核置換反応において反応速度の最も遅い段階，すなわち律速段階は，C—X 結合が解離して**カルボカチオン**中間体を与える段階である．求核性の大きい求核剤を加えると生成物は変化するが反応速度は変化しない．

3. カルボカチオンは**超共役**によって安定化される．したがって第三級カルボカチオンが最も安定で，第二級カルボカチオンがこれに続く．第一級カルボカチオンあるいはメチルカチオンは非常に不安定なので溶液中では生成しない．

4. キラルな炭素上で一分子求核置換反応が進行すると**ラセミ化**が起こることが多い．

5. 第二級や第三級のハロアルカンの置換反応はアルケンを生成する**一分子脱離反応**をともなう．

6. 強塩基が高濃度で存在すると，**二分子脱離反応**が起こる．脱離基の追い出しは塩基による隣接炭素上からの水素の引き抜きをともなって起こる．脱離の立体化学的結果から，水素と脱離基がアンチの立体配座から脱離が起こることが示唆される．

7. 立体障害をもたない基質に，立体的に小さくかつ塩基性の弱い求核剤を作用させた場合には置換反応が有利となる．

8. 立体障害の大きな基質にかさ高くかつ塩基性の強い求核剤を作用させると，脱離反応が有利となる．

章末問題

25. 次にあげた加溶媒分解反応のそれぞれについて，おもな置換生成物を示せ．

(a) 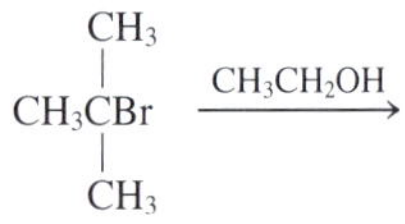

(b) 

(c) 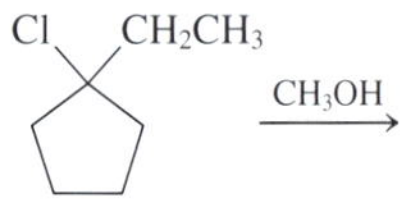

(d) 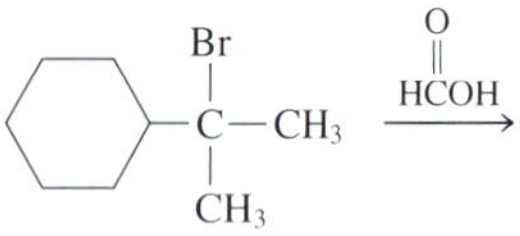

(e) 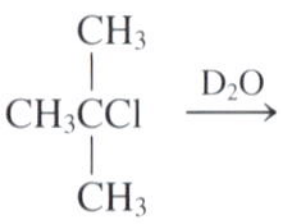　(f) 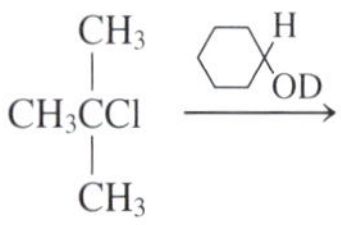

26. 問題 25 に示されているそれぞれの式に対して，曲がった矢印を使って生成物に至る反応機構を 1 段ずつていねいに書け．なお，各反応機構の各段階を一つずつ示し，次の段階に進む前にその段階での生成物の構造をしっかりと示せ．

27. 下に示した反応におけるおもな置換生成物を二つ書け．(a) 二つの生成物それぞれの生成を説明する機構を書け．(b) 反応混合物を追跡すると，出発物質の異性体が中間体として生成することがわかる．その中間体の構造を書き，その生成機構を説明せよ．

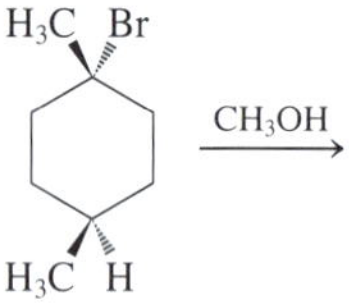

28. 次の反応のおもな置換生成物を二つあげよ．

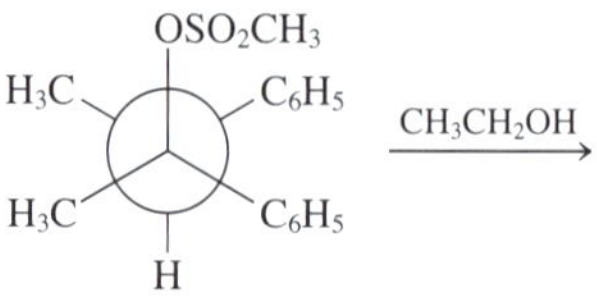

29. 問題 25 のそれぞれの加溶媒分解の反応混合液に次の (a)～(d) の物質を加えたとき，どのような変化が観察されるだろうか．

(a) H_2O　(b) KI　(c) NaN_3

(d) $CH_3CH_2OCH_2CH_3$（**ヒント**：極性が低い）

30. 次にあげるカルボカチオンを安定性が大きい順に並べよ．

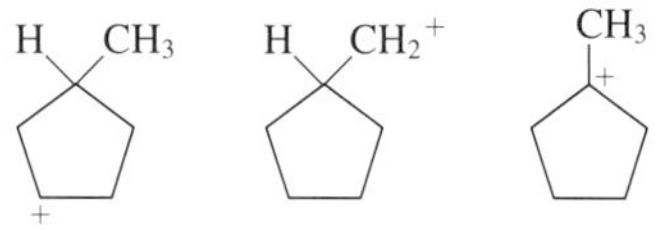

31. アセトンと水の混合溶媒中での加溶媒分解反応において，分解速度が増大する順に各グループの化合物を並べよ．

(a)

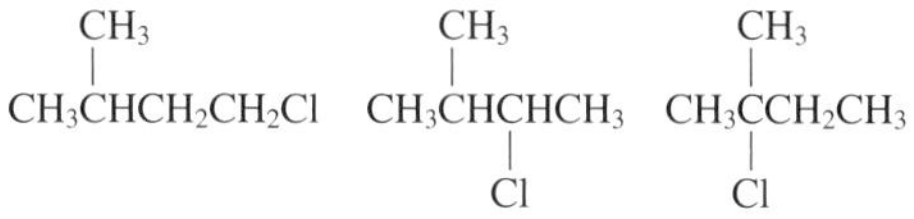

(b)

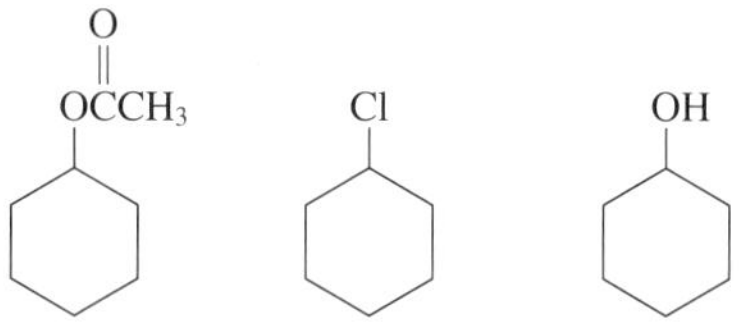

(c)

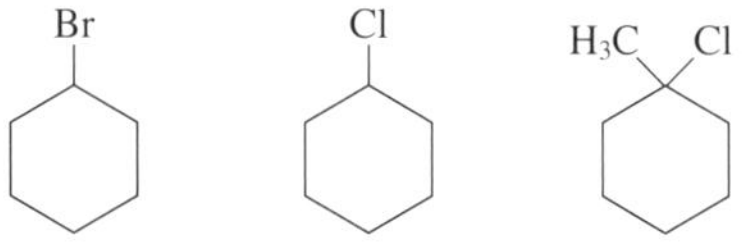

32. 次の置換反応の生成物を示せ．またそれらが S_N1 反応または S_N2 反応のどちらで生成するのかを示せ．さらにその生成機構について詳しく述べよ．

(a) $(CH_3)_2CHOSO_2CF_3 \xrightarrow{CH_3CH_2OH}$

(b)

(c) $CH_3CH_2CH_2CH_2Br \xrightarrow{(C_6H_5)_3P,\ DMSO}$

(d) $CH_3CH_2CHClCH_2CH_3 \xrightarrow{NaI,\ アセトン}$

33. 次に示す置換反応のそれぞれの生成物を示せ．これらの反応のうちどの反応が，（水や CH_3OH のような）極性の高いプロトン性溶媒中よりも，（アセトンや DMSO のような）極性の高い非プロトン性溶媒中において，より速く進行するか．それぞれの反応に対して予想される反応機構にもとづいて説明せよ．

(a) $CH_3CH_2CH_2Br\ +\ Na^{+-}CN \longrightarrow$

(b) $(CH_3)_2CHCH_2I\ +\ Na^+N_3^- \longrightarrow$

(c) $(CH_3)_3CBr\ +\ HSCH_2CH_3 \longrightarrow$

(d) $(CH_3)_2CHOSO_2CH_3\ +\ HOCH(CH_3)_2 \longrightarrow$

34. (*R*)-2-クロロブタンを出発物質として(*R*)-$CH_3CHN_3CH_2CH_3$ を合成する方法を述べよ．

35. (*S*)-2-ブロモブタンの二つの置換反応を下に示してある．反応生成物の立体化学を示せ．

$(S)\text{-}CH_3CH_2CHBrCH_3 \xrightarrow{HC(=O)OH}$

$(S)\text{-}CH_3CH_2CHBrCH_3 \xrightarrow{HC(=O)O^-Na^+,\ DMSO}$

36. *trans*-1-クロロ-3-メチルシクロペンタンから出発して立体化学を制御しながら酢酸 *cis*-3-メチルシクロペンチルを合成する方法を示せ．

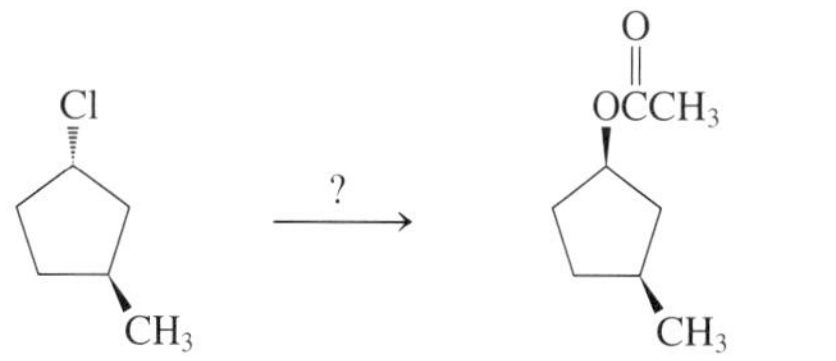

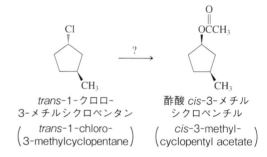

trans-1-クロロ-3-メチルシクロペンタン
(*trans*-1-chloro-3-methylcyclopentane)

酢酸 *cis*-3-メチルシクロペンチル
(*cis*-3-methylcyclopentyl acetate)

37. 次に示す見かけ上よく似た二つの反応は異なった結果を与える．

$CH_3CH_2CH_2CH_2Br \xrightarrow{NaOH,\ CH_3CH_2OH} CH_3CH_2CH_2CH_2OH$

$CH_3CH_2CH_2CH_2Br \xrightarrow{NaSH,\ CH_3CH_2OH} CH_3CH_2CH_2CH_2SH$

上の反応は生成物を高収率で与える．ところが下の反応の収率は，かなりの量の $(CH_3CH_2CH_2CH_2)_2S$ が副生するため，低くなってしまう．この副生成物が生成する反応機構を考え，なぜこのタイプの反応が上の反応では起こらず，下の反応の場合には起こるのかを説明せよ．

38. 問題 25 のそれぞれの反応において可能な E1 生成物をすべてあげよ．

39. 問題 38 であげたすべての E1 反応について，段階ごとの完全な反応機構を書け．

40. 本章で学んだ S_N1 ならびに E1 反応と同様に，メタンの塩素化は多段階の反応機構を経由して進行する（3-4 節参照）．この反応の反応速度に対して合理的な説明をせよ．（**ヒント**：図 3-7 を参考にせよ．）

41. 光学的に純粋な（−）-2-クロロ-6-メチルヘプタンの

加水分解は，立体配置が反転したアルコールを少し過剰に(おおよそ10%)含む生成物を生成する．これを説明せよ．(**ヒント**：C−Cl結合の切断直後の脱離基の位置と，まわりを取り囲む溶媒分子によるカルボカチオンの攻撃のしやすさに及ぼす脱離基の影響を考えよ．)

42. (a) 下記の反応は二つの主生成物を生成する．それらを示せ．

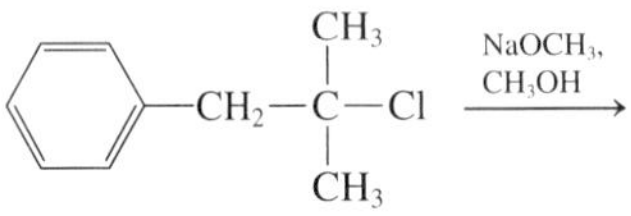

反応機構はこのグラフに示すように $NaOCH_3$ の濃度に依存する．

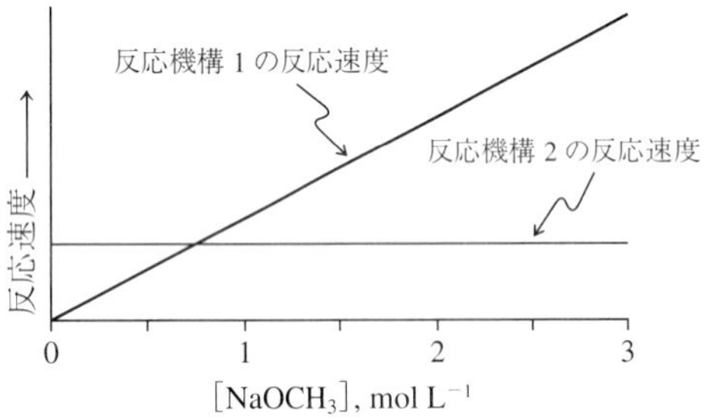

(b) 反応機構1は何か．(c) 反応機構2は何か．(d) 二つの反応機構が同じ速度で進行するのは $NaOCH_3$ のモル濃度がおおよそどれくらいのときか．

43. 次の脱離反応の生成物とそれらの生成物が生成するのにふさわしい反応機構を示せ．

(a) $(CH_3CH_2)_3CBr \xrightarrow{NaNH_2,\ NH_3}$

(b) $CH_3CH_2CH_2CH_2Cl \xrightarrow{KOC(CH_3)_3,\ (CH_3)_3COH}$

(c) 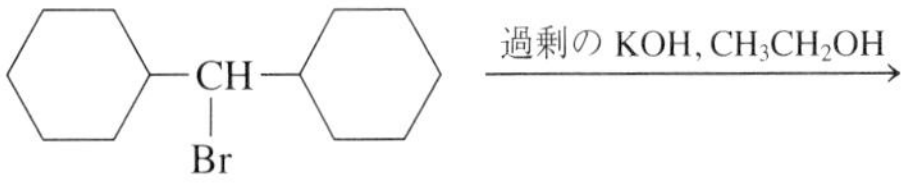

(d) 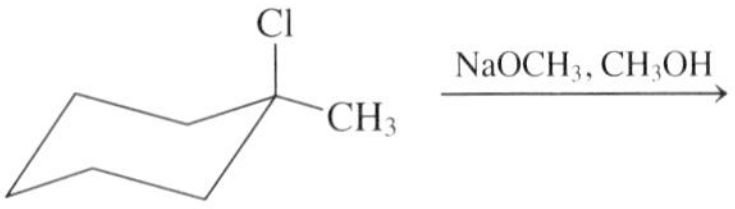

44. 下にあげた反応剤(a)〜(f)のリストのなかからおもに (i) 第一級のRXと反応してS_N2生成物を生成するもの，(ii) 第一級のRXと反応してE2生成物を生成するもの，(iii) 第二級のRXと反応してS_N2生成物を生成するもの，そして(iv) 第二級のRXと反応してE2生成物を生成する反応剤をすべて選び出せ．

(a) CH_3OH中，$NaSCH_3$

(b) $(CH_3)_2CHOH$中，$(CH_3)_2CHOLi$

(c) 液体NH_3中，$NaNH_2$

(d) DMSO中，KCN

(e) 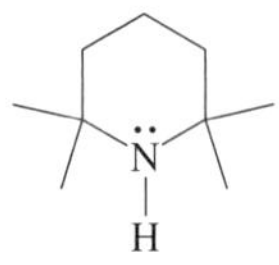 中，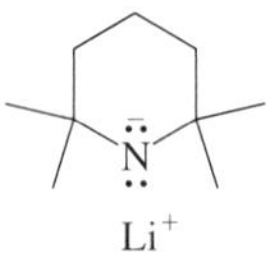

(f) DMF中，$CH_3CH_2CH_2\overset{\overset{O}{\|}}{C}ONa$

45. 1−ブロモブタンと次の各物質との反応で生成する主生成物(複数のこともある)を示せ．その生成物はどの反応機構によって生成するか．S_N1，S_N2，E1，それともE2か．反応がまったく進行しないかあるいは非常に遅いと思われるものについては「反応しない」と記せ．なお，反応剤は大過剰に存在すると仮定せよ．反応の溶媒も示してある．

(a) DMF中，KCl (b) DMF中，KI

(c) CH_3NO_2中，KCl (d) CH_3CH_2OH中，NH_3

(e) CH_3CH_2OH中，$NaOCH_2CH_3$ (f) CH_3CH_2OH

(g) $(CH_3)_3COH$中，$KOC(CH_3)_3$

(h) CH_3OH中，$(CH_3)_3P$ (i) CH_3CO_2H

46. 2−ブロモブタン(臭化*sec*−ブチル)と問題45であげたそれぞれの反応剤との反応の主生成物(複数のこともある)と反応機構を示せ．

47. 2−ブロモ−2−メチルプロパン(臭化*tert*−ブチル)と問題45であげたそれぞれの反応剤との反応の主生成物(複数のこともある)と反応機構を示せ．

48. 2−クロロ−2−メチルプロパンの三つの反応を下に示す．(a) 各反応の主生成物を示せ．(b) 三つの反応の反応速度を比較せよ．なお，溶液の極性ならびに反応物質の濃度は同じであると仮定し，反応機構にもとづいて説明せよ．

$(CH_3)_3CCl \xrightarrow{H_2S,\ CH_3OH}$

$(CH_3)_3CCl \xrightarrow{CH_3\overset{\overset{O}{\|}}{C}O^-K^+,\ CH_3OH}$

$(CH_3)_3CCl \xrightarrow{CH_3O^-K^+,\ CH_3OH}$

49. 次の反応の主生成物(複数のこともある)をあげよ．それぞれの反応が，S_N1，S_N2，E1，E2のうちのどの反応機構で進行するかを述べよ．反応が起こらないと思われる場合は「反応しない」と書け．

(a)

(b) 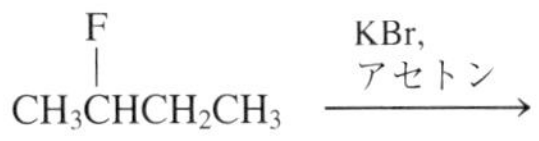

(c) 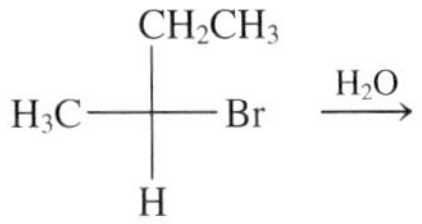

(d) 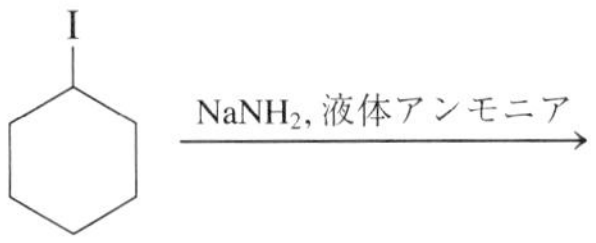

(e) $(CH_3)_2CHCH_2CH_2CH_2Br \xrightarrow{NaOCH_2CH_3,\ CH_3CH_2OH}$

(f) 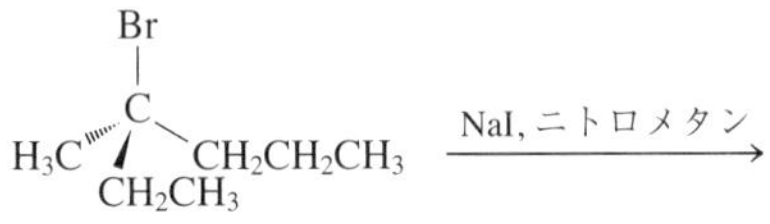

(g) 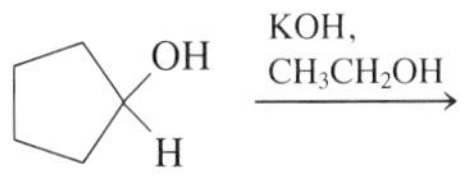

(h) 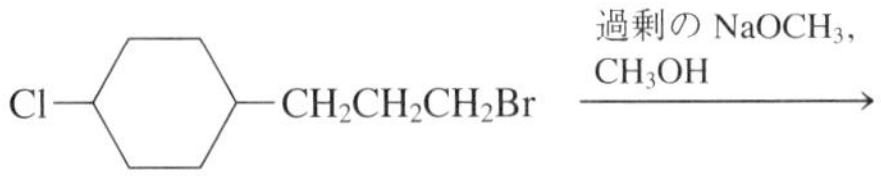

(i) 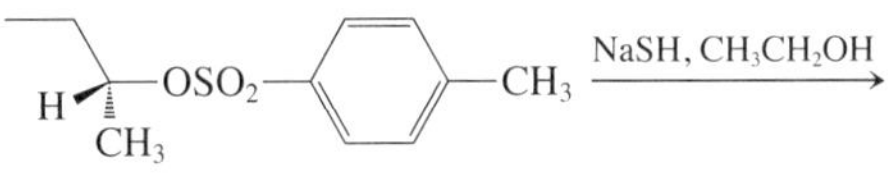

(j) 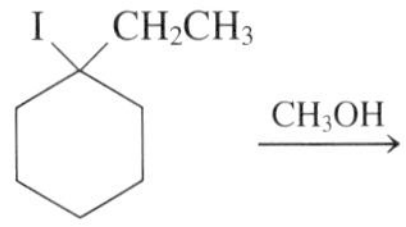

(k) 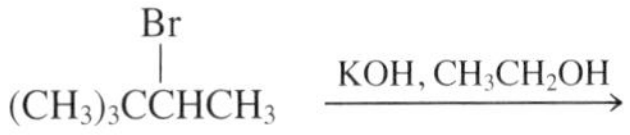

(l) 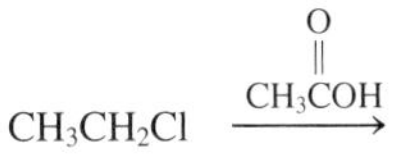

50. 下記の反応と反応機構の組合せはそれぞれ一つ以上の重大な誤りを含んでいる．それぞれに対して誤りを指摘し，何が間違っているかを説明し，正しい解答を提案せよ．

(a) 反応 1：

$$CH_3Cl + NaOH \longrightarrow CH_3OH + NaCl$$

間違った反応機構 1：

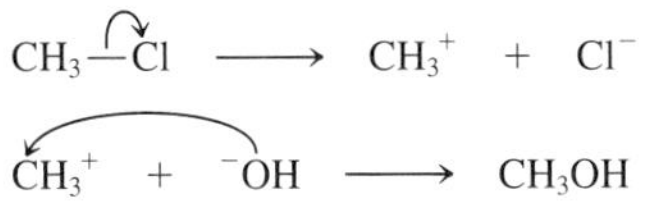

(b) 反応 2：

$$CH_3CH_2CH_2Br + CH_3OH \longrightarrow CH_3CH_2CH_2OCH_3 + HBr$$

間違った反応機構 2：

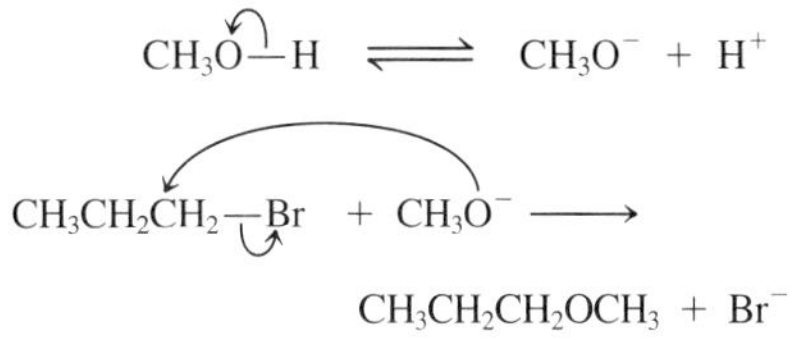

(c) 反応 3：

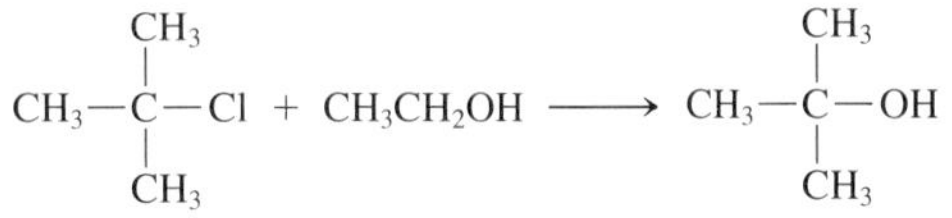

間違った反応機構 3：

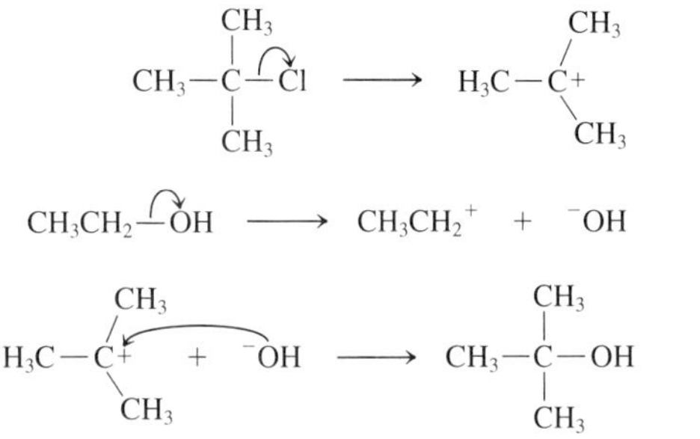

51. ハロアルカンと反応剤のそれぞれの組合せによる反応の主生成物（複数のこともある）を次の表の空欄に示せ．

ハロアルカン	反応剤			
	H_2O	**$NaSeCH_3$**	**$NaOCH_3$**	**$KOC(CH_3)_3$**
CH_3Cl	＿＿	＿＿	＿＿	＿＿
$CH_3CH_2CH_2Cl$	＿＿	＿＿	＿＿	＿＿
$(CH_3)_2CHCl$	＿＿	＿＿	＿＿	＿＿
$(CH_3)_3CCl$	＿＿	＿＿	＿＿	＿＿

52. 問題 51 で答えたそれぞれの生成物の生成に必要なおもな反応機構（複数のこともある）を示せ（簡単に S_N2，S_N1，E2 あるいは E1 で示せ）．

53. 次に示したそれぞれの反応について，この式のとおりうまく進行するか，あまりうまく進行しないか，それともまったく進行しないかを述べよ．また，ここに示した生成物以外のものが生成する場合にはその化合物を書け．

(a) 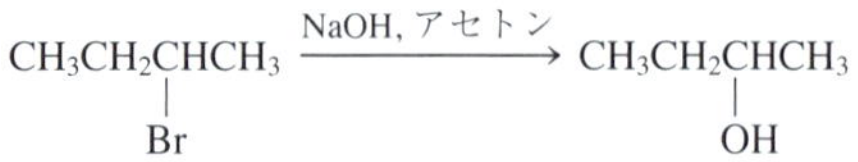

(b) 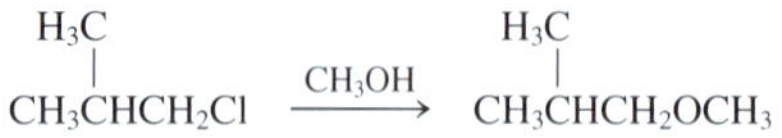

(c) 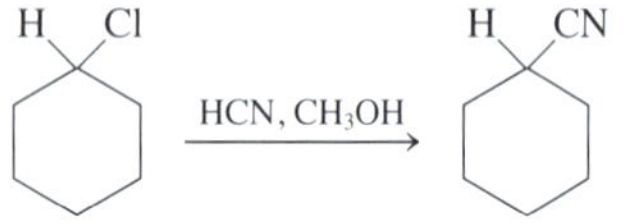

(d) 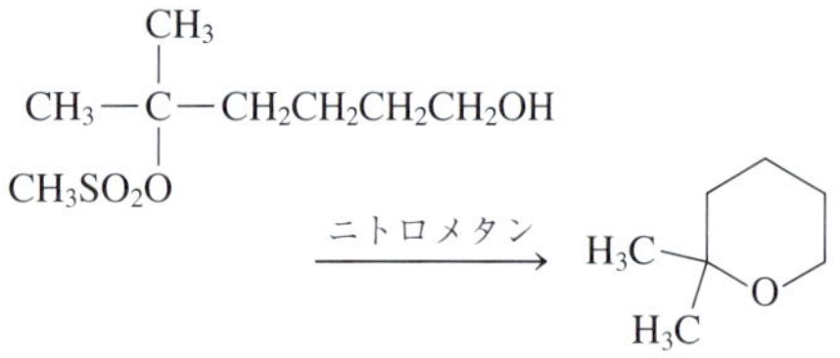

(e) 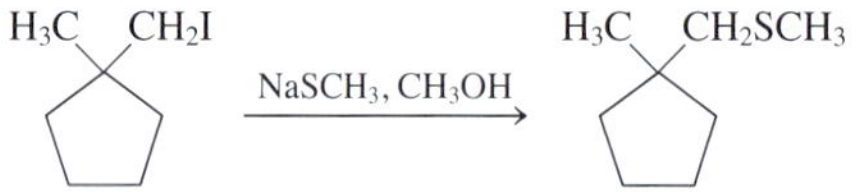

(f) $CH_3CH_2CH_2Br \xrightarrow{NaN_3,\ CH_3OH} CH_3CH_2CH_2N_3$

(g) $(CH_3)_3CCl \xrightarrow{NaI,\ \text{ニトロメタン}} (CH_3)_3CI$

(h) $(CH_3CH_2)_2O \xrightarrow{CH_3I} (CH_3CH_2)_2\overset{+}{O}CH_3 + I^-$

(i) $CH_3I \xrightarrow{CH_3OH} CH_3OCH_3$

(j) $(CH_3CH_2)_3COCH_3 \xrightarrow{NaBr,\ CH_3OH} (CH_3CH_2)_3CBr$

(k) 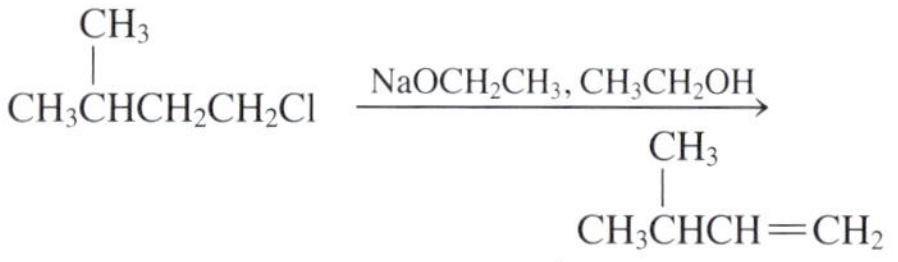

(l) $CH_3CH_2CH_2CH_2Cl \xrightarrow{NaOCH_2CH_3,\ CH_3CH_2OH} CH_3CH_2CH{=}CH_2$

54. 次にあげた分子を，それぞれ指定した出発物質から合成する方法を述べよ．他に必要な反応剤ならびに溶媒があれば，それらは用いてもよい．目的とする化合物だけを得ることができず，いくつかの生成物の混合物として得る以外によい方法がないものがある．その場合には，目的とする物質の収率を最大にするような反応剤と反応条件を選べ（6章の問題55と比較せよ）．

(a) ブタンから $CH_3CH_2CHICH_3$

(b) ブタンから $CH_3CH_2CH_2CH_2I$

(c) メタンと 2-メチルプロパンから $(CH_3)_3COCH_3$

(d) シクロヘキサンからシクロヘキセン

(e) シクロヘキサンからシクロヘキサノール

(f) 1,3-ジブロモプロパンから 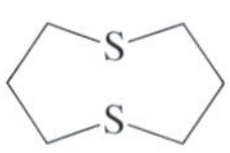

55. **チャレンジ** 下に示した〔(1-ブロモ-1-メチル)エチル〕ベンゼンは，一分子機構で厳密に一次反応速度則にしたがって加溶媒分解される．アセトン：水＝9：1の溶媒中，[RBr] = 0.1 mol L^{-1} のとき反応速度は 2×10^{-4} mol L^{-1} s^{-1} である．(a) これらのデータから速度定数 k を求めよ．反応の生成物は何か．(b) 0.1 mol L^{-1} の LiCl が存在すると反応はやはり厳密に一次反応ではあるが，反応速度は 4×10^{-4} mol L^{-1} s^{-1} に増大する．このときの反応速度定数 k_{LiCl} を求め，この結果を説明せよ．(c) LiCl の代わりに LiBr が 0.1 mol L^{-1} 存在すると，反応速度は 1.6×10^{-4} mol L^{-1} s^{-1} に低下する．この結果を説明し，この反応を示す化学式を書け．

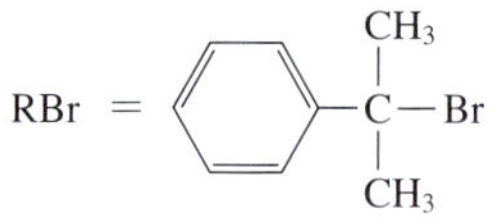

56. 本章で多くの S_N1 加溶媒分解反応を取り上げた．それらは次式にしたがって進行する．

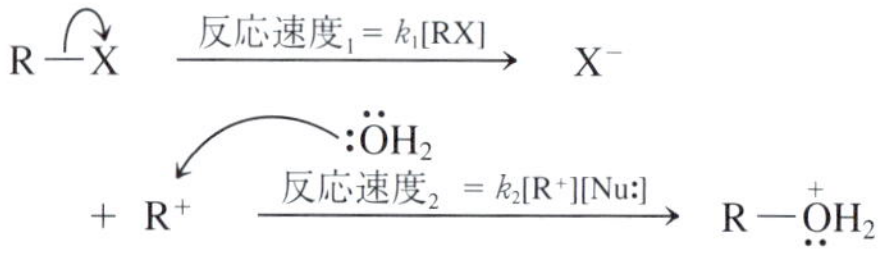

プロトンを失うことで最終生成物が得られる．カルボカチオンが中間体として存在することに関する証拠はたくさんあるが，求核剤との反応が非常に速いためにふつうは直接観測することができない．最近，きわめて異常な結果を与える S_N1 加溶媒分解反応の例が見いだされている．その一例を次に示す．

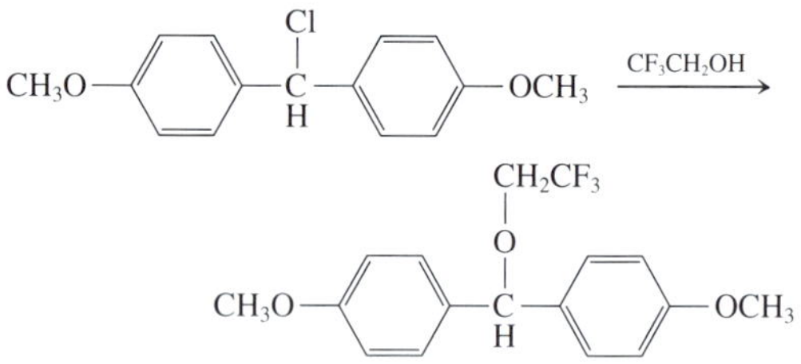

無色の基質を溶媒に混合すると，カルボカチオン中間体が生成したことを示す赤味がかった橙色がすぐに観測される．この色が消えるのにおよそ1分以上かかる．その溶液を分析すると最終生成物が100 %の収率で生成していることがわかる．(a) この反応の場合に，カルボカチオンの存在が検出できるぐらいその濃度を高めることができるのには二つの理由がある．一つはこの特別な基質の解離によって生成するカルボカチオンが異常に安定なためである（この理由については下巻の22章でより詳しく検討する）．もう一つの理由は，溶媒（2,2,2-トリフルオロエタノール）がエタノールのようなふつうのアルコールと比べてもきわめて小さい求核性しかもたないからである．この溶媒の求核性が

小さいことについて説明せよ．(b) 二つの段階(反応速度$_1$と反応速度$_2$)の相対的反応速度についてどんなことがいえるか．また，一般のS_N1反応機構の二つの段階の相対的反応速度と比べてどんなことがいえるか．(c) カルボカチオンの安定性が増大し溶媒の求核性が小さくなると，S_N1反応の反応速度$_1$と反応速度$_2$の相対的大きさにどんな影響があるか．(d) 上にあげた反応に対して完全な反応機構を書け．

57. 次にあげる(a)～(d)の反応のどれが下のポテンシャルエネルギー図の(i)～(iv)にそれぞれ対応するかを示せ．またエネルギー曲線上にアルファベットで示したそれぞれの地点において存在する化学種の構造を書け．

(a) $(CH_3)_3CCl + (C_6H_5)_3P \longrightarrow$

(b) $(CH_3)_2CHI + KBr \longrightarrow$

(c) $(CH_3)_3CBr + HOCH_2CH_3 \longrightarrow$

(d) $CH_3CH_2Br + NaOCH_2CH_3 \longrightarrow$

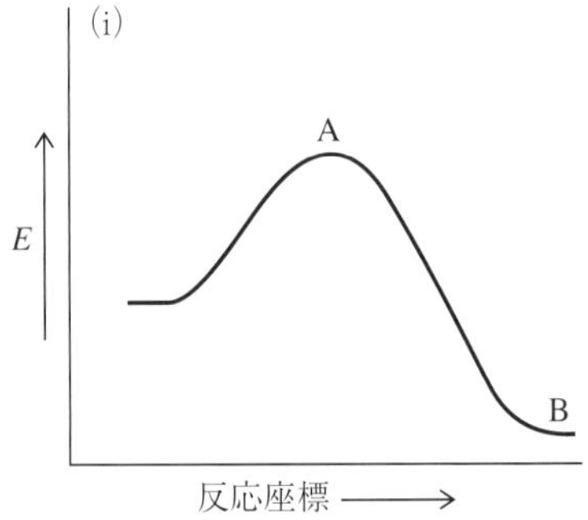

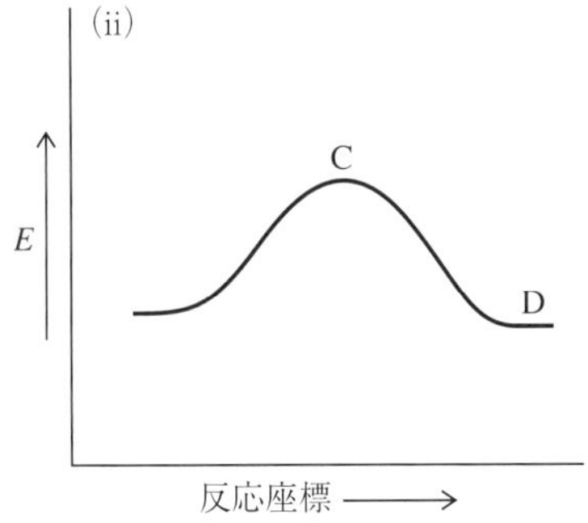

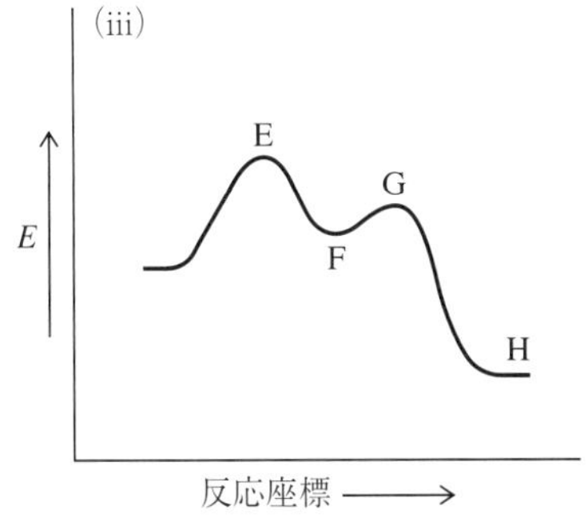

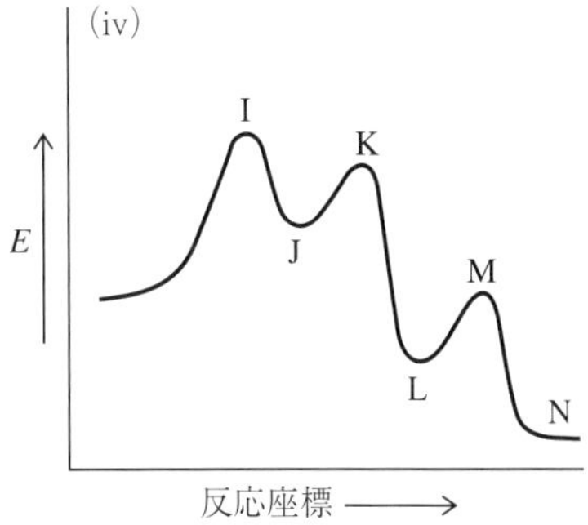

58. 中性の極性溶媒中における次に示す4−クロロ−4−メチル−1−ペンタノールの反応の主生成物と考えられるものの構造を示せ．

$$(CH_3)_2C(Cl)CH_2CH_2CH_2OH \longrightarrow HCl + C_6H_{12}O$$

強塩基性溶媒中でも，出発物質はやはり分子式$C_6H_{12}O$をもつ分子に変換される．しかしながら構造はまったく異なる．この生成物は何か．二つの反応結果の相違を説明せよ．

59. 次の反応はE1とE2両方の機構で進行する．

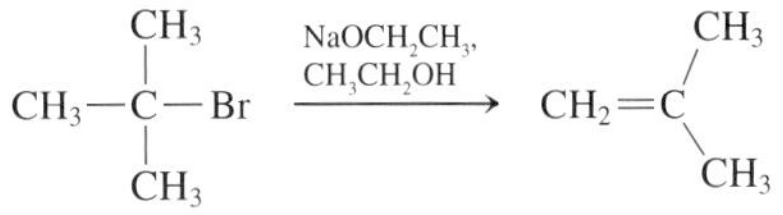

ハロアルカンの濃度は0.05 mol L^{-1}，E1反応の速度定数は$k_{E1} = 5.5 \times 10^{-5}$ mol L^{-1} s^{-1}であり，E2反応の速度定数は$k_{E2} = 5.0 \times 10^{-4}$ mol L^{-1} s^{-1}である．(a) $NaOCH_2CH_3$の濃度が0.01 mol L^{-1}のとき，おもな脱離機構はどちらか．(b) $NaOCH_2CH_3$の濃度が1.0 mol L^{-1}のとき，おもな脱離機構はどちらか．(c) 出発物質のちょうど50 %がE1機構で反応し，残りの50 %がE2機構で反応するような塩基の濃度を求めよ．

60. 次にあげた化合物はメチルエステルの一例である．メチルエステルはヨウ化リチウムと反応してカルボン酸のリチウム塩を生成する．この例では溶媒はピリジンである．

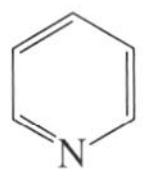

ピリジン(pyridine)

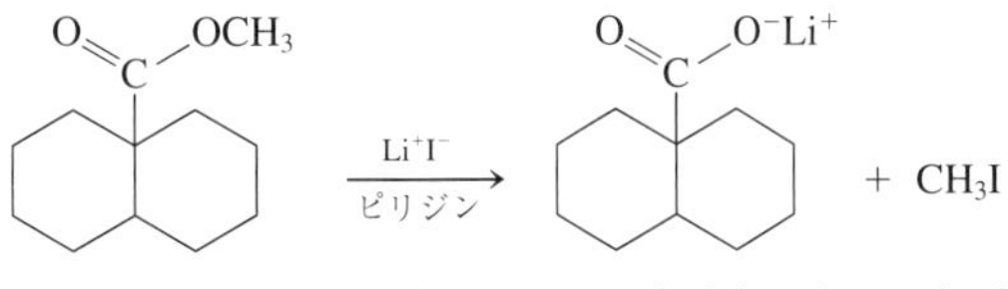

この反応の機構を決定するための実験をいくつかあげ

よ．

61. **チャレンジ** 1,1−ジメチルエチル（*tert*−ブチル）基をもつエーテルは，下の例に示すように薄い強酸によって容易に切断される．

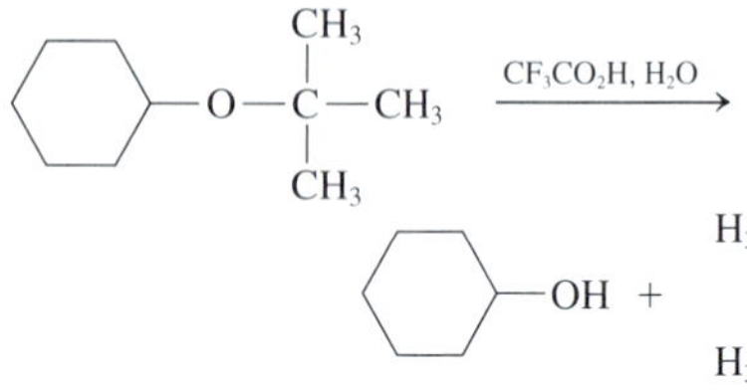

この反応の機構を説明せよ．強酸はどんな役割を果たしているのか．

62. 極性の高い非プロトン性溶媒中で，第二級ハロアルカンを下に示したそれぞれの求核剤で処理したときの主生成物と反応機構を示せ．求核剤の共役酸の pK_a 値をかっこ内に示してある．

(a) N_3^-(4.6)　(b) H_2N^-(35)　(c) NH_3(9.5)
(d) HSe^-(3.7)　(e) F^-(3.2)　(f) $C_6H_5O^-$(9.9)
(g) PH_3(−12)　(h) NH_2OH(6.0)　(i) NCS^-(−0.7)

63. コルチゾンは重要なステロイド系抗炎症剤である．コルチゾンはその左に示したアルケンから効率よく合成される．

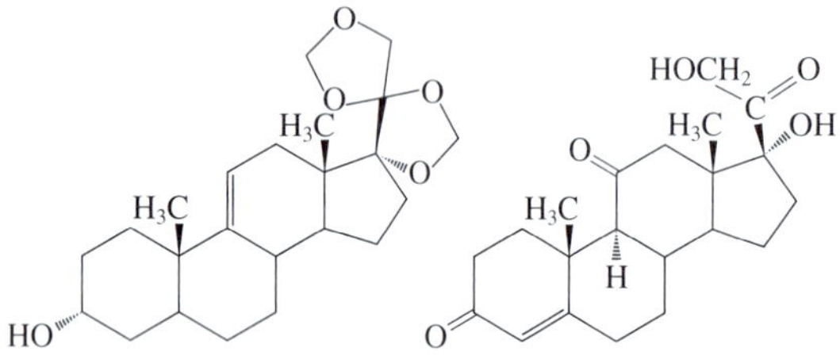

アルケン　　コルチゾン（cortisone）

次に示した三つの塩素化物のうち，二つは塩基による E2 脱離によって上に示したアルケンをまずまずの収率で与えるが，他の一つはアルケンを与えない．どの塩素化物がうまくアルケンを与えないのか，またその理由は何か．E2 脱離を起こさせようとすると何が生成するか．（**ヒント**：それぞれの化合物について立体配座を考えよ．）

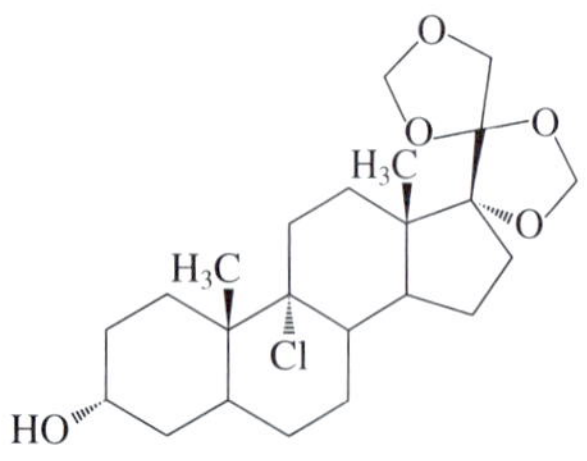

(A)

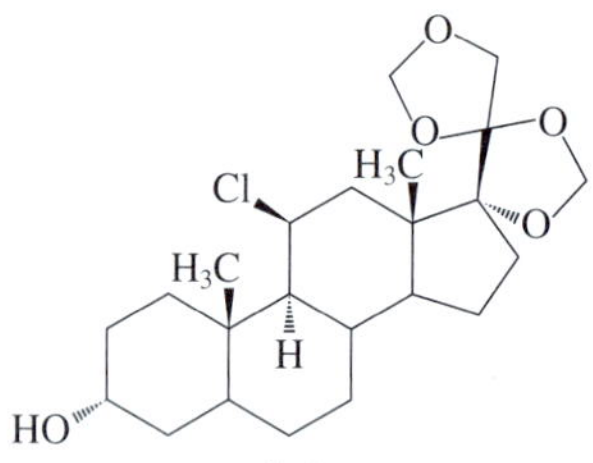

(B)

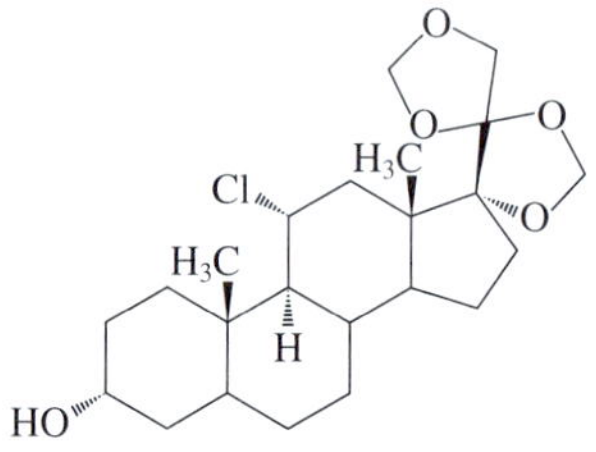

(C)

64. **チャレンジ** *trans*−デカリン誘導体の化学は，この環状系がステロイド構造の一部であるため興味深い．臭素化物 (i) と (ii) の模型を組んで，それを見ながら次の問いに答えよ．

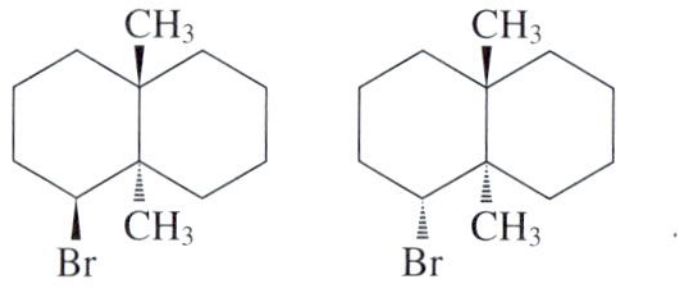

(i)　　(ii)

(a) 二つの分子のうち一つは，CH_3CH_2OH 中での $NaOCH_2CH_3$ による E2 反応が他のものに比べてかなり速い．E2 反応の速い化合物がどちらであるかを示し，説明を加えよ．(b) 次に示す (i) と (ii) の重水素化された化合物は，塩基と反応してそれぞれ右に示す生成物を与える．

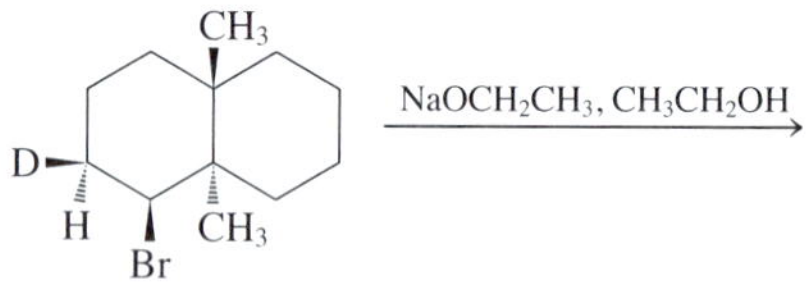

(i) の重水素化体

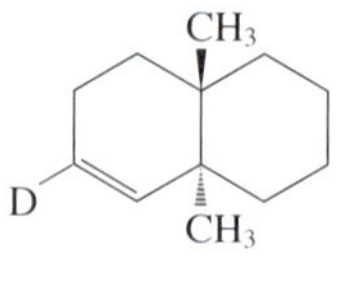

（すべての D が残る）

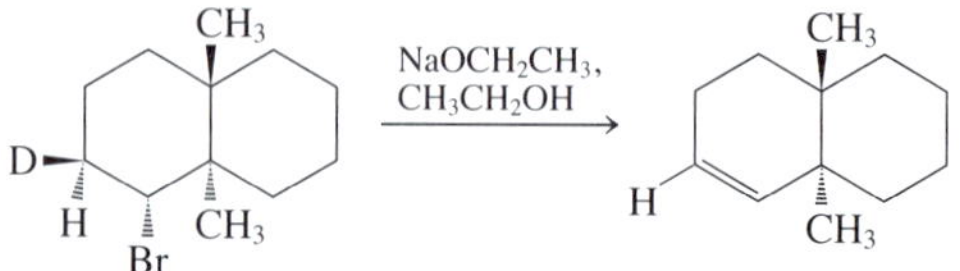

（すべての D が消失する）

(ii) の重水素化体

アンチ脱離，シン脱離のいずれが起こっているかを述べよ．脱離が起こるために分子がとらなければならない立体配座を示せ．この問いの答えは，設問(a)を解くのに役立つか．

●グループ学習問題

65. ブロモアルカンの一般的な置換反応と脱離反応について考えよ．

$$\mathrm{R{-}Br} \xrightarrow{\text{Nu/塩基}} \mathrm{R{-}Nu} \;+\; \text{アルケン}$$

基質の構造と反応条件が変化したときに，反応機構と生成物がどのように変わるか．一分子ならびに二分子の置換反応，脱離反応の微妙な差を解明するために，ブロモアルカン(A)～(D)それぞれについて(a)～(e)の条件下で反応させた結果について考えよ．すべての人が反応機構と，もし必要ならば生成物の定性的な分布について考えるように問題を平等に分けよ．考えた結果を全員で持ち寄って議論し，一つの答えにまとめよ．仲間にあなたの答えを説明する際，電子の流れを示す曲がった矢印を使用せよ．出発物質と生成物が光学活性体である場合には，*R* か *S* かを表示すること．

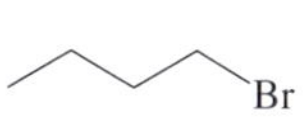

(A)

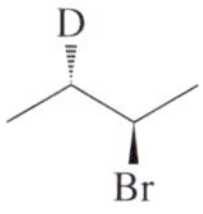

(B)

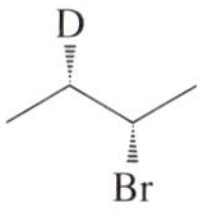

(C)

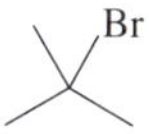

(D)

(a) NaN_3, DMF　(b) LDA, DMF　(c) NaOH, DMF

(d) $CH_3C(=O)O^-Na^+$, $CH_3C(=O)OH$　(e) CH_3OH

●専門課程進学用問題

66. 最も速く加水分解を受けるハロアルカンを(a)～(d)から選べ．

(a) $(CH_3)_3CF$　(b) $(CH_3)_3CCl$　(c) $(CH_3)_3CBr$

(d) $(CH_3)_3CI$

67. 次の反応は(a)～(d)のうちのどの反応機構で進行するか．

$$(CH_3)_3CCl \xrightarrow{CH_3O^-} (H_3C)_2C{=}CH_2$$

(a) E1　(b) E2　(c) S_N1　(d) S_N2

68. 次の反応において，化合物(A)として最も適しているものの構造式を(a)～(d)から選べ．

$$\text{(A)} \xrightarrow{H_2O,\ \text{アセトン}} CH_3CH_2C(OH)(CH_3)_2$$

(a) $BrCH_2CH_2CH(CH_3)_2$　(b) $CH_3CH_2CBr(CH_3)_2$

(c) $CH_3CH_2CH(CH_3)CH_2Br$　(d) $CH_3CHBrCH(CH_3)_2$

69. (a)～(d)にあげた四つのカルボカチオン異性体のうちで最も安定なものはどれか．

(a)

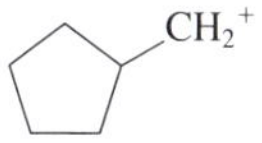

(b)

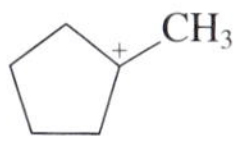

(c)

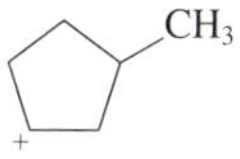

(d)

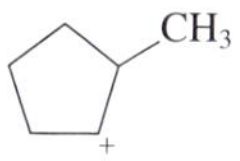

70. 次の反応に関与している反応中間体を(a)～(d)から選べ．

$$\text{2-メチルブタン} \xrightarrow{Br_2,\ h\nu} \text{2-ブロモ-3-メチルブタン}$$
（主生成物ではない）

(a) 第二級ラジカル　(b) 第三級ラジカル

(c) 第二級カルボカチオン　(d) 第三級カルボカチオン

Chapter

8 ヒドロキシ官能基：アルコール
性質，合成および合成戦略

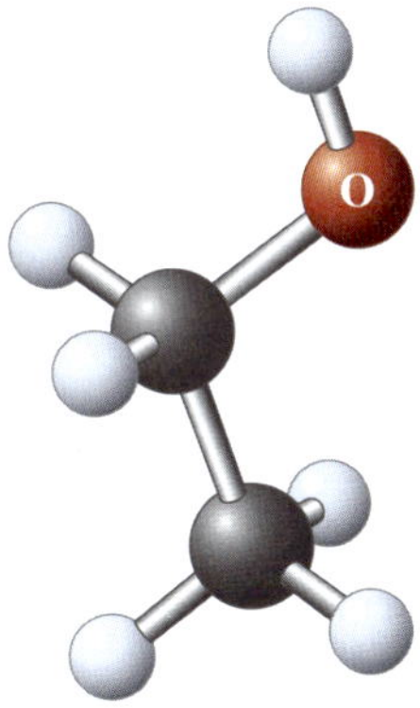

つぶしたブドウの果汁の発酵によって，ワインのエタノールが製造される．写真はコティニョーラ（イタリア）における伝統的なワインの製造風景．

本章での目標

- アルコールの構造を書き，命名する．
- アルコールの水素結合の性質を理解する．
- 酸性および塩基性の概念をアルコールに適用して復習する．
- 求核置換反応を用いたアルコール合成について学習する．
- アルコールとアルデヒドやケトンとの間の酸化還元の関係を式で表す．
- アルコールに至る経路として，アルデヒドやケトンにヒドリドや有機金属反応剤が付加反応するときの，カルボニル炭素の求電子性について理解する．
- 合成の問題を解くために逆合成解析を用いる．

「アルコール」という言葉を聞いてまず何を考えるだろうか．それは良きにつけ悪しきにつけ，きっとアルコール飲料に含まれているアルコールであるエタノールとなんらかの関係があることだろう．エタノールの（かぎられた量の）摂取が幸福感をもたらす効果があることは数千年前から知られており，その目的にそった使われ方をされてきた．これはおそらく，エタノールが炭水化物の発酵によって自然に生成することから考えて，驚くようなことではない．たとえば，砂糖の水溶液に酵母を加えると，CO_2 が発生しエタノールが生じる．

$$\underset{\substack{\text{糖}\\(\text{sugar})}}{C_6H_{12}O_6} \xrightarrow{\text{酵母中の酵素類}} \underset{\substack{\text{エタノール}\\(\text{ethanol})}}{2\ CH_3CH_2OH} + 2\ CO_2$$

今日では，いわゆるバイオエタノールとよばれる再生可能な「グリーンな」燃料源として，あるいはガソールというガソリンへの5～25％添加物として必要とされるエタノールを大量に供給するために，発酵法が大規模に用いられている．

上のような方法で，サトウキビ，トウモロコシ，スイッチグラス[†1]や麦藁といったさまざまな原料を，非常に効率よくエタノールに変換することが可能である(コラム 3-1 参照)．2015 年の世界中の生産量は，257 億ガロン(約 950 億リットル)と見積もられている．

エタノールは，**アルコール**(alcohol)[†2]といわれる膨大な化合物群に属するものの一つである．本章では，アルコールの化学の一端を紹介する．2 章で学んだように，アルコールは OH 基，すなわち**ヒドロキシ**(hydroxy)官能基をもつ炭素鎖から成っており，水素の一つをアルキル基で置き換えた水の誘導体とみなせる．さらにもう一つの水素をアルキル基で置換すると**エーテル**(ether)になる(9 章参照)．ヒドロキシ基は，アルケンの C═C 二重結合(7，9 および 11 章参照)やアルデヒドやケトンの C═O 二重結合(本章および下巻の 17 章参照)のような他の官能基に容易に変換される．

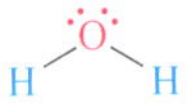
水
(water)

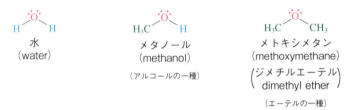

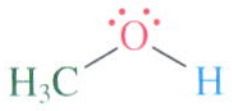
メタノール
(methanol)
(アルコールの一種)

メトキシメタン
(methoxymethane)
(ジメチルエーテル
dimethyl ether)
(エーテルの一種)

†1 訳者注：土壌侵食対策に用いられる丈の高い多年生植物で，条件の悪い土地でも生長する．1 エーカー(0.4 ヘクタール)あたりのエタノール収量はトウモロコシの 2～3 倍にのぼり，非食用エタノール原料として注目されている．

†2 訳者注：「アルコール」は化合物群を表すほかに，エチルアルコール(エタノール)をさらに簡略化した慣用名として用いられることもあるが，本書では化合物群を表す名称としてのみ用いることとする．

エタノール製造に使用したあとの破砕トウモロコシが，ミシシッピ川の平底荷船に積載されているところ．この産物は醸造穀物として知られており，ウシ用に市販されている飼料の原料となる．

アルコールは自然界に多量に存在し，その構造も多様である(たとえば 4-7 節参照)．単純な構造のアルコールは溶媒として用いられ，それ以外のものはより複雑な分子の合成に役立っている．これは，官能基が有機化合物の構造や機能にいかに大きく影響するかを示すよい例であろう．

それでは，はじめにアルコールの命名法の説明を行い，次に構造や物理的性質，とくにアルカンやハロアルカンの性質との比較について簡単に述べることにする．最後に，アルコールの合成について検証する．そのなかで，本書では学生のみなさんがはじめて学ぶことになるが，新しい有機構造を効率よく合成するための手法について紹介する．

8-1 アルコールの命名

アルコールには，他の化合物と同じように，体系化された名称と慣用名がある．体系的な命名法では，アルコールをアルカンの誘導体として扱い，アルカン(alkane)の語尾に **-ol** をつけ加える[†3]．このとき，alkaneol のように母音が二つ続くのを避けるために，alkane の語尾の e を取り除く．このようにしてアルカン(alkane)が**アルカノール**(alkanol)となる．たとえば，最も簡単なアルコールはメタンの誘導体であり，メタノールという．エタノールはエタンに由来し，プロパノールはプロパンの誘導体である，というように次つぎと命名される．さらに枝分かれしたより複雑な化合物では，OH 置換基を含む最長の主鎖にもとづいてアルコールの名称をつけるが，それが必ずしもその分子の最長の鎖であるとはかぎらない．本節で例にあげた化合物では主鎖を黒い字で表示してある．

†3 訳者注：日本語の命名法ではアルカンの語尾の「ン」を「ノール」に置き換える．

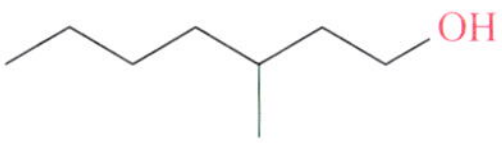

メチルヘプタノールの一種
(methylheptanol)

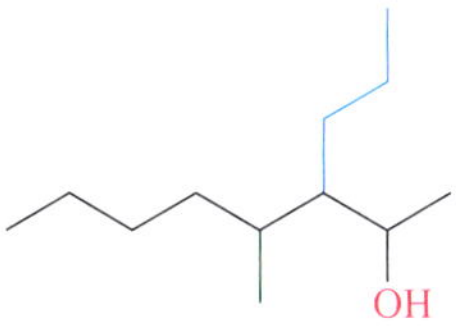

メチルプロピルオクタノールの一種
(methylpropyloctanol)

主鎖に沿って位置を示すには，OH 基に最も近い末端から順に炭素原子に番号をつける．次いで，OH 基の位置をアルカノールの主鎖の前に接頭語として示すか，末端の -ol の前に挿入する．続いて主鎖上の他の置換基の名称と位置を順番に書き加える．複雑なアルキル置換基は炭化水素についての IUPAC 規則(2-6 節参照)[†4] にしたがって，またエナンチオマーについては *R*,*S* 則(5-4 節参照)にしたがって名称をつける．アルカン鎖に二つ以上のヒドロキシ置換基がある場合には，その分子をジオール，トリオールのように命名する．この場合，アルカン末端の -*e* は，名称内で母音が連続しないのでそのまま保持される．

†4 訳者注：正確にいえば，新しい IUPAC 命名法(1993 年)では官能基の直前に位置番号を挿入するため，1-プロパノールはプロパン-1-オール(propan-1-ol)，2-ペンタノールはペンタン-2-オール(pentan-2-ol)，2,2,5-トリメチル-3-ヘキサノールは 2,2,5-トリメチルヘキサン-3-オール(2,2,5-trimethylhexan-3-ol)となる．しかし，これでは主鎖の構造がわかりにくくなるため，本書では *Chemical Abstracts*(CAS)の命名法にしたがい，位置番号を主鎖の名称の前につけることにしている．

3 2 1
$CH_3CH_2CH_2OH$

1-プロパノール
(1-propanol)
または
プロパン-1-オール
(propan-1-ol)

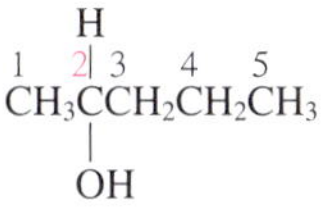

2-ペンタノール
(2-pentanol)
または
ペンタン-2-オール
(pentan-2-ol)

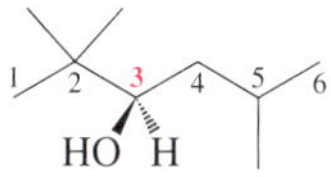

(3*R*) -2,2,5-トリメチル-3-ヘキサノール
〔(3*R*)-2,2,5-trimethyl-3-hexanol〕
または
(3*R*)-2,2,5-トリメチルヘキサン-3-オール
〔(3*R*)-2,2,5-trimethylhexan-3-ol〕

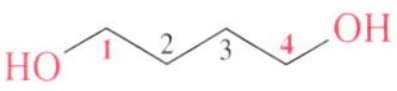

1,4-ブタンジオール
(1,4-butanediol)
または
ブタン-1,4-ジオール
(butane-1,4-diol)

環状のアルコールは**シクロアルカノール**(cycloalkanol)という．これらの場合，OH 基をもつ炭素の位置番号が自動的に 1 となる．

非環状アルカノールの場合，OH が結合する炭素は主鎖の末端にある場合にのみ位置番号を 1 とする．

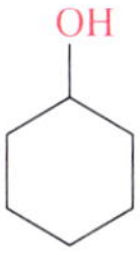

シクロヘキサノール
(cyclohexanol)

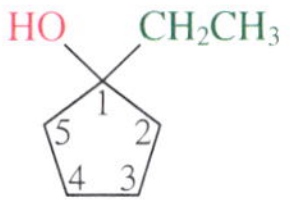

1-エチルシクロペンタノール
(1-ethylcyclopentanol)

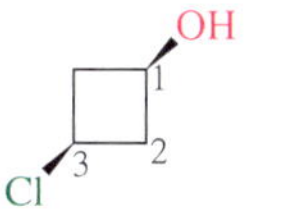

cis-3-クロロシクロブタノール
(*cis*-3-chlorocyclobutanol)

OH 基を置換基として名づける場合にはヒドロキシという．たとえばヒドロキシカルボン酸のように，優先度の高い官能基(ここではカルボキシ基)があるときにヒドロキシという名称を用いる(欄外の構造を参照)．IUPAC 命名法では OH ラジカルに対してヒドロキシルという用語を用いる．アルコールもハロアルカンと同様に，第一級，第二級，第三級に分類される．

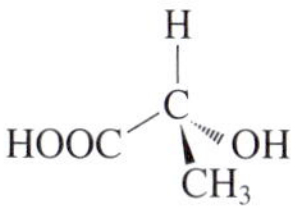

(−)-2-ヒドロキシプロパン酸
〔(−)-2-hydroxypropanoic acid〕
〔(−)-乳酸
(−)-lactic acid〕

RCH_2OH
第一級アルコール
(primary alcohol)

第二級アルコール
(secondary alcohol)

第三級アルコール
(tertiary alcohol)

慣用的命名法では，アルキル基の名称のうしろにアルコールという語をつける（英語では2語に分けて書く）．古い文献にはよく慣用名が出てくる．これらの慣用名は使わないことが望ましいが，そういう名称が出てきてもどんな化合物かがわかるように勉強しておくべきであろう．

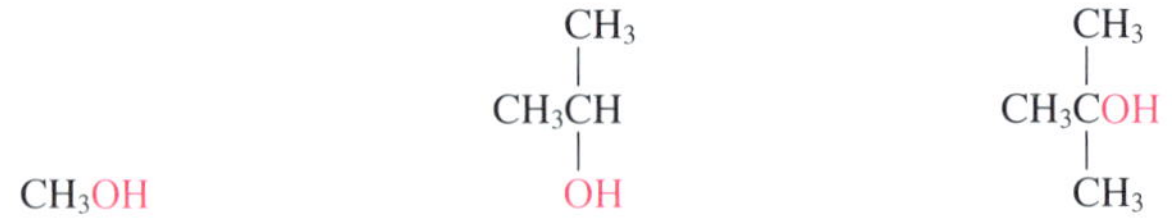

メチルアルコール (methyl alcohol)　イソプロピルアルコール (isopropyl alcohol)　*tert*-ブチルアルコール (*tert*-butyl alcohol)

本節を終わりまで読めば，以前にアルカンの命名で公式化した指針が有効で，アルコールの命名にも適用できることに気づくだろう．

指針　アルコールの命名則

1 アルコールの主鎖を特定する．
2 すべての置換基を命名する．
3 主鎖の炭素に番号をつける．
4 それぞれの置換基の前に位置番号を添えてアルファベット順に並べ，これらを主鎖炭素につけてアルコール全体の名称を書く．

練習問題 8-1

次の各アルコールの構造を書け．
(a) 4-オクタノール，(b) 2,2,2-トリクロロエタノール，(c) (*S*)-3-メチル-3-ヘキサノール，(d) *trans*-2-ブロモシクロペンタノール，(e) 2,2-ジメチル-1-プロパノール(ネオペンチルアルコール)．

練習問題 8-2

次の化合物の名称を示せ．*R* や *S* という立体化学を示す符号をつけることが適切な場合には，忘れずに記入すること．

(a) 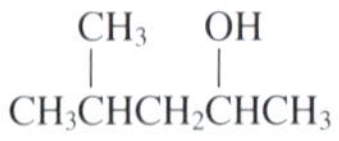
(b) 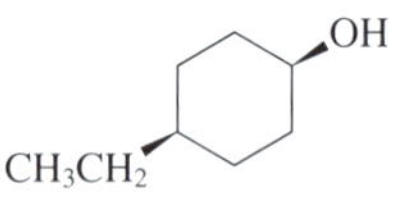
(c) 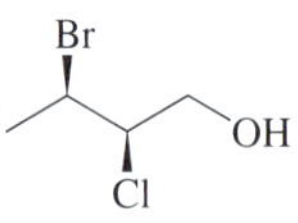
(d) 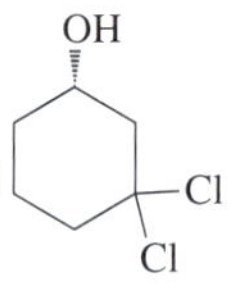

まとめ アルコールはアルカノール(IUPAC 命名法)あるいはアルキルアルコール(慣用名)として命名される．IUPAC 命名法では OH 基をもつ炭素鎖にもとづいて命名し，OH 基が結合した炭素に最も小さい番号をつける．

8-2 アルコールの構造と物理的性質

ヒドロキシ基は，アルコールの物理的特性の大きな因子となっている．この官能基が分子構造に影響し，水素結合の形成能を高める．その結果，沸点が高くなり，水への溶解度が大きくなる．

アルコールの構造は水の構造と似ている

図 8-1 は，メタノールの構造が水やメトキシメタン（ジメチルエーテル）の構造といかによく似ているかを示している．いずれの場合にも，電子反発の効果と中心酸素上の置換基の立体的なかさ高さの増大が結合角に反映されている．厳密には正確ではないが（練習問題 1-17 参照），酸素はアンモニアやメタンと同様に sp^3 混成で（1-8 節参照），このヘテロ原子（酸素原子）のまわりにほぼ正四面体の結合角をもつと考えてよい．二つの孤立電子対が sp^3 混成の二つの非結合軌道に入っている．

O—H 結合は C—H 結合よりかなり短く，その理由の一つは酸素原子の電気陰性度が炭素原子よりも大きいからである．電気陰性度（表 1-2 参照）が，結合電子を含むまわりの電子すべてを原子核がどれほど強く引きつけるかを決定づけていることを思い起こそう．これによって結合距離が短くなり，結合の強さの順番は結合の短さに対応している．すなわち，$DH°_{O-H} = 104\ \mathrm{kcal\ mol^{-1}}$（$435\ \mathrm{kJ\ mol^{-1}}$），$DH°_{C-H} = 98\ \mathrm{kcal\ mol^{-1}}$（$410\ \mathrm{kJ\ mol^{-1}}$）である．

酸素の電気陰性度のために，アルコールの電荷分布は対称的ではない．その影響によって O—H 結合が分極するために，水素が部分的正電荷を帯び，水分子の場合に見られるような分子双極子が生じる（1-3 節参照）．このような分極の結果は，水やメタノールの静電ポテンシャル図を見れば明らかである．

水とメタノールの結合双極子および分子双極子

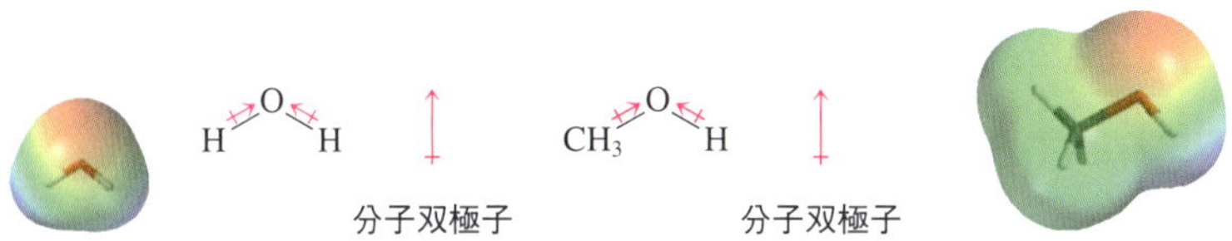

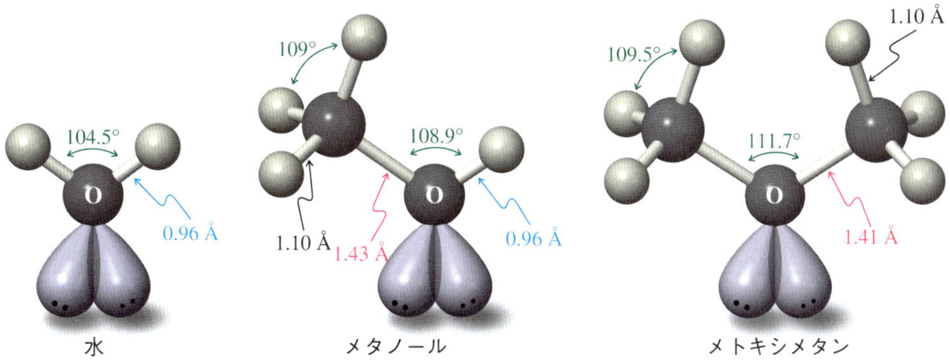

図 8-1　水，メタノールおよびメトキシメタンの構造の類似性．

水素結合がアルコールの沸点を上昇させ，水溶性を増大させる

6-1 節では，ハロアルカンの沸点が対応する非極性アルカンよりもなぜ高いかを説明するために，分子の極性という考えを用いた．アルコールの極性はハロア

ルカンの極性に似ている．では，このことはハロアルカンとアルコールの沸点が似ていることを意味しているのだろうか．ところが，表8-1をよく見ると，そのような類似性は認められない．アルコールは異常に沸点が高く，同程度の大きさのアルカンやハロアルカンよりもはるかに高い沸点をもっている．

それは水素結合によって説明できる．一つのアルコール分子の酸素原子ともう一つのアルコール分子のヒドロキシ基の水素原子との間には，水素結合の形成が可能である．アルコールはこのような相互作用を，大きな網目のようにめぐらす（図8-2）．水素結合〔$DH° \approx 5 \sim 6$ kcal mol^{-1}（$21 \sim 25$ kJ mol^{-1}）〕はO−H共有結合〔$DH° = 104$ kcal mol^{-1}（435 kJ mol^{-1}）〕よりも長く，またかなり弱いものではあるが，水素結合が非常に多くなるとその弱い結合力が集積され，分子が液体から離れにくくなるほどになる．その結果，沸点が高くなる．

水は水素結合が可能な水素を二つももっているので，この効果がさらに顕著になる（図8-2）．このような現象こそが，分子量がたった18の水が100℃という高い沸点をもつ理由なのである．水素結合するという性質がなければ，水は常温では気体となるであろう．すべての生物における水の重要性を考え，水が液体として存在しなければ，地球上での生命の誕生がどれほど影響を受けたことか想像してみよう．

水やアルコールの水素結合は，多くのアルコールがかなり水溶性であるというもう一つの性質の原因にもなっている（表8-1）．このような挙動は，非極性なアルカンが水によってはほとんど溶媒和されないのと対照的である．アルカンは水に対してとくに不溶性なので，**疎水性**（hydrophobic：*hydro*，ギリシャ語の「水」；*phobos*，ギリシャ語の「しりごみする」）であるという．ほとんどのアルキル鎖は疎水性である．疎水性効果は次の二つの現象に由来している．一つはアルキル鎖を水に溶解するためには溶媒である水の水素結合ネットワークを壊す必要があること，もう一つはアルキル基部分がLondon力によって自己集合できることである（2-7節参照）．

アルキル基が疎水性の挙動を示すのに対して，OH基や他のCOOHやNH_2のような極性の置換基は**親水性**（hydrophilic）であるといい，これらの置換基は水溶性を増大する．

表8-1 アルコールおよびそれらの主要なハロアルカン，アルカン類縁体の物理的性質

化合物	IUPAC名	慣用名	融点（℃）	沸点（℃）	水に対する溶解度（23℃）
CH_3OH	メタノール	メチルアルコール	−97.8	65.0	無限大
CH_3Cl	クロロメタン	塩化メチル	−97.7	−24.2	0.74 g/100 mL
CH_4	メタン		−182.5	−161.7	3.5 mL（気体）/100 mL
CH_3CH_2OH	エタノール	エチルアルコール	−114.7	78.5	無限大
CH_3CH_2Cl	クロロエタン	塩化エチル	−136.4	12.3	0.447 g/100 mL
CH_3CH_3	エタン		−183.3	−88.6	4.7 mL（気体）/100 mL
$CH_3CH_2CH_2OH$	1-プロパノール	プロピルアルコール	−126.5	97.4	無限大
$CH_3CH_2CH_3$	プロパン		−187.7	−42.1	6.5 mL（気体）/100 mL
$CH_3CH_2CH_2CH_2OH$	1-ブタノール	ブチルアルコール	−89.5	117.3	8.0 g/100 mL
$CH_3(CH_2)_4OH$	1-ペンタノール	ペンチルアルコール	−79	138	2.2 g/100 mL

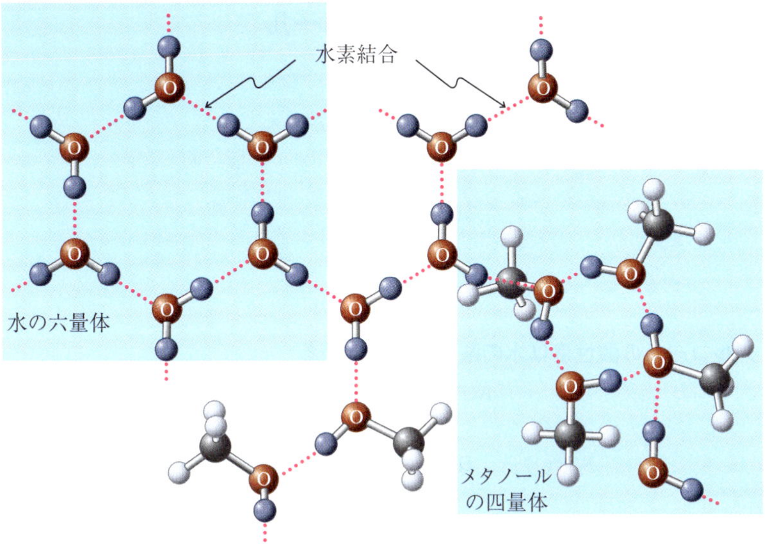

図 8-2　メタノール水溶液中の水素結合．分子は複雑な三次元配列をとるが，ここには1層のみを示した．純粋な水(たとえば氷のなかのような)は環状六量体単位(左上の水色の部分)に配列する傾向があり，純粋な小さな分子のアルコールは環状四量体構造(右下の水色の部分)をとりやすい．

表 8-1 の値からわかるように，アルコールのアルキル(疎水性)部分が大きければ大きいほど，水に対する溶解度は小さくなる．と同時に，アルキル基はアルコールの非極性溶媒に対する溶解度を大きくする(図 8-3)．低級アルコール†，とくにメタノールやエタノールは「水のような」構造をもつために，極性化合物にとってすぐれた溶媒であり，塩類さえも溶解する．したがって，アルコールが S_N2 反応のプロトン性溶媒としてよく用いられるのは当然のことである(6-8 節参照)．

† 訳者注：アルコール，カルボン酸，エステルなどについて，炭素鎖の短いものを「低級」(lower)，長いものを「高級」(higher)とよぶことがある．例：低級アルコール，高級カルボン酸

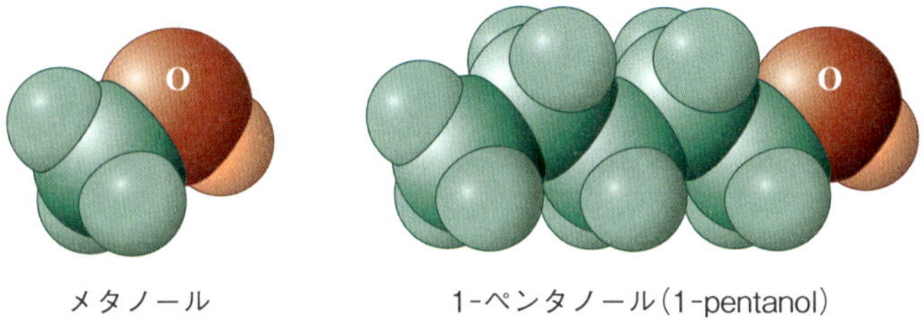

図 8-3　メタノールおよび 1-ペンタノール(空間充塡型分子模型)の疎水性部分(緑色)と親水性部分(赤色)．メタノールの物理的性質は極性官能基であるヒドロキシ基によって支配される．この分子は水に完全に溶解するが，ヘキサンにはごくわずかしか溶けない．逆に，より高級なアルコール†である 1-ペンタノールでは，疎水性部分が大きいためにヘキサンに対する溶解度は無限大であるが，水に対する溶解度は小さくなる(表 8-1)．

まとめ　アルコール(およびエーテル)の酸素は四面体構造をとり，sp^3 混成をしている．O—H 共有結合は C—H 結合よりも短く，強い．酸素の電気陰性度のために，アルコールは水やエーテルと同様にかなりの分子分極を示す．ヒドロキシ水素は他のアルコール分子と水素結合を形成する．このような性質によって，アルカンやハロアルカンに比べてアルコールの沸点が大幅に上昇し，極性溶媒への溶解度も大幅に大きくなる．

アルコールの鎖長と抗菌活性

アルコールは生理活性を示し，その強度は鎖長に強く依存する．たとえば，食品に生える黒カビを抑制する効力は1-ウンデカノールで最大になるが，それは，この長さの疎水性アルキル基をもつアルコールが細胞壁と同程度の疎水性をもつため，London 力による浸透が最大になるからである．

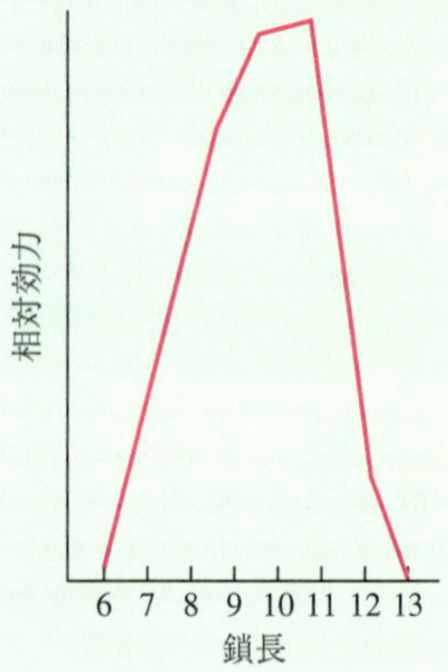

こぼれ話

アルコール飲料を摂取すると，とりわけ飲み過ぎた場合に，「胸焼け」といわれる胸のなかが焼けるような感じを覚えることがある．この状態はエタノールの酸性度によるのではなく，むしろ胃酸の生成が増えたことによる（コラム 2-1 参照）．この症状は，通常は胃の内容物が食道に上がってくる（“胃酸の逆流”）のを防ぐ弁の働きをする下部食道括約筋の弛緩によって悪化する．

8-3 酸および塩基としてのアルコール

アルコールは酸，塩基のいずれとしても働くために，いろいろなことに利用されている（2-3 節の酸，塩基の概念の説明を参照すること）．たとえば，脱プロトン化するとアルコキシドイオンになる．アルコールの構造的な特徴がどのように $\mathrm{p}K_a$ 値に影響するかを本節で考えてみよう．酸素上の孤立電子対によってアルコールは塩基としての性質ももつので，プロトン化するとアルキルオキソニウムイオンになる．

アルコールの酸性度は水の酸性度に似ている

水中におけるアルコールの酸性度は，平衡定数 K によって表される．

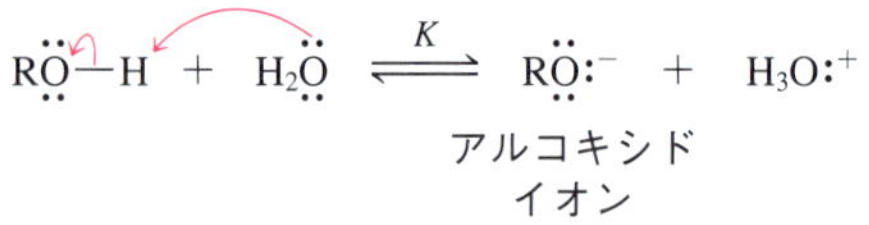

水の濃度が一定であること（55 mol L^{-1}，2-3 節参照）を利用すると，新たな平衡定数 K_a を導くことができる．

$$K_a = K[H_2O] = \frac{[H_3O^+][RO^-]}{[ROH]} \ \mathrm{mol\ L^{-1}}, \quad \text{また} \quad \mathrm{p}K_a = -\log K_a$$

表 8-2 に，数種類のアルコールの $\mathrm{p}K_a$ 値をまとめた．無機酸およびその他の強酸についての $\mathrm{p}K_a$ 値（表 2-2 参照）と比較してみると，アルコールは水と同様にかなり弱い酸であることがわかる．しかし，アルコールの酸性度はアルカンやハロアルカンの値に比べるとはるかに高い．

表 8-2 アルコールの水中における $\mathrm{p}K_a$ 値

化合物	$\mathrm{p}K_a$	化合物	$\mathrm{p}K_a$
H_2O	15.7	$ClCH_2CH_2OH$	14.3
CH_3OH	15.5	CF_3CH_2OH	12.4
CH_3CH_2OH	15.9	CCl_3CH_2OH	12.7
$(CH_3)_2CHOH$	17.1	CBr_3CH_2OH	13.4
$(CH_3)_3COH$	18	$CF_3CH_2CH_2OH$	14.6
		$CF_3CH_2CH_2CH_2OH$	15.4

では，なぜアルコールは酸性で，アルカンやハロアルカンは酸性ではないのだろうか．その理由は，プロトンが結合している酸素の電気陰性度がかなり大きいためで，酸素がアルコキシドイオンの負電荷を安定化していることにある．

アルコールとアルコキシドの間の平衡を共役塩基のほうへ偏らせるためには，形成されるアルコキシドよりも強い塩基（すなわち，そのアルコールよりも弱い共役酸から生じる塩基，9-1 節も参照）を用いなければならない．たとえばナトリウムアミド（$NaNH_2$）とメタノールとの反応では，ナトリウムメトキシドとアンモニアが生成する．

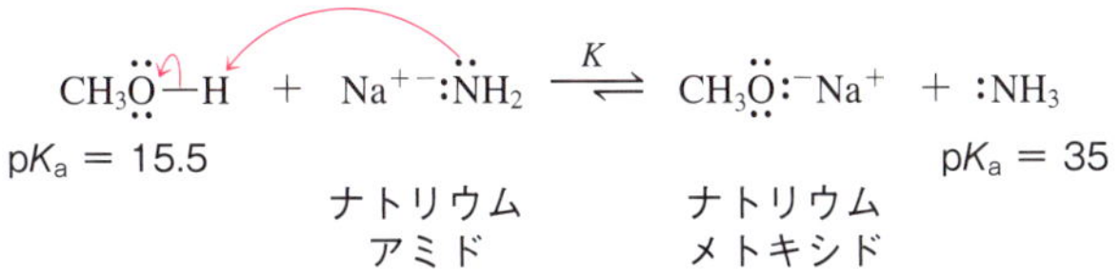

メタノールがアンモニアよりもはるかに強い酸であり，あるいは逆にアミドイオンがメトキシドイオンよりもはるかに強い塩基であるために，上の平衡は十分右に偏っている($K \approx 10^{35-15.5} = 10^{19.5}$)．これは予想どおり，上の式で左側にある窒素よりも，右側にある電気陰性度がより大きい酸素によってこの負電荷がより受容されやすいからである．

練習問題 8-3

概念のおさらい：酸—塩基平衡の見積もり

メタノールを KCN で処理してカリウムメトキシドを合成したいと思ったが，この方法はうまくいくだろうか．

●解法のてびき

What まず，想定する反応を紙に書いてみよう．

How 次に，式の両側の酸に pK_a 値を書き加えよう(表 2-2 あるいは 6-4，および表 8-2 参照)．

Information もし右側の(共役)酸の pK_a が左側のメタノールの値よりも 2 以上大きければ，この平衡は> 99 %右に偏っている($K > 100$)．

Proceed 一歩一歩論理的に進めよう．

●答え

- この平衡反応と関係する pK_a 値は以下のようになる．

$$\underset{pK_a = 15.5}{CH_3OH} + K^+\,CN^- \rightleftharpoons CH_3O^-\,K^+ + \underset{pK_a = 9.2}{HCN}$$

- シアン化水素の pK_a 値はメタノールのそれよりも 6.3 小さく，より強い酸である．
- 平衡は左に偏ることになり，$K = 10^{-6.3}$ である．したがって，この方法ではカリウムメトキシドの合成はうまくいかない．

練習問題 8-4 自分で解いてみよう

次の塩基のうち，メタノールをほぼ完全に脱プロトン化できるほど強いものはどれか．かっこ内に各共役酸の pK_a 値を示した．

(a) $CH_3CH_2CH_2CH_2Li$ (50)，(b) CH_3CO_2Na (4.7)，(c) $LiN[CH(CH_3)_2]_2$ (LDA, 36)，(d) KH (38)，(e) CH_3SNa (10)．

最初のアルコールの濃度よりも低い平衡濃度のアルコキシドを発生させれば十分なこともある．このようなときには，アルコールにアルカリ金属の水酸化物を添加する．

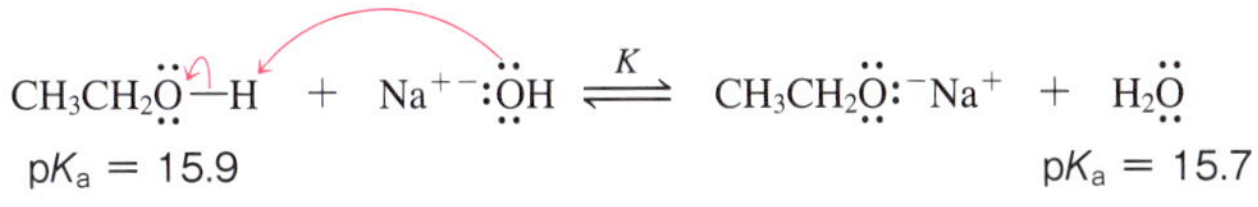

前ページの式のような塩基の共存下では，等モル濃度の出発物質を用いたとして，アルコールの約 1/2 がアルコキシドとして存在する．しかし，アルコールが溶媒である場合(すなわち大過剰に存在するとき)は，平衡が右に偏るために，実質上この塩基はすべてアルコキシドの形で存在することになる．

溶媒和の立体的阻害および誘起効果がアルコールの酸性度に影響する

表 8-2 は，アルコール類の酸性度がほぼ 100 万倍の幅で変化することを示している．左側の列をよく見ると，メタノールから第一級，第二級，さらに第三級化合物へと進むにつれて酸性度が低下(pK_a 値が増大)することがわかる．

アルコールの相対的 pK_a 値

CH_3OH ＜ 第一級 ＜ 第二級 ＜ 第三級

最も強い酸　　　　　最も弱い酸

← 酸性度が高くなる

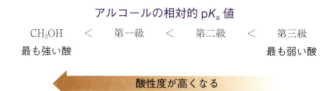

この順序は，溶媒和の立体的な阻害やアルコキシドへの水素結合によるものであると考えられている(図 8-4)．溶媒和や水素結合が酸素上の負電荷を安定化しているため，この過程が妨害されると pK_a 値が大きくなる．

表 8-2 の右側の列を見ると，アルコールの pK_a に寄与するもう一つの因子，すなわちハロゲン原子の存在によって酸性度が高くなることがわかる．C−X 結合では X の電気陰性度が大きいために，炭素原子が正に分極していることを思い起こそう(1-3 節および 6-1 節参照)．ハロゲンの電子求引効果によって，二つ以上離れた原子であってもわずかに正に帯電することになる．原子鎖のσ結合を通じて正，負いずれかの電荷が移動するこのような現象を**誘起効果**(inductive effect)という．欄外の例では，静電引力によってアルコキシド酸素上の負電荷を安定化する．アルコールにおける誘起効果は電気陰性度の大きいほど，また電気陰性基の数が多いほど増大し，酸素から遠ざかるほど減少する．

2-クロロエトキシドにおける塩素の誘起効果

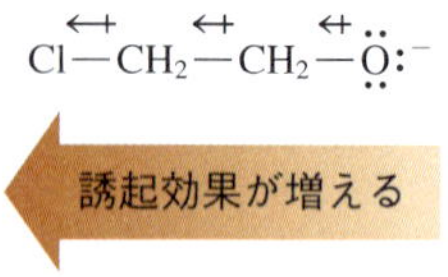

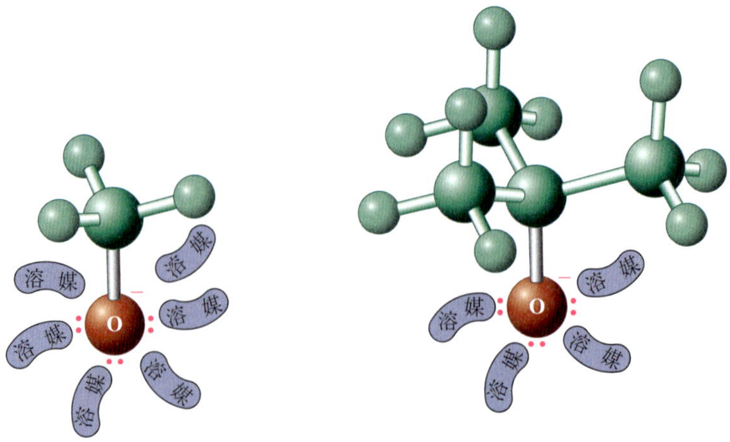

図 8-4　立体的に小さなメトキシドイオンは，かさ高い第三級ブトキシドイオンよりもよく溶媒和されている．

練習問題 8-5

次のアルコールを酸性度の低いものから順に並べよ.

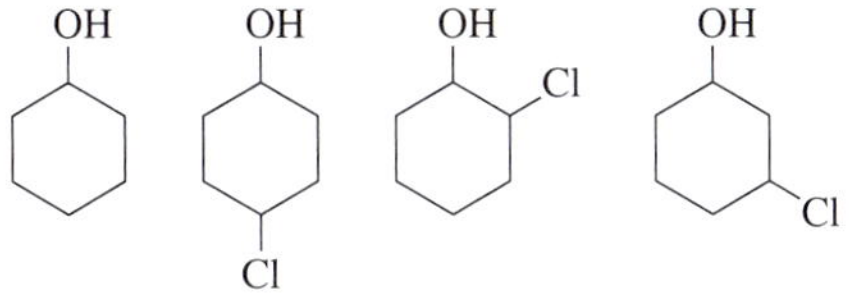

練習問題 8-6

次の反応式の平衡はどちら側に偏っているか(出発物質の濃度は等モルであるとする).

$$(CH_3)_3CO^- + CH_3OH \rightleftharpoons (CH_3)_3COH + CH_3O^-$$

酸素上の孤立電子対がアルコールを弱塩基性にする

アルコールは水と同じように塩基性だが，さほど強くはない．それは相対的に酸素の電気陰性度が大きく，非共有電子対をプロトン化に差し出しにくくなるためである．アルコールの共役酸であるアルキルオキソニウムイオンの pK_a 値が小さい(強酸性である)こと(表 8-3)からわかるように，ヒドロキシ基をプロトン化するには非常に強い酸が必要である．アルコールのように，酸にも塩基にもなりうる分子を**両性**(amphoteric：*ampho*，ギリシャ語の「両方」)であるという．

ヒドロキシ基の両性的性質が，アルコールの化学的な反応性を特徴づけている．アルコールは，強酸中ではアルキルオキソニウムイオンとして，中性溶媒中ではアルコールとして，また強塩基中ではアルコキシドイオンとして存在している．

表 8-3　プロトン化された4種類のアルコールの pK_a 値

化合物	pK_a
$CH_3\overset{+}{O}H_2$	−2.2
$CH_3CH_2\overset{+}{O}H_2$	−2.4
$(CH_3)_2CH\overset{+}{O}H_2$	−3.2
$(CH_3)_3C\overset{+}{O}H_2$	−3.8

アルコールは両性である

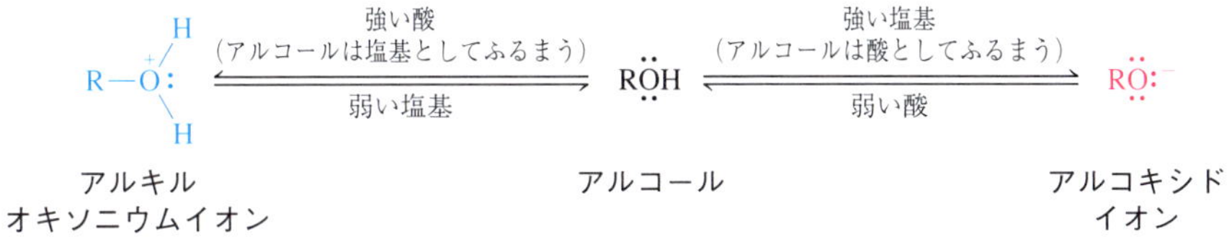

まとめ　アルコールは両性である．アルコールは酸素の電気陰性度が大きいために酸性を示し，強塩基によってアルコキシドイオンになる．溶液中では枝分かれによる立体的なかさ高さがある場合にはアルコキシドイオンへの溶媒和が阻害され，そのために対応するアルコールの pK_a 値が大きくなる．ヒドロキシ基の近くに電子求引性の大きな基があると，誘起効果によって pK_a 値が小さくなる．アルコールはまた弱い塩基性を示し，強酸によってプロトン化されるとアルキルオキソニウムイオンになる．

8-4　求核置換反応によるアルコールの合成

工業的規模より小さなスケールの場合には，アルコールをさまざまな出発物質から合成することができる．たとえば，水酸化物イオンを求核剤とする S_N2 反応や水を求核剤とする S_N1 反応によるハロアルカンのアルコールへの変換反応について，6章および7章で述べた．しかし，実際には必要とするハロゲン化物が対応するアルコールからしか得られないことが多いので(9章参照)，これらの方法は思ったほどよく利用されてはいない．また，立体的に込み合った分子では二分子脱離がおもな副反応となり，第三級ハロゲン化物ではカルボカチオンが生じ一分子脱離が進行するという，求核置換反応に通常見られる欠点がこの場合にも障害となる．これらの欠点のなかには非プロトン性極性溶媒を用いると克服できるものもある(表6–5参照)．

求核置換反応によるアルコールの合成

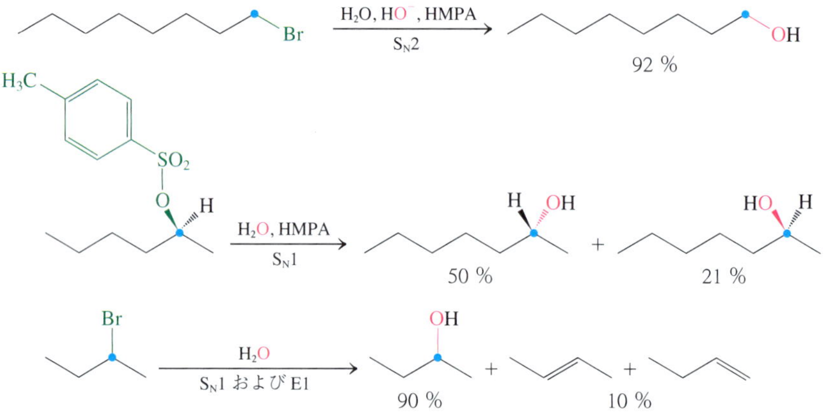

練習問題 8-7

次のハロアルカンをアルコールに変換する方法を示せ．
(a) ブロモエタン (b) クロロシクロヘキサン (c) 3–クロロ–3–メチルペンタン

酸素求核剤と第二級あるいは立体障害のある枝分かれした第一級の基質との S_N2 反応では，脱離が起こるという問題がある．この問題を解決する一つの方法は，酢酸イオン(6–8節参照)のように官能基としては水と等価であるが，より塩基性が弱いものを用いることである．生成した酢酸アルキル(エステルの一種)は，続いて水酸化物イオンの水溶液で処理すれば，目的のアルコールに変換することができる．この反応はエステル加水分解(ester hydrolysis)として知られており，20章(下巻)で取り上げる．

ハロアルカンの酢酸イオンによる置換－加水分解によるアルコールの合成

段階1 酢酸エステルの生成(S_N2 反応)

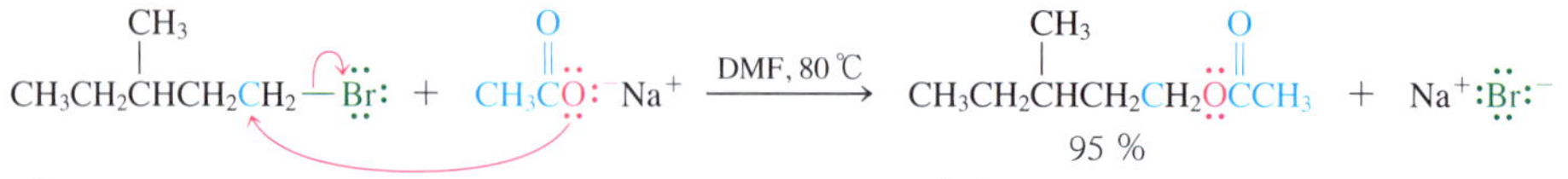

1-ブロモ-3-メチルペンタン

酢酸 3-メチルペンチル
(エステルの一種)

段階2 アルコールへの変換(エステル加水分解)

$$\text{CH}_3\text{CH}_2\text{CH(CH}_3)\text{CH}_2\text{CH}_2\text{O}-\text{COCH}_3 + \text{Na}^+\text{{}^-OH} \xrightarrow{\text{H}_2\text{O}} \text{CH}_3\text{CH}_2\text{CH(CH}_3)\text{CH}_2\text{CH}_2\text{OH}$$

$-\text{CH}_3\text{CO}^-\text{Na}^+$

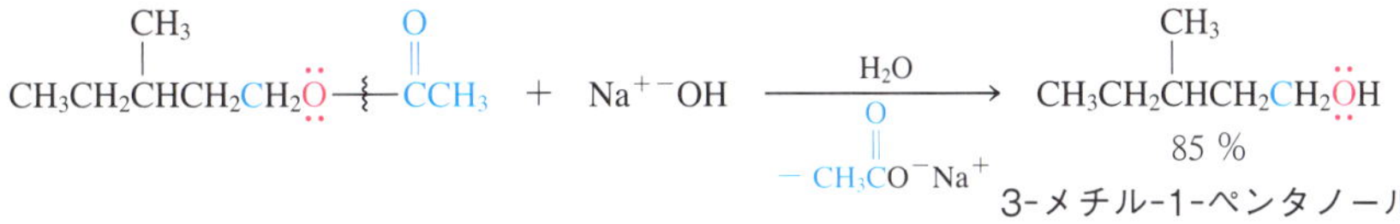

85 %
3-メチル-1-ペンタノール

> **まとめ** ハロアルカンが入手しやすく,脱離などの副反応が障害にならない場合は,求核置換反応によってハロアルカンからアルコールを合成することができる.

8-5 アルコールの合成:アルコールとカルボニル化合物との酸化-還元の関係

本節では,アルコールの重要な合成法であるアルデヒドやケトンの還元について述べる.これらの化合物が,有機金属反応剤の付加により新しい炭素-炭素結合の形成をともなってアルコールに変換できることも,いずれ学ぶことになる.アルデヒドやケトンは合成上多様な有用性をもっているので,アルコールの酸化によるこれらの化合物の合成についても解説する.

酸化と還元は有機化学においては特別な意味をもつ

私たちは酸化と還元をそれぞれ電子の喪失と獲得とする一般的な化学の定義に慣れ親しんでいる(欄外参照).しかし,有機化合物では反応中に電子が授受されたかどうかはっきりしない場合が少なくない.したがって,有機化学では分子の観点で酸化と還元を定義づけするほうがより便利である.ある分子にハロゲンや酸素のような電気的に陰性な原子を付加するか,ある分子から水素を奪うような過程が**酸化**(oxidation)であり,逆にハロゲンや酸素を奪うか,あるいは水素を付加する過程を**還元**(reduction)と定義する.次のメタン CH_4 の二酸化炭素 CO_2 への段階的な酸化を見るとこの定義がよくわかるであろう.

CH_4 の CO_2 への段階的な酸化

$$\text{CH}_4 \xrightarrow{+\text{O}} \text{CH}_3\text{OH} \xrightarrow{-2\text{H}} \text{H}_2\text{C}=\text{O} \xrightarrow{+\text{O}} \text{HCOH} \xrightarrow{-2\text{H}} \text{O}=\text{C}=\text{O}$$

このような酸化-還元関係の定義を用いると,アルコールとアルデヒドおよびケトンとが容易に関連づけられる.カルボニル基の二重結合に二つの水素原子が付加すると,対応するアルコールへ還元される.アルデヒドは第一級アルコールに,ケトンは第二級アルコールになる.水素を奪うという逆反応によってカルボニル化合物が生じるが,これは酸化の例である.これらの反応をまとめて**酸化還元反応**(redox reaction)という.

金属亜鉛の板は青色の Cu^{2+} 塩溶液を還元する.Zn が Zn^{2+} となり溶解する一方,Cu 金属が黒色の沈殿として生じる.
$\text{Cu}^{2+} + \text{Zn} \longrightarrow \text{Cu} + \text{Zn}^{2+}$

コラム● 8-1　生体内の酸化と還元

生体組織内では，アルコールはカルボニル化合物に酸化されて代謝される．たとえば，カオチン性酸化剤であるニコチンアミドアデニンジヌクレオチド(nicotinamide adenine dinucleotide, NAD^+と略記，下巻；コラム 25-2 参照)によってエタノールはアセトアルデヒドに酸化される．この過程はアルコール脱水素酵素(アルコールデヒドロゲナーゼ)という酵素の触媒作用によって進行している(この酵素は逆反応，すなわちアルデヒドやケトンのアルコールへの還元の触媒でもある，本章末の問題 58，59 を参照)．1-ジュウテリオエタノールの2種類のエナンチオマーをこの酵素と反応させると，NAD^+は下の最初の反応式でアルコールの C1 上の黒い矢印で示した水素のみを引き抜くので，この生化学的酸化が立体特異的であることがわかった(下巻；コラム 25-2 参照)．

他のアルコールも同様に生化学的に酸化される．メタノール(「木精アルコール」)の比較的高い毒性は，おもにそれがホルムアルデヒドへ酸化されることに起因している．ホルムアルデヒドは，生体分子の求核的反応点の間での1炭素単位の移動をつかさどる酵素系を特異的に阻害する．

私たちが摂取した食物の代謝分解における機能の一つは，食物をほどよく「燃焼(burning)」(combustion ともいう，3-11 節参照)させることによって，人体の活動に必要な熱と化学エネルギーを放出させることである．もう一つの機能は，アルキル置換基のように官能基をもたない分子の一部分に，官能基，とくにヒドロキシ基を選択的に導入することである．この過程をヒドロキシ化という．シトクロム(cytochrome)タンパク質群は上のような働きをなしとげるためにきわめて重要な生体分子である．このような分子はほとんどすべての生体細胞中に存在し，およそ 15 億年前に出現したが，これは植物と動物が分化するより早い時期である．シトクロム P-450(下巻；22-9 節参照)は O_2 を用いて有機化合物を直

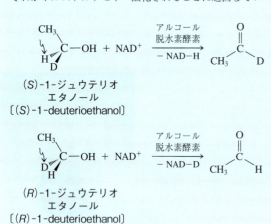

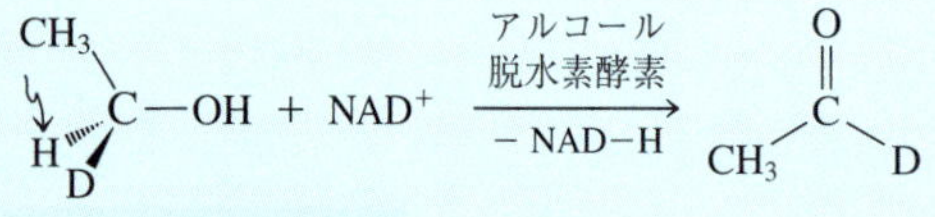

(*S*)-1-ジュウテリオ
エタノール
〔(*S*)-1-deuterioethanol〕

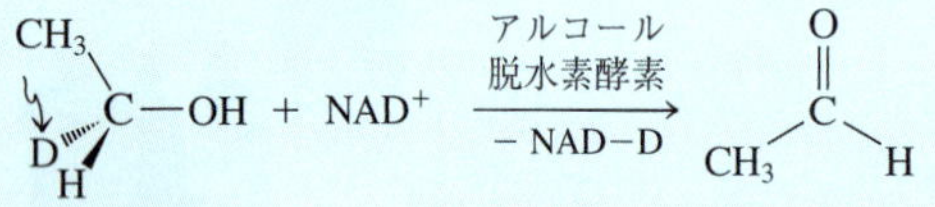

(*R*)-1-ジュウテリオ
エタノール
〔(*R*)-1-deuterioethanol〕

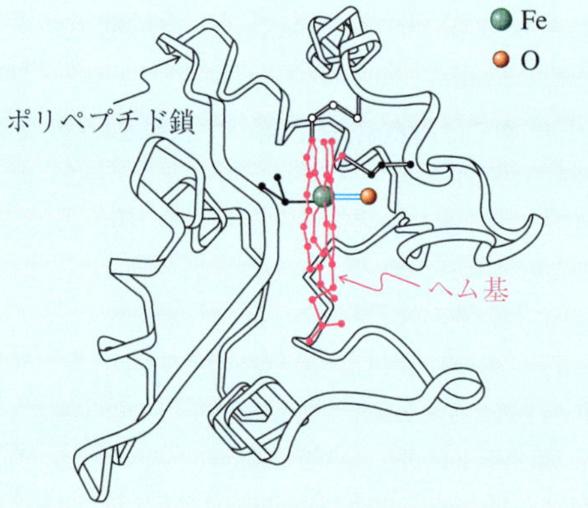

シトクロム(cytochrome)のモデル

アルコールとカルボニル化合物との酸化－還元の関係

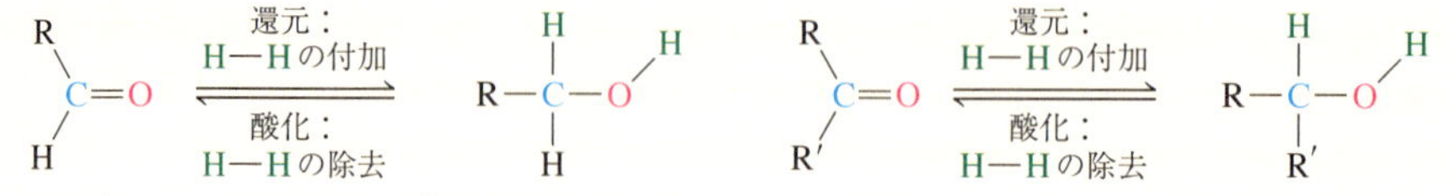

アルデヒド　　第一級アルコール　　ケトン　　第二級アルコール

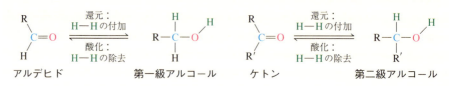

次ページの式には，分子変換にともなう電子の獲得と喪失が組み込まれている．それは実験をよく考えればわかる(思考実験)．水素 H—H を，二つの水素と2個の電子から成るものとみなしてみよう．次いで，これらのパーツをカルボニル官能基に連続的に付加させる．2個の電子の移動(還元)によって仮想的なカルボニ

MEDICINE

接ヒドロキシ化する．肝臓では，この反応が生体にとって異物であるもの(xenobiotic)を解毒する働きをしているが，このような異物の多くは私たちが服用する医薬品である．多くの場合，ヒドロキシ化の第一の効果は水溶性を高めることであり，それによって医薬品の排泄を促し，量的に有毒なレベルにまで蓄積されるのを防いでいる．

選択的なヒドロキシ化はステロイドの合成(4-7 節参照)において欠かすことができない．たとえば，プロゲステロン(黄体ホルモン)は C17，C21 および C11 の位置で 3 度のヒドロキシ化を受けてコルチゾールに変換される．シトクロムタンパク質は，単に標的として特定の

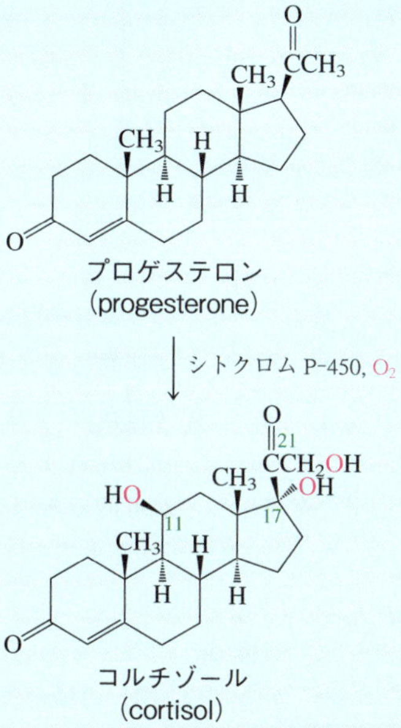

位置を選んで完全に立体選択的な官能基の導入を行うだけでなく，これらの反応が起こる順序まで制御しているのである．前ページに示したシトクロムのモデルをよく調べてみると，このような選択性の根源がどこにあるかがなんとなくわかるであろう．

活性部位はヘム基(下巻；26-8 節参照)にしっかりと保持された Fe 原子であり，ヘム基はポリペプチド鎖(タンパク質)のなかに強く結合して埋めこまれている．Fe 中心は O_2 と結合して $Fe-O_2$ という化学種をつくり，これが還元されて H_2O と Fe=O になる．この鉄の酸化物が R−H ユニットとラジカル的に反応し(3-4 節参照)，R• と Fe−OH 中間体が生じる．次いで，この炭素ラジカルが OH を引き抜いてアルコールになる．

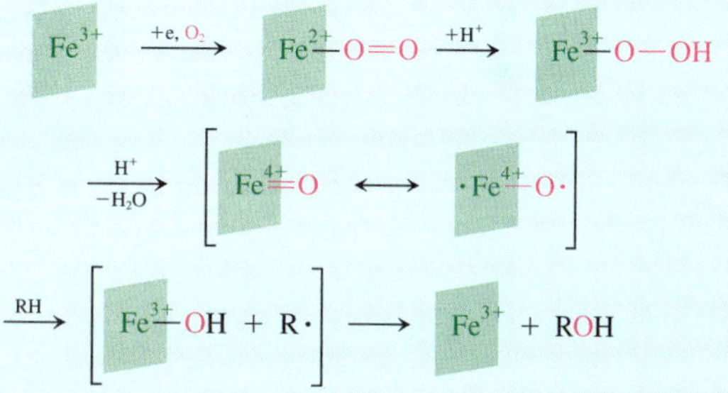

ポリペプチドの覆いによってもたらされた立体的ならびに電子的な環境によって，プロゲステロンのような基質が非常に特殊な方向だけからしか活性点の Fe 原子に接近できないようになっている．そのために C17，C21 および C11 といった特定の位置にかぎって優先的に酸化が進行するのである．

ルジアニオンが発生し，続く二重のプロトン化によってアルコールが生じる．逆反応を起こすには，この経路を逆にたどればよい．

電子—プロトン移動の組合せとみなした水素化—脱水素化

H–H は 2 e + 2 H$^+$ とみなせる

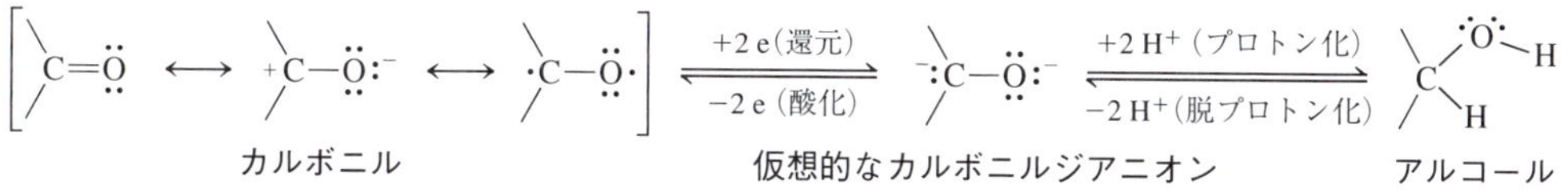

このような反応過程を研究室ではどのようにして実現するのだろうか．本節では次に，カルボニル化合物の還元やアルコールの酸化を起こすのに最もよく用いられる方法を紹介する．

アルコールはカルボニル基のヒドリド還元によって生成できる

原理的には，カルボニル化合物を還元する最も簡単な方法は，炭素一酸素二重結合に水素(H—H)を直接付加させることであろう．この方法は可能だが，そのためには高圧と特殊な触媒が必要である．もっと簡便な方法は，ヒドリドイオン $H:^-$ とプロトン H^+ を同時に，あるいは段階的に二重結合に導入するような極性反応である．$H:^- + H^+ = H—H$ なので，正味の結果としては同じことになる．これらは実際にどのように起こるだろうか．

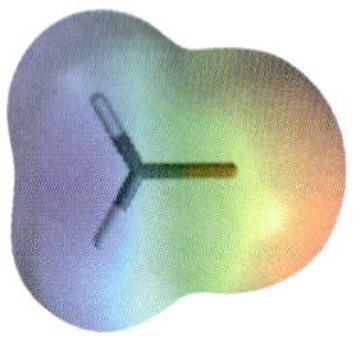

ホルムアルデヒド
(formaldehyde)

カルボニル基の電子は二つの構成原子に均等に分布しているわけではない．酸素は炭素よりも電気陰性度が大きいので，カルボニル基の炭素は求電子的であり，酸素は求核的である．このような分極は電荷分離した共鳴構造(1-5節参照)によって表現できる．分極の様子は欄外に示したホルムアルデヒド $H_2C{=}O$ の静電ポテンシャル図によって，視覚的にとらえることができる．

カルボニル官能基の極性

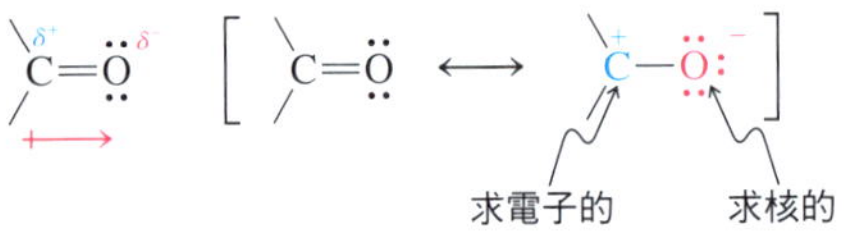

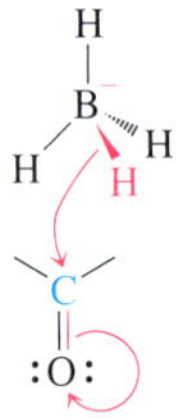

したがって，求核的な水素をもつ適当な反応剤が手に入れば，ヒドリドを炭素に，プロトンを酸素に付加させることが可能なはずである．そのような反応剤として水素化ホウ素ナトリウム($Na^{+-}BH_4$)や水素化アルミニウムリチウム($Li^{+-}AlH_4$)がある．BH_4^- や AlH_4^- のような化学種は電子的にも構造的にもメタンに似ているが(練習問題1-23参照)，ホウ素やアルミニウムが周期表(表1-1参照)で炭素の左側にあるので，これらは負に帯電している．そのため，これらの水素は「ヒドリドイオン的」で，カルボニル炭素を攻撃することが可能であり，それらの結合をなす電子対を炭素に移動させてアルコキシドイオンを生じる．この反応は，電子の押し出しがB—H結合から始まってカルボニル酸素に至ることで終わる，というように視覚的にとらえることができる(欄外の図参照)．別の(あるいは同時に進行する)反応過程でアルコキシド酸素が溶媒($NaBH_4$ の場合はアルコール)や水による後処理($LiAlH_4$ の場合)のいずれかによってプロトン化される．一般に，ホルムアルデヒド $H_2C{=}O$ はメタノール CH_3OH のみを，アルデヒド $RCH{=}O$ は第一級アルコール RCH_2OH を，またケトン $RR'C{=}O$ は第二級アルコール $RR'CHOH$ を与える．非対称ケトンの場合にはヒドリド還元により立体中心が発生する(練習問題8-8参照)．

アルデヒドおよびケトンのアルコールへの一般的なヒドリド還元

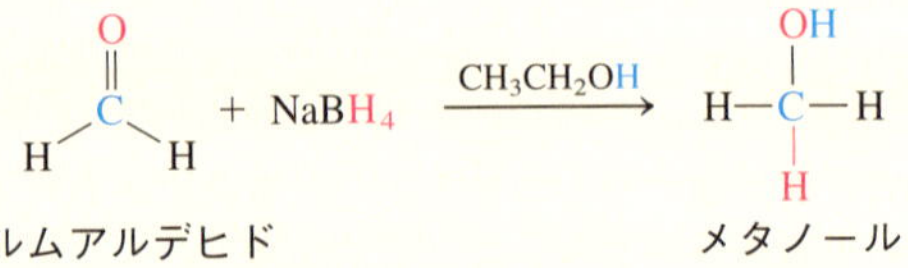

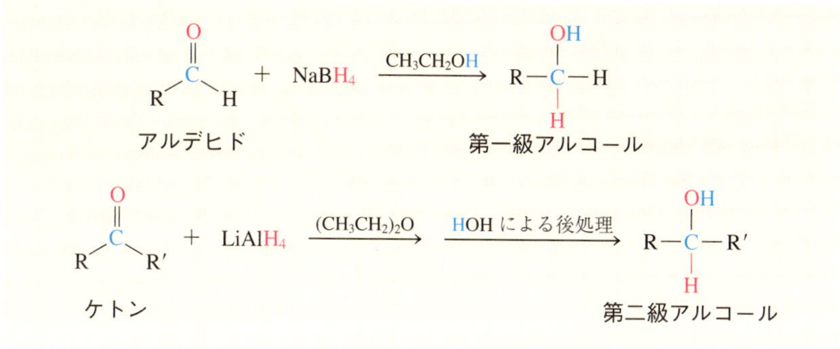

Reaction

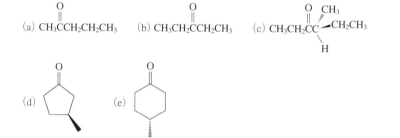

アルデヒドおよびケトンのヒドリド還元によるアルコール合成の例

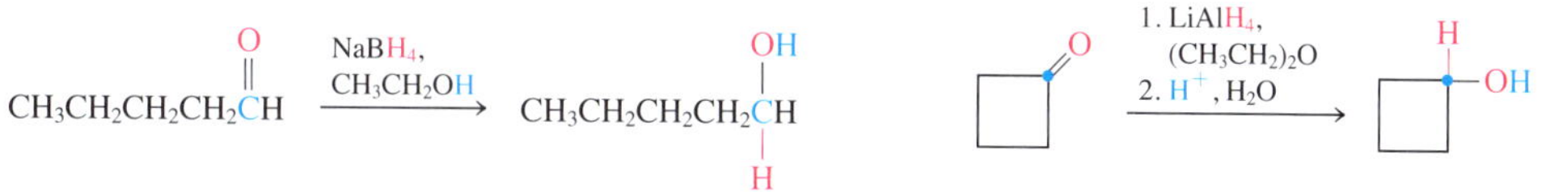

85 %　　90 %

ペンタナール (pentanal)　1-ペンタノール (1-pentanol)　シクロブタノン (cyclobutanone)　シクロブタノール (cyclobutanol)

練習問題 8-8

次の化合物を $NaBH_4$ で還元したときに生成すると考えられるすべての化合物を式で示せ．どの生成物がキラルか．

(a) 
(b) 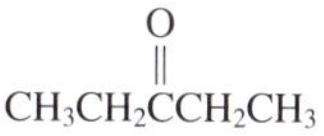
(c) 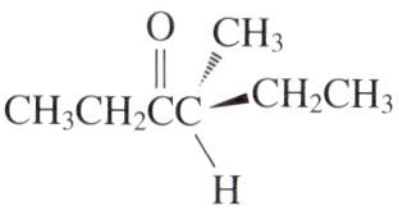

(d) 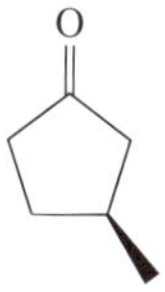
(e) 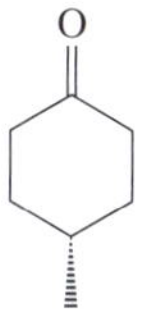

シクロブタノンの還元では，連続した複数段階の反応を短く簡略化して示す表現法を用いた．段階1では，出発物質をエトキシエタン(ジエチルエーテル)中で $LiAlH_4$ と反応させる．段階2では，この変換反応の生成物を酸性水溶液で処理する．このような簡略表記法を正しく理解し，用いることは大事である．たとえば，段階1と2の反応剤を直接混ぜると $LiAlH_4$ の激しい加水分解が起こる．

練習問題 8-9

カルボニル基への求核攻撃は，電子的な反発のためにπ結合に対して垂直(角度90°)には起こらず，負に分極した酸素からある角度(107°)だけ離れた方向から起こる．そのため，求核剤が二つの置換基にかなり近接した方向から標的の炭素に接近することになる．このような理由で水素が基質分子のより障害の小さい側から導入されて，ヒドリド還元は立体選択的に進行することが可能となる．化合物(A)を $NaBH_4$ で処理したときに起こりうる立体化学の結果を予測せよ．〔**ヒント**：(A)のいす形構造を書いてみよう．〕

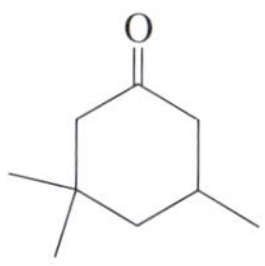

(A)

より単純な反応剤である LiH や NaH(1-3節参照)をこのような還元反応に用いないのはなぜだろうか．その理由は，BH_4^- や AlH_4^- のような形のヒドリドの

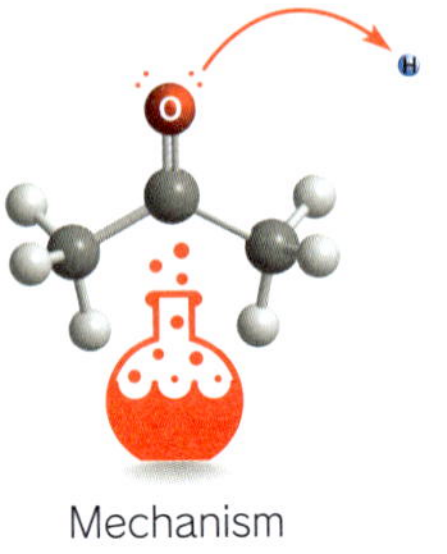

塩基性度が低いことと，B 反応剤や Al 反応剤の有機溶媒への溶解度がより大きいことである．たとえば，遊離のヒドリドイオン(水素化物イオン)はプロトン性溶媒によって即座にプロトン化されてしまうような強力な塩基であるが〔練習問題 8-4(d)参照〕，BH_4^-のようにホウ素と結合するとその反応性はかなり緩和され，そのため $NaBH_4$ はエタノールのような溶媒中でも用いることができる．このような反応媒体中では，$NaBH_4$ は水素化物イオンをカルボニル化合物に与えると同時に，カルボニル酸素が溶媒によってプロトン化される．エタノールから生じたエトキシドは反応で生じる BH_3(6 電子しかもたず電子不足である：1-8 節参照)と結合してエトキシ水素化ホウ素になる．

$NaBH_4$ による還元の機構

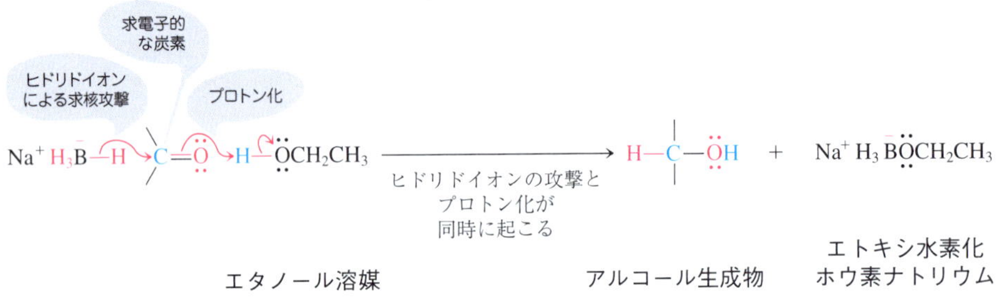

一つのカルボニル化合物と反応して生成したエトキシ水素化ホウ素は，さらに三つのカルボニル基を攻撃することが可能で，それによってもともとこの反応剤がもっていたヒドリド原子がすべて使われる．そのため，1 当量の水素化ホウ素で 4 当量のアルデヒドやケトンをアルコールに還元することができる．ホウ素反応剤は最終的にはテトラエトキシホウ酸イオン〔$^-B(OCH_2CH_3)_4$〕に変わる．

水素化アルミニウムリチウムは水素化ホウ素ナトリウムよりも反応性が高いが(そのため選択性は低い．8-6 節および以後の章参照)，Al が B(ホウ素)よりも電気陰性度が小さい(電気的により正，表 1-2 参照)ために，$^-AlH_4$ の水素が金属により弱く結合されて，より負に分極している．このような水素はより塩基性が強く(求核性も大きい)，水やアルコールと激しく反応して水素ガスを発生する．したがって，水素化アルミニウムリチウムを用いる還元反応はエトキシエタン(ジエチルエーテル)のような非プロトン性溶媒中で行われる．

プロトン性溶媒による水素化アルミニウムリチウムの分解

$$LiAlH_4 + 4\,CH_3\ddot{O}H \xrightarrow{\text{速い}} LiAl(\ddot{O}CH_3)_4 + 4\,H—H\uparrow$$

$LiAlH_4$ をアルデヒドやケトンに添加すると，まずアルコキシ水素化アルミニウムが生じ，これがさらに三つのカルボニル基にヒドリドイオン(水素化物イオン)を与えるので，合わせて 4 当量のアルデヒドやケトンが還元される．水で後処理することによって過剰の反応剤を消費し，テトラアルコキシアルミン酸塩を水酸化アルミニウム $Al(OH)_3$ に加水分解すると，アルコールが生成物として遊離する．

水素化アルミニウムリチウム($LiAlH_4$)による還元の機構

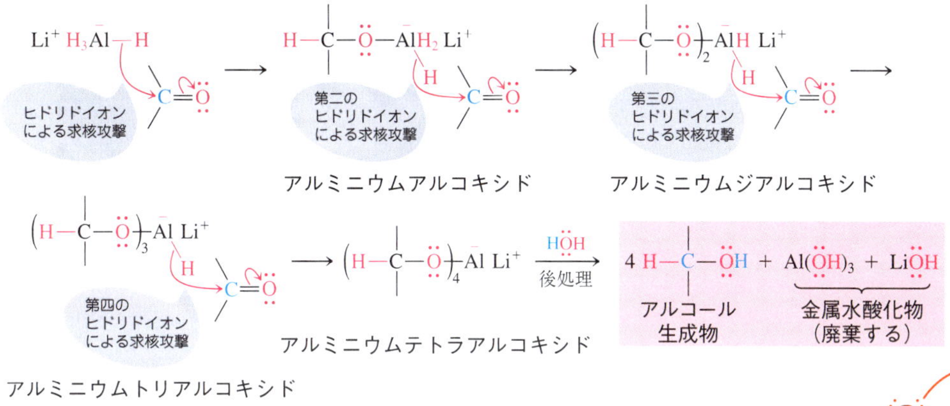

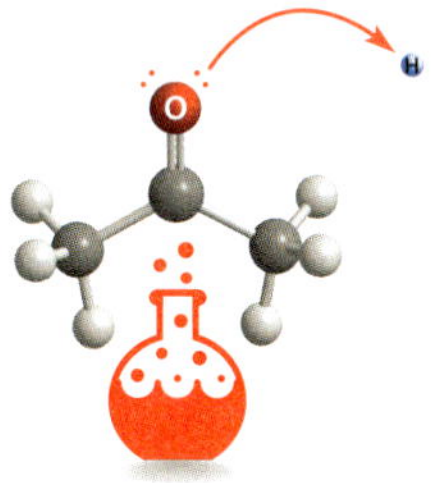
Mechanism

練習問題 8-10

次のアルコールが生成する還元反応を式で示せ.

(a) 1-デカノール　(b) 4-メチル-2-ペンタノール

(c) シクロペンチルメタノール　(d) 1,4-シクロヘキサンジオール

還元によるアルコール合成の逆反応も可能である：クロム反応剤によるアルコールの酸化

前述のように，水素あるいはヒドリド反応剤によるアルデヒドやケトンの還元でアルコールを合成する方法をいくつか学んだところである．その逆の過程も可能で，アルコールを酸化してアルデヒドやケトンを合成することができる．このような酸化に有用な反応剤は，高酸化状態の遷移金属，Cr(Ⅵ)である．この状態のクロムは黄橙色をしている．Cr(Ⅵ)化学種をアルコールと反応させると，還元されて深緑色のCr(Ⅲ)になるが，この色変化によって反応の進行がよくわかる(コラム8-2参照)．一般にこのような反応剤としては，二クロム酸塩($K_2Cr_2O_7$ あるいは $Na_2Cr_2O_7$)や CrO_3 が市販されている．第二級アルコールのケトンへの酸化は酸性水溶液中で行うことが多い．この場合，これらいずれのクロム反応剤でもおもな酸化活性種として発生するのはクロム酸(H_2CrO_4)であり，その量はpHによって異なる．

$CrO_3 + H_2O$

pH > 6 ⇅

CrO_4^{2-}

pH = 2〜6 ⇅

$HCrO_4^- + Cr_2O_7^{2-}$

pH < 1 ⇅

H_2CrO_4

Cr(Ⅵ)水溶液による第二級アルコールのケトンへの酸化

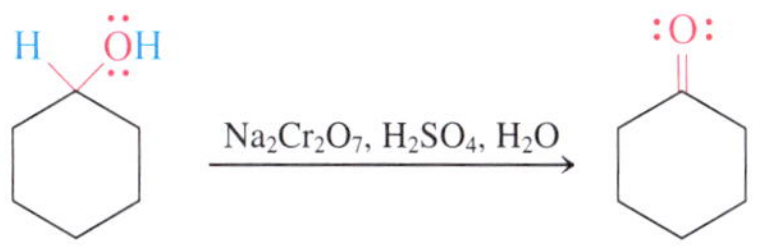

96 %

Reaction

第一級アルコールは水溶液中ではカルボン酸に過剰酸化されやすく，1-プロパノールでその例を示した．これは水中のアルデヒドが，それに水が付加して生じるジオールとの間で平衡にあるからである．ジオールの一方のヒドロキシ基が

コラム● 8-2 飲んだら乗るな！：呼気分析検査 MEDICINE

ほとんどの飲酒運転の検査は，酒酔いが疑われる運転者の呼気に含まれているエタノールの酸化反応を利用している．この検査法は，肺において血中アルコールの呼気への拡散が実測値で約 2100：1 の分配比で起こる（つまり，2100 mL の呼気が 1 mL の血液と同量のエタノールを含む）ことにもとづいている．少し古い検査法は，本節に示された化学にもとづくもので，Cr(VI)（橙色）から Cr(Ⅲ)（緑色）への色の変化を測定していた．被験者は，粉末シリカゲル（SiO_2）に担持した $K_2Cr_2O_7$ と H_2SO_4 を含むチューブに 10 ～ 20 秒間，息を吹き込むように命じられる．少しでもアルコールがあれば，チューブの中身が次第に橙色から緑色へ変化し，飲酒していたことが明らかになる．

最近のこの種の測定装置はより洗練されて，一層精密なものになっている．これらはミニガスクロマトグラフ，赤外分光計（11-8 節参照），（現在最もよく使われている）電気化学分析器を備えている．最後の機器には，エタノールが供給されると電流が発生する燃料電池が備えられている．エタノールはこの電気化学デバイスの負極で酢酸にまで酸化され，一方で酸素は正極で還元されて水になる．電子の流れ（電流）の速度は試料中のアルコール量に比例し，ディスプレイ上に表示される．

電流（アルコール血中濃度に変換）

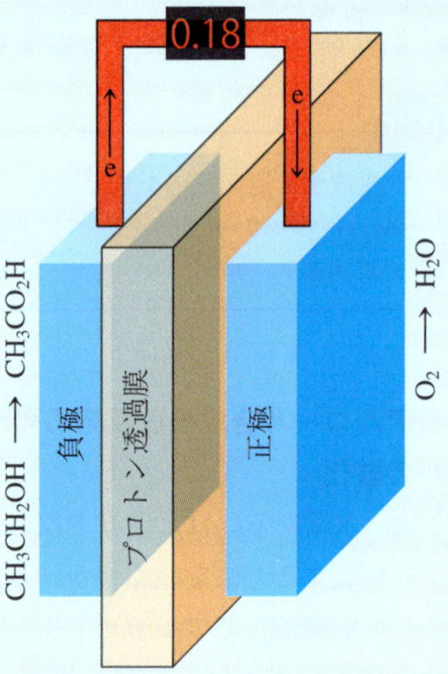

負極

$$CH_3CH_2OH + H_2O \longrightarrow CH_3CO_2H + 4\,H^+ + 4\,e$$

正極

$$O_2 + 4\,H^+ + 4\,e \longrightarrow 2\,H_2O$$

全体

$$CH_3CH_2OH + O_2 \longrightarrow CH_3CO_2H + H_2O$$

事前に喫煙したり，コーヒーの豆をかんだり，ニンニクを食べたり，あるいはクロロフィル調合剤を服用したりすると「間違って検出されなくなる（偽陰性）」ので，呼気分析器をだますことができてしまう，という理由でその使用に反対する人たちもいる．しかし，そのような主張をすることこそ間違いである（エタノールの身体への影響については 9-11 節参照）．

クロム反応剤とさらに反応してカルボン酸になる．アルデヒドやケトンの水和については 17 章（下巻）で学ぶ．

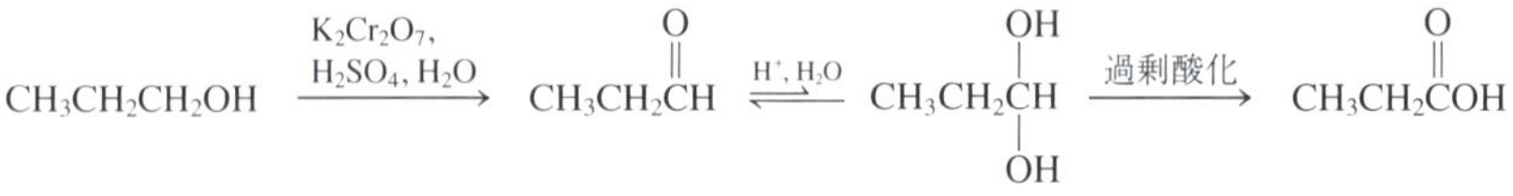

プロパナール (propanal)　1,1-プロパンジオール (1,1-propanediol)　プロパン酸 (propanoic acid)

しかし，水が共存しないとアルデヒドは過剰酸化を受けない．そこで，水のない系で使える型の Cr(Ⅵ) 反応剤として CrO_3 と HCl を反応させ，次に有機塩基であるピリジンを加える方法が開発された．これによって，**クロロクロム酸ピリジニウム**(pyridinium chlorochromate)という酸化剤が生じる．この反応剤は $pyH^+CrO_3Cl^-$，あるいはもっと簡単に **PCC**(欄外参照)と略記され，この塩の疎水性のカチオン部分が反応剤の有機溶媒への溶解性をもたらしている．それをジクロロメタン溶媒中で第一級アルコールと反応させるとアルデヒドが高収率で得られる．

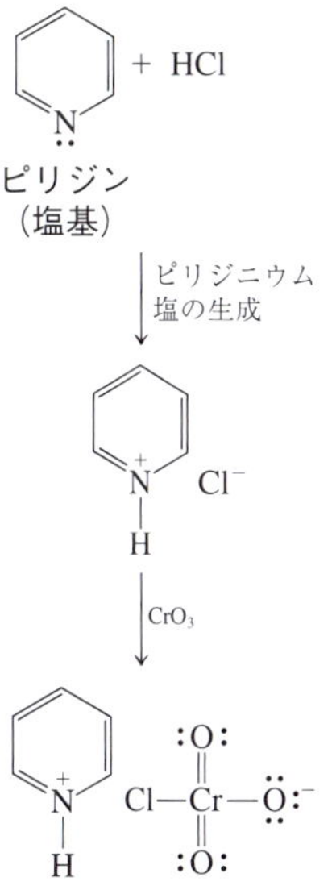

クロロクロム酸ピリジニウム
(PCC または $pyH^+CrO_3Cl^-$)

PCC による第一級アルコールのアルデヒドへの酸化

$$CH_3(CH_2)_8CH_2OH \xrightarrow{pyH^+CrO_3Cl^-,\ CH_2Cl_2} CH_3(CH_2)_8\overset{O}{\overset{\|}{C}}H$$

92 %

PCC 酸化の反応条件は第二級アルコールの場合にもよく用いられるが，これは比較的酸性が弱い条件であるため副反応(たとえばカルボカチオンの生成，7-2 節，7-3 節および 9-3 節参照)が最小限に抑制され，クロム酸塩水溶液を用いる方法よりも収率がよい場合が多いからである．第三級アルコールは，OH 官能基の隣に水素がないので炭素－酸素二重結合の形成が困難で，そのため Cr(VI)による酸化に対して不活性である．

練習問題 8-11

次の式の各ステップにおける生成物を式で示せ．立体化学についてどのようなことがいえるかも述べよ．

(a)
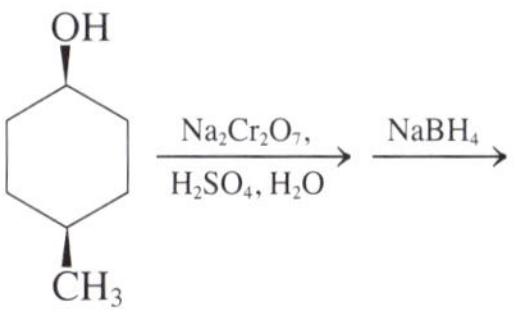

cis-4-メチルシクロヘキサノール
(*cis*-4-methylcyclohexanol)

(b)
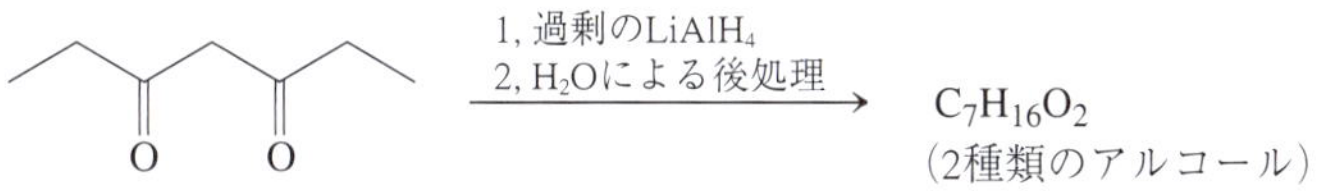

(c)
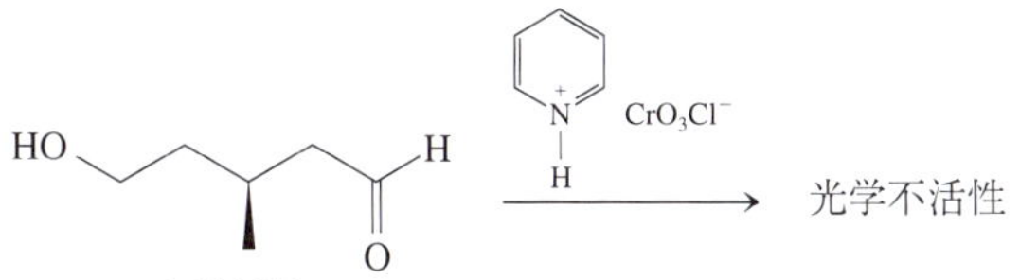

光学活性

アルコール酸化の中間体はクロム酸エステルである

アルコールの Cr(VI)酸化の反応機構はどうなっているのだろうか．第 1 段階は**クロム酸エステル**(chromic ester)という中間体の生成であり，この過程ではクロムの酸化状態は変化しない．

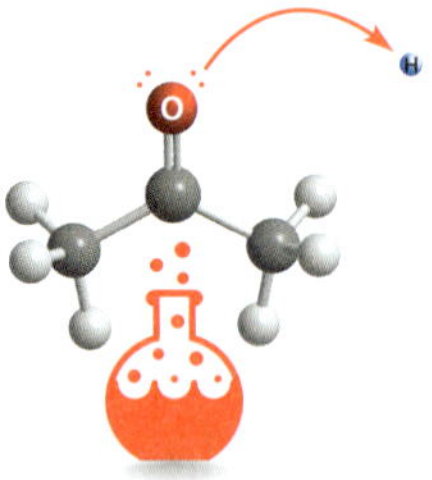

Mechanism

アルコールからのクロム酸エステルの生成

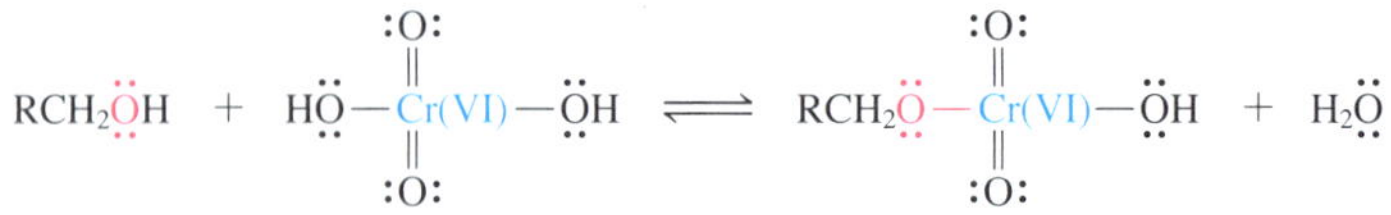

クロム酸
(chromic acid)

クロム酸エステル
(chromic ester)

アルコール酸化の次の段階は E2 反応と機構的に似ている．ここでは，水(あるいは PCC の場合にはピリジン)が弱い塩基として作用し，アルコール酸素に隣接する炭素上のプロトンを引き抜く．このプロトンは Cr(Ⅵ)の電子求引力によって異常なほど酸性である(このクロム原子が還元されやすいことを思い出そう)．クロム原子に電子対を与えると酸化状態が 2 価変化して Cr(Ⅳ)になるので，$HCrO_3^-$ は非常にすぐれた脱離基となる．

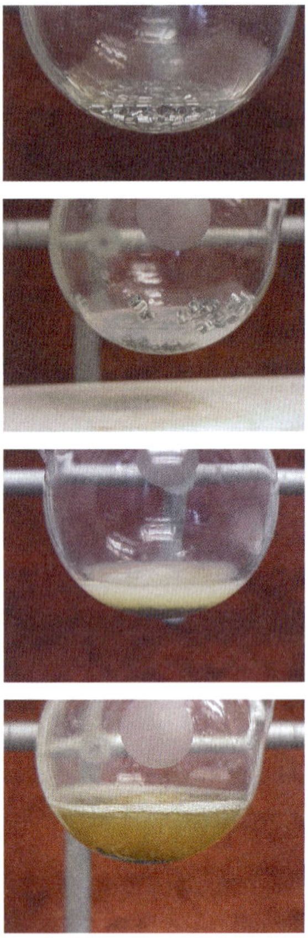

Grignard 反応剤の調製の手順と変化．上から下へ：マグネシウム片のエーテルへの浸漬；有機ハロゲン化物の添加後に Grignard 反応剤の生成が開始；マグネシウムの溶解が進んだ反応混合物；次の変換反応に使用可能な状態となった最終的な反応剤溶液．

クロム酸エステルからのアルデヒドの生成：E$_2$反応

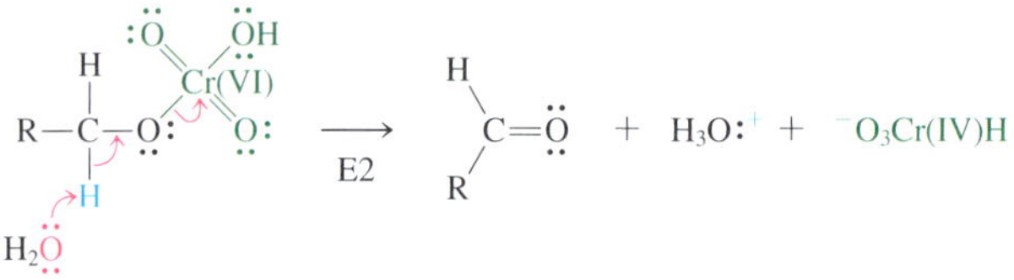

この脱離反応では，これまで述べてきたいろいろな E2 反応とは異なり，炭素－炭素二重結合ではなく炭素－酸素二重結合が生成する．この際に生じた Cr(Ⅳ)化学種は，それ自体との酸化還元反応によって Cr(Ⅲ)と Cr(Ⅴ)に不均化し，後者はそれのみでさらに酸化剤として作用する．最終的には，すべての Cr(Ⅵ)が Cr(Ⅲ)に還元される．

練習問題 8-12

次のカルボニル化合物を，それぞれ対応するアルコールから合成する反応式を書け．

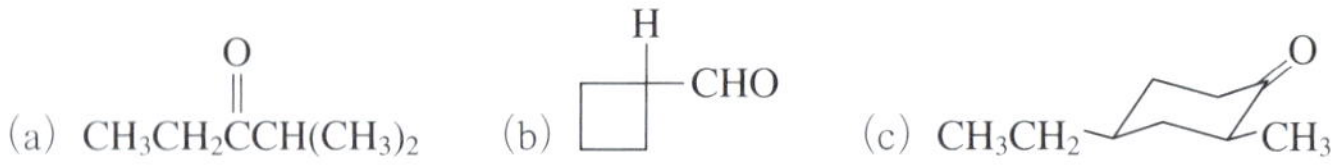

まとめ ヒドリド反応剤によるアルデヒドやケトンの還元は，それぞれ第一級および第二級アルコールの一般的な合成法となる．逆反応である第一級アルコールのアルデヒドへの酸化，ならびに第二級アルコールのケトンへの酸化は Cr(Ⅵ)反応剤を用いて行う．クロロクロム酸ピリジニウム(PCC)を用いると，第一級アルコールのカルボン酸への過剰酸化を避けることができる．

8-6 有機金属反応剤：アルコール合成のための求核的な炭素の供給源

ヒドリド反応剤によるアルデヒドやケトンの還元は，アルコールを合成する有用な方法である．もし，ヒドリドの代わりに求核的な炭素を発生させる反応剤を用いることができれば，この手法はさらに強力なものとなる．炭素求核種がカルボニル基を攻撃すればアルコールが生成し，同時に炭素—炭素結合が形成されることになる．この種の反応，すなわち分子への炭素原子の付加は，より単純な前駆体から新しい構造を合成するために基本的かつ実用的に重要なものである．

このような変換反応を達成するためには，炭素求核剤（R:⁻）をつくる方法を見いだす必要がある．本節では，どのようにしてこの目標に到達するかを紹介する．とくにリチウムやマグネシウムのような金属とハロアルカンとが反応すると，有機基の炭素原子と金属が結合した**有機金属反応剤**（organometallic reagent）という一般式 RLi や RMgX で表される新しい化合物が生成する．有機金属反応剤は強い塩基であり，またすぐれた求核剤でもあり，有機合成において非常に有用である．

アルキルリチウムおよびアルキルマグネシウム反応剤はハロアルカンから調製する

リチウムおよびマグネシウムの有機金属化合物は，エトキシエタン（ジエチルエーテル）あるいはオキサシクロペンタン（テトラヒドロフラン，THF）に懸濁させた金属とハロアルカンとの直接反応で調製するのが最も簡単である．ハロアルカンの反応性は Cl ＜ Br ＜ I の順に高くなり，比較的反応性の低いフッ化物は一般にはこのような反応の出発物質としては用いられない．有機マグネシウム化合物（RMgX）はその発見者である F. A. Victor Grignard*にちなんで **Grignard 反応剤**（Grignard reagent）ともいう．

* François Auguste Victor Grignard（1871～1935），フランス，リヨン大学教授，1912 年度ノーベル化学賞受賞．

Reaction

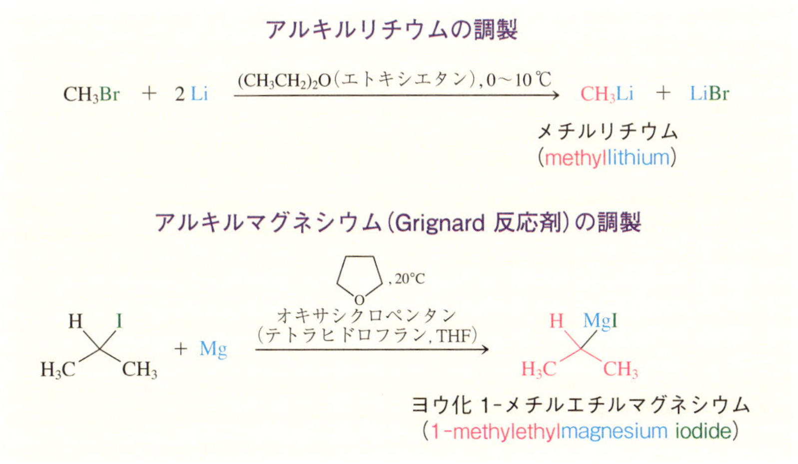

これらの反応剤の生成は，アルキル—ハロゲン結合の 2 電子還元をともなってそれぞれの金属の表面上で起こる．金属は電子を与えて貴ガス配置をとろうとするため，強い還元剤であることを思い出そう（1-3 節参照）．したがって，Li は He 様の電子殻をもつ Li^+ に，Mg は Ne 様の電子環境をもつ Mg^{2+} になろうとする．R—X 結合に 2 電子が与えられると，形式的に R^- と X^- への解離が起こり，これらが金属イオンによって極性の共有結合あるいはイオン結合をもつ実際の生成物

へと導かれる．1価のLiはハロゲン化物イオンに捕捉されLiXとなり，他方，2価のMgの場合，ハロゲン化物イオンは有機金属反応剤RMgXの一部を成すことになる．

R−X結合の2電子還元

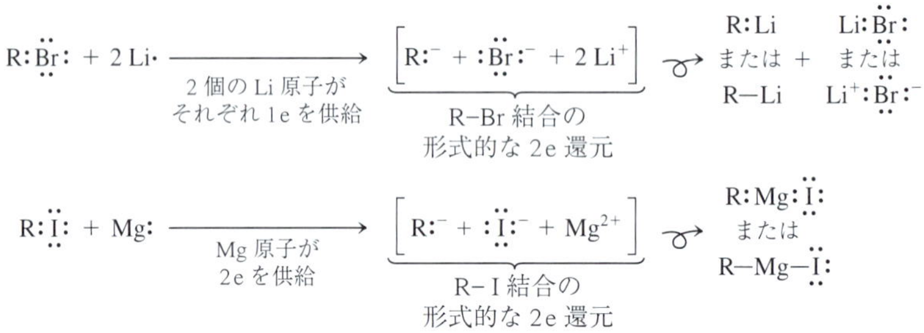

アルキルリチウム化合物やGrignard反応剤を単離することはほとんどなく，溶液中で調製して，そのまますぐ目的の反応に使用する．これらは空気や湿気に対して不安定で，そのため厳密に空気と水を除いた条件下で調製したり，取り扱ったりしなければならない．メチルリチウム，臭化メチルマグネシウム，ブチルリチウムやその他の単純な反応剤は市販されている．

RLiやRMgXという式は，これらの反応剤の真の構造を単純化しすぎている．上のように式で書くと，これらの金属イオンは非常に電子不足になっている．このような金属はLewis酸(2-3節参照)として作用し，Lewis塩基である溶媒分子に結合して，必要な8電子を形成する．たとえば，ハロゲン化アルキルマグネシウムは二つのエーテル分子と結合することによって安定化している．このとき，溶媒は金属に**配位している**(coordinate)という．反応式を書くときに，配位している溶媒分子を示すことはほとんどない．しかし，このような配位がないとGrignard反応剤の生成が非常に困難になるので，これはきわめて重要な役割を果たしている．

メチルリチウム
(methyllithium)

Grignard反応剤には溶媒が配位している

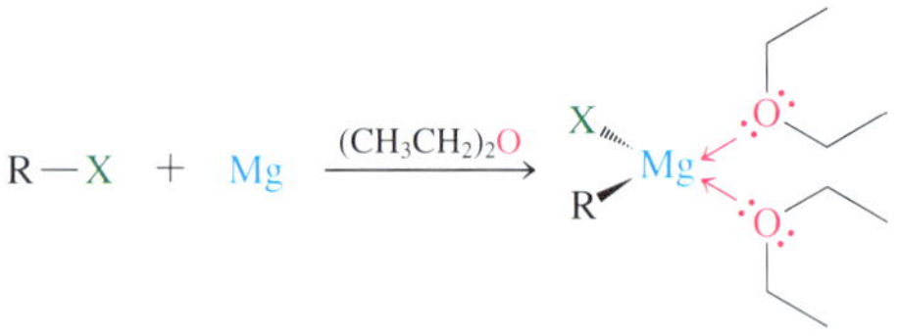

塩化メチルマグネシウム
(methylmagnesium chloride)

アルキル金属結合は分極が大きい

アルキルリチウムおよびアルキルマグネシウム反応剤の炭素−金属結合は大きく分極しており，欄外にメチルリチウム(CH_3Li)と塩化メチルマグネシウム(CH_3MgCl)について示したように，電気的陽性度が大きい金属(表1-2参照)が双極子の正の末端になる．分極の程度は「イオン結合性の割合」で示されることが多い．たとえば炭素−リチウム結合は約40％，炭素−マグネシウム結合は35％のイオン性をもっている．これらの反応剤は，化学反応においてはあたかも負に帯電した炭素をもっているかのようにふるまう．このような挙動を象徴的に表すために，炭素−金属結合を炭素原子上に完全な負電荷をもつ共鳴構造を用いて表すことができる．このような炭素原子上に負電荷をもつ化学種を**カルボアニオン**(carbanion)という．カルボアニオン R^- から1電子ずつ取り除いていくとアルキルラジカル R•(3-2節参照)，次いでカルボカチオン R^+(7-5節参照)となる．カルボアニオンの炭素は，電荷の反発のために sp^3 混成をして正四面体構造をとっていると考えられる〔練習問題1-16(a)参照〕.

アルキルリチウムおよびアルキルマグネシウム化合物の炭素ー金属結合

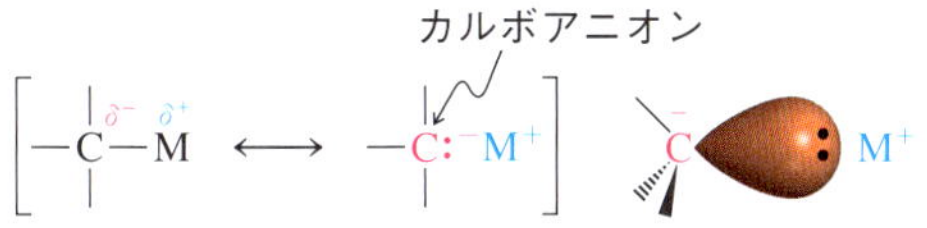

ハロアルカンからのアルキル金属化合物の合成は，**逆分極**(reverse polarization)という有機合成化学における重要な原理を示している．ハロアルカンには電気的に陰性なハロゲンがあるため，炭素は求電子中心となる．しかし金属と反応させると，$C^{\delta+}-X^{\delta-}$ 部分は $C^{\delta-}-M^{\delta+}$ に変わる．いいかえると，分極の方向が逆転している．金属との反応(メタル化)によって，求電子的な炭素が求核中心に変わったのである．

アルキル金属化合物のアルキル基は非常に塩基性が強い

カルボアニオンは非常に強い塩基である．事実，有機金属反応剤は金属アミドやアルコキシドよりもはるかに塩基性が強い．それは，炭素が窒素や酸素よりも電気陰性度がかなり小さく(表1-2参照)，負電荷を収容する能力がはるかに低いためである．アルカンが極端に弱い酸であることを思い起こそう(表2-2，2-3節参照)．メタンの pK_a 値は50にもなる．したがって，カルボアニオンが非常に強い塩基であることは当然である．つまり，カルボアニオンはアルカンの共役塩基である．有機金属反応剤は塩基性が強いために湿気に対して不安定で，OHや同様の酸性度をもった官能基とは共存できない．したがって，ハロアルコールやハロカルボン酸から有機リチウム化学種やGrignard化学種をつくることはできない．一方，これらのアルキル金属類は，アルコールを対応するアルコキシドに変えるために効果的な塩基として用いることができる(8-3節)．副生成物はアルカンである．このような反応が起こることは，静電的な性質を考えるだけで推測できる．

メチルリチウムによるアルコキシドの生成

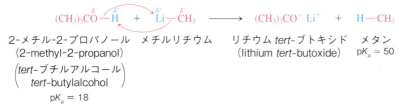

2-メチル-2-プロパノール (2-methyl-2-propanol) (*tert*-ブチルアルコール *tert*-butylalcohol) $pK_a = 18$　メチルリチウム　リチウム *tert*-ブトキシド (lithium *tert*-butoxide)　メタン $pK_a \simeq 50$

同様に，有機金属類は水によって金属水酸化物とアルカンに加水分解されるが，反応は激しく進行することが多い．

有機金属反応剤の加水分解

$$\mathrm{CH_3CH_2CH(CH_3)CH_2CH_2MgBr} + \mathrm{HOH} \longrightarrow \mathrm{CH_3CH_2CH(CH_3)CH_2CH_2H} + \mathrm{BrMgOH}$$

100 %

臭化 3-メチルペンチルマグネシウム (3-methylpentylmagnesium bromide) → 3-メチルペンタン (3-methylpentane)

Grignard（あるいはアルキルリチウム）反応剤の生成はメタル化ともいい，これに続いて加水分解するとハロアルカンがアルカンに変換される．このような目的を達成するためのより直接的な方法としては，ハロアルカンと強力な水素化物イオン供与剤である $LiAlH_4$ との反応がある．この反応はハロゲン化物の H^- による S_N2 置換反応である．反応性の低い $NaBH_4$ ではこのような置換反応を起こすことはできない．

有機金属反応剤と重水の反応による重水素の導入

$$\mathrm{(CH_3)_3CCl} \xrightarrow[\text{2. } D_2O]{\text{1. Mg}} \mathrm{(CH_3)_3CD}$$

$$\mathrm{CH_3(CH_2)_7CH_2{-}Br} \xrightarrow[-\mathrm{LiBr}\ \ S_N2]{\mathrm{LiAlH_4,\ (CH_3CH_2)_2O}} \mathrm{CH_3(CH_2)_7CH_2{-}H}$$

1-ブロモノナン (1-bromononane) → ノナン (nonane)

メタル化－加水分解の他の有用な応用法として水素の同位体の導入がある．すなわち，有機金属化合物を標識した水で処理することにより，分子に重水素のような水素同位体を導入できる（欄外参照）．

練習問題 8-13

概念のおさらい：重水素化炭化水素を合成する

シクロヘキサンからモノジュウテリオシクロヘキサンをどのようにして合成すればよいかを示せ．

> みなさんはすでに，自身のもつ有機化学の知識をより複雑な問題に応用し始めていることに気づいているかもしれない．この過程は言語の学習と似ているところがある．一つひとつの反応は語彙の一部とみなすことができ，いまや文章をつくることを学びつつある．ここで書くべき「文章」は，シクロヘキサンの水素を1個だけ重水素化したシクロヘキサンに導く，というものである．8-8節を見れば，私たちの文章を意味あるものにするためには，生成物から逆に書いていくと非常に簡単であることがわかるであろう．

● 解法のてびき

What 与えられた出発物質の水素の一つを重水素で置換することを求められている．

How この問題の解に至る最善の方法は，反応を逆向きに考えることである．すなわち，重水素化アルカンの合成についてどんなことを知っているか，と自問することである．

Information その答えは，この問題のすぐ前で解説した本文中に書かれている．すなわち，私たちはハロアルカンを重水素化アルカンに変換する方法を二つ学んでいる．用いられた二つの反応剤は $LiAlD_4$，または D_2O の後処理をともなう Mg である．この問題ではこれらの反応剤の一方とハロシクロアルカンが必要である．では，どのようにしてシクロアルカンからハロシクロアルカンを合成できるだろうか．その答えは3章にあるラジカルによるハロゲン化である．

Proceed 一歩一歩論理的に進めよ．

● 答え

• すべてをまとめて示すと，可能な解答は以下のようになる．

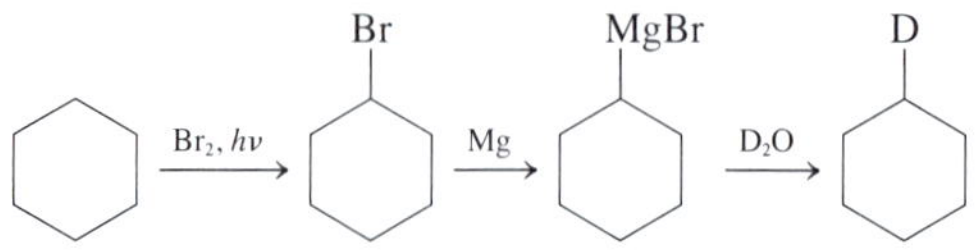

練習問題 8-14　自分で解いてみよう

ここに少量の高価な CD_3OH がある．しかしながら本当に必要なのは完全に重水素化された CD_3OD である．どのようにして合成すればよいか．

まとめ　ハロアルカンはエーテル溶媒中で金属リチウムあるいは金属マグネシウムと反応させることにより，それぞれの有機金属化合物に変換できる（後者は Grignard 反応剤）．これらの有機金属化合物のアルキル基は負に分極しており，ハロアルカンの電荷分布とは逆になる．アルキル－金属結合はかなり共有結合性をもっているが，金属に直結した炭素は非常に塩基性の強いカルボアニオンとしての挙動を示し，それは容易にプロトン化されることによってもわかる．

8-7 アルコール合成に用いられる有機金属反応剤

マグネシウムやリチウムの有機金属反応剤の最も有用な応用法は，負に分極したアルキル基を求核種として反応させることである．ヒドリド反応剤と同様に，有機金属反応剤はアルデヒドやケトンのカルボニル基を攻撃してアルコールを与える（水を用いた後処理によって）．ヒドリド反応剤との違いは，有機金属反応剤との反応では新しい炭素－炭素結合が形成されることである．

アルデヒドあるいはケトンと有機金属化合物からのアルコールの合成

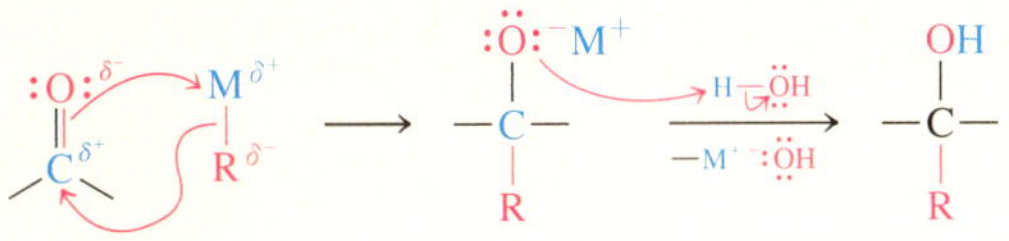

M=Li または MgX

電子の流れを順に追っていくと反応がよくわかる．第1段階では，有機金属化合物の求核的なアルキル基がカルボニル炭素を攻撃する．アルキル基から電子対が移動して新しい炭素－炭素結合ができるにつれて，その電子の移動によって二重結合から酸素に二つの電子が「押し出され」，金属アルコキシドが生じることになる．希酸水溶液を加えると金属－酸素結合が加水分解されてアルコールが生じるが，これは水を用いる後処理のもう一つの例である．

有機金属化合物とホルムアルデヒドを反応させると，第一級アルコールが得られる．下に例を示した静電ポテンシャル図を見ると，臭化ブチルマグネシウムの電子豊富な（橙赤色で示す）炭素がホルムアルデヒドの電子不足な（青色で示す）炭素を攻撃して，1-ペンタノールが生成する様子がよくわかる．

Mechanism

Grignard 反応剤とホルムアルデヒドからの第一級アルコールの生成

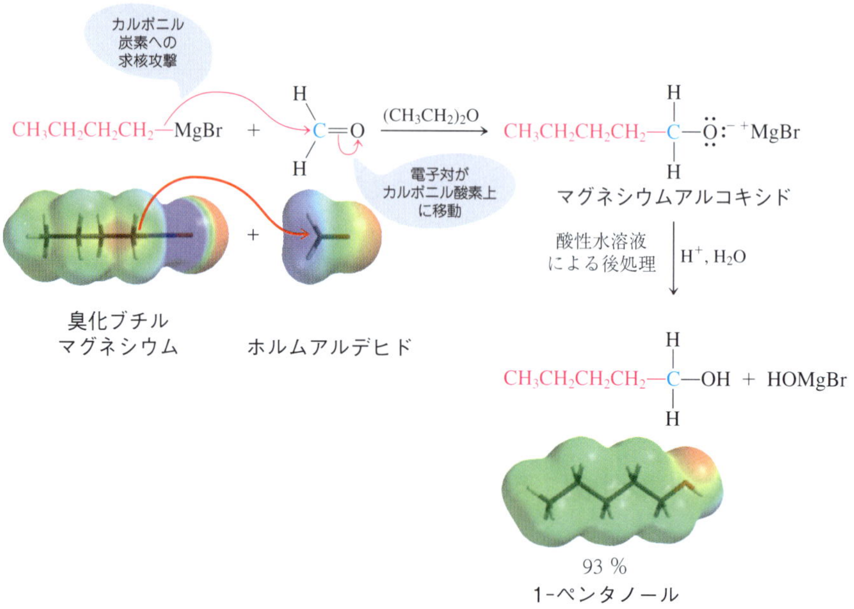

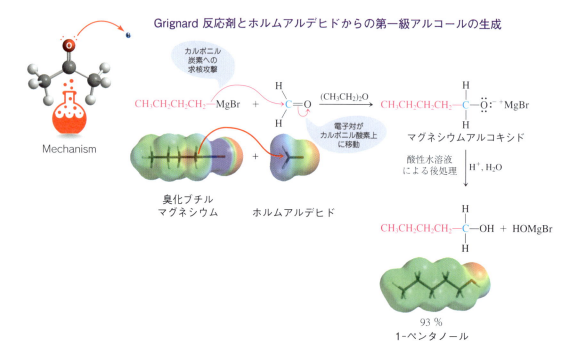

しかし，ホルムアルデヒド以外のアルデヒドは第二級アルコールに変換される．

Grignard 反応剤とアルデヒドからの第二級アルコールの生成

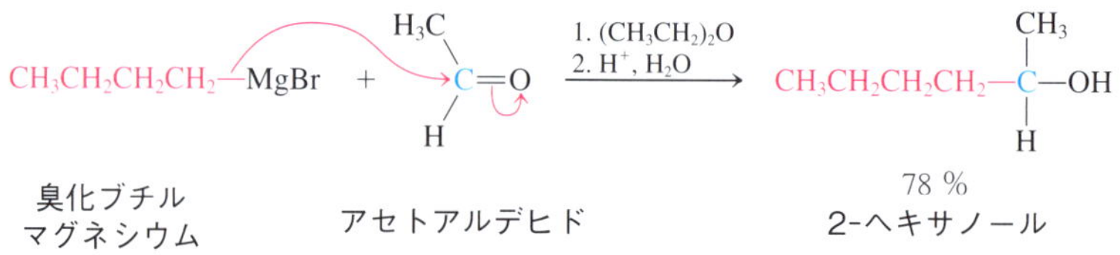

ケトンは第三級アルコールを与える．

Grignard 反応剤とケトンからの第三級アルコールの生成

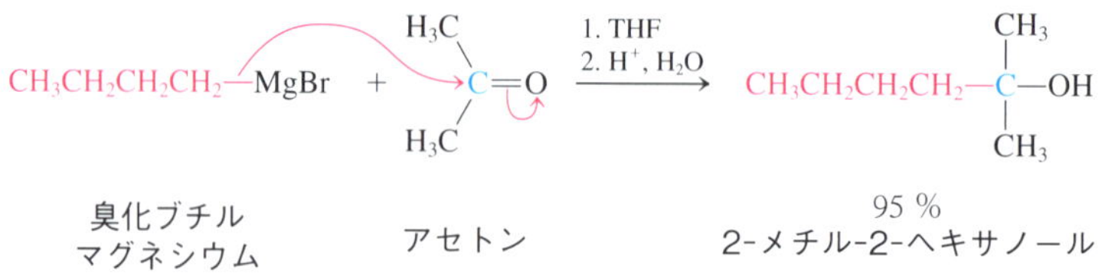

練習問題 8-15

2-ブロモプロパン〔$(CH_3)_2CHBr$〕を 2-メチル-1-プロパノール〔$(CH_3)_2CHCH_2OH$〕に変換する合成反応の式を書け．

練習問題 8-16

炭素数4以下の出発物質から，次の生成物を得るための効率的な合成法を示せ．

(a) $CH_3(CH_2)_4OH$　(b) $CH_3CH_2CH_2CHCH_2CH_2CH_3$（C4 に OH）　(c)

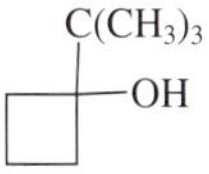

(d)

(ラセミ体)

アルキルリチウムやGrignard反応剤のカルボニル基への求核的な付加は非常にすぐれたC—C結合形成反応であるが，これらの反応剤の求核攻撃は，6-7節で学んだようなハロアルカンや関連する求電子剤に対しては非常に遅い．このような反応速度論的な問題こそが，8-6節で示した有機金属反応剤の調製を可能にしているのである．というのは，生成したアルキル金属がその出発物質であるハロアルカンを攻撃しないからである(コラム8-3参照)．

アルキルリチウムやGrignard反応剤はハロアルカンと反応しない

$$\text{RLi または RMgX} \xrightarrow[\times]{R'X} \text{R—R}'$$

まとめ アルキルリチウムやアルキルマグネシウム反応剤はアルデヒドやケトンに付加してアルコールを与えるが，この反応で，有機金属反応剤のアルキル基はアルデヒドやケトンのカルボニル炭素と結合を形成する．

8-8 成功の鍵：合成戦略入門

これまで述べてきたさまざまな反応は有機化学の「語彙」の一部であるといえる．この語彙を知らなければ，私たちは有機化学という言葉を話せないことになる．これらの反応を用いることによって分子を自由に取り扱い，官能基を相互変換することができるのであり，したがって，このような変換反応，つまりその様式，使用する反応剤，反応が起こる条件(とくにそれが反応の成否に決定的な場合)，およびそれぞれの反応様式の限界をよく知っておくことが重要になる．

これはたいへんな記憶力を必要とする，とてつもないことのように思えるかもしれない．しかし反応の機構を理解すれば，それははるかに簡単なことになる．すでに，電気陰性度，Coulomb力，結合強度などの少数の要因によって反応性を予測できることを学んだ．それでは，有機化学者がこのような知識をどのように駆使して有用な合成戦略を考え出すかを見てみよう．有用な合成戦略とは，収率の高い反応段階をできるだけ少数用いて，必要とする標的化合物の構築を可能とするような一連の反応を意味している．

はじめに，反応機構にもとづいて反応性を予測する例を少し紹介しよう．それから，分子の創成，すなわち合成について述べることにする．化学者はどのようにして新合成法を発見するのだろうか．また，どうすれば「標的」分子をできるだ

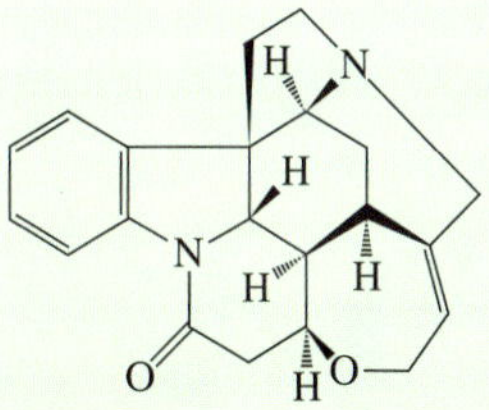

ストリキニーネ
(strychnine)

七つの縮合した環と六つの立体中心をもつ複雑な天然物であるストリキニーネ(strychinine：下巻；25-8節参照)の全合成は，半世紀にわたる合成法の進歩によって着実に改善されてきた．最初の合成はR. B. Woodward(14-9節参照)によって1954年に報告されたが，単純なインドール誘導体(下巻；25-4節参照)を出発物質として28の合成段階が必要であり，標的物質の全収率は0.00006 %であった．より最近(2011年)の全合成では12段階で済み，全収率も6 %まで向上している．

け効率よく合成できるのだろうか．これらの問題は互いに密接に関連している．2番目の命題は**全合成**(total synthesis)といわれるもので，一般に多段階の反応が必要である．したがって，以上のことを学んでいくために，これまでに論じてきた反応のかなりの部分を復習することになる．

反応機構は反応の結果の予測に役立つ

はじめに，反応の結果をどのように予測するかを思い起こそう．個々の反応がそれぞれある特定の機構を経て進行する要因にはどのようなものがあるか．三つの例をあげよう．

機構にもとづいて反応の結果をどのように予測するか

例1　$FCH_2CH_2CH_2Br$ に I^- を加えるとどのような反応が起こるか？

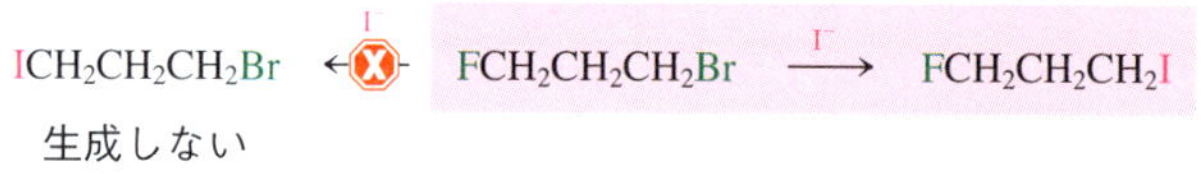

解説　臭化物イオンはフッ化物イオンよりもすぐれた脱離基である．

例2　Grignard 反応剤はカルボニル基にどのように付加するか？

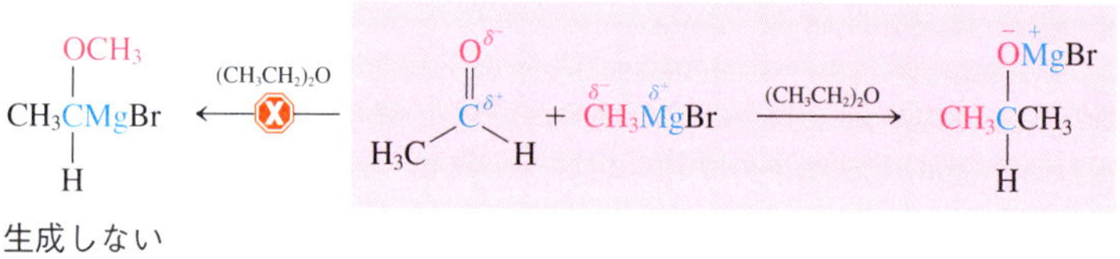

解説　正に分極したカルボニル炭素が有機金属反応剤の負に分極したアルキル基と結合を形成する．

例3　メチルシクロヘキサンのラジカル的臭素化で何が生成するか？

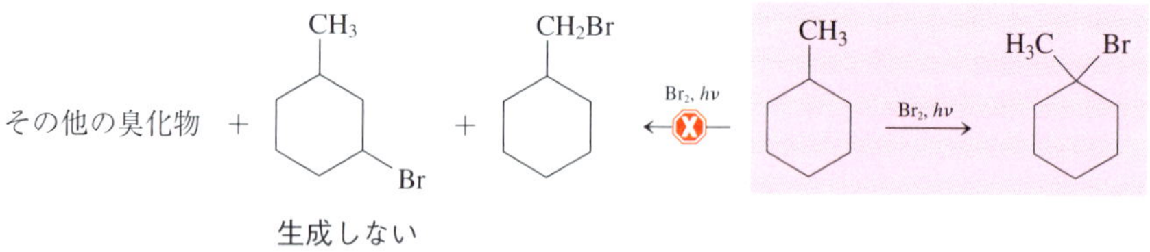

解説　第三級 C—H 結合は第一級あるいは第二級 C—H 結合よりも弱く，ラジカル的ハロゲン化反応では Br_2 は非常に選択性が高い．

練習問題 8-17

概念のおさらい：反応機構の知識を用いて反応結果を予測する

次の反応の結果を，機構にもとづいて予測して説明せよ．

$$\mathrm{ClCH_2CH_2CH_2\overset{\overset{\displaystyle CH_2Cl}{|}}{C}(CH_3)_2 \ + \ NaOH \xrightarrow{H_2O}}$$

●解法のてびき

最初に，二つの出発物質の官能基部分を確認する．そうすると，これらの官能基について可能な反応様式を並べ上げて，どれが最も適当か選び出すことができる．

●答え

- 有機成分はジハロアルカンである．したがって，6章と7章で学んだ S_N2, S_N1, E2およびE1という化学反応が起こりうる反応点が二つある．
- 無機成分であるNaOHは立体障害のない強力な塩基であり，求核剤である．表7-4を調べてみると，水酸化物イオンはハロアルカンの第一級中心を攻撃して S_N2 反応によってアルコールを生成するが，(求核攻撃に対して)より障害の大きい位置ではE2反応によりアルケンを生じることがわかる．
- ハロアルカンに戻ってみると，立体障害のない第一級中心にClが一つあり，これは S_N2 反応によってOHに置換されるはずである．もう一つのClも第一級炭素に結合しているが，これはβ位の枝分かれによって立体的に障害を受けている．このような立体障害は求核攻撃を減速し，起こりやすいE2反応を引き起こすことになるが，それはβ水素の脱プロトン化が可能な場合にかぎられる．この問題の場合には，この炭素はネオペンチル様であり，E2反応は不可能である．したがって，この中心では反応は起こらない．結局，生成物は以下のようになる．

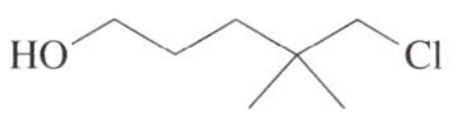

練習問題 8-18　自分で解いてみよう

次の各反応の結果を機構にもとづいて予想し，その理由を説明せよ．

(a) $$\mathrm{ClCH_2CH_2CH_2\overset{\overset{\displaystyle Br}{|}}{C}(CH_3)_2 \ + \ CH_3CH_2OH \longrightarrow}$$

(b) $$\mathrm{HOCH_2CH_2CH_2\overset{\overset{\displaystyle OH}{|}}{C}(CH_3)_2 \xrightarrow{PCC,\ CH_2Cl_2}}$$

新しい反応が新しい合成法を生む

新反応は意図的に見いだされたり，偶然に発見されたりする．一つの例として，ケトンからアルコールを与えるというGrignard反応剤の反応性を，2人の学生がそれぞれどのようにして見いだすかを考えてみよう．1人の学生は電気陰性度とケトンの電子構成を知っていたので，Grignard反応剤の求核性をもつアルキル基が求電子性のカルボニル炭素に付加するだろうと予測する．この学生は，実際に化学的な原理を証明できるような実験結果がうまく出て喜ぶであろう．もう1人の学生は，あまり知識がなかったので，とりわけよい極性溶媒であると考えたアセトンでGrignard反応剤の非常に濃い溶液を希釈したとする．すると激しい反応が起こり，このような考えが誤りであったことが即座に明らかになり，さらに研究を進めると，この反応剤がアルコール合成に非常に有用なものであることがわかってくるであろう．

ある反応を見いだすと，その適用可能範囲と限界を示すことが重要である．そのために，さまざまな種類の基質が反応するかどうかを調べ，副生成物があればそれらに注意し，新たな官能基類をその反応条件で試し，さらに反応機構についての検討を進める．これらの研究によってこの新反応が一般的に適用できることが証明されると，有機合成手段の宝庫に新たな合成法として仲間入りすることになる．

反応は分子に非常に特異的な変化をもたらすので，この「分子変化（molecular alteration）」という一般的な本質を強調して表現すると有効であることがよくある．簡単な例をあげると，Grignard 反応剤やアルキルリチウム反応剤のホルムアルデヒドへの付加である．この変換でどのような構造変化が起こるかというと，アルキル基に1炭素のユニットが増加している．同族体化（ホモログ化，homologation）ともいう1炭素の伸長をいとも簡単に行えるので，この方法はたいへん貴重である．

同族体化（ホモログ化）

R—M
アルキル基
＋
$H_2C{=}O$
1炭素単位
↓
R—CH_2—OH

現段階で，これまでに学んだ合成の「語彙」は比較的かぎられてはいるが，自由に取り扱える分子変化をすでにかなり多数学んできた．たとえば，ブロモアルカンは多様な変換反応の出発点として非常にすぐれている．次図の各生成物はそれぞれがさらに変換が可能であり，それによってより複雑な生成物へと誘導される．

“グリーン”な還元

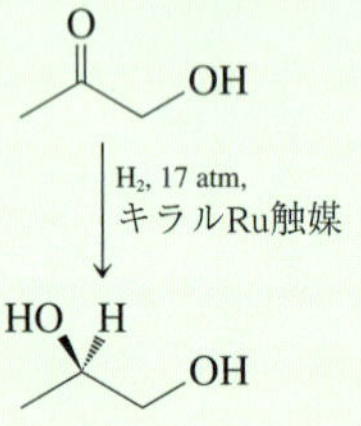

94%

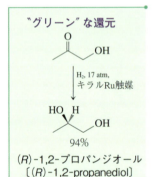

(*R*)-1,2-プロパンジオール
〔(*R*)-1,2-propanediol〕

水素は「最もグリーンな」還元剤である．工業におけるカルボニル化合物の大規模な還元は触媒的水素化（加圧が必要ではあるが）によって行うことが好ましく，キラル触媒を用いた上記の場合には，一つのエナンチオマーのみが生成する．

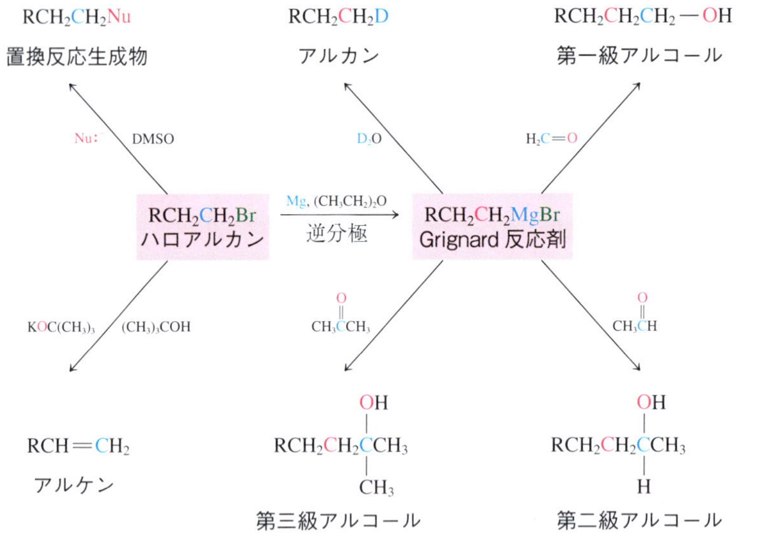

「その反応は何の役に立つのか．その反応を用いると，どのような構造をつくれるか」という問いは，合成方法論（synthetic methodology）を問題にしている．別の問い方をしてみよう．ある標的化合物を合成したいとしよう．私たちはどのようにしてそのための効率のよい経路を考えようとするだろう．どのようにして適切な出発物質を見つけるだろう．ここで扱おうとしている問題が，全合成である．

有機化学者は，ある目的があって複雑な分子を合成したいと考える．たとえば，医薬品として価値の高い性質をもつが，自然界から容易には入手できないような物質である．生化学者は代謝過程を追跡するために，特定の同位元素で標識した分子を必要としている．また，物理有機化学者は学問上の理由で新しい構造をデザインすることがよくある．このように，さまざまな理由で有機分子の全合成が行われる．

最終的な標的が何であれ，すぐれた合成は短工程で全収率が高くなければならない．また，出発物質は容易に入手できるものでなければならず，できることなら市販されていて，しかも安価であればなおよい．非常に危険な反応条件ならびに成分の使用や有毒な廃棄物の生成といった，安全や環境にかかわる心配を最小限にするために，「グリーン」ケミストリーの原則に取り組む必要がある（コラム 3-1 参照）．

逆合成による解析が合成上の問題を簡略化する

市販のしかも安価な化合物の多くは，炭素原子数 6 以下の小さな分子である．したがって合成を計画する場合には，小さくて簡単なものから，より大きく複雑な分子をつくり上げるという仕事に直面することが非常に多い．標的化合物を合成するためには，紙の上でその合成を逆方向にたどっていくこと，いわゆる**逆合成解析***（retrosynthetic analysis：*retro*，ラテン語で「後方に」）が最良の手法であり，欄外にそのスキームを示した．この解析では，標的化合物中の合成戦略上重要な炭素一炭素結合を，その生成が可能であると思われるところで「切断する」のである．このように反応を逆に考えるという方法は，これまでは，たとえば「A と B が反応して C が生成する」というように反応の進行する方向に考える習慣がついているので，はじめは奇異に感じるかもしれない．逆合成では，たとえば「C は A と B の反応によって得られる」というように，反応過程を逆に考えなければならない（練習問題 6-2 を思い出そう）．

なぜ，逆合成が有用なのだろうか．それは，簡単な合成ブロックから複雑な骨格を「構築」する場合に，反応の進行する方向に考えると可能な個々の合成反応の組合せの数は劇的に増大し，しかもそこには無数の「行き止まり」が含まれているからである．それに対して，逆向きに考えると複雑さが減り，それ以上考えることができないという解をできるだけ少なくすることができる．よく似たわかりやすい例はジグソーパズルで，一つずつ取りはずしていくほうが，組み上げていくよりはるかに容易である（欄外）．たとえば，次のような課題を考えてみよう．任意の炭素数 3 以下の有機分子から出発して 3-ヘキサノン $CH_3CH_2C{=}OCH_2CH_2CH_3$ を合成する方法を考えよ．そこで，WHIP アプローチを用いてこの問題を構成する要素に分割してみることにする．

What 何が問われているか．実はいくつかある．生成物がケトンであるから，この官能基をつくらないといけない．生成物は 6 炭素から成り，炭素数 3 以下の出発物質しか用いられないので，（少なくとも）1 個の C—C 結合を構築しないといけない．どのような出発物質を用いるか，それらを用いてどのような反応をするべきかも決めなければならない．何とたくさんあることか！

逆合成ツリー（逆合成の流れ）

複雑な標的化合物

⇓ 前駆体を標的物に変換できるあらゆる反応を考える

より複雑でない（より小さな）前駆体 1

⇓ 化合物 2 を前駆体 1 に変換できるあらゆる反応を考える

さらに小さな化合物 2

⇓

目的の出発物質に至るまで必要なかぎり継続する

* Elias J. Corey（1928～，ハーバード大学教授）によって開拓された．1990 年度ノーベル化学賞受賞．

ジグソーパズル：組み合わせるよりバラすほうが楽である．

コラム● 8-3 マグネシウムにできなくて銅にできること：有機金属化合物のアルキル化

正に分極した炭素をもつハロアルカンと負に分極した炭素をもつアルキル金属の一般的なカップリング反応は，非常に発熱的である．

$$\overset{\delta^+}{R}-\overset{\delta^-}{X} + \overset{\delta^-}{R'}-\overset{\delta^+}{M} \longrightarrow R-R' + MX$$

それにもかかわらず，Li や Mg の場合このようなカップリング反応は，室温では非常に遅いか，加熱すると混合生成物を与える．このプロセスは最も基本的な C−C 結合形成反応をなすものであるため，この問題の解決に合成化学者たちがおおいに努力をしてきたことや，いまも努力し続けていることは驚きではない．初期には，銅塩を触媒とすることで問題が解決された．触媒は，低エネルギー（律速）の遷移状態を含む他の反応機構を経由することによって，反応がより速く進行することを可能にする（3-3 節参照）．

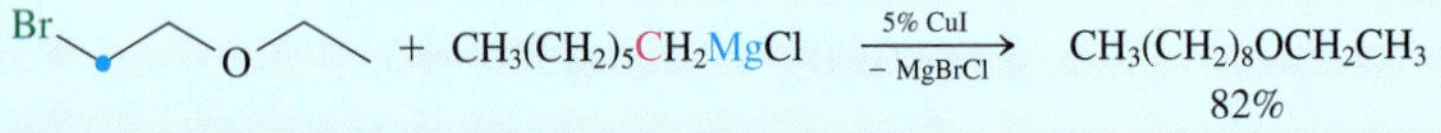

この方法は，イエバエの性誘引剤であるムスカルレ（muscalure）の工業的な規模での製造に応用されている．この物質は毒性成分と合わせたかたちで，とくに家禽，ブタ，ウシあるいは乳牛の施設や厩舎において害虫の駆除に使われている（12-17 節参照）．

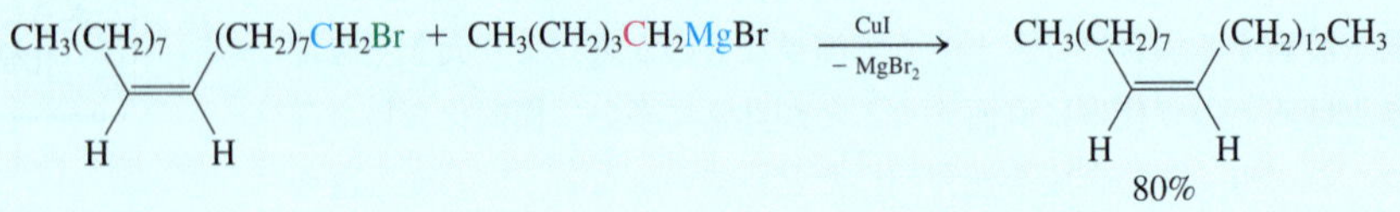

ムスカルレ（muscalure）

これらの反応の機構はキュプラート（cuprate，下巻；18-10 節参照）という有機銅化学種を経由して進行しているが，この化学種はたとえばアルキルリチウム反応剤から化学量論的に発生させて反応に利用できる．

$$2\ CH_3CH_2CH_2CH_2Li + CuI \longrightarrow (CH_3CH_2CH_2CH_2)_2CuLi + LiI$$

リチウムジブチルキュプラート

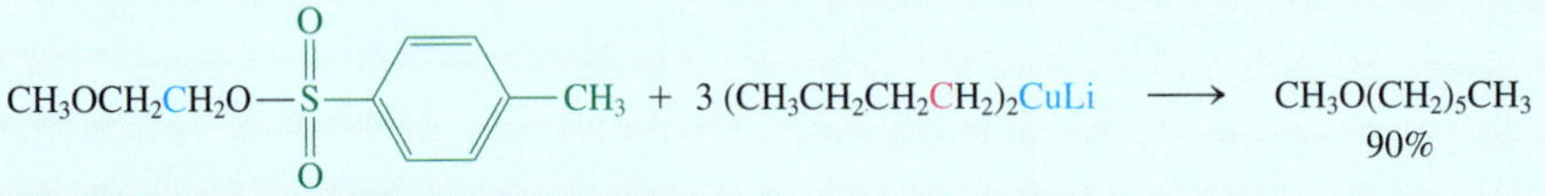

How どこから手をつけるか．ケトンを合成する必要がある．ケトンを生成するどんな反応を知っているか．

Information 必要な情報は何か．これまでのところ，ケトン合成について知っている反応は，クロム（VI）反応剤による第二級アルコールの酸化だけである（8-5 節）．

Proceed 一歩一歩論理的に進めよ．逆合成解析によって，このケトンは第二級アルコールから導けるといえる（下図左側）．ケトンを与える実際の反応は下の図右側に示されている．これが解答の最終ステップとなるはずである．

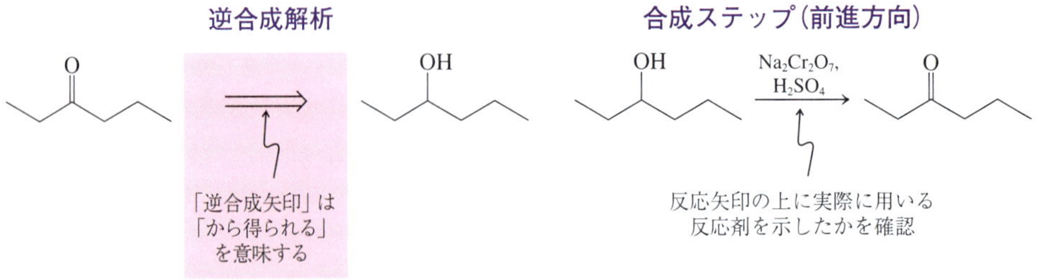

CHEMISTRY

より最近になって，このテーマについて，Ni, Pd, Fe および Rh をもとにした触媒の共存下，M = Zn, Sn, Al などを用いて多数の別の方法が見いだされたが，ここではほんのわずかの例だけを紹介する．その研究の目的は単に反応の効率性だけではなく，共存する官能基の許容性を改善することにある．たとえば，アルキルリチウム反応剤や Grignard 反応剤とは違って，対応する Zn 化合物はカルボニル基を攻撃しない．

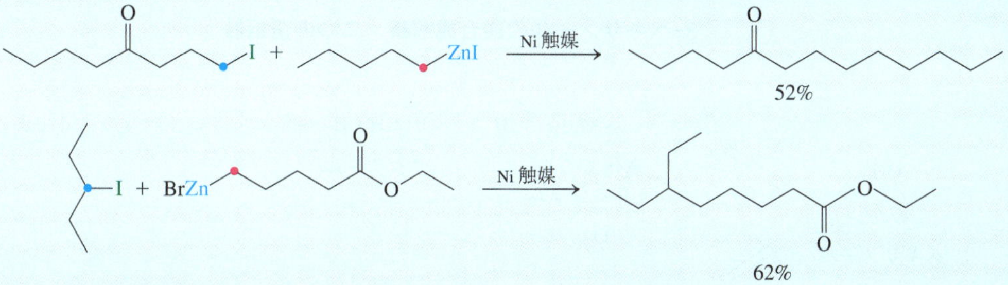

上記の場合，反応機構は直接的な求核置換ではなく，次に簡略化した形で機構を示したように，むしろ触媒のまわりにある二つの基，R および R′ の会合によるものである．

$$\mathrm{R{-}X} \xrightarrow{+\,\mathrm{Ni}} \mathrm{R{-}Ni{-}X} \xrightarrow[-\,\mathrm{ZnX_2}]{\mathrm{R'ZnX}} \mathrm{R{-}Ni{-}R'} \xrightarrow{-\,\mathrm{Ni}} \mathrm{R{-}R'}$$

遷移金属により触媒された C—C 結合形成反応の開発はこの 10 年間で爆発的に進展しており，アルケンやアルキンへのカップリングに広く用いられている方法が，コラム 12-4，13-1 ならびに 13-9 節，18-10 節（下巻）および 20-2 節（下巻）で述べられている．

イエバエにとって，ムスカルレはまさに「死への誘引剤」である．

白抜きの矢印，すなわち「逆合成の矢印」は，いわゆる**戦略的な結合切断**(strategic disconnection)を示している．上図の左側の解析で，C と O の間の 2 本目の結合である「切断された」結合が，アルコールである 3-ヘキサノールの酸化という私たちの知っている変換反応で形成できるものであることに気がつく．この過程は上図の右側に示されており，この解答の最後のステップとなる．

What 次に問われているのは何だろうか．私たちは新たな合成の問題に面している．すなわち，この反応の出発物質（3-ヘキサノール）である第二級アルコールをつくることである．

How どこから手をつけるか．第二級アルコールを合成するどんな方法を知っているか，自問してみよう．

Information 必要な情報は何か．ケトンのヒドリド反応剤による還元（8-5 節）とアルデヒドへの Grignard 反応剤の付加（8-7 節）という二つの方法を知っている．

Proceed 一歩一歩論理的に進めよ．前述の二つの選択肢の実行可能性を検討してみよう．還元して 3-ヘキサノールをつくるために必要なケトンはまさに私たちが合成しようとしている3−ヘキサノンそのものであるから，ケトンの還元はここでは有用な方法ではない．ちょうど堂々巡りをするようなことになるだろう．第二の経路に目を向けて，3−ヘキサノールを与えるであろう Grignard 反応剤とアルデヒドの組合せを考えてみよう．逆合成解析で考えてみると，アルコール炭素の左側で炭素−炭素結合（結合 *a*）をつくることも，右側で結合（結合 *b*）をつくることもできるので，二つの組合せがあることがわかる．

3−ヘキサノールの逆合成解析：二つの選択肢

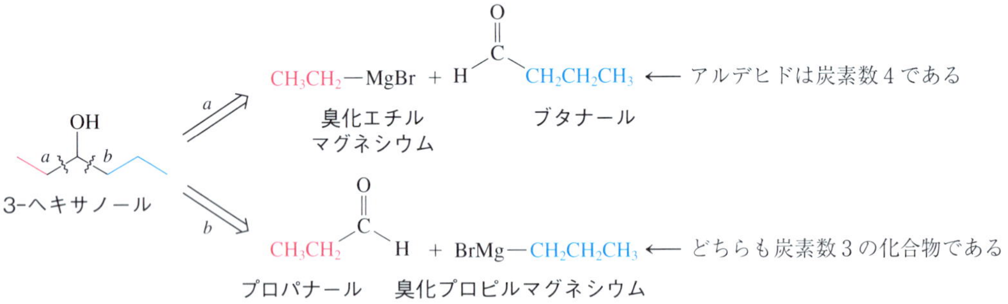

上の逆合成解析的な結合切断（retrosynthetic disconnection）はどちらも合理的な戦略を示している．結合 *a* を形成することはできるが，出発物質の一方が炭素数4のアルデヒドである．私たちは炭素数3以下の出発物質しか使うことを認められていないので，このアルデヒドをより小さな分子から構築しなければならない．他方，結合 *b* は，Grignard 反応において二つの炭素数3の成分から構築することが可能である．ここで必要な Grignard 反応剤は，1−ブロモプロパンのようなハロアルカンとマグネシウムから発生させることができる（8−6節）．そうすると私たちは最終的な合成スキームを以下のように書くことができる．

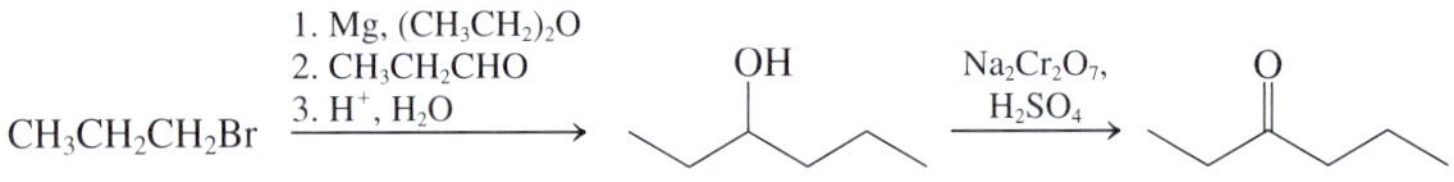

説明してきたように，上に示した Grignard 反応を用いた3−ヘキサノール合成のための二つの手法はどちらも合理的なものである．しかし，一般に逆合成における結合切断ではできるだけ同じ大きさの分子片になるように切断すべきである．

したがって，本問中に明示されたような制約が仮になかったとしても，二つの炭素数3の分子を結合するという私たちが最後に考えた手法のほうがすぐれている．

同様に，S_N2 反応を用いる3−ヘキサノールの逆合成という代替案（8−4節）も，標的分子の構造を簡単化しないという理由で，一般的にはよくない解決法である．

3−ヘキサノール合成のためのよくない逆合成計画

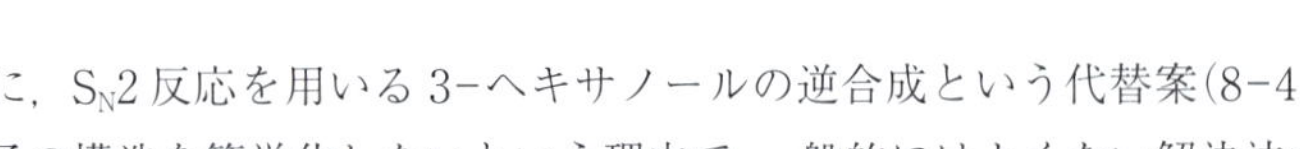

自分の思いどおりに使える反応に精通するとともに，より簡単な出発物質から

より複雑な標的分子を合成するのにそれらの反応を利用する最も効率的な方法をみいだす練習をしよう．

逆合成解析はアルコールの合成に役立つ

第三級アルコールである 4-エチル-4-ノナノールの合成に逆合成解析を適用してみよう．このアルコールやその同族体は，立体的に込み合っていて疎水性があるために，ある種の重合反応の共溶媒や添加剤としての重要な工業的用途がある（12-14 節参照）．逆合成解析のためには反応の各段階で二つの手続きを踏む必要がある．まず，既知の反応で形成できるような結合をすべて「切断」することにより，合成戦略上可能なすべての切断を見つけ出す．次に，標的化合物の構造を最も単純化できるものを探すことによって，これらの切断のなかでどれが相対的に有利かを評価する．4-エチル-4-ノナノールの合成戦略上考えるべき結合は，官能基の周囲にある結合である．より簡単な前駆体に導く切断法としては以下の三つがある．経路 *a* は C4 からエチル基を切断するもので，標的化合物の合成の前駆体としては臭化エチルマグネシウムと 4-ノナノンが示唆される．切断 *b* ではもう一つの可能性として，プロピル Grignard 反応剤と 3-オクタノンという前駆体が考えられ，最後に，切断 *c* では臭化ペンチルマグネシウムの 3-ヘキサノンへの付加という第三の合成法があることがわかる．

4-エチル-4-ノナノールの合成の逆合成解析の一部

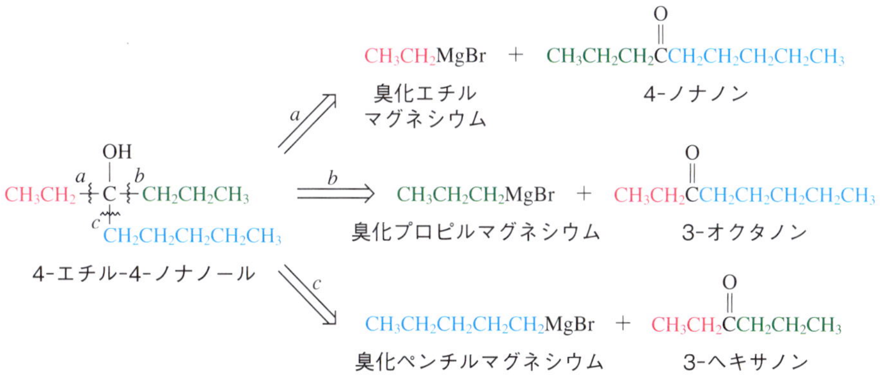

これらを比べて評価すると，*c* の経路が最良である．すなわち，必要な合成ブロックがほとんど同じ大きさで炭素数 5 あるいは 6 から成っていて，この切断が構造的に最も単純化するからである．

練習問題 8-19

4-エチル-4-ノナノールに逆合成解析を適用し，炭素–酸素結合を切断してみよう．これによって効率的な合成法が見いだせるかどうか説明せよ．

ところで，切断 *c* によってできる化合物のどちらかを，さらに簡単な前駆体にしていけるだろうか．当然そうすべきであり，ケトンは第二級アルコールの Cr(VI) 反応剤を用いる酸化によって得られることを思い起こすと（8-5 節），対応するアルコールである 3-ヘキサノールから 3-ヘキサノンを合成することを考えつくであろう．

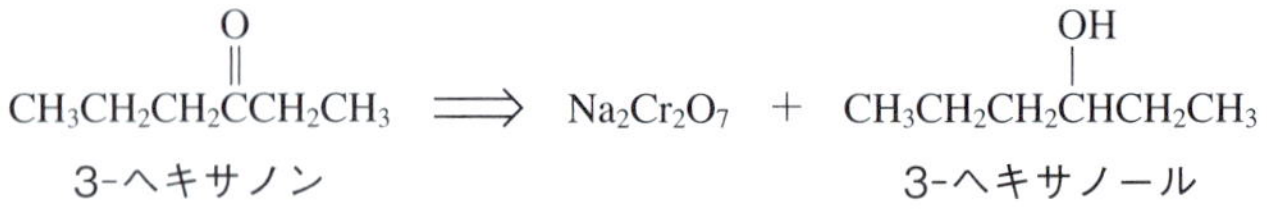

3-ヘキサノールが効率的な切断によって炭素数3から成る2種類の化合物になることはすでに明らかであるので，これによって完全な合成経路を組み立てることができる．

4-エチル-4-ノナノールの合成

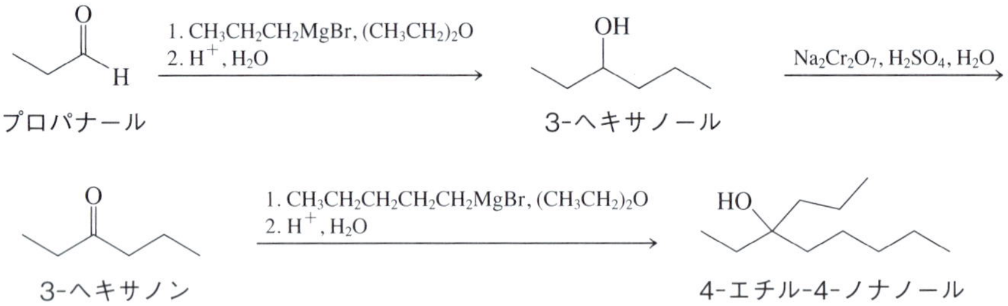

この合成例は，複雑なアルコールを合成するための非常に有効で，一般性の高い連続反応を示している．すなわち，まずGrignardまたは有機リチウム反応剤のアルデヒドへの付加により第二級アルコールを合成し，次にケトンに酸化し，最後にもう一つの有機金属反応剤の付加によって第三級アルコールを得るというものである．

合成におけるアルコールの酸化の有用性

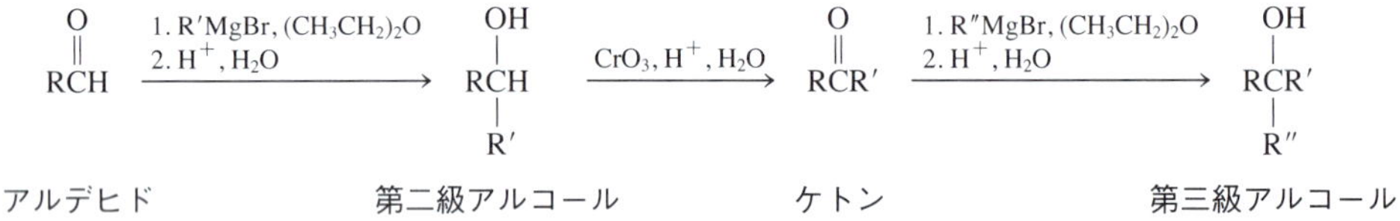

練習問題 8-20

概念のおさらい：標的分子から出発して逆に進む

炭素数4以下の出発物質から3-シクロブチル-3-ヘプタノールを合成するための逆合成解析を示せ．

●解法のてびき

ここでもWHIPの戦略を用いよう．

What 考えるための材料として何があるか．まず標的化合物の構造を書こう．ヒドロキシ基が結合した炭素に三つの異なるアルキル基，すなわちエチル基，ブチル基，シクロブチル基をもつ第三級アルコールである．炭素数4以下の出発物質のみが使えることに留意しよう．

How どこから手をつけるか．逆合成解析を適用する．すべての可能な戦略的結合切断を見きわめ，次いで，これらの切断の相対的な優位性を評価する．この場合，出発物質が炭素数4以下であるという制約を評価に含めるよう考慮しなければならない．

Information 必要な情報は何か．本節の逆合成のスキームを見直してみよう．

Proceed 一歩一歩論理的に進めよ．

●答え

- これまでに学んだことを応用すると，逆合成の手法によって生成物を *a*，*b* および *c* という三つの可能性のある方法で切断することができる．

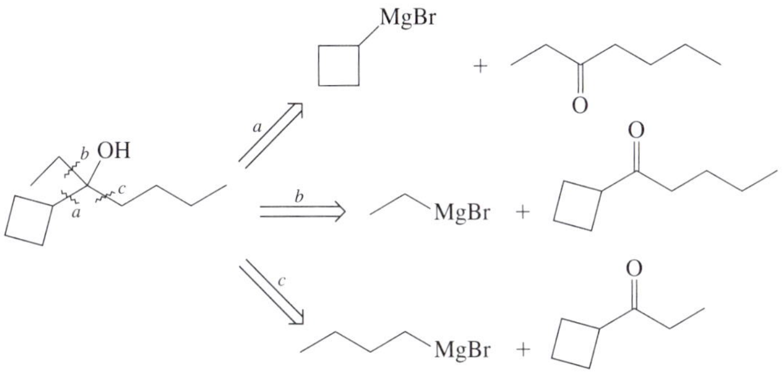

- いずれの場合も標的化合物をより小さな成分に分解しているが，どの式を見ても，炭素数4以下という要求された条件に合うような大きさの成分にはなっていない．それどころか，切断によって生じたケトンはそれぞれ炭素数7あるいは9から成り，いずれもさらに小さな成分から別途に合成しなければならない．
- 切断 *b* で得られたケトンは，炭素数4の化学種二つを直接結合して合成するには大きすぎるので，切断 *a* および *c* がこの解析によって追求するのに最も適しているようである．私たちは，C−C結合形成反応で直接ケトンを合成する方法は（まだ）学んでいないので，それぞれに対応するアルコールを書いて，それらを逆合成するように「手直しする」ことにする．このアルコールをさらに逆合成でどう分割するかはすでに知っている（また，このアルコールを酸化して反応を前に進める方法も学んでいる；8-5節）．そこで，このアルコールの構造についてさらにC−C結合の可能な切断（波線で示した）を行うことができる．

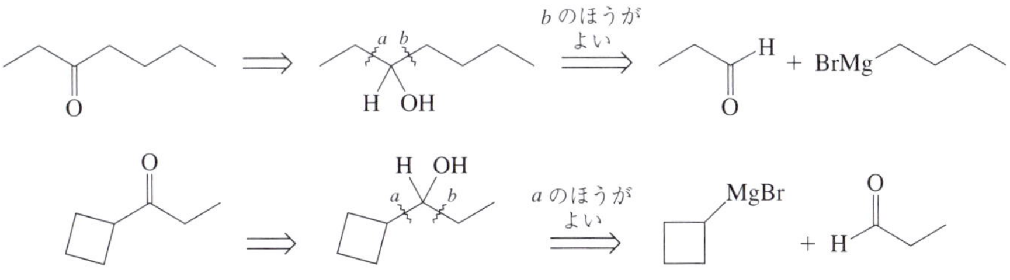

どちらの場合も，一方の切断のみが要求された炭素数4と炭素数3の成分を与えるものである．

- このような解析によって，問いに対する完全に合理的な答えが二つ得られる．一方はシクロブチル部分を早い段階で導入するのに対し，他方は非常に遅い段階で導入するものである．どちらかが他方よりもすぐれているだろうか．よく検討すればそうであると結論づけられるが，それは2番目の経路のほうである．このようなひずみの大きい環は反応性が高く，副反応が起こりやすいので，これを合成のあとの段階で導入するほうが有利なのである．

練習問題 8-21 自分で解いてみよう

(a)メタンを唯一の出発有機物質として，2-メチル-2-プロパノールをどのようにして合成すればよいかを示せ．(b)同様に，ブタンから 3,4-ジメチル-3-ヘキサノールを合成する方法を示せ．

合成を計画するときには落し穴に気をつけよう

合成化学を実行に移すときに，標的化合物がうまくできないような，あるいは収率が低いような合成経路を選ばないために，留意しておくべきことがいくつかある．

第一に，出発物質を望む生成物に変換するために必要な反応の数を最小限にすること．

これは非常に重要で，連続的な合成経路を十分短くできるならば，収率の低い段階が容認される場合もある．たとえば，(出発物質はどれもみな同程度の値段であると仮定して)各段階が収率 85 % で 7 段階の合成は，三つの段階の収率が 95 % で一つの段階の収率が 45 % である全部で 4 段階の合成よりも劣っている．最初の連続反応では全収率は$(0.85\times0.85\times0.85\times0.85\times0.85\times0.85\times0.85)\times100=32$ % になるが，2 番目の合成では 3 段階短いだけでなく，全収率は$(0.95\times0.95\times0.95\times0.45)\times100=39$ % となる．

ここにあげた例はどちらも，すべての反応が連続的に行われるので，このような方法を**直線型合成**(linear synthesis)という．複雑な標的化合物を合成する場合，全段階数が同じであるならば，一般に二つか三つの併行した経路で行うのがよく，このような方法を**収束型合成**(convergent synthesis)という．収束型合成法について単純な全収率の計算はできないが，同一量の生成物を得るためにこれら二つの方法で実際に必要とする出発物質の量を比較すると，収束型のほうが効率が高いことが容易に納得できるであろう．次の例では，10 g の生成物 H が直線型連続反応では A → B → C → H という 3 段階(それぞれ収率 50 %)で合成され，収束型の場合には D および F から出発してそれぞれ E および G を経由して合成される．話を簡単にするために，これらの化合物はすべて分子量が同じと仮定すると，直線型合成では出発物質が 80 g 必要であるのに対し，収束型合成では合わせて 40 g しか要らない．

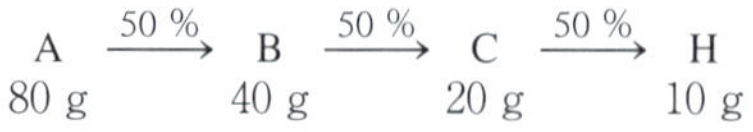

H の直線型合成

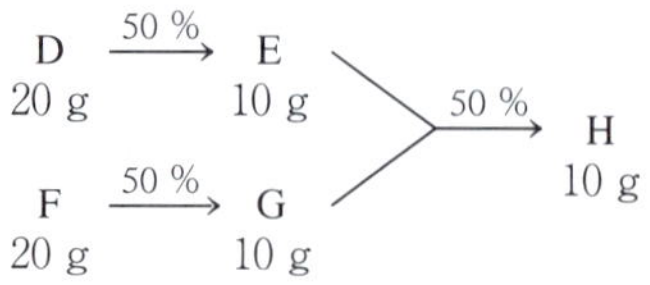

H の収束型合成

第二に，望む反応を妨害するような官能基をもつ分子を反応基質として用いないこと．

たとえば，ヒドロキシアルデヒドを Grignard 反応剤と反応させると酸—塩基反応が起こり，有機金属反応剤が分解されるので，炭素—炭素結合は生成しない．

この問題を解決する方法の一つは，Grignard 反応剤を 2 当量加えることである．1 当量はいま述べた酸性の水素と反応させるためで，もう 1 当量はカルボニル基へ望む反応を起こさせるためである．もう一つの解決法は，官能基であるヒドロキシ基をエーテルに変換して「保護する」ことである．この合成戦略については 9-8 節で述べる．

ブロモケトンから Grignard 反応剤を調製しようとしてはいけない．このような反応剤は安定ではなく，生成してもすぐにそのもの自身のカルボニル基(同一分子あるいは他分子の)と反応して分解してしまう．カルボニル基をどのように保護するかについては 17-8 節(下巻)で学ぶ．

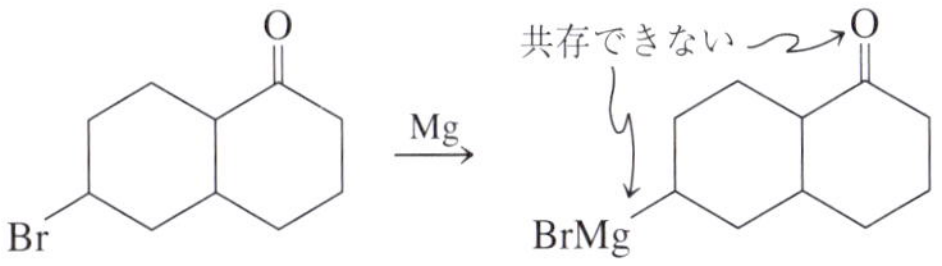

第三には，行おうとしている反応に影響するような，反応機構や構造にもとづく制約を考慮すること．

たとえば，ラジカル臭素化は塩素化よりも選択性が高い．求核反応では構造上の制限に気をつけなければならず，2,2-ジメチル-1-ハロプロパンには反応性がほとんどないことを忘れてはならない．気がつきにくい場合もあるが，このような立体障害の大きい構造をもつハロアルカンは多く，これらも同様に求核剤に対する反応性がほとんどない．しかし，このような化合物でも実際に有機金属反応剤に変換でき，それによってさらに官能基を導入することができる．たとえば，1-ブロモ-2,2-ジメチルプロパンから調製した Grignard 反応剤とホルムアルデヒドを反応させると，対応するアルコールが得られる．

$$(CH_3)_3CCH_2Br \xrightarrow[3.\ H^+,\ H_2O]{1.\ Mg \quad 2.\ CH_2{=}O} (CH_3)_3CCH_2CH_2OH$$

1-ブロモ-2,2-ジメチルプロパン　　3,3-ジメチル-1-ブタノール

第三級ハロゲン化物も，より複雑な骨格に含まれている場合には気づかないこ

2,2-ジ置換された立体障害の大きいハロアルカン

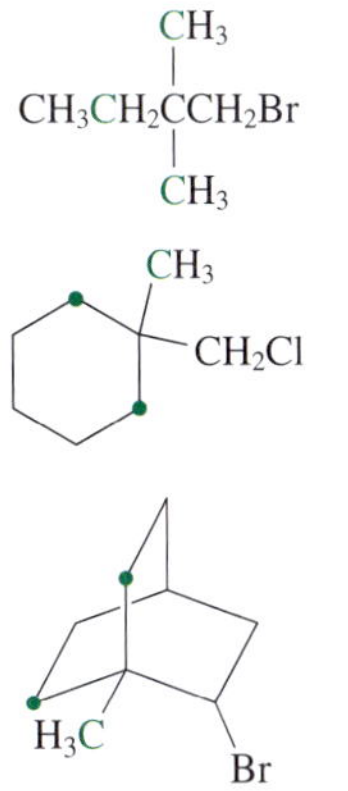

とがある．塩基が存在すると，第三級ハロゲン化物は S_N2 反応よりも脱離反応を起こすことを思い起こそう．

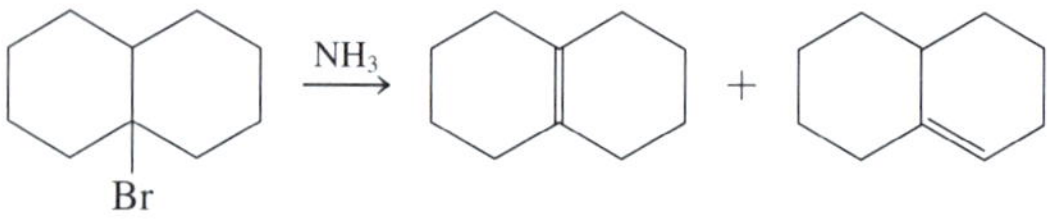

合成の専門知識は実践によって発展してきたものが多く，これは有機化学の他の多くの分野でも同じことである．複雑な分子の合成を計画するときには，これまでの多くの節に述べられている反応や反応機構を復習する必要がある．こうして身につけた知識は合成上の問題点を解決するのに役立てることができる．このような作業をするときのヒントとなるように，**反応のロードマップ**を本章末(414〜415ページを参照)ならびに9，11，12，13章，下巻の15，17，19，20，21章の各章末に添付してある．これらには，おもな官能基それぞれの反応性の概要を1ページにまとめて提供している．反応のロードマップには，官能基の起源となるもの，すなわち他の官能基に変換される前の官能基，とりわけ逆合成デザインに有用な官能基が示されている．反応のロードマップは各官能基がどんな反応をするかを示している．これらのロードマップは節の番号順に並べられており，本書全体をカバーしている．有機化学を学んでいるどの段階においても，それまでに学んだ節以前のものを活用し，さらに学び進むに連れてまた立ち戻ってもらいたい．

章のまとめ

私たちはどこまで学んできただろうか．そして，これから何を学ぼうとしているのだろうか．8章では，ハロアルカンに続いて，重要な官能基をもつ第二の化合物群であるアルコールについての解説が始まった．ハロアルカンを用いて，私たちは二つの主要な反応機構の経路，すなわちラジカル反応(ハロアルカンを合成するため．3章参照)とイオン反応(置換および脱離の反応性を示すため．6章および7章参照)を学んできた．これに対して，アルコールの場合には，酸化，還元およびケトンやアルデヒドへの有機金属反応剤の付加などの新しい反応について学んだ．ここでの解説によって，どのように合成の計画を立てるか，というアイデアを検証できるようになった．

この章ではとくに以下のようなことを学んだ．

- IUPAC則によりアルコールを体系的に命名する(8-1節)．
- 水素結合がアルコールの物理的な性質に重要な影響をもたらす(8-2節)．
- アルコールは酸でもあり，塩基でもある(8-3節)．
- アルコールは水酸化物イオンで脱離基を求核置換して合成できる(8-4節)．
- アルコールは酸化還元反応によりアルデヒドやケトンと関係している(8-5節)．
- ヒドリド(イオン)や有機金属反応剤のアルデヒドやケトンへの求核攻撃により，アルコールが得られる(8-6節および8-7節)．
- 複雑な分子の合成計画には逆合成解析が必要である．このプロセスでは，合成を逆方向に考えて，標的分子を戦略的な結合切断によってより単純な前駆体に分解していく(8-8節).

本書をさらに学び進んでいき，いろいろな種類の化合物群とそれらの化学に関する知識を蓄積していくにつれて，そこで得られた情報を分類したり応用したりする方法として，絶えず合成戦略に立ち戻って考えることになるであろう．本章および次章では，a) 命名法，b)構造と一般的な性質，c) 合成法，d) それらが起こす反応の種類およびその反応のさまざまな応用法，という形式にしたがって述べていくことになるが，このあとで述べるすべての官能基についてもこの形式で記述する．

8-9 総合問題：概念のまとめ

以下の2問は，本章の二つの特徴的な面を示すものである．はじめの問題は，小さな合成ブロックから複雑なアルコールを組み立てるという文脈のなかで，逆合成解析の概念に立ち戻るものである．次の問題では，一般化学の入門で出会ったトピックス，酸化還元反応式のつり合いをとるということを思い出すだろう．このような公式の扱いに慣れると，これから学ぶ酸化状態が変化する反応を理解するのに役立つであろう．

練習問題 8-22：複雑なアルコールの逆合成を練習する

第三級アルコールは，Lewis酸性の金属化合物(2-3節参照)を触媒として用いるいくつかの工業的なプロセスにおいて重要な添加物である．第三級アルコールが立体的に保護された疎水的な環境を金属に与え(図8-3，コラム8-1も参照すること)，それによって有機溶媒への溶解性，触媒寿命の改善，基質活性化における選択性などをもたらす．このような第三級アルコールの合成は，一般には8-8節で述べた合成の原則にのっとって行われる．

シクロヘキサンから出発して第三級アルコール(A)を合成する反応式を書け．ただし，炭素数4以下のどのような合成ブロックを用いてもよく，また必要な反応剤として何を用いてもよい．

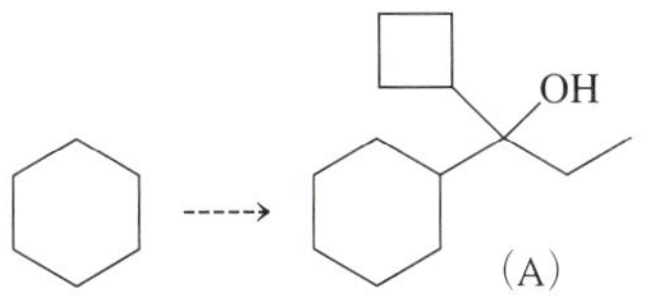

● 解法のてびき

What この問題を解くために手当たりしだいに試行錯誤を試みる前に，どういう情報が与えられているかをまとめてみよう．第一に，シクロヘキサンが与えられており，このユニットが第三級アルコール(A)では置換基の一つになっている．第二に，生成物では合計炭素数が7増えており，炭素数4を超える化合物を用いることができないために，小さなフラグメントをさらに何回か結合させる必要がある．

How どこから手をつけるか．シクロヘキサンから出発して，反応を前に進めようとしてはてはいけない．そうではなく，逆合成解析を適用しよう．

Information 必要な情報は何か．標的とする(A)は第三級アルコールであり，8-8節で紹介した逆合成解析にしたがうとよい(M ＝金属)．

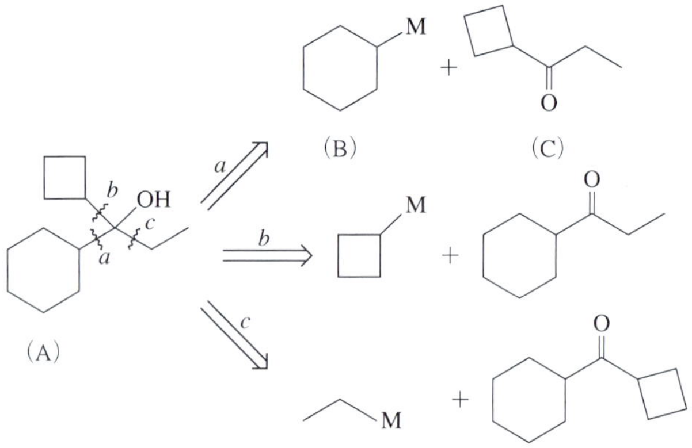

Proceed 一歩一歩論理的に進めよ．

●答え

アプローチ *a* は，第三級アルコール(A)を均等な大きさのフラグメント(B)および(C)に切断するので，明らかに選ぶべきルートの一つである．

(A)に直接至る前駆体を見つける最良の経路としてルート *a* を選んだとすると，(B)および(C)の前駆体としてそれぞれ何が適当かの解析を，さらにさかのぼって進めなければならない．化合物(B)は，逆合成すると容易に出発物質である炭化水素のシクロヘキサンにたどり着く．すなわち，有機金属化合物(B)の前駆体はハロシクロヘキサンに違いなく，次いでこれはラジカル的ハロゲン化によってシクロヘキサンから合成できる．

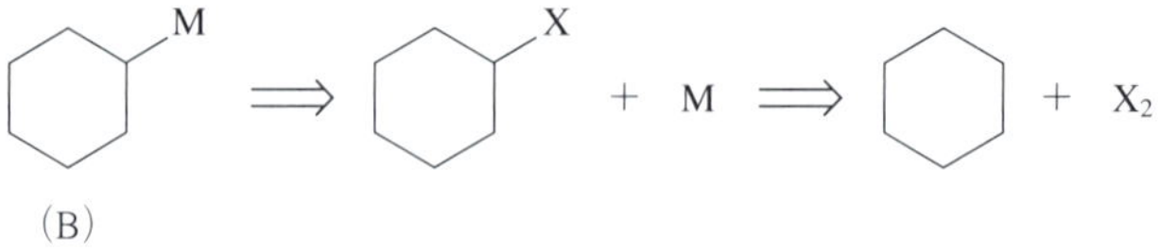

ケトン(C)は二つのより小さな成分に分割しなければならないが，最もよい切断は「4 + 3」炭素の組合せであろう．こうすると，最も均等な大きさに分けることができ，シクロブチル中間体を用いればよいことが示唆される．現段階で私たちが知っているC—C切断はアルコールの場合だけなので，(C)からの逆合成の最初の段階はその前駆体のアルコール(およびクロム酸化剤)に至る．さらに逆合成を進めると，必要な出発物質である(D)および(E)が与えられる．

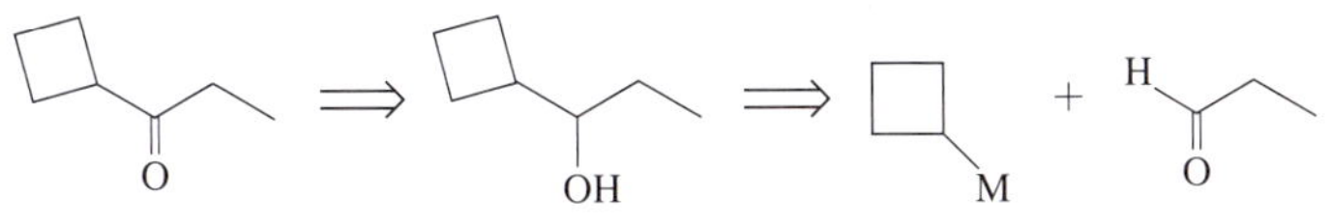

ここまでくると，シクロヘキサンと化学種(D)および(E)を出発物質として，生成物に向けての反応式を詳細に書くことができる．

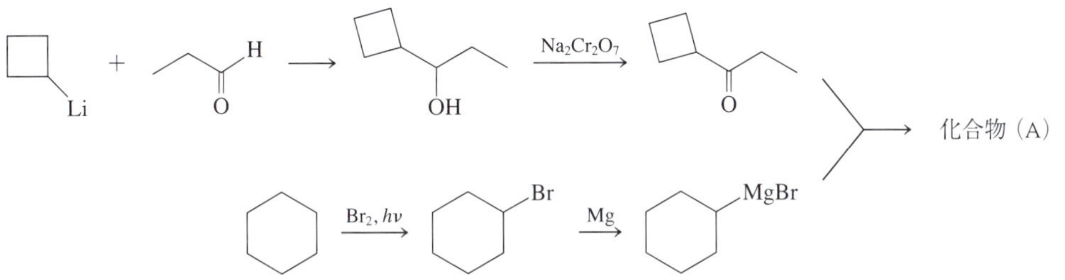

終わりにあたっての注意　この問題および本書でこれから出てくる合成に関する練習問題では，すべての反応を進行方向(すなわち，出発物質＋反応剤 → 生成物)だけでなく，逆方向(すなわち，生成物 ← 出発物質＋反応剤)にも自由自在にとらえられるような逆合成解析が必要になる．このような順方向と逆方向という 2 種類のとらえ方から，2 種類の違った問題が出てくる．順方向のとらえ方では，知るかぎりのすべての反応剤と共存させたときに，与えられた出発物質から得られると思われる生成物をすべて示せ，という問題になる．逆方向のとらえ方では，適当な反応剤が与えられたとして，ある生成物に至ると考えられるすべての出発物質を示せ，という問題になる．本章末および以後の章末において，反応を上記の二つの様式でまとめてあるのは，このような点に主眼を置いているためである．

練習問題 8-23：一般化学への回帰：化学量論式のつり合い

本章では，アルコールとアルデヒドやケトンとの間の相互変換をする酸化還元反応について学んだ．その際に用いられる反応剤は Cr(VI)(たとえば，$Na_2Cr_2O_7$ のようなクロム酸塩の形で用いる)や H^-($NaBH_4$ や $LiAlH_4$)であった．有機化学者はこれらのプロセスで生じる無機生成物をいつも捨ててしまうので，それらがどのようなものであるか通常は気にかけていない．しかし，ある出発物質がどれだけ反応に「使われ」，可能な生成物の一つひとつがどれだけ「生じてくる」かを示す化学量論式(出発物と生成物の量関係のつり合いがとれた化学反応式)を書くことは，電子のやりとりを記録する(および実験を記述する)ために役立つ(欠かすことのできない)ことである．初歩の化学で，化学量論反応式の問題を扱ったことのある人がほとんどだと思うが，金属間の酸化還元のやりとりにかぎられるのがふつうである．

次の第一級アルコールのアルデヒドへの一般的な酸化反応式の化学量論関係を示せ.

$$RCH_2OH + H_2SO_4 + Na_2Cr_2O_7 \longrightarrow \overset{\overset{\displaystyle O}{\|}}{RCH} + Cr_2(SO_4)_3 + Na_2SO_4 + H_2O$$

●答え

この変換反応では，1）アルコールの酸化と 2）Cr(Ⅵ)化学種の Cr(Ⅲ)への還元，という二つの独立した反応が同時に起こっている，と考えるのが最も適切である．これら二つの反応をそれぞれ**半反応**(half-reaction)という．この反応や類似の酸化還元反応の共通的な溶媒である水のなかの反応では，以下のようにして二つの半反応がつり合うようにする．

a. 消費された，あるいは H_3O^+(または H^+ と簡略化して表す)として生成した水素原子をすべて表す.

b. 消費された，あるいは H_2O(酸性水溶液中)や ^-OH(塩基性水溶液中)として生成した酸素原子をすべて表す.

c. 負の電荷が不足している側に電子をその分だけ加える.

上記の指針を，アルコールから水素 2 個が奪われる反応と考えられる次の式(1)に適用してみよう．この 2 個の水素はプロトンとして生成物側に書き(規則 a)，さらに電子を 2 個書き加えて電荷のつり合いをとる(規則 c).

$$RCH_2OH \longrightarrow \overset{\overset{\displaystyle O}{\|}}{RCH} + 2\,H^+ + 2\,e \qquad (1)$$

次に，クロム化学種の半反応について考えると，$Cr_2O_7^{2-}$ が 2 個の Cr^{3+} イオンに変わることがわかっている.

$$Cr_2O_7^{2-} \longrightarrow 2\,Cr^{3+}$$

式の右側に酸素が 7 個出てくる必要があることに着目すると，規則 b にしたがって 7 分子の H_2O を書くことになる.

$$Cr_2O_7^{2-} \longrightarrow 2\,Cr^{3+} + 7\,H_2O$$

この変換過程には式の左側に 14 個の水素原子が必要となるが，規則 a によればこれは 14 個の H^+ 原子である.

$$14\,H^+ + Cr_2O_7^{2-} \longrightarrow 2\,Cr^{3+} + 7\,H_2O$$

ところで，左右の電荷のバランスはとれているだろうか．電荷がつり合っていないので，規則 c にしたがって左側に電子 6 個を加えると，左右がつり合った式(2)が得られる.

$$14\,H^+ + Cr_2O_7^{2-} + 6\,e \longrightarrow 2\,Cr^{3+} + 7\,H_2O \qquad (2)$$

二つの半反応を精査すると，上記のように，1）2 e の発生(酸化，8-5 節)と 2)

6 e の消費(還元，8–5 節)が起こっていることがわかる．化学式には電子を示さないので，電子の生成と消費のつり合いをとる必要がある．そのためには，式(1)を単に 3 倍するだけでよい．

$$3\,\mathrm{RCH_2OH} \longrightarrow 3\,\mathrm{R\overset{\overset{\displaystyle O}{\|}}{C}H} + 6\,\mathrm{H^+} + 6\,\mathrm{e} \qquad (3)$$

次に，左右がつり合った二つの半反応を式(3)＋式(2)のように合算して，電子を相殺するという操作をすると，式(4)が得られる．

$$3\,\mathrm{RCH_2OH} \longrightarrow 3\,\mathrm{R\overset{\overset{\displaystyle O}{\|}}{C}H} + 6\,\mathrm{H^+} + 6\,\mathrm{e} \qquad (3)$$

$$14\,\mathrm{H^+} + \mathrm{Cr_2O_7{}^{2-}} + 6\,\mathrm{e} \longrightarrow 2\,\mathrm{Cr^{3+}} + 7\,\mathrm{H_2O} \qquad (2)$$

$$3\,\mathrm{RCH_2OH} + 14\,\mathrm{H^+} + \mathrm{Cr_2O_7{}^{2-}} \longrightarrow 3\,\mathrm{R\overset{\overset{\displaystyle O}{\|}}{C}H} + 6\,\mathrm{H^+} + 2\,\mathrm{Cr^{3+}} + 7\,\mathrm{H_2O} \qquad (4)$$

この式(4)では，両側に H^+ が含まれている．そこで，「余分の」H^+ を差し引いて単純化すると，式(5)となる．

$$3\,\mathrm{RCH_2OH} + 8\,\mathrm{H^+} + \mathrm{Cr_2O_7{}^{2-}} \longrightarrow 3\,\mathrm{R\overset{\overset{\displaystyle O}{\|}}{C}H} + 2\,\mathrm{Cr^{3+}} + 7\,\mathrm{H_2O} \qquad (5)$$

最後に，実際には酸化還元されない，いわば本反応の「傍観者的なイオン」を書き加えて化学量論に合致するようにすると，式(6)ができ上がる．

$$3\,\mathrm{RCH_2OH} + 4\,\mathrm{H_2SO_4} + \mathrm{Na_2Cr_2O_7} \longrightarrow 3\,\mathrm{R\overset{\overset{\displaystyle O}{\|}}{C}H} + \mathrm{Cr_2(SO_4)_3} + \mathrm{Na_2SO_4} + 7\,\mathrm{H_2O} \qquad (6)$$

左右のつり合いがとれた式(6)では H_2SO_4 が消費されており，なぜこの反応を酸性溶媒中で行うのかということが，見事に明らかにされている．またこの式は，二クロム酸塩の酸化力についても，1 mol あれば 3 mol のアルコールを酸化するのに十分であることをはっきりと示している．

新しい反応

1. アルコールの酸–塩基としての性質(8–3 節)

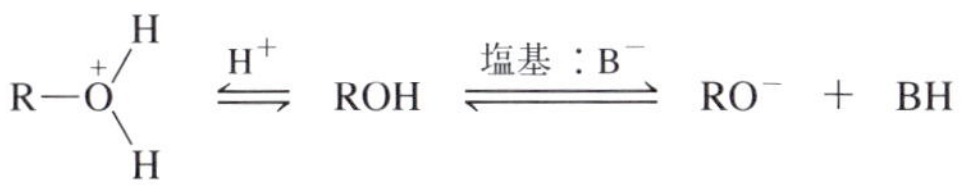

アルキルオキソニウムイオン　　アルコール　　アルコキシド

酸 性 度：$RO{-}H \approx HO{-}H > H_2N{-}H > H_3C{-}H$
塩基性度：$RO^- \approx HO^- < H_2N^- < H_3C^-$

アルコールの実験室的合成法

2. ハロゲン化物や他の脱離基の水酸化物イオンによる求核置換反応（8-4 節）

$$RCH_2X + HO^- \xrightarrow[S_N2]{H_2O} RCH_2OH + X^-$$

X＝ハロゲンなど
第一級, 第二級（第三級は脱離反応を起こす）

$$\underset{R'}{RCHX} + CH_3CO^-_{\parallel O} \xrightarrow{S_N2} \underset{R'}{RCHOCCH_3}_{\parallel O} \xrightarrow[\text{エステル加水分解}]{HO^-} \underset{R'}{RCHOH}$$

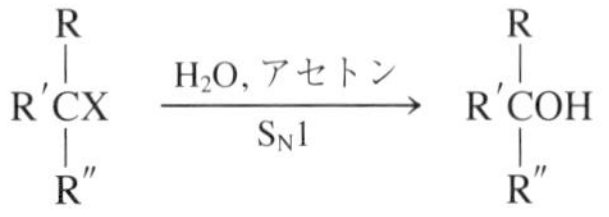

$$\underset{R''}{\overset{R}{R'CX}} \xrightarrow[S_N1]{H_2O, \text{アセトン}} \underset{R''}{\overset{R}{R'COH}} \quad \text{第三級に最良の方法}$$

3. アルデヒドおよびケトンのヒドリド反応剤による還元反応（8-5 節）

$$\underset{}{RCH}^{\parallel O} \xrightarrow{NaBH_4, CH_3CH_2OH} RCH_2OH \qquad \underset{}{RCR'}^{\parallel O} \xrightarrow{NaBH_4, CH_3CH_2OH} \underset{H}{RCR'}^{OH}$$

$$\underset{}{RCH}^{\parallel O} \xrightarrow[\text{2. } H^+, H_2O]{\text{1. } LiAlH_4, (CH_3CH_2)_2O} RCH_2OH \qquad \underset{}{RCR'}^{\parallel O} \xrightarrow[\text{2. } H^+, H_2O]{\text{1. } LiAlH_4, (CH_3CH_2)_2O} \underset{H}{RCR'}^{OH}$$

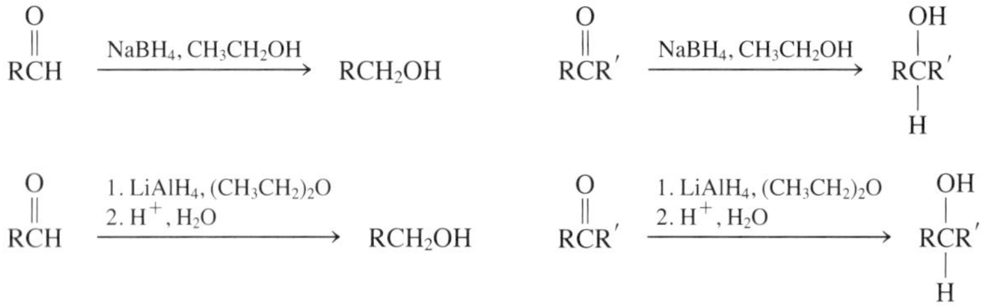

アルデヒド　　　　　　　　第一級　　　ケトン　　　　　　　　　第二級
　　　　　　　　　　　　　アルコール　　　　　　　　　　　　　アルコール

アルコールの酸化反応

4. クロム反応剤（8-5 節）

$$RCH_2OH \xrightarrow{PCC, CH_2Cl_2} RCH^{\parallel O} \qquad RCHR'^{OH} \xrightarrow{Na_2Cr_2O_7, H_2SO_4} RCR'^{\parallel O}$$

第一級　　　　　　アルデヒド　　第二級　　　　　　　　ケトン
アルコール　　　　　　　　　　　アルコール

有機金属反応剤

5. 金属とハロアルカンの反応（8-6 節）

$$RX + Li \xrightarrow{(CH_3CH_2)_2O} RLi + LiX$$

アルキルリチウム反応剤

$$RX + Mg \xrightarrow{(CH_3CH_2)_2O} RMgX$$

Grignard 反応剤　 R は O–H のような酸性基や C＝O のような求電子性基を含むことはできない．

6. 加水分解反応（8-6 節）

$$RLi \text{ または } RMgX + H_2O \longrightarrow RH$$
$$RLi \text{ または } RMgX + D_2O \longrightarrow RD$$

7. アルデヒドおよびケトンに対する有機金属化合物の反応（8–7 節）

$$\text{RLi または RMgX} + CH_2{=}O \longrightarrow RCH_2OH$$

ホルムアルデヒド　　第一級アルコール

$$\text{RLi または RMgX} + R'\overset{\displaystyle O}{\overset{\|}{C}}H \longrightarrow R\overset{\displaystyle OH}{\overset{|}{\underset{\underset{\displaystyle H}{|}}{C}}}R'$$

アルデヒド　　第二級アルコール

$$\text{RLi または RMgX} + R'\overset{\displaystyle O}{\overset{\|}{C}}R'' \longrightarrow R\overset{\displaystyle OH}{\overset{|}{\underset{\underset{\displaystyle R''}{|}}{C}}}R'$$

ケトン　　第三級アルコール

アルデヒドやケトンは，O−H 基や他の C=O 基のように有機金属反応剤と反応するような官能基を含むことはできない．

8. ハロアルカンと水素化アルミニウムリチウムによるアルカンの合成反応（8–6 節）

$$RX + LiAlH_4 \xrightarrow{(CH_3CH_2)_2O} RH$$

■重要な概念

1. アルコールは IUPAC 命名法ではヒドロキシ基を含むアルカン主鎖の名称にもとづいて**アルカノール**と名づけられる．アルキル置換基やハロゲン置換基は接頭語としてつける．

2. アルコールは水と同じように**分極した**短い O−H 結合をもつ．アルコールのヒドロキシ基は**親水性**で，**水素結合**を容易に形成する．その結果，アルコールは異常に沸点が高く，また，かなりの水溶性を示すことが多い．アルコール分子のアルキル部は**疎水性**を示す．

3. アルコールは酸性および塩基性のどちらをも示す**両性物質**であるが，これもまた水と同様である．塩基の共役酸がアルコールよりもかなり弱い酸である場合には，その塩基によってアルコールは完全に脱プロトン化されて**アルコキシドイオン**になる．アルコールをプロトン化すると**アルキルオキソニウムイオン**になる．溶液中での酸性度は第一級＞第二級＞第三級アルコールの順である．電子求引性置換基はアルコールの酸性度を高める（すなわち塩基性度を低くする）．

4. ハロアルカン（$C^{\delta+}{-}X^{\delta-}$）の求電子的アルキル基から**有機金属化合物**（$C^{\delta-}{-}X^{\delta+}$）の求核的なアルキル基への変換は**極性反転**の例である．

5. アルデヒドやケトンの**カルボニル基**（C=O）の炭素原子は求電子的であり，したがって**ヒドリド反応剤**の水素化物イオンや有機金属化合物のアルキルアニオンなどの求核剤の攻撃を受ける．水による後処理をすると，これらの反応の生成物としてアルコールが得られる．

6. アルコールの Cr(Ⅵ) 反応剤によるアルデヒドやケトンへの**酸化**は，さらに有機金属反応剤との反応ができるようになるという点で，合成上重要な可能性をもたらすものである．

7. 逆合成解析は，一連の効率的な反応によって構築できる合成戦略上重要な結合を見きわめることにより行う．この解析は複雑な有機分子の合成を計画するのに役立つ．

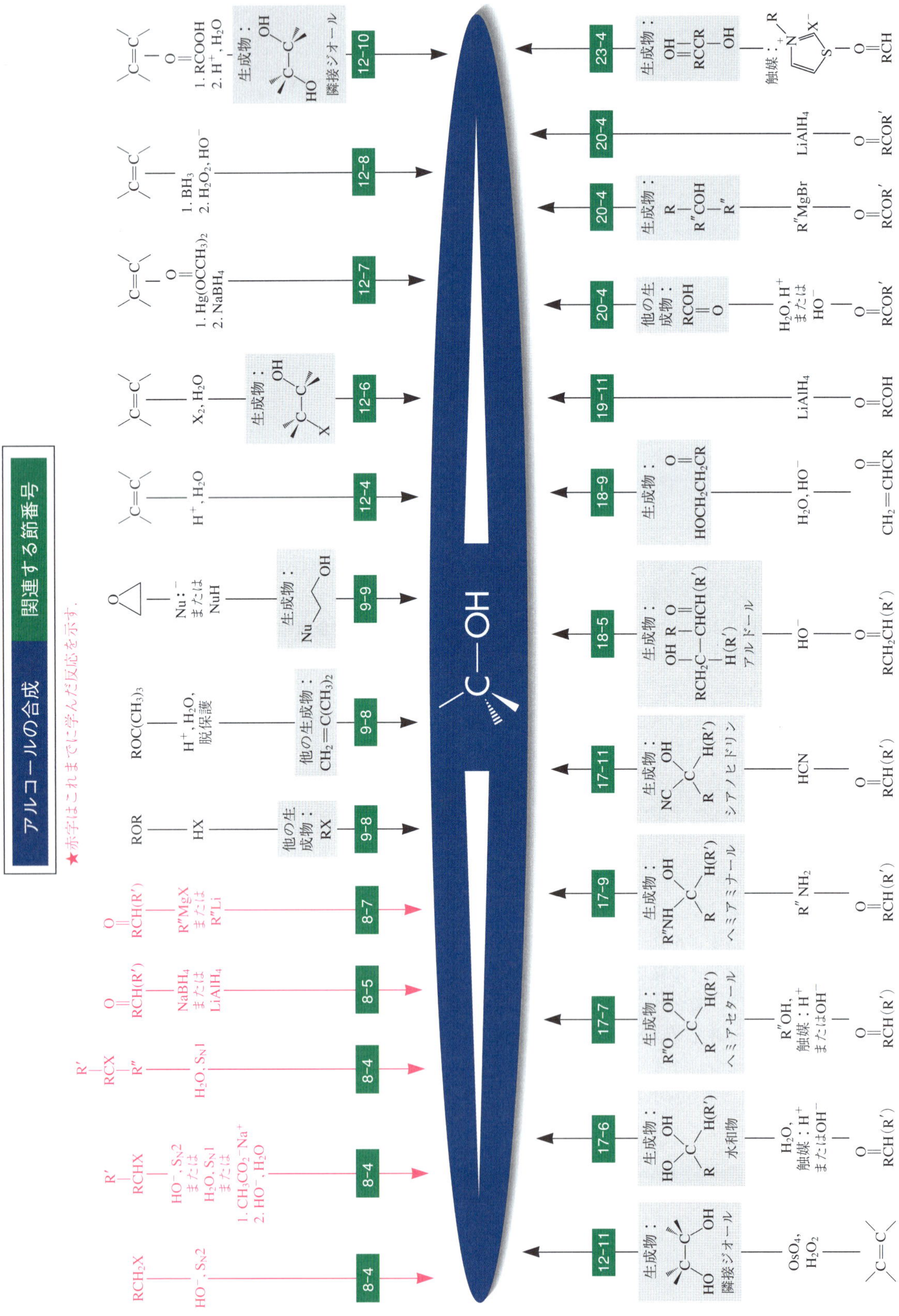
アルコールの合成
関連する節番号
★赤字はこれまでに学んだ反応を示す.

アルキルリチウム反応剤および Grignard 反応剤の反応 | 関連する節番号

★赤字はこれまでに学んだ反応を示す．

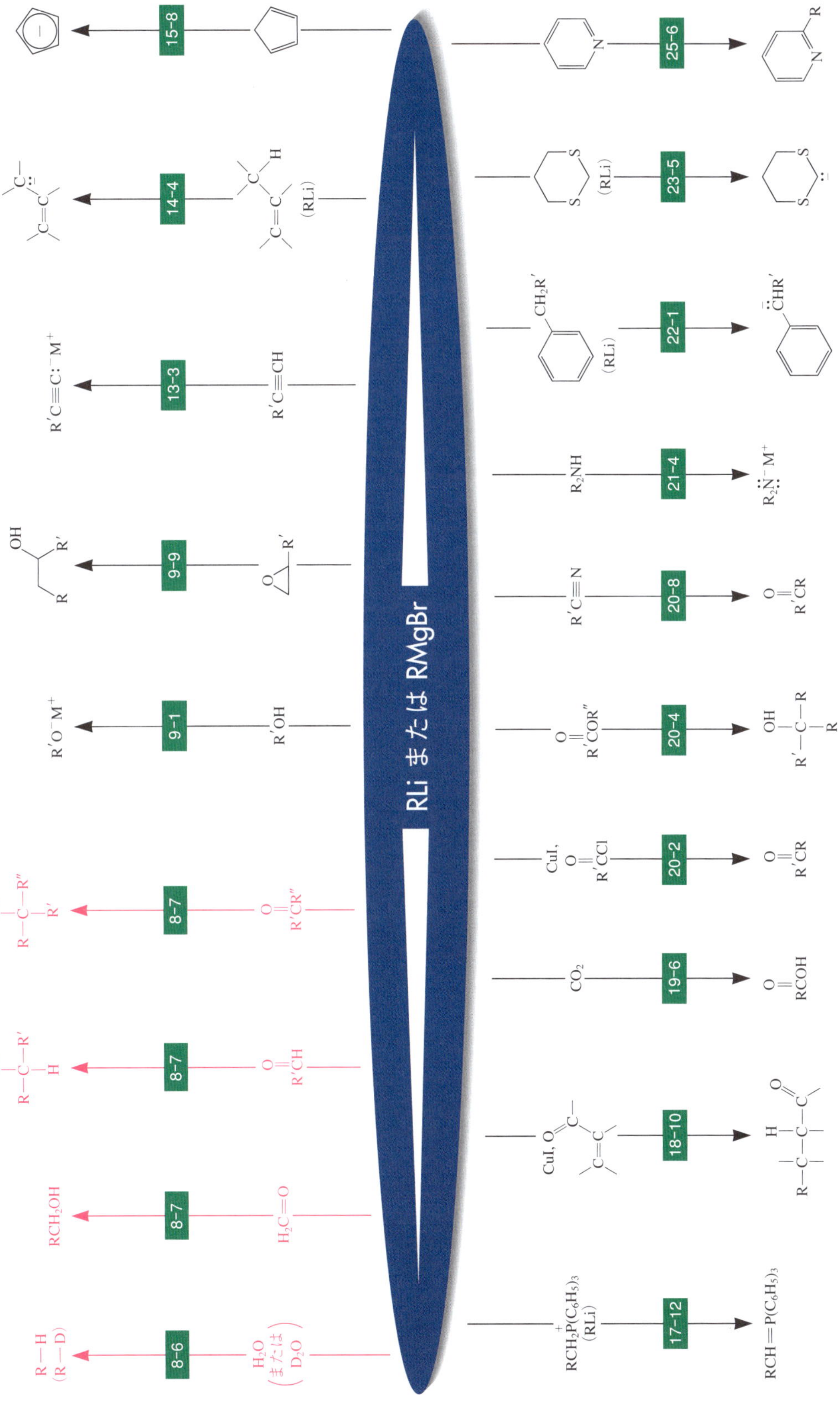

章末問題

24. 次のアルコールをIUPAC命名法にしたがって命名せよ．立体中心がある場合には立体化学を示すとともに，ヒドロキシ基を第一級，第二級，第三級に分類せよ．

(a) 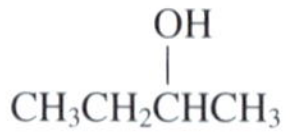

(b) 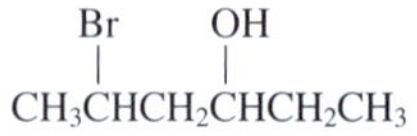

(c) $HOCH_2CH(CH_2CH_2CH_3)_2$

(d) 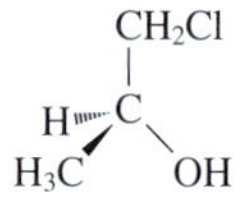

(e) 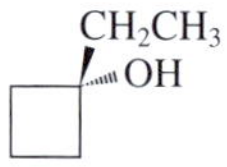

(f) 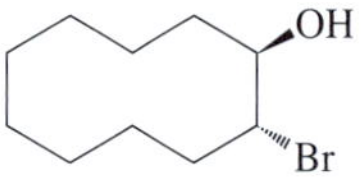

(g) $C(CH_2OH)_4$

(h) 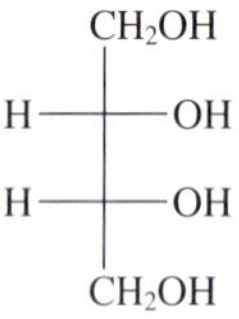

(i) 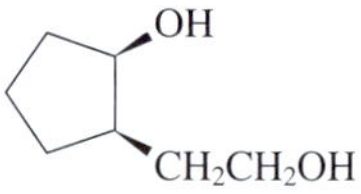

(j) 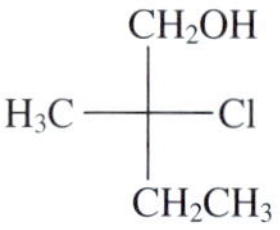

(k) 次に示す構造は，トライタン(Tritan)ポリエステルといわれる新しい樹脂の成分の一つである．トライタンは透明で，強靭で，非常に割れにくい．この樹脂は，以前からあるポリカーボネート樹脂に取って代わってきているが，それは後者が，潜在的な内分泌撹乱活性についての懸念が物議をかもすようになった物質であるビスフェノールAを含むからである(下巻；22-3節およびコラム22-1参照)．示された化合物の可能な立体異性体をすべて書き出し，それらに命名するとともにヒドロキシ基が第一級，第二級あるいは第三級かを記せ．

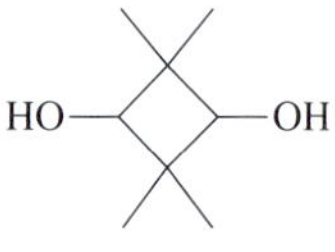

25. 次のアルコールの構造を書け．
(a) 2-(トリメチルシリル)エタノール，(b) 1-メチルシクロプロパノール，(c) 3-(1-メチルエチル)-2-ヘキサノール，(d) (*R*)-2-ペンタノール，(e) 3,3-ジブロモシクロヘキサノール．

26. 次の化合物群をそれぞれ沸点の低いものから順に並べよ．
(a) シクロヘキサン，シクロヘキサノール，クロロシクロヘキサン，(b) 2,3-ジメチル-2-ペンタノール，2-メチル-2-ヘキサノール，2-ヘプタノール．

27. 次の各化合物群の水溶性の順を説明せよ．
(a) エタノール＞クロロエタン＞エタン
(b) メタノール＞エタノール＞1-プロパノール

28. 1,2-エタンジオールは1,2-ジクロロエタンよりもゴーシュ形配座として存在する割合がはるかに大きい．理由を説明せよ．2-クロロエタノールのゴーシュ形：アンチ形の比は，1,2-ジクロロエタンと1,2-エタンジオールのどちらの場合の比に近いと思うか．

29. *trans*-1,2-シクロヘキサンジオールの最も安定な立体配座はいす形で，二つのヒドロキシ基はエクアトリアル位にある．(a) この立体配座にある化合物の構造を書け．分子模型を組み立てるとなおよい．(b) このジオールとクロロシラン〔R_3SiCl，R＝$(CH_3)_2CH$(イソプロピル)〕との反応で対応するジシリルエーテル(下に表示)が得られる．特筆すべきことに，この反応はいす形構造の反転を引き起こし，二つのシリルエーテル基がアキシアル位にある立体配座を生じる．この観察結果を構造図あるいは模型を用いて説明せよ．

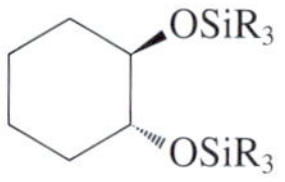

30. 次の各化合物群を酸性度の高いものから順に並べよ．
(a) $CH_3CHClCH_2OH$，$CH_3CHBrCH_2OH$，$BrCH_2CH_2CH_2OH$
(b) $CH_3CCl_2CH_2OH$，CCl_3CH_2OH，$(CH_3)_2CClCH_2OH$
(c) $(CH_3)_2CHOH$，$(CF_3)_2CHOH$，$(CCl_3)_2CHOH$

31. 次のアルコールがそれぞれ溶液中で，1)塩基として，2)酸として，どのように作用するかを対応する式で示せ．それぞれの塩基あるいは酸としての強さをメタノールと比較するとどちらが強いか．
(a) $(CH_3)_2CHOH$ (b) CH_3CHFCH_2OH
(c) CCl_3CH_2OH

32. $CH_3\overset{+}{O}H_2$ および CH_3OH の pK_a 値をそれぞれ−2.2および15.5であるとして，以下の状態にあるときのpHを算出せよ．
(a) メタノールがまったく等量の $CH_3\overset{+}{O}H_2$ と CH_3O^- を含む，(b) CH_3OH が50％と $CH_3\overset{+}{O}H_2$ が50％共存する，(c) CH_3OH が50％と CH_3O^- が50％共存する．

33. アルキルオキソニウムイオン(たとえば，$R\overset{+}{O}H_2$，$R_2\overset{+}{O}H$)の安定化にとって超共役が重要であると考えられるかどうかを説明せよ.

34. 以下の方法でアルコールの合成が可能と考えられるが，それぞれを吟味して，よい方法(必要とするアルコールが主生成物であるかまたは唯一の生成物である)，あまりよくない方法(必要とするアルコールが副生成物である)，あるいは悪い方法のどれにあたるかを評価せよ．(**ヒント**：必要なら 7-9 節を参照すること.)

(a) $CH_3CH_2CH_2CH_2Cl \xrightarrow{H_2O,\ CH_3\overset{\text{O}}{\overset{\|}{\text{C}}}CH_3} CH_3CH_2CH_2CH_2OH$

(b) 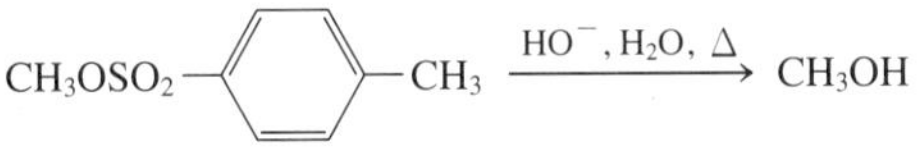

(c) 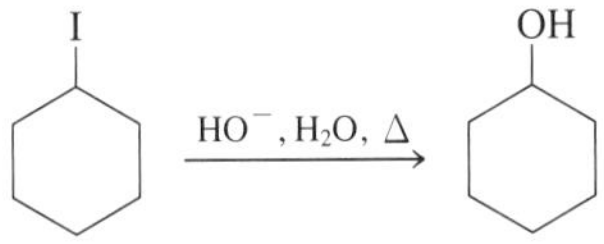

(d) $CH_3\overset{\text{I}}{\overset{|}{\text{C}}}HCH_2CH_2CH_3 \xrightarrow{H_2O,\ \Delta} CH_3\overset{\text{OH}}{\overset{|}{\text{C}}}HCH_2CH_2CH_3$

(e) $CH_3\overset{\text{CN}}{\overset{|}{\text{C}}}HCH_3 \xrightarrow{HO^-,\ H_2O,\ \Delta} CH_3\overset{\text{OH}}{\overset{|}{\text{C}}}HCH_3$

(f) $CH_3OCH_3 \xrightarrow{HO^-,\ H_2O,\ \Delta} CH_3OH$

(g) 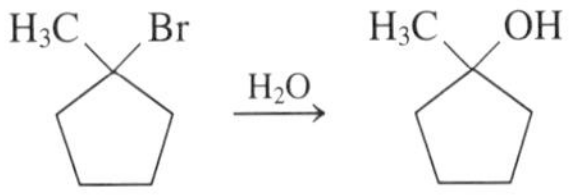

(h) $CH_3\overset{CH_3}{\overset{|}{\text{C}}}HCH_2Cl \xrightarrow{HO^-,\ H_2O,\ \Delta} CH_3\overset{CH_3}{\overset{|}{\text{C}}}HCH_2OH$

35. 問題 34 で目的の生成物が低収率でしか得られない反応それぞれについて，もしあればよりよい方法を提案せよ.

36. 次の各反応の主生成物(複数のこともある)を示せ．なお，水による後処理を要する場合があるが，ここでは省略している.

(a) $CH_3CH{=}CHCH_3 \xrightarrow[\text{(ヒント：2-2 節を見よ)}]{H_3PO_4,\ H_2O,\ \Delta}$

(b) $CH_3\overset{\text{O}}{\overset{\|}{\text{C}}}CH_2CH_2\overset{\text{O}}{\overset{\|}{\text{C}}}CH_3 \xrightarrow{\text{1. }LiAlH_4,\ (CH_3CH_2)_2O\quad \text{2. }H^+,\ H_2O}$

(c) 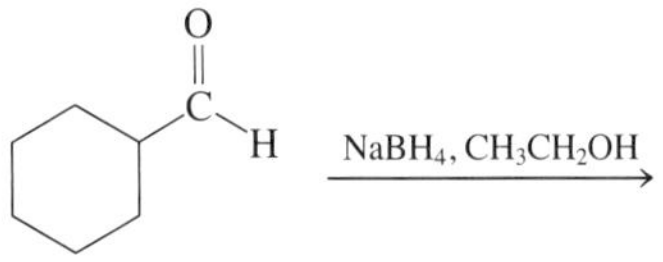

(d) 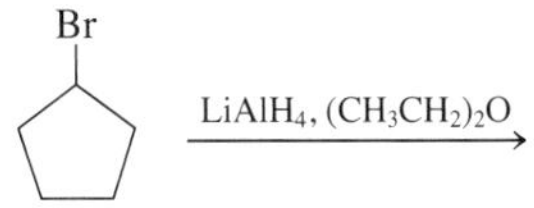

(e) 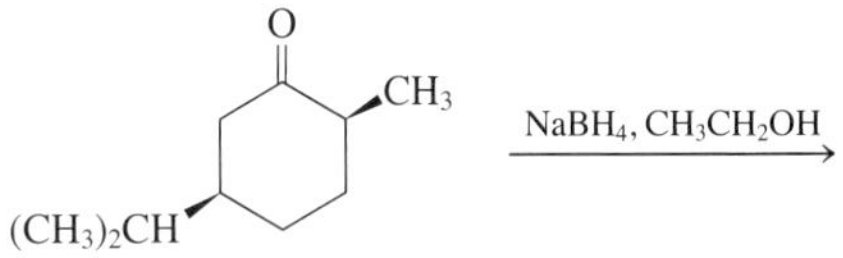

(f) 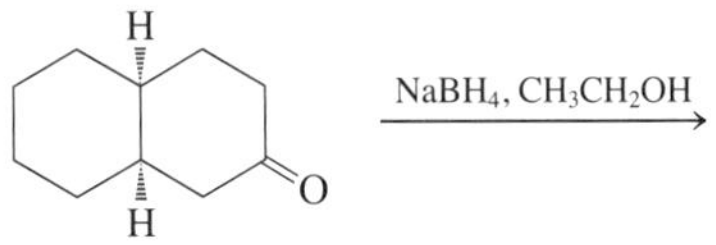

37. 次の平衡はどちらに偏っているか．(**ヒント**：H_2 の pK_a は約 38 である.)

$$H^- + H_2O \rightleftharpoons H_2 + HO^-$$

38. 次の各反応の生成物を示せ．溶媒はいずれの反応でも $(CH_3CH_2)_2O$ である.

(a) $CH_3\overset{\text{O}}{\overset{\|}{\text{C}}}H \xrightarrow{\text{1. }LiAlD_4\quad \text{2. }H^+,\ H_2O}$ (b) $CH_3\overset{\text{O}}{\overset{\|}{\text{C}}}H \xrightarrow{\text{1. }LiAlH_4\quad \text{2. }D^+,\ D_2O}$

(c) $CH_3\overset{\text{O}}{\overset{\|}{\text{C}}}D \xrightarrow{\text{1. }LiAlH_4\quad \text{2. }H^+,\ H_2O}$ (d) $CH_3CH_2I \xrightarrow{LiAlD_4}$

上記のいずれかの反応の生成物はキラルか．もしあれば，それらのうち反応過程で得られたときに光学活性を示すものがあるか．あれば，またなければ，その理由を述べよ.

39. 問題 38 に示された各反応の機構を書け.

40. 次の各反応の主生成物(複数のこともある)を示せ〔(d)，(f)および(h)の場合は酸水溶液による後処理をしたものとする〕.

(a) $CH_3(CH_2)_5\overset{\text{Cl}}{\overset{|}{\text{C}}}HCH_3 \xrightarrow{Mg,\ (CH_3CH_2)_2O}$

(b) (a)の生成物 $\xrightarrow{D_2O}$

(c) 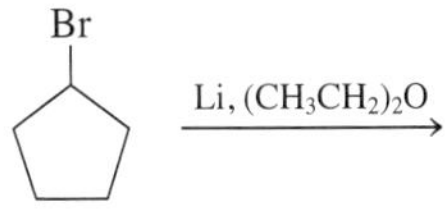

(d) (c)の生成物 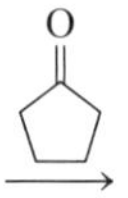 $\longrightarrow$

(e) $CH_3CH_2CH_2Cl + Mg \xrightarrow{(CH_3CH_2)_2O}$

(f) (e)の生成物 ＋ 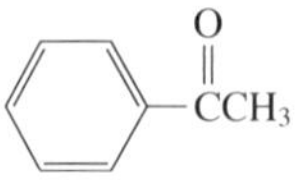 $\longrightarrow$

(g) 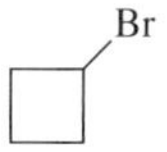 $+\ 2\,Li \xrightarrow{(CH_3CH_2)_2O}$

(h) 2 mol の(g)の生成物 ＋ 1 mol

$CH_3\overset{O}{\overset{\|}{C}}CH_2CH_2\overset{O}{\overset{\|}{C}}CH_3 \longrightarrow$

41. 研究室のガラス器具をアセトンで洗うという日常的な習慣が，思いがけない結果を生むことがある．たとえば，ある学生がヨウ化メチルマグネシウム(CH_3MgI)を合成して，ベンズアルデヒド(C_6H_5CHO)に付加させようと計画したとしよう．この合成反応で，水で後処理を行って得ようと目指したものは何かを示せ．この学生が，洗ったばかりのガラス器具を用いて上の反応を行ったところ，生成物として予想外の第三級アルコールを得た．彼はいったい何を合成したのかを答えよ．また，それはどのようにして生成したか説明せよ．

42. 次の各ハロゲン化化合物のうち，Grignard 反応剤が調製できて，続いてそれをアルデヒドやケトンと反応させてアルコールの合成に首尾よく使えるものはどれか．使えないのはどれか，また，それはどのような理由によるかを述べよ．

(a) 

(b) 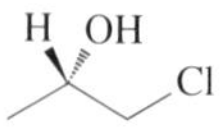

(c) 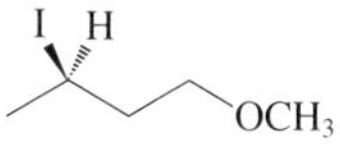

(d) 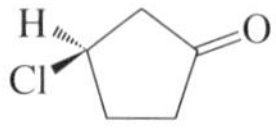

(e) 

(**ヒント**：1 章の章末問題 50)

43. 次の各反応の主生成物(複数のこともある)を示せ(水で後処理をしたものとする)．いずれも溶媒はエトキシエタン(ジエチルエーテル)である．

(a) 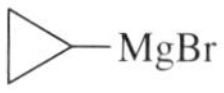 $+\ H\overset{O}{\overset{\|}{C}}H \longrightarrow$

(b) $CH_3\overset{CH_3}{\overset{|}{C}}HCH_2MgCl + CH_3\overset{O}{\overset{\|}{C}}H \longrightarrow$

(c) $C_6H_5CH_2Li + C_6H_5\overset{O}{\overset{\|}{C}}H \longrightarrow$

(d) $CH_3\overset{MgBr}{\overset{|}{C}}HCH_3$ ＋ 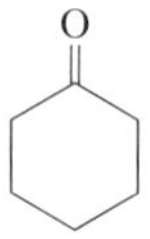 $\longrightarrow$

(e) 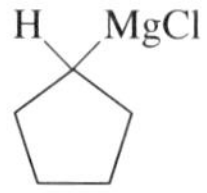 ＋ 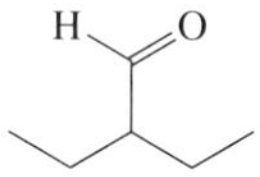 $\longrightarrow$

44. 問題 43 の各反応について，電子の流れを示す曲がった矢印を用いて各ステップの完全な反応機構を書け．ただし，酸性水溶液による後処理を含めること．

45. 臭化エチルマグネシウム(CH_3CH_2MgBr)と次の各カルボニル化合物との反応の生成物の構造を示せ．2 種類以上の立体異性体が生じる反応はどれか．また，その反応で異性体生成物は同量生じるか，あるいは生成量が異なるかについても述べよ．

(a) 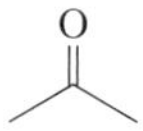

(b) 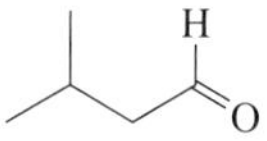

(c) 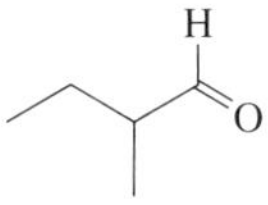

(d) 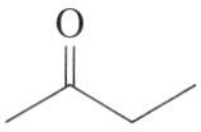

(e) 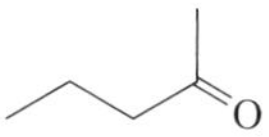

(f) 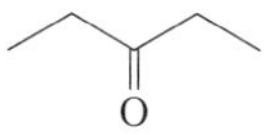

(g) 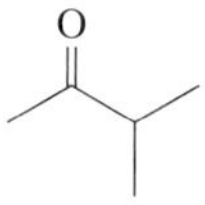

(h) 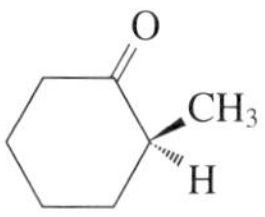

(i) 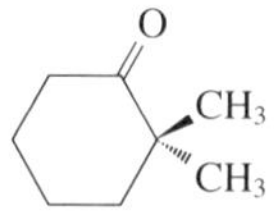

(j) 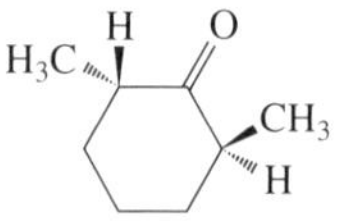

46. 次の各反応の主生成物を予想せよ．PCC はクロロクロム酸ピリジニウムの略である(8-5 節)．

(a) $CH_3CH_2CH_2OH \xrightarrow{Na_2Cr_2O_7,\ H_2SO_4,\ H_2O}$

(b) $(CH_3)_2CHCH_2OH \xrightarrow{PCC,\ CH_2Cl_2}$

(c) 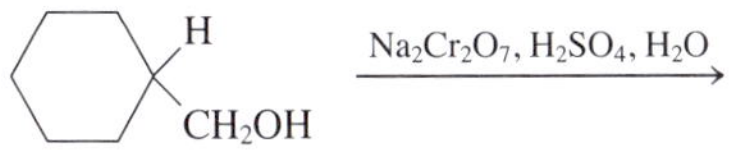

(d) 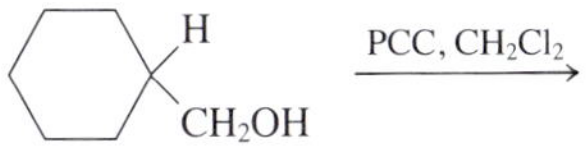

(e) 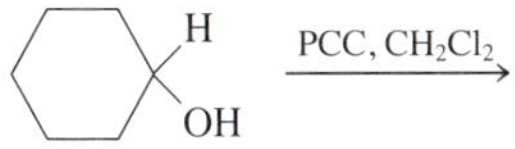

47. 問題 46 に示された各反応の機構を書け.

48. 次の連続した反応による主生成物をそれぞれ予想せよ. PCC はクロロクロム酸ピリジニウムの略である.

(a) $(CH_3)_2CHOH \xrightarrow[3.\ H^+,\ H_2O]{1.\ CrO_3,\ H_2SO_4,\ H_2O \quad 2.\ CH_3CH_2MgBr,\ (CH_3CH_2)_2O}$

(b) 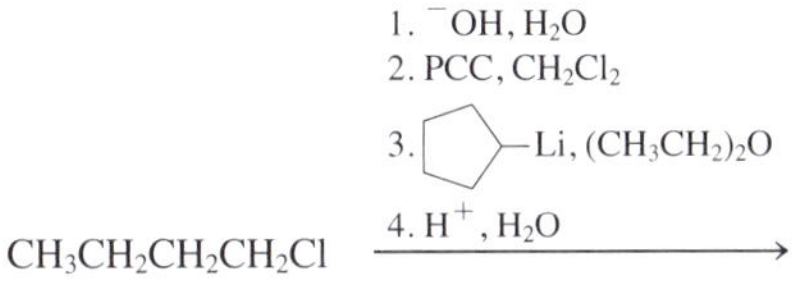

(c) (b)の生成物 $\xrightarrow[3.\ H^+,\ H_2O]{1.\ CrO_3,\ H_2SO_4,\ H_2O \quad 2.\ LiAlD_4,\ (CH_3CH_2)_2O}$

49. チャレンジ 最も電気的に陽性な金属(Na, K など)の有機金属化合物は Grignard 反応剤や有機リチウム反応剤とは異なり，ハロアルカンとすばやく反応する. そのため，RX をこれらの金属を用いて RNa や RK に変換しようとすると，Wurtz カップリングという反応によってアルカンが生成する.

$$2\,RX + 2\,Na \longrightarrow R{-}R + 2\,NaX$$

これは次のような反応に続いて

$$R{-}X + 2\,Na \longrightarrow R{-}Na + NaX$$

下の反応がすばやく起こるためである.

$$R{-}Na + R{-}X \longrightarrow R{-}R + NaX$$

Wurtz カップリング反応が利用されていたころには，二つの同じアルキル基のカップリングによるアルカンの合成〔たとえば次式(1)〕におもに用いられた. Wurtz カップリングがなぜ二つの異なるアルキル基のカップリング〔次式(2)〕の方法として有用でないのか，その理由を述べよ.

$$2\,CH_3CH_2CH_2Cl + 2\,Na \longrightarrow CH_3CH_2CH_2CH_2CH_2CH_3 + 2\,NaCl \quad (1)$$

$$CH_3CH_2Cl + CH_3CH_2CH_2Cl + 2\,Na \longrightarrow CH_3CH_2CH_2CH_2CH_3 + 2\,NaCl \quad (2)$$

50. 1,4-ジブロモブタンと 2 当量の Mg との反応により化合物(A)が生じる. (A)を 2 当量の CH_3CHO(アセトアルデヒド)と反応させ，次に希酸水溶液で後処理を行うと，$C_8H_{18}O_2$ という分子式をもつ化合物(B)が得られる. (A)および(B)の構造を示せ.

51. 次のような単純なアルコールを，それぞれ単純なアルカンを最初の出発物質として合成する最もよい経路を示せ. アルカンを用いて合成を始めると，不利な点は何か.
(a) メタノール　(b) エタノール
(c) 1-プロパノール　(d) 2-プロパノール
(e) 1-ブタノール　(f) 2-ブタノール
(g) 2-メチル-2-プロパノール

52. 問題 51 の各アルコールについて，1)アルデヒド，2)ケトンから出発して合成する経路を示せ(可能な場合のみでよい).

53. 次の各化合物を適当なアルコールから合成する最もよい方法を示せ.

(a) 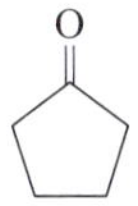　(b) $CH_3CH_2CH_2CH_2COOH$

(c) 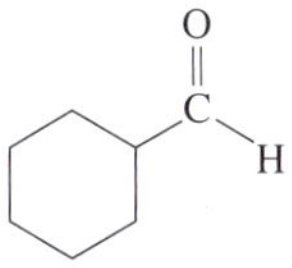　(d) 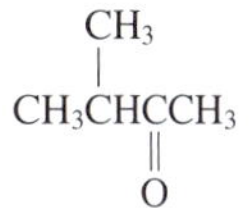

(e) 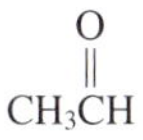

54. 2-メチル-2-ヘキサノールの異なる合成法を三つ示せ. それぞれの合成経路は下記の出発物質の一つを用いるものとする. 反応の段階数や必要な反応剤の使用には制限はない.

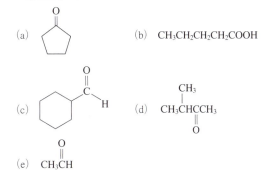

(a) 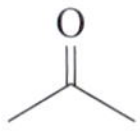　(b) 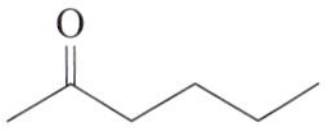

(c) 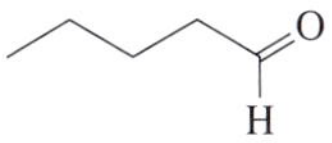

55. (a)ケトン，(b)アルデヒド，(c)(b)で用いたものとは異なるアルデヒドを出発物質として，3-オクタノールの合成法を三つ考えよ．

56. 以下の合成式で，各分子を次の分子に変換するために要する反応剤(複数のこともある)が抜けているので書き加えよ．その変換に二つ以上の段階が必要な場合には，それぞれの段階の反応剤に順に番号をつけること．

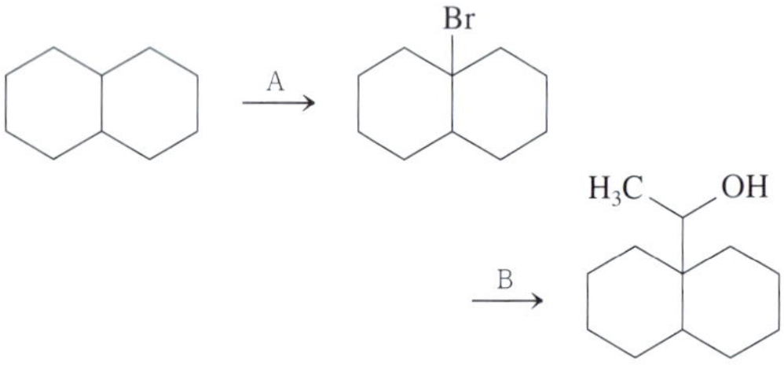

57. ワックスは天然に存在する長い直鎖アルキル鎖を含むエステル(アルカン酸アルキル)である．鯨油は下に示したようなヘキサデカン酸1-ヘキサデシルというワックスを含有する．S_N2 反応を利用してこのワックスを合成するにはどうすればよいか．

$$CH_3(CH_2)_{14}\overset{O}{\overset{\|}{C}}O(CH_2)_{15}CH_3$$

ヘキサデカン酸 1-ヘキサデシル
(1-hexadecyl hexadecanoate)

58. 補酵素であるニコチンアミドアデニンジヌクレオチド(NAD^+，コラム 8-1 参照)の還元体は NADH と略記される．さまざまな酵素触媒の共存下，NADH は生体内の水素化物イオン供与体として作用し，次の一般式に示すようにアルデヒドやケトンをアルコールに還元することができる．

$$R\overset{O}{\overset{\|}{C}}R + NADH + H^+ \xrightarrow{\text{酵素}} R\overset{OH}{\overset{|}{C}}HR + NAD^+$$

カルボン酸の COOH 基は還元されない．次の各分子を NADH によって還元して得られる生成物の構造を書け．

(a) $CH_3\overset{O}{\overset{\|}{C}}H + NADH \xrightarrow{\text{アルコール脱水素酵素}}$

(b) $CH_3\overset{O}{\overset{\|}{C}}\overset{O}{\overset{\|}{C}}OH + NADH \xrightarrow{\text{乳酸脱水素酵素}}$

2-オキソプロパン酸
(2-oxopropanoic acid)
(**ピルビン酸** pyruvic acid)
→ **乳酸** (lactic acid)

(c) $HO\overset{O}{\overset{\|}{C}}CH_2\overset{O}{\overset{\|}{C}}\overset{O}{\overset{\|}{C}}OH + NADH \xrightarrow{\text{リンゴ酸脱水素酵素}}$

2-オキソブタン二酸
(2-oxobutanedioic acid)
(**オキサロ酢酸** oxaloacetic acid)
→ **リンゴ酸** (malic acid)

59. NADH による還元(問題 58)は立体特異的であり，生成物の立体化学は酵素によって制御される(コラム 8-1 参照)．通常の型の乳酸脱水素酵素およびリンゴ酸脱水素酵素は，それぞれ乳酸やリンゴ酸の *S* 立体異性体のみを生じる．これらの立体異性体の構造を書け．

60. **チャレンジ** 化学的に修飾したステロイドは医薬品としての重要性が増している．次の反応の生成物として可能なもの(複数の場合もありうる)を示せ．攻撃する反応剤が基質分子の立体障害の小さい側から導入されることにもとづき，いずれの場合もより多く生成する立体異性体を示せ．(**ヒント**：分子模型を組み，4-7 節を参照せよ．)

(a)
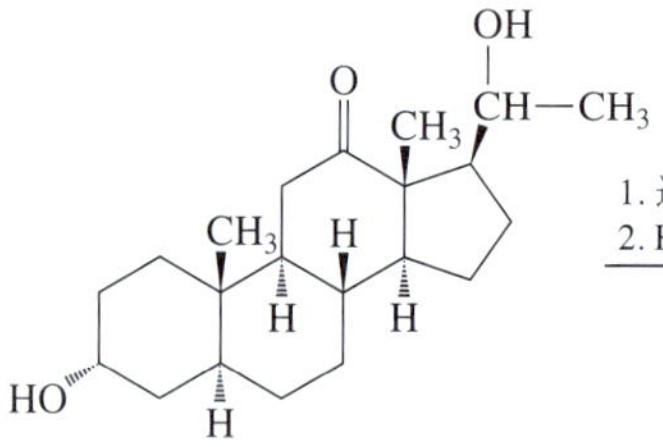

1. 過剰の CH_3MgI
2. H^+, H_2O →

(b)
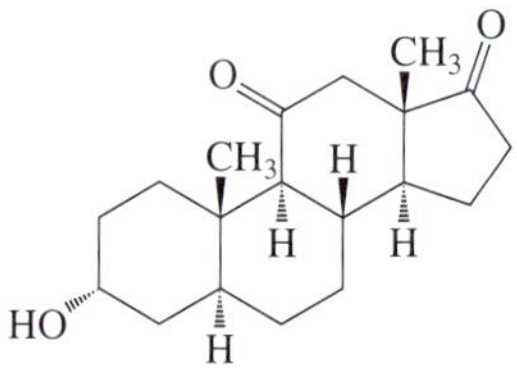

1. 過剰の CH_3Li
2. H^+, H_2O →

61. **チャレンジ** 問題 60 に示した反応は二つとも，それぞれ過剰の CH_3MgI および CH_3Li を必要とするのはなぜか．それぞれの反応で，何当量の有機金属反応剤が必要か．各分子それぞれの官能基がある位置での反応の生成物は何かを示せ．

●グループ学習問題

62. グループに与えられた問題は，スズランの"新鮮な"香りを香水に与える第三級アルコールである 2-シクロヘキシル-2-ブタノール(A)の合成法を考えることである．研究室には通常の有機および無機反応剤や溶媒は完備されている．下の在庫リストをチェックすると，この合成に向くと思われるブロモアルカンやアルコールがたくさんあることがわかる．全員でアルコール(A)

の逆合成解析をし，合成上可能なすべての戦略的な結合切断を提案せよ．どのルートが出発物質の入手という点でうまくいきそうか，在庫リストを見てみよう．次に，提案したルートを全員に均等に分けて，これらの合成戦略の利点や落とし穴がないかを評価しよう．そして，2-シクロヘキシル-2-ブタノールの合成に適するものとして選んだ逆合成にもとづいて詳しい合成計画を書け．もう一度全員が集まって，その計画を批判したり，利点を主張したりしてみよう．最後に，用いた出発物質の値段を考えてみよう．(A)を合成するにはどのルートが最も安上がりか．

標的分子	在庫リスト(価格)	
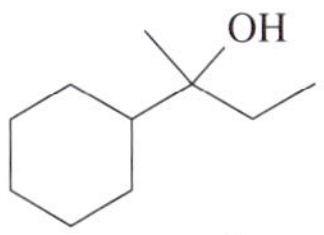 2-シクロヘキシル-2-ブタノール (2-cyclohexyl-2-butanol) (A)	2-ブロモブタン($ 89 / 500g) ブロモシクロヘキサン($ 111 / kg) ブロモエタン($ 66 / kg) ブロモメタン($ 1050 / kg) 2-ブタノール($ 121 / kg)	シクロヘキサノール ($ 48 / kg) 1-シクロヘキシルエタノール ($ 67 / 5 g) シクロヘキシルメタノール ($ 51 / 25 g) (ブロモメチル)シクロヘキサン ($ 216 / 100 g)

●専門課程進学用問題

63. C，H，O のみを含むことがわかっている化合物を微量分析したところ，次の結果が得られた(原子量；C＝12.0，H＝1.00，O＝16.0)：C，52.1%；H，13.1%．また，この化合物の沸点は78℃であった．この化合物を次の(a)～(e)から選べ．

(a) CH_3OCH_3　(b) CH_3CH_2OH
(c) $HOCH_2CH_2CH_2CH_2OH$
(d) $HOCH_2CH_2CH_2OH$
(e) これらのいずれでもない

64. 下の構造をもつ化合物の最も正しい IUPAC 名を次の(a)～(d)から選べ．

$(CH_3)_2CHCH_2CH(OH)CH_2CH_3$

(a) 2-メチル-4-ヘキサノール
(b) 5-メチル-3-ヘキサノール
(c) 1,4,4-トリメチル-2-ブタノール
(d) 1-イソプロピル-2-ヘキサノール

65. 次の反応において，化合物(A)として最も適している構造を(a)～(d)から選べ．

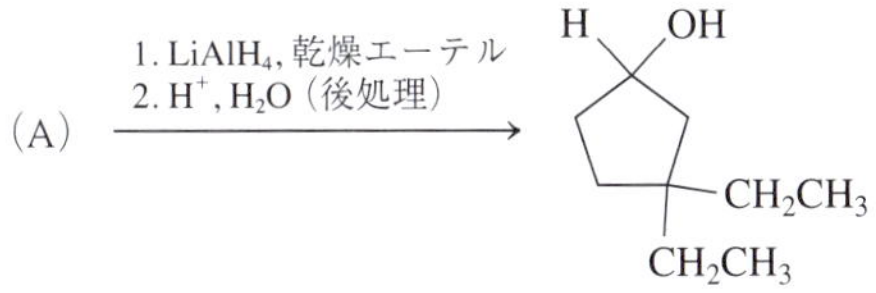

(a) 

(b) 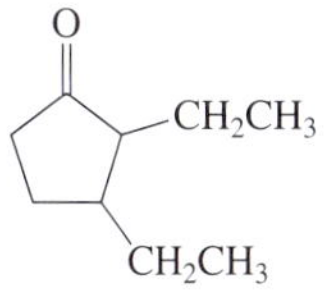

(c) 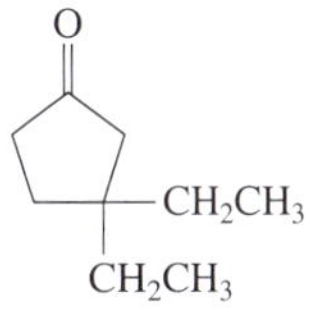

(d) 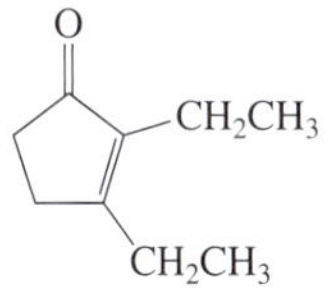

66. エステルの加水分解を示す式として最適のものを(a)～(d)から選べ．

(a) $CH_3OC(=O)CH_3 \xrightarrow{H^+,\ H_2O} CH_3OCH_3 + CO$

(b) $CH_3OC(=O)CH_3 \xrightarrow{H^+,\ H_2O} CH_3OH + HOC(=O)CH_3$

(c) $CH_3OCH_2OH \xrightarrow{H_2O} CH_3OH + H{-}C(=O){-}H$

(d) $CH_3OH + CH_3CO_2H \xrightarrow{H_2O} CH_3OC(=O)CH_3$

Chapter

9 アルコールの反応とエーテルの化学

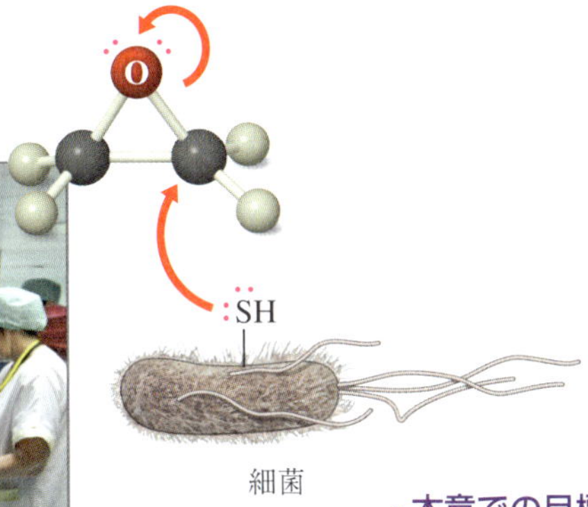

環状エーテルであるオキサシクロプロパン(エチレンオキシド)は，電子デバイス，プラスチックパッケージやプラスチック容器などの従来法の高温蒸気殺菌で傷んでしまうような繊細な器具や装置の殺菌に広く使われている．この化合物は，有機生体分子中にあるアミノ酸のシステインにおけるメルカプト基のような求核的な基をアルキル化することにより，細菌や他の微生物を殺す．

本章での目標

- アルコールの酸性を利用してアルコキシドを調製する．
- アルコールの塩基性を利用して置換反応や脱離反応を行う．
- カルボカチオンの転位能を説明する．
- 無機反応剤にアルコールのヒドロキシ基の置換反応を促進する能力があることを説明する．
- アルコールのアルキル化誘導体として，エーテルの命名法，合成，および反応性を学ぶ．
- チオールやアルキルチオアルカンをアルコールやエーテルの同族体として説明する．

自分で(あるいは先生が)，1粒のナトリウムを水に落としたときに，シューと音が出たことを覚えているだろうか．このときに見た激しい反応は，金属ナトリウムが NaOH と H_2 ガスに変化して起こったものである．アルコールはいわば「アルキル化された水」とみなすことができ(8-2節参照)，それほど激しくはないが水と同様に反応して NaOR と H_2 になる．本章では，このようなことだけでなく，ヒドロキシ基の変換反応についても説明していく．

図9-1(次ページ)にはアルコールに起こる種々の反応様式を示した．通常は，*a*, *b*, *c* および *d* の四つの結合のうち，少なくとも一つが切断される．アルデヒドやケトンへの酸化では，*a* および *d* の結合が開裂することを8章で学んだ．この反応を有機金属反応剤の付加反応と組み合わせて用いると，かなり多様な構造をもつアルコールを合成する手段となることもわかった．

アルコールの反応をさらに詳しく知るために，まずアルコールの酸および塩基としての性質の見直しから始めることにしよう．結合 *a* での脱プロトン化によりアルコキシドが生じるが(8-3節参照)，これは強塩基として，また求核剤として重要である(7-8節参照)．アルコールは強酸によってアルキルオキソニウムイオンに変換され(8-3節参照)，OH(脱離しにくい基)は H_2O(すぐれた脱離基)になる．そうすると，結合 *b* が切断されて置換が起こるか，あるいは結合 *b* および *c*

の両方が開裂して脱離が起こる．第二級および第三級アルコールの酸処理により発生するカルボカチオン中間体が，さまざまな化学反応をすることも本章で学ぶ．

また，アルコールからのエステルの合成とその合成化学的な応用の紹介に続いて，エーテルおよび硫黄化合物の化学について述べる．アルコール，エーテル，およびそれらの硫黄類縁体は自然界に広く存在し，工業や医薬に応用されているものが多い．

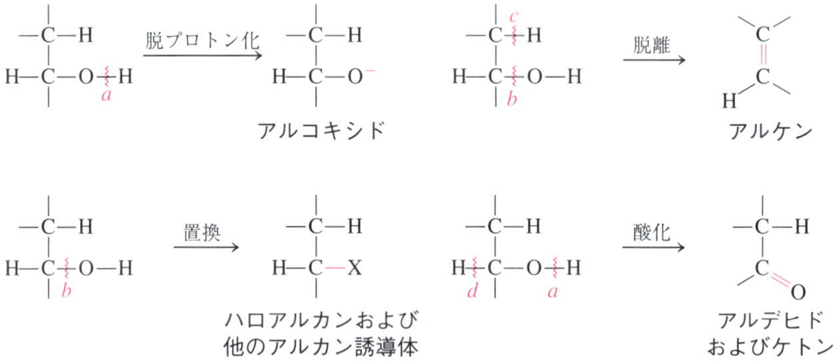

図 9-1　アルコールの代表的な四つの反応様式．いずれの場合も a～d で示した四つの結合の一つ以上が開裂している（波線は結合開裂を示す）．(a) 塩基による脱プロトン化，(b) 酸によるプロトン化とそれに続く一分子または二分子置換，(b, c) 脱離，および (a, d) 酸化．

9-1 アルコールと塩基の反応：アルコキシドの合成

8-3 節で述べたように，アルコールは酸にも塩基にもなりうる．本節では，アルコールのヒドロキシ基を脱プロトン化してその共役塩基であるアルコキシドに導く方法を詳しく学ぶことにしよう．

ナトリウムは水素ガスを発生しながら水と激しく反応する．

アルコールを完全に脱プロトン化するには強塩基が必要である

アルコールの OH 基からプロトンを引き抜く（図 9-1，結合 a の開裂）には，そのアルコキシドよりも強い塩基を用いなければならない．たとえば，リチウムジイソプロピルアミド（7-8 節参照），ブチルリチウム（8-6 節参照），および水素化カリウム（KH）のような水素化アルカリ金属（8-5 節および練習問題 8-4 参照）などがある．このような金属水素化物がとくに有用であるのは，副生成物が水素ガスのみだからである．

メタノールからメトキシドを合成する三つの方法

$$CH_3OH + Li^{+}\,{}^{-}N[CH(CH_3)_2]_2 \underset{}{\overset{K=10^{20.5}}{\rightleftharpoons}} CH_3O^{-}Li^{+} + HN[CH(CH_3)_2]_2$$

$pK_a=15.5$　リチウムジイソプロピルアミド　$pK_a=36$

$$CH_3OH + CH_3CH_2CH_2CH_2Li \overset{K=10^{34.5}}{\rightleftharpoons} CH_3O^{-}Li^{+} + CH_3CH_2CH_2CH_2H$$

$pK_a=15.5$　ブチルリチウム　$pK_a=50$

$$CH_3OH + K^{+}H^{-} \overset{K=10^{22.5}}{\rightleftharpoons} CH_3O^{-}K^{+} + H{-}H$$

$pK_a=15.5$　水素化カリウム　$pK_a=38$

練習問題 9-1

みなさんは今後，たとえばメタノール中のナトリウムメトキシド触媒のような塩基触媒を必要とする反応に多数出合うであろう．仮に，1リットルの CH_3OH に 10 mmol の $NaOCH_3$ を含む溶液を調製したいとしよう．このとき，単純に 10 mmol の NaOH をこの溶媒に加えれば問題なくつくれるだろうか．〔**注意**：単に pK_a 値（表 2-2）を比較するだけでは不十分である．**ヒント**：2-3 節を参照すること．〕

アルカリ金属もアルコールを脱プロトン化するが，H^+ の還元をともなう

アルコキシドを得るもう一つの一般的な方法は，アルコールとリチウムのようなアルカリ金属との反応である．これらのアルカリ金属は水を還元し（ときには激しく反応し），アルカリ金属水酸化物と水素ガスを生じる．さらに反応性の高い金属（ナトリウム，カリウム，セシウム）が空気中で水に触れると，発生した水素が自然発火し，爆発することさえある．

$$2\,H{-}OH \;+\; 2\,M(Li, Na, K, Cs) \longrightarrow 2\,M^{+}\,{}^{-}OH \;+\; H_2$$

アルカリ金属はアルコールにも同じように作用してアルコキシドを与えるが，反応は水の場合ほどは激しくない．例を二つあげよう．

アルコールとアルカリ金属によるアルコキシドの調製

$$2\,CH_3CH_2OH \;+\; 2\,Na \longrightarrow 2\,CH_3CH_2O^{-}Na^{+} \;+\; H_2$$

$$2\,(CH_3)_3COH \;+\; 2\,K \longrightarrow 2\,(CH_3)_3CO^{-}K^{+} \;+\; H_2$$

この反応におけるアルコールの反応性は置換基が多くなるにつれて低くなり，メタノールが最も反応性が高く，第三級アルコールが最も反応性が低い．

アルカリ金属に対する ROH の相対的反応性

R ＝ CH_3 ＞ 第一級 ＞ 第二級 ＞ 第三級

反応性が低くなる →

2-メチル-2-プロパノールは反応が非常に遅いので，残ったカリウムを実験室で安全に処分するために用いることができる．

アルコキシドは何に使えるだろうか．これが有機合成において有用な反応剤であることはすでに学んできた．たとえば，立体的にかさ高いアルコキシドとハロアルカンの反応では脱離反応が起こる．

$$CH_3CH_2CH_2CH_2Br \xrightarrow[E2]{(CH_3)_3CO^{-}K^{+},\ (CH_3)_3COH} CH_3CH_2CH{=}CH_2 \;+\; (CH_3)_3COH \;+\; K^{+}Br^{-}$$

枝分かれの少ないアルコキシドは第一級ハロアルカンを S_N2 反応によって攻撃し，エーテルを生成する．この方法については 9-6 節で述べる．

まとめ 強塩基はアルコールを酸−塩基反応によってアルコキシドに変える．塩基が強ければ強いほど，この平衡はよりアルコキシド側に移動する．アルカリ金属はアルコールと還元をともなって反応し，水素ガスとアルコキシドを生じる．この反応過程は立体障害によって遅くなる．

9-2 アルコールと強酸の反応：アルキルオキソニウムイオンとアルコールの置換反応および脱離反応

強塩基による脱プロトン化によりアルコールのO—H結合(図9-1の結合a)を開裂できることをすでに学んだ．置換反応(図9-1の結合bの開裂)あるいは脱離反応(図9-1の結合bとcの開裂)でC—OH結合を同じように開裂できるだろうか．これは，水酸化物イオンが非常に脱離能の小さい基であるためにそう簡単ではない．脱離基の脱離能は塩基性と逆の相関関係にある(6-7節参照)が，水酸化物イオンは強い塩基であること(2-3節参照)を思い出そう．このような置換反応や脱離反応を起こすためには，まずOH基をよりすぐれた脱離基に変換しなければならない．

アルコールのヒドロキシ基をすぐれた脱離基に変える最も簡単な方法は強酸を加えることであり，これによって対応するアルキルオキソニウムイオンとの酸−塩基平衡反応を起こさせる．プロトン化によって，OHは脱離能の小さい脱離基からすぐれた脱離基である中性の水に変換される．

プロトン化は，H^+の「攻撃するもの」としての性質に着目した用語であるが，二つの反応相手は等しく「互いを攻撃し合う」ことを思い出そう．電子対の矢印は酸素からH^+に向かうのであり，その逆向きではない．

ヒドロキシ基はプロトン化によってすぐれた脱離基になる

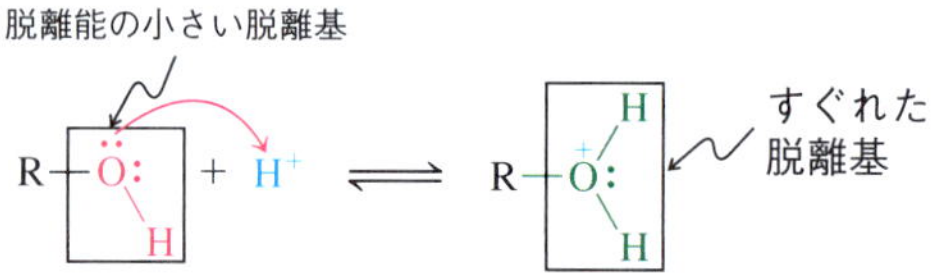

H_2Oの脱離能はClとBrの中間にあり(表6-4参照)，したがってオキソニウムイオンは，ハロゲン化物と非常によく似た反応性を示し，S_N2，S_N1およびE1反応においては同じ規則にしたがう．一方，ハロゲン化物とは異なり，強塩基を必要とするE2反応は，媒質が必然的に酸性であるため起こらない．

第一級アルコールとハロゲン化水素からS_N2反応によりハロアルカンを合成する

求核置換反応における第一級ハロゲン化物の挙動についての知識(6章参照)にもとづいて予想できるように，第一級アルコールに由来するアルキルオキソニウムイオンは，酸HXの対イオンがHBrやHIのX^-のようにすぐれた求核剤であれば，それらによる求核攻撃の対象となる．たとえば，1-ブタノールを濃HBr水溶液で処理すると，生成するブチルオキソニウムイオンは臭化物イオンによって置換されて1-ブロモブタンになる．もともと求核的(赤色)であった酸素に，求電子的(青色)なプロトンが付加して，求電子的(青色)な炭素と脱離基(緑色)である水をもつアルキルオキソニウムイオンになる．続いて起こるS_N2反応では，臭化物イオンが求核剤として作用する．

アルコールからの第一級ブロモアルカンの合成

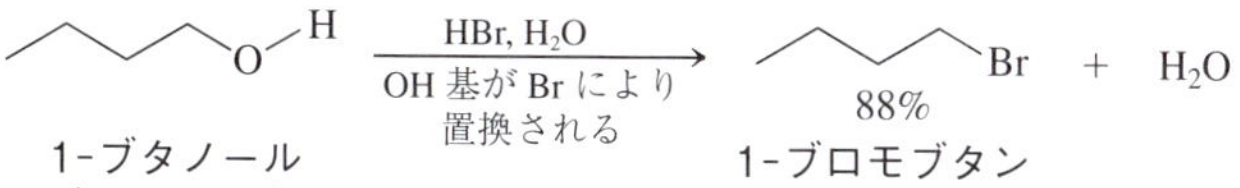

1-ブタノール (1-butanol) → 1-ブロモブタン (1-bromobutane)

Reaction

アルコールからの第一級ブロモアルカンの合成の反応機構

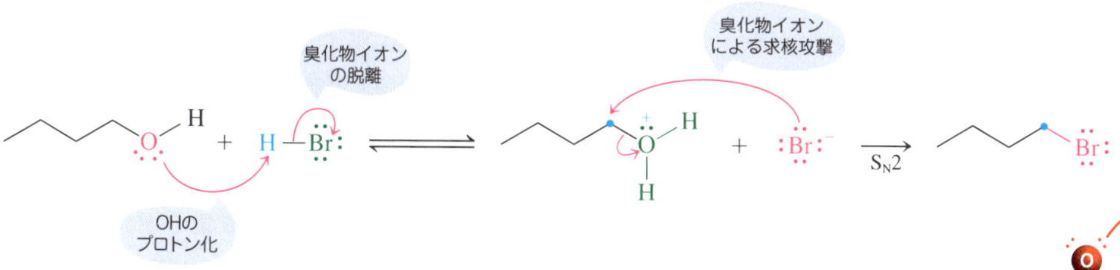

Mechanism

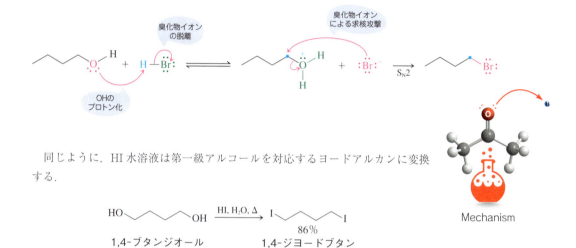

同じように，HI 水溶液は第一級アルコールを対応するヨードアルカンに変換する．

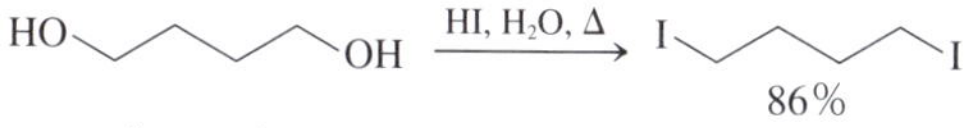

1,4-ブタンジオール (1,4-butanediol) → 1,4-ジヨードブタン (1,4-diiodobutane)

濃 HCl は，塩化物イオンがプロトン性の条件下ではかなり弱い求核剤となるために，上のような反応系では不活性である(6-8 節参照)．そのため，第一級クロロアルカンは通常，代わりの反応剤を用いてアルコールから合成されている(9-4 節参照)．H_2SO_4 や H_3PO_4 のような他の強酸も OH 基をプロトン化するが，それらのアニオンである HSO_4^- や $H_2PO_4^-$ は求核性が小さ過ぎて，求核置換反応を起こすことができない．このオキソニウムイオンの第一級カルボカチオンへの解離は起こり得ないので(7-5 節参照)，アルコールには何の変化も起こらない．

では，第二級や第三級アルコールはどうだろうか．

第二級および第三級アルコールとハロゲン化水素の反応：S_N1 および E1 反応を起こすカルボカチオンを生成する

第二級および第三級アルコールのプロトン化によって生成するアルキルオキソニウムイオンは，第一級アルコールから生じるオキソニウムイオンとは対照的に，第二級，第三級となるにつれて水を失って対応するカルボカチオンになりやすくなり，このカチオンが予期されたS_N1あるいは E1 反応過程に進んでいく(7-5 ～ 7-7 節参照)．このように挙動が異なる理由は，カルボカチオンの安定性に差があるためである(7-5 節参照)．

オキソニウムイオンの反応性

解離しない：S_N2のみ　　解離する：S_N1およびE1

$R_{第一級}-\overset{+}{O}H_2 \ll R_{第二級}-\overset{+}{O}H_2 < R_{第三級}-\overset{+}{O}H_2$

カルボカチオンが生成しやすくなる →

第二級アルコールの場合，強酸の存在下で，基質には帯電した脱離基があり，溶媒が水素結合した H_2O という特別な条件では S_N1 反応が S_N2 反応よりも非常に有利であることが研究により提唱されているが，S_N2 反応のわずかな寄与があることは排除されていない．たとえば，シクロヘキサノールは HBr と穏やかな条件下で S_N1 反応してブロモシクロヘキサンを生成するが，この際に競争する可能性のあるシクロヘキセンを与えることになる E1 反応経路にはほとんど阻害されることはない．同様に，HCl や HI を用いるとそれぞれクロロシクロヘキサンとヨードシクロヘキサンを生じる．反応温度を上げるにつれて，競争する E1 反応経路(7-6 節参照)による生成物であるシクロヘキセンの生成量の増大が見られる．酸を，H_2SO_4 や H_3PO_4 のような求核性のないアニオンをもつ酸に代えると，E1 反応が独占的に起こるために置換反応は締め出されることになる．それにより，アルコールの E1 反応は 1 分子の水を失う(図 9-1 の結合 *b* と *c* の開裂；9-3 節および 9-7 節も参照)ので**脱水**(dehydration)反応ともいわれ，アルケン合成法の一つである(11-7 節参照)．脱水反応は酸のなかで触媒的に進行することに留意しよう．

シクロヘキサノールとHBrまたはH_2SO_4との反応：S_N1対E1

Reaction

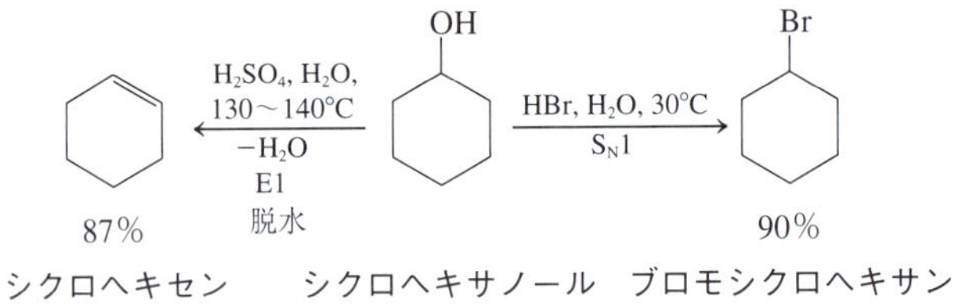

シクロヘキサノールと酸HXとの反応機構

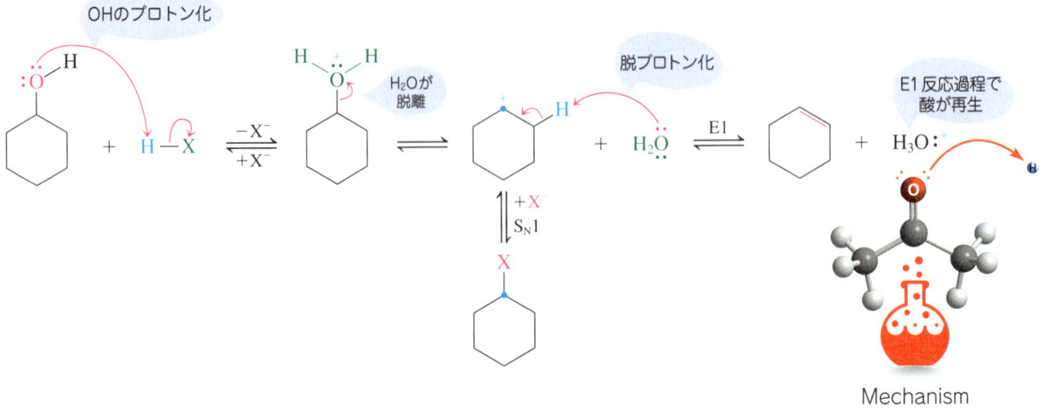

プロトン化された第三級アルコールは S_N2 反応が進行しないので，前ページと同様の変換反応が起こる．すなわち，低温では S_N1，高温では E1 反応が進むことになる．したがって，第三級ハロアルカンは第三級アルコールを濃いハロゲン化水素水溶液で処理することによって合成できる．その反応機構は加水分解の機構のちょうど逆になる（7–2 節参照）．

Reaction

2–メチル–2–プロパノールの 2–ブロモ–2–メチルプロパンへの変換

$$(CH_3)_3COH \;+\; \underset{\text{過剰}}{HBr} \;\rightleftharpoons\; (CH_3)_3CBr \;+\; H_2O$$

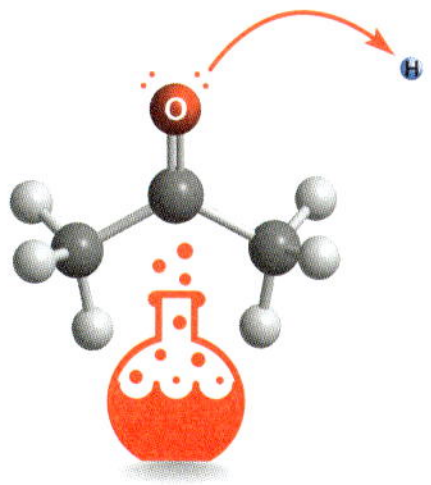

Mechanism

第三級アルコールとハロゲン化水素との S_N1 反応の機構

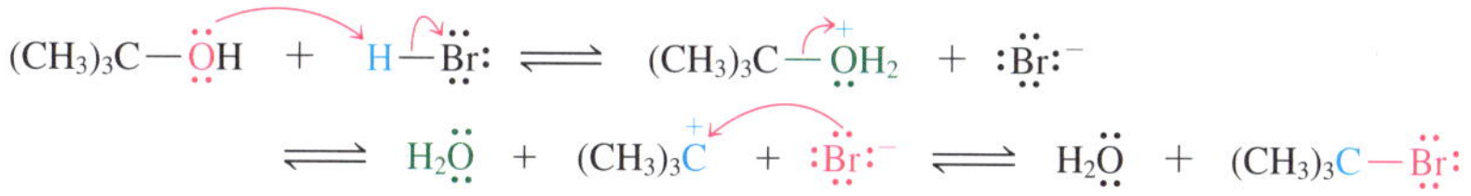

練習問題 9-2

(a) 4–メチル–1–ペンタノールと濃ヨウ化水素水溶液との反応から予想される生成物の構造を書け．また，その生成機構を示せ．(b) 1,4–ブタンジオールを硫酸水溶液中で煮沸すると，オキサシクロペンタン（テトラヒドロフラン）が得られる．反応機構を示せ．

練習問題 9-3

1–メチルシクロヘキサノールと，(a) 濃 HCl，および (b) 濃 H_2SO_4 との反応から予想される生成物の構造を書け．これら二つの反応の機構を比較対照せよ．（**ヒント**：Cl^- と HSO_4^- の相対的な求核性を比較すること．**注意**：反応機構を書くとき，電子の流れを「電子の押し出しを示す矢印」を用いて表し，各段階を別べつに書き出し，電荷とそれに対応する電子対を含む完全な構造を式で表して，はっきりとした反応の矢印で出発物質や中間体とそれに対応する生成物を結ぶこと．省略した近道をせず，ていねいに書くこと．）

まとめ　アルコールを強酸で処理すると，プロトン化が起こりアルキルオキソニウムイオンが生じるが，第一級アルコールの場合にはすぐれた求核剤があると S_N2 反応が進む．第二級あるいは第三級アルコールからのアルキルオキソニウムイオンはカルボカチオンになり，カルボカチオンから置換あるいは脱離（脱水）した生成物を与える．

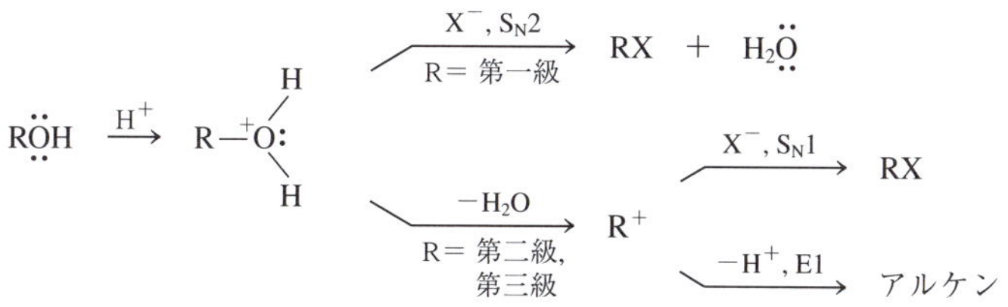

9-3 カルボカチオンの転位反応

アルコールがカルボカチオンに変わると，それ自体が転位反応を起こす．カルボカチオンのうちほとんどのタイプのものが，水素移動およびアルキル移動として知られている2種類の転位反応を起こす可能性がある．転位によって生じた分子は，さらに S_N1 および E1 反応を起こすことができる．特定の一つの生成物を与えるような熱力学的な駆動力がない場合には，反応の結果は複雑な混合物になりやすい．

水素移動が新たな S_N1 生成物をもたらす

2-プロパノールを濃臭化水素と反応させると，予想どおり2-ブロモプロパンが得られる．しかし，置換基がより多い第二級アルコールである3-メチル-2-ブタノールを同じ条件で反応させると，意外な結果になる．すなわち，予想される S_N1 反応生成物である2-ブロモ-3-メチルブタンは反応混合物の少量成分にすぎず，主生成物は2-ブロモ-2-メチルブタンである．

アルコールの通常の S_N1 反応（転位しない）

$$CH_3\underset{OH}{\overset{|}{C}}HCH_3 + HBr \xrightarrow{0℃} CH_3\underset{Br}{\overset{|}{C}}HCH_3 + H-OH$$

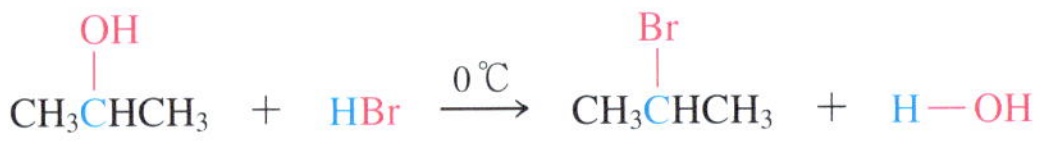

アルコールと HBr との S_N1 反応における水素移動

$$CH_3\underset{H_3C}{\overset{H}{\underset{|}{C}}}-\underset{H}{\overset{OH}{\underset{|}{C}}}CH_3 \xrightarrow{HBr,\,0℃} CH_3\underset{H_3C}{\overset{H}{\underset{|}{C}}}-\underset{H}{\overset{Br}{\underset{|}{C}}}CH_3 + CH_3\underset{H_3C}{\overset{Br}{\underset{|}{C}}}-\underset{H}{\overset{H}{\underset{|}{C}}}CH_3 + H-OH$$

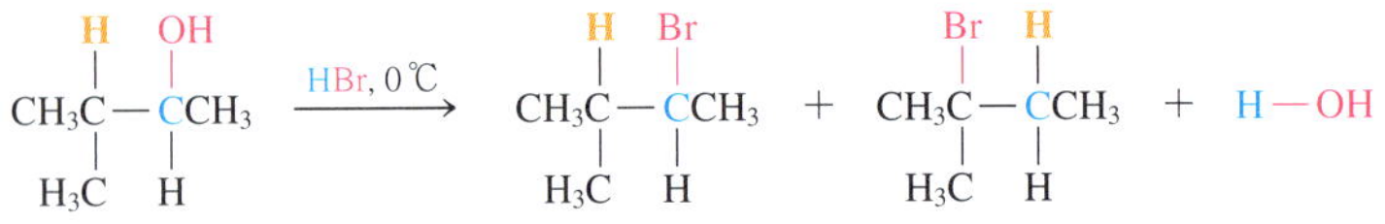

3-メチル-2-ブタノール (3-methyl-2-butanol)　　副生成物 2-ブロモ-3-メチルブタン (2-bromo-3-methylbutane)（通常生成物）　　主生成物 2-ブロモ-2-メチルブタン (2-bromo-2-methylbutane)（転位生成物）

この変換の反応機構はどのようなものだろうか．その答えは，カルボカチオンは**水素移動**(hydride shift)により転位できるということである．このとき水素（黄色）はもとの位置から2電子をともなって隣接する炭素原子に移動する．はじめに，アルコールのプロトン化が起こり，続いて水が脱離することにより，予想どおりの第二級カルボカチオンが生成する．次いで，第三級水素が隣接する電子不足なカルボカチオン炭素に移動すると，より安定な（約 12 kcal mol^{-1}）第三級カルボカチオンが生じる．最後に，この化学種が臭化物イオンによって捕捉されて転位した S_N1 生成物になる．

> 思い起こそう：着色によって反応中心の性質が求電子性のもの（青色），求核性のもの（赤色），あるいは脱離基（緑色）であることを表示している．したがって，反応が進むにつれてある種の基や原子から他の種の基や原子に色が「移り変わる」こともある．

カルボカチオン転位の機構

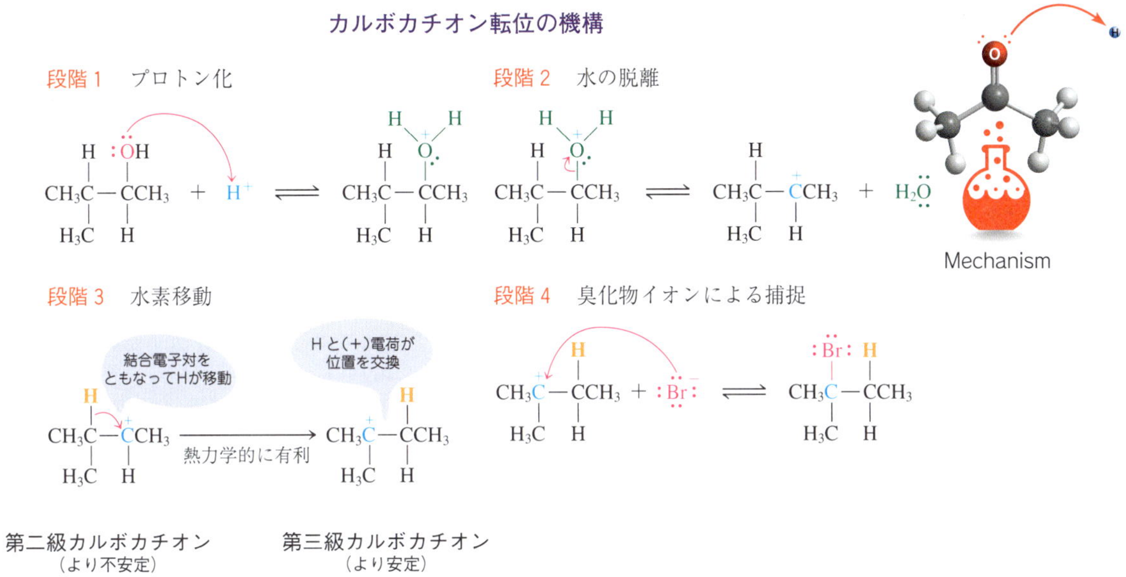

観測された水素移動の遷移状態の詳細を図 9-2 に示した．カルボカチオンの水素移動が起こる場合には，反応に関与する二つの隣り合う炭素の間で水素と正電荷の位置が形式的に入れ換わった形となる，という簡単な規則を覚えておくとよい．

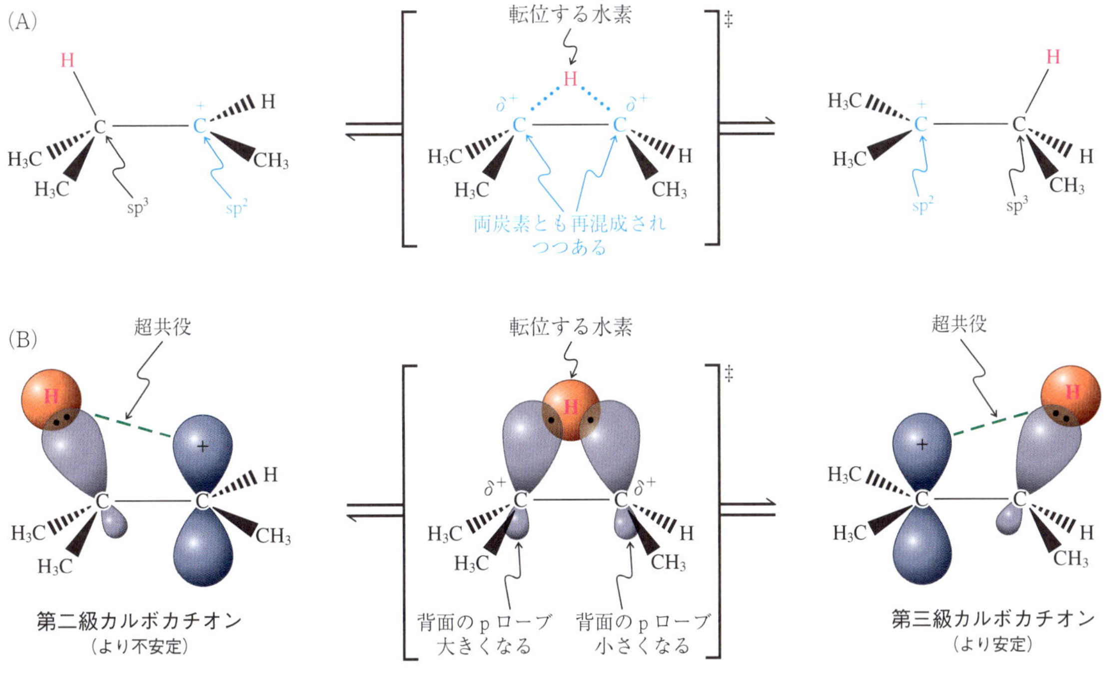

図 9-2　水素移動によるカルボカチオンの転位．(A) 点線による表記，(B) 軌道図．移動する水素と正電荷の位置が入れ換わることに注意しよう．また，隣接する空のπ軌道にいくらか電子を移動させるという効果によって，超共役がC−H結合を弱めていることがわかるであろう．

カルボカチオン転位：ポテンシャルエネルギー図

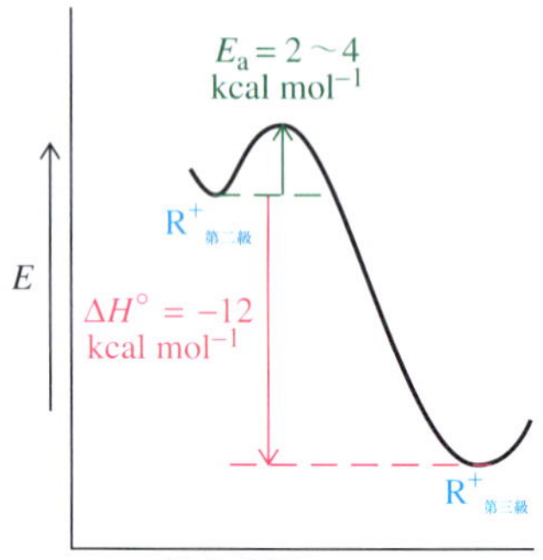

反応座標 ⟶
第二級から第三級へ

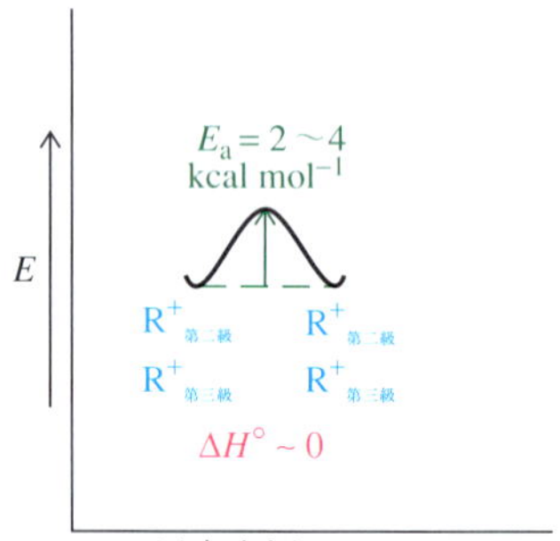

反応座標 ⟶
第二級から第二級へ
または
第三級から第三級へ

カルボカチオンの水素移動は約 2 ～ 4 kcal mol^{-1} の活性化エネルギーをともなって一般に非常に速く進み，S_N1 反応や E1 反応よりもはるかに速い．このように速い理由の一つは，C—H 結合を弱める超共役という効果にある〔7-5 節および図 9-2(B)参照〕．図 9-2 に例を示したように，カルボカチオンにおける水素移動は，新たにできるカルボカチオンがもとのカチオンよりも安定な場合にとくに速い〔欄外のポテンシャルエネルギー図(上)も参照〕．

練習問題 9-4

次のカルボカチオンそれぞれについて，より安定なカチオンに転位が可能か考えよ．もし可能な場合には，転位反応を曲線の矢印を用いて図示せよ．

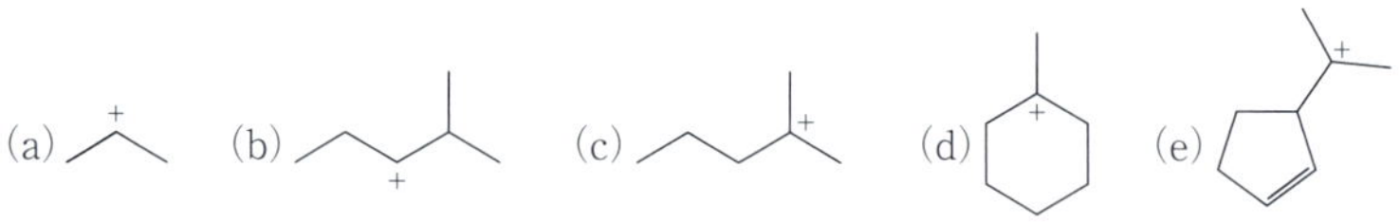

〔(e)の**ヒント**：アリル共鳴を思い出そう(1-5 節参照)．〕

練習問題 9-5

概念のおさらい：カルボカチオン転位を式で表す

2-メチルシクロヘキサノールを HBr と反応させると 1-ブロモ-1-メチルシクロヘキサンが得られる．反応機構を説明せよ．

● **解法のてびき**

WHIP の方法にしたがって考え方を整理しよう．

What 考えるための材料として何があるか．この反応の式を書き，問題を区分けして整理し書き並べてみよう．

• 式のなかにあることをどのように書き表すか？ 答え：第二級アルコールを強酸である HBr で処理すると第三級臭化物が得られる．

• 出発物質が生成物になるときに，成分はどう変化しているか？ 答え：それぞれの分子式を比較してみる．反応は $C_{17}H_{14}O$ から出発して $C_{17}H_{13}Br$ となって終わる．正味の変化としては OH が Br に置き換わったことであり，炭素数は出発物質から増減していない．

• どのような構造的あるいは結合的な変化が起きているか？ 答え：六員環はそのままで変化がないが，官能基は第二級炭素から第三級炭素に移動している．

How どこから手をつけるか．反応フラスコのなかで互いに向き合っている反応に関与するアルコール，H^+ および Br^- をよく見てみよう．最も可能性の高い第 1 段階は OH 基のプロトン化である．

Information 必要な情報は何か．アルコールと酸の反応を思い出すために 9-2 節と本節を復習しよう．

Proceed 一歩一歩論理的に進めよ．

● **答え**

• 上述の第 1 項の答え(アルコールと酸)および第 3 項の考察(転位)から，カルボカチオンを経由する酸触媒転位反応が強く示唆される．

• 必要とするカルボカチオンに到達するためには，まずアルコールをプロトン化したあと，脱離基(H_2O)を解離させなければならない．その結果生じるのが第二級カルボカチオンである．

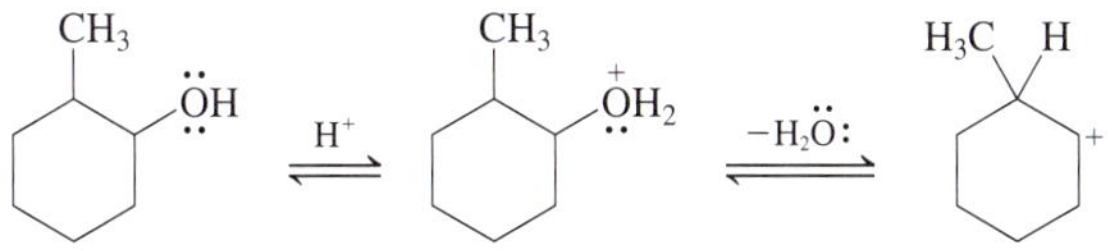

第二級カルボカチオン

- 生成物がカチオン炭素の隣の第三級中心に官能基 Br をもっていることがわかっている．したがって，官能基の位置を移すためには水素移動に依存しなければならない．
- こうして生じた第三級カルボカチオンが，次に臭化物イオンによって捕捉されて目的の生成物を与える．

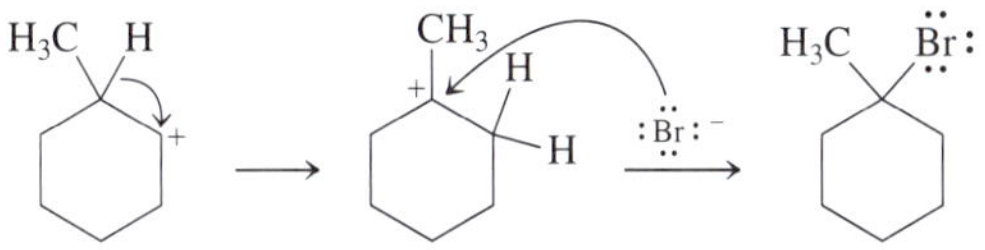

第三級カルボカチオン

練習問題 9-6 自分で解いてみよう

次の反応の主生成物を予想せよ．

(a) 2-メチル-3-ペンタノール＋ H_2SO_4，CH_3OH 溶媒　(b)

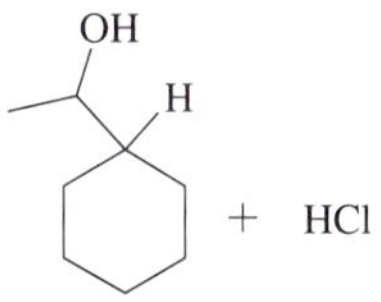

第一級カルボカチオンは非常に不安定なので，転位によって発生することはない．しかし，カルボカチオンの安定性が似ている場合，たとえば第二級と第二級，あるいは第三級と第三級という組合せの場合には両者が容易に平衡状態になる〔前ページ欄外のポテンシャルエネルギー図(下)参照〕．このような場合，求核剤を加えると存在するすべてのカルボカチオンが捕捉されて，生成物は混合物になる．

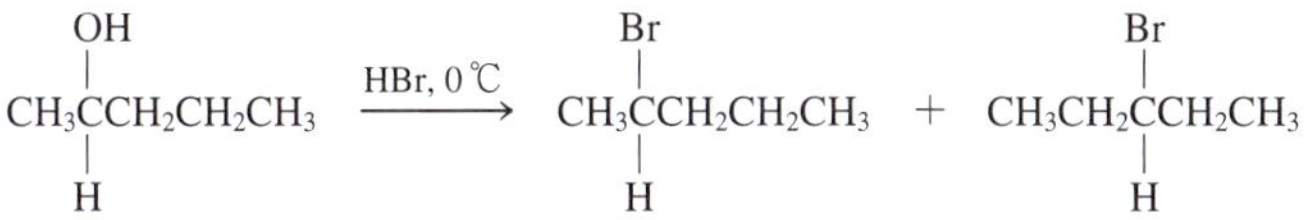

カルボカチオンの転位は，その前駆体の性質，すなわち前駆体がアルコール(本節参照)，ハロアルカン(7 章参照)あるいはスルホン酸アルキルエステル(6-7 節参照)のいずれであるかに関係なく進行する．たとえば，2-ブロモ-3-エチル-2-メチルペンタンのエタノール中の加溶媒分解(エタノリシス)は生成が可能な 2 種類の第三級エーテルを与える．

ハロアルカンの加溶媒分解中に起こる転位

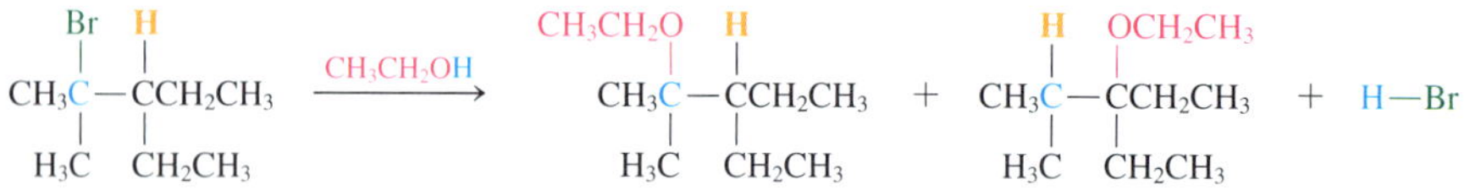

2-ブロモ-3-エチル-2-メチルペンタン　2-エトキシ-3-エチル-2-メチルペンタン（通常生成物）　3-エトキシ-3-エチル-2-メチルペンタン（転位生成物）

練習問題 9-7

上記の反応の機構を示せ．次に2-クロロ-4-メチルペンタンとメタノールの反応の結果を予測せよ．（**ヒント**：水素移動が2度続いて最も安定なカルボカチオンになることを考えてみよう．）

カルボカチオンの転位反応によって新たなE1生成物も生じる

脱離反応が起こりやすい条件下では，中間体が転位することによって反応の結果にどのような影響が現れるだろうか．温度が高く，しかもあまり求核性のない媒体中では，転位したカルボカチオンはE1反応機構によってアルケンになる(7-6節および9-2節)．たとえば，2-メチル-2-ペンタノールを硫酸水溶液と80℃で加熱したときに主生成物となるアルケンは，4-メチル-2-ペンタノールを出発物質として反応を行った場合の主生成物と同じものである．後者のアルコールの反応では，はじめにできたカルボカチオンの水素移動が起こり，続いて脱プロトン化が起こる．

思い起こそう： カルボカチオンは常にS_N1およびE1による反応生成物を与える可能性がある．その相対比は，カチオンの構造ならびに捕捉剤となる可能性のある化学種の求核性と反応温度に依存する．

E1 脱離反応の過程における転位

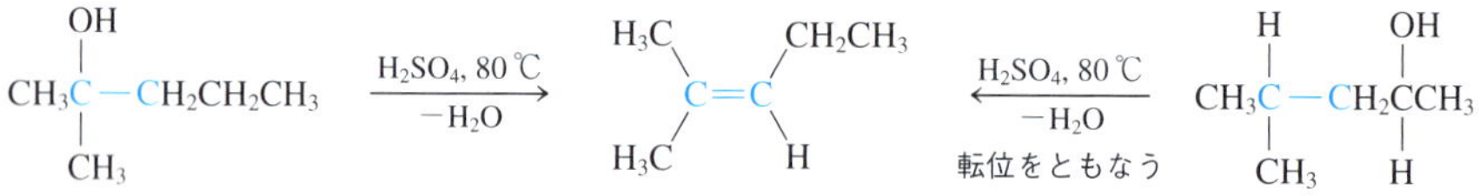

2-メチル-2-ペンタノール　主生成物 2-メチル-2-ペンテン　4-メチル-2-ペンタノール

練習問題 9-8

(a) この問題のすぐ上のE1反応の機構を示せ．(b) 4-メチルシクロヘキサノールと加熱した酸とを反応させると，1-メチルシクロヘキセンが生じる．その反応機構を説明せよ．（**ヒント**：複数回の水素移動を考えてみよう．）

アルキル移動によるカルボカチオンの転位反応もある

カルボカチオンは，とりわけその正に帯電した炭素の隣に転位しうる(第二級あるいは第三級)水素がない場合には，**アルキル移動**(alkyl shift または alkyl group migration)として知られている別の様式の転位が起こりうる．一例として，3,3-ジメチル-2-ブタノールの2-ブロモ-2,3-ジメチルブタンへの変換反応をあげる．

S_N1 反応におけるアルキル移動による転位

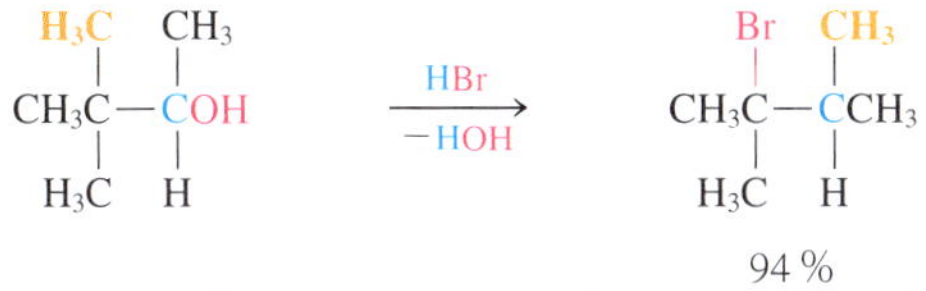

3,3-ジメチル-2-ブタノール　　2-ブロモ-2,3-ジメチルブタン

Reaction

水素移動と同じように，移動する基は電子対をともなって移動して隣接する正に帯電した炭素と結合を形成する．こうして，移動するアルキル基と正の電荷の位置が形式的に入れ換わった形になる．欄外のポテンシャルエネルギー図に，この変換反応の段階的なエネルギー過程を示す．

アルキル移動の機構

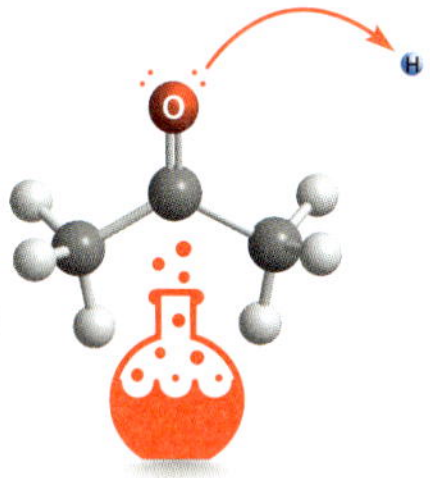

Mechanism

生じるカルボカチオンの安定性が同じくらいである場合は，アルキル移動と水素移動の速さは同程度である．しかし，第三級カルボカチオンが生じる場合には，第二級カルボカチオンが生成する場合に比べて，アルキル基ならびに水素のいずれの移動も速い．これまで述べてきた水素移動の反応においてアルキル移動が見られなかった理由がここにある．より置換基の少ないカチオンが生成するからである．このような結果に対する例外が見られるのは，電子的な安定化や立体的込み合いの解消といったアルキル移動を優先させるような他の理由がある場合のみである（練習問題 9-30 および章末問題 69 参照）．

練習問題 9-9

以下のカルボカチオンのそれぞれについて，ヒドリド移動またはアルキル移動によってより安定な，あるいは少なくとも同程度に安定なカチオンに転位することが可能かどうか考えよ．可能な場合には，曲線の矢印を用いて転位反応を図示せよ．

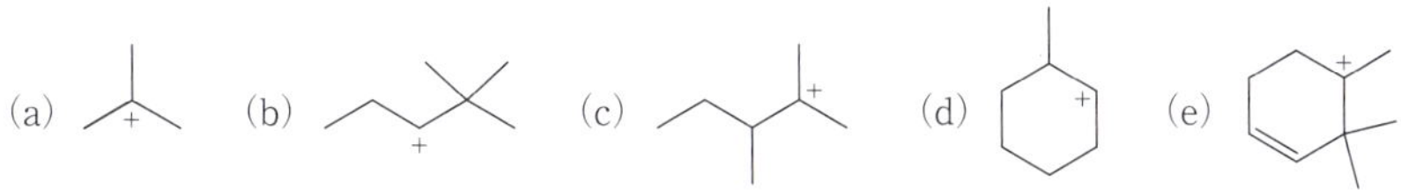

〔e の**ヒント**：アリル共鳴を思い出そう（1-5 節参照）．〕

練習問題 9-10

概念のおさらい：さらに複雑なカルボカチオン転位を式で表す

分子(A)は脱水して(B)になることがわかった．反応機構を式で示せ．

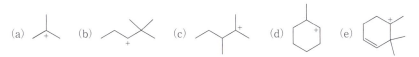

定性的なポテンシャルエネルギー図

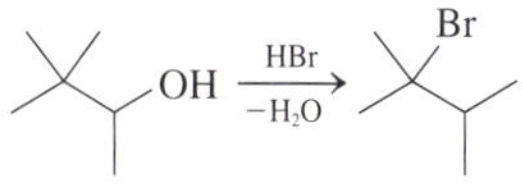

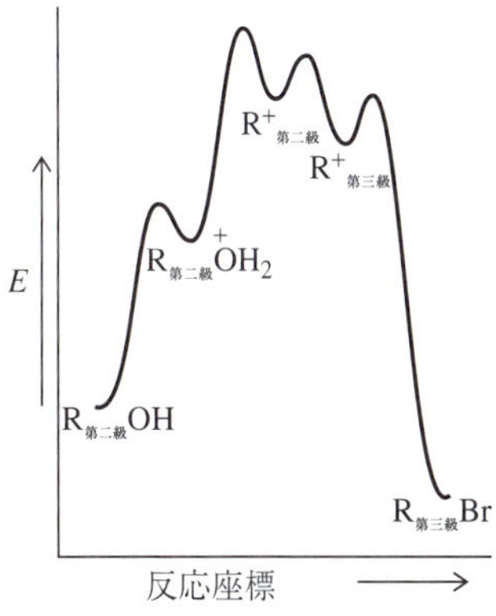

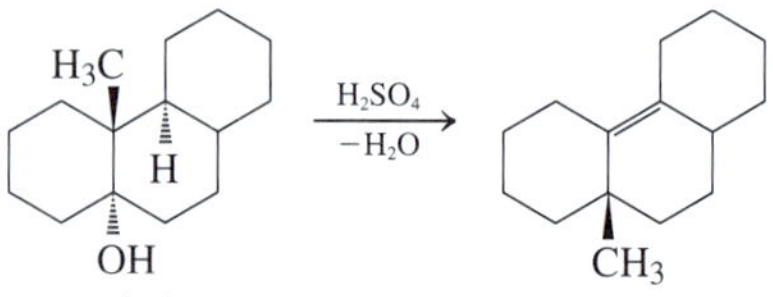

(A)　　　　(B)

● 解法のてびき

まず，(A)と(B)がもつ官能基および反応剤を注意深く調べる必要がある．すると，酸で処理される第三級アルコールの存在に気づくであろう．このような条件はカルボカチオンの生成を示唆している．さらに，正味の反応は脱水で，E1 反応であることを示唆している．次に，(A)の炭素骨格をよく調べて(B)の骨格と比較することが重要である．そうすると，メチル基が隣接する炭素上に転位していることがわかる．結論として，メチル移動という特徴をもつカルボカチオン転位を扱っていることになる．

● 答え

- 第 1 段階では，プロトン化に続いて水が脱離してカルボカチオンが生成する．

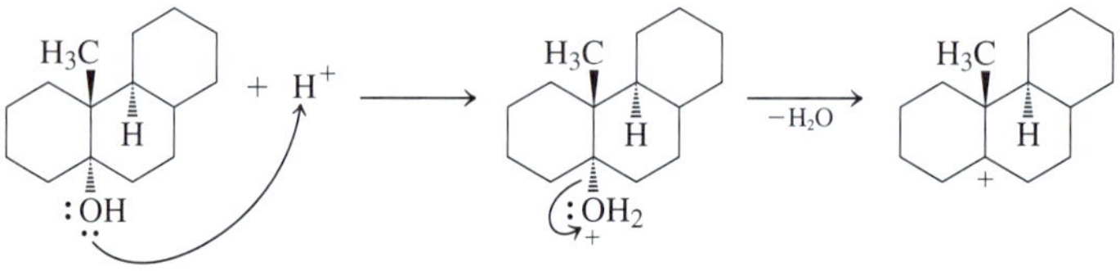

- このカチオンには原理的にさまざまな反応の選択肢がある．たとえば，このカチオンは求核剤である HSO_4^- で捕捉される可能性がある(S_N1)．しかし HSO_4^- は，求核剤としては非常に反応性に乏しい(弱い塩基である；6-8 節参照)．さらに，この求核剤が仮にカチオン中心と結合を形成したとしても，これは容易に可逆反応となる(HSO_4^- はすぐれた脱離基である：6-7 節参照)．このカチオンは，起こりうると考えられる二つの経路でプロトンを脱離することも可能であろう．しかし，これも可逆的に起こり，観察はされない．それらに取って代わり，このカチオンは転位によってメチル基が化合物(B)に示された隣接位に移動する可能性がある．
- 最後に，HSO_4^- による脱プロトン化(「プロトン脱離」と書く)によって生成物が生じる．

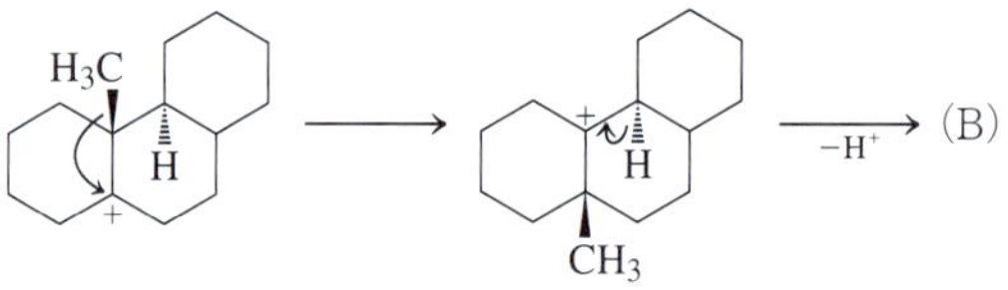

練習問題 9-11　自分で解いてみよう

3,3-ジメチル-2-ブタノールは 100℃ で 3 種類の E1 反応生成物を与える．一つは転位前に存在するカルボカチオンに由来するもので，残りの二つはアルキル移動が起こってから生じたカルボカチオンに由来するものである．これらの脱離反応生成物の構造を示せ．

第一級アルコールが転位反応を起こすこともある

第一級アルコールを HBr や HI と反応させると，通常はアルキルオキソニウムイオンの S_N2 反応によって対応するハロアルカンを生じる(9-2 節)．しかし，このような反応においては，溶液中で第一級カルボカチオンは形成されないにもかかわらず，場合によっては，脱離基をもつ第一級炭素上へのアルキル基や水素の移動が起こることがある．たとえば，2,2-ジメチル-1-プロパノール（ネオペンチルアルコール）を強酸と反応させると，第一級カルボカチオンが中間体となりえないにもかかわらず転位が起こる．

第一級基質の転位反応

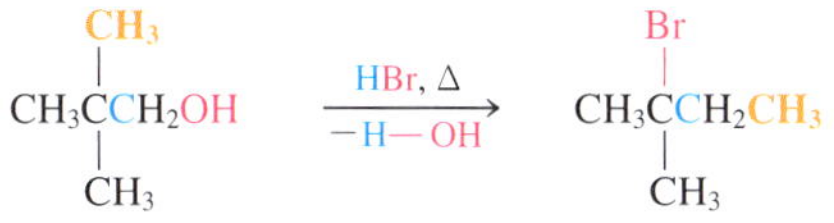

2,2-ジメチル-1-プロパノール（ネオペンチルアルコール）　2-ブロモ-2-メチルブタン

Reaction

求核剤ー赤色
求電子剤ー青色
脱離基ー緑色

この場合，プロトン化によってアルキルオキソニウムイオンが生じても，立体障害のために臭化物イオンによる直接的な置換が妨げられている（6-10 節参照）．そこで，隣接炭素からメチル基が移動すると同時に水が脱離して，第一級カルボカチオンの生成を避けながら反応が進行する．この協奏的な反応機構が可能になるのは，プロトン化されたヒドロキシ基による電子の引っ張り（pulling）と第三級ブチル基による電子の押し出し（pushing）による，一般的に「プッシュ-プル（push-pull）」といわる協働作用があるからである（欄外参照）．

協奏的なアルキル移動の機構

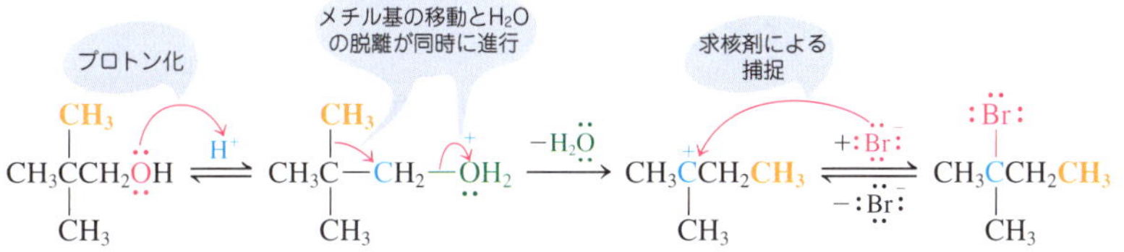

Mechanism

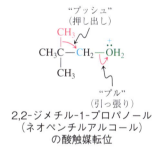

第一級の基質の転位は比較的起こりにくい反応であり，高い反応温度と長い反応時間を要するのがふつうである．

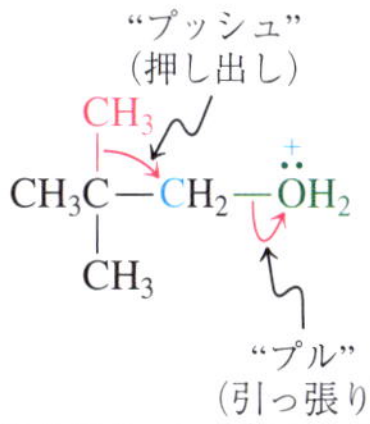

2,2-ジメチル-1-プロパノール（ネオペンチルアルコール）の酸触媒転位

まとめ　カルボカチオンの反応様式として，通常の S_N1 反応および E1 反応以外に水素やアルキル基の移動による転位反応がある．このような転位では，移動する基は結合電子対を隣接する正に帯電した炭素に与え，その結果，移動する基と電荷の位置が入れ換わることになる．たとえば，第二級カチオンが第三級カチオンに変わるように，転位によってより安定なカチオンが生じる．第一級アルコールも転位することができるが，第一級カチオンを経由するのではなく，協奏的な反応経路によって進行する．

9-4 アルコールからのエステルとハロアルカンの合成

アルコールをカルボン酸と反応させると**有機酸エステル**（organic ester）になるが，これらは**カルボン酸エステル**（carboxylate）あるいは**アルカン酸エステル**（alkanoate）ともいう（表 2-3 参照）．これらの化合物は，形式的にはカルボン酸のヒドロキシ基をアルコキシ基で置き換えることによって生じる．有機酸の場合に対応して，さまざまな酸化状態にあるリンや硫黄に由来する酸のような無機酸から生じる**無機酸エステル**(inorganic ester)も同じような式で示すことができる†.

† 訳者注：酸 RSO_2OH やエステル RSO_2OR' の R がアルキル基などの有機基である場合，無機酸や無機酸エステルではなく，有機酸や有機酸エステルに分類すべきである．

有機酸エステルおよび無機酸エステル

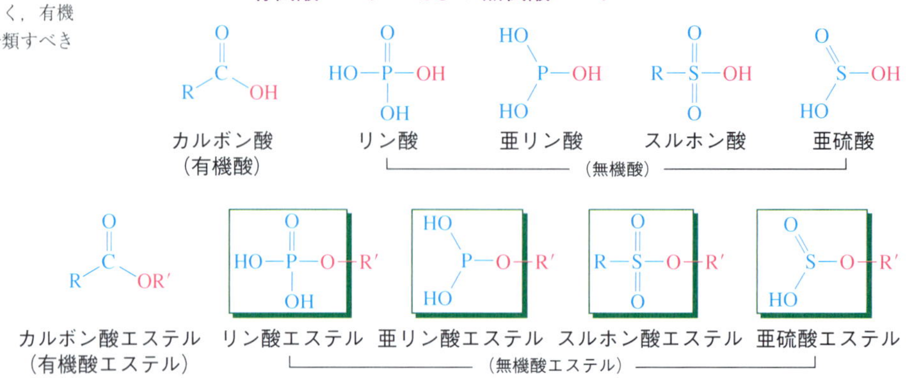

これらのような無機酸エステルでは，通常は脱離能の低い脱離基であるアルコールの OH が，ヘテロ原子が結合することによってすぐれた脱離基(緑色の四角で囲んだ部分)に変わり，ハロアルカンの合成に利用できるようになる(9–2 節も参照)．すでに S_N2 反応において，硫酸基やスルホン酸基が大きい脱離能をもつことを学んできた(6–7 節参照)．本節では，特定のリン反応剤や硫黄反応剤がどのようにしてこの役割を果たすかを学ぶ．

アルコールのハロアルカンへの変換方法

$$\underset{\text{アルコール}}{R{-}OH} \xrightarrow{\text{反応剤}} \underset{\text{無機酸エステル}}{R{-}L} \xrightarrow{X^-} \underset{\text{ハロアルカン}}{R{-}X}$$

アルコールはカルボン酸と反応して有機酸エステルになる

アルコールは触媒量の H_2SO_4 や HCl のような強い無機酸の共存下，カルボン酸と反応して有機酸エステルと水を生じるが，この反応を**エステル化**(esterification)という．この反応における出発物質と生成物は平衡になるので，どちらの方向にも移行できる．有機酸エステルの合成と反応については下巻の 19 章および 20 章で詳しく述べる．

エステル化

$$\underset{\text{酢酸}}{CH_3COH(=O)} + \underset{\text{エタノール 溶媒}}{CH_3CH_2OH} \overset{H^+}{\rightleftharpoons} \underset{\text{酢酸エチル}}{CH_3COCH_2CH_3(=O)} + HOH$$

亜リン酸は H_3PO_3 と書くが，実は二つの異性体の混合物である：

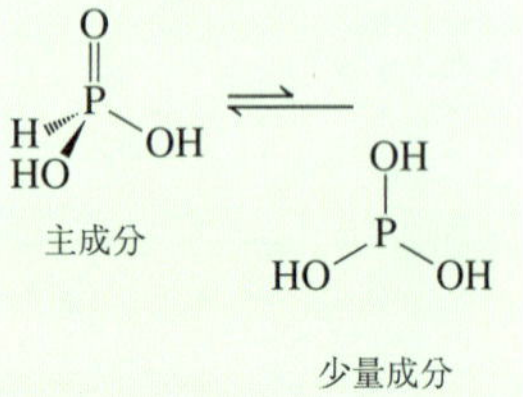

亜リン酸
(phosphorous acid)

ハロアルカンをアルコールから無機酸エステル経由で合成できる

酸触媒を用いるアルコールのハロアルカンへの変換反応(9–2 節)は困難であったり複雑になったりすることがありうるため，別の方法がいくつか開発されてきた．これらの方法は，より穏和な条件下でヒドロキシ基をすぐれた脱離基に変えることができるような種々の無機反応剤を利用するものである．たとえば，第一級および第二級アルコールは，容易に入手できる市販化合物である三臭化リン(PBr_3)と反応して，ブロモアルカンと亜リン酸になる．この方法は，アルコールからブロモアルカンを合成する一般的な方法である．PBr_3 の臭素原子は三つともリンからアルキル基へ移行する．

PBr_3 を用いるブロモアルカンの合成

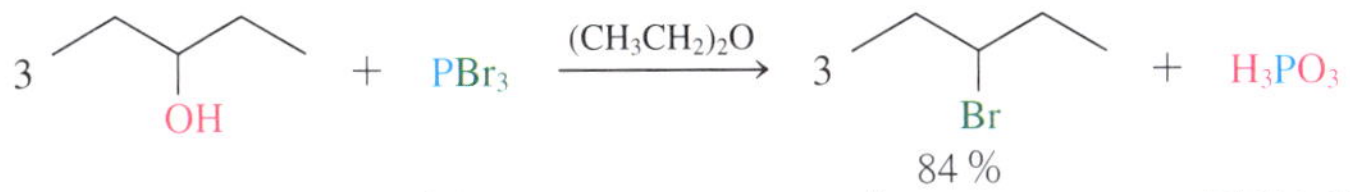

3-ペンタノール　三臭化リン　3-ブロモペンタン　亜リン酸

Reaction

PBr_3 の作用機構はどうなっているのだろうか．段階 1 ではアルコールが求核剤としてリン反応剤を攻撃して，亜リン酸誘導体であるプロトン化された無機酸エステルが生成する．

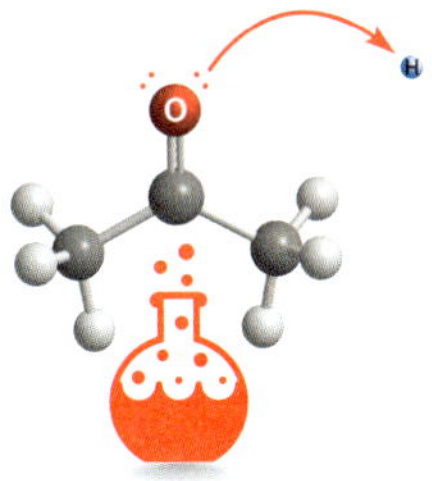

Mechanism

段階 1

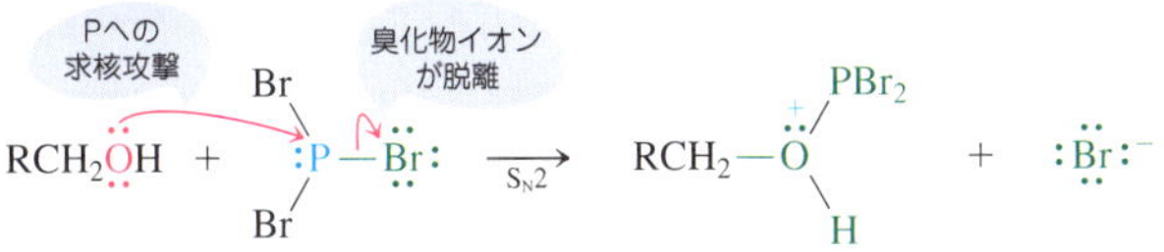

次に，すぐれた脱離基である $HOPBr_2$ が段階 1 で生じた臭化物イオンによって置換され(S_N2)，ハロアルカンが生成する．

段階 2

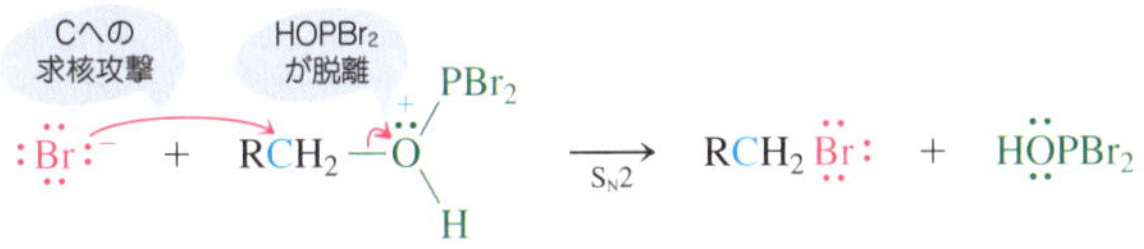

$HOPBr_2$ が続いてさらに 2 分子のアルコールと反応し，これらをもハロアルカンに変換することができるので，このハロアルカン合成法は非常に効率的である．

$$2\,RCH_2\ddot{\underset{..}{O}}H \;+\; H\ddot{\underset{..}{O}}PBr_2 \longrightarrow \longrightarrow 2\,RCH_2\ddot{\underset{..}{Br}}: \;+\; H_3PO_3$$

ブロモアルカンの代わりに対応するヨードアルカンを合成したい場合はどうだろうか．必要とする三ヨウ化リン(PI_3)は反応性の高い化学種で，調製したあとに保存することが困難なので，それを用いる反応混合物のなかで発生させるのが最もよい．この反応を行うには，元素状赤リンと元素状ヨウ素をヨウ素化したいアルコールに添加すればよい(下式参照)．反応剤は生成すると同時に消費されていく．

アルコールから P と I_2 を用いたヨードアルカンの合成

$$CH_3(CH_2)_{14}CH_2OH \xrightarrow{P,\ I_2,\ \Delta} \underset{85\,\%}{CH_3(CH_2)_{14}CH_2I} + H_3PO_3$$

アルコールをクロロアルカンに変換するのによく用いられる塩素化反応剤は，

塩化チオニル($SOCl_2$)である．アルコールをこの反応剤とともにただ加熱するだけで SO_2 と HCl が発生し，クロロアルカンが生成する．

Reaction

$SOCl_2$ を用いるクロロアルカンの合成

$$CH_3CH_2CH_2OH + SOCl_2 \longrightarrow \underset{91\,\%}{CH_3CH_2CH_2Cl} + O{=}S{=}O + HCl$$

反応機構はこの場合にも，まずアルコール(RCH_2OH)が塩化チオニルの二つの塩素の一方を置換して無機酸エステル(RCH_2O_2SCl)になる．

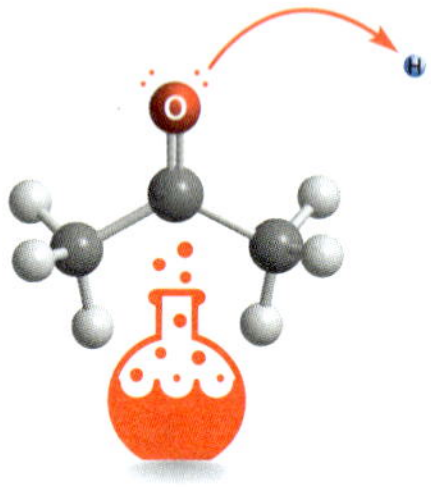

Mechanism

段階 1

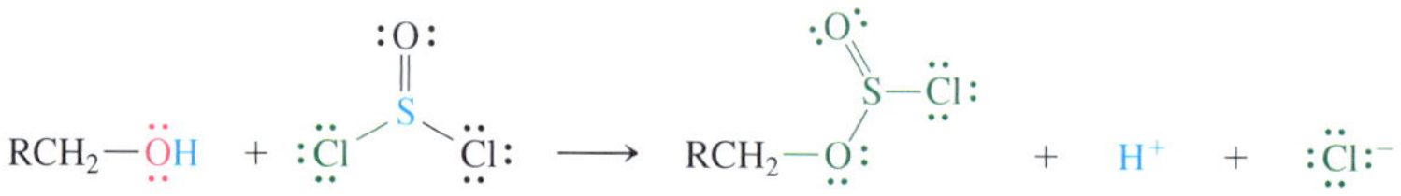

次に，この過程で生じた塩化物イオンが求核剤として作用してエステルを攻撃し，S_N2 反応によって SO_2 と HCl が 1 分子ずつ生成する．

段階 2

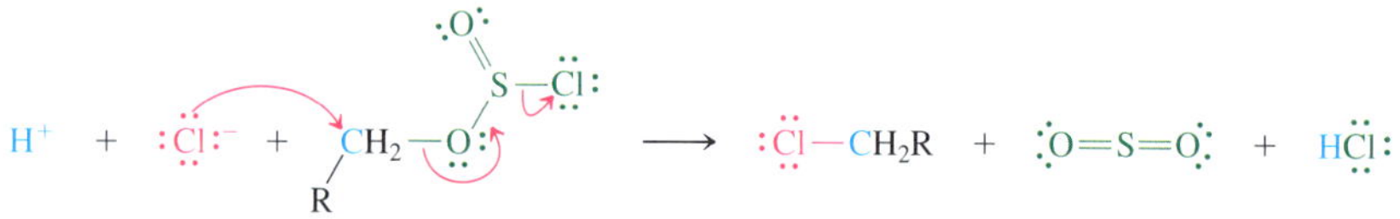

$(CH_3CH_2)_3N$:
N,N-ジエチルエタンアミン
(トリエチルアミン)
+
HCl
↓
$(CH_3CH_2)_3\overset{+}{N}H\ Cl^-$

発生する塩化水素を中和するアミンが共存すると，この反応はさらに効率よく進行する．塩化水素を中和する反応剤の一つとして *N,N*-ジエチルエタンアミン(トリエチルアミン)があり，この反応条件下では，対応するアミン塩酸塩を形成する(欄外)．

PBr_3 や $SOCl_2$ を，第一級および第二級アルコールの対応するハロゲン化物への変換反応に用いることができるが，第三級アルコールは転位および脱離生成物をともなうカルボカチオン化学の干渉のために基質に適さない．次に，ハロゲン化物以外で置換反応を行うことができる基質であるスルホン酸アルキルの活用について述べる．

スルホン酸アルキルは単離可能で，置換反応の有用な基質として幅広く使える

これまで述べてきたアルコールを対応するハロアルカンに変換する方法はいずれも，溶液中でハロゲン化物イオンと即座に反応する単離不可能な化学種を経由して進むものであった．もし，アルコールを上のような化学種の安定な形の誘導体に変換できたらどうだろうか．そうなれば，求核体による OH の置換反応のより一層一般的な方法を思いのままに使えるようになるだろう．スルホン酸アルキルはこのような条件を満たす化合物である(6-7 節参照)．それらは非常にすぐれた脱離基 RSO_3^-(表 6-4 参照)をもち，対応する塩化スルホニルとアルコールから合成し単離することができる．生成する HCl を取り除くために，ピリジンや第三級アミンのような弱い塩基を添加することが多い．

アルコールのヒドロキシ基の求核置換反応におけるスルホン酸エステル中間体

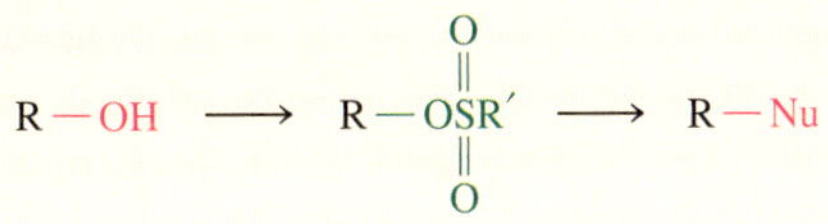

スルホン酸アルキルの合成

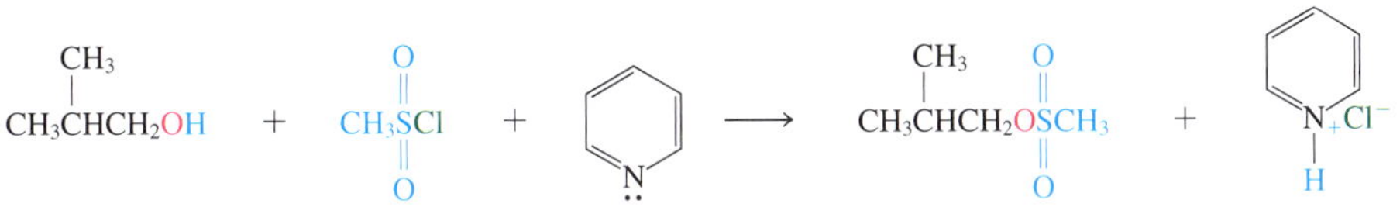

2-メチル-1-プロパノール　塩化メタンスルホニル（塩化メシル）　ピリジン　メタンスルホン酸2-メチルプロピル〔(2-メチルプロピル)メシラート〕　ピリジン塩酸塩

オキソニウムイオンあるいは三臭化リンや塩化チオニルから生じる無機酸エステルとは異なり，スルホン酸アルキルは生成条件下で安定であり，次の反応に進む前に単離することができる．このような性質のため，スルホン酸アルキルはハロゲン化物イオンだけでなく，多くの他の求核反応剤を用いた求核置換反応に使用できる．

スルホン酸アルキルの置換反応

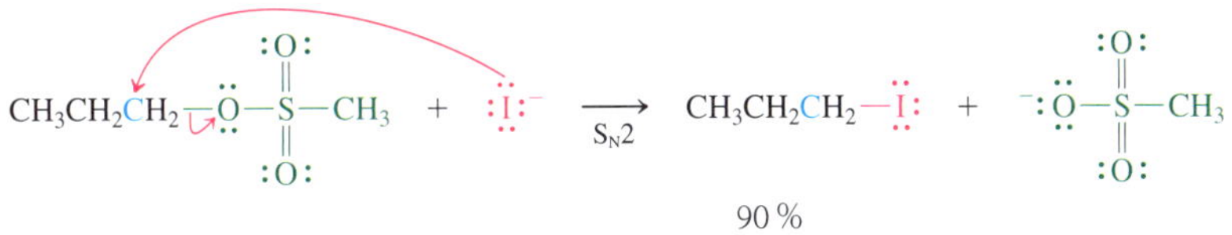

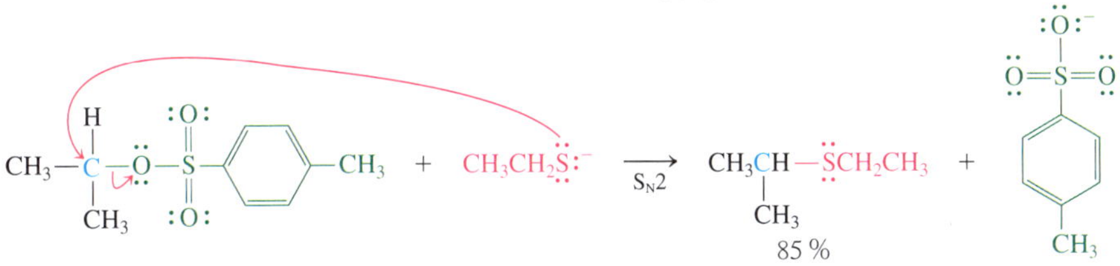

練習問題 9-12

(a) 欄外に示した連続的な反応の生成物は何か．

(b) 次のハロアルカンを，対応するアルコールから合成する場合に用いる反応剤を示せ．

(i) $I(CH_2)_6I$　(ii) $(CH_3CH_2)_3CCl$　(iii)

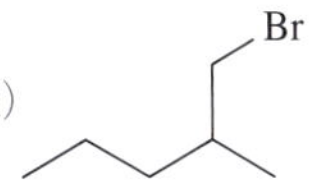

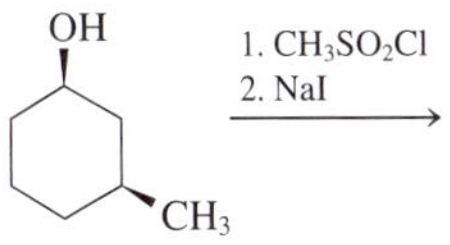

練習問題 9-13

概念のおさらい：逆合成解析の考えをさらに進める

私たちはこれまで，有機金属反応剤を用いるアルコールの合成に適用したように，逆合成解析に着目してきた(8 章参照)．このような取組み方の適用範囲は，本章でここまでに得た合成の知識により拡大した．そして，合成のレパートリーにもっと多くの反応を加えるにつれてさらに拡大し続けるであろう．生成物中の炭素原子源として(A)と(B)のみを用いてブロモアルカン(C)に至る，合成反応の連続的な式の概略を示せ．

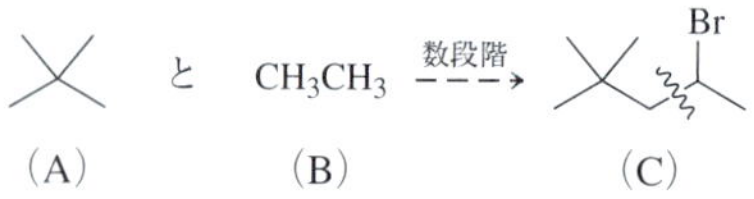

●解法のてびき

What 考えるための材料として何があるか．私たちはより複雑な構造をつくり上げるのに必要な炭化水素を二つ与えられている．出発物質のすべての炭素原子が生成物に含まれており，それ以外には何もつけ加えたり取り除かれたりはしていないこと，そして形成すべき重要な結合は波線で示したものであることに気づくだろう．

How どこから手をつけるか．この問題には逆合成解析を適用する．すなわち，(C)から出発して反応を逆向きに考える(8-8節参照)．(C)はブロモアルカン官能基をもっているので，適切な前駆体を生成する逆合成経路を考える必要があり，前向きの反応として見るなら望むハロゲン化生成物に変換できる経路ということになる．私たちはそれを可能にするどんな反応を知っているだろうか．

Information 必要な情報は何か．そのような反応を求めて前章を詳しく調べてみよう．最も便利なのは章末の「新しい反応」を利用することである．炭素－炭素結合を形成し同時にハロゲン化生成物を生じるような方法はまだ一つも学んでいない．しかし，ハロゲン化物がアルコールから得られ，アルコールは新たなC－C結合を生成する有機金属カップリング反応で合成できる(8-6節参照)．したがって，答えはもう目の前である．

Proceed 一歩一歩論理的に進めよ．

●答え

- 逆合成全体を以下の式に示す．(C)のBrをOHに変換して(D)に導くと，この(D)は(E)と(F)のカップリングで合成できるであろう．次いで，(E)と(F)はそれぞれ容易に(A)と(B)に関係づけられる．

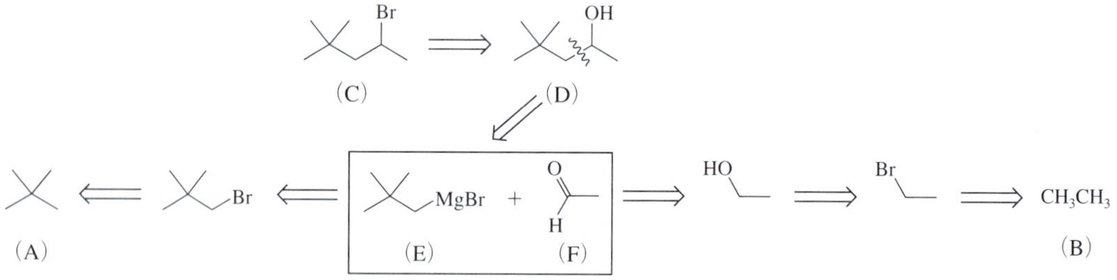

- この連続式を手に入れたので，いまや本問への解答となるひと組の前向きの反応を式で示すことができる．

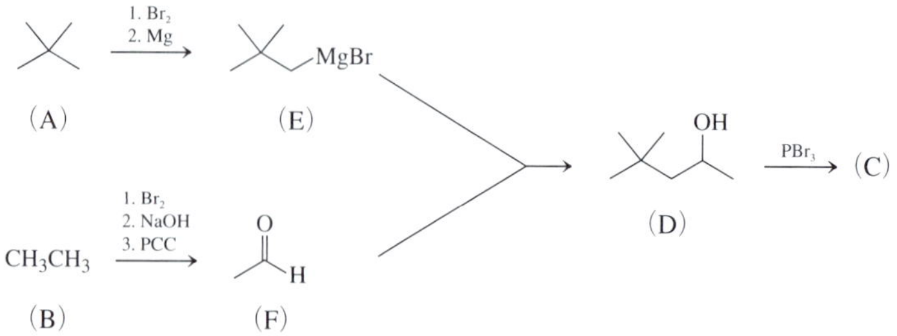

- 最後の段階で，HBr濃水溶液という簡単なほうを選択せずに，なぜPBr_3を選んだか不思議に思うかもしれない．HBr濃水溶液と(D)の第二級アルコール官能基との反応

は，おもに S_N1 機構によって進むであろうが，第二級カルボカチオンが生成することになる．この第二級カルボカチオンは転位を起こしやすく，それがまったく異なる最終生成物を与える可能性が高い(9-3 節)．

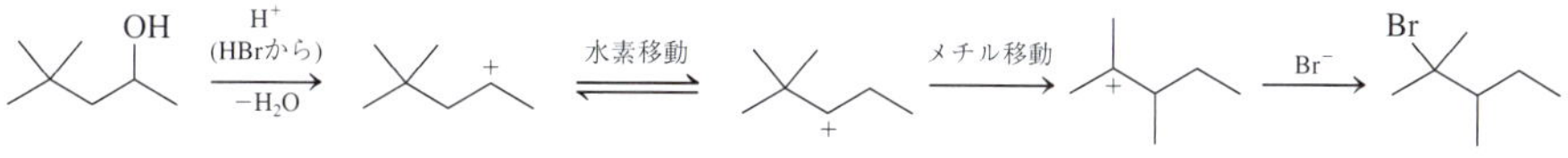

(D)　第二級カルボカチオン　第二級カルボカチオン　第三級カルボカチオン

• アルコールと PBr_3 との反応はカルボカチオンが生成しない S_N2 経路で進行する．

練習問題 9-14　自分で解いてみよう

生成物中の唯一の炭素原子源としてブタンを用いて，炭化水素(A)(欄外)に至る合成経路を示せ．〔**ヒント**：決定的な結合形成の際に(A)に官能基をもち込める，すなわち前向きの反応という観点では適切な方法でその基を取り除けるような逆合成ステップを見いだすこと．〕

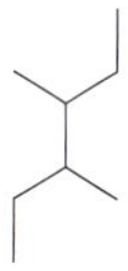

(A)
(ジアステレオマーの混合物)

まとめ　アルコールはカルボン酸と反応して脱水により有機酸エステルを与える．アルコールはまた，PBr_3，$SOCl_2$ などの無機ハロゲン化物や RSO_2Cl と反応して，脱 HX により無機酸エステルを生じる[†1]．これらの無機酸エステルは求核置換反応におけるすぐれた脱離基をもち，たとえばハロゲン化物イオンによって置換されると対応するハロアルカンを与える．

†1　訳者注：RSO_2Cl の R がアルキル基などの有機基である場合に，それと反応して生じるものは無機酸エステルではなく，有機酸エステルに分類すべきである．

9-5 エーテルの名称と物理的性質

エーテルとは，アルコールのヒドロキシ基の水素をアルキル基に置き換えた誘導体の総称であると考えてよい．そこで，この種の化合物をさらに体系的に説明することにしよう．本節では，エーテルを命名する場合の規則と，エーテル類の物理的性質について述べる．

IUPAC 命名法ではエーテルはアルコキシアルカンとみなす

エーテル(ether)[†2] を命名する場合，IUPAC 命名法ではアルコキシ基をもつアルカン，すなわちアルコキシアルカンとして取り扱う．小さいほうの置換基をアルコキシ基と考え，大きいほうが主鎖となる．置換シクロアルカンの場合は，環が優先される(4-1 節参照)．

エーテルの慣用名においては，二つのアルキル基の名称のあとにエーテルという語をつける．したがって，CH_3OCH_3 はジメチルエーテル(dimethyl ether)，$CH_3OCH_2CH_3$ はエチルメチルエーテル(ethyl methyl ether)などのようになる．

エーテル類は一般にかなり反応性が低く(ひずみをもつ環状エーテルは除く，9-9 節)，したがって有機反応の溶媒としてよく利用されている．これらのエーテル溶媒のなかには環状のものもあり，また数個のエーテル部分をもっているものさえある．それらのすべてに慣用名がつけられている．

$CH_3\ddot{O}CH_2CH_3$

メトキシエタン
(methoxyethane)

$CH_3CH_2\ddot{O}C(CH_3)_2CH_3$

2-エトキシ-2-メチルプロパン
(2-ethoxy-2-methylpropane)

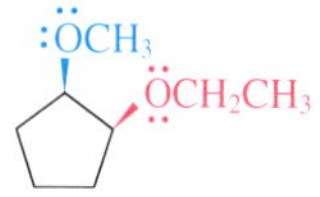

cis-1-エトキシ-2-メトキシシクロペンタン
(*cis*-1-ethoxy-2-methoxycyclopentane)

†2　訳者注：「エーテル」は化合物群を表すほかに，ジエチルエーテルをさらに簡略化した慣用名として用いられることもあるが，本書では化合物群を表す名称としてのみ用いることとする．

エーテル溶媒とその名称

$CH_3CH_2OCH_2CH_3$

エトキシエタン
(ethoxyethane)
(ジエチルエーテル
diethyl ether)

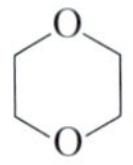

1,4-ジオキサシクロヘキサン
(1,4-dioxacyclohexane)
(1,4-ジオキサン
1,4-dioxane)

$CH_3OCH_2CH_2OCH_3$

1,2-ジメトキシエタン
(1,2-dimethoxyethane)
〔グリコールジメチルエーテル
glycol dimethyl ether,
グライム(glyme)〕

オキサシクロペンタン
(oxacyclopentane)
(テトラヒドロフラン
tetrahydrofuran, THF)

環状エーテルは一つ以上の炭素が，ヘテロ原子(この場合は酸素原子)によって置き換えられたシクロアルカンの一種である〔**ヘテロ原子**(heteroatom)とは，炭素および水素以外のすべての原子と定義されている〕．ヘテロ原子を含む環状分子を**ヘテロ環化合物**(heterocyclic compound または heterocycle)といい，これらについては下巻の25章でより詳しく述べる．

環状エーテルの最も簡単な命名法は，**オキサシクロアルカン**(oxacycloalkane)を主幹とするもので，接頭語オキサ(oxa)は環内の炭素を酸素で置き換えたことを意味している．したがって，三員環エーテルはオキサシクロプロパン(他にオキシラン，エポキシド，エチレンオキシドという名称も用いられている)，四員環化合物はオキサシクロブタン，これに続く二つの同族体はオキサシクロペンタン(テトラヒドロフラン)とオキサシクロヘキサン(テトラヒドロピラン)である．これらの化合物の位置番号は，酸素を1として順に環に沿ってつけていく．

エーテルの物理的性質には水素結合を形成しないことが反映されている

単純なアルコキシアルカンの分子式は $C_nH_{2n+2}O$ であり，アルカノールの分子式と同じである．しかし，水素結合が存在しないため，エーテルの沸点はそれと同じ分子式をもつ対応するアルコール異性体の沸点よりもはるかに低い(表9-1)．これらのなかで最も小さな2種類のエーテルは水と混合するが，炭化水素部分が大きくなるにつれてエーテルの水溶性は低下する．たとえば，メトキシメタンは完全に水に溶解するが，エトキシエタンは約10％の水溶液になるにすぎない．

表9-1 エーテルおよびその異性体の1-アルカノールの沸点

エーテル	名　称	沸点(℃)	1-アルカノール	沸点(℃)
CH_3OCH_3	メトキシメタン(ジメチルエーテル)	−23.0	CH_3CH_2OH	78.5
$CH_3OCH_2CH_3$	メトキシエタン(エチルメチルエーテル)	10.8	$CH_3CH_2CH_2OH$	82.4
$CH_3CH_2OCH_2CH_3$	エトキシエタン(ジエチルエーテル)	34.5	$CH_3(CH_2)_3OH$	117.3
$(CH_3CH_2CH_2CH_2)_2O$	1-ブトキシブタン(ジブチルエーテル)	142	$CH_3(CH_2)_7OH$	194.5

ポリエーテルは金属イオンを溶媒和する：クラウンエーテルとイオノホア

1,2-エタンジオール単位を基本とするエーテル官能基を多数含む環状ポリ

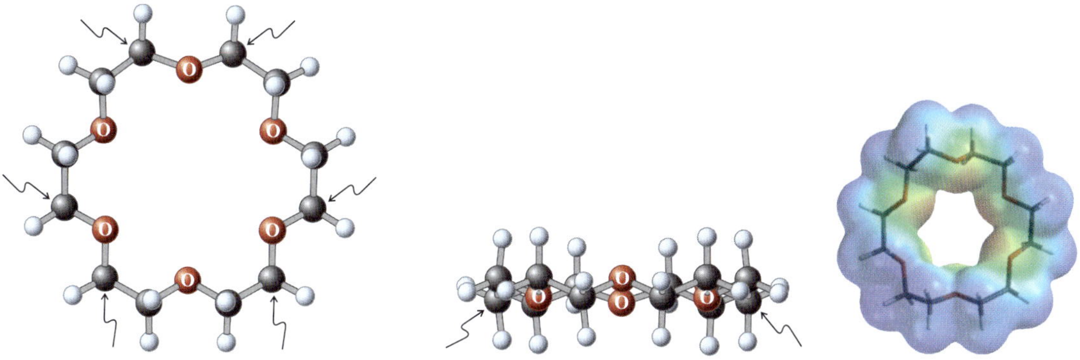

こちらの立体図では，水素原子のうち六つが結合している炭素原子（矢印で表示）のうしろに隠れている．

こちらの立体図では，酸素原子のうち二つが結合している炭素原子（矢印で表示）のうしろに隠れている．

図 9-3　18-クラウン-6 の王冠（クラウン）状構造

エーテルを**クラウンエーテル**（crown ether）というが，このように名づけられたのは，これらの化合物が結晶状態で，またおそらくは溶液状態でも，王冠状の立体配座をとっているからである†．18-クラウン-6 とよばれるポリエーテルを図 9-3 に示した．18 という数字は環のなかの全原子数を表し，6 は酸素の数を示す．図 9-3 の右に示した静電ポテンシャル図から，エーテル酸素上の電子対によって環の内側が非常に電子豊富になっていることがわかる．

† 訳者注：正確にいえば，クラウンエーテルがその内孔に金属イオンを取り込んだときに，王冠状の立体配座をとる．

そのためクラウンエーテルは Lewis 塩基性になる．これらの孤立電子対が環状エーテルに驚くべき溶媒和力をもたらし，この状態では孤立電子対をもった酸素原子数個が金属カチオンを取り囲んで捕捉するであろう．このようにして，クラウンエーテルはふつうの塩を有機溶媒に可溶化できるようになる．たとえば，過マンガン酸カリウム（$KMnO_4$）はベンゼンにまったく不溶の深紫色の固体であるが，18-クラウン-6 を加えるとこの溶媒に容易に溶けるようになる．この溶液は，過マンガン酸カリウムを用いた酸化を有機溶媒中で行うことを可能にするので，非常に有用である．溶解が可能になったのは，金属イオンが 6 個のクラウン酸素によって効果的に溶媒和されたためである．

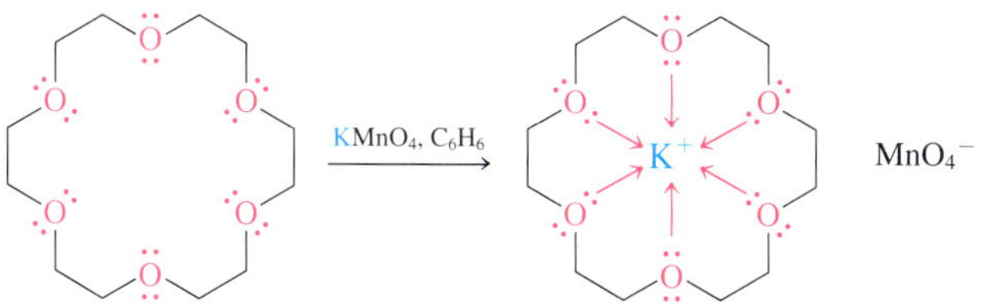

18-クラウン-6
(18-crown-6)

[K^+ 18-クラウン-6] MnO_4^-

カチオンである[K^+18-クラウン-6]の空間充塡型分子模型

クラウンエーテルの「内孔」のサイズは，ある特定のカチオン，すなわち，このポリエーテルに最もうまく取り込まれるようなイオン半径をもったカチオンだけに選択的に結合できるように設計して合成することが可能である．この概念は，アルカリ金属や他の金属に対して非常に選択的に結合する**クリプタンド**

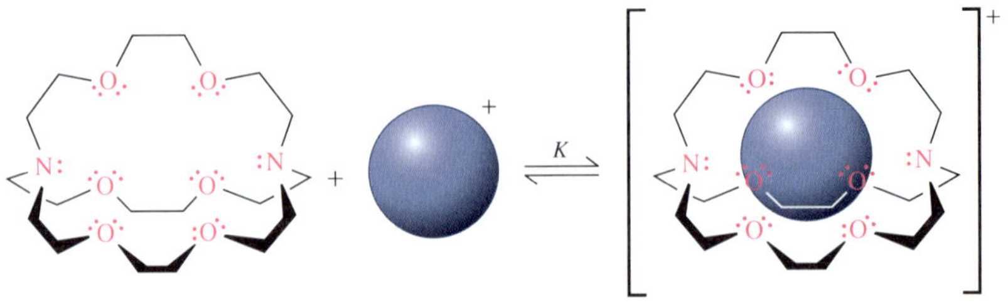

図 9-4 多環状ポリエーテル(クリプタンド)のカチオン捕捉による錯体(クリプテート)の形成．上に示したクリプタンドはカリウムイオンを選択的に捕捉するが，その結合定数は $K = 10^{10}$ mol^{-1} L である．選択性は $K^+ > Rb^+ > Na^+ > Cs^+ > Li^+$ の順になる．リチウムに対する結合定数はおよそ 10^2 mol^{-1} L であり，一連のアルカリ金属の間で 10^8 倍もの差がある．

(cryptand：*cryptos*，ギリシャ語の「隠蔽された」)とよばれる多環状エーテルの合成によってみごとに三次元に拡張された(図 9-4)．これらの構造の重要性が認められて，1987 年に Cram，Lehn および Pedersen の 3 人*がノーベル化学賞をともに受賞している．

クラウンエーテルやクリプタンドは**イオン輸送剤**(ion transport agent)といわれることが多く，カチオンのまわりに配位するような構造をとる化合物である**イオノホア**†(ionophore：-*phoros* はギリシャ語で「もつもの」の意なので，"イオンを保持するもの"を意味する)として大別されるものの一種である．一般に，イオノホアとの相互作用の結果，イオンの極性で親水的な性質が疎水的な殻によって覆い隠されて，そのイオンが非極性溶媒にはるかに溶けやすくなる．自然界においては，イオノホアは疎水的な細胞膜を通ってイオンを輸送することを可能にしている．細胞が生存するためには，細胞の内と外のイオンのバランスが精確に調節されていなければならず，そのため過度のずれが生じると細胞破壊の原因となる．このような性質によってポリエーテル抗生物質は侵入する微生物と戦うことができるので，医薬品として利用される．しかし，イオン輸送は神経伝達に影響を及ぼすので，自然界に存在するイオノホアのなかには命にかかわるような神経毒となるものもある(下式を参照)．

* Donald J. Cram (1919～2001)，アメリカ，カリフォルニア大学ロサンゼルス校教授．
Jean-Marie Lehn (1939～)，フランス，ストラスブール大学ならびにコレージュ・ド・フランス教授．
Charles J. Pedersen 博士 (1904～1989)，アメリカ，デュポン社．

† 訳者注：「イオン輸送担体」，「イオン透過担体」とよばれることもある．

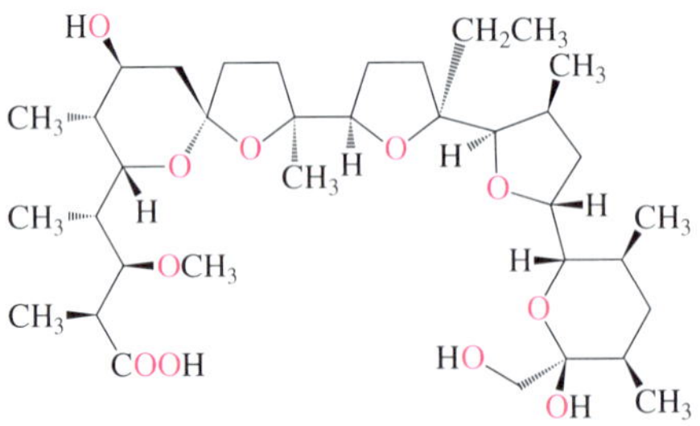

モネンシン(monensin)
(*Streptomyces* 種から得られる抗生物質)

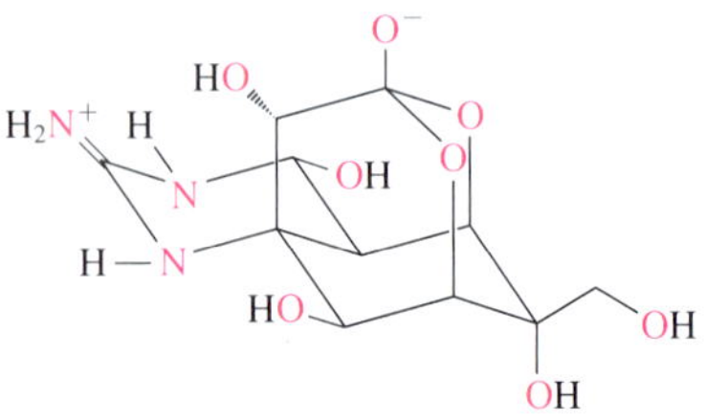

テトロドトキシン(tetrodotoxin)
(フグに含まれる神経毒)

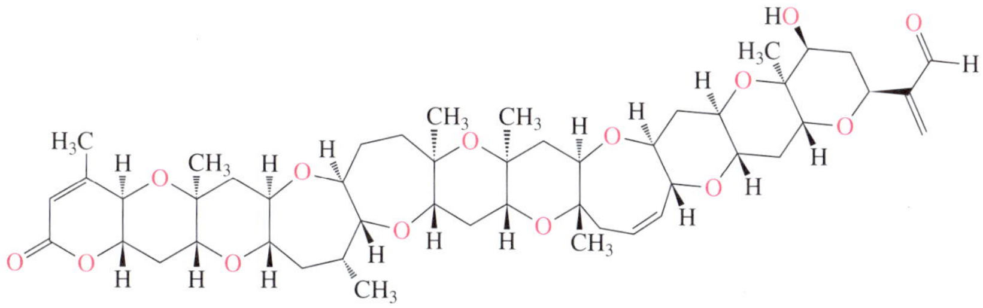

ブレベトキシンB(brevetoxin B)
(赤潮と関係する藻類によって産生される海洋性神経毒)

ニュージーランドのクイーンズランド近くの海岸で発生した赤潮．赤潮は植物プランクトンの巨大な集合体で，海の色を赤色，茶色，緑色などに変える．赤潮が発生している間に繁殖する藻類は，ブレベトキシンBといったポリエーテル神経毒を産生する．それは，魚の大量死や汚染された海産物を食べた人間に中毒を引き起こす原因となる．ブレベトキシンBは，神経や筋肉細胞の膜のナトリウムチャネルに結合して細胞死を誘発する．

まとめ　非環状のエーテルはアルコキシアルカンあるいはジアルキルエーテルとして命名される．環状のものはオキサシクロアルカンとよぶ．エーテルの沸点は同程度の大きさのアルコールの沸点よりも低いが，これはエーテルどうしが水素結合を形成できないためである．酸素の孤立電子対の Lewis 塩基性は金属イオンとの効果的な錯形成を可能にするが，この性質はポリエーテルの場合にとくに著しい．

9-6 Williamson エーテル合成法

アルコキシドは非常にすぐれた求核剤である．この節ではアルコキシドを用いるエーテルの最も一般的な合成法について述べる．

エーテルは S_N2 反応で合成される

第一級ハロアルカンやスルホン酸エステルとアルコキシドを典型的な S_N2 条件下で反応させるのが，エーテルを合成する最も簡単な方法である(6章参照)．この方法は **Williamson* エーテル合成法**(Williamson ether synthesis)として知られている．アルコキシドの調製に用いたアルコールをそのまま溶媒として使用できるが(ただしそれが高価でない場合)，ジメチルスルホキシド(dimethyl sulfoxide, DMSO)やヘキサメチルリン酸トリアミド(hexamethylphosphoric triamide, HMPA)のような他の極性分子のほうがよい場合も多い(表6-5参照)．

* Alexander W. Williamson (1824～1904)，イギリス，ユニバーシティカレッジ教授．

Williamson エーテル合成法

1-ブトキシブタン
(1-butoxybutane)

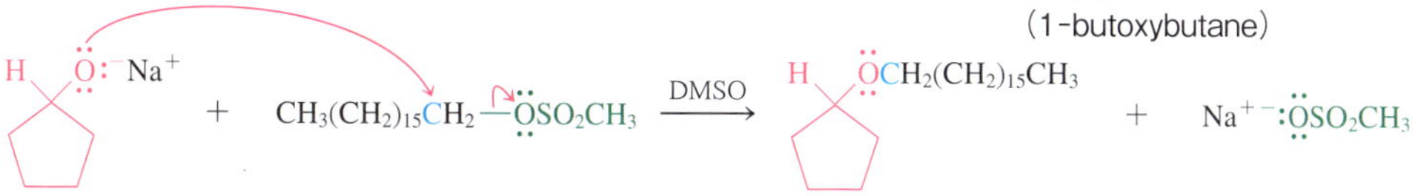

91%
ヘプタデシロキシシクロペンタン
(heptadecyloxycyclopentane)

求核剤ー赤色
求電子剤ー青色
脱離基ー緑色

アルコキシドは強塩基なので，これらをエーテル合成に用いることができるのは立体障害のない第一級アルキル化剤との反応にかぎられており，その他の場合にはかなりの E2 反応生成物が生じる(7-8 節参照).

コラム● 9-1　1,2-ジオキサシクロブタンの化学発光　NATURE

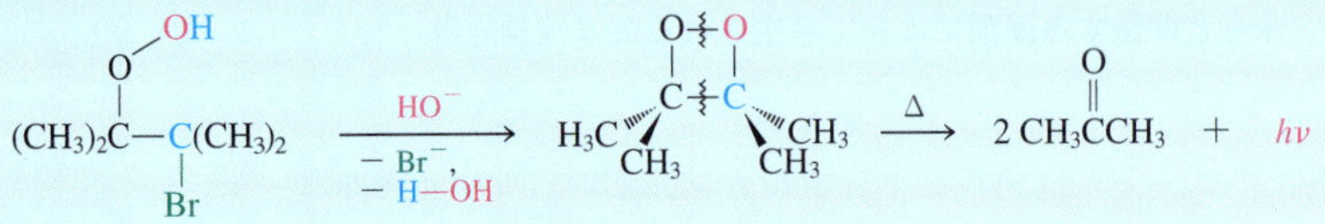

2-ブロモヒドロペルオキシド　3,3,4,4-テトラメチル-1,2-ジオキサシクロブタン (1,2-ジオキセタン)　アセトン

分子内 Williamson エーテル合成の特殊な例として，2-ブロモヒドロペルオキシドが反応基質となる場合がある．得られるペルオキシド生成物は1,2-ジオキサシクロブタン(1,2-ジオキセタン)である．このヘテロ環は特異な物質で，光の放射(化学発光)をともなって対応するカルボニル化合物に分解する．ジオキサシクロブタンは自然界におけるある種の生物の生物発光の原因物質となっている．ホタル，ツチボタル，ある種のコメツキムシなどの陸生生物が光を発することはよく知られている．しかし，生物発光をする生物の大部分は海洋に生息しており，それらは顕微鏡でしか見ることのできない細菌やプランクトンから魚類まで広範囲にわたる．放射される光はさまざまな目的に使われており，求愛や交信，雌雄の区別，獲物の発見，捕食動物からの逃避，あるいはそれらへの威嚇のためなどに重要なようである．

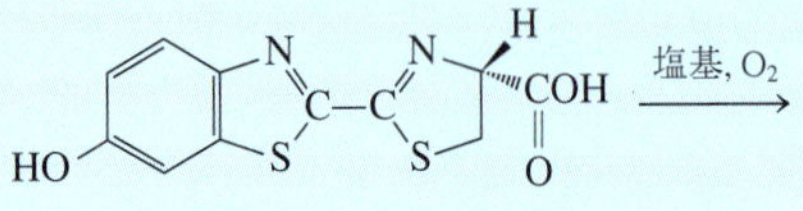

ホタルルシフェリン
(firefly luciferin)

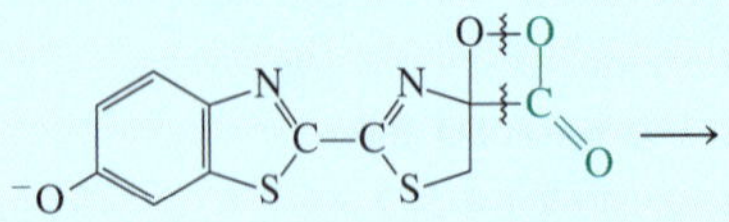

1,2-ジオキサシクロブタノン中間体

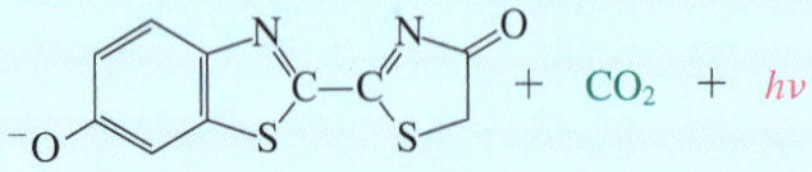

自然界における化学発光分子の例としては，ホタルのルシフェリンがあげられる．この分子を塩基性条件下で酸化すると，ジオキサシクロブタノン中間体が生成し，これが上記の3,3,4,4-テトラメチル-1,2-ジオキサシクロブタンの場合と同様の分解をして複雑なヘテロ環化合物と二酸化炭素になり，同時に光を放射する．

生物発光は非常に効率がよい．たとえば，ホタルは基礎となる化学反応のエネルギーの 40 %を可視光に変換している．その効率性のよさがわかるように例をあげると，ふつうの電球はたった 10 %の効率しかなく，大部分の(電気)エネルギーは熱として放出されているのである．

オスとメスのホタルが協奏的に発光している様子．

練習問題 9-15

以下のエーテル類は，原理的には二つ以上の Williamson エーテル合成法によって合成が可能である．次のエーテルの合成において各手法の相対的な優位性を考察せよ．
(a) 1-エトキシブタン，(b) 2-メトキシペンタン，(c) プロポキシシクロヘキサン，(d) 1,4-ジエトキシブタン．〔**注意**：(i) アルコキシドイオンは強力な塩基である．(ii) 4-ブロモ-1-ブタノールを(d)の出発物質にするとどんな問題があるか．〕

分子内 Williamson 合成法で環状エーテルが合成できる

Williamson エーテル合成法は，ハロアルコールを出発物質とすると環状エーテルの合成にも適用できる．図 9-5 には，ブロモアルコールと水酸化物イオンの反応を示した．黒の曲線は二つの官能基の間をつないでいる炭素原子鎖を示している．反応機構は，はじめにブロモアルコールから塩基への速いプロトン移動によりブロモアルコキシドが生じ，次いでこれが閉環して環状エーテルを与える．この閉環反応は分子内置換反応の一例である．環状エーテルの生成は通常，図 9-5 に示した臭化物の水酸化物イオンによる分子間置換反応でジオールを生成する副反応よりもはるかに速い．その理由はエントロピー(2-1 節参照)である．分子内反応では，二つの反応中心は同一分子内にあり，遷移状態ではブロモアルカンという一つの分子がエーテルと脱離基の二つの生成物分子に変わる．分子間反応では，エントロピー損失をともなってアルコキシドイオンと求電子剤をともに遷移状態に引き寄せなければならず，しかも，全体としては分子数に変化がないままである．分子間 S_N2 反応が分子内 S_N2 反応と競争するような場合には，高希釈条件を用いると分子間反応を著しく減少させるので，分子間 S_N2 反応を劇的に抑制することができる(2-1 節参照)．

エントロピーに関する注意
系の無秩序さの増大あるいはエネルギー含量の(より厳密には)分散の増大にともない，正(有利)になる．

分子内 Williamson 合成法によって，小員環を含むさまざまな大きさの環状エーテルの合成が可能である．

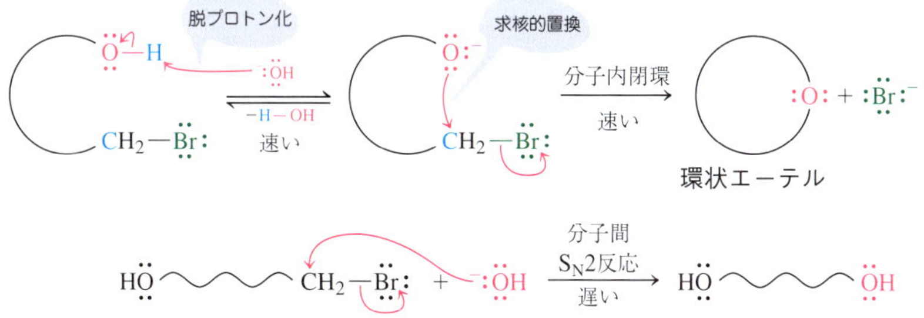

図 9-5 ブロモアルコールと水酸化物イオンからの環状エーテル合成の反応機構(上の反応)．より遅いが競争的に起こる副反応である臭素の水酸化物イオンによる直接置換(下の反応)．黒色の曲線は炭素原子鎖を示している．

環状エーテルの合成

オキサシクロプロパン
(オキシラン，エチレンオキシド)

生成物中に青色の点で示した炭素原子は，出発物質の閉環が起きた位置を表している．

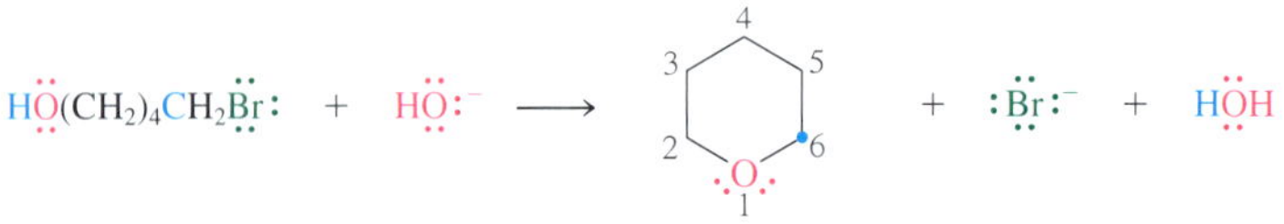

オキサシクロヘキサン
（テトラヒドロピラン）

練習問題 9-16

5-ブロモ-3,3-ジメチル-1-ペンタノールと水酸化物イオンとの反応の生成物は環状エーテルである．それが生成する反応機構を述べよ．

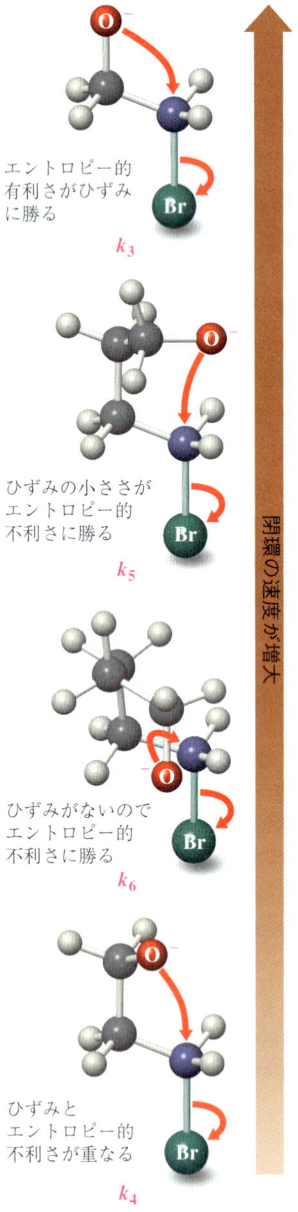

環の大きさが環状エーテルの生成速度に影響する

環状エーテル生成の相対速度を比較すると，驚くべき事実がわかる．すなわち，最もひずんでいる三員環の形成は五員環と同程度の速度であり，四員環，六員環およびそれより大きなオキサシクロアルカンの生成はもっと遅い．

環状エーテル生成の相対速度

$$k_3 \geq k_5 > k_6 > k_4 \geq k_7 > k_8$$

k_n = 反応速度，n = 環の大きさ

この場合，どのような効果が働いているのだろうか．私たちは反応速度に注目しているので，構造について，つまり分子内 Williamson 合成の遷移状態のエネルギーについての比較が必要である．その答えには，エンタルピーとエントロピーの両方の寄与が含まれている（2-1 節参照）ことに気づくだろう．

エンタルピーは反応中の結合の強さの変化だけでなく，ひずみ（4-2 節参照）の変化も反映していることを思い出そう．一方，エントロピーは，系の秩序（あるいはエネルギーの散乱）の程度の変化と関係している．環形成におけるさまざまな遷移状態間で，これらの値の違いはどうであろうか．

より大きな環の閉環から三員環の閉環になるにつれて，最も明らかなエンタルピー効果は環ひずみである．もしそれが支配的であれば，ひずみの影響がそれぞれの遷移状態の構造にすべて反映されないとしても，最もひずみの大きい環が最も遅い速度で形成されるはずである．しかし，これが実際には観察されないので，この単純な解析を複雑にしている他の因子を探さないといけない．そのような因子の一つがエントロピーである．

エントロピーがどのように働くのかを理解するために，脱離基をもつ求電子的な炭素を，その背面から探し求めている求核的で負に帯電した酸素の位置に，自分自身を置いてみよう（欄外の構造参照）．自分が標的に近づけば近づくほど，明らかにその炭素を探すのは楽になる．標的が遠いと，その炭素を自分自身により近づけるために，介在する分子の鎖はきちんと並べられ，あるいは「きちんと配列され」なければならない．鎖が長くなると，これはますます困難になる．

分子について見ると，環形成を起こす遷移状態に達するためには，その分子の反対側にある両末端が互いに近づかないといけない．結果として生じる立体配座では，間に介在する結合まわりの回転が制限されるようになり，分子内のエネル

ギーの散乱が減少し，エントロピー変化は不利になる(負になる)．この効果は長鎖になると非常に厳しくなり，中程度の大きさの環やより大きな環の形成が相対的に最も困難になる．さらに，これらの環の形成速度は重なり配座，ゴーシュ形配座や渡環ひずみ(4-5 節参照)の影響を受ける．これに対して，より短い鎖の環化は結合回転の制限をあまり必要とせず，そのため，エントロピーの不都合な減少がかなり小さくなる．したがって，三および六員環は比較的速く生成する．実際，エントロピーだけにもとづけば，閉環の相対速度は $k_3 > k_4 > k_5 > k_6$ となるはずである．そこに環ひずみの影響を加えると，前に示している実際に観察された閉環しやすさの傾向にたどり着く(前ページの欄外の構造も参照せよ)．

最近の研究によると，三員環が非常に速く生成する理由をエントロピーだけでは説明できないことを示している．「近接効果(proximity effect)」とよばれてきたエンタルピーが関与する第二の現象が作用しており，とくに 2-ハロアルコキシドの場合に見られる．それを理解するために，S_N2 反応は程度に差はあるものの，すべて求核剤の立体障害の影響を受けることを思い起こす必要がある(6-10 節参照)．2-ハロアルコキシド(および関連する三員環の前駆体)では，その分子の求核部分は求電子的な炭素に非常に近いために，遷移状態におけるひずみの一部は基底状態ですでに存在していることになる．いいかえると，この分子は「正常な」(ひずみのない)置換反応の反応座標に沿ってはじめから活性化されているのである．このような反応を加速する近接効果は四員環合成では劇的に減少する(また，エントロピーによる有利な効果も同様である)が，環ひずみは大きいままである．そのため，オキサシクロブタンへの閉環は比較的遅くなる(欄外の空間充填モデルも参照)．これからわかることだが，本節で行きついた一般的な結論は，今後の章で出てくる他の閉環をともなう変換反応にも適用される．

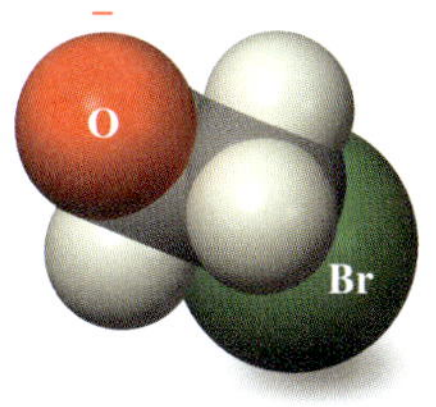

2-ブロモエトキシドの酸素は求電子的な炭素に「押し迫って」いる．

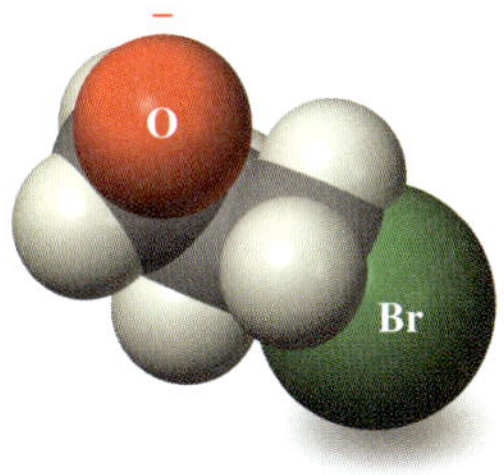

3-ブロモプロポキシドの酸素は求電子的な炭素とほどよく離れた距離にある．

分子内 Williamson 合成法は立体特異的である

Williamson 合成法は脱離基をもつ炭素の立体配置の反転をともなって進行するが，これは S_N2 反応機構にもとづく予想と一致している．攻撃する求核剤は脱離基の反対側から求電子的炭素に近づく．ハロアルコキシドの立体配座(コンホメーション)のうち一つだけが効率よく置換反応をすることができる．たとえば，オキサシクロプロパンの生成には求核剤と脱離基がアンチ形立体配座をとることが必要である．その他のねじれ形配座として可能な二つのゴーシュ形立体配座からは生成物を与えることができない(図 9-6)．

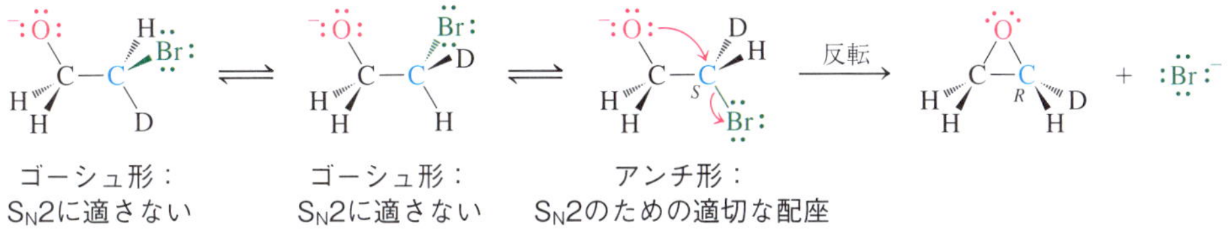

図 9-6　2-ブロモアルコキシドのアンチ形立体配座からのみオキサシクロプロパンの生成が可能である．二つのゴーシュ形立体配座では，臭素のついている炭素に対して分子内の背面攻撃ができない．

練習問題 9-17

概念のおさらい：分子内 Williamson エーテル合成法の立体化学

(1*R*,2*R*)-2-ブロモシクロペンタノールは水酸化ナトリウムと速やかに反応して光学不活性な生成物を与える．一方，(1*S*,2*R*)異性体ははるかに反応性が低い．この違いを説明せよ．

● 解法のてびき

What 何が問われているか．それは，結果を説明することである．したがって，反応機構を考える必要がある．

How どこから手をつけるか．異性体の関係にある二つの基質の構造を書いてみよう（分子模型を組み立てるとなおよい）．そうすれば，それらの違いを視覚的にとらえることができる．

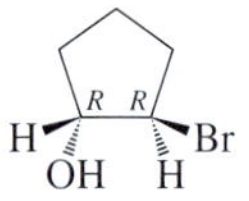

(1*R*,2*R*)-2-ブロモシクロペンタノール

求核的な酸素原子と脱離基がトランス（アンチ）の関係にある

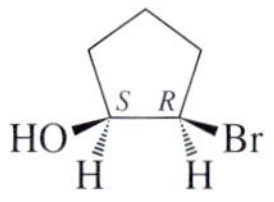

(1*S*,2*R*)-2-ブロモシクロペンタノール

こちらでは求核基と脱離基がシス（シン）の関係にある

Information 必要な情報は何か．これらの化合物に適用できる反応機構の選択肢が与えられたとして，立体化学的な相違がそれらの反応性にどのように影響するだろうか？

Proceed 一歩一歩論理的に進めよ．

● 答え

- 図9-6には，2-ハロアルカノールを塩基で処理するとOH基が脱プロトン化されることが示されている．次いで，生じたアルコキシドイオンは隣接するハロゲン化物イオンを置換してオキサシクロプロパンを生成する．しかし，図9-6に示された状況とは異なり，扱っている二つの2-ブロモシクロペンタノールは環構造を含んでおり，このため二つの官能基を連結している結合まわりの立体配座の自由度が制約を受けている．(1*R*,2*R*)異性体においてはアルコキシド酸素とハロゲンは互いにトランスの関係にあり，したがって，分子内S_N2反応によってアルコキシドイオンが臭化物イオンを背面から置換するのに完璧な配置になっている．その結果，生成したオキサシクロプロパンは鏡面をもっており，メソ体でありアキラルである．

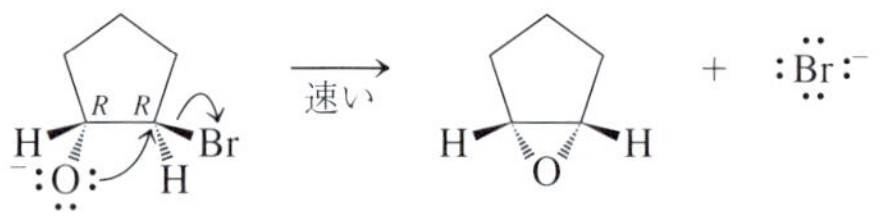

メソ体

- ところが(1*S*,2*R*)異性体は，上記と同じ二つの官能基が五員環の同じ側にある．〔(1*R*,2*R*)異性体からの生成物と同じ〕生成物になるように反応が進むためには，前面からの置換が必要で，これははるかに起こりにくい．したがって，(1*R*,2*R*)異性体から生じたアルコキシドのほうが，(1*S*,2*R*)異性体から生じたアルコキシドよりもはるかに速く反応する．

練習問題 9-18 自分で解いてみよう

ブロモアルコール(A)は水酸化ナトリウム共存下で対応するオキサシクロプロパンに速やかに変換されるが，そのジアステレオマーである(B)はそうならない．なぜか．〔**注意**：前の問題とは異なり，基質は両方とも *trans*-ブロモアルコールである．**ヒント**：二つの異性体の最も安定なシクロヘキサンのいす形立体配座異性体(4-4 節参照)を書き，分子内 Williamson エーテル合成におけるそれぞれの遷移状態を描いてみること.〕

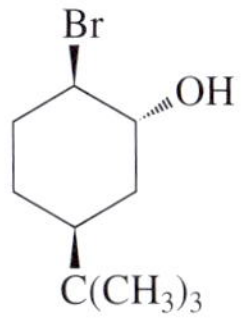

(A)

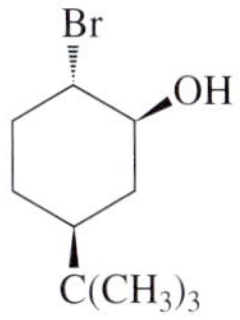

(B)

まとめ　エーテルはハロアルカンとアルコキシドとのS_N2反応である Williamson 合成法によって合成できる．この反応には，容易に脱離反応が起こらないような第一級ハロゲン化物やスルホン酸エステルが最適である．環状エーテルは，この方法を分子内反応として適用することによって合成できる．この際，閉環の相対速度は三員環および五員環が生成する場合に最も大きい．

9-7 アルコールと無機酸によるエーテルの合成

あまり選択性は高くないが，さらに簡単なエーテル合成法として，無機の強酸(たとえば H_2SO_4)とアルコールの反応がある．アルコールのヒドロキシ基をプロトン化すると水が脱離基となる．この脱離基が別のアルコールで求核置換されると対応するアルコキシアルカンが得られる．

アルコールは S_N2 および S_N1 反応機構でエーテルになる

第一級アルコールを HBr や HI と反応させると，アルキルオキソニウムイオン中間体を経て対応するハロアルカンが生じることをすでに学んだ(9-2 節)．しかし，硫酸のような求核性のない強酸を用い，高温で反応させるとエーテルが主生成物となる．

第一級アルコールと強酸による対称型エーテルの合成

$$2\,CH_3CH_2OH \xrightarrow[\text{高温}]{H_2SO_4,\ 130\,^\circ C} CH_3CH_2OCH_2CH_3 + HOH$$

Reaction

この反応では，溶液中に存在する最も強い求核剤はプロトン化されていない出発アルコールである．1 分子のアルコールがプロトン化されるとすぐにまわりのアルコールによる求核攻撃が起こり，最終的にエーテルと水が生成物として得られる．

第一級アルコールからのエーテル合成の機構：プロトン化と S_N2 反応

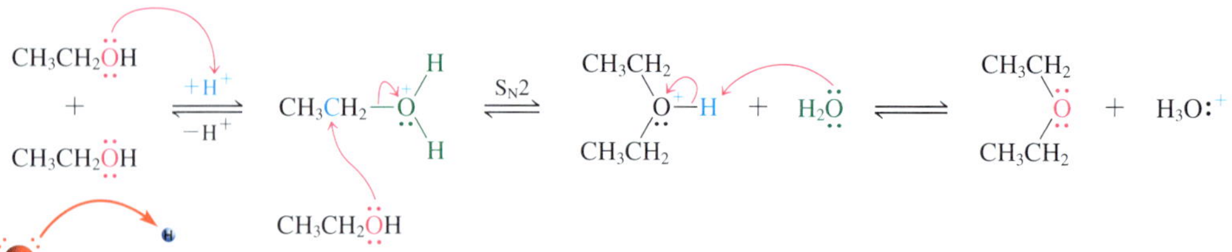

Mechanism

この方法では対称エーテルしか合成できない．

さらに高温では(7−6 節および 9−2 節)，水の脱離によるアルケンの生成が見られる．この反応は E2 反応機構(7−7 節および 11−7 節参照)で進行し，中性のアルコールが塩基として作用しアルキルオキソニウムイオンを攻撃する．

高温下での第一級アルコールと強酸によるアルケンの合成：E2 反応

Reaction

1-プロパノール　　　　プロペン

1-プロパノールの酸触媒脱水反応の E2 機構

Mechanism

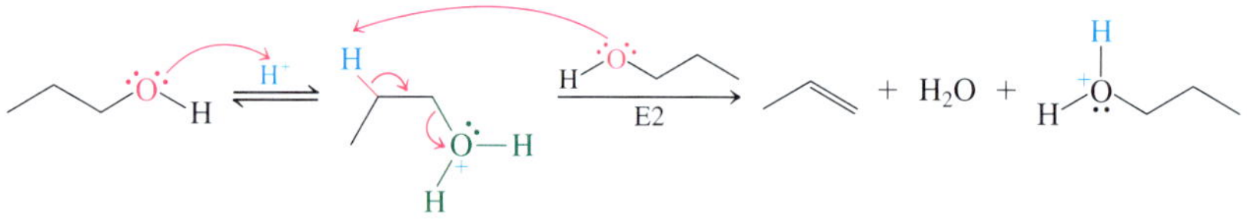

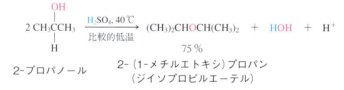

第二級および第三級エーテルは同様に第二級および第三級アルコールと酸の反応によって合成できる．しかし，これらの場合には 9−2 節で述べたように，はじめにカルボカチオンが生じ，これがアルコールによって捕捉される(S_N1 反応)．

第二級アルコールからの対称型エーテルの合成

Reaction

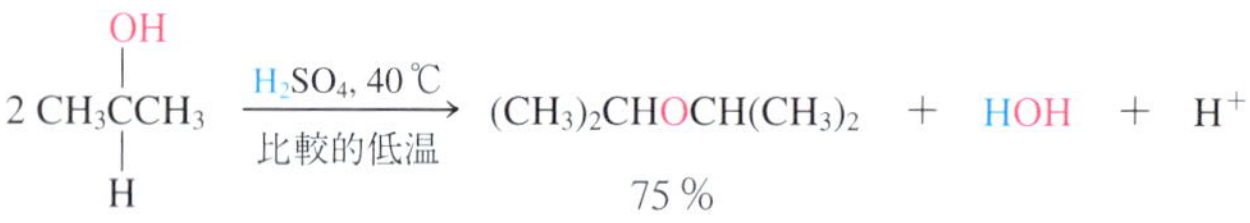

2-プロパノール　　2-(1-メチルエトキシ)プロパン
(ジイソプロピルエーテル)

2-プロパノールからの酸触媒エーテル生成の S_N1 機構

Mechanism

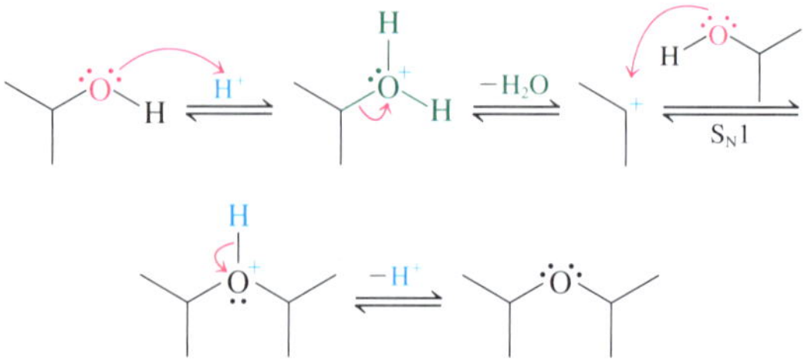

おもな副反応は E1 経路によって進む反応で，この場合にもやはりさらに高温になると支配的になってくる．

二つの異なるアルキル基をもつエーテルの合成はさらに難しくなる．それは酸の共存下で 2 種類のアルコールを混合すると，一般に 3 種類の可能な生成物すべての混合物が得られるためである．しかし，第三級アルキル基を一つと第一級または第二級アルキル基を一つもつ混合エーテルは，希酸の存在下で収率よく合成することができる．このような反応条件下では，はるかに速く生成する第三級カルボカチオンがもう一方のアルコールによって捕捉される．

第三級アルコールからの混合エーテルの合成

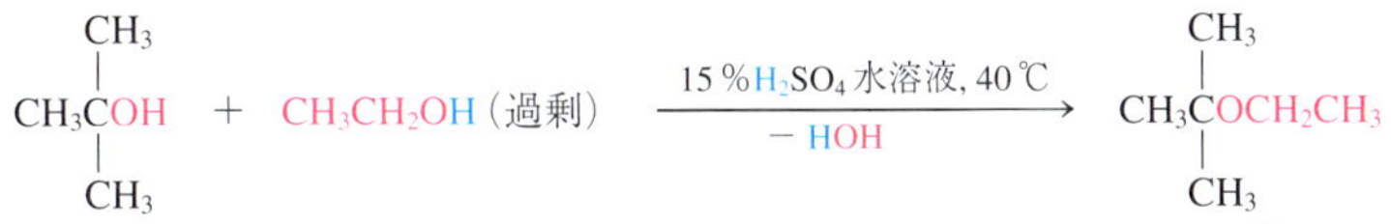

95 %
2-エトキシ-2-メチルプロパン

練習問題 9-19

次の二つの反応の機構を示せ．
(a) $(CH_3)_3COH$ + CH_3CH_2OH + H^+ という上述の変換反応．
(b) 5−メチル−1,5−ヘキサンジオール + H^+ ⟶
2,2−ジメチルオキサシクロヘキサン(2,2−ジメチルテトラヒドロピラン)

エーテルはアルコーリシスによっても生成する

すでに学んだように，第三級および第二級エーテルは対応するハロアルカンやスルホン酸アルキルのアルコーリシスによっても生成する(7−1 節参照)．これらの出発物質を S_N1 反応が完結するまでアルコールに溶解させておくだけでよい(欄外参照)．

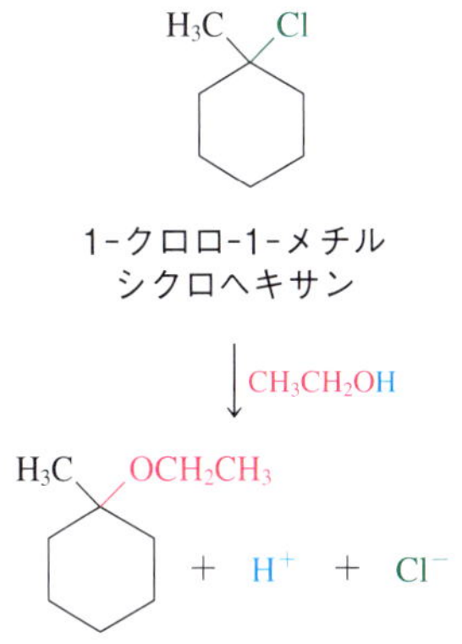

86 %
1-エトキシ-1-メチル
シクロヘキサン

練習問題 9-20

アルコールとハロアルカンからエーテルをつくる方法をいくつか学んだ．次の化合物の合成に適する反応として，どのようなものを選ぶとよいか．
(a) 2−メチル−2−(1−メチルエトキシ)ブタン，(b) 1−メトキシ−2,2−ジメチルプロパン．〔**ヒント**：(a)の生成物は第三級エーテルで，(b)の生成物はネオペンチルエーテルである．〕

まとめ エーテルはアルコールと酸の反応によって，アルキルオキソニウムイオンあるいはカルボカチオンを中間体とする S_N2 および S_N1 経路を経て合成できる．また，第二級および第三級ハロアルカンやスルホン酸アルキルのアルコーリシスによっても合成できる．

思い起こそう： H^+ は遊離した形で溶液中には存在せず，エタノールやエーテルの酸素，あるいは塩化物イオン(上の構造式に含まれている)がもっている電子対のどれかに結合している．

9-8 エーテルの反応

すでに述べたように，一般的にエーテルはかなり不活性な物質である．しかしながら，エーテルは酸素とラジカル反応機構によって徐々に反応して，ヒドロペルオキシドや過酸化物になる．過酸化物は爆発的に分解することがあるので，数日間空気にさらしたエーテルを含有する試料は，非常に注意して取り扱うべきである．

エーテルの過酸化物の生成

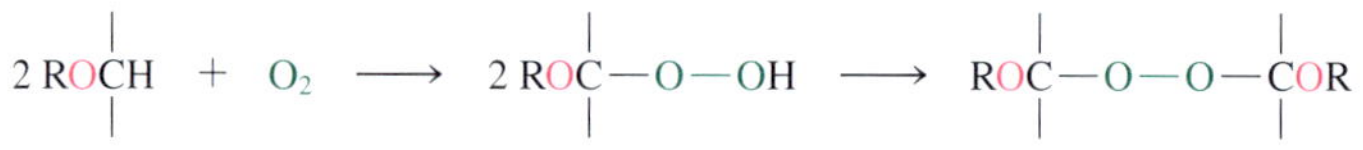

強酸による開裂は合成的にさらに有用な反応である．エーテルの酸素はアルコールの酸素と同じようにプロトン化されて，ジアルキルオキソニウムイオンを生じる．次いで，このイオンがどのような反応性を示すかは，アルキル置換基によって異なる．第一級置換基をもつエーテルとHBrのような求核性の大きい酸の反応ではS_N2置換反応が起こる．

Reaction

HBrによる第一級エーテルの開裂

$$CH_3CH_2OCH_2CH_3 \xrightarrow{HBr} CH_3CH_2Br + CH_3CH_2OH$$

エトキシエタン　ブロモエタン　エタノール

Mechanism

第一級エーテルの開裂の機構：S_N2反応

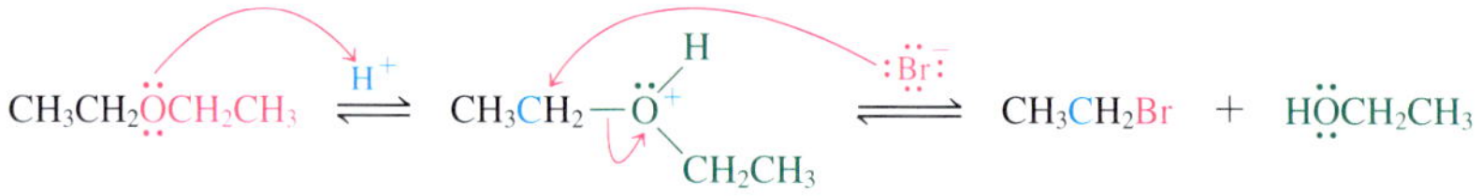

ブロモアルカンとともに生成したアルコールも，さらにHBrと反応してもう1分子のブロモアルカンになる．

練習問題 9-21

メトキシメタンと加熱した濃HIとの反応で2当量のヨードメタンが生じる．反応機構を考えよ．

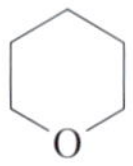

オキサシクロヘキサン
(テトラヒドロピラン)

練習問題 9-22

オキサシクロヘキサン(テトラヒドロピラン，欄外に示す)と加熱した濃HIとの反応で1,5-ジヨードペンタンが生成する．この反応の機構を示せ．

第二級エーテルから生じるオキソニウムイオンは，その構造や反応条件によって S_N2 反応あるいは S_N1(E1)反応のいずれかによって変化する(7-9 節および表の 7-2，7-4 参照)．たとえば，2-エトキシプロパンは HI 水溶液によってプロトン化され，次いで立体障害のより小さい第一級中心がヨウ化物イオンによって選択的に攻撃されて，2-プロパノールとヨードエタンになる．

第一級-第二級エーテルの HI による開裂：第一級中心での S_N2 反応

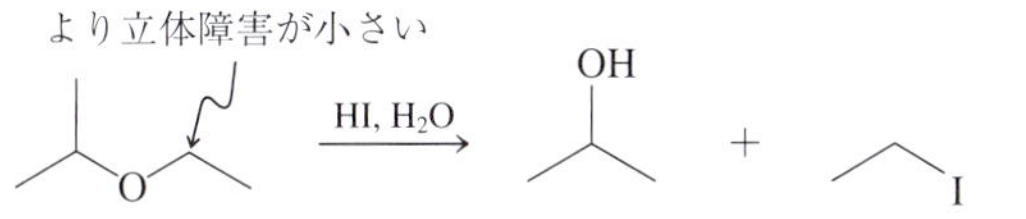

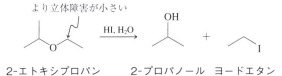

2-エトキシプロパン　　2-プロパノール　ヨードエタン

第三級ブチルエーテルはアルコールの保護基となる

第三級アルキル基を含むエーテルは，希酸中でも第三級カルボカチオン中間体に変換され，これはすぐれた求核剤があれば S_N1 反応によって捕捉され，それがない場合には脱プロトン化が起こる．

第一級-第三級エーテルの希酸による開裂：第三級中心での S_N1 反応および E1 反応

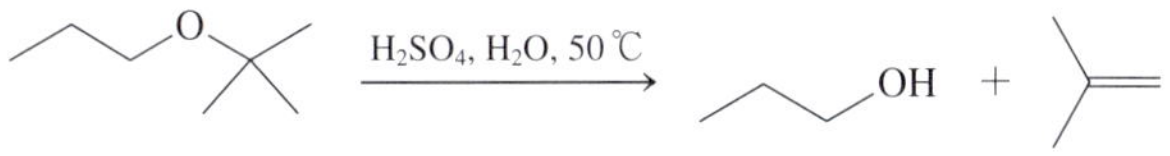

第三級エーテルは，同様の緩やかな条件下でアルコールから合成できるので(9-7 節)，ヒドロキシ官能基の**保護基**(protecting group)となることができる．通常ならある反応剤によって，あるいはある反応条件下で変換反応を受けるような，その分子内の特定の官能基を反応しないようにするのが保護基である．このような保護をすると，その分子の他の部分で何の障害もなく化学変換を行うことが可能になる．続いて，もとの官能基を再生する(脱保護：deprotection)．したがって，保護基は可逆的に，容易に，しかも高収率で脱着できなければならない．第三級エーテルは，うまくこの条件を満たし，もとのアルコールを塩基，有機金属反応剤，酸化剤や還元剤から保護することができる．アルコールを保護するもう一つの方法としてエステル化がある(9-4 節，コラム 9-2)．

保護基を用いる戦略

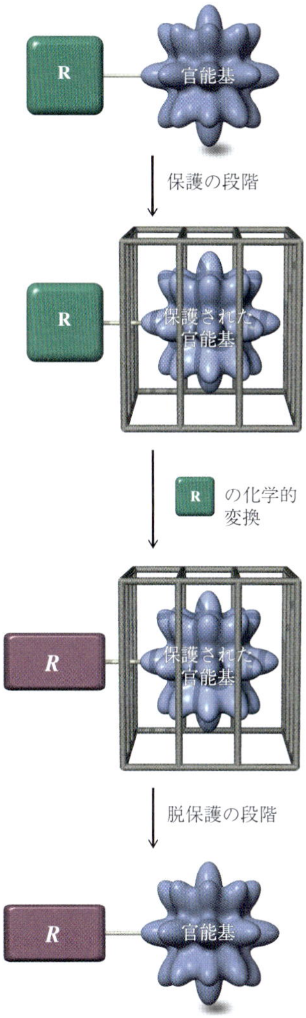

アルコールの第三級ブチルエーテルとしての保護

$$\mathrm{ROH} \xrightarrow[-\mathrm{H_2O}]{(\mathrm{CH_3})_3\mathrm{COH},\ \mathrm{H^+}} \mathrm{ROC(CH_3)_3} \xrightarrow{\text{R 上で Grignard 反応剤, 酸化剤などとの反応を行う}} \mathrm{R'OC(CH_3)_3} \xrightarrow{\mathrm{H^+},\ \mathrm{H_2O}} \mathrm{R'OH}$$

保護の段階　保護されたアルコール　R は R'に変わる　脱保護

保護基の利用は有機合成ではよく用いられる手法であり，この方法がなければ不可能と思われる多くの化学変換を，化学者は行うことができるようになったのである．他の官能基の保護については，別の保護の仕方をこれから先の章でさらに学んでいくことにする．

練習問題 9-23

どのようにすれば次の変換反応が可能かを示せ(破線の矢印は数段階が必要であることを意味している)．(**ヒント**：いずれの場合も OH 官能基を保護する必要がある．)

(a) $BrCH_2CH_2CH_2OH$ ----→ $DCH_2CH_2CH_2OH$

(b)
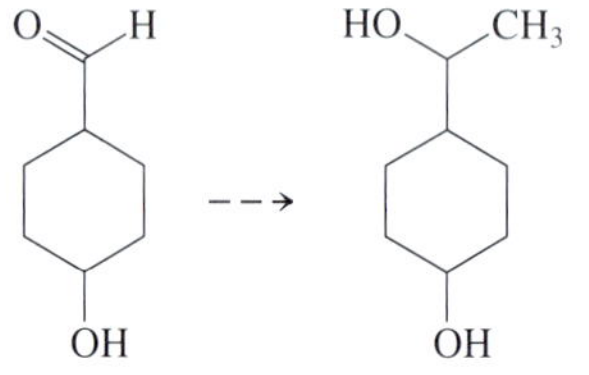

まとめ　エーテルは(強)酸によって開裂する．メチル基あるいは第一級アルキル基をもつエーテルをプロトン化するとジアルキルオキソニウムイオンが生じ，求核剤によって S_N2 攻撃を受ける．エーテルが第二級および第三級置換基をもつ場合には，プロトン化に続いてカルボカチオンが生じ，S_N1 反応およびE1 反応生成物が得られる．アルコールのヒドロキシ基は *tert*-ブチルエーテルの形で保護することができる．

オキサシクロプロパンは求核剤に対して活性化されている：ポテンシャルエネルギー図

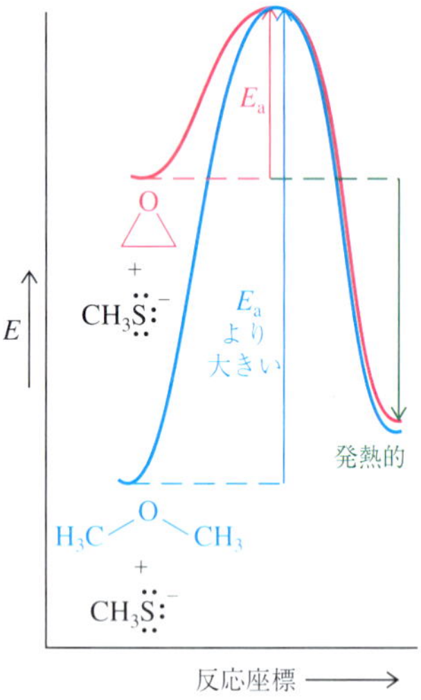

9-9 オキサシクロプロパンの反応

ふつうのエーテルは比較的不活性であるが，ひずみの大きい環をもつオキサシクロプロパンは，求核剤によってさまざまな開環反応をする(本章の冒頭文も参照)．本節では，これらの反応の詳細について述べる．

オキサシクロプロパンの S_N2 反応による求核的開環は位置選択的であり，立体特異的である

オキサシクロプロパンはアニオン性の求核剤によって二分子開環反応を起こす．基質が対称であるために，置換は両方の炭素に同じ割合で起こる．反応は求核攻撃によって進行し，エーテル酸素が分子内脱離基となる．

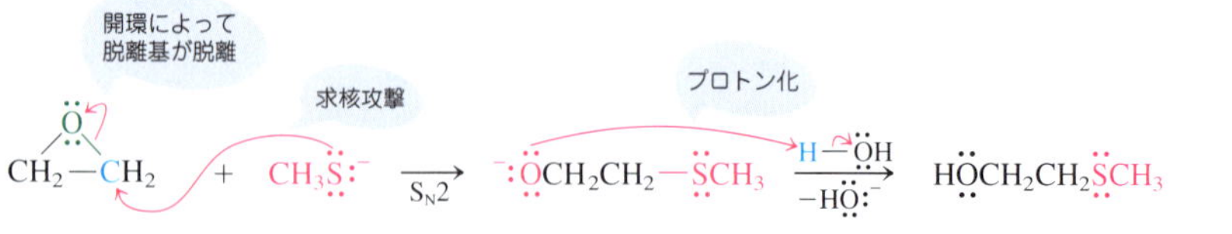

オキサシクロプロパン　　　2-メチルチオエタノール

上の S_N2 反応は二つの理由で通常の反応とは異なる．まず第一に，通常はアル

コラム● 9-2　テストステロン合成における保護基　MEDICINE

保護基は，本文中にも示したように多くの有機合成において不可欠なパーツである．その一例として，性ホルモンであるテストステロン（4-7 節参照）のコレステロール由来の出発物質からの合成があげられる．自然界から得られるステロイドホルモンの量は非常にかぎられているので，医薬品や研究のための必要量を満たすことはできない．したがって，これらの分子は合成しなければならない．ここにあげた例では，必要なテストステロン前駆体を得るためには，出発物質の C3 位のヒドロキシ基と C17 位のカルボニル基の「位置を入れ替え」なければならない．いいかえると，C17 位のカルボニル基を選択的に還元し，C3 位のヒドロキシ基を酸化する必要がある．想定された反応式によると，反応点である C3 位と C17 位ですべての「作用」が起こり，見かけ上複雑なステロイド分子の残りの部分は単にその足場を提供しているにすぎない．

そこでまず，C3 位を 1,1-ジメチルエチル（*tert*-ブチル）エーテル形成により保護したのち，C17 位を還元する．次に行う C17 位の保護の段階はエステル化（9-4 節）を用いる．第三級エーテルは希酸中で加水分解されるが，エステルは安定である．この性質を利用すると，C17 位は保護したまま C3 位にヒドロキシ基を再生させ，カルボニル基に酸化することができる．最後に強酸で処理すると，ここに示した一連の反応の生成物がテストステロンになる．

ポルトガルのスターサッカー選手である Cristiano Ronaldo は，テストステロンのバランスがちょうどよさそうである．

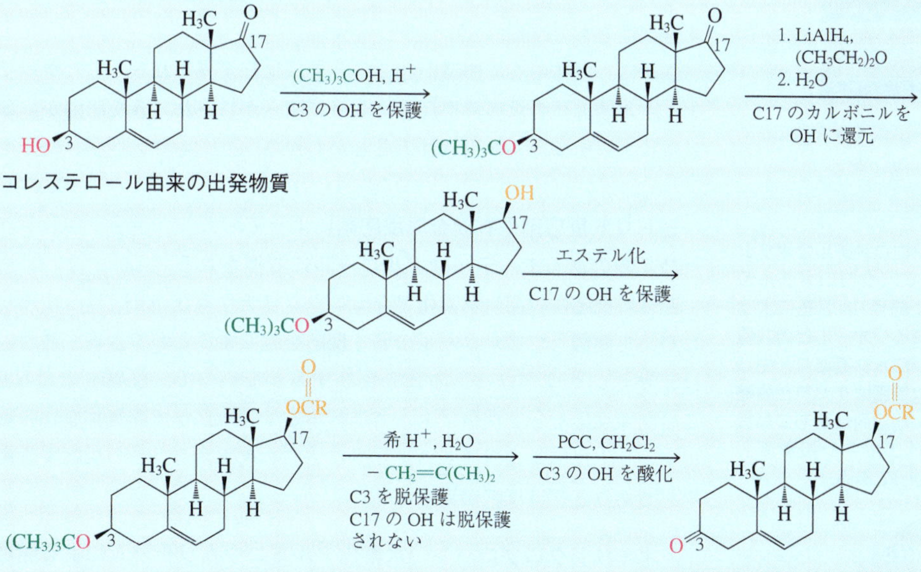

コキシドは非常に脱離能の小さい脱離基である．第二に，脱離基が実際には「脱離」しておらず，脱離基はその分子に結合したままである．この反応は，ひずみにより活性化されたオキサシクロプロパンの性質によって速度論的に可能になる．通常は非常に大きいエーテルの求核置換反応の活性化エネルギーが，基底状態のエネルギーを大きくすることによって小さくなる（前ページ欄外のポテンシャルエネルギー図参照）．環の開裂によるひずみの解消によって，平衡は反応が進む方向に押しやられる．

非対称な化合物ではどのようになるだろうか．たとえば，2,2-ジメチルオキサシクロプロパンとメトキシドの反応を考えてみよう．この場合，二つの反応点が考えられ，第一級炭素で反応する(*a*)では1-メトキシ-2-メチル-2-プロパノールが生成し，第三級炭素で反応する(*b*)では2-メトキシ-2-メチル-1-プロパノールが生じる．この化合物では反応は明らかに経路*a*のみを経由して進む．

非対称置換オキサシクロプロパンの求核的開環反応

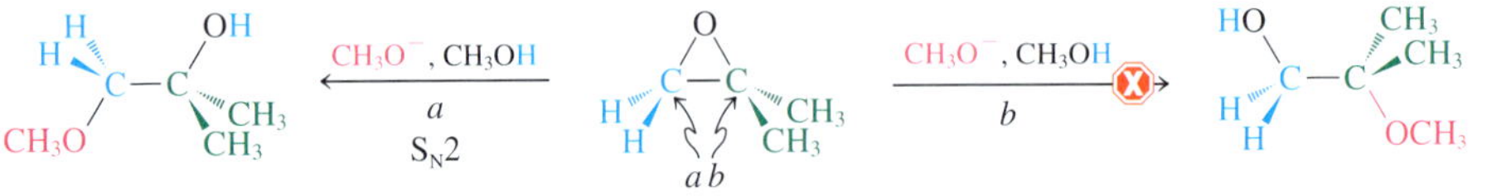

1-メトキシ-2-メチル-2-プロパノール　　2,2-ジメチルオキサシクロプロパン　　2-メトキシ-2-メチル-1-プロパノール（生成しない）

この結果はそれほど意外なことではない．というのは，複数の可能性がある場合には，S_N2攻撃はより置換基の少ない炭素中心に起こる(6-10節参照)ということを知っているからである．置換オキサシクロプロパンの求核的開環反応におけるこのような選択性は，攻撃が可能なよく似た二つの「位置(region)」のうちの一方のみが求核剤によって攻撃されるので，**位置選択性**(regioselectivity，レギオ選択性ともいう)という．

さらに，立体中心で開環が起こるときは反転が見られる．したがって，単純なアルキル誘導体の求核置換反応について明らかにされてきた法則が，ひずみのある環状エーテルにも適用されることがわかる．

エポキシ接着剤

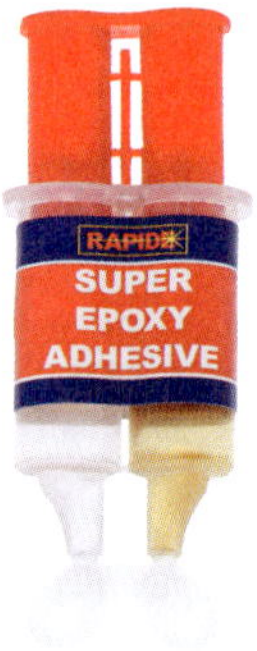

下に示すクロロメチルオキサシクロプロパン(クロロメチルエポキシド；緑色)は塩基によって誘起されるジオールとの共重合の合成ブロックであり，生じるエポキシ樹脂はすぐれた耐熱性ならびに耐溶剤性をもつ高機能接着剤(「エポキシ接着剤」，epoxy glue)である．

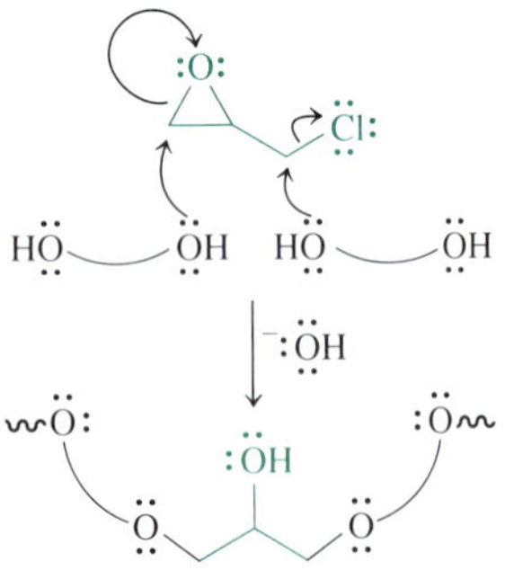

エポキシ樹脂
(epoxyresin)

ヒドリド反応剤や有機金属反応剤によってひずみのあるエーテルはアルコールに変換される

非常に反応性の高い水素化アルミニウムリチウム($LiAlH_4$)は，オキサシクロプロパンを開環してアルコールに導く反応を起こすことができる．通常のエーテルはオキサシクロプロパンのようなひずみがないので，$LiAlH_4$とは反応しない．この開環反応もS_N2機構によって進行する．したがって非対称な化合物では，このヒドリド反応剤は置換基のより少ない側を攻撃する．この反応する炭素が立体中心であるときは反転が見られる．

オキサシクロプロパンの水素化アルミニウムリチウムによる開環反応

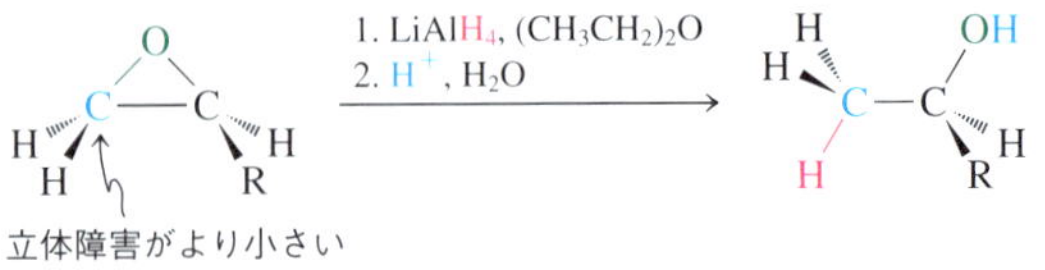

オキサシクロプロパンの開環における反転

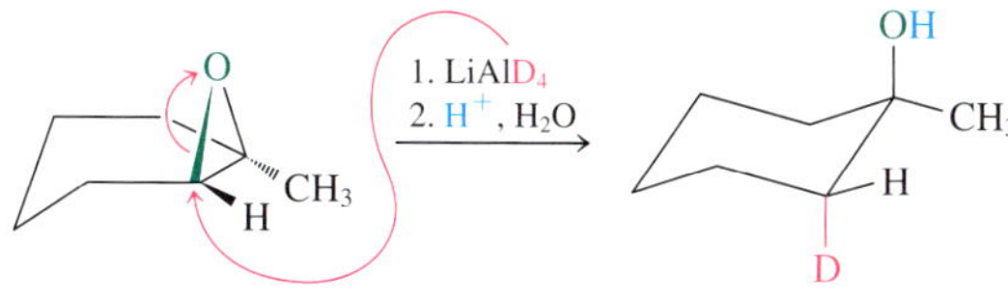

99.4 %

D と OH はシスではなく
トランスである

練習問題 9-24

概念のおさらい：オキサシクロプロパンの逆合成解析

8-8 節で述べた逆合成解析の概念を適用して，オキサシクロプロパンを $LiAlH_4$ と反応させ，次いで酸性水溶液で後処理したとき，どのようなオキサシクロプロパンがラセミ体の 3-ヘキサノールの前駆体として最適であるか考えよ．

●解法のてびき

まずしなければならないことは，3-ヘキサノールの構造を書くことである．次に，オキサシクロプロパンからこの構造に至る経路がどれくらいあるかを見きわめ，各経路の可能性を検証する．

●答え

- オキサシクロプロパンから 3-ヘキサノールへの二つの可能な逆合成経路，すなわちアンチ位の H:⁻の脱離と同時に起こる閉環反応が「左」側で起こる場合と「右」側で起こる場合があることに気づく．下の図では，二つの経路をそれぞれ(*a*)および(*b*)と表示している．

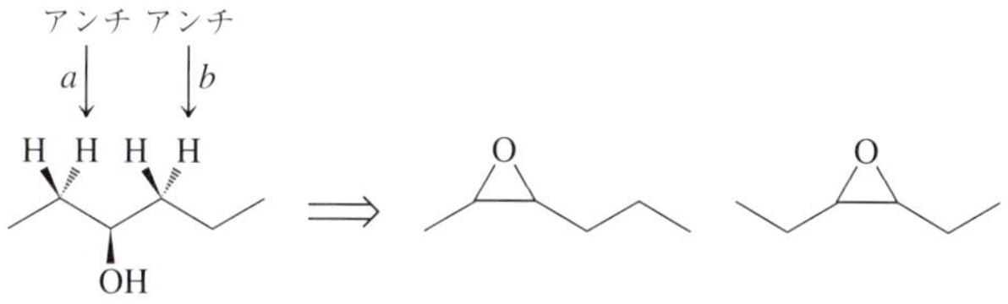

3-ヘキサノール　　(a)経由　　(b)経由

- これで 3-ヘキサノールの可能な前駆体を二つ書くことができたので，これを $LiAlH_4$ と反応させたときに望みの生成物を合成するのにどちらがより適切かを考えよう．（**注意**：オキサシクロプロパンの二つの炭素はともに求電子的で，そのためヒドリドイオンによる攻撃は可能な二つの経路とも起こりうることを思い出そう．）
- 逆合成経路(*a*)で得られた前駆体をよく見ると，非対称であることがわかる．どちらの環炭素も同じ程度の立体障害を受けているので，ヒドリドイオンによる開環で二つの異性体，2-および 3-ヘキサノールが生じるであろう．
- 一方，逆合成経路(*b*)は対称型のオキサシクロプロパンを与えるが，この場合にはヒドリドイオンによる開環の位置選択性は問題にならない．したがって，この前駆体が最適である．

非対称：2-および 3-ヘキサノールが生成　　対称：3-ヘキサノールのみが生成

オキサシクロプロパン：医薬の弾頭

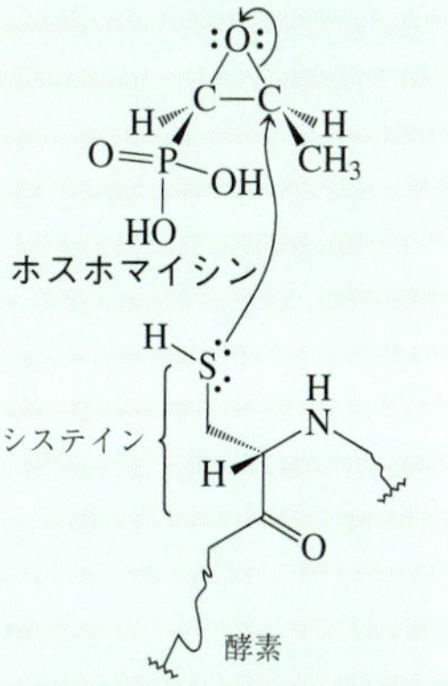

抗生物質ホスホマイシン(fosfomycin)は，オキサシクロプロパン環の開裂により細菌の細胞壁合成を阻害することによって作用する．たとえば，細胞壁構築に決定的な働きをする酵素は，そのシステインアミノ酸〔構造については練習問題 9-29(c)を参照〕の一つの SH 基が，ひずみのあるエーテル官能基と反応して不活性化される．

練習問題 9-25 —— 自分で解いてみよう

(2R)-ブタノールはオキサシクロプロパンの LiAlH₄ による還元で合成することができるが，どのようなオキサシクロプロパンが必要か．

ハロアルカンの場合(8-7節参照)とは異なり，オキサシクロプロパン類は反応性がかなり高い求電子剤なので，有機金属反応剤によって攻撃を受ける．その結果，Grignard 反応剤やアルキルリチウム化合物は S_N2 機構によってエーテルを開環し，2-ヒドロキシエチル化が起こる．アルキル有機金属反応剤のホルムアルデヒドとの反応がアルキル鎖の1炭素伸長反応であるのに対して，この反応はアルキル鎖の2炭素伸長反応の一つとなる(8-7節および8-8節参照)．

Grignard 反応剤によるオキサシクロプロパンの開環反応：2-ヒドロキシエチル化

$$\text{H}_2\text{C}-\text{CH}_2\text{(O)} + \text{CH}_3\text{CH}_2\text{CH}_2\text{CH}_2\text{MgBr} \xrightarrow[\text{2. H}^+, \text{H}_2\text{O}]{\text{1. THF}} \text{CH}_3\text{CH}_2\text{CH}_2\text{CH}_2\text{CH}_2\text{CH}_2\text{OH}$$
62 %

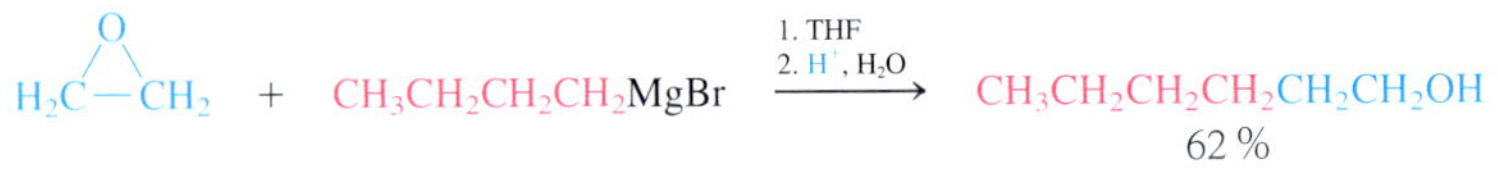

オキサシクロプロパン　　臭化ブチルマグネシウム　　　　　　　1-ヘキサノール："2-ヒドロキシエチル化されたブチル基"

練習問題 9-26

炭素数4以下の出発物質から，3,3-ジメチル-1-ブタノールを効率よく合成する方法を考えよ．（**ヒント**：生成物は *tert*-ブチル基が2-ヒドロキシエチル化されたものとして，逆合成によって考えてみよう．）

酸はオキサシクロプロパンの開環の触媒となる

オキサシクロプロパンの開環は酸によっても触媒的に進行する．この場合，まず環状のジアルキルオキソニウムイオンが生成し，次いで求核攻撃によって開環反応が進行する．

Reaction

オキサシクロプロパンの酸触媒による開環反応

$$\text{H}_2\text{C}-\text{CH}_2\text{(O)} + \text{CH}_3\text{OH} \xrightarrow{\text{H}_2\text{SO}_4} \text{HOCH}_2\text{CH}_2\text{OCH}_3$$

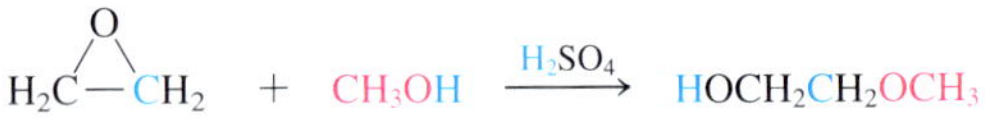

2-メトキシエタノール

酸触媒による開環反応の機構

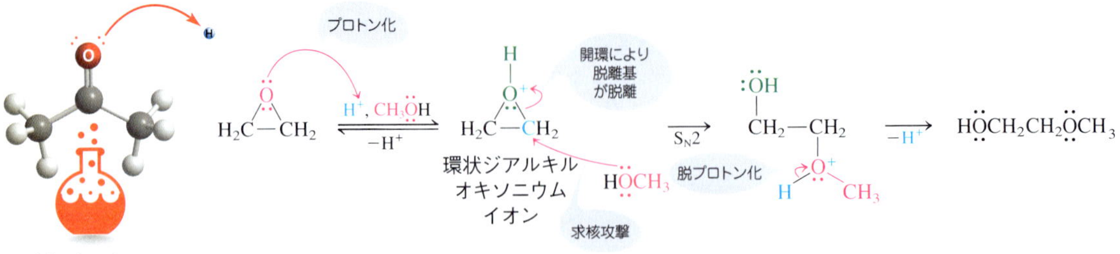

Mechanism

先に論じたオキサシクロプロパンのアニオンによる求核的開環反応は位置選択的で，しかも立体特異的であった．では，酸触媒による開環反応はどうだろうか．やはり同じように，位置選択的かつ立体特異的だろうか．実際そうではあるが，具体的な点では異なっている．たとえば，2,2-ジメチルオキサシクロプロパンの酸触媒によるメタノリシスでは，立体障害のより大きい炭素での開環のみが進行する．

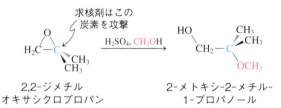

2,2-ジメチルオキサシクロプロパンの酸触媒による開環反応

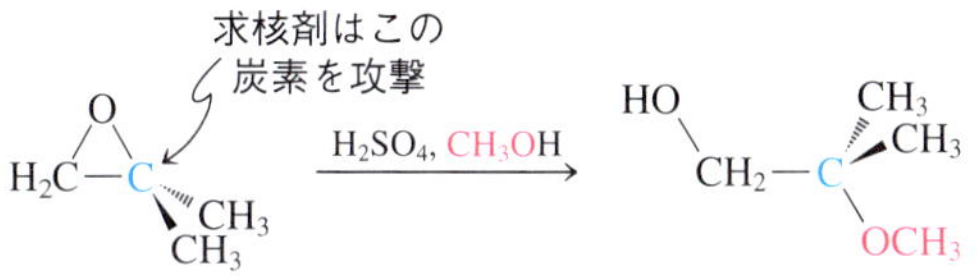

2,2-ジメチル
オキサシクロプロパン

2-メトキシ-2-メチル-
1-プロパノール

Reaction

立体障害のより大きい位置がなぜ攻撃されるのだろうか．このエーテルの酸素がプロトン化されると，反応性の高い中間体として，かなり分極した炭素－酸素結合をもつジアルキルオキソニウムイオンが生成する．この分極によって環炭素上に部分的正電荷が生じる．アルキル基は電子供与体として作用するので(7-5節参照)，第一級炭素よりも第三級炭素上の正電荷がより大きくなる．このような違いは，欄外の静電ポテンシャル図からわかるであろう．この図では，攻撃する求核剤のほうから見た分子が示されている．上側にある隣接の第一級炭素(緑色)よりも下側の第三級炭素が正に帯電(青色)している．裏側のプロトンは濃い青色になっている．なお，この図では，このような微妙な濃淡の変化を見やすくするために，色によるエネルギーの尺度を本来のものとは変えている．

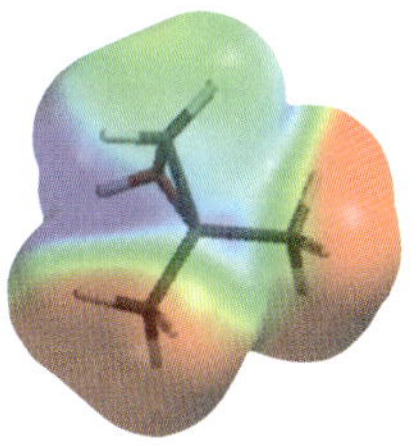

プロトン化された 2,2-ジメチル
オキサシクロプロパン

2,2-ジメチルオキサシクロプロパンの
メタノールによる酸触媒開環反応の機構

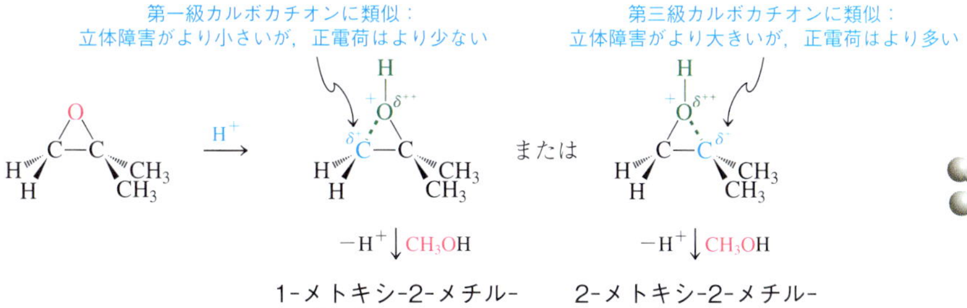

1-メトキシ-2-メチル-
2-プロパノール
(生成しない)

2-メトキシ-2-メチル-
1-プロパノール

Mechanism

このような電荷分布の偏りが立体障害に打ち勝つことになる．すなわち，メタノールは Coulomb 力によって第一級中心よりも第三級中心に引き寄せられる．この例の場合には結果が明瞭であるが，二つの炭素の状態があまり違わない場合には，結果はこれほどはっきりとしてはいない．たとえば，2-メチルオキサシクロプロパンの酸触媒による開環反応では異性体混合物が生成する．

酸触媒による開環反応の中間体として，なぜ単純に異性体である遊離のカルボカチオンを書かないのだろうか. その理由は, 環状オキソニウムイオンはオクテット構造をもつのに対し, カルボカチオン異性体はセクステット電子構造をもつ炭素原子をもつからである. 事実, 実験をすると, 反応が立体中心で起こると反転が観察される. オキサシクロプロパンの酸触媒による開環反応も, アニオン性求核剤との反応と同じように背面からの置換であり, この反応では非常に分極した環状のジアルキルオキソニウムイオンに対して求核攻撃が起こる.

練習問題 9-27

2,2-ジメチルオキサシクロプロパンを次のような反応剤と反応させて開環したとき, それぞれどのような主生成物が得られるかを予想せよ.

(a) $LiAlH_4$, 次に H^+, H_2O, (b) $CH_3CH_2CH_2MgBr$, 次に H^+, H_2O,
(c) CH_3OH 中で CH_3SNa, (d) CH_3CH_2OH 中で希 HCl, (e) 濃 HBr 水溶液.

コラム● 9-3 オキサシクロプロパンの加水分解による速度論的光学分割

コラム 5-4 で指摘したように, 自然には「利き手」があり, キラル物質の二つのエナンチオマーの一方だけ反応が独占的に, あるいはそうではなくても, 非常に優先的に起こる. 通常はキラルな医薬品の一方のエナンチオマーのみが有効であるため, このような優先性は医薬品の開発においてとくに重要である(コラム 5-3 参照). したがって, 単一のエナンチオマーを合成することは, 合成化学者にとって重要な「グリーンな」課題である(コラム 3-1 参照). この課題に取り組む古典的な方法は, ラセミ体の分割であった. この方法では, ラセミ体と光学的に純粋な化合物との(容易に可逆的に起こる)反応によって, クロマトグラフィーや分別結晶化で分離が可能なジアステレオマー対を生成させる(5-8 節参照). これは, 何足もの靴の集団を右足用と左足用に分けるために右手の集団を使うのと同じである. 右手をすべての靴に「入れる」やいなや, この組合せは二つのグループ, すなわち右手/右足用の靴の組合せと右手/左足用の靴の組合せに分けられる. この二つのグループは鏡像対称の関係にはないので, ジアステレオマーの関係にある.

この例では, それぞれのグループに属するものの構造が明らかに異なっており, 篩(ふるい)のようなアキラルな道具によって分別できることが, 最も際立った特徴である. 分別で生じた二つのグループから, 左足用の靴と右足用の靴を分けたあとで, 右手を回収し再利用する.

分別操作でより効果的な仕掛けは魚釣り道具であり, 釣針が右(あるいは左)足のような形をしているとしよう. この仕掛けは, たとえば右足用の靴にのみ錘(おもり)をぶら下げさせることによって選択的に標識をつけることを可能にし, それによって靴の集団のなかから右足用の靴だけを引っぱり出せる. このようにして, 異なる錘にもとづいて, アキラルな道具を用いて左足用の靴と右足用の靴を分別できることになる. 分子レベルでのこのような操作を触媒的速度論分割という. その一例が, 塩基性の水によるメチルオキサシクロプロパンの加水分解である. 通常, ラセミ体のメチルオキサシクロプロパンから出発して得られるのは, ラセミ体の 1,2-プロパンジオールである. 出発物質である *R* 体と *S* 体のエーテルの反応それぞれに対応する二つの遷移状態がエナンチオマーの関係にあることが予想される(5-7 節参照).

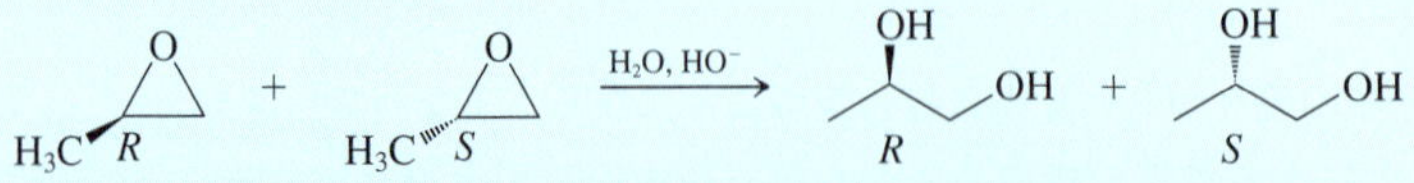

ラセミ体の
メチルオキサシクロプロパン

ラセミ体の
1,2-プロパンジオール

しかし, キラルなコバルト触媒のエナンチオマー(上記の道具でいうと「右足」)の共存下, 水は出発物質の *R* 体を対応する *S* 体よりもはるかに速く攻撃し, その結果 *R* 体は(2*R*)-1,2-プロパンジオールに選択的に変換

まとめ　通常のエーテルは比較的不活性であるが，オキサシクロプロパン環は位置選択的にかつ立体特異的に開環する．アニオン性の求核剤との反応では，二分子求核置換の一般則が適用でき，立体障害のより小さい炭素中心が攻撃され，反転が起こる．しかし，酸触媒下では位置選択性が変わり（ただし立体特異性は変わらない），立体障害のより大きい反応中心が攻撃される．ヒドリド反応剤や有機金属反応剤は他のアニオン性求核剤と同様の挙動を示し，S_N2 反応経路でアルコールを与える．

CHEMISTRY

され（上記の「選択的に標識をつける」），純粋な（*S*）-オキサシクロプロパンが残される．その理由はこの触媒がキラルな性質をもち，二つの対応する反応の遷移状態にジアステレオマーの関係を生じさせるからである．すなわち，二つの遷移状態のエネルギーが異なるために，オキサシクロプロパンの一方のエナンチオマーが他方よりも速く加水分解される．

用いたエナンチオマー触媒の構造を下に示す．置換シクロヘキサン骨格によって，金属まわりのキラルな環境が形成されていることがわかるであろう．コバルトは Lewis 酸（2-3 節参照）として基質である（*R*）-オキサシクロプロパンの孤立電子対を選択的に攻撃し，その結果，水による開環が起こる．

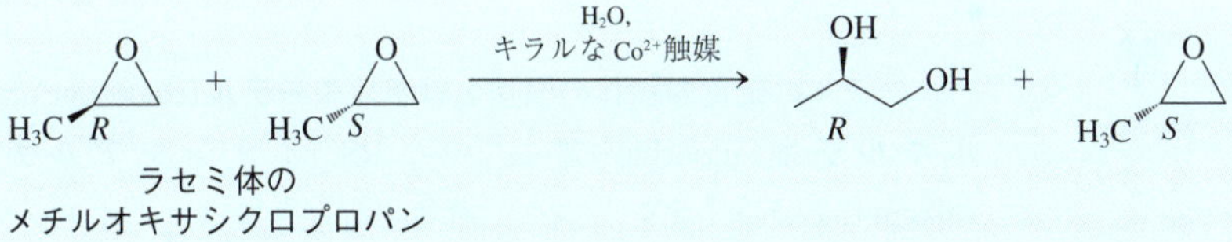

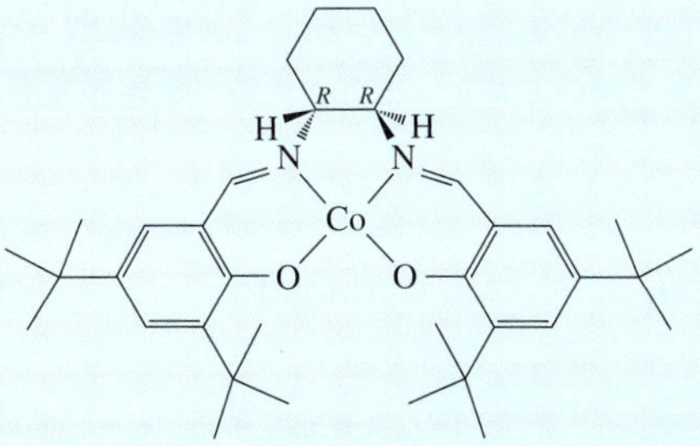

コバルト触媒

上に示した触媒の鏡像体を用いると，この例の相補的な結果が得られる．すなわち，（*S*）-メチルオキサシクロプロパンのみが攻撃を受けて（*S*）-ジオールが生成し，未反応の *R* 体の出発物質が残る．ここに示したような高度に官能基化された小さいキラルなビルディングブロックは，医薬品や他の精密化学品の合成において大きな価値があり，そのため合成化学者がおおいに必要としているものである．その結果，上述の速度論分割は 1 トンの生成物を得るために必要とする触媒が 1 kg 以下で済むまでに改良されている．

9-10 アルコールおよびエーテルの硫黄類縁体

硫黄は周期表で酸素のすぐ下にあるので，アルコールやエーテルの硫黄類縁体はかなりよく似た挙動を示すものと考えられる．本節では，このような仮定が正しいかどうかを検証してみよう．

アルコールおよびエーテルの硫黄類縁体はチオールとチオエーテルである

アルコールの硫黄類縁体である R—SH は，IUPAC 命名法では**チオール**(thiol：*theion*，ギリシャ語で硫黄の古語である brimstone のこと)という．アルカンを主鎖とし末尾にチオールをつけると，アルカンチオールという名称になる．SH 基を**メルカプト**(mercapto)基といい，チオールが水銀(およびその他の重金属)イオンを捕捉して沈殿させる能力をもっていることから，ラテン語の水銀である *mercurium* と捕捉するという意味の *captare* という語にちなんで命名されたものである．SH 基の位置はアルカノールの命名法と同様に最も長い鎖に番号をつけて示す．メルカプト官能基の優先順位はヒドロキシ基より低い．

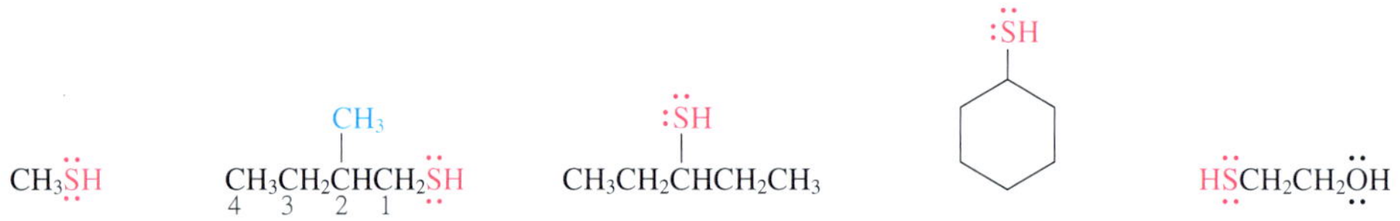

メタンチオール (methanethiol)　2-メチル-1-ブタンチオール (2-methyl-1-butanethiol)　3-ペンタンチオール (3-pentanethiol)　シクロヘキサンチオール (cyclohexanethiol)　2-メルカプトエタノール (2-mercapto-ethanol)

エーテルの硫黄類縁体の慣用名は**チオエーテル**(thioether)という．RS 基を**アルキルチオ**(alkylthio)基といい，RS^- イオンを**アルカンチオラート**(alkanethiolate)イオンという．命名するときには，チオエーテルは置換アルカンとして扱い，アルコキシアルカンの命名(9-5 節)と同様に**アルキルチオアルカン**(alkylthioalkane)という．この場合にも，より小さなアルキル基をアルキルチオ基の部分と考え，より大きなアルキル基を主鎖と定義する．

メチルチオエタン (methylthioethane)　1-(1,1-ジメチルエチルチオ)ヘプタン [1-(1,1-dimethylethylthio)heptane]　2-メチルチオエタノール (2-methylthioethanol)　メタンチオラートイオン (methanethiolate ion)

チオールはアルコールよりも水素結合性が弱く，酸性が強い

硫黄は原子半径が大きく，軌道が広がっており，さらに S—H 結合の分極は比較的小さい(表1-2参照)ため，水素結合の形成はそれほど効果的には起こらない．

したがってチオールの沸点は，アルコールのように異常に高いということはなく，その揮発性はむしろ類縁のハロアルカンの値に近い(表 9-2).

チオールはまた水より酸性であり，その pK_a 値は 9 ～ 11 の範囲にあるが，その理由は，比較的弱い S—H 結合(約 87 kcal mol^{-1})と硫黄の大きな分極率によってチオラートイオンの負電荷が安定化されるからである．したがって，チオールは水酸化物イオンやアルコキシドイオンによって，より容易に脱プロトン化することができる．

表 9-2

チオール，ハロアルカンおよびアルコールの沸点の比較

化合物	沸点(℃)
CH_3SH	6.2
CH_3Br	3.6
CH_3Cl	−24.2
CH_3OH	65.0
CH_3CH_2SH	37
CH_3CH_2Br	38.4
CH_3CH_2Cl	12.3
CH_3CH_2OH	78.5

チオールの酸性度

$$\mathrm{R\ddot{S}H} + \mathrm{H\ddot{O}:^-} \rightleftharpoons \mathrm{R\ddot{S}:^-} + \mathrm{HOH}$$

pK_a = 9～11 酸性度がより高い　　pK_a = 15.7 酸性度がより低い

チオールやチオエーテルはアルコールやエーテルとよく似た反応をする

チオールやチオエーテルの反応の多くは，それらの酸素類縁体の反応と似ている．これらの化合物中の硫黄は，アルコールやエーテル中の酸素よりもさらに求核性が強く，しかも塩基性がより弱い．したがって，チオールやチオエーテルは，HS^- や RS^- のハロアルカンへの求核攻撃によって競争する脱離反応をほとんど起こすことなく容易に合成できる．チオールを合成するときには，生成物が出発物質であるハロゲン化物と反応してチオエーテルになることを確実に避けるために，大過剰の HS^- を用いる．

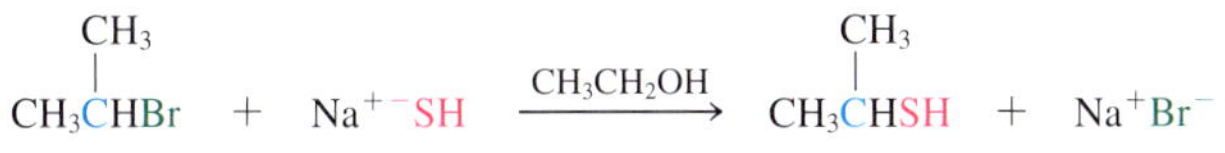

過剰　　2-プロパンチオール

チオエーテルも同様に，チオールを水酸化物イオンのような塩基の共存下でアルキル化することにより合成される．塩基によってアルカンチオラートイオンが生成し，これがハロアルカンと S_N2 機構で反応する．チオラートイオンの求核性が強いため，この置換反応では水酸化物イオンが競争的に反応することはない．

チオールのアルキル化によるチオエーテルの合成

$$\mathrm{RSH} + \mathrm{R'Br} \xrightarrow{\mathrm{NaOH}} \mathrm{RSR'} + \mathrm{NaBr} + \mathrm{H_2O}$$

チオエーテルがハロアルカンを攻撃して**スルホニウムイオン**(sulfonium ion)を生成できることも，硫黄の大きな求核性によって説明できる．

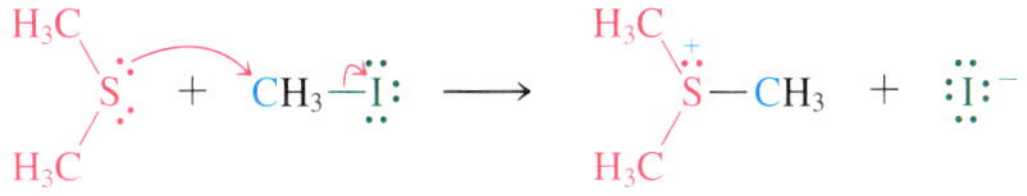

95 %
ヨウ化トリメチルスルホニウム

スルホニウム塩では，炭素に求核攻撃が起こり，チオエーテルが脱離基の役割を果たす(6章の冒頭文も参照)．

練習問題 9-28

化学物質用防護マスクをまとった兵士

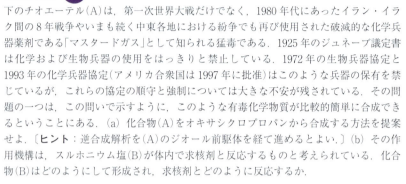

下のチオエーテル(A)は，第一次世界大戦だけでなく，1980年代にあったイラン・イラク間の8年戦争やいまも続く中東各地における紛争でも再び使用された破滅的な化学兵器薬剤である「マスタードガス」として知られる猛毒である．1925年のジュネーブ議定書は化学および生物兵器の使用をはっきりと禁止している．1972年の生物兵器協定と1993年の化学兵器協定(アメリカ合衆国は1997年に批准)はこのような兵器の保有を禁じているが，これらの協定の順守と強制については大きな不安が残されている．その問題の一つは，この問いで示すように，このような有毒化学物質が比較的簡単に合成できるということにある．(a) 化合物(A)をオキサシクロプロパンから合成する方法を提案せよ．〔**ヒント**：逆合成解析を(A)のジオール前駆体を経て進めるとよい．〕(b) その作用機構は，スルホニウム塩(B)が体内で求核剤と反応するものと考えられている．化合物(B)はどのようにして形成され，求核剤とどのように反応するか．

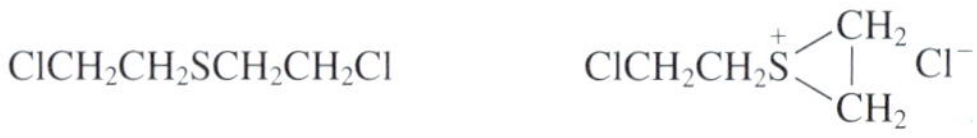

(A)　　(B)

チオールやチオエーテルの特異な反応性は硫黄の原子価殻拡大による

CH_3SH
メタンチオール
(methanethiol)
↓ $KMnO_4$
CH_3SO_3H ($CH_3S(=O)_2OH$)
メタンスルホン酸
(methanesulfonic acid)

硫黄はd軌道をもつ第三周期元素なので，その原子価殻は8電子則(1-4節参照)で許容される以上の電子を収容するように拡張することができる．硫黄誘導体のなかには，硫黄原子が10個あるいはさらに12個の価電子に囲まれているものがあることをすでに学んできたが，このような電子収容能があるために，対応する酸素類縁体では起こりえないような反応が硫黄誘導体では可能になる．たとえば，チオールを過酸化水素や過マンガン酸カリウムのような強力な酸化剤で酸化すると，対応するスルホン酸になる．この方法で，メタンチオールはメタンスルホン酸に変換される．スルホン酸は PCl_5 と反応して塩化スルホニルになる．9-4節で述べたように，これはスルホン酸エステルの合成に利用される．

ヨウ素を用いてチオールを注意深く酸化すると，**ジスルフィド**(disulfide)が生成するが，これは過酸化物(9-8節)の硫黄類縁体である．

Reaction

チオールのジスルフィドへの酸化反応

$$2\,CH_3CH_2CH_2S{-}H + I_2 \xrightarrow{CH_3OH} CH_3CH_2CH_2S{-}SCH_2CH_2CH_3 + 2\,HI$$

94%

1-プロパンチオール (1-propanethiol) → ジプロピルジスルフィド (dipropyl disulfide)

本反応の機構は，先に述べたチオエーテルのアルキル化と同じように，チオールの硫黄によるヨウ素への求核攻撃で始まり，まずスルホニウムイオンが生成する．続いて，第二のチオール分子がスルホニウムイオン上のヨウ化物イオンを置換してジスルフィド結合が生じ，最後に脱プロトン化によって生成物に至る．

チオールのジスルフィドへの酸化反応の機構

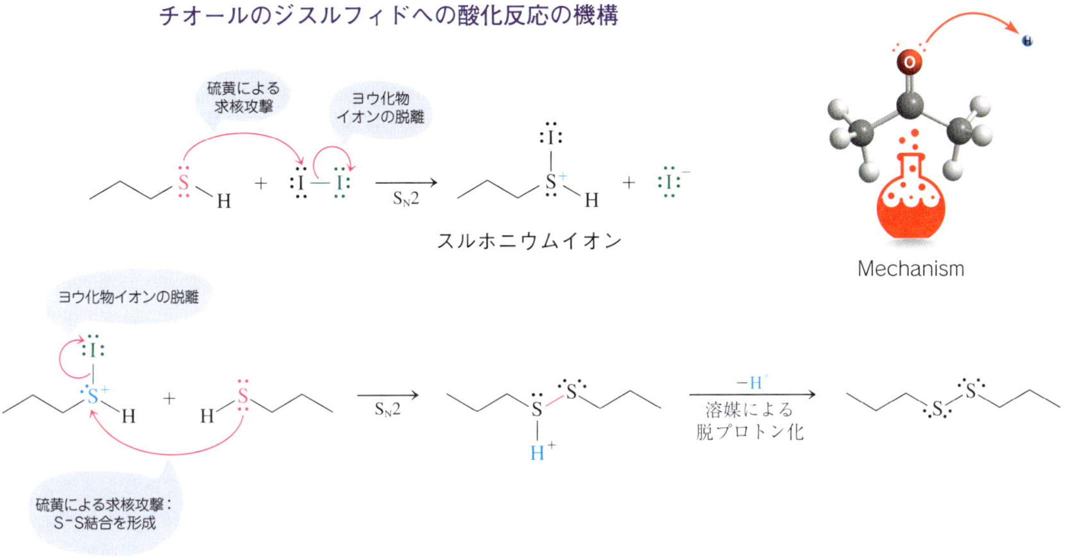

ジスルフィドは，水素化ホウ素ナトリウム水溶液のような穏やかな還元剤によって容易に還元されてチオールに戻る．

還元はヒドリド（水素化物イオン）が直接 S—S 結合に求核攻撃して起こる（練習問題 9–29 参照）．

ジスルフィドのチオールへの還元反応

$$CH_3CH_2CH_2S\text{—}SCH_2CH_2CH_3 \;+\; NaBH_4 \xrightarrow{H_2O} 2\,CH_3CH_2CH_2SH$$

チオールの酸化によるジスルフィドの生成とその逆反応は重要な生体内反応であるが，自然界では上記の反応に比べてもっと穏やかな反応剤と反応条件が用いられている．タンパク質やペプチドの多くは遊離の SH 基をもっており，これらが橋かけしたジスルフィド結合を形成する．自然界では，この機構はアミノ酸鎖を橋かけするのに利用されている．このような橋かけという機構によって，酵素の三次元的な形が制御されやすくなっているので，生体触媒反応は非常に効率的かつ選択的に進行する．

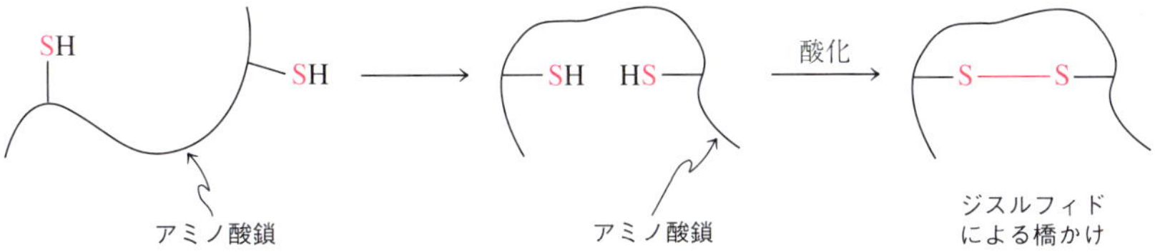

チオエーテルは容易に酸化されて**スルホン**（sulfone）になるが，この反応は**スルホキシド**（sulfoxide）中間体を経由して進行している．たとえば，メチルチオメタンを酸化するとまずジメチルスルホキシド（DMSO）が生じ，これが続いてジメチルスルホンになる．ジメチルスルホキシドが有機化学においてたいへん有用な非常に極性の高い非プロトン性溶媒であることはすでに述べた．この溶媒は求核

置換反応においてとくに有用である(6–8節および表6–5参照).

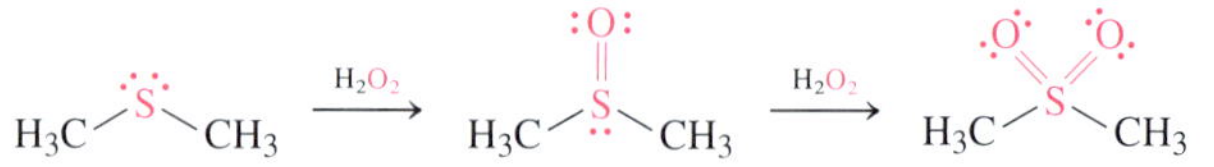

メチルチオメタン (methylthiomethane)　ジメチルスルホキシド (dimethyl sulfoxide DMSO)　ジメチルスルホン (dimethyl sulfone)

練習問題 9-29

(a) 水中における $NaBH_4$ による CH_3S-SCH_3 の CH_3SH への還元反応の機構を書け.

(b) 2-アミノエタンチオール $H_2NCH_2CH_2SH$ は二つの pK_a 値を示す. 一つはチオール官能基による8.3, もう一つはアミン官能基(共役酸として, 2–3節参照)による10.8である. この分子が水溶液中で優先してとる構造はどのようなものか.

(c) 上述の2-アミノエタンチオール〔システアミン(cysteamine); シスタゴン(Cystagon®)〕は, システインというアミノ酸の酸化に由来するジスルフィドであるシスチンが過剰に蓄積されることを特徴とする遺伝的障害, シスチン症およびシスチン尿症の治療に用いられる医薬品である. 細胞内にシスチンが蓄積すると結晶化が起こり, 細胞を損傷する可能性がある. この医薬品は, シスチンを求核攻撃してジスルフィド結合を開裂することにより作用する(還元反応によるものではない). CH_3S-SCH_3 における同じ開裂反応の機構を式で示せ. (**ヒント**: 水溶液中で2-アミノエタンチオールがとりやすい構造を用いること.)

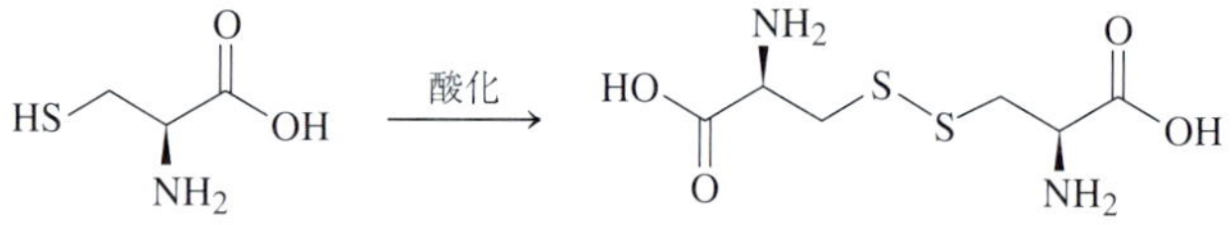

システイン　　シスチン

まとめ チオールおよびチオエーテルの命名は, アルコールやエーテルに用いた規則と関連している. チオールはアルコールよりも揮発性が高く, より酸性で, しかもより求核性が大きい. チオールおよびチオエーテルは酸化され, チオールはジスルフィドまたはスルホン酸に, チオエーテルはスルホキシドおよびスルホンになる.

9-11 アルコールおよびエーテルの生理学的性質と用途

私たちは酸化性の雰囲気下で生活しているので, 自然界に存在する化学物質のなかに酸素がふんだんに見いだされることは驚くことでもない. その多くはさまざまな生物学的作用をもつアルコールやエーテルであり, 薬学研究者によって医薬品の合成に活用されている. 産業界における化学者は溶媒や合成中間体として利用できるようにアルコールやエーテルを大規模に製造している. 本節では, これらの化合物群の幅広い用途を概観することにする.

メタノールは一酸化炭素の触媒的水素化によって大量に製造され, 塗料やその他の物質の溶剤, キャンプ用ストーブやハンダ用バーナーの燃料, および合成中間原料などとして市販されている. メタノールは毒性が強く, 飲み込んだり長期間さらされたりすると失明することがある．たった30 mLの摂取で死亡したという報告さえある．市販のエタノールを飲用に適さないようにするために，これにメタノールを添加する場合がある（変性アルコール）．メタノールの毒性は，代謝過程でホルムアルデヒド（$H_2C{=}O$）に酸化されて，これが視覚の生理化学的な過程を阻害するためと考えられている．さらにギ酸（HCOOH）にまで酸化されると，血液のpHが異常に低下するアシドーシス（酸性血症）の原因となる．このような状況では血液による酸素の輸送が阻害され，最終的には昏睡状態に陥る．

メタノールはガソリンの前駆体になりうるものとして研究の対象とされてきた．たとえば，ある種のゼオライト触媒（3-3節参照）によってメタノールを炭素数4～10の鎖長をもつ炭化水素の混合物に転換することが可能で，これは蒸留すると主としてガソリン留分になるような組成をもっている（表3-3参照）．

$$n\,CH_3OH \xrightarrow{\text{ゼオライト, }340\sim375\,^\circ\mathrm{C}} \underset{67\,\%}{C_nH_{2n+2}} + \underset{6\,\%}{C_nH_{2n}} + \underset{27\,\%}{\text{芳香族化合物}}$$

エタノールは，風味をつけた水でいろいろな割合に希釈するとアルコール飲料になる．エタノールは中枢神経系を非選択的かつ可逆的に鎮静させるので，薬理学的には全身鎮静剤として分類されている．摂取されたアルコールの約95 %は体内（通常は肝臓）で代謝され，代謝生成物は最終的には二酸化炭素と水に変換される．エタノールはカロリーは高いが，栄養価値はほとんどない．

大部分の薬物の代謝速度は肝臓におけるその濃度が上がるにつれて増大するが，アルコールの場合にはそうではなく，時間に正比例して代謝分解が進む．大人は1時間あたり約10 mLの純アルコールを代謝するが，これはおおよそカクテル1杯，スピリッツ1杯，あるいは缶ビール1缶に含まれるエタノールに相当する．その人の体重や，飲料中のエタノール含量およびそれを飲む速度にもよるが，たった2，3杯飲んだだけで，アルコールの血中濃度が0.08 %を超えることがある．この値は，アメリカの多くの州で自動車の運転を禁止される法定濃度以上の値である．

エタノールは有毒である．血液中の致死濃度は0.4 %とされている．その影響には幸福感の高進，自制心の喪失，方向感覚の喪失，および判断力の減退（酩酊）などがあり，次に一般的な無感覚症状，昏睡状態，さらには死へと至る．アルコールは血管を拡張させ，「顔面のほてりと紅潮」が現れるが，実際には体温の低下を招く．適度の量（1日にビール2本相当）の飲酒を長期間続けても危険とは思われないが，より大量の飲酒は肉体的・精神的な障害をきたし，一般的な言葉ではアルコール中毒という．この障害として，幻覚，精神活動の高揚，肝臓病，痴呆症，胃炎あるいは精神的依存症などがある．

人類が消費するエタノールは糖類やデンプン（コメ，イモ類，トウモロコシ，コムギ，草花類，果物など，下巻；24章参照）の発酵によって製造されている．発酵は酵素類の触媒作用によって進む多段階連続反応で，炭水化物をエタノールと二酸化炭素に変換する．

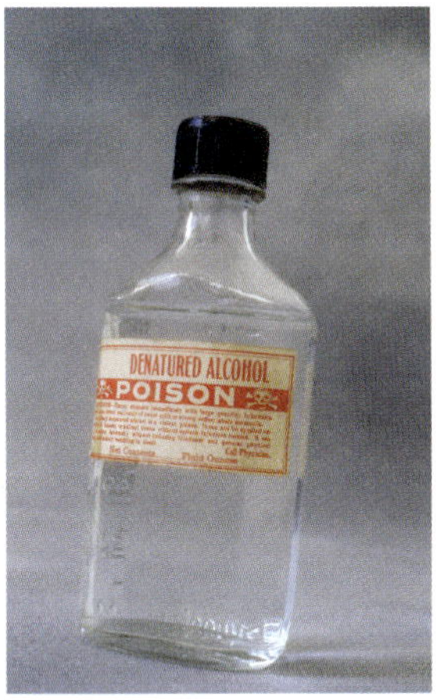

変性エタノールには，はるかに毒性の高いメタノールが含まれている．

こぼれ話

イギリスのロンドンにあるMiddlesex病院における権威ある研究によると，20人のボランティアに1週間間隔で特定のアルコール飲料で酔っ払ってもらい（血中アルコールは0.17%），二日酔いの度合いを調べると，その酷さはブランデー，赤ワイン，ラム酒，ウィスキー，白ワイン，ジン，ウォッカの順に減少した．これらの液体の化学分析によると発酵の際に生じるアセトアルデヒド，メタノール，1-プロパノール，2-メチル- および3-メチル-1-ブタノールからな成る有毒な副生成物の濃度が，本当にこの順番に少なくなることが判明した．

$$\underset{\text{デンプン}}{(C_6H_{10}O_5)_n} \xrightarrow{\text{酵素}} \underset{\substack{\text{グルコース}\\(\text{ブドウ糖})}}{C_6H_{12}O_6} \xrightarrow{\text{酵素}} \underset{\text{エタノール}}{2\,CH_3CH_2OH} + 2\,CO_2$$

エタノールがガソリン添加物(「ガソール」)さらにはガソリン代替物になりうるため，前述のような「グリーンな」資源からのエタノール(「バイオエタノール」)製造への関心が急増している(8章の冒頭文参照)．たとえば，世界最大のバイオ燃料計画をもつブラジルでは，国内の自動車燃料の需要の約50％以上をエタノールでまかなっている．ガソリン中の炭化水素混合物ほどカロリーは高くないが(表3-7参照)，エタノールはより効率よく，よりクリーンに燃焼する．

$$CH_3CH_2OH + 3\,O_2 \xrightarrow{\text{燃焼}} 2\,CO_2 + 3\,H_2O \quad -326.7\ \text{kcal mol}^{-1}$$

したがって，バイオ燃料の経済性は，本質的にはグルコースを二酸化炭素と水に変換することにある．

$$\underset{\text{グルコース}}{C_6H_{12}O_6} + 6\,O_2 \longrightarrow 6\,CO_2 + 6\,H_2O + \text{熱（車の走行に利用）}$$

この反応過程は，緑色植物が太陽光を用いて行っている光合成(下巻；コラム24-1参照)とよばれる反応の逆反応であるため，持続可能である．

$$6\,CO_2 + 6\,H_2O \xrightarrow[\text{光合成}]{\text{太陽光}} \underset{\text{グルコース}}{C_6H_{12}O_6} + 6\,O_2$$

このようにして，上記の考えによれば太陽光がまわりまわって私たちの車を動かすことが簡単にわかる．しかし実際には，バイオ燃料への転換に問題がないわけではない．第一に，私たちの燃料需要がきわめて大きいことがある．たとえば，150億ガロン(約570億リットル)のエタノールを製造するのに，アメリカは2015年のトウモロコシ収穫量の30％を割いている．この値を，3.85億ガロン(約14.8億リットル)といわれるアメリカの1日あたりのガソリン消費量と比べてみよう．そうすれば，この事業の可能な範囲を実感することになる．第二に，この地球という惑星の広大な農耕地をバイオ燃料の生産に割くことで環境，経済そして食料供給(つまり価格)へ与える潜在的な負の影響を懸念すべきである．もっと基本的なレベルでは，少なくともある種の穀物においては，生育，収穫，発酵およびバイオ燃料の配送といった全プロセスのエネルギー消費量がバイオ燃料の生産によって得られるエネルギー量を超えてしまう，と論じている評論家たちもいて，これはバイオ燃料普及に向けた活動に大きな打撃を与えている．

エチレングリコールは航空機の除氷に効果的である．

飲料用以外の市販のエタノールはエテンの水和によって工業的に生産されている(12-4節参照)．エタノールの用途としては，たとえば香水，ニス，セラックなどの溶媒，および合成中間体があげられるが，後者についてはこれまでいくつかの式ですでに示してきた．

1,2-エタンジオール(エチレングリコール)はエテンをオキサシクロプロパンに酸化し，続いて加水分解することによって，世界中で年間2500万トン以上製造されている．融点が低く(−11.5 ℃)，沸点が高く(198 ℃)，しかも水と完全に混合しうるため不凍液として有用である．その高い毒性は他の単純なアルコール類(エタノールは除く)と同程度である．

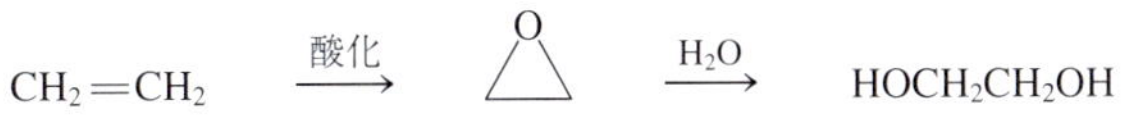

エテン(エチレン)　オキサシクロプロパン(エチレンオキシド)　1,2-エタンジオール(エチレングリコール)

1,2,3-プロパントリオール(グリセロール，グリセリン，$HOCH_2CHOHCH_2OH$)は粘性が高く，グリース状の物質であり，水溶性で毒性はない．この化合物は脂肪組織の主成分であるトリグリセリドのアルカリ加水分解によって得られる．脂肪の加水分解で得られる長鎖アルキルをもつ酸(「脂肪酸」，下巻；19 章参照)のナトリウムまたはカリウム塩は，セッケンとして市販されている．

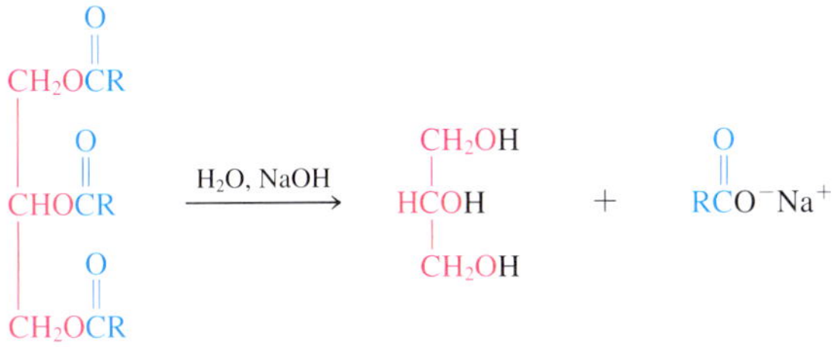

トリグリセリド(「脂肪」)　R = 長鎖アルキル　1,2,3-プロパントリオール(グリセロール, グリセリン)　セッケン

1,2,3-プロパントリオールのリン酸エステル(ホスホグリセリド，下巻；20-4 節参照)は，細胞膜の主成分である．

1,2,3-プロパントリオールはローションやその他の化粧品，および医薬の製剤に含まれている．硝酸と反応させるとニトログリセリンとして知られている硝酸のトリエステルが得られ，医学的には狭心症，とくに心臓への血流が不足することによって起こる胸の痛みの治療に用いられている．この薬は血管を弛緩し，それによって血流を増加させる．ニトログリセリンのまったく別の用途としては，きわめて強力な爆薬となることである．この物質の爆発力は衝撃によって誘発される気体生成物(N_2，CO_2，気体の H_2O，O_2)への非常に発熱的な分解によるもので，数分の 1 秒間に 3000 ℃ 以上の高温，2000 atm 以上の高圧に達する(下巻のコラム 16-1 も参照)．

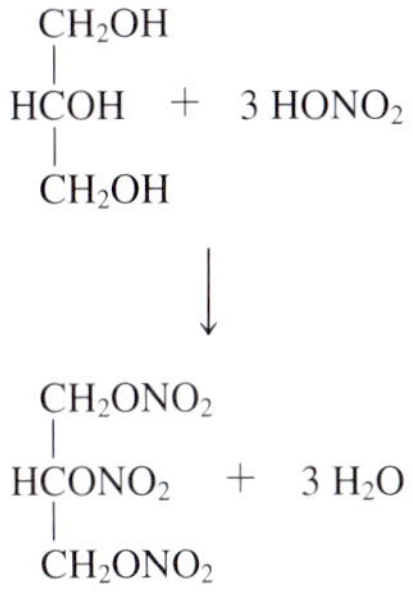

ニトログリセリン

エトキシエタン(ジエチルエーテル)はかつて全身麻酔剤として使用されていたことがある．これを吸入すると中枢神経系の活動が抑制されて無意識状態になる．しかし，呼吸器系への刺激や極端な吐き気のような副作用のためにその使用は中止され，このような用途には代わりに 1-メトキシプロパン(メチルプロピルエーテル，「ネオチル(neothyl)」)やその他の化合物(コラム 6-1 参照)が用いられている．エトキシエタンや他のエーテル類は空気と混合すると爆発性を示す．

オキサシクロプロパン(オキシラン，エチレンオキシド)は，工業化学製品の中間体として大量生産されており，種子や穀物の燻蒸消毒剤としても用いられている．この化合物は繊細な器具に損傷を与えない性質があるために，医療産業における最も一般的な殺菌剤の一つでもある(本章の冒頭文参照). 自然界では, オキサシクロプロパン誘導体は昆虫の変態を制御したり(コラム12-1参照), あるいは芳香族炭化水素の酵素触媒による酸化の過程で産生されて, 非常に発がん性の強い物質になったりすることがよくある(下巻; 16-7節参照).

多くの天然物がアルコールやエーテル基をもっており, そのなかには非常に生理活性の強いものがある. たとえば, モルヒネは強力な鎮痛剤である. その酢酸エステル誘導体は合成品でヘロインというが, 広範囲に悪用されている麻薬の一つである. テトラヒドロカンナビノールはマリファナ(大麻)のおもな活性成分であり, これが気分を変える効果は数千年前から知られている. マリファナが, がん, エイズ, 多発性硬化症, てんかん, およびその他の疾病で悩む患者を, 吐き気, 痛み, 食欲喪失や発作から解放するという結論にもとづいて, アメリカや世界中でマリファナを医療目的に使用することを公認するという努力が続けられている.

ケシはアヘンの活性成分であるモルヒネの原料である.

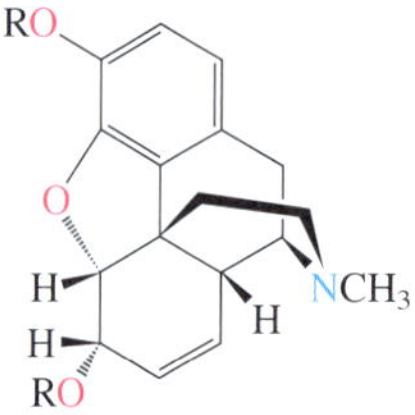

モルヒネ(morphine)
(R = H)

ヘロイン(heroin)
$\left(R = \overset{\displaystyle O}{\overset{\|}{C}}CH_3\right)$

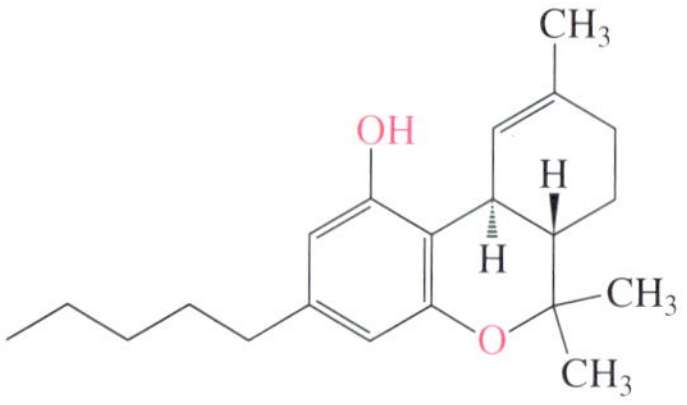

テトラヒドロカンナビノール
(tetrahydrocannabinol)

分子量の小さいチオールおよびチオエーテルは, その不快なにおいで非常に悪名が高い. エタンチオールは空気で5000万倍に希釈しても, なおそのにおいがわかるほどである. スカンクが身を守るために噴射するガスのおもな揮発成分は, 3-メチル-1-ブタンチオール, *trans*-2-ブテン-1-チオールおよび *trans*-2-ブテニルメチルジスルフィドである. 身近なにおいである汗臭い脇の下から生じる「BO(体臭: body odor)」を, 2004年に香水メーカーの研究員が分析した. おもな化学的原因物質は3-メルカプト-3-メチル-1-ヘキサノールで, とくに不快なにおいをもつのは *S* エナンチオマーであった. これは25%の鏡像体と混ざって排出されるが, こちらは不思議なことにフルーティーな香りをもっている.

3-メチル-1-ブタンチオール

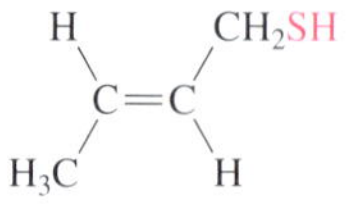

trans-2-ブテン-1-チオール

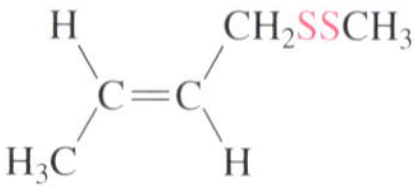

trans-2-ブテニルメチルジスルフィド

3-メルカプト-3-メチル-1-ヘキサノール

硫黄化合物を十分に希釈すると, 非常に不思議なことにむしろよい香りがすることがある. たとえば, 刻みたてのタマネギやニンニクのにおいは低分子量のチオールやチオエーテル類があるためである(章末問題81参照). メチルチオメタン(ジメチルスルフィド)は紅茶の香気成分である．2-(4-メチル-3-シクロヘキセニル)-2-プロパンチオールという分子(欄外参照)は，グレープフルーツの特徴ある風味のもとであるが，10億分の1以下の濃度域(ppb，すなわち10^9分の1)で存在しているにすぎない．この味は10^{-4} ppbというさらに低い濃度でも感じることができる．いいかえると，この物質1 mgを1000万リットルの水に溶かしたときでも，私たちはその存在を検知できるのである！

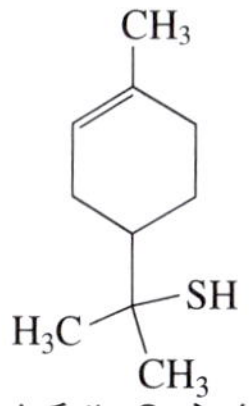

2-(4-メチル-3-シクロヘキセニル)-2-プロパンチオール

有益な医薬品にはその分子骨格に硫黄を含むものが多い．とくによく知られているのがスルホンアミドで，サルファ剤ともいわれ，強力な抗菌剤である(下巻：15-10節参照)．

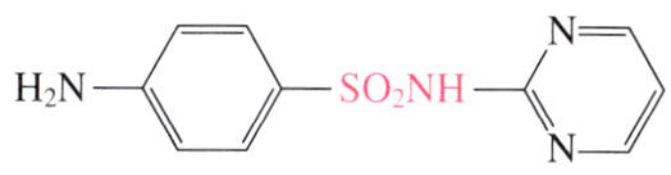

スルファジアジン
(sulfadiazine)
(抗菌剤)

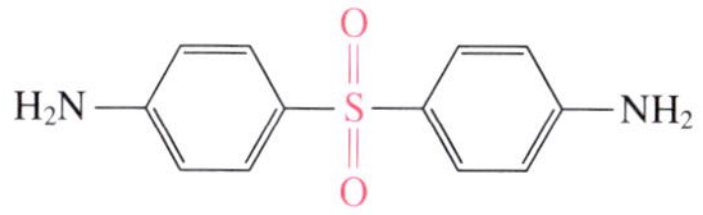

ジアミノジフェニルスルホン
(diaminodiphenylsulfone)
(Dapsone®，抗ハンセン病薬)

まとめ アルコールやエーテルには化学原料や医薬品としてのさまざまな用途がある．それらの多くの誘導体が自然界に見いだされ，あるいは容易に合成できる．

章のまとめ

これで本書に出てくる重要な官能基をもつ化合物群としては二つ目のアルコール類について，幅広い知識をカバーすることができた．しかし，それは決してアルコールについてすべてを学び終えたということを意味するものではない．それどころか，これ以後のどの章においてもアルコールはたびたび登場するが，新しい官能性置換基と関連していることが多い．

本章では次のようなことを学んだ．

- LDA，アルキルリチウムやKHのような強塩基はアルコールを脱プロトン化してアルコキシドを与える(9-1節)．
- HX，H_2SO_4やH_3PO_4のような強酸はアルコールをプロトン化してオキソニウムイオンを生じ，これが置換反応および(あるいは)脱離反応を起こす(9-2節)．
- カルボカチオンはS_N1反応およびE1反応を起こしやすいだけでなく，水素移動およびアルキル移動により転位反応を起こす(9-3節)．
- ハロアルカンは，アルコールとHXとの反応によって合成できるだけでなく，PBr_3，PCl_3，$P + I_2$，$SOCl_2$との反応や，単離可能なアルキルスルホン酸エステルを経る反応でも合成が可能である．アルキルスルホン酸エステルは他の求核置換反応にも利用される(9-4節)．
- エーテルはアルコキシアルカンとして命名する(9-5節)．

- エーテルは Williamson エーテル合成あるいはアルコールと酸の反応で合成される(9-6 節および 9-7 節).
- エーテルは強酸が共存する場合を除けば一般に反応性に乏しい(9-8 節). しかし，オキサシクロプロパンはひずみがあるため，アニオン性求核剤の攻撃による開環反応や酸触媒による類似の変換反応が可能である(9-9 節).
- チオールおよびチオエーテルはアルコールおよびエーテルの硫黄類縁体を構成する．硫黄原子のサイズと分極率が大きいために，硫黄は比較的求核性が大きい．また価電子殻の拡大が可能であり，それは 10 や 12 の価電子数をもつ誘導体が生成することからわかる(9-10 節).

本書ではここで他の官能基をもつ有機化合物群について続けて解説するのをいったんやめて，先に，有機化学者が分子の構造を決定するために用いる重要な分析技術について学ぶことにする．すなわち分光学である．さまざまなタイプの電磁波の照射と分子との相互作用を記録すると，原子の連結の様子，三次元的配置，官能基の存在や分子の電子的な構造を推測する証拠となる信号が得られる．

9-12 総合問題：概念のまとめ

この項では，本章の鍵となる重要な要素を組み合わせて解く問題を 2 問紹介する．1 問目はカルボカチオンの転位の反応機構的な見地に関するもので，2 問目はオキサシクロプロパンの合成化学的な応用に関するものである．

練習問題 9-30：カルボカチオン転位の取扱い

アルコール(A)を酸性のメタンチオールと反応させるとチオエーテル(B)が得られる．反応機構を説明せよ．

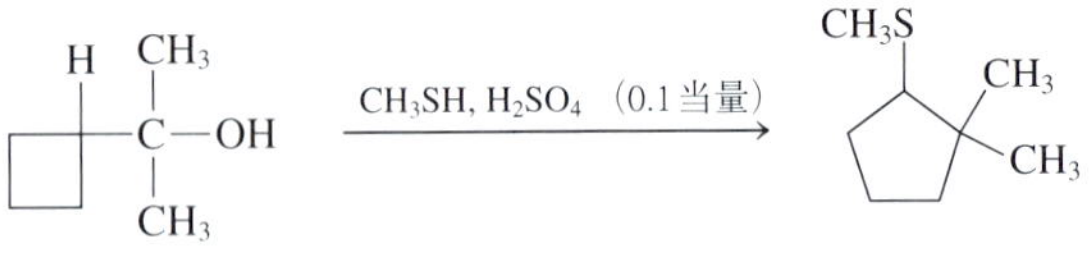

(A) (B)

● 解法のてびき

What この例は，合成化学的な問題ではなく，むしろ反応機構を問うものである．いいかえると，多段階の一連の合成反応の場合とは違って，問題を解くために新たに反応剤を加えることは許されず，ここに示されているものだけで考えなければならない．私たちが入手した情報をまとめてみよう．

1. (第三級)アルコール官能基がなくなって，(第二級)チオエーテル基が(CH_3SH から)導入されている．
2. 四員環がシクロペンチル基に変化している．

3. 分子式が化合物(A)の $C_7H_{14}O$ から，化合物(B)の $C_8H_{16}S$ に変わっている．

それぞれの官能基に結合しているアルキル部分に注目してみると，上記の変化は $C_7H_{13}-OH \longrightarrow C_7H_{13}-SCH_3$ と書き直すことができる．

4. 反応媒質には第三級アルコールが存在し，触媒量の酸が含まれている．

How これらの情報からどのように結論できるだろうか．カルボカチオンの転位(9-3 節)において，ひずみの大きいシクロブタン環が置換シクロペンタンに環拡大することを学んだ．

Information はじめに生成するカルボカチオンは，プロトン化－脱水という連続的な反応(9-2 節)が(A)に起こったことによるものに違いない．また，生成物(B)は転位したカチオンが CH_3SH によって S_N1 的に捕捉されて生じたはずである(9-3 節)．

Proceed 一歩一歩論理的に進めよ．

●答え

ここまで考えると，それを各段階ごとに式で示すことができる．

段階 1　ヒドロキシ基がプロトン化され，H_2O として脱離する．

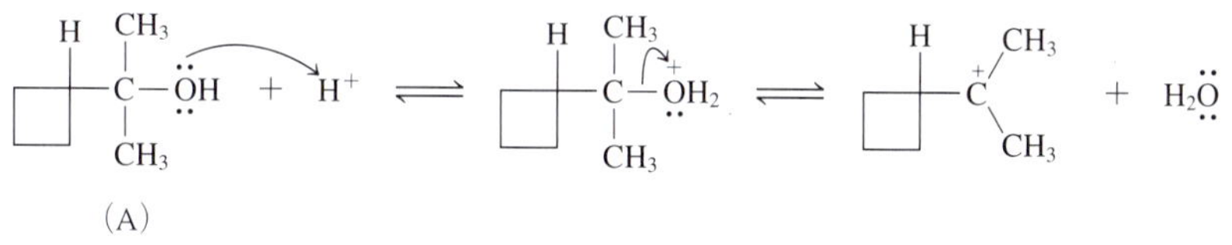

段階 2　第三級カルボカチオンはアルキル移動によって環拡大する(転位する炭素を黒点で示した)．

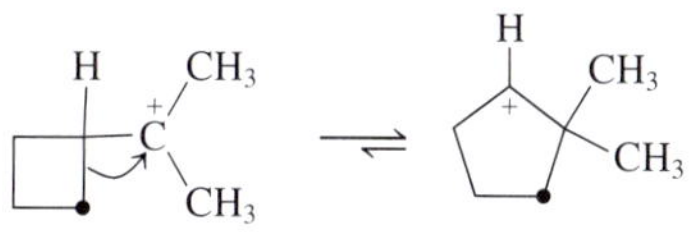

段階 3　新たに生じたカルボカチオンは，CH_3SH の比較的(水と比べて)求核性の大きい硫黄によって捕捉され，次いでプロトンが脱離して生成物(B)になる(9-10 節)．

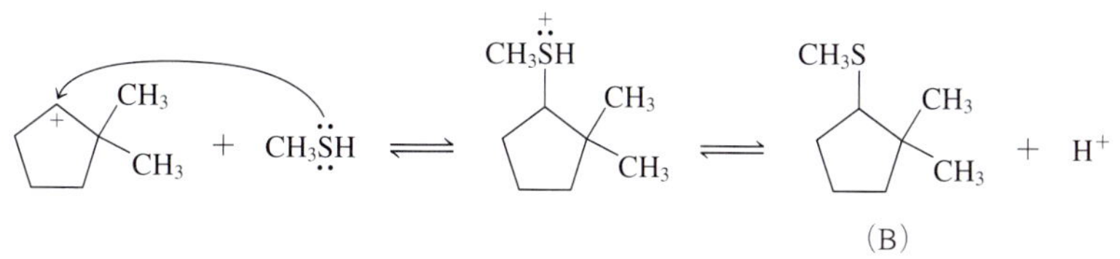

これらを見ると，一連の反応のなかで最もわかりにくいステップは段階 2 で，それは化合物の形がかなり極端に変化しているからである．転位する炭素は，それにつながっている環を構成する鎖部分を「引き連れて動く」のである．段階 2 の式で行ったように，分子中の「変化を起こす原子」に標識をつけ，アルキル基(または H)の移動が起こる「分子骨格そのもの」を頭に入れておくのが，紛らわしさ

を避けるためのよい方法である．そうすると，カチオン中心，それに隣接する炭素，転位する原子というたった三つの鍵となる原子だけが関与することになる．すなわち，カチオン中心は転位基を受け入れ，それに隣接する原子は電荷をもつようになる．「電荷と転位中心が位置を交換する」という表現が，カルボカチオン転位の基本的な特徴を覚えるのに簡単で役に立つ．

最後に，転位の段階2で第三級カルボカチオンが第二級カルボカチオンに変わることに着目しよう．この転位の駆動力は，四員環(26.3 kcal mol^{-1} のひずみエネルギー)から五員環(6.5 kcal mol^{-1} のひずみエネルギー；4-2節参照)になることによって環ひずみの解放が起こることにある．ここで取り扱った反応では，第二級カルボカチオンはさらにメチル基が転位して対応する第三級カチオンになる前に，チオールの求核性の大きい硫黄によって捕捉される．この第三級カチオンは別の生成物に変化しうる反応性の高い前駆体であるが，生成を想起させる生成物は観察されない．章末問題42および69ではこれに関連した反応機構をさらに練習できる．

練習問題 9-31：立体特異的なオキサシクロプロパン開環反応の応用

エナンチオマー(A)をエナンチオマー(B)に効率よく変換するための合成反応を式で示せ．

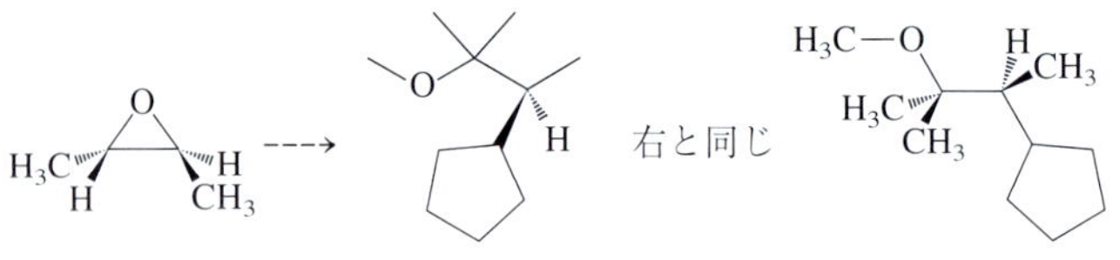

(A)　(B)　(B′)

● 解法のてびき

これは反応機構というよりはむしろ合成についての問題の一例である．いいかえると，この問題を解くために反応剤を選び，反応条件を特定し，出発物質から生成物を得るために適当な多くの反応段階を用いなければならない．与えられた情報を書き並べてみよう．

1. ひずみをもつオキサシクロプロパン環は，生成物では開環して別種のエーテルに変化している．
2. 化合物(A)の分子式 C_4H_8O は化合物(B)では $C_{11}H_{22}O$ に変わっている．したがって，増加分は C_7H_{14} である．この増加分のうち，はっきりしている成分はシクロペンチル基の C_5H_9 である．それを差し引くと C_2H_5 が残る．これはエチル基のように見えるが，(A)の置換基(メチル基が二つ)と(B)の置換基を比べてみると，この増えた2個の炭素はメチル基二つが(先ほど増加したシクロペンチル基に加えて)増加したためであることが示唆される．
3. 出発物質には二つの立体中心(どちらも *S*)があるが，生成物には一つの立体中心(*S*)しかない．*R*，*S* の命名は，絶対配置の変化とは必ずしも相関関係はなく，立体中心での置換基の優先順位の変化にのみ対応することを思い出そう(5-3節参照)．化合物(B)で残っている立体中心は，化合物(A)の立体中心といったいどう関係しているだろうか．(B)の構造を立体配座(B′)のように書き直してみると，立体中心まわりでの立体化学的な配置が視覚的によくわかるようになり，その答えが得られる．書き直した構造(B′)では，(A)と同様に CH_3 および H と分子鎖の結合を実線と破線のくさび形で表している．これを見ると，(A)のエーテル酸素がシクロペンチル基によって反転をともなって置換されたことがわかる．

上のような解析によって，どのようなヒントが得られたであろうか．化合物(B)の立体中心は，シクロペンチル有機金属反応剤による求核的な開環反応によって(A)から発生させうることは明らかである．

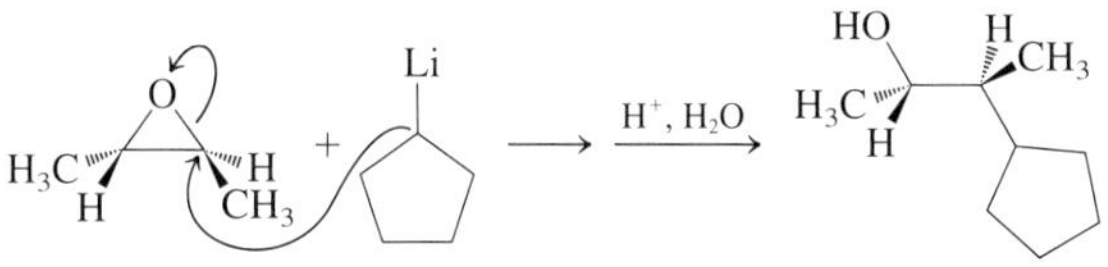

(A)　(C)

しかし，これによって得られるのはアルコール(C)であり，求めているエーテルではない．そのうえ，酸素が結合した炭素にはもう一つのメチル基が欠けている．

逆合成の手法で考えてみよう．エーテルを逆 Williamson 合成(9-6 節)で切断すると第三級アルコール(D)が得られる．(D)から(C)へのルートはどのようにすれば解明できるだろうか．答え：8-8 節に戻ると，有機金属反応剤のカルボニル化合物への付加によって，より単純な化合物から複雑なアルコールが合成できることに気がつく．

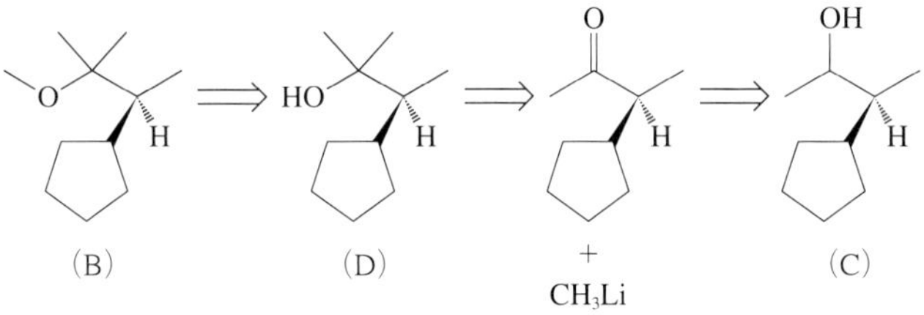

(B)　(D)　(C)

したがって，この問題の解答は次のようになる．

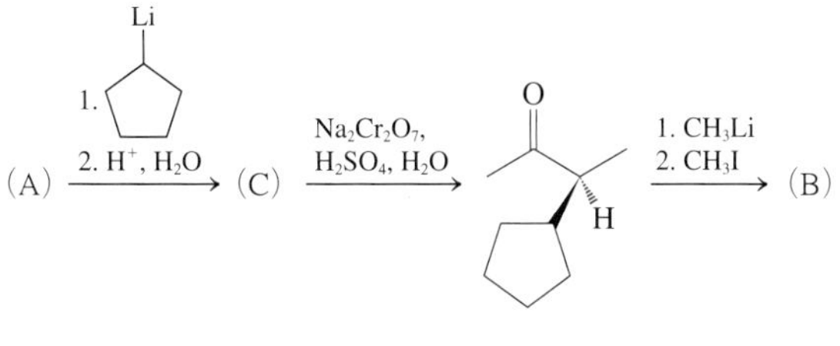

章末問題 61 に同様の合成についての演習が含まれている．

新しい反応

1. アルコールからアルコキシドの生成（8-3 節および 9-1 節）

強塩基を用いて

$$\mathrm{ROH} \underset{}{\overset{\text{強塩基}}{\rightleftharpoons}} \mathrm{RO^-}$$

強塩基の例：$Li^{+}\,{}^{-}N[CH(CH_3)_2]_2$；$CH_3CH_2CH_2CH_2Li$；$K^+H^-$

アルカリ金属を用いて

$$\mathrm{ROH} + \mathrm{M} \longrightarrow \mathrm{RO^{-}\,{}^{+}M} + \frac{1}{2}\mathrm{H_2} \qquad \mathrm{M} = \mathrm{Li, Na, K}$$

アルコールからのハロアルカンの合成

2. ハロゲン化水素の利用（8-3 節，9-2 節および 9-3 節）

$$\text{第一級 ROH} \xrightarrow{\text{濃 HX}} \mathrm{RX} \qquad \mathrm{X} = \text{Br または I}（\mathrm{S_N2}\text{ 機構}）$$

$$\text{第二級または第三級 ROH} \xrightarrow{\text{濃 HX}} \mathrm{RX} \qquad \mathrm{X} = \text{Cl, Br または I}（\mathrm{S_N1}\text{ 機構}）$$

3. リン反応剤の利用（9-4 節）

$$3\,\mathrm{ROH} + \mathrm{PBr_3} \longrightarrow 3\,\mathrm{RBr} + \mathrm{H_3PO_3}$$

$$6\,\mathrm{ROH} + 2\,\mathrm{P} + 3\,\mathrm{I_2} \longrightarrow 6\,\mathrm{RI} + 2\,\mathrm{H_3PO_3}$$

第一級および第二級 ROH とは S_N2 機構．HX との反応よりもカルボカチオン転位の可能性は小さい．

4. 硫黄反応剤の利用（9-4 節）

$$\mathrm{ROH} + \mathrm{SOCl_2} \xrightarrow{\mathrm{N(CH_2CH_3)_3}} \mathrm{RCl} + \mathrm{SO_2} + \mathrm{(CH_3CH_2)_3\overset{+}{N}H\,Cl^-}$$

$$\mathrm{ROH} + \mathrm{R'SO_2Cl} \longrightarrow \underset{\text{スルホン酸アルキル}}{\mathrm{ROSO_2R'}} \xrightarrow{\mathrm{Nu^-,\ DMSO}} \mathrm{RNu} + \mathrm{R'SO_3^-}$$

アルコールにおけるカルボカチオンの転位反応

5. アルキルおよび水素移動によるカルボカチオンの転位反応（9-3 節）

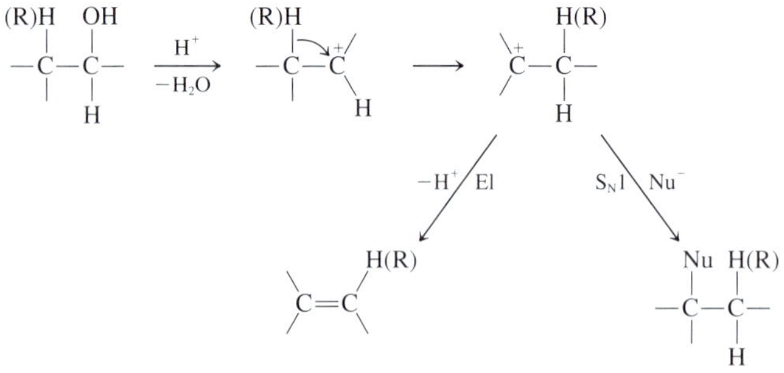

6. 第一級アルコールにおける協奏的アルキル移動（9-3 節）

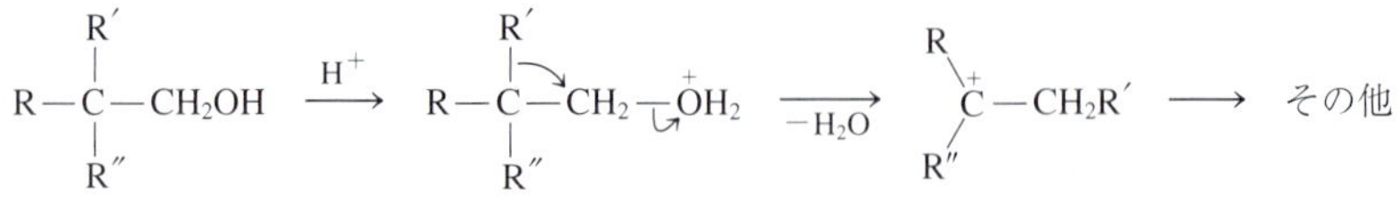

アルコールの脱離反応

7. 求核性のない強酸による脱水反応（9-2 節, 9-3 節, 9-7 節および 11-5 節）

$$\begin{matrix} \text{H} & \text{OH} \\ | & | \\ -\text{C}-\text{C}- \end{matrix} \xrightarrow{\text{H}_2\text{SO}_4, \Delta} \text{C}=\text{C} + \text{H}_2\text{O}$$

カルボカチオンの転位が起こりうる

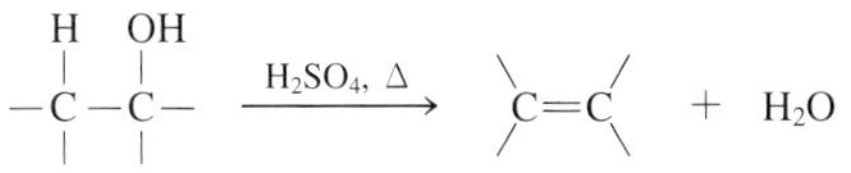

必要な反応温度
第一級 ROH：170～180℃（E2 機構）
第二級 ROH：100～140℃（通常は E1 機構）
第三級 ROH： 25～80℃（E1 機構）

エーテルの合成

8. Williamson 合成（9-6 節）

$$\text{ROH} \xrightarrow{\text{NaH, DMSO}} \text{RO}^- \text{Na}^+ \xrightarrow[\text{S}_N 2]{\text{R}'\text{X, DMSO}} \text{ROR}'$$

R′はメチルまたは第一級でなければならない．
ROH は第一級または第二級であること（第三級アルコキシドは R′ がメチルでないときは通常は E2 脱離生成物を与える）．
環状エーテルを生成する分子内反応のしやすさ：
$k_3 \geq k_5 > k_6 > k_4 \geq k_7 > k_8$（$k_n$ ＝ 反応速度, n ＝ 環の大きさ）

9. 無機酸を用いる方法（9-7 節）

第一級アルコール：

$$\text{RCH}_2\text{OH} \xrightarrow{\text{H}^+, 低温} \text{RCH}_2\overset{+}{\text{OH}}_2 \xrightarrow[-\text{H}_2\text{O}]{\text{RCH}_2\text{OH, }130\sim140℃} \text{RCH}_2\text{OCH}_2\text{R}$$

第二級アルコール：

$$\begin{matrix}\text{OH}\\|\\\text{RCHR}\end{matrix} \xrightarrow[-\text{H}_2\text{O}]{\text{H}^+} \begin{matrix}\text{R}&&\text{R}\\|&&|\\\text{CH}-\text{O}-\text{CH}\\|&&|\\\text{R}&&\text{R}\end{matrix} + \text{E1 生成物}$$

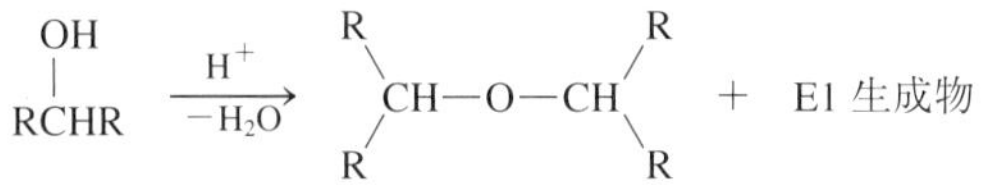

第三級アルコール：

$$\text{R}_3\text{COH} + \text{R}'\text{OH} \xrightarrow[\text{S}_N 1, -\text{H}_2\text{O}]{\text{NaHSO}_4, \text{H}_2\text{O}} \text{R}_3\text{C}-\text{OR}' + \text{E1 生成物} \quad \text{R}' ＝（おもに）第一級$$

エーテルの反応

10. ハロゲン化水素による開裂反応（9-8 節）

$$\text{ROR} \xrightarrow{\text{濃 HX}} \text{RX} + \text{ROH} \xrightarrow{\text{濃 HX}} 2\text{ RX}$$

X＝Br または I
第一級の R：$S_N 2$ 機構
第二級の R：$S_N 1$ または $S_N 2$ 機構
第三級の R：$S_N 1$ 機構

11. オキサシクロプロパンの求核的開環反応（9-9 節および下巻の 25-2 節）

アニオン性求核剤：

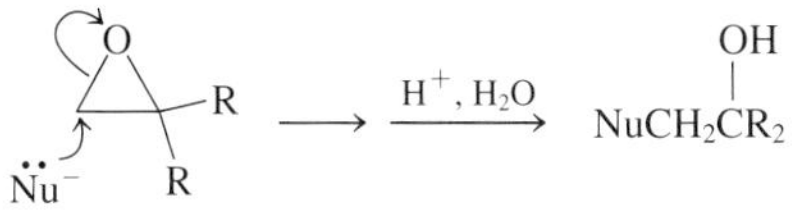

$$\begin{matrix}&\text{O}\\&\triangle\\\ddot{\text{Nu}}&&\text{R}\\&\text{R}\end{matrix} \xrightarrow{\text{H}^+, \text{H}_2\text{O}} \begin{matrix}&\text{OH}\\&|\\\text{NuCH}_2\text{CR}_2\end{matrix} \quad \text{Nu}^- \text{の例：HO}^-, \text{RO}^-, \text{RS}^-$$

酸触媒による開環反応：

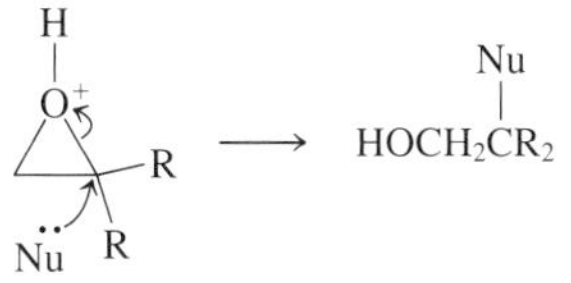

$$\begin{matrix}&\text{H}\\&\overset{+}{\text{O}}\\&\triangle\\\ddot{\text{Nu}}&&\text{R}\\&\text{R}\end{matrix} \longrightarrow \begin{matrix}&\text{Nu}\\&|\\\text{HOCH}_2\text{CR}_2\end{matrix} \quad \text{Nu の例：H}_2\text{O, ROH, ハロゲン化物イオン}$$

9章 アルコールの反応とエーテルの化学

12. オキサシクロプロパンの水素化アルミニウムリチウムによる求核的開環反応（9-9節）

$$\underset{H_2C-CH_2}{\overset{O}{\triangle}} \xrightarrow[\text{2. }H^+, H_2O]{\text{1. LiAlH}_4, (CH_3CH_2)_2O} CH_3CH_2OH$$

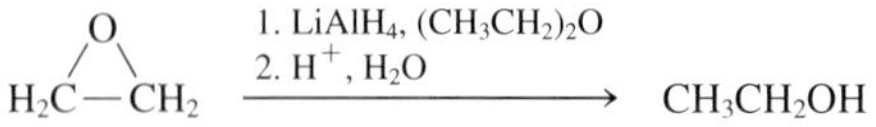

13. オキサシクロプロパンの有機金属化合物による求核的開環反応（9-9節）

$$RLi \text{ または } RMgX + \underset{H_2C-CH_2}{\overset{O}{\triangle}} \xrightarrow{THF} \xrightarrow{H^+, H_2O} RCH_2CH_2OH$$

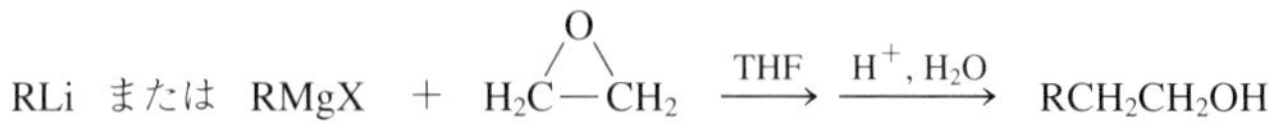

硫黄化合物

14. チオールおよびチオエーテルの合成反応（9-10節）

$$RX + HS^- \longrightarrow RSH$$
過剰　　　チオール

$$RSH + R'X \xrightarrow{\text{塩基}} RSR'$$
アルキルチオアルカン

15. チオールの酸性度（9-10節）

$$RSH + HO^- \rightleftharpoons RS^- + H_2O \quad pK_a(RSH) = 9\sim11$$

酸性度：$RSH > H_2O \approx ROH$

16. チオエーテルの求核性（9-10節）

$$R_2\ddot{S} + R'X \longrightarrow R_2\overset{+}{S}R'X^-$$
スルホニウム塩

17. チオールの酸化反応（9-10節）

$$RSH \xrightarrow{KMnO_4 \text{ または } H_2O_2} RSO_3H \qquad RSH \xrightleftharpoons[NaBH_4]{I_2} RS-SR$$

アルカンスルホン酸　　　　　　　　　　　　　　　ジアルキルジスルフィド

18. チオエーテルの酸化反応（9-10節）

$$R\ddot{S}R' \xrightarrow{H_2O_2} \overset{O}{\underset{\|}{R\ddot{S}R'}} \xrightarrow{H_2O_2} \overset{O}{\underset{\underset{O}{\|}}{\overset{\|}{RSR'}}}$$

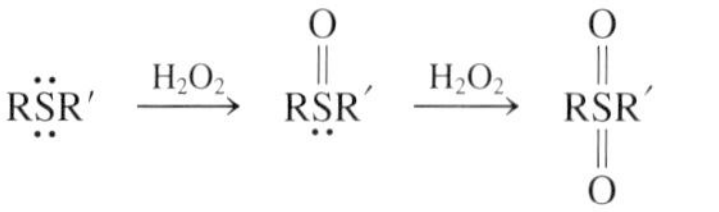

ジアルキル　　ジアルキル
スルホキシド　スルホン

重要な概念

1. ROH とアルカリ金属とから**アルコキシド**と水素が発生する反応性は，$R = CH_3$ ＞第一級＞第二級＞第三級の順になる．

2. 酸と求核性の対イオンがあると，第一級アルコールは S_N2 反応をする．第二級および第三級アルコールは酸が存在すると**カルボカチオン**を形成しやすく，**転位**する前あるいは後に，**E1** 生成物あるいは $\mathbf{S_N1}$ 生成物を与える．

3. **カルボカチオン転位**は**水素**や**アルキル**基の**移動**によって起こる．これらは一般に，第二級カルボカチオンの相互変換や第二級カルボカチオンの第三級カチオンへの変換を引き起こす．第一級**アルキルオキソニウムイオン**は，水の脱離と同時に水素またはアルキル基が移動するという協奏機構によって転位が可能で，第二級あるいは第三級カルボカチオンになる．

4. 第一級および第二級ハロアルカンの合成は，転位のおそれがより少ない**無機酸エステル**を活用する方法によって行える．

5. エーテルは，**Williamson エーテル合成法**またはアルコールと求核性のない強酸との反応によって合成する．前者の方法は S_N2 反応性が高い場合に最適である．後者では，高温の場合に脱離（脱水）が競争反応となる．

6. **クラウンエーテル**や**クリプタンド**は**イオノホア**の仲間で，金属イオンのまわりに配位するポリエーテルであり，それによって金属イオンを疎水性の溶媒に可溶にする．

7. **オキサシクロプロパン**のアニオンによる求核的**開環反応**は，S_N2 反応の原則にしたがって置換基がより少ない環炭素で進行するが，酸触媒による開環では求核攻撃が電荷によって支配されるために，置換基のより多い炭素で起こりやすい．

8. 硫黄は酸素よりも軌道が広がっている．**チオール**の S—H 結合はアルコールの O—H 結合よりも分極が小さく，そのため**水素結合の程度が少ない**．さらに S—H 結合は O—H 結合よりも弱いので，アルコールよりもチオールの**酸性度は高い**．

9. **色の使い分けについての注意**：6 章以後の本文の主要な部分では，反応機構中の反応化学種や新しい反応例の大部分について，**求核剤は赤色**，**求電子剤は青色**，**脱離基は緑色**で示した．ただし，練習問題，新しい反応のまとめ，章末問題においてはそのような色の使い分けを用いていない．

章末問題

32. 次の平衡はそれぞれ式のどちら側に偏っているか（左か右か）．

（a）$(CH_3)_3COH + K^{+-}OH \rightleftharpoons (CH_3)_3CO^-K^+ + H_2O$

（b）$CH_3OH + NH_3 \rightleftharpoons CH_3O^- + NH_4^+$ （$pK_a = 9.2$）

（c）
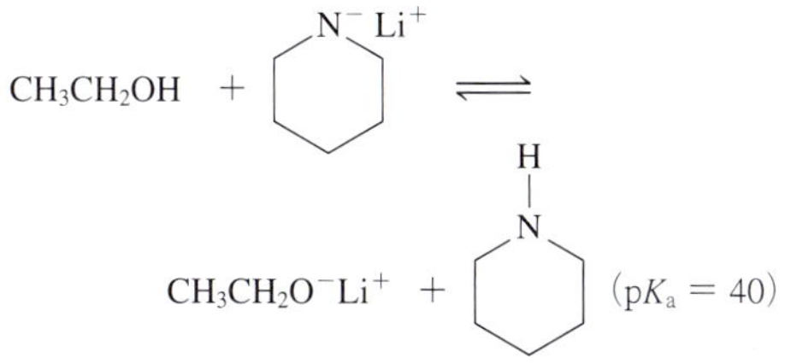

（d）NH_3 （$pK_a = 35$）$+ Na^+H^- \rightleftharpoons Na^{+-}NH_2 + H_2$ （$pK_a \sim 38$）

33. 次の反応剤のうち，エタノールを高収率でエトキシドに変えるのに十分なほど強い塩基はどれか示せ．

（a）CH_3MgBr　（b）$NaHCO_3$
（c）NaSH　（d）MgF_2
（e）CH_3CO_2K　（f）$CH_3CH_2CH_2CH_2Li$

34. 次の各反応で予想される主生成物を示せ．

（a）$CH_3CH_2CH_2OH \xrightarrow{\text{濃 HI}}$

（b）$(CH_3)_2CHCH_2CH_2OH \xrightarrow{\text{濃 HBr}}$

（c）
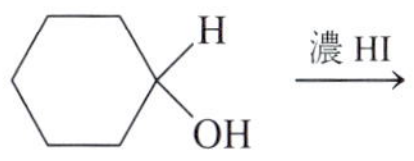

（d）$(CH_3CH_2)_3COH \xrightarrow{\text{濃 HCl}}$

35. 問題 34 の各反応について，詳細な機構を各段階ごとに書け．

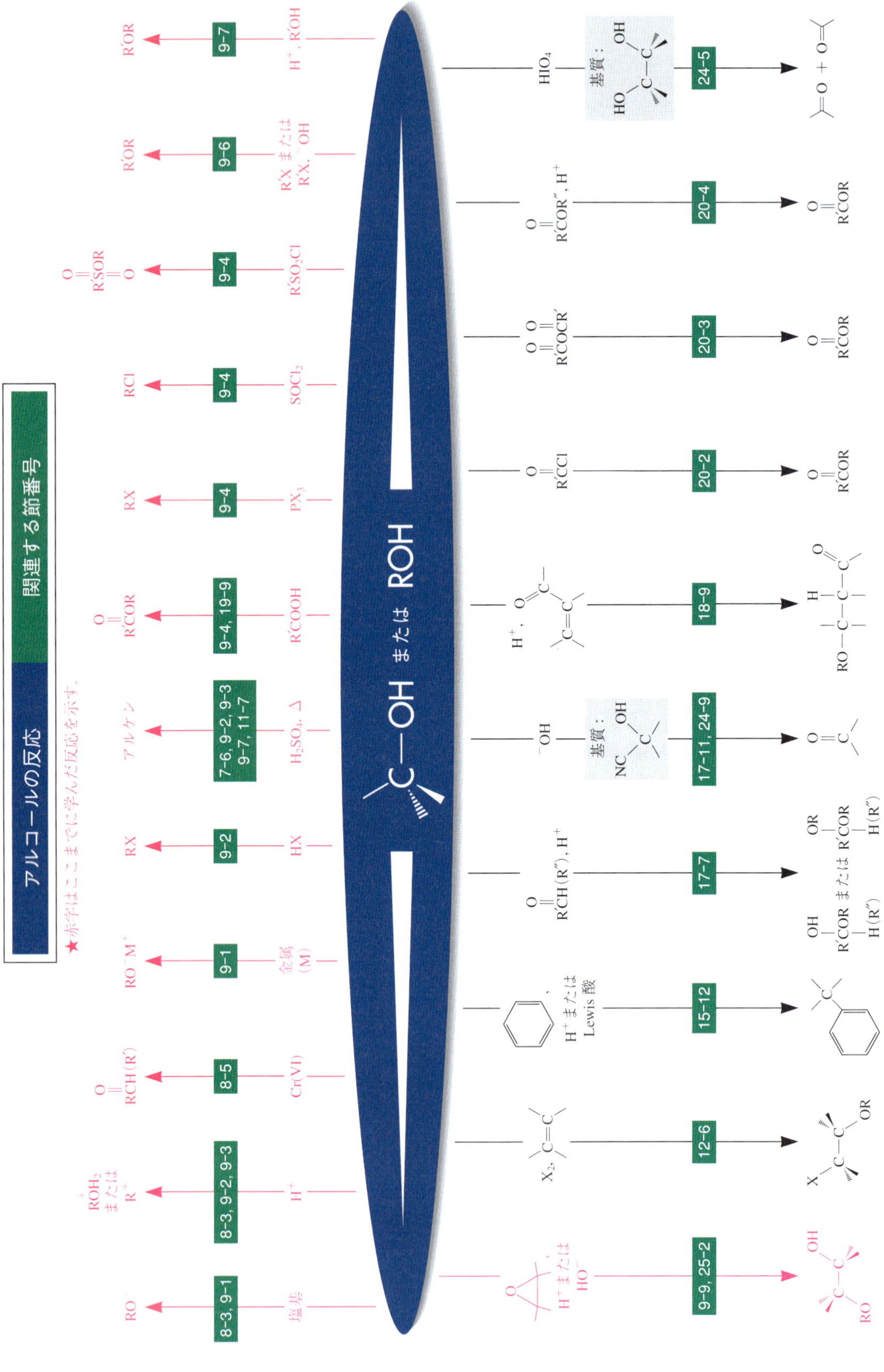

アルコールの反応
関連する節番号
★赤字はここまでに学んだ反応を示す．
C—OH または ROH
塩基
8-3, 9-1
RO⁻
H⁺
8-3, 9-2, 9-3
ROH₂ または R⁺
Cr(VI)
8-5
RCH(R′)
金属（M）
9-1
RO⁻M⁺
HX
9-2
RX
H₂SO₄, Δ
7-6, 9-2, 9-3 9-7, 11-7
アルケン
R′COOH
9-4, 19-9
R′COR
PX₃
9-4
RX
SOCl₂
9-4
RCl
R′SO₂Cl
9-4
R′SOR
R′X または R′X, ⁻OH
9-6
R′OR
H⁺, R′OH
9-7
R′OR
H⁺ または HO⁻
9-9, 25-2
OH
RO
X₂,
12-6
X
OR
H⁺ または Lewis 酸
15-12
R′CH(R″), H⁺
17-7
R′COR または R′COR
H(R″)
⁻OH
基質：
NC
OH
17-11, 24-9
H⁺,
18-9
RO
H
R′CCl
20-2
R′COR
R′COCR′
20-3
R′COR
R′COR″, H⁺
20-4
R′COR
HIO₄
基質：
HO
OH
24-5

36. 次の「電子の押し出しを表す」矢印で動きを示した三つの式のうち，第二級カルボカチオンの第三級カルボカチオンへの転位を最も正しく表しているのはどれか．

(a) 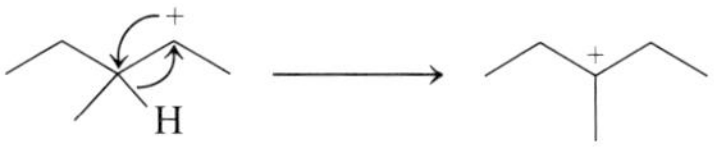

(b) 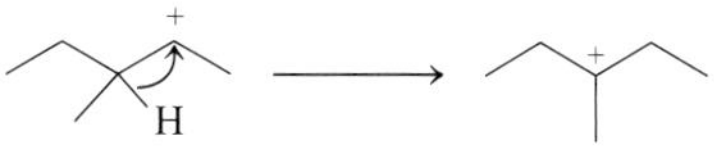

(c) 

37. 次の各アルコールについて，強酸でプロトン化したときに生成するアルキルオキソニウムイオンの構造を書け．もしそのアルキルオキソニウムイオンが容易に水を脱離できる場合には，生じるカルボカチオンの構造を示せ．また，こうして得られたカルボカチオンが転位しやすい場合には，生成するのが妥当であると思われる新たなカルボカチオンの構造をすべて書け．

(a) $CH_3CH_2CH_2OH$　(b) $CH_3CH(OH)CH_3$

(c) $CH_3CH_2CH_2CH_2OH$　(d) $(CH_3)_2CHCH_2OH$

(e) $(CH_3)_3CCH_2CH_2OH$　(f) 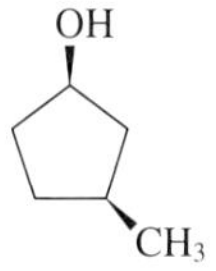

(g) 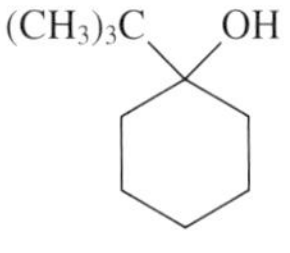　(h) 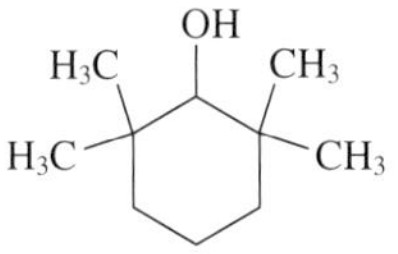

38. 問題 37 の各アルコールについて，脱離反応条件下で濃硫酸と反応させたときに得られるすべての生成物を書け．

39. 問題 37 の各アルコールについて，濃 HBr 水溶液との反応で考えられるすべての生成物を書け．

40. 3-メチル-2-ペンタノールと次の各反応剤との反応の詳しい機構および最終生成物を示せ．
(a) NaH　(b) 濃 HBr　(c) PBr_3　(d) $SOCl_2$
(e) 130 ℃で濃 H_2SO_4　(f) $(CH_3)_3COH$ 中で希 H_2SO_4

41. 第一級アルコールは H_2SO_4 中 NaBr との反応で臭化物に変換されることが多い．この反応はどのように進むのか，また，この方法がなぜ濃 HBr 水溶液を用いる方法よりもすぐれていると考えられるかを説明せよ．

$$CH_3CH_2CH_2CH_2OH \xrightarrow{NaBr,\ H_2SO_4} CH_3CH_2CH_2CH_2Br$$

42. 次の各反応の最も可能性の高い生成物（複数のこともある）は何か．

(a) 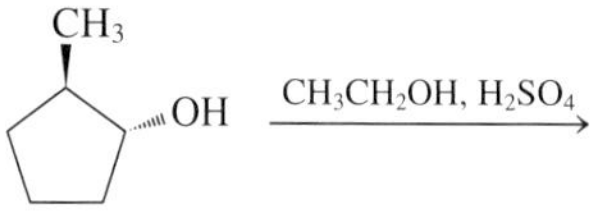

(b) $(CH_3)_3CCH_2OH \xrightarrow{濃\ HI}$

(c) 

(d) $(CH_3)_3C{-}CHICH_3 \xrightarrow{H_2O}$

43. 問題 37 の各アルコールと PBr_3 の反応で得られると予想される主生成物を示せ．その結果と問題 39 の結果とを比較せよ．

44. 1-ペンタノールと次の各反応剤との反応で得られると予想される生成物（複数のこともある）を示せ．
(a) $K^{+-}OC(CH_3)_3$　(b) 金属ナトリウム
(c) CH_3Li　(d) 濃 HI
(e) 濃 HCl　(f) FSO_3H
(g) 130 ℃で濃 H_2SO_4　(h) 180 ℃で濃 H_2SO_4
(i) CH_3SO_2Cl，$(CH_3CH_2)_3N$　(j) PBr_3
(k) $SOCl_2$
(l) $K_2Cr_2O_7 + H_2SO_4 + H_2O$　(m) PCC，CH_2Cl_2
(n) $(CH_3)_3COH + H_2SO_4$（触媒）

45. *trans*-3-メチルシクロペンタノールと問題 44 の各反応剤との反応で得られると予想される生成物（複数のこともある）を示せ．

46. 次の各ハロアルカンを対応するアルコールから合成するよい方法を考えよ．

(a) $CH_3CH_2CH_2Cl$　(b) $CH_3CH_2CH(CH_3)CH_2Br$

(c) 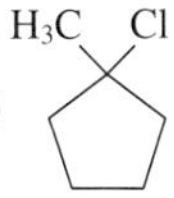　(d) $CH_3CHICH(CH_3)_2$

47. 次の各分子をIUPAC命名法により命名せよ.

(a) $(CH_3)_2CHOCH_2CH_3$　(b) $CH_3OCH_2CH_2OH$

(c) 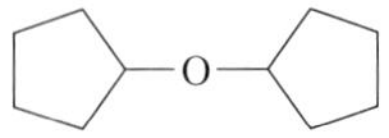　(d) $(ClCH_2CH_2)_2O$

(e) 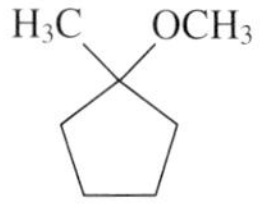　(f) 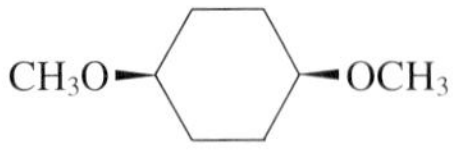

(g) CH_3OCH_2Cl

48. エーテルの沸点が，そのアルコール異性体の沸点よりもなぜ低いのか説明せよ．相対的な水溶性も同じように異なると考えられるか.

49. 次のそれぞれのエーテルについて最もよい合成法を示せ．アルコール，ハロアルカンあるいはその両方を出発物質として用いること.

(a) 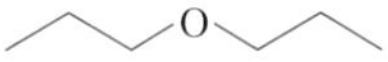　(b) 

(c) 　(d) 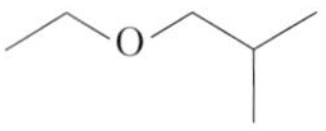

(e) 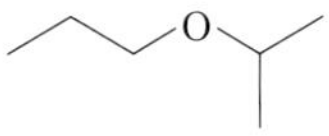　(f) 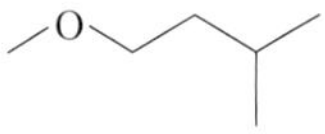

50. 次のようなエーテル合成を試みたとき，それぞれ予想される主生成物(複数のこともある)を示せ.

(a) $CH_3CH_2CH_2Cl + CH_3CH_2CH(O^-)CH_2CH_3 \xrightarrow{DMSO}$

(b) $CH_3CH_2CH_2O^- + CH_3CH_2CH(Cl)CH_2CH_3 \xrightarrow{HMPA}$

(c) 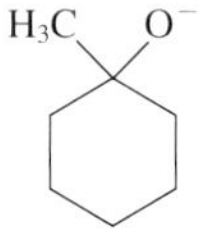 $+ CH_3I \xrightarrow{DMSO}$

(d) $(CH_3)_2CHO^- + (CH_3)_2CHCH_2CH_2Br \xrightarrow{(CH_3)_2CHOH}$

(e) 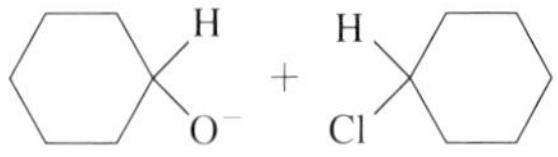 $\xrightarrow{\text{シクロヘキサノール}}$

(f) 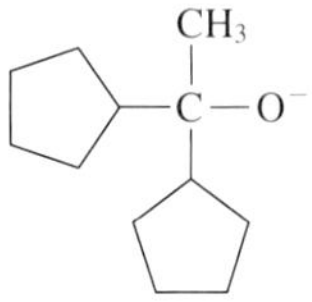 $+ CH_3CH_2I \xrightarrow{DMSO}$

51. 問題50の各反応について，詳細な機構を各段階ごとに書け.

52. 問題50に出題した合成法のうちエーテル生成物の収率がよくないと思われるものについて，適当なアルコールまたはハロアルカンを出発物質としてよりよい結果を与える別の合成法を考えよ.（**ヒント**：7章の練習問題25を参照せよ.）

53. (a) *trans*-2-ブロモシクロオクタノール(下)とNaOHの反応の生成物はどのようなものか.

(b) この反応の遷移状態のエントロピー効果を，図9-6および練習問題9-17に示した反応のエントロピー効果と比較せよ.

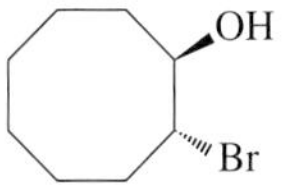

trans-2-ブロモシクロオクタノール
(*trans*-2-bromocyclooctanol)

54. ハロアルカンまたはアルコールを出発物質として，次の各エーテルを効率よく合成する方法を示せ.

(a) $CH_3CH_2CH(CH_3)OCH_2CH_3$　(b) 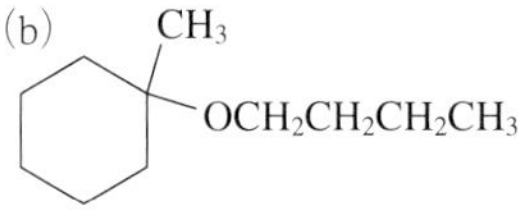

(c) 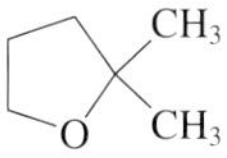　(d) 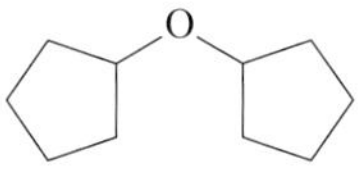

55. 次の各反応の主生成物(複数のこともある)を示せ.

(a) $CH_3CH_2OCH_2CH_2CH_3 \xrightarrow{\text{過剰の濃 HI}}$

(b) $CH_3OCH(CH_3)_2 \xrightarrow{\text{過剰の濃 HBr}}$

(c) $CH_3OCH_2CH_2OCH_3 \xrightarrow{\text{過剰の濃 HI}}$

(d) 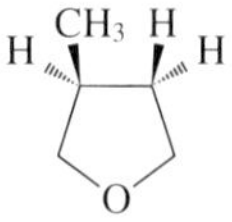 $\xrightarrow{\text{過剰の濃 HBr}}$

(e) 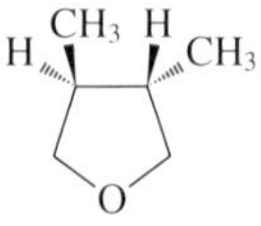 $\xrightarrow{\text{過剰の濃 HBr}}$

(f) 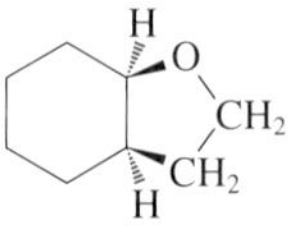 $\xrightarrow{\text{過剰の濃 HBr}}$

56. 2,2-ジメチルオキサシクロプロパンと次の各反応剤との反応で得られると予想される主生成物を示せ.

(a) CH_3OH 中, 希 H_2SO_4

(b) CH_3OH 中, $Na^{+}\,^{-}OCH_3$　(c) 希 HBr 水溶液

(d) 濃 HBr　(e) CH_3MgI, 次いで H^+, H_2O

(f) C_6H_5Li, 次いで H^+, H_2O

57. シクロヘキサノン 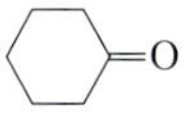 と 3-ブロモプロパノールから出発して 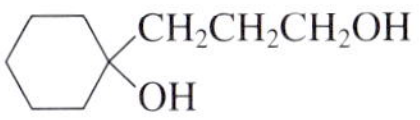 を合成する方法を考えよ.〔**ヒント**:この合成を計画するときに起こる可能性のある落し穴に気をつけよう(8-8 節を思い出そう).〕

58. 第三級ブチルエーテルの開裂には酸水溶液が必要である(7 章の章末問題 61 および 9-8 節参照). なぜ強塩基ではエーテル(オキサシクロプロパン類を除く)は開裂しないのか.

59. 下記の各構造式をもつ化合物について, IUPAC 命名法による名称を示せ.

(a) 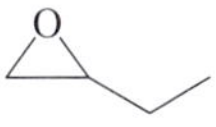

(b) 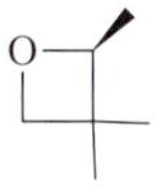

(c) 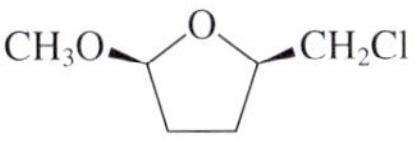

(d) 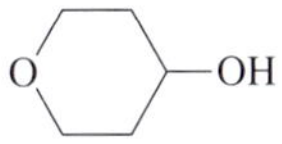

(e) 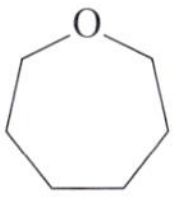

(f) 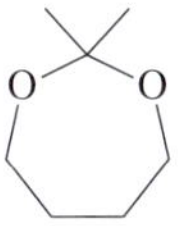

60. 次の各反応の主生成物(複数のこともある)を示せ.(**ヒント**:ひずみの大きいオキサシクロブタンはオキサシクロプロパンと同じように反応する.)

(a) 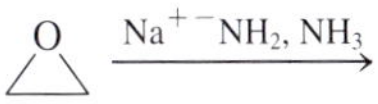

(b) 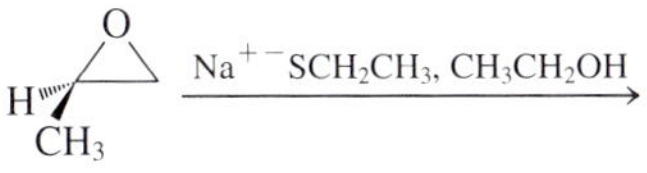

(c) 

(d) 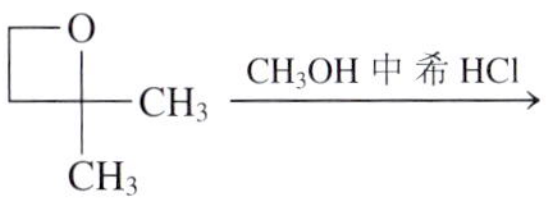

(e) 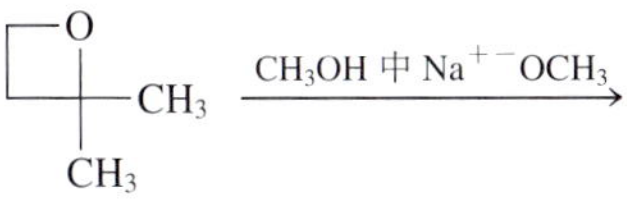

(f) 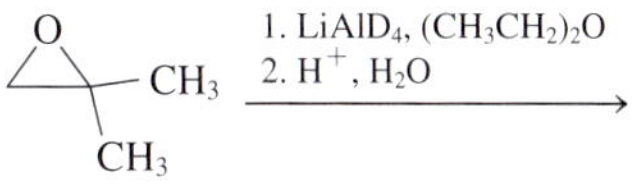

(g) 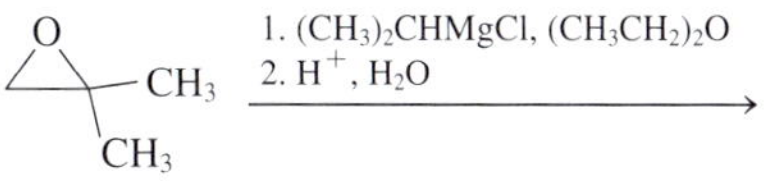

(h) 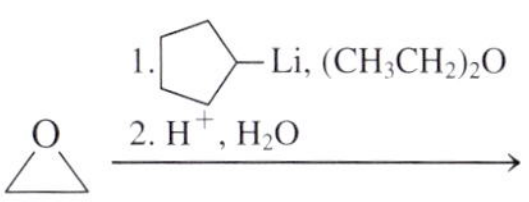

61. 8 章の章末問題 51 の各アルコールについて, オキサシクロプロパンを出発物質とする合成経路を考えよ(可能な場合のみでよい).

62. 下記の各反応で予想される主生成物(複数のこともある)を示せ. 立体化学に注意すること(出発物質の分子模型を下に示す).

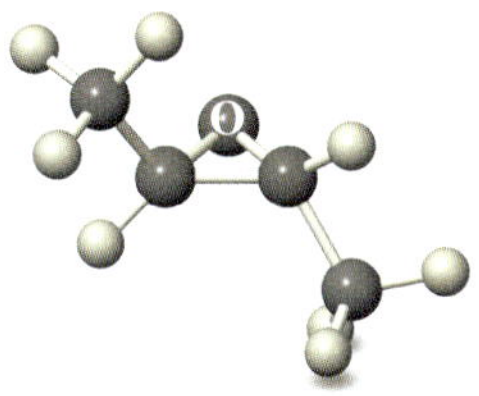

(a) 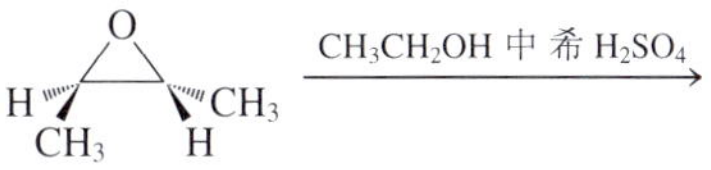

(b) 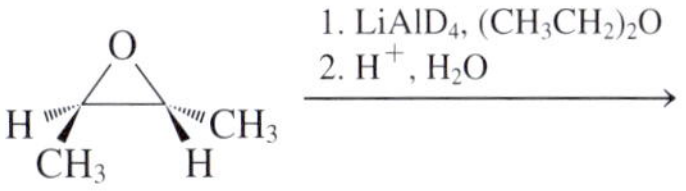

63. 陽電子放出断層撮影(PET スキャン)は強力な医療診断画像法である. PET はいくつかのありふれた元素の寿命の短い同位体の放射能を利用しており, それらは崩壊するときに陽電子(反電子)を放射する. 陽電子がふつうの電子と衝突して消滅すると 1 対のガンマ線が発生し, これは容易に検出される. PET 用に最もよく用いられる陽電子放出体はフッ素-18 で, 半減期は約 2 時間である. 生体分子の ^{18}F を含む同族体を人体に導入すると, その分子が輸送された位置を PET で可視化できる. 次ページの左側の構造に示されているように, PET 用検査薬の構造に共通の特徴は 1-^{18}フルオロ-2-アルカノール骨格である(右側の具体的な例である[^{18}F]FMISO は腫瘍の検査に用いる放射性トレーサーである). このような誘導体を, 本章で出てきたどのような簡単な種類の化合物からつくることができるだろうか. また, どのように合成を進めるとよいだろうか.

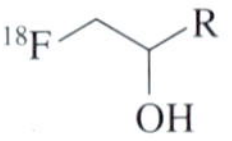

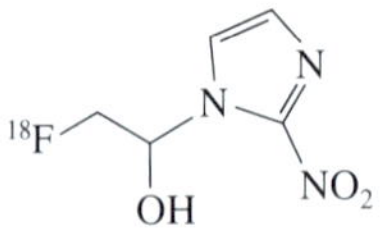

[^{18}F]FMISO

64. 次の各化合物を IUPAC 命名法にしたがって命名せよ．

(a) 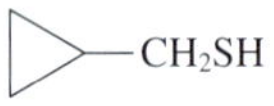

(b) $CH_3CH_2CH(CH_3)SCH_3$（CH の上に CH_3）

(c) $CH_3CH_2CH_2SO_3H$ (d) CF_3SO_2Cl

65. 天然に産するエナンチオマーである 2-(4-メチル-3-シクロヘキセニル)-2-プロパンチオール(「グレープフルーツメルカプタン」; 9-11 節参照)は R 立体配置をもつ．構造を書け．

66. 次の化合物の組合せで，それぞれどちらがより強い酸で，どちらがより強い塩基かを示せ．

(a) CH_3SH, CH_3OH (b) HS^-, HO^-

(c) H_3S^+, H_2S

67. 次の各反応の妥当と思われる生成物を示せ．

(a) $ClCH_2CH_2CH_2CH_2Cl$ $\xrightarrow{\text{1 当量の } Na_2S}$

(b) 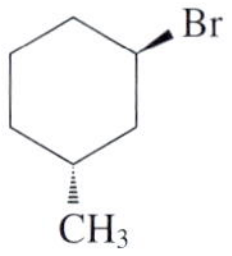

$\xrightarrow{KSH}$ (c) 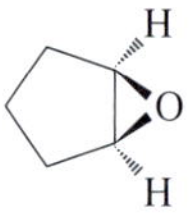

$\xrightarrow{KSH}$

(d) $CH_3CH_2CBr(CH_2CH_3)_2$ $\xrightarrow{CH_3SH}$ (e) $CH_3CH(SH)CH_3$ $\xrightarrow{I_2}$

(f) 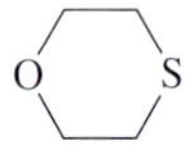

$\xrightarrow{\text{過剰の } H_2O_2}$

68. 次の反応式に与えられた情報をもとに化合物(A)，(B)および(C)の構造を書け(立体化学を示すこと)．〔**ヒント**：(A)は非環状化合物である．〕この生成物はどういう種類の化合物に分類されるか．

(A) $\xrightarrow{2\ CH_3SO_2Cl,\ (CH_3CH_2)_3N,\ CH_2Cl_2}$
$C_6H_{14}O_2$

(B) $\xrightarrow{Na_2S,\ H_2O,\ DMF}$
$C_8H_{18}S_2O_6$

(C) $\xrightarrow{\text{過剰の } H_2O_2}$
$C_6H_{12}S$

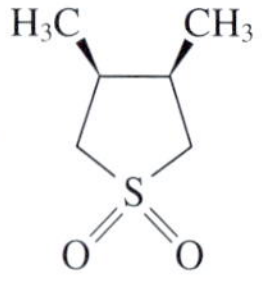

69. 次の一連の反応を用いて(1-クロロペンチル)シクロブタンの合成を試みた．しかし，実際に単離された生成物は望んでいた分子ではなくその異性体であった．生成物の構造を推定し，その生成機構を説明せよ．(**ヒント**：練習問題 9-30 を参照．)

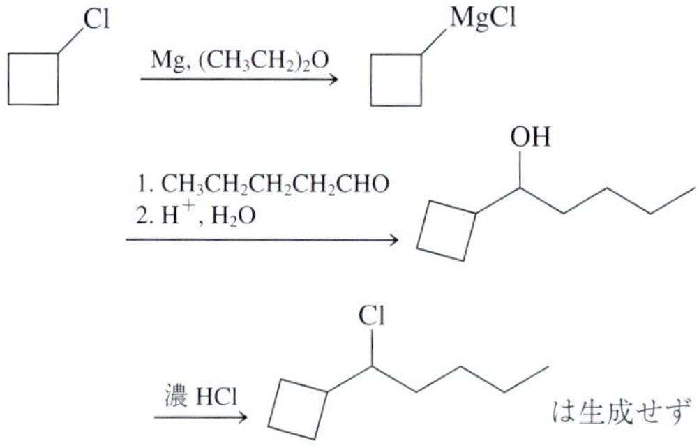

70. 問題 69 の最終段階について，よりよい方法を提案せよ．

71. **チャレンジ** 以前に求核置換反応の立体化学について学んだときに，光学的に純粋な(R)-1-ジュウテリオ-1-ペンタノールを塩化(4-メチルフェニル)スルホニル(塩化トシル)と反応させて対応するトシラートにした．ついで，このトシラートを過剰のアンモニアで処理して 1-ジュウテリオ-1-ペンタンアミンに変換した．

(R)-$CH_3CH_2CH_2CH_2CHDOH$ 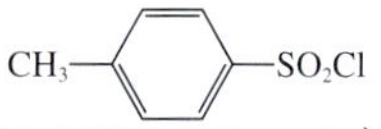

$\longrightarrow$
(R)-1-ジュウテリオ-1-ペンタノール

$\xrightarrow{\text{過剰の } NH_3}$ $CH_3CH_2CH_2CH_2CHDNH_2$
1-ジュウテリオ-1-ペンタンアミン

(a) 中間体であるトシラートおよび最終生成物であるアミンについて，C1 の立体化学がどのようになると推測されるかを示せ．

(b) この連続反応を実際に行った場合に，推測した結果は得られず，その代わりに，最終生成物のアミンが，(S)-および(R)-1-ジュウテリオ-1-ペンタンアミンの 70：30 の混合物として単離された．この反応の機構を説明せよ．(**ヒント**：アルコールと塩化スルホニルの反応では置換されて塩化物イオンが生じるが，塩化物イオンは求核剤であることに注意しよう．）

72. 下に示した反応の生成物は何か（反応中心の立体化学に注意すること）．この反応の反応速度の次数はいくらか．

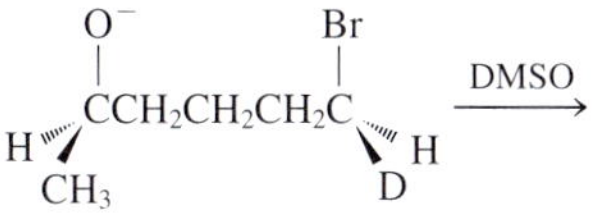

73. チャレンジ これまでの章，とくに8-8節で紹介した合成戦略の原理にもとづいて，適切な出発物質を選んで次の分子を合成する方法を考えよ．炭素ー炭素結合形成に適すると思われる位置を波線で示した．

(a) 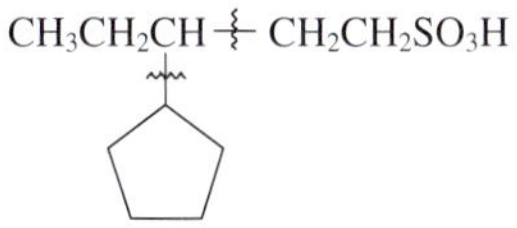

(b) 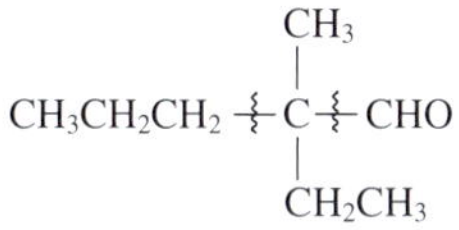

74. 次の各化合物を，指示された出発物質から効率よく合成する方法を示せ．

(a) *cis*-2-メチルシクロペンタノールから *trans*-1-ブロモ-2-メチルシクロペンタン

(b) 3-ペンタノールから 

(c) 3-メチル-2-ヘキサノールから 3-クロロ-3-メチルヘキサン

(d) 2-ブロモエタノール（2当量）から 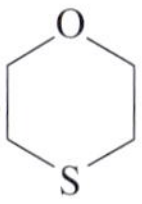

75. 一般的な第一級アルコールからアルケンを合成する次の二つの方法を比較して，それぞれの利点，欠点を述べよ．

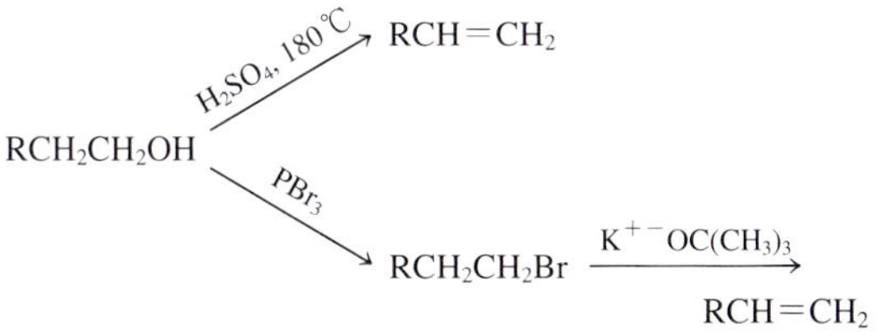

76. ポリヒドロキシ化合物（下巻：24章参照）である糖類は，アルコールに特有の反応性を示す．解糖（グルコースの代謝）の後半の過程の一つで，ヒドロキシ基が残ったグルコース代謝生成物の一つである2-ホスホグリセリン酸が2-ホスホエノールピルビン酸に変換される．この反応は Mg^{2+} のような Lewis 酸の共存下，エノラーゼという酵素の触媒作用によって進行している．

(a) この反応はどのような反応に分類できるか．

(b) Lewis 酸性をもつ金属イオンはどのような役割をしていると考えられるか．

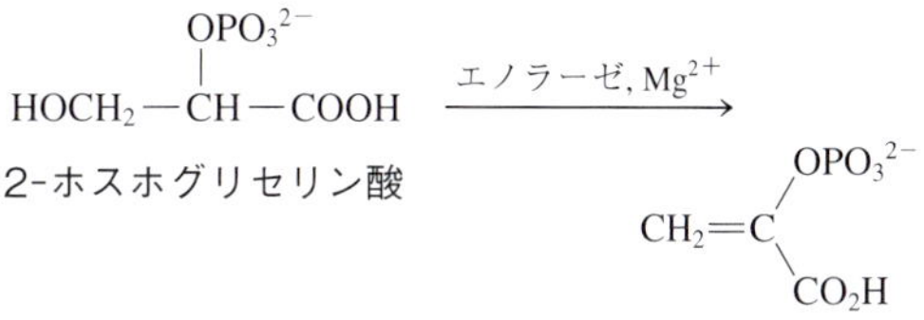

2-ホスホグリセリン酸 → 2-ホスホエノールピルビン酸

77. 手に負えないほど複雑な分子に見える5-メチルテトラヒドロ葉酸（5-メチル-FH_4 と略す）は，ギ酸やアミノ酸であるヒスチジンのような種々の単純な分子の炭素原子をメチル基に変換する一連の生体内反応による生成物である．

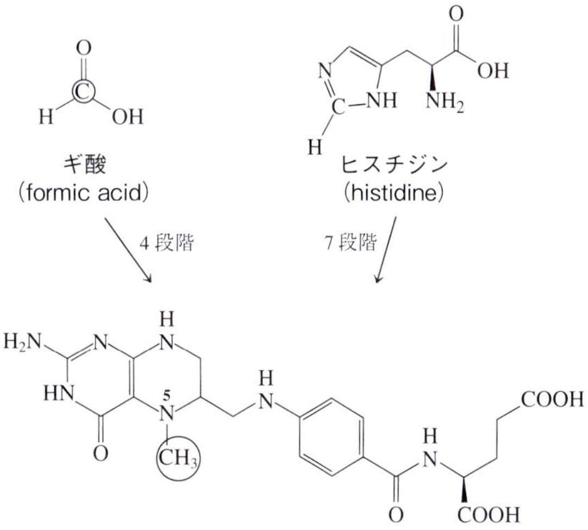

ギ酸 (formic acid)　ヒスチジン (histidine)

5-メチルテトラヒドロ葉酸
(5-methyltetrahydrofolic acid)
(5-メチル-FH_4, 5-methyl-FH_4)

5-メチルテトラヒドロ葉酸の最も簡単な合成法は，テトラヒドロ葉酸（FH_4）とトリメチルスルホニウムイオンを用いて，土壌中の微生物により行われる反応である．

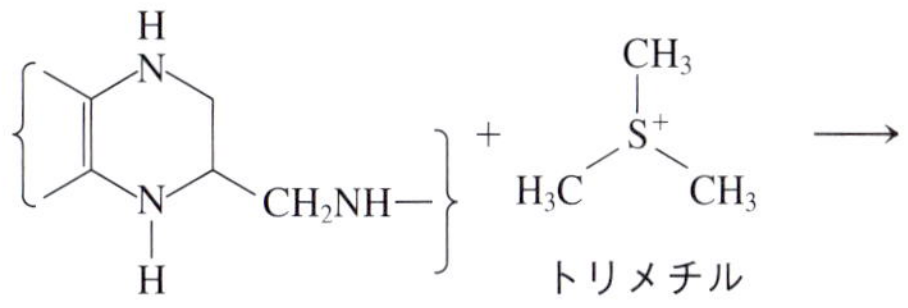

FH_4　トリメチルスルホニウムイオン (trimethylsulfonium ion)

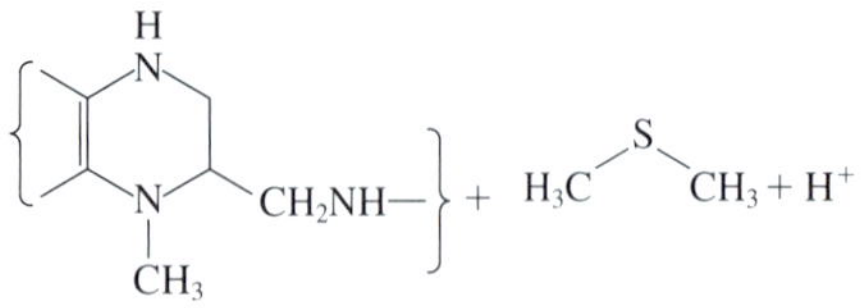

5-メチル-FH$_4$
(5-methyl-FH$_4$)

(a) この反応が求核置換機構によって進むと考えるのは妥当であろうか．「電子の押し出し」を矢印で表してこの反応機構を書け．
(b) この反応における求核剤，反応に関与する求核性の原子と求電子性の原子，および脱離基を示せ．
(c) 6-7節，6-8節，9-2節および9-9節に述べた概念にもとづいて考えると，(b)で分類した基はすべてこの反応で理にかなった挙動をしているか．H_3S^+のような化学種が非常に強い酸(たとえば，$CH_3SH_2{}^+$のpK_a値は-7)であることがわかると参考になるか．

78. **チャレンジ** 5-メチル-FH$_4$(問題77)の生物学的役割は，小さな分子へのメチル基供与体として作用することである．おそらく最もよく知られた例は，アミノ酸であるメチオニンのホモシステインからの合成である．

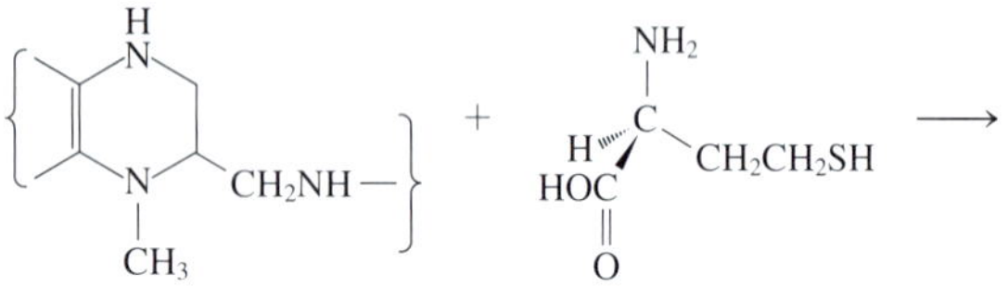

5-メチル-FH$_4$　　ホモシステイン (homocysteine)

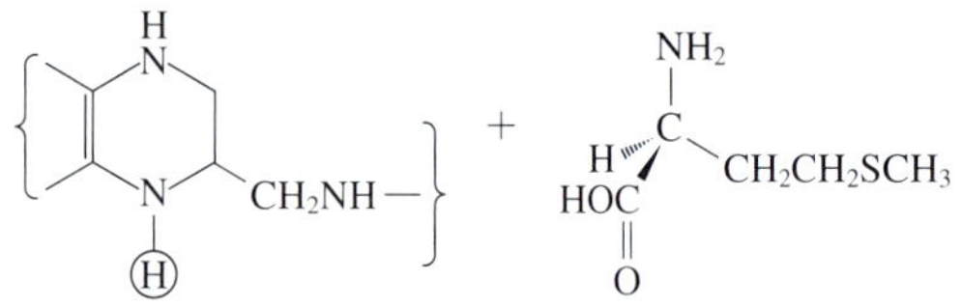

FH$_4$　　メチオニン (methionine)

本問にチャレンジするために，問題77で問われたのと同じ質問に答えよ．FH$_4$の丸印をつけた水素のpK_aは5である．このことによって，前問で考えた反応機構の要所のどこかになんらかの不都合が生じるだろうか．実際に，5-メチル-FH$_4$のメチル基転移反応にはプロトン源が必要である．9-2節，とくに「第一級アルコールとハロゲン化水素からS_N2反応によりハロアルカンを合成する」という項に書かれていることを読み直してみよ．そのうえで，上記の反応におけるプロトンの有用な役割について考えよ．

79. エピネフリン(アドレナリン，6章の冒頭文も参照)は，メチオニン(問題78)からノルエピネフリンへのメチル基の転移をともなう2段階の反応によって体内で産生されている(次の反応1および反応2を参照)．
(a) これらの二つの反応で何が起こっているかを機構的に詳細に説明し，ATP分子の果たす役割を解析せよ．
(b) メチオニンが直接ノルエピネフリンと反応すると思うか．説明せよ．(c) ノルエピネフリンからエピネフリンを実験室で合成する方法を考えよ．

反応1

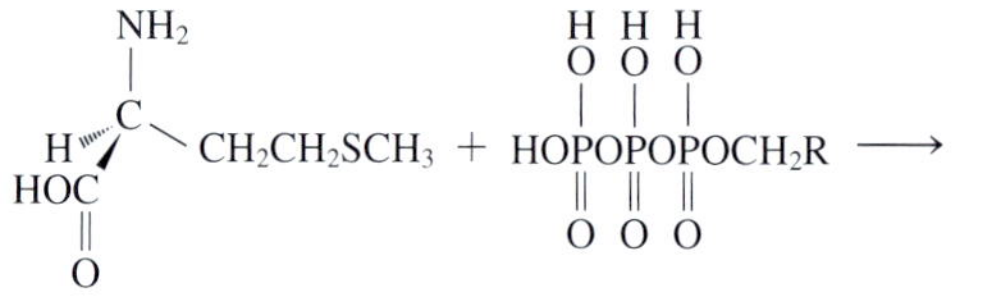

メチオニン (methionine)　　ATP

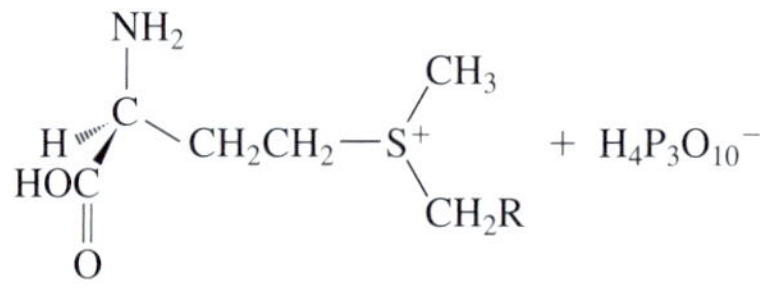

(*S*)-アデノシルメチオニン〔(*S*)-adenosylmethionine〕　　三リン酸 (triphosphate)

反応2

(*S*)-アデノシルメチオニン ＋

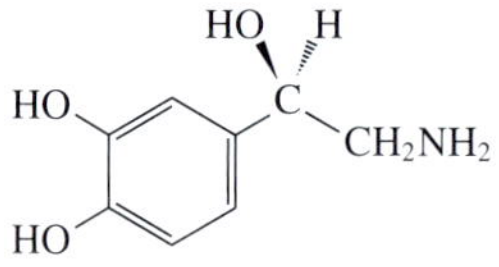

ノルエピネフリン
(norepinephrine)

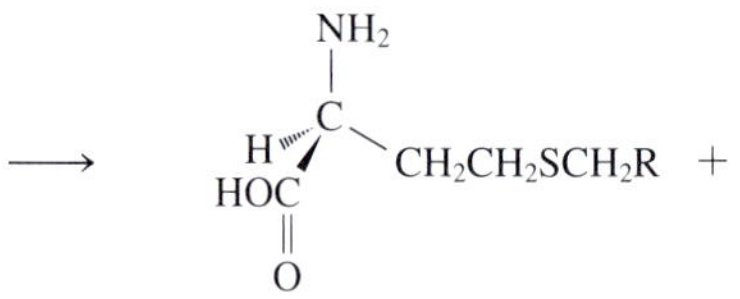

(*S*)-アデノシルホモシステイン

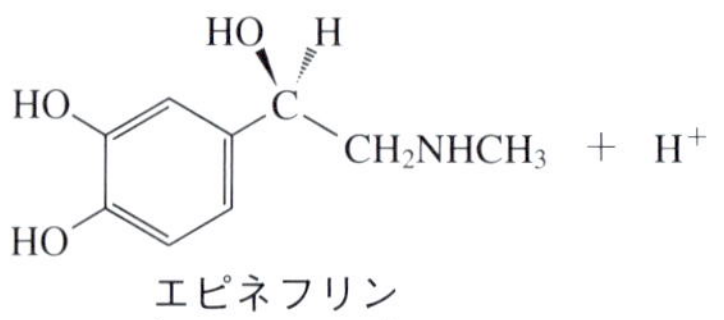

エピネフリン
(epinephrine)

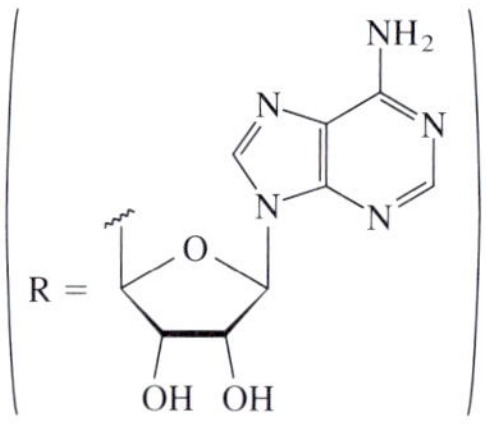

80. (a) 2-ブロモシクロヘキサノールを水酸化ナトリウムと反応させると，トランス異性体のみが反応し，オキサシクロプロパンを含む生成物が得られる．シス異性体が反応性を示さない理由を説明せよ．〔**ヒント**：シス，トランス両異性体について C1—C2 結合まわりの可能な立体配座を書いてみよ（図 4-12 と比較せよ）．必要なら分子模型を使うこと．〕

(b) ステロイド骨格をもつブロモケトンを出発物質とする 2 段階反応を用いて，いくつかのオキサシクロプロパン含有ステロイドの合成が行われている．次のような変換反応を達成するための反応剤として何が適当かを考えよ．

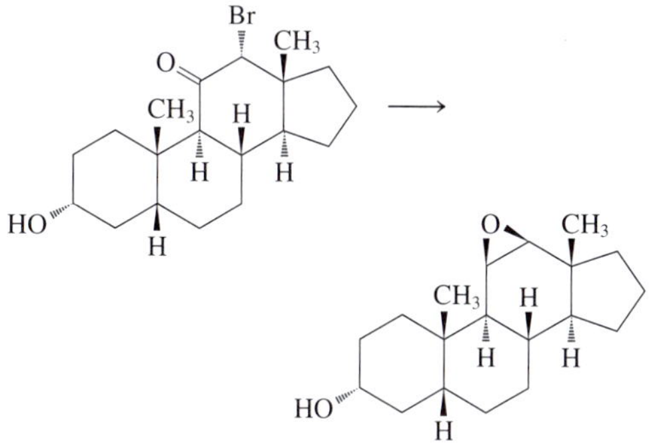

(c) 自分が考えた一連の反応において，オキサシクロプロパン形成の段階がうまくいくためには，いずれかの段階でとくに必要な立体化学的な条件があるか．

81. 刻みたてのニンニクは，本来のニンニク香のもとになる化合物であるアリシンを含んでいる．3-クロロプロペンを出発物質としてアリシンを短い段階で合成する方法を考えよ．

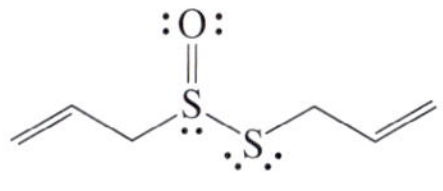

アリシン(allicin)
(風味材料)

●グループ学習問題

82. (4S)-2-ブロモ-4-フェニルシクロヘキサノールには，次に示した四つのジアステレオマー(A)～(D)がある．全員でそれらの構造式を考え，各ジアステレオマーの最も安定ないす形配座を書け（表 4-3 を参照．アキシアル C_6H_5 のエクアトリアル C_6H_5 に対する $\Delta G°$ の値は 2.9 kcal mol^{-1} である）．均等な小グループに分かれて，それぞれの小グループで各異性体と塩基(OH^-)との反応の結果から，(A)～(D)がそれぞれどの異性体かを考察せよ．

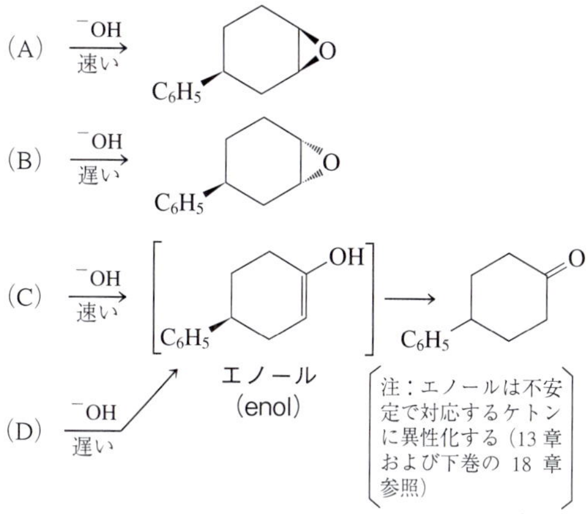

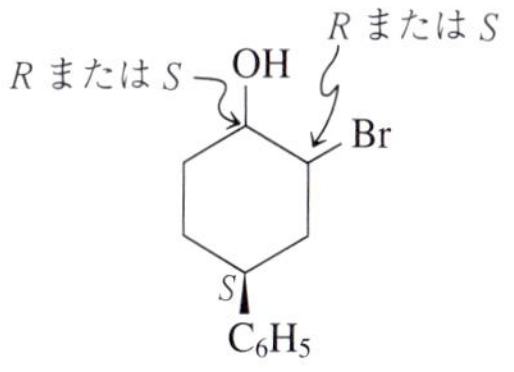

(4S)-2-ブロモ-4-フェニル
シクロヘキサノール
のジアステレオマー(A)～(D)

（注：C_6H_5 は 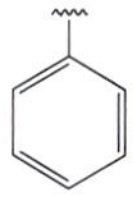 を示す）

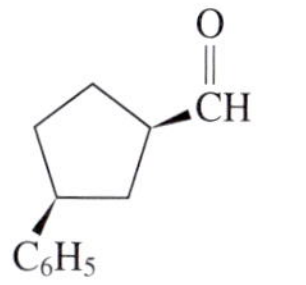

(E)

(a) シクロヘキサンのそれぞれの配座異性体を塩基が攻撃するときの電子の流れを，曲がった矢印で反応式を示す方法（6-3 節参照）を用いて示せ．もう一度全員が集まって，他のメンバーに自分で考えた反応機構を説明し，(A)～(D)の構造決定が正しいことを示せ．(A)，(B)の両反応が(C)，(D)の両反応と比べて，定性的な反応速度や反応の進む方向が異なる理由を考えよ．

(b) 化合物(A)～(D)に Ag^+ 塩を共存させて，臭化物イオンの解離が起こりやすい条件（不溶性の AgBr の生成によってヘテロリシス開裂を促進するため）にすると，(A)，(C)および(D)は塩基処理をした場合とまったく同じ生成物を与える．各小グループでその反応機構を考えよ．

(c) 奇妙なことに，化合物(B)は(b)で示した条件下で異なる反応経路をとり，転位してアルデヒド(E)を生成する．この環縮小の可能な機構を議論せよ．

(**ヒント**:9-3節で概略を述べた原理を念頭におくこと．反応機構はヒドロキシ基をもつカチオンを経由して進む．このイオン生成の駆動力は何か．)．

●専門課程進学用問題

83. 下の化合物の最も正しいIUPAC名を(a)～(d)から選べ．

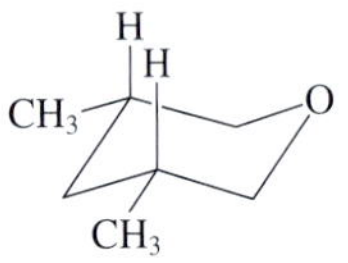

($C_7H_{14}O$)

(a) 3,5-ジメチルシクロペンチルエーテル
(b) 3,5-ジメチルシクロペンタン-オキソ
(c) *cis*-3,5-ジメチルオキサシクロヘキサン
(d) *trans*-3,5-ジメチルオキサシクロヘキサン

84. 濃硫酸による1-プロパノールの脱水の反応機構における第1段階を次の(a)～(e)から選べ．
(a) OH^-の脱離　(b) 硫酸エステルの生成
(c) アルコールのプロトン化
(d) アルコールによるH^+の脱離
(e) アルコールによるH_2Oの脱離

85. 次の反応における求核剤を(a)～(e)から選べ．

$$RX + H_2O \longrightarrow ROH + H^+ X^-$$

(a) X^-　(b) H^+　(c) H_2O　(d) ROH
(e) RX

86. エーテル〔$(CH_3CH_2)_3COCH_3$〕を合成する方法を次の(a)～(d)から選べ．
(a) $CH_3Br + (CH_3CH_2)_3CO^-K^+$
(b) $(CH_3CH_2)_3COH + CH_3MgBr$
(c) $(CH_3CH_2)_3CMgBr + CH_3OH$
(d) $(CH_3CH_2)_3CBr + CH_3O^-K^+$

Chapter

10 NMR 分光法による構造決定

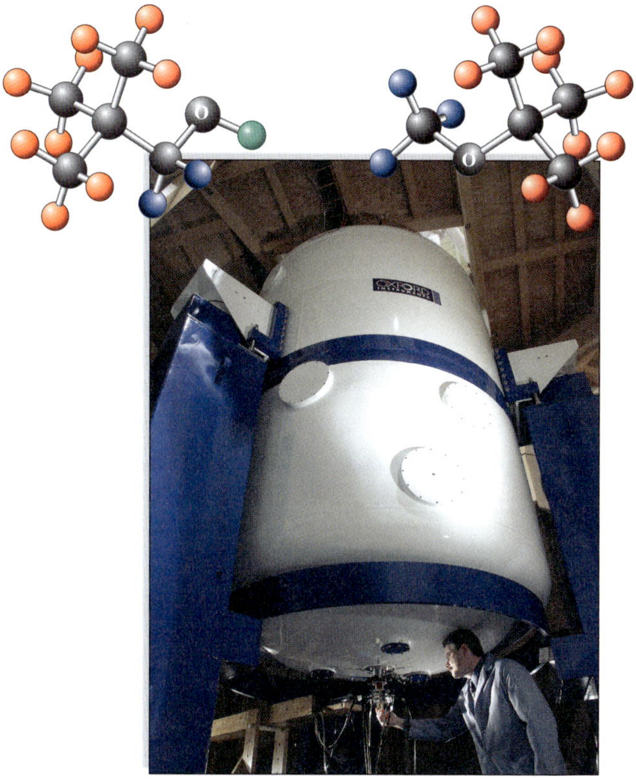

世界最強クラスのNMR分光計のプローブに研究者が試料を挿入しようとしている．この装置の超電導磁石は高さ約15フィート(約4.6メートル)，重さ約40トンもあり，21テスラ以上の磁場を生じる．これは地球の磁場よりも40万倍強い．

本章での目標

- さまざまな種類の分光法，とくに核磁気共鳴(NMR)分光法について学ぶ．
- NMRのピークの位置が，それをもたらす核の電子的な環境を理解するのにどう役立つかを明らかにする．
- NMRシグナルの積分により，分子中にある等価な核の数をどのようにして判断するかを説明する．
- シグナルの多重度と隣接する非等価な核の数を関係づける．
- 水素および炭素NMRを用いて有機分子の構造を解明する．

これまで見てきたように，有機化学の学習のおもな目標の一つは，反応が工業的な装置のなかで，または研究室での合成操作中に，あるいは生体のなかのいずれで起こるにしろ，それらの反応における分子の役割に分子構造の細部がどのように影響するかを明らかにすることである．しかし，どのようにすれば分子の詳細な構造を知ることができるだろうか．どのようにすれば新しい生成物を同定でき，反応混合物から望みの生成物を単離したことを確認できるのだろうか．分子のなかにある特定の核種が存在するかどうかを観測し，それら核種の相対的な数を調べ，それがどのような電子的環境にあるかを描き出し，他の原子とどのように結合しているかを知らせてくれるような驚くべき技術があれば，何とすばらしいことだろう．

実はすでにそのような技術はあり，核磁気共鳴(NMR)分光法として知られている．この手法は有機分子の構造の同定を可能にするだけでなく，生体器官のす

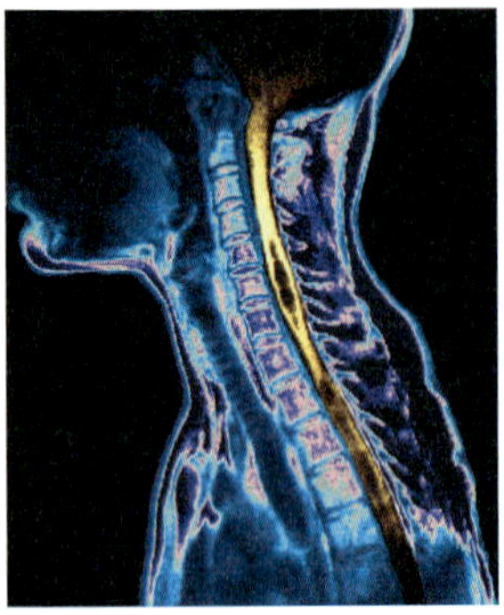

頸椎空洞症に苦しむ患者の頸部の MRI（磁気共鳴イメージング）．この症状は，脊髄物質中に液体で満たされた空洞が存在することが特徴である．

べてを画像化するのにも応用でき，磁気共鳴イメージング法（MRI）という新たな利用法として知られている．NMR 分光法が有機化学者にとって最も強力な手段の一つとなったのとまったく同じように，MRI は医療用診断において最も強力な手法の一つとなっている．

本章ではまず，古典的な物理的測定や化学的試験が化合物の構造の決定にどのように役立つかを簡単に説明しよう．次いで，分光法がどのようなもので，そこから得られた結果をどのように解釈し，分光装置や技術の最近の進歩によってどのような情報を得ることができるようになったかを学ぶ．

10-1 物理的および化学的試験

ある未知の化合物が生じる反応を行ったとしよう．得られた試料が何であるかを調べるためには，まずクロマトグラフィー，蒸留，あるいは再結晶などによってその試料を精製しなければならない．そうすることにより，その試料の融点，沸点，あるいはその他の物理的性質を既知化合物のデータと比較できる．しかし，測定値が文献（あるいは適当な便覧）の値と一致したとしても，その分子の本質や構造がどのようなものであるかについては，それだけでは十分納得できないはずである．そのうえ，研究室でつくられる物質には新規なものが多く，データが記載された文献などが見当たらないことが多い．そこで，これらの構造を決定する手段が必要になる．

元素分析によって試料全体の化学的組成が明らかになる．次に，どのような官能基があるかを知るのに，化合物の化学的試験が役立つ．たとえば，1-9 節ではメトキシメタンとエタノールをそれらの物理的性質にもとづいて見分けられることを学んだ．9-1 節では，たとえば金属ナトリウムを加えたときの反応性の違いにもとづいて，二つの化合物を同様に区別できることを示した（エタノールがナトリウムエトキシドと水素を生じるのに対し，メトキシメタンは反応しない）．

さらに大きな分子になると構造が一段と変化に富み，その構造を把握することにはかなりの困難をともなう．ある反応で分子式 $C_7H_{16}O$ をもつアルコールができたとしたらどうだろう．金属ナトリウムと反応させる試験によって，ヒドロキシ基が存在することがわかる．しかし，構造までは明らかにならない．実際には，該当する可能性のある化合物が非常に多く，そのなかから三つだけを下に示した．

アルコール $C_7H_{16}O$ の可能な構造のうちの三つ

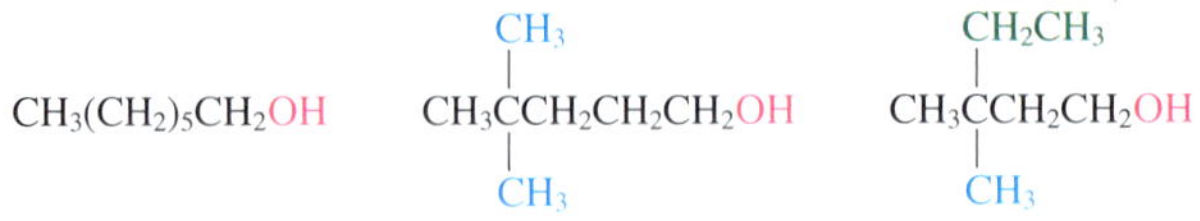

練習問題 10-1

分子式 $C_7H_{16}O$ をもつ第二級および第三級アルコールの構造をいくつか書け．

これらの可能性のある化合物を見分けるため，現代の有機化学者はさらに他の手段，すなわち分光法を活用する．

10-2 分光法の定義

分光法(spectroscopy)は，一般に分子が照射された電磁波をどのように吸収するかの違いにもとづいて分子の構造を解析する技術である．分光分析法にはいろいろなタイプがあるが，そのうち，(1)核磁気共鳴(NMR)分光法，(2)赤外(IR)分光法，(3)紫外(UV)分光法，および(原理は異なるが)(4)質量分析法(MS)，の四つが有機化学で最もよく使われている．第一にあげた**核磁気共鳴分光法**(NMR spectroscopy)は，個々の核，とくに水素および炭素の近傍の構造を精査し，分子内の原子のつながり方についての非常に詳しい情報を提供するものである．

本章ではまず，分光法について NMR，IR および UV に関連するところを簡単に概観してみよう．次に，分光計(スペクトロメーター)がどう機能するかを説明する．最後に，NMR 分光法の原理と応用についてさらに詳細に論じる．他の主要な分光法については，11 章および 14 章で述べる．

分子はいくつかの固有の励起をする

電磁波は波動(または粒子，1-6 節参照)の形で表すことができる．一つの波動はその波長λ(欄外参照)または振動数νによって定義される．波長と振動数は次のような関係にある．

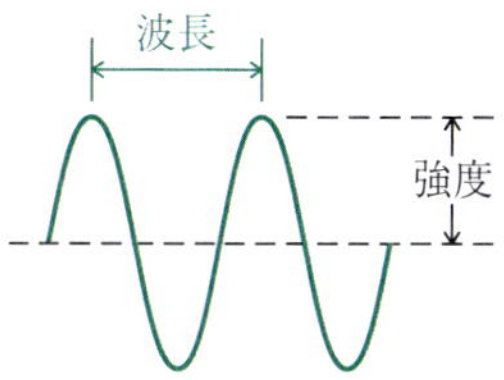

$$\nu = \frac{c}{\lambda} \qquad \text{または} \qquad \lambda\nu = c$$

ここで，c は電磁波の速さ，すなわち「光速」であり，3×10^{10} cm s^{-1} である．振動数は 1 秒あたりの繰返し数(cycle per second または cps)あるいはヘルツ(hertz または Hz，ドイツ人物理学者 R. H. Hertz にちなんでつけられた単位)で表される．分光法が可能になるのは，分子が照射された電磁波を不連続なエネルギーの「固まり」，すなわち**量子**(quantum，複数は quanta)として吸収するからである．照射によってちょうどぴったりのエネルギーをもつ固まり(量子)が測定中の分子に届いたときにだけ，この吸収が起こる．入射する電磁波の振動数をνとすると，その量子は $\Delta E = h\nu$ のエネルギーをもつ(図 10-1)．

吸収されたエネルギーは，分子内である種の電子的あるいは機械的な「運動」を誘起するが，これが**励起**(excitation)という過程である．この運動もまた量子化されている．それぞれの種類の運動がそれ自体に固有のエネルギーを必要とし，一つの分子は多くの異なった種類の励起をすることが可能である．たとえば，X 線は高エネルギー電磁波の一形態であり，原子の内殻の電子を外殻に昇位させることができる．**電子遷移**(electronic transition)といわれるこのような変化は 300 kcal mol^{-1} より高いエネルギーを要する．これとは対照的に，紫外線や可視光の照射は原子価殻電子(価電子)を励起する．このとき，満たされた結合性分子軌道から空の反結合性軌道へ電子を励起するのが一般的であり〔図 1-12 参照〕，必要なエネルギーは 40 ～ 300 kcal mol^{-1} の範囲である．可視領域の電磁波はさまざまな色として感知される．赤外線の照射は化合物の結合の振動励起($\Delta E = 2$ ～ 10 kcal mol^{-1})を引き起こし，他方，マイクロ波の照射における量子は結合の回転($\Delta E =$ ～ 10^{-4} kcal mol^{-1})を起こさせる．さらに，ラジオ波は磁場内で核の磁性の配向に変化をもたらすことができる($\Delta E =$ ～ 10^{-6} kcal mol^{-1})．この

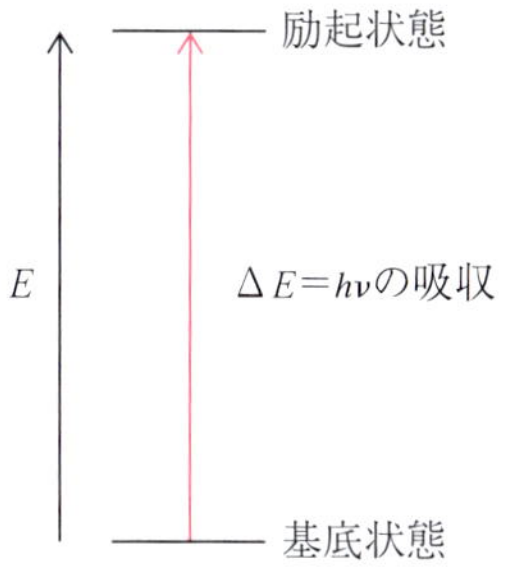

図 10-1　入射する電磁波が，ある分子の基底状態と励起状態間のエネルギー差ΔEとそのエネルギー$h\nu$がちょうど同じになるような振動数νをもつときに，エネルギーの吸収が起こる〔ν，吸収した電磁波の振動数；h(Planck 定数) = 6.626×10^{-34} J s〕.

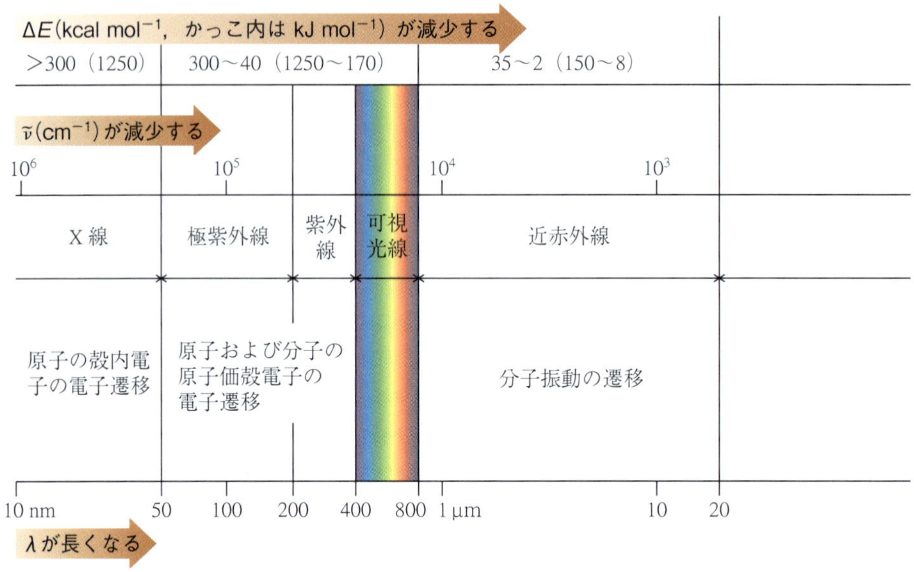

図 10-2　電磁波のスペクトル．最上段は kcal mol^{-1}(かっこ内は kJ mol^{-1})単位で表したエネルギーの尺度で，右から左へ増大する．次列は対応する波数 $\tilde{\nu}$ で，単位は cm^{-1} である．おもな分光法に関係する電磁波の種類と，それによって引き起こされる遷移を中段に示した．下段には波長の尺度を示した〔λ，単位は nm ($1\ nm = 10^{-9}\ m$)，μm ($1\ \mu m = 10^{-6}\ m$)，mm および m である〕．ΔE(kcal mol^{-1}) = 28,600/λ(nm)．

現象が NMR 分光法の基礎になっていることは次節で紹介する．

図 10-2 には，さまざまな電磁波と，それらに相当するエネルギー(ΔE)および対応する波長と振動数を示した．振動数は波数の単位でも表せることを覚えておこう．波数は $\tilde{\nu} = 1/\lambda$ として定義され，1 cm あたりの波の数に相当し，赤外分光法におけるエネルギー単位として用いられている．紫外および可視分光法ではナノメートル(nm)単位の波長λが用いられる．

波長 λ が短くなる
振動数 ν が増加する
エネルギー E が増大する

これから種々の分光法について学ぶたびに，図 10-2 に繰返し戻ってみるとよいが，ここでは，電磁波のエネルギーは振動数(ν)または波数($\tilde{\nu}$)の増加とともに，また逆に波長(λ)が短くなるとともに増大することだけはしっかり覚えておこう(欄外参照)．

練習問題 10-2

メタンのラジカル的な塩素化を開始するためには，最低限どのタイプの電磁波(波長λで示すこと)の照射が必要か．〔**ヒント**：開始段階は Cl—Cl 結合の切断が必要である(3-4 節参照)．〕

分光計は電磁波の吸収を記録する

図 10-1 に示したように，分子が電磁波の量子を吸収すると，その(通常の)基底状態からさまざまな励起状態への遷移を引き起こす．分光法は，このような吸収を**分光計**(spectrometer)という機器によって精確に記録する手法である．

図 10-3 には，分光計の原理を示した．分光計には可視光，赤外光，ラジオ波など，測定したい領域の振動数をもつ電磁波の光源がある．この装置は，内蔵された光源から発生するある特定の波長領域(たとえば NMR，IR，UV など)の電磁波が試料を透過するように設計されている．古典的な連続波(CW)分光計では，この照射光の振動数を連続的に変え，その強度(対照光との相対的なもの)を検出器によって測定し，目盛紙に記録する．吸収がなければ，照射光を掃引した結果

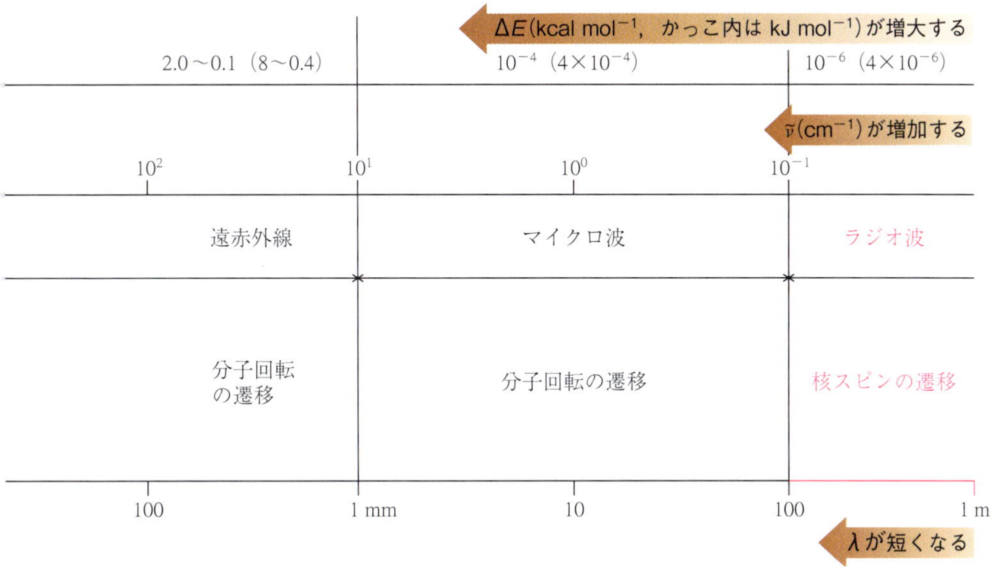

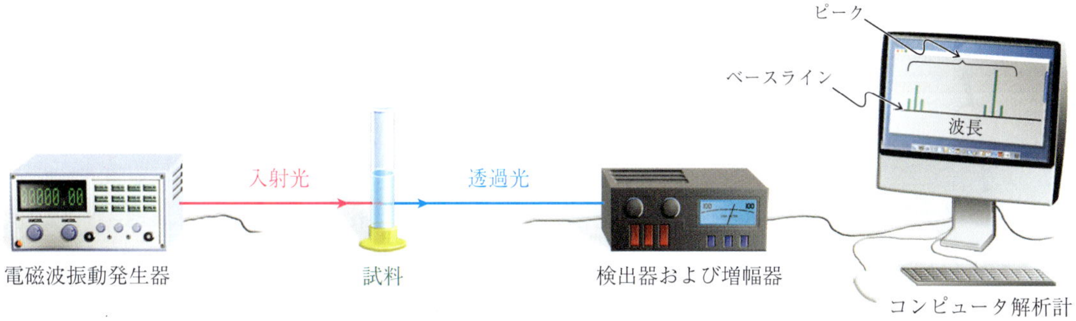

図 10-3　分光計の一般的な模式図．照射された電磁波は，試料を透過する際に試料との相互作用によってある特定の振動数のものが吸収される．それによって，入射光は透過光に変わり，この変化が検出，増幅され，さらにコンピュータ処理によってスペクトルが生じる．

は直線として描かれ，これを**ベースライン**(baseline)という．しかし，試料が電磁波を吸収すると必ず強度に変化が生じ，これが**ピーク**(peak)，すなわちベースラインからのずれとして記録される．このようにして得られたパターンが，この試料の**スペクトル**(spectrum，ラテン語の「外観，出現」)である．

新世代の分光計では，測定すべき全振動領域(NMR，IR，UV)をカバーする電磁波のパルスを用いてスペクトル全体を瞬時に得るというような，これまでとはまったく異なる，しかもはるかに速く記録できる技術を取り入れている．さらに，古典的なCW型装置で測定したような単純な吸収だけでなく，時間とともに吸収が減衰する様子も記録されるが，この過程にはフランス人数学者Joseph Fourier(1768～1830)にちなんで名づけられた**Fourier変換**(Fourier transform，**FT**)という，はるかに高度なコンピュータ処理が必要である．この手法は記録が速いだけでなく，同じスペクトルの多重パルスによる積算によってさらに高い感度が達成されるので，測定に試料をほんの少ししか用いられないときに非常に価値が高い．

まとめ　電磁波を照射すると，分子は入射エネルギーを不連続な量子として吸収するため，分光法による測定が可能になる．分光計は，測定している化合物の試料をさまざまな波長の光が透過するように細かく掃引することができ，それによってあるエネルギーの位置で起こる吸収の図，すなわちスペクトルが得られる．

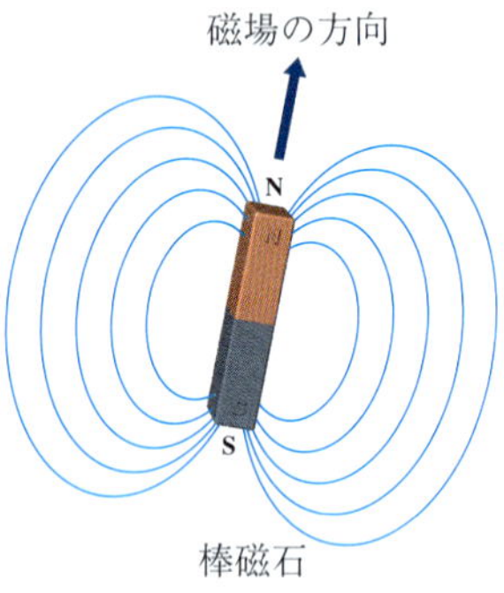

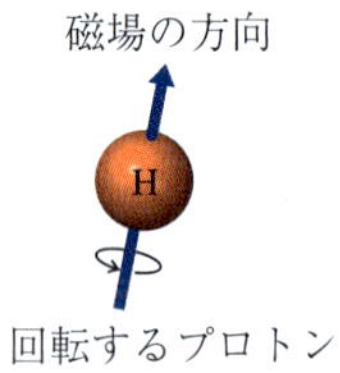

回転するプロトンが磁場をつくる

10-3 ¹H NMR（水素核磁気共鳴）

NMR 分光法には，ラジオ波周波数領域の低エネルギー電磁波の照射が必要である．本節ではこの技術の背景にある原理を述べる．

核スピンはラジオ波の吸収によって励起することができる

原子核の多くは一つの軸を中心に回転していると考えられるので，**核スピン**(nuclear spin)をもつという．このような核の一つに水素があり，他の同位体〔ジュウテリウム(^{2}H)，トリチウム(^{3}H)〕と区別するために ^{1}H(質量数 1 の水素同位体)と表す．水素の最も単純な形であるプロトンについて考えてみよう．プロトンは正に帯電しているので，その回転運動は磁場を形成する(帯電粒子が運動すると必ずそうなる)．その結果，プロトンは事実上，溶液中あるいは空間に自由に浮いている小さなシリンダー状(棒)磁石とみなすことができる(欄外参照)．このプロトンが強度 H_0 の外部磁場内に置かれると，次のような二つの配向のうちどちらか一つをとることができる．つまり，これらの棒磁石はエネルギー的に有利な H_0 と同じ向きに配列(配向)するか，あるいはふつうの棒磁石とは異なって H_0 と逆向きに配列するが，後者の配列は高いエネルギー状態にある．この二つの可能な状態をそれぞれ，**α スピン状態**(α spin state)および **β スピン状態**(βspin state)という(図 10-4)．

これら二つのエネルギー的に異なる状態があることが，分光法に必要な条件である．α 状態と β 状態のエネルギー差をちょうど橋渡しできる正確な振動数をもった光源で試料を照射すると，**共鳴**(resonance)，すなわち α 状態のプロトン

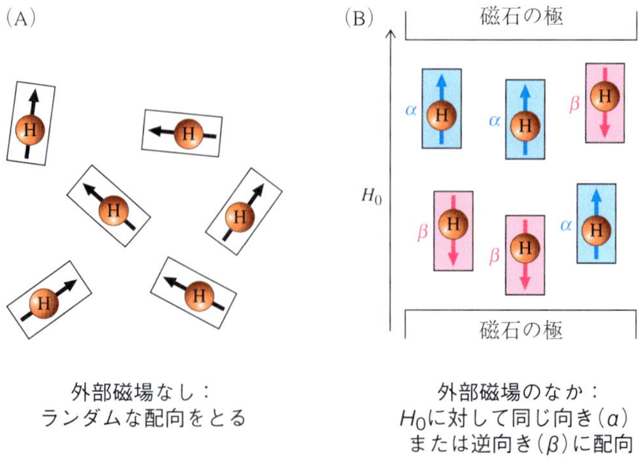

図 10-4　(A)個々のプロトン(H)は小さな棒磁石としてふるまう．(B)磁場 H_0 内では核スピンは磁場と同じ向き(α)または逆向き(β)にほぼ同じ割合で配列する．

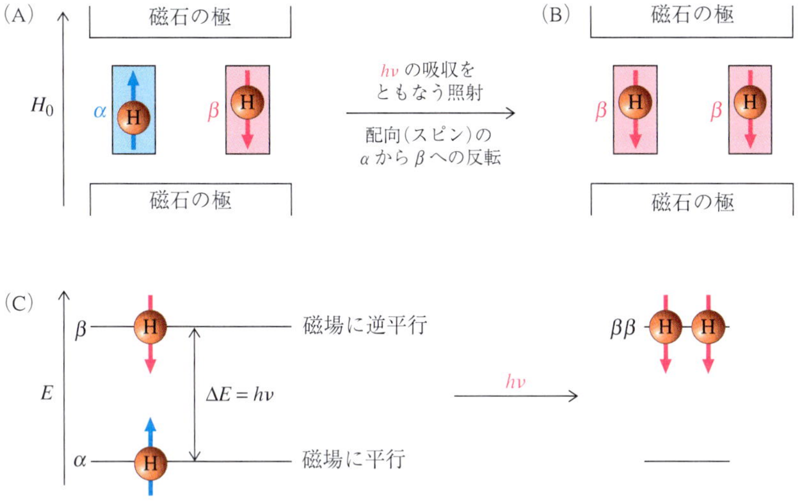

図 10-5　(A)図 10−4(B)のより簡単な表現：プロトンは外部磁場中では磁場と同じ向き（エネルギーがより低いα）と逆向き（エネルギーがより高いβ）にほぼ均等に配向しており，(C)に示したように，二つの間のエネルギーにはΔEの差がある．(B)ちょうど振動数νのエネルギーをもつ照射があると吸収され，プロトンの核スピンがα状態からβ状態へ「反転」を起こす（共鳴ともいう）．(C)プロトンが$\Delta E = h\nu$のエネルギーを得て，αからβへ「スピン反転」を起こすときのエネルギー状態図．この図を見るとき，示されている二つの核は，大量の試料の他の核に囲まれていて，そのなかでα状態がβ状態よりもわずかに多くなっていることに注意しよう．吸収が起こると，この比が 1：1 により近くなる．

がβ状態に「反転」するようなエネルギーΔEの吸収が起こる．この現象を 1 対のプロトンについて**図 10-5**に示した．励起したあと，核は緩和されて種々の経路（ここでは説明しない）を通ってもとの状態に戻る．したがって，共鳴状態では連続的に励起と緩和が起きている．

予想されるように，磁場強度H_0が強くなると，$\alpha \rightarrow \beta$へのスピンの反転は難しくなる．実際，この二つのスピン状態間のエネルギー差ΔEはH_0に直接比例している．その結果，$\Delta E = h\nu$という関係なので，共鳴振動数も磁場強度に比例することになる．この関係は市販の分光計の性能表示に見ることができ，装置の磁場の強さをテスラ（tesla，T）* という単位で表すとともに，対応する水素核の共鳴振動数をメガヘルツ（MHz）という単位で表している．

* Nikola Tesla（1856 ～ 1943），アメリカ人（セルビア生まれ）発明家，物理学者で機械および電気技術者．

磁場強度は共鳴振動数に比例する

H_0 が強くなる →

磁場強度 H_0（テスラ）：	2.11	4.23	7.05	11.8	14.1	21.1	T
水素共鳴振動数 ν（メガヘルツ）：	90	180	300	500	600	900	MHz

ν が増加する →

これら磁石の強さを実感できるように紹介すると，地磁気の地表における最大強度は約 0.00007 T である．

表 10-1 代表的な核種の NMR 活性と天然存在率

核種	NMR 活性	天然存在率(%)	核種	NMR 活性	天然存在率(%)
^{1}H	活性	99.985	^{16}O	不活性	99.759
^{2}H(D)	活性	0.015	^{17}O	活性	0.037
^{3}H(T)	活性	0	^{18}O	不活性	0.204
^{12}C	不活性	98.89	^{19}F	活性	100
^{13}C	活性	1.11	^{31}P	活性	100
^{14}N	活性	99.63	^{35}Cl	活性	75.53
^{15}N	活性	0.37	^{37}Cl	活性	24.47

略号：D，ジュウテリウム；T，トリチウム

あるプロトンのスピンがαからβへ反転するのにどのくらいのエネルギーを要するだろうか．$\Delta E_{\beta-\alpha} = h\nu$なので，必要なエネルギーを計算できる．その値はきわめて小さく，300 MHz における$\Delta E_{\beta-\alpha}$は3×10^{-5} kcal mol^{-1}(1.5×10^{-4} kJ mol^{-1})ほどである．二つの状態間の平衡移動は速く，通常は磁場内の全プロトン核の半分よりわずかに多くのものだけがα状態をとり，残りがβスピンをもつ．共鳴が起こるとαスピンがβスピンに反転するため，この差は小さくなるが，両者がほぼ均等な割合にある状態はそれほど大きくかき乱されることはない．

さまざまな核種が磁気共鳴する

核磁気共鳴できる核種は水素だけではない．NMR に応答し，しかも有機化学で重要な多数の核種を，NMR 活性のないいくつかの核種とともに**表 10-1** にまとめた．一般に ^{1}H(およびその各同位体)，^{14}N，^{19}F や ^{31}P のように奇数の陽子，あるいは ^{13}C のように奇数の中性子から成る核は磁性を示す．他方，^{12}C や ^{16}O のように陽子，中性子ともに偶数の場合には核は磁性を示さない．

等しい強度の磁場内に置いても，NMR 活性をもつ核種が異なれば共鳴するν値が異なる．たとえば，7.05 T の磁石内でクロロフルオロメタン(CH_2ClF)を試料として仮想のスペクトルを掃引したとすると，この分子に含まれる 6 種類の NMR 活性な核種に対応する 6 種類の吸収が観測されるであろう．すなわち，**図 10-6** に示すように，天然存在率が大きい ^{1}H，^{19}F，^{35}Cl および ^{37}Cl と，存在率がはるかに小さい ^{13}C(1.11 %)および ^{2}H(0.015 %)の 6 種類の吸収である．

高分解能 NMR 分光法では同一元素の核も区別できる

今度はクロロ(メトキシ)メタン(クロロメチルメチルエーテル，$ClCH_2OCH_3$)の NMR スペクトルを考えてみよう．7.05 T で 0 ～ 300 MHz まで掃引すると，分子内にある元素それぞれについて 1 本のピークが現れるだろう〔**図 10-7(A)**〕．顕微鏡によって微視的な世界の細かな部分を拡大できるのと同じように，私たちはこれらのいずれのシグナルをも「のぞき見」て，さらに詳しいことがわかるように拡大することができる．したがって，**高分解能 NMR 分光法**(high resolution NMR spectroscopy)という手法を用いると，300,000,000 ～ 300,003,000 Hz の水素の共鳴を調べることができる．図 10-7(A)では分離されずにこの領域に 1 本だけのピークとして現れていたものが，実際には 2 本のピークから成っている

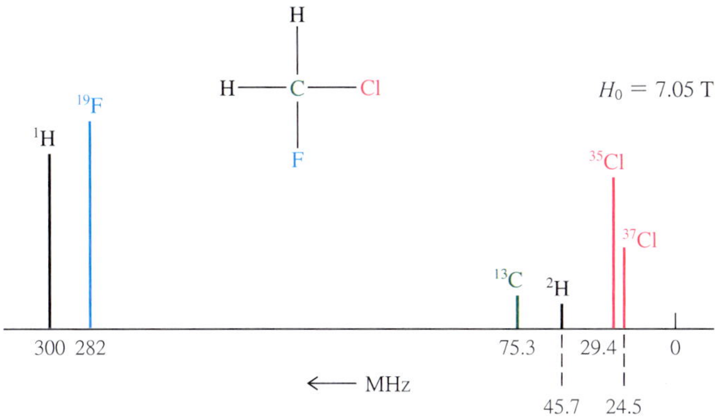

図 10-6 CH_2ClF の 7.05 T における仮想的な NMR スペクトル．NMR 活性な核種はそれぞれ固有の振動数で共鳴を起こすので，6 本の線が観測される．同位体 ^{2}H や ^{13}C の天然存在比はその他のものよりもはるかに小さいが，ここでは簡略化のためにそれらのピークを同じような高さで示してある．NMR 装置は 1 回の測定では，たとえば ^{1}H といった一つの核だけを観測するようにいつも調整されているので，1 回の測定だけではここに示したようなスペクトルを掃引して描くことはできない．

ことがわかる〔図 10-7(B)〕．同様に，75.3 MHz 近辺で測定した高分解能 ^{13}C NMR スペクトルも 2 本のピークを示す〔図 10-7(C)〕．これらの吸収はそれぞれ二つのタイプの水素および炭素が存在することを示している．実際に測定した $ClCH_2OCH_3$ の ^{1}H NMR スペクトルを**図 10-8** に示した．高分解能 NMR 分光法は，異なる構造環境にある水素原子および炭素原子のどちらも区別できるので，構造を解明する強力な手段となる．有機化学者は NMR 分光法を他のどの分光法よりもよく利用している．

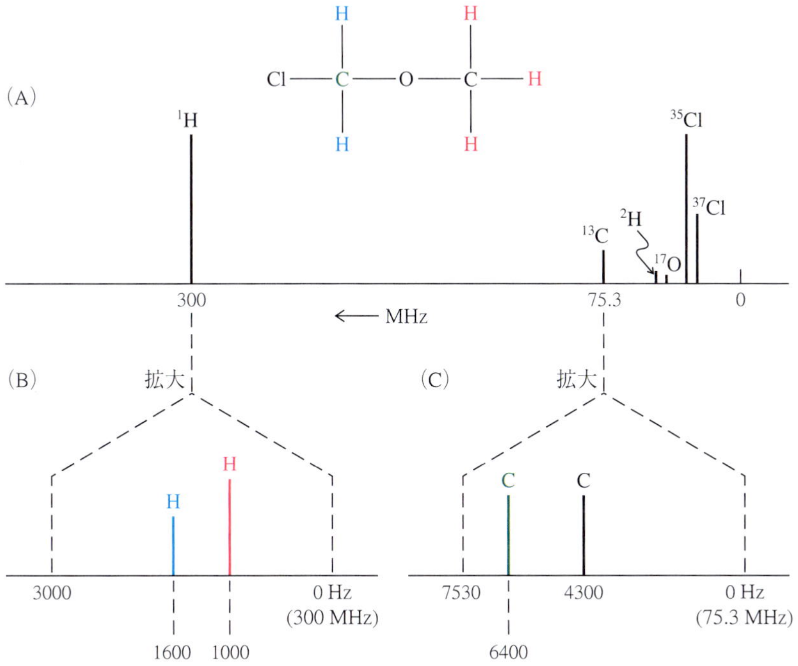

図 10-7 高分解能によって NMR スペクトル中のピークをさらに明らかにできる．(A) 低分解能の場合，7.05 T における $ClCH_2OCH_3$ のスペクトルは，この分子中にある 6 種類の NMR 活性な同位体に対応する 6 本のピークを示す．(B) 高分解能では，水素のスペクトルは 2 組の水素(構造式で一方を青色，他方を赤色で示した)に対応する 2 本のピークが見られる．高分解能での掃引範囲は低分解能の場合のたった 0.001 % にすぎないことに注目しよう．(C) 高分解能 ^{13}C NMR スペクトル(10-9 節参照)は，分子中の異なる二つの炭素に対応するピークを示す．

コラム● 10-1　NMRスペクトルを記録する　SPECTROSCOPY

NMRスペクトルを測定する場合には，測定試料(数mg)を通常は溶媒(0.3～0.5 mL)に溶かすが，測定しようとするNMR領域にそれ自体が吸収をもつような原子をまったく含まない溶媒が望ましい．代表的な溶媒としては，トリクロロジュウテリオメタン(ジュウテリオクロロホルム，クロロホルム-d_1，$CDCl_3$)，ヘキサジュウテリオアセトン(アセトン-d_6，CD_3COCD_3)，ヘキサジュウテリオベンゼン(ベンゼン-d_6，C_6D_6)，およびオクタジュウテリオオキサシクロペンタン(オクタジュウテリオテトラヒドロフラン，THF-d_8，C_4D_8O)のような重水素化溶媒などがある．水素を重水素に置き換えると，プロトンのスペクトルから溶媒のピークをすべて除くことができるという効果がある．重水素の共鳴振動数が水素(^{1}H)とはまったく別のスペクトル領域にあることに注意しよう(図10-6)．この溶液をNMR試料容器(筒状のガラス管)に移し，これを超伝導磁石内に挿入する(左側の写真)．試料中のすべての分子の磁場内における位置が確実にすばやく平均化されるように，空気ジェットの吹きつけによって，ラジオ波(RF)コイル内でNMR試料管を高速で回転させる(図を参照)．この試料に全スペクトル領域にわたってRFパルスが照射され，その結果生じる応答を検出器ユニットで記録し，このスペクトルの信号の経時的な減衰をコンピュータでFourier変換して，目的のスペクトルを得る．右側の写真では学生がワークステーションで自分のNMRデータを解析している．

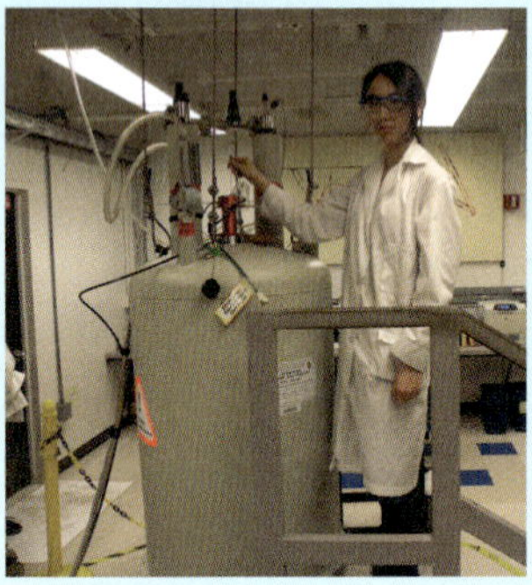

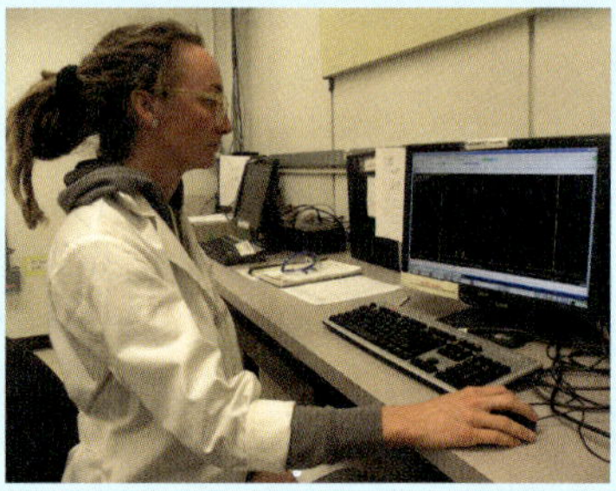

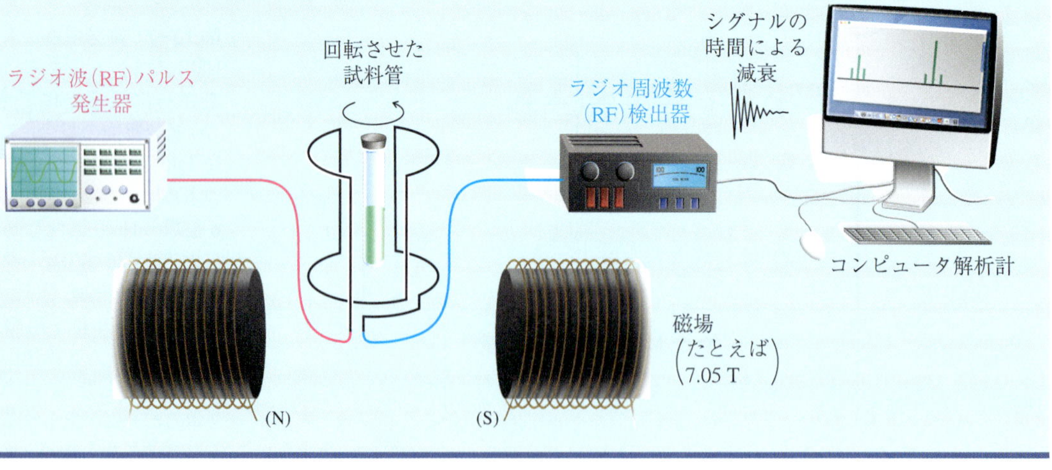

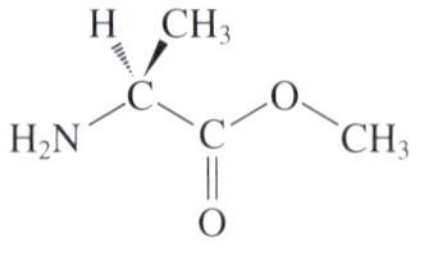

アラニンメチルエステル
(alanine methyl ester)

練習問題 10-3

(a) ペプチドやタンパク質の成分であるアミノ酸は，NMRを用いて広範囲にわたって綿密に調べられてきた．アミノ酸であるアラニンのメチルエステル(欄外)にはいくつの核があるかをこの方法で観測できるか．(b) アラニンメチルエステルには何本の高分解能^{1}H NMRシグナルが現れると予想されるか．

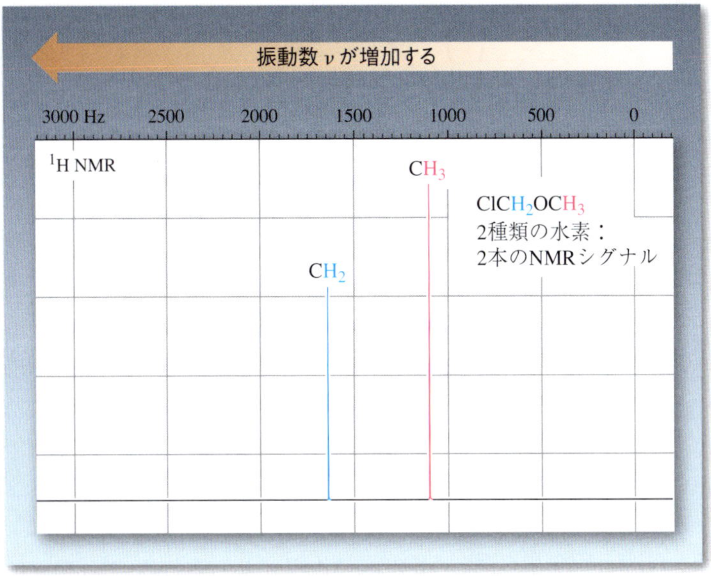

図 10-8　クロロ(メトキシ)メタンの 300 MHz ^{1}H NMR スペクトル．測定しようとする振動数領域が 300 MHz から始まるので，簡単化するために，この振動数を記録紙の右側に 0 Hz として設定する．

まとめ　^{1}H や ^{13}C のようなある種の核は小さな原子の磁石とみなすことができ，磁場内に置かれると，磁場と同じ方向(α)か逆方向(β)に配列する．この二つの状態はエネルギー的に異なっており，これが NMR 分光法を利用できる基本的な条件である．共鳴状態で，ラジオ周波数領域の電磁波が核によって吸収されると，α から β への遷移(励起)が起こる．β 状態にある核は(非常に微量の熱の形で)エネルギーを放出して α 状態に戻って緩和する．共鳴周波数は核の種類とその環境に特有のもので，外部磁場の強度に比例する．

10-4 NMR スペクトルを用いて分子構造を解析する：水素の化学シフト

クロロ(メトキシ)メタンの二つの異なる水素のグループが，なぜ別べつの NMR ピークを生じるのだろうか．分子構造が NMR シグナルの位置にどのように影響するだろうか．本節ではこれらの疑問に答える．

NMR 吸収の位置は**化学シフト**(chemical shift)とよばれ，それは，水素のまわりの電子密度に依存している．この電子密度は，観測しようとしている水素の核の電子的な環境によって支配されている．したがって，ある分子の水素の NMR 化学シフトは，分子構造を決定するための重要な鍵になる．同時に分子の構造が，NMR の測定においてスペクトルにどのように「影響する」かが決まる．

NMR シグナルの位置はその核の電子的環境に依存する

図10-8に示したクロロ(メトキシ)メタンの高分解能 ^{1}H NMR スペクトルから，2 種類の水素が二つの分離した共鳴吸収を与えることがわかる．このような効果が現れる原因は何か．それは水素核それぞれの電子的環境が異なるからである．本来，遊離したプロトンは電子による影響を受けない．しかし，有機分子は遊離のプロトンではなく，共有結合した水素の原子核を含んでおり，これらの結合内

図 10-9 外部磁場 H_0 は水素核のまわりに結合電子の運動(による電流)を引き起こす．この電流によってさらに H_0 と逆向きの局部磁場が発生する〔みなさんはこれをLenzの法則として覚えているだろう．この法則はロシアの物理学者であるHeinrich Friedrich Emil Lenz(1804～1865)にちなんで名づけられた．電子の運動の方向が対応する電流，すなわち陽極(+)から陰極(−)への流れと定義される電流の方向と，逆向きであることに注意しよう〕.

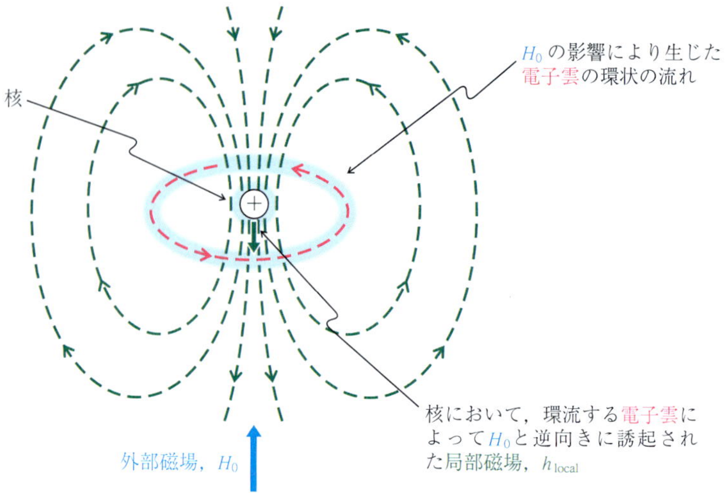

＊ NMRを論じるとき，プロトンと水素という用語がよく混同して使われている(正確でないにもかかわらず)．「プロトンNMR」や「分子中のプロトン」といういい方が共有結合した水素にさえ用いられている.

† 訳者注：NMRの専門書では「非しゃへい(化)」「脱しゃへい(化)」と記されていることもある.

の電子がNMR吸収に影響を与える＊.

結合した水素は電子の軌道に囲まれており，その電子密度は結合の極性，結合している原子の混成，電子供与基あるいは電子求引基の存在などによって変化する．電子に囲まれた核が強度 H_0 の磁場に置かれると，これらの電子は H_0 と逆向きの小さな**局部磁場**(local magnetic field) $\boldsymbol{h}_{\mathbf{local}}$ を発生するように動く．その結果，水素核の近くの全磁場強度は減少し，そこで，核はその電子雲によって H_0 からしゃへい化(shielding)されるという(図 10-9)．しゃへい化の程度は，その核のまわりの電子密度の大きさに依存する．電子を増やすとしゃへい化が増し，電子を取り除くと**反しゃへい化**(deshielding)† が起こる.

しゃへい化は，NMR吸収の相対的な位置にどのような影響を与えるのだろうか．NMRスペクトルの表示の仕方にしたがうと，観測している吸収ピークはしゃへい化によってスペクトル図の右側に移動する．反しゃへい化によってピークは左側へシフトする(図 10-10)．化学者は，この右とか左という言葉を使うよりも，古くからNMRスペクトルを記録してきた方法(FT法以前の手法)に由来する用

図 10-10 共有結合している水素の吸収に対するしゃへい化の影響．裸の核である H^+ はしゃへい化を起こす結合電子がないので，最もしゃへい化を受けていない核である．いいかえれば，H^+ のシグナルはスペクトルでは左側に，すなわち低磁場に現れる．これに対して，炭素原子に結合している水素は周囲の結合電子によってしゃへい化されているため，この水素のシグナルはずっと右側に，すなわち高磁場に現れる.

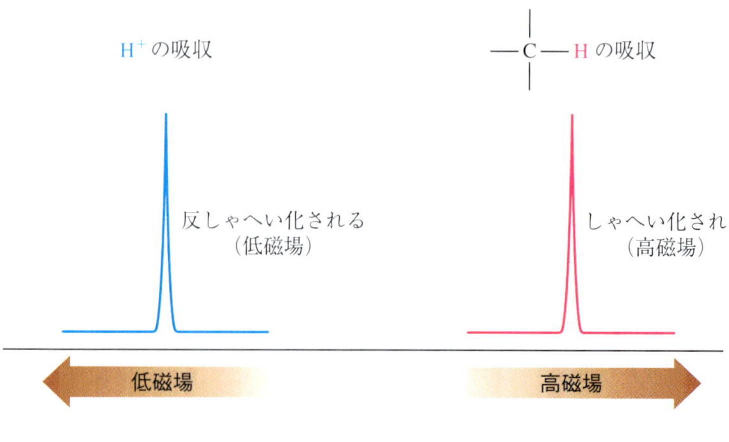

語を使うのに慣れ親しんできた．古い方法では外部磁場 H_0 の強度の増大によってしゃへい化を補って共鳴を起こさせていた（H_0 は ν に比例することを思い出そう）ので，このピークは**高磁場**〔high（up）field〕にあるとか，高磁場に（または右側に）移動したと表現する．逆に，反しゃへい化によってシグナルは**低磁場**（low field）に，すなわち左側に現れる．

化学的に異なる水素はそれぞれ独自の電子的環境にあるため，それぞれ特徴ある共鳴を起こす．さらに，化学的に等価な水素のピークは同じ位置に現れる．化学的に等価な水素は，メチル基の三つの水素やブタンのメチレン水素あるいはシクロアルカンのすべての水素のように，対称性という点で関係づけられる水素である（10-5 節も参照）．

^{1}H NMR：異なるタイプの水素は異なるシグナルを示す

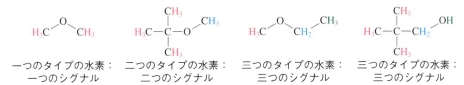

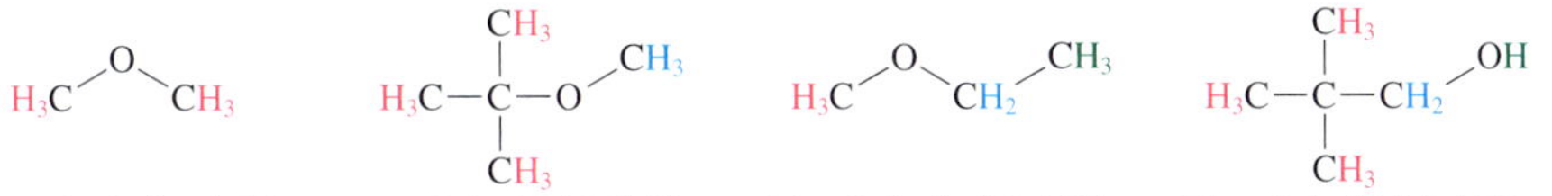

一つのタイプの水素：一つのシグナル　二つのタイプの水素：二つのシグナル　三つのタイプの水素：三つのシグナル　三つのタイプの水素：三つのシグナル

次節では，いくつかの分子について化学的に等価であるかどうかをさらに詳しく確かめてみるが，等価であることが一目瞭然である簡単な分子については省略する．この例を，図 10-11 に 2,2-ジメチル-1-プロパノールの NMR スペクトルについて示した．この NMR スペクトルには三つの吸収があり，一つ（最もしゃへい化されている）は第三級ブチル基の 9 個の等価なメチル水素の吸収で，もう

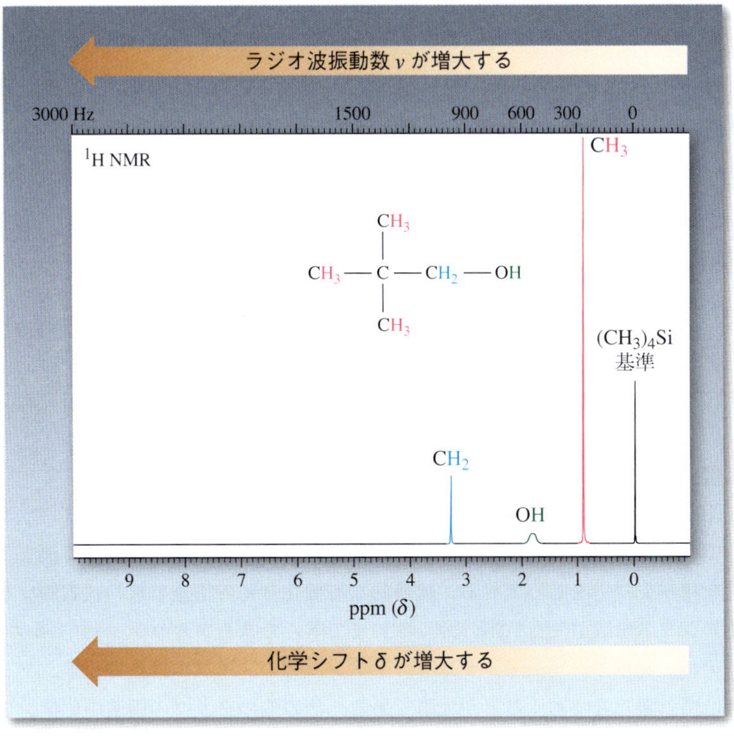

図 10-11　2,2-ジメチル-1-プロパノールの重水素化クロロホルム（$CDCl_3$）溶液（内部標準として少量のテトラメチルシランを含む）の 300 MHz ^{1}H NMR スペクトル．3 組の異なる水素に対応する三つのピークが観測される（下部の目盛はテトラメチルシランからの距離に相当する δ 値で表した化学シフトを示す．δ 値については次ページにその定義が説明されている）．

一つはOHの吸収で，(最も反しゃへい化されている)三つ目の吸収はCH_2基の水素に対応する．

化学シフトはNMRピークの位置を表す

スペクトルのデータはどのように記述するのだろうか．前にも述べたように，300 MHzの^{1}H NMRでは大部分の水素の吸収が3000 Hzの範囲内に入る．各吸収の正確な振動数を記録するよりも，テトラメチルシラン〔$(CH_3)_4Si$〕という化合物を内部標準として相対的な値を測定するのがふつうである．この化合物の12個の等価な水素はたいていの有機分子の水素よりも大きくしゃへい化されており，通常のスペクトルの領域からほどよく離れたところに吸収線が現れることになる．そうすると，測定している化合物のNMR吸収の位置は，この内部標準に対して相対的に測定できる(単位Hz)．このようにして，たとえば2,2-ジメチル-1-プロパノールの3本のシグナル(図10-11)は，それぞれ$(CH_3)_4Si$から266，541，および978 Hz低磁場にあると記述する．

しかし，これらの数値の問題点は，用いる磁場の強度によってその値が変わることである．磁場の強度と共鳴振動数は直接比例するので，磁場強度を2倍，3倍にすると，観測されるピークの$(CH_3)_4Si$からの相対的な距離(単位Hz)も2倍，3倍になる．文献に報告されたスペクトルとの比較を簡単にするために，$(CH_3)_4Si$からの距離(単位Hz)を分光計の振動数で割って観測振動数を標準化する．この操作によって，磁場の強度に依存しない数値である**化学シフト**(chemical shift) δが得られる．

化学シフト

$$\delta = \frac{\text{ピークの}(CH_3)_4Si\text{からの距離}(Hz)}{\text{分光計の振動数}(MHz)}\ \text{ppm}$$

化学シフトは100万分の1(ppm)単位で記述する．$(CH_3)_4Si$についてはδ値が0.00であると定義する．そこで，図10-11の2,2-ジメチル-1-プロパノールのNMRスペクトルは次のような形式で報告される．^{1}H NMR(300 MHz，$CDCl_3$) δ = 0.89，1.80，3.26 ppm.

練習問題 10-4

2,2-ジメチル-1-プロパノールの三つのシグナルは90 MHz NMR装置を用いると，それぞれ$(CH_3)_4Si$から80，162および293 Hz低磁場に記録される．計算によりこれらのδ値を求め，300 MHzで得られた値と比較せよ．

官能基は特徴的な化学シフトをもたらす

NMRが非常に価値ある分析手段であるのは，分子中の特定のタイプの水素を同定できるからである．それぞれのタイプが，その周辺の構造によって決まる特徴的な化学シフトをもっている．標準的な有機化合物の構造単位の代表的な水素の化学シフトを表10-2にまとめた．これまで学んできたアルカン，ハロアルカン，エーテル，アルコール，アルデヒド，ケトンなどのタイプの構造の化学シフトの領域に慣れ親しんでおくことが大事である．その他のタイプの構造の化学シフト

表 10-2 有機分子の水素の一般的な化学シフト

水素のタイプ a)	化学シフト δ (ppm)	
第一級アルキル，RCH_3	0.8～1.0	アルカンおよびアルカン様の水素
第二級アルキル，RCH_2R'	1.2～1.4	
第三級アルキル，R_3CH	1.4～1.7	
アリル(二重結合に隣接)，$R_2C{=}C(CH_3)R'$	1.6～1.9	不飽和官能基に隣接する水素
ベンジル(ベンゼン環に隣接)，$ArCH_2R$	2.2～2.5	
ケトン，$RC(=O)CH_3$	2.1～2.6	
アルキン，$RC{\equiv}CH$	1.7～3.1	
クロロアルカン，RCH_2Cl	3.6～3.8	電気的に陰性な原子に隣接する水素
ブロモアルカン，RCH_2Br	3.4～3.6	
ヨードアルカン，RCH_2I	3.1～3.3	
エーテル，RCH_2OR'	3.3～3.9	
アルコール，RCH_2OH	3.3～4.0	
末端アルケン，$R_2C{=}CH_2$	4.6～5.0	アルケン水素
内部アルケン，$R_2C{=}CHR'$	5.2～5.7	
芳香族，ArH	6.0～9.5	
アルデヒド，$RC(=O)H$	9.5～9.9	
アルコールのヒドロキシ基の水素，ROH	0.5～5.0	一定ではない
チオール，RSH	0.5～5.0	一定ではない
アミン，RNH_2	0.5～5.0	一定ではない

a) R,R′，アルキル基：Ar，芳香族基(アルゴンではない)．

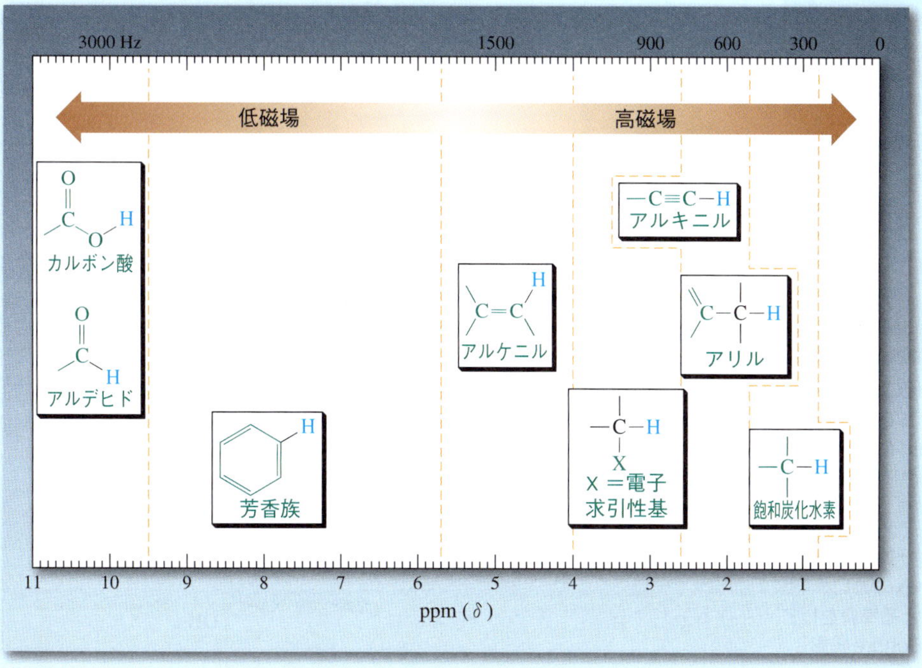

表 10-3 電気的に陰性な原子の反しゃへい化効果

CH_3X	X の電気陰性度（表 1-2 より）	CH_3 基の化学シフト δ（ppm）
CH_3F	4.0	4.26
CH_3OH	3.4	3.40
CH_3Cl	3.2	3.05
CH_3Br	3.0	2.68
CH_3I	2.7	2.16
CH_3H	2.2	0.23

（↑ 電気陰性度が大きくなる）（↑ 化学シフトが増大する）

塩素化メタン類における累積的な反しゃへい化効果

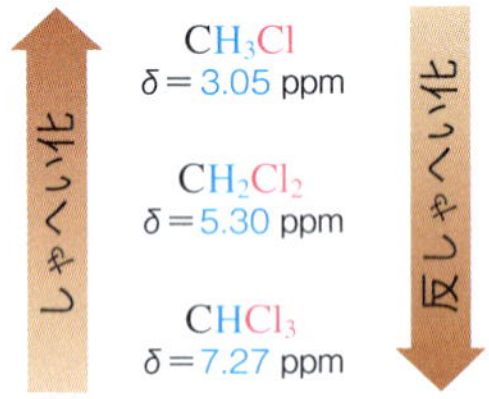

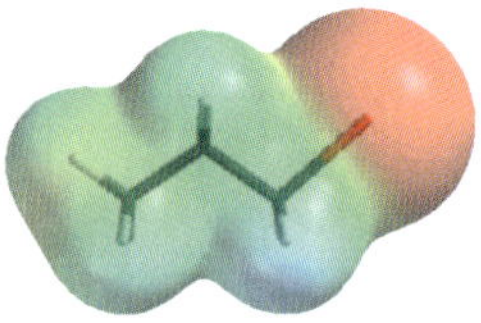

1-ブロモプロパン

NMR は，未開栓の古いワインのボトル中にあってはならない酢酸の存在を検出するのに利用できる．上の写真は，カリフォルニア大学デービス校の April Weekly 博　士　と Matthew Augustine 教授が 1959 年産のボルドーワインの NMR スペクトルを瓶のままとる準備をしているところ（N. Schore 撮影）．

領域については以降の章でさらに詳しく述べる．

アルカンの水素の吸収は比較的高磁場（$\delta = 0.8 \sim 1.7$ ppm）で起こることを覚えておこう．電子求引性の置換基や（ハロゲンや酸素のような）電子求引性の原子の近傍の水素は比較的低磁場にシフトする．すなわち，このような置換基は近傍にある核を反しゃへい化する．**表 10-3** には近接するヘテロ原子がメチル基の化学シフトにどう影響するかを示した．その原子が電気的に陰性であればあるほど，メチル基の水素はメタンに比べて反しゃへい化される．このような置換基のなかには累積的な効果を示すものがあり，欄外に示した一連の塩素化メタンがその例である．電子求引基の反しゃへい化効果は距離とともに急激に減少する．このような「次第に減少する」という現象は，欄外に示した 1-ブロモプロパンの静電ポテンシャル図からもよくわかる．臭素が結合した炭素のまわりの領域は比較的電子不足（青色）であるが，プロピル鎖に沿ってさらに進んでいくとはじめは緑色に，そして黄橙色へと次第に色が変化していき，電子密度が増大していくことが示されている．

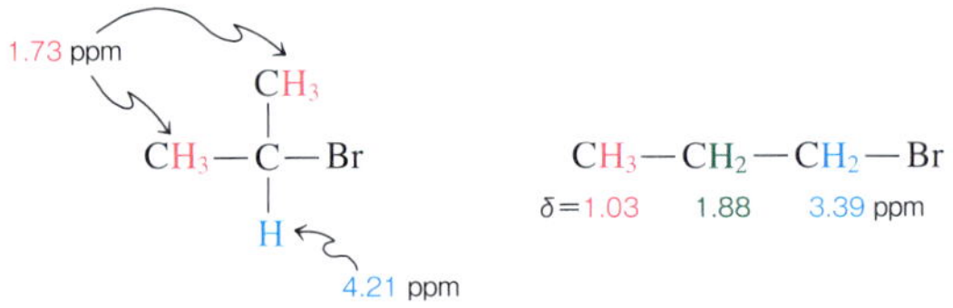

練習問題 10-5

クロロ（メトキシ）メタンの ^{1}H NMR シグナル（図 10-8 の色分け参照）の帰属を説明せよ．（**ヒント**：タイプの違う水素それぞれについて電気的に陰性な隣接原子の数を考えてみよう．）

練習問題 10-6

表 10-2 を参考にして，次の化合物のそれぞれの水素について予想される ^{1}H NMR スペクトルの δ 値を示せ．

(a) $CH_3CH_2OCH_2CH_3$

(b)
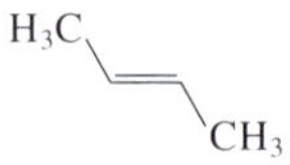

(c)
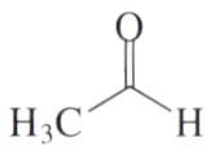

(d)

表 10-2 に示したように，ヒドロキシ，メルカプトおよびアミノ基の水素の吸収は広い振動数範囲で起こる．これらの官能基をもつ試料のスペクトルでは，ヘテロ原子に結合した水素の吸収ピークは比較的幅が広い．このような化学シフトの変わりやすさは水素結合とプロトン交換によるもので，温度，濃度，および水（すなわち水分）の存在などに依存している．簡単にいうと，これらの影響によって水素核の電子的な環境が変わるということになる．上記のような幅広いピークが観測されるのは，一般に OH，SH あるいは NH_2(NHR) 基が存在するときの特徴である（図 10-11 を参照）．

まとめ 有機分子中の種々の水素原子は，それぞれ特定の化学シフト δ に現れる特徴的な NMR ピークにより区別することができる．電子不足な環境は反しゃへい化されており，低磁場（大きな δ 値）での吸収をもたらすのに対し，電子豊富な環境ではしゃへい化された，高磁場のピークとなる．化学シフト δ は，測定した共鳴位置と内部標準であるテトラメチルシラン〔$(CH_3)_4Si$〕の共鳴位置との差（Hz 単位）を，分光計の MHz 単位の振動数で割って 100 万分の 1（ppm）単位で表す．アルコールの OH 基，チオールの SH 基やアミンの NH_2(NHR) 基の NMR スペクトルは幅広いピークを示すのが特徴で，その δ 値は濃度や水分に影響される．

10-5 化学的な等価性の検証

これまで示してきた NMR スペクトルでは，化学的に等価な位置を占める二つ以上の水素はただ一つの NMR 吸収として現れている．一般に，化学的に等価な水素は同じ化学シフト値をもつということができる．しかし，化学的に等価な核を見分けるのは必ずしも容易ではないことがわかる．ある化合物の NMR スペクトルを予測するときには，5 章で述べた対称操作にもとづいて考えることになる．

分子の対称性が化学的な等価性を確かめるのに役立つ

化学的な等価性を確かめるには，分子とその置換基の対称性を知る必要がある．すでに学んだように，対称性の一つの形式として鏡面の有無がある（5-1 節の図 5-4 参照）．もう一つは回転による等価性である．たとえば図 10-12 は，メチル基を 120° ずつ続けて 2 回回転すると，それぞれの水素が構造の変化を起こさずに他の二つのどちらかの水素の位置を占めることを示している．したがって，速く回転しているメチル基ではすべての水素が等価であり，同じ化学シフト値をもつはずである．実際にそうであるということについてはすぐあとで述べる．

回転あるいは鏡面対称の一方かあるいは両方を考えると，他の化合物においても等価な核を決めることができる（図 10-13）．

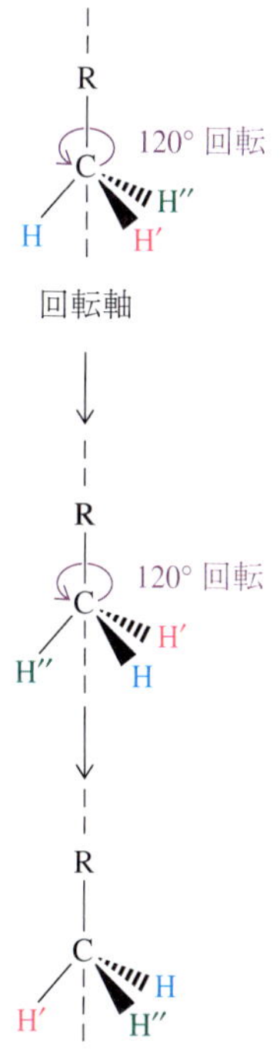

図 10-12 メチル基の回転による対称性の検証．

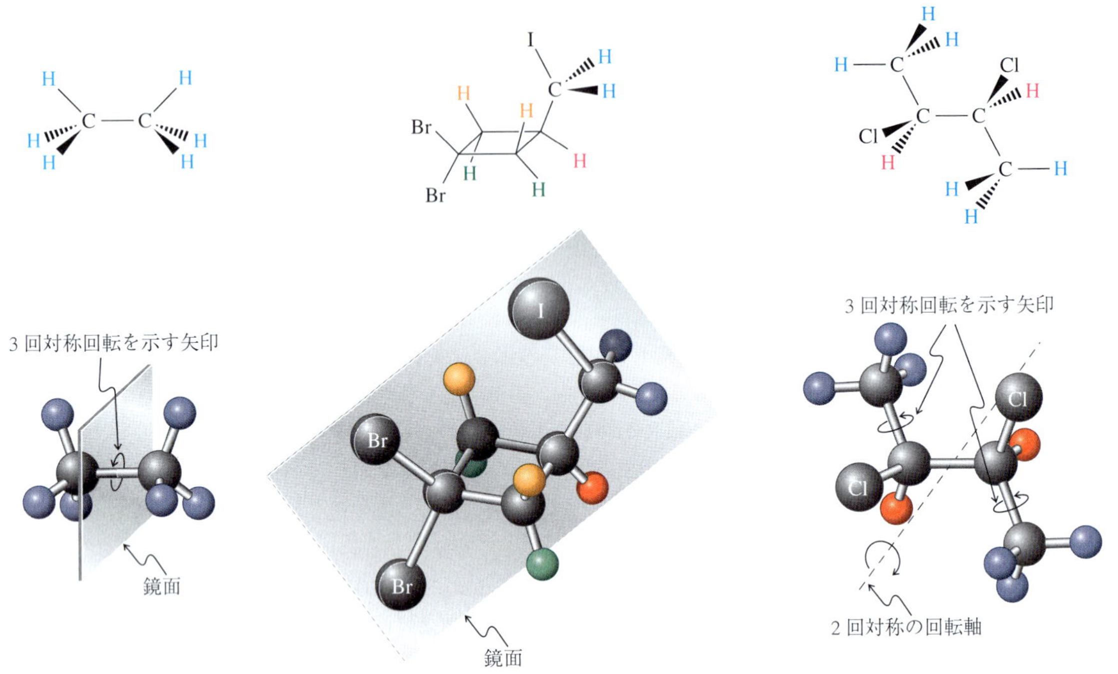

図 10-13　有機分子中の回転および鏡面対称がわかると，化学シフトが同じ水素を見分けることができる．化学シフトが異なる別べつの吸収を与える核どうしは，色を変えて区別してある．

練習問題 10-7

概念のおさらい：等価な水素の存在をどのように確かめるか

$CH_3OCH_2CH_2OCH_2CH_2OCH_3$ には，何本の ^{1}H NMR 吸収があると推測されるか．

● 解法のてびき

この種の問題の解答に至る最もよい方法は，分子模型を組むか，すべての水素をそれぞれの位置に示した構造を詳細に書くことである．

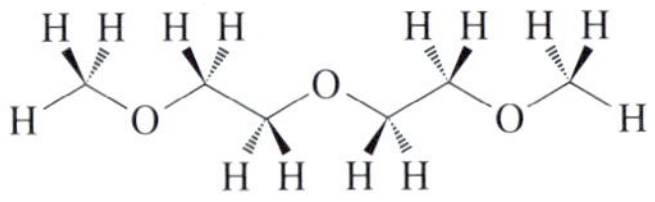

次に，水素の組合せが等価になるような鏡面や回転軸がないか見分ける必要がある．

● 答え

† 訳者注：ここでは次ページ上の図に示すように紙面に平行で分子鎖を二分するような面を選ぶ．

- 垂直な鏡面 1 があることがわかり，これはたまたま分子面† と一致していて，実線のくさび型結合のついたすべての水素がそれぞれ隣接する破線のくさび型結合のついた水素と等価になる面である．
- 次いで，中央の酸素を通って分子面に垂直な第二の鏡面 2 があることがわかる．この面によって分子の左半分が右半分と同一になる．
- 最後に，回転によってメチル水素は等価になる．
- あるメチレン基がそれに隣接するメチレン基と等価になるような対称操作はなく，メチル基は明らかにメチレン基とは別のものである．

したがって，次の図に色で区別して示した三つのタイプの水素に由来する三つのプロトン共鳴シグナルが予想されるだろう．

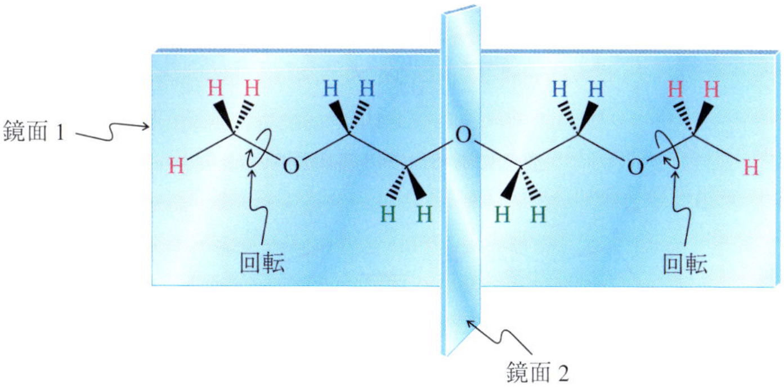

練習問題 10-8　自分で解いてみよう

次の化合物には，何本の ¹H NMR 吸収が推測されるか．
(a) 2,2,3,3−テトラメチルブタン，(b) オキサシクロプロパン，(c) 2,2−ジブロモブタン，(d) *cis*−1,2−ジメチルシクロブタン，(e) 2−(メチルチオ)エタノール．

立体配座の相互変換は NMR の時間スケール内での等価性をもたらすことがある

ここではさらに，クロロエタンとシクロヘキサンの二つの例を取り上げて，もっと詳しく調べてみよう．クロロエタンは 2 組の等価な水素をもっているので，2 本の NMR ピークを示すはずであり，シクロヘキサンは化学的に等価な 12 個の水素核をもっているので，ただ一つの吸収を示すはずである．しかし，これらの予想は本当に正しいのだろうか．これら二つの化合物の可能な立体配座を考えてみよう(**図 10−14**)．

クロロエタンから始めてみよう．最も安定なのはねじれ形立体配座であり，メチル水素の一つ(図 10−14 に示した最初の Newman 投影式中の H_{b_3})が塩素原子に対してアンチに位置している．この水素核は特殊であり，他の二つのゴーシュ位の水素(H_{b_1} および H_{b_2})とは異なる化学シフトをもつものと考えられる．しかし，メチル基の速い回転によって H_b のシグナルが平均化されてしまうために，実際には NMR 分光計は H_{b_3} と(H_{b_1} および H_{b_2})の差を見分けることができない．このような回転は「NMR の時間スケールでは速い」という．結果として現れる吸収は，2 種類の H_b について予想される二つのシグナルの δ を重量平均化した位置に観測される．

CH_3CH_2Cl
b　a

理論上は，試料を冷却することによってクロロエタンの回転を遅くすることは可能である．しかし実際には，回転を「凍結」することは非常に困難であり，それは回転に対する活性化障壁が数 kcal mol^{-1} にすぎないからである．おそらく試料を約 −180 ℃にまで冷却しなければならないだろうが，この温度ではたいていの溶媒は凝固してしまい，通常の NMR 分光法は適用できないであろう．

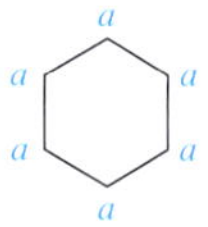

シクロヘキサンについても同様の現象が見られる．この場合には速い立体配座異性現象によって，NMR の時間スケールではアキシアル水素がエクアトリアル水素と平衡になり〔図 10−14(B)〕，したがって室温での NMR スペクトルは δ

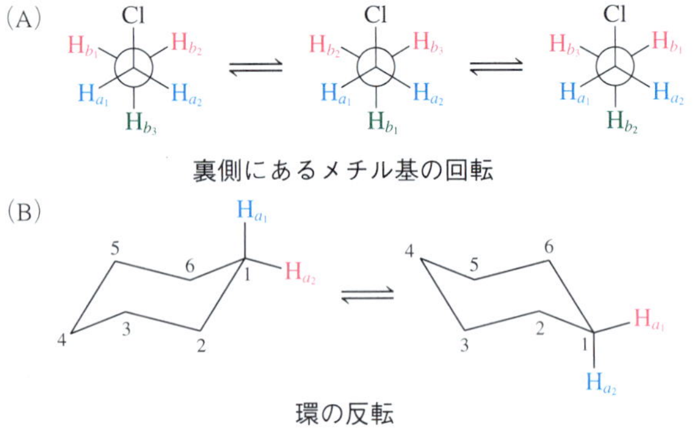

図 10-14 (A)クロロエタンの Newman 投影式．はじめの立体配座では H_{b_1} と H_{b_2} は塩素に対してゴーシュの位置にあり，H_{b_3} はアンチに位置しているため，H_{b_3} は H_{b_1}，H_{b_2} と同じ環境にはない．しかし，速く回転するとどちらのタイプの水素もすべての位置を通って移動するので，すべてのメチル水素は NMR の時間スケール上で平均化される．(B)シクロヘキサンのどの立体配座においても，アキシアル水素はエクアトリアル水素とは異なる．しかし，立体配座の反転は NMR の時間スケールでは十分に速く，アキシアルとエクアトリアルの水素は平衡になり，そのためただ一つの平均化されたシグナルが観測される．本図では環境の違いを色で区別しており，異なる化学シフトであることを示している．

＝ 1.36 ppm に鋭い 1 本の線のみを示す．しかし，クロロエタンのスペクトルとは異なり，この平衡は－90 ℃で十分遅くなり，一つの吸収に代わって二つの吸収が観測される．一つは δ ＝ 1.12 ppm の六つのアキシアル水素の吸収で，もう一つは δ ＝ 1.60 ppm の六つのエクアトリアル水素の吸収である．シクロヘキサンの立体配座異性はこの温度で NMR の時間スケールでは凍結されるが，これは環の反転の活性化障壁がクロロエタンの回転の活性化障壁よりもはるかに大きい〔E_a ＝ 10.8 kcal mol^{-1}（45.2 kJ mol^{-1}）；4-3 節参照〕ためである．

一般に，このような平衡にある化学種が NMR で別べつの吸収として観測されるためには，その寿命がおよそ 1 秒程度でなければならない．この分子の寿命がそれよりかなり短いと，平均化されたスペクトルだけが得られる．有機化学者は化学的プロセスの速さの測定にこのような温度依存 NMR スペクトルを利用し，それによってその過程の活性化パラメータも測定する（2-1 節参照）．簡単なたとえとして，NMR の時間スケールにおける現象を視覚的な現象になぞらえることができる．もし自分の目を「スペクトルメーター」に考えると，あることが一定のスピード以下で起こるときにのみそれを「分解」できる．片手を自分の前で前後に動かしてみよう．1 秒に 1 回の速さだとそれをはっきり見ることができる．では，1 秒間に 5 回の速さで動かしてみよう．自分の手が平均化されたぼやけたものに見えるであろう（欄外参照）．

この天井扇はぼやけて見えるほど速く回転し始めている．

練習問題 10-9

ブロモシクロヘキサンの ^{1}H NMR スペクトルには，何本のシグナルが予想されるか．（注意：環の速い反転を考えたとして，臭素とシス位にある水素はトランス位にある水素と等価になるだろうか．模型を組んでみよう．）

練習問題 10-10

概念のおさらい：二つの立体異性体の ^{1}H NMR

cis–および *trans*–1,2–ジクロロシクロブタンの ^{1}H NMR スペクトルには，何本のシグナルが予想されるか．

● 解法のてびき

立体化学の問題ではいつもそうであるように，模型を組んでみるとわかりやすい．二つの分子とその立体化学を破線－くさび型表記法を用いて描いてみよう．次いで，鏡面や回転軸といった対称要素を探してみよう．

● 答え

- シス異性体を見ると，この分子が鏡面をもち，これが C1—C2 結合と C3—C4 結合を二分し，(下図の左側の構造でわかるように)左半分が右半分によって鏡に映されたようになっていて，それがメソ立体異性体(5–6 節参照)になっていることに気づく．これによって対応する水素のペアが等価になる(色で表示)．塩素置換基とシスの位置にある緑色の水素が，トランスの位置にある青色の水素と等価になりえないことに注意しよう(練習問題 10–9 も参照)．したがって，この異性体の ^{1}H NMR スペクトルには三つのシグナルが予想される．

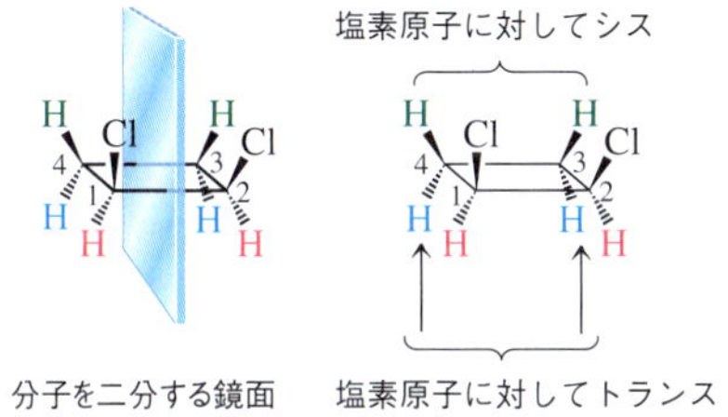

cis-1,2-ジクロロシクロブタン

- 次にトランス異性体に取りかかると，この分子には鏡面がなくキラルになっているが(5–6 節参照)，回転軸が存在する．この対称性によってこの分子もまた 3 組の等価な水素に分けられるが(色で表示)，今度は C3 と C4 で色の振り分け方が異なっていて，シス異性体の場合とは違い，同じ色の水素がトランスの関係にある．緑色の水素は，最も近い隣接位の塩素原子に対してシス位にあり，遠い塩素に対してトランス位にあるのが特徴的である．これに対して，青色の水素は最も近い隣接位の塩素に対してトランス位にあり，遠い塩素に対してシス位にある．そのため，この化合物も三つのシグナルを与えるが，シス異性体とは立体異性の関係にあるので，異なる化学シフトを示す．一方，その鏡像体は同じ NMR スペクトルを示す(5–2 節参照)．

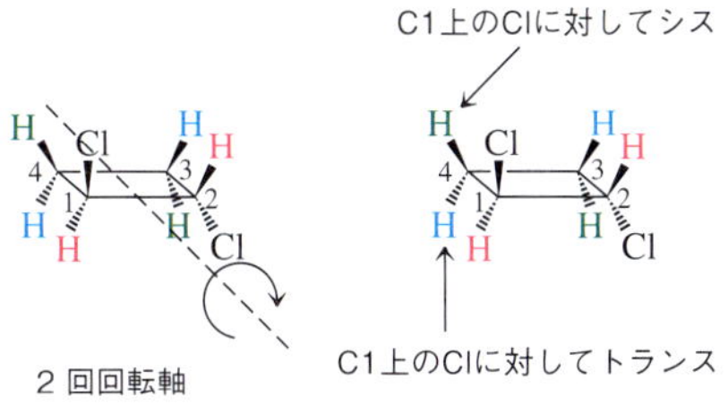

trans-1,2-ジクロロシクロブタン

コラム● 10-2 医学における磁気共鳴イメージング法(MRI) MEDICINE

1960年代の終わり頃NMRが有機化学に導入されて間もないうちに，物理学者や化学者たちはこの技術が医療診断に使えるのではないかと考え始めた．とくに，スペクトルが分子のある種の像を見ているのであれば，人間(あるいは動物)の体の断面像を見ることはできないかと考えた．これに対する答えは1970年代初期から1980年代中頃に実現した．これは化学シフト，積分あるいはスピン−スピン結合などに含まれる通常の情報にもとづくのではなく，プロトンの緩和時間(proton relaxation time)という別の現象に立脚している．すなわち，$\alpha \rightarrow \beta$というスピンの反転を誘起された水素が「緩和」してα状態に戻る速さは一定ではなく，その環境に依存している．緩和時間は数ミリ秒〜数秒の値をとることが可能で，対応するシグナルの形に影響を及ぼす．体内では，生体分子の表面に付着した水の水素は自由な液体中のものよりも緩和が速いことがわかっている．さらに，水が結合している生体組織の性質や構造によっても若干差が生じる．一例をあげると，ある種のがん腫瘍中の水は正常な細胞中の水よりも緩和時間が短い．このような差を利用して**磁気共鳴イメージング法**(magnetic resonance imaging，**MRI**)によって人体の内部を画像化することができる．これを実際に応用する場合，患者の身体全体を大きな電磁石の両極の間に置いて，^{1}H NMRスペクトルを集積して，コンピュータで処理してシグナル強度を一連の断層プロットにする．これらの断層プロットを合わせると，左の写真に示すような組織の水素濃度の三次元の映像になる．

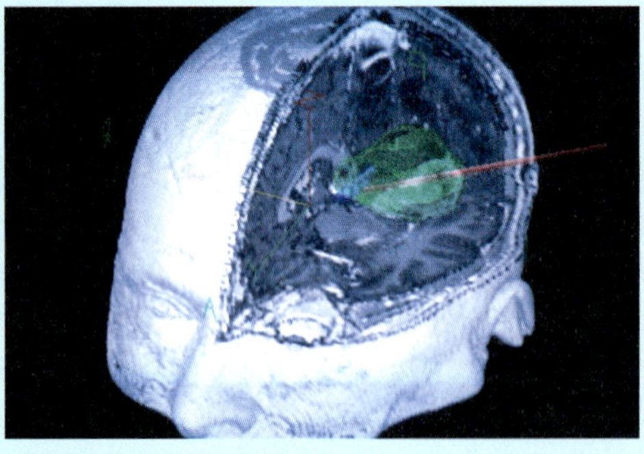

多数回のMRIスキャンを重ね合わせてできた脳腫瘍(緑色)の3D仮想現実マップ．この画像はコンピュータ支援による手術に用いられた；右に伸びる赤線は手術で処置する標的ポイントを示す．

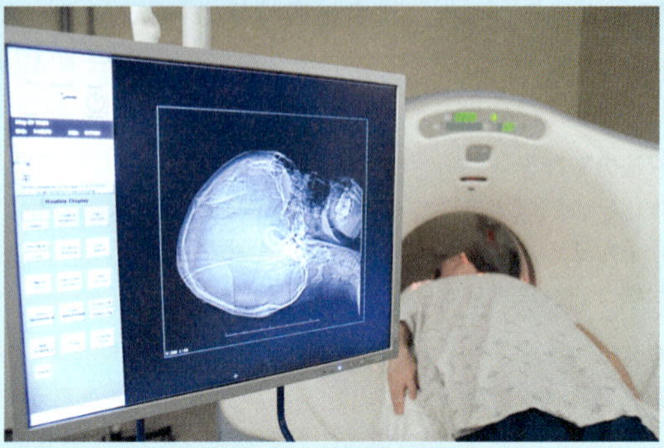

MRIによる脳の走査．

シグナルの大部分は水によるものなので，通常の水濃度のパターンからの変異が検出でき，診断に利用できる．この10年間の発展により，分析に必要な時間が数分〜数秒あるいはそれ以下に短縮され，本質的には人体のすべての部分を直接観察し，その環境の変化を瞬時にチェックできるようになった．血流，腎臓の分泌，化学的な不均衡，血管の状態，膵臓の異常，心機能，その他多くの医学的に重要な体内の状態がいまでは容易に可視化されている．MRI利用の発見に対して，2003年度ノーベル医学・生理学賞が授与された*1．MRIはCAT(computerized axial tomography，コンピュータ補助体軸断層撮影法*2)や従来法によるX線撮影では容易に発見できないような異状の検出にとくに役立つ．また，この方法は組織を冒さず，他のイメージング法で見られるような電離性放射線や視覚化するための放射性物質の注入を必要としない．

＊1 Paul C. Lauterbur(1929〜2007)アメリカ，イリノイ大学アーバナシャンペーン校教授；Sir Peter Mansfield(1933〜)，イギリス，ノッティンガム大学教授．

＊2 断層撮影法とは対象物体のある特定の断面の写真を撮る方法である．

練習問題 10-11 自分で解いてみよう

5-5節を振り返ってみよう．2-ブロモ-3-クロロブタンの二つのジアステレオマーの^{1}H NMRスペクトルには，何本のシグナルが予想されるか．(注意：これらの分子には対称性があるだろうか．)

まとめ 対称性，とくに鏡像や回転の対称性の性質が，有機化合物中の水素の化学シフトの等価性あるいは非等価性を見きわめるのに役立つ．立体配座の変換がNMRの時間スケールで速く起こる構造の場合，室温では平均化されたスペクトルのみを与える．場合によっては，このような平衡の過程は低温では「凍結」され，個々の異性体の吸収が観測できる．

10-6 NMR シグナルの積分

ここまではNMRピークの位置のみに注目してきた．本節では，NMR分光法のもう一つの有用な特徴として，シグナルの相対的な積分強度が測定でき，これがその吸収をもたらす核の相対的な数に比例することを学ぶ．

積分によってNMRピークに対応する水素の相対的な数がわかる

分子中にある一つの種類の水素が多ければ多いほど，対応するNMR吸収の他のシグナルに対する相対的な強度はより大きい．あるピークの面積(「積分面積」)を測定し対応する他のシグナルのピーク面積と比較することによって，それらに対応する核の数の比を定量的に決めることができる．たとえば，2,2-ジメチル-1-プロパノールのスペクトル〔図10-15(A)〕では，3本のシグナルが相対面積比9：2：1で観測される．

このような数値はコンピュータによって得られ，**積分**(integration)モードを選択すると，通常のスペクトルの上部にプロットすることができる．積分モードでは，吸収ピークのところで記録計のペンがそのピークのもつ面積に比例した距離だけ垂直に上方に動く．ペンは次のピークに達するまで再び水平に移動し，これを繰り返す．各ピークにおいて水平線が垂直に移動した距離は物差しで測ることができる．このような積分線の垂直方向への移動の相対的な値が種々のシグナルに対応する水素数の比(ratio)を与える．図10-15には，2,2-ジメチル-1-プロパノールおよび1,2-ジメトキシエタンの ^{1}H NMRスペクトルを積分プロットとともに示した．

その分子が多種類の水素をもっていたり，試料が不純物を含んでいたり，混合物であるためにスペクトルが非常に複雑で，目で確かめるほうが有利である場合には，このような積分プロットが有用になる．通常，コンピュータは積分したピーク強度を読み取った数値を自動的にデジタル表示する．したがって，本書でこれ以降に出てくるスペクトルには，対応するシグナルの上方に積分値が数値で示されている．

化学シフトとピークの積分を構造決定に使うことができる

1-クロロプロパン($CH_3CH_2CH_2Cl$)のモノクロロ化によって得られる三つの生成物を考えてみよう．どれも同じ分子式 $C_3H_6Cl_2$ をもち，(沸点のような)物理的性質も非常に似ている．

(A)

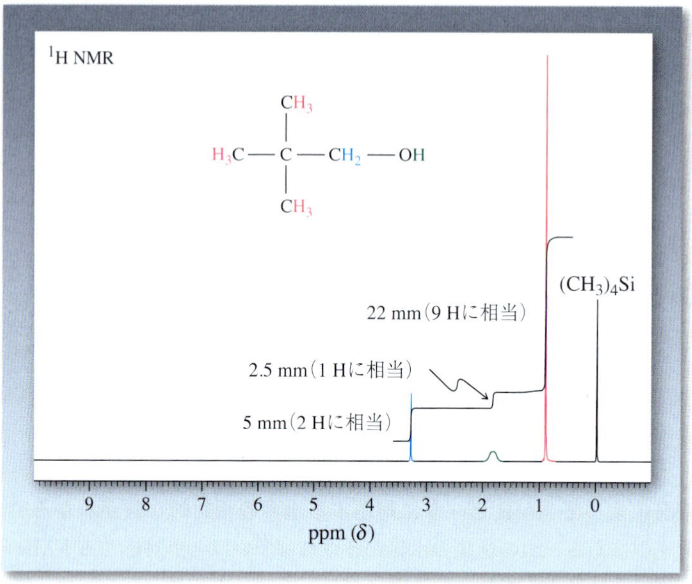

(B)

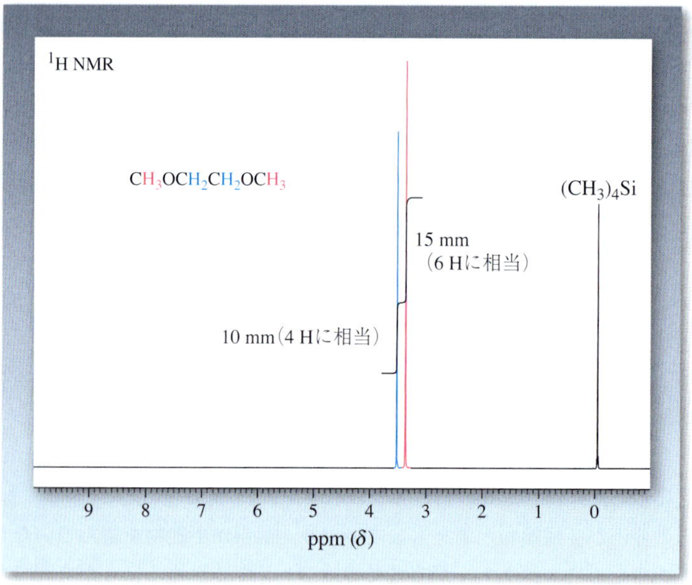

図 10-15 $(CH_3)_4Si$ を添加した $CDCl_3$ 溶媒中で測定し，積分した(A)2,2-ジメチル-1-プロパノール，および(B)1,2-ジメトキシエタンの 300 MHz ¹H NMR スペクトル．(A)の場合，積分された面積を物差しで測ると 5：2.5：22（単位 mm）となる．一番小さな値で割って規格化すると，ピーク比は 2：1：9 になる．積分は単に比を示すもので，試料中に存在する水素の数の絶対値を与えるものではないことに気をつけよう．たとえば(B)では，積分された面積比は約 3：2 であるが，この化合物がもつ水素の比は 6：4 である（下の例も参照）．

NMR 積分比が 3：2 となる他の分子

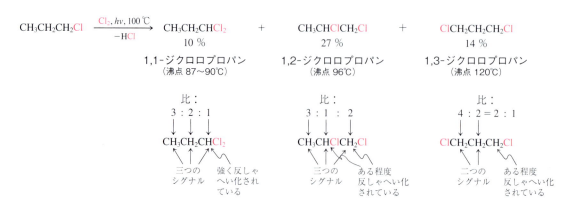

CH_3OCH_2Cl

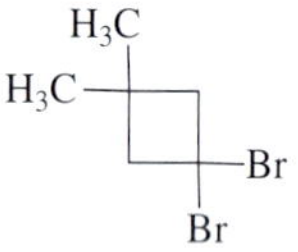

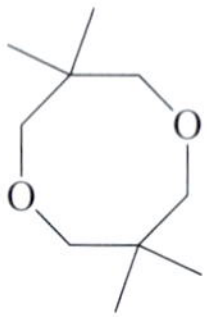

$$CH_3CH_2CH_2Cl \xrightarrow[-HCl]{Cl_2,\ h\nu,\ 100\ ^\circ C} CH_3CH_2CHCl_2 + CH_3CHClCH_2Cl + ClCH_2CH_2CH_2Cl$$

10 %	27 %	14 %
1,1-ジクロロプロパン（沸点 87〜90℃）	1,2-ジクロロプロパン（沸点 96℃）	1,3-ジクロロプロパン（沸点 120℃）

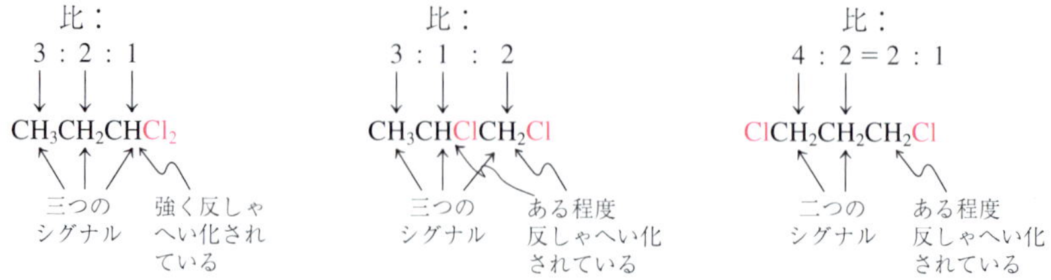

NMR 分光法はこれら三つの異性体をはっきりと区別できる．1,1–ジクロロプロパンには三つのタイプの非等価な水素があり，3：2：1 の比で 3 本の NMR シグナルを与える．CH の水素は二つのハロゲン原子の反しゃへい化効果が累積されるために比較的低磁場（$\delta = 5.93$ ppm）に吸収を示し，他の吸収は比較的高磁場である（$\delta = 1.01$ および 2.34 ppm）．

1,2–ジクロロプロパンも CH_3，CH_2 および CH 基に対応する 3 組のシグナルを示す（コラム 10–3 も参照）．しかし，先ほどとは対照的にその化学シフトがまったく異なる．CH_2 および CH 基にはともに 1 個のハロゲンが結合しており，その結果，低磁場にシグナルが生じる（$\delta = 3.68$ ppm に CH_2，および $\delta = 4.17$ ppm に CH）．積分によって水素三つと示され，したがって CH_3 基に対応する一つのシグナルのみが比較的高磁場に現れる（$\delta = 1.70$ ppm）．

最後に，1,3–ジクロロプロパンは相対面積比 2：1 で 2 本のピーク（$\delta = 3.71$ と 2.25 ppm）を示すのみで，他の二つの異性体とは明らかに異なるパターンである．このようにすると，簡単な測定で 3 種類の生成物の構造が容易に同定できる．

練習問題 10-12

クロロシクロプロパンを塩素化すると分子式 $C_3H_4Cl_2$ をもつ 3 種類の化合物が得られる．それらの構造を書き，^{1}H NMR でどのように区別できるかを述べよ．（**ヒント**：対称性を探すこと．塩素の反しゃへい化効果と積分を利用しよう．）

まとめ NMR 分光計を積分モードにすると，種々のピークの相対的な面積が記録され，その値は各吸収を与える水素の相対的な数を表している．この情報と化学シフトを組み合せて構造の解析に用いることが可能であり，たとえば異性体化合物の同定ができる．

10-7 スピン–スピン分裂：非等価な隣接水素の影響

これまでに示してきた高分解能 NMR スペクトルは，かなり単純な吸収線のパターンをもつもので，**一重線**（singlet）ともいわれる 1 本の鋭いピークから成るものであった．このようなスペクトルを示す化合物には共通の特徴がある．それは，いずれの化合物においても，非等価な水素が結合している炭素どうしが，少なくとも一つの炭素原子や酸素原子で互いに分離されていることである．これらの例を選んできた理由は，隣接する水素[†]があると，**スピン–スピン分裂**（spin–spin splitting）あるいは**スピン–スピン結合**（spin–spin coupling）とよばれる現象によってスペクトルが複雑になるからである．

図 10–16 は，1,1–ジクロロ–2,2–ジエトキシエタンの NMR スペクトルが 4 種類の水素（H_a ～ H_d）に特徴的な四つのシグナルをもつことを示している．これらのシグナルは一重線ではなく，**多重線**（multiplet）というさらに複雑なパターンをもっている．すなわち，2 本のピークから成る吸収（**二重線**：doublet，青色と緑色）が二つ，4 本のピークから成る吸収（**四重線**：quartet，黒色）が一つ，および 3 本のピークから成る吸収（**三重線**：triplet，赤色）が一つである．これらの多重線の細かな形は，その吸収を示す核に直接隣接する水素原子の数や種類によっ

† 訳者注：正確にいえば，注目する水素が結合している炭素に隣接する炭素上の水素という意味で，「隣接する水素」という表現をよく用いる（以下同様）．

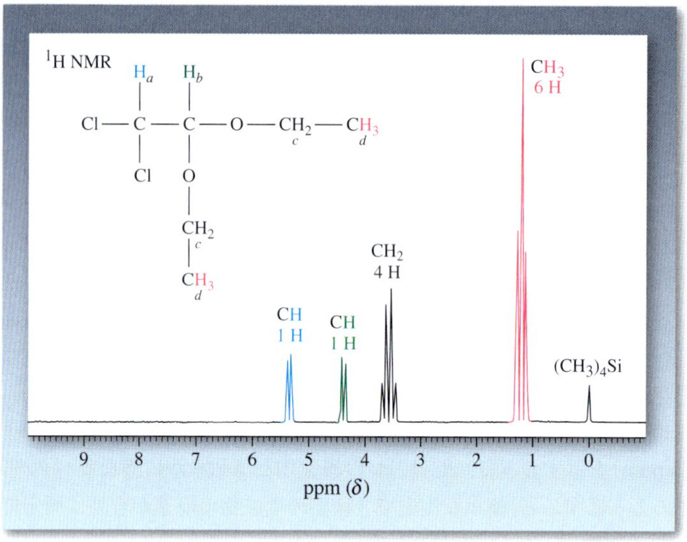

図10-16 1,1-ジクロロ-2,2-ジエトキシエタンの90 MHz ^{1}H NMRスペクトルにおけるスピン−スピン分裂．分裂パターンは4種類の水素に対応して，二つの二重線，一つの三重線および一つの四重線から成っている．これらの多重線は隣接する水素の影響の現れである．注：H_aとH_bの相対的な帰属はここまでの情報だけでは難しく（表10-3参照），この他のデータを考慮に入れてはじめて帰属できる．

て決まる*．

化学シフトや積分と組み合わせると，スピン−スピン分裂が未知化合物の構造を完全に解明するのに役立つことが多い．どのようにすればこの情報が理解できるだろうか．

*厳密にいえば，CH_2基の二つの水素は，一方を他方に重ね合わせるように映す鏡面がないので等価ではない．しかし，それぞれの化学シフトが本質的に同じなので等価のような挙動を示し，本書ではこのような入門的な（簡略化された）議論にしたがって取り扱われることになる（10-8節およびコラム10-3も参照すること）．

共鳴する核のシグナルが隣接水素一つによって二重線に分裂する

はじめに，二つのCH水素H_aとH_bに帰属される相対積分値が1の，二つの二重線について考えてみよう．これらのピークの分裂は外部磁場のなかに置かれた二つの核の挙動によって説明できる．すなわち，これらの核は磁場と同じ向き（α）と逆向き（β）に配列した小さな磁石に似ている．二つの状態のエネルギー差は小さく（10-3節参照），室温では両状態にある核の数はほぼ等しい．これは，ここで考えているH_aには二つの磁気的状態があることを意味している．つまり，H_aの約半分がα状態のH_bに隣接しており，残りの半分がβ状態のH_bに隣接している．逆にH_bは二つのタイプのH_aに隣接しており，H_aの半分がα状態で，もう半分がβ状態である．H_aとH_bは，これらの間にある三つの結合を通じて相互作用を起こし，磁気的に隣接したものであることを互いに認識することになる．このような現象の結果として，NMRスペクトルはどうなるであろうか．

磁場と同じ向きに配列したH_bが隣接しているタイプH_aのプロトンは，H_bのαスピンによる磁場が加わって強まった全磁場にさらされる．このタイプのH_aが共鳴を起こすのに必要な外部磁場の強さは，隣接位からの影響を受けていないH_aが必要とする外部磁場の強さよりも小さくてよい．実際，予想よりも低磁場にピークが観測される〔図10-17(A)〕．しかし，この吸収はH_aプロトンの半分のみによるものである．残りの半分は隣接するH_bがβ状態のものである．β状態のH_bは外部磁場に逆向きの配列をしているので，この場合，H_aのまわりの局部磁場は減少している．共鳴が起こるためには外部磁場H_0を強める必要があり，高磁場シフトが観測される〔図10-17(B)〕．このようにして生じるスペクトルは

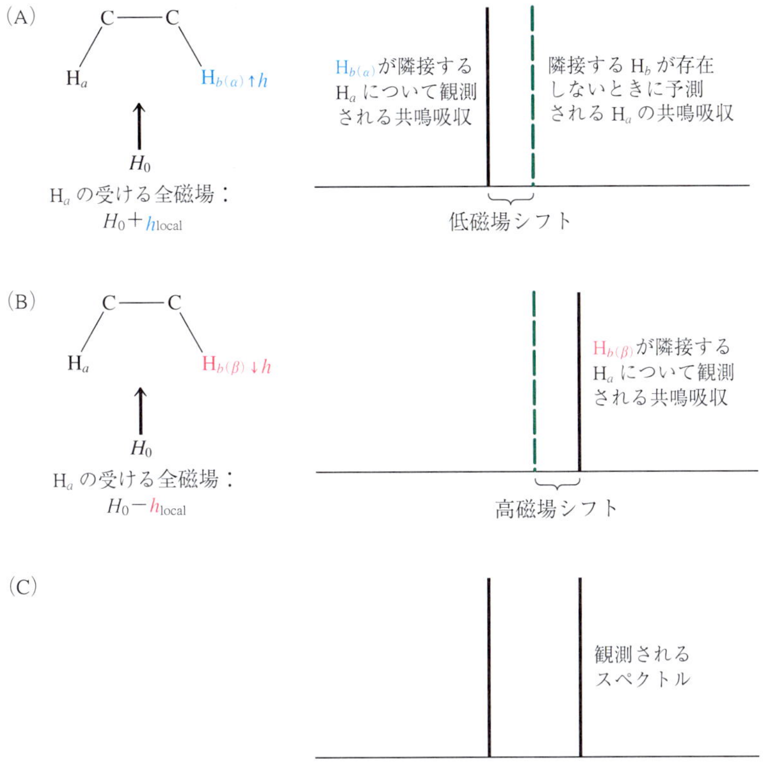

図 10-17 ある水素核(プロトン)の隣接位にある水素核の化学シフトへの影響がスピン-スピン分裂が起こる理由である．観測している水素には二つのタイプの隣接水素があるために，二つのピークが生じる．(A) 隣接する核 H_b が α 状態にある場合，H_0 に局部磁場 h_{local} が加わるので，H_a ピークの低磁場シフトが起こる．(B) 隣接する核 H_b が β 状態にある場合，その局部磁場は外部磁場と逆向きであり，その結果，H_a のピークは高磁場にシフトする．(C) 観測されるピークのパターンは二重線になる．

二重線になる〔図 10-17(C)〕．

H_b の H_0 への局部的な寄与は，それが正でも負でも同じ大きさなので，仮想のシグナルからの低磁場シフトは高磁場シフトに等しい．その結果，隣接水素のない H_a に予想される 1 本の吸収は H_b によって二重線に分裂したという．この二重線の各ピークの積分は，それぞれの水素の 50 %が寄与していることを示している．H_a の化学シフトはこの二重線の中心として記載する(図 10-18)．

H_b のシグナルも同様に考えられる．この水素も隣接位に二つのタイプの水素，すなわち $H_{a(\alpha)}$ および $H_{a(\beta)}$ がある．その結果，この吸収線は二重線となる．このような状態を，NMR の専門用語では「H_b は H_a によって分裂している」という．この相互の分裂の大きさは等しい．すなわち，それぞれの二重線を成す二つのピークの間の距離(単位 Hz)は同じである．この距離を**カップリング定数**(または結合定数，coupling constant)$\boldsymbol{J}$ という．この例の場合は $J_{ab} = 7$ Hz である(図 10-18)．カップリング定数は，間に介在する結合を通じて相互作用を起こす隣接した核の磁場への寄与のみに関係しているので，外部磁場の強度に無関係である．カップリング定数は使用する NMR 装置の磁場強度にかかわらず一定である．

スピン-スピン分裂は一般にすぐ近くにある水素どうしの間でのみ観測され，それらの水素は同じ炭素に結合していて**ジェミナルカップリング**(geminal coupling：geminus，ラテン語の「対を成す」)が観測されるか，隣接する二つの炭素に結合していて**ビシナルカップリング**(vicinal coupling：*vicinus*，ラテン語の「隣り合う」)が観測されるかのどちらかである．連続した三つ以上の炭素原子で隔離された水素核は，離れすぎていて一般に測定できるほどのカップリングを示

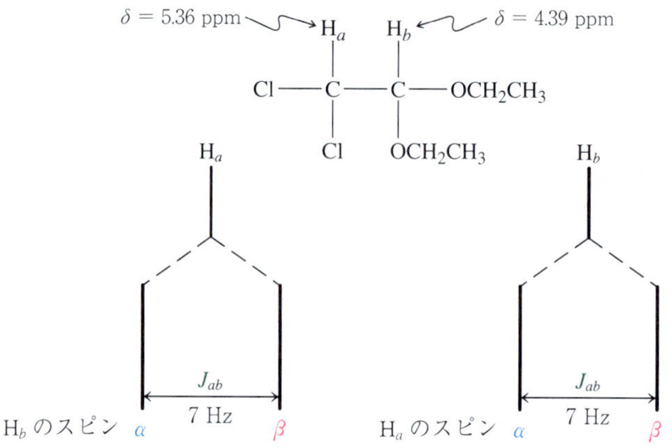

図 10-18 1,1-ジクロロ-2,2-ジエトキシエタンの H_a と H_b 間のスピン-スピン分裂．カップリング定数 J_{ab} はどちらの二重線においても同じである．化学シフトは二重線の中心の値として次のような形式で記載する：δ_{H_a} = 5.36 ppm (d, J = 7 Hz, 1 H), δ_{H_b} = 4.39 ppm (d, J = 7 Hz, 1 H)．ここで「d」は分裂パターン（二重線, doublet）を表し，最後の項は吸収の積分値を示している．

近接する水素間のカップリング

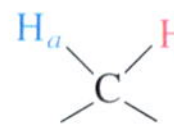

J_{ab}, ジェミナルカップリング
0～18 Hz の間で変わりうる

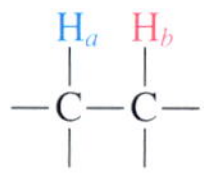

J_{ab}, ビシナルカップリング
一般に 6～8 Hz

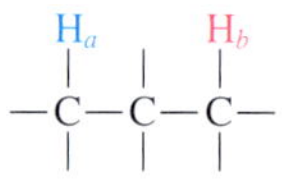

J_{ab}, 1,3-カップリング
通常は無視できる

さない．さらに，等価な核どうしは互いにスピン-スピン分裂を示さない．たとえば，エタン($CH_3—CH_3$)の NMR スペクトルは δ = 0.85 ppm の 1 本だけの線から成っており，これは δ = 1.36 ppm に一重線を 1 本示すシクロヘキサン C_6H_{12} のスペクトル（室温のときに 1 本になる．これについては 10-5 節を参照）に似ている．もう一つの例は 1,2-ジメトキシエタンの場合〔図 10-15(B)〕で，NMR は二つの一重線，すなわちメチル基による 1 本と化学シフトが等価な中央のメチレン水素による 1 本を示す．スピン-スピン分裂は化学シフトの異なる核の間でのみ観測される．

二つ以上の水素による局部磁場への影響には加成性がある

二つあるいは三つ以上の隣接水素をもつ核の取扱いはどうすればよいだろうか．各隣接水素の影響をそれぞれ別に考えなければならないことがわかる．図 10-16 に示した 1,1-ジクロロ-2,2-ジエトキシエタンのスペクトルにもう一度戻ってみよう．H_a および H_b に帰属される二つの二重線のほかに，このスペクトルにはメチル水素 H_d による三重線とメチレン水素 H_c に帰属できる四重線が記録されている．これらの非等価な 2 組の核は互いに隣接しているため，予想どおりビシナルカップリングが観測される．しかし，H_a および H_b のピークパターンと比較して，H_c および H_d のシグナルはかなり複雑である．このピークパターンは H_a と H_b の間のカップリングの説明を拡張することによって理解できる．

まず，化学シフトと積分値から，二つのメチル水素 H_d に帰属できる三重線について考えよう．1 本のピークではなく，およその比が 1：2：1 の 3 本のピークが観測される．この分裂は隣接メチレン基とのカップリングによるものに違いないが，どうしてこうなるのだろう．

それぞれのエトキシ基の三つの等価なメチル基の水素にはその隣接位に等価なメチレン水素が二つあり[†1]，これらのメチレン水素はいずれも α あるいは β のスピン配列をとることができる．したがって，水素 H_d のおのおのは二つの隣接 H_c を $\alpha\alpha$, $\alpha\beta$, $\beta\alpha$ あるいは $\beta\beta$ の組合せとして「見る」であろう（**図 10-19**）．第一の可能性である $H_{c(\alpha\alpha)}$ と隣接するメチル水素は 2 倍強められた局部磁場のなかにあり，低磁場での吸収を起こす．$\alpha\beta$ あるいは $\beta\alpha$ の組合せでは，H_c 核の一方が外部磁場と同じ配向をとり，他方が逆の配向をとっている．それが合わさった正味の

†1 訳者注：518 ページの著者注にもあるように，メチレン基の二つの H_c 水素はジアステレオトピックな水素である（どちらかの水素を新しい置換基に置き換えて生じる 2 種類の化合物がジアステレオマーの関係になる）ため，NMR スペクトルでは厳密には等価ではなく，区別されて観測される場合がある（コラム 10-3 参照）．この化合物もその一例である．しかし，はじめて学ぶみなさんにはかなり難しいことなので，著者らもよく考えた末，ここでは触れないことにしたそうである．さらに詳しいことは，立体化学や NMR に関するより専門的な記述や書籍を参考にしてもらいたい．

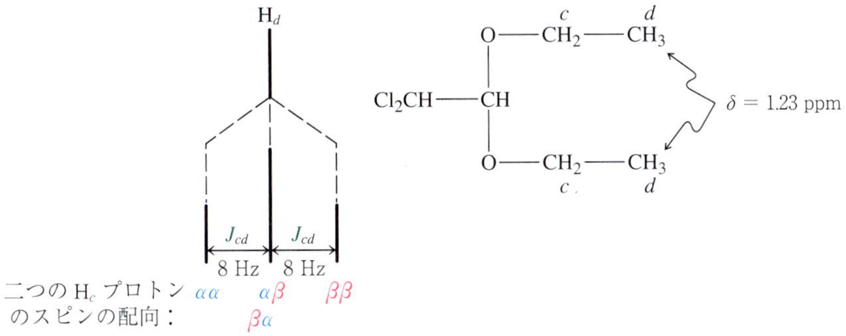

図 10-19　核 H_d の NMR パターンは，隣接位において磁気的に非等価な組合せが三つあるため，3 本に分かれたピークとして現れる．その組合せは $H_{c(\alpha\alpha)}$，$H_{c(\alpha\beta および \beta\alpha)}$，および $H_{c(\beta\beta)}$ である．この吸収の化学シフトは三重線の中央の線の位置として記述される：すなわち δ_{H_d} = 1.23 ppm (t, J = 8 Hz, 6 H) と表し，「t」は三重線(triplet)を意味する．

結果としては，H_d の局部磁場には正味の寄与は起こさない．このような場合には，スペクトルのピークは H_c と H_d の間にカップリングがないときに予想される化学シフトと同じ位置に現れるはずである．さらに，隣接する水素の二つの等価な組合せ〔$H_{c(\alpha\beta)}$ と $H_{c(\beta\alpha)}$〕がこのシグナルに寄与するため(はじめのピークには $H_{c(\alpha\alpha)}$ というただ一つの組合せが寄与したのとは異なり)，ピークの高さははじめのピークのおよそ 2 倍になるはずであり，実際にそれが観測される．最後に，H_d は隣接位に $H_{c(\beta\beta)}$ という組合せがあることになる．この場合には，局部磁場の分だけ外部磁場が減るので，相対強度比が 1 の高磁場ピークが生じる．このようにして得られる H_d のパターンは，六つの水素(二つのメチル基があるため)に相当する全積分値をもつ 1：2：1 の三重線となる．カップリング定数 J_{cd} はそれぞれ隣り合うピークの間の距離として測定され，8 Hz である．

図 10-16 で観測された H_c の四重線も同様にして解析できる(**図 10-20**)[†2]．この核は隣接位の H_d プロトンに関して四つの異なる組合せをもっている．すなわち，すべてのプロトンが磁場と同じ配向をとっているものが一つ〔$H_{d(\alpha\alpha\alpha)}$〕；$H_d$ の一つが外部磁場と逆に向き，他の二つが磁場と同じ向きをしている等価な三つの配列〔$H_{d(\beta\alpha\alpha,\ \alpha\beta\alpha,\ \alpha\alpha\beta)}$〕が 1 組；一つのプロトンのみが外部磁場と同じ向きをした等価な三つの配列〔$H_{d(\beta\beta\alpha,\ \beta\alpha\beta,\ \alpha\beta\beta)}$〕がさらにもう 1 組；および，最後の可能性としてすべての H_d が外部磁場と逆方向に配列したものが一つ〔$H_{d(\beta\beta\beta)}$〕である．これらから生じるスペクトルは 1：3：3：1 の四重線(積分強度 4)と予想され，また実際に観測される．カップリング定数 J_{cd} は H_d の三重線で測定された値(8 Hz)に等しい．

†2　訳者注：520 ページの訳者注を参考にすること．

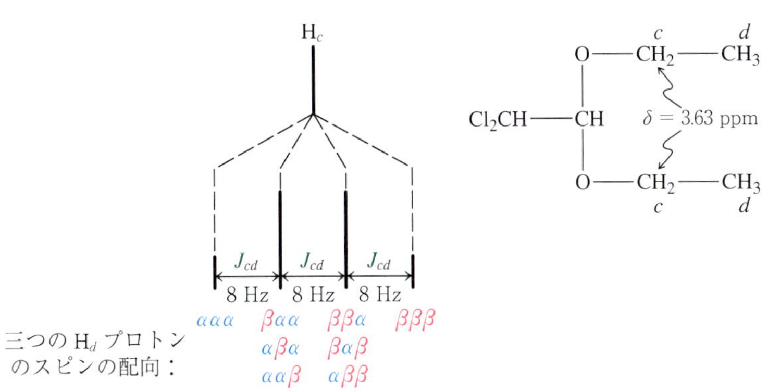

図 10-20　H_d の種々のスピンの組合せによる H_c の四重線への分裂．四重線の化学シフトはその中心の値で示す：δ_{H_c} = 3.63 ppm (q, J = 8 Hz, 4 H) と表し，「q」は四重線(quartet)を意味する．

スピン−スピン分裂は $N + 1$ 則にしたがう場合が多い

ここまでの解析を簡単な規則にまとめることができる．

> **思い起こそう**：水素 NMR シグナルの分裂パターンは隣接する水素の数を示すが，電磁波を吸収する水素そのものについての情報は与えられない．

指針　単純なスピン−スピン分裂を予測する

1. 等価な核が一つの水素と隣接するような位置にあると二重線(doublet)として共鳴する．
2. 等価な核が別のひと組の等価な核である二つの水素と隣接する位置にあると三重線(triplet)として共鳴する．
3. 等価な核が三つの等価な水素の組と隣接する位置にあると四重線(quartet)として共鳴する．
4. 表 10-4 には N 個の等価な核に隣接する核に予想される分裂パターンを示した．これらの核の NMR シグナルは $N+1$ 本のピークに分裂し，その結果は **$N + 1$ 則**($N+1$ rule)として知られている．それらの相対的な強度比については Pascal *の三角形という数学的な記憶法がある．この三角形の各数値は，上の段の最も近い二つの数字の和である．

＊ Blaise Pascal(1623 ～ 1662)，フランスの数学者，物理学者で，また宗教哲学者でもある．

表 10-4　N 個の等価な隣接水素をもつ水素の NMR 分裂とその積分比(Pascal の三角形)

等価な隣接水素の数(N)	ピークの数(N+1)	ピークパターンの名称と略号	個々のピークの積分比
0	1	一重線(singlet), s	1
1	2	二重線(doublet), d	1：1
2	3	三重線(triplet), t	1：2：1
3	4	四重線(quartet), q	1：3：3：1
4	5	五重線(quintet), quin	1：4：6：4：1
5	6	六重線(sextet), sex	1：5：10：10：5：1
6	7	七重線(septet), sep	1：6：15：20：15：6：1

代表的な二つのアルキル基であるエチル基および 1−メチルエチル基(イソプロピル基)の分裂パターンを，それぞれ図 10−21 および 10−22 に示した．どちらのスペクトルでも，それぞれの多重線における個々のピークの相対的な強度は，Pascal の三角形で推定される強度に(おおよそ)なっている．その結果，2−ヨードプロパンの中央の水素の七重線(図 10−22)の一番外側の二つの線はほとんど見えず，見逃されやすい．このような問題は，多数の隣接水素とのカップリングによって分裂した水素のシグナルに共通であり，そういうシグナルを解釈するときには注意深くしなければならない．このような作業には，多重線の積分が役に立ち，それによって関係する水素の相対的な数がわかる．

非等価な核は互いに相手を分裂させることを覚えておくことは重要である．いいかえると，ある分裂した吸収が観測されると，スペクトル中にもう一つ分裂したシグナルがなければならない．さらに，これらの分裂パターンのカップリング定数は同じでなければならない．よく出てくる多重線とそれに対応する部分構造のいくつかを表 10−5 に示した．

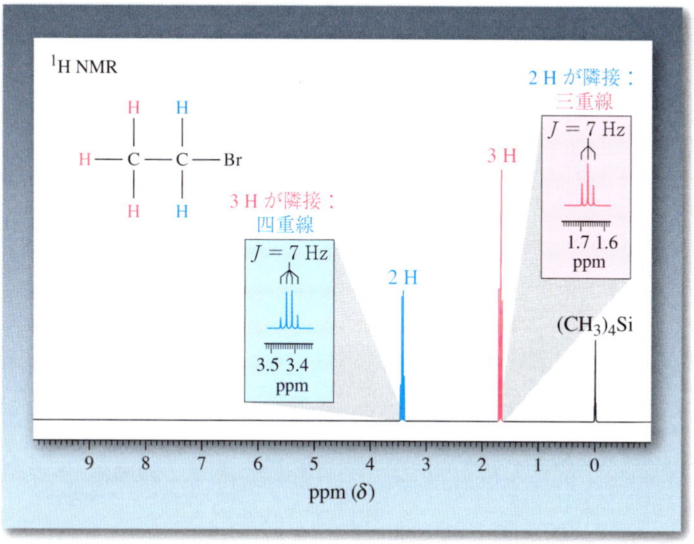

図 10-21 ブロモエタンの 300 MHz ^{1}H NMR スペクトルで $N+1$ 則を示す．メチレン水素には三つの等価な隣接水素があり，$\delta=3.43$ ppm に $J=7$ Hz の四重線として現れる．二つの等価な隣接水素をもつメチル水素は $\delta=1.67$ ppm に $J=7$ Hz の三重線として吸収を示す．

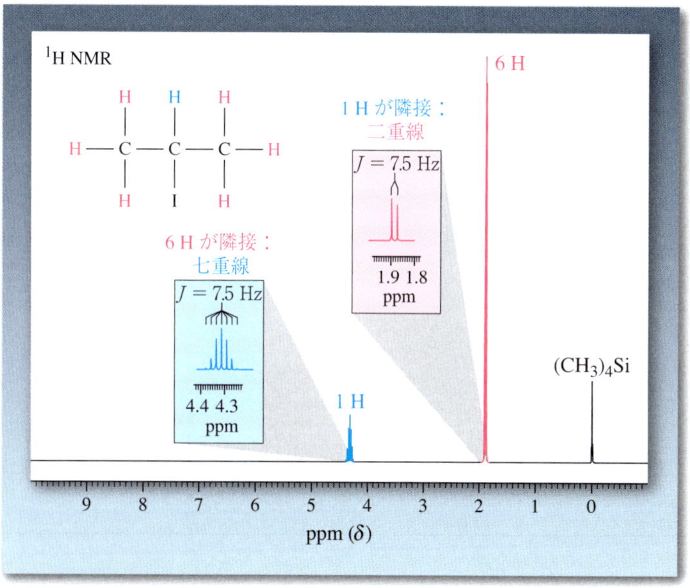

図 10-22 2-ヨードプロパンの 300 MHz ^{1}H NMR スペクトル：$\delta=4.31$ (sep, $J=7.5$ Hz, 1 H), 1.88 (d, $J=7.5$ Hz, 6 H) ppm．二つのメチル基に 6 個の等価な核があるために，第三級水素は七重線になる（$N+1$ 則）．

練習問題 10-13

(a) (i) エトキシエタン（ジエチルエーテル），(ii) 1,3-ジブロモプロパン，(iii) 2-メチル-2-ブタノール，(iv) 1,1,2-トリクロロエタン，のそれぞれの NMR スペクトルを予想せよ．おおよその化学シフト，相対的な存在比（積分）および多重度（d や t など）を示せ．

(b) ^{1}H NMR 分光法を用いて次の各組合せの異性体化合物をどのようにして区別できるか．化学シフト（表 10-2 を調べること），積分および $N+1$ 則を検討しよう．

(i) 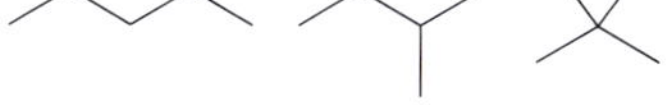

(ii) 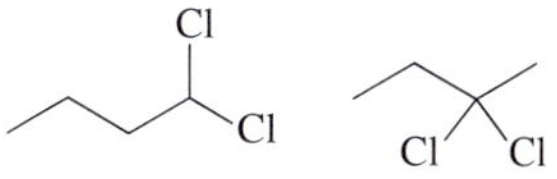

(iii) 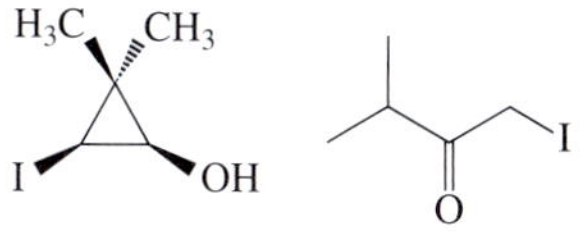

(iv) 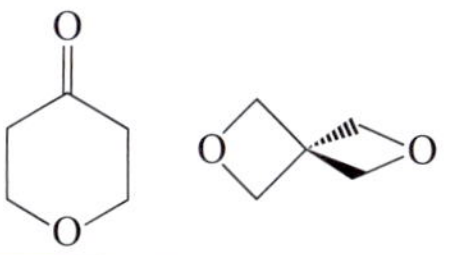

表 10-5　通常のアルキル基によく見られるスピン−スピン分裂

H_a の分裂パターン	構造	H_b の分裂パターン
H_a は**一つの隣接** H_b をもつ：2本のピークすなわち二重線 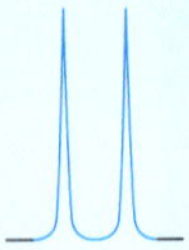	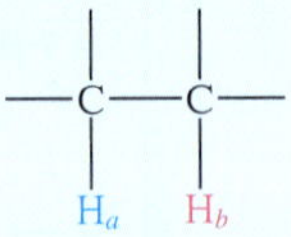	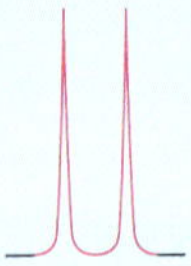 H_b は**一つの隣接** H_a をもつ：2本のピークすなわち二重線
H_a は**一つの隣接** H_b をもつ：2本のピークすなわち二重線 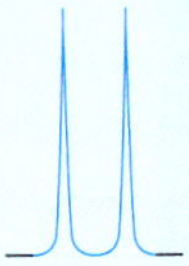	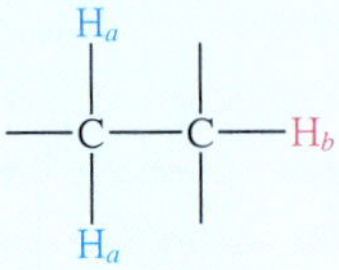	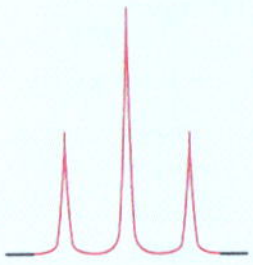 H_b は**二つの隣接** H_a をもつ：3本のピークすなわち三重線
H_a は**二つの隣接** H_b をもつ：3本のピークすなわち三重線 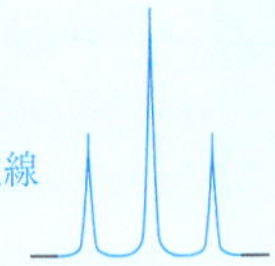	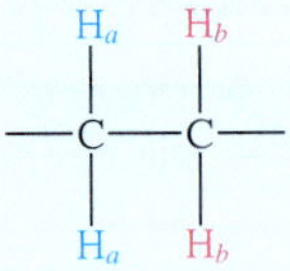	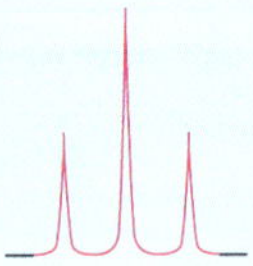 H_b は**二つの隣接** H_a をもつ：3本のピークすなわち三重線
H_a は**一つの隣接** H_b をもつ：2本のピークすなわち二重線 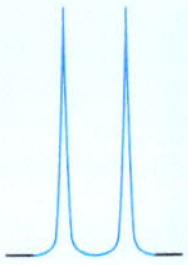	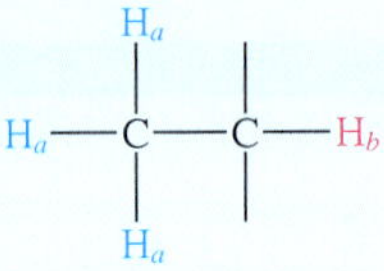	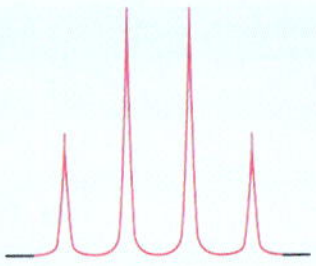 H_b は**三つの隣接** H_a をもつ：4本のピークすなわち四重線
H_a は**二つの隣接** H_b をもつ：3本のピークすなわち三重線 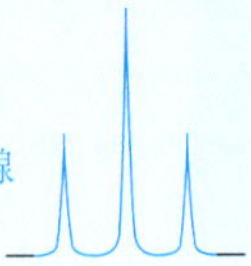	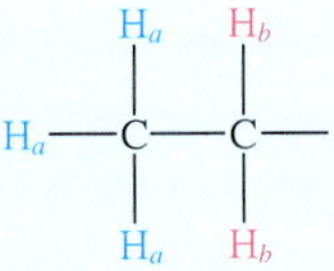	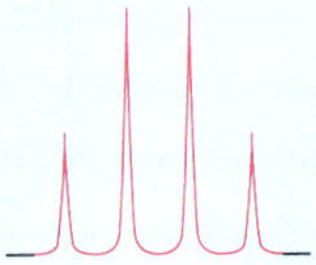 H_b は**三つの隣接** H_a をもつ：4本のピークすなわち四重線
H_a は**一つの隣接** H_b をもつ：2本のピークすなわち二重線 	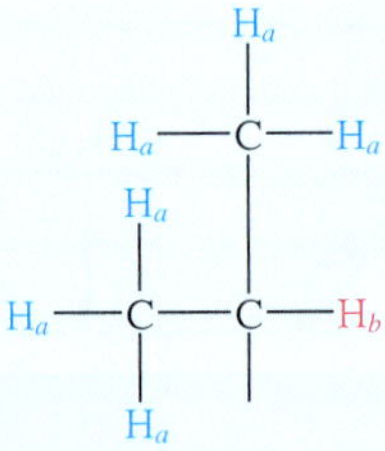	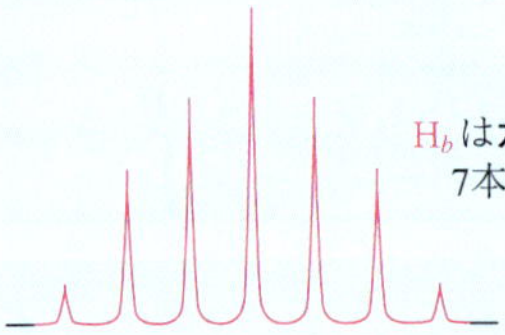 H_b は**六つの隣接** H_a をもつ：7本のピークすなわち七重線

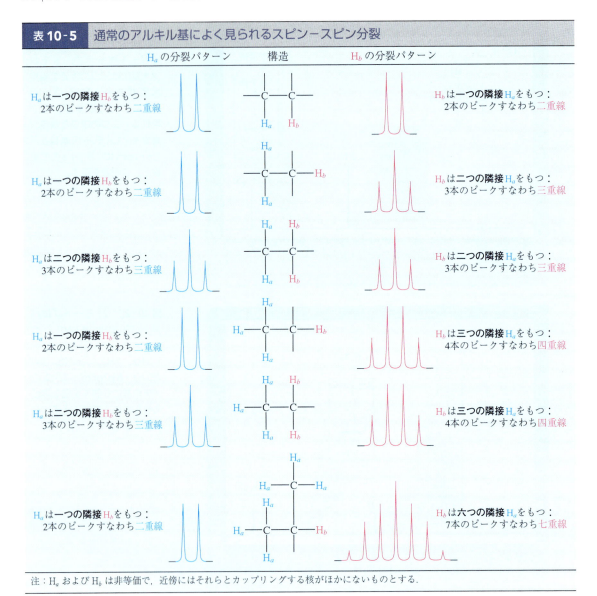

注：H_a および H_b は非等価で，近傍にはそれらとカップリングする核がほかにないものとする．

練習問題 10-14

概念のおさらい：化学シフト，積分およびスピン−スピン分裂を用いて構造を解明する

分子式が $C_5H_{12}O$ のアルコールやエーテルには，いくつかの異性体が存在する（たとえば図10-11と図10-15の2,2-ジメチル-1-プロパノールや章末問題48を参照）．それらのうちの二つの異性体(A)および(B)は，次のような ^{1}H NMR スペクトルを示す．

(A)：δ = 1.19(s, 9 H)，3.21(s, 3 H)ppm

(B)：δ = 0.93(t, 3 H)，1.20(t, 3 H)，1.60(sextet, 2 H)，3.37(t, 2 H)，3.47(q, 2 H) ppm

上記のデータから両異性体の構造を決定せよ．

●解法のてびき

What 何が問われているか．与えられた組成とそれぞれのスペクトルデータに適合する二つの構造を提案することである．答えは与えられたすべての情報と完全に一致しなければならない．提案した構造といくつかのデータが一致しただけでは不十分である．

How どこから手をつけるか．この問題を解くにあたって，$C_5H_{12}O$ の異性体をすべて書き出して，それらの各構造と与えられた NMR データが合うかどうかを調べてみようとする人がいるかもしれない．確かにこの方法は信頼性が高いが，非常に時間がかかる．そうする代わりに，与えられたスペクトルからできるかぎり多くの情報を取り出してから検討すべき構造を組み立てるのが，よりよい解決法である．とくに，ある種のスペクトルパターンを見たとたんに，これをその分子のある部分構造と関係づけられることが多い（表 10-5 参照）．このような部分構造が同定できると，$C_5H_{12}O$ からその構造に含まれる原子を差し引くことができ，残りのより小さな断片について考えればよい．最後に各断片をつなぎ合わせれば，すべての情報と最もよく一致する答えが出る．

Information 必要な情報は何か．本章に書かれていること，とくに表 10-2，表 10-5，10-5 節，および 10-7 節を参考にしよう．

Proceed 一歩一歩論理的に進めよ．

● **答え**

まず化合物（A）について考えてみよう．

- 2 種類の一重線があるのは対称性が高いことを示している（10-5 節）．
- 積分値が 1 H に相当するピークがないので，OH 官能基の存在は除外できる．したがって，この分子はエーテルである．
- 3 H に相当する積分値をもつ一重線は，CH_3 置換基があることを強く示唆している．この一重線の化学シフトは，メチル基がエーテル酸素に結合していることを示している（表 10-2 参照）．
- $C_5H_{12}O$ から CH_3O を差し引くと，残りは C_4H_9 となり，これがアルカン領域にあってより高磁場側のもう一つの一重線を示すものに違いない（表 10-2）．
- 一重線の積分が 9 H 分であることは，等価な三つの CH_3 置換基があることをはっきりと示している．その答えは，*tert*-ブチル基，$C(CH_3)_3$ である．これらの部分構造を組み合わせると，（A）の答えとして $CH_3OC(CH_3)_3$ が得られる．

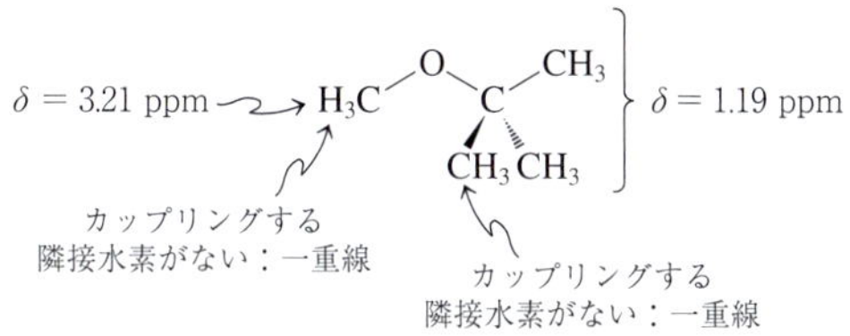

次に，化合物（B）についても同じような解析をすることができる．

- この分子は五つのシグナルを示し，しかもそれらすべてが分裂している．先ほどと同様に水素 1 個分のピークがないので，ヒドロキシ基の存在は除外できる．
- δ 値のなかで二つが比較的大きな値をもつことに気づくので，$\delta = 3.37$ ppm の 2 H 分の三重線と $\delta = 3.47$ ppm の 2 H 分の四重線に相当するこれら二つの部分は酸素に結合していると同定できる．以上のことは，非対称な部分構造 X－CH_2OCH_2－Y であることを示している．
- この二つの CH_2 基のカップリングパターンから隣接する X および Y の性状が推定できる（522 ページの指針を参照）．すなわち，一つは四重線となる原因である CH_3 基であり，もう一方は三重線を生じる別の CH_2 基であるに違いない．したがって，部分構造として $CH_3CH_2OCH_2CH_2$－が非常に有力であると考えることができる．
- $C_5H_{12}O$ からこの部分構造を差し引くと最後に残るのが CH_3 だけになるので，可能性の高い答えは $CH_3CH_2OCH_2CH_2CH_3$ となる．この構造で残りのスペクトルにぴったり合うだろうか．
- 高磁場側に目をやると，それぞれ三つの等価な水素に起因する二つの三重線がある．これらはそれぞれ隣接する CH_2 に結合した二つの異なる CH_3 基であることの「決め手」

であり，いいかえると，これらは二つのエチル基である．最後に，2Hの積分に相当する六重線は，5個の隣接水素をもつCH_2基が存在することを示している．この二つの情報は提案した答えとよく一致しており，$CH_3CH_2OCH_2CH_2CH_3$がただ一つの可能な構造となる．

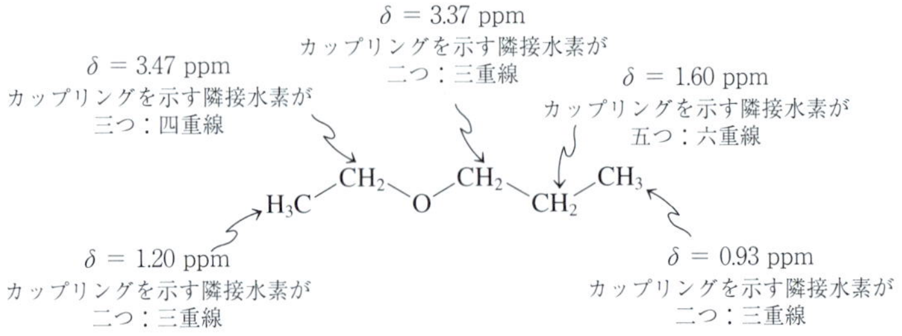

練習問題 10-15 自分で解いてみよう

$C_5H_{12}O$のもう一つの異性体は以下のような^{1}H NMRスペクトルを示す．δ＝0.92(t, 3H)，1.20(s, 6H)，1.49(q, 2H)，1.85(br s, 1H)ppm．どのような構造をしているか示せ．(**ヒント**：1.85 ppmの一重線は幅が広い．)

まとめ　スピン－スピン分裂はビシナル位(隣接位)およびジェミナル位の非等価な水素の間で起こる．通常，測定している水素の吸収はN個の等価な隣接水素によって$N+1$本のピークに分裂し，それらの相対的な強度はPascalの三角形に示される値と一致する．ふつうよく見られるアルキル基は特徴的なNMRパターンを示す．

10-8 スピン－スピン分裂：複雑な例

分裂したピークの現れ方を支配する規則について10-7節でおおまかに述べたが，これはやや理想的なものである．たとえば，二つの吸収の間のδ値の差が比較的小さい場合には，コンピュータを用いないと解釈できないようなもっと複雑なパターン(複雑な多重線)が観測される．さらに，共鳴している核が二つあるいは三つ以上の種類の隣接水素とカップリングし，そのカップリング定数がかなり異なると，$N+1$則を直接適用できなくなる．また，ヒドロキシ水素は隣接水素があっても一重線として現れるであろう(図10-11参照)．それでは，このような複雑な例を一つずつ順に見ていこう．

ピークが近接しているパターンは非一次スペクトルを与えることがある

図10-16，10-21および10-22のスペクトルをよく見ると，分裂パターンの相対的な強度がPascalの三角形を考慮して予想される理想的なピーク比には一致せず，そのパターンは完全に対称ではなくひずんでいる．とくに，2種類の互いにカップリングした水素の二つの多重線は，互いに向き合った側の吸収線の強度がどちらも予想よりも大きくなるようなひずみ方をしている．Pascalの三角形と$N+1$則にしたがう正確な強度比は，カップリングした水素の共鳴周波数

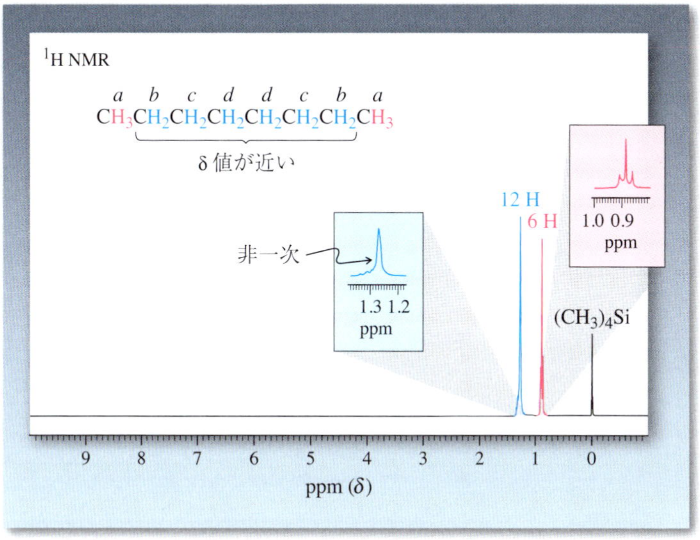

図 10-23 オクタンの 300 MHz ^{1}H NMR スペクトル．アルキル鎖を含む化合物には，このような非一次パターンを示すものが多い．

の差がそれらの間のカップリング定数よりも十分大きい場合，すなわち$\Delta\nu \gg J$の場合にのみ観測される．このような状況のもとで，スペクトルは**一次**(first order)＊であるという．しかし，これらの共鳴周波数の差が小さくなるにつれて，予想されたピークのパターンのひずみが増してくる．

＊この表現は一次理論という用語に由来するもので，これはある系の最も重要な変数と項だけを考慮に入れるという理論である．

極端な場合，10−7 節で考えた単純な規則はもはや適用できなくなり，共鳴吸収はより複雑な形をとり，このようなスペクトルは**非一次**(non−first order)であるという．このようなスペクトルはコンピュータを用いてシミュレーションすることができるが，そのような取扱い方についてはここでは割愛する．

とくに顕著な非一次スペクトルの例としては，アルキル鎖を含む化合物のスペクトルがある．図 10−23 にオクタンの NMR スペクトルを示したが，非等価な水素(4 種類ある)がすべて非常によく似た化学シフトをもつために，このスペクトルは一次ではない．すべてのメチレン水素が一つの幅広い多重線としての吸収を示す．さらに，末端メチル基も非常にひずんだ三重線になっている．

非一次スペクトルは$\Delta\nu \approx J$の場合に生じるので，より強い磁場でスペクトルを測定することによって多重線の見え方を「改善」できるはずである．なぜなら，共鳴振動数は外部磁場の強度に比例するが，カップリング定数Jは外部磁場には無関係だからである(10−7 節)．したがって，磁場の強度が増すとそれぞれの多重線はますます分離され(分解されるともいう)，近接した吸収の非一次効果は次第に消滅していく．この効果は通常の物体を見るときに拡大鏡を用いるのと同じであるといえる．すなわち，私たちの目の分解能はかなり低いので，試料の微細構造を適当に拡大させてはじめて識別できるようになる，ということである．

磁場の強度が増すと，2−クロロ−1−(2−クロロエトキシ)エタンのスペクトルに劇的な効果をもたらす(図 10−24)．この化合物では，酸素の反しゃへい化効果が塩素置換基の効果とほぼ同じである．その結果，2 組のメチレン水素は非常に近接したピークパターンを生じる．90 MHz では現れた吸収は対称な形をもっているものの，非常に複雑でさまざまな強度をもった 32 本以上のピークを示して

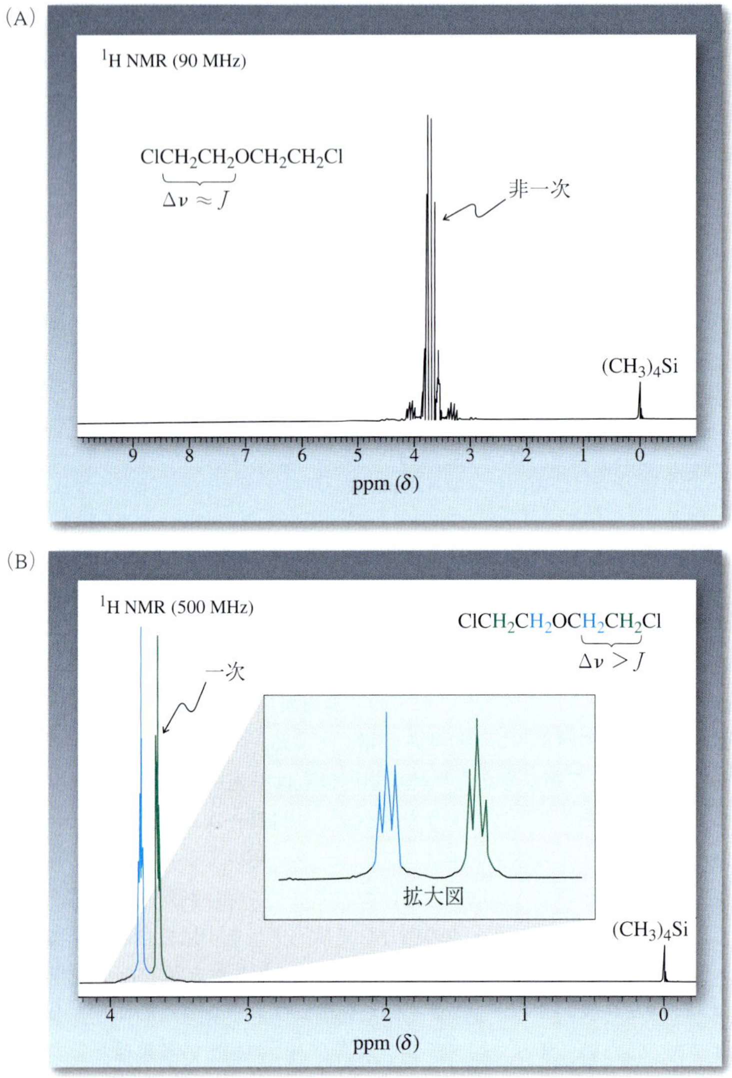

図 10-24 非一次NMRスペクトルに対する磁場強度増大の効果：2-クロロ-1-(2-クロロエトキシ)エタンの(A)90 MHzおよび(B)500 MHzのNMRスペクトル．高磁場強度下での測定では，90 MHzで観測された複雑な多重線が二つのややひずんだ三重線に単純化されており，これは相互にカップリングした二つのCH_2基に予想されるシグナルである．

いる．しかし，このNMRスペクトルを500 MHzの分光計で記録すると，一次パターンとなる〔図10-24(B)〕．

> **連続的$N+1$則**
> 2種類の隣接水素がある場合，それぞれの数をNとnとし，二つの異なるJ値をJ_1とJ_2とすると，単純だった$N+1$則は次のようになる．
>
> ピークの数＝$(N_{J_1}+1)\times(n_{J_2}+1)$

複数の非等価な隣接水素とのカップリングでは単純な$N+1$則を変形しないといけないことがある

水素が2組の非等価な隣接水素とカップリングすると，複雑な分裂パターンが生じる．1,1,2-トリクロロプロパンのスペクトル(**図10-25**)はこれをよく示している．この化合物では，C2の水素がメチル基と$CHCl_2$基の間に位置しており，それぞれの水素と個別にカップリングし，そのカップリング定数が異なっている．

このスペクトルを詳細に解析してみよう．まず，二つの二重線に気づくが，一つが低磁場にあり($\delta=5.86$ ppm，$J=3.6$ Hz，1 H)，もう一つが高磁場にある($\delta=1.69$ ppm，$J=6.8$ Hz，3 H)．低磁場の吸収はC1の水素(H_a)に帰属でき，反しゃへい化効果をもつ二つの塩素と隣接している．また，メチル基の水素(H_c)

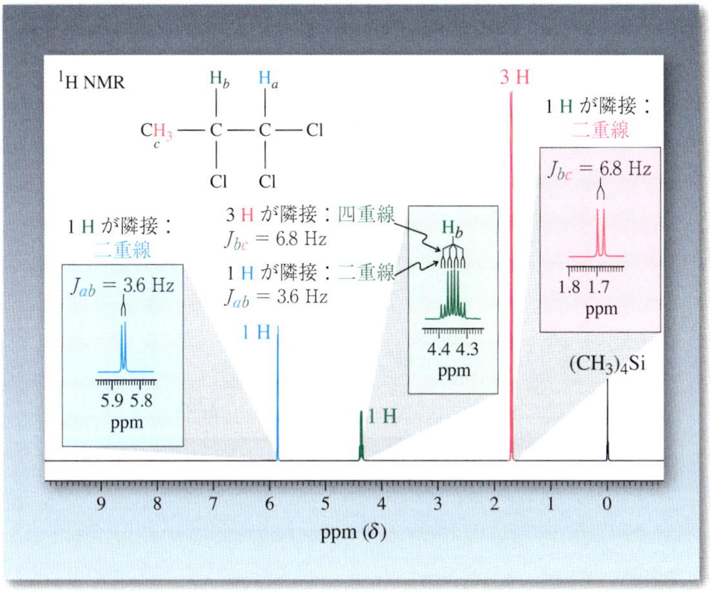

図 10-25　1,1,2-トリクロロプロパンの 300 MHz ^{1}H NMR スペクトル．核 H_b は δ = 4.35 ppm に二重線の四重線，すなわち 8 本のピークとして現れる．

は予想どおり最も高磁場で共鳴を起こす．$N+1$ 則によって予想されるとおり，それぞれの水素は C2 の水素(H_b)とのカップリングのために 2 本に分裂する．しかし，H_b の共鳴は予想されるものと見かけがまったく異なっている．この吸収をもたらす核は隣接位に合計四つの水素，すなわち H_a と三つの H_c がある．$N+1$ 則を適用すると，五重線が観測されるはずであることが示唆される．しかし，$\delta = 4.35$ ppm の H_b のシグナルは 8 本の線から成っており，その相対強度は通常の分裂パターンとして予想されるものと一致しない(表 10-4，10-5)．この複雑さの原因は何によるのだろうか．

$N+1$ 則が厳密に適用されるのは，等価な隣接水素による分裂にかぎられる．この分子には H_b とカップリングする 2 組の異なる隣接水素があり，それらのカップリング定数は異なっている．しかし，これらのカップリングの影響は $N+1$ 則を連続的に適用すると理解できる．メチル基によって H_b の共鳴の分裂は比較的大きなカップリング定数 $J_{bc} = 6.8$ Hz の四重線になる．次に，この四重線の各ピークは H_a とのカップリングによってさらにより小さなカップリング定数 $J_{ab} = 3.6$ Hz の二重線に分裂し，この両方の分裂によってここで観測された 8 本線のパターンが生まれる(図 10-26)．このような場合，C2 の水素は二重線の四重線に分裂しているという．

1-ブロモプロパンの C2 の水素も 2 組の非等価な隣接水素とカップリングする．しかしこの場合は，生じた分裂パターンが $N+1$ 則に一致するように見え，六重線(ややひずんでいる)が観測される(図 10-27)．その理由は二つの異なる水素の組とのカップリング定数が約 6～7 Hz と非常に似ているためである．1,1,2-トリクロロプロパンについて上で述べたのと同様の解析をすると，1-ブロモプロパンのシグナルは 12 本線(三重線の四重線)まで増えると予想されるが，カップリング定数がほとんど同じために多くの線が重なり，その結果，パターンが簡略化される(図 10-28)．多くの単純なアルキル誘導体の水素は同程度のカップリング定数を示し，$N+1$ 則に一致するようなスペクトルを示す．

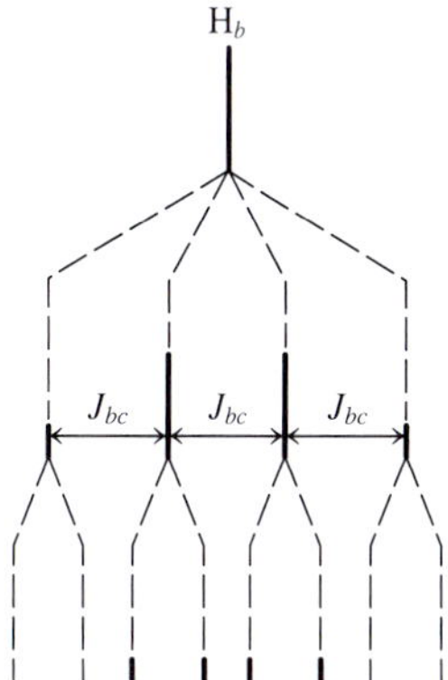

図 10-26　1,1,2-トリクロロプロパンの H_b の分裂パターンは $N+1$ 則を連続的に適用することによって得られる．メチル基とのカップリングにより生じた四重線のそれぞれが，C1 の水素によってさらに二重線に分裂している．

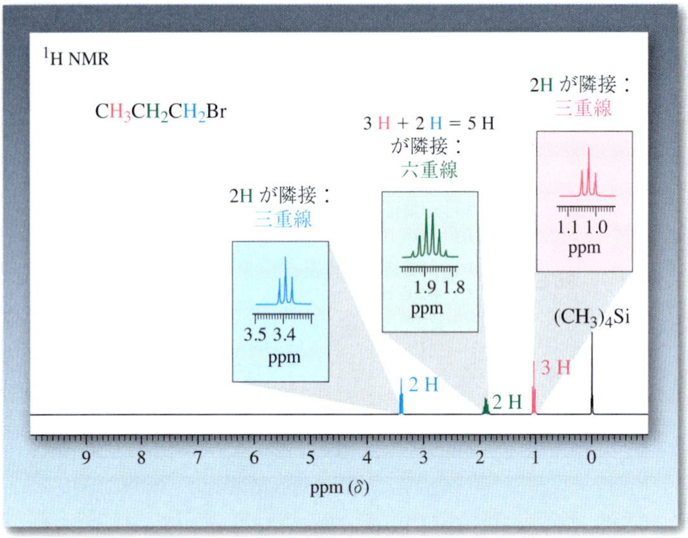

図 10-27　1-ブロモプロパンの 300 MHz ^{1}H NMR スペクトル．

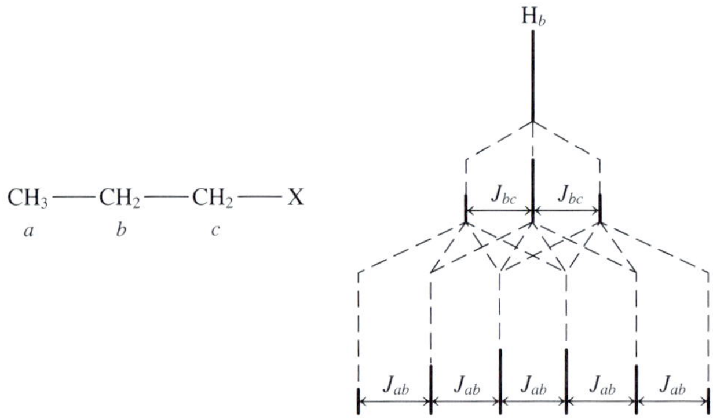

図 10-28　プロピル誘導体で $J_{ab} \approx J_{bc}$ のときに H_b に予想される分裂パターン．いくつかのピークがたまたま重なるために，擬似的に単純なスペクトルとなり，六重線として現れる．

練習問題 10-16

概念のおさらい：$N+1$ 則を適用する

次の構造式中に太字で示した水素のカップリングパターンを，まず単純な $N+1$ 則にしたがって，次いで連続的な $N+1$ 則によって予想せよ．

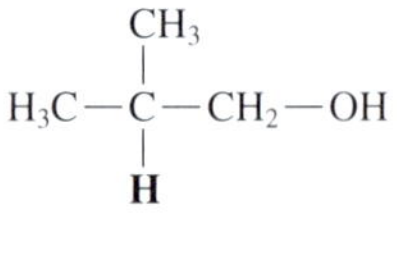

● 解法のてびき

What 考えるための材料は何か．2-メチル-1-プロパノールというアルコールを与えられ，それは 4 種の異なるタイプの水素をもっている．C2 の第三級水素の ^{1}H NMR シグナルが隣接する水素によってどのように分裂するか考えることが求められている．

How どこから手をつけるか．一般に，ある特定の水素の分裂パターンを予想するためには，それらに「隣接する」水素の本質を明確にする必要がある．この作業をする際の手助けとして，模型を組むことや，すべての水素を示した構造を完全に書き表すことが有効であることが多い．このようにすると，対称性の存在を見分けることができ，隣接する水素の異なるタイプとそれらの相対的な存在比を決めることができる．

Information 必要な情報は何か．（通常は）すぐ隣の水素だけがスピン－スピン分裂を起こすことを覚えておくこと．そして，分裂を支配する規則について 10-7 節と 10-8 節を復習しよう．

Proceed 一歩一歩論理的に進めよ．

●答え

- 単純な $N+1$ 則を適用するのは容易である．すべきことは，N を決めるために，太字で示した水素に隣接する水素の数を数えるだけでよい．この場合は，二つの CH_3 単位と一つの CH_2 単位であり，合わせて 8 H となる．したがって，太字の水素は九重線すなわち 9 本の線として現われ，それらの相対強度は Pascal の三角形（表 10-4）に合致して 1：8：28：56：70：56：28：8：1 となるはずである．実際には，これらの正確な数値を算出する必要はなく，最も強い中心の線のまわりに，左から増大して右へ減少していく対称的なパターンを探せば十分である．一番外側の線を確実に見逃さないようにするために，スペクトルを拡大することが必要になるであろう．しかし対称な九重線は，メチル水素とメチレン水素の双方に対する結合定数がそれぞれ同じである場合にのみ期待できるものである．
- 連続的な $N+1$ 則は等価でない隣接原子に対する J 値が異なるときに適用される．その場合，はじめに，1 種類の隣接水素のみが存在する場合に予想される分裂パターンを決める．たとえば，CH_3 基を取り上げると，それは 6 H で七重線を与えるであろう．次に，もう一つの隣接水素によって起こるさらなる分裂を適用してみると，ここで隣接するのは CH_2 基であり，もとの七重線のそれぞれの線を三重線に分裂させる．結果は三重線の七重線で，21 本線になる．この順番は任意的なもので，逆にすることも可能であり，その結果は七重線の三重線で，同じく 21 本線になる．実際には，より大きな J 値をもつカップリングパターンを先に書き，値が小さくなる順に他のパターンを続けて示していく．実際の実験で得られる分裂パターンがどのようなものか知りたいであろう．それは $J=6.5$ Hz の九重線である．いいかえると，二つの非等価な隣接水素とのカップリング定数は等しく，そのため単純な $N+1$ 則が適用される．

練習問題 10-17　自分で解いてみよう

以下の構造式中の太字で示した水素のカップリングパターンを，まず単純な $N+1$ 則によって，次いで $N+1$ 則を連続的に用いて推測せよ．

(a) $BrCH_2C\mathbf{H}_2CH_2Cl$

(b) $CH_3C\mathbf{H}CHCl_2$（C–H 炭素上に OCH_3）

(c) $Cl_2CHC\mathbf{H}CHCH_3$（下に CH_3S，Br）

(d)
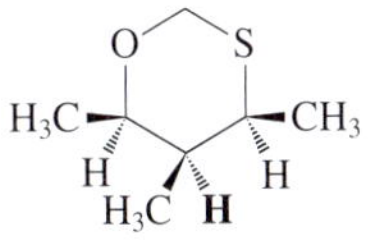

(e) (a)～(d)で指定されていない（太字になっていない）すべての水素のシグナルの多重度を示せ．

練習問題 10-18

10-6 節で，1-クロロプロパンのモノクロロ化物である 1,1-，1,2-および 1,3-ジクロロプロパンを，化学シフトと積分だけを利用してどのように区別するかを学んだ．これらはカップリングパターンによっても区別できるだろうか．

速いプロトン交換がヒドロキシ水素をデカップリングする

ビシナルカップリングについての知識を得たので，ここでアルコールの NMR

に戻ることにしよう．2,2-ジメチル-1-プロパノールの NMR スペクトル(図10-11)で，ヒドロキシ基の水素の吸収が何の分裂もなく，1本のピークとして現れていたことを思い起こそう．この水素は他の二つの水素に隣接しており，それによってシグナルは三重線として現れるはずなので，これは奇妙なことである．また，一重線として現れた CH_2 水素のほうも同じカップリング定数をもった二重線として現れるべきである．それでは，なぜスピン-スピン分裂が観測されないのだろうか．その理由はアルコール分子どうしの間や微量の水との間で，弱いながらも酸性の OH の水素が室温では NMR の時間スケールで十分速く移動しているからである．このような過程が起こる結果，NMR 分光計は OH の水素の平均的なシグナルを見ているにすぎない．このプロトンが酸素に結合している時間があまりにも短い(およそ 10^{-5} 秒)ために，カップリングは観測されない．したがって CH_2 核も同様にカップリングせず，一重線が観測されるような条件になる．

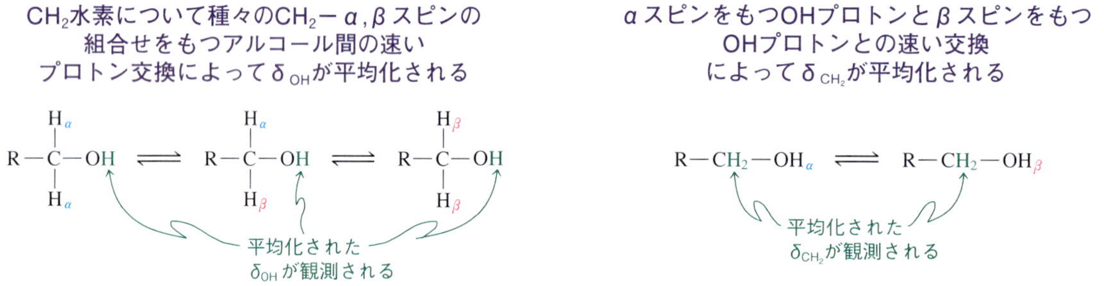

このタイプの吸収は**速いプロトン交換**(fast proton exchange)によって**デカップリング**(decoupling)されているという．この交換は，微量の水や酸を除去するか，冷却すれば遅くすることができる．これらの場合，完全な OH 結合が十分長く(1秒以上)保持されるので NMR の時間スケールでカップリングの観測が可能である．その例をメタノールについて図10-29に示す．37 ℃では2種類の水素に対応する二つの一重線が観測され，どちらもスピン-スピン分裂がない．しかし，−65 ℃では期待されたカップリングパターンが検出でき，四重線と二重線がそれぞれ一つずつ見られる．

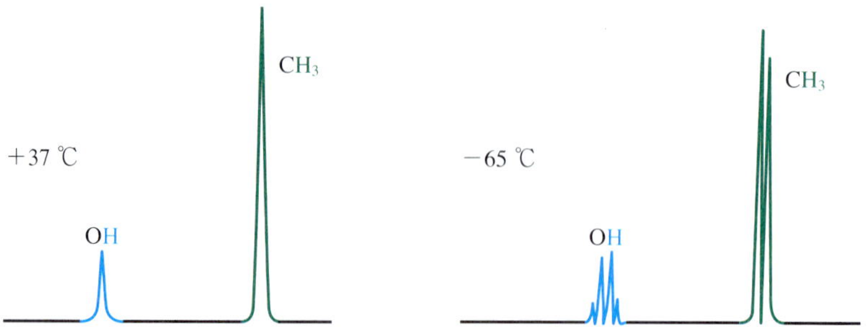

図10-29 メタノールのスピン-スピン分裂の温度依存性．37 ℃における2本の一重線はアルコールの速いプロトン交換の影響を示している〔H. Günther, "NMR-Spektroskopie," Georg Thieme Verlag, Stuttgart (1973)による〕．

磁性の速い交換が塩素，臭素およびヨウ素核の「自己デカップリング」を起こす

ハロゲン核にはすべて磁性がある．したがって，ハロアルカンの ^1H NMR ス

ペクトルは，ハロゲン核の存在によるスピン-スピン分裂(通常の H—H カップリング以外に)を示すものと考えられる．実際にはこの効果はフッ素にだけ見られ，水素の場合と同じようにカップリングが起こるが，J 値ははるかに大きい．たとえば，CH_3F の ^{1}H NMR スペクトルは $J = 81$ Hz の二重線を示す．有機フッ素化合物は比較的特殊な分野なので，その NMR スペクトルについてはこれ以上詳しくは触れないことにする．

その他のハロゲン化物に話を戻そう．図 10-16，10-21，10-22，10-24，10-25 および 10-27 に示したハロアルカンのスペクトルを調べてみると，(幸いなことに)これらのハロゲン核によるスピン-スピン分裂で目に見えるほどのものは存在しない．このようにハロゲン核によるスピン-スピン分裂が観察されない理由は，NMR 時間スケールで比較的速い分子内でのハロゲンの磁気状態の平衡があり，隣接する水素が，これらの各ハロゲン核が外部磁場 H_0 に対して異なった配列をとることを認識できなくなるためである．ヒドロキシ水素が「交換によるデカップリング」を示すのに対し，ハロゲンは「自己デカップリング」を起こす．

まとめ　NMR スペクトルでは，非等価な水素の化学シフトの差がそれに対応するカップリング定数の値と近いために，ピークパターンが一次でないものが多い．このようなスペクトルの見え方は高磁場 NMR 装置を用いることによって改善できる．複数の非等価な隣接水素とのカップリングはそれぞれ別に起こり，カップリング定数は異なる．その値が十分異なっていて多重線の解析ができるような場合もある．単純なアルキル誘導体ではカップリング定数がよく似ている($J = 6 \sim 7$ Hz)ので，$N + 1$ 則にしたがって予想されるようなスペクトルに単純化されて観測されることが多い．アルコールの酸素を介してのビシナルカップリングは速いプロトン交換のためにデカップリングされ，観測されないことがよくある．

10-9　炭素-13 核磁気共鳴(^{13}C NMR)

有機化合物の大部分は水素をもっているので，^{1}H NMR は有機物の構造決定の強力な方法である．さらに高い有用性を示す可能性があるのは炭素の NMR 分光法である．すべての有機化合物は定義どおりこの元素を含有している．^{1}H NMR と組み合わせることによって，この方法は有機化学者が利用できる最も重要な分析手段となっている．本節を読むと，^{13}C NMR スペクトルではスピン-スピン分裂という複雑さを避けられるので，^{1}H NMR よりもはるかに単純であることがわかる．

こぼれ話
炭素には ^{8}C から ^{23}C まで 15 種類(！)もの同位体があり，そのうち地球上に存在するのは三つだけである．すなわち，安定な ^{12}C と ^{13}C，および半減期が 5700 年の放射性同位体 ^{14}C である．^{14}C は，高層大気中で高エネルギーの宇宙線が ^{14}N 原子と衝突することによりごく微量生成し，考古学における「放射性炭素年代測定法」の基盤となっている．最も安定性の低い同位体は半減期が 2×10^{-21} s の ^{8}C である．

炭素 NMR は天然存在比の小さい同位体 ^{13}C を利用する

炭素の NMR をとることは可能である．しかし困ったことに，天然存在比が最も大きい炭素の同位体である炭素-12 は NMR で検出できない．ところが幸いなことに，もう一つの同位体である炭素-13 が天然に約 1.11％程度存在している．この同位体は磁場が存在すると水素と同様の挙動をとる．したがって，^{1}H NMR

コラム● 10-3　ジアステレオトピックな水素の非等価性について

メチレン(CH_2)基はどれも等価な水素から成るので，NMR スペクトルではただ 1 本のシグナルを示す，と思っていた人がおそらくいたであろう．鏡面とか回転軸といったメチレン水素が等価になるような対称要素がある場合には，確かに上述のようになる．たとえば，ブタンやシクロヘキサンのメチレン水素はそのような性質をもっている．ところが，水素が置換されるとこの対称性は簡単に失われ(3 章および 5 章参照)，この変化は立体異性(5 章参照)という点だけでなく，NMR スペクトルにおいても大きな影響を与える．

たとえば，シクロヘキサンをラジカル臭素化のような反応によってブロモシクロヘキサンに変換したと考えてみよう．この変換反応によって，C1，C2，C3 および C4 が同一でなくなるだけでなく，臭素置換基とシスの関係にある水素は，トランスの関係にある水素といずれも別のものになっている．いいかえると，CH_2 基は非等価なジェミナル水素として現れる．この非等価な水素はそれぞれ異なる化学シフトをもち，互いにジェミナルカップリング(ビシナルカップリングの他に)を示す．そのために，得られた 300 MHz のスペクトルは右図のように非常に複雑になる．容易に同定できるのは，隣接する臭素によって反しゃへい化された C1 の水素(δ = 4.17 ppm)だけである．

等価ではないメチレン水素を**ジアステレオトピック**(diastereotopic)であるという．この用語は，これらの水素のどちらかをある置換基で置き換えたときに，双方がジアステレオマーの関係になるという立体化学的な結果に由来している．たとえば，ブロモシクロヘキサンの場合，C2 の実線のくさび型で示した水素(赤色)を置換すると，シス型の生成物になる．破線のくさび型で示した水素(青色)に同じ反応が起こると，トランス異性体が

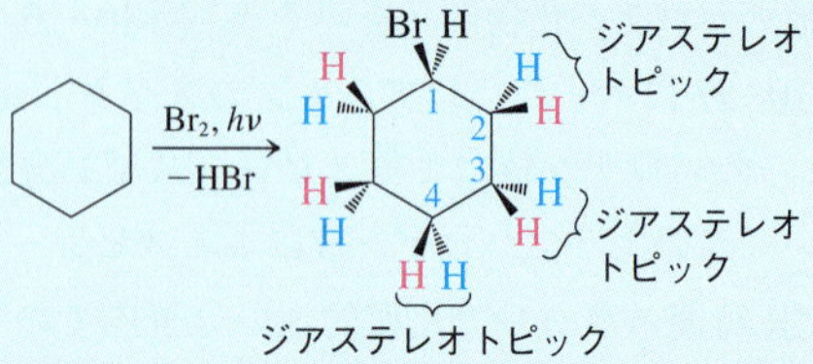

ブロモシクロヘキサン
(bromocyclohexane)

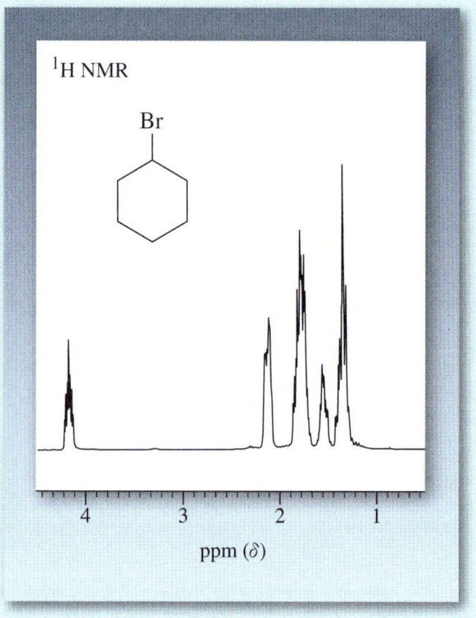

分光法で観測されたものと非常によく似たスペクトルを炭素-13 が与えることが期待される．しかし，これら二つのタイプの NMR の手法にいくつかの重要な(しかも非常に有用な)差があるため，そのような期待の一部しか正しくないことがわかる．

炭素-13 NMR(^{13}C NMR)スペクトルは観測しようとする核の天然存在比が小さいだけでなく，^{13}C の磁気共鳴がはるかに弱いために，水素のスペクトルと比べて記録するのが格段に難しくなる．これらが理由で，同様の条件下では，^{13}C のシグナルの強度は水素の約 1/6000 しかない．FT NMR(10-3 および 10-4 節)は多重ラジオ周波数パルスを用いて積算することにより，通常可能とされるよりもはるかに強度の大きなシグナルを集積することができるので，^{13}C NMR 測定にとって利用価値がとくに高い．

^{13}C の天然存在比が小さいことの利点の一つは，炭素ー炭素カップリングが通

SPECTROSCOPY

生じる．C3 および C4 それぞれに同様の操作をしてみると，同じ結果になることが確認できる．

ジアステレオトピックな水素にこのような性質がもたらされるのは，環状骨格が剛直だからだ，と思う人がいるかもしれない．しかし，それが正しくないことは5-5節をもう一度読んでみるとよくわかるように，2-ブロモブタンのC3の塩素化によって二つのジアステレオマーが生成する．したがって，2-ブロモブタンのメチレン基もジアステレオトピックな水素を二つもっていることになる．なぜこのようなことが起こるのか理解し，次のように一般化することができる．すなわち，分子内に立体中心が存在すると，CH_2 炭素を通る鏡面は存在できなくなり，また回転によって二つの水素が等価であるとすることもできなくなる．キラルな非環状分子がジアステレオトピックな水素をもつ場合を考えるために，10-6 節で論じた 1-クロロプロパンの三つのモノクロロ化生成物の一つである 1,2-ジクロロプロパンに戻ることにしよう．図示した 300 MHz の ^{1}H NMR スペクトルは四つのシグナル(通常の場合に予期される 3 本のシグナルの代わりに)を示し，そのうちの二つは C1 のジアステレオトピックな水素によるものである．とくに，これらの水素は δ = 3.58 および 3.76 ppm に二重線の二重線として現れるが，それはこの二つの水素どうしが $J_{geminal}$ = 10.8 Hz でカップリングし，さらに C2 の水素とそれぞれ異なる結合定数(それぞれ $J_{vicinal}$ = 4.7 および 9.1 Hz)でカップリングするためである．

ジアステレオトピックな水素は同じような化学シフト値を示すため，NMR スペクトルではそれらが非等価であるのを観察できないことがよくある．たとえば，キラルな 2-ブロモヘキサンでは三つのメチレン基がいずれもジアステレオトピックな水素から成り立っているが，この化合物では立体中心により近い二つのメチレン基だけしかジアステレオトピックな水素があることがわからない．3 番目に近いメチレン基は立体中心の不斉点から遠すぎるために，測定できるほどの影響を受けていないのである．

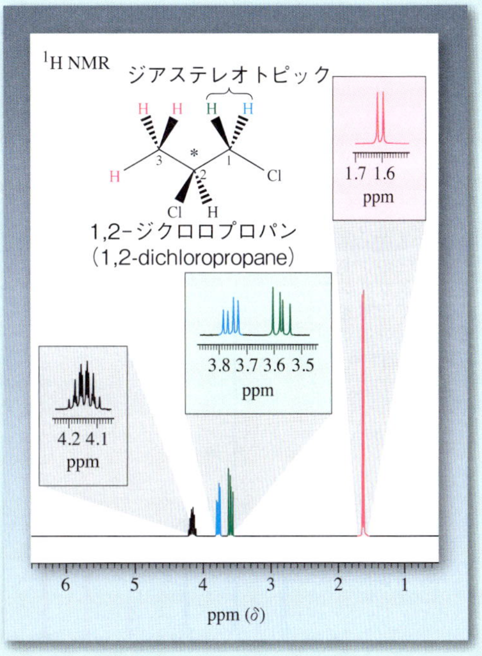

常は観測されないことである．水素とまったく同じように，二つの隣接炭素は磁気的に非等価であれば(たとえばブロモエタンの二つの炭素がそうである)，互いに分裂する．しかし，実際にはこのような分裂が観測されないのはなぜだろうか．というのは，カップリングは二つの ^{13}C 同位体が互いに隣り合ったときにのみ起こりうるためである．分子中の ^{13}C の存在比が 1.11 % では，このようなことが起こる確率は非常に低い(およそ 1 % の 1 %，すなわち 1/10000)．大部分の ^{13}C 核は ^{12}C 核のみに取り囲まれており，これがスピンをもたないのでスピン－スピン分裂は起こらない．このような特徴が ^{13}C NMR スペクトルをかなり単純化しており，解析上の問題は結合している水素とのカップリングパターンの決定のみにかぎられてくる．

図 10-30 はブロモエタンの ^{13}C NMR スペクトルを表している(^{1}H NMR スペクトルについては図 10-21 を見よ)．化学シフト δ は ^{1}H NMR と同様に定義され，

通常は$(CH_3)_4Si$の炭素の吸収を内部標準として相対的に決められる．炭素の化学シフトの範囲は水素よりもはるかに広い．水素が比較的狭いスペクトルの「窓枠」(10 ppm)をもっているのに対して，大部分の有機化合物の炭素のスペクトルは約 200 ppm の範囲に広がっている．図 10-30 は，^{13}C吸収が広範囲にわたる$^{13}C-H$のスピン－スピン分裂によって，^{1}H NMR と比べて複雑になる様子を示している．直接結合している水素が最も強いカップリング($J_{^{13}C-H} \approx 125$～

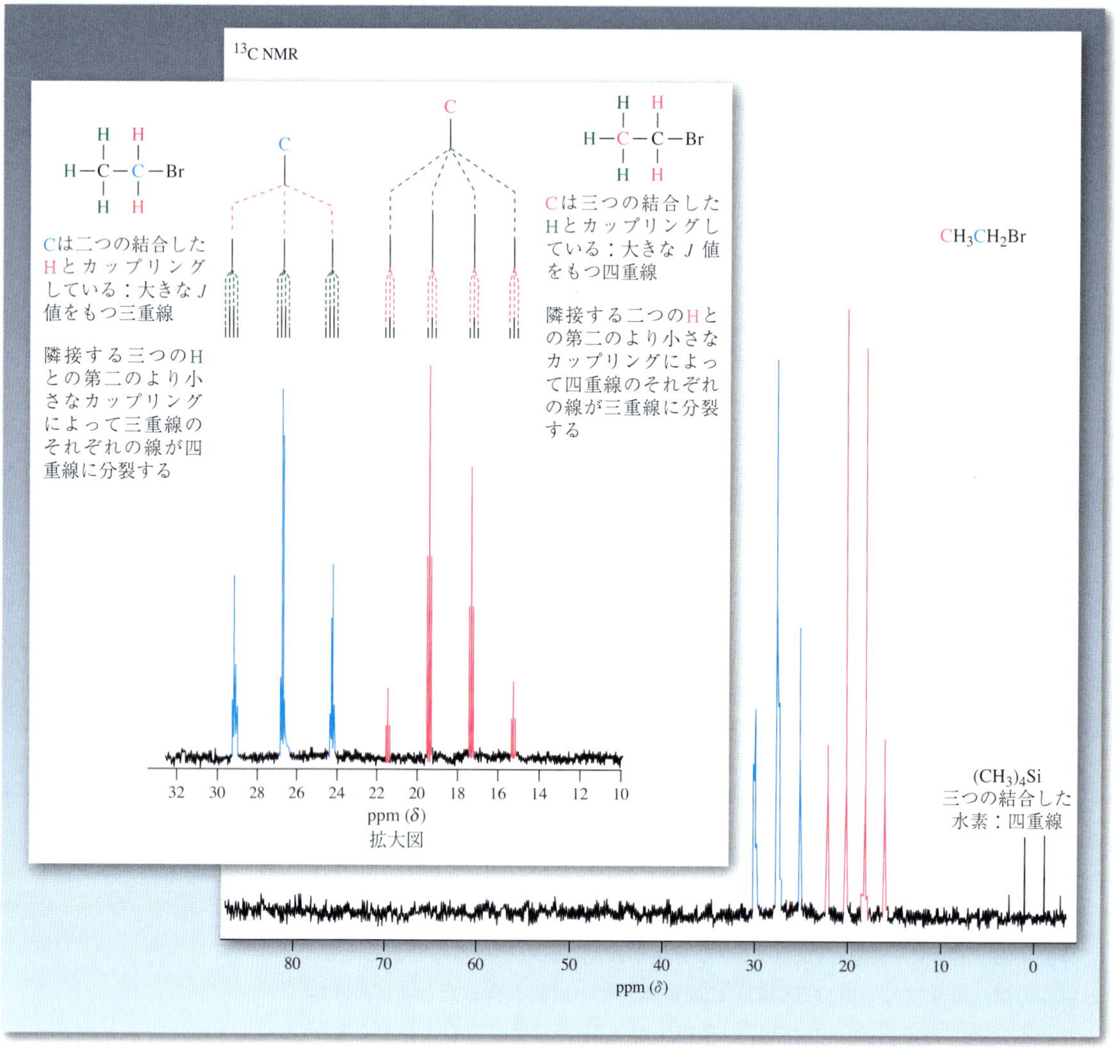

図 10-30　ブロモエタンの^{13}C NMR スペクトルで，$^{13}C-H$ カップリングの複雑さを示している．二つの炭素原子の吸収として，高磁場側の四重線($\delta = 18.3$ ppm，$J = 126$ Hz)および低磁場側の三重線($\delta = 26.6$ ppm，$J = 151$ Hz)がある．化学シフトの幅が大きいことに注目しよう．^{1}H NMR の場合と同様に，テトラメチルシラン〔$(CH_3)_4Si$〕は$\delta = 0$ ppm に位置するものと定義するが，各炭素が等価な三つの水素とカップリングするために四重線($J = 118$ Hz)の吸収となる．拡大挿入図は，各主要ピークのそれぞれの^{13}Cとそれに隣接する炭素上の水素とのカップリングによる微細分裂を明らかにするために，スペクトルの一部分を水平方向に拡大して示している．これを見ると，高磁場側の四重線(赤色)の各ピークはそれぞれさらに$J = 3$ Hz の三重線に分裂し，低磁場側の三重線(青色)の各ピークもさらに$J = 5$ Hz の四重線に分裂していることがわかる．

200 Hz）を示すのは当然のことである．しかし，観測している ^{13}C 核からの距離が増すにつれてカップリングは急激に減少し，2 本の結合を介するカップリング定数 $J_{^{13}C-C-H}$ はほんの 0.7 ～ 6 Hz の範囲の値になる程度である．

^{1}H NMR スペクトルでは炭素とのカップリングが見えないのに，逆に ^{13}C NMR スペクトルでは水素とのカップリングが観測されるのはなぜか不思議に思う人がいるかもしれない．その答えは，NMR に活性な ^{13}C 同位体の天然存在比が低く，^{1}H 核の天然存在比が高いからである．すなわち，プロトンのスペクトルでは，結合している炭素の 99 %が ^{12}C なので，^{13}C とのカップリングは観測できなかったのである．一方，対応する炭素のスペクトルでは，測定試料の 99.9 %にこの水素同位体が含まれている（表 10−1）ために ^{1}H とのカップリングが現れる．

練習問題 10-19

1−ブロモプロパンの ^{13}C NMR スペクトルのパターンを推測せよ．（^{1}H NMR スペクトルについては図 10−27 を参照せよ．**ヒント**：$N+1$ 則を連続的に用いること．）

水素のデカップリングによって単一線になる

^{13}C−H カップリングを完全に取り除く手法を**広帯域水素**（あるいは**プロトン**）**デカップリング**〔broad−band hydrogen（または proton）decoupling〕という．この方法はすべての水素の共鳴振動数をカバーする強力で幅の広いラジオ周波数シグナルを用い，^{13}C スペクトルを記録するときに同時に照射する．たとえば，7.05 T の磁場中では，炭素−13 は 75.3 MHz で共鳴し，水素は 300 MHz で共鳴する（図 10−7）．この磁場強度でプロトンがデカップリングされた炭素のスペクトルを得るためには，試料を両方の振動数で照射する．第一のラジオ周波数シグナルは炭素の磁気共鳴を得るのに使われる．同時に第二のシグナルを照射すると，すべての水素が速い $\alpha \rightleftarrows \beta$ 間のスピン反転を起こし，その速度はそれらの局部磁場への寄与を平均化するほど速い．それらの正味の結果として，カップリングがなくなる．この手法を用いると，ブロモエタンの ^{13}C NMR スペクトルは**図 10−31** に示すように 2 本の一重線に単純化される．

プロトンデカップリングの威力は，比較的複雑な分子を測定するときに明らかになる．磁気的に異なる炭素はいずれも ^{13}C NMR スペクトルで単一線のピークのみを与える．たとえば，メチルシクロヘキサンのような炭化水素について考えてみよう．^{1}H NMR による解析は，8 種類の異なるタイプの水素の化学シフトが近いために，非常に困難になる．しかし，プロトンをデカップリングした ^{13}C スペクトルは 5 本のピークのみを示し，明らかに 5 種類の異なるタイプの炭素が存在することを表しており，また，構造に 2 回対称があることがわかる（**図 10−32**）．通常の測定では積分がそのまま核の数を表さないという制約が ^{13}C NMR スペクトルにはあることも，これらのスペクトルからわかる．広帯域デカップリングをした結果，ピーク強度はもはや核の数に対応しない．

表 10−6 は炭素がその構造的な環境によって特徴的な化学シフトをもっていることを示しているが，それは水素の場合（表 10−2）と同様である．^{1}H NMR と同

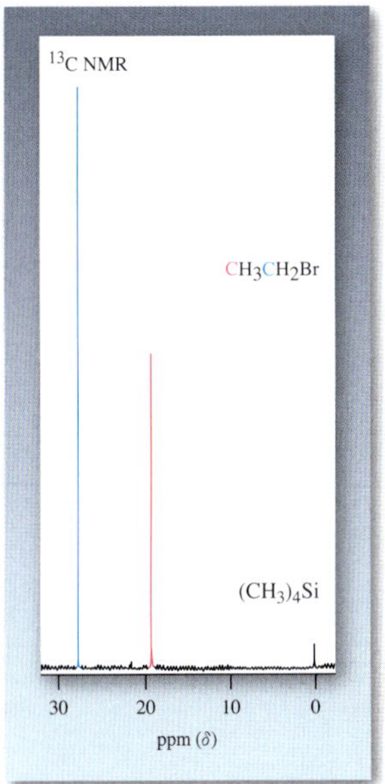

図 10−31　この図のブロモエタンの 62.8 MHz ^{13}C NMR スペクトルは，250 MHz での広帯域デカップリングによって記録したものである．$(CH_3)_4Si$ の吸収を含めてすべてのピークが一重線に単純化されている．

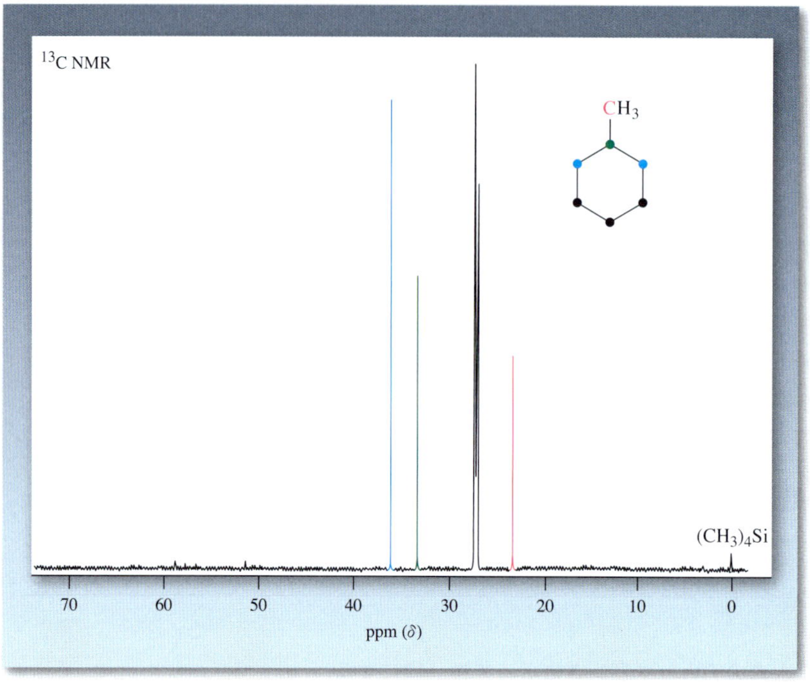

図 10-32　水素をデカップリングしたメチルシクロヘキサンの ^{13}C NMR スペクトル．この化合物の磁気的に異なる 5 種類の炭素は，それぞれ別のピークを与える：δ＝23.1，26.7，26.8，33.1，および 35.8 ppm.

じように，電子求引基は反しゃへい化を起こし，化学シフト値は第一級＜第二級＜第三級炭素の順に大きくなる．このようなδ値は，各シグナルが第何級炭素に対応しているかの目安をつけるのに有用であるだけでなく，分子内に異なる種類の炭素原子がいくつあるかということも示すので，構造の解明に役立てることができる．たとえば，メチルシクロヘキサンと同じ分子式 C_7H_{14} をもつその他の異性体との相異を考えてみよう．異性体の多くは非等価な炭素の数が違うので，はっきりと異なった炭素スペクトルを示す．分子中にどの程度の対称性がある（あるいはない）かが，炭素スペクトルの複雑さに影響することに注意しよう．

いくつかの C_7H_{14} 異性体の ^{13}C ピークの数

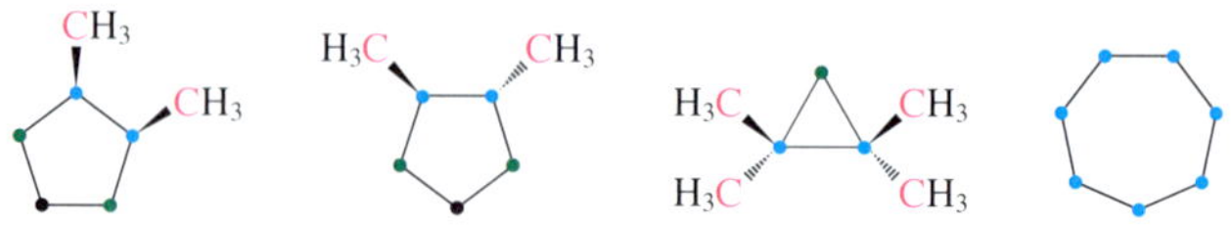

4 本のピーク　　4 本のピーク　　3 本のピーク　　1 本のピーク

表 10-6 代表的な ^{13}C NMR 化学シフト

炭素の種類	化学シフト δ (ppm)
第一級アルキル，RCH_3	5～20
第二級アルキル，RCH_2R'	20～30
第三級アルキル，R_3CH	30～50
第四級アルキル，R_4C	30～45
アリル位，$R_2C{=}C(R'')CH_2R'$	20～40
クロロアルカン，RCH_2Cl	25～50
ブロモアルカン，RCH_2Br	20～40
エーテルまたはアルコール，RCH_2OR' または RCH_2OH	50～90
カルボン酸，RCOOH	170～180
アルデヒドまたはケトン，$RC(=O)H$ または $RC(=O)R'$	190～210
アルケン，芳香族，$R_2C{=}CR_2$	100～160
アルキン，$RC{\equiv}CR$	65～95

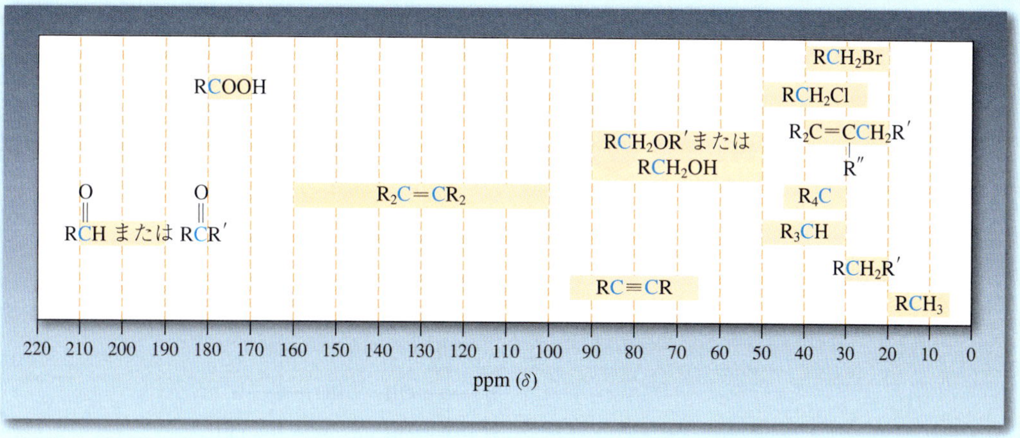

練習問題 10-20

次の各化合物のプロトンデカップリング ^{13}C NMR スペクトルは何本のピークを示すと推測されるか.（**ヒント**：対称性を探せ.）

(a) 2,2-ジメチル-1-プロパノール

(b)
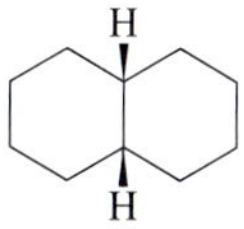

(c)
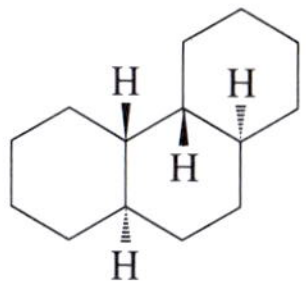

(d)
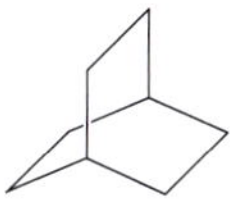

(e) 20℃および−60℃で *cis*-1,4-ジメチルシクロヘキサン（**ヒント**：4-4 節および 10-5 節を復習すること）

(f) テトラキス(1,1-ジメチルエチル)テトラヘドラン(199 ページの欄外参照)

練習問題 10-21

概念のおさらい：^{13}C NMR で異性体を区別する

練習問題 2-20(a)で，ヘキサン C_6H_{14} の五つの可能な異性体の構造を書いた．そのうちの一つは，^{13}C NMR スペクトルで δ = 13.7，22.7 および 31.7 ppm に 3 本のピークを示す．この構造を考えよ．

● 解法のてびき

可能な異性体をすべて書き出し，それぞれの異性体に対して推測される炭素の数に対称性(あるいはそれがないこと)がどの程度影響するかを考えてみる必要がある(符号 *a*，*b*，*c*，*d* を用いる)．

● 答え

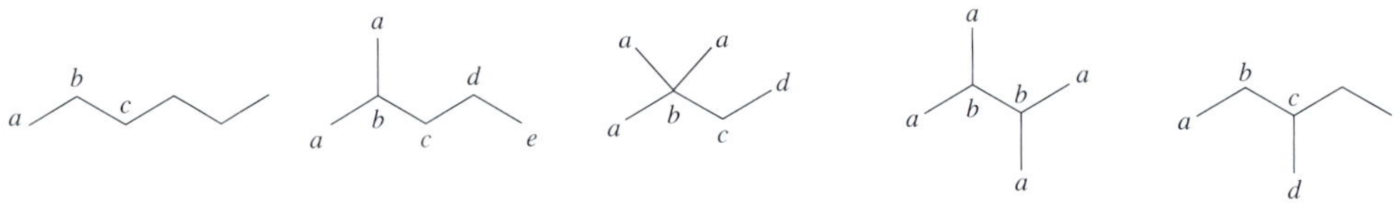

ヘキサン　2-メチルペンタン　2,2-ジメチルブタン　2,3-ジメチルブタン　3-メチルペンタン

• 一つの異性体だけが三つの異なる炭素をもつ：よって，ヘキサンである．

練習問題 10-22

自分で解いてみよう

ある研究者が倉庫で 2 本のラベルのない瓶を見つけた．彼女はそのうちの一つには糖である D-リボースが，またもう一方には D-アラビノースが入っていることは知っているが(両者の Fischer 投影式を以下に示した)，どちらの瓶にどちらの糖が入っているかはわからない．$Na^{+}\,{}^{-}BH_4$ が手に入り，また NMR 分光計が備えられているとして，彼女はどのようにして答えを導くことができるだろうか．

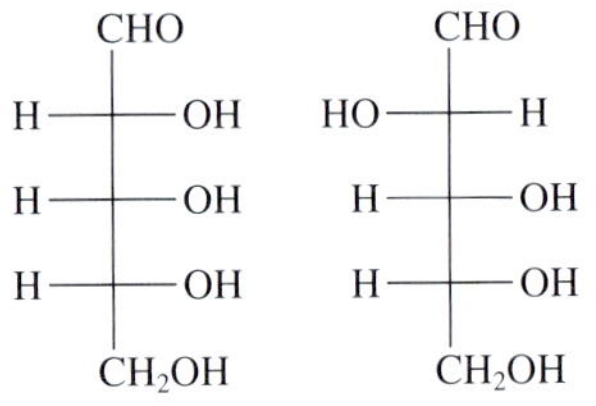

D-リボース　D-アラビノース

FT NMR の進歩によって構造解析が非常に楽になった：DEPT ^{13}C NMR および 2D-NMR

NMR スペクトルの測定におけるフーリエ変換(FT)の手法は非常に多才で，データの集積や表示をさまざまな方法で行うことができ，それぞれが分子構造についての情報をもたらす．これらの最近の進歩のほとんどは巧妙な時間依存性のパルス系列(pulse sequence)の開発によるもので，二次元 NMR〔two-dimensional NMR または 2D-NMR(コラム 10-4)〕の応用もその一つである．現在ではこれらの方法を用いると，近接する水素どうしの組合せ(同種核相関，homonuclear correlation)あるいは結合している炭素と水素の組合せ(異種核相関，heteronuclear correlation)について，それぞれの二つの核がカップリングしていること(それにより化学的に結合していること)を確かめることができる．したがって，^{1}H および ^{13}C NMR を用いて炭素鎖に沿って隣り合う原子が互いに与え

合う磁気的な影響を測定すると，分子がどのように結合しているかを決定することができる．

このようなパルス系列の一例が，今日では研究室で日常的に用いられている **DEPT ^{13}C NMR スペクトル**〔DEPT：distortionless enhanced polarization transfer（ひずみのない増感を受けた分極移動†）〕であり，このスペクトルでは通常の ^{13}C NMR スペクトルのそれぞれのピークが，CH_3, CH_2, CH あるいは第四級炭素(C_{quat})のどのタイプの炭素によるものであるかがわかる．この手法を用いると，プロトンとカップリングした ^{13}C NMR スペクトル(図 10-30)の複雑さ，とくに近接した炭素のシグナルの多重線が重なる場合の複雑さが解消される．DEPT 法は異なるパルス系列によって測定された一連のスペクトル，すなわち通常の広帯域デカップリングしたスペクトルと，それぞれ三つの水素と結合した炭素(CH_3)，二つの水素と結合した炭素(CH_2)，および一つの水素と結合した炭素(CH)のみを示すスペクトルとの組合せから成っている．図 10-33 には，DEPT 法によるリモネン(練習問題 5-29 を参照)の一連のスペクトルを示した．

† 訳者注：DEPT に対応する英語として distortionless enhancement by polarization transfer（分極移動による無ひずみシグナル増感）を用いている NMR 関係の成書も多い．

一番上は通常のプロトンデカップリングしたスペクトル〔図 10-33(A)〕で，予想どおりの本数(10 本)の吸収線を示しており，それらは 6 個のアルキル炭素によるシグナルが高磁場に，また 4 個のアルケニル炭素によるシグナルが低磁場にそれぞれまとまって現れている．残りのスペクトルは，とくに水素をもつ炭素として可能な三つのタイプ，すなわち CH_3〔図 10-33(B)の赤色〕，CH_2〔図 10-33(C)の青色〕および CH〔図 10-33(D)の緑色〕を特定するためのものである．第四級炭素のシグナル(黒色)は下の三つの測定では観測されないが，図 10-33(A)に示さ

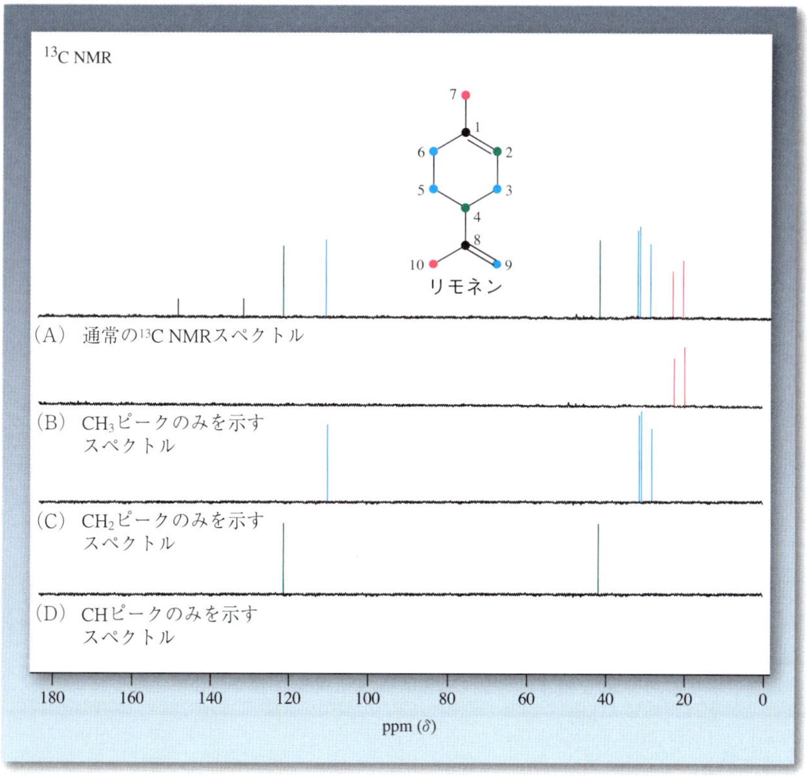

図 10-33 リモネンへの DEPT ^{13}C NMR 法の適用．(A)広帯域デカップリングスペクトルは高磁場(20～40 ppm)に 6 本のアルキル炭素のシグナルと，低磁場(108～150 ppm，表 10-6 参照)に 4 本のアルケニル炭素のシグナルを示す．(B) C7 および C10 の 2 本の CH_3 シグナル(赤色)のみを示すスペクトル．(C) C3，C5，C6 および C9 の 4 本の CH_2 シグナル(青色)のみを示すスペクトル．(D) C2 および C4 の 2 本の CH シグナル(緑色)のみを示すスペクトル．スペクトル(A)中の前記以外の吸収線は C1 および C8 の第四級炭素(黒色)に帰属される．

コラム● 10-4 NMRによって原子のつながり方を決定する方法

分子の構造を証明するのにNMRが非常に役立つことを学んできた．NMRによってどのようなタイプの核種が存在し，その分子内にはそれらが何個含まれているかがわかる．さらに，結合を通じて起こるスピンカップリングを調べれば，これらの核がどのように連結されているかが明らかにできる．後者の現象は，巧妙なパルス技法とコンピュータ解析の組合せを応用して得られ，二次元NMR(two dimensional NMR，2D NMR)という特殊なタイプのプロットに活用できる．この方法では，その分子の二つのスペクトルをそれぞれ水平軸と垂直軸の方向にプロットし，相互にカップリングしているシグナルをx–yのグラフ上に「インクのしみ」のような形の相関ピークとして示す．このプロットは近接している(したがって，スピン－スピン分裂をしている)核と対応するので，このタイプの分光法を相関分光法(correlation spectroscopy，COSY)ともいう．

そこで，すでに学んだ1-ブロモプロパン(図10-27参照)を例にとってみよう．この化合物のCOSYスペクトルを下に示す．

xおよびy軸に沿って示した二つのスペクトルは図10-27のスペクトルと同じものである．対角線上の(各色の「等高線」で示した)マークはそれぞれのスペクトルの同じピークに対応するもので，無視してよい．分子中の水素の連結の仕方を明らかにすることができるのが，対角線からはずれた相関(橙色の線で示した)である．たとえば，$\delta = 1.05$ ppmのメチル水素(赤色)の三重線は，$\delta = 1.88$ ppmのメチレン水素(緑色)の六重線と交差するピーク(黒色の「等高線」で示した)をもっているので，この二つの水素が隣接しているという関係が確認できる．同じように，臭素によって反しゃへい化されて$\delta = 3.40$ ppmに現れるメチレン水素(青色)もまた$\delta = 1.88$ ppmの中央のシグナルと相関している．そして最後に，中央の吸収はその両隣りのシグナルと交差するピークを示すので，これらによって構造が確認できる．

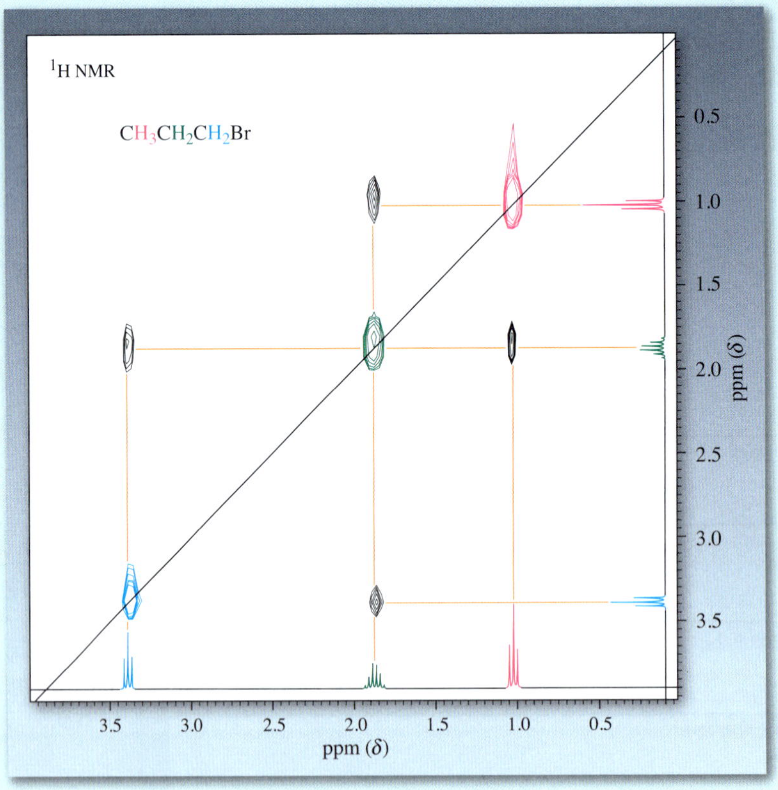

SPECTROSCOPY

もちろん，1-ブロモプロパンは例として単純すぎるが，ここでは相関分光法(COSY)という手法がどのようなものかを示すために選んだだけである．代わりに1-ブロモヘキサンについて考えてみよう．この場合，COSY分光法を用いることで各メチレン基の帰属を手っとり早く行うことができる．まず，簡単に見分けられる二つのシグナル，すなわちメチル水素(一つだけ高磁場にある三重線)とCH_2Brの水素(一つだけ低磁場にある三重線)からスタートし，その構造の結合関係が完全に明らかになるまで隣接するメチレン基を一つずつ順番に相関シグナルを「前進する」ことができる．

異種核相関分光法(heteronuclear correlation spectroscopy, HETCOR)を用いると，結合関係を解明するためのさらに強力な手段になる．この場合，^{1}H NMRスペクトルを^{13}Cスペクトルと並べて書く．これを用いてC—H結合をした部分構造の性質を明らかにすることによって，C—H骨格の全体に沿って分子の構造図を描くことができる．ここでも，下にスペクトルを示した1-ブロモプロパンを用いてこの原理を図解することにする．

y軸上には^{13}C NMRスペクトルがプロットされ，三つのピークを示している．炭素NMRについてもっている知識を用いれば，$\delta = 13.0$ ppmのシグナルはメチル炭素に，$\delta = 26.2$ ppmのシグナルはメチレンに，そして$\delta = 36.0$ ppmのシグナルは臭素が結合した炭素に，それぞれ容易に帰属することができる．しかし，このような知識がなくても，それぞれの水素のシグナル(これはすでに帰属されている)とそれが結合する相手の炭素のシグナルの交差相関関係から，このような帰属が直ちに明らかになる．たとえば，メチル水素の三重線は$\delta = 13.0$ ppmの炭素のシグナルと相関があり，メチレン水素の六重線は$\delta = 26.2$ ppmの炭素シグナルと交差ピークを示し，低磁場にある水素の三重線は$\delta = 36.0$ ppmにシグナルを示す炭素と結合している．

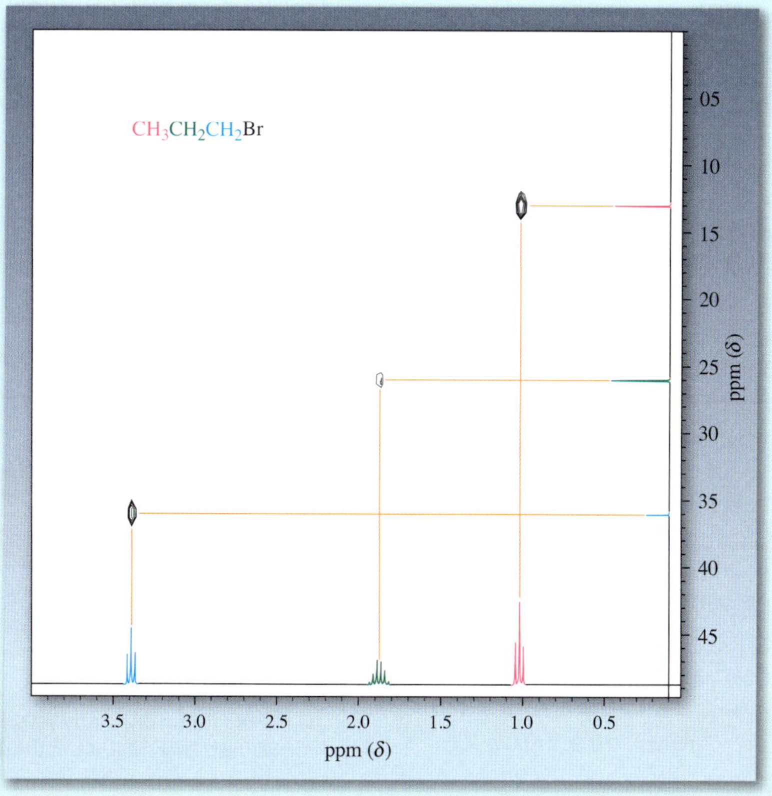

コラム● 10-5 天然物と“非”天然物の構造決定：ブドウの種子からとれる抗酸化剤と偽の漢方薬

植物の世界は，薬学，医療および化学防御のために有用な物質の宝庫である．炭素数15の化合物であるビニフェロン〔viniferone，セスキテルペン(sesquiterpene)の一種，4-7節参照〕は，2004年にブドウの種子から単離された．これは，ブドウ種子プロアントシアニジン(grape seed proanthocyanidin)といわれる多様な物質群の一つであり，これらはラジカル(3章参照)や酸化ストレス(22-9節参照)を抑制する活性が高い．ブドウ種子10.5 kgからたった40 mgしかこの化合物は得られないので，その構造の解明にあたっては，元素分析や化学的試験など，入手したこの物質を少量でも破壊してしまう手法はどんなものであっても用いることができなかった．それに代わり，分光学的な手法の組合せ(NMR，IR，MSおよびUV)が用いられ，下に示したような構造が導き出されて，その後，X線結晶解析によって確定された．

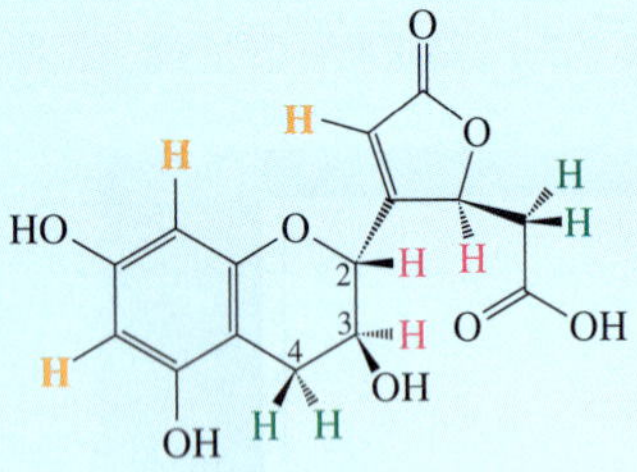

ビニフェロン
(viniferone)

ビニフェロンの構造分析の一部は^{1}Hおよび^{13}C NMRデータにもとづいたものであった．プロトンの化学シフトから構造の鍵となる部分の証拠が得られた．すなわち，$\delta = 5.9 \sim 6.2$ ppmの内部アルケンと芳香族水素に該当する範囲に三つのプロトン(構造図に橙色で示した)のシグナルが見られた(代表的なプロトンの化学シフトについては表10-2を参照)．$\delta > 3.8$ ppmにさらに三つのシグナルがあり，酸素をもつ炭素に結合した3個の水素(赤色)の存在を反映していた．最後に，2対(緑色)のジアステレオトピックな水素(コラム10-3参照)に帰属可能な，2.5～3.1 ppmの比較的小さいδ値をもつ四つの吸収が見られた．

^{13}C NMRも同様に役立つ情報を与え(代表的な炭素の化学シフトについては表10-6参照)，$\delta = 171.0$と173.4 ppmに2個のC═O炭素の存在を明らかにし，また8個のアルケンおよびベンゼン環炭素($\delta > 95$ ppm)の存在を示した．酸素に結合した三つの正四面体型炭素は$\delta = 67 \sim 81$ ppmのピークとして現れ，残りの二つの第四級炭素のシグナルは$\delta = 28.9$と37.4 ppmに見られた．これらすべての炭素は，DEPT NMRに相当する手法で結合する水素の数を決めることによってさらに同定された．

スピン−スピン分裂および相関プロトンスペクトル(COSY；コラム10-4)によって構造の帰属が確認された．たとえば，六員環エーテルに注目すると，C2上のプロトン($\delta = 4.61$ ppm)はC3上の隣接プロトン($\delta = 3.90$ ppm)とのカップリングにより二重線のパターンを示した．同様に，C4上の二つのジアステレオトピックなプロトン($\delta = 2.53$および3.02 ppm)は，それら相互のカップリングさらにC3上のプロトンとそれぞれとのカップリングにより，どちらも二重線の二重線を与えた．C3上のプロトンが分解されない多重線となったのは，当然のことである．ビニフェロンの構造決定については，さらに14章で述べることにする(コラム14-3参照)．

「非天然物」に話題を転じると，合成麻薬の世界には不法な化合物が満ちており，危険な場合もあれば，有用な活性がない場合もよくある．ぴったりの例がハーブやダイエタリーサプリメント(HDS)とよばれるもので，世界的に市場が拡大して，年商1,000億ドル(約11兆円)近くに達している．このような調合剤については効能試験や毒性試験が行われていないうえ，処方箋がなくてもウェブサイトから容易に入手できる．それにもかかわらずこれらが成功したのはおもに，一般に天然物は合成品よりも安全である(下巻；コラム25-4節も参照)と信じられているためである．皮肉なことに，製造業者のなか

ブドウ種子の抽出物は，心臓病やがん，乾癬など一連の慢性病の予防によいといわれている．

MEDICINE

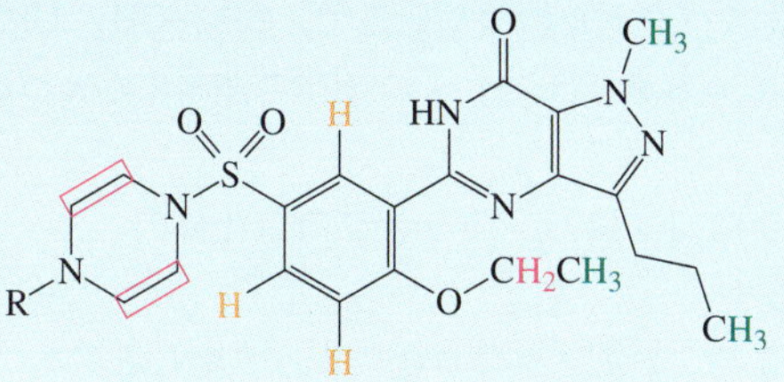

シルデナフィル(sildenafil)(R=CH_3)
バルデナフィル(valdenafil)(R=CH_3CH_2)

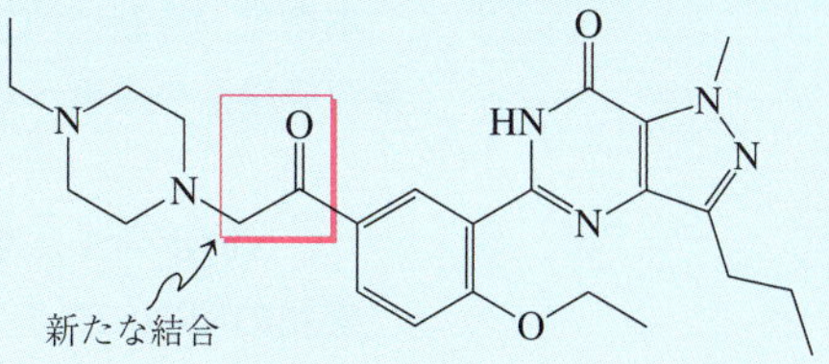

アセチルバルデナフィル(acetylvardenafil)

にはその主張を景気づけるために，不法にもこの混合物に処方薬を添加し，HDS の当初の目的全体を覆(くつがえ)してしまう者もいる．その一例が勃起不全治療薬の代替としての生薬製剤であるが，この分野の医療においてはシルデナフィル(sildenafil)〔バイアグラ®(Viagra®)；下巻 25 章の冒頭文および練習問題 25-29 参照〕やそれに近い類縁体のバルデナフィル(valdenafil)〔レビトラ®(Levitra®)〕のような薬剤が取組みに成功している．いくつかの製品では，これらのサプリメントに上のような実用されている医薬が添加されており，麻薬取締官の，そしてもちろん使用者の重大な関心事となっている．このような添加物は NMR 分光法を含む分光学的手法によって容易に同定できる．たとえば，バルデナフィルは，$\delta = 7.4 \sim 8.0$ ppm に三つの芳香族のシグナル(橙色)と，かなり電子求引性の大きい窒素および酸素原子に隣接した 12 個の水素に対応するもう三つの吸収を $\delta = 2.9 \sim 4.2$ ppm に示す(赤色)．残りのアルキル部分はより高磁場にピークを示し，とくに目立つのは $\delta = 2.5$ ppm のメチル基の一重線と $\delta = 0.9 \sim 1.4$ ppm の領域にある三つのメチル基の三重線(緑色)である．^{13}C NMR スペクトルでは予想された 21 本のシグナルが現れるが，そこには 6 本のはっきり分かれた CH_2 炭素(DEPT NMR による)と 4 本の別個の CH_3 ピークが含まれ，前者のうち 4 本(N および O に結合)は $\delta = 43 \sim 51$ ppm の範囲に，残りの 2 本が $\delta = 20 \sim 27$ ppm に現れる．$\delta = 155$ ppm の C=O 炭素の 1 本を含むその他の共鳴吸収はより低磁場にある．麻薬調査官は日常的にこれらの(その他も含めて)スペクトルを記録し，電子的な方法でデータバンクに蓄積されたものと一致するかを確認している．麻薬の探索でそのような検査を避けるために，悪事を働く人たちは，本物の偽の類似物を用いるという手を講じてきた．たとえば，2011 年に「完全に自然な生活スタイルを増進するサプリメント」が「アセチルバルデナフィル」と名づけられた新規な(試験もされていない)化合物を含むことがわかった．分光学による調査の一部では NMR 解析が行われた．そのスペクトルは本物のバルデナフィルのスペクトルに非常によく似ていたが，プロトンスペクトルには余分のピークがあった．$\delta = 3.78$ ppm の一重線から CH_2 基が余分であることがわかり，炭素 NMR スペクトルではこの CH_2 フラグメントに起因するシグナルに加えて $\delta = 194.7$ ppm に余分なカルボニルの吸収が見られた．最新の分析技術による精密な検査を回避するために，なかなか賢明なことに，しかし十分というほどではないが，設計化学者が SO_2 連結部をアセチル連結に置き換えたのである！

モロッコの市場で売られている「天然バイアグラ」や他の薬草療法剤．ここではフランス語が話されている．

れた完全なスペクトルから図10-33(B)～(D)のすべての吸収線を差し引いて残った位置にあることになる.

本書で，今後，^{13}C NMRスペクトルの図や記述で，CH_3，CH_2，CHあるいは第四級炭素の帰属が示されている場合は，すべてDEPT測定にもとづいている.

^{13}C NMR分光法を1-クロロプロパンのモノクロロ化体の帰属の解明に適用できる

10-6節で，1-クロロプロパンのモノクロロ化によって生じるジクロロプロパンの三つの異性体を区別するために^{1}H NMRの化学シフトと積分をどのように用いるかを学んだ．練習問題10-13(a)では，この問題を解くのにスピン－スピン分裂パターンを補足的な手段として用いることを説明した．では，^{13}C NMRでこの問題をどう解決できるだろうか．私たちの予測は単純明快である．すなわち，1,1-および1,2-ジクロロプロパンはどちらも3本の炭素のシグナルを示すはずであるが，1,1-異性体では同一炭素上に二つの電気陰性な塩素原子がある(したがって他の二つの炭素には塩素がない)のに対し，1,2-ジクロロプロパンはC1とC2の双方がそれぞれ一つの塩素をもっているために，シグナルの位置はかなり異なるはずである．ところが，1,3-ジクロロプロパンは対称性があるためにこれら二つの異性体とはっきり違っており，2本の吸収線のみが観測されるはずである．測定したデータを欄外に示したが，私たちの予測が正しいことが確認できる．1,2-ジクロロプロパンの炭素のうち塩素が結合して反しゃへい化された二つの炭素の一義的な帰属(欄外に示した)はDEPT法によってできる．DEPT-90測定で，$\delta = 49.5$ ppmのシグナルはCH_2として，また55.8 ppmのシグナルはCHとして観測される.

3本のシグナル

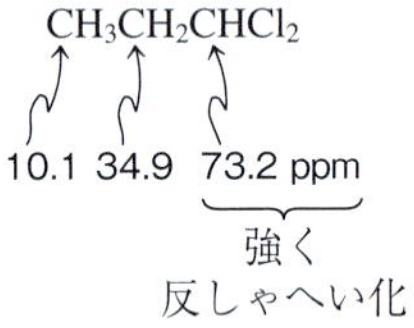

3本のシグナル

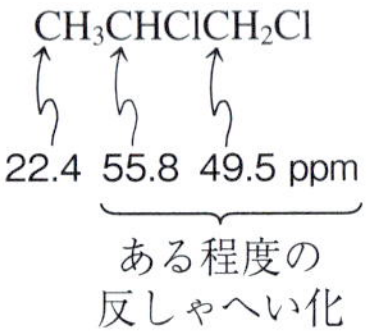

2本のシグナル

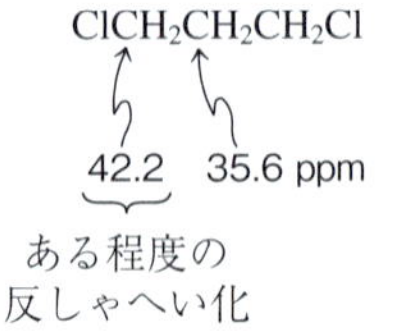

上記の例から，^{1}H NMR分光法と^{13}C NMR分光法とがいかに相補的な関係にあるかがよくわかるであろう．^{1}H NMRスペクトルは，測定している水素核の電子的な環境(電子豊富か電子不足か)の判定(δ)，水素核の相対的な存在量の尺度(積分)，いくつの(および何種類の)隣接水素をもっているかの指標(スピン－スピン分裂)を与える．プロトンデカップリングした^{13}C NMRは，化学的に異なる炭素の合計数，それらの電子的な環境(δ)を示し，DEPTモードでは炭素に結合した水素の数までが示される．構造に関する問題を解くためにこの二つの手法を用いるのは，クロスワードパズルの解き方と似ていなくはない．正しい答えを得るためには，横のカギ(たとえば，^{1}H NMR分光法によるデータ)と縦のカギ(すなわち，対応する^{13}C NMRによる情報)がぴったり合わなければならない.

練習問題 10-23

下に示した二環式化合物(A)および(B)は，それらのプロトンデカップリング^{13}C NMRスペクトルによって容易に見分けられるか．この問題を解決するのにDEPTスペクトルは有効か.

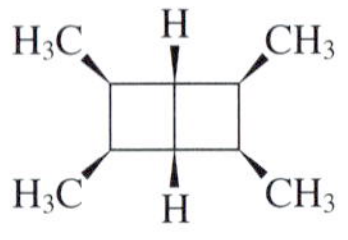

(A)

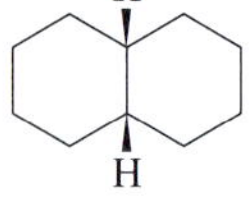

(B)

まとめ　^{13}C NMR は，炭素-13 同位体の天然存在比が小さく，しかも磁気共鳴の感度が本質的に低いために FT 技法の利用が必要である．試料中には ^{13}C 同位体が非常に少ないので，この核どうしが隣接する可能性は無視でき，そのため ^{13}C—^{13}C カップリングは観測されない．^{13}C—H カップリングは測定可能であるが，このカップリングは通常は広帯域プロトンデカップリングによって消され，測定している分子の個々の炭素原子にそれぞれ 1 本の吸収線が現れる．^{13}C NMR の化学シフトの領域は広く，有機物の構造では約 200 ppm に及ぶ．^{13}C NMR スペクトルはふつう積分はできないが，DEPT 法を用いた測定では，それぞれのシグナルが CH_3，CH_2，CH あるいは第四級炭素のいずれによるものであるかを同定できる．

章のまとめ

ここまで有機化学を学んできて，化学者はどのようにしてそれがわかるのか，と不思議に思った瞬間があったかもしれない．彼らはどのようにして正確な構造を決めるのだろうか？　どのようにして分子が消滅していく反応の速さを追跡するのだろうか？　どのようにして平衡定数を決めるのだろうか？　反応がいつ終了したかがどうしてわかるのだろうか？　NMR 分光法を知ると，これらの疑問に答えるために使えるいろいろな実用的手段をはじめてかいま見たことになる．

本章では次のようなことを学んだ．

- 分光法は分子に電磁波が照射されたときの応答を記録し，この方法で分子の構造の詳細を明らかにする（10-2 節）．
- 水素核磁気共鳴分光法には，分析に役立つ三つの重要な特徴がある．つまり，化学シフトにより観測している水素のまわりの電子的な環境についてかなりのことがわかり（10-3 ～ 10-5 節），積分により個々のシグナルが何個の等価な水素に起因するかがわかり（10-6 節），スピン－スピン分裂により隣接水素の同一性と数についてかなりのことがわかる（10-7 節および 10-8 節）．
- 炭素核磁気共鳴分光法では，水素デカップリングにより大幅に単純化することができ，単一ピークばかりになる（10-9 節）．

分子に関するさらなる重要な情報をあれこれ与えてくれるような分光法には他の形のものもある．本書ではこれらの分光法を，官能基の解析に役立つような場合には，その官能基と関係づけて紹介していくことにする．

10-10　総合問題：概念のまとめ

本章は練習問題で締めくくるが，それによりみなさんの NMR スペクトルの解析のスキルを試したいと思う．第 1 問は，ふつうのオキサシクロプロパンの開環反応の副生成物として生じた未知物質の構造の同定に関するものである．第 2 問は，NMR ピークをそれにかかわる分子中の ^{1}H および ^{13}C 核に帰属させる能力を試し，次いでこの分子が異性化したときに起こる劇的なスペクトル変化を図示するというものである．

練習問題 10-24：NMR スペクトルを用いた未知物質の構造の決定

ある研究者が(*S*)-2-クロロブタンを合成するために，次の連続的な反応を実行した．

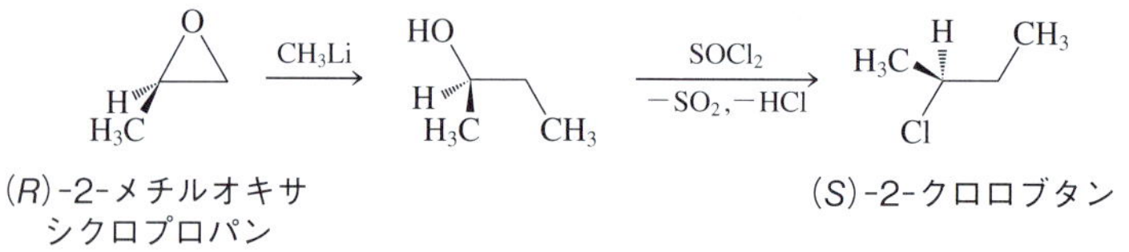

反応生成物(沸点 68.2℃)を注意深く分取ガスクロマトグラフにかけることによって，きわめて少量のもう一つの生成物 C_4H_9Cl(沸点 68.5℃)を分離できた．この生成物は光学不活性で下に示すような NMR スペクトルを示した．この化合物はどのような構造をしているか，また，一体どのようにして生成したのか．

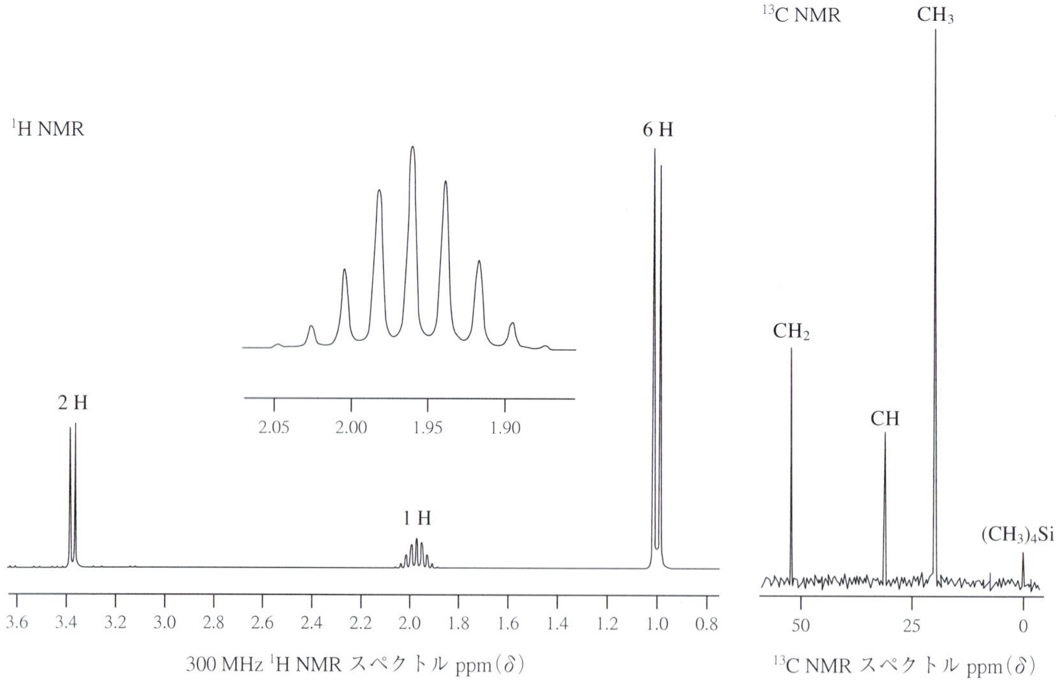

● **解法のてびき**

この問題を解くプロセスを分けて考えるため，もう一度 WHIP アプローチ法を取ってみよう．

What 何が問われているか．まず，連続反応で得られる少量生成物の構造を推定しなければならない．次いで，「どのようにして(how)」この化合物が生成したか説明することが求められている．前に述べたように，「どのようにして(how)」

と「なぜ(why)」という問題では，通常ある程度の反応機構的な洞察が要求される．これらのことを順に取り上げていこう．

How どこから手をつけるか．未知化合物について与えられた分子組成 C_4H_9Cl は，観察された主生成物の異性体であることを示している．解析に必要なその化合物の ^{1}H および ^{13}C NMR スペクトルの両方がある．また，出発物質を主生成物に変換した反応剤も知っている．どの情報が解答に着手する手助けとして最も役立つであろうか．分光学的なデータをまったく検証せずに，連続した二つの反応で別の生成物に行きつく結果を考える試みも可能であろうが，私たちが考えるどんな仮想の構造でも，それを確定させるためには，現実的に遅かれ早かれこれら二つの NMR スペクトルが必要となるだろう．これらのスペクトルを用いてスタートし，少なくともこのスペクトルが明確な答えを与えるかどうかを調べることがはるかに意味のある手順である．

Information 必要な情報は何か．10-4 ～ 10-7 節は ^{1}H NMR スペクトルに含まれる情報を説明し，また 10-9 節は ^{13}C NMR についての情報をカバーしている．炭素のスペクトルのほうがより単純である．解法の一般則として，分析するのが最も単純な情報源からできるだけの情報を取り出すように試みよ．^{13}C NMR から出発して，次に ^{1}H NMR に進むとよい．

Proceed 一歩一歩論理的に進めよ．

● **答え**

未知物質の分子式は C_4H_9Cl である．この分子は 4 個の炭素原子をもっているが，^{13}C NMR スペクトルは三つの吸収線しか示さない(DEPT によって帰属)．したがって，これらの三つのシグナルのうち一つは 2 個の等価な炭素原子により生じるものがあるはずである．最も離れた低磁場にある $\delta = 51$ ppm(CH_2)のシグナルは，最も反しゃへい化されており，したがって塩素原子が結合した特徴ある炭素である可能性が最も大きい(表 10-6)．このような推理から部分構造 $-CH_2Cl$ の存在が示唆される．他の二つの吸収線はアルキル領域にあり，およそ $\delta = 20$ ppm (CH_3) と 31 ppm (CH) である．これら二つのシグナルの一つは，2 個の等価な炭素核によるものでなければならない．どちらであるかを決めるのに，分子式と部分構造 $-CH_2Cl$ の知識を用いることができる．たとえば，もし $\delta = 31$ ppm のシグナル(CH に該当)が 2 個の等価な炭素によるものであるならば，$CH_3 + 2\,CH + CH_2Cl = C_4H_7Cl$ という分子式に至るが，これは与えられた式とは一致しない．一方，$\delta = 20$ ppm のシグナル (CH_3 に該当)が 2 個の炭素に対応するとすれば，今度は $2\,CH_3 + CH + CH_2Cl = C_4H_9Cl$ という正しい分子式を得ることになる．したがって，未知化合物は 2 個の等価な CH_3 基を含んでいる．これらの断片的情報を取りまとめてすぐにもっともらしい解答に導くことができるが，もう少し根気よく進めることを練習し，^{1}H NMR スペクトルから何を学ぶべきかを見てみよう．

^{1}H NMRから得られる情報
化学シフト
積分
スピン－スピン分裂

^{13}C NMRから得られる情報
化学シフト
DEPT

プロトン NMR スペクトルは，およそ $\delta = 1.0$，1.9 および 3.4 ppm に 3 種類の水素があることを示している．上述の最も反しゃへい化された炭素原子の帰属に用いたのと同じ論理で考えると，最も反しゃへい化された水素は塩素をもつ炭素に結合したものに違いない(10-4 節)．3 種類の水素のシグナルの積分値はそ

れぞれ 6 と 1 と 2 であり，存在する 9 個の水素の合計数になる（10–6 節）．最後に，スピン－スピン分裂が見られる．最も低磁場と最も高磁場にあるシグナルは二重線で，ほぼ同じ J 値をもっている．この事実は，これら 2 組の水素（6 個＋2 個，合計 8 個）はいずれも隣接水素が一つ（9 番目の H）であることを意味している．この水素は中央部に，$N+1$ 則（$N=8$；10–7 節）から予想されるとおりに 9 本線のパターンとして現れている．

それでは，これらの情報を集めて構造決定をしてみよう．ほとんどのパズルと同様に，解答に至る道はいくつかある．NMR スペクトルの問題では，^{1}H NMR スペクトルによって導かれる部分構造から解き始め，それを確かめる証拠として他の情報を用いるのが一番よいことが多い．そのように考えると，積分が 6 H に相当する高磁場の二重線は $(\mathbf{CH_3})_2$CH－という部分構造であることを示している．同様に，低磁場にあるもう一つの二重線は－$\mathbf{CH_2}$CH－を示している．これら二つを組み合わせると－$CH_2CH(CH_3)_2$ となり，塩素原子をつけ加えるとアキラルな（したがって光学不活性な）1–クロロ–2–メチルプロパン $ClCH_2CH(CH_3)_2$ という答えに至る．この帰属は ^{13}C NMR スペクトルによって確認でき，最も高磁場にあるピークは二つの等価なメチル炭素の存在によるものである．中央のピークは第三級炭素に，そして最も反しゃへい化された吸収は塩素をもった炭素に起因するものである（表 10–6）．この化合物の分子式が比較的小さなものであることを利用すると，別の方法で私たちの答えを確証できる．たとえば，可能なクロロブタンの異性体は欄外に示した四つしかない．これらの ^{1}H および ^{13}C NMR スペクトルは，シグナルの数，化学シフト，積分および多重度に関して大きく異なる（確かめてみること）．

$CH_3CH_2CH_2CH_2Cl$

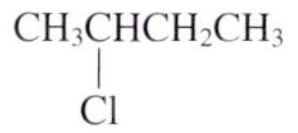
（この反応の主生成物）

$(CH_3)_2CHCH_2Cl$
（副生成物）

$(CH_3)_3CCl$

この問題で次に考えるべきことは反応機構である．先の連続した反応式でどのようにして 1–クロロ–2–メチルプロパンが得られるだろうか．答えは，はじめの式に与えられている反応剤を用いて逆合成解析すれば自明である．

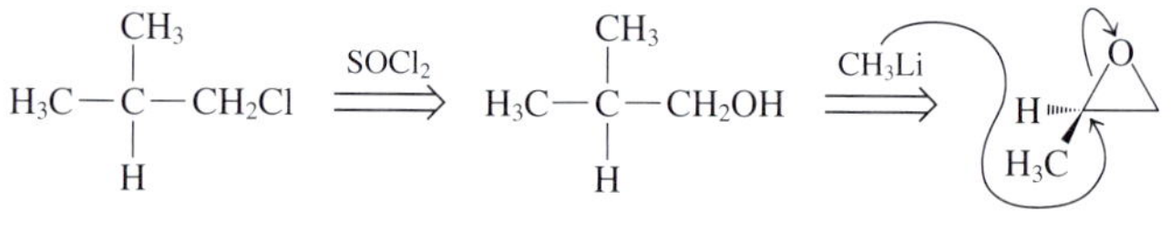

同じ炭素に結合する二つの CH_3 基をもつ生成物を得る唯一の方法は，オキサシクロプロパンのすでに CH_3 基を一つもつ炭素に CH_3Li のメチル基を付加することである．したがって，得られた副生成物は出発化合物の立体障害のより大きい位置への攻撃による求核的開環反応の産物であり，これはふつう起こりにくいものとして無視される反応である．

練習問題 10–25：NMR スペクトルを用いた転位の発見

a．ある大学院生が，光学的に純粋な（1*R*,2*R*）–*trans*–1–ブロモ–2–メチルシクロヘキサン（A）の ^{1}H および ^{13}C NMR スペクトルを，重水素化ニトロメタン（CD_3NO_2）（表 6–5 参照）を溶媒として測定し，次のような値を記録した．

^{1}H NMR スペクトル：$\delta = 1.06$（d, 3 H），1.42（m, 6 H），1.90（m,

2 H)，2.02(m, 1 H)，3.37(m, 1 H)ppm；^{13}C NMR(DEPT)：　δ = 16.0(CH_3)，23.6(CH_2)，23.9(CH_2)，30.2(CH_2)，33.1(CH_2)，35.0 (CH)，43.2(CH)ppm. 表 10-2 および表 10-6 を参考にしながら，これらのスペクトルをそれぞれできるだけ帰属せよ.

●解法のてびき

^{1}H NMR スペクトル：最も高磁場にある二重線を除くと，どのシグナルも複雑な多重線である．どの水素も(三つの CH_3 核を除けば)磁気的に他と異なっており，環に沿って多数のビシナルおよびジェミナルカップリングがあり，しかも δ 値が近い(臭素置換基にすぐ隣り合うものを除く)，ということを考えると，このような複雑なスペクトルになるのは驚くようなことではない．推測したとおり，最も高磁場にあって，隣接する第三級水素とのカップリングによって二重線として現れるメチル基が例外的である．帰属を完成するには，通常の場合以上に化学シフトと積分に頼らざるをえない．

臭素がその周囲に与える影響としてどのようなことが考えられるだろうか．答えは，臭素は反しゃへい効果(10-4 節)を示すが，すぐ隣りの位置に対してがほとんどであり，距離とともにその効果は減少していくことである．実際，δ 値は二つのグループに分かれる．一方の組は値が大きく(δ = 3.37，2.02 および 1.90 ppm)，もう一方の組は値が小さい(δ = 1.42 および 1.06 ppm)．δ = 3.37 ppm の最も反しゃへい化された水素 1 個は，臭素に隣接した C1 の水素であると容易に帰属できる．反しゃへい化が次に大きい位置はその隣りの C2 と C6 である．δ = 2.02 ppm のシグナルが水素 1 個分しか積分がないので，これは C2 の第三級水素 1 個に違いなく，そうすると δ = 1.90 ppm のピークは C6 の CH_2 基に帰属することができる．このような選択は，第二級水素のシグナルが一般に第三級水素よりも高磁場に現れる(表 10-2)こととも矛盾しない．δ = 1.42 ppm の残りの 6 個の水素は分解されず，すべてがほぼ同じ位置に吸収を示す．

^{13}C NMR スペクトル：DEPT 相関関係と臭素による反しゃへい化効果を考え合わせると，下に示した程度の帰属は簡単にできる．

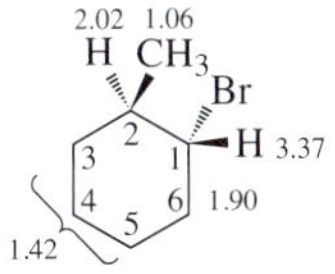

(A)

^{1}H NMR の帰属(ppm)

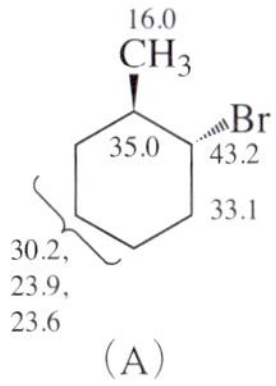

(A)

^{13}C NMR の帰属(ppm)

b.　この学生は，時間が経つにつれてこの試料の光学活性が減少してしまったことに驚いた．同時に，化合物(A)の NMR スペクトルの強度も減少し，光学不活性な異性体(B)のピークが新たに見えてきた．^{1}H NMR：δ = 1.44(m, 6 H)，1.86(m, 4 H)，1.89(s, 3 H)ppm；^{13}C NMR(DEPT)：　δ = 20.8(CH_2)，26.7(CH_2)，28.5(CH_3)，37.6(C_{quat})，41.5(CH_2) ppm. 化合物(A)の消失を追跡して，変換の速度 = k[A] であることがわかった．化合物(B)は何か，またどのようにして生成したのだろうか．

種々の電磁波とその用途

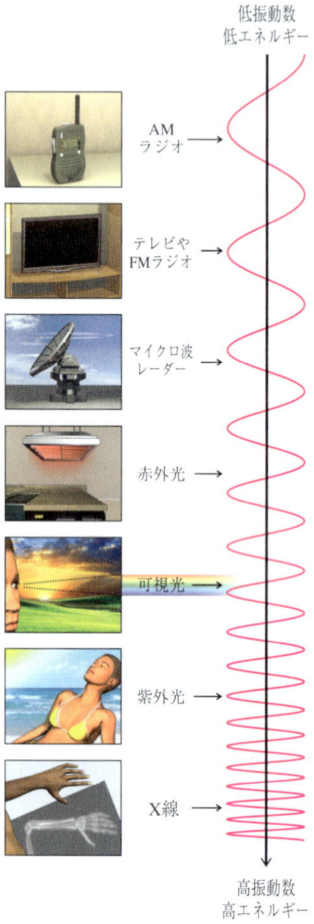

●答え

化合物(B)のスペクトルを，とくに(A)のスペクトルと比較しながら解析しよう．^{1}H NMR スペクトルでは，シグナルの数が五つからたった三つへと減少している．さらに，(A)の臭素に隣接する水素に相当する$\delta = 3.37$ ppm の低磁場のピークが消滅し，メチル基の二重線が一重線に変わってもとの位置よりも低磁場に移動している．^{13}C NMR スペクトルでは，同様に7本のピークから5本のピークへと単純化(すなわち対称化)が認められる．さらに，第三級炭素(CH)が消滅し，CH_2 が3種類だけと，第四級炭素が観測される．反しゃへい化が比較的大きい CH_3 炭素も明らかに存在している．

結論：この化合物では臭素は CH_3 置換基と同じ位置にあるはずであり，アキラルな 1-ブロモ-1-メチルシクロヘキサンになっている．

(B)　　　(B)

^{1}H NMR の帰属(ppm)　　^{13}C NMR の帰属(ppm)

この転位はどのようにして起こったのか．答え：カルボカチオンの転位を経て進む S_N1 反応の一例である(9-3 節参照)．

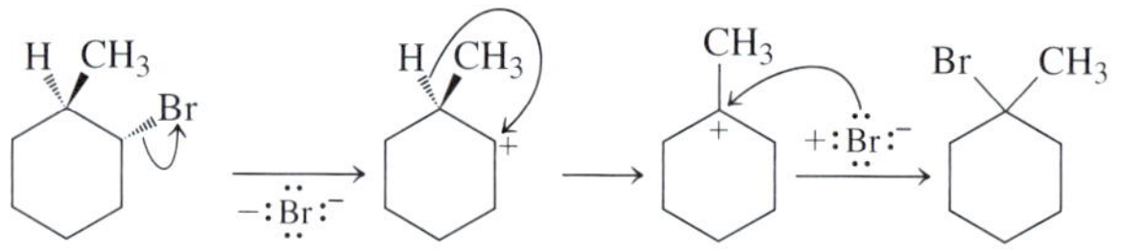

(A)　　　(B)

光学活性の喪失ならびに化合物(A)の一次速度式にしたがう消失と化合物(B)の生成という，ここで観察されたすべてのことは上の機構によって説明できる．

■重要な概念

1. **NMR** は有機分子の**構造**を解明するために最も重要な分光学的手段である．

2. **分光法**が利用できる理由は，分子がさまざまなエネルギー状態にあって，より低いエネルギー状態にあるものが**電磁波照射**の不連続な量子を吸収してより高いエネルギー状態に変化できるからである．

3. NMR が利用できる理由は，ある種の核，とくに ^{1}H あるいは ^{13}C が強い磁場内に置かれると，それと**同方向**(α)か**逆方向**(β)に配列するからである．$\alpha-\beta$ 間の遷移はラジオ波の照射によって起こすことができ，**共鳴**が起きて特徴的な吸収をもつスペクトルが生じる．外部磁場が強ければ強いほど，共鳴周波数は大きくなる．たとえば，7.05 T の磁場を用いると水素は 300 MHz で吸収し，14.1 T の磁場を用いると水素は 600 MHz で吸収する．

4. **高分解能 NMR** は，異なる化学的環境にある水素核や炭素核の区別を可能にする．それらのスペクトルにおける特徴的な位置は，内部標準であるテトラメチルシランからの**化学シフトδ**として ppm 単位で測定される．

5. 水素や炭素の化学シフトはそれらの核のまわりの電子密度が豊富(**しゃへい化**を起こす)か，欠乏している(**反しゃへい化**を起こす)かに大きく依存している．しゃへい化の場合には比較的高磁場のピーク〔右の方向，$(CH_3)_4Si$ 側〕が生じ，反しゃへい化の場合には低磁場のピークになる．したがって，電子供与性の置換基はしゃへい化し，電子求引性の構成成分は反しゃへい化する．アルコール，チオールおよびアミンのヘテロ原子上の水素は，水素結合やプロトン交換のためにさまざまな化学シフト値を示し，幅の広い吸収となることが多い．

6. 化学的に等価な水素や炭素は化学シフトが同じである．**鏡面**や**回転**などを利用する**対称**操作を適用すると，等価性が非常にうまく確定できる．

7. あるピークを構成する水素の数は**積分**によって測定される．

8. ある核に隣接する水素の数は，そのNMRの共鳴の**スピン－スピン分裂**パターンを ***N*＋1 則**を用いて解析することによってわかる．等価な水素は互いにスピン－スピン分裂を示さない．

9. カップリングしている水素の化学シフトの差がそれらのカップリング定数と同程度であるとき，複雑なパターンをもった**非一次スペクトル**が観測される．

10. 複数の非等価なタイプの隣接水素とのカップリング定数が異なるときは，***N*＋1 則**を**連続的に**適用できる．

11. **炭素 NMR** では天然存在比の小さい ^{13}C 同位体を利用する．通常の ^{13}C スペクトルでは炭素－炭素のカップリングは観測されない．炭素－水素のカップリングはプロトンデカップリングによって除去でき，これによって大部分の ^{13}C スペクトルは一重線のピークの集まりに単純化される．

12. **DEPT** ^{13}C NMR によって吸収を CH_3，CH_2，CH および第四級炭素のそれぞれに帰属することができる．

章末問題

26. 次に示した電磁波は図 10-2 に示したチャートのどこに位置するか：AM ラジオ波〔$\nu \approx 1$ MHz $= 1000$ kHz $= 10^6$ Hz $= 10^6$ s^{-1} あるいはサイクル s^{-1}(c s^{-1})〕；FM 放送振動数($\nu \approx 100$ MHz $= 10^8$ s^{-1})．

27. 次の量をそれぞれ指定された単位に変換せよ．
(a) 1050 cm^{-1} を λ に，単位 μm，(b) 510 nm(緑色光)を ν に，単位 s^{-1}(c s^{-1} または Hz)，(c) 6.15 μm を $\tilde{\nu}$ に，単位 cm^{-1}，(d) 2250 cm^{-1} を ν に，単位 s^{-1}(Hz)．

28. 次の量をそれぞれエネルギー(単位 kcal mol^{-1})に変換せよ．
(a) 波数 750 cm^{-1} の結合回転，(b) 波数 2900 cm^{-1} の結合振動，(c) 350 nm の電子遷移(紫外線，日焼けするのに十分)，(d) TV のチャンネル 6 の音声シグナルの放送周波数(87.25 MHz；2009 年のデジタル TV の出現以前)，(e) 波長 0.07 nm の「硬」X 線．

29. (a) 2.11 T の磁石($\nu = 90$ MHz)，(b) 11.75 T の磁石($\nu = 500$ MHz)の磁場内で，水素が α から β へのスピンの反転を起こすとき，それによって吸収されるエネルギーの量を有効数字 3 桁まで計算せよ．(c) 章の冒頭文に写真で示した巨大な NMR 磁石ついて ^1H の α から β への遷移の振動数とエネルギーを計算せよ．

30. 次のそれぞれの変化が，NMR スペクトルにおいて右への移動と左への移動のどちらに相当するかを示せ．
(a) ラジオ周波数の増大(磁場強度は一定で)，(b) 磁場強度の増大(ラジオ周波数は一定で，「高磁場」へ移動；10-4 節参照)，(c) 化学シフトの増大，(d) しゃへい化の増大．

31. 次の各分子のすべての磁気をもつ核について，共鳴ピークの位置を示しながら仮想的な低分解能 NMR スペクトルの概略図を書け．外部磁場は 2.11 T と仮定せよ．外部磁場が 8.46 T になるとスペクトルはどう変化するか．

(a) $CFCl_3$ 〔フレオン 11(Freon 11)；3-10 節参照〕

(b) CH_3CFCl_2 〔HCFC－141b；段階的に使用が廃止されたフロンの一種〕

(c) 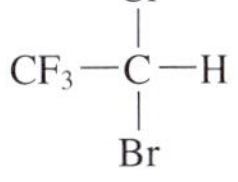 〔ハロタン(halothane)；コラム 6-1 参照〕

32. もし，高分解能装置を用いて問題 31 の分子の各核の NMR スペクトルを記録すると，どのような違いが観測されるか．

33. 4,4-ジメチル-2-ペンタノン〔$CH_3COCH_2C(CH_3)_3$〕の ^1H NMR スペクトルを 300 MHz で測定すると，次の

位置にシグナルを示す：テトラメチルシランから低磁場へ307，617および683 Hz.（a）これらのシグナルの化学シフト（δ）はいくらか.（b）このスペクトルを90 MHzで記録すると，これらのシグナルのテトラメチルシランとの相対的な位置はHz単位でいくらになるか．また，500 MHzではどうか.（c）それぞれのシグナルを分子中の各水素の組に帰属せよ.

34. 次の化合物の^{1}H NMRシグナルを化学シフトの位置の順に並べよ（最も低磁場から最も高磁場へ）．どのシグナルが最も高磁場にあるか．また，どれが最も低磁場か.

(a) $H_3C—CH_3$　(b) $H_2C═CH_2$　(c) $H_3C—O—CH_3$

(d) 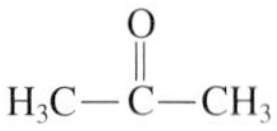　(e) 　(f) 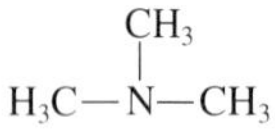

35. ^{1}H NMRで，$(CH_3)_4Si$を基準にして次の化合物のどちらの水素がより低磁場にシグナルを示すか．理由を説明せよ.

（a） $(CH_3)_2O$ と $(CH_3)_3N$　（b） 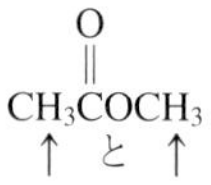

（c） $CH_3CH_2CH_2OH$ ↑と↑　（d） $(CH_3)_2S$ と $(CH_3)_2S═O$

36. 次に示した各シクロプロパン誘導体の^{1}H NMRスペクトルには何本のシグナルが観測されるか．それぞれの水素のまわりの幾何学的な環境をよく考えること.

(a) 　(b) 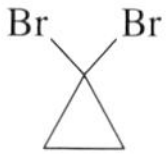　(c) 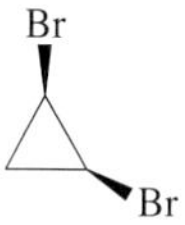

(d) 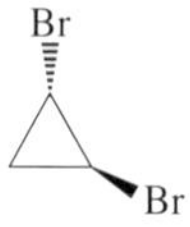　(e) 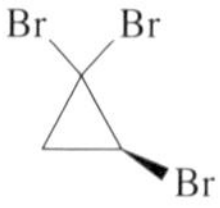　(f) 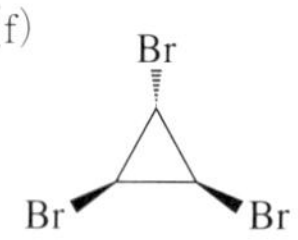

37. 次に示した各分子の^{1}H NMRスペクトルにはいくつのシグナルがあるか．それらのシグナルのおよその化学シフトはどれくらいか．スピン−スピン分裂は無視すること.

（a） $CH_3CH_2CH_2CH_3$　（b） 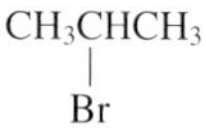

（c） 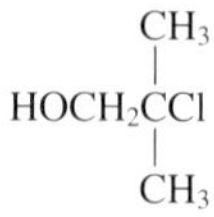　（d） 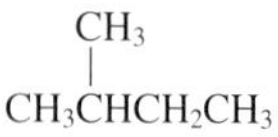

（e） 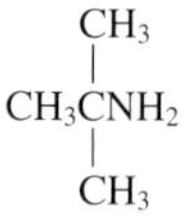　（f） $CH_3CH_2CH(CH_2CH_3)_2$

（g） $CH_3OCH_2CH_2CH_3$　（h） 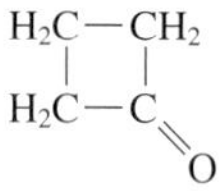

（i） 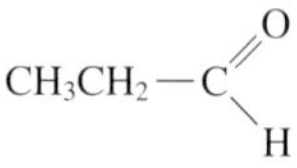　（j） 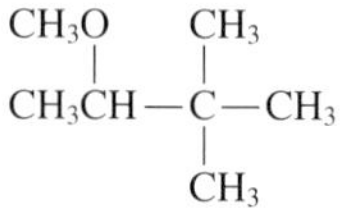

38. 次の各異性体群の各化合物について，^{1}H NMRスペクトルにおけるシグナルの数，各シグナルのおよその化学シフト，ならびにシグナルの積分比を示せ．スピン−スピン分裂は無視すること．これら3種類の情報のみで各群のすべての異性体が互いに区別できるかどうかを示せ.

（a） 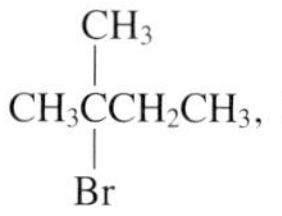，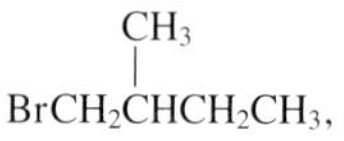，

（b） $ClCH_2CH_2CH_2CH_2OH$，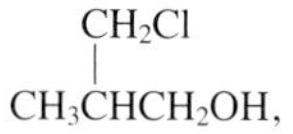，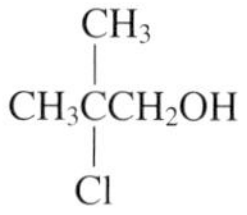

（c） 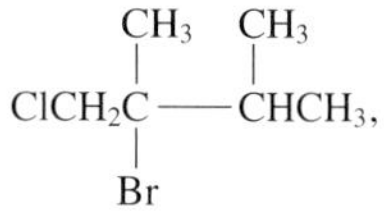，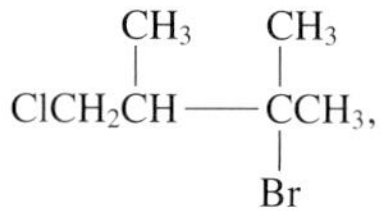，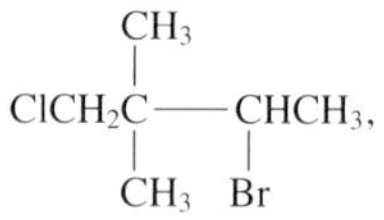，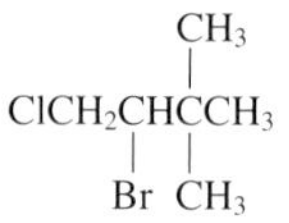

39. 二つのハロアルカンの^{1}H NMRスペクトルが次ページに示されている．これらのスペクトルに合致する化合物の構造を考えよ.

(a) $C_5H_{11}Cl$，スペクトル(A)，(b) $C_4H_8Br_2$，スペクトル(B).

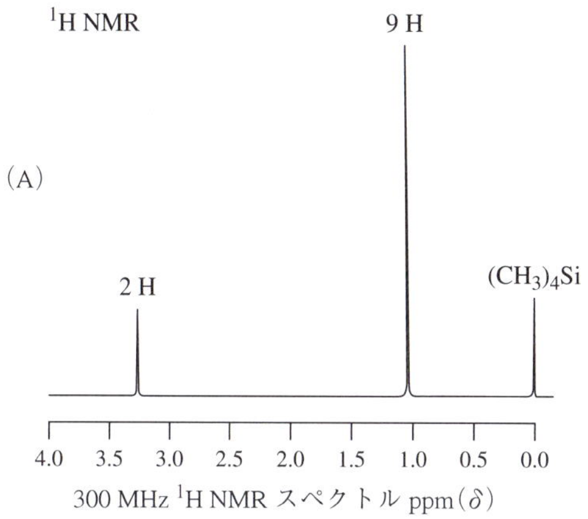

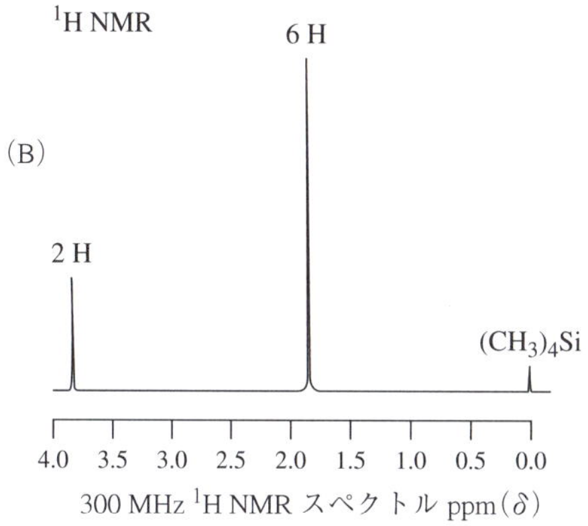

40. エーテル官能基をもつ三つの分子の ¹H NMR スペクトルのシグナルを以下に示した．シグナルはすべて一重線である(単一の鋭いピーク)．これらの化合物の構造を考えよ．
(a) $C_3H_8O_2$, $\delta = 3.3$ および 4.4 ppm(比は 3 : 1), (b) $C_4H_{10}O_3$, $\delta = 3.3$ および 4.9 ppm(比は 9 : 1), (c) $C_5H_{12}O_2$, $\delta = 1.2$ および 3.1 ppm(比は 1 : 1)．これらのスペクトルを 1,2-ジメトキシエタンのスペクトル〔図 10-15(B)〕と比較，対比せよ．

41. (a) 分子式 $C_6H_{12}O$ をもつケトンの ¹H NMR スペクトルは $\delta = 1.2$ および 2.1 ppm(比は 3 : 1)にシグナルがある．この分子の構造を考えよ．(b) (a)のケトンに関連のある二つの異性体分子の分子式は $C_6H_{12}O_2$ である．それらの ¹H NMR スペクトルは次のようである：異性体 1, $\delta = 1.5$ および 2.0 ppm(比は 3 : 1)；異性体 2, $\delta = 1.2$ および 3.6 ppm(比は 3 : 1)．これらのスペクトルのシグナルはすべて一重線である．これらの化合物の構造を示せ．これらはどのような種類の化合物に分類されるか．

42. ¹H NMR の四つの重要な特徴とそれらから導かれる情報を列記せよ．(**ヒント**：10-4 ～ 10-7 節を参照すること．)

43. 次の化合物の ¹H NMR スペクトルがどのように似ていて，またどのように異なっているかを書け．問題 42 であげた 4 項目それぞれについて述べること．これらの化合物はそれぞれどのような種類の化合物に分類されるか．

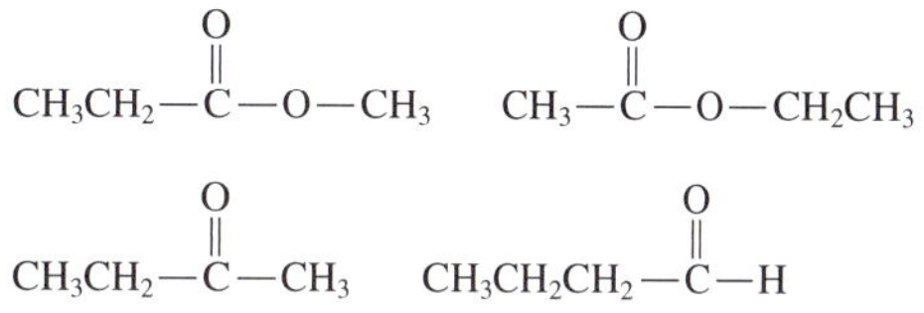

44. 以下には，3 種類の $C_4H_8Cl_2$ 異性体を左側に，単純に $N+1$ 則を適用したときに予想される 3 組の ¹H NMR データを右側に示してある．どの構造がどのスペクトルデータに対応するか組み合わせてみよ．(**ヒント**：メモ用紙にスペクトルの概略図を描いてみると役に立つ．)

(a) 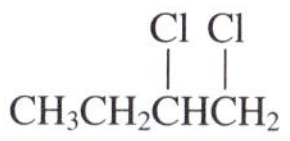　(i) $\delta = 1.5$ (d, 6 H), 4.1 (q, 2 H) ppm

(b) 　(ii) $\delta = 1.6$ (d, 3 H), 2.1 (q, 2 H), 3.6 (t, 2 H), 4.2 (sex, 1 H) ppm

(c) 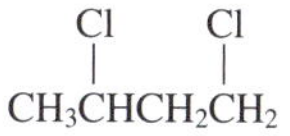　(iii) $\delta = 1.0$ (t, 3 H), 1.9 (quin, 2 H), 3.6 (d, 2 H), 3.9 (quin, 1 H) ppm

45. 問題 37 の各化合物の NMR スペクトルで観測されると思われるスピン－スピン分裂を推測せよ．(**注意**：酸素および窒素に結合した水素は通常はスピン－スピン分裂を示さない．)

思い起こそう：

> **¹H NMR から得られる情報**
>
> 化学シフト
>
> 積分
>
> スピン－スピン カップリング

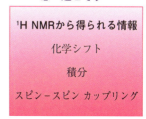

46. 問題 38 の各化合物の NMR スペクトルで観測されると思われるスピン－スピン分裂を推測せよ．

47. 次ページの各化合物の ¹H NMR の化学シフト値が示されている．最善を尽くして各シグナルを分子内の適切な水素群に帰属するとともに，スピン－スピン分裂がある場合にはそれも含めて各化合物のスペクトルの概略図を書け．

(a) Cl_2CHCH_2Cl, $\delta = 4.0$ および 5.8 ppm
(b) $CH_3CHBrCH_2CH_3$, $\delta = 1.0$, 1.7, 1.8 および 4.1 ppm
(c) $CH_3CH_2CH_2COOCH_3$, $\delta = 1.0$, 1.7, 2.3 および 3.6 ppm
(d) $ClCH_2CHOHCH_3$, $\delta = 1.2$, 3.0, 3.4 および 3.9 ppm

48. (C)～(F)の ¹H NMR スペクトルは，$C_5H_{12}O$ という分子式をもつ4種類のアルコール異性体に対応するものである．それらの分子構造の同定を試みよ．

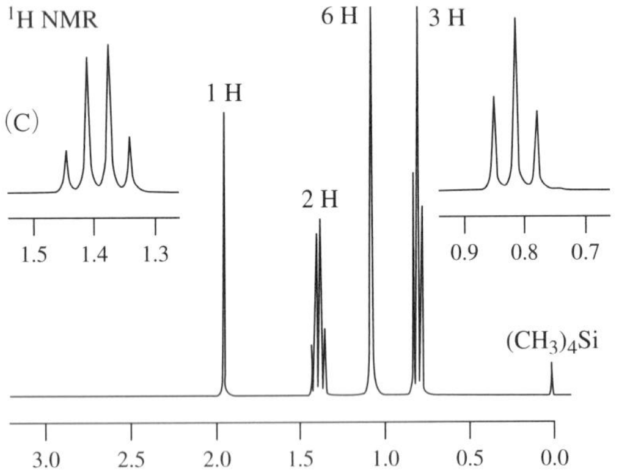

300 MHz ¹H NMR スペクトル ppm (δ)

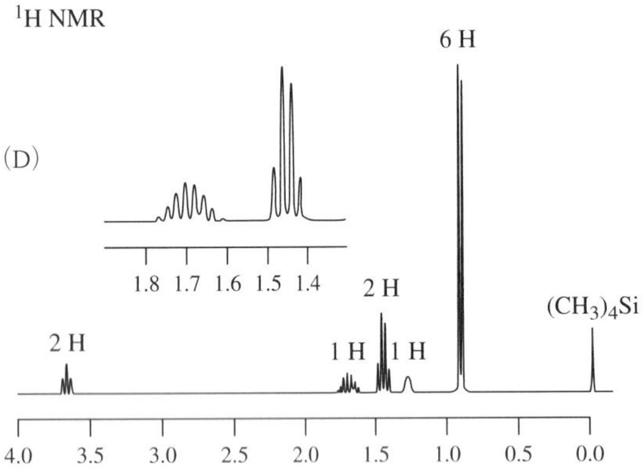

300 MHz ¹H NMR スペクトル ppm (δ)

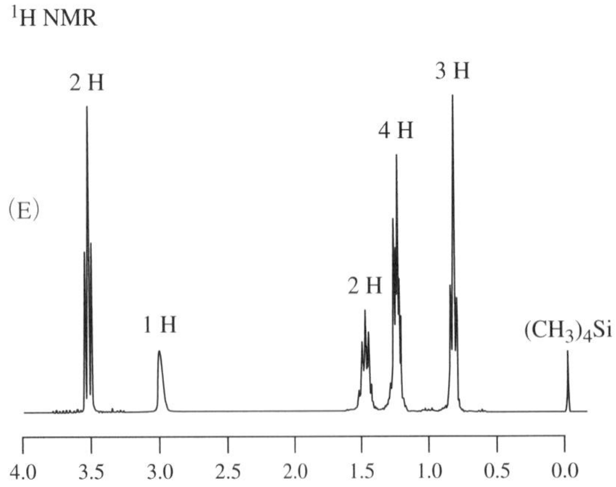

300 MHz ¹H NMR スペクトル ppm (δ)

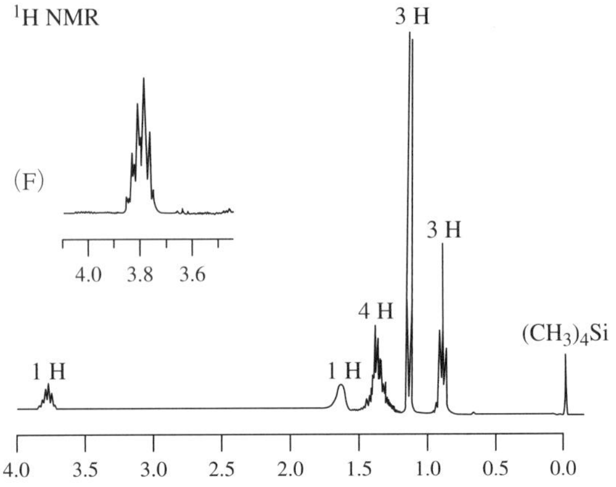

300 MHz ¹H NMR スペクトル ppm (δ)

49. 次の化合物の ¹H NMR スペクトルの概略を書け．化学シフトを推定し（10-4節参照），スピン－スピン分裂のあるピークについてはそれに適する多重度を示せ．

(a) $CH_3CH_2OCH_2Br$
(b) $CH_3OCH_2CH_2Br$
(c) $CH_3CH_2CH_2OCH_2CH_2CH_3$
(d) $CH_3CH(OCH_3)_2$

50. C_6H_{14} という分子式をもつ炭化水素は(G)の ¹H NMR スペクトルを与える．それはどのような構造か．この分子は本章でスペクトルを図示した他の分子と構造上の特徴が似ている．その分子とは何か．二つの分子のスペクトルの類似点と相違点を説明せよ．

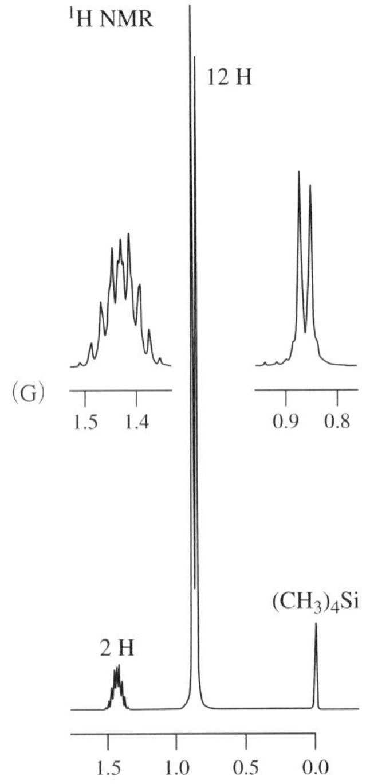

300 MHz ¹H NMR スペクトル ppm (δ)

51. 問題 48 の NMR スペクトル(D)に対応するアルコールを加熱した濃 HBr と反応させると，$C_5H_{11}Br$ という分子式をもつ物質が生成する．その ^{1}H NMR スペクトルは δ = 1.0(t, 3 H), 1.2(s, 6 H), および 1.6(q, 2 H) ppm にシグナルを示す．これを説明せよ．〔**ヒント**：問題 48 の NMR スペクトル(C)を参照せよ.〕

52. 1-クロロペンタンの ^{1}H NMR スペクトルを 60 MHz で測定したもの〔スペクトル(H)〕と，500 MHz で測定したもの〔スペクトル(I)〕を下に示した．二つのスペクトルの形の違いを説明し，シグナルを分子中の各水素に帰属せよ．

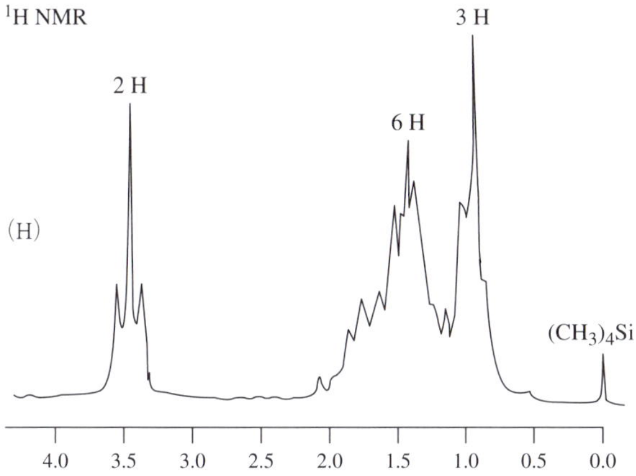

60 MHz ^{1}H NMR スペクトル ppm(δ)

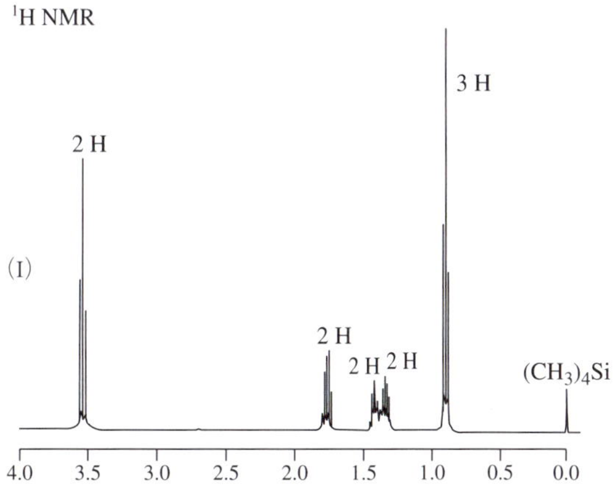

500 MHz ^{1}H NMR スペクトル ppm(δ)

53. 問題 36 に示した六つのブロモシクロプロパン誘導体の ^{1}H NMR スペクトルの各シグナルについて，考えられるスピン－スピン分裂パターンを書け．これらの化合物では，ジェミナルカップリング(同じ炭素上の非等価な水素どうしのカップリング．10-7 節)の定数およびトランスのビシナルカップリング定数がシスのビシナルカップリング定数(約 8 Hz)よりも小さい(約 5 Hz)ことに注意しよう．

54. ペンタンの三つの異性体は広帯域プロトンデカップリング ^{13}C NMR スペクトルだけではっきりと区別することができるか．ヘキサンの五つの異性体の場合はどうか．

55. 問題 37 の各化合物の ^{13}C NMR スペクトルを，プロトンデカップリングをした場合としない場合について推測せよ．

思い起こそう：

^{13}C NMRから得られる情報

化学シフト

DEPT

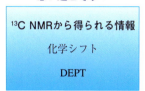

56. ^{1}H NMR スペクトルを ^{13}C NMR スペクトルに置き換えて，問題 38 にもう一度答えよ．

57. 問題 36 および 38 で扱った化合物の DEPT ^{13}C NMR スペクトルは，通常の ^{13}C NMR スペクトルと形がどのように異なるか．

58. それぞれ三つの分子を含む各グループから，与えられたプロトンデカップリング ^{13}C NMR スペクトルのデータに最もよく当てはまる構造をもつものを一つ選び，その理由を説明せよ．
(a) $CH_3(CH_2)_4CH_3$, $(CH_3)_3CCH_2CH_3$, $(CH_3)_2CHCH(CH_3)_2$；δ = 19.5 および 33.9 ppm, (b) 1-クロロブタン，1-クロロペンタン，3-クロロペンタン；δ = 13.2, 20.0, 34.6 および 44.6 ppm, (c) シクロペンタノン，シクロヘプタノン，シクロノナノン；δ = 24.0, 30.0, 43.5 および 214.9 ppm，(d) $ClCH_2CHClCH_2Cl$, $CH_3CCl_2CH_2Cl$, $CH_2{=}CHCH_2Cl$；δ = 45.1, 118.3 および 133.8 ppm (**ヒント**：表 10-6 を参照すること).

59. 与えられた分子式と次ページの ^{1}H NMR およびプロトンデカップリング ^{13}C NMR スペクトルのデータにもとづいて，次の各分子の構造を考えよ．
(a) $C_7H_{16}O$, スペクトル(J)および(K) (＊のついたシグナルは DEPT により CH_2 である), (b) $C_7H_{16}O_2$, スペクトル(L)および(M)〔(M)中の帰属は DEPT により決定した〕.

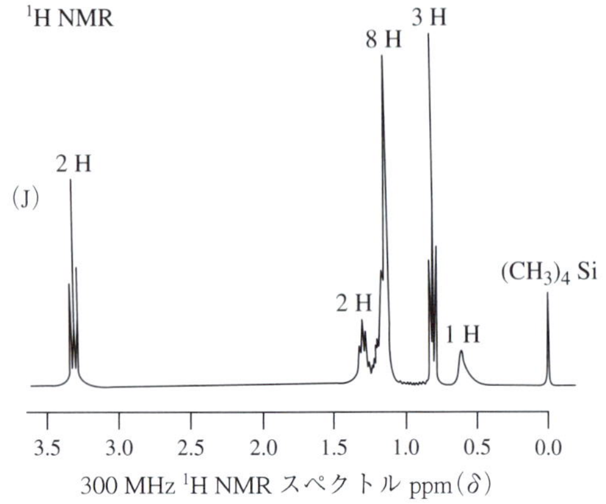

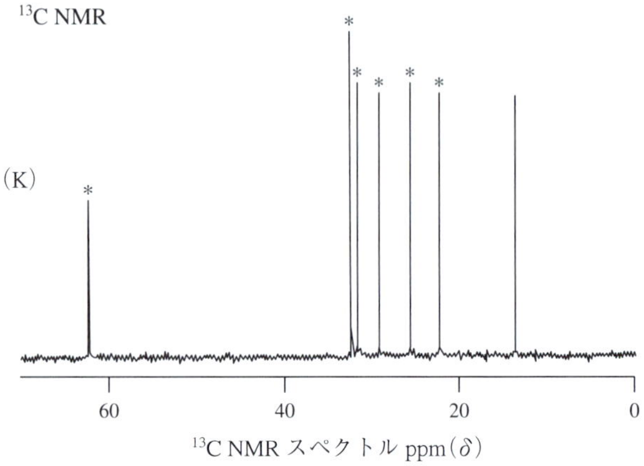

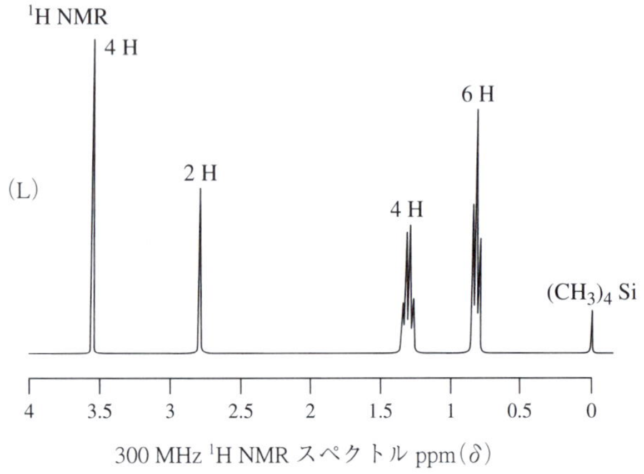

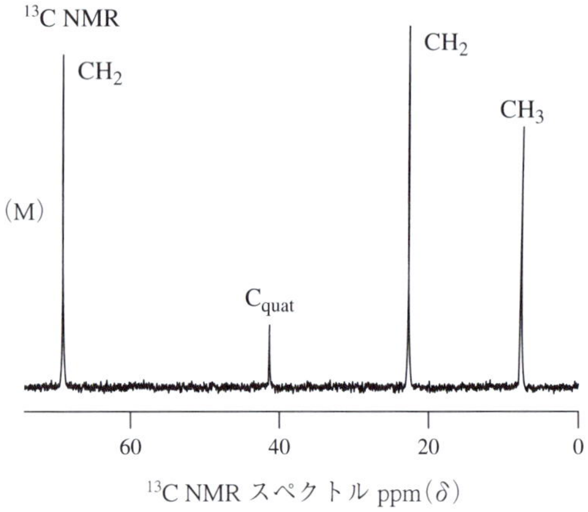

60. **チャレンジ** 安息香酸コレステリル(4-7 節参照)の ^{1}H NMR スペクトルをスペクトル(N)として示した(次ページ).このスペクトルは複雑ではあるが，はっきりとした特徴がいくつかある．積分値を示した吸収を解析せよ．挿入図は $\delta = 4.85$ ppm のシグナルを拡大したもので，ほぼ一次の分裂パターンが見られる．このパターンをどう説明するか．(**ヒント**: $\delta = 2.5$, 4.85 および 5.4 ppm のピークは化学シフトとカップリング定数の一方か両方が等しくなったためにそのパターンが簡単化されている.)

安息香酸コレステリルと液晶ディスプレイ(LCD)

安息香酸コレステリルは，液状流体と固体結晶の中間の配列状態をとる物体である液晶の性質が明らかにされた最初の物質であった．これに電場をかけると，もとの秩序だった配列が乱され，入射光の透過度が変化する．この応答は迅速で，液晶がディスプレイに利用される原理となっている(液晶ディスプレイ，“LCD”).

61. **チャレンジ** テルペンである α-テルピネオール(α-terpineol)の分子式は $C_{10}H_{18}O$ で，パイン油の成分である．名称の末尾の-ol が示すように，この化合物はアルコールである．その ^{1}H NMR スペクトル(O：次ページ)を用いて α-テルピネオールの構造をできるだけ明らかにせよ．〔**ヒント**：(1) α-テルピネオールは他の多くのテルペン(たとえば 5 章の章末問題 44 のカルボン)にも見られる 1-メチル-4-(1-メチルエチル)シクロヘキサン骨格をもっている．(2) スペクトル(O)を解析するときに，最も明瞭な特徴をもつピーク($\delta = 1.1$, 1.6, 5.4 ppm)に注目し，化学シフト，積分および $\delta = 5.4$ のシグナルの分裂(挿入図)を役立てよう.〕

62. **チャレンジ** メントール〔5-メチル-2-(1-メチルエチル)シクロヘキサノール〕の誘導体の加溶媒分解の研究は，このタイプの反応に対する私たちの理解を非常に高めてくれた．560 ページに示したメントールの異性体の 4-メチルベンゼンスルホン酸エステルを 2,2,2-トリフルオロエタノール(求核性が低くイオン

(N)

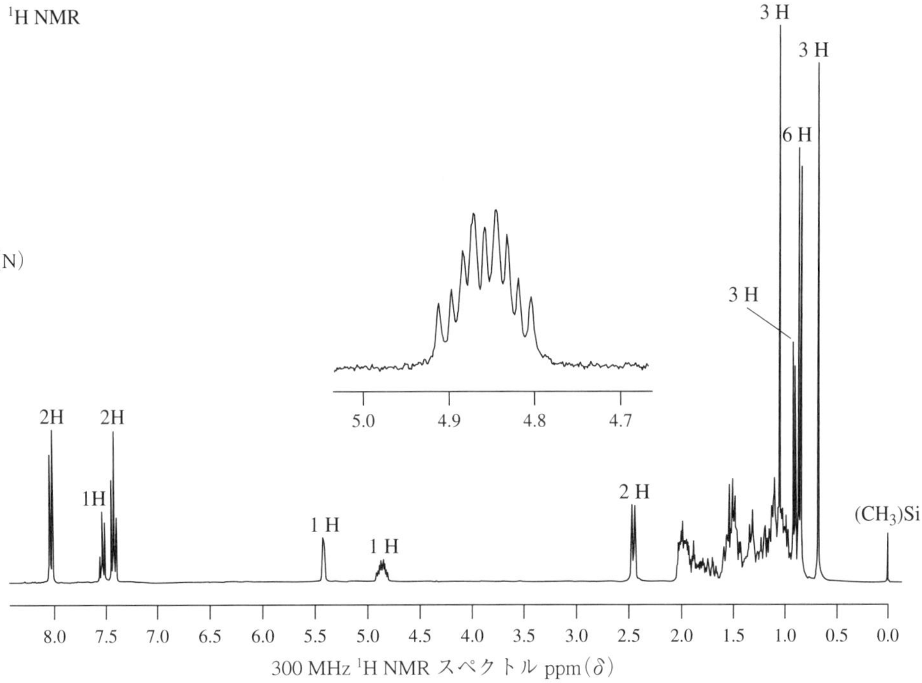

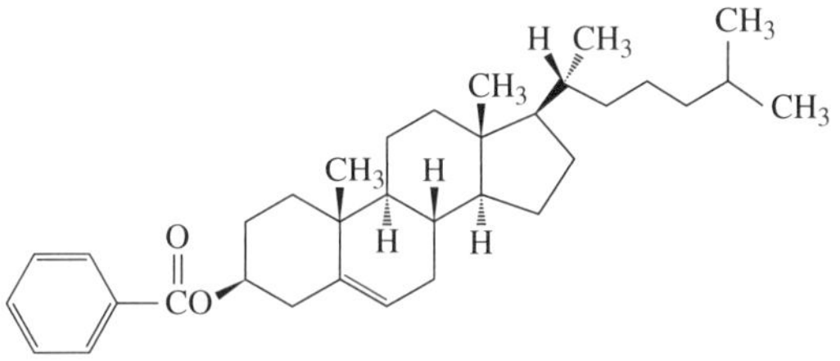

安息香酸コレステリル
(cholesteryl benzoate)

(O)

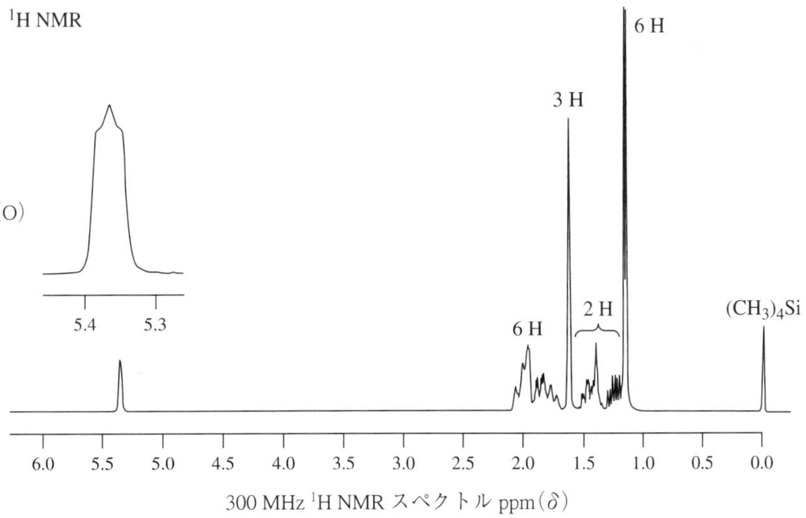

化能の強い溶媒）中で加熱すると，分子式 $C_{10}H_{18}$ をもつ二つの生成物が得られる．

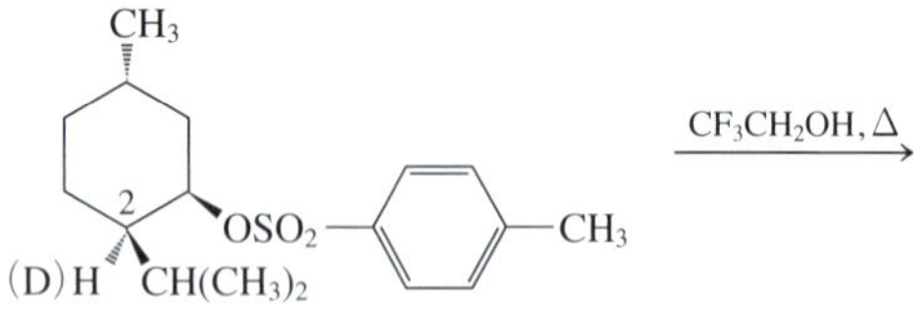

2種類の $C_{10}H_{18}$ 生成物

(a) 主生成物は，その ^{13}C NMRスペクトルに10個の異なるシグナルを示す．そのうち二つはそれぞれ $\delta=120$ および145 ppmという比較的低磁場に現れる．^{1}H NMRスペクトルは $\delta=5$ ppm付近に多重線（1 H分）を一つ示し，その他のシグナルはすべて $\delta=3$ ppmよりも高磁場に現れる．この化合物を同定せよ．(b) 副生成物は，7本の ^{13}C シグナルしか示さない．こちらの場合にも2本が低磁場（$\delta\approx125$ および140 ppm）にあるが，^{1}H NMRデータに関しては主生成物とは異なり，$\delta=3$ ppmよりも低磁場にはシグナルがない．この化合物を同定し，その生成機構を説明せよ．(c) C2を重水素で標識したエステルを出発物質として加溶媒分解を行うと，(a)の主生成物である異性体の ^{1}H NMRスペクトルで $\delta=5$ ppmのシグナルの強度がかなり減少することが明らかになり，この結果は $\delta=5$ ppmのピークに対応する水素が部分的に重水素に置き換わったことを示唆している．この結果はどのように説明できるか．〔**ヒント**：その答えは(b)の副生成物の生成機構のなかにある．〕

●グループ学習問題

63. みなさんのグループはパズルを目の前にしている．C_4H_9BrO という分子式をもつ四つの異性体化合物(A)～(D)をKOHと反応させると，分子式が C_4H_8O である化合物(E)～(G)が生成する．(A)，(B)両分子はそれぞれ化合物(E)と(F)を生じる．化合物(C)と(D)のNMRスペクトルは同じで，ともに同じ生成物(G)を与える．出発物質のうちいくつかは光学活性であるが，生成物はすべて光学不活性である．さらに，(E)，(F)および(G)はどれも化学シフトの異なる二つの ^{1}H NMRシグナルしか示さず，これらのピークはいずれも $\delta=4.6\sim5.7$ ppmにはない．(E)と(G)については上記二つのシグナルはどちらも複雑であるが，(F)は一重線を二つ示すだけである．(E)と(G)のプロトンデカップリングした ^{13}C NMRスペクトルにはピークが二つしかないが，(F)では三つのピークがある．このようなスペクトルの情報を用いて，C_4H_9BrO のどの異性体がどの C_4H_8O 異性体を生成するかをみんなで考えて決めよ．反応物と生成物の組合せができたら，(E)，(F)および(G)の ^{1}H および ^{13}C NMRスペクトルを分担して推測せよ．すべての化合物について ^{1}H および ^{13}C の化学シフトを見積もり，それぞれのDEPTスペクトルを推測せよ．

●専門課程進学用問題

64. $(CH_3)_4Si$（テトラメチルシラン）という分子は，^{1}H NMR分光法において内部標準として用いられている．この化合物が内部標準としてとくに有用なのは，次のどの性質にもとづいているか．

(a) 常磁性が強い　(b) 色が濃い
(c) 揮発性に富んでいる　(d) 求核性が大きい

65. 次の化合物の一つは，その ^{1}H NMRスペクトルに二重線が現れる．その化合物を(a)～(d)から選べ．

(a) CH_4　(b) $ClCH(CH_3)_2$　(c) $CH_3CH_2CH_3$

(d) 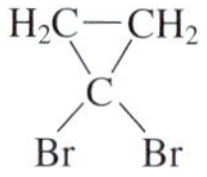

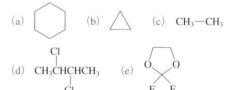

66. 1-フルオロブタンの ^{1}H NMRスペクトルにおいて最も反しゃへい化されている水素は，次のどの炭素に結合しているか．

(a) C_4　(b) C_3　(c) C_2　(d) C_1

67. 次の化合物のうちの一つは，その ^{1}H NMRスペクトル中に一つのピークを，^{13}C NMR中に二つのピークを示す．その化合物を(a)～(e)から選べ．

(a) 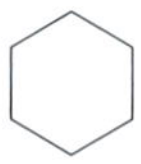　(b) 　(c) CH_3-CH_3

(d) 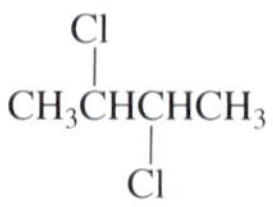

(e) 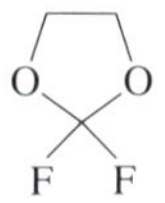

Chapter

11 アルケン：IR 分光法と質量分析法

ヨーロッパ産のオリーブの果実から抽出される天然オリーブ油の組成の 80 %以上が，オレイン酸として知られる *cis*-9-オクタデセン酸である．このオレイン酸は，食物に由来するすべての脂肪と油のなかで，心臓血管系の疾患予防に最も効果があるものの一つだといわれている．これに対して，二重結合がシス配置ではなくトランス配置をとるオレイン酸の異性体であるエライジン酸は，多くの有害な健康被害をもたらすことが知られている．

本章での目標

- アルケンの構造を書き，命名する．
- アルケンの立体化学を識別する．
- シグマ結合とパイ結合間の違いを復習する．
- NMR 分光法とアルケンの構造を相互に関連づける．
- アルケンの構造と相対的な安定性を関係づける．
- 脱離反応における異性体の生成物を予想するために，基本的なエネルギーの原理を適用する．
- 赤外(IR)分光法がいかに構造決定の手助けになるかを学ぶ．
- IR スペクトルの特徴的な吸収を識別する．
- 質量分析法の原理とそれが提供する情報を記述する．
- 質量分析法におけるフラグメント化の起こりうる経路を識別する．
- 構造を決定するために，分光法と分子式に関する情報とを組み合わせる．

液体状の料理用油と固体のバターやラードはどう違うのだろうか．構造上の唯一の大きな相違は，液体の油が炭素−炭素二重結合を多量に含んでいるのに対し，固体の油には二重結合が少ない点である．料理用油は，多重結合をもつ有機化合物のなかで最も簡単な化合物群である**アルケン**(alkene)の誘導体である．本章と 12 章では，アルケンの性質，製法ならびに反応性について学ぶ．

これまでの数章で，単結合でつながった官能基を含む二つの重要な種類の化合物であるハロアルカンやアルコールが，ある適当な条件下で脱離反応を起こしてアルケンを生成することを学んだ．本章では，まずこれらの脱離反応に話を戻し，反応に影響を及ぼすいくつかの要因について検討する．そのあと，次の 12 章においてアルケンの反応について学ぶ．そこでは，アルケンが付加反応によって単結合をもった物質に変換され，もとのハロアルカンやアルコールに戻ることを理解する．そして，アルケンが多くの合成変換反応において中間体としていかに重要であるかを示す．プラスチックや合成繊維，建設資材，さらに非常に多くの工業的に重要な他の物質をつくるために，アルケンは有用でかつ経済的に貴重な出

アルケンの二重結合

＊マーガリンの名称はもともと間接的に *margaron*（ギリシャ語の「真珠」）にその起源がある．また直接的にはマーガリンを構成する脂肪酸の一つであるヘプタデカン酸の慣用名であるマルガリン酸に由来する．この慣用名が用いられる理由は，マルガリン酸が光沢をもった「真珠のような」結晶をつくるためである．

発物質である．たとえば，多くの気体状のアルケンに付加反応を施すと，生成物として油が得られる．このことから，この種の化合物は「オレフィン」とよばれていた（*oleum facere*，ラテン語の「油をつくる」）．ところで，もともと「margarine（マーガリン）＊」という言葉は，この生成物である油に対してつけられた名称である oleomargarine（オレオマーガリン，動物性マーガリン）という言葉の短縮形である．アルケンは付加反応を行うので**不飽和**（unsaturated）化合物とよばれる．これに対して，最大数の単結合をもち，付加反応に対して不活性であるアルカンは**飽和**（saturated）化合物とよばれる．

まずアルケンの名称ならびに物理的性質から話を始め，続いて異性体間の相対的な安定性を評価する方法を紹介する．さらに，脱離反応を概観することによってアルケンの製法についての議論を深める．

分子構造を決定するための二つの方法についても紹介する．すなわち，第二の分光法である赤外（IR）分光法と分子の元素組成を決める手法である質量分析法（MS）である．これらの方法は，分子の全体構造のなかの原子配列とともに官能基や特徴のある結合（O—H，C=C など）の有無を直接明らかにすることで，NMR を補完する．

11-1 アルケンの命名

炭素—炭素二重結合がアルケンを特徴づける官能基である．一般式は C_nH_{2n} で表され，シクロアルカンの一般式と同じである．

他の有機化合物と同様に，いくつかのアルケンは現在でも慣用名でよばれており，対応するアルカン（alkane）の語尾 -ane を **-ylene** で置き換えて命名されている．置換基の名称は接頭語としてつけ加える．

代表的なアルケンの慣用名

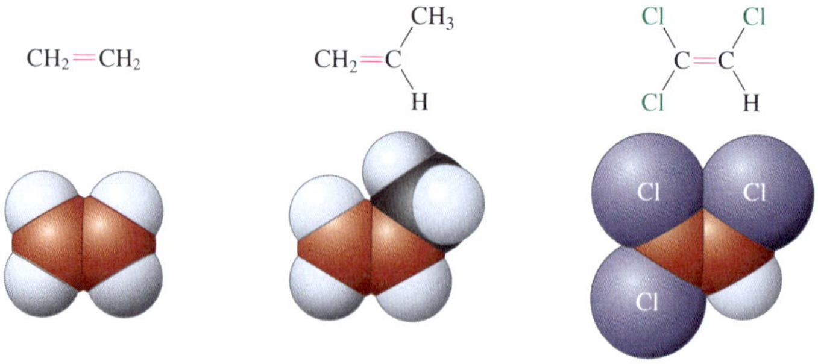

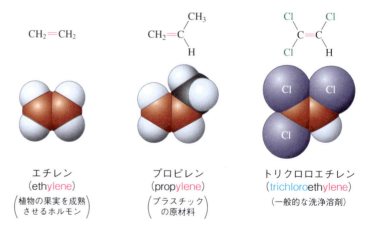

エチレン（ethylene）（植物の果実を成熟させるホルモン）

プロピレン（propylene）（プラスチックの原材料）

トリクロロエチレン（trichloroethylene）（一般的な洗浄溶剤）

IUPAC 命名法では，エテン（ethene）やプロペン（propene）のように -ylene の代わりにさらに簡単な語尾 **-ene** を用いる．より複雑な系の場合には，アルカンの命名法における規則（2-6 節参照）をそのまま適用するか，あるいは少し拡張して適用する．

指針　アルケンの命名に関する IUPAC 規則

規則 1. アルカンの場合と同様に，分子中の最長鎖を探し出し，主鎖として命名する．その主鎖が二重結合を形成する二つの炭素の両方をともに含む場合にはその主鎖の語尾に -ene を用い，置換基に対していつもの接頭語を加える．一方，もし最長鎖が二重結合の炭素の両方を含まない場合やアルケンが置換シクロアルカンである場合には，分子はそれぞれアルカン（2-6 節参照）あるいはシクロアルカン（4-1 節参照）として扱い，不飽和結合を含む部分は規則 7 と（または）規則 8 にしたがって置換基として命名する．

$CH_2{=}CHCH(CH_3)CH_2CH_3$

メチルペンテン誘導体
（methylpentene）
（エチルブテンではない）

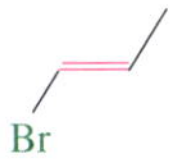

ブロモプロペン誘導体
（bromopropene）

$CH_3CH_2CH_2CH_2C(H_3C){=}C(CH_2CH_3)CH_2CH_2CH_2CH_3$

エチルメチルデセン誘導体
（ethylmethyldecene）
（ペンテンやヘプテンやオクテンの誘導体ではない）

規則 2. 規則 1 にしたがって分子をアルケンとして命名するのが適当と考えられる場合，その主鎖が（OH 基のような，規則 6 参照）より優先順位の高い基を含んでいないかぎり，（アルキル基やハロゲン置換基の位置は無視して）二重結合に近いほうの端から主鎖に番号をつける．二重結合を形成する二つの炭素に振られた番号のうち小さいほうの番号を使って二重結合の位置を表示する．番号はアルケンの名称の前あるいは末尾の「エン」の直前に置く．本書では前者の方式を支持する†．シクロアルケンの場合には二重結合の位置番号を示す接頭語をつける必要はなく，OH 基など他の基が優先権をもたないかぎり，二重結合を形成している炭素が 1 番および 2 番と決められている（規則 6 も参照）．

同じ分子式をもち二重結合の位置が異なるアルケン（たとえば 1-ブテンと 2-ブテン）を，構造異性体または**二重結合異性体**（double-bond isomer）という．1-アルケンは**末端アルケン**（terminal alkene）ともよばれ，これ以外のものは**内部アルケン**（internal alkene）という．アルケンは結合を直線で表す表記法によって簡略に表現できる．

† 訳者注：正確にいえば，新しい IUPAC 命名法（1993 年）では官能基の直前に位置番号を挿入するため，1-ブテンはブタ-1-エン（but-1-ene），2-ペンテンはペンタ-2-エン（pent-2-ene），2-メチル-3-ヘキセンは 2-メチルヘキサ-3-エン（2-methylhex-3-ene）となる．日本語名称では but，pent，hex のように子音で切れる主鎖名に a を補って字訳する．しかし，これでは主鎖の構造がわかりにくくなるため，本書では *Chemical Abstracts*（CAS）の命名法にしたがい，位置番号を主鎖の名称の前につけることにしている．

$\overset{1}{C}H_2{=}\overset{2}{C}H\overset{3}{C}H_2\overset{4}{C}H_3$（$CH_2{=}CHCH_2CH_3$）

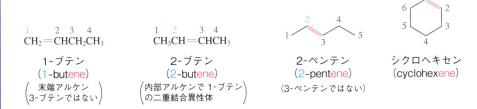

1-ブテン
（1-butene）
（末端アルケン 3-ブテンではない）

$\overset{1}{C}H_3\overset{2}{C}H{=}\overset{3}{C}H\overset{4}{C}H_3$（$CH_3CH{=}CHCH_3$）

2-ブテン
（2-butene）
（内部アルケンで 1-ブテンの二重結合異性体）

2-ペンテン
（2-pentene）
（3-ペンテンではない）

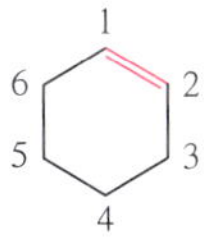

シクロヘキセン
（cyclohexene）

規則 3. 置換基とその位置番号を接頭語としてアルケンの名称の前につけ加える．アルケン鎖が左右対称の場合には，鎖に沿って最初の置換基ができるだけ小さい番号をもつように，一方の端から番号をつける．

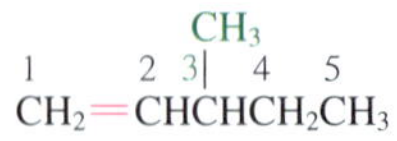

3-メチル-1-ペンテン
(3-methyl-1-pentene)
(3-メチル-4-ペンテンではない)

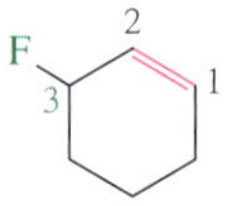

3-フルオロシクロヘキセン
(3-fluorocyclohexene)
(6-フルオロシクロヘキセンではない)

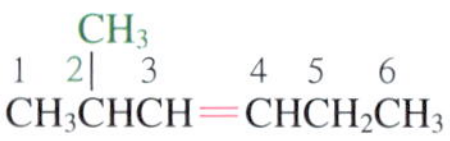

2-メチル-3-ヘキセン
(2-methyl-3-hexene)
(5-メチル-3-ヘキセンではない)

練習問題 11-1

次のアルケンを命名するか構造を示せ．

(a) 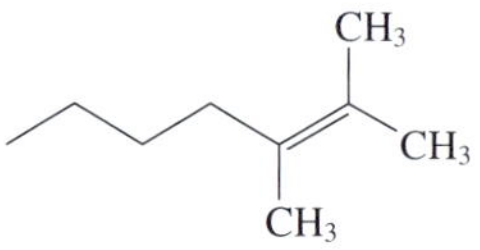

(b) 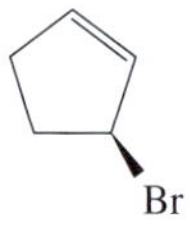

(c) (*S*)-3-クロロ-1-ブテン　(d) *trans*-4,5-ジメチルシクロヘキセン

規則 4． 立体異性体を区別する．1,2-二置換エテンの場合には，二つの置換基がともに二重結合の一方の側に位置するものと，互いに反対の側に位置するものがある．二置換シクロアルカンのシス，トランスと同じように(4-1節参照)，前者の立体配置をシスとよび，後者のそれをトランスとよぶ．同じ分子式をもち，立体化学だけが異なる二つのアルケンを**幾何異性体**(geometric isomer)あるいは**シス-トランス異性体**(cis-trans isomer)という．これらはジアステレオマー，つまり互いに鏡像の関係にはない立体異性体の一例である．

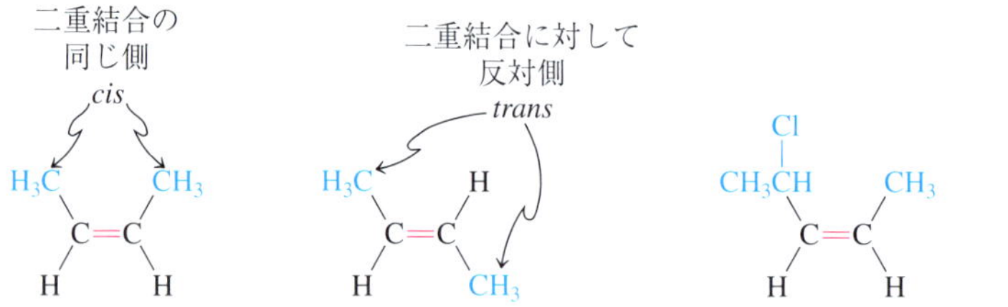

cis-2-ブテン (*cis*-2-butene)　*trans*-2-ブテン (*trans*-2-butene)　*cis*-4-クロロ-2-ペンテン (*cis*-4-chloro-2-pentene)

練習問題 11-2

次のアルケンを命名するか構造を示せ．

(a) 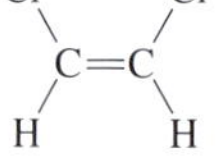

(b) 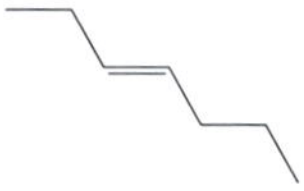

(c) 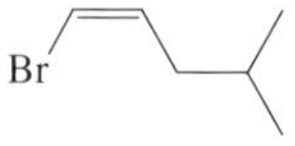

(d) (*S*)-*cis*-1-ブロモ-4-メチル-1-ヘキセン　(e) *trans*-4,4-ジメチル-2-ペンテン

小さな環をもつ置換シクロアルケンでは，二重結合はシス配置のみが可能である．トランス配置は環のひずみのためにとれない(模型を組めば容易に理解できる)．しかしながら，より大きな環をもつシクロアルケンでは，トランス異性体が安定に存在する．

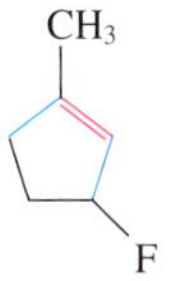

3-フルオロ-1-メチルシクロペンテン
(3-fluoro-1-methylcyclopentene)

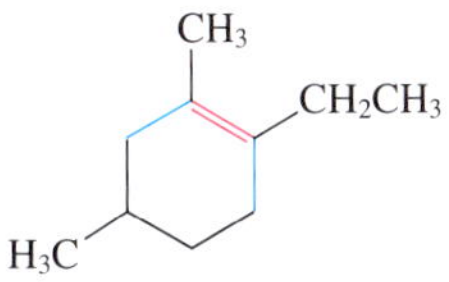

1-エチル-2,4-ジメチルシクロヘキセン
(1-ethyl-2,4-dimethylcyclohexene)

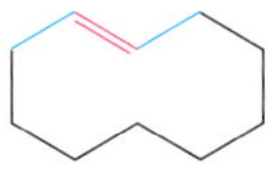

trans-シクロデセン
(*trans*-cyclodecene)

(両者においてはシス異性体だけが安定である)

規則 5. シスとかトランスという表現は，二重結合を形成する炭素に三つあるいは四つの異なる置換基がついている場合には適用できない．このようなアルケンを命名するのに，シス，トランスに代わるもう一つの命名法がIUPACによって採用されている．それが***E*,*Z*による表記法**(*E*,*Z* system)である．この方法では，*R*,*S*の命名の際に優先順位を決めるのに用いた順位則(5-3節参照)を，二重結合を形成する二つの炭素上にそれぞれ存在する二つの置換基に対して別べつに適用する．一方の炭素上にある優先順位の高い基がもう一方の炭素上にある優先順位の高い基に対して反対側に存在する場合には，分子は*E*配置をもつ(*E*, *entgegen*, ドイツ語の「反対の」)*E*異性体と表現する．これに対して，優先順位の高い二つの置換基が同じ側にある場合，分子は*Z*異性体(*Z*, *zusammen*, ドイツ語の「一緒に」)とよばれる．

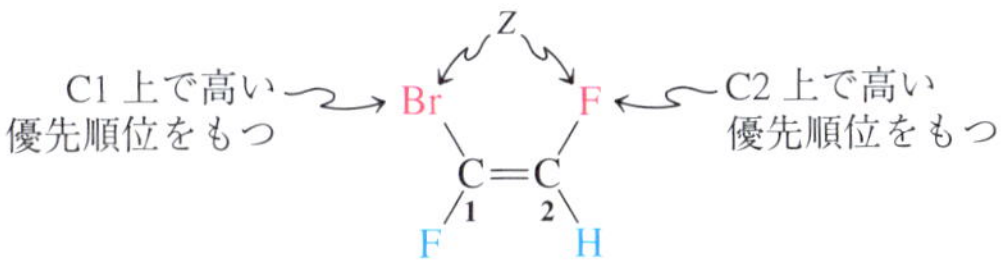

(*Z*)-1-ブロモ-1,2-ジフルオロエテン
〔(*Z*)-1-bromo-1,2-difluoroethene〕

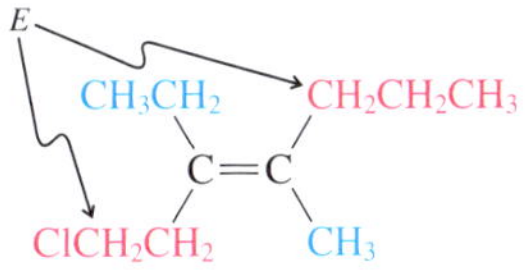

(*E*)-1-クロロ-3-エチル-4-メチル-3-ヘプテン
〔(*E*)-1-chloro-3-ethyl-4-methyl-3-heptene〕

ここでの順位則の適用は，立体中心のまわりの*R*,*S*立体配置の決定に対するよりははるかに容易である．*E*あるいは*Z*の立体化学を決定するには，二重結合のまわりの四つすべての置換基の優先順位を決定するのではなく，二重結合を形成するそれぞれの炭素において一度に二つの置換基だけの優先順位を決定すればよい．

練習問題 11-3

次のアルケンを命名するか構造を示せ．

(a) 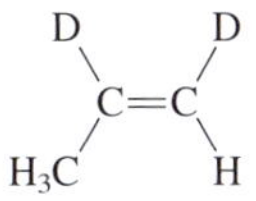

(b) 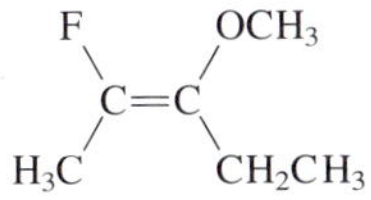

(c) 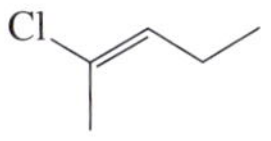

(d) (*Z*)-1-メトキシ-2,4,4-トリメチル-2-ペンテン
(e) (*E*)-1,3-ジヨード-2-メチル-1-メチルチオ-1-プロペン

規則 6. 本章でアルコールに続き，新しい官能基としてアルケンを取り上げた．この規則では，ある化合物がアルコールとアルケンの両方の官能基をもっているときに生じる問題を扱う．つまり，その化合物をアルケンとよぶのか，

それともアルコールとよぶのか．二重結合とヒドロキシ基の両方の官能基をもつ化合物では，二重結合よりもヒドロキシ基のほうに高い優先順位をもたせて炭素に番号をつけるというのが答えである．最長鎖が両方の官能基を含む場合には，その化合物は**アルケノール**(alkenol)と命名し，OH 基と結合している炭素が最も小さい番号をとるように主鎖に番号をつける．二重結合の位置とはっきりと区別するために，OH 官能基の位置番号は，名称末尾の「オール」の直前に表示する．アルケノールの命名において，アルケン(alkene)の最後の e がなくなっていることに注意しよう[†]．

2-プロペン-1-オール
(2-propen-1-ol)
(1-プロペン-3-オールではない)

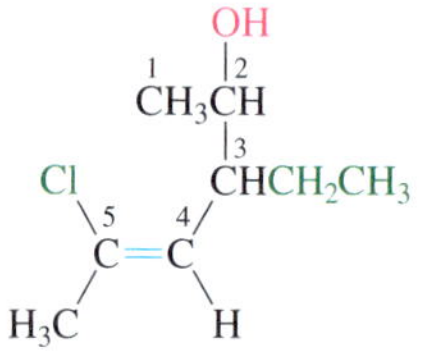

(*Z*)-5-クロロ-3-エチル-4-ヘキセン-2-オール
〔(*Z*)-5-chloro-3-ethyl-4-hexen-2-ol〕
(二つの立体中心については表記していない)

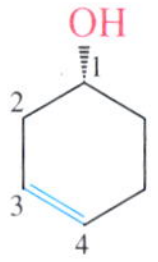

(*R*)-3-シクロヘキセノール
〔(*R*)-3-cyclohexenol〕
〔(*R*)-1-シクロヘキセン-4-オールではない〕

練習問題 11-4

次の分子を命名するか構造を示せ．

(a) 
(b) 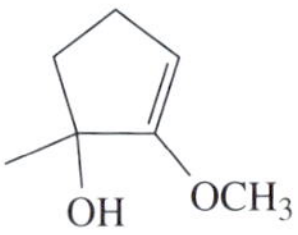

(c) *trans*-3-ペンテン-1-オール，(d) (*S*)-2-シクロヘキセノール

規則 7． 二重結合を含む置換基は，**アルケニル**(alkenyl)基とよばれる．例としてエテニル基(ethenyl，慣用名はビニル基，vinyl)をはじめ，2-プロペニル基(2-propenyl，慣用名はアリル基，allyl)，*cis*-1-プロペニル基(*cis*-1-propenyl)などをあげることができる．通常，置換基鎖の番号づけは，鎖についている炭素から始める．

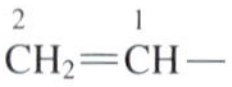

エテニル
(ethenyl)
(ビニル，vinyl)

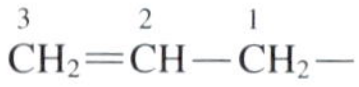

2-プロペニル
(2-propenyl)
(アリル，allyl)

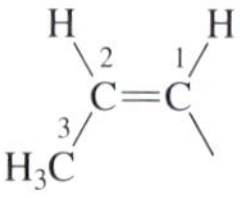

cis-1-プロペニル
(*cis*-1-propenyl)

先に述べたように，二重結合が最長鎖の一部ではない場合には，アルケンは次ページの 4-エテニルノナンのようにアルケニル置換基として命名される．同様に，二重結合が環に結合したフラグメントの一部である場合には，4-エテニルノナンが(3-エテニルヘキシル)シクロヘキサンという名称へ変化する例のように，環の置換基として命名される．これは，二重結合(あるいは，13 章で学ぶように三重結合)の有無にかかわらず，すべての炭化水素はアル

† 訳者注；正確にいえば，新しい IUPAC 命名法(1993 年)では 2-プロペン-1-オールはプロパ-2-エン-1-オール(prop-2-en-1-ol)となるが，本書ではできるかぎり主鎖の名称が位置番号で区切られないようにするため，*Chemical Abstracts*(CAS)の命名法を用いている．

カン(2–6節)あるいはシクロアルカン(4–1節参照)に対する規則にもとづいて命名するという IUPAC の規定によるものである.

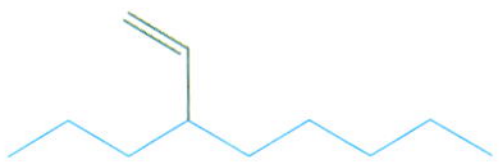

4-エテニルノナン
(4-ethenylnonane)

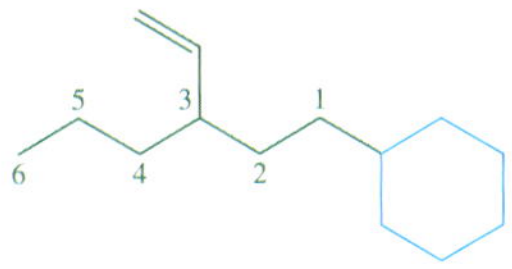

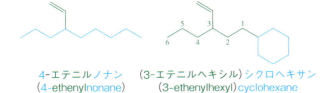

(3-エテニルヘキシル)シクロヘキサン
(3-ethenylhexyl)cyclohexane

3-メチル-1-ヘキセン
(3-methyl-1-hexene)

2-エテニル-1-ペンタノール
(2-ethenyl-1-pentanol)

しかしながら，ヒドロキシ基(のちに学ぶようにカルボニル基やカルボキシ基なども)のような炭化水素でないすべての官能基は優先権をもち，それらの命名は「官能基を含む最長鎖」の規則(アルコールに対しては8–1節参照)にしたがう．ここで，二重結合が最長鎖の一部である場合だけは，規則6のアルケノールのように「エン」という言葉が基本主鎖の一部として使用される．そうでなければ，置換基としての名称を用いる．そのような違いを表す例を上にあげている．すなわち，3–メチル–1–ヘキセンのメチル基に OH が結合すると，名称は2–エテニル–1–ペンタノールとなる．

練習問題 11-5

次の分子を命名するか構造を示せ．

(a) *trans*–2–エテニルシクロプロパノール　(b) *trans*–5–(1–プロペニル)ノナン

(c) 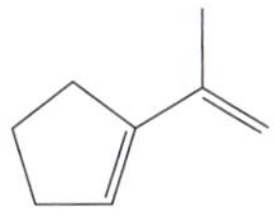

(d) 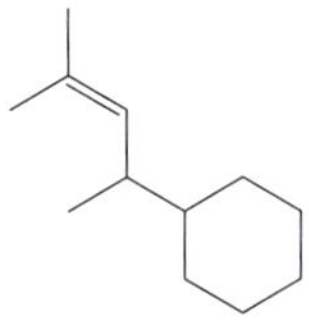

規則 8. 二重結合を形成する二つの炭素のうちの片方が主鎖に含まれ，他方は含まれない場合には，不飽和結合の存在を示すために，**アルキリデン**(alkylidene)という置換基名を使用する．たとえばメチリデン(慣用名 メチレン)，エチリデンならびにプロピリデンなどである．

$H_2C=$	$H_3C-CH=$	$CH_3CH_2-CH=$
メチリデン	エチリデン	プロピリデン
(methylidene)	(ethylidene)	(propylidene)
(メチレン)		

下にこの使用例を示す．

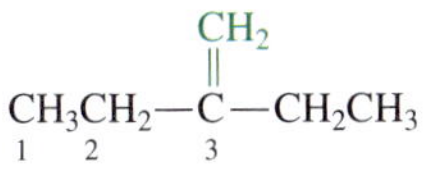

3-メチリデンペンタン
(3-methylidenepentane)
(2-エチル-1-ブテンではない)

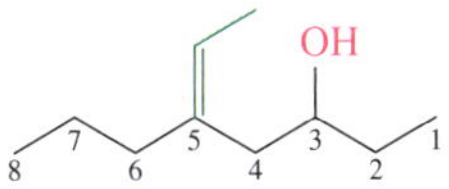

(*Z*)-5-エチリデンオクタン-3-オール
〔(*Z*)-5-ethylideneoctan-3-ol〕
(*Z*)-5-プロピル-5-ヘキセン-3-オールではない

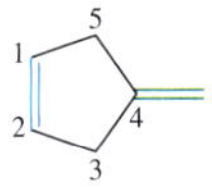

4-メチリデンシクロペンテン
(4-methylidenecyclopentene)

規則 2 で定義したように，環内二重結合は環の炭素 1 と炭素 2 の間にあるとする．したがってメチリデン基は C4 に結合していることになる．

練習問題 11-6

概念のおさらい：複雑なアルケンの命名

欄外に示した構造をもつ化合物を，IUPAC 規則にしたがって命名せよ．

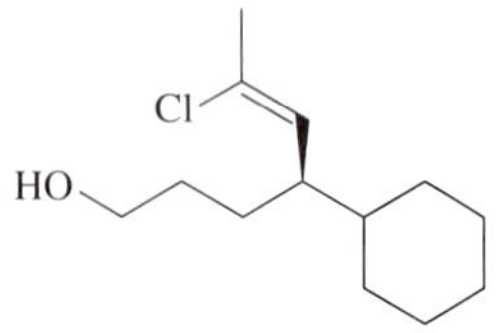

●解法のてびき

What 構造上の重要な特徴は何か．立体化学が明らかな置換基をもつ二重結合，環，ヒドロキシ基ならびに立体中心をもっている．

How どこから手をつけるか．いかなる化合物の命名も一般的な指針にしたがえばよい．

段階 1. 主鎖を決定する．

段階 2. すべての置換基に名称をつける．

段階 3. 主鎖の炭素に番号をつける．

段階 4. 位置番号をつけた置換基名をアルファベット順に並べ，そのあとに主鎖名を書く．

Information 必要な情報は何か．最も有効なことはアルケンの命名に対してこれまでに学んだ規則を復習することであるが，アルカンの名称（2-6 節参照），シクロアルカンの名称（4-1 節参照），アルコールの名称（8-1 節参照）とともに *R,S* 立体配置の決定に対する順位則（5-3 節参照）についての知識を再確認するのもよいだろう．

Proceed 一歩一歩論理的に進めよ．

●答え

- 分子はアルコールであり，最長鎖は二重結合を含む 7 炭素である：ヘプテノール．
- 置換基はクロロ基，シクロヘキシル基，およびメチル基である．
- 分子は末端アルコールで，規則 6 によって OH の結合している炭素が C1 となるので位置番号をつけるのは容易である．
- 基本的な名称は 6-クロロ-4-シクロヘキシル-5-ヘプテン-1-オールと書ける．
- 最後に，適切に立体化学を決定する．C4 の立体中心に結合している四つの置換基を優先順位の高い順に並べると，(a) プロペニル，(b) シクロヘキシル，(c) ヒドロキシプロピル，そして (d) 水素となる．したがって分子の立体配置は *R* である．二重結合に目を向けると，C5 において優先順位の高い基はシクロヘキシルアルカノールで，一方 C6 における優先順位の高い基は塩素である．二重結合に対して両者が同じ側にあるので *Z* 体である．
- 答え：(*R,Z*)-6-クロロ-4-シクロヘキシル-5-ペプテン-1-オール．

練習問題 11-7　自分で解いてみよう

欄外に示した化合物を IUPAC 規則にしたがって命名せよ．

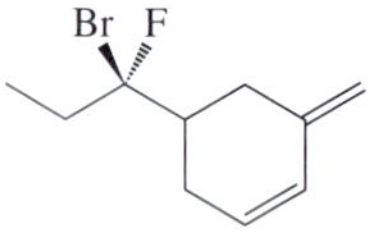

11-2 エテンの構造と結合：π 結合

アルケンの炭素－炭素二重結合は特異な電子的ならびに構造上の特徴を示す．本節では，アルケン官能基の炭素原子の混成，σ と π の 2 種類の結合の性質，ならびにこれらの結合の相対的な強さについて述べる．最も簡単なアルケンであるエテンを取り上げて考えてみよう．

二重結合は σ 結合と π 結合から成っている

エテンは二つの三方形炭素原子から成り，120°に近い結合角をもった平面構造をとっている(図 11-1)．したがって，二つの炭素原子は sp^2 混成していると表現するのが最もふさわしい(1-8 節，図 1-21 参照)．各炭素原子上の二つの sp^2 混成軌道が水素の 1s 軌道と重なり合って，四つの C—H σ 軌道を形成する．それぞれの炭素上に一つずつ残った sp^2 軌道が互いに重なり合って，炭素―炭素 σ 結合を形成する．さらにそれぞれの炭素は 2p 軌道ももっている．それらは互いに平行に並んでおり，かつ十分に近いところにあるので，重なり合って **π 結合**(π bond)を形成する〔図 11-2(A)〕．π 結合の電子密度は図 11-2(B)に示すように二つの炭素にまたがって，分子のなす平面の上下に分布している．

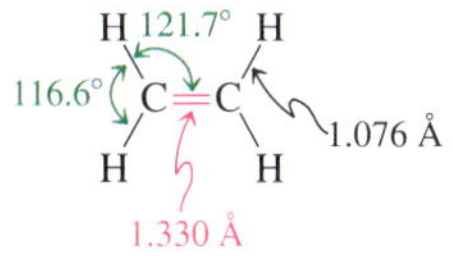

図 11-1　エテンの分子構造

エテンの π 結合は比較的弱い

二重結合の全体の強さに σ 結合と π 結合はどれくらい寄与しているのだろうか．1-7 節で結合は軌道の重なりによって生成し，その相対的な強さはこの重なりの度合いに依存することを学んだ．重なりの有効性を考えると，σ 結合における重なりは π 結合における重なりよりもかなりすぐれていることが予想される．なぜなら，sp^2 軌道は二つの核を結ぶ軸に沿って広がっているからである(図 11-2)．したがって，π 結合は σ 結合より弱いはずである．この様子を，水素分子の結合を表現する際に用いたエネルギー準位の相関図(図 1-11 および図 1-12 参照)にならって，図 11-3 および図 11-4 に示す．さらに，これらの考察から，エテンの二重結合を形成する分子軌道(σ と π)の二つの組合せの相対的エネルギーを予測した図を図 11-5 に示す．

熱異性化によって π 結合の強さを測ることができる

π 結合が σ 結合に比べてどの程度強いかを実験的にどのように求めることができるだろうか．置換基をもつアルケン，たとえば 1,2-ジジュウテリオエテンのシス体からトランス体への変換に必要なエネルギーを測定することによって，π

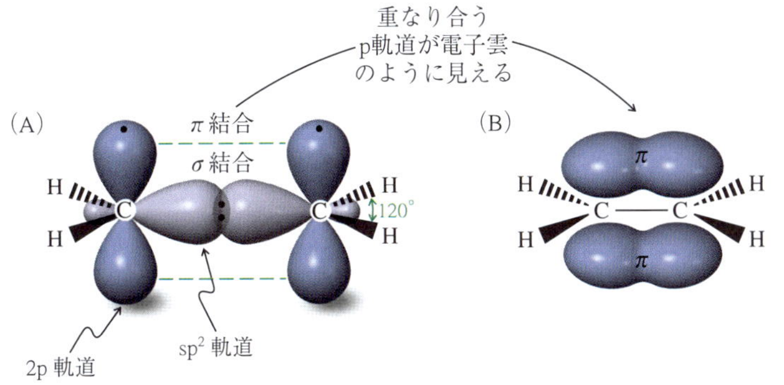

図 11-2　エテンの二重結合の軌道図．炭素－炭素 σ 結合は sp^2－sp^2 の重なりによって形成される．これに対して π 結合はエテン分子のつくる面に垂直な二つの p 軌道が重なり合うことによってつくられる．(A)では，わかりやすいようにこの重なりを緑色の破線で示した．また軌道のローブは意識的に離して書いてある．一方(B)には π 結合を表現するもう一つの方法を示している．この表現法では「π 電子雲」が分子面の上下に書かれている．図 1-13(E)も参照せよ．

図 11-3　二つの sp^2 混成軌道(電子を 1 個ずつ収容している；赤色で示す)間の重なりがエテンの σ 結合の強さを決定する．同じ符号をもつ波動関数領域間における同じ位相間での相互作用は結合を強め〔波の同じ位相間の重なりと比較せよ．図 1-4(B) 参照〕，結合性分子軌道をつくる〔これらの符号は電荷の符号を表すのではなく，＋符号は任意につけたものであることを思い起こそう(図 1-11 参照)〕．2 個の電子は両方ともこの軌道に収容され，二つの核を結ぶ軸の近くに位置する確率が高い．結合が生成することで，2 個の電子のエネルギーがそれぞれ軌道の安定化エネルギー ΔE_σ 分だけ低下し，そのため σ 結合の強さは ΔE_σ の 2 倍に等しい値となる．異符号をもつ波動関数領域の間での逆の位相間での相互作用は〔図 1-4(C) と比べよう〕，節をもち電子を収容していない反結合性分子軌道(σ^* と表記する)を形成する．

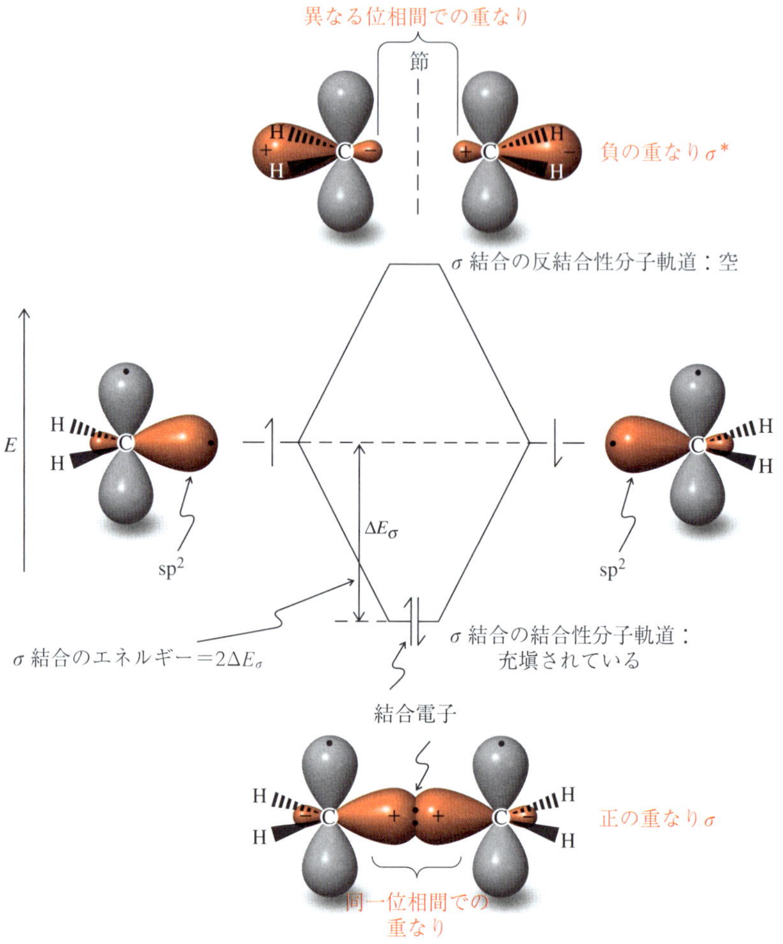

思い起こそう：(どのようなものでも)二つの軌道を組み合わせることにより，二つの新しい分子軌道が生成する．

結合の強さを知ることができる．**熱異性化**(thermal isomerization)とよばれるこの反応では，π 結合を形成している二つの p 軌道のうちの一方がもう一方に対して 180° 回転する．半分回転(90°)したところでは，π 結合が切断されている(図 11-6)．これに対して σ 結合のほうは切断されない．したがって，この異性化反応の活性化エネルギーが二重結合の π エネルギーとほぼ一致する．

熱異性化は高温(＞ 400 ℃)でないと起こらない．そのための活性化エネルギーは 65 kcal mol^{-1}(272 kJ mol^{-1})であり，この値が一般に π 結合の強さとされている．300 ℃以下の温度では，ほとんどの二重結合の立体配置は安定である．すなわち，シス体のものはシス体のままであり，トランス体はトランス体のままである．一般にエテンの二重結合の強さ，いいかえると，エテンを二つの CH_2 断片に解離するのに必要なエネルギーは 173 kcal mol^{-1}(724 kJ mol^{-1})である．したがって，C−C の σ 結合の強さは約 108 kcal mol^{-1}(452 kJ mol^{-1})となる(図 11-7)．すなわち，sp^2−sp^2 炭素間の σ 結合は，sp^3−sp^3 炭素間の σ 結合よりも強い．さらにアルケニル炭素に結合している他の σ 結合，つまり sp^2 炭素と水素あるいは sp^2 炭素と sp^3 炭素間の σ 結合は，対応するアルカンの結合，すなわち sp^3 炭素−水素および sp^3 炭素どうしの σ 結合よりも強いことに注意しよう(表 3-

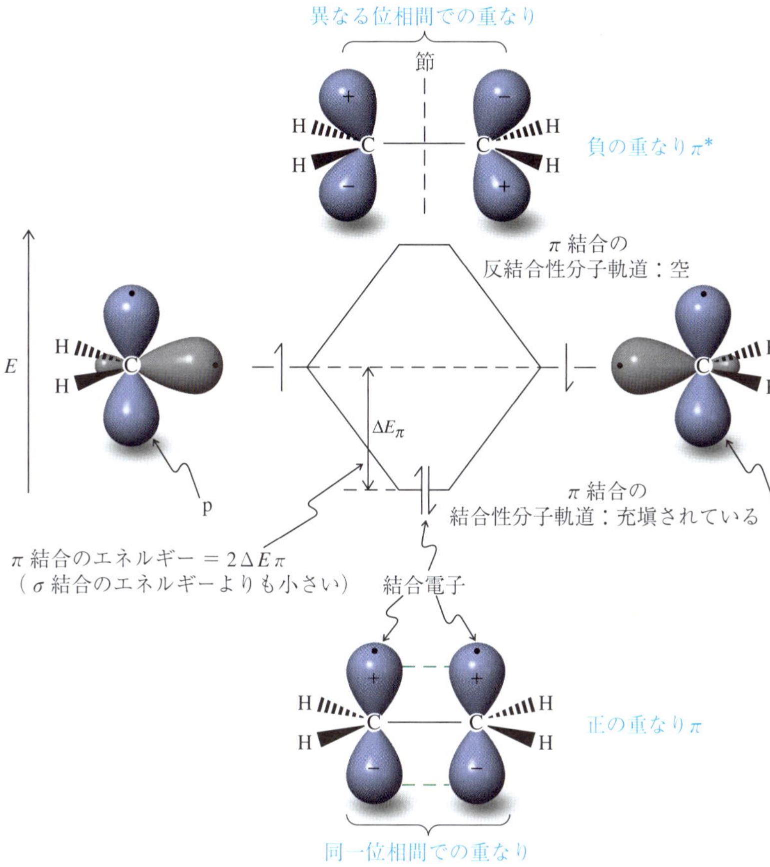

図 11-4　エテンにおける π 結合生成を示すこの図と図 11-3 を比較せよ．二つの平行な p 軌道（電子を一つずつ収容している；青色で示す）間の同一位相での相互作用によって軌道はうまく重なり合い，電子の満たされた結合性の π 軌道をつくる．この軌道表現は，分子平面の上下で，かつ二つの炭素間に電子が存在する確率が大きいことを反映している．π 結合における重なりは σ 結合における重なりに比べてそれほど効果的ではないので，安定化エネルギー ΔE_π は ΔE_σ より小さい．それゆえ π 結合は σ 結合より弱い．逆の位相間の相互作用では反結合性分子軌道 π^* が生成する．

2 参照）．この効果は，おもに炭素核と比較的容積の小さな sp^2 軌道に収容されている電子との間のより強い引力に起因している．この効果の一つの表れとして，強固に結合したアルケニル水素はラジカル反応条件下において引き抜きにくいという事実をあげることができる．その代わり，より弱い π 結合への付加反応が容易に起こり，この反応がアルケンの反応性を特徴づけている（12 章参照）．

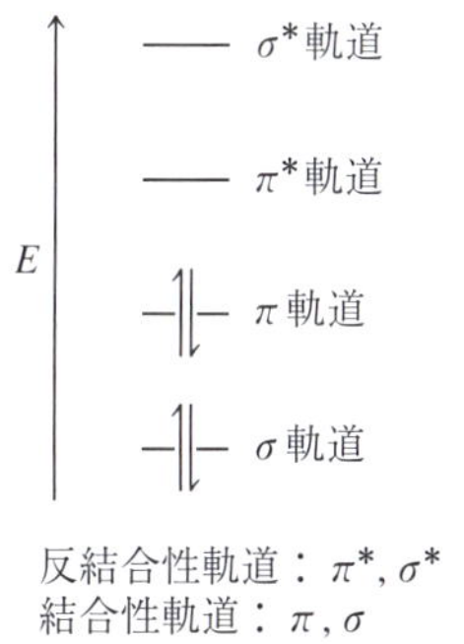

図 11-5　二重結合を形成する分子軌道のエネルギー準位の順序．四つの電子が結合性の軌道だけを占める．

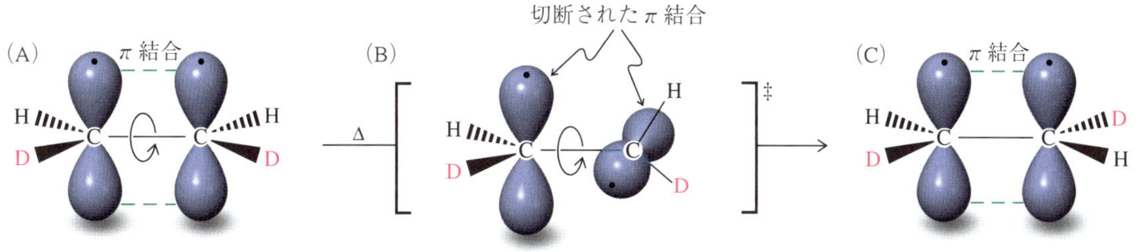

図 11-6　*cis*-1,2-ジジュウテリオエテンのトランス体への熱異性化は，π 結合の切断を必要とする．反応の進行とともに出発物質（A）は C—C 結合まわりに回転し，最もエネルギーの高い地点，すなわち遷移状態（B）に達する．この段階で π 結合を形成するのに用いられていた二つの p 軌道は，互いに垂直となる．同じ方向へさらに回転すると，二つの重水素原子がトランスの関係にある生成物（C）となる．

思い起こそう：
図 11-6 の記号 ‡ は遷移状態であることを示す．

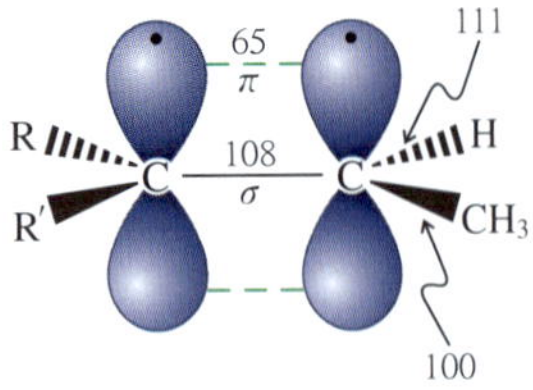

図 11-7　アルケンの結合のおおよその強さ(kcal mol^{-1}). π 結合が σ 結合に比べて弱い結合であることに注目しよう.

まとめ　アルケンの二重結合の特徴的な混成様式によって，その物理的ならびに電子的特性を説明することができる．アルケンは，三方形の sp^2 混成した炭素原子とそれらの同じ平面上の置換基で形成された二重結合をもっている．その混成様式から強い σ 結合と弱い π 結合をもっていること，安定なシス異性体ならびにトランス異性体が存在すること，さらにアルケニル炭素と置換基との結合が強いことが理解できる．容易に付加反応が起こり，二つの結合のうち，より弱い π 結合が優先的に切断され，σ 結合は切断されない．

11-3 アルケンの物理的性質

炭素ー炭素二重結合の存在によって，アルケンの物理的性質の多くは対応するアルカンの物理的性質と大きく異なる．例外は沸点で，両者とも似たような London 力〔図 2-6(C)参照〕をもつために，アルケンの沸点は対応するアルカンの沸点とほぼ同じである．エタン，プロパン，ブタンが室温で気体であるのと同じように，エテン，プロペン，ブテンもまた気体である．これに対して，融点には違いがある．融点は結晶格子における分子の充塡の仕方，いいかえると分子の形に依存している．シス二置換アルケンにおいては，二重結合によって分子は U 字型に湾曲するために密な充塡が妨げられ，融点が低下する．一般に，対応するアルカンや異性体であるトランスアルケンに比べてシスアルケンの融点は低い(**表 11-1**)．植物油の融点が室温よりも低いのは，分子中にシスの二重結合が存在するためである．二重結合という官能基は極性や酸性度をはじめとして，融点以外のさまざまな物理的性質にも大きな影響を与えている．

アルケンはその構造によっては弱い双極子としての性質を示す．それはなぜだろうか．アルキル基とアルケニル炭素間の結合は sp^2 混成した原子の方向に分極している．その理由は，sp^2 混成における s 性の割合が，sp^3 混成における s 性よりも大きいためである．大きな s 性をもった軌道のなかにある電子は，p 性の大きな軌道のなかにある電子よりも核により近い位置に保持されている．このため sp^2 炭素は相対的に電子求引性をもち(O や Cl のような電気的に陰性な原子よりもはるかに弱いが)，置換基とアルケニル炭素との結合に沿った弱い双極子がつくり出される．別のいい方をすれば，アルキル置換基は π 結合に対する誘起的な電子の供与体である．

シス二置換アルケンにおいては，二つの個々の双極子が合わさって分子全体として双極子が生じる．トランス二置換アルケンでは，これらの双極子の向きが反対で分子中で互いに打ち消し合う．より極性の大きいシス二置換アルケンは，対応するトランス異性体よりも少し高い沸点をもつことが多い．電気陰性度の大きい塩素原子は結合の双極子の向きをメチル基の場合と反対にすることができる．そして，二つの 1,2-ジクロロエテン異性体において見られるように，個々の結合の双極子が C−C 結合のものに比べてより大きいため，沸点の違いもより大きい．

表 11-1
アルケンとアルカンの融点の比較

化合物	融点(℃)
ブタン	− 138
trans-2-ブテン	− 106
cis-2-ブテン	− 139
ペンタン	− 130
trans-2-ペンテン	− 135
cis-2-ペンテン	− 180
ヘキサン	− 95
trans-2-ヘキセン	− 133
cis-2-ヘキセン	− 141
trans-3-ヘキセン	− 115
cis-3-ヘキセン	− 138

アルケンにおける分極：アルキル基は誘起効果により電子供与体となる

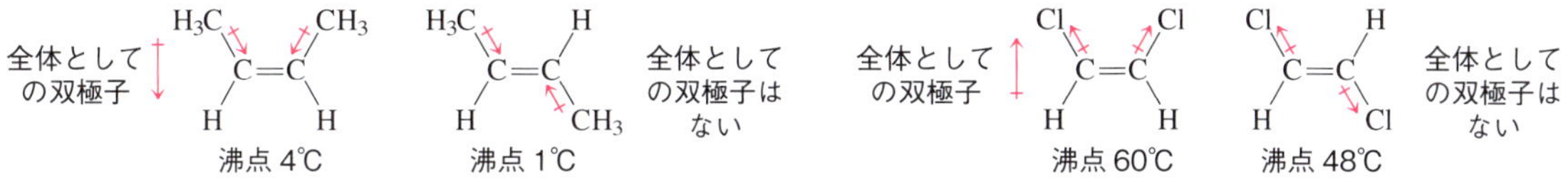

sp^2 炭素が電子を引きつける性質をもっていることは，アルケニル水素の酸性度が高いことにも反映される．エタンの pK_a の値が約 50 であるのに対し，エテンはもう少し酸性度が高く pK_a の値は 44 である．とはいっても，カルボン酸やアルコール類などと比べると，プロトン源としてははるかに弱い化合物である．

エテニル水素の酸性度

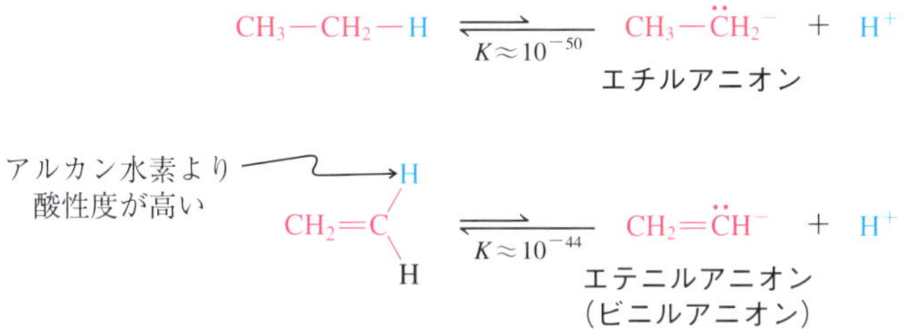

練習問題 11-8

エテニルリチウム（ビニルリチウム）は，一般にはエテンの直接的脱プロトン化によってつくられるのではなく，むしろクロロエテン（塩化ビニル）から合成される（8-6 節参照）．

$$CH_2{=}CHCl \; + \; 2\,Li \xrightarrow{(CH_3CH_2)_2O} \underset{60\,\%}{CH_2{=}CHLi} \; + \; LiCl$$

エテニルリチウムにアセトンを作用させたあと，水を用いて処理すると無色の液体が収率 74 %で得られる．この化合物の構造を示せ．

まとめ 二重結合が存在してもアルケンの沸点は対応するアルカンの沸点とあまり変わらない．しかしながら，シス化合物は固体状態では密に充塡できないので，シス二置換アルケンは対応するトランス異性体よりも融点が低いのがふつうである．sp^2 混成のアルケニル炭素は電子求引性の特性をもっているため，アルケニル水素はアルカン水素に比べて酸性度が高い．

11-4 アルケンの NMR

二重結合はアルケンの ^{1}H NMR ならびに ^{13}C NMR のシグナルに特徴的な影響を与える（表 10-2，表 10-6 参照）．分子の構造決定にこの情報がどのように利用できるかを学んでいこう．

π電子はアルケニル水素に対して反しゃへい化効果を及ぼす

trans−2,2,5,5−テトラメチル−3−ヘキセンの^{1}H NMRスペクトルを図11−8に示す．2本のシグナルだけが観測される．18個の等価なメチル水素のシグナルが1本と，二つのアルケニル水素のシグナルが1本である．メチル水素がアルケニル水素から十分遠くにあり，互いの間に観測できるほど大きなスピン−スピン結合がないので，吸収はいずれも一重線として現れる．低磁場側に見られるアルケニル水素の共鳴吸収($\delta = 5.30$ ppm)は，アルケニル炭素に結合した水素原子の典型的なシグナルである．末端アルケンの水素(RR′C═CH$_2$)は$\delta = 4.6 \sim 5.0$ ppm付近にシグナルを与え，内部アルケン(RCH═CHR′)の水素は$\delta = 5.2 \sim 5.7$ ppm付近に現れる．

なぜ反しゃへい化効果がこんなに大きいのだろうか．sp^{2}混成した炭素が電子を引きつける性質をもつこともその理由の一つではあるが，より大きな原因は，π結合の電子の運動にある．二重結合の軸と直交する外部磁場のなかに置くと，π結合の電子は円運動を始める．この円運動によって，二重結合の端では外部磁場を強めるような局部磁場が誘起される(図11−9)．その結果，アルケニル水素は強く反しゃへい化されている(10−4節参照)．

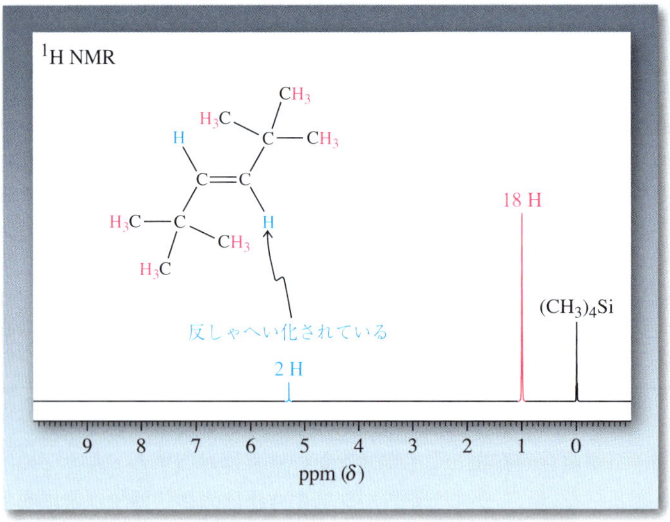

図11-8　*trans*−2,2,5,5−テトラメチル−3−ヘキセンの300 MHz ^{1}H NMRスペクトル．アルケンのπ結合による反しゃへい化効果が現れている．2種類の水素に対して，2本の鋭い一重線が観測される．$\delta = 0.97$ ppmのメチル水素18個と，$\delta = 5.30$ ppmに現れる大きく反しゃへい化されたアルケニル水素2個に対応する．

練習問題 11-9

アルケニル炭素に結合したメチル水素は$\delta = 1.6$ ppm付近で共鳴する(表10−2参照)．アルカンのメチル水素と比べて，アルケニル炭素に結合したメチル水素が反しゃへい化されている理由を説明せよ．(**ヒント**：図11−9の原則を適用せよ．)

二重結合に関してシスの関係にある水素間のスピン結合は，トランスの関係にある水素間のスピン結合とは異なる

二重結合が非対称な置換基をもつ場合，すなわち二置換オレフィンにおいて二

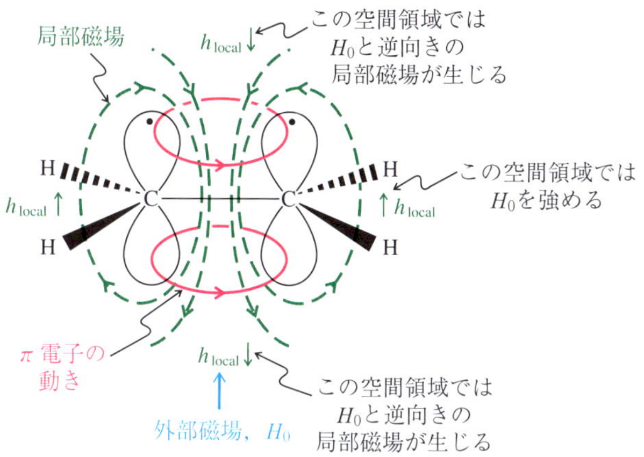

図 11-9 π 結合している電子の運動が，アルケニル水素の著しい反しゃへい化を引き起こす．外部磁場 H_0 が二重結合の平面の上と下で π 電子の円運動(赤色で示してある)を誘起する．そしてこの円運動が，二重結合の中心においては H_0 を打ち消し，一方，アルケニル水素の占める空間においては H_0 を強めるような局部磁場(h_{local}，緑色で示してある)を引き起こす．

つの置換基が異なる場合には，二つのアルケニル水素は等価ではない．そのため *cis*−ならびに *trans*−3−クロロプロペン酸のスペクトル(**図 11−10**)に見られるように，スピン−スピン結合が観察される．シスの関係にある水素間のカップリング定数の値($J = 9$ Hz)は，互いにトランスの関係にある水素間のカップリング定数の値($J = 14$ Hz)とは異なる．二重結合のまわりの水素間のいくつかの代表的なカップリング定数の大きさを，**表 11−2**(577 ページ)にあげる．$J_{シス}$の範囲は部分的に$J_{トランス}$の範囲と重なるが，1 組の異性体の間では，$J_{シス}$は必ず$J_{トランス}$よりも小さい．このことを利用してシス異性体とトランス異性体を容易に区別することができる．

$J_{シス}$や$J_{トランス}$のように隣接する炭素原子上の水素間のカップリングは，**ビシナル**(vicinal)カップリングとよばれ，一方，同じ炭素上にある非等価な水素間のカップリングは**ジェミナル**(geminal)カップリングとよばれる．一般に，アルケンのジェミナルカップリングは小さい(表 11−2)．二重結合に隣接するアルキル基の水素(**アリル位**，allylic，11−1 節)とのスピン−スピン結合や，二重結合を挟んだ〔**1,4** あるいは**遠隔**(long−range)〕カップリングも可能であり，ときには複雑なスペクトルを与える．三つ以上の原子を隔てた水素間のカップリングが無視できる飽和系の化合物に対する簡単な規則は，アルケンには当てはまらない．

複数のカップリングが存在するとスペクトルはより複雑になる

3,3−ジメチル−1−ブテンや 1−ペンテンのスペクトルは，カップリング様式がずいぶんと複雑になる可能性を示している．両者のスペクトルにおいて二重結合を形成する炭素に結合した水素は，複雑な多重線として現れる．3,3−ジメチル−1−ブテン〔**図 11−11(A)**〕では，置換基を一つもったほうのアルケン炭素原子に結合した H_a はより低磁場($\delta = 5.86$ ppm)で共鳴し，二つの比較的大きなカップリング定数〔J_{ab}(トランス) = 18 Hz，J_{ac}(シス) = 10.5 Hz)〕をもった二重線の二重線(doublet of doublets)の形のピークを与える．H_b と H_c の二つの水素もまた二重線の二重線として現れる．なぜなら H_b，H_c ともそれぞれ H_a とカップリングし，さらに H_b と H_c 間で互いにカップリング〔J_{bc}(ジェミナル) = 1.5 Hz〕するためである．H_b と H_c の化学シフトの差が小さいので互いのシグナルが重なって

アルケン水素に対する「二重線の二重線」の分裂様式は，連続した $N+1$ 規則で説明される(10−8 節参照)．一つの水素は隣接する水素によってカップリング定数 J_1 で分裂し，さらにもう一つの隣接水素によって J_2 で分裂し，$(N_{J_1}+1)\times(N_{J_2}+1) = 2\times2 = 4$ にしたがい，4 本のピークを示す．

図 11-10　(A) *cis*−3−クロロプロペン酸，(B) そのトランス異性体の CCl_4 溶液中における 300 MHz ^1H NMR スペクトル．二つのアルケニル水素は非等価で互いにカップリングする．カルボン酸 (−COOH) の水素はチャート中に書き入れた挿入図のなかに示されているように，δ＝10.80 ppm 付近に幅広い共鳴吸収シグナルとして現れる．

(A)

$J_{シス}$は
比較的小さい

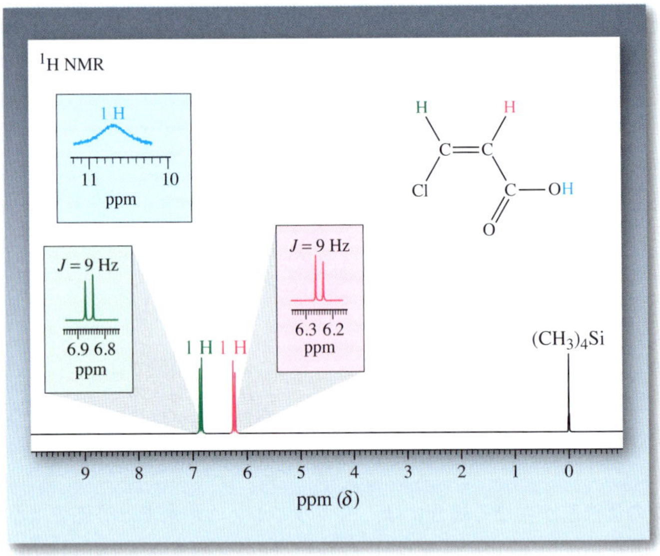

(B)

$J_{トランス}$は
比較的大きい

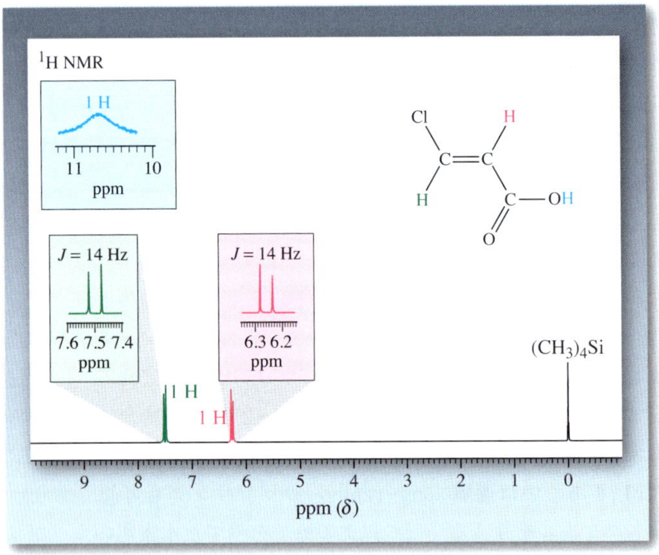

しまう．1−ペンテン〔図 11−11 (B)〕のスペクトルでは，二重結合に結合したアルキル基によるカップリング（表 11−2）がアルケニル水素間のカップリングに加えて起こるため，アルケニル水素のパターンがより複雑になる．しかしながら，2 種類（末端と内部）存在するアルケニル水素は明らかに区別することができる．さらに sp^2 炭素の電子求引効果と図 11−9 に示した π 電子の運動によって，二重結合に直結している（アリル位の）CH_2 基は反しゃへい化を少し受ける．これらアリル位の水素と隣接するアルケニル水素との間のカップリングの大きさは，これらアリル位水素と二重結合とは反対の側に隣接する CH_2 基の二つの水素とのカップリングの大きさとほぼ同じである（6 ～ 7 Hz）．その結果，アリル位の CH_2 基のシグナルの多重度は簡単な $N+1$ 則にしたがい，（さらに末端アルケニル水素との遠隔カップリングによって一つひとつのピークが細かく分裂した）四重線と

表 11-2 二重結合のまわりの水素のカップリング定数

結合の種類	名　称	J(Hz) 範囲	J(Hz) 典型的な値
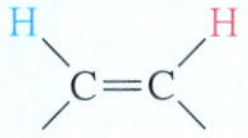	ビシナル(シス)	6 ～ 14	10
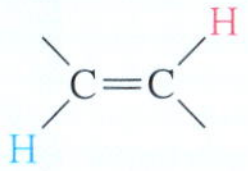	ビシナル(トランス)	11 ～ 18	16
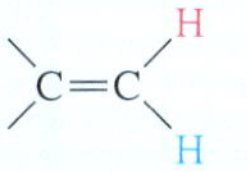	ジェミナル	0 ～ 3	2
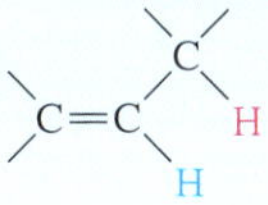	名称なし	4 ～ 10	6
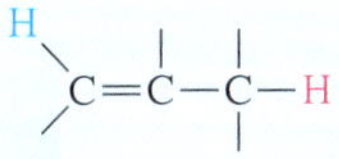	アリル位[(1,3)-シスあるいは (1,3)-トランス]	0.5 ～ 3.0	2
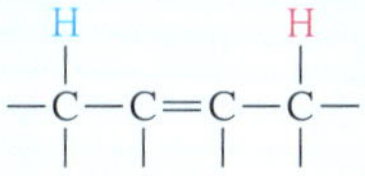	(1,4)-あるいは遠隔	0.0 ～ 1.6	1

して表れる．すなわち，N = (CH_2 からの 2 H) + (=C(–H) からの 1 H) = 3 となる．

アルケニル炭素もまた ^{13}C NMR において反しゃへい化を受ける

アルケンの炭素の NMR 吸収も非常に特徴的である．アルカンに比べて，(同じような置換基をもった)対応するアルケン炭素は約 100 ppm 低磁場側に吸収を示す(表 10-6 参照)．二つの例を**表 11-3** にあげて，アルケンの炭素の化学シフトと対応するアルカン炭素の化学シフトを比較する．広帯域デカップリングした ^{13}C NMR においては，磁気的に非等価な炭素はすべて鋭い単一線として現れることを思い起こそう(10-9 節参照)．そのため，この方法を用いると sp^2 炭素が存在するかどうかを容易に判断することができる．

表 11-3 アルケンと対応するアルカンの ^{13}C NMR 吸収の化学シフト δ (ppm)の比較

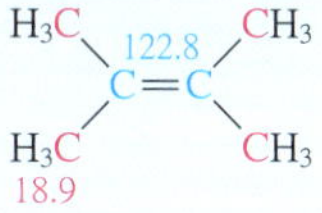

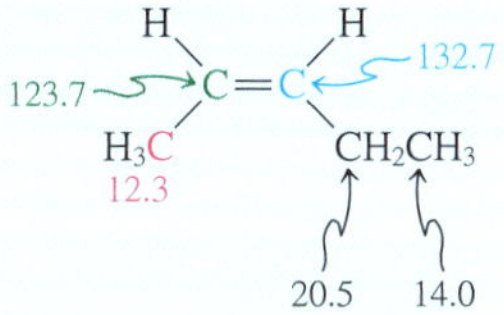

アルケン

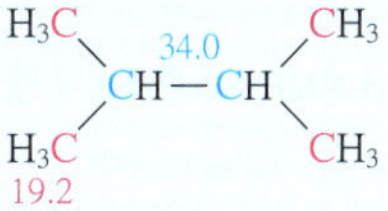

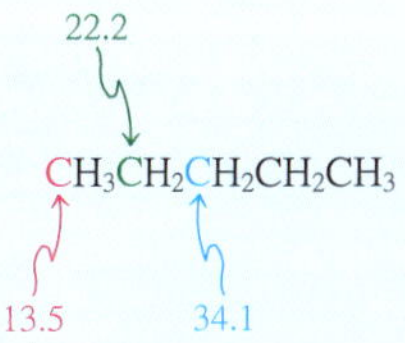

アルカン

練習問題 11-10

概念のおさらい：アルケンの NMR スペクトルの解釈

2-ブテン酸エチル(クロトン酸エチル，$CH_3CH{=}CHCO_2CH_2CH_3$)は CCl_4 溶液中で次のような ^{1}H NMR スペクトルを与える．δ = 1.24(t, J = 7 Hz, 3 H), 1.88(dd, J = 6.8, 1.7 Hz, 3 H), 4.13(q, J = 7 Hz, 2 H), 5.81(dq, J = 16, 1.7 Hz, 1 H), 6.95(dq, J = 16, 6.8 Hz, 1 H) ppm (dd は二重線の二重線，dq は四重線の二重線を示す)．それぞれの水素を帰属させ，二重結合がシスであるかトランスであるかを示せ(表 11-2 を参考にせよ)．

図 11-11　(A) 3,3-ジメチル-1-ブテン，(B) 1-ペンテンの CCl_4 溶液中における 300 MHz ^1H NMR スペクトル．

J_{ab}（トランス）
$=18$ Hz
J_{ac}（シス）
$=10.5$ Hz
J_{bc}（ジェミナル）
$=1.5$ Hz

(A)

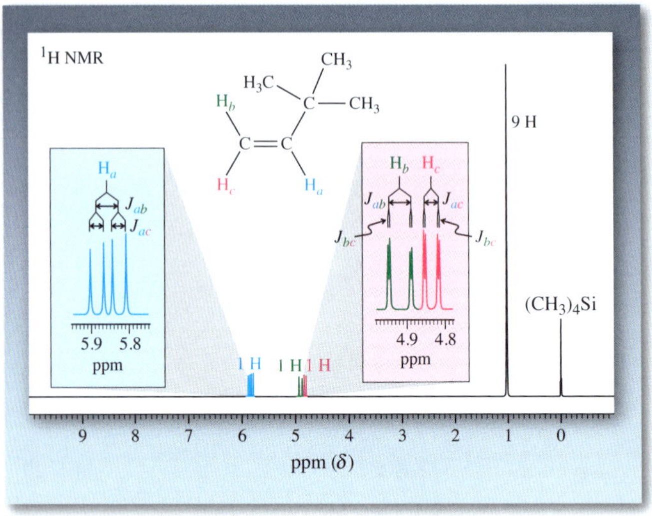

アルケニル水素は一次では解析できない多重線を与える．しかしながら，青色で示した水素に対する $\delta=5.82$ ppm に現れるシグナルの分裂は，連続した $N+1$ 規則によってうまく説明できる．この水素には四つの近接する水素があり，一つの水素は 16 Hz（$J_{トランス}$）の分裂を起こし，もう一つの水素は 10 Hz（$J_{シス}$）の分裂を，さらに残りの二つの水素（CH_2 基上）は 8 Hz（$J_{ビシナル}$）の分裂を起こす．その結果，$(N_{J_{トランス}}+1)\times(N_{J_{シス}}+1)\times(N_{J_{ビシナル}}+1)=2\times2\times3=12$ 本のピークを示すことになるが，そのうちの 2 対が重なるため実際には 10 本のピークが検出される．

(B)

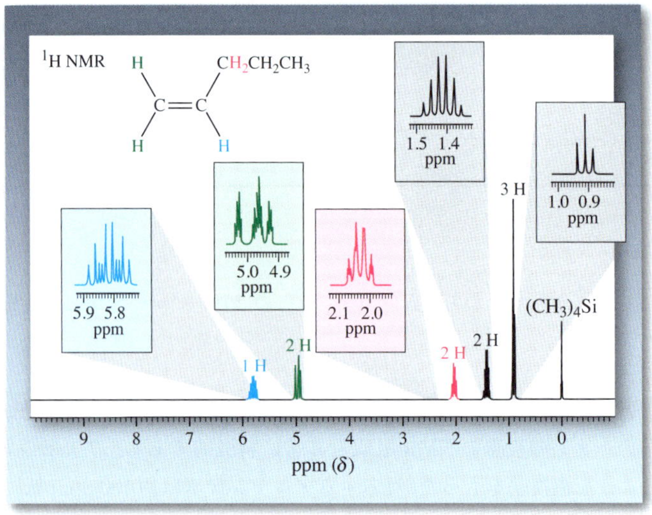

●解法のてびき

What 何が問われているか．構造と化学シフト，積分ならびに分裂様式から成る ^1H NMR スペクトルデータが与えられている．この情報を解読し，それぞれのシグナルを分子中の対応する水素あるいは等価な水素群に関係づけなければならない．

How どこから手をつけるか．構造を調べ，多重度が予測でき容易にその NMR シグナルであると確認できる基，たいていは末端にある基を探せばよい．この例では二つのメチル基が対応する．

Information 必要な情報は何か．化学シフト（表 10-2 参照），スピン－スピン分裂（10-7 節と 10-8 節参照），ならびに本節の議論を復習せよ．

Proceed 一歩一歩論理的に進めよ．

思い起こそう：

^1H NMR から得られる情報
化学シフト
積　分
スピン－スピン分裂

●答え

- $\delta=1.24$ ppm の最も高磁場に見られるシグナル（最も δ ppm 値の小さいもの）についてまず考えよう．積分値が 3 H 分であることから，分子中の二つの CH_3 基のうちの一つであることがわかる．シグナルを詳しく見ると，3 本の線すなわち三重線に分裂している．スピン－スピンの分裂に対する $N+1$ 則によると，このシグナルを与える CH_3 基は分子構造中の二つの水素と結合した炭素，すなわち CH_2 基と隣接していることになる(二つの隣接水素＋1＝3本線)．この CH_2 のシグナルを $\delta = 4.13$ に見いだすことができる．予想どおり，この CH_2 基のシグナルは四重線(隣接するメチル基の三つの水素＋1＝4本線)である．そこで二つの CH_3 基のうち，アルケン炭素に結合したもう一つの CH_3 基は $\delta = 1.88$ のシグナルに対応することになる．このシグナルは二重線の二重線としての分裂パターンを示しており，2種類の水素(それぞれ一つずつ)すなわち二つの異なるアルケン水素による分裂であることがわかる．

- それぞれ $\delta = 5.81$ と 6.95 ppm に現れるこれら最後の二つの水素について考えよう．両者とも四重線の二重線である．いいかえると，四重線のペアとして8本の線が見られる．これが何を意味するのか．それぞれがアルケン炭素上の CH_3 基によって四重線に分裂していることは明らかである(3＋1＝4)．さらに，二つのアルケン水素が隣接しており異なる環境下に存在しているため，二つのアルケン水素は互いに分裂し，それぞれの分裂パターンを二重線に分裂させる(一つの隣接水素＋1＝2本線)．どちらがどちらであるのか．$\delta = 6.95$ ppm に現れるアルケン水素のほうが 6.8 Hz という大きな四重線の分裂パターンを示しており，CH_3 基に隣接したアルケン水素であることを示唆している．$\delta = 5.81$ ppm に現れるもう一つのアルケン水素は 1.7 Hz というはるかに小さい四重線の分裂パターンを示しており，メチル基からの距離が遠いことを示唆している．それぞれの分裂にそれぞれのカップリング定数を対応させるためには，情報が与えられている順が重要だということを認識せよ．たとえば「dq，$J = 16$, 6.8 Hz」と表示された場合，最初の分裂パターン(d)が最初の J 値(16 Hz)と対応し，2番目の(q)が2番目の J 値(6.8 Hz)と対応する．
- 最後に，二つのアルケン水素に共通した分裂に対する J 値が 16 Hz であることから，表 11-2 のデータによると，これら二つの水素は互いにトランスの位置にあることになる．このような問題においては，下に示したようにすべての情報を図で表した形でまとめなおすとわかりやすい．この表現法は，たとえば，メチル基の水素と左側のアルケニル水素がともに 6.8 Hz という同じ J 値をもつことから，互いにカップリングしていることを明らかにするのにとくに有用である．他の水素についても確認せよ．

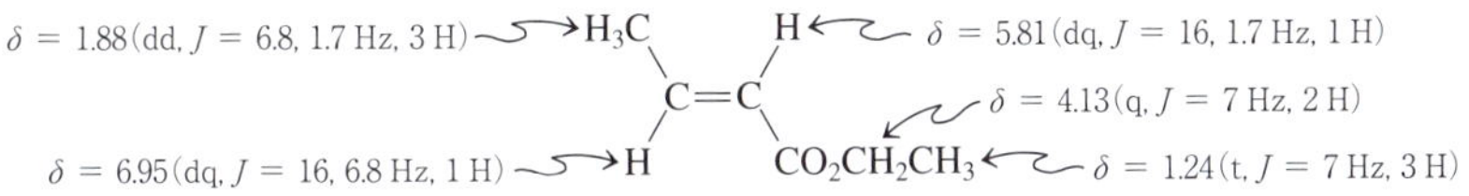

練習問題 11-11　　自分で解いてみよう

酢酸エテニル，$CH_3\overset{O}{\overset{\|}{C}}OCH{=}CH_2$ は次の ^1H NMR データを与える．2.10(s, 3 H), 4.52(dd, J=6.8, 1.6 Hz, 1 H), δ =7.23(dd, J=14.4, 6.8 Hz, 1 H)．このスペクトルを解析せよ．

まとめ　水素 NMR は有機分子中に二重結合が含まれていることを確かめるのに非常に有効な手段である．アルケンの水素ならびに炭素は強く反しゃへい化されている．スピン結合の大きさは $J_{ジェミナル} < J_{シス} < J_{トランス}$ の順に大きくなる．アリル位の置換基に対するカップリング定数も特徴的な値を示す．^{13}C NMR では，アルカン炭素の化学シフトに比べて異常に低磁場に化学シフトが観察されることで，アルケン炭素を同定することができる．

コラム● 11-1　複雑な分子の NMR：強力な調節作用をもつプロスタグランジン　MEDICINE

NMR による分析は，多数の官能基をもつ複雑な分子の構造を決定するために広く用いられている．右下にあげた化合物のうち上の三つはプロスタグランジン（prostaglandin，PG）の仲間で，天然に産する生物学的に活性な物質である．これら PG 類の ^{1}H NMR スペクトルはそれらの構造のある一部分を明らかにできるが，全体的な構造を見るには多数のシグナルが重なり合って複雑であり非常にわかりにくい．これに対し ^{13}C NMR を用いると，三つの化学シフト領域に存在するピークの数を数えるだけで，PG 誘導体の識別を迅速に行うことができる．たとえば PGE_2 は，$\delta = 70$ ppm 付近の二つのアルコール炭素に対応する二つのシグナルと，$\delta = 125 \sim 140$ ppm の間にある四つのアルケン炭素の吸収と，$\delta = 170$ ppm 以上にある二つのカルボニル炭素のシグナルによって，容易に他の PG（PGE_1 および $PGF_{2\alpha}$）と区別できる．

プロスタグランジン類は筋肉刺激，血小板凝集阻害，血圧降下，炎症反応の促進，出産における陣痛の誘発など多くの生理作用をもつ，きわめて強力なホルモン様物質である（コラム 4-3 参照）．実際，アスピリン（下巻；コラム 22-2 参照）の抗炎症作用は，プロスタグランジンの生合成抑制能によるものである．いくつかのプロスタグランジン類は胃の内層を保護する作用があるので，アスピリンの服用による副作用として胃潰瘍を発症することがある．人工合成でつくられたプロスタグランジン様の物質であるミソプロストールは同じような保護作用を示す．そこで胃潰瘍を防ぐために，アスピリンや他の抗炎症剤とともにミソプロストールがしばしば投与される．

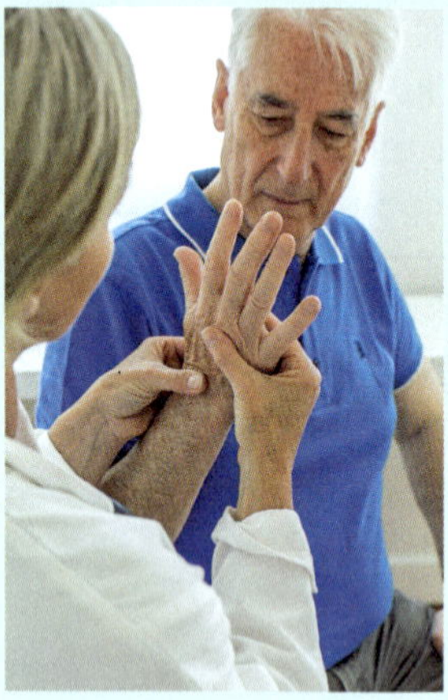

プロスタグランジンは関節炎の痛みや炎症の原因と関係している．

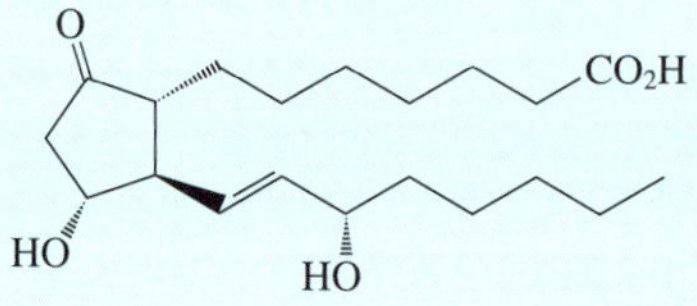

PGE_1

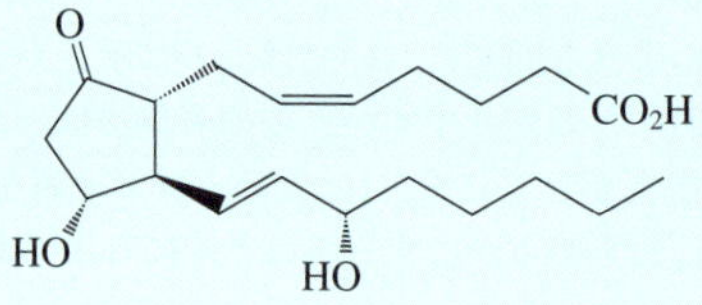

PGE_2

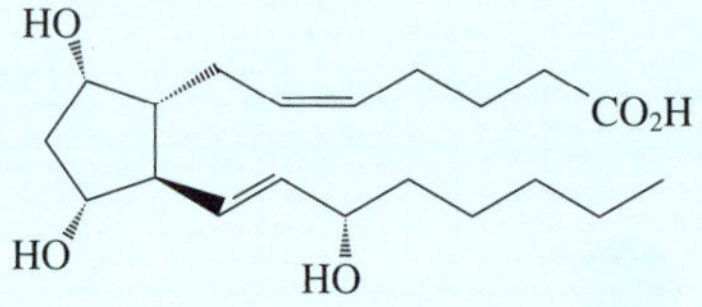

$PGF_{2\alpha}$

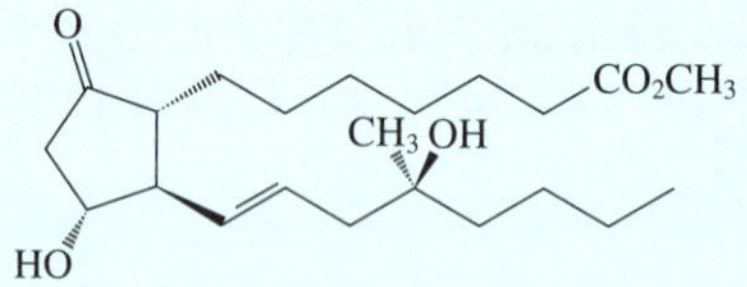

ミソプロストール
（misoprostol）

11-5 アルケンの触媒的水素化反応：二重結合の相対的安定性

パラジウムや白金のような触媒の存在下にアルケンを水素ガスと混合すると，二つの水素原子が二重結合に付加して飽和アルカンが生成する（12-2 節参照）．**水素化**（hydrogenation）とよばれるこの反応は大きな発熱をともなう反応である．

この反応によって放出される**水素化熱**(heat of hydrogenation)とよばれる熱量は，二重結合一つあたり一般的に約 $-30\ \mathrm{kcal\ mol^{-1}}$ $(-125\ \mathrm{kJ\ mol^{-1}})$ である．

アルケンの水素化反応

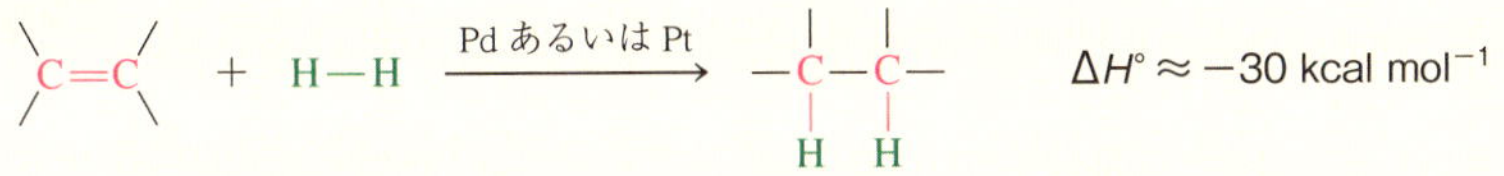

水素化熱は正確に測定できるので，分子のもつエネルギー含量の決定に利用できる．すなわち，アルケンの熱力学的安定性の決定に有効である．どのように利用できるかを見てみよう．

水素化熱は安定性の尺度となる

3-11 節で，相対的安定性を決定する一つの方法として燃焼熱の測定について述べた．分子がより不安定であればその分子のエネルギー含量は大きく，燃焼によって放出されるエネルギーの量はより多くなる．水素化熱を測定することによっても同様に相対的な安定性を確かめられる．

たとえば，三つの異性体，1-ブテン，*cis*-2-ブテンそして *trans*-2-ブテンの相対的な安定性について考えてみよう．三つの異性体をそれぞれ水素化すると，同じ生成物であるブタンを与える．もし三つの異性体のエネルギー含量が等しければ水素化熱も等しいはずである．ところが実際は，図 11-12 に示したように，三つの反応の水素化熱の値は異なっている．末端二重結合をもつ 1-ブテンの水素化反応が最も大きな発熱をともない，*cis*-2-ブテンの水素化反応の発熱量が 1-ブテンに続き，トランス異性体の発熱量が最も小さい．したがって，ブテンの熱力学的安定性は 1-ブテン < *cis*-2-ブテン < *trans*-2-ブテンの順に大きくなるはずである(図 11-12)．

バターや硬い(棒状の)マーガリンに含まれる脂肪分子は，飽和度が高い．これに対して，植物油中に含まれる脂肪分子は，シス-アルケンの含有率が高い．植物油を部分的に水素化すると，(容器に入った)軟らかいマーガリンが得られる．

四置換アルケンが最も安定であり，トランス異性体はシス異性体よりも安定である

ブテンの異性体について得られた熱力学的安定性に関する結果は，一般化することができる．つまり，アルケンの相対的安定性は置換基の数が増えるにつれて大きくなる．そしてトランス異性体は一般に対応するシス異性体よりも安定である．置換基の数が増えるにつれて安定性が増大するという傾向は，簡単に説明することは難しいが，超共役がその原因の一端を担っている．ラジカルの安定性がアルキル置換基の数が増えるにつれて大きくなる(3-2 節参照)のとまったく同じように，π 結合の p 軌道がアルキル置換基によって安定化されうる．

一方，トランス異性体がシス異性体よりも安定であることは，分子模型を眺めれば簡単に理解できる．シス二置換アルケンがトランス異性体に比べて不安定なのは，置換基どうしが互いに接近し込み合っているためである(図 11-13)．

1-ブテン ＋ H_2 $\xrightarrow{Pt}$ ブタン　$\Delta H^\circ = -30.3\ \text{kcal mol}^{-1}$ $(-126.8\ \text{kJ mol}^{-1})$

cis-2-ブテン ＋ H_2 $\xrightarrow{Pt}$ ブタン　$\Delta H^\circ = -28.6\ \text{kcal mol}^{-1}$ $(-119.7\ \text{kJ mol}^{-1})$

trans-2-ブテン ＋ H_2 $\xrightarrow{Pt}$ ブタン　$\Delta H^\circ = -27.6\ \text{kcal mol}^{-1}$ $(-115.5\ \text{kJ mol}^{-1})$

水素化熱が増大する

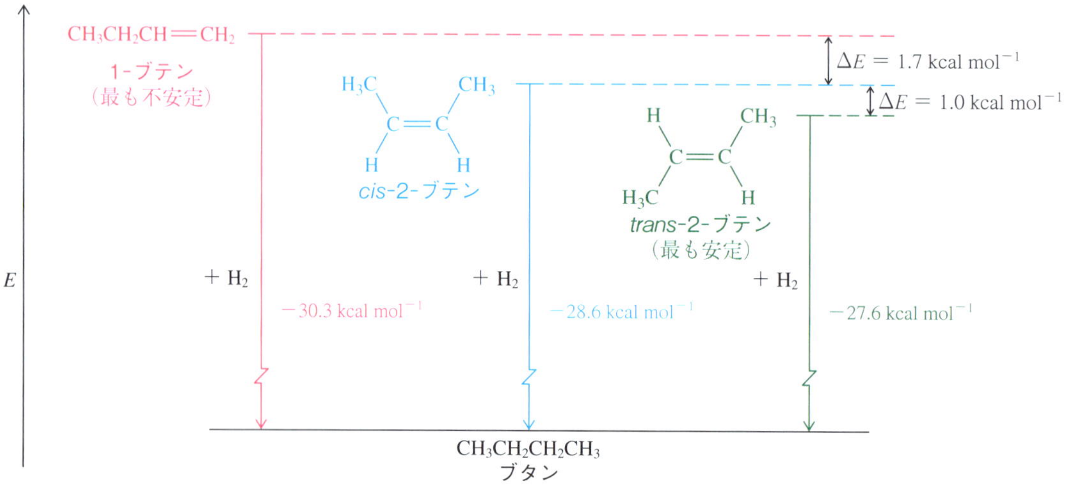

図 11-12　水素化熱を測定して得られるブテンの各異性体の相対的なエネルギー含量から，それらの相対的な安定性がわかる．図は正確な尺度では書かれていない．

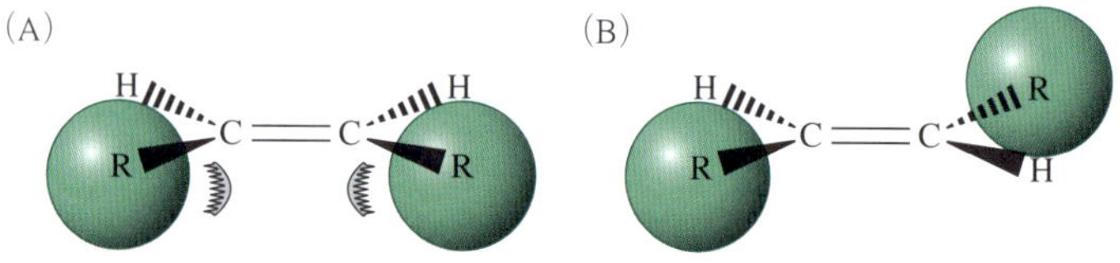

図 11-13　(A)シス二置換アルケンにおいては立体的な込み合いが存在する．(B)トランス-アルケンではこの込み合いがない．したがってトランス異性体のほうがシス異性体より安定である．

アルケンの相対的安定性

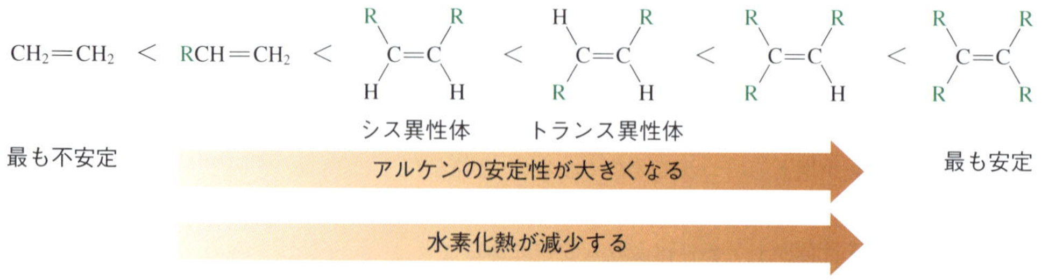

二重結合に対する超共役の効果のもう一つの結果は，アルキル置換基の数が増えると，二重結合がより電子豊富になるということである．12 章で学ぶように，アルケンは置換基が増え電子豊富になるにしたがって，求電子攻撃を受けやすくなる．

練習問題 11-12

次にあげるアルケンを，二重結合の水素化反応において安定な順に(水素化反応の ΔH° の値の小さなものから順に)並べよ．

2,3-ジメチル-2-ブテン，*cis*-3-ヘキセン，*trans*-4-オクテン，1-ヘキセン．

シクロアルケンについては，アルケンのトランス異性体がシス異性体よりも安定であるという一般則が当てはまらない．環状化合物のうち，小員環や中員環(4-2 節参照)では，トランス異性体のほうがはるかに大きなひずみをもつ(11-1 節)．簡単なトランスのシクロアルケンのうちで単離された最小の環をもつ化合物は *trans*-シクロオクテンである．その二重結合は強くねじれており(欄外の分子模型を参照)，シス異性体よりも 9.2 kcal mol^{-1}(38.5 kJ mol^{-1})不安定である．

***trans*-シクロオクテンの分子模型**

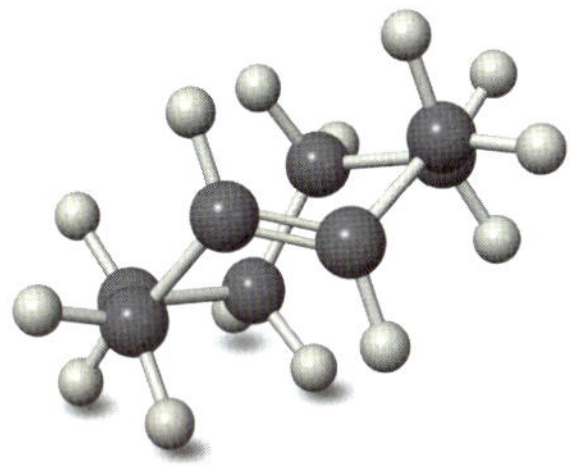

練習問題 11-13

アルケン(A)を水素化すると(B)が生成し，その際，65 kcal mol^{-1} の熱を放出する．この値は図 11-12 で示した水素化における発熱量の 2 倍以上である．この大きな発熱について説明せよ．

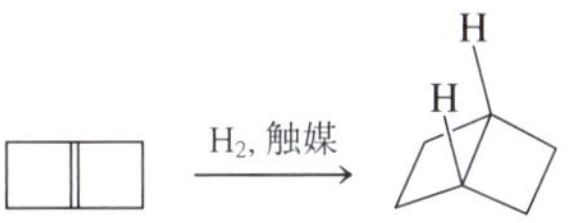

(A)　(B)

$$\Delta H^\circ = -65\ \text{kcal mol}^{-1}$$

まとめ アルケンの異性体の相対的エネルギーは，それらの水素化熱を測定することによって評価できる．エネルギー含量の大きいアルケンはより大きな水素化熱(ΔH°)を与える．置換基の数が増えれば増えるほど，超共役のためにアルケンの安定性は大きくなる．シス-アルケンは，立体障害のためにトランス異性体よりも不安定である．小員環ならびに中員環のシクロアルケンは例外で，環のひずみのためにシス置換体のほうがトランス置換体よりも安定である．

11-6 ハロアルカンならびにスルホン酸アルキルからのアルケンの合成：二分子脱離(E2)反応の再検討

アルケンの構造と安定性に関する物理的な性質を背景にして，次にアルケンを合成する種々の方法について戻って考えよう．最も一般的な合成法は，炭素骨格上から隣接する二つの基を取り去る脱離反応を利用するものである．E2 反応(7-7 節参照)が実験室における最も一般的なアルケン合成反応である．もう一つの合成法であるアルコールの脱水については 11-7 節で述べる．

脱離反応の一般式

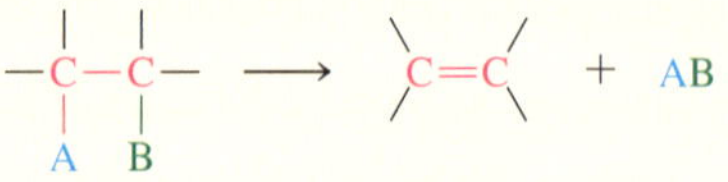

E2 反応における位置選択性は塩基に依存する

塩基の共存下にハロアルカン（あるいはスルホン酸アルキル）が成分 HX を脱離し，同時に炭素－炭素二重結合を生成する反応について 7 章で述べた．多くの基質の場合，水素の引き抜きが，分子の二つ以上の炭素から起こるので構造異性体（二重結合異性体）が生成する．そのような場合に，攻撃を受けて引き抜かれる水素をどうすれば制御できるだろうか．いいかえると，どうすれば反応の位置選択性（9-9 節参照）をうまく制御できるだろうか．反応条件を適切に選べば，ある程度は制御できる．簡単な例として 2-ブロモ-2-メチルブタンの脱臭化水素反応を考えてみる．熱エタノール中でナトリウムエトキシドを作用させると，2-メチル-2-ブテンが主生成物として得られ，2-メチル-1-ブテンが副生する．

Reaction

エトキシドによる 2-ブロモ-2-メチルブタンの E2 反応

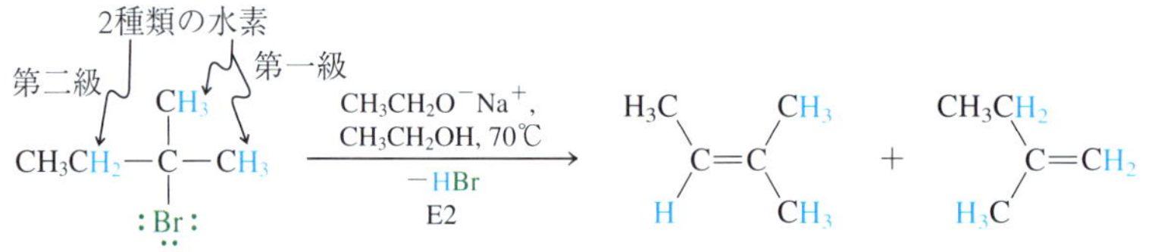

2-ブロモ-2-メチルブタン　　70 % 2-メチル-2-ブテン（より安定な生成物）　　30 % 2-メチル-1-ブテン（より不安定な生成物）

思い起こそう：反応の矢印の下に書いた「－HBr」は，脱離反応において出発物質からこの化合物 HBr が除かれることを示している．

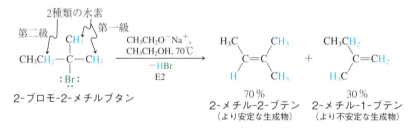

この例では，主生成物である 2-メチル-2-ブテンは三置換二重結合をもっており，そのために 2-メチル-1-ブテンよりも熱力学的に安定である．実際，多くの脱離反応はこのような様式で位置選択的に進行し，熱力学的に有利な生成物が主生成物となる．この結果は，反応の遷移状態を考察することによって説明できる〔図 11-14(A)〕．HBr の脱離は，脱離基 Br をもつ炭素に隣接する炭素上にある水素のうち，Br に対してアンチの位置にある水素を塩基が攻撃することによって起こる．遷移状態においては C─H 結合が部分的に切断され，炭素－炭素二重結合が部分的に形成され，さらに C─Br 結合が部分的に切断される（図 7-8 と比較せよ）．2-メチル-2-ブテンを生成する遷移状態のほうが，2-メチル-1-ブテンを生成する遷移状態よりも少し安定である〔図 11-15(A)〕．すなわち，反応の遷移状態の構造が生成物の構造にある程度似ているために，より安定な生成物がより速く生成する．このようにより多くの置換基をもつアルケンが優先して生成するとき，この脱離反応は **Saytzev*則**（Saytzev rule）にしたがって進行したという．つまり，脱離基が結合した炭素と，水素が結合しかつ最も多くの置換基をもつ隣接炭素との間に，優先的に二重結合が生成する．

Mechanism

* Alexander M. Saytzev（Zaitsev あるいは Saytzeff ともつづる，1841 ～ 1910），ロシア，カザン大学教授．

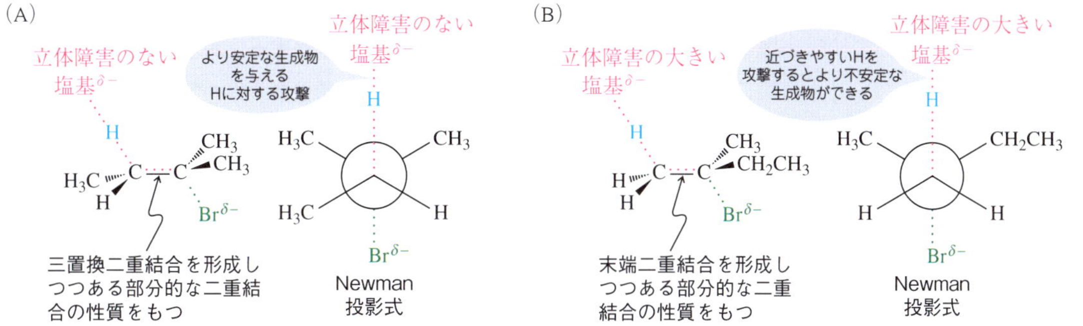

図 11-14 2-ブロモ-2-メチルブタンの脱臭化水素反応の二つの生成物に至る遷移状態．立体障害のない塩基($CH_3CH_2O^-\ Na^+$)による反応の場合，遷移状態(A)では，部分的に形成された二重結合のまわりにより多くの置換基が存在するので，遷移状態(B)に比べて有利である(Saytzev 則)．一方，立体障害の大きい塩基[$(CH_3)_3CO^-\ K^+$]を用いた場合には，第一級水素を引き抜くほうが立体障害が小さいので，遷移状態(B)が遷移状態(A)よりも有利である(Hofmann 則)．

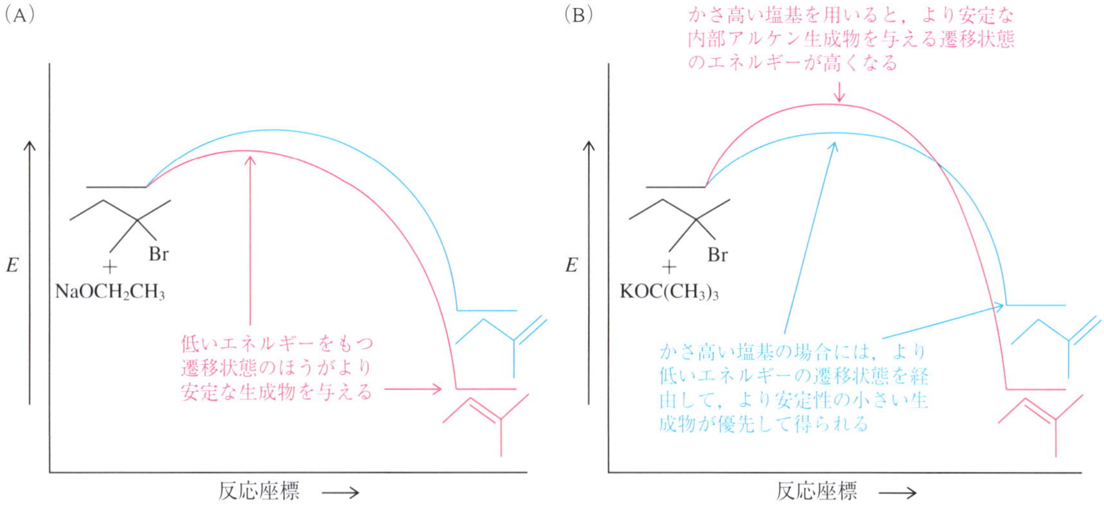

図 11-15 2-ブロモ-2-メチルブタンと(A)ナトリウムエトキシド(Saytzev 則)ならびに(B)カリウム *tert*-ブトキシド(Hofmann 則)との E2 反応のポテンシャルエネルギー図．

立体障害のより大きい塩基を用いると，生成物の分布が違ってくる．すなわち熱力学的にはより不利な末端アルケンの生成がより多くなる．

立体障害の大きな塩基である *tert*-ブトキシドによる 2-ブロモ-2-メチルブタンの E2 反応

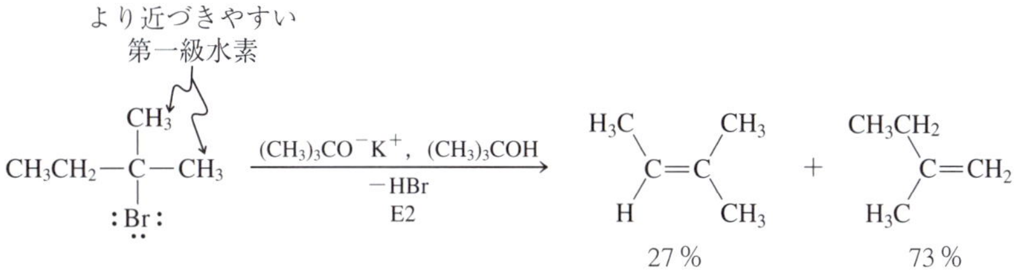

末端アルケンがなぜより多く生成するのかを理解するために，もう一度遷移状態を考えてみよう．第二級水素（出発物質の C3 炭素上にある）を引き抜くことは，第二級水素に比べてより近づきやすいメチル基の水素の一つを引き抜くよりも立体的により困難である〔図 11–14(B)〕．かさ高い塩基である第三級ブトキシドを用いると，熱力学的により安定な生成物に導く遷移状態のエネルギーが，置換基のより少ない二重結合生成物に導く遷移状態のエネルギーに比べて立体障害のために大きくなる．したがって，置換基の少ない異性体が主生成物となる〔図 11–15(B)〕．このように立体障害のために熱力学的に不利な異性体が生成する E2 反応は，**Hofmann** *****則**（Hofmann rule）にしたがった反応であるという．この規則の名称は，このような形での位置選択性をともなって進行する一連の脱離反応（下巻；21–8 参照）についての研究を行った化学者 Hofmann の名前をとって名づけられた．

* August Wilhelm von Hofmann（1818 ～ 1892），ドイツ，ベルリン大学教授．

練習問題 11-14

次の基質に，(a) $Na^{+}\,{}^{-}OCH_3$；(b) $K^{+}\,{}^{-}OC(CH_3)_3$ を作用させた場合に予想される主生成物をそれぞれ示せ．

(i) 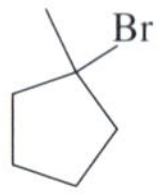

(ii) 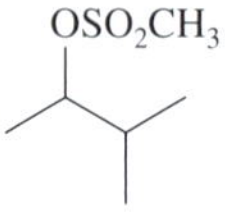

練習問題 11-15

概念のおさらい：脱離の位置選択性

以下の化合物を 2–メチル–2–プロパノール（*tert*–ブチルアルコール）中で *tert*–ブトキシドと反応させると，(A)と(B)の二つの生成物が 23:77 の比で生成する．一方，エタノール中でエトキシドと反応させると，この比は 82:18 に変化する．(A)と(B)の構造を示し，二つの実験において生成比が異なる理由を説明せよ．

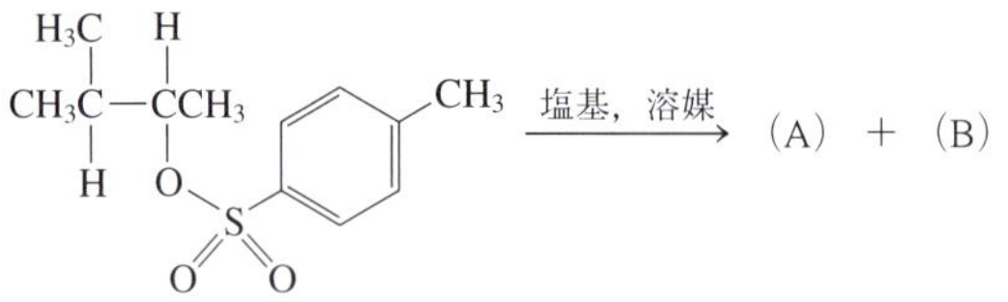

● 解法のてびき

What 何がわかっているか．出発物質は第二級炭素上にすぐれた脱離基をもち，β 炭素上に分枝をもっている．この出発物質に塩基を作用させると二つの生成物が生成し，その生成比は，用いる塩基を立体障害をもったものから立体障害のないものに変えた場合に変化する．練習問題の見出しには，反応の種類が脱離反応であると書かれている．また，問題文には「理由を説明せよ」という言葉が使われており，反応機構に焦点を当てる必要がある．

How どこから手をつけるか．塩基によって引き抜かれうるすべての水素，すなわち脱離基の結合した炭素に隣接する炭素上の水素を確認し，可能な脱離生成物二つを書く．

Information 必要な情報は何か．スルホナートはすぐれた脱離基であることを思い起こそう（6–7 節参照）．E2 反応を復習しよう（7–7 節参照）．

Proceed 一歩一歩論理的に進めよ．それぞれの塩基とより起こりそうな脱離反応を関係づけるために，本節で学んだ情報を適用すること．

● 答え

- 塩基である *tert*–ブトキシドはかさ高いため，より立体障害の小さな隣接メチル炭素原子から水素を引き抜き，Hofmann 則にしたがった生成物である化合物(B)を主生成物として与える可能性が高い．

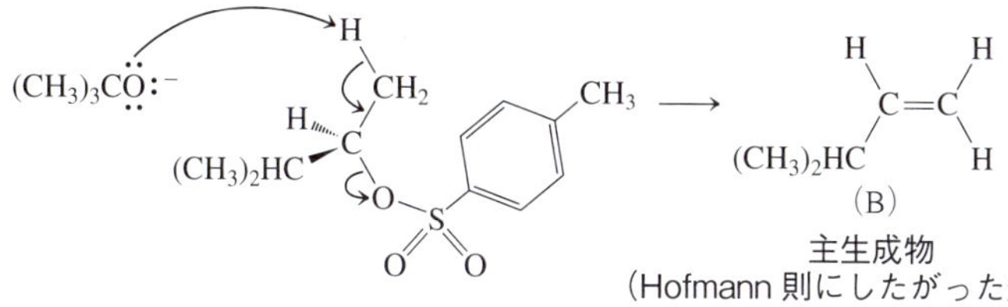

(B)
主生成物
(Hofmann 則にしたがった生成物)

- これに対し，エトキシドは反対側の第三級炭素原子から優先的に水素を引き抜く．その結果，Saytzev 則にしたがった生成物であるより安定な三置換アルケン(A)が主生成物として得られる．

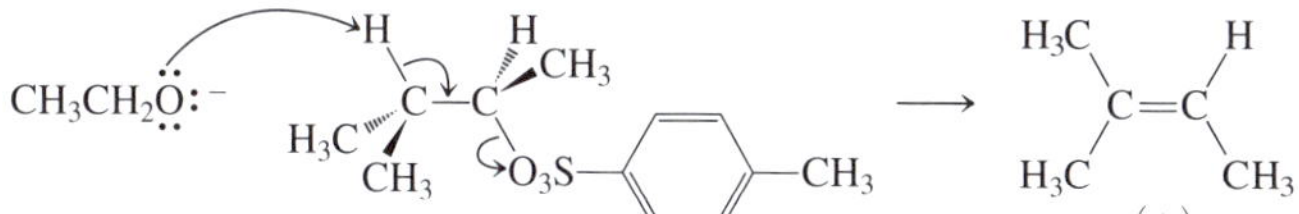

(A)
主生成物
(Saytzev 則にしたがった生成物)
(より安定)

練習問題 11-16 自分で解いてみよう

(a) 2–ブロモ–2,3–ジメチルブタン，$(CH_3)_2CBrCH(CH_3)_2$ の E2 反応をエタノール中でエトキシドを用いて行った場合には，二つの生成物(A)と(B)が 79 : 21 の比で生成する．これに対し，2–メチル–2–プロパノール中で *tert*–ブトキシドを用いて行った場合には，(A)と(B)が 27 : 73 の比で生成する．生成物(A)と(B)はそれぞれどんな化合物か．
(b) 塩基として$(CH_3CH_2)_3CO^-$を用いると(A)と(B)の生成比は 8 : 92 となる．これを説明せよ．

ポテンシャルエネルギー図：E2 反応におけるシス－アルケンとトランス–アルケンの生成

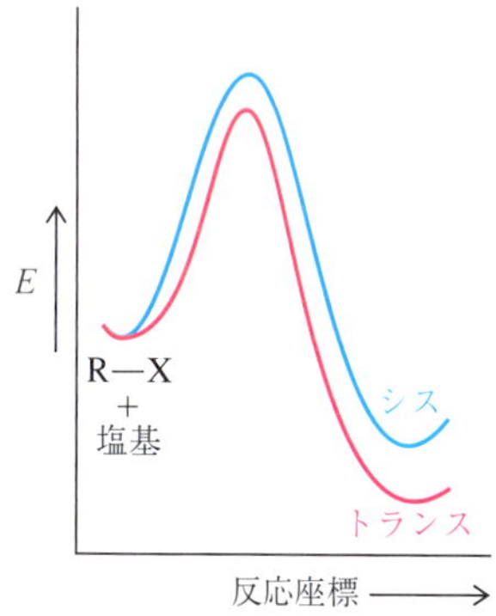

E2 反応では一般にシス体よりもトランス体のほうが優先して生成する

ハロアルカンが E2 反応を起こすと，シスとトランスのアルケン混合物が得られる．しかしながらその際に，基質のハロアルカンの構造によっては，選択的に一方のアルケンが得られることがある．たとえば 2–ブロモペンタンをナトリウムエトキシドで処理すると，*trans*–2–ペンテンが収率 51 %で得られ，*cis*–2–ペンテンは 18 %しか得られない．もう一つの生成物は，位置異性体である末端アルケン，すなわち 1–ペンテンである．この反応ならびにこれと関連した反応の結果は，やはりある程度は生成物の相対的な熱力学的安定性によって制御されているようである．つまり，最も安定なトランス二重結合が優先的に生成している(欄外の図を参照)．

2-ブロモペンタンの立体選択的脱臭化水素反応

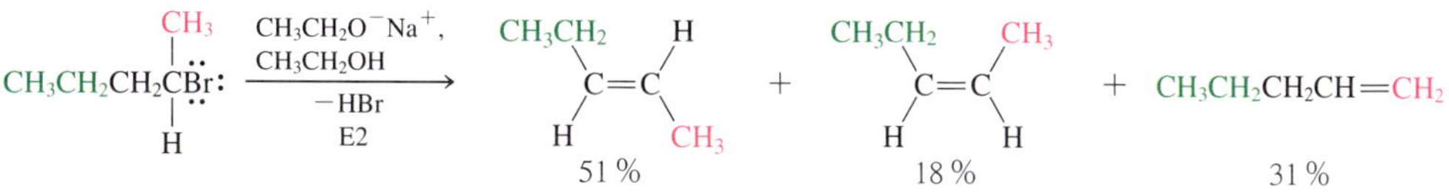

合成化学的な観点から見ると，残念なことに，E2反応において100％のトランス選択性を与えるものはほとんどない．立体化学的に純粋なシスならびにトランスのアルケンを合成するE2反応に代わる方法については13章で述べる．

E2反応のいくつかは立体特異的である

脱離反応に有利な遷移状態は，引き抜かれるプロトンと脱離基が互いにアンチに位置しているものであることを思い起こそう（7-7節参照）．したがって，E2反応が起こる前に，そのような立体配座をとるために結合の回転が起こる．この事実を考慮すると，反応によっては Z あるいは E の立体異性体のいずれかが選択的に生成することになる．たとえば，2-ブロモ-3-メチルペンタンの二つのジアステレオマーが3-メチル-2-ペンテンを与えるE2反応は，立体特異的に進行する．(R,R) ならびに (S,S) 両異性体は E 体のアルケンだけを生成する．一方，(R,S) ならびに (S,R) ジアステレオマーからは Z 体のアルケンだけが得られる（模型を組んで確かめよ）．

（次ページの図のように）反応を三次元構造で示すと，HBrがアンチに脱離することによって，生成する二重結合まわりの立体配置が決まってしまう．反応は立体特異的である．すなわち，一方のジアステレオマー（ならびにそのエナンチオマー）はアルケンの一方の立体異性体だけを与え，これに対してもう一方のジアステレオマーは逆の立体配置をもつアルケンだけを与える．

練習問題 11-17

2-ブロモ-3-ジュウテリオブタンについて，そのどちらのジアステレオマーが (E)-2-ジュウテリオ-2-ブテンを与え，またどちらのジアステレオマーが Z の立体異性体を与えるか．

まとめ アルケンは最も一般的にはE2反応によって合成される．ふつう熱力学的により安定な内部アルケンが，末端アルケンよりも多く生成する（Saytzev則）．反応は立体選択的に進行し，ラセミ体を出発物質とすると，シス異性体よりもトランス異性体のほうが多く生成する．かさ高い塩基を用いると，熱力学的により不安定な二重結合（たとえば末端二重結合）をもった生成物の生成量がより多くなる（Hofmann則）．反応は立体特異的でもあり，ハロアルカンの一方のジアステレオマーを反応させると二つの可能なアルケン立体異性体のうち一方だけが得られる．

11-7 アルコールの脱水反応によるアルケンの合成

アルコールを高温下，無機酸で処理すると，**脱水**（dehydration）とよばれる反応，すなわち水の脱離によってアルケンが生成する反応が起こることを学んだ．この反応はE1あるいはE2機構によって進行する（7章と9章参照）．本節では，この反応をアルケン生成物の観点から再検討する．アルコールの脱水法のうち一般的なものは，硫酸あるいはリン酸の存在下，アルコールを比較的高温（120～170℃）のもとで加熱する方法である．

2-ブロモ-3-メチルペンタンの E2 反応における立体特異性

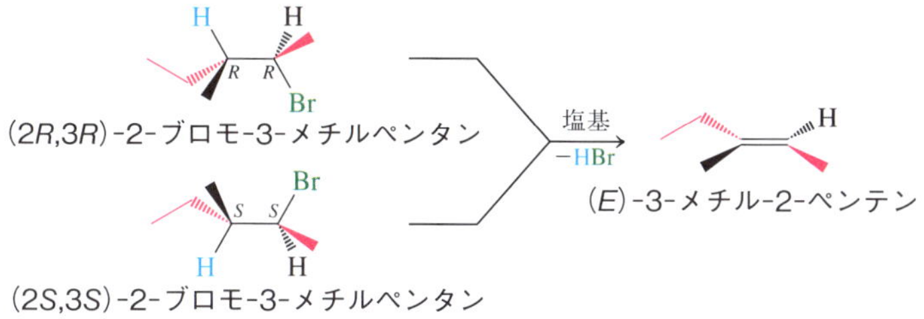

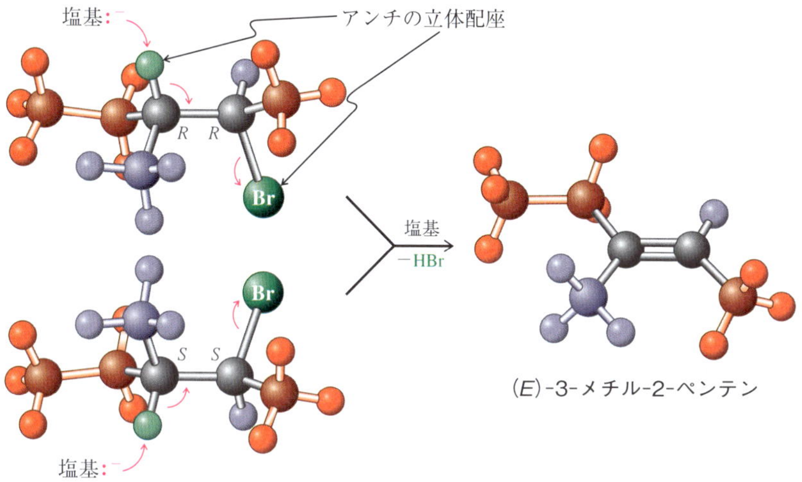

E2 反応における立体特異性は反応機構によって規定され，基質のアンチの立体配座に起因する.

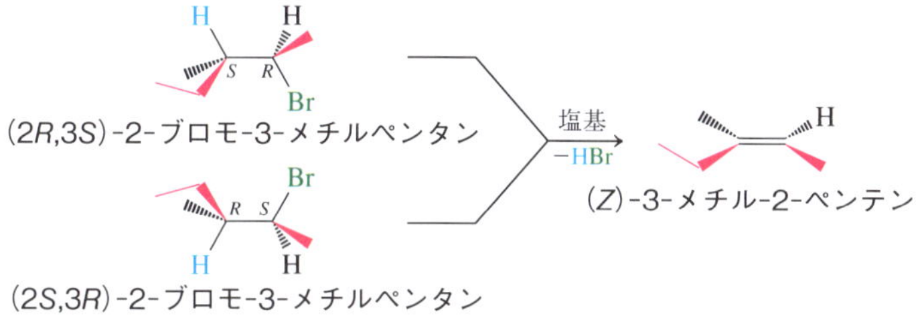

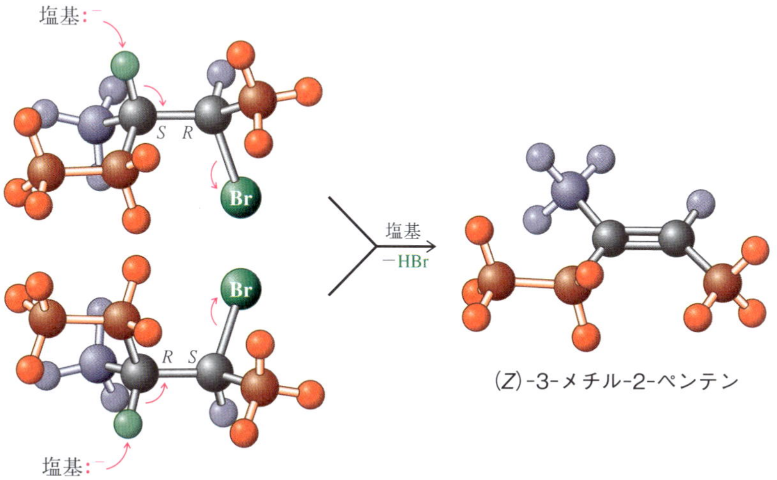

酸触媒によるアルコールの脱水反応

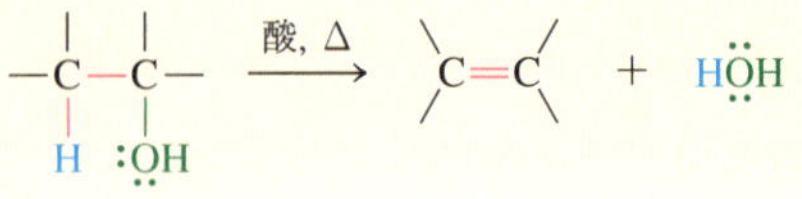

アルコールからの水の脱離は，ヒドロキシ基のついた炭素上の置換基の数が増えるにつれて容易になる．

脱水反応におけるアルコール(RÖH)の相対的反応性

R ＝ 第一級 ＜ 第二級 ＜ 第三級

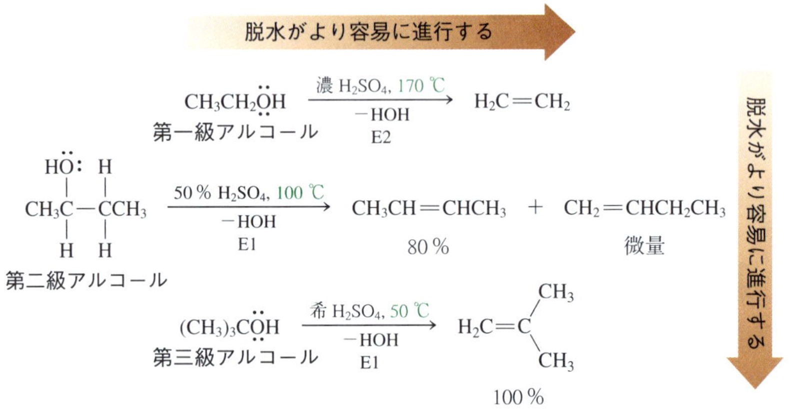

第二級ならびに第三級アルコールは 7-6 節および 9-2 節で述べたように，E1 機構によって脱水される．弱い塩基性をもつヒドロキシ基の酸素をプロトン化すると，アルキルオキソニウムイオンが生成する．この形になると，水がすぐれた潜在的脱離基となる．水が抜けると，第二級カルボカチオンあるいは第三級カルボカチオンがそれぞれ生成し，最後に脱プロトン化が起こってアルケンとなる．その際，カルボカチオンから起こりうるすべての副反応，とくに水素やアルキル基の転位反応をともなったアルケンの生成が見られる(9-3 節参照)．

転位をともなう脱水反応

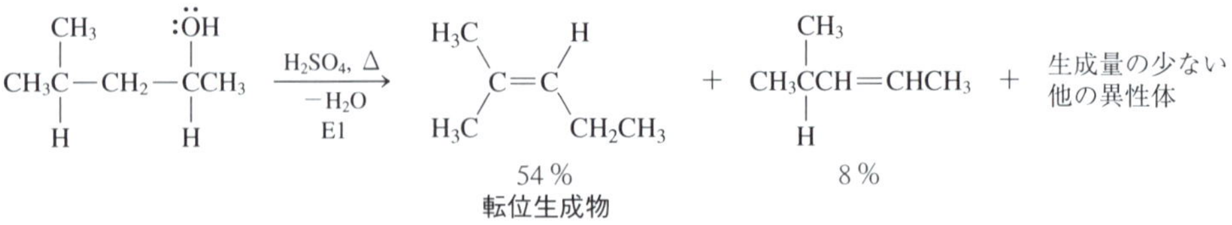

練習問題 11-18

7-6 節ならびに 9-3 節を読み返して，上の反応の機構を示せ．（**注意**：繰り返し強調したように，反応機構を書くとき，電子の流れを「電子の押し出しを示す矢印」を用いて表し，各段階を別べつに書き出し，電荷とそれに対応する電子対を含む完全な構造を式で表し，はっきりとした反応の矢印で出発物質や中間体とそれに対応する生成物を結ぶこと．省略した近道をせず，ていねいに書くこと！）

一般的に酸存在下の一分子脱水反応では熱力学的に最も安定なアルケンあるいはアルケンの混合物が生成する．可能であれば，いつも最も多くの置換基をもった生成物が得られる．またシス，トランス両異性体が生成可能な場合には，トランス置換のアルケンがシス異性体よりも優先して生成する．たとえば2−ブタノールの酸触媒による脱水反応では，*trans*−2−ブテンが74％，*cis*−2−ブテンが23％，そして1−ブテンがわずか3％から成るブテンの平衡混合物が得られる．

第一級アルコールを高温下，無機酸で処理してもやはりアルケンが生成する．たとえば，エタノールはエテンを，そして1−プロパノールはプロペンを与える(9−7 節参照)．

$$CH_3CH_2CH_2OH \xrightarrow[\text{E2}]{\text{濃 } H_2SO_4,\ 180\ ℃} CH_3CH{=}CH_2$$

この反応の機構はまず酸素のプロトン化から始まる．続いて，硫酸水素イオンあるいは別のアルコール分子の攻撃によって，一つの炭素原子からプロトンが，そしてもう一つの炭素原子から水分子が脱離する二分子脱離反応(E2 反応)が進行する．

練習問題 11-19

(a) 1−プロパノールを加熱した濃 H_2SO_4 で処理するとプロペンが生成する．この反応の機構を示せ．

(b) 1−プロポキシプロパン(ジプロピルエーテル)を同じ反応条件で処理してもやはりプロペンが生成する(下式)．この反応を説明せよ．

$$CH_3CH_2CH_2OCH_2CH_2CH_3 \xrightarrow{\text{濃 } H_2SO_4,\ 180\ ℃} 2\ CH_3CH{=}CH_2 \quad + \quad H_2O$$

まとめ アルケンはアルコールの脱水によってつくることができる．第一級アルコールの場合には，アルキルオキソニウムイオン中間体からE2反応によってアルケンが生成するのに対し，第二級および第三級アルコールの場合には，カルボカチオン中間体を経由して反応が進行する．これらすべての反応において，副反応である転位反応が競争して起こる．そのため種々の生成物の混合物が得られる場合が多い．

11-8 IR 分光法

有機化合物の構造を決定するために利用する新たな二つの方法について，本章の残りの節で説明する．**赤外(IR)分光法**(infrared spectroscopy)と**質量分析法**(mass spectrometry, **MS**)である．IR 分光法は，赤外線の吸収によって多くの官能基の特徴的な結合を検出できるため非常に有用な手段である．IR 分光法は，原子どうしをつないでいる結合における原子の振動励起を測定するものである．この振動励起にもとづく吸収帯の位置は分子内に存在する官能基の種類に依存し，IR スペクトルは全体としてその個々の物質に対して指紋ともいうべき固有のパターンを示す．

赤外光を吸収すると分子は振動を起こす

可視光の放射によるエネルギーよりも少し小さいエネルギーを吸収すると，分子の各結合は**振動励起**(vibrational excitation)とよばれる挙動を示し，振動の振幅そして振動のエネルギーが増大する．電磁スペクトルのこの部分が赤外の領域である(図 10-2 参照)．**中赤外領域**(middle infrared)とよばれる中間の領域が有機化学者にとって最も役に立つ．IR 吸収帯は吸収光の波長 λ〔単位は μm(マイクロメートル)，$1\,\mu m = 10^{-6}$ m，$\lambda \approx 2.5 \sim 16.7\,\mu m$，図 10-2 参照〕，あるいは波数とよばれる波長の逆数 $\tilde{\nu}$ (単位は cm^{-1}，$\tilde{\nu} = 1/\lambda$)で表される†．典型的な IR スペクトル領域は $\tilde{\nu} = 600 \sim 4000\ cm^{-1}$ であり，この照射領域に対応したエネルギー変化は $1 \sim 10\ kcal\ mol^{-1}$($4 \sim 42\ kJ\ mol^{-1}$)である．

† 訳者注：赤外分光法において「振動数」(frequency，単位 s^{-1})は「波数」(wavenumber，単位 cm^{-1})の同義語として用いられる場合が多いが，厳密には振動数は c/λ，波数は $1/\lambda$ である〔ただし c は光速度($3 \times 10^{10} cm\ s^{-1}$)，$\lambda$ は波長(cm)〕．したがって，原書では“frequency”となっていても，「波数」と訳すほうが適切な場合はそのように訳した．

図 10-3 に赤外分光光度計にも応用できる一般的な分光計の模式図を示した．近年の装置は洗練された高速スキャンの手法が取り入れられており，コンピュータに接続されている．こうした装置では，データの保存，スペクトルの処理，コンピュータライブラリーの検索などができ，保存されている既知化合物のスペクトルを検索することによって未知化合物を同定することができる．

柔軟な結合で連結された二つの原子 A と B を考えれば，振動励起を想像することができる．二つの原子を，ある振動数 ν で伸び縮みするばねで連結された二つのおもりのように考えればよい(図 11-16)．この図において，二つの原子間の振動の振動数は結合の強さとこれら二つの原子の重さの両方に依存する．実際，振動数はばねの運動と同じように Hooke *の法則によって支配されている．

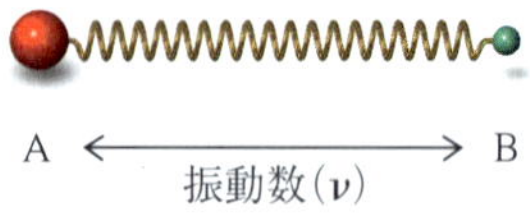

図 11-16　結合の振動励起の模型．伸縮する(「振動する」)ばねに重さの等しくない二つのおもりがついている．

* Robert Hooke(1635 ～ 1703)，イギリス，グレシャム大学教授，物理学者．

Hooke の法則と振動励起

$$\tilde{\nu} = k\sqrt{f\,\frac{(m_1 + m_2)}{m_1 m_2}}$$

$\tilde{\nu}$ ＝波数(cm^{-1})で表した振動数

k ＝定数

f ＝力の定数，ばね(結合)の強さを示す

m_1，m_2 ＝原子の質量

より強い結合はより大きな振動数($\tilde{\nu}$)の IR 吸収をもつ

$\tilde{\nu}_{O-H} > \tilde{\nu}_{N-H} > \tilde{\nu}_{C-H}$ ならびに $\tilde{\nu}_{C\equiv C} > \tilde{\nu}_{C=C} > \tilde{\nu}_{C-C}$

より高い極性をもった結合はより強度(I)の大きな IR 吸収をもつ

$I_{O-H} > I_{N-H} > I_{C=O} > I_{C=C}$ ならびに $I_{C\equiv N} > I_{C\equiv C}$

この式の定量的な意味合いとは関係なく，結合の強さに関係する力の定数 f が大きくなると，振動数 $\tilde{\nu}$ が大きくなることは容易にわかる．同様に，$m_1 m_2$ の項が分母にあるので，比較的小さな原子質量をもった振動原子は比較的大きな $\tilde{\nu}$ の値をもつことになる．有機分子において，これら二つの特徴から，C—H，N—H ならびに O—H のような H との結合は IR スペクトル領域のうち，波数 $\tilde{\nu}$ の大きい端のほうに現われる．

Hooke の法則から，IR スペクトルにおいて分子のおのおのの結合がそれぞれ一つずつ固有の吸収帯を与え，吸収帯の帰属は簡単なように思われる．しかしながら，実際は IR スペクトルを完全に解釈することは難しく，また有機化学者にとってすべてを説明する必要はない．IR スペクトルはあまりにも複雑である．なぜなら分子は赤外光を吸収して伸縮運動するだけでなく，種々の変角運動(図 11-17)，さらには，この二つの運動を組み合わせた運動をも行うからである．大部分の変角振動の強度は伸縮振動よりも弱く，他の吸収と重なり合い，複雑な

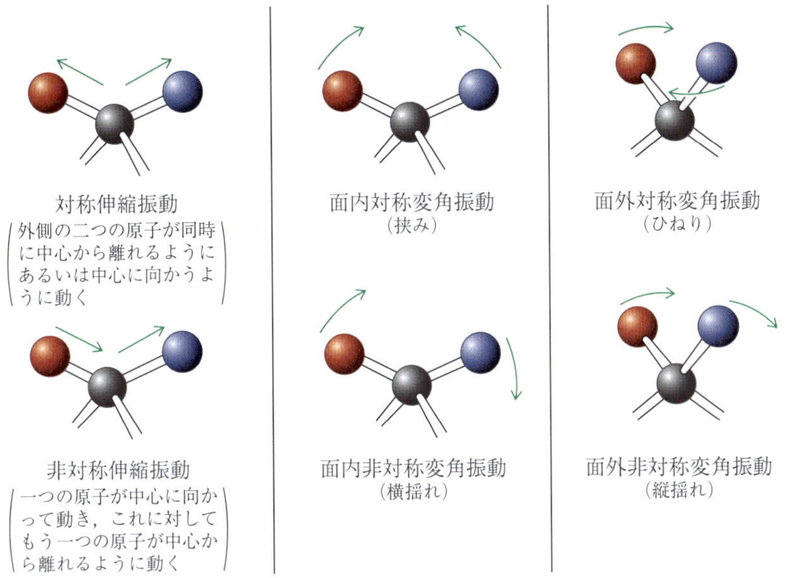

図 11-17 四面体構造をもつ炭素のまわりの種々の振動様式．運動は対称および非対称の伸縮あるいは変角，挟み，横揺れ，ひねり，そして縦揺れとよばれる．

様相を示す．また，結合が赤外光を吸収するには，その振動運動が分子の双極子に変化をともなう必要がある．そのため，極性結合の振動は強い赤外吸収帯を示すが，非極性結合に関する吸収は，弱いかまったく存在しない場合がある．ところが次にあげる二つの理由から，IR 分光法は現場の有機化学者にとって役立っている．第一の理由は，多くの官能基の振動吸収帯がそれぞれの特徴的な波数領域に現れることである．もう一つの理由は，ある化合物の IR スペクトル全体を見ると，細部にわたって固有のパターンが見られ，他の物質のスペクトルと区別が可能であるということである．

官能基は特徴的な赤外吸収をもつ

いくつかの一般的な有機構造単位の結合（赤色で示した）に対する特徴的な伸縮振動の波数を表 11-4 に示す．ほとんどの吸収が 1500 cm^{-1} より高波数側に見られることに注目しよう．次章以降では，新しい官能基をもつ化合物群を紹介するたびに，その官能基の典型的な IR スペクトルを示す．

図 11-18 と図 11-19 にペンタンとヘキサンの IR スペクトルを示す．1500 cm^{-1} より高波数側には，2840 ～ 3000 cm^{-1} の領域にアルカンに特徴的な C—H 伸縮振動による吸収だけが見られる．官能基が存在しないので，この領域における二つのアルカンのスペクトルは非常によく似ている．しかしながら，高感度で測定したスペクトルを見ると，1500 cm^{-1} 以下に違いが見られる．この領域は C—C 結合の伸縮振動ならびに C—C および C—H 結合の変角振動による吸収が重なり合って複雑な吸収パターンを示すので，**指紋領域**（fingerprint region）とよばれる．およそ 1460，1380，ならびに 730 cm^{-1} の吸収帯は，すべての飽和炭化水素に共通している．

図 11-20 に 1-ヘキセンの IR スペクトルを示す．アルカンと比較してアルケンに特徴的な点は，C_{sp^2}—H 結合が C_{sp^3}—H 結合より強いことであり，そのため IR スペクトルにおいてアルケンはアルカンよりも大きいエネルギーのピークを

こぼれ話

暖かい物体は赤外光を放射することでエネルギーを熱として放出する．この放熱は，可視光のないところ（暗闇）で撮影ができる「赤外感熱複写法（サーモグラフィー）」を用いて可視化できる．医学分野への応用には，治療過程の監視や熱スクリーニングによる病気の検出などがある．前がん症状の組織は「異常な活発さ」をもっており，局所的に温度を高めるため，この技法は（乳）がんの早期診断にも利用される．

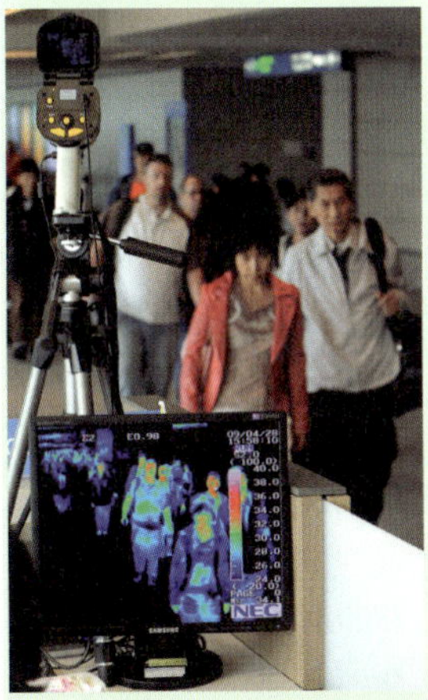

重症急性呼吸器症候群（SARS）のような危険な伝染病の検出を目的として韓国仁川国際空港に設置された装置が，乗客のサーモグラフィーを撮影する様子．

表 11-4　有機分子の特徴的な IR 伸縮振動の波数領域

結合あるいは官能基	$\tilde{\nu}$ (cm^{-1})	結合あるいは官能基	$\tilde{\nu}$ (cm^{-1})
RO—H（アルコール）	3200 ～ 3650	RC≡N（ニトリル）	2220 ～ 2260
RC(=O)O—H（カルボン酸）	2500 ～ 3300	RC(=O)H, RC(=O)R′（アルデヒド，ケトン）	1690 ～ 1750
R_2N—H（アミン）	3250 ～ 3500	RC(=O)OR′（エステル）	1735 ～ 1750
RC≡C—H（アルキン）	3260 ～ 3330	RC(=O)OH（カルボン酸）	1710 ～ 1760
>C=C<H（アルケン）	3050 ～ 3150	>C=C<（アルケン）	1620 ～ 1680
—C—H（アルカン）	2840 ～ 3000	RC—OR′（アルコール，エーテル）	1000 ～ 1260
RC≡CH（アルキン）	2100 ～ 2260		

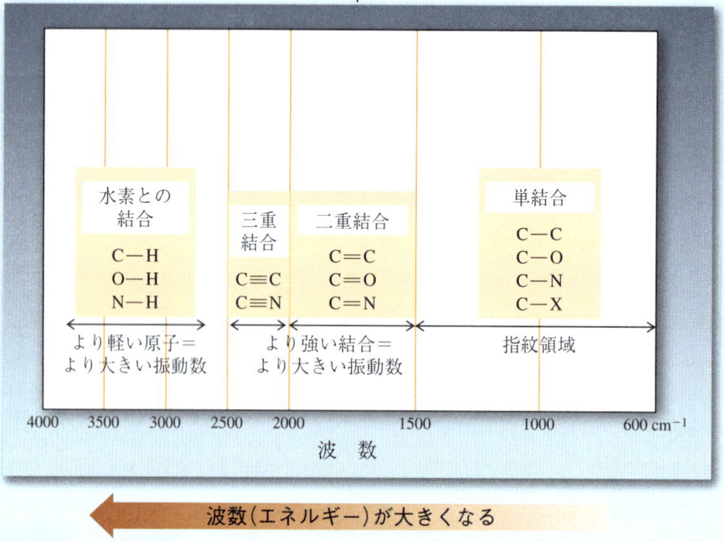

図 11-18　ペンタンの IR スペクトル．記録の様式に注意しよう．波数を透過率の百分率に対してプロットする（波数は左から右に進むにつれて減少する）．「透過率 100 %」は吸収がないことを意味し，そのため IR スペクトルにおいて「ピーク」は下向きに現れる．スペクトルは $\tilde{\nu}_{\text{C−H}_{伸縮}}$ = 2960，2930，2870 cm^{-1} と，$\tilde{\nu}_{\text{C−H}_{変角}}$ = 1460，1380，730 cm^{-1} に吸収を示す．600 ～ 1300 cm^{-1} の領域については高感度で測定したスペクトル（赤色の部分）も示されており，指紋領域の詳細なパターンを示す．

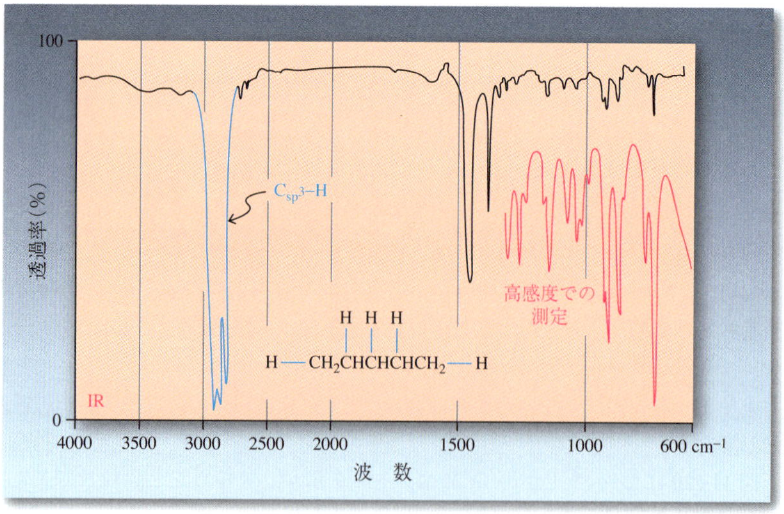

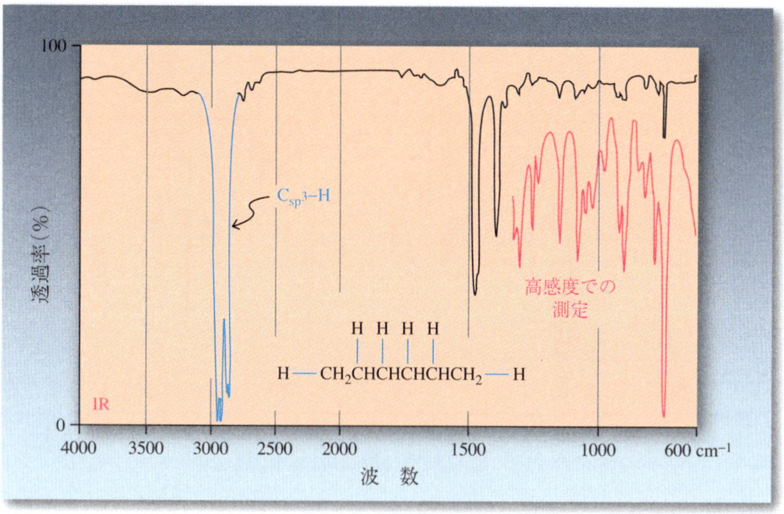

図 11-19 ヘキサンの IR スペクトル．ペンタンのスペクトル（図 11-18）と比較すると，主要なピークの位置と形は非常によく似ているが，高感度で測定された二つの指紋領域（赤色の部分）はかなり異なっている．

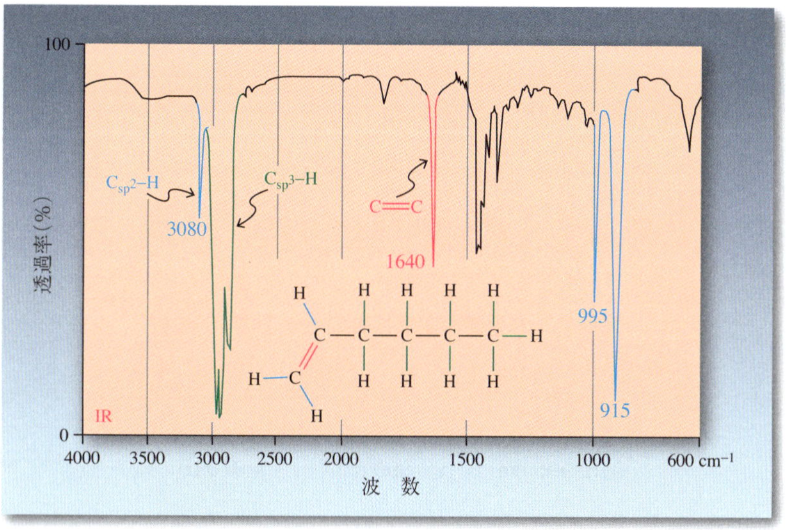

図 11-20 1-ヘキセンの IR スペクトル．$\tilde{\nu}_{C_{sp^2}-H_{伸縮}}$ = 3080 cm^{-1}，$\tilde{\nu}_{C=C_{伸縮}}$ = 1640 cm^{-1}，$\tilde{\nu}_{C_{sp^2}-H_{変角}}$ = 995，915 cm^{-1}．

もつはずである．実際，図 11-20 に示すように，この結合の伸縮振動に対する鋭いピークが，この結合以外の C—H 伸縮振動の吸収よりも少し高波数のところ，すなわち 3080 cm^{-1} に現れる．表 11-4 によると，C═C 伸縮振動の吸収帯はおよそ 1620 ～ 1680 cm^{-1} の領域に現れるはずである．図 11-20 を見ると，この振動に起因する比較的強く鋭い吸収帯が 1640 cm^{-1} にある．主要な他のピークは変角振動によるものである．たとえば，915 cm^{-1} と 995 cm^{-1} の二つのシグナルは末端アルケンに特有のものである．

次ページに示した三つの変角振動の IR 吸収帯のうちの下の二つの強い変角振動による吸収も，アルケンの置換様式を判別する手段として用いられる．一つは 890 cm^{-1} の単一吸収帯であり，1,1-ジアルキルエテンに特有のものである．もう一つは 970 cm^{-1} の鋭い吸収帯であり，これはトランス二重結合の C_{sp^2}—H 変角振動によるものである．内部アルケンの C═C 伸縮振動による吸収は，内部

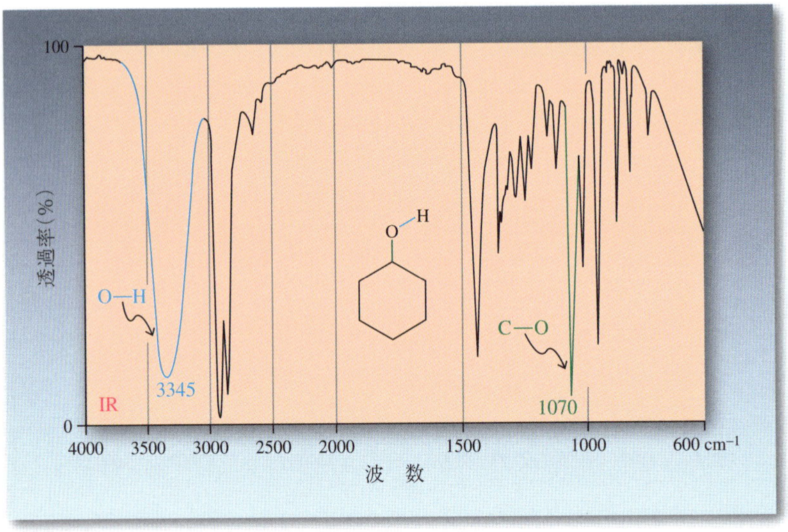

図 11-21　シクロヘキサノールの IR スペクトル. $\tilde{\nu}_{O-H_{伸縮}} = 3345\ cm^{-1}$, $\tilde{\nu}_{C-O} = 1070\ cm^{-1}$. 極性をもった O—H 結合に由来する幅広い強いピークに注目しよう.

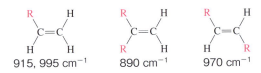

飲酒運転と IR 分光法
このアルコール検査器は, 3360 cm^{-1} と 1050 cm^{-1} に現れるエタノールの強い IR 吸収帯を利用して呼気中のアルコールを検出する.

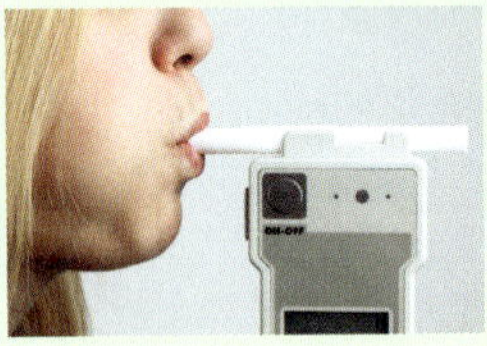

C═C 結合の振動が分子の双極子をそれほど大きく変化させないので, 末端アルケンの吸収よりも一般的に弱い. *trans*-3-ヘキセンのような対称性のよい分子では, C═C 振動による吸収が弱すぎて容易には観測できない. しかしながらこれに対して, *trans*-3-ヘキセンのアルケニル C—H の変角振動は 970 cm^{-1} に非常に強く鋭い吸収を示す. NMR(11-4 節)から得られる情報と組み合わせると, このような吸収帯の存在の有無を確認することによって, 特異的に置換された二重結合の構造をかなり確実に決定することができる.

アルケンの主要な変角振動のおよその IR 波数

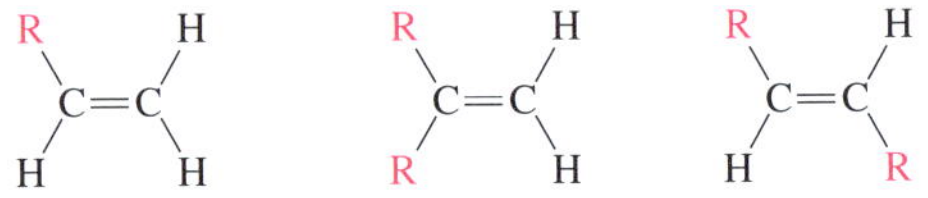

915, 995 cm^{-1}　　890 cm^{-1}　　970 cm^{-1}

O—H の伸縮振動による吸収は, アルコール類(8, 9 章参照)の IR スペクトルにおいて最も特徴的な吸収帯であり, かなり広い領域(3200 ～ 3650 cm^{-1}, **図 11-21**)にわたって容易に識別可能な強く幅広い吸収として現れる. この吸収帯の幅が広くなるのは, アルコール分子どうし, あるいはアルコール分子と水分子との間の水素結合のためである. C—O 結合は 1100 cm^{-1} 付近に鋭いピークを与える. これに対して, ハロアルカン(6, 7 章参照)の C—X 結合の伸縮による吸収は, 非常に低い波数領域($< 800\ cm^{-1}$)に現れるため, 一般にハロアルカンの構造決定に有用な吸収帯とはならない.

練習問題 11-20

(a) 分子式 C_4H_8 をもつ三つのアルケンは次の IR 吸収を示す. アルケン(A) 964 cm^{-1}, アルケン(B) 908 と 986 cm^{-1}, アルケン(C) 890 cm^{-1}. それぞれの構造を示せ. (b) 分子式 C_2H_6O をもつ二つの化合物があり, 一つの異性体は 2890 cm^{-1} と 1180 cm^{-1} に非常に強い IR 吸収を示し, もう一つの異性体は 3360, 2970, 1090 cm^{-1} に非常に強い吸収を示す．これら二つの化合物の構造を示せ．

まとめ 特定の官能基の存在は赤外分光法で確かめることができる．赤外線は分子中の結合の振動を励起する．結合が強く原子の質量が小さい場合には，比較的高い伸縮振動数すなわち比較的高い波数（波長の逆数）で振動する．逆に結合が弱い場合や結合している原子の質量が大きい場合には，Hooke の法則から予想されるように低い波数で吸収を示す．極性の高い結合は，より強い吸収帯として現われる傾向がある．多くの種類の伸縮振動ならびに変角振動があるために，赤外スペクトルは一般に複雑な様相を示す．しかしながらこのことを逆に考えると，赤外スペクトルは特定の構造に対して固有の「指紋」として使えることになる．種々の置換様式をもつアルケンは，およそ 3080（C—H）cm^{-1} や 1640（C=C）cm^{-1} の伸縮振動，さらに 890 ～ 990 cm^{-1} の領域で観測される変角振動によるシグナルによってその存在を確認することができる．アルコール類は 3200 ～ 3650 cm^{-1} の領域に OH 基による特徴的な吸収帯を示す．一般的に，IR スペクトルの左半分（1500 cm^{-1} 以上）の領域は官能基の同定に有効であり，右半分（1500 cm^{-1} 以下）に現れる吸収はそれぞれの化合物に固有のものである．

11-9 有機化合物の分子量を測定する：質量分析法

これまでに出てきた有機化合物の構造決定に関するさまざまな例や問題においては，「未知化合物」の分子式が常に与えられていた．この情報はどのようにして得られるのだろうか．元素分析（1-9 節参照）によって，分子中の異なる元素の比率を示す実験式がわかる．しかしながら，実験式と分子式は同一であるとはかぎらない．たとえば，シクロヘキサンの元素分析によって，炭素原子と水素原子が 1：2 の比率で存在することがわかるだけで，シクロヘキサン分子が炭素 6 個と水素 12 個を含んでいることまではわからない．

化学者は，分子の質量を決定するために，有機分子の構造決定に使われる重要な物理的手法のうち，**質量分析法**（mass spectrometry）を利用している．本節では，まず使用される装置および基本となる物理的原理について述べる．続いて，分子量を測定するために必要な条件下で分子がフラグメント化を起こし，**質量スペクトル**（mass spectra）とよばれる特徴的な記録パターンが得られる過程について考える．化学者にとって質量分析法は，構造異性体どうしを区別するための，また，ヒドロキシ基やアルケニル基をはじめとする多くの官能基が未知の分子に存在することを確かめるための助けとなる．

質量分析計はイオンを質量によって区別する

質量分析法は，電磁波が吸収されるわけではないので，通常の意味での分光法（10-2 節参照）ではない．有機化合物の試料が注入口チャンバーに導入され（図 11-22，左上），揮発して少量が質量分析計のイオン源チャンバーに漏出する．ここで試料の中性分子（M）は，高エネルギーの電子ビーム（通常 70 eV または約

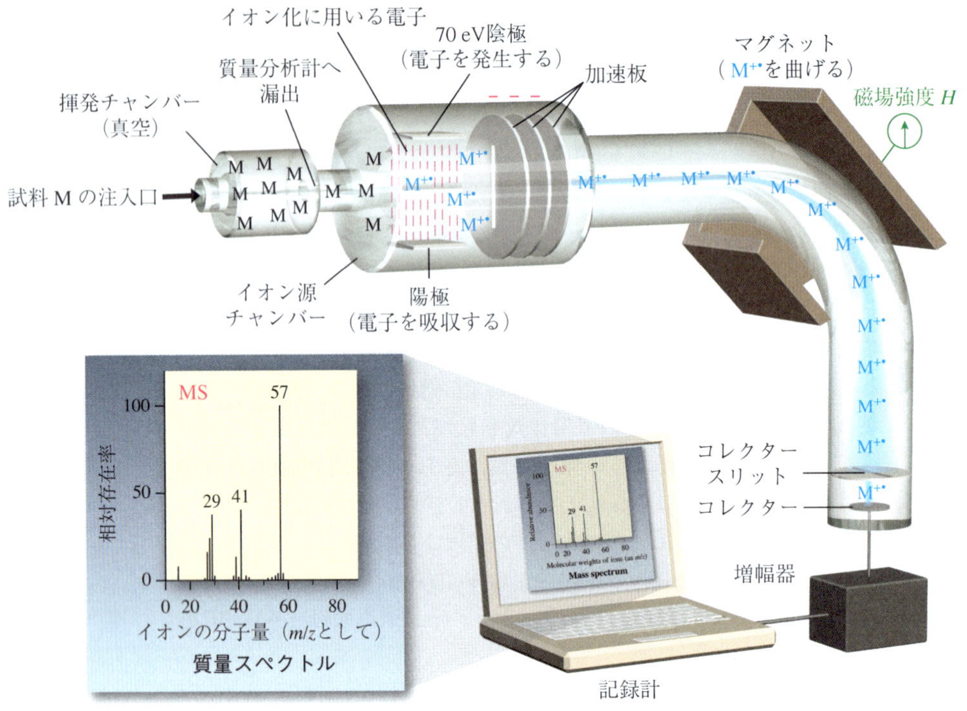

図 11-22　質量分析計の模式図

電子の衝突による分子のイオン化

$$\underset{\text{中性分子}}{M} + \underset{\text{イオン化ビーム}}{e^-\ (70\ eV)} \longrightarrow \underset{\text{ラジカルカチオン（分子イオン）}}{M^{+\bullet}} + 2\,e^-$$

有機分子の分子量

CH_4
$m/z = 16$

CH_3OH
$m/z = 32$

CH_3COCH_3（C=O）
$m/z = 74$

1600 kcal mol^{-1}）のなかを通り抜ける．分子 M の一部は電子ビームとの衝突によって自らの電子を放出し，**親イオン**（parent ion）または**分子イオン**（molecular ion）とよばれるラジカルカチオン（$M^{+\bullet}$）となる．大部分の有機分子は 1 価にイオン化するだけである．

次に，分子イオン（帯電粒子）は電場によって高速に加速される（イオン化されなかった分子はイオン源チャンバー内に残り，ポンプで排出される）．続いて，加速された分子イオン（$M^{+\bullet}$）は磁場に入り，直線からそれて円形の経路をとる．この円形経路の曲率は磁場の強さの関数となる．NMR 分光計の場合と同じように，磁場の強さは変化させることができるので（10-3 節参照），磁場の強さを調節することによって，イオンの経路に正確な曲率を与えてコレクターのスリットを通り抜けることができるようにすることが可能である．イオンはコレクターに到達すると検出されてその数が計測される．軽い化学種のほうが重い化学種よりも大きく曲がるので，イオンをスリットを通してコレクターに到達させるために必要な磁場の強さは，$M^{+\bullet}$の質量，つまりもとの分子 M の質量の関数となる．よって，ある与えられた強さの磁場のもとでは，ある特定の質量をもつイオンのみがコレクターのスリットを通り抜けることができる．他の質量のイオンはすべて質量分析装置の内壁に衝突してしまう．最後に，イオンがコレクターに到達したということが電気シグナルに変換され，チャート上に記録される．質量分析のチャートでは，質量と電荷の比 m/z（横軸）に対してピークの高さ（縦軸）がプロットされる．ピークの高さはその m/z 比をもつイオンの相対的な数の目安となる．通常は 1 価の帯電種のみが生成するので $z = 1$ となり，m/z は検出されたイオンの質量に等しくなる.

練習問題 11-21

C,H,O のみを含む三つの未知化合物の分子量は次のようであった. 理にかなった構造をできるだけ多く書け. (a) $m/z = 46$, (b) $m/z = 30$, (c) $m/z = 56$.

高分解能質量分析法によって分子式が明らかになる

分子式 C_7H_{14}, $C_6H_{10}O$, $C_5H_6O_2$, $C_5H_{10}N_2$ をもつ物質について考えてみよう. これらはすべて同一の**整数質量**(integral mass)をもっている. すなわち, 最も近い整数という意味では, これら四つの物質とも $m/z = 98$ に親イオンを示すことが予想される. しかしながら, 元素の原子量は, 天然に存在する同位体の質量(整数ではない)が混ざり合ったものである. したがって, C,H,O,N のそれぞれの最も豊富に存在する同位体原子の質量(表 11-5)を用いて先ほど述べた各分子式に対応する**正確な質量**(exact mass)を計算した場合には, それぞれの質量にかなりの差が見られる.

表 11-5 いくつかの代表的な同位体の正確な質量

同位体	質量
^{1}H	1.00783
^{12}C	12.00000
^{14}N	14.0031
^{16}O	15.9949
^{32}S	31.9721
^{35}Cl	34.9689
^{37}Cl	36.9659
^{79}Br	78.9183
^{81}Br	80.9163

$m/z = 98$ を示す四つの化合物の正確な質量

C_7H_{14}	$C_6H_{10}O$	$C_5H_6O_2$	$C_5H_{10}N_2$
98.1096	98.0732	98.0368	98.0845
(98.1090)	(98.0726)	(98.0362)	(98.0839)†

† 訳者注：これらの「正確な質量」は中性分子の質量である. 高分解能質量分析法で実際に観測されるカチオン種である$(C_7H_{14})^+$, $(C_6H_{10}O)^+$, $(C_5H_6O_2)^+$, $(C_5H_{10}N_2)^+$の「正確な質量」は, 電子 1 個の質量を差し引いたかっこ内の値となることに注意しよう.

質量分析法を用いてこれらの化学種を区別することができるだろうか. 実はできる. 最近の**高分解能質量分析計**(high-resolution mass spectrometer)は, 質量が数千分の一の質量単位しか違わないイオンどうしでも, それらを区別することが可能である. したがって, あらゆる分子イオンの正確な質量を測定することができる. この実験的に測定された値を, 同一の整数質量をもつ各化学種についての計算値との比較によって, 未知のイオンの分子式をコンピュータで自動的に決定することができる.

高分解能質量分析法は, 未知化合物の分子式を決定するために, 最も広く用いられる方法となっている.

練習問題 11-22

次の正確な質量と一致する分子式を選べ.

(a) $m/z = 112.0888$(C_8H_{16}, $C_7H_{12}O$, $C_6H_8O_2$ のうちのどれか)

(b) $m/z = 86.1096$(C_6H_{14}, $C_4H_6O_2$, $C_4H_{10}N_2$ のうちのどれか)

分子イオンはフラグメント化を起こす

質量分析法からは, 分子イオンだけではなく, その分子を構成する構造部分に関する情報も得られる. イオン化のための電子ビームのエネルギーは, 通常の有機分子中の共有結合を切断するために必要なエネルギーよりもはるかに大きいので, イオン化した分子の一部は事実上可能なあらゆる中性およびイオン化フラグメントの組合せに分解される. この**フラグメント化**(fragmentation, 断片化)に

図 11-23 メタンの質量スペクトル．左側は実際に測定されたスペクトル．右側は表にしたもので，最大のピーク(基準ピーク)を100％と定義する．メタンの場合，m/z = 16の基準ピークは親イオンに由来する．フラグメント化によってより低質量のピークが生じる．

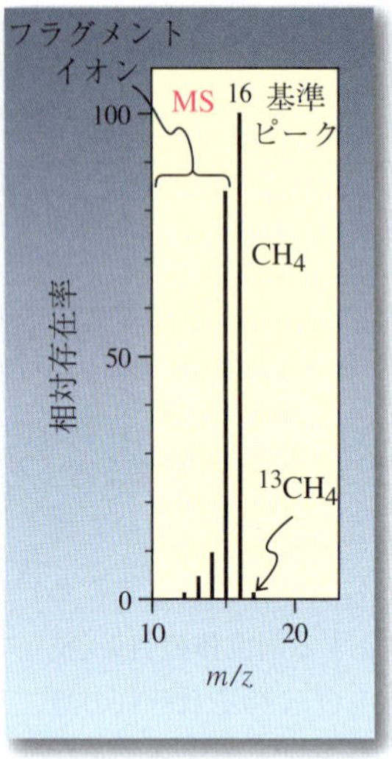

表にしたスペクトル

m/z	相対存在率(％)	分子イオンまたはフラグメントイオン
17	1.1	$(M+1)^{+\cdot}$
16	100.0(基準ピーク)	$M^{+\cdot}$(親イオン)
15	85.0	$(M-1)^{+}$
14	9.2	$(M-2)^{+\cdot}$
13	3.9	$(M-3)^{+}$
12	1.0	$(M-4)^{+\cdot}$

よってさらに質量スペクトルのピークが生じるが，それらはもとの分子イオンよりもすべて低質量に現れる．その結果生じるスペクトルは，**質量スペクトルのフラグメント化のパターン**(mass-spectral fragmentation pattern)とよばれる．スペクトル中で最も強いピークは**基準ピーク**(base peak)とよばれ，基準ピークの強度を100と定義して，他のすべてのピークの強度を基準ピークの強度の何パーセントというように表す．質量スペクトルの基準ピークは分子イオンのピークの場合もあるし，フラグメントイオンのピークの一つである場合もある．

質量分析計のなかでのメタンのフラグメント化

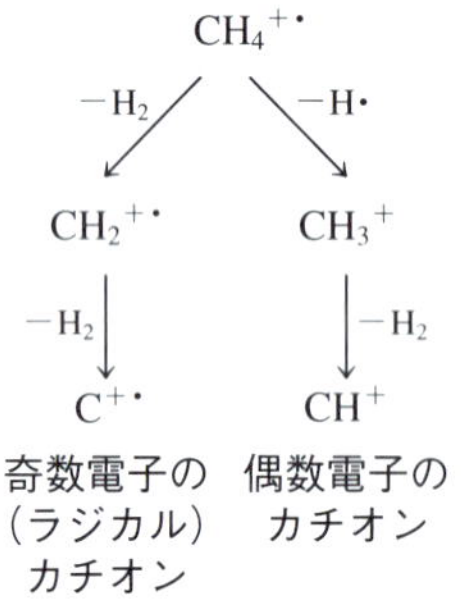

たとえばメタンの質量スペクトルは，分子イオンのピークのほかにCH_3^{+}，$CH_2^{+\cdot}$，CH^{+}，および$C^{+\cdot}$のピークを含んでいる(図 11-23)．これらのピークは欄外に示した反応によって生成する．これらの化学種の相対存在率は，各ピークの強さによって示され，それらの相対的な生成のしやすさを示すよい指標となる．この場合，基準ピークとなるのは分子イオンであるが，$m/z = 15$のピークはその存在率の85％にもなるので，最初のC—H結合の開裂は容易に起こることがわかる．二つ目以降のC—H結合の切断はしだいに難しくなり，対応するイオンの相対存在率はより小さい．11-10節ではフラグメント化反応をより詳細に考察し，フラグメント化のパターンを分子構造の決定の一助としてどのように使うことができるかを明らかにする．

質量スペクトルによって同位体の存在がわかる

メタンの質量スペクトルを見て，$m/z = 17$に小さい(1.1％)ピークが現れることをおかしく思うかもしれない．それは$(M+1)^{+\cdot}$と示される．分子イオンよりも大きい質量単位をもつイオンが存在しうるのはなぜだろうか．その答えは，炭素が同位体としては純粋ではないという事実のなかにある．天然の炭素の約1.1％は^{13}C同位体であり(表10-1参照)，それによって余分なピークが現れる．エタンの質量スペクトルでは，$m/z = 31$の$(M+1)^{+\cdot}$ピークの強さは親イオンの2.2％である．この観測結果の理由は統計的なものである．すなわち，二つの炭素を含む化合物において^{13}C原子が見いだされる可能性は，炭素一つの分子の

コラム● 11-2 質量分析法を用いた競技能力増進剤（ドーピング剤）の検出 MEDICINE

運動能力を高める違法な物質を使った悪質な事件が最近多発したことで，このような物質の検出を可能にする技術が注目されている（4章の冒頭文参照）．ガスクロマトグラフ（GC）とよばれる機器が試料から個々の化合物を分離し，次にその化合物をそれぞれ高分解能質量分析法によって分析する．この方法で「ドーピング」を見抜くことができるが，これを可能にしているのは，高分解能質量分析法の鋭敏な感度と非常に高度な定量性である．

テストステロン（4-7節参照）のようなタンパク同化ステロイドの投与が疑われる場合，その検出に二つの方法が用いられる．一つは，テストステロン（T）とその立体異性体であるエピテストステロン（E，五員環上のヒドロキシ基が上向きでなく下向きである点を除いてTと同じ構造をもつ）との比率を比べる方法である．ヒトでは元来，EとTはほぼ同量存在する．しかしEは，Tとは異なり運動能力を高めない．合成されたTを摂取すると，TとEの比が変わるので容易に検出できる．そこで，TとEの比を通常値の範囲内におさめるために，運動選手のなかには合成されたTをEとともに摂取してごまかそうとする人もいる．しかしながら，それでも質量分析法ならば，生物学的な情報をもとにして，この状況をも見破ることができる．合成ステロイドは植物由来の前駆体から合成されており，ヒトの体内で自然に生合成されたステロイドの ^{13}C の含有量に比べて，その含有量が（^{12}C の含有量と比較して）少しだけ低いのである．その違いは非常に小さい（1/1000）けれども，容易に検出することができる．すなわち，ステロイドを試料からGCによって分離したあとに燃焼させ，生成した CO_2 の $^{13}CO_2$ と $^{12}CO_2$ の比を質量分析計で検出すればよい．$^{13}C:^{12}C$ の比が通常のヒトのステロイドから得られる $^{13}CO_2$ と $^{12}CO_2$ の比からかなり離れていて，植物由来の前駆体から合成されたステロイドがもっている比に近ければ，「ドーピング」の有力な証拠とみなすことができる．

2016年のリオデジャネイロオリンピック大会でドーピングを規制するブラジルの研究室

場合の2倍である．炭素が三つの場合には3倍となり，以下同様である．

炭素以外の元素についても，より高質量の天然同位体が存在する．水素〔重水素（deuterium），^{2}H，存在率約0.015％〕，窒素（0.366％の ^{15}N），および酸素（0.038％の ^{17}O と0.200％の ^{18}O）がその例である．これらの同位体もやはり $M^{+\bullet}$ ピークより大きい質量に出るピークの強度に寄与している．ただし，その寄与の程度は ^{13}C の場合よりも小さい．

フッ素とヨウ素は，ともに同位体が存在しないという意味において純粋である．しかしながら，塩素（75.53％の ^{35}Cl，24.47％の ^{37}Cl）と臭素（50.54％の ^{79}Br，49.46％の ^{81}Br）はそれぞれ2種類の同位体の混合物として存在し，容易に同定できる同位体のスペクトルパターンを示す．たとえば，1-ブロモプロパンの質量スペクトル（図11-24）は，ほぼ等しい強度の2本のピークを $m/z = 122$ と124に示す．なぜだろうか．それは，同位体という観点から見ると分子の成分は $CH_3CH_2CH_2{}^{79}Br$ と $CH_3CH_2CH_2{}^{81}Br$ の約1：1の混合物だからである．同様に，モノクロロアルカンのスペクトルは，2質量単位離れたイオンの2本のピークを3：1の強度比で示すが，それは約75％の $R^{35}Cl$ と25％の $R^{37}Cl$ が存在するからである．このようなピークのパターンは，試料に塩素または臭素が含まれている

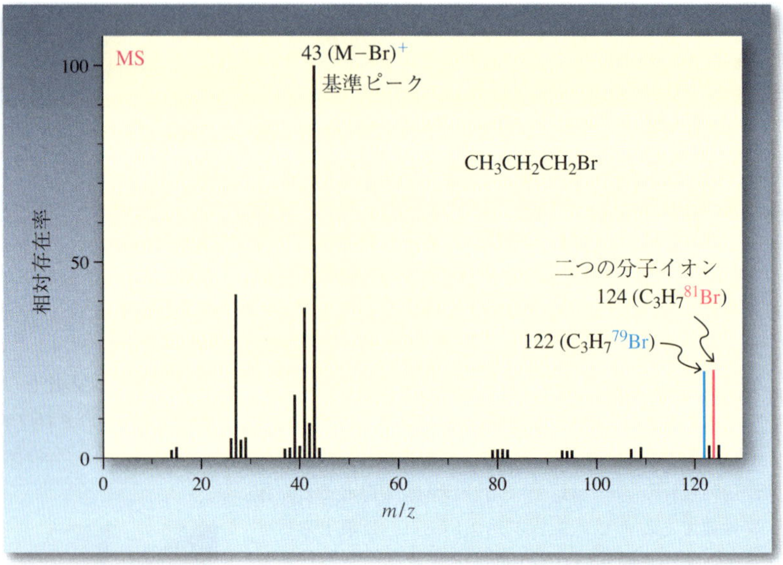

図 11-24 1-ブロモプロパンの質量スペクトル．臭素の 2 種類の同位体がほぼ等量存在するので，ほぼ同じ強さのピークが m/z = 122 と 124 に現れることに注意しよう．

ことを知るのに有用である．

練習問題 11-23

ジブロモメタンの分子イオンのピークはどのようなパターンになると予想されるか．

練習問題 11-24

C,H,O を含む非ラジカル化合物は偶数の分子量を，また C,H,O と奇数個の N を含むものは奇数の分子量をもつが，N の数が偶数の場合には再び偶数の分子量となる．このような規則が生じる理由を説明せよ．

まとめ 分子は 70 eV の電子ビームによってイオン化され，ラジカルカチオンが生成する．そのラジカルカチオンは電場によって加速され，磁場のなかで直線経路からのずれ方の大きさがそれぞれ異なるために分離される．質量分析法では，この原理が分子の分子量を測定するために用いられている．高分解能質量分析法では，分子イオンの質量の測定から分子式を決定することができる．分子イオンは，ふつうさらに低質量のフラグメント，および存在率のより低い同位体の存在に由来する同位体「サテライト」をともなって現れる．たとえば Cl や Br の場合のように，2 種類以上の同位体がかなりの量で存在することもある．

11-10 有機分子のフラグメント化のパターン

電子が分子に衝突すると，最初はより弱い結合が，続いてより強い結合が切断されて，分子が解離する．最初の分子イオンは正の電荷をもつので，それが解離すると通常は 1 個の中性フラグメントと 1 個のカチオン性フラグメントが得られる．生成するカチオン性フラグメントは，ふつう正電荷を最も安定化することができる原子上に電荷をもつ．本節では，より弱い結合が優先的に切断されることと，より安定なカルボカチオン性フラグメントが優先的に生成することが組み合わさって，質量分析法が分子構造の決定にとってどのように強力な方法となるかについて解説する．

フラグメント化はより多置換の中心で起こりやすい

炭化水素の異性体であるペンタン，2-メチルブタンおよび2,2-ジメチルプロパンの質量スペクトル（図 11-25，11-26，11-27）を見ると，開裂反応が起こる可能性のある数カ所のC—C結合について，相対的な開裂のしやすさが明らかとなる．いずれのスペクトルでも分子イオンは比較的小さなピークを示すが，その他の点では3種類の分子のスペクトルは非常に異なっている．

ペンタンは，C—C結合の切断が4通りの可能な様式で起こってフラグメント化し，どの場合でも1個のカルボカチオンと1個のラジカルが得られる．質量スペクトルでは電荷をもつカチオンしか観測されない（欄外を見よ）．ラジカルは中性なので「見えない」のである．たとえば，一つの経路ではC1—C2結合が切断されて，メチルカチオンとブチルラジカルができる．質量スペクトル（図 11-25）で m/z = 15に出る CH_3^+ のピークは非常に弱く，それはこのカルボカチオンの不安定性（7-5節参照）と矛盾しない．同様に，m/z = 57のピークは，ブチルカチオンとメチルラジカルへのフラグメント化に由来するので弱い．第一級のブチルカチオンは CH_3^+ よりも安定であるが，メチルラジカルは高エネルギーの化学種なので，それを生成するこの様式のフラグメント化は起こりにくい．起こりやすい結合開裂によって，それぞれエチルカチオンとプロピルカチオンを示す m/z = 29および43が得られる．これらのそれぞれのフラグメント化によって，第一級カチオンと第一級ラジカルの両方が生成し，メチルフラグメントの生成は避けられる．それぞれのピークは一団の弱いピークに囲まれており，その理由は，^{13}C の存在によって質量単位が1だけ大きいピークが生成すること，および水素が失

ペンタンから生じるフラグメントイオン

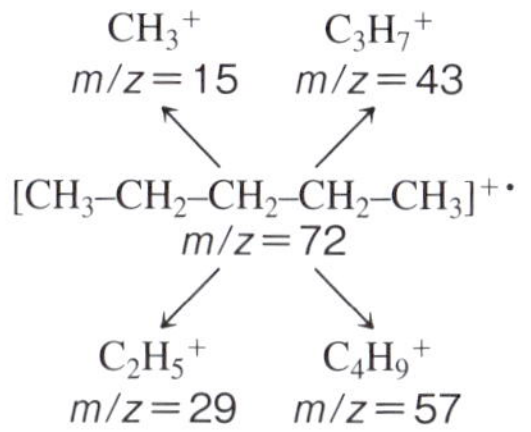

質量分析計におけるアルカンの測定では，主要なフラグメント化の様式として，より安定なカルボカチオンを生成するC—C結合の切断が見られる．より強いC—H結合（表3-2参照）は，容易には切断されない．

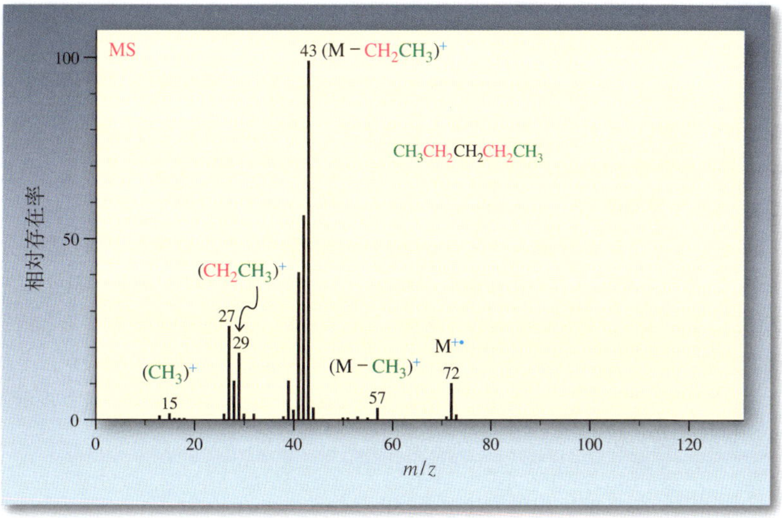

図 11-25　ペンタンの質量スペクトル．炭素鎖のすべてのC—C結合が切断されていることがわかる．

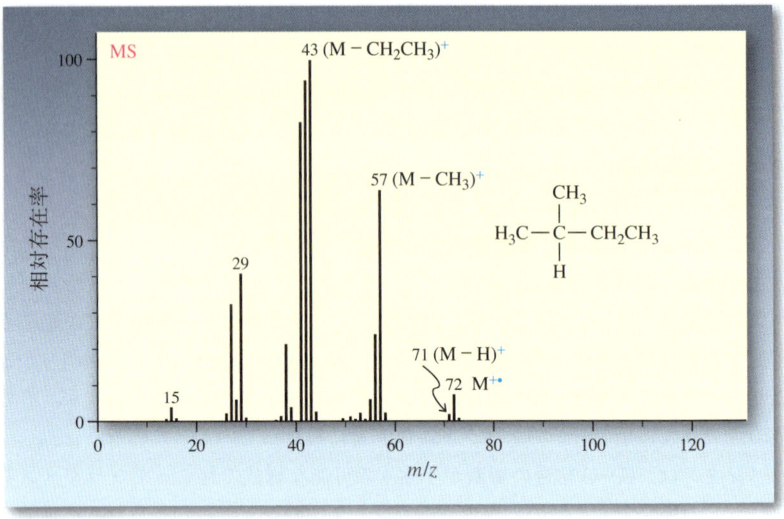

図 11-26　2-メチルブタンの質量スペクトル．m/z = 43 と 57 のピークは C2 における優先的なフラグメント化によって第二級カルボカチオンが生成することによる．

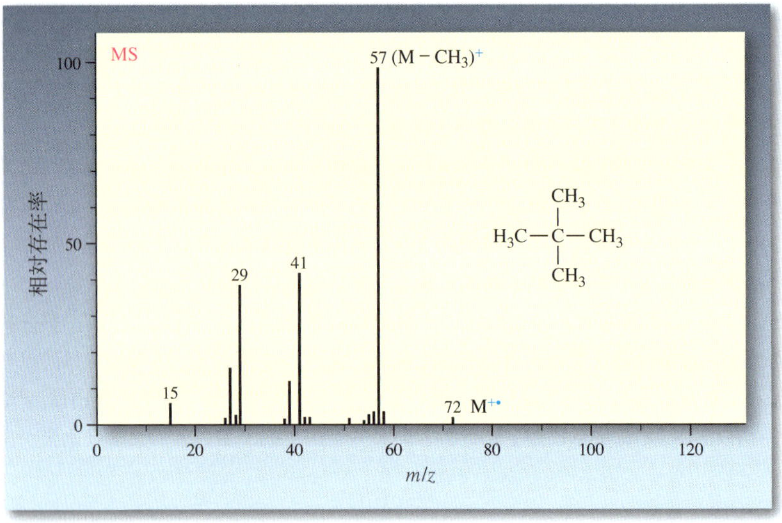

図 11-27　2,2-ジメチルプロパンの質量スペクトル．第三級カチオンが生成するようなフラグメント化が有利となるので，分子イオンのピークは非常に弱い．

われることによって 1 またはそれ以上小さな質量のピークが生成することである．H•の脱離は，それにともなうカルボカチオンがたとえ安定であったとしても，強いピークを与えない．水素原子が高エネルギーの化学種であることがその理由である（3-1 節参照）．

2-メチルブタンの質量スペクトル（図 11-26）はペンタンの場合と似た型を示すが，いろいろなピークの相対強度が異なっている．すなわち，m/z = 71 のピーク$(M-1)^+$はペンタンの場合よりも強く，それは C2 から H•が脱離すると第三級カチオンができるからである．m/z = 43 と 57 のピークはもっと強いが，それは，両方とも C2 からアルキルラジカルが失われるからであり，第二級カルボカチオンが生成する．

2-メチルブタンの優先的フラグメント化

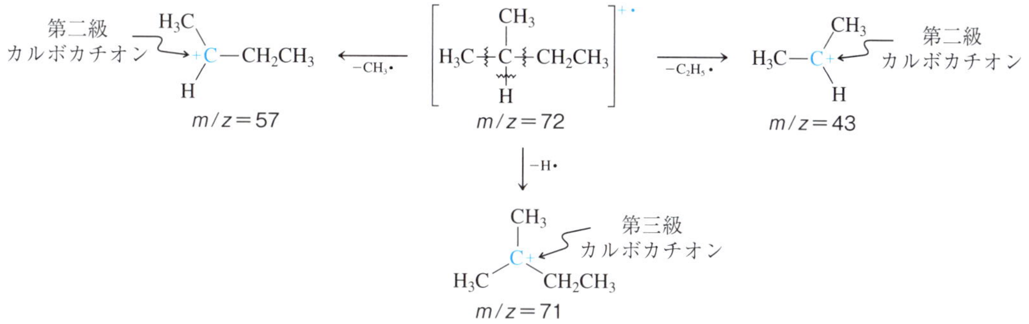

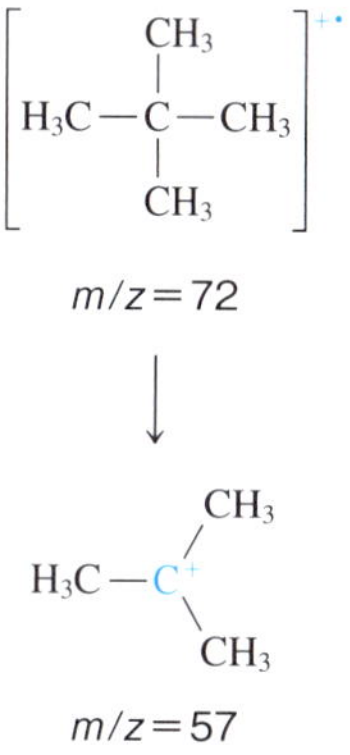

多置換中心における優先的なフラグメント化は，2,2-ジメチルプロパンの質量スペクトルにおいてさらに顕著である(図 11-27)．ここでは，分子イオンからメチルラジカルが失われることによって 1,1-ジメチルエチルカチオン(*tert*-ブチルカチオン)が生成し，基準ピークとして $m/z = 57$ に現れる．このフラグメント化は非常に容易に起こるので，分子イオンはほとんど観測されない．スペクトルには $m/z = 41$ と 29 のピークも見られるが，それらは 9-3 節で説明したカルボカチオン転位のような複雑な構造の組換えの結果である．

練習問題 11-25

質量分析計しか利用できないとき，メチルシクロヘキサンとエチルシクロペンタンをどのように区別すればよいか．

フラグメント化は官能基の同定にも役立つ

比較的弱い結合がとりわけ容易にフラグメント化することは，ハロアルカンの質量スペクトルにおいても見られる．これらのスペクトルでは，フラグメントイオン $(M-X)^+$ が基準ピークとなっていることがよくある．同様な現象はアルコールの質量スペクトルにおいても観測され，水が脱離した大きな $(M-H_2O)^{+\cdot}$ のピークが親イオンよりも 18 質量単位小さいところに現れる(**図 11-28**)．C—OH 基につながっている結合も，**α 開裂**(α cleavage)とよばれる反応によって容易に解離し，共鳴安定化されたヒドロキシカルボカチオンが生じる．

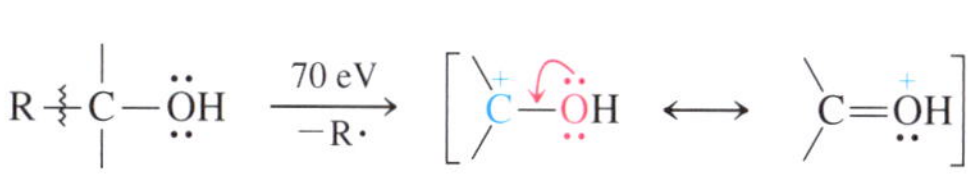

1-ブタノールの質量スペクトルにおける $m/z = 31$ の強いピークは，α 開裂によって生じるヒドロキシメチルカチオン($^+CH_2OH$)によるものである．

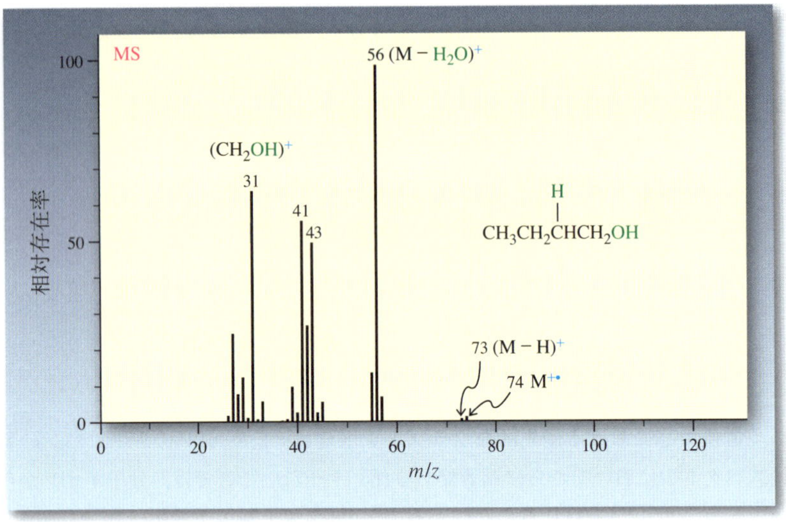

図 11-28　1-ブタノールの質量スペクトル．分子イオン（$m/z = 74$）は水を容易に失って $m/z = 56$ のイオンとなるので弱いピークとなる．他のフラグメントイオンは α 開裂によるもので，プロピル（$m/z = 43$），2-プロペニル（アリル）（$m/z = 41$），およびヒドロキシメチル（$m/z = 31$）である．

質量分析計におけるフラグメント化は，より安定なカチオンの生成を促進する．したがってアルコール類のフラグメント化は，共鳴安定化されたヒドロキシカルボカチオンを生成する．

脱水と α 開裂によるアルコールのフラグメント化

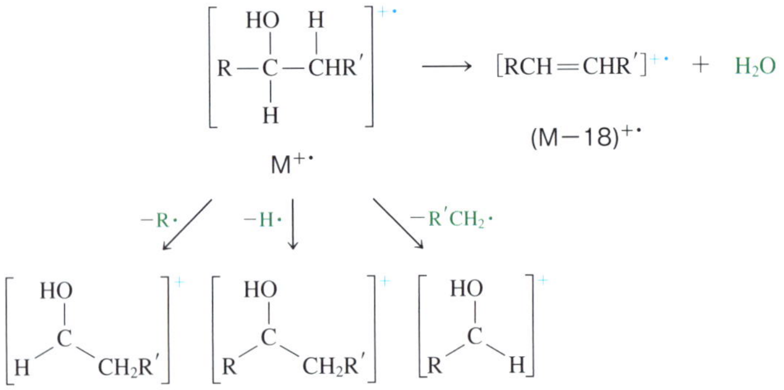

練習問題 11-26

3-メチル-3-ヘプタノールの質量スペクトルはどのようなものになるかを予測してみよ．

アルケンのフラグメント化は共鳴安定化したカチオンを生成する

アルケンのフラグメント化の特徴も，より弱い結合が切断され，より安定なカチオン種が生成するという傾向を反映している．アルケン官能基から 1 原子離れた結合，いわゆるアリル位の結合は，共鳴安定化されたカルボカチオンが生成するために比較的容易に切断される．たとえば，1-ブテンのような末端直鎖アルケンの質量スペクトルでは，$m/z = 41$ のところに基準ピークである 2-プロペニル（アリル）カチオンの生成が認められる〔図 11-29（A）〕．

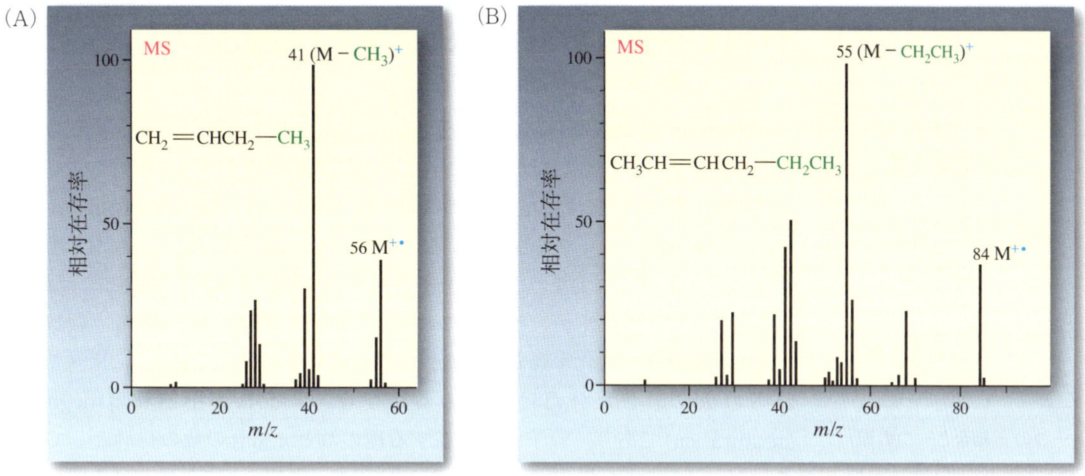

図 11-29 (A) 1-ブテンの質量スペクトル．$m/z = 41$ のところに，開裂によって生じた共鳴安定化された 2-プロペニル(アリル)カチオンのピークが見られる．(B) 2-ヘキセンの質量スペクトル．$m/z = 55$ のところに，C4 と C5 間の結合が切断されたことによって生成した 2-ブテニルカチオンのピークが見られる．

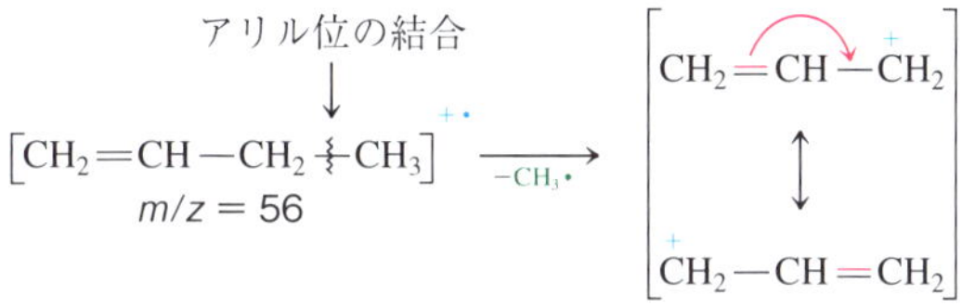

2-プロペニル(アリル)カチオン
$m/z = 41$

分枝アルケンと分子内アルケンもアリル位結合で同様にフラグメント化を起こす．図 11-29(B) にあげた 2-ヘキセンの質量スペクトルには，$m/z = 55$ のところに基準ピークである共鳴安定化された 2-ブテニルカチオンの生成が認められる．

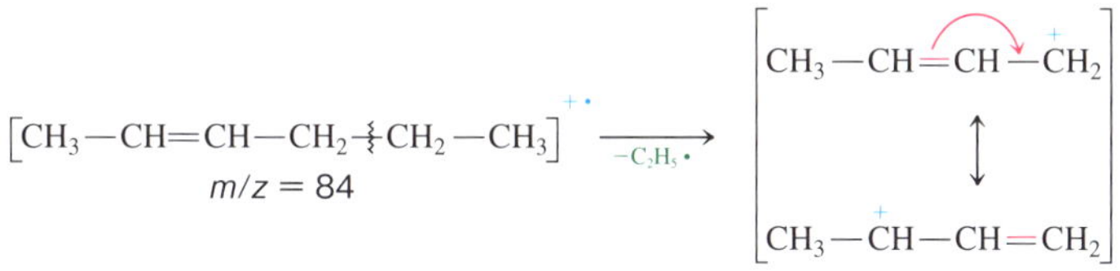

2-ブテニルカチオン
$m/z = 55$

練習問題 11-27

4-メチル-2-ヘキセンの質量スペクトルは，$m/z = 69$，83，98 にピークを示す．それぞれのピークが何であるか説明せよ．

まとめ フラグメント化のパターンを解析することが構造解明の役に立つ．たとえば，アルカンのラジカルカチオンは開裂して最も安定な正電荷をもつフラグメントとなり，ハロアルカンは炭素—ハロゲン結合の開裂によってフラグメント化を起こし，アルコールは容易に脱水と α 開裂を起こし，アルケンはアリル位の結合が切断され共鳴安定化されたカルボカチオンを生成する．

11-11 不飽和度：分子構造の決定に役立つもう一つの補助手段

NMR と IR 分光法ならびに質量分析法は未知化合物の構造を決定する際の重要な手段である．しかしながら，これらの他に構造決定をさらに容易にするような情報が，個々の化合物の分子式のなかに隠されている．飽和の非環状アルカンは，分子式が C_nH_{2n+2} で表される．これに対して，二重結合を一つもつ非環状アルケンは水素が二つ少なく，その分子式は C_nH_{2n} で表され，不飽和とよばれる．シクロアルカンもアルケンと同様に一般的な分子式 C_nH_{2n} で表される．複数の二重結合や環をもつ炭化水素では，飽和の炭化水素の分子式 C_nH_{2n+2} に比べて，それらの数に応じた分だけ水素の数が少ない．それが**不飽和度**(degree of unsaturation)であり，分子中に存在する環の数と π 結合の数の総計として定義される．いくつかの炭化水素について，分子式，構造そして不飽和度の間の関係を表 11-6 に示す．

表 11-6 からわかるように，不飽和度が 1 増えることは分子式において水素が 2 減ることに対応する．したがって非環状アルカン(飽和，不飽和度＝0)の一般式 C_nH_{2n+2}(2-4 節参照)を基準にして，ある炭化水素の不飽和度は，その分子が飽和されている場合に必要な水素の数 $2n+2$(ここで n は炭素原子の数)と，実際にその分子がもっている水素の数を単に比較することによって決定できる．たとえば，分子式 C_5H_8 をもつ炭化水素の不飽和度を求めてみよう．五つの炭素をもつ飽和化合物の分子式は C_5H_{12}(C_nH_{2n+2}，$n=5$)である．C_5H_8 では，飽和化合物から水素が四つ不足しているので不飽和度は $4/2=2$ となる．分子式 C_5H_8 をもつ分子はどれも環の数と π 結合の数を合わせると 2 になる．

ヘテロ原子が存在すると計算式が変わる．いくつかの飽和化合物の分子式を比べてみよう．エタン(C_2H_6)とエタノール(C_2H_6O)は同じ数の水素原子をもっている．またクロロエタン(C_2H_5Cl)は水素が一つ少なく，エタンアミン(C_2H_7N)では

いくつかの C_5H_8 炭化水素

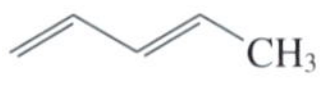

(二つの π 結合)

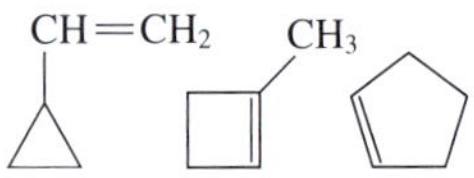

(一つの π 結合と一つの環)

(二つの環)

表 11-6　構造決定の鍵となる不飽和度

分子式	代表的な構造	不飽和度
C_6H_{14}		0
C_6H_{12}	 (一つの π 結合)；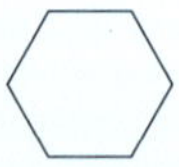 (一つの環)	1
C_6H_{10}	 (二つの π 結合)； (一つの π 結合と一つの環)；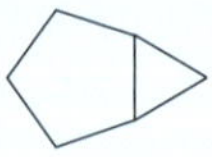 (二つの環)	2
C_6H_8	 (三つの π 結合)；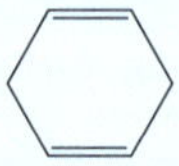 (二つの π 結合と一つの環)；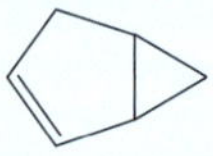 (一つの π 結合と二つの環)	3

水素が一つ多い．分子が飽和されるのに必要な水素の数は，ハロゲン原子があると減少し，窒素原子があると増加する．これに対し，酸素原子が存在しても飽和に必要な水素の数は変わらない．分子式から分子の不飽和度を決定する一般的な方法を次に述べる．

指針 **不飽和度の求め方**

段階 1. 分子式中の炭素(n_C)，ハロゲン(n_X)，そして窒素(n_N)の数からその分子が飽和であるために必要な水素の数 H_{sat} を求める．

$$H_{sat} = 2\,n_C + 2 - n_X + n_N \quad \text{（酸素と硫黄は無視する）}$$

段階 2. 分子式中に実際に存在する水素の数(H_{actual})と段階 1 で求めた H_{sat} を比べて不飽和度を決定する．

$$\text{不飽和度} = \frac{(H_{sat} - H_{actual})}{2}$$

あるいは，これらの二つの段階を一つの式にまとめると，

$$\text{不飽和度} = \frac{(2n_C + 2 + n_N - n_H - n_X)}{2}$$

練習問題 11-28

次の分子式をもつ化合物について，それぞれの不飽和度を求めよ．
(a) C_5H_{10}，(b) $C_9H_{12}O$，(c) C_8H_7ClO，(d) $C_8H_{15}N$，(e) $C_4H_8Br_2$．

練習問題 11-29

概念のおさらい：構造決定における不飽和度

分子式 C_5H_8 をもつ三つの化合物のスペクトルデータは次のとおりである．m は複雑な多重線であることを示す．それぞれの化合物の構造を示せ．（**ヒント**：一つは非環状化合物であり，他の二つはそれぞれ環を一つずつもっている．）
(a) IR 910，1000，1650，3100 cm^{-1}；^{1}H NMR δ = 2.79(t，J = 8 Hz)，4.8 ～ 6.2(m) ppm，シグナルの積分強度比は 1：3，(b) IR 900，995，1650，3050 cm^{-1}；^{1}H NMR δ = 0.5 ～ 1.5(m)，4.8 ～ 6.0(m) ppm，積分強度比は 5：3，(c) IR 1611，3065 cm^{-1}；^{1}H NMR δ = 1.5 ～ 2.5(m)，5.7(m) ppm，積分強度比は 3：1．可能な構造が二つ以上書けるものがあるか．

● 解法のてびき

What 何が問われているか．分子式 C_5H_8 をもつ三つの炭化水素の異性体の構造を推定するよう求められている．三つの化合物すべてに対して IR と ^{1}H NMR の情報が与えられている．

How どこから手をつけるか．「分子式から何がわかるか」と自問自答せよ．NMR スペクトルにどんな情報が含まれているか思い起こそう．化学シフト，積分，スピン－スピン分裂の情報が含まれている．

Information 必要な情報は何か．不飽和度の決定方法と不飽和度が意味することを復習すること．また，分光法に関しては 11-4 節と 11-8 節を復習すること．

Proceed 一歩一歩論理的に進めよ．分子中に存在する π 結合の数と環の数の上限を知

るために，不飽和度を決定せよ．π 結合の存在の有無を決定するのに IR のデータを用いよ．さらに妥当な構造の可能性を絞り込むために NMR データを利用せよ．

●答え

• 分子式が C_5H_8 であることから，不飽和度が 2 であることがわかる．したがって三つの化合物はそれぞれ π 結合を二つもつか，環構造を二つもつか，あるいは π 結合と環を一つずつもっていなければならない．一つずつ順に考えよう．

(a) IR スペクトルにおいて四つの吸収帯が示されている．1650 cm^{-1} と 3100 cm^{-1} の吸収は間違いなくアルケンの C=C 伸縮振動ならびにアルケニル C−H 伸縮振動によるものである．910 cm^{-1} と 1000 cm^{-1} の吸収は末端 $-CH=CH_2$ 基が存在することを強く示唆している（11-8 節）．NMR スペクトルでは二つのシグナルが 1：3 の積分強度比で現れている．分子は全体で 8 個の水素をもっているので，この情報から 2 個と 6 個に分けられる 2 種類の水素が存在することがわかる．$\delta = 2.79$ に三重線として現れている 2 個分の水素のシグナルは，隣接する炭素原子上の 2 個の水素とカップリングした $-CH_2-$ ユニットによるものと考えられる．一方，6 個分の水素のシグナルはアルケニル水素に典型的な位置である $\delta = 4.8 \sim 6.2$ の領域に現れており，二つの $-CH=CH_2$ 基に帰属できる．これらの情報を組み合わせると $CH_2=CH-CH_2-CH=CH_2$ という構造に到達する．

(b) IR のデータは (a) の IR データと本質的にはほぼ同じなので $-CH=CH_2$ のユニットをもっていることが予想される．NMR スペクトルでは，高磁場に 5 個分の水素のシグナルが，そしてアルケニル水素の領域に 3 個分の水素のシグナルが見られる．3 個分の水素のシグナルは $-CH=CH_2$ に対応しており，高磁場のアルカン領域の NMR シグナルから C_3H_5 というフラグメントをもつことがわかる．もう一つの不飽和度を満足させるには環構造をもっていなければならないので，$-CH=CH$ という構造が唯一の答えとなる．

(c) IR のデータからは C=C とアルケニル C−H による吸収しか読みとれず，1000 cm^{-1} 以下の吸収による情報もない．NMR スペクトルに頼るしかない．この場合も，2 種類のシグナルが見られる．そのうち一つは高磁場に現れ，低磁場のシグナルの 3 倍の強度をもっている．したがって，6 個のアルキル水素と 2 個のアルケニル水素をもっていることがわかる．二つの二重結合と 6 個のアルキル水素をもち，かつ C_5H_8 という分子式を満足させるような分子はつくれないので，環構造をもっていることが必須となる．素直に考えると  となるが，$-CH_2-CH_3$ の可能性もある．後者である確率は少ない．というのは，もし後者であれば NMR スペクトルのなかに $-CH_3$ 基による明らかな三重線が現れるはずだが，示されているデータにはそれらしいピークがないためである．

練習問題 11-30　自分で解いてみよう

C_5H_8 の分子式をもつもう一つの化合物の構造を示せ．なおその化合物の IR スペクトルには 1600 ～ 2500 cm^{-1} の領域に吸収がまったくない．

まとめ　分子の不飽和度は，その分子に含まれている環の数と π 結合の数の総和に等しい．不飽和度をあらかじめ知っておくとスペクトルデータからの構造決定がより容易になる．

章のまとめ

不飽和官能基をもつ化合物群の最初の例として，炭素ー炭素二重結合をもつことが特徴であるアルケンについて説明を始めた．また，IR 分光法ならびに質量分析法を紹介することで，分子構造を決定するための分析法を拡大した．本章で以下のことを学んだ．

- アルケンはアルカンと同様に命名する．ただし，アルケンが主鎖の一部である場合には，炭素ー炭素二重結合の存在をその位置番号で示し，そうでない場合は，適当な置換基名で二重結合の存在を示す（11–1 節）.
- アルケンは π 結合によって平面構造をとるためシス－トランス立体異性ならびに E,Z 立体異性が存在する（11–2 節）.
- 炭素ー炭素二重結合の強さに関して σ 結合と π 結合の寄与は等しくなく，σ 結合のほうが強い（11–2 節）.
- アルケニル水素は比較的反しゃへい化されており，^{1}H NMR スペクトルにおいて通常は $\delta = 4.6 \sim 5.7$ ppm の領域にその吸収が現れる．その分裂パターンは，構造上の水素の相対関係に依存していくつもの異なるカップリング定数をもった複雑なものになる（11–4 節）.
- アルケンの安定性は，触媒存在下の水素化において放出される熱量と逆の関係にある．すなわちより多くの置換基をもったアルケンは置換基の少ないアルケンよりも安定である（11–5 節）.
- 塩基によるハロアルカンの脱離反応ならびに酸触媒を用いるアルコールの脱水反応は，一般的に最も安定なアルケンを主生成物として生成する（Saytzev 則）．これに対し，E2 反応において立体障害の非常に大きな塩基を用いると，この優位性を逆にすることができる（Hofmann 則）（11–6 節と 11–7 節）.
- 赤外（IR）分光法は，有機分子によく見られる結合の種類の違いを，それぞれに特徴的な振動数として検出する（11–8 節）.
- 質量分析法（MS）は高エネルギーをもつ電子の衝突によって生じる分子のフラグメントの質量だけでなく，分子全体の質量をも決定できる方法である（11–9 節）.
- MS 条件下での分子の分解は比較的より安定な分子のフラグメントを優先的に生成させる（11–10 節）.
- 不飽和度は分子式から導かれ，分子中の π 結合の数と環の数の総和を表す（11–11 節）.

次章ではアルケンの反応について検討する．その不飽和構造が反応挙動にいかに影響を及ぼすかについて学ぶ．

11-12 総合問題：概念のまとめ

次にあげる二つの練習問題は，塩基ならびに酸による脱離反応に関して 7 章と 11 章の概念を発展させたものである．

練習問題 11−31：反応機構の詳細を利用して反応生成物を正確に予測する

次の反応の主生成物を書け．

●解法のてびき

What 何が問われているか．問題の意図は簡潔でわかりやすい．6 章と 7 章で何度も学んできたように，反応の生成物を予測せよというものである．この問題は反応機構について考えるための糸口である「いかにして」あるいは「なぜ」ということを明確には尋ねていないが，みなさんはすでに与えられた条件下においてハロアルカンが多様な経路で変換されることを知っている．したがって反応機構について考えることがきわめて重要である．

How どこから手をつけるか．出発物質と反応剤を，それらがどのようなグループの化合物に属するかで区別し確認せよ．それで答えに到達できるか試してみよ．

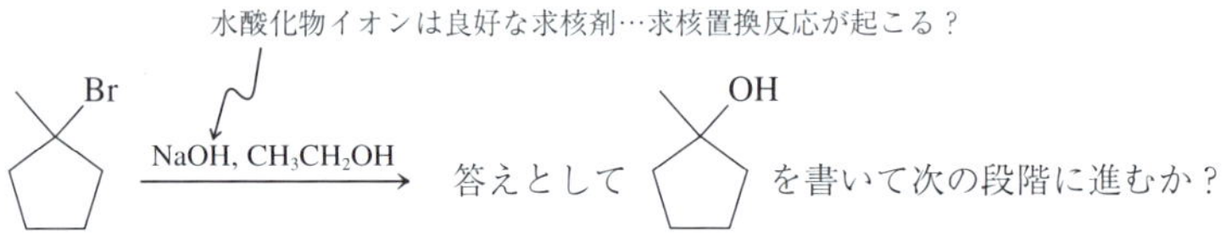

落ち着いて！もう一度見直そう．基質は第三級で，しかも OH^- は強い塩基である．

Information 必要な情報は何か．表 7−4 に第三級の基質と強塩基の間の反応がどのように進行するかが示されており，この表から E2 反応機構による脱離反応が進行することがわかる．しかしこれだけではまだ終了ではない．二つ以上の異性体が生成しうる．11−6 節で脱離反応の位置選択性について述べた．すなわち（水酸化物イオンのような）立体障害のない塩基はより安定なアルケンを生成する（Saytzev 則）．主生成物が何であるか確認するには，11−5 節で学んだアルケンの相対的安定性に関する情報が重要になる．右側のアルケンは三置換であり，左側の二置換アルケン異性体よりも有利である．

Proceed 一歩一歩論理的に進めよ．

●答え

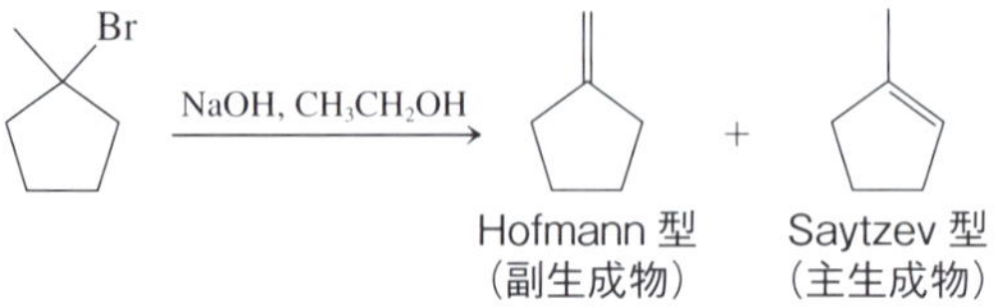

思い起こそう：

^{1}H NMR から得られる情報
化学シフト
積　分
スピン−スピン分裂

^{13}C NMR から得られる情報
化学シフト
DEPT

練習問題 11−32　生成物を同定するために分光法を利用する

2−メチル−2−ペンタノールの酸触媒による脱水反応（希硫酸，50℃）では，一つの主生成物ともう一つの副生成物が得られる．元素分析からは両者とも炭素と水素の原子比が1:2で構成されていることがわかった．また，高分解能MSでは，二つの化合物がともに84.0940の分子イオンを与えた．スペクトルデータは次のとおりである．

1. 主生成物：IR 1660，3080 cm^{-1}；^1H NMR δ =0.91(t，J = 7 Hz，3 H)，1.60(s，3 H)，1.70(s，3 H)，1.98(quin，J = 7 Hz，2 H)，5.08(t，J = 7 Hz，1 H)ppm；^{13}C NMR(DEPT)：δ =14.5(CH_3)，17.7(CH_3)，21.5(CH_2)，26.0(CH_3)，126.4(CH)，131.3(C_{quat})ppm．

2. 副生成物：IR 1640，3090 cm^{-1}；^1H NMR δ =0.92(t，J = 7 Hz，3 H)，1.4(sex，J = 7 Hz, 2 H)，1.74(s, 3 H)，2.02(t，J = 7 Hz, 2 H)，4.78(s, 2 H)ppm；^{13}C NMR(DEPT)：δ = 13.5(CH_3)，21.0(CH_2)，22.3(CH_3)，40.7(CH_2)，110.0(CH_2)，146.0(C_{quat})ppm．

二つの生成物の構造を推定し，その生成機構を示し，化合物**1**がなぜ主生成物となるかについて考察せよ．

●答え

まず出発物質の構造を書き(アルコールの命名法については8-1節を参照)，反応について知っていることをまとめてみよう．

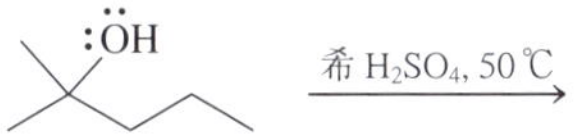

2-メチル-2-ペンタノール

この反応は第三級アルコールの酸触媒による脱水反応である(11-7節)．すでに十分に理解していて，常識的な答えが推測できるものと思われるが，はじめにスペクトルについて説明し，そこから到達する答えと問題を読んですぐに予想した答えが一致するかどうか確かめてみよう．

二つの化合物は同じ分子式をもっており，両者は異性体である．元素分析の結果は実験式がCH_2であることを示している．CH_2の正確な質量は12.000 + 2(1.00783) = 14.01566である．したがって質量分析法のデータとCH_2の質量から84.0940/14.01566 = 6となり，分子式が6(CH_2) = C_6H_{12}であることを示している．

主生成物に関して，IRスペクトルの1660と3080 cm^{-1}に見られるピークは，アルケンのC=C結合ならびにC−H結合の伸縮振動(1620～1680ならびに3050～3150 cm^{-1}，表11-4)に対応する領域にある．この情報を手にして^1H NMRスペクトルのアルケン水素の領域δ = 4.6～5.7 ppm(表10-2および11-4節)にまず目を向けると，δ = 5.08 ppmのピークを見つけることができる．さらに化学シフト以外の情報(t，J = 7 Hz，1 H)から，このシグナルはカップリング定数が7 Hzの三重線に分裂しており，相対的な積分強度から水素1個分に相当することがわかる．このピーク以外にそれぞれ水素3個分のシグナルが三つある．δ = 0～4 ppmに水素3個分の簡単なシグナルがある場合には，そうでないという特別な情報がないかぎり，一般的にメチル基の存在が容易に推察される．三つのメチル基のうち二つのメチル基が一重線として現れ，残りの一つのメチル基は三重線に分裂している．さらに，$\delta = 1.98$ に水素2個分の積分値をもった5本の線に分裂したシグナルが観測される．このピークが CH_2 基に帰属されるとすると，この分子は次のフラグメント，CH=C，3 CH_3，そして CH_2 から構成されていると考えることができる．この結論は ^{13}C NMR(DEPT)のスペクトルによって確かめることができる．実際のところ，分析を ^{13}C NMR から始めて，そのあと，プロトンのスペクトルからより詳細な情報を引き出すこともできる．これらのフラグメント中の原子を合計すると C_6H_{12} となり，生成物に対して与えられた分子式に一致し，推論が正しかったことが裏づけられる．これら5個のフラグメントをつないで妥当な構造を得る方法はかぎられている．すなわち次の2通りだけしかない．

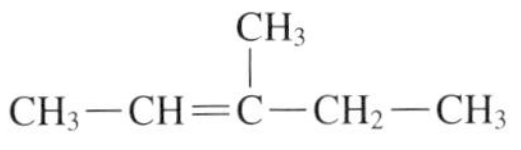

（立体化学は無視する） あるいは

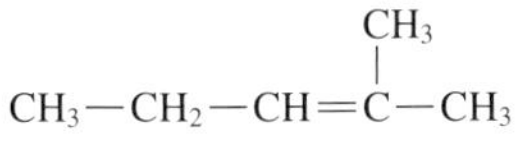

^{13}C NMR スペクトルからはこれら二つの構造を区別することができないため，二つのうちどちらが正しいかを決めるのに，化学的な知識を使ってもよいが，もう一度スペクトルを詳しく吟味するのもよい．NMR スペクトルの分裂パターンを調べれば，ただちに決定ができる．$N + 1$ 則(10-7節参照)によれば，理想的な条件のもとでは，ある NMR シグナルは N 個の隣接する水素によって $N + 1$ 本の線に分裂する．左側の構造式だとすればアルケニル水素は CH_3 基に隣接しており，そのため $3 + 1 = 4$ すなわち四重線として観測されるはずである．ところが実際のスペクトルを見ると，アルケニル水素は三重線として現れている．さらに，左側の構造式には三つのメチル基が存在し，しかもそれらに隣接する水素の数はそれぞれ0，1および2である．したがって，一重線，二重線，三重線がそれぞれ一つずつ観測されるはずであるが，これも実際のスペクトルとは異なっている．これに対して右側の構造式が正しいとすれば，すべてがうまく説明できる．すなわち，アルケニル水素は2個の隣接水素をもち，実際に三重線として現れ，また三つの CH_3 基のうち二つがアルケン炭素上にあり，隣接水素をもたないために一重線として現れる．このようにすべて予想と実際のスペクトルがうまく符合する．さらに化学的な知識から見れば，正しい構造は出発物質の構造と同じ炭素骨格をもっているのに対し，正しくない構造では生成の際に転位をともなうことが必要であることがわかる．

副生成物についても同様の論法で考えてみよう．IR スペクトルでは，アルケンの C=C 伸縮振動によるピーク(1640 cm^{-1})とアルケニル C—H 伸縮振動によるピーク(3090 cm^{-1})が観測される．一方 NMR スペクトルでは，$\delta = 4.78$ に二つのアルケニル水素の水素2個分に対応する一重線が見られる．さらに，二つのメチルシグナルとそれぞれ水素2個分の二つのシグナルが存在する．したがって，2 CH_3，2 CH_2 と二つのアルケニル H のフラグメントから成り，これらを合わせると(二つのアルケニル炭素も一緒にして)C_6H_{12} となる．これだけの情報では多くの組合せ方が可能であるが，NMR の分裂に関する情報からただちに一つの答えを導くことができる．メチル基の一つが一重線であり，これはこのメチル基は水素をもたない炭素と結合していることを示している．先にあげた6個のフラグメントを見ると，この水素をもたない炭素はアルケニル炭素以外にはありえない．

そこで $CH_3-\mathbf{C}=C$ という骨格を書くことができる．ただし，太字で表したアルケニル炭素には水素が結合していない．したがって，消去法によれば，アルケンに存在する二つのアルケニル水素はもう一方のアルケニル炭素に結合しなければならない．すなわち $CH_3-\overset{|}{C}=\mathbf{CH_2}$ でなければならない．残りのフラグメントをつなぐ方法は一つしかなく，最終的に

$$\begin{array}{c} CH_3-CH_2-CH_2 \\ \quad\quad\quad\quad | \\ \quad\quad CH_3-C=CH_2 \end{array}$$

という構造に到達する．構造の妥当性は再度 ^{13}C NMR(DEPT)スペクトルによって保証される．

こうして，問題の最初に与えられた式を次のように完成することができる．

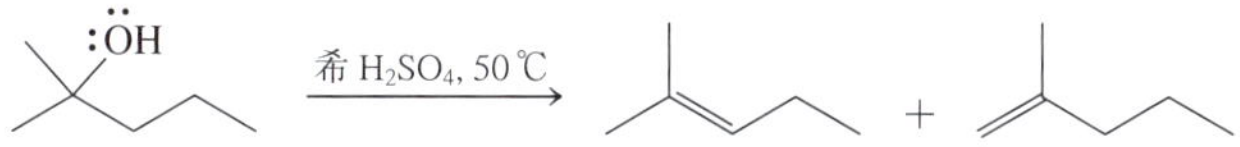

2-メチル-2-ペンタノール　　　主生成物

この解答は化学的な予想から得られる解答と一致するだろうか．反応機構について考えてみよう(11-7 節)．酸性条件下の第二級アルコールや第三級アルコールの脱水反応は，まず酸素原子にプロトン化が起こり，ヒドロキシ基をすぐれた潜在的脱離基(水)に変えることから始まる．次に脱離基がはずれカルボカチオンが生成し，最後に隣接する炭素原子上からプロトンが脱離することによってアルケンが得られる(2 番目のアルコール分子が Lewis 塩基として働く可能性が最も大きい)．次に示すように反応は全体として E1 機構によって進行する．

思い起こそう：遊離の H^+ は溶液中には存在せず，左のスキーム中に示す水〔や HSO_4^-(ここでは示されていない)〕の酸素原子上にある電子対と結合している．

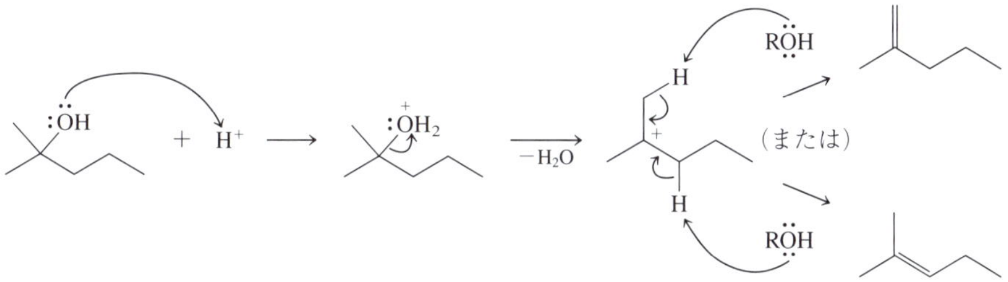

多くの E1 脱離反応と同じように，主生成物は熱力学的により安定なアルケンである(11-5 および 11-7 節)．いいかえると，より多くの置換基が結合した二重結合をもつアルケンが主生成物となる．

新しい反応

1. アルケンの水素化反応(11-5 節)

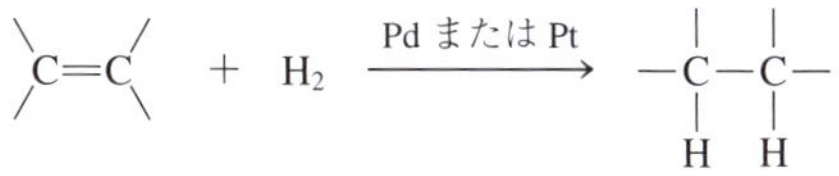

$\Delta H^\circ \approx -30\ \mathrm{kcal\ mol^{-1}}$

二重結合の安定性の順序

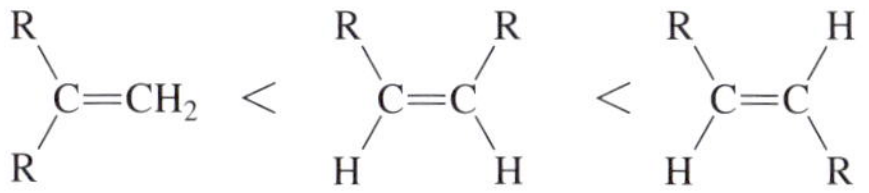

< 置換基のより多いアルケン

アルケンの合成　関連する節番号

★赤色はこれまでに学んだ反応を示す.

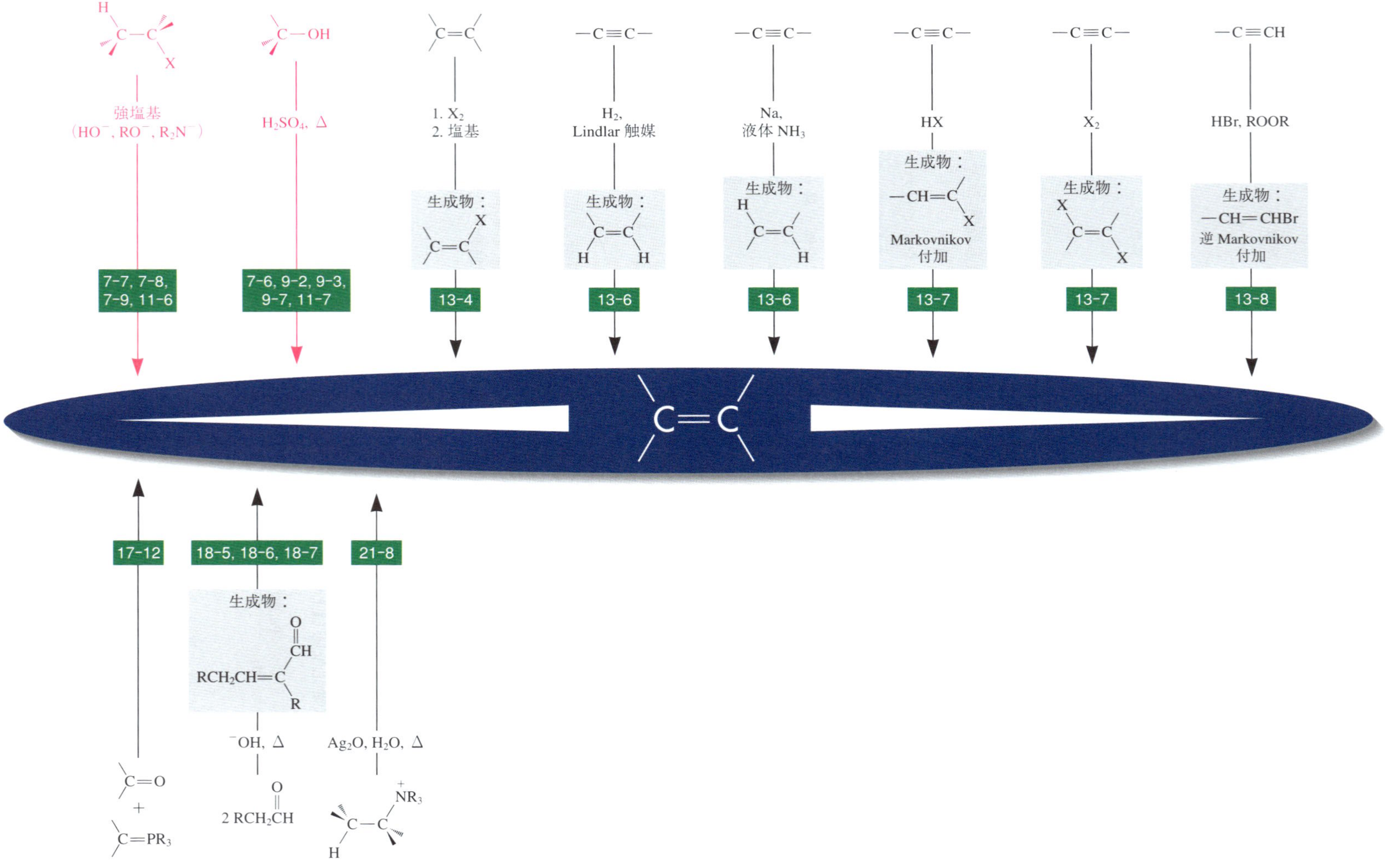

アルケンの合成

2. ハロアルカンを出発物質とする，立体障害のない塩基による E2 反応（11-6 節）

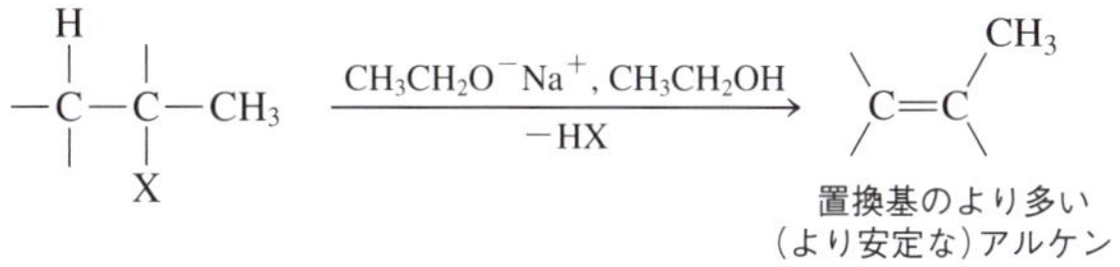

3. ハロアルカンを出発物質とする，立体障害の大きな塩基による E2 反応（11-6 節）

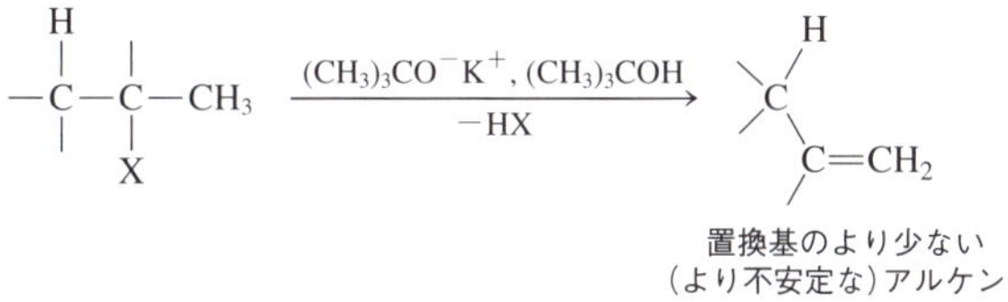

4. E2 反応の立体化学（11-6 節）

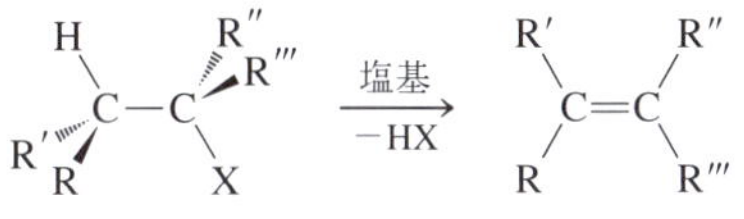

アンチ脱離

5. アルコールの脱水反応（11-7 節）

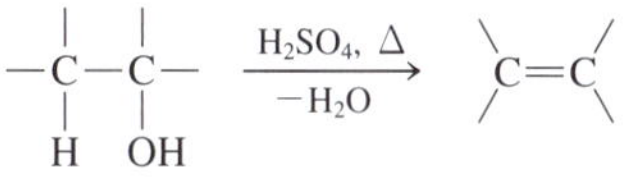

最も安定なアルケンが主生成物となる
第一級：E2 反応
第二級，第三級：E1 反応
カルボカチオンは転位することもある

反応性の順序：第一級＜第二級＜第三級

■重要な概念

1. **アルケン**は**不飽和**分子である．その IUPAC 名はアルカンの名称から導かれる．最長鎖を主鎖に選ぶ．**二重結合異性体**の配置には**末端**，**内部**，**シス**，**トランス**がある．三置換ならびに四置換アルケンは，*R*, *S* を決めるための優先順位則を適用して，***E***, ***Z*** を使って命名する．

2. 二重結合は σ 結合と π 結合から構成されている．σ 結合は炭素上の二つの sp^2 混成軌道のローブの重なりによって形成され，π 結合は残った二つの p 軌道の相互作用によって形成される．π **結合**（$\approx 65\ \mathrm{kcal\ mol^{-1}}$）は σ 結合（$\approx 108\ \mathrm{kcal\ mol^{-1}}$）より弱いが，シス異性体およびトランス異性体を安定に存在させるには十分な強さである．

3. アルケンの官能基は平面形であり，双極子をつくりだす可能性があることも，またアルケン炭素上の水素（アルケニル水素）が比較的高い酸性度をもっていることも **sp^2 混成**に起因する．

4. アルケニル水素とアルケン炭素は ^{1}H NMR（$\delta = 4.6 \sim 5.7$ ppm）ならびに ^{13}C NMR（$\delta = 100 \sim 140$ ppm）スペクトルにおいて，それぞれ**低磁場**に現れる．$J_{トランス}$は$J_{シス}$よりも大きく，$J_{ジェミナル}$は非常に小さく，また$J_{アリル}$は一定でないがやはり小さい．

5. アルケンの異性体の相対的安定性は，**水素化**

熱の比較によって決めることができる．置換基の数が減少するにつれて安定性は減少する．トランス異性体はシス異性体よりも安定である．

6. ハロアルカン(ならびにその他のアルキル誘導体)の脱離は **Saytzev 則**にしたがう(かさ高くない塩基，内部アルケンの生成)か，もしくは **Hofmann 則**にしたがう(かさ高い塩基，末端アルケンの生成)．トランス-アルケンがシス-アルケンよりも優先的に生成する．脱離はアンチの遷移状態から進行し，**立体特異的**である．

7. 強酸存在下のアルコールの**脱水**は，ふつう最も安定なアルケンを主成分とする数種類のアルケンの混合物を与える．

8. **赤外分光法**は**振動励起**を測定する．入射光のエネルギーはおよそ 1 ～ 10 kcal mol^{-1}($\lambda \approx 2.5 \sim 16.7\ \mu$m，$\tilde{\nu} \approx 600 \sim 4000\ cm^{-1}$)の領域である．特定の官能基は伸縮，変角，そして他の振動の様式ならびにこれらの振動の組合せの結果，特徴的なピークを与える．さらに個々の分子は**指紋領域**とよばれる 1500 cm^{-1} 以下の領域に固有の赤外吸収パターンを示す．

9. アルカンは C—H 結合に特徴的な IR 吸収帯を 2840 ～ 3000 cm^{-1} の領域に与える．アルケンの C═C 伸縮振動による吸収は，1620 ～ 1680 cm^{-1} の領域に見られ，アルケニル C—H 結合の伸縮吸収はおよそ 3100 cm^{-1} 付近に現れる．変角振動はしばしば 1500 cm^{-1} 以下に，化合物の構造決定にとって有用なピークを与える．アルコールは，ふつう 3200 ～ 3650 cm^{-1} の間に現れる O—H 伸縮にもとづく幅広いピークによって特徴づけられる．

10. **質量分析法**は，分子をイオン化させて生成したイオンに磁場を加えることによって，それらのイオンを分子量にもとづいて分離する手法である．イオン化ビームは高いエネルギーをもっているので，イオン化した分子はより小片に**フラグメント化**され，そのすべてが分離されて試料化合物の**質量スペクトル**として記録される．**高分解能質量スペクトル**で**正確な質量**の値を測定することによって，分子式を決定できる．ある種の元素(たとえば Cl，Br)は，それらの同位体のスペクトルパターンによってその存在を検出できる．質量スペクトルにおけるフラグメントイオンのシグナルをもとにして，分子の構造を推定できる．

11. **不飽和度**(環の数＋π 結合の数)は分子式から次の式を用いて計算される．

$$不飽和度 = \frac{H_{sat} - H_{actual}}{2}$$

ここで $H_{sat} = 2n_C + 2 - n_X + n_N$(酸素と硫黄は無視する)である．

章末問題

33. 次にあげる名称の分子の構造を示せ．

(a) 4,4-ジクロロ-*trans*-2-オクテン
(b) (*Z*)-4-ブロモ-2-ヨード-2-ペンテン
(c) 5-メチル-*cis*-3-ヘキセン-1-オール
(d) (*R*)-1,3-ジクロロシクロヘプテン
(e) (*E*)-3-メトキシ-2-メチル-2-ブテン-1-オール

34. IUPAC 命名法にしたがって次の分子を命名せよ．

(a) 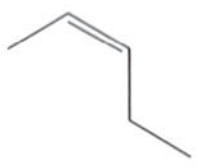

(b) 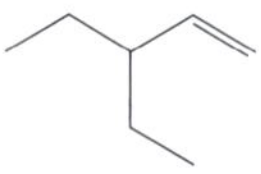

(c) 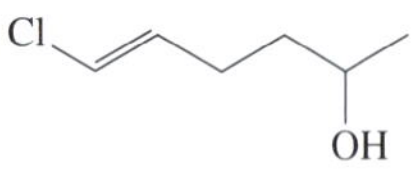

(d) 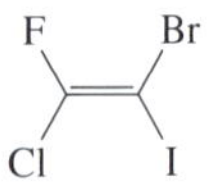

(e) 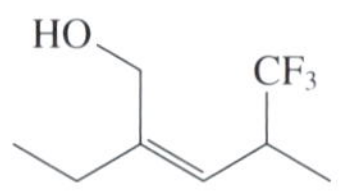

(f) 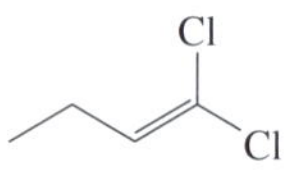

(g) 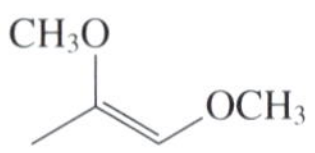

(h) 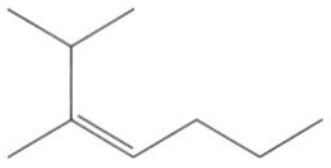

(i) 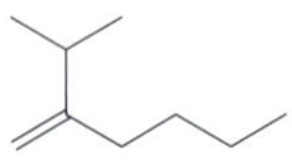

(j) 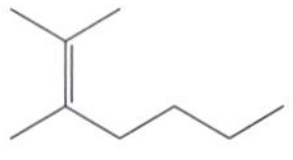

(k) 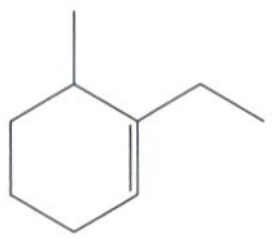

(l) 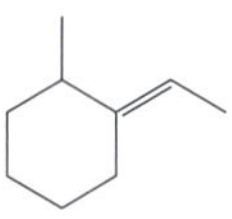

(m) 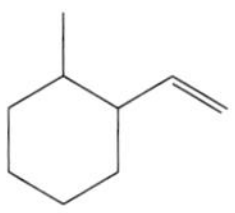 (n) 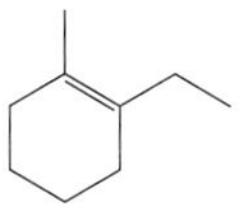

35. 下記の化合物それぞれを命名せよ．立体化学を表すのに，必要に応じてシス/トランスあるいは *E*/*Z* 表記法を使用せよ．

(a) 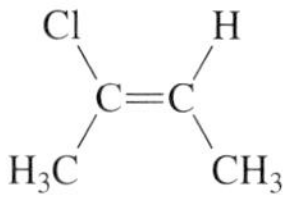

(b) 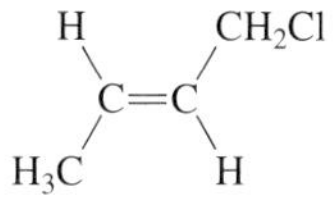

(c) 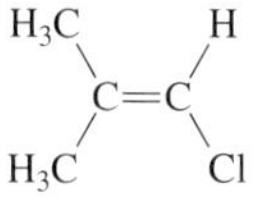

(d) 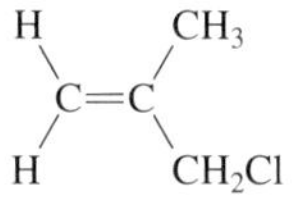

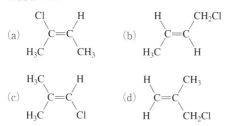

36. それぞれ対としてあげられている(a)～(c)の化合物において，どちらの化合物の双極子モーメントがより大きいか．また沸点の高い化合物はどちらか．
(a) *cis*-1,2-ジフルオロエテンと *trans*-1,2-ジフルオロエテン，(b) (*Z*)-1,2-ジフルオロプロペンと(*E*)-1,2-ジフルオロプロペン，(c) (*Z*)-2,3-ジフルオロ-2-ブテンと(*E*)-2,3-ジフルオロ-2-ブテン．

37. 次の化合物それぞれの構造を書き，酸性度の高い順に並べよ．さらにそれぞれの化合物において最も酸性度の高い水素を丸で囲め．
シクロペンタン，シクロペンタノール，シクロペンテン，3-シクロペンテノール．

38. 次に示した ¹H NMR スペクトルにもとづいて，分子の構造を推定せよ．立体異性体が考えられる場合には，立体化学がわかるように構造を示せ．
(a) C_4H_7Cl，NMR スペクトル(A)，(b) $C_5H_8O_2$，NMR スペクトル(B)，(c) C_4H_8O，NMR スペクトル(C)，(d) もう一つの C_4H_8O，NMR スペクトル(D)，(e) $C_3H_4Cl_2$，NMR スペクトル(E，次ページ)．

(A) ¹H NMR

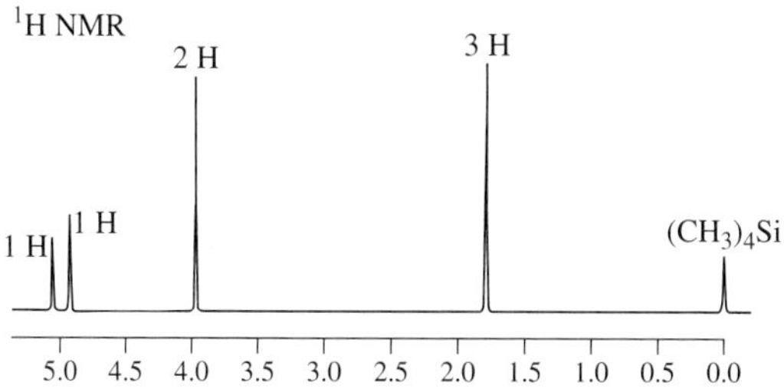

300 MHz ¹H NMR スペクトル ppm(δ)

(B) ¹H NMR

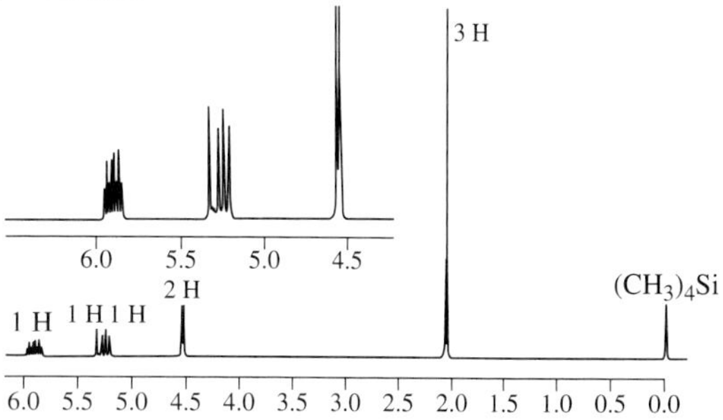

300 MHz ¹H NMR スペクトル ppm(δ)

(C) ¹H NMR

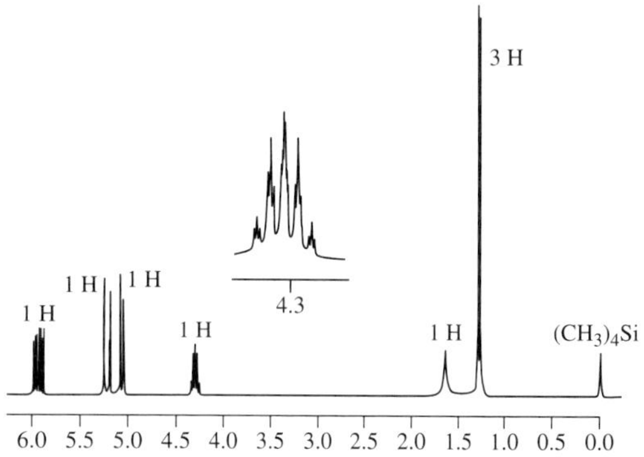

300 MHz ¹H NMR スペクトル ppm(δ)

(D) ¹H NMR

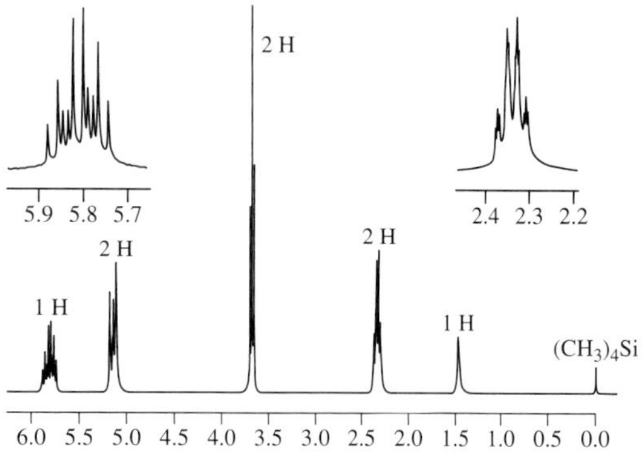

300 MHz ¹H NMR スペクトル ppm(δ)

(E) ^{1}H NMR

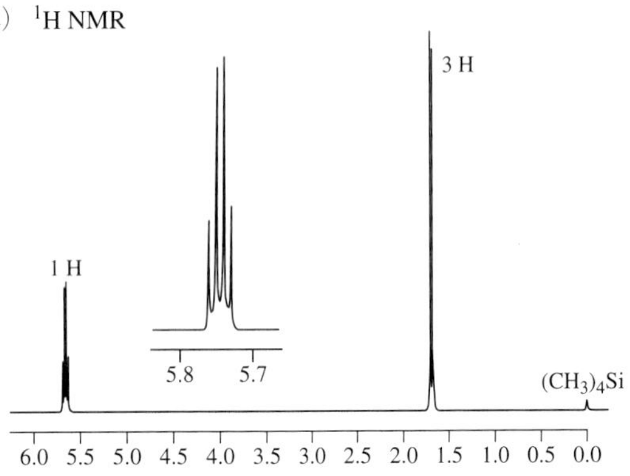

300 MHz ^{1}H NMR スペクトル ppm(δ)

39. ^{1}H NMR スペクトル(D, 前ページ)の分裂パターンを詳しく説明せよ．拡大挿入図は5倍に拡大したものである．

40. 次に示した3組のアルケンについて，それぞれの化合物の極性(分子双極子)を測定するだけで互いを区別することができるかどうかを述べよ．もし区別できるならば，どちらの化合物のほうが極性がより高いかを予測せよ．

(a) 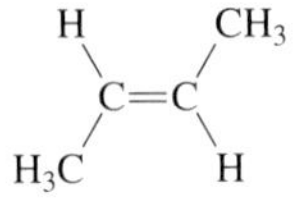

と $CH_3CH_2CH{=}CH_2$

(b) 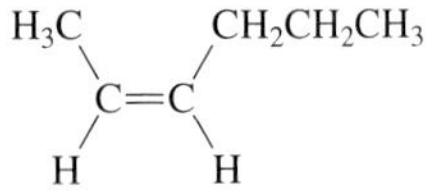

と 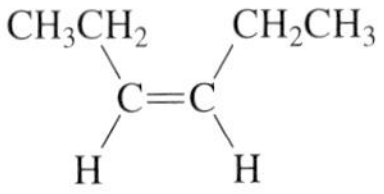

(c) 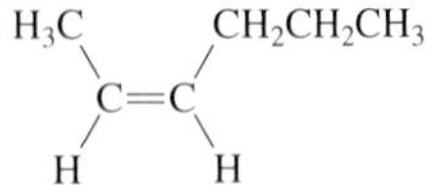

と 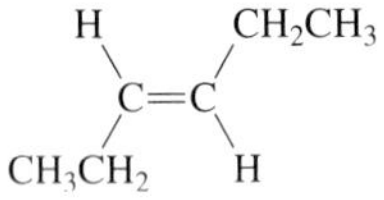

41. 次に示す(a)～(e)の各組のアルケンを，二重結合の安定性が増大する順に並べよ．また，水素化熱が増大する順に並べよ．

(a) $CH_2{=}CH_2$ 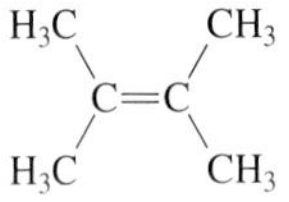

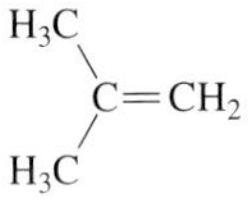

(b) 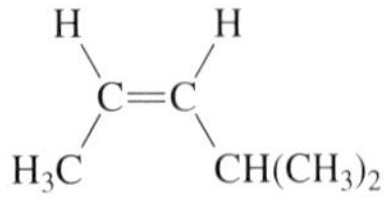

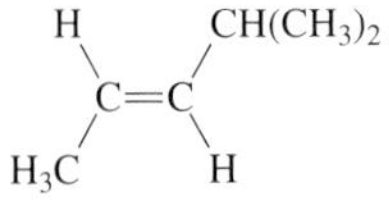

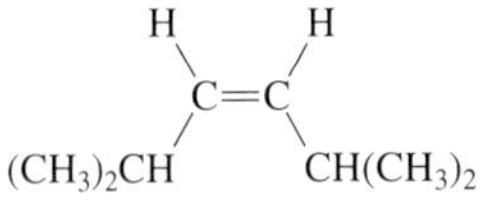

(c) 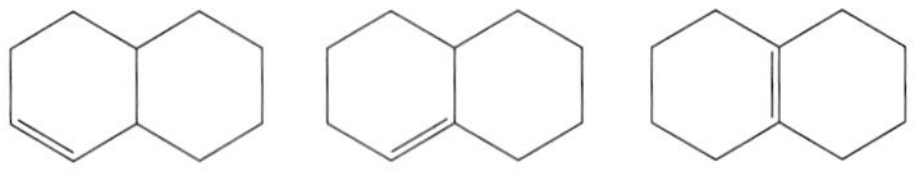

(d) 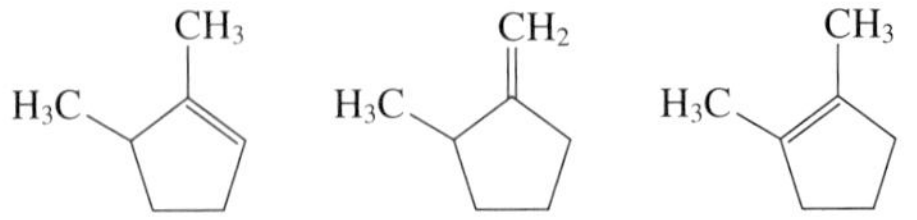

(e) 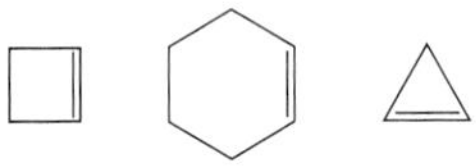

42. Pt 触媒存在下に H_2 による水素化反応を行った際に，次の四つの化合物を生成する簡単なアルケンの構造を，(a)～(d)それぞれについてできるだけ多くあげよ．(a) 2-メチルブタン，(b) 2,3-ジメチルブタン，(c) 3,3-ジメチルペンタン，(d) 1,1,4-トリメチルシクロヘキサン．さらに答えとして二つ以上のアルケンをあげることができた場合には，それらのアルケンを安定性の大きい順に並べよ．

43. エタノール中で2-ブロモブタンをナトリウムエトキシドと反応させると，三つのE2反応生成物が得られる．三つの生成物をあげ，それらの相対的な生成量の大小を示せ．

44. ハロアルカンをE2反応によってアルケンに変換する反応においては，二つ以上の立体異性体を混合物として与えるハロアルカン(たとえば問題43の2-ブロモブタン)と，ただ一つの異性体だけを与えるハロアルカン(たとえば11-6節の2-ブロモ-3-メチルペンタン)とがある．この両者を区別する鍵となる構造上の相違はどこにあるか．

45. 次のハロアルカンをそれぞれエタノール中ナトリウムエトキシド，あるいは2-メチル-2-プロパノール(*tert*-ブチルアルコール)中カリウム *tert*-ブトキシドで処理した場合の主生成物(複数の場合もある)を書け．
(a) クロロメタン，(b) 1-ブロモペンタン，(c) 2-ブロモペンタン，(d) 1-クロロ-1-メチルシクロヘキサン，(e) (1-ブロモエチル)シクロペンタン，(f) (2*R*,3*R*)-2-クロロ-3-エチルヘキサン，(g) (2*R*,3*S*)-2-クロロ-3-エチルヘキサン，(h) (2*S*,3*R*)-2-クロロ-3-エチルヘキサン．

46. 三つのブロモアルカンに対してエタノール中ナトリウムエトキシドを用いるE2反応は，次に示すような相対的反応速度で進行する．CH_3CH_2Br, 1；$CH_3CHBrCH_3$, 5；$(CH_3)_3CBr$, 40．

(a) これらのデータを定性的に説明せよ．(b) この情報を考慮して，同じ条件下で $CH_3CH_2CH_2Br$ が E2 反応を起こした場合の反応速度を予想せよ．

47. 2-ブロモ-3-メチルペンタンの四つの立体異性体それぞれについて，E2 反応に必要な立体配座の Newman 投影式を書け(589 ページの「2-ブロモ-3-メチルペンタンの E2 反応における立体特異性」と題した図中に示した構造を参照せよ)．E2 反応にとって都合のよい立体配座が最も安定な立体配座か．これらについて説明せよ．

48. 7 章の章末問題 38 の答えに関して，示された脱離反応において生成するアルケン異性体の生成比(定性的に)を予測せよ．

49. 9 章の章末問題 38 の答えに関して，おのおのの反応において生成するすべてのアルケンの相対的な収率を(定性的に)予測せよ．

50. 2-クロロ-4-メチルペンタンを(a) エタノール中ナトリウムエトキシドで処理して得られる脱ハロゲン化水素反応の主生成物と，(b) 2-メチル-2-プロパノール(*tert*-ブチルアルコール)中カリウム *tert*-ブトキシドで処理して得られる主生成物を比較検討せよ．まず(a)，(b)それぞれの反応機構を示せ．次に 4-メチル-2-ペンタノールと濃硫酸との 130℃ での反応について考え，その生成物(複数のこともある)ならびに生成機構を先の(a)，(b)の脱ハロゲン化水素反応の生成物ならびに生成機構と比較せよ．(**ヒント**：脱水反応では，脱ハロゲン化水素反応では得られない化合物が主生成物となる．)

51. 7 章の章末問題 63 で，塩素化されたステロイド(A)，(B)，(C)のそれぞれの E2 脱離反応において，主生成物になると予想されるアルケンの構造を示せ．

52. 1-メチルシクロヘキセンはメチリデンシクロヘキサン〔下の化合物(A)〕よりも安定である．しかし，1-メチルシクロプロペンはメチリデンシクロプロパン(B)よりも不安定である．このことについて説明せよ．

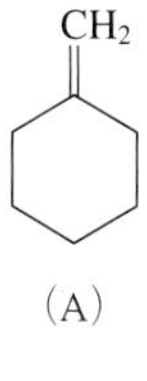

(A)

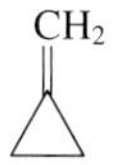

(B)

53. 次にあげたハロゲン化物の二つの異性体を，それぞれ E2 機構によって反応させたときの生成物を示せ．

(a) 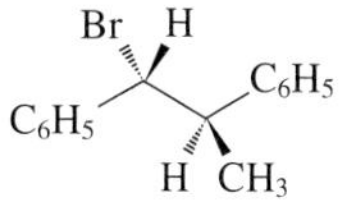

(b) 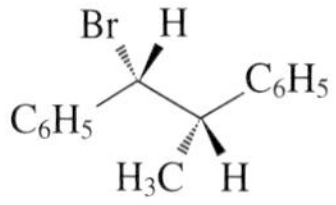

二つの化合物のうち，一方の化合物の脱離反応は他方よりも 50 倍速く進行する．どちらの化合物が速く反応するか．またそれはどうしてか．(**ヒント**：問題 45 参照．)

54. 次の二つの実験結果について，それぞれの反応機構の差を詳しく説明せよ．

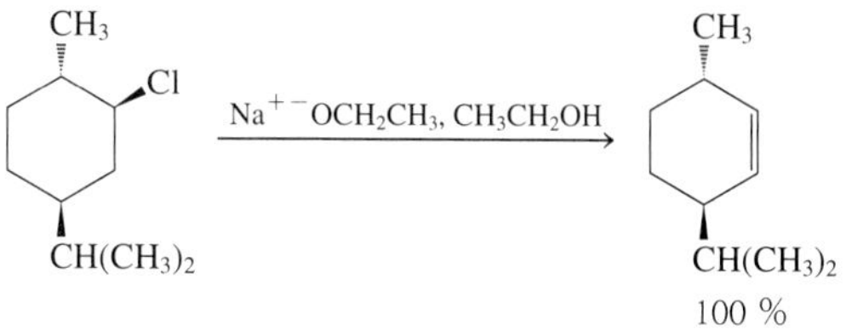

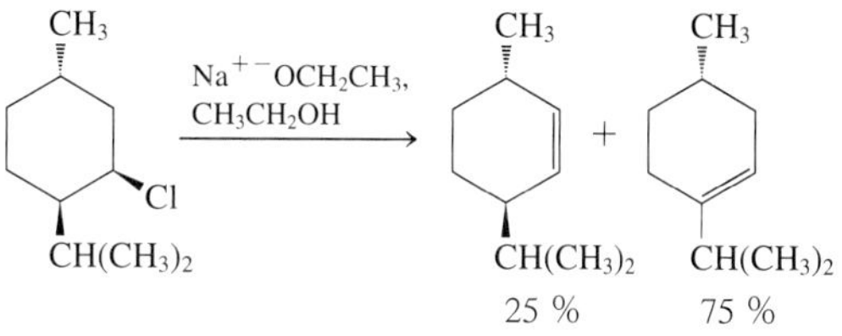

55. (a)～(f)の化合物のそれぞれの分子式と ^{13}C NMR データ(ppm)は次のとおりである．DEPT スペクトルの測定によって明らかとなった各炭素のタイプをかっこ内に示してある．各化合物の構造を推定せよ．
(a) C_4H_6：30.2(CH_2)，136.0(CH)；(b) C_4H_6O：18.2(CH_3)，134.9(CH)，153.7(CH)，193.4(CH)；(c) C_4H_8：13.6(CH_3)，25.8(CH_2)，112.1(CH_2)，139.0(CH)；(d) $C_5H_{10}O$：17.6(CH_3)，25.4(CH_3)，58.8(CH_2)，125.7(CH)，133.7(C_{quat})；(e) C_5H_8：15.8(CH_2)，31.1(CH_2)，103.9(CH_2)，149.2(C_{quat})；(f) C_7H_{10}：25.2(CH_2)，41.9(CH)，48.5(CH_2)，135.2(CH)．〔**ヒント**：(f)は難問である．この分子は二重結合を一つもっている．環はいくつあるはずか．〕

56. 分子式 C_5H_{10} をもつ三つの化合物の通常および DEPT の ^{13}C NMR スペクトルデータを下に示す．おのおのの化合物の構造を推定せよ．
(a) 25.3(CH_2)；(b) 13.3(CH_3)，17.1(CH_3)，25.5(CH_3)，118.7(CH)，131.7(C_{quat})；(c) 12.0(CH_3)，13.8(CH_3)，20.3(CH_2)，122.8(CH)，132.4(CH)．

57. Hooke の法則を示す式を考えると，一般のハロアルカン(X ＝ Cl，Br，I)の C−X 結合の IR 吸収帯は，炭素とハロゲンより軽い元素(たとえば酸素)との間の結合に見られる典型的な IR 吸収波数に比べて，高波数の領域に現れるか，それとも低波数の領域に現れるか．

58. 次の IR の波数をそれぞれマイクロメートルの単位に変換せよ.

(a) 1720 cm^{-1}(C=O)　(b) 1650 cm^{-1}(C=C)
(c) 3300 cm^{-1}(O—H)　(d) 890 cm^{-1}(アルケンの変角)
(e) 1100 cm^{-1}(C—O)　(f) 2260 cm^{-1}(C≡N)

59. (a)～(d)にあげた IR データは下にあげた四つの化合物(A)～(D)のものである. 構造から考えてそれぞれどのデータがどの化合物に最もよく対応するかを答えよ. なお, m は medium(中程度), s は strong(強い), br は broad(幅の広い)の略である.

(a) 905(s), 995(m), 1040(m), 1640(m), 2850～2980(s), 3090(m), 3400(s, br) cm^{-1}; (b) 2840(s), 2930(s) cm^{-1}; (c) 1665(m), 2890～2990(s), 3030(m) cm^{-1}; (d) 1040(m), 2810～2930(s), 3300(s, br) cm^{-1}.

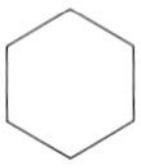
(A)

(B)

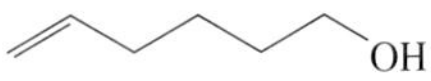

(C)

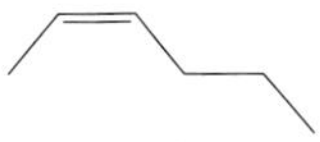
(D)

60. ブロモペンタンのいくつかの異性体を探しに化学薬品の貯蔵室に入り, $C_5H_{11}Br$ と記された棚に三つの試薬瓶を見つけた. ところが, 瓶のラベルがはがれてしまっており, 内容物が何であるかがわからない. NMR 装置は壊れている. そこで各試薬瓶のなかに入っている化合物が, どのような構造をもつ異性体であるかを決定するのに, 次のような実験を考案した. それぞれの瓶から一部を取り出してエタノール－水混合溶媒中で NaOH で処理したあと, その単一生成物あるいはいくつかの生成物の混合物の IR スペクトルを測定した. 結果は次のとおりであった.

(i) 瓶 A 中の $C_5H_{11}Br$ 異性体 $\xrightarrow{\text{NaOH}}$ 1660, 2850～3020 および 3350 cm^{-1} に IR 吸収帯
(ii) 瓶 B 中の $C_5H_{11}Br$ 異性体 $\xrightarrow{\text{NaOH}}$ 1670 および 2850～3020 cm^{-1} に IR 吸収帯
(iii) 瓶 C 中の $C_5H_{11}Br$ 異性体 $\xrightarrow{\text{NaOH}}$ 2850～2960 および 3350 cm^{-1} に IR 吸収帯

(a) IR のデータからおのおのの生成物, あるいは生成物の混合物についてどういうことがわかるか.
(b) おのおのの瓶の内容物について可能な構造式を予想せよ.

61. ある有機化合物は次に示した IR スペクトル(F)を与えた. 次にあげた 6 個の化合物のなかからこの IR スペクトルに最もふさわしい化合物を選べ.

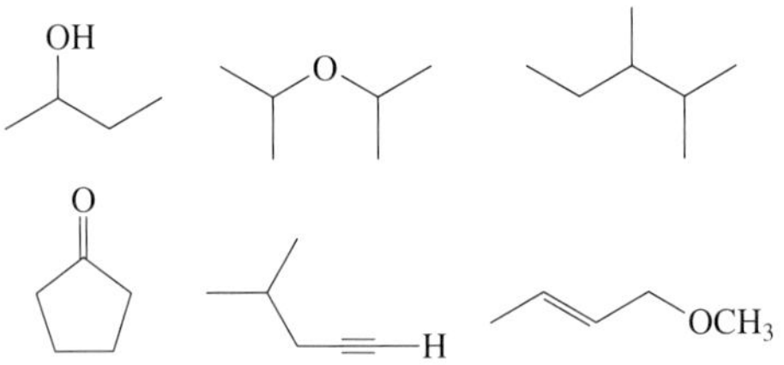

(F)

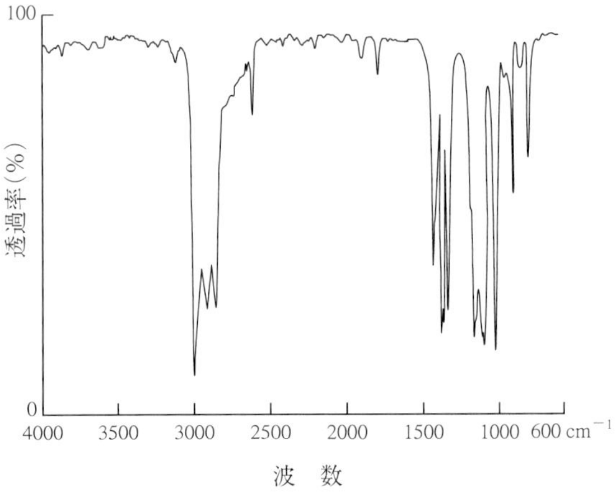

62. ヘキサン, 2-メチルペンタン, および 3-メチルペンタンの三つの化合物が示す質量スペクトルは, 次のとおりである. フラグメント化の様式をもとにして, 各化合物がどの質量スペクトルと対応するかを示せ.

(A)

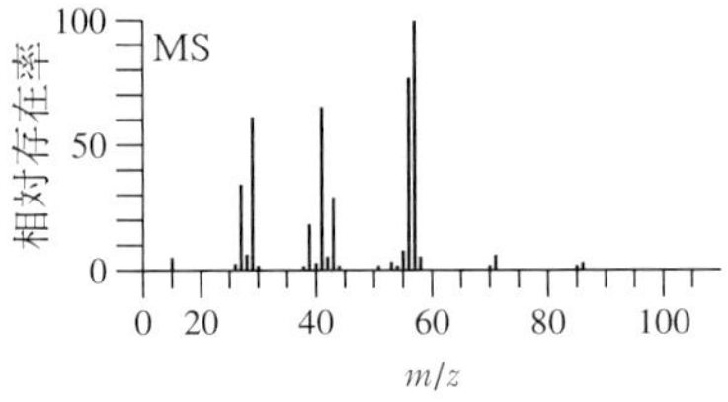

(B)

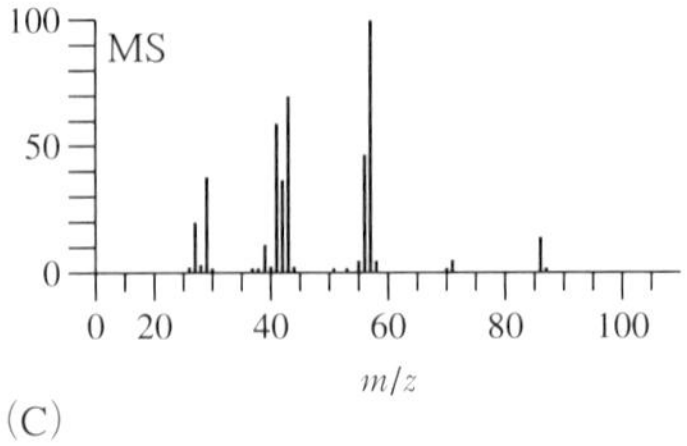

(C)

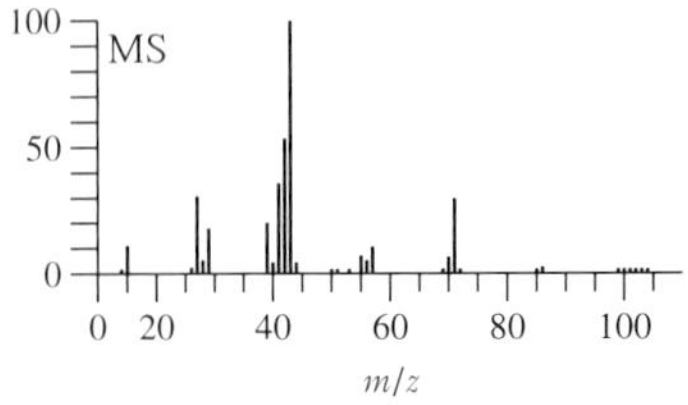

63. 1-ブロモプロパンの質量スペクトル(図 11-24)について，できるだけ多くのピークを帰属せよ．

64. 下の表に，分子式 $C_5H_{12}O$ をもつ 3 種類のアルコールの異性体についておもな質量スペクトルデータを示す．ピークの位置および強度をもとにして，三つの異性体のそれぞれの構造を考えよ．横線はピークが非常に弱いかまったく存在しないことを示す．

ピークの相対強度

m/z	異性体 A	異性体 B	異性体 C
88 M^+	—	—	—
87 $(M-1)^+$	2	2	—
73 $(M-15)^+$	—	7	55
70 $(M-18)^+$	38	3	3
59 $(M-29)^+$	—	—	100
55 $(M-15-18)^+$	60	17	33
45 $(M-43)^+$	5	100	10
42 $(M-18-28)^+$	100	4	6

65. 次の化合物(a)～(h)の構造に対応する分子式を示せ．そしておのおのの化合物について分子式から不飽和度を計算し，その計算結果が構造と一致するかどうかを確かめよ．

(a)
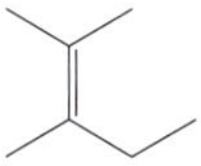

(b)

(c)

(d)

(e)

(f)
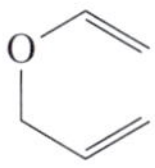

(g)
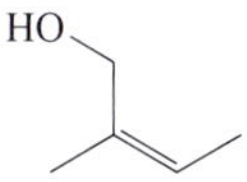

(h)
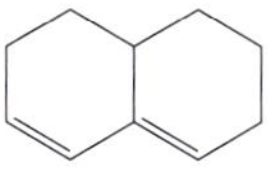

66. 次のそれぞれの分子式をもつ化合物の不飽和度を求めよ．

(a) C_7H_{12}，(b) $C_8H_7NO_2$，(c) C_6Cl_6，(d) $C_{10}H_{22}O_{11}$，(e) $C_6H_{10}S$，(f) $C_{18}H_{28}O_2$．

67. 正確な分子質量 96.0940 をもつ炭化水素は次に示すようなスペクトルデータを示す．

^{1}H NMR $\delta = 1.3$(m，2 H)，1.7(m，4 H)，2.2(m，4 H)，4.8(quin，$J = 3$ Hz，2 H)ppm；^{13}C NMR δ = 26.8，28.7，35.7，106.9，149.7 ppm．IR スペクトルは次の図のとおりである〔スペクトル(G)〕．水素化すると正確な分子質量 98.1096 をもつ生成物を与える．これらのデータからこの化合物の構造を予想せよ．

(G)

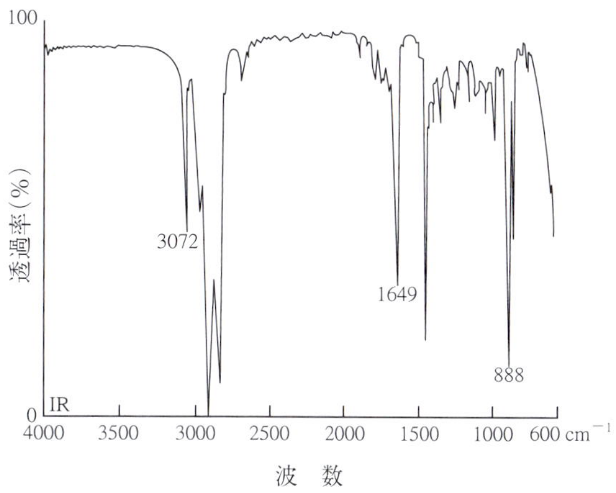

68. 新しい種類の形をした分子状炭素 C_{60} の単離が 1990 年に報告された．この化合物は炭素原子だけからできており，サッカーボールのような形をもっているため，「buckyball」というニックネームがつけられている(だれも IUPAC 名を知りたいとは思わないだろう)．水素化すると分子式 $C_{60}H_{36}$ の炭化水素となる．それでは C_{60} の不飽和度はいくらか．また $C_{60}H_{36}$ の不飽和度はいくらか．水素化反応の結果は，「buckyball」に存在しうる π 結合の数と環の数に制限があることを示しているだろうか(C_{60} については下巻のコラム 15-1 でさらに詳しく述べる)．

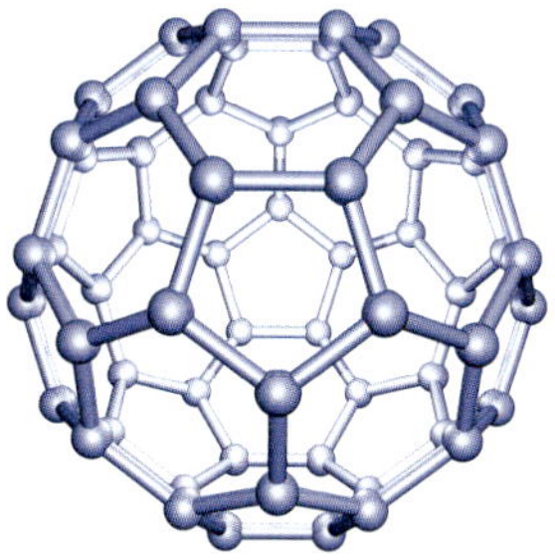

69. チャレンジ あなたは有名な香料会社の社長に任命されたばかりである．市場に送り出す新しい商品を探していると，すばらしく甘いバラの香りをもつ液体の入った瓶を偶然見つけた．その瓶には $C_{10}H_{20}O$ というラベルが貼ってあるだけであった．この化合物を大量に手に入れたいあなたは，この化合物の構造を明らかにしようとする．次のデータから構造を決定せよ．

(i) ^{1}H NMR：明確なシグナルは次のとおりである．$\delta = 0.94$(d，$J = 7$ Hz，3 H)，1.63(s，3 H)，1.71(s，3H)，3.68(t，$J = 7$ Hz，2 H)，5.10(t，$J = 6$ Hz，1 H)ppm．これ以外の 8 H 分は $\delta = 1.3$～2.2 ppm の範囲に重なり合った吸収として観測される．(ii) ^{13}C

NMR（^{1}H はデカップリングされている）：$\delta = 60.7$, 125.0, 130.9 ppm．これ以外の 7 本のシグナルはすべて $\delta = 40$ ppm より高磁場に現れる．(iii) IR：$\tilde{\nu} =$ 1640 と 3350 cm^{-1}，(iv) 緩衝剤存在下 PCC（8-5 節参照）で酸化すると，分子式 $C_{10}H_{18}O$ をもつ化合物となる．この化合物の種々のスペクトルは，もとの化合物のスペクトルに比べて次の点が異なっている．^{1}H NMR：$\delta = 3.68$ ppm のシグナルが消失し，$\delta = 9.64$ ppm に新しいシグナルが現れる．^{13}C NMR：$\delta = 60.7$ ppm のシグナルが消失し，その代わり 202.1 ppm に新しいシグナルが現れる．IR：$\tilde{\nu} = 3350$ cm^{-1} のシグナルが消失し新しいシグナルが $\tilde{\nu} = 1728$ cm^{-1} に現れる．(v) 水素化すると，天然物であるゲラニオールの水素化によって生成する化合物と同じ化合物 $C_{10}H_{22}O$ が生成する．

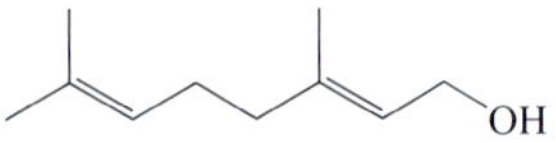

ゲラニオール
(geraniol)

70. 表 11-4 の情報を使って，次に示す IR シグナルに対応する化合物を，次の天然物のうちからそれぞれ一つずつ選べ．ショウノウ，メントール，菊酸エステル，エピアンドロステロン．これら天然物の構造式は 4-7 節に示されている．
(a) 3355 cm^{-1}，(b) 1630, 1725, 3030 cm^{-1}，(c) 1730, 3410 cm^{-1}，(d) 1738 cm^{-1}．

71. **チャレンジ** 次に与える情報から化合物(A)，(B)，(C)の構造を決定せよ．そして各段階で起こる化学反応について説明せよ．下に示したアルコールをピリジン中，塩化 4-メチルベンゼンスルホニルと反応させると(A)($C_{15}H_{20}SO_3$)が生成する．(A)をリチウムジイソプロピルアミド(LDA，7-8 節参照)で処理すると，単一生成物(B)(C_8H_{12})が得られる．この(B)は ^{1}H NMR においておよそ $\delta = 5.6$ ppm に水素二つ分の多重線を与える．しかしながら，もし(A)をまず NaI で処理し，続いて LDA と反応させると，(B)とその異性体である(C)の二つの生成物が得られる．(C)の NMR は水素一つ分の積分値しかもたない多重線を $\delta = 5.2$ ppm に与える．

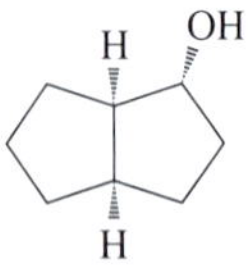

72. **チャレンジ** クエン酸回路は，細胞の代謝において中心的な役割を演じている一連の生化学反応である．このサイクルはリンゴ酸とクエン酸がともに脱水反応によって，それぞれフマル酸とアコニット酸を生成する反応を含んでいる（すべて慣用名）．両方の反応とも酵素触媒による厳密なアンチ脱離機構で進行する．

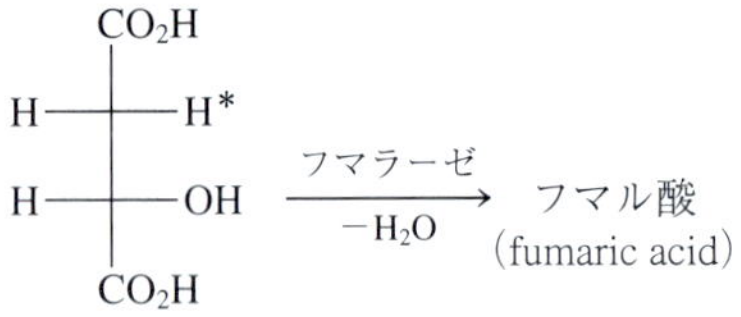

リンゴ酸
(malic acid)

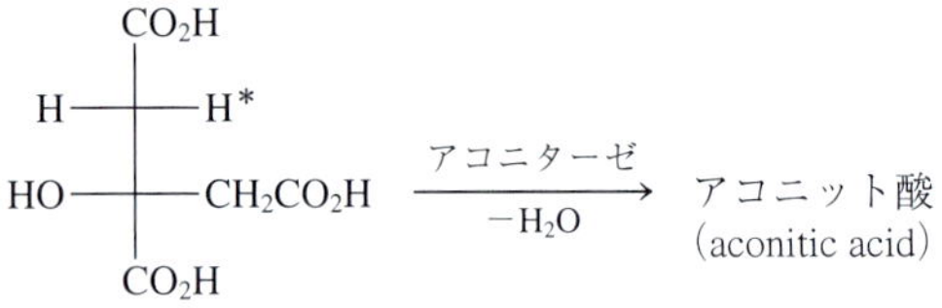

クエン酸
(citric acid)

(a) それぞれの脱水反応において＊印をつけた水素だけが，その下の炭素上にあるヒドロキシ基とともに脱離する．これらの反応で生成するフマル酸とアコニット酸の構造を示せ．それぞれの生成物の立体化学がはっきりわかるように書け．(b) シス，トランスあるいは E, Z 表記法のどちらか適切なほうを使ってこれらの生成物の立体化学を示せ．(c)（下に示した）イソクエン酸も酵素アコニターゼによって脱水される．イソクエン酸にはいくつの立体異性体が可能か．脱水反応がアンチ脱離によって進行することを考えて，イソクエン酸の立体異性体のうち，クエン酸から生成するアコニット酸と同じ異性体を脱水反応によって与える異性体の構造を示せ．R, S 表記法を用いてイソクエン酸のこの異性体の不斉炭素を示せ．

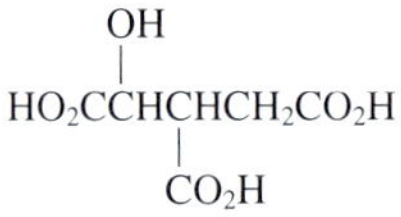

イソクエン酸
(isocitric acid)

●グループ学習問題

73. 次のデータは，あるアミノ酸誘導体の脱水反応が立体特異的に進行することを示している．

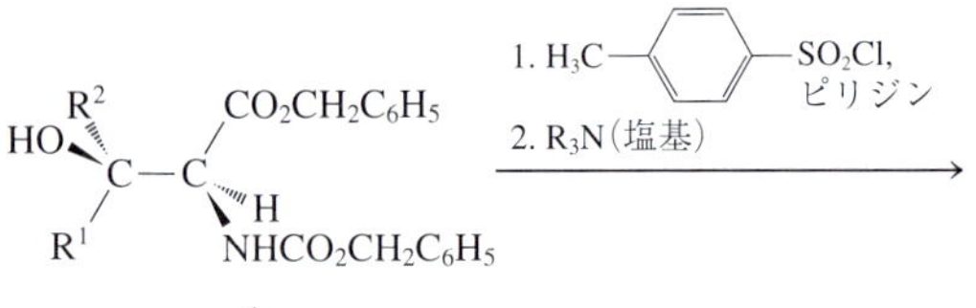

1

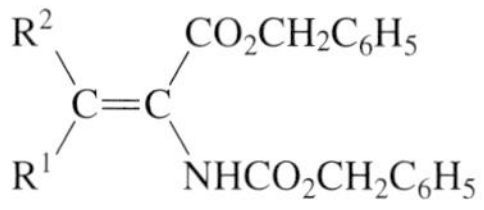

2

	R^1	R^2
a	CH_3	H
b	H	CH_3
c	$CH(CH_3)_2$	H
d	H	$CH(CH_3)_2$

立体制御された脱離反応の特徴を決定するこれらのデータの分析をみんなで手分けして行え．化合物 **1a** ～ **1d** の絶対配置(R,S)を示せ．また化合物 **2a** ～ **2d** の E,Z の立体配置を示せ．また出発物質(**1a** ～ **1d**)のそれぞれについて脱離反応が起こりやすい立体配座を Newman 投影式で描け．以上のことに対する理解にもとづいて，グループの全員で化合物 **3** 中に存在する未決定の立体中心(＊印のついた)の絶対配置を決定せよ．その際，化合物 **1** の反応に関して得た情報を利用せよ．なお，化合物 **3** は脱水反応によって合成中間体 **4** に変換され，このものはさらに抗腫瘍剤である化合物 **5** に導かれる．

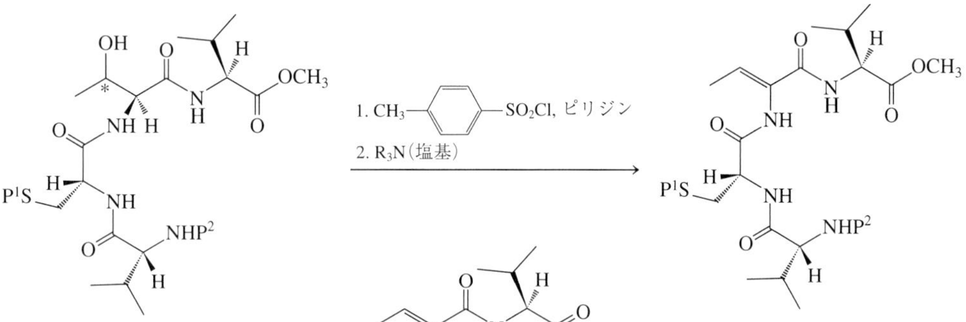

3
(P^1 と P^2 は保護基)

4

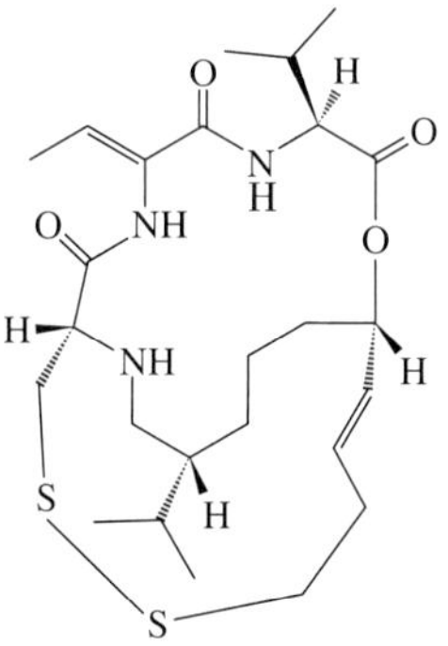

5

●専門課程進学用問題

74. 化合物(A)の実験式を(a)～(d)から選べ．

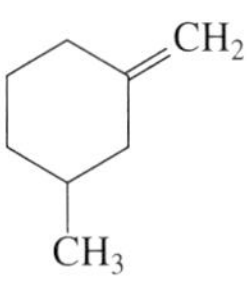

(A)

(a) C_8H_{14}　(b) C_8H_{16}　(c) C_8H_{12}　(d) C_4H_7

75. シクロブタンの不飽和度はいくらか．

(a) 0　(b) 1　(c) 2　(d) 3

76. 化合物(B)の IUPAC 名を(a)～(d)から選べ．

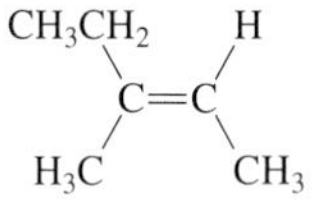

(B)

(a) (E)-2-メチル-3-ペンテン
(b) (E)-3-メチル-2-ペンテン
(c) (Z)-2-メチル-3-ペンテン
(d) (Z)-3-メチル-2-ペンテン

77. 次の化合物のうちで水素化熱が最も小さいのはどれか．

(a) 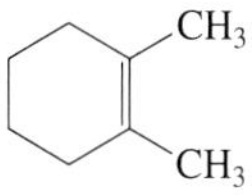　(b) 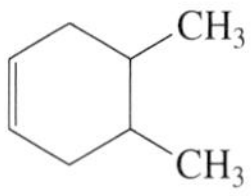

(c) 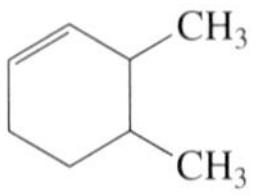　(d) 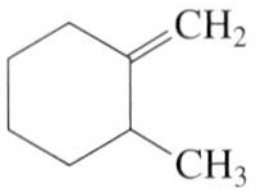

78. 炭素数8の炭化水素がある．その不飽和度は2であり，IR スペクトルにおいて 1640 cm^{-1} には吸収帯をもたない．この化合物を(a)～(d)から選べ．

(a) 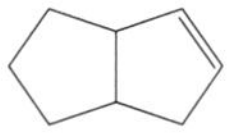　(b) 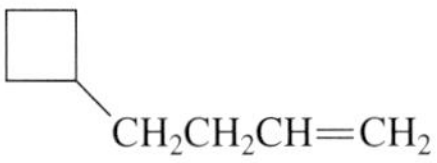

(c) 　(d) 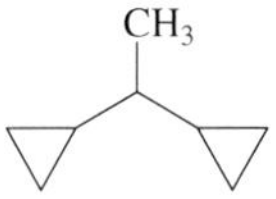

Chapter

12 アルケンの反応

近ごろの電子機器(たとえば写真の iPhone7)では，何千回も繰り返し充電できる電池が重要な役割を担っている．1,1-ジフルオロエテンの重合でつくられる高性能の薄膜(ポリフッ化ビニリデン)によって，電荷がリチウム(Li)イオン電池内にあるそれぞれのセルの間を移動できるようになり，同時に回路の短絡や致命的な故障を起こさないように守られている．Li イオンのポリマー電池は，従来の Li イオンとニッケルを基盤とした電池よりも，重量やエネルギー容量の点でたいへんすぐれている．携帯電話やノートパソコンなどの電子機器に広く用いられるようになっており，さらにハイブリッド自動車への応用も進んでいる．

部屋のなかを見回してみよう．もし部屋のなかからポリマー(高分子または重合体)でつくられた製品をすべて(プラスチックでつくられたものもすべて含めて)取り除いたとしたら，部屋の様子がどんなに変わるか想像できるだろうか．ポリマーは現代社会に非常に大きな影響を及ぼしている．さまざまな構造，強度，弾性ならびに機能をもったポリマー製品をつくり出せるということの基礎がアル

本章での目標

- アルケンがなぜ付加反応を起こすのかを記述する．
- 水素化反応には触媒が必要であること理解する．
- 付加反応の機構と立体化学の結果を相互に関連づける．
- π結合に対する求電子付加反応を合理的に説明する．
- カルボカチオンの安定性を，付加反応の位置選択性に関係づける(Markovnikov 則)．
- HX の付加反応と酸触媒による水和反応の反応機構を書く．
- ハロゲンの付加とプロトン化を反応機構論的に区別する．
- 水和，オキシ水銀化－脱水銀化，ならびにヒドロホウ素化－酸化によるアルコールの合成を対比する．
- アルケンをシクロプロパン，オキサシクロプロパンならびに 1,2-ジオールに変換するための反応剤を確認する．
- アルケンのオゾン分解の結果を記述する．
- ラジカル付加反応が起こる状況を理解し，結果を描写する．
- アルケンの重合を組織立てて述べる．

ケンの化学である．本章の後半の節で，このような物質をつくり出すプロセスについて述べる．アルケンはさまざまな反応をする．ポリマーをつくるプロセスは，アルケンの非常に幅広い反応様式のごく一部にすぎない．

多様なアルケンの反応様式のなかで最も大きな部分を占めるのが付加反応であり，この反応によって飽和生成物が得られる．また，付加反応によって炭素－炭素結合を生成したり，C═C 二重結合の両炭素上に別べつの原子や官能基を導入したりすることもできる．幸運なことに，π結合に対する付加はほとんど発熱反応であり，反応機構的に可能ならば，付加反応は必ず進行する．

二重結合に対する付加は容易に起こるだけでなく，その他のすぐれた特性のために付加反応の有用性と多様性は非常に大きい．前章で学んだように，多くのアルケンは決まった立体化学(*E* ならびに *Z*)をもっており，これから学ぶように付加反応の多くは立体化学的に定められた様式で，すなわち立体選択的に進行する．付加が立体選択的に進行することと，非対称アルケンに対する付加が位置選択的に進行することを考え合わせると，アルケンの付加の様式はかなり制御しやすい．その結果，生成する化合物の構造を目的どおりに導くことができる．純粋に一方のエナンチオマーから成る医薬品の選択的な合成(コラム 5-3，12-2，12-2 節参照)への応用において，この制御がみごとなまでに精密化されている．

触媒による活性化の詳細に焦点を絞りながら，まず水素化から話を始める．続いてプロトン，ハロゲンあるいは金属イオンなどの求電子剤がアルケンに付加する反応，すなわち付加反応の主要な反応について紹介する．さらに，合成手段のレパートリーを広げるような付加反応，たとえばヒドロホウ素化，種々の酸化反応(場合によっては二重結合を完全に切断するものも含めて)，さらにラジカル付加反応についても本章で取り上げる．これらの変換反応によって実にさまざまな化合物が合成される．章末にある変換反応の関係をまとめた反応のロードマップ(690 ～ 691 ページ)は，この多様な有用性をもつ化合物群であるアルケンの製法ならびにその反応を概観したものである．

12-1 付加反応はなぜ進行するのか：熱力学的考察

炭素－炭素π結合は比較的弱い．そして，アルケンの化学の多くはこのπ結合の関与した反応である．最も一般的な反応は，反応剤 A─B が**付加**(addition)して飽和化合物を与える反応である．この過程においては，A─B 結合が切断され，A と B がそれぞれ炭素と単結合を形成する．したがって熱力学的立場から見て，この反応が起こるかどうかはπ結合の強さ，解離エネルギー $DH°_{A-B}$，そして新しく生成する A と炭素の結合および B と炭素の結合の強さに依存する．

アルケン二重結合への付加反応

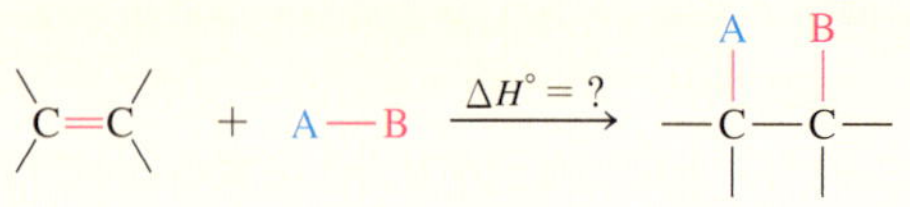

このような反応の $\Delta H°$ は，切断される結合の強さから生成する結合の強さを

差し引くことによって求められる(2-1 節および 3-4 節参照).

$$\Delta H^\circ = (DH^\circ_{\pi\,結合} + DH^\circ_{A-B}) - (DH^\circ_{C-A} + DH^\circ_{C-B}) \qquad (\text{C は炭素を表す})$$

表 12-1 に DH° 値〔π 結合の強さは 65 kcal mol^{-1}(272 kJ mol^{-1})とし，他の値は表 3-1 と表 3-4 から引用した〕と，種々の分子のエテンへの付加反応について求められた ΔH° 値を示す．すべての例において，生成する二つの結合の強さの和が切断される結合の強さの和より大きい．したがってアルケンへの付加は発熱反応である．しかしながら，$\Delta G^\circ = \Delta H^\circ - T\Delta S^\circ$ によって制御される熱力学的な平衡位置に対してはエントロピーの寄与も考えなければならないことを思い出そう(2-1 節参照)．表 12-1 の反応においては，二つの分子(アルケンと A—B)が一つの分子に変換される．そのような変化に連動した典型的な ΔS° の値は，−30 エントロピー単位(e.u. cal K^{-1} mol^{-1}；2-1 節参照)である．そこで 25 ℃ = 298 K では，$-T\Delta S^\circ$ 項は約 +9 kcal mol^{-1} という値になる．この値を考慮しても表中の反応に対する ΔG° の値は，かなり大きい負の数値のままである．例外は最後の事例である水和反応であり，その値は熱的に中立に近くなる($\Delta H^\circ = -11$，$\Delta G^\circ \approx -2$ kcal mol^{-1})．実際，逆反応であるアルコールの脱水反応が酸触媒によって容易に起こることをすでに学んでいる(9-2 節，11-7 節参照)．

表 12-1　エテンへの付加反応の Δ H° の推定値 a)(単位 kcal mol^{-1})

	$CH_2{=}CH_2$	+	A—B	⟶	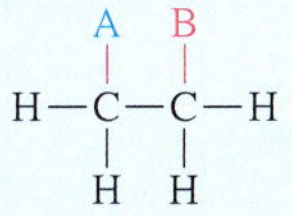	おおよその ΔH°
	$DH^\circ_{\pi\,結合}$		DH°_{A-B}		DH°_{A-C}　DH°_{B-C}	
水素化	$CH_2{=}CH_2$	+	H—H	⟶	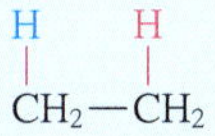	−33
	65		104		101　101	
臭素化	$CH_2{=}CH_2$	+	:Br—Br:	⟶	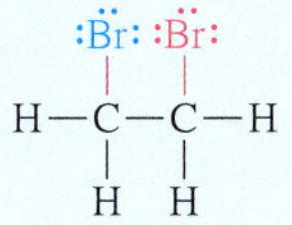	−29
	65		46		70　70	
塩化水素化	$CH_2{=}CH_2$	+	H—Cl:	⟶	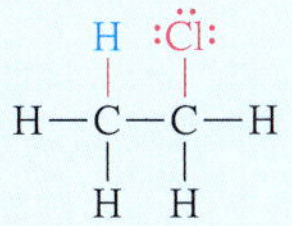	−17
	65		103		101　84	
水和	$CH_2{=}CH_2$	+	H—OH	⟶	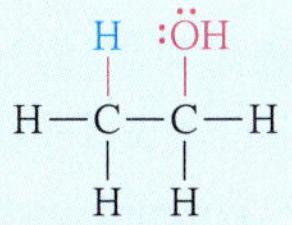	−11
	65		119		101　94	

a)これらの値は推定値である．混成の変化にともなう C—C と C—H σ 結合の強さの変化を考慮していない．

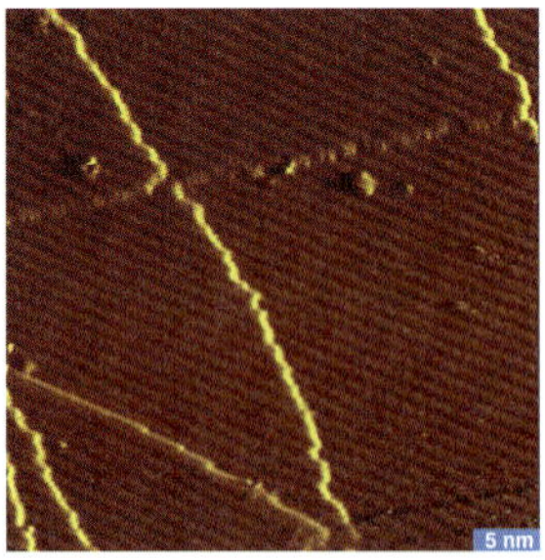

走査型トンネル顕微鏡(STM)による白金触媒表面の画像．STMは原子レベルの分解能をもった画像を与える(右下の棒の長さが5 nm = 50 Åを表している)．褐色の白金原子が非常に整然と平行に配列しているのが見える．黄色の「横切った線」は表面上に存在するステップを示しており，触媒活性が集中している場所である画像は，(カリフォルニア大学バークレー校名誉教授Gabor A. Somorjai とFeng Tao博士のご好意による)．

*1 Roger Adams(1889 ~ 1971)，アメリカ，イリノイ大学アーバナ-シャンペーン校教授．

*2 Murray Raney 博士(1885 ~ 1966)，アメリカ，ラネー触媒会社．

練習問題 12-1

エテンにH_2O_2が付加して1,2-エタンジオール(エチレングリコール)を生成する付加反応の$\Delta H°$を求めよ〔$DH°_{HO-OH} = 49\ \mathrm{kcal\ mol^{-1}}\ (205\ \mathrm{kJ\ mol^{-1}})$〕．

12-2 触媒を用いる水素化反応

二重結合の最も簡単な反応は，水素によって二重結合を飽和する反応である．11-5節で述べたように，この反応の水素化熱から置換アルケンの相対的安定性を知ることができる．反応には不均一系あるいは均一系の触媒，すなわち反応系中で不溶な触媒あるいは可溶な触媒のいずれかを用いる必要がある．

水素化反応は不均一系触媒の表面で起こる

アルケンのアルカンへの水素化は発熱反応であるが，高温でも起こらない．たとえば，エテンを水素とともに気相で200 ℃に長時間加熱しても，目に見えるような変化は何も起こらない．ところが，触媒を加えると水素化は室温でさえただちに一定の速度で進行する．触媒の多くは，パラジウム〔たとえば炭素上にパラジウムを分散させたもの(Pd—C)〕，白金〔Adams*1触媒(酸化白金PtO_2を水素の存在下にコロイド状の金属白金に変換したもの)〕やニッケル〔Raney*2ニッケル(Ra—Ni)とよばれる，細かく分散させたもの〕などの不溶な物質である．

触媒のおもな作用は，水素を活性化して，金属に結合した水素を触媒表面につくり出すことである(図12-1)．金属触媒なしに強固なH—H結合を熱的に切断することはエネルギー的に不可能である．このような水素化に一般的に用いられる溶媒には，メタノールのほかに，エタノール，酢酸，酢酸エチルなどがある．

Reaction

触媒を用いる水素化反応

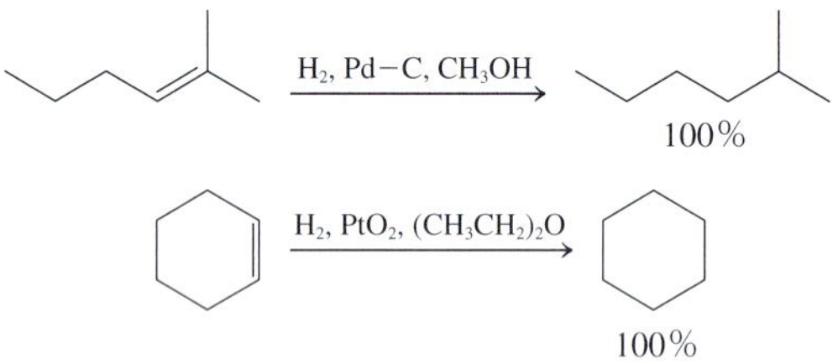

アルケンへの付加反応における二つの幾何学的配置

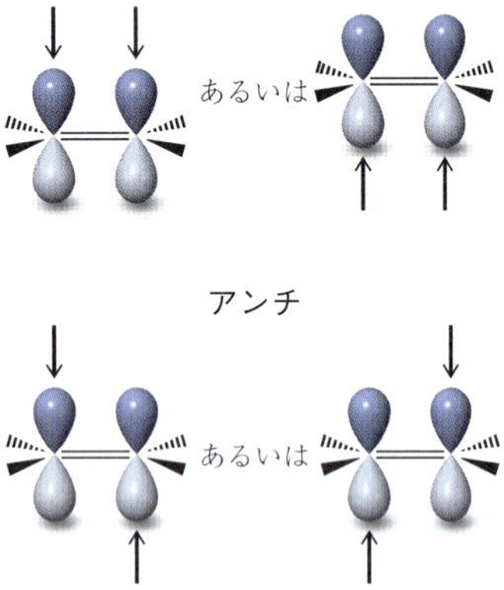

水素化反応は立体特異的である

アルケンへの付加反応の重要な特徴は，いくつかの可能性を秘めた立体化学にある．すなわち，表12-1にあげた反応剤A—Bのいずれもが，原理的には，2通りの幾何学(的)配置で付加することができる．一つは***syn*(シン)付加**(*syn* addition)とよばれる二重結合の一方の面からの付加で，もう一つは***anti*(アンチ)付加**(*anti* addition)とよばれる二重結合の面に対して反対側からの付加である(欄外参照)．あるいは，選択性がなく両方の様式が観測されるかもしれない．結果は反応機構に完全に依存する．

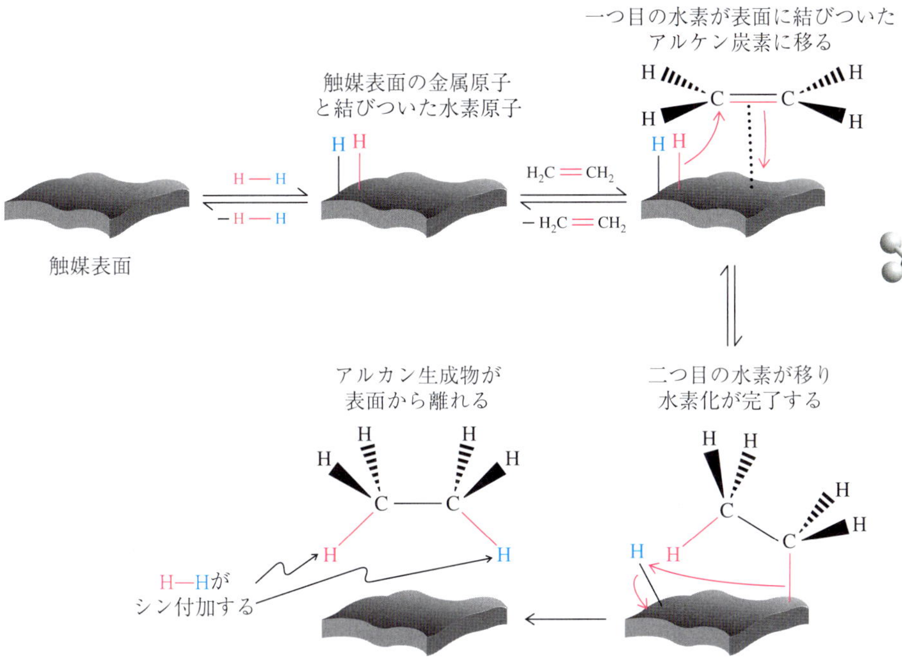

Mechanism

図 12-1　触媒を用いるエテンのエタンへの水素化反応．水素は触媒の表面に結合し，その表面に吸着したアルケンの炭素へと移る．

触媒を用いる水素化反応の場合，図 12-1 を詳しく見ると，二つの水素の付加はシンで進行しており，すなわち反応は立体特異的である(6-5 節参照)．もしこの反応がこれまで述べてきた触媒を用いる水素化反応の例のように，反応する二つの炭素上に新しい立体中心を生じない場合には，反応が立体特異的かどうかは問題にならない．しかしながら，四置換アルケンを水素化する場合には，シン選択性が結果に表れる．たとえば，1-エチル-2-メチルシクロヘキセンを白金触媒下に水素化すると，*cis*-1-エチル-2-メチルシクロヘキサンを立体特異的に生成する．水素の付加はアルケン分子のつくる面の上側と下側から同じ割合で起こる．したがって，各立体中心は実像とその鏡像に対応するものがそれぞれ 1：1 で生成し，生成物はラセミ体となる．

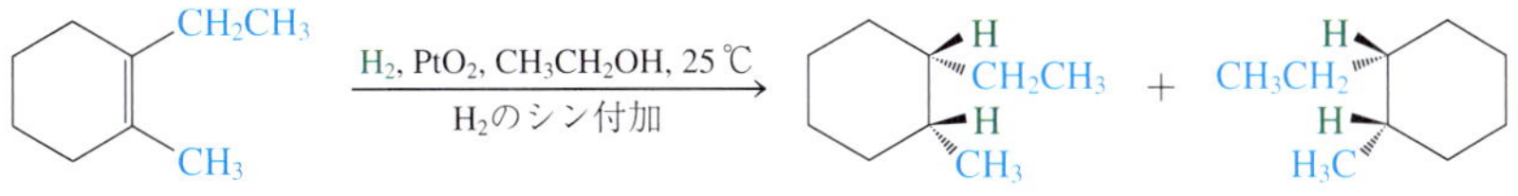

82 %

1-エチル-2-メチルシクロヘキセン
(四置換アルケン)

cis-1-エチル-2-メチルシクロヘキサン
(二つの水素が環の同じ面に付加する)
ラセミ体

上の反応式では，生成物の両方のエナンチオマーを明確に示した．しかしながら，ラセミ体あるいはアキラルな出発物質からラセミ体のキラル生成物が生成する反応においては，両方のエナンチオマーを書くわずらわしさを避け，一方だけ(どちらを書くかは任意)を示すことになっている．もう一方のエナンチオマーが等量存在することが暗黙のうちに想定されている(5-7 節参照).

練習問題 12-2

概念のおさらい：水素化反応の条件下でのアルケンのシス–トランス異性化

天然から産する脂肪酸であるオレイン酸のシス形の二重結合の触媒的水素化反応において，少量のトランス異性体の生成が見られる．これについて説明せよ．(**ヒント**：図 12-1 に示した反応機構の可逆性を考えよ．)

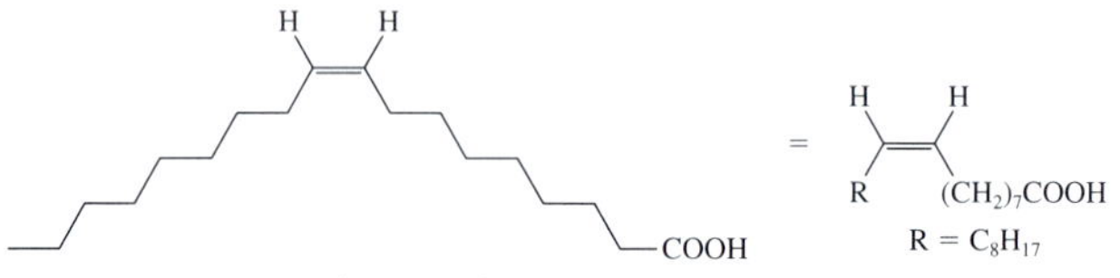

オレイン酸(oleic acid)

●解法のてびき

What 何が問われているか，そして何がわかっているか．異性化したアルケンが触媒的水素化反応の混合物中に現れる，その過程を見つけなければならない．二重結合まわりの回転障壁は，単結合まわりのそれに比べると非常に大きいことがわかっている．したがって，アルケンのままでは単純な熱による回転は起こらない．

How どこから手をつけるか．ヒントにしたがおう．問題文は化学的な結果を説明することを求めている．反応機構を吟味することが有効である．

Information 必要な情報は何か．反応機構は図 12-1 に記述されている．

Proceed 一歩一歩論理的に進めよ．

図 12-1 の反応機構を検討せよ．(1)もともと二重結合を形成していた二つの炭素間での結合まわりの回転を可能にし，(2)トランスの立体配置をもった二重結合を再生させる経路を探せ．

●答え

- 反応機構は，この問題に関して考慮すべき二つの鍵となる特徴をもっている．一つは，最初の三つの段階それぞれの反応が可逆であるということ．もう一つは，二つの水素原子がもとの二重結合の炭素に付加する際，一度に一つずつ付加するということである．異性化の経路を説明するために，これらの特徴をどのように利用すればよいかを考えよう．
- 最初に，触媒表面にアルケンが結合するところの反応機構を書く．(**注意**：いくつもの段階を一つにまとめてはならない．いかなる反応機構においても各段階を一つひとつていねいに書くこと．そうしなければ重要な中間体を見逃すことになる)．一つ目の水素の付加までの反応機構は次のようになる．

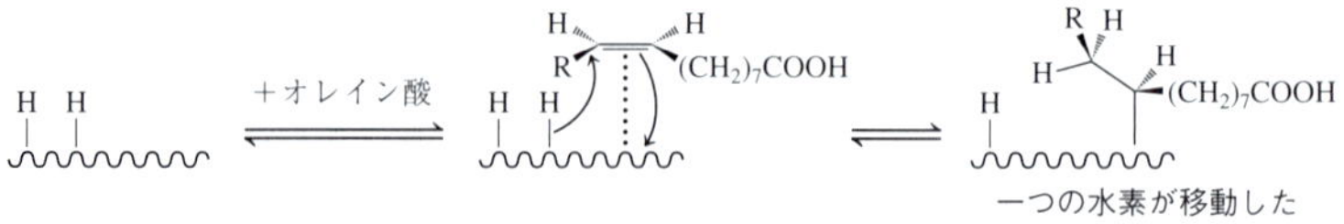

- 図 12-1 の一般的な反応機構の図から，次に起こることが予測できる．すなわち二つ目の水素が移動し水素化生成物〔ステアリン酸 $CH_3(CH_2)_{16}COOH$〕が放出される．しかしながら，この最終段階が不可逆であることに注意しよう．ひとたび触媒表面から放出されてしまうと，シス体あるいはトランス体いずれのアルケンへも戻れない．したがってシス–トランス異性化の経路は，上にあげた部分反応機構のなかに描かれている化学種において起こる反応を含んでいなければならない．
- 一つ目の水素が移動したあとの中間体を詳しく見よう．もともと二重結合を形成していた二つの炭素間が単結合となり，立体配座に柔軟性が出てくる(2-9 節参照)．そこ

でこの結合を120°回転させ，この中間体を導いた水素移動の逆反応，つまり逆向きに水素を触媒表面に移動すれば，トランスの二重結合をもったアルケンが得られる．

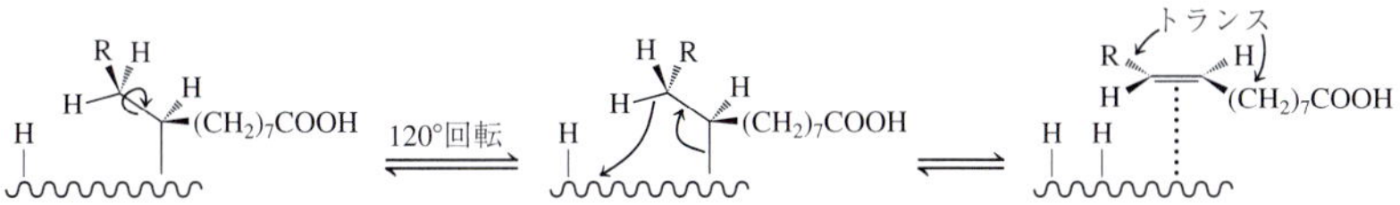

- このアルケンを触媒表面からはずせば異性化が完了する．マーガリンや部分的に飽和した他の油脂の生産に用いられている商業的プロセスである植物油の部分的水素化反応において，まさにこの異性化反応が起こる．これらの製品に含まれるトランスの二重結合，いわゆる**トランス脂肪酸**(trans fatty acid)は，健康に対してさまざまな悪影響を及ぼす．このことについては下巻のコラム19-2で詳しく述べる．

練習問題 12-3 自分で解いてみよう

3-メチル-1-ブテンの触媒的水素化反応において，いくらかの2-メチル-2-ブテンの生成が見られる．これについて説明せよ．

キラル触媒を用いるとエナンチオ選択的な水素化ができる

立体障害によって二重結合の一方の面からの水素化を妨げると，付加はもっぱら立体障害の小さい面から起こる．この原理がエナンチオ選択的水素化，あるいはいわゆる不斉水素化の開発に利用された．この方法ではロジウムのような金属を含む均一な(溶媒に可溶な)触媒とその金属に結合した純粋なエナンチオマーからなるキラルなリン配位子を用いる．代表的な例は，ジホスフィンである(R,R)-DIPAMPのRh錯体である(欄外参照)．アルケンの二重結合とH_2分子がロジウムに配位したあと，溶媒に不溶な不均一系の金属触媒の場合と同様に，水素化がシン付加で進行する．

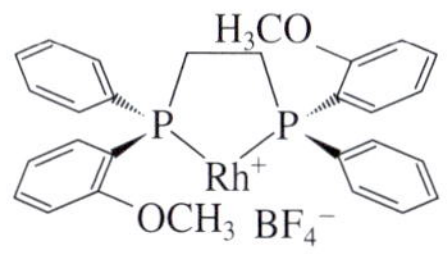

Rh-(R,R)-DIPAMP$^+$ BF_4^-

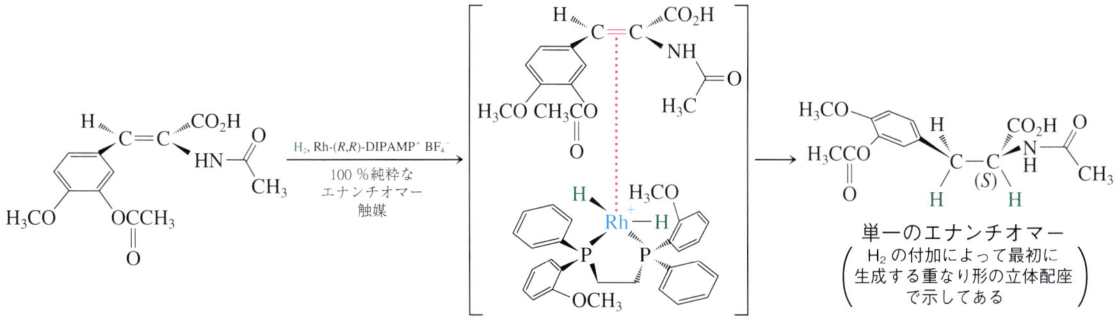

単一のエナンチオマー
(H₂の付加によって最初に生成する重なり形の立体配座で示してある)

水素はRhから二重結合の一方の面へだけ移動する

しかしながら，キラル配位子がもつ不斉な環境に置かれたかさ高い基によって，二重結合の一方の面への水素の付加が妨げられる．その結果，生成可能な二つのエナンチオマーのうちの一方だけしか生成しない(コラム5-3と9-3も参照せよ)．

この方法は，医薬品として重要な100％純粋なエナンチオマー化合物を合成する有力な手段となっている．パーキンソン病の治療薬であるL-DOPA(次ページ)

の工業的合成には，その鍵段階でアルケンの不斉水素化反応が用いられており，還元生成物として必要な *S* 体の立体異性体のみが製造されている．

L-DOPA とパーキンソン病
パーキンソン病は進行性の脳障害であり，ドーパミンをつくる細胞が死ぬなどの特徴が見られる．ドーパミンは運動神経から筋肉への信号伝達を手助けする．この病気の最も顕著な徴候は，震え，緩慢な動作ならびに硬直である．ドーパミンそれ自体は血液－脳関門を越えられないので，これらの症状の治療には使用できない．しかしながら，L-DOPA はこの関門を越えて脳内に入り，そののち酵素によってドーパミンに変換される．

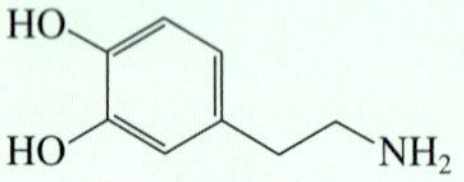

ドーパミン
(dopamine)

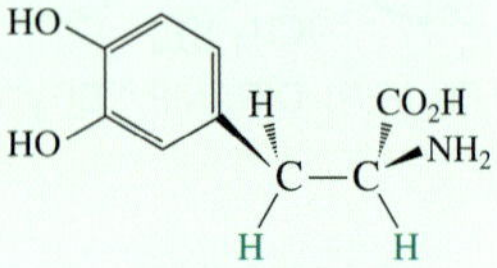

L-DOPA
(重なり形の立体配座で示してある)

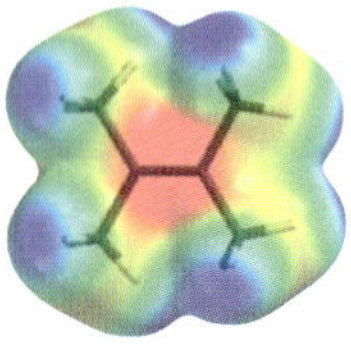

練習問題 12-4

次のアルケンならびにそれらの水素化反応(Pd—C 触媒)の生成物を命名せよ．生成物はキラルか．光学活性か．〔注意：水素の付加によって新しい立体中心が生まれるか．また(あるいは)，すでに存在する立体中心になんらかの影響があるか〕．

(a) 
(b) 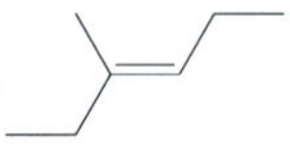
(c) 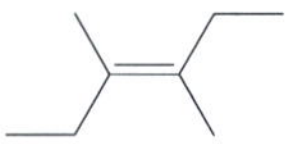

(d) 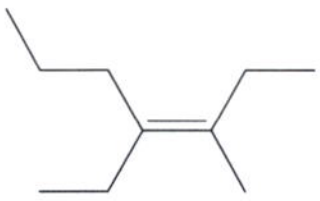
(e) 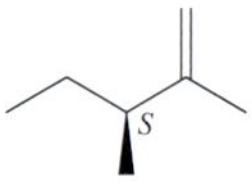

(f) 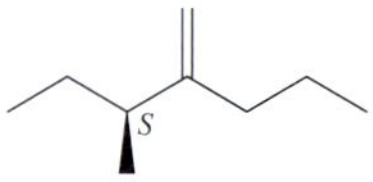

まとめ　アルケンの二重結合を水素化するには触媒が必要である．反応は，立体特異的にシン付加で進行し，アルケン分子の両側の面に差がある場合には立体障害の最も小さい面から付加が起こる．この原理がキラル触媒を用いるエナンチオ選択的水素化の開発につながっている．

12-3　π 結合の塩基性と求核的性質：ハロゲン化水素の求電子付加反応

先に述べたように，二重結合の π 電子は σ 結合の電子ほど強く束縛されていない．アルケン分子のつくる面の上下に存在するこの π 電子雲は分極しやすい．そのため，まさに典型的な Lewis 塩基の孤立電子対のように求核的な挙動をする(2-3 節参照)．欄外に 2,3-ジメチル-2-ブテンの二重結合まわりの電子密度が比較的高いことが，その静電ポテンシャル図に(赤色で)示されている．次節において，求核的な π 結合といろいろな求電子剤との反応について学ぶ．反応の結果から見ると，そのような反応は水素化反応の場合と同様に付加反応である．しかしながら，求電子付加とよばれるこのような変換反応には，いくつかの異なる反応機構が存在する．あるものは位置選択的かつ立体特異的に進行し，あるものはそうではないことをこのあと学ぶ．すべての求電子剤のなかで最も簡単なプロトンを最初に取り上げる．

プロトンによる求電子攻撃はカルボカチオンを生成する

強酸のプロトンは(塩基としてふるまう)二重結合に付加してカルボカチオンを生成する(2-2 節参照)．この過程は E1 反応の脱プロトン化段階の逆反応であり，同じ遷移状態を通る(図 7-7 参照)．すぐれた求核剤が存在すると，とくに低温での反応の場合には，カルボカチオンが捕捉され**求電子付加**(electrophilic addition)生成物が得られる．たとえばアルケンにハロゲン化水素を作用させると，対応するハロアルカンが生成する．一般的な反応に対する静電ポテンシャル図を見ると，この過程において起こる電子密度の変化の様子がよくわかる．

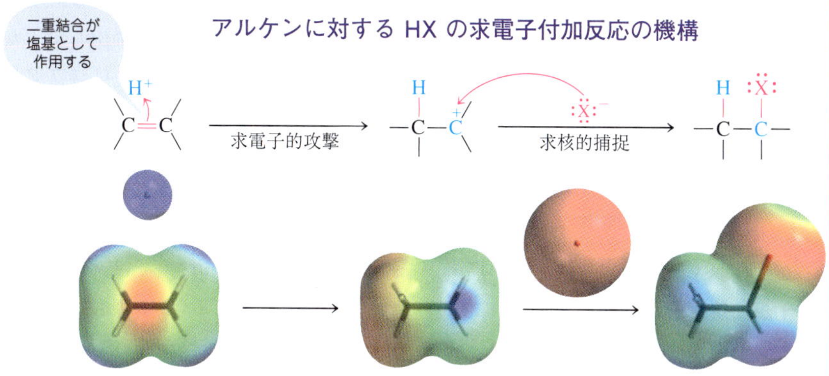

思い起こそう：多くの反応機構において反応活性種としてH^+を用いるが，この例のようにH^+は溶液中ではX^-のようなLewis塩基と結合しているのがふつうである．さらに，二重結合を攻撃するH^+という表現はH^+を攻撃する二重結合という表現と同じことを意味し，どちらが主体であるかという「表裏の関係」にある．

第1段階では，電子対がπ結合(左の画像の赤橙色)から求電子的なプロトン(紫色)のほうへ移動し，新しくσ結合が生成する．この段階におけるカルボカチオン生成物の画像(中央)は，電子不足な場所がプロトンからカチオン炭素上に移ったことを示している．次に負の電荷をもったハロゲン化物イオン(赤色)の付加が起こる．右側のハロアルカン生成物の画像においては，強く分極したδ^-をもつハロゲン原子を表す赤橙色によって，新しく生成したC−X結合の極性が表現されている．また，生成物の分子構造の残り部分に描かれた青緑色から紫色にかけての色が，その部分にδ^+の電荷がどのように分散しているかを表している．

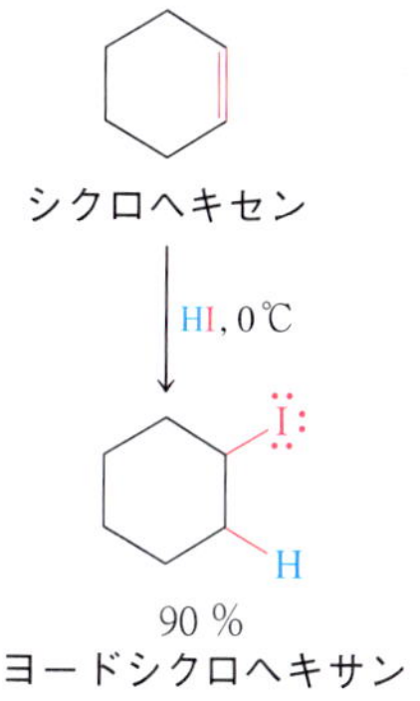

一般的な実験法としては，気体のハロゲン化水素，HCl，HBr あるいは HI をアルケンまたはその溶液に吹き込む．また HX をあらかじめ酢酸のような溶媒に溶かしておいてからアルケンに加えることもできる．水を用いて反応を後処理するとハロアルカンが高収率で得られる．

カルボカチオンの求核的な捕捉は非立体選択的である

アルケンに対するハロゲン化水素の求電子付加反応においてカルボカチオンが介在することが，立体化学に重大な結果をもたらす．例として *cis*−および *trans*−2−ブテンの塩化水素化反応を考えてみよう．両者はともに2−クロロブタンをラセミ混合物として生成する．この結果は反応機構を組織立てて述べることによって明らかになる．

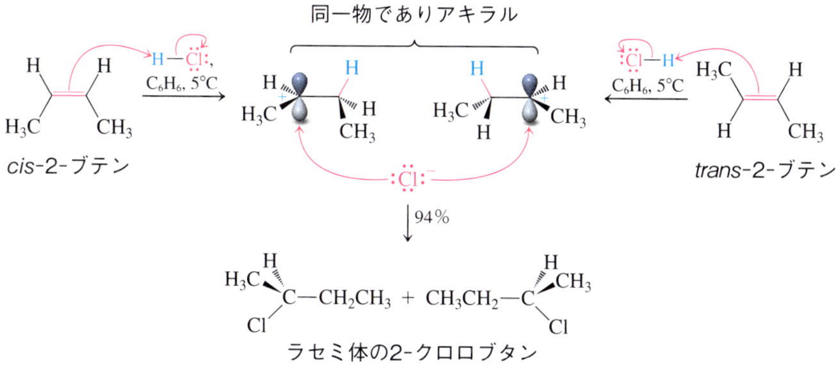

いずれの異性体からも最初の段階のプロトン化によって，アキラルな sp^2 炭素の隣にアキラルな CH_2 基が生じて同じ中間体カチオンが生成するために，もと

もと二重結合に存在した(*cis* 対 *trans* という)立体化学の情報が失われる．塩化物イオンがこのカチオンをエナンチオマーの関係にある遷移状態を経由して上からあるいは下から攻撃することで(図5-13参照)，ラセミ体の2-クロロブタンが生成する．

プロトン化と求核的な捕捉の二つの段階によって二つの隣接する立体中心が生成する場合は，どのような結果になるだろうか．この場合には，二つのジアステレオマーが生成し，そのいずれもがラセミ体である．下に示した1,2-ジメチルシクロヘキセンの塩化水素化の反応がその例である．最初の段階では，プロトン化が二重結合の上からと下からの両方から同じ割合で起こる(ここでもエナンチオマーの関係にある遷移状態を経由する；図5-13参照)．したがって，生成するカチオンはキラルではあるが，ラセミ体である(図には一方のエナンチオマーだけが描かれている)．二つ目の段階では，塩化物イオンがカチオンの炭素を再び上からあるいは下から攻撃する．今回は，遷移状態はジアステレオマーの関係にあり，生成量が異なる二つの生成物を与えるが，両者はともにラセミ体として生成する．

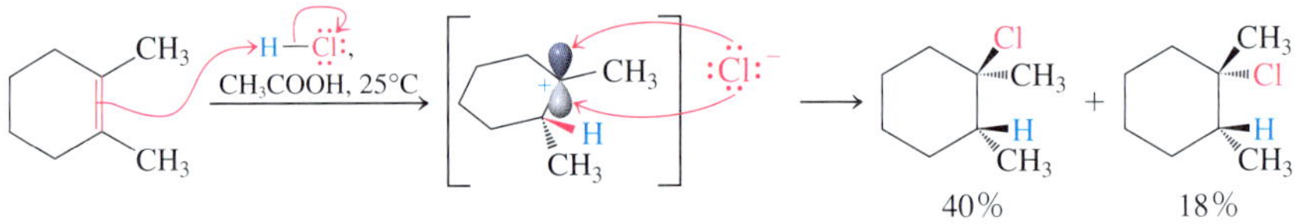

アキラル
1,2-ジメチルシクロヘキセン　　ラセミ体
カルボカチオン　　ラセミ体
シン付加　　ラセミ体
アンチ付加

付加の幾何学(的)配置に関して，この結果は前節での立体特異的シン水素化反応とは異なり，シン付加とアンチ付加が同時に起こることによるものである．

練習問題 12-5

635ページに示したシクロヘキセンへのHIの付加反応の二つの反応機構をそれぞれ段階ごとに書け．一つ目の機構では遊離のプロトンを求電子剤として用いよ．二つ目の機構では解離していないHIを求電子付加の段階に使用せよ．電子対の動きを表すために必要な曲がった矢印を必ずすべて書き込むこと．

Markovnikov 則は求電子付加反応の位置選択性を予測する

ここまでは，最初の段階でH^+が二重結合のいずれの炭素に付加するかが問題にならないような，対称性をもったアルケンのハロゲン化水素化反応だけを取り上げてきた．それでは非対称なアルケンではどうなるだろうか．位置選択性はあるだろうか．この問いに答えるために，プロペンと塩化水素の反応を例にとって考えてみよう．二つの生成物，すなわち2-クロロプロパンと1-クロロプロパンが生成する可能性がある．しかしながら，実際に生成が観測されるのは2-クロロプロパンだけである．

プロペンに対する位置選択的な求電子付加反応

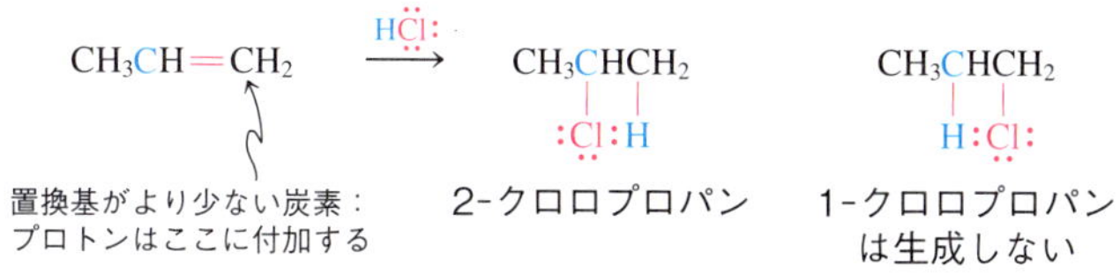

同様に，2-メチルプロペンと臭化水素の反応では 2-ブロモ-2-メチルプロパンのみが得られ，1-メチルシクロヘキセンと HI の反応では 1-ヨード-1-メチルシクロヘキサンだけが生成する．

位置選択的な付加反応のさらなる二つの例

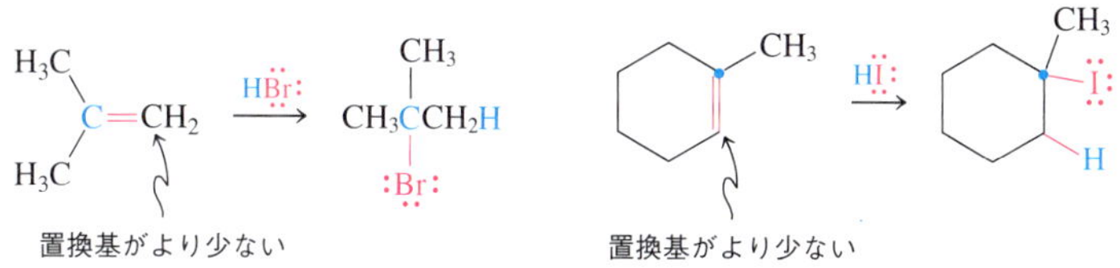

これらの例から次のことが明らかである．二重結合を形成している二つの炭素上のアルキル置換基の数が異なる場合には，ハロゲン化水素のプロトンは置換基のより少ない炭素に結合する．その結果，ハロゲンは置換基のより多い炭素と結合することになる．**Markovnikov * 則**(Markovnikov rule)とよばれるこの実験事実は，アルケンに対するプロトンの求電子付加の反応機構についてすでに学んだことによって説明できる．生成するカルボカチオンの相対的安定性を考えることが反応を理解する鍵である．

＊ Vladimir V. Markovnikov (1838 ～ 1904)，ロシア，モスクワ大学教授，1869 年にこの法則を確立した．

プロペンの塩化水素化に話を戻そう．反応の位置選択性は反応の第 1 段階で決定される．すなわち，プロトンが π 結合を攻撃してカルボカチオン中間体を与える段階で決まる．カルボカチオンの生成が律速段階であり，ひとたびカルボカチオンが生成すると，塩化物イオンとの反応は速やかに進行する．それでは次に，反応全体を決定する第 1 段階についてさらに詳しく調べてみよう．プロトンは二重結合の二つの炭素原子のいずれかを攻撃する．二つのアルケン炭素のうち内部炭素に付加すると第一級のプロピルカチオンが生成する．

より多くの置換基をもった C2 上でのプロペンのプロトン化(起こらない)

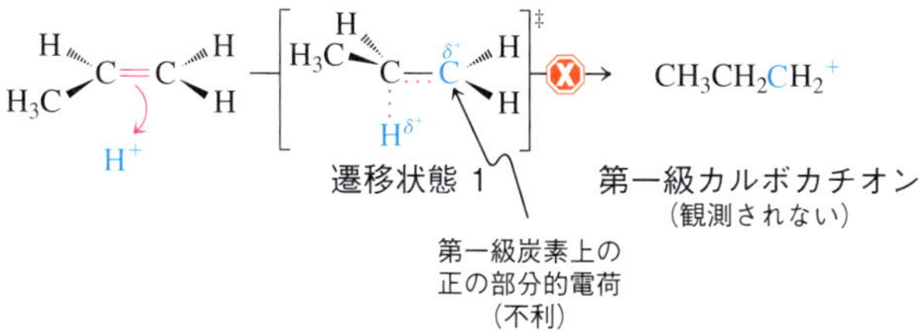

これに対して，末端炭素にプロトン化が起こると第二級の 1-メチルエチルカチオン(イソプロピルカチオン)が生成する．

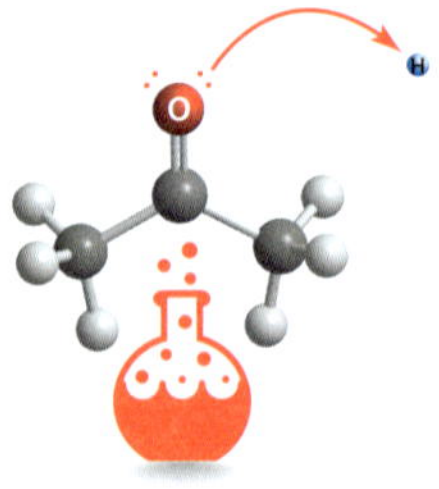

Mechanism

より少ない置換基をもった C1 上でのプロペンのプロトン化

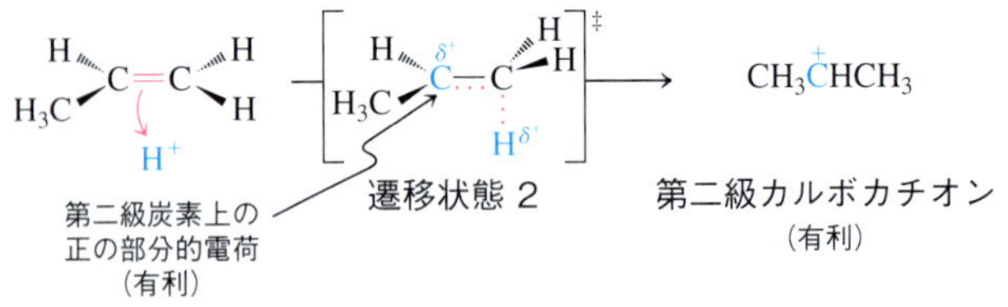

すでに学んだように，第一級カルボカチオンはあまりにも不安定なため，溶液中において反応中間体としては存在できない．対称的に，第二級カチオンは比較的容易に生成する．さらに，付加反応で考えられる二つの遷移状態においてそれぞれ第一級炭素と第二級炭素上に正の電荷を帯びていることが示されている点に注意しなければならない．つまり，遷移状態のエネルギーと安定性は，それらの遷移状態を経由して生成するカチオンの相対的なエネルギーを反映することになる．第二級カチオンを生成する遷移状態のエネルギー(つまり活性化エネルギー)はより低く，このカチオンがより速く生成することを意味する．図 12-2 に二つの競争的な経路を表したポテンシャルエネルギー図を示す．これらは，生成するカチオンのエネルギーときわめてよく似た遅い段階での遷移状態のエネルギーを示していることがわかる．

この解析をもとに，経験的な Markovnikov 則を次のようにいいかえることができる．非対称アルケンに対する HX の付加反応では，まずプロトン化が第 1 段階として起こるが，このときより安定なカルボカチオンが生成するようにプロトンの付加が進行する．二つの sp^2 炭素が同じように置換されている場合には，生成可能な二つのカルボカチオンの間の安定性にあまり差がないため，混合物の生成が予想される．他のカルボカチオンの反応(たとえば 7-3 節の S_N1)と同様に，アキラルなアルケンに対する付加によってキラルな生成物が得られる場合には，生成物はラセミ混合物として得られる．

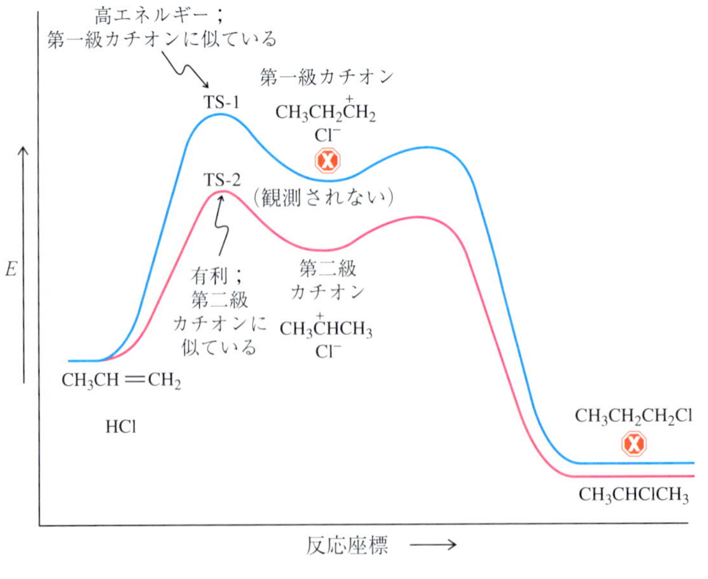

図 12-2　HCl のプロペンへの付加に対して考えられる二つの可能な経路のポテンシャルエネルギー図．高いエネルギーをもつ第一級のプロピルカチオンを生成する遷移状態 1 (TS-1) は，1-メチルエチルカチオン(イソプロピルカチオン)を与える遷移状態 2 (TS-2) に比べて不利である．

練習問題 12-6

HBr の (a) 1-ヘキセン，(b) *trans*-2-ペンテン，(c) 2-メチル-2-ブテン，(d) 4-メチルシクロヘキセンに対する付加生成物をそれぞれ示せ．それぞれいくつの位置および立体異性体が生成する可能性があるか．〔**注意**：(d) では出発物質中に立体中心がある．〕

練習問題 12-7

練習問題 12-6 の (c) の反応のポテンシャルエネルギー図を示せ．

求電子付加反応はカルボカチオンの転位をともなうことがある

カルボカチオンは，ヒドリドやアルキル基の移動によって転位反応を起こすことがある (9-3 節参照)．この可能性が，多くのアルケンに対する酸の求電子付加反応を複雑にする．たとえば 3-メチル-1-ブテンに対する HCl の付加は，通常の Markovnikov 付加生成物をおよそ 40 % の収率でしか与えない．主生成物は，はじめに生成する第二級カチオンが，塩化物イオンと反応する前にヒドリドの移動によって，より安定な第三級カチオンに変換されて生じたものである．

> **思い起こそう：** カルボカチオンの転位によって移動する基と正の電荷の位置が交換する．

転位をともなう 3-メチル-1-ブテンに対する HCl の付加反応

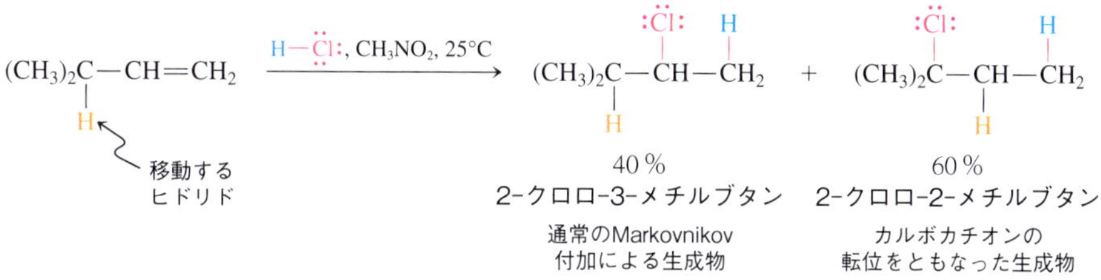

練習問題 12-8

(a) 上で述べた反応について，各段階の詳細な反応機構を示せ．必要なら 9-3 節を参照せよ．(b) 次の基質それぞれと HCl の反応に対して，通常の付加生成物ならびに競争的に起こるヒドリドやアルキル基の移動の結果得られる生成物を書け．

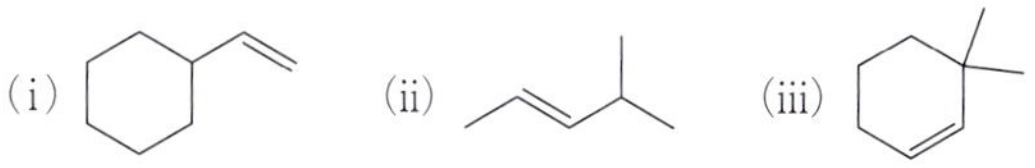

カルボカチオンの転位のしやすさを予想することは難しい．アルケンの構造や溶媒，求核剤の強さと濃度，さらに温度に依存する．たとえば，低温で反応を行うことや塩の形で追加した過剰量の求核剤の存在下に反応を行うことで転位を最小限におさえることができる．

まとめ　ハロゲン化水素のアルケンへの付加は，二重結合がプロトン化されカルボカチオンが生成することによって開始される求電子反応である．カルボカチオンがハロゲン化物イオンで捕捉されると最終生成物が得られる．HX とアルケンの反応からハロアルカンが生成する際の位置選択性は，Markovnikov 則によって予測することができる．他のカルボカチオンの反応の場合と同様に，すぐれた求核剤がなければ転位反応が起こる．

12-4 求電子水和反応によるアルコール合成：熱力学支配

これまで述べてきた反応は，まずプロトンが二重結合を攻撃し，続いて中間体として生成するカルボカチオンにプロトンの対イオンであるハロゲン化物イオンが求核的に付加するというものであった．ここでハロゲン化物イオン以外のものが求核剤として作用しうるだろうか．求核性の小さい対イオンをもつ硫酸水溶液をアルケンに反応させると，最初のプロトン化によって生成するカルボカチオンを捕捉する求核剤として，水が作用する．全体として見れば，水分子の H と OH が二重結合に付加したことになる．つまり**求電子水和**(electrophilic hydration)反応が起こったことになる．付加は Markovnikov 則にしたがって進行し，H^+は置換基のより少ない炭素に，そして OH 基は置換基のより多い炭素に結合する．カルボカチオン中間体を含む反応の場合，ヒドリドあるいはアルキル基の移動により，さらに安定なカチオンが生成するときは，いつも転位が起こりうる．このことが反応の有用性を制限する．この問題を回避する方法を 12-7 節で学ぶ．

この水和反応は酸によるアルコールからの水の脱離反応(脱水反応，11-7 節参照)の逆反応である．その反応機構は脱水反応の機構を逆にたどればよい．例として 2-メチルプロペンの水和反応を下に示す．この反応は 2-メチル-2-プロパノール(*tert*-ブチルアルコール)を製造する工業的に重要な反応である．

求電子水和反応

Reaction

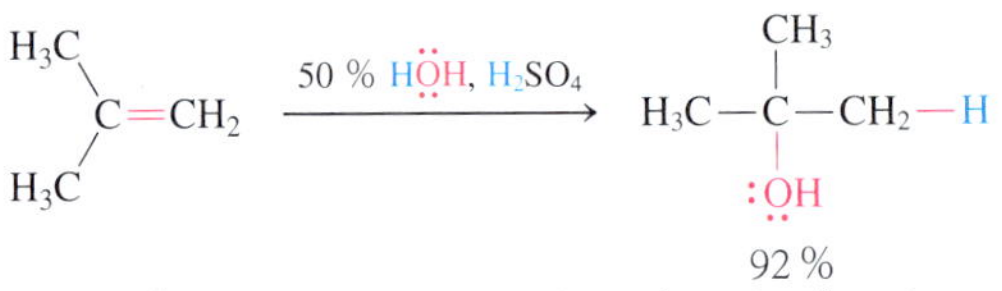

2-メチルプロペン　　2-メチル-2-プロパノール

2-メチルプロペンの水和反応の機構

Mechanism

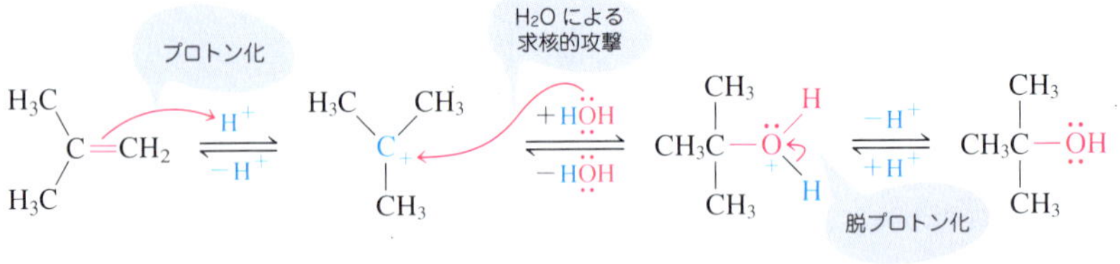

この反応機構を見れば，H^+は最初の段階で消費されるが二つ目の段階で再生されることに気がつくだろう．実際，H^+は触媒であり，酸なしで水和反応は起こらず，中性水溶液中でアルケンは安定である．

アルケンの水和反応とアルコールの脱水反応は制御可能な平衡過程である

9-2 節と 11-7 節で記述したアルコールの脱水反応の観察結果と，本節で示した記述はまったく逆である．これをうまく理解することができるだろうか．答えは表 12-1 とそれに付随した 12-1 節の議論に隠されている．そこでは，アルケンの水和反応に対するエンタルピーΔH°はかなり大きな負の値(エテンの水和に対しては-11 kcal mol^{-1}と推定される)であるが，反応に対して不利なエントロピーΔS°がΔG°の値をゼロ近くまで減少させることを学んだ．したがって酸触媒の存在下では，アルケン＋H_2Oとアルコールの間の平衡が確立され(欄外参照)，どちらの方向にも制御することができる．(ΔG°の値に対して不都合な$-T\Delta S^\circ$の寄与を最小限にするために)，低い反応温度で，さらに大過剰の水(Le Châtelier の原理)を用いることで，平衡はアルコール側へ移動させられる．逆に，高温で，濃度の高い酸あるいは無水の酸を用いると，平衡をアルケン側へ移行させることもできる．

水和ー脱水の平衡

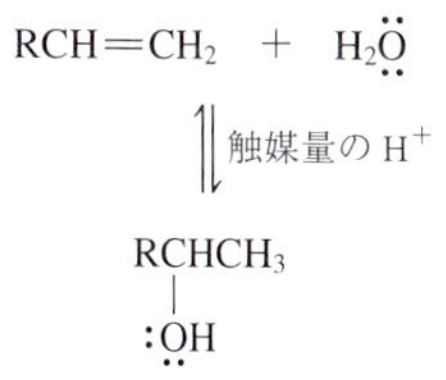

$$\text{アルケン} + H_2O \underset{\text{濃 } H_2SO_4\text{, 高温}}{\overset{H_2SO_4\text{, 過剰の } H_2O\text{, 低温}}{\rightleftharpoons}} \text{アルコール}$$

練習問題 12-9

(a) エテン，プロペンおよび 2-メチルプロペンの水和反応の相対的反応速度は，1 : 1.6 $\times 10^6$: 2.5 $\times 10^{11}$ である．これについて説明せよ．(b) 0℃のD_2O中で 2-メチルプロペンに触媒量の重水素化された硫酸(D_2SO_4)を作用させると，$(CD_3)_3COD$が生成する．この結果を反応機構によって説明せよ．(**ヒント**：可逆性を考えよ．)

アルケンのプロトン化が可逆的であるためアルケンの平衡が達成される

11-7 節において，アルコールを酸触媒存在下で脱水すると，より安定な異性体を主成分とするアルケンの異性体混合物が得られることを述べた．平衡状態にあるカルボカチオンが転位を起こし，その後，E1 脱離反応を起こすことも，異性体混合物が生成する原因の一つである．しかしながら，熱力学的な平衡が達成されるためのより重要な原因は，E1 反応が可逆だということである．すなわち，上で述べたように，アルケンは酸によるプロトン化を受けてカルボカチオンを生成する．

2-ブタノールの酸条件下での脱水反応を例にとって，この可逆的プロトン化について説明しよう．副反応として起こりうるS_N1反応による複雑化を避けるために，求核性のない対イオンをもつ硫酸を用いる．最初に起こることはヒドロキシ基のプロトン化である．次に，プロトン化されたアルコールから水が脱離すると，対応する第二級のカルボカチオンが生成する．このカチオンは三つの反応経路で E1 反応を起こし，三つの生成物，すなわち 1-ブテン，*cis*-2-ブテン，ならびに *trans*-2-ブテンを生成しうる．これら三つの異性体の最初の段階における生成比は，それらの生成物を与える遷移状態のエネルギーの相対的な大きさによって制御される．すなわち，速度論支配による(2-1 節参照)．ところが強酸性の条件下では，プロトンが生成したどのアルケンにも再び付加することができる．二つの 2-ブテンの場合には，このプロトン化によって対応する第二級のカルボカチオンを生成する．一方，1-ブテンの場合にも先に述べたように，Markovnikov 則にしたがった位置選択的な付加が起こり，同じ第二級のカルボカチオンが生成する．次にこのカチオンがもう一度プロトンを失って，三つの同じアルケン異性体のいずれかを与える．こうした過程を繰り返すことによって異性体間での相互変換(interconversion)が起こり，熱力学的に最も安定な異性体を主成分とする平衡混合物となる．したがって，この系は熱力学支配(thermodynamic control)による反応の一例である(2-1節参照)．

酸触媒による 2-ブタノールの脱水反応における熱力学支配

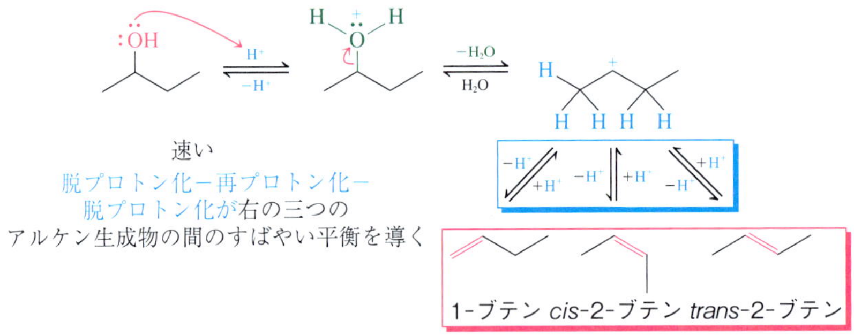

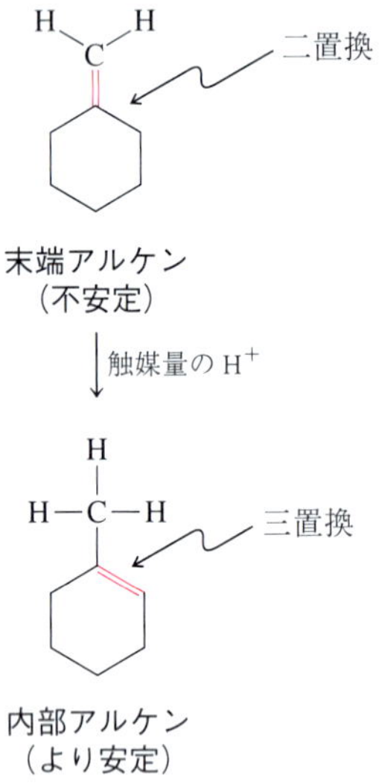

この過程によって，より不安定なアルケンはより安定な異性体へと触媒的に変換される(下式および欄外の式を参照)．

酸触媒によるアルケンの平衡

練習問題 12-10

次の転位反応の機構を示せ．反応の駆動力は何か．

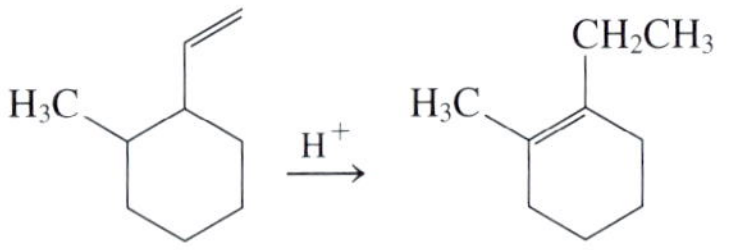

まとめ　アルケンにプロトンが付加して生成するカルボカチオンは，水によって捕捉されアルコールを与える．この反応はアルコールの脱水によるアルケン合成の逆反応である．酸の存在下では，可逆的なプロトン化のためにアルケンは種々の異性体間で平衡に達し，熱力学支配による異性体混合物を与える．

12-5 アルケンに対するハロゲンの求電子付加反応

ハロゲン分子は，求電子的な原子をもっていないように見えるが，アルケンの二重結合に付加して隣接ジハロゲン化物を与える．ジハロゲン化物はドライクリーニングや脱脂のための溶媒ならびにガソリンのアンチノッキング剤といった添加物に利用されている．

ハロゲン分子のうち塩素と臭素は，アルケンに対してうまく付加する．これに対し，フッ素分子の場合は，反応が激しすぎて付加に用いることができない．また，ヨウ素分子の付加は一般的に熱力学的に不利である．

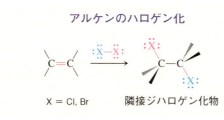

アルケンに赤茶色をした臭素を加えると，速やかに反応が起こり，ほとんど即座に無色となる．

アルケンのハロゲン化

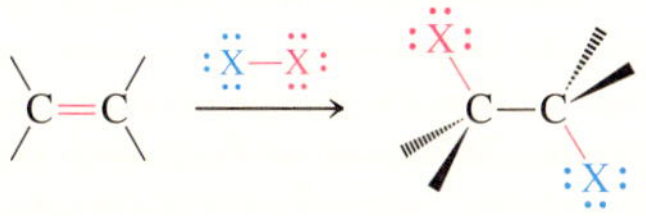

X = Cl, Br　　隣接ジハロゲン化物

練習問題 12-11

エテンへの F_2 と I_2 の付加反応の $\Delta H°$ を表 12-1 にならって計算せよ（$DH°_{X_2}$ については 3-5 節を参照せよ）．12-1 節におけるエントロピーについての議論を考慮すると，ヨウ素化の効率についてどんなことがいえるか．

アルケンと反応すると臭素の溶液はただちに赤茶色から無色へと変化するので，臭素の付加はとくに簡単に観察することができる．この現象はしばしば化合物の不飽和度の色の変化によるテストに用いられる．

ハロゲン化の最適条件は，室温あるいはそれ以下の温度で，テトラクロロメタンのような不活性なハロゲン化物溶媒中で反応を行うことである．

1-ヘキセンに対する臭素の求電子付加反応

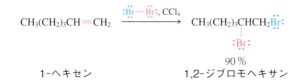

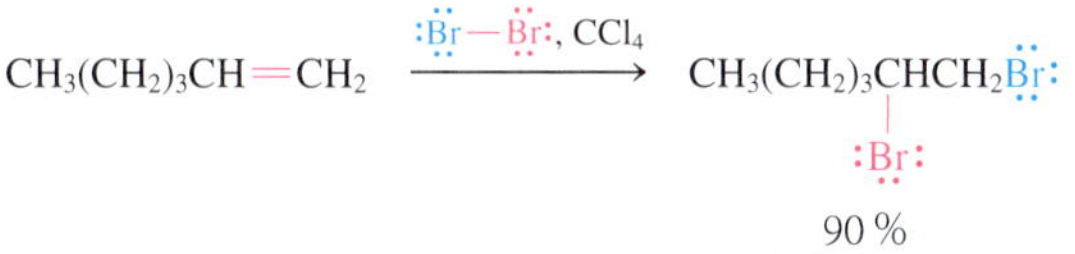

1-ヘキセン　　1,2-ジブロモヘキサン

Reaction

二重結合に対するハロゲンの付加は，水素化と似ているように見える．しかしながら，反応機構はまったく異なる．このことは次に示す臭素化の立体化学から明らかである．この臭素化の反応機構は他のハロゲン化についても同様に当てはまる．

臭素化反応はアンチ付加で進行する

臭素化の立体化学はどうだろうか．二つの臭素原子は（触媒存在下の水素化と同じように）二重結合の同じ側から（シン）付加するのか，あるいは反対側から付加するのか．シクロヘキセンの臭素化について考えてみよう．同じ側から二つの臭素原子が付加すると *cis*-1,2-ジブロモシクロヘキサンが生成し，反対側から付加すると *trans*-1,2-ジブロモシクロヘキサンが生成するはずである．実験によってトランス体が得られることが明らかとなった．すなわち，**アンチ付加**（*anti* addition）だけが観察される．二重結合の二つの反応する炭素に対して，一方の臭素が π 結合の上の面から，そしてもう一つの臭素が下の面から反応するアンチ付加には 2 通りの方向が考えられるが，その確率は等しいので生成物はラセミ混合物となる．

思い起こそう：アルケンへの付加における二つの幾何学的配置

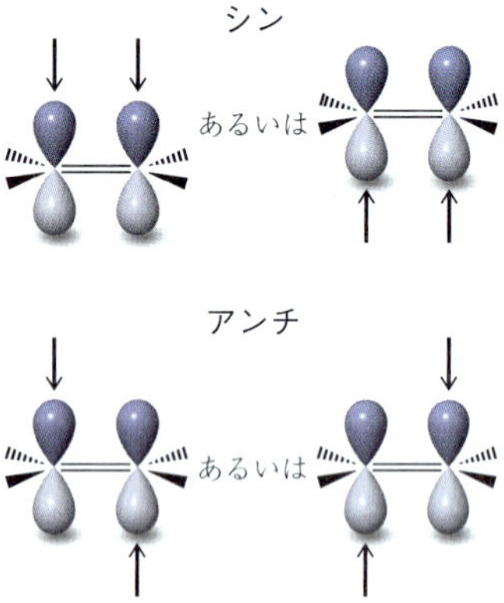

シクロヘキセンのアンチ臭素化

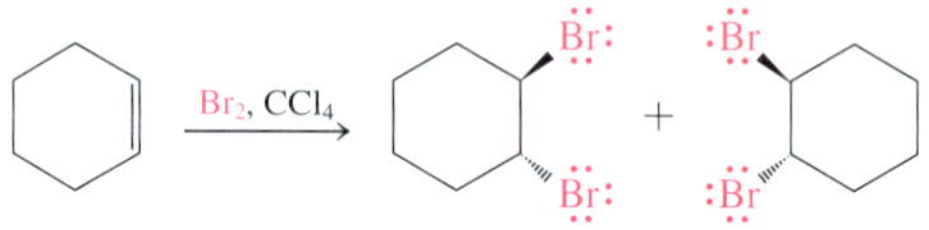

83 %
trans-1,2-ジブロモシクロヘキサン
のラセミ混合物

非環状アルケンの場合にも，反応は完全に立体特異的に進行する．たとえば，*cis*-2-ブテンを臭素化すると，(2*R*,3*R*)-および(2*S*,3*S*)-2,3-ジブロモブタンのラセミ混合物が得られ，一方，*trans*-2-ブテンからはそのジアステレオマーであるメソ体が生成する．

2-ブテンの立体特異的な臭素化

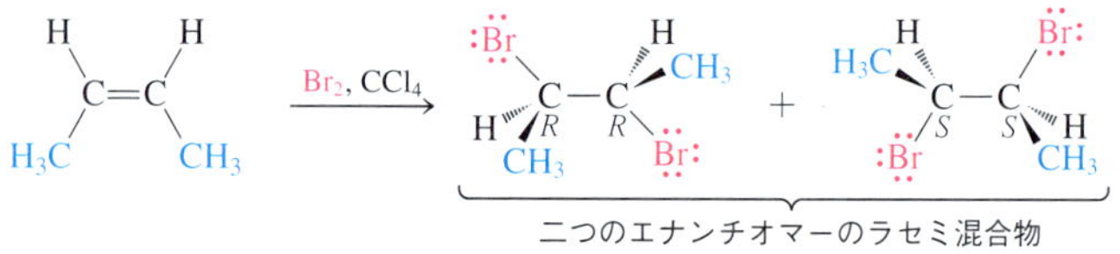

cis-2-ブテン　　(2*R*, 3*R*)-2,3-ジブロモブタン　　(2*S*, 3*S*)-2,3-ジブロモブタン

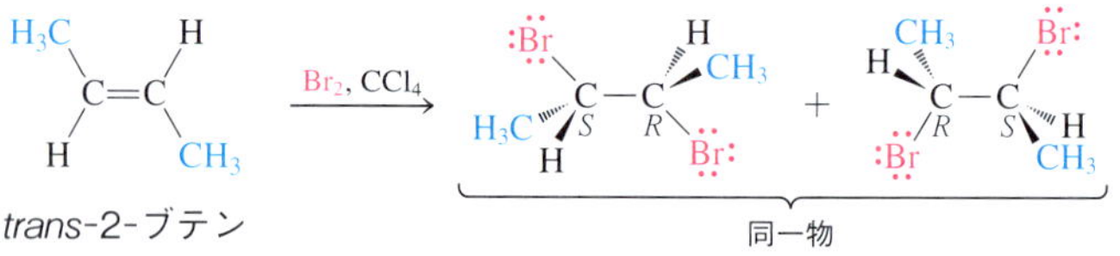

trans-2-ブテン　　*meso*-2,3-ジブロモブタン

環状ブロモニウムイオンによって立体化学が説明できる

臭素は求電子的な中心をもっているようには思えない．それにもかかわらず，求核的な二重結合をどのように攻撃するのか．その答えは臭素ー臭素結合の分極のしやすさにある．臭素ー臭素結合は，求核剤と反応するとヘテロリシス開裂する．アルケンの π 電子雲が求核剤として働き，臭素分子の一方の臭素原子を攻撃すると同時に，もう一方の臭素原子を S_N2 反応のように臭化物イオンとして追い出す．

この反応による生成物は何だろうか．12-3 節や 12-4 節で述べたプロトンの付加の場合と同様に，生成物としてカルボカチオンを予想したかもしれない．しかしながら，より安定的な構造である環状の**ブロモニウムイオン**（bromonium ion）が生成する．そして，これはもとの二重結合の二つの炭素原子に臭素が橋かけした三員環構造をもっている（図 12-3）．プロトン化されたオキサシクロプロ

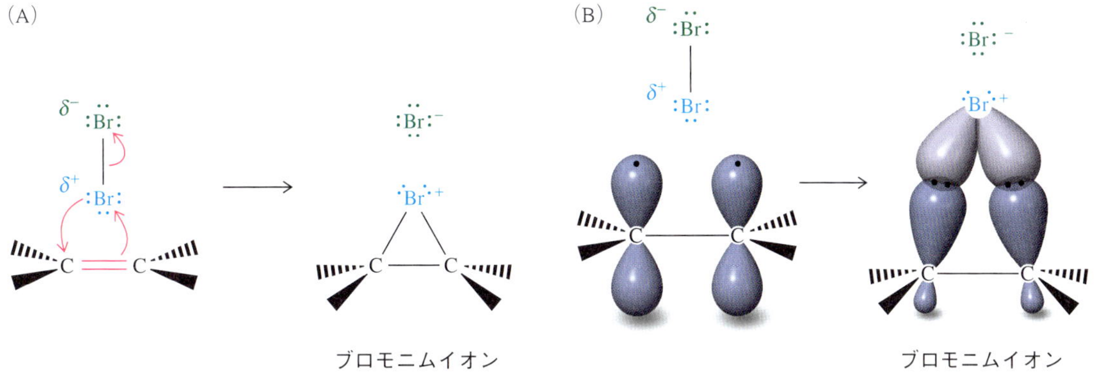

図 12-3 (A)環状ブロモニウムイオンの生成における電子の押し出し．アルケン(赤色)が求核剤として作用し，臭素分子から臭化物イオン(緑色)を追い出す．臭素分子はあたかも一つの臭素がカチオンのように，そして他方がアニオンであるかのように強く分極した形でふるまう．(B)ブロモニウムイオン生成の分子軌道による表現．

パン(9-9 節参照)の場合のように，この異性体は電子不足のカルボカチオンの表現を避けて 8 電子を含む配置をとる(欄外参照)．このブロモニウムイオンの構造はしっかり固定されており，橋かけしている臭素原子とは反対の側からだけ臭化物イオンの攻撃を受けることができる．脱離基は橋かけしている臭素である．したがって，三員環は立体特異的にアンチに開環する．そして，シクロヘキセンからは *trans*-1,2-ジブロモシクロヘキサンだけが生成し，2-ブテンのシスとトランス異性体からはそれぞれ 2,3-ジブロモブタンの二つのジアステレオマーが生成する．アキラルな出発物質を用いて反応を行うと，すべての生成物(キラルであったとしても)はラセミ体になる(5-7 節参照)．もし，二重結合に対する臭素付加の最初の段階がカルボカチオンを生成するのであれば，この段階で放出された臭化物イオンが正の電荷を帯びた平面構造の炭素原子を上と下のどちらからも攻撃し，シン付加とアンチ付加の両方の生成物が生成することになるが，実際には両方の生成物が観測されることはない．

6 電子のイオンと 8 電子の環状オニウムイオン異性体

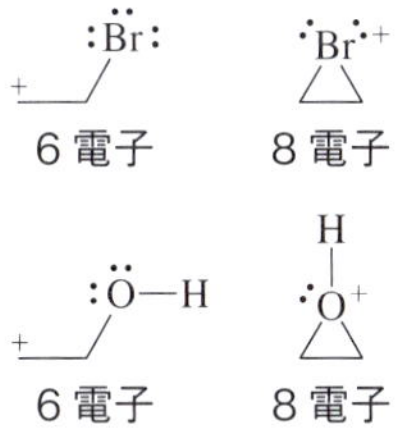

環状ブロモニウムイオンの求核的開環反応

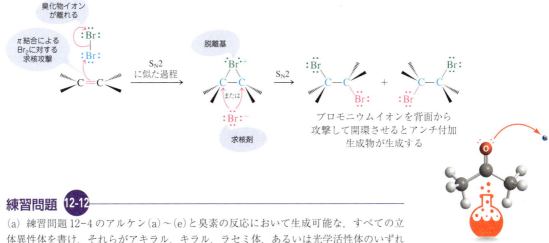

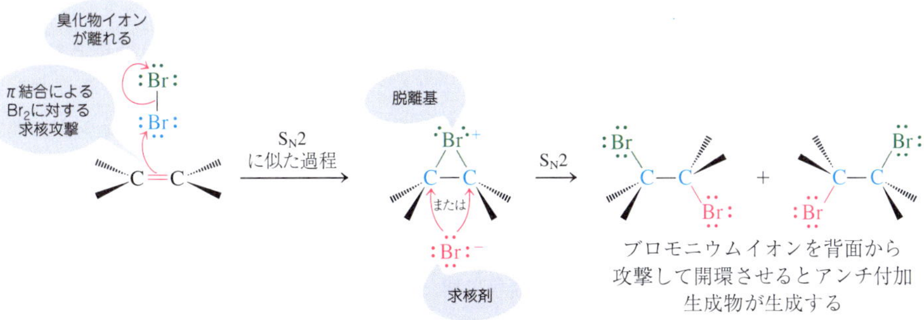

Mechanism

練習問題 12-12

(a) 練習問題 12-4 のアルケン(a)～(e)と臭素の反応において生成可能な，すべての立体異性体を書け．それらがアキラル，キラル，ラセミ体，あるいは光学活性体のいずれであるかを特定せよ．(b) エテン，1-ブテンならびに*trans*-2-ブテンの臭素化の相対的な反応速度は1：220：35,000である．これについて説明せよ．

アルケンのハロゲン化をアルカンのハロゲン化(3-4節～3-9節参照)と混同してはいけない．アルケンに対する付加反応は，求核剤(アルケンのπ結合)が電子対の移動を介してCl_2やBr_2分子のような求電子剤と相互作用する機構で進行する．これに対してアルカンのハロゲン化は，ハロゲン原子を生成する開始段階を必要とするラジカル反応である．この開始段階には一般に，熱，光，あるいは(過酸化物のような)ラジカル開始剤が必要で，1電子の移動を含む機構で進行する．

まとめ ハロゲンはアルケンに対して求電子剤として付加し，隣接ジハロゲン化物を与える．反応は橋かけしたハロニウムイオンの生成から始まる．次に，この中間体が最初の段階で追い出されたハロゲン化物イオンによって立体特異的に開環し，全体として二重結合にハロゲン分子がアンチ付加した生成物が得られる．次節では求電子剤の種類によっては，結果として異なった立体化学をもった生成物が得られることを学ぶ．

12-6 求電子付加反応の一般性

ハロゲン分子はアルケンの二重結合に付加する多くの求電子剤と求核剤の組合せの一つにすぎない．本節では，水(求核剤)の存在下でのハロゲン分子(求電子剤の源)の付加反応をはじめとする最も重要なこれら一連の求電子剤と求核剤の組合せによる反応を概観する．一般にハロヒドリンとして知られている生成物である2-ハロアルコールは，多くの工業や合成の用途に広く利用されている．ハロヒドリンはとくに，オキサシクロプロパン(エポキシド，9-9節参照)合成の重要な中間体である．

ブロモニウムイオンは臭化物イオン以外の求核剤によっても捕捉される

アルケンの臭素化では，ブロモニウムイオンが中間体として生成する．もしここで他の求核剤が存在すると，この中間体を捕捉するのに臭化物イオンとの間で競争が起こることが予想される．たとえば，水を溶媒としてシクロペンテンを臭素化すると，隣接したブロモアルコール(慣用名はブロモヒドリン)が得られる．この場合には，ブロモニウムイオンが，大過剰に存在し，中間体を捕捉する段階において臭化物イオンとの競争に勝って優先的に反応する水の攻撃を受ける．全体として見ると，二重結合に対してBrとOHがアンチ付加したことになる．このとき，もう一つの生成物はHBrである．対応するクロロアルコール(クロロヒドリン)は，クロロニウムイオン中間体を経由した水中における塩素との反応で得ることができる．

ブロモアルコール（ブロモヒドリン）の合成

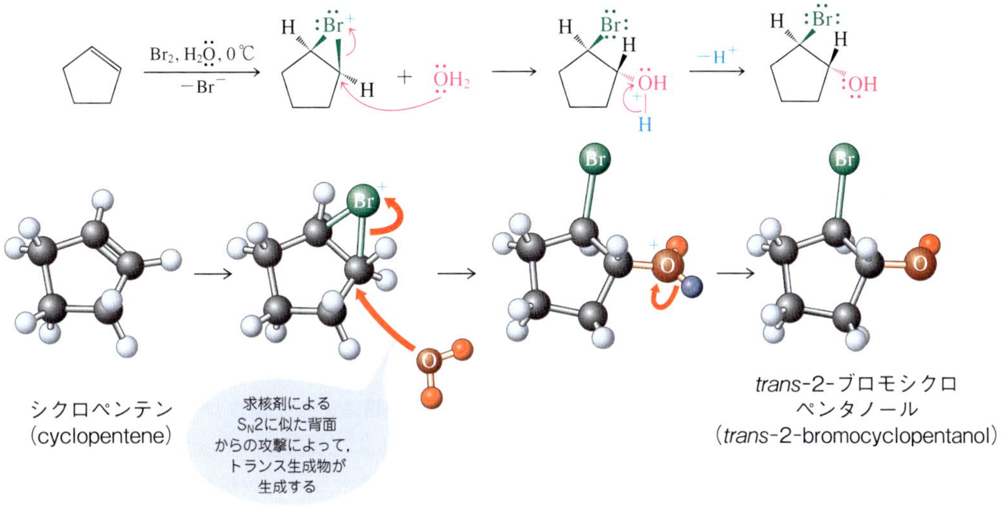

練習問題 12-13

(a) *trans*-2-ブテン，(b) *cis*-2-ペンテンと塩素の水溶液との反応で生成すると予想される化合物を示せ．立体化学がはっきりわかるように示せ．

隣接ハロアルコールは塩基が存在すると閉環を起こし，オキサシクロプロパン(9-9 節参照)を与える．そのために，ハロアルコールは有機合成上有用な中間体である．

ハロアルコールを経由するアルケンからのオキサシクロプロパンの生成

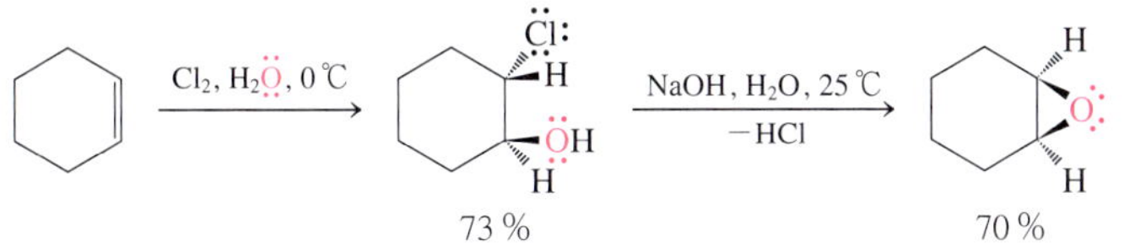

これらのハロゲン化反応において水の代わりにアルコールを溶媒として用いると，欄外に示したように隣接ハロエーテルが生成する．

隣接ハロエーテルの合成

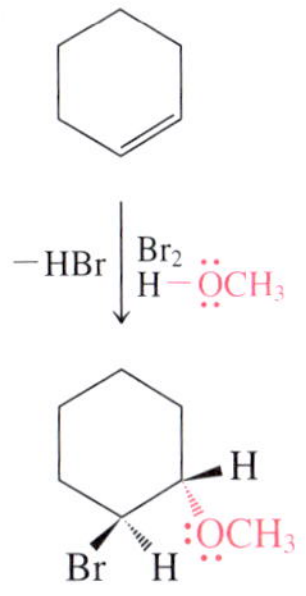

76％
trans-1-ブロモ-2-メトキシシクロヘキサン

ハロニウムイオンの開環反応は位置選択的である

二つの同じハロゲン原子の付加と異なり，二重結合に対して異なる二つの基が付加する反応では，位置選択性の問題が生じる．非対称二重結合への Br と OH(あるいは OR)の付加は選択的に進行する．たとえば，2-メチルプロペンは臭素の水溶液によって 1-ブロモ-2-メチル-2-プロパノールだけを与える．もう一方の位置異性体である 2-ブロモ-2-メチル-1-プロパノールはまったく生成しない．

Reaction

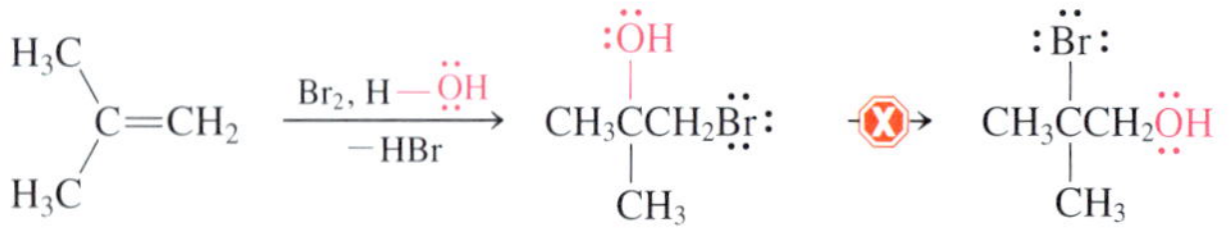

収率 82 %

1-ブロモ-2-メチル-2-プロパノール　　2-ブロモ-2-メチル-1-プロパノール

生成物において，求電子的なハロゲン原子は必ずもとの二重結合の置換基のより少ない炭素と結合している．一方，求電子剤が付加したあとで反応する求核剤のほうは必ず置換基のより多い炭素に結合している．

思い起こそう：
求核剤－赤色
求電子剤－青色
脱離基－緑色

この事実はどのように説明できるのだろうか．状況はオキサシクロプロパンの酸触媒下での求核的開環反応(9-9 節参照)と非常によく似ている．オキサシクロプロパンの開環反応の中間体は，三員環構造のなかにプロトン化された酸素をもっている．両者いずれの反応においても，三員環をつくっている二つの炭素のうち，置換基のより多い炭素のほうが求核剤によって攻撃される．なぜなら，この炭素のほうがもう一つの炭素に比べてより強く正に分極しているためである．

Mechanism

2-メチルプロペンから生成するブロモニウムイオンの位置選択的な開環反応

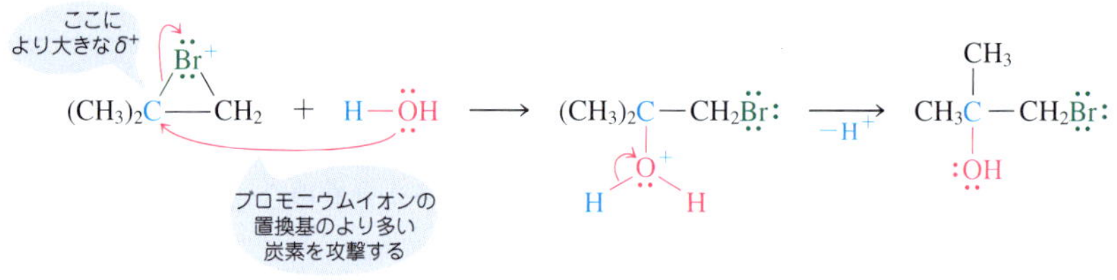

細かい点はさておき，この種の非対称な反応剤による求電子付加は，Markovnikov 則を拡張した規則にしたがって進行し，反応剤の求電子的な部分は二重結合の置換基のより少ない炭素と結合する．二重結合をつくっている二つの炭素の間に十分大きな差がない場合にだけ混合物が生成する〔練習問題 12-14(b)〕．

練習問題 12-14

次の反応の生成物(複数のこともある)を示せ．

(a) $CH_3CH{=}CH_2 \xrightarrow{Cl_2,\ CH_3OH}$　　(b)

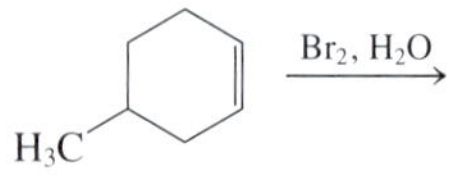

練習問題 12-15

概念のおさらい：アルケンに対する求電子付加反応の機構

練習問題 12-14(a)の反応について，反応機構を示せ．

● 解法のてびき

この問題は 647 ページで学んだシクロペンテンの反応と非常によく似ている．単に，臭素を塩素に，そして水をメタノールに置き換えればよい．しかしながら，この例ではアルケンが非対称なので，位置選択性についての議論が必要である．

●答え

- アルケンのπ結合の Cl_2 分子に対する攻撃で，まず環状のクロロニウムイオンが生成する．

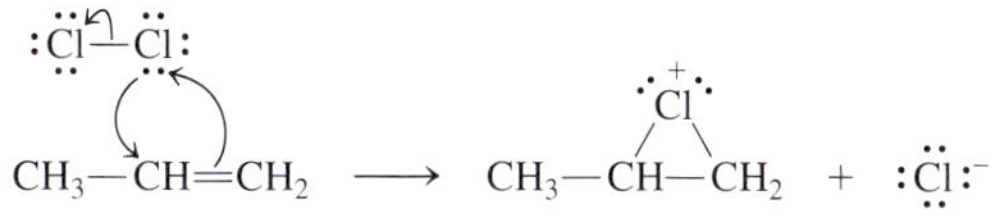

- このイオン種は対称ではない．とくに正の電荷をもった塩素に結合している二つの炭素のうち，内部の（第二級）炭素はより正に分極している．求核的な溶媒であるメタノールの攻撃はこの炭素に対して優先的に起こる．その結果，生成したオキソニウムイオンからプロトンが脱離することによって反応は完結する．

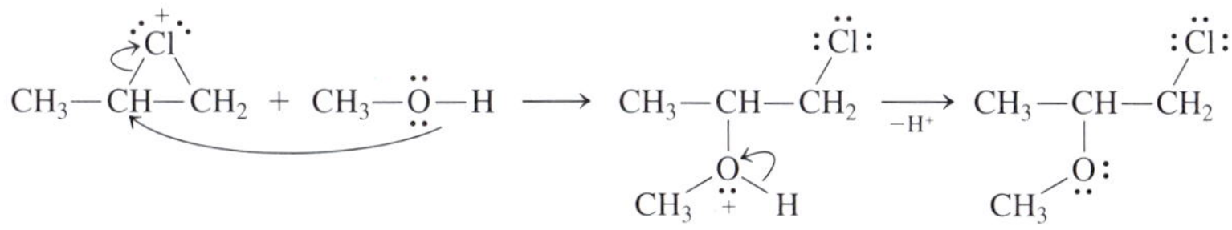

練習問題 12-16 自分で解いてみよう

練習問題 12-14（b）の反応について，反応機構を示せ．〔**注意**：シクロヘキセン環上にメチル基が存在することが（本節の他の例とは異なり）立体化学的に重大な影響を及ぼす．**ヒント**：ハロゲン分子のアルケンπ結合に対する最初の付加は，シクロヘキセン環のメチル基と同じ側だけでなく反対側からも起こる．この付加反応において異性体がいくつ生成するかを予想せよ．〕

練習問題 12-17

（2*R*,3*R*）-および（2*S*,3*S*）-2-ブロモ-3-メトキシペンタンのラセミ混合物を与える前駆体として，どんなアルケンが適当と考えられるか．またそのアルケンを用いてこれらのラセミ混合物を得る反応を行ったときに，生成すると思われるこれら以外の異性体生成物を示せ．

A—B 結合が分極していて，A が求電子剤 A^+ として作用し，B が求核剤 B^- として作用するようなタイプの反応剤 A—B とアルケンは一般に容易に反応して，立体特異的ならびに位置選択的に付加体を与える．そのような反応剤が 2-メチルプロペンに対してどのように付加するかを表 12-2 に示す．

まとめ ハロニウムイオンは立体特異的かつ位置選択的に開環する．その反応機構はプロトン化されたオキサシクロプロパンの求核的開環反応の反応機構と非常によく似ている．ハロニウムイオンはハロゲン化物イオン，水，アルコールなどによって捕捉され，隣接ジハロアルカン，ハロアルコールあるいはハロエーテルがそれぞれ生成する．求電子付加の原理は，分極したあるいは分極しうる結合をもつどんな反応剤 A—B にも適用できる．

自然界におけるハロヒドロキシ化

自然は酵素の助けを借りて，この節で学んだ化学を利用している．たとえば菌類の *Caldariomyces fumago* 由来のペルオキシダーゼは，アルコール香料であるシトロネロールをブロモヒドロキシ化し，Markovnikov則にしたがったブロモジオールのジアステレオマー一体に変換する．生成物はバラの香りのするローズオキシド合成の中間体である．もちろん，酵素はこの変換反応を達成するのに腐食性の臭素は用いず，（酸化剤の H_2O_2 存在下で）NaBr を用いている．

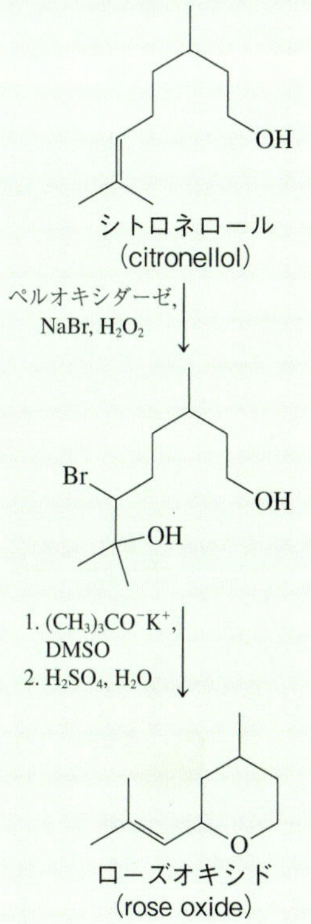

表 12-2　求電子的な攻撃によってアルケンに付加する反応剤 A−B

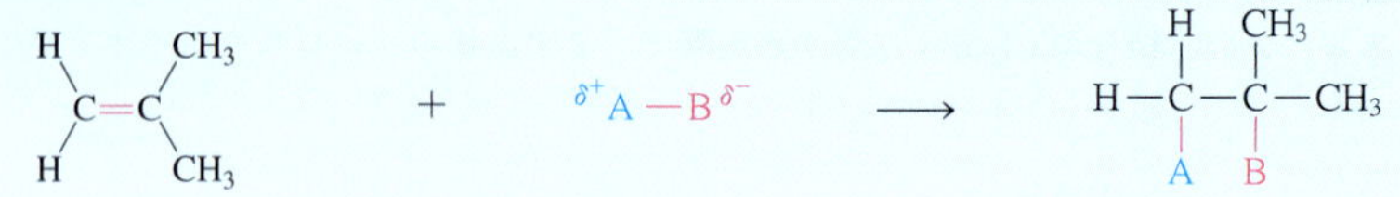

名　称	構　造	2-メチルプロペンに対する付加生成物
塩化臭素	$:\ddot{Br}-\ddot{Cl}:$	$:\ddot{Br}CH_2C(CH_3)_2$ $:\ddot{Cl}:$
臭化シアン	$:\ddot{Br}-CN:$	$:\ddot{Br}CH_2C(CH_3)_2$ $CN:$
塩化ヨウ素	$:\ddot{I}-\ddot{Cl}:$	$:\ddot{I}CH_2C(CH_3)_2$ $:\ddot{Cl}:$
塩化スルフェニル	$R\ddot{S}-\ddot{Cl}:$	$R\ddot{S}CH_2C(CH_3)_2$ $:\ddot{Cl}:$
水銀(II)塩	$XHg-X$ [a], $H\ddot{O}H$	$XHgCH_2C(CH_3)_2$ $:\ddot{O}H$

a) ここでは，X は酢酸イオンを示す．

12-7 オキシ水銀化ー脱水銀化：特殊な求電子付加反応

表 12-2 の最後の例は水銀(II)塩のアルケンへの求電子付加反応である．この反応は**水銀化**(mercuration)とよばれ，生成物はアルキル水銀誘導体である．アルキル水銀化合物の水銀は，この水銀化反応に続いて行われる次の段階で除くことができる．酢酸水銀(II)を反応剤として用いる**オキシ水銀化ー脱水銀化**(oxymercuration−demercuration)反応はとくに有用な一連の反応である．最初の段階(オキシ水銀化)では，水の存在下でアルケンに酢酸水銀(II)を反応させ対応する付加生成物を得る．

Reaction

オキシ水銀化

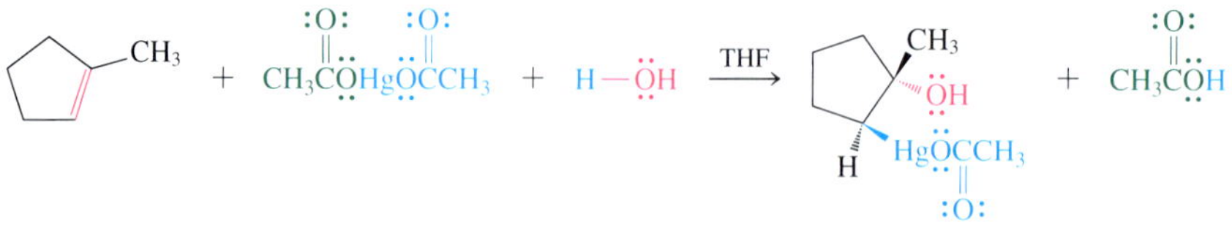

酢酸水銀(II)
(mercuric acetate)

酢酸アルキル水銀(II)
(alkylmercuric acetate)

これに続く脱水銀化の段階では，塩基性溶液中で付加生成物に水素化ホウ素ナトリウム($NaBH_4$)を作用させて，水銀を含む置換基を水素で置換する．二つの反応を合わせると，全体として二重結合を水和してアルコールを得たことになる．

脱水銀化

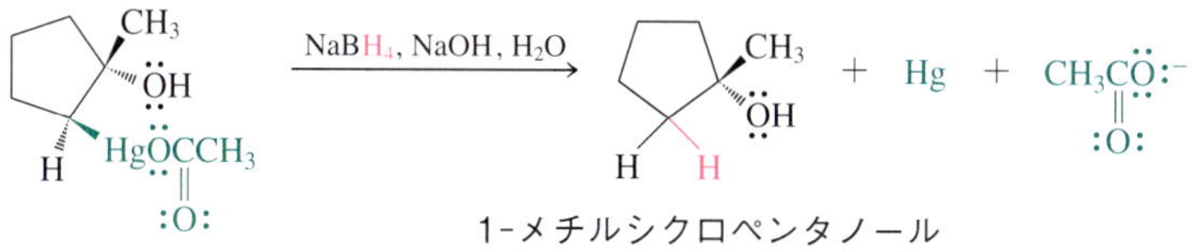

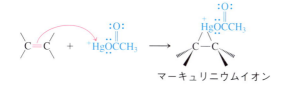

1-メチルシクロペンタノール
(1-methylcyclopentanol)

オキシ水銀化は，立体特異的にアンチ付加で進行する．しかも位置選択的である．この結果から，反応機構はいままで述べてきた求電子付加反応の機構と似たものであることが推察される．水銀反応剤は，まずカチオン性の水銀化学種 $[HgOAc]^+$ と酢酸イオンとに解離する．そしてこの水銀のカチオン種が Lewis 酸としてふるまい，Lewis 塩基であるアルケンの二重結合を攻撃して，マーキュリニウムイオンを与える．このマーキュリニウムイオンは，おそらく環状ブロモニウムイオンに似た構造をもっている．次にまわりに存在する水がマーキュリニウムイオンの置換基のより多い炭素(Markovnikov 則にしたがった位置選択性)を攻撃して，酢酸アルキル水銀(Ⅱ)中間体が生成する．水銀を水素で置換(脱水銀化)するのに，水素化ホウ素ナトリウムによる還元を行う．この還元反応の機構は複雑で，不完全な形でしか解明されていない．ただし，立体特異的な反応ではない．

脱水銀化反応によって得られたアルコールは，オキシ水銀化を行った出発物質のアルケンに Markovnikov 則にしたがった水和反応(12-4 節)を行ったときに得られる生成物と同じものである．しかしながら，オキシ水銀化－脱水銀化反応は，酸触媒によるアルケンの水和反応の別法として非常に有用である．なぜなら，この方法はカルボカチオン中間体を経由しない．そのためオキシ水銀化－脱水銀化反応では，酸性条件下でふつう抑えることが難しい転位反応が起こらない(12-3 節)．水銀反応剤が高価であり，また毒性が高いため，この方法を利用するには制限がある．生成物から水銀を注意深く除去することと安全に廃棄することが必要である．

オキシ水銀化－脱水銀化の反応機構

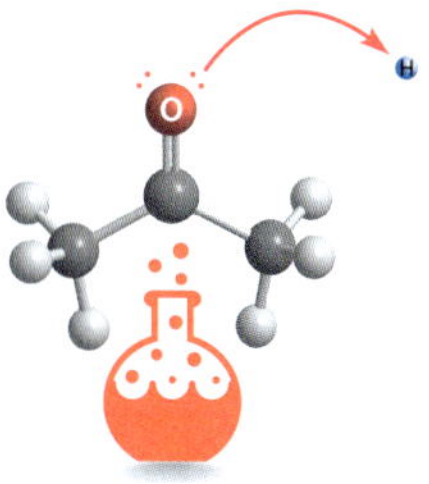

Mechanism

段階 1　酢酸水銀の解離

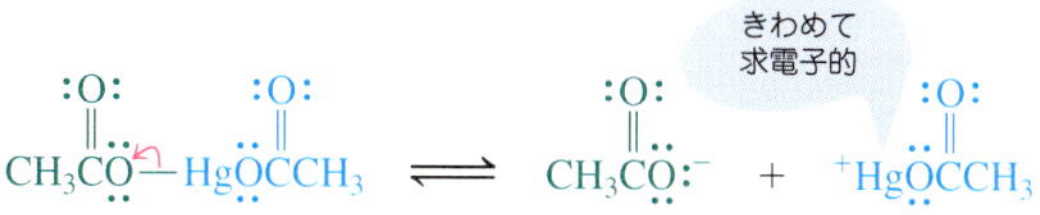

段階 2　$^+Hg(O_2CCH_3)$による二重結合の求電子的攻撃

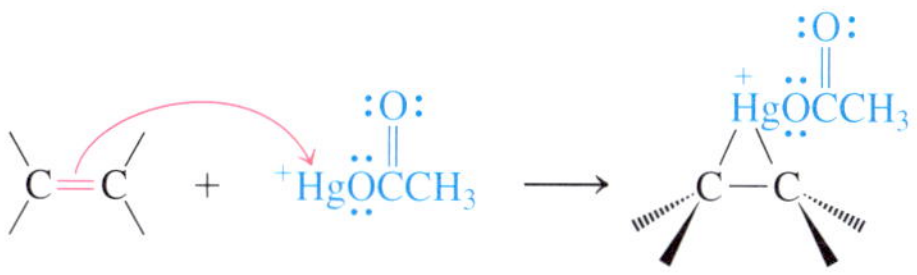

マーキュリニウムイオン

コラム● 12-1　虫が媒介する病気との戦いと幼若ホルモン類縁体　MEDICINE

幼若ホルモン(juvenile hormone, JH)は昆虫の幼虫の変態を制御する物質であり，野生カイコガ *Hyalophora cecropia L*. ではオスがJHをつくり出す．この物質が存在すると，ある特定の発達段階で幼虫の成熟が妨げられる．昆虫がJHにさらされると，その変態がさなぎの段階で止まる．たとえばJHにさらされた蚊は，刺したり卵を産んだりできる成虫になれない．それゆえ，マラリアや黄熱病，西ナイルウイルスのような蚊が媒介する病気の予防に，JHの利用が期待されている．しかしながら，JHは不安定であり，天然からの単離や人工的な合成が困難なため，その実用性は低い．そこで，より安定で生理学的に十分に活性をもち，さらに合成が容易な類縁体の探索が行われた．

ハマダラカのさなぎが水面から突き出した2本の管を通して呼吸している様子．ハマダラカはマラリアの寄生虫を媒介する．幼若ホルモンは蚊の成長を止め，羽化を妨ぐ．

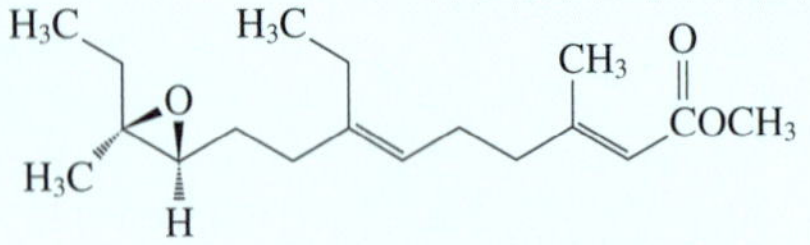

幼若ホルモン(juvenile hormone, JH)

合成化合物であるメソプレンは，これら必要とされるすべての特徴を備えている．その合成には，すでにこれまでに学んだいくつかの反応が利用されている．第三級のメチルエーテルをつくるオキシ水銀化−脱水銀化反応やエステルの加水分解(8-4節参照)，さらに第一級アルコールをアルデヒドに変換するPCC酸化(8-5節参照)などである．

初期のJH類縁体合成の試みでは非常に活性の弱い化合物しかつくれなかったが，メソプレンは多くの害虫に対してJHの1000倍以上の活性を示した．ノミ，蚊，そしてヒアリ類に対して有効で，1970年代の中頃から多くの商品名で市販されている．ごく最近では，2014年はじめに西半球で流行した蚊が媒介するジカウイルスの蔓延を防ぐ方法の一つの選択肢となった．胎児がジカウイルスに感染すると，脳の発達に影響を及ぼす小頭症を発症する確率が高くなる．メソプレンは一般に使われる殺虫剤の使用頻度を大きく減らし，ノミの発生を防ぐために屋内で使われている．メソプレンは，すでに成虫になった虫を殺すことはできないが，メソプレンにさらされたあとで産まれた卵は成虫にまで成長しない．蚊が繁殖する地域にメソプレンを粒状で散布しておくと，さなぎから成虫への変態が妨げられる．メソプレンは，脊椎動物に対しては比較的毒性が低く，DDT(コラム3-2参照)のような塩素を含む殺虫剤とは異なり環境に残留しない．メソプレンは使用後，数週間〜数カ月にわたって有効性を十分に発揮するほど安定な化合物であるにもかかわらず，時がたてば日光によって無害な小さい分子へ分解される．したがって，メソプレンとその他いくつかのJH類縁体は，害虫を駆除する重要な新しい手段となっている．

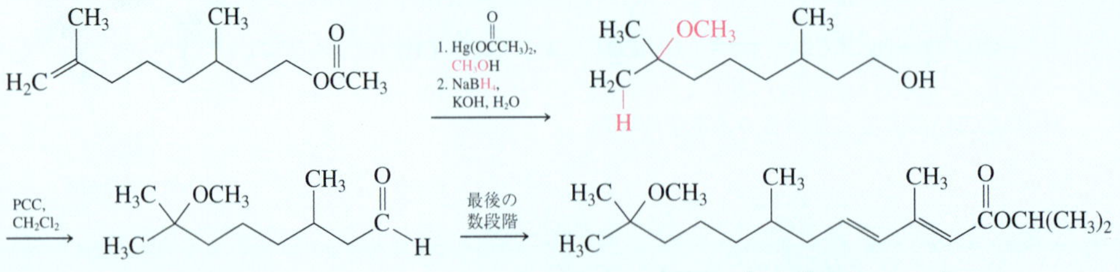

メソプレン(methoprene)
(JH類縁体)

段階 3　水による求核的開環(Markovnikov 則にしたがった位置選択性)

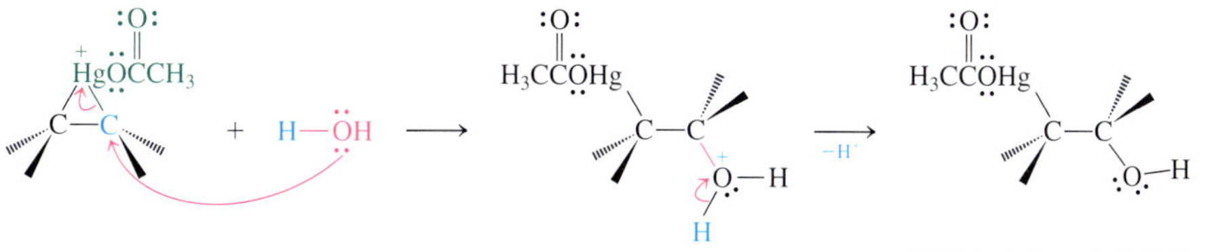

酢酸アルキル水銀(Ⅱ)

段階 4　還元

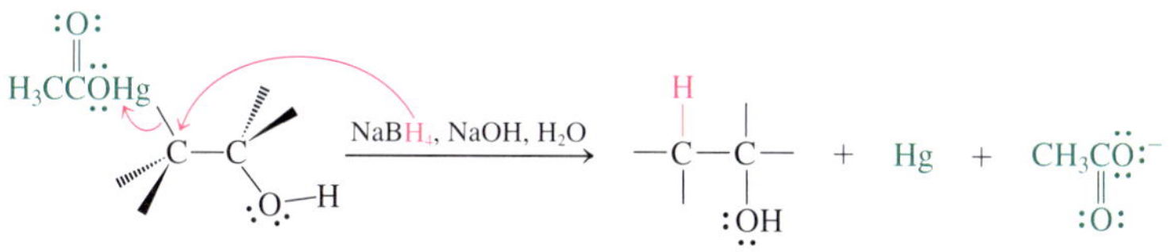

この方法が酸触媒による水和反応に比べて有利であることが，下に示した二つの反応で端的に説明されている．すなわち，1-ヘキセンに硫酸水溶液を作用させると，予想される 2-ヘキサノールだけでなく，転位した異性体である 3-ヘキサノールとの混合物が生成する．後者の生成物に導くヒドリド移動は，たんに第二級カルボカチオンがもう一つの第二級カルボカチオンに変換されるため，(発熱的ではないという事実にもかかわらず)非常に速く進行し，最初に生成したカチオンに対する水の求核攻撃と十分に競争できる．これに対し，オキシ水銀化-脱水銀化反応はカルボカチオンの生成を避けることができ，転位反応をともなうことなく Markovnikov 則にしたがったアルコールを高い収率で生成する．

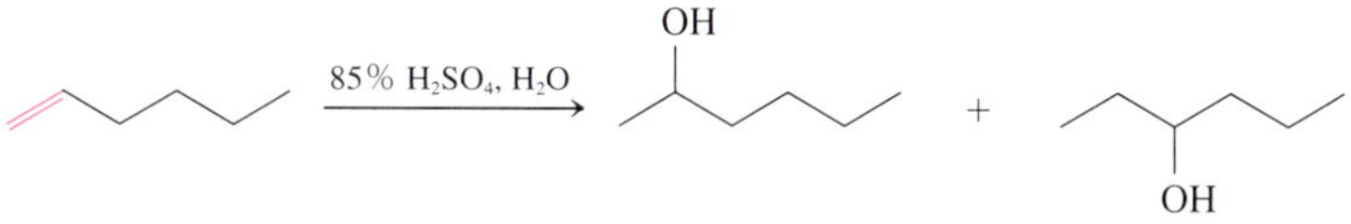

70%
2-ヘキサノール
正常な生成物

30%
3-ヘキサノール
転位生成物

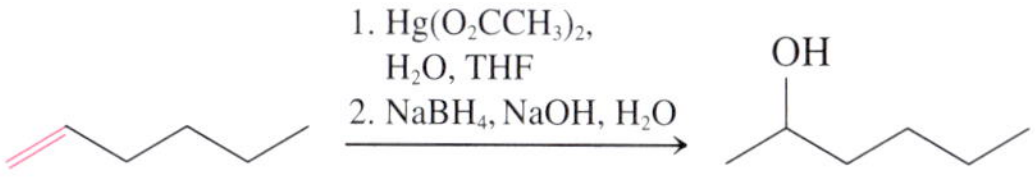

95%

アルケンのオキシ水銀化をアルコール溶媒中で行うと，欄外に示したように脱水銀化によってエーテルが得られる．

オキシ水銀化ー脱水銀化によるエーテルの合成

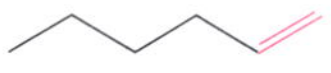

1-ヘキセン

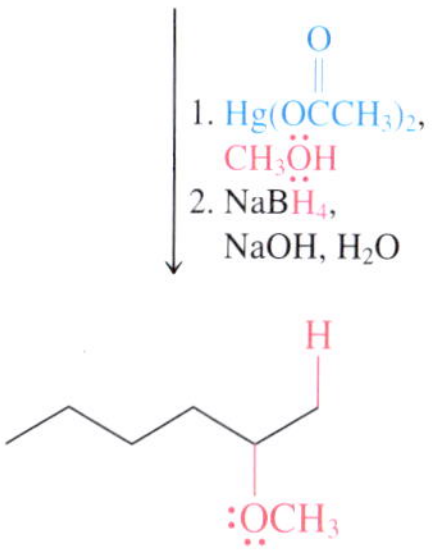

65%
2-メトキシヘキサン

練習問題 12-18

次の反応に対して予想される生成物を示せ．反応条件を H_2SO_4，H_2O に変えた場合，先に予想した生成物以外にどのような生成物が考えられるか．

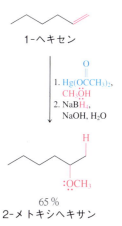

(a) 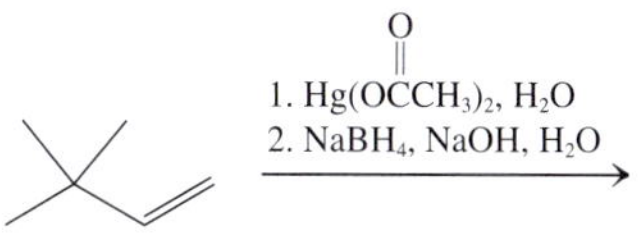

(b) 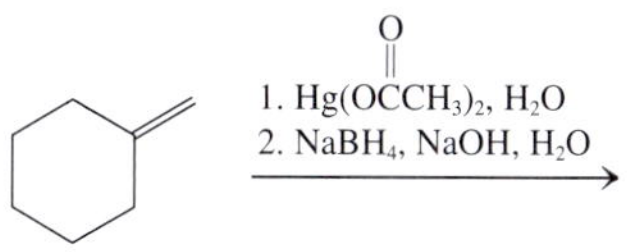

(c) 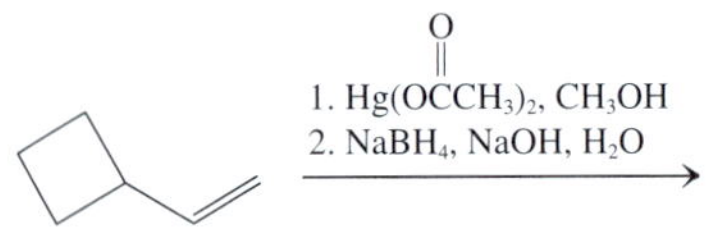

（**ヒント**：練習問題 9-30 を復習しよう）

練習問題 12-19

概念のおさらい：難かしい反応機構の問題における注目点

> **思い起こそう：**
> 「説明せよ」とは「反応機構を示せ」ということ.

次に示した結果を説明せよ.

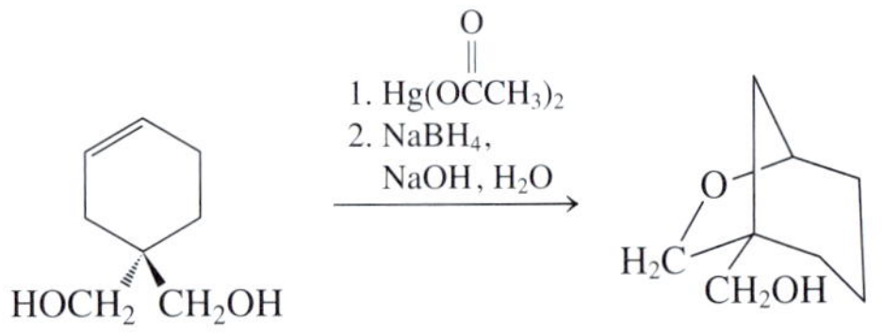

42 %

● 解法のてびき

What わかっていることは何か. 一見すると非常に奇妙な反応に対して反応機構を説明することが求められている. 基質にはアルケン官能基と遠く離れた二つの OH 基がある. 反応はオキシ水銀化のように見えるが, 最初の段階に水が含まれていないことに注目しよう.

How どこから手をつけるか. 基質と生成物間の構造上の見かけの相違点を詳しく吟味しよう. 基質の炭素に番号をつけ, それらの炭素が生成物のどの原子に対応するか検討することが, 複雑な反応を解明するうえで有効である. この例では, 二つの $-CH_2OH$ 基の結合している炭素が C4 である. これと同じ炭素を生成物から探し出し, それを手がかりにして分子中の他の炭素に番号をつける(下を見よ).

Information 必要な情報は何か. オキシ水銀化の段階ごとの反応機構.

Proceed 一歩一歩論理的に進めよ.

● 答え

• 二重結合の水銀化から始める.

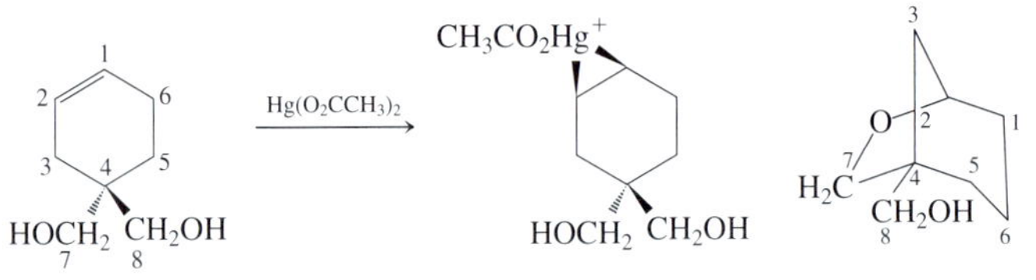

• これまでのすべての例において, 次の段階では水かアルコールという溶媒分子が関与していた. すなわち, 水かアルコールの求核的な酸素原子がマーキュリニウムイオンの一方の炭素に付加し, 環を開裂させた. ところが, この問題の場合には水は存在しない. 代わりに基質分子のなかにすでに存在している(C7 上の)酸素原子が, もとの二重結合炭素の一つ(C2)を攻撃することで生成物を与えている. この過程は分子内結合生成反応の一つである. $NaBH_4$ を用いて水銀を除去することによって最終生成物に到達する.

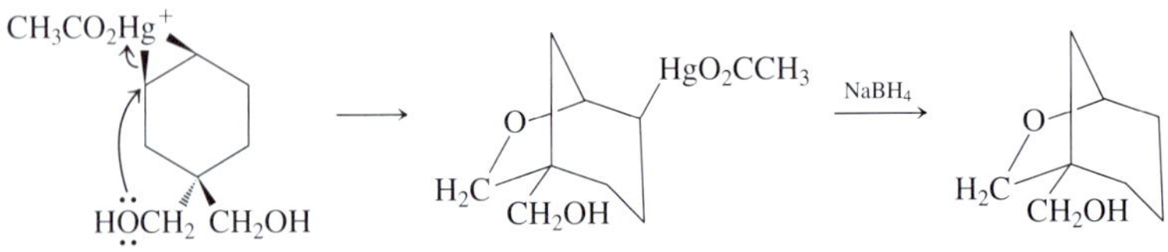

練習問題 12-20　**自分で解いてみよう**

下の反応は，出発物質の異性体である環状の生成物を与える．その構造を推定せよ．（**ヒント**：反応機構を考えよ．適切な求電子攻撃から始めよう．そのあと，付加反応を完結させるために基質中にすでに存在する求核的な原子を使おう．**注意**：位置選択性の問題を考えよ．本節にあげた指針となる例を参考にせよ．）

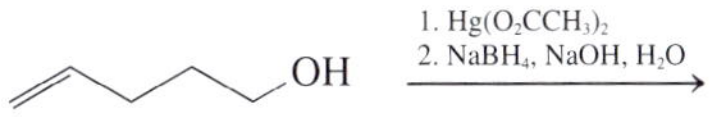

まとめ　オキシ水銀化－脱水銀化反応は，アルケンをアルコールやエーテルに位置選択的に（Markovnikov 則にしたがって）変換する合成的に有用な反応である．カルボカチオン中間体を経由しないので副反応である転位反応が起こらない．

12-8 ヒドロホウ素化－酸化：立体特異的逆 Markovnikov 水和反応

本章のここまでで，水をアルケンに付加させてアルコールを得る二つの方法について学んだ．本節ではこれら二つの方法とは異なる位置選択的結果を与え，合成法としてそれらを補う三つ目の合成方法について述べる．その方法とは，二重結合のヒドロホウ素化反応であり，反応機構的には水素化反応と求電子付加反応の中間に位置する反応である．ヒドロホウ素化によって得られるアルキルボランを酸化すると，アルコールが得られる．

ホウ素－水素結合は二重結合に付加する

ボラン（BH_3）は触媒を用いて活性化しなくても二重結合に付加する．この反応は発見者 H. C. Brown*によって**ヒドロホウ素化**（hydroboration）と名づけられた．

＊ Herbert C. Brown（1912 ～ 2004），アメリカ，パデュー大学教授，1979 年度ノーベル化学賞受賞．

アルケンのヒドロホウ素化

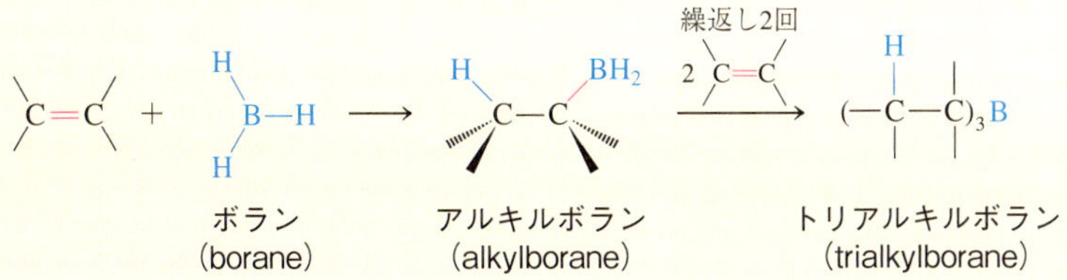

ボラン（それ自体は二量体 B_2H_6 として存在する）は，エーテルあるいはテトラヒドロフラン（THF）溶液として市販されている．これらの溶液中で，ボランはエーテルの酸素を介して Lewis 酸－塩基複合体として存在している（2-3 節および 9-5 節参照）．そして複合体を形成することによって，ホウ素は 8 電子則を満足させている（BH_3 の分子軌道図については図 1-17 参照）．

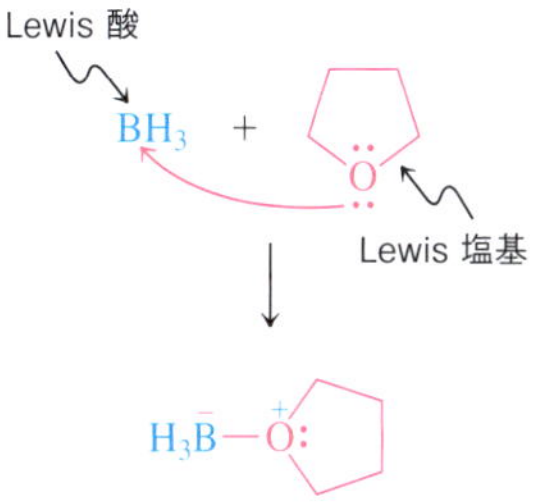

ボラン－THF 錯体

B－H 結合は，どのように π 結合に付加するのだろうか．π 結合には電子が豊富に存在する．これに対してボランは電子不足であり，ブロモニウムイオン（図

12−3)の生成の場合と同じように，まず Lewis 酸−塩基複合体を形成すると考えるのが妥当である．そしてこの場合には，BH_3 の空の p 軌道の関与が必要である．Lewis 酸−塩基複合体の生成によって，電子密度はアルケンからホウ素原子のほうへ移る．続いて，水素の一つが四中心遷移状態を経由してアルケン炭素の一つに移る．ホウ素はもう一方の炭素と結合する．付加の立体化学はシンである．三つの B−H 結合のすべてがこのようにして反応する．生成物であるアルキルボランのホウ素原子もまた電子不足である．下の一般式に示した静電ポテンシャル図(色の変化を最大につけた)を見れば，ホウ素原子上の電子密度が，ボラン分子における電子不足なホウ素原子(青色)から，Lewis 酸−塩基複合体になったときには，より電子豊富(赤色)となり，次いで遷移状態を経て最後に生成物(青色)に到達するにつれ，一度手に入れた電子密度を再び失う様子がよくわかる．

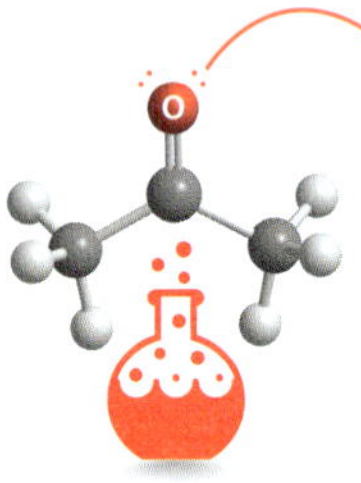
Mechanism

ヒドロホウ素化の機構

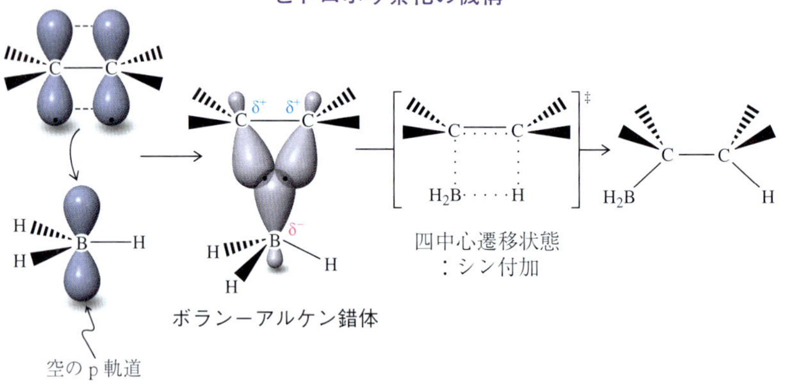

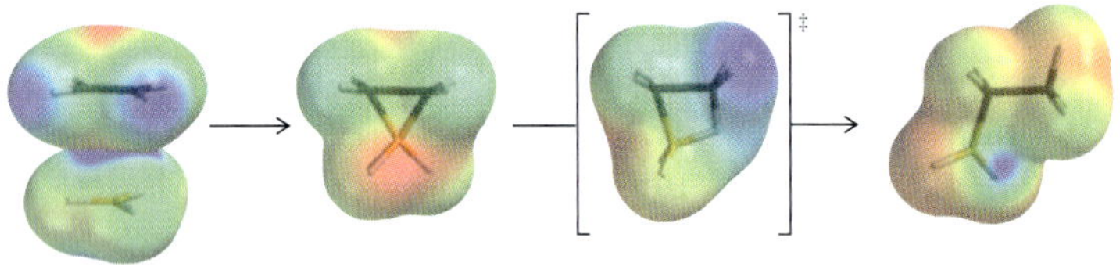

ヒドロホウ素化反応は，立体特異的(シン付加)であるだけでなく位置選択的でもある．これまでに述べた求電子付加反応と違って，電子的な要因ではなく立体的な要因がおもに位置選択性を制御する．すなわち，ホウ素は立体障害のより小さい(置換基のより少ない)炭素と結合する(欄外を参照)．このヒドロホウ素化反応によって生成するトリアルキルボランの反応性は次節で説明するように非常に興味深い．

ヒドロホウ素化の位置選択性

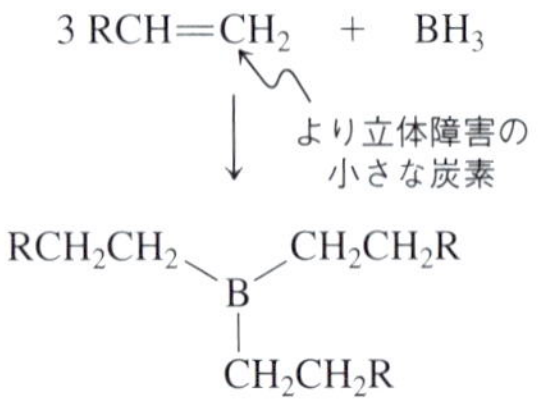

BH_3 の三つの B−H 結合のそれぞれが 1 分子のアルケンに付加し，トリアルキルボランが生成する．

アルキルボランを酸化するとアルコールが得られる

トリアルキルボランを塩基性の過酸化水素水溶液で酸化すると，ホウ素原子をヒドロキシ基で置き換えたアルコールに変換することができる．2 段階の反応，**ヒドロホウ素化−酸化**(hydroboration−oxidation)を全体として見ると，二重結合に水を付加させたことになる．12−4 節ならびに 12−7 節で述べた水和反応とは異なり，このボランを用いる反応は，水和とは逆の位置選択性をもって反応が進行し，OH 基は置換基のより少ない炭素と結合して反応が終わる．そのために**逆 Markovnikov 付加**(anti-Markovnikov addition)とよばれる．

ヒドロホウ素化ー酸化

Reaction

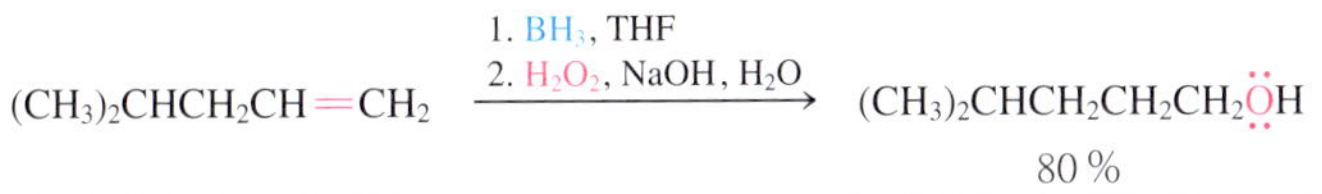

4-メチル-1-ペンテン　　　4-メチル-1-ペンタノール

アルキルボランの酸化における反応機構は次のとおりである．まず，求核的なヒドロペルオキシドイオンが電子不足のホウ素原子を攻撃する．次に，その結果生成した化学種(ボランのアート錯体)において，アルキル基の一つが電子対をもったまま，しかも立体配置を保持したまま，隣の酸素原子へと移動し，水酸化物イオンを追い出す．水酸化物イオンが脱離基として働くことはまれではあるが(6-7 節参照)，ここでは隣接するホウ素上にある「電子を押し出す」負の電荷と比較的弱い O—O 結合の存在によって脱離が容易になる．非常によく似た反応として，欄外に示したメチル基の移動が，水の脱離を容易にする酸触媒による 2,2-ジメチル-1-プロパノール(ネオペンチルアルコール；9-3 節参照)の転位反応をあげることができる．

アルキルボランの酸化の機構

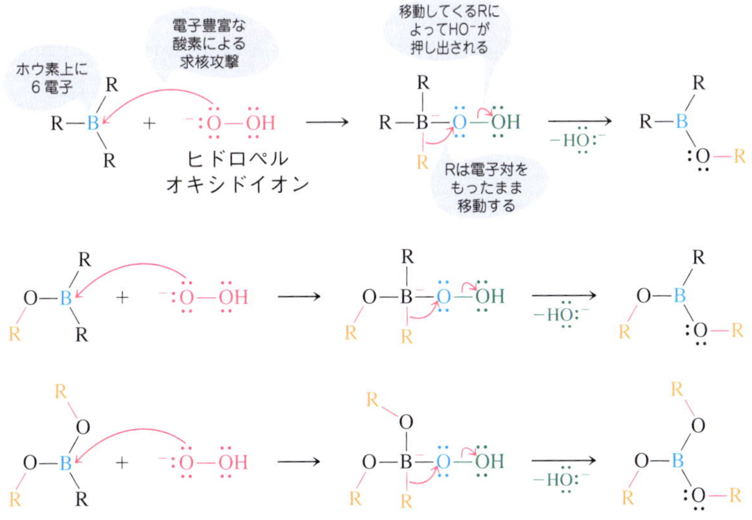

Mechanism

二つの似た転位反応の段階

アルキルボラン
ヒドロペルオキシドの転位

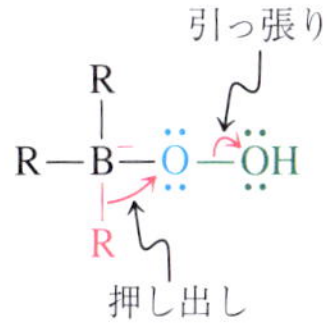

プロトン化された2,2-ジメチル-1-プロパノールの転位

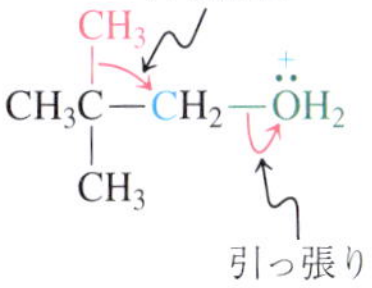

前ページに示すように，三つのアルキル基すべてが酸素原子に移るまでこの反応が 3 度繰り返され，最終的にはホウ酸トリアルキル〔$(RO)_3B$〕となる．この無機エステルが塩基によって加水分解され，アルコールとホウ酸ナトリウムになる．

$$(RO)_3B \;+\; 3\,NaOH \xrightarrow{H_2O} Na_3BO_3 \;+\; 3\,ROH$$

ボランの二重結合への付加反応ならびにこれに続く酸化反応は，いずれも高選択的に進行するため，この一連の反応はアルケンからアルコールを立体特異的かつ位置選択的に合成する方法となる．ヒドロホウ素化－酸化による逆 Markovnikov 則にしたがった反応の位置選択性は，酸触媒による水和反応ならびにオキシ水銀化－脱水銀化による位置選択性と相補的である．さらにヒドロホウ素化反応では，オキシ水銀化と同様に，カルボカチオン中間体を経由しないので転位反応が起こらないのも大きな利点である．

ヒドロホウ素化－酸化による
立体特異的かつ位置選択的なアルコールの合成

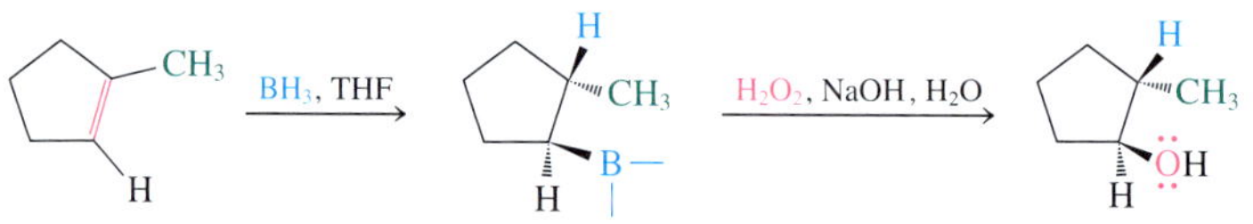

1-メチルシクロペンテン

C=C結合に対する
B－Hのシン付加に
よる生成物

86 %
trans-2-メチルシクロペンタノール
HとOHがシスの関係に
なっていることに注目せよ

練習問題 12-21

(a) プロペン，(b) (*E*)-3-メチル-2-ペンテン，(c) エチリデンシクロヘキサン，(d) (*S*)-2,3-ジメチル-1-ペンテンのヒドロホウ素化－酸化反応の生成物を示せ．立体化学が関与する場合にはそれを明確に示せ．

まとめ　ヒドロホウ素化－酸化はアルケンを水和するもう一つの方法である．最初の段階である付加はシン付加であり，しかも位置選択的である．ホウ素は立体障害のより小さい炭素と結合する．アルキルボランの塩基性の過酸化水素による酸化は，アルキル基の立体配置を保持したまま進行し，逆 Markovnikov 付加したアルコールを与える．

12-9 ジアゾメタン，カルベンとシクロプロパンの合成

シクロプロパンは合成の標的として興味深い化合物である．高度にひずみをもったコンパクトで硬い構造(4-2節参照)は魅力的な研究対象であるのと同時に，多様な天然の生物化学関連化合物(4-7節参照)の作用において重要な寄与をしている．シクロプロパンは，**カルベン**(carbene)とよばれる反応性の高い化学種のアルケンの二重結合への付加によって容易に得られる．カルベンは一般に，中心炭素が6電子をもった R_2C**:** という構造をもっている．この点では，カルベンはカルボカチオンやボラン，ハロゲニウムイオン(X^+)と似ている．カルベンは概念的にはカルボカチオンの脱プロトン化によって生成すると考えることができるが，実際にはその方法では得られない．

カルベンを得るための概念的な方法：
カルボカチオンの脱プロトン化

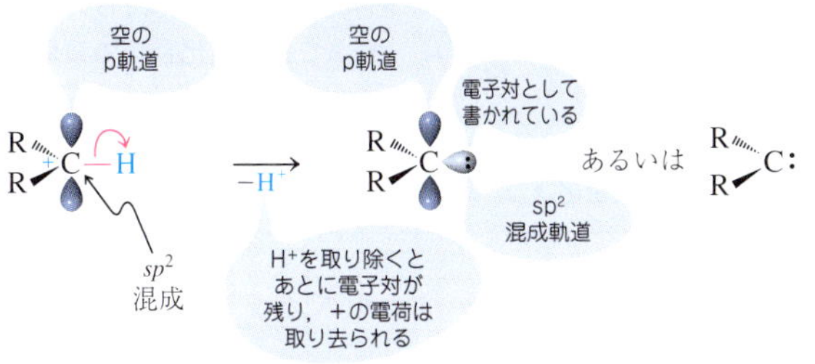

中性の化学種であるが，カルベンは電子不足でアルケンに対して求電子剤として働き，シクロプロパンの三員環を生成する．この過程は協奏的で，欄外に示したように電子の押し出しを表す矢印を用いて書くことができる．

カルボカチオンやラジカルのようなこれまで学んできた他の活性な中間体と同様に，カルベンもまた“ビンに詰めておいてあとから使用する”というようなことはできない．むしろ，次に学ぶように捕捉剤としてアルケンを共存させておいて，適当な前駆体からその場で生成させる必要がある．

二重結合に対するカルベンの付加

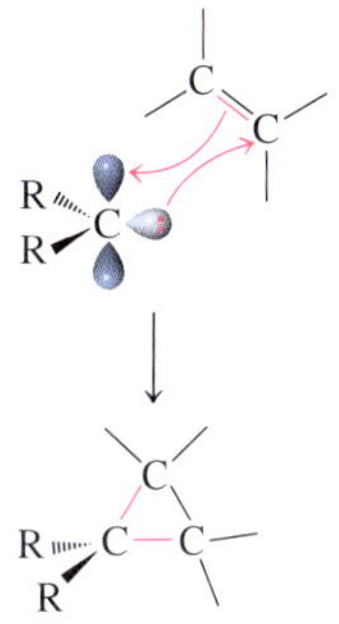

シクロプロパン
(cyclopropane)

ジアゾメタンからメチレンが生成し，メチレンはアルケンをシクロプロパンに変換する

変わった物質である**ジアゾメタン**(diazomethane) CH_2N_2 は黄色を帯びた毒性の高い，しかも爆発性の気体である．光の照射や加熱あるいは触媒量の金属銅の存在下で N_2 の放出をともないながら分解する．その結果，非常に反応性の高い化学種である**メチレン**(methylene) H_2C: を生成する．このメチレンはカルベンのなかでも最も簡単なものである．

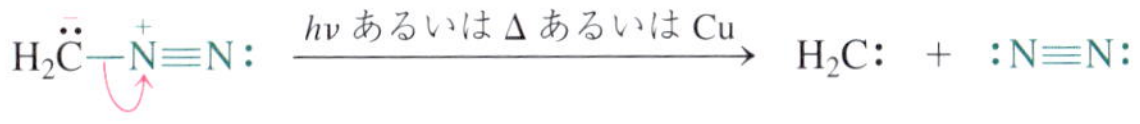

ジアゾメタン (diazomethane)　　メチレン (methylene)

アルケンの共存下でメチレンを発生させると，付加反応が進行してシクロプロパンが生成する．もう一つの Lewis 酸－塩基付加反応の一例であるこの反応はふつう立体特異的に進行し，二重結合に関して，もとの立体配置を保持する．

二重結合へのメチレンの付加

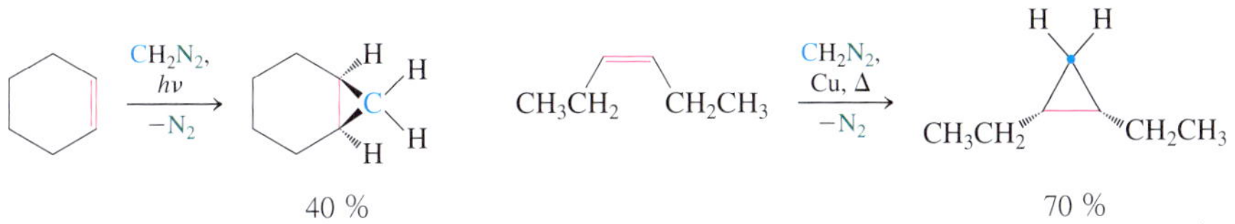

40 %
ビシクロ[4.1.0]ヘプタン
(bicyclo[4.1.0]heptane)

70 %
cis-1,2-ジエチルシクロプロパン
(*cis*-1,2-diethylcyclopropane)

練習問題 12-22

(a) ジアゾメタンはジアゾアルカンあるいはジアゾ化合物 $R_2C{=}N_2$ とよばれている化合

$CH_2{=}CHCH_2CH{=}\overset{+}{N}{=}\ddot{N}{:}^-$
（A）

物群のなかでその構造が最も簡単なものである．ジアゾ化合物（A：欄外）をヘプタン溶液中 − 78 ℃で光照射すると，分子式 C_4H_6 の炭化水素が得られる．この炭化水素は ^1H NMR において三つのシグナルを示し，^{13}C NMR においては二つのシグナルを示す．そしてこれらのシグナルは，すべて脂肪族化合物の領域に現れる．この分子の構造を推定せよ．

(b) ブタンからどのように *trans*-1,2-ジメチルシクロプロパンを合成することができるか．（**ヒント**：逆合成を考えよう．）

ハロゲン化されたカルベンあるいはカルベノイドもまたシクロプロパンを与える

シクロプロパンはハロメタンから調製されるハロゲン化カルベンからも合成できる．たとえば，トリクロロメタン（クロロホルム）に強塩基を作用させると，プロトンと脱離基である塩化物イオンが同じ炭素上から脱離する異常な脱離反応が起こる．その結果ジクロロカルベンが生成し，アルケンの存在下に発生させたときにはシクロプロパンが得られる．

クロロホルムからのジクロロカルベンの発生とシクロヘキセンによる捕捉

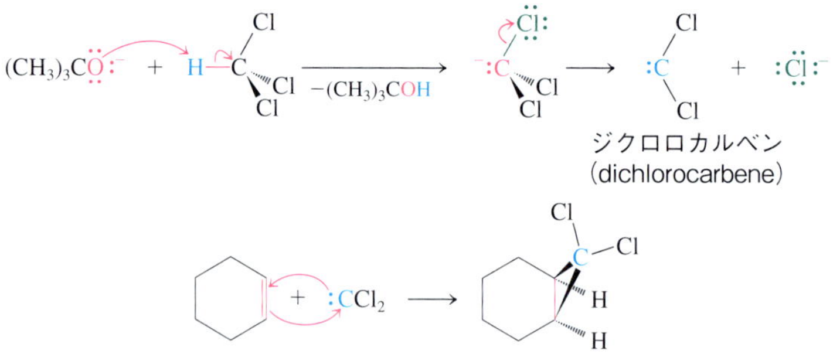

59 %

シクロプロパンを合成するもう一つの方法は，ジヨードメタンを亜鉛粉末（一般的に銅で活性化したもの）で処理して，**Simmons–Smith** * **反応剤**（Simmons–Smith reagent）とよばれている化合物 ICH_2ZnI を得て，これを利用する方法である．この化学種は**カルベノイド**（carbenoid）あるいはカルベン様の物質の一例であり，カルベンと同様にアルケンと立体特異的に反応して，アルケンをシクロプロパンに変換することができる．シクロプロパンの合成に Simmons–Smith 反応を利用すると，ジアゾメタンの調製にかかわる危険を回避することができる．

* Howard E. Simmons 博士（1929 〜 1997）と Ronald D. Smith 博士（1930 〜）．両者ともアメリカ，E. I du Pont 社．

シクロプロパン合成におけるSimmons-Smith反応剤

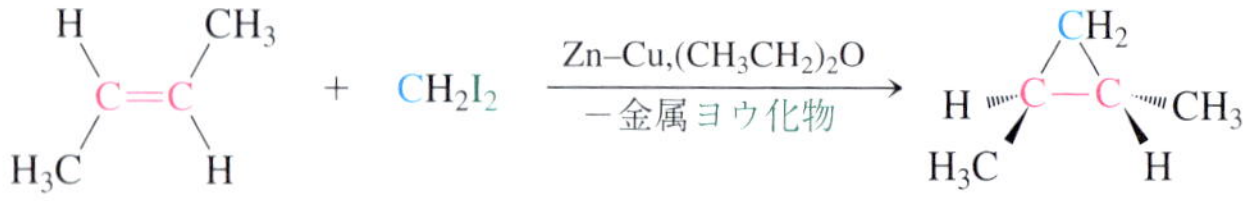

Simmons–Smith 反応剤が利用された印象的な天然物の合成例は，1990 年に *Streptoverticillium fervens* の培養液から得られ，1996 年にはじめて合成された非常に特異な構造をもった抗真菌性剤ジョーサマイシン（jawsamycin）の合成である．その最も特徴的な部分は脂肪酸残基で，五つのシクロプロパン環をもち，そのうちの四つが連続した構造である．これら五つのシクロプロパン環がすべて

Simmons-Smith 反応によって合成された.

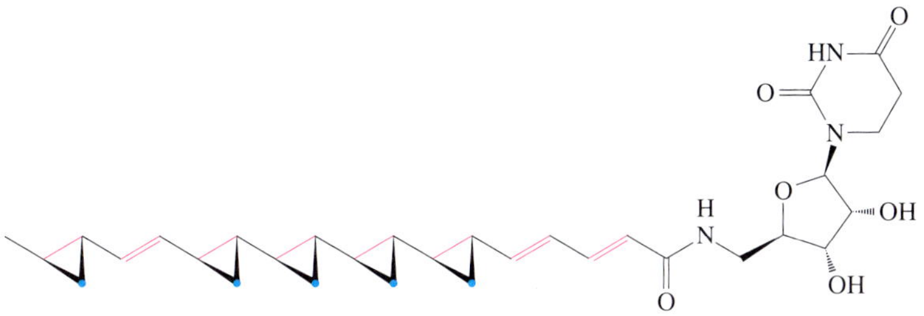

ジョーサマイシン(jawsamycin)

まとめ ジアゾメタンは，アルケンからシクロプロパンを合成するためのメチレン源として合成的に有用な中間体である．ハロメタンの脱ハロゲン化水素反応によって生成するハロゲン化カルベンや，ジヨードメタンと亜鉛から得られるカルベノイドの一種である Simmons-Smith 反応剤もまた，アルケンをシクロプロパンに変換する．一つの炭素原子が二つのアルケン炭素と同時に結合をつくるので，カルベンのアルケンに対する付加反応は，他の付加反応とは異なる．

12-10 オキサシクロプロパン(エポキシド)の合成：過酸によるエポキシ化反応

本節では求電子的な酸化剤がどのようにして，一つの酸素原子を二重結合の二つの炭素に結合させるかを示す．この反応によってオキサシクロプロパンが得られ，このオキサシクロプロパンはさらに隣接アンチ-ジオールへと変換される．12-11 節と 12-12 節では，二つの酸素原子をそれぞれのアルケン炭素に結合させ，二重結合を部分的に切断しながら隣接シン-ジオールを得る方法，あるいは二重結合を完全に開裂させながら二つのカルボニル化合物を得る方法について述べる．

ペルオキシカルボン酸は酸素原子を二重結合に引き渡す

ペルオキシカルボン酸の OH 基は求電子的な酸素原子をもっている．ペルオキシカルボン酸はアルケンと反応して，この酸素を二重結合に付加してオキサシクロプロパンを生成させる．反応のもう一つの生成物はカルボン酸である．オキサシクロプロパンはいうまでもなく多様な有用性をもつ合成中間体であるので(9-9 節参照)，このオキサシクロプロパン合成法は重要である．反応は，クロロホルム，ジクロロメタンあるいはベンゼンのような不活性溶媒中，室温で進行する．この酸化反応は一般に**エポキシ化**(epoxidation)とよばれる．オキサシクロプロパンの古い慣用名の一つであるエポキシドから名づけられたものである．実験室でよく用いられるペルオキシカルボン酸は *m*-クロロペルオキシ安息香酸(*meta*-chloroperoxybenzoic acid，MCPBA)である．しかしながら，大量に使用する場合や工業的な目的のためには，いくぶん衝撃に敏感な(爆発性の)MCPBA の代わ

ペルオキシカルボン酸

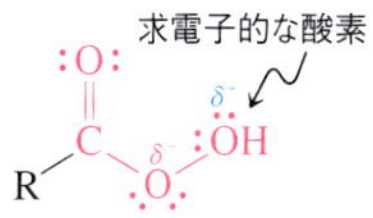

ペルオキシカルボン酸
(peroxycarboxylic acid)

ペルオキシ酢酸
(peroxyacetic acid)
(過酢酸)

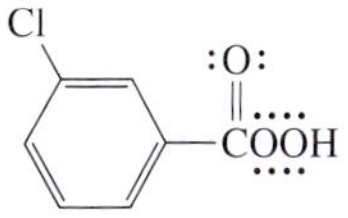

m-クロロペルオキシ安息香酸(*meta*-chloroperoxybenzoic acid, MCPBA)
(過安息香酸)

りに安価な（かつより安全な）モノペルオキシフタル酸マグネシウム（magnesium monoperoxyphthalate，MMPP）が用いられる．

オキサシクロプロパンの生成：二重結合のエポキシ化

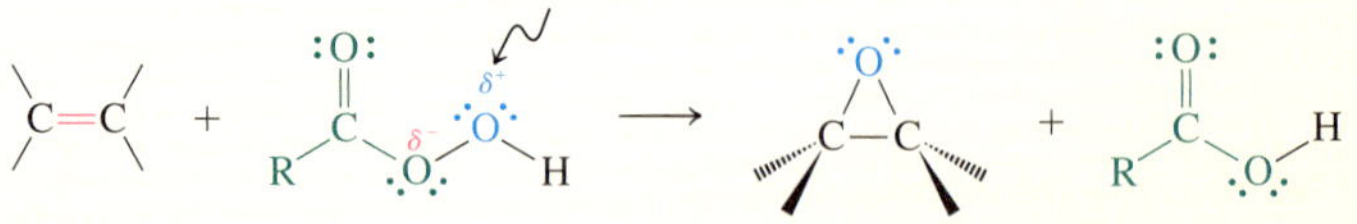

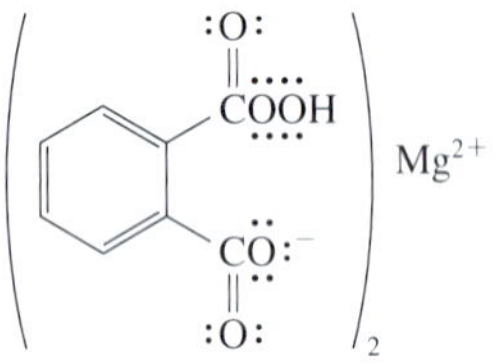

モノペルオキシフタル酸マグネシウム（magnesium monoperoxyphthalate, MMPP）

エポキシ化における酸素原子の移動は立体特異的に進行し，酸素はシン付加する．したがって，出発物質であるアルケンの立体化学は保持されたままオキサシクロプロパンに変換される．たとえば，*trans*-2-ブテンは *trans*-2,3-ジメチルオキサシクロプロパンを与え，一方 *cis*-2-ブテンは *cis*-2,3-ジメチルオキサシクロプロパンを生成する．

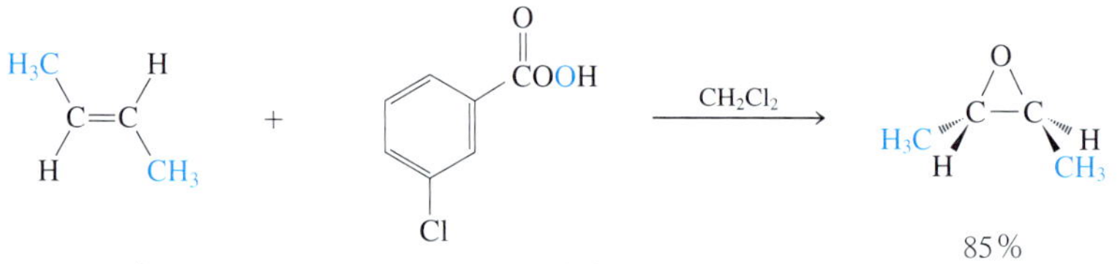

trans-2-ブテン（*trans*-2-butene）　*m*-クロロペルオキシ安息香酸（*meta*-chloroperoxybenzoic acid, MCPBA）　*trans*-2,3-ジメチルオキサシクロプロパン（*trans*-2,3-dimethyloxacyclopropane）

エポキシ化の反応機構は，求電子的ハロゲン化反応（12-5 節）とよく似ているが，まったく同じというわけではない．エポキシ化反応においては，求電子的な酸素が π 結合に付加すると同時に，ペルオキシカルボン酸のプロトンがペルオキシカルボン酸自体のカルボニル酸素に移り，すぐれた脱離基であるカルボン酸分子を放出する，という環状の遷移状態を書くことができる．オキサシクロプロパン生成物の二つの新しい C—O 結合は，形式上，アルケンの π 結合の電子対と切断された O—H 結合を形成していた電子対からつくられる．

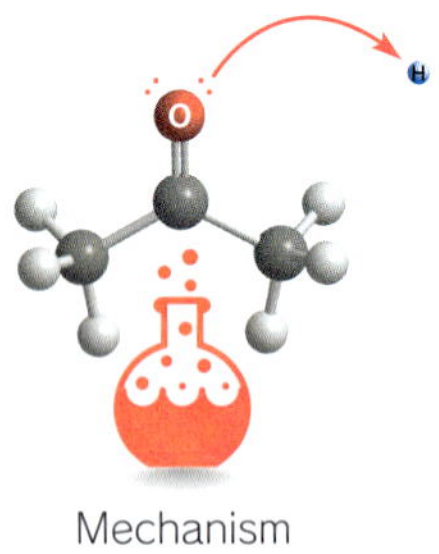

オキサシクロプロパン生成の協奏的機構

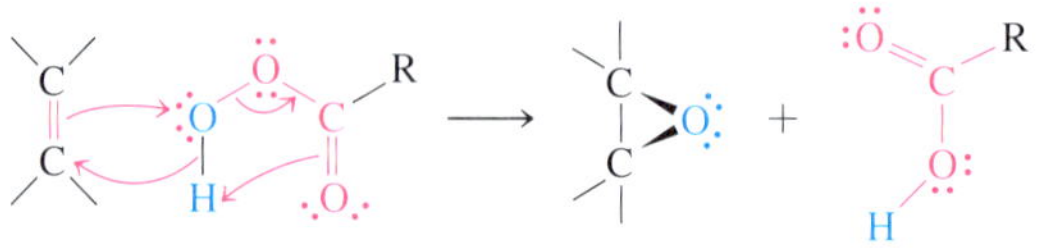

練習問題 12-23

(a)（i）1-ヘキセン，（ii）メチリデンシクロヘキサン，（iii）(*R*)-3-メチル-1-ヘキセンのエポキシ化による生成物を示せ．（**注意**：立体中心の立体化学はどうなるか．）

(b) シクロヘキセンから *trans*-2-メチルシクロヘキサノールを短い工程で合成する経路を示せ．（**ヒント**：9-9 節のオキサシクロプロパンの反応を見直そう）．

求電子的な反応機構から予想されるように，アルケンのペルオキシカルボン酸に対する反応性は，アルキル置換基の数が増すほど増大する．なぜなら，アルキル基は誘起効果(11-3 節参照)ならびに超共役(7-5 節と 11-5 節参照)によって電子を供与するからである．したがってC=C二重結合がいくつか存在する場合，そのうちの一つだけを選択的に酸化することができる．たとえば，

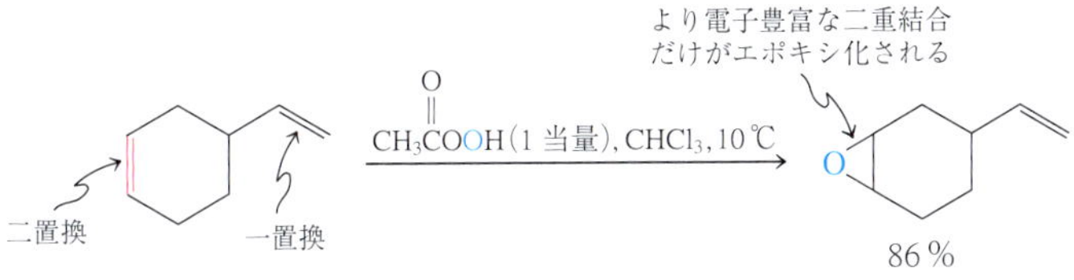

オキサシクロプロパンを加水分解すると
アルケンをアンチジヒドロキシ化した生成物を与える

オキサシクロプロパンを触媒量の酸または塩基の存在下に水で処理すると開環反応が起こり，対応する隣接ジオールが得られる．この反応は 9-9 節で述べた反応機構にしたがって進行する．すなわち，求核剤(水あるいは水酸化物イオン)が三員環を形成している酸素の反対側からオキサシクロプロパンの炭素を求核的に攻撃する．そのためにエポキシ化と加水分解反応を組み合わせると，全体としてアルケンを**アンチジヒドロキシ化**(*anti* dihydroxylation)したことになる．このようにして，*trans*-2-ブテンは *meso*-2,3-ブタンジオールを与える．一方，*cis*-2-ブテンはエナンチオマーである(2*R*,3*R*)体ならびに(2*S*,3*S*)体のラセミ混合物を生成する．

アルケンの隣接アンチジヒドロキシ化

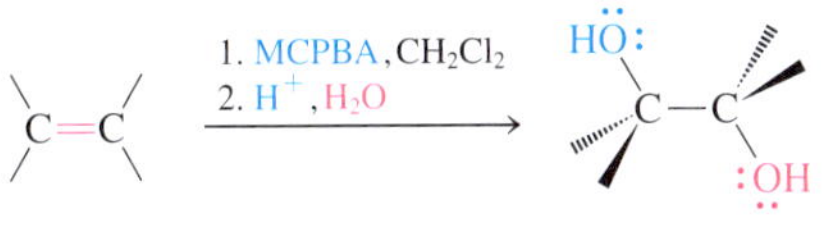

2,3-ブタンジオールの異性体の合成

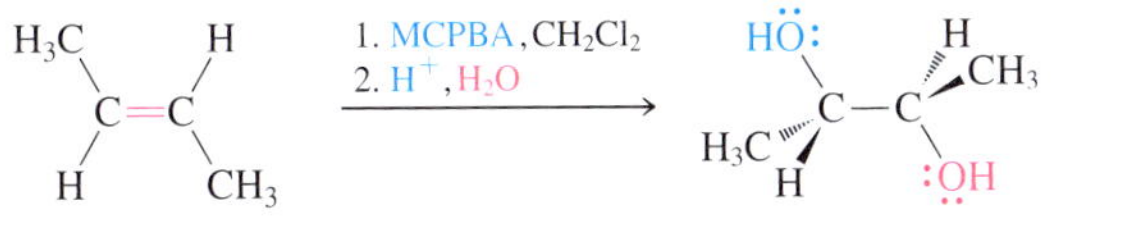

trans-2-ブテン　　*meso*-2,3-ブタンジオール

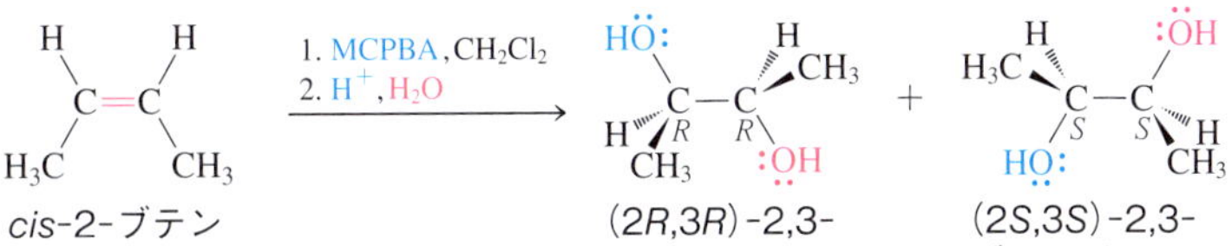

cis-2-ブテン　　(2*R*,3*R*)-2,3-ブタンジオール　　(2*S*,3*S*)-2,3-ブタンジオール

(ラセミ混合物)

コラム● 12-2　抗腫瘍剤の合成：Sharpless のエナンチオ選択的オキサシクロプロパン化

1990 年代になって医薬品の合成法に大きな変革が起こった．それ以前に開発されたキラル分子を純粋なエナンチオマーとして合成する方法のうち，ほとんどが工業的なスケールで実施するにはふさわしいものではなかった．多くの場合，エナンチオマーの一方だけが目的とする活性をもっているにもかかわらず，製造がはるかに安価で済むという理由から，ラセミ混合物が一般に合成されていた．しかしながら，触媒についての基本的な理解の進歩がこの状況を一変させた．最も有用な例のいくつかとして，K. B. Sharpless（コラム 5-3 参照）によって開発された一連の二重結合の高エナンチオ選択的酸化反応をあげることができる．最初にあげるそのような反応は 12-10 節で紹介したオキサシクロプロパン化反応であり，とくに 2-プロペニルアルコール（アリルアルコール）に適用された．しかしながら Sharpless 法では，ペルオキシカルボン酸に代わって，チタン(Ⅳ)イソプロポキシドの存在下に *tert*-ブチルヒドロペルオキシドが反応剤として（「Sharpless のエポキシ化」），そして酒石酸ジエチルエステル（コラム 5-2 参照）がキラル補助剤として用いられる．天然由来の(+)-(2*R*,3*R*)-酒石酸ジエチルと天然にはない(−)-(2*S*,3*S*)-鏡像体は，両方とも市販されている．一方の酒石酸エステルは酸素を二重結合の一方の面から付加させ，他方の酒石酸エステルは反対の面へ酸素を付加する．その結果，いずれの反応も下に示したように高いエナンチオマー過剰率でオキサシクロプロパン生成物の一方のエナンチオマーを与える（5-2 節参照）．

Sharplessのオキサシクロプロパン化反応剤

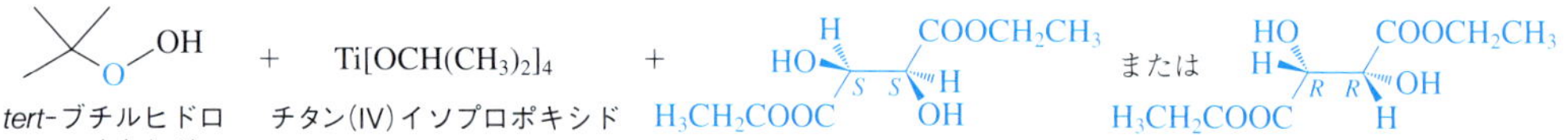

tert-ブチルヒドロペルオキシド　　チタン(Ⅳ)イソプロポキシド　　酒石酸ジエチル配位子

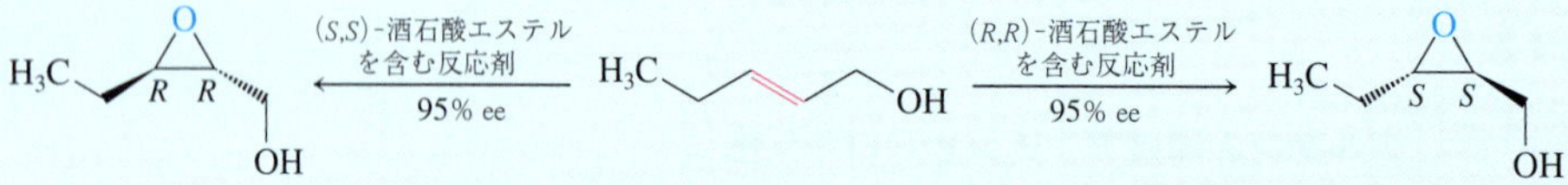

練習問題 12-24

次のアルケンに MCPBA を作用させ，続いて酸の水溶液で処理したときに得られる生成物を示せ．
(a) 1-ヘキセン，(b) シクロヘキセン，(c) *cis*-2-ペンテン，(d) *trans*-2-ペンテン．

まとめ　ペルオキシカルボン酸は酸素原子をアルケンに与えてオキサシクロプロパンに変換（エポキシ化）する．ペルオキシカルボン酸によるペルオキシ化と，これに続く加水分解によってアンチ形の隣接ジオールが立体特異的に得られる．

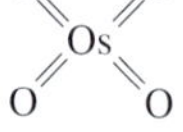

四酸化オスミウム
(osmium tetroxide)

12-11 四酸化オスミウムによる隣接シンジヒドロキシ化

四酸化オスミウムはアルケンと 2 段階機構で反応して，対応する隣接ジオールをシン立体特異的に生成する．したがって，この反応は前節で述べたアンチ選択

（エポキシ化）とジヒドロキシ化　MEDICINE

キラルな配位子の役割は，基質が唯一の空間的配向でしか入り込めないようなポケットをつくることである（コラム 9-3 および 12-2 節参照）．この点で，この触媒は多くの酵素がもっている特性を備えている．生体触媒である酵素は，本質的には上記の触媒と同じように機能する（コラム 5-4 および下巻；26 章参照）．キラルな配位子が存在しないと，ラセミ混合物が生成する．

Sharpless のエナンチオ選択的なオキサシクロプロパン化反応は，強力な抗腫瘍剤であるアクラシノマイシン A（コラム 7-1 参照）のような重要な医薬品に必要となるキラルで純粋なエナンチオマーである多くのビルディングブロックの合成に利用されている．

Sharpless は，近傍にキラル官能基をもった中心金属を利用するという同じ原理を，アルケンを基質とする反応に適用し，OsO_4 触媒によるアルケンのエナンチオ選択的ジヒドロキシ化反応を開発した（12-11 節参照）．この反応におけるキラル補助剤の最も重要な部分は，シンコナ（下巻；25-8 節参照）とよばれる天然のアルカロイドの仲間から得られるアミンである．これらのアミンの一つは，下に示す連結された二量体に組み込まれたジヒドロキニーネである．化学量論量の酸化剤（12-11 節参照）として，H_2O_2 の代わりに Fe^{3+}〔$K_3Fe(CN)_6$ として〕が用いられる．左下の例は *trans*-1-クロロ-2-ブテンのエナンチオ選択的シンジヒドロキシ化反応で，対応する 2*S*,3*R*-ジオールがほぼ完全な立体特異性をもって生成する．この種の小さくて純粋なエナンチオマーであるジオールは，天然物や医薬品合成の貴重なビルディングブロックである．

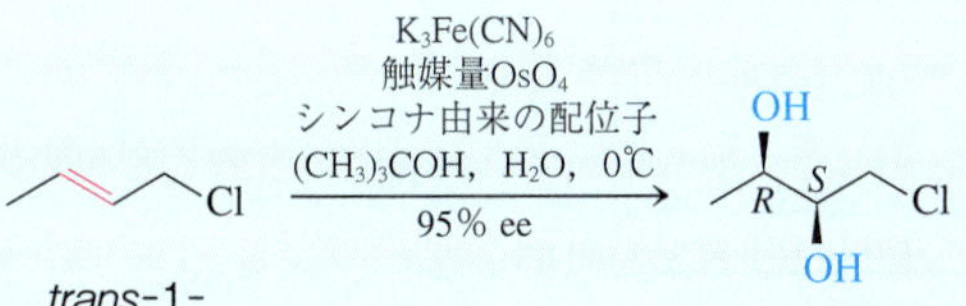

trans-1-クロロ-2-ブテン

75%
(2*S*,3*R*)-1-クロロ-2,3-ブタンジオール

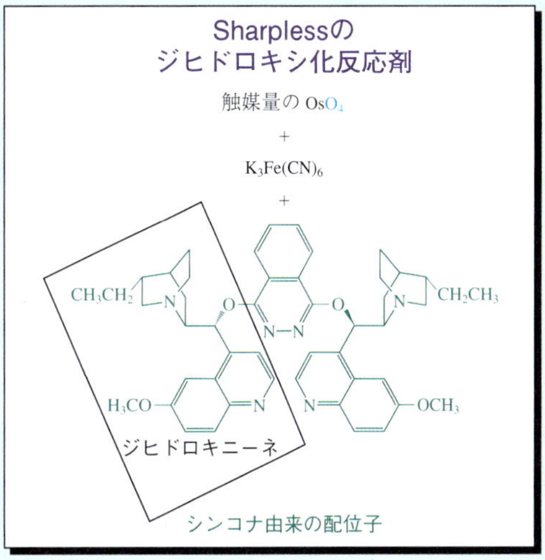

的に進行するエポキシ化－加水分解という一連の反応と相補的である．

四酸化オスミウムによる隣接シンジヒドロキシ化

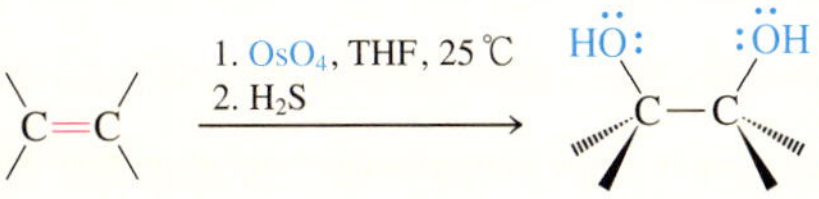

Reaction

まず第 1 段階では，環状エステルが生成する．続いてこれを H_2S や亜硫酸水素ナトリウム（$NaHSO_3$）を用いて還元的に加水分解する．

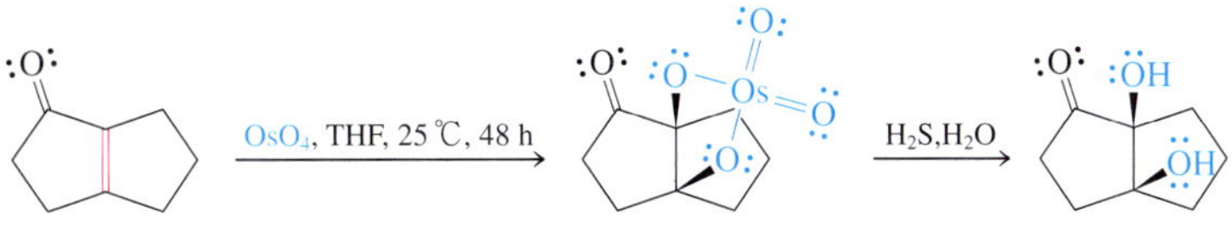

90 %

中間体は，単離可能ではあるが，ふつう直接の後処理によって遊離のジオールに変換される．

この反応機構について見てみよう．π 結合と四酸化オスミウムとの間で起こる最初の反応は，三つの電子対が同時に移動して Os(Ⅵ)を含む環状のエステルを与える協奏的付加反応(6-4 節参照)である．この過程はアルケンに対する求電子的攻撃と見ることができる．すなわち，アルケンから 2 電子が金属に移り，これによって金属は還元される〔Os(Ⅷ) → Os(Ⅵ)〕．立体的な理由から，二つの酸素原子が二重結合の同じ面から導入された環状エステルのみが生成可能である．すなわち，反応はシン付加で進行する．

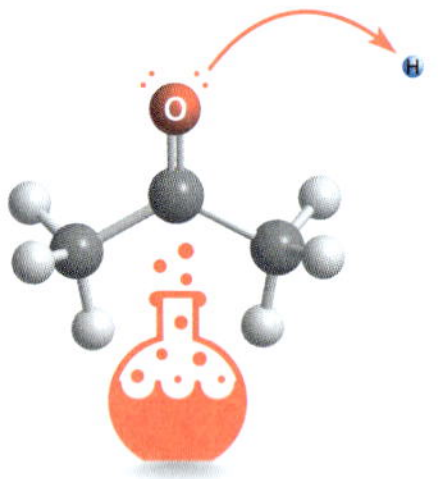

Mechanism

四酸化オスミウムによるアルケンの酸化の機構

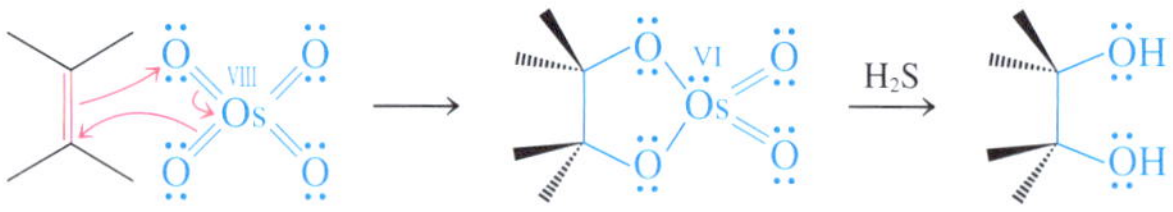

OsO_4 は高価でしかも毒性が非常に強いために，還元されたオスミウムを再酸化する H_2O_2 のような他の酸化剤を化学量論量用いることにより，使用するオスミウムの量は触媒量にとどめるというより使いやすいジヒドロキシ化の方法が一般的に用いられている．

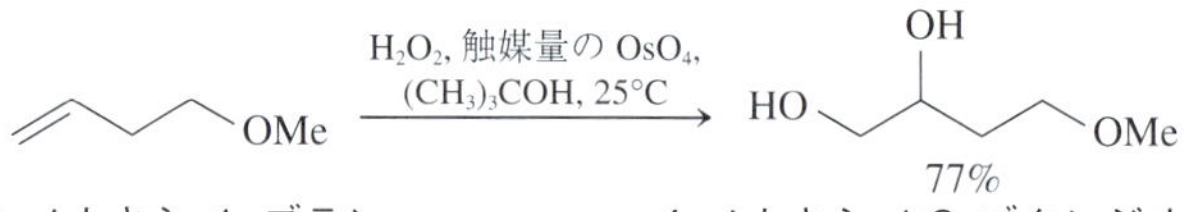

4-メトキシ-1-ブテン　　4-メトキシ-1,2-ブタンジオール

アルケンを隣接シンジヒドロキシ体に変換する古い反応剤に，過マンガン酸カリウム $KMnO_4$ がある．この反応剤は反応機構的に四酸化オスミウムと同じように働くが，実際上，ジオールの合成反応剤として四酸化オスミウムほど有用ではない．それは，生成したジオールがさらに酸化されるといった過剰酸化のために，得られるジオールの収率が低いからである．しかしながら，濃紫色の過マンガン酸カリウム溶液は，アルケンの存在を確認する有用な手段である．すなわち，アルケンと反応すると紫色の反応剤は消費されてただちに無色となり，その還元生成物である MnO_2 の褐色の沈殿の生成が見られる．

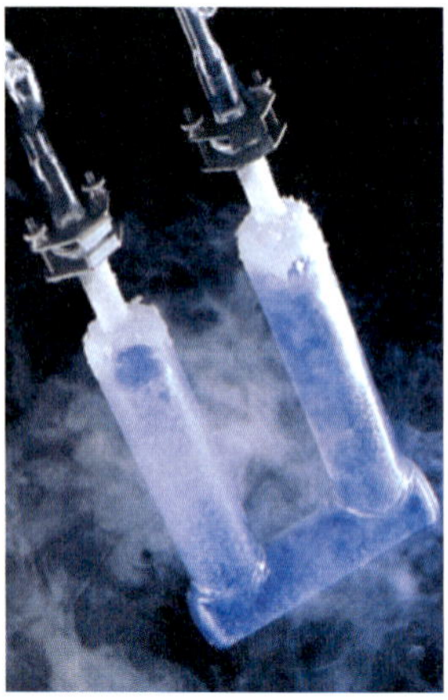

オゾンは青色の気体であり，圧縮すると暗青色の非常に不安定な液体となる．オゾンは強力な殺菌剤である．そのため，オゾン発生装置がプールや温泉の水の殺菌に利用されている．

過マンガン酸カリウムによるアルケン二重結合の確認テスト

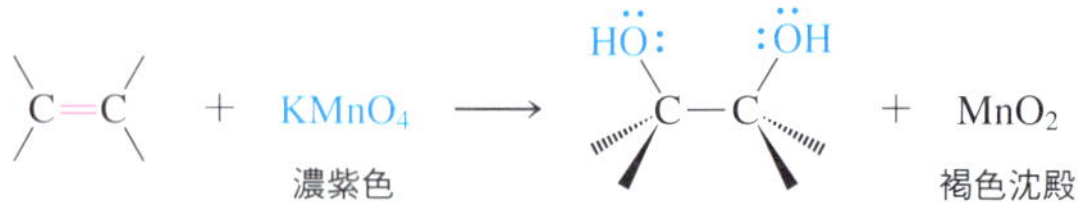

練習問題 12-25

アルケンの隣接シンジヒドロキシ化反応と隣接アンチジヒドロキシ化反応は立体化学的な結果が互いに相補的である．*cis*-および *trans*-2-ブテンの隣接シンジヒドロキシ化反応の生成物を立体化学がよくわかるように示せ．

まとめ 四酸化オスミウムを化学量論量用いるか，あるいは第二の酸化剤と組み合わせて触媒量用いることで，アルケンをシン-1,2-ジオールへ変換することができる．紫色の過マンガン酸カリウムも四酸化オスミウムと同様にアルケンと反応する．その際，過マンガン酸カリウムの紫色が消える．この色の変化は，化合物中に二重結合が存在するかどうかを調べる試験法として有効に利用できる．

12-12 酸化的開裂反応：オゾン分解

四酸化オスミウムによるアルケンの酸化は，π 結合だけを切断する．これに対して，σ 結合をも同時に切断する反応剤がある．アルケンを酸化的に開裂する最も一般的でかつ最も穏和な方法として，オゾンによる**オゾン分解**(ozonolysis)という反応がある．生成物は二つのカルボニル化合物である．

実験室において，オゾン(O_3)はオゾン発生装置とよばれる機器によって得ることができる．発生装置は，アーク放電によって3～4％のオゾンを含んだ乾燥した酸素気流をつくり出す．この気体混合物をアルケンのメタノールあるいはジクロロメタン溶液に吹き込む．最初に生成する単離可能な中間体は，**オゾニド**(ozonide)とよばれる化学種である．オゾニドは，酢酸中，金属亜鉛で処理するかあるいはメチルチオメタンと反応させることによって直接還元される．オゾン分解－還元という操作を組み合わせることによって，全体として分子を炭素－炭素二重結合のところで開裂したことになる．もともと二重結合を形成していた二つの炭素に酸素がそれぞれ結合する．

アルケンのオゾン分解反応

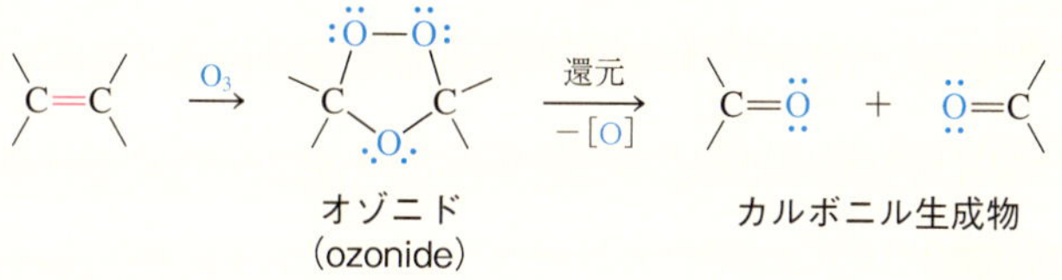

Reaction

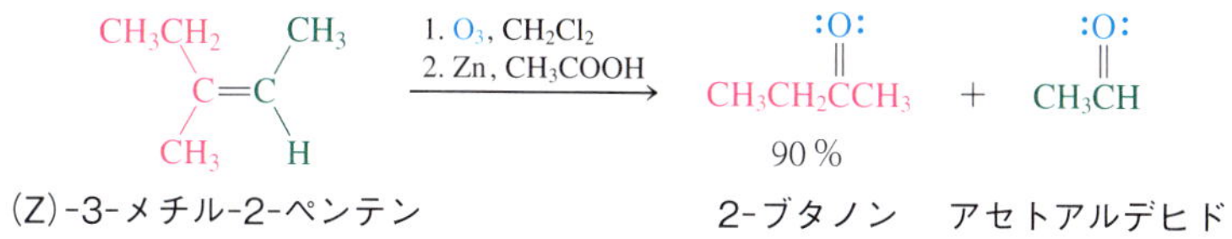

オゾン分解の反応機構の最初の段階は，二重結合に対するオゾンの求電子付加であり，この付加によっていわゆる**モルオゾニド**(molozonide)[†]が生成する．すでに紹介したいくつかの反応と同じように，モルオゾニドの生成では環状遷移状態において6電子が協奏的に動く．モルオゾニドは不安定であり，6電子を含む転位反応をもう一度起こしてカルボニルとカルボニルオキシドの二つのフラグメントに分解する．そして，この二つの化学種が再結合してオゾニドを与える．

† 訳者注：通常は一次オゾニド(primary ozonide)または初期オゾニド(initial ozonide)とよばれる．

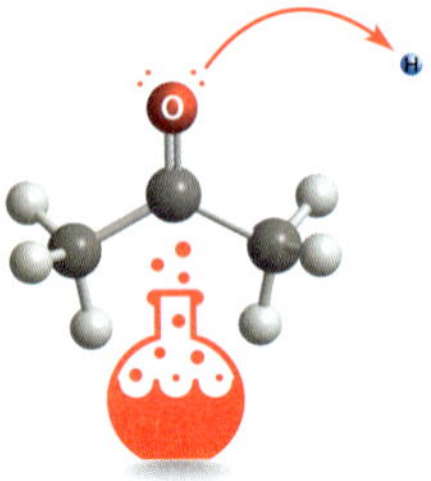

Mechanism

オゾン分解の機構

段階1　モルオゾニドの生成と開裂

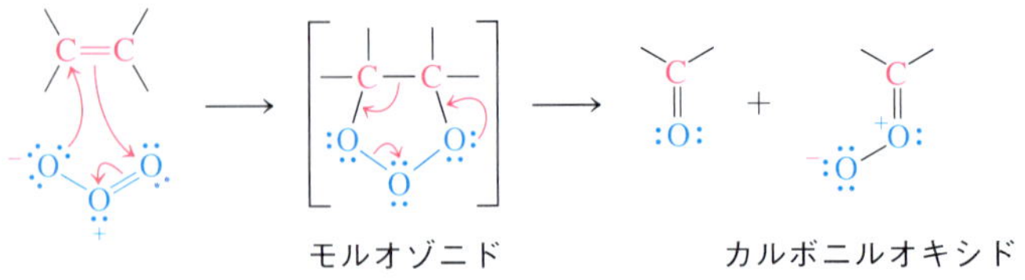

段階2　オゾニドの生成と還元

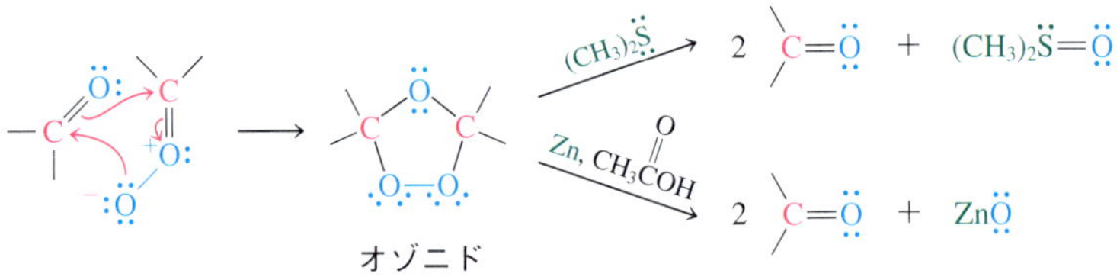

練習問題 12-26

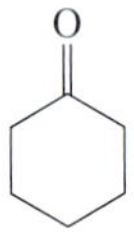

分子式 $C_{12}H_{20}$ をもつ未知の炭化水素があり，以下の NMR 測定値を与える．^{1}H NMR：δ =1.47(m，3 H)，2.13(m，2 H) ppm; ^{13}C NMR（DEPT）：δ = 27.5(CH_2)，28.4(CH_2)，30.3(CH_2)，129.5(C_{quat}) ppm．この化合物をオゾン分解すると 2 当量のシクロヘキサノンを与える．未知化合物の構造を示せ．なおシクロヘキサノンの構造は欄外に示した．

練習問題 12-27

次の各反応の生成物を示せ．

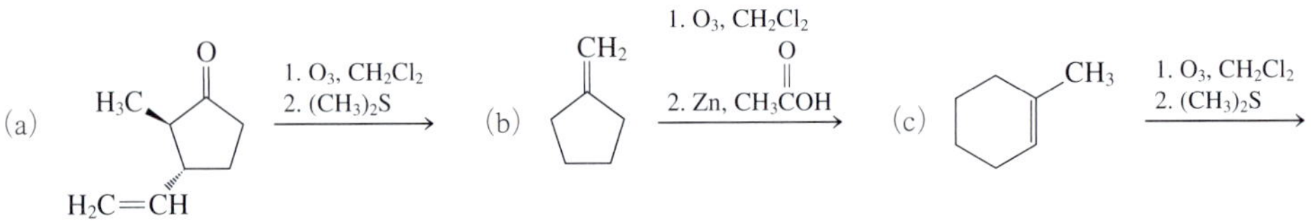

練習問題 12-28

概念のおさらい：オゾン分解反応に用いられた基質の構造の推定

次の反応における出発物質の構造を示せ．

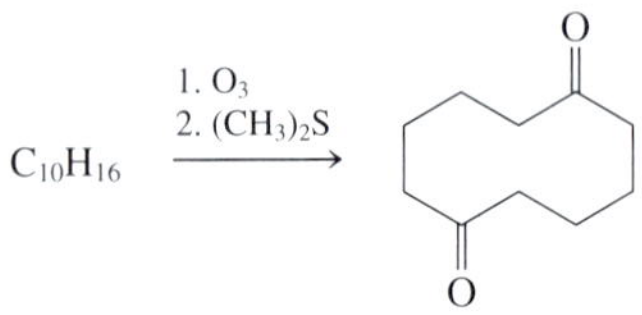

●解法のてびき

What 考えるための材料として何があるか．出発物質は $C_{10}H_{16}$ の分子式をもっており，この分子式から不飽和度が 3 であることがわかる（11-11 節参照）．出発物質のオゾン分解によってジカルボニル化合物が生成するので，不飽和度の一つは二重結合によるものとわかる．

How どこから手をつけるか．原子の数を数えることから始めよう．すなわち生成物の分子式と出発物質の分子式を比較して違いを認識する．そのあとで逆合成を考え，二つのC=O 基のもとになる二重結合を推測しよう．

Information 必要な情報は何か．本節中の本文以外にはほとんどない．

Proceed 一歩一歩論理的に進めよ．

●答え

- 生成物の分子式は $C_{10}H_{16}O_2$ で，出発物質の分子式に酸素原子二つを足したものと同じである．この情報によって問題は簡単になる．すなわち，どのようにこれら二つの酸素が導入されたかを考えればよい．もとの化合物の構造を決定するために，酸素二つを導入する反応の逆反応について想像力を働かせよう．
- 反応はオゾン分解反応で，全体として次のような変換反応である．

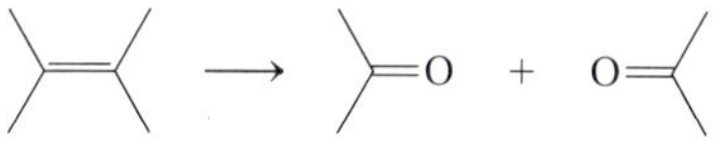

この反応はもとの出発物質に二つの酸素原子を付加する変換反応で，まさに問題のなかで見られる変化である．

- したがって出発物質を再構築するには，二つの酸素原子を取り除いて二つのカルボニル炭素を二重結合で連結するだけでよい．

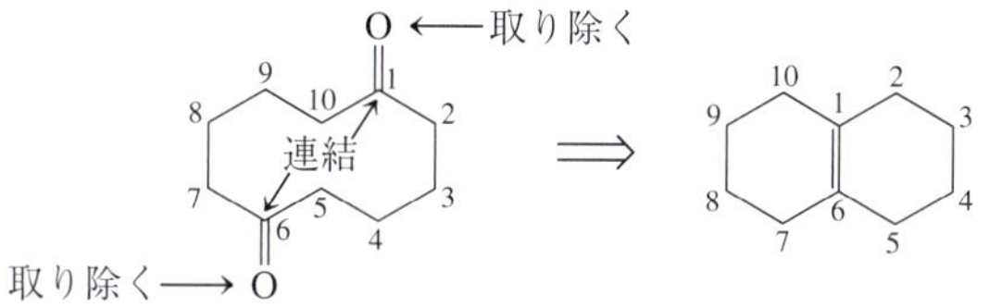

問題に与えられたジカルボニル生成物の構造から二つのカルボニル炭素を二重結合で結びつけることは思いつきにくいため，一見この問題は，理屈上では易しいが，実際に実行することは難しそうである．しかしながら，上に示したように炭素に番号をつけて，炭素－炭素単結合が多くの立体配座をもった柔軟な構造をとらせることを思い出せば，これら二つの原子を結びつけることはそんなに難しくはないであろう．

練習問題 12-29 自分で解いてみよう

オゾン分解を施し，その後$(CH_3)_2S$で処理したとき，$CH_3COCH_2CH_2CH_2CH_2CHO$ を単一生成物として与える出発物質 C_7H_{12} の構造を推定せよ．（**ヒント**：まず結合を線で表す式を使って生成物を書こう．そうすればその構造をはっきりと知ることができ，炭素原子に番号をつけることもできる．）

まとめ オゾン分解とこれに続く還元によってアルデヒドやケトンが生成する．π 結合に対する求電子的な酸化剤の攻撃によって反応が始まり，π 結合が切断される点では，12-10 節～ 12-12 節の三つの節で述べた反応は機構的にすべて関連している．しかしながら，12-10 節と 12-11 節で学んだ反応と違って，オゾン分解では π 結合だけでなく σ 結合も同時に開裂する．

12-13 ラジカル付加反応：逆 Markovnikov 付加体の生成

外殻電子が閉殻でないラジカルは二重結合と反応することができる．しかしなこの節ではすべてのラジカルと単原子を，3章と同じように緑色で示してある．

がら，ラジカルは付加に際して，本章で述べた π 結合の二つの電子の両方を反応に利用する求電子剤とは違い，結合生成に π 結合の 2 電子のうちの一つの電子しか必要としない．アルケンに対するラジカル種の攻撃による生成物はアルキルラジカルであり，反応の位置選択性は新しく生成するラジカル中心の相対的な安定性によって決まる．すなわち，より置換基の多いほうがより有利である．次に，この原則の応用例としてアルケンに対するラジカルによる臭化水素の付加反応を取り上げる．

臭化水素はアルケンに対して逆 Markovnikov 付加も起こす：反応機構の変化

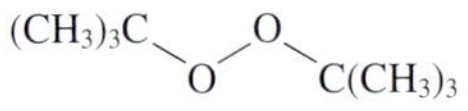

ビス(1,1-ジメチルエチル)ペルオキシド
[bis(1,1-dimethylethyl)peroxide]
[ジ-*tert*-ブチルペルオキシド (di-*tert*-butyl peroxide)]

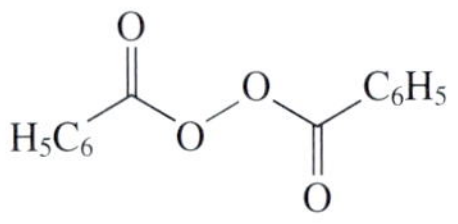

ジベンゾイルペルオキシド
(dibenzoyl peroxide)

蒸留直後の 1-ブテンを臭化水素と反応させると，Markovnikov 付加だけが進行して 2-ブロモブタンが生成する．この結果は 12-3 節で説明した HBr の求電子付加におけるイオン反応機構とよく符合する．ところが不思議なことに，空気中に放置しておいた 1-ブテンを用いて臭化水素との反応を行うと，反応ははるかに速く進行し，しかもまったく異なった結果を与える．すなわち，この場合には逆 Markovnikov 付加が起こり 1-ブロモブタンが得られる．

このまったく異なる二つの結果は，アルケンの化学についての研究が始まった初期の頃には大きな混乱を招いた．なぜなら，ある研究者は臭化水素化反応を行ってただ一つの生成物を得たのに対し，他の研究者は一見同じと思われる反応において異なった生成物あるいは混合物を得るということが起こったためである．この謎は 1930 年代に Kharasch * によって解決された．すなわち，逆 Markovnikov 付加を起こす犯人が，過酸化物(ROOR)から生成するラジカルであることが明らかにされた．空気に触れたままでアルケンを貯蔵しておくと，過酸化物が生成する．実際，臭化水素を逆 Markovnikov 付加させるには，過酸化物のようなラジカル開始剤を反応混合物に故意に加えればよい．過酸化物は少し温度を上げるだけで容易にホモリシス開裂する(RO—OR 結合のような)弱い結合をもっているため，ラジカル開始剤として働く．ビス(1,1-ジメチルエチル)ペルオキシド(ジ-*tert*-ブチルペルオキシド)とジベンゾイルペルオキシドは，このようなラジカル付加反応に対して市販されている開始剤である(欄外)．

* Morris S. Kharasch (1895 ~ 1957)，アメリカ，シカゴ大学教授．

Reaction

HBr の Markovnikov 付加

$$CH_3CH_2CH{=}CH_2 \xrightarrow{HBr,\ 24\ h} CH_3CH_2CH(Br)CH_2H$$

(使用直前に蒸留したもの)　→　90 %
Markovnikov 生成物
(イオン反応機構による)

HBr の逆 Markovnikov 付加

$$CH_3CH_2CH{=}CH_2 \xrightarrow{HBr,\ ROOR,\ 4\ h} CH_3CH_2CH(H)CH_2Br$$

[空気(酸素)中に放置しておいたもの]　→　65 %
逆 Markovnikov 生成物
(ラジカル反応機構による)

過酸化物が存在する条件下での付加反応の機構はイオン反応ではなく，むしろイオン反応よりもはるかに速い**ラジカル連鎖**(radical chain sequence)反応である．アルカンのラジカルによるハロゲン化反応の解説のところで見てきたように，ラジカル反応の各段階に対する活性化エネルギーが非常に小さいというのがその理由である(3-4 節参照)．その結果，ラジカル種が存在する場合は，逆 Markovnikov 則に沿った臭化水素化反応がふつうのイオン反応による付加反応経路に優先して起こる．最初の段階である開始反応は，

1. 弱い RO—OR 結合〔$DH° \approx 39$ kcal mol^{-1}(163 kJ mol^{-1})〕のホモリシス開裂である．
2. 続いて生成したアルコキシラジカルが臭化水素から水素を引き抜く．

この第 2 段階の反応(発熱反応)の駆動力は，強い O—H 結合の生成にある．こうして生成した臭素原子は二重結合を攻撃して連鎖反応の伝搬を開始させる．π 電子の一つが臭素原子の不対電子と結合し，炭素—臭素結合をつくる．もう一つの π 電子は炭素上に残り，アルキルラジカルを与える．

ハロゲン原子のアルケンに対する攻撃は位置選択的であり，第一級炭素ラジカルよりも相対的に安定な第二級炭素ラジカルを与える．この結果は，臭化水素のイオン的付加反応(12-3 節)を思い起こさせる．ただし，水素と臭素の役割が逆である．イオン機構ではプロトンが最初にアルケンを攻撃してより安定なカルボカチオンをつくり，これが臭化物イオンによって捕捉される．これに対してラジカル機構では，臭素原子がアルケンを攻撃する化学種であり，より安定なラジカル中心をつくるように付加する．続いて生成したアルキルラジカルが HBr と反応して水素を引き抜き，ラジカル連鎖を担う臭素原子を再生する．この二つの伝搬反応はともに発熱反応であり，かつ急速に進行する．一般に，ラジカル反応はラジカルどうしの結合，あるいは連鎖反応の伝達体を他の方法で除くことによって停止する(3-4 節参照)．

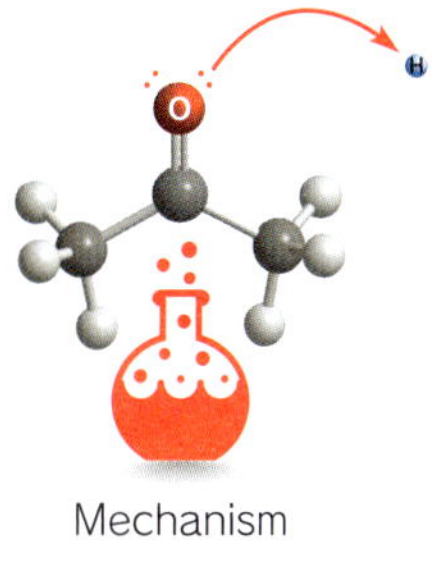

ラジカル反応による臭化水素付加の機構

開始段階

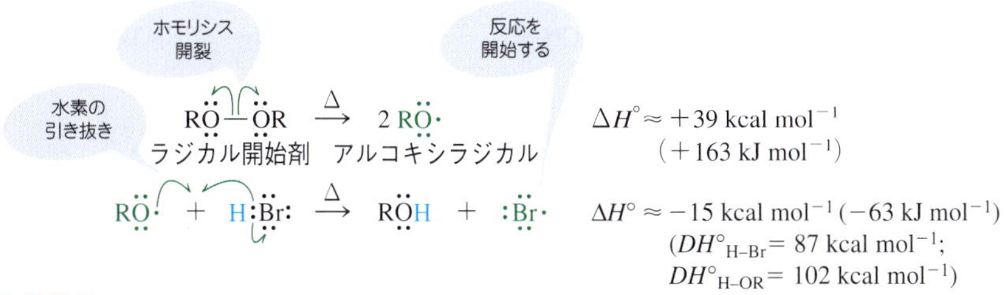

伝搬段階

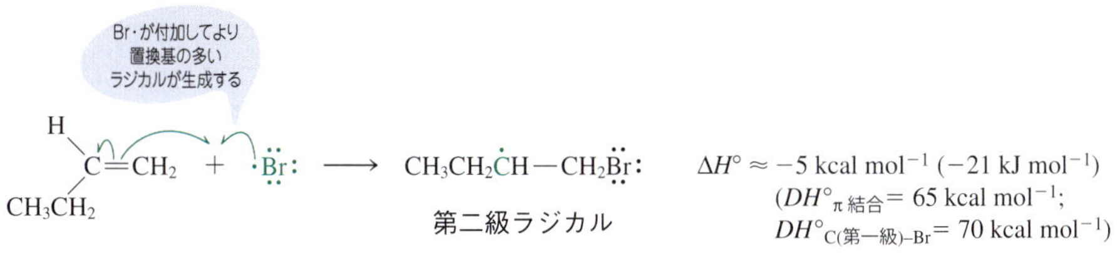

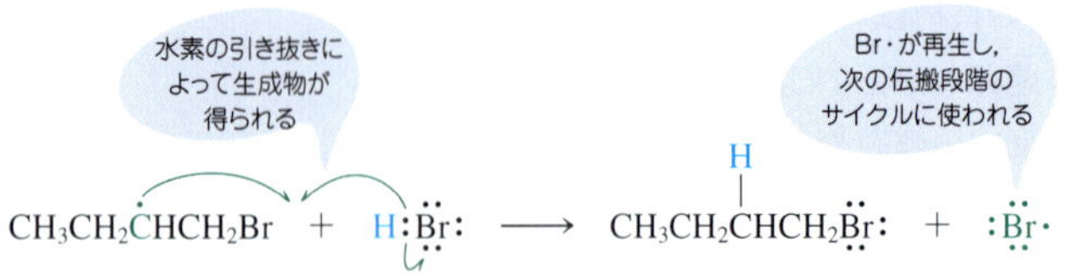

水素の引き抜きによって生成物が得られる

Br・が再生し、次の伝搬段階のサイクルに使われる

$$CH_3CH_2CHCH_2Br + H:\ddot{B}r: \longrightarrow CH_3CH_2CHCH_2\ddot{B}r: + :\ddot{B}r\cdot$$

$\Delta H° \approx -11.5 \text{ kcal mol}^{-1}$ (-48 kJ mol^{-1})
($DH°_{\text{H-Br}} = 87 \text{ kcal mol}^{-1}$;
$DH°_{\text{H-C(第二級)}} = 98.5 \text{ kcal mol}^{-1}$)

停止段階（二つの例）

$$CH_3CH_2\dot{C}HCH_2\ddot{B}r: + CH_3CH_2\dot{C}HCH_2\ddot{B}r: \longrightarrow \begin{array}{c} CH_3CH_2CHCH_2\ddot{B}r: \\ | \\ CH_3CH_2CHCH_2\ddot{B}r: \end{array}$$

$$:\ddot{B}r\cdot + \cdot\ddot{B}r: \longrightarrow :\ddot{B}r-\ddot{B}r:$$

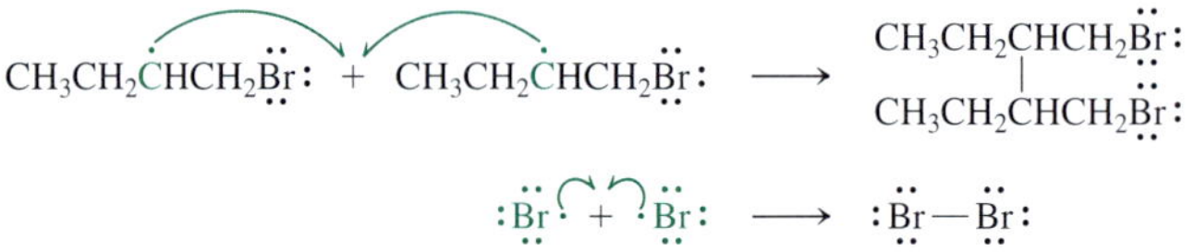

練習問題 12-30

(a) (i) 1-ヘキセン，(ii) *trans*-2-ヘキセン，(iii) *cis*-2-ヘキセン，(iv) エテニルシクロヘキサンのラジカルによる臭化水素化の生成物を示せ．(b) ブタンから1-ブロモブタンを合成する方法を示せ．

ラジカル付加反応は一般的か？

塩化水素やヨウ化水素はアルケンに対して逆Markovnikov付加をしない．ラジカル機構による塩化水素付加やヨウ化水素付加では，伝搬段階の一つが吸熱反応であり，その結果，ラジカル付加反応はもはや極性付加反応とは競合しない．したがって，臭化水素はラジカル条件下でアルケンに付加して逆Markovnikov生成物を与える唯一のハロゲン化水素である．塩化水素やヨウ化水素の付加は，ラジカルの存在の有無にかかわらずイオン機構で進行し，通常のMarkovnikov則にしたがった生成物だけが生じる．しかしながら，チオールのような他の反応剤は，アルケンに対して効率よくラジカル付加する．

アルケンに対するチオールのラジカル付加反応

$$CH_3CH=CH_2 + CH_3CH_2\ddot{S}H \xrightarrow{\text{ROOR}} CH_3\underset{H}{\overset{|}{C}}HCH_2-\ddot{S}CH_2CH_3$$

エタンチオール　　1-(エチルチオ)プロパン
(ethanethiol)　　〔1-(ethylthio)propane〕

この例では，ラジカル反応を開始させるアルコキシラジカルがチオールから水素を引き抜き，$CH_3CH_2\ddot{S}\cdot$を生成する．そしてこれが二重結合を攻撃する．

練習問題 12-31

(a) $DH°_{\text{H-OR}} = 102 \text{ kcal mol}^{-1}$と表3-1の適当なデータを使って，1-ブテンに対するHClならびにHIのラジカル付加反応のそれぞれで遅い伝搬段階の$\Delta H°$を求めよ．(b) 1-オクテンとジフェニルホスフィン〔$(C_6H_5)_2PH$〕の混合物に紫外線を照射すると，ラジカル付加によって1-(ジフェニルホスフィノ)オクタンが生成する．この反応の合理的な機構を示せ．

$$(C_6H_5)_2PH \quad + \quad H_2C{=}CH(CH_2)_5CH_3 \xrightarrow{h\nu} (C_6H_5)_2P{-}CH_2{-}CH_2(CH_2)_5CH_3$$

ヒドロホウ素化反応の際に学んだように(12-8節)，逆 Markovnikov 付加反応は，その生成物がイオン付加によって得られる生成物と相補的であるため，合成的に有用である．ラジカル反応によるこのような位置選択性の制御は，新しい合成手段を開発するうえで重要である．

まとめ ラジカル開始剤があると，HBr のアルケンへの付加の機構がイオン反応からラジカル連鎖反応に変わる．その結果，付加の位置選択性もイオン反応では Markovnikov 則にしたがって進行したものが，ラジカル反応では逆 Markovnikov 則にしたがったものとなる．他の化学種，とりわけチオールなども同じようなラジカル反応を行う．しかし HCl や HI はラジカル反応による付加を起こさない．

12-14 アルケンの二量化，オリゴマー化，および重合

アルケンどうしを反応させることは可能だろうか．可能ではあるが，たとえば酸やラジカルや塩基や遷移金属のような適当な触媒が存在する場合にかぎられる．アルケンどうしが反応して，アルケンモノマー(単量体，monomer：*monos*，ギリシャ語の「単一」；*meros*，ギリシャ語の「部分」)の不飽和中心がつながり，二量体，三量体，**オリゴマー**(oligomer：*oligos*，ギリシャ語の「少ない」，「小さい」)，さらには工業的に非常に重要な物質である**ポリマー**(重合体，polymer：*polymeres*，ギリシャ語の「多くの部分から成る」)が生成する．

重　合

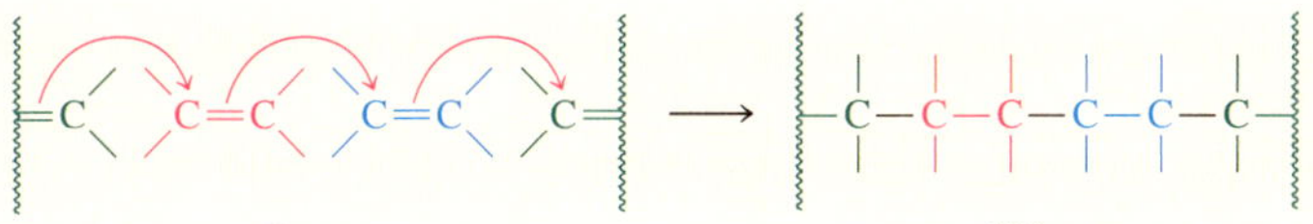

カルボカチオンは π 結合を攻撃する

2-メチルプロペンを硫酸の熱水溶液で処理すると，二つの二量体，2,4,4-トリメチル-1-ペンテンと 2,4,4-トリメチル-2-ペンテンが得られる．この反応条件下で 2-メチルプロペンがプロトン化されて 1,1-ジメチルエチルカチオン(*tert*-ブチルカチオン)が生成するために，この反応が可能となる．1,1-ジメチルエチルカチオンは，2-メチルプロペンの電子豊富な二重結合を攻撃して新しい炭素ー炭素結合を生成する．この求電子付加反応は Markovnikov 則にしたがって進行し，より安定なカルボカチオンを与える．その後，メチル基からの脱プロトン化あるいはメチレン基からの脱プロトン化が起こり，それぞれに対応する 2 種類の二量体が混合物として生成する．

Reaction

2-メチルプロペンの二量化

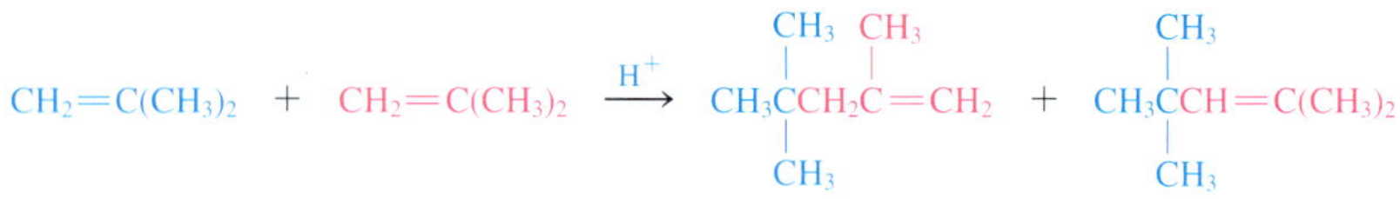

2,4,4-トリメチル-1-ペンテン　　2,4,4-トリメチル-2-ペンテン

Mechanism

2-メチルプロペンの酸触媒による二量化の機構

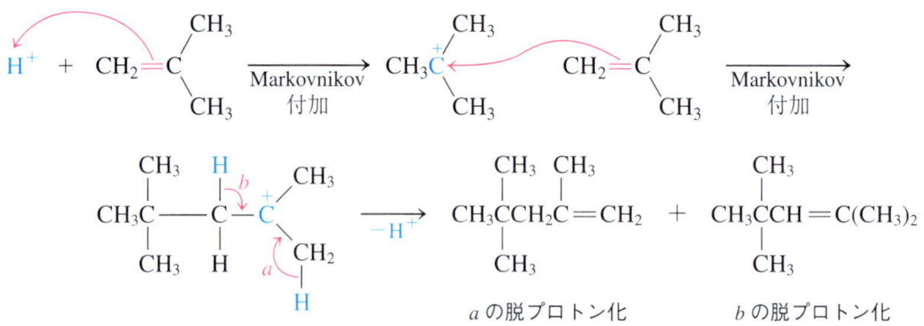

a の脱プロトン化によって　　*b* の脱プロトン化によって

繰り返し攻撃が起こることによってオリゴマーやポリマーが生成する

2-メチルプロペンの二つの二量体は，さらに出発物質のアルケンと反応しようとする．たとえば，2-メチルプロペンをより高濃度の条件下に強酸で処理すると，中間体として生成するカルボカチオンが二重結合を求電子的に次つぎと攻撃することによって，三量体，四量体，五量体などが生成する．中程度の長さのアルカン鎖を生成するこの反応を**オリゴマー化**(oligomerization)とよぶ．

2-メチルプロペン二量体のオリゴマー化

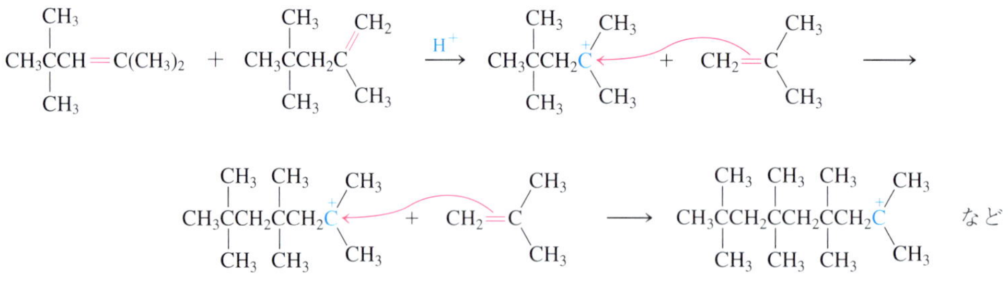

オリゴマー化がどんどん進んで多数のサブユニットをもつポリマーとなる．この過程での激しい発熱による温度上昇を制御し，E1 反応を最小にするため，またポリマー鎖の長さを最大にするために，工業プロセスでは反応混合物の冷却操作が莫大なエネルギーをつぎ込んで行われている．

2-メチルプロペンの重合

$$n\,\mathrm{CH_2{=}C(CH_3)_2} \xrightarrow{\mathrm{H^+},\ -100\,℃} \mathrm{H{-}(CH_2{-}\overset{\displaystyle CH_3}{\underset{\displaystyle CH_3}{C}})_{n-1}{-}CH_2\overset{\displaystyle CH_3}{C}{=}CH_2}$$

ポリ(2-メチルプロペン)
〔poly(2-methylpropene)〕
(ポリイソブチレン，polyisobutylene)

練習問題 12-32

欄外に示した反応の反応機構を示せ．

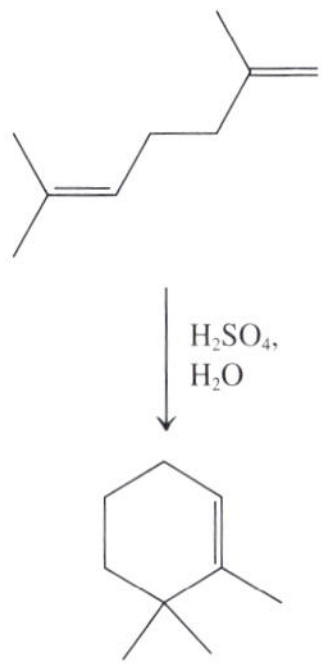

まとめ　酸触媒によってアルケンどうしの付加が起こり，二量体，三量体，数個のアルケン成分から成るオリゴマー，さらには非常に多数のアルケン単位から成るポリマー(重合体)が生成する．

12-15 ポリマーの合成

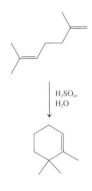

アルケンの多くは重合に都合のよいモノマーである．重合は化学工業においてはたいへん重要である．それは，ポリマーの多くが耐久性，多くの化学薬品に対する耐性，弾力性，透明性，電気に対する絶縁性，耐熱性などの望ましい性質をもっているからである．

ポリマーは生化学的に分解されないものが多く，ポリマーの製造を環境汚染の問題と切り離して考えることはできないが，合成繊維，フィルム，パイプ，塗料，成型品など幅広い用途がある．ポリマーは医用材料の上塗りに用いられることもますます多くなっている．ポリエチレン，ポリ塩化ビニル〔poly(vinyl chloride)，PVC〕，テフロン，ポリスチレン，オーロン，プレキシガラス(表 12-3)などの名称は日常語となっている．

ポリ(2-メチルプロペン)について述べたように，酸触媒による重合反応では，開始剤として H_2SO_4，HF，あるいは BF_3 を用いる．カルボカチオンを中間体として重合が進行するのでこれをカチオン重合(cationic polymerization)ともよぶ．重合にはカチオン重合の他に，ラジカル重合やアニオン重合，金属触媒による重合がある．

スペイン出身のデザイナー，Paco Rabanne によってデザインされたこの豪華なドレスは，合成ポリマーなしでは実現しなかっただろう．

ラジカル重合によって市販の有用な物質がつくられる

ラジカル重合(radical polymerization)の例として，高温高圧下における有機過酸化物の存在下でのエテンの重合をあげることができる．反応の初期段階においては，アルケンに対するラジカル付加(12-13 節)に似た機構で反応が進行する．ラジカル反応開始剤である過酸化物がアルコキシラジカルに開裂し，このラジカルがエテンの二重結合に付加することによって重合が始まる．生成したアルキルラジカルが他のエテン分子の二重結合を攻撃し，再び炭素ラジカル中心が生成する．この過程が繰り返し起こる．ラジカルの二量化，不均化，あるいは他のラジカル捕捉剤との反応によって重合反応は停止する(3-4 節参照)．

エテンのラジカル重合

$$n\,\mathrm{CH_2{=}CH_2} \xrightarrow[>100\,℃]{\mathrm{ROOR},\ 1000\ atm} \mathrm{{+}CH_2{-}CH_2{+}_n}$$

ポリエテン
(ポリエチレン)
(枝分かれをもつ異性体を含む)

表 12-3 一般的なポリマーとそのモノマー

モノマー	構造	ポリマー(通称)	構造	用途
エテン	$H_2C{=}CH_2$	ポリエチレン (polyethylene)	$-(CH_2CH_2)_n-$	食品保存用袋，容器
クロロエテン (塩化ビニル)	$H_2C{=}CHCl$	ポリ塩化ビニル (PVC)	$-(CH_2CH(Cl))_n-$	パイプ，ビニール織布
テトラフルオロエテン	$F_2C{=}CF_2$	テフロン (Teflon)	$-(CF_2CF_2)_n-$	調理用具の非粘着性コーティング
エテニルベンゼン (スチレン)	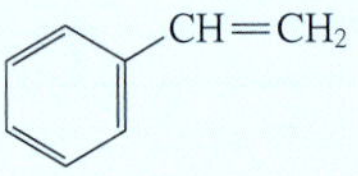	ポリスチレン (polystyrene)	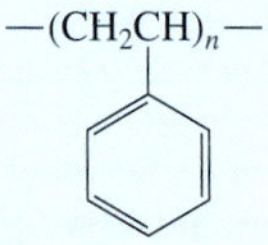	梱包材(発泡スチロール)
プロペンニトリル (アクリロニトリル)	$H_2C{=}C(H)C{\equiv}N$	オーロン (Orlon)	$-(CH_2CH(CN))_n-$	衣類，合成織布
2-メチルプロペン酸メチル (メタクリル酸メチル)	$H_2C{=}C(CH_3)COCH_3$ (C=O)	プレキシガラス (Plexiglas)	$-(CH_2C(CH_3)(CO_2CH_3))_n-$	耐衝撃板
2-メチルプロペン (イソブチレン)	$H_2C{=}C(CH_3)_2$	エラストール (Elastol)	$-(CH_2C(CH_3)_2)_n-$	流出油除去

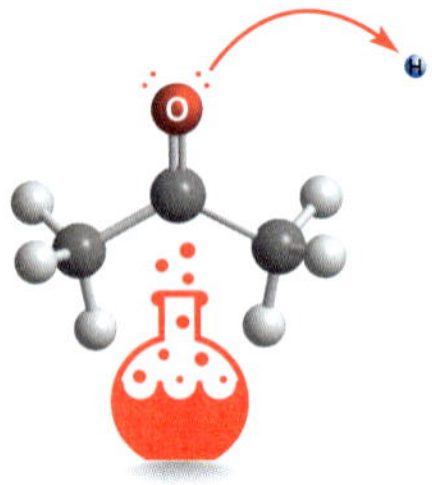
Mechanism

エテンのラジカル重合の機構

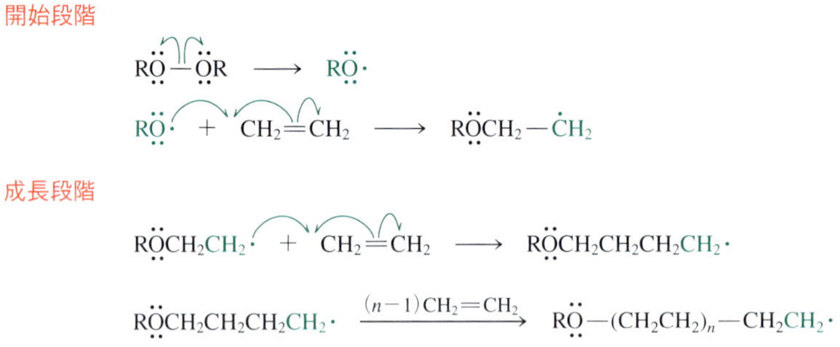

ポリエテン(ポリエチレン)の枝分かれ

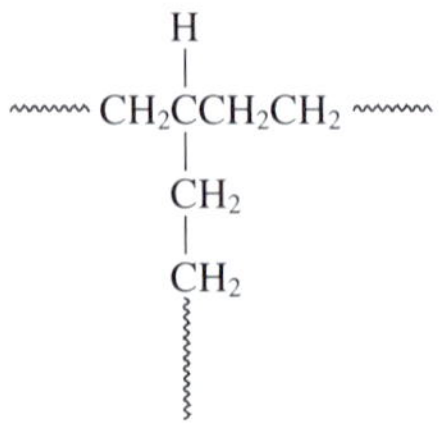

この方法でつくられた**ポリエテン**(polyethene，ポリエチレン)の構造は，上式から予想される単純な直線構造ではなく枝分かれをもっている．炭素のラジカル中心が成長しつつある別の分子のアルキル鎖の内部メチレンから水素を引き抜く．次に，こうして生じた新しいラジカルから炭素鎖の成長が起こることによって，アルキル鎖の枝分かれが生じる．ポリエテンの平均分子量はおよそ100万である．

ポリクロロエテン〔polychloroethene，ポリ塩化ビニル(PVC)〕も同様なラジカル重合によってつくられる．興味深いことに，反応は位置選択的である．開始剤である過酸化物から生じたアルコキシラジカルも連鎖反応の途中に生成する中間体ラジカルも，いずれもがクロロエテン（塩化ビニル）の塩素の結合した炭素には付加せず，置換基をもたない炭素にだけ付加する．塩素の置換した炭素ラジカルが，塩素をもたない炭素ラジカルに比べて安定なためである．そのため PVC は，非常に規則正しい頭−尾構造（head-to-tail structure）をもっている．その分子量は150万を超える．PVC そのものはかなり硬くてもろいが，**可塑剤**（plasticizer：*plastikos*，ギリシャ語の「成形」）とよばれるカルボン酸エステル（下巻；20-4 節参照）を加えることによって軟らかくすることができる．こうしてつくられた弾力性のあるポリマーは，「ビニル皮革」，プラスチックカバーや園芸用ホースなどに使用されている．

$$n\,CH_2{=}CHCl \xrightarrow{ROOR} -(CH_2\underset{\displaystyle Cl}{\underset{|}{C}H})_n-$$

ポリクロロエテン
（ポリ塩化ビニル）

クロロエテン（塩化ビニル）の被曝は，肝臓がんの珍しい種類の一つである脈管がんの発生と関係があるとされている．アメリカの職業安全衛生局（Occupational Safety and Health Administration，OSHA）は，1人1日8時間の就労時間において平均1 ppm 以下の濃度条件下で働くように制限を設けている．

鉄化合物（$FeSO_4$）は，過酸化水素の存在下でプロペンニトリル（アクリロニトリル）のラジカル重合を促進する．オーロンとしても知られている**ポリプロペンニトリル**〔（polypropenenitrile）ポリアクリロニトリル，$-(CH_2CHCN)_n-$〕は繊維を製造するのに使用される．他のモノマーを同じように重合することによって，テフロンやプレキシガラスがつくられる．

プラスチック廃棄物の不法投棄が大きな問題になっているが，いくつかのポリマーは自身の重量の何倍もの有機汚染物質を吸収することで環境保全に役立っている．たとえばエラストール（表12-3）は，流出した油の回収に利用されている．

このペンギンは，南アフリカ沿岸での油流出の被害にあった．つまり，私たちの石油至上社会の犠牲者である．

練習問題 12-33

2005年より以前，サランラップ® は1,1-ジクロロエテンとクロロエテンのラジカル共重合によってつくられていた．構造を示せ．注：これは二つのモノマーが最終的に得られるポリマーに交互に取り込まれる「共重合」である．

アニオン重合は塩基によって開始される

アニオン重合（anionic polymerization）は，アルキルリチウムやアルキルアミド，アルコキシド，水酸化物イオンなどの強塩基によって開始される．たとえば，2-シアノプロペン酸メチル（α-シアノアクリル酸メチル）は，微量の水酸化物イオンの存在下で速やかに重合する．面と面の間に流し込むと硬い固体状フィルムを形成し，二つの面を接合する．この性質を利用して，モノマーの製品が「スーパー接着剤」として市販されている．

どうして重合がいとも簡単に起こるのだろうか．塩基がα-シアノアクリル酸エステルのメチレン基を攻撃すると，ニトリル基とエステル基という二つの強い電子求引基のついた炭素上に負電荷をもつカルボアニオンが生成する．窒素原子や酸素原子がニトリル基の三重結合やカルボニル基の二重結合を $^{\delta+}C{\equiv}N^{\delta-}$ や $^{\delta+}C{=}O^{\delta-}$ のように分極させるため，また電荷が共鳴によって非局在化するために，このアニオンは安定化されている．

「スーパー接着剤」(α-シアノアクリル酸メチル)のアニオン重合

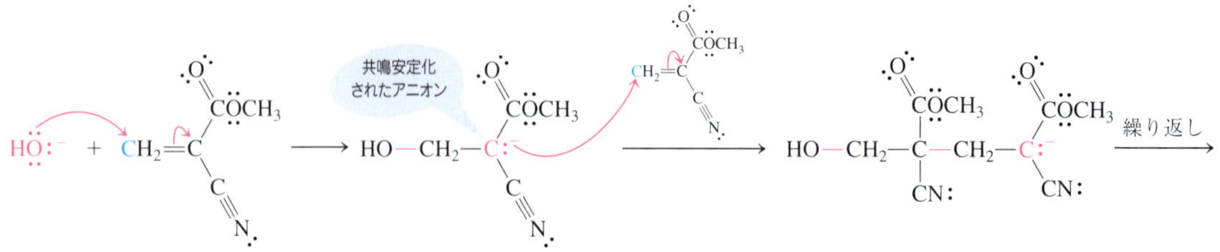

2-シアノプロペン酸メチル
(methyl 2-cyanopropenoate)
(α-シアノアクリル酸メチル,「スーパー接着剤」)

練習問題 12-34

2-シアノプロペン酸メチルに対する水酸化物イオンの，付加反応生成物の共鳴構造式を示せ．

金属触媒による重合は高度に規則正しい炭素鎖をつくる

金属触媒による重合(metal-catalyzed polymerization)のうち，重要なものの一つは Ziegler–Natta[*1] 触媒による重合反応である．代表的な触媒は，トリエチルアルミニウム〔$Al(CH_2CH_3)_3$〕のようなトリアルキルアルミニウムと四塩化チタンからつくられる．この系を用いると，アルケン，とくにエテンを，比較的低圧下で非常に簡単にしかも効率よく重合させることができる．反応機構は Ti–アルキル結合へのモノマー(エテン)の繰り返し挿入である(欄外)．

ここでは反応機構については触れないが，Ziegler–Natta 重合の二つの大きな特徴について述べる．一つはプロペンのような置換基をもったアルケンが重合して生成する置換アルキル鎖の側鎖が規則性をもっていることであり，もう一つは主鎖が高度な直線性をもっていることである．生成するポリマーはラジカル重合で得られるポリマーよりも高密度ではるかに強い．二つの重合方法でつくられたポリエテンの性質を比較すると，両者の違いがよくわかる．エテンのラジカル重合によって生成したポリエテンは枝分かれがある．その結果，しなやかで透明性がよく(低密度ポリエチレン)，食品を保存する袋として使用される．これに対しZiegler–Natta 法でつくられたポリエテンは丈夫で，化学薬品に対する耐性の強いプラスチック(高密度ポリエチレン)が得られる．鋳型に入れて成形し，容器として使用される．

まとめ　アルケンはカルボカチオン，ラジカル，アニオン，あるいは遷移金属による攻撃を受け，ポリマーになる．原理的にどのようなアルケンでも重合のモノマーとして利用することができる．電荷やラジカル中心の安定性から考えて，理にかなった中間体を経由して重合は進行する．

*1　Karl Ziegler(1898～1973)，ドイツ，マックスプランク石炭研究所教授，1963年度ノーベル化学賞受賞．
Giulio Natta(1903～1979)，イタリア，ミラノ工科大学教授，1963年度ノーベル化学賞受賞．

Ziegler-Natta触媒による重合反応の反応機構図

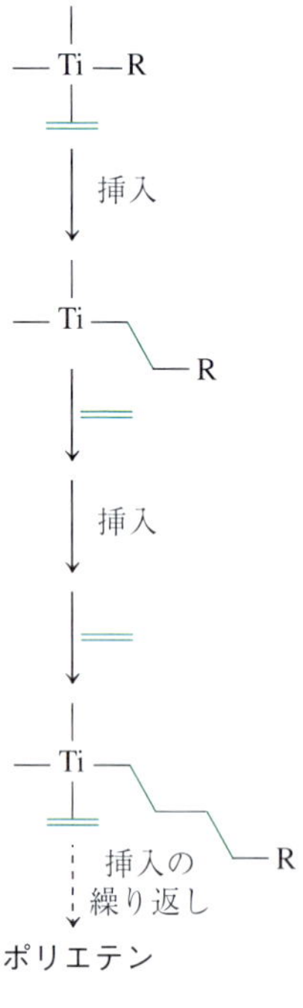

12-16 エテン：工業における重要な原料

アルケンの化学工業における重要性を学ぶのに，エテン(エチレン)は都合のよい教材である．このモノマーはアメリカで 1 年間に 1800 万トンも製品化されているポリエテン(ポリエチレン)の生産原料である．エテンの主要な供給源は石油の熱分解あるいはエタンやプロパン，その他のアルカンならびにシクロアルカンなどの天然ガスから得られる炭化水素の熱分解である(3-3 節参照)．

エテンはモノマーとして直接利用されるだけでなく，多くの他の化学工業製品の出発物質でもある．一例としてアセトアルデヒドをあげることができる．この化合物はパラジウム(Ⅱ)触媒と空気，それに $CuCl_2$ の存在下でエテンを水と反応させることによって得られる．最初に生成するエテノール(ビニルアルコール)は不安定で，自然にアセトアルデヒドに転位する(13 章，下巻；18 章参照)．触媒によるエテンのアセトアルデヒドへの変換は Wacker[*2] 法としても知られている．

Wacker 法

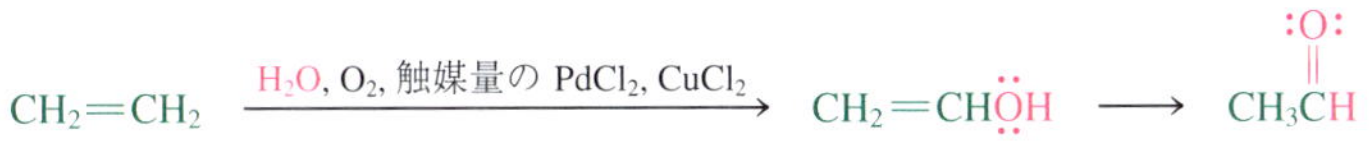

エテノール
(ビニルアルコール)
(不安定)

アセトアルデヒド

クロロエテン(塩化ビニル)はエテンに塩素化，脱塩化水素化という一連の反応を行うことによって得られる．まず塩素の付加によって 1,2-ジクロロエタンを得る．次に，この化合物から HCl を脱離させ，目的とするクロロエテンに変換する．

クロロエテン(塩化ビニル)の合成

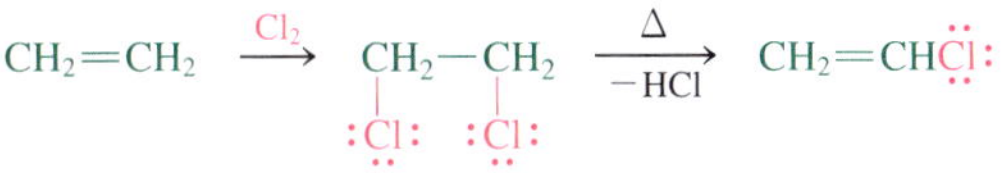

1,2-ジクロロエタン

クロロエテン
(塩化ビニル)

銀触媒存在下にエテンを酸素で酸化するとオキサシクロプロパン(エチレンオキシド)が生成する．これを加水分解すると 1,2-エタンジオール(エチレングリコール)となる(9-11 節参照)．エテンの水和反応ではエタノールが生成する(9-11 節参照)．

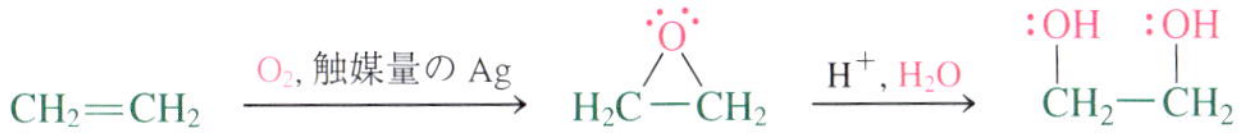

オキサシクロプロパン
(エチレンオキシド ethylene oxide)

1,2-エタンジオール
(エチレングリコール ethylene glycol)

まとめ　エテンは多くの工業原材料，とりわけエタノール，1,2-エタンジオール(エチレングリコール)ならびにポリマー工業にとって重要ないくつかのモノマーの貴重な供給源である．

こぼれ話

エテンは，果物の熟成，花の開花，落葉や化学的防御などの調節にかかわる，植物ホルモンである．エテンガスは商業用の熟成室で ppm(百万分の 1)のオーダーで使用される．古代においては熟成を早めるために，果物に傷をつけたり(エテンの発生を誘起する)，香料の煙にさらしたりする(不完全燃焼がエテンを発生させる)慣習があった．エテンは，高等植物の葉，幹や根を含むあらゆる部分から発生する．家庭でもこの現象を確かめることができる．若い緑色のバナナを買ってきて，リンゴやトマトと一緒に紙袋に入れて一晩置いてみよう．翌朝，バナナは黄色く熟しているだろう．

バナナ熟成の 5 段階

*2　Alexander Wacker 博士(1846 ～ 1922)，ドイツ，ミュンヘン，Wacker 化学会社．

コラム● 12-3　アルケンのメタセシス反応による二つのアルケンの末端の交換：環の構築

金属触媒を用いる化学のなかで最も驚くべき例の一つが，下の一般式で示した二つのアルケン分子の間で二重結合を形成している炭素原子を互いに交換する，アルケンのメタセシス反応である．

$$W_2C=CX_2 + Y_2C=CZ_2 \xrightarrow{\text{触媒}} \begin{matrix} CW_2 \\ \| \\ CY_2 \end{matrix} + \begin{matrix} CX_2 \\ \| \\ CZ_2 \end{matrix}$$

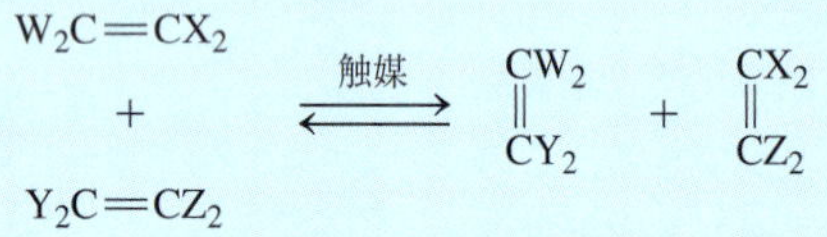

この可逆反応の平衡は，四つの成分のうち一つを取り除いて一方へ動かすことができる(Le Châtelier の原理)．不利なひずみとエントロピーが原因で他の方法では合成することが非常に難しい中員環や大員環を合成するのに，このメタセシス反応が利用されている．下に示した例は，末端二重結合をもった一般的な非環式ジエンを出発物質とする閉環反応である．生成物は環式アルケンとエテンであり，エテンが気体で反応混合物からすぐに放出されるため，平衡がずれて目的生成物が得られる．

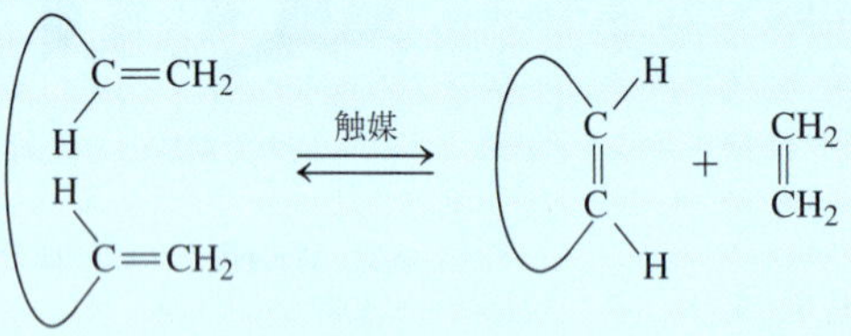

メタセシス反応を応用した注目すべき最近の成果は，平間*によるシガトキシンの合成である．シガトキシンは海藻に共生する海洋微生物によってつくられ，暖流海域のサンゴ礁に生息する 400 種のスズメダイ科の魚に蓄

* 平間正博(1948〜)，日本，東北大学名誉教授．

積される．シガトキシンは「赤潮」の毒素であるブレベトキシン(9-5 節参照)よりも 100 倍強い毒性をもっており，海産物の摂取で起こるヒトの中毒のうちで，シガトキシンが原因となっている割合が他のいかなる物質よりも高い．すなわち海産物に含まれる毒によって毎年 2 万人以上の人びとが病気にかかり，胃腸や心臓血管，神経の異常を訴えている．そのなかには麻痺や昏睡状態，さらには死に至るケースもある．

魚に含まれているシガトキシンの量はあまりに少ないので，食物の味や臭いに影響を及ぼさない．したがって，鋭敏な検出方法を開発するためにはシガトキシンを大量に供給することが必要であった．シガトキシンは 13 のエーテル環と 30 の立体中心をもっており，合成の標的としては手に負えないほど難しい化合物である．その合成には，驚くべきことに 12 年にもわたる努力が費やされたが，そのハイライトはそれぞれ 5 個の環と 7 個の環を含んだ二つの多環分子を連結し，アルケンのメタセシ

サンゴ礁に生息するカサゴ科の魚がその細胞組織にシガトキシンを蓄積すると，それを食べたときに死に至ることがある．

12-17　自然界におけるアルケン：昆虫フェロモン

天然物の多くが π 結合をもっている．そのいくつかについては 4-7 節と 9-11 節で紹介した．この節では，自然界に存在するアルケンのうちで**昆虫フェロモン** (insect pheromone：*pherein*，ギリシャ語の「運ぶ」；*hormon*，ギリシャ語の「刺激する」)という特別な化合物群を取り上げて説明する．

MEDICINE

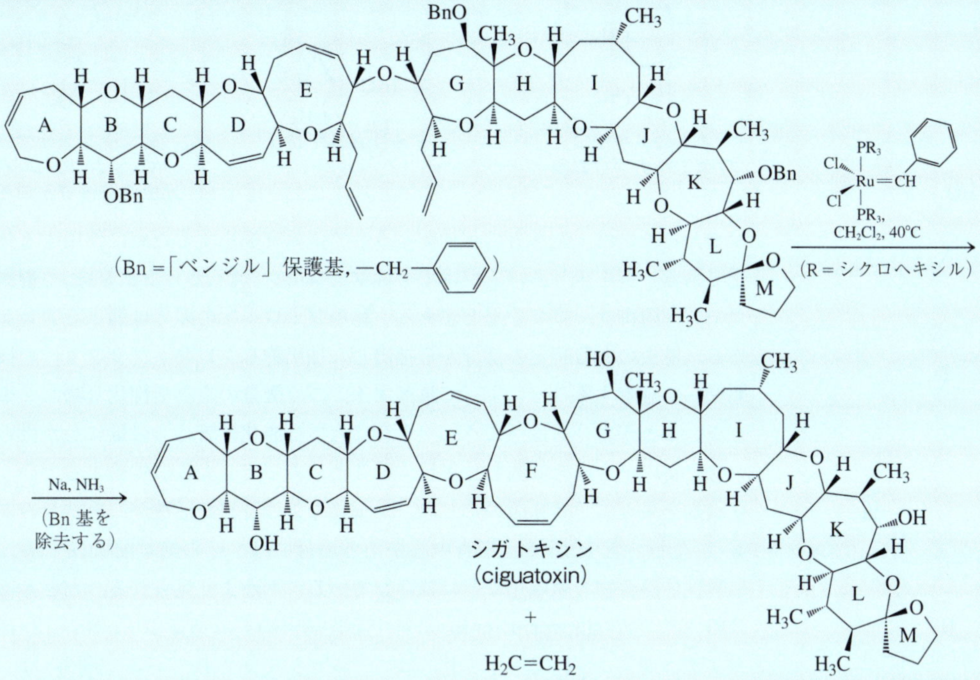

ス反応を用いて最後に九員環である「F」環を閉環させる段階であった．Grubbs＊1 によって開発された触媒は，いわゆる金属カルベン錯体の代表的な例で，二重結合によって炭素と結合したルテニウム原子を含んでいる．金属カルベンは（Chauvin＊2 によって）提唱され，数十年前にアルケンのメタセシス反応の中間体としてその存在が確認された．その後，Grubbs と Schrock＊3 は，高度に制御した形でメタセシス反応を進行させる Ru と Mo の安定なカルベンをそれぞれ独立に調製した．現在，メタセシス反応は中員環や大員環を合成するのに最も信頼のおける，そして最も広く使われる方法の一つである．

＊1 Robert H. Grubbs（1942～），アメリカ，カルフォルニア工科大学教授，2005 年ノーベル賞（化学）．
＊2 Yves Chauvin（1930～2015），フランス，ルイールマルマイセン，フランス石油研究所教授，2005 年ノーベル賞（化学）．
＊3 Richard R. Schrock（1945～），アメリカ，マサチューセッツ工科大学教授，2005 年ノーベル賞（化学）．

昆虫フェロモン

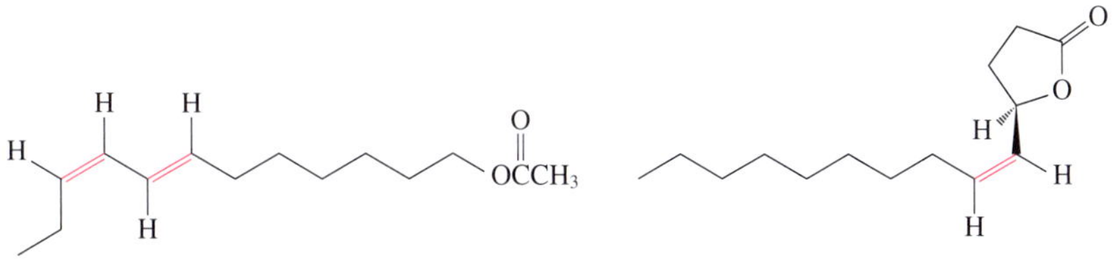

ヨーロッパブドウガ　　　　マメコガネ

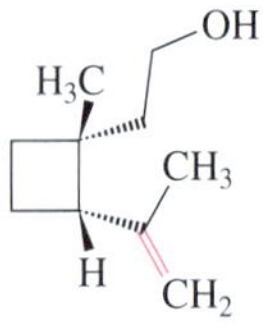

オスのメキシコ
ワタミハナゾウムシ

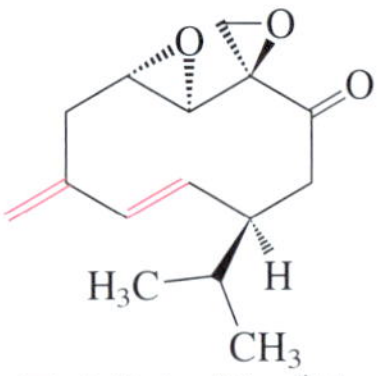

アメリカゴキブリ

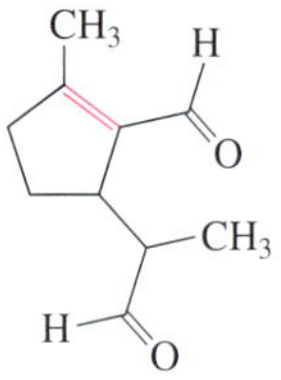

(両エナンチオマー)
ハムシカブトムシの
幼虫の防御フェロモン

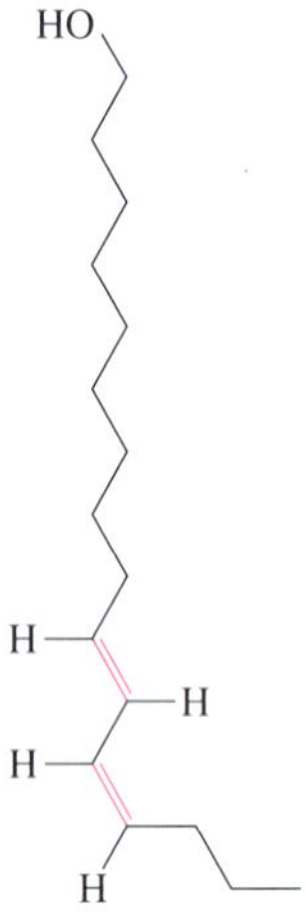

ボンビコール
(bombykol)

このフェロモントラップは，エンドウガ，*Cydia nigricana* のオスを駆除するためのものである．

フェロモンは，生きものが仲間どうしで情報交換をするために使用する化学物質である．例を少しあげるだけでも性フェロモン，道しるべフェロモン，警報フェロモン，防御フェロモンなどがある．昆虫フェロモンの多くは簡単なアルケンである．昆虫のある特定の部分から抽出し，抽出物をクロマトグラフィーの技術を駆使して分離することによって単離する．ごく微量の生物活性化合物しか単離できないことがよくある．こうした場合に有機合成化学者は，微量にしか得られない化合物の全合成を計画し，実行することによって，大量に供給するという重要な役割を果たす．興味深いことに，フェロモンの特異な活性が二重結合の立体配置(すなわち E と Z)や，不斉中心がある場合には，その絶対配置(R, S)，さらに異性体混合物の組成比などに依存していることがよく見られる．たとえば，オスのカイコガ(silkworm moth)に対する性誘引物質である 10-*trans*-12-*cis*-ヘキサデカジエン-1-オール(ボンビコールとして知られている；欄外)は，その 10-*cis*-12-*trans* 異性体よりも 100 億倍，10-*trans*-12-*trans* 体よりも 10 兆倍以上も応答を引き出す活性が高い．

幼若ホルモンの場合と同様に(コラム 12-1 参照)，フェロモンの研究は害虫を駆除する方法を開発するうえで重要な可能性をもたらす．1エーカー(約 4000 m^2)あたりごく微量のフェロモンを散布すると，オスはメスの居場所の情報について混乱を生じる．このようにフェロモンは，収穫物に多量の他の化学薬剤を散布することなく害虫を効果的に駆除するためのおとり化合物として用いることができる．

人間のフェロモンはどうだろうか．50 年に及ぶ研究にもかかわらず，人間がそのような刺激に影響を受けるという事実はいまだ証明されていない．むしろ，動物たちがフェロモンを感じ取っている嗅覚器官の機能を人間は失ったように思える．

章のまとめ

11 章において，アルケンの二重結合のうち π 結合は σ 結合よりも弱いことを学んだ．その結果，π 結合は反応性が高い．本章では次のことを学んだ．

- 弱い π 結合をもった構造がより強い σ 結合をもった構造に変わるので，アルケンは一般的にエネルギー的に有利な付加反応を起こしやすい(12-1 節)．
- 熱力学的に有利であるにもかかわらず，アルケンの水素化反応は，強い H—H 結合を切断するのを助け，全体の活性化障壁を低くするために触媒を必要とする(12-2 節).

- アルケンに対する付加反応それぞれの立体化学は，反応機構に依存する：水素化反応(12-2 節)，ヒドロホウ素化反応(12-8 節)，シクロプロパン化反応(12-9 節)，エポキシ化反応(12-10 節)，ならびにジヒドロキシ化反応(12-11 節)はシン付加であり，一方，ハロゲンの付加反応(12-5 節)はアンチ付加である．プロトン化によって始まる反応は立体化学的な選択性がない(12-3 節と 12-4 節).
- 二重結合の高い電子密度が π 結合を求核的にし，求電子剤による攻撃を受けやすくする(12-3 節～ 12-11 節).
- π 結合のプロトン化によってカルボカチオンが生成する．そしてこの反応は Markovnikov 則にしたがって進行し，最も安定なカルボカチオンを位置選択的に生成する(12-3 節).
- HX あるいは酸の水溶液の付加はプロトン化で始まり，最も安定なカチオンを生成し，続いてカチオン性の炭素へのハロゲン化物イオンあるいは水の付加が起こる．転位が起こる可能性がある(12-3 節と 12-4 節).
- ハロゲンは付加して環状のハロニウムイオンを生成し，次にハロゲン化物イオン，水，あるいはアルコールによって捕捉され，全体としてアンチ付加が進行する(12-5 節と 12-6 節).
- 酸触媒による水和反応とオキシ水銀化－脱水銀化反応は Markovnikov 則にしたがったアルコールを生成する．一方，ヒドロホウ素化－酸化反応は逆 Markovnikov 則にしたがった生成物を生成する(12-4 節，12-7 節ならびに 12-8 節).
- カルベンとカルベノイドはアルケンをシクロプロパンに変換する(12-9 節)．ペルオキシカルボン酸はオキサシクロプロパン(エポキシド)を生成し(12-10 節)，OsO_4 は 1,2-ジオールを生成する(12-11 節).
- オゾン分解は，二重結合を切断し，もともと二重結合を形成していた炭素原子上に二つの C═O 基を残す(12-12 節).
- 熱力学的かつ速度論的に有利な場合には，ペルオキシドの存在下における HBr のようにラジカル付加反応が進行し，逆 Markovnikov 則にしたがった生成物が生成する(12-13 節).
- アルケンの重合はラジカル，カチオン，あるいはアニオンによって誘起される(12-14 節).

アルケンの化学で学んだことの多くは，炭素ー炭素三重結合の化学へも応用できる．13 章では，アルキンの挙動について述べる．そこでアルキンの多くの化学がアルケンの反応性を，π 結合を二つもった系へ直接拡張することで説明できることを学ぶ．

12-18 総合問題：概念のまとめ

本節ではこの章で学んだ多くの変換反応をまとめた二つの問題を取り上げる．

一つ目の問題は，立体化学が明確なアルケンの基質に対して，いくつかの付加反応の立体化学を比較するものである．二つ目の問題はある天然物にいくつかの新しい酸化剤を作用させ，それらの生成物のスペクトルについての情報からもとの天然物の構造を考えるものである．

練習問題 12-35：アルケンの反応を概観する

次にあげる反応剤それぞれの(*E*)-3-メチル-3-ヘキセンに対する付加反応を比較検討せよ：H_2(PtO_2 触媒による)，HBr，希硫酸水溶液，CCl_4 中で臭素，水中で酢酸水銀(II)，THF 中で B_2H_6．位置選択性ならびに立体化学について考察せよ．これらの反応のうちアルコールの合成に使えるのはどれか．また，それらの反応によって生成するアルコールは同じものか，それとも異なるか．異なるとしたらどういう面で異なるか．

●答え

まず出発物質の構造を知らなければならない．「*E*」という表記法は，この化合物が優先順位(5-3 節の置換基の優先順位則の指針にしたがって)の高い二つの基が二重結合に対して反対側(すなわち互いにトランスの位置関係)にある立体異性体であることを示している(11-1 節参照)．3-メチル-3-ヘキセンでは，二つのエチル基が最高の優先順位をもっている．したがって，この化合物は欄外に示した構造で表される．

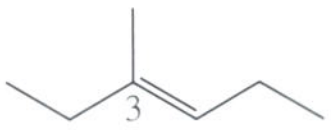

次に，このアルケンが問題のリストにあがっている種々の反応剤とどのように反応するかを考えよう．それぞれの付加反応において，二つの異なる位置選択性ならびに二つの異なる立体化学の様式の反応が起こる可能性があり，そのなかから実際に起こる反応を選ぶ必要がある．出発物質であるアルケンが二重結合を形成する二つの炭素上で異なる置換様式，すなわち位置選択性にかかわる置換様式をもっており，かつ *E* 型の立体構造をもっているために，こうした位置選択性ならびに立体選択性の問題が起こる．いくつかの可能性から実際に起こる反応を完全に正しく選ぶためには，各反応の機構を知ることが不可欠である．そこで，反応機構について考えながらこの問題を解いてみよう．

PtO_2 触媒存在下の H_2 の付加は触媒的水素化反応の 1 例である．同じ種類の原子(水素)がアルケン炭素の両方に結合するので位置選択性は考えなくてよい．しかしながら，立体化学は考慮しなければならない．触媒的水素化反応はシン付加で進行し，二つの水素がアルケン π 結合の同じ面から付加する(12-2 節)．アルケンを紙面に垂直な面から見ると(図 12-1)，付加は上の面からと下の面からとそれぞれ 50 %ずつの確率で起こる．

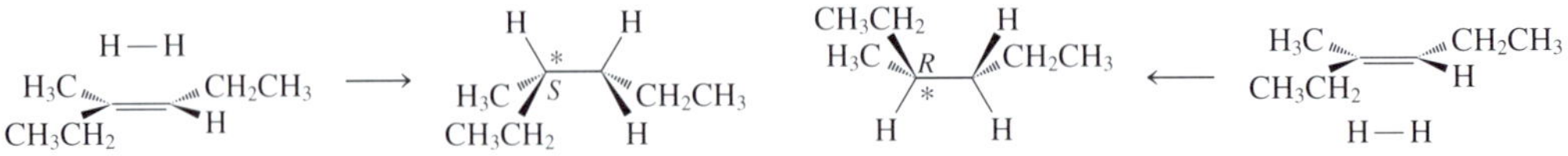

ラセミ混合物

付加によって二つの生成物のなかにそれぞれ一つの立体中心が生成する(ス

キーム中央の二つの生成物それぞれに＊印をつけた）．したがって，生成したおのおのの分子はキラル（5-1節参照）である．二つの生成物は同じ量生成するので，結果として *R* 体と *S* 体の 3-メチルヘキサンのラセミ混合物が得られる．

次の二つの反応，すなわち HBr あるいは H_2SO_4 水溶液との反応は，求電子的な H^+の付加によって始まる（12-3 節および 12-4 節）．これらの反応では，カルボカチオンが中間体として生成するので，Markovnikov 則として知られている位置選択性に関する指針にしたがう．すなわち，H^+が置換基のより少ないアルケニル炭素に結合し，より安定なカルボカチオンを生成する．次にこのカルボカチオンは，まわりにある求核剤，HBr の場合には Br^-，硫酸水溶液の場合には H_2O によって捕捉される．両反応とも立体選択的ではない．そして，生成するカルボカチオンがすでに第三級であるため，より安定なカルボカチオンへ転位することもない．したがって次のような結果となる．

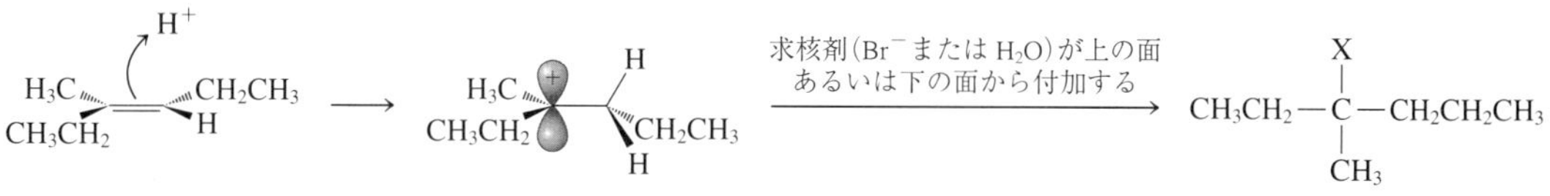

X ＝ Br（HBr の場合）または
OH（硫酸水溶液の場合）

ラセミ混合物

次の二つの例は，橋かけカチオン中間体を形成する求電子剤による付加である．はじめの例では，環状のブロモニウムイオン（12-5 節）が，そして 2 番目の例では環状のマーキュリニウムイオン（12-7 節）が生成する．環状のイオンは橋かけしている求電子剤が占める面とは反対の面からしか攻撃を受けることができないため，付加は立体特異的にアンチ付加で進行する（図 12-3）．Br_2 との反応では同じ原子が両アルケン炭素と結合するので位置選択性は考えなくてよい．オキシ水銀化反応においては，水が求核剤であり，これは置換基のより多いアルケン炭素に付加する．置換基のより多い炭素は第三級の炭素であり，最も大きな部分正電荷をもつためである．求電子剤の付加が上の面からと下の面からと同じ割合で起こり，求核剤の攻撃によって立体中心が生成するので立体化学を考慮しなければならない．結果はキラルでかつ互いにエナンチオマーの関係にある二つの生成物が同量ずつ得られラセミ混合物となる．

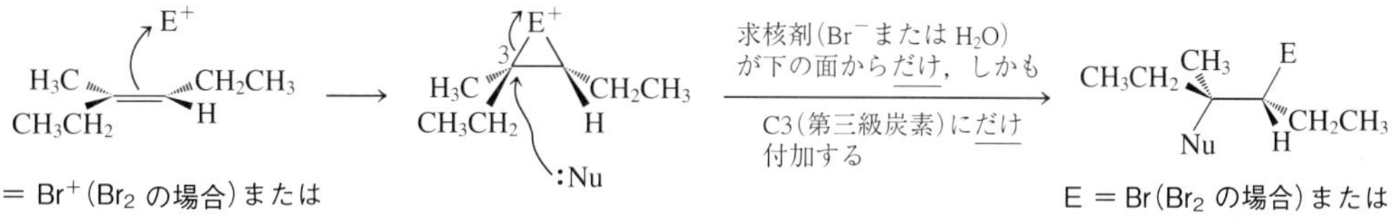

$E^+ = Br^+$（Br_2 の場合）または
$Hg(O_2CCH_3)^+$（$Hg[O_2CCH_3]_2$ の場合）

E ＝ Br（Br_2 の場合）または
$Hg(O_2CCH_3)$
Nu ＝ Br（Br_2 の場合）または
OH（H_2O の場合）

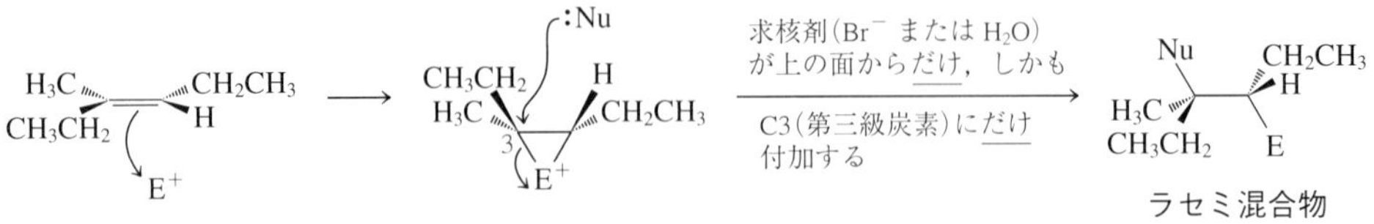

最後に，ヒドロホウ素化について考える．この場合にも，位置選択性ならびに立体選択性の両方を考慮しなければならない．水素化と同様に立体化学はシン付加である．先の求電子付加とは異なり，位置選択性は逆Markovnikov則にしたがう．すなわち，ホウ素が置換基のより少ないアルケン炭素と結合する．

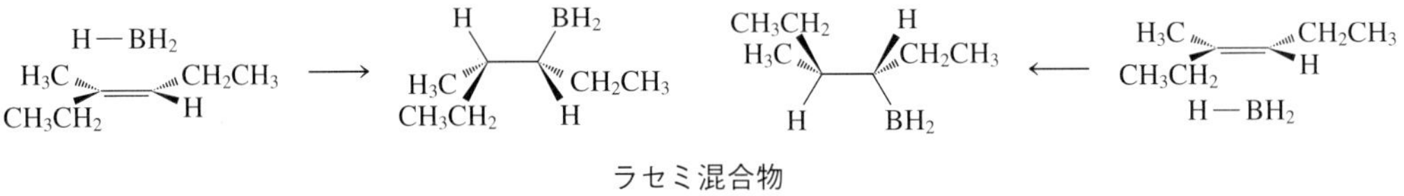

簡単のため，三つあるB—H結合のうちの一つだけの付加を示してある．水素化反応と非常によく似ているが，反応剤が非対称であるため両方のアルケン炭素が立体中心へと変換される．

六つの反応のうち三つはアルコール合成として利用できる．すなわち，酸触媒による水和反応，オキシ水銀化反応(C—Hg結合の $NaBH_4$ による還元も含めて)，ならびにヒドロホウ素化反応(H_2O_2 によるC—B結合の酸化も含めて)の三つである．水和によって得られるアルコール(前述)とオキシ水銀化反応の生成物を脱水銀化して得られるアルコールを比較せよ．

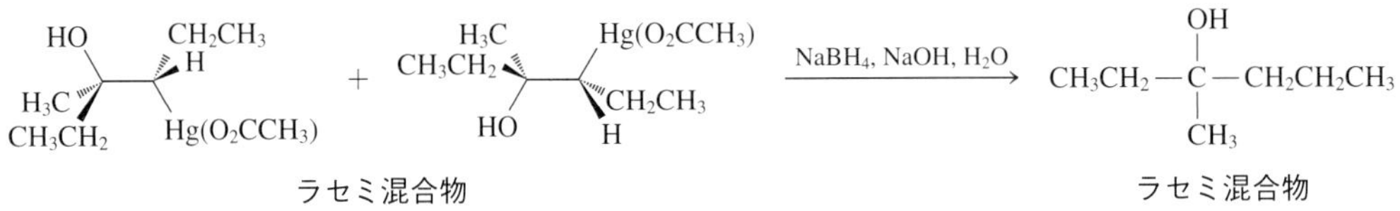

二つのアルコールは同じである．しかしながら，もしも水和反応の途中で転位が起こるような場合には，生成物は同じではない(9-3節参照)．

ヒドロホウ素化生成物を酸化すると二つの立体中心をもち，かつ水和反応やオキシ水銀化−脱水銀化反応で得られるアルコールとは異なる位置異性体であるアルコールが，やはりラセミ混合物として得られる(ホウ素原子についているアルキル基は省略してある)．

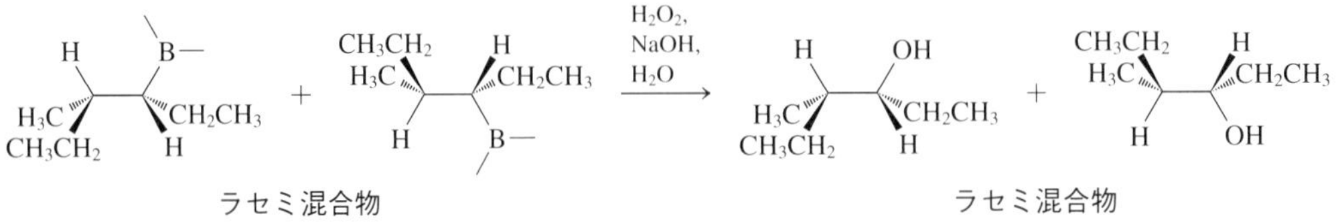

練習問題 12-36：天然物の構造を推定するために化学反応と分光法を利用する

多くの植物油に含まれるチュジェンという化合物は分子式 $C_{10}H_{16}$ をもつモノテルペンである(4-7 節参照)．いくつかの化学的ならびに分光学的特徴は次のとおりである．これらの情報一つひとつからこの化合物の構造についてどんなことがわかるだろうか．
（i）水溶液中で 1 当量の $KMnO_4$ と瞬時に反応し，$KMnO_4$ の紫色が消失して褐色の沈殿が生成する．さらに $KMnO_4$ を追加した場合，その紫色は消えない．
（ii）ヒドロホウ素化−酸化という一連の反応を行うと，チュジルアルコールとよばれる分子式 $C_{10}H_{18}O$ をもった化合物が生成する．この化合物の ^1H NMR スペクトルは $\delta = 3.40$ ppm に 1 H 分のシグナルを示す．（iii）オキシ水銀化−脱水銀化の操作を施すと，（ii）で得られたアルコールと分子式 $C_{10}H_{18}O$ は同じだが，異なった構造をもったアルコールが生成する．なお，この化合物の ^1H NMR においては，$\delta = 3$ ppm より低磁場にはシグナルは見られない．（iv）オゾン分解すると，次の化合物が得られる．

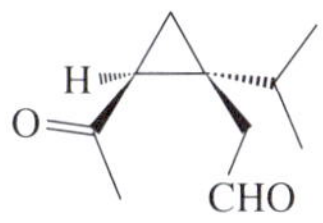

●答え

分子式をながめることから始めよう．分子式からチュジェンの不飽和度は 3 であることがわかる(11-11 節参照)$[(2 \times 10 + 2) - 16]/2 = 6/2 = 3$．(i) ちょうど 1 当量の $KMnO_4$ と反応するという実験事実は，この三つの不飽和度のうち一つだけが π 結合によるものであることを示している(12-11 節)．残りの二つは環構造によるものに違いない．(ii) チュジルアルコールの NMR のスペクトルは第二級アルコールであることを示唆している(欄外参照)．それは $\delta = 3$ と $\delta = 4$ の間の領域に見られるシグナルが水素 1 個分しかないためである．(iii) これに対し，オキシ水銀化による生成物ではこの領域に NMR シグナルがない．このことは，この生成物の OH 基の結合した炭素上には水素原子がないことを意味している．いいかえると，生成物は第三級のアルコールということになる．これら三つの情報を合わせると，チュジェンは二つの環と一つの三置換二重結合をもっていることになる(欄外参照)．

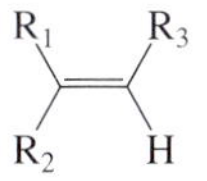

10 個の炭素をもった生成物を与えるオゾン分解の結果はこの式を支持する．この生成物はチュジェンのアルケン結合を切断して一つはアルデヒドで，もう一つはケトンという二つの C=O ユニットに開裂したものである．このオゾン分解の逆反応を考えると，次式のようになる．

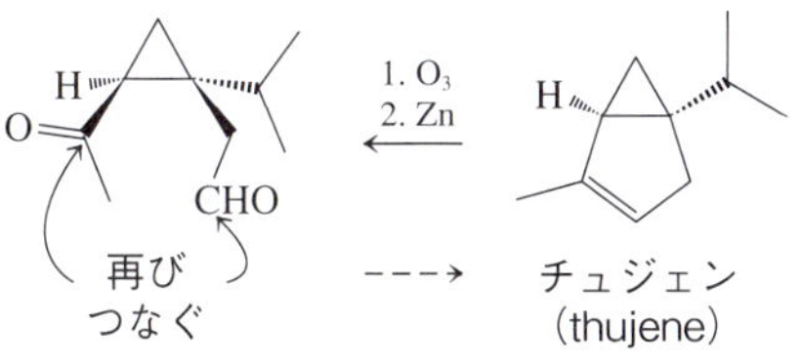

新しい反応

1. アルケンに対する一般的な付加反応（12-1 節）

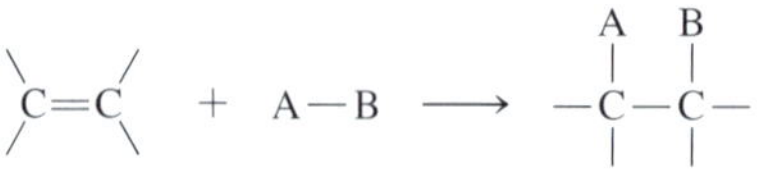

2. 水素化反応（12-2 節）

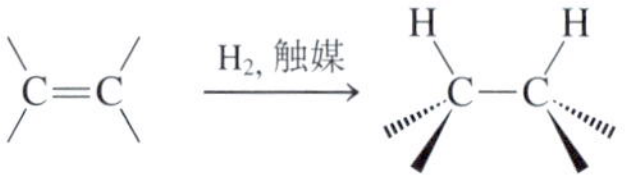

シン付加　　代表的な触媒：PtO_2, Pd-C, Ra-Ni

求電子付加反応

3. ハロゲン化水素の付加反応（12-3 節）

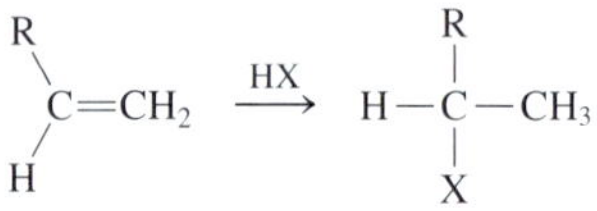

より安定なカルボカチオンを経由する

位置選択的
（Markovnikov 則）

4. 水和反応（12-4 節）

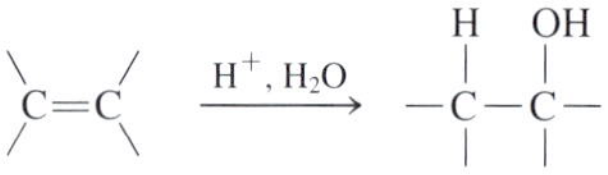

より安定なカルボカチオンを経由する

5. ハロゲン化反応（12-5 節）

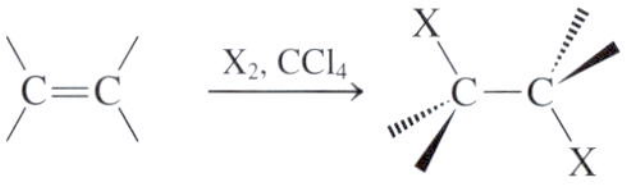

X_2=Cl_2 または Br_2.
I_2 では反応がうまく進行しない

立体特異的（アンチ）

6. 隣接ハロアルコールの合成（12-6 節）

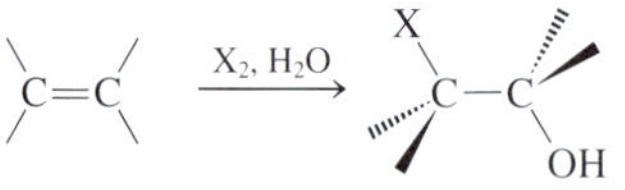

OH が置換基のより多い炭素に結合する

7. 隣接ハロエーテルの合成（12-6 節）

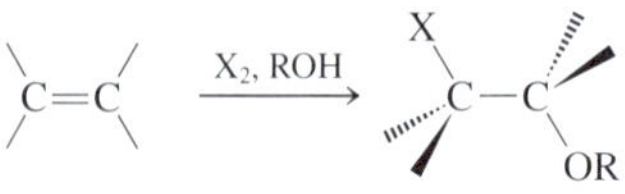

OR が置換基のより多い炭素に結合する

8. 一般的な求電子付加反応（12-6 節，表 12-2）

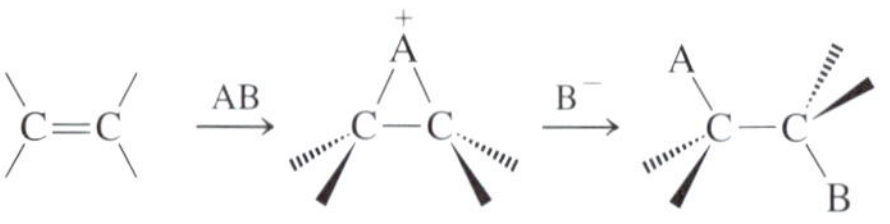

A=電気的に陽性, B=電気的に陰性
B は置換基のより多い炭素に結合する

9. オキシ水銀化－脱水銀化反応(12-7 節)

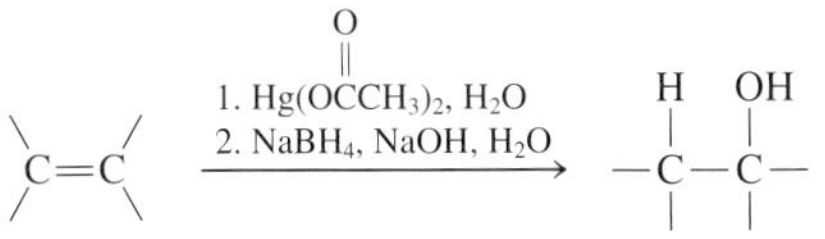

最初の付加はマーキュリニウムイオンを経由してアンチ付加で進行する

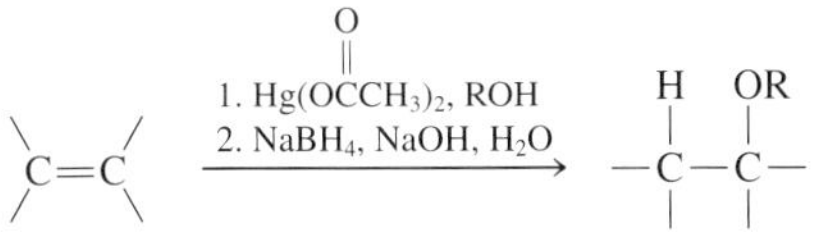

OH あるいは OR は置換基のより多い炭素に結合する

10. ヒドロホウ素化反応(12-8 節)

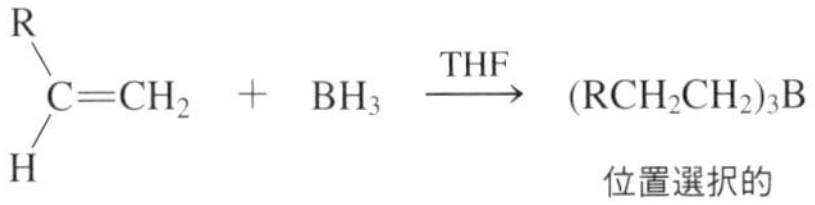

位置選択的

B は置換基のより少ない炭素に結合する

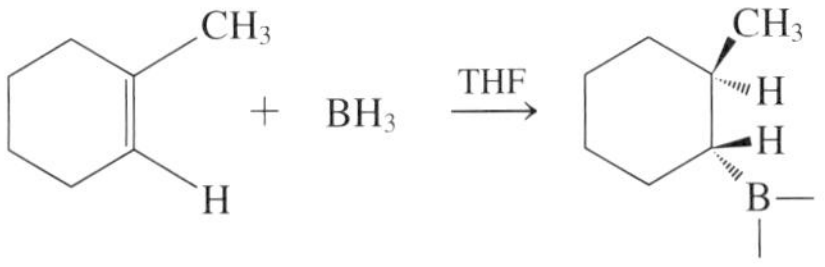

立体特異的（シン）
逆 Markovnikov 則にしたがう

11. ヒドロホウ素化－酸化反応(12-8 節)

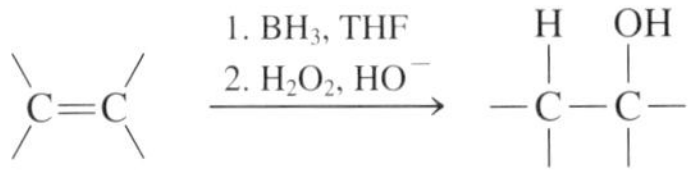

OH は置換基のより少ない炭素に結合する

立体特異的(シン)
逆 Markovnikov 則にしたがう

12. カルベンの付加によるシクロプロパン合成(12-9 節)

ジアゾメタンの利用

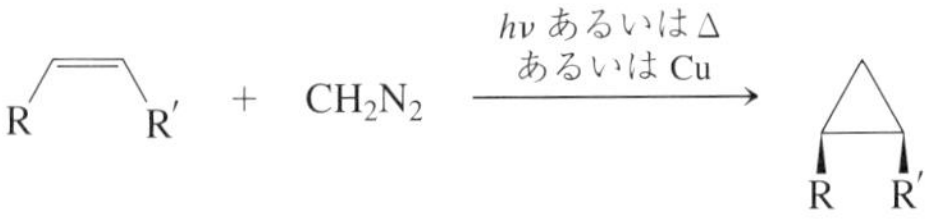

(立体特異的)

その他のカルベンやカルベノイド源の利用

$$CHCl_3 \xrightarrow{\text{塩基}} :CCl_2 \qquad CH_2I_2 \xrightarrow{\text{Zn–Cu}} ICH_2ZnI$$

酸化反応

13. オキサシクロプロパンの生成(12-10 節)

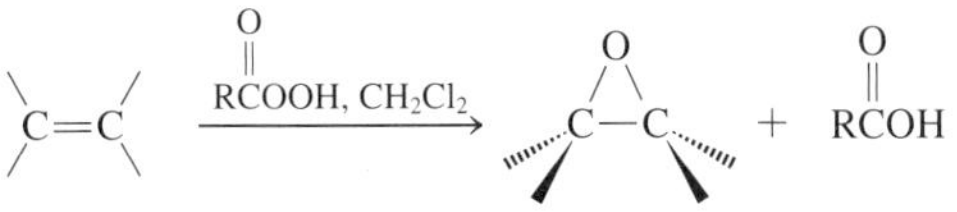

立体特異的(シン)

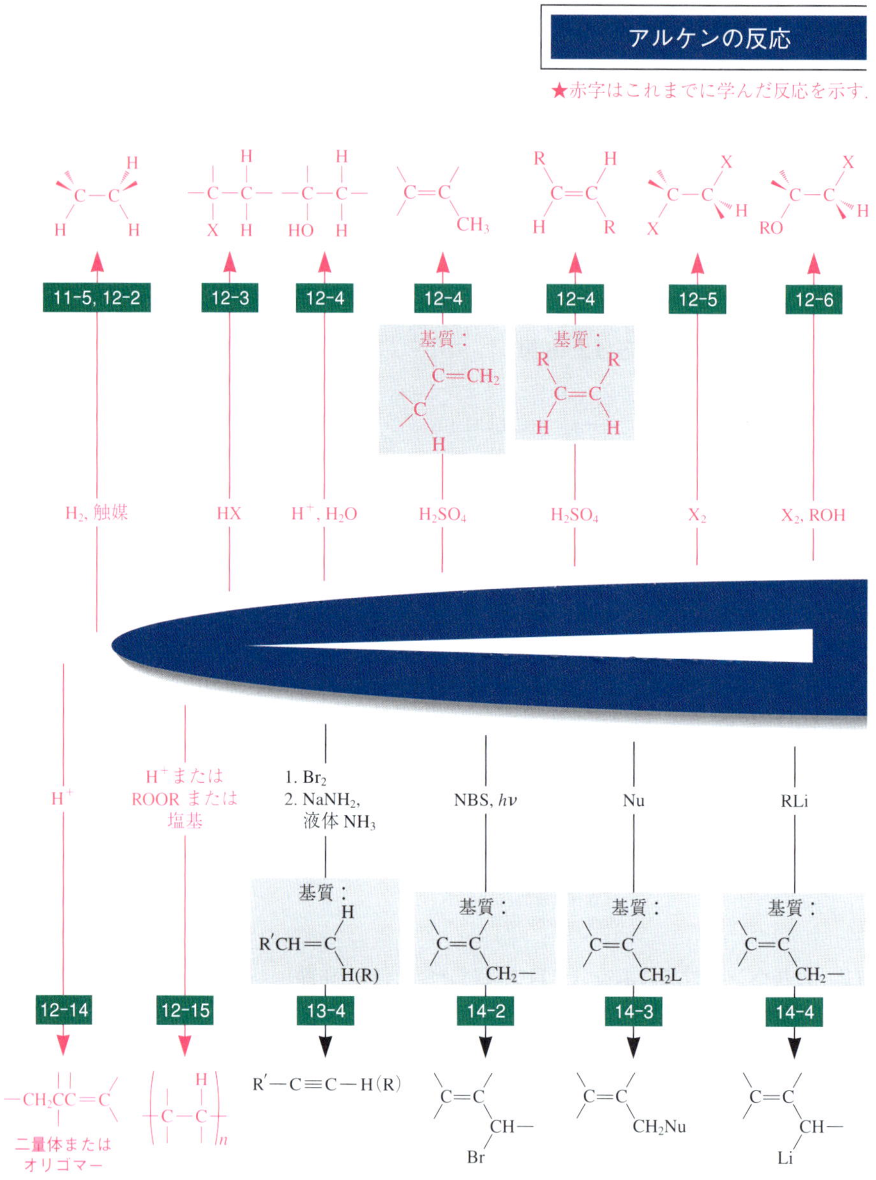

14. 隣接アンチジヒドロキシ化(12-10 節)

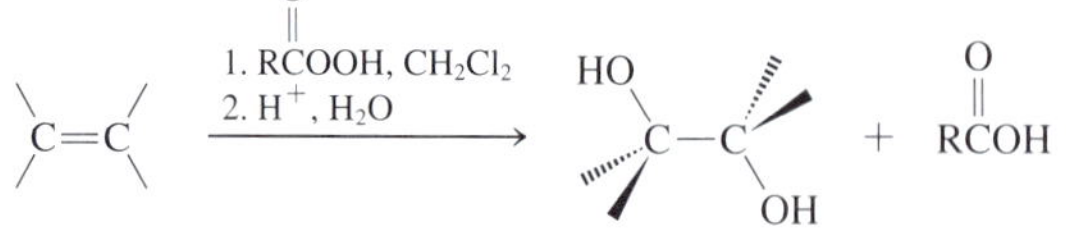

15. 隣接シンジヒドロキシ化(12-11 節)

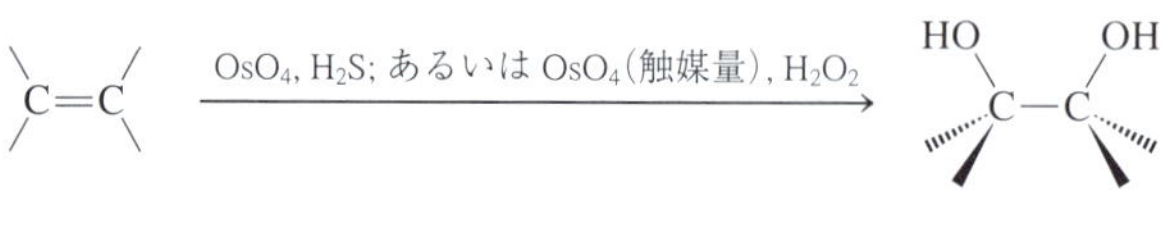

環状中間体を経由する

関連する節番号

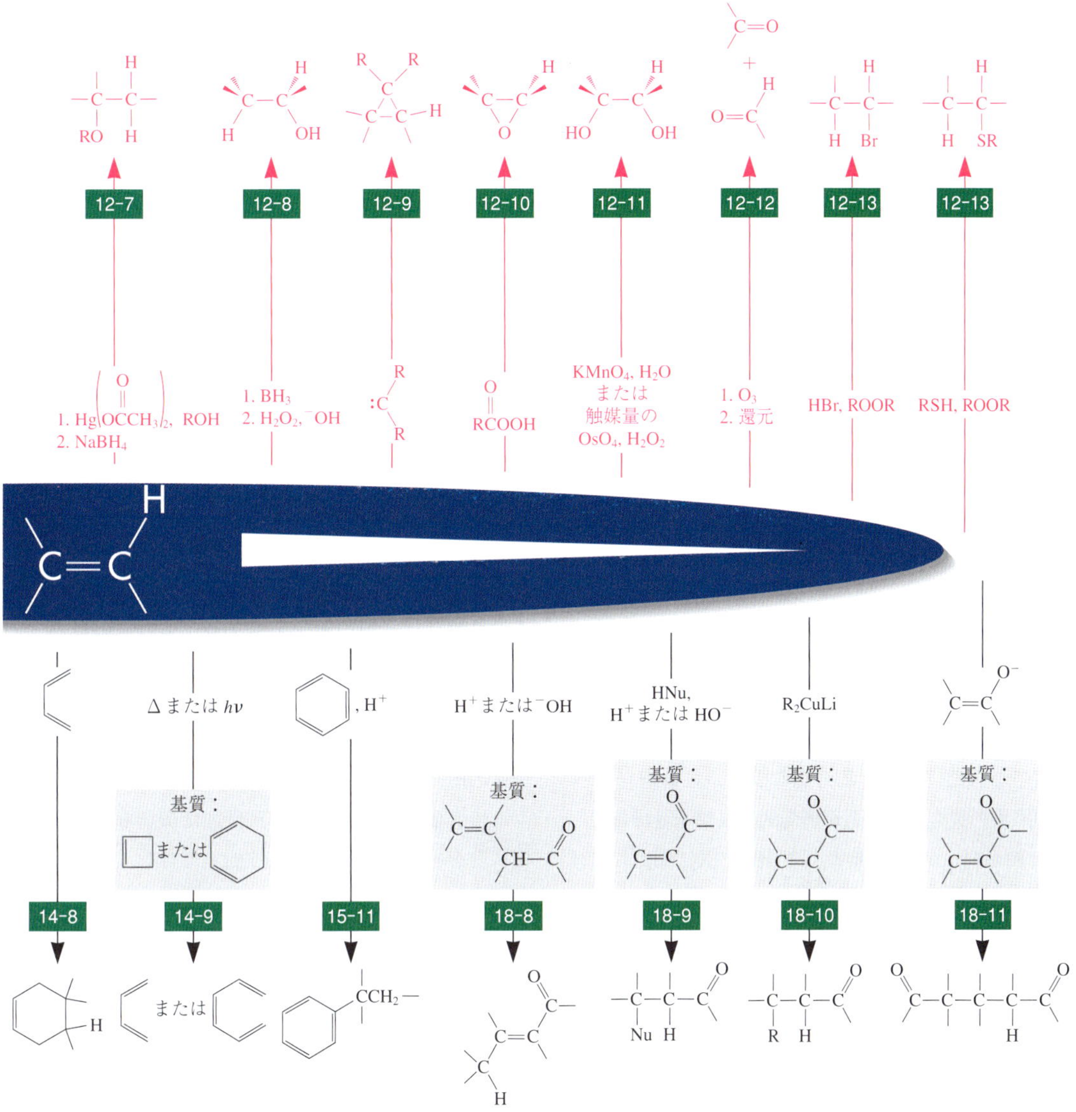

16. オゾン分解（12-12 節）

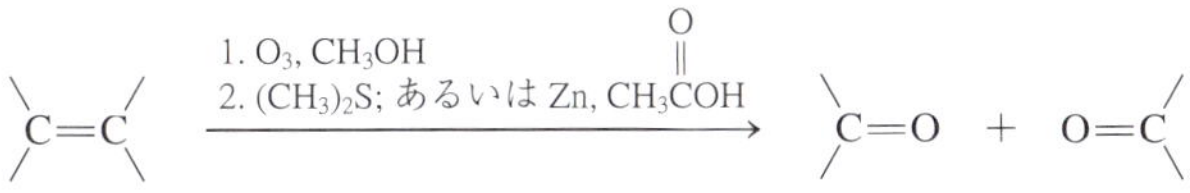

モルオゾニドとオゾニド中間体を経由する

ラジカル付加反応

17. ラジカル機構による臭化水素の付加反応（12-13 節）

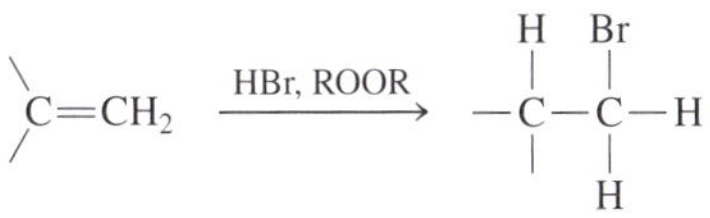

HCl あるいは HI では起こらない

逆 Markovnikov 則にしたがう

18. 他のラジカル付加反応（12-13 節）

逆 Markovnikov 則にしたがう

モノマーとポリマー

19. 二量化，オリゴマー化および重合（12-14 節および 12-15 節）

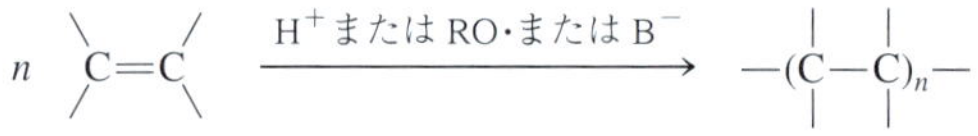

重要な概念

1. 二重結合の反応性は高く，発熱的な**付加**反応を起こし**飽和**化合物を与える．

2. アルケンに対する**水素化反応**は，強い H—H 結合を切断することのできる**触媒**なしでは観測できないほど遅い．用いられる触媒として，炭素に分散させたパラジウムや白金（PtO_2 として），Raney ニッケルなどがある．水素の付加は立体的要因によって制御されており，二重結合がいくつかある場合には，置換基の最も少ない二重結合の立体障害の最も少ない面が優先的に攻撃を受ける．

3. π 結合は Lewis 塩基として H^+ や X_2，Hg^{2+} などの酸や**求電子剤**の攻撃を受ける．中間体としてまず遊離の**カルボカチオン**が生成する場合には，置換基のより多いカルボカチオンが生成する．また**環状のオニウムイオン**が生成することもあり，その場合は置換基のより多い炭素が求核的な攻撃を受け開環する．カルボカチオンが生成する反応では位置選択性が制御され（**Markovnikov 則**），オニウムイオンが生成する反応では位置選択性ならびに立体化学の両方が制御される．

4. **ヒドロホウ素化**は，機構的には水素化反応と求電子付加反応の中間に位置する．最初の段階はアルケンの π 結合が電子不足なホウ素と π 錯体を形成する段階である．第 2 段階は水素の炭素への協奏的移動である．**ヒドロホウ素化**を**酸化**と組み合わせると，全体としてアルケンに対して**逆 Markovnikov 水和反応**を行ったことになる．

5. カルベンとカルベノイドはアルケンからのシクロプロパンの合成に有用である．

6. **ペルオキシカルボン酸**は求電子的な酸素原子をもっており，アルケンに対してこの酸素を与え**オキサシクロプロパン**を生成する．この反応はエポキシ化とよばれることも多い．

7. 四酸化オスミウムはアルケンに対して求電子的な酸化剤として作用する．反応の経過とともに金属の酸化状態は 2 価減少する．つまり，オスミウムは 8 価から 6 価となる．付加は環状 6 電子遷移状態を経て協奏的にシン付加で進行し，隣接シンジオールを与える．

8. **オゾン分解**とこれに続く還元により二重結合が開裂し，2 分子のカルボニル化合物が生成する．

9. **ラジカル連鎖反応**によるアルケンへの付加では，連鎖反応の伝達体が π 結合に付加し，より多くのアルキル置換基をもつラジカルを与える．この方法によって，アルケンに対する臭化水素の逆 Markovnikov 付加を行うことができる．チオールの付加も同様に，逆 Markovnikov 型のラジカル連鎖機構で進行させることができる．

10. 電荷をもった化学種やラジカルあるいは遷移金属による開始反応により，アルケンはアルケン自体と反応し**ポリマー**を生成する．二重結合をこれら重合開始剤が攻撃すると，反応性の高い中間体が生成し，炭素—炭素結合生成が継続して起こる．

章末問題

37. 表 3-1 と表 3-4 の DH° 値を用いて，次のそれぞれの分子のエテンへの付加の ΔH° 値を求めよ．炭素－炭素 π 結合の強さは 65 kcal mol^{-1} であるとする．

(a) Cl_2

(b) IF (DH° = 67 kcal mol^{-1})

(c) IBr (DH° = 43 kcal mol^{-1})

(d) HF

(e) HI

(f) HO－Cl (DH° = 60 kcal mol^{-1})

(g) Br－CN (DH° = 83 kcal mol^{-1}；C_{sp^3}－CN の DH° = 124 kcal mol^{-1})

(h) CH_3S－H (DH° = 88 kcal mol^{-1}；C_{sp^3}－S の DH° = 60 kcal mol^{-1})

38. 二環系アルケンである 3-カレンはテレピン油の構成成分であるが，触媒存在下の水素化反応によって可能な二つの立体異性体生成物のうち一つだけを与える．生成物は *cis*-カランという慣用名をもち，シクロヘキサン環上のメチル基とシクロプロパン環は同じ面にある．シス体が生成するこの反応の立体化学を説明せよ．

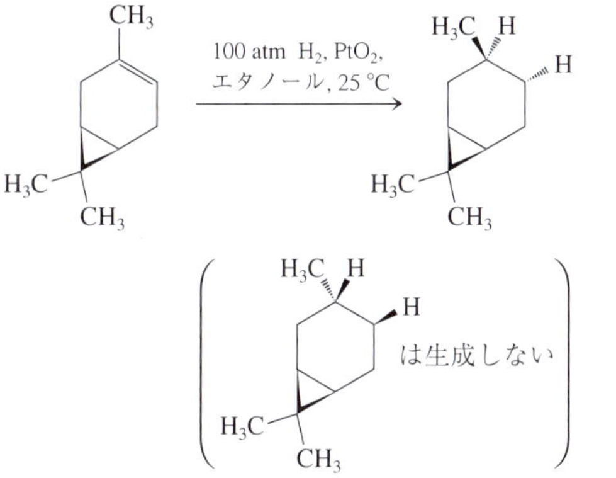

39. 次にあげた各アルケンの触媒を用いる水素化反応によって生成すると予想される主生成物を示せ．生成する分子の立体化学がわかるように構造式を示して説明せよ．

(a) 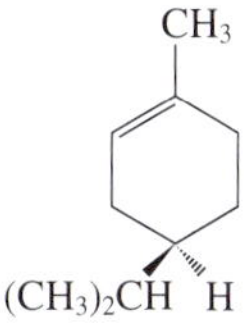 (b) 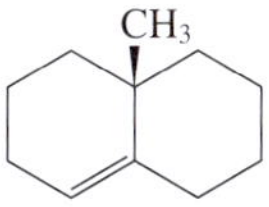

(c) 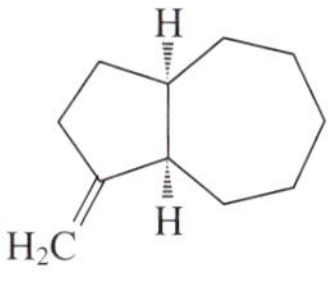

40. シクロブテンのような小員環アルケンの触媒存在下での水素化反応の発熱量は，シクロヘキセンの水素化反応の発熱量よりも多いか．それとも少ないと予想されるか．(**ヒント**：シクロブテンとシクロブタンではどちらの結合角ひずみがより大きいか？)

41. 次にあげた各アルケンを，(i) 過酸化物を含まない HBr，(ii) 過酸化物共存下で HBr とそれぞれ反応させたときに生成すると予想される主生成物を示せ．

(a) 1-ヘキセン，(b) 2-メチル-1-ペンテン，(c) 2-メチル-2-ペンテン，(d) (*Z*)-3-ヘキセン，(e) シクロヘキセン．

42. 問題 41 にあげたそれぞれのアルケンに Br_2 を付加させたときの生成物を示せ．立体化学がよくわかるように示すこと．

43. 問題 41 にあげたアルケンのそれぞれを硫酸水溶液で処理すると，どのようなアルコールが得られるか．またこれらのアルケンに，オキシ水銀化－脱水銀化の反応を行った場合に，硫酸で処理した場合とは異なる生成物を与えるものがあるか．ヒドロホウ素化－酸化の反応ではどうか．

44. 次の変換反応のそれぞれについて，必要な反応剤と反応条件をあげよ．それぞれの反応の熱力学についても説明を加えよ．

(a) シクロヘキサノール → シクロヘキセン，(b) シクロヘキセン → シクロヘキサノール，(c) クロロシクロペンタン → シクロペンテン，(d) シクロペンテン → クロロシクロペンタン．

45. 6 章の問題 53 は，2-ブロモ-3-ヒドロキシ-4-メチルペンタン酸の特定の立体異性体を出発物質として用い，アミノ酸の (2*S*,3*S*)-3-ヒドロキシロイシンを合成する方法を記述している．臭素と水を 4-メチル-2-ペンテン酸のメチルエステル（下）に付加させると，対応する 2-ブロモ-3-ヒドロキシ-4-メチルペンタン酸のエステルが生成する．(a) この付加反応で目的とする立体異性体の生成物を得るには，不飽和エステルのどのような立体異性体，すなわちシス体あるいはトランス体いずれの異性体を用いる必要があるか．(b) この反応はブロモアルコールを単一のエナンチオマーとして与えることができるか．反応機構にもとづいて説明せよ．

$(CH_3)_2CHCH=CHCO_2CH_3$
4-メチル-2-ペンテン酸
メチルエステル
(4-methyl-2-pentenoic acid methyl ester)

46. 次にあげた反応それぞれについて，予想される生成物(複数のこともある)の構造を示せ．立体化学も明確に示せ．

(a) 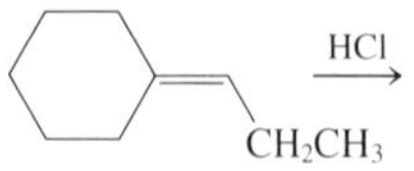

(b) *trans*-3-ヘプテン $\xrightarrow{Cl_2}$

(c) 1-エチルシクロヘキセン $\xrightarrow{Br_2,\ H_2O}$

(d) (c)の生成物 $\xrightarrow{NaOH,\ H_2O}$

(e) 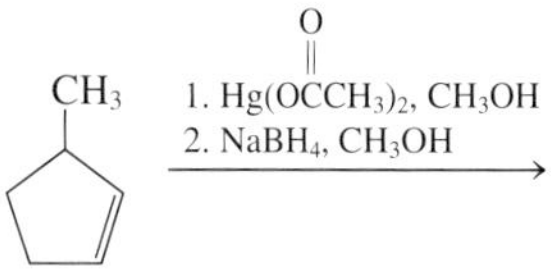

(f) *cis*-2-ブテン $\xrightarrow{Br_2,\ 過剰の\ Na^+N_3^-}$

(g) 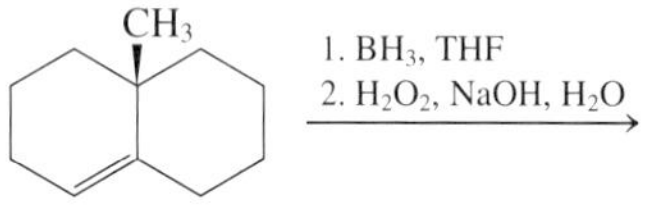

(h) 幼若ホルモンの類縁体であるメソプレン(コラム12-1)の活性な構造は *S*-エナンチオマーである．それを書け．出発物質に立体中心が存在することがコラム12-1に示されたメソプレン合成において，オキシ水銀化－脱水銀化の一連の反応結果にどのような影響を及ぼすか．

47. 適当な構造のアルケン(自分で選べ)を用いて，次の各分子を合成する方法を示せ．

(a) 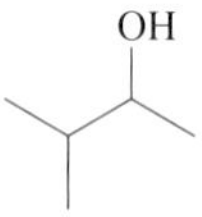

(b) 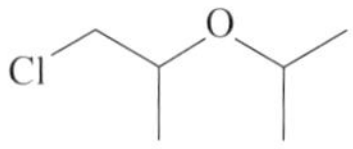

(c) 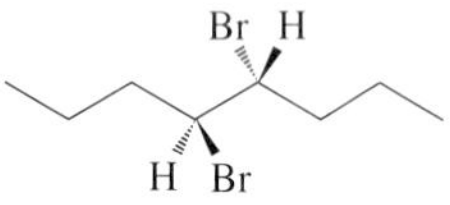

(メソ-4*R*,5*S*-異性体)

(d) 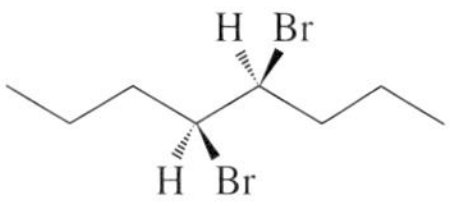

＋
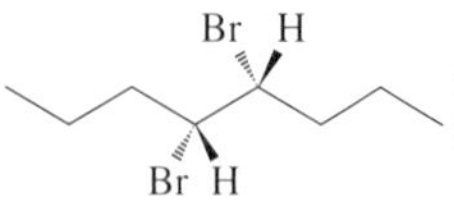

(4*R*,5*R* と 4*S*,5*S* 異性体のラセミ混合物)

(e) 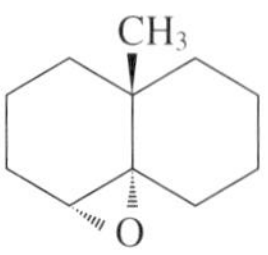

(f) 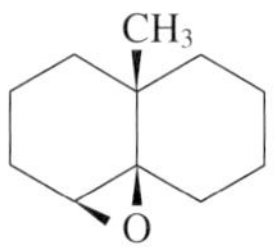

(難問，ヒント：12-6節参照)

48. 次にあげたそれぞれの変換を行うのに有効な方法を述べよ．2段階以上を要するものがほとんどである．

(a) 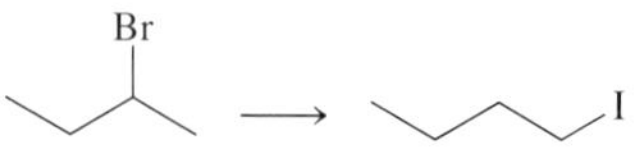

(b) 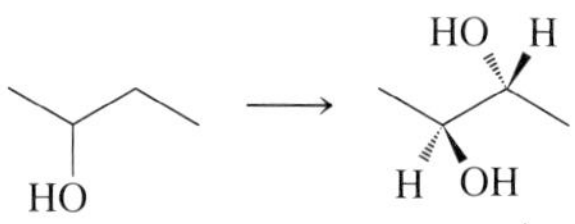

(メソ-2*R*,3*S*-異性体)

(c) 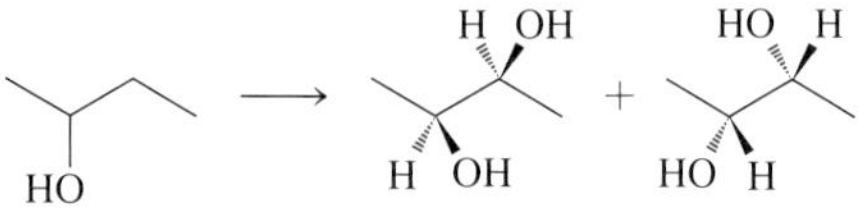

(2*R*,3*R* と 2*S*,3*S* 異性体のラセミ混合物)

(d) 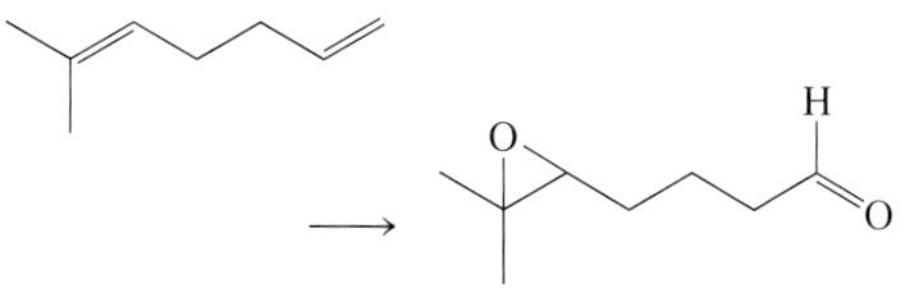

49. **反応の概観**．690 ～ 691ページの反応のロードマップを見ずに，一般のアルケン，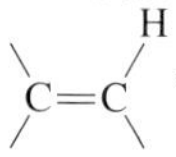 を次にあげる種類の化合物に変換するための反応剤を示せ．

(a) 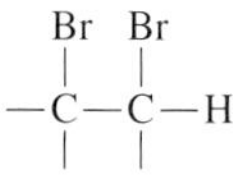

(b) 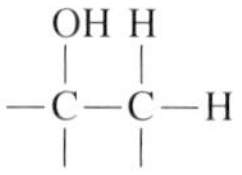

(Markovnikov 生成物)

(c) 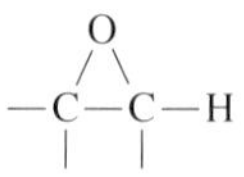

(d) 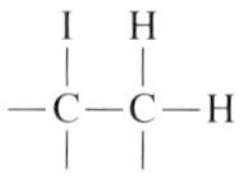

(e) 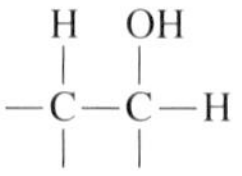

(逆Markovnikov 生成物)

(f) 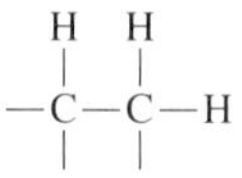

(g) 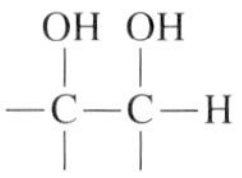

(h) 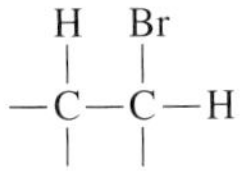 （逆Markovnikov 生成物）

(i) 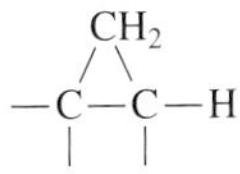 (j) 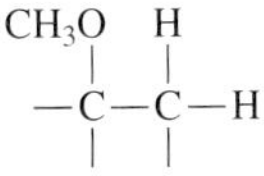

(k) 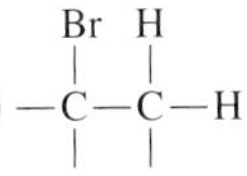 （Markovnikov 生成物）

(l) 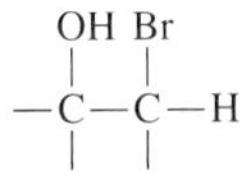 (m) 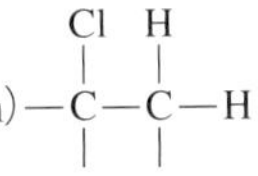

(n) 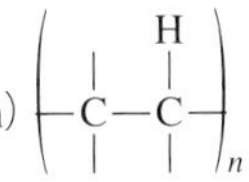 （ポリマー）

(o) 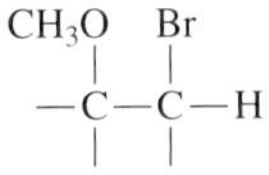 (p) 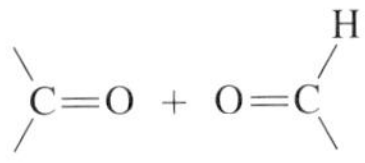

(q) 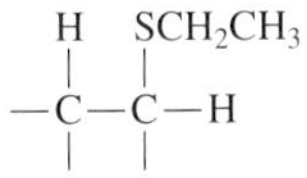 （逆Markovnikov 生成物）

50. 2-メチル-1-ペンテンと次にあげたそれぞれの反応剤との反応から予想される生成物を示せ．
(a) H_2，PtO_2，CH_3CH_2OH
(b) D_2，Pd-C，CH_3CH_2OH
(c) BH_3，THF 続いて NaOH + H_2O_2
(d) HCl　(e) HBr　(f) HBr + 過酸化物
(g) HI + 過酸化物　(h) H_2SO_4 + H_2O
(i) Cl_2　(j) ICl　(k) Br_2 + CH_3CH_2OH
(l) CH_3SH + 過酸化物　(m) MCPBA，CH_2Cl_2
(n) OsO_4，続いて H_2S
(o) O_3，続いて Zn + $CH_3\overset{O}{\overset{\|}{C}}OH$
(p) $Hg(O\overset{O}{\overset{\|}{C}}CH_3)_2$ + H_2O，続いて $NaBH_4$
(q) 触媒量の H_2SO_4 + 加熱

51. (E)-3-メチル-3-ヘキセンと問題 50 のそれぞれの反応剤との反応の生成物を示せ．

52. 1-エチルシクロペンテンと問題 50 のそれぞれの反応剤との反応で予想される生成物を示せ．

53. 1-エチルシクロペンテンと問題 50 の(c)，(e)，(f)，(h)，(j)，(k)，(m)，(n)，(o)，ならびに(p)の反応について 1 段階ずつの詳細な反応機構を示せ．

54. 次のポリマーを与えるアルケンモノマーを示せ．

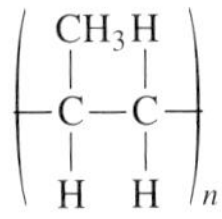

55. 3-メチル-1-ブテンを次にあげる条件でそれぞれ反応させたとき，予想される主生成物を示せ．生成物の違いを反応機構の立場から説明せよ．

(a) 50 % 硫酸水溶液，(b) H_2O 中で $Hg(O\overset{O}{\overset{\|}{C}}CH_3)_2$，続いて $NaBH_4$，(c) THF 中で BH_3，続いて NaOH と H_2O_2．

56. 問題 55 の 3-メチル-1-ブテンをエテニルシクロヘキサンに置き換えて，同じ問題に答えよ．

57. 次にあげた(a)～(e)のアルケンとモノペルオキシフタル酸マグネシウム(MMPP)との反応で生成すると予想される主生成物を示せ．さらにそれら生成物を酸性水溶液中で加水分解したときに生成する化合物の構造も合せて示せ．
(a) 1-ヘキセン　(b) (Z)-3-エチル-2-ヘキセン
(c) (E)-3-エチル-2-ヘキセン
(d) (E)-3-ヘキセン
(e) 1,2-ジメチルシクロヘキセン

58. 問題 57 にあげたアルケンそれぞれについて，OsO_4 との反応とこれに続く H_2S による処理によって得られる主生成物を示せ．

59. 問題 57 にあげたアルケンそれぞれについて，過酸化物の存在下に CH_3SH と反応させたときの主生成物を示せ．

60. 過酸化物を開始剤とする 1-ヘキセンと CH_3SH の反応の機構を示せ．

61. 次の式に示した反応それぞれについて，予想される生成物を示せ．
(a) (E)-2-ペンテン + $CHCl_3$ $\xrightarrow{KOC(CH_3)_3,\ (CH_3)_3COH}$
(b) 1-メチルシクロヘキセン + CH_2I_2 $\xrightarrow{Zn-Cu,\ (CH_3CH_2)_2O}$
(c) プロペン + CH_2N_2 $\xrightarrow{Cu,\ \Delta}$
(d) (Z)-1,2-ジフェニルエテン + $CHBr_3$ $\xrightarrow{KOC(CH_3)_3,\ (CH_3)_3COH}$

(e) (E)-1, 3-ペンタジエン + 2 CH_2I_2 $\xrightarrow{Zn-Cu,\ (CH_3CH_2)_2O}$

(f) $CH_2{=}CHCH_2CH_2CH_2CHN_2 \xrightarrow{h\nu}$

62. ¹H NMR スペクトル(A)は分子式 C_3H_5Cl をもつ分子のものである．この化合物はプロトンデカップリングをした ¹³C NMR のピークを δ = 45.3, 118.5 と 134.0 ppm に示す．さらに 730(11 章，問題 57 参照)，930，980，1630，3090 cm^{-1} に IR の吸収帯を示す．(a) 分子の構造を示せ．(b) NMR のそれぞれのシグナルがどの水素または水素の組のものであるかを帰属せよ．(c) δ = 4.05 ppm の「二重線」は J = 6 Hz のカップリング定数をもつ．この事実は(b)での水素の帰属と矛盾しないか．(d) この「二重線」を 5 倍に拡大する

(A)

¹H NMR

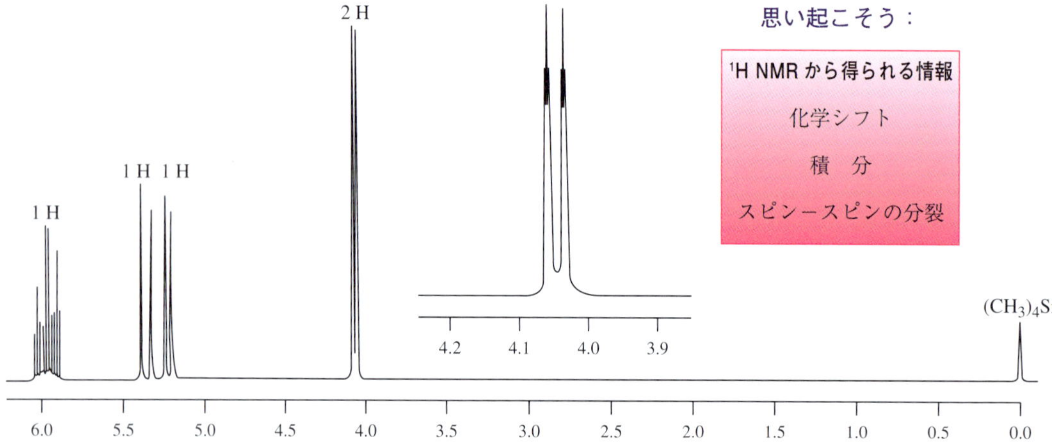

300 MHz ¹H NMR スペクトル ppm(δ)

思い起こそう：

¹H NMR から得られる情報

化学シフト

積　分

スピン－スピンの分裂

(B)

¹H NMR

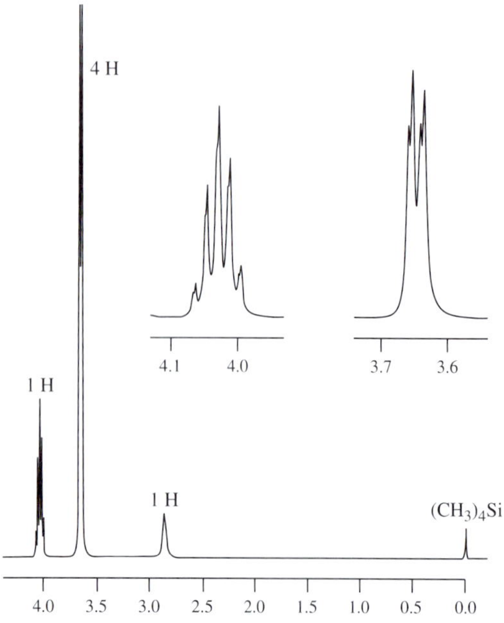

300 MHz ¹H NMR スペクトル ppm(δ)

(C)

¹H NMR

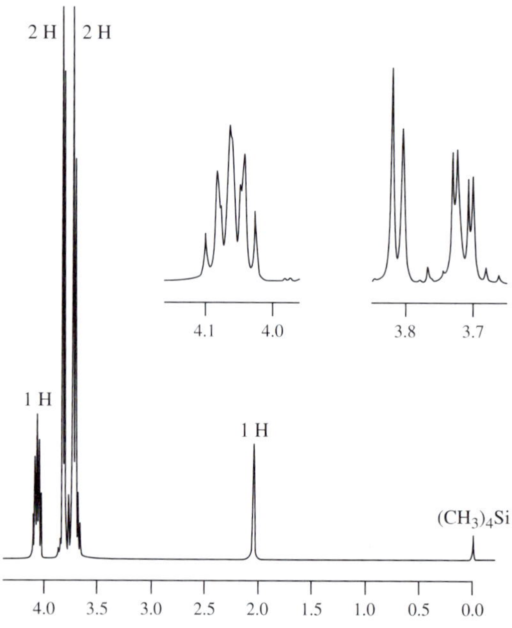

300 MHz ¹H NMR スペクトル ppm(δ)

(D)

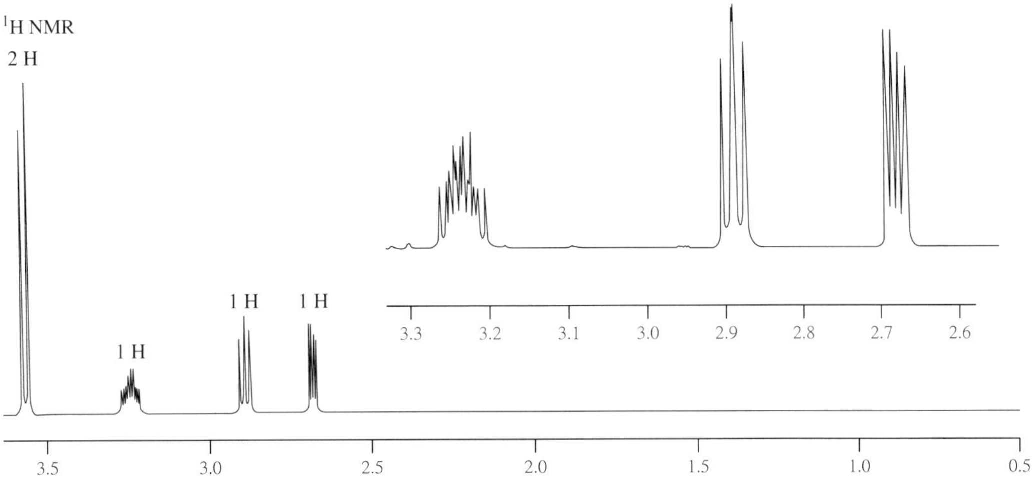

300 MHz ^{1}H NMR スペクトル ppm(δ)

(E)

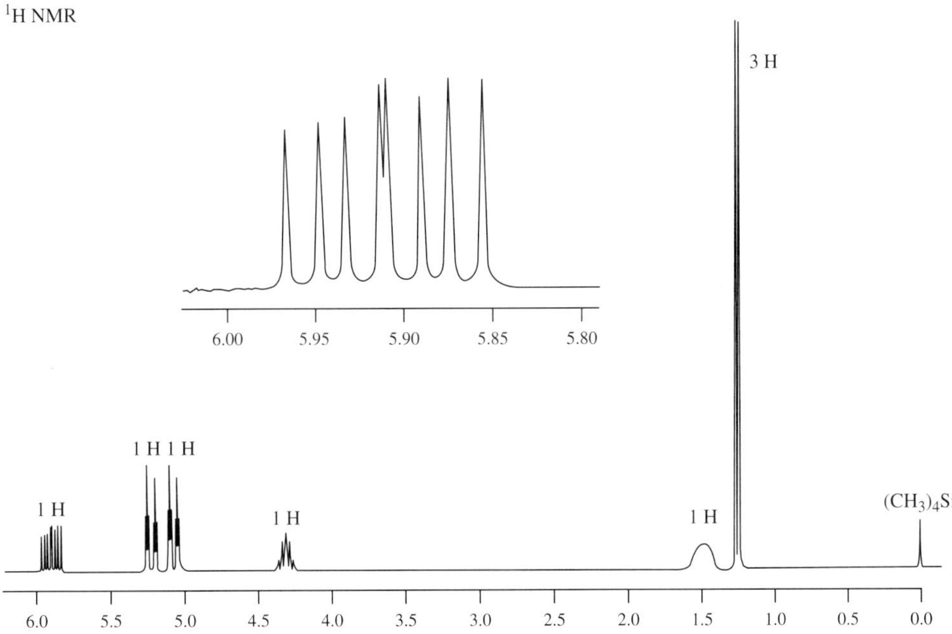

300 MHz ^{1}H NMR スペクトル ppm(δ)

と二重線の三重線となる〔スペクトル(A)の拡大図〕. 三重線の分裂のカップリング定数はおよそ1 Hzである. 三重線となる原因は何か. (b)の答えと照らし合わせて理にかなっているか.

63. C_3H_5Cl〔問題62. スペクトル(A)〕を水中で Cl_2 と反応させると, 二つの生成物が得られる. 両者とも $C_3H_6Cl_2O$ の分子式をもつ. それらのスペクトルを(B)と(C)に示す. プロトンデカップリングをした ^{13}C NMRスペクトルでは, ^{1}H NMRのスペクトル(B)を示す分子は2本のシグナルを示し, スペクトル(C)を示す分子は3本のシグナルを示す. これらの化合物をKOHで処理するといずれも同じ分子 C_3H_5ClO〔スペクトル(D)〕を与える. スペクトル図中の拡大図は多重線を拡大したものである. プロトンデカップリングをした ^{13}C NMRスペクトルでは, この分子は $\delta = 45.3$,

（F）

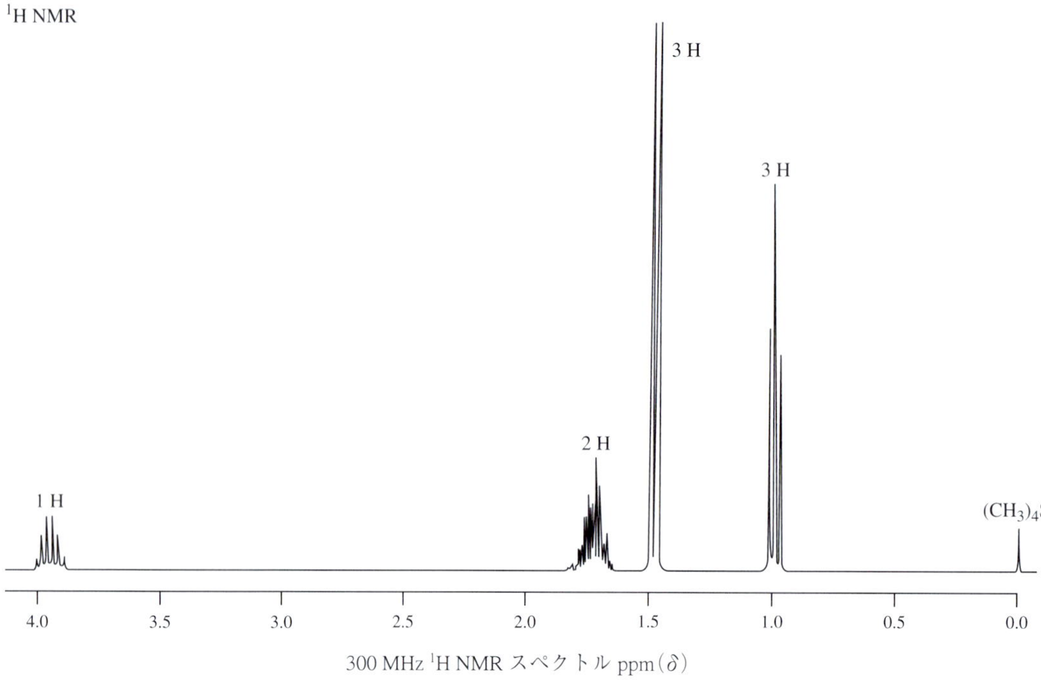

46.9 と 51.4ppm にピークを示す．化合物（D）の IR スペクトルは 720 cm^{-1} と 1260 cm^{-1} に吸収帯を示し，1600～1800 cm^{-1} と 3200～3700 cm^{-1} には吸収がない．（a）スペクトル（B），（C），（D）を与える化合物の構造を推定せよ．（b）C_3H_5Cl と Cl_2 との水中の反応においてなぜ二つの異性体生成物が得られるのか．（c）分子式 $C_3H_6Cl_2O$ をもつ両方の異性体から C_3H_5ClO が生成する機構を示せ．

64. ^1H NMR スペクトル（E，前ページ）は分子式 C_4H_8O をもつ化合物のものである．この化合物の IR スペクトルは 945，1015，1665，3095，3360 cm^{-1} に重要な吸収をもつ．
（a）この未知化合物の構造を示せ．（b）NMR と IR のおのおののシグナルの帰属を示せ．（c）$\delta = 1.3$, 4.3, 5.9 ppm（10 倍の拡大図を参照せよ）のシグナルの分裂パターンを説明せよ．

65. スペクトル（E）をもつ化合物と $SOCl_2$ を反応させるとクロロアルカン C_4H_7Cl が生成する．その NMR スペクトルは，（E）のスペクトルとほぼ同じであるが，$\delta = 1.5$ ppm の幅広いシグナルがないことだけが違っている．クロロアルカンの IR スペクトルは 700（11 章，問題 57 参照），925，985，1640，3090 cm^{-1} に吸収帯をもつ．PtO_2 触媒存在下に H_2 で処理すると C_4H_9Cl〔スペクトル（F）〕となる．（F）の IR スペクトルでは 700 cm^{-1} 付近の吸収帯を除いてすべての吸収帯が消失する．これら二つの化合物（E）と（F）の構造を示せ．

66. 問題 65 に記載されている二つの化合物は，質量分析スペクトルにおいて，質量数が 2 離れた強度比が 3：1 の二つの分子イオンピークを与える．これについて説明せよ．

67. オゾン分解とこれに続く $(CH_3)_2S$ による還元によって，次のカルボニル化合物を与えるアルケンの構造を示せ．
（a）CH_3CHO のみ　（b）CH_3CHO と CH_3CH_2CHO
（c）$(CH_3)_2C{=}O$ と $H_2C{=}O$
（d）$CH_3CH_2\overset{\overset{\displaystyle O}{\|}}{C}CH_3$ と CH_3CHO
（e）シクロペンタノンと CH_3CH_2CHO

68. **チャレンジ** 逆合成解析を用いて，次にあげた化合物それぞれの合成計画を立てよ．かっこ内に示された化合物を出発物質として用いよ．各合成においての炭素−炭素結合を生成する段階を少なくとも一つ含む限り，かっこ内に示した化合物以外の簡単なアルカンやアルケンを使用してもよい．
（a）$CH_3CH_2\overset{\overset{\displaystyle O}{\|}}{C}\underset{\underset{\displaystyle CH_3}{|}}{C}HCH_3$　（プロペン）

(b) 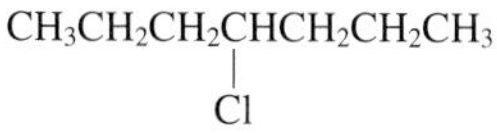

（これもプロペンから）

(c) 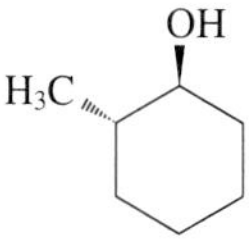

（シクロヘキセン）

69. シクロペンタンを次にあげた分子にそれぞれ変換する方法を述べよ．

(a) *cis*-1,2-ジジュウテリオシクロペンタン

(b) *trans*-1,2-ジジュウテリオシクロペンタン

(c) 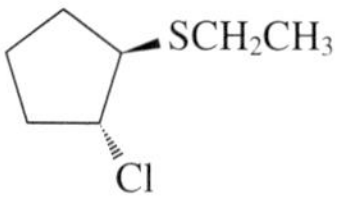

(d) 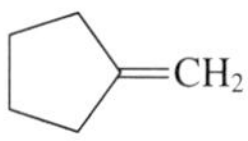

(e) 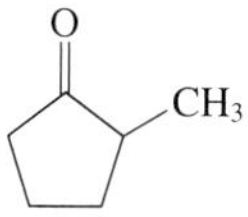

(f) 1,2-ジメチルシクロペンテン

(g) *trans*-1,2-ジメチル-1,2-シクロペンタンジオール

70. 次にあげた反応それぞれの予想される主生成物（複数の場合もある）を示せ．

(a) 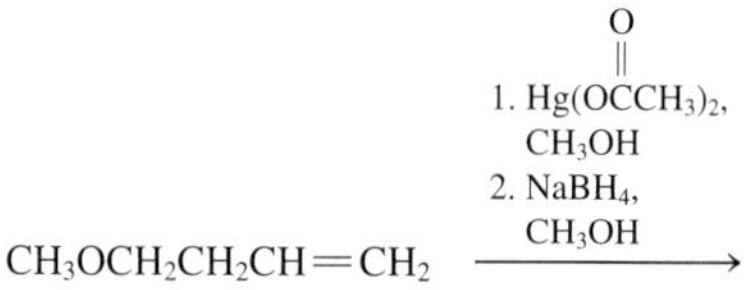

(b) 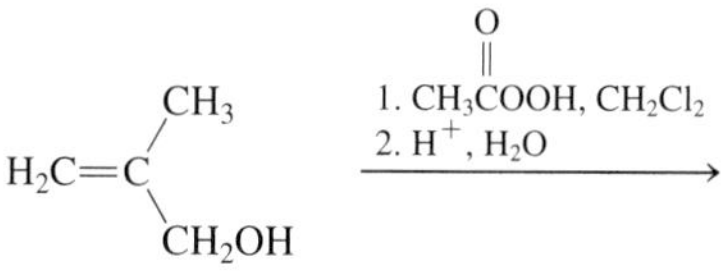

(c) 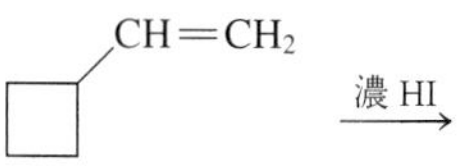

(d) 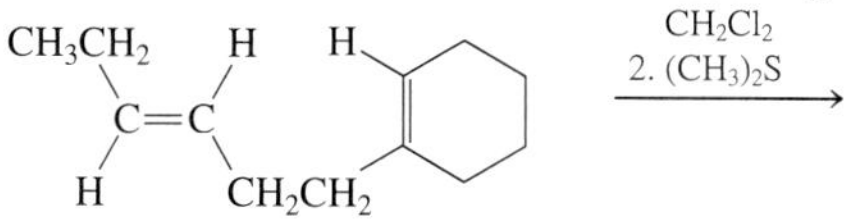

(e) 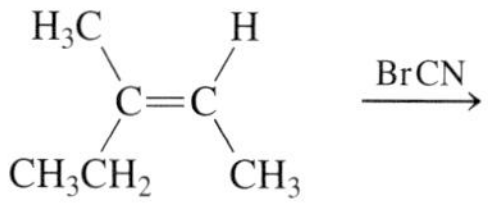

(f) 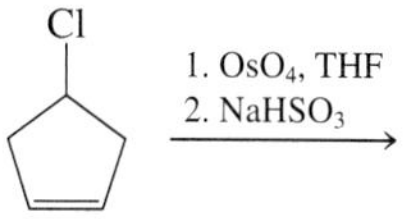

(g) $CH_3CH{=}CH_2 \xrightarrow{\text{触媒量の HF}}$

(h) $CH_2{=}CHNO_2 \xrightarrow{\text{触媒量の KOH}}$

（ヒント：NO_2 基の Lewis 構造を描け）

71. (*E*)-5-ヘプテン-1-オールは次にあげた反応剤と反応して，それぞれの反応剤のあとに示した分子式をもつ生成物を与える．生成物の構造を示し，その生成機構を詳しく説明せよ．

(a) HCl, $C_7H_{14}O$（Cl を含まない），(b) Cl_2, $C_7H_{13}ClO$（IR：740 cm^{-1} には吸収があるが，1600 ～ 1800 cm^{-1} と 3200 ～ 3700 cm^{-1} には吸収がない）．

72. 加熱下あるいは光の照射下にシス形アルケンを少量の I_2 で処理すると，一部がトランス体へと異性化する．この異性化を説明する詳しい機構を述べよ．

73. α-テルピネオール（10 章，問題 61 参照）を酢酸水銀（Ⅱ）の水溶液と反応させ，続いて水素化ホウ素ナトリウムで還元すると，水和生成物ではなく，出発物質（$C_{10}H_{18}O$）の異性体が主生成物として得られる．この異性体はユーカリ（eucalyptus）油の主成分であり，これにちなんでユーカリプトールというふさわしい名前でよばれている．心地よいピリッとした味と芳香をもっているので，それだけでは嫌な味がして飲みにくい薬に香りをつけるために広く用いられている．化学的に道理にかなった反応機構と次にあげるプロトンデカップリングした ^{13}C NMR データをもとに，ユーカリプトールの構造を推定せよ．（**ヒント**：IR スペクトルでは 1600 ～ 1800 cm^{-1}，3200 ～ 3700 cm^{-1} に吸収がない．）

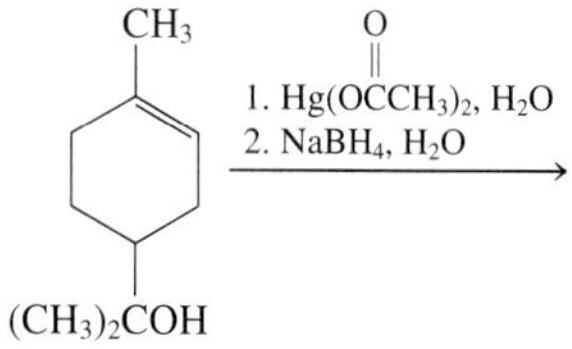

α-テルピネオール
(α-terpineol)

ユーカリプトール（eucalyptol）（$C_{10}H_{18}O$）　^{13}C NMR：δ = 22.8, 27.5, 28.8, 31.5, 32.9, 69.6, 73.5 ppm

74. 置換様式が大きく異なる 2 種類の二重結合をもつ 2-メチル-1,5-ヘキサジエンやリモネンのような分子と

ボラン反応剤や MCPBA との反応は，高い選択性をもって進行する．リモネンや 2-メチル-1,5-ヘキサジエンを(a) THF 中で 1 当量のジアルキルヒドロホウ素化剤(R_2BH，R = 第二級アルキル基，1 度だけ付加するように制限されている)と反応させ，続いて塩基性 H_2O_2 水溶液で処理するとき，あるいは(b) CH_2Cl_2 中 1 当量の MCPBA で処理するとき，得られる生成物を予想せよ．答えについて説明を加えよ．

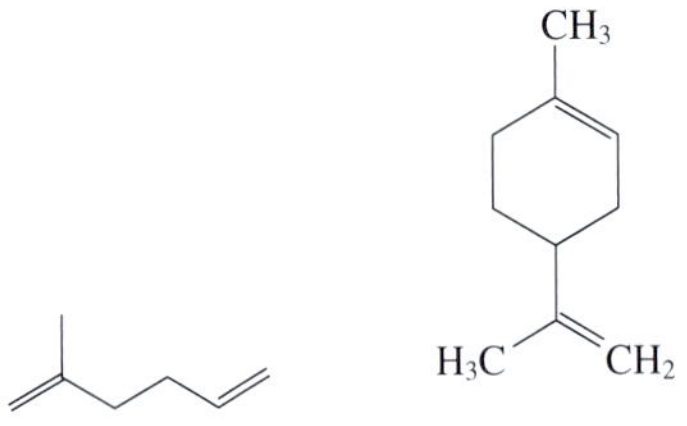

2-メチル-1,5-ヘキサジエン (2-methyl-1,5-hexadiene)　リモネン (limonene)

75. マヨラナ(シソ科の植物，薬用および料理用)の油は，心地よいレモンの香りのする物質 $C_{10}H_{16}$〔化合物(G)〕を含んでいる．オゾン分解すると(G)は二つの生成物を与える．その一つである化合物(H)は分子式 $C_8H_{14}O_2$ をもち，次の方法で別途に合成することができる．

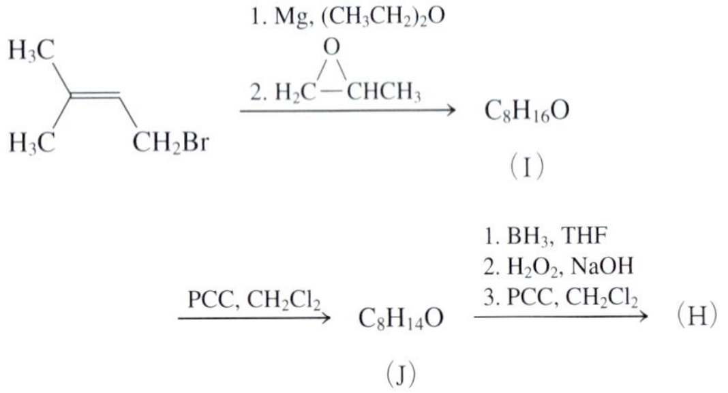

これらの情報から(G)～(J)の化合物の理にかなった構造を推定せよ．

76. **チャレンジ** フムレンと α-カリオフィレンアルコールはカーネーションのエキスのテルペン成分である．フムレンは酸触媒による水和反応によって 1 段階で α-カリオフィレンアルコールに変換される．反応機構を示せ．(**ヒント**：反応機構はカチオンが引き起こす二重結合の異性化，環化，ならびに水素やアルキル基の移動をともなう転位を含んでいる．一連の反応機構における中間体のうち二つが示されており，反応経路を通してその位置を追いかけやすいように 5 個の炭素原子に星印をつけた．)

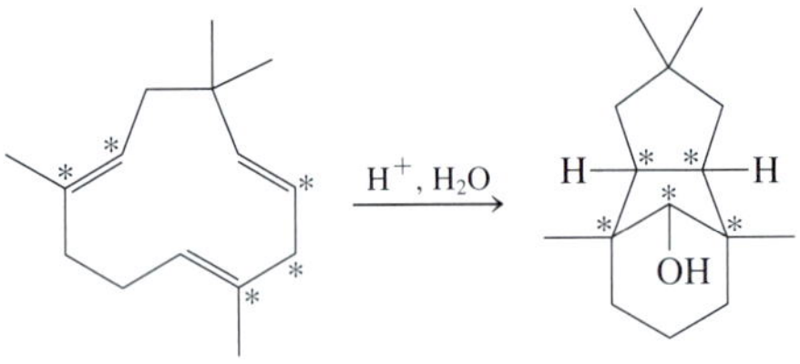

フムレン (humulene)　α-カリオフィレンアルコール (α-caryophyllene alcohol)

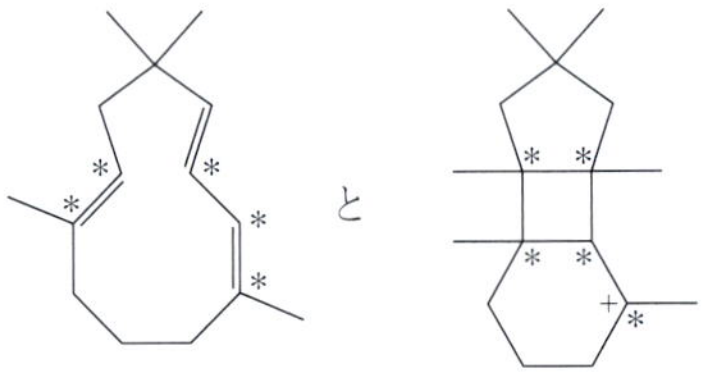

を経由して

77. フムレン(問題 76 参照)をオゾンで処理したあと，酢酸中で亜鉛で還元したときの生成物を予想せよ．もしフムレンの構造を前もって知らなかったとき，これらのオゾン分解生成物から明確にフムレンの構造を導き出すことができるか．

78. **チャレンジ** カリオフィレン($C_{15}H_{24}$)はチョウジ(丁字，熱帯性香木)の香りの主成分としてなじみのある，一見変わったセスキテルペンである．下にあげた反応 1～3 の結果をもとに構造を決定せよ．(**注意**：問題 76 の α-カリオフィレンアルコールの構造とはまったく違った構造をしている．)
異性体であるイソカリオフィレンは，水素化やオゾン分解によってカリオフィレンと同じ生成物を与える．イソカリオフィレンに対してヒドロホウ素化－酸化を行うと，反応 3 に示した化合物の異性体である分子式 $C_{15}H_{26}O$ をもつ化合物が得られる．ところがこの化合物をオゾン分解すると，反応 3 に示した最終生成物と同じ化合物が得られる．カリオフィレンとその異性体であるイソカリオフィレンの構造はどこが違っているか．

79. メチルシクロヘキサンを出発物質として，下に示したシクロヘキサン誘導体の合成法を提案せよ．合成を短工程で効率よく行うために逆合成アプローチ法を用い，標的化合物の構造にある位置選択性ならびに相対的な立体化学を満足させる反応を利用せよ．

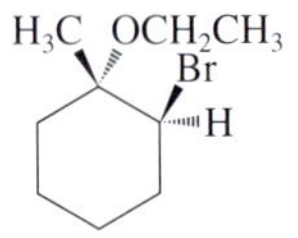

●グループ学習問題

80. ホウ素反応剤のかさ高さが増えれば増えるほど，ヒド

反応 1

カリオフィレン (caryophyllene) $\xrightarrow{H_2,\ Pd\text{-}C}$ $C_{15}H_{28}$

反応 2

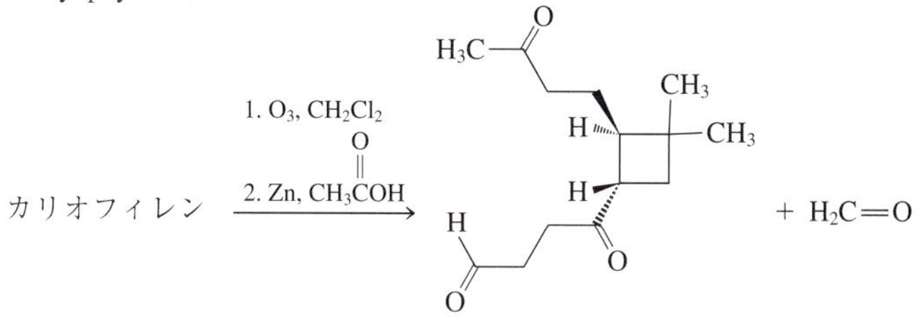

反応 3

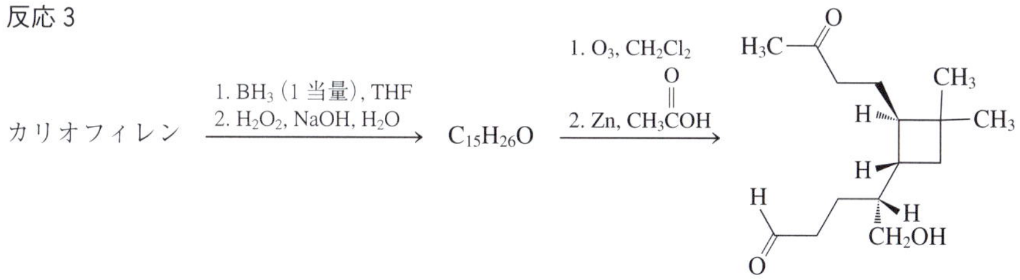

ロホウ素化反応の選択性は大きくなる．

(a) たとえば，ビス(1,2-ジメチルプロピル)ボラン(ジシアミルボラン)や 9-ボラビシクロ[3.3.1]ノナン (9-BBN) を用いると，*cis*-2-ペンテンや *trans*-2-ペンテンの共存下に 1-ペンテンだけが選択的にヒドロホウ素化反応を受ける．これら二つのかさ高いホウ素反応剤をつくるのに使用されるアルケンの構造をそれぞれ手分けして考えよ．また上記のような基質の構造に応じた選択性を発現するこれらの反応剤の特徴がよくわかるように分子模型を作製せよ．

$[(CH_3)_2CHCH(CH_3)]_2BH$

ビス(1,2-ジメチルプロピル)ボラン (ジシアミルボラン)

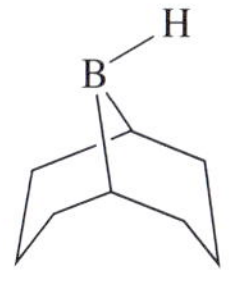

9-BBN

(b) 第二級アルコールをエナンチオ選択的に合成する目的で，まず α-ピネンの一方のエナンチオマー 2 当量と BH_3 を反応させる．こうして得られたホウ素反応剤を *cis*-2-ブテンと反応させ，続いて塩基性の条件下で過酸化水素と処理すると，光学活性な 2-ブタノールが得られる．

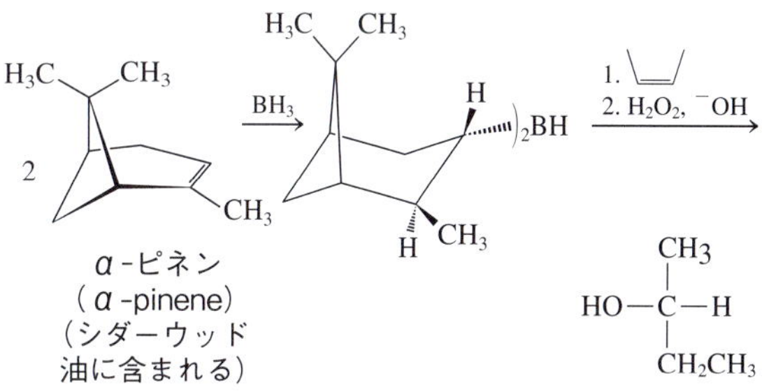

光学活性

模型キットを全員で一緒に使って，α-ピネンと α-ピネンから生成するホウ素反応剤の模型を作製せよ．そして，このヒドロホウ素化-酸化反応のエナンチオ選択性発現の要因がどこにあるかを議論せよ．酸化反応の段階で 2-ブタノールのほかにどんな生成物が得られるか．

●専門課程進学用問題

81. キラルな化合物 C_5H_8 に接触水素化を行うとアキラルな化合物 C_5H_{10} が生成する．化合物 C_5H_8 にふさわしい名称を(a)〜(d)から選べ．
(a) 1-メチルシクロブテン，(b) 3-メチルシクロブテン，(c) 1,2-ジメチルシクロプロペン，(d) シクロペンテン．

82. 300 g の 1-ブテンを 25℃で過剰の Br_2(CCl_4 中)と反応させたところ，418 g の 1,2-ジブロモブタンが得られた．この反応の収率(%)はいくらか(原子量：C＝

12.0，H = 1.00，Br = 80.0）.
(a) 26　(b) 36　(c) 46　(d) 56　(e) 66

83. *trans*-3-ヘキセンと *cis*-3-ヘキセンに次にあげる操作を行って，得られる生成物が異なるものはどれか.
(a) 水素化の生成物，(b) オゾン分解の生成物，(c) 臭素付加(CCl_4 中)，(d) ヒドロホウ素化－酸化の生成物，(e) 燃焼の生成物.

84. 次の反応に関与している反応中間体を(a)～(d)から選べ.

$$RCH{=}CH_2 \xrightarrow{\text{HBr, ROOR}} RCH_2CH_2Br$$

(a) ラジカル，(b) カルボカチオン，(c) オキサシクロプロパン，(d) ブロモニウムイオン.

85. 1-ペンテンを酢酸水銀(II)と反応させたあと，さらに水素化ホウ素ナトリウムと反応させたときに得られる化合物を(a)～(d)から選べ.
(a) 1-ペンチン，(b) ペンタン，(c) 1-ペンタノール，(d) 2-ペンタノール.

Chapter

13 アルキン

炭素−炭素三重結合

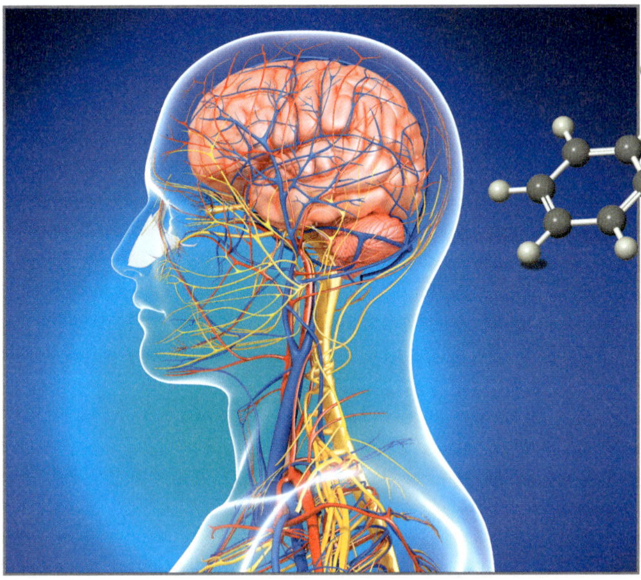

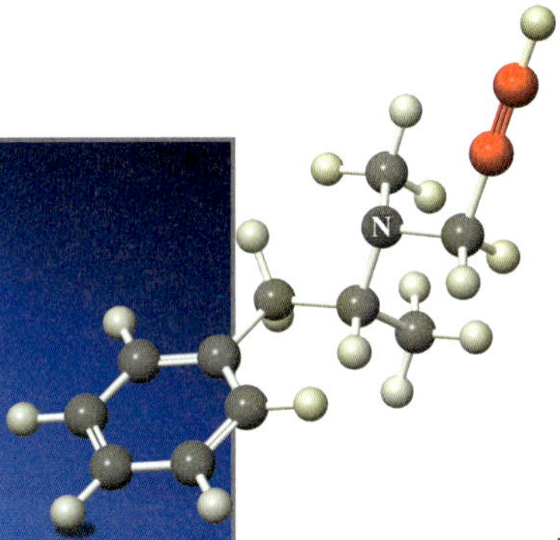

セレギリンは，脳内のドーパミン欠乏(5-8 節参照)という特徴をもつ初期のパーキンソン病の治療のためにL-DOPA とともに用いられる医薬品であり，アルキンの一種である．L-DOPA はドーパミンの供給を増やすのに対し(12-2 節参照)，セレギリンはドーパミンが酵素によって分解されるのを妨ぐという補足的な効果をもつ．

本章での目標

- IUPAC 命名法にもとづいてアルキンの命名を解説する．
- アルキンの三重結合を形成している分子軌道と炭素の混成を解説する．
- 末端アルキンの pK_a とその構造を関係づける．
- アルキンの三重結合にかかわる分光学的特徴を理解する．
- アルキンのさまざまな合成経路を理解する．
- アルキンとアルケンの付加反応を比較する．
- アルキンへの付加が，1 度起こる過程と 2 度起こる過程を識別する．
- アルキンへの求電子付加反応の機構を記述する．
- アルキンの Markovnikov 型と反 Markovnikov 型の水和反応を比較する．
- アルケノールをそのカルボニル互変異性体と関係づける．
- ハロゲン化アルケニルの有機金属化学について記述する．

アルキンは炭素−炭素三重結合をもつ炭化水素である．アルキンの特徴がその仲間である二重結合をもつアルケンの性質やふるまいと似ていても驚くことはないだろう．本章では，アルケンと同様に，アルキンも現代社会のさまざまな場面で非常に多く利用されていることを学ぶ．たとえば，母体化合物であるエチン(HC≡CH)から，ポリマーだけでできている軽量の電池に適した電気伝導性の薄膜をつくることができる．エチンはまた比較的大きなエネルギー含量をもつ化合物であり，この性質はアセチレンバーナーに利用されている．天然あるいは合成品の多種類のアルキンが，抗細菌，抗寄生虫ならびに抗真菌活性をもつ医薬品として用いられている．

−C≡C−

アルキンの三重結合

−C≡C−官能基には二つの π 結合があるので(それらは互いに直交している，図 1-21 参照)，その反応性は二重結合の反応性によく似ている．たとえば，アルケンと同様にアルキンは電子豊富であり，求電子反応剤の攻撃を受ける．合成繊布，ゴムおよびプラスチックを製造するためのモノマーとなるアルケンの多くは，エチンあるいはその他のアルキンへの求電子付加反応によって合成される．アルキンは，アルケンを生成させるのと同様な脱離反応によって合成できる．またアルケンの場合と同様に，多重結合が末端にあるよりも内部にあるほうが安定である．もう一つのしかも有用なアルキンの性質として，アルキニル水素の酸性度がアルケニル水素やアルキル水素よりもはるかに高いことがあり，このため強塩基によって容易に脱プロトン化することができる．生成するアルキニルアニオンは，有機合成において重要な求核反応剤である．

まず，アルキンの命名，構造的特徴および分光法から始め，次にこの種の化合物の合成法と典型的な反応について述べる．最後に，アルキンの広範な工業的利用と生理学的な特徴についてあらましを述べる．

アルキンの慣用名

HC≡CH

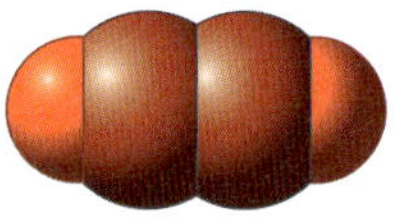

アセチレン
(acetylene)

$CH_3C{\equiv}CCH_3$

ジメチルアセチレン
(dimethylacetylene)

$CH_3CH_2CH_2C{\equiv}CH$

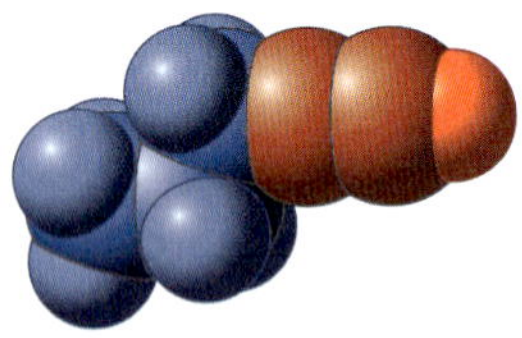

プロピルアセチレン
(propylacetylene)

13-1 アルキンの命名

炭素－炭素三重結合は**アルキン**(alkyne)に固有の官能基である．アルキンの一般式は C_nH_{2n-2} で，シクロアルケンと同じである．多くのアルキンについて，慣用名がいまだに用いられている．たとえば，アセチレンは最小のアルキン C_2H_2 の慣用名であり，その他のアルキンも，たとえばアルキルアセチレンという具合に，その誘導体とみなされる．

アルケンのIUPAC命名法(11-1節参照)はアルキンにも適用することができ，三重結合が主鎖に含まれている場合，化合物名の語尾は－エン(－ene)で終わる代わりに－**イン**(－yne)を用いる．番号は主鎖における三重結合の位置を示す†．アルケンの場合と同様に，番号の位置はアルキンの名前の前でも最後の－インの前でもよい．本書では，分子内に他の官能基がないかぎり(下の例を参照)前者にならうことにする．

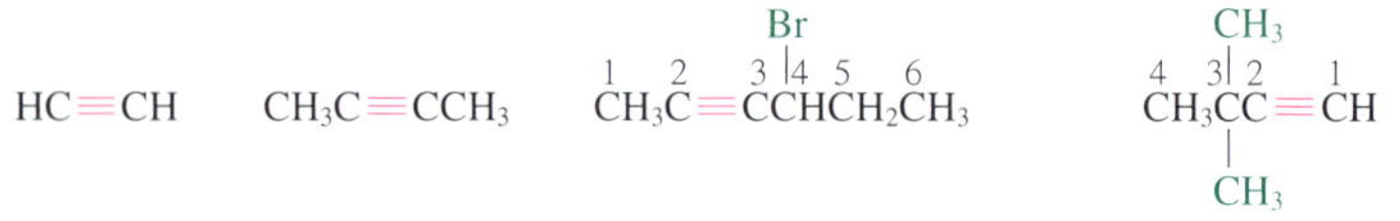

エチン (ethyne)	2-ブチン (2-butyne)	4-ブロモ-2-ヘキシン (4-bromo-2-hexyne) (内部アルキン)	3,3-ジメチル-1-ブチン (3,3-dimethyl-1-butyne) (末端アルキン)

RC≡CH の一般構造をもつアルキンは**末端**(terminal)**アルキン**であり，一方，RC≡CR′ の構造をもつものは**内部**(internal)**アルキン**である．

三重結合が最長鎖に含まれていないアルキンの場合は，置換基を一般的に表す**アルキニル**(alkynyl)という用語を用いる．また三重結合が環に結合した断片の一部であるときも同様に扱う．下の例に示すように，－C≡CH の構造の置換基は**エチニル**(ethynyl)，炭素数が一つ多い－$CH_2C{\equiv}CH$ は**2-プロピニル**〔2-propynyl，プロパルギル(propargyl)〕とよばれる．アルカンやアルケンと同様にアルキンを，結合を直線で表す表記法で書くこともできる．

† 訳者注：正確にいえば，新しいIUPAC命名法(1993年)では官能基の直前に位置番号を挿入するため，2-ブチンはブタ-2-イン(but-2-yne)，4-ブロモ-2-ヘキシンは4-ブロモヘキサ-2-イン(4-bromohex-2-yne)，2-プロピン-1-オールはプロパ-2-イン-1-オール(prop-2-yn-1-ol)となる．日本語名称ではbut，hex，propのように子音で切れる主鎖名にaを補って字訳する．しかし，これでは主鎖の構造がわかりにくくなるため，本書では*Chemical Abstracts*(CAS)の命名法にしたがい，位置番号を主鎖の名称の前につけることにしている．

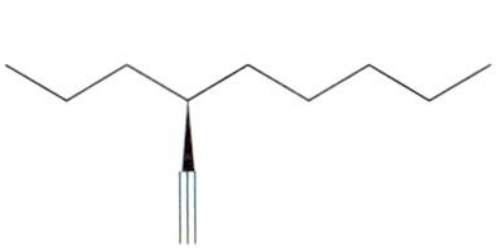

(*S*)-4-エチニルノナン
〔(*S*)-4-ethynylnonane〕

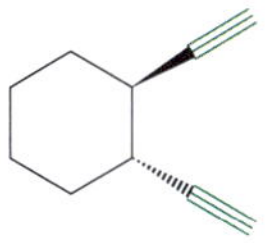

trans-1,2-ジエチニル
シクロヘキサン
(*trans*-1,2-diethynyl-
cyclohexane)

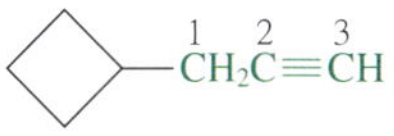

2-プロピニルシクロブタン
(2-propynylcyclobutane)
(プロパルギルシクロブタン
propargylcyclobutane)

IUPAC 命名法では，二重結合と三重結合の両方を主鎖中にもつ炭化水素は**アルケニン**(alkenyne)とよばれる(アルファベット順にしたがって「エン」が「イン」より前になる)．主鎖の番号は，どちらかの官能基に最も近い側の末端からつける．二重結合と三重結合の位置が，どちらの末端から数えても同じ番号になる場合は，二重結合により小さい番号をつける．ヒドロキシ基をもつアルキンは**アルキノール**(alkynol)とよばれる．alkene のうしろに−yne がついたり alkyne のうしろに−ol がつくと，語尾にあった−e が省略されてエニン(−enyne)やイノール(−ynol)となることに注意しよう．主鎖に番号をつける際に，ヒドロキシ基は二重結合と三重結合のいずれにも優先する．これらの場合，あいまいさを避けるため，エニンの三重結合とイノールの OH の位置はそれぞれ最後の「イン(yne)」と「オール(ol)」の前に置かなければならない．

$\overset{6}{C}H_3\overset{5}{C}H_2\overset{4}{C}H{=}\overset{3}{C}H\overset{2}{C}{\equiv}\overset{1}{C}H$

3-ヘキセン-1-イン
(3-hexen-1-yne)
(3-ヘキセン-5-イン
ではない)

$\overset{1}{C}H_2{=}\overset{2}{C}H\overset{3}{C}H_2\overset{4}{C}{\equiv}\overset{5}{C}H$

1-ペンテン-4-イン
(1-penten-4-yne)
(4-ペンテン-1-イン
ではない)

$H\overset{3}{C}{\equiv}\overset{2}{C}\overset{1}{C}H_2OH$

2-プロピン-1-オール
(2-propyn-1-ol)
(プロパルギルアルコール
propargyl alcohol)
(1-プロピン-3-オール
ではない)

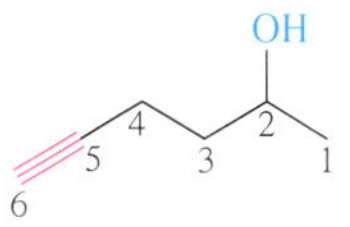

5-ヘキシン-2-オール
(5-hexyn-2-ol)
(1-ヘキシン-5-オール
ではない)

この節の締めくくりとして述べておくと，アルキンの命名に関するさらに細かな点については，アルケンとアルコール類の命名において以前に説明した指針にしたがえばよい．

指針　アルキンの命名法

段階 1　主鎖を選び出し，それが三重結合を含んでいるかどうかを確認すること．(含んでいない場合は，置換基名を用いることで三重結合の存在を表す．)

段階 2　すべての置換基に名前をつける．

段階 3　主鎖の炭素に番号をつける．

段階 4　置換基をアルファベット順に並べ，それぞれの前に位置番号をつけて化合物名を完成させる．

練習問題 13-1

次の化合物の IUPAC 名を書け．

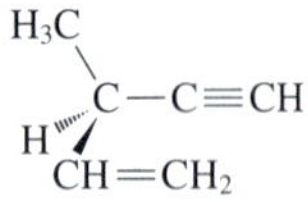

(a) C_6H_{10} の組成をもつすべてのアルキン(立体異性体も考慮すること)
(b) 欄外の化合物　　(c) すべてのブチノール(立体異性体も考慮すること)

13-2 アルキンの性質と結合

三重結合の特性から，アルキンの物理的性質や化学的性質を説明することができる．分子軌道法による表現では，アルキンの炭素は sp 混成をしていて，電子が一つずつ入った四つの p 軌道が，互いに直交する二つの π 結合を形成していることを学ぶ．

アルキンは比較的極性がない

アルキンの沸点は，対応するアルケンやアルカンの沸点とよく似ている．エチンは，大気圧下で沸点を示さないという点で特殊であり，−84 ℃で昇華する．プロピン(沸点−23.2 ℃)や 1-ブチン(沸点 8.1 ℃)は気体であるが，2-ブチン(沸点 27 ℃)は室温でかろうじて液体になる．中程度の大きさのアルキンは，蒸留できる液体である．

炭素－炭素結合の解離エネルギー

HC≡CH
DH° = 229 kcal mol^{-1}
(958 kJ mol^{-1})

H_2C=CH_2
DH° = 173 kcal mol^{-1}
(724 kJ mol^{-1})

H_3C−CH_3
DH° = 90 kcal mol^{-1}
(377 kJ mol^{-1})

エチンは直線状の構造をしており，強く短い結合をもっている

エチンの二つの炭素は sp 混成をしている〔図 13-1(A)；1-8 節，図 1-21 も参照〕．おのおのの炭素の sp 混成軌道の一方は水素と重なりをもち，もう一方の sp 混成軌道どうしの重なりによって，二つの炭素間の σ 結合ができる．それぞれの炭素上の互いに直交する二つの p 軌道には，電子が一つずつ入っている．この 2 組の p 軌道間の重なりによって，二つの互いに直交する π 結合ができる〔図 13-1(B)〕．π 結合には広がりがあるので，三重結合の電子は筒状の雲のように分布している〔図 13-1(C)〕．sp 混成をしていることと π 結合が二つあることにより，三重結合は炭素－炭素二重結合や単結合よりもかなり強く，その結合解離エネルギーは 229 kcal mol^{-1} である(欄外参照)．しかしアルケンの場合と同様に，アルキンの π 結合は三重結合の σ 結合よりもはるかに弱い．このことが，アルキ

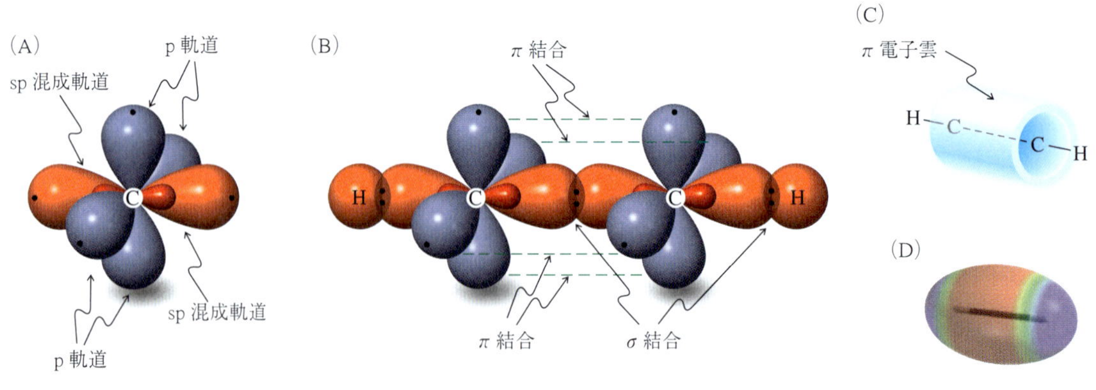

図 13-1　(A) sp 混成の炭素の軌道図．互いに直交する p 軌道が二つある．(B) エチンの三重結合．二つの sp 混成した CH 部分の軌道が重なって，σ 結合が一つ，π 結合が二つできる．(C) 二つの π 結合によってエチンの分子軸のまわりに筒状の電子雲ができる．(D) 静電ポテンシャル図は，高い電子密度の(赤色)帯が分子軸の中心部分の周囲にあることを示している．

ンのπ結合が反応性に富む大きな原因となっている．末端アルキンのC—Hの結合解離エネルギーもかなり大きく，131 kcal mol^{-1}(548 kJ mol^{-1})である．

エチンの炭素原子は両方ともsp混成をしているので，分子は直線状の構造をしている(図13-2)．炭素—炭素間の結合距離は1.20 Åであり，二重結合(1.33 Å，図11-1参照)より短い．炭素—水素結合の距離も短いが，その理由もまた水素との結合に用いられるsp混成軌道のs性が比較的高いからである．これらの軌道(および他の軌道との重なりによって生じる結合)の電子は比較的原子核に近いところにあるので，結合が短く(そして強く)なる．

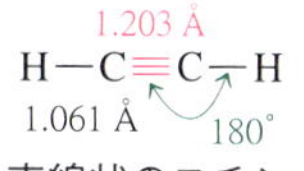

図13-2　エチンの分子構造

アルキンは大きいエネルギーをもつ化合物である

アルキンの三重結合は，比較的小さな体積の空間に四つのπ電子が集中しているという特徴をもつ．その結果生じる電子間の反発が，二つのπ結合が比較的弱いことやアルキンそのものが非常に大きなエネルギー含量をもっていることの一因となっている．この性質のために，アルキンはかなり大量のエネルギーを放出して反応する．したがって，アルキンの取扱いには注意が必要である．なぜなら，アルキンはきわめて容易に重合を起こし，またしばしば爆発的に分解するからである．エチンは加圧すると爆発するので，安定化剤としてプロパノン(アセトン)と軽石のような多孔質の充塡剤が入った耐圧ガスボンベに加圧して詰めて運ばれる．

溶接に必要な高温はエチン(アセチレン)の燃焼によって得られる．

エチンが大きなエネルギー含量をもっていることは，311 kcal mol^{-1}という燃焼熱に反映されている．下のエチンの燃焼の反応式からわかるように，このエネルギーは1分子の水と2分子のCO_2という，たった3分子の生成物に分配されるため，それぞれの分子は非常に高温に熱せられる(> 2500 ℃)．これは溶接バーナーに用いるのに十分高い温度である．

エチンの燃焼

$$HC{\equiv}CH \;+\; 2.5\,O_2 \longrightarrow 2\,CO_2 \;+\; H_2O \qquad \Delta H^\circ = -311\ \text{kcal mol}^{-1}\ (-1301\ \text{kJ mol}^{-1})$$

アルケンの安定性に関する考察から学んだように(11-5節参照)，水素化熱はアルキンの異性体の相対的な安定性についても簡便な目安になる．活性炭に担持した触媒量の白金またはパラジウムの存在下で，ブチンの二つの異性体に2当量の水素を付加して水素化すると，ブタンが生成する．アルケンの場合に見いだされたのと同様に，内部アルキン異性体の反応のほうが発熱量が少ないので，これら二つのうち2-ブチンのほうがより安定であると結論できる．末端アルキンに比べて内部アルキンがより安定なのは超共役のためである．

$$CH_3CH_2C{\equiv}CH \;+\; 2\,H_2 \xrightarrow[\text{より発熱的}]{\text{触媒}} CH_3CH_2CH_2CH_3 \qquad \Delta H^\circ = -69.9\ \text{kcal mol}^{-1}\ (-292.5\ \text{kJ mol}^{-1})$$

$$CH_3C{\equiv}CCH_3 \;+\; 2\,H_2 \xrightarrow[\text{あまり発熱的でない}]{\text{触媒}} CH_3CH_2CH_2CH_3 \qquad \Delta H^\circ = -65.1\ \text{kcal mol}^{-1}\ (-272.4\ \text{kJ mol}^{-1})$$

練習問題 13-2

上記のデータと11-5節のデータから，ブチンの二つの異性体においてπ結合の1度目の水素化熱を計算せよ．それらは対応するブテンの π 結合の水素化熱と比べて大きいか小さいか．

アルキンの相対的安定性

$RC\equiv CH$ < $RC\equiv CR'$

安定性が大きくなる →

1-アルキンの脱プロトン化

$RC\equiv C-H + :B^{-}$

↓

$RC\equiv C:^{-} + HB$

末端アルキンは驚くほど酸性度が高い

2–3 節において，酸(H－A)において原子 A の電気陰性度，つまり電子を引きつける能力が大きくなるほど，酸性が強くなることを学んだ．ある原子の電気陰性度は，原子を取り囲む構造的な環境が変化しても変わらないのだろうか．実はそうではない．すでに 11–3 節で，sp^2 混成炭素のほうが sp^3 混成炭素よりも電子を引きつける能力が大きく，そのためアルケニル水素がアルキル水素よりも酸性が強いことを学んだように，電気陰性度は混成の違いによって変化する．s 軌道に入っている電子は，p 軌道の電子よりも強く原子核に引きつけられている．その結果，s 性の大きい混成軌道(たとえば s 性が 50 %，p 性が 50 %の sp 軌道)をもつ原子は，s 性のより小さい軌道(s 性が 25 %，p 性が 75 %の sp^3 軌道)をもつ同じ原子よりもやや電気陰性度が大きい．この効果は下のエタン，エテン，エチンの静電ポテンシャル図からわかる．つまり，水素原子がより正に分極するほど青色の影が濃くなり，一方，炭素原子はこの順により電子豊富に(赤色が濃く)なる．末端アルキンにおける炭素の混成軌道の s 性が比較的大きいため，アルキンはアルカンやアルケンより酸性度が高い．たとえば，エチンの pK_a は 25 であり，エテンやエタンに比べて驚くほど小さい．

アルカン，アルケン，アルキンの相対的な酸性度

	H_3C-CH_3	<	$H_2C=CH_2$	<	$HC\equiv CH$
混成：	sp^3		sp^2		sp
pK_a：	50		44		25

酸性度が高くなる →

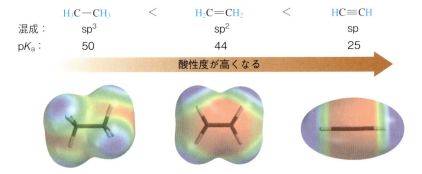

末端アルキンのこの性質は有用である．というのは，末端アルキンは液体アンモニア中のナトリウムアミド，アルキルリチウム，Grignard 反応剤のような強塩基によって脱プロトン化することができ，対応する**アルキニルアニオン**(alkynyl anion)を与えるからである．この化学種は，他のカルボアニオンとまったく同様に，塩基や求核種として働く(13–5 節)．

末端アルキンの脱プロトン化

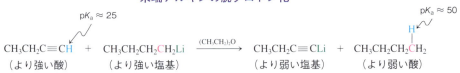

$$CH_3CH_2C\equiv CH\ (\text{p}K_a \approx 25) + CH_3CH_2CH_2CH_2Li \xrightarrow{(CH_3CH_2)_2O} CH_3CH_2C\equiv CLi + CH_3CH_2CH_2CH_2\text{–}H\ (\text{p}K_a \approx 50)$$

(より強い酸)　(より強い塩基)　(より弱い塩基)　(より弱い酸)

練習問題 13-3

概念のおさらい：アルキンの脱プロトン化

前ページの式に示した酸－塩基反応の平衡定数(K_{eq})はいくらか．その値から，反応が「不可逆」であることを示す右向きの矢印のみが書かれている理由が説明できるか．

● 解法のてびき

What 何が問われているか．それは酸－塩基反応の平衡定数を求めることである．そして，その反応は事実上完結すると述べられている．この事実は K_{eq} が大きな数値でなければならないというヒントを与えている．pK_a 値も与えられている．

How どこから手をつけるか．pK_a 値は何を意味するのだろうか．それが酸の解離定数とどのような関係にあり，どのように反応全体の K_{eq} に変換できるかを思い起こそう．

Information 必要な情報は何か．2-3 節を参照すること．

Proceed 一歩一歩論理的に進めよ．

● 答え

- pK_a は酸の解離定数の負の対数値である．したがって，アルキンの解離定数は $K_a \approx 10^{-25}$ となり，アルキンは少なくともよく知られている酸に比べると非常に解離しにくい．しかし，ブチルリチウムはブタンの共役塩基であり，ブタンの解離定数は $K_a \approx 10^{-50}$ である．酸としては，ブタンは末端アルキンよりも 25 桁弱い．つまり，ブチルリチウムはアルキニルアニオンよりもその分だけ強い塩基である．
- 問題の反応では，1-ブチンの解離が正反応でブタンの解離が逆反応になっている．したがって，反応の K_{eq} は左辺の酸の K_a を右辺の酸の K_a で割ることにより求まる．つまり，$10^{-25}/10^{-50} = 10^{25}$ となる．この反応は進行方向に対して非常に有利な反応であるため，実際のところ不可逆と考えてよい．(**注意**：酸－塩基の問題においては，平衡が逆方向に偏っていると結論づけるといった，大きな誤りを起こさないよう常識を働かせること．**ヒント**：酸－塩基反応が有利な方向に進行すると，より強い酸/より強い塩基の組合せがより弱い酸/より弱い塩基の組合せに変換される．)

練習問題 13-4

自分で解いてみよう

アルキンの脱プロトン化に対して上に述べた強塩基以外の強塩基について前に紹介している．カリウム *tert*-ブトキシドとリチウムジイソプロピルアミド(LDA)がそれである．エチンからエチニルアニオンをつくるのに，これらの反応剤のどちらかを(または両方とも)使うことができるか．pK_a 値にもとづいて説明せよ．

まとめ sp 混成はアルキンの三重結合に特有の混成様式であり，それはアルキンの物理的および電子的特性を支配している．つまり，sp 混成のためにアルキンは結合が強く，構造が直線状であり，さらにアルキニル水素の酸性度が比較的高いのである．さらに，アルキンは大きなエネルギー含量をもつ物質である．相対的な水素化熱からわかるように，内部アルキンは末端アルキンよりも安定である．

13-3 アルキンの分光法

アルケニル水素(および炭素)は反しゃへい化されており，その核磁気共鳴(NMR)シグナルは飽和のアルカンに比べ，比較的低磁場に現れる(11-4 節参照)．これとは対照的に，アルキニル水素の化学シフトは比較的高磁場にあり，アルカ

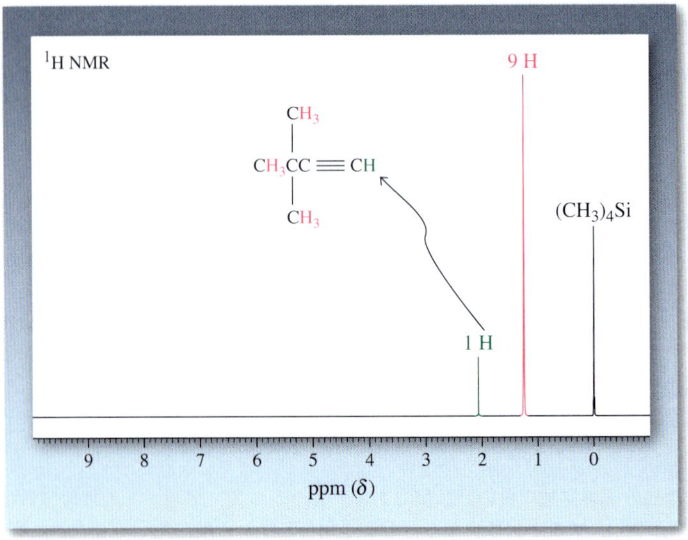

図 13-3 3,3-ジメチル-1-ブチンの 300 MHz ^{1}H NMR スペクトル．高磁場にあるシグナル（δ = 2.06 ppm）はアルキニル水素の吸収である．

ンの値にはるかに近い．同様に，sp 混成炭素はアルケンとアルカンの中間の領域に吸収をもつ．アルキン，とくに末端アルキンは赤外（IR）分光法によっても容易に同定できる．最後に，質量分析法はアルキンの構造の同定ならびに解明に役立つ道具となりうる．

アルキンの水素の NMR 吸収には特有のしゃへい化効果が見られる

アルケニル水素は反しゃへい化されているため，^{1}H NMR シグナルを $\delta = 4.6 \sim 5.7$ ppm に示す．これとは異なり，sp 混成の炭素原子に結合した水素は，$\delta = 1.7 \sim 3.1$ ppm に現れる（表 10-2 参照）．たとえば，3,3-ジメチル-1-ブチンの NMR スペクトルでは，アルキニル水素は $\delta = 2.06$ ppm で共鳴する（**図 13-3**）．

なぜ末端アルキンの水素は，これほどしゃへい化されているのだろうか．アルケンの π 電子と同様に，アルキンが外部磁場のなかに置かれると，三重結合の π 電子も循環運動をする（**図 13-4**）．しかし，π 電子が筒状に分布しているため〔図 13-1(C)〕，おもな循環運動はアルケンの場合に対して垂直な方向で起こり，アルキン水素の周辺に外部磁場（H_0）とは反対向きの局部磁場を生じる．その結果，強いしゃへい化効果が生じ，この効果は電子求引性である sp 混成の炭素による反しゃへい化効果を打ち消し，化学シフト値を比較的高磁場にする．

三重結合はスピン－スピン結合を伝達する

アルキンにおける遠隔カップリング

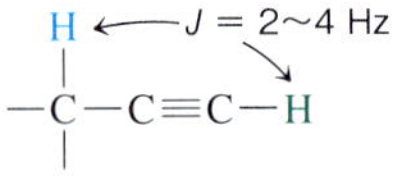

アルキン官能基はスピン－スピン結合を非常によく伝達するので，水素どうしは炭素三つを間に挟んで隔たっているにもかかわらず，末端水素は三重結合の反対側にある水素によって分裂する．これは遠隔カップリングの一例である（11-4 節参照）．カップリング定数は小さく，およそ 2 ～ 4 Hz である．**図 13-5** に 1-ペンチンの ^{1}H NMR スペクトルを示す．$\delta = 1.94$ ppm にあるアルキニル水素のシグナルは，$\delta = 2.16$ ppm に現れる C3 の等価な二つの水素とカップリングするため，三重線（$J = 2.5$ Hz）になる．一方 C3 の水素は，C1 の水素とのカップリング（$J = 2.5$ Hz）だけでなく，C4 の二つの水素ともカップリング（$J = 6$ Hz）

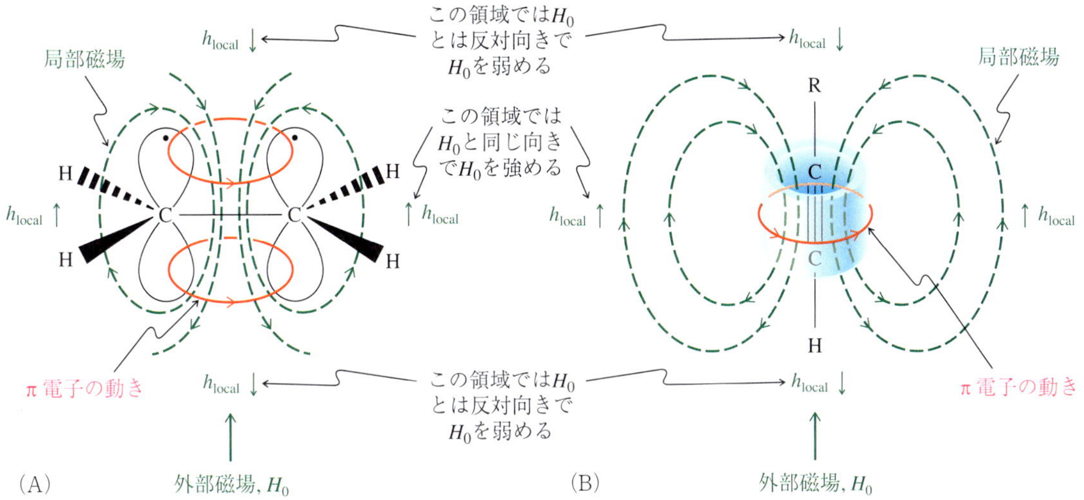

図 13-4 外部磁場の存在下で電子が循環することによって局部磁場が生じ，そのためにアルケニル水素やアルキニル水素は特徴的な化学シフトを示す．(A) アルケニル水素は h_{local} が H_0 を強める位置にある．したがって，このプロトンは比較的反しゃへい化される．(B) アルキンの電子の循環により，アルキニル水素の周辺に H_0 と逆向きでそれを弱める局部磁場が生じる．このためプロトンはしゃへい化される．

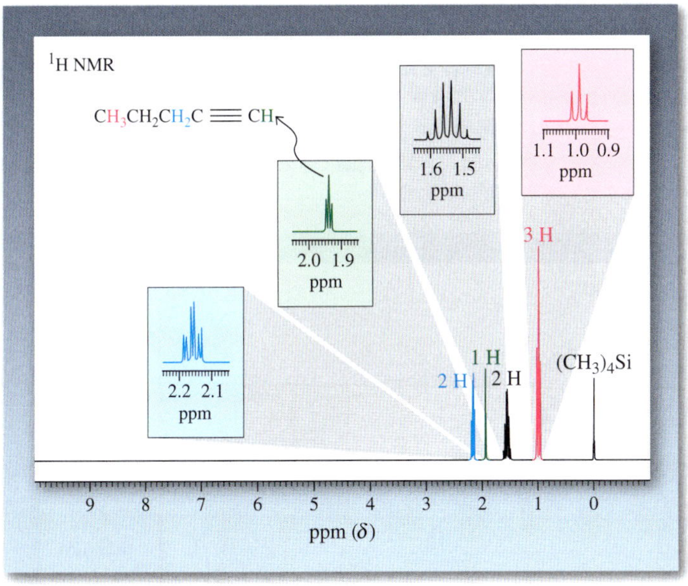

図 13-5 1-ペンチンの 300 MHz ^{1}H NMR スペクトル．アルキニル水素（緑色）とプロパルギル位の水素（青色）との間にカップリングがある．

するので，二重線の三重線になる．

練習問題 13-5

概念のおさらい：NMR スペクトルを予測する

3-メチル-1-ブチンの ^{1}H NMR スペクトルの一次分裂のパターンを予想せよ．

● 解法のてびき

What 考えるための材料として何があるか．問題の化合物名に加えて，アルキンの ^{1}H NMR スペクトルの分裂パターンのいくつかが本節中に与えられている．

How どこから手をつけるか．まず構造式を書くこと．次に，互いに隣接，あるいは遠隔のスピン結合をする距離にある水素を見つけ出す．

Information 必要な情報は何か．スピン結合をする水素間（あるいは複数の水素間）の予想されるカップリング定数はどれくらいか．もしカップリング定数が同様の値であれば，$N+1$ 則を用いてもかまわない．もしそうでなければ，$N+1$ 則を段階的に当てはめる方法を用いる必要がある（10−8 節参照）．

Proceed 一歩一歩論理的に進めよ．

● 答え

• 分子は以下の構造である．

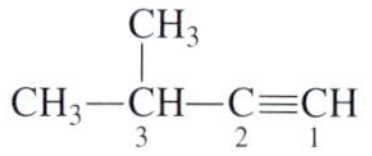

• 二つのメチル基は等価であり，C3 上の 1 個の水素原子によって二重線に分裂したシグナルを与えるだろう（$N+1=2$ 本）．この分裂のカップリング定数（J 値）は飽和炭化水素に特有の 6 ～ 8 Hz である（10−7 節参照）．

• C1 上のアルキニル −C≡C 水素は同じ C3 上の水素と遠隔カップリングをして同じく二重線になるが，J 値は約 3 Hz と小さい．

• 最後に，C3 上の水素のシグナルはより複雑な形になる．6 個のメチル基の水素による 6 ～ 8 Hz の分裂によって七重線になる（$N+1=7$ 本）．この七重線のそれぞれがさらにアルキニル水素との間で 3 Hz のスピン結合をすることにより分裂する．したがって，実際にここでは $N+1$ 則を段階的に当てはめる方法を用いなければならない．つまり，C3 上の水素の分裂パターンは合計 $(6+1)(1+1)=14$ 本からなる二重線の七重線になる．下に示した実際のスペクトルからわかるように，二重線の七重線になったこのシグナルの両端の線の強度は非常に小さいので，ほとんど確認できないほどである（表 10−4 ならびに 10−5 参照）．（**注意**：^{1}H NMR スペクトルの解釈をする際には，高度に分裂したシグナルの両端の線の強度が非常に小さくなることを認識しておくこと．実際，そのようなシグナルは，容易に認識できる線よりもさらに多くの線で構成されていると考えておくのが賢明である．）

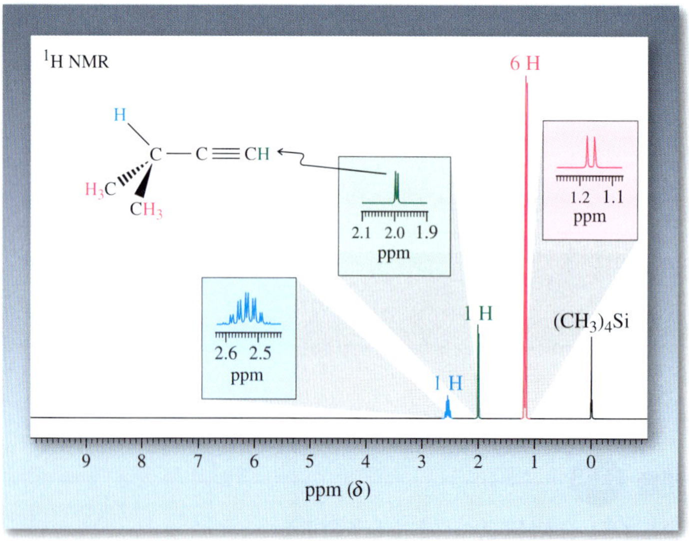

こぼれ話

自然界には，純粋に特定の構造をもつ炭素として，三次元構造のダイヤモンド（すべて sp^3 混成）と二次元構造のグラファイト（すべて sp^2 混成．下巻：コラム 15−1 参照）が存在する．アセチレンのポリマー鎖である一次元構造の炭素（すべて sp 混成）はカルビン（carbyne）とよばれるが，まだ見つかっていない（その合成に関する報告はまだ激しい議論の的になっている）．しかし，合成化学者は最大で 44 個の sp 混成炭素がつながったオリゴマーを合成し，ポリマー鎖までもう少しのところまできている．その ^{13}C NMR スペクトルは，$\delta=63.7$ ppm を中心とするある範囲内にピークを示しており，この化学シフトは無限の長さのポリマーに外挿したときに予想される値に一致する．

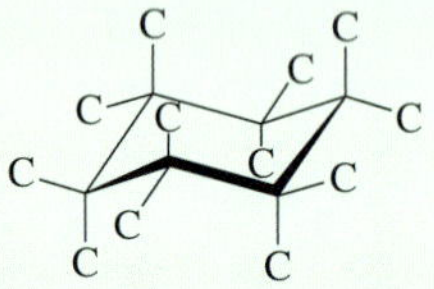

ダイヤモンド：sp^3

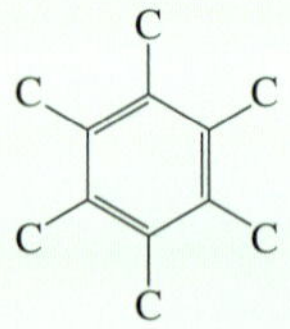

グラファイト：sp^2

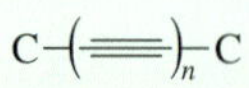

カルビン：sp

練習問題 13-6　自分で解いてみよう

2−ペンチンの ^{1}H NMR スペクトルの一次分裂のパターンを予想せよ．

アルキン炭素の ^{13}C NMR 化学シフトはアルカンやアルケンの化学シフトと異なる

^{13}C NMR 分光法もアルキンの構造の推定に役に立つ．たとえば，アルキル置換アルキンの三重結合炭素は，$\delta = 65 \sim 95$ ppm の狭い範囲内で共鳴し，これは類似のアルカン（$\delta = 5 \sim 45$ ppm）やアルケン（$\delta = 100 \sim 150$ ppm）の炭素の化学シフトから大きく離れている（表 10-6 参照）．

典型的なアルキンの ^{13}C NMR 化学シフト

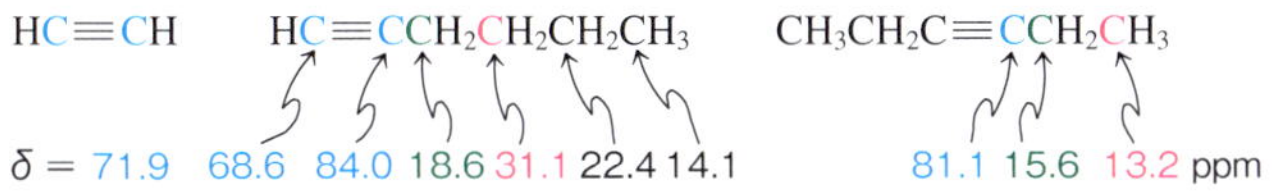

末端アルキンには二つの特徴的な赤外吸収がある

IR 分光法は末端アルキンを同定するのに役立つ．アルキニル水素の特徴的な伸縮振動による吸収帯は 3260 ～ 3330 cm^{-1} に現れ，C≡C 三重結合のそれは 2100 ～ 2260 cm^{-1} に現れる．また，特徴的な $\tilde{\nu}_{C_{sp}-H}$ 変角振動による吸収が 640 cm^{-1} にある（図 13-6）．このようなデータは ^{1}H NMR スペクトルが複雑で，解釈しにくい場合にとくに有用である．しかし，内部アルキンの C≡C 伸縮振動による吸収帯の強度は内部アルケン（11-8 節参照）の場合と同様に弱いことが多いため，内部アルキンの構造決定には IR 分光法はあまり役に立たない．

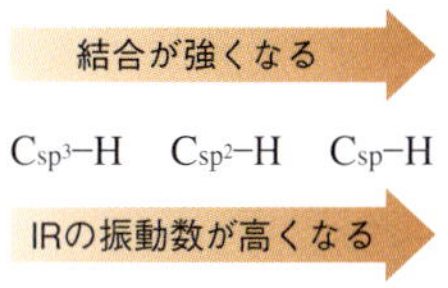

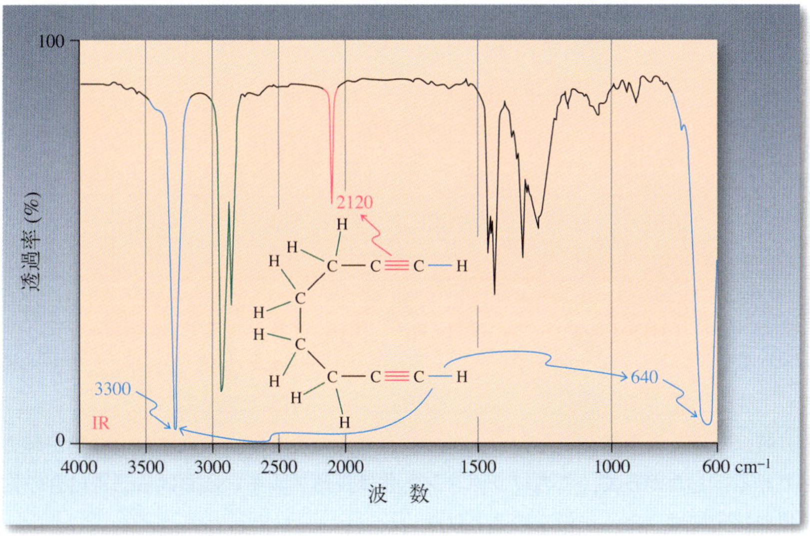

図 13-6 1,7-オクタジインの IR スペクトル
$\tilde{\nu}_{C_{sp}-H\,伸縮} = 3300\ cm^{-1}$
$\tilde{\nu}_{C\equiv C\,伸縮} = 2120\ cm^{-1}$
$\tilde{\nu}_{C_{sp}-H\,変角} = 640\ cm^{-1}$

アルキンの質量分析法におけるフラグメント化は共鳴安定化されたカチオンを生成する

アルキンの質量分析法は，アルケンの場合と同様に，明確な分子イオンを示すことが多い．したがって，高分解分析法により分子式が明らかになり，それから三重結合の存在によって不飽和度が 2 になることがわかる．

さらに，三重結合から一つ離れた炭素上におけるフラグメント化が観測される．

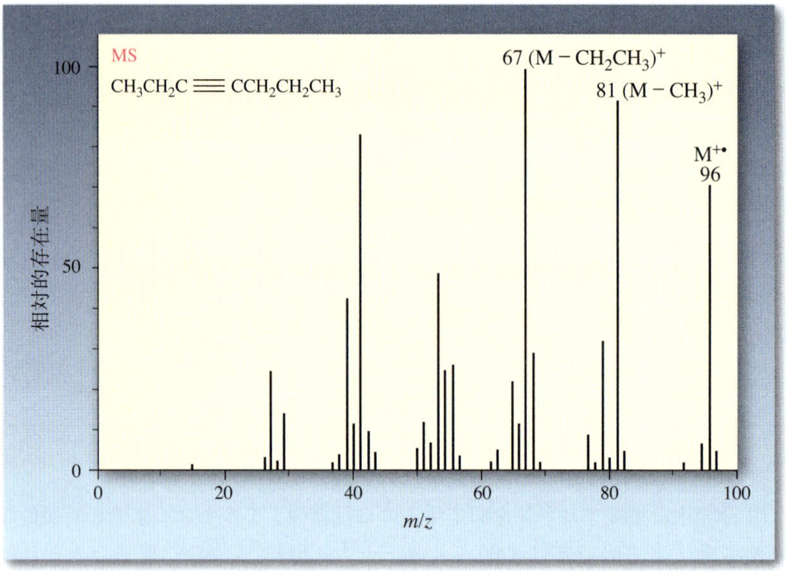

図 13-7　3-ヘプチンの質量スペクトル．$m/z = 96$ に $M^{+\bullet}$ が表れ，C1−C2 および C5−C6 結合の開裂で生じる重要なフラグメントが $m/z = 67$ と 81 に表れている．

このフラグメント化により共鳴安定化されたカチオンが生成する．たとえば 3-ヘプチンの質量スペクトル(**図 13-7**)では，$m/z = 96$ に強い分子イオンピークを示すとともに，メチル(切断 a)およびエチル(切断 b)フラグメントの脱離により二つの異なる安定化されたカチオンが，それぞれ $m/z = 81$ と 67(基準ピーク)に生じる．

質量分析装置中のアルキンのフラグメント化

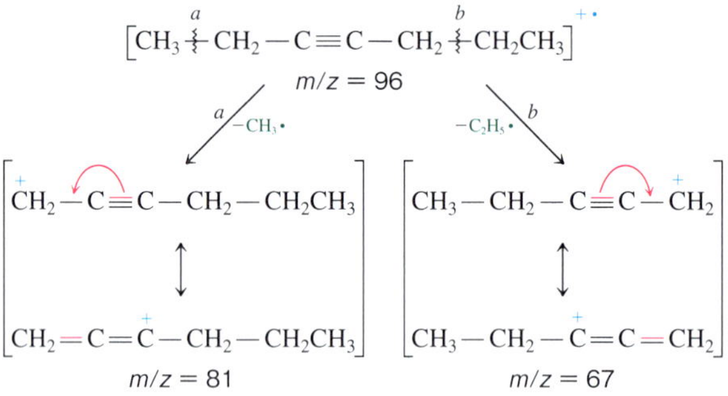

残念ながら，質量分析を行う高エネルギー条件下では，三重結合の移動が起こりうる．したがって，このフラグメント化は長鎖アルキンにおける三重結合の位置の特定には，とくに役立つことはない．

練習問題 13-7

以下の反応に関する問題に答えよ．

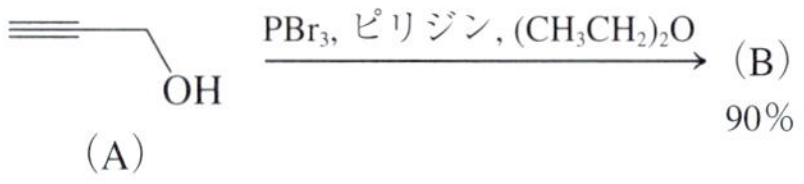

化合物(B)は以下の分光学データを示す．質量スペクトルにおいて，$m/z = 120$ と 118（1：1 の強度，相対強度 20％）に分子イオンピークを，フラグメント化の基準ピークを $m/z = 39$（100％）に示す．その他の分光学データは以下のとおり．^{1}H NMR：$\delta = 2.53$（t, $J = 3.1$ Hz，1 H），3.85（d, $J = 3.1$ Hz，2 H）ppm；^{13}C NMR（DEPT）：$\delta = 21.3$（CH_2），73.8（C_{quat}），82.0（C_{quat}）ppm；IR：$\tilde{\nu} = 653$，2125，3295 cm^{-1}．（B）の構造を示せ．特徴的なスペクトルの帰属を行え．（A）から（B）に変換する反応条件についてはよく知っているはずだ．本書のどこに載っていただろうか．

まとめ　炭素−炭素三重結合まわりの筒状の π 電子雲によって局部磁場が生じ，このためにアルキニル水素の NMR 化学シフトが，アルケニル水素の化学シフトより高磁場に現れる．C≡C 結合を通して遠隔カップリングが観測される．末端アルキンの C≡C や≡C−H 結合は特徴的な IR 吸収帯をもつので，IR 分光法は NMR データと相補的に，それらの同定に役立つ．質量分析装置中でアルキンは，共鳴安定化されたカチオンにフラグメント化する．

13-4 二重の脱離反応によるアルキンの合成

アルキン合成の二つの基本的な方法は，1,2-ジハロアルカンからの二重の脱離反応と，アルキニルアニオンのアルキル化反応である．本節では最初の方法，すなわちアルケンからアルキンを合成する方法について述べる．末端アルキンからより複雑な内部アルキンを合成する二つ目の方法については13-5節で述べる．

アルキンはジハロアルカンの脱離反応によって合成される

11-6 節で述べたように，アルケンはハロアルカンの E2 反応によって合成できる．この原理をアルキンの合成に適用すると，隣接ジハロアルカンを 2 当量の強塩基で処理すれば，二重に脱離が起こって三重結合が生成するはずである．

ジハロアルカンの二重の脱離反応によるアルキンの生成

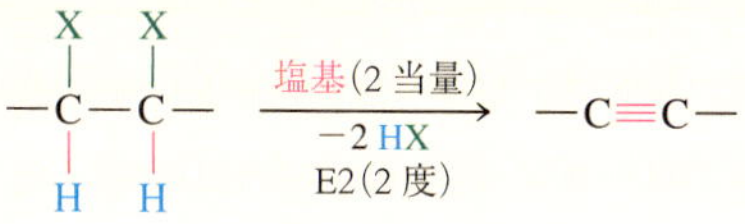

隣接ジハロアルカン

実際，1,2-ジブロモ-3,3-ジメチルブタン（3,3-ジメチル-1-ブテンの臭素化で合成される，12-5 節参照）をカリウム *tert*-ブトキシドの DMSO 溶液に加えると，3,3-ジメチル-1-ブチンが良好な収率で得られる．1,2-ジブロモヘキサンに対して同様の脱離反応をナトリウムアミドの液体アンモニア溶液を用いて行い，溶媒を留去したあと，水で処理するすると 1-ヘキシンが得られる．

二重脱ハロゲン化水素反応によるアルキンの合成例

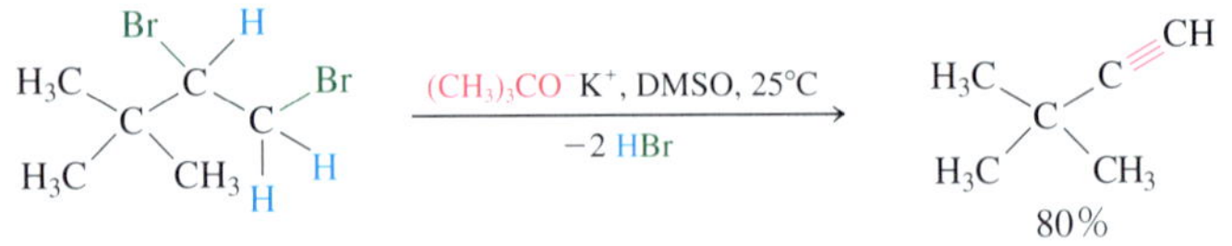

1,2-ジブロモ-3,3-ジメチルブタン（1,2-dibromo-3,3-dimethylbutane）　3,3-ジメチル-1-ブチン（3,3-dimethyl-1-butyne）

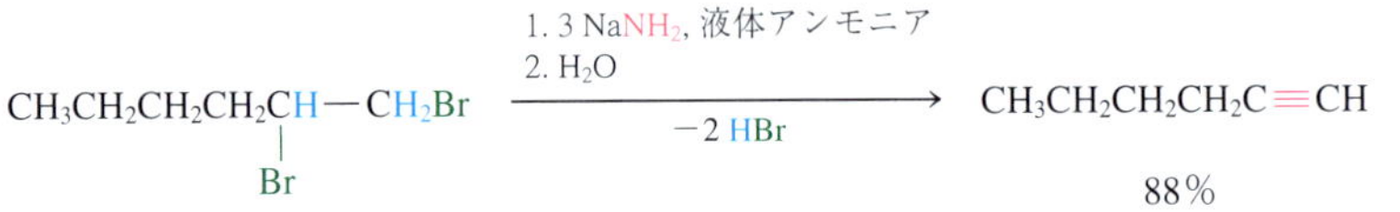

1,2-ジブロモヘキサン（1,2-dibromohexane）　1-ヘキシン（1-hexyne）

ナトリウムアミドは，末端アルキンの脱プロトン化を行うのに十分な強塩基である（13−2節，練習問題 13−4）．そのため，上の反応では3当量の $NaNH_2$ が用いられ，反応の終了時にはアルキニルアニオンが生成する．次に，それを水で処理したときにプロトン化される．液体アンモニア中での脱離反応は，通常その沸点である −33℃で行われる．

隣接ジハロアルカンは，アルケンをハロゲン化することによって容易に得られるので，この**ハロゲン化−二重脱ハロゲン化水素反応**（halogenation−double dehydrohalogenation）とよばれる一連の反応は，アルケンを対応するアルキンに変換する簡便な方法である．

ハロゲン化−二重脱ハロゲン化水素反応によるアルキンの合成

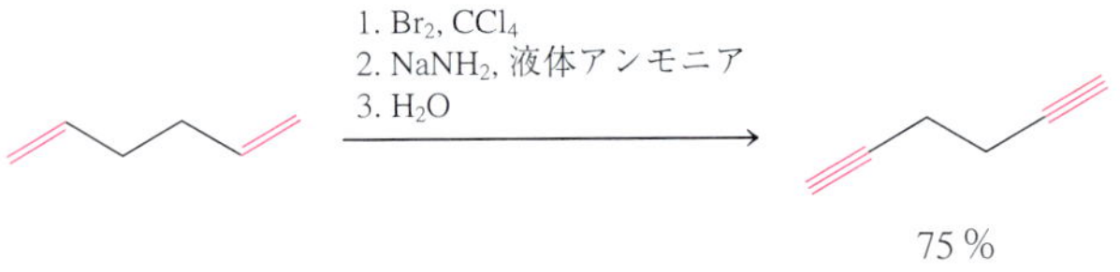

1,5-ヘキサジエン　1,5-ヘキサジイン

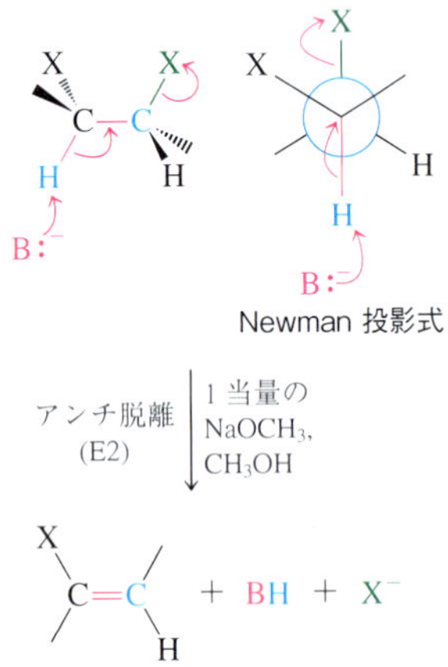

ハロゲン化アルケニル（alkenyl halide）

練習問題 13-8

以下のアルキンを，ハロゲン化−二重脱ハロゲン化水素反応を用いて合成するための出発物質となるアルケンを示せ．
(a) 2−ペンチン，(b) 1−オクチン，(c) 2−メチル−3−ヘキシン．

ハロアルケンは脱離反応によるアルキン合成の中間体である

ジハロアルカンの脱ハロゲン化水素反応は，**ハロゲン化アルケニル**（alkenyl halide）ともよばれるハロアルケンを経由して起こる．ハロゲン化アルケニルは，出発物質の二ハロゲン化物を1当量だけの塩基と反応させることで単離できる．原理的には，(*E*)−および(*Z*)−ハロアルケンの両方の混合物が生成する可能性があるが，脱離反応は立体特異的にアンチ形で起こるので（11−6節および欄外参照)，ジアステレオマーとして純粋な隣接ジハロアルカンを用いると，生成物はどちらか一方しかできない．

練習問題 13-9

cis-2-ブテンの臭素化－脱臭化水素反応による2-ブチンへの変換の途中に生成するブロモアルケン中間体の構造式を書け．トランス異性体についても同じ問いに答えよ．(**注意**：いずれの段階においても立体化学の問題がある．**ヒント**：12-5節に述べられていることを参考にし，分子模型を用いて考えよ．)

二重脱ハロゲン化水素反応によってアルキンを合成する場合には，ハロアルケン中間体の立体化学は問題ではない．つまり，(*E*)-および(*Z*)-ハロアルケンのいずれも，塩基による脱離反応によって同じアルキンを与える．

まとめ アルキンは隣接ジハロアルカンの二重の脱離反応で合成される．この反応の中間体は，1度目の脱離反応によって立体特異的に生成するハロゲン化アルケニルである．

13-5 アルキニルアニオンからのアルキンの合成

あるアルキンを他のアルキンから合成することもできる．末端のアルキニルアニオンと第一級ハロアルカン，オキサシクロプロパン，アルデヒド，ケトンのようなアルキル化剤との反応により，炭素－炭素結合が生成する．すでに学んだように(13-2節)，このアニオンは末端アルキンを強塩基(ほとんどの場合，アルキルリチウム反応剤，液体アンモニア中のナトリウムアミド，または Grignard 反応剤)によって脱プロトン化することにより，容易に合成できる．ハロメタンあるいは第一級ハロアルカンによるアルキル化は，通常，液体アンモニアまたはエーテル溶媒中で行われる．たいていのアルキル有機金属化合物はハロアルカンに対して不活性なので，このアルキニルアニオンの反応は特殊である．アルキニルアニオンはこのような例外的な反応性を示す有機金属反応剤の一つである．

注意！ このアルキル化はS_N2反応機構にしたがうが，アルキニルアニオンは強塩基でもある．その結果，アルキル化剤として用いることができるのはハロメタンと第一級のハロアルカンのみである(反応基質に関して7-8節，7-9節および表7-4参照)．

アルキニルアニオンのアルキル化

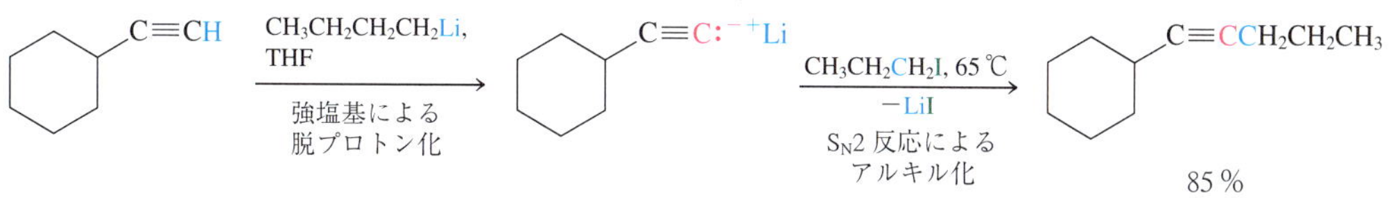

85％
1-ペンチニルシクロヘキサン
(1-pentynylcyclohexane)

第二級および第三級ハロゲン化物によってアルキニルアニオンをアルキル化しようとしても，求核剤の塩基性が強いためにE2反応が起こる(7-8節を思い起こそう)．エチン自体はモノアニオンを選択的に生成することによって，段階的にアルキル化され，モノおよびジアルキル誘導体に導くことができる．

アルキニルアニオンは，他の有機金属反応剤と同様に(8-7節，9-9節参照)，オキサシクロプロパンあるいはカルボニル化合物のような炭素求電子剤と反応する．

アルキニルアニオンの反応

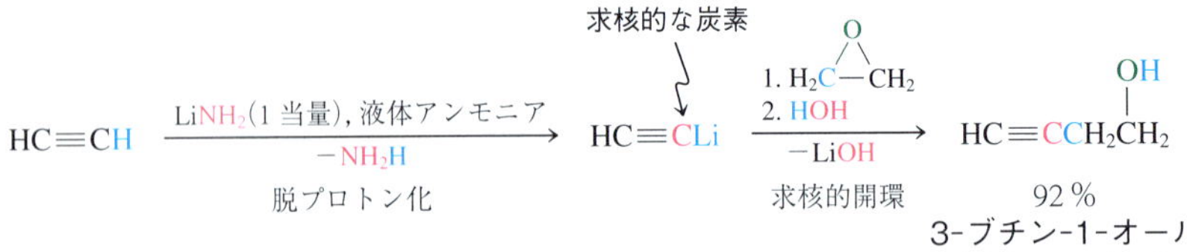

3-ブチン-1-オール
(3-butyn-1-ol)

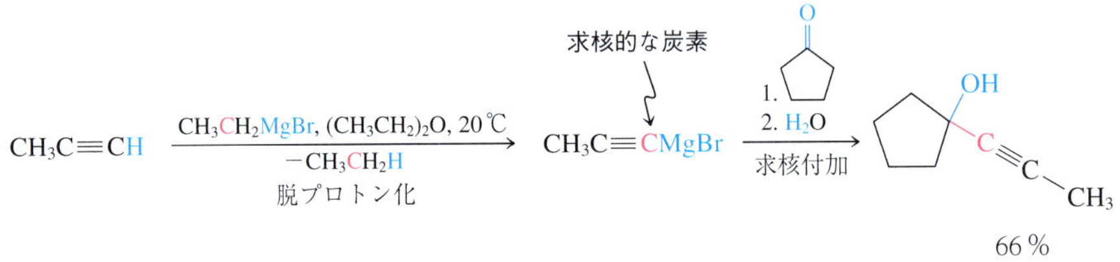

1-(1-プロピニル)シクロペンタノール
〔1-(1-propynyl)cyclopentanol〕

練習問題 13-10

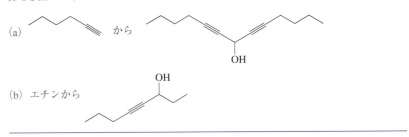

次の二つの化合物を合成するための，短くて効率のよい合成法を考えよ．(**ヒント**：8-8節を参照せよ．)

(a) 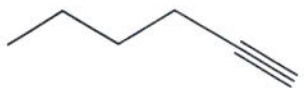 から 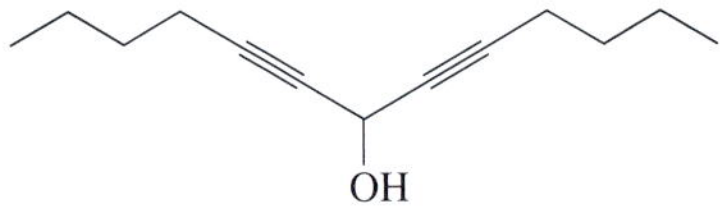

(b) エチンから 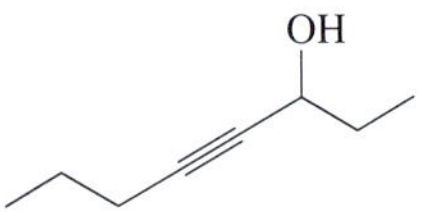

練習問題 13-11

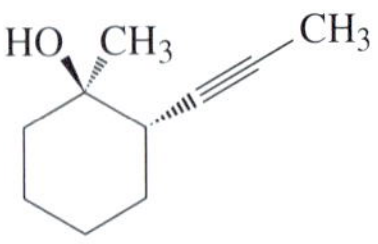

ラセミ体

欄外のアルキノールをメチルシクロヘキサンから合成するための逆合成解析を行え．それ以外はどんな合成ブロックあるいは反応剤を用いてもよい．(**注意**：8-9節を参照すること．生成物から出発物質にさかのぼって考えることが求められている．その一つはメチルシクロヘキサンでなければならない．逆合成の矢印(⇒)を使うこと．相対的な立体化学を制御する必要がある．)

まとめ アルキンは別のアルキンから，第一級ハロアルカン，オキサシクロプロパン，あるいはカルボニル化合物を用いて，アルキル化することにより合成できる．エチン自体は段階的にアルキル化することができる．

13-6 アルキンの還元：二つのπ結合の相対的な反応性

アルキンの合成法を学んだので，次に三重結合に特有の反応について学ぶ．アルキンはπ結合が二つある点を除けば，多くの点でアルケンに似ている．たとえば，アルキンは水素化や求電子攻撃のような付加反応を行うことができる．

反応剤 A−B のアルキンへの付加反応

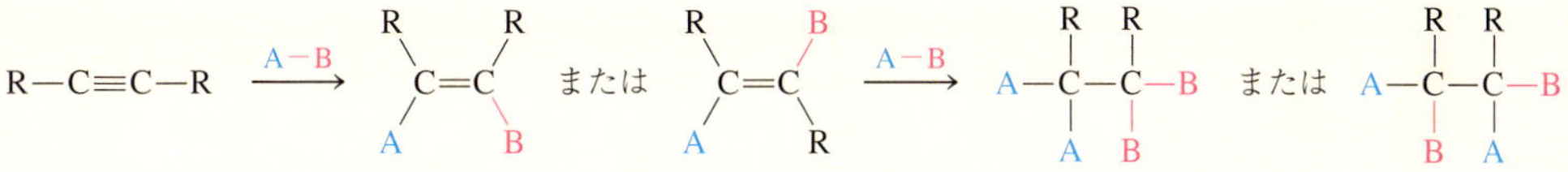

本節では，二つの新しい水素の付加反応について学ぶ．すなわち，段階的な水素化反応と，ナトリウムを用いる溶解した金属による還元である．前者の反応ではシスアルケンが，後者の反応ではトランスアルケンが生成する．

アルキンのπ結合の一つに対する二つの付加様式

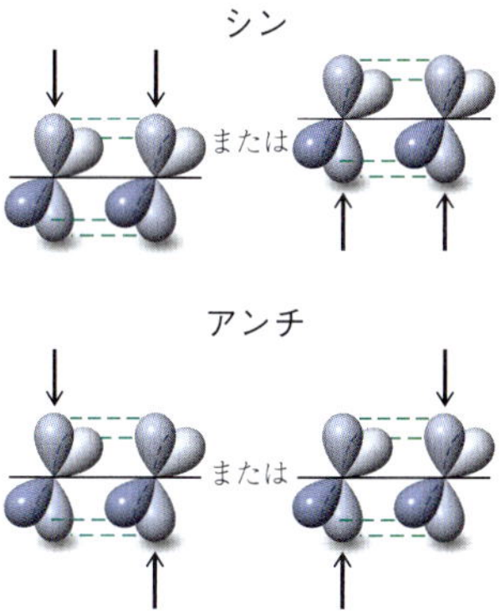

シスアルケンは触媒的水素化反応によって合成できる

アルケンの水素化反応と同じ条件下でアルキンを水素化することができる．通常，白金あるいはパラジウム炭素を懸濁させたアルキンの溶液を水素雰囲気下におくことにより反応は進行する．この条件下では三重結合は完全に飽和される．

アルキンの完全水素化反応

$$CH_3CH_2CH_2C{\equiv}CCH_2CH_3 \xrightarrow{H_2,\ Pt} CH_3CH_2CH_2CH_2CH_2CH_2CH_3$$

3-ヘプチン　　100％ ヘプタン

水素化は段階的な反応なので，**Lindlar* 触媒**（Lindlar catalyst）のような修飾触媒を用いれば，中間体のアルケンの段階で反応を止めることができる．この触媒は，パラジウムを炭酸カルシウム上に沈殿させたあと，酢酸鉛とキノリンで処理することにより調製される．金属表面はパラジウム炭素の表面よりも不活性な構造になるので，より反応性の高いアルキンの一つ目のπ結合だけが水素化される．アルケンの触媒的水素化反応の場合と同様に（12−2 節参照），水素の付加はシン形で起こる．したがって，この方法はアルキンからのシスアルケンの立体選択的な合成法となる．

* Herbert W. Lindlar 博士（1909 ～ 2009），スイス，バーゼル，ホフマン・ラ・ロシュ社．

Lindlar 触媒を用いる水素化反応

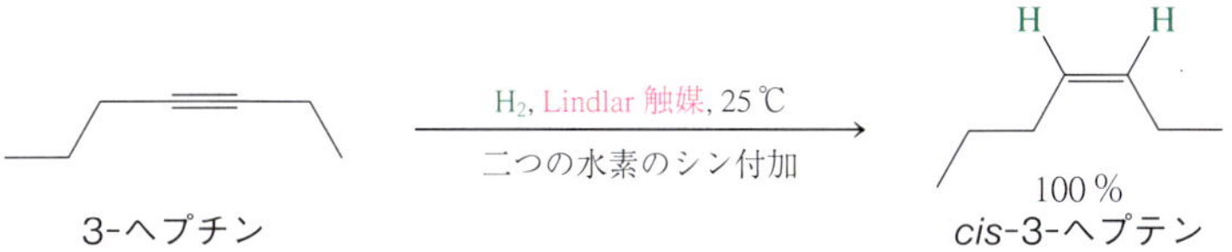

3-ヘプチン　　100％ *cis*-3-ヘプテン

Lindlar 触媒の成分

5％ Pd-$CaCO_3$,

$Pb(OCCH_3)_2$（C=O）,

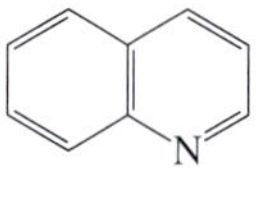

キノリン
(quinoline)

練習問題 13-12

次の反応で得られることが期待される生成物の構造を書け．

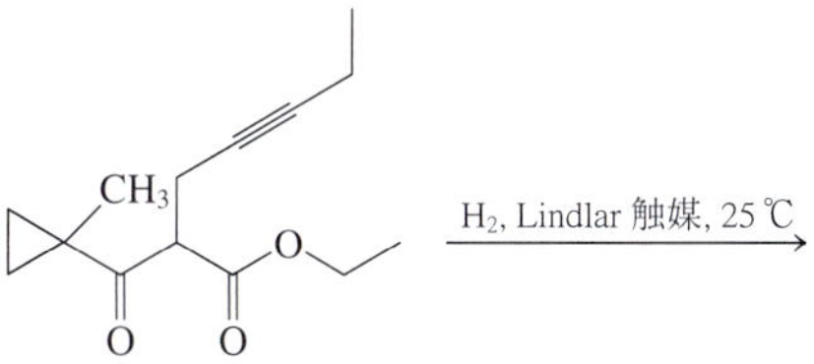

ある種の香水はスター並の地位にある：(左から右に)ジャンポールゴルチェのマダムパヒューム，パリスヒルトンのフェアリーダスト，アルマーニプリヴェのオラジェアルハンブラおよびランバンのジャンヌランバン．

練習問題 13-13

香料工業では，バラやジャスミンのエキスから得られる天然物を用いることが多い．多くの場合，天然物から単離される香油の量は非常に少ないので，合成する必要がある．そのような例として，*trans*-2-*cis*-6-ノナジエン-1-オールおよび対応するアルデヒドを含む，スミレの香り成分をあげることができる．これらを大量合成する際の中間体は，*cis*-3-ヘキセン-1-オールであるが，その工業的合成法は「極秘事項」である．本節と前節に述べた方法を用いて，1-ブチンからこの化合物を合成する方法を考えよ．

シスアルケンの立体選択的合成法がわかったので，次の問題について考えてみよう．すなわち，アルキンの還元でトランスアルケンだけを合成することはできるのだろうか．これは可能である．別の還元剤を用い，異なる反応機構で還元することにより，それは達成できる．

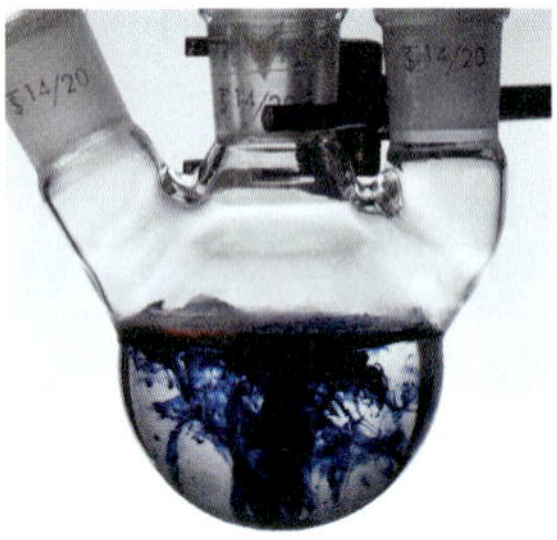

液体アンモニア中に溶解したナトリウムが，金属カチオンと溶媒和された電子の濃青色の溶液を生成しているところ．

アルキンの連続した 1 電子還元によりトランスアルケンが生成する

液体アンモニア中に溶かした金属ナトリウムをアルキンの還元剤として用いると〔**溶解した金属による還元反応**(dissolving-metal reduction)〕，トランスアルケンが生成物として得られる．たとえば，この方法により 3-ヘプチンは *trans*-3-ヘプテンに還元される．強塩基として働く液体アンモニア中のナトリウムアミドとは異なり，液体アンモニア中の原子状ナトリウムは反応系中に Na^+ と溶媒和された電子を生成するため(欄外の写真参照)，強力な電子供与体(すなわち還元剤)として働く．

Reaction

溶解した金属によるアルキンの還元反応

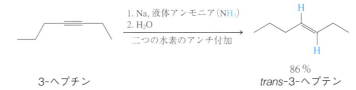

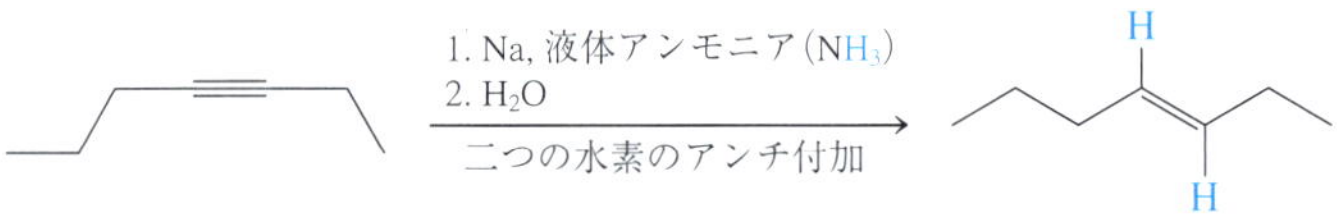

86 %

3-ヘプチン　　　*trans*-3-ヘプテン

エゾマツの芽を食べる毛虫．深刻な被害をもたらす害虫である．

この還元の反応機構の段階 1 では，三重結合の π 骨格が電子を 1 個受け取り，ラジカルアニオンが生成する．このアニオンは溶媒のアンモニアによりプロトン化されてアルケニルラジカルを与え(段階 2)，それはさらにもう 1 個の電子を受け取ることによりアルケニルアニオンに還元される(段階 3)．この化学種がもう 1 度プロトン化されて，生成物であるアルケンを与える(段階 4)．アルケンは，この条件下ではこれ以上還元されない．最終的に生成するアルケンの立体化学がトランスになるのは，最初の二つの段階において，立体的な込み合いのより少ないトランスのアルケニルラジカルが優先的にできるためである．この反応条件下では(液体アンモニア中，−33 ℃)，ラジカルのシス－トランス異性化の平衡よりも，2 度目の 1 電子移動のほうが速く起こる．この種の還元は，通常，立体化学的に 98 %以上の純度のトランスアルケンを与える．

次ページの反応式は，溶解した金属による還元反応を用いたエゾマツの芽を食べる毛虫の性フェロモンの合成を示している．この毛虫は北アメリカのエゾマツとモミの森林に対して最も甚大な被害を及ぼす害虫である．アメリカとカナダが合同で行った害虫駆除対策の一環として，「おとり」となるこのフェロモンが多くの現場で使われている（12-17 節参照）．鍵となる反応は，11-テトラデシン-1-オールの対応するトランスアルケノールへの還元である．続いてアルデヒドに酸化することにより合成が完結する．

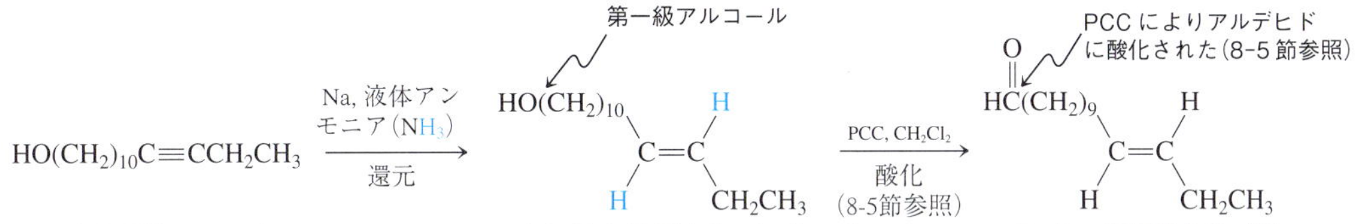

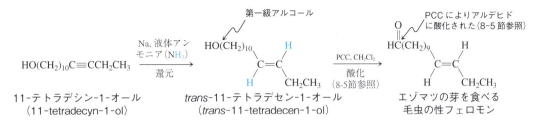

11-テトラデシン-1-オール　　*trans*-11-テトラデセン-1-オール　　エゾマツの芽を食べる
（11-tetradecyn-1-ol）　　（*trans*-11-tetradecen-1-ol）　　毛虫の性フェロモン

液体アンモニア中のナトリウムによるアルキンの還元の反応機構

Mechanism

段階1　1度目の1電子移動

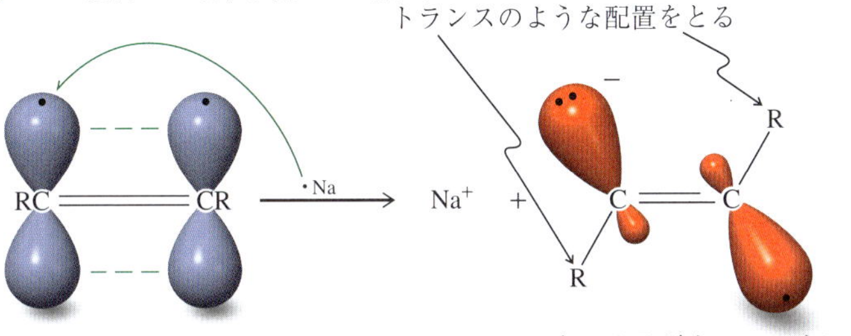

アルキンのラジカルアニオン

段階2　1度目のプロトン化

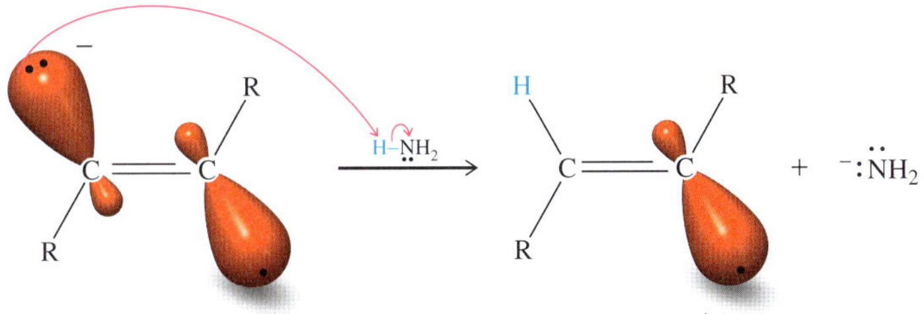

アルケニルラジカル

段階3　2度目の1電子移動

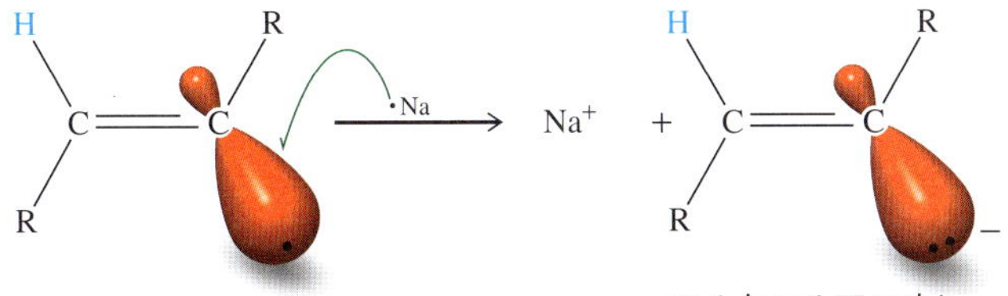

アルケニルアニオン

段階4　2度目のプロトン化

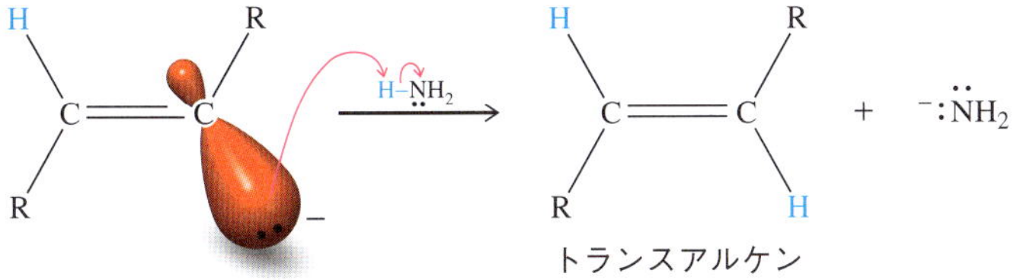

トランスアルケン

練習問題 13-14

概念のおさらい：還元における選択性

1,7−ウンデカジイン(炭素数11)を，液体アンモニア中でナトリウムおよびナトリウムアミドの混合物と処理したところ，内部三重結合のみが還元されて *trans*−7−ウンデセン−1−インが生成した．この理由を説明せよ．(**ヒント**：末端アルキンとナトリウムアミドとの間でどんな反応が起こるか．アンモニアの pK_a は35であることに注意すること．)

●解法のてびき

What 考えるための材料として何があるか．出発物質には二つのタイプの三重結合がある．一つは末端に，もう一つは内部にある．「反応容器」中にはNaと$NaNH_2$という二つの反応剤が入っている．反応の結果が与えられているので，課題は反応機構にもとづいて結果を説明することである．

How どこから手をつけるか．基質の官能基と反応条件との関係を考えよう．

Information 必要な情報は何か．ナトリウムとナトリウムアミドの化学的性質の違いを区別すること．基質の官能基に対してこれらの反応剤がどのように作用するだろうか(13−2節ならびに本節)．

Proceed 一歩一歩論理的に進めよ．

●答え

• 反応式は以下のようになる．

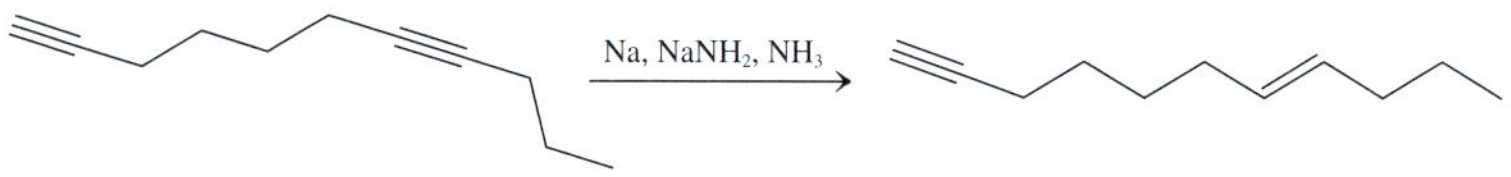

• この反応条件は強い還元力(Na)をもっているが，同時に強い塩基性($NaNH_2$)でもある．本章のはじめのほうで，末端アルキン水素の pK_a が約25であることを学んだ．ナトリウムアミドは非常に弱い酸であるアンモニアの共役塩基なので，末端アルキンを容易にしかも速やかに脱プロトン化し，アルキニルアニオン $RC{\equiv}C{:}^-$ を生成する．

• 溶解した金属による還元反応では，三重結合への電子移動が起こらなければならない．しかし，脱プロトン化された末端アルキンは負電荷を帯びており，さらに電子を注入しようとしても寄せつけないため，この三重結合は還元を免れる．そのため，内部三重結合のみが還元されてトランスアルケンが生成し，末端三重結合は反応せずに残る．

練習問題 13-15

自分で解いてみよう

2,7−ウンデカジインを液体アンモニア中で過剰のナトリウムとナトリウムアミドの混合物で処理すると何が得られるか．その結果と練習問題13−14で得られる結果との違いを説明せよ．

まとめ π結合が二つあることを除けば，アルキンの反応性はアルケンの反応性によく似ており，二つのπ結合はいずれも付加反応により飽和になりうる．π結合を一つだけ水素化してシスアルケンを得るには，Lindlar触媒を用いるのが最もよい方法である．アルキンを液体アンモニア中でナトリウムと処理すると，トランスアルケンに変換される．この反応は，連続した2度の1電子還元を含む．

13-7 アルキンの求電子付加反応

三重結合は電子密度が高いので，求電子剤の攻撃を受けやすい．本節では，ハロゲン化水素およびハロゲンの付加反応，ならびに水和反応という三つの反応について述べる．水和反応は水銀(Ⅱ)イオンの触媒作用で起こる．非対称アルケンに対する求電子付加反応(12−3 節参照)の場合と同様に，末端アルキンの反応は Markovnikov 則にしたがう．つまり求電子剤は末端の(置換基のより少ない)炭素原子に付加する．

ハロゲン化水素の付加によりハロアルケンおよびジェミナルジハロアルカンが生成する

2−ブチンへの臭化水素の付加は(*Z*)−2−ブロモ−2−ブテンを与える．研究の結果，HX のアルキンへの付加の詳細な反応機構はアルキンの性質と反応条件に依存することが明らかになっている．ここでは，アルケニルカルボカチオンが中間体であることを除いて，アルケンへのハロゲン化水素の付加の場合と同様に(12−3 節参照)，最も簡略化された形で書き表す．このカチオン中間体において，カチオン中心は sp 混成であるため直線構造をもっている．空の軌道は π 結合と直交した配置にあり，もとのアルキンのもう一つの π 結合を形成していた軌道である．それは sp^2 混成炭素ならびにその置換基を含む平面と同じ平面上にある(欄外の図を参照)．アルケニルカルボカチオンは非常に反応性に富み，アルキルカチオンよりも反応性が高い．その理由は，正電荷を帯びた sp 混成の炭素中心のほうが sp^2 混成の炭素中心よりも電気陰性度が大きいためである(13−2 節参照)．

エテニルカチオン

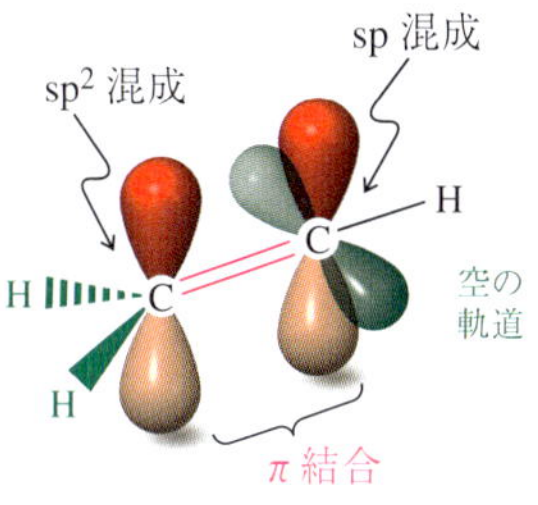

ハロゲン化水素の内部アルキンへの付加反応

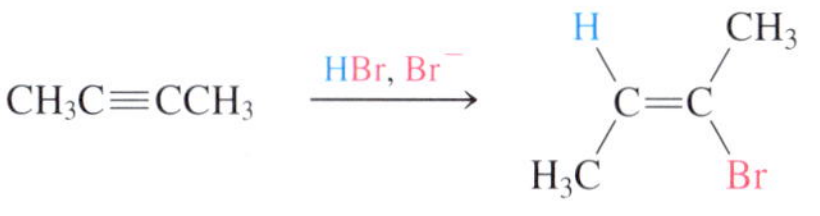

60 %
(*Z*)-2-ブロモ-2-ブテン
〔(*Z*)-2-bromo-2-butene〕

Reaction

2−ブチンへの臭化水素化の反応機構は，プロトン化によるアルケニルカルボカチオンの生成から始まる．臭化物イオンによる捕捉はより立体障害の小さい側(隣接する sp^2 混成炭素の置換基の H と同じ側)から起こり，まず(*E*)−2−ブロモ−2−ブテンを与える．この異性体はかさ高いメチル基が互いにシスの位置にあり，酸触媒によって転位反応を起こして，観測される生成物であるより安定な(*Z*)−2−ブロモ−2−ブテンに異性化する．ハロアルケンのこのような異性化反応は，共鳴安定化されたカルボカチオンを経て進行するため容易に起こる．同じ理由から，通常，HX のアルキンへの付加をこの段階で停止するのは困難である．つまり，2 段階目の付加反応が速やかに起こって，Markovnikov 則にしたがって両方のハロゲン原子が同じ炭素に結合した**ジェミナル**(geminal)ジハロアルカンが生成する．

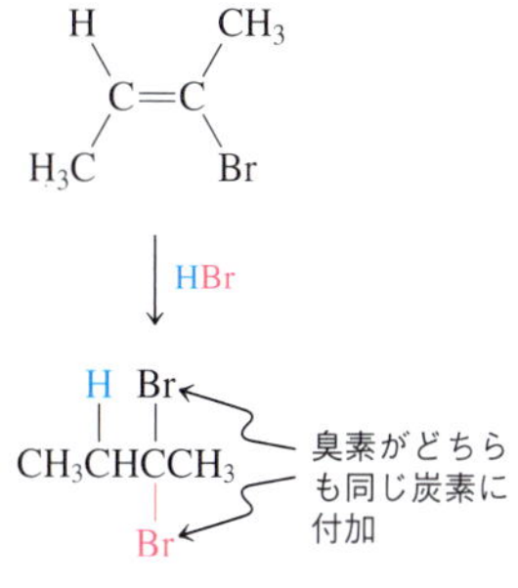

90 %
2,2-ジブロモブタン

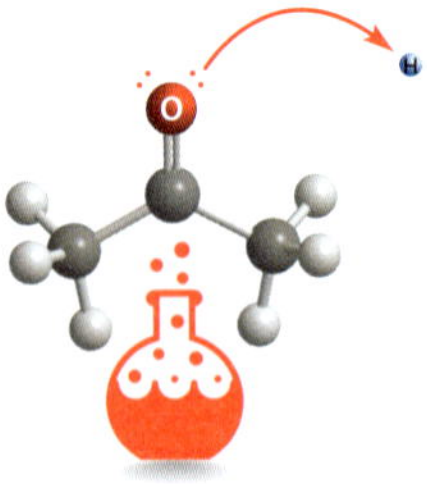

HBrの2-ブチンへの付加反応の機構

HBr のシン付加

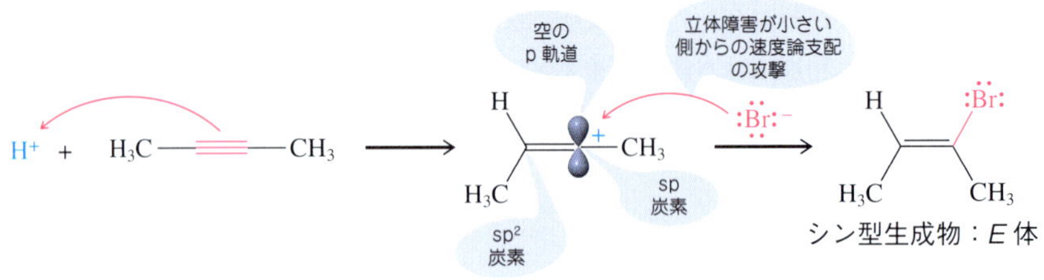

E 体から *Z* 体への異性化

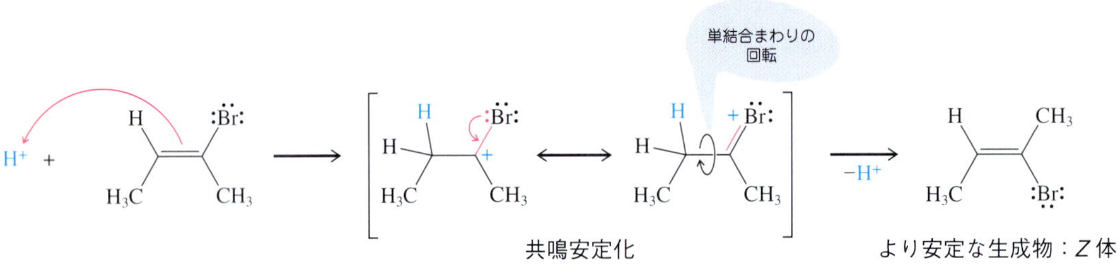

末端アルキンへのハロゲン化水素の付加も，Markovnikov 則にしたがって進行する．以下の例に示すように，低温で行ってもこの反応をハロアルケンの段階でうまく止めることはできない．

ハロゲン化水素の末端アルキンへの付加反応

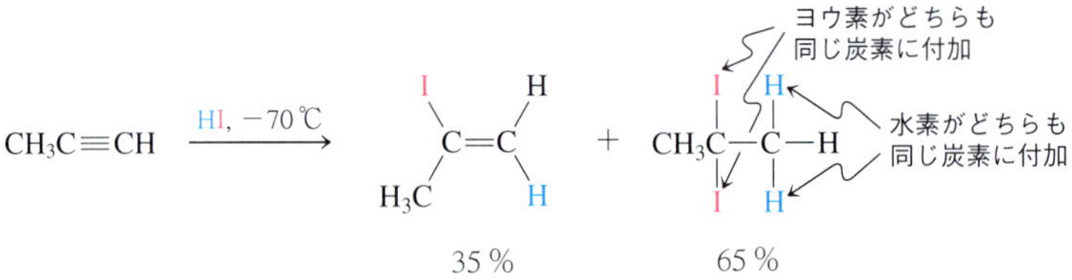

練習問題 13-16

以下の化合物に対する二重のヨウ化水素化反応の生成物を書け．
(a) 1-ノニン，(b) 4-ノニン，(c) シクロノニン．(**注意**：いつも単一の生成物ができるとはかぎらない．)

ハロゲン化も 1 度または 2 度起こる

3-ヘキシンの臭素化における環状ブロモニウムイオン中間体

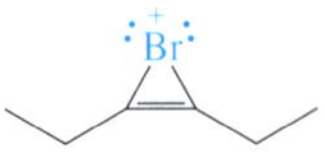

アルキンへのハロゲンの求電子付加反応は，1 度アンチ付加が起こって生成する隣接ジハロアルケンを中間体として進行する．この立体化学に関する結果は，アルケンのハロゲン化の場合と同様に，環状ブロモニウムイオン中間体(欄外参照)の存在により説明できる．この隣接ジハロアルケンは単離することもできるが，これに対してもう 1 分子のハロゲンが付加するとテトラハロアルカンが生成する．たとえば，3-ヘキシンのハロゲン化は予想どおり(*E*)-ジハロアルケンとテトラハロアルカンを与える．

アルキンの二重ハロゲン化

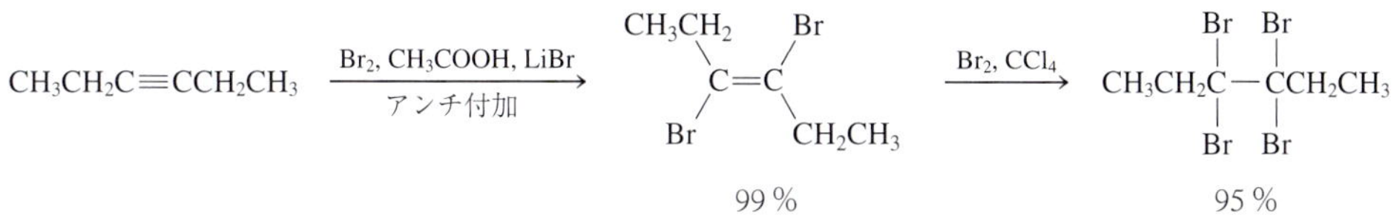

3-ヘキシン　(E)-3,4-ジブロモ-3-ヘキセン　3,3,4,4-テトラブロモヘキサン

練習問題 13-17

1-ブチンに1分子および2分子の Cl_2 が付加した生成物を書け．

アルキンの水銀(Ⅱ)イオン触媒による水和反応はケトンを与える

アルケンの水和反応に似た過程で，水はアルキンに Markovnikov 型に付加し，アルコールの生成が可能となる．この場合に生成するのは，ヒドロキシ基が二重結合の炭素に結合した**エノール**(enol)である．12-16 節で述べたように，エノールは OH 基の脱プロトン化と二重結合の遠いほうの炭素への再プロトン化によって，異性体であるカルボニル化合物へと自発的に異性化する．この**互変異性**(tautomerism)とよばれる反応では，プロトンと二重結合の移動が同時に起こることにより，二つの異性体が相互変換する．エノールはカルボニル化合物に**互変異性化**(tautomerize)するといわれ，この二つの異性体は**互変異性体**(tautomer)とよばれる(*tauto*，ギリシャ語の「同じ物」；*meros*，ギリシャ語の「部分」)．互変異性については，下巻の 18 章でカルボニル化合物のふるまいについて考察する際により詳しく学ぶ．水和に続いて互変異性化が起こることにより，アルキンはケトンに変換される．アルケンと同様に，アルキンは酸性水溶液によって水和することができる．しかし，アルケニルカチオン中間体のエネルギーが比較的大きいため高温を必要とする．この問題は，最も一般的に用いられている $HgSO_4$ や Ag(Ⅰ)あるいは Cu(Ⅱ)塩のような Lewis 酸触媒を使用することで解決される．

アルキンの水和反応

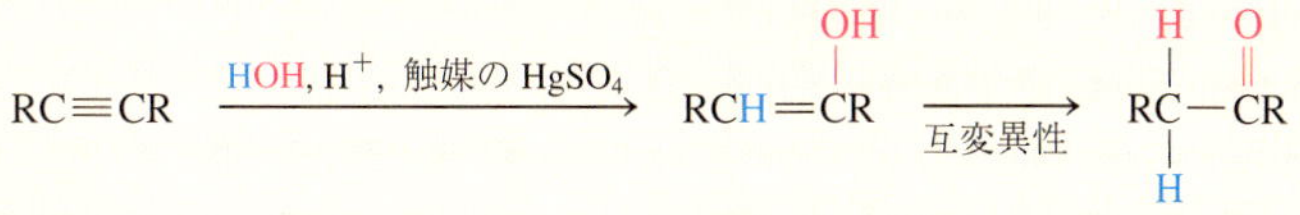

エノール　ケトン

水和反応は Markovnikov 則にしたがう．したがって，末端アルキンはメチルケトンを与える．

末端アルキンの水和反応

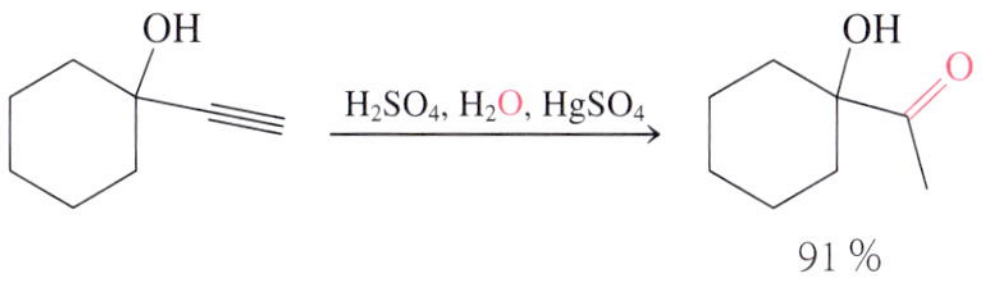

練習問題 13-18

前ページの反応におけるエノール中間体の構造を書け．

対称な内部アルキンは単一のカルボニル化合物を与えるが，非対称な系ではケトンの混合物が得られる．

内部アルキンの水和反応

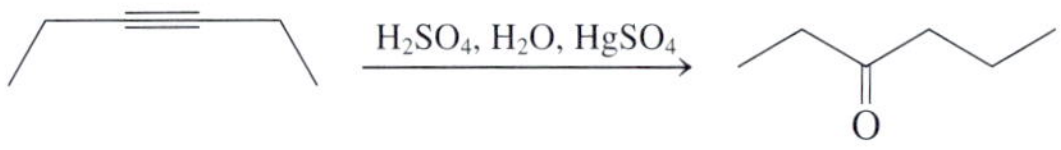

80 %
生成可能な唯一の生成物

内部アルキンの水和反応によって二つのケトンが生成する例

$CH_3CH_2CH_2C{\equiv}CCH_3 \xrightarrow{H_2SO_4,\ H_2O,\ HgSO_4} CH_3CH_2CH_2\overset{O}{\overset{\|}{C}}CH_2CH_3 + CH_3CH_2CH_2CH_2\overset{O}{\overset{\|}{C}}CH_3$

50 % 　　50 %

練習問題 13-19

(a) 次の化合物の，水銀(Ⅱ)イオン触媒による水和反応の生成物を書け．
　(i) エチン，(ii) プロピン，(iii) 1−ブチン，(iv) 2−ブチン，(v) 2−メチル−3−ヘキシン．

(b) Lewis 酸触媒による水和反応で以下のケトンを与えると思われるアルキンを書け．

(i) 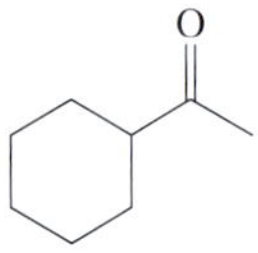

(ii) 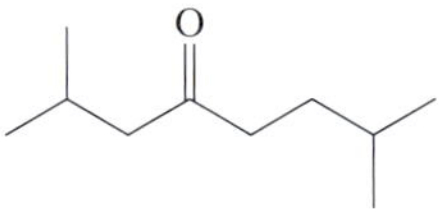

(iii) 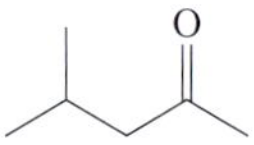

練習問題 13-20

概念のおさらい：アルキンを用いた合成

欄外の化合物(A)を(B)に変換する反応式を書け．（**ヒント**：アルキニルアルコール $(CH_3)_2\overset{OH}{\overset{|}{C}}C{\equiv}CH$ を経由する合成経路を考えよ．）

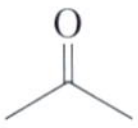

(A)

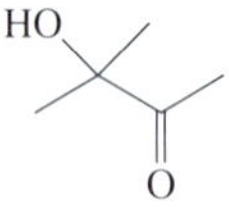

(B)

● **解法のてびき**

What 考えるための材料として何があるか．上のヒントから，この問題に対して以下の逆合成解析ができることがわかる．

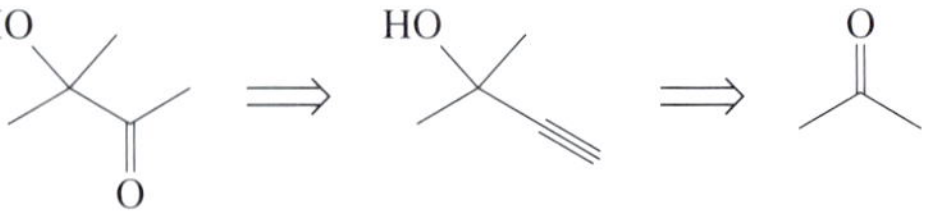

How どこから手をつけるか．本章でこれまで学んできたなかで，役に立ちそうなことについて考えてみよう．本節では，水銀イオン触媒による水和反応により，どのようにしてアルキンがケトンに変換されるかについて学んだ．13−5節では，アルキニルア

ニオンを用いる炭素－炭素結合形成の合成戦略を知った．炭素数3のケトン(A)(アセトン)に対してはじめにすべきことは，炭素数2のアルキニル基を付加させることである．

Information 必要な情報は何か．13-5節を参照すると，エチンを対応するアニオンに変換させるいくつかの方法のうちどれかを用いることができる．

Proceed 一歩一歩論理的に進めよ．

●答え

- エチンの脱プロトン化によって得られるアニオンをアセトンに付加すると，必要とするアルコール中間体が生成する．

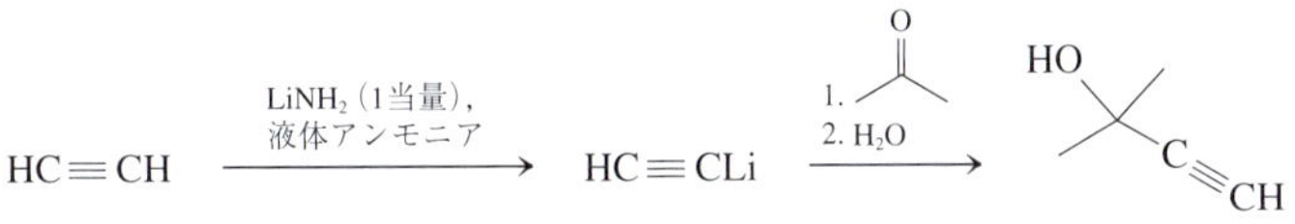

- 最後に，725ページでシクロヘキシル誘導体に対して示されたように，末端アルキンを水和することにより合成が完結する．

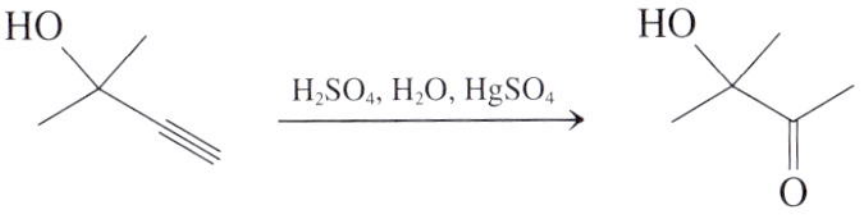

練習問題 13-21 　**自分で解いてみよう**

1-ブチンから *trans*-3-ヘキセンを合成する方法を示せ．

まとめ　アルキンはハロゲン化水素やハロゲンのような求電子剤と，1度または2度反応することができる．末端アルキンは Markovnikov 則にしたがって反応する．水銀(Ⅱ)イオン触媒による水和反応はエノールを与え，それは互変異性とよばれる反応によりケトンに変換される．

13-8 三重結合への逆 Markovnikov 付加反応

二重結合への逆 Markovnikov 付加を行う方法があるのと同様に(12-8節ならびに12-13節参照)，類似の方法によって末端アルキンへの付加を逆 Markovnikov 型に行うことができる．

HBr のラジカル的な末端アルキンへの付加反応は 1-ブロモアルケンを与える

アルケンの場合と同様に，もし光あるいは他のラジカル開始剤があれば，臭化水素は三重結合に対して，ラジカル反応機構で逆 Markovnikov 付加することができる．臭素が末端の炭素に選択的に結合し，立体化学についてはシン付加とアンチ付加の両方が観測される．

$$\underset{\text{1-ヘキシン}}{CH_3(CH_2)_3C{\equiv}CH} \xrightarrow{HBr,\ ROOR} \underset{\substack{74\,\%\\ \textit{cis}\text{-および } \textit{trans}\text{-1-ブロモ-1-ヘキセン}}}{CH_3(CH_2)_3CH{=}CHBr}$$

練習問題 13-22

12-13節を参照して，過酸化物により開始されるプロピンへの臭化水素の逆Markovnikov付加反応の機構を書け．開始段階と伝搬段階を示すこと．

末端アルキンのヒドロホウ素化−酸化によりアルデヒドが生成する

再度アルケンの場合と同様に，末端アルキンは，位置選択的に逆Markovnikov型のヒドロホウ素化を受ける．つまり，ホウ素は立体障害のより小さい炭素を攻撃する．しかしボランそのものを使うと，π結合が両方とも連続的にヒドロホウ素化されてしまう．アルケニルボランの段階で反応を止めるには，ジシクロヘキシルボランのように，かさ高いボラン反応剤を用いる．

末端アルキンのヒドロホウ素化反応

94 %

1-オクチン (1-octyne)　ジシクロヘキシルボラン (dicyclohexylborane)　ジシクロヘキシル(*E*-1-オクテニル)ボラン 〔dicyclohexyl(*E*-1-octenyl)borane〕

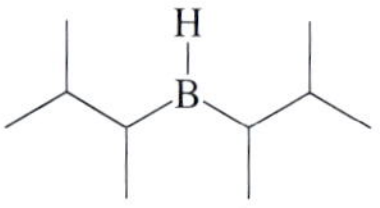

ビス(1,2-ジメチルプロピル)ボラン
〔bis(1,2-dimethylpropyl)borane〕

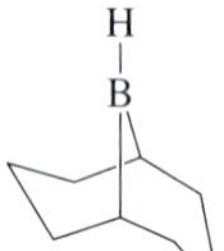

9-ボラビシクロ[3.3.1]ノナン(9-BBN)
(9-borabicyclo[3.3.1]nonane, 9-BBN)

練習問題 13-23

(a) ジシクロヘキシルボランはヒドロホウ素化によって合成される．何を出発物質に用いればよいか．

(b) この他に有機合成に用いられる一般的なジアルキルボランの二つに，ビス(1,2-ジメチルプロピル)ボランと9-ボラビシクロ[3.3.1]ノナン(9-BBNと略される．欄外参照)がある．これらはどのようにして合成できるだろうか．

アルキルボランと同様(12-8節参照)，アルケニルボランは対応するアルコールに酸化することができる．この場合は末端エノールが生成し，それは自発的にアルデヒドに異性化する．

末端アルキンのヒドロホウ素化−酸化

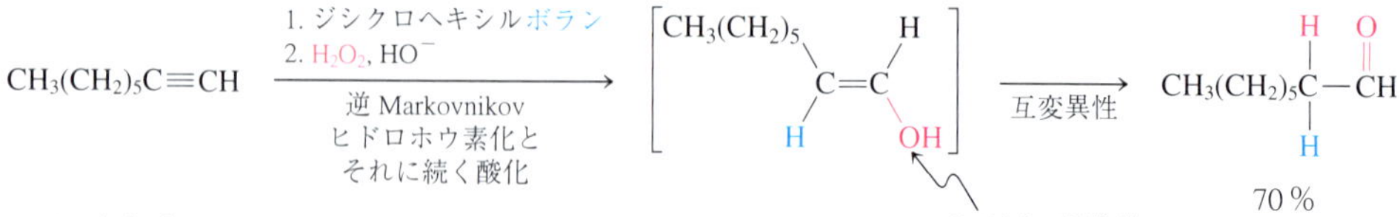

70 %

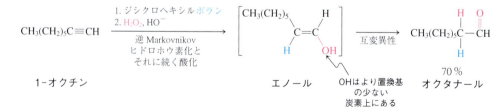

1-オクチン　エノール　OHはより置換基の少ない炭素上にある　オクタナール

練習問題 13-24

(a) 次の化合物のヒドロホウ素化－酸化の生成物を書け．
　(i) エチン，(ii) 1-プロピン，(iii) 2-ブチン，(iv) シクロノニン
(b) ヒドロホウ素化－酸化によって次のカルボニル化合物を与えると思われるアルキンを書け．

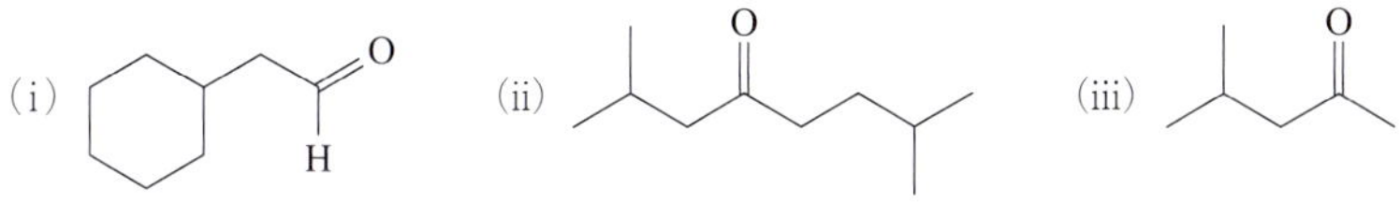

練習問題 13-25

欄外に示した化合物を，2,2-ジメチルブタンから合成する方法の概略を示せ．

$(CH_3)_3CCH_2\overset{O}{\overset{\|}{C}}H$

まとめ　過酸化物の存在下で，HBr は末端アルキンに逆 Markovnikov 付加を行い，1-ブロモアルケンを与える．かさ高いボラン反応剤によるヒドロホウ素化－酸化はエノール中間体を与え，それは最終生成物であるアルデヒドに互変異性化する．

13-9 ハロゲン化アルケニルの化学的性質

脱ハロゲン化水素反応によるアルキンの合成と，三重結合へのハロゲン化水素の付加の両反応において，ハロアルケン（ハロゲン化アルケニル）が中間体であることを学んだ．近年，有機金属化学が発展した結果，ハロゲン化アルケニルの合成中間体としての重要性がますます増大している．しかし，これらはこれまでハロアルカンについて学んだ機構（6 章ならびに 7 章参照）では反応しない．本節ではハロゲン化アルケニルの反応性について述べる．

ハロゲン化アルケニルは S_N2 反応も S_N1 反応も起こさない

ハロアルカンとは異なり，ハロゲン化アルケニルは求核剤に対する反応性が比較的低い．ハロゲン化アルケニルは，強塩基による脱離反応によってアルキンを生成することについては学んだが，弱い塩基やヨウ化物イオンのようなほとんど塩基性のない求核剤とは反応しない．同様に S_N1 反応も，中間体であるアルケニルカチオンにいたる遷移状態は高いエネルギーをもつため，通常は起こらない．

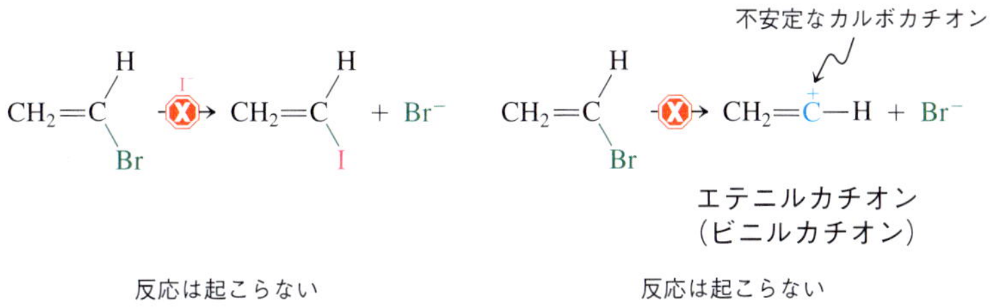

しかし，ハロゲン化アルケニルを中間体としてアルケニル有機金属化合物に変換すると，反応させることができる（練習問題 11-8 参照）．この化学種から，特定の置換基をもったさまざまなアルケンを合成できる．

アルケニル有機金属化合物を用いる合成反応

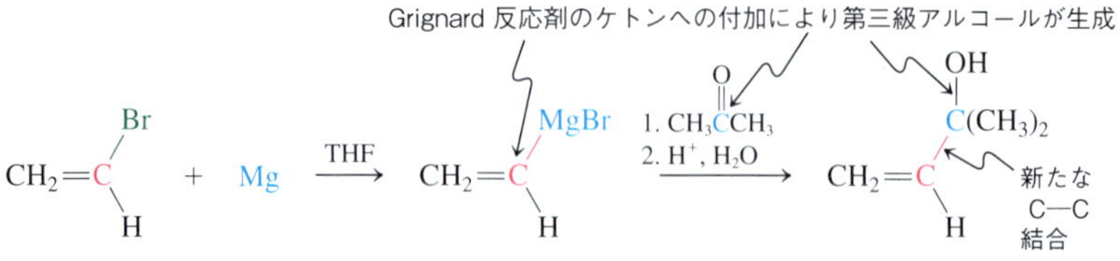

1-ブロモエテン (1-bromoethene) (臭化ビニル) (vinyl bromide)

90 % 臭化エテニルマグネシウム (ethenylmagnesium bromide) (ビニル Grignard 反応剤)

65 % 2-メチル-3-ブテン-2-オール (2-methyl-3-buten-2-ol)

Heck 反応では金属触媒がハロゲン化アルケニルとアルケンを結合させる

Ni や Pd のような金属を可溶化した錯体の存在下で，ハロゲン化アルケニルはアルケンとの炭素－炭素結合形成を行いジエンを生成する．**Heck＊反応**(Heck reaction)とよばれるこの反応では，1 分子のハロゲン化水素が遊離する．

＊ Richard F. Heck(1931 ～ 2015)，アメリカ，デラウェア大学教授．2010 年度ノーベル化学賞受賞．

Heck 反応

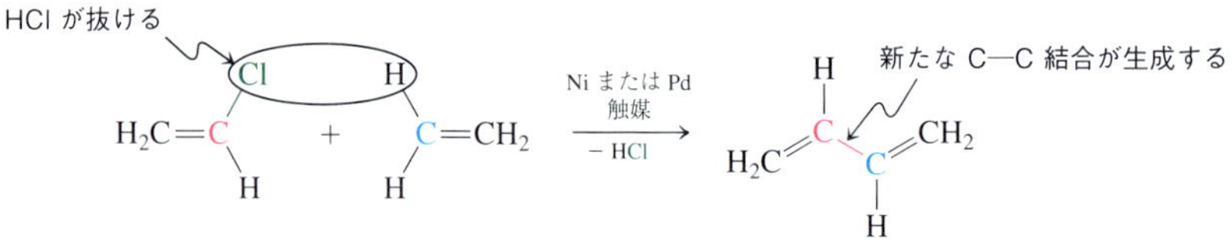

他の遷移金属触媒によるクロスカップリング(コラム 8-3 参照)に共通することとして，炭素－炭素結合が形成される前に，結合する基が触媒を中心としてそのまわりに集合する．単純化された Heck 反応の機構では，反応は金属のハロゲン化アルケニルへの攻撃によりハロゲン化アルケニル金属が生成することから始まる(段階 1)．次にアルケンが金属と錯形成し(段階 2)，それが炭素－金属結合に挿入して新たな炭素－炭素結合を形成する(段階 3)．最後に，E2 反応に似たかたちで HX の脱離が起こり，生成物ジエンを与えるとともに金属触媒が遊離する(段階 4)．

Heck 反応の機構

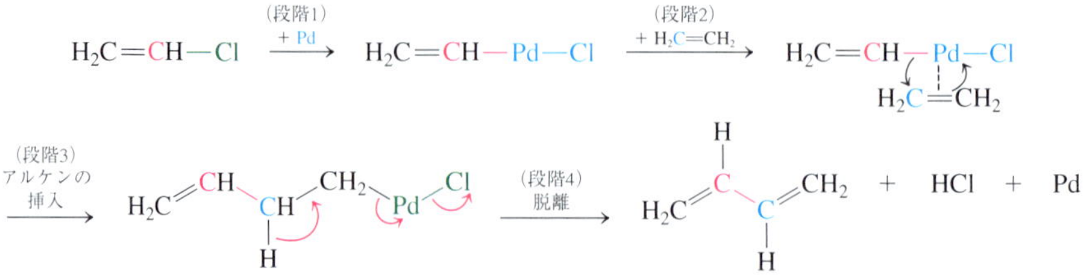

Heck 反応が広く普及しているのは，この反応の使い道が多様で効率がよいためである．とくに，基質の量に比べて非常に少量の触媒しか必要としない．通常，リン配位子(R_3P)の存在下に 1 %の酢酸パラジウムを用いるだけで十分である．

Heck 反応の例

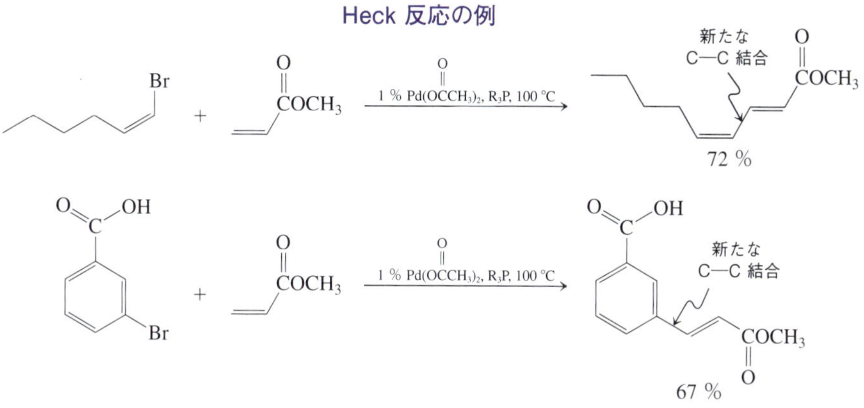

練習問題 13-26

上にあげた二つの Heck 反応例のうち一つ目の反応について，その反応機構を詳しく書け．

まとめ　ハロゲン化アルケニルは求核置換反応に対する反応性は低い．しかし，アルケニルリチウムやアルケニル Grignard 反応剤に変換することにより，あるいは Ni や Pd のような遷移金属触媒の存在下であれば，炭素—炭素結合形成反応に利用することができる．

13-10 工業原料としてのエチン

かつてエチンは以下の二つの理由から，化学工業の主要な 4 ～ 5 種類の原料のうちの一つであった．その理由とは，π 結合の一つに付加反応を行うと，有用なアルケンのモノマー(12-15 節参照)が得られることと，高い熱含量をもっていることである．安価なエテン，プロペン，ブタジエンやその他の炭化水素が石油化学の技術によって得られるようになったので，エチンの工業的用途は衰退した．しかし 21 世紀には，他のエネルギー源を開発しなければならないほど，石油の蓄えがしだいに減少すると予測されている．そのような他のエネルギー源の一つに石炭がある．現在のところ，石炭を直接前記のようなアルケンに変換するプロセスは知られていない．しかし，エチンは石炭と水素から，あるいはコークス(石炭から揮発成分を除いた残留物)と石灰石からカルシウムカーバイドを経て製造することができる．したがって，エチンが再び重要な工業原料になる日がくるかもしれない．

カルシウムカーバイドに水を加えて発生させたエチンを燃焼させる鮮やかな演示実験．

石炭からエチンを製造するには高温が必要である

エチンはエネルギー含量が高いので，それを製造する方法はエネルギーコストが高くつく．石炭からエチンをつくる方法の一つに，アーク炉内で数千℃という高温で水素と反応させる方法がある．

コラム● 13-1 金属触媒による Stille，鈴木ならびに薗頭カップリング反応

Heck 反応に加えて，Stille*1 反応，鈴木*2 反応および薗頭*3 反応という三つの反応が，遷移金属触媒による結合形成反応の適用範囲をさらに広げている．これらの反応ではいずれもパラジウムあるいはニッケル触媒が用いられる．その区別は一般的に用いられる基質の性質と官能基に依存している．Stille カップリング反応では，パラジウム触媒によってハロゲン化アルケニルとアルケニルスズ化合物の間で結合が形成される．

Stille カップリング反応

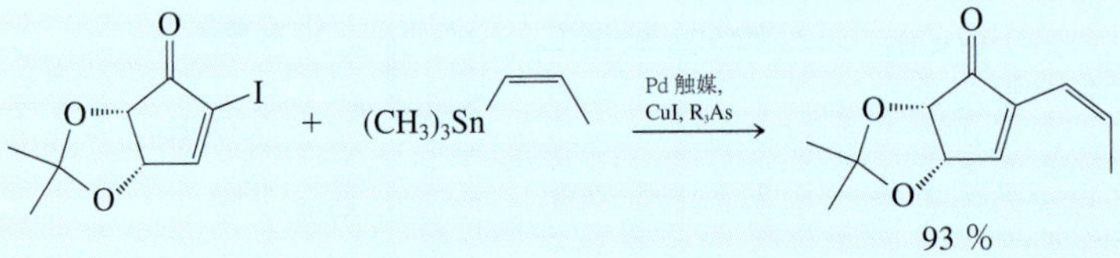

ヨウ化銅(I)とヒ素を含む配位子(R_3As)は，非常に効率のよいこの反応を促進する．上の式に示された生成物は，免疫と炎症に対する応答因子を抑制する微生物由来の天然物に非常によく似た類縁体へ変換されている．その因子は，HIV の活性化とがん細胞中では抑制される細胞死の過程に影響を及ぼす．

鈴木反応は，Stille 反応のスズをホウ素に置き換えたものであり，利用範囲が異なる．とくに，鈴木反応は，Stille 反応がうまく進行しない基質である第一級および第二級ハロアルカンであっても首尾よく進行する．下の反応例では，Pd よりも Ni のほうが良好な結果を与える．

鈴木カップリング反応

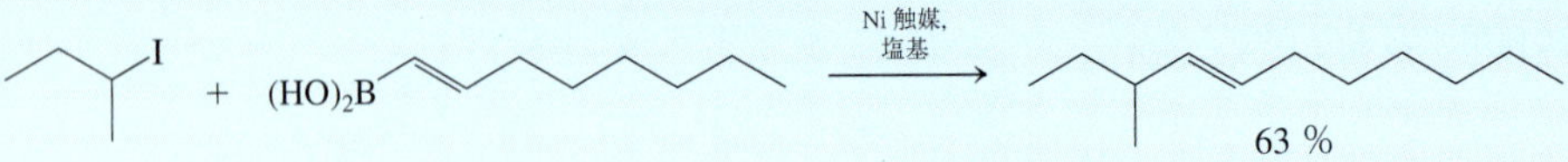

$$\text{石炭} + H_2 \xrightarrow{\Delta} HC{\equiv}CH + \text{不揮発性の塩}$$

変換率 33 %

最も古いエチンの大量合成法は，カルシウムカーバイドを経るものである．石灰石(酸化カルシウム)とコークスをおよそ 2000 ℃に熱すると，カルシウムカーバイドと一酸化炭素ができる．

$$\underset{\substack{\text{コークス}\\(\text{coke})}}{3\,C} + \underset{\substack{\text{石灰石}\\(\text{lime})}}{CaO} \xrightarrow{2000\,℃} \underset{\substack{\text{カルシウム}\\\text{カーバイド}\\(\text{calcium carbide})}}{CaC_2} + CO$$

カルシウムカーバイドを室温で水と処理すると，エチンと水酸化カルシウムが得られる．

$$CaC_2 + 2\,H_2O \longrightarrow HC{\equiv}CH + Ca(OH)_2$$

エチンは工業的に重要なモノマーの原料である

1930 年代から 1940 年代にかけて，ドイツのルートヴィヒスハーフェンにある

SYNTHESIS

鈴木反応に用いるホウ素を含む基質〔**ホウ素酸**(boromic acid)〕は，末端アルキンのカテコールボランという特殊な反応剤によるヒドロホウ素化によって効率よく合成される．

アルケニルホウ素酸の合成

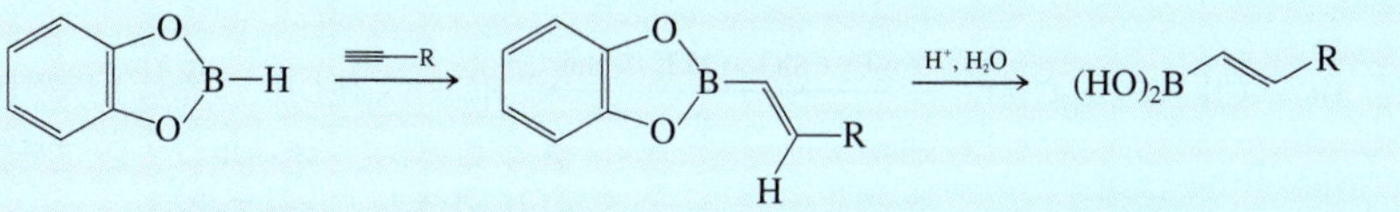

カテコールボラン (catecholborane)　　アルケニルホウ素酸 (alkenyl boronic acid)

ホウ素酸は商業的に大量に合成されており，鈴木カップリングは重要な工業的製造法になっている．毒性があり多大な注意を払って扱わねばならない有機スズ化合物よりも，ホウ素酸は安定で取り扱いが容易である．

最後に，薗頭反応はアルケニル基とアルキニル基を結合する方法としてよく用いられる重要な反応である．Stille 反応と同様に，Pd，CuI および窒素の同族元素を含む配位子が用いられる．しかし，この場合はスズを用いる必要がなく，末端アルキンが直接反応する．添加された塩基は副生成物である HI を取り除く．

薗頭カップリング反応

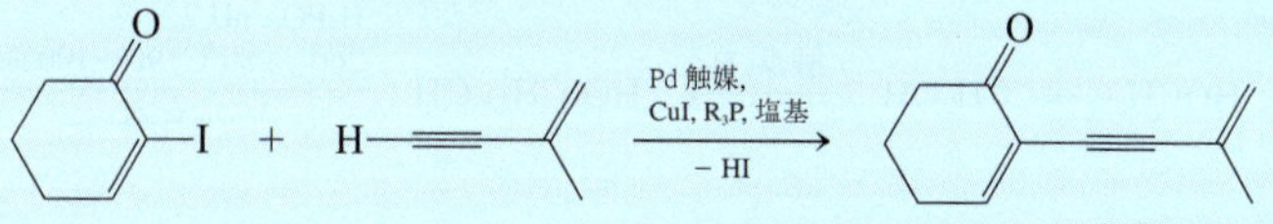

89 %

＊1　John K. Stille (1930 ～ 1990)，アメリカ，コロラド州立大学教授．
＊2　鈴木　章 (1930 ～)，日本，北海道大学名誉教授．2010 年ノーベル化学賞受賞．
＊3　薗頭健吉 (1931 ～)，日本，大阪市立大学名誉教授．

BASF (Badische Anilin and Sodafabriken) の研究所において，エチンの化学が工業的に重要な発展を遂げた．すなわち，触媒の存在下で加圧したエチンを一酸化炭素，カルボニル反応剤，アルコール，そして酸と反応させることにより，さらに変換しうる種々の価値ある原料物質が得られた．たとえば，ニッケルカルボニルはエチンへの一酸化炭素と水の付加反応の触媒となり，プロペン酸(アクリル酸)を与える．水の代わりにアルコールあるいはアミンを用いると，対応する酸の誘導体が生成する．これらはすべて重要なモノマーである(12-15 節参照)．

エチンの工業化学

$$HC\equiv CH + CO + H_2O \xrightarrow{Ni(CO)_4,\ 100\ atm,\ >250\,^\circ C} H_2C{=}CHCOOH$$

プロペン酸 (propenoic acid)
(アクリル酸，acrylic acid)

プロペン酸とその誘導体の重合により，非常に有用な物質が生産される．ポリマー状のエステル〔**ポリアクリル酸エステル**(polyacrylate)〕は強く，弾力がありしかも柔軟なポリマーであり，多くの用途において天然ゴム(14-10 節参照)に取って代わっている．ポリ(アクリル酸エチル)は O-リング〔断面が O 型(円形)

の環状パッキンのこと〕，弁のシールや関連する自動車部品に使われている．その他のポリアクリル酸エステルも，義歯のような生体医療材料や歯科材料としての用途に用いられている．

エチンへのホルムアルデヒドの付加は，銅アセチリドを触媒に用いることにより，高効率で達成できる．

$$HC{\equiv}CH + H_2C{=}O \xrightarrow{Cu_2C_2-SiO_2,\ 125\,^\circ C,\ 5\ atm} HC{\equiv}CCH_2OH \text{ または } HOCH_2C{\equiv}CCH_2OH$$

2-プロピン-1-オール（プロパルギルアルコール）　2-ブチン-1,4-ジオール

生成するアルコールは有用な合成中間体である．たとえば，2-ブチン-1,4-ジオールは水素化したあと，酸触媒で脱水することによりオキサシクロペンタン（テトラヒドロフラン，Grignard 反応剤や有機リチウム反応剤の溶媒として最もよく用いられる溶媒の一つ）を製造するための前駆体である．

オキサシクロペンタン（テトラヒドロフラン）の合成

99 %
オキサシクロペンタン
（テトラヒドロフラン，THF）

触媒の存在下で，$^{\delta+}A-B^{\delta-}$ の形の反応剤を三重結合に付加する技術が多数開発されている．たとえば，触媒による塩化水素の付加はクロロエテン（塩化ビニル）を与え，シアン化水素の付加はプロペンニトリル（アクリロニトリル）を生成する．

ポリ（塩化ビニル）は建設業において（水道管，下水管，「ビニル」壁板，窓やドアの枠），また電線の絶縁体，医療器具，衣類（写真のゴスやパンクファッションのように）として大量に使われている．

エチンへの付加反応

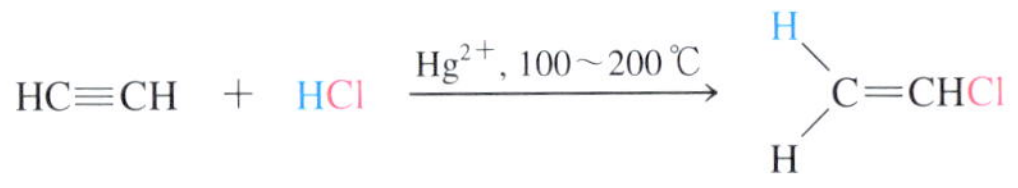

クロロエテン
（塩化ビニル）

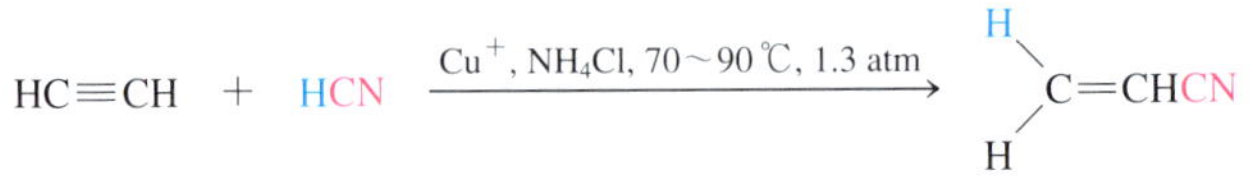

80～90 %
プロペンニトリル
（アクリロニトリル）

2014 年に，全世界で約 300 万トンの**アクリル繊維**（acrylic fiber）が生産された．アクリル繊維はプロペンニトリル（アクリロニトリル）を少なくとも 85 %含むポリマーであり，衣服（オーロン），じゅうたん，絶縁材などに利用されている．プロペンニトリル（アクリロニトリル）と 10 ～ 15 %のクロロエテン（塩化ビニル）の共重合体には難燃性があり，子ども用のパジャマに使われている．

まとめ　エチンは多くの基質と反応して，有用なモノマーや官能基をもつ他の化合物を与えることができるので，かつては価値ある工業原料であったが，将来，再びそうなるかもしれない．エチンは石炭と水素から高温でつくられるか，カルシウムカーバイドの加水分解によってつくられる．その工業的反応としては，カルボニル化，ホルムアルデヒドの付加，HX の付加などがある．

13-11 自然界と医薬品中に存在するアルキン

アルキンは自然界にそれほど豊富に存在するわけではないが，広汎な種類の植物，高等菌類，海洋無脊椎動物から単離されている．いまや，1000 種類をゆうに超える天然物が知られており，それらの多くが興味深い生理活性を示す．自然界ではじめて見いだされたアルキンは，1826 年にカミツレ（カモマイル）の花から単離されたデヒドロマトリカリアエステルである．菊の精油成分であるカピリンは，結腸，膵臓，および肺腫瘍の細胞増殖の抑制効果に加えて，抗真菌活性をもっている．カリケアミシンやエスペラミシンのような 1980 年代の終わりに発見された非常に高い抗腫瘍性を示す新しい一連の抗生物質の特徴は，高い反応性をもつエンジイン部分（−C≡C−CH=CH−C≡C−）とトリスルフィド基（RSSSR）である．

trans-デヒドロマトリカリアエステル
（*trans*-dehydromatricaria ester）
（抗がん剤）

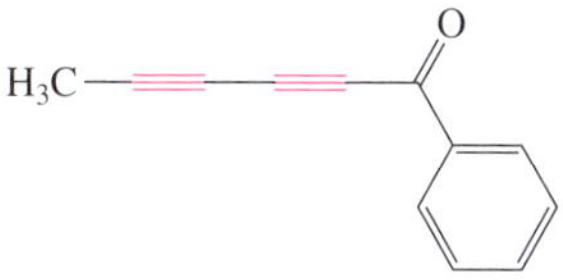

カピリン（capillin）
（抗真菌および抗がん活性）

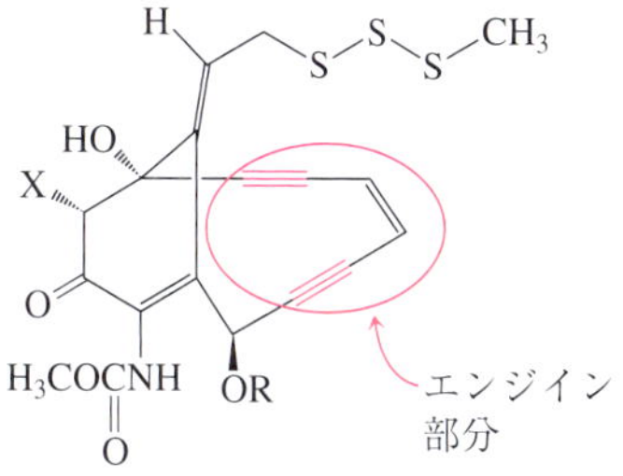

カリケアミシン
（calicheamicin, X=H）
エスペラミシン
（esperamicin, X=OR′）
R, R′ は糖（下巻；24 章参照）

話題をたくさんある珍しい話の一つに変えると，イクチオテレオールというアルキンは，アマゾン川下流域の原住民が矢尻に塗る毒に使っている毒性物質の活性成分であり，哺乳類にけいれんを引き起こす．ヒストリオニコトキシンは *Dendrobates* 属に属する非常に色鮮やかな動物種である矢毒ガエル（poison arrow frog）の皮膚から単離された物質の一つである．このカエルは，哺乳類と爬虫類の両方に対する防御のための毒液および粘膜組織中の刺激剤として，この化合物や類似の化合物を分泌する（もう一つの例はカバーの袖を参照）．

“矢毒ガエル”はヒストリオニコトキシンという強力な毒を分泌する．

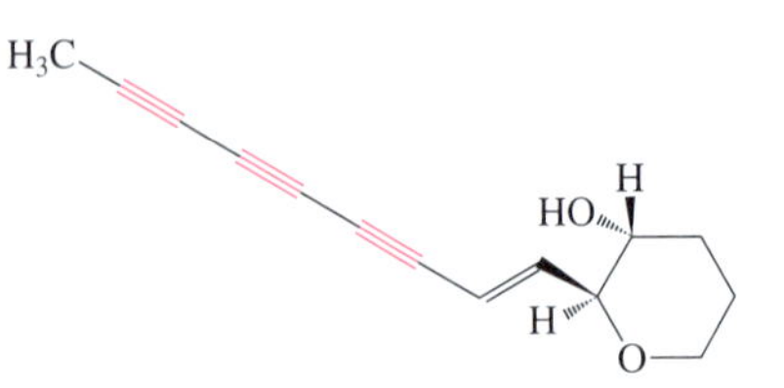

イクチオテレオール（ichthyothereol）
（けいれん剤）

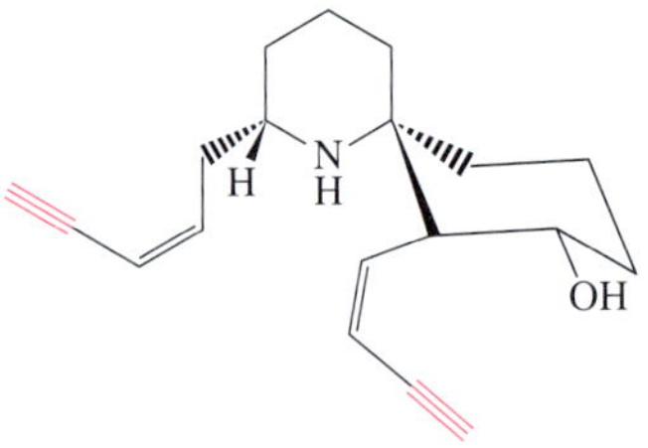

ヒストリオニコトキシン（hystrionicotoxin）

多くの医薬品は，生物学的利用能と活性を向上させると同時に，潜在的な毒性を低下させる目的で合成化学的に修飾され，アルキン置換基が導入されている．たとえば，17－エチニルエストラジオールのようなエチニルエストロゲンは，天然のホルモンよりもかなり効力の強い避妊薬である（4－7節参照）．

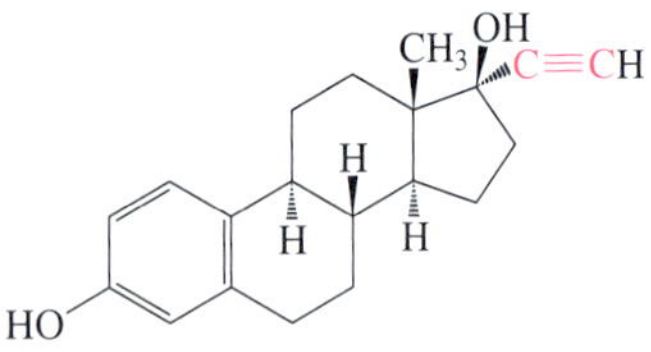

17-エチニルエストラジオール
（17-ethynylestradiol）

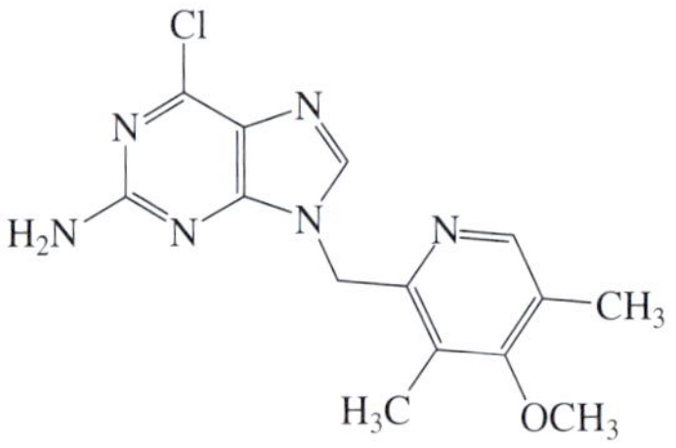

BIIB021
（抗腫瘍薬）

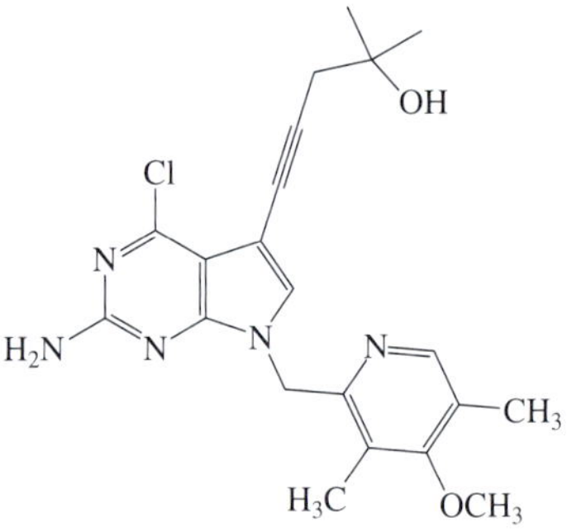

EC144
（第二世代薬）

この変化をもたらすことによる有益な効果の理由はよくわかっていないが，疎水性のアルキン部分が大きくなく，エチル基や同程度の大きさの基に対して「硬い棒」の形をしていることが寄与している．この点を示す最近の事例として，臨床試験段階にある抗がん剤であるBIIB021を取り上げる．初期のスクリーニング実験において，この医薬品は熱ショックタンパク質90（Hsp90）とよばれる試験用タンパク質に強く結合することがわかった．その名前は，細胞が急激な温度上昇によりストレスを受けたときにそれが細胞を保護する機能をもつことに関係している．このタンパク質はまた，発がん現象に関係している多くのタンパク質の折りたたみを制御している．折りたたみを阻害する医薬品は，がんの治療に有益であるかもしれない（実際，この点は正しいことがわかっている）．結合部位のX線解析図（欄外参照）から，この分子が五員環窒素上の空の空間の狭い領域（通常は溶媒で満たされている）以外は，その周辺と滑らかに適合していることがわかる．そこで，正確にその「穴」の方向を向いたアルキニル基を含むように修飾されたEC144が，第二世代の医薬品としてデザインされた．この医薬品はHsp90に対する結合およびマウスにおける腫瘍抑制効果においても，BIIB021よりすぐれていることがわかった．

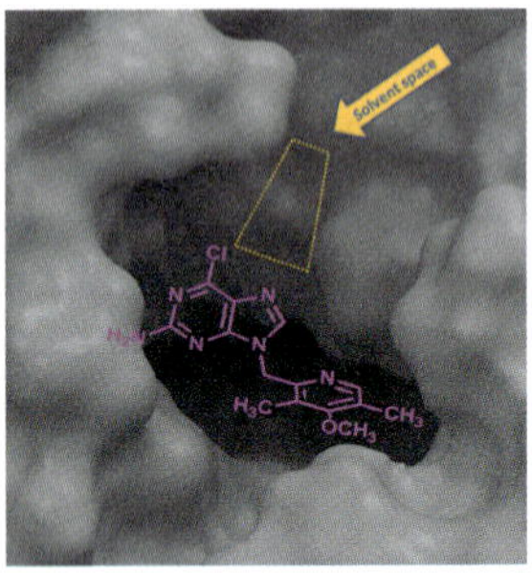

BIIB021のHsp90（雲のようなポリペプチド表面の部分）への結合．五員環窒素上の空間に空いている部分がある．

まとめ いくつかの生理活性をもつ天然物や合成化合物のなかにアルキン部分が存在する.

章のまとめ

アルキンに対して考察してきたことの多くは，アルケンについて学んだことの延長である．本章では，それらの類似点と相違点についてさらに学んだ．本章で学んだ内容は以下のとおりである．

- アルキンの命名法はアルケンのそれに似ている．しかし，炭素－炭素三重結合は直線構造をしているため，立体化学に関する事柄はない(13-1 節).
- 三重結合は，一つの σ 結合と二つの π 結合でできており，それにより二つの sp 混成炭素原子が結ばれている．したがって，それは C—C 単結合や C=C 二重結合よりも強い(13-2 節).
- アルキニル C—H 結合の水素は，アルキニル炭素の高い s 性のために，異常に酸性度が高い($pK_a = 25$)(13-2 節).
- アルキンは IR 吸収帯を $2100\ cm^{-1}$ 付近(弱い強度，三重結合の伸縮)と $3300\ cm^{-1}$ 付近(強い強度，末端 C—H の伸縮)に示す．^{1}H NMR スペクトルでは，末端 H は $\delta = 2$ ppm 付近に現れ，アルキン部分の反対側にある水素と遠隔カップリングをする．^{13}C NMR スペクトルでは，アルキン炭素は $\delta = 65 \sim 85$ ppm の領域に現れる．質量分析法において，フラグメント化により共鳴安定化された 2-プロピニル型(プロパルギル型)カルボカチオンが優先的に生成する(13-3 節).
- アルキンは隣接ならびにジェミナルジハロアルカンの二重の E2 反応，およびアルキニルアニオンの S_N2 アルキル化により合成される(13-4 および 13-5 節).
- H_2，HX，およびハロゲンは，反応条件や用いる方法によってアルキンに 1 度あるいは 2 度付加することができる(13-6 および 13-7 節).
- アルキンの三重結合の触媒的水素化反応は，Lindlar 触媒を用いないかぎり，完全に進行しアルカンを与える．この触媒を用いた場合は H_2 が 1 度だけ付加してシスアルケンを与える．対照的に，液体アンモニア中のナトリウムのような溶解した金属による還元反応は，トランスアルケンを与える(13-6 節).
- アルキンへの求電子付加反応はアルケンに対する反応と類似の機構で進行する．用いる反応剤によって，Markovnikov 型と逆 Markovnikov 型の生成物が生成しうる(13-6 ～ 13-8 節).
- Hg^{2+} 塩触媒によりアルキンへの Markovnikov 型水和反応が起こる．一方で，(R_2BH 反応剤を用いた)ヒドロホウ素化－酸化では逆 Markovnikov 型の水和が起こる(13-7 および 13-8 節).
- アルキンの水和反応でできる最初の生成物であるアルケノールは，不安定で，より安定なケトンまたはアルデヒドに互変異性化する(13-7 および 13-8 節).

• ハロゲン化アルケニルは金属の作用により炭素−炭素結合形成反応を行う（13−9 節）．

次章では，複数の二重結合を含む分子について考察することになる．それらのなかには，本章で新たに学んだ有機金属反応である Heck 反応により合成されたものも含む．11 〜 13 章において繰り返し述べてきた原理は，14 章で扱う化合物のふるまいに対しても引き続きその基礎となっている．

13-12 総合問題：概念のまとめ

次の二つの練習問題では，アルキンの化学における合成と反応機構の観点に関して問うている．第一の観点については，複雑なケトンを構築する二つの経路を比較する．まず 8 章で学んだ C—C 結合形成の戦略を用い，次にアルキンのカップリング法に関して新たに増えた知識を利用する．第二の観点については，12 章で学んだ π 結合へのブロモヒドロキシ化反応を三重結合に発展させるが，おもしろい相違点が明らかになる．

練習問題 13-27：アルキンを利用した合成デザイン

炭素数 4 以下の有機化合物をビルディングブロックに用いて，2,7-ジメチル-4-オクタノンを効率よく合成する方法を考えよ．

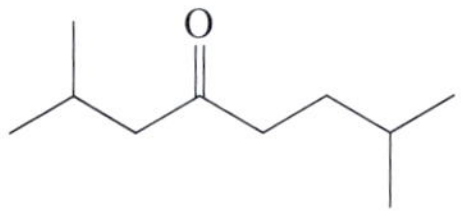

2,7-ジメチル-4-オクタノン

● 答え

まず逆合成（8−8 節参照）によって，この問題を解析してみよう．ケトンの合成法としては，どのような方法を知っているだろうか．たとえばアルコールを酸化するという方法（8−5 節参照）があるが，この線に沿ってうまく解析できるだろうか．ケトンの前駆体となるアルコールについて考えてみると，それは適当な有機金属反応剤のアルデヒドへの付加反応を用いて，結合（*a*）あるいは結合（*b*）をつくることによって合成できると思われる（8−8 節参照）．

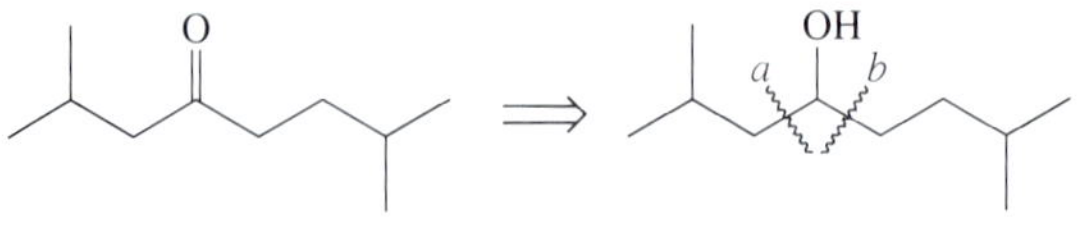

この二つの合成経路のおのおのについて，必要な合成フラグメントの炭素数を数えてみよう．結合（*a*）をつくるには，炭素数 4 の有機金属反応剤を炭素数 6 のアルデヒドに付加させる必要がある．もう一方の結合（*b*）をつくる方法では，炭

素数5のビルディングブロックを二つ用いることになる．ここで，炭素数4以下の出発物質しか使えないという制約があったことを思い出そう．この点からは，前述のいずれの方法もたいして魅力的ではない．経路(*a*)についてのみ再び手短に考え直し，経路(*b*)の考察はここで打ち切ることにする．その理由は，経路(*a*)では炭素数4あるいはそれ以下のフラグメントから炭素数6の単位を一つだけつくればよいのに対して，経路(*b*)では，はじめに炭素数5のフラグメントを二つつくる必要があるからである．

次に二つ目の，根本的に異なるケトンの合成法，つまりアルキンの水和反応(13-7節)について考えてみよう．2,7-ジメチル-3-オクチンおよび2,7-ジメチル-4-オクチンの二つの前駆体は，いずれも標的分子に導くことができるだろう．しかし，下に示すように，対称なアルキンである後者の前駆体だけが，最初の水分子の付加の配向に関係なく，水和反応によってただ1種類のケトンを与える．

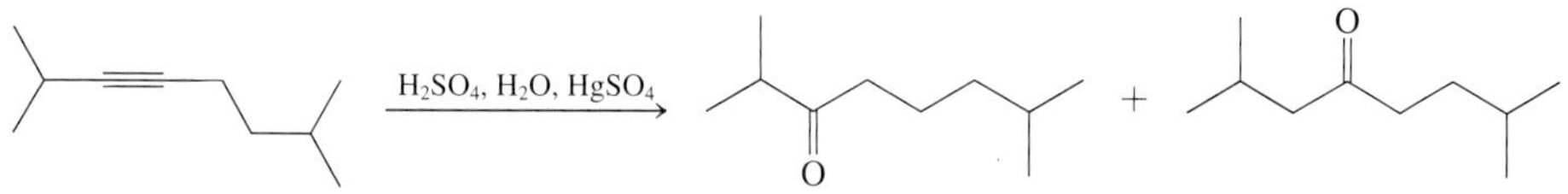

2,7-ジメチル-3-オクチン

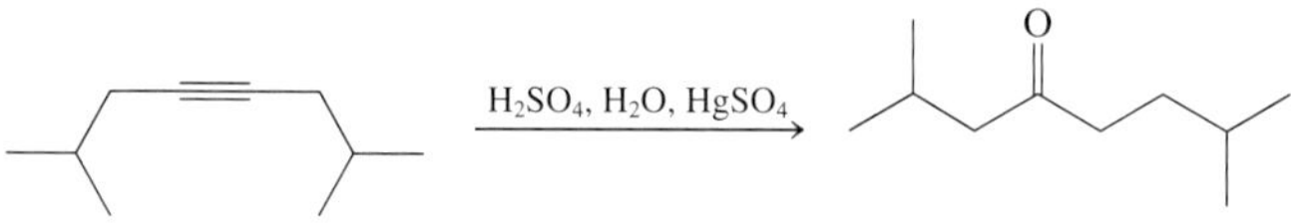

2,7-ジメチル-4-オクチン

2,7-ジメチル-4-オクチンが選択すべき前駆体であることがわかったので，続いてこの分子を炭素数4以下のビルディングブロックから合成する方法について考えよう．以下の逆合成解析に示すように，末端アルキンのアルキル化(13-5節)を用いる炭素－炭素結合形成を考えることによって，この分子を三つの適切な合成フラグメントに分解することができる．

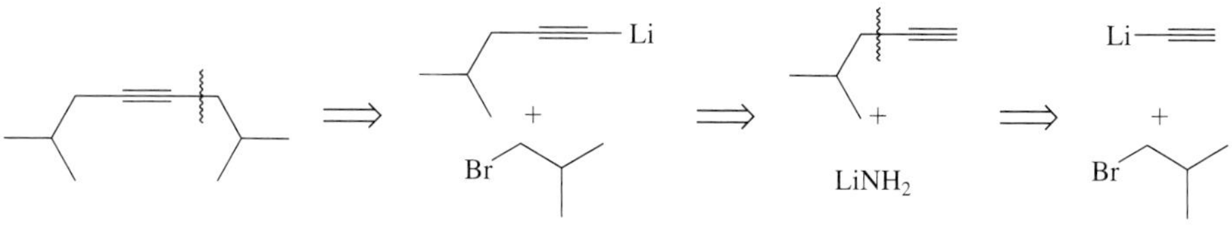

次のように合成できる．

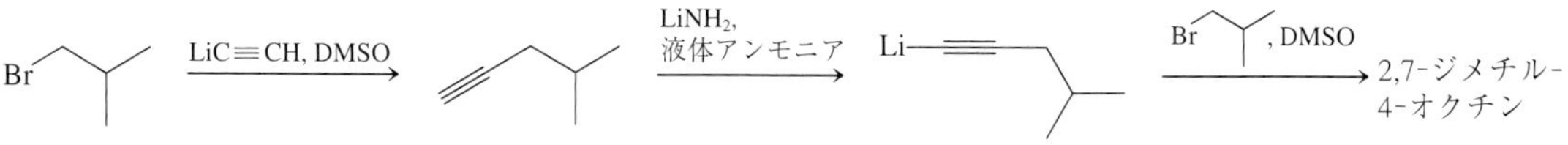

この3段階から成る合成法は最も効率のよい答えであるが，先に考察したアルコールからのケトンの合成法についても類似の経路が考えられる．その方法もまたアルキンを経るものである．先に示した標的分子の結合(*a*)をつくるには，有機金属反応剤を炭素数6のアルデヒドに対して付加させる必要があるが，このアルデヒドは，上の反応式中の末端アルキンをヒドロホウ素化－酸化(13-8節)す

ることによって合成できるだろう．

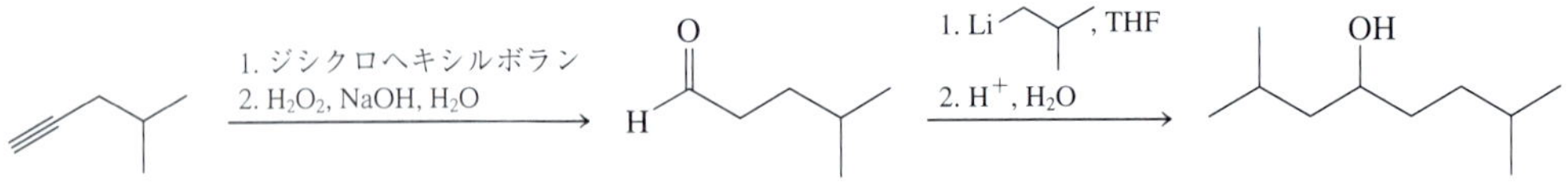

このアルコールをCr(Ⅵ)反応剤を用いて酸化すれば(8−5節参照)，最初に述べた最良の方法よりほんの少しだけ長い合成が完了する．

練習問題 13−28：反応機構にもとづいて考えることにより新しい反応の生成物を予想する

次の末端アルキンを水中で臭素と処理して得られる生成物を予想せよ．

$$CH_3CH_2C{\equiv}CH \xrightarrow{Br_2,\ H_2O}$$

●答え

反応機構にもとづいて考えること．臭素はπ結合に付加して環状ブロモニウムイオンを生成し，それが反応系中に存在するどの求核剤によっても攻撃されて開環する．アルケンに対する同様の反応では(12−6節参照)，求核攻撃はより置換基の多いアルケン炭素，つまり部分的に正電荷をより多く帯びている炭素に向かって起こる．この場合も同様に考え，水を求核剤にすると，合理的な反応機構として下の反応式を書くことができる．

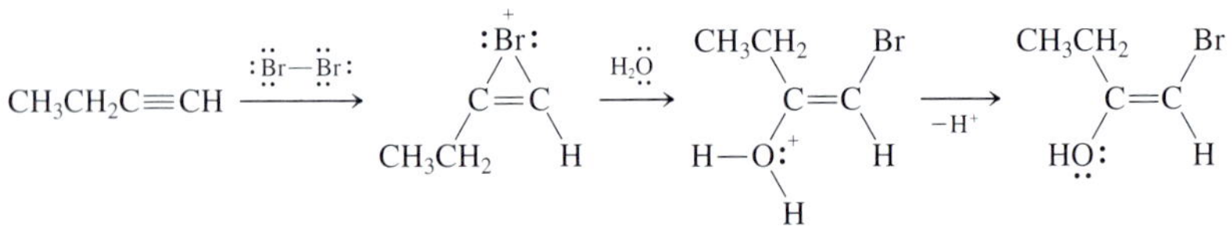

この一連の反応による生成物はエノールであり，これは先に述べたように不安定で(13−8節)，速やかにカルボニル化合物に互変異性化する．この場合，最終的な生成物はブロモケトンの $CH_3CH_2\text{—}\overset{\overset{\text{:O:}}{\|}}{C}\text{—}CH_2Br$ である．

新しい反応

1. 1−アルキンの酸性度(13−2節)

$$\underset{pK_a \approx 25}{RC{\equiv}CH} + :B^- \rightleftharpoons RC{\equiv}C:^- + BH$$

塩基(B)：$NaNH_2$, 液体アンモニア；RLi, $(CH_3CH_2)_2O$；RMgX, THF

アルキンの合成

2. ジハロアルカンからの二重の脱離反応(13−4節)

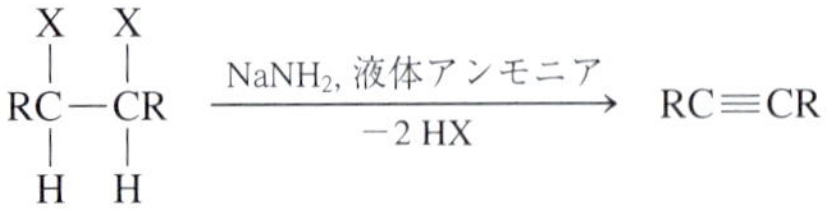

隣接ジハロアルカン

3. ハロゲン化－脱ハロゲン化水素反応によるアルケンからの合成（13-4 節）

$$RCH=CHR \xrightarrow[\text{2. NaNH}_2, \text{液体アンモニア}]{\text{1. X}_2, \text{CCl}_4} RCH=C\begin{smallmatrix}R\\X\end{smallmatrix} \xrightarrow{\text{NaNH}_2, \text{液体アンモニア}} RC\equiv CR$$

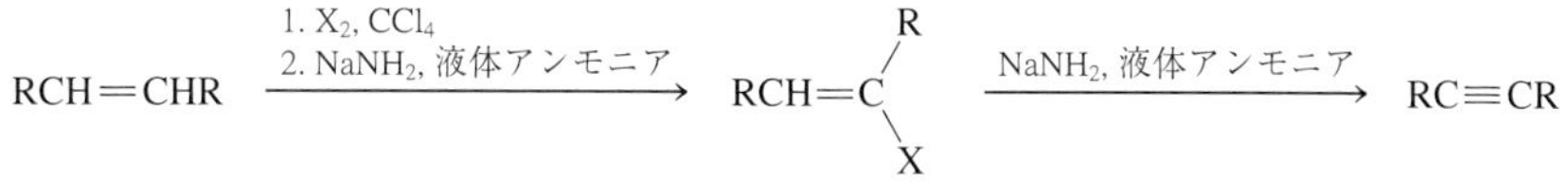

ハロゲン化アルケニル中間体

アルキンから別のアルキンへの変換

4. アルキニルアニオンのアルキル化反応（13-5 節）

$$RC\equiv CH \xrightarrow[\text{2. R'X}]{\text{1. NaNH}_2, \text{液体アンモニア}} RC\equiv CR' \quad S_N 2\text{ 反応：R' は第一級でなければならない}$$

5. オキサシクロプロパンによるアルキル化反応（13-5 節）

$$RC\equiv CH \xrightarrow[\substack{\text{2. H}_2\text{C-CH}_2 \\ \text{3. H}^+, \text{H}_2\text{O}}]{\text{1. CH}_3\text{CH}_2\text{CH}_2\text{CH}_2\text{Li, THF}} RC\equiv CCH_2CH_2OH$$

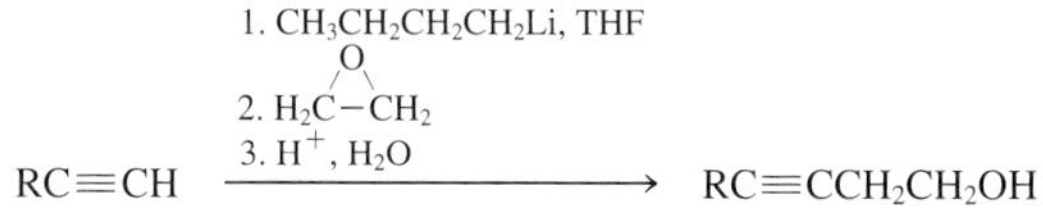

非対称なオキサシクロプロパンの場合 置換基のより少ない炭素に攻撃が起こる

6. カルボニル化合物によるアルキル化反応（13-5 節）

$$RC\equiv CH \xrightarrow[\substack{\text{2. R'CR''} \\ \text{3. H}^+, \text{H}_2\text{O}}]{\text{1. CH}_3\text{CH}_2\text{CH}_2\text{CH}_2\text{Li, THF}} RC\equiv CCR'\begin{smallmatrix}OH\\|\\R''\end{smallmatrix}$$

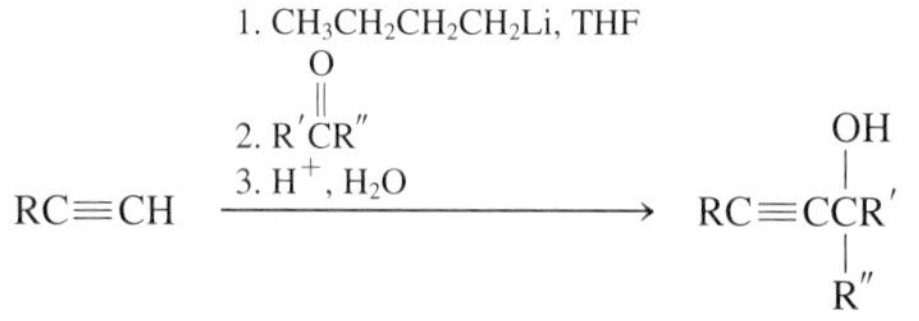

アルキンの反応

7. 水素化反応（13-6 節）

$$RC\equiv CR \xrightarrow{\text{触媒}, \text{H}_2} RCH_2CH_2R \qquad \Delta H° \approx -70 \text{ kcal mol}^{-1}$$

触媒：Pt, Pd-C

$$RC\equiv CR \xrightarrow{\text{H}_2, \text{Lindlar 触媒}} \begin{smallmatrix}H\\R\end{smallmatrix}C=C\begin{smallmatrix}H\\R\end{smallmatrix} \qquad \Delta H° \approx -40 \text{ kcal mol}^{-1}$$

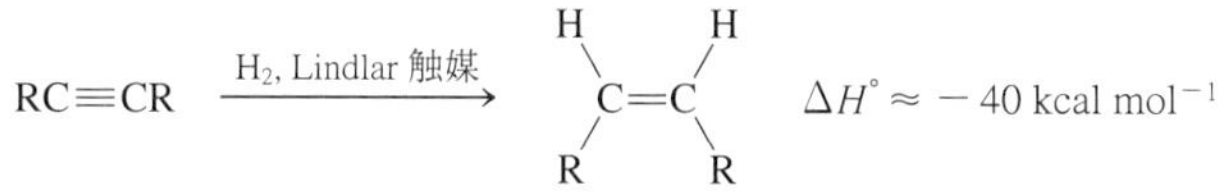

シスアルケン

8. 液体アンモニア中のナトリウムによる還元反応（13-6 節）

$$RC\equiv CR \xrightarrow[\text{2. H}^+, \text{H}_2\text{O}]{\text{1. Na, 液体アンモニア}} \begin{smallmatrix}H\\R\end{smallmatrix}C=C\begin{smallmatrix}R\\H\end{smallmatrix}$$

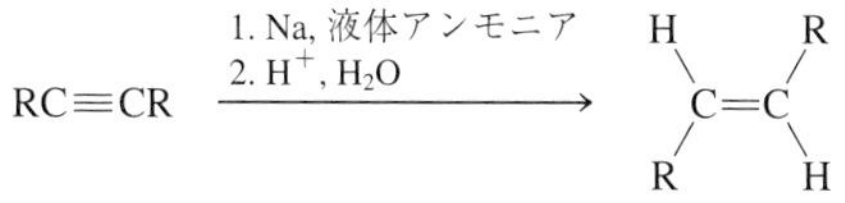

トランスアルケン

9. **求電子付加反応（Markovnikov 型）：ハロゲン化水素の付加，ハロゲンの付加，水和反応（13-7 節）**

$$RC{\equiv}CR \xrightarrow{HX} RCH{=}CXR \xrightarrow{HX} RCH_2CX_2R \qquad RC{\equiv}CH \xrightarrow{2\,HX} RCX_2CH_3$$

ジェミナルジハロアルカン

おもにトランス

10. **臭化水素のラジカル的付加反応（13-8 節）**

$$RC{\equiv}CH \xrightarrow{HBr,\ ROOR} RCH{=}CHBr$$

Br は置換基のより少ない炭素に結合する

逆 Markovnikov 型

11. **ヒドロホウ素化反応（13-8 節）**

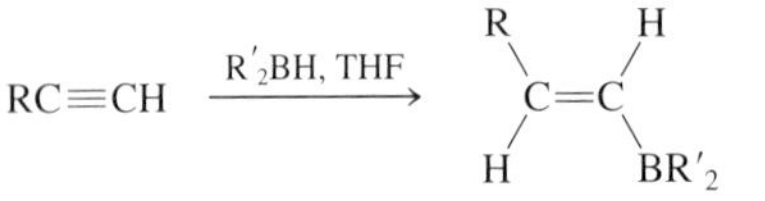

逆 Markovnikov 型で
しかも立体特異的な（シン）付加

ホウ素は置換基のより少ない炭素に結合する

ジシクロヘキシルボラン 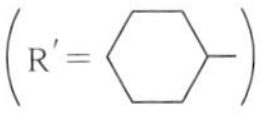

12. **アルケニルボランの酸化反応（13-8 節）**

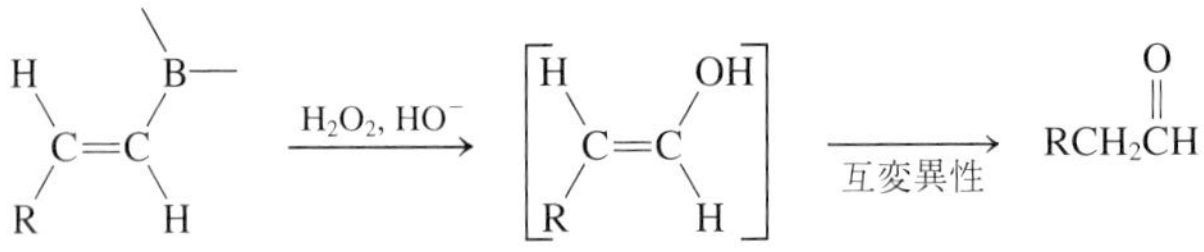

エノール

有機金属反応剤

13. **アルケニル有機金属化合物（13-9 節）**

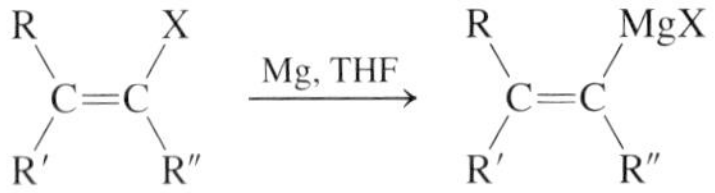

14. **Heck 反応（13-9 節）**

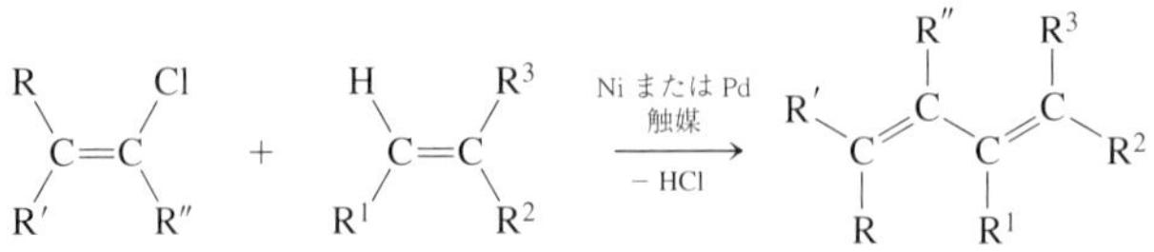

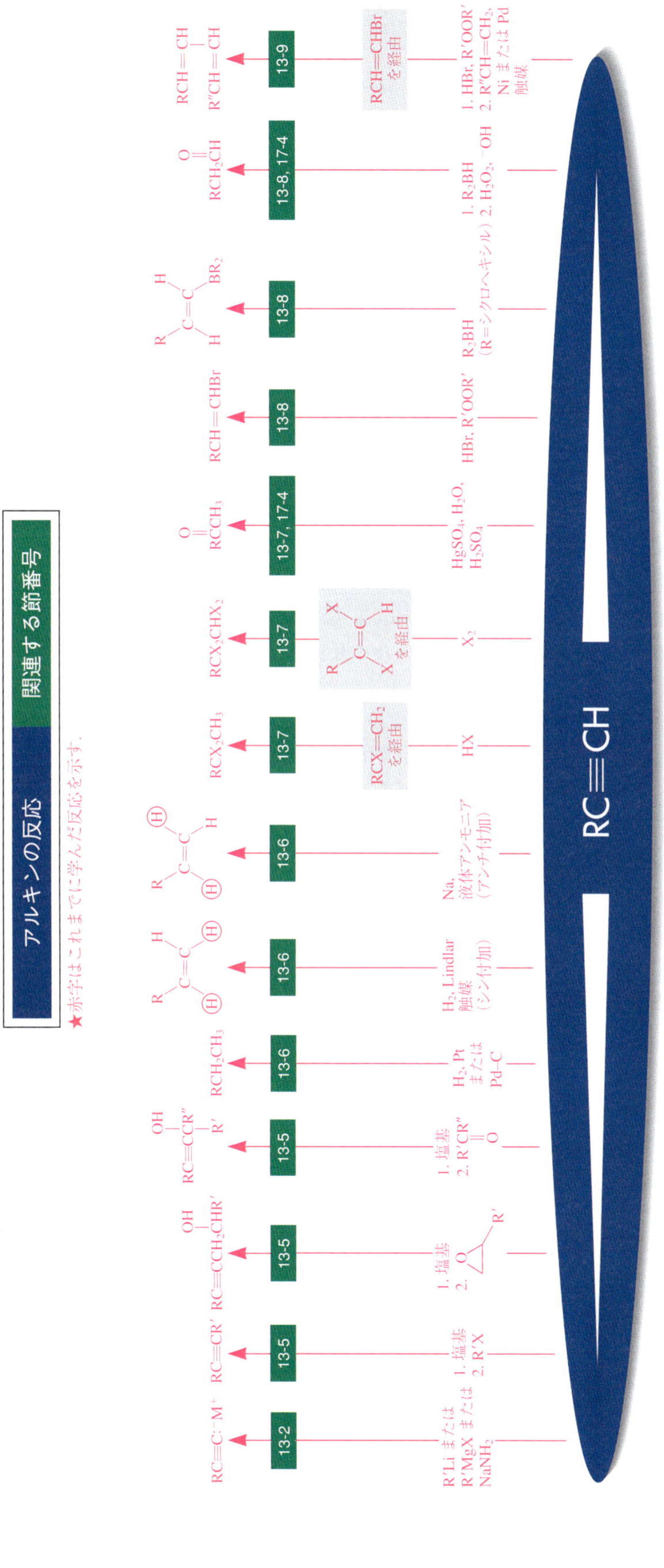
アルキンの反応
関連する節番号
★赤字はこれまでに学んだ反応を示す.
RC≡CH
R'Li または R'MgX または NaNH2
13-2
RC≡C:⁻M⁺
1. 塩基 2. R'X
13-5
RC≡CR'
1. 塩基 2.
13-5
RC≡CCH2CHR'
OH
1. 塩基 2. R'CR''
O
13-5
RC≡CCR''
OH
R'
H2, Pt または Pd-C
13-6
RCH2CH3
H2, Lindlar 触媒 (シン付加)
13-6
Na, 液体アンモニア (アンチ付加)
13-6
HX
RCX=CH2 を経由
13-7
RCX2CH3
X2
を経由
13-7
RCX2CHX2
HgSO4, H2O, H2SO4
13-7, 17-4
RCCH3
O
HBr, R'OOR'
13-8
RCH=CHBr
R2BH (R=シクロヘキシル)
13-8
BR2
1. R2BH 2. H2O2, ⁻OH
13-8, 17-4
RCH2CH
O
1. HBr, R'OOR' 2. R''CH=CH2, Ni または Pd 触媒
RCH=CHBr を経由
13-9
RCH=CH
R''CH=CH

重要な概念

1. アルキンの命名法は，アルケンの命名の仕方と本質的には同じである．二重結合と三重結合をあわせもつ分子は**アルケニン**とよばれ，両者が等価な位置にある場合は，二重結合の位置の番号が小さくなるように番号をつける．アルキニルアルコール(**アルキノール**)に位置番号をつける場合は，ヒドロキシ基の位置が優先する．

2. 三重結合の**電子構造**は，互いに直交する二つの π 結合と，二つの sp 混成軌道の重なりによってできる σ 軌道をもっている．三重結合の強さはおよそ 229 kcal mol^{-1} であり，アルキニル C−H 結合の強さは 131 kcal mol^{-1} である．三重結合はそれと結合している原子に関して**直線状の構造**をしており，C−C(1.20 Å)および C−H(1.06 Å)の結合距離は短い．

3. 末端のアルキンの C1 の s 性が高いため，これに結合している水素は比較的**酸性度が高い**($pK_a \approx 25$)．

4. アルキニル水素の**化学シフト**は，外部磁場によって誘起される分子軸まわりの電流によるしゃへい化効果のため，アルケニル水素に比べて高磁場にある($\delta = 1.7 \sim 3.1$ ppm)．三重結合を通して遠隔カップリングが起こる．**IR 分光法**では，2100 ～ 2260 cm^{-1} と 3260 ～ 3330 cm^{-1} の吸収帯から，おのおの末端アルキンの C≡C と ≡C−H 結合の存在がわかる．

5. 隣接ジハロアルカンの**脱離反応**は，位置選択的かつ立体特異的に進行し，ハロゲン化アルケニルを与える．

6. Lindlar 触媒を用いることにより，アルキンを選択的に**シン二水素化**することができる．この触媒の表面はパラジウム炭素の表面よりも不活性なので，アルケンを水素化することはできない．液体アンモニア中に溶かした金属ナトリウムを用いれば，単純なアルケンは 1 電子移動による還元を受けないので，アルキンを選択的に**アンチ水素化**することができる．この立体化学は，トランス二置換のアルケニルラジカル中間体がシス体よりも安定であることに起因する．

7. アルキンは通常アルケンが行うのと同じ付加反応を行う．付加は連続的に 2 度起こることもある．アルキンの水和反応では状況が異なる．この反応は Hg(II)触媒を必要とし，初期生成物である**エノール**は**互変異性**によってケトンに転位する．

8. 末端アルキンの**ヒドロホウ素化**をアルケニルボラン中間体の段階で止めるために，とくにジシクロヘキシルボランのような修飾されたジアルキルボランが用いられる．生成したアルケニルボランを酸化するとエノールが生成するが，これはアルデヒドに互変異性化する．

9. Heck 反応は，金属触媒反応によってアルケンとハロゲン化アルケニルを結合する．

章末問題

29. 次の化合物の構造式を書け．

(a) 1−クロロ−1−ブチン
(b) (*Z*)−4−ブロモ−3−メチル−3−ペンテン−1−イン
(c) 4−ヘキシン−1−オール
(d) 4−メチリデン−1−オクチン
(e) 1−エチニルシクロペンテン
(f) 4−(2−プロピニル)シクロオクタノール
(g) 2−ブロモ−1−ブテン−3−イン
(h) *trans*−1−(3−ブチニル)−2−メチルシクロプロパン

30. IUPAC 命名法を用いて，次の各化合物を命名せよ．

(a) 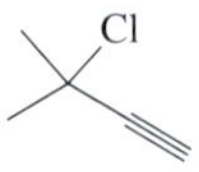

(b) 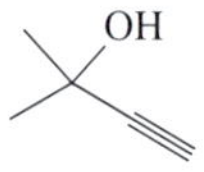

(c) 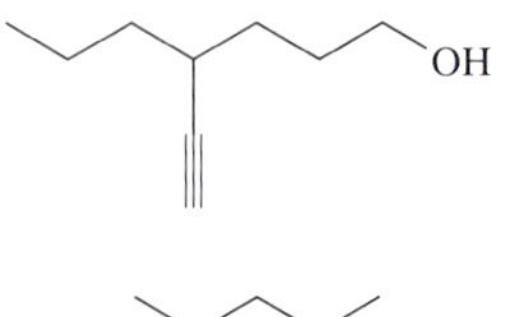

(d) 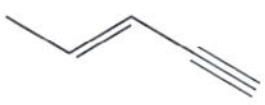

(e) 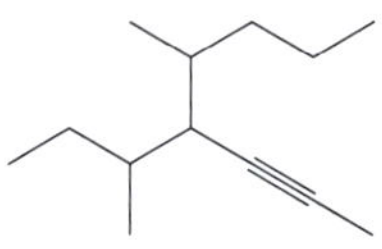

(f) 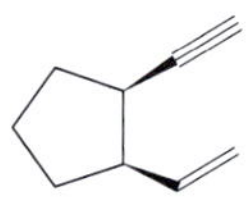

31. エタン, エテン, エチンのC—H結合の強さを比較せよ. その結果と, 混成, 結合の極性, および水素の酸性度との関係が合っていることを説明せよ.

32. プロパン, プロペン, プロピンにおけるC2−C3結合について比較せよ. 結合距離あるいは結合の強さに少しでも違いはあるか. もし違いがあるなら, どのように異なると考えられるか.

33. 次の一連のカチオン種における酸性度の高さの順を予想せよ
$CH_3CH_2NH_3^+$, $CH_3CH{=}NH_2^+$, $CH_3C{\equiv}NH^+$. 〔**ヒント**: 対応する炭化水素の場合と比較して考えること(13-2節).〕

34. 分子式がC_5H_8である3種類の異性体の燃焼熱は以下のとおりである. シクロペンテン, $\Delta H_{comb} = -1027$ kcal mol^{-1}; 1,4-ペンタジエン, $\Delta H_{comb} = -1042$ kcal mol^{-1}; 1-ペンチン, $\Delta H_{comb} = -1052$ kcal mol^{-1}. この結果を, これらの化合物の相対的な安定性と結合の強さにもとづいて説明せよ.

35. 安定性の高い順に並べよ.
(a) 1-ヘプチン, 3-ヘプチン

(b) 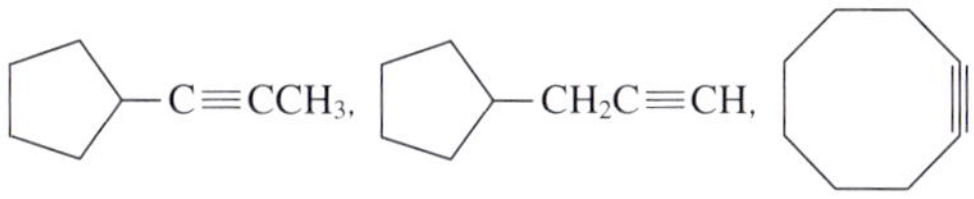

(**ヒント**: 3番目の分子については分子模型を組んで, 三重結合について何か通常と異なる点があるかどうかを確かめよ.)

36. 次の分子の構造式を導け. (a) 分子式はC_6H_{10}, NMRスペクトルは図(A); プロトンデカップリング^{13}C NMRのシグナルを$\delta = 12.6$, 14.5, 81.0 ppmに示す; 2100〜2300 cm^{-1}および3250〜3350 cm^{-1}に強いIR吸収帯を示さない. (b) 分子式はC_7H_{12}, NMRスペクトルは図(B); プロトンデカップリング^{13}C NMRのシグナルを$\delta = 14.0$, 18.5, 22.3, 28.3, 31.1, 68.1, 84.7 ppmに示す. DEPT NMRスペクトルでは$\delta = 14.0$と68.1 ppmに奇数個の水素に結合したピークを示す. 約2120 cm^{-1}と3330 cm^{-1}にIR吸収帯を示す. (c) 組成は炭素が71.41 %で水素が9.59 %(残りは酸素)であり, 正確な分子の質量は84.0584. NMRスペクトルとIRスペクトルは図(C)(IRスペクトルは次ページ). NMRスペクトル(C)の挿入図は, $\delta = 1.6$〜2.4 ppmのシグナルを拡大してピークの分離をよくしたものである. ^{13}C NMRスペクトルでは, この化合物は$\delta = 15.0$, 31.2, 61.1, 68.9, 84.0 ppmにシグナルを示す.

37. 1,8-ノナジインのIRスペクトルには, 3300 cm^{-1}に強く鋭い吸収帯がある. この吸収は何に帰属されるか. 1,8-ノナジインを$NaNH_2$と反応させたあとD_2Oで処理すると, 二つの重水素原子が取り込まれるが, その他の部分の構造は変化しない. IRスペクトルでは3300 cm^{-1}の吸収帯が消失し, 新たな吸収帯が2580 cm^{-1}に現れる. (a) この反応の生成物は何か. (b) 2580 cm^{-1}にあるIR吸収帯は, 新しくできたどの結合に帰属されるか. (c) もとの分子構造とそのIRスペクトルにもとづき, Hookeの法則を用いてこの新しい吸収帯のおよその予想位置を計算せよ. ただし, kとfは変化しないものとする.

思い出そう:

^{1}H NMRから得られる情報
化学シフト
積　分
スピン−スピン分裂

(A) ^{1}H NMR

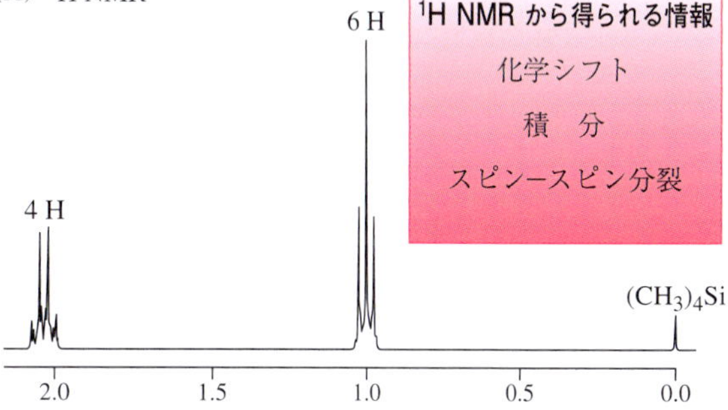

300 MHz ^{1}H NMR スペクトル ppm(δ)

(B) ^{1}H NMR

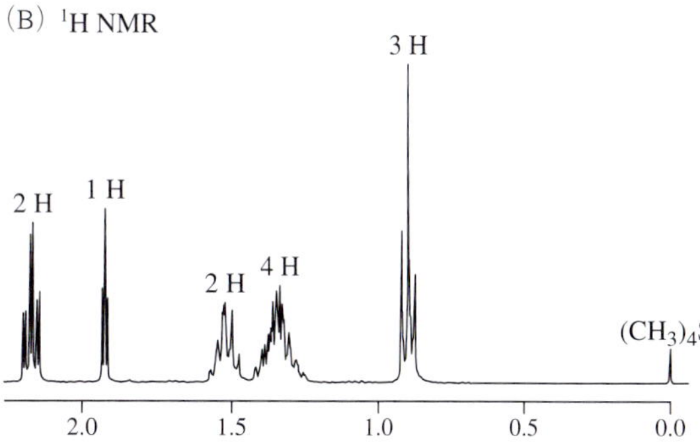

300 MHz ^{1}H NMR スペクトル ppm(δ)

(C) ^{1}H NMR

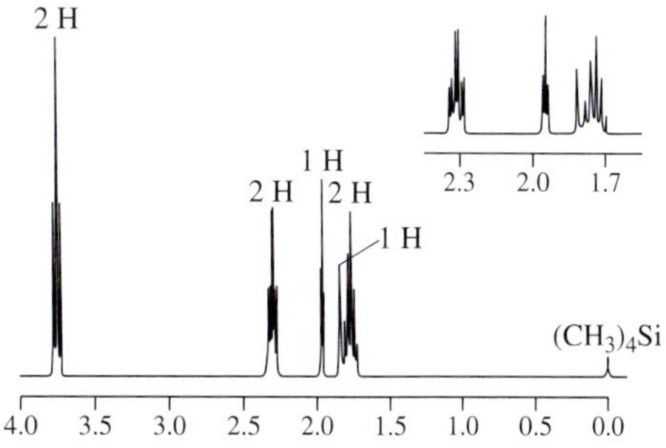

300 MHz ^{1}H NMR スペクトル ppm(δ)

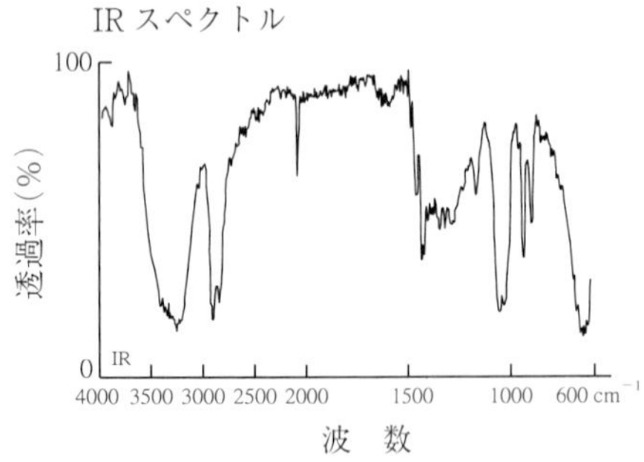

38. 次の各反応において予想される生成物(複数のこともある)を書け.

(a) 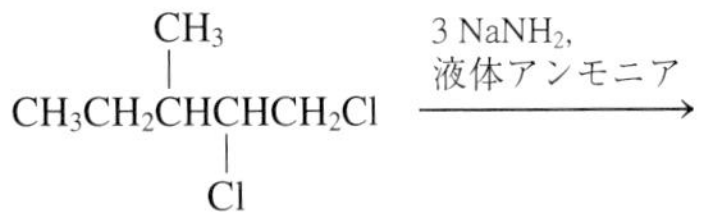

(b) 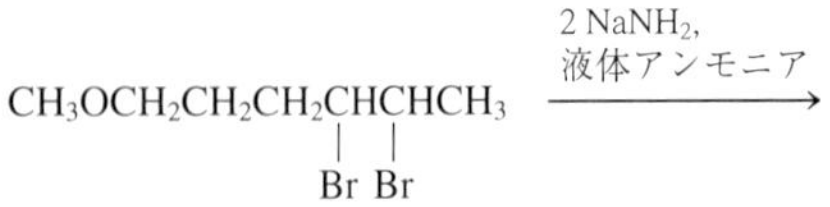

(c) 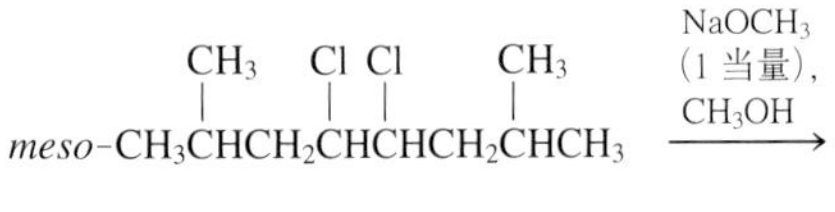

(d) 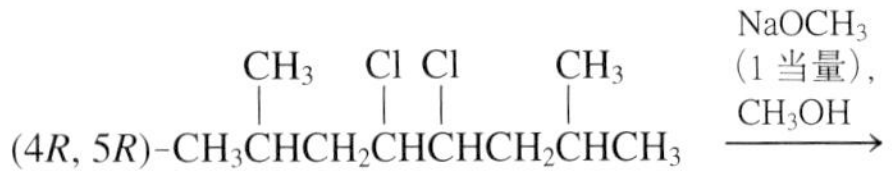

39. (a) 3−オクチンと液体アンモニア中のナトリウムとの反応において，予想される生成物を書け．(b) 同じ反応をシクロオクチン(問題 35b)を用いて行うと，生成物は *trans*−シクロオクテンではなく *cis*−シクロオクテンになる．反応機構にもとづいて理由を説明せよ．

40. 1−プロピニルリチウム($CH_3C{\equiv}C^-Li^+$)と以下の各分子を THF 中で反応させた場合に，予想される主生成物を書け．

(a) CH_3CH_2Br (b) 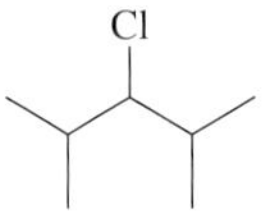

(c) シクロヘキサノン (d) 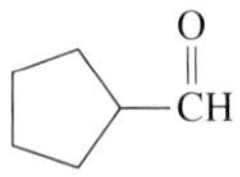

(e) 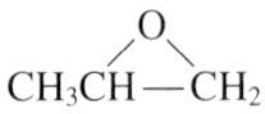

(f) 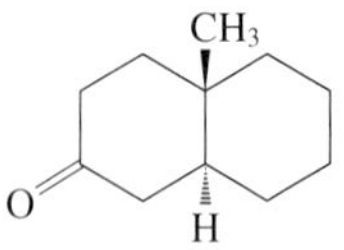

41. 1−プロピニルリチウムと *trans*−2,3−ジメチルオキサシクロプロパンとの反応の機構と最終生成物を書け．

42. 次の合成法のうち，2−メチル−3−ヘキシンを高収率で合成する方法として最も適しているのはどれか．

2-メチル-3-ヘキシン(2-methyl-3-hexyne)

(a) 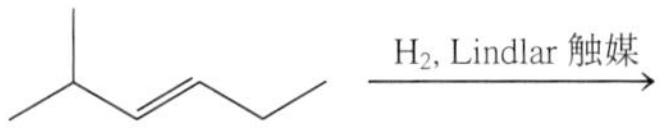

(b) 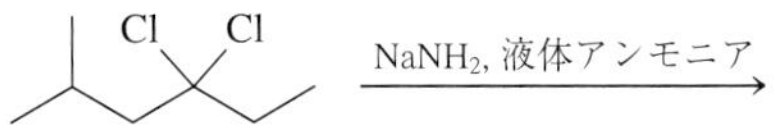

(c) 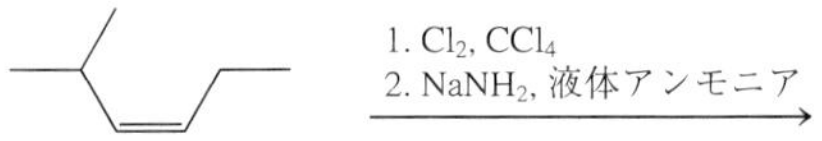

(d) 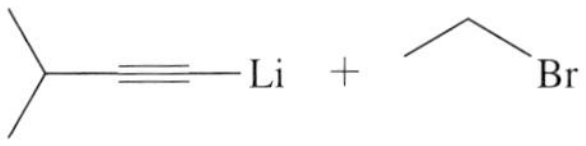

(e) 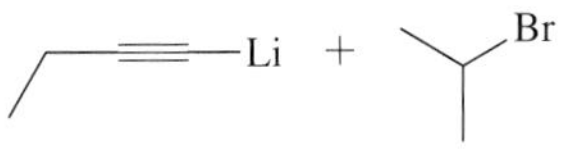

43. 逆合成解析の原理にもとづき，次の各アルキンの合理的な合成法を考えよ．ただし，合成目的物中のそれぞれのアルキン官能基の部分は，他の化合物から導くこと．それらの化合物は炭素数 2 の化合物(たとえばエチン，エテン，エタナール)ならば何でもよい．

(a)  (b) 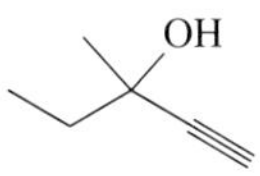

(c) 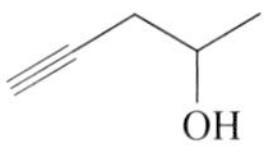

(d) $(CH_3)_3CC{\equiv}CH$
〔注意せよ．なぜ次の組合せはよくないのか：
$(CH_3)_3CCl$ ＋ $^-$:$C{\equiv}CH$〕

44. (R)−4−ジュウテリオ−2−ヘキシンの構造式を書け．この化合物を S_N2 反応で合成するための適切な前駆体を示せ．

45. **反応の復習**．743 ページの反応のロードマップを参照せずに，一般的なアルキン $RC{\equiv}CH$ を以下のそれぞれの化合物に変換するのに必要な反応剤を書け．

(a) 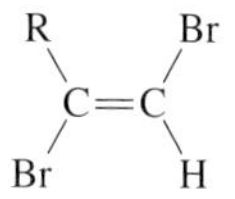 (b) 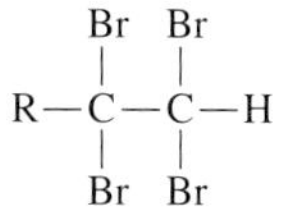

(c) 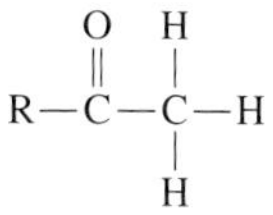 (Markovnikov 型生成物)

(d) 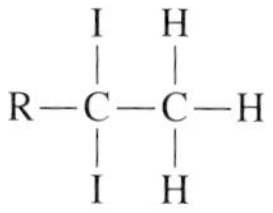 (e) $R-C\equiv C:^{-}M^{+}$

(f) 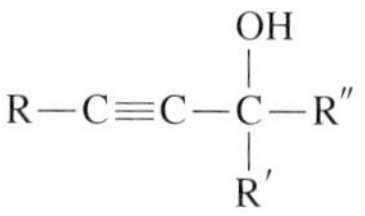 (g) $R-C\equiv C-R'$

(h) $R-C\equiv C-CH_2-CH_2OH$ (i) 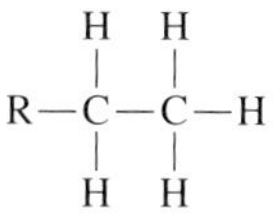

(j) 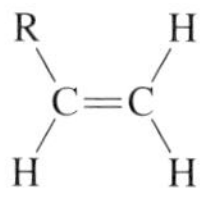

(k) 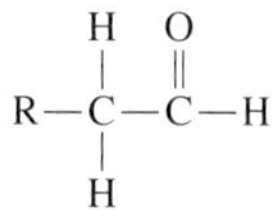 (逆 Markovnikov 型生成物)

46. プロピンと次の各反応剤との反応において，予想される主生成物を書け．
(a) D_2，Pd-$CaSO_4$，$Pb(O_2CCH_3)_2$，キノリン
(b) Na，ND_3 (c) 1 当量の HI (d) 2 当量の HI
(e) 1 当量の Br_2 (f) 1 当量の ICl (g) 2 当量の ICl
(h) H_2O，$HgSO_4$，H_2SO_4
(i) ジシクロヘキシルボラン，続いて NaOH，H_2O_2

47. 4-オクチンと問題 46 の反応剤との反応の生成物を書け．

48. プロピンならびに 4-オクチンとジシクロヘキシルボランとを反応させ，続いて NaOH および H_2O_2 で処理した際に最初に生成するエノール形互変異性体の構造を書け〔問題 46 の(i)および問題 47 の(i)参照〕.

49. 問題 47 のはじめの 2 問の答えの化合物と，以下の各反応剤との反応の生成物を書け．
(a) H_2，Pd-C，CH_3CH_2OH (b) Br_2，CCl_4
(c) BH_3，THF，続いて NaOH，H_2O_2
(d) MCPBA，CH_2Cl_2 (e) OsO_4，続いて H_2S

50. 次の各化合物から出発して，*cis*-3-ヘプテンを合成する方法をいくつか考えよ．それぞれの場合について，その合成法が目的化合物を主生成物として与えるのか，副生成物となるのかについて注意すること．
(a) 3-クロロヘプタン (b) 4-クロロヘプタン
(c) 3,4-ジクロロヘプタン (d) 3-ヘプタノール
(e) 4-ヘプタノール (f) *trans*-3-ヘプテン
(g) 3-ヘプチン

51. アルキンを少なくとも 1 度用いて，以下の各化合物を合成する合理的な方法を考えよ．

(a) 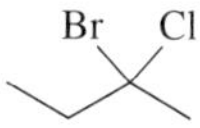 (b) 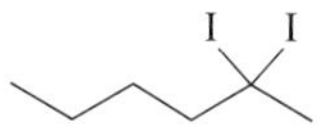

(c) *meso*-2,3-ジブロモブタン

(d) (2*R*,3*R*)-および(2*S*,3*S*)-2,3-ジブロモブタンのラセミ混合物

(e) 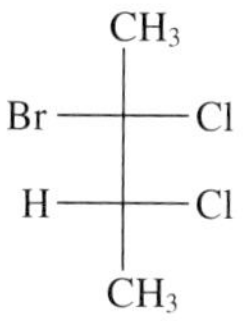 (f) 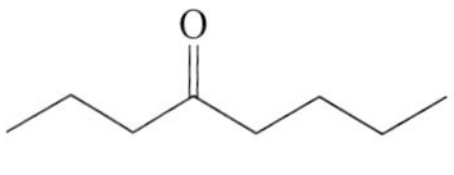

(g) 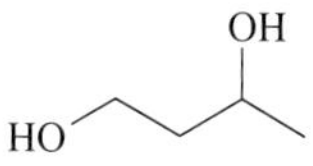 (h) 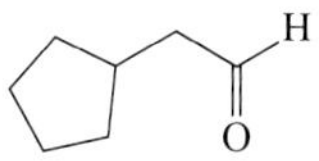

(i) 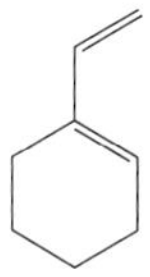

52. Heck 反応を用いて以下の分子を合成するには，どのようにすればよいかを示せ．

(a) 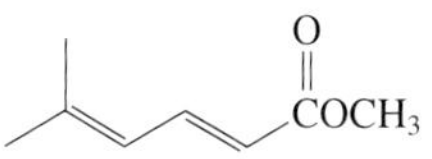

(b) 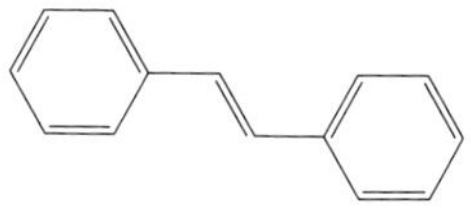

53. カルシウムカーバイド(CaC_2)の化学反応性(13-10 節)にもとづき，その合理的な構造を考えよ．この化合物のより体系的な IUPAC 名は何か．

54. シナモン，サッサフラス，オレンジの花の精油に含まれるテルペンであるリナロールについて，異なる二つの合成法を考えよ．いずれの合成法においても，次に

示す炭素数8のケトンから出発し，導入が必要な残る二つの炭素源としてエチンを用いよ．

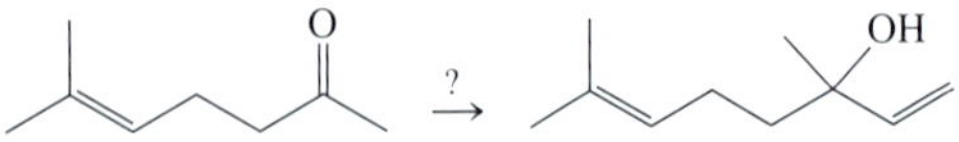

リナロール
(linalool)

55. ベニヒの木の精油であるカマエシノンの合成において，下のクロロアルコールをアルキニルケトンに変換する必要がある．この変換を達成するための合成戦略を立てよ．

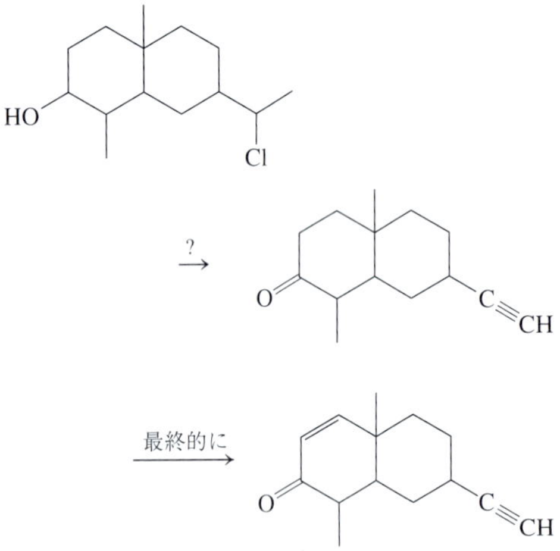

カマエシノン
(chamaecynone)

56. **チャレンジ** カンナビ油の微量成分でセスキテルペンであるベルガモテンの合成は，下に示すアルコールから始まる．合成を完結するための合成経路を示せ．

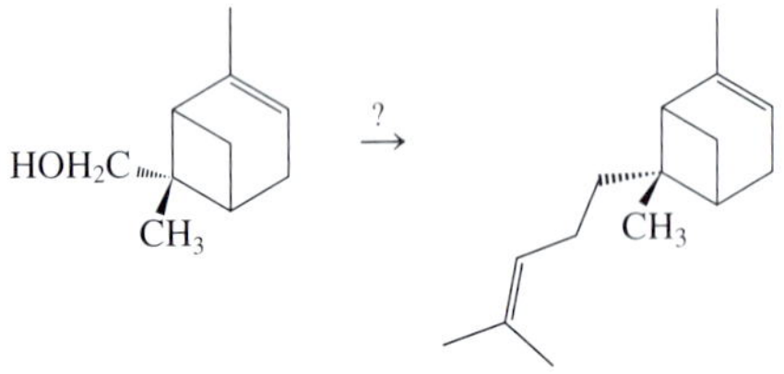

ベルガモテン
(bergamotene)

57. **チャレンジ** ある未知化合物の ^{1}H NMR と IR スペクトル(D)を示す．この化合物を Lindlar 触媒の存在下で H_2 と反応させ，その生成物をオゾン分解したあと，酸の水溶液中で Zn と処理すると，1当量の $\mathrm{CH_3\overset{\overset{O}{\|}}{C}-\overset{\overset{O}{\|}}{C}H}$ と2当量の $\mathrm{H\overset{\overset{O}{\|}}{C}H}$ を与える．もとの化合物の構造を示せ．

58. **チャレンジ** 塩化水銀(II)の存在下における，エチンの水和反応のもっともらしい機構を示せ．〔**ヒント**：12-7節の水銀(II)イオンを触媒とするアルケンの水和反応を参考にせよ．〕

59. セスキテルペンであるファルネソールの合成において，出発物質のジクロロ体をアルキノールに変換する必要がある．この変換を達成する方法を示せ．(**ヒント**：出発物質を末端アルキンに変換する方法を考えよ．)

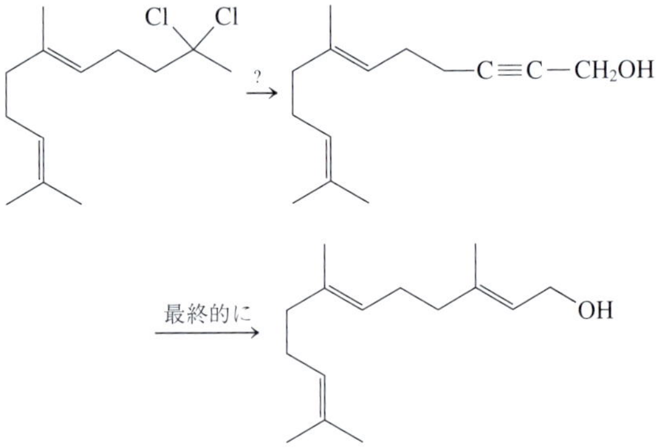

ファルネソール
(farnesol)

(D) ^{1}H NMR

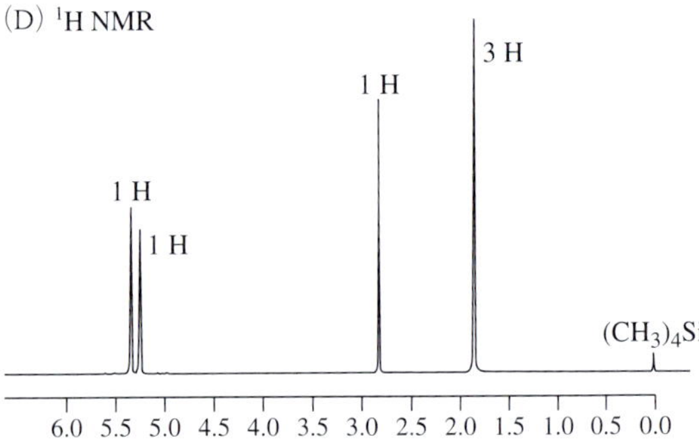

300 MHz ^{1}H NMR スペクトル ppm(δ)

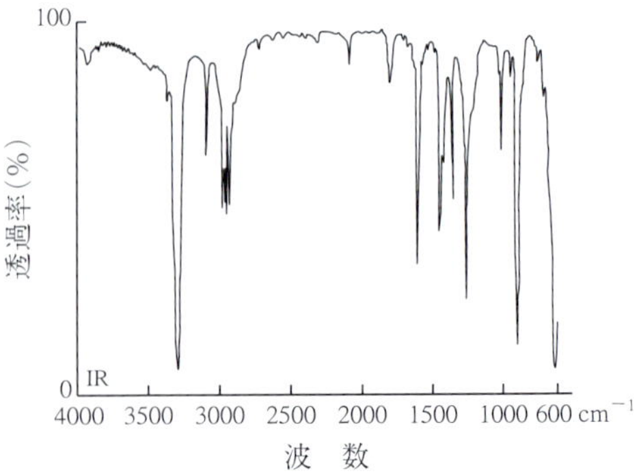

●グループ学習問題

60. 強力な抗腫瘍活性をもつダイネミシン A の全合成において重要な段階である，エンジイン系の分子内閉環反応に関する問題について考えてみよう．

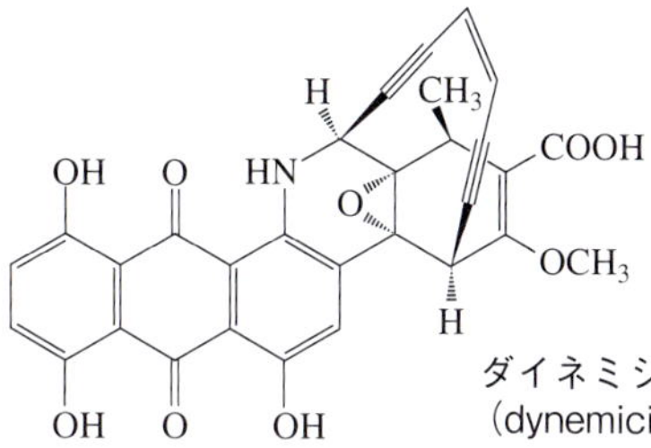

ダイネミシン A
(dynemicin A)

ある研究グループは，問題の閉環反応を行うために以下の経路 1 ～ 3 を試みたが，すべて失敗に終わった．それぞれの反応式を分け合って，化合物(A)～(D)の構造を帰属せよ(なお，R′および R″は保護基である)．

次に示すモデル実験(次ページ)は首尾よく進行し，先の経路 1 ～ 3 とは異なる全合成の戦略を提供した．

1.

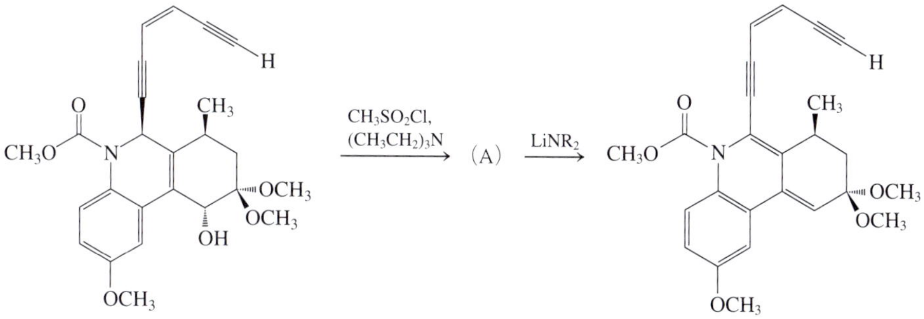

2.

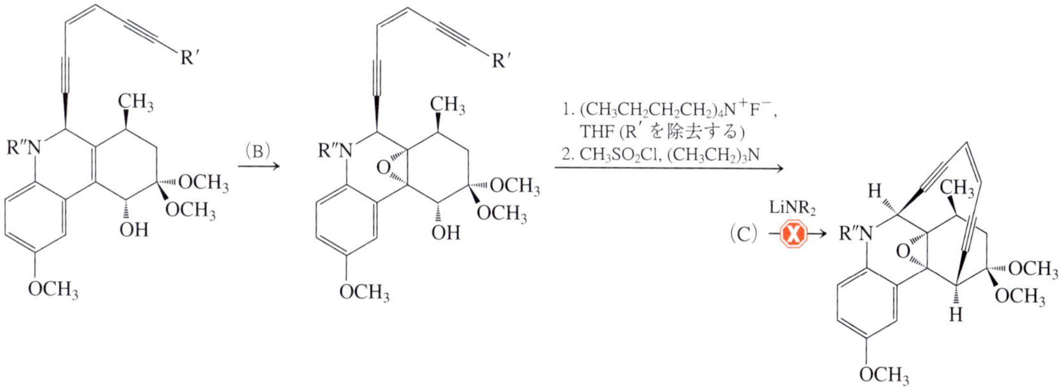

3.

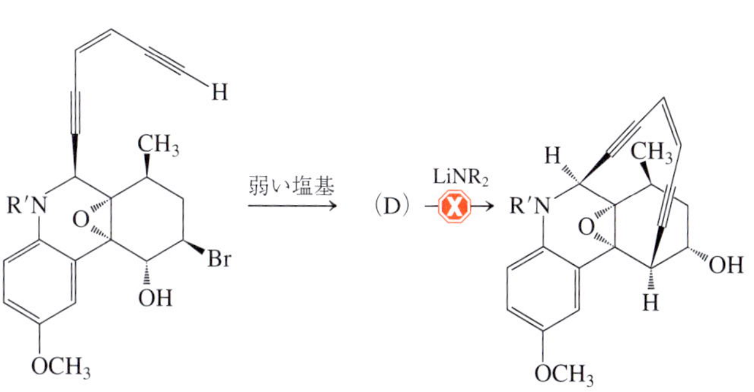

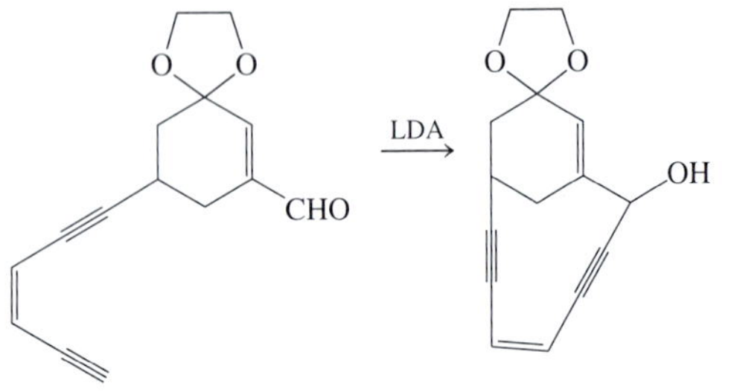

この方法の有利な点について考察し，経路1～3における対応する化合物に当てはめて考えよ．

●専門課程進学用問題

61． H−C≡C$(CH_2)_3$Cl の構造をもつ分子の IUPAC 名を(a)～(d)から選べ．

(a) 4-クロロ-1-ペンチン
(b) 5-クロロペンタ-1-イン
(c) 4-ペンチン-1-クロロイン
(d) 1-クロロペンタ-4-イン

62． プロピンの脱プロトン化によって生じる求核剤を(a)～(e)から選べ．

(a) $^-$:CH_2CH_3　(b) $^-$:HC=CH_2
(c) $^-$:C≡CH　(d) $^-$:C≡CCH_3
(e) $^-$:HC=$CHCH_3$

63． シクロオクチンを希硫酸および $HgSO_4$ と反応させたときに生成する化合物を(a)～(e)から選べ．

(a) 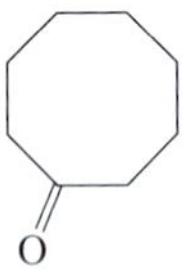

(b) 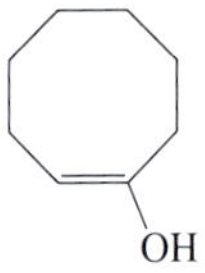

(c) 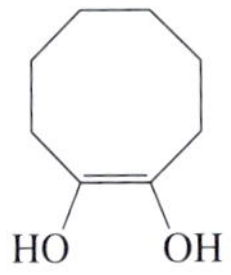

(d) 
(e) 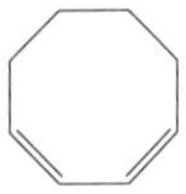

64． 次の反応において化合物(A)に当てはまる構造式を(a)～(d)から選べ．

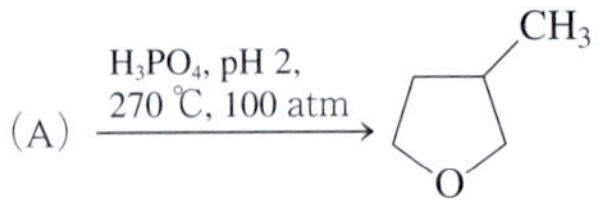

(a) $HOCH_2CH(CH_2)_2OH$（CH に CH_3）　(b) $HOCH_2CHCH_2OH$（CH に CH_3）

(c) $HC≡CCHCH_2OH$（CH に CH_3）　(d) $HC≡CCH_2CHCH_2OH$（CH に CH_3）

65． 次の反応において化合物(A)に当てはまる構造式を(a)～(e)から選べ．

CH_3CBr_2−CBr_2CH_2OH ←Br$_2$ (2 当量)― (A)
（第一級アルコール）
C，68.6 %
H，8.6 %
O，22.9 %

―H$_2$ (2 当量)，Raney Ni→ 1-ブタノール

(a) CH_2=$CHCH_2CH_2OH$　(b) 

(c) $CH_3C≡CCH_2OH$

(d) CH_3CH=CH−CH=CHOH　(e) 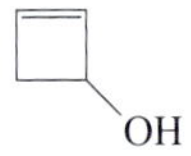

Chapter

14 非局在化したπ電子系
紫外および可視分光法による研究

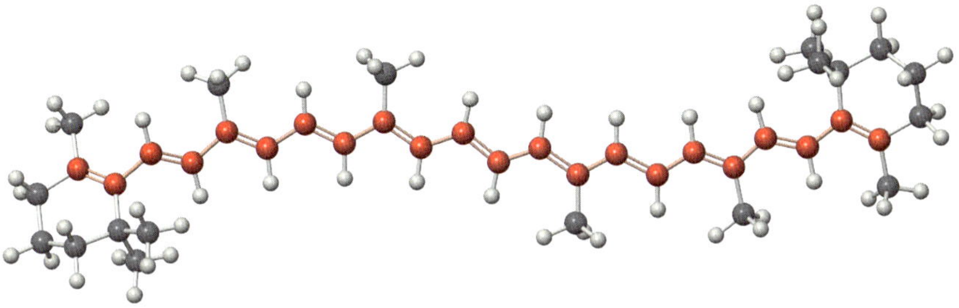

β-カロテンは光合成において重要な色素である．それはカロテノイドという一般的な化合物群の一種である．カロテノイドは自然界で年間に総量1億トンつくられ，ニンジンをはじめ多くの果物や野菜の橙色のもとになっている．その色は，可視光の吸収を起こす連続した11個の二重結合によるものである．

私たちは色の世界に生きている．私たちが非常に多くの色彩や色の濃度を感知して識別できるのは，分子がさまざまな周波数の可視光を吸収できることと密接な関係がある．さらに分子が可視光を吸収するという性質は，いくつものπ結合の存在に起因することが多い．11～13章では，隣接した平行なp軌道の重なりによって生じる炭素－炭素π結合をもつ化合物の化学について紹介した．これらの化学的に多彩な有用性をもっている化合物に対する付加反応によって，合成原料として役に立つ比較的単純な生成物や，現代社会に著しい影響を及ぼしているポリマーをはじめとするより複雑な物質ができることを学んだ．本章では，三つ以上の平行なp軌道がπ型の軌道の重なりをもつ分子について学ぶことにより，上記の問題をさらに拡張して考える．このような軌道にある電子は，三つ以上の原子によって共有されており，**非局在化している**(delocalized)といわれる．

まず，三つのp軌道間に相互作用がある2-プロペニル系(アリル系ともよば

本章での目標

- 2-プロペニル(アリル)系におけるπ電子の非局在化について，構造と反応性の説明を通じて解説する．
- 2-プロペニル系における非局在化の概念を共役ジエンに拡張する．
- 共役ジエンへの求電子攻撃において，非局在化が及ぼす効果ならびに速度論支配と熱力学支配による生成物の相違について説明する．
- 共役二重結合に特有の新たな反応様式である，協奏的なDiels-Alder環化付加とその立体化学について説明する．
- 共役二重結合に特有のもう一つの新たな反応様式である，電子環状反応とよばれる協奏的な開環と閉環について説明する．
- 合成ゴムと天然ゴムが共役ジエンの重合によっていかにできるかを学習する．
- 共役系におけるπ電子の励起にもとづく紫外および可視分光法という新たな分光法について説明する．

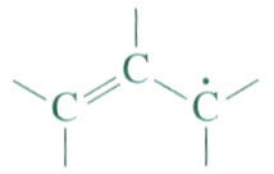

アリル型ラジカル

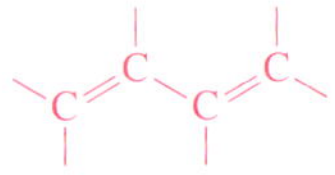

共役ジエン

れる)から始めよう．次に，複数の二重結合をもつ系であるジエンやその高次類縁体について述べる．とくにジエンとその高次類縁体は，現代社会において最も広く使用されているポリマーのいくつかの材料となる．自動車タイヤをはじめ，本書の原稿を書くために使ったコンピュータのプラスチックボディーまで，これらのポリマーはいたるところで見受けられる．

二重結合と一重結合が交互に並ぶという特別な配置をとることによって**共役**(conjugated)ジエン，トリエンなどができ，系が大きくなるにつれてπ電子がさらに広く非局在化する．これらの物質は，熱的あるいは光化学的な環化付加や閉環反応など，本章ではじめて学ぶ様式の反応を行う．これらの反応は，ステロイド骨格をもつ医薬品のような環状化合物の合成法として最も有用な方法の一つである．それらはペリ環状反応とよばれる，これまで学んだものとは根本的に異なる一群の反応機構で進行する反応であり，本書で扱う最後の反応機構の様式になる．この機会に，この章末に「反応機構のまとめ」を設け，本書で扱うおもな有機化学反応の様式すべてについてまとめて考えることにする．最後に，非局在化したπ電子系をもつ分子による光の吸収について学ぶ．この過程は紫外および可視分光法の基礎である．

14-1 隣接した三つのp軌道の重なり：2-プロペニル(アリル)系における電子の非局在化

炭素中心の隣にある二重結合は，反応性にどのような効果を及ぼすのだろうか．以下の三つの重要な実験事実が，この問いに対する答えの鍵になる．

種々のC−H結合の解離エネルギー

$CH_2{=}CHCH_2$—H
$DH° = 87$ kcal mol^{-1}
(364 kJ mol^{-1})

$(CH_3)_3C$—H
$DH° = 96.5$ kcal mol^{-1}
(404 kJ mol^{-1})

$(CH_3)_2CH$—H
$DH° = 98.5$ kcal mol^{-1}
(412 kJ mol^{-1})

CH_3CH_2—H
$DH° = 101$ kcal mol^{-1}
(423 kJ mol^{-1})

実験事実1 プロペンの第一級C—H結合は比較的弱く，その結合解離エネルギーは87 kcal mol^{-1}しかない．

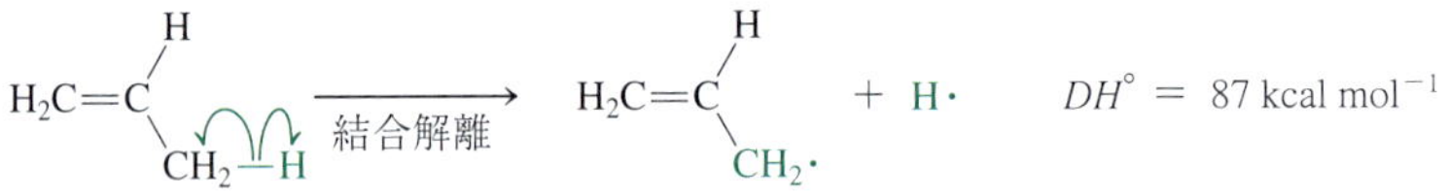

プロペン　2-プロペニルラジカル

他の炭化水素の値(欄外参照)と比較すると，それが第三級C—H結合よりもさらに弱いことがわかる．明らかに，2-プロペニルラジカルにはなんらかの特別な安定化の効果が働いている．

実験事実2 飽和の第一級ハロアルカンとは対照的に，3-クロロプロペンはS_N1反応(加溶媒分解)条件下で比較的速く解離し，カルボカチオン中間体を経て迅速な一分子置換反応を行う．

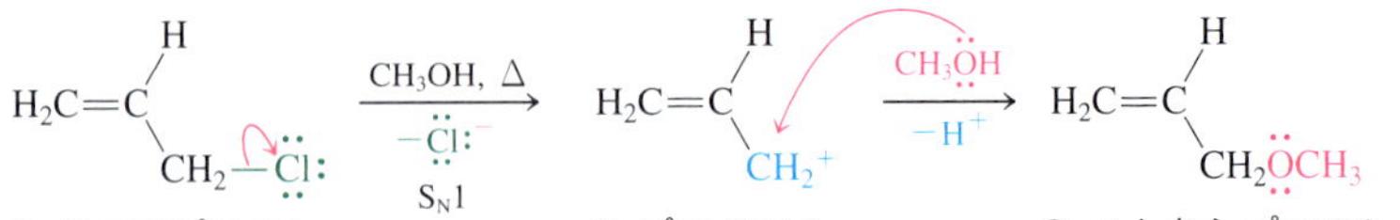

3-クロロプロペン　2-プロペニルカチオン　3-メトキシプロペン (S_N1反応生成物)

この結果は明らかに予想に反する(7-5 節を思い起こそう)．3-クロロプロペンから生じたカチオンは，他の第一級カルボカチオンよりもなんらかの理由で安定なようである．では，どの程度安定なのか．加溶媒分解反応における 2-プロペニルカチオンの生成のしやすさは，第二級カルボカチオンの生成のしやすさと大まかにいって同程度であることがわかっている．

実験事実 3　プロペンの pK_a はおよそ 40 である．

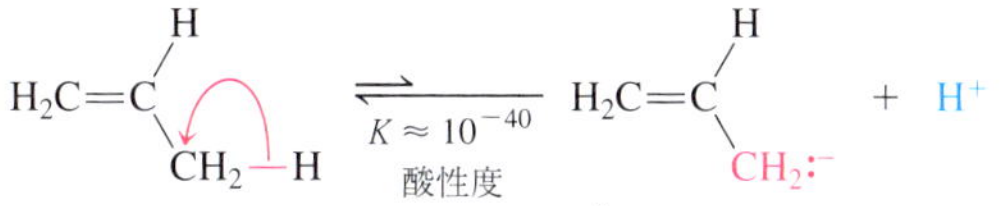

2-プロペニルアニオン

したがって，プロペンはプロパン($pK_a \approx 50$)よりもはるかに酸性が強く，プロペニルアニオンはプロピルアニオンよりも著しく安定化されていることを示している．

この三つの実験事実はどう説明できるのだろうか．

2-プロペニル(アリル)中間体は電子の非局在化により安定化される

先の三つの反応では，ラジカル，カルボカチオン，カルボアニオンという反応性の高い炭素中心が，いずれも二重結合の π 電子の隣にある化学種が生成する．この配置が特別な安定性に関係があると思われる．その理由は電子の非局在化にある．つまりいずれの化学種も，等しく寄与する 1 対の共鳴構造で表すことができる(1-5 節参照)．このような炭素数が三つの中間体には**アリル**(allyl)という名前がついている(そのうしろに，ラジカル，カチオン，アニオンなどの用語がつく)．活性化された炭素は**アリル位**(allylic)炭素とよばれる．

2-プロペニル系（アリル系）における電子の非局在化の共鳴構造による表現

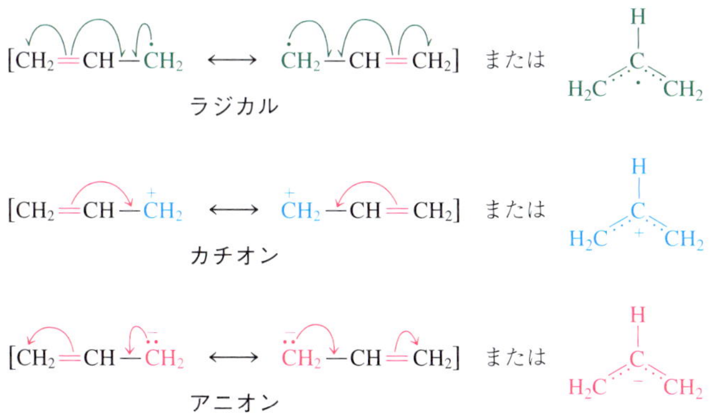

思い起こそう：共鳴構造は異性体ではなく，分子の部分的な表現の一つであることを思い起こそう．真の構造(共鳴混成体)は，それらを重ね合わせたものであり，古典的な図の右側に書いてある点線を用いた図がより的確な表現である．

2-プロペニル(アリル) π 電子系は三つの分子軌道で表現される

共鳴による 2-プロペニル(アリル)系の安定化は，分子軌道法を用いて表すこともできる．三つの炭素はすべて sp^2 混成しており，分子平面に対して垂直な p 軌道をもっている(図 14-1)．分子模型を組んでみよう．構造は対称で C—C 結

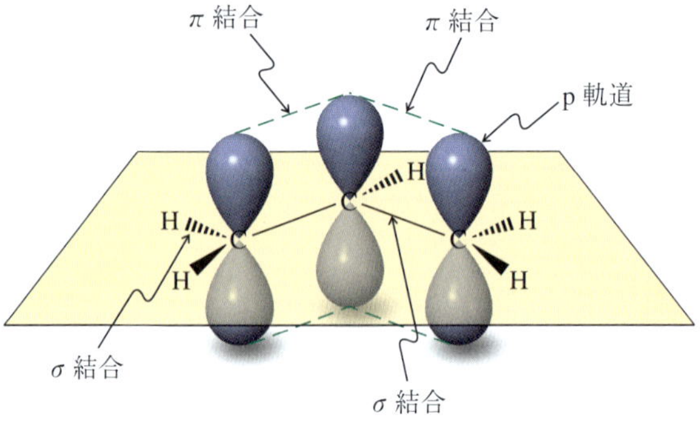

図 14-1 2-プロペニル基の三つの p 軌道が重なることにより，電子が非局在化した対称な構造ができる．σ 骨格は黒い線で書かれている．

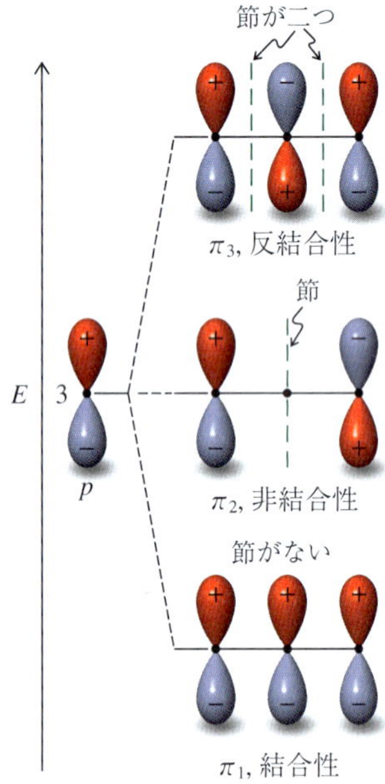

図 14-2 隣接した三つの p 原子軌道の結合によってできる 2-プロペニルの三つの π 分子軌道．結合性 π_1 の分子軌道のエネルギーが著しく低くなった結果，系が大きく安定化されていることに注意しよう．π_2 分子軌道のエネルギーはもとの p 軌道と同じ準位にあり，したがって非結合性分子軌道とよばれる．

合距離は等しいことがわかるだろう．

σ 骨格を無視すると，三つの p 原子軌道を数学的に結合させることによって三つの π 分子軌道ができる．この場合に原子軌道が三つあることを除けば，この過程は二つの原子軌道から，π 結合を表す二つの分子軌道をつくるのと同じである（図 11-2，図 11-4 参照）．**図 14-2** に示すように，生じた三つの分子軌道のうち，一つ（π_1）は結合性（bonding）で節をもたず，一つ（π_2）は非結合性（nonbonding，いいかえれば，相互作用のない p 軌道と同じエネルギーをもっている）で節を一つもち，もう一つ（π_3）は反結合性（antibonding）で節を二つもっている．次に積み上げ原理にもとづき，**図 14-3** に示すように，2-プロペニルカチオン，ラジカルおよびアニオンに対して必要な数の電子を図 14-2 の π 分子軌道に入れていく．カチオンには電子が全部で二つしかないので，被占軌道は π_1 の一つしかない．ラジカルとアニオンについては，非結合性の π_2 分子軌道におのおの電子が一つまたは二つ入っている．π_1 分子軌道のエネルギー準位は非常に安定化されており，しかもいずれの場合も二つの電子で満たされているのに対して，反結合性の π_3 分子軌道はいずれの場合も空のままなので，系の π 電子エネルギーの合計は，三つの p 軌道が相互作用していない場合に比べて低く（より有利に）なる．

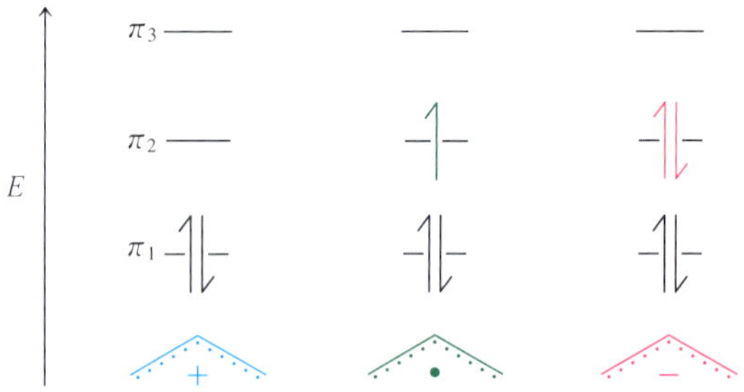

図 14-3 2-プロペニルカチオン，ラジカル，アニオンの π 分子軌道を満たすために，積み上げ原理を用いる．すべての場合，π 電子のエネルギーの合計は，三つの p 軌道が相互作用していない場合に比べて低い．π_2 分子軌道のローブが末端炭素上にあるため，これらの系では両末端炭素上に部分的なカチオン性，ラジカル性，アニオン性がある．

思い起こそう：ここでは三つの p 原子軌道があるので，それら三つの軌道を組み合わせることにより，三つの新たな分子軌道ができる．

これら三つの 2-プロペニル型の化学種の共鳴構造から，イオンの場合には電荷が，ラジカルの場合には不対電子が，おもに両方の末端炭素上にあることがわかる．分子軌道法でもこのことが説明できる．すなわち，これらの化学種はπ_2分子軌道に入っている電子の数が異なるだけであるが，π_2分子軌道には中心炭素上に節があるため，この位置にはほとんど電子の過不足がない．三つの2-プロペニル系の静電ポテンシャル図は，これらの系における非局在化の様子を表している（カチオンとアニオンについては，そのまま書くと極端に濃い色彩になるので，それを和らげるため適当な尺度に下げてある）．とくにカチオンとアニオンについては，両端の電荷密度が大きいことがある程度認識できるだろう．これらの図はσ軌道およびπ軌道に含まれるすべての電子を考慮に入れていることを思い起こそう．

2-プロペニル（アリル）系における部分的電子密度の分布

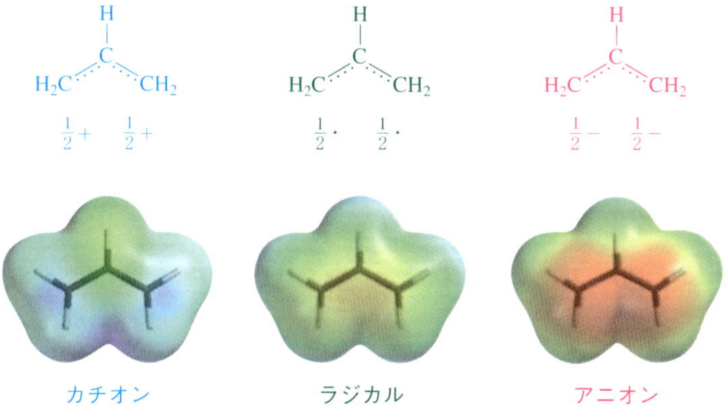

まとめ　アリル型のラジカル，カチオンおよびアニオンはとくに安定である．Lewisの表現法によれば，この安定化は電子の非局在化によって簡単に説明できる．分子軌道法で表すと，三つのp軌道が相互作用することによって新しい分子軌道が三つできる．それらのうち，一つはp軌道のエネルギー準位よりもかなり低い位置に，一つは同じ位置に，もう一つは高いエネルギー準位にある．電子ははじめの二つの軌道に入っているので，系のπ電子の全エネルギーは低くなる．

14-2　アリル位のラジカル的ハロゲン化

非局在化の結果，不飽和分子の反応において，共鳴安定化されたアリル型中間体が容易に反応に関与できることになる．たとえば，ハロゲンはイオン的反応機構でアルケンに付加して対応する隣接ジハロゲン化物を与えるが（12-5節参照），ラジカル開始剤を添加（または光照射）するとともにハロゲンを低濃度にすると，反応経路が変化する．このような条件下では，イオン的付加の経路は十分遅くなるため，より速く進行するラジカル的連鎖機構が支配的になり，**アリル位のラジカル的置換**（radical allylic substitution）反応*が起こる．

＊この反応機構の変化を完全に説明するには，反応速度の詳細な解析が必要である．そのことについては本書では割愛する．ここでは，臭素の濃度が低い場合には，競争的に起こる付加反応は可逆であるため，アリル位の置換が優先することを指摘するにとどめる．

Reaction

アリル位のラジカル的ハロゲン化

$$CH_2{=}CHCH_3 \xrightarrow{X_2(\text{低濃度}),\ \text{ROOR または } h\nu} CH_2{=}CHCH_2X + HX$$

実験室でアリル位を臭素化するためによく用いられる反応剤は，*N*-ブロモブタンイミド(*N*-ブロモスクシンイミド，NBS)で，これを四塩化炭素中に懸濁させて用いる．この化合物は四塩化炭素にほとんど溶けず，微量の HBr との反応によって臭素をごく少量ずつ定常的に発生する(欄外の機構を参照)．

NBSからの Br_2 発生の機構

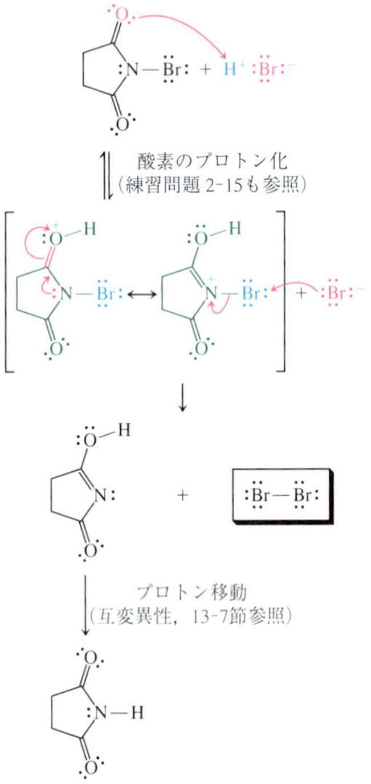

臭素源としての NBS

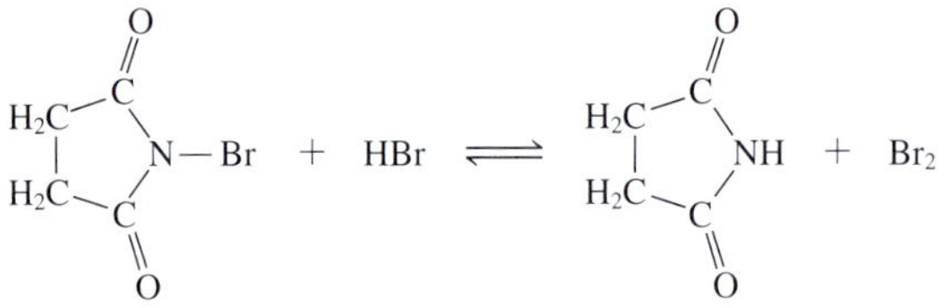

N-ブロモブタンイミド
(*N*-bromobutanimide)
(*N*-ブロモスクシンイミド
N-bromosuccinimide，NBS)

ブタンイミド
(butanimide)

たとえば，NBS によりシクロヘキセンが 3-ブロモシクロヘキセンに変換される．

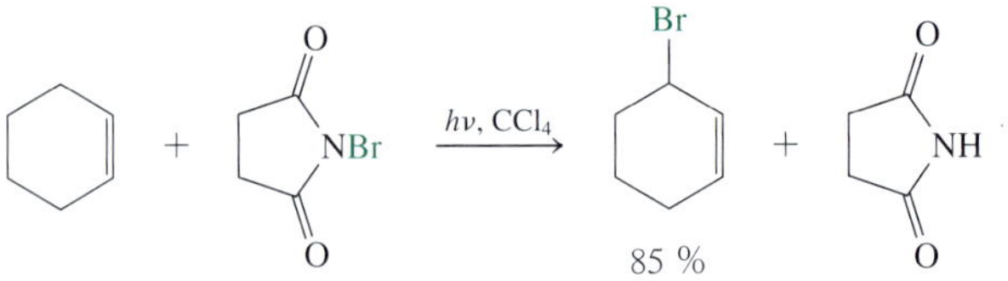

85 %
3-ブロモシクロヘキセン
(3-bromocyclohexene)

臭素はラジカル連鎖機構でアルケンと反応する(3-4 節参照)．反応は光または微量のラジカル開始剤によって開始され，臭素分子(Br_2)が臭素原子に解離する．弱く結合したアリル位の水素が臭素ラジカル(Br•)に引き抜かれて，連鎖が伝搬する．

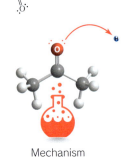

Mechanism

アリル位の臭素化の機構

開始段階

$$:\ddot{Br}-\ddot{Br}: \xrightarrow{h\nu} 2\ :\ddot{Br}\cdot$$

伝搬段階

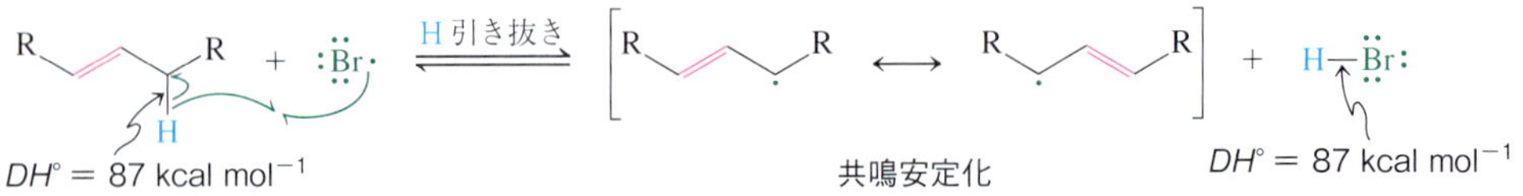

アリル型ラジカル

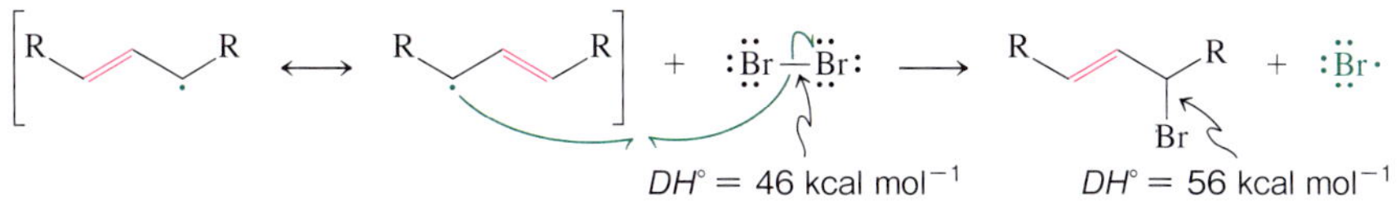

共鳴安定化されたラジカルは，アリル系のどちらかの末端でBr_2と反応して，アリル型臭化物を与えるとともにBr•を再生し，それによって連鎖が継続する．メタンのラジカル的ハロゲン化(3-4節参照)と同様に停止段階がある．それは反応混合物中に含まれるいずれかのラジカル種の二つが結合する過程，すなわちBr•とBr•あるいはBr•とアリル型ラジカルの結合，または二つのアリル型ラジカルのカップリングである．しかし，停止段階はラジカル連鎖の停止を意味し，まれに起こる望ましくない過程であり，反応の化学量論には含まれないことを思い起こそう．

非対称なアリル型ラジカルを生成するアルケンは，NBSとの反応において複数の生成物の混合物を与える可能性がある．一例をあげる．

$$CH_2{=}CH(CH_2)_5CH_3 \xrightarrow[-HBr]{NBS,\ ROOR} \left[CH_2{=}CH\dot{C}H(CH_2)_4CH_3 \longleftrightarrow \cdot CH_2CH{=}CH(CH_2)_4CH_3 \right]$$

1-オクテン　　　非対称アリル型ラジカル

$\downarrow Br_2$ (NBS由来), $-Br\cdot$　　　$\downarrow Br_2$ (NBS由来), $-Br\cdot$

$$CH_2{=}CHCH(Br)(CH_2)_4CH_3 \quad + \quad BrCH_2CH{=}CH(CH_2)_4CH_3$$

28 %　3-ブロモ-1-オクテン

72 %　1-ブロモ-2-オクテン（シスとトランスの混合物）

練習問題 14-1

立体化学を無視して，*trans*-2-ヘプテンとNBSとの反応で生成するモノブロモヘプテンの異性体をすべて書け．

塩素は比較的安価なので，アリル位の塩素化は工業的に重要であり，たとえば，3-クロロプロペン(塩化アリル)はプロペンの400℃における気相塩素化によって工業生産されている．この化合物は，エポキシ樹脂やその他の多くの有用な物質の合成ブロックとなっている．

$$CH_3CH{=}CH_2 \quad + \quad Cl_2 \xrightarrow{400℃} ClCH_2CH{=}CH_2 \quad + \quad HCl$$

3-クロロプロペン
(塩化アリル)

練習問題 14-2

次の基質のアリル位をモノクロロ化したときの生成物の構造式を書け．

(a) シクロヘキセン　(b) 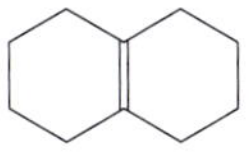

(c) (*R*)-3-メチルシクロヘキセン．生成物の立体化学をはっきりと書き，それがラセミ体(光学不活性)か純粋なエナンチオマー(光学活性)かを示せ．(**ヒント**：反応機構にもとづいて考える必要がある．)

不飽和分子の生化学的な分解は，しばしば含酸素化学種によるラジカル的なアリル水素の引き抜き過程を含んでいる．この種の反応については下巻の22-9節で述べる．

まとめ ラジカル反応の条件下で，アリル位に水素をもつアルケンはアリル位のハロゲン化を起こす．*N*-ブロモブタンイミド(*N*-ブロモスクシンイミド，NBS)は，アリル位を臭素化するのにとくにすぐれた反応剤である．

14-3 アリル型ハロゲン化物の求核置換反応：S_N1 反応と S_N2 反応

14-1節における3-クロロプロペンの例からもわかるように，アリル型ハロゲン化物は容易に解離してアリル型カチオンを生成する．S_N1 反応では，アリル型カチオンはそのどちらかの末端に求核剤が攻撃することにより捕捉される．アリル型ハロゲン化物は S_N2 反応も容易に起こす．

アリル型ハロゲン化物は S_N1 反応を起こす

アリル型ハロゲン化物が容易に解離することは，化学的に重要な結果をもたらす．異なるアリル型ハロゲン化物が同じアリル型カチオンに解離するならば，それらの加溶媒分解から同じ生成物が得られる可能性がある．たとえば，1-クロロ-2-ブテンまたは3-クロロ-1-ブテンのいずれを加水分解しても，同じアルコールの混合物が得られる．その理由は同じアリル型カチオンが中間体になるからである．

アリル型塩化物異性体の加水分解

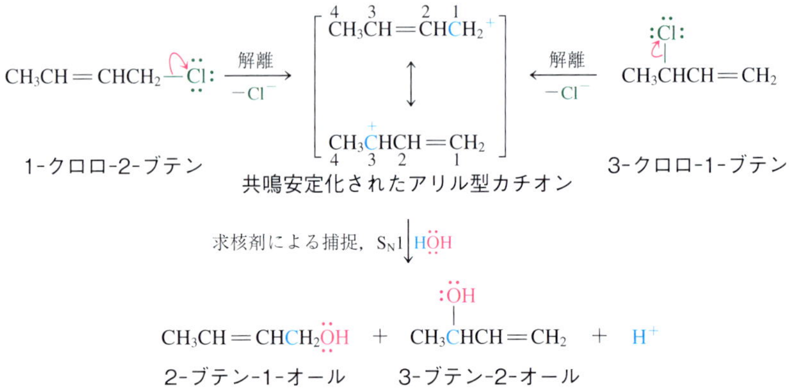

思い起こそう：H^+ は溶液中で遊離した形で存在することはないが，隣の反応式中にあるヒドロキシ基の酸素あるいは塩素イオンのような系中に存在するどれかの電子対にくっついている．

練習問題 14-3

(R)-3-クロロ-1-ブテンの加水分解により，2-ブテン-1-オールとともにラセミ体の3-ブテン-2-オールが得られる．この理由を説明せよ．（**ヒント**：7-3 節参照．）

練習問題 14-4

概念のおさらい：アリル型アルコールと酸の反応

3-ブテン-2-オールを氷冷した臭化水素と反応させると，1-ブロモ-2-ブテンと3-ブロモ-1-ブテンが得られる．反応機構にもとづいて理由を説明せよ．

●解法のてびき

What 何が問われているか．まず問題を釣り合いのとれた反応式に直すこと．次に3-ブテン-2-オールの構造について，その官能基を特定しながら考察しよう．

How どこから手をつけるか．反応条件について考え，それが官能基のそれぞれ，あるいは全体に対してどのような影響を及ぼすかについて判断すること．第二級アルコールが酸の存在下にあることがわかる．

Information 必要な情報は何か．9-2 節を参照すること．

Proceed 一歩一歩論理的に進めよ．

●答え

- $CH_3CH(OH)CH{=}CH_2 \xrightleftharpoons{HBr} CH_3CH(Br)CH{=}CH_2 + CH_3CH{=}CHCH_2Br + H_2O$
- 3-ブテン-2-オールは第二級でしかもアリル型のアルコールである．
- 9-2 節を思い起こそう．アルコールは強酸の存在下でプロトン化され，生成するオキソニウムイオンは，分子構造によって S_N2 または S_N1 反応機構で反応することができる．この場合は，第二級アルコールなので明らかに S_N1 反応が起こることがわかる．
- 共鳴安定化されたアリル型カチオンは，アリル末端のどちらか一方で臭化物イオンにより捕捉され，観測された生成物を与える．

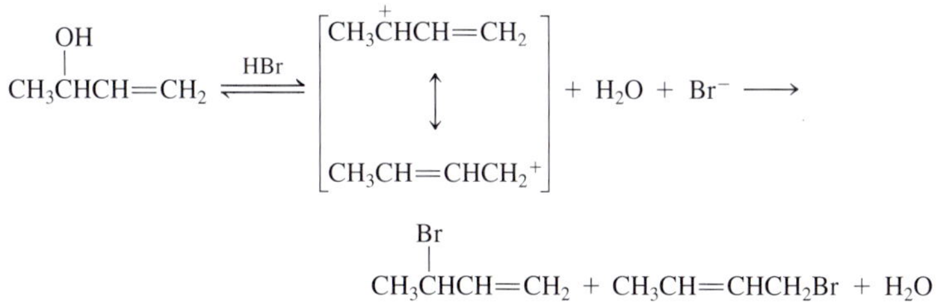

練習問題 14-5

自分で解いてみよう

以下の反応の機構を書け．

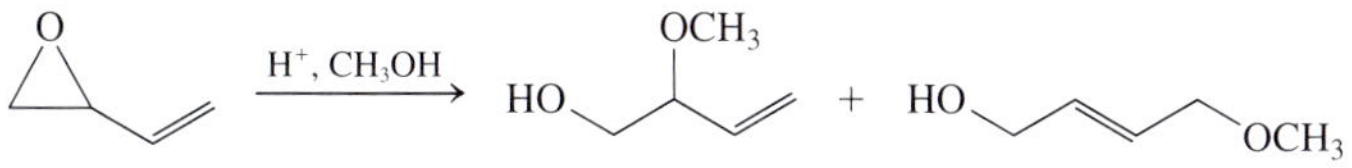

アリル型ハロゲン化物は S_N2 反応も行うことができる

アリル型ハロゲン化物とすぐれた求核剤(6-8 節参照)との S_N2 反応は，対応する飽和のハロアルカンの反応よりも速い．この加速には二つの因子が寄与している．おもな因子は，アリル位の炭素に(sp^3 炭素に比べると)やや電子求引性の大

きい sp^2 混成炭素が結合していて(13-2 節参照)，それをより求電子的にしていることである．二つ目は，S_N2 置換反応の遷移状態(図 6-5 参照)が p 軌道と二重結合との重なりによって安定化され，それにより活性化障壁が比較的低くなることである．

3-クロロ-1-プロペンと1-クロロプロパンの S_N2 反応

相対速度

$$CH_2{=}CHCH_2Cl + I^- \xrightarrow[S_N2]{\text{アセトン, }50\,^\circ\text{C}} CH_2{=}CHCH_2I + Cl^- \qquad 73$$

$$CH_3CH_2CH_2Cl + I^- \xrightarrow[S_N2]{\text{アセトン, }50\,^\circ\text{C}} CH_3CH_2CH_2I + Cl^- \qquad 1$$

練習問題 14-6

3-クロロ-3-メチル-1-ブテンの酢酸中 25 ℃における加溶媒分解では，はじめに出発物質の構造異性体である塩化物を主成分とし，その他に少量の酢酸エステルを含む混合物が生成する．反応時間が長くなると，アリル型塩化物はなくなり，酢酸エステルだけが生成する．この結果を説明せよ．

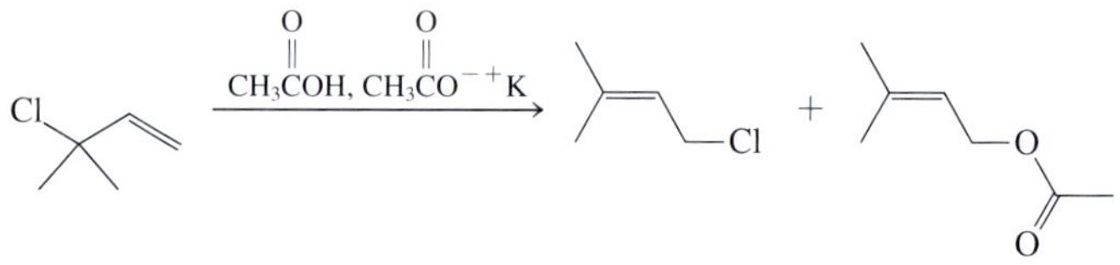

3-クロロ-3-メチル-1-ブテン　　1-クロロ-3-メチル-2-ブテン　　酢酸 3-メチル-2-ブテニル

まとめ　アリル型ハロゲン化物は S_N1 反応および S_N2 反応のいずれも起こす．S_N1 反応におけるアリル型カチオン中間体は，どちらか一方の末端において求核剤で捕捉され，非対称な系では生成物の混合物を与える．すぐれた求核剤に対しては，アリル型ハロゲン化物は対応する飽和の基質よりも速く S_N2 反応を行う．

14-4 アリル型有機金属反応剤：有用な炭素数 3 の求核剤

プロペンは，脱プロトン化によって生じるカルボアニオンが共役により比較的安定化されているので，プロパンよりもかなり酸性が強い(14-1 節)．したがって，プロペン誘導体からアルキルリチウムを用いてプロトンを引き抜くことにより，アリル型リチウム反応剤をつくることができる．この反応は，すぐれた溶媒和剤である *N*,*N*,*N*′,*N*′-テトラメチルエタン-1,2-ジアミン(テトラメチルエチレンジアミン，TMEDA)を加えることによって促進される．

アリル位の脱プロトン化

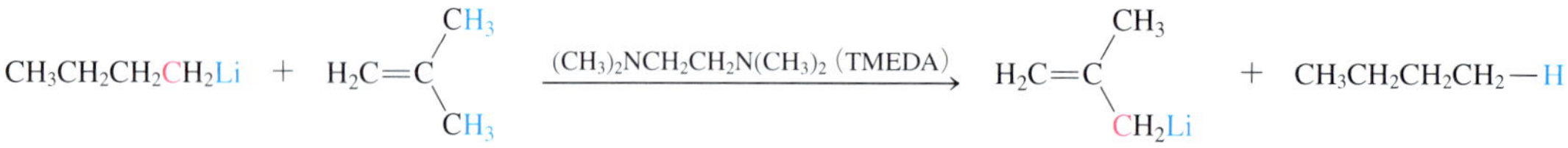

塩基　　酸　　共役塩基　　共役酸

アリル型有機金属化合物を合成するもう一つの方法は，Grignard 反応剤の合成である．一例をあげる．

$$CH_2{=}CHCH_2Br \xrightarrow{\text{Mg, THF, 0℃}} CH_2{=}CHCH_2MgBr$$

3-ブロモ-1-プロペン　　　　臭化 2-プロペニルマグネシウム

アルキル型有機金属反応剤と同様に(8-7 節参照)，アリル型リチウム反応剤や Grignard 反応剤は求核種として反応することができる．こうして導入された二重結合は，さらなる官能基変換に用いることができるため(12 章参照)，この反応は有用である．

練習問題 14-7

臭化 2-プロペニルマグネシウムとシクロヘキサノンを用いて，できるだけ少ない反応段階で以下の生成物を合成する方法を示せ．(**ヒント**：アリル型有機金属反応剤は，ケトンに対して通常の有機金属反応剤と同じように反応する．)

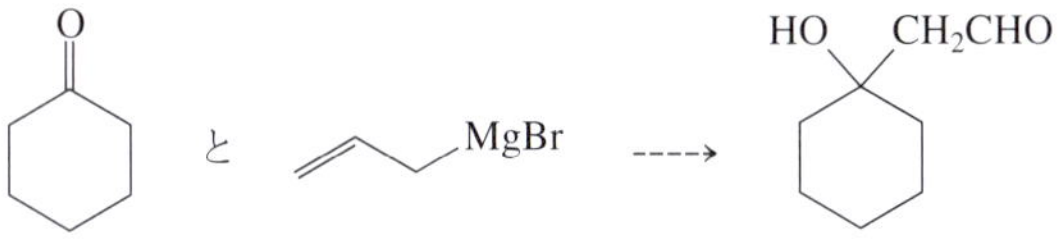

まとめ アルケンはアリル位が脱プロトン化されて，対応する非局在化したアニオンを与えやすい．アリル型リチウムあるいは Grignard 反応剤は対応するハロゲン化物からつくることができる．アルキル類縁体と同様に，アリル型有機金属化合物は求核剤として作用する．

14-5 隣接する二つの二重結合：共役ジエン

三つの原子間における非局在化の結果について垣間見てきたが，さらに系が広がるとどうなるだろうか．四つ目の p 軌道が加わって，二つの二重結合が一つの単結合でつながった場合，すなわち**共役ジエン**(conjugated diene：*conjugatio*, ラテン語の「合併」)について考えよう．水素化熱の測定からわかるように，この種の化合物においても非局在化は安定化をもたらす．π 結合の広がりは，その分子構造や電子構造および化学的性質にも反映される．

二重結合を二つもつ炭化水素はジエンとよばれる

共役ジエンを，飽和の炭素が間に入って二つの二重結合が離れている**非共役**(nonconjugated)ジエンや，二つの π 結合が一つの sp 混成の炭素を共有していて，しかも π 結合どうしが互いに垂直になっている**アレン**〔allene，または**集積**(cumulated)ジエン〕(図 14-4)と対比する．共役ジエンと非共役ジエンの π 電子の分布の違いが，欄外に示した静電ポテンシャル図からわかる．1,3-ブタジエンでは π 電子密度の大きな部分(赤色)は重なっているのに対し，1,4-ペンタジ

最も単純な共役ジエンと非共役ジエン

$CH_2{=}CH{-}CH{=}CH_2$

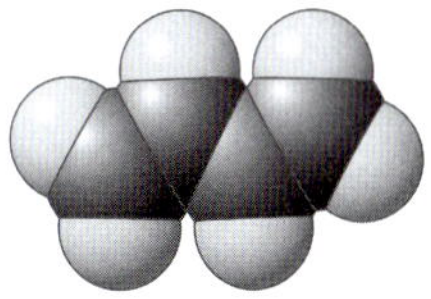

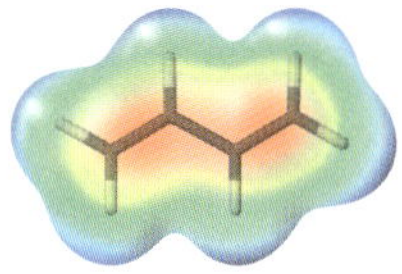

1,3-ブタジエン
(1,3-butadiene)
(共役)

$CH_2{=}CHCH_2CH{=}CH_2$

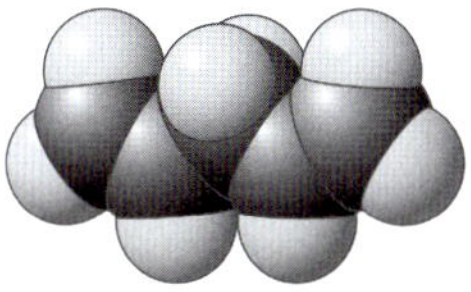

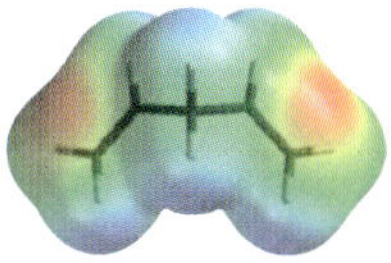

1,4-ペンタジエン
(1,4-pentadiene)
(非共役)

$CH_2{=}C{=}CH_2$

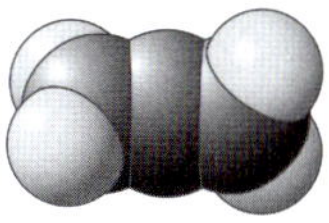

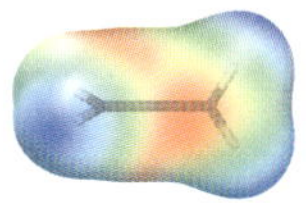

1,2-プロパジエン
(1,2-propadiene)
(アレン，allene，非共役)

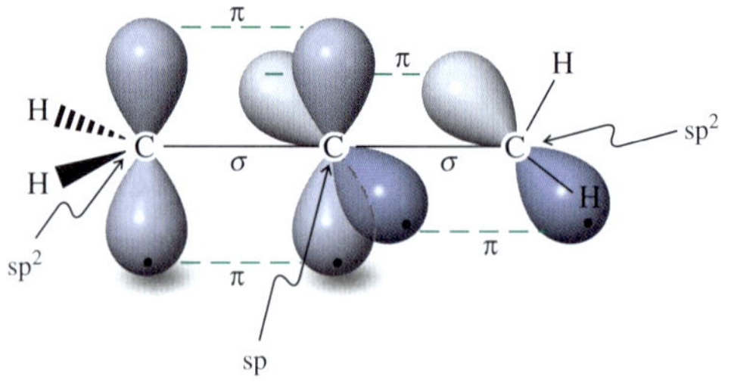

$CH_2 = C = CH_2$

図 14-4　アレンの二つのπ結合は一つの炭素を共有しており，互いに垂直になっている．

エンではそれらはπ電子をもっていないメチレン基によって分離されている．1,2-プロパジエン(アレン)では，π電子密度の大きな部分は近接しているが，空間的に直交した(垂直な)位置にある．

共役ジエンおよび非共役ジエンの名称は，アルケンの名称から直接導くことができる(11-1節参照)．環構造がなく，最も長い鎖が両方の二重結合を含む場合は，分子をアルカジエンとして命名し，不飽和結合と置換基の位置を表すための適切な番号をつける．必要ならば，二重結合の立体化学を表すシス，トランスあるいは E, Z の接頭語をつける．環状ジエンも同様に命名される．

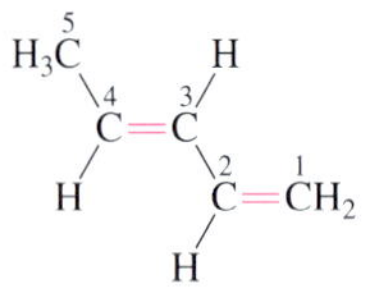

trans-1,3-ペンタジエン
(*trans*-1,3-pentadiene)

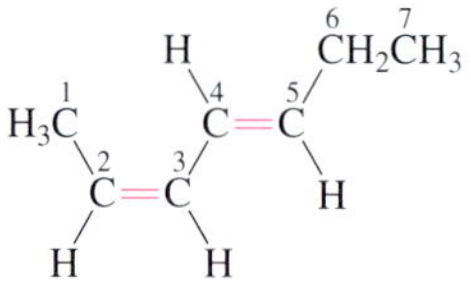

cis-2-*trans*-4-ヘプタジエン
(*cis*-2-*trans*-4-heptadiene)

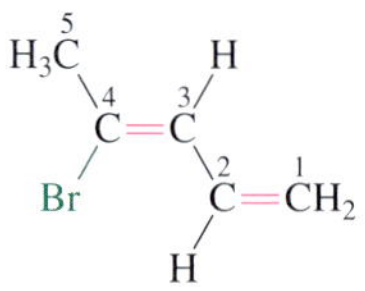

(*Z*)-4-ブロモ-1,3-ペンタジエン
〔(*Z*)-4-bromo-1,3-pentadiene〕

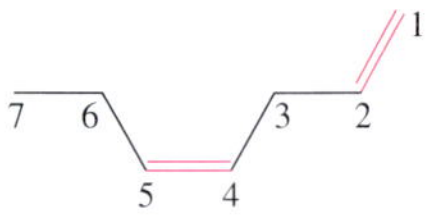

cis-1,4-ヘプタジエン
(*cis*-1,4-heptadiene)
(非共役ジエン)

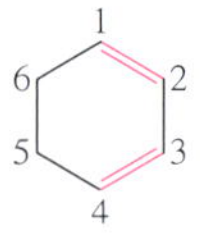

1,3-シクロヘキサジエン
(1,3-cyclohexadiene)

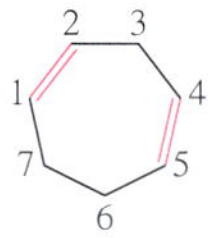

1,4-シクロヘプタジエン
(1,4-cycloheptadiene)
(環状の非共役ジエン)

最も長い鎖が両方の二重結合を含まない場合，あるいは分子が置換シクロアルカンである場合は，アルケンの命名における規則7あるいは8(11-1節参照)にしたがって，不飽和部分を置換基として命名する．OHのような官能基がある場合は，分子はアルコールになるので，8-1節で概説した規則にしたがいアルコールとして命名する．以下の例は，*trans*-1,3-ペンタジエン(上の上段左の分子)の名前がさまざまなほかの部分がつくことによっていかに変わるかを示している．

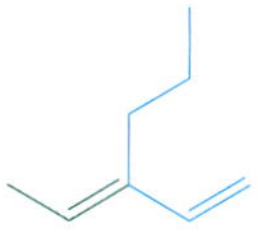

(*E*)-3-エチリデン-1-ヘキセン
[(*E*)-3-ethylidene-1-hexene]

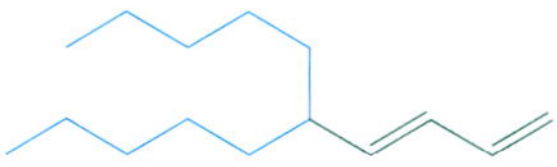

trans-6-(1,3-ブタジエニル)ウンデカン
[*trans*-6-(-1,3-butadienyl)undecane]

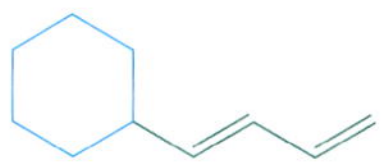

trans-(1,3-ブタジエニル)-シクロヘキサン
[*trans*-(-1,3-butadienyl)-cyclohexane]

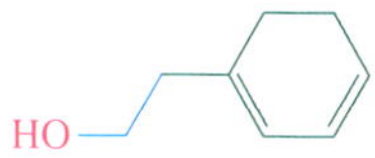

2-(1,3-シクロヘキサジエニル)-1-エタノール
[2-(-1,3-cyclohexadienyl)-1-ethanol]

練習問題 14-8

(a)，(b)，(c)の化合物を命名し，(d)，(e)，(f)についてはその構造式を書け．

(a) 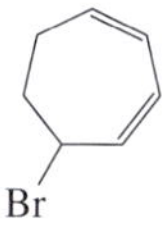

(b) 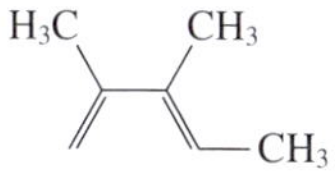

(c) 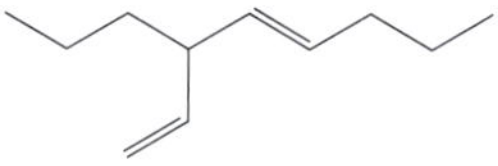

(d) *cis*-3,6-ジメチル-1,4-シクロヘキサジエン
(e) *cis*,*cis*-1,4-ジブロモ-1,3-ブタジエン　(f) 3-メチリデン-1,4-ペンタジエン

共役ジエンは非共役ジエンよりも安定である

前節では，電子の非局在化によってアリル系が特別に安定化されることを述べた．共役ジエンにも同じような性質があるのだろうか．もしそうであれば，その安定性は水素化熱にはっきりと現れているはずである．末端アルケンの水素化熱は，約 $-30\ \mathrm{kcal\ mol^{-1}}$ であることがわかっている(11-5 節参照)．相互作用がない(つまり一つあるいはそれ以上の飽和の炭素原子により隔てられた)末端二重結合が二つある化合物は，およそこの倍の水素化熱，つまり約 $-60\ \mathrm{kcal\ mol^{-1}}$ をもつはずである．実際，1,5-ヘキサジエンあるいは 1,4-ペンタジエンの触媒的水素化では，ちょうどそれくらいの量のエネルギーが放出される．

非共役アルケンの水素化熱

$$\mathrm{CH_3CH_2CH{=}CH_2 + H_2 \xrightarrow{Pt} CH_3CH_2CH_2CH_3} \qquad \Delta H^\circ = -30.3\ \mathrm{kcal\ mol^{-1}}\ (-127\ \mathrm{kJ\ mol^{-1}})$$

$$\mathrm{CH_2{=}CHCH_2CH_2CH{=}CH_2 + 2\,H_2 \xrightarrow{Pt} CH_3(CH_2)_4CH_3} \qquad \Delta H^\circ = -60.5\ \mathrm{kcal\ mol^{-1}}\ (-253\ \mathrm{kJ\ mol^{-1}})$$

$$\mathrm{CH_2{=}CHCH_2CH{=}CH_2 + 2\,H_2 \xrightarrow{Pt} CH_3(CH_2)_3CH_3} \qquad \Delta H^\circ = -60.8\ \mathrm{kcal\ mol^{-1}}\ (-254\ \mathrm{kJ\ mol^{-1}})$$

同じ実験を共役ジエンである 1,3-ブタジエンについて行うと，放出されるエネルギーは少ない．

1,3-ブタジエンの水素化熱

$$\mathrm{CH_2{=}CH{-}CH{=}CH_2 + 2\,H_2 \xrightarrow{Pt} CH_3CH_2CH_2CH_3} \qquad \Delta H^\circ = -57.1\ \mathrm{kcal\ mol^{-1}}\ (-239\ \mathrm{kJ\ mol^{-1}})$$

この約 $3.5\ \mathrm{kcal\ mol^{-1}}$($15\ \mathrm{kJ\ mol^{-1}}$)の差は，図 14-5 に図示されるように二つの二重結合間の相互作用による安定化に起因している．

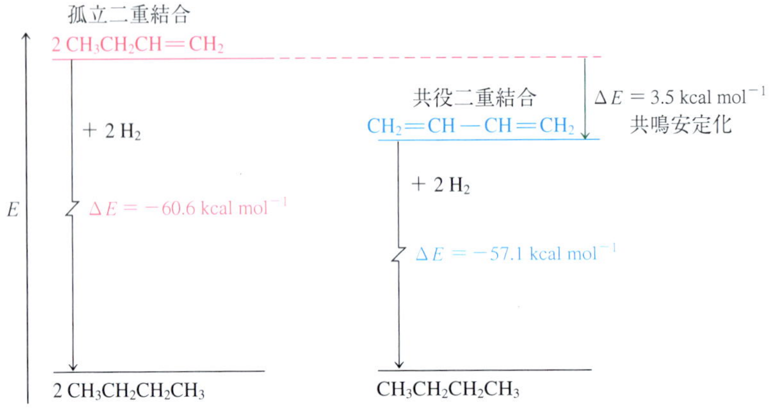

図 14-5 2分子の1-ブテン(末端のモノアルケン)の水素化熱と1分子の1,3-ブタジエン(末端二重結合が二つある共役ジエン)との水素化熱の差から，これらの化合物の相対的安定性がわかる．約3.5 kcal mol^{-1}という値は共役による1,3-ブタジエンの安定化の目安である．

上述の議論において水素化熱を公平に比較できるようにするため，ここでは末端二重結合の水素化に限定している．内部二重結合をもつ共役ジエンについて考える場合には，11-5節でモノエンについて確認した一般的な規則を当てはめることができる．つまり，アルキル置換が増えるにつれて安定性が増大し，トランス異性体は対応するシス異性体よりも安定である．

練習問題 14-9

(a) 下に示す三つの異性体のなかで，2当量の水素を用いて水素化したときの反応熱が最も多いものはどれか．最も少ないものはどれか．

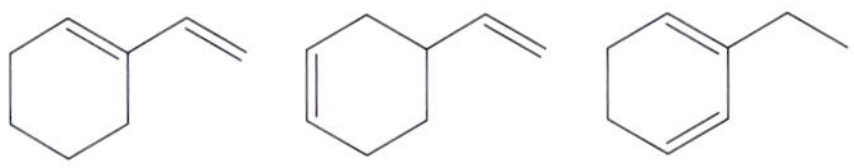

(A)　(B)　(C)

(b) *trans*-1,3-ペンタジエンの水素化熱は−54.2 kcal mol^{-1}で，1,4-ペンタジエンのそれよりも6.6 kcal mol^{-1}少なく，1,3-ブタジエンの安定化エネルギーから予想される値よりもさらに少ない．この理由を説明せよ．

1,3-ブタジエンの共役はπ結合の重なりによって生じる

1,3-ブタジエンの二つの二重結合は，どのように相互作用するのだろうか．その答えは，C2とC3のp軌道が重なることができるような配向をもつπ電子系の構造にある〔図14-6(A)〕．このπ軌道間の相互作用は弱いものではあるが，π電子は四つのp軌道からなる系全体に非局在化しているため，1 molあたり数kcalになる．

このπ軌道間の相互作用はジエンを安定化するだけでなく，単結合まわりの回転に約4 kcal mol^{-1}(17 kJ mol^{-1})の障壁を生む．分子模型を検討すると，分子は二つの極限的な平面形配座をとれることがわかる．**s-シス**(s-*cis*)と表記される一方の配座では，二つのπ結合がC2−C3軸に対して同じ側にあり，**s-トランス**(s-*trans*)と表記されるもう一方の配座では，π結合が反対側にある〔図14-6(B)〕．sという接頭語は，C2とC3間の結合が単結合(single bond)であることを意味している．ジエン骨格の内側にある二つの水素間の立体障害のため，s-シス

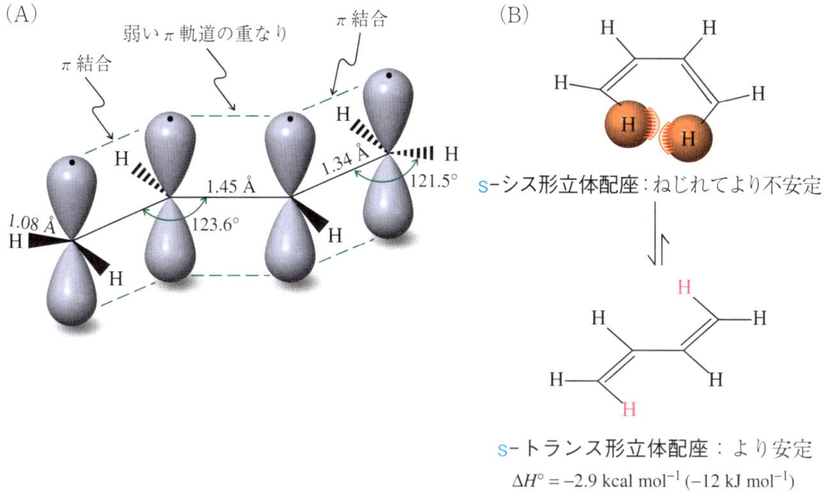

図 14-6　(A) 1,3-ブタジエンの構造．中心結合は通常のアルカンの結合より短い（ブタンの中心の C−C 結合は 1.54 Å）．分子平面に対して垂直に並んだ p 軌道により，連続した相互作用の列が生じる．(B) 1,3-ブタジエンは二つの平面形配座をとることができる．赤で強調してある二つの内側の水素が近接しているため，ねじれた s-シス形には立体障害がある．

形は s-トランス形よりもおよそ 3 kcal mol^{-1}(12.5 kJ mol^{-1})不安定である．

練習問題 14-10

1,4-ペンタジエンの中心の C−H 結合の解離エネルギーは，たった 77 kcal mol^{-1} しかない．この理由を説明せよ．（**ヒント**：14-1 節と 14-2 節を参考にし，水素原子の引き抜きによってできる生成物の構造を書いてみよう．）

1,3-ブタジエンのπ電子構造は，四つの p 原子軌道から四つの分子軌道をつくることによって表される（図 14-7）．

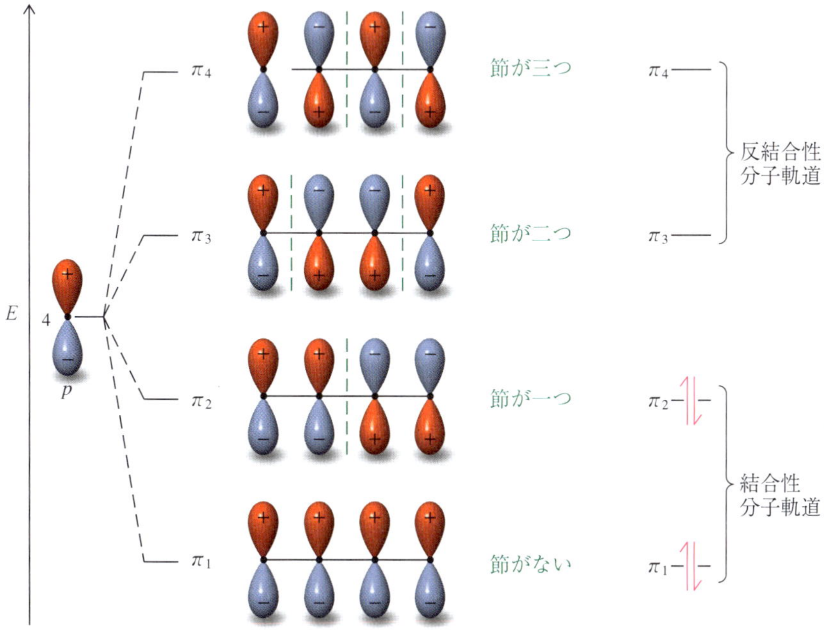

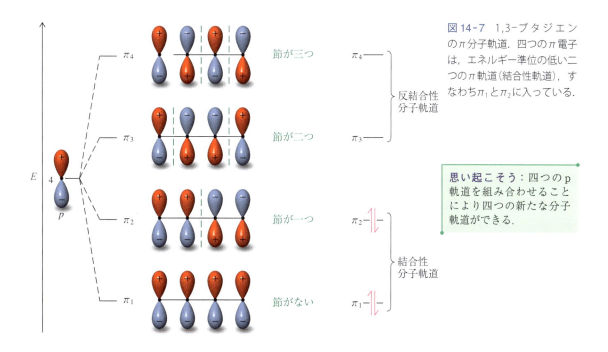

図 14-7　1,3-ブタジエンのπ分子軌道．四つのπ電子は，エネルギー準位の低い二つのπ軌道（結合性軌道），すなわち π_1 と π_2 に入っている．

思い起こそう：四つの p 軌道を組み合わせることにより四つの新たな分子軌道ができる．

まとめ ジエンは通常のアルケンの命名法にもとづいて命名される．水素化熱の測定からわかるように，共役ジエンは二つの二重結合が孤立しているジエンよりも安定である．共役は1,3-ブタジエンの分子構造に反映されており，中心の炭素—炭素結合は比較的短く，またその結合について4 kcal mol^{-1}(17 kJ mol^{-1})という小さな回転障壁がある．s-トランス形とs-シス形の立体配座異性体のエネルギー差は約3 kcal mol^{-1}(12.5 kJ mol^{-1})ある．分子軌道法で1,3-ブタジエンのπ電子系を表すと，二つの結合性軌道と二つの反結合性軌道があり，四つの電子がはじめの二つの結合性の準位に収容されている．

14-6 共役ジエンに対する求電子攻撃：速度論支配と熱力学支配

Reaction

共役ジエンの構造は，その反応性に影響を及ぼすだろうか．共役ジエンは二重結合が離れているジエンよりも熱力学的には安定であるにもかかわらず，求電子剤やその他の反応剤に対して速度論的には反応性がより高い．たとえば，1等量の氷冷した臭化水素は1,3-ブタジエンに容易に付加し，3-ブロモ-1-ブテンと1-ブロモ-2-ブテンという2種類の付加生成物の異性体を与える．

最初の化合物の生成は，通常のアルケンの化学にもとづいて容易に理解できる．すなわち，それは二重結合の一方に，Markovnikov付加(12-3節参照)が起こった結果である．しかし，もう一方の生成物についてはどうだろうか．

1-ブロモ-2-ブテンの生成は，この反応の機構を考察すると理解できる．すなわち，まずC1にプロトン化が起こり，熱力学的に最も有利なアリル型カチオンが生成する．

Mechanism

1,3-ブタジエンのプロトン化

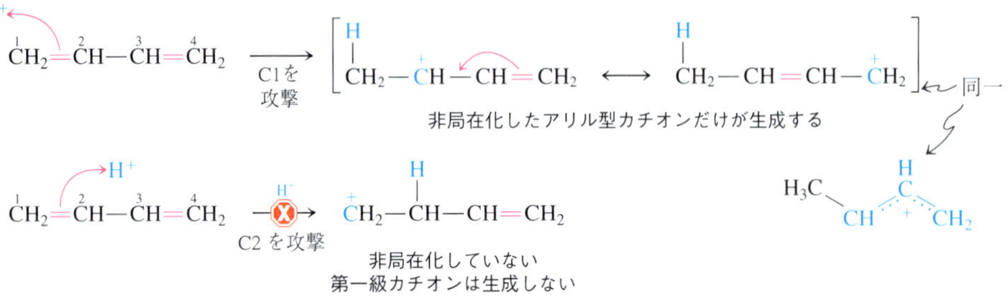

このカチオンが臭化物イオンによって捕捉されるのには2通りの方法があるため，実際に2種類の生成物ができる．つまり，末端の炭素に攻撃が起こると1-ブロモ-2-ブテンが生成し，内部の炭素に起こると3-ブロモ-1-ブテンが生成する．もとのジエンのC1とC4の位置で反応が起こっているので，1-ブロモ-2-

ブテンは1,3-ブタジエンへの臭化水素の1,4-付加で生成したことになる．もう一つの生成物は通常の1,2-付加によってできる．

1,3-ブタジエンのプロトン化で生成するアリル型カチオンの求核剤による捕捉

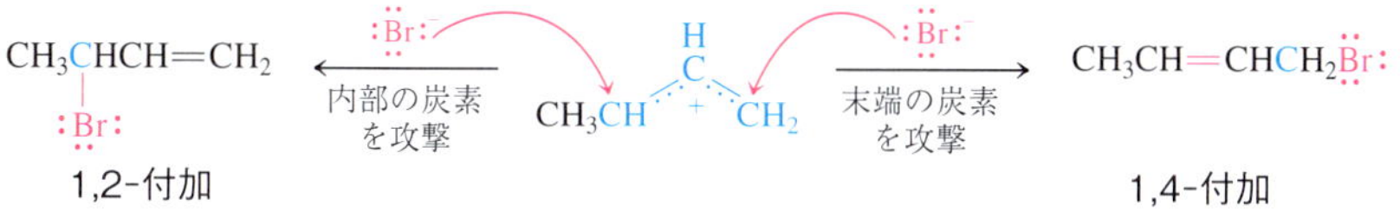

ジエンに対する求電子付加では，アリル型カチオン中間体が生成するため，両方の反応様式により複数の生成物の混合物が得られることが多い．たとえば1,3-ブタジエンの臭素化は，通常のアルケンで見られる環状ブロモニウムイオンの代わりに，(ブロモメチル)アリルカチオンを経て進行する(12-5節ならびに練習問題14-13参照)．

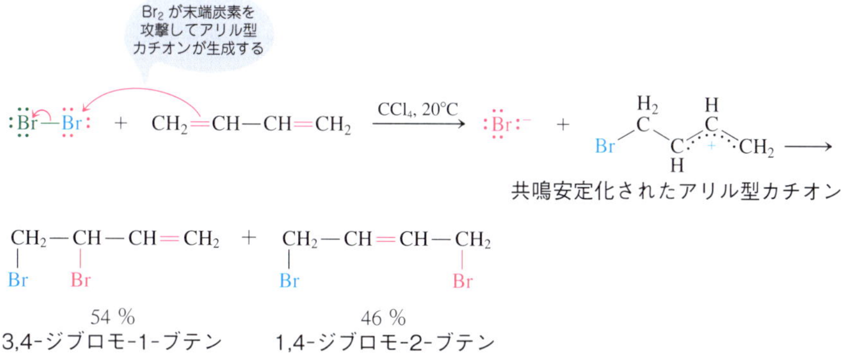

ここまでは対称な1,3-ブタジエンに対する求電子攻撃だけについて述べてきた．非対称なジエンの場合はどうなるだろうか．この場合，アリル型に拡張したMarkovnikov則とでもいうべき規則によって，より安定なアリル型カチオンが生成するように求電子攻撃が末端の炭素に優先的に起こる．それは，より多く置換されたアリル型カルボカチオンの共鳴構造をできるだけ多く含むアリル型カチオンである．

2-メチル-1,3-ブタジエンの位置選択的臭化水素化

観測される：

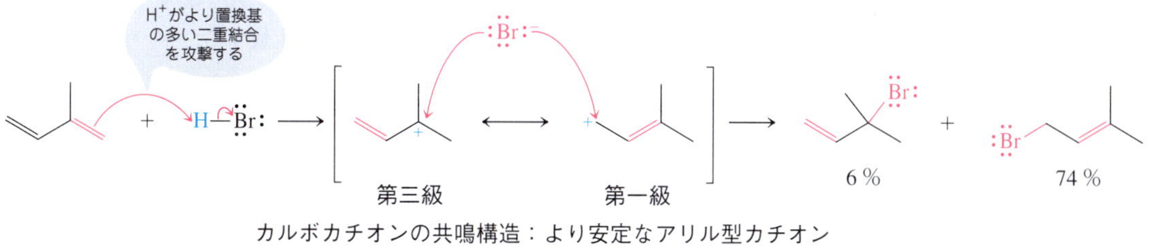

観測されない：

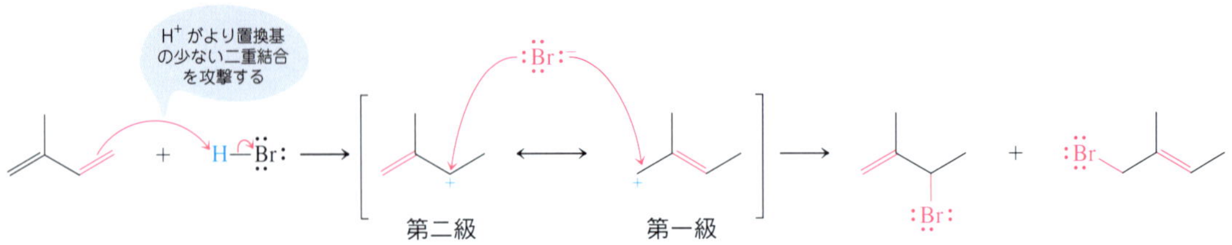

カルボカチオンの共鳴構造：
より不安定なアリル型カチオン

共役ジエンは，求電子剤，ラジカルおよびその他の開始剤によって誘発される重合反応のモノマーにもなる(12-14 節および 12-15 節参照)．共役ジエンの重合については 14-10 節で述べる．

練習問題 14-11

共役ジエンは，通常のアルケンの合成法にしたがって得ることができる．次の化合物の合成法を考えよ．

(a) 2,3-ジメチル-1,3-ブタジエンを 2,3-ジメチル-1,4-ブタンジオールから

(b) 1,3-シクロヘキサジエンをシクロヘキサンから

練習問題 14-12

(a) 1,3-シクロヘキサジエンへの，(i) HBr，(ii) DBr の 1,2-付加および 1,4-付加の生成物を書け．(**注意**：置換基のない環状 1,3-ジエンへの HX の 1,2-および 1,4-付加の生成物においては，どのような点が特殊か．)

(b) 以下のジエンの塩化水素化でできると思われる生成物を予想せよ．答えを説明するために，アリル型カチオン中間体の共鳴構造式を書け．

(i) 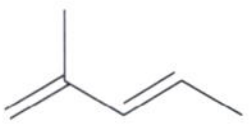　(ii) 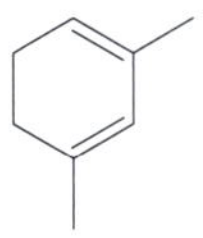　(iii) 難問 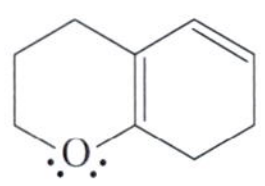

(**ヒント**：酸素上の孤立電子対を考慮すること.)

生成物分布の変化：速度論支配と熱力学支配

1,3-ブタジエンへの臭化水素化を 0 ℃ではなく 40 ℃で行うと，奇妙な結果になる．つまり，もともと 1,2-付加物と 1,4-付加物の 70：30 の混合物であったのが，この場合には同じ生成物が 15：85 の割合で生成する．

1,3-ブタジエンの 0 ℃における臭化水素化：速度論支配

$$CH_2{=}CH{-}CH{=}CH_2 + HBr \xrightarrow{0℃} HCH_2{-}\underset{}{\overset{Br}{|}}\!\!CH{-}CH{=}CH_2 + HCH_2{-}CH{=}CH{-}\overset{Br}{|}\!\!CH_2$$

3-ブロモ-1-ブテン（70%）多い　　1-ブロモ-2-ブテン（30%）少ない

1,3-ブタジエンの40 ℃における臭化水素化：熱力学支配

はじめに生成した 70：30 の割合の混合物を加熱しても臭化物の割合は 15：85 になり，もっと著しいことには，純粋な異性体の一方を加熱してもそうなる．この現象をどのように説明できるだろうか．

この結果を理解するには，反応の結果を支配する速度論と熱力学，いいかえれば反応速度と平衡について 2-1 節で考察した内容に戻って考えなければならない．反応の結果から，より高温では二つの生成物が平衡にあることは明らかである．その分布はそれらの相対的な熱力学的安定性を反映している．つまり，1-ブロモ-2-ブテン(内部二重結合がある；11-5 節参照)は 3-ブロモ-1-ブテンより少しだけ安定である．一般に，生成物の熱力学的安定性がそれらの分布に反映される反応を，**熱力学支配**(thermodynamic control)の反応とよぶ．1,3-ブタジエンの 40 ℃における臭化水素化はこの場合に当てはまる．

0 ℃では何が起こっているのだろうか．この温度では二つの異性体は相互変換しておらず，したがって熱力学支配は達成されていない．では，熱力学支配ではない場合の生成物分布を決める要因は何だろうか．それは，(次ページの式の中央に出発点として書かれている)アリル型カチオン中間体から二つの生成物ができる際の相対的な反応速度である．3-ブロモ-1-ブテンは熱力学的にはより不安定であるが，1-ブロモ-2-ブテンよりも速く生成する．一般に，生成物を与える相対的反応速度(つまり，それぞれの活性化障壁の相対的な高さ)がそれらの分布に反映される反応を**速度論支配**(kinetic control)の反応とよぶ．1,3-ブタジエンの 0 ℃における臭化水素化はこの場合にあたる．

速度論支配と熱力学支配の比較

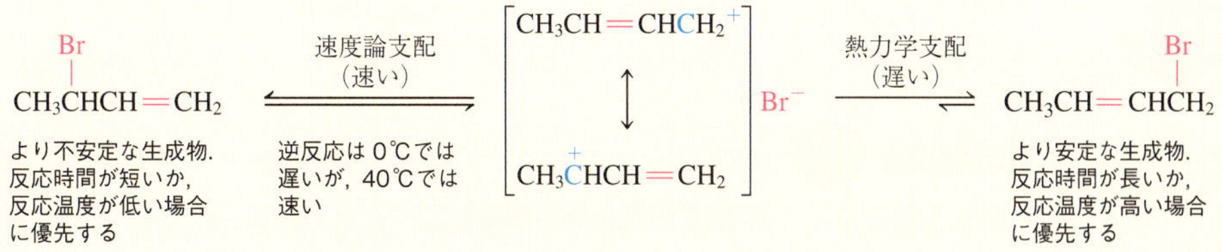

この反応のポテンシャルエネルギー図(図 14-8)は，より不安定な生成物を与える活性化障壁がより低く(速度 k_1 がより大きく)，より安定な生成物を導く活性化障壁がより高い(速度 k_2 がより小さい)ことを示している．この反応における重要な点は，速度論支配であるカチオン中間体の捕捉過程が可逆であるかどうか(つまり逆反応の速度 k_{-1})である．0 ℃においては生成過程の逆反応が比較的遅いため，より不安定で速度論支配の 3-ブロモ-1-ブテンが優先的に生成する．

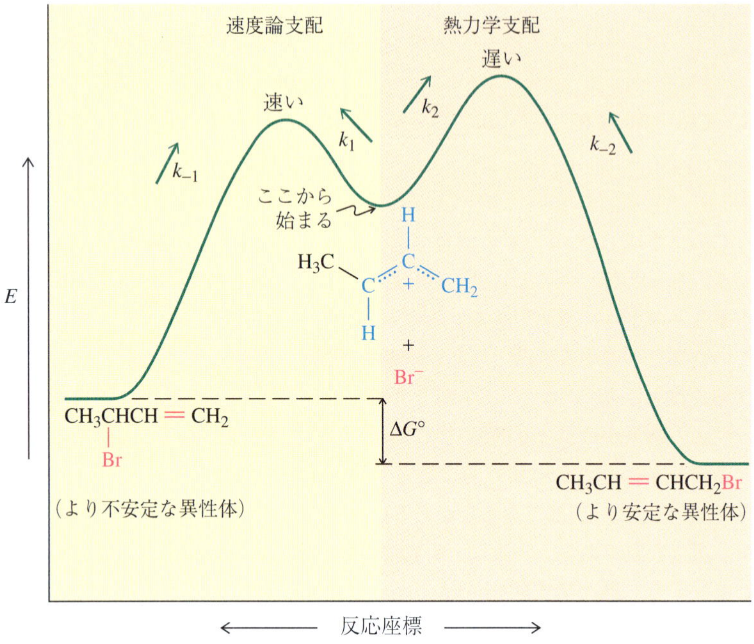

図 14-8　1-メチル-2-プロペニルカチオンと臭化物イオン(中央)との反応における速度論支配(左方向)と熱力学支配(右方向)の比較.

こぼれ話

生命そのものは速度論支配下にある. 本書で述べられている「静的な」化学反応とは異なり, 生命の速度論支配は, 複製, 代謝, 熱供給などを恒常的に保つためにエネルギーを投入する必要があるという点において動的である. それは, スイッチを切るまで安定に動き続けるエンジンと同じ状況ととらえることもできるだろう. 同様に生命も(写真の水槽のなかの熱帯魚にたとえられるように), 酸素あるいは栄養分が断たれ体が衰弱して「熱力学的平衡」に達したときに終末を迎える.

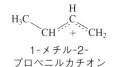

40 ℃では, この生成物は前駆体カチオンと速い平衡状態になり, その結果, 熱力学的により安定な 1-ブロモ-2-ブテンと平衡になる.

なぜ, より不安定な生成物がより低い活性化障壁を経て生成するのだろうか. 複数の要因から, より置換基の多い C3 への求核剤(この場合は臭化物イオン)の攻撃がより速く起こる. HBr がジエンの末端炭素をプロトン化する際, 遊離する臭化物イオンは, はじめは生成するアリル型カチオンの隣接する炭素(C3)の比較的そばにある. さらに, このカチオンは非対称であり, 正電荷は C1 と C3 に等しく分布していない. 欄外の静電ポテンシャル図に示すように, 第二級炭素である C3 上により多くの正電荷が存在している. この位置は置換基のない末端炭素に比べて電子密度が低い(青色が濃い). したがって, C3 上の部分的正電荷がより大きいことと遊離する求核剤がそばにあることから, C3 への攻撃が速度論的に有利になる.

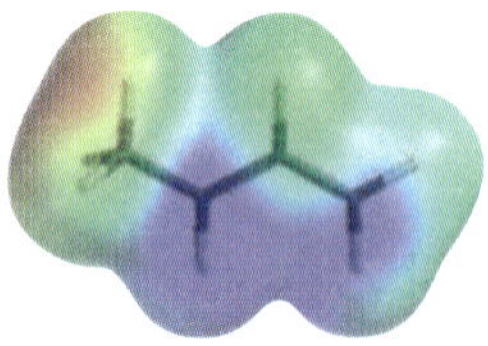

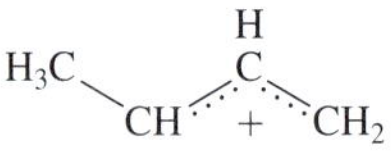

1-メチル-2-プロペニルカチオン

練習問題 14-13

概念のおさらい：速度論支配と熱力学支配

1,3-ブタジエンの 60 ℃における臭素化(767 ページ参照)により, 3,4-ジブロモ-1-ブテンと 1,4-ジブロモ-2-ブテンが 10：90 の割合で生成する. 一方, −15 ℃における反応ではこの比は 60：40 になる. この理由を説明せよ.

●解法のてびき

What 何が問われているか. 問題を的確にとらえるために, 異なる条件での反応の反応式をそれぞれはっきりと書くこと. 「説明せよ」という言葉は, 反応機構にもとづいて論理的に根拠を示す必要があることを意味している.

How どこから手をつけるか. 反応物と生成物を結びつける反応機構を書くこと. それができたら, 個々の段階と中間体を注意深く調べて, 二つの反応温度で生成物分布が異なる理由を探そう．

Information 必要な情報は何か．これは二重結合の臭素化に関する問題なので，12-5節および12-6節に戻って関連する反応機構に関する情報を探すこと．とくに12-5節では，最初に(下に構造を示した)ブロモニウムイオン(A)が生成し，次にそれが臭化物イオンの求核的攻撃を受けてアンチ付加が起こることが示されている．12-6節では，二重結合にアルキル基が置換していると，より置換基の多い炭素上によりカルボカチオン的(より多くの正電荷が存在する)な性質を反映するため，ブロモニウムイオンは(B)のようにひずむことが述べられている．

Proceed 一歩一歩論理的に進めよ．

●答え

- 1,3-ブタジエンの場合，置換基はエテニル(ビニル)基である．ブロモニウムイオンは共鳴により正電荷を非局在化させるために開環した形で存在する．一般的な規則として，共鳴により系を安定化できることがカルボカチオンの構造を決める支配的な因子である．したがって，妥当な中間体はアリル型カチオン(C)である．

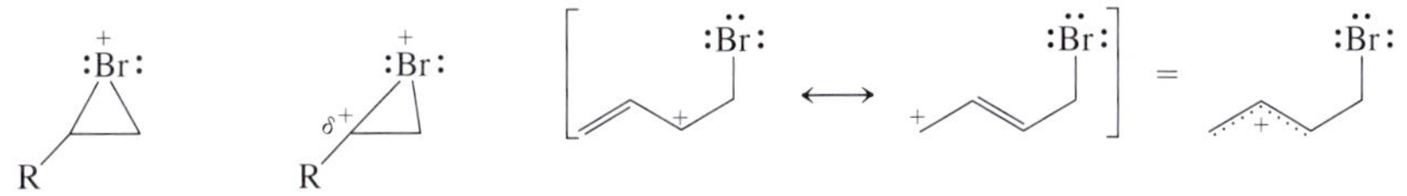

(A) R = H　対称　(B) R = アルキル　非対称　(C) R = エテニル　アリル型カチオン

- 次に，カチオン(C)は末端あるいは内部炭素上で臭化物イオンにより捕捉されうる．ブタジエンに対するHBrの付加のところで述べた理由により，臭化物イオンの内部炭素への攻撃は少し速いことがわかる(速度論支配)．そのため，低温におけるはじめの生成物分布は，3,4-ジブロモ-1-ブテンと*trans*-1,4-ジブロモ-2-ブテンが60：40になる．−15℃ではこれらの二つの化合物は安定であり，解離(それらの生成反応の逆反応)は起こさない．

速度論支配：

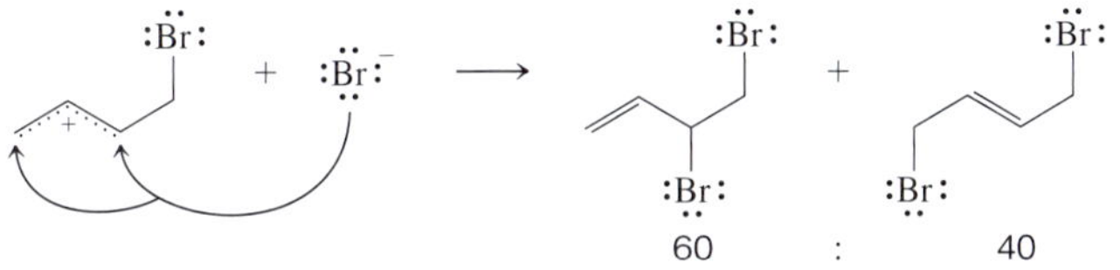

- 60℃に加熱すると，アリル位の臭化物イオンが脱離基(S_N1反応，14-3節参照)として作用するのに十分なエネルギーが与えられるため，アリル型カチオンが再生する．この温度では，より高エネルギーのカチオンの濃度は非常に低いが，生成物とカチオンは速い平衡にある．カチオンに対する臭化物イオンの攻撃の相対速度は上の場合と同じではあるが，生成物分布はそれらの相対的な安定性を反映した熱力学支配で決まるので，この速度の因子は生成物分布に関係しない．すなわち，1,4-ジブロモ異性体は3,4-ジブロモ異性体よりも安定であり，観測される生成物の比は10:90に変化する．2-1節の式を用いることにより，この二つの異性体のエネルギーがどれくらい違うのかを計算することができる．

熱力学支配：

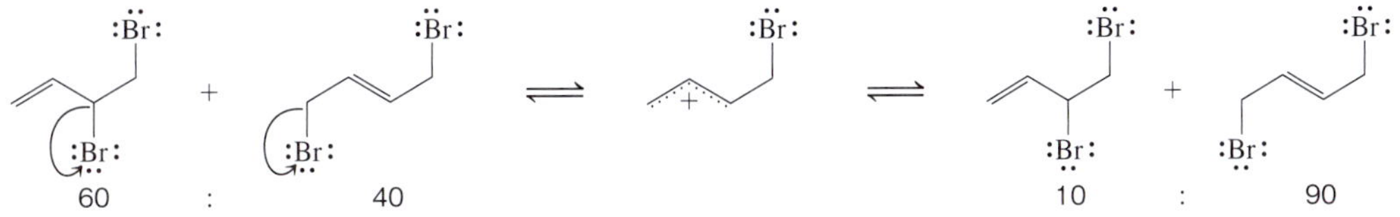

練習問題 14-14 自分で解いてみよう

(a) 以下の反応において，どちらの生成物がそれぞれ1,2-付加ならびに1,4-付加により生成したものか．また，どちらがそれぞれ速度論支配および熱力学支配の生成物か．

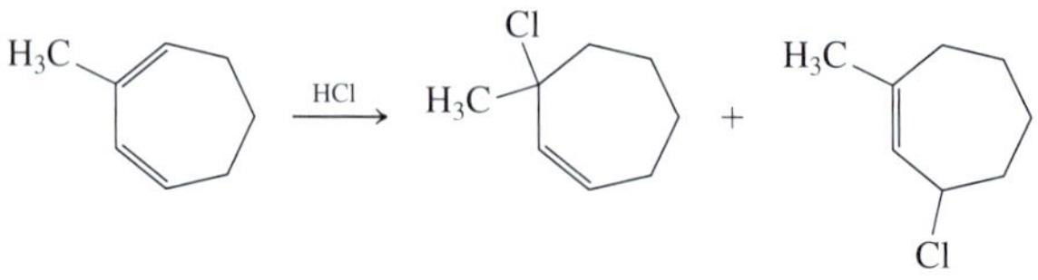

(A) (B)

(b) アセトン中に放置すると，(C)は(D)に異性化する．反応機構を書き，(D)が(C)より安定な理由を説明せよ．

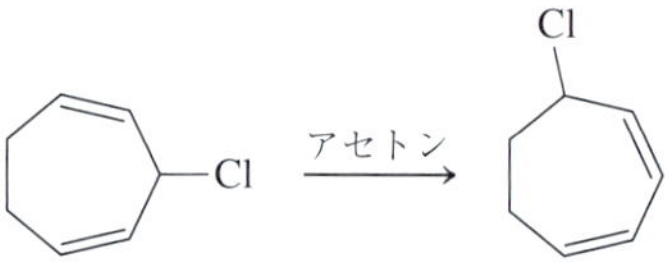

(C) (D)

まとめ 共役ジエンは電子豊富であり，求電子剤の攻撃を受け，アリル型カチオン中間体を経て1,2-および1,4-付加生成物を与える．これらの反応は比較的低い温度では速度論支配にしたがう．比較的高温で生成物どうしが可逆的に変換できる場合には，速度論支配から熱力学支配による生成物分布に変化する．

14-7 三つ以上のπ結合間における非局在化：拡張した共役とベンゼン

分子内に三つ以上の共役二重結合がある場合はどうなるのだろうか．反応性は高くなるだろうか．しかも，もし分子が環状になるとしたら，どうなるだろうか．鎖状の類縁体と同じように反応するだろうか．本節ではこれらの疑問に答えていこう．

拡張π電子系は熱力学的には安定だが速度論的には反応性に富む

三つ以上の二重結合が共役しているとき，その分子は**拡張π電子系**(extended π system)とよばれる．その一例は，1,3-ブタジエンより二重結合が一つ多い同族体である1,3,5-ヘキサトリエンである．この物質は非常に反応性に富み，とくに求電子剤が存在すると容易に重合する．この分子は非局在化したπ電子系として高い反応性を示すにもかかわらず，熱力学的には比較的安定である．

このような拡張π電子系の反応性が高いのは，求電子付加が高度に非局在化したカルボカチオン中間体を経て進行するので，その活性化障壁が低いためである．たとえば，1,3,5-ヘキサトリエンの臭素化で生成する置換ペンタジエニルカチオン中間体には，三つの共鳴構造が書ける．

1,3,5-ヘキサトリエンの臭素化反応

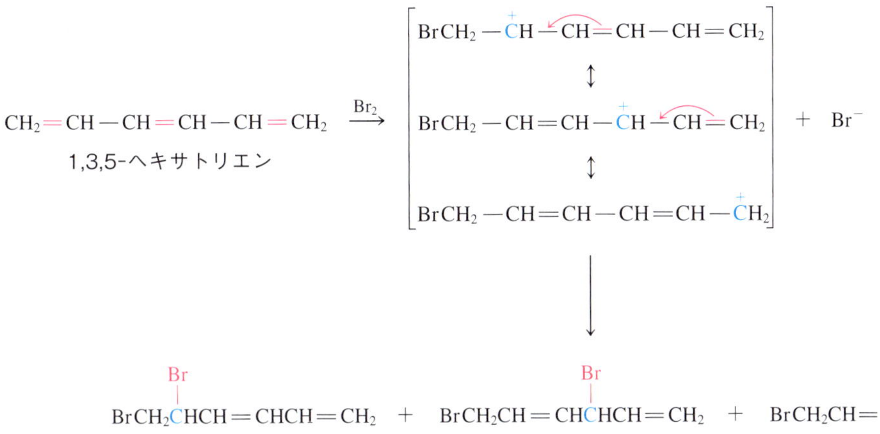

5,6-ジブロモ-1,3-ヘキサジエン（1,2-付加生成物）　3,6-ジブロモ-1,4-ヘキサジエン（1,4-付加生成物）　1,6-ジブロモ-2,4-ヘキサジエン（1,6-付加生成物）

最終的には1,2-，1,4-および1,6-付加生成物の混合物になるが，1,6-付加生成物は内側に共役ジエン系が残っているので，熱力学的に最も有利である．

練習問題 14-15

1,3,5-ヘキサトリエンを2当量の臭素と処理すると，中程度の量の1,2,5,6-テトラブロモ-3-ヘキセンが生成すると報告されている．この生成物ができる反応機構を書け．

高度な拡張π電子系は，自然界にも存在する．その例には，ニンジンに含まれる橙色の色素であるβ-カロテン（本章の冒頭文），その生物的分解生成物であるビタミンA（レチノール；次ページと下巻のコラム18-2参照）や強力な抗真菌薬のアムホテリシンB（欄外）がある．カロテンの構造が変化したものが，卵黄，パプリカ，トウモロコシ，トマトならびに柑橘類の色のもとになっている．この種の化合物は，二重結合に付加しようとする反応剤が攻撃しうる位置が多数存在するので，非常に反応性に富んでいる．一方，ある種の環状共役系はπ電子の数によってははるかに不活性になる（下巻；15章参照）．この効果の最も顕著な例は，1,3,5-ヘキサトリエンの環状類縁体であるベンゼンである．

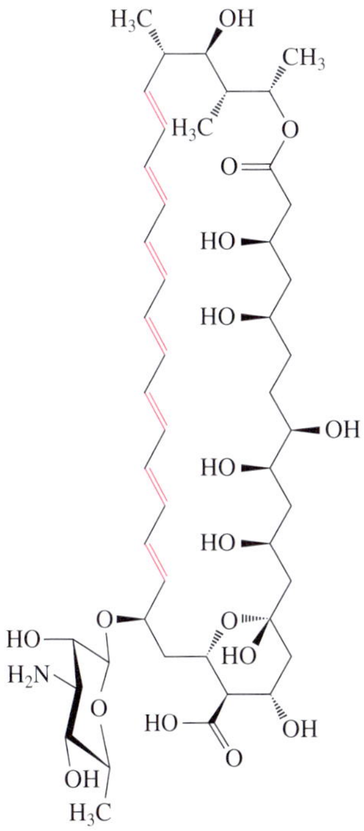

アムホテリシンB
(amphotericin B)
(フンギリン®
Fungilin®)

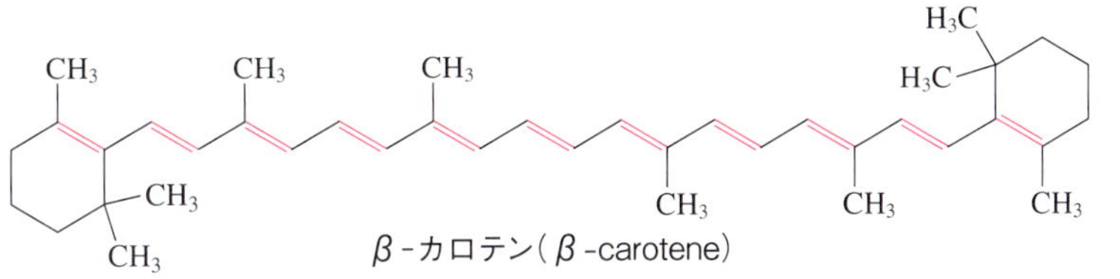

β-カロテン（β-carotene）

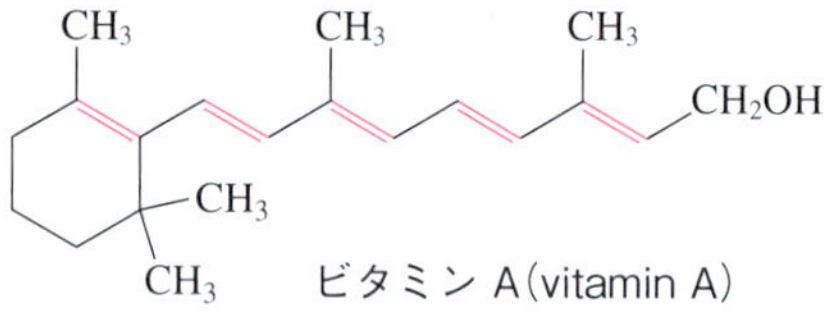

ビタミン A(vitamin A)
(レチノール retinol)

共役環状トリエンのベンゼンは著しく安定である

ベンゼンとその共鳴構造

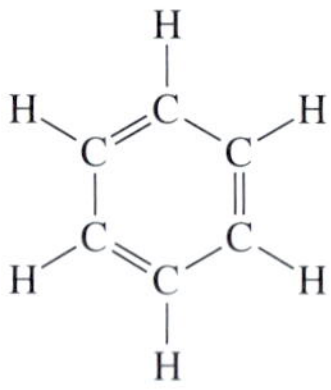

ベンゼン
(benzene)

環状共役系(cyclic conjugated system)は特別な系である．最も一般的な例は，環状トリエンの C_6H_6(ベンゼン)とその誘導体である(下巻；15章，16章，および22章参照)．ヘキサトリエンとは対照的に，ベンゼンは特殊な電子配置のため(下巻；15章参照)，熱力学的にも速度論的にも著しく安定である．ベンゼンが異常であることは，その共鳴構造を書けばわかる．すなわち，ベンゼンには二つの等価な寄与をするLewis構造式がある．ベンゼンは，触媒的水素化，水和反応，ハロゲン化や酸化のような，不飽和系に特有の付加反応を起こしにくい．実際，ベンゼンは反応性が低いので，有機反応の溶媒として用いられる．

ベンゼンは著しく不活性である

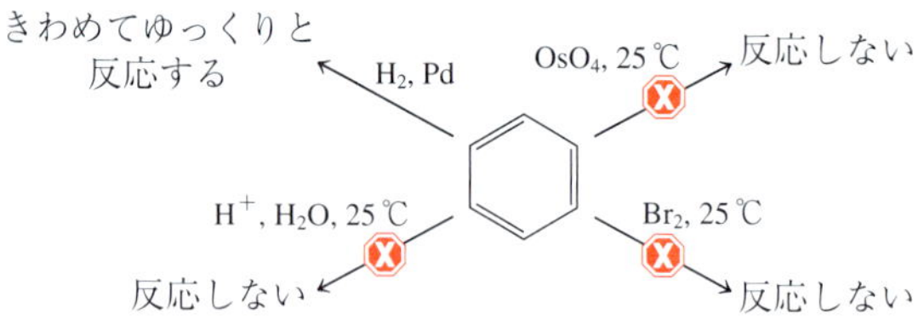

あとの章で，ベンゼンが著しく反応性に乏しいのは，環状共役構造のなかに存在しているπ電子の数(この場合は6個)が関係していることを学ぶ．次の節では，遷移状態において6電子が環状に重なることによって遷移状態がエネルギー的に安定化され，それによってはじめて起こる反応について紹介する．

まとめ 非環状の拡張共役系は，共役系が大きくなるほど熱力学的に安定になるだけでなく，反応剤が攻撃できる点が多いことと非局在化した中間体が生成しやすいため，速度論的な反応性が増加する．一方，シクロヘキサトリエンであるベンゼンは著しく安定で不活性である．

14-8 共役ジエンに特有の反応：Diels-Alder環化付加

共役二重結合は，求電子付加反応のようなアルケンの典型的な反応を起こすだけではない．この節では，共役ジエンとアルケンが結合して置換シクロヘキセンを与える反応について述べる．Diels-Alder環化付加として知られるこの反応では，ジエンの両末端の原子がアルケンの二重結合に付加して環を形成する．新しい結合は同時にしかも立体特異的に生成する．

ジエンのアルケンへの環化付加反応によりシクロヘキセンが生成する

1,3-ブタジエンとエテンの混合物を気相で加熱すると，際立った反応が起こり，二つの新しい炭素—炭素結合が同時に形成されてシクロヘキセンが生成する．これは，**Diels–Alder**＊**反応**（Diels–Alder reaction）の最も単純な例である．一般にこの反応では，共役ジエンがアルケンに付加してシクロヘキセン誘導体を与える．さらに一般的な反応の分類では，Diels–Alder 反応は π 電子系間の**環化付加**[†1]**反応**（cycloaddition reaction）の特殊な場合として分類される．環化付加反応の生成物は**環化付加物**[†2]（cycloadduct）とよばれる．Diels–Alder 反応では，四つの π 電子をもっている共役した四つの原子の集団が，二つの π 電子をもっている二重結合と反応する．このため，この反応は[4 + 2]環化付加ともよばれる．四炭素成分は単にジエンとよばれ，アルケンは「ジエンを好む」という意味で**求ジエン体**（dienophile）とよばれる．

＊ Otto P. H. Diels（1876 ～ 1954），ドイツ，キール大学教授，1950 年度ノーベル化学賞受賞．Kurt Alder（1902 ～ 1958），ドイツ，ケルン大学教授，1950 年度ノーベル化学賞受賞．

†1　訳者注；「付加環化」と訳されることも多い．

†2　訳者注；「付加環化物」と訳されることも多い．

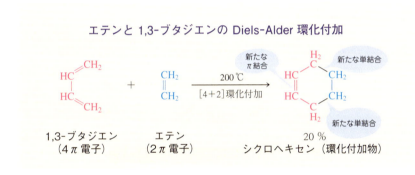

エテンと 1,3-ブタジエンの Diels-Alder 環化付加

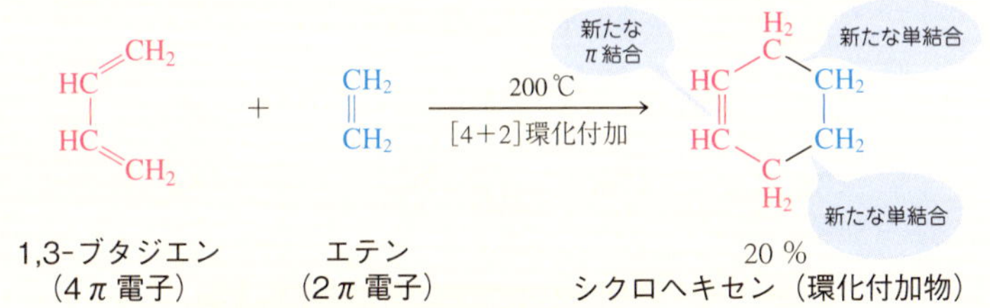

Reaction

Diels–Alder 反応におけるジエンと求ジエン体の反応性

この反応の最も簡単な形である 1,3-ブタジエンとエテンそのものの反応は，実際にはあまりうまく進行せず，シクロヘキセンが低収率で得られるのみである．しかし電子不足アルケンと電子豊富ジエンを用いると，反応ははるかに速やかに進行する．したがって，アルケンを電子求引基で置換し，ジエンを電子供与基で置換すると，この反応に対して非常にすぐれた基質の組合せになる（欄外参照）．

たとえばトリフルオロメチル基は，電気陰性度の大きいフッ素原子による誘起効果（8–3 節参照）のために電子求引性である．このような電子求引性置換基があると，アルケンの Diels–Alder 反応に対する反応性が高くなる．逆に，アルキル基は誘起効果（11–3 節参照）および超共役（7–5 節および 11–5 節参照）のために電子供与性であるので，アルキル基があると電子密度が増加し，ジエンにとって Diels–Alder 反応を行うのに有利になる．欄外の静電ポテンシャル図はこの効果を示している．トリフルオロメチル基をもつ二重結合の電子密度（黄色）は，メチル基をもつ二重結合の電子密度（赤色）よりも低い．

共鳴によって二重結合と相互作用する置換基をもつアルケンもある．たとえば，カルボニル基を含む官能基やニトリル基は共鳴効果によりすぐれた電子受容体になっている．このような官能基が結合している炭素—炭素二重結合は，正電荷がアルケンの炭素原子上にある共鳴構造の寄与により電子不足になる．

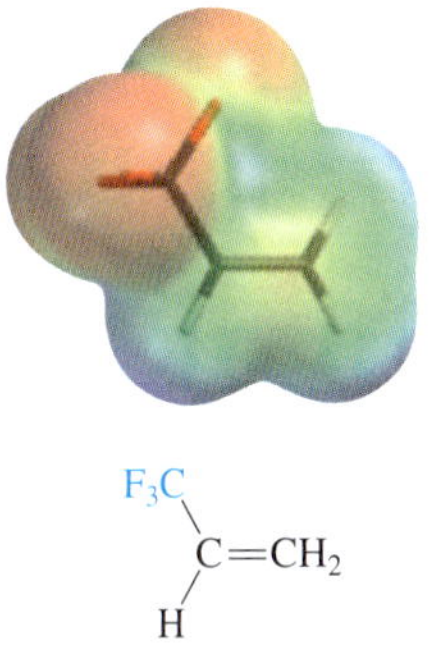

3,3,3-トリフルオロ-1-プロペン
（電子不足アルケン）

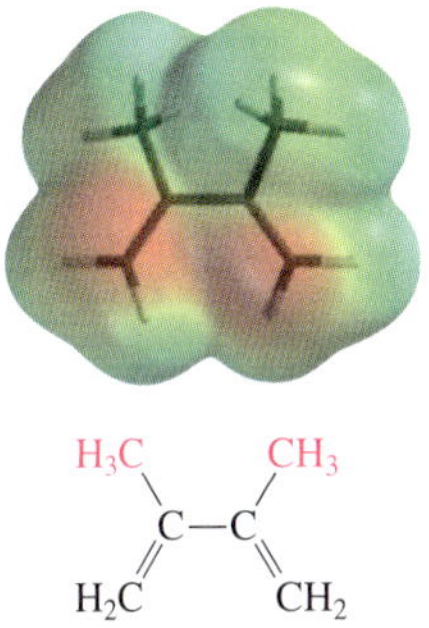

2,3-ジメチル-1,3-ブタジエン
（電子豊富ジエン）

共鳴により電子求引性を示す官能基

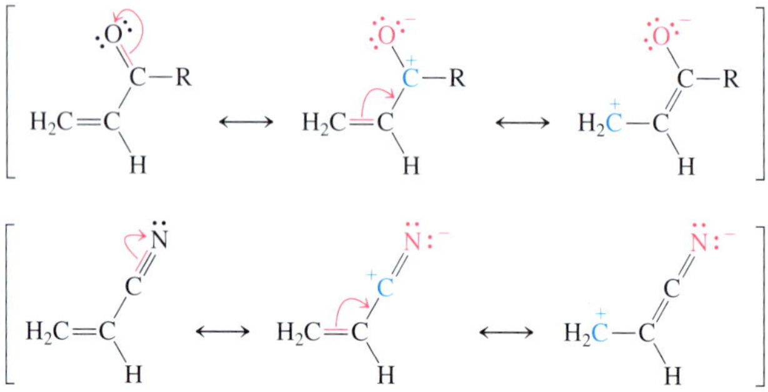

求ジエン体ならびにジエンの反応性の傾向について，いくつかの例を以下に示す．

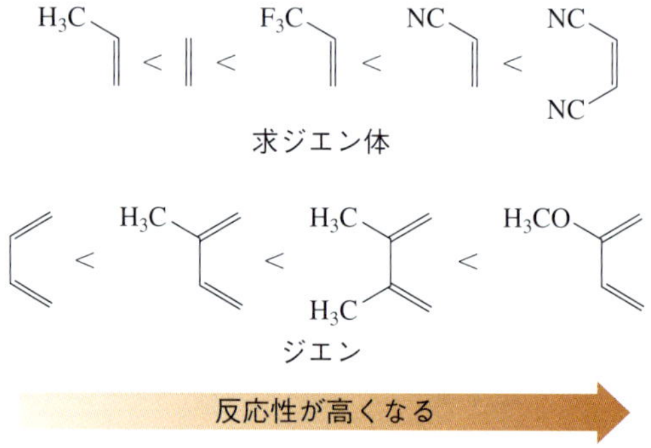

練習問題 14-16

次のアルケンがエテンに比べて電子不足かそれとも電子豊富かに分類し，その理由を説明せよ．

(a)　$H_2C{=}CHCH_2CH_3$　　(b) 　　(c) 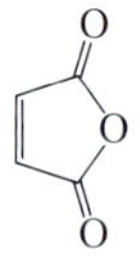　　(d) 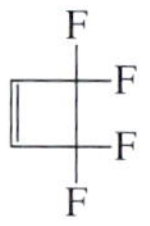

練習問題 14-17

ニトロエテン（$H_2C{=}CHNO_2$）の二重結合は電子不足であり，メトキシエテン（$H_2C{=}CHOCH_3$）の二重結合は電子豊富である．共鳴構造を書いてその理由を説明せよ．

効率よく Diels–Alder 環化付加を行う組合せの例には，2,3–ジメチル–1,3–ブタジエンとプロペナール（アクロレイン）との反応がある．

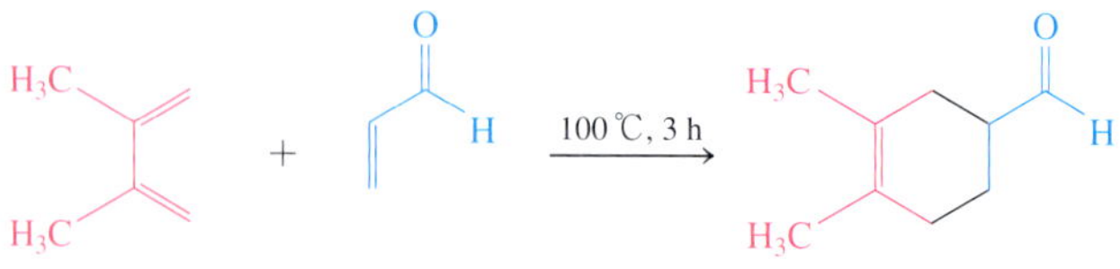

2,3-ジメチル-1,3-ブタジエン　　プロペナール（アクロレイン）　　90 % Diels-Alder環化付加物

表 14-1 Diels–Alder 反応に用いられる代表的なジエンと求ジエン体

ジエン

1,3-ブタジエン

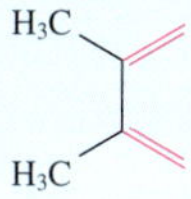

2,3-ジメチル-1,3-ブタジエン

trans,trans-2,4-ヘキサジエン

1,3-シクロペンタジエン

1,3-シクロヘキサジエン

求ジエン体

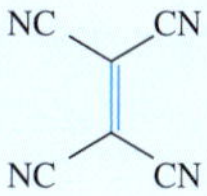

テトラシアノエテン

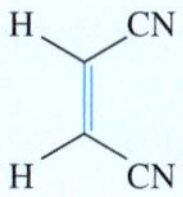

cis-1,2-ジシアノエテン

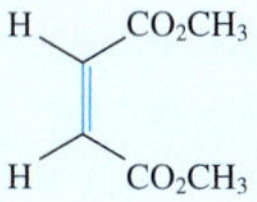

cis-2-ブテン二酸ジメチル（マレイン酸ジメチル）

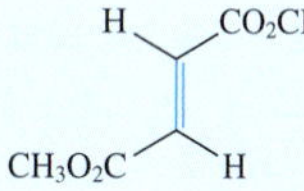

trans-2-ブテン二酸ジメチル（フマル酸ジメチル）

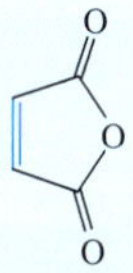

2-ブテン二酸無水物（無水マレイン酸）

ブチン二酸ジメチル（アセチレンジカルボン酸ジメチル）

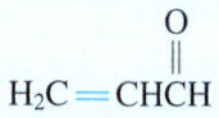

プロペナール（アクロレイン）

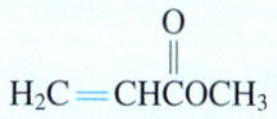

プロペン酸メチル（アクリル酸メチル）

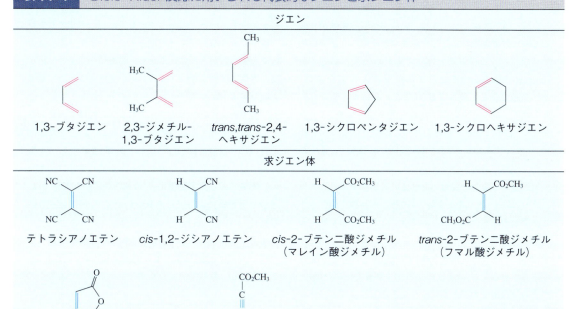

環化付加生成物中の炭素ー炭素二重結合は電子豊富で，しかもそのまわりには立体障害がある．そのため環化付加生成物がさらにジエンと反応することはない．

1,3-ブタジエン自体は置換基がついていなくても十分に電子豊富なので，電子不足アルケンとの環化付加反応を行う．

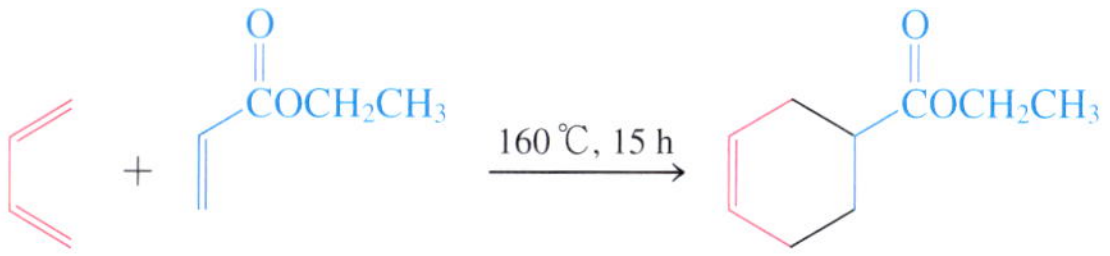

プロペン酸エチル
(ethyl propenoate)
(アクリル酸エチル ethyl acrylate)

94 %

Diels–Alder 反応は合成に広く用いられているため，多くの典型的なジエンや求ジエン体には慣用名がついている（表 14-1）．

練習問題 14-18

テトラシアノエテンおよびブチン二酸ジメチルのそれぞれと次にあげる(a)～(c)の分子との，[4 + 2]環化付加でできる生成物の構造を書け．

(a) 1,3-ブタジエン (b) シクロペンタジエン

(c) 1,2-ジメチリデンシクロヘキサン（欄外参照）

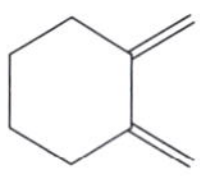

1,2-ジメチリデンシクロヘキサン
(1,2-dimethylidene-cyclohexane)

コラム● 14-1 電気を通す有機ポリエン

電線や電気製品に使用されているすべての銅線が有機ポリマーに置き換わることを想像できるだろうか．1970年代後半に，この目標を達成するための大きな進歩がHeeger，MacDiarmidならびに白川によってなされ，その業績に対して彼らは2000年のノーベル化学賞を受賞した*．彼らは金属のように電気を通すエチン（アセチレン）のポリマーを合成した．この発見により，有機ポリマー（プラスチック）に対する見方が根本的に変えられた．実際，通常のプラスチックは絶縁体として私たちを電流から守るために用いられているからである．

ポリエチン（ポリアセチレン）のどこが特殊なのだろうか．物質が導電性をもつためには，ほとんどの有機化合物のように電子が局在化しているのではなく，自由に動き回ることができ，電流を維持させる電子の存在が必要である．本章では，sp^2混成炭素原子が長く伸びた鎖状，つまり共役ポリエンの形に結合することによって，そのような非局在化が起こることを学んだ．また，正電荷，1個の電子あるいは負電荷が，ちょうど分子電線のようにπ共役系に沿って広がることも学んだ．ポリアセチレンはそのようなポリマー構造をもっているが，電子はそれでも強く固定されているため，導電性を示すといえるほど容易には動かない．この目標を達成するため，電子を取り除く（酸化）あるいは注入（還元）することによって，電子的な枠組みが活性化される．これはドーピングとよばれる過程である．電子のホール（正電荷）または電子対（負電荷）は，14-6節において拡張されたアリル型の共役鎖について示したのとまったく同じように，ポリエン構造に広く非局在化する．最初の画期的な実験では，遷移金属触媒によるアセチレンのポリマー化（12-15節参照）によりつくられたポリアセチレンをヨウ素でドープすることによって，1000万倍も飛躍的に導電性が増大した．のちの改良によってこの値は10^{11}まで向上した．こうなると，有機物でできた銅とよべるほどである．

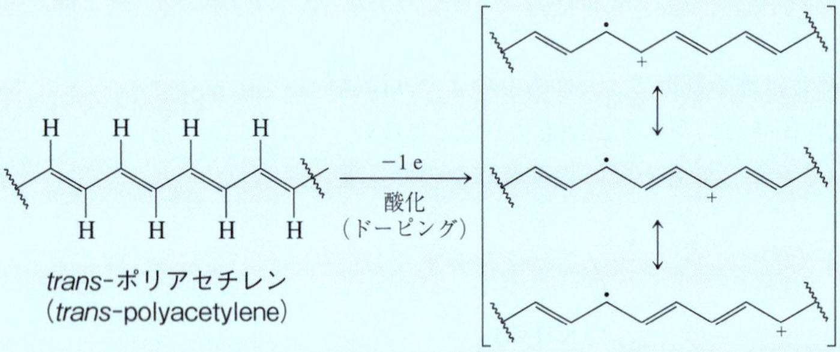

trans-ポリアセチレン
（*trans*-polyacetylene）

導電性を示す状態のポリアセチレン

気体のエチンの重合でできる，黒い光沢のある柔らかなポリアセチレン（ポリエチン）の箔．

* Alan J. Heeger（1936～），アメリカ，カリフォルニア大学サンタバーバラ校教授，
Alan G. MacDiarmid（1927～2007），アメリカ，ペンシルバニア大学教授，
白川英樹（1936～），日本，筑波大学名誉教授．

Diels-Alder反応は協奏的である

Diels-Alder反応は1段階で起こる．出発物質の三つのπ結合が同時に切れるのと同様に，新しい二つの炭素−炭素単結合と新しいπ結合も同時に生成する．先に述べたように（6-4節参照），結合開裂が結合生成と同時に起こる1段階反応は協奏的である．この反応が協奏的であることは，次の2通りの方法のいずれかで表される．すなわち，非局在化した六つのπ電子を表す点線の輪，または電子の押し出しを示す矢印のいずれかである．ちょうど6電子が環状の重なりを生じることがベンゼンを安定化しているように（14-7節），Diels-Alder反応の遷移

MATERIALS

ポリアセチレンは空気や湿気に対して敏感なので，実際の応用に用いることは困難である．しかし，拡張π電子系が有機電導体になりうるという考えは幅広い物質に利用することができ，それらの用途もすべて明らかになっている．これらの多くは，たとえばベンゼン（下巻；15-2節），ピロールならびにチオフェン（下巻；25-3節参照）のような，とくに安定化された環状の6π電子の単位を含んでいる．

有機電導体と応用例

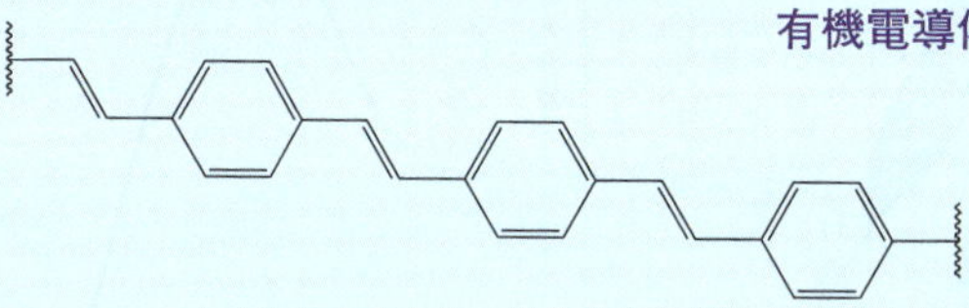

ポリ（*p*-フェニレンビニレン）
〔poly（*p*-phenylene vinylene）〕
（携帯電話などに用いられるエレクトロルミネッセンス（EL）ディスプレイ）

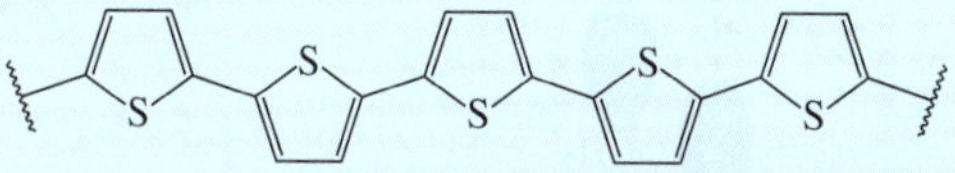

ポリチオフェン（polythiophene）
（スーパーマーケットのレジなどに用いられる電界効果トランジスタ（FET）；写真用フィルムなどに用いられる静電気除去剤）

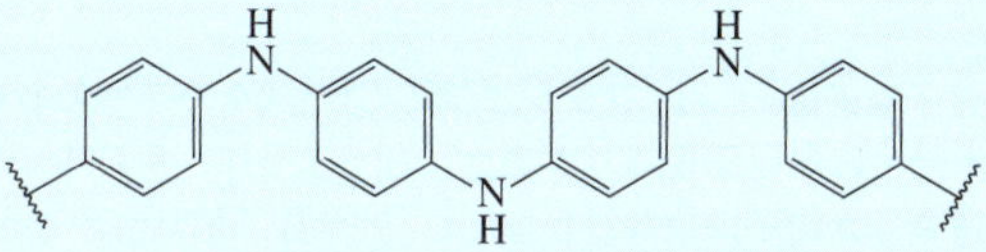

ポリアニリン（polyaniline）
（導電体；電子回路の電磁場しゃへい剤；じゅうたんなどに用いられる静電気除去剤）

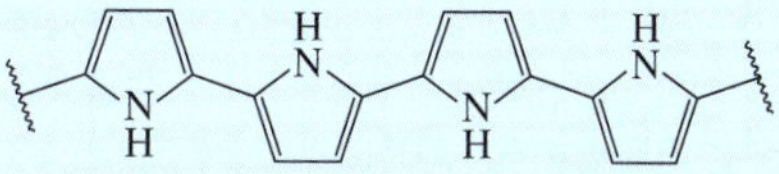

ポリピロール（polypyrrole）
（電解コンデンサー（キャパシター）の電解質；ディスプレイのコーティング剤；センサー用素子）

エレクトロニクス分野におけるこれらの応用以外に，導電性ポリマーは電場によって励起した際に発光させることもできる．これはエレクトロルミネッセンス（電界発光）とよばれる現象で，有機発光素子（OLED）として膨大な用途がある．簡単にいえば，このような有機物質は有機電球と見なすことができる．OLEDは比較的軽く柔軟で，幅広い範囲の色が出せる．有機ポリマーは原理的にはどのような形や形状にも加工できるので，書籍，光る布地，壁装飾のような新しいフレキシブルディスプレイをつくり出せる．この分野の未来は本当に明るく色鮮やかなようだ．

この鮮やかな色はOLEDの賜物である．

状態も6電子が環状に配列することによって安定化している．

Diels-Alder 反応の遷移状態に対する二つの表現

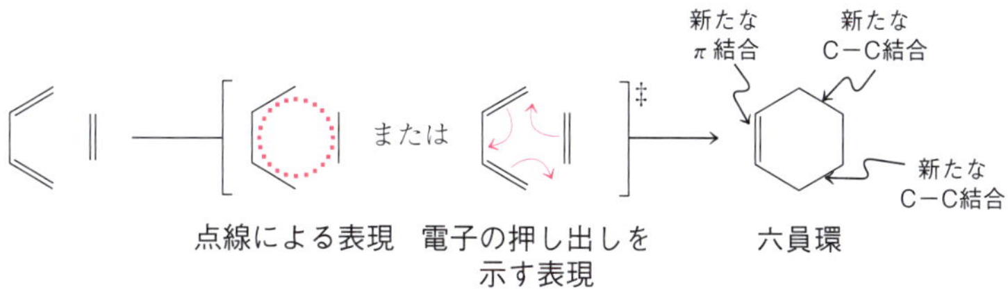

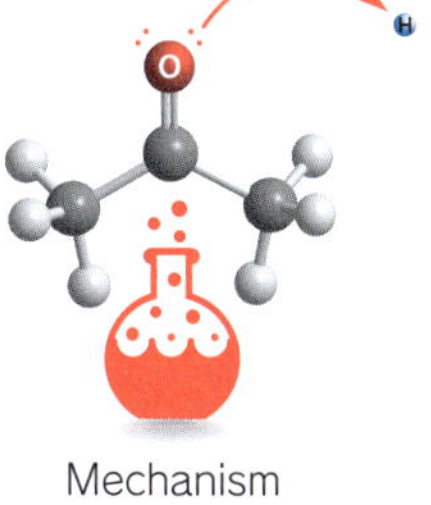

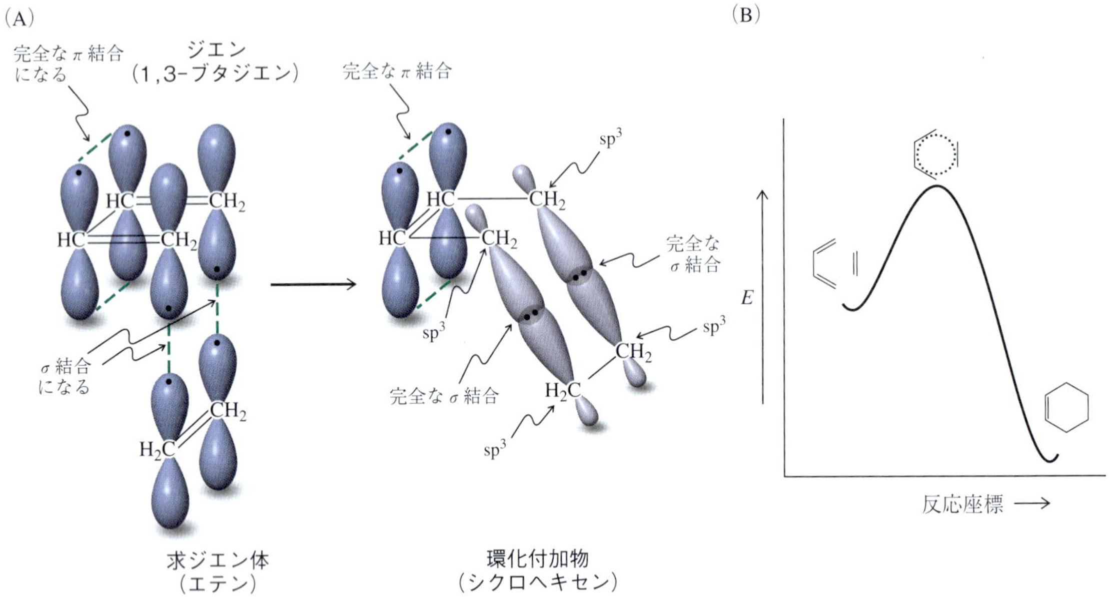

図 14-9 (A) 1,3-ブタジエンとエテンの Diels-Alder 反応の分子軌道図. 1,3-ブタジエンの C1 と C4 の二つの p 軌道とエテンの二つの p 軌道が相互作用し, 生成する二つの新しい単結合における重なりが最大になるように, 反応中心の炭素が sp^3 に再混成する. 同時にジエンの C2 と C3 の二つの p 軌道間で π 電子の重なりが増加し, 完全な二重結合ができる. (B) 遷移状態が一つしかないポテンシャルエネルギー図.

分子軌道法で表すと〔図 14-9(A)〕, 求ジエン体の p 軌道とジエンの末端の p 軌道が重なって結合ができることがはっきりとわかる. この四つの炭素は sp^3 に再混成し, 一方, ジエンの内側の残った二つの p 軌道は新しい π 結合になる. 反応のポテンシャルエネルギー図〔図 14-9(B)〕は, この反応が協奏的であることを反映していて, そこには遷移状態は一つしかなく中間体は存在しない.

Diels-Alder 反応の機構では, ジエンの両末端の反応点が, 同じ面内で求ジエン体の両方の炭素に同時に近づく必要がある. これは, ジエンがより安定な s-トランス形よりもエネルギー的にやや不利な s-シス形立体配座をとらなければならないことを意味している(図 14-6).

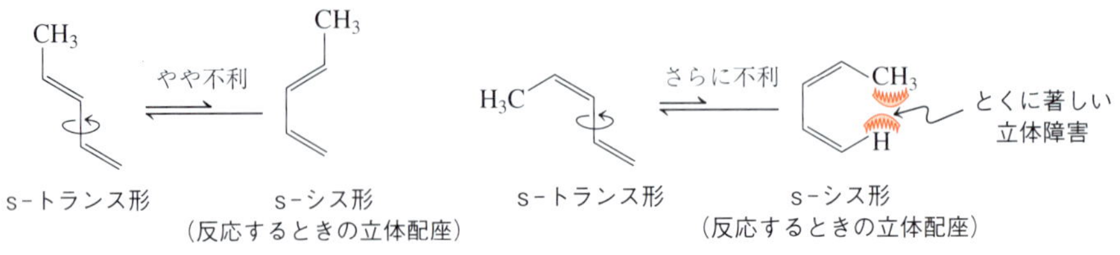

この立体化学的な要因は環化付加の速度に影響を及ぼす. s-シス形において, とくに立体障害が大きいかあるいはこの配座をとることが不可能な場合, 反応は遅くなるか起こらなくなる. 逆に, 立体配座が s-シス形に束縛(固定)されている場合は, 反応が加速される.

不活性なジエン　　　とくに反応性に富むジエン

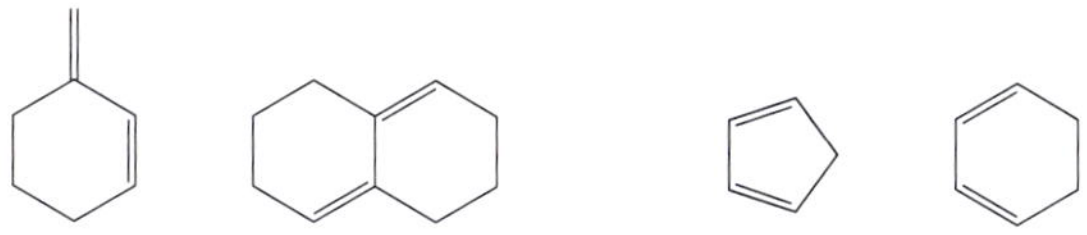

Diels–Alder 反応は立体特異的である

協奏的な反応機構の結果として，Diels–Alder 反応は立体特異的である．たとえば，1,3–ブタジエンと *cis*–2–ブテン二酸ジメチル（マレイン酸ジメチル，シス–アルケンの一種）の反応は *cis*–4–シクロヘキセン–1,2–ジカルボン酸ジメチルを与える．求ジエン体のもとの二重結合の立体化学は，生成物中で保持されている．これと相補的な反応である 1,3–ブタジエンと *trans*–2–ブテン二酸ジメチル（フマル酸ジメチル，トランス–アルケンの一種）の反応はトランス付加物を与える．

Diels-Alder 反応では求ジエン体の立体化学は保持される

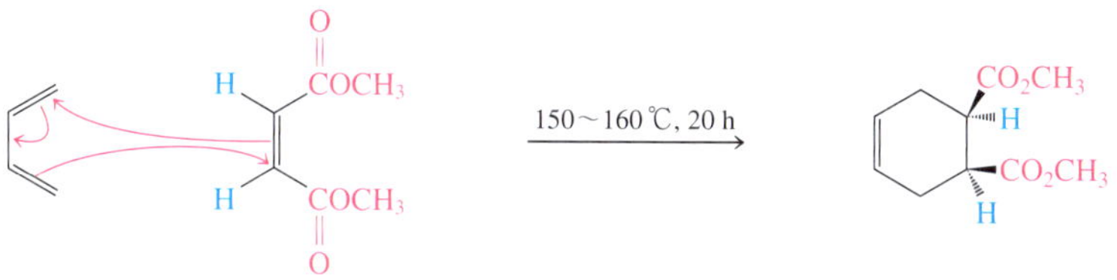

68 %

cis-2-ブテン二酸ジメチル
(dimethyl *cis*-2-butenedioate)
(マレイン酸ジメチル dimethyl maleate)
(シス形出発物質)

cis-4-シクロヘキセン-1,2-ジカルボン酸ジメチル
(dimethyl *cis*-4-cyclohexene-1,2-dicarboxylate)
(シス形生成物)

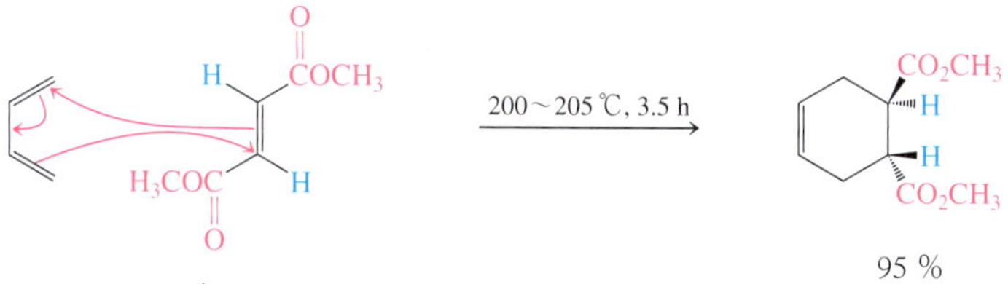

95 %

trans-2-ブテン二酸ジメチル
(フマル酸ジメチル)
(トランス形出発物質)

trans-4-シクロヘキセン-1,2-ジカルボン酸ジメチル
(トランス形生成物)

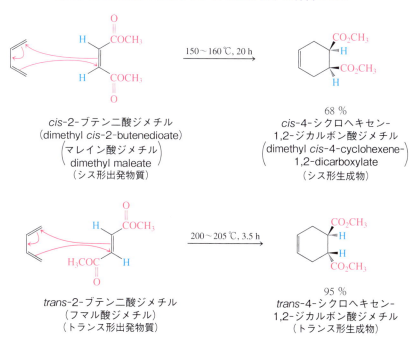

同様に，ジエンの立体化学も保持される．次ページの二つの式に書かれた環化付加物には立体中心があり，それらがメソあるいはキラルになりうることに注意しよう．しかし，出発物質はアキラルなので，それからできる生成物がキラルな場合は，それらは二つの等しいエネルギーの遷移状態を経て（たとえば 5–7 節および 12–5 節参照），ラセミ体として生成する．いいかえれば，Diels–Alder 反応での立体特異性は相対的な立体化学に関係しており，絶対配置には関係しない．*trans*–2–ブテン二酸ジメチルと *cis*,*trans*–2,4–ヘキサジエン（次ページの式）の環化付加の場合のように，これまでどおり，キラルな（ラセミ体の）生成物の一方のエナンチオマーのみが書かれている．

Diels-Alder 反応ではジエンの立体化学は保持される

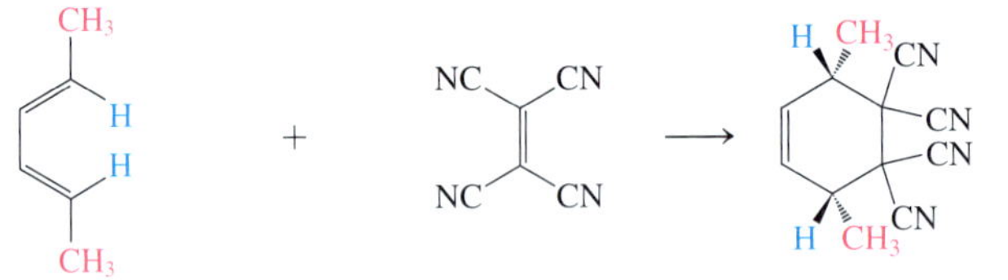

trans,trans-2,4-ヘキサジエン
(*trans,trans*-2,4-hexadiene)
(メチル基が両方とも「外側」を向いている)

テトラシアノエテン
(tetracyanoethene)

(メチル基はシス)

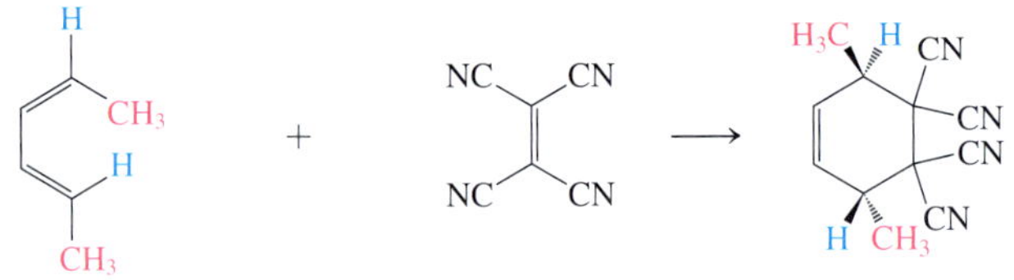

cis, trans-2,4-ヘキサジエン
(メチル基の一方は「内側」を，もう一方は「外側」を向いている)

(メチル基はトランス)

練習問題 14-19

概念のおさらい：Diels–Alder 反応

次の Diels–Alder 環化付加の生成物を書け．

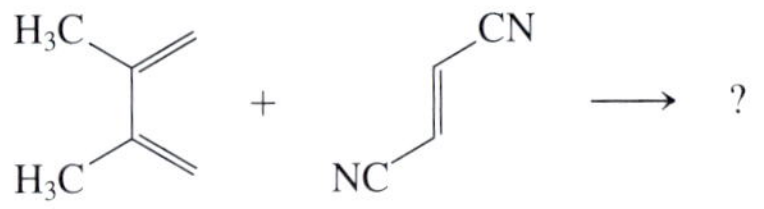

● 解法のてびき

Diels–Alder 反応にスポットを当てた問題に取り組む場合には，ジエンと求ジエン体の空間的な接近の仕方を思い起こすことが役立つ．分子模型を使えば理想的である．遷移状態において反応基質がどのように並ぶかを不自由なく思い描くことができるようになったなら，それを書き出してみよう．

● 答え

- 図 14–9(A) を手本にして，環化付加する前の二つの反応物を遠近法で書け．
- 反応に関与している 6 個の電子を，二つの新たな σ 結合と一つの π 結合ができるようにうまく動かして，構造式を完成させよ．
- 構造式がゆがんで見えたら正六角形のシクロヘキセン環に直し，相対配置がわかるように置換基をつける．

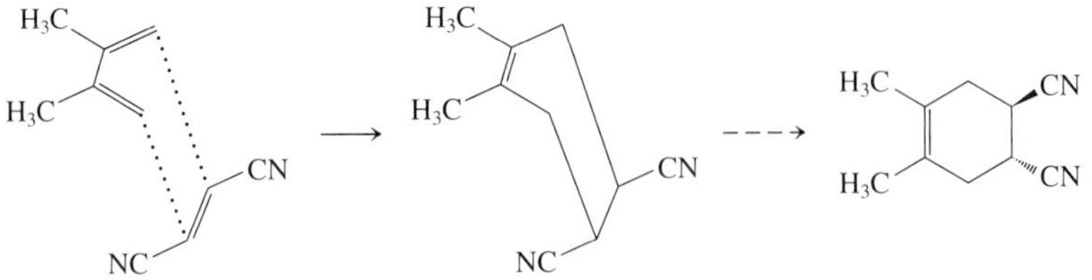

練習問題 14-20　自分で解いてみよう

次の Diels−Alder 反応の反応式中の空欄に当てはまる物質の構造を書け．

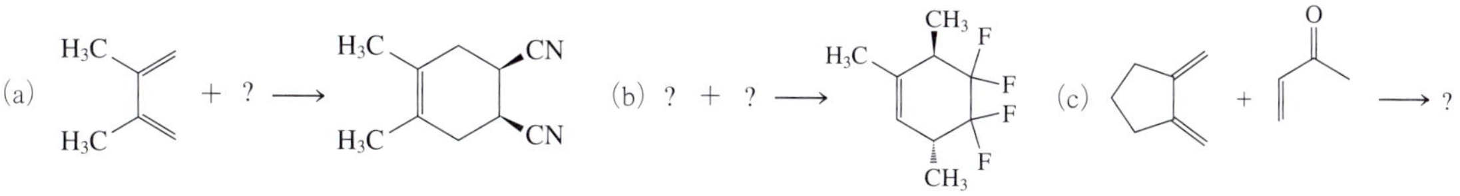

練習問題 14-21

cis,trans−2,4−ヘキサジエンの[4 + 2]環化付加は非常にゆっくりとしか進行しないが，*trans,trans* 異性体ははるかに速く反応する．この理由を説明せよ．〔**ヒント**：Diels−Alder 反応をするには，ジエンは s−シス形配座をとる必要がある；図 14−6，図 14−9(A)．〕

Diels−Alder 環化付加はエンド則にしたがう

Diels−Alder 反応はもとの二重結合の置換様式についてだけでなく，反応した炭素上に新たにできた立体中心の相対的な立体化学に関しても高度に立体制御されている．1,3−シクロペンタジエンと *cis*−2−ブテン二酸ジメチルとの反応について考えてみよう．2 種類の生成物が考えられ，一つは二環骨格についているエステル置換基がメチレン架橋と同じ側(シス)にあり，もう一方ではそれらが反対側(トランス)にある．前者は**エキソ形付加物**(exo adduct)とよばれ，後者は**エンド形付加物**(endo adduct)とよばれる(*exo*：ギリシャ語の「外側」，*endo*：ギリシャ語の「内側」)．この用語は，架橋系における置換基の位置を表すものである．エキソ置換基は，より短い架橋に対してシスの位置にあり，エンド置換基はその架橋に対してトランスの位置にある．一般にエキソ付加では，求ジエン体の置換基はジエンの反対側を向く．逆にエンド付加では，それらはジエンのほうを向く．

シクロペンタジエンのエキソおよびエンド環化付加

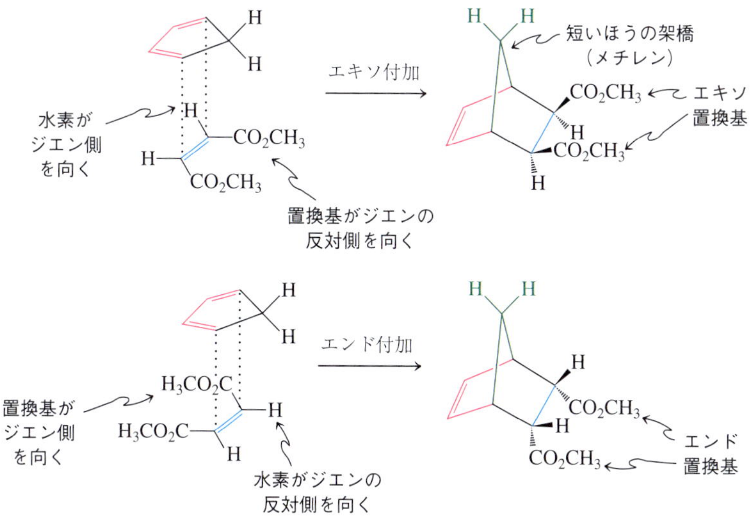

コラム● 14-2　Diels-Alder 反応は「グリーン」な反応である　SUSTAINABILITY

最もグリーンな溶媒である水

Diels-Alder 反応では，両方の出発物質が消費され，他に余分な物質をまったく生じることなく新たな生成物を与える．出発物質のすべての原子が生成物中に含まれるため，このような反応は「原子効率にすぐれている」といわれる．原子効率にすぐれた反応は，グリーンケミストリーの主要な要素であり(コラム 3-1 参照)，Diels-Alder 反応はその原則のいくつかに一致している．すなわち，廃棄物をまったく(あるいはほとんど)生じず，出発物質のすべてが生成物中に含まれ，官能基が保持される．通常は保護基を用いる必要がない．反応剤をそのまま用いることができるため溶媒を用いずに済む．また，反応が高収率で進行するため，カラムクロマトグラフィーを行うことなく結晶化あるいは蒸留操作のみで，純粋な生成物を与えることもしばしばある．多くの Diels-Alder 反応は，適切な速度で行うためにある程度加熱する必要があるが，この問題は室温で反応が行えるようにする触媒を用いることで解決できる．たとえば，Lewis 酸(2-3 節参照)は環化付加を著しく加速する．この効果を定量的に示す例を下に示す．そのような触媒はエキソ/エンド比にも影響を及ぼし，光学活性な触媒を用いた場合にはエナンチオ選択性も発現する(たとえばコラム 5-3 と 9-3，および 12-2 節参照)．Lewis 酸の効果は，それがカルボニル酸素の孤立電子対に錯形成することによりカルボニル基の電子求引性を高め，求ジエン体を活性化することで生じる．

分子内反応の場合のように〔練習問題 14-24(a)〕，高希釈が重要である場合には(9-6 節参照)，溶媒の使用を避けることができない．グリーンな溶媒として選ぶべきは，当然，水である．実際に，下の例に示すように，水は単に溶媒として用いることができるだけでなく，それ自体が Diels-Alder 反応を加速することもできる．さらに，とくに Lewis 酸と一緒に用いた場合には立体選択性も向上する．この水の効果は，遷移状態における水素結合と疎水性効果(8-2 節参照)によって起こるとされている．

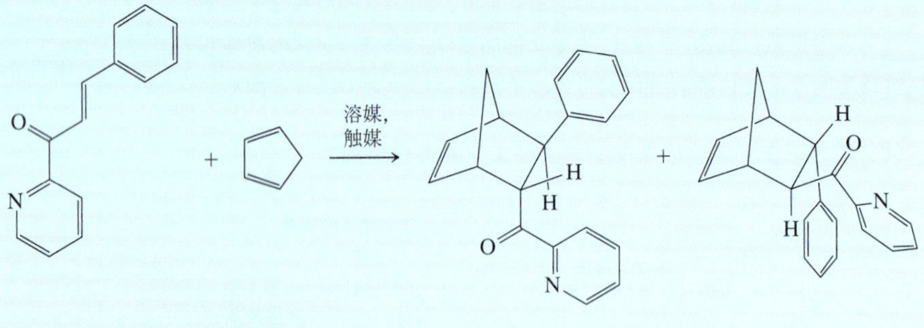

		エンド		エキソ
k_{rel}(CH$_3$CN 中, 無触媒)	1	67	:	33
k_{rel}(CH$_3$CN 中, Cu^{2+}触媒)	158,000	94	:	6
k_{rel}(H$_2$O 中, 無触媒)	287	84	:	16
k_{rel}(H$_2$O 中, Cu^{2+}触媒)	232,000	93	:	7

Diels-Alder 反応は立体選択的(p.257 参照)および通常，エンド選択的に進行する．つまり，求ジエン体を活性化する電子求引性基がエンド位にある生成物のほうが，もう一方のエキソ異性体よりも速く生成する．エキソ生成物のほうがエンド生成物よりも安定であることが多いにもかかわらず，そのようになる．この結果を**エンド則**(endo rule)にしたがうという．エンド環化付加が起こりやすい

のは，反応の遷移状態に及ぼすさまざまな立体的および電子的な効果に起因している．エンド形の遷移状態はほんの少しエネルギーが低いだけであるが，これ以降に現れるほとんどの Diels–Alder 反応において，その立体化学を制御するのにはそれで十分である．高度に置換された系あるいは複数の異なる活性化基がある場合には，混合物が生成することがある．

思い起こそう：アキラルな出発物質を用いているので，キラルな生成物はラセミ体として得られる．

エンド則

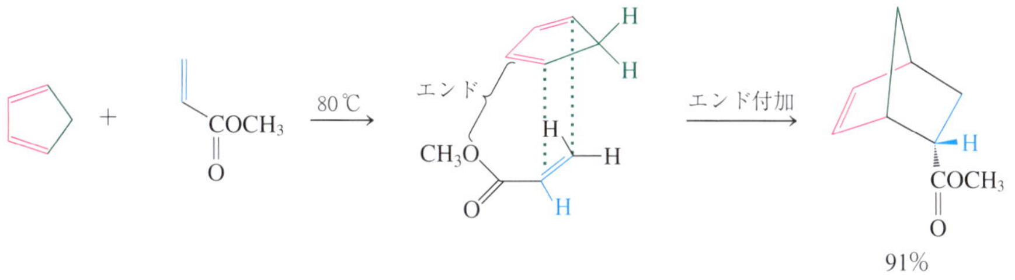

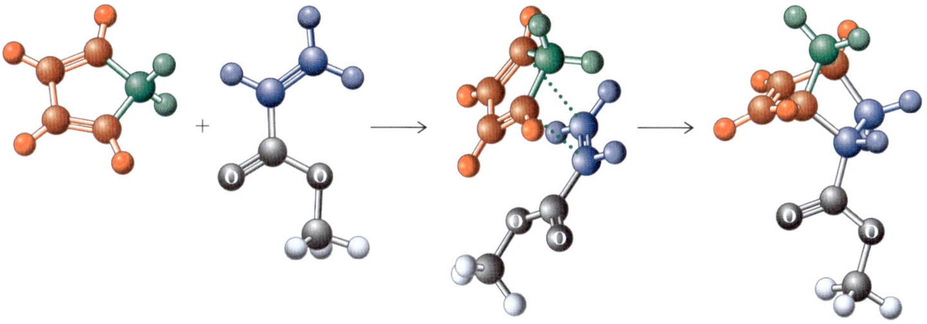

プロペン酸メチル
(methyl propenoate)

エンド形生成物

エンド則にしたがう一般的な Diels–Alder 反応の生成物における相対的な立体化学を書き表すと下の式のようになる．置換基が生成物のどこに動いていくのかを見失わないようにするため，ジエンの末端に結合している置換基がとりうる二つの立体的な配向に対して，(ジエンの炭素鎖によって形づくられる半円の外側にあるので outside の o を取って) o という一般的な記号と (inside の i から) i という記号をつける．次に，求ジエン体の置換基について，それらの反応の遷移状態における配向に関してエンドまたはエキソの記号をつける．すべての置換基がしかるべき位置に結合した予想生成物が，反応式の右側に示されている．o がエンドと常にシスの位置にあることがわかるだろう．この反応式から，立体的な図を書かなくても生成物の構造式をすばやく知ることができる．しかし，この図式を導くもとになった原理を完全に理解することのほうがより重要である．

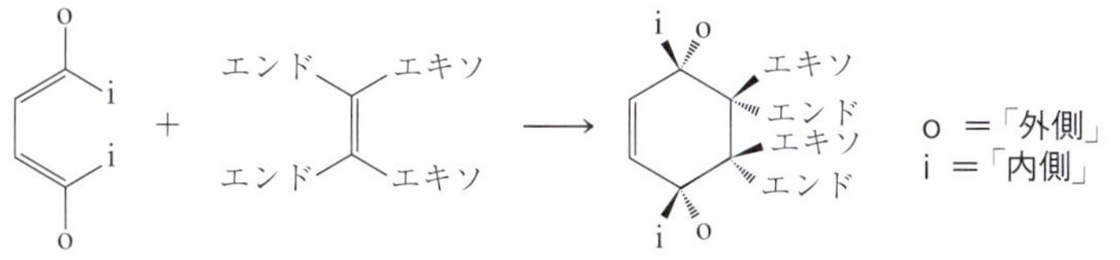

練習問題 14-22

概念のおさらい：エンド則

trans,trans−2,4−ヘキサジエンとプロペン酸メチルとの反応の生成物を書け（立体化学をはっきりと示すこと）.

● 解法のてびき

まず，二つの反応剤である *trans,trans*−2,4−ヘキサジエンとプロペン酸メチルの構造式を書いてみよう．次に，生成物の立体化学を正しく把握するため，図 14-9(A)の遷移状態の図のようにどちらか一方を上にして反応剤を並べる必要がある．求ジエン体のエステル基は，エンド則にしたがってエンド側に位置すると予想される．

● 答え

• 上の指示にしたがって以下の式が書ける．

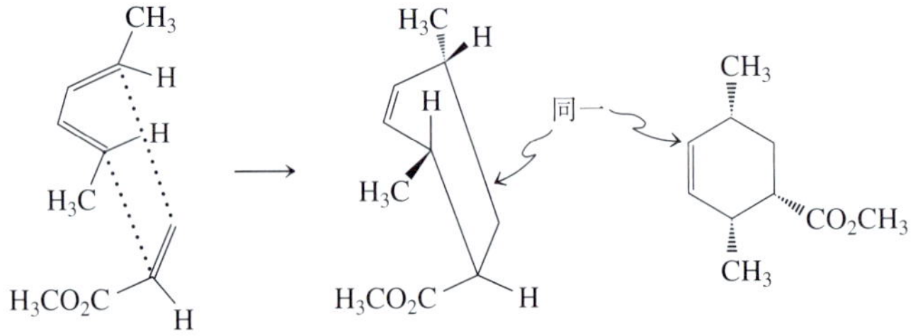

• 785ページの下にある一般化した図式を用いて，この結果を確かめることができる．そのため，反応剤のすべての置換基に記号をつける．ジエンの二つのメチル基は外側にあるので o の記号をつける．求ジエン体のエステル基にはエンドの記号をつける．記号をつけた置換基を一般化した生成物の構造に当てはめることによって，上記の答えが正しいことが確かめられる．

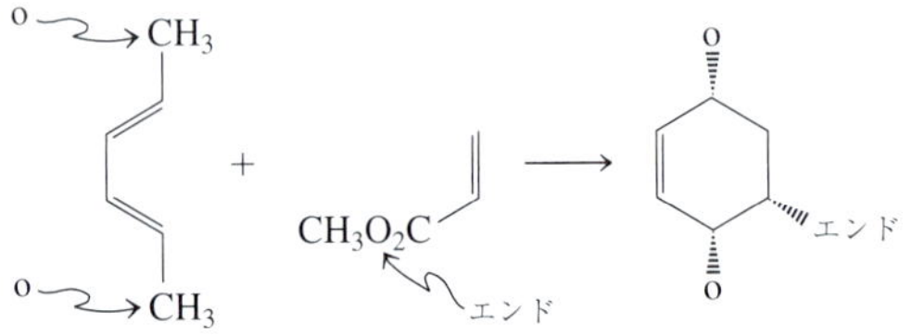

練習問題 14-23 自分で解いてみよう

次の反応の生成物を予想せよ（立体化学をはっきりと示すこと）.
(a) *trans*−1,3−ペンタジエンと 2−ブテン二酸無水物（マレイン酸無水物），(b) 1,3−シクロペンタジエンと *trans*−2−ブテン二酸ジメチル（フマル酸ジメチル），(c) *trans,trans*−2,4−ヘキサジエンと 2−プロペナール．

練習問題 14-24

(a) Diels−Alder 反応は分子内でも起こる．次の反応について，2種類の生成物に至るおのおのの遷移状態の構造を書け．

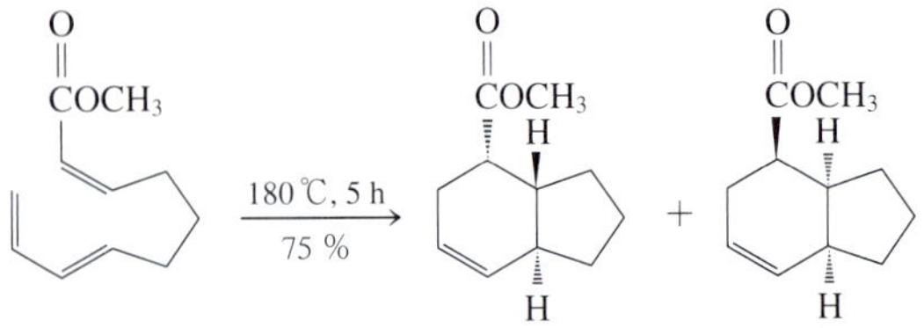

65 : 35

(b) 非環状構造の出発物質から欄外の化合物(A)をつくる方法を示せ.〔**ヒント**：逆合成解析(8-8 節参照)を用いて考えること.逆合成では目標分子のどの位置にでも二重結合を導入できることを思い起こそう(12-2 節参照).〕

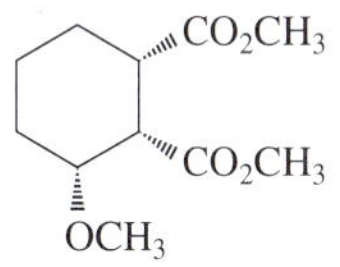

(A)

まとめ Diels-Alder 反応は，電子豊富な 1,3-ジエンと電子不足の求ジエン体との間で最も速やかに進行し，シクロヘキセン誘導体を与える協奏的な環化付加反応である.反応は二重結合の立体化学に関しては立体特異的であり，ジエンと求ジエン体の置換基の相対的な配向に関しては立体選択的であり，エンド則にしたがう.

14-9 電子環状反応

Diels-Alder 反応では，二つの別べつの π 電子系の末端どうしが結合する.それでは一つの共役ジエン，トリエン，あるいはポリエンの末端どうしを結んで，環をつくることはできるのだろうか.これは実際に可能である.本節では，**電子環状反応**(electrocyclic reaction)とよばれるそのような閉環(ならびにその逆反応)が起こる条件について述べる.環化付加反応と電子環状反応は，その遷移状態で核や電子が環状に配列するので，**ペリ環状**(pericyclic：*peri*，ギリシャ語の「周辺に」)反応とよばれる一群の反応に属する.

電子環状反応は熱または光によって起こる

まず 1,3-ブタジエンのシクロブテンへの変換について考えてみよう.この反応は，環ひずみのために吸熱的である.実際，逆反応であるシクロブテンの開環は，熱により容易に起こる.いいかえれば，1,3-ブタジエンとシクロブテンの平衡はジエン側に偏っている.一方，この状況は共役系の二重結合が一つ増えることによって逆転する.すなわち，*cis*-1,3,5-ヘキサトリエンの 1,3-シクロヘキサジエンへの閉環は発熱的で，平衡は環状異性体のほうに偏っている.これらの反応を，熱的に不利な方向へ進ませることはできるのだろうか.

平衡は熱力学によって支配されるので(2-1 節参照)，熱反応ではこれは難しいことがわかっている.しかしある場合には，この問題は光を用いること，いわゆる**光化学反応**(photochemical reaction)によって克服できる.光化学反応では，出発物質による光子の吸収により，分子が高いエネルギー状態に励起される.このような吸収が分光学の基礎となることはすでに学んだ(10-2 節および 14-11 節参照).分子はそのような励起状態から緩和し，出発物質よりも熱力学的に不安定な生成物を与えることができる.本書では光化学の詳細について説明はしないが，それにより電子環状反応の平衡がエネルギー的に不利な方向に駆動されることを指摘しておく.したがって，1,3-シクロヘキサジエンに適切な周波数の光を照射すると，トリエン異性体への変換が起こる.同様に，1,3-ブタジエンに光照射するとシクロブテンへの閉環が起こる.

光化学反応は「グリーン」な技術として，ますます利用されている.マドリードにあるコンプルテンセ大学(UCM)の屋根に設置されたこの反応装置は，水の消毒に用いられている.ポリマーに担持された色素が太陽光を吸収し，酸素をより反応性の高い状態(「一重項酸素」)に変換し，それが水に含まれる有害な細菌を分解する(写真は UCM の Guillermo Orellana 教授のご好意による).

電子環状反応

cis-1,3,5-ヘキサトリエン　　1,3-シクロヘキサジエン　　シクロブテン　　1,3-ブタジエン

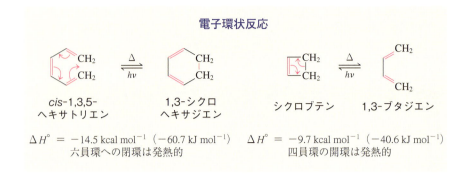

$\Delta H° = -14.5$ kcal mol^{-1}（-60.7 kJ mol^{-1}）
六員環への閉環は発熱的

$\Delta H° = -9.7$ kcal mol^{-1}（-40.6 kJ mol^{-1}）
四員環の開環は発熱的

練習問題 14-25

以下の出発物質を加熱したときに得られる生成物は何か.

(a) 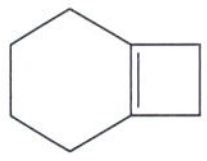　(b) 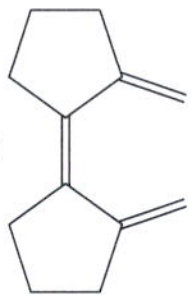　(c) 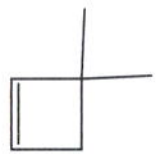

(d) 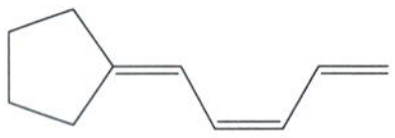

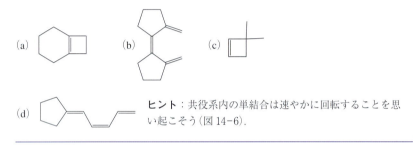

ヒント：共役系内の単結合は速やかに回転することを思い起こそう（図 14-6）.

電子環状反応は協奏的で立体特異的である

Diels-Alder 環化付加と同様に，電子環状反応は協奏的で立体特異的である. たとえば，*cis*-3,4-ジメチルシクロブテンの熱的異性化は *cis,trans*-2,4-ヘキサジエンのみを与える.

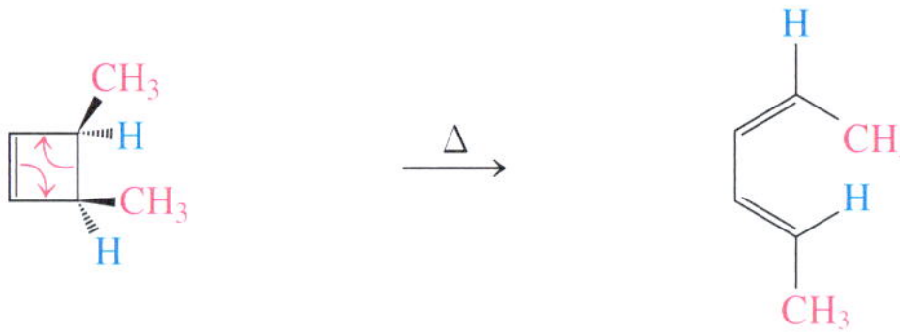

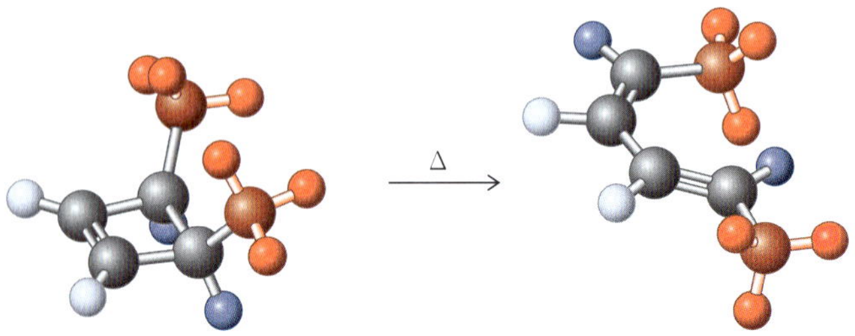

cis-3,4-ジメチルシクロブテン　　*cis,trans*-2,4-ヘキサジエン

その異性体である *trans*-3,4-ジメチルシクロブテンを加熱した場合は，*trans,trans*-2,4-ヘキサジエンのみが生成する.

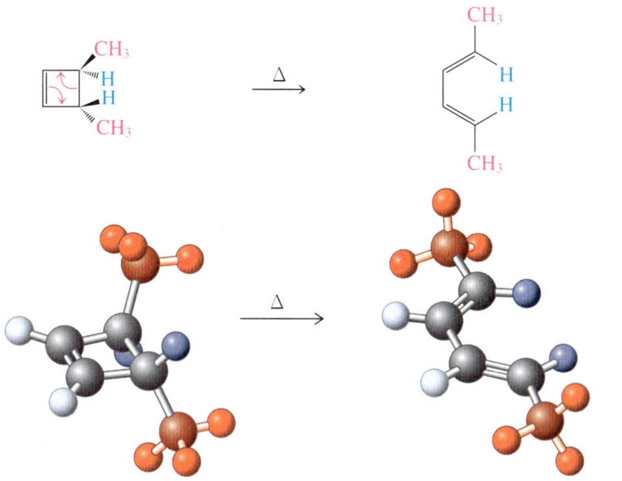

trans-3,4-ジメチルシクロブテン　　*trans,trans*-2,4-ヘキサジエン

図 14-10 はこれらの反応をより詳しく説明している．シクロブテンの C3 と C4 間の結合が切れると，この炭素原子は sp^3 から sp^2 に再混成し，生成する p

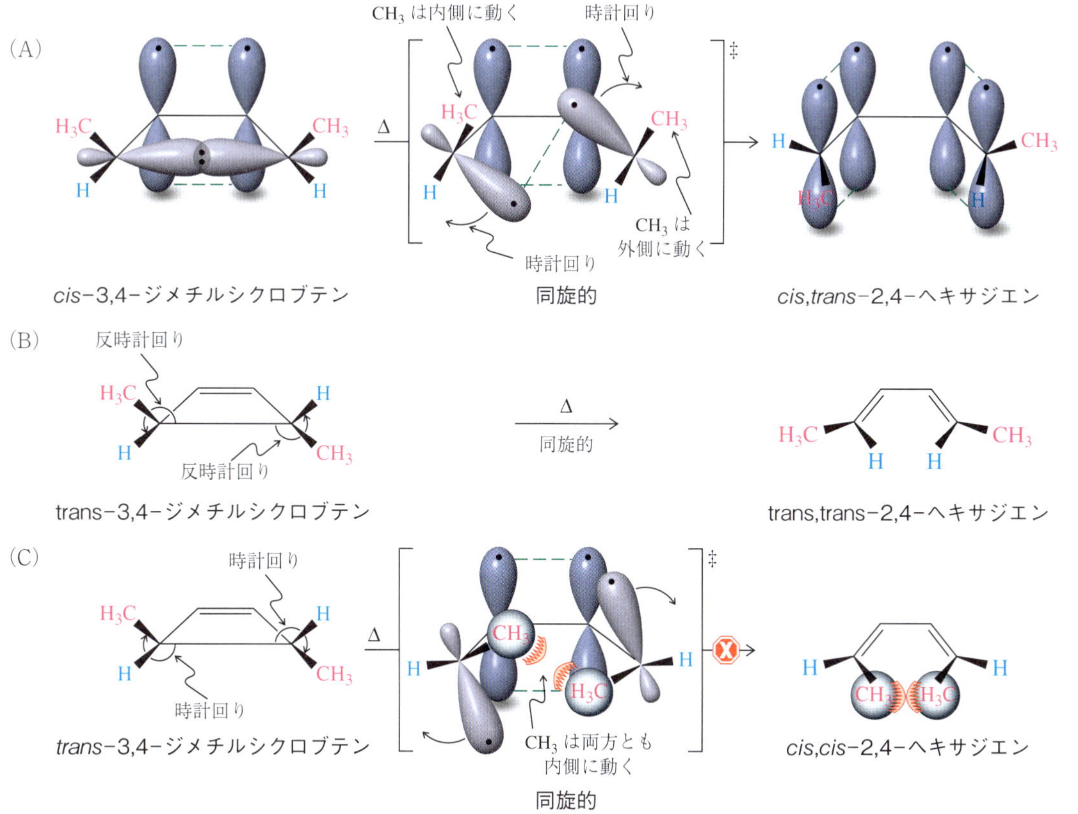

図 14-10　(A) *cis*-3,4-ジメチルシクロブテンの同旋的開環反応．反応中心の炭素はどちらも時計回りに回転する．環の sp^3 混成のローブが p 軌道に変化し，炭素原子は sp^2 混成になっていく．これらの p 軌道と出発物質のシクロブテン内にもとからある p 軌道とが重なって，*cis,trans*-ジエンの二つの二重結合をつくる．(B) *trans*-3,4-ジメチルシクロブテンは，反時計回りの同様の同旋的開環により *trans,trans*-ジエンを与える．(C) *trans*-3,4-ジメチルシクロブテンのもう一方の同旋的開環様式である時計回りの開環は，遷移状態における立体的障害のために起こらない．

軌道ともとからある p 軌道とが重なり合えるように回転する．そのような熱的なシクロブテンの開環では，炭素原子はともに時計回りか，ともに反時計回りのどちらかの同じ方向に回転することがわかっている．この反応の仕方を**同旋的**(conrotatory)過程という．*cis*-3,4-ジメチルシクロブテンの場合，時計回りと反時計回りのどちらの経路でも同じ生成物である *cis,trans*-2,4-ヘキサジエンができる．しかし，*trans*-3,4-ジメチルシクロブテンの場合は，二つの生成物ができる可能性がある．反時計回りの様式からは観測された *trans,trans*-2,4-ヘキサジエンが導かれる．逆方向の回転が起こると対応する *cis,cis*-異性体が生成するはずだが，この経路は立体障害によって妨げられており観測されない．

非常におもしろいことに，1,3-ブタジエンのシクロブテンへの光化学的閉環〔**光環化**(photocyclization)〕は熱的な開環で見られたのとはまったく逆の立体化学で進行する．この場合，反応中心の二つの炭素が逆方向に回転することによって生成物が得られる．いいかえれば，もし一方が時計回りに回転すれば，もう一方は反時計回りに回転する．この動き方は**逆旋的**(disrotatory)とよばれる(図 14-11)．

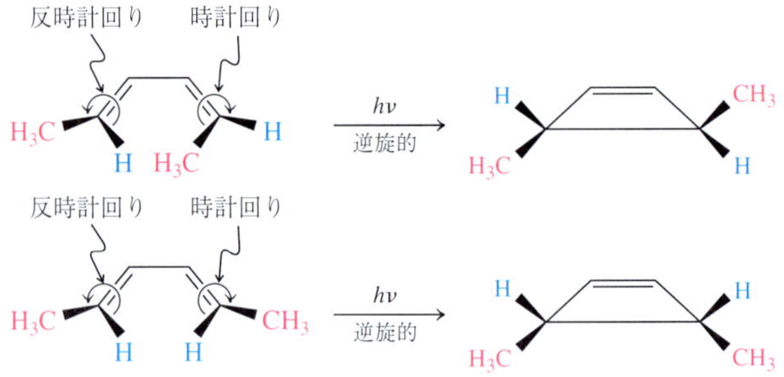

図 14-11　*cis,trans*-および *trans,trans*-2,4-ヘキサジエンの逆旋的な光化学的閉環反応．逆旋的な場合には，一方の炭素が時計回りに回転すると，もう一方は反時計回りに回転する．

この実験事実を一般化することはできるのだろうか．*cis*-1,3,5-ヘキサトリエンとシクロヘキサジエンとの相互変換の立体化学について調べてみよう．驚くべきことに，両端にメチル基のついた誘導体を用いて示されるように，シクロヘキサジエンの六員環は熱的に逆旋的な様式でつくられる．たとえば *trans,cis,trans*-2,4,6-オクタトリエンを加熱すると，*cis*-5,6-ジメチル-1,3-シクロヘキサジエンを与え，*cis,cis,trans*-2,4,6-オクタトリエンは *trans*-5,6-ジメチル-1,3-シクロヘキサジエンに変換されるが，これらの反応はいずれも逆旋的閉環である．

1,3,5-ヘキサトリエンの熱的閉環の立体化学

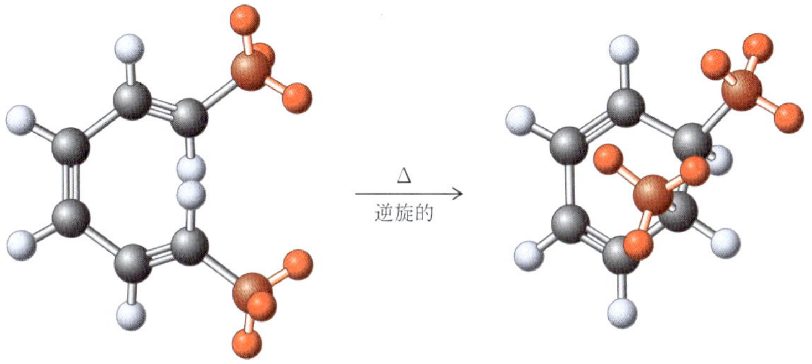

trans,cis,trans-2,4,6-オクタトリエン　　*cis*-5,6-ジメチル-1,3-シクロヘキサジエン

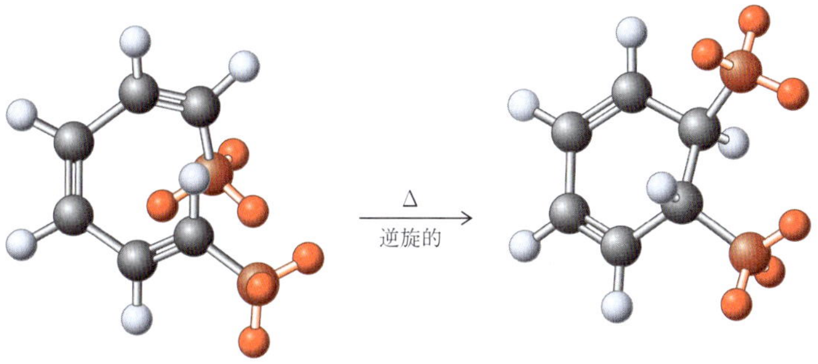

cis, *cis*, *trans*-2,4,6-オクタトリエン　　*trans*-5,6-ジメチル-1,3-シクロヘキサジエン

一方，対応する光化学反応は同旋的に起こる．

1,3,5-ヘキサトリエンの光化学的閉環の立体化学

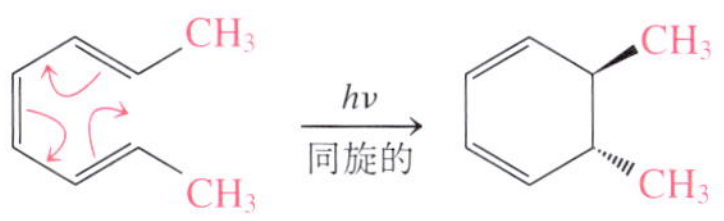

このような立体化学制御は他の多くの電子環状反応においても見られ，反応に関与している π 分子軌道の対称性によって支配されている．**Woodward-Hoffmann*****則**(Woodward-Hoffmann rule)はこの相互作用について記述したものであり，反応に関与する電子の数と，反応が光化学的あるいは熱的に行われるかによって，すべての電子環状反応の立体化学の結果を予測する法則である．この問題に関しては，より上級の有機化学の教科書で完全に学習するのが最もよいだろう．しかし，電子環状反応において予想される立体化学に関する経路は，表

＊ Robert B. Woodward(1917～1979)，アメリカ，ハーバード大学教授，1965 年度ノーベル化学賞受賞．
Roald Hoffmann(1937～)，アメリカ，コーネル大学教授，1981 年度ノーベル化学賞受賞．

14-2 に示すように簡単にまとめることができる.

表 14-2 電子環状反応における立体化学に関する経路（Woodward-Hoffmann 則）

反応に関与する電子対の数	熱的過程	光化学的過程
偶 数	同旋的	逆旋的
奇 数	逆旋的	同旋的

練習問題 14-26

(a) 以下の電子環状反応の反応式中の空欄に当てはまる物質あるいは反応条件（Δ または $h\nu$）を書け.

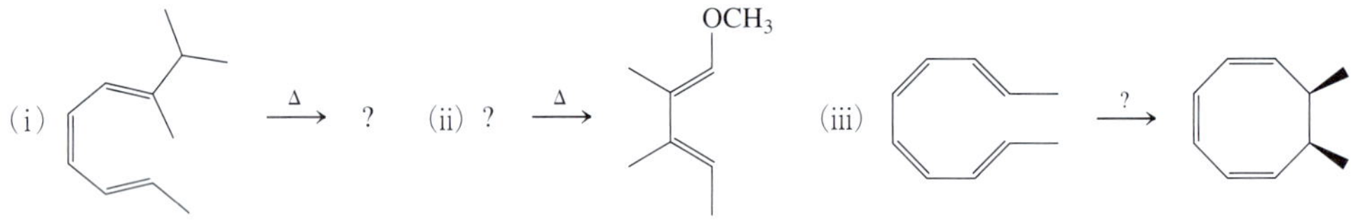

(b) 環状ポリエン(A)（アヌレンの一種：下巻；15-6 節参照）は連続した 2 度の電子環状反応により閉環し，光あるいは熱を用いることで(B)または(C)に変換できる. それぞれの反応に必要な条件を示し，それぞれの反応段階が同旋過程か逆旋過程かを示せ.

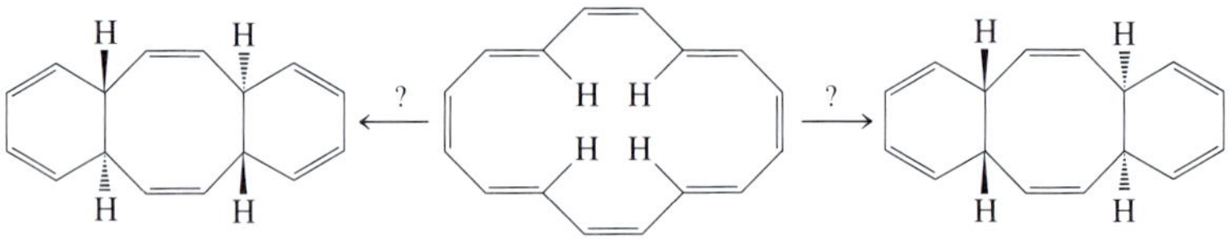

(B) (A) (C)

練習問題 14-27

概念のおさらい：ひとひねりした電子環状反応

cis-3,4-ジメチルシクロブテン(A)を求ジエン体(B)の存在下で加熱すると，(C)のジアステレオマーのみが生成する. 理由を反応機構にもとづいて説明せよ.

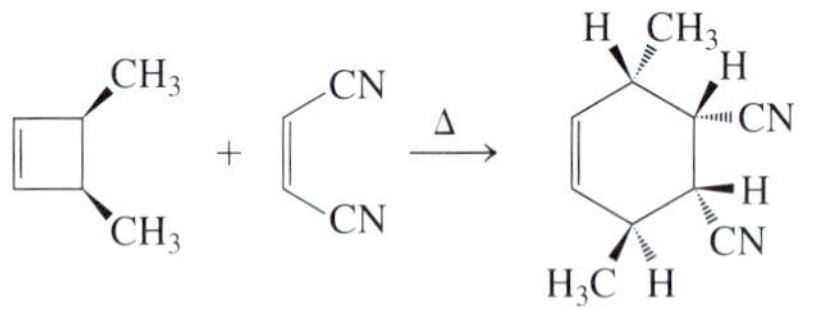

(A) (B) (C)

● **解法のてびき**

What 何が問われているか. この反応は環化付加のようである. 原子の化学量論を調べることによりこの予想を確かめられる. つまり, C_6H_{10}(A) + $C_4H_2N_2$(B) = $C_{10}H_{12}N_2$(C) となっている.

How どこから手をつけるか. これはどのような環化付加なのか. それを決めるには(C)についていくつかの逆合成解析を行う必要がある.

Information 必要な情報は何か. Diels-Alder 反応（14-8 節）と電子環状反応（14-9 節）に関する解説を復習すること.

Proceed 一歩一歩論理的に進めよ.

●答え

• 反応を逆向きに考えると，シクロヘキセン(C)は(B)と2,4−ヘキサジエンの異性体の一つとのDiels−Alder付加生成物のように見える．(C)の二つのメチル基は互いにトランスの位置にあるので，ジエンは対称な構造をもっていないはずである．したがって，唯一の選択肢は *cis,trans*−2,4−ヘキサジエン(D)である．

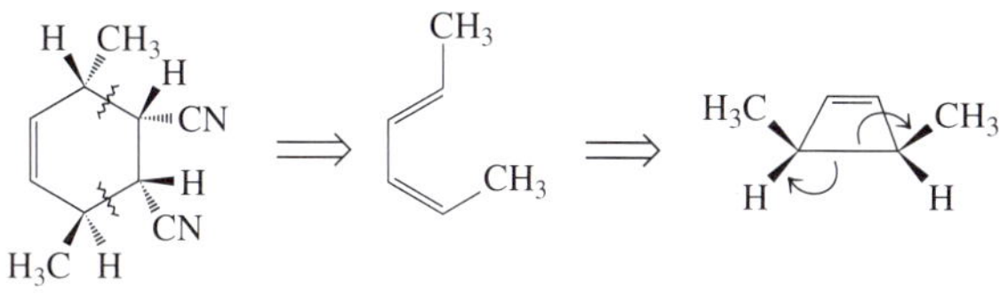

(C)　(D)　(A)

• (D)は異性体(A)から熱的な同旋的電子環状反応により開環することによって生成したに違いない．
• (B)の(D)への環化付加の立体化学はエキソかエンドか．両方の可能性について書くこと．この場合，反応は確かにエンド配置を経て進行するが，幸運にもいずれの経路も同じ異性体を与える．

練習問題 14-28 **自分で解いてみよう**

エルゴステロールの光照射によりビタミン D_2(これが不足すると，とくに子どもにおいて骨の軟化を引き起こす)の前駆体であるプロビタミン D_2 が生じる．この開環は同旋的か逆旋的か．(**注意**：生成物は開環が起こったときの立体配座ではなく，より安定な形で書かれている．)

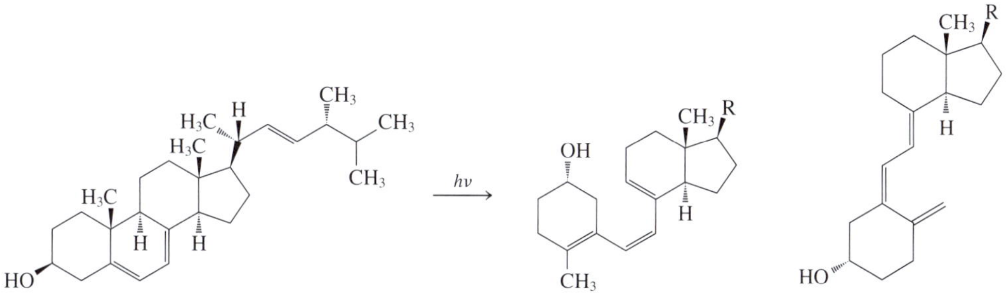

エルゴステロール (ergosterol)　プロビタミン D_2 (provitamin D_2)　ビタミン D_2 (vitamin D_2)

まとめ 共役ジエンやヘキサトリエンは(可逆的な)電子環状閉環を行い，おのおのシクロブテンおよび1,3−シクロヘキサジエンを生成することができる．ジエンとシクロブテン間の相互変換は熱的には同旋的，光化学的には逆旋的に進行する．トリエンとシクロヘキサジエン間の相互変換は逆の様式で進行し，熱的には逆旋的に，光化学的には同旋的に異性化する．このような電子環状反応の立体化学はWoodward−Hoffmann則にしたがう．

14-10 共役ジエンの重合：ゴム

単純なアルケンと同様(12−14節と12−15節参照)，共役ジエンも重合する．

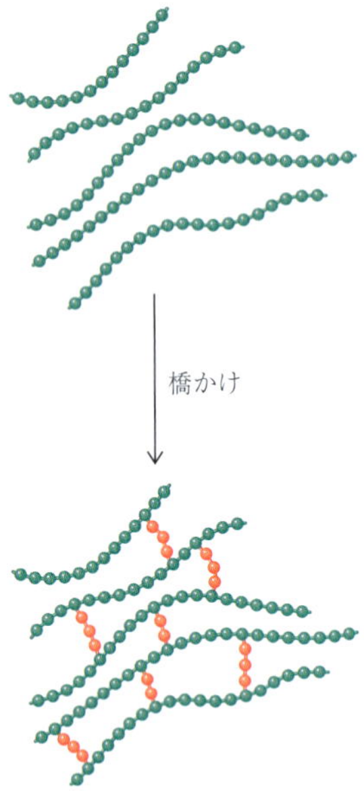

図 14-12　橋かけによって，ゴムのポリブタジエン鎖が弾性をもつ．

生成した物質には弾性があるので，合成ゴムとしての用途が開けた．天然ゴムができる生化学的経路の特徴は，炭素数 5 の単位である 2-メチル-1,3-ブタジエン（イソプレン；4-7 節参照）が活性化された形で関与していることである．この化合物は自然界における重要なビルディングブロックである．

1,3-ブタジエンは橋かけポリマーを生成する

1,3-ブタジエンが C1 と C2 で重合すると，ポリエテニルエテン（ポリビニルエチレン）が生成する．

1,3-ブタジエンの1,2-重合

$$2n\,CH_2{=}CH-\underbrace{CH{=}CH_2}_{\text{重合する部分}} \xrightarrow{\text{開始剤}} -\!\left(\underset{\underset{\displaystyle CH_2}{\|}}{\overset{}{CH}}\!\!\!\!\!\!\!\quad -CH_2-CH-CH_2\right)_n\!-$$

$$\text{（側鎖：各 CH に } -CH{=}CH_2 \text{ が結合）}\quad -\!\left(\underset{|}{\overset{CH_2=CH}{}}CH-CH_2-\overset{CH_2=CH}{\underset{|}{CH}}-CH_2\right)_n\!-$$

一方 C1 と C4 で重合すると，*trans*-ポリブタジエン，*cis*-ポリブタジエンあるいはその混合ポリマーが生成する．

1,3-ブタジエンの1,4-重合

$$n\,CH_2{=}CH-CH{=}CH_2 \xrightarrow{\text{開始剤}} -\!\left(CH_2-CH{=}CH-CH_2\right)_n\!-$$

cis-または *trans*-ポリブタジエン

ブタジエンの重合は，生成物そのものが不飽和である点に特徴がある．はじめにできたポリマー中の二重結合は，ラジカル開始剤のような添加された化学物質や光照射によってさらに結合をつくることができる．このようにして，個々の主鎖が結ばれてより硬い骨格になった**橋かけポリマー**（cross-linked polymer）ができる（図 14-12）．一般に橋かけすると，その物質の密度や硬度が増大する．橋かけはブタジエンポリマーに特有の性質である**弾性**（elasticity）にも大きな影響を及ぼす．ほとんどのポリマーは個々の主鎖が互いにすれ違って動くことができるので，鋳型にはめたり成形することができる．しかし橋かけされた系では，変形してもすぐにもとに戻る．つまり，主鎖がおおよそもとの形にすばやく戻るからである．このような弾性はゴムの特徴である．

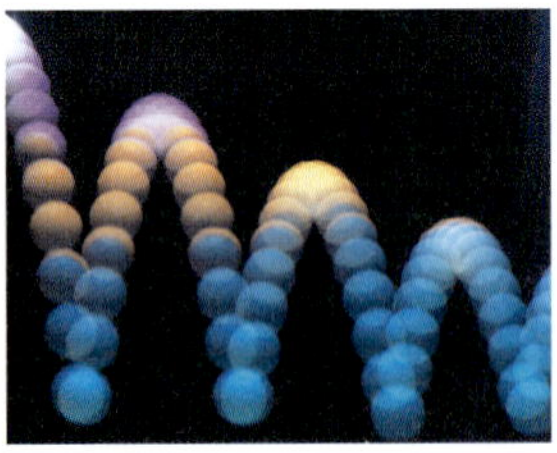

弾性の作用．この弾んでいるボールの写真は 1 秒間に 50 回光るカラーストロボライトを用いて撮影され，約 75 枚の別べつの像が得られた．この連続写真はボールの軌跡が放物線の形をしていることを示している．ボールは地面に近いところで最も速く動き，弧の頂上で最も遅い．水平方向の速度はほぼ一定で，垂直方向の速度だけが（重力のために）変化している．連続した跳ね上がりの高さは，ボールが地面を打ってエネルギーを失うとともに低くなる．

合成ゴムはポリ-1,3-ジエンから誘導する

2-メチル-1,3-ブタジエン（イソプレン；4-7 節参照）の Ziegler-Natta 触媒（12-15 節参照）による重合で，ほぼ 100 % *Z* 配置の合成ゴム（ポリイソプレン）ができる．同様に，2-クロロ-1,3-ブタジエンは，ネオプレンとよばれる弾性，耐熱性，耐酸素性をもつポリマーを与えるが，主鎖の二重結合はほぼ 100 % トランス配置である．毎年，アメリカでは数百万トン以上の合成ゴムが製造されている．

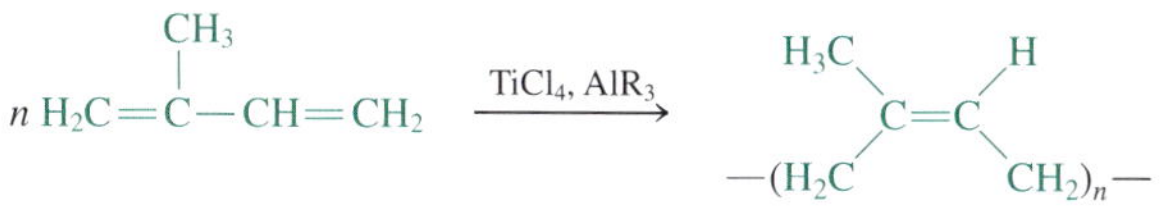

2-メチル-1,3-ブタジエン　(*Z*)-ポリイソプレン

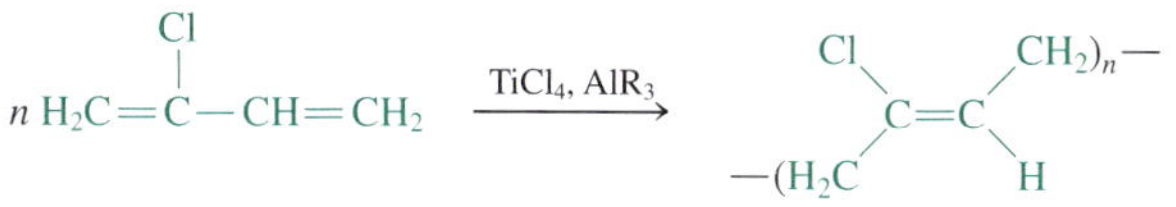

2-クロロ-1,3-ブタジエン　ネオプレン

天然のパラゴムは1,4-位で重合した(*Z*)-ポリ(2-メチル-1,3-ブタジエン)であり，合成ゴムであるポリイソプレンと同様の構造をしている．弾性を増すために，熱い原子状の硫黄で処理される．この過程は**加硫**(vulcanization：*Valcanus*, ラテン語の「ローマの火の神」)とよばれ，硫黄の橋かけができる．この反応は1839年にGoodyear＊によって発見された．この製品，「ヴァルカナイト」の最も初期の，そして最も成功を収めた用途の一つは，ぴったり合うように鋳造できる入れ歯の製造であった．1860年代以前は歯が抜けた場合，義歯として動物の骨や象牙や金属を埋め込んでいた．(アメリカの通貨に見られる)George Washingtonの唇が膨れているのは，うまく合っていない象牙の入れ歯のためである．今日では，入れ歯はアクリル樹脂でつくられている(13-10節参照)．ゴムは，(主要な用途である)タイヤ，靴，雨具および弾力のある繊維を含んでいる衣類など，多くの商業製品にとって必要不可欠の成分である．

1,3-ブタジエンの二重結合が他のアルケンの二重結合と重合してできるコポリマー(共重合体)は，最近ますます重要になってきている．重合させる混合物中のモノマーの割合を変えることによって，最終生成物の性質をかなりの範囲で「調節」できることがある．そのような物質の一つにプロペンニトリル，1,3-ブタジエン，エテニルベンゼン(スチレン)の3成分からなるコポリマーがあり，これはABS(*a*crylonitrile/*b*utadiene/*s*tyrene コポリマーの頭文字から)として知られている．ジエンは柔軟性というゴムらしい性質を与え，一方，ニトリルはポリマーを硬くする．その結果，ABSはシート状に延ばしたり，実質上どんな形にでも成形できる非常に多様な有用性をもつ材料となる．その強度と変形や圧力に耐える能力のために，時計の機械部品をはじめ，カメラやコンピュータのボディーから自動車の車体やバンパーまで，あらゆる用途が開けている．

天然ゴムの前駆体であるラテックスはパラゴムノキ(*Hevea brasiliensis*)の樹皮の切り口からしみ出させて採取される．

＊ Charles Goodyear(1800～1860)，アメリカの発明家．

ABSコポリマーでできたホイールハブのカバー

ポリイソプレンは天然ゴムの基本構造である

自然界ではどのようにしてゴムがつくられるのだろうか．植物はピロリン酸3-メチル-3-ブテニル(ピロリン酸イソペンテニル，IPP)というビルディングブロックを用いて，天然ゴムのポリイソプレン骨格を組み立てている．この分子はピロリン酸(二リン酸)と3-メチル-3-ブテン-1-オールとのエステルである．酵素により，少量のこの化合物とアリル型ピロリン酸エステルである2-ブテニル異性体〔ピロリン酸3-メチル-2-ブテニル(ジメチルアリル)，DMAPP〕が平衡に達する．

ピロリン酸 3-メチルブテニルの二つの異性体の生合成

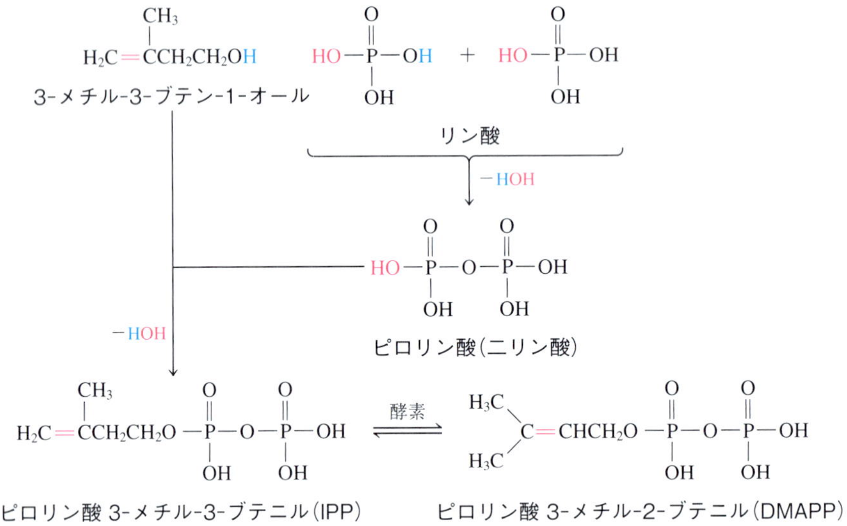

その後の過程は酵素によって制御されているが，見なれた反応機構によって単純化すると次のように書くことができる(OPP はピロリン酸基を表す).

天然ゴムの生合成機構

Reaction

段階 1　安定化された(アリル型)カチオンへのイオン化

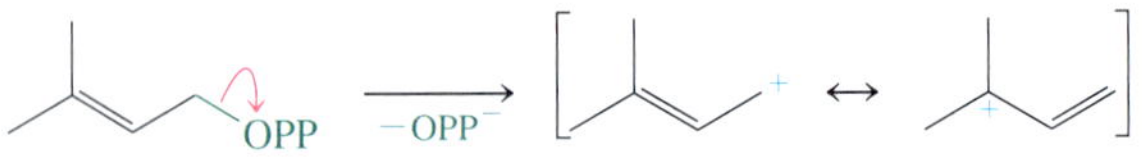

Mechanism

段階 2　二重結合への求電子的攻撃による第三級カルボカチオンの生成

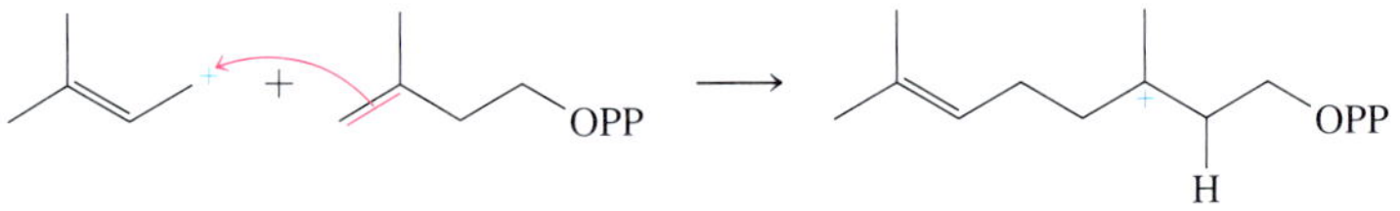

段階 3　プロトンの脱離

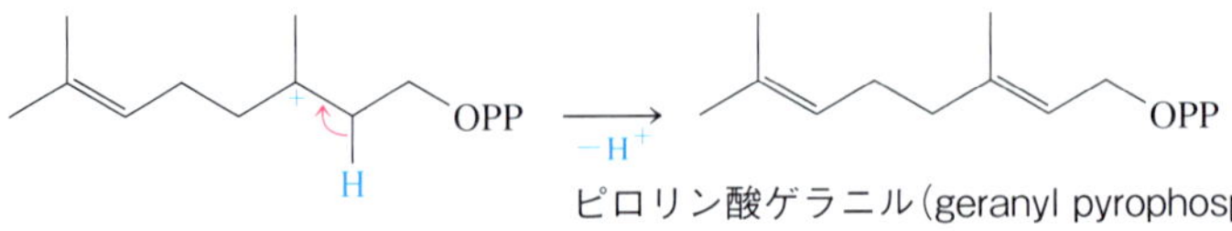

ピロリン酸ゲラニル(geranyl pyrophosphate)

段階 4　2 度目のオリゴマー化

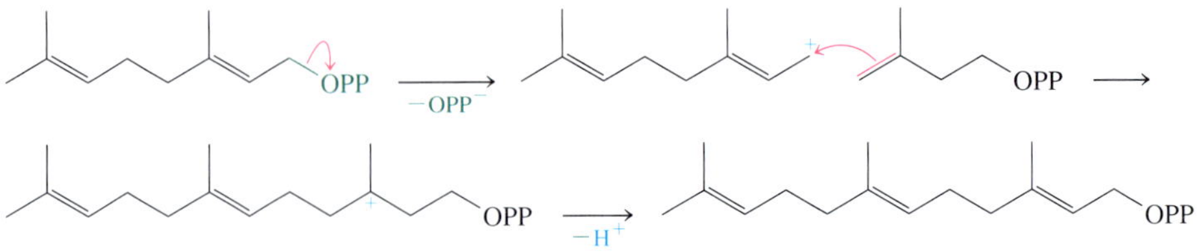

ピロリン酸ファルネシル(farnesyl pyrophosphate)

段階1では，アリル型ピロリン酸エステルがイオン化して，アリル型カチオンを与える．これをピロリン酸3-メチル-3-ブテニル分子が攻撃し，プロトンが脱離して，ピロリン酸ゲラニルとよばれる二量体が生成する．この過程の繰返しによって天然ゴムができる．

多くの天然物は2-メチル-1,3-ブタジエン(イソプレン)単位からできている

4-7節で最初に述べたテルペンをはじめとする多くの天然物は，ピロリン酸3-メチル-3-ブテニルから誘導される．実際，テルペンの構造は，2-メチル-1,3-ブタジエンとして結合したとみなされる炭素数5の単位で切断することができる．その構造の多様性は，ピロリン酸3-メチル-3-ブテニルが結合する方法がいろいろあることに起因している．モノテルペンのゲラニオールとセスキテルペンのファルネソールは，植物の世界では最も広く分布している化合物のうちの二つであるが，これらは対応するピロリン酸エステルの加水分解によって生成する．

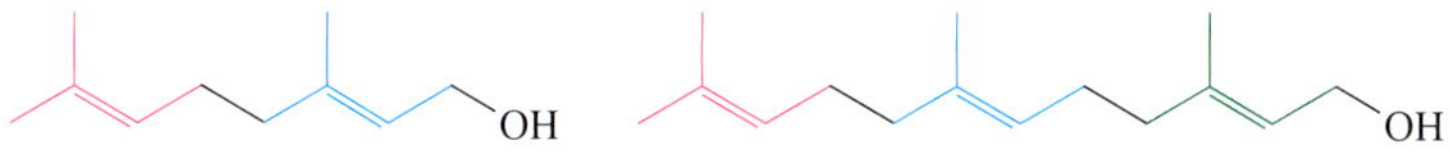

ゲラニオール (geraniol)　　ファルネソール (farnesol)

2分子のピロリン酸ファルネシルのカップリングによって，ステロイド骨格の生合成前駆体であるスクアレンができる(4-7節参照)．

スクアレン(squalene)

ショウノウ(固形防虫剤や鼻スプレーや筋肉マッサージ剤に用いられる)のような二環化合物は，ピロリン酸ゲラニルから，酵素により制御された求電子的な炭素–炭素結合形成によって合成される．

ピロリン酸ゲラニルからのショウノウの生合成

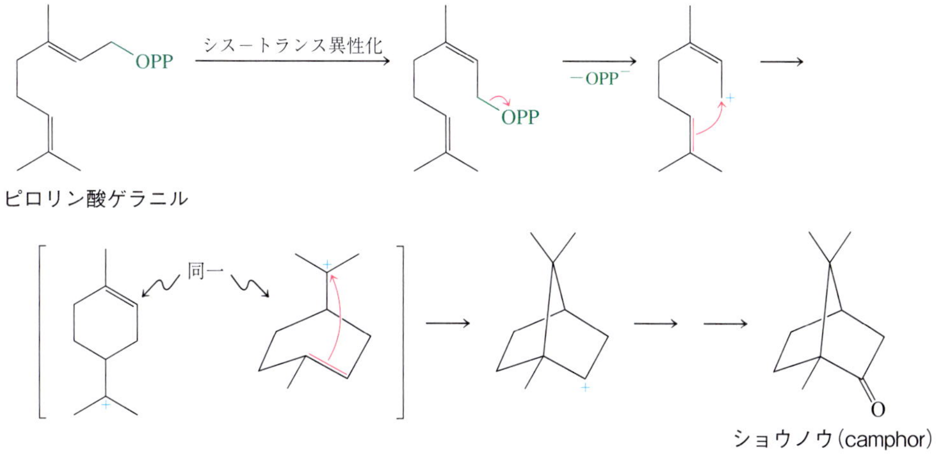

他のより複雑なテルペンも，同様の環化反応によって合成される．

まとめ 1,3-ブタジエンは，1,2-位または 1,4-位で重合してポリブタジエンを与えるが，これはさまざまな程度に橋かけをすることにより弾性に変化をもたらす．合成ゴムは 2-メチル-1,3-ブタジエンからつくることができ，そのなかの E および Z 配置の二重結合の含有量はさまざまである．天然ゴムは，ピロリン酸 3-メチル-3-ブテニルの 2-ブテニル系への異性化，イオン化，および求電子的な(段階的)重合によって組み立てられる．同様の機構により，テルペンの多環構造に 2-メチル-1,3-ブタジエン(イソプレン)単位が組み込まれる過程を説明することができる．

14-11 電子スペクトル：紫外および可視分光法

10-2 節において，有機分子がさまざまな波長の電磁波を吸収できることを説明した．吸収はエネルギー変化が ΔE である特定の励起を引き起こす特定のエネルギー($h\nu$)をもつ光量子にかぎられるので，分光学的手法を使うことが可能となる．

$$\Delta E = h\nu = \frac{hc}{\lambda} \qquad (c：光の速度)$$

図 10-2 では，電磁波の領域を高エネルギーの X 線から低エネルギーのラジオ波に至る多くの小区分に分けた．これらの小区分のなかで，色で示されてひときわ目立つのが可視スペクトルである．実際に，それは人体が眼を「分光計」として用いて分析できる唯一の電磁波スペクトル領域である．他の電磁波が人体に及ぼす影響はそれほどよくわかっていない．X 線と紫外線(日焼け)は人体に危害を与え，赤外線は熱として感知されるが，マイクロ波ならびにラジオ波は感知できない．

太陽光は雨滴によってそれを構成しているそれぞれの色に分裂し(可視スペクトル)，虹ができる．

色がどのようにして生じるのかを理解するためには，Isaac Newton が行った実験に戻らなければならない．彼は，白色光がプリズムを通過したときに，すべての色のスペクトルに分散されることを示した．それは水滴がプリズムの機能を果たして虹をつくることと同じである．つまり，人体が感知している白色光は，網膜の光受容体(下巻；コラム 18-2 参照)に対する「広帯域照射」の結果である(NMR 分光法の用語を借りるとこのように表現できる；10-9 節参照)．したがって，物体(あるいは化合物)が可視光の一部を吸収して残りを反射したとき，その物体の色が見えるようになる．たとえば，物体が青色の光を吸収したとき，それは橙色に見える．緑色の光を吸収したならば，それは紫色に見える．橙色の光の吸収は物体を青色に，紫色の光の吸収は緑色に見えるようにする．有機化学においては，そのように色のついた分子は連続した共役二重結合をもっていることが非常に多い．そのような結合の電子励起のエネルギーは，たまたま可視光のエネルギーに(のちほどすぐにわかるが，紫外光のほとんどのエネルギーにも)等しいため，色がついて見える．本章の冒頭文で述べた β-カロテン(14-7 節)の橙色を思い起こそう．またインジゴによるブルージーンズの色(次ページ欄外)につい

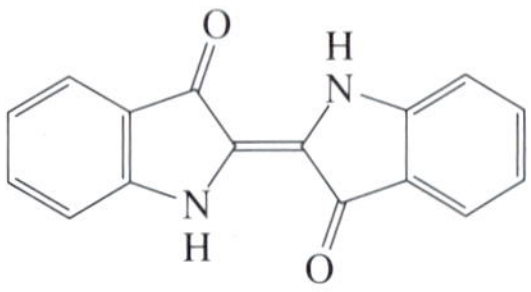

インジゴ
(indigo)

てはきっと誰もがよく知っているだろう．

本節では，**可視分光法**(visible spectroscopy，図 10–2 および欄外の図参照)とよばれる 400 ～ 800 nm の波長領域における分光法により，有機化合物の色について定量的に解説する．また，**紫外分光法**(ultraviolet spectroscopy)とよばれる 200 ～ 400 nm の領域についても考察する．これらの二つの波長領域は互いに非常に近接しているので，通常，同じ分光計で同時に測定される．いずれの分光法も不飽和分子の電子構造の研究や，それらの共役の広がりの程度を調べるのにとくに役立つ．

紫外－可視分光計は，一般的に図 10–3 に示すような構成になっている．NMR と同様，通常，試料を対象とするスペクトル領域に吸収をもたない溶媒に溶かして測定する．そのような溶媒としては，エタノール，メタノール，シクロヘキサンなどがあり，これらはどれも 200 nm よりも長波長に吸収をもたない．紫外部や可視部の波長の電磁波により，結合性軌道(および非結合性軌道のこともある)にある電子が空の反結合性軌道へ励起される．この電子エネルギーの変化が**電子スペクトル**(electronic spectrum)として記録される．NMR と同様に，FT 装置によって感度が非常に向上し，スペクトルも測定しやすくなった．

ブルージーンズの青色はインジゴによる．

可視スペクトル

色	波長
紫	380 ～ 450 nm
青	450 ～ 495 nm
緑	495 ～ 570 nm
黄	570 ～ 590 nm
橙	590 ～ 620 nm
赤	620 ～ 750 nm

紫外光および可視光は電子的な励起状態をつくり出す

平均的な分子の結合について考えてみよう．孤立電子対を除けば，すべての電子は確実に結合性分子軌道に入っていると考えてよい．このような分子は**基底電子状態**(ground electronic state)にあるという．紫外線や可視光は，結合性軌道に入っている多くの電子を反結合性軌道に遷移させるのに十分なエネルギーをもっていて**励起電子状態**(excited electronic state)をつくり出すので(図 14–13)，そのような電磁波を用いて電子分光法を使うことが可能となる．吸収されたエネルギーは，化学反応(14–9 節)，光の放射(蛍光，りん光)，あるいは単に熱の放射によって消失する．

有機化合物の σ 結合は，結合性軌道と反結合性軌道間のエネルギー差が大きい．したがって，結合性軌道に入っている σ 電子を励起するには，実用的な領域よりもはるかに短い波長(< 200 nm)の光が必要である．その結果この手法は，被占軌道と空軌道がエネルギー的にはるかに接近している π 電子系の研究におもに用いられている．π 電子の励起は **$\pi \rightarrow \pi^*$ 遷移**(π–π^* transition)を起こす．非結合性電子(n 電子)は **n → π^* 遷移**(n–π^* transition)によって，より容易に励起される(図 14–14)．π 分子軌道の数は，それを構成する p 軌道の数に等しいので，共役が拡張すると図 14–14 のような単純な図式は急に複雑になる．すなわち，

赤橙色の β–カロテンと濃青色のアズレンでは，それらの π 電子構造が異なる．

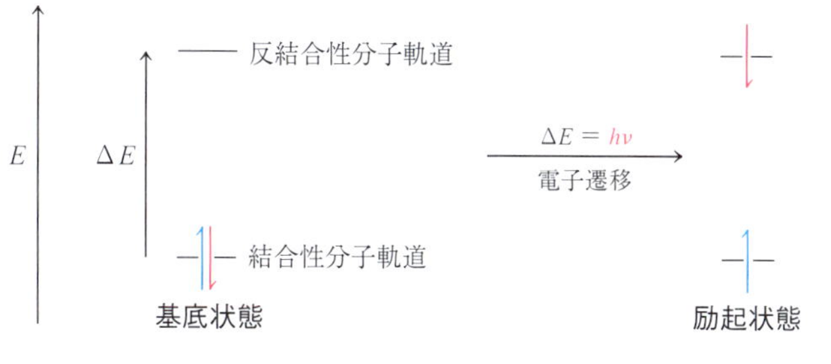

図 14–13 結合性軌道から反結合性軌道への電子の遷移により分子は電子的に励起され，基底電子状態から励起電子状態になる．

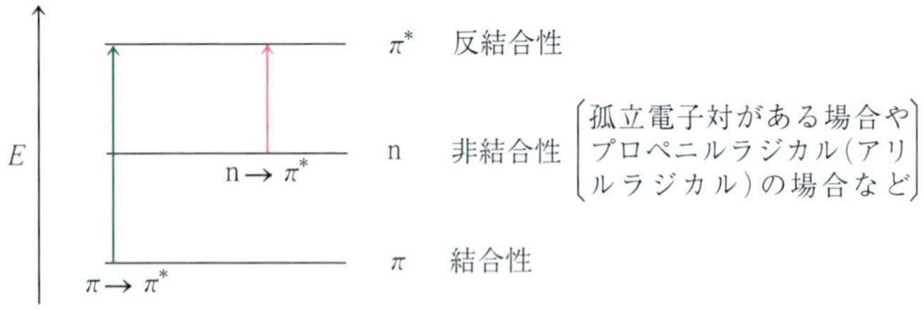

図 14-14　単純な π 電子系の電子遷移．遷移を起こすのに必要な電磁波の波長は，紫外あるいは可視スペクトルのピークとなって現れる．

> **調光サングラス**
>
> 自動的に暗くなる眼鏡のレンズには，熱的な反応でもとに戻ることができる光異性化を行う有機分子が含まれており，そうしてできる二つの化学種は異なる電子スペクトルを示す．
>
> 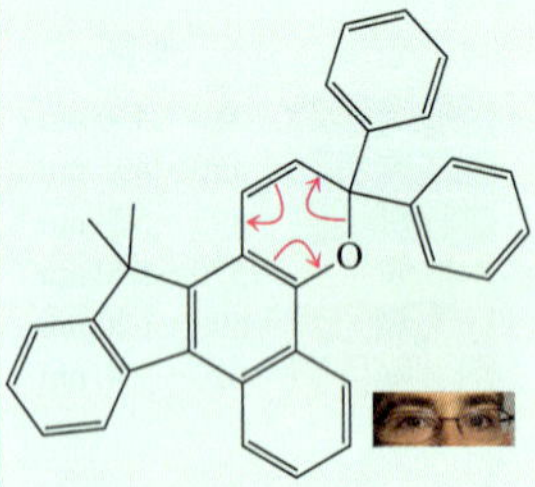
>
> 紫外線のみを吸収する：透明
>
> 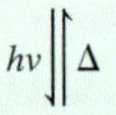
>
>
> 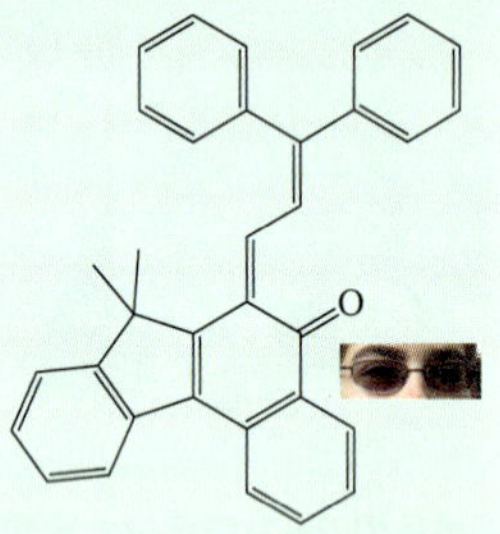
>
> 紫外線と可視光を吸収する
>
> 上の分子は可視光領域では透明だが太陽の紫外光を吸収し，電子環状反応により開環して下の分子に変化する．この異性体は共役がより拡張しているので，λ_{max} の位置が可視光を吸収する波長に移動してレンズが暗くなる．暗所では，系は熱によって熱力学的により安定な状態に戻る．

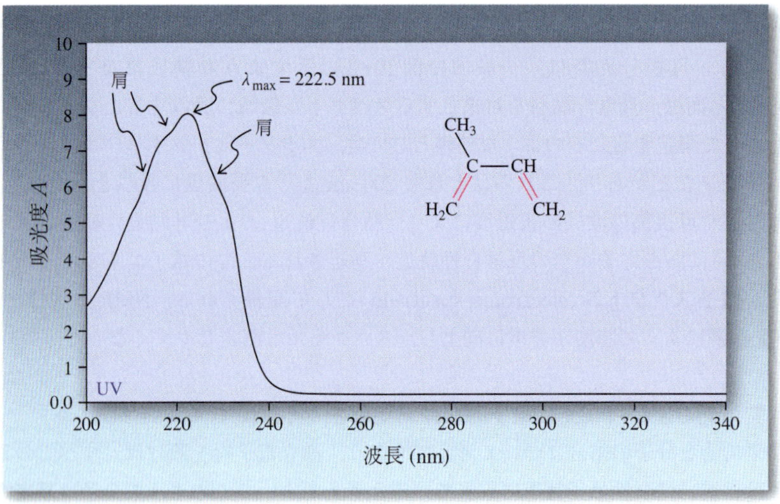

図 14-15　2-メチル-1,3-ブタジエンのメタノール溶液の紫外スペクトル，λ_{max} = 222.5 nm（ε = 10,800）．大きなピークの両脇にある突起は肩（shoulder）とよばれる．

可能な遷移の数が急増し，そのためスペクトルの複雑さも増す．

典型的な紫外スペクトルの例として，2-メチル-1,3-ブタジエンのスペクトルを図 14-15 に示す．ピークの位置は，吸収が最大になる位置の波長で，λ_{max}〔ナノメートル（nm）単位で〕の値として表す．その強度は**モル吸光係数**（molar extinction coefficient）あるいは**モル吸光率**（molar absorptivity）ε に反映され，それは分子に固有の値である．ε の値は，測定したピークの高さ（吸光度，A）を試料のモル濃度（C）で割ることによって求める（ただしセルの長さは標準の 1 cm とする）．

$$\varepsilon = \frac{A}{C}$$

ε の大きさは百以下から数十万までの幅がある．それは光の吸収の効率のよい目安になる．図 14-15 のように，通常，電子スペクトルの吸収バンドは幅広く，多くの NMR スペクトルに一般的に見られるような鋭い線にはならない．

電子スペクトルから非局在化の広がりの程度がわかる

電子スペクトルは，しばしば拡張 π 電子系における非局在化の大きさやその程度を示す．共役している二重結合の数が多いほど，最もエネルギーの低い励起の波長は長くなる（そしてスペクトルに現れるピークの数も多くなる）．たとえば，エテンはλ_{max} = 171 nm に吸収をもち，1,4-ペンタジエンのような非共役ジエンはλ_{max} = 178 nm に吸収をもつ．ところが，1,3-ブタジエンのような共役ジエンははるかに低いエネルギー(λ_{max} = 217 nm)の光を吸収する．表 14-3 に示すように，さらに共役が広がるとλ_{max}の値がその分だけ増加する．アルキル基の超共役の効果や，剛直で平面的な環状系においてπ軌道間の重なりが増加することも，長波長シフトに寄与している．400 nm を超えると(可視領域に入り)，分子には色がつき始める．はじめは黄色に，しだいに橙色，赤色，紫色と変化し，

表 14-3　エテンおよび共役π電子系の最も エネルギーの低い電子遷移に対するλ_{max}の値

アルケンの構造	名　称	λ_{max}(nm)	ε
	エテン	171	15,500
	1,4-ペンタジエン	178	未測定
	1,3-ブタジエン	217	21,000
	2-メチル-1,3-ブタジエン	222.5	10,800
	*trans*-1,3,5-ヘキサトリエン	268	36,300
	*trans*, *trans*-1,3,5,7-オクタテトラエン	330	未測定
	2,5-ジメチル-2,4-ヘキサジエン	241.5	13,100
	1,3-シクロペンタジエン	239	4,200
	1,3-シクロヘキサジエン	259	10,000
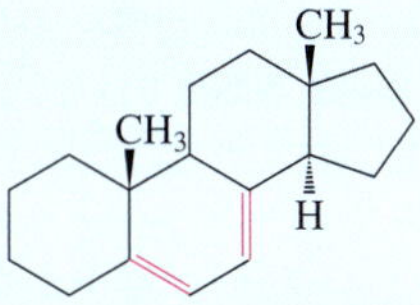	ステロイドジエンの一種	282	未測定
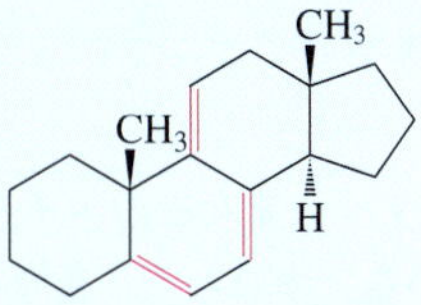	ステロイドトリエンの一種	324	未測定
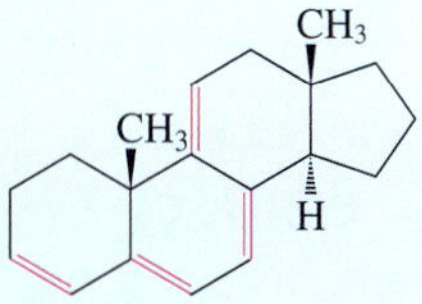	ステロイドテトラエンの一種	355	未測定
(構造式は 14-7 節)	β-カロテン(ビタミンAの前駆体)	497(橙色)	133,000
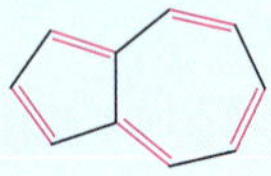	アズレン(環状の共役炭化水素)	696(青紫色)	150

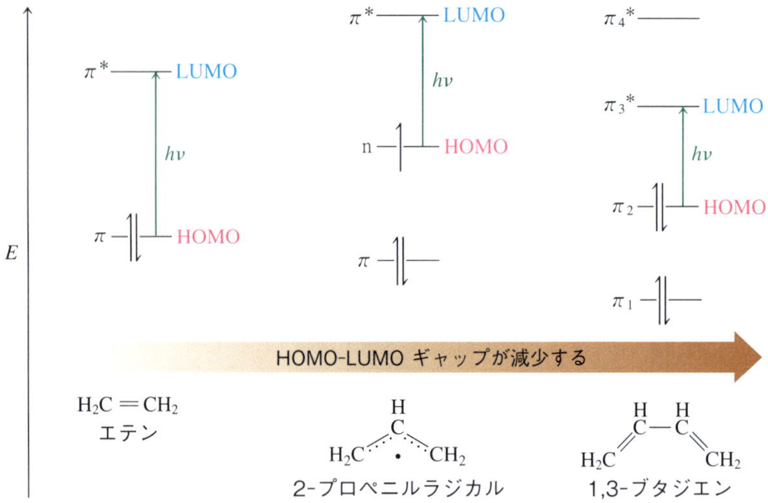

図 14-16 最高被占軌道と最低空軌道(それぞれ HOMO，LUMO と略記)間のエネルギー差は，エテン，2-プロペニル(アリル)ラジカル，1,3-ブタジエンの順に減少する．したがって，この順に励起エネルギーは低くなり，吸収はより長波長に見られる．
HOMO：highest occupied molecular orbital.
LUMO：lowest unoccupied molecular orbital.

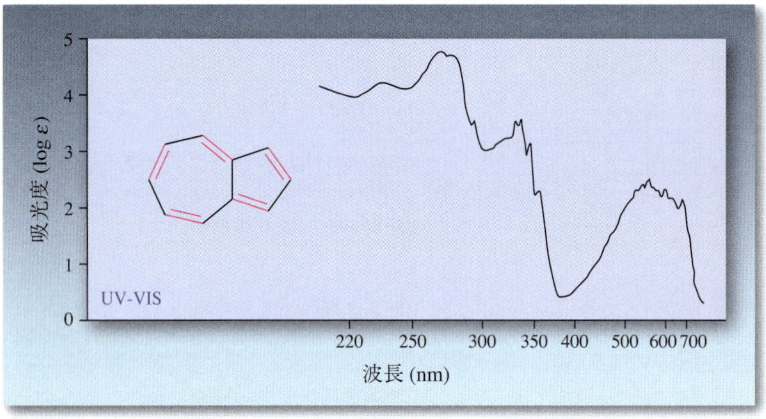

図 14-17 アズレンのシクロヘキサン溶液の紫外-可視スペクトル．目盛を縮めるため，吸光度を log ε としてプロットしてある．波長を示す横軸も等間隔ではない．

最後には青色から緑色になる．たとえば β-カロテン(14-7 節)が鮮やかな橙色に見える(λ_{max} = 480 nm)のは，11 個の二重結合が連なって並んでいるためである．

なぜ大きな共役π電子系のほうが励起状態に達しやすく，またそのエネルギーも低いのだろうか．その答えは図 14-16 に示されている．すなわち，重なった p 軌道の列が長くなると被占軌道と空軌道間のエネルギー差が小さくなり，電子の励起に関与できる結合性軌道や反結合性軌道の数も増えるからである．

最後に，環状ポリエンの共役はまったく異なる法則に支配されているが，それについては次の二つの章(下巻)で紹介する．ここでは無色のベンゼンの電子スペクトル(下巻：15-6 参照)を濃青色のアズレンのスペクトル(図 14-17)と比較し，それらを表 14-3 のデータと比較するだけにとどめる．

漂　白

漂白剤の脱色効果については誰もが知っている．漂白剤は，有機染料の共役π構造を中断することによって，もはや可視領域の光を吸収しない生成物に変換する．塩素，過酸化水素(髪を金髪に染めるのに用いられている)あるいは次亜塩素酸ナトリウム(Clorox® に含まれている)の漂白能力についてはよく知っているだろう．

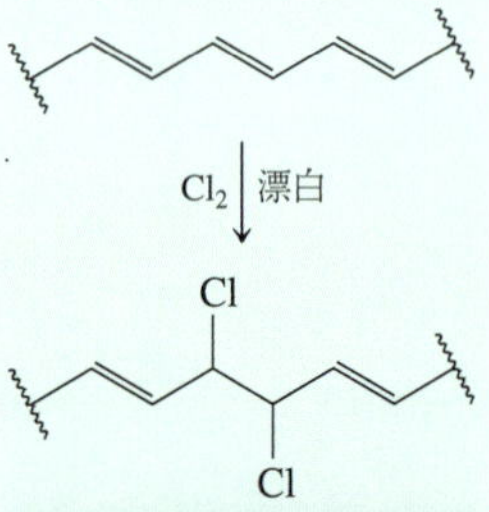

ブリーチ剤(H_2O_2)の威力：サッカースターの Lionel Messi と Neymar.

コラム● 14-3 ビニフェロンの構造決定における IR，MS および UV の役割 SPECTROSCOPY

^{1}H および ^{13}C NMR データにもとづき，ブドウの種由来の抗酸化剤であるビニフェロン(viniferone；コラム 10-5 参照)の構造の多くの部分を解明することができた．とくに，二つのカルボニル炭素と合計八つのアルケンまたはベンゼン炭素が存在することが明らかになった．また，六員環エーテルの存在が強く示唆された．残りの部分の構造を解明するのには，質量分析法，IR および UV 測定から得られた相補的な情報が大いに役立った．

^{13}C NMR から炭素の数がわかったが，高分解能質量分析から全体の分子式が $C_{15}H_{14}O_8$ であり，したがって不飽和度は 9 であることが明らかになった(15 炭素 × 2 ＝ 30；30 ＋ 2 ＝ 32；32 － 14 水素＝ 18；18/2 ＝ 9)．

IR 分光法ではビニフェロンにあるような五員環の顕著な特徴を示している．すなわち，C═O 基のそれぞれ固有の振動ならびに複合的な振動モードの吸収帯が 1700，1760 および 1790 cm^{-1} にあり，カルボン酸の O─H による非常に幅の広い強い吸収が 2500 ～ 3300 cm^{-1} にある．これらの吸収は下に示すより単純なモデル化合物にもある．

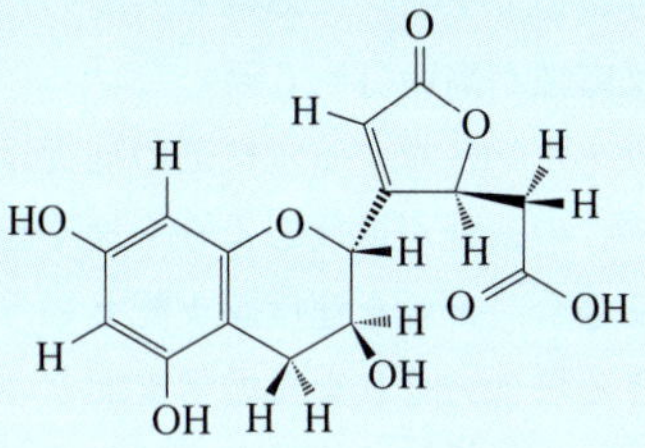

ビニフェロン(viniferone)

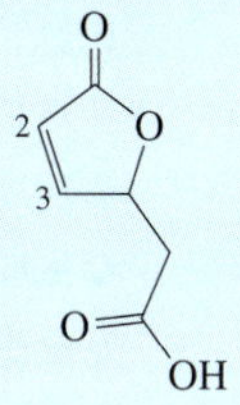

モデル化合物

この環とビニフェロンの残りの部分の構造との結合部位は，^{1}H NMR スペクトルから明らかになった．より単純なモデルでは，アルケン水素は δ ＝ 6.12(H 2)と 7.55 (H 3) ppm に現れる．一方，ビニフェロンは δ ＝ 6.19 ppm に一つのシグナルを示すのみである．δ ＝ 7.5～7.6 ppm 付近にまったくシグナルが観測されないことは，結合位置が C3 であることを示している．

最後に UV 分光法は，環状共役系による 275 nm 付近の吸収があることから，酸素置換ベンゼン環の存在を特定するのに役立つ．このベンゼン環の帰属により，不飽和度 9 の特定が完結する．すなわち，二つの C═O 基と五員環中にある C═C 二重結合，ベンゼン環中の三つの二重結合，および三つの環そのものである．

練習問題 14-29

次の化合物を λ_{max} の値が大きくなる順に並べよ．

(a) 1,3,5-シクロヘプタトリエン　(b) 1,5-ヘキサジエン

(c) 1,3-シクロヘキサジエン　(d)

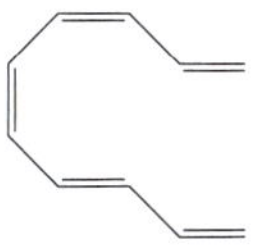

(e) ポリアセチレン

(f)

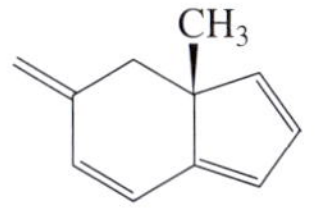

まとめ 紫外および可視分光法は，共役した分子の電子の励起を測定するのに用いることができる．分子軌道の数が増えると，より多様な遷移が可能となるので吸収帯の数もより多くなる．最も長波長の吸収帯は，一般に最高被占軌道から最低空軌道への電子の遷移によるものである．共役が広がるとその電子遷移のエネルギーは低下する．

章のまとめ

この章では，共役という現象が起こるような形に，互いに結合した sp^2 混成炭素上のp軌道が連なって並びうることを学んだ．共役は電子を非局在化させ，したがって，分子電線において見られるように電荷もこの機構により非局在化される．別の見方をすれば，共役とは分子の末端がもう一方の端と化学的に通信する方法と考えることもできる．とくに以下のことを学んだ．

- 2-プロペニル(アリル)構造は非局在化による安定化を受け，アルケンのアリル位におけるラジカル的水素引き抜き反応，S_N1 ならびに S_N2 反応，および脱プロトン化の反応性をかなり高くする(14-1 ～ 14-4節)．
- 同様の安定化は共役ジエンでも起こる(14-5節)．しかしながら，共役ジエンは生成するアリル型カチオンにおける共鳴のために，とくに求電子的攻撃に対してかなり反応性が高い(14-6節)．
- 非対称アリル型カチオンに対する求核剤の捕捉は，二つの末端において異なる速度で起こる．この過程が逆反応よりも速く起こり熱力学的により不安定な生成物を与える場合，それを速度論支配という．平衡が達成されてより安定な生成物ができる場合，それを熱力学支配という(14-6節)．
- Diels-Alder反応という新しい様式の反応について述べた．この反応では，ジエンがモノエンと協奏的に環化付加してシクロヘキセン環を形成する．さらに，ジエンならびに求ジエン体の二重結合の立体化学を保持して起こるだけでなく，反応した炭素上に新たに生成する立体中心に関しても立体選択的に起こる(エンド則)(14-8節)．
- 共役ポリエンは，熱と光により可逆的に，共役系の末端の sp^2 混成炭素間で結合を形成する閉環反応を行う(14-9節)．この変換反応は，末端の二重結合の立体化学に関して立体特異的であり，二重結合の数と反応条件(熱か光か)によって同旋的あるいは逆旋的経路を経て進行する．
- ブタジエンのような炭素数4の合成ブロックの重合により合成ゴムができる．自然界では，天然ゴムあるいは天然物の前駆体となるオリゴマーをつくるために，アリル型のモノマーが使われている．
- 共役系は，200 ～ 800 nmの光によるπ電子の励起にもとづく紫外および可視分光法を用いて調べることができる．

この続きはどうなるのだろうか．共役ポリエンと分子電線の類似性になぞらえて，次の単純な質問をしてみよう．もし，その電線の末端を閉じた回路を完成するようにつないだらどうなるだろうか．つまり，共役ポリエンに環状構造をもたせると，次の二つの章(下巻)で明らかになるように非常に多くの新たな現象が現れることになる．

14-12 総合問題：概念のまとめ

共役系の反応性に関する問題でこの章を締めくくる．すなわち，加溶媒分解と

Diels-Alder 環化付加に関する問題である．後者の反応は，複雑で立体化学が規定された置換基をもつ炭素数 6 の分子を組み立てる問題の鍵段階で重要な役割を果たしている．

練習問題 14-30：共役系の反応性を探究する

a. *trans*,*trans*-2,4-ヘキサジエン-1-オール(ソルビルアルコール)の *trans*-5-エトキシ-1,3-ヘキサジエンへの変換の合理的な反応機構を考えよ．

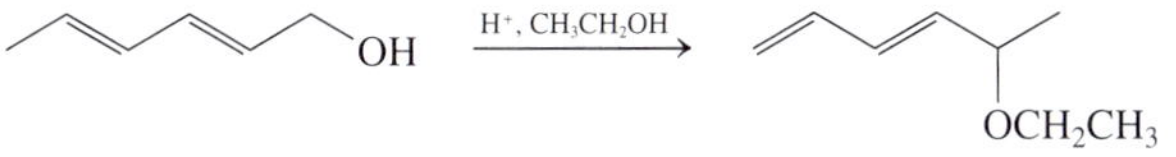

ソルビルアルコール (sorbyl alcohol)　　*trans*-5-エトキシ-1,3-ヘキサジエン (*trans*-5-ethoxy-1,3-hexadiene)

● 答え

この反応は酸性のエタノール水溶液中(別の表現をすればワインのなか)で起こる．まず出発物質と最終生成物の構造をよく調べてみると，(1)アルコールはエーテルになったことと，(2)二重結合が移動したことがわかる．では，これらの官能基についてこれまで学んできた関連のある知識について考えよう．酸の存在下における 2 分子のアルコールのエーテルへの変換については，9-7 節で紹介した．一方のアルコール分子のプロトン化によりアルキルオキソニウムイオンが生成し，その脱離基(この場合，水)が S_N2 または S_N1 機構によりもう一方のアルコールによって置換される．

$$CH_3CH_2\overset{+}{O}H_2 \quad + \quad CH_3CH_2OH \quad \xrightarrow{S_N2} \quad CH_3CH_2OCH_2CH_3$$

$$CH_3\underset{CH_3}{\overset{CH_3}{C}}\overset{+}{O}H_2 \quad + \quad CH_3CH_2OH \quad \xrightarrow{S_N1} \quad CH_3\underset{CH_3}{\overset{CH_3}{C}}OCH_2CH_3$$

これらの反応のどちらかを，この問題に当てはめることができるだろうか．ソルビルアルコールはアリル型アルコールであるが，アリル型ハロゲン化物が容易に S_N2 および S_N1 型の置換反応を行うことについては学んだばかりである(14-3 節)．9 章のかなりの部分では，ハロアルカンとアルコールの反応性を比較，対比した．すなわち，アルコールのヒドロキシ基がプロトン化されると置換反応や脱離反応への道が開けるのである．したがって，アリル型アルコールも，アリル型ハロゲン化物と同様に，置換反応に対する反応性に富むと期待してよいだろう．次に S_N2 か S_N1 か，どちらの反応機構がよりふさわしいかについて考える必要がある．

この反応過程において二重結合の移動が起こることは，反応機構を考えるうえで役立つ情報である．再び 14-3 節と 14-6 節を思い起こすと，S_N1 の第 1 段階で脱離基の解離によって生成するアリル型カチオンは非局在化しており，求核剤は 2 カ所以上の反応点を攻撃することができることに気づく．ソルビルアルコールのプロトン化と水の脱離によって生成するカルボカチオンについて考察することによって，この考えをさらに推し進めよう．

ソルビルアルコール

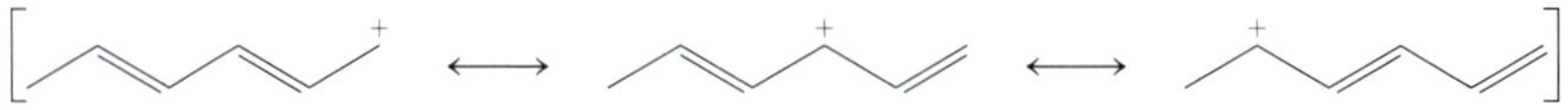

アリル型カチオンと同様に，このカルボカチオンは非局在化している．しかし，出発物質は共役がより広がった系なので，生成したカチオンは二つではなく，三つの共鳴構造が寄与している混成体になる．共役トリエンに対する求電子付加反応（14-7 節）の場合と同様に，攻撃してくる求核剤が結合する位置には，3 カ所の可能性がある．このカルボカチオンの場合には，比較的正電荷を多くもっている（14-6 節）第二級炭素にエタノールが結合する過程が，速度論的な理由で優先的に起こる．

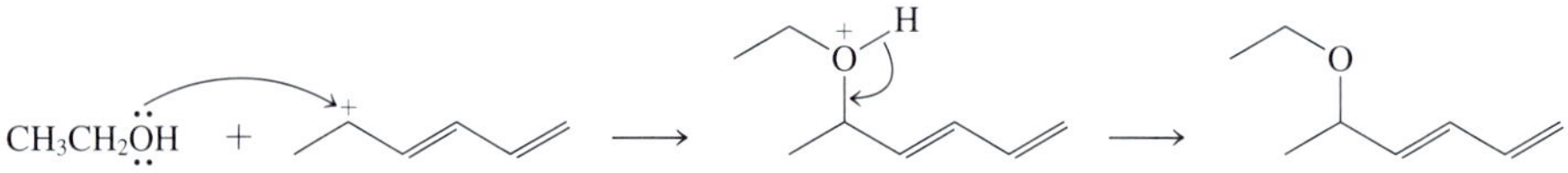

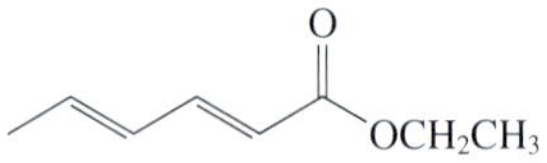

trans, *trans*-2,4-ヘキサジエン酸エチル (ethyl *trans*, *trans*-2,4-hexadienoate) (ソルビン酸エチル ethyl sorbate)

b. **食品保存料のソルビン酸（*trans,trans*-2,4-ヘキサジエン酸）のエステルは Diels-Alder 反応を行う．ソルビン酸エチルと 2-ブテン二酸無水物（無水マレイン酸，構造は表 14-1 を見よ）を加熱することによってできる主生成物を予想せよ．この反応の立体化学に関するすべての点について，注意深く考察すること．**

● **答え**

Diels-Alder 反応は，ジエン（この場合ソルビン酸エチル）と，通常，電子不足のアルケンである求ジエン体との環化付加反応である（14-8 節）．まず，二つの反応基質を見て，この反応で生成する新しい結合を図示する必要がある．そのためには，ソルビン酸エチルの C3 と C4 の間の単結合を回転させて，二重結合をしかるべき立体配座にもってくる必要がある．このとき，間違って二重結合の立体化学を変えてしまわないように，注意して行わなければならない．もともと二重結合は二つともトランスだったので，回転させたあともトランスでなければならない．次に，ジエン系の両末端を求ジエン体のアルケン部分の炭素原子に結合させる（下式の点線）．こうして生成物の結合のつながりができあがるが，この時点では立体化学については何も特定されていない．

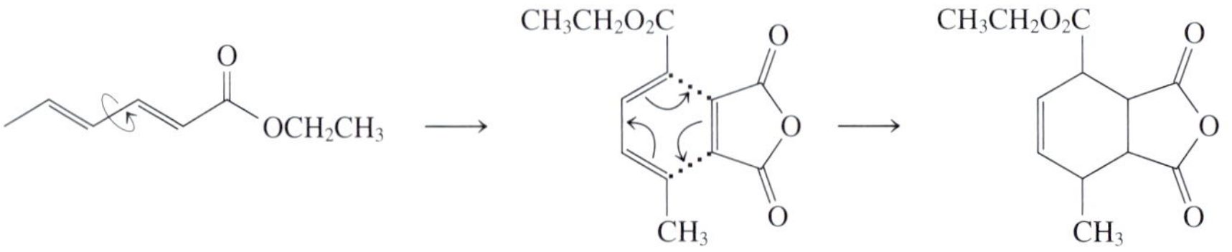

解答を完成するには，Diels-Alder 反応における以下の細かな 2 点について考慮しなければならない．つまり，(1) 反応が進行する過程において各成分の立体

化学は保持されることと，(2)求ジエン体の二重結合に結合している不飽和置換基は，環化付加が起こる過程でジエン系の下面(エンドの位置)に優先的に位置することである．本書の本文中にあるのと同様の図式を用いて，この反応を下式のように書き表すことができる．

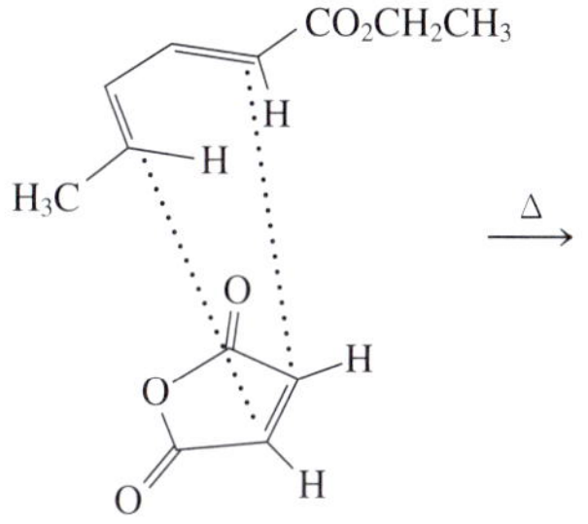

遷移状態の図における置換基の空間的配置が，生成物におけるそれらの最終的な立体的な位置にどのように結びつくのかを理解するには，注意深い考察が多少必要である．この点について考える際には，新しい二つの単結合(反応式の左辺にある遷移状態に書かれた点線)の形成にかかわっている個々の炭素原子についてとくに注意すること．これらの炭素上にある置換基の位置が，生成物中の新たにできる二つの結合に対してどうなるかについて調べよう．これに適した見方は，図全体を 90° 回転させたものである(欄外)．この図を見れば，新しくできたシクロヘキセン環に対して，四つの水素がすべてシスになることがかなりはっきりとわかる．反応機構についてさらに演習するため，章末問題 56 および 68 を解くこと．

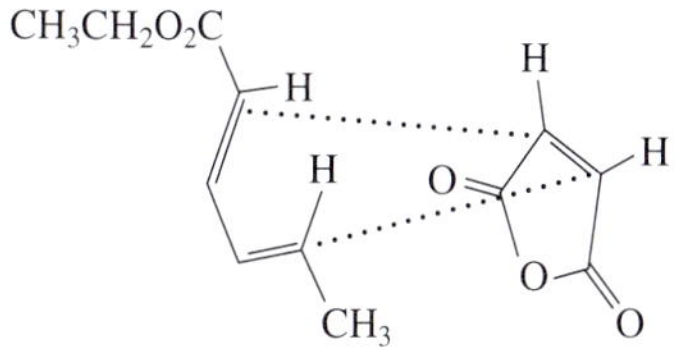

練習問題 14-31：Diels-Alder 反応を用いた逆合成

Diels-Alder 反応は非常にすぐれた立体選択性を示すため，続いて開環反応を行うことにより，複数の特定の立体中心をもつ非環状ビルディングブロックを構築するための鍵段階として，しばしば用いられる．炭素数 4 以下の出発物質を用いて，(ラセミ体の)化合物(A)を合成する方法を示せ．

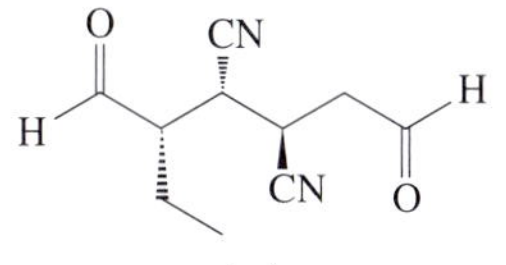

(A)

● **解法のてびき**

What 考えるための材料として何があるか．末端の二つのカルボニル基と立体化学が規定された三つの置換基をもつ炭素数6の鎖状分子がある．問題は Diels-Alder 反応を用いた方法でそれを組み立てるよう指示している．

How 一見したところ，答えるのは不可能なように思える．解答の秘訣は直接的に解決しようとするのではなく，逆合成解析の過程をよく考えることである．つまり，はじめに行わなければならないのは，(A)を導く前駆体である適切な置換基をもつシクロヘキセンを見つけることである．それをどのようにして(Diels-

Alder 反応で)つくるかはあとで考えればよい．末端の炭素を結びつけて六員環をつくる逆合成過程はあるだろうか．

Information その答えは 12-12 節にある．二つのカルボニル炭素を C═C 二重結合で結びつける(逆)オゾン分解である．正しい立体化学をもったシクロヘキセン(B)の図を書くために，二つの酸素を取り除いて環を閉じる前に，まず下式に示した結合のまわりに回転させて(A)を角のある形に書き直すとよい．

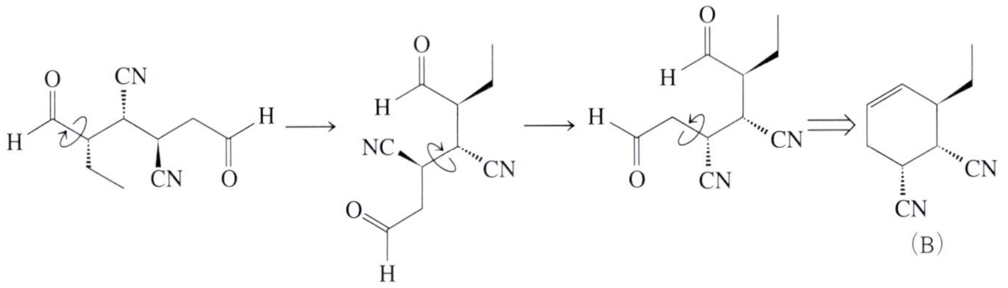

(B)

他のシクロヘキセンと同様に，このシクロヘキセンはエンド型逆 Diels-Alder 反応(14-8 節)によって解体され，要求される立体化学の様式で正方向の反応を行う二つの成分(C)と(D)になる．

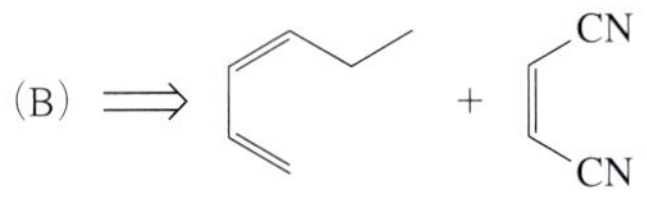

(C) (D)

Proceed 一歩一歩論理的に進めよ．

●答え

- 求ジエン体(D)は容易に入手できる(表 14-1)．*cis*-1,3-ヘキサジエン(C)は合成しなければならないだろうが，その方法はたくさんある．(C)の合成において重要な点は二重結合の立体化学である．シスアルケンはどのようにして合成できたか．その答えは 13-6 節にある．Lindlar 触媒を用いるアルキンの水素化である．したがって，(C)のよい前駆体はエニン(E)であり，(E)は(F)とヨードエタンから得られる(13-5 節参照)．

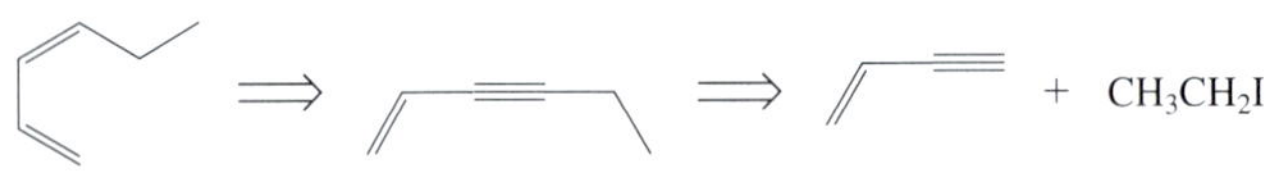

(C) (E) (F)

- 1-ブテン-3-イン(ビニルアセチレン)(F)は CuCl 触媒を用いるエチンの二量化によって工業的に製造されている．これをどのようにして合成したらよいだろうか．アルケンはハロゲン化－二重の脱ハロゲン化水素によってアルキンに変換できることを学んだ(13-4 節参照)．この方法を用いるとすると，1,3-ブタジエンが出発物質になる．しかし，1,3-ブタジエンに対する臭素化のようなハロゲン化反応は，モノアルケンの反応のように単純ではないことを学んだ．つまり，1,2-付加と 1,4-付加が起こる(14-6 節)．しかし，このことは問題にならない．1,2-ジハロブテンは通常の様式で脱離反応を行い，まず(より酸性の高いアリル位の脱プロトン化を経て)2−ブロモ−1,3−ブタジエンを与え，そして次に(F)を与える．

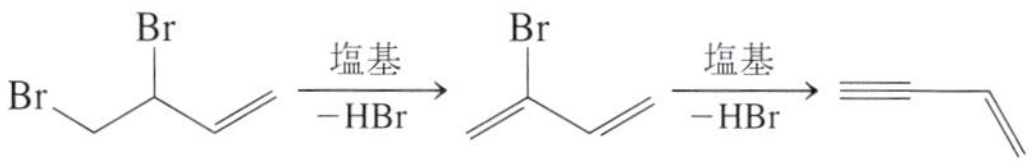

(F)

1,4−ジハロブテンも脱離反応を行うが，この場合には二重結合が共役するような形で起こる[†]．そして1−ブロモ−1,3−ブタジエンが中間体として生成し，それが生成物に導かれる．

† 訳者注：このような脱離反応を1,4−脱離とよぶ．

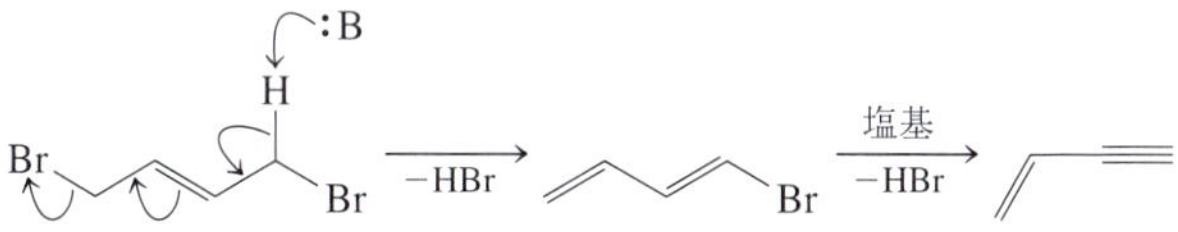

(F)

• この分析にもとづき，炭素源として1,3−ブタジエン，ヨードエタンならびに(D)から出発して，(A)を合成するための正方向の反応式を書け．

新しい反応

1. アリル位のラジカル的ハロゲン化反応（14−2 節）

$$\mathrm{RCH_2CH{=}CH_2} \xrightarrow{\mathrm{NBS,\ CCl_4,}\ h\nu} \mathrm{R\overset{Br}{\overset{|}{C}}HCH{=}CH_2} + \mathrm{RCH{=}CHCH_2Br}$$

アリル位の C−H 結合の $DH° \approx 87$ kcal mol^{-1}

2. アリル型ハロゲン化物の S_N2 反応性（14−3 節）

$$\mathrm{CH_2{=}CHCH_2X} + \mathrm{Nu:^-} \xrightarrow{\text{アセトン}} \mathrm{CH_2{=}CHCH_2Nu} + \mathrm{X^-}$$

通常の第一級ハロゲン化物より速い

3. アリル型 Grignard 反応剤（14−4 節）

$$\mathrm{CH_2{=}CHCH_2Br} \xrightarrow{\mathrm{Mg,\ (CH_3CH_2)_2O}} \mathrm{CH_2{=}CHCH_2MgBr}$$

カルボニル化合物への付加反応に用いる

4. アリルリチウム反応剤（14−4 節）

$$\mathrm{RCH_2CH{=}CH_2} \xrightarrow{\mathrm{CH_3CH_2CH_2CH_2Li,\ TMEDA}} \mathrm{R\ddot{C}HCH{=}CH_2\ Li^+}$$

アリル位の C−H 結合の $pK_a \approx 40$

5. 共役ジエンの水素化反応（14−5 節）

$$\mathrm{CH_2{=}CH{-}CH{=}CH_2} \xrightarrow{\mathrm{H_2,\ Pd\text{-}C,\ CH_3CH_2OH}} \mathrm{CH_3CH_2CH_2CH_3} \qquad \Delta H° = -57.1\ \mathrm{kcal\ mol^{-1}}$$

下の反応と比較せよ．

$$\mathrm{CH_2{=}CH{-}CH_2{-}CH{=}CH_2} \xrightarrow{\mathrm{H_2,\ Pd\text{-}C,\ CH_3CH_2OH}} \mathrm{CH_3(CH_2)_3CH_3} \qquad \Delta H° = -60.8\ \mathrm{kcal\ mol^{-1}}$$

6. 1,3−ジエンの求電子反応：1,2−付加および 1,4−付加（14−6 節）

$$\mathrm{CH_2{=}CH{-}CH{=}CH_2} \xrightarrow{\mathrm{HX}} \mathrm{CH_2{=}CH\overset{X}{\overset{|}{C}}HCH_3} + \mathrm{XCH_2CH{=}CHCH_3}$$

$$\mathrm{CH_2{=}CH{-}CH{=}CH_2} \xrightarrow{\mathrm{X_2}} \mathrm{CH_2{=}CH\overset{X}{\overset{|}{C}}HCH_2X} + \mathrm{XCH_2CH{=}CHCH_2X}$$

7. アリル型化合物の S_N1 反応における熱力学支配と速度論支配の比較（14-6 節）

$$CH_3CH{=}CHCH_2X \xleftarrow{\text{遅い}} CH_3CH{=}CH\overset{+}{C}H_2 + X^- \xrightleftharpoons{\text{速い}} CH_3\underset{}{\overset{X}{\overset{|}{C}}}HCH{=}CH_2$$

より安定な生成物　　第一級のアリル型カチオンの安定性は通常の第二級カチオンとほぼ同じ　　より不安定な生成物（高温では可逆的に生成する）

8. Diels-Alder 反応（協奏的で立体特異的，エンド則）（14-8 節）

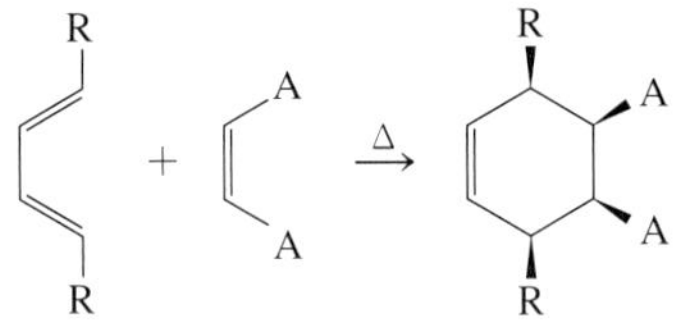

A ＝ 電子受容体
ジエンは s-シス形で反応し，
電子不足の求ジエン体のほうが反応しやすい

9. 電子環状反応（14-9 節）

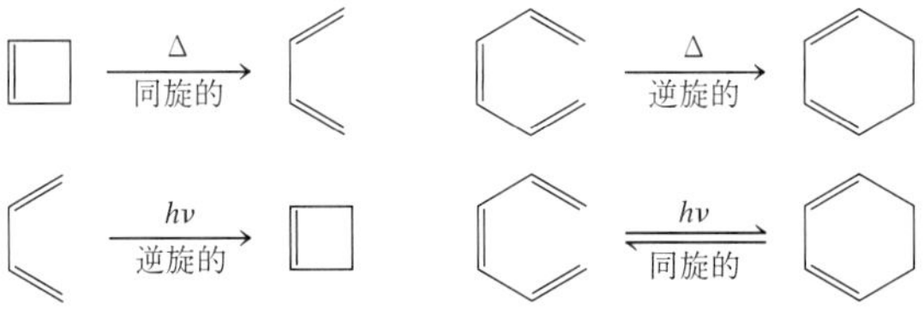

10. 1,3-ジエンの重合（14-10 節）

1,2-重合

$$2n\,CH_2{=}CH{-}CH{=}CH_2 \xrightarrow{\text{開始剤}} {-}(\underset{\substack{|\\CH\\\|\\CH_2}}{CH}{-}CH_2{-}\underset{\substack{|\\CH\\\|\\CH_2}}{CH}{-}CH_2)_n{-}$$

1,4-重合

$$n\,CH_2{=}CH{-}CH{=}CH_2 \xrightarrow{\text{開始剤}} {-}(CH_2{-}CH{=}CH{-}CH_2)_n{-}$$

シスまたはトランス

11. 生化学的ビルディングブロックとしてのピロリン酸 3-メチル-3-ブテニル（14-10 節）

$$CH_2{=}\overset{CH_3}{\overset{|}{C}}{-}CH_2CH_2OPP \xrightleftharpoons{\text{酵素}} (CH_3)_2C{=}CHCH_2OPP \longrightarrow (CH_3)_2C{=}CHCH_2^+ + {}^-OPP$$

ピロリン酸 3-メチル-3-ブテニル　　アリル型カチオン　　ピロリン酸イオン

C−C 結合形成

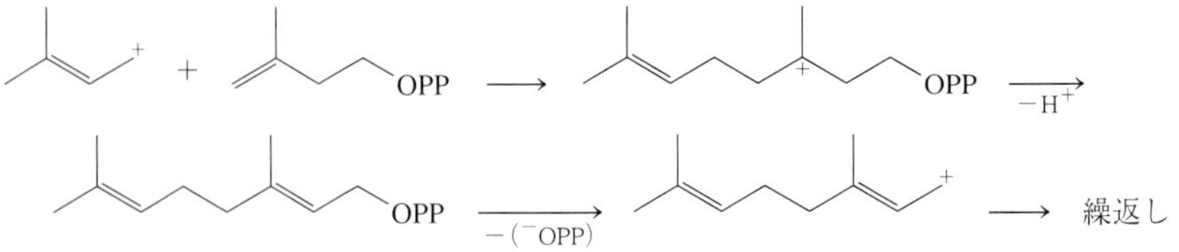

■重要な概念

1. 2-プロペニル(**アリル**)系は**共鳴**によって安定化されている．分子軌道法による記述では三つのπ分子軌道があり，それらはおのおの結合性，非結合性，反結合性である．2-プロペニル系の構造は対称で，正負の電荷や不対電子は両方の末端炭素上に均等に分布している．

2. 非対称型2-プロペニル(アリル)カチオンの化学反応性は，**熱力学支配**と**速度論支配**のいずれにも依存する．求核剤による捕捉は，相対的に大きな正電荷をもつ内部炭素上でより速く起こり，熱力学的により不安定な生成物を生じる．こうして生成した速度論支配の生成物は，いったん解離し，その後，再び求核剤で捕捉されることにより，熱力学支配の生成物に転位しうる．

3. アリル型ラジカルの安定性のため，アルケンの**ラジカル的ハロゲン化**はアリル位で起こる．

4. アリル型ハロゲン化物の$\mathbf{S_N2}$反応は，遷移状態における軌道の重なりによって加速される．

5. アリル型アニオンはとくに安定なので，ブチルリチウム-TMEDAのような強塩基によって，**アリル位からの脱プロトン化**が起こる．

6. 1,3-ジエンにおける**共役**の効果は，(非共役系に対する)相対的安定性と内部結合の距離が比較的短い(1.47 Å)ことからわかる．

7. 1,3-ジエンに求電子攻撃が起こると，アリル型カチオンが優先的に生成する．

8. **拡張共役系**は，攻撃を受ける可能性がある反応点が多いことと，生成する中間体が共鳴安定化されることから反応性に富む．

9. ベンゼンは**環状の非局在化**のために，特別な安定性をもつ．

10. **Diels-Alder反応**は，s-シス形のジエンの求ジエン体への協奏的で立体特異的な**環化付加反応**であり，シクロヘキセン誘導体を与える．この反応は**エンド則**にしたがう．

11. 共役ジエンやトリエンは，協奏的で立体特異的な**電子環状反応**により，それぞれ対応する環状異性体と相互変換して平衡となる．

12. 1,3-ジエンの**重合**は，1,2-付加あるいは1,4-付加で起こり，さらに**橋かけ**可能なポリマーを与える．合成ゴムはこのようにして合成される．天然ゴムは，ピロリン酸3-メチル-3-ブテニルから生合成的に誘導される炭素数5のカチオン種が関与する求電子的な炭素－炭素結合の形成によりつくられる．

13. **紫外および可視分光法**を用いて，分子中の共役の広がりの程度を調べることができる．**電子スペクトル**のピークは通常幅が広く，λ_{max}(nm)の値で示す．その相対的な強度は，**モル吸光率**(モル吸光係数)εで示す．

章末問題

32. 次の化学種について，すべての共鳴構造式を書き，さらに点線を用いた共鳴混成体を表す構造式を書け．

(a) 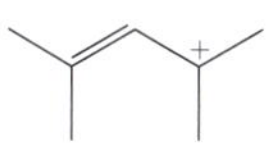
(b) 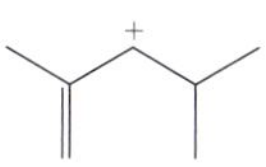

(c) 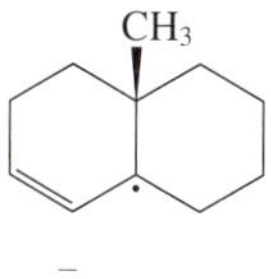
(d) 

(e) 
(f) 

33. 問題32の化学種のそれぞれについて，共鳴混成体に対して最も寄与の大きい共鳴構造はどれか．その理由も説明せよ．

34. 次の反応で最初に生成する化学種の構造を，適切な式を用いて書け(すべての共鳴構造も書くこと)．
(a) 1-ブテンの最も弱いC-H結合をホモリシス開裂する．(b) 4-メチルシクロヘキセンを強力な塩基(たとえばブチルリチウム-TMEDA)で処理する．(c) 3-クロロ-1-メチルシクロペンテンの水-エタノール溶液を加熱する．

35. 第一級ラジカル，第二級ラジカル，第三級ラジカル，およびアリル型ラジカルを安定性の高い順に並べよ．対応するカルボカチオンについても同じ問いに答えよ．その結果から，超共役および共鳴が，ラジカル中心やカチオン中心を安定化する効果の相対的な大きさについて何がわかるか．

36． 次の各反応の主生成物を書け．

(a) 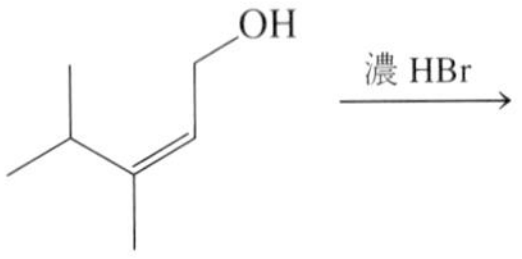

(b) 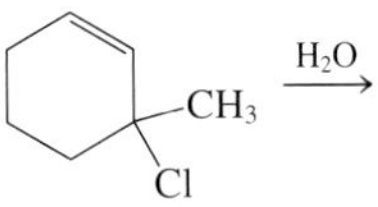

(c) 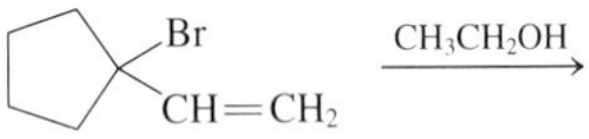

(d) 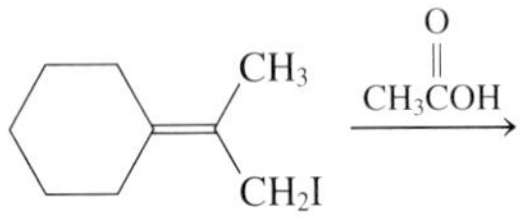

(e) 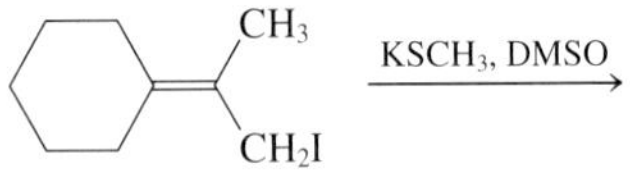

(f) 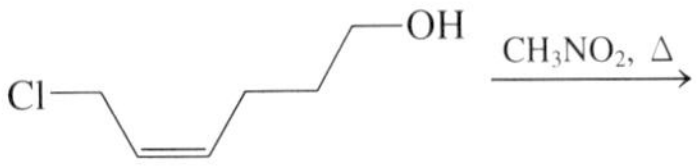

37． 問題36(a)，(c)，(e)，(f)の反応について，その詳しい機構を書け．

38． 第一級塩化物，第二級塩化物，第三級塩化物，および(第一級の)アリル型塩化物について，(a) S_N1 反応における反応性の高い順，(b) S_N2 反応における反応性の高い順に大まかに並べよ．

39． 次の六つの化合物を，S_N1 反応における反応性と S_N2 反応における反応性の高い順に大まかに並べよ．

(a) 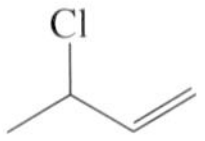

(b) 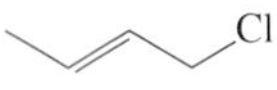

(c) 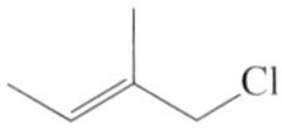

(d) 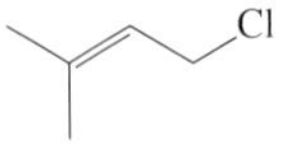

(e) 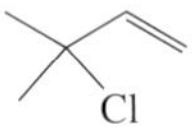

(f) 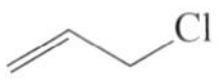

40． 単純な飽和の第一級，第二級および第三級クロロアルカンのおのおのについて，それらの S_N2 反応における反応性と，問題39の化合物の S_N2 反応性を比較せよ．同じ比較を S_N1 反応における反応性についても行え．

41． 次の各反応の主生成物(複数のこともある)を書け．

(a) 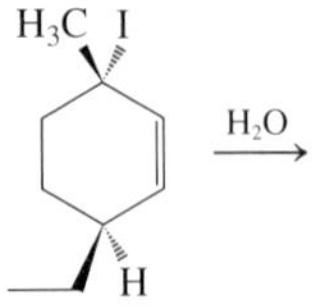

(b) 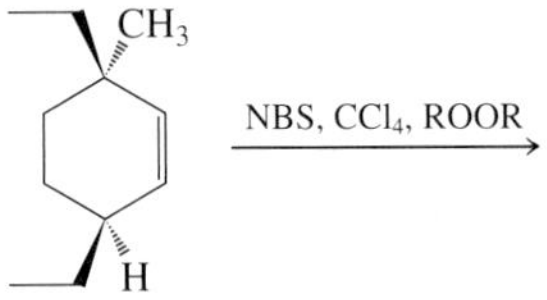

(c) 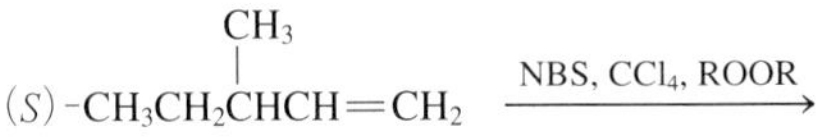

(d) 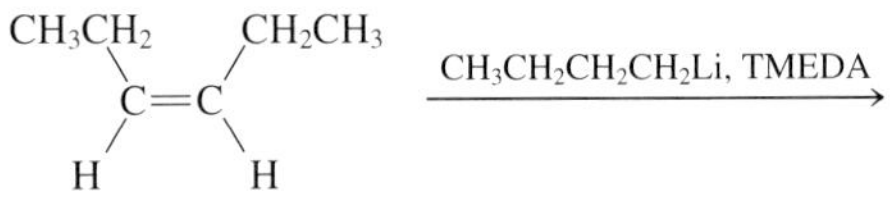

(e) (d)の生成物 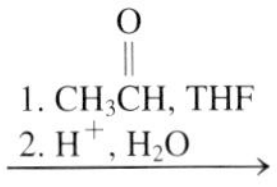

(f) 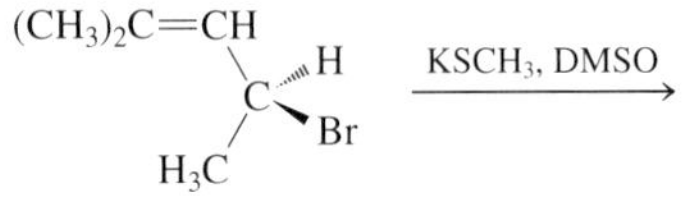

42． 問題41(a)の反応において，それぞれの生成物ができる機構を段階的に詳しく書け．

43． 次の一連の反応は，異性体である二つの生成物を与える．その生成物とは何か．その生成機構を示せ．

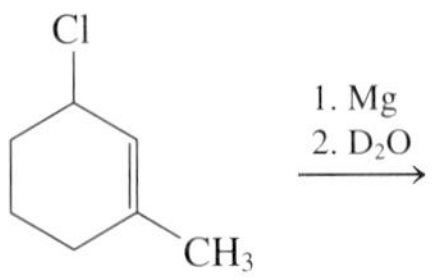

44． シクロヘキセンから出発して，下に示すシクロヘキセン誘導体を合成する合理的な方法を考えよ．

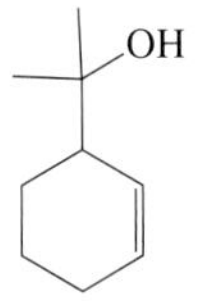

45． 次の化合物の IUPAC 名を書け．

(a) 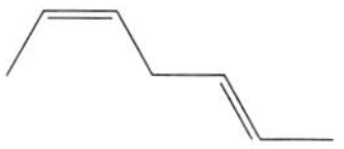 (b) 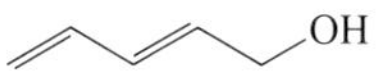

(c) 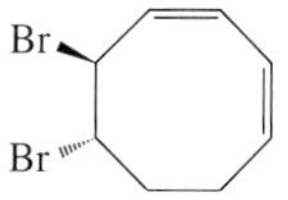 (d) 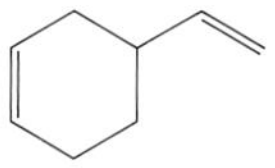

46. 1,3-ペンタジエンと 1,4-ペンタジエンのアリル位の臭素化反応について比べよ．どちらの反応がより速いか．どちらの反応がエネルギー的により有利か．両反応で得られる混合生成物はどう異なるか．

$$CH_2{=}CH{-}CH{=}CH{-}CH_3 \xrightarrow{NBS,\ ROOR,\ CCl_4}$$

$$CH_2{=}CH{-}CH_2{-}CH{=}CH_2 \xrightarrow{NBS,\ ROOR,\ CCl_4}$$

47. 14-6 節において，低温における共役ジエンへの求電子付加反応では速度論支配の生成物分布になることを学んだ．さらにこの速度論支配の混合物は，温度を上げると熱力学支配の生成物の混合物に変化する．では，熱力学支配の生成物の混合物をもとの低い反応温度まで冷やすと，もとの速度論支配の分布に戻ると思われるか．それとも戻らないと思われるか．どちらであっても，その理由を説明せよ．

48. 1,3-ペンタジエンと 1,4-ペンタジエンへの H^+ の付加について比べよ（問題 46 参照）．生成物の構造を書け．両ジエンとそのプロトン付加物が一つの図のなかに入っている定性的な反応座標を表す図を書け．プロトンは，どちらのジエンにより速く付加するか．どちらがより安定な生成物を与えるか．

49. 1,3-シクロヘプタジエンに，以下の各反応剤が求電子付加して得られる生成物を予想せよ．
(a) HI，(b) H_2O 中で Br_2，(c) IN_3，(d) CH_3CH_2OH 中で H_2SO_4．〔**ヒント**：(b)と(c)については，練習問題 14-13 のとくに式(A)～(C)を参照すること．〕

50. *trans*-1,3-ペンタジエンと，問題 49 の各反応剤との反応で得られる生成物を書け．

51. 2-メチル-1,3-ペンタジエンと，問題 49 の各反応剤との反応で得られる生成物は何か．

52. 問題 51 の反応において，それぞれの生成物ができる機構を段階的に詳しく書け．

53. 次の化合物とヨウ化ジュウテリウム（DI）との反応において，予想される生成物を示せ．
(a) 1,3-シクロヘプタジエン
(b) *trans*-1,3-ペンタジエン
(c) 2-メチル-1,3-ペンタジエン
観測される DI との反応の結果は，同じ基質に対する HI との反応の結果とどのように異なるか〔問題 49(a)～問題 51 と比較すること〕．

54. 次のカルボカチオンを安定性の高い順に並べよ．それぞれについて，可能なすべての共鳴構造式を書け．

(a) $CH_2{=}CH{-}\overset{+}{C}H_2$　(b) $CH_2{=}\overset{+}{C}H$

(c) $CH_3\overset{+}{C}H_2$　(d) $CH_3{-}CH{=}CH{-}\overset{+}{C}H{-}CH_3$

(e) $CH_2{=}CH{-}CH{=}CH{-}\overset{+}{C}H_2$

55. ペンタジエニル系の分子軌道の概略図を，エネルギーの低い順に書け（図 14-2 および図 14-7 参照）．(a) ラジカル，(b) カチオン，(c) アニオンについて，いくつ電子があるか，またどの軌道に電子が入っているかを示せ（図 14-3 および図 14-7 参照）．これらの化学種のいずれかについて，理にかなったすべての共鳴構造式を書け．

56. ジエンは置換アリル型化合物の脱離反応により合成することができる．たとえば，2-メチル-1,3-ブタジエン（イソプレン）を生成する下記の両反応について詳しい反応機構を考えよ．

$$H_3C{-}\overset{CH_3}{\overset{|}{C}}{=}CH{-}CH_2OH \xrightarrow[H_2SO_4,\ \Delta]{触媒量の} H_2C{=}\overset{CH_3}{\overset{|}{C}}{-}CH{=}CH_2$$

$$H_3C{-}\overset{CH_3}{\overset{|}{C}}{=}CH{-}CH_2Cl \xrightarrow{LDA,\ THF} H_2C{=}\overset{CH_3}{\overset{|}{C}}{-}CH{=}CH_2$$

57. ビタミン A（14-7 節）を，酸触媒を用いて脱水することにより得られる可能性のある生成物の構造をすべて書け．

58. Diels-Alder 反応を用いて，次の各分子を合成する方法を考えよ．

(a) 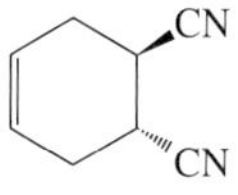

(b) 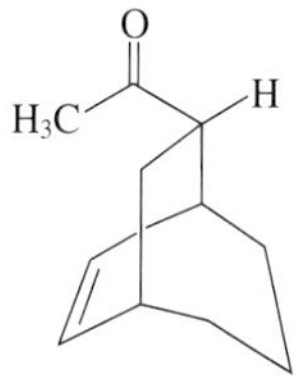

(c) 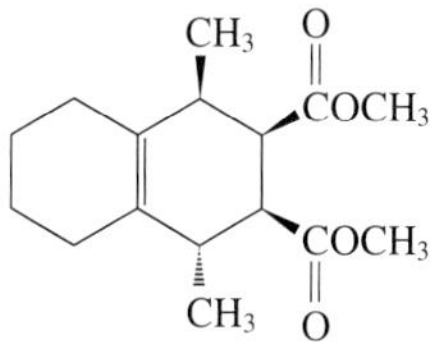

(d) 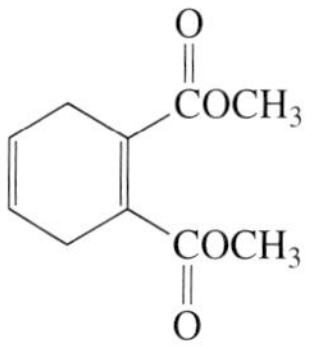

59. ハロコンズリトール(haloconduritol)はグリコシダーゼ阻害剤(glycosidase inhibitor)とよばれる化合物群の一つである．この物質は，抗糖尿病性や抗菌性から抗HIVウイルスや抗がん転移活性に至る興味深い一連の生物学的作用を示す．ブロモコンズリトールの立体異性体の混合物が，通常，上記の性質に関する研究で用いられている．これらの化合物に関する最近の合成の一つに，二環エーテル(A)および(B)を経由する方法がある．(a) Diels–Alder 反応を用いて，これらのエーテルの両方を1段階で合成するための出発物質を示せ．(b) 解答した出発物質のどちらがジエンでどちらが求ジエン体か．(c) このDiels–Alder 反応では(B)と(A)が80：20の割合で得られる．その理由を説明せよ．

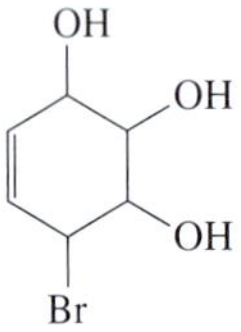

ブロモコンズリトール
(bromoconduritol)

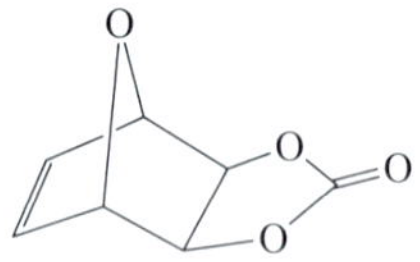

(A)

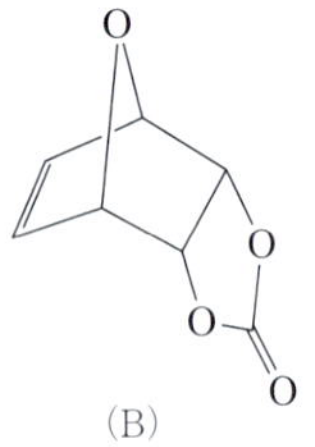

(B)

60. 次の各反応の生成物(複数の場合もある)を書け．
(a) 3–クロロ–1–プロペン(塩化アリル) ＋ $NaOCH_3$
(b) *cis*–2–ブテン ＋ NBS，過酸化物(ROOR)
(c) 3–ブロモシクロペンテン ＋ LDA
(d) *trans,trans*–2,4–ヘキサジエン ＋ HCl
(e) *trans,trans*–2,4–ヘキサジエン ＋ Br_2，H_2O
(f) 1,3–シクロヘキサジエン ＋ プロペン酸メチル(アクリル酸メチル)
(g) 1,2–ジメチリデンシクロヘキサン＋プロペン酸メチル(アクリル酸メチル)

61. チャレンジ 下のシクロヘキセノール誘導体を合成する効率のよい方法を考えよ．ただし非環状の出発物質のみから出発し，適切な逆合成解析の戦略を用いること．〔**ヒント**：Diels–Alder 反応が役立つかもしれないが，Diels–Alder 反応がうまく起こるためのジエンならびに求ジエン体における構造的特徴について注意すること(14–8節)．〕

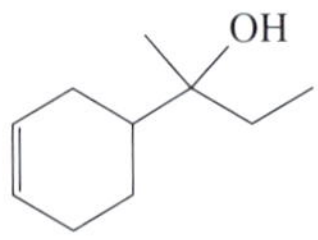

62. アゾジカルボン酸ジメチルはDiels–Alder 反応において求ジエン体として働く．この分子と次の各ジエンとの環化付加生成物の構造を書け．
(a) 1,3–ブタジエン，(b) *trans,trans*–2,4–ヘキサジエン，(c) 5,5–ジメトキシシクロペンタジエン，(d) 1,2–ジメチリデンシクロヘキサン．
生成物中の窒素の立体化学は無視すること(下巻の21–2節で学ぶように，アミンはすばやい反転を起こす)．

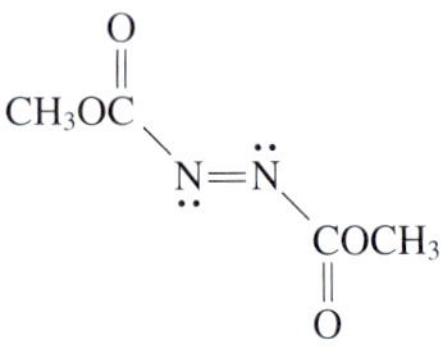

アゾジカルボン酸ジメチル
(dimethyl azodicarboxylate)

63. 二環ジエン(A)は，適切なアルケンと容易にDiels–Alder 反応を行うが，ジエン(B)はまったく反応しない．この理由を説明せよ．

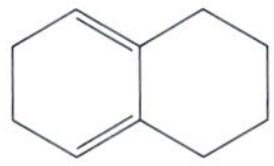

(A)

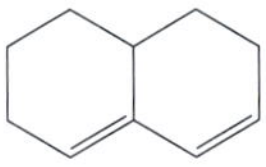

(B)

64. 次の各反応で得られると予想される生成物を書け．

(a)

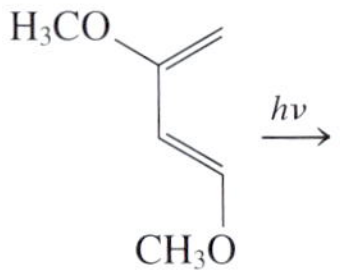

(b)

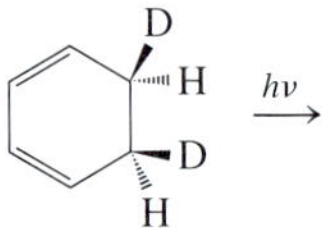

(c)

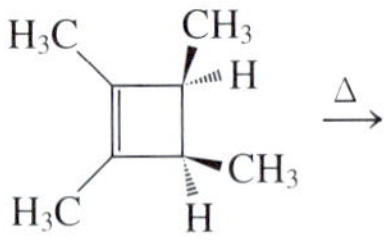

(d)

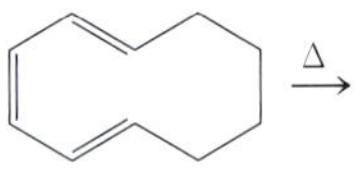

65. 微生物は，医薬品として有用な活性をもちうる生物学的活性分子の豊かな採取源である．*Streptomyces* 種の細菌はこの点でとくに有用であり，下に示す共役テトラエン構造をもつ抗ウイルス化合物であるスペクチナビリンのような，ポリエンを含む幅広い一連の化合物を産生する．

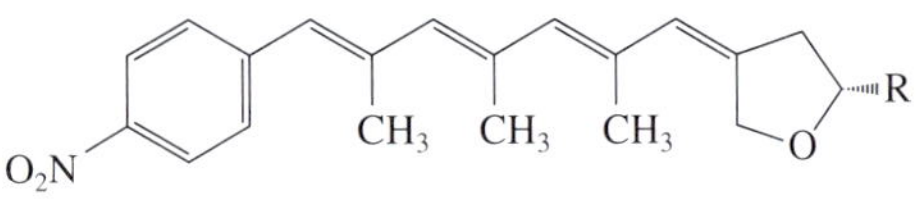

スペクチナビリン(spectinabirin)の部分構造

(a) スペクチナビリンのテトラエン部分の二重結合に*E,Z*の立体化学を帰属せよ．(b) スペクチナビリンはλ_{max} = 367 nm に吸収をもち，黄色である．この性質が上の部分構造とどのように整合しているかを説明せよ．(c) スペクチナビリンのオキサシクロペンタン環の一つのC—O結合はとくに開裂しやすく，それにより開環する．開裂しやすいのはどちらのC—O結合か．その理由を説明せよ．(d) 太陽光にさらすと，光化学反応によりスペクチナビリンの中央の二つの二重結合が構造的に異性化する．それにより生じた生成物の構造を書け．(e) (d)の反応生成物は，自発的に連続した2度の熱的な電子環状反応による閉環反応を起こす．最初の反応は8π電子を含む過程であり，2度目は6π電子を含む．2個の電子の流れを表す矢印を用いて，この反応の機構と生成物を書け．それぞれの反応は同旋的か逆旋的か．2段階目の反応生成物もまた非常に高い生物学的活性を示す．

66. 次の一連の反応について説明せよ．(**ヒント**：13-9節のHeck反応を思い起こすこと．)

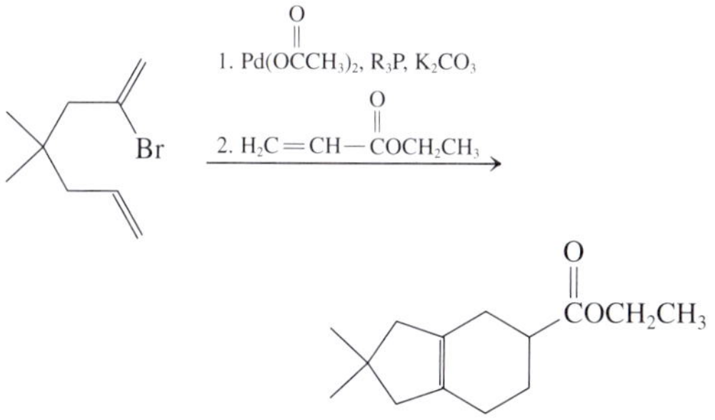

67. 次の化合物について，モノマーのn量体として簡略化した構造式を書け．
(a) (E)-1,4-ポリ-2-メチル-1,3-ブタジエン〔(E)-1,4-ポリイソプレン〕，(b) 1,2-ポリ-2-メチル-1,3-ブタジエン(1,2-ポリイソプレン)，(c) 3,4-ポリ-2-メチル-1,3-ブタジエン(3,4-ポリイソプレン)，(d) 1,3-ブタジエンとエテニルベンゼン(スチレン，$C_6H_5CH{=}CH_2$)とのコポリマー(SBR，自動車のタイヤに使われる)，(e) 1,3-ブタジエンとプロペンニトリル(アクリロニトリル，$CH_2{=}CHCN$)とのコポリマー(ラテックス)，(f) 2-メチル-1,3-ブタジエン(イソプレン)と2-メチルプロペンとのコポリマー(ブチルゴム，タイヤのチューブに使われる)．

68. リモネンというテルペンの構造を次に示す(練習問題5-29も参照せよ)．この分子中の二つの2-メチル-1,3-ブタジエン(イソプレン)単位を探せ．(a) イソプレンを触媒量の酸と処理すると，多種類のオリゴマーが生成するが，そのうちの一つはリモネンである．酸触媒によって，2分子のイソプレンがリモネンに変換される詳しい機構を考えよ．いずれの段階においても，無理のない中間体を考えるように注意せよ．(b) いかなる触媒もまったく存在しない系で，2分子のイソプレンを上とはまったく異なる機構でリモネンに変換することもできる．この反応機構を書け．この反応の名前は何か．

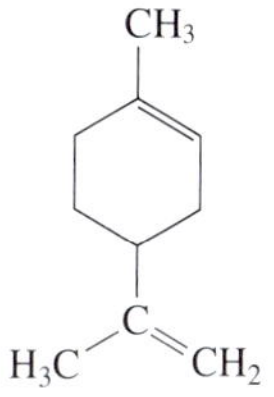

リモネン(limonene)

69. **チャレンジ** ピロリン酸ゲラニル(14-10節)から導かれるカルボカチオンは，ショウノウだけでなくリモネン(問題68)やα-ピネン(4章の章末問題49参照)の生合成における前駆体でもある．後者の二つの化合物が生成する機構を書け．

70. 次の化学種の，最も長波長の電子遷移はどんな遷移か．$n \rightarrow \pi^*$，$\pi_1 \rightarrow \pi_2$のような分子軌道の表記を用いて答えよ．(**ヒント**：図14-16のような分子軌道のエネルギー状態図をそれぞれについて書け．)
(a) 2-プロペニルカチオン，(b) 2-プロペニルラジカル，(c) ホルムアルデヒド，$H_2C{=}O$，(d) N_2，(e) ペンタジエニルアニオン(問題55)，(f) 1,3,5-ヘキサトリエン．

71. エタノール，メタノール，およびシクロヘキサンは，200 nmよりも長波長の光を吸収しないので紫外分光法の溶媒としてよく用いられる．なぜ長波長に吸収がないのか．

72. 3-ペンテン-2-オンの2×10^{-4} mol L^{-1}溶液の紫外スペクトルは，$\pi \rightarrow \pi^*$吸収を224 nmに$A = 1.95$で示し，$n \rightarrow \pi^*$吸収を314 nmに$A = 0.008$で示す．これらの吸収帯のモル吸光率(モル吸光係数)を計算せよ．

73. ある報告された合成法では，アセトンを臭化エテニルマグネシウムで処理し，その反応混合物を強酸の水溶液で中和する．こうして得られた生成物は次ページの^{1}H NMRスペクトルを示し，^{13}C NMR(DEPT)スペクトルでは$\delta = 29.4(CH_3)$，$71.1(C_{quat})$，$110.8(CH_2)$，$146.3(CH)$ ppmの四つのシグナルを示す．この生成物の構造を書け．この反応混合物を(誤って)酸の水溶液とあまりに長い間接触させておくと，もう一つの新たな化合物が観測されるようになる．その化合物の^{1}H NMRスペクトルは以下のピークを示す．$\delta = 1.70$(一重線，3 H)，1.79(一重線，3 H)，2.25(幅広い一重線，1 H)，4.10($J = 8$ Hzの二重線，2 H)，5.45($J = 8$ Hzの三重線，1 H)ppm．その^{13}C NMR(DEPT)スペクトルは，$\delta = 17.9(CH_3), 26.0(CH_3), 58.6(CH_2), 121.0(CH), 134.7(C_{quat})$ ppm にシグナルを示す．2番目にできた生成物の構造を書け．また，それはどのようにして生成したか．

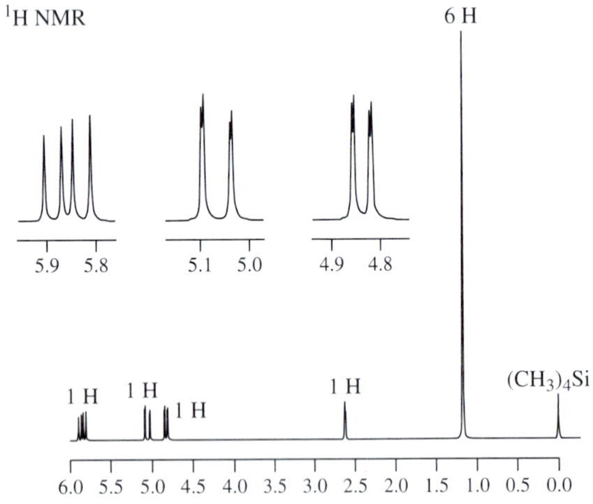

300 MHz ^{1}H NMR スペクトル ppm (δ)

74. **チャレンジ** ファルネソールは，たとえばライラックのようなよい香りの花の成分の分子である．ファルネソールを熱した濃 H_2SO_4 と処理すると，まずビスアボレンが生成し，最終的には，トショウ（杜松）やスギの精油の成分であるカジネンになる．この反応の詳しい機構を考えよ．

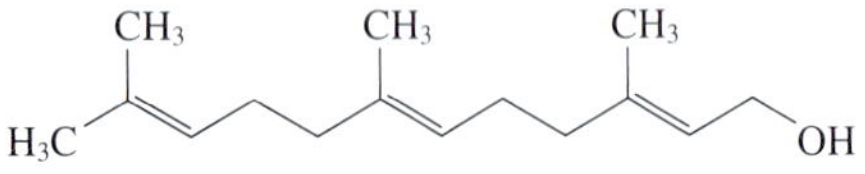

ファルネソール
(farnesol)

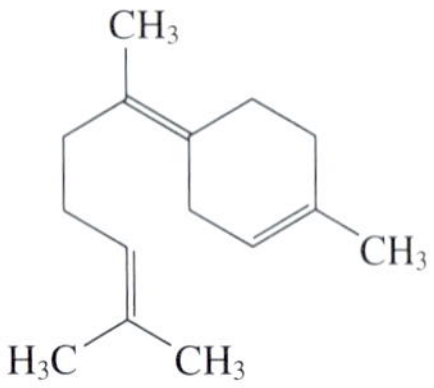

ビスアボレン
(bisabolene)

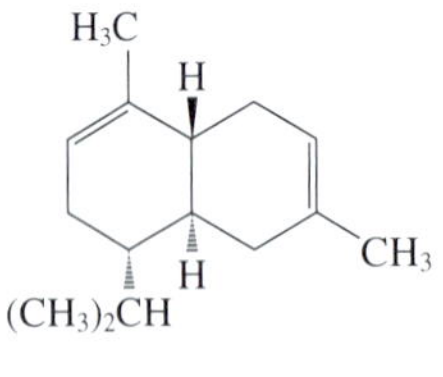

カジネン
(cadinene)

75. 1,3-ブタジエンへの Br_2 の1,2-付加と1,4-付加（14-6節）の割合は温度に依存する．速度論支配および熱力学支配の生成物がそれぞれどちらであるかを示し，その理由を説明せよ．

76. 1,3-ブタジエンと次に示す環状の求ジエン体との Diels-Alder 環化付加は，後者の炭素－炭素二重結合の片方にのみ起こり，単一の生成物を与える．生成物の構造を書き，そうなる理由を説明せよ．立体化学にも注意せよ．

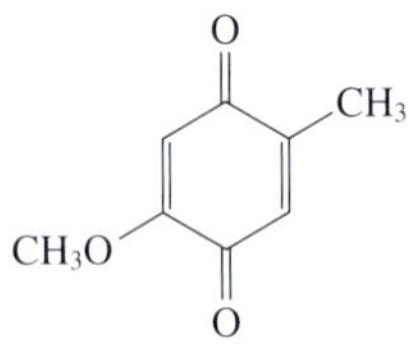

〔この反応は，R. B. Woodward（14-9節）が1951年に完了したコレステロール（4-7節参照）の全合成の第1段階である．当時としては記念すべきこの偉業により，有機合成化学に大きな変革がもたらされた〕

●グループ学習問題

77. 次の Dewar ベンゼン誘導体の歴史に残る合成について，グループで考えてみよう．1962年に van Tamelen と Pappas は，1,2,4-トリス(1,1-ジメチルエチル)ベンゼンの光化学的異性化により，Dewar ベンゼンのトリス(1,1-ジメチルエチル)誘導体(B)を合成した．化合物(B)は熱的あるいは光化学的な電子環状反応機構のどちらによっても(A)に戻ることはない．化合物(A)から(B)への変換の反応機構を書き，(B)が速度論的に安定で(A)に戻りにくい理由を述べよ．

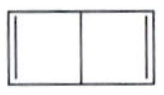

Dewar ベンゼン
(Dewar benzene)

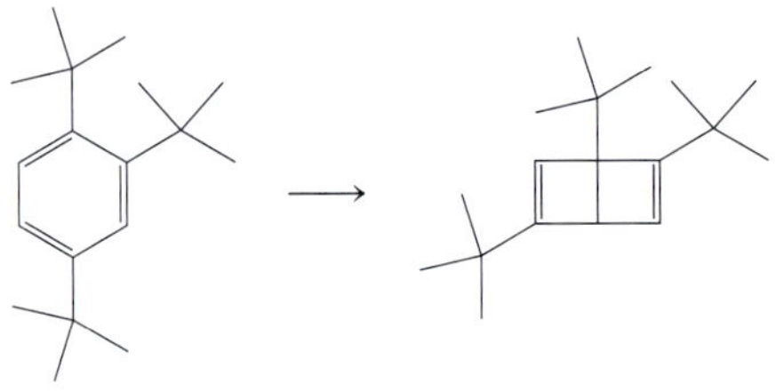

(A)　　　　(B)

●専門課程進学用問題

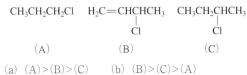

78. 1,3-ブタジエンの LUMO（最低空軌道）中にいくつの節が存在するか．

(a) 0　(b) 1　(c) 2　(d) 3　(e) 4

79. 次の三つの塩化物を S_N1 反応性が低下する順に並べると(a)～(d)のどれになるか．

(A)	(B)	(C)
$CH_3CH_2CH_2Cl$	$H_2C{=}CHCHCH_3$ (CHにCl)	$CH_3CH_2CHCH_3$ (CHにCl)

(a) (A)>(B)>(C)　(b) (B)>(C)>(A)
(c) (B)>(A)>(C)　(d) (C)>(B)>(A)

80. シクロペンタジエンをテトラシアノエテンと反応させたときに生じる可能性の最も高い生成物の構造を(a)～(d)から選べ.

(a)
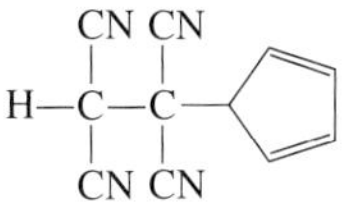

(b)
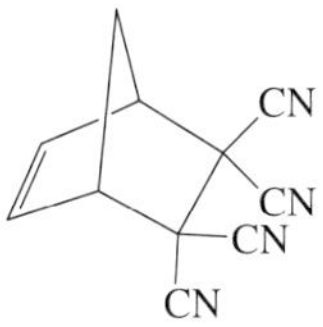

(c)
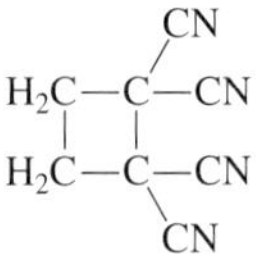

(d)
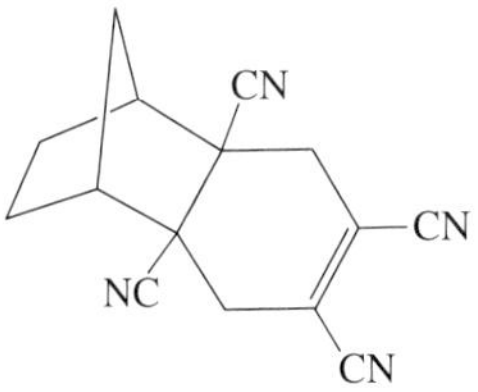

81. 化合物(A)と(B)を最も明確かつ迅速に区別する分析法を(a)～(d)から選べ.

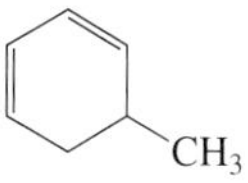

(A)

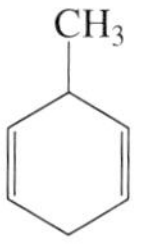

(B)

(a) IR 分光法　(b) UV 分光法
(c) 燃焼分析　(d) 可視分光法

反応機構のまとめ

ここでようやく有機化学の学習内容のちょうど半分を終えたばかりのところではあるが，14 章が終わったところで有機化学反応のおもな三つの種類，つまりラジカル反応，極性反応，ペリ環状反応について個々の例を実際に学んだことになる．この節では，これらの反応の種類のそれぞれに関して，これまで学んできた個々の反応機構を分類してまとめることにする．

ラジカル反応は連鎖機構で進行する

ラジカル反応は，開始段階によって不対電子をもつ反応性に富む中間体を生成することから始まり，出発物質は伝搬段階の連鎖を経て生成物に変換される．これまでに，**ラジカル置換反応**（radical substitution，3 章）と**ラジカル付加反応**（radical addition，12 章）について学んだ．置換反応では，それまで官能基のなかった分子に官能基を導入することができる．一方，ラジカル付加反応は官能基変換法の一つである．これらおのおのの小分類は，表 1 にまとめられている．

極性反応は有機化学反応の中で最も多くの反応を含む

分極した化学種，あるいは電荷を帯びた化学種の相互作用によって，有機化学は非常に多様性に富んだものとなり，最も数多くの反応機構の種類，つまり有機化合物の各種官能基の典型的な化学的性質が生じる．**置換反応**（substitution）と**脱離反応**（elimination）のそれぞれにおける二つの反応機構（つまり S_N1 と S_N2 および E1 と E2）については，6 章と 7 章において述べた．それぞれの反応機構において，基質の構造や，ある場合には反応条件によって，一分子経路と二分子経路の両方が起こりうることを学んだ．π 結合をもっている官能基がある場合については，二つのまったく異なる反応機構で進行する極性**付加反応**（addition reaction）について学んだ．すなわち，8 章では求核付加反応，12 章では求電子付加反応を学んだ．これらの反応は表 2 にまとめられている．

ペリ環状反応には中間体がない

反応の最後の分類の特徴は，環状の遷移状態であり，そこでは軌道が環状に配列し，その重なりが連続的に生じる．この種の反応は 1 段階で起こり，途中に中間体はまったく存在しない．Diels–Alder 反応やその他の**環化付加反応**（cycloaddition reaction）のように，複数の成分から新しい環を形成することもあり，また**電子環状反応**（electrocyclic reaction）のように，開環反応や閉環反応のかたちで起こることもある．反応例は表 3 に示されている．

表1 ラジカル反応の分類

1. ラジカル置換反応

反応機構：ラジカル連鎖 （3-4 節）

開始

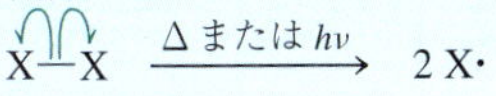

伝搬

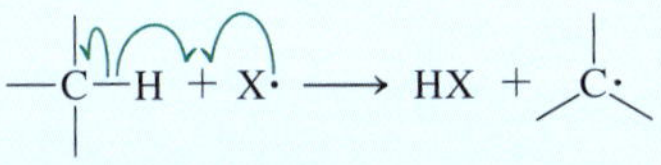

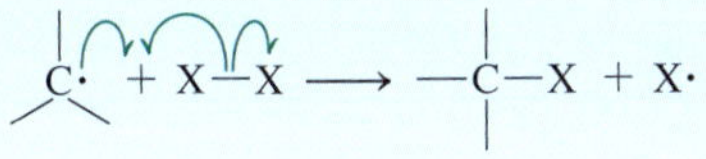

停止

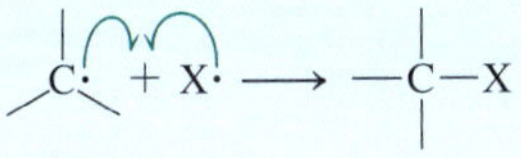

反応例：

（アルカン） $RH + X_2 \xrightarrow{h\nu} RX + HX$ （3-4～3-9 節）

（アリル系） $CH_2{=}CHCH_3 + X_2 \xrightarrow{h\nu} CH_2{=}CHCH_2X + HX$ （14-2，下巻；22-9 節）

2. ラジカル付加反応

反応機構：ラジカル連鎖 （12-13 節）

反応例：

（アルケン） $RCH{=}CH_2 + HBr \xrightarrow{\text{過酸化物}} RCH_2CH_2Br$ （12-13，12-15 節）

逆 Markovnikov 型
生成物

（アルキン） $RC{\equiv}CH + HBr \xrightarrow{\text{過酸化物}} RCH{=}CHBr$ （13-8 節）

表2 極性反応の分類

1. 二分子求核置換反応

反応機構：協奏的な背面からの置換（S_N2） （6-2, 6-4, 6-5 節）

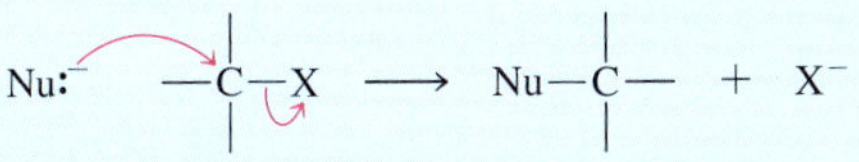

反応例：

$HO^- + CH_3Cl \longrightarrow CH_3OH + Cl^-$ （6-2～6-9 節）

立体中心における
100 % 反転

（次ページに続く）

表2 極性反応の分類（続き）

2. 一分子求核置換反応

反応機構：カルボカチオンの生成と求核攻撃（S_N1：通常 E1 をともなう） (7-2 節)

$$-\underset{|}{\overset{|}{C}}-X \longrightarrow \underset{|}{\overset{|}{C^+}} + X^-$$

$$Nu:^- \quad \underset{|}{\overset{|}{C^+}} \longrightarrow Nu-\underset{|}{\overset{|}{C}}-$$

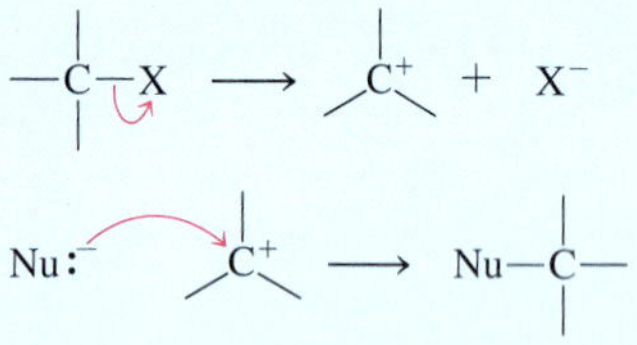

反応例：

$$H_2O + (CH_3)_3CCl \longrightarrow (CH_3)_3COH + HCl \quad (7\text{-}2 \sim 7\text{-}5\ 節)$$

立体中心におけるラセミ化

3. 二分子脱離反応

反応機構：協奏的な脱プロトン化と π 結合形成ならびに脱離基の追い出し（E2） (7-7 節)

$$B:^- \quad H-\underset{|}{\overset{|}{C}}-\underset{|}{\overset{|}{C}}-X \longrightarrow \overset{|}{C}=\overset{|}{C} + HB + X^-$$

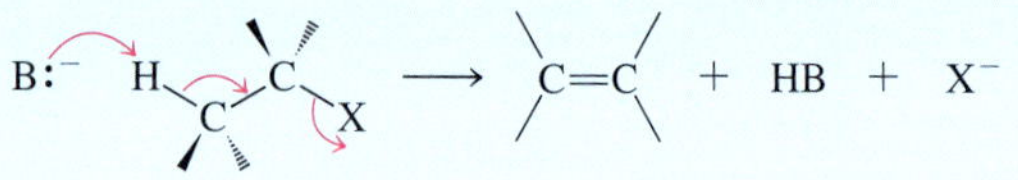

反応例：

$$CH_3CH_2O^- + CH_3CHClCH_3 \longrightarrow CH_3CH_2OH + CH_3CH=CH_2 + Cl^- \quad (7\text{-}7, 11\text{-}6\ 節)$$

アンチ形遷移状態が優先

4. 一分子脱離反応

反応機構：カルボカチオンの生成と脱プロトン化ならびに π 結合形成（E1；S_N1 をともなう） (7-6 節)

$$H-\underset{|}{\overset{|}{C}}-\underset{|}{\overset{|}{C}}-X \longrightarrow H-\underset{|}{\overset{|}{C}}-\underset{|}{\overset{|}{C^+}} + X^-$$

$$B:^- \quad H-\underset{|}{\overset{|}{C}}-\underset{|}{\overset{|}{C^+}} \longrightarrow \overset{|}{C}=\overset{|}{C} + HB$$

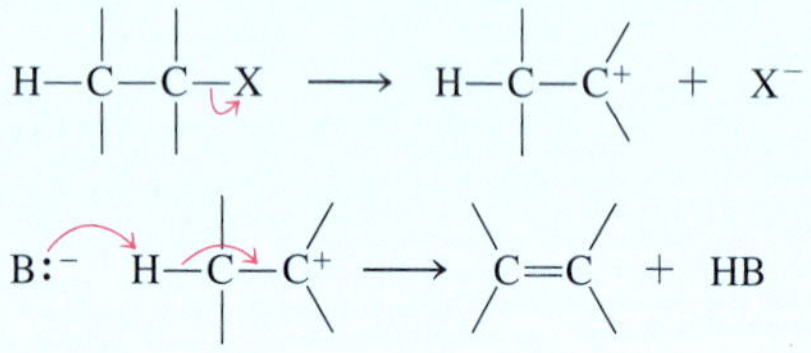

反応例：

$$(CH_3)_3CCl \xrightarrow{H_2O} (CH_3)_2C=CH_2 + HCl \quad (7\text{-}6, 11\text{-}7\ 節)$$

5. 求核付加反応

反応機構：求核付加，プロトン化 (8-5, 8-7 節)

$$Nu:^- \quad \overset{|}{\underset{|}{C}}=O \longrightarrow Nu-\underset{|}{\overset{|}{C}}-O^-$$

$$Nu-\underset{|}{\overset{|}{C}}-O^- \quad H^+ \longrightarrow Nu-\underset{|}{\overset{|}{C}}-OH$$

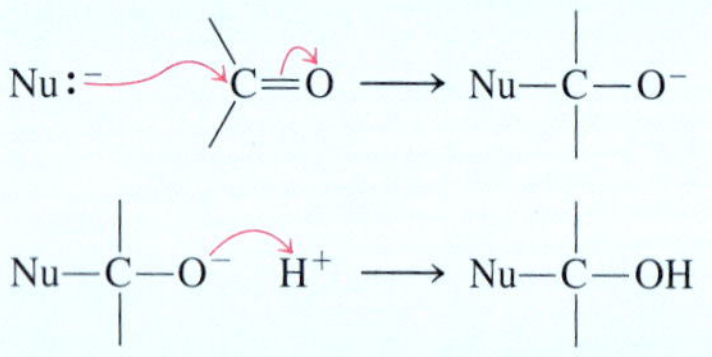

反応例：

（ヒドリド反応剤）$NaBH_4 + (CH_3)_2C=O \longrightarrow (CH_3)_2CHOH$ (8-5 節)

（有機金属反応剤）$RMgX + (CH_3)_2C=O \longrightarrow R-\underset{CH_3}{\overset{CH_3}{\underset{|}{\overset{|}{C}}}}-OH$ (8-7, 14-4 節)

（次ページに続く）

表 2　極性反応の分類(続き)

6. 求電子付加反応

反応機構：求電子付加と求核攻撃　　(12-3, 12-5 節)

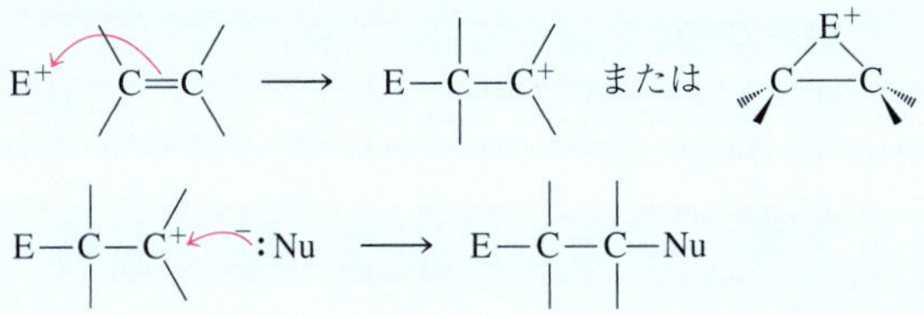

反応例：

(アルケン) $RCH{=}CH_2$ ＋ HBr ⟶ $RCH(Br)CH_3$　　(12-3～12-7 節)

Markovnikov 型
生成物

表 3　ペリ環状反応の分類

1. 環化付加

反応機構：協奏的，電子が環状に配列　　(14-8 節)

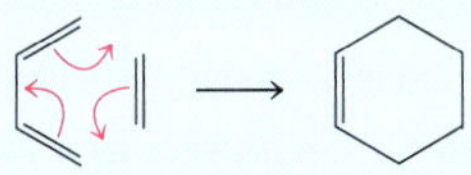

反応例：
(Diels-Alder 反応)

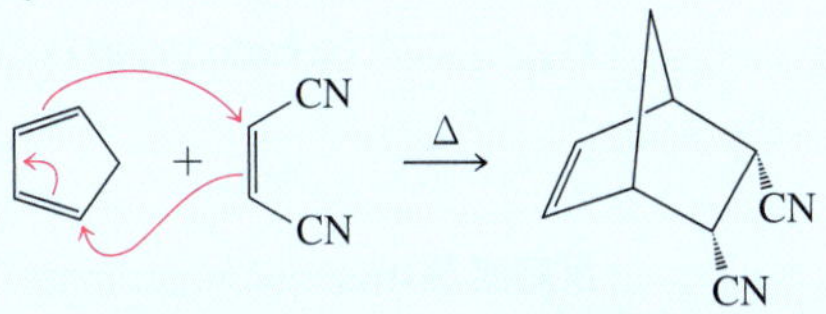

立体特異的
エンド形生成物が優先

2. 電子環状反応

反応機構：協奏的，電子が環状に配列　　(14-9節)

反応例：

(シクロブテン ⟶ ブタジエン)

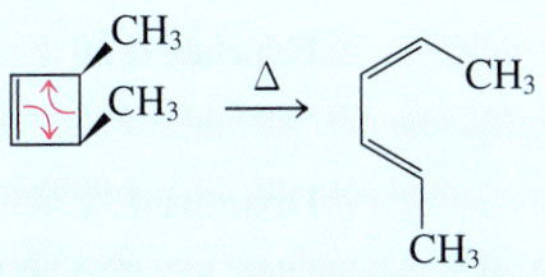

熱反応では同旋的

(ヘキサトリエン ⟶ シクロヘキサジエン)　　(14-9 節)

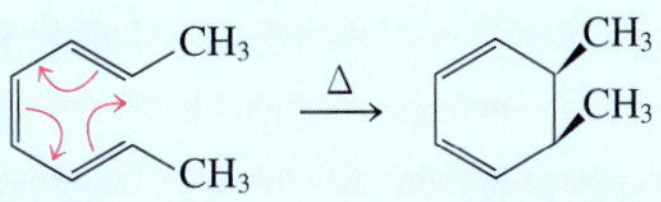

熱反応では逆旋的

キーワードによる章のまとめ

1章　構造と結合

イオン結合(ion bond)
電子が一つの原子からもう一つの原子に移動することによって生成する.　【1-3 節】

共有結合(covalent bond)
二つの原子間で電子を共有することによって生成する.
極性をもった共有結合(polar covalent bond)
電気陰性度の異なる原子間の共有結合.　【1-3 節】

原子価殻電子対反発法, VSEPR 法
(valence shell electron pair repulsion method)
分子の形と原子のまわりの幾何学的な状況を支配する.　【1-3 節】

Lewis 構造(Lewis structure)
電子を点で表す分子の表記法.
共鳴構造(resonance form)
分子に対する複数の Lewis 構造.
8 電子則(octet rule)
原子にとって優先される価電子数(H は 2).
【1-3 節～1-5 節】

混成軌道(hybrid orbital)
幾何学様式の配列を説明する.
sp^3
四面体(109°, CH_4).
sp^2
平面三方形(120°, BH_3 と $H_2C{=}CH_2$).
sp
直線形(180°, BeH_2 と $HC{\equiv}CH$).　【1-8 節】

σ 結合(σ bond)
端と端を接した軌道の重なりによる結合.
π 結合(π bond)
横に並んだ軌道の重なりによる結合.　【1-8 節】

構造異性体(constitutional isomer)
原子の連結の仕方が異なる分子.　【1-9 節】

2章　構造と反応性；酸と塩基

熱力学(thermodynamics)
平衡を制御する. $\Delta G^\circ = -RT \ln K = -1.36 \log K$ (25 ℃).　【2-1 節】

Gibbs の自由エネルギー(Gibbs free energy)
$\Delta G^\circ = \Delta H^\circ - T\Delta S^\circ$. ΔH° は**エンタルピー**(enthalpy)で, $\Delta H^\circ < 0$ の場合は**発熱的**(exothermic), $\Delta H^\circ > 0$ の場合は**吸熱的**(endothermic). ΔS° は**エントロピー**(entropy)で, エネルギーの分散度(無秩序さ)を測る.
【2-1 節】

速度論(kinetics)
反応速度を制御する. **一次**(first order)：反応速度＝k[A], **二次**(second order)：反応速度＝k[A][B].
【2-1 節】

反応座標(reaction coordinate)
構造の変化に対するエネルギーの変化を表すグラフ.
遷移状態(transition state)
反応経路中のエネルギー極大点.
活性化エネルギー(activation energy)
$E_a = E$(遷移状態)$-E$(出発点).　【2-1, 2-7, 2-8 節】

Brønsted 酸(Brønsted acid)
プロトンの供与体.
Brønsted 塩基(Brønsted base)
プロトンの受容体.　【2-3 節】

強酸 HA(strong acid HA)
弱い共役塩基 A^- をもつ.
酸解離定数 K_a(acid dissociation constant K_a)
$pK_a = -\log K_a$.
HA 酸の強さ(HA acid strength)
A が大きくなり, また電気陰性度が大きくなるにしたがって強くなる．負の電荷が共鳴によって非局在化すればするほど強くなる．pK_aが低くなると，より強い酸となる．【2-3 節】

Lewis 酸／求電子剤(Lewis acid / electrophile)
電子対受容体．
Lewis 塩基／求核剤(Lewis base / nucleophile)
電子対供与体．【2-2，2-3 節】

2～4章　アルカンとシクロアルカン

IUPAC 命名法(IUPAC nomenclature)
連続する最長鎖を主鎖として命名する．
番号のつけ方(numbering)
最初に現れる置換基に最小の番号をつける．【2-6 節】

アルカン(alkane)
C_nH_{2n+2}で表す炭化水素．直鎖あるいは分枝，非環状，ほぼ無極性，弱い分子間 **London 力**をもつ．【2-7 節】

立体配座(conformation)
単結合まわりの「自由」回転．**ねじれ形**(staggered)は**重なり形**(eclipsed)よりも 2.9 kcal mol^{-1} だけより安定(エネルギーが低い)．【2-8，2-9 節】

シクロアルカン(cycloalkane)
C_nH_{2n}で表す炭化水素．$\boldsymbol{n=3,4}$：シクロプロパン，シクロブタン(ひずんだ結合角)，$\boldsymbol{n=6}$：シクロヘキサン(最も安定ないす形立体配座)．**アキシアル**(axial，より不安定)位と**エクアトリアル**(equatorial，より安定)位がある．【4-2，4-3 節】

立体異性体(stereoisomer)
原子のつながり方が同じで空間的な配列が違う異性体．
シス(cis)
二つの置換基が環の同じ側の面にある配置．
トランス(trans)
環の反対側の面にある配置．【4-1 節】

反応(reaction)
アルカンはほとんど反応しない(非極性，官能基をもたない)．燃焼，ハロゲン化反応を起こす．
【3-3 ～ 3-11 節】

ハロゲン化(halogenation)
開始段階，伝搬段階，停止段階をもったラジカル連鎖反応機構．

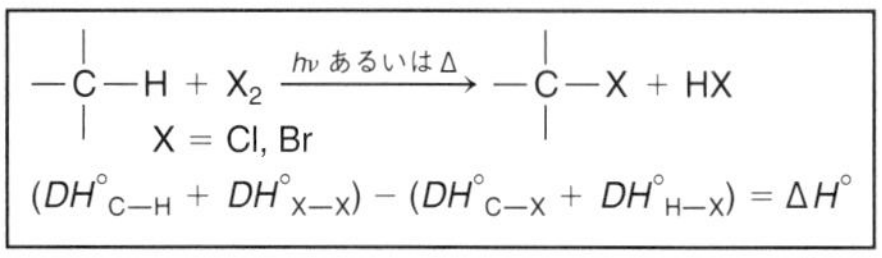

【3-4 節】

反応性(reactivity)
$F_2 > Cl_2 > Br_2$(I_2は反応しない)．
選択性(selectivity)
$Br_2 > Cl_2 > F_2$．【3-8 節】

反応性(reactivity)
第三級 ＞ 第二級 ＞ 第一級 ＞ メタン C−H，**超共役**(hyperconjugation)によるラジカルの安定性にしたがう．【3-7 節】

結合解離エネルギー(bond-dissociation energy)
DH°．結合が解離するとラジカルあるいは遊離の原子が生成する．【3-1 節】

5章　立体異性体

キラル(chiral)
利き手の性質．その鏡像に重ね合わせることができないこと．
エナンチオマー(enantiomer)
鏡像の関係にある立体異性体．
立体中心(stereocenter)
四つの異なる基をもつ炭素のような分子中のキラリティー中心．【5-1 節】

命名法(nomenclature)
R/S 則にしたがう．【5-3 節】

光学活性(optical activity)
エナンチオマーによる偏光面の回転．
ラセミ体(racemate)，**ラセミ混合物**(racemic mixture)
二つのエナンチオマーの光学不活性な 1 ： 1 混合物．
【5-2 節】

ジアステレオマー(diastereomer)
鏡像の関係にない立体異性体. 【5–5 節】

メソ化合物(meso compound)
複数の立体中心をもつアキラルな分子. 【5–6 節】

分割(resolution)
エナンチオマーの分離. 【5–8 節】

6 章，7 章　ハロアルカン

官能基(functional group)
$^{\delta+}C-X^{\delta-}$. 求電子的な C，脱離基 X^- をもつ.
【6–1，6–2 節】

反応(reaction)
求核置換反応と脱離反応がある.

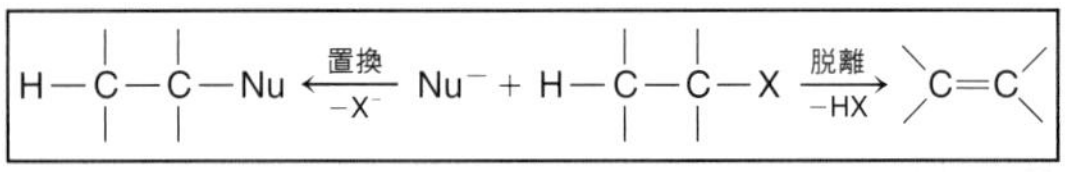

【6–2 ～ 6–11，7–1 ～ 7–9 節】

S_N2
R = Me > 第一級 > 第二級．背面から置換される.
S_N1
R = 第三級 > 第二級．ラセミ化する.
E2
Nu^- 強塩基で起こる.
E1
S_N1 反応の副反応．S_N1 と E1 の反応速度はいずれも超共役によるカルボカチオンの安定化にしたがう.

8 章，9 章　アルコールとエーテル

命名法(nomenclature)
アルカノール―― OH を含む最長のアルキル鎖を主鎖として命名する.
番号のつけ方(numbering)
OH をもつ炭素を最小にする. 【8–1 節】

官能基(functional group)
$^{\delta+}C-^{\delta-}O-H^{\delta+}$. ルイス塩基性の O，酸性の H(p$K_a$ = 16 ～ 18，H_2O に類似)をもち，水素結合に関与する.
【8–2，8–3 節】

合成(preparation)
C = O へのヒドリド /Grignard 反応剤の付加によって合成．**第一級**：RCHO + $LiAlH_4$ または H_2C = O + RMgX，**第二級**：RR′C = O + $LiAlH_4$ または RCHO + R′MgX，**第三級**：RR′C = O + R″MgX.

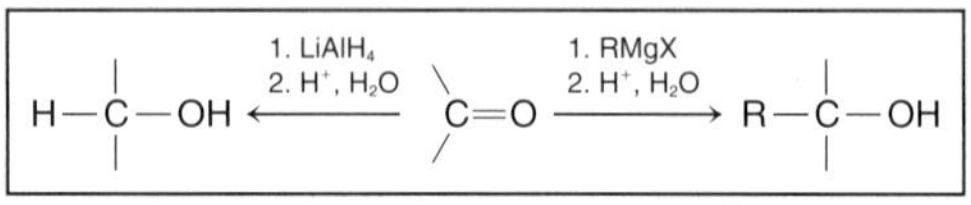

【8–5，8–7 節】

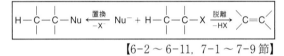

酸化反応(oxidation)
Cr(VI)反応剤で起こる．RCH_2OH(第一級) + PCC → RCHO(アルデヒド)，第一級 + $Na_2Cr_2O_7$ → RCO_2H(カルボン酸)，RR′CHOH(第二級) + $Na_2Cr_2O_7$ → RR′C = O(ケトン). 【8–5 節】

置換反応(substitution)
第一級，第二級 + $SOCl_2$，PBr_3，P/I_2 → RX．第三級 + HX → RX. 【9–2 ～ 9–4 節】

脱水反応(dehydration)
濃 H_2SO_4 + 第一級(180 ℃)，第二級(100 ℃)，第三級(50 ℃)→アルケン．カルボカチオンの転位をともなう.
【9–2，9–3，9–7 節】

エーテル合成(ether synthesis)
Williamson 合成，RO^- + R′X(R′ = Me，第一級) → ROR′. 【9–6 節】

エーテル開裂(ether cleavage)
ROR′ + HX(X = Br，I) → RX + R′X. 【9–8 節】

10 章，11 章　分光法

高分解能質量分析法(high–resolution mass spectrometry)
分子式を与える分析法. 【11–9，11–10 節】

不飽和度(degree of unsaturation)
環の数 + π 結合の数の和を与える．不飽和度 = (H_{sat} − H_{actual})/ 2，H_{sat} = $2n_C + 2 - n_X + n_N$. 【11–11 節】

赤外分光法(infrared spectroscopy)
結合と官能基に関する情報を与える分光法.

波数	3650~3200	3150~3000	3000~2840	2260~2100	1760~1690	1680~1620	<1500
結合	O—H (s, br) N—H (m, br) ≡C—H (s)	=C—H (m)	—C—H (s)	C≡C (w) C≡N (m)	C=O (s)	C=C (m)	指紋

w = 弱い, m = 中間, s = 強い, br = 幅広い

【11-8 節】

核磁気共鳴(nuclear magnetic resonance)
水素と炭素のシグナルを与える.
化学シフト(chemical shift)
構造的な環境がわかる.
積分(integration)
各シグナルの H の数がわかる.
分裂(splitting)
隣接 H の数($N+1$ 則)がわかる.

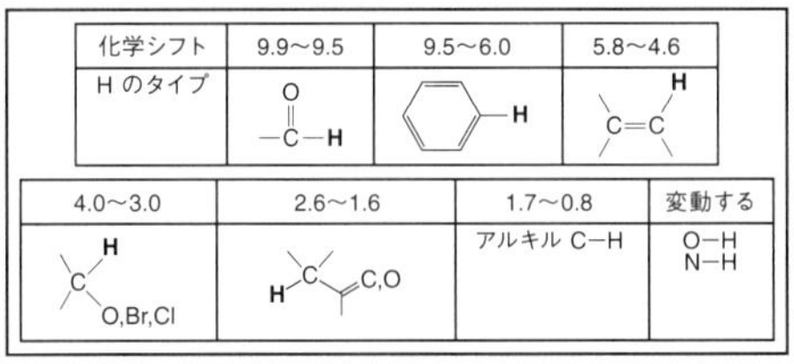
化学シフト
H のタイプ
9.9~9.5
9.5~6.0
5.8~4.6
4.0~3.0
2.6~1.6
1.7~0.8
変動する
O,Br,Cl
C,O
アルキル C—H
O—H
N—H

【10-3 ~ 10-9 節】

11 章, 12 章　アルケン

命名法(nomenclature)
C＝C(OH が優先)を含む最長鎖を主鎖として命名する.
立体化学(stereochemistry)
シス/トランスあるいは E/Z 体系がある. 【11-1 節】

官能基(functional group)
C＝C. 求核的な π 結合電子対をもち, 求電子剤が付加する. 【11-2, 12-3 ~ 12-13 節】

安定性(stability)
置換基の数が増えるにつれて安定性は大きくなる($R_2C=CR_2$ が最も安定で, $H_2C=CH_2$ が最も不安定). トランス二置換 > シス二置換.

合成(preparation)
ハロアルカン＋強塩基(第一級 RX に対してはかさ高いもの)による E2 反応で合成する. アンチ立体特異性があり, かさ高い塩基の場合(**Hofmann 則**)を除いて, 最も安定なアルケンが優先する(**Saytzev 則**).
【7-7, 11-6 節】

合成(preparation)
アルコール＋濃 H_2SO_4 によって混合物が生成する(**Saytzev 則**). 【9-2, 11-7 節】

水素化(hydrogenation)
Pd あるいは Pt 触媒存在下に H_2 を加えると, シン付加が進行しアルカンが生成する. 【12-2 節】

求電子的付加反応機構(electrophilic addition mechanism)
求電子剤がより置換基の少ないアルケン炭素に付加する. 求核剤はより置換基の多いアルケン炭素を攻撃する.

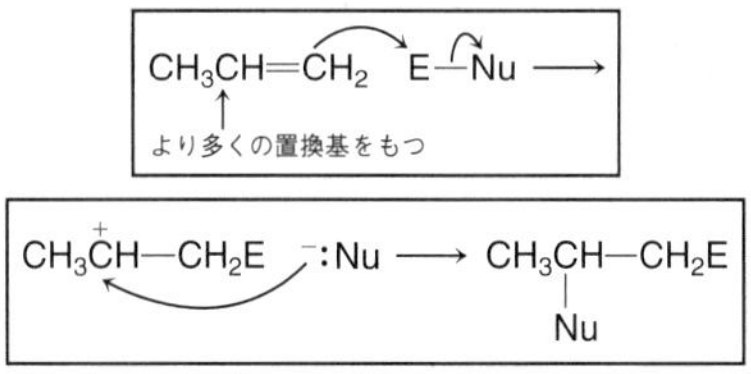
CH3CH=CH2 E—Nu
より多くの置換基をもつ
CH3CH—CH2E :Nu ⟶ CH3CH—CH2E
Nu

【12-3 節】

ハロゲン化水素化反応(hydrohalogenation)
Markovnikov 則にしたがう位置選択性. HBr ＋過酸化物(ROOR)は例外.

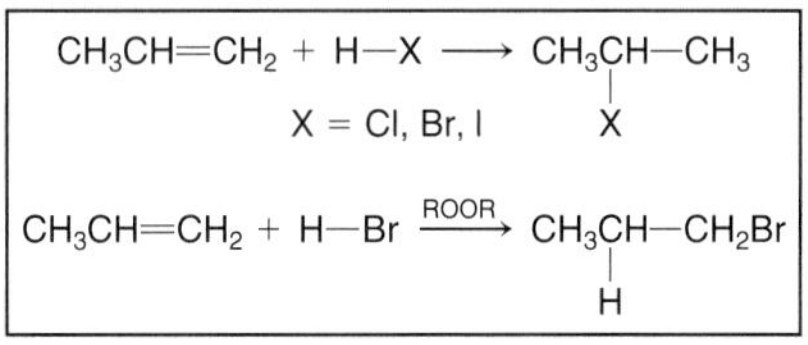

【12-3, 12-13 節】

水和反応(hydration)
酸水溶液あるいはオキシ水銀化反応は **Markovnikov 則**にしたがう. ボランとの反応は**逆 Markovnikov 則**にしたがう.

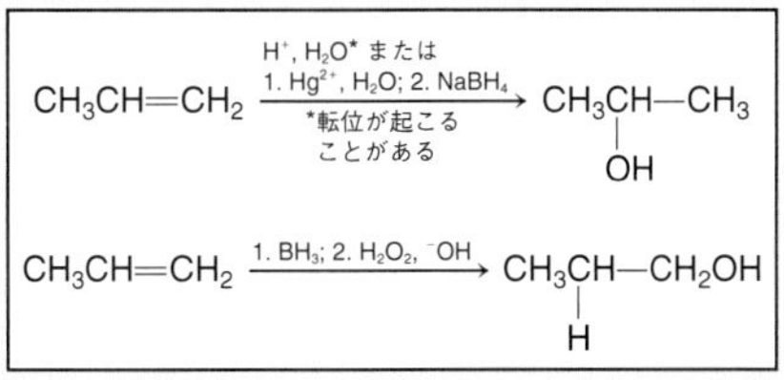

【12-4, 12-7, 12-8 節】

ハロゲン化反応(halogenation)

環状のハロニウムイオンを経由するアンチ付加の立体化学.

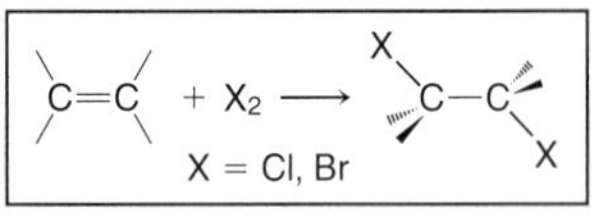

【12-5 節】

ジヒドロキシ化反応(dihydroxylation)

過酸を用いるとアンチ付加. OsO_4 を用いるとシン付加.

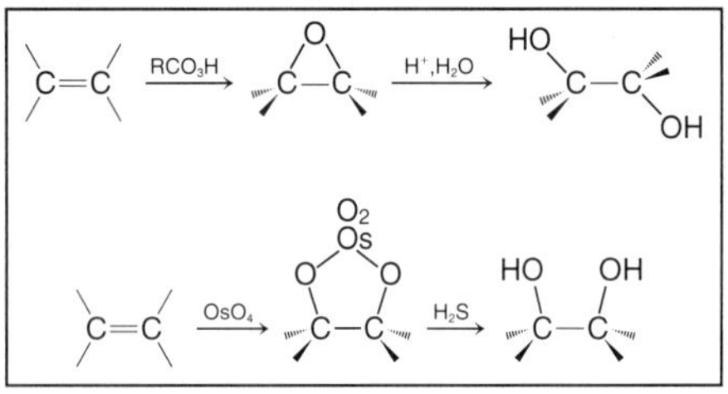

【12-10, 12-11 節】

オゾン分解(ozonolysis)

オゾンとそれに続く還元による切断.

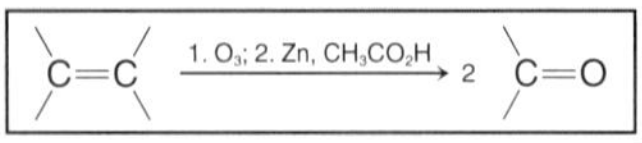

【12-12 節】

13 章　アルキン

官能基(functional group)

C≡C. 二つの π 結合をもつ. ≡C−H 結合の酸性 ($pK_a = 25$). 【13-2 節】

合成(preparation)

アルケン＋ハロゲン → 1,2-ジハロアルカン(12-5 節), 続いて二重の脱離反応($NaNH_2$) → アルキン.

【13-4 節】

アルキニルアニオン(alkynyl anion)

RC≡CH + $NaNH_2$ → RC≡C:$^-$, 続いて R′X(R′ = Me, 第一級) → RC≡CR′. 【13-5 節】

還元反応(reduction)

H_2, Pt → アルカン. H_2, Lindlar 触媒 → シスアルケン. Na, NH_3 → トランスアルケン. 【13-6 節】

付加反応(addition)

HX, X_2 が 2 度付加. 【13-7 節】

水和反応(hydration)

Hg^{2+}, H_2O(Markovnikov 配向)または R_2BH, 続いて ^-OH, H_2O_2(逆 Markovnikov 配向) → エノール → 互変異性化によりケトンあるいはアルデヒド.

【13-7, 13-8 節および下巻 18-2 節】

14 章　ジエン

1,3-ジエンに対する 1,2-および 1,4-付加反応

(1,2- and 1,4-addition to 1,3-diene)

非局在化したアリル型中間体を経由する. 速度論支配の生成物が最初に生成するが, 熱力学支配の生成物がより安定である.

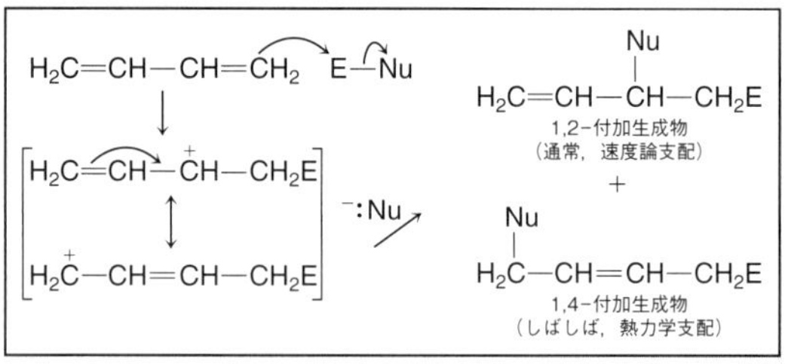

【14-6 節】

Diels-Alder 反応(Diels-Alder reaction)

協奏的, 立体特異的環化付加反応.

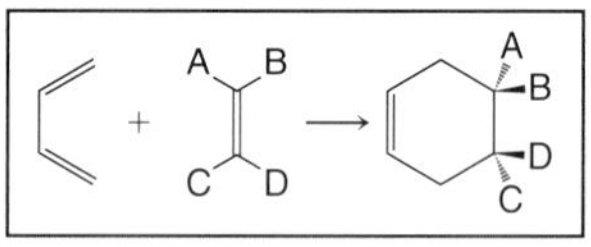

【14-8 節】

練習問題の解答

1 章

1-1
(a)

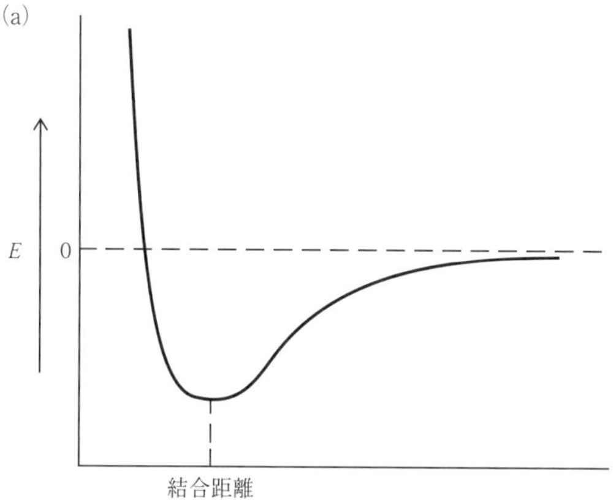

(b) 自分でやってみよう.

1-2

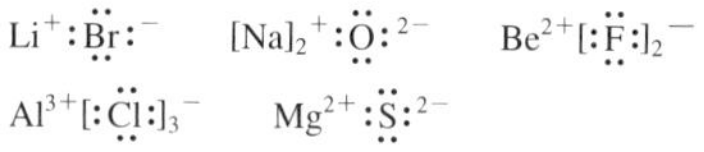

1-3

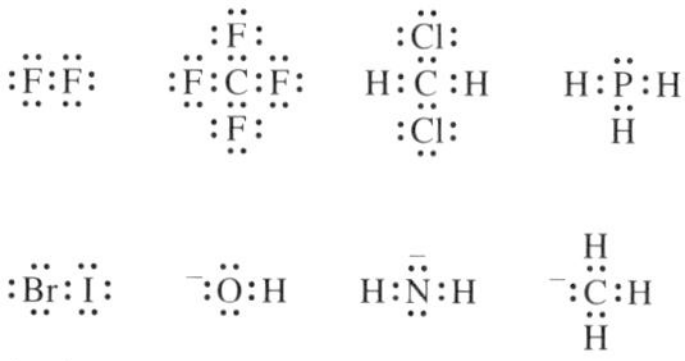

1-4

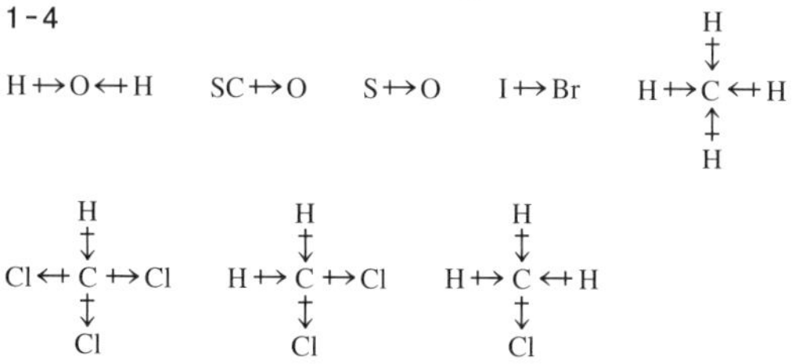

1-5
NH_3 は H_3C^- と, H_2O は H_2C^{2-} と等電子的である. 遊離の電子対による電子反発が結合電子を「遠ざける」ために, それぞれピラミッド構造や曲がった構造を与える.

1-6

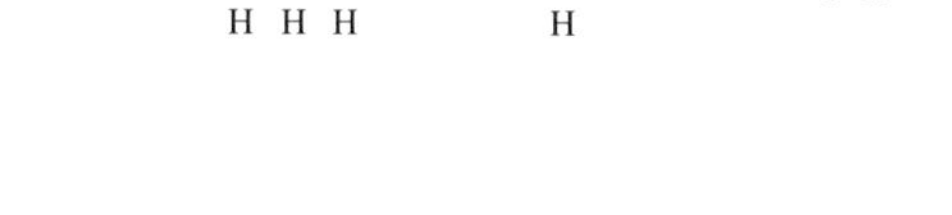

1-7
本文の「答え」を参照.

1-8

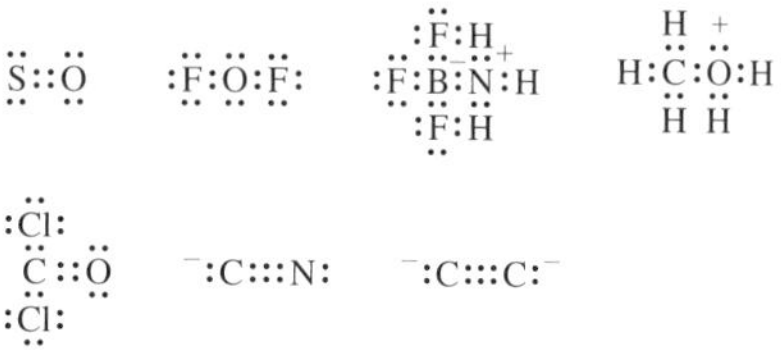

1-9
(a)

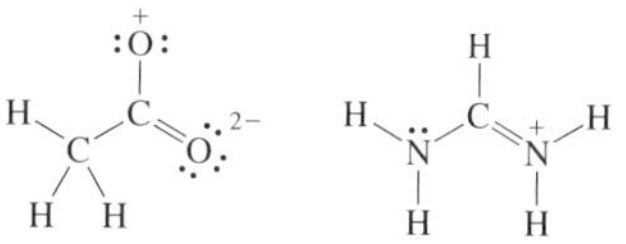

(A) できない. 酸素の一つが 10 電子をもっているため.

(B) できる. すべての原子が 8 電子をもっているため.

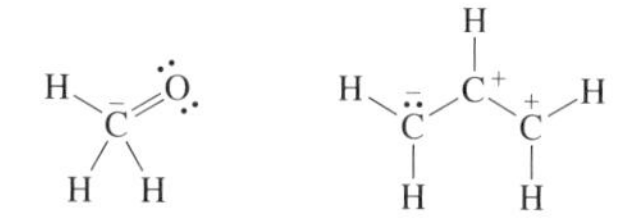

(C) できない. 炭素原子が 10 電子をもっているため.

(D) できない. 隣接した二つの正電荷があるため.

(b) 構造は三方形に近い形をしている(孤立電子対も考慮して). 等しい長さの N—O 結合をもち, 負電荷はそれぞれの酸素原子上に 1/2 ずつ分布している.

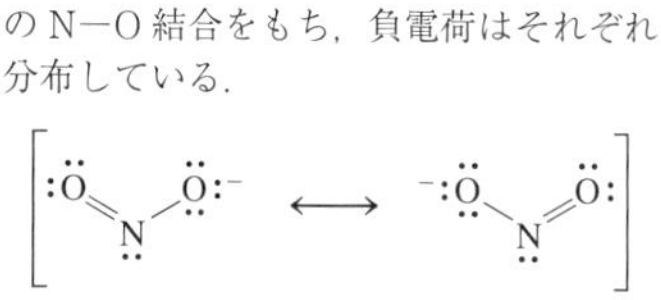

(c) 練習問題 1-8 から, S=O の結合の長さは 1.48 Å である. SO_2 に対しては,

(A)

1.43 Å の結合の長さに最もふさわしい構造式は(A)であり, それ以外の構造式では 1.48 Å よりも長いと考えられる.

1-10
本文の「答え」を参照.

1-11

(a) 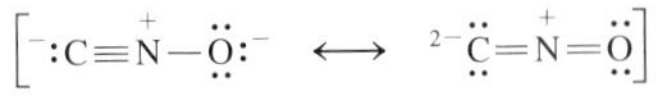

左側の構造が有利である．なぜなら電荷がより均等に分布しており，かつ負電荷が相対的に電気陰性度の大きい酸素上に存在するため．

(b) 

左側の構造が有利である．なぜなら右側の構造では窒素が8電子則を満たさない．

(c) 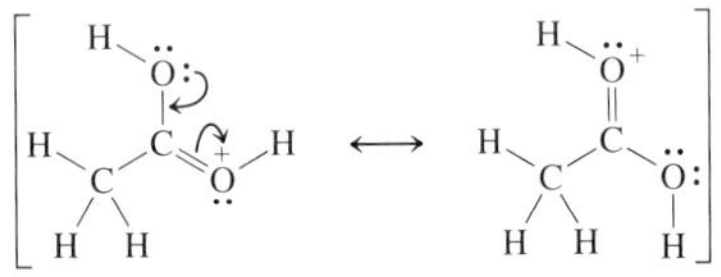

二つの構造は等しく，したがって寄与も同等である．

(d) 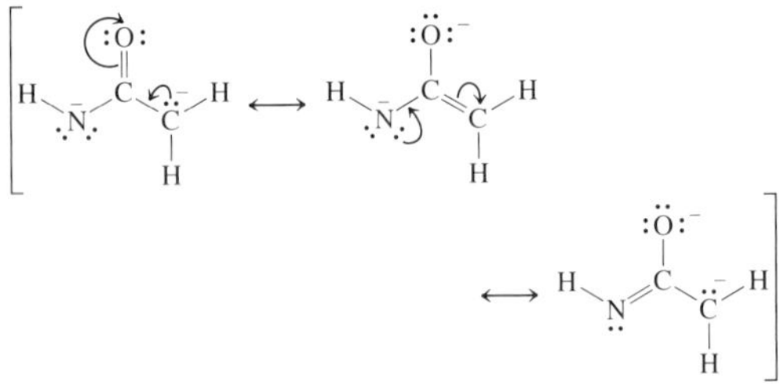

寄与の最も大きい構造は，より電気陰性度の大きな原子上に負電荷がある真ん中の構造である．次に寄与の大きな構造は，酸素が窒素よりもより電気陰性度が大きいために，左端の構造ではなく，酸素に負電荷をもった右端の構造である．

1-12

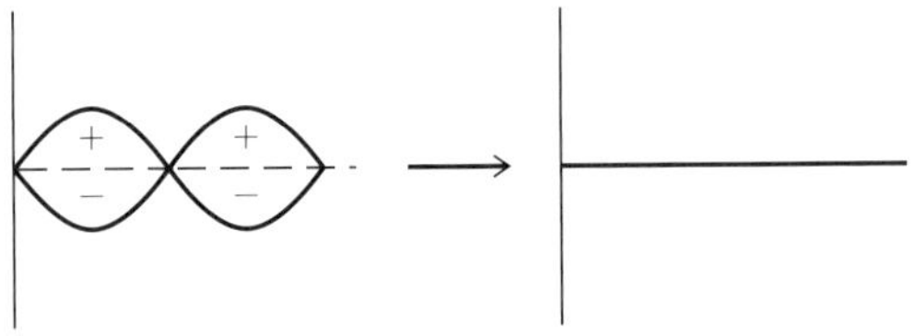

1-13

次の電子配置にしたがって書け．

S$(1s)^2(2s)^2(2p)^6(3s)^2(3p)^4$；P$(1s)^2(2s)^2(2p)^6(3s)^2(3p)^3$

1-14

本文の「答え」を参照．

1-15

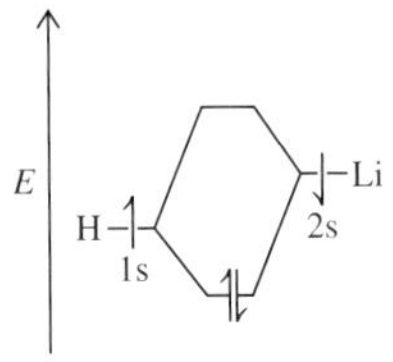

1-16

(a) CH_3^+ または 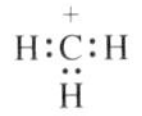 CH_3^- または 

8電子則を満たさない　　8電子則を満たす

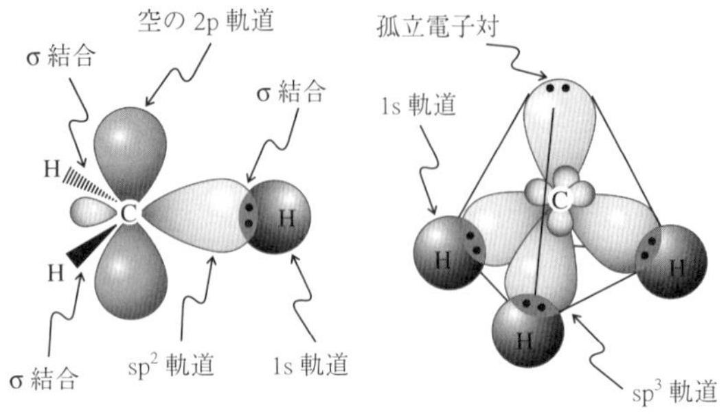

三方形，sp² 混成
BH₃ と同様に電子不足

四面体，sp³ 混成
閉殻

(b) 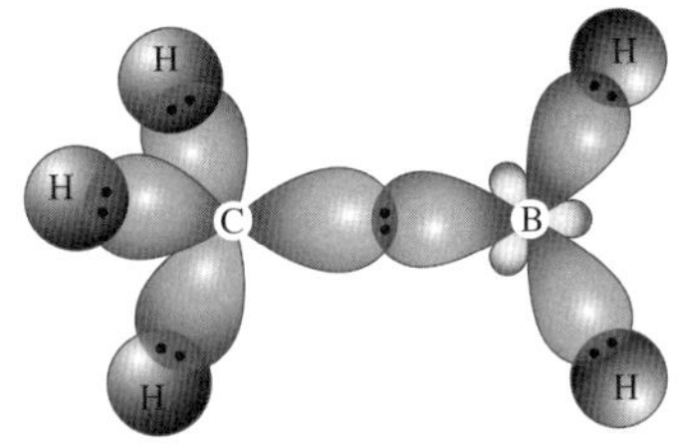

1-17

本文の「答え」を参照．

1-18

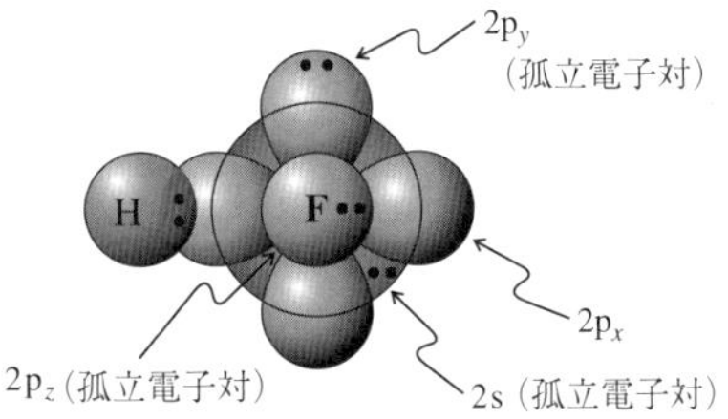

フッ化水素

1-19

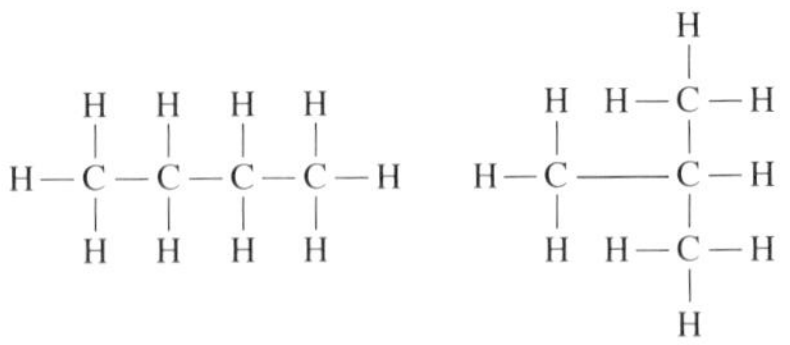

ブタン　　イソブタン

1-20

各自で分子模型を組むこと．分子が柔軟性をもち，空間的にいろいろな立体配置をとりうることに注意しよう．

1-21

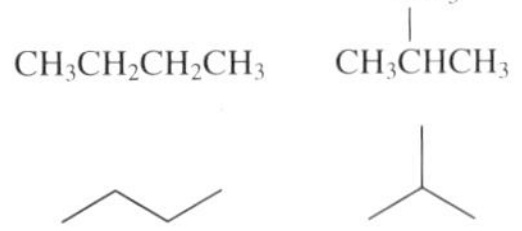

1-22

(a)

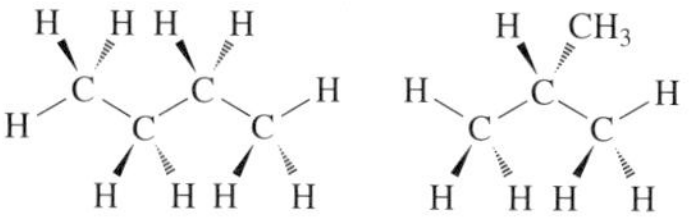

(b)

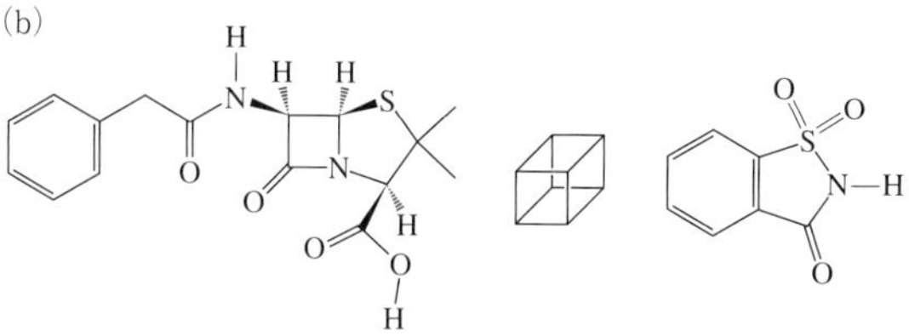

ベンジルペニシリン　キュバン　サッカリン

2 章

2-1

$\Delta G° = \Delta H° - T\Delta S°$

$= 22.4\ \mathrm{kcal\ mol^{-1}} - (298\ \mathrm{K} \times 33.3\ \mathrm{cal\ K^{-1}\ mol^{-1}})$

$= 12.5\ \mathrm{kcal\ mol^{-1}}$

25℃では反応は不利である．温度が高くなると，$\Delta G°$の値がより小さな正の値となり，ついには負となる．400℃で$\Delta H° = T\Delta S°$となり，$\Delta G°$は正の値と負の値の分かれ目の値をとる．すなわち$\Delta G° = 0$となる．

2-2

$\Delta G° = \Delta H° - T\Delta S°$

$= -15.5\ \mathrm{kcal\ mol^{-1}} - [298\ \mathrm{K} \times (-31.3)\ \mathrm{cal\ K^{-1}\ mol^{-1}}]$

$= -6.17\ \mathrm{kcal\ mol^{-1}}$

この反応においては，2分子が1分子に変換されるので，エントロピーは負の値をとる．

2-3

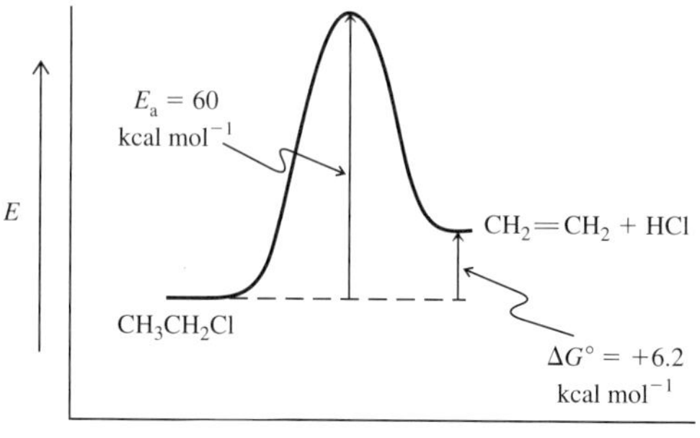

2-4

本文の「答え」を参照．

2-5

化学式のなかに反応の化学量論が与えられている．すなわち二つの反応物質が1：1の比で反応する．CH_3Clの半分が消費されるとその濃度は$0.2\ \mathrm{mol\ L^{-1}}$から$0.1\ \mathrm{mol\ L^{-1}}$に減少する．この時点で同じ量の NaOH が消費される．したがって，その濃度は$1.0\ \mathrm{mol\ L^{-1}}$から$0.9\ \mathrm{mol\ L^{-1}}$へと低下し，最初の濃度の90％となる．そこで新しい反応速度は[CH_3Cl]と[NaOH]をそれぞれの初期濃度としたとき，次の式で表される．

新しい反応速度$= k(0.5[CH_3Cl])(0.9[NaOH])$

$= (0.45)k[CH_3Cl][NaOH]$

$= 0.45$(初期速度)

$= 0.45(1 \times 10^{-4})$

$= 4.5 \times 10^{-5}\ \mathrm{mol\ L^{-1}\ s^{-1}}$

(この問題の場合には必ずしも必要ではないが)与えられた情報から反応速度定数を求め，それを用いて解答を導く方法も同様に有効である．

$k = (1 \times 10^{-4}\ \mathrm{mol\ L^{-1}\ s^{-1}})/(0.2\ \mathrm{mol\ L^{-1}})(1.0\ \mathrm{mol\ L^{-1}})$

$= 5 \times 10^{-4}\ \mathrm{L\ mol^{-1}\ s^{-1}}$

新しい反応速度$= k(0.5[CH_3Cl])(0.9[NaOH])$

$= (5 \times 10^{-4})(0.1)(0.9)$

$= 4.5 \times 10^{-5}\ \mathrm{mol\ L^{-1}\ s^{-1}}$

2-6

(a) $+6.17\ \mathrm{kcal\ mol^{-1}}$

(b) $\Delta G° = 15.5 - (0.773 \times 31.3)$

$= -8.69\ \mathrm{kcal\ mol^{-1}}$

したがって，エントロピー項が$\Delta H°$を上回るこの高温においては，解離平衡はエテンと塩酸の側に偏っている．

2-7

$k = 10^{14}\mathrm{e}^{-58.4/1.53} = 3.03 \times 10^{-3}\ \mathrm{s^{-1}}$

2-8

(a)

(i) 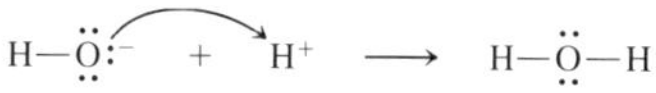
(例2と比較せよ)

(ii) 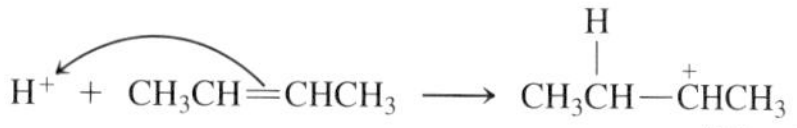
(例4bと比較せよ)

(iii) 
(例3と比較せよ)

(iv) 
(例4aと比較せよ)

(b)

(i) H^+に電子対がない．

正しくは 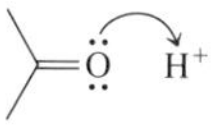

(ii) この電子の動きだとC−C結合が切断される．

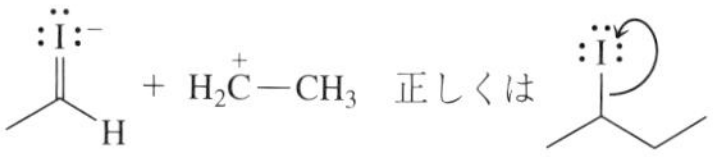

(iii) $^-$OHに電子を押し込むことはできない．

2-9

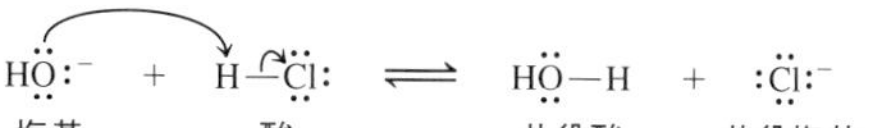

塩基　酸　共役酸　共役塩基

2-10

(a) (i) H_3O^+，(ii) CH_3COOH，(iii) HC≡CH．

(b) (i) NC^-，(ii) CH_3O^-，(iii) CH_3^-．

2-11

(a) HSO_3^-　(b) ClO_3^-　(c) HS^-　(d) $(CH_3)_2O$

(e) SO_4^{2-}

2-12

(a) $(CH_3)_2NH$　(b) HS^-　(c) $^+NH_4$　(d) $(CH_3)_2C{=}\overset{+}{O}H$

(e) CF_3CH_2OH

2-13

亜リン酸のほうが強い酸である．亜リン酸のほうがより小さな pK_a 値をもっており，いいかえると，より大きな酸解離定数 K_a をもっていることになるためである．$K_a(HNO_2) = 10^{-3.3}$；$K_a(H_3PO_3) = 10^{-1.3}$

2-14

$$\underset{}{H_3N} + \underset{pK_a = 4.7}{CH_3COOH} \underset{}{\overset{K = 10^{4.6}}{\rightleftharpoons}} \underset{pK_a = 9.3}{H_4N^+} + CH_3COO^-$$

2-15

二重結合の末端にある酸素がプロトン化されると，三つの共鳴寄与体が書ける．

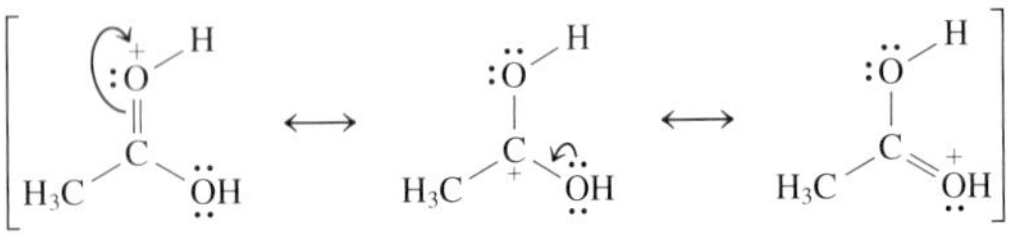

これに対して，OH 基の酸素原子にプロトン化が起こった場合には二つの共鳴寄与体しか書けない．さらに右側の共鳴構造式は正の電荷をもった原子が隣接しており，その寄与は小さい．

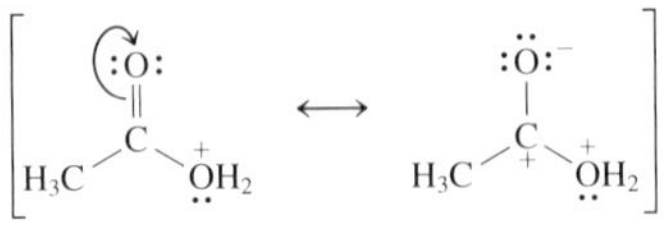

したがって，二重結合を形成している酸素が優先的にプロトン化される．

2-16

本文の「答え」を参照．

2-17

(a) p$K_a = -\log K_a$

K_a(酢酸) $= 10^{-4.7}$；K_a(安息香酸) $= 10^{-4.2}$．安息香酸は，酢酸より $10^{0.5} = 3.2$ 倍強い酸である．

(b) 電子求引性

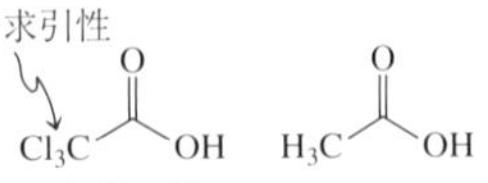

より強い酸

2-18

本文の「答え」を参照．

2-19

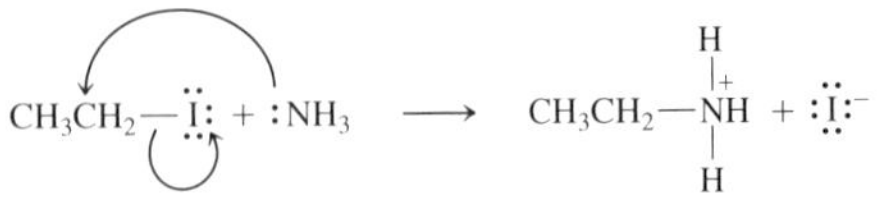

2-20

(a)

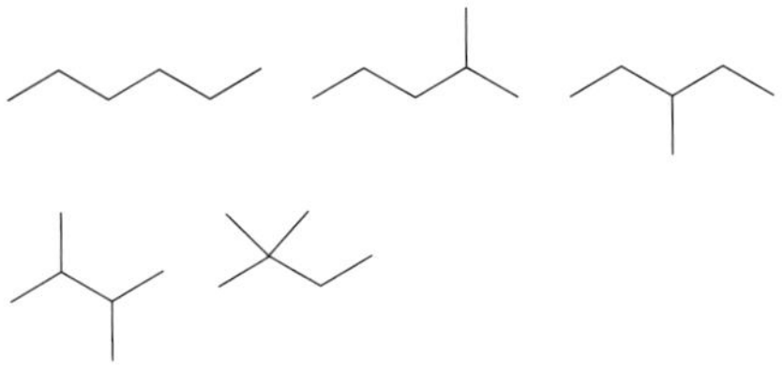

(b) 炭素数の一つ多い同族体

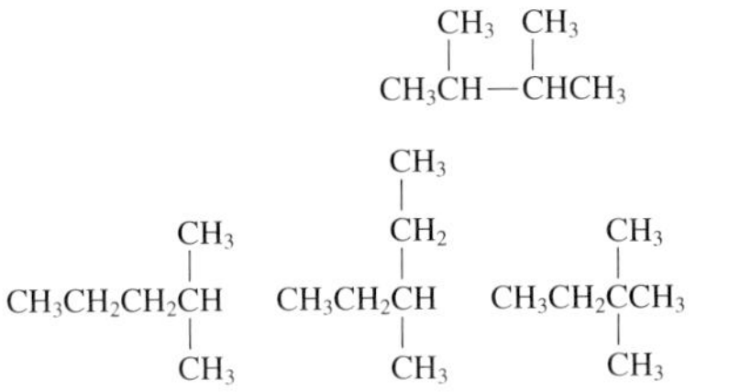

炭素数の一つ少ない同族体

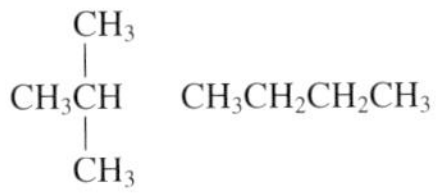

2-21

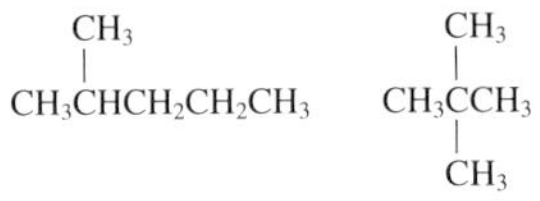

イソヘキサン　　ネオペンタン

2-22

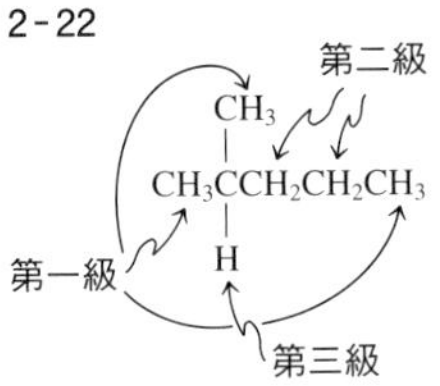

2-23

(a) (i) 3-エチル-2 メチルヘキサン，(ii) 2,3,6-トリメチルヘプタン，(iii) 6-(1,1-ジメチルエチル)-3,7-ジエチル-2,2-ジメチルノナン．

(b) 自分でやってみよう．

2-24

本文の「答え」を参照．

2-25

(a)

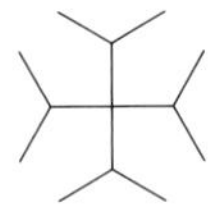

2,4-ジメチル-3,3-ビス(1-メチルエチル)ペンタン

(b)
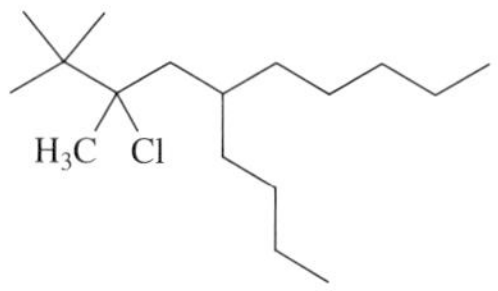

2-26

2-メチルブタン　　2,3-ジメチルブタン

2-27

本文の「答え」を参照.

2-28

この例(下図)では，二つのねじれ形立体配座間のエネルギー差がかなり小さい.

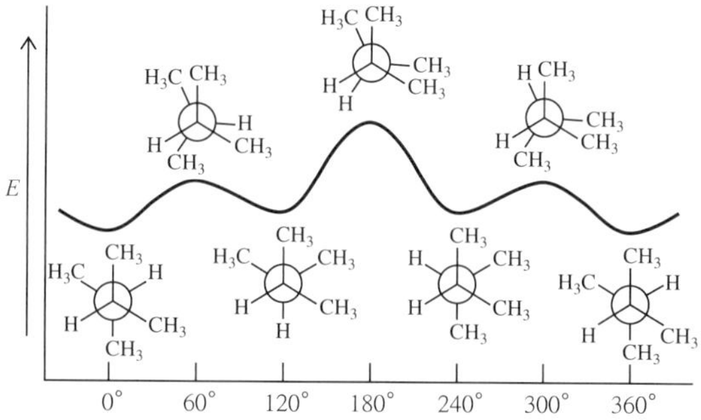

3 章

3-1

本文の「答え」を参照.

3-2

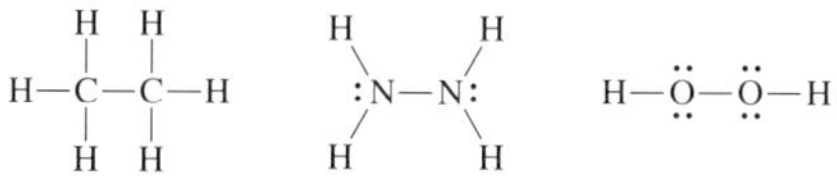

軌道の大きさとエネルギーのつりあい，すなわち共有結合を形成している軌道の重なりにもとづいて考えると，C—C，N—N，そしてO—O 結合はほぼ同じである．さらにそれぞれの結合は二つの同じ原子間の結合であり，そのため三つの結合とも極性をもたず，Coulomb 力も働かない．しかしながら，N—N 結合のそれぞれのNは1組の孤立電子対をもっており，また過酸化水素のそれぞれのOは2組の孤立電子対をもっている．孤立電子対－孤立電子対の反発が，エタン中のC—C 結合に比べてヒドラジン中のN—N 結合を弱める．そしてこの効果は過酸化水素でさらにより強く現れる.

3-3

(a) 先に切れる：CH_3 ⸾ $C(CH_3)_3$　$DH° = 87$ kcal mol^{-1}
　次に切れる：CH_3 ⸾ CH_3　$DH° = 90$ kcal mol^{-1}

(b)

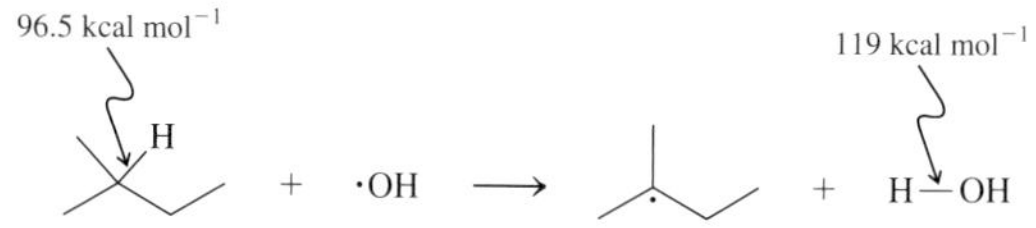

第三級 C—H 結合が最も弱い.

3-4

本文の「答え」を参照.

3-5

(a)

$CH_3Cl + Cl_2 \xrightarrow{h\nu} CH_2Cl_2 + HCl$

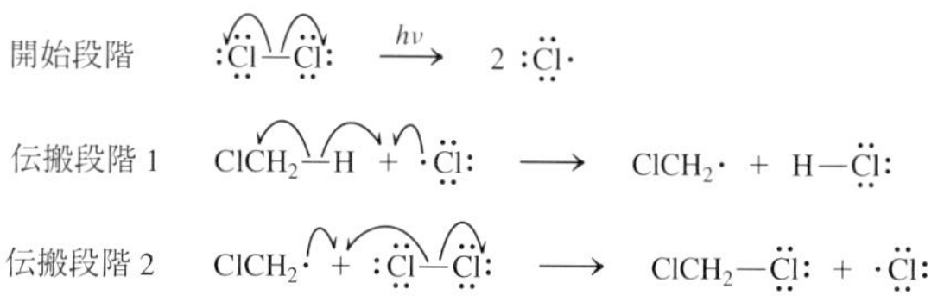

(b)

エタンは停止段階によって生成する.

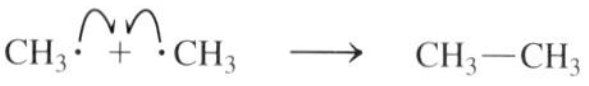

3-6

(a)

解答は図 3-7 ならびに表 3-5 を調べればわかる．水素引き抜き段階に対する ΔH 値から，塩素原子は臭素原子よりもはるかに反応性が高いことは明らかである．それらの値は +2 kcal mol^{-1} と +18 kcal mol^{-1} である．原子引き抜きの遷移状態は，生成物の相対的な安定性を反映するので，($\cdot CH_3 + HCl$) の反応が ($\cdot CH_3 + HBr$) の反応に比べてはるかに容易であることは明らかである.

(b)

(i) $\Delta H° = (105 + 55) - (118 + 85) = -43$ kcal mol^{-1}

(ii)

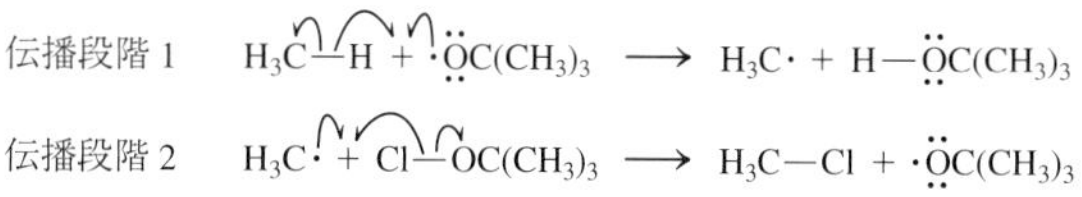

伝搬段階 1 は，H が，·Cl よりも *tert*-ブトキシルラジカルによって引き抜かれることを表す．なぜなら，H—O 結合は H—Cl 結合より強いからである.

3-7

$CH_3CH_2CH_2CH_3 + Cl_2 \xrightarrow{h\nu}$

$CH_3CH_2CH_2CH_2Cl + CH_3CH_2CHClCH_3 + HCl$

第一級ハロアルカンと第二級ハロアルカンの生成比は，出発物質中に存在する第一級水素ならびに第二級水素の数にそれぞれの相対的な反応性の比を掛けることによって求められる.

$(6 \times 1) : (4 \times 4) = 6 : 16 = 3 : 8$

いいかえると，2-クロロブタン：1-クロロブタン＝8：3

3-8

本文の「答え」を参照.

3-9
出発物質は4種類の水素をもっている．

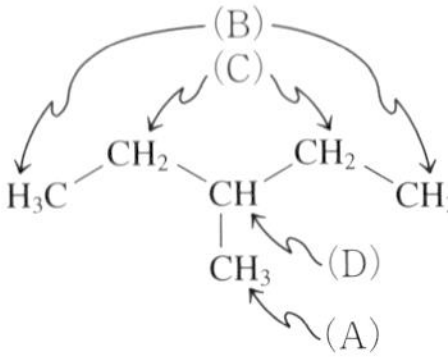

したがって，これら4種類の水素のうちのいずれか一つが塩素原子で置き換えられた四つのモノクロロ化体の生成が可能である．

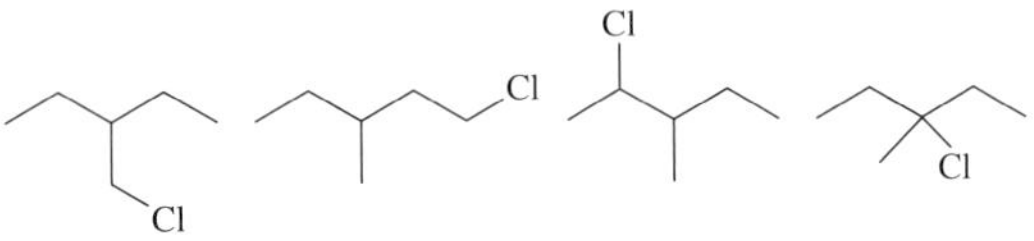

(A)　(B)　(C)　(D)

生成することが予想される生成物それぞれの相対的な収率を次表に示す．

位置(種類)	水素の数	相対的反応性	相対的収　率	百分率による収率
A	3	1	3	10%
B	6	1	6	20%
C	4	4	16	53%
D	1	5	5	17%

3-10
本文の「答え」を参照.

3-11
2,3-ジメチルブタン $(CH_3)_2CH-CH(CH_3)_2$ は12個の等価な第一級水素と2個の等価な第三級水素をもっており，その比は6：1である．ここで，第三級水素と第一級水素のモノクロロ化に対する反応の選択性の比は5：1である．したがって，モノクロロ化によって，二つの生成可能なモノクロロ生成物 $(ClCH_2)(CH_3)CH-CH(CH_3)_2$ と $(CH_3)_2CCl-CH(CH_3)_2$ はほぼ同じ量だけ生成するので，合成反応としては有用ではない．これに対して，モノブロモ化に対する第三級水素と第一級水素の反応の選択性はおよそ1800：1である．モノブロモ化は $(CH_3)_2CBr-CH(CH_3)_2$ を高選択的に(1800/6)すなわち300：1で与え，非常にすばらしい合成手法である．

3-12
この異性化においてブタンの第二級水素と末端メチル基の位置が入れ替わる．

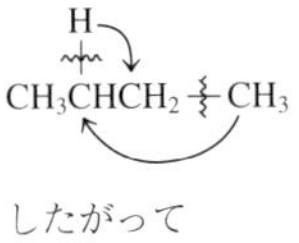

したがって

$\Delta H°$ =(切断される結合の強さの総和)－(生成する結合の強さの総和)

$=(98.5+89)-(88+101)$

$=-1.5\ \mathrm{kcal\ mol^{-1}}$

4 章

4-1
環ひずみと立体配座解析については，4-2節から4-5節にかけて述べられている．

シクロアルカンは直鎖アルカンよりはるかに柔軟性に乏しく，とりうる立体配座の自由度が少ない．シクロプロパンは平面形なので，すべての水素が重なっている．環が大きくなると徐々に柔軟さが増し，ねじれ形の位置にある水素の数が増え，環内の炭素原子もアンチ形立体配座をとれる．

4-2
本文の「答え」を参照.

4-3

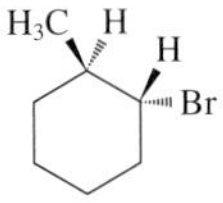

trans-1-ブロモ-2-メチルシクロヘキサン

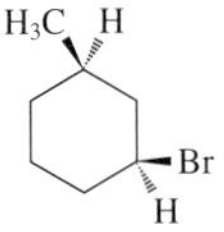

cis-1-ブロモ-3-メチルシクロヘキサン

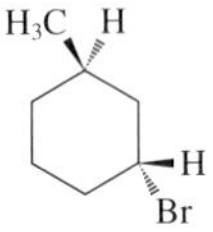

trans-1-ブロモ-3-メチルシクロヘキサン

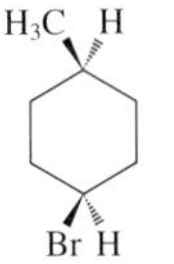

cis-1-ブロモ-4-メチルシクロヘキサン

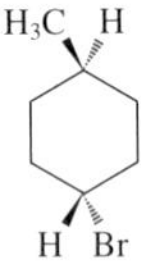

trans-1-ブロモ-4-メチルシクロヘキサン

4-4

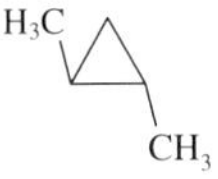

トランス

シス

シス異性体には立体障害があり燃焼熱が(約1 kcal mol^{-1} だけ)大きい．

4-5
本文の「答え」を参照.

4-6
この問題は練習問題4-5の変形であり，ここでは x が与えられているが反応の $\Delta H°$ がわからない．生成物であるシクロヘキサンにはひずみがないので，(A)と H_2 との反応熱は二つの環に共有されている結合のひずみに等しくなるだろう．2,3-ジメチルブタンの中心結合の $DH° = 85.5\ \mathrm{kcal\ mol^{-1}}$(表3-2参照)を参考にすると，(A)の中心結合の解離エネルギーは $85.5-50.7=34.8\ \mathrm{kcal\ mol^{-1}}$ になるだろう．したがって，(A)からのシクロヘキサンの生成は $\Delta H° = (104+34.8)-197=-58.2\ \mathrm{kcal\ mol^{-1}}$ だけ発熱的になる．

4-7

(a)

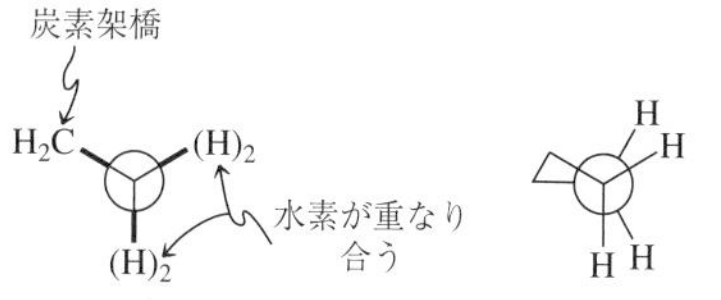

シクロプロパン　　シクロブタン

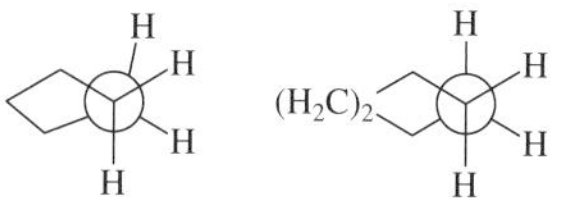

シクロペンタン　シクロヘキサン

それぞれのC—Hのねじれ角は，シクロプロパンでは約0°，シクロブタンでは37°，シクロペンタンでは10～40°(調べる結合によって違う)，シクロヘキサンでは57°である．

(b)

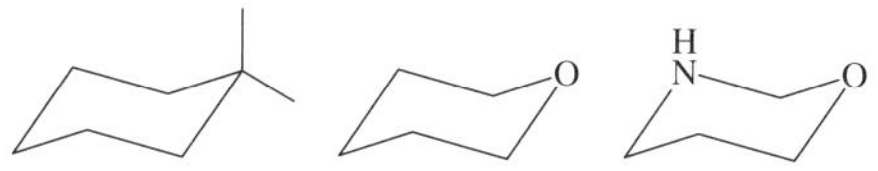

4-8

$$\log K = -\frac{1.7}{1.36} = -1.25$$

$K = 10^{-1.25} = 0.056.$ $K = \frac{5}{95} = 0.053$ と比較せよ．

4-9

本文の「答え」を参照．

4-10

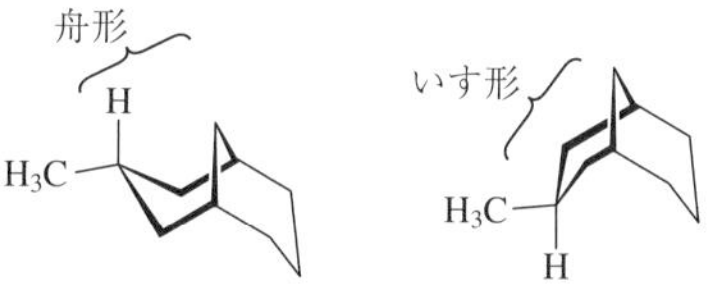

(A)　　(B)

4-11

(a) $\Delta G°$ はアキシアル位にあるメチル基とアキシアル位にあるエチル基のエネルギー差に相当する．この値は $1.75 - 1.70 = 0.05$ kcal mol^{-1} で，非常に小さい．

(b) (a)と同じ．

(c) $1.75 + 1.70 = 3.45$ kcal mol^{-1}

4-12

(a)

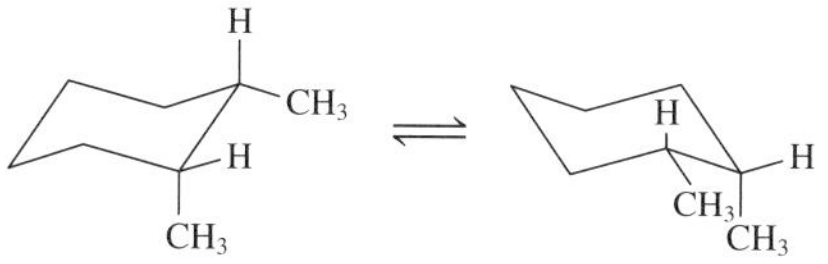

どちらもアキシアル－エクアトリアル

(b)

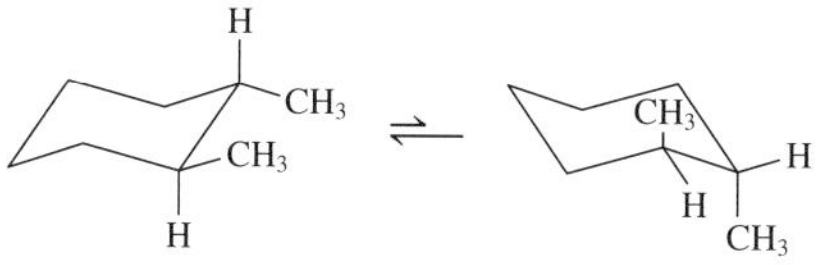

ジエクアトリアル　　ジアキシアル

(c)

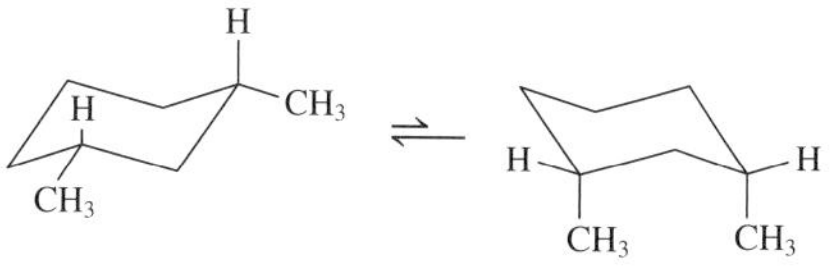

ジエクアトリアル　　ジアキシアル

(d)

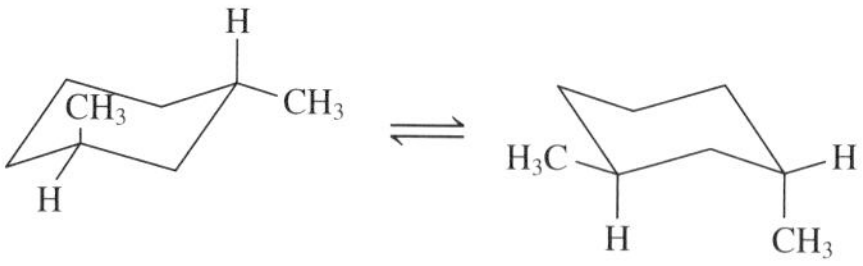

どちらもアキシアル－エクアトリアル

4-13

本文の「答え」を参照．

4-14

trans-1,2-ジメチルシクロヘキサンの分子模型を用いてエクアトリアル－アキシアル間の環反転を行い，二つのメチル基の環境をメチルシクロヘキサンの場合と比べること．ジアキシアル形においては，明らかに二つのメチル基は完全に互いの反対側を向いており，これらはモノメチル誘導体と同様にそれぞれの面において1,3-ジアキシアル位にある水素と向かいあっている．したがって加成性が適用できる．ジエクアトリアル形では，二つのメチル基は非常に近接していることがわかる．それを表すために，図4-12を参考にしてNewman投影式を書き，二つのメチル基がついている環炭素間の結合に注目し，他の部分は無視して考えること．そうすると，ブタンのゴーシュ相互作用の存在がわかる(2-9節，図2-12および2-13参照)．それにより，この立体配座は～0.9 kcal mol^{-1} だけ不安定化される．その分，環反転の $\Delta G°$ は3.4 kcal mol^{-1} よりも小さくなる．

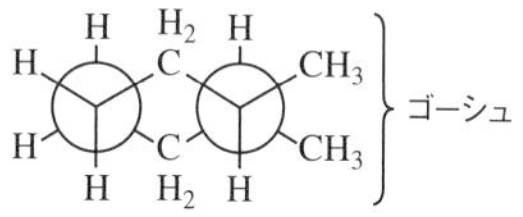

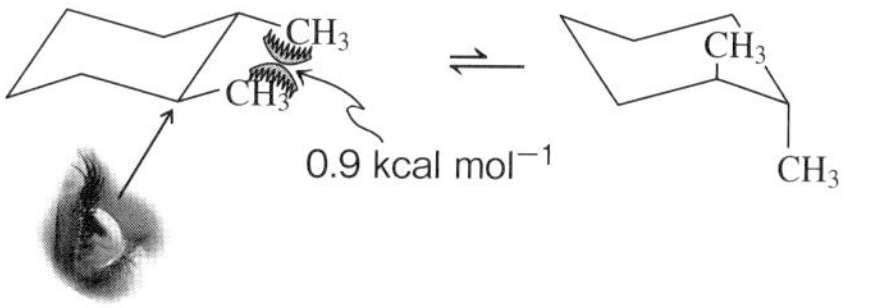

4-15

trans-デカリンはかなり剛直である．いす形－いす形間の完全な「反転(フリッピング)」はできない．一方，シス異性体では両方の環の立体配座が反転することにより，アキシアル位とエクアトリアル位が入れ替わることができる．この交換の障壁は小さい(E_a = 14 kcal mol^{-1})．シス異性体では，環についている結合の一方は必ずアキシアル位にあるので，このものはトランス異性体より2 kcal mol^{-1} 不安定である(燃焼熱から求めた値)．

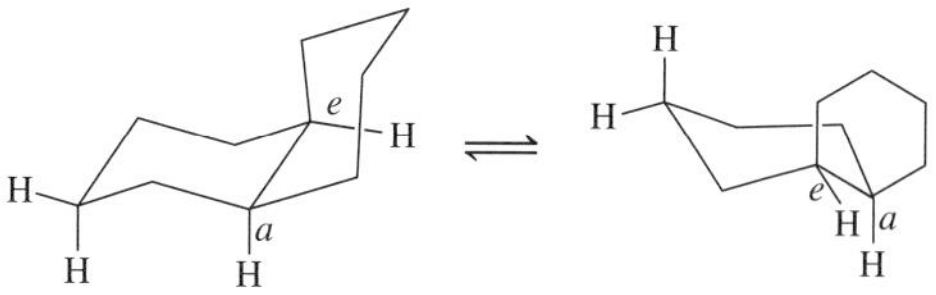

cis-デカリンの環の反転

4-16

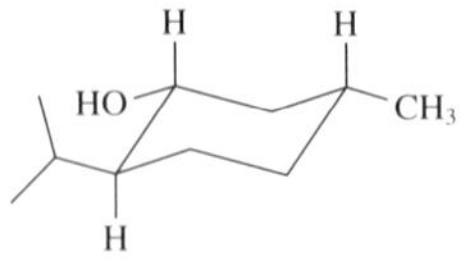

すべての基がエクアトリアル位にある

4-17

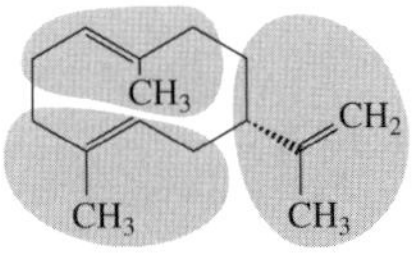

セスキテルペン

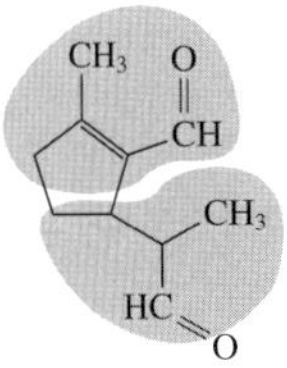

モノテルペン

4-18

菊酸：>C=C<, −COOH, −COOR

グランジソール：>C=C<, −OH

メントール：−OH

ショウノウ：>C=O

β-カジネン：>C=C<

タキソール：−OH, −O−, 芳香族のベンゼン環, >C=O, −COOR, −CONHR

5 章

5-1

(a)

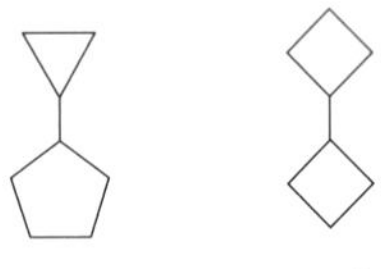

シクロプロピル シクロペンタン　シクロブチル シクロブタン

どちらの炭化水素も C_8H_{14} という同じ分子式をもっている．したがって，これらは(構造)異性体である．

(b) 1,2-ジメチルシクロペンタンと 1,3-ジメチルシクロペンタンとは結合のつながり方が異なるので，構造異性体である．一方，シス体とトランス体は立体異性体の関係にある．

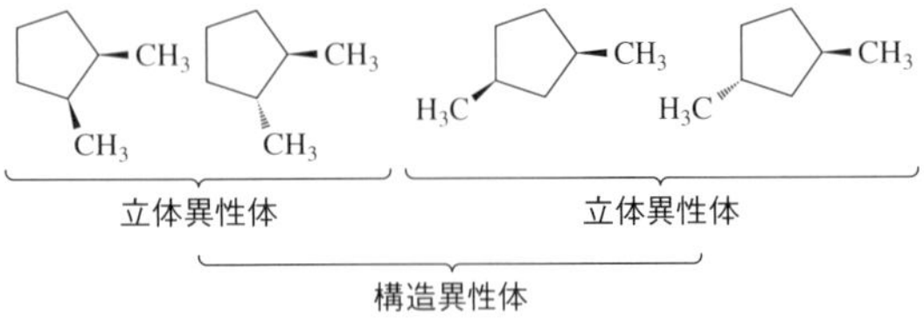

5-2

メチルシクロヘキサンには，複数の舟形およびねじれ舟形配座がある．そのうちの四つを下に示す．

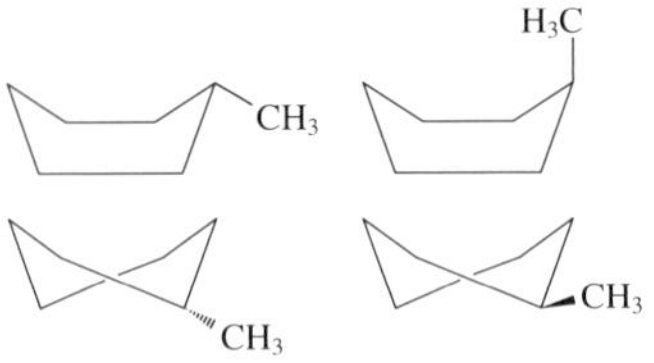

5-3

(a)

すべてキラルである．しかし，2-メチルブタジエン(イソプレン)そのものはアキラルであることに注意しよう．立体中心の数は以下のとおり．

菊酸：2, グランジソール：2, メントール：3, ショウノウ：2, β-カジネン：3, タキソール：11, エピアンドロステロン：7, コレステロール：8, コール酸：11, コルチゾン：6, テストステロン：6, エストラジオール：5, プロゲステロン：6, ノルエチンドロン：6, エチニルエストラジオール：5, RU-486：5.

(b)

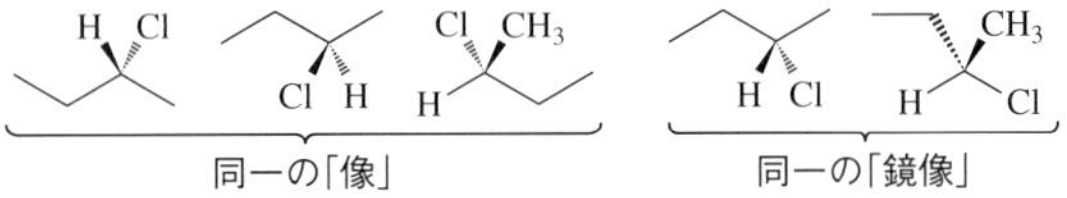

5-4

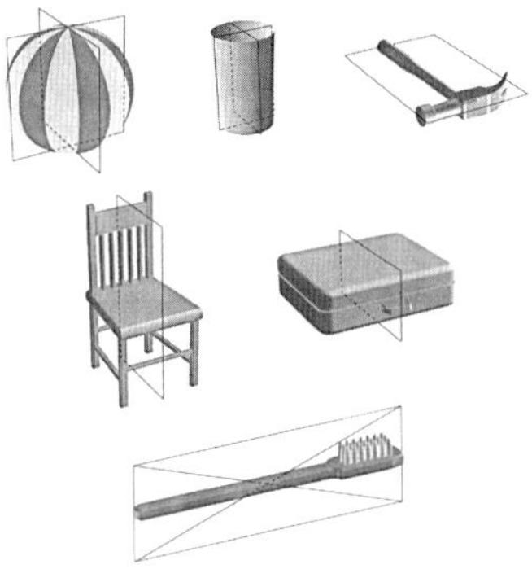

(図は Marie Sat. のご好意による)

5-5

(a)

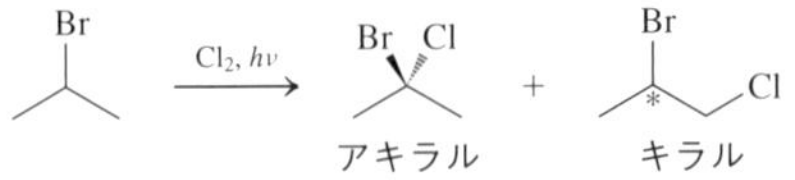

(b)

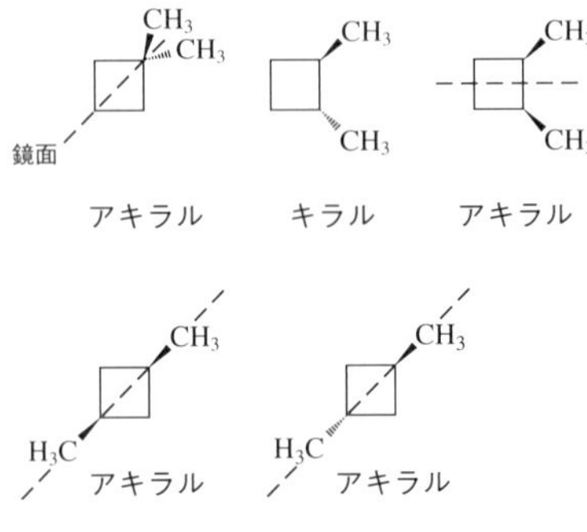

5-6

(a) $[\alpha]=\dfrac{6.65}{1\times 0.1}=66.5$

天然スクロースのエナンチオマーの$[\alpha]$は-66.5

(b) $[\alpha]=\dfrac{\alpha}{l\times c}$ ⟶ $\alpha=[\alpha]\times l\times c=-3.8\times 1\times 0.1=-0.38$

5-7

本文の「答え」を参照.

5-8

光学純度(%)	割合(＋／－)	$[\alpha]_{実測値}$
75	87.5/12.5	＋17.3°
50	75/25	＋11.6°
25	62.5/37.5	＋ 5.8°

5-9

(a) $-CH_2Br > -CCl_3 > -CH_2CH_3 > -CH_3$

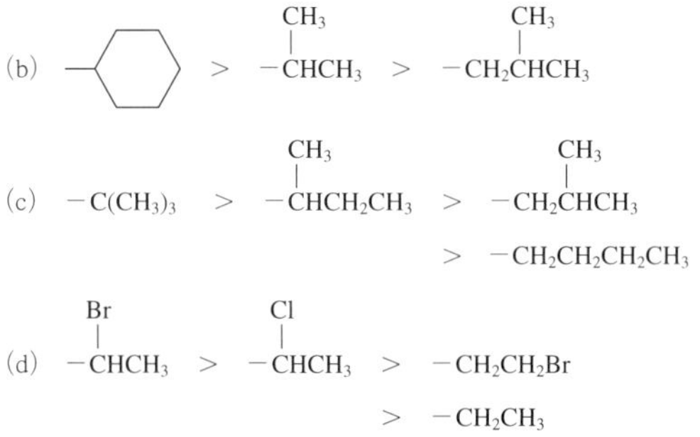

5-10

本文の「答え」を参照.

5-11

(＋)-2-ブロモブタン：*S*
(＋)-2-アミノプロパン酸：*S*
(－)-2-ヒドロキシプロパン酸：*R*

5-12

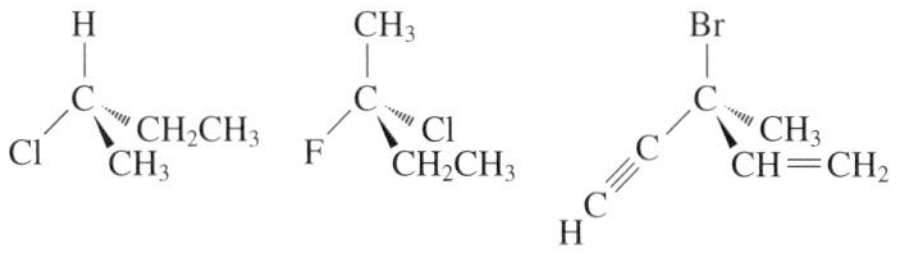

S *R* *S*

5-13

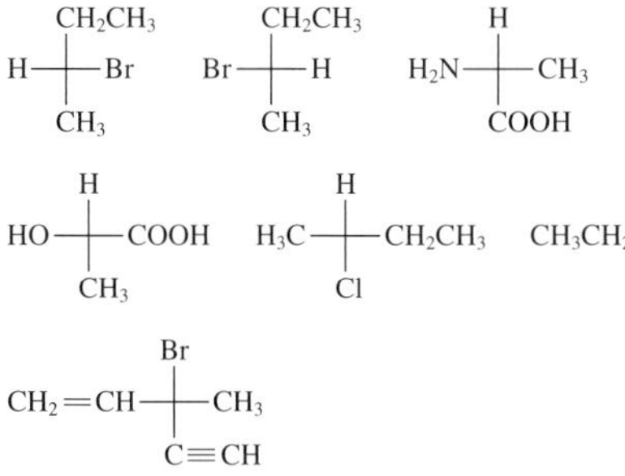

5-14

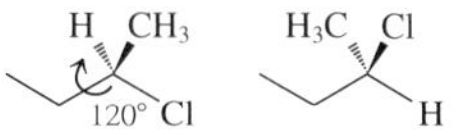

(A) (B)

5-15

本文の「答え」を参照.

5-16

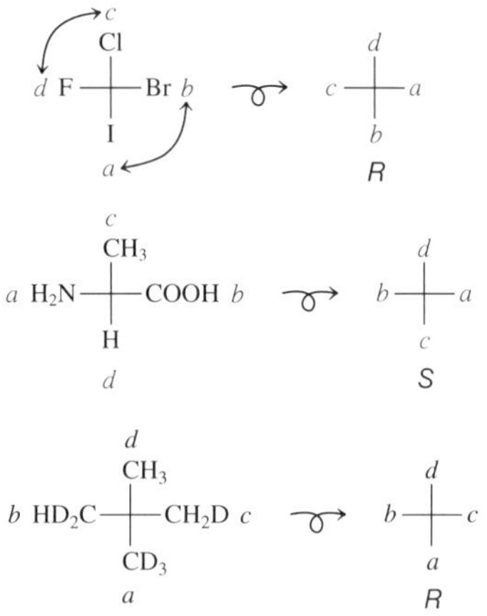

5-17

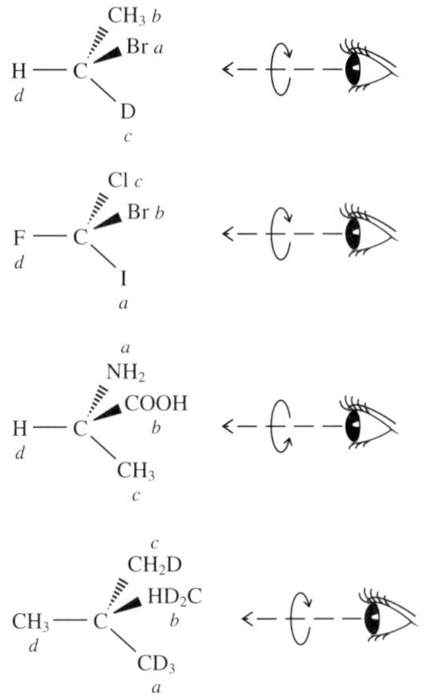

最も優先順位の低い置換基 *d* を，Fischer 投影式の上の位置に置くことは，それが紙面の背後にあることを意味する．これは，三次元構造を見ながら絶対配置を決定する際に，最も優先順位の低い置換基を置く位置と同じ位置である．

5-18

(a)

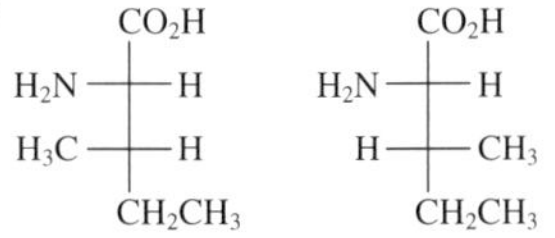

イソロイシン　アロイソロイシン

これらはジアステレオマーである．

(b)

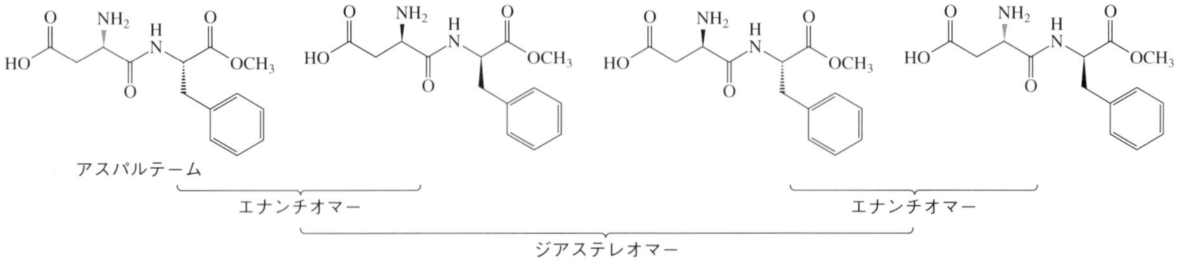

5-19

1：(2*S*,3*S*)-2-フルオロ-3-メチルペンタン
2：(2*R*,3*S*)-2-フルオロ-3-メチルペンタン
3：(2*R*,3*R*)-2-フルオロ-3-メチルペンタン
4：(2*S*,3*S*)-2-フルオロ-3-メチルペンタン
1と2はジアステレオマー，1と3はエナンチオマー，1と4は同一物，2と3および2と4はジアステレオマー，3と4はエナンチオマーである．2の鏡像体も含めると，四つの立体異性体がある．

5-20

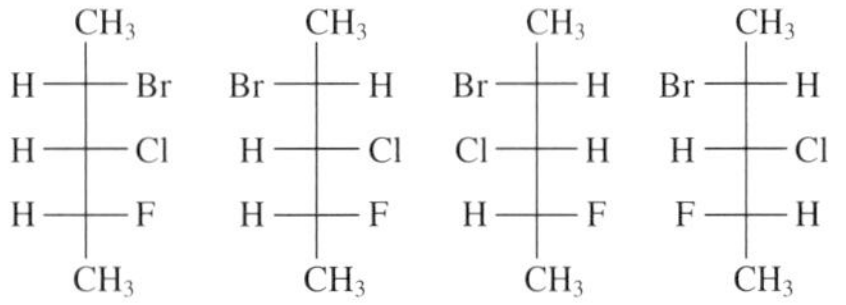

おのおのの鏡像を含めるとエナンチオマーの対になったジアステレオマーが四つある．

5-21

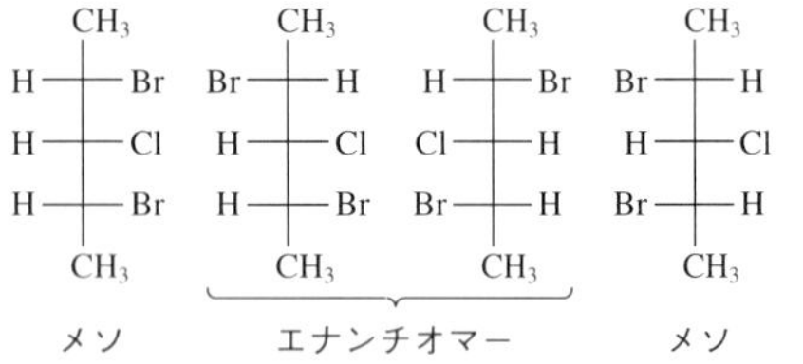

5-22

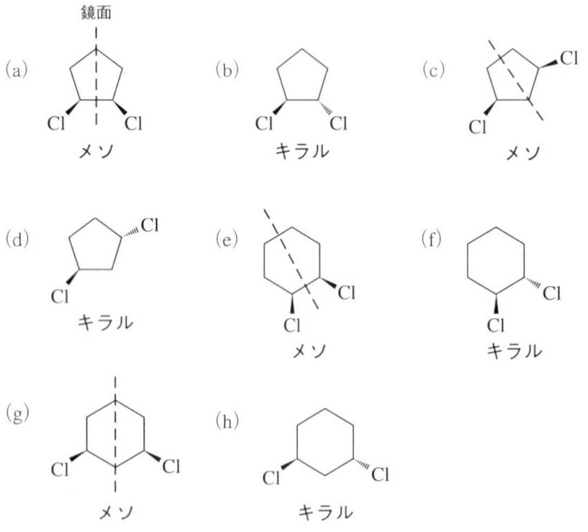

5-23

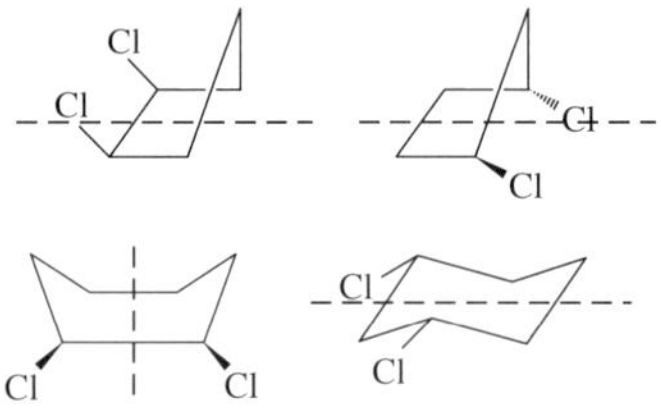

5-24

C2のハロゲン化は，ほとんどの場合ラセミ体を与える．臭素化はこの例外であり，アキラルな2,2-ジブロモブタンを与える．さらにC3の臭素化では2,3-ジブロモブタンの二つのジアステレオマーを与えるが，そのうちの一つである2*R*,3*S*体はメソ体である．その他すべてのハロゲン化(C1，C3，C4のフッ素化と塩素化，およびC1，C4の臭素化)では光学活性な化合物が得られる．

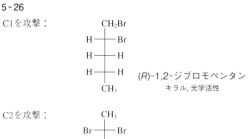

5-25

本文の「答え」を参照．

5-26

C1を攻撃：

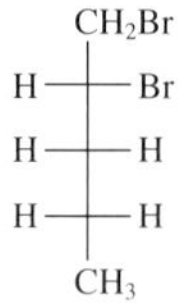

(*R*)-1,2-ジブロモペンタン
キラル，光学活性

C2を攻撃：

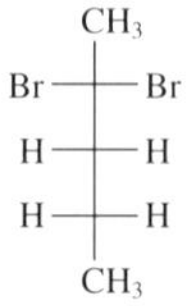

2,2-ジブロモペンタン
アキラル

C3を攻撃：

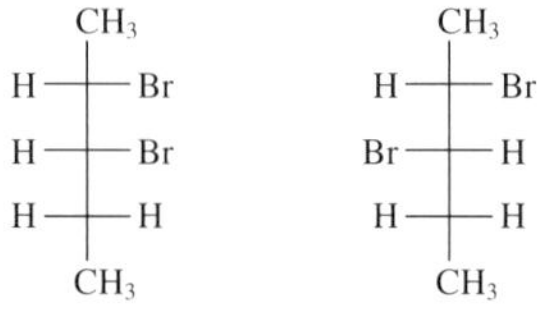

(2*S*,3*R*)-2,3-ジブロモペンタン
キラル，光学活性

(2*S*,3*S*)-2,3-ジブロモペンタン
キラル，光学活性

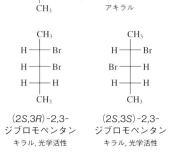

両ジアステレオマーの生成量は等しくない

C4を攻撃：

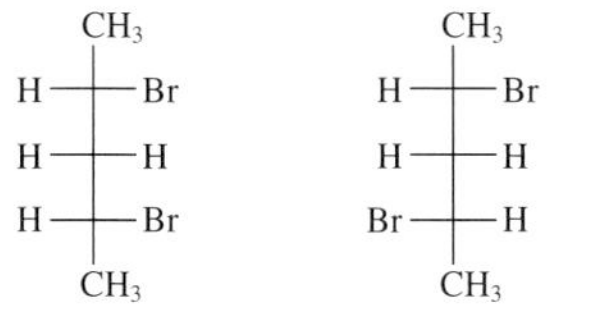

(2*S*,4*R*)-2,4-ジブロモペンタン
アキラル，メソ，光学不活性

(2*S*,4*S*)-2,4-ジブロモペンタン
キラル，光学活性

両ジアステレオマーの生成量は等しくない

C5を攻撃：

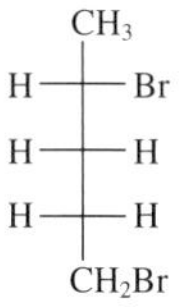

(*S*)-1,4-ジブロモペンタン
キラル，光学活性

5-27

ブロモシクロヘキサンには鏡面が存在し，そのためアキラルである．C2における塩素化は，*cis*-および*trans*-1-ブロモ-2-クロロシクロヘキサンのジアステレオマーを異なる比率で与える．実際，立体的な障害の少ないトランス形の生成物が優先的にできる．出発物質がアキラルなので，生成物はラセミ体となる．確かに，左側(*a*)から攻撃すると，以下に示すようなエナンチオマーの組を与えるが，一方，右側(*b*)から同じ確率で攻撃が起こると，それぞれの鏡像を与える(図では示していない)．

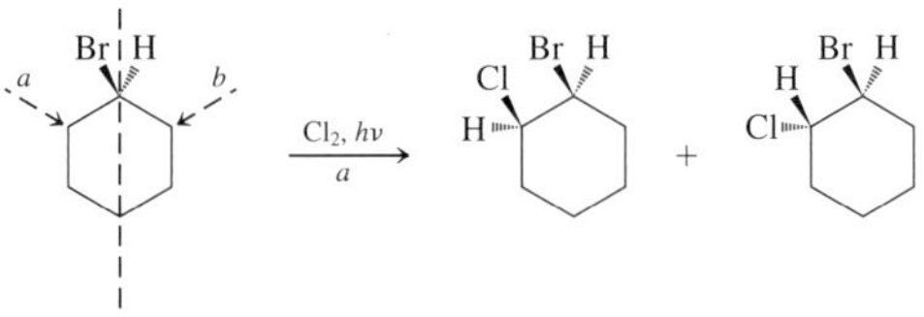

鏡面：アキラル　　シス　　トランス

6 章

6-1

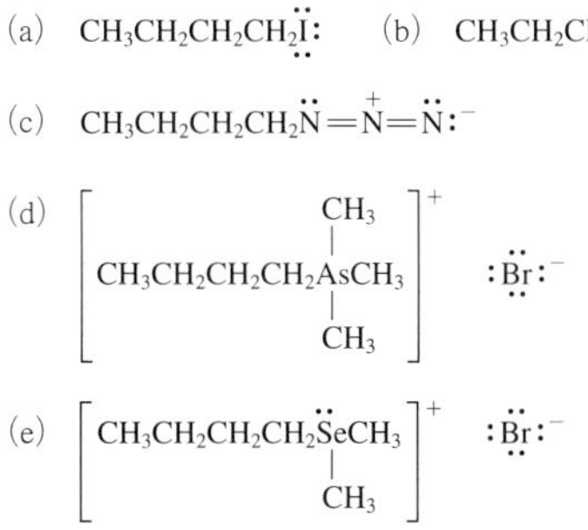

6-2

本文の「答え」を参照.

6-3

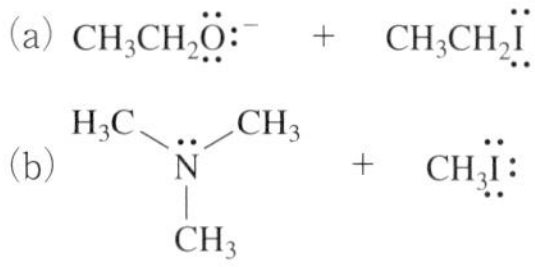

6-4

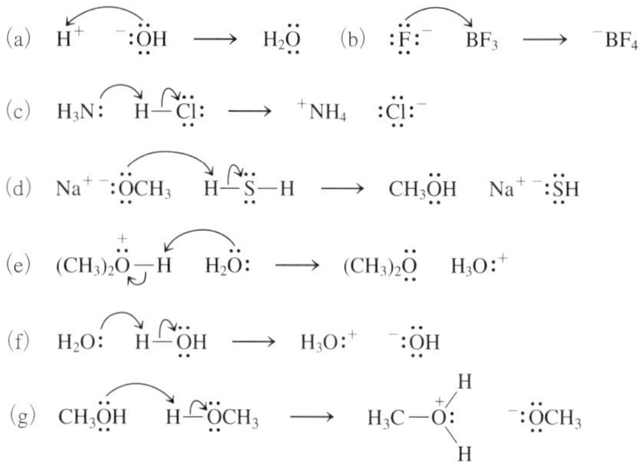

6-5

最初と3番目の反応においては，酸素が求核剤で炭素が求電子剤である．4番目の反応では，炭素ー炭素二重結合が求核剤であり，プロトンが求電子剤である．2番目の反応は解離反応で，ハロアルカンに対して求核剤も求電子剤も外部からは加えられていない．ところが炭素原子はもともと求電子的であり，塩化物イオンが脱離したあとではより一層求電子的になる．

6-6

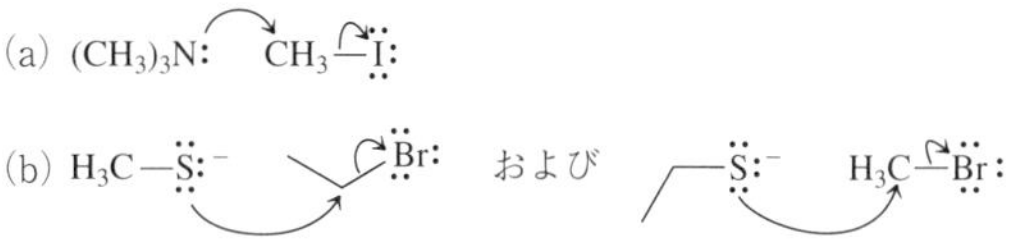

6-7

2例だけ示す.

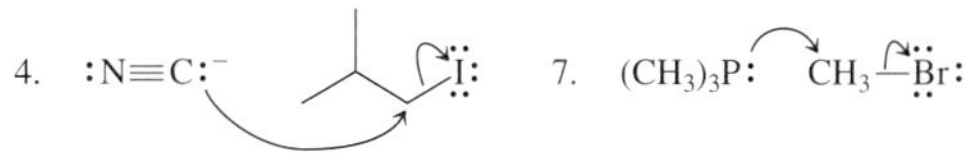

6-8

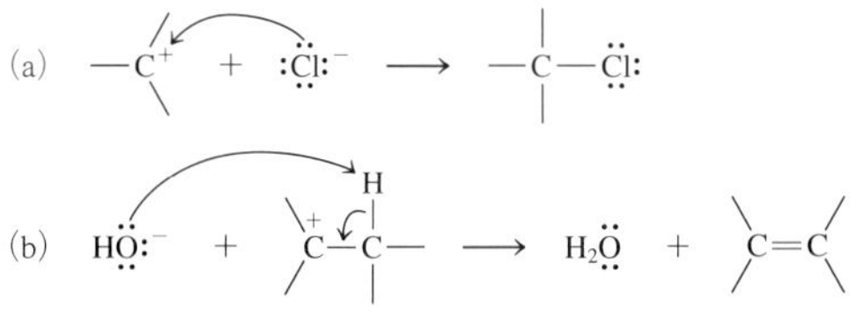

6-9

本文の「答え」を参照.

6-10

(a)　9×10^{-10} mol L^{-1}s^{-1}
(b)　1.2×10^{-9} mol L^{-1}s^{-1}

(c) 2.7×10^{-9} mol L^{-1}s^{-1}

6-11

前面での置換

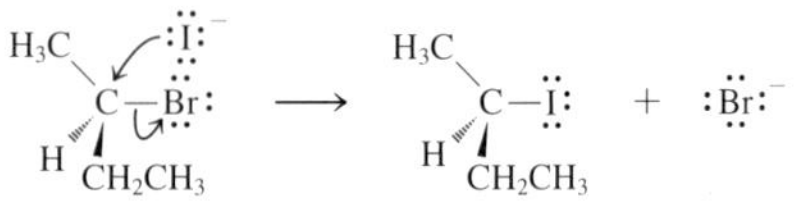

背面からの置換

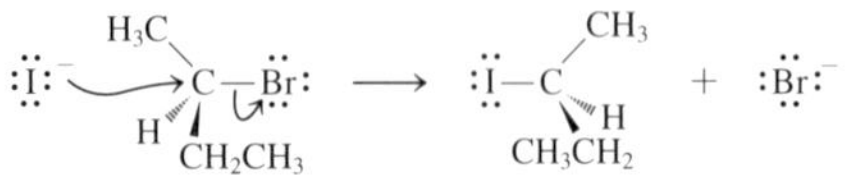

6-12

(a)

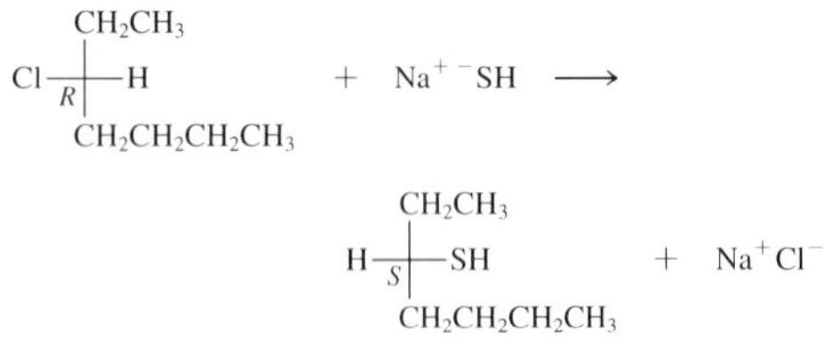

(b)

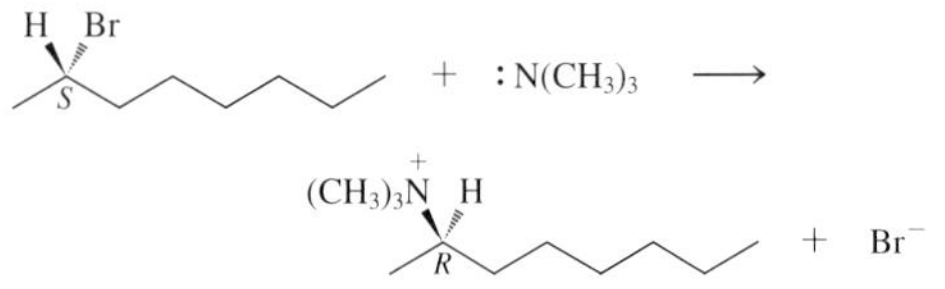

(c)

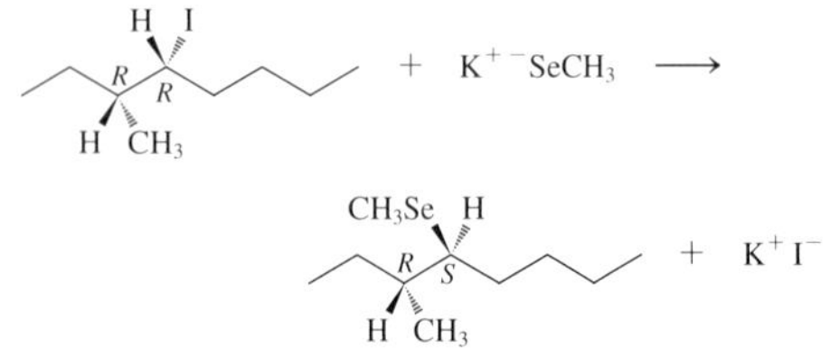

6-13

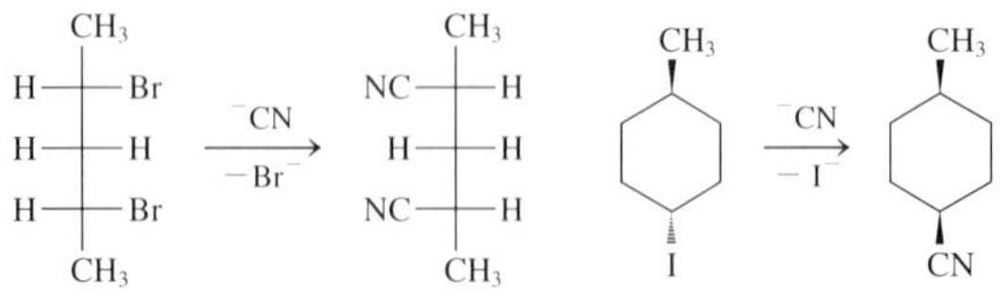

メソ　メソ　トランス　シス

6-14

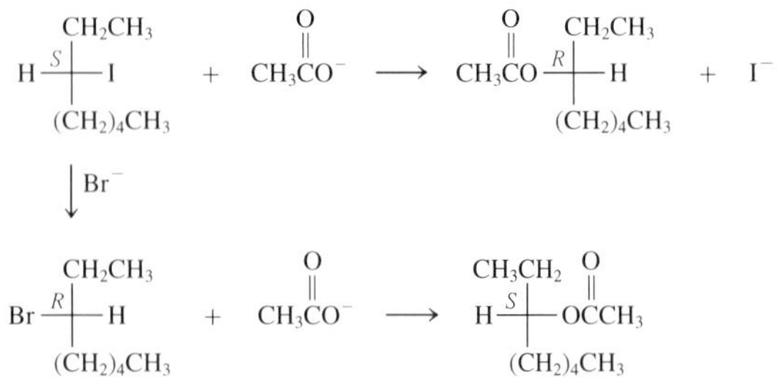

6-15

本文の「答え」を参照.

6-16

(a) 5 章で示した順位則によれば，$-NH_3^+ > -COO^- > -CH_3 >$ H なので，*S*−アラニンの構造は次のようになる.

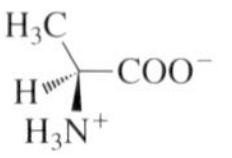

S_N2 置換反応では反応点で立体化学が反転するので，*S*−アラニンを合成するのに必要な 2−ブロモプロパン酸の立体異性体は *R* エナンチオマーである.

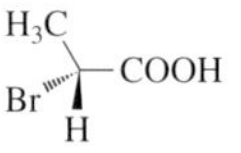

(b)

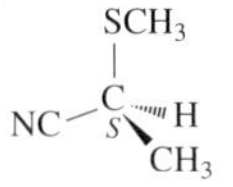

立体配置が反転しても，立体中心は *S* のままである．なぜなら，置換基の優先順位が変わるからである．*R*,*S* 順位則は，立体中心を表記するために人為的に構築したものであることを思い起こそう．それゆえ，立体配置の反転をともなう反応は頻繁に(そして偶然に)起こるが，*R* が *S*(逆もしかり)に変わることと同じではない.

6-17

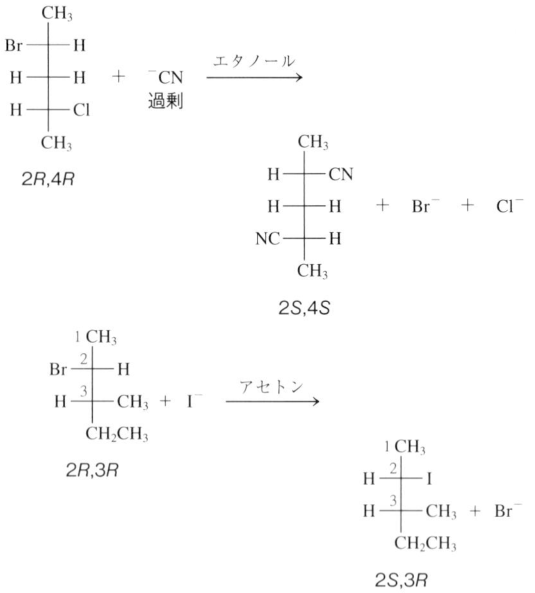

2*R*,4*R*

2*S*,4*S*

2*R*,3*R*

2*S*,3*R*

上の四つの化合物がすべて，それぞれ 294 ページに記載の化合物のジアステレオマーである.

6-18

I^- は Cl^- よりもすぐれた脱離基である．その結果，生成物は $Cl(CH_2)_6SeCH_3$ となる.

6-19

まず酸を酸性度の高い順に示した．そして次にこれらの酸の共役塩基の塩基性度の高い順に並べた．各組において二つの塩基のうち弱いほうがすぐれた脱離基である．

（a） $H_2Se > H_2S$，$HS^- > HSe^-$
（b） $H_2S > PH_3$，$PH_2^- > HS^-$
（c） $HClO_3 > HClO_2$，$ClO_2^- > ClO_3^-$
（d） $HBr > H_2Se$，$HSe^- > Br^-$
（e） $H_3O^+ > {}^+NH_4$，$NH_3 > H_2O$

6-20

（a） $^-OH > {}^-SH$ （b） $^-PH_2 > {}^-SH$

（c） $^-SeH > I^-$ （d） 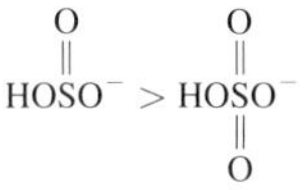

それぞれの共役酸の相対的な酸性度は逆の順序となる．

6-21

（a） $HS^- > H_2S$ （b） $CH_3S^- > CH_3SH$
（c） $CH_3NH^- > CH_3NH_2$ （d） $HSe^- > H_2Se$

6-22

（a） $CH_3S^- > Cl^-$ （b） $P(CH_3)_3 > S(CH_3)_2$
（c） $CH_3CH_2Se^- > Br^-$ （d） $H_2O > HF$

6-23

（a） $CH_3SeH > CH_3SH$ （b） $(CH_3)_2PH > (CH_3)_2NH$

6-24

（a） CH_3S^- （b） $(CH_3)_2NH$

6-25

本文の「答え」を参照．

6-26

基質には，もう一つの端に良好な脱離基をもった炭素を分子内反応によってうまく攻撃できる求核性をもった窒素原子がある．表6-3の反応6にしたがって，次の反応機構を書くことができる．

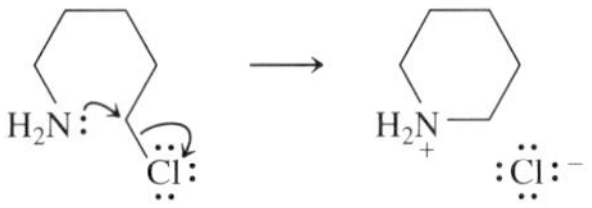

生成物は塩であり，弱い極性溶媒であるエーテルにはほんのわずかしか溶けず，白色の固体として沈殿する．

6-27

より反応性の高い基質は

（a） 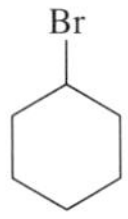 および （b） $CH_3CH_2CH_2Br$ である．

6-28

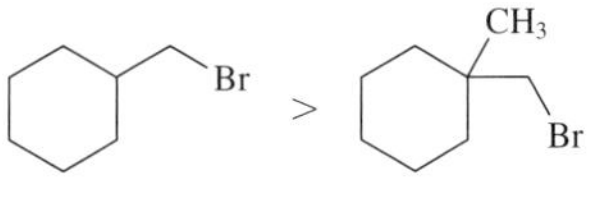

7 章

7-1

化合物（A）は2,2-ジアルキル-1-ハロプロパン（ハロゲン化ネオペンチル）誘導体である．本来は脱離能の大きい脱離基をもつ炭素は第一級炭素であるが大きな立体障害をもっており，そのためにどのような置換反応に対しても非常に反応性が低い．化合物（B）は1,1-ジアルキル-1-ハロエタン（第三級アルキルハロゲン化物）の誘導体であり，加溶媒分解反応を起こす．

7-2

（a） 切断される結合[R = $(CH_3)_3C$]：

110(R−F) + 119(H−OH) = 229 kcal mol^{-1}

生成する結合：96(R−OH) + 136(H−F) = 232 kcal mol^{-1}

$\Delta H^\circ = -3$ kcal mol^{-1}

（b）

（i） 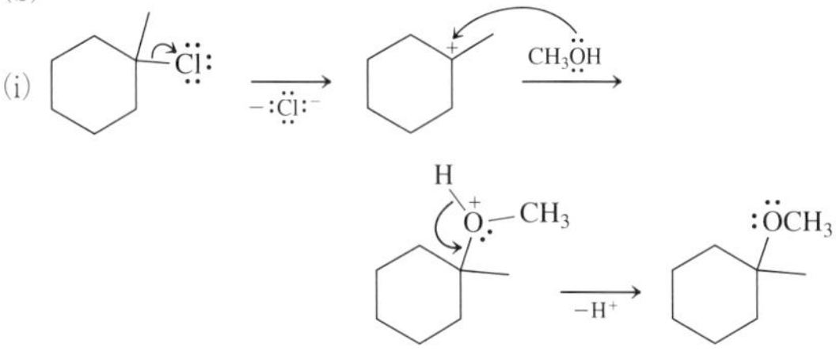

（ii） 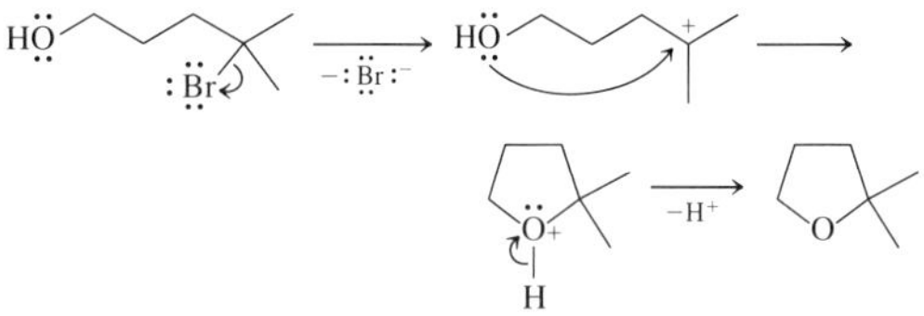

（c） 反応速度 = k[RX]mol L^{-1} s^{-1}．出発物質の第三級塩化物の濃度を2倍にすると，反応速度も2倍になる．

7-3

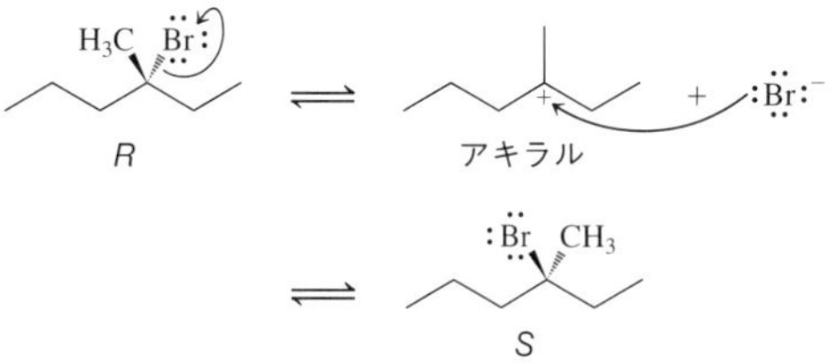

分子はアキラルな第三級カルボカチオンに解離する．再結合すると R と S の生成物の1：1混合物を与える．

7-4

本文の「答え」を参照．

7-5

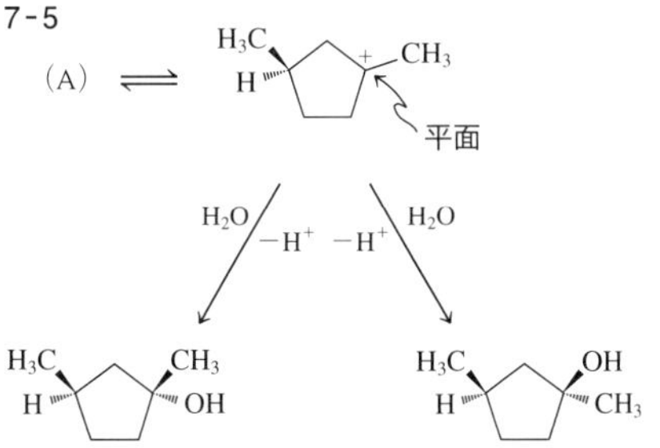

7-6

本文の「答え」を参照．

7-7
濃アンモニア水は求核剤となる可能性をもった化学種を三つ含んでいる．水とアンモニアと水酸化物イオンである．**注意**に示されているように，水酸化物イオンの濃度は非常に低く，主要な S_N1 生成物は中間体のカルボカチオンと水酸化物イオンの反応による生成物ではないことが指摘されている．水とアンモニアはかなりの濃度で存在している．しかしながら，アンモニアのほうがすぐれた求核剤である（表6-8参照）．したがって，主要な生成物はアミン $(CH_3)_3CNH_2$ である．

7-8
本文の「答え」を参照．

7-9
(a)

(i) 

立体障害のない第二級の基質，すぐれた求核剤，すぐれた脱離基，非プロトン性極性溶媒：S_N2

(ii) 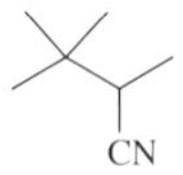

ラセミ体

求核剤，脱離基，溶媒は S_N2 反応を起こしやすそうだが，ネオペンチル基に似た β－分枝がそれを阻止する：S_N1

(iii) 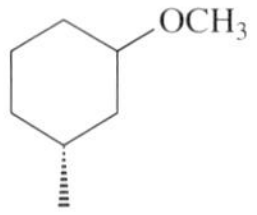

シスおよびトランス異性体
いずれも純粋な
エナンチオマー

立体障害のない第二級の基質，$^-HSO_4$ ＝きわめて求核性の小さい求核剤，すぐれた脱離基，プロトン性極性溶媒：S_N1

(iv) 立体障害が比較的少ない第二級の基質，すぐれた求核剤，非プロトン性極性溶媒は S_N2 反応を起こしそうだが，脱離基の脱離能がきわめて小さいため反応が進行しない．

(b) 問題に与えられている反応がいくらかの(*R*)-2-ブタンアミンを生成することは事実である．アンモニアはすぐれた求核剤なので，S_N1 と S_N2 の両方の反応機構で反応が進行し，生成物として *R* と *S* 両方のエナンチオマーを与える．しかしながら，この反応を *R* エナンチオマーを「合成するのに有用な」方法とするのは正しくない．生成物は *S* 体を主成分とする二つのエナンチオマーの混合物であり，めんどうな分離操作を必要とする(5-8節参照)．出発物質のクロロ化合物のエナンチオマー純度をもっとうまく利用するには，高い立体特異性をもつ反応を用いるべきである．S_N2 反応が立体特異的であって立体反転で進行することを学んだ．もし出発物質にすぐれた脱離基としても働く I^- のような良好な S_N2 求核剤を反応させれば，*S* 体の立体中心をもった生成物をきっちりと得ることができるだろう．

$$(R)\text{-}CH_3CH_2CHClCH_3 + NaI \longrightarrow$$
$$(S)\text{-}CH_3CH_2CHICH_3 + NaCl$$

アセトン中で化学量論量の NaI を用いて反応を行うと，アセトンに不溶な NaCl が沈殿することで反応は完結する(6-8節参照)．高いエナンチオマー純度をもった(*S*)-$CH_3CH_2CHICH_3$ を手に入れることができたので，次に目的の生成物に到達するために，できればエーテルのような極性をもった非プロトン性溶媒中でアンモニアを求核剤として用いて，きっちりした第二の S_N2 反転を実行すればよい．

7-10
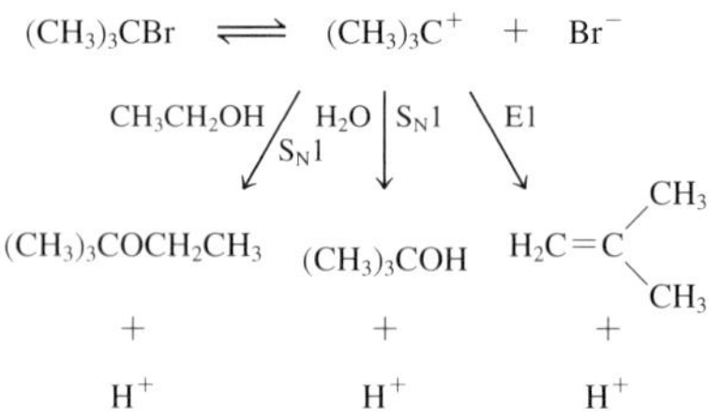

7-11
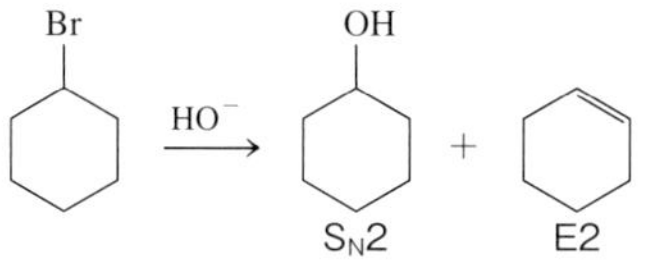

7-12
$CH_2{=}CH_2$；E2 反応は起こらない．$CH_2{=}C(CH_3)_2$；E2 反応は起こらない．

7-13
I^- がよりすぐれた脱離基なので，E2 機構による HI の選択的な脱離が起こる．

7-14
本文の「答え」を参照．

7-15
(a) すべての塩素がエクアトリアル位を占めており，塩素に対してアンチの位置を占める水素がない．

(b) 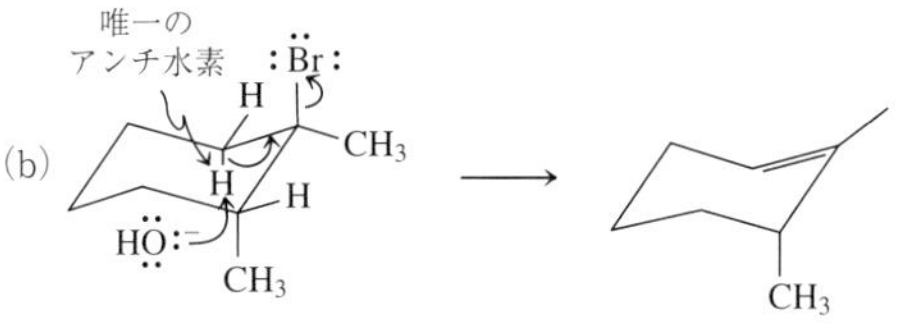

7-16
(a) $N(CH_3)_3$，より強い塩基，求核剤としてはよくない

(b) 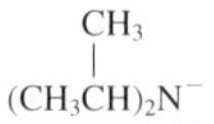 より立体障害の大きい塩基

(c) Cl^-，より強い塩基，求核剤としてはよくない（プロトン性溶媒中の場合）

(d) $(CH_3)_2N^-$，より強い塩基

(e) CH_3O^-，より強い塩基

7-17
熱力学的立場からいうと，脱離反応は一般にエントロピー的に有利である．そして，$\Delta G° = \Delta H° - T\Delta S°$ に出てくるエントロピー項は温度に依存する．一方，速度論的には，脱離反応は置換反応よりも高い活性化エネルギーをもっているため，脱離反応は，反応温度が高くなると，反応速度が速やかに増大する(2章章末問題52を参照)．

7-18
(a) S_N2, $CH_3CH_2CH_2CN$　(b) S_N2, $CH_3CH_2CH_2OCH_3$

(c) E2, $CH_3CH=CH_2$

7-19
(a) S_N2, $(CH_3)_2CHCH_2I$　　(b) E2, $(CH_3)_2C=CH_2$

7-20
(a) S_N1, $(CH_3)_2CHOCH_2CH_3$　　(b) S_N2, $(CH_3)_2CHSCH_3$
(c) E2, $CH_3CH=CH_2$

7-21
(a) S_N1, 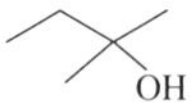

(b) E2, 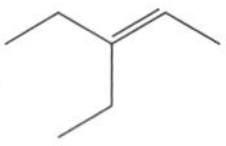

7-22
(a) より強い塩基が存在するため，2番目の反応のほうがより多くのE2生成物を与える.
(b) より強い塩基が存在するため，1番目の反応のほうがより多くのE2生成物を与える.

8 章

8-1
(a) 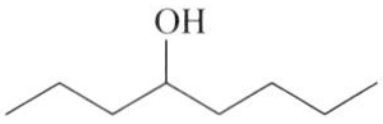

(b) 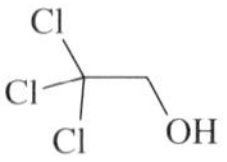

(c) 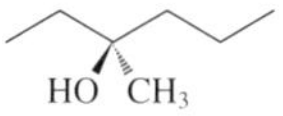

(d) 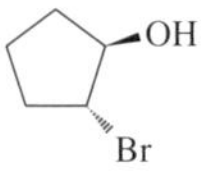

(e) $(CH_3)_3CCH_2OH$

8-2
(a) 4-メチル-2-ペンタノール
(b) *cis*-4-エチルシクロヘキサノール
(c) (2*R*,3*R*)-3-ブロモ-2-クロロ-1-ブタノール
(d) (*S*)-3,3-ジクロロシクロヘキサノール

8-3
本文の「答え」を参照.

8-4
共役酸の pK_a 値 ≫ 15.5 となるすべての塩基，すなわち，$CH_3CH_2CH_2CH_2Li$，LDA および KH.

8-5
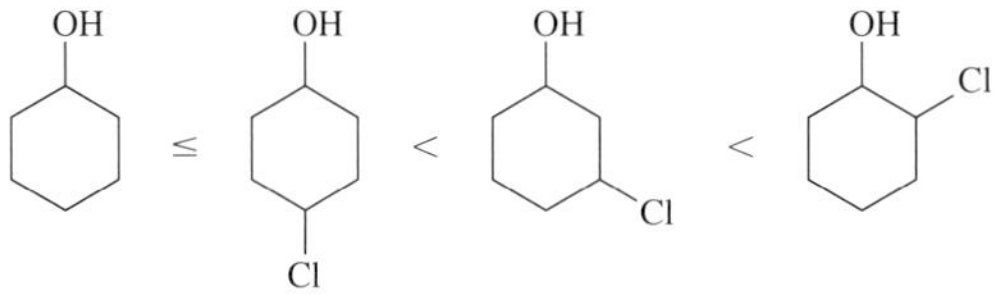

8-6
濃厚液中では，$(CH_3)_3COH$ は CH_3OH より弱い酸である．平衡は右に偏る.

8-7
(a) NaOH，H_2O　　(b) 1. CH_3CO_2Na，2. NaOH，H_2O
(c) H_2O

8-8
(a) 

キラル　　キラル
エナンチオマー

(b) 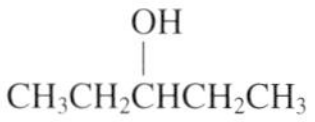

アキラル(鏡面)がある

(c) 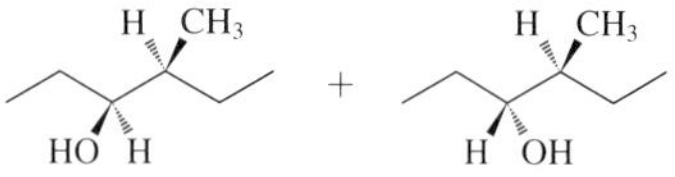

キラル　　キラル
ジアステレオマー

(d) 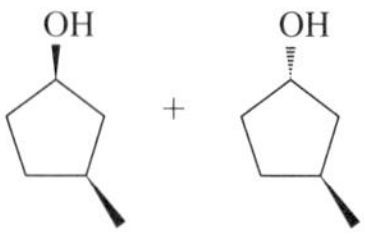

キラル　　キラル
ジアステレオマー

(e) 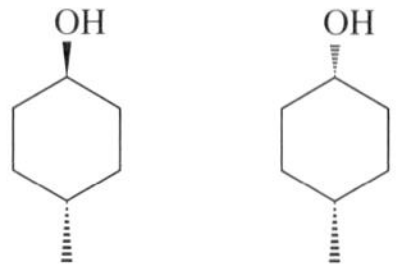

アキラル(鏡面がある)　　アキラル(鏡面がある)
ジアステレオマー

8-9
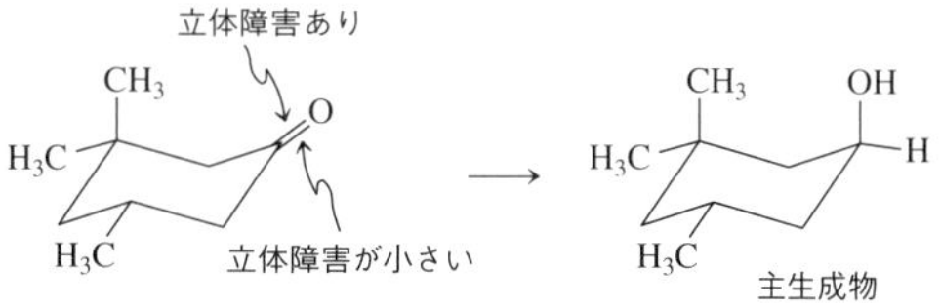

8-10
(a) $CH_3(CH_2)_8CHO$ ＋ $NaBH_4$

(b) 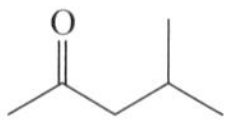

＋ $NaBH_4$

(c) 

＋ $NaBH_4$

(d) 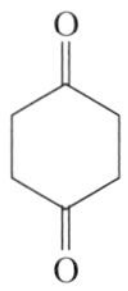

＋ $NaBH_4$

8-11
(a)
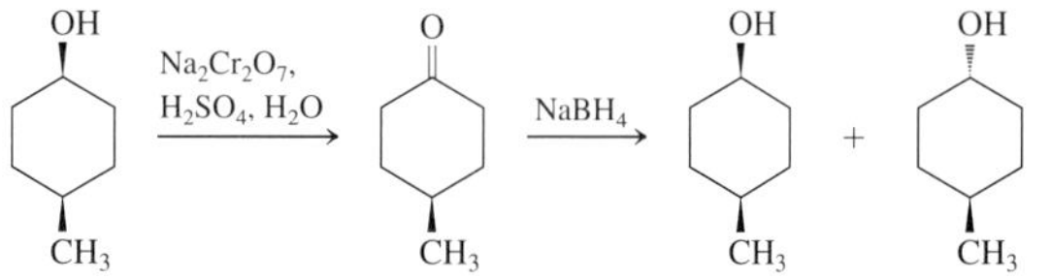

シス　　立体化学は存在しない　　シス ＋ トランス

この問題のポイントは，アルコールを酸化するとヒドロキシ基が結合した炭素が関与する立体化学はすべて消失することである．生じたケトンを還元すると，高度な立体選択性がないかぎりアルコールとして2種類の立体異性体が生じる(練習問題8-9を参照).

(b)  + 鏡像体

メソ

(c) 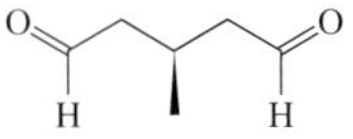

アキラル

8-12

(a) $CH_3CH_2CH(OH)CH(CH_3)_2$ + $Na_2Cr_2O_7$

(b) 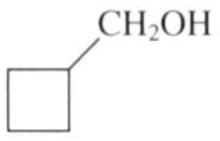 + PCC

(c) 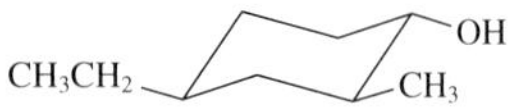 または

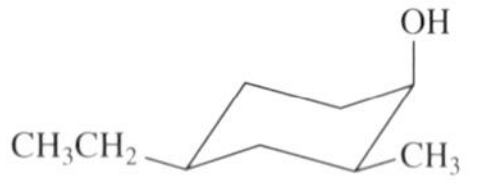 + $Na_2Cr_2O_7$

8-13

本文の「答え」を参照.

8-14

$$CD_3OH \xrightarrow[2.\ D_2O]{1.\ CH_3Li} CD_3OD$$

8-15

$$(CH_3)_2CHBr \xrightarrow{Mg} (CH_3)_2CHMgBr \xrightarrow{CH_2=O} (CH_3)_2CHCH_2OH$$

8-16

(a) $CH_3CH_2CH_2CH_2Li$ + $CH_2=O$

(b) $CH_3CH_2CH_2MgBr$ + $CH_3CH_2CH_2CHO$

(c) $(CH_3)_3CLi$ + 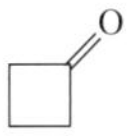

(d) 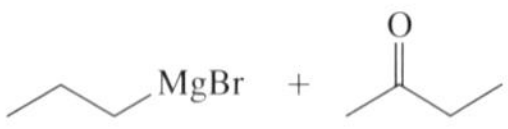

8-17

本文の「答え」を参照.

8-18

(a) 生成物：$ClCH_2CH_2CH_2C(CH_3)_2(OCH_2CH_3)$　S_N1 による

(b) 生成物：$(CH_3)_2C(OH)CH_2CH_2CHO$

2 番目のヒドロキシ基は第三級である.

8-19

必要とするアルコールは第三級であり，したがって，4-エチルノナンから，1. Br_2, $h\nu$, 2. 加水分解(S_N1)で容易に合成できる. しかし，出発物質である炭化水素自体が複雑であり，手の込んだ合成が必要であろう. したがって，C—O の結合を切る逆合成による解析はよくない.

8-20

本文の「答え」を参照.

8-21

(a) 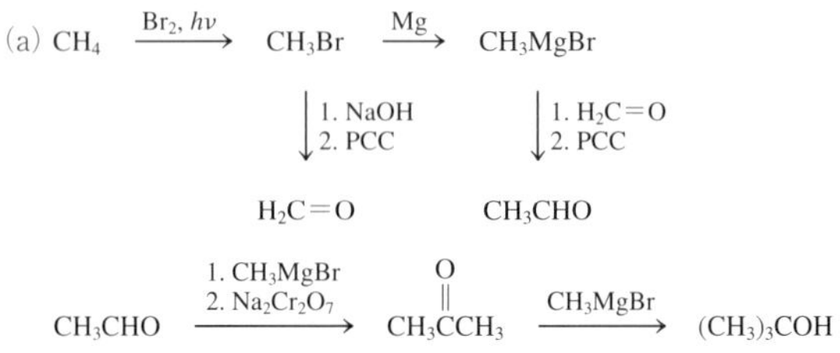

(b) 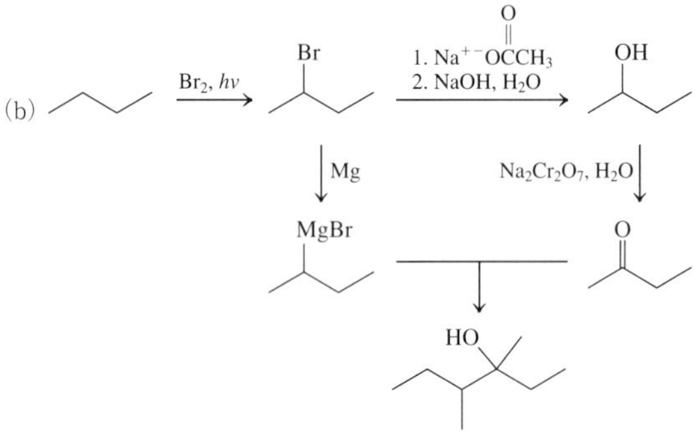

3,4-ジメチル-3-ヘキサノール

9 章

9-1

$$\underset{pK_a = 15.5}{CH_3OH} + HO^- \overset{K}{\rightleftharpoons} CH_3O^- + \underset{pK_a = 15.7}{H_2O}$$

$$K = \frac{[CH_3O^-]\,[H_2O]}{[CH_3OH]\,[HO^-]}$$

CH_3OH および H_2O の pK_a 値は本質的に同じであり，したがって $K = 1$ と簡略化できる. しかしこの K 値は，出発物質の濃度が等モルであることを意味することを思い出そう. CH_3OH は溶媒なので，その濃度は CH_3OH のモル濃度：$1000/32 \cong 31$ であり，HO^- の初期濃度の 3100 倍過剰となる. そのため，平衡は大きく右に偏ることになり，添加した HO^- は本質的にすべて CH_3O^- に変換される.

9-2

(a) 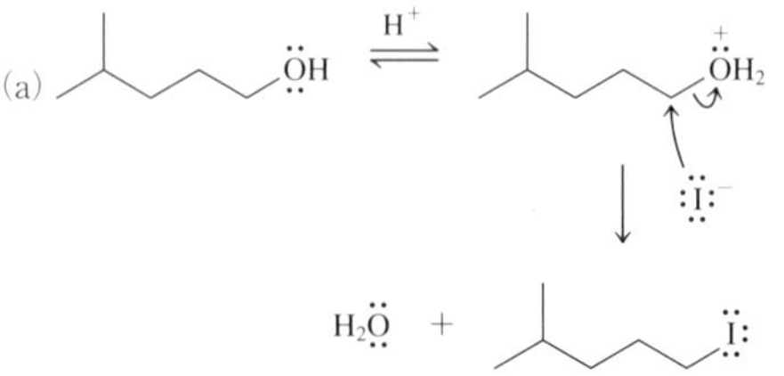

(b) 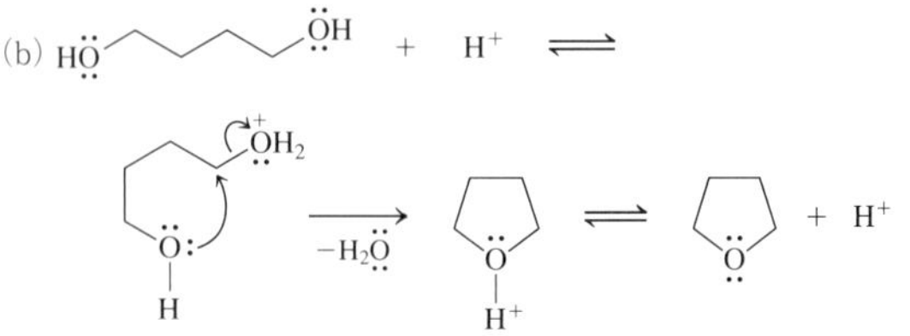

9-3

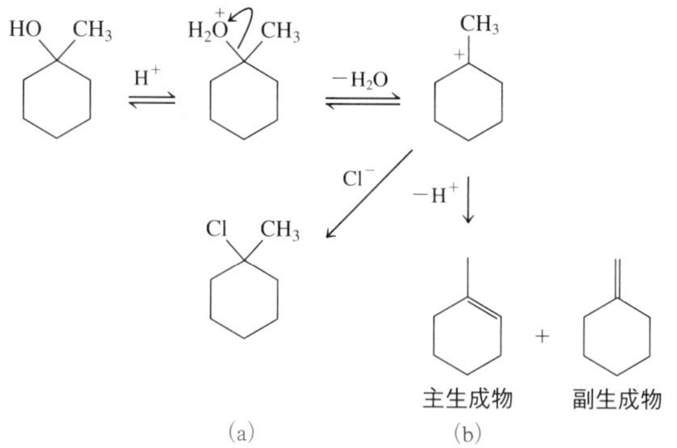

第三級カルボカチオンは求核剤(Cl^-)によって捕捉されるか，E1反応をする(HSO_4^-は弱い求核剤である)．

9-4

(a) 不可能；転位によって，第二級から第一級のカルボカチオンになる．

(b) 可能；

(c) 不可能；転位によって，第三級から第二級のカルボカチオンになる．

(d) 不可能；転位によって，第三級から第二級のカルボカチオンになる．

(e) 可能；

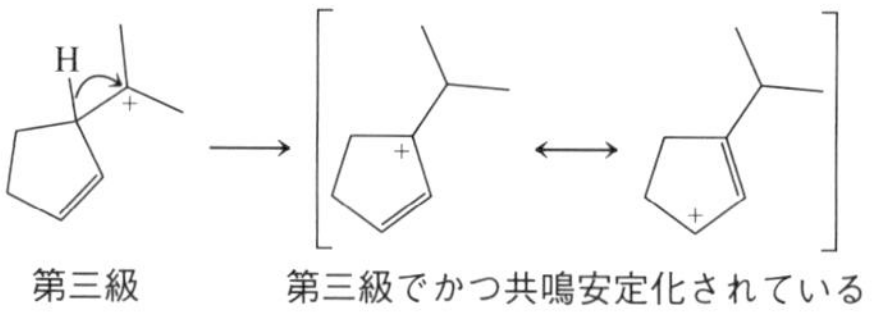

9-5

本文の「答え」を参照．

9-6

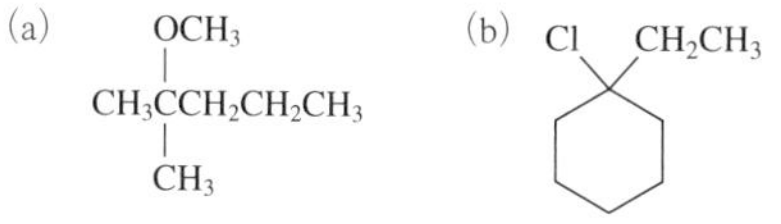

9-7

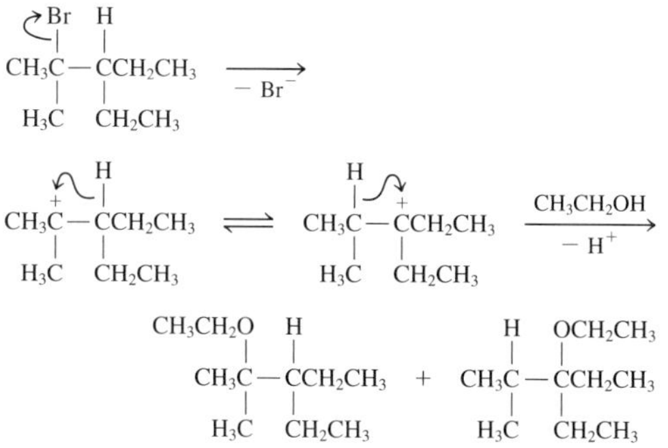

同様に，

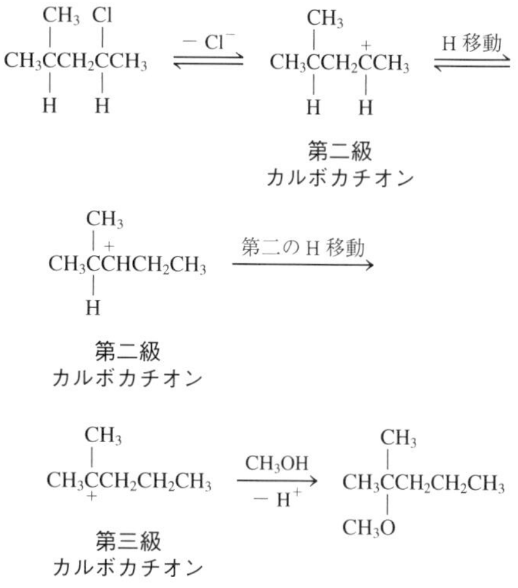

9-8

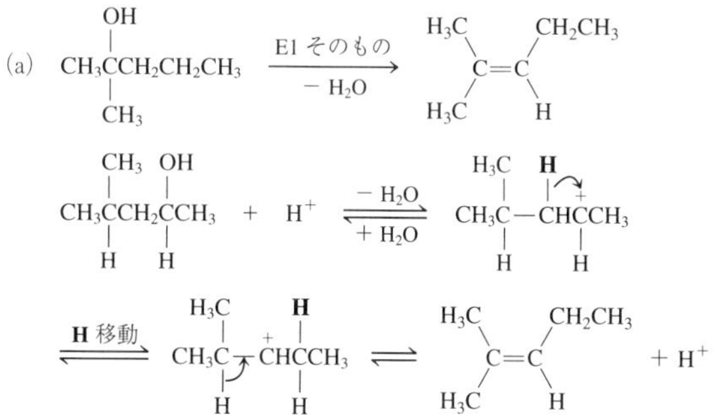

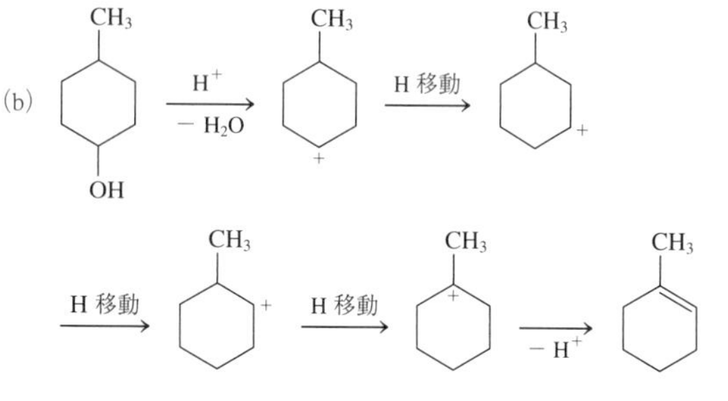

9-9

(a) 不可能；アルキル移動による転位は不可能．ヒドリド移動による転位は第三級を第一級のカルボカチオンにする．

(b) 可能．メチル移動による：

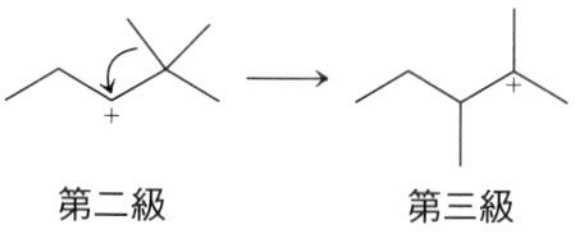

可能性は低いが，ヒドリド移動によって第二級カルボカチオンと別の第二級カルボカチオンが平衡となることもある．

(c) 不可能でもあり可能でもある；メチル移動による転位は，第三級を第二級のカルボカチオンにする．しかし，ヒドリド移動による転位は，二つの第三級カルボカチオンを平衡にする．

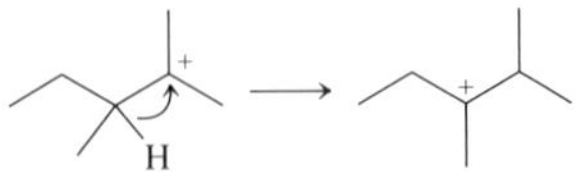

第三級　　　第三級

(d) 可能．ヒドリド移動による：

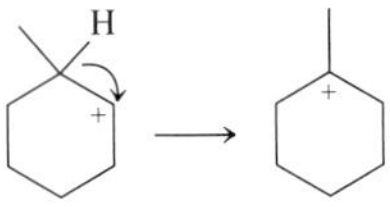

第二級　　　第三級

可能性は低いが，メチル移動によって第二級カルボカチオンが別の第二級のカルボカチオンとなることもある．

(e) 可能；

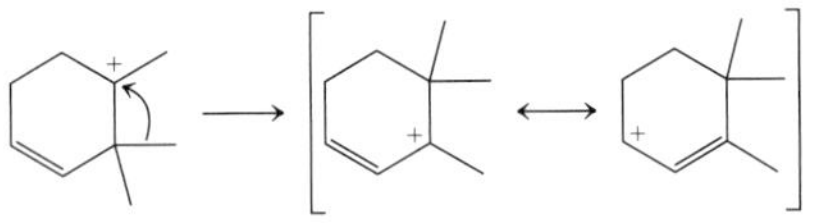

第三級　　第三級でかつ共鳴安定化されている

9-10
本文の「答え」を参照．

9-11
$(CH_3)_3CCH{=}CH_2$，$CH_2{=}C(CH_3)CH(CH_3)_2$，および $(CH_3)_2C{=}C(CH_3)_2$

9-12
(a)

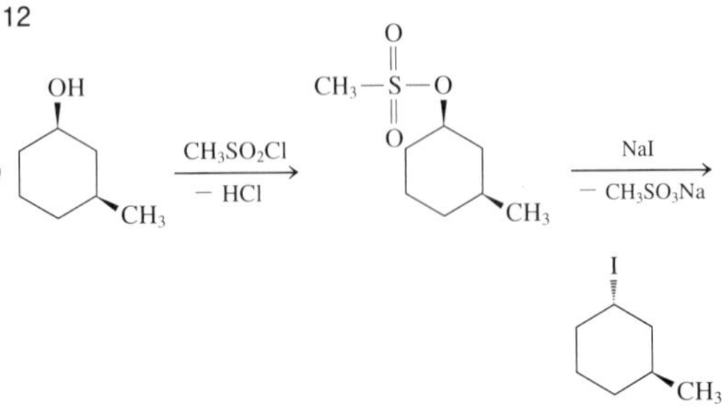

(b) (i) 1. CH_3SO_2Cl，2. NaI　(ii) HCl　(iii) PBr_3

9-13
本文の「答え」を参照．

9-14

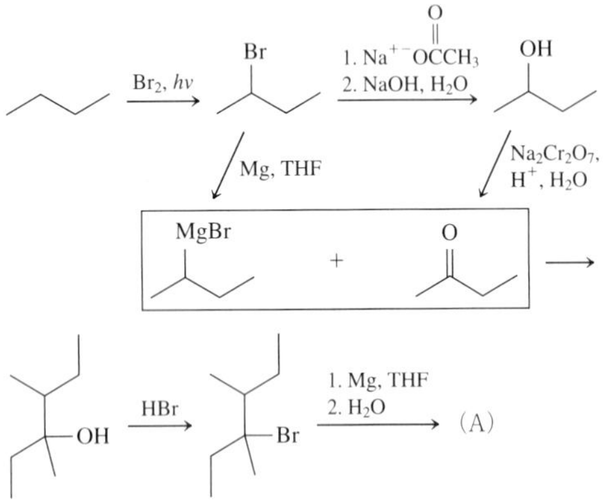

9-15
(a) 1. $CH_3CH_2CH_2CH_2O^-Na^+$ ＋ CH_3CH_2I,
2. $CH_3CH_2O^-Na^+$ ＋ $CH_3CH_2CH_2CH_2I$

(b) 最もよいのは 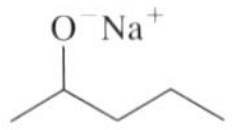 ＋ CH_3I である．

もう一つの方法である $CH_3O^-Na^+$ ＋ 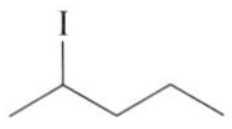 は E2との競争が難点．

(c) 最もよいのは 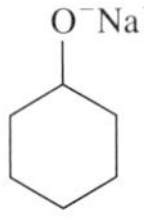 ＋ $CH_3CH_2CH_2Br$ である．

もう一つの方法である 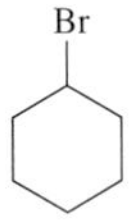 ＋ $CH_3CH_2CH_2O^-Na^+$ は E2との競争が難点．

(d) 1. 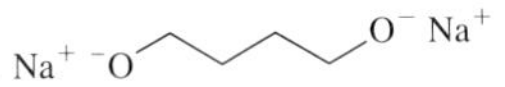 ＋ $CH_3CH_2OSO_2CH_3$

2. 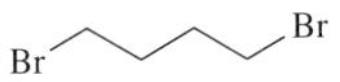 ＋ $2\ CH_3CH_2O^-\ Na^+$

出発物質として 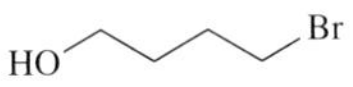 を用いると，

 への環化が問題になる．

9-16

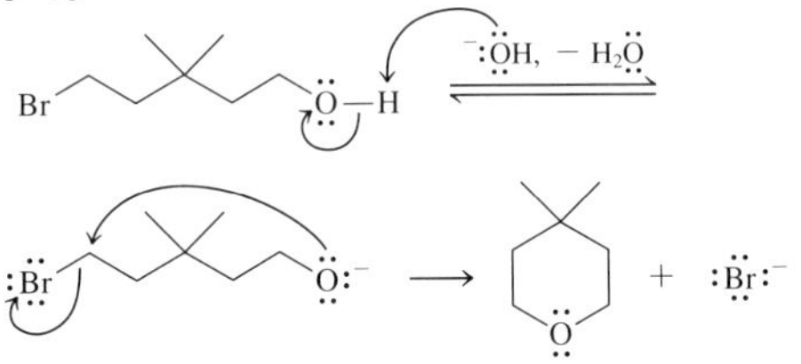

9-17
本文の「答え」を参照．

9-18
tert−ブチル基はシクロヘキサン環の配座を「固定する」(表 4-3 参照)．つまり化合物(A)の場合，アルコキシド官能基と脱離するブロモ基がトランス−ジアキシアル配置にあって，あまり無理なく S_N2 反応が起こりうることを意味している．そのジアステレオマー(B)の場合は，アルコキシド官能基と脱離するブロモ基がトランス−ジエクアトリアル配置をとらざるをえず，そのため S_N2 反応がはるかに困難になる．

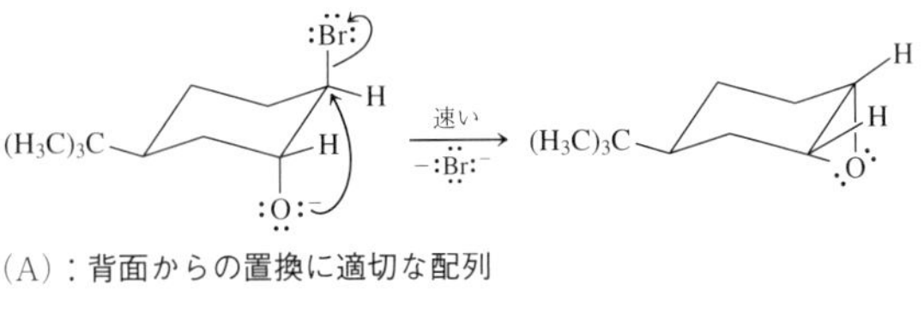

(A)：背面からの置換に適切な配列

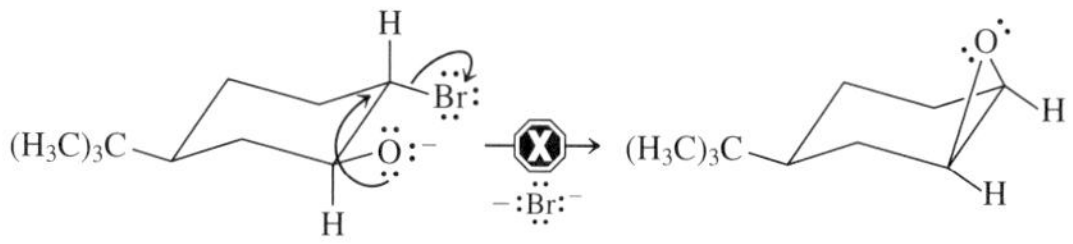

(B)：背面からの置換に不適切な配列

9-19

(a)

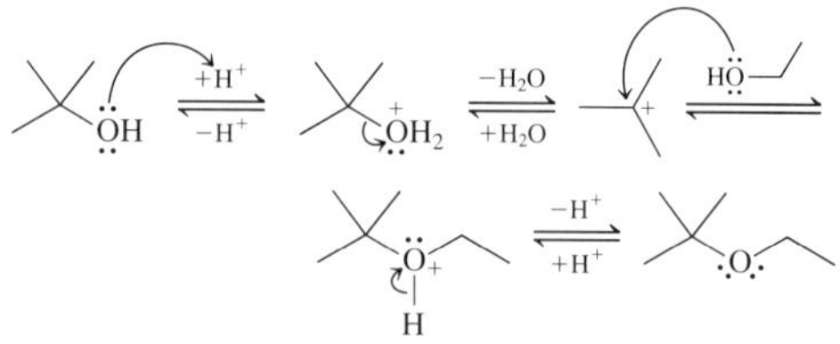

(b)

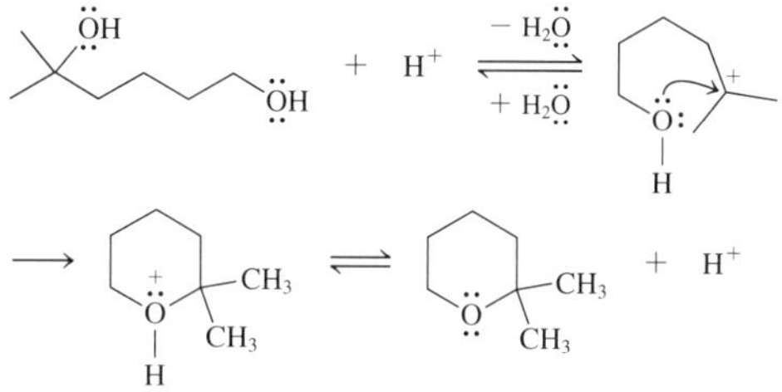

9-20

(a) このエーテルは加溶媒分解で合成するのが最もよい.

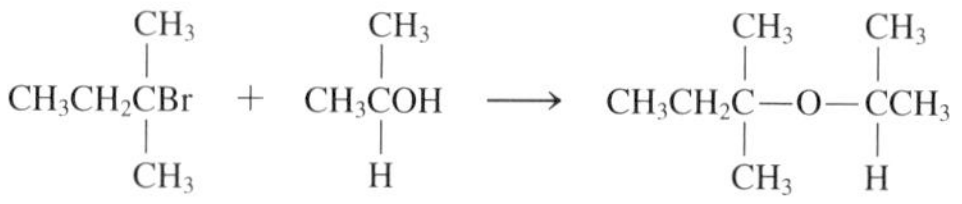

溶媒　　2-メチル-2-(1-メチルエトキシ)ブタン

もう一つの可能な方法である S_N2 反応では脱離が起こる.

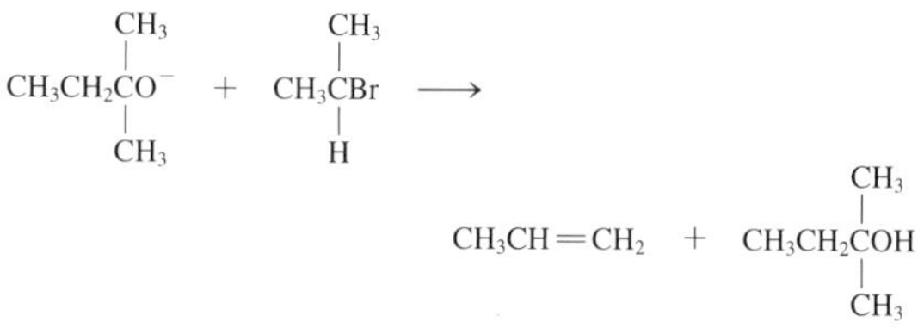

(b) この標的物質はハロメタンの S_N2 反応で合成するのが最もよい. ハロメタンのようなアルキル化剤は脱離を起こすことができないからである. ほかに考えられるのは1-ハロ-2,2-ジメチルプロパンの求核置換であるが, この反応はふつう遅すぎる.

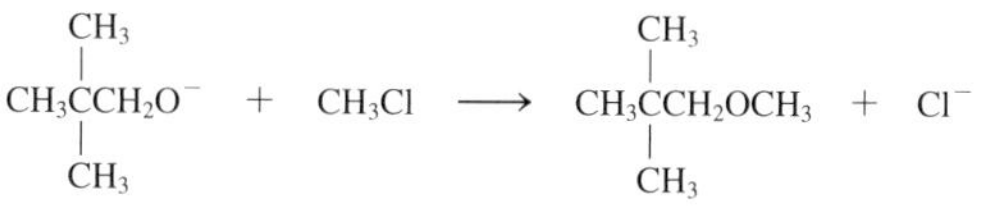

1-メトキシ-2,2-ジメチルプロパン

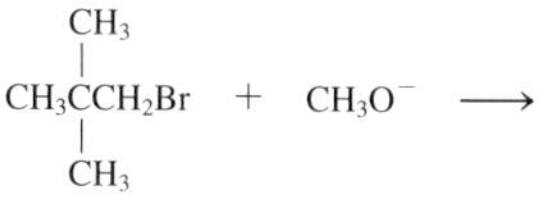

反応が遅いので実用的ではない

9-21

$$CH_3OCH_3 \quad + \quad 2\,HI \xrightarrow{\Delta} 2\,CH_3I \quad + \quad H_2O$$

反応機構

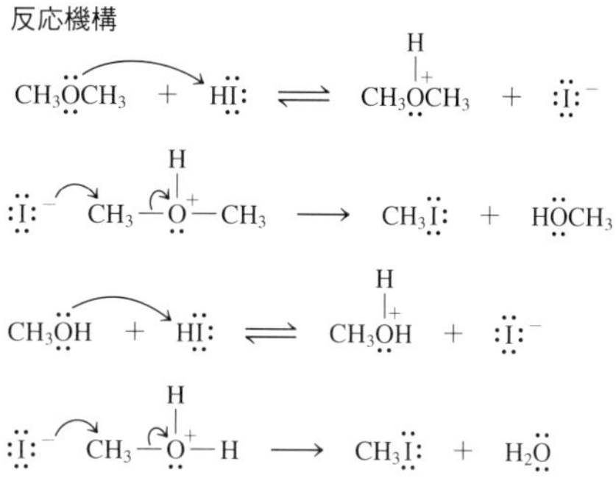

9-22

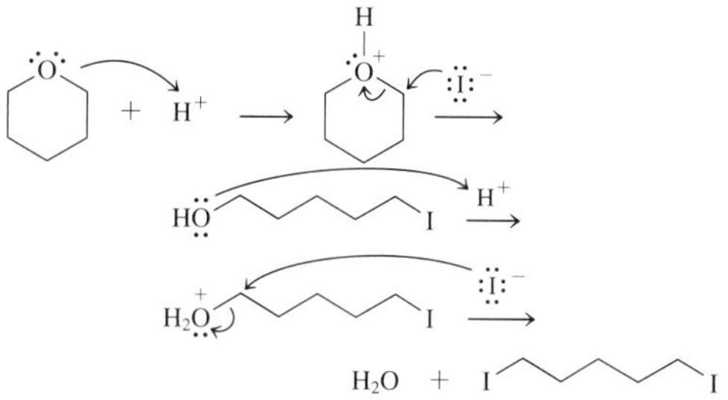

9-23

(a)

$$BrCH_2CH_2CH_2OH \xrightarrow[\text{4. } H^+,\, H_2O]{\text{1. } (CH_3)_3COH,\, H^+ \quad \text{2. Mg} \quad \text{3. } D_2O} DCH_2CH_2CH_2OH$$

(b)

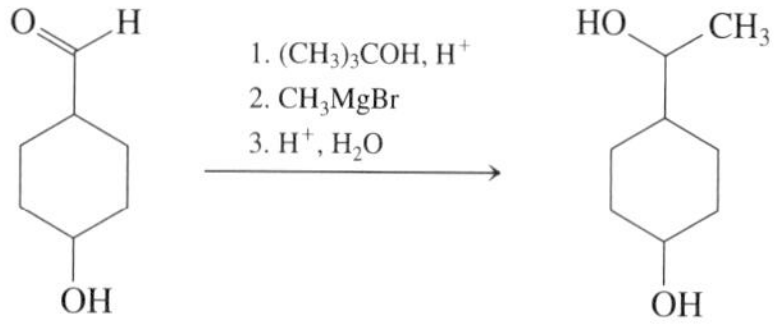

9-24

本文の「答え」を参照.

9-25

このオキサシクロプロパンのどちらの端を攻撃しても, 同じ生成物を得る. *cis*-ジメチルオキサシクロプロパンはアキラルであるためにラセミ体のアルコールを与えるので, 前駆体として不適当であることに注意すること.

9-26

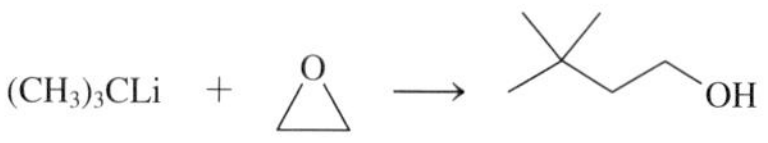

9-27

(a) $(CH_3)_3COH$　(b) $CH_3CH_2CH_2CH_2C(CH_3)_2OH$

(c) $CH_3SCH_2C(CH_3)_2OH$　(d) $HOCH_2C(CH_3)_2OCH_2CH_3$

(e) $HOCH_2C(CH_3)_2Br$

9-28

(a)

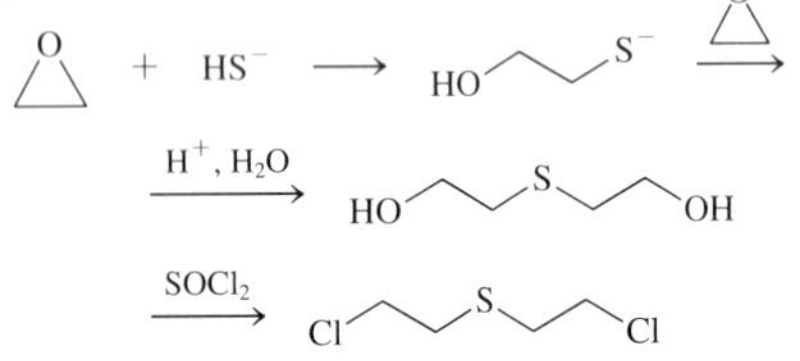

(b) 分子内スルホニウム塩の形成

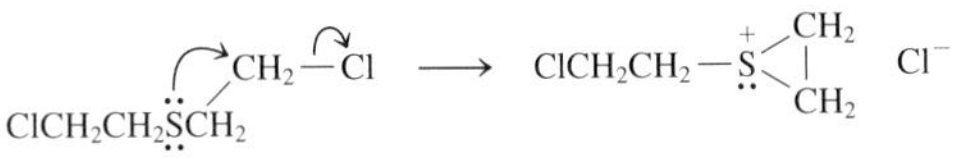

求核剤の攻撃による開環

9-29

(a)

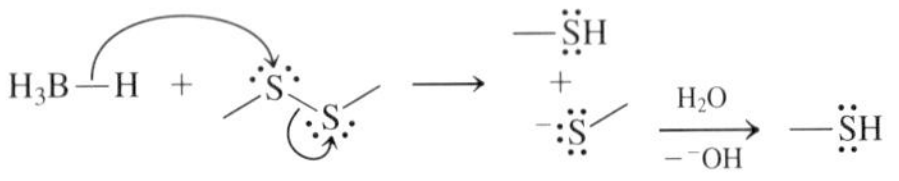

(b)

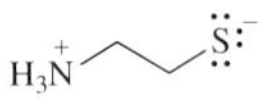

(c)

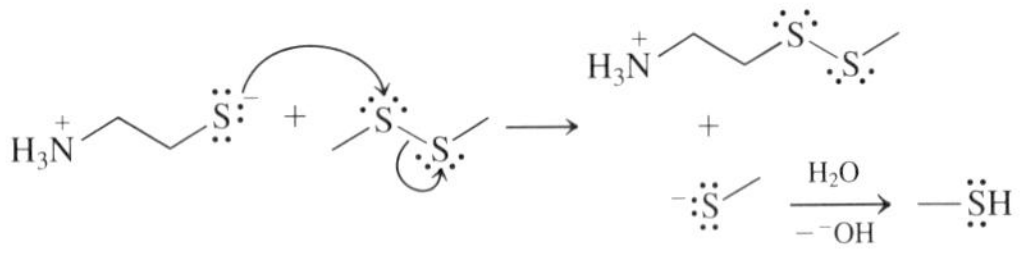

10 章

10-1

非常に多数の異性体があり，たとえば，ブタノール，ペンタノール，ヘキサノールおよびヘプタノールがそれぞれいくつかある．次のものが例の一部としてあげられる．

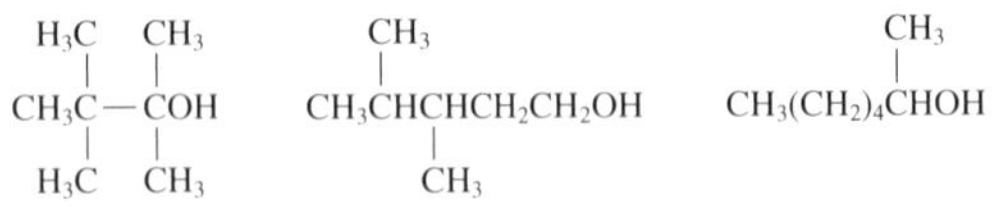

2,3,3-トリメチル-2-ブタノール　3,4-ジメチル-1-ペンタノール　2-ヘプタノール

10-2

$DH°_{Cl_2} = 58\ \text{kcal mol}^{-1} = \Delta E$

$\Delta E = 28{,}600/\ \lambda$

$\lambda = 28{,}600/58 = 493\ \text{nm}$，紫外－可視領域にある

10-3

(a) すべてできる．　(b) 4 本

10-4

$\delta = 80/90 = 0.89\ \text{ppm}$；$\delta = 162/90 = 1.80\ \text{ppm}$；$\delta = 293/90 = 3.26\ \text{ppm}$；300 MHz で測定した δ 値に同じ．

10-5

メチル基がより高磁場で共鳴する．メチレン水素は二つのヘテロ原子の電子求引効果が重なるために，相対的により反しゃへい化されている．

10-6

実際に測定した化学シフト値 δ (ppm) を以下に示す．

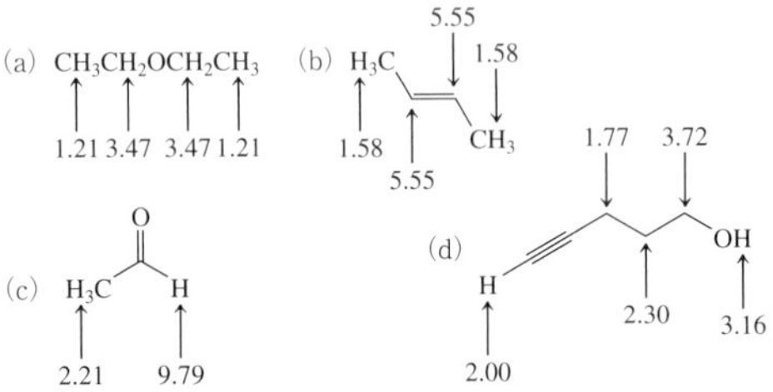

10-7

本文の「答え」を参照．

10-8

(a) 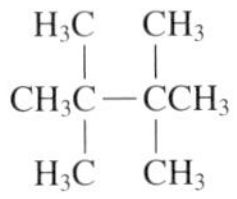 1 本のピーク

(b) 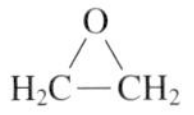 1 本のピーク

(c) 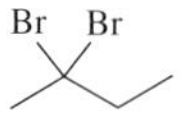 3 本のピーク

(d) 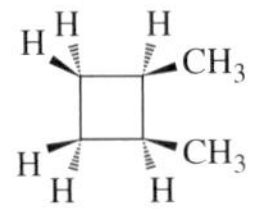 4 本のピーク

(e) 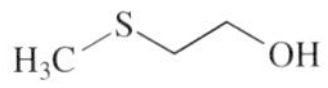 4 本のピーク

10-9

注意に書かれた問いに対する答えは「ノー」である．この置換基が，もともとはすべてが等価であった水素を七つの新たな組合せに分けることになる．まず（以下に示すように），C1，C2，C3 および C4 はこの置換によって異なるものになり，次に，臭素と同じ側にあるすべての水素は反対側にある水素とは別のものとなる．実際その結果として，C1 上の水素以外のすべての水素の化学シフトが非常に近いために，かなり複雑なスペクトルになる．ブロモシクロヘキサンの実際の ^{1}H NMR スペクトルについてはコラム 10-3 を参照すること．

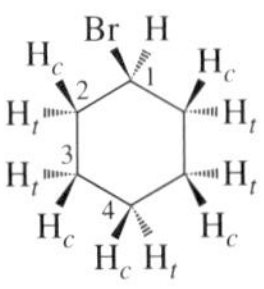

10-10

本文の「答え」を参照．

10-11

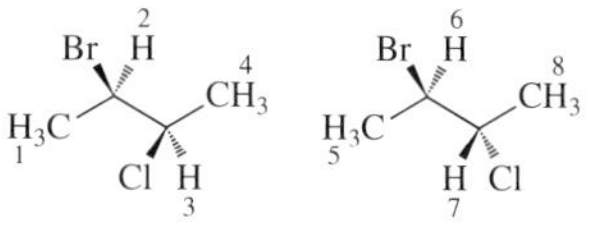

対称要素がまったくないので，いずれの分子もそれぞれ異なるシグナルにもとづくはっきり分離した4組のシグナルを生じる．

10-12

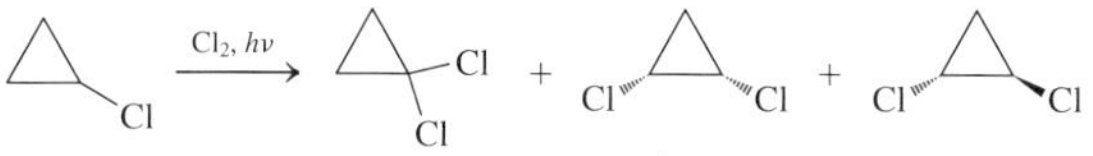

シス　　トランス

1,1-ジクロロプロパンは4個の等価な水素のただ一つのシグナルを示すだけである．*cis*-1,2-ジクロロシクロプロパンは2：1：1の比で三つのシグナルを示す．最も低磁場の吸収は，C1およびC2の塩素原子に隣接する二つの等価な水素によるものである．C3の二つの水素は等価ではなく，一方は塩素原子とシスの位置にあり，他方はトランスである．これに対し，トランス異性体では180°回転という対称操作でわかるように，C3の水素は等価である．したがって，この異性体は二つのシグナル(積分比1：1)しか示さない．

10-13

(a) 以下のδ値はCCl_4溶液中で測定したものである．これらの値を正確には予想できなかったかもしれないが，予想した値はどれくらい近かっただろうか．

(i) δ =3.38(q, J = 7.1 Hz,4 H)および1.12(t, J = 7.1 Hz,6 H) ppm

(ii) δ =3.53(t, J = 6.2 Hz,4 H)および2.34(quin, J = 6.2 Hz,2 H)ppm

(iii) δ =3.19(s,1 H), 1.48(q, J = 6.7 Hz,2 H), 1.14(s,6 H), および0.90(t, J = 6.7 Hz,3 H)ppm．分子を二等分する鏡面はないので，CH_2の二つの水素は厳密にいうと等価ではない(それらは現実にはジアステレオトピックである．コラム10-3参照)．しかし，それぞれの化学シフトは本質的に同一なので，δ = 1.46ppmに四重線を示す．

(iv) δ =5.58(t, J = 7 Hz,1 H)および3.71(d, J = 7 Hz,2 H)ppm

(b) 答えは実験値またはコンピュータを使った算定値である．

(i)

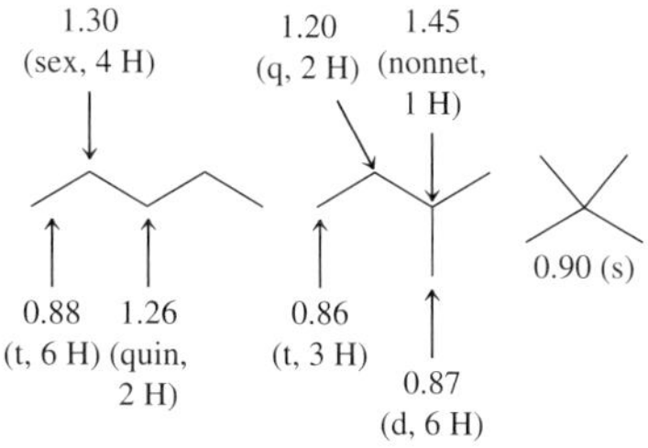

(ii)

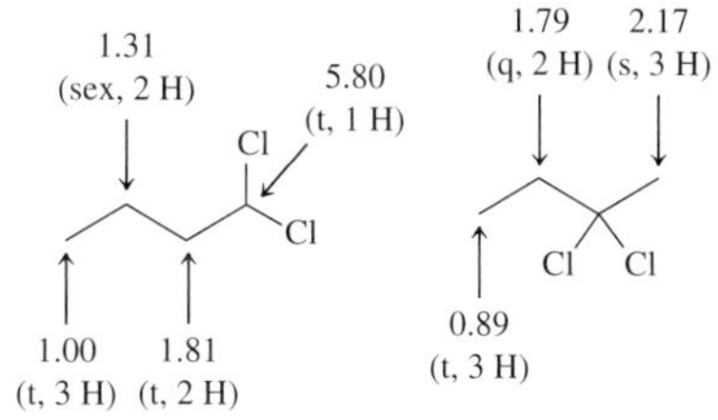

(iii)

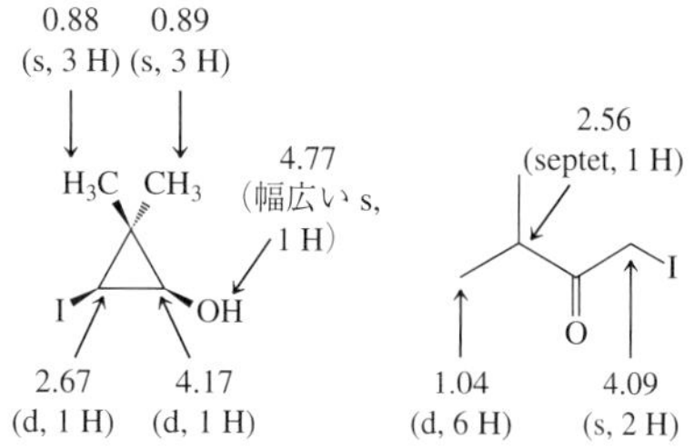

(iv)

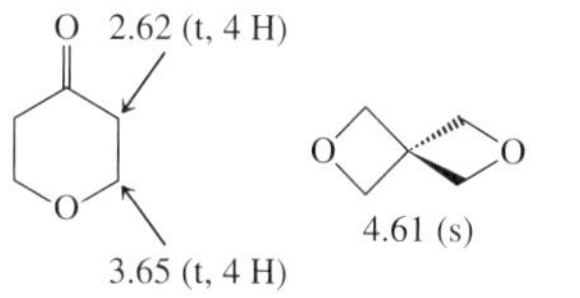

10-14

本文の「答え」を参照．

10-15

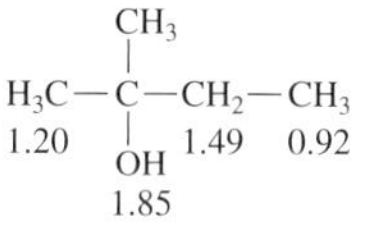

^{1}H NMRのδ値(ppm)を対応する水素の下に示した．

10-16

本文の「答え」を参照．

10-17

(a) 五重線(quin)，三重線の三重線(tt)

(b) 五重線(quin)，四重線の二重線(dq，または二重線の四重線qd，どちらでも同じ)

(c) 三重線(t)，二重線の二重線(dd)

(d) 六重線(sex)，四重線の二重線の二重線(ddq)

(e)

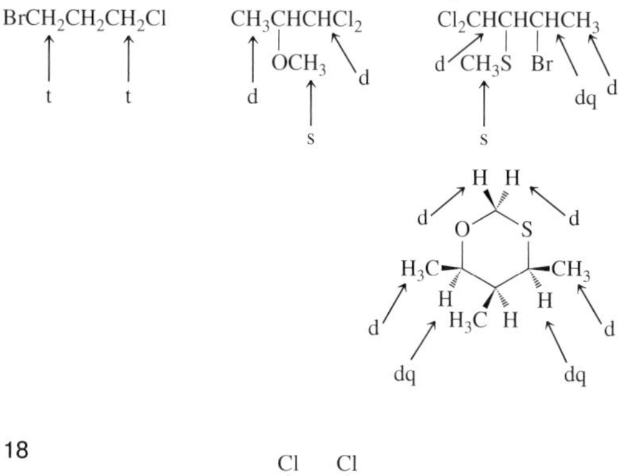

10-18

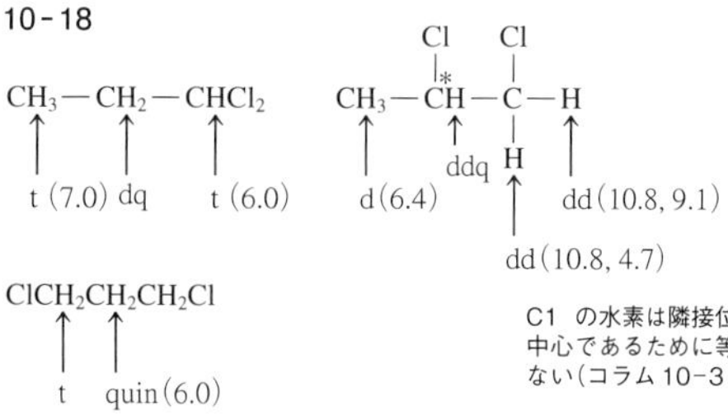

C1 の水素は隣接位が立体中心であるために等価ではない(コラム10-3参照)

実測した J 値(Hz)をかっこ内に示した.

10-19

$H_3C—CH_2—CH_2—Br$
↑ qt　↑ ttq　↑ tt

10-20

(a) 3, (b) 3, (c) 7, (d) 2, (e) 20 ℃(速い環反転):3. − 60 ℃(遅い環反転):6, (f) 3.

10-21

本文の「答え」を参照.

10-22

リボースの $Na^{+-}BH_4$ 還元によってリビトールが生じるが, これは面対称をもったペントール(5 価アルコール)であり, そのため 3 本の ^{13}C ピークしか示さない. 一方, アラビノースの還元では非対称化合物であるアラビトールが生じ, これは 5 本のピークを示す. 糖については下巻の 24 章でさらに詳しく学ぶ.

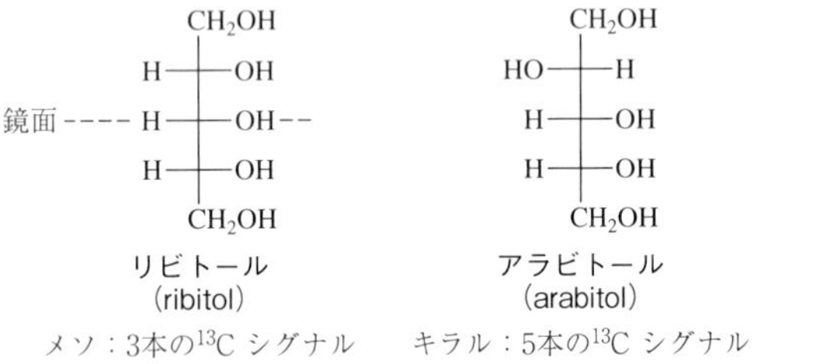

10-23

化合物(A)については, 3 本の吸収線があって, そのうちの 1 本は比較的高磁場にあり(CH_3), DEPT で CH_3 と二つの CH 基が確認できるであろう. 化合物(B)には 3 本の吸収線があるが, CH_3 の吸収がなく, DEPT で CH_3 がないことと, 二つの CH_2 基と一つの CH 基の存在が確認できるであろう.

11 章

11-1

(a) 2,3-ジメチル-2-ヘプテン
(b) (*S*)-3-ブロモシクロペンテン

(c) 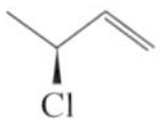

(d) 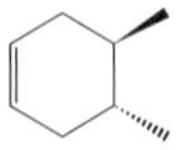

11-2

(a) *cis*-1,2-ジクロロエテン
(b) *trans*-3-ヘプテン
(c) *cis*-1-ブロモ-4-メチル-1-ペンテン

(d) 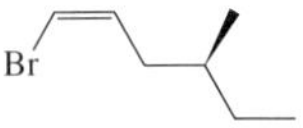

(e) 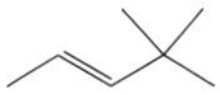

11-3

(a) (*E*)-1,2-ジジュウテリオ-1-プロペン
(b) (*Z*)-2-フルオロ-3-メトキシ-2-ペンテン
(c) (*E*)-2-クロロ-2-ペンテン

(d) 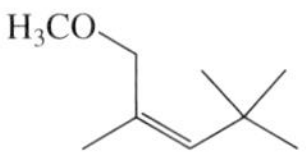

(e) 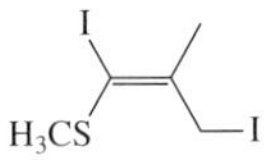

11-4

(a) (*R*)-3-メチル-4-ペンテン-1-オール
(b) 2-メトキシ-1-メチル-2-シクロペンテノール

(c) 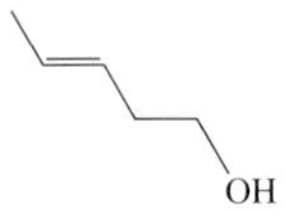

(d) 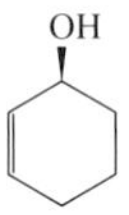

11-5

(a) 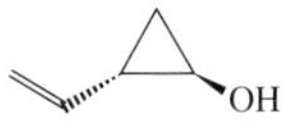

(b) 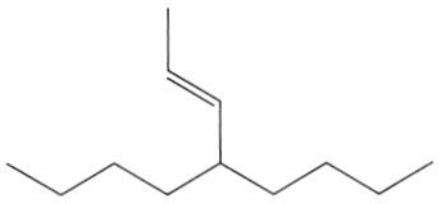

(c) (1-メチルエテニル)シクロペンテンあるいは(1-メチルビニル)シクロペンテン
(d) (1,3-ジメチル-2-ブテニル)シクロヘキサン

11-6

本文の「答え」を参照.

11-7

5-[(*R*)-1-ブロモ-1-フルオロプロピル]-3-メチリデンシクロヘキセン

11-8

$$CH_2{=}CHLi \;+\; CH_3\overset{O}{\overset{\|}{C}}CH_3 \longrightarrow CH_2{=}CH\underset{CH_3}{\overset{OH}{C}}CH_3$$

エテニルリチウム(ビニルリチウム)とカルボニル化合物の反応は, 他のアルキルリチウム有機金属化合物の反応と同様である.

11-9

誘起された局所的な磁場がメチル水素の占める領域の H_0 を強める.

11-10

本文の「答え」を参照.

11-11

δ = 7.23 ppm に現れるシグナルだけが, それぞれトランスおよびシスのビシナルカップリングに対応する二つの大きな J 値, 14.4 Hz と 6.8 Hz を示す. したがって, このシグナルは, 同じ炭素上に水素のない CH 基の水素に対応する. 消去法によって, 下に示したように割り振ることができる(δ 値は ppm 単位).

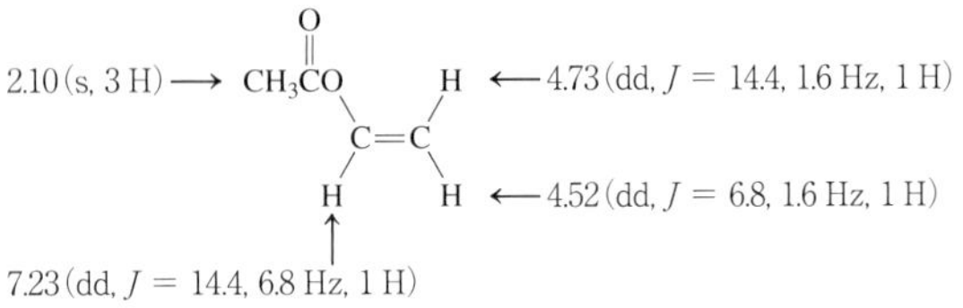

11-12

1-ヘキセン＜ *cis*-3-ヘキセン＜ *trans*-4-オクテン＜2,3-ジメチル-2-ブテン

11-13

アルケン(A)の模型を組めば(プラスチックの棒を折らずに)，この化合物が非常に大きなひずみをもっており，水素化によってそのひずみの大部分が解消されることに気づくであろう．(A)が〔(B)に対して〕もっている過剰なひずみは，(A)から(B)への変換反応に対する ΔH° の値から「ふつう」の四置換二重結合の水素化反応の ΔH° の値(およそ $-27\ \mathrm{kcal\ mol^{-1}}$)を差し引くことによって見積もることができる．$38\ \mathrm{kcal\ mol^{-1}}$．

11-14

(a)

(i) (ii)

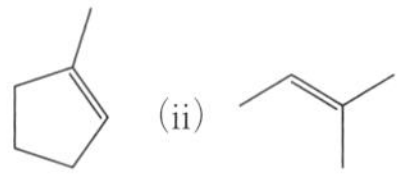

(b)

(i) (ii)

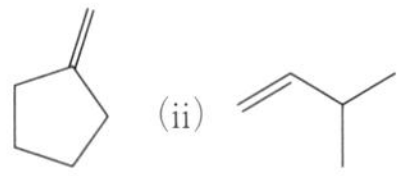

11-15

本文の「答え」を参照．

11-16

(a) 立体障害のより小さな塩基であるエトキシドは，おもに Saytzev 則による生成物を与え，これに対し第三級ブトキシドは Hofmann 則にしたがった生成物を与える．

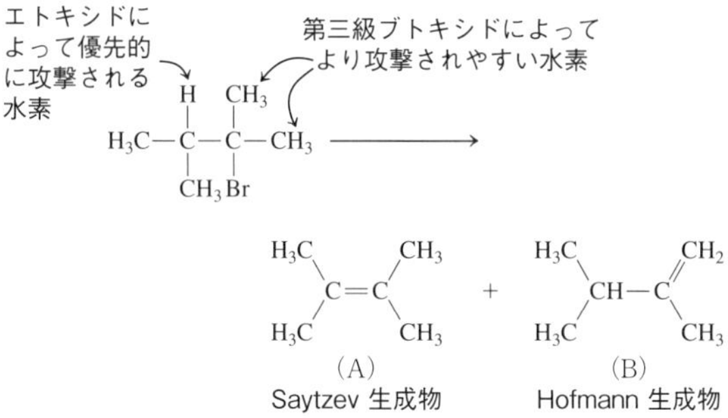

(b) この塩基は第三級ブトキシドよりもさらにはるかにかさ高いので，Hofmann 生成物(B)をより高選択的に与える．

11-17

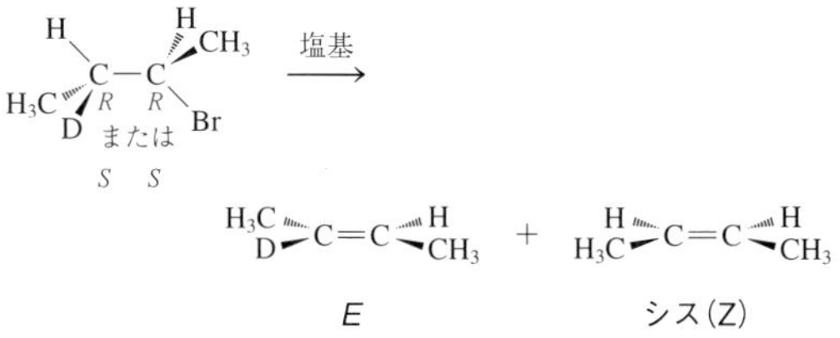

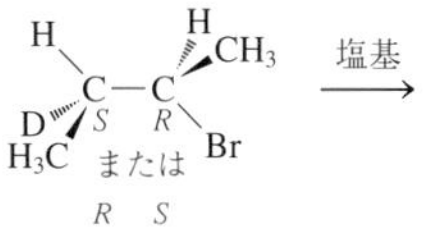

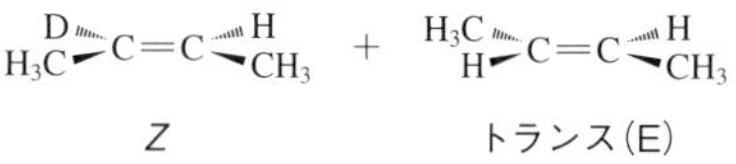

上の場合には，下の場合に生成するのと逆の立体配置をもった1対の異性体が生成することに注意しよう．2-ジュウテリオ-2-ブテンの *E* あるいは *Z* 異性体はいずれも重水素を100％含んでいる．つまり，同じ立体配置をもち重水素の代わりに水素をもつような2-ブテンはまったく含まれていない．水素化-2-ブテンもまた水素化体が100％であり，重水素化物をまったく含まない．

11-18

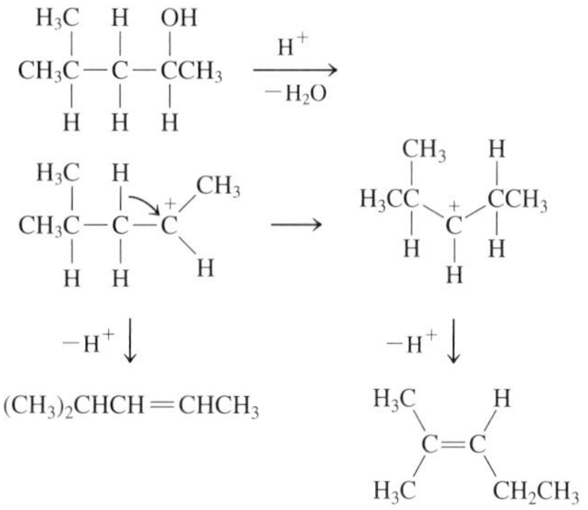

11-19

(a) $CH_3CH_2CH_2\ddot{O}H \underset{-H^+}{\overset{+H^+}{\rightleftharpoons}} CH_3CH(H)CH_2\overset{+}{O}H_2 \underset{-H_2SO_4}{\overset{+HOSO_3^-}{\rightleftharpoons}} CH_3CH{=}CH_2 + H_2\ddot{O}$

(b) (a)と類似の反応によって

$CH_3CH_2CH_2OCH_2CH_2CH_3 \overset{H^+}{\rightleftharpoons} CH_3CH{=}CH_2 + CH_3CH_2CH_2OH$

生成したプロパノールがさらに(a)と同様に脱水される．

11-20

(a)

アルケン A:

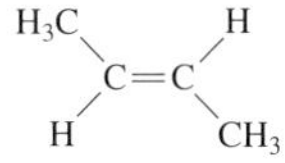

B: $CH_3CH_2CH{=}CH_2$

C:

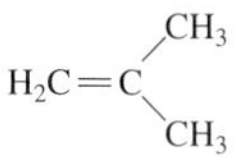

(b) 最初の異性体：CH_3OCH_3；2番目の異性体：CH_3CH_2OH

11-21

(a) CH_3OCH_3, CH_3CH_2OH, 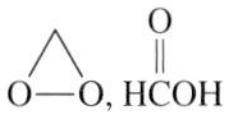

(b) $H_2C{=}O$

(c) 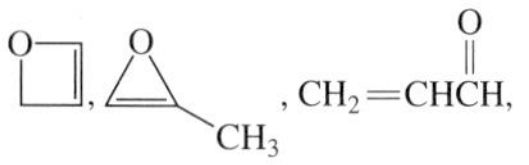

HC≡CCH$_2$OH,　CH$_3$C≡COH,　HC≡COCH$_3$,

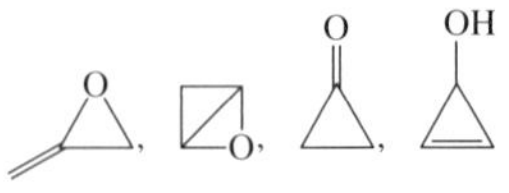

11-22
(a)　$C_7H_{12}O$　(b)　C_6H_{14}

11-23
CH_2Br_2：m/z = 176, 174, 172；強度比 1：2：1

11-24
有機化合物中の C, H, O, S, P, そしてハロゲンなどの多くの元素にとって(最も豊富に存在する同位体の)質量と原子価はいずれも偶数であるか，あるいはいずれも奇数なので，分子量は常に偶数である．窒素は例外であり，すなわち原子量が 14 で原子価は 3 である．このため，この練習問題で取り上げたような質量分析法における**窒素則**(nitrogen rule)が成り立つ．

11-25
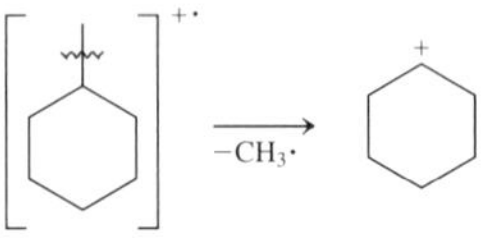

m/z = 98　　m/z = 83

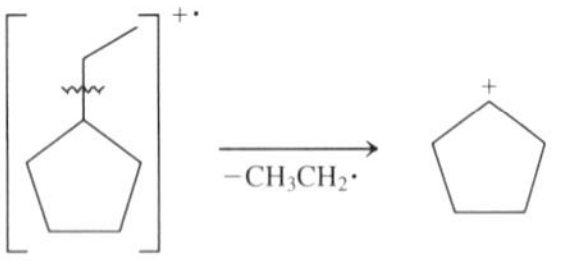

m/z = 98　　m/z = 69

11-26
3-メチル-3-ヘプタノールの質量スペクトル．

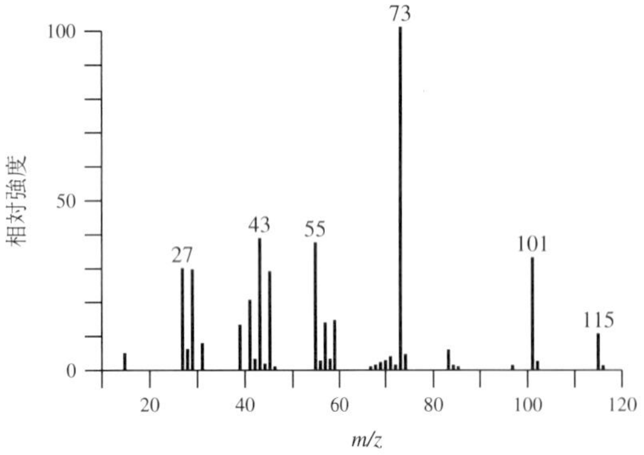

主要な第 1 のフラグメントは，ヒドロキシ基の α 結合の切断によるものである．なぜだろうか．切断される結合の強さと生成するラジカルカチオンの電子的構造を考えよ(共鳴構造を書け)．これらのカチオンは水を失ってフラグメント化するか．

11-27
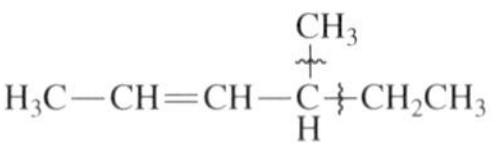

観測されるピークは分子イオンとそれぞれ共鳴安定化されたアリル型カチオンを生成する二つのフラグメント(左下の図に示した)によるものである．$m/z = 98\ M^+, 83(M-CH_3)^+, 69(M-CH_2CH_3)^+$．

11-28
(a)　H_{sat} = 12；不飽和度 = 1
(b)　H_{sat} = 20；不飽和度 = 4
(c)　H_{sat} = 17；不飽和度 = 5
(d)　H_{sat} = 19；不飽和度 = 2
(e)　H_{sat} = 　8；不飽和度 = 0

11-29
本文の「答え」を参照．

11-30
表 11-4 によると(炭素—炭素二重結合に対応する 1620 ～ 1680 cm^{-1} の領域に吸収がなく，さらに三重結合に対応する 2100 ～ 2260 cm^{-1} の領域にもまったく吸収がない)，この特別な化合物には π 結合がない．不飽和度は 2 で多重結合がないので，環が二つ存在しなければならない．そのため次の二つの可能性しかない．

二つの分子ともに既知であるが，非常に反応性は高い(練習問題 4-5 を思い出そう)．

12 章

12-1
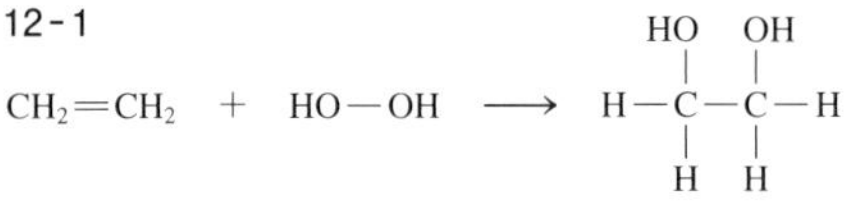

65　　49　　2×(～94) kcal mol^{-1}

切断される結合の強さと生成する結合の強さを考えると $\Delta H°$ は −74 kcal mol^{-1} となる．大きな発熱をともなう反応にもかかわらず，この反応を進行させるには触媒が必要である．

12-2
本文の「答え」を参照．

12-3
練習問題 12-2 に示した反応機構にしたがって，基質が触媒表面と結合し，アルケン炭素に水素を一つ移すことを考えよう．

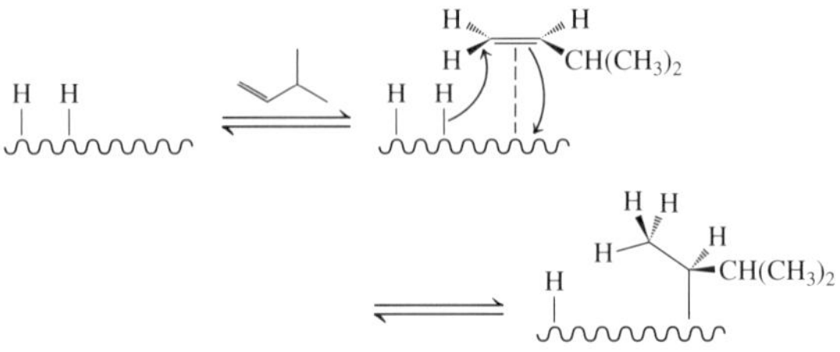

水素一つが移動した
中間体

問題は，C2 と C3 の間に二重結合をもった分子である 2-メチル-2-ブテンが生成すると述べている．この化合物は C3 上の水素が触媒表面へ移動することで生成する．合理的な反応経路を次ページに示す．

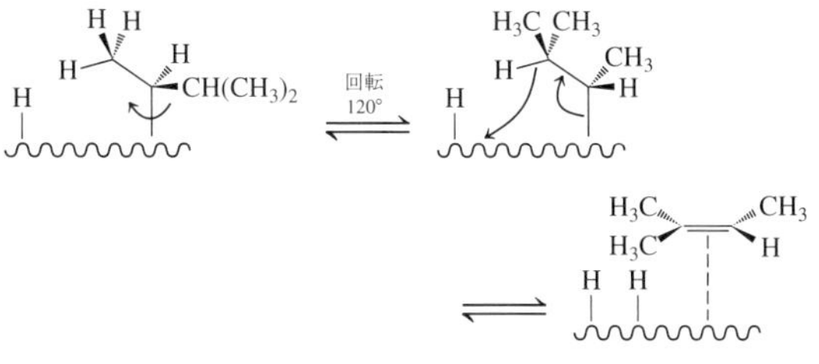

12-4

(a)

trans-3-ヘキセン

↓ H_2, Pd

ヘキサン
アキラル

(b)

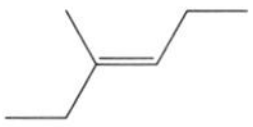

(*E*)-3-メチル-3-ヘキセン

↓ H_2, Pd

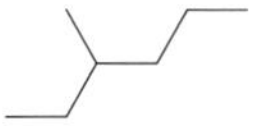

3-メチルヘキサン
キラル，ラセミ体

(c)

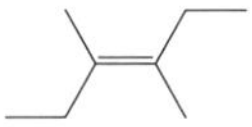

(*E*)-3,4-ジメチル-3-ヘキセン

↓ H_2, Pd

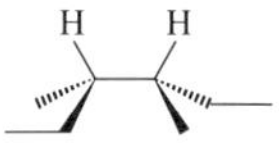

(3*S*,4*S*)-3,4-ジメチル
ヘキサン

+

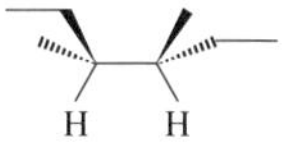

(3*R*,4*R*)-3,4-ジメチル
ヘキサン
キラル，ラセミ体

(d)

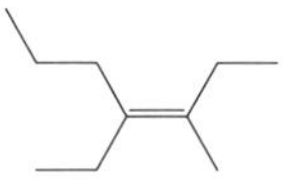

(*Z*)-4-エチル-3-メチル-
3-ヘプテン

↓ H_2, Pd

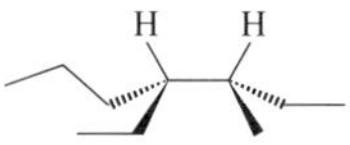

(3*S*,4*R*)-4-エチル-
3-メチルヘプタン

+

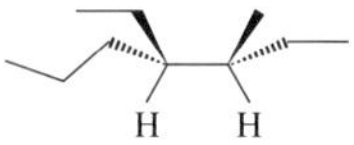

(3*R*,4*S*)-4-エチル-3-
メチルヘプタン
キラル，ラセミ体

(e)

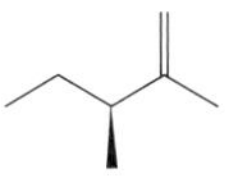

(*S*)-2,3-ジメチル-1-ペンテン

↓ H_2, Pd

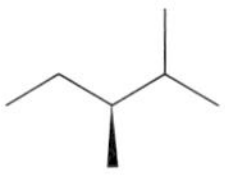

(*S*)-2,3-ジメチルペンタン
キラル，光学活性

(f)

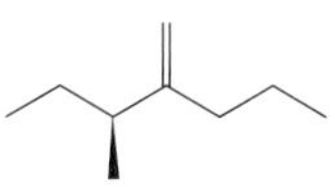

(*S*)-3-メチル-4-メチリデン
ヘプタン

↓ H_2, Pd

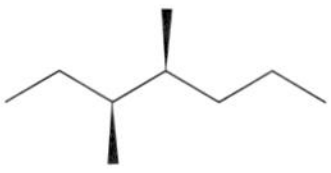

(3*S*,4*S*)-3,4-ジメチル
ヘプタン

+

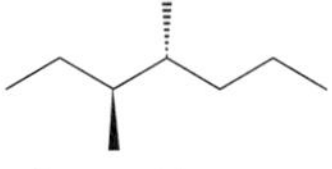

(3*S*,4*R*)-3,4-ジメチルヘプタン
キラルなジアステレオマー
両者とも光学活性で，等量生成しない

12-5

H^+を用いて

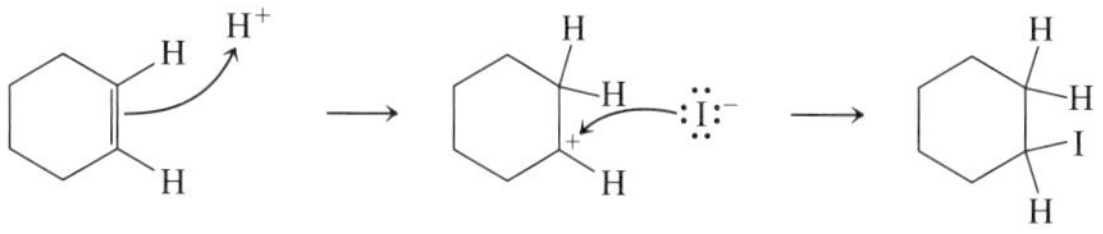

H—Iを用いて

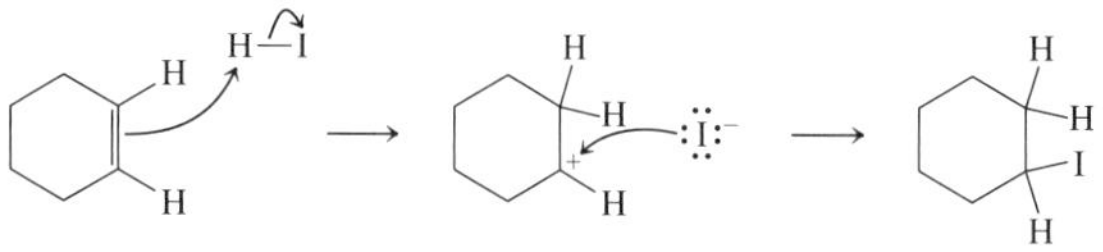

12-6

(a)

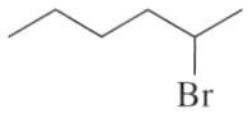

両エナンチオマーが生成する

(b)

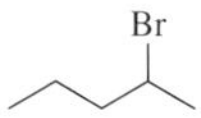

+

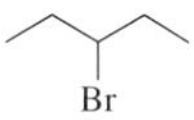

両エナンチオマー　アキラル
が生成する

(c) Br
$(CH_3)_2CCH_2CH_3$
アキラル

(d)

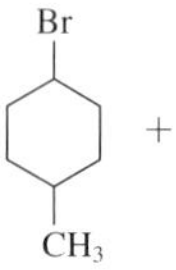

+

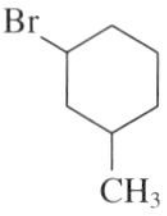

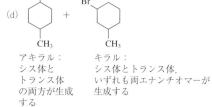

アキラル：
シス体と
トランス体
の両方が生成
する

キラル：
シス体とトランス体，
いずれも両エナンチオマーが
生成する

12-7

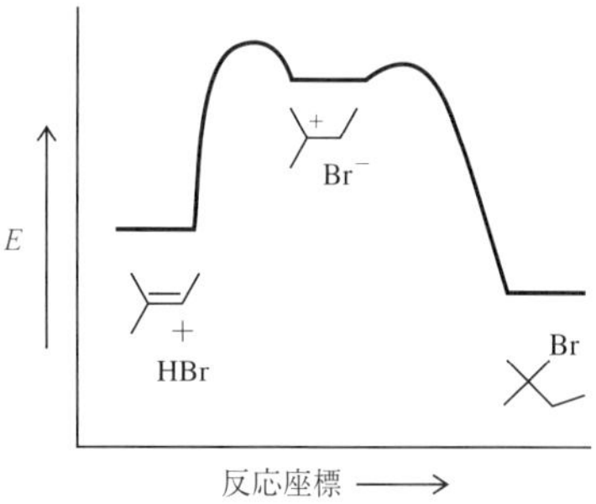

12-8

(a)

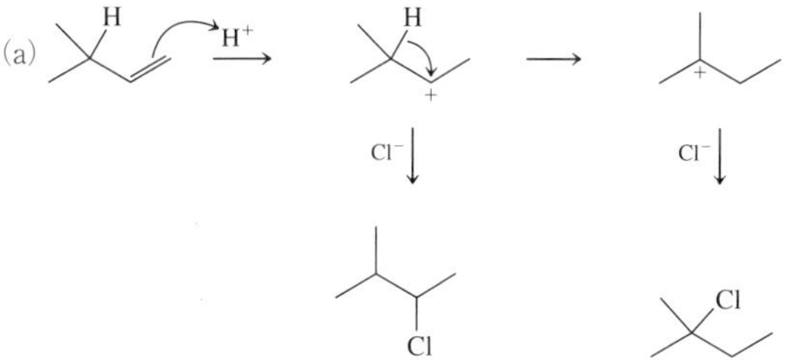

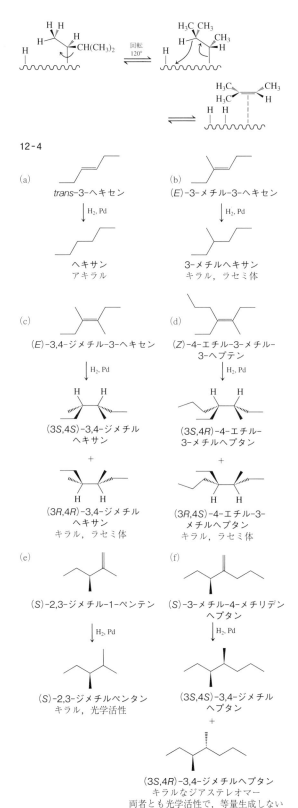

(b)

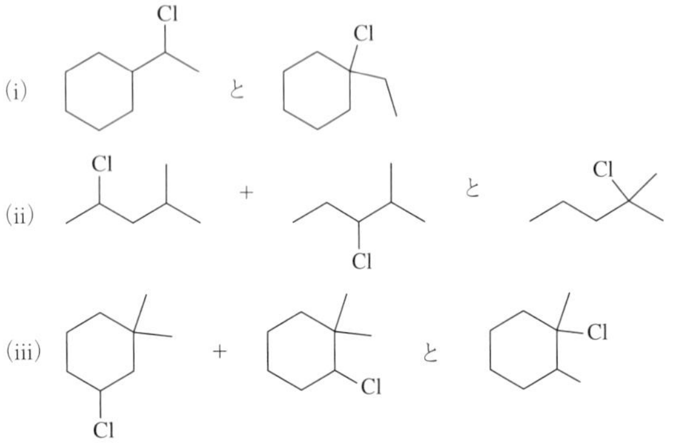

12-9

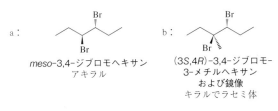

(a) アルキル置換が増加すると，二重結合が電子豊富となる．そのため，次第に求電子攻撃を受けやすくなる(11-5 節参照).

(b) プロトン化によって 1, 1-ジメチルエチルカチオン(*tert*-ブチルカチオン)が生成する反応は可逆的である．D^+を用いると，すべての水素が重水素と速やかに交換する．

$$CH_2{=}C(CH_3)_2 \underset{-D^+}{\overset{+D^+}{\rightleftharpoons}} DCH_2\overset{+}{C}(CH_3)_2 \underset{+H^+}{\overset{-H^+}{\rightleftharpoons}}$$

$$DCH{=}C(CH_3)_2 \underset{-D^+}{\overset{+D^+}{\rightleftharpoons}} D_2CH\overset{+}{C}(CH_3)_2 \underset{+H^+}{\overset{-H^+}{\rightleftharpoons}}$$

$$D_2C{=}C(CH_3)_2 \underset{-D^+}{\overset{+D^+}{\rightleftharpoons}} D_3C\overset{+}{C}(CH_3)_2 \underset{+H^+}{\overset{-H^+}{\rightleftharpoons}}$$

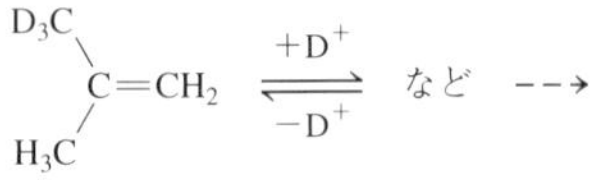

$$(CD_3)_3C^+ \underset{-D_2O}{\overset{D_2O}{\rightleftharpoons}} (CD_3)_3COD + D^+$$

12-10

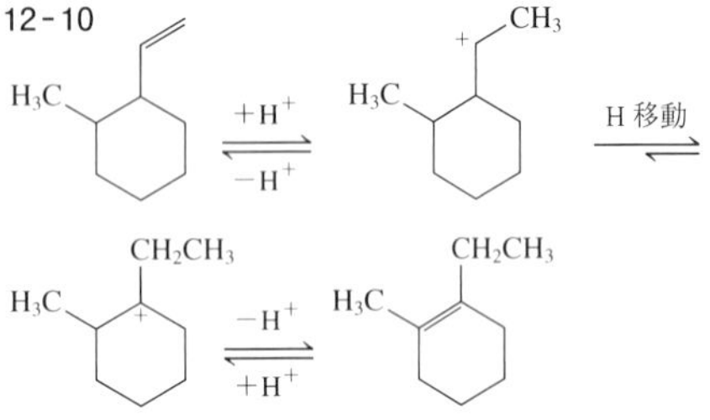

四置換アルケン
最も安定

12-11

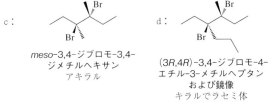

$$\underset{65}{CH_2{=}CH_2} + \underset{38}{F{-}F} \longrightarrow \overset{F\quad\;\; F}{CH_2{-}CH_2}$$

2×(≈111) kcal mol^{-1}
$\Delta H^\circ = -119$ kcal mol^{-1}

$$\underset{65}{CH_2{=}CH_2} + \underset{36}{I{-}I} \longrightarrow \overset{I\quad\;\; I}{CH_2{-}CH_2}$$

2×(≈56) kcal mol^{-1}
$\Delta H^\circ = -11$ kcal mol^{-1}

$-T\Delta S^\circ$ のΔG° 値への寄与は，298 K で，おおよそ +9 kcal mol^{-1} と見積もられる．したがって，ヨウ素化反応の平衡はかろうじて生成物側に移行する．

12-12

(a)

a：

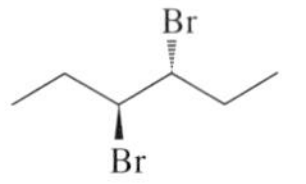

meso-3,4-ジブロモヘキサン
アキラル

b：

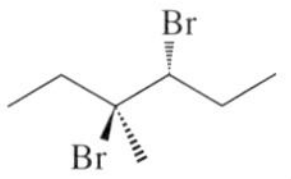

(3*S*,4*R*)-3,4-ジブロモ-3-メチルヘキサン
および鏡像
キラルでラセミ体

c：

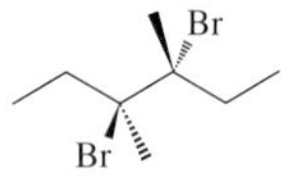

meso-3,4-ジブロモ-3,4-ジメチルヘキサン
アキラル

d：

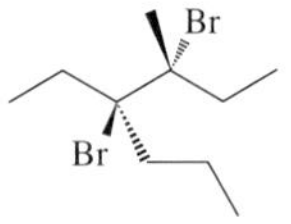

(3*R*,4*R*)-3,4-ジブロモ-4-エチル-3-メチルヘプタン
および鏡像
キラルでラセミ体

e：

(2*S*,3*S*)-1,2-ジブロモ-2,3-ジメチルペンタン　(2*R*,3*S*)-1,2-ジブロモ-2,3-ジメチルペンタン

キラルなジアスレオマー
両者とも光学活性で，等量生成しない

(b) アルキル置換が増えると，二重結合が電子豊富となる．そのため，次第に求電子攻撃を受けやすくなる(11-5 節参照).

12-13

(a) 一つのジアステレオマーだけが生成する(ラセミ体として).

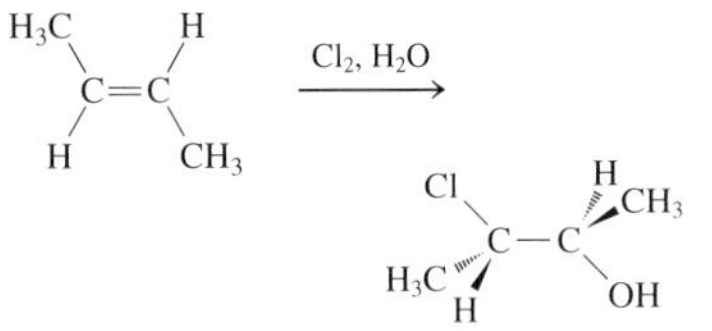

+ エナンチオマー

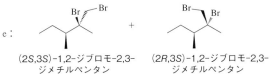

(b) 二つの位置異性体が生成するが，それぞれが一つのジアステレオマーから成る(ラセミ体として).

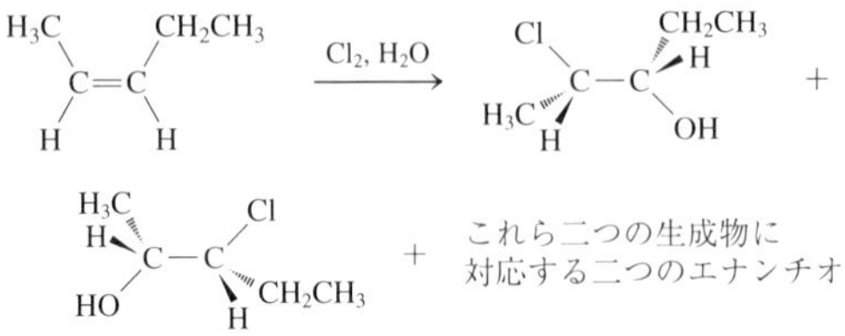

+ これら二つの生成物に対応する二つのエナンチオマー

12-14

(a) $CH_3\overset{OCH_3}{\overset{|}{C}}HCH_2Cl$ (両方のエナンチオマー)

(b)

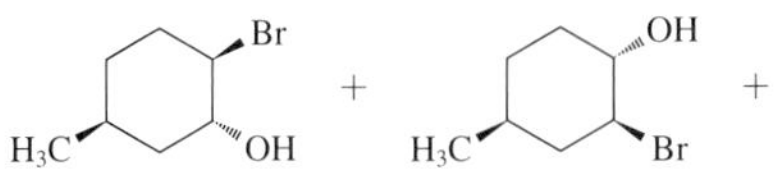

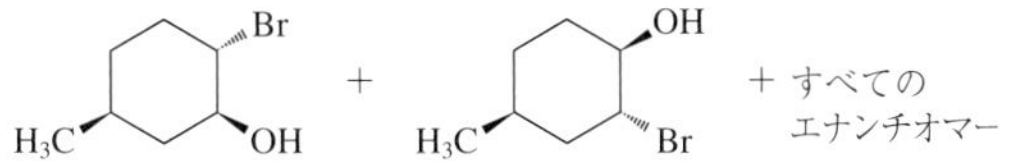

12-15
本文の「答え」を参照.

12-16
反応機構の最初の段階は，アルケン二重結合に対する Br_2 の攻撃である．メチル基をもつ環のメチル基と同じ側(下図の「表」)からも攻撃できるし，反対側(「裏」)からも攻撃できる．メチル基は二重結合から比較的遠いが，立体障害を及ぼす．したがって，異性体の関係にある二つのブロモニウムイオンが生成するが，トランス異性体が主生成物となる．慣例にならって(5-7 節参照)すべての段階を(ラセミ体の)出発化合物の二つのエナンチオマーの一方だけで表している．

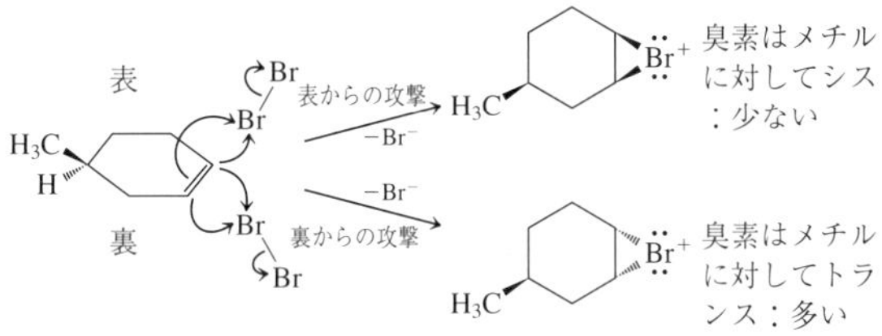

水分子の酸素によるアンチ攻撃が続いて起こる．ブロモニウムイオン環を形成している二つの炭素は似ているが等価ではない．すなわち，一つは他方よりもメチル基に近い．したがって，二つの炭素とも反応はするが，反応性は等しくなく，二つの位置異性体が生成する．プロトンが脱離すると，四つの異性体生成物が得られる(それぞれがラセミ化合物として生成する，本ページの下の図を参照)．
ラセミ物質から出発したので，すべての中間体と生成物はラセミ体である．すなわち，それらはいずれもエナンチオマーの等モル混合物として生成する．

12-17

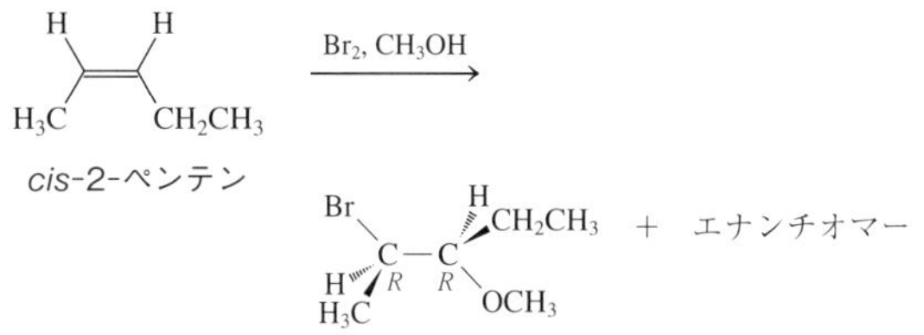

ブロモニウムイオンが開環して，(3*R*,2*R*)ならびに(3*S*,2*S*)-3-ブロモ-2-メトキシペンタンも生成する．

12-18
H_2SO_4，H_2O に変えた場合の付加転位反応の生成物を[　]に示す．

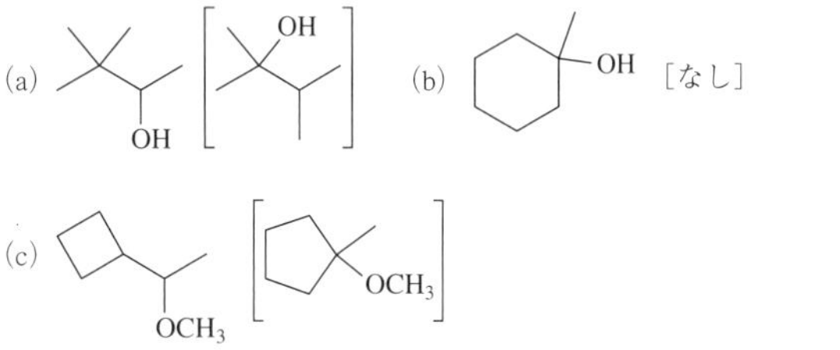

12-19
本文の「答え」を参照.

12-20
アセタート基 $H_3C-C(=O)-O-$ に対して，よく用いられる略記 AcO− を以下に用いる．酢酸水銀が解離すると求電子剤を与え，この求電子剤が二重結合を攻撃してマーキュリニウムイオンを生成する．

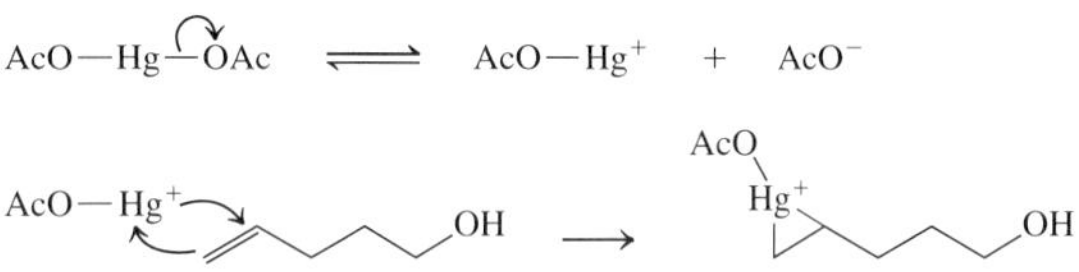

12-16の図

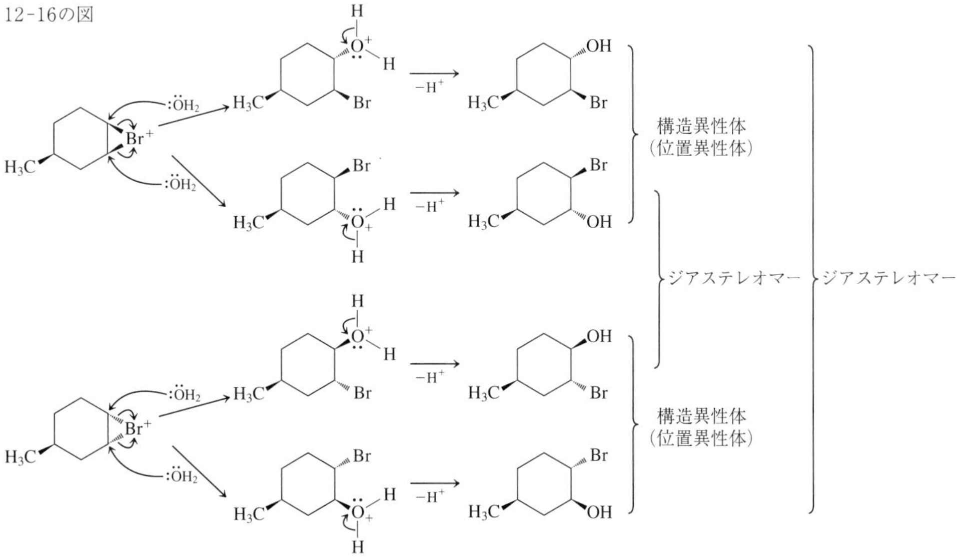

続いて，離れた位置にあるヒドロキシ基の酸素による分子内求核攻撃が起こる．この時点で反応位置に関する問題が生じる．五員環(経路 *a*)あるいは六員環(経路 *b*)のいずれかが生成する．

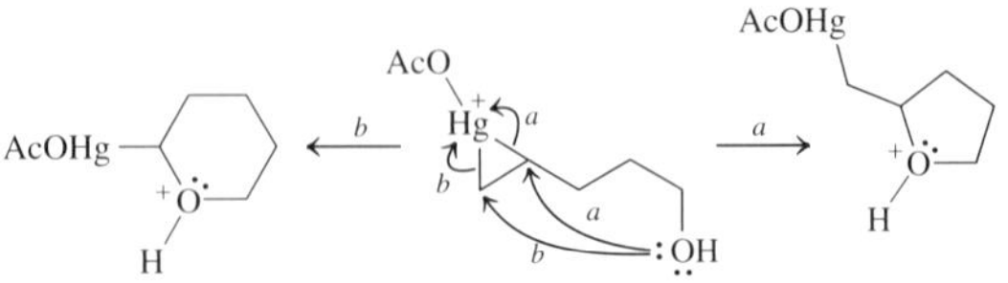

一般的に六員環のほうがより安定である．しかしながら，五員環のほうがより速く生成することも学んだ(9-6 節参照)．さらに，この分子内反応における五員環生成は，Markovnikov 則にしたがったものである．すなわち，酸素がより大きな部分正電荷をもったマーキュリニウムイオンのより多くの置換基をもった炭素を攻撃する．この経路で反応が進行し，観測された五員環生成物を与える．

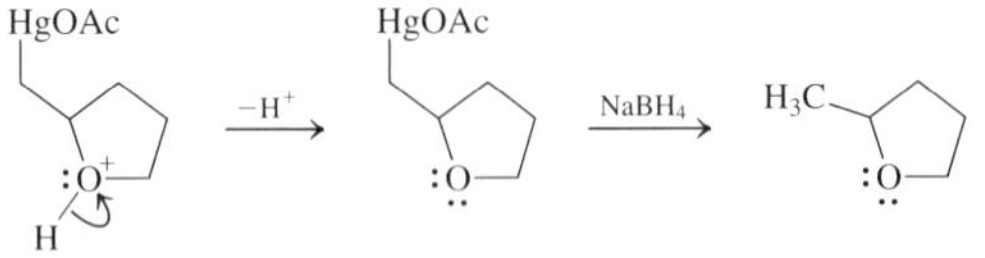

出発物質と生成物のいずれもが分子式 $C_5H_{10}O$ をもっており，これらは異性体である．

12-21

(a) $CH_3CH_2CH_2OH$ (b)

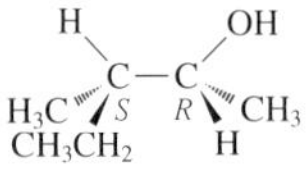

＋ エナンチオマー (ラセミ体)

(c)

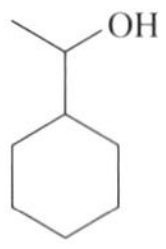

ラセミ体

(d)

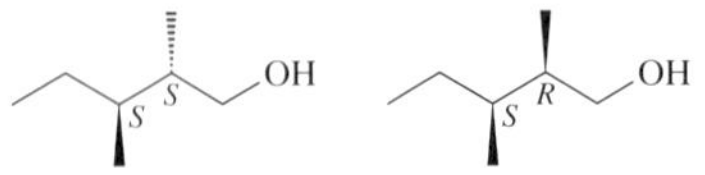

二つのジアステレオマーのそれぞれのエナンチオマー

12-22

(a)

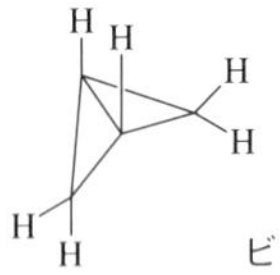

ビシクロ[1.1.0]ブタン

(b)

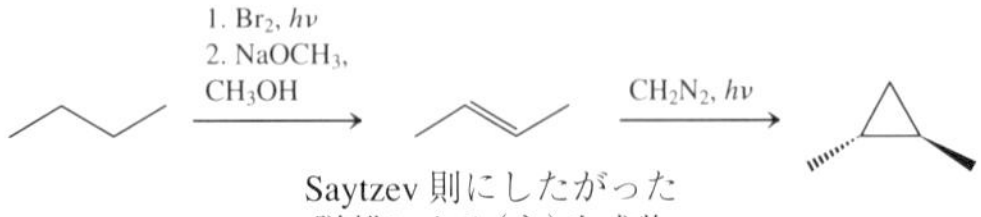

Saytzev 則にしたがった脱離による(主)生成物

12-23

(a)

(i)

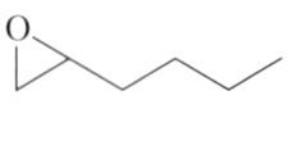

(ii)

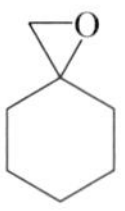

(iii)

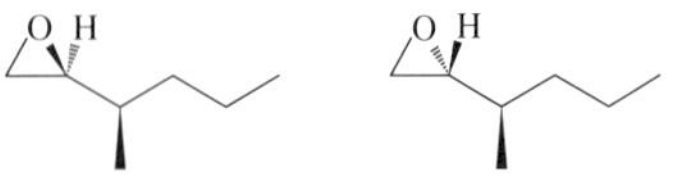

二つのジアステレオマーのそれぞれのエナンチオマー

(b)

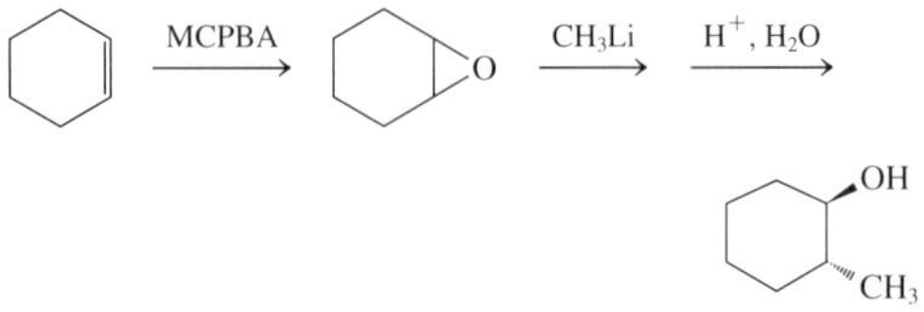

12-24

(a)

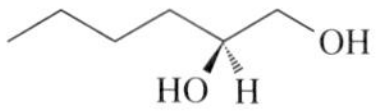

＋ エナンチオマー

(b)

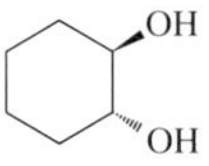

70 %

＋ エナンチオマー

(c)

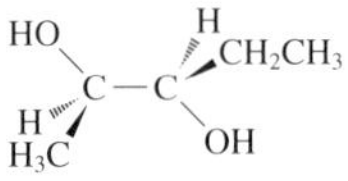

＋ エナンチオマー

(d)

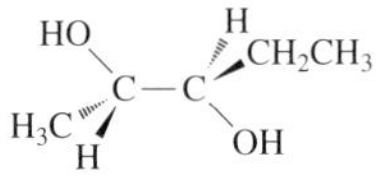

＋ エナンチオマー

12-25

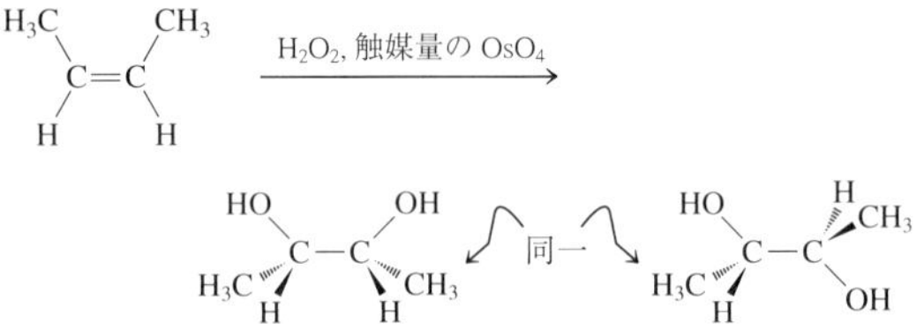

重なり形 ねじれ形

メソ体

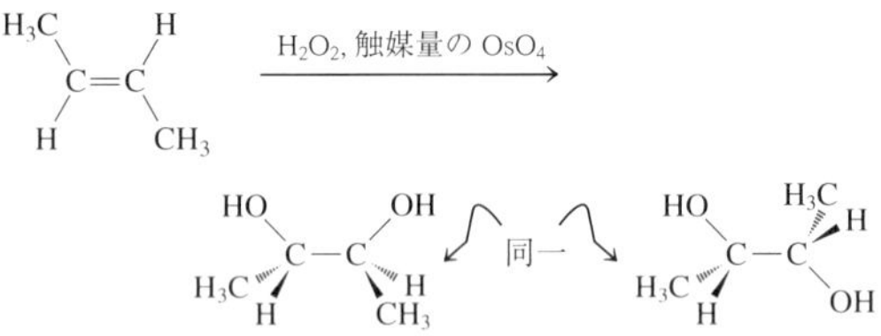

重なり形 ねじれ形

(*R*,*R*), (*S*,*S*)

12-26

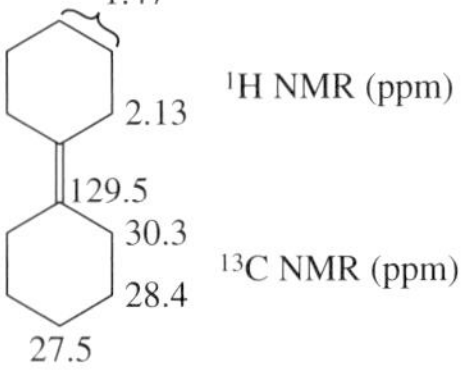

$C_{12}H_{20}$

12-27

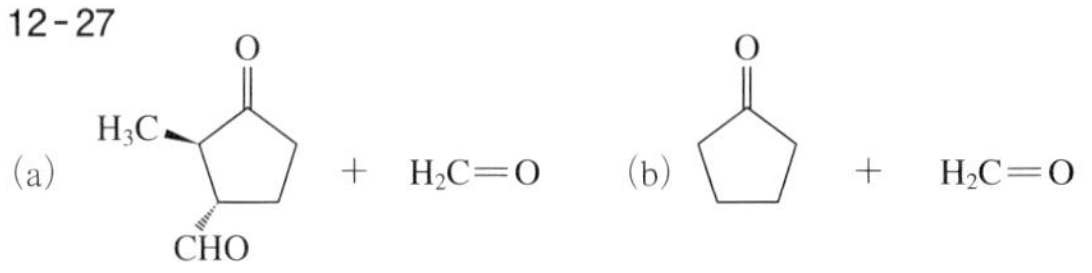

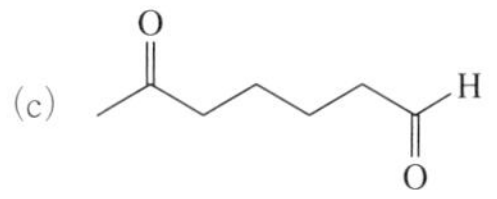

12-28

本文の「答え」を参照.

12-29

与えられた生成物は 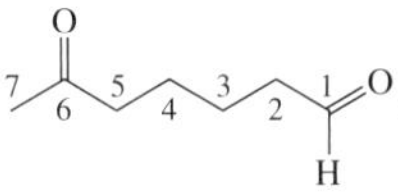 と書ける．炭素1と6がいずれも酸素原子と二重結合を形成している．したがってオゾン分解の前には，この二つの炭素は互いに二重結合でつながっていなければならない．そこで(1)酸素を取り除き，(2)炭素1と6がつながる位置に炭素鎖を書き改め，(3)これらを二重結合で結ぶことによって，この問題の解答である出発物質の構造を得ることができる．

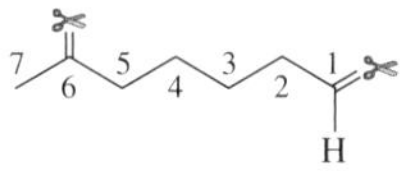

(1) 酸素原子を炭素1と6から除く

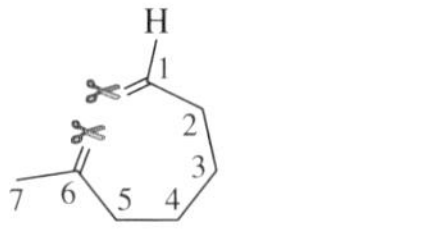

(2) 炭素1と6が適切な位置を占めるように炭素鎖を書き改める

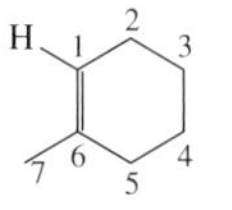

(3) 炭素1と6を二重結合で結ぶ

ヒント：炭素原子を一つ減らしたり増やしたりしないように，一つの構造からもう一つの構造に書き改めるときには，炭素原子の数を数えるようにしよう．

12-30

(a)

(i) 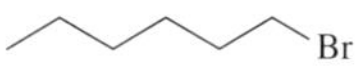

(ii) と (iii) 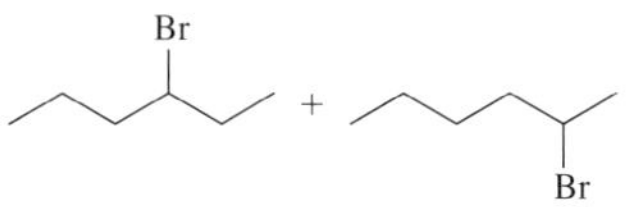

(iv) 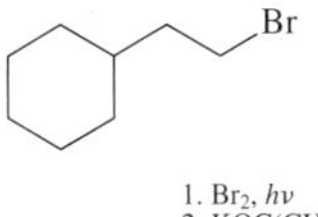

(b) 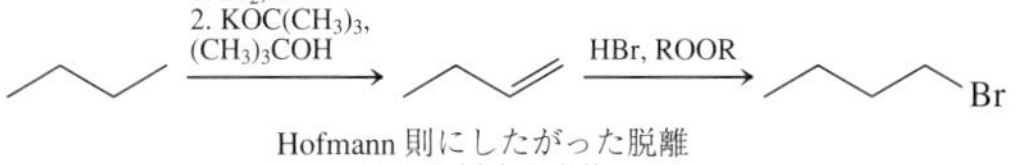

Hofmann 則にしたがった脱離による(主)生成物

12-31

(a) 以下の数字は kcal mol^{-1}

HCl：2番目の伝搬段階

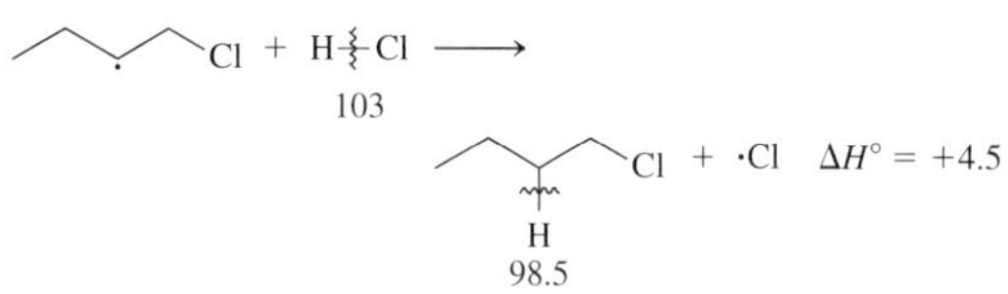

HI：最初の伝搬段階

(b) 開始

$$(C_6H_5)_2PH \xrightarrow{h\nu} (C_6H_5)_2P\cdot \quad + \quad H\cdot$$

連鎖伝達体

伝搬

$$CH_3(CH_2)_5CH{=}CH_2 \quad + \quad (C_6H_5)_2P\cdot \longrightarrow CH_3(CH_2)_5\dot{C}HCH_2P(C_6H_5)_2$$

より安定なラジカル

$$CH_3(CH_2)_5\dot{C}HCH_2P(C_6H_5)_2 \quad + \quad (C_6H_5)_2PH \longrightarrow CH_3(CH_2)_5CH_2CH_2P(C_6H_5)_2 \quad + \quad (C_6H_5)_2P\cdot$$

生成物

12-32

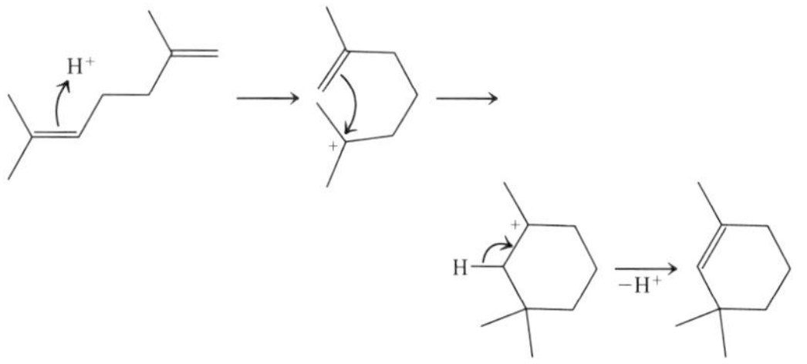

12-33

両方のモノマーがでたらめな数だけ含まれた不規則な共重合体であるが，位置選択性は保たれている．生成の機構を示せ．

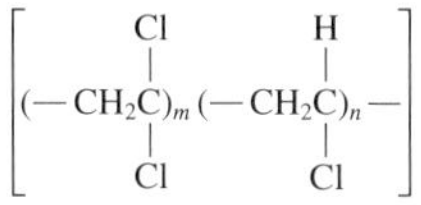

12-34

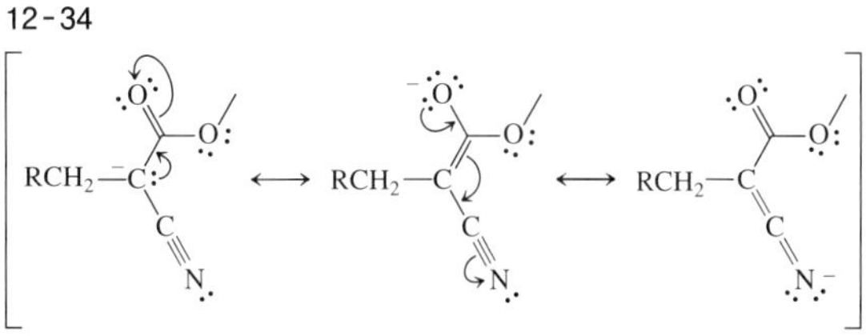

13 章

13-1

(a)

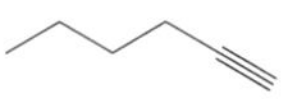

1-ヘキシン

2-ヘキシン

3-ヘキシン

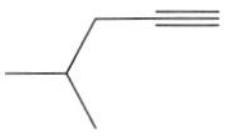

4-メチル-1-ペンチン

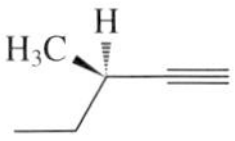

(*R*)-3-メチル-1-ペンチン

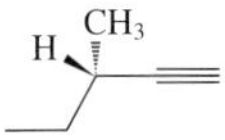

(*S*)-3-メチル-1-ペンチン

4-メチル-2-ペンチン

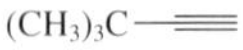

3,3-ジメチル-1-ブチン

(b) (*R*)-3-メチル-1-ペンテン-4-イン

(c)

3-ブチン-1-オール

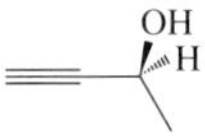

(*S*)-3-ブチン-2-オール

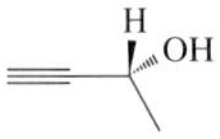

(*R*)-3-ブチン-2-オール

2-ブチン-1-オール

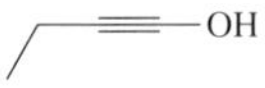

1-ブチン-1-オール

(この化合物は非常に不安定で，溶液中では存在しない．)

13-2

$CH_3CH_2C{\equiv}CH + H_2 \longrightarrow CH_3CH_2CH{=}CH_2$

$\Delta H^\circ = -(69.9 - 30.3) = -39.6\ \text{kcal mol}^{-1}$

$CH_3C{\equiv}CCH_3 + H_2 \longrightarrow$

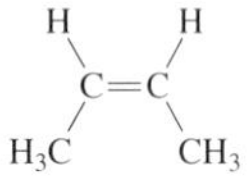

$\Delta H^\circ = -(65.1 - 28.6) = -36.5\ \text{kcal mol}^{-1}$

いずれの場合も，ブテンのπ結合の水素化熱よりも大きな熱が放出される．

13-3

本文の「答え」を参照．

13-4

共役酸の $\mathrm{p}K_a$ がエチン($\mathrm{p}K_a = 25$)よりも大きな塩基だけが，エチンのプロトンを引き抜くことができる．$(CH_3)_3COH$ の $\mathrm{p}K_a$ は約 18 なので，$(CH_3)CO^-$ は塩基として弱すぎる．しかし，$[(CH_3)_2CH]_2NH$ の $\mathrm{p}K_a$ は約 40 なので，LDA は脱プロトン化に適した塩基である．

13-5

本文の「答え」を参照．

13-6

$H_3C{-}C{\equiv}C{-}CH_2{-}CH_3$

s　q　t

13-7

B = 3-ブロモ-1-プロピン．PBr_3 はアルコールをブロモアルカンに変換するのに使用される(9-4 節参照)．

質量スペクトル：$m/z = 120$ と 118(1：1 の強度)の分子イオンピークは，^{79}Br と ^{81}Br の天然存在比による．$m/z = 39$ は，C—Br 結合の切断による $HC{\equiv}CCH_2^+$ フラグメントのピークである．

スペクトルの帰属

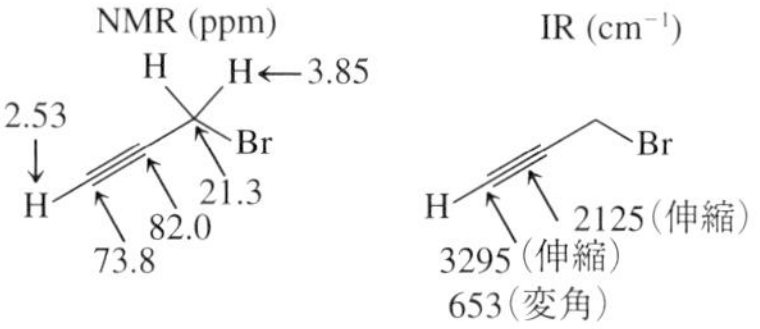

13-8

それぞれの場合，以下の出発物質から合成できる．

(a)

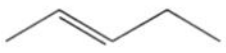

(b)

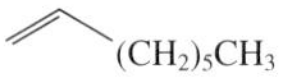

(c)

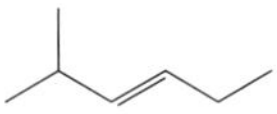

13-9

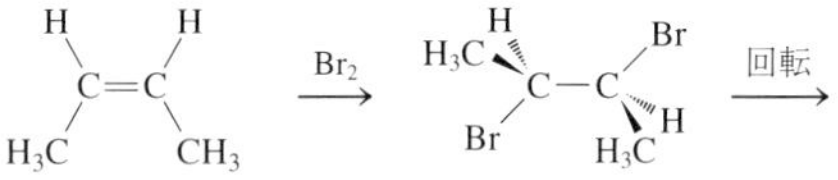

cis-2-ブテン　(2*S*,3*S*)-および(2*R*,3*R*)-2,3-ジブロモブタン

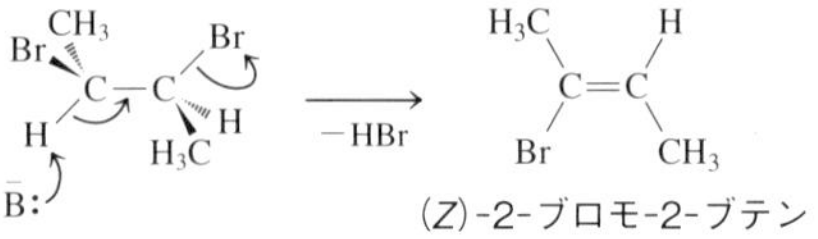

(*Z*)-2-ブロモ-2-ブテン

trans-2-ブテン　(*E*)-2-ブロモ-2-ブテン

13-10

(a) $CH_3(CH_2)_3C{\equiv}CH$ $\xrightarrow[\text{4. } CH_3(CH_2)_3C\equiv CMgBr]{\text{1. } CH_3CH_2MgBr \;\; \text{2. } H_2C{=}O \;\; \text{3. PCC, } CH_2Cl_2}$ $CH_3(CH_2)_3C{\equiv}CC(OH)(H)C{\equiv}C(CH_2)_3CH_3$

(b) $HC{\equiv}CLi \xrightarrow{CH_3CH_2CH_2Br}$

$HC{\equiv}CCH_2CH_2CH_3 \xrightarrow[\text{2. } CH_3CH_2CH{=}O]{\text{1. } CH_3CH_2CH_2CH_2Li}$ $CH_3CH_2CH(OH)C{\equiv}CCH_2CH_2CH_3$

13-11

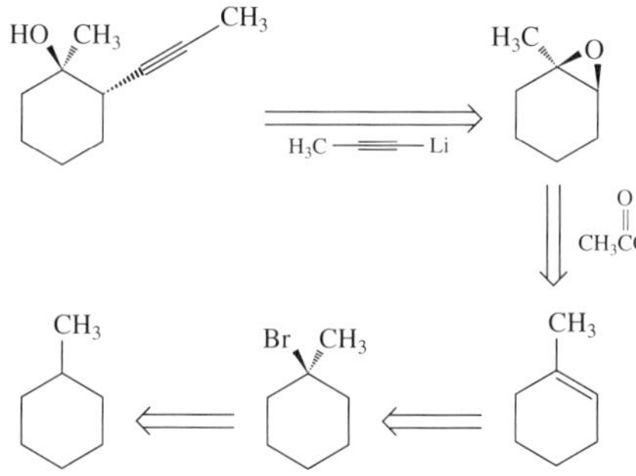

13-12

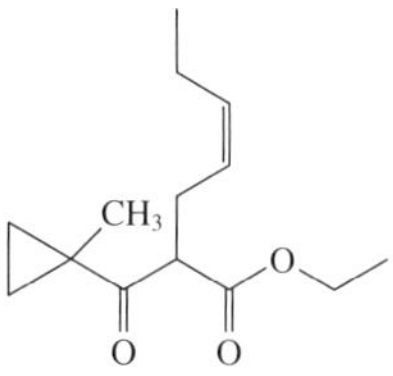

13-13

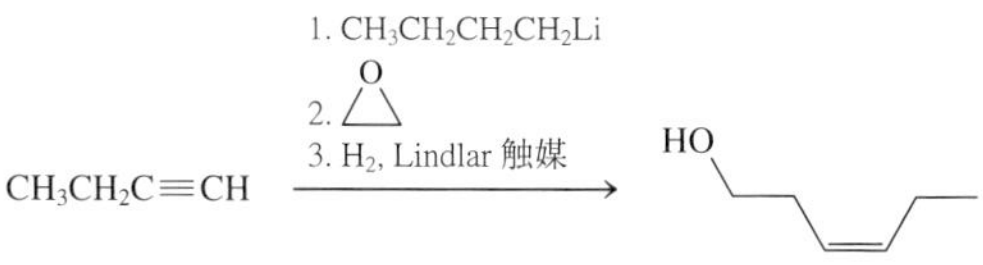

13-14

本文の「答え」を参照.

13-15

練習問題 13-14 のジインとは異なり，2,7-ウンデカジインには内部三重結合しかない.

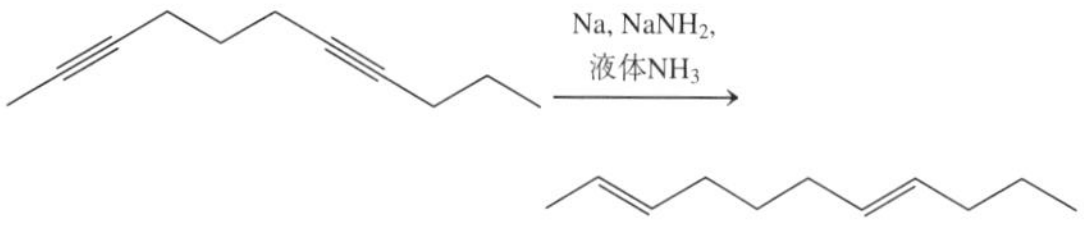

13-16

(a) 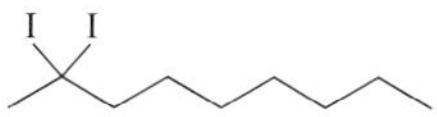

2,2-ジヨードノナン

(b) 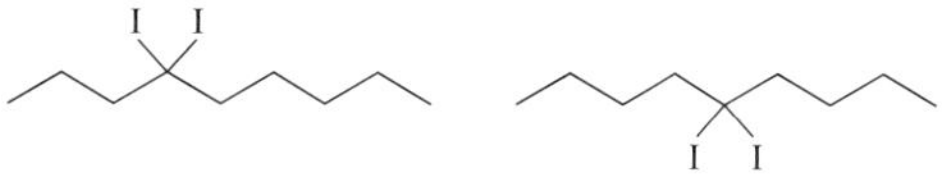

4,4-ジヨードノナン　　5,5-ジヨードノナン

(c) 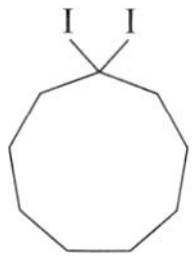

1,1-ジヨードシクロノナン

13-17

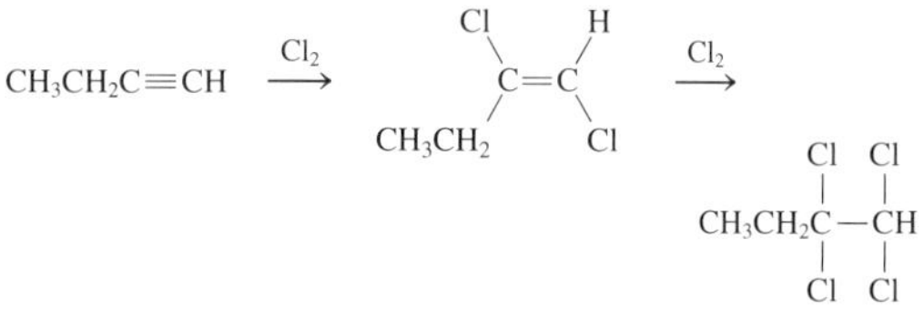

13-18

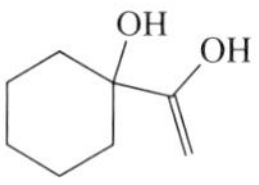

13-19

(a)

(i) CH_3CHO　(ii) $CH_3C(=O)CH_3$　(iii) $CH_3CH_2C(=O)CH_3$

(iv) $CH_3CH_2C(=O)CH_3$

(v) 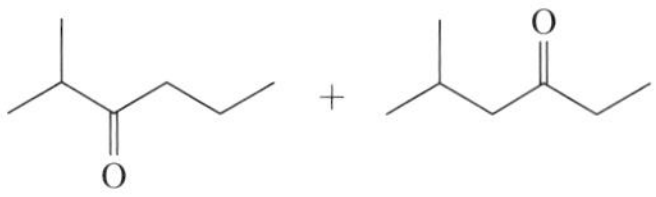

(b)

(i) 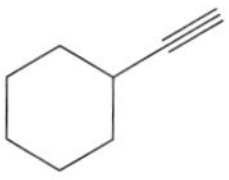　(ii) 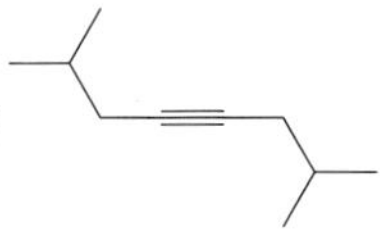　(iii) 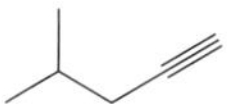

13-20

本文の「答え」を参照.

13-21

前述の練習問題と同様に，まず必要な炭素−炭素結合を末端アルキンの水素の脱プロトン化と続いてS_N2反応を行うことによってつくり，次に三重結合を二重結合に変換する．

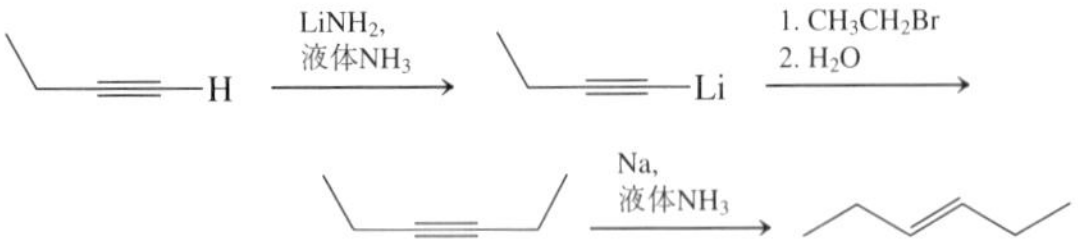

13-22

開始段階

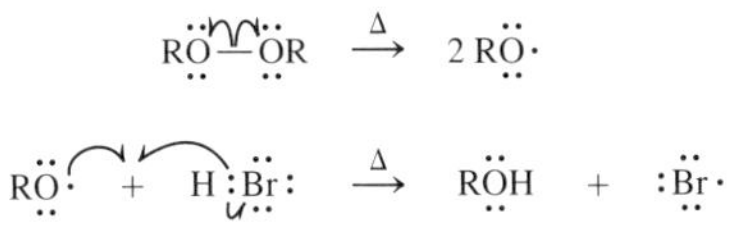

伝搬段階

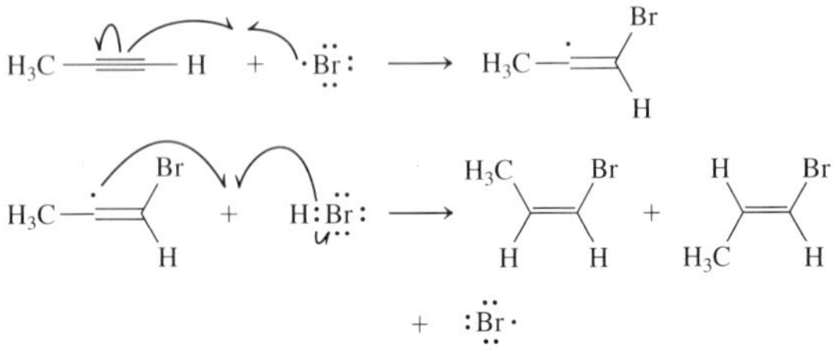

13-23

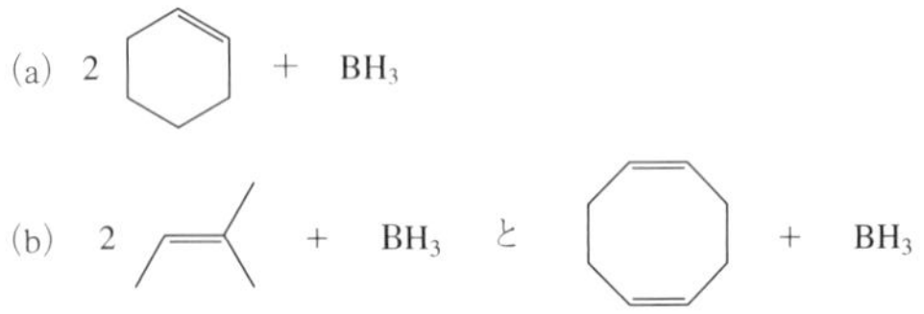

13-24

(a) (i) CH_3CHO (ii) CH_3CH_2CHO

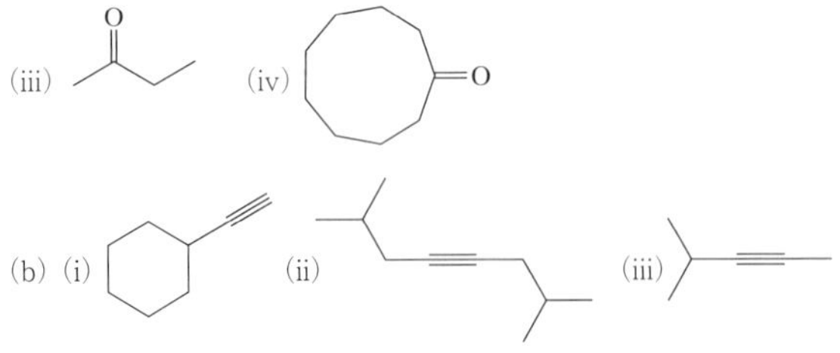

13-25

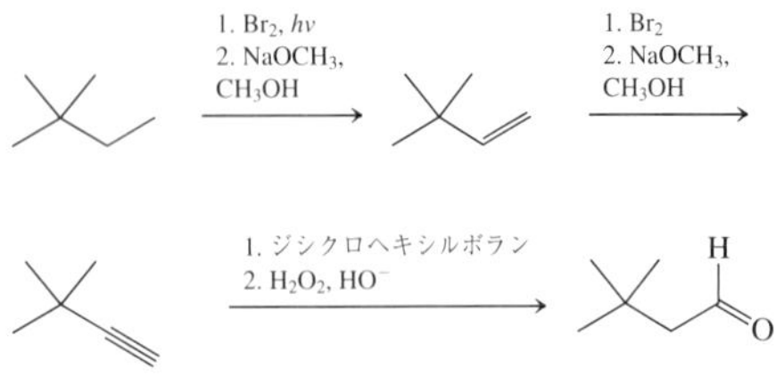

13-26

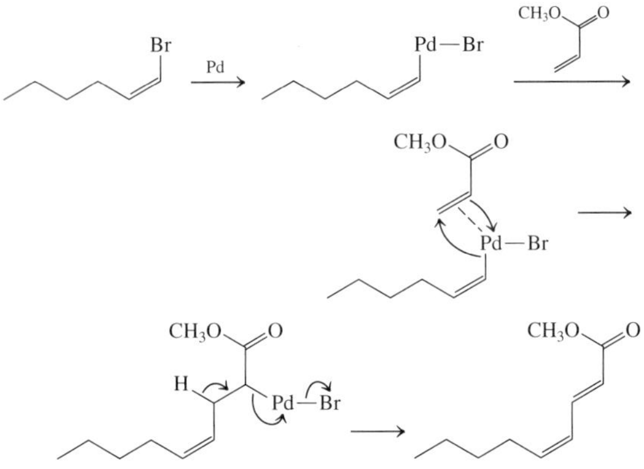

14 章

14-1

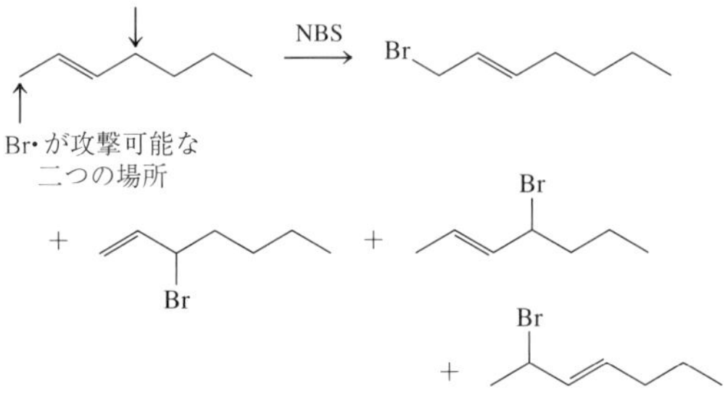

14-2

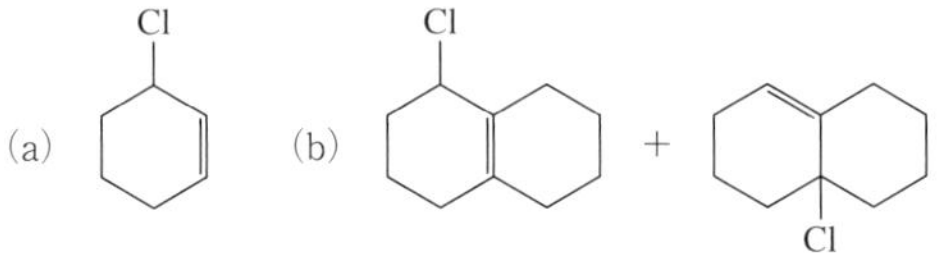

(c) 攻撃の場所

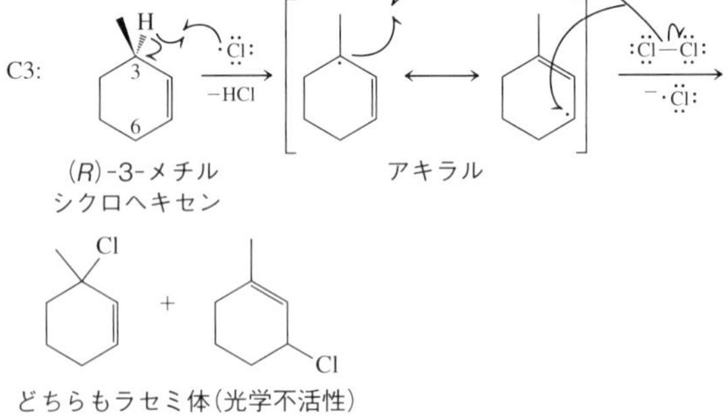

どちらもラセミ体(光学不活性)

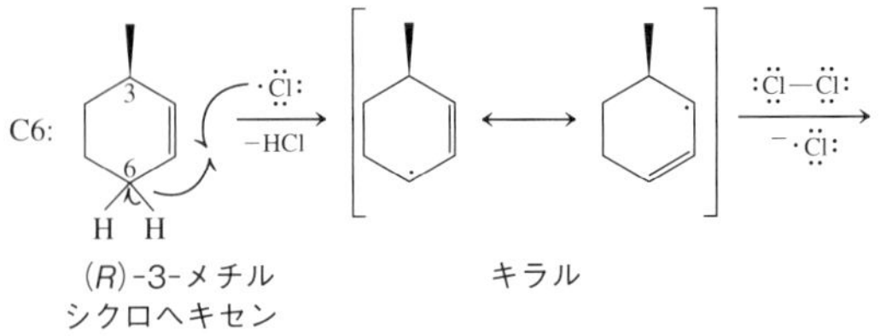

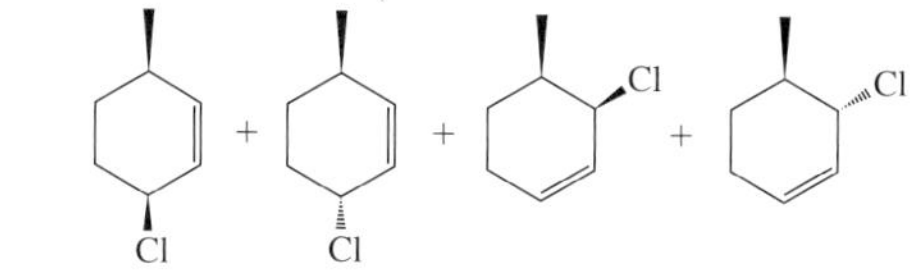

(3*S*,6*R*)-　(3*R*,6*R*)-　　(3*R*,4*R*)-　　(3*S*,4*R*)-
3-クロロ-6-メチルシクロヘキセン　　3-クロロ-4-メチルシクロヘキセン
すべて純粋なエナンチオマー(光学活性)

14-3
中間体のアリル型カチオンはアキラルである.

14-4
本文の「答え」を参照.

14-5

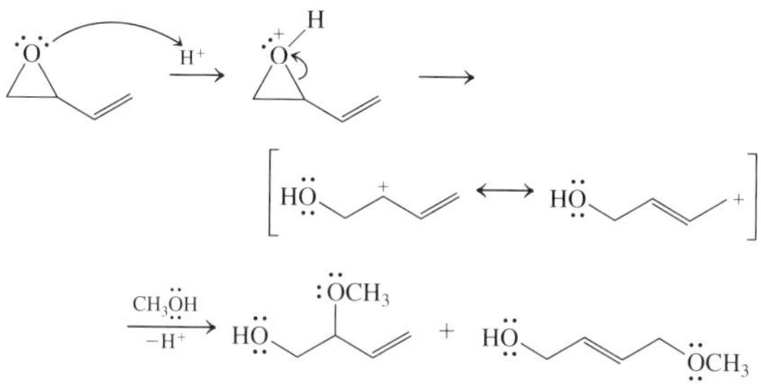

14-6
イオン化が起こっても，塩化物イオンはアリル型カチオン中間体からすぐに離れて拡散してしまうわけではない．再結合が起こって，もとの出発物質あるいはそのアリル型異性体が生成する〔S_N1 反応の可逆性について思い起こそう(練習問題 7-3 参照)〕．しかし，塩化物は解離し続けるので，すぐれた求核種であるが，脱離能の小さい(表 6-4 参照)酢酸イオンが求核攻撃した生成物が最終的に優先する.

14-7

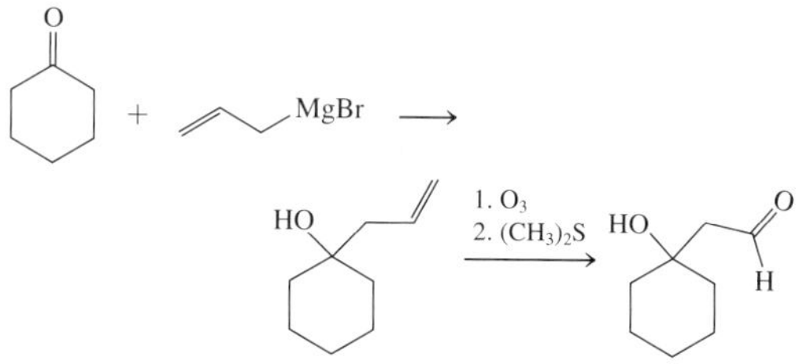

14-8
(a) 5-ブロモ-1,3-シクロヘプタジエン
(b) (*E*)-2,3-ジメチル-1,3-ペンタジエン
(c) *trans*-6-エテニル-4-ノネン

(d) 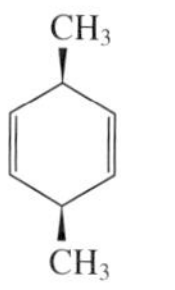　(e) 　(f) 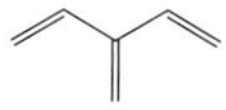

14-9
(a) 最大：B；最小：C.
(b) 内部のトランス二重結合は，末端の二重結合よりも約 2.7 kcal mol^{-1} 安定である(図 11-12 参照)．この差と予想される 3.5 kcal mol^{-1} の安定化エネルギーを足すと 6.2 kcal mol^{-1} となり，実測の値とよく一致する.

14-10

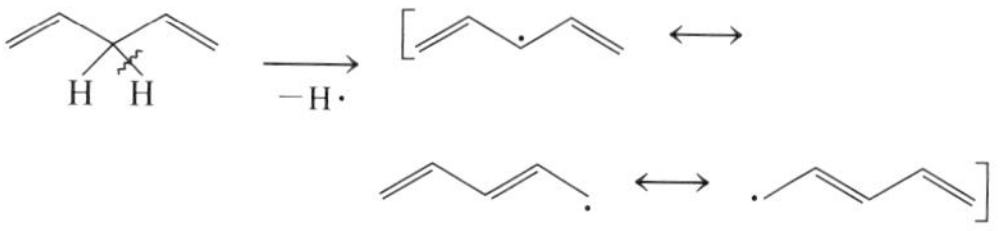

生成物は非局在化したペンタジエニルラジカルである.

14-11

(a) 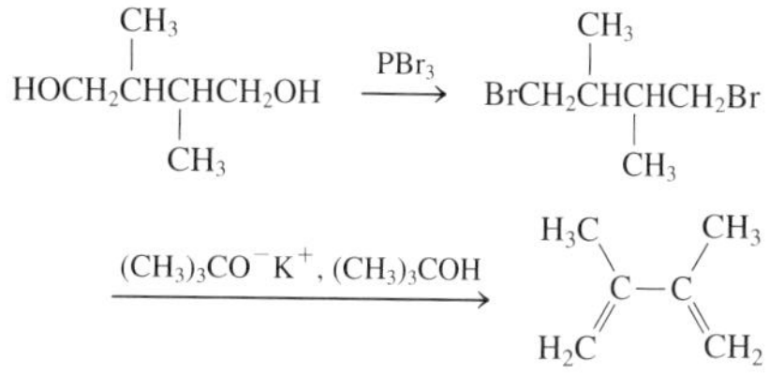

(b)

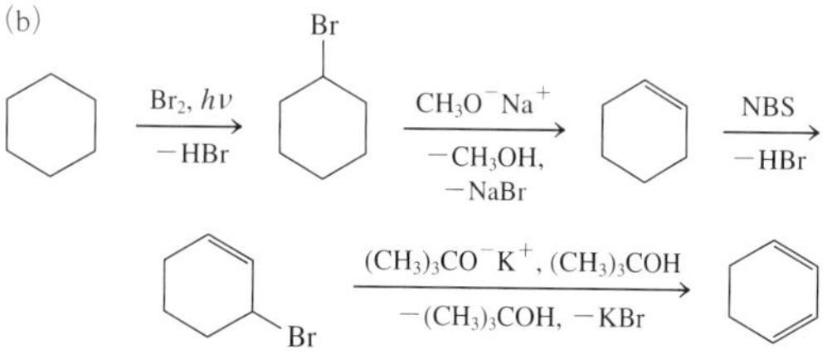

14-12
(a)
(i) 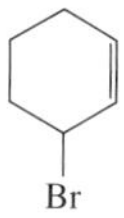 どちらの付加様式でも，同じ生成物になる.

(ii) 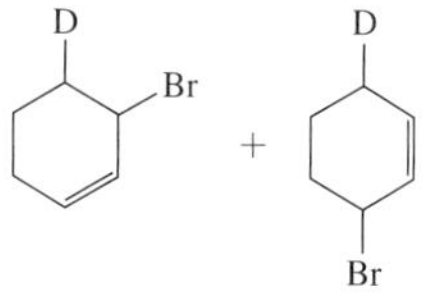 シスとトランスの両方ができる.

無置換のシクロアルカ-1,3-ジエンへの HX の 1,2-付加あるいは 1,4-付加は，出発物質に対称性があるため結果的に同じ生成物を与える．HX の代わりに DX を用いると，その対称性は崩れる.
(b)
(i) 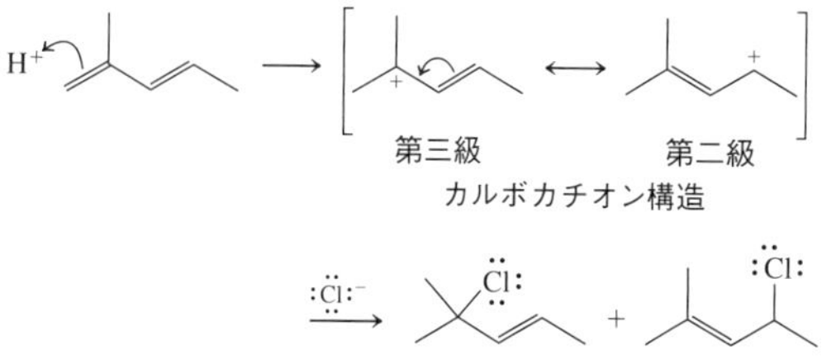

別のプロトン化では，より不安定なカチオン中間体を与える.

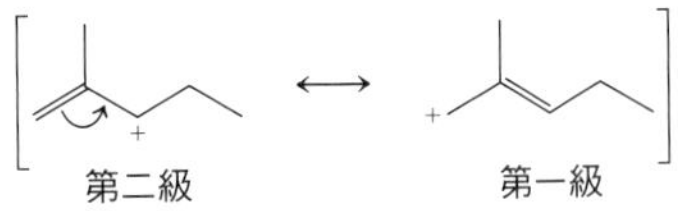

第二級　　　　第一級

カルボカチオン構造

(ii)

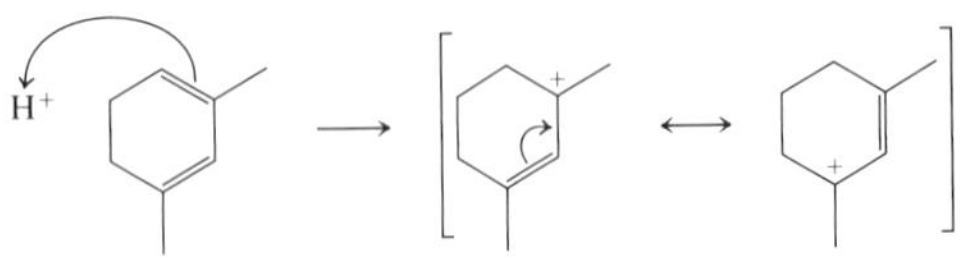

第三級　　　　第三級

カルボカチオン構造

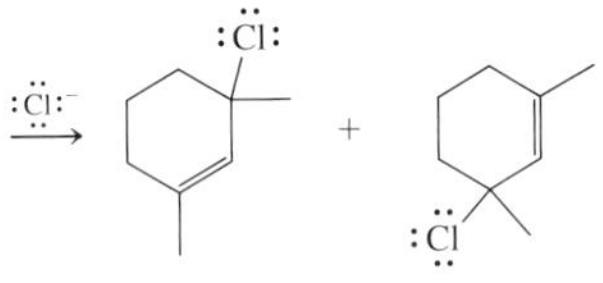

別のプロトン化では，より不安定なカチオン中間体を与える．

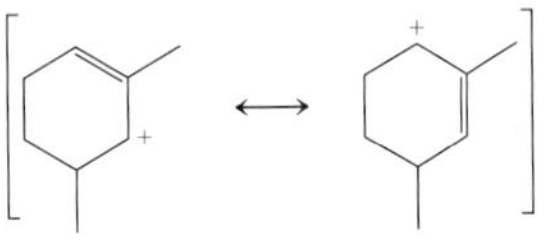

第二級　　　　第二級

カルボカチオン構造

(iii)

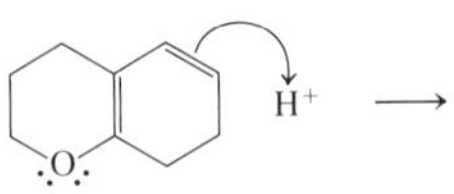

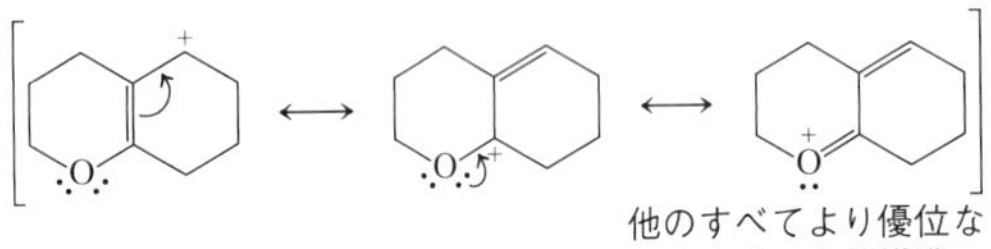

他のすべてより優位な
オクテットの構造

別のプロトン化では，オクテットの構造を生成しない．

14-13

本文の「答え」を参照．

14-14

(a) (A)は1,2-付加物であり，速度論支配の生成物である．
(B)は1,4-付加物であり，熱力学支配の生成物である．

(b)

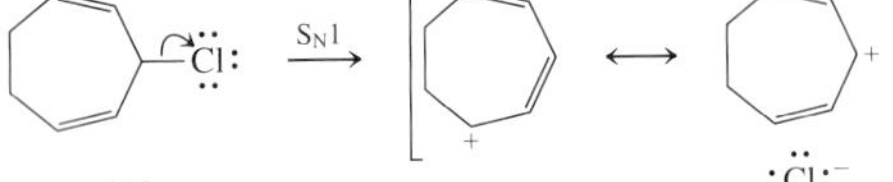

(C)

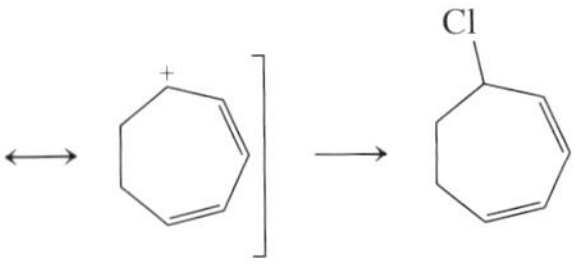

(D)

14-15

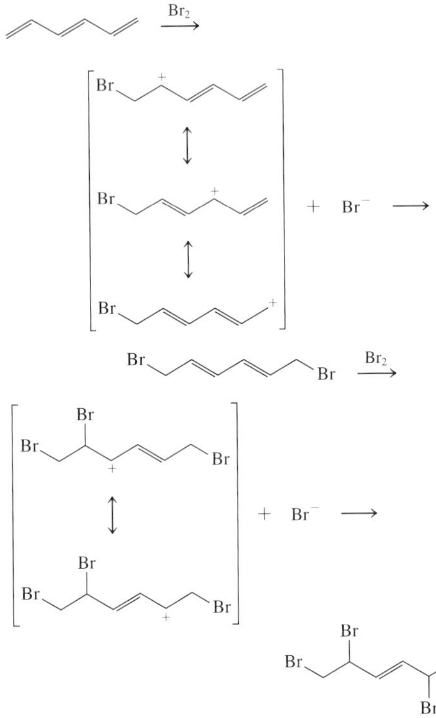

14-16

(a), (b) アルキル基は電子供与性なので，電子豊富である．
(c), (d) カルボニル基は誘起効果と共鳴により，またフッ素は誘起効果のみにより電子求引性なので，電子不足である．

14-17

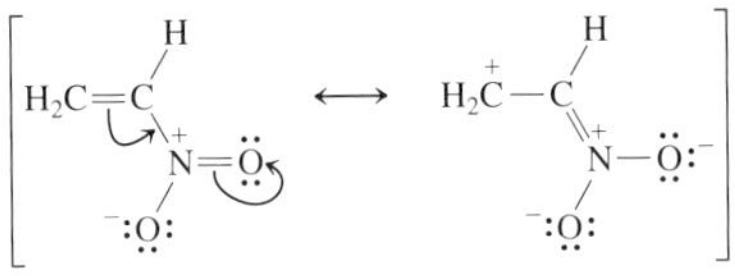

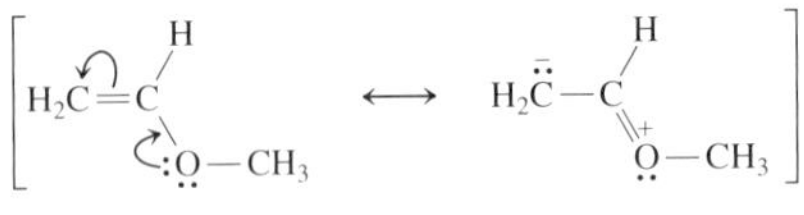

14-18

(a)

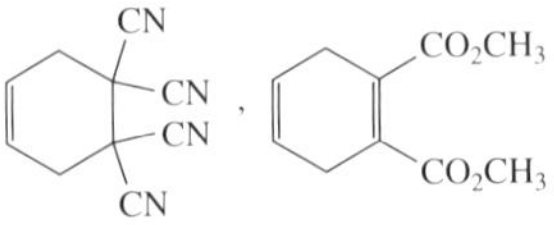

(b)

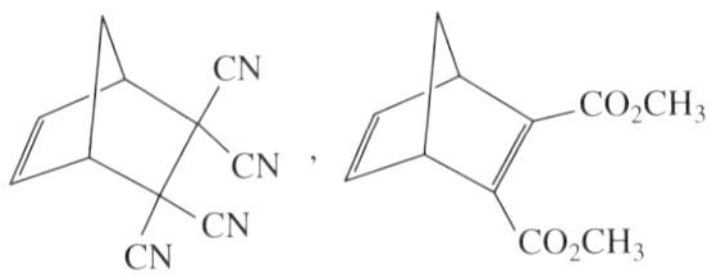

(これらの生成物の分子模型を組め)

(c) 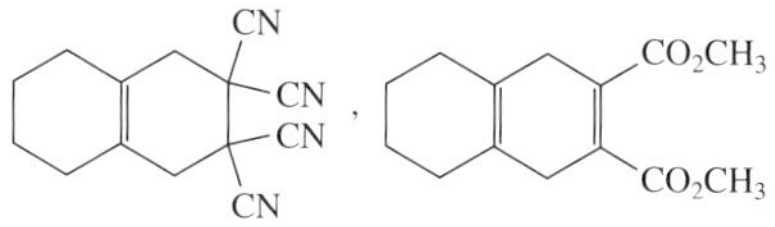

14-19
本文の「答え」を参照.

14-20
(a) 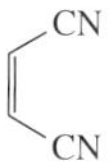

(b) 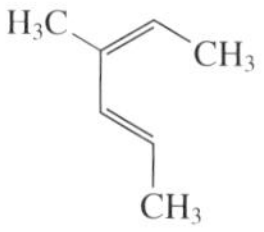 または 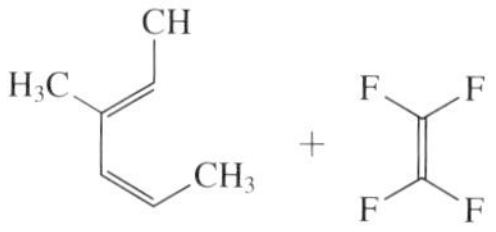

(c) 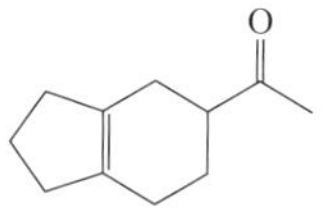

14-21
立体障害のため, シス, トランス異性体は*s*-シス形配座を容易にとることができない.

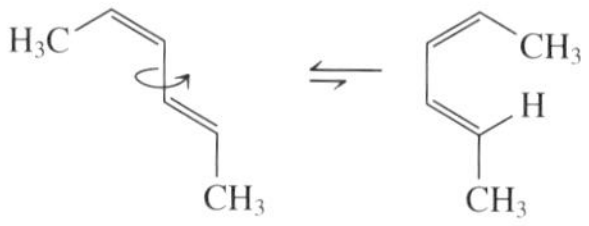

立体障害がある

14-22
本文の「答え」を参照.

14-23
(a) 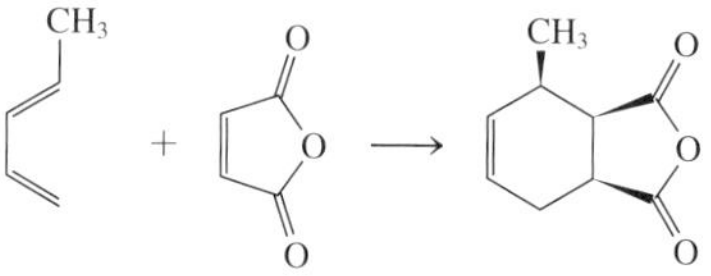

(b) 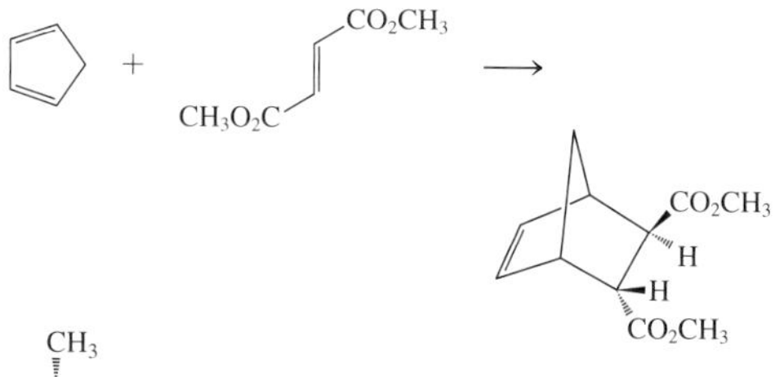

(c) 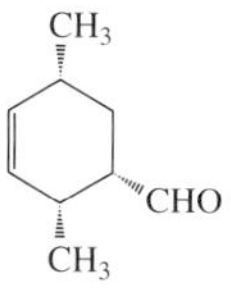

14-24
はじめの生成物はエキソ付加, 次の生成物はエンド付加の配向である.

(a) 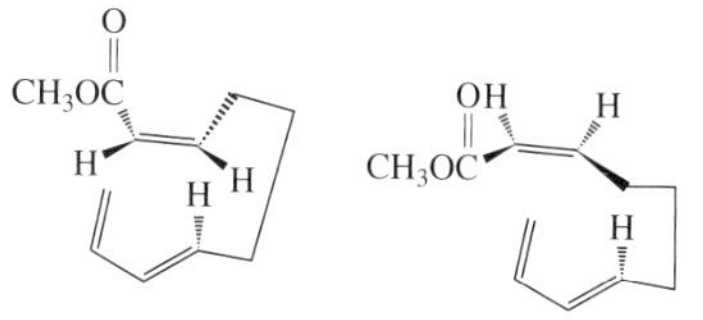

(b) 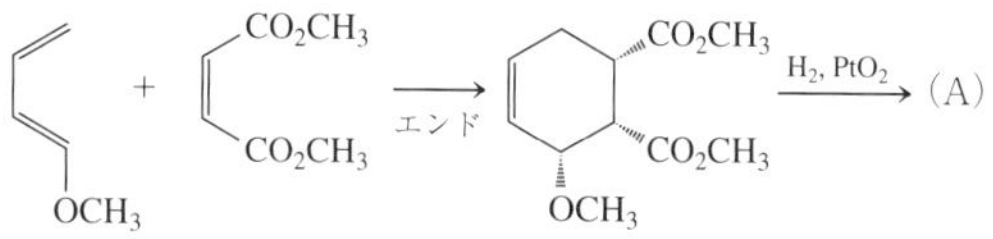

14-25
(a) 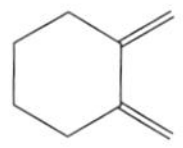 (b)  (c) 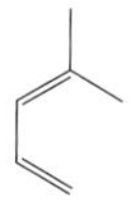 (d) 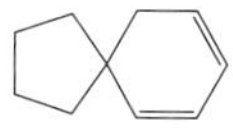

14-26
(a) (i) 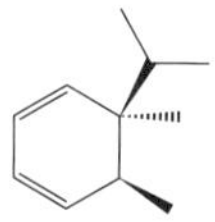 (ii) 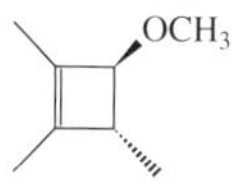 (iii) $h\nu$

(b) (A) $\xrightarrow{h\nu}$ (B)　同旋的閉環が2度起こる　(A) $\xrightarrow{\Delta}$ (C)　逆旋的閉環が2度起こる

14-27
本文の「答え」を参照.

14-28
Woodward–Hoffmann 則にもとづいて予想されるように, 同旋的と考えられる. 模型を組んでみよう.

14-29
(b), (c), (a), (f), (d), (e)

索　引

＊ 太字のページ数はその語が本文中に太字で掲載されていることを示す．

あ

IRスペクトルの照合(scissoring motion in IR spectroscopy)　593
赤潮(red tide)　447
アキシアル水素原子(axial hydrogen atom)　186
　いす形シクロヘキサンにおける——(in chair form of cyclohexane)　**185**
　相互転換(interconversion)　187
アキラルな分子(achiral molecule)　**225**～227
アクラシノマイシンA(aclacinomycin A)　337
アクリル繊維(acrylic fiber)　**734**
アスパラギン(asparagine)　252
アセチレン(acetylene)(エチンを参照)
アセトン(acetone)
　——の化学構造(chemical structure)　2
アダマンタン(adamantane)　200
Adams触媒(Adams's catalyst)　630
Adams, Roger　630
アトルバスタチン(atorvastatin)　278
アドレナリン(adrenaline)　275
アニオン(anion)　**8**，127
　アルニキル——(alkynyl)　717～718
　ラジカルと——(radical versus)　127
アニオン重合(anionic polymerization)　**676**～678
アヘン(opium)　474
アミノ酸(amino acid)
　——の絶対配置(absolute configuration of)　258
　非必須——(nonessential)　293
アミン(amine)　**90**
アラニン(alanine)　293
アリル(allyl)　**752**
アリル位とのスピン－スピン結合(allylic coupling)　**575**
アリル位の塩素化(allylic chlorination)　757
アリル位の臭素化(allylic bromination)　756
アリル位の脱プロトン化(allylic deprotonation)　760
アリル位のラジカル的置換(radical allylic substitution)　**755**
アリル位のラジカル的ハロゲン化(radical allylic halogenation)　755～758
アリル型アルコール(allylic alcohol)　759
アリル型塩化物(allylic chloride)　758
アリル型ハロゲン化物(allylic halide)
　——の求核置換反応(nucleophilic substitution of)　758～760
　S_N1反応(S_N1 reaction)　758～759
　S_N2反応(S_N2 reaction)　759～760
アリル型有機金属反応剤(allylic organometallic reagent)　760～761
R,*S*順位則(*R*,*S* sequence rule)　233～235
　*R*と*S*の決定(assigning *R* and *S*)　232
　優先順位(priority assignment)　233～235
　立体中心(stereocenter)　233
R,*S*の優先順位(*R* and *S* assignment concept)　233～235
　Fischer投影式(with Fischer projections)　240
　立体中心における——(at stereocenter)　233
R,*S*立体中心(*R* and *S* stereocenter)　247
アルカノール(alkanol)　**366**
アルカリ金属(alkali metal)
　——からのアルコキシド(alkoxide from)　425
　——に対するROHの相対的反応性(relative reactivity of ROH with)　425
アルカン(alkane)　**2**，**89**
　——の異性体(isomeric)　93
　——の結合解離エネルギー(bond-dissociation energy)　128
　——の構造ならびに物理的性質(structural physical property of)　101～104
　——の酸性度(acidity of)　708
　——の性質(property)　101
　——の相対的安定性(relative stability of)　162～163
　——の燃焼(combustion)　161～163
　——の命名(naming of)　94～101
　——の融点(melting point)　572
　一般名(慣用名)〔common(trivial)name〕　94
　官能基をもたない——(as lacking functional group)　89
　原料としての石油(petroleum as source)　136
　体系的な命名法(systematic nomenclature)　94
　直鎖——(straight-chain)　92，96～99，102，179
　燃焼熱(heat of combustion)　162
　複雑な——(の命名)(complex, naming)　100～101
　分枝——(branched)　92，104
　分子間引力(attractive force between molecule)　103～105
　飽和と不飽和(saturated and unsaturated)　**562**
　ラジカル反応(radical reaction)　125
アルカン酸エステル(alkanoate)　**437**
アルカンチオラート(alkanethiolate)　**466**
アルカンの結合(alkane bond)
　——の結合解離エネルギー(bond-dissociation energy)　128
　——の強さ(strength of)　126～131
アルキニル(alkynyl)　**704**
アルキニルアニオン(alkynyl anion)
　——からのアルキン(alkyne preparation from)　717～718
　——のアルキル化(alkylation of)　717
　——の反応(reaction of)　717
アルキノール(alkynol)　**705**
アルキリデン(alkylidene)　**567**
アルキル移動(alkyl shift)　**434**～437
　——の反応機構(mechanism of)　435
　S_N1反応における——(in S_N1 reaction)　435
　協奏的な——(concerted)　437
アルキルオキソニウムイオン(alkyloxonium ion)　**325**，426～429
アルキル化(alkylation)
　アルキニルアニオンの——(of alkynyl anion)　717
　有機金属の——(of organometallics)　398～399
アルキル基(alkyl group)　**91**，**96**
　——の移動(migration)　**434**
　——のスピン－スピン分裂(spin-spin splitting in)　523，524
　——の生成(formation)　**95**

アルキル金属の——(in alkylmetal) 389～391
R(ラジカルまたは残基を表す)〔R(radical or residue) representation〕 91
表し方(representation) 91
S_N1 反応の効果(effect on S_N1 reaction) 330～331
分枝——(branched) 96
アルキル金属(アルキル基における)(alkylmetal, alkyl group in) 389～391
アルキル金属結合(alkylmetal bond) 387～389
アルキルチオ(alkylthio) **466**
アルキルチオアルカン(alkylthioalkane) **466**
炭素−金属結合(carbon-metal bond) 389
アルキルマグネシウム合成(alkylmagnesium synthesis) 388
アルキルラジカル(alkyl radical) 131～133
アルキルリチウム(alkyllithium)
——の合成(synthesis) 378
——の反応(reactions of) 415
ハロアルカン(haloalkane) 393
アルキルリチウム化合物(炭素−金属結合)(alkyllithium compound, carbonmetal bond) 389
アルキン(alkyne) **89**, 703～750, **704**
——のアルキニルアニオンの合成(alkynyl anion preparation of) 717～718
——の1電子還元(one-electron reduction of) 720～721
——の一般名(慣用名)(common name for) 704
——の遠隔カップリング結合(long-range coupling in) 711
——の還元(reduction of) 718～722
——の完全水素化反応(complete hydrogenation) 719
——の官能基(functional group of) **89**
——の求電子付加反応(electrophilic addition reaction of) 723～727
——の質量分析法におけるフラグメント化(mass spectral fragmentation of) 713～715
——の水銀(Ⅱ)イオン触媒による水和反応(mercuric ion-catalyzed hydration of) 725～727
——の性質と結合(property and bonding in) 706～709
——の相対的安定性(relative stability of) 708
——の脱プロトン化(deprotonation of) 709
——のナトリウム反応(sodium reduction of) 720～721
——の二重ハロゲン化(double halogenation of) 725
——の反応(reaction of) 743
——のヒドロホウ素化(hydroboration of) 728
——のヒドロホウ素化−酸化(hydroboration-oxidation of) 728～729
——の分光法(spectroscopy of) 709～715
——の命名(naming of) 704～705
——の命名則(rule for naming) 705
——の溶解した金属による還元反応(dissolving-metal reduction of) 720
——への付加様式(topologie of addition) 719
アルキニル(alkynyl) 704
アルキノール(alkynol) 705
アルケニン(alkenyne) 705
エチニル(ethynyl) 704
エチン(ethyne) 706～707
大きいエネルギーをもつ化合物(as high-energy compound) 707
化学シフト(chemical shift) 713
逆 Markovnikov 付加反応(*anti*-Markovnikov addition) 727～729
共鳴安定化されたカチオン(resonance-stabilized cation) 713～715
ケトン(ketone) 725～727
合成(synthesis) 715, 726～727
合成デザイン(synthesis design) 738～740
三重結合(triple bond) 703
質量分析装置中の——のフラグメント化(fragmentation in mass spectrometer) 714
ジハロアルカンからの二重の脱離反応(double elimination from dihaloalkane) 715
ジハロアルカンの二重脱ハロゲン化水素反応(double dehydrohalogenation of dihaloalkane) 716
水素のしゃへい化(hydrogen shielding) 710～711
スピン−スピン結合(spin-spin coupling) 711
赤外吸収(infrared absorption) 713
天然の薬(in nature and medicine) 735～737
内部——(internal) 704, 723, 726
二重の脱離反応による合成(preparation by double elimination) 715～717
π結合(pi bond) 718～722
ハロアルケンと中間体(haloalkene as intermediate) 716～717
ハロゲン化アルケニル(alkenyl halide) 716
ハロゲン化水素の付加(hydrogen halide addition to) 723～724
ハロゲン化−二重脱ハロゲン化水素反応(halogenation-double dehydrohalogenation) 716
反応剤 A−B の付加(addition of reagents A-B to) 719
末端——(terminal) 704, 708, 713, 724, 728～729
無極性(as nonpolar) 706
Lindlar 触媒の水素化反応(Lindlar catalyst hydrogenation and) 719
アルケニル(alkenyl) **566**
アルケニル水素(alkenyl hydrogen)
アルケニル有機金属(alkenyl organometallics) 730
一次では解析できないスペクトル(non-first-order spectra) 578
反しゃへい化(deshielding) 574～575
アルケニン(alkenyne) **705**
アルケノール(alkenol) **566**
アルケン(alkene) **89**, **561**, 572
——からのオキサシクロプロパンの生成(oxacyclopropane formation from) 647
——に対する臭素の付加反応(bromine addition to) 643
——に対するチオールのラジカル付加反応(radical addition of thiol to) 672
——に対するハロゲンの求電子付加(electrophilic addition of halogen to) 642～646
——のアンチジヒドロキシ化(*anti* dihydroxylation of) 663
——の一般名(common name of) 562
——のオリゴマー化(oligomerization of) 673～675
——の核磁気共鳴(nuclear magnetic resonance of) 573～579
——の官能基(functional group of) **89**
——の合成ロードマップ(preparation diagram) 616
——の酸触媒平衡(acid-catalyzed equilibrium of) 642
——の酸性度(acidity of) 708
——の四酸化オスミウム酸化(osmium tetroxide oxidation of) 666
——の重合(polymerization of) 673～675
——の主要な変角振動(infrared bending frequency for) 596
——の触媒的水素化(catalytic hydrogenation of) 580～583
——の水和反応(hydration) 640
——の相対的安定性(relative stability of) 582
——の断片化のパターン(fragmentation pattern of) 606～607
——の二量化(dimerization of) 673～675
——のハロゲン化(halogenation of) 643
——の反応(reaction of) 627～702
——のビシニルアンチジヒドロキシ化

(vicinal *anti* dihydroxylation of) 663
——のヒドロホウ素化(hydroboration of) 656
——の物理特性(physical property of) 572~573
——の分極(polarization in) 573
——の命名(naming of) 562~568
——のメタンセシス反応(metathesis of) 680~681
——の立体的な込み合い(steric congestion in) 582
——への付加の立体化学(addition topologie) 633
IUPACの命名則(IUPAC rule for naming) 563
アリル位とのスピン–スピン結合(allylic coupling) 575
アルコールの脱水素化による——の合成(preparation by dehydration of alcohol) 590
アンチ付加(*anti* addition) 633, 643~644
*E,Z*による表記法(*E,Z* system) 565
E2反応における位置選択性(regioselectivity in E2 reactions) 586~587
エテンの構造と結合(ethene structure and bonding) 568~572
エナンチオ選択的付加(enantioselective addition to) 664~665
遠隔カップリング(long-range coupling) 575
オキサシクロプロパンの合成(oxacyclopropane synthesis) 661~663
オキシ水銀化–脱水銀化(oxymercuration–demercuration) 650~655
オゾン分解(ozonolysis) 667~669
幾何(geometric) 564
逆Markovnikov臭化水素化反応(*anti*-Markovnikov hydrobromination) 669~673
逆Markovnikov水和反応(*anti*-Markovnikov hydration) 655~658
求電子付加反応(electrophilic addition) 634~639
結合の強さ(bond strength) 572
Saytzev則(Saytzev rule) 584
ジェミナルカップリング(geminal coupling) 575
シクロプロパンへの変換(conversion to cyclopropane) 659
シス(*cis*) 587
シス異性体(*cis* isomer) 582~583
シス–トランス異性化(*cis–trans* isomerization) 632
シス–トランス異性体(*cis–trans* isomer) 564
シス二置換——(*cis*-disubstituted) 572, 582
シスの関係にある水素間のスピン結合(*cis* coupling) 574~575
自然界における——(in nature) 680~681
臭化水素の付加反応(hydrogen bromide addition) 669~672
触媒的水素化(catalytic hydrogenation) 630~634
シン付加(*syn* addition) 630
水素化熱(heat of hydrogenation) 581~582
第一級アルコールからの合成(synthesis from primary alcohol) 454
炭素-13 NMR(carbon-13 NMR) 577
トランス異性体(*trans* isomer) 581~583
トランスの関係にある水素間のスピン結合(*trans* coupling) 574
内部——(internal) 563
二重結合(potassium permanganate test for double bond) 666
二重結合異性体(double-bond isomer) 563
二重線の二重線の分裂様式(doublet of doublet splitting pattern) 575
熱異性化(thermal isomerization) 570~571
熱力学支配(thermodynamic control) 640~642
熱力学的考察(thermodynamic feasibility) 628~629
π結合(pi bond) 568~572
ハロアルカンとスルホン酸アルキルからの合成(preparation from haloalkane alkyl sulfonate) 583~588
ハロゲン化アルケニルと——のカップリング(alkenyl halide coupling to) 729~731
ハロゲンの求電子付加反応(halogen electrophilic addition to) 642~646
反応剤A–Bと求電子的な攻撃(reagents A–B and electrophilic attack) 650
ビシナルカップリング(vicinal coupling) 575
ヒドロホウ素化–酸化(hydroboration–oxidation) 655~658
付加反応(addition reaction) 562, 628~629
複数のカップリング(complex coupling) 575~577
不飽和——(as unsaturated) 562
プロトン化の可逆性(protonation reversibility) 642
平衡(equilibration) 642
Hofmann則(Hofmann rule) 586
末端——(terminal) 563
融点(melting point) 572
弱い双極子(weak dipolar character) 572
四置換——(highly substituted) 581~582
立体特異的なE2反応(E2 stereospecific process) 588
隣接シンジヒドロキシ化(vicinal *syn* dihydroxylation) 664~665
アルケンのメタセシス反応(alkene metathesis) 680~681
——へのアルコール変換(alcohol conversion to) 438
アルコキシド(alkoxide)
——の生成(formation) 389
アルコールとアルカリ金属からの生成(from alcohol and alkali metal) 424
アルコーリシス(alcoholysis) 455
アルコール(alcohol) **90**, 365, **366**~421
——からのハロアルカン(haloalkane from) 438~440
——からのブロモアルカンの合成(bromoalkane synthesis from) 426
——からのヨードアルカン合成(iodoalkane synthesis from) 439
——の塩基性(basicity of) 375
——の可能な構造(structural possibility) 494
——の抗菌作用(antimicrobial activity) 372
——の合成(preparation of) 414
——の酸性度(acidity of) 372~375
——の生理学的性質と用途(physiological property and use of) 470~476
——の置換と脱離反応(substitution and elimination reaction of) 426~429
——の反応(reaction of) 484
——の反応様式(reaction mode) 424
——のpK_a値(pK_a value of) 372, 375
——の物理的性質(physical property of) 370
——の命名(naming of) 366~368
アリル位の——(allylic) 759
アルキルオキソニウムイオン(alkyloxonium ion) 426~429
アルコキシド(alkoxide from) 424~425
アルデヒド(aldehyde) 391
硫黄類縁体(sulfur analog of) 466~470
エステル(ester) 437~443
塩基との反応(reaction with base) 424~425
カルボカチオンの転位反応(carbocation rearrangement) 430~437
カルボニル基のヒドリド還元(hydride reduction of carbonyl group) 380~383
カルボン酸(carboxylic acid) 437
環状——(cyclic)(シクロアルカノールを参照)
逆合成解析(retrosynthetic analysis)

397～404, 407～410
クロム反応剤(chromium reagent) 383～385
ケトン(ketone) 391
ケトンへの酸化(oxidation to a ketone) 383
合成における——の酸化の有用性(oxidation utility in synthesis) 402
鎖長(chain length) 372
酸および塩基としての——(as acid and base) 372～375
酸化(oxidation) 383～385
酸化還元反応(redox reaction) 377
酸化中のクロム酸エステル(chromic ester in oxidation) 386
酸素上の孤立電子対(oxygen electron pair) 375
水素結合(hydrogen bonding) 368～371
水和反応(hydration) 640
第一級——(primary) 385, 392, 426～427, 436～437, 454
第三級——(tertiary) 392, 427～428, 455, 590
第三級ブチルエーテルの保護(protection as tertiary butyl ether) 457
第二級——(secondary) 383, 392, 427～428, 454, 590
脱水反応(dehydration) 588～591
脱水反応における——の相対的反応性(relative reactivity in dehydration) 590
脱プロトン化(deprotonation) 424～425
チオールとチオエステル(thiol and thioether) 467
強い酸(strong acid) 426～429
ひずみのあるエーテルは——に変換(strained ether conversion into) 460～462
沸点(boiling point) 467
フラグメント化(fragmentation) 606
水との構造上の類似性(structure similarity to water) 369
命名規則(rule for naming) 368
有機金属反応剤(organometallic reagent) 386～391
誘起効果(inductive effect) 375
立体的阻害(steric disruption) 374
両性(as amphoteric) 375
アルコール合成(alcohol synthesis) 377～386
還元による——の逆反応(by reduction as reversible) 383～385
求核置換反応による——(by nucleophilic substitution) 375～377
求電子水和反応による——(by electrophilic hydration) 640～642
ヒドロホウ素化–酸化による——(by hydroboration–oxidation) 657
有機金属反応剤(organometallic reagent) 391～393
Alder, Kurt 774
アルデヒド(aldehyde) **90**
——からのアルコールの合成(alcohol synthesis from) 391
アルコールへのヒドリド還元(hydride reduction to alcohol) 380～381
クロム酸エステルからの生成(formation from chromic ester) 386
第二級アルコール生成(in secondary alcohol formation) 392
PCC による第一級アルコールの——への酸化(PCC oxidation of primary alcohol to) 385
α 開裂(alpha cleavage) **605**
アルブテロール(albuterol) 221, 252
RU–486 206～207
Arrhenius 式(Arrhenius equation) 71
Arrhenius, Svante 71
アレーン(arene) **89**, **761**
–ane(接尾辞)(–ane suffix) **95**
アンギュラー縮合(angular fusion) **203**
安息香酸(benzoic acid) 85
アンチ形(*anti* conformer) 110
アンチジヒドロキシ化(*anti* dihydroxylation) **663**
アンチ臭化(*anti* bromination) 644
アンチ付加(*anti* addition) **633**, **643**～644
アンドロゲン(androgen) 204
アンモニア(ammonia)
——における結合電子反発(bonding electron repulsion in) 43
孤立電子対(lone electron pair) 44

い

硫黄(sulfur)
——の原子価殻(valence–shell expansion of) 468～469
——の類縁体(analog) 466～470
イオノホア(ionophore) **446**
イオン(ion) **127**, 597～599
イオン–イオン相互作用(ion–ion interaction) 103
イオン化(ionization)
——ポテンシャル(potential, IP) **10**
電子の衝突による分子の——(of molecule on electron impact) 599
イオン結合(ionic bonding) **8**
イオン輸送剤(ion transport agent) **446**
イクチオテレオール(ichthyothereol) 736
異種核相関分光法(heteronuclear correlation spectroscopy, HETCOR) 543
いす形–いす形相互変換(chair–chair interconversion) 189
いす形シクロヘキサン(の書き方)(chair cyclohexane, drawing) 186～188
いす形配座(chair conformation) **184**～185
異性化(isomerization)
シス–トランス(*cis–trans*) 632
熱——(thermal) 570～571
異性体(isomer) 222
E,*Z* による表記法(*E*,*Z* system) **565**
iso–(接頭辞)(iso–prefix) **94**
イソプレン単位(isoprene unit) **200**, 797
イソロイシン(isoleucine) 243
一次スペクトル(first order spectra) **527**
一次反応(first–order reaction) **70**
一重線(NMR スペクトル)(singlet in NMR spectra) **517**
位置選択性(regioselectivity)
E2 反応における——(in E2 reaction) 584～587
オキサシクロプロパン(oxacyclopropane) 458
オキシ水銀化(oxymercuration) 650
求電子付加における——(in electrophilic addition) 636～638
脱離における——(in elimination) 586～587
ハロニウムイオンの開環反応(halonium ion opening) 647～648
ヒドロボラン化の——(of hydroboration) 657
1,3–ブタジエンの——(of 1,3–butadiene) 767
ブロモニウムイオン開環(bromonium ion opening) 647
Markovnikov 則(Markovnikov rule) 636～638
Markovnikov 則にしたがった——(Markovnikov) 651
一分子求核置換反応(unimolecular nucleophilic substitution) **323**～327, 821
一次の速度則(first–order kinetics) 323～324
カルボカチオンの生成(carbocation formation) 324～326
求核剤の強さ(nucleophile strength) 330～331
極性溶媒(polar solvent) 329～330
脱離基(leaving group) 330
一分子脱離反応(unimolecular elimination, E1) 337～341, 821
アルケン生成段階(alkene–forming step) 339
S_N1 と——間の競争(competition between S_N1) 338
S_N1 反応の比(S_N1 ratio to) 340
カルボカチオンの転位反応(carbocation rearrangement) 434～435
混合物(product mixture) 340
反応機構(reaction mechanism) 339

律速段階（rate-determining step） 338
一酸化炭素（carbon monoxide） 27
一般名（慣用名）〔common（trivial）name〕 94
イブプロフェン（ibuprofen） 237
-ylene（接尾辞）（-ylene suffix） 562
-yne（接尾辞）（-yne suffix） 704
Ingold, Sir Christopher 232

――立体特異性（stereospecificity） 451〜453
　S_N2 反応（S_N2 reaction） 447〜449
　環の大きさ（ring size） 450〜451
　分子内――（intramolecular） 449〜453
Wöhler, Friedrich 4
右旋性（dextrorotatory） 228
Woodward-Hoffmann 則（Woodward-Hoffmann rule） 791
Woodward, Robert B. 791
運動エネルギー（kinetic energy） 69

え

エキソ環状付加（exo cycloaddition） 783
エキソ形付加物（exo adduct） 783
エクアトリアル位（equatorial position）
　置換基による――の争い（substituent competition for） 193〜196
　メチルシクロヘキサン（methylcyclohexane） 190〜191
エクアトリアル水素原子（equatorial hydrogen atom） 186
　いす形シクロヘキサン（in chair form of cyclohexane） 186
　相互変換（interconversion） 189
エクアトリアル平面（equatorial plane） 186
S_N2 反応（S_N2 reaction） 307〜311
　――における反転の結果（inversion consequence in） 291〜295
　――によるエーテルの合成（ether preparation by） 447〜449
　――のエナンチオマー合成（enantiomer synthesis with） 292
　――の概観（summary） 311
　――の静電ポテンシャル図（electrostatic potential map of） 290
　――の反応条件の変更（changing condition for） 313〜314
　――の立体特異性（as stereospecific） 289〜290
　アリル型ハロゲン化物（allylic halide） 759〜760
　アルキル基による影響（alkyl group effect on） 332〜337
エーテルの合成（ether synthesis） 453〜455
　基質（substrate） 307〜311
　基質の構造分析（substrate structure analysis） 314〜315
　軌道を用いた表現（orbital description） 290
　求核性（nucleophilicity） 311, 397〜404
　極性をもった非プロトン性溶媒（polar aprotic solvent） 301
　グリーンな反応の基準（green criteria） 336
　遷移状態（transition state） 290, 307〜308
　相対反応速度（relative rate） 304
　第二級（secondary system） 332〜333
　脱離基（leaving group） 295
　脱離基の脱離能（leaving-group ability） 311
　炭素鎖を長くする（carbon lengthening） 309
　2度の反転（double inversion） 292
　破線―くさび形表記法（構造）（hashed-wedged line structure） 309
　反応する炭素上での枝分かれ（branching at reacting carbon） 307〜308
　二つの立体中心での分子の――（of molecule with two stereocenters） 294
　ポテンシャルエネルギー図（potential-energy diagram） 327
　溶媒中におけるヨードメタンの塩化物イオンによる――（of iodomethane with chloride ion in solvent） 301
　溶媒和（solvation） 311
　立体化学（stereochemical consequence） 292
　立体障害（steric hindrance） 311
S_N1 対 S_N2（S_N1 versus S_N2） 336
――の速度に対する溶媒効果（solvent effect on rate of） 330
　――の立体化学（stereochemical consequence of） 327〜329
　――を記述する際に陥りやすい間違い（error in describing） 329
　――を目で見る実験（visual demonstration） 335
　アリル型ハロゲン化物（allylic halide） 758〜760
　アルキル移動（alkyl shift） 434
　E1 との競争（competition between E1） 338
　エーテルの合成（ether synthesis） 453〜455
極性溶媒（polar solvent） 329〜330
　グリーンな反応の基準（green criteria） 336
　酸触媒エーテル生成の――（for acid-catalyzed ether formation） 454
　水素移動（hydride shift） 430〜434
　制がん剤合成（anticancer drug synthesis） 337
　遷移状態（transition state） 329
　第三級アルコールとハロゲン化水素（tertiary alcohol and hydrogen halide） 429
　第二級（secondary system） 333〜336
　脱離基（leaving group） 330
　ポテンシャルエネルギー図（potential-energy diagram） 327
　ラセミ化（racemization） 328
エステル（ester）
　アルコールとハロアルカンからの――合成（from alcohol and haloalkane synthesis） 437〜443
　クロム酸――（chromic） 386
　無機酸――（inorganic） 438〜440
　有機酸――（organic） 437〜438
エステル化（esterification） 438
エストロゲン（estrogen） 206
sp 混成（sp hybrid） 40〜42
sp^2 混成（sp^2 hybrid） 42, 570
sp^3 混成（sp^3 hybrid） 42〜43
エスペラミシン（esperamicin） 735
エソメプラゾール（ネキシウム）〔esomeprazole（nexium）〕 78
エタノール（ethanol） 365〜366, 470〜471
　――の沸点と融点の比較（boiling point and melting point comparison） 370
　――の物理的性質（physical property of） 370
　構造異性体（as constitutional isomer） 47
　三次元的表現（three-dimensional representation） 49
枝分かれ（branching）
　S_N2 反応（S_N2 reaction） 307〜311
　置換反応の妨害（substitution retardation） 310〜311
エタン（ethane）
　――における回転（rotation in） 106
　――の塩素化（chlorination of） 149
　――の回転による異性化（rotational isomerism in） 108
　――の化学構造（chemical structure） 3
　――の Newman 投影式（Newman projection of） 106〜107
　――の表記（representation of） 107
　――の立体配座異性体（conformation of） 105〜106
エチニル（ethynyl） 704
エチル基（ethyl group） 114
エチレングリコール（ethylene glycol） 473

エチン(ethyne)　706～707
　——の軌道構造(orbital structure of)　706
　——の工業化学(industrial chemistry of)　733
　——の燃焼(combustion of)　707
　——のπ結合(pi bond in)　45
　——の付加反応(addition reaction of)　734
　——の分子構造(molecular structure of)　707
　——のLewis構造式(Lewis structure)　17
　三重結合(triple bond)　706
　酸性度(acidity)　708
　石炭からの製造(production from coal)　731～732
X線回折(X-ray diffraction)　232
エーテル(ether)　**90**, **366**, **443**
　——からの過酸化物(peroxide from)　456
　——の生理学的性質と用途(physiologic property and use of)　470～471
　——の反応(reaction of)　456～458
　——の沸点(boiling point of)　444
　——の物理的性質(physical property of)　444
　——の命名(name of)　443～444
　アルコーリシスによる——の生成(formation by alcoholysis)　455
　硫黄類縁体(sulfur analog of)　466～470
　イオノホア(ionophore)　446
　Williamson合成(Williamson synthesis)　447～453
　S_N2反応(S_N2 reaction)　447～449
　環状——(cyclic)　445, 449～451
　クラウン——(crown)　**445**～447
　クリプタンド(cryptand)　446
　酸による一次開裂(primary cleavage by acid)　456～457
　酸による第一級－第三級——の開裂(primary-tertiary cleavage by acid)　457
　水素結合を形成しない(hydrogen bonding absence)　444
　チオールとチオエーテル(thiol and thioether)　467
　対称——(symmetrical)　91
　テトラブチル——(tertiary butyl)　**457**
　ひずみのある——(strained)　460～462
　非対称——(unsymmetrical)　91
エーテルの合成(ether synthesis)
　アルコーリシス(alcoholysis)　455
　Williamson——　447～453
　S_N2とS_N1機構(S_N2 and S_N1 mechanism)　453～455
　オキシ水銀化－脱水銀化による——(by oxymercuration-demercuration)　653
　第一級アルコールからの——(from primary alcohol)　454
　第三級アルコールからの——(from tertiary alcohol)　455
　第二級アルコールからの——(from secondary alcohol)　454
エテン(エチレン)〔ethene (ethylene)〕　562～563
　——の軌道(orbital structure)　569～570
　——の工業における利用(industrial use of)　679
　——の触媒的水素化(catalytic hydrogenation of)　630
　——の二重結合(double bond in)　569, 571
　——のπ結合(pi bond in)　45, 569～571
　——のラジカル重合(radical polymerization of)　676
　酸性度(acidity)　573
　静電ポテンシャル図(electrostatic potential map)　706
　Diels-Alder環化付加反応(in Diels-Alder cycloaddition)　775, 780
　電子スペクトル(electronic spectrum)　800～801
　付加反応(addition reaction)　630
　分子構造(molecular structure)　569
　ホルモン(hormone)　680
　Lewis構造式(Lewis structure)　17
エトキシエタン(ethoxyethane)　473
エナンチオ選択的合成法(enantioselective synthesis)　252～253, 257, 664～665
エナンチオ選択的な水素化(enantioselective hydrogenation)　633
エナンチオマー(enantiomer)　**224**
　——の分割(resolution of)　259～262
　酵素の——認識(recognition in enzyme)　259
　2-ブロモブタンの——(of 2-bromobutane)　224, 228
エナンチオマー過剰率(enantiomer excess)　230～231
エナンチオマーの関係にある遷移状態(enantiomeric transition state)　250
エナンチオマーの分割(resolution of enantiomer)　**259**～262
　キラルカラムによるラセミ体の——(racemate on chiral column)　262
　工程図(flowchart)　260
　仕分け方(shoe sorting analogy)　260
　3-ブチン-2-アミン(3-butyn-2-amine)　261
NMRスペクトルの三重線(triplets in NMR spectra)　**517**
NMRにおける原子の結合性(atom connectivity in NMR)　542～544
NMR分光法における高磁場(upfield in NMR spectroscopy)　**505**
$N+1$則($N+1$ rule)　**522**～523
　——の適用(applying)　530～531
　連続的——(sequential)　528～529
n→π遷移(n→π transition)　**799**
　複数の非等価な隣接水素とのカップリング(coupling to nonequivalent neighbor)　528～529
エネルギー(energy)
　——拡散(dispersal)　65～67
　——含量(燃焼熱)(content, heat of combustion)　162
　アキシアルとエクアトリアルの違い(axial and equatorial form difference)　190～192
　運動——(kinetic)　69
　回転——(rotational)　107
　活性化——(activation)　68～69
　ねじれ——(torsional)　107
　光の吸収(absorption of light)　496, 798～803
エネルギー分裂(原子軌道の重なり)(energy splitting, overlap of atomic orbital)　**37**
エノラートイオン(enolate ion)　25～27
エノール(enol)(アルケノールも参照)　**725**
エピアンドロステロン(epiandrosterone)　204
エフェドリン(ephedrine)　80
エポキシ化反応(epoxidation)　**661**～663
-ene(接尾辞)(-ene suffix)　**562**
遠隔カップリング(long-range coupling)　**575**, 710
塩化チオニル(thionyl chloride)　440～441
塩化ナトリウム(sodium chloride)　10
塩基(base)　**77**
　——の強さ(strength of)　296
　——の強さの測定(strength measurement)　77～80
　アニオン重合(anionic polymerization)　677～678
　アルコール(alcohol)　372～375, 424～425
　求核剤(nucleophile)　87～88, 299
　共役——(conjugate)　77, 80
　相対的な強さの予測(relative strength estimation)　82～85
　強い——(strong)　341, 346～347, 424～425
　弱い——(weak)　295
　Lewis——　85～86
塩基性度(basicity)
　アルコールの——(of alcohol)　375
　求核性(nucleophilicity)　297
　脱離基(leaving group)　295
塩基性の薬(basic drug)　80
塩素(chlorine)
　——の誘起効果(inductive effect of)　375
　合成化合物(synthetic compound)　159～161

選択的ラジカル反応(selectivity in radical reaction) **150**
メタンをクロロエタンに変換(methane conversion into chloromethane) 136
塩素化(chlorination) **138**
——の反応(reaction) 2
アリル位の——(allylic) 756
1種類の水素しかもたない分子の——(of molecule with only one type of hydrogen) 156
エタノールの——(of ethanol) 158
エタンの——(of ethane) 149
非選択的——(unselective) 150
プロパンの——(of propane) 149
2-ブロモブタンの——(of 2-bromobutane) 250
メタンの——(of methane) 138～144
2-メチルプロパンの——(of 2-methylpropane) 151
ラセミ体の2-ブロモブタンの——(of racemic 2-bromobutane) 255～257
エンタルピー(enthalpy) **66**
エンタルピー変化(enthalpy change) **66**
エンド形付加物(endo adduct) **783**
エンド環状付加(endo cycloaddition) 783
エンド則(endo rule) **785**
エントロピー(entropy) **66**
エントロピー変化(entropy change) **66**～67

お

黄体形成ホルモン(luteinizing hormone, LH) 206～207
オキサシクロアルカン(oxacycloalkane) **444**
オキサシクロプロパン(oxacyclopropane)
——生成の協奏的機構(concerted mechanism of formation) 663
——の開環における反転(inversion on opening) 461
——の加水分解(hydrolysis of) 663
——の使用(use of) 423, 473
——の速度論的加水分解(hydrolytic kinetic resolution of) 464～465
——の反応(reactions of) 458～465
アルケンからの生成(formation from alkene) 661～662
位置選択性(regioselectivity) 460
S_N2反応による開環(ring opening by S_N2) 460
求核剤に対する——の活性(activation toward nucleophile) 458
薬の弾頭(as warhead of drug) 461
Grignard反応剤による開環反応(ring opening by Grignard reagent) 462
酸触媒による開環反応(acid-catalyzed ring opening) 462～465
水素化アルミニウムリチウムによる開環反応(ring opening by lithium aluminum hydride) 460
2-ハロアルコールからの——生成(formation from 2-haloalcohol) 451
非対称置換——(unsymmetrical substituted) 460
ヒドリド有機金属反応剤(hydride organometallic reagent) 460～462
ポテンシャルエネルギー図(potential-energy diagram) 458
立体特異的な——開環反応(stereospecific ring opening) 478～479
オキサシクロプロパンの速度論的加水分解(hydrolytic kinetic resolution of oxacyclopropane) 464～465
オキサシクロペンタンの合成(oxacyclopentane synthesis) 734
オキシ水銀化-脱水銀化(oxymercuration-demercuration) **650**～655
——によるエーテル合成(ether synthesis by) 653
反応機構(mechanism) 650
オキソニウムイオン(hydronium ion) 19, 325, 350, 427, 456
オクタン(octane) **114**
遅い段階の遷移状態(late transition state) **146**
オゾニド(ozonide) **667**
オゾン(ozone)
——の化学的破壊(chemical destruction) 160
——の減少(decrease of) 160
——の製造(production of) 667
オゾン生成(ozone formation) 159
オゾン層(ozone layer) **159**
オゾンの減少(ozone decrease) 160
オゾンホール(hole in) 159
クロロフルオロカーボン(chlorofluorocarbon, CFC) 159～161
CFCの代替物(CFC substitute) 161
成層圏における——の生成(formation in stratosphere) 159
オゾン分解(ozonolysis) **667**～669
——の反応機構(mechanism of) 668
アルケンの反応(reaction of alkene) 667
基質の構造決定(の推定)(substrate structure, deducing by) 668
親イオン(parent ion) **597**
オリゴマー(oligomer) **673**
オリゴマー化(oligomerization) 673～674
-ol(接尾辞)(-ol suffix) **366**
オレイン酸(oleic acid) 561
オレフィン(olefin) 562
温度(temperature)
結合のホモリシス(bond homolysis) 134
反応速度(reaction rate) 71

か

開殻配置(open-shell configuration) **34**
開始段階(initiation step) **139**, 148, 160, 165～166
回転(rotation)
——障壁(barrier to) 105
エタンの——(in ethane) 105
旋光(optical) 228～229
単結合の——(single bond) 105～109
置換基をもつエタンの——(in substituted ethane) 109～113
Fischer投影式(Fischer projection) 239
立体障害(steric hindrance) 109～110
回転エネルギー(rotational energy) **107**
回転障壁(barrier to rotation) **105**
化学シフトσ(chemical shift σ) **503**, **506**
アルキン(alkyne) 713
官能基(functional group) 506～508
構造決定における——(in structure elucidation) 524～526
振動数の標準化(stardized frequency) 506
炭素-13核磁気共鳴(carbon-13 NMR) 539
ピーク位置(peak position) 504～505
ピークの積分(peak integration) 515～517
分子(molecule) 507
化学的な等価性の検証(chemical equivalence test) 509～514
分子対称性(molecular symmetry) 509～510
立体配座の相互変換(conformational interconversion) 511～512
化学発光(chemiluminescence) 448
化学反応式(balancing equation) 410～411
(求核置換反応の)可逆性(reversibility, nucleophilic substitution) 303～304
架橋二環系(bridged bicyclic ring system) **197**
核磁気共鳴〔nuclear magnetic resonance (NMR)〕
——シグナルの積分(integration of signal) 515～517
——による分子構造の解析(in molecular structure analysis) 503～509
——モード(integration mode) 515
——を用いた酢酸の検出(in acetic acid detection) 508
——を用いた未知物質の構造決定(in assigning structure of unknown) 548～550
アルキン(alkyne) 710～712
アルケン(alkene) 573～579
一重線(singlet) 517
化学シフト(chemical shift)

503～508, 515～517
化学的な等価性の検証(chemical equivalence test) 509～514
活性(activity) 500
カップリング定数(coupling constant) 519
局部磁場(local magnetic field) 504
原子のつながり方(atom connectivity in) 542～544
高解像度(high-resolution) 500～501
高磁場(high field, up filed) 505
三重線(triplet) 517
ジアステレオトピックな水素の非等価性(nonequivalence of diastereotopic hydrogen) 534
時間スケール(time scale) 511～512
しゃへい化された核(shielded nucleus) 504
水素核磁気共鳴(hydrogen nuclear magnetic resonance) 498～503
水素による局部磁場への影響(local-field contributions from hydrogen) 520～522
スピン－スピン分裂(spin-spin splitting) 517～526
スピン－スピン分裂の複雑な例(spin-spin splitting complication) 526～533
スペクトルの記録(recording a spectrum) 502
スペクトルの予測(predicting spectrum) 711～712
多重線(multiplet) 517
炭素-13(carbon-13) 533～547
低磁場(low field) 505
同一元素のさまざまな核種(differentiating nucleus of same element) 500～501
二重線(doublet) 517
反しゃへい化(deshielding) 504, 508
ピーク積分(peak integration) 515～517
ピークの位置(NMR peak position) 504～505
非等価な隣接する水素(nonequivalent neighboring hydrogen) 517～526
複雑な分子の――(of complex molecule) 577
Fourier 変換――(FT, advances in) 540～546
プロトンと水素の用語(proton and hydrogen terminology) 504
分光法(spectroscopy) 493～560, **495**
分子対称性(molecular symmetry) 509～510
分子励起(molecule excitation) 495
四重線(quartet) 517
立体配座の相互変換(conformational interconversion) 511～512
核種の磁気共鳴 500
核スピン(nuclear spin) **498**～499
共鳴(resonance) 498
スピン状態(spin state) 498
拡張π電子系(extended pi system) **772**～774
殻電子配置(core confi guration) 11
(原子軌道の)重なり(overlap, atomic orbital) 42
重なり形立体配座(eclipsed conformation) **105**
重なり(ねじれ)ひずみ〔eclipsing (torsional) strain〕 **180**
過酸(peroxycarboxylic acid)
――によるエポキシ化反応(epoxidation by) 661～663
酸素原子の引き渡し(oxygen atom delivery) 661～663
過酸化物(peroxide) 456, 657～658, 669～672, 675～677
可視スペクトル(visible spectrum) 799, 802
可視分光法(visible spectroscopy) **799**～803
加水分解(hydrolysis) **322**
アリル型塩化物の――(of allylic chloride) 758
S_N1――(S_N1) 328
オキサシクロプロパン(oxacyclopropane) 663
第三級ハロアルカンの――(of tertiary haloalkane) 322～327
第二級ハロアルカンの――(of secondary haloalkane) 322
有機金属反応剤(organometallic reagent) 389
可塑剤(plasticizer) **677**
カチオン(cation) **8**, 127
――の共鳴安定化(resonance-stabilized) 606～607
活性化エネルギー(activation energy) 68～**70**
カップリング(coupling)
アリル位の――(allylic) 575
遠隔――(long-range) 575
ジェミナル――(geminal) **519**
シス(*cis*) 576
トランス(*trans*) 576
ビシナル――(vicinal) **519**
カップリング定数(coupling constant) **519**～520
価電子(valence electron) **9**
――反発(repulsion) 15～16
Lewis 構造式における――の書き方(in drawing Lewis structures) 17
カピリン(capillin) 735
加溶媒分解(solvolysis) **322**
(脱離基を変えたときの)――の相対速度(relative rates of, with changing leaving group) 330
一次の速度則(first-order kinetics) 323～324
カルボカチオンの生成(carbocation formation) 324～326
2-クロロ-2-メチルプロパンの――(of 2-chloro-2-methylpropane) 322
第三級と第二級ハロアルカンの――(of tertiary and secondary haloalkane) 323
律速段階(rate-determining step) 324
Kharasch, Morris S. 669
カリケアミシン(calicheamicin) 735
加硫(vulcanization) **795**
カルベノイド(carbenoid) **660**
カルベン(carbene) **658**
二重結合への付加(addition to double bond) 659
ハロゲン化(halogenated) 660
カルボアニオン(carbanion) **389**
カルボカチオン(carbocation) **75**, **325**
――の求核的な捕捉(nucleophilic trapping of) 635
――の生成(formation) 324
――の相対的安定性(relative stability of) 333
――への攻撃に対する求核剤と塩基の競合(competition between nucleophilic and basic attack on) 338
――を生成するハロゲン化物の解離(dissociation of halide to form) 324
E1 生成物(E1 product) 434
S_N1 反応生成物(S_N1 product) 434
加溶媒分解(solvolysis) 324～326
第一級――(primary) 433
(S_N1 反応の)安定性(stability, S_N1 reaction) 332～337
π結合攻撃(pi bond attack) 673～674
カルボカチオンの転位反応(carbocation rearrangement)
――の書き方(formulating) 431～432
――の種類(type of) 430
――の反応機構(mechanism of) 431
新たな E1 生成物(new E1 product) 434
アルキル移動(alkyl shift) 434～437
カルボカチオンの天然前駆体(nature of precursor to carbocation) 433
求電子性プロトン化(electrophilic protonation) 640
水素移動(hydride shift) 430～434
第一級アルコールの転位反応(primary alcohol rearrangement) 436～437
複雑な――(の書き方)(complex, formulating) 435～436
ポテンシャルエネルギー図(potential-energy diagram) 432
カルボニル基(carbonyl group)(アルデヒド, ケトンも参照) **90**

——のヒドリド還元(hydride reduction of)　380～382
——のヒドリド還元によるアルコール生成(alcohol formation by hydride reduction of)　380～383
カルボン酸(carboxylic acid)　**90**
アルコール(alcohol)　437
カルボン酸エステル(carboxylate)　**437**
がん(cancer)
アクラシノマイシン A(aclacinomycin A)　337
クロロエテン(塩化ビニル)〔chloroethene (vinyl chloride)〕　677
制がん剤合成(anticancer drug synthesis)　337
タキソール(taxol)　202～203
環化付加反応(cycloaddition reaction)　**775**，**819**
Diels-Alder——(Diels-Alder)　783～785
反応機構とその例(mechanism and example)　821
環化付加物(cycloadduct)　**775**
還元(reduction)　**377**
アルキンの——(of alkyne)　718～722
アルデヒドとケトンの——(of aldehyde and ketone)　380～381
液体アンモニア中のナトリウムによる——(by sodium in liquid ammonia)　720～721
酸化還元反応(redox reaction)　**377**
ジスルフィドのチオールへの——(disulfide to thiol)　469
生体内の——(in the body)　378～379
ホウ素ナトリウムの——(of sodium borohydride)　382
有機化学における——(in organic chemistry)　377
溶解した金属による——(dissolving-metal)　720
連続した 1 電子還元(sequential one-electron)　720～721
環状アルカン(cyclic alkane)(シクロアルカンも参照)　**174**
環状エーテル(cyclic ether)　445，449～451
——生成の相対比(relative rate of formation)　450
環の大きさ(ring size)　450～451
合成(synthesis)　449～450
分子内 Williamson 合成による——(by intramolecular Williamson synthesis)　449～450
環状オニウムイオン(cyclic onium ion)　644
環状化合物(メソ化合物)(cyclic compound, as meso compound)　248～249
環状ジアステレオマー(cyclic diastereomer)　245
環状ブロモニウムイオン(cyclic bromonium ion)　**644**～**646**
官能基(functional group)　**2**，**89**
——の反応性(reactivity)　2～3
一般的な——(common)　91～92
化学シフト(chemical shift)　506～508
極性結合(polar bond)　89
赤外(IR)分光法〔Infrared(IR) spectroscopy〕　591～597
反応性を示す位置(center of reactivity)　89
フラグメント化による——の同定(fragmentation in identification of)　605～607
環のひずみ(ring strain)　**178**～181
——の存在(presence of)　178～181
シクロプロパンの——(in cyclopropane)　180
簡略化した式(condensed formula)　**49**
Cahn, Robert S.　232

き

幾何異性体(geometric alkene)　**564**
貴ガス(noble gase)　9，35
菊酸(chrysanthemic acid)　202
ギ酸(formic acid)　27
基準ピーク(base peak)　**600**
基底状態(ground state)　**110**
基底電子状態(ground electronic state)　**799**
軌道の混成(orbital hybridization)　**40**
機能性(functionality)(官能基も参照)　**89**
Gibbs, Josiah Willard　65
Gibbs の標準自由エネルギー変化(Gibbs stard free energy change)　**65**～**66**
逆合成解析(retrosynthetic analysis)　**281**，**397**
——ツリー(tree)　397
——における合成上の問題の簡略化(in synthesis problem simplification)　397～400
アルコール合成(in alcohol construction)　401～402
4-エチル-4-ノナノールの合成(synthesis of 4-ethyl-4-nonanol)　401
オキサシクロプロパンの——(of oxacyclopropane)　461
逆合成矢印(retrosynthetic arrow)　397～398
戦略的な結合切断(strategic disconnection)　399
Diels-Alder 反応(Diels-Alder reaction)　807～809
標的分子から出発して逆に進む(starting with target and going backward)　402～403
複雑なアルコールの——(of complex alcohol)　407～410
3-ヘキサノール(of 3-hexanol)　400
逆旋的な動き(disrotatory movement)　**790**
逆分極(reverse polarization)　**389**
逆 Markovnikov 水素反応(*anti*-Markovnikov hydration)　655～658
逆 Markovnikov 付加反応(*anti*-Markovnikov addition)　**657**，670，727～729
求核剤(nucleophile)　**74**
——に対するオキサシクロプロパンの活性(oxacyclopropane activation toward)　458
——の強さ(strength of)　330～331
——を用いたハロアルカン反応機構(haloalkane reaction mechanism with)　349
S_N1 反応における——(in S_N1 reaction)　331
競合(competition)　331
酸と塩基(acid and base)　86，299
相対反応速度(relative rate of reaction)　304
炭素数 3(three-carbon)　760～761
強い塩基性(strongly basic)　346
プロトン性溶媒(protic solvent)　303
弱い塩基(weakly basic)　346
立体障害の大きな——(sterically hindered)　303，347～348
Lewis 塩基(as lewis base)　85
求核性(nucleophilicity)
S_N2 反応(S_N2 reaction)　297～304，311
塩基性度(basicity)　299
周期表(periodic table)　298
負電荷の増加(increasing negative charge)　295～297
分極率の増大(increasing polarizability)　302～303
溶媒和(solvation)　300～301
立体障害の大きな求核剤(sterically hindered nucleophile)　303
求核置換反応(nucleophilic substitution)　**87**，**279**～282，345～349
——における RX の反応性(reactivity of RX in)　335
——によるアルコール合成(alcohol synthesis by)　375～377
——の妨害(retardation)　310～311
アドレナリン(adrenaline)　275
アリル型ハロゲン化物(allylic halide)　758～760
一分子——(unimolecular)　323～327，821
可逆的(as reversible)　303～304
基質(substrate)　279，307
求電子的中心(electrophilic center)　279
前面(frontside)　287
速度論(kinetics)　285～288

脱離基(leaving group) 279
脱離と——(elimination versus) 345～349
二分子——(bimolecular) 287～288, 820
背面(backside) 287
ハロアルカンにおける炭素原子(carbon atom in haloalkane) 284
反応する炭素に隣接する炭素での枝分かれ(branching next to reacting carbon) 310～311
弱い塩基性求核剤(weakly basic nucleophile) 346
求核的(nucleophilic) **74**
求核的開環(nucleophilic ring opening)
オキサシクロプロパンの——(of oxacyclopropane) 458
環状ブロモニウムイオンの——(of cyclic bromonium ion) 646
求核的な捕捉(nucleophilic trapping) 635, 767
求ジエン体(dienophile) **775**
(Diels–Alder 反応における)——の立体化学(stereochemistry, in Diels–Alder reaction) 781
Diels–Alder 反応(in Diels–Alder reaction) 775～777
吸収(absorption)
エネルギー(energy) 496
デカップリングされた——(decoupled) 532
分光計を用いた——の記録(recording with spectrometer) 496～498
求電子攻撃(electrophilic attack)
アルケンによる反応剤 A–B 付加反応(reagents A–B adding to alkenes by) 650
共役ジエン(on conjugated diene) 766～772
プロトンによる——(by proton) 634～635
求電子剤(electrophile)
酸と塩基(acids and base) 86
求電子水和反応(electrophilic hydration) **640**～642
求電子性プロトン化(electrophilic protonation) 640
求電子置換反応(electrophilic substitution)
求電子的(electrophilic) **74**
求電子付加反応(electrophilic addition) **634**～639
——の位置選択性(regioselectivity in) 636～638
——の一般性(generality of) 646～650
アルキンにおける反応機構(mechanism in alkene) 634, 648～649
アルキンの——(of alkyne) 723～727
アルケン(alkene) 634～639
オキシ水銀化–脱水銀化(oxymercuration–demercuration) 650～655
ハロゲン化水素の——(of hydrogen halide) 634～639
ハロゲンの——(of halogen) 642～646
反応機構とその例(mechanism and example) 822
プロペンへの——(to propene) 637
吸熱的反応(endothermic process) **66**, 140
キュバン(cubane) 4
競技能力増進剤(ドーピング剤)(performance–enhancing drug)
——の検出(detection) 601
協奏的なアルキル移動(concerted alkyl shift) 436
協奏反応(concerted reaction) **287**
鏡像立体異性(mirror–image stereoisomerism) **223**
橋頭炭素(bridgehead carbon) **197**
広帯域水素デカップリング(broad–band hydrogen decoupling) **537**
共鳴(resonance) **498**
——混成体(hybrid) **23**
核スピン(nuclear spin) 498
磁気——(magnetic) 500
磁場の強さ(magnetic field strength) 499
2–プロペニル(アリル)における——〔in 2–propenyl (allyl)〕 753～755
硫酸(in sulfuric acid) 83
共鳴構造(resonance form)(共鳴を参照) **22**～29, 753
——の書き方(drawing) 26～28
——の書き方の指針(drawing guideline) 26～28
——の認識と式の書き方(recognition and formulation of) 26
カルボン酸イオンの——(of carbonate ion) 23
主要な共鳴寄与体(as major resonance contributor) 26
非等価な——(nonequivalent) 25～26
Lewis 構造式(lewis structure) 54～56
共役塩基(conjugate base) **77**
共役酸(conjugate acid) **77**
共役ジエン(conjugated diene) **752**, **761**～766
——における求電子攻撃(electrophilic attack on) 766～772
——の安定性(stability) 763～764
——の重合(polymerization of) 793～798
Diels–Alder 環化付加反応(Diels–Alder cycloaddition) 774～787
非共役異性体(nonconjugated isomer) 761～763
共有結合(covalent bonding) 8, **12**
——の直線による表記法(straight–line notation for) 21
イオンからの——生成(formation from ion) 73
共有結合(covalent bond) **8**
極性をもつ——(polar) 13
単結合の——(single bond) **12**
電子の共有(electron sharing) 12
8 電子則(octet rule) 9～11
分子軌道(molecular orbital) 36
共有単結合(covalent single bond) **12**
極性反応(polar reaction)
——の種類(types of) 820～822
概観(overview) 819
極性溶媒(polar solvent) 329～330
極性をもつ共有結合(polar covalent bond) **13**, 73
局部磁場(local magnetic field) **504**
キラルクロマトグラフィー(chiral chromatography) **261**
キラルな医薬品(chiral drug) 252～253
キラルな分子(chiral molecule) **224**～227
——の比旋光度(specific rotation of) 228
R,*S* 順位則(*R*,*S* sequence rule) 233～235
重ね合わせ(superimposition) 224～225
キラルな分子との区別(distinguishing from achiral molecule) 225～227
絶対配置(absolute configuration) 232～237
対称面(plane of symmetry) 226
天然物(substance in nature) 225
ハロゲン化反応(halogenation) 256
kcal 10
金属触媒による重合(metal–catalyzed polymerization) **678**
金属触媒反応(metal–catalyzed reaction) 732～733

く

薬(医薬)(drug, medicine)
——の弾頭(warhead of) 461
アルキン(alkyne in) 735～737
胃酸と消化性潰瘍(stomach acid and peptic ulcer) 78
競技能力増進剤(performance–enhancing) 601
競技能力増進剤の検出(performance–enhancing drug detection) 601
キラル——(chiral) 252～253
抗腫瘍剤の合成(synthesis of antitumor drug) 664～665
呼気分析試験(breath analyzer test) 385
コレステロール(cholesterol) 205
昆虫媒介感染症(insect–borne disease) 652
サルファ剤(sulfa) 475
酸性と塩基性(acidic and basic) 80
磁気共鳴イメージング法(magnetic resonance imaging, MRI) 514

け

こ
天然と非天然物の構造決定(structural characterization of natural and unnatural product) 544〜545
避妊薬(controlling fertility) 206〜207
フッ素化されている薬剤(fluorinated pharmaceutical) 278
プロスタグランジン(prostaglandin) 580
Goodyear, Charles 795
駆動力(driving force) 64
クラウンエーテル(crown ether) 445〜447
クラッキング(cracking) 136
Grubbs, Robert H. 681
Cram, Donald J. 446
グランジソール(grandisol) 202
Grignard 反応剤(Grignard reagent) 387
――に配位している溶媒(as coordinated to solvent) 388
――によるオキサシクロプロパンの開環反応(oxacyclopropane ring opening by) 462
――の調整(preparation) 387
――の反応(reaction of) 415
第一級アルコール生成における――(in primary alcohol formation) 392
第三級アルコール生成における――(in tertiary alcohol formation) 392
第二級アルコール生成における――(in secondary alcohol formation) 392
ハロアルカン(haloalkane) 393
Grignard, Francois Auguste Victor 387
クリプタンド(cryptand) 446
"グリーン"ケミストリー("green" chemistry) 138
S_N1 と S_N2(S_N1 versus S_N2) 336
エタノール(ethanol) 366
――の発酵(fermentation of) 472
Crutzen, Paul(crutzen, paul) 159
クロム酸エステル(chromic ester) 386
――からのアルデヒド生成(aldehyde formation from) 386
アルコール酸化における中間体としての――(as intermediate in alcohol oxidation) 386
クロラール(chloral) 158
クロロアルカンの合成(chloroalkane synthesis) 440
クロロエタン(chloroethane) 512
クロロエテンの合成(chloroethene synthesis) 679
クロロクロム酸ピリジニウム(pyridinium chlorochromate) 385
クロロフルオロカーボン (chlorofluorocarbon, CFC) 159〜161
――の使用(use of) 159
――の代替化合物(substitute) 161
――の光分解(light-induced breakdown of) 161
クロロメタン(chloromethane)
――の反しゃへい化(deshielding in) 508
水酸化ナトリウム反応(sodium hydroxide reaction) 285
メタンを変換する(methane conversion into) 137
de Coulomb, Charles Augustin 7
Coulomb の法則(Coulomb's law) 7
Coulomb 力(Coulomb force) 6〜8

Kekulé 構造(Kekulé structure) 21
結合(bonding)
――の電子点式表記法(electron dot model of) 16〜22
イオン――(ionic) 8
共有――(covalent) 8
分子軌道(molecular orbital) 36
結合解離エネルギー(bond-dissociation energy) 126
結合角ひずみ(bond-angle strain) 181
結合距離(bond length) 7
結合の解離(bond dissociation) 125
結合の強さ(bond strength) 7, 126
――と反応機構の組合せ(combining mechanism with) 166〜168
アルカン(alkane) 126〜131
アルケン(alkene) 572
C−X 結合(C−X bond) 276
結合のホモリシス(bond homolysis) 126
結合を直線で示す式(bond-line formula) 49
ケトン(ketone)(アルデヒド，カルボニル基も参照) 90
――からのアルコールの合成(alcohol synthesis from) 391
アルキン(alkyne) 725〜727
アルコールへのヒドリド還元(hydride reduction to alcohol) 380〜381
第三級アルコール生成における――(in tertiary alcohol formation) 392
Kelvin, Sir William Thomson 65
ケルビン温度単位(Kelvin temperature unit) 65
原子価殻拡大(valence-shell expansion) 20, 468〜469
原子価殻電子対反発(valence-shell electron-pair repulsion, VSEPR) 16
原子軌道(atomic orbital) 30〜36
――の重なり(overlap of) 42
――の相対エネルギー(approximate relative energy of) 32
――の特徴的な形(characteristic shape) 33〜36
――の表示(representation of) 33〜34
――への電子の割り当て(electron assignment to) 33
一連の――(sequence of) 34
エネルギー分裂(energy splitting) 37
開殻配置(open-shell configuration) 34
逆の位相間結合(out-of-phase bonding) 41
結合間の――(bonding between) 38
結合性分子軌道(bonding molecular orbital) 36
σ 結合(sigma bond) 38
縮重解(degenerate solution) 32
水素分子における結合(hydrogen molecule bond) 37
対電子(paired electron) 34
積み上げ原理(Aufbau principle) 34〜36
同一位相間結合(in-phase bonding) 37
π 結合(pi bond) 38
Pauli の排他原理(Pauli exclusion principle) 34
波動方程式(wave equation) 31
反結合性分子軌道(antibonding molecular orbital) 37
Hund の規則(Hund's rule) 34
閉殻配置(closed-shell configuration) 34
最も安定な電子配置(most stable electronic configuration) 35
元素分析(elemental analysis) 47

光化学反応(photochemical reaction) 787
光学異性体(optical isomer) 228
光学活性(optical activity) 228〜230
エナンチオマーの組成(enantiomeric composition) 230〜231
旋光度の測定(optical rotation measurement) 228〜229
比旋光度(specific rotation) 228〜229
立体異性体(stereoisomer) 228〜231
光学純度(optical purity) 230〜231
抗酸化剤(antioxidant)
ブドウの種からとれる――(from grape seed) 544〜545
高磁場(NMR 分光法)(high field, NMR spectroscopy) 505
抗腫瘍剤(antitumor drug) 664〜665
香水(perfume) 200, 474, 720

合成(synthesis) **3**
——計画(planning) 281
——計画の落とし穴(planning pitfall) 404〜407
アルキルマグネシウム(alkylmagnesium) 388
アルキルリチウム(alkyllithium) 387
アルキン(alkyne) 715〜717, 726〜727
アルキン一塩基デザイン(alkyne-based design) 738〜740
アルケニル有機金属化合物(alkenyl organometallics in) 730
アルケン(alkene) 454
(求核置換による)アルコール(alcohol, by nucleophilic substitution) 375〜377
アルコール(alcohol) 377〜386
Williamson エーテル(Williamson ether) 447〜453
エーテル(ether) 453〜455, 653
エナンチオマー(enantiomer) 292〜293
オキサシクロプロパン(oxacyclopropane) 661〜663
オキサシクロペンタン(oxacyclopentane) 734
環状エーテル(cyclic ether) 449〜450
求電子水和反応(by electrophilic hydration) 640〜642
クロロアルカン(chloroalkane) 440
クロロエテン(chloroethene) 679
抗腫瘍剤(antitumor drug) 664〜665
シクロプロパン(cyclopropane) 660
収束型——(convergent) 404
スルホン酸アルキル(alkyl sulfonate) 440
制がん剤合成(anticancer drug) 337
全——(total) 393
直線型——(linear) 404
テストステロン(testosterone) 459
天然ゴム(natural rubber) 795〜797
尿素(urea) 4〜5
ヒドロホウ素化一酸化(by hydroboration-oxidation) 658
ブロモアルカン(bromoalkane) 426, 439
ブロモアルコール(bromoalcohol) 647〜648
ヨードアルカン(iodoalkane) 439
合成ゴム(synthetic rubber) 794〜795
合成戦略(synthetic strategy) 393〜407
——の受容体部位におけるエナンチオマー認識(enantiomer recognition in receptor site of) 259
新しい反応が新しい機構につながる(new reaction lead to new method) 395〜397
逆合成解析(retrosynthetic analysis) 397〜403
合成計画の落とし穴(pitfall in planning synthesis) 404〜407
反応機構にもとづく反応の結果の予測(mechanism in predicting outcome of reaction) 393〜396
構造異性(constitutional isomerism) **221**
構造異性体(constitutional isomer) **47**, 222
分枝アルカン(branched alkane as) 93
構造異性体(structural isomer) **47**
自然界における——(in nature) 48
1,2-ジメチルシクロプロパンの——(of 1,2-dimethylcyclopropane) 175
1-ブロモ-2-クロロシクロブタンの——(of 1-bromo-2-chlorocyclobutane) 176
構造と活性の相関(structure-activity relationship) 321
高分解能 NMR 分光法(high-resolution NMR spectroscopy) **500**〜501
高分解能質量分析法(high-resolution mass spectrometer) **599**
香料(perfume) 648
呼気分析試験(breath analyzer test) 384
国際純正・応用化学連合(international union of pure applied chemistry, IUPAC) 93
ゴーシュ型(gauche conformer) 110, 309
コニイン(coniine) 230
互変異性(tautomerism) **725**
互変異性体(tautomer) **725**
ゴム(rubber) 793〜798
Corey, Elias J. 397
コール酸(cholic acid) 204
コルチゾン(cortisone) 204
コレステロール(cholesterol) 204〜205
混成軌道(hybrid orbital) **40**
sp 混成(sp hybrid) 40〜42
sp^2 混成(sp^2 hybrid) 42, 570
sp^3 混成(sp^3 hybrid) 42〜43
孤立電子対(lone electron pair) 44
ベリリウム(beryllium example) 40
ホウ素(boron) 42
昆虫媒介感染症(insect-borne disease) 652
昆虫フェロモン(insect pheromone) **680**〜682

さ

Saytzev, Alexander M. 584
Saytzev 則(Saytzev rule) **584**
酢酸(acetic acid)
——の化学構造(chemical structure) 24
——の共鳴安定化(resonance stabilization) 83
NMR を用いた——の決定(detection with NMR) 508
酢酸イオン(acetate ion) 24
酢酸イオンによる置換反応(acetate substitution) 376
サステナビリティ(〝グリーン〟ケミストリー)〔sustainability("green" chemistry)〕
エタノール(ethanol) 366
還元(reduction) 396
Diels-Alder 反応(Diels-Alder reaction) 784
ハロアルカン代替物(haloalkane alternative) 277
左旋性(levorotatory) **228**
サッカリン(saccharin) 4
サルファ剤(sulfa drug) 475
酸(acid)(アミノ酸, カルボン酸も参照) **77**
——の強さの測定(strength measurement) 77〜80
アルコール(alcohol) 372〜375
安息香——(benzoic) 85
求核剤(nucleophile) 87〜88
共——(conjugate) 77, 80
相対的な強さの予測(relative strength estimation) 82〜85
強い——(strong) 426〜429
Brønsted—— 86
Lewis—— 85〜86
酸一塩基反応(acid-base reaction)
一般的な酸の相対的な強さ(relative acidity of common compound) 79
求電子剤と求核剤(electrophile and nucleophile) 87
分子の構造から予測される強さ(strength estimate from molecular structure) 82〜85
平衡定数(equilibrium constant) 77〜80
曲がった矢印を使った——(curved arrow use) 72〜76
Lewis—— 85
酸一塩基平衡(acid-base equilibrium)
推測(estimating) 373
pK_a 値(pK_a value) 81
酸化(oxidation) **377**
アルキルボランの——(of alkylborane) 657〜658
ケトンへの第二級アルコールの——(of secondary alcohol to ketone) 383
生体内の——(in the body) 378〜379
第一級アルコールの——(of primary alcohol) 385
チオールのジスルフィドへの——(of thiol to disulfide) 469
PCC 385
酸解離定数(acid dissociation constant) **79**
酸化的開裂反応(oxidative cleavage) 667〜669
三重結合(triple bond) **13**
アルキンの——(in alkyne) 703, 711〜712
エチンの——(in ethyne) 706
逆 Markovnikov 付加反応(*anti-*

Markovnikov addition to) 727〜729
優先則(priority rule) 233
酸触媒(acid catalysis)
アルケンの異性化(alkene isomerization) 642
エチレンオキシド環の開裂(oxacyclopropane ring opening) 462〜465
エーテル形成(ether formation by) 454
重合(polymerization) 673
脱水反応(dehydration) 454, 642
脱離(elimination) 454
酸性度(acidity)
——の評価(assessing) 82〜83
アルカンの——(of alkane) 708
アルキンの——(of alkyne) 708〜709
アルケンの——(of alkene) 708
アルコールの——(of alcohol) 372〜375
一般的な化合物の——(of common compound) 79
一般的な酸の——(of general acid) 79
エテニル水素の——(of ethenyl hydrogen) 573
チオールの——(of thiol) 467
ハロゲン化水素における——(in hydrogen halide) 83
酸性の薬(acidic drug) 80
三方形の構造(trigonal structure)
sp^2 混成(sp^2 creation of) 42
電子反発(valence electron repulsion) **16**

し

1,3-ジアキシアル相互作用(1,3-diaxial interaction) **190**〜192
ジアステレオトピックな水素(diastereotopic hydrogen) **534**
ジアステレオマー(diastereomer) **243**
環状——(cyclic) 245
メソ——(meso) 247
ジアステレオマーの関係にある遷移状態(diastereomeric transition state) 254
ジアゾメタン(diazomethane) 28, **659**
C—H 結合(C—H bond)
——の解離エネルギー(dissociation energy of) 752
——の相対的反応性(relative reactivity of) 154
——の強さ(ラジカル安定性)(strength, radical stability) 126〜127
第一級——(primary) 150
第三級——(tertiary) 151〜153
第二級——(secondary) 150
C—X 結合(C—X bond)
——の強さ(strength of) 276
——の長さ(length of) 276
分極(polarization) 276
ジェミナルカップリング(geminal coupling) **519**, **575**
ジェミナルジハロアルカン(geminal dihaloalkane) 723
ジエン(diene)
——の命名(naming of) 766
共役——(conjugated) 761〜766, 793〜798
集積——(cumulated) 761
Diels–Alder 反応における——(in Diels–Alder reaction) 775〜777
とくに反応性に富む——(particularly reactive) 781
不活性な——(unreactive) 781
立体化学(Diels–Alder 反応における)(stereochemistry, in Diels–Alder reaction) 782
ジオキサシクロブタン(dioxacyclobutane) 448
紫外スペクトラム(ultraviolet spectrum)
アズレンの——(of azulene) 802
2-メチル-1,3-ブタジエンの——(of 2-methyl-1,3-butadiene) 800
紫外分光法(ultraviolet spectroscopy) **799**〜803
電子的な励起状態(electronic excitation) 798〜800
ビニフェロンの特性評価における——(in viniferone characterization) 803
磁気共鳴イメージング法(magnetic resonance imaging, MRI) 514
σ 結合(sigma bond) **38**
シクロアルカノール(cycloalkanol) **367**
シクロアルカン(cycloalkane) **89**
——の環ひずみと構造(ring strain and structure of) 178〜179
——の性質(property of) 174〜178
——の命名(naming of) 174
重なり(ねじれ)ひずみ〔eclipsing (torsional) strain〕 181
結合角ひずみ(bond-angle strain) 181
多環——(polycyclic) 197〜199
二置換——(disubstituted) 175
燃焼熱(heat of combustion) 178〜179
ひずみのない——(strain-free) 184〜190
最も安定(most stable, finding) 193〜194
より大きな環の(larger) 197〜199
立体異性体(stereoisomer) 176
シクロアルキルラジカル(cycloalkyl radical) **175**
シクロアルケン(cycloalkene) 583
シクロデカン(cyclodecane) 197
シクロブタノン(cyclobutanone) 381
シクロブタン(cyclobutane) 181
シクロプロパン(cyclopropane)
——の折れ曲がり結合(bent bond in) 181
——の環ひずみ(ring strain in) 180
——の使用(use of) 179
——へのアルケンの変換(alkene conversion into) 659
結合長と結合角(bond length and angle) 180
Simmons–Smith 反応剤(Simmons–Smith reagent in synthesis) 660
ハロゲン化カルベン(halogenated carbene) 660
分子模型(molecular model) 180
シクロヘキサノール(cyclohexanol) 428〜429, 596
シクロヘキサン(cyclohexane)
——の化学構造(chemical structure) 2
——の燃焼(combustion of) 178
アキシアル水素原子(axial hydrogen atom) **186**〜188
いす形(chair conformation) 184〜185
いす形(の書き方)(chair, drawing) 186〜188
いす形—いす形相互変換(chair–chair interconversion) 185〜189
エクアトリアル水素原子(equatorial hydrogen atom) **186**〜188
ダイアモンド分子(as diamond molecule) 200
置換——(substituted) 191〜192
渡環ひずみ(transannular strain) 185
ねじれ舟形構造異性体〔twist-boat (skew-boat) conformation〕 185〜186
舟形(boat) 185
平面形の——(planar) 185〜186
立体異性体(書き方)(stereoisomer, drawing) 209〜212
立体配座異性体(conformational isomerism) 512
立体配座の反転(conformational flipping) 189〜190
シクロヘキセン(cyclohexene) 644
シクロペンタジエン(cyclopentadiene) 783
シクロペンタン(cyclopentane) 182
ジクロロカルベン(dichlorocarbene) 660
四酸化オスミウム(osmium tetroxide) 664〜666
C—C 結合(C—C bond)
——の解離エネルギー(dissociation energy of) 706
——の開裂(cleavage of) 603
シス(*cis*) **175**, **764**
シス異性体(*cis*-isomer) 245
cis-9-オクタデセン酸(*cis*-9-octadecenoic acid) 561
cis-ジジュウテリオエテン(*cis*-dideuterioethene) 571
シスチン(cystine) 470
cis-デカリン(*cis*-decalin) 197
シス-トランス異性化(*cis*–*trans* isomerization) 632
シス-トランス異性体(*cis*–*trans* isomer)

564
シス二置換アルケン(*cis*-disubstituted alkene)　572
シスの関係にある水素間のスピン結合(*cis* coupling)　574～575
cis-メチルフェンタニル(*cis*-methylfentanyl)　194
ジスルフィド(disulfide)
――のチオールへの還元(reduction to thiol)　469
チオールの――への酸化反応(oxidation of thiol to)　469
自然界(nature)　258
――におけるアルキン(alkyne in)　735～737
――におけるアルケン(alkene in)　680～681
――における炭素環状化合物(carbocyclic product in)　199～208
――に存在するキラルな物質(chiral substance in)　227
1,2-ジオキサシクロブタンの化学発光(chemiluminescence of 1,2-dioxacyclobutane)　448
実験式(empirical formula)　**47**
実測旋光度(observed optical rotation)　**228**
質量スペクトル(mass spectra)　**597**
質量分析法におけるフラグメント化(mass spectral fragmentation)
――による競技能力増進剤の検出(performance-enhancing drug detection with)　601
――のパターン(pattern)　**599**
アルキン(alkyne)　713～715
アルケンのフラグメント(alkene fragment)　606～607
親イオン(parent ion)　597
官能基の同定(functional group identification)　605～607
共鳴安定化されたカチオン(resonance-stabilized cation)　606～607
高分解能――(high-resolution)　599
質量分析法(mass spectroscopy, MS)　**591**, **597**～602
2,2-ジメチルプロパン(2,2-dimethylpropane)　605
正確な質量(exact mass)　599
整数質量(integral mass)　599
同位体(isotope)　600～602
ビニフェロンの特性評価における――(in viniferone characterization)　803
1-ブタノール(1-butanol)　606
1-ブテン(1-butene)　607
1-ブロモプロパン(1-bromopropane)　602
分光計(spectrometer)　597～599
3-ヘプチン(3-heptyne)　714
ペンタン(pentane)　603
メタン(methane)　600
2-メチルブタン(2-methylbutane)　604
有機分子の――(organic molecule)　602～607
より多置換の中心で起こりやすい(at highly substituted center)　603～605
磁場の強さ(magnetic field strength)　499
ジハロアルカン(dihaloalkane)
――からの二重の脱離反応(double elimination from)　715
ジェミナル――(geminal)　723
1,1-ジメチルエチルカチオン(1,1-dimethylethyl cation)　333
2,2-ジメチルオキサシクロプロパン(2,2-dimethyloxacyclopropane)　463
1,2-ジメチルシクロプロパン(1,2-dimethylcyclopropane)
――の構造異性体(constitutional isomer of)　176
――立体異性体(stereoisomer of)　176
2,2-ジメチルプロパン(2,2-dimethylpropane)　604
四面体構造(tetrahedral structure)
――における sp^3 混成の形(sp^3 hybrid in shape of)　42～43
電子反発(valence electron repulsion)　**16**
Simmons-Smith 反応剤(Simmons-Smith reagent)　**660**
Simmons, Howard E.　660
指紋領域(fingerprint region)　**593**
Sharpless エナンチオマー選択(Sharpless enantioselective)
オキサシクロプロパン化とジヒドロキシ化(oxacyclopropanation and dihydroxylation)　664～665
Sharpless, K. Barry　253
しゃへい化された核(shielded nucleus)　**504**
自由エネルギー(free energy)
Gibbs の標準――(Gibbs standard)　65～66
平衡(equilibria)　64
臭化水素化反応(hydrobromination)　767
臭化ナトリウム(sodium borohydride)　382
周期表(periodic table)　9, 298
重合(polymerization)
アニオン性の――(anionic)　677～678
アルケンの――(of alkene)　673～674
共役ジエンの――(of conjugated diene)　793～798
金属触媒による――(metal-catalyzed)　678
Ziegler-Natta――　678
2-メチルプロパンの――(of 2-methylpropane)　674
ラジカル――(radical)　675～677
重水素(deuterium)　390
重水素化炭化水素(deuterated hydrocarbon)　390
集積ジエン(cumulated diene)　**761**
臭素(bromine)
――源としての NBS(NBS as source of)　756
――付加(addition)　643
ラジカル的ハロゲン化(radical halogenation with)　153～156
臭素化(bromination)
アリル位の――(allylic)　756
アンチ付加(*anti* addition)　643～644
(シクロヘキセンの)アンチ――(*anti*, of cyclohexene)　644
ブタンの――(of butane)　249～251, 256
ブテンの――(of butene)　644
1,3,5-ヘキサトリエンの――(of 1,3,5-hexatriene)　772
メタンの――(of methane)　148
2-メチルプロパンの――(of 2-methylpropane)　155
収束型合成(convergent synthesis)　**404**
縮合環(fused ring)　**197**
縮合環炭素(ring-fused carbon)　**197**
縮合環置換基(ring-fusion substituent)　**197**
縮合二環系(fused bicycle ring system)　**197**
縮重解(degenerate solution)　**32**
主鎖(stem chain)　**97**
酒石酸(tartaric acid)　244, 261
種類(求核置換反応の)(diversity, of nucleophilic substitution)　280～281
Schrodinger, Erwin　30
Schrock, Richard R.　681
Chauvin, Yves　681
硝酸(nitric acid)　19
酸と塩基(as acid and base)　84
ショウノウ(camphor)　202
――の生合成(biosynthesis)　797
触媒(catalyst)　**135**, 630～634
――の作用(function of)　135～136
ポテンシャルエネルギー図(potential-energy diagram)　135
触媒的水素化反応(catalytic hydrogenation)　580～583, 630～634
――の立体特異性(as stereospecific)　630～633
アルキンの――(of alkyne)　719
アルケンの――(of alkene)　580～583
エテンの――(of ethene)　631
エナンチオ選択的(enantioselective)　633
水素化熱(heat of hydrogenation)　581
不均一系触媒の表面で起こる――(on surface of heterogeneous catalyst)　630～631
Johnston, Harold S.　159
白川英樹(Shirakawa, Hideki)　778
親水性(hydrophilic behavior)　**370**
振動励起(vibrational excitation)　**592**～593

す

水銀(Ⅱ)イオン触媒による水和反応(mercuric ion-catalyzed hydration) 725～727
水銀化(mercuration) **650**
水素(hydrogen)
——による局部磁場への影響(local-field contribution from) 520～522
——のしゃへい効果(shielding effect on) 504
——引き抜き(abstraction) 134
アルキン(alkyne) 710
アルケニル(alkenyl) 574～575
NMR 間のカップリング(coupling between and NMR) 520
ジステレオトピックな——(diastereotopic) 534
デカップリングと NMR(decoupling and NMR) 537～540
等価な——(equivalent) 511
速いプロトン交換デカップリング(fast proton exchange decoupling of) 531～532
非等価な隣接する——(nonequivalent neighboring) 517～526
最もグリーンな還元剤(as "greenest" reducing agent) 396
水素移動(hydride shift) **430**～434
水素化(hydrogenation)
——熱(heat of) 581～582
——の立体特異性(as stereospecific) 630～633
アルキン(alkyne) 707, 719
アルケン(alkene) **581**～582
エナンチオ選択的(enantioselective) 633
触媒(catalyst) 630～631
触媒を用いる——(catalytic) 581, 630～634
ブタジエン(butadiene) 763
部分的——(partial) 581
Lindlar 触媒を用いる——(with Lindlar catalyst) 719
水素化アルミニウムリチウム(lithium aluminum hydride)
——によるアルデヒドとケトンの還元(aldehyde and ketone reduction by) 380～383
——によるオキサシクロプロパンの還元(oxacyclopropane reduction by) 461
還元の反応機構(mechanism of reduction) 383
プロトン性溶媒による——の分解(decomposition by protic solvent) 382
水素核磁気共鳴(hydrogen nuclear magnetic resonance) 498～503
水素化—脱水素化(hydrogenation-dehydrogenation)
還元(redox) 377
水素化熱(heat of hydrogenation) **581**～582
アルキンの——(of alkyne) 707
非共役アルケンの——(of nonconjugated alkene) 763
1,3-ブタジエンの——(of 1,3-butadiene) 763
水素化物イオン(ヒドリドイオン)(hydride ion) **11**
水素化ホウ素ナトリウム(sodium borohydride) 51
水素結合(hydrogen bonding)
アルコール(alcohol) 368～371
エーテル(ether) 444
チオール(thiol) 466～467
溶媒和(solvation) 300
水和反応(hydration)
アルキン(alkyne) 725
アルケン(alkene) 640
逆 Markovnikov ——(*anti*-Markovnikov) 655～658
求電子——(electrophilic) **640**～642
水銀(Ⅱ)イオン触媒(mercuric ion-catalyzed) 725～727
水和—脱水の平衡式(hydration-dehydration equilibrium equation) 640
スキュー形立体配座(skew conformation) **106**
スクロース(sucrose)
燃焼熱(heat of combustion) 162
鈴木 章(Suzuki, Akira) 733
鈴木カップリング反応(Suzuki coupling reaction) 732～733
Stille カップリング反応(Stille coupling reaction) 732～733
Stille, John K. 733
ステロイド(steroid) 173, **203**～204
——の生理活性(physiological activity of) 203～204
アンギュラー縮合(angular fusion) 203
競技能力増進剤(as performance-enhancing drug) 601
コレステロール(cholesterol) 205
分光法(spectroscopy) 601
ホルモンとしての——(as hormone) 203
ストリキニーネ(strychnine) 393
スーパー接着剤(のアニオン重合)(super glue, anionic polymerization of) 678
(電子の)スピン(spin, electron) **34**
スピン状態(spin state) **498**
スピン—スピン結合(spin-spin coupling) **517**～519, 711
スピン—スピン分裂(spin-spin splitting) **517**～519
——がない(absence of) 532
——のパターン(pattern) 518, 522, 529～530
——を予測するための指針(prediction guideline) 522
アルキル基における——(in alkyl group) 523～524
N 個の等価な隣接水素をもつ水素(hydrogens with *N* equivalent neighbor) 522
N + 1 則(*N* + 1 rule) 522～523
温度依存性(temperature dependence of) 532
カップリング定数(coupling constant) 519～520
構造決定における——(in structure elucidation) 524～526
ジェミナルカップリング(geminal coupling) 519
自己デカップリング("self-decouple") 532～533
水素による局部磁場への影響(local-field contributions from hydrogen) 520～522
Pascal の三角形(Pascal's triangle) 522
速い磁性交換(rapid magnetic exchange) 532～533
速いプロトン交換(fast proton exchange) 531～532
非一次スペクトル(non-first-order spectra) 527～528
ビシナルカップリング(vicinal coupling) 519
複雑な例(complication) 526～533
複数の非等価な隣接水素とのカップリング(coupling to nonequivalent neighbor) 528～529
メタノールの——(of methanol) 532
連続的 *N* + 1 則(sequential *N* + 1 rule) 528～529
スペクトル(spectrum) **496**
一次——(first-order) 527
NMR(の記録)(NMR, recording) 502
電磁波——(electromagnetic radiation) 496
非一次——(non-first-order) 527～528
Smith, Ronald D. 660
スルホキシド(sulfoxide) **469**
スルホニウムイオン(sulfonium ion) **467**
スルホン(sulfone) **469**
スルホン酸(sulfonate)
脱離基(leaving group) 295
スルホン酸アルキル(alkyl sulfonate)
——からのアルケンの合成(alkene preparation from) 583～587
——の合成(synthesis of) 441
置換反応(substitution reaction) 440～441

せ

正確な質量(exact mass) **599**
制がん剤合成(anticancer drug synthesis) 337
生合成(biosynthesis)
ショウノウの——(of camphor) 797
天然ゴムの——(of natural rubber) 795〜797
ピロリン酸3-メチルブテニル(of 3-methylbutenyl pyrophosphate) 796
整数質量(integral mass) **599**
性的誘引("sexual swindle") 104
性ホルモン(sex hormone) 206〜207
赤外(IR)分光法〔Infrared(IR) spectroscopy〕 **591**
アルキン(alkyne) 713
アルケン(alkene) 594〜595
飲酒運転(drinking and driving) 596
官能基(functional group) 593〜597
シクロヘキサノール(cyclohexanol) 596
指紋領域(fingerprint region) 593
伸縮運動の波数領域(stretching wavenumber range) 594
振動励起(vibrational excitation) 592〜593
中赤外領域(middle infrared) 592
ビニフェロンの特性評価における——(in viniferone characterization) 803
ヘキサン(hexane) 594
1-ヘキセン(1-hexene) 594
ペンタン(pentane) 594
積分(NMRシグナル)(integration, NMR signal) **515**
——比(ratio) 515
化学シフト(chemical shift) 515〜517
構造決定における——(in structure elucidation) 524〜526
ピーク(peak) 515〜517
石油(petroleum)
——の改質(conversion of) 133〜136
——の蒸留による生成物の分離(product distribution in distillation of) 136
アルカンの原料としての——(as source of alkane) 137
節(node) **31**
絶対配置(absolute configuration) **231〜237**
X線回折(X-ray diffraction) 232
天然アミノ酸ペプチドの——(of natural amino acid and polypeptide) 258
Fischer投影式(Fischer projection) 237〜241
2-ブロモ-3-クロロブタン(2-bromo-3-chlorobutane) 242
立体異性体(stereoisomer) 231〜237
セレギリン(selegiline) 703
遷移状態(transition state) **68**, 343
——を表す記号(symbol for) 140〜141
S_N1反応(S_N1 reaction) 329
S_N2反応(S_N2 reaction) 290, 307〜308
遅い段階の——(late) 146
鏡像異性体(enantiomeric) 250
ジアステレオマー(diastereomeric) 255
Diels-Alder反応(Diels-Alder reaction) 778
二分子脱離反応(bimolecular elimination, E2) 343
早い段階の——(early) 146
プッシュ-プル——("push-pull") 437
旋光(optical rotation) **228**
エナンチオマーの組成(enantiomeric composition) 230〜231
実測旋光度(observed) 228
旋光度の測定(measurement) 228〜229
比旋光度(specific) 228〜229
旋光計(polarimeter) **228**
全合成(total synthesis) **394**
選択性(selectivity) **150**
——からの生成比の決定(product ratio determination from) 152〜153
還元における——(in reduction) 722
反応の実用性(synthetic utility) 156〜158
フッ素と臭素のラジカル的ハロゲン化(in radical halogenation with fluorine and bromine) 153〜156
前面での置換(frontside displacement) **287〜288**
戦略的な結合切断(strategic disconnection) **399**

そ

相違がはじめて生じた位置の原則(first point of difference principle) **98**
相関分光法(correlation spectroscopy, COSY) 542〜544
双極子(dipole) **14**
双極子-双極子相互作用(dipole-dipole interaction) 103, **277**
走査型トンネル顕微鏡(scanning tunneling microscope, STM) 630
相対反応性(relative reactivitie)
アルカリ金属に対するアルコールの——(of alcohol with alkalimetal) 425
アルキンにおけるπ結合の(of pi bond in alkyne) 718
脱水素化におけるアルコールの——(of alcohol in dehydration) 590
二分子脱離反応における——(in bimolecular elimination, E2) 343
ハロゲン化におけるC-H結合の——(of C-H bond in halogenation) 156
ブロモアルカンの——(of bromoalkane) 310, 323
速度則(rate law) **285**
速度定数(rate constant) **70**
速度と濃度(rate, concentration) 286
速度論(kinetics) **64**
一次の——(加溶媒分解)(first order, solvolysis) 323〜324
求核置換反応(nucleophilic substitution) 285〜288
単純な化学反応の——(of simple chemical process) 64〜72
二分子脱離の——(of bimolecular elimination) 341
速度論支配(kinetic control) **769〜770**
共役ジエンに対する求電子攻撃(electrophilic attack on conjugated diene) 766〜772
生成物分布の変化(changing product ratio) 768〜772
熱力学支配(thermodynamic control versus) 769〜772
1,3-ブタジエンの臭化水素化反応(hydrobromination of 1,3-butadiene) 768
疎水性(hydrophobic behavior) **370**
薗頭健吉(Sonogashira, Kenkichi) 733
薗頭反応(Sonogashira reaction) 732〜733

た

ダイアモンドイド(diamandoid) 200
第一級アルコール(primary alcohol)
——からのエーテル合成(alkene synthesis from) 454
——からのハロアルカン(haloalkanes from) 426〜427
——のPCCによる酸化(PCC oxidation of) 385
Grignard反応剤とホルムアルデヒドから——の生成(formation from Grignard reagent and formaldehyde) 392
転位反応(rearrangement) 436〜437
第一級エーテルの開裂(primary ether cleavage) 456〜457
第一級炭素(primary carbon) **95**〜96
第一級ハロアルカン(primary haloalkane) **349**
体系的な命名法(systematic nomenclature) **94**
第三級アルコール(tertiary alcohol)
——からのエーテル合成(ether synthesis from) 454
脱水(dehydration) 590
ハロゲン化水素(hydrogen halide) 427〜429
第三級C-H結合(tertiary C-H bond) 151〜153

第三級炭素(tertiary carbon)　**95**〜96
第三級ハロアルカン(tertiary haloalkane)　**350**
対称エーテル(symmetrical ether)　**91**
　シン付加(*syn* addition)　**630**
対称面(plane of symmetry)　**226**
第二級アルコール(secondary alcohol)
　——からのエーテル合成(ether synthesis from)　454
　——のケトンへの酸化(oxidation to a ketone)　383
　Grignard 反応剤とアルデヒドからの——の生成(formation from Grignard reagent and aldehyde)　392
　Grignard 反応剤とケトンからの——の生成(formation from Grignard reagent and ketone)　392
　脱水(dehydration)　590
第二級 C−H 結合(secondary C−H bond)　150
第二級炭素(secondary carbon)　**95**〜96
第二級ハロアルカン(secondary haloalkane)　322〜323, 333〜336, **350**
第四級炭素(quaternary carbon)　**95**〜96
タキソール(taxol)　**202**〜203
多重線(NMR スペクトル)(multiplet in NMR spectra)　**517**
脱水反応(dehydration)　**428**, **588**
　——によるアルコールのフラグメント化(alcohol fragmentation by)　606
　アルコールの——(of alcohol)　590
　酸触媒による——(acid-catalyzed)　454, 590
　転位をともなう——(with rearrangement)　590
脱プロトン化(deprotonation)　423
　アリル位の——(allylic)　760
　アルキンの——(of alkyne)　708〜709
　アルコールの——(of alcohol)　424
　加溶媒分解(solvolysis)　324
脱離(elimination)　**3**, **338**, **819**
　——の位置選択性(regioselectivity in)　586〜587
　——の一般式(general)　584
　——の反応(reaction)　344
　アルコールにおける——(in alcohol)　426〜429
　一分子——(unimolecular)　338〜339, 821
　置換と——(substitution versus)　345〜349, 352〜353
　二重の——(アルキンの合成)(double, alkyne preparation by)　715〜717
　二分子——(bimolecular)　341〜345, 821
　強い塩基性の求核剤(strongly basic nucleophile)　346
　立体障害の大きな強い塩基性の求核剤(sterically hindered strongly basic nucleophile)　247〜349
脱離基(leaving group)　**279**
　S_N1 反応(S_N1 reaction)　330
　S_N2 反応(S_N2 reaction)　295〜297
　塩基の強さ(base strength)　296
　弱い塩基(weak base)　295
　硫酸イオンとスルホン酸イオン(sulfate and sulfonate)　296
脱離基としての硫酸塩(sulfate as leaving group)　295
脱離基の脱離能(leaving-group ability)　**295**, 311
WHIP アプローチ(WHIP approach)　51, 315, 397
炭化水素(hydrocarbon)
　——の燃焼(combustion of)　190
　重水素化——(deuterated)　390
　水素と炭素から成る原子(as molecule containing hydrogen and carbon)　89
　ひずみの限界(strain limit)　198
単結合(single bond)　**12**
　——まわりの回転(rotation about)　105〜109
　共有——(covalent)　**8**
炭酸(carbonic acid)　24
炭酸イオン(carbonate ion)　23〜24
弾性(elasticity)　**794**
炭素(carbon)
　——原子(atom)　7
　——同位体(isotope)　533
　——の電子配置(electronic configuration of)　34
　求核性——(nucleophilic)　387
　求電子——(electrophilic)　75
　橋頭——(bridgehead)　197
　縮合環——(ring-fused)　197
　第一級——(primary)　95
　第三級——(tertiary)　95
　第二級——(secondary)　95
　第四級——(quaternary)　95
炭素環化合物(carbocycle)(シクロアルカンも参照)　**174**
炭素−金属結合(carbon-metal bond)　389
炭素-13 核磁気共鳴(carbon-13 nuclear magnetic resonance, ^{13}C NMR)　533〜547, 577
　——による異性体の区別(differentiating isomer by)　540
　アルキン(alkyne)　713
　アルケン(alkene)　577
　化学シフト(chemical shift)　539
　1-クロロプロパンのモノクロロ化(monochlorination of 1-chloropropane)　546
　水素デカップリング(hydrogen decoupling)　537〜540
　スペクトル(を記録する)(spectra, recording)　533
　小さい天然存在比(low natural abundance)　533〜536
　DEPT　**540**〜546
　同位体の利用(isotope utilization)　533〜536
　ピークの数(number of peak)　538
　ブロモエタンのスペクトル(spectrum of bromoethane)　533〜537
　メチルシクロヘキサンのスペクトル(spectrum of methylcyclohexane)　537

ち

チオエーテル(thioether)　**466**, 474
　——の反応(reactions of)　467
　——の反応性(reactivity of)　468〜469
　チオールのアルキル化による——(by alkylation of thiol)　467
チオール(thiol)　**90**, **466**
　——についてのジスルフィド還元(reduction of disulfide to)　469
　——の酸化(oxidation of)　468
　——の酸化機構(mechanism of oxidation of)　468
　——の反応(reaction of)　467
　——の反応性(reactivity of)　468〜469
　アルケンへのラジカル付加(radical addition to alkene)　672
　アルコールの酸性度(acidity of alcohol)　467
　水素結合(hydrogen bonding)　466〜467
　低分子重量(lower-molecular-weight)　474
　沸点(boiling point)　467
置換(substitution)　**3**, **819**
　アリル位のラジカル的——(radical allylic)　755
　アルコールにおける——(in alcohol)　426〜429
　スルホン酸アルキル(alkyl sulfonate)　440〜441
　脱離と——(elimination versus)　345〜349, 352〜353
　ラジカル——(radical)　**819**
置換エタン(substituted ethane)　110〜111
置換基(substituent)　**49**〜50, **97**
　——の優先順位(priority assignment to)　233〜235
　縮合環(ring-fusion)　**197**
　Fischer 投影式における——の入れ替え(exchanging in Fischer projection)　239〜240
置換シクロヘキサン(substituted cyclohexane)
　——におけるシス-トランス立体化学(*cis-trans* stereochemistry in)　209
　——の Newman 投影式(Newman projection of)　191

アキシアルとエクアトリアルのメチルシクロヘキサン(axial and equatorial methylcyclohexane) 190〜192
エクアトリアル位を争って占める(competition for equatorial position) 193〜196
中間体(intermediate) **127**
中赤外領域(middle infrared) 592
超共役(hyperconjugation) **132**〜133
アルキルラジカル(alkyl radical) 131
正電荷の安定化(in stabilizing positive change) 333
二重結合(double bond) 583
メチルカチオン(methyl cation) 333
直鎖アルカン(straight-chain alkane) **92**
一連の——の値(value for series of) 179
物理定数(physical constraint) 102
名称と物理的性質(names and physical property) 95
命名に対する規則(rules for naming) 96〜99
直線型合成(linear synthesis) **404**
直線構造(linear structure)
sp 混成(sp hybrid production of) 40〜42
電子反発(valence electron repulsion) **15**

つ

Ziegler, Karl 678
Ziegler-Natta 重合(Ziegler-Natta polymerization) 678
対電子(paired electron) **34**
積み上げ原理(aufbau principle) **34**
強い塩基(strong base)
アルコールの脱プロトン化(in deprotonating alcohol) 424〜425
カルボアニオン(carbanion) 389
求核剤(nucleophile) 347〜348
二分子脱離反応(bimolecular elimination, E2) 341
立体障害の大きな——(sterically hindered) 348
強い求核剤(strong nucleophile) 347〜348
強い酸(strong acid)
——とアルコールの反応(reaction of alcohol with) 426〜429
釣針型の矢印("fishhook" arrow) 141

て

DEPT 炭素-13 NMR(DEPT ^{13}C NMR) **541**〜546
停止段階(termination step) **143**, 148, 165
低磁場(NMR 分光法)(low field, NMR spectroscopy) **504**
DDT 158
Dirac, Paul 30
Diels-Alder 環化付加反応(Diels-Alder cycloaddition) 783〜785
Diels-Alder 反応(Diels-Alder reaction) **774**〜787
——の反応機構(mechanism of) 780
——の分子軌道図(orbital representation of) 780
——立体特異性(stereospecificity) 781〜782
環状付加とエンド則(cycloaddition and endo rule) 783〜785
逆合成解析(retrosynthesis) 807〜809
求ジエン体の立体化学(stereochemistry of dienophile) 781
協奏反応(as concerted reaction) 778〜781
グリーンな——(as "green") 784
ジエンと求ジエン体における——(diene and dienophiles in) 775〜777
ジエンの立体化学(stereochemistry of diene) 781
遷移状態(transition state) 779
Diels, Otto P. H. 774
デカップリング(decoupling) **537**
デカップリングされた吸収(decoupled absorption) **532**
テストステロン合成(testosterone synthesis) 459
Tesla, Nikola 499
テトラヒドロカンナビノール(tetrahydrocannabinol) 474
テルペン(terpene) **200**
電荷が分離した Lewis 構造式(charge separated Lewis structure) **19**
電気(導体としての有機ポリエン)(electricity, organic polyenes as conductor) 778〜779
電気陰性度(electronegativity) **14**, 82
電気的に陽性(electropositive) **14**
電子雲(electron cloud) 30
電子環状反応(electrocyclic reaction) **787**〜793, **819**, 822
——の立体化学(stereochemistry of) 790〜791
——立体特異性(stereospecificity) 788〜793
Woodward-Hoffmann 則(Woodward Hoffmann rule) 791
逆旋的な動き(disrotatory movement) **790**
協奏反応(as concerted reaction) 788〜793
同旋的過程(conrotatory process) 789
熱と光(heat and light) 787〜788
ペリ環状変換反応(as pericyclic transformation) 787
電子親和力(electron affinity, EAs) **10**
電子スペクトル(electronic spectra) **799**〜803
電子的な励起状態(electronic excitation) 798〜800
非局在化の広がり(delocalization extent) 800〜802
電子遷移(electronic transition) **495**
電子的な励起状態(electronic excitation) 798〜800
電子点式表記(electron dot picture) 16
電子の押し出しを表す矢印(electron-pushing arrow) 76, 283〜284
電子の相互作用(electron correlation) **103**
スペクトル(spectrum) 496
分光計(spectrometer) 496
電磁波(とその用途)(radiation, form and use) 552
電磁放射(electromagnetic radiation)
天然ゴム(natural rubber) 795〜797
天然物(natural product) **199**
——の構造決定(structural characterization of) 544〜545
イソプレン単位(isoprene unit) 200, 797
ステロイド(steroid) 203〜204
テルペン(terpene) 200
フェロモン(pheromone) 680〜682
分類法(scheme of classification) 199
伝搬段階(propagation step) **140**〜142, 146〜147, 165
——のエンタルピー(enthalpy of) 146
アリル位の臭素化(allylic bromination) 756
エテンの重合(polymerization of ethene) 677
オゾンの分解(ozone decomposition) 160

と

同位体(isotope) 600〜602
統計的な生成物の割合(statistical product ratio) **149**, 151〜153
同旋的過程(conrotatory process) 790
同族体(homolog) **93**
同族体化(homologation) 396
同族列(homologous series) **93**
等電子分子(isoelectronic molecule) **42**
渡環ひずみ(transannular strain) **185**
L-DOPA 634
ドーパミン(dopamine) 258, 634
de Broglie 波(de Broglie wavelength) 30
de Broglie, Louis-Victor 31
トランス(*trans*) **175**, **764**
トランス異性体(*trans* isomer) 245, 581〜583
trans-シクロオクテン(*trans*-cyclooctene) 583
trans-デカリン(*trans*-decalin) 198
トランスの関係にある水素間のスピン結合(*trans* coupling) 574〜575
1,2-トリクロロプロパン(NMR スペクト

ル)(1,2-trichloropropane, NMR spectrum) 529
トリメチレンジラジカル(trimethylene diradical) 181

な

内部アルキン(internal alkyne) **704**, 726
内部アルケン(internal alkene) **563**
Natta, Giulio 678
ナトリウム(sodium)
——によるアルキンの還元(reduction of alkyne by) 720～721
液体アンモニア中の——(in liquid ammonia) 720～721
水和反応(water reaction) 424
Na^+イオン(Na^+ ion) 87
ナプロキセン(naproxen) 253

に

二次反応(second-order reaction) **70**
二重結合(double bond) **13**
——のエポキシ化反応(epoxidation of) 661
——の相対的安定性(relative stability of) 580～583
——のまわりのカップリング定数(coupling constant around) 577
アルケン(付加反応)(alkene, addition to) 628
エテンにおける——(in ethene) 569
過酸(peroxycarboxylic acid) 661～663
過マンガン酸カリウムによる——の確認テスト(potassium permanganate test for) 666
カルベンの——への付加(carbene addition to) 659
シスの関係にある水素間のスピン結合(*cis* coupling through) 574
炭化水素の——(hydrocarbons with) 761～762
超共役(hyperconjugation) 583
ホウ素–水素結合(boron–hydrogen bond) 656～657
優先則(priority rule) 233
隣接した——(neighboring) 761～766
二重結合異性体(double-bond isomer) **563**
二重線(NMR 分光法)(doublet, NMR spectroscopy) **517**
二重の脱離(アルキン)(double elimination, alkyne)
——による合成(preparation by) 715～717
ニトロシルカチオン(nitrosyl cation) 19
二分子求核置換反応(bimolecular nucleophilic substitution) **286**～288
1段階過程(as one-step process) 287
協奏反応(as concerted process) 287～288
前面での置換(frontside displacement) 287
背面からの置換(backside displacement) 287
二分子脱離反応(bimolecular elimination, E2) **341**～345, 821
——の位置選択性(regioselectivity in) 584～587
——の軌道の記述(orbital description of) 342
——の相対的反応性(relative reactivity in) 343
——の速度と機構(rate and mechanism) 341
——の速度論(kinetic of) 341
1段階の反応(as single-step reaction) 343
酸触媒脱水反応(for acid-catalyzed dehydration) 454
強い塩基(strong base) 341
トランスとシス(*trans* and *cis*) 587
反応機構(reaction mechanism) 343
2-ブロモ-2-メチルブタンの——(of 2-bromo-2-methylbutane) 584～585
立体特異的な——(stereospecific process) 588
二分子反応(bimolecular process) **286**
Newman 投影式(Newman projection) **106**
E2 反応の遷移状態(E2 transition state) 343
エタンの——(of ethane) 105～106
クロロエタンの——(of chloroethane) 512
置換シクロヘキサン(substituted cyclohexane) 191
Newman, Melvin S. 106
尿素(urea) 4
二量体(dimerization) 673～**674**

ね

neo-(接頭辞)(neo-prefix) **94**
ねじれエネルギー(torsional energy) **107**
ねじれ角(torsional angle) **108**
ねじれ形立体配座(staggered conformation) **107**
ねじれひずみ(torsional strain) **107**
ねじれ(スキュー)舟形構造異性体〔twist-boat(skew-boat) conformation〕 **185**～186
熱異性化(thermal isomerization) **570**～571
熱硬化性樹脂(epoxy glue) 460
熱分解(pyrolysis) 133～136, **134**
熱力学(thermodynamics) **64**
単純な化学反応の——(of simple chemical processe) 64～72
平衡(equilibria) 64～67
熱力学支配(thermodynamic control) **64**, **769**～770
——と速度論的支配(kinetic control versus) 769～772
酸触媒脱水素化における——(in acid-catalyzed dehydration) 642
求電子水和反応(electrophilic hydration) 640～642
共役ジエンに対する求電子攻撃(electrophilic attack on conjugated diene) 766～772
生成物分布の変化(changing product rate) 768～772
1,3-ブタジエンの臭化水素化反応(hydrobromination of 1,3-butadiene) 768
熱力学的考察(thermodynamic feasibility) 628～629
燃焼(combustion) **162**
アルカンの——(of alkane) 161～163
エチンの——(of ethyne) 707
シクロヘキサン対ヘキサン(cyclohexane versus hexane) 178
炭化水素の——(of hydrocarbon) 190
燃焼熱(heat of combustion) **162**
アルカンの——(of alkane) 161～163
シクロアルカンの——(of cycloalkane) 178～179

の

濃度(比)(concentration, rate) 286
野依良治(Noyori, Ryoji) 253
ノルエピネフリン(norepinephrine) 258
Knowles, William S. 253
ノルボルナン(norbornane) 198

は

配位している溶媒(coordinated solvent) **388**
π結合(pi bond) **38**, **569**
——におけるカルボカチオンの攻撃(carbocation attack on) 673～674
——の塩基性と求核的性質(basic and nucleophilic character of) 634～639
——の強さ(strength) 570～571
アルキン(alkyne) 718～722
エチンにおける——(in ethyne) 45
エテンにおける——(in ethene) 45, 569～571
原子軌道(atomic orbital) 43
磁場における電子の動き(electron movement in magnetic field) 575
二重結合(in double bond) 569
1,3-ブタジエンの共役(conjugation of

1,3-butadiene) 764
配座異性体(conformer) **106**
Heisenberg, Werner 30
——の反応性(reactivity of) 805～807
——の低い電子遷移(lowest energy transition in) 801
アリル位のラジカル的ハロゲン化(radical allylic halogenation) 755～758
アリル型ハロゲン化物の求核置換反応(nucleophilic substitution of allylic halide) 758～760
アリル型有機金属反応剤(allylic organometallic reagent) 760～761
拡張π電子系(extended pi system) 772～774
共役ジエン(conjugated diene) 752, 761～766
共役ジエンに対する求電子攻撃(electrophilic attack on conjugated diene) 766～772
共役ジエンの重合(polymerization of conjugated diene) 793～798
速度論的および熱力学的支配(kinetic thermodynamic control) 766～772
Diels-Alder 環化付加反応(Diels-Alder cycloaddition) 774～787
電子環状反応(electrocyclic reaction) 787～793
電子スペクトル(electronic spectra) 799～800
2-プロペニル系(アリル系)(2-propenyl (allyl) system) 752～755
ハイドロクロロフルオロカーボン(hydrochlorofluorocarbon, HCFC) 161
ハイドロフルオロオレフィン(hydrofluoroolefin, HFO) 161
ハイドロフルオロカーボン(hydrofluorocarbon, HFC) 161
$\pi \rightarrow \pi$遷移($\pi \rightarrow \pi$ transition) **799**
背面からの置換(backside displacement) **287**
Pauli, Wolfgang 34
Pauli の排他原理(Pauli exclusion principle) **34**
パーキンソン病(parkinson's disease) 634, 703
橋かけポリマー(cross-linked polymer) **794**～795
Pascal の三角形(Pascal's triangle) 522
Pascal, Blaise 522
Pasteur, Louis 244
破線と実線構造(hashed-wedged line structure) 237
S_N2 反応(S_N2 reaction) 309
Fischer 投影式への変換(conversion into fischer projection) 237
2-ブロモブタンの——(of 2-bromobutane) 279～282, 285～288
破線と実線のくさび形表記法(hashed-wedged/solid-wedged line notation) **49**
8 電子(octet) **9**
8 電子則(octet rule) 17～19
——の例外(exception) 20
イオン結合(ionic bond) 8～10
共有結合(covalent bond) 11
極性をもつ共有結合(polar covalent bond) 13
周期表(periodic table) 9
Lewis 構造式(Lewis structure) 17, 51～54
発熱的反応(exothermic reaction) **66**
波動関数(wave function) **31**
波動方程式(wave equation) **31**
ハーブやダイエタリーサプリメント(herbal dietary supplement, HDS) 545
早い段階の遷移状態(early transition state) **146**
速いプロトン交換(fast proton exchange) 531～**532**
ハロアルカン(haloalkane) **89**
——からのアルケンの合成(alkene preparation from) 583～588
——の S_N2 置換反応における相対的反応性(S_N2 displacement reactivity of) 308
——の危険(hazard of) 277
——の物理的性質(physical property of) 276～279
——の命名(naming of) 99
——の利用(application of) 277
アルキル炭素－ハロゲン結合(alkyl carbon-halogen bond) 276～277
アルキルリチウム(alkyllithium) 393
一分子求核置換反応(unimolecular nucleophilic substitution) 323～327, 331
一分子脱離反応(unimolecular elimination, E1) 337～341
S_N1 反応の立体化学(stereochemical consequence of S_N1 reaction) 327～329
S_N2 反応における反転(S_N2 reaction inversion) 291
S_N2 反応の遷移状態(S_N2 reaction transition state) 290
S_N2 反応の立体化学(S_N2 reaction as stereospecific) 288～291
枝分かれ(branching) 307～308
加溶媒分解(solvolysis) 322～327
カルボカチオンの安定性(carbocation stability) 332～337
基質(substrate) 307～311
軌道図(orbital picture) 290
求核剤との反応機構(mechanisms of reaction with nucleophile) 349
求核性(nucleophilicity) 296～304
求核置換反応(nucleophilic substitution) 279～282, 285～288
極性官能基の関与する反応機構(reaction mechanism with polar functional group) 282～285
Grignard 反応剤(Grignard reagent) 392
合成(synthesis) 438～441
構造と S_N2 の反応性(structure and S_N2 reactivity) 295～297, 307～311
C－X 結合の強さ(C－X bond strength) 276
C－X 結合の長さ(C－X-bond length) 276
C－X 結合の分極(C－X bond polarization) 276
前面または背面からの攻撃(frontside or backside attack) 287～288
速度論(kinetics) 285～288
第一級——(primary) **349**
第一級アルコールからの——(from primary alcohol) 426～427
第三級——(tertiary) 322～323, **350**
第二級——(secondary) 322～323, 333～335, **350**
多数の反応機構の経路(multiple mechanistic pathway) 303～304
脱離基(leaving group) 295～297
脱離基の脱離能(leaving-group ability) 295
置換と脱離(substitution versus elimination) 345～349
電子の押し出しを表す矢印(electron-pushing arrow) 282～285
二分子求核置換反応(bimolecular nucleophilic substitution) 286～287
二分子脱離反応(bimolecular elimination, E2) 341～345
反応性のまとめ(reactivity summary) 349～350
沸点(boiling point) 277, 467
曲がった矢印(curved arrow) 283～284
より「グリーン」な代替物("greener" alternative) 277
立体障害の大きい——(hindered) 405
ハロアルケン(haloalkene) 723
ハロゲン化アルケニル(alkenyl halide) **716**
——とアルケンのカップリング(coupling to alkene) 729～731
——の化学(chemistry of) 729～731
S_N2 反応と S_N1 反応(S_N2 and S_N1 reaction) 729～730
Heck 反応(Heck reaction) 730～731
ハロゲン化水素(hydrogen halide)
——からのハロアルカン(haloalkane from) 426～427
——の求電子付加反応(electrophilic addition of) 634～639, 723～724
第二級と第三級アルコール(secondary and tertiary alcohol) 427～429

末端アルキンへの付加(addition to terminal alkyne) 724
ハロゲン化ー二重脱ハロゲン化水素反応(halogenation-double dehydrohalogenation) **716**
ハロゲン化反応(halogenation) **125**
——において生成しうるすべての化合物(all possible product of) 263~265
——のC—H結合の相対的反応性(relative reactivity of C—H bond in) 154
——の選択性(selectivity in) 153~156
アリル位のラジカル的——(radical allylic) 755
アルカンの——(of alkane) 643
アルキンの——(of alkyne) 724~725
キラルな化合物の——(of chiral compound) 256~257
合成(synthetic) 156~158
反応の実用性(synthetic utility of) 156~158
メタンの——(of methane) 145~148
ハロニウムイオン(halonium ion) 647~648
ハロヒドロキシ化(halohydroxylation) 649
ハロメタン(halomethane) 276
反結合性軌道(antibonding molecular orbital) **37**
反しゃへい化(deshielding) **504**
アルケニル水素におけるπ電子効果(pi electron effect on alkenyl hydrogen) 574~575
S_N2反応における——(in S_N2 reaction) 291~295
基質(substrate) 292
クロロメタンにおける——(in chloromethane) 508
炭素-13 NMRにおけるアルケニル炭素(alkenyl carbons in carbon-13 NMR) 577
電気的に陰性な——効果(effect of electronegative atom) 508
立体配置の——(of configuration) **289**
反応機構(reaction mechanism) **6**, 72, **126**, **137**, **142**~144
——に対するHXの求電子付加(electrophilic addition of HX to alkene) 635
——の書き方(formulating) 212~213
——のデータ(data) 166
——の反応(reaction) 343
アリル位の臭素化(allylic bromination) 756
アルキル移動(alkyl shift) 434
エタンの塩素化(chlorination of ethane) 149
エテンのラジカル重合(radical polymerization of ethene) 677
NBSからの臭素の発生(bromine generation from NBS) 756
オキシ水銀化ー脱水銀化(oxymercuration-demercuration) 650
オゾン分解(ozonolysis) 667
カルボカチオンの転位反応(carbocation rearrangement) 431
環状エーテルの合成(cyclic ether synthesis) 449
既知から未知への—の適用(extending from "known" to "unknown") 148 ~ 149
協奏的なアルキル移動(concerted alkyl shift) 437
酸触媒による開環反応(acid-catalyzed ring opening) 462
四酸化オスミウムによるアルケンの酸化(osmium tetroxide oxidation of alkene) 664
実験条件(experimental condition) 137
2,2-ジメチルオキサシクロプロパンの酸触媒開環反応(acid-catalyzed ring opening of 2,2-dimethyloxacyclopropane) 463
第一級アルコールからのエーテル合成(ether synthesis from primary alcohol) 454
チオールのジスルフィドへの酸化反応(oxidation of thiol to disulfide) 468
Ziegler-Natta重合(Ziegler-Natta polymerization) 678
Diels-Alder反応(Diels-Alder reaction) 780
天然ゴム生合成(natural rubber synthesis) 796
反応の結果の予測(in predicting outcome of a reaction) 393~396
ヒドロホウ素化(hydroboration) 656
複雑な——(as complex) 304
曲がった矢印の表現(curved-arrow representation of) 283
2-メチルプロパンの水和(hydration of 2-methylpropene) 640
ラジカル反応——(of radical reaction) 164~166
ラジカル反応によるヒドロ臭化付加(radical hydrobromination) 671
ラジカル連鎖——(radical chain) **142**
(多数の)反応機構の経路(mechanistic pathways, multiple) 304~307
反応機構の予想(mechanistic reasoning) 305~307
反応座標(reaction coordinate) **68**
反応性(reactivity)
S_N2 295~297, 307~311, 314~315
オキソニウムイオンの——(of oxonium ion) 428
求核置換における——(in nucleophilic substitution) 335
第三級基質の——(of tertiary substrate) 353~355
チオールとチオエーテルの——(of thiol and thioether) 468~469
有機分子の——(organic molecule) 2~4
反応速度(reaction rate)
——式(equation) 70~71
Arrhenius式(Arrhenius equation) 71
一次反応(first-order reaction) 70
温度(temperature) 71
活性化エネルギー(activation energy) 68~69
速度定数(rate constant) 70
二次反応(second-order reaction) 70
反応物質の濃度(reactant concentration) 70
反応速度論(chemical kinetics) **64**
反応中間体(reaction intermediate) **6**
反応熱力学(chemical thermodynamic) **64**
反応の結果(の予測)(reaction outcome, predicting) 393~396
反応の実用性(synthetic utility) **156**
——の評価(evaluating) 157
選択性(selectivity) 156~158
反応のロードマップ(reaction summary road maps) **406**
反応物質(reactant) **5**, 70
半反応(half-reaction) 410

ひ

非一次スペクトル(non-first-order spectra) **527**~528
pH 78
Heeger, Alan J. 778
光環化(photocyclization) **790**
p軌道の重なり(overlapping p orbital) 569~571, 706
非共役異性体(nonconjugated isomer) **761**~**762**
非局在化した電荷(delocalized charge) **23**
非局在化した電子(delocalized electron) **752**
ピーク(分光法)(peak, spectroscopy) **497**
pK_a値(pK_a value) 81
——を用いた酸ー塩基平衡(acid base equilibrium using) 81
アルキンの——(of alkyne) 708
水中でのアルコールの——(of alcohol in water) 372
チオールの——(of thiol) 467
PCC **385**~386
ビシナルカップリング(vicinal coupling) **519**
ビシナルカップリングアルケン(vicinal coupling alkene) **575**
ヒストリオニコトキシン(histrionicotoxin) 735

ひずみ(strain)
——の見積り(estimating) 183〜184
重なり(ねじれ)〔eclipsing (torsional)〕 180
環——(ring) 178〜181
結合角——(bond-angle) 181
渡環——(transannular) 185
ひずみのない増感を受けた分極移動(distortionless enhanced polarization transfer)(DEPT ^{13}C NMR も参照) **541**
比旋光度(specific rotation) **228**〜229
Pd 触媒の作用(Pd catalysis) 182, 730〜731
ヒドリド還元(hydride reduction)
アルデヒドとケトンの——(of aldehyde and ketone to alcohol) 380〜381
アルミニウムリチウム(lithium aluminum) 383
カルボニル基の——(of carbonyl group) 380〜383
ヒドロキシ基(hydroxy group) **89**, **366**, 426
——のプロトン化(protonation of) 426
——の保護(protection of) 457
アルコール(alcohol) 366〜421
ヒドロホウ素化(hydroboration) **655**
——の位置選択性(regioselectivity of) 656
——の反応機構(mechanism of) 655
アルキンの——(of alkyne) 728〜729
アルケンの——(of alkene) 655
ヒドロホウ素化−酸化(hydroboration-oxidation) 655〜658, **656**
——によるアルコール合成(alcohol synthesis by) 658
——による立体特異的かつ位置選択的なアルコール合成(stereospecific and regioselective alcohol synthesis by) 658
アルケン(alkene) 655〜658
一連の——(sequence) 657
末端アルキンの——(of terminal alkyne) 728〜729
ビニフェロン(viniferone) 803
避妊(birth control) 206〜207
避妊法(fertility control) 206〜207
非プロトン性溶媒(aprotic solvent) **301**
極性——(polar) 302
溶媒和の効果(solvation effect) 301
平間正博(Hirama, Masahiro) 680
ピロリン酸ゲラニル(geranyl pyrophosphate) 797
ピロリン酸 3-メチル-3-ブテニル(3-methyl-3-butenyl pyrophosphate) 796

ふ

Feynman, Richard 103
van der Waals, Johannes D. 103
van der Waals 力(van der Waals force) **103**
van't Hoff, Jacobus H. 244
von Hofmann, August Wilhelm 586
Fischer, Emil 237
Fischer 投影式(Fischer projection) **237**
——を用いた *R* 体と *S* 体の決定(*R* and *S* assignment using) 240, 240
絶対配置(absolute configuration) 238〜239
置換基の入れ替え(exchanging substituent in) 239〜240
破線-くさび形表記法(構造)(hashed-wedged line structure) 237
立体異性体(stereoisomer) 237〜241
Fischer 投影式に用いる型(Fischer stencil) 238
封筒形構造(envelope structure) **182**
フェロモン(pheromone) 680〜682
フェンタニル(fentanyl) 194
付加(addition) **628**〜629
アルケン二重結合への——(alkene double bond) 628
アルケンへの——(の立体化学)(alkene, topologie of) 633
アンチ——(*anti*) 633, **643**〜644
エチン(ethyne) 734
エテン(ethene) 629
カルベン(carbene) **658**
逆 Markovnikov ——(*anti*-Markovnikov) 657, 670
求核——(nucleophilic) 821
求電子——(electrophilic) 634〜639, 646〜655, 822
求電子ハロゲン——(electrophilic halogen) 643
臭化水素(hydrogen bromide) 669〜672
臭素(bromine) 643
シン——(*syn*) 630
ハロゲン化水素の内部アルキンへの——(hydrogen halide to internal alkyne) 723
Markovnikov —— 669
メチレン(methylene) **659**
ラジカル——(radical) 669〜673
付加反応(addition reaction) 562, **819**
不均化(アルキルラジカル)(disproportionation, alkyl radical) 134
不斉原子(asymmetric atom) 225
1,3-ブタジエン(1,3-butadiene)
——の共役(conjugation in) 764
——の構造(structure of) 765
——の臭化水素化反応(hydrobromination of) 767〜768
——の重合(polymerization of) 793〜794
——のプロトン化(protonation of) 766
——の分子軌道の記述(molecular-orbital description) 765
位置選択的(regioselectivity) 767
求核剤による捕捉(nucleophilic trapping) 767
水素化熱(heat of hydrogenation) 763
Diels-Alder 環化付加における(in Diels-Alder cycloaddition) 775
橋かけポリマー(cross-linked polymer) 794〜795
ブタノール(butanol) 606
ブタン(butane)
——のエネルギー含量(energy content of) 162
——の回転(rotation in) 111
——の臭素化反応(bromination of) 249〜251, 256
——の立体配座異性体(conformational isomer of) 176
ブタン異性体(butane isomer) 582
Hooke の法則(Hooke's law) 592
Hooke, Robert 592
プッシュープル遷移状態("push-pull" transition state) 437
フッ素(fluorine) 145〜146, 153〜156
ラジカルによるハロゲン化(radical halogenation with) 145〜148
フッ素化(fluorination)
メタンの——(of methane) 148
2-メチルプロパンの——(of 2-methylpropane) 154
フッ素化されている薬剤(fluorinated pharmaceutical) 278
沸点(boiling point)
アルカン(alkane) 370
アルコール(alcohol) 370, 467
エーテル(ether) 444
チオール(thiol) 467
ハロアルカン(haloalkane) 277, 370, 467
Butent, Adolf 203
ブテン(butene) 563
——の質量スペクトル(mass spectrum of) 607
——の臭素化反応(bromination of) 644
負電荷(求核性)(negative charge, nucleophilicity) 295〜297
ブトキシドイオン(butoxide ion) 374
舟形(boat form) **185**
不飽和化合物(unsaturated compound) **562**
不飽和度(degree of unsaturation) **608**〜610
——の求め方(establishing) 609
構造決定における——(in structure determination) 609〜610
構造決定に役立つ——(as key to structure) 608
Prout, William 5
Brown, Herbert C. 655
フラグメント化(fragmentation) **599**

アルキン(alkyne) 714
アルケン(alkene) 606～607
アルコール(alcohol) 606
官能基の同定(functional group identification) 605～606
メタンの――(of methane) 600
2-メチルブタンの――(of 2-methylbutane) 605
より多置換の中心で起こりやすい(at highly substituted center) 603～605
Planck, Max K. E. L. 31
Fourier 変換(Fourier transform, FT) **497**
ブリーチ(bleaching) 802
フレオン(freon) **159**
Prelog, Vladimir 232
Brønsted 酸(Brønsted acid) 86
Brønsted, James Nicolaus 77
Brønsted-Lowry の酸-塩基反応(Brønsted-Lowry acid-base reaction) 283
プロゲスチン(progestin) 206
プロゲステロン(progesterone) 206
プロスタグランジン(prostaglandin) 580
NMR における――デカップリング(decoupling in NMR) **537**
磁場中の――スピン(spinning in magnetic field) 498
速い――交換と NMR スペクトル(fast exchange and NMR spectra) 531～532
プロトン化(protonation)
アルコールの――(of alcohol) 375, 426
求電子付加反応(electrophilic addition) 640
1,3-ブタジエンの――(of 1,3-butadiene) 766
プロパンの――(of propene) 637～638
プロトン性溶媒(protic solvent) **300**
――による水素化アルミニウムリチウムの分解(decomposition of lithium aluminum hydride by) 382
求核剤(nucleophile) 303
1,2-プロパジエン(アレン)〔1,2-propadiene (allene)〕 761
共鳴の表示(resonance representation) 753
非局在化―(delocalization) 753～754
部分的電子密度の分布(partial electron density distribution in) 755
分子軌道の表示(molecular orbital representation) 753～755
プロプラノロール(propranolol) 252～253
プロパン(propane)
――の塩素化(chlorination of) 149
――の第二級炭素(secondary carbon in) 150
――の立体障害(steric hindrance in) 109～110
1,2,3-プロパントリオール(1,2,3-propanetriol) 473
2-プロピニル(プロパルギル)〔2-propynyl (propargyl)〕 **704**
2-プロペニル系(アリル系)〔2-propenyl (allyl) system〕 752～755
プロペン(propene)
――のプロトン化(protonation of) 637～638
――への求電子付加反応における位置選択性(regioselective electrophilic addition to) 637
ポテンシャルエネルギー図(potential-energy diagram) 638
ブロモアルカン(bromoalkane)
――と水(with water) 323
合成(synthesis) 426, 439
ブロモアルコールの合成(bromoalcohol synthesis) 647～648
ブロモエタン(bromoethane)
――の水素 NMR スペクトル(hydrogen NMR spectrum of) 523
――の炭素-13 NMR スペクトル(carbon-13 NMR spectrum of) 533～337
2-ブロモエトキシド(2-bromoethoxide) 451
2-ブロモ-2-クロロシクロブタン(1-bromo-2-chlorocyclobutane) 176
2-ブロモ-3-クロロブタン(2-bromo-3-chlorobutane) 242～243
ブロモニウムイオン(bromonium ion) **644**
――の位置選択的な開環反応(regioselective opening of) 647
――の生成(formation) 646
環状――(cyclic) 644～646
他の求核剤により捕獲される(trapped by other nucleophile) 647～648
2-ブロモブタン(2-bromobutane)
――のエナンチオマー(enantiomer of) 224, 228
――の塩素化(chlorination of) 251
――の書き方(way of depicting) 236
――の破線―くさび形構造(hashed-wedged structure of) 237
――のラセミ体(racemic) 249, 255～257
1-ブロモプロパン(1-bromopropane) 530, 602
2-ブロモペンタン(2-bromopentane) 587
2-ブロモ-2-メチルブタン(2-bromo-2-methylbutane)
――の脱臭化水素(dehydrobromination of) 584
エトキシドとの E2 反応(E2 reaction with ethoxide) 584
tert-ブトキシドとの E2 反応(E2 reaction with *tert*-butoxide)
分極(polarization) **14**
アルケンの――(in alkene) 573
逆――(reverse) 389
C－X 結合(C－X bond) 276
双極子(in dipole) 14
分極率(polarizability) **277**, 302～303
分光計(spectrometer) 493, **495**
――による吸収の記録(in recording absorption) 496～498
一般的な模式図(general diagram) 497
分光法(spectroscopy)(生成物の同定のために行う NMR 分析法も参照) **495**～498, 798～800
――の種類(type of) 495～496
――の定義(defining) 495～498
――を用いた天然物の構造推定(in deducing structure of natural product) 687
アルキンの――(of alkyne) 709～715
可視――(visible) 799～800
紫外――(ultraviolet) 799～800
質量――(mass) 597～602
スペクトル(spectrum) 497
赤外――(infrared) 591～597
Fourier 変換(Fourier transform, FT) 497
ベースライン(baseline) 497
分枝アルカン(branched alkane) **92**
構造異性体(as constitutional isomer) 93
表面積(surface area) 104
分枝アルキル基(branched alkyl group) 96
分子イオン(molecular ion) **597**, 600
分子間 Williamson エーテル合成(intermolecular Williamson ether synthesis) 452～453
分子間力(intermolecular force) **103**
分子軌道(molecular orbital)
エテンの――(ethene) 570～571
結合性――(bonding) 36
反結合性――(antibonding) 37
1,3-ブタジエン(1,3-butadiene) 766
2-プロペニル系(アリル系)の表示(2-propenyl (allyl) system representation) 753～755
分子構造(molecular structure) 49～50, 114～116
――の書き方(drawing representation) 49～50
アルカンの――(alkane) 101
アルコールの――(alcohol) 368
エチンの――(ethyne) 707
エテンの――(ethene) 569
簡略化した式(condensed formula) 49
結合を直線で示す式(bond-line formula) 49
三次元的表現(three-dimensional representation) 48～50
実験式(empirical formula) 47
つながり方(connectivity) 47
破線と実線のくさび形表記法(hashed-wedged/solid-wedged line notation)

49
1,3-ブタジエンの——(1,3-butadiene) 765
不飽和度(degree of unsaturation) 608～610
分子の同定方法(in establishing molecule identity) 47～50
分子内 Williamson エーテル合成(intramolecular Williamson ether synthesis)
——による環状エーテルの合成(cyclic ether preparation by) 449～450
——の立体特異性(as stereospecific) 452～453
分枝ブロモアルカン(branched bromoalkane) 307
Hund の規則(Hund's rule) **34**
Hund, Friedrich 34

へ

閉殻配置(closed-shell configuration) **34**
平衡(equilibria)
酸—塩基——(acid-base) 87～88
自由エネルギー——(free energy) 65
熱力学(thermodynamics) 64～72
平衡定数(equilibrium constant) **64**, 77～80
平衡濃度(equilibrium concentration) 116～117
平面偏光(plane-polarized light) **228**
ヘキサトリエン(1,3,5-hexatriene)
——の熱的閉環(thermal ring closure) 790
——の光化学的閉環(photochemical ring closure) 790
ヘキサン(hexane)
——の IR スペクトル(IR spectrum of) 594
——の臭素化反応(bromination of) 772
——の熱分解(pyrolysis of) 134
——の燃焼(combustion of) 178
球と棒を使った分子模型(ball-and-stick model) 102
空間充塡型分子模型(space-filling molecular model) 102
電子スペクトル(electronic spectrum) 800
ベースライン(分光法の)(baseline, spectroscopy) **497**
βカロテン(beta-carotene) 751, 773, 799
Pedersen, Charles J. 446
βラクタム(beta-lactam) 321
Heck 反応(Heck reaction) **730**～731
——の反応機構(mechanism of) 730
——の例(example of) 731
Heck, Richard F. 730
ヘテロ環(heterocycle) **444**
ヘテロ原子(heteroatom) **444**
ヘテロリシス開裂(heterolytic cleavage) **127**～**128**
ペリ環状反応(pericyclic reaction) **787**, 822
ベリリウム(beryllium) 40
ヘロイン(heroin) 474
ベンジルペニシリン(benzylpenicillin) 4
ベンゼン(benzene) **89**
——の安定性(stability of) 774
——の共鳴構造(resonance structure) 774
——の芳香族性(aromaticity of) 89
ベンゼン環(benzene ring)
ペンタノール(pentanol) 371
ペンタン(pentane)
——の IR スペクトル(IR spectrum of) 594
——の異性体(isomeric) 93
——の質量スペクトル(mass spectrum of) 603
——のフラグメントイオン(fragment ion from) 603
ペンタンの異性体(isomeric pentane) 93

ほ

Bohr, Niels 30
芳香族化合物(aromatic compound) **89**
ホウ素(boron) 42
ホウ素酸(boronic acid) **733**
ホウ素—水素結合(boron-hydrogen bond) 655～657
飽和化合物(saturated compound) **562**
保護基(protecting group) **457**
——を用いる戦略(strategy) 457
テストステロン合成における——(in synthesis of testosterone) 459
ホスホマイシン(fosfomycin) 461
ポテンシャルエネルギー図(potential-energy diagram) 68～**69**
S_N1 反応(S_N1 reaction) 327
S_N2 反応(S_N2 reaction) 327
エタンの回転による異性化の——(of rotational isomerism in ethane) 108
オキサシクロプロパン(oxacyclopropane) 458
カルボカチオンの転位反応(carbocation rearrangement) 432
シクロヘキサンのいす形—いす形相互変換(chair-chair interconversion of cyclohexane) 186
シス-アルケンとトランス-アルケン生成(*cis* versus *trans* alkene formation) 587
触媒反応と無触媒反応(catalyzed and uncatalyzed process) 135
第一級水素または第三級水素の——(of primary/tertiary hydrogen) 155
第一級水素または第三級水素の引き抜きの——(abstraction of primary/tertiary hydrogen) 154
ブタンにおける結合の回転(of rotation about bond in butane) 111
ブタンの臭素化(bromination of butane) 256
フッ素とヨウ素の反応(fluorine and iodine atom reaction) 145
プロペンへの HCl 付加(HCl addition to propene) 638
2-ブロモ-2-メチルブタンの E2 反応での——(for E2 reaction of 2-bromo-2-methylbutane) 584
メタンと X_2 の——の比較(methane and X_2 comparison of) 147
メタンと塩素の反応(reaction of methane with chlorine atom) 141
Hammond, George S. 146
Hofmann 則(Hofmann rule) **586**
Hammond の仮説(Hammond postulate) **146**
Hoffmann, Roald 791
ホモリシス開裂(homolytic cleavage) **126**, 139
ポリ-1,3-ジエン(poly-1,3-diene) 794
ポリアクリル酸エステル(polyacrylate) **733**
ポリアニリン(polyaniline) 779
ポリイソプレン(polyisoprene) 795～797
ポリエーテル(polyether) 444～446
ポリエテン(polyethene) **677**
ポリ(塩化ビニル)〔poly(vinyl chloride)〕 734
ポリクロロエテン(polychloroethene) **677**
ポリプロペンニトリル(polypropenenitrile) **677**
ポリマー(polymer) **673**
——の合成(synthesis of) 675～678
一般的な——(common) 675
弾性(elasticity) 794
橋かけ——(cross-linked) 794～795
モノマーと——(monomer) 675
Pauling, Linus 36
Boltzmann 分布曲線(Boltzmann distribution curve) **69**
Boltzmann, Ludwig 69
ホルムアルデヒド(formaldehyde)
——の化学構造(chemical structure) 2
静電ポテンシャル図(electrostatic potential map) 380
第一級アルコール生成(in primary alcohol formation) 391
Lewis 構造式(Lewis structure) 17
ホルモン(hormone) **203**

ま

曲がった矢印(curved arrow) **72**
——の使用(using) 88
——の使い方(guideline for using) 75
——を用いた電子の流れ(flow of electron using) 88, 283～285
一般的反応機構の——(of common type of mechanism) 284
化学反応中での——の書き方(in describing chemical reaction) 72～76
出発物質の変換(starting material conversion) 72～76
電子の押し出しを表す——(electron-pushing) 282～285
Brønsted-Lowry の酸-塩基反応における——の書き方(Brønsted-Lowry acid-base reaction depiction with) 283
MacDiarmid, Alan G. 778
末端アルキン(terminal alkyne) **563**, **704**
——の水和反応(hydration of) 725
——の脱プロトン化(deprotonation of) 708
——のヒドロホウ素化(hydroboration of) 728～729
——のヒドロホウ素化-酸化(hydroboration-oxidation of) 728
酸性(as acidic) 708～709
赤外吸収(infrared absorption) 713
ハロゲン化水素の付加(hydrogen halide addition to) 724
マラリアの撲滅(malaria eradication) 158
マリファナ(大麻)(cannabis) 473～474
Markovnikov, Vladimir V. 637
Markovnikov 則(Markovnikov rule) **637～638**
Markovnikov 則にしたがった位置選択性(Markovnikov regioselectivity) 650
Markovnikov 付加(Markovnikov addition) 669
Mansfield, Peter 514

み

水(water)
——とアルコールの構造は似ている(alcohol structural similarity to) 368
——における結合電子反発(bonding and electron repulsion in) 45
——による求核攻撃(nucleophilic attack by) 325
——による求核開環(nucleophilic opening by) 653
——の構造(structure of) 368
アルコールの酸性度(acidity of alcohol) 372～375
軌道の重なり(orbital overlap in) 45
孤立電子対(lone electron pair) 44
ナトリウムと——の反応(sodium reaction with) 424
Mueller, Paul 158

む

無機酸エステル(inorganic ester) **438～440**
ムスカルア(muscalure) 398

め

メソ化合物(meso compound) **247**～249
R,*S* 立体中心(*R* and *S* stereocenter) 247
同じ置換基をもつ立体中心(identically substituted stereocenter) 246～248
環状化合物(cyclic compound as) 248～249
3 個以上の立体中心をもつ——(with multiple stereocenter) 248
メタノリシス(methanolysis) 322
メタノール(menthol) 202
——からメトキシドの生成(methoxide creation from) 424
——による加溶媒分解(solvolysis by) 322
——の構造(structure of) 368
——の親水性部分と疎水性部分(hydrophobic and hydrophilic part of) 371
——の水素結合(hydrogen bonding in) 371
——のスピン-スピン分裂(spin-spin splitting of) 532
——の物理性質(physical property of) 370～371
アルコールの酸性度(acidity of alcohol) 80
沸点と融点の比較(boiling point melting point comparison) 370
変性エタノール(denatured ethanol) 471
溶媒和の効果(solvation effect) 301～302
メタン(methane)
——の塩素化(chlorination of) 136～144
——の質量スペクトル(mass spectrum of) 600
——の臭素化反応(bromination of) 148
——のフッ素化反応(fluorination of) 148
——のフラグメント化(fragmentation of) 600
——のヨウ素化反応(iodination of) 148
——のラジカルによるハロゲン化(radical halogenation of) 145～148
酸性度(acidity) 79, 389
四面体(tetrahedral) 42
対称(symmetry) 225
破線-くさび形表記法(hashed-wedge line structure) 102
1-メチルエチル基(1-methylethyl group) **114**
メチルシクロヘキサン(methylcyclohexane) 191～192
——の炭素-13 NMR スペクトル(carbon-13 NMR spectrum of) 537
アキシアルとエクアトリアル(axial and equatorial) 190～192
2-メチルブタジエン(2-methylbutadiene)
——から成る天然物(natural product composed of) 797
紫外分光法(ultraviolet spectroscopy) 800
2-メチルブタン(2-methylbutane)
——の質量スペクトル(mass spectrum of) 604
——の優先的フラグメント化(preferred fragmentation of) 605
2-メチルプロパン(2-methylpropane)
——のエネルギー含量(energy content of) 162
——の塩素化(chlorination of) 151
——の臭素化反応(bromination of) 155
——のフッ素化(fluorination of) 154
2-メチルプロペン(2-methylpropene)
——のオリゴマー化(oligomerization of) 674
——の重合(polymerization of) 674
——の二量化(dimerization of) 673～674
メチルラジカル(methyl radical) 131, 140
メチルリチウム(methyllithium) 389
メチレン(methylene) **659**
メトキシド(methoxide) 424
溶媒和(solvation) 374
メトキシメタン(methoxymethane)
——の構造(structure of) 368
構造異性体(as constitutional isomer) 47
三次元的表現(three-dimensional representation) 49
メルカプト(mercapto) **466**

も

Molina, Mario 159
モルオゾニド(molozonide) **667**
モル吸光係数(molar extinction coefficient) **800**
モル吸光率(molar absorptivity) **800**
モルヒネ(morphine) 474

ゆ

有機化学(organic chemistry) **1**～817
有機キュプラート(organocuprate) 398
有機金属反応剤(organometallic reagent)

386～391
――加水分解(hydrolysis)　390
アルコール合成における――(in alcohol synthesis)　391～393
重水素(deuterium)　390
ひずみのあるエーテルの変換(in strained ether conversion)　460～462
有機化学における――(in organic chemistry)　390
誘起効果(inductive effect)　**82**, **375**
有機リチウム(organolithium)　386～389
(置換基の)優先順位(priority, assigning to substituent)　233～235
融点(melting point)
アルカン(alkane)　370, 572
アルケン(alkene)　573
アルコール(alcohol)　370
ハロアルカン(haloalkane)　370
London 力(London force)　103

よ

溶解した金属による還元反応(dissolving-metal reduction)　720
陽子(proton)　**7**
幼若ホルモン類縁体(juvenile hormone analog)　652
溶媒(solvent)
――中におけるヨードメタンの塩化物イオンによる S_N2 反応(S_N2 reaction of iodomethane with chloride ion in)　301
S_N1 反応(S_N1 reaction)　329～330
エーテル(ether)　443
配位している――(coordinated)　388
非プロトン性――(aprotic)　301～302
プロトン性――(protic)　300, 303, 382
溶媒の名称(solvent name)　444
溶媒和(solvation)
S_N2 反応(S_N2 reaction)　311
求核性(nucleophilicity)　299～300
薬の活性(drug activity)　299
非プロトン性溶媒(aprotic solvent)　302
溶媒和分子(solvated molecule)　**300**
ヨードアルカンの合成(iodoalkane synthesis)　439
2-ヨードプロパンの NMR スペクトル(2-iodopropane NMR spectrum)　523
ヨードメタン(iodomethane)　301
弱い塩基(weak base)
脱離基(leaving group)　295
四重線(NMR スペクトル)(quartets in NMR spectra)　**517**

ら

Lauterbur, Paul C.　514
ラジカル(radical)　**125**, **127**～131
――生成に必要なエネルギー(energy needed to form)　131
――の安定性(stability of)　129～131
――の開裂(cleavage into)　134
――の組合せ(combination of)　134
アルキル――(alkyl)　131～133
頭脳がない――(lack of memory)　252
カチオンとアニオン(cation and anion versus)　127
シクロアルキル(cycloalkyl)　175
ラジカル重合(radical polymerization)　**675**～676
ラジカル置換(radical substitution)　**819**
ラジカル的ハロゲン化(radical halogenation)
――において生成しうるすべての化合物(all possible product of)　263～265
合成(synthetic)　156
フッ素と臭素の――(with fluorine and bromine)　154～155
メタンの――(of methane)　145～148
ラジカルとラジカルの結合(radical-radical combination)　142
ラジカル反応(radical reaction)　**125**
――の機構とエンタルピー(mechanism and enthalpy of)　164～166
――の種類(type of)　820
概観(overview)　819
ラジカル反応による臭化水素付加(radical hydrobromination)　670
ラジカル付加反応(radical addition)　669～673, **819**
ラジカル連鎖(radical chain sequence)　**671**
ラジカル連鎖機構(radical chain mechanism)　**142**～144
ラセミ化(racemization)　**230**
S_N1 加水分解(S_N1 hydrolysis)　328
ラセミ混合物(racemic mixture)　**230**
ラセミ体(racemate)
――の分離(分割)(resolution of)　260
ラセミ体の 2-ブロモブタンの塩素化(chlorination of racemic 2-bromobutane)　255～257
ラセミ体の 2-ブロモブタン(racemic 2-bromobutane)　251, 255～257
ラテックス(latex)　795
Raney ニッケル(Raney nickel)　630
Raney, Murray　630
ランソプラゾール〔lansoprazole (prevacid)〕　278

り

リチウムイオン電池(lithium-ion battery)　627
リチウムジイソプロピルアミド(lithium diisopropylamide, LDA)　42, 347～348
リチウム有機キュプラート(lithium organocuprate)　398
律速段階(rate-determining step)　**324**, 338
立体異性(stereoisomerism)　**3**, **222**～223
立体異性体(stereoisomer)　**176**, 221～320
――間の関係(stereochemical relation of)　247
――の NMR スペクトル(NMR spectra of)　513
――の立体構造の帰属(stereostructure assignment)　236
――の例(example of)　222
R,*S* 順位則(*R*,*S* sequence rule)　233～235
エナンチオマーの分割(resolution of enantiomer)　259～262
キラルな分子(chiral molecule)　224～227
光学活性(optical activity)　228～229
ジアステレオマー――(diastereomer)　241～248
シクロヘキサン(の書き方)(cyclohexane, drawing)　209～212
1,2-ジメチルシクロプロパンの――(of 1,2-dimethylcyclopropane)　175
酒石酸の――(of tartaric acid)　244
絶対配置(absolute configuration)　231～237
二置換シクロアルカン(disubstituted cycloalkane)　175
Fischer 投影式(Fischer projection)　237～241
二つの以上の立体異性体(more than two stereoisomers)　246～248
1-ブロモ-2-クロロシクロブタンの――(of 1-bromo-2-chlorocyclobutane)　176
他の異性体との関係(relationship with other isomer)　222
メソ化合物(meso compound)　247～248
立体選択性(stereoselectivity)　257
立体中心についた置換基(substituted stereocenter)　247～248
立体化学(stereochemistry)
アルキン還元の――(of reduction of alkyne)　719～721
E2 反応の――(of E2 reaction)　343～344
S_N2 反応の――(of S_N2 reaction)　288～291
オキサシクロプロパン化の――(of oxacyclopropanation)　661
化学反応における――(in chemical reaction)　249～259
環状ブロモニウムイオン(cyclic bromonium ion)　644～646
求ジエン体の――(of dienophile)　781
ジエンの――(of diene)　781
水素化反応の――(of hydrogenation)　630～633
Diels-Alder 反応(Diels-Alder reaction)

る

れ

ろ

わ

781〜785
　電子環状反応の——(of electrocyclic
　　reaction)　　　　　　　788〜793
　ハロゲン化アルケンの——(of
　　halogenation of alkene)　640〜642
　ヒドロボラン化-酸化の——(of
　　hydroboration-oxidation)　655〜658
　分子内 Williamson エーテル合成の——
　　(of intermolecular Williamson ether
　　synthesis)　　　　　　　452〜453
立体障害(steric hindrance)　　109〜110
　S_N2 反応(S_N2 reaction)　　　　311
　重なり形配座(in eclipsed conformation)
　　　　　　　　　　　　　　　　110
　求核剤(nucleophile)　　　　　　　303
　強い塩基性求核剤における——(in
　　strongly basic nucleophile)　346〜347
　反応する炭素(reacting carbon)　348
立体障害の大きいハロアルカン(hindered
　haloalkane)　　　　　　　　　　405
立体選択性(stereoselectivity)
　ある立体異性体が優先的に生成する(as
　　preference for one stereoisomer)　257
　E2 における 2-ブロモペンタンの——(of
　　2-bromopentane in E2)　　　　587
　E2 における 2-ブロモ-3-メチルペンタ
　　ン(2-bromo-3-methylpentane in E2)
　　　　　　　　　　　　　　　　589
　E2 反応の——(E2 process)　　　588
　Williamson エーテル合成法(Williamson
458〜465
　オキシ水銀化(oxymercuration)　651
　逆 Markovnikov 水素反応(anti-
　　Markovnikov hydration)　655〜658
oxidation)　　　　　　　　　　658
　ブテンの臭素化(butene bromination)
　　　　　　　　　　　　　　　　644
立体特異性(stereospecificity)　　　289
立体中心(stereocenter)　　　　　　225
　R,S ——(R and S)　　　　　　　247
　R と S の決定(labeled R and S)　233
　(S)-2-ブロモブタンの塩素化
compound with multiple)　　　248
立体的阻害(steric disruption)　　　374
立体配座(conformation)　　　　　106
　——の表記(representation of)　112
　いす形——(chair)　　　　184〜185
　エタンの——(of ethane)　105〜106
　重なり形——(eclipsed)　　　　105
　スキュー形——(skew)　　　　　106
　ねじれ形——(staggered)　　　　107
　Newman 投影式(Newman projection)
　　　　　　　　　　　　　　106〜107
立体配座異性体(conformational isomer)
　　　　　　　　　　　　　　　　176
立体配座解析(conformational analysis)
　　　　　　　　　　　　　　　　106
立体配座にもとづく医薬品のデザイン
　　(conformational drug design)　194
立体配座の相互変換(conformational
　　interconversion)　　　　　511〜512
立体配座の反転(conformational flipping)
　　　　　　　　　　　　　　189〜190
立体配置の保持(retention of
　　configuration)　　　　　　　　292
リモネン(limonene)　　　　　　　265
硫酸(sulfuric acid)　　　　　　　　83
量子(quanta)　　　　　　　　　　495
量子化された系(quantized system)　31
量子力学(quantum mechanics)　　31
両性分子(amphoteric molecule)　　375
隣接アンチジヒドロキシ化(vicinal anti
　　dihydroxylation)　　　　　　　663
隣接シンジヒドロキシ化(vicinal syn
　　dihydroxylation)　　　　　664〜666
Lindlar 触媒(Lindlar catalyst)　　719
Lindlar, Herbert W.　　　　　　　719

Lewis 塩基(Lewis base)　　　　85〜86
Lewis, Gilbert N.　　　　　　　　 13
Lewis 構造式(Lewis structure)　　 13
　——の書き方(drawing)　　　17〜19
　——の書き方(共鳴構造)〔composing
　　(resonance form)〕　　　　　54〜56
　——の書き方(8 電子則)〔composing
　　(octet)〕　　　　　　　　　51〜54
　結合の電子点式表記法(electron-dot
　　model of bonding)　　　　　16〜22
　孤立電子対(lone electron pair)　 17
　正しい書き方と間違った書き方(correct

　　versus incorrect)　　　　　　　 17
　炭酸イオン(carbonate ion)　　23〜24
　電荷が分離した——(charge separated)
　　　　　　　　　　　　　　　　 19
　8 電子則(octet rule)　　　　　　　17
Lewis 酸(Lewis acid)　　　　　85〜86
　Diels-Alder 反応における——(in Diels-
　　Alder reaction)　　　　　　　　784
　電子価殻(valence shell)　　　　　85
Lewis 酸-塩基反応(Lewis acid-base
　　reaction)　　　　　　　　　　　85
Le Châtelier, Henry Louis　　　　 141
Le Bel, J. A.　　　　　　　　　　244

励起(excitation)　　　　　　　　495
励起電子状態(excited electronic state)
　　　　　　　　　　　　　　　　799
Lehn, Jean-Marie　　　　　　　　446
連続的 $N+1$ 則(sequential $N+1$ rule)
　　　　　　　　　　　　　　528〜529
Lenz の法則(Lenz's law)　　　　　504
Lenz, Heinrich Friedrich Emil　　 504

Rowland, F. Sherwood　　　　　　159
Lowry, Martin　　　　　　　　　 77
London, Fritz　　　　　　　　　　103
London 力(London force)　　　　103

Wacker, Alexander　　　　　　　679
Wacker 法(Wacker process)　　 679

クレジット一覧

1章　[**p.1**] Jeremy Dahl および R. M. C. Carlson のご厚意による　[**p.4**] Shutterstock　[**p.5**] Alamy/PPS 通信社　[**p.6**] National Oceanic and Atmospheric Administration/Department of Commerce のご厚意による　[**p.18**] カリフォルニア州立大学ロサンゼルス校 J. F. Kennedy Library　[**p.25**] Shutterstock　[**p.30**] Alamy/PPS 通信社　[**p.46**] ミュンスター大学 Daniel Wegner 博士とカリフォルニア大学バークレー校 Michael F. Crommie 教授のご厚意による

2章　[**p.63**] Pascal Rondeau/Getty Images　[**p.68**] artpartner-images/ Getty Images　[**p.78**] BIOPHOTO ASSOCIATES/Getty Images　[**p.94**] Bernzomatic, Columbus, OH のご厚意による　[**p.101**] Peter Vollhardt　[**p.102**] Peter Vollhardt　[**p.104**]（上）Shutterstock　（下）Arterra/Universal Images Group/Getty Images

3章　[**p.125**] Bloomberg/Getty Images　[**p.139**] Alamy/PPS 通信社　[**p.158**] George Silk/Getty Images　[**p.159**] NASA　[**p.160**]（図 3-13）NASA（欄外）Earle_Keatley/iStock/Getty Images　[**p.162**] Shutterstock

4章　[**p.173**] Shutterstock　[**p.179**] Science Museum/Science&Society Picture Library　[**p.185**]（上，下）Shutterstock　[**p.196**] Peter Vollhardt　[**p.201**]（左）CrystMol image（右）AP/アフロ　[**p.202**]（上）Alamy/PPS 通信社　（中）AP/アフロ　（下）Science Source/PPS 通信社　[**p.205**] Shutterstock　[**p.206**] SPL/PPS 通信社

5章　[**p.221**] Shutterstock　[**p.222**] Shutterstock　[**p.226**]（下）Shutterstock　[**p.243**] Peter Vollhardt　[**p.247**] Peter Vollhardt　[**p.248**] Alamy/PPS通信社　[**p.249**] F1 ONLINE/Superstock　[**p.252**] Shutterstock　[**p.259**] Alamy/PPS通信社　[**p.260**] rhphoto/iStock/Getty Images　[**p.265**]（上）izanoza/iStock/Getty Images　（下）lofoto/Dreamstime

6章　[**p.275**] Shutterstock　[**p.277**] Shutterstock　[**p.278**] Shutterstock　[**p.281**] AP/アフロ　[**p.289**] ronen/Getty Images　[**p.290**] ロイター / アフロ　[**p.311**] Neil E. Schore

7章　[**p.321**] SPL/PPS 通信社　[**p.335**] Neil E. Schore

8章　[**p.365**] ermess/Shutterstock.com　[**p.366**] Scott Sinklier/Getty Images　[**p.377**] Richard Megna / Fundamental Photographs, NYC　[**p.384**] Alamy/PPS 通信社　[**p.386**] シアトルパシフィック大学 John Mouser 博士のご厚意による　[**p.397**] miss_j/iStock/Getty Images　[**p.399**] Alamy/PPS 通信社

9章　[**p.424**] Alamy/PPS通信社　[**p.447**] Science Source/PPS 通信社　[**p.448**] Science Source/PPS 通信社　[**p.459**] cristiano barni / Shutterstock.com　[**p.460**] Alamy/PPS通信社　[**p.468**] Shutterstock　[**p.471**] Stockbyte/Getty Images　[**p.472**] sheilades/iStock/Getty Images　[**p.474**] Alamy/PPS 通信社

10章　[**p.493**] Department of Energy's Environmental Molecular Sciences Laboratory のご厚意による　[**p.494**] ISM / SOVEREIGN　[**p.502**] Peter Vollhardt　[**p.508**] Neil E. Schore　[**p.512**] Shutterstock　[**p.514**]（上）Jupiterimages/Getty Images　[**p.544**] Shutterstock　[**p.545**] Watch The World/Shutterstock.com

11章　[**p.561**] Zoonar RF/Getty Images　[**p.581**] imageBROKER/PPS通信社　[**p.593**] AP/アフロ　[**p.596**] powerofforever/Getty Images

12章　[**p.627**] Den Rozhnovsky/Shutterstock.com　[**p.630**] カリフォルニア大学バークレー校 Gabor A. Somorjai 教授および Franklin (Feng) Tao 博士のご厚意による　[**p.643**] W.H. Freeman　[**p.652**] Alamy/PPS 通信社　[**p.666**] Ross Chapple　[**p.677**] Alamy/PPS 通信社　[**p.679**] Shutterstock　[**p.680**] Alamy/PPS 通信社　[**p.682**] Stephen Frink Collection/Alamy Stock Photo

13章　[**p.707**] Shutterstock　[**p.720**]（上）AP/アフロ（中）Richard Megna/Fundamental Photographs, NYC（下）Science Source/PPS 通信社　[**p.731**] W.H. Freeman　[**p.734**] anandoart/Shutterstock.com　[**p.735**] Shutterstock　[**p.736**] Peter Vollhardt

14章　[**p.751**] Michael Blann/Getty Images　[**p.770**] Shutterstock　[**p.778**] 立命館大学　赤木和夫教授　[**p.779**] Yonhap News/YNA/Newscom　[**p.784**] Alamy/PPS 通信社　[**p.787**] UCM の Guillermo Orellana 教授のご厚意による　[**p.794**] SPL/PPS 通信社　[**p.795**] image BROKER/PPS 通信社　[**p.798**] Shutterstock　[**p.799**]（上）Shutterstock（下）Peter Vollhardt

◉監訳者 古賀憲司（こが けんじ）
1960年 東京大学薬学部卒業
東京大学名誉教授 薬学博士
2004年 逝去

野依良治（のより りょうじ）
1961年 京都大学工学部卒業
現 在 国立研究開発法人科学技術振興機構
研究開発戦略センター長
名古屋大学特別教授
工学博士

村橋俊一（むらはし しゅんいち）
1961年 大阪大学工学部卒業
現 在 大阪大学産業科学研究所招聘教授
大阪大学名誉教授
工学博士

◉訳 者 大嶌幸一郎（おおしま こういちろう）
1970年 京都大学工学部卒業
現 在 京都大学名誉教授
工学博士

小田嶋和徳（おだしま かずのり）
1975年 東京大学薬学部卒業
前 名古屋市立大学大学院薬学研究科教授
薬学博士

金井 求（かない もとむ）
1989年 東京大学薬学部卒業
現 在 東京大学大学院薬学系研究科教授
博士（理学）

小松満男（こまつ みつお）
1967年 大阪大学工学部卒業
現 在 大阪大学名誉教授
阿南工業高等専門学校名誉教授
工学博士

戸部義人（とべ よしと）
1974年 大阪大学工学部卒業
現 在 台湾国立交通大学講座教授
大阪大学産業科学研究所招聘教授
大阪大学名誉教授
工学博士

1996年 4月 1日 第1版第1刷 発行
2019年 12月 20日 第8版第1刷 発行
2024年 9月 10日 第8刷 発行

検印廃止

ボルハルト ショアー 現代有機化学（第8版）〔上〕

訳者代表 村橋 俊一
発 行 者 曽根 良介

発 行 所 （株）化学同人
〒600-8074 京都市下京区仏光寺通柳馬場西入ル
編 集 部 Tel 075-352-3711 Fax 075-352-0371
企画販売部 Tel 075-352-3373 Fax 075-351-8301
振替 01010-7-5702
e-mail webmaster@kagakudojin.co.jp
URL https://www.kagakudojin.co.jp
印刷・製本 （株）太洋社

 ISBN978-4-7598-2029-4

化合物・官能基の分類

化合物	官能基	性　質*	合成法*	反　応*
アルカン	—C—C—H	2-7～2-9, 3-1, 3-11, 4-2～4-6	8-6, 11-5, 12-2, 13-6, 17-10, 18-8, 21-10	3-3～3-11, 8-5, 19-5
ハロアルカン	—C—X	6-1	3-4～3-9, 9-2, 9-4, 12-3, 12-5, 12-6, 12-13, 13-7, 14-2, 19-12	6-2, 6-4～7-9, 8-4, 8-6, 11-6, 13-9, 14-3, 15-11, 17-12, 19-6, 21-5
アルコール	—C—O—H	8-2, 8-3	8-4, 8-5, 8-7, 9-8, 9-9, 12-4, 12-6～12-8, 12-11, 13-5, 17-6, 17-7, 17-9, 17-11, 18-5, 18-9, 19-11, 20-4, 23-4, 24-6	8-3, 8-5, 9-1～9-4, 9-6, 9-7, 9-9, 11-7, 12-6, 15-11, 17-4, 17-7, 17-11, 18-9, 20-2～20-4, 22-2, 24-2, 24-5, 24-8
エーテル	—C—O—C—	9-5	9-6, 9-7, 12-6, 12-7, 12-10, 12-13, 17-7, 17-8, 18-9, 22-5	9-8, 9-9, 23-4, 25-2
チオール	—C—S—H	9-10	9-10, 26-5	9-10, 26-5
アルケン	>C=C<	11-2～11-5, 11-8～11-11, 14-5, 14-11	7-6～7-9, 9-2, 9-3, 9-7, 11-6, 11-7, 12-14, 12-16, 13-4, 13-6～13-10, 17-12, 18-5～18-7, 21-8	11-5, 12-2～12-16, 13-4, 14-2～14-4, 14-6～14-10, 15-7, 15-11, 16-4, 18-8～18-11, 21-10
アルキン	—C≡C—H	13-2, 13-3	13-4, 13-5	13-2, 13-3, 13-5～13-10, 17-4
芳香族化合物		15-2～15-7	15-8～16-6, 22-4～22-11, 25-5, 26-7	14-7, 15-2, 15-9～16-6, 22-1～22-8, 22-10, 22-11, 25-4, 25-6, 26-7

赤 = 求核性または塩基性の原子；青 = 求電子性または酸性の原子；緑 = すぐれた脱離基

化合物・官能基の分類

化合物	官能基	性　質*	合成法*	反　応*
アルデヒド およびケトン	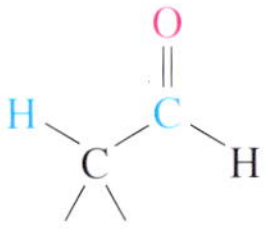 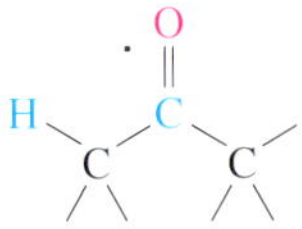	17-2, 17-3 18-1, 23-1	8-5, 12-12, 13-7, 13-8, 15-13, 16-5, 17-4, 17-6〜17-9, 17-11, 18-1, 18-4, 20-2, 20-4, 20-6, 20-8, 22-2, 22-8, 23-1, 23-2, 23-4, 24-5, 24-9, 25-4	8-5, 8-7, 16-5, 17-5〜17-14, 18-1〜18-11, 19-5, 19-6, 21-6, 21-9, 22-8, 23-1〜23-4, 24-4〜24-7, 24-9, 25-3〜25-5, 26-2
カルボン酸	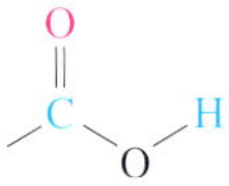	19-2〜19-4 26-1	8-4, 8-5, 17-14, 19-5, 19-6, 19-9, 20-1〜20-3, 20-5, 20-6, 20-8, 22-2, 23-2, 24-4〜24-6, 24-9, 26-2, 26-5, 26-6	9-4, 19-4, 19-7〜19-12, 21-10, 23-2, 24-9, 26-4, 26-6, 26-7
ハロゲン化 アシル	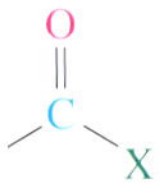	20-1	19-8	15-13, 20-2
酸無水物	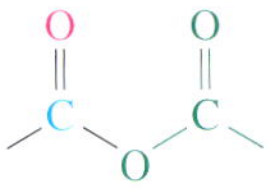	20-1	19-8	15-13, 20-3
エステル	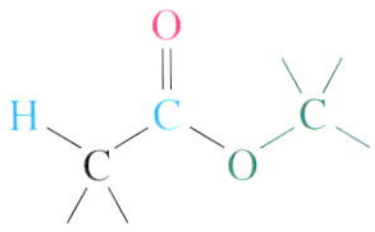	20-1, 20-4, 20-5	7-4, 7-8, 9-4, 17-13, 19-9, 20-2, 22-5	20-4, 23-1〜23-3, 26-6
アミド	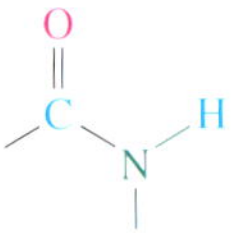	20-1, 20-6	19-10, 20-2, 20-4, 26-6	20-6, 20-7, 26-5
ニトリル	—C≡N	20-8	17-11, 18-9, 20-8, 21-10, 22-10, 24-9	17-11, 19-6, 20-8, 21-5, 24-9, 26-2
アミン	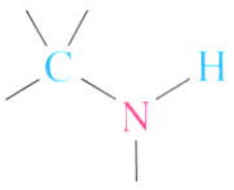	21-2〜21-4, 26-1	16-5, 17-9, 18-9, 20-6〜20-8, 21-5〜21-7, 21-9, 22-4, 25-2, 25-6, 26-2, 26-5	16-5, 17-9, 18-4, 18-9, 19-10, 20-2〜20-4, 21-4, 21-5, 21-7〜21-10, 22-4, 22-10, 22-11, 25-2, 25-3, 26-1, 26-5, 26-6

＊ 表中の数字は化合物・官能基の性質，合成法，反応について記述されている本文中の節番号を示す．